Periodic Table of the Elements

Atomic number → 67
Symbol → Ho
Name → Holmium
Atomic weight → 164.9303

An element

Group number → 1A
Period number →

Period	1A	2A	3B	4B	5B	6B	7B	8B	8B	8B	1B	2B	3A	4A	5A	6A	7A	8A	Period
1	1 H Hydrogen 1.0079																	2 He Helium 4.0026	1
2	3 Li Lithium 6.941	4 Be Beryllium 9.0122											5 B Boron 10.811	6 C Carbon 12.011	7 N Nitrogen 14.0067	8 O Oxygen 15.9994	9 F Fluorine 18.9984	10 Ne Neon 20.1797	2
3	11 Na Sodium 22.9898	12 Mg Magnesium 24.3050											13 Al Aluminum 26.9815	14 Si Silicon 28.0855	15 P Phosphorus 30.9738	16 S Sulfur 32.066	17 Cl Chlorine 35.4527	18 Ar Argon 39.948	3
4	19 K Potassium 39.0983	20 Ca Calcium 40.078	21 Sc Scandium 44.9559	22 Ti Titanium 47.88	23 V Vanadium 50.9415	24 Cr Chromium 51.9961	25 Mn Manganese 54.9380	26 Fe Iron 55.845	27 Co Cobalt 58.9332	28 Ni Nickel 58.693	29 Cu Copper 63.546	30 Zn Zinc 65.41	31 Ga Gallium 69.723	32 Ge Germanium 72.64	33 As Arsenic 74.9216	34 Se Selenium 78.96	35 Br Bromine 79.904	36 Kr Krypton 83.80	4
5	37 Rb Rubidium 85.4678	38 Sr Strontium 87.62	39 Y Yttrium 88.9059	40 Zr Zirconium 91.224	41 Nb Niobium 92.9064	42 Mo Molybdenum 95.94	43 Tc Technetium (98)	44 Ru Ruthenium 101.07	45 Rh Rhodium 102.9055	46 Pd Palladium 106.42	47 Ag Silver 107.8682	48 Cd Cadmium 112.411	49 In Indium 114.82	50 Sn Tin 118.710	51 Sb Antimony 121.760	52 Te Tellurium 127.60	53 I Iodine 126.9045	54 Xe Xenon 131.29	5
6	55 Cs Cesium 132.9054	56 Ba Barium 137.327	57 La Lanthanum 138.9055	72 Hf Hafnium 178.49	73 Ta Tantalum 180.9479	74 W Tungsten 183.84	75 Re Rhenium 186.207	76 Os Osmium 190.2	77 Ir Iridium 192.22	78 Pt Platinum 195.08	79 Au Gold 196.9665	80 Hg Mercury 200.59	81 Tl Thallium 204.3833	82 Pb Lead 207.2	83 Bi Bismuth 208.9804	84 Po Polonium (209)	85 At Astatine (210)	86 Rn Radon (222)	6
7	87 Fr Francium (223)	88 Ra Radium (226)	89 Ac Actinium (227)	104 Rf Rutherfordium (267)	105 Db Dubnium (268)	106 Sg Seaborgium (271)	107 Bh Bohrium (272)	108 Hs Hassium (270)	109 Mt Meitnerium (276)	110 Ds Darmstadtium (281)	111 Rg Roentgenium (280)	112 Cn Copernicium (285)	113 — – (284)	114 Fl Flerovium (289)	115 — – (288)	116 Lv Livermorium (293)	117 — – (294)	118 — – (294)	7

	Period															Period
Lanthanides	6	58 Ce Cerium 140.115	59 Pr Praseodymium 140.9076	60 Nd Neodymium 144.24	61 Pm Promethium (145)	62 Sm Samarium 150.36	63 Eu Europium 151.964	64 Gd Gadolinium 157.25	65 Tb Terbium 158.9253	66 Dy Dysprosium 162.50	67 Ho Holmium 164.9303	68 Er Erbium 167.26	69 Tm Thulium 168.9342	70 Yb Ytterbium 173.04	71 Lu Lutetium 174.967	6
Actinides	7	90 Th Thorium 232.0381	91 Pa Protactinium 231.0359	92 U Uranium 238.0289	93 Np Neptunium (237)	94 Pu Plutonium (244)	95 Am Americium (243)	96 Cm Curium (247)	97 Bk Berkelium (247)	98 Cf Californium (251)	99 Es Einsteinium (252)	100 Fm Fermium (257)	101 Md Mendelevium (258)	102 No Nobelium (259)	103 Lr Lawrencium (260)	7

COMMON FUNCTIONAL GROUPS

Type of Compound	General Structure	Example	Functional Group
Acid chloride	$RC(=O)Cl$	$CH_3C(=O)Cl$	$-COCl$
Alcohol	$R-OH$	CH_3-OH	$-OH$ hydroxy group
Aldehyde	$RC(=O)H$	$CH_3C(=O)H$	$C=O$ carbonyl group
Alkane	$R-H$	CH_3CH_3	– –
Alkene	$>C=C<$	$H_2C=CH_2$	double bond
Alkyl halide	$R-X$ (X = F, Cl, Br, I)	CH_3-Br	$-X$ halo group
Alkyne	$-C\equiv C-$	$H-C\equiv C-H$	triple bond
Amide	$RC(=O)N(H\ (or\ R))(H\ (or\ R))$	$CH_3C(=O)NH_2$	$-CONH_2$, $-CONHR$, $-CONR_2$
Amine	$R-NH_2$ or R_2NH or R_3N	CH_3-NH_2	$-NH_2$ amino group
Anhydride	$RC(=O)OC(=O)R$	$CH_3C(=O)OC(=O)CH_3$	$-C(=O)OC(=O)-$
Aromatic compound	benzene ring	benzene ring	phenyl group
Carboxylic acid	$RC(=O)OH$	$CH_3C(=O)OH$	$-CO_2H$ carboxy group
Ester	$RC(=O)OR$	$CH_3C(=O)OCH_3$	$-CO_2R$
Ether	$R-O-R$	CH_3-O-CH_3	$-OR$ alkoxy group
Ketone	$RC(=O)R$	$CH_3C(=O)CH_3$	$C=O$ carbonyl group
Nitrile	$R-C\equiv N$	$CH_3-C\equiv N$	$-C\equiv N$ cyano group
Sulfide	$R-S-R$	CH_3-S-CH_3	$-SR$ alkylthio group
Thiol	$R-SH$	CH_3-SH	$-SH$ mercapto group
Thioester	$RC(=O)SR$	$CH_3C(=O)SCH_3$	$-COSR$

스미스의

유기화학

Organic Chemistry

5TH EDITION

Organic Chemistry, 5th Edition

1 2 3 4 5 6 7 8 9 10 CB 20 18

Original: Organic Chemistry, 5th Edition © 2016
By Janice Gorzynski Smith
ISBN 978-0-07-802155-8

This authorized Korean translation edition is jointly published by McGraw-Hill Education Korea, Ltd. and Chaos Book. This edition is authorized for sale in the Republic of Korea.

This book is exclusively distributed by Chaos Book.

When ordering this title, please use ISBN 979-11-87486-16-9 (93430)

Printed in Korea

5TH EDITION

스미스의

유기화학

Organic Chemistry

Janice Gorzynski Smith 지음

유기화학교재연구회 공역

대표 감수 고광윤

Mc Graw Hill Education

카오스북 CHAOS BOOK

옮긴이 소개

가천대학교_ 강익중
경희대학교_ 김학원, 안광현
광운대학교_ 김대흠
대전대학교_ 황정숙
서강대학교_ 문봉진
숭실대학교_ 전근호
연세대학교_ 장우동, 전철호, 태진성
조선대학교_ 조훈
충북대학교_ 강한영, 김민, 정노희, 정용석
한국해양대학교_ 서종화
강원대학교_ 이창희, 이필호
계명대학교_ 백승욱
대구대학교_ 장세헌
부경대학교_ 서성용, 심현관
세종대학교_ 강종민
아주대학교_ 고광윤(대표 감수)
인하대학교_ 고훈영, 전태준, 조동규
창원대학교_ 신동수, 안철진
한밭대학교_ 박정호
(학교명 · 역자 가나다순)

스미스의
유기화학 5TH EDITION
Organic Chemistry

펴낸날 2018년 3월 5일

지은이 Janice Gorzynski Smith
옮긴이 유기화학교재연구회
펴낸이 오성준
펴낸곳 카오스북
등록번호 제406-2510020120000111호
주소 경기도 파주시 광인사길 121(문발동)
전화 031-947-1961,1962
팩스 031-947-1966

웹사이트 www.chaosbook.co.kr
ISBN 979-11-87486-16-9 93430
정가 50,000원

감수자의 변

스미스의 유기화학 4판을 감수한 인연으로 5판의 감수를 맡게 되었다. '감수'의 의미는 책의 편찬을 감독하는 일이라고 하는데 감독하거나 총괄하는 일은 아니고 그냥 교열 작업을 주로 하였다. 예를 들면, 번역체의 말투를 바꾸거나 번역자의 실수를 바로 잡거나 하였다.

4판을 감수하면서 다음 판에서 보완되었으면 바란 내용이 있었는데, 아쉽게 이 바람이 모두 이루어지지는 않았다. 따라서 몇 군데에 '감수자 주'라고 언급하였다. 감수자가 보기에 보완하여야 할 점을 번역서에 전부 수록하지 못 한 점은 아쉽다(온라인에 이 점을 올릴까 하는 생각도 든다).

지은이에 대하여

제니스 고진스키 스미스는 미국 뉴욕주 동부의 스키넥터디에서 태어났다. 고교 시절 화학에 흥미를 느껴 코넬대학에서 화학을 전공하고 최우수 졸업(summa cum laude)하였다. 하버드대학교의 노벨상 수상자 코리(E. J. Corey)의 지도하에 유기화학으로 박사학위를 받았으며, 하버드에서 미국국립과학재단의 박사 후 과정으로 1년을 보냈다. 재직기간 동안 코리 교수의 연구진과 함께 식물 성장 호르몬인 지베렐산(gibberellic acid)의 전 합성(total synthesis)을 완성하였다.

박사 후 과정을 마치고 마운트 홀리요크(Mount Holyoke)대학 교수로 임명되어 21년 동안 재직하였다. 이 기간 동안 유기화학 및 실험을 강의하고 유기 합성의 연구 과정을 지도하였으며 학과장으로 봉직하였다. 그녀의 유기화학 강의는《보스톤매거진》의 조사에서 "마운트 홀리요크대학의 강의 중 '절대로 놓치면 안 되는 강의'의 하나"로 평가받았다.

1990년대에 하와이에서 2년의 안식년을 보낸 후, 자연의 아름다움과 다양성에 매료되어 2000년에 가족들과 그곳으로 이주하였다. 현재 하와이주립대학교 마노아캠퍼스의 교수로 재직하며, 두 학기 과정의 유기화학과 실험을 강의하고 있다. 2003년에 하와이대학교에서 우수 강의 교수에게 수여하는 Chancellor's Citation을 수상하였다.

2015년 뉴질랜드 하이킹 중 찍은 사진에 함께 있는 응급의인 남편 댄과 함께 하와이에 거주하며 슬하에 네 명의 자녀와 세 명의 손자를 두고 있다. 강의나 글쓰기를 하지 않을 때는 가족과 함께 햇볕 좋은 하와이에서 바이킹, 하이킹, 스노클링, 스쿠버 다이빙 등을 즐기며, 시간이 허락하는 대로 여행과 하와이언 퀼트를 즐긴다.

메건 사라를 위하여…

지은이 머리말

유기화학을 저술할 때의 나의 목표는 학생들에게 유기화학의 아름다움과 논리를 보여주는 교재를 만드는 것이었다. 이 책은 지난 30여 년 동안의 유기화학 강의 과정에 만든 강의노트와 보충자료 등을 토대로 썼다. 강의 중에 나는 두 가지 지도 원칙을 따랐는데, 화학적 현상을 설명하기 위해 관련 분야와 흥미로운 응용 분야를 이용하였고, 일람표, 풀이가 있는 예제, 다양한 삽화, 요점 정리 등을 사용하여 학생들에게 친숙한 방식으로 자료를 제시하였다. 이 책은 많은 학생들을 힘들게 하는 과정을 단순 명쾌하게 정리하고자 하는 시도이자, 화학 전공자뿐 아니라 생물학, 의학 및 기타 전공자들이 어려움 없이 미래의 성공을 위해 유기화학을 흥미롭고 연관되며 접근 가능하게 만들기 위한 시도이다.

기본적 특징

- **스타일.** 이 책은 디자인에서 다르다. 지금의 학생들은 예전의 학생들보다 학습하는 데 훨씬 더 시각적인 상상력에 의존한다. 따라서 이 책에서는 유기화학의 주요 개념과 주제를 소개하고 강화하기 위하여 단조로운 서술은 줄이고, 도표, 방정식, 표, 요점 정리 등을 많이 사용하였다.
- **내용.** 이 책은 유기화학에 대한 최소한의 기억을 유지하도록 기본적인 주제를 강조한다. 일상생활에서의 관련 예제를 사용하여 개념을 설명하며, 이 자료들은 갇혀 있는 읽을 자료에 국한되지 않고 전 장에 걸쳐 통합되어 있다. 각 주제는 보다 다루기 쉽고 학습하기 쉬운 작은 묶음으로 나누어 놓았다. 예제 문제는 단계적 문제 풀이를 설명하는 도구로 사용하였다. 기본적인 주제에 관심을 집중시키기 위해 규칙에 대한 예외와 오래된 반응, 덜 유용한 반응은 생략하였다.
- **체제.** 일반적으로 유기화학은 화학반응을 공부하는 틀(framework)로서 작용기를 사용한다. 따라서 작용기를 만드는 반응에 관심을 두는 것이 아니라 서로 다른 여러 작용기가 수행하는 반응을 중시한다. 비슷한 반응들은 같이 묶어 설명하였다. 이러한 반응들은 산-염기 반응(2장), 산화와 환원(12장과 20장), 라디칼 반응(15장) 및 유기금속 시약의 반응(20장) 등이다.

한 번에 하나의 새로운 개념을 소개함으로써 강조하고 있는 기본 주제를 유지하고, 복잡한 문제는 잘게 쪼개 설명함으로써 많은 학생들에게 유기화학이 배울 만한 주제라는 것을 알게 한다는 사실을 확인했다. 실제로 많은 학생들은 일 년간의 긴 유기화학 과정의 마무리 즈음에 자신들이 유기화학 경험을 실제로 즐기고 있었다는 것에 놀라워 했다.

책의 구성과 표현

대부분의 경우 교재의 전체적인 순서는 대부분의 강사가 현재 유기화학을 가르치는 방식과 일치한다. 그러나 주제를 제시하는 방법에 있어 논리적이고 보다 접근을 쉽게 만드는 몇 가지 중요한 차이가 있다. 이러한 차이는 특히 다음 영역에서 두드러진다.

- **복습 자료.** 1장은 루이스 구조, 분자의 기하 구조 및 혼성화, 결합 극성 및 결합 유형을 다루는 적절한 분량의 복습 자료를 제시한다. 이 주제들 중 많은 부분은 일반화학 과정에서 다루어지지만 여기서는 유기화학자의 관점에서 제시한다. 학생들에게 이러한 기본 개념을 확고히 이해시킴으로써 나중에 배울 내용을 이해하는 데 큰 도움이 된다는 것을 발견했다.
- **산과 염기.** 2장에서 다루는 산과 염기는 두 가지 목적을 제공한다. 학생들에게 일부 친숙한 양성자 이동 반응을

사용하여 굽은 화살표 표기법을 다루는 경험을 제공한다. 더불어 유기 구조의 몇 가지 기본 개념이 산-염기 반응에 어떤 영향을 주는지를 보인다. 많은 메커니즘이 하나 이상의 산-염기 반응을 포함하므로 일찌감치 양성자 이동 반응을 강조하고 책 전반에 걸쳐 때때로 이 주제로 다시 돌아온다.

- **작용기.** 3장은 작용기를 사용하여 유기화학의 중요한 성질을 소개한다. 관련 예-PCBs, 비타민, 비누 및 세포막-는 기본 용해도 개념을 설명한다. 이런 방식으로 때때로 유기화학 교재의 후반부 몇 장에서나 마주하게 되는 (또는 시간이 없어 종종 생략하는) 실제적인 주제를 일찍 소개함으로써 학생들이 이 분야를 공부해야 하는 이유를 보다 잘 파악할 수 있게 한다.
- **입체화학.** 입체화학(분자의 3차원 입체 구조)을 일찍(5장) 도입하여 시시 때때로 보강함으로써 학생들이 최신의 화학적 연구, 약물 설계 및 합성에서의 주요 개념을 학습하고 이해할 수 있는 기회를 제공한다.
- **현대적 반응법.** 유기화학 교재에 도입할 만한 새로운 화학 반응들은 부족함이 없겠지만, 이 책에서는 소위 비대칭 또는 거울상선택성 반응이라고 하는 분자 내 특정 3차원 배열을 도입하는 새로운 방법에 초점을 두기로 했다. 이에 대한 예제로 샤플리스(Sharpless) 에폭시화(12장), CBS 환원(20장) 및 아미노산의 거울상선택성 합성(29장)을 포함하였다.
- **반응별 그룹화.** 어떤 유형의 반응은 기본 유기 반응과 다르게 만드는 해당 반응만의 독특한 특성과 용어가 있다. 따라서 이러한 반응들을 각 장에 함께 묶어 제시했다. 여기에는 산-염기 반응(2장), 산화 환원(12장 및 20장), 라디칼 반응(15장) 및 유기 금속 시약(20장)이 포함된다. 공통 주제를 공유하는 반응들을 묶어 설명함으로써 학생들이 각 반응들의 유사성을 보다 잘 이해할 수 있게 해준다.
- **합성.** 합성은 유기화학을 시작하는 학생들이 숙지하기에 가장 어려워하는 주제 중 하나이므로 7장을 시작으로 최소한으로 소개하였는데, 11장 역합성 분석 논의에 대한 상세한 논의로 보강하였다. 이후의 장에서는 반응을 형성하는 탄소-탄소 결합 반응으로 제조된 화합물의 역합성 분석에서 특별한 주의를 기울인다(예를 들어, 20.11절 및 21.10C절).
- **분광학.** 분광학은 구조 결정을 위한 강력한 도구이므로 네 개의 방법이 두 개의 장(13장과 14장)에 걸쳐 논의된다.
- **핵심 개념.** 장 끝의 요약은 각 장의 주요 개념과 주제를 간결하게 요약하였으므로 장 끝 문제 또는 시험 전에 검토하면 좋을 것이다.

5판의 새로운 변화

- 화학 구조식이 책 전체에 걸쳐 보다 현대적이고 일관적으로 업데이트되었다.
- 3차원 구조, 입체화학 및 반응들을 보다 쉽게 이해할 수 있도록 많은 영역에 컬러가 적용되었다.
- 모든 명명법이 새로운 IUPAC 권고와 1993년의 명명 규칙에 따라 업데이트되었다.
- 메커니즘 설명 상자의 디자인이 새로워졌다. 따라서 학생들은 하나의 중간체가 다른 것으로 전환되는 과정을 보다 쉽게 이해할 수 있게 되었다.
- 독자와 검토자들의 요청에 따라 새로운 자료들이 몇몇 장에 추가되었다. 이 새로운 주제들은 인(phosphorus) 이 탈기가 있는 생물학적 친핵성 치환체에 대한 내용(7.16절)과 싸이올과 설파이드(9.15절)를 포함한다. 알코올 산화 메커니즘의 새로운 구조로서 NAD+ 산화제를 포함하여 추가함으로써 생물학적 응용을 보다 강화했다(12.14절). 알릴 이인산염과의 생물학적 반응과 이 반응에 대한 새로운 메커니즘이 16.2절에 새로 추가되었다. 생물학적 환원에 대한 새로운 내용은 20.6절에 나타냈고, 자외선 분광학에 대한 논의는 16.15절에서 확장되었다.
- 탄소, 수소, 알코올, 할로젠화 알킬, 아민 및 아마이드의 분류에 대한 자료는 후반부에서 앞(3.2절)으로 옮겨 작용기에서 논의에 포함하였다.
- 350개 이상의 새로운 문제들을 개정판에 추가하여 문제의 다양성을 증가하였다.
- 지질에 대한 장은 종이 책에서는 빼고 온라인 판으로만 실었다.
- 새로운 "해결 방법", "예제" 그리고 미시에서 거시의 모습을 묘사하는 삽화가 책 전반에 걸쳐 추가되어 주제를 명확히 하고 학습 경험을 향상시킨다.

요약 차례

차례

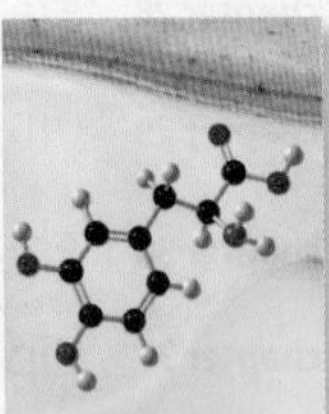

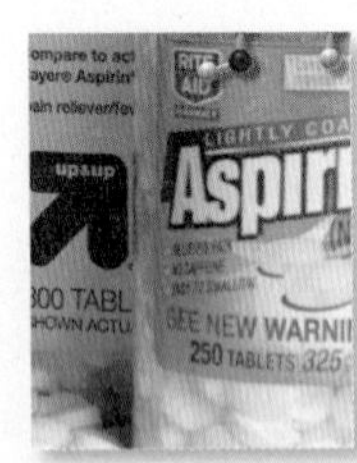

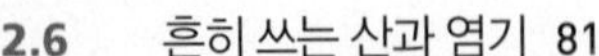

chapter 5

입체화학 179

chapter 6

유기 반응의 이해 221

chapter 7

할로젠화 알킬과 친핵성 치환 257

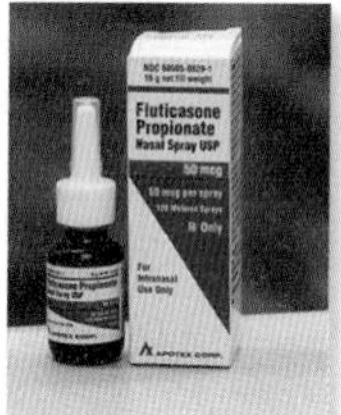

chapter 8

할로젠화 알킬과 제거 반응 309

chapter 9

알코올, 에터 및 연관 화합물 345

chapter 10

알켄 397

chapter 11

알카인 441

chapter 12

산화와 환원 471

chapter 13

질량 분석법 및 적외선 분광법 513

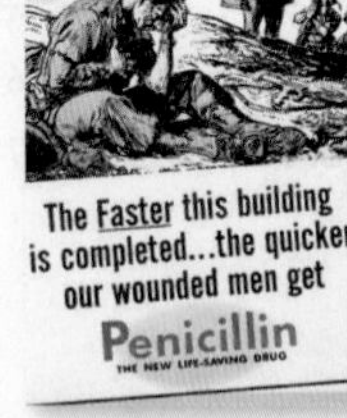

chapter 14

핵자기 공명 분광법 547

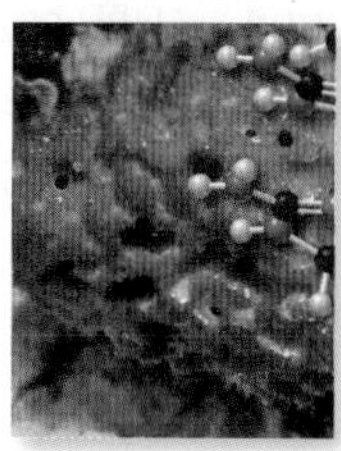

chapter **15**

라디칼 반응 593

chapter **16**

콘쥬게이션, 공명 및 다이엔 629

chapter **17**

벤젠과 방향족 화합물 669

chapter **18**

방향족 화합물의 반응 707

chapter 19

카복실산과 O–H 결합의 산도 761

chapter 20

카보닐 화학의 소개– 유기금속 시약, 산화와 환원 797

chapter 21

알데하이드와 케톤–친핵성 첨가 반응 851

chapter 22

카복실산과 그 유도체–친핵성 아실 치환 반응 903

chapter 23

카보닐 화합물의 α 탄소에서의 치환 반응 961

chapter 24

카보닐 축합 반응 1001

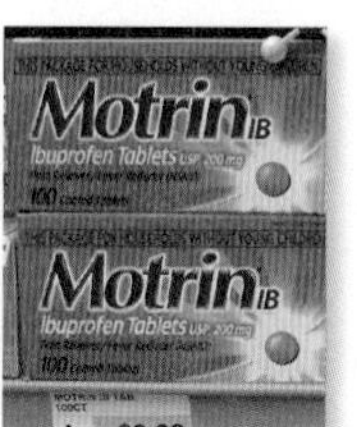

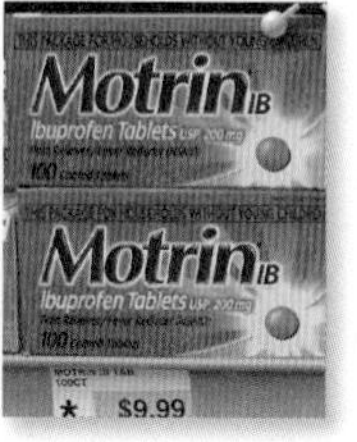

chapter 25

아민 1037

chapter 26

유기 합성에서 탄소–탄소 결합 형성 반응 1093

chapter 27

고리형 협동 반응 1121

chapter 28

탄수화물 1151

chapter 29

아미노산과 단백질 1199

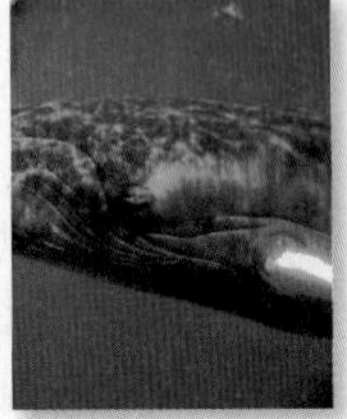

chapter 30

합성 고분자 1249

chapter 30

Lipids(Available online)

여는 장

유기화학 어두컴컴한 지하 실험실에서 연구에 몰두하는 늙은 과학자의 이미지를 연상케 하는 이 학문이 21세기 학생인 여러분들과 도대체 어떻게 관련되는지 궁금하지 않은가?

잠시 여러분의 지난 24시간의 활동을 생각해보라. 비누로 샤워하고, 카페인 음료를 마시고, 최소한 하나의 녹말 음식을 섭취하고 약을 먹었으며, CD에 수록된 음악을 듣고, 고무 타이어가 장착된 화석 연료로 구동되는 자동차를 탔을 것이다. 이러한 행동 중 어느 하나를 선택했더라도 여러분은 유기화학에 의한 영향을 받았다.

유기화학이란 무엇인가?

- • 유기화학은 탄소 원소가 들어 있는 화합물에 관한 화학이다.

유기화학은 고전적인 무기화학, 물리화학, 분석화학뿐 아니라 새로운 분야인 생무기화학, 물리생화학, 고분자화학, 재료과학 등을 망라하는 화학의 포괄적 분야의 하나이다.

유기화학이 분화되어 나온 역사적인 배경이 있다. 원래 **유기 화합물**(organic compound)이라고 하는 생체 관련 화합물은 **무기 화합물**(inorganic compound)이라고 하는 무생물의 화합물과는 기본적으로 다른 것으로 간주되어 왔다. 이 명명이 인위적이라는 것을 안 지 150년 이상 지났지만 유기(organic)라는 이름은 여전히 사용되고 있다. 오늘날 이 용어는 탄소를 갖고 있는 화합물에 관한 학문을 지칭하는데, 공교롭게도 많은 것들이 생물계에서 발견되고 있다.

백여 가지 이상의 원소가 존재하는 주기율표에서 단 하나의 원소 연구에 전 분야가 전념하는 것이 이상하게 보일 수 있다. 하지만 다른 유형의 화합물보다 훨씬 많은 유기 화합물이 존재한다는 것이 밝혀졌다. 유기화학 물질은 우리 삶의 거의 모든 측면에 영향을 미치며, 이런 이유로 유기화학에 대해 무엇인가를 안다는 것은 중요하면서 유용하다.

의류, 식품, 의약품, 휘발유, 냉매, 그리고 비누는 전적으로 유기 화합물로 구성되어 있다. 솜, 양모, 비단 같은 일부 화합물은 천연에 존재한다. 나일론, 폴리에스터 같은 또 다른 화합물들은 실험실에서 화학자들의 손을 거쳐 만들어지므로 합성 제품이다. 유기화학의 원리와 개념 학습으로 여러분은 이와 같은 화합물과 이것들이 우리 주변 미치는 영향에 대해 훨씬 많은 것을 알게 된다.

또한 유기화학이 우리에게 무엇을 해주는지 이해하라. 유기화학은 이전에는 존재하지도 않았거나 일부의 부유층만 누릴 수 있었던 편의용품 및 필수품들을 광범위하게 사용할 수 있게 만들어 주었다. 1900년에 47세였던 수명이 이제는 70세가 넘을 정도로 괄목하게 연장되었다. 여기에 주된 기여를 한 것이 소아 질병 백신과 항생제 같은 신약의 분리와 합성이다. 화학은 또한 병을 옮기는 해충을 구제하고, 비료, 살충제, 제초제 덕분에 더 많은 식량 자원을 확보할 수 있게 하였다. 유기화학 관련 제품이 없었다면 오늘날 우리의 삶은 엄청나게 달라져 있을 것이다(그림 1).

그림 1
의약품에 사용되는 유기화학 제품들

a. 경구용 피임약

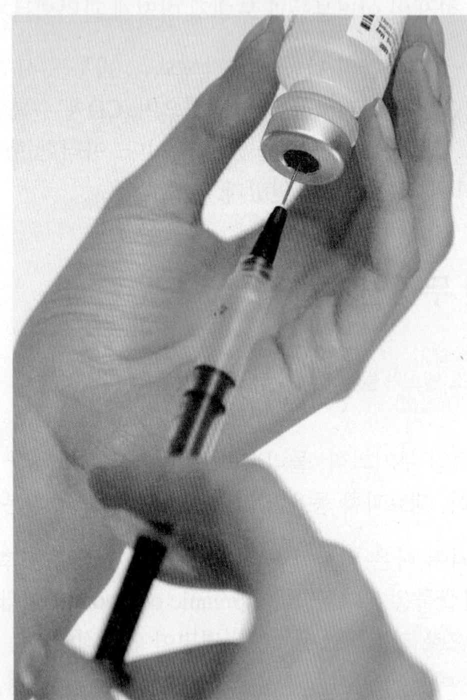

b. 플라스틱 주사기

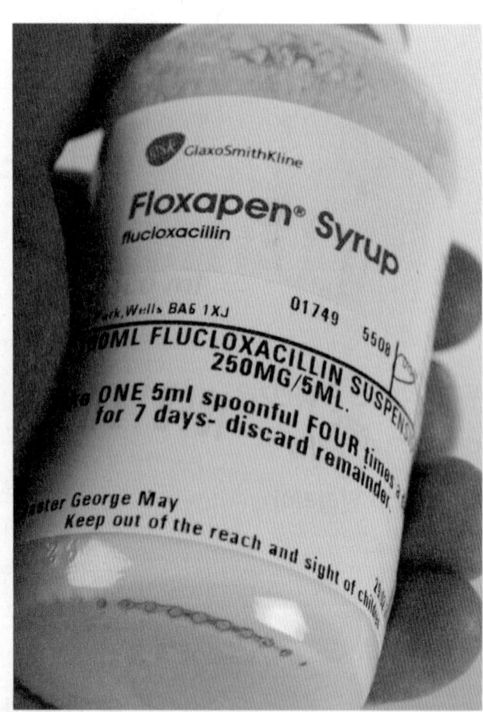

c. 항생제

d. 합성 심장 판막

• 유기화학은 사람들에게 피임약과 플라스틱, 항생제 및 합성 심장 판막에 사용되는 물질들을 제공해 준다.

대표적 유기 분자들

유기 분자의 진가를 알아보는 가장 확실한 방법은 몇 가지를 골라 잠시 살펴보는 것이다. 세 가지 간단한 유기 화합물은 메테인, 에탄올, 트라이클로로플루오로메테인이다.

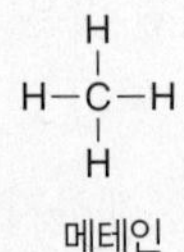

메테인

- 메테인(methane)은 탄소 원자가 하나뿐인 유기 화합물 중 가장 간단한 분자이다 .천연 가스의 주성분인 메테인은 천연에서 광범위하게 발생한다. 메테인은 다른 **탄화수소**(탄소와 수소만으로 이루어진 화합물)와 마찬가지로 연소성이 있다. 다시 말해, 산소가 있으면 탄다. 메테인은 무산소성(공기 없는) 조건에서 박테리아에 의한 유기물의 분해 생성물이다. 현재 우리가 사용하는 천연 가스는 몇 백만 년 전의 유기물이 분해되어 생성된 것이다. 메테인과 같은 탄화수소는 4장에서 다룬다.

H H
H−C−C−OH
H H

에탄올

- 에탄올(ethanol)은 당의 박테리아 발효에 의해 생성되는 것으로 맥주, 와인 및 다른 알코올성 음료에 들어 있는 알콜로서 설탕의 발효로 생성되는 아마 가장 오래 된 유기 합성 반응의 예

일 것이다. 에탄올은 실험실에서 전혀 다른 과정에 의하여 생성될 수 있는데, 이렇게 실험실에서 합성된 에탄올은 발효에 의하여 만들어진 것과 동일하다. 에탄올을 비롯한 알코올은 9장에서 논의한다.

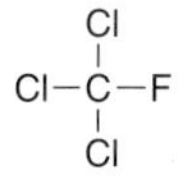

Cl–C(Cl)(Cl)–F

트라이클로로플루오로메테인

- 트라이클로로플루오로메테인(trichlorofluoromethane)은 클로로플루오로탄소 또는 CFC라고 부르는 분자 무리의 하나이다. CFC는 하나 또는 두 개의 탄소에 여러 할로젠이 붙은 화합물이다. 트라이클로로플루오로메테인은 수소 원자가 하나도 없다는 점에서 특이한 화합물이라 할 수 있다. 분자량이 적고 쉽게 증발하므로 에어로솔 추진제와 냉매로 널리 쓰였었다. 이는 다른 CFC와 같이 대기권 오존층 파괴의 주범으로 몰렸는데 이에 대해서는 15장에서 논의한다.

중요한 약리 작용이 있는 세 가지 복잡한 유기 화합물로 아목시실린(amoxicillin), 플루오제타인(fluoxetine) 그리고 AZT가 있다.

- 아목시실린은 페니실린계의 항생제 중에서도 가장 널리 쓰인다. 20세기 들어 이 같은 항생제의 발견과 합성으로 과거 목숨을 앗아 갔던 여러 가지 감염에 대한 치료가 대수롭지 않게 되었다. 아마 여러분들 중에도 어릴 적 귓속 감염으로 아목시실린을 처방 받은 적이 있을 것이다. 페니실린 항생제에 대해서는 22장에서 논의한다.

복합 유기 구조는 1장에 설명한 규칙에 따라 축약하여 그린다.

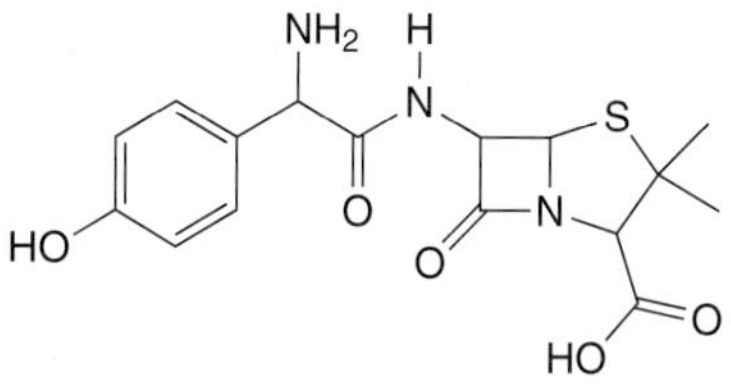

NH2 H N S O N O HO O HO

아목시실린

- 플루오제타인은 우울증 치료제 프로잭(Prozac)의 일반명이다. 프로잭은 화학자들이 디자인하여 실험실에서 합성한 것으로 현재 제약 공장에서 대량 생산되고 있다. 우울증 치료에 아주 효능이 뛰어나고 안전하여 널리 처방되는 약품으로 1986년 이후 전 세계 약 4천만 명 이상이 프로잭을 사용하였다.

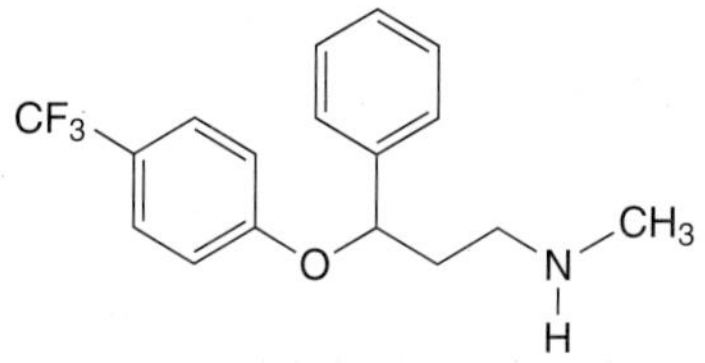

CF3 O N CH3 H

플루오제타인

- AZT(아지도데옥시티미딘, azidodeoxythymidine)는 후천성 면역 결핍증(AIDS)을 유발하는 인체 면역 결핍 바이러스(HIV)의 치료에 쓰이고 있다. 지도부딘(Zidovudine)이라는 일반명으로도 알려진 AZT는 바이러스 감염과 싸우는 시약을 합성하고자 하는 또 하나의 도전에서 이룬 화학적 성공 사례이다.

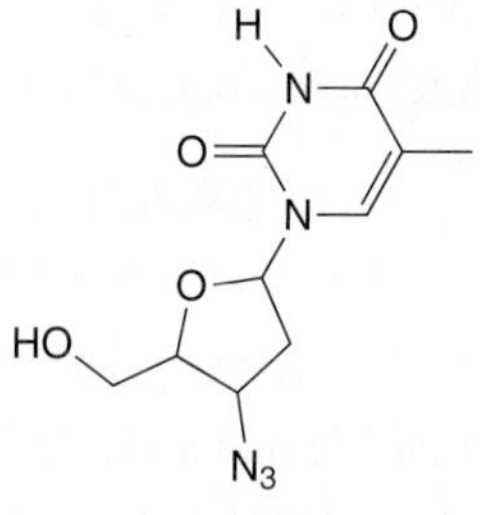

H O N O N O HO N3

AZT

흥미로운 성질의 또 다른 복잡한 유기 화합물이 캡사이신(capsaicin)과 DDT이다.

- 캡사이신은 바닐로이드(vanilloid)라고 하는 화합물 그룹의 하나로 고추의 독특한 매운 맛을 내게 하는 성분이다. 호신용으로 사용되는 고추 스프레이의 활성 성분도 캡사이신이다. 캡사이신의 성질은 1장에서 논의한다.

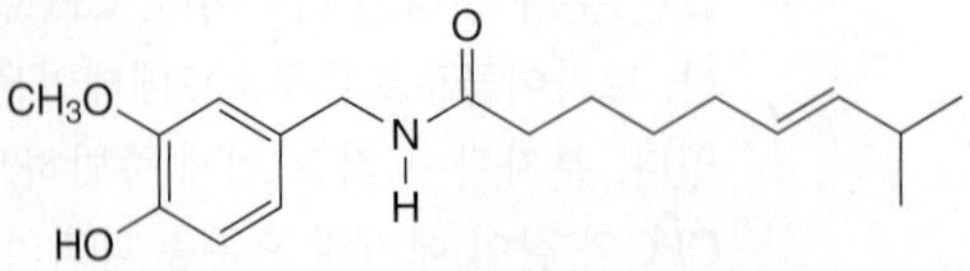

CH_3O HO N H O

캡사이신

- DDT(다이클로로다이페닐트라이클로로에테인, dichlorodiphenyltrichloroethane)는 전염병을 옮기는 모기를 퇴치하여 수많은 생명을 구해, 윈스턴 처칠이 한때 '기적의 영약'이라고 불렀던 구충제이다. DDT는 환경에 잔류하여 무차별적으로 곤충을 죽게 하므로 오늘날 미국을 비롯한 선진국에서는 이 약의 사용을 금지하고 있다.

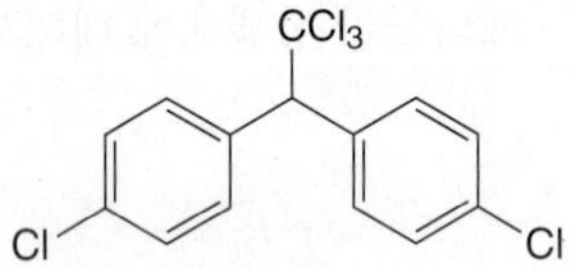

CCl_3 Cl Cl

DDT

이러한 유기 화합물의 공통적인 특성은 무엇인가?

- 모든 화합물은 탄소 원자를 포함하고 대부분은 수소 원자를 포함한다.
- 모든 탄소 원자는 네 개의 결합을 한다. 이런 안정한 탄소를 4가 탄소(tetravalent carbon)라고 한다.
- 다른 원소를 포함하기도 하다. 탄소와 수소가 아닌 모든 원소를 헤테로원자(heteroatom)라고 한다. 일반적인 헤테로원자에는 N, O, S, P, 할로젠을 포함한다.
- 어떤 화합물은 원자들이 사슬(chain) 모양을 하며, 일부 화합물은 고리(ring) 모양을 이룬다.

이러한 특성들은 왜 그렇게 많은 유기 화합물이 존재하는지 설명한다. 탄소 원자는 탄소 또는 다른 원소와 네 개의 단단한 결합을 형성한다. 탄소 원자는 고리 및 사슬을 모두 형성할 수 있다.

유기화학과 말라리아

현재 모기로 인한 전염병인 말라리아 퇴치를 위해 방대한 양의 유기 화합물이 사용되고 있는데, 전 세계 2억 명의 사람들에게 효과를 준다고 추산된다. 항 말라리아제에는 천연 자원에서 추출한 유기 화합물이나 실험실에서 화학자가 합성한 화합물이 포함된다.

그림 2에 보인 두 가지 일반적인 항 말라리아제는 수세기 전에 안데스 산맥에 서식하는 신코나(cinchona) 나무 껍질에서 얻은 구제제인 퀴닌(quinine)과 1940년대 후반에 소개된 합성 약품인 클로로퀸(chloroquine)이다.

말라리아는 밀접하게 관련된 다양한 기생 미생물에 의해 유발되고, 약물 내성균이 형성되었므로 현재 권장되는 치료법은 아르테미시닌(artemisinin)이나 관련 화합물을 포함하는 약물의 조합으로 구성된다. 아르테미시닌은 수백 년 동안 한약재로 사용된 식물인 아르테미시아 아누아(*Artemisia annua*)와 같은 개똥쑥에서 추출된 복합 화합물이다. 아르테미시닌은 건조한 아르테미시아 잎에서 활성 약물을 추출하여 얻을 수 있지만, 이러한 공정은 전 세계 수요를 충족시키

그림 2
항말라리아제

신코나(Cinchona pubescens) 나무의 꽃봉오리와 잎

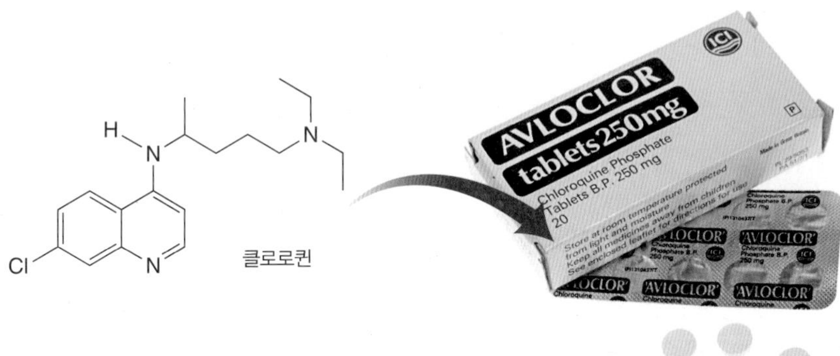

지 못한다. 이러한 결과, 지금은 유전공학 및 발효 공정을 이용해 아르테미시닌을 얻는다.

2015년 노벨 생리의학상은 항말라리아제를 발견한 투유유(Youyo Tu)가 수상했다.

아르테미시아 아누아, 개똥쑥

말라리아는 화학자, 보건전문가 및 생물학자에게 주요 공중 보건 과제를 계속 제시한다. 아시아, 아프리카 및 라틴 아메리카의 적도 지역에서 질병을 예방하고 통제하려는 광범위한 노력에도 불구하고 2012년에 말라리아로 45만 명이 넘는 사망자가 발생한 것으로 추정된다.

이 장에서 다양한 구조를 갖는 여러 가지 분자를 보였다. 이들은 현재 알려진 유기 화합물과 매년 새롭게 발견되거나 합성되는 수천 가지 중에서 아주 작은 부분만을 보여준다. 유기화학에서 배우는 원리들은 메테인과 에탄올과 같은 간단한 것에서부터 캡사이신(capsaicin)과 아르테미시닌(artemisinin) 같은 복잡한 모든 분자들에 대해 적용된다. 이렇게 아름다운 분자들과 그들의 성질, 그리고 그들의 반응을 유기화학에서 공부할 것이다.

유기화학의 세계에 들어온 것을 환영한다!

Chapter

1 구조와 결합

Structure and Bonding

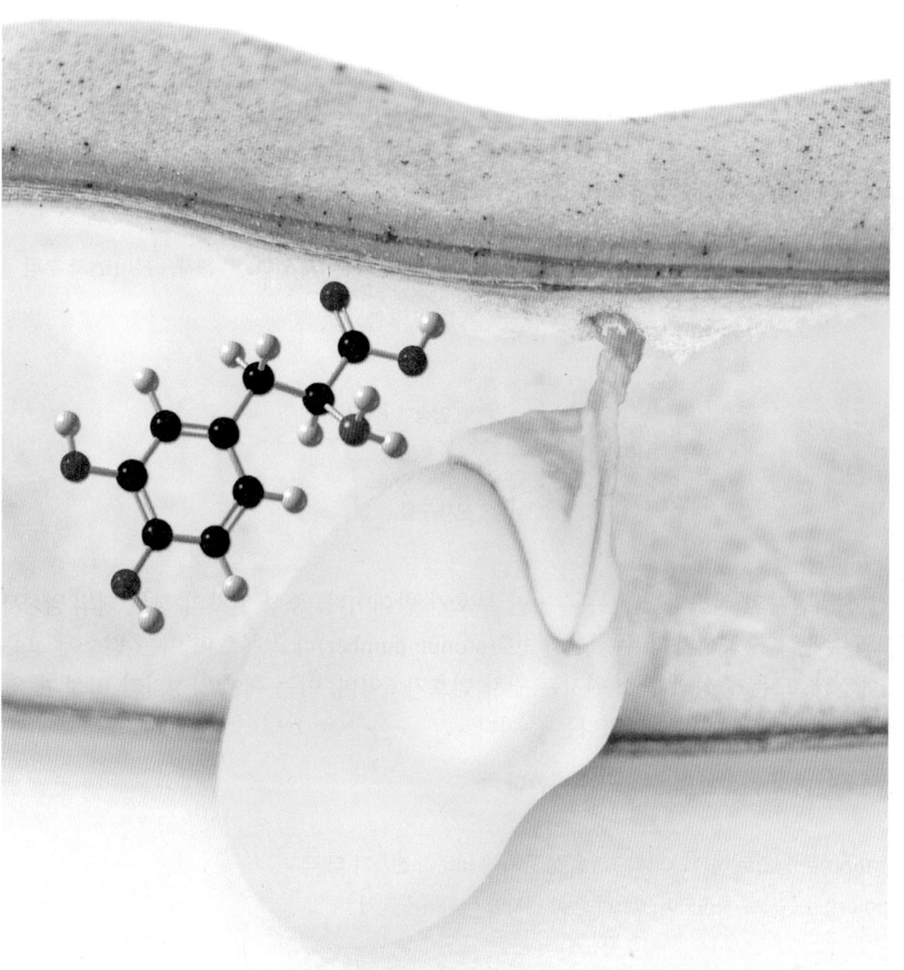

레보도파(levodopa)라고도 불리는 **L-도파**(L-Dopa)는 1913년 콩과 식물인 잠두(*Vicia faba*)의 씨앗에서 처음으로 분리되었다. 1967년 이후, 뇌 속의 신경전달물질인 도파민을 생성하는 뉴런(neuron)이 퇴화하여 허약해지는 질병인 파킨슨(Parkinson) 병의 치료제로 사용되었다. L-도파는 경구 약물치료로, 혈류에 의해 뇌로 전달되며, 뇌에서 도파민으로 전환된다. L-도파는 많은 양을 복용해야 하므로 심각한 부작용을 초래할 수 있다. 따라서 오늘날에는 L-도파 만을 투약할 때의 부작용을 줄이기 위해 다른 약물과 함께 복용하도록 하고 있다. 1장에서는 L-도파와 같은 유기 분자의 구조, 결합 및 성질에 대하여 공부하게 된다.

유기 분자들을 구체적으로 검토하기 전에 이전 화학 강의에서 배운 구조와 결합에 관한 중요한 특징을 복습하지 않으면 안 된다. 우리는 이 개념들을 유기화학 관점에서 논하여 유기 화합물을 이해하는 데 꼭 필요한 사항에만 시간을 할애하기로 한다.

1장의 주요한 논제는 루이스 구조 그리기, 분자의 모양 예측하기, 결합 형성에 사용되는 오비탈 종류를 결정하기, 그리고 결합 극성에 미치는 전기음성도의 영향 등이다. 이에 못지않게 중요한 것은 1.8절인데, 간단한 분자이거나 복잡한 분자이거나 간에 유기 분자를 간단하게 그리는 법과 시각적으로 금방 알아볼 수 있도록 하는 삼차원 표시법을 다루게 된다.

1.1 주기율표

모든 물질은 **원자**(atom)라고 하는 동일한 축조 단위로 이루어져 있다. 원자는 두 가지 성분으로 이루어져 있다.

- **핵(nucleus)**은 양으로 하전된 **양성자(proton)**와 전하를 띠지 않은 **중성자(neutron)**로 되어 있다. 원자의 대부분의 질량은 핵에 들어 있다.
- **전자 구름(electron cloud)**은 음으로 하전된 **전자(electron)**로 이루어져 있다. 이 전자 구름이 원자 부피의 대부분을 차지하고 있다.

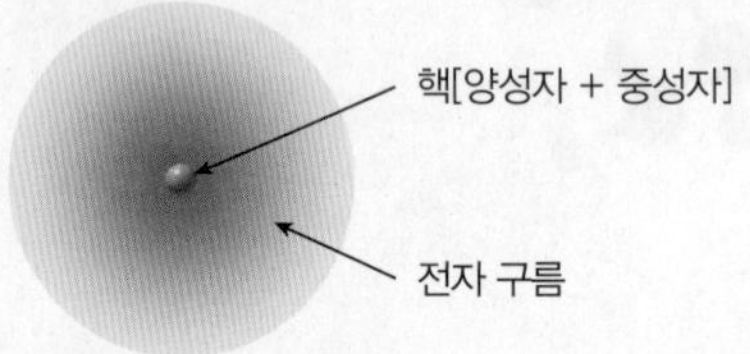

양성자의 전하는 전자의 전하와 크기는 같지만 부호가 반대이다. 중성 원자의 경우 핵의 양성자의 수는 전자의 수와 같다. 양성자의 수를 **원자 번호**(atomic number)라고 부르며 이는 원소에 고유한 값이다. 예컨대, 모든 중성의 탄소 원자는 원자 번호가 6이며, 이는 핵에 양성자가 여섯 개 있고 여섯 개의 전자가 핵을 에워싸고 있다는 뜻이다.

중성 원자뿐만 아니라 **하전된** 이온들도 존재한다.

- 양이온(cation)은 양으로 하전되어 있으며 중성 원자에 비하여 전자가 더 적다.
- 음이온(anion)은 음으로 하전되어 있으며 중성 원자에 비하여 전자가 더 많다.

특정 원소의 핵에 존재하는 중성자의 수는 조금씩 다를 수 있다. **동위원소**(isotope)란 동일한 원소의 다른 두 원자로, 중성자 개수가 다르다. 원자의 **질량수**(mass number)는 핵의 양성자와 중성자의 총 개수이다. 동위원소는 질량수가 다르다. **원자량**(atomic weight)은 어떤 원소의 모든 동위원소를 포함하여 평균한 질량으로 원자 질량 단위(amu)로 표시한다.

탄소와 수소의 동위원소는 유기화학에서 때때로 사용된다. 수소의 가장 흔한 동위원소는 핵에 양성자가 하나 있을 뿐 중성자는 없으나, 0.02%의 수소 원자는 양성자와 중성자가 하나씩 있다. 이 동위원소를 일컬어 **중수소**(deuterium)라고 하며 대문자 D를 써서 표시한다.

각 원자는 한 개 또는 두 개의 알파벳 약어인 원소 기호로 표시한다. 탄소는 한 글자인 C로 표시한다. 원자 번호는 때로 원소 기호의 왼쪽에 아래 첨자로 표시하며 질량수는 위첨자로 표기한다. 이 표기법을 따라 대부분의 탄소 원자는 핵에 여섯 개의 양성자와 여섯 개의 중성자가 있기 때문에 $^{12}_{6}C$로 표시한다.

그림 1.1
유기화학에 자주 나오는 원소의 주기율표

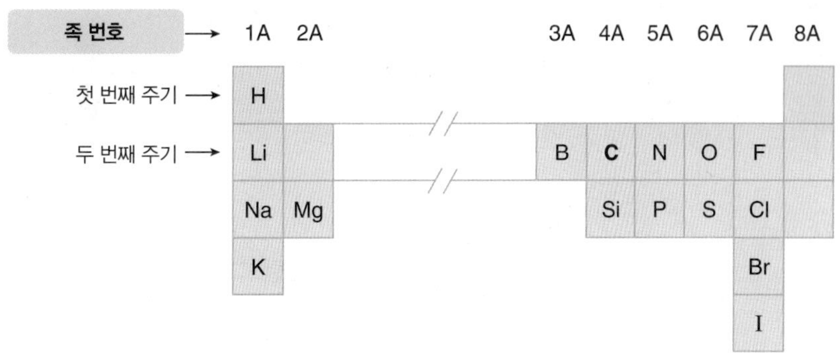

• 탄소는 4A 족의 두 번째 행에 있다.

주기율표의 **행**(row)을 **주기**(period), **열**(column)을 **족**(group)이라고 부른다. 이 책의 앞 표지 안쪽에 주기율표가 실려 있다.

오래 전에, 어떤 부류의 원소들은 비슷한 성질이 있으며, 이들 원자들은 **주기율표**(periodic table)라고 하는 체계적 방식으로 배열될 수 있다는 것을 알았다. 지금까지 100여 종 이상의 원소들이 밝혀졌으며 주기율표에 원자 번호 순으로 나열되어 있다. 주기율표는 행(row)과 열(column)로 이루어져 있다.

- 같은 행의 원소는 크기가 비슷하다.
- 같은 열의 원소는 전자적인 성질과 화학적인 성질이 비슷하다.

주기율표상의 각 열은 **족 번호**(group number)로 표시되는데, 아라비아 숫자 1에서 8, 또는 로마 숫자 I에서 VIII까지로 표시하고 뒤에 알파벳 문자 A 또는 B를 붙인다. 예컨대 탄소는 4A 족에 속해 있다.

100여 가지 이상의 원소가 존재하지만 이들이 모두 유기 화합물에 흔히 나타나는 것은 아니다. 그림 1.1은 이 교재에서 빈도 높게 다루는 몇 가지의 원소들만 표시하고 나머지는 잘라 버린 간이 주기율표이다. 이들 원소 대부분은 첫 번째 및 두 번째 주기에 위치하고 있다.

주기율표상의 탄소에 기입된 정보:

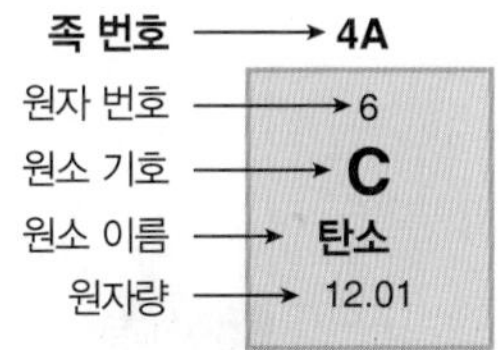

주기율표의 각 행(주기)을 따라 핵 주위의 껍질에 전자가 차례로 채워진다. 전자 껍질은 1, 2, 3 등의 번호가 매겨져 있다. 첫 번째 껍질에 전자를 더해 가면 첫 번째 행이 완성된다. 두 번째 껍질에 전자들을 채워 가면 두 번째 행이 완성된다. 전자는 우선적으로 핵에 가장 가까운 껍질부터 채워 나간다.

각 껍질은 특정 개수의 **오비탈**(orbital)을 포함한다. 오비탈은 전자 밀도가 높은 공간의 어떤 지역이다. 네 가지 다른 부류의 오비탈이 존재하는데, 이들을 *s*, *p*, *d* 및 *f*라고 부른다. 첫 번째 껍질에는 *s* 오비탈이라고 하는 하나의 오비탈만 존재한다. 두 번째 껍질에는 *s*와 *p* 오비탈이 존재한다. 이런 방식으로 쭉 이어진다. 각각의 오비탈은 특정한 형태를 나타낸다.

첫 번째 및 두 번째 주기의 원소들에 대해서는 *s* 오비탈과 *p* 오비탈만을 다루면 된다.

- ***s* 오비탈**은 **전자 밀도**가 **구형**이다. 또한 에너지가 같은 껍질 내의 다른 오비탈보다 **낮은 에너지 상태**에 있는데, 이는 전자가 양으로 하전된 핵에 좀 더 가깝게 유지되기 때문이다. *s* 오비탈은 같은 껍질 내의 *p* 오비탈보다 먼저 채워진다.
- ***p* 오비탈**은 **아령 모양**이다. 이 오비탈은 핵에서 **전자 밀도의 마디**(node of electron density)가 나타난다. 마디란 전자 밀도가 없는 영역을 의미한다. *p* 오비탈은 (같은 껍질 내의) *s* 오비탈보다 **높은 에너지 상태**에 있는데, 이는 전자 밀도가 핵에서 더 멀리 채워져 있기 때문이다.

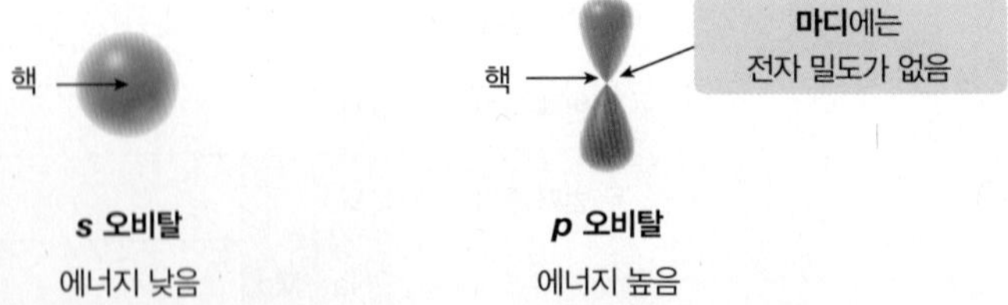

s 오비탈은 같은 껍질에 있는 *p* 오비탈보다 먼저 전자가 채워진다.

1.1A 첫 번째 주기

주기율표의 첫 번째 주기는 핵 주위의 첫 번째 껍질에 전자를 더해가며 이루어진다. 첫 번째 껍질에는 **1s 오비탈**이라고 부르는 오비탈 하나만이 존재한다.

- 주의: 각 오비탈에는 최대 두 개의 전자가 있다.

결과적으로 첫 번째 행에는 두 개의 원소가 있는데, 그중 하나는 1*s* 오비탈에 하나의 전자가 있고, 나머지 하나의 원소에는 두 개의 전자가 있다. 수소 원소(H)는 1*s* 오비탈에 전자가 하나만 있으므로 $1s^1$ 배치라고 하고, 헬륨(He)은 1s 오비탈에 두 개의 전자가 있으므로 $1s^2$ 배치이다.

첫 번째 주기 ⟶ H — $1s^1$ — 1*s* 오비탈에 하나의 전자

He — $1s^2$ — 1*s* 오비탈에 두 개의 전자

1.1B 두 번째 주기

두 번째 주기에 있는 각 원소는 첫 번째 껍질에 전자가 꽉 채워져 있으므로 모두 $1s^2$ 전자 배치이다. 주기율표의 두 번째 주기에 있는 각 원소들은 추가로 전자를 받아들일 수 있는 네 개의 오비탈이 있다.

- 두 번째 껍질에 있는 *s* 오비탈인 하나의 2*s* 오비탈
- 모두 아령 모양이고 *x*, *y*, *z* 축에 서로 수직인 세 개의 2*p* 오비탈

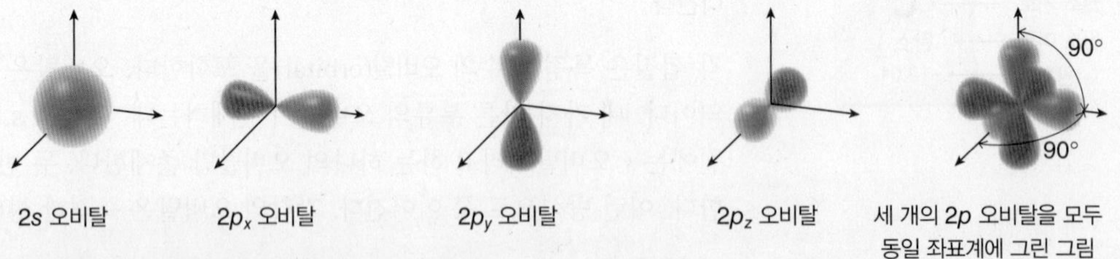

두 번째 껍질에 있는 오비탈 네 개는 각각 전자를 두 개씩 포함할 수 있으므로 두 번째 주기에 있는 원소들은 **최대 여덟 개의 전자를 수용**할 수 있다. 주기율표의 두 번째 줄은 2*s*와 세 개의 2*p* 오비탈에 전자를 차례로 넣어 얻어진 여덟 원소로 이루어져 있다.

제일 바깥쪽의 전자들을 **원자가 전자**(valence electron)라고 부른다. 원자가 전자들은 핵에 가까운 전자들보다 느슨하게 묶여 있으므로 화학 반응에 참여하게 된다. **두 번째 주기 원소들의 족 번호는 그 원소의 원자가 전자의 수를 나타낸다.** 예컨대 4A 족의 탄소는 원자가 전자가 네 개이며, 6A 족의 산소는 여섯 개이다.

문제 1.1 질소의 가장 흔한 동위원소의 질량수는 14(질소-14)이지만, 질량수가 13(질소-13)인 다른 방사성 동위원소가 알려져 있다. 질소-13은 외과 의사들이 뇌의 활성도를 측정하고 치매증(dementia)을 진단하기 위해 양전자 방사 단층 촬영법(PET, positron emission tomography)에 사용된다. 각 동위원소에 대하여 다음의 각 정보를 적어라.

a. 양성자의 수　b. 중성자의 수　c. 중성 원자의 전자 수　d. 족 번호　e. 원자가 전자의 수

1.2 결합

지금까지 우리는 개별적인 원자에 관하여 논의하였으나 자연계에는 둘 또는 그 이상의 원자들이 연결되어 있는 것들이 더 흔하다.

- 결합(bonding)이란 두 원자를 안정한 배열로 연결하는 것이다.

결합은 항상 **에너지를 낮추고 안정성을 높이기** 때문에 매우 유리한 과정이다. 둘 이상의 원소들이 결합하여 **화합물**(compound)을 형성한다. 약 100여 개의 원소가 존재하지만, 현재 알려져 있는 화합물의 수만 해도 오천만 개가 넘는다. 한두 가지 예만 든다면, 수소 기체(H_2)는 수소 원자 두 개가 결합하여 형성된 것이며, 가장 간단한 유기 화합물인 메테인(CH_4)은 탄소 원자 하나와 수소 원자 넷이 결합하여 형성된 것이다.

일반적인 규칙 하나가 결합 과정을 지배한다.

- 결합을 통하여, 원자는 원자가 전자로 채워진 완성된 바깥 껍질을 갖춘다.

주기율표상의 8A 족 불활성 기체(noble gas)들은 원자가 전자가 꽉 채워진 껍질이 있는 특별히 안정한 원자이므로, 이 일반 규칙은 다음과 같이 다르게 기술할 수 있다.

- 결합을 통하여, 원자는 주기율표에서 가장 가까운 불활성 기체의 안정한 전자 배치를 이루기 위해 전자를 잃거나 혹은 공유한다.

첫 번째 및 두 번째 주기 원소들에 대하여 이것이 의미하는 바가 무엇이겠는가? **수소와 같은 첫 번째 주기 원소는 곁에 두 개의 전자를 수용할 수 있다.** 이렇게 되면 같은 주기의 끝에 있는 불활성 기체인 헬륨처럼 될 수가 있다. **두 번째 주기 원소들은 주변에 네온과 같이 여덟 개의 원자가 전자가 있으면 최대로 안정화된다.** 이와 같은 방식으로 거동하는 원자들은 **팔전자 규칙**(octet rule)을 따른다고 한다.

서로 다른 두 종류의 결합이 있는데, **이온 결합**(ionic bonding)과 **공유 결합**(covalent bonding)이다.

- 이온 결합은 한 원소에서 다른 원소로 전자를 전달하여 만들어진 결합이다.
- 공유 결합은 두 핵 간에 전자를 공유함으로써 만들어진다.

어떤 유형의 결합을 하는가는 두 원소의 주기율표상의 위치로 결정된다. 일반적으로 이온 결합

원자는 한두 개의 전자를 잃거나 얻어서 불활성 기체 전자 배치를 이룰 수 있다면 쉽게 이온 결합을 형성한다. NaCl과 KI는 이온 결합 화합물이다.

은 주기율표의 가장 왼쪽의 원소가, 거의 결합을 이루지 않는 불활성 기체를 제외하고 가장 오른쪽 원소와 결합하여 생긴다.전자 전달의 결과로 생겨나는 이온들은 매우 센 정전기적 상호작용으로 묶인다. 주기율표 왼편의 원소에서 생성된 양으로 하전된 양이온은 오른편에서 생성된 음으로 하전된 음이온을 당기게 된다. 이온 무기 화합물의 예로는 흔한 식용 소금인 염화 소듐(NaCl)과 필수 영양소인 아이오딘이 첨가된 식염을 만드는 데 사용되는 아이오딘화 포타슘(KI)이 있다.

이온 결합 화합물들은 양이온과 음이온 간의 정전기적 상호작용이 최대화하도록 결정 격자를 이루게 된다. NaCl의 경우, 양으로 하전된 Na^+는 각각 여섯 개의 음으로 하전된 Cl^-로 둘러싸이며, Cl^-는 각기 여섯 Na^+이온으로 둘러싸여 있다.

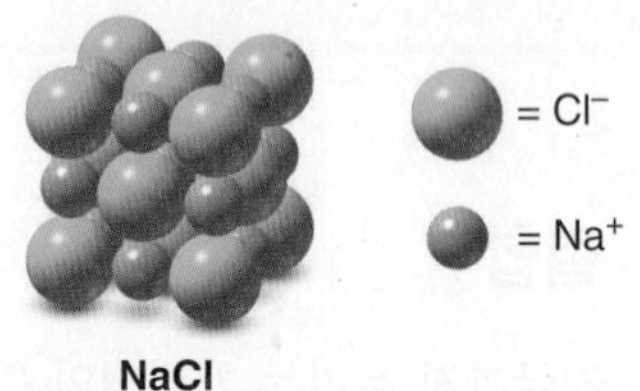

플루오린화 리튬(LiF)은 이온 결합 화합물의 한 예이다.

- 원소 리튬(lithium)은 주기율표의 1A 족에 위치하며 두 번째 껍질에 하나의 전자만 있다. 이 전자를 잃으면 두 번째 껍질에 전자가 하나도 없는 양이온 Li^+를 형성한다. 그렇지만 이 이온은 첫 번째 껍질에 헬륨과 같이 두 개의 전자가 있으므로 안정한 전자 배치를 이룬다.
- 원소 플루오린(fluorine)은 주기율표의 7A 족에 있으며 일곱 개의 원자가 전자가 있다. 전자 하나를 얻으면 F^- 음이온을 형성하는데, 마치 네온처럼 원자가 껍질을 채운다(팔전자계).
- 따라서 플루오린화 리튬은 Li^+ 양이온과 F^- 음이온으로 구성된 안정한 이온 결합 화합물이다.

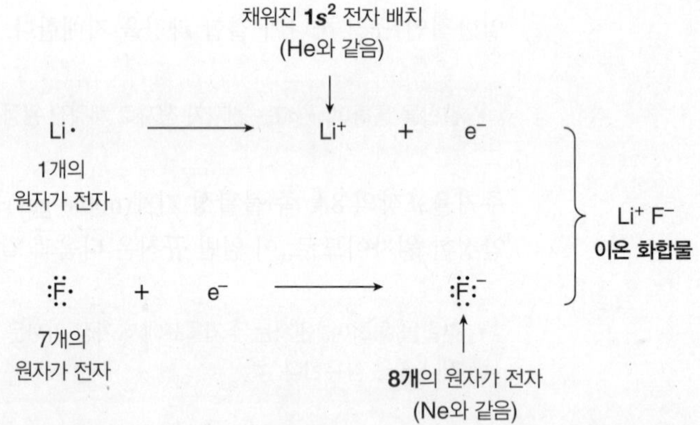

- 전자 전달로 양이온과 음이온으로 이루어진 안정한 염을 생성한다.

화합물은 이온 결합이나 공유 결합을 할 수 있다. **분자**는 공유 결합만 한다.

결합의 두 번째 형태는 공유 결합으로서, 원자가 껍질을 완성하기 위하여 여러 개의 전자를 얻거나 잃어야 하는 주기율표의 가운데에 있는 원소들에서 자주 일어난다. 공유 결합은 두 전자의 결합이며, 공유 결합이 있는 화합물을 분자(molecule)라고 부른다. 공유 결합은 두 수소 원자 또는 두 염소 원자같이 주기율표의 같은 쪽에 위치한 원자들 간에도 형성된다. H_2, Cl_2, CH_4는 모두 공유 결합 분자이다.

문제 1.2 다음 화합물들에서 각 결합은 이온 결합인가 공유 결합인가?

a. F_2 b. LiBr c. CH_3CH_3 d. $NaNH_2$ e. NaOCH3

그러면 어떤 특정 원자는 몇 개의 공유 결합을 하는가? 예상할 수 있는 바와 같이 이 또한 주기율표상의 위치에 달려 있다. 첫 번째 주기에서 수소는 한 개의 원자가 전자를 이용하여 하나의 공유 결합을 형성한다. 두 수소 원자가 결합을 이루면 각 수소 원자는 두 전자로 채워진 원자가 껍질을 갖게 된다.

두 번째 주기 원소는 자기 둘레에 최대 여덟 개의 원자가 전자를 가질 수 있다. 전기적으로 중성인 분자의 경우 두 가지 결과가 초래된다.

- **원자가 전자가 하나, 둘, 셋 또는 넷인 원자**는 중성 분자에서 각각 **하나, 둘, 셋 또는 네 개의 결합을 형성한다**.
- **원자가 전자가 다섯 또는 그 이상인 원자**는 팔전자계 형성에 필요한 정도로 결합한다. 따라서 예상되는 결합의 수 = 8 − 원자가 전자의 수이다.

예를 들어, B는 원자가 전자가 셋으로, BF_3에서와 같이 세 개의 결합을 형성한다. N은 다섯 개의 원자가 전자가 있으므로 NH_3에서처럼 세 개의 결합(8 − 5 = 3)을 형성한다.

비결합 전자쌍 = 비공유 전자쌍 = 고립 전자쌍

그림 1.2는 유기 화합물에서 늘 등장하는 원자들이 형성하는 결합의 개수를 정리 요약한 것이다. 유의해야 할 점은 두 번째 주기 원소가 넷 이하의 결합을 하는 경우 팔전자계는 결합(공유) 전자와 비결합(비공유) 전자로 이루어진다는 점이다. 비공유 전자는 고립 전자쌍(lone pair)이라고 부른다.

문제 1.3 각 원자는 몇 개의 공유 결합을 형성할 수 있다고 예상되는가?

a. O b. Al c. Br d. Si

1.3 루이스 구조

루이스 구조(Lewis structure)란 전자를 점으로 표시하는 분자의 전자 점(electron dot) 표현이다. 루이스 구조를 그리는 데에는 세 가지 일반 규칙이 있다.

1. 원자가 전자만을 그린다.
2. 가능한 한 두 번째 주기 원소들은 팔전자계를 이루도록 한다.
3. 모든 수소에 전자 두 개가 있도록 한다.

그림 1.2
요약: 자주 등장하는 중성 원자의 결합 개수

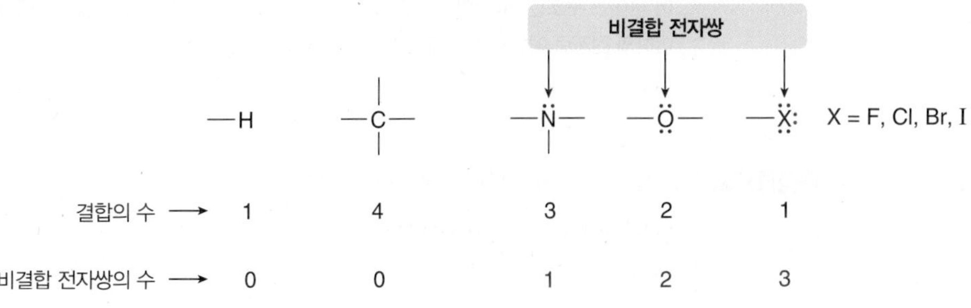

X는 흔히 7A 족의 할로젠인 F, Cl, Br 또는 I 중 하나를 나타낸다.

HF와 같은 이원자 분자의 루이스 구조를 그리는 것은 간단명료하다. 수소는 원자가 전자가 하나이고, 플루오린은 일곱이다. H와 F가 전자 하나씩을 내어 결합을 형성한다. 그 결과 H도 F도 다 채워진 원자가 껍질을 이루게 된다. 루이스 구조에서 실선은 공유 결합 전자쌍을 나타낸다.

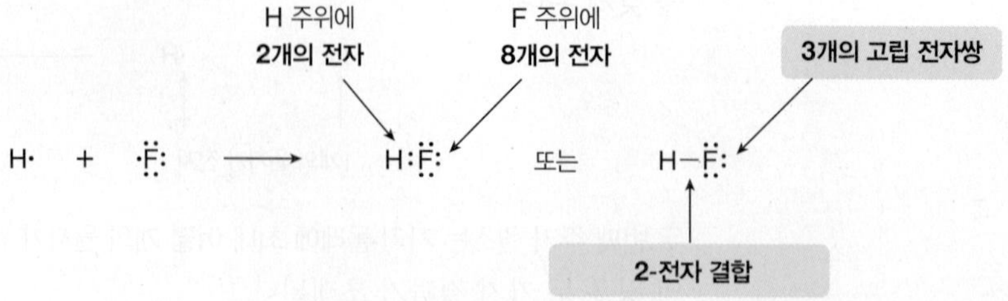

1.3A 루이스 구조 그리는 절차

큰 분자의 루이스 구조를 그릴 때에도 다음 절차를 따르면 한결 쉬워진다. 예제 1.1에 간단한 유기 분자들의 루이스 구조 그리는 법이 예시되어 있다.

예제 1.1 분자식이 CH_4O인 메탄올의 루이스 구조를 그려라.

풀이

단계 [1] 원자를 정렬한다.

H
H C O H
H

- 두 번째 주기 원소 C와 O를 중앙에 둔다.
- C가 네 개의 원자로 둘러싸이게 C 주위에 세 개의 H를 배열한다.
- O가 두 개의 원자로 둘러싸이게 한 개의 H를 O 옆에 둔다.

단계 [2] 전자의 수를 헤아린다.

$$1\ C \times 4\ e^- = 4\ e^-$$
$$1\ O \times 6\ e^- = 6\ e^-$$
$$4\ H \times 1\ e^- = 4\ e^-$$
$$\textbf{합계}\ 14\ e^-$$

단계 [3] 결합을 첨가하고 고립 전자쌍을 배치한다.

- 14개의 전자 중 10개의 전자를 사용하여 다섯 개의 C–H, C–O 및 O–H 결합을 첨가한다.
- 나머지 네 개의 전자를 O 원자의 고립 전자쌍 두 개로 이용하여 O 원자가 팔전자계가 되도록 한다.

먼저 결합을 그려 넣고 나서... ...그 다음 고립 전자쌍을 그려 넣는다.

H–C(H)(H)–O–H ----→ H–C(H)(H)–Ö–H

팔전자계가 완성되지 않음
10개의 전자만 사용됨

타당한 구조

이 루이스 구조는 14개의 전자가 모두 사용되었다. 즉 각 H가 전자 둘씩으로 에워싸여 있고, 두 번째 주기 원소는 여덟 개 이하의 전자로 에워싸였기 때문에 타당한 루이스 구조라고 할 수 있다.

문제 1.4 다음 화학종의 타당한 루이스 구조를 그려라.

a. CH_3CH_3 b. CH_5N c. CH_3Cl

해결 방법 루이스 구조 그리기

단계 [1] 서로 연결된다고 생각되는 원자들을 이웃에 배열한다.

- 수소와 할로젠은 항상 외곽에 배치한다. 왜냐하면 H와 X (X = F, Cl, Br, I)는 결합을 한 번 밖에 하지 않기 때문이다.

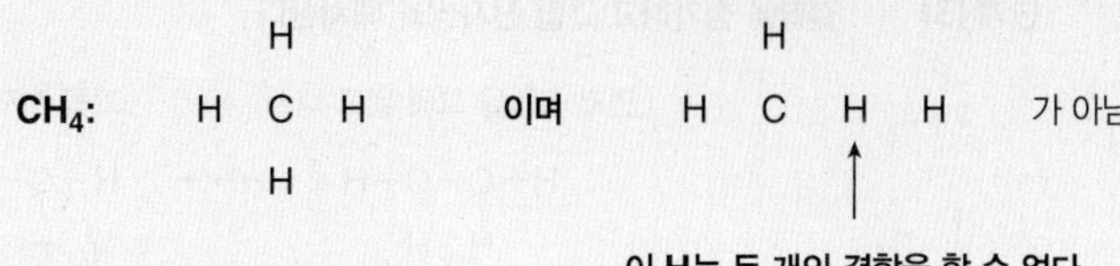

- 우선적으로는 그림 1.2의 일반적인 결합 패턴을 이용하여 원자를 배치한다.

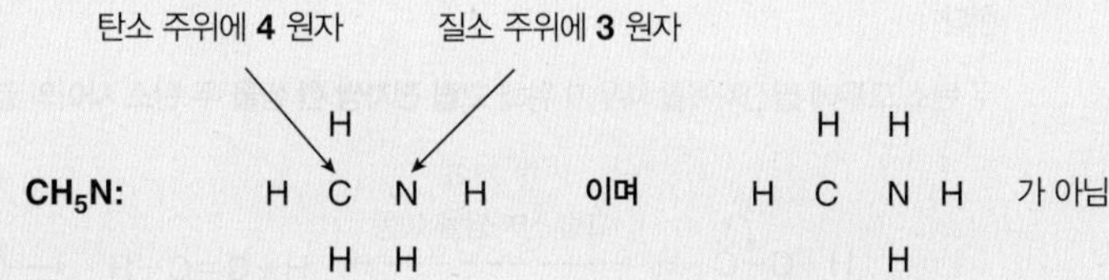

- 사실 원자들을 적절하게 배열하는 방법은 명확하지 않을 뿐만 아니라 때로는 두 가지 이상의 배열이 가능한 경우도 있다(1.4절 참조). 심지어 비교적 간단한 분자들의 경우에도 원자의 연결 순서는 실험을 거쳐야만 되는 경우도 있다.

단계 [2] 전자의 수를 헤아린다.

- 모든 원자로부터 원자가 전자의 수를 헤아린다.
- 음전하는 전자 하나를 추가한다.
- 양전하는 전자 하나를 뺀다.
- 이 전자의 합이 루이스 구조를 그리는 데 사용되어야 한다.

단계 [3] 원자 주위에 전자를 배열한다.

- 모든 두 원자 사이에 결합을 그려 넣되 수소에는 두 개, 그리고 다른 두 번째 주기 원자에는 아홉 개 이상의 전자가 들어가지 않도록 한다.
- 남은 전자 모두를 고립 전자쌍을 포함하여 팔전자계가 완성되도록 배열하여 넣는다.
- 만약 원자가 전자를 소진하였는데도 팔전자계가 완성되지 않으면 예제 1.2에서처럼 다중 결합을 형성하게 된다.

단계 [4] 모든 원자에 형식 전하를 부여한다.

- 형식 전하는 1.3C절에서 논의한다.

1.3B 다중 결합

예제 1.2는 다중 결합이 포함된 루이스 구조에 대한 보기를 예시하였다.

예제 1.2 분자 구조식이 C_2H_4이고 각 탄소에 두 개의 수소가 결합되어 있는 에틸렌의 루이스 구조를 그려라.

풀이

단계 [1]에서 [3]을 거쳐 루이스 구조를 그린다.

단계 [1] 원자들을 배열한다.

H C C H
  H H

- 각 C는 두 개의 H를 얻는다.

단계 [2] 전자의 수를 헤아린다.

$$2\,C \times 4\,e^- = 8\,e^-$$
$$4\,H \times 1\,e^- = 4\,e^-$$
합계 12 e^-

단계 [3] 결합을 첨가하고 고립 전자쌍을 배치한다.

먼저 결합을 그려 넣고 나서... ...고립 전자쌍을 그려 넣는다.

H–C–C–H (각 C에 H) ----> H–C–C̈–H (각 C에 H)

팔전자계가 완성되지 않음

원자들 사이에 5개의 결합을 배치하고, 나머지 두 개의 전자를 고립 전자쌍으로 그려 넣으면 한 개의 탄소는 팔전자계가 되지 못한다.

두 탄소 모두에 팔전자계를 채우기 위해 **고립 전자쌍 한 쌍을 두 탄소 사이의 결합 전자쌍 한 쌍으로 바꾸어 이중 결합을 만든다.**

한 개의 고립 전자쌍을 이동

H–C–C̈–H ------------> H–C=C–H ← **각 C에 네 개의 결합이 있음**

에틸렌
타당한 루이스 구조

이렇게 전자 12개를 모두 소진하며 각 탄소는 팔전자계를 완성하며, 각 수소에는 두 개의 전자가 위치한다. 이 루이스 구조는 타당하다. **에틸렌은 탄소–탄소 이중 결합으로 이루어진다.**

- 모든 전자를 결합과 고립 전자쌍으로 소진하여도 원자가 팔전자계를 채우지 못하는 경우에는 고립 전자쌍을 다중 결합을 형성하는 데 사용한다.

탄소는 안정한 유기 분자 내에서 항상 네 개의 결합을 한다. 탄소는 탄소 혹은 다른 원소들과 단일, 이중, 삼중 결합을 형성한다.

팔전자계를 완성하는 데 두 개의 전자가 필요하면 고립 전자쌍 한 쌍을 새로운 하나의 결합 전자쌍으로 바꾸어 결합을 형성한다. 분자식이 C_2H_2인 아세틸렌의 경우, 10개의 원자가 전자를 사용하여 루이스 구조를 그리면, 하나 또는 두 탄소 모두가 팔전자계를 채우지 못하게 된다.

C_2H_2 — 아세틸렌 — 두 개의 C와 두 개의 H로부터 10개의 원자가 전자

먼저 결합을 그려 넣고 나서 ... H–C–C–H --------> ... 고립 전자쌍을 그려 넣는다. H–C–C̈–H (팔전자계가 완성 안 됨) 또는 H–C̈–C̈–H (팔전자계가 완성 안 됨)

이 경우에는 두 고립 전자쌍을 두 결합 전자쌍으로 바꾸어 삼중 결합을 만든다.

H–C–C̈–H ----> H–C=C̈–H (팔전자계가 완성 안 됨) ----> H–C≡C–H ← **각 C에 네 개의 결합이 있다.**

아세틸렌
타당한 루이스 구조

문제 1.5 원자들이 정렬된 것처럼 연결되었다고 가정하고, 각 화합물에 타당한 루이스 구조를 그려라. 사이안화 수소(HCN)는 독성이 있으며, 폼알데하이드(H_2CO)는 방부제, 글라이콜산(glycolic acid, $HOCH_2COOH$)은 녹는 봉합사(suture)를 만드는 데 사용된다.

a. HCN H C N

b. H_2CO H C O / H

c. $HOCH_2CO_2H$ H O C C O H (H O above, H below)

1.3C 형식 전하

분자의 루이스 구조상에서 전자의 수납 상황을 한눈에 보기 위해 유기화학자들은 형식 전하(formal charge)를 사용한다.

- 형식 전하란 루이스 구조의 각 원자에 할당된 전하를 말한다.

형식 전하를 계산함으로써 주어진 원자가 갖는 전자의 수와 그 원자의 원자가 전자 수를 비교할 수 있다. 형식 전하는 다음과 같이 계산한다.

형식 전하 = **원자가 전자의 수** − **원자가 '소유한' 원자의 수**

원자가 '소유'하고 있는 전자의 수는 그 원자의 결합 수와 고립 전자쌍 수에서 알 수 있다.

- 원자는 비공유 전자 모두와 공유된 전자의 절반을 '소유'한다.

소유한 전자의 수 = **비공유 전자의 수** + $\frac{1}{2}$ [**공유한 전자의 수**]

각 탄소 원자가 '소유'하고 있는 전자의 수는 다음 예에 나와 있다.

—C— (four single bonds)
- C는 8개의 전자를 공유한다.
- C는 **4개**의 전자를 '소유'한다.

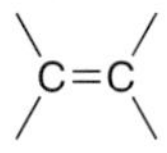

C=C
- 각 C는 8개의 전자를 공유한다.
- 각 C는 **4개**의 전자를 '소유'한다.

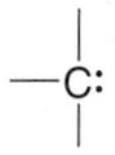

—C: (three bonds, one lone pair)
- C는 6개의 전자를 공유한다.
- C는 2개의 비공유 전자를 가지고 있다.
- C는 **5개**의 전자를 '소유'한다.

예제 1.3에 여러 원자로 구성된 이온의 형식 전하 계산법이 예시되어 있다. 각 원자에 부여된 형식 전하의 합은 그 분자 또는 이온의 알짜 전하와 일치하여야 한다.

예제 1.3 H_3O^+ 이온에서 각 원자의 형식 전하를 계산하라.

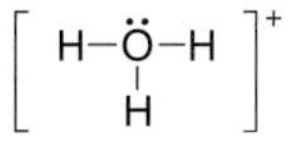

$$\left[\mathrm{H{-}\ddot{O}{-}H}\ (\text{with H below O})\right]^+$$

풀이

각 원자의 형식 전하를 계산하기 위해,

- 원소의 원자가 전자를 구한다.
- 결합 및 비공유 전자들로부터 원자가 '소유'하고 있는 전자의 수를 구한다.
- 첫 번째 전자 수에서 두 번째 전자 수를 뺀 값이 형식 전하이다.

형식 전하 0
H–Ö–H (with H below)
형식 전하 +1

O 원자(6A 족)
- 원자가 전자 수 = 6
- 결합 전자 수 = 6
- 비공유 전자 수 = 2

$$\text{형식 전하} = 6 - \left[2 + \frac{1}{2}(6)\right] = +1$$

각 H 원자(1A 족)
- 원자가 전자 수 = 1
- 결합 전자 수 = 2
- 비공유 전자 수 = 0

$$\text{형식 전하} = 1 - \left[0 + \frac{1}{2}(2)\right] = 0$$

산소 원자의 형식 전하는 +1이고, 각 H의 형식 전하는 0이다. H_3O+ 이온의 전체 전하는 각 원자의 형식 전하의 합(1 + 0 + 0 + 0 = +1)이다.

문제 1.6 다음 화학종에 있는 두 번째 주기 원소들 각각에 대해 형식 전하를 계산하라.

a. $[NH_4]^+$ (H–N–H, with H above and below) b. CH_3–N≡C: c. :Ö=Ö–Ö:

문제 1.7 다음 각 이온의 루이스 구조를 그려라.

a. CH_3O^- b. HC_2^- c. $(CH_3NH_3)^+$ d. $(CH_3NH)^-$

처음 루이스 구조에 형식 전하를 붙여 넣으려면 예제 1.3과 같은 계산 과정을 거치는 것이 옳다. 연습을 거듭하면, 특정 결합 패턴은 항상 동일한 형식 전하를 야기한다는 사실을 확인할 수 있다. 예를 들어 네 개의 결합이 있는 질소 원자(고립 전자쌍 없음)에는 항상 +1의 형식 전하가 있다. 표 1.1에 탄소, 질소, 산소의 결합 양식과 형식 전하를 정리하였다.

문제 1.8 산소에 다중 결합하여 구성된 다음의 각 화학종에서 산소의 형식 전하는 얼마인가?

a. ≡O: b. =Ö– (two lone pairs) c. =Ö: (three lone pairs)

표 1.1
C, N 및 O의 결합 양상에 따라 관찰되는 형식 전하

원자	원자가 전자의 수	형식 전하 +1	형식 전하 0	형식 전하 −1
C	4	세 결합, 고립 전자쌍 없음 (C^+)	네 결합	세 결합, 고립 전자쌍 1개 (C^-)
N	5	네 결합 (N^+)	세 결합, 고립 전자쌍 1개	두 결합, 고립 전자쌍 2개 (N^-)
O	6	세 결합, 고립 전자쌍 1개 (O^+)	두 결합, 고립 전자쌍 2개	한 결합, 고립 전자쌍 3개 (O^-)

1.4 이성질체

여러 원자로 된 분자의 루이스 구조를 그리다 보면 분자식이 같다 하더라도, 둘 이상의 배열이 가능하다. 예를 들어, 분자식 C_2H_6O에는 두 가지 타당한 배열 방식이 있다.

```
   H  H               H     H
   |  |               |     |
H—C—C—Ö—H          H—C—Ö—C—H
   |  |               |     |
   H  H               H     H
```

에탄올 다이메틸 에터

같은 분자식

C_2H_6O

이성질체

둘 다 타당한 루이스 구조일 뿐만 아니라 둘 다 분자가 존재한다. 하나는 에탄올(ethanol), 다른 하나는 다이메틸 에터(dimethyl ether)라고 부른다. 이러한 두 화합물을 **이성질체**(isomer)라고 한다.

- 이성질체는 분자식이 같으면서 다른 분자이다.

에탄올과 다이메틸 에터를 **구조 이성질체**(constitutional isomer)라고 하는데, 분자식은 같으나 **원자들의 연결 방식이 다르다.** 예를 들어 에탄올에는 C−C 결합 하나와 O−H 결합 하나가 있지만, 다이메틸 에터에는 C−O 결합이 두 개 있다. 두 번째 부류의 이성질체를 **입체이성질체**(stereoisomer)라고 하는데, 4.13B절에서 소개한다.

문제 1.9 다음 각 분자식에 대한 루이스 구조를 그려라.

a. $C_2H_4Cl_2$(두 개의 이성질체) b. C_3H_8O(세 개의 이성질체) c. C_3H_6(두 개의 이성질체)

1.5 팔전자 규칙의 예외

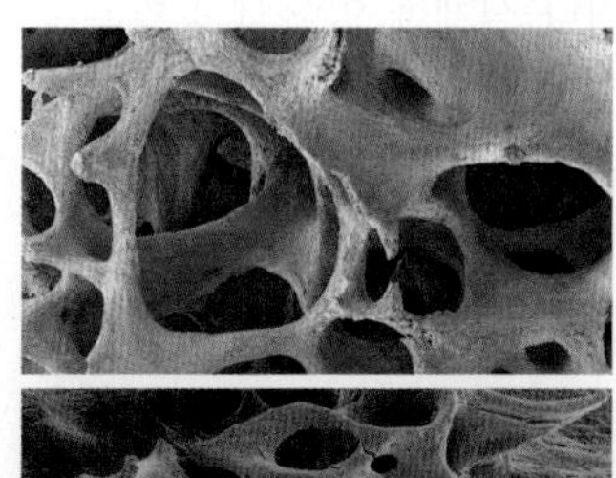

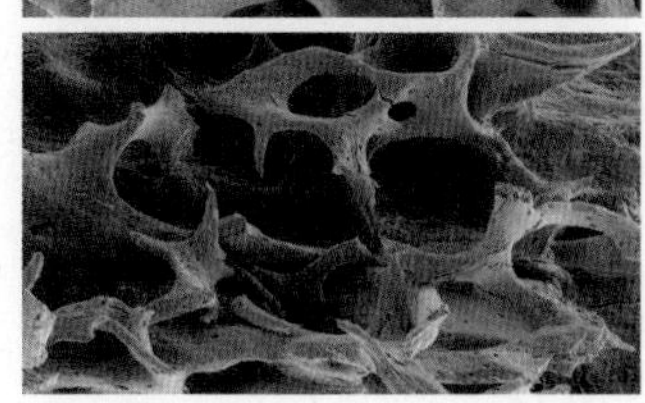

상품명 **포사맥스**(Fosamax)인 알렌드론산(alendronic acid)은 소듐염의 형태로 시판되고 있으며, 여성들의 골다공증을 예방하는 데 사용된다. 골다공증(osteoporosis)은 뼈의 밀도를 감소시킨다. 사진은 정상적인 뼈(위)와 부서지기 쉬운 뼈(아래)를 비교하여 보여주고 있다.

유기 화합물에서 흔히 볼 수 있는 원소들—C, N, O 및 할로젠—은 팔전자 규칙을 따른다. 수소는 두드러진 예외의 하나로 결합에 두 전자만 수용할 수 있다. 추가적인 예외에는 붕소와 베릴륨(2A와 3A 족의 두 번째 주기 원소), 그리고 세 번째 주기 원소들(특히 인과 황)이 있다.

붕소나 베릴륨 같은 주기율표의 2A 및 3A 족 원소들은 중성 분자에서 팔전자계를 이룰 수 있는 원자가 전자가 충분하지 않다. BeH_2와 BF_3의 루이스 구조는 중심 원자 주위에 전자가 각각 네 개와 여섯 개만 존재한다는 것을 보여준다. 이 화합물들에는 팔전자계를 이룰 수 있는 충분한 전자가 없다. Be와 B는 모두 전자가 여덟 개에 미치지 못하므로 이들 분자는 반응성이 대단히 크다.

H−Be−H

Be 주위에 네 개의 전자

```
   :F̈:
    |
    B
   / \
:F̈:   :F̈:
```

B 주위에 여섯 개의 전자

팔전자 규칙의 두 번째 예외는 주기율표의 세 번째 주기 및 그 다음 주기 원소에서 볼 수 있다. 이들 원소는 전자를 받아들일 수 있는 빈 d 오비탈이 있으므로 주위에 **아홉 개 이상의 전자를** 수용할 수 있다. 유기화학자에게 있어 이 범주의 원소들 중 가장 일반적인 것은 인과 황으로, 이들은 10개 심지어는 12개까지의 전자를 주위에 수용할 수 있다. 아래의 다이메틸 설폭사이드, 황산 및 알렌드론산이 그 예이다.

황 주위에 10개 전자 / 황 주위에 12개 전자 / P 주위에 각각 10개 전자

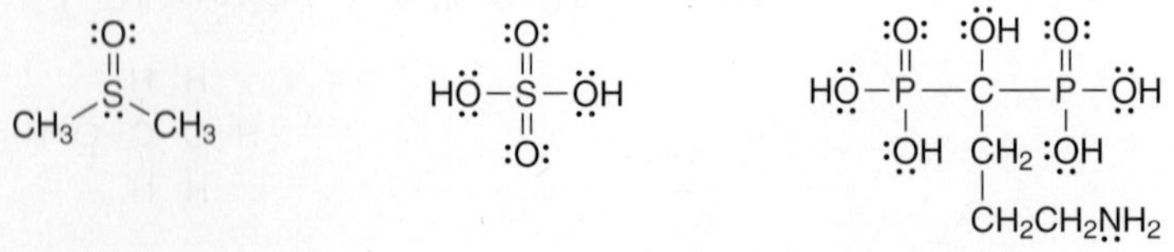

다이메틸 설폭사이드 (간단히 DMSO라고 씀) / 황산 / 알렌드론산

1.6 공명

어떤 분자는 단일 루이스 구조로 적절하게 나타낼 수 없다. 예를 들어, 음이온 $(HCONH)^-$에 대한 두 개의 타당한 루이스 구조를 그릴 수 있다. 한 구조에는 음으로 하전된 N 원자와 C–O 이중 결합, 다른 구조에는 음으로 하전된 O 원자와 C–N 이중 결합이 있다. 이들 구조를 일컬어 공명 구조(resonance structure) 또는 공명형(resonance form)이라고 부른다. 두 공명 구조를 분리하여 그리는 데 양쪽 화살표(double-headed arrow)를 사용한다.

양쪽 화살표

- 공명 구조는 원자가 놓인 위치는 같고 전자의 정렬 상태만 다른 두 루이스 구조이다.

$(HCONH)^-$의 어떤 공명 구조가 전자 배열을 정확하게 표현한 것인가? 그 답은 둘 다 아니라는 것이다. 진짜 구조는 두 공명 구조 모두의 혼합체인데, 공명 혼성체(resonance hybrid)라고 불린다. 혼성체는 두 공명 구조의 성질을 다 나타낸다.

각 공명 구조는 전자쌍이 결합 또는 원자에 편재화되어 있다. 그러나 실제에 있어서 공명은 특정 전자쌍이 여러 원자에 비편재화(delocalized)되는 것을 허용하며, 이와 같은 전자 밀도의 비편재화로 안정성이 증가한다. 공명 구조가 두 개 이상인 분자를 일컬어 공명 안정화(resonance stabilized)라고 한다.

1.6A 공명 이론의 소개

공명 이론에 관한 다음의 기본 원리를 기억해두자.

- 공명 구조는 실제의 구조가 아니다. 개개의 공명 구조는 분자나 이온의 구조를 정확하게 나타내지 못한다. 공명 혼성체만이 분자나 이온의 구조를 나타낸다.
- 공명 구조는 서로 평형에 놓여 있는 것이 아니다. 한 공명 구조에서 다른 공명 구조로 전자의 이동이 일어나는 것이 아니다.
- 공명 구조는 이성질체가 아니다. 두 이성질체는 원자와 전자의 배열이 모두 다르지만, 공명 구조는 전자의 배열만 다르다.

예를 들어 이온 A와 B는 공명 구조인데, 그 이유는 두 화합물 모두에서 원자들의 배열 위치가 똑같고 전자쌍의 위치만 바뀌었기 때문이다. 이에 반해 화합물 C와 D는 원자들의 자리가 다르기 때문에 이성질체이다. C에는 O−H 결합이 있으며 D에는 C−H 결합이 하나 더 있다.

A B C D

- A와 B는 공명 구조이다.
- 하나의 전자쌍(붉은색)의 위치가 다르다.

- C와 D는 이성질체이다.
- 하나의 H원자(붉은색)의 위치가 다르다.

문제 1.10 다음 각 화합물을 공명 구조와 이성질체로 분류하라.

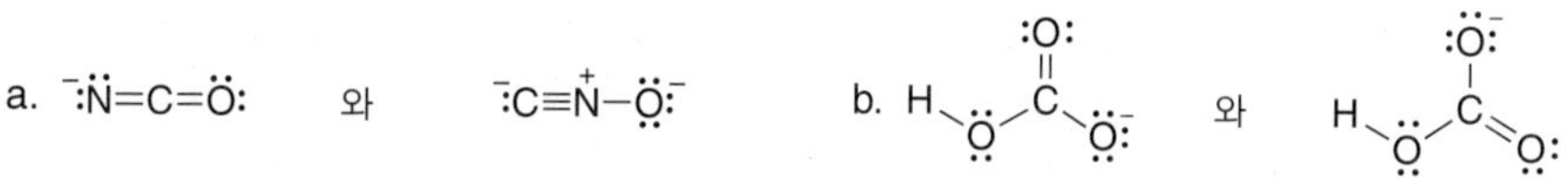

a. 와 b. 와

문제 1.11 구조 A~D를 생각하자. 각 화합물 쌍이 이성질체인지, 공명 구조인지, 둘 다 아닌지를 분류하라.

a. **A**와 **B** b. **A**와 **C** c. **A**와 **D** d. **B**와 **D**

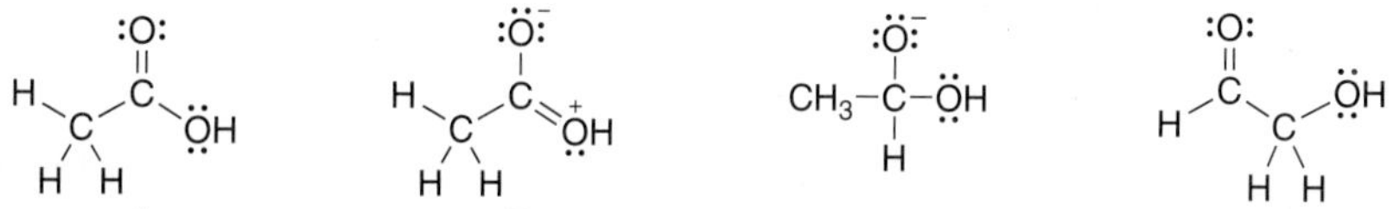

A B C D

1.6B 공명 구조 그리기

공명 구조를 그리는 데 다음에 열거한 세 가지 규칙을 이용하도록 하자.

규칙 [1] 두 공명 구조는 다중 결합과 비결합 전자쌍의 위치만 다르다. 원자와 단일 결합의 위치는 항상 같다.

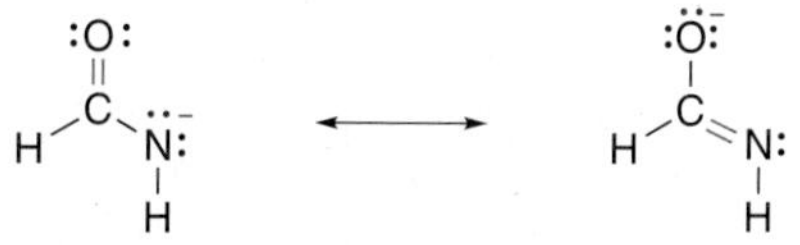

A B

- 이중 결합(푸른색)의 위치가 다름
- 고립 전자쌍(붉은색)의 위치가 다름

규칙 [2] 두 공명 구조는 짝지어지지 않는 전자의 수가 같아야 한다.

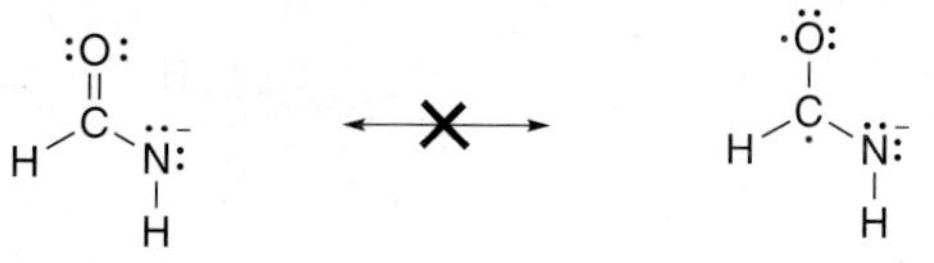

A C

짝지어지지 않은 전자

두 개의 짝지어지지 않은 전자

A(또는 **B**)의 공명 구조가 아님

규칙 [3] 공명 구조는 타당성 있는 루이스 구조여야 한다. 수소에는 두 개의 전자만 있어야 하며, 2주기 원소들에는 아홉 개 이상의 전자가 있을 수 없다.

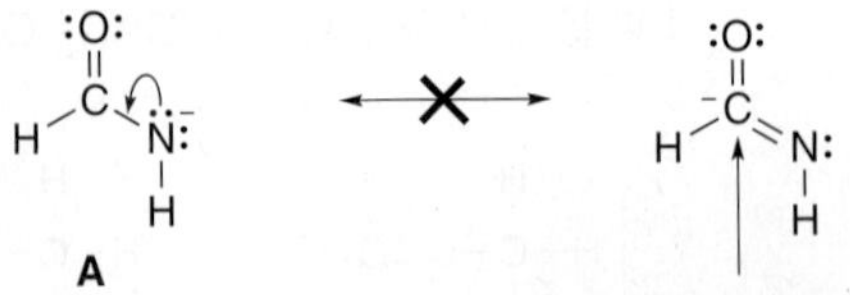

A

C 주위에 **10**개의 전자
타당하지 않은 A의 루이스 구조

굽은 화살표 표현법(curved arrow notation)은 두 공명 구조 간에 전자의 위치가 어떻게 다른지 보여주는 협약이라 할 수 있다.

- 굽은 화살표는 전자쌍의 이동을 나타내는 표현법이다. 화살 꼬리는 결합 또는 고립 전자쌍의 전자쌍이 출발점이며, 머리는 전자가 '이동'하여 가는 도착점을 나타낸다.

굽은 화살표는 항상 전자쌍에서 시작하여 원자 또는 결합에서 끝난다.

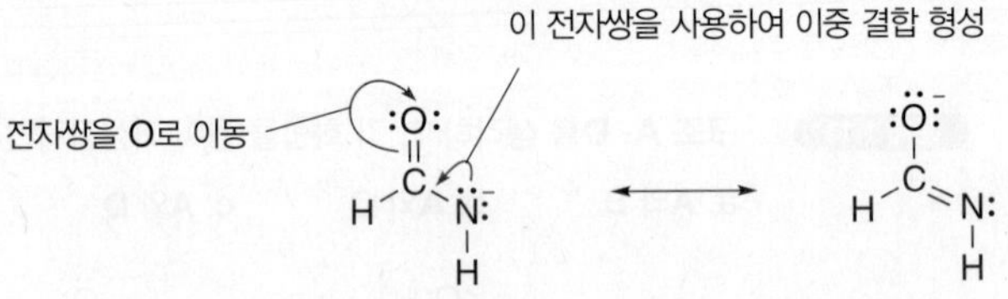

이 전자쌍을 사용하여 이중 결합 형성

전자쌍을 O로 이동

A B

공명 구조 A와 B는 두 전자쌍의 위치가 다르기 때문에 굽은 화살표 두 개가 필요하다. A를 B로 바꾸려면 질소의 전자쌍을 취하여 C와 N 간의 이중 결합을 형성한다. 그리고 나서 C−O 이중 결합의 전자쌍을 이동하여 O의 고립 전자쌍으로 만들면 된다. 굽은 화살표는 이렇게 한 공명 구조에서 다른 공명 구조로 바꾸는 데 있어 전자쌍의 재배치를 보여주지만 **전자가 실제로 이동하는 것은 아니다.** 예제 1.4는 한 공명 구조를 다른 공명 구조로 바꾸는 데 굽은 화살표를 어떻게 사용하는가를 보여준다.

예제 1.4 굽은 화살표를 따라 각 이온의 두 번째 공명 구조를 그려라.

a. 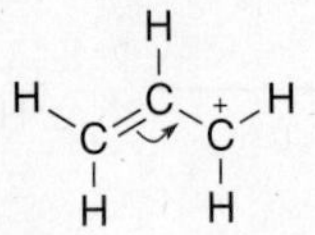 b. 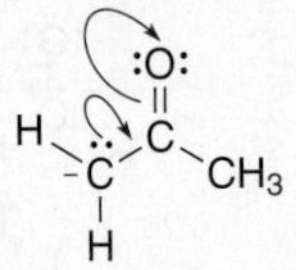 CH_3

풀이

a. 굽은 화살표는 이중 결합의 **한** 전자쌍이 이웃한 C−C 결합으로 이동함을 알려준다. 그 다음에는 결합이 달라진 원자의 형식 전하를 결정한다.

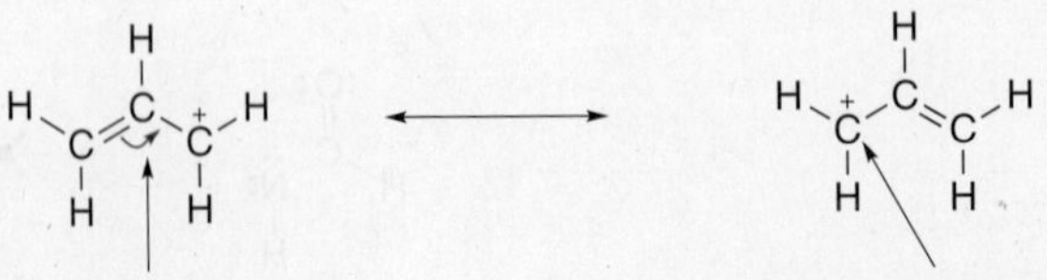

전자 한 쌍을 이동시키고...

...그 다음 형식 전하 (+1)를 부여한다.

양으로 하전된 탄소 원자를 **탄소 양이온**(carbocation)이라고 한다. 탄소 양이온은 탄소 원자가 팔전자계가 아니기 때문에 불안정한 중간체이다.

b. 굽은 화살표가 **두 개**이므로 **두 개**의 전자쌍이 이동함을 알 수 있다. 두 번째 공명 구조는 O에 (−1)의 형식 전하가 있다.

두 개의 전자쌍을 이동시키고...

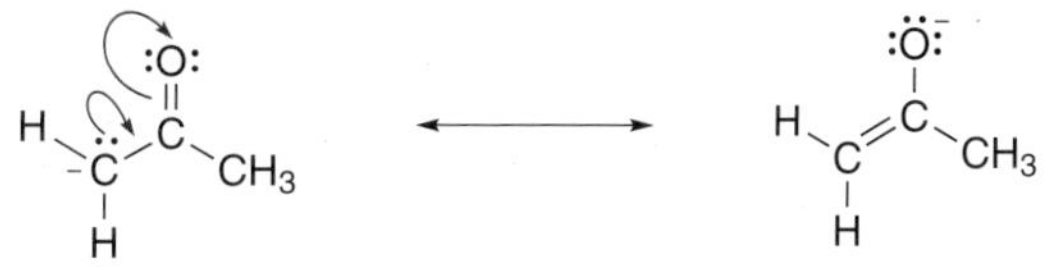

...그 다음 형식 전하를 계산한다.

이러한 유형의 공명 안정화된 음이온을 **엔올 음이온**(enolate anion)이라고 부른다. 엔올 음이온은 유기 반응에 있어 매우 중요한 중간체로, 이 교재의 23장 및 24장은 전부 그 제법과 반응에 관한 것이다.

문제 1.12 굽은 화살표를 이용하여 각 화학종의 두 번째 공명 구조를 그려라.

a. 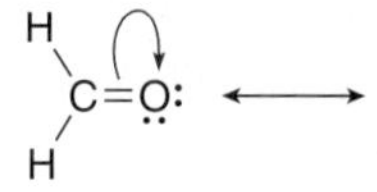 b.

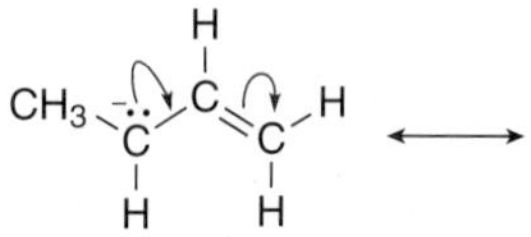

문제 1.13 굽은 화살 표현법을 이용하여 첫 번째 공명 구조가 어떻게 두 번째 구조로 바뀌는지를 보여라.

a. 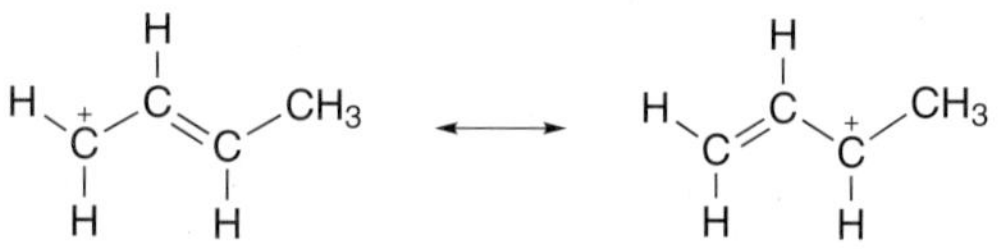 b.

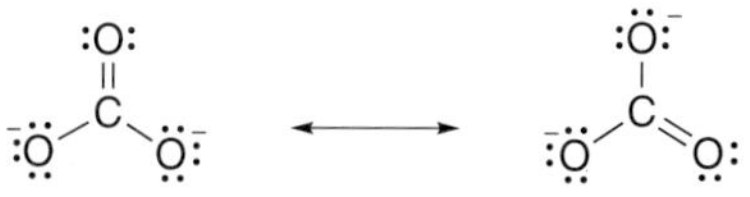

두 공명 구조는 예제 1.4a의 탄소 양이온처럼 결합이 정확히 같은 종류일 수도 있고, 예제 1.4b의 엔올 음이온처럼 결합이 다른 종류일 수도 있다. 개개의 공명 구조가 타당한 루이스 구조이기만 하다면 두 가지 경우 모두 문제가 없다.

공명 구조에서 어떤 원자는 전자 수가 8개 미만일 수 있다. B는 탄소 주위에 비록 6개의 전자가 있지만 A의 공명 구조이다.

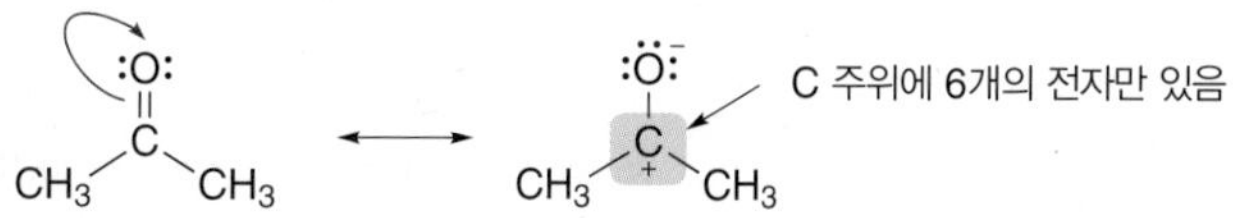

C 주위에 6개의 전자만 있음

A B

타당한 공명 구조

이에 반해서 아홉 개 이상의 전자가 들어있는 공명 구조는 절대 불가능하다. C는 탄소 주위에 10개의 전자가 있기 때문에 A의 공명 구조가 아니다.

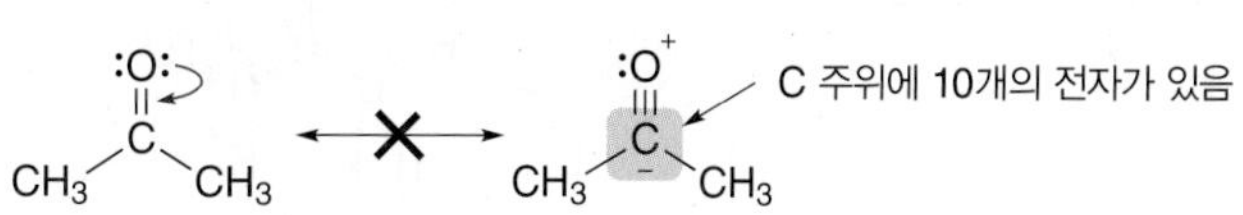

C 주위에 10개의 전자가 있음

A C

타당하지 않은 공명 구조

공명 구조를 그리고 다룰 줄 아는 능력은 유기화학 학습 전반을 통하여 필요한 아주 요긴한 기술이다. 연습을 통해서 어떤 특정 결합 패턴이 둘 이상의 루이스 구조를 그릴 수 있는 구조인가

16장에서 공명에 대해 더 자세하게 배울 것이다.

를 알아볼 수 있게 될 것이다. 예를 들어 예제 1.4a의 탄소 양이온과 예제 1.4b의 엔올 음이온은 특별한 삼원자 구조에서 볼 수 있는 일반적인 공명 구조의 특정한 예이다.

- 원자 Z의 *p* 오비탈에 전자가 0, 1 또는 2개 들어 있는, X=Y−Z 삼원자계는 두 개의 공명 구조로 그릴 수 있다.

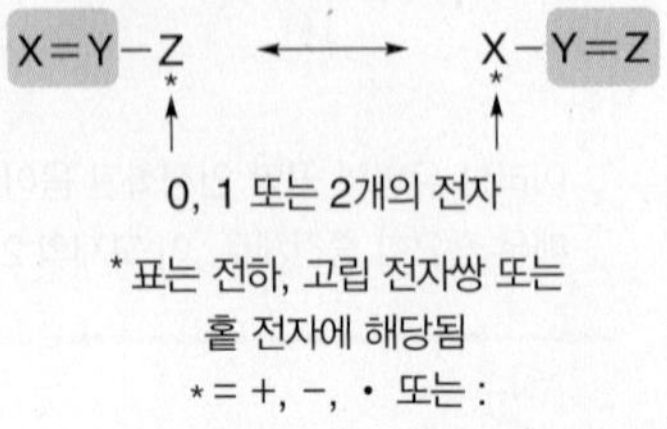

X=Y−Z* ⟷ X*−Y=Z

0, 1 또는 2개의 전자

*표는 전하, 고립 전자쌍 또는 홑 전자에 해당됨

* = +, −, • 또는 :

도입부에서 탄소 혹은 수소가 아닌 원자를 헤테로원자라고 한 것을 기억하라.

X, Y 및 Z는 모두 탄소 원자이거나 또는 질소 및 산소와 같은 **헤테로원자**일 수도 있다. 원자 Z는 하전(양 또는 음으로)되거나 중성(고립 전자쌍 혹은 홑 전자)일 수 있는데, 일반적 구조 X=Y−Z*에서 [*]로 표시하였다. 두 공명 구조는 다중 결합과 [*]의 위치가 다르다.

예제 1.4b의 엔올 음이온에서 X는 산소이고 [*]는 고립전자쌍이기 때문에 알짜 음전하를 탄소에 제공한다. 이중 결합과 고립 전자쌍을 이동시키고 전하를 조정하면 두 번째 공명 구조가 된다.

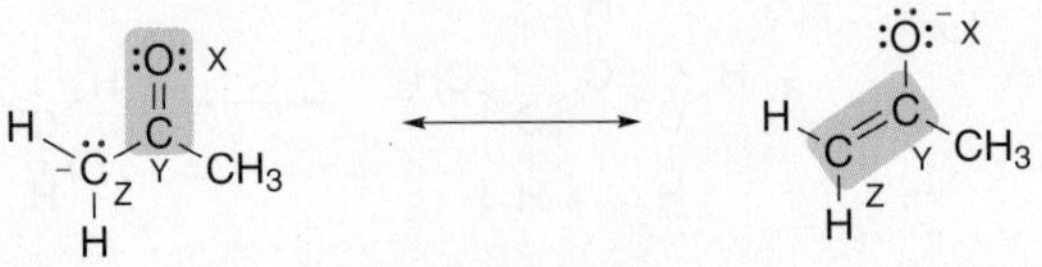

- 이중 결합 이동 위치
- 고립 전자쌍 이동 위치

16장에서 이러한 공명과 관련된 오비탈에 대해 더 배우게 될 것이다.

예제 1.5 아세트아마이드의 두 번째 공명 구조를 그려라.

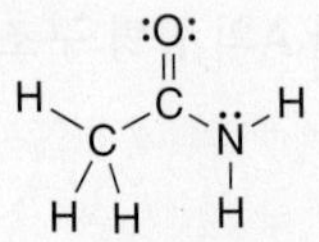

아세트아마이드

풀이

항상 p 오비탈에 0, 1 또는 2개의 전자가 있는 원자 Z에 연결된 다중 결합을 포함하는 삼원자계를 찾는다. 이중 결합을 X=Y에서 Y=Z로 움직이고 [*]를 Z에서 X로 이동시킨다. X와 Z의 형식 전하를 다시 계산한다.

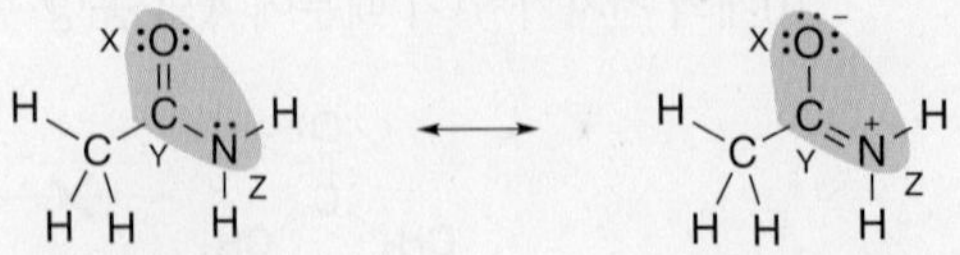

아세트아마이드
- C = O
- N의 고립 전자쌍

두 번째 공명 구조
- C = N
- O의 추가 고립 전자쌍

이 예제에서 공명 구조(X=Y−Z*)에 대한 삼원자계는 N에 고립 전자쌍이 있는 O=C−N이다. 이중 결합과 고립 전자쌍을 이동시킨 후 O와 N의 형식 전하를 다시 계산하면 각각 −1과 +1이 된다.

문제 1.14 (a)와 (b) 구조에 대해서는 각 화학종의 두 번째 공명 구조를 그려라. (c)의 이온에 대해서는 공명 구조를 두 개 더 그려라.

a. 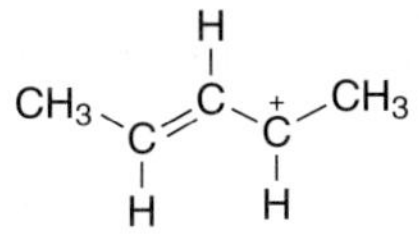 CH_3–CH=CH–$\overset{+}{C}$H–CH_3 b. H_2C=CH–Cl c. CH_3–C(=O)–$\overset{-}{C}$H–C(=O)–CH_3

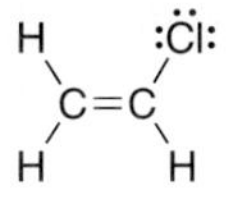

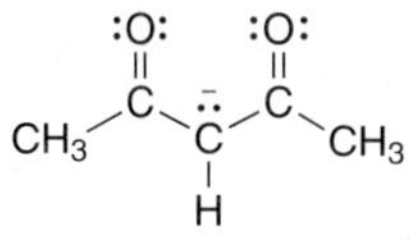

1.6C 공명 혼성체

공명 혼성체(resonance hybrid)는 모든 가능한 공명 구조의 복합체이다. 공명 혼성체에서는 각각의 공명 구조에서 다른 위치에 그려진 전자쌍들이 공명 혼성체에서는 비편재화(delocalization)된다.

- 공명 혼성체는 어떤 공명 구조보다 안정한데, 이는 전자 밀도가 더 큰 부피에 걸쳐서 비편재화되기 때문이다.

혼성체는 어떤 모양일까? 예제 1.4a의 탄소 양이온의 경우처럼 두 공명 구조가 동일한 경우, 각 공명 구조는 혼성체에 동등하게 기여한다.

두 공명 구조가 다른 경우에 혼성체는 '더 나은' 공명 구조를 더 많이 닮게 된다. '더 나은' 공명 구조를 주 기여체(major contributor), 그리고 다른 모든 기여체는 부 기여체(minor contributor)라고 한다. 혼성체는 기여하는 모든 공명 구조들의 기여도를 감안한 평균이다. 어떻게 한 공명 구조가 다른 것들보다 '더 나은' 공명 구조가 되는 것인가? 그 요인은 여러 가지가 있으나, 지금 단계에서는 두 가지만 배우기로 하자.

- '더 나은' 공명 구조는 결합 수가 더 많고 전하 수가 적다.

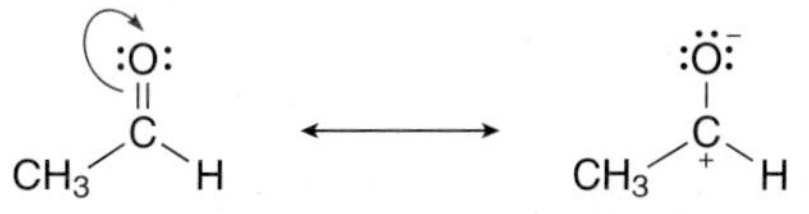

X: CH_3–CH=O ⟷ Y: CH_3–$\overset{+}{C}$H–O^-

X
결합 수가 많음
전하가 적음
주 기여체

Y
부 기여체

공명 구조 X와 Y를 비교하면, X가 결합 수가 많고 전하는 더 적으므로 주 기여체이다. 따라서 혼성체는 Y보다는 X를 더 많이 닮는다.

전자 밀도가 비편재된 혼성체는 어떻게 그리면 되는가? 먼저 공명 구조 간에 무엇이 다른가를 알아내야 한다. 공통적으로 나타나는 두 가지 차이점은 다중 결합의 위치와 전하의 위치이다. 음이온$(HCONH)^-$은 두 가지 공명 혼성체를 그리는 방식을 보여준다.

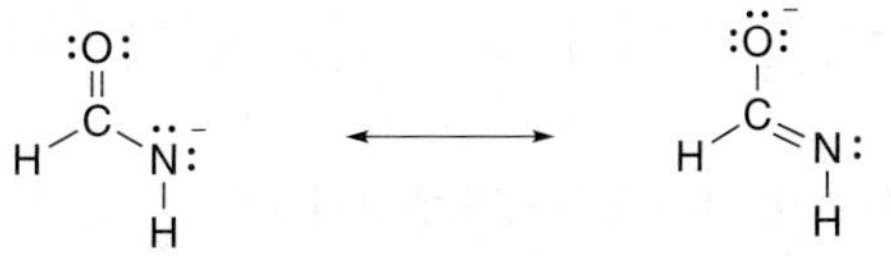

A: H–C(=O)–$\ddot{N}^-$–H ⟷ B: H–C(O^-)=N–H   공명 혼성체: H–C(O$^{\delta-}$)⋯N$^{\delta-}$–H

각각의 공명 구조

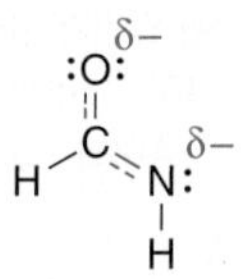

공명 혼성체

- 음전하는 N과 O에 비편재화된다.
- 이중 결합은 O, C, N에 비편재화된다.

유기화학에 자주 쓰이는 부호 및 규약을 뒤 표지 안쪽에 실어 두었다.

- **이중 결합의 위치.** 한 공명 구조에서는 단일 결합이지만 다른 구조에서는 이중 결합인 결합은 점선으로 표시한다.
- **전하의 위치.** 한 공명 구조에서는 중성이지만 다른 구조에서는 전하를 가지는 원자에 대해 δ−(부분 음전하) 혹은 δ+(부분 양전하)로 표시한다.

$(HCONH)^-$에 대한 공명 혼성체 구조에는 두 개의 점선이 C−O와 C−N 결합에 표시되어 있는데, 이것은 부분 이중 결합 특성이 있다는 것을 의미한다. O와 N 원자는 부분 음전하(δ−)가 표시되어 있는데, 그 이유는 한 구조에서는 중성이지만 다른 공명 구조에서는 음으로 하전되기 때문이다.

공명에 관한 현재의 논의는 아직까지 입문에 불과하다. 뒤에 나오는 장에서 훨씬 더 많은 사실을 접하게 될 것이다. 예를 들면 2장에서는 산도(acidity)에 미치는 공명의 커다란 효과를 논의하게 된다.

문제 1.15 각 쌍의 공명 구조를 주 기여체, 부 기여체 또는 동등 기여체로 표시하라. 또한 공명 혼성체를 그려라.

a. 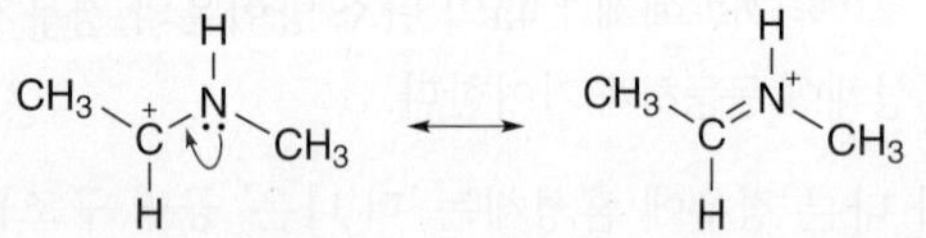 CH_3–$\overset{+}{C}H$–$\ddot{N}H$–CH_3 ⟷ CH_3–CH=$\overset{+}{N}H$–CH_3 b. 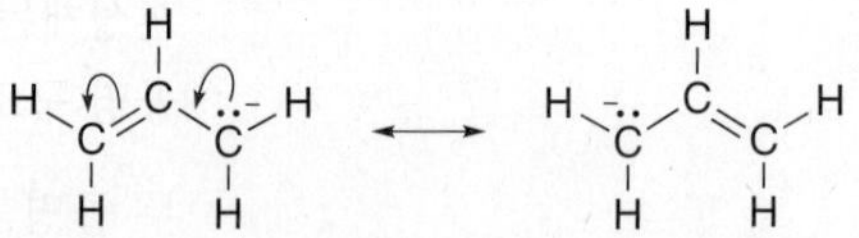 H_2C=CH–$\ddot{C}H_2^-$ ⟷ $^-\ddot{C}H_2$–CH=CH_2

문제 1.16 (a) **A**에 대해 두번째 공명 구조를 그려라. (b) **B**는 두번째 공명 구조를 그릴 수 없는데 그 이유는 무엇인가?

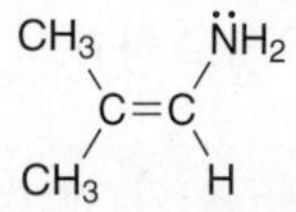

A: $(CH_3)_2C$=CH–$\ddot{N}H_2$ **B**: $(CH_3)_2C$=CH–$\overset{+}{N}H_3$

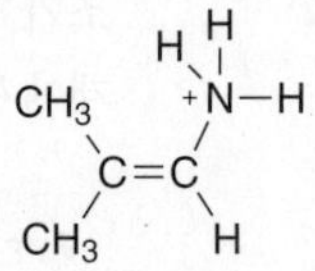

1.7 분자 모양 결정하기

H_2O 분자를 생각해보자. 루이스 구조는 어떤 원자들이 서로 결합되어 있는지 알려주지만 기하 구조에 관해서는 어떤 정보도 얻을 수 없다. 분자 전체로는 어떤 모양일까? H_2O는 굽은 분자인가 아니면 선형 분자인가? 분자 구조를 정의하는 두 변수는 결합 길이(bond length)와 결합각(bond angle)이다.

1.7A 결합 길이

결합 길이에 대한 SI 단위는 피코미터(pm)이지만, 화학 문헌에는 아직도 옹스트롬(angstrom, Å) 단위가 널리 사용되고 있다. 1 Å = 10^{-10} m이다. 따라서 1 pm = 10^{-2} Å이며 95.8 pm는 0.958 Å이다.

결합 길이는 결합된 두 핵의 중심 간 평균 거리이다. 결합 길이는 전형적으로 피코미터(picometer, pm) 단위로 표시하는데, 1 pm = 10^{-12} m이다. 예컨대 H_2O 분자의 O−H 결합 길이는 95.8 pm이다. 흔히 보는 결합의 결합 길이는 표 1.2에 나열되어 있다.

- 주기율표의 주기를 따라 오른쪽으로 감에 따라 원자의 크기가 감소하므로 결합 길이는 감소한다.

표 1.2
평균 결합 길이

결합	길이(pm)	결합	길이(pm)	결합	길이(pm)
H–H	74	H–F	92	C–F	133
C–H	109	H–Cl	127	C–Cl	177
N–H	101	H–Br	141	C–Br	194
O–H	96	H–I	161	C–I	213

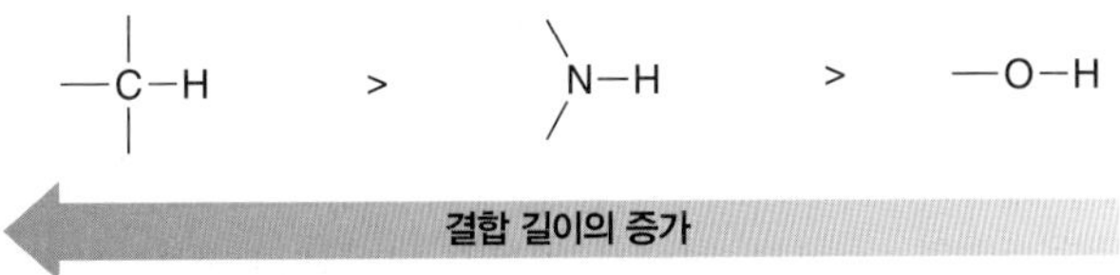

- 주기율표의 족을 따라 아래로 내려감에 따라 원자의 크기가 증가하므로 결합 길이는 증가한다.

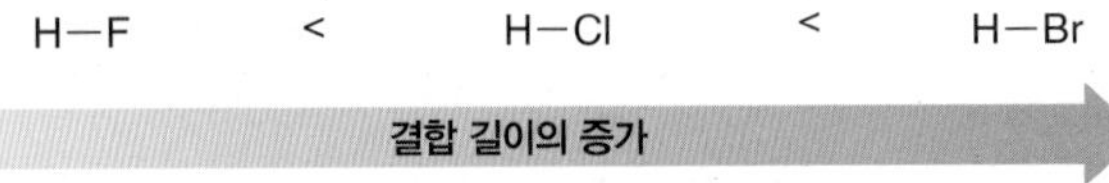

1.7B 결합각

결합각(bond angle)은 두 개의 다른 원자와 결합하고 있는 어떤 원자 주위의 기하 구조를 결정한다. 주어진 원자 주위의 결합각과 기하 구조를 결정하려면, 먼저 원자 주위에 몇 개의 기(group)가 있는지를 알아야 한다. 기는 원자이거나 고립 전자쌍이다. 그 다음 원자가 껍질 전자쌍 반발(VSEPR, valence shell electron pair repulsion)이론을 사용하여 기하 구조를 결정한다. VSEPR은 전자쌍들이 서로 반발한다는 사실에 근거를 두고 있다. 그러므로,

- 가장 안정한 배열 상태는 이 기들이 상호 간에 가능한 한 멀리 떨어져 있는 것이다.

두 번째 주기 원소들은 주변을 둘러싸고 있는 기(groups)의 수에 따라 다음 세 가지 가능한 배열 중 하나이다.

기하 구조를 결정하기 위해서는 [1] 타당한 루이스 구조를 그리고, [2] 주어진 원자에 결합된 기의 수를 헤아린다.

기의 수	기하 구조	결합각
• 두 개의 기	선형	180°
• 세 개의 기	삼각 평면형	120°
• 네 개의 기	정사면체형	109.5°

이와 같은 현상을 예시하는 여러 개의 분자를 검토해보자. 각 보기에서 우선 필요한 것은 타당한 루이스 구조이고, 그 다음은 단지 주어진 원자와 결합하고 있는 기의 수를 헤아려 기하 구조를 예측하는 것이다.

원자 주변에 두 개의 기가 있는 경우

어떤 원자든 주변의 기의 수가 둘뿐이면 선형 분자로 결합각은 180°이다. 예시된 이 기하 구조를 갖는 두 가지 예는 BeH_2(수소화 베릴륨)와 HC ≡ CH(아세틸렌)이다. 아세틸렌의 각 탄소 원자를 따로 고찰해보자. 각 C는 모두 두 개의 원자와 이웃하고 있고 고립 전자쌍이 없다. H–C–C 결합각은 180°이며 따라서 네 원자 모두가 일직선상에 있다.

180°
H−Be−H
Be 주위에 두 개의 원자
두 개의 기
선형 분자

180°
H−C≡C−H
180°
각 C 주위에 두 개의 원자
두 개의 기
선형 분자

= 공−막대 모형

아세틸렌은 다음의 중요한 특징을 보여준다. 기하 구조를 예측할 때 다중 결합은 무시하라. 오직 원자와 고립 전자쌍의 수만 세라.

유기화학을 공부하는 학생들에게 분자 모형은 입체적 시각화에 많은 도움이 된다. 이제 분자 모형 한 세트에 투자하자.

여기서부터는 분자의 모형으로 표현해보자. 지금 본 아세틸렌의 공−막대 모형에서처럼 공은 원자를, 막대는 결합을 나타낸다. 어느 분자 모형 세트에서도 거의 이와 같이 표현한다. 공에는 관례에 따라 탄소(검정), 수소(흰색 또는 회색), 산소(빨강) 등의 색을 사용한다.

각 원소를 표시하는 색을 뒷장의 안쪽에 나타내었다.

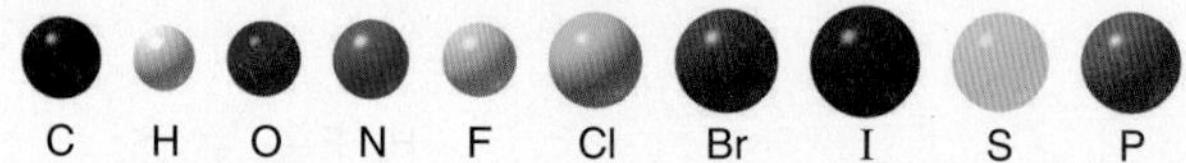

원자 주변에 세 개의 기가 있는 경우

어떤 원자든 주변에 세 개의 기가 있으면 삼각 평면형(trigonal plannar)이 되어 결합각이 120°가 된다. 이 기하 구조를 예시하기 위한 두 예가 BF_3(삼플루오린화 붕소)와 $CH_2 = CH_2$(에틸렌)이다. 세 개의 B−F 결합 모두 한 평면에 위치한다. 에틸렌에서 각 탄소 원자는 세 개의 원자에 의해 둘러싸여 있고 고립 전자쌍은 없어, H−C−C 각각의 결합각은 120°가 된다. $CH_2{=}CH_2$에 있는 모든 여섯 개의 원자들은 한 평면에 위치한다.

120°
F−B(−F)−F
B 주위에 세 개의 원자 있음
세 개의 기
삼각 평면 분자

H₂C=CH₂ 120°
각 C 주위에 세 개의 원자 있음
세 개의 기
삼각 평면 분자

= 에틸렌

원자 주변에 네 개의 기가 있는 경우

어떤 원자든 주변에 네 개의 기가 있으면 정사면체형(tetrahedral)이 되며 결합각은 대략 109.5°가 된다. 예를 들면, 간단한 유기 화합물인 CH_4(메테인)의 중심 탄소는 네 개의 수소 원자와 결합되어 있고 각 수소는 정사면체의 꼭짓점을 향하고 있다. 이 배열은 사각 평면형으로 결합각이 90°가 되는 것보다 각 기들이 훨씬 멀리 떨어져 있게 된다.

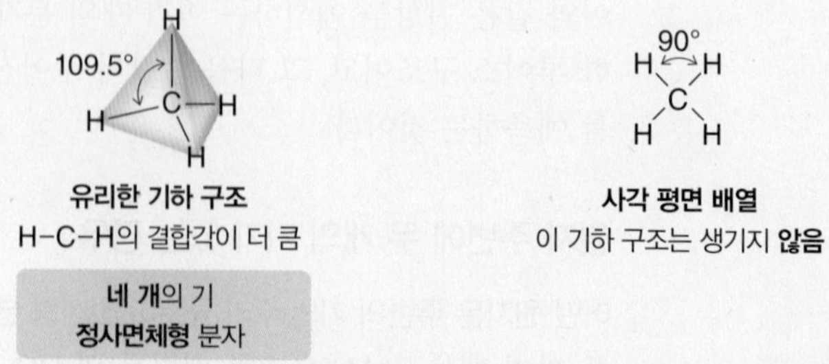

삼차원 기하 구조를 어떻게 이차원 종이 위에 표현할 수 있는가? 다음의 규약을 사용하여 종이 위에 두 결합을 표시하고 한 결합은 앞으로, 한 결합은 뒤로 표시한다.

- 실선은 평면상의 결합을 나타낸다.
- 쐐기 모양은 평면 앞쪽의 결합을 나타낸다.
- 점선은 평면 뒤쪽의 결합을 나타낸다.

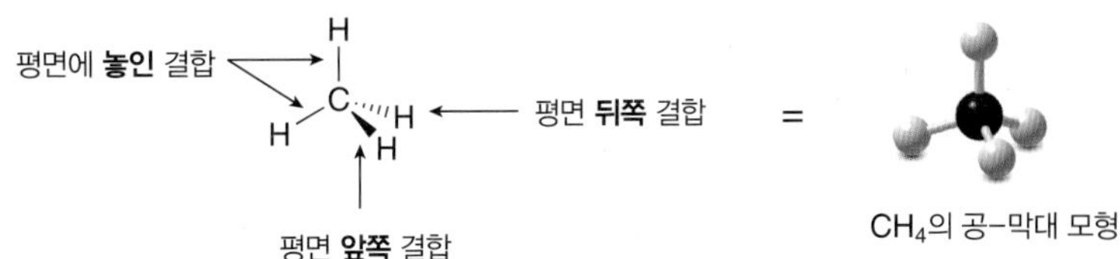

이는 CH_4의 정사면체를 그리는 방법 중의 하나이다. 우리는 분자를 이렇게 저렇게 돌려가며 여러 가지 다른 방식으로 나타낼 수 있다. 예를 들어 아래 그림 각각은 두 개의 실선, 한 개의 쐐기선 및 한 개의 점선을 가지고 있기 때문에 CH_4를 나타내는 그림으로 적절하다.

마지막으로 쐐기 모양과 점선은 하나의 기가 다른 것 뒤에 정렬되어 있음을 나타낸다. 다음 두 그림에서처럼 쐐기 모양과 점선이 오른쪽으로 빠지든지 왼쪽으로 빠지든지 상관이 없다. 왜냐하면 함께 그려져 있는 삼차원 모형에 나와 있는 것처럼 실제로 두 수소는 포개져서 정렬되어 있기 때문이다.

안정한 분자에서 모든 탄소는 **4가**(tetravalent)이나 기하 구조는 특정 탄소 주위의 기에 따라 달라진다.

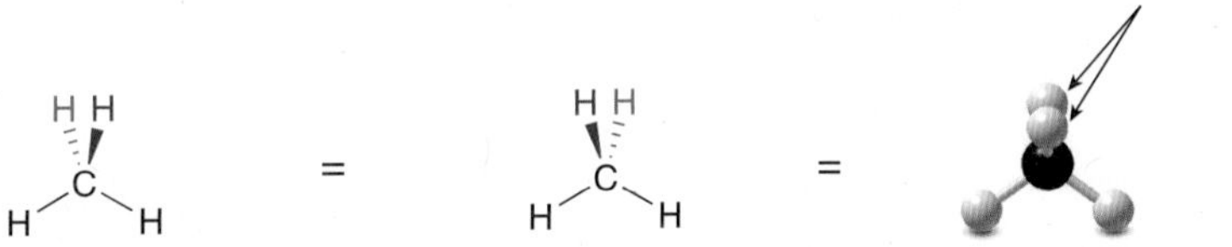

- 이들 표현은 동일하다.
- 쐐기 모양은 점선의 왼쪽 또는 오른쪽에 비스듬하게 표시할 수 있다.

암모니아(NH_3)와 물(H_2O)은 중심 원자가 네 개의 기에 의해 둘러싸인 분자들인데, 기들 중 일부는 고립 전자쌍이다. NH_3에서 N 주위의 세 수소 원자와 한 고립 전자쌍이 정사면체의 꼭짓점을 향하고 있다. H−N−H 결합각은 107°인데, 이론적인 정사면체형 결합각인 109.5°에 근접한 값이다. 이런 모형을 일컬어 삼각뿔형(trigonal pyramid)이라고 하는데, 이는 N을 에워싸고 있는 기들 중 하나가 원자가 아닌 전자쌍이기 때문이다.

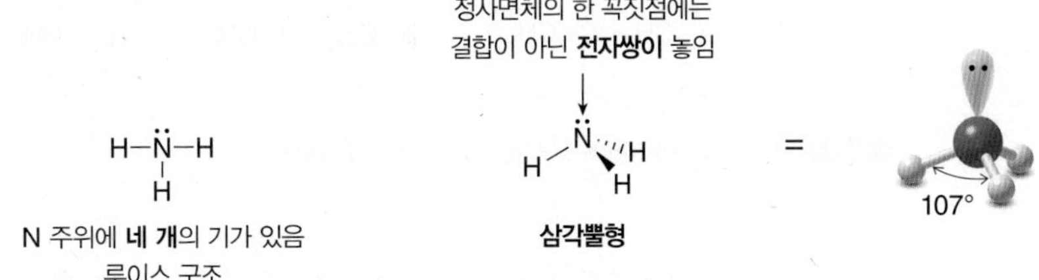

H_2O에서 두 H 원자와 두 고립 전자쌍이 정사면체의 꼭짓점을 향하고 있다. H−O−H 결합각은 105°인데, 이론적인 정사면체형 결합각인 109.5°에 근접한 값이다. 물은 굽은 형(bent shape) 분자인데 이는 산소 주위의 두 기가 원자가 아닌 전자쌍이기 때문이다.

표 1.3
요약: 기의 수에 따라 기하 구조 결정하기

원자 주위의 기의 수	기하 구조	결합각	예
2	선형	180°	BeH_2, HC ≡ CH
3	삼각 평면형	120°	BF_3, $CH_2 = CH_2$
4	정사면체	109.5°	CH_4, NH_3, H_2O

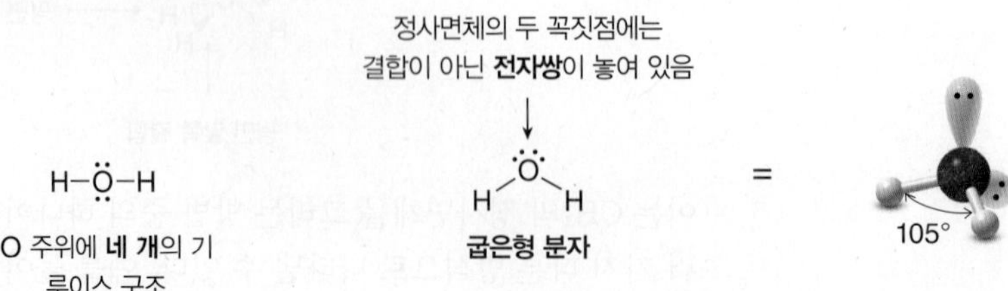

NH_3와 H_2O 모두 결합각이 이론적인 정사면체형 결합각보다 작은데, 이는 고립 전자쌍의 반발 때문이다. 따라서 결합된 원자들은 더 작은 공간으로 움츠러들어 작은 결합각을 이룬다.

기의 수를 헤아려 기하 구조를 결정하는 법이 표 1.3에 요약되어 있다.

예제 1.6 각 화학종에 표시된 원자 주위의 기하 구조를 결정하라.

a. :Ö=C=Ö: b. $H-\overset{+}{N}(H)(H)-H$

풀이

a. :Ö=C=Ö: (180°)

C 주위에 두 개의 원자
고립 전자쌍 없음

두 개의 기
선형

b. $H-\overset{+}{N}(H)(H)-H$ ⟶ (109.5°)

N 주위에 네 개의 원자
고립 전자쌍 없음

네 개의 기 ⟶ **정사면체형**

문제 1.17 각 화합물 내의 두 번째 주기 원소들의 기하 구조를 결정하라.

a. $CH_3-C(=\ddot{O}:)-CH_3$ b. $CH_3-\ddot{O}-CH_3$ c. $^-:\ddot{N}H_2$ d. $CH_3-C\equiv N:$

문제 1.18 각 화합물에 표시된 결합각을 예측하라.

a. $CH_3-C\equiv C-\ddot{Cl}:$ b. $CH_2=C(H)-\ddot{Cl}:$ c. $CH_3-C(H)(H)-\ddot{Cl}:$

독미나리(hemlock water dropwort)에서 에난토톡신이 만들어진다.

문제 1.19 원자가 껍질 전자쌍 반발(VSEPR)이론을 이용하면 아무리 복잡한 분자라도 어떤 원자 주위의 기하 구조를 예측할 수 있다. 에난토톡신(enanthotoxin)은 영국에서 자라는 식물인 독미나리(hemlock)에서 유리되는 독성이 강한 화합물이다. 아래 에난토톡신에 표시된 원자 주위의 기하 구조를 예측하라.

에난토톡신

1.8 유기 구조 그리기

유기 분자를 그리는 것은 또 하나의 도전 과제이다. 유기 분자는 흔히 여러 원자를 포함하고 있기 때문에 구조를 간단히 표기하기 위하여 단축법을 사용한다. 유기 화합물에는 **축약 구조식**(condensed structure)과 **골격 구조식**(skeletal structure)이라는 두 가지 유형의 단축 표기법이 사용된다.

1.8A 축약 구조식

축약 구조식은 원자가 서로 결합하여 사슬을 이룬 화합물에 흔히 사용하며 고리 화합물에는 잘 쓰지 않는다. 다음과 같은 규약을 따른다.

- 모든 원자를 표시하되 두 개의 전자로 이루어진 결합 선은 일반적으로 생략한다.
- 원자는 결합되어 있는 원자 옆에 그린다.
- 같은 원자에 같은 기들이 결합되어 있으면 괄호를 써서 표기한다.
- 고립 전자쌍은 생략한다.

축약 구조식의 해석에 있어서 일반적으로 최상의 방식은 **왼쪽**에서부터 시작하며 **탄소 원자는** *4*가임을 기억하는 것이다. 탄소 원자가 수소 셋과 결합하면 CH_3, 수소 둘과 결합하면 CH_2, 수소 하나와 결합하면 CH가 된다.

= $CH_3CH_2CH_2CH_3$ 또는 $CH_3(CH_2)_2CH_3$

서로와 결합하고 있는 두 개의 CH_2기

= $(CH_3)_3CH$

헤테로원자와 탄소–탄소 다중 결합이 들어 있는 다른 예들이 그림 1.3에 있다.

어떤 축약 구조식은 명확하지 않은 경우도 있어 충분한 연습을 거쳐야 한다. 탄소–산소 이중 결합이 들어 있는 화합물의 경우가 특히 그러하다. 이 범주에 속하는 예 가운데 특히 유의해야 할 몇 가지가 그림 1.4에 열거되어 있다. 일반적으로 축약 구조식에서 탄소–탄소 이중 결합은 나타내지만, 탄소–산소 이중 결합은 생략된다.

그림 1.3
축약 구조식의 예

[1] = $CH_3CH_2CHCH_2CH_3$ (with CH_3 on the central C) 또는 $CH_3CH_2CH(CH_3)CH_2CH_3$

[2] = $CH_3CH{=}CHCH_3$

[3] = $(CH_3)_2CHCH_2OH$

[4] = $Cl_2CH(CH_2)_2OC(CH_3)_3$

- 항목 [1] 결합된 C의 옆에 H 원자를 그리고, CH_3 주위에 괄호를 사용하여 탄소 원자가 탄소 사슬에 결합되어 있음을 보여준다.
- 항목 [2] C – C 이중 결합을 유지하고 결합된 각 C를 결합한 후 H 원자를 그린다.
- 항목 [3] 축약 구조의 O 원자에서 고립 전자쌍을 생략한다.
- 항목 [4] Cl과 O의 고립 전자쌍을 생략하고, 두 개의 CH_2를 $(CH_2)_2$와 같이 그린다.

그림 1.4
C–O 이중 결합을 포함하는 축약 구조식

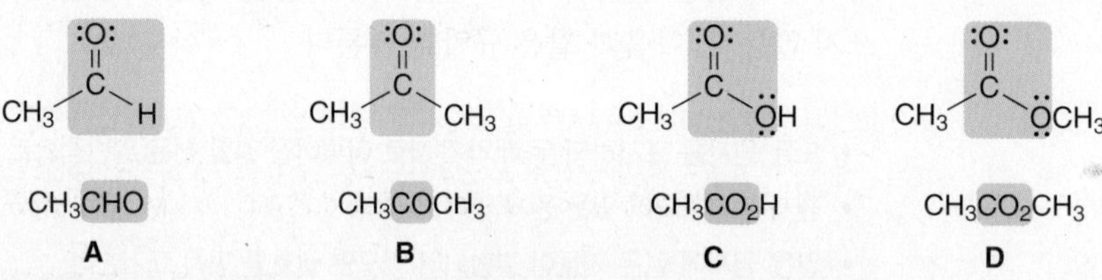

- **A**에서 H 원자는 O가 아니라 C에 결합한다.
- **B**에서 각 CH_3 기는 O가 아니라 C에 결합한다.
- **C**와 **D**에서 C 원자는 하나의 O에 이중 결합하고 다른 O에 단일 결합한다.

예제 1.7 다음 축약 구조식을 루이스 구조식으로 바꿔 그려라.

a. $(CH_3)_2CHOCH_2CH_2CH_2OH$ b. $CH_3(CH_2)_2CO_2C(CH_3)_3$

풀이

왼쪽에서 시작하여 오른쪽으로 진행하며 탄소에는 반드시 결합 넷씩을 표시해 넣는다. 헤테로원자에는 고립 전자쌍을 넣어 완전히 팔전자계가 이루어지도록 한다.

a. $(CH_3)_2CHOCH_2CH_2CH_2OH$

b. $CH_3(CH_2)_2CO_2C(CH_3)_3$

한 개의 탄소(푸른색)에 두 개의 CH_3기, 하나의 H, 하나의 O가 결합됨

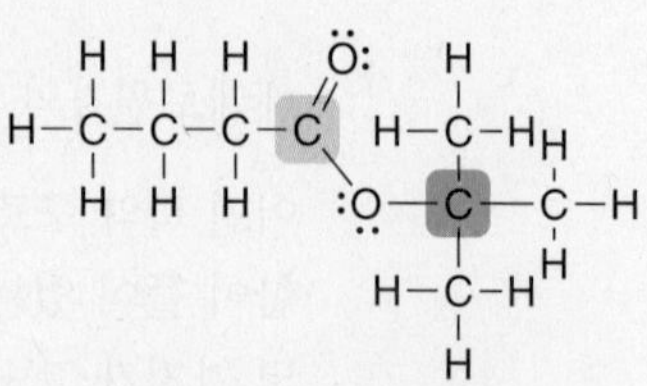

두 O 원자 모두 하나의 C(푸른색)에 결합되어 있음

문제 1.20 각 축약 구조식을 루이스 구조식으로 바꿔 그려라.

a. $CH_3(CH_2)_4CH(CH_3)_2$

b. $(CH_3)_2CHCH(CH_2CH_3)_2$

c. $(CH_3)_3CCH(OH)CH_2CH_3$

d. $(CH_3)_2CHCHO$

문제 1.21 격렬한 운동을 하는 동안에 락트산[lactic acid, $CH_3CH(OH)CO_2H$]이 쌓여 근육이 쑤시는 느낌을 준다. 락트산의 축약 구조식을 루이스 구조식으로 변환시켜라.

1.8B 골격 구조식

골격 구조식은 원자 고리와 사슬을 동시에 가지고 있는 유기화합물의 경우에 주로 사용된다. 이 구조를 그리기 위해서 명심해야 할 규칙이 세 가지 있다.

- 두 선이 만나는 점과 선의 끝에는 반드시 탄소가 있다고 가정한다.
- 각 탄소 곁에는 충분한 수소가 있어 탄소는 4가가 된다.
- 모든 헤테로원자와 그에 직접 결합된 수소는 모두 그려 넣는다.

헥세인과 사이클로헥세인의 예에서 보는 바와 같이 탄소 사슬은 지그재그형으로, 고리는 다각형으로 그린다.

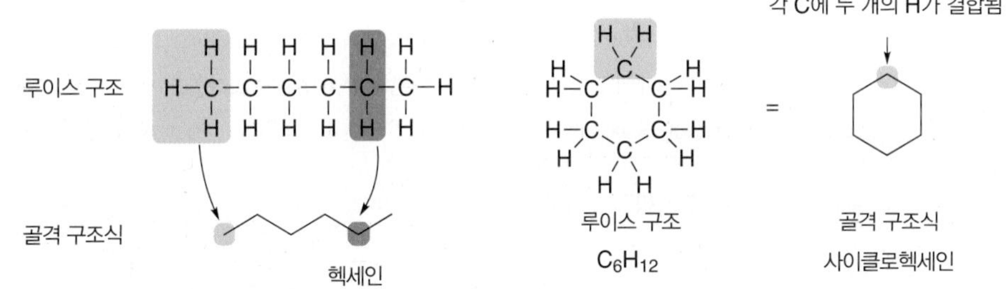

그림 1.5에는 또 다른 골격 구조식 예들이 실려 있으며, 예제 1.8은 더 복잡한 고리형 화합물에 대한 골격 구조식을 해석하는 방법을 설명하고 있다.

그림 1.5
골격 구조식 해석

C를 그려 넣는다. → H와 고립쌍을 그려 넣는다.

- 빨간색으로 표지한 C는 3 H가 필요하다.
- 파란색으로 표지한 C는 1 H가 필요하다.
- 다른 모든 C는 2 H가 필요하다.
- N은 고립쌍 하나가 필요하다.

C를 그려 넣는다. → H를 그려 넣는다. $CH_3-C\equiv C-CH_3$

- 빨간색으로 표지한 C는 3 H가 필요하다.
- 녹색으로 표지한 C는 C에 대한 네 개의 결합이 있다.

해결 방법 골격 구조식 해석

예제 다음 분자에 있는 모든 탄소, 수소 원자 및 고립 전자쌍을 그려라.

단계 [1] 두 개의 선이 만나는 곳과 선의 끝에 C 원자를 표시한다.

- 이 분자는 사슬의 왼쪽 끝에 빨간색으로 표시된 C를 포함한 여섯 개의 탄소가 있다.
- C = C와 OH 기 사이에 녹색으로 표시된 두 개의 C가 있다.

단계 [2] 각 C가 네 개의 결합을 가지도록 H를 그려준다.

C에 네 개의 결합을 만들기 위해 H를 추가한다.

- 빨간색으로 표시된 끝에 위치한 C는 4가가 되기 위해 3개의 수소가 필요하다.
- C = C의 각 C는 벌써 3개의 결합을 가지고 있기 때문에 한 개의 H를 그려준다.
- C = C의 OH기 사이에 두 개의 CH_2기가 있다.

단계 [3] 각 헤테로원자에 고립전자쌍을 그려 팔전자가 되도록 한다.

두 개의 고립 전자쌍

두 개의 고립 전자쌍

각 O가 필전자계를 이루려면 **두** 고립쌍이 필요하다.

예제 1.8 다음 바닐린(vanillin)의 모든 C 원자, H 원자와 고립 전자쌍을 보여주는 완전한 구조를 그려라. 바닐린은 바닐라 콩(vanilla bean) 추출물의 주요 성분이다.

바닐린

바닐라 콩

풀이

골격 구조는 두 선이 만나는 점과 선의 말단에 C 원자가 있다. 각 C에 4가가 되도록 수소를 배치한다. 각 O 원자는 완전한 팔전자계를 이루기 위해서 두 개의 비공유 전자쌍이 필요하다.

HO—(벤젠 고리)—CHO, —O = CH_3—Ö:, H—Ö—C, C=C, C—C, Ö:, H

- 푸른색 C에 세 개의 H가 있다.
- 녹색 C는 다른 C들에 대한 네 개의 결합이 있다.
- 붉은색 C는 O에 대한 이중 결합이다.

$C_8H_8O_3$

문제 1.22 다음 분자의 표시된 탄소에 수소가 각각 몇 개씩 결합되어 있는가? 각 화합물의 분자식은 무엇인가? 두 화합물 모두 시판되는 자외선 차단제의 활성 성분이다.

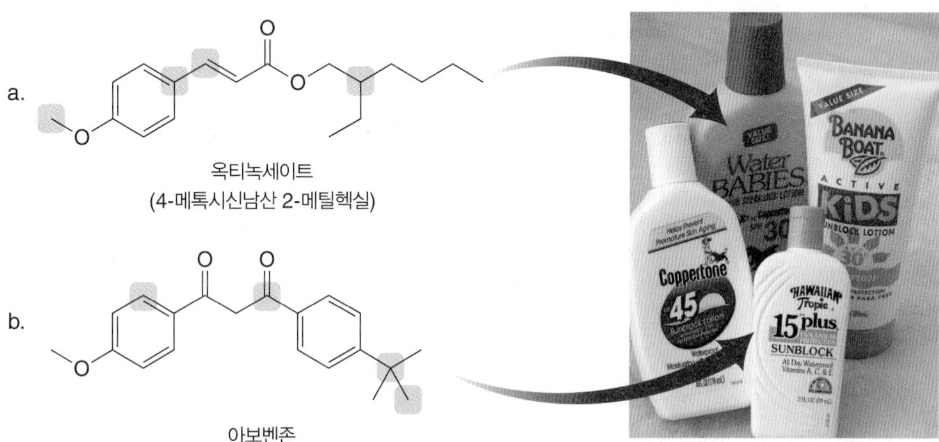

옥티녹세이트
(4-메톡시신남산 2-메틸헥실)

아보벤존

문제 1.23 다음의 각 골격 구조를 C, H 및 고립 전자쌍을 모두 그린 완전한 구조로 바꿔라.

a. b. O c. Cl d. N, H N

문제 1.24 이 책의 여는 장 그림 2에 골격 구조로 표시한 말라리아 치료제인 퀴닌(quinine)의 분자식을 그려라.

헤테로원자가 탄소 골격에 결합되어 있을 때, 헤테로원자는 탄소와 직접 결합하며, 헤테로원자와 탄소 원자 사이에는 H 원자가 없다. 그러므로 OH기는 OH가 어디에 위치하는가에 따라 OH 또는 HO로 나타낸다. 이와는 대조적으로, 탄소 치환기가 탄소 골격에 결합하고 있을 때, H 원자는 수소 원자가 결합하고 있는 위치와 무관하게 탄소의 오른쪽에 나타낸다.

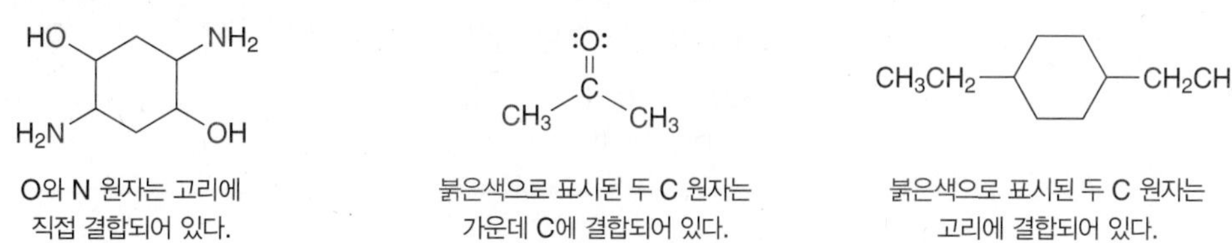

O와 N 원자는 고리에 직접 결합되어 있다.

붉은색으로 표시된 두 C 원자는 가운데 C에 결합되어 있다.

붉은색으로 표시된 두 C 원자는 고리에 결합되어 있다.

1.8C 하전된 탄소 원자를 갖는 골격 구조식

양으로 또는 음으로 하전된 탄소 원자를 해석하는 경우에는 특별한 주의가 필요한데, 수소 원자뿐 아니라 고립 전자쌍도 모두 생략되어 있기 때문이다. 다음 사항을 명심하도록 하자.

- 탄소에 있는 전하는 수소 하나의 몫을 차지한다.
- 전하 형태는 고립 전자쌍의 수를 결정한다. 음으로 하전된 탄소에는 한 쌍의 고립 전자쌍이 있지만 양으로 하전된 탄소는 고립 전자쌍이 없다.

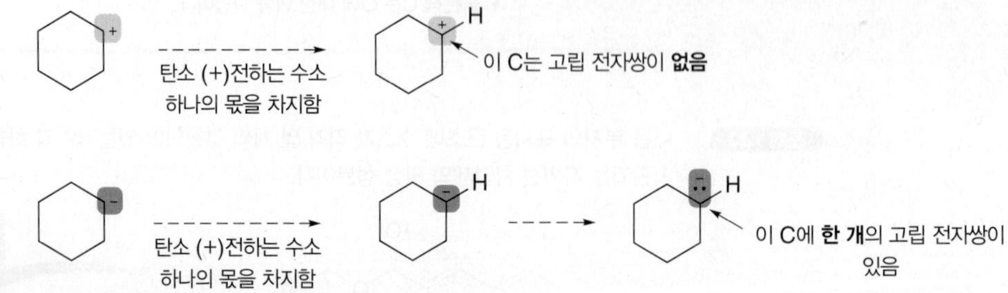

골격 구조에서는 헤테로원자의 고립 전자쌍을 생략하는 경우가 흔히 있으므로 이를 절대로 잊어서는 안 된다. 원자의 형식 전하를 이용하면 고립 전자쌍을 쉽게 정할 수 있다. 예컨대 결합이 두 개인 중성 O 원자는 고립 전자쌍 두 쌍이 필요하며, 결합이 세 개인 양으로 하전된 O 원자는 고립 전자쌍 한 쌍을 더 필요로 한다.

OH = Ö–H　　　　$\overset{+}{O}H_2$ = H–Ö⁺–H

중성 O 원자
두 개의 고립 전자쌍

양으로 하전된 O 원자
한 개의 고립 전자쌍

문제 1.25 다음 각 이온으로 하전된 탄소에 모든 수소와 고립 전자쌍을 그려 넣어라.

a.　b.　c.　d.

문제 1.26 다음 (a)와 (b)의 분자에 대한 골격 구조를 그리고, (c)와 (d)에 대한 축약 구조식을 쓰라.

a. $(CH_3)_2C{=}CH(CH_2)_4CH_3$

b. $CH_3-CH(-)-CH(-)-CH_2CH_2Cl$ (고리: $H_2N-CH-CH_2$)

c. (골격 구조: O, N, H)

d. HO (골격 구조: O, O)

1.9 혼성화

첫 번째 및 두 번째 주기 원소들은 결합을 형성할 때 어떤 오비탈을 사용하는가?

1.9A 수소

1.2절에 언급한 두 수소 원자는 전자 하나씩을 공유하여 H_2를 형성한다는 내용을 상기하라. 그리하여 한 H의 1*s* 오비탈이 다른 H의 1*s* 오비탈과 중첩되어 결합을 형성하는데, 두 핵 사이에 전자 밀도가 밀집되어 있다. 시그마(σ) 결합이라고 하는 이러한 유형의 결합은 결합을 형성하는 전자가 두 핵을 연결하는 가상의 축에 대해 대칭적으로 분포하므로 원통 대칭형이다.

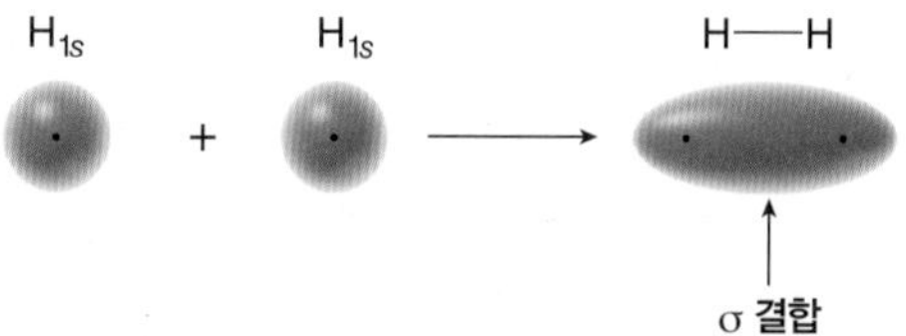

- σ 결합의 경우 두 핵을 연결하는 축상에 전자 밀도가 밀집된다. 단일 결합은 모두 σ 결합이다.

1.9B 메테인의 결합

더 복잡한 분자에서의 결합 양상을 이해하기 위해서는 두 번째 주기 원자들의 2*s*와 2*p* 오비탈을 면밀히 관찰할 필요가 있다. 메테인(CH_4)을 예로 설명해보자.

탄소에는 두 개의 핵심 전자와 4개의 원자가 전자가 있다. 가장 안정한 전자 배치를 이루려면 전자는 가장 낮은 에너지의 오비탈부터 채워야 한다. 탄소의 경우, 두 개의 전자는 2*s* 오비탈에 나머지는 두 2*p* 오비탈에 하나씩 채워진다.

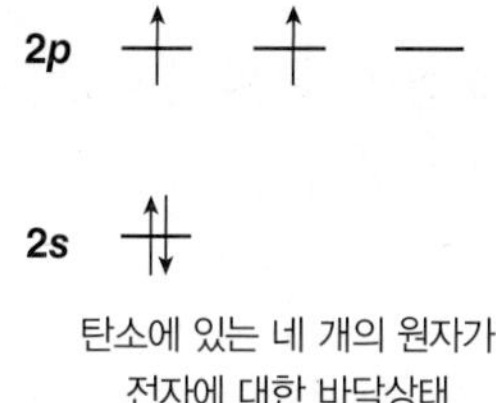

탄소에 있는 네 개의 원자가 전자에 대한 바닥상태

- 원자의 이러한 최저 에너지 전자 배치를 일컬어 **바닥 상태**(ground state)라고 한다.

이 설명에 따르면, 짝짓지 않은 두 개의 원자가 전자만 있는 탄소는 두 개의 결합만 형성해야 하며, CH_2는 안정한 분자여야 한다. 그러나 탄소가 팔전자를 채우지 못하였기 때문에 CH_2는 실제로 대단히 반응성이 큰 화학종이다.

이와 달리 전자 하나를 2*s*에서 빈 2*p* 오비탈로 올린다면 결합할 수 있는 홀전자의 수가 넷이 된다. 이 과정은 한 개의 전자가 더 높은 에너지 준위의 오비탈로 이동하므로 에너지가 필요하다. 더 높은 에너지 상태의 이 전자 배치를 전자적으로 **들뜬 상태**(excited state)라고 한다.

2p ↑ ↑ —　　에너지 →　　2p ↑ ↑ ↑

2s ↑↓　　　　　　　　　2s ↑　　4개의 홀전자

탄소의 바닥 상태　　　　탄소의 들뜬 상태

이 설명에 의하면 탄소는 두 가지 유형의 결합, 즉 2*p* 오비탈과 세 개의 결합 및 2*s* 오비탈과 하나의 결합을 형성할 것이다. 그러나 실험적 증거는 메테인에서 탄소는 네 개의 동일한 결합을 형성한다는 것을 보여준다.

이런 난제를 해결하기 위해서, 화학자들은 탄소와 같은 원자들이 결합을 형성하는 데 순수한 *s* 오비탈과 *p* 오비탈을 사용하지 않는다는 것을 제안하게 되었다. 그 대신 원자는 혼성 오비탈(hybrid orbital)이라고 부르는 새로운 오비탈 세트를 사용한다는 것이다. 이러한 혼성 오비탈을 형성하는 수학적 과정을 일컬어 혼성화(hybridization)라고 한다.

- 혼성화란 둘 이상의 오비탈을 조합하여 모양과 에너지가 같은 동일한 개수의 오비탈을 형성하는 과정이다.

탄소에 대해 2*s* 오비탈 하나와 2*p* 오비탈 셋이 혼성화 과정을 거치면 각각 하나의 전자가 있는 네 개의 혼성 오비탈이 형성된다. 이들 새로운 혼성 오비탈은 에너지가 2*s*와 2*p*의 중간이다.

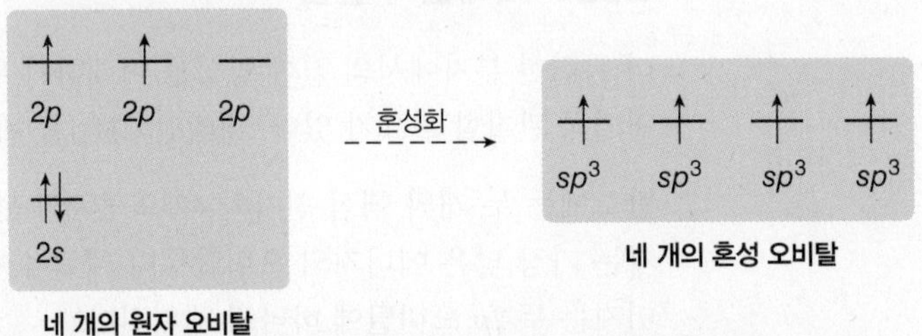

- 이 혼성 오비탈은 *s* 오비탈 하나와 *p* 오비탈 셋으로 형성되었기 때문에 sp^3 혼성 오비탈(sp^3 hybrid)이라고 부른다.

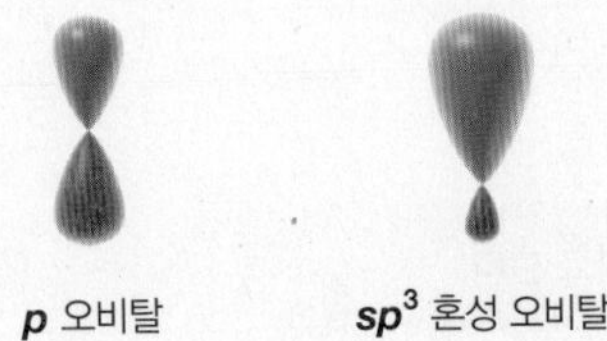

이 새로운 혼성 오비탈은 어떻게 생겼을까? 구형인 2*s* 오비탈과 아령 모양인 세 2*p* 오비탈이 혼합되어 네 개의 오비탈이 형성되는데, 한쪽 귓불(lobe)은 크고 다른 쪽 귓불은 작으며 정사면체의 꼭짓점을 향하고 있다. 두 핵 간의 결합을 형성하는 방향의 큰 쪽 귓불에는 전자 밀도가 밀집되어 있다. 이렇게 하여 혼성 오비탈을 사용하는 결합은 순수한 *p* 오비탈을 사용하는 결합에 비하여 훨씬 더 센 결합을 할 수 있다.

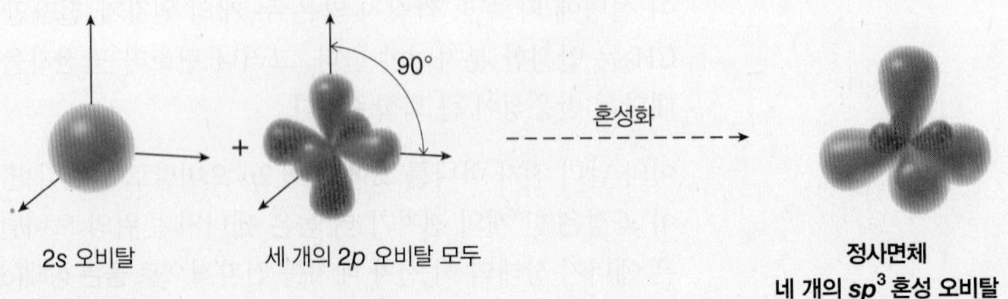

네 개의 혼성 오비탈은 네 개의 동일한 결합을 형성한다. 이제는 CH_4에서 관찰된 결합을 설명할 수 있게 되었다.

그림 1.6
sp^3 혼성 오비탈을 사용한 CH_4의 결합

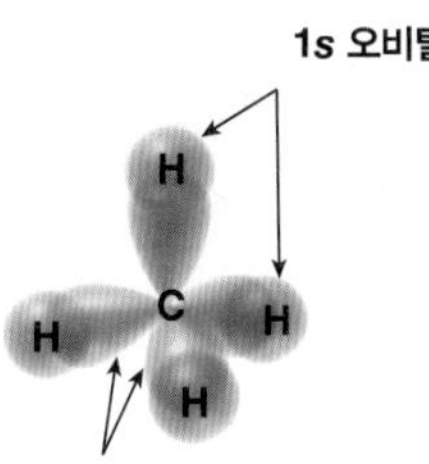

CH_4의 공과 막대 모형

- 네 개의 모든 C–H 결합은 σ 결합이다.

- CH_4의 각 결합은 탄소의 sp^3 혼성 오비탈과 수소의 1*s* 오비탈이 중첩되어 형성된다. 이 네 결합은 정사면체의 꼭짓점을 향한다.

네 개의 C–H 결합 모두 σ 결합이며 전자 밀도가 C와 H가 연결된 축 위에 밀집되어 있다. CH_4의 결합 오비탈 그림을 그림 1.6에 나타내었다.

문제 1.27 어떤 오비탈이 $CH_3CH_2CH_3$(프로페인)의 C–C 및 C–H 결합에 사용되고 있는가? 이 분자에는 몇 개의 σ 결합이 존재하는가?

1.9C 그 밖의 혼성화 양식–*sp* 및 sp^2 혼성 오비탈

sp^3 혼성 오비탈을 이루는 것은 2*s*와 2*p* 오비탈이 혼성화하는 양식의 하나일 뿐이다. 사실 유기 분자에서는 세 가지 형태의 혼성화를 흔히 보게 된다. 혼성화에서 오비탈의 개수는 항상 보존된다. 다시 말하면, 혼성화하는 원자 오비탈의 수와 동일한 수의 혼성 오비탈이 형성된다.

- 2*s* 오비탈 하나와 2*p* 오비탈 셋에서 네 개의 sp^3 혼성 오비탈이 형성된다.
- 2*s* 오비탈 하나와 2*p* 오비탈 둘에서 세 개의 sp^2 혼성 오비탈이 형성된다.
- 2*s* 오비탈 하나와 2*p* 오비탈 하나에서 두 개의 *sp* 혼성 오비탈이 형성된다.

우리는 이미 2*s* 오비탈 하나와 2*p* 오비탈 세트에서 어떻게 네 개의 sp^3 혼성 오비탈이 형성되는지 그림으로 살펴보았다. 그림 1.7과 1.8에는 같은 방식으로 *sp* 및 sp^2 오비탈의 형성 과정이 그려져 있다. 각 *sp* 및 sp^2 오비탈은 sp^3 혼성 오비탈처럼 한쪽 귓불은 크고 다른 쪽 귓불은 작다. 주의해야 할 점은 sp^2 혼성화와 *sp* 혼성화는 각각 하나 그리고 두 개의 혼성화되지 않은 2*p* 오비탈을 남겨 두고 있다는 점이다.

혼성 오비탈의 **위 첨자**는 혼성 오비탈을 만드는 데 사용한 **원자 오비탈의 수**와 같다. 숫자 '1'은 생략되어 있다.

예를 들면 $sp^3 = s^1p^3$

각 혼성 오비탈을 만드는 데 **한** 개의 2*s* + **세** 개의 2*p* 오비탈이 사용됨

분자 내의 주어진 원자의 혼성화를 결정하기 위해서는 기하 구조를 결정하기 위하여 했던 것과 같이 원자 주위 기(원자와 비결합 전자쌍)의 수를 헤아린다.

- 기의 수는 정확히 혼성화되는 오비탈 수와 일치한다(표 1.4).

이제 이 현상을 BeH_2, BF_3, NH_3 및 H_2O에 적용시켜보자. 이미 1.7절에서 이들 분자의 기의 수를 세어서 기하 구조를 결정한 바 있다.

그림 1.7
두 개의 sp 혼성 오비탈의 형성

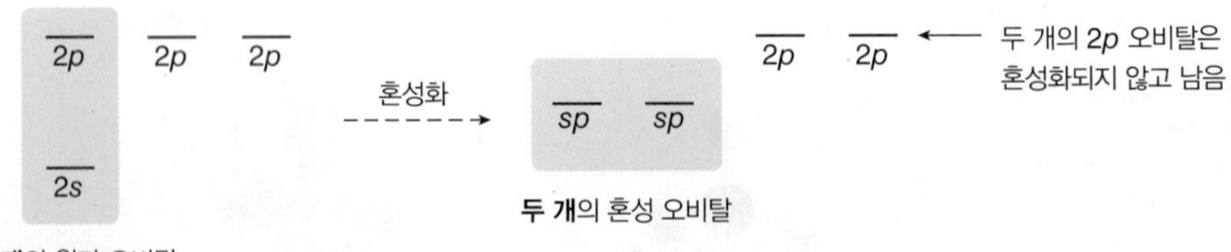

- **두 개의 sp 혼성 오비탈**을 형성하는 데는 **한 개의 2s 오비탈**과 **한 개의 2p 오비탈**을 사용하며, **두 개의 2p 오비탈은 혼성화되지 않는다.**

그림 1.8
세 개의 sp^2 혼성 오비탈의 형성

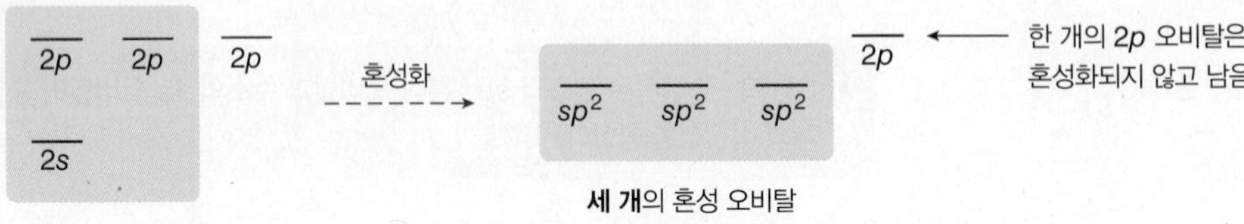

- **세 개의 sp^2 혼성 오비탈**을 형성하는 데는 **한 개의 2s 오비탈**과 **두 개의 2p 오비탈**을 사용하며, **한 개의 2p 오비탈은 혼성화되지 않고 남는다.**

표 1.4
혼성 오비탈의 세 유형

원자 주위의 기의 수	사용된 오비탈의 수	혼성 오비탈의 유형
2	2	두 개의 sp 혼성 오비탈
3	3	세 개의 sp^2 혼성 오비탈
4	4	네 개의 sp^3 혼성 오비탈

BeH_2에서 Be 원자는 sp 혼성화되어 있다. 왜냐하면 두 개의 기(두 수소 원자)에 의해 에워싸여 있기 때문이다. 각 Be–H 결합은 B의 sp 혼성 오비탈과 H의 1s 오비탈이 중첩되어 형성된다. sp 혼성 오비탈은 서로 180° 떨어져 있다.

BF_3에서 B 원자는 sp^2 혼성화되어 있다. 왜냐하면 세 개의 기(세 개의 F 원자)에 의해 둘러싸여 있기 때문이다. 각 B–F 결합은 Be의 sp^2 혼성 오비탈과 F의 2p 오비탈이 중첩되어 형성된다. sp^2 혼성 오비탈은 모두 한 평면상에 있으며 서로 120° 떨어져 있다. B 원자에는 동시에 비어 있는 2p 오비탈이 있다. 이 오비탈은 BF_3 분자 평면의 위와 아래에 위치한다.

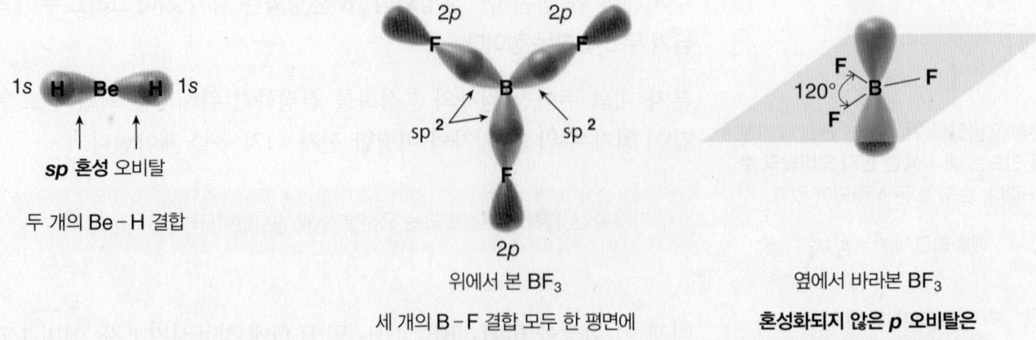

그림 1.9
NH_3 및 H_2O의 혼성 오비탈

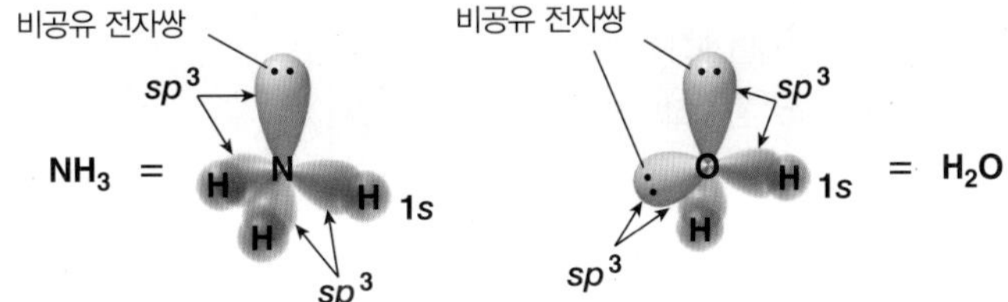

NH_3의 N 원자와 H_2O의 O 원자는 둘 다 네 개의 기에 의해 둘러싸여 있으므로 sp^3 혼성화된다. 이들 분자에 있는 각각의 N−H와 O−H의 결합은 sp^3 혼성 오비탈이 H의 1*s* 오비탈에 중첩되어 형성된다. N과 O의 고립 전자쌍들은 sp^3 혼성 오비탈을 점유한다. 이는 그림 1.9에 예시되어 있다.

예제 1.9 메탄올, CH_3OH의 각 결합을 형성하는 데 어떤 오비탈이 사용되는가?

풀이

이 문제를 풀기 위해 타당한 루이스 구조를 그리고, 각 원자 주위에 있는 기의 수를 헤아려야 한다. 그 다음, 두 개의 기 = *sp*, 세 개의 기 = sp^2, 네 개의 기 = sp^3라는 혼성화를 결정하는 규칙을 사용한다.

C 주위에 네 개의 기가 있음
sp^3 혼성화됨

O 주위에 네 개의 기가 있음
sp^3 혼성화됨

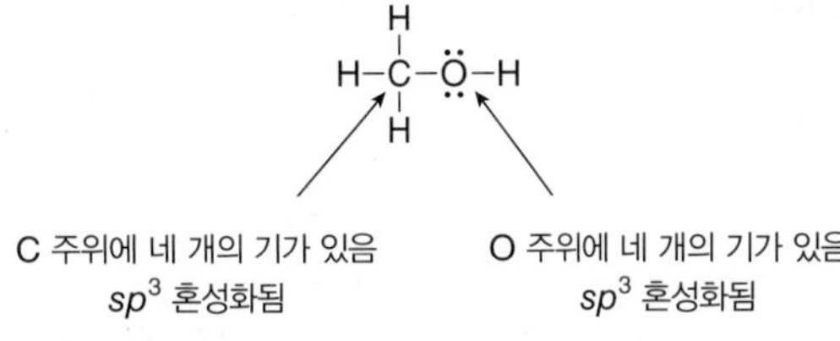

- 모든 C−H 결합은 $C_{sp^3}-H_{1s}$로 형성된다.
- C−O 결합은 $C_{sp^3}-O_{sp^3}$로 형성된다.
- O−H 결합은 $O_{sp^3}-H_{1s}$로 형성된다.

문제 1.28 다음 분자의 각 결합은 어떤 오비탈을 사용하는가?

a. CH_3BeH b. $(CH_3)_3B$ c. CH_3OCH_3

1.10 에테인, 에틸렌 및 아세틸렌

이 혼성화 원리를 이용하여 에테인(ethane), 에틸렌(ethylene) 및 아세틸렌(acetylene)의 결합 유형을 알아보자.

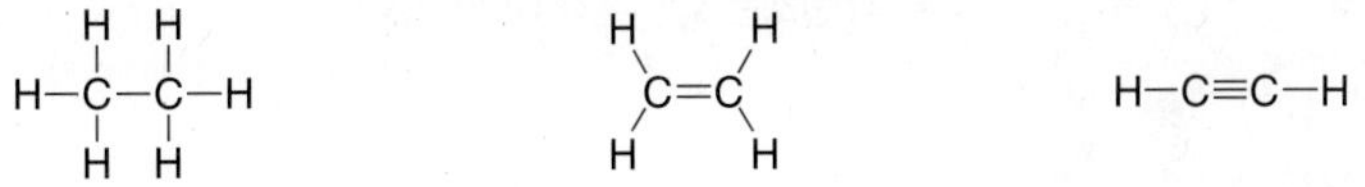

에테인 에틸렌 아세틸렌

1.10A 에테인−CH_3CH_3

에테인 CH_3CH_3의 루이스 구조에 의하면 각 탄소는 다른 네 원자에 단일 결합을 하고 있다. 그 결과

- 각 탄소는 정사면체형이다.
- 각 탄소는 sp^3 혼성화되어 있다.

CH_3CH_3 = (H H, H–C–C–H, H H) =

에테인

정사면체 C 원자

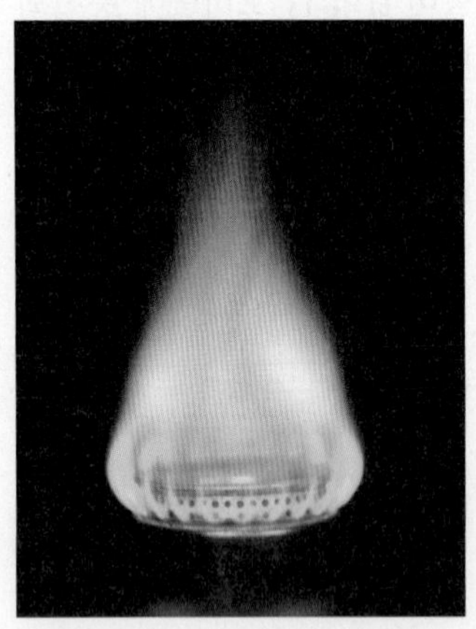

에테인은 천연가스의 한 성분이다.

에테인의 모든 결합은 σ 결합이다. C–H 결합은 각 탄소의 sp^3 혼성 오비탈 하나와 수소의 $1s$ 오비탈 하나가 중첩되어 형성된다. C–C 결합은 각 탄소의 sp^3 혼성 오비탈이 하나씩 중첩되어 형성된다.

두 개의 **sp^3** 혼성 오비탈이 중첩하여 C–C 결합이 형성됨

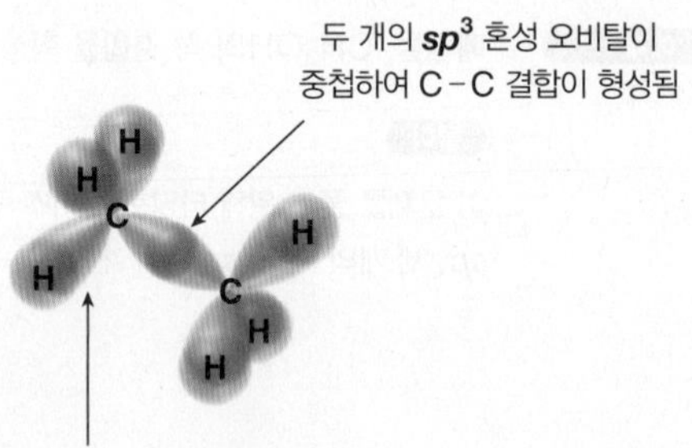

각 C–H 결합은 탄소의 **sp^3** 혼성 오비탈이 H의 **1s** 오비탈의 중첩으로 형성됨

에테인의 모형을 보면 중심 C–C σ 결합 주위로 회전이 가능하다는 것을 알아낼 수 있다. 빨간색으로 표시된 H 원자의 위치가 결합 회전에 따라 바뀌는 것을 보여주듯이, 이웃한 CH_3기에 대한 수소 원자들의 상대적인 위치는 변화한다. 이 과정은 4장에서 보다 상세히 취급한다.

1.10B 에틸렌–C_2H_4

에틸렌은 플라스틱인 폴리에틸렌을 제조하는 데 중요한 출발물이다.

에틸렌 $CH_2=CH_2$의 루이스 구조에 따르면, 각 탄소는 두 수소 원자와 단일 결합을 하고 다른 탄소와 이중 결합을 하고 있다. 따라서 C는 세 개의 기에 의해 에워싸여 있다. 그 결과

- 각 탄소는 삼각 평면형이다(1.7B절).
- 각 탄소는 sp^2 혼성화되어 있다.

$CH_2=CH_2$ = (H, H, C=C, H, H) 120°

에틸렌

C 주위에 세 개의 기

그러면 C=C 이중 결합의 두 결합을 형성하는 데는 어떤 오비탈이 사용되는가? sp^2 혼성 오비탈은 $2s$ 오비탈 하나와 두 개의 $2p$ 오비탈로부터 형성되며, 한 개의 $2p$ 오비탈은 혼성화되지 않고 남아

있게 된다는 1.9절의 내용을 상기하자. 탄소는 원자가 전자가 넷이므로 각 오비탈에 결합을 형성하는 데 사용되는 하나의 전자가 있다.

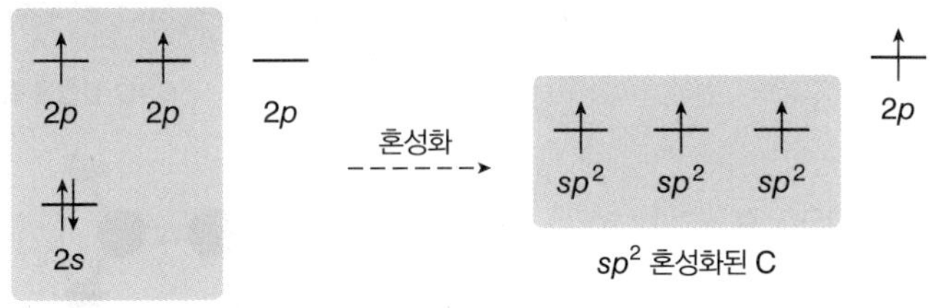

각 C−H 결합은 탄소의 sp^2 혼성 오비탈과 수소의 1s 오비탈의 정면 겹침으로 형성된다. 비슷하게 C−C 결합 하나도 각 탄소 원자의 sp^2 혼성 오비탈의 정면 겹침으로 형성된다. 이들 결합이 모두 σ 결합이다.

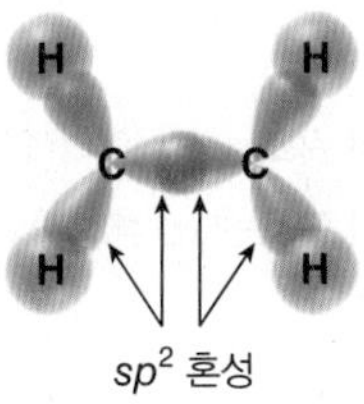

- 각 C에는 세 개의 sp^2 혼성 오비탈이 있다.
- C−H 결합과 C−C 결합은 σ 결합이다.

두 번째 C−C 결합은 각 탄소의 2p 오비탈의 측면 겹침으로 형성된다. 측면 겹침은 그림 1.10b에 나타낸 것과 같이 sp^2 혼성 오비탈 평면(즉 σ 결합으로 여섯 원자가 놓인 평면)의 위아래에 전자 밀도를 형성한다.

이 두 번째 결합에서 전자 밀도는 두 핵을 연결하는 축에 밀집되지 않는다. 이 새로운 형태의 결합을 π 결합(π bond)이라고 부른다. π 결합의 전자 밀도는 두 핵에서 더 멀리 떨어져 있으므로 π 결합은 σ 결합에 비하여 더 약하고 따라서 더 쉽게 깨어진다.

따라서 두 탄소−탄소 이중 결합은 두 성분으로 이루어진다.

- 두 sp^2 혼성 오비탈의 정면 겹침으로 형성되는 σ 결합
- 두 2p 오비탈의 측면 겹침으로 형성되는 π 결합

그림 1.10
에틸렌의 σ 결합과 π 결합

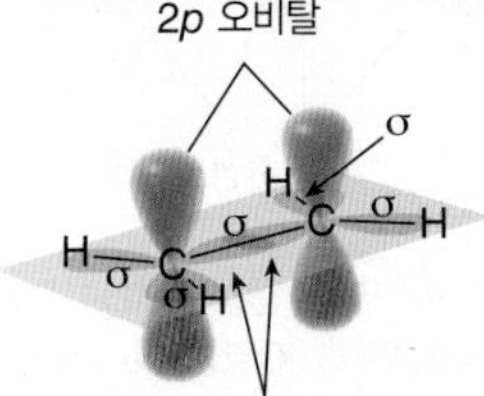

- 두 개의 sp^2 혼성 오비탈의 겹침으로 C−C σ 결합이 형성됨

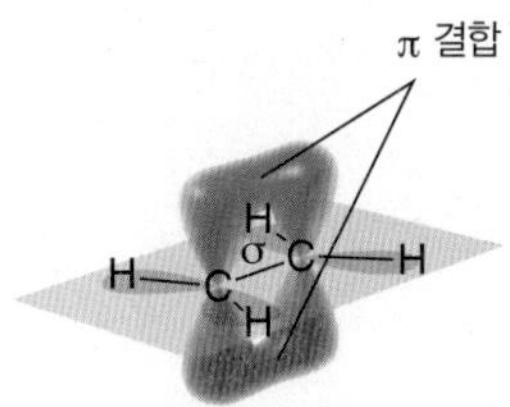

- 두 개의 sp^2 오비탈의 겹침으로 C−C π 결합이 형성됨
- π 결합은 분자 **평면의 위쪽과 아래쪽**에 펼쳐져 있음

에테인의 C−C 단일 결합과 달리 에틸렌의 C−C 이중 결합을 축으로 하는 회전은 제한되어 있다. 우선 이 π 결합이 깨어지고 나서 회전이 일어나고 다시 결합이 형성되는 과정을 거쳐야만 가능한데, 이 과정에는 상당한 에너지가 필요하다.

C=C 결합을 축으로 회전이 불가능하다

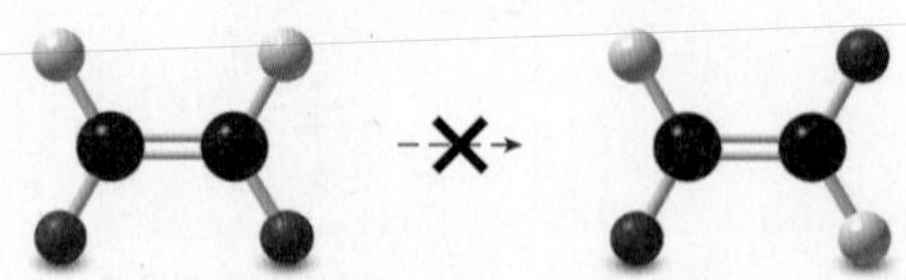

모든 이중 결합은 σ 결합 하나와 π 결합 하나로 이루어진다.

1.10C 아세틸렌−C_2H_2

아세틸렌은 연소하면서 매우 뜨거운 불꽃이 생성되기 때문에 용접 토치에 자주 사용된다. 또한 불꽃이 매우 밝아 한때 동굴 탐험가들의 램프로 사용되었다.

아세틸렌(HC≡CH)의 루이스 구조에 근거하면 각 탄소는 수소 원자 하나에 단일 결합을 하고 탄소와 삼중 결합을 하여, 각 탄소는 두 개의 기에 의해 에워싸여 있다. 그 결과

- 각 탄소는 선형이다(1.7B절).
- 각 탄소는 *sp* 혼성화되어 있다.

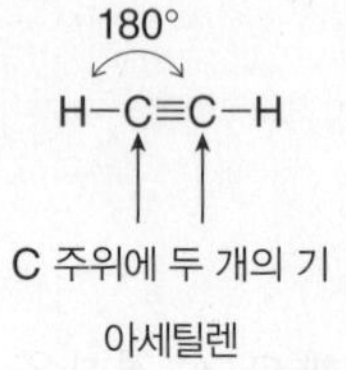

C−C 삼중 결합의 형성에 어떤 오비탈들이 사용되는가? 1.9절의 내용을 상기하면, *sp* 혼성 오비탈은 2*s* 오비탈 하나와 2*p* 오비탈 하나로 형성되며, 두 개의 2*p* 오비탈이 혼성화되지 않고 남아 있다. 탄소의 원자가 전자는 넷이므로 각 오비탈에 결합을 형성하는 데 사용되는전자가 하나씩 있다.

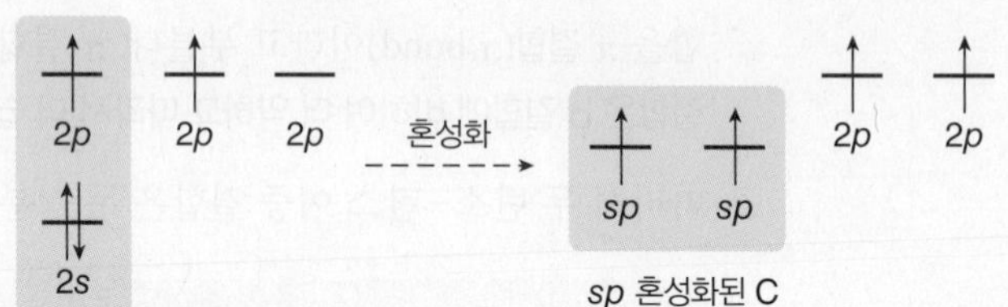

각 C−H 결합은 탄소의 *sp* 혼성 오비탈과 수소의 1*s* 오비탈의 정면 겹침으로 형성된다. 비슷하게 C−C 결합은 각 탄소의 *sp* 혼성 오비탈의 정면 겹침으로 형성된다. 이들 결합은 각각 σ 결합이다.

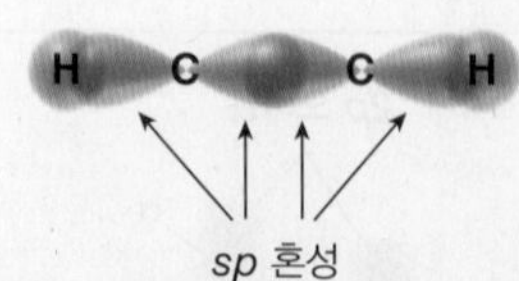

- 각 탄소에 두 *sp* 혼성 오비탈이 존재
- C−H결합과 C−C결합은 σ 결합임.

각 탄소 원자는 서로에 수직이고 또한 *sp* 혼성 오비탈에 수직인 두 개씩의 혼성화되지 않은 2*p* 오비탈이 있다. 이들 두 2*p* 오비탈의 측면 겹침으로 C−C 삼중 결합의 두 번째 및 세 번째 결합이 형성된다. 이들 결합 가운데 하나는 두 핵을 잇는 축의 위아래에 전자 밀도를 형성하고 다른 한 결합

그림 1.11
아세틸렌의 σ 결합과 π 결합

a. 2*p* 오비탈

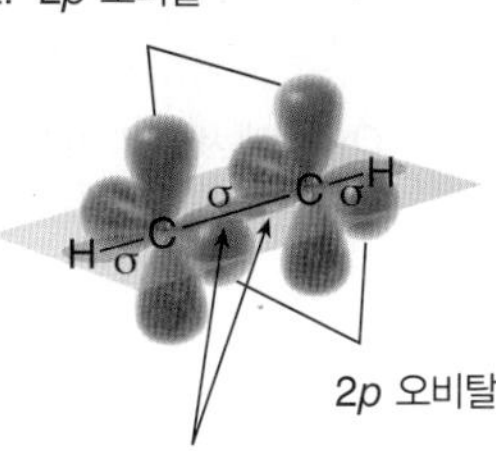

- 두 개의 *sp* 오비탈이 겹침으로써 C–C σ 결합이 형성됨

b. 한 개의 π 결합

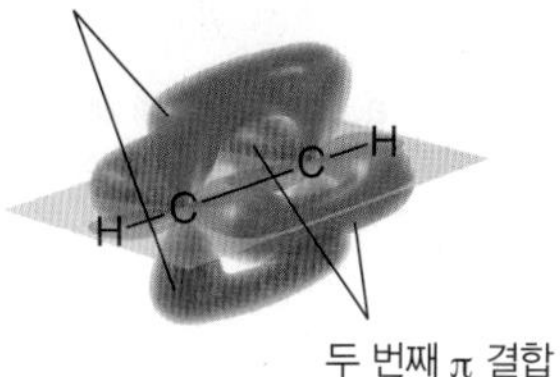

- 2개의 2*p* 오비탈 2 세트가 겹침으로써 두 개의 C–C π 결합이 형성됨
- 2개의 π 결합이 선형 분자의 축에서 펼쳐져 나옴

의 전자 밀도는 두 핵을 잇는 축의 앞쪽과 뒤쪽에 놓이며, 이들 둘 모두 π 결합이다. 따라서 탄소–탄소 삼중 결합은 세 성분으로 구성되어 있다.

두 p 오비탈이 측면–측면으로 중첩하면 항상 π 결합이 형성된다.

모든 삼중 결합은 한 개의 σ 결합과 두 개의 π 결합으로 이루어져 있다.

- 두 *sp* 혼성 오비탈의 정면 겹침으로 형성되는 σ 결합
- 2*p* 오비탈 두 쌍의 측면 겹침으로 형성되는 두 개의 π 결합

그림 1.11에 아세틸렌에서 관찰되는 결합을 요약 정리하였다. 표 1.5에는 탄소 화합물에서 가능한 세 가지 결합 유형을 요약하였다.

예제 1.10 아래에 그려져 있는 아세톤 분자에 관하여 다음 물음에 답하라.

CH_3–C(=O:)–CH_3

아세톤

a. 표시된 원자의 혼성화를 결정하라.

b. C–O 이중 결합을 형성하는 데 어떤 오비탈이 사용되는가?

c. 고립 전자쌍은 어떤 오비탈에 점유되어 있는가?

표 1.5 탄소 화합물에서 볼 수 있는 공유 결합 요약

C에 결합되어 있는 기의 수	혼성화	결합각	예	관찰되는 결합
4	sp^3	109.5°	**CH_3CH_3** 에테인	**한 개의 σ 결합** C_{sp^3}–C_{sp^3}
3	sp^2	120°	**CH_2=CH_2** 에틸렌	**한 개의 σ 결합 + 한 개의 σ 결합** C_{sp^2}–C_{sp^2} C_{2p}–C_{2p}
2	sp	180°	**HC≡HC** 아세틸렌	**한 개의 σ 결합 + 두 개의 π 결합** C_{sp}–C_{sp} C_{2p}–C_{2p} C_{2p}–C_{2p}

풀이

a. C 주위에 **세 개**의 기가 있음 → $C=\ddot{O}:$ ← O 주위에 **세 개**의 기가 있음
sp^2 혼성화됨 (C), ***sp***^{2} 혼성화됨 (O)

CH_3 ↑ C 주위에 **네 개**의 기가 있음
sp^3 혼성화됨

b. • C_{sp^2}–O_{sp^2}의 정면 겹침으로 σ 결합이 형성된다.
• C_{2p}–O_{2p}의 측면 겹침으로 π 결합이 형성된다.

c. O 원자에 sp^2 혼성 오비탈 셋이 있다.
• 하나는 이중 결합의 σ 결합 형성에 사용된다.
• 나머지 두 sp^2 혼성 오비탈은 고립 전자쌍에 의해 점유된다.

문제 1.29 다음 분자들에 표시된 원자의 혼성화 상태를 결정하라.

a. $CH_3-C\equiv CH$ b. (cyclohexylidene)$=\ddot{N}-CH_3$ c. $CH_2=C=CH_2$

문제 1.30 신선하게 자른 오이의 뚜렷한 냄새는 주로 오이 알데하이드 때문이다.

(a) 오이 알데하이드에는 얼마나 많은 sp^2 혼성화 탄소 원자가 들어 있는가?

(b) O 원자의 혼성화는 무엇인가?

(c) 어떤 오비탈이 탄소–산소 이중 결합을 형성하는 데 사용되는가?

(d) 오이 알데하이드는 얼마나 많은 σ 결합을 포함하고 있는가?

(e) 얼마나 많은 π 결합이 그것에 포함되어 있는가?

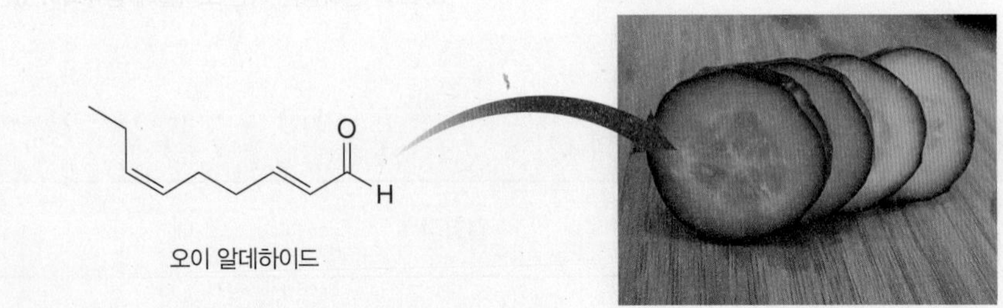

오이 알데하이드

1.11 결합 길이와 결합 세기

이제 에테인, 에틸렌, 그리고 아세틸렌의 C–C 및 C–H 결합의 결합 길이와 결합 세기에 관하여 알아보기로 하자.

1.11A 탄소–탄소 결합의 비교

에너지의 SI 단위는 **주울**(J)인 반면에, 유기화학자들은 흔히 에너지 값을 **칼로리**(calories, cal)로 보고한다. 이러한 이유로 이 교재에 나오는 표의 에너지 값은 주울 단위로 보고하고 괄호 속에 칼로리의 값을 나타내고 있다. 1 cal = 4.18 J

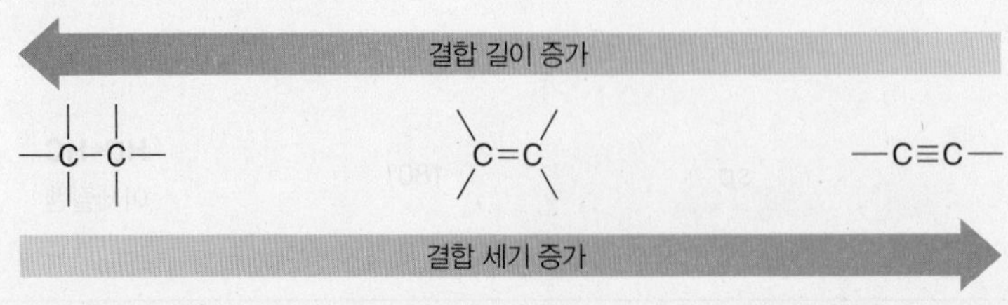

표 1.6
에테인, 에틸렌 및 아세틸렌의 결합 길이와 결합 세기

화합물	C–C 결합 길이(pm)	결합 세기 kJ/mol(kcal/mol)
CH_3-CH_3	153	368 (88)
$CH_2=CH_2$	134	635 (152)
$HC\equiv CH$	121	837 (200)

(결합 길이의 증가 ↑ / 결합 세기의 증가 ↓)

화합물	C–C 결합 길이(pm)	결합 세기 kJ/mol(kcal/mol)
CH_3CH_2-H	111	410 (98)
$CH_2=CH_2$ (C–H)	110	435 (104)
$HC\equiv C-H$	109	523 (125)

(결합 길이의 증가 ↑ / 결합 세기의 증가 ↓)

- 두 핵 사이의 전자의 수가 증가하면 할수록 결합은 짧아지고 세진다.
- 따라서 삼중 결합은 이중 결합보다 짧고 세며, 이중 결합은 단일 결합보다 짧고 세다.

결합 길이와 결합 세기의 관계를 눈여겨 보자. 결합이 짧을수록 전자 밀도는 핵 가까이에 분포하게 되고 결합은 그만큼 끊기 어려워진다. **짧은 결합일수록 센 결합이다.**

CH_3CH_3, $CH_2{=}CH_2$ 그리고 $HC{\equiv}CH$의 결합 길이 및 결합 세기 값들이 표 1.6에 실려 있다. 여기서 한 가지 특히 조심하여야 할 부분은 C–C 이중 결합과 관련은 있지만 서로 다른 두 가지 원리이다. 이중 결합은 σ와 π 결합으로 되어 있어 센 결합이다. 그러나 이중 결합의 π 성분은 σ 성분에 비하여 훨씬 약한 결합이다. 이는 알켄을 공부할 때 특히 중요한 사항으로 10장에서 배우게 된다.

1.11B 탄소–수소 결합의 비교

C–H 결합의 결합 길이와 결합 세기는 탄소 원자의 혼성화 상태에 따라 약간의 차이를 보인다.

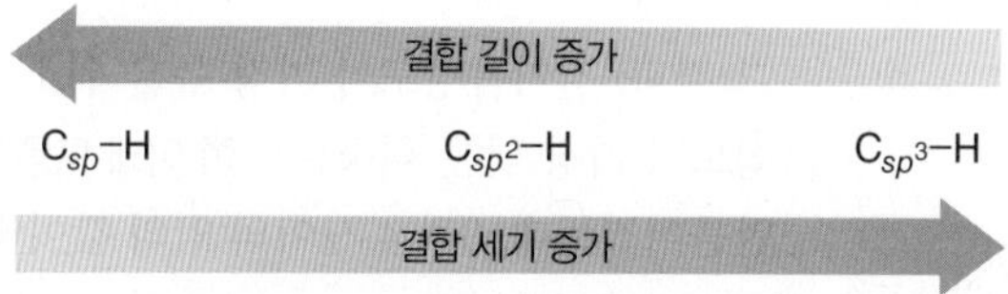

그 까닭을 이해하려면, 각 혼성화 오비탈 형성에 사용되는 원자 오비탈을 고찰하지 않으면 안 된다. 2*s* 오비탈 하나는 어느 경우에나 다 쓰이지만, 쓰이는 2*p* 오비탈의 수는 혼성화 유형에 따라 다르다. **s-성질 백분율**(percent s-character)이라 부르는 수치는 오비탈 혼성화에 쓰이는 2*s* 오비탈의 분율을 나타낸다.

$$sp \text{ 혼성체} \quad \frac{\text{한 개의 2}s\text{ 오비탈}}{\text{두 개의 혼성 오비탈}} = 50\%\ s\text{-성질}$$

$$sp^2 \text{ 혼성체} \quad \frac{\text{한 개의 2}s\text{ 오비탈}}{\text{세 개의 혼성 오비탈}} = 33\%\ s\text{-성질}$$

$$sp^3 \text{ 혼성체} \quad \frac{\text{한 개의 2}s\text{ 오비탈}}{\text{네 개의 혼성 오비탈}} = 25\%\ s\text{-성질}$$

그러면 어떻게 혼성 오비탈의 *s*-성질 백분율이 C−H 결합 길이에 영향을 미치는가? 2*s* 오비탈의 전자 밀도는 2*p* 오비탈의 전자 밀도에 비해 핵에 더 가까이 분포한다. *s*-성질 백분율이 증가하면 할수록 혼성 오비탈은 전자를 핵에 더 가까이 분포하도록 하여, 전자는 핵에 더 가까워지고 결합 길이는 짧아지며 결합은 강해진다.

- *s*-성질 백분율 증가 ---→ 결합 세기 증가 ---→ 결합 길이 감소

문제 1.31 각 화합물 혹은 화합물 쌍에서 붉은색 표시가 된 결합 중 어느 것의 결합 길이가 더 짧은가?

a.

b.

c. 와

d. 와

1.12 전기음성도와 결합 극성

전기음성도(electronegativity)는 결합에서 원자가 전자를 당기는 힘의 척도이다. 따라서 전기음성도는 특정 원자가 전자를 얼마나 '갖고 싶어 하는가'를 나타낸다.

- 전기음성도는 주기율표의 주기를 따라 오른쪽으로 가며 증가하는데, (불활성 기체의 전자 배치를 제외하고) 핵의 전하가 증가하기 때문이다.
- 전기음성도는 주기율표의 족을 따라 내려가며 감소하는데, 원자 반지름이 증가하여 원자가 전자가 핵으로부터 멀어지기 때문이다.

그 결과, 전기음성도가 가장 높은 원소는 주기율표상에서 오른쪽 위의 모퉁이에 위치하며 전기음성도가 가장 낮은 원소는 왼쪽 아래 모퉁이에 자리하게 된다. 전기음성도 정도를 나타내는 척도가 만들어졌는데, 0과 4 사이의 임의 값이 책정된 전기음성도 값을 그림 1.12에 나타내었다.

그림 1.12
몇 가지 흔히 볼 수 있는 원소들의 전기음성도 값

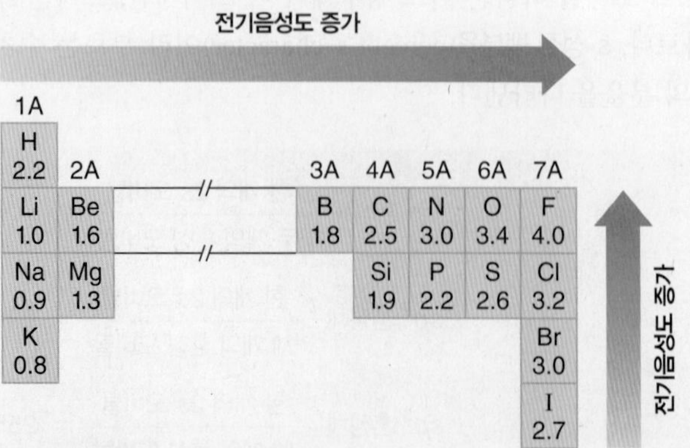

전기음성도 값은 상대적인 것이기 때문에 원소들끼리 비교할 때만 사용한다. 다른 두 원소를 비교할 때, 하나가 만약 전자를 자기 쪽으로 당겨 취하고자 한다면 다른 것보다 **더 전기음성적**(more electronegative)이라고 한다. 다른 원소에 전자 밀도를 내어주게 되면, 그것은 덜 전기음성적(less electronegative)—**더 전기양성적**(more electropositive)—이다.

문제 1.32 다음 원소를 전기음성도가 증가하는 순서로 순위를 나열하라. 각 원자단에서 가장 전기음성적인 것과 가장 전기양성적인 원자에 표시를 하라.

a. Se, O, S　　b. P, Na, Cl　　c. Cl, S, F　　d. O, P, N

전기음성도 값은 결합에서 전자가 **균등하게 배분되었는가** 아니면 **불균등하게 배분되었는가**를 표시해 주는 지표로 사용된다. 예를 들어, 동종의 원소가 결합되어 있다면 항상 각 원자가 전자를 자기 쪽으로 당기는 정도는 같아지게 된다. 전자는 균등하게 배분되며 그 결과 결합은 **비극성**(nonpolar)이 된다. 따라서 **탄소-탄소 결합은 비극성이다.** 전기음성도가 비슷한 두 원소가 결합하는 경우도 마찬가지이다. **C–H 결합은 비극성이라고 간주하는데,** 이는 C(2.5)와 H(2.2)의 전기음성도 차가 작기 때문이다.

C와 H의 작은 전기음성도 차는 무시함

전기음성도가 다른 두 원소가 결합을 이루면 전자가 **불균등하게 배분된다.** 예를 들어 C–O 결합에서 전자는 C (2.5)에서 전기음성도가 높은 O (3.4) 쪽으로 당겨지게 된다. 결합은 **극성**(polar) 또는 **극성 공유**(polar covalent) 결합을 이루었다고 한다. 그 결합은 **쌍극자**(dipole)를 가지며, **전하가 부분적으로 분리되어** 있다.

C–O 결합은 극성 결합이다.

C는 전자 결핍　　O는 전자 풍부

$\delta+$ $\delta-$

C—O

결합 쌍극자

결합에서의 극성 방향은 화살표로 표시되는데, 화살 머리는 전기음성이 강한 곳을 향한다. 화살의 꼬리 부분은 가로질러 가는 선을 포함하여 전기음성이 약한 곳에 위치한다. 이와 달리 부호 δ^+ 와 δ^-를 이용하여 이러한 불균등 전자 밀도를 나타낼 수도 있다.

- δ^+는 원자의 전자가 부족하다는 것을 의미한다(부분 양전하가 있다).
- δ^-는 원자의 전자가 풍부하다는 것을 의미한다(부분 음전하가 있다).

문제 1.33 각 결합에서의 쌍극자의 방향을 나타내라. 원자에 δ^+와 δ^-로 표시하라.

a. H—F　　b. B—C　　c. —C—Li　　d. —C—Cl

그림 1.13
CH_3Cl의 정전기 전위 그림

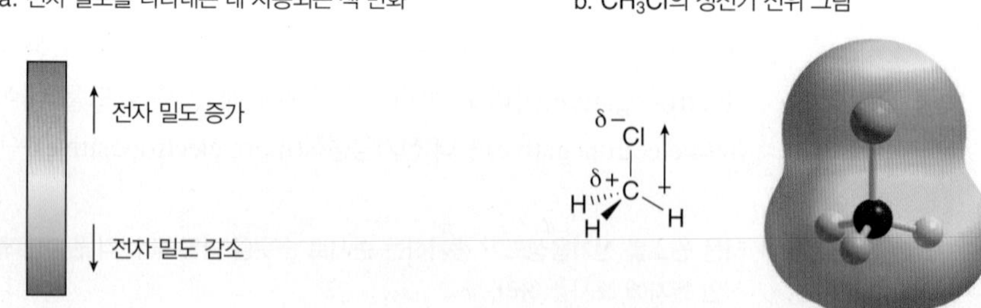

학생들은 전기음성도의 차가 얼마나 되어야 결합 극성인 것으로 간주할 수 있는지 의문을 갖는다. 참으로 어려운 질문이다. 근사적으로 임의의 값을 설정하도록 하자. **두 원자 간의 전기음성도의 차가 0.5 단위 이상이면 극성인 것으로 간주하는 것이 보통이다.**

분자 내의 전자 밀도의 분포는 **정전기 전위 지도**(electrostatic potential map)를 사용하여 나타낼 수 있다. 이 그림은 높은 전자 밀도 및 낮은 전자 밀도를 색을 이용하여 표시한다. 전자가 풍부한 영역에는 붉은색, 전자 결핍 자리에는 푸른색으로 나타낸다. 중간 정도의 전자 밀도는 오렌지색, 노란색, 초록색으로 나타낸다.

예를 들어, CH_3Cl의 정전기 전위 지도는 C−Cl 결합의 극성을 명확하게 나타내고 있다(그림 1.13). 보다 더 전기음성적인 Cl 원자는 전자 밀도를 자기 쪽으로 끌어당겨 전자가 풍부한 영역이 된다. 이는 그림에서 주위에 붉은색으로 표시되어 있다. 탄소는 전자 부족이며 푸르게 나타냈다

두 그림을 비교할 때, 같은 색깔 변화도를 적용해야 유용하게 쓸 수 있다. 이런 이유로 이 교재에서 두 그림을 비교할 때는 같은 색 변화도를 이용하여 나란히 옆에 두도록 하였다.

1.13 분자의 극성

극성 분자는 극성 결합이 하나 있거나 서로 증강되는 둘 이상의 극성 결합을 갖는 분자이다. **비극성 분자**는 극성 결합이 있으나 서로 상쇄된다.

지금까지 우리는 한 개 결합의 극성에 관심을 기울였다. 분자에 알짜 쌍극자가 있는지를 결정하기 위해서는 다음과 같은 두 단계를 거쳐야 한다.

[1] 전기음성도의 차를 이용하여 **모든 극성 결합과 결합 극성의 방향을 알아낸다.**

[2] 개개의 원자를 중심으로 기의 수를 헤아려 **기하 구조를 결정하고, 개개의 공간상에서 쌍극자가 서로 증강되는지 또는 상쇄되는지를 결정한다.**

C와 H는 N, O, 및 모든 할로젠과 결합하면 항상 **극성**이다. 따라서 C−I 결합은 전기음성도의 차가 작다 하더라도 극성 결합으로 간주한다. 전기음성도 자체가 근사임을 기억하라.

두 분자 H_2O와 CO_2에 대해 이 과정을 밟아 보면 아주 다른 결과가 됨을 알 수 있다. H_2O의 각 O−H 결합은 극성인데, 이는 O(3.4)와 H(2.2)의 전기음성도 차가 큰 데 기인한다. H_2O는 굽은형 분자이므로 두 쌍극자는 증강된다. **따라서 H_2O에 알짜 쌍극자가 있으며, 이로 인해 극성 분자가 된다.** CO_2 또한 극성 C−O 결합이 있는데, 이는 O(3.4)와 C(2.5) 간의 전기음성도 차가 크기 때문이다. 그러나 CO_2는 선형 분자이고, 두 쌍극자는 크기는 같지만 방향이 반대여서 **서로 상쇄된다. 따라서 CO_2는 알짜 쌍극자가 없는 비극성 분자가 된다.**

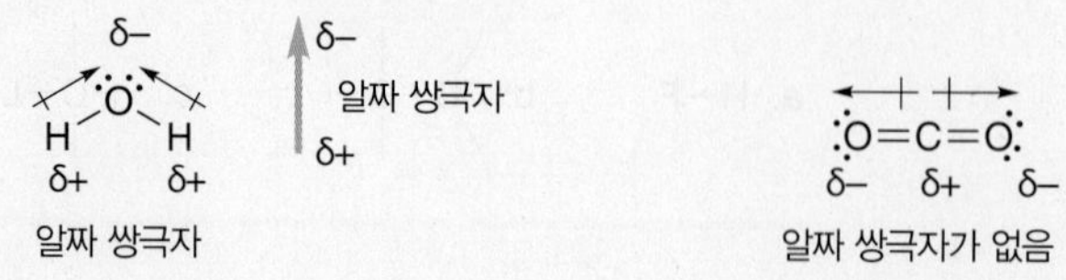

그림 1.14
H_2O 및 CO_2의 정전기 전위 그림

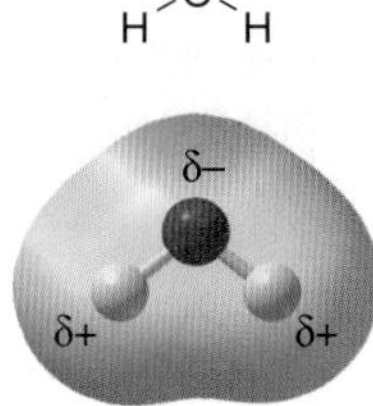

:O=C=O:

δ+
δ–
δ–

- 전자 밀도가 높은(붉은색) 영역은 전기음성인 O 원자에 집중되어 있다. 두 수소 모두 전자 결핍 영역이다(푸른색–초록색).
- 전기음성인 두 O 원자 모두 전자 밀도가 높고(붉은색) 중앙의 C 원자는 전자 결핍 영역이다(푸른색).

그림 1.15
극성 및 비극성 분자들의 예

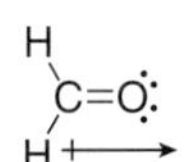

한 개의 극성 결합

극성 분자

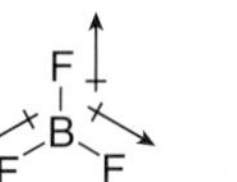

세 개의 극성 결합
모든 쌍극자 상쇄
알짜 쌍극자 **없음**

비극성 분자

알짜 쌍극자

N H H H

세 개의 극성 결합
모든 쌍극자 증강

극성 분자

Cl C Cl H H

알짜 쌍극자

두 개의 극성 결합
모든 쌍극자 증강

극성 분자

Cl C Cl Cl Cl

네 개의 극성 결합
모든 쌍극자 상쇄
알짜 쌍극자 **없음**

비극성 분자

H_2O 및 CO_2의 정전기 전위 그림을 그림 1.14에 나타내었다. 다른 극성 및 비극성 분자들의 예는 그림 1.15에 나타내었다.

문제 1.34 다음 중 알짜 쌍극자가 있기 때문에 극성이 있는 분자는 어느 것인가?극성이 있는 경우 알짜 쌍극자의 방향을 그려 넣어라.

a. CH_3Br b. CH_2Br_2 c. CF_4 d. (Cl)(H)C=C(Cl)(H) e. (Cl)(H)C=C(H)(Cl)

1.14 L-도파–대표적인 유기 분자

이 장에서 배운 원리들은 분자 크기와 그 복잡성에 상관없이 모두 통용될 수 있는 것이다. 예를 들어 이제 이 장 첫머리에서 언급했던 파킨슨씨 병을 치료하는 데 사용하는 의약품인 L-도파의 구조에 관하여 상당히 많은 것을 알게 되었다.

예제 1.11 L-도파에 대한 다음 질문에 답하라.

HO, HO, O, OH, H, NH_2

L-도파

a. 골격 구조식을 루이스 구조로 바꿔 그려라.

b. 표시된 원자 주위의 혼성화와 기하 구조는 무엇인가?

c. 세 개의 극성 결합을 표시하라.

파킨슨씨 병 치료제인 시네메트(Sinemet)는 L-도파(예제 1.10)와 카비도파(문제 1.36)을 포함하고 있다. 카비도파는 L-도파의 혈관-뇌 장벽을 넘어가기 전의 대사를 방해하여 뇌에 들어갈 수 있도록 도와주어 L-도파의 효능을 높여준다.

풀이

a. b. 예제1.8과 같이 골격 구조식을 루이스 구조로 바꾼다. 팔전자를 위해 각 O 원자는 두 개, 각 N 원자는 한 개의 고립 전자쌍이 필요하다. 원자 주위의 기를 세어서 혼성화와 구조를 결정한다.

sp^2 혼성, 삼각 평면

sp^3 혼성, 사면체

sp^3 혼성, 삼각뿔

L-도파의 루이스 구조

c. 모든 C–O, O–H, N–H 및 C–N 결합은 극성이다. 두 원자들 간의 전기음성도 차이가 크기 때문이다.

문제 1.35 L-도파에 관한 다음 물음에 답하라.

a. sp^3 혼성화된 탄소를 모두 표시하라.

b. 부분 양전하(δ^+)를 띤 H 원자를 모두 표시하라.

c. 다른 공명 구조를 그려라.

예제 1.12 비타민 B_6의 공-막대 모델을 이용하여 다음 질문에 답하라.

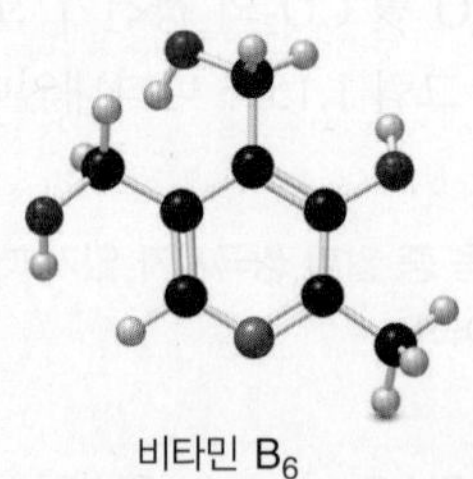

비타민 B_6

a. 비타민 B_6의 골격 구조식을 그려라.

b. sp^2 혼성화된 탄소가 몇 개나 존재하는가?

c. 고리에 있는 N 원자의 혼성화는 무엇인가?

풀이

3-D 모델을 골격 구조식으로 바꾸기 위해 1.7B절에 있는 원소 색깔을 이용하라[검정(C), 회색(H), 빨강(O), 파랑(N)]. 탄소에 있는 수소 원자는 생략되어 있지만, 헤테로원자에 붙어 있는 H는 표시한다. 혼성화를 결정하기 위해 기의 수를 센다. 팔전자를 이루기 위해 각 O 원자는 두 개의 고립전자쌍을, 각 N은 한 개의 고립전자쌍을 필요로 한다.

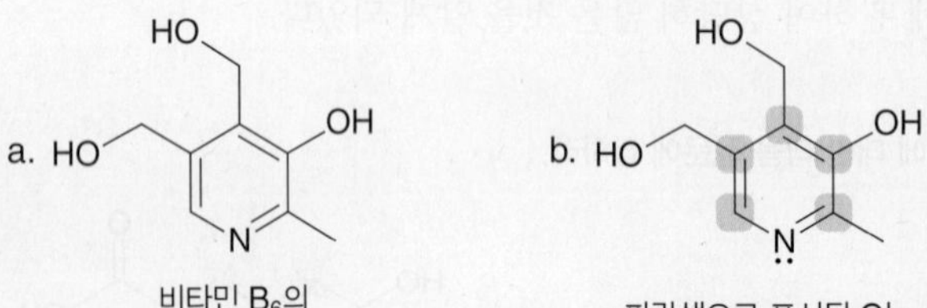

비타민 B_6의 골격 구조식

- 파란색으로 표시된 C는 sp^2로 혼성화되어 있다.
- 세 개의 기(두 개의 원자 및 한 개의 고립 전자쌍)로 둘러싸여 있는 N 원자는 sp^2로 혼성화되어 있다.

문제 1.36 L-도파와 함께 파킨슨씨 병 치료에 사용하는 카비도파(carbidopa)에 관한 질문에 답하기 위해 공-막대 모형을 이용하라.

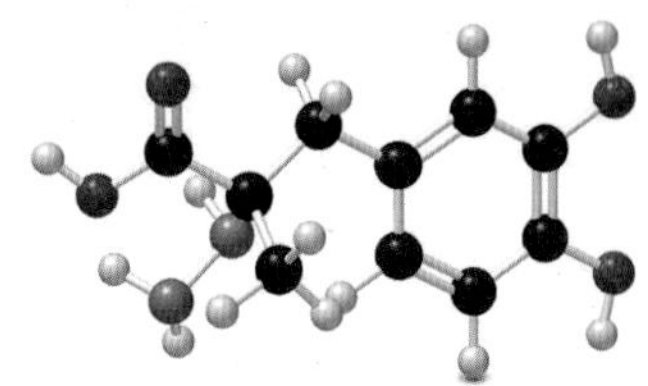

카비도파

a. 카비도파의 골격 구조식을 그려라.

b. 각 탄소 원자의 혼성화를 결정하라.

c. 각 N 원자의 혼성화와 구조는 무엇인가?

d. 몇 개의 극성 결합이 존재하는가?

구조와 결합

주요 사항

- **결합의 일반 규칙:** 원자는 원자가 전자의 제일 바깥 껍질을 완전히 '채우려 한다'(1.2절). H는 전자를 둘 '갖고자 하며' 두 번째 주기 원소들은 전자 여덟 개를 '갖고자 한다'.
- **형식 전하**는 원자의 원자가 전자 수와 '자신이 가진' 전자 수의 차이다(1.3C절). 단계적인 풀이의 예시는 예제 1.3을 참고하라.
- **굽은 화살 표현법**은 전자쌍의 이동을 나타낸다. 화살의 꼬리는 언제나 결합하고 있거나 고립 전자쌍이거나 간에 전자쌍에서 시작하며, 화살 머리는 전자쌍이 '이동해 가는' 목표로 향한다(1.6절).
- **정전기 전위 그림**은 전자 밀도의 천연색 지도라 할 수 있는데, 전자 풍부 영역과 전자 결핍 영역을 나타낸다(1.12절).

루이스 구조의 중요성(1.3 ~ 1.5절)

루이스 구조를 제대로 그리면 각 원자 주위의 결합 수와 고립 전자쌍 수가 드러난다. 타당한 루이스 구조에서 각 수소에는 두 개의 전자가 있고, 두 번째 주기 원소에는 아홉 개 이상의 전자는 없다. 이것이 분자의 여러 성질을 결정하는 첫 단계이다.

루이스 구조 ---→

- **기하 구조 :** 선형, 삼각 평면 또는 정사면체(1.7절)
- 혼성화 : sp, sp^2 또는 sp^3(1.9절)
- 결합 유형 : 단일, 이중 또는 삼중(1.3, 1.10절)

공명(1.6절)

기본 원리

- 공명은 단일 루이스 구조로 한 화합물을 표시할 수 없을 때 생겨난다.
- 공명 구조는 비결합 전자와 π 결합의 위치만 다르고 원자의 위치는 변하지 않는다.
- 공명 혼성체는 공명 안정화된 화합물을 정확히 표기하는 유일한 표현법이다. 공명 혼성체는 어느 단일 공명 구조보다 화합물을 옳게 표시한다고 할 수 있는데, 이는 전자 밀도가 비편재화되어 있기 때문이다.

공명 구조와 이성질체의 차이점

- 두 **이성질체**는 원자와 전자의 배열이 모두 다르다.
- **공명 구조**는 전자의 배열 상태만 다르다.

$CH_3-C(=\ddot{O}:)-\ddot{O}-CH_3$ $CH_3CH_2-C(=\ddot{O}:)-\ddot{O}-H$ $\longleftrightarrow$ $CH_3CH_2-C(-\ddot{O}:^-)=\ddot{O}^+-H$

이성질체   공명 구조

기하 구조와 혼성화

원자는 주위에 있는 기의 수에 의해 기하 구조(1.7절)와 혼성화(1.9절)가 결정된다.

기의 수	기하 구조	결합각(°)	혼성화
2	선형	180	*sp*
3	삼각 평면	120	sp^2
4	정사면체	109.5	sp^3

유기 분자 그리는 법(1.8절)

- 단축법을 이용하면 유기 분자의 축약 구조를 그릴 수 있다.

골격 구조 = $CH_3-C(CH_3)(H)-C(H)(H)-C(CH_3)(CH_3)-CH_3$ = $(CH_3)_2CHCH_2C(CH_3)_3$

골격 구조   아이소옥테인   축약 구조

- 네 원자에 결합된 탄소는 정사면체형이다. 정사면체형을 그리는 가장 쉬운 방법은 두 결합을 한 평면 위에 두고 한 결합을 뒤에, 다른 한 결합을 앞에 그리는 것이다.

결합 길이

- 결합 길이는 주기율표상의 주기를 따라 감소하며 행을 따라 아래로 증가한다(1.7A절).
- 결합 길이는 두 원자 간 전자의 수가 많아지면 짧아진다(1.11A절).
- 결합 길이는 *s*-성질 백분율이 커지면 감소한다(1.11B절).
- 결합 길이와 결합 세기는 반비례 관계에 있다. 일반적으로 더 짧은 결합이 더 센 결합이다(1.11절).
- 시그마(σ) 결합은 일반적으로 π 결합보다 센 결합이다(1.10절).

전기음성도와 극성(1.12, 1.13절)

- 전기음성도는 주기율표의 행을 따라 증가하고 열을 따라 내려가며 감소한다.
- 극성 결합은 전기음성도가 다른 두 원자가 함께 결합하여 형성된다. C 또는 H가 N, O 또는 할로젠과 결합하면 항상 극성 결합이 된다.
- 극성 분자는 극성 결합이 하나 있거나 서로 증강되는 두 개 이상의 극성 결합이 있다.

문제

삼차원 모델을 이용하는 문제

1.37 시트르산은 레몬과 라임과 같은 감귤류 과일의 시큼한 맛을 주는 화합물이다.

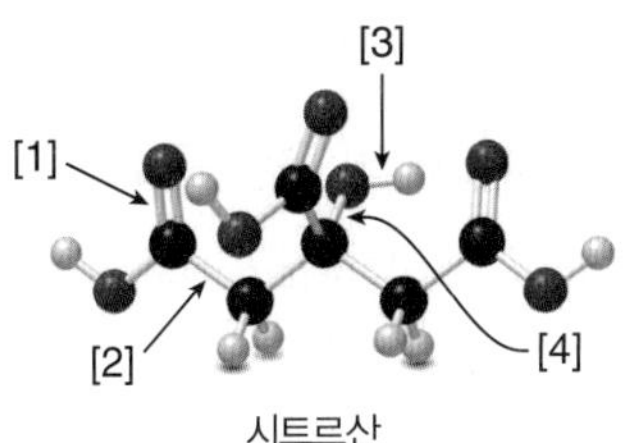

시트르산

a. 시트르산의 분자식은 무엇인가?

b. 고립 전자쌍은 몇 개 있는가?

c. 골격 구조식을 그려라.

d. sp^2로 혼성화된 탄소는 몇 개 있는가?

e. [1]~[4]로 표시된 결합을 형성하기 위해 어떤 오비탈이 사용되었는가?

1.38 진저론(zingerone)은 생강에서 매운 맛이 나게 한다.

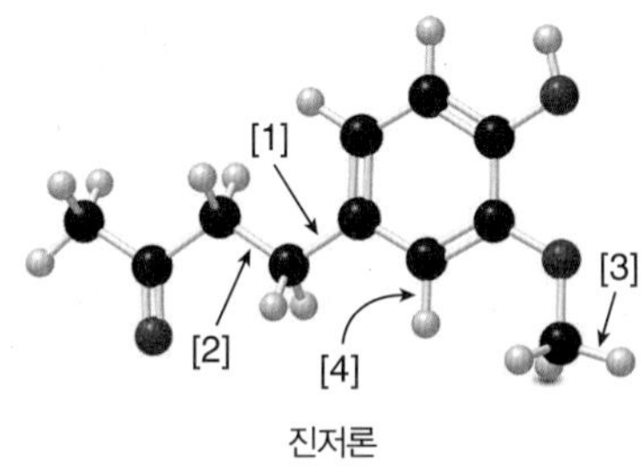

진저론

a. 진저론의 분자식은 무엇인가?

b. 고립 전자쌍은 몇 개 있는가?

c. 골격 구조식을 그려라.

d. sp^2로 혼성화된 탄소는 몇 개 있는가?

e. [1]~[4]로 표시된 결합을 형성하기 위해 어떤 오비탈이 사용되었는가?

루이스 구조와 형식 전하

1.39 주어진 화학종에서 각 탄소 원자의 형식 전하를 부여하라. 고립 전자쌍은 모두 그려져 있다.

a. $CH_2{=}\ddot{C}H$　　b. $H{-}\ddot{C}{-}H$　　c. $H{-}\dot{C}{-}H$ (아래에 H)　　d. H–C–C (각 C 위아래에 H H)

1.40 주어진 분자의 N 및 O 원자의 형식 전하를 부여하라. 고립 전자쌍은 모두 그려 넣었다.

a. (사이클로헥실)–N̈: (에틸)　　b. :N̤=N=N̤:　　c. (사이클로헥실리덴)=O̤–H　　d. (사이클로펜틸)–N̤=O̤:

1.41 다음 화합물에 타당한 루이스 구조를 하나 그려라. 원자들은 그려진 것과 같이 배열한다고 가정하라.

a. CH_2N_2　　H C N N (C 아래에 H)

b. CH_3NO_2　　H C N O (C 위에 H, C 아래에 H, N 아래에 O)

c. CH_3CNO　　H C C N O (첫 번째 C 위아래에 H)

d. $(CH_2CN)^-$　　H C C N (첫 번째 C 아래에 H)

1.42 다음 축약된 구조식에 타당한 루이스 구조를 그려라. 모든 원자들은 형식 전하가 없다.

a. 다이에틸 에터[$(CH_3CH_2)_2O$], 수술 과정에 최초로 사용된 일반적인 마취제

b. 아크릴로나이트릴(CH_2CHCN), 합성 올론(Orlon) 섬유를 만드는 데 사용되는 출발물

c. 다이하이드록시아세톤[$(HOCH_2)_2CO$], 햇볕 없이 피부를 태우는 제품의 주요 성분

d. 아세트산 무수물[$(CH_3CO)_2O$], 아스피린 합성에 사용되는 시약

이성질체 및 공명 구조

1.43 크레아틴(creatine)은 일부 운동 선수들이 운동 성과를 높이기 위해 사용하는 식이요법 첨가물이다. (a) 크레아틴에 있는 모든 고립 전자쌍을 그려라. (b) 모든 고립 전자쌍과 형식 전하를 나타내는 두 개의 공명 구조를 그려라.

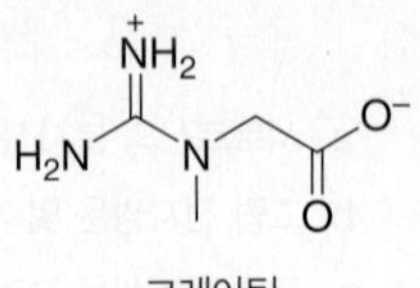

크레아틴

1.44 다음 각 분자식에 맞는 가능한 모든 이성질체를 그려라.

a. C_3H_7Cl(두 개의 이성질체) b. C_2H_4O(세 개의 이성질체) c. C_3H_9N(네 개의 이성질체)

1.45 분자식이 C_3H_6O인 아홉 개의 이성질체의 루이스 구조를 그려라. 단 모든 원자의 형식 전하가 0이 되도록 하라.

1.46 아래에 그려 있는 화합물 **A**를 기준으로 다음 화합물이 이성질체인지, 공명 구조인지, 아니면 둘 다 아닌지 판별하라.

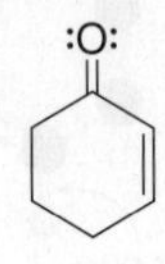

A

a. 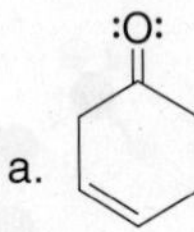 b. 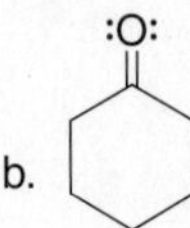 c. 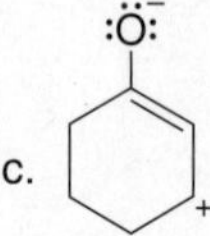 d. 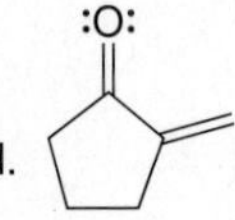

1.47 화학종 **B**를 기준으로 각 화학종들이 이성질체인지, 공명 구조인지, 아니면 둘 다 아닌지 판별하라.

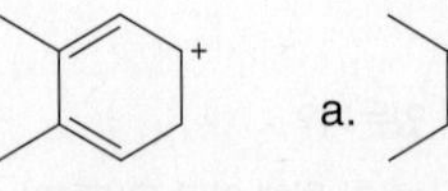

B

a. 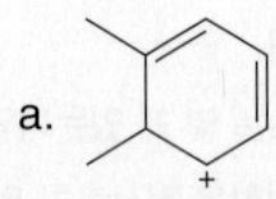 b. 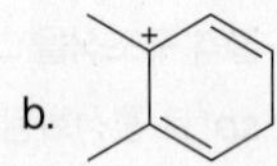 c. 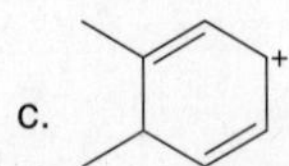 d. 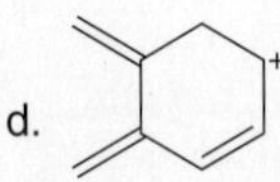

1.48 다음의 분자 또는 이온들의 쌍은 어떤 관계를 가지는가? 이들 분자들을 공명 구조, 이성질체, 또는 둘 다 아닌 것으로 분류하라.

a. 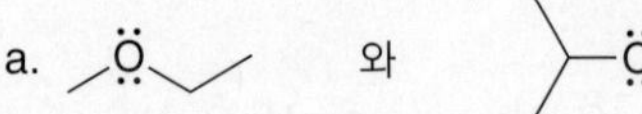 와

c. 와

b. 와

d. $CH_3CH_2CH_3$ 와 $CH_3CH_2\ddot{C}H_2$

1.49 첫 공명 구조가 어떻게 두 번째 구조로 바뀌는지 굽은 화살표를 그려 넣어라.

a. ⟷ b. ⟷

1.50 굽은 화살표를 따라 다음 각 화학종의 두 번째 공명 구조를 그려라.

a. b. c.

1.51 각 이온의 두 번째 공명 구조를 그려라. 또한 공명 혼성체를 그려라.

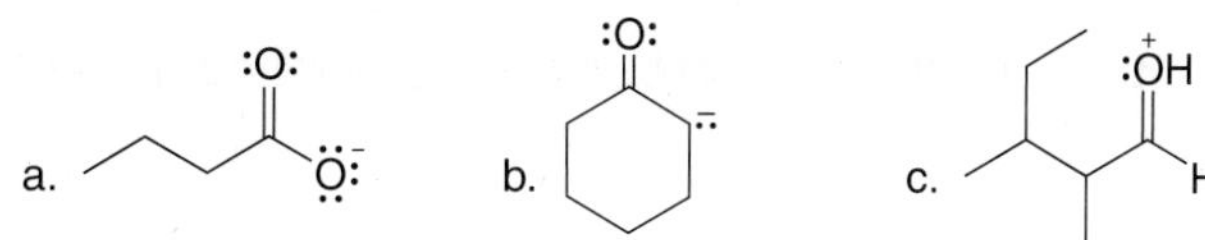

1.52 각 화학종에 대한 모든 타당한 공명 구조를 그려라.

a. O_3 b. NO_3^- (중심 N 원자) c. N_3^- d. e.

1.53 헤테로 원자와 이중 결합을 모두 포함하는 화합물 A~D에 대해 답하라. (a) 추가적인 루이스 구조가 가능하지 않은 화합물은 어느것인가? (b) 두 개 이상의 루이스 구조가 그려질 수 있을 때, 모든 추가적인 공명 구조를 그려라.

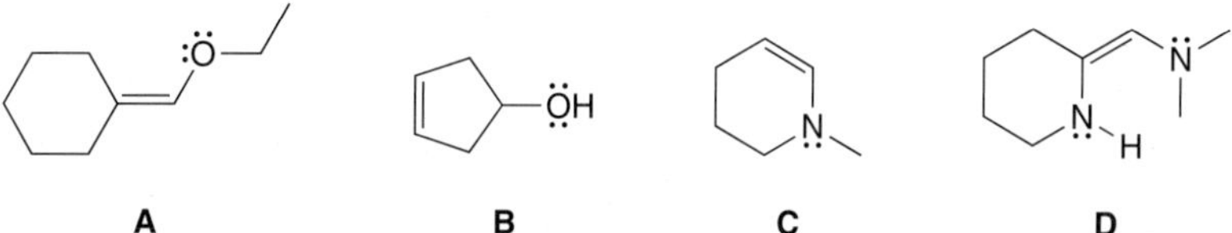

1.54 다음 양이온의 공명 구조를 추가로 네 개 더 그려라. 그 다음 공명 혼성체를 그려라.

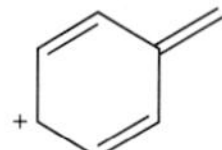

1.55 다음의 주어진 공명 구조(A, B, 혹은 C)에서 공명 혼성체에 기여도가 가장 큰 것은 어느 것인가? 기여도가 가장 적은 것은 어느 것인가?

A B C

1.56 다음에 있는 굽은 화살표가 그려진 화합물 또는 이온을 생각하라. 만약 굽은 화살표대로 하여 타당한 공명 구조가 된다면 공명 구조를 그려라. 만약 타당성 없는 루이스 구조가 된다면 왜 그런지를 설명하라.

a. b. c. $CH_3CH_2-C\equiv N:$ d.

기하 구조

1.57 각 화합물의 모든 결합각을 예측하라.

a. CH_3Cl b. NH_2OH c. $CH_2{=}NCH_3$ d. $HC\equiv CCH_2OH$ e.

1.58 표시된 각 원자 주위의 기하 구조를 예측하라.

a. b. $(CH_3)_2N^-$ c. d. e. $(CH_3)_3N$

유기 분자 그리기

1.59 다음의 분자에서 각 탄소 원자 주위에 몇 개의 수소가 있는가?

a. 캡사이신 (고추의 매운 성분)

b. 펙소페나딘 (항히스타민제)

1.60 다음 분자에 모든 탄소와 수소 원자를 그려 넣어라.

a. 멘톨 (박하기름에서 분리됨)

b. 미르센 (월계수 열매에서 분리되는 성분)

c. 에탐부톨 (결핵 치료제)

d. 에스트라디올 (여성 호르몬 일종)

1.61 다음 분자들을 골격 구조식으로 고쳐라.

a. $(CH3)_2CH_CH_2CH_2CH(CH_3)_2$

b. $CH_3CH(Cl)CH(OH)CH_3$

c. $CH_3(CH_2)_2C(CH_3)_2CH(CH_3)CH(CH_3)CH(Br)CH_3$

d. 리모넨 (레몬 기름 성분)

1.62 다음 축약 구조식을 루이스 구조식으로 바꾸어 그려라.

a. $CH_3CONHCH_3$

b. CH_3COCH_2Br

c. $(CH_3)_3COH$

d. CH_3COCl

e. $CH_3COCH_2CO_2H$

f. $HO_2CCH(OH)CO_2H$

1.63 다음 각 이온의 모든 수소 원자와 비결합 전자쌍을 그려 넣어라.

a. b. c. d. e.

혼성화

1.64 표시된 원자의 혼성화와 기하 구조를 예측하라.

a. b. c. d. e.

1.65 어떤 오비탈을 사용하여 다음에 표시된 결합이 형성되었는가? 다중 결합의 경우 각 결합에 쓰인 오비탈을 각각 표시하라.

a. b. c.

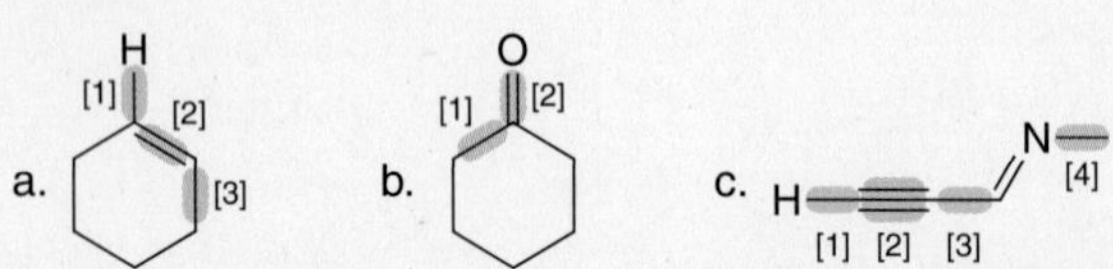

1.66 케텐(ketene, $CH_2=C=O$)은 단일 탄소가 다른 두 원자와 이중 결합을 하고 있는 흔치 않은 화합물이다. 케텐의 두 탄소와 산소 원자의 혼성화를 결정하라. 그런 다음 각 결합을 형성하는 데 어떤 오비탈이 사용되는지 나타내는 그림을 그려라(그림 1.10 및 1.11과 유사하게).

결합 길이 및 결합 세기

1.67 다음 결합들을 결합 길이가 증가하는 순으로 순위를 매겨라.

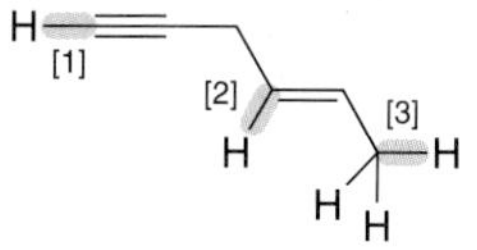

[1] [2] [3]

1.68 화합물 A에 관한 다음 물음에 답하라.

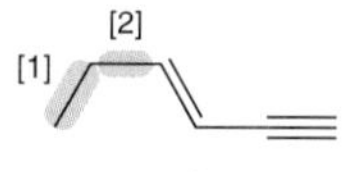

[1] [2]

A

a. 가장 짧은 C−C 단일 결합을 표시하라.

b. 가장 긴 C−C 단일 결합을 표시하라.

c. 모든 결합을 고려할 때 가장 짧은 C−C 결합은 어느 것인가?

d. 가장 약한 C−C 결합을 표시하라.

e. 가장 센 C−H 결합을 표시하라.

f. 결합 (1)과 결합 (2)는 C−C 단일 결합임에도 불구하고 길이가 다르다. 그 이유를 설명하라.

1.69 Cl 원자가 들어 있는 화합물들 중 염화 바이닐($CH_2=CHCl$)과 클로로에테인(CH_3CH_2Cl)은 중요한 화합물이다. 염화 바이닐은 절연체, 파이프, 병 등을 제조하는 데 사용되는 폴리(염화 바이닐)의 출발물이며, 클로로에테인(염화 에틸)은 국부 진통제이다. 염화 바이닐의 C−Cl 결합은 왜 클로로에테인의 C−Cl 결합보다 더 센가?

결합 극성

1.70 표시되어 있는 결합의 극성을 δ^+ 및 δ^-를 이용하여 나타내라.

a. NH_2—OH b. 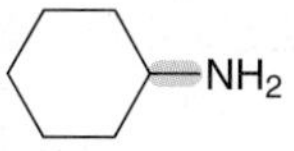 (cyclohexyl)—NH_2 c. 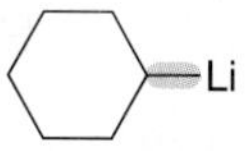 (cyclohexyl)—Li

1.71 각 분자의 극성 결합을 표시하라. 알짜 쌍극자가 있다면 방향을 표시하라.

a. $CHBr_3$ b. $CH_3CH_2OCH_2CH_3$ c. 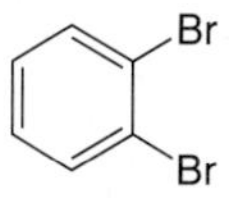 (Br, Br) d. 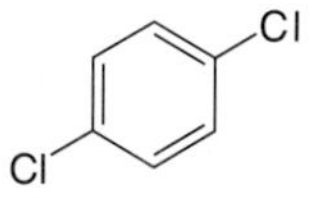 (Cl, Cl)

일반 문제

1.72 아나신은 아스피린과 카페인을 함유한 처방전 없이 구입할 수 있는 진통제이다. 각 화합물에 대한 다음 질문에 답하라.

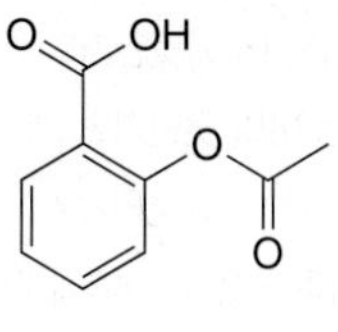

아스피린
(아세틸살리실산)

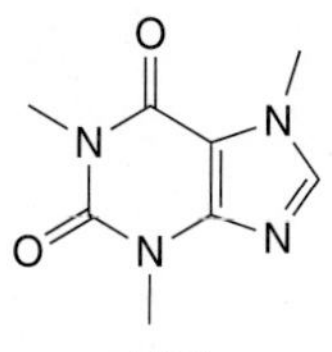

카페인

a. 분자식을 적어라.

b. 헤테로원자에 있는 고립 전자쌍은 몇 개인가?

c. 각 원자의 혼성화 상태를 표시하라.

d. 세 개의 추가 공명화 구조들을 그려라.

1.73 아세토나이트릴($CH_3C{\equiv}N$:)에 관한 다음 물음에 답하라.

a. C 원자와 N 원자는 어떤 혼성화를 하고 있는가?

b. 모든 결합을 σ 또는 π로 표시하라.

c. N의 고립 전자쌍은 어떤 유형의 오비탈에 있는가?

d. 모든 결합이 극성인지 비극성인지를 나타내라.

1.74 벤젠은 방향족 탄화수소라 부르는 계열 화합물들 중에서 가장 간단한 화합물이다.

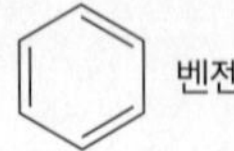
벤젠

a. 각 탄소는 어떤 혼성화를 하고 있는가?

b. 각 탄소 주위의 기하 구조는 무엇인가? 벤젠 고리의 전체적 기하 구조는 어떠한가?

c. 표시된 굽은 화살 표기법에 따라 두 번째 공명 구조를 그려라.

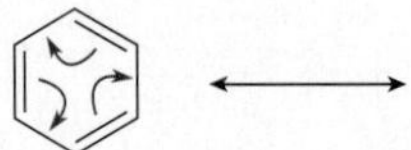

d. 17장에 나오는 다른 방향족 탄화수소도 그러하지만 벤젠은 대단히 안정하다. 그 이유를 설명하라.

1.75 이 장에서 소개한 원리는 크기와 상관없이 모든 유기 분자에 적용된다. 페니실린계 항생제인 아목시실린(amoxicillin)에 관한 다음 물음에 답하라.

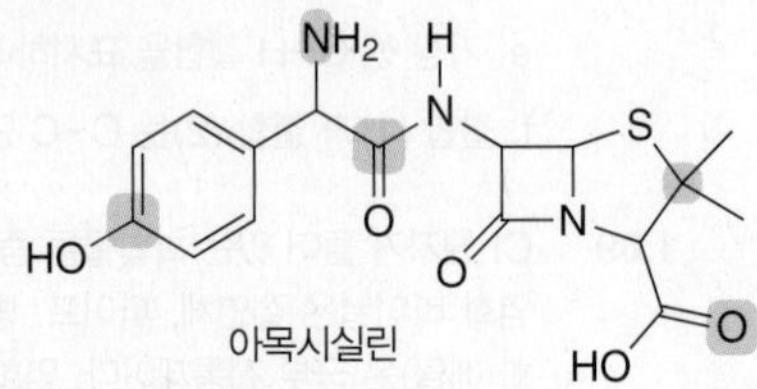

아목시실린

a. 표시한 각 원자에 관해 혼성화와 기하 구조를 예측하라.

b. 다섯 개의 극성 결합을 δ^+와 δ^-를 써서 표시하라.

c. 아목시실린에는 π 결합이 몇 개나 있는가? 표시해 넣어라.

d. 탄소 원자의 혼성 오비탈의 *s*-성질이 33%인 C−H 결합을 찾아라.

1.76

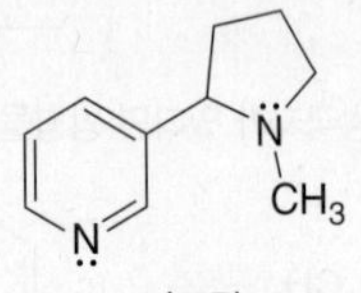

니코틴

a. 니코틴(nicotine) 내의 각 질소의 혼성화는 무엇인가?

b. 각 질소의 기하 구조는 무엇인가?

c. 각 질소에 있는 고립 전자쌍은 어떤 유형의 오비탈에 들어 있는가?

d. 니코틴의 구조이성질체를 그려라.

e. 니코틴의 공명 구조를 그려라.

1.77 스타레보(stalevo)는 파킨슨씨병의 치료제로 사용되는 약품명으로 L-도파, 카비도파 및 엔타카폰(entacapone)을 모두 포함한다.

a. 엔타카폰의 루이스 구조를 그려라.

b. 엔타카폰에서 가장 긴 C−C 결합은 어느 것인가?

c. 가장 짧은 C−C 결합은 어느 것인가?

d. 가장 긴 C−N 결합은 어느 것인가?

e. 가장 짧은 C−N 결합은 어느 것인가?

f. 굽은 화살표를 사용하여 공명 혼성체에 같은 정도로 기여하는 공명 구조를 그려라.

g. 굽은 화살표를 사용하여 공명 혼성체에 보다 작은 정도로 기여하는 공명 구조(minor contributor)를 그려라.

1.78 CH_3^+와 CH_3^-는 둘 모두 반응성이 대단히 큰 탄소 화학종이다.

a. 각 탄소에 대하여 예상할 수 있는 혼성화와 기하 구조는 무엇인가?

b. 이들에 관한 두 정전기 전위 그림이 주어져 있다. 어느 화학종이 어느 그림에 해당하는가? 왜 그런가?

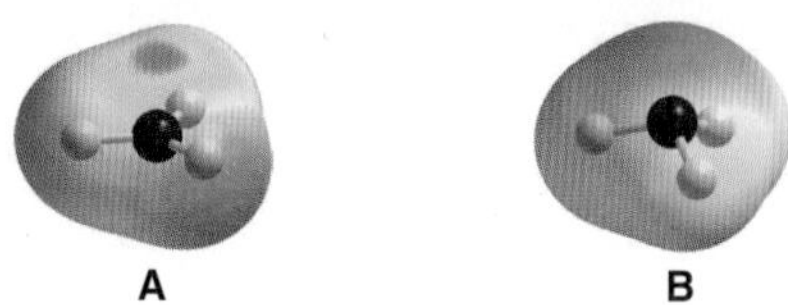

A B

도전 문제

1.79 CH_3CONH_2 (아세트아마이드, acetamide)의 N 원자는 비록 네 개의 기로 둘러싸여 있지만 sp^2 혼성이다. 이 정보를 이용하여 아세트아마이드의 $-CONH_2$에 있는 원자들의 오비탈을 보여주는 그림을 그려라. 그리고 왜 이러한 혼성화를 이루는지 설명하라.

1.80 관찰된 결합 길이를 이용하여 다음 질문에 답하라. (a) 결합 [1]이 결합 [2]보다 긴 이유는 무엇인가(143pm 대 136pm)? (b) 결합 [3]과 결합 [4]는 길이(127pm)가 서로 같지만 결합 [2]보다 짧은 이유는 무엇인가?

CH_3–ÖH [1]　　　　$CH_3C(=O)$–ÖH [2]　　　　$CH_3C(=O)$–Ö⁻ [3] [4]

1.81 진통제 타이레놀(Tylenol)의 주 화합물인 아세트아미노펜(acetaminophen)에 대하여 적어도 10개 이상의 공명 구조를 그려라.

아세트아미노펜

1.82 혼성화가 다른 두 탄소 원자가 결합되어 있으면 C–C 결합에 약간의 쌍극자가 있다. $C_{sp^2}-C_{sp^3}$에서 쌍극자의 방향은 어떻게 되는가? 어느 탄소가 더 전기음성적이라고 할 수 있는가?

1.83 분자식이 C_4H_8이고 π 결합이 하나 있는 모든 가능한 이성질체를 그려라.

1.84 공명 이론의 원리를 사용하여 다음의 탄소 양이온 **A**가 탄소 양이온 **B**보다 더 안정한 이유를 설명하라.

A B

1.85 1.6절에서 소개한 굽은 화살표는 유기화학자들이 공명 구조에서는 물론이고, 화학반응에서도 전자의 이동을 나타내는 데 사용하는 매우 유용한 방법이다. 각 굽은 화살표는 두 전자의 이동을 나타내기 때문에, 굽은 화살표는 반응에서 어느 결합이 생성되고, 어느 결합이 끊어지는지를 나타낸다. 다음의 세 단계 과정을 생각하라. (a) 굽은 화살표를 이용하여 단계 [1]에서 전자의 이동을 나타내라. (b) 단계 [2]에 그린 굽은 화살표를 이용하여 **X**의 구조를 나타내라. **X**는 단계 [3]에서 페놀과 HCl을 생성한다.

+ H–C̈l: —[1]→ + :C̈l:⁻

—[2]→ X —:C̈l:⁻ [3]→ + H–C̈l:

페놀

Chapter

2 산과 염기
Acids and Bases

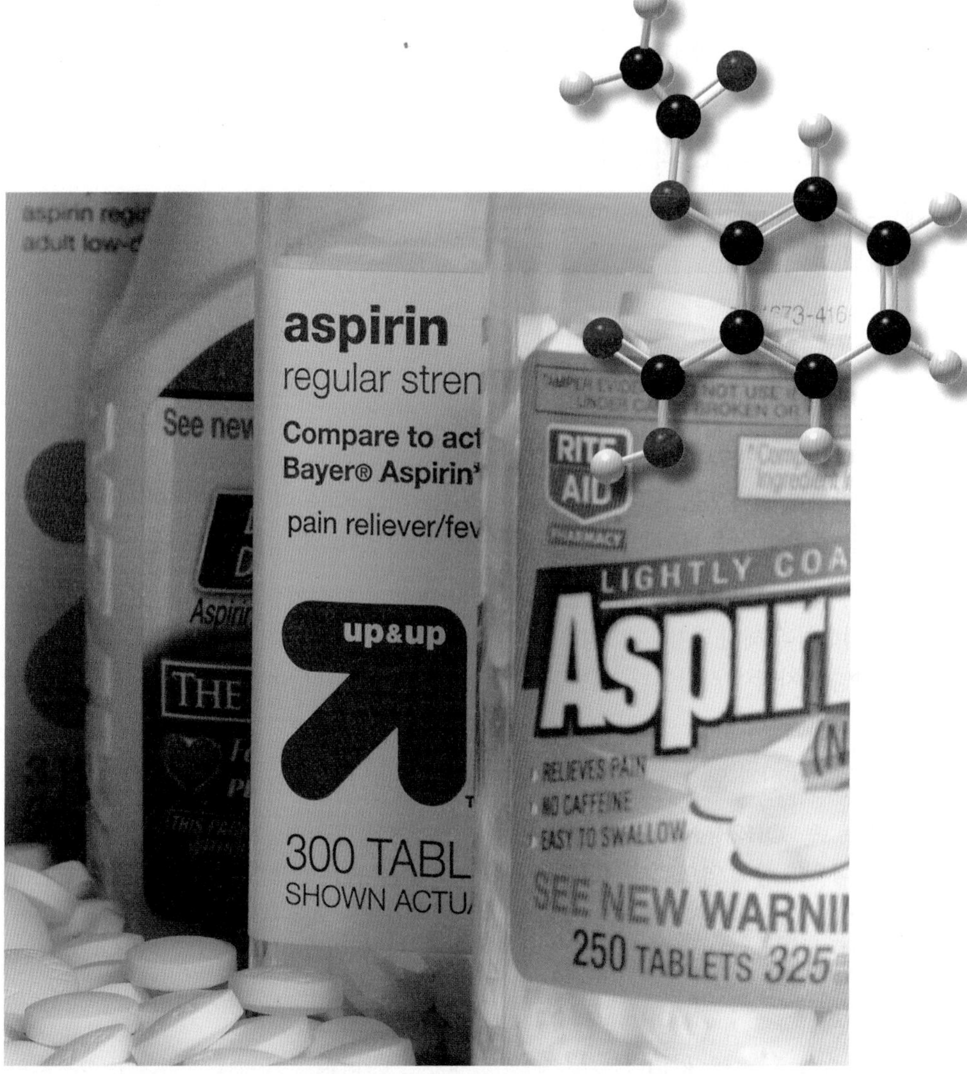

아스피린(aspirin)은 처방전 없이 약국에서 쉽게 살 수 있는 약 중의 하나이다. 아나신(Anacin), 버퍼린(Bufferin), 바이엘(Bayer), 또는 일반(generic) 의약품 중 무엇을 사건 간에 활성 성분은 **아세틸살리실산**(acetylsalicylic acid)으로 모두 같다. 아스피린은 천연에 존재하지 않는 합성 화합물로서 처음 1899년에 일반에 판매되기 시작한 이후로 지금은 전 세계에 걸쳐 1억 명 이상의 사람들이 규칙적으로 복용하고 있다. 많은 약이 그렇듯이 아스피린은 복용하면 양성자 이동 반응이 일어난다. 2장에서는 아스피린의 화학 중에서 산도와 산-염기 반응의 역할에 관해서 배운다.

음이온이니 양이온이니 하는 화학 용어는 일반에게는 생소하게 들릴지 몰라도 산이란 용어는 일상 생활에 자리잡고 있다. 광고 시간에는 위산과다로 인한 속쓰림 치료에 관한 광고가 나온다. 저녁 뉴스에는 산성비가 환경에 끼친 영향을 보도한다. 와인 애호가들은 알코올의 일부가 산이 되어 와인에 신맛이 있음을 알고 있다. 영어의 acid는 "시다"는 뜻을 가진 라틴어 acidus에서 유래하였는데, 이는 맛을 보는 것은 화합물의 식별법이기도 하였으며 이 화합물들은 모두 신맛이 있기 때문이다.

2장에서는 산과 염기에 관한 두 가지 정의에 대해 공부를 할 것이다. 하나는 브뢴스테드-로우리 산과 염기로 산은 **양성자 주개**(proton donor), 염기는 **양성자 받개**(proton acceptor)로 정의하며, 다른 하나는 루이스 산과 염기로 산은 **전자쌍 받개**(electron pair acceptor), 염기는 **전자쌍 주개**(electron pair donor)로 정의한다.

2.1 브뢴스테드-로우리 산과 염기

일반적으로 '산', '염기'라 함은 브뢴스테드-로우리 산 및 브뢴스테드-로우리 염기를 뜻한다.

H^+ = 양성자

HA =
일반적인 브뢴스테드-로우리 산

B: =
일반적인 브뢴스테드-로우리 염기

브뢴스테드-로우리(Brønsted-Lowry)의 정의는 산도를 양성자, 즉 양으로 하전된 **수소 이온**(H^+)을 써서 나타낸다.

- 브뢴스테드-로우리 산은 양성자 주개이다.
- 브뢴스테드-로우리 염기는 양성자 받개이다.

브뢴스테드-로우리 산은 반드시 수소 원자를 포함해야 한다. 산에 대한 이러한 정의는 학생들에게 친숙할 텐데, 일반화학에 나오는 많은 무기 산들이 브뢴스테드-로우리 산이기 때문이다. 일반적인 브뢴스테드-로우리 산은 **HA**라는 기호를 사용하여 나타낸다.

브뢴스테드-로우리 염기는 반드시 양성자와 결합할 수 있어야 한다. 양성자에는 전자가 없으므로 새로운 결합을 형성하기 위해서 **염기가 전자쌍을 '제공'하지 않으면 안 된다.** 이러한 전자쌍에는 고립 전자쌍이나 π 결합의 전자쌍이 해당된다. 일반적인 브뢴스테드-로우리 염기는 **B:** 라는 기호를 사용한다.

브뢴스테드-로우리 산과 염기의 몇 가지 예를 그림 2.1에 나타내었다.

하전된 화학종, 즉 ^-OH와 $^-NH_2$ 같은 이온은 음이온과의 균형을 맞추기 위해 Li^+, Na^+, 또는 K^+와 같은 양이온과 함께 염으로서 사용된다. 이러한 양이온들은 **상대 이온**(counter ion) 또는 **구경꾼 이온**(spectator ion)이라고 부른다. 상대 이온은 일반적으로 아무런 작용을 하지 않기 때문에, 상대 이온은 식에서 생략하는 경우가 많다.

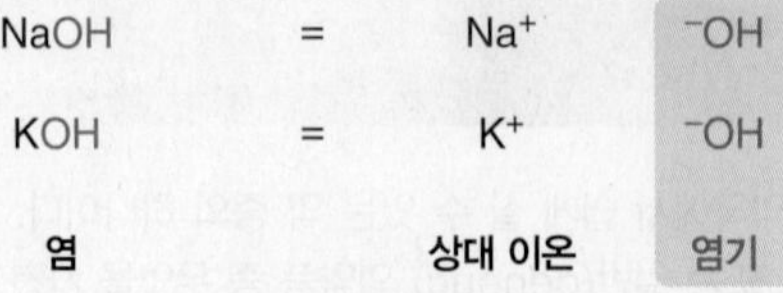

염		상대 이온	염기
NaOH	=	Na^+	^-OH
KOH	=	K^+	^-OH

그림 2.1
브뢴스테드-로우리 산과 염기의 예

a. 브뢴스테드-로우리 산[HA]

HCl
H_2SO_4
HSO_4^-
H_2O
H_3O^+

아세트산

- 모든 브뢴스테드-로우리 산은 양성자를 갖고 있다.
- 알짜 전하는 영, (+) 또는 (−)일 수 있다.

b. 브뢴스테드-로우리 염기[B:]

$H_2\ddot{O}$:   :$\ddot{O}H^-$ $CH_3\ddot{O}$:$^-$
:NH_3 :$\ddot{N}H_2^-$ $CH_3\ddot{N}H_2$

- 알짜 전하는 영이거나 (−)일 수 있다.
- 모든 브뢴스테드-로우리 염기는 비공유 전자쌍 또는 π 결합을 갖고 있다.

모르핀은 아편 양귀비(opium poppy)에서 얻는다.

H_2O나 CH_3OH와 같이 수소 원자와 고립 전자쌍을 모두 가지고 있는 화합물의 경우는 주어진 반응 여건에 따라 산일 수도 있고 염기일 수도 있다. 이 기본 원칙은 화합물이 아무리 복잡해도 변함없는 진실이다. 예를 들어 중독성이 있는 진통제인 모르핀(morphine)은 많은 수소 원자를 가지고 있기 때문에 브뢴스테드-로우리 산이다. 또한 O와 N에 각각 고립 전자쌍을 그리고 네 개의 π 결합을 가지고 있으므로 브뢴스테드-로우리 염기이기도 하다.

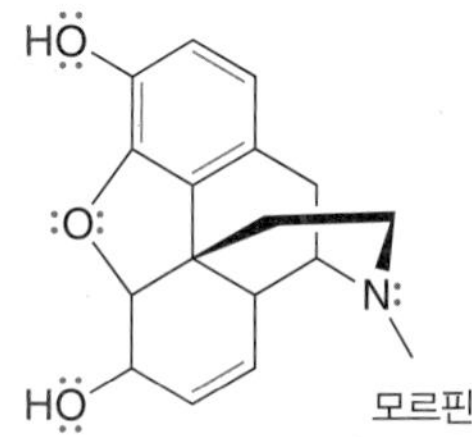

- O에 결합된 H 원자들은 모르핀을 산으로 만든다.
- 고립 전자쌍과 π 결합(푸른색)으로 모르핀은 염기이다.

문제 2.1

a. 어느 화합물이 브뢴스테드-로우리 산인가? HBr, NH_3, CCl_4

b. 어느 화합물이 브뢴스테드-로우리 염기인가? CH_3CH_3, $(CH_3)_3CO^-$, HC≡CH

c. 각 화합물을 산, 염기 또는 산이면서 동시에 염기인 것으로 분류하라.
CH_3CH_2OH, $CH_3CH_2CH_2CH_3$, $CH_3CO_2CH_3$.

2.2 브뢴스테드-로우리 산과 염기의 반응

브뢴스테드-로우리 산-염기 반응(acid-base reaction)에서는 양성자가 산에서 염기로 이동한다. 그러므로 양성자 이동 반응(proton transfer reaction)이라고도 부르는 산-염기 반응은 유기화학 학습에서 기본적인 반응이다.

예를 들어 산 HA와 염기 B:의 반응을 생각해보자. 산-염기 반응에서는 하나의 결합이 깨지고 하나의 결합이 새로 형성된다.

- 염기 B:의 전자쌍은 산의 양성자와 새로운 결합을 형성한다.
- 산 HA는 HA의 결합 전자쌍을 A에 남겨둔 채 양성자를 잃는다.

1.6절에서 설명한 **전자쌍**의 이동을 나타내는 굽은 화살표를 상기한다. 화살의 꼬리는 언제나 전자쌍에서 시작하며 화살 머리는 이 전자쌍이 '이동'해 가는 곳을 향한다.

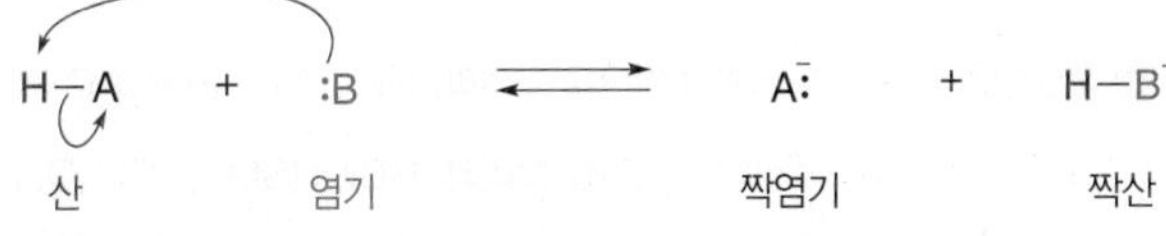

반응에서 전자의 '이동'은 굽은 화살 표현법(curved arrow notation)을 이용하여 나타낼 수 있다. 이 반응에서는 두 쌍의 전자의 이동이 일어나므로 굽은 화살표 두 개가 필요하다. 두 가지 생성물이 생성된다.

- 산은 양성자를 잃고 짝염기(conjugate base)가 된다.
- 염기는 양성자를 얻어 짝산(conjugate acid)을 생성한다.

어느 반응에서든 간에 양쪽의 알짜 전하의 합은 같아야 한다. 이 반응의 경우 양쪽의 알짜 전하의 합은 0이다. 개개의 전하는 형식 전하(formal charge)를 써서 계산할 수 있다. 출발물과 생성물 간에는 이중 반응 화살표(double reaction arrow)를 사용해서 반응이 정반응 쪽으로도 역반응 쪽으로도 진행될 수 있음을 나타내야 한다. 이 화살표를 평형 화살표(equilibrium arrow)라 부른다.

이중 반응 화살표는 평형을 표시한다.

$\rightleftharpoons$

평형 화살표

산에서 H^+를 제거하면 짝염기가 형성된다. 염기에 H^+가 첨가되면 짝산이 형성된다.

양성자 이동 반응의 두 가지 예가 굽은 화살 표현법을 써서 그려져 있다.

$$H-\ddot{O}-H + H-\ddot{N}^--H \rightleftharpoons H-\ddot{O}:^- + H-\ddot{N}(H)-H$$

산 염기 짝염기 짝산

$$H-\ddot{Cl}: + CH_3-\ddot{O}-H \rightleftharpoons :\ddot{Cl}:^- + CH_3-\overset{+}{O}(H)-H$$

산 염기 짝염기 짝산

산은 H^+를 잃음 **염기는 H^+를 얻음**

- 브뢴스테드-로우리 산-염기 반응은 항상 양성자가 산으로부터 염기로 이동한다.

주어진 출발물에서 짝산 또는 짝염기를 알아내고 그리는 일은 대단히 중요하며, 이는 예제 2.1과 2.2에 잘 나타나 있다.

예제 2.1 a. CH_3O^-의 짝산은 무엇인가?

b. NH_3의 짝염기는 무엇인가?

풀이

a. **CH_3O^-에 H^+를 첨가하면 짝산이 형성됨**

$$CH_3-\ddot{O}:^- \xrightarrow[H^+ \text{ 추가}]{\text{고립 전자쌍에}} CH_3-\ddot{O}-H$$

염기 짝산

b. **NH_3에서 H^+를 떼어 내면 짝염기가 형성됨**

$$H-\ddot{N}(H)-H \xrightarrow{H^+ \text{ 제거}} H-\ddot{N}:^-(H)$$

산 짝염기

전자쌍은 N에 머무름

문제 2.2 a. 각 염기의 짝산을 그려라. NH_3, Cl^-, $(CH_3)_2C=O$

b. 각 산의 짝염기를 그려라. HBr, HSO_4^-, CH_3OH

문제 2.3 각 문장을 참과 거짓으로 표시하라.

a. $CH_3CH_2^+$는 $CH_2=CH_2$의 짝산이다.

b. $CH_3CH_2^-$는 $CH_3CH_2^+$의 짝염기이다.

c. $CH_2=CH_2$는 $CH_3CH_2^-$의 짝염기이다.

d. CH_3CH^-는 $CH_2=CH_2$의 짝염기이다.

e. CH_3CH_3는 $CH_3CH_2^-$의 짝산이다.

예제 2.2 다음 반응의 산, 염기와 짝산, 짝염기를 표시하라. 굽은 화살 표현법을 써서 전자쌍의 이동을 표시하라.

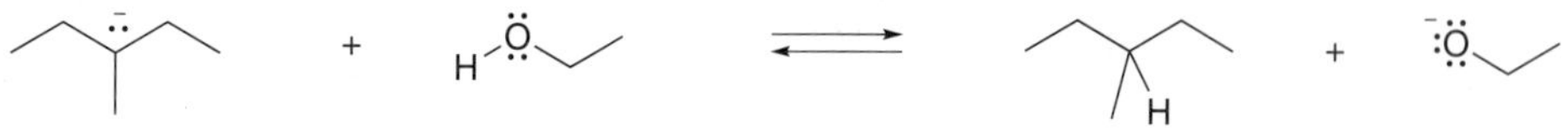

A + B ⇌ C + D

풀이

A는 염기인데 이는 양성자를 받아들여 짝산인 **C**를 형성하기 때문이다. **B**는 산인데, 이는 양성자를 내어주고 짝염기인 **D**가 되기 때문이다. 이를 표현하기 위해서는 굽은 화살표가 두 개 필요하다. 하나는 **A**의 고립 전자쌍이 **B**의 양성자와 결합하는 것을 나타내고, 다른 하나는 O－H 결합의 전자쌍이 **O**에 남겨짐을 나타내는 데 쓰인다.

A 염기 + B 산 ⇌ C 짝산 + D 짝염기

산은 H^+를 잃음 **염기는 H^+를 얻음**

문제 2.4 다음 반응에서 산과 염기, 짝산과 짝염기를 표시하라. 굽은 화살표를 이용하여 전자쌍의 이동을 표시하라.

a. 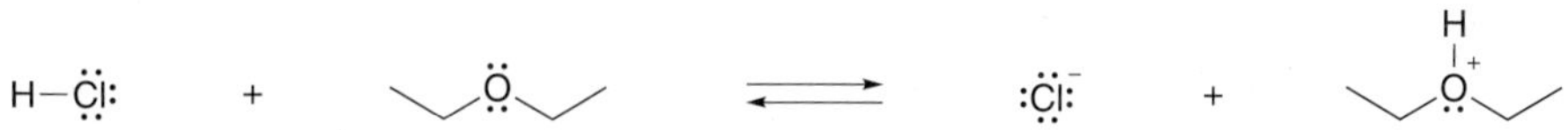 H－Cl: + (diethyl ether) ⇌ :Cl:$^-$ + (protonated ether, $H-O^+$)

b. 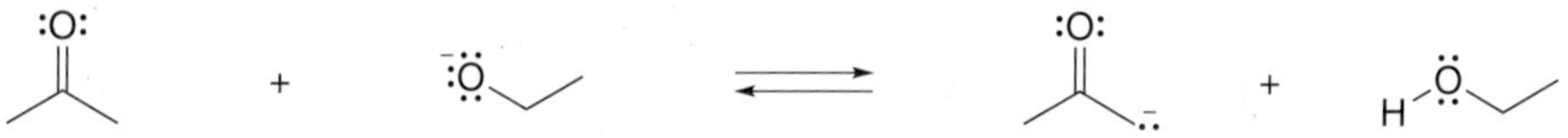 (acetone, :O:) + $^-$:O: (ethoxide) ⇌ (enolate) + H－O (ethanol)

모든 양성자 이동 반응에서 **전자가 풍부한 염기**는 전자쌍을 산에 내어주게 된다. 산은 극성인 HA 결합을 가지고 있다. 따라서 산의 H는 부분 양전하를 가지고 있어 **전자 부족 상태**이다. 이것은 일반적인 형태의 화학 반응성의 첫 번째 예가 된다.

- 전자가 풍부한 화학종은 전자 부족 상태의 화학종과 반응한다.

양성자 이동 반응에서 두 출발물이 주어져 있다면, 어느 것이 산이고 어느 것이 염기인지를 어떻게 판별할 수 있겠는가? 많은 반응에서 다음과 같은 일반화가 산과 염기를 구분하는 데 도움이 될 것이다.

[1] 일반화학에서 소개되었던 흔히 보는 산과 염기가 유기화학에서도 똑같이 사용된다. HCl과 H_2SO_4는 센 산이며 ^-OH는 강염기이다.

[2] 어느 한 화합물만 수소를 가지고 있으면 바로 그것이 산이고, 어느 하나만이 고립 전자쌍이나 π 결합을 가지고 있으면 바로 그것이 염기이다.

[3] 알짜 양전하를 가지고 있는 출발물은 보통의 경우 산이다. 반대로 알짜 음전하를 가지고 있는 출발물은 일반적으로 염기이다.

문제 2.5 어떤 화합물이 산인지 염기인지를 결정하고, 각 양성자 이동 반응의 생성물을 쓰라.

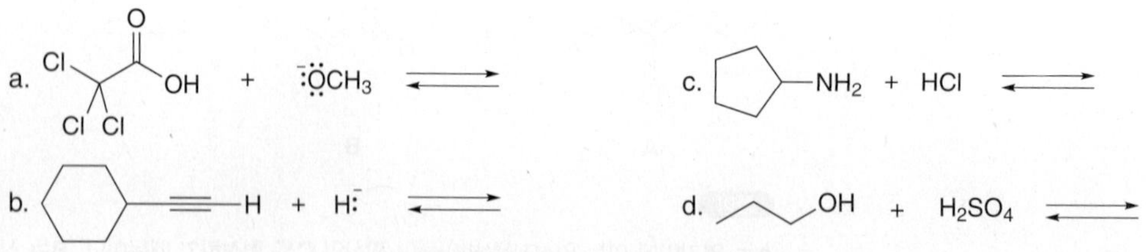

a. Cl_3C–COOH + $:\ddot{O}CH_3$ ⇌

b. (cyclohexyl)–C≡C–H + $H:^-$ ⇌

c. (cyclopentyl)–NH_2 + HCl ⇌

d. $CH_3CH_2CH_2OH$ + H_2SO_4 ⇌

문제 2.6 다음의 각 화합물이 HCl과 산-염기 반응을 하여 형성된 생성물을 쓰라.

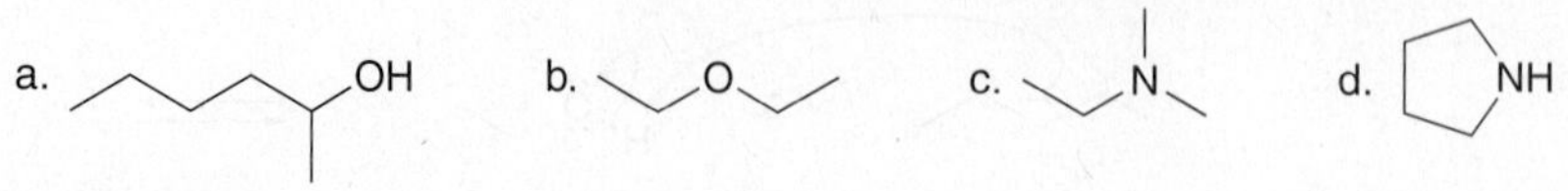

a. (2-hexanol, OH) b. (diethyl ether, O) c. (N,N-dimethylethylamine, N) d. (pyrrolidine, NH)

2.3 산의 세기와 pK_a

산의 세기는 산이 얼마나 쉽게 양성자를 내어주는가의 척도이다.

- 화합물이 더 쉽게 양성자를 내놓을수록 더 센 산이다.

산도(acidity)는 평형 상수에 의하여 결정된다. 브뢴스테드-로우리 산 HA가 물에 녹으면 산-염기 반응이 일어나고, 평형 상수 K_{eq}는 다음과 같이 쓸 수 있다.

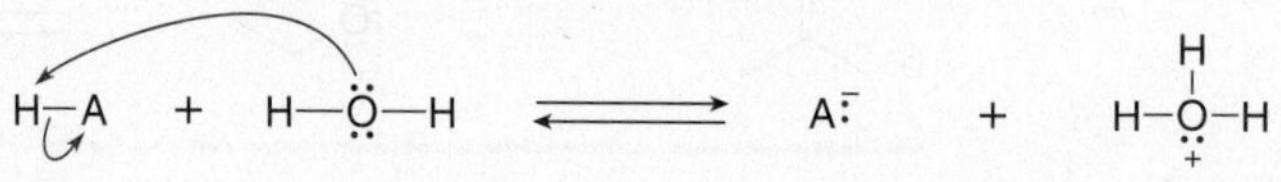

$$\underset{\text{산}}{H{-}A} + \underset{\text{염기 용매}}{H{-}\ddot{O}{-}H} \rightleftharpoons A:^- + H_3O^+$$

$$K_{eq} = \frac{[\text{생성물}]}{[\text{출발물}]} = \frac{[H_3O^+][A:^-]}{[HA][H_2O]}$$

용매인 H_2O의 농도는 실질적으로 일정하므로, 이 식을 고쳐 써서 새로운 평형 상수를 정의할 수 있으며, 이를 산도 상수(acidity constant, K_a)라고 부른다.

$$K_a = [H_2O]K_{eq} = \frac{[H_3O^+][A:^-]}{[HA]}$$

상수 K_a의 크기와 산의 세기는 어떤 관계가 있는가?

- 센 산일수록 평형은 오른쪽으로 더 치우치고, K_a 값은 커진다.

대부분 유기 화합물의 K_a 값은 작아서 대개 10^{-5}에서 10^{-50}까지 정도이다. 이 값은 10^{0}에서 10^{10}까지인 무기 산의 K_a 값과 대조적이다. 지수를 쓰면 적잖이 불편하므로 대개 K_a 값 대신에 pK_a 값을 쓰는 것이 더 편리하다.

$$pK_a = -\log K_a$$

pK_a는 산의 세기와 어떤 관계에 있는가?

log는 **지수**임을 상기한다. 예컨대 $\log 10^{-5} = -5$이다.

전형적인 유기 산의 K_a 값

10^{-5} → 10^{-50}

값이 크면 센 산 / 값이 작으면 약산

전형적인 유기 산의 pK_a 값

+5 → +50

값이 작으면 센 산 / 값이 크면 약산

- pK_a 값이 작을수록 보다 센 산이다.

문제 2.7 다음 화합물 쌍 중에서 어느 것이 더 센 산인가?

a. $CH_3CH_2CH_3$ ($pK_a = 50$) 또는 CH_3CH_2OH ($pK_a = 16$)

b. 페놀(벤젠 고리–OH, $K_a = 10^{-10}$) 또는 톨루엔(벤젠 고리–CH_3, $K_a = 10^{-41}$)

문제 2.8 필요하면 계산기를 사용하여 다음 물음에 답하여라.

a. K_a 값이 10^{-10}, 10^{-21} 및 5.2×10^{-5}인 경우 각 pK_a 값은 얼마인가?

b. pK_a 값이 7, 11 및 3.2라면 K_a 값은 얼마인가?

산도(acidity)와 염기도(basicity)는 반대의 관계이다.

- 센 산은 쉽게 양성자를 잃고 약한 짝염기로 변환된다.
- 강염기는 쉽게 양성자를 받아들여 약한 짝산이 된다.

표 2.1에 흔히 보는 몇 가지 산의 pK_a 값을 pK_a 값의 증가 순, 즉 산도가 감소하는 순으로 나열하였다. 센 산은 약한 짝염기를 형성하기 때문에 이 순서는 짝염기들의 염기도 증가 순으로 나열된 셈이다. 예를 들어, CH_4는 pK_a (50) 값이 가장 높아서 열거한 예들 중에서 가장 약산이다. 이의 짝염기인 CH_3^-는 따라서 가장 강염기가 된다. 보다 많은 pK_a 표는 부록 A에 실려 있다.

따라서 예제 2.3에서 볼 수 있는 것처럼 pK_a 값을 비교함으로써 두 산의 상대적인 산도 비교와 그들의 짝염기의 상대적인 염기도 비교라는 두 가지 중요한 정보를 얻을 수 있다.

표 2.1
몇 가지 pK_a 값

감수자 주: 물의 pKa는 15.7이 아니라 14이다.

산 (↑ 산도의 증가)	pK_a	짝염기 (↓ 염기도의 증가)
H–Cl	−7	Cl^-
CH_3CO_2–H	4.8	$CH_3CO_2^-$
HO–H	15.7	HO^-
CH_3CH_2O–H	16	$CH_3CH_2O^-$
HC≡CH	25	$HC{\equiv}C^-$
H–H	35	H^-
H_2N–H	38	H_2N^-
$CH_2{=}CH_2$	44	$CH_2{=}\bar{C}H$
CH_3–H	50	CH_3^-

예제 2.3 다음 화합물을 산도가 증가하는 순으로 순위를 정하라. 그리고 짝염기를 염기도가 증가하는 순으로 순위를 정하라.

풀이

2.1의 값을 이용하면 산도의 증가 순으로 순위를 정할 수 있다. **pK_a 값이 작을수록** 더 센 산이다.

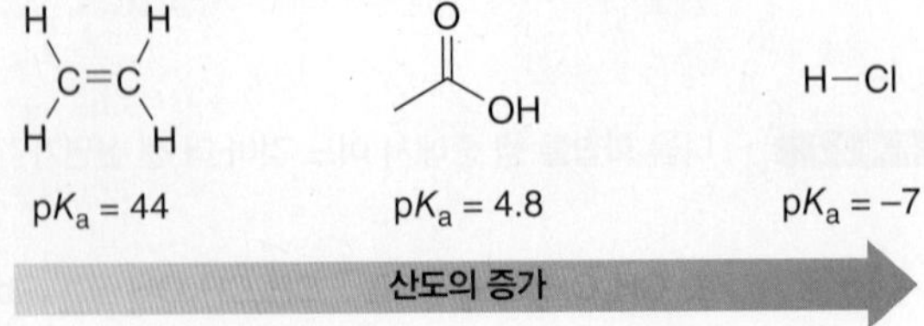

센 산은 약한 짝염기를 생성하므로 짝염기의 **염기도**는 산의 **pK_a 값이 증가하면 커진다.**

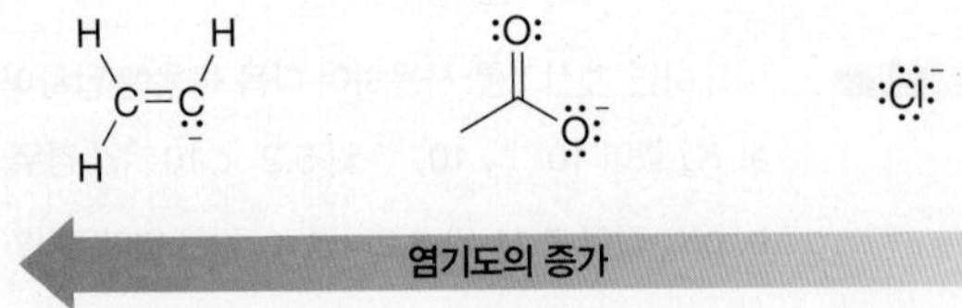

문제 2.9 각 그룹의 산의 짝염기를 염기도가 증가하는 순서로 나열하라.

a. NH_3, H_2O, CH_4 b. $CH_2{=}CH_2$, $HC{\equiv}CH$, CH_4

문제 2.10 다음 두 산, HCO_2H(폼산, pK_a = 3.8)과 $(CH_3)_3CCO_2H$, 피발산, pK_a = 5.0)을 생각하라.

a. 어느 산의 K_a 값이 더 크겠는가?

b. 어느 산이 더 센 산인가?

c. 어느 산이 더 센 짝염기를 생성하겠는가?

d. 각 산이 물에 녹을 때 어느 산의 평형이 더 오른쪽에 놓여 있겠는가?

표 2.1에서 짚고 넘어가야 할 사항은 pK_a 값이 큰 범위에 걸쳐 있다는 사실이다(−7에서 50까지). **pK_a 척도는 로그함수이므로 조그만 차이가 수치적으로는 큰 차이를 불러온다.** 예를 들면, NH_3의 pK_a (38)와 $CH_2{=}CH_2$의 pK_a (44)는 여섯 단위 차이가 있다. 이는 NH_3는 $CH_2{=}CH_2$보다 10^6, 즉 백만 배 이상 센 산이라는 의미이다.

표 2.1은 많은 것을 생략하고 유기화학에서 흔히 볼 수 있는 화합물의 pK_a 만을 골라 실어 놓았다. 이는 표에 있는 것과 동일하지는 않으나 구조적으로 유사한 다른 화합물들의 pK_a 값을 예측하는 데도 대단히 유익하다.

가령 "CH_3NH_2의 N−H 결합은 pK_a가 얼마인가?"라는 질문을 받았다고 하자. 비록 CH_3NH_2는 표에 실려 있지 않지만 그 값을 추정하기 위한 충분한 지식이 우리에겐 있다. NH_3의 N−H 결합의 pKa 는 38이기 때문에 CH_3NH_2의 N−H 결합의 pK_a 값도 38 정도라고 추정할 수 있다. 실제 값은 40으로 추정값에 가까운 수치이다.

문제 2.11 표시된 곳의 각 결합의 pK_a 값을 예측하라.

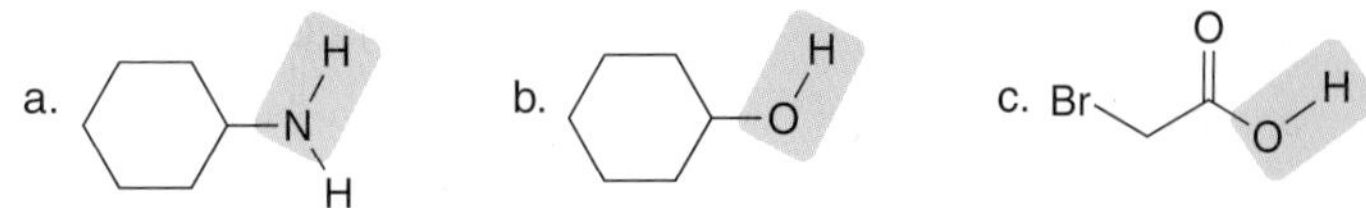

2.4 산-염기 반응의 결과 예측

양성자 이동 반응에서 **센 산은 강염기와 반응**하여 약산과 약염기가 생성된다.

양성자 이동 반응은 평형 반응이다. 산은 염기에 양성자를 내어주고 짝염기와 짝산이 생성되기 때문에 반응 혼합물에는 항상 두 개의 산과 두 개의 염기가 있게 된다. 어느 산과 염기 짝이 평형 상태에서 더 유리한가? 평형의 위치는 산과 염기의 상대적인 세기에 따라 달라진다.

- 평형은 언제나 더 약 산과 더 약 염기가 생성하는 쪽으로 이동한다.

센 산은 쉽게 양성자를 내어주고 강염기는 쉽게 양성자를 받아들이기 때문에 센 산과 강염기가 반응하면, 양성자를 쉽게 주고 받지 못하는 약한 짝산과 약한 짝염기를 형성한다. p*K*a 값을 비교하면, 예제 2.4에서처럼 평형의 위치를 결정할 수 있다.

예제 2.4 다음 양성자 이동 반응에서 아세틸렌(HC≡CH)이 $^-NH_2$와 반응할 때 평형 이동의 방향을 결정하라.

풀이

다음 세 단계를 거쳐 평형의 위치를 결정한다.

단계 [1] **출발물에서 산과 염기를 확인한다.**

- $^-NH_2$는 음전하를 갖고 있으므로 염기라고 가정하라. 그러면 HC≡CH는 산으로 작용하게 된다.

단계 [2] **양성자 이동의 반응 생성물을 그린 다음 생성물에서 짝산과 짝염기를 확인한다.**

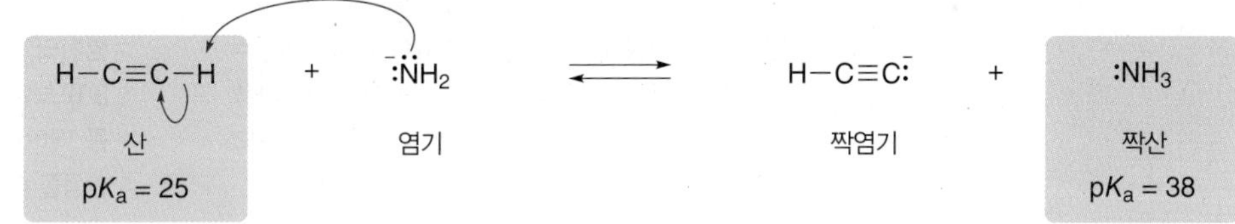

단계 [3] **산과 짝산의 pK_a를 비교한다. 평형은 pK_a 값이 큰, 약산 쪽으로 유리해진다.**

가역반응의 평형상태에서 반응물 또는 생성물이 유리한 경우, 비대칭의 평형 화살표(⇀ 또는 ↽)를 사용한다.

H−C≡C−H (pK_a = 25, 센 산) + $:\ddot{N}H_2^-$ (염기) ⇌ H−C≡C:$^-$ (짝염기) + :NH_3 (pK_a = 38, 약산)

평형은 생성물 쪽을 선호하고, 약산을 형성한다.

- 출발물인 산의 pK_a (25)가 짝산의 pK_a (38)보다 작기 때문에 HC≡CH이 보다 **센 산**이며, 평형의 위치는 생성물 쪽을 선호한다.

문제 2.12 각 반응의 생성물을 그리고, 평형의 방향을 판별하라.

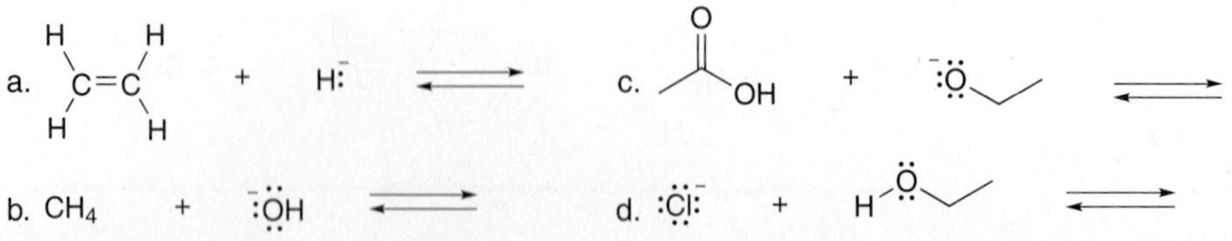

a. $H_2C{=}CH_2$ + $H:^-$ ⇌

b. CH_4 + $^-:\ddot{O}H$ ⇌

c. CH_3COOH + $^-:\ddot{O}CH_2CH_3$ ⇌

d. $:\ddot{Cl}:^-$ + $H\ddot{O}CH_2CH_3$ ⇌

특정 염기가 주어진 산의 양성자를 떼어낼 수 있을 만큼 강염기이며 평형이 오른쪽에 놓이게 된다는 사실을 어떻게 하면 알 수 있는가? 그러한 경우는 예제 2.5에 보인 바와 같이 pK_a 표를 보면 쉽게 알 수 있다.

예제 2.5 다음 중 어떤 염기가 *N,N*-다이메틸아세트아미드[$CH_3CON(CH_3)_2$, pK_a=30]의 양성자를 떼어낼 수 있을 만큼 강염기이며, 평형이 생성물 쪽으로 유리해지는가?

a. $NaNH_2$ b. NaOH

풀이

- 각 염기의 짝산의 구조를 그리고, 각각의 p*K*a를 표 2.1 또는 부록 A를 보고 결정하라.
- 출발 산과 짝산의 p*K*a를 비교하라. 짝산의 p*K*a가 출발 산보다 클 경우, 짝산이 더 약한 산이고 평형은 생성물 쪽으로 유리해진다. 즉, 염기는 산의 양성자를 떼어낼 수 있을 만큼 강염기이다.
- 만약 짝산의 p*K*a가 출발 산보다 낮을 경우, 짝산은 더 강한 산이 되고, 평형은 반응물질 쪽으로 유리해진다. 즉, 염기는 산의 양성자를 떼어낼 수 있을 만큼 강염기가 아니다.

a. Na^+는 상대 이온이고, $^-NH_2$는 $NaNH_2$의 염기이다.

$^-:\ddot{N}H_2$ (염기) $\xrightarrow{H^+ \text{ 추가}}$ $:NH_3$ 짝산 pK_a = 38 더 약한 산

염기의 짝산(NH_3)은 $CH_3CON(CH_3)_2$ (pK_a = 30)보다 약한 산이다. 따라서 염기는 산의 양성자를 떼어낼 수 있을 정도로 강하고, 평형은 생성물 쪽으로 유리해진다.

b. Na^+는 상대 이온이고, ^-OH는 NaOH의 염기이다.

$^-:\ddot{O}H$ (염기) $\xrightarrow{H^+ \text{ 추가}}$ $H_2\ddot{O}:$ 짝산 pK_a = 15.7 더 강한 산

염기의 짝산(H_2O)은 $CH_3CON(CH_3)_2$ (pK_a = 30) 보다 강한 산이다. 따라서 염기는 산의 양성자를 떼어낼 수 있을 만큼 센 염기가 아니고, 평형은 반응물 쪽으로 유리해진다.

표 2.1은 pK_a가 낮은 것부터 높아지는 순으로 정리되어 있으므로 산은 표의 아래쪽에 있는 어느 산의 짝염기에 의해서도 양성자를 잃게 된다.

예제 2.5는 산염기 반응의 기본 원리를 설명한 예이다.

- 산은 자신보다 pK_a 값이 더 큰 산의 짝염기에 의하여 양성자가 제거된다.

문제 2.13 부록 A의 자료를 사용하여 다음 염기들 중에서 평형이 생성물을 만드는 쪽으로 유리하도록 아세토나이트릴(CH_3CN)에서 양성자를 떼기에 충분히 강염기성인 것은 어느 것인지를 결정하라.

a. NaH b. Na_2CO_3 c. NaOH d. $NaNH_2$ e. $NaHCO_3$

2.5 산의 세기를 결정하는 요인

표 2.1에서 보는 바와 같이 상당히 큰 범위의 pK_a는 화합물 간의 산도가 매우 큰 차이가 있음을 알 수 있다. HCl ($pK_a < 0$)은 상당히 센 산이고, 물(pK_a = 15.7)은 산도로 보면 중간 정도이며,

CH_4 (pK_a = 50)는 상당히 약산이다. 이 차이를 어떻게 설명할 것인가? 한 가지 일반적인 원칙이 있다.

- 출발 산인 HA의 짝염기($A:^-$)가 안정화될수록 HA는 더 센 산이 된다.

다음의 네 가지 요인이 HA의 산도에 영향을 미친다.

[1] 원소 효과(Element effects)
[2] 유도 효과(Inductive effects)
[3] 공명 효과(Resonance effects)
[4] 혼성화 효과(Hybridization effects)

어떤 요인을 검토하건 간에 똑같은 절차를 밟는다. 임의의 두 산에 대한 산도의 비교는 다음을 따른다.

- 항상 짝염기를 먼저 그린다.
- 어느 짝염기가 더 안정한가를 판별한다.
- 짝염기가 더 안정하면 바로 그 산이 더 산성이다.

2.5A 원소 효과–주기율표에서의 경향

HA의 산도를 판별하는 가장 중요한 요인은 주기율표상의 A의 위치이다.

주기율표의 같은 주기 원소들의 비교

주기율표의 같은 주기에서 한 행에 걸쳐 있는 산도를 조사하기 위해, 똑같이 두 번째 주기 원소이면서 H 원자와 결합하고 있는 CH_4와 H_2O를 검토하자. 표 2.1을 보면 H_2O는 pK_a 값이 훨씬 작으며, 따라서 CH_4보다 훨씬 더 센 산임을 알 수 있다. 그러면 왜 이렇게 되는 것일까?

이 물음에 답하기 위해 짝염기를 그린 다음 어느 것이 더 안정한가를 판별한다. 짝염기는 모두 알짜 음전하가 있으나 ^-OH는 산소 원자에, CH_3^-는 탄소 원자에 있다.

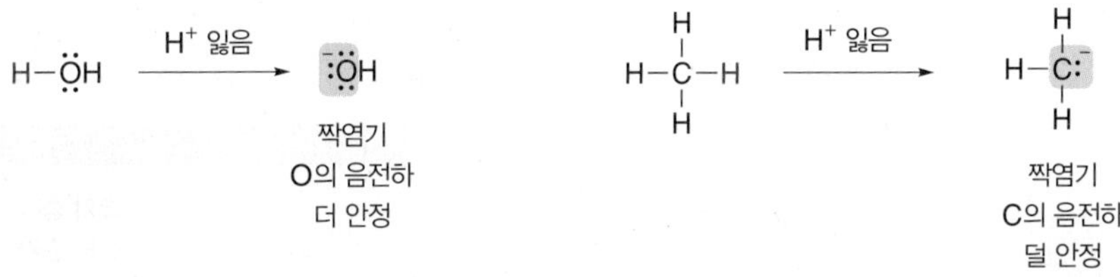

H–ÖH —(H^+ 잃음)→ $^-$:ÖH (짝염기, O의 음전하, 더 안정)

CH_4 —(H^+ 잃음)→ CH_3^- (짝염기, C의 음전하, 덜 안정)

산소 원자는 탄소 원자보다 훨씬 더 전기음성이 강하기 때문에 산소는 더 쉽게 음전하를 수용할 수 있으며, 따라서 ^-OH는 CH_3^-보다 훨씬 더 안정하다. H_2O는 CH_4보다 훨씬 센 산이다. 왜냐하면 ^-OH가 CH_3^-보다 더 안정한 짝염기이기 때문이다. 이는 일반적인 경향의 한 가지 예일 뿐이다.

- 주기율표에서 같은 주기의 오른쪽으로 감에 따라 A의 전기음성도가 증가할수록 HA의 산도는 증가한다.

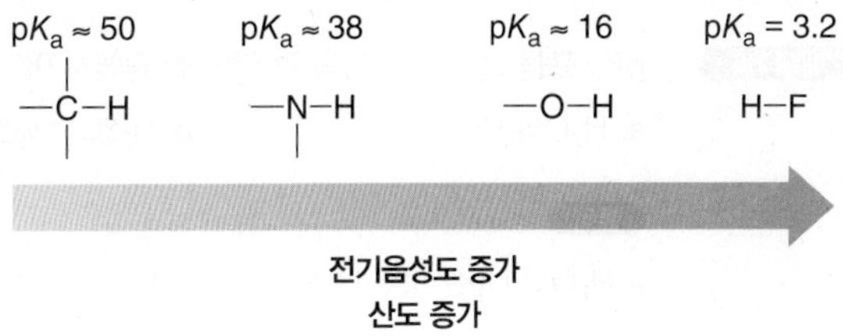

pK_a ≈ 50	pK_a ≈ 38	pK_a ≈ 16	pK_a = 3.2
–C–H	–N–H	–O–H	H–F

→ 전기음성도 증가
산도 증가

이 영향이 얼마나 큰지는 대략적인 pK_a 값을 비교하면 알 수 있다. C−H 결합은 H−F보다 약 10^{47} 배 더 약산이다.

주기율표의 같은 열을 따르는 원소들의 비교

이제 주기율표의 열을 따라 내려가며 H−F와 H−Br을 비교하면서 산도의 경향을 알아본다. 다시 한 번 짝염기를 그린 다음 어느 것이 더 안정한가를 판별하여야 한다. 이 경우 양성자를 제거하면 F^-와 Br^-가 생성된다.

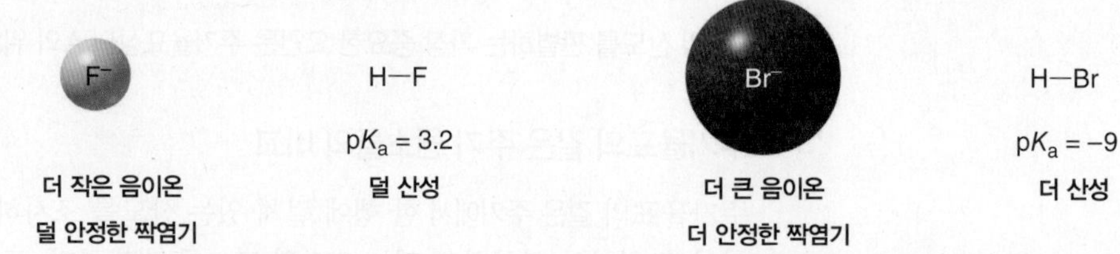

F^-와 Br^- 간에는 두 가지 중요한 차이점이 있다. 하나는 전기음성도이고 다른 하나는 크기이다. 이 경우, 크기가 전기음성도보다 중요하다. 원자나 이온의 크기는 주기율표의 열을 따라 내려가면서 증가한다. 따라서 Br^-는 F^-보다 훨씬 크며 이로 인해 음이온이 안정화된다.

- 양전하 또는 음전하가 더 큰 부피에 퍼져 있으면 더 안정화된다.

Br^-가 F^-보다 더 크기 때문에 Br^-는 F^-보다 더 안정하며, H−Br은 H−F보다 더 센 산이다.

F^-	H−F	Br^-	H−Br
	pK_a = 3.2		pK_a = −9
더 작은 음이온 덜 안정한 짝염기	**덜 산성**	**더 큰 음이온 더 안정한 짝염기**	**더 산성**

이 또한 일반적인 경향을 보여주는 한 가지 예이다.

감수자 주: 단순히 크기만 비교해서는 왜 HF만이 약산인지 알 수 없다.

- 주기율표의 족을 따라 아래로 내려감에 따라 A의 크기가 커지며, HA의 산도는 증가한다.

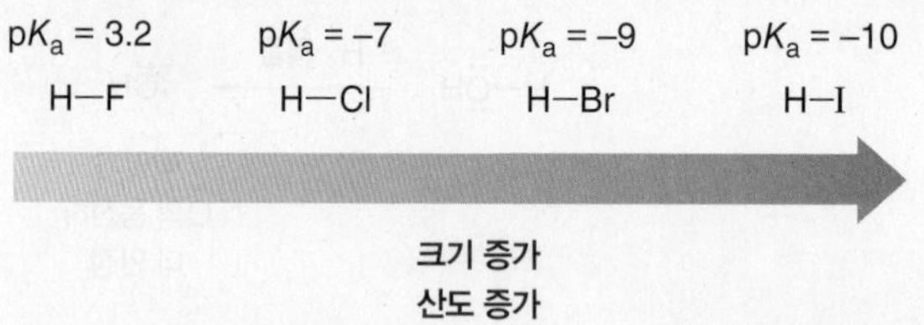

주기율표상의 탄소의 자리로 인해서 (두 번째 주기의 N, O, 할로젠의 왼쪽) **분자 내의 C−H 결합은 가장 산성이 약한 결합이다.**

이는 F와 Br의 전기음성도 차에서 예측하였던 바와는 반대이다. F가 Br보다 더 전기음성이기 때문이다. 주기율표의 열을 따라 산도를 결정하는 것은 크기이지 전기음성도가 아니다. 이 경향을 함께 정리하면,

- HA의 산도는 주기율표상에서 주기를 따라 오른쪽으로 갈수록, 열을 따라 아래로 갈수록 증가한다.

예제 2.6 pK_a 표를 보지 말고 다음 각 쌍의 산 중에서 어느 것이 더 센 산인지를 판별하라.

a. H_2O와 HF b. H_2S와 H_2O

풀이

a. H_2O와 HF는 모두 H 원자가 두 번째 주기 원소에 결합되어 있다. HA의 산도는 주기율표의 열을 따라가며 증가하므로

H−F 결합은 H−O 결합보다 더 산성이다. **HF는 H_2O보다 센 산이다.**

b. H_2O와 H_2S는 모두 H 원자가 같은 열의 원소와 결합되어 있다. H_2A의 산도는 열을 따라 내려가며 증가하기 때문에 H−S 결합은 H−O 결합에 비하여 더 산성이다. **H_2S는 H_2O보다 센 산이다.**

문제 2.14 pK_a 표를 보지 않고 다음 각 쌍의 산 중에서 어느 것이 더 센 산인지를 판별하라.

a. (펜테인) 또는 H_2O b. (사이클로펜테인) 또는 H_2S

문제 2.15 아래 표시된 H 원자의 산도를 증가하는 순으로 순위를 정하라.

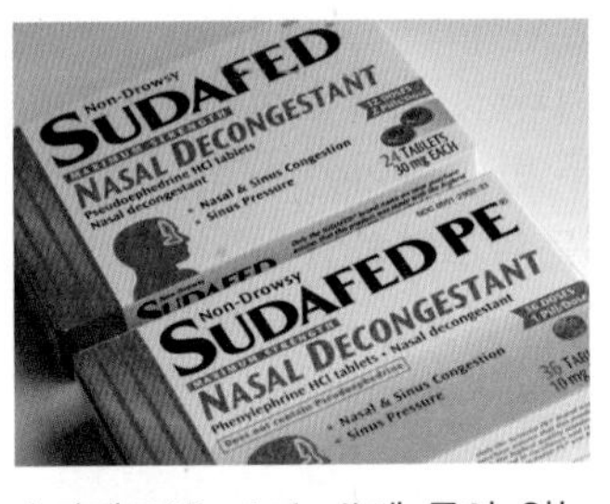

슈다페드(Sudafed)에 들어 있는 유사에페드린(문제 2.17)은 법으로 금지하고 있는 마약인 메탐페타민(methamphetamine)으로 쉽게 변환시킬 수 있기 때문에 약국에서는 판매 장부를 비치하여 모니터하고 있다. 슈다페드 PE는 울혈제거제가 들어 있는 비슷한 상품이지만 메탐페타민으로 변환시키기가 더 어렵다.

산도에 대해 논의할 때, 한 화합물에서 산도가 가장 큰 양성자가 제일 먼저 염기에 의해 제거될 것이다. 특정 수소 원자의 일반적인 산도를 결정하는 요인은 네 가지가 있지만, 그중 HA의 산도를 결정하는 가장 중요한 요소는 원소 효과—즉, A의 정체성—이다.

어느 수소 원자가 가장 산성인가를 결정하기 위해서는 우선 수소가 어떤 원소에 결합되어 있는가를 살펴보고, 그 다음 원소의 주기적 경향을 참작하여 산도를 정한다. 예컨대 $CH_3NHCH_2CH_2CH_2CH_3$ 는 C−H 결합과 N−H 결합만을 가지고 있다. HA의 산도는 주기율표의 주기를 따라가며 증가하므로 이 화합물에서는 N과 결합하고 있는 한 개의 H가 가장 센 산성 수소이다.

(N−H 구조식)

산도가 가장 큰 H를 붉은색으로 표시

문제 2.16 다음 각 분자에서 어느 수소가 가장 센 산성인가?

a. (CH₃CH₂CH₂CH₂OH 구조식) OH b. HO(CH₂)₃NH₂ c. (CH₃)₂N(CH₂)₃NH₂

문제 2.17 시판되고 있는 울혈제거제인 유사에페드린(pseudoephedrine)의 수소 중에서 가장 산성인 것은?

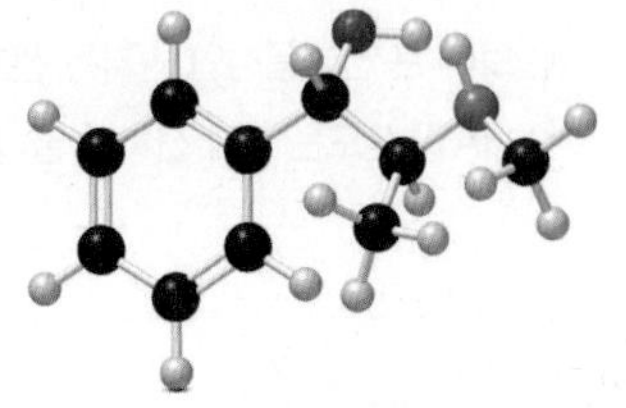

유사에페드린

문제 2.18 각 쌍의 이성질체 중 더 센 산은 어느 화합물인가?

a. (프로필아민) NH_2 또는 (트라이메틸아민) N b. (에틸 메틸 에터) O 또는 (프로판올) OH

2.5B 유도 효과

HA의 산도에 영향을 미치는 두 번째 요인은 보다 전기음성인 원자의 존재이다. 이 현상을 설명하기 위하여 다른 화합물이면서 모두 O−H를 가지고 있는 에탄올(CH_3CH_2OH)과 2,2,2-트라이플루우오로에탄올(CF_3CH_2OH)을 비교해본다. 부록 A의 pK_a 표를 보면 CF_3CH_2OH가 CH_3CH_2OH보다 센 산임을 알 수 있다. 양쪽 화합물 모두에서 O−H 결합의 산도를 판단해 보아야 하는 어려움이 있는데 도대체 무슨 차이가 있는가?

에탄올
pK_a = 16

2,2,2-트라이플루우오로에탄올
pK_a = 12.4
더 센 산

여기에서도 다시 우리는 양성자를 떼어 내고 짝염기를 그린 뒤에 어느 것이 더 안정한가를 가려야 한다. 두 염기 모두 전기음성 산소에 음전하를 가지고 있으나, 두 번째 음이온의 경우 추가로 세 개의 전기음성 플루오린 원자를 가지고 있다. 이 플루오린 원자들은 결합하고 있는 탄소로부터 전자 밀도를 당겨 전자 부족을 유발한다. 더군다나 전자가 부족한 탄소는 음으로 하전된 산소 원자로부터 σ 결합을 통해 전자 밀도를 당기게 됨으로써 음전하를 안정화한다. 이를 유도 효과(inductive effect)라고 부른다.

짝염기를 안정화하는 전기음성 원자가 붙어 있지 않음

CF_3는 전자 밀도를 끌어당겨 짝염기를 안정화함

- 유도 효과는 두 원자의 전기음성도의 차로 인해 σ 결합을 통하여 전자 밀도를 끌어당기는 효과이다.

이 경우 전자 밀도는 더 전기음성인 플루오린 원자들에 의해 σ 결합을 통해서 음전하로부터 당겨지게 되는데, 이러한 것을 전자 끌기 유도 효과(electron withdrawing inductive effect)라고 부른다. 따라서 세 전기음성 플루오린 원자는 음으로 하전된 짝염기 $CF_3CH_2O^-$를 안정화한다. 그러므로 CF_3CH_2OH는 CH_3CH_2OH보다 더 센 산이다. 이 논의에서 우리는 두 가지 중요한 원리를 배웠다.

- 보다 큰 전기음성인 원자는 전자 끌기 유도 효과에 의해 높은 전자 밀도 영역을 안정화시킨다.
- HA의 산도는 A에 전자를 끌어당기는 치환기가 존재하면 증가한다.

그림 2.2
$CH_3CH_2O^-$와 $CF_3CH_2O^-$의 정전기 전위

$CH_3CH_2O^-$
산소 원자의 진한 붉은색은 전자 밀도가 높은 영역을 나타냄

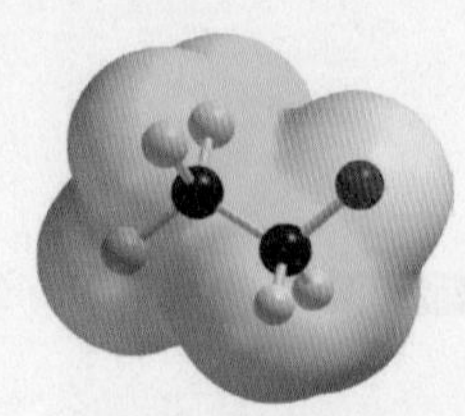

$CF_3CH_2O^-$
산소 원자는 노란색이며 전자 밀도가 낮음을 나타냄

유도 효과는 전기음성인 원자가 짝염기의 음전하를 안정화하는 데서 비롯된다. 전기음성도가 클수록, 그리고 음전하에 가까이 있을수록 그 효과는 커진다. 이 효과는 19장에서 보다 더 상세하게 논의할 것이다.

그림 2.2의 정전기 전위 그림에서 이들 짝염기의 산소 주위 전자 밀도를 비교하였다. $CF_3CH_2O^-$의 O 원자에 비해서 $CH_3CH_2O^-$의 O 원자 주위의 더 짙은 붉은색은 전자 밀도가 더 밀집되어 있음을 나타낸다.

문제 2.19 각 쌍의 화합물 중 어느 것이 보다 더 센 산인가?

a. (1-클로로사이클로펜테인카복실산: O, OH, Cl) 또는 (1-플루오로사이클로펜테인카복실산: O, OH, F)

b. (Cl, Cl, OH) 또는 (Cl, OH, Cl)

c. (O, OH) 또는 (O, OH, NO_2)

α-하이드록시산(문제 2.18)은 피부 세포의 바깥 층과 반응하여 피부 결을 좋아지게 하고, 가는 선을 매끈하게 만들어주며, 피부가 벗겨져 나가는 것을 완화시켜주는 피부 보호제로 사용된다.

문제 2.20 글라이콜산($HOCH_2CO_2H$)은 α-하이드록시산이라고 부르는 화합물 계열(group)의 가장 간단한 화합물로서 CO_2H기에 인접한 탄소에 OH기를 갖는 피부 보호제의 성분이다. $HOCH_2CO_2H$는 아세트산(CH_3CO_2H)보다 더 센 산이겠는가, 더 약한 산이겠는가?

문제 2.21 다음의 패러독스(paradox)를 설명해보라. "HBr은 HCl보다 센 산이다. 반면 HOBr은 HOCl보다 오히려 약산이다."

2.5C 공명 효과

공명 구조란 원자들의 자리 배열은 그대로 유지하며 전자의 배열만을 달리하는 두 개의 루이스 구조임을 상기한다.

산도를 결정하는 세 번째 요인은 공명이다. 우리는 1.6절에서 원자들의 배열이 같음에도 두 가지 이상의 루이스 구조를 그릴 수 있을 때는 공명이 일어남을 배운 바 있다. 이 현상을 예시하기 위하여 에탄올(CH_3CH_2OH)과 아세트산(CH_3CO_2H)을 비교하기로 한다. 이들은 분자 내에 똑같이 O–H 결합을 가지고 있다. 표 2.1에 의하면 CH_3CO_2H는 CH_3CH_2OH보다 훨씬 센 산임을 알 수가 있다.

에탄올 pK_a = 16

아세트산 pK_a = 4.8 **더 센 산**

이들 산의 짝염기를 그려서 공명의 중요성을 알아보자. 에탄올의 짝염기인 에톡시화 음이온($CH_3CH_2O^-$)의 경우 루이스 구조는 하나밖에 그릴 수 없다. 이 짝염기의 음전하는 O에 편재화되어 있다.

에탄올 산 → 에톡시화 짝염기 단 하나의 루이스 구조

그러나 아세트산 음이온($CH_3CO_2^-$)은 두 가지 공명 구조를 그릴 수 있다.

아세트산 — 아세트산 짝염기 두 개의 공명 구조 — 혼성체 공명 안정화된 짝염기

두 공명 구조는 π 결합과 고립 전자쌍의 위치만 다를 뿐이다. 아세트산 음이온의 각각의 공명 구조에서는 음전하가 O 원자에 편재화되어 있으나, 실제로 전하는 두 O 원자에 비편재화되어 있다. **전자 밀도의 비편재화로 아세트산 음이온은 안정해지며 따라서 약염기가 된다.**

공명 비편재화는 종종 2.5B절에서 논의한 유도 효과보다 pK_a에 더 큰 영향을 미친다. 유도 효과에 의해서는 전기음성인 세 개의 F 원자가 CF_3CH_2OH (pK_a = 12.4)를 CH_3CH_2OH보다 약간 더 센 산으로 만들지만, 공명은 CH_3COOH (pK_a = 4.8)를 CH_3CH_2OH (pK_a = 16)보다 훨씬 더 센 산으로 만든다.

공명 구조 하나만으로는 아세트산 음이온을 정확히 표현할 수가 없다. 진짜 구조는 두 구조 모두의 혼성체이다. 혼성체에서는 각각의 공명 구조에서 다른 위치에 그렸던 전자쌍이 비편재화된다. 아세트산 음이온의 경우 점선을 그려 각 C−O 결합이 부분 이중 결합을 가지고 있음을 나타낸다. 부호 δ^-(부분 음전하)는 혼성체의 각 산소 원자에 전하가 분산되어 있음을 나타낸다.

따라서 공명 비편재화로 $CH_3CO_2^-$는 $CH_3CH_2O^-$보다 훨씬 더 안정하며, CH_3CO_2H는 CH_3CH_2OH보다 센 산이다. 이는 또 다른 일반 규칙을 보여주는 하나의 예이다.

- HA의 산도는 짝염기 A:⁻가 공명 안정화되면 증가한다.

그림 2.3의 $CH_3CH_2O^-$와 $CH_3CO_2^-$의 정전기 전위 그림을 보면, 음전하는 $CH_3CH_2O^-$의 경우 단일 O에 밀집되어 있고, $CH_3CO_2^-$의 경우 두 O에 비편재화되어 있음을 알 수 있다.

문제 2.22 아세톤$(CH_3)_2C=O$의 C−H 결합은 pK_a가 19.2이다. 짝염기의 두 공명 구조를 그려라. 그리고 왜 아세톤은 프로페인 $CH_3CH_2CH_3$ (pK_a = 50)에 비해 훨씬 센 산인지 설명하라.

문제 2.23 아세토나이트릴(acetonitrile) CH_3CN은 pK_a가 25이며 C−H 결합만을 갖고 있는 어떤 화합물보다도 센 산이다. 아세토나이트릴과 그 짝염기의 루이스 구조를 그려라. 공명 구조를 이용하여 아세토나이트릴의 산도를 설명하라.

2.5D 혼성화 효과

산 HA의 산도에 영향을 미치는 나머지 하나의 요인은 A의 혼성화이다. 이 현상을 설명하기 위하여 공통적으로 C−H 결합을 가지고 있는 에테인(CH_3CH_3), 에틸렌($CH_2=CH_2$) 및 아세틸렌($HC\equiv CH$)의 세 화합물을 비교해보기로 하자. 부록 A를 보면 이들 세 화합물은 상당한 산도의 차이를 나타냄을 알 수 있다.

그림 2.3
$CH_3CH_2O^-$와 $CH_3CO_2^-$의 정전기 전위

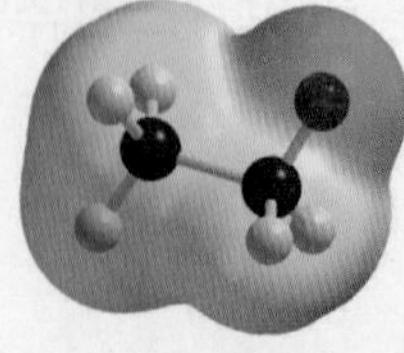

$CH_3CH_2O^-$
음전하가 하나의 산소 원자에 집중되어 있어서 음이온을 덜 안정하게 한다.

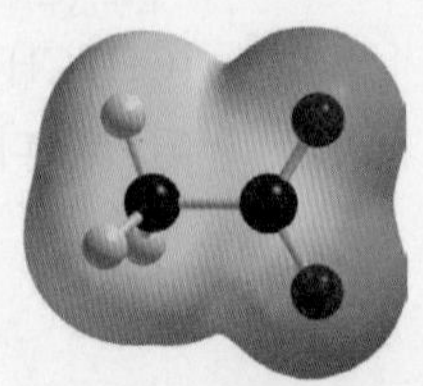

$CH_3CO_2^-$
음이온이 두 개의 산소 원자에 비편재화되어 있어서 음이온을 더욱 안정하게 한다.

에테인	에틸렌	아세틸렌
CH_3CH_3	$CH_2{=}CH_2$	H−C≡C−H
pK_a = 50	pK_a =44	pK_a = 25

산도 증가 →

에테인, 에틸렌 및 아세틸렌에서 양성자를 떼어 낸 짝염기는 모두 탄소에 음전하를 가지고 있는 탄소 음이온(carbanion)이다.

sp^3 혼성화 탄소	sp^2 혼성화 탄소	sp 혼성화 탄소
25% s-성질	33% s-성질	50% s-성질

→ **s-성질 백분율 증가**
안정도 증가

주목해야 할 점은 음전하를 띠고 있는 탄소의 혼성화는 각각의 경우 모두 다르며, 고립 전자쌍은 각기 다른 s-성질 백분율을 갖는 오비탈을 점유한다는 사실이다. s-성질 백분율이 더 높을수록 혼성 오비탈은 에너지가 더 낮은 s 오비탈의 비율이 더 크다.

- 혼성 오비탈의 s-성질 백분율이 높을수록 짝염기는 그만큼 **더 안정화**된다.

산도는 짝염기의 음전하가 s-성질 백분율이 커지면서 CH_3CH_3, $CH_2{=}CH_2$에서 HC≡CH의 순서로 증가한다. 이 또한 일반적인 경향을 보여주는 예의 하나이다.

- HA의 산도는 $A:^-$의 s-성질 백분율의 증가에 따라 증가한다.

이들 탄소 음이온의 정전기 전위 그림을 그림 2.4에 나타내었다.

그림 2.4
세 종류의 탄소 음이온의 정전기 전위

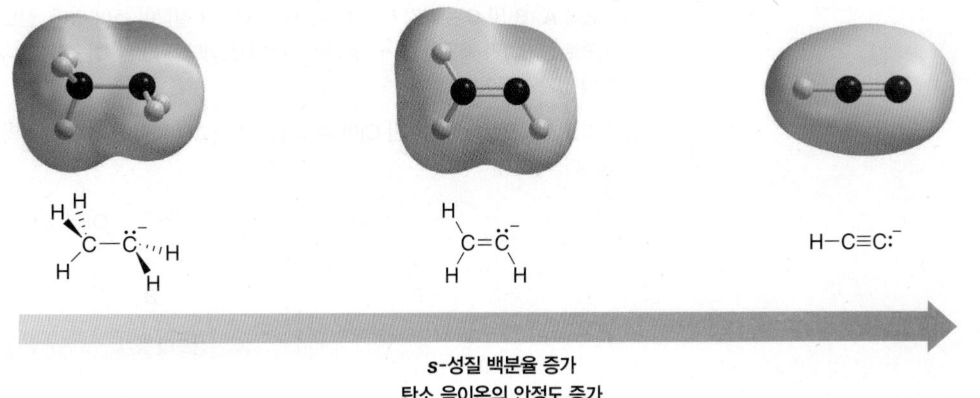

- 고립 전자쌍이 핵에 더 가깝게 끌어당겨져서 음으로 하전된 탄소는 붉은색이 훨씬 옅다.

그림 2.5
산의 세기를 결정하는 요인의 요약

요인	예		
1. **원소 효과:** HA의 산도는 주기율표에서 같은 주기에서는 왼쪽에서 오른쪽으로, 같은 족에서는 아래로 갈수록 증가한다.	CH_4	와	H_2O **더 센 산성임**
2. **유도 효과:** HA의 산도는 A의 전자를 끄는 원자가 있으면 증가한다.	$CH_3CH_2O\text{–}H$	와	$CF_3CH_2O\text{–}H$ **더 센 산성임**
3. **공명 효과:** HA의 산도는 짝염기인 $A:^-$가 공명 안정화되면 증가한다.	$CH_3CH_2O\text{–}H$	와	$CH_3CO_2\text{–}H$ **더 센 산성임**
4. **혼성화 효과:** HA의 산도는 $A:^-$의 *s*-성질 백분율의 증가에 따라 증가한다.	$CH_2{=}CH_2$	와	$H\text{–}C{\equiv}C\text{–}H$ **더 센 산성임**

문제 2.24 다음 각 쌍의 화합물에서 [1] 푸른색으로 H 중 어느 것이 더 산성인가? [2] 각 산의 짝염기를 그려라. [3] 어느 짝염기가 더 센 염기인가?

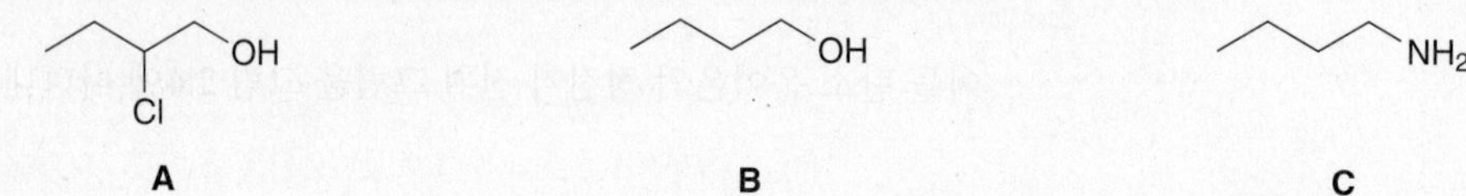

2.5E 산의 세기를 결정하는 요인의 요약

분자 내에서 가장 산성이 큰 자리를 찾아 내는 것은 유기화학 공부 전반에 걸쳐 대단히 중요한 일이다. 산도를 결정하는 모든 요인을 그림 2.5에 요약해두었다. 다음의 두 단계 절차를 따르면 이 요인들이 양성자의 산도 결정에 어떻게 이용되는지 이해할 수 있다.

이런 절차를 실제 화합물에 어떻게 적용하는가를 예제 2.7에서 보여주고 있다.

예제 2.7 다음 화합물에서 산도가 가장 큰 수소 원자를 가려 산도가 증가하는 순으로 순위를 정하라.

OH / Cl — **A** OH — **B** NH_2 — **C**

풀이

[1] 화합물 **A**, **B** 및 **C**는 각각 C–H, N–H 및 O–H 결합이 들어 있다. 산도는 주기율표의 주기를 따라 왼쪽에서 오른쪽으로 증가하기 때문에 O–H 결합이 가장 산성이다. 화합물 **C**는 산성이 가장 떨어지는데, 이는 여기에만 O–H 결합이 없기 때문이다.

[2] 화합물 **A**와 **B**는 전기음성인 Cl이 존재하고 안 하고의 차이이다. Cl은 A의 짝염기를 안정화하므로 **A**는 **B**보다 더 산성이다. 따라서

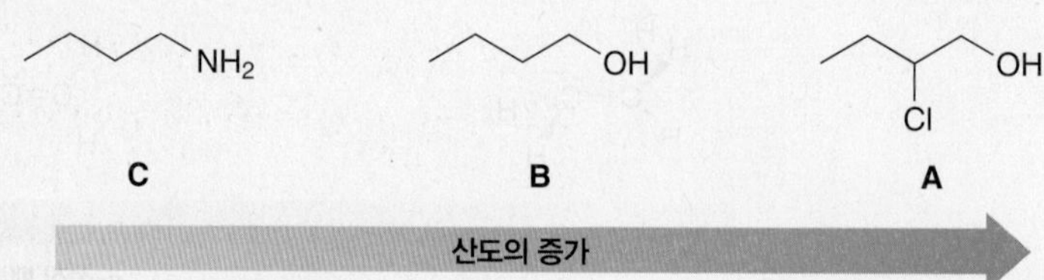

해결 방법 양성자의 상대적 산도 결정법

단계 [1] 수소와 결합하고 있는 원자를 찾아 주기적인 경향을 이용하여 상대적인 산도를 부여한다.

- 유기 화합물에서 가장 흔히 보는 HA 결합은 C–H, N–H 및 O–H 결합이다. 산도는 주기율표의 왼쪽에서 오른쪽으로 가며 증가하므로 상대적인 산도는 C–H < N–H < O–H의 순이 된다. 따라서 C에 결합한 H는 일반적으로 다른 헤테로원자에 결합된 H보다 산도가 감소한다.

단계 [2] 만약 두 수소 원자가 동종의 원소에 결합되어 있으면 짝염기를 그린 다음 다른 점을 찾도록 한다. 다음 세 가지 질문을 던져본다.

- 전자 끌개 치환기가 짝염기를 안정화하는가?
- 짝염기가 공명 안정화되는가?
- 짝염기가 어떻게 혼성화되어 있는가?

문제 2.25 다음 보기의 각 화합물들을 산도가 증가하는 순으로 순위를 정하라.

a.  OH NH₂

b. Br O OH O OH OH

c. NH₂ N OH

문제 2.26 다음 약품 중에서 어느 양성자가 가장 센 산인가? THC는 마리화나(marijuana)의 활성 성분이며, 케토프로펜은 소염제이다.

a. OH O

THC
테트라하이드로칸나비놀

b. O O OH

케토프로펜

문제 2.27 A와 B 중 어떤 음이온이 더 센 염기인가?

:O: :Ö:⁻

A

:O: H :Ö:⁻

B

2.6 흔히 쓰는 산과 염기

매우 센 산이나 보통의 센 산과 염기들이 유기 반응에서 시약으로 사용된다.

2.6A 흔히 쓰는 산

여러 유기 반응이 센 무기 산의 존재하에서 일어나는 경우가 많으며, 가장 흔히 사용하는 산은 HCl과 H_2SO_4이다. 이들 센 산의 pK_a 값은 0 이하이며, 앞서 배운 화학 과목에서 이미 익힌 것들이다.

황산(sulfuric acid)은 가장 널리 생산되는 공업화학 물질이다. 황 함유량이 높은 화석 연료를 연소시키면 황산화물이 대기 중으로 방출되는데 황산화물이 물에 녹아서 황산이 형성된다. 이 때문에 빗물이 산성화되어 산성비를 내리게 한다.

또한 두 가지 유기 산이 유기 반응에서 자주 사용되는데, 아세트산(acetic acid)과 *p*-톨루엔설폰산(*p*-toluenesulfonic acid, TsOH)이 바로 그것이다. 아세트산은 무기 산보다 pK_a가 더 큰 약산이지만, 대부분의 유기 화합물보다 센 산성을 띤다. *p*-톨루엔설폰산은 센 무기 산과 산도가 비슷하다. 고체이기 때문에 저울에서 소량을 재어 반응 혼합물에 넣기가 아주 쉽다.

아세트산 pK_a = 4.8

p-톨루엔설폰산 (= TsOH) pK_a = −7

2.6B 흔히 쓰는 염기

흔히 사용하는 세 유형의 강염기는 다음과 같은 것들이 있다.

[1] 음으로 하전된 산소 염기: $^-$**OH**(수산화물)와 그 유기 유도체

[2] 음으로 하전된 질소 염기: $^-$**NH$_2$**(아마이드)와 그 유기 유도체

[3] 수소화물(**H$^-$**)

그림 2.6에는 이들 강염기들의 예가 수록되어 있다. 기억해야 할 점은 이 염기들은 전하 균형을 위하여 구경꾼 이온(보통 Li^+, Na^+ 또는 K^+)의 염의 형태로 사용된다는 점이다.

감수자주: 숫자 12보다 14가 더 타당하다. NaOH 등부터 강염기이기때문이다.

- 강염기는 그 짝산의 p*K*a 값이 대개 12보다 더 큰 약산이다.

강염기는 대개 알짜 음전하를 갖는데, 음전하를 갖는다고 모두 강염기는 아니다. 예를 들어, 할로젠화물인 F^-, Cl^-, Br^- 및 I^-는 어느 하나도 강염기가 아니다. 이들 음이온은 그 짝산이 매우 센 산이며 양성자에 전자쌍을 내어주는 경향이 상당히 약하다.

2.5D절에서 논의한 탄소 음이온은 음으로 하전된 탄소 원자로서 특히 강염기이다. 아마도 가장 강한 염기의 예는 뷰틸리튬(butyllithium)일 것이다. 뷰틸리튬과 이와 관련된 화합물은 20장에서 상세히 다룬다.

$$CH_3CH_2CH_2CH_2^- \ Li^+$$

뷰틸리튬

약한 유기 염기의 두 가지 예로 트라이에틸아민(triethylamine)과 피리딘(pyridine)을 들 수 있다. 이 화합물들은 질소 원자에 고립 전자쌍을 가지고 있어 염기이기는 하지만, 아마이드 염기와는 비교가 안 되는 약염기이다. 이들은 음으로 하전되어 있지 않은 중성 화합물이기 때문이다.

그림 2.6
흔히 쓰이는 음으로 하전된 염기

산소 염기		질소 염기	
Na^+ $^-$:ÖH	수산화 소듐	Na^+ $^-$:N̈H_2	아마이드화 소듐
Na^+ $^-$:ÖCH_3	메톡시화 소듐	Li^+ $^-$:N̈$[CH(CH_3)_2]_2$	다이아이소프로필아마이드화 리튬
Na^+ $^-$:ÖCH_2CH_3	에톡시화 소듐	**수소화 음이온**	
K^+ $^-$:Ö$C(CH_3)_3$	*tert*-뷰톡시화 포타슘	Na^+ H:$^-$	수소화 소듐

트라이에틸아민 피리딘

문제 2.28 소독용 알코올의 주성분인 프로판-2-올[$(CH_3)_2CHOH$]을 다음 각 산 또는 염기와 반응시켰을 때 형성되는 생성물을 그려라.

a. NaH b. H_2SO_4 c. $Li^+ -N[CH(CH_3)_2]_2$ d. CH_3CO_2H.

2.7 아스피린

아스피린(aspirin) 또는 아세틸살리실산(acetylsalicylic acid)은 살리실산 제제(salicylate)라고 부르는 화합물 중에서 가장 잘 알려져 있다. 아스피린은 처음에는 진통제, 해열제, 소염제로 사용되었으나 현재는 심장마비와 뇌졸중 등을 치료하고 예방하는 혈전 용해제로도 흔히 쓰이고 있다. 아스피린은 **합성 화합물**이다. 따라서 자연계에 존재하지 않으나, 천연의 살리실산 제제와 관련된 유사한 물질이 버드나무 껍질과 일부 특정 들꽃에서 발견된다(그림 2.7).

다른 많은 의약품들이 그러하듯이 아스피린도 양성자 이동 반응을 일으킬 수 있다. 그중 가장 산성인 양성자는 O에 결합된 H로 염기가 존재하면 H는 쉽게 떨어진다.

+ :B ⇌ + $H-B^+$

아스피린
아세틸살리실산
중성 형태
위에서 나타나는 형태

짝염기
이온 형태
작은 창자에서 나타나는 형태

그림 2.7
살리신, 버드나무 껍질에서 발견되는 진통제

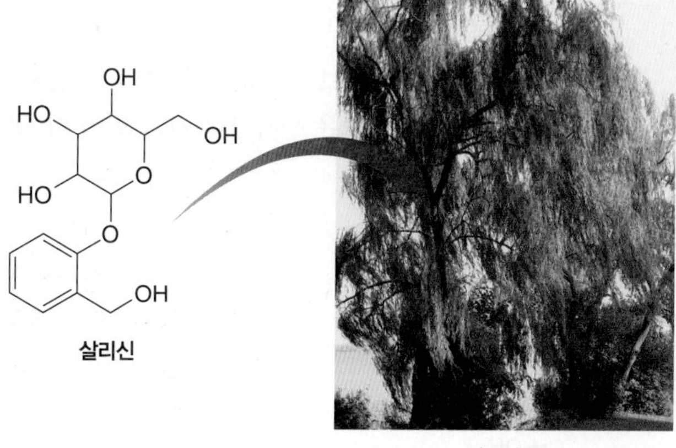

버드나무

- 현대 아스피린의 역사는 에드문드 스톤(Reverend Edmund Stone)이 버드나무 껍질을 씹으면 진통 효과가 있음을 보고한 1763년으로 거슬러 올라간다. 지금은 버드나무 껍질에 살리신(salicin)이라고 하는 아스피린과 구조적으로 유사한 물질이 함유되어 있음이 알려져 있다.

이 산-염기 반응이 왜 중요한가? 복용하면 아스피린은 먼저 위를 지나, 작은 창자로 간다. 아스피린은 위의 산성 환경에서 중성 상태를 유지하지만, 작은 창자의 염기성 환경에서는 양성자를 잃고 짝염기인 음이온으로 된다. 이와 유사하게, 혈액의 약염기 상태에서 아스피린은 이온성 짝염기로 존재한다.

우리는 3.7장에서 용해도와 세포막에 대해서 좀 더 자세히 다룰 예정이다.

아스피린이 산으로 존재하느냐 아니면 짝염기로 존재하느냐는 세포를 통과할 수 있는지 없는지를 결정하는 중요한 사항이다. 이온 상태에서 아스피린은 혈액에 쉽게 용해되어 혈류를 통해 조직으로 전달된다. 아스피린이 목적지에 도달하면 이온성 짝염기는 다시 양성자와 결합하여 중성 상태로 세포막을 통과한다. 여기서 프로스타글랜딘(prostaglandin)의 합성을 저해한다. 19장에서 이 내용을 자세하게 다룰 예정이다. 이와 같이 생체 내에서 아스피린은 산-염기 반응을 하고, 산-염기 반응은 아스피린의 성질과 활성에 결정적인 역할을 한다.

문제 2.29

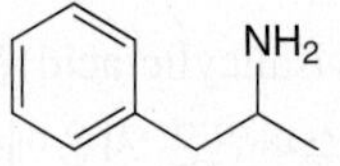

암페타민

암페타민(amphetamine)과 같은 질소 원자가 들어 있는 화합물들은 위에서 위액에 들어 있는 HCl에 의하여 양성자화되며, 그 결과 생성되는 염은 다시 작은 창자의 염기성 환경에서 양성자를 잃고 중성형으로 돌아간다. 이 각 과정의 양성자 이동 반응을 적어라. 암페타민의 어떤 형태가 세포막을 통과할 것인가?

2.8 루이스 산과 염기

산과 염기에 관한 루이스의 정의는 브뢴스테드-로우리 산과 염기의 정의보다 훨씬 광범위하다.

모든 브뢴스테드-로우리 염기는 루이스 염기이기도 하다.

- 루이스 산은 전자쌍 받개이다.
- 루이스 염기는 전자쌍 주개이다.

루이스 염기는 구조적으로 브뢴스테드-로우리 염기와 동일하다. 양쪽 모두 내어줄 수 있는 전자쌍을 갖고 있는데, 고립 전자쌍이나 π 결합 전자쌍이 그것이다. 브뢴스테드-로우리 염기는 이 전자쌍을 언제나 양성자에 내어주게 되지만, 루이스 염기는 전자가 부족한 어느 것에도 내어준다는 점만이 다르다. 그림 2.8에 간단한 루이스 염기의 예를 나타내었다.

루이스 산은 전자쌍을 받아들일 수 있지만, 그 방법은 여러 가지가 있다. 모든 브뢴스테드-로우리 산은 동시에 루이스 산이기도 하다. 하지만 그 역은 항상 성립하지는 않는다. 그림 2.8에서 보여준 바와 같이 전자 부족 상태에 있어 전자쌍을 받아들일 수 있는 모든 것이 루이스 산이다.

흔히 보는 루이스 산(브뢴스테드-로우리 산이 아니면서)에는 BF_3나 $AlCl_3$가 있다. 주기율표상에서 3A 족인 화합물들은 원자가 전자 껍질이 다 채워져 있지 않기 때문에 모두 전자쌍을 받아들일 수 있다.

그림 2.8
간단한 루이스 산과 염기

루이스 염기: $^{-}$:ÖH, $CH_3\ddot{O}H$, $H_2C{=}CH_2$

브뢴스테드-로우리 산이면서 루이스 산: $H_2\ddot{O}$:, $CH_3\ddot{O}H$

브뢴스테드-로우리 산이 아니면서 루이스 산: BF_3, $AlCl_3$

문제 2.30 어느 화합물이 루이스 염기인가?

a. NH_3 b. $CH_3CH_2CH_3$ c. H^- d. $H-C\equiv C-H$

문제 2.31 어느 화합물이 루이스 산인가?

a. BBr_3 b. CH_3CH_2OH c. $(CH_3)_3C^+$ d. Br^-

한 화학종이 전자쌍을 다른 화학종에 내어주는 반응을 루이스 산−염기 반응이라 한다.

루이스 산−염기 반응에서 루이스 염기는 루이스 산에 전자쌍을 제공한다. 전자쌍의 이동과 관련된 대부분의 유기화학 반응은 루이스 산−염기 반응으로 분류할 수 있다. 루이스 산−염기 반응은 유기화학에서 보이는 일반적인 반응과 같은 특색을 보여준다.

- 전자가 풍부한 화학종은 전자 부족한 화학종과 반응한다.

가장 간단한 루이스 산−염기 반응에서는 하나의 결합이 생성되고 아무 결합도 깨어지지 않는다. 그러한 예의 하나가 BF_3와 H_2O의 반응이다. BF_3는 B 주위에 전자 여섯 개만을 거느리고 있어 전자가 부족한 루이스 산이다. H_2O는 O에 두 쌍의 고립 전자쌍을 갖고 있어 전자가 풍부한 루이스 염기이다.

$$BF_3 + H_2O \longrightarrow F_3\overset{-}{B}-\overset{+}{O}H_2$$

한 개의 새로운 결합 형성

H_2O는 전자쌍을 BF_3에 제공하여 새로운 결합을 형성한다. 굽은 화살표 하나는 전자쌍 하나의 이동을 나타낸다. 새로운 결합인 B−O 결합의 전자쌍은 산소 원자에서 제공되며 단일 화합물이 생성된다. B와 O 모두 형식 전하를 갖게 되지만 전체적으로 생성물은 전기적 중성이다.

친핵체 = 핵을 좋아함
친전자체 = 전자를 좋아함

- 루이스 산을 친전자체(electrophile)라고도 부른다.
- 양성자 이외의 루이스 산과 반응하는 루이스 염기를 친핵체(nucleophile)라고 부른다.

이 루이스 산−염기 반응에서 BF_3는 친전자체이고 H_2O는 친핵체이다.

두 개의 예가 더 그려져 있다. 각 반응에서 전자쌍은 루이스 염기에서 떨어져 나가는 것이 아니라, 루이스 산에 제공되어 하나의 새로운 공유결합이 형성되는 것임을 유의하자.

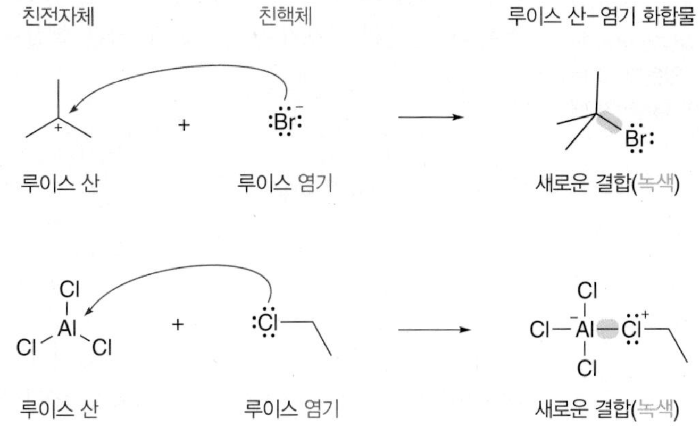

문제 2.32 각 반응에서 루이스 산과 염기를 표시하라. 굽은 화살 표현법을 써서 전자쌍의 이동을 나타내라.

a. 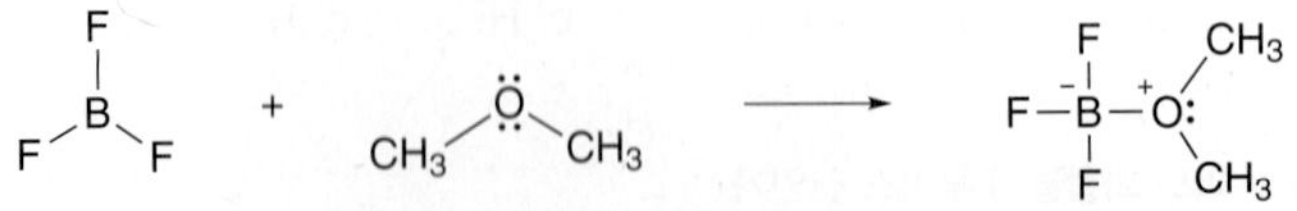 BF_3 + $CH_3\ddot{O}CH_3$ ⟶ F_3B^{-}–$O^{+}(CH_3)_2$

b.  $(CH_3)_2CH^+$ + $:\ddot{O}H^-$ ⟶ $(CH_3)_2CH\ddot{O}H$

문제 2.33 각 반응의 생성물을 그려 보고 친핵체와 친전자체를 표시하라.

a. 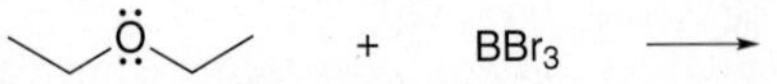 $CH_3CH_2\ddot{O}CH_2CH_3$ + BBr_3 ⟶ b.  사이클로헥산온 + $AlCl_3$ ⟶

문제 2.34 루이스 염기인 $(CH_3CH_2)_3N$을 다음의 각 루이스 산과 반응시켰을 때 형성되는 생성물을 그려라.

a. $B(CH_3)_3$ b. $(CH_3)_3C^+$ c. $AlCl_3$

일부 루이스 산-염기 반응은 하나의 결합을 형성하고, 하나의 결합이 끊어진다. 이러한 반응의 생성물을 그리려면 다음 몇 단계를 항상 기억한다.

[1] 항상 루이스 산과 염기를 먼저 확인한다.
[2] 굽은 화살표를 써서 염기의 전자쌍을 산의 전자 부족 원자로 향하게 한다.
[3] 전자쌍을 세어 정확한 원자가 전자의 수를 유지하도록 하며, 필요한 경우에는 결합 하나를 끊는다.

1장에서 양으로 하전된 탄소를 **탄소 양이온**이라 하였다.

예를 들어, 사이클로헥센과 H−Cl 간의 루이스 산-염기 반응을 보자. 브뢴스테드-로우리 산인 HCl은 동시에 루이스 산이며, 사이클로헥센은 π 결합을 가지는 루이스 염기이다.

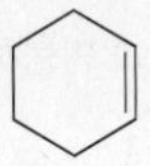

사이클로헥센
루이스 염기

H−Cl
$\delta+$ $\delta-$
루이스 산

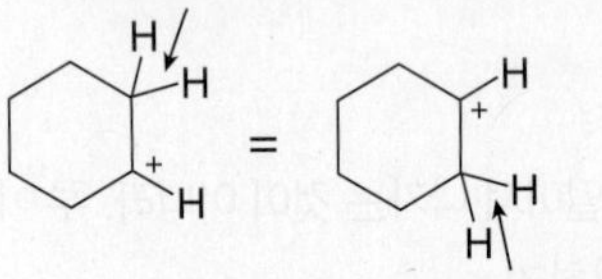

새로운 결합

새로운 결합

사이클로헥센의 HCl과의 반응에서 H와의 새 결합은 **이중 결합의 어느 한쪽 탄소에**서 형성될 수 있는데, 이는 결국 같은 탄소 양이온이 형성되기 때문이다.

이 반응의 생성물을 그리기 위해서 루이스 염기인 π 결합 전자쌍과 루이스 산의 양성자 간의 새로운 결합을 그리면, 탄소 양이온이 생긴다. H−Cl의 결합은 전자쌍을 Cl에 내어주어 Cl^-가 생성된다. 관련된 전자가 두 쌍이므로 굽은 화살표 두 개가 필요하다.

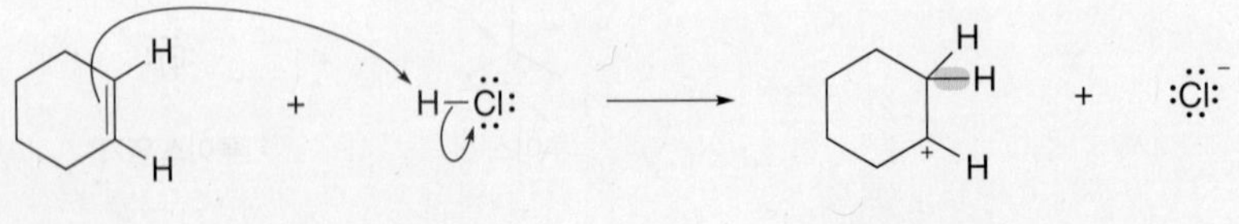

루이스 염기 + 루이스 산 ⟶ 탄소 양이온 + $:\ddot{Cl}:^-$

탄소 양이온
새로운 결합(녹색)

사이클로헥센과 HCl 간의 루이스 산-염기 반응은 C−C 이중 결합을 가지고 있는 화합물의 기본적인 반응의 특수한 예이다. 이 반응은 10장에서 상세하게 다룬다.

문제 2.35 루이스 산과 염기를 표시하라. 굽은 화살표를 사용하여 전자쌍의 이동을 보여라.

산과 염기

브뢴스테드–로우리 산과 염기와 루이스 산과 염기의 비교

유형	정의	구조적 특색	예
브뢴스테드–로우리 산(2.1절)	양성자 주개	양성자	HCl, H_2SO_4, H_2O, CH_3CO_2H, TsOH
브뢴스테드–로우리 염기(2.1절)	양성자 받개	고립 전자쌍 또는 π 결합	^-OH, $^-OCH_3$, H^-, $^-NH_2$, NH_3, $CH_2{=}CH_2$
루이스 산(2.8절)	전자쌍 받개	양성자, 빈 원자가 껍질, 또는 부분 (+) 전하	BF_3, $AlCl_3$, HCl, CH_3CO_2H, H_2O
루이스 염기(2.8절)	전자쌍 주개	고립 전자쌍 또는 π 결합	^-OH, $^-OCH_3$, H^-, $^-NH_2$, NH_3, $CH_2{=}CH_2$

산–염기 반응

[1] 브뢴스테드–로우리 산은 브뢴스테드–로우리 염기에 양성자를 내어준다(2.2절).

산 양성자 주개 | 염기 양성자 받개 | 짝염기 | 짝산

[2] 루이스 염기는 루이스 산에 전자쌍을 내어준다(2.8절).

루이스 산 친전자체 | 루이스 염기 친핵체

- 전자가 풍부한 화학종은 전자가 부족한 화학종과 반응한다.
- 친핵체는 친전자체와 반응한다.

주요 사항

- 정의: **pK_a= −logK_a. pK_a 값이 작을수록 센 산이다**(2.3절).
- 센 산일수록 그것의 짝염기는 약염기이다(2.3절).
- 양성자 이동 반응에서 평형은 약산 및 약염기 쪽으로 유리하다(2.4절).
- 산은 더 큰 pK_a 값을 갖는 어떤 산의 짝염기에 의해서도 쉽게 양성자를 잃는다(2.4절).

산도와 염기도의 주기적인 경향(2.5A절)

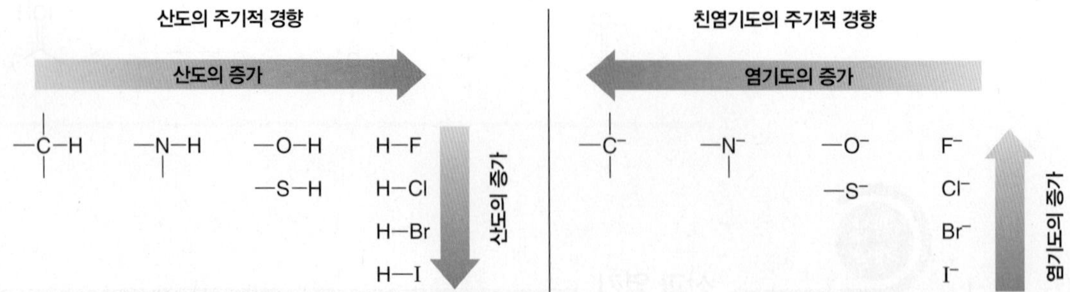

산도의 결정 요인(2.5절)

[1] **원소 효과**(2.5A절) HA의 산도는 주기를 따라 왼쪽에서 오른쪽으로 갈수록, 열을 따라 아래로 갈수록 증가한다.

[2] **유도 효과**(2.5B절) HA의 산도는 A에 전자 끌개가 존재하면 증가한다.

[3] **공명 효과**(2.5C절) HA의 산도는 짝염기 A:⁻가 공명 안정화되어 있으면 증가한다.

[4] **혼성화 효과**(2.5D절) HA의 산도는 A:⁻의 *s*-성질이 커질수록 증가한다.

삼차원 구조를 이용하는 문제

2.36 프로프라놀올(Propranolol)은 혈압을 낮추는 혈압 치료제이다. (a) 어떤 양성자가 가장 산도가 높은가? (b) NaH와 반응하면 어떤 생성물이 만들어지는가? (c) 어떤 원자가 가장 염기도가 높은가? (d) HCl과 반응하면 어떤 생성물이 만들어지는가?

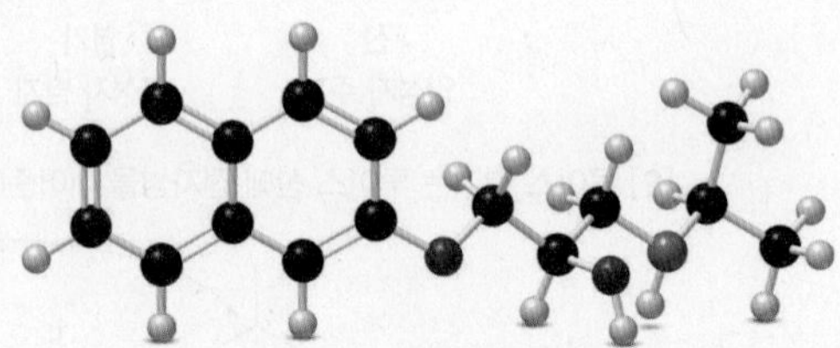

프로프라놀올

2.37 암페타민(amphetamine)은 강력한 중추 신경계의 흥분제이다. (a) 어떤 양성자가 가장 산도가 높은가? (b) NaH와 반응하면 어떤 생성물이 만들어지는가? (c) HCl과 반응하면 어떤 생성물이 만들어지는가?

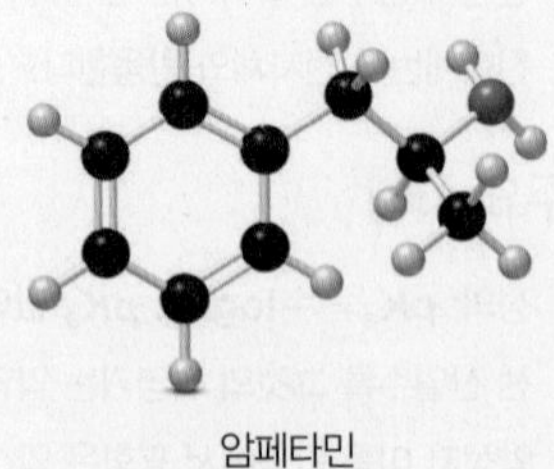

암페타민

브뢴스테드-로우리 산과 염기

2.38 각 염기의 짝산은 무엇인가?

a. HCO_3^- b. (구조식: N-메틸부틸아민, H—N) c. (구조식: 다이메틸 에테르) d. (구조식: 아세테이트 이온, O⁻)

2.39 각 산의 짝염기는 무엇인가?

a. HCO_3^- b. 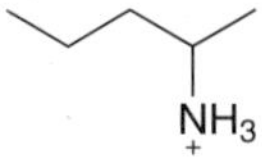 c. 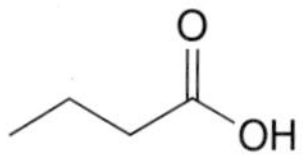 d.

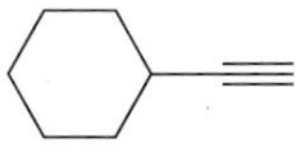

브뢴스테드-로우리 산과 염기의 반응

2.40 H_2SO_4을 다음 각 화합물과 산-염기 반응시켰을 때 얻어지는 생성물을 그려라.

a. 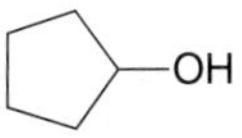 —OH b. 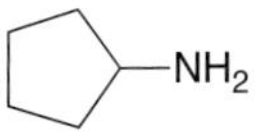 —NH_2 c. 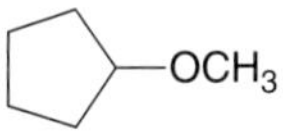 —OCH_3 d. 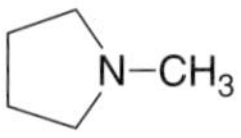 N—CH_3

2.41 KOH를 다음 각 화합물과 산-염기 반응시켰을 때 얻어지는 생성물을 그려라.

a. 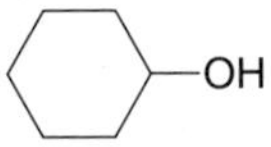 —OH b. 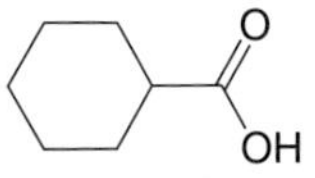 c. 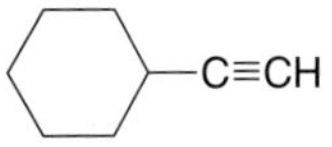 —C≡CH d. 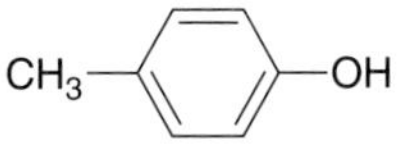 CH_3— —OH

2.42 다음 양성자 이동 반응의 생성물을 그려라. 출발물을 산과 염기로 표시하고, 생성물을 짝산과 짝염기로 표시하라.

a.  + $CH_3\ddot{O}:^-$ ⇌

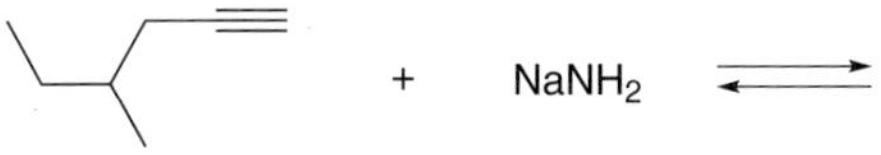

b. 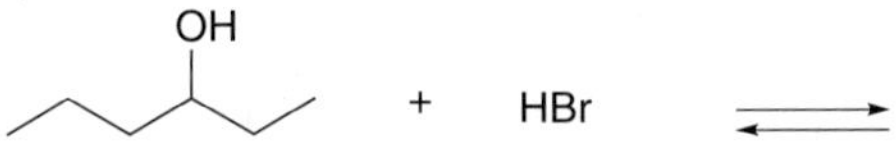 + HBr ⇌

c. + $NaNH_2$ ⇌

d. 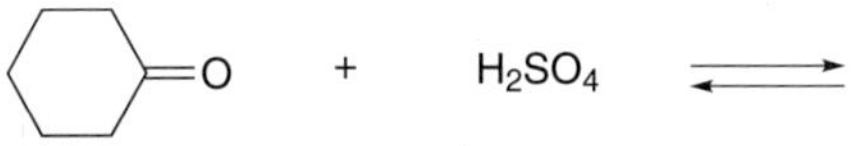 =O + H_2SO_4 ⇌

2.43 다음 산-염기 반응의 생성물을 그려라.

a. 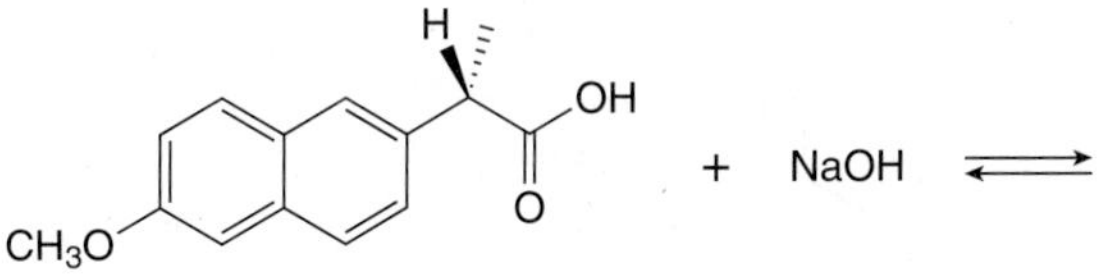 + NaOH ⇌

나프록센
소염제

b. 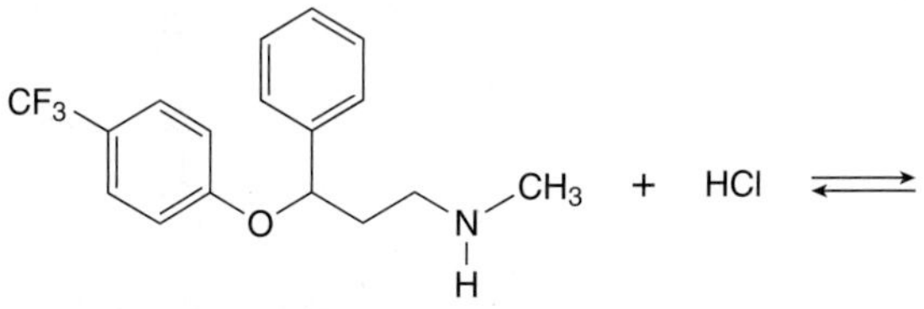 + HCl ⇌

플루옥세틴
항우울제

2.44 펜플루라민(fenfluramine, 비만치료용 식용억제제)과 펜터민(phentermine)은 펜펜(fen-phen)의 두 성분이다. 펜펜은 식욕 억제제로서 몇몇 환자에서 심장 판막을 손상시키는 사례가 알려지면서, 1997년 이후 시판이 중지되었다. 펜플루라민과 펜터민을 아세트산(CH_3CO_2H)과 각각 반응시켰을 때 얻어지는 생성물은 무엇인가?

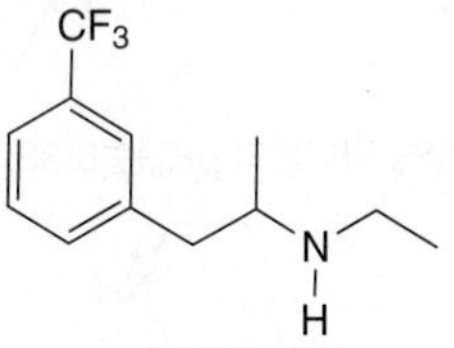

펜플루라민

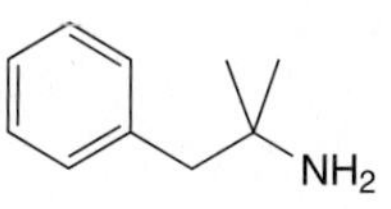

펜터민

pK_a, K_a와 평형의 방향

2.45 각 화합물의 K_a는 얼마인가? 필요하면 계산기를 사용하라.

a. H_2S pK_a = 7.0

b. $ClCH_2COOH$ pK_a = 2.8

c. HCN pK_a = 9.1

2.46 각 화합물의 pK_a는 얼마인가? 필요하면 계산기를 사용하라.

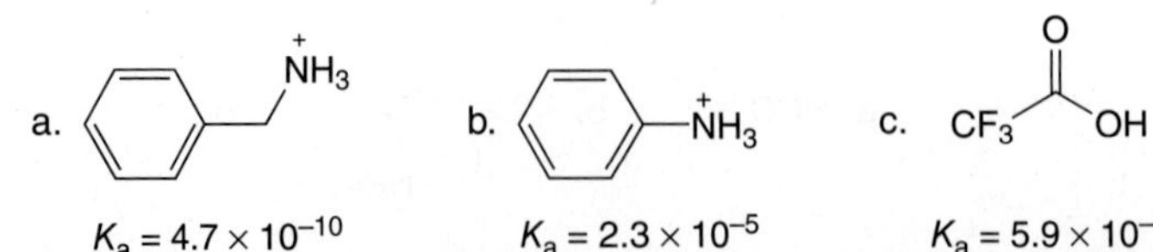

$K_a = 4.7 \times 10^{-10}$　　$K_a = 2.3 \times 10^{-5}$　　$K_a = 5.9 \times 10^{-1}$

2.47 다음의 염기 중에서 평형이 생성물 쪽에 놓이도록 $CH_3CH_2CH_2CCH$ (pK_a = 25)에서 수소를 떼어낼 수 있는 염기는 어느 것인가?

a. H_2O　b. NaOH　c. $NaNH_2$　d. NH_3　e. NaH　f. CH_3Li

2.48 어느 화합물이 ^{-}OH에 의해서 양성자를 잃고 생성물 쪽으로 평형이 유리하게 놓이는가? 부록 A의 pK_a 표를 참고하라.

a. HCOOH　b. H_2S　c. 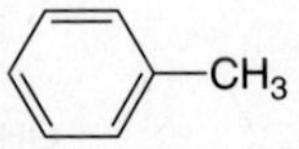 (벤젠 고리)$-CH_3$　d. CH_3NH_2

2.49 각 반응의 생성물을 쓰라. 부록 A의 pK_a 표를 이용하여 평형이 생성물 쪽에 유리한지 아니면 반응물 쪽에 유리한지 정하라.

a. CH_3NH_2 + H_2SO_4 ⇌

b. 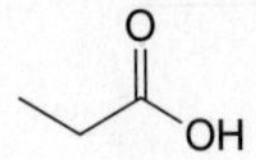 (프로판산) + NaCl ⇌

c. 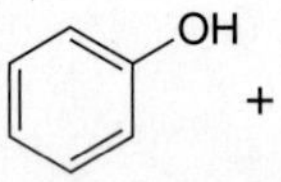 (페놀, OH) + $NaHCO_3$ ⇌

d. H−C≡C−H + $CH_3CH_2^-\ Li^+$ ⇌

산의 상대적인 세기

2.50 다음 화합물의 산도가 증가하는 순위를 정하라.

a. 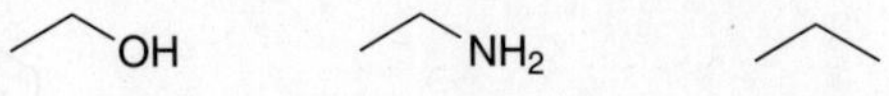 (에탄올, OH)　(에틸아민, NH_2)　(프로페인)

b. 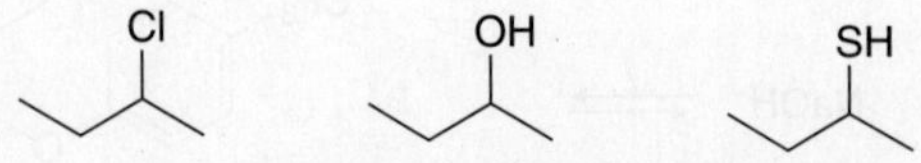 (Cl 치환 뷰테인)　(OH 치환 뷰테인)　(SH 치환 뷰테인)

c. 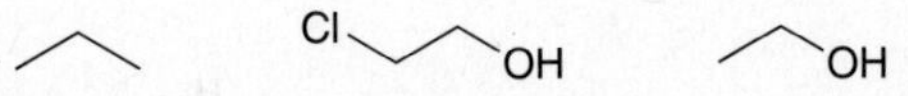 (프로페인)　Cl−(CH₂CH₂)−OH　(에탄올, OH)

d. 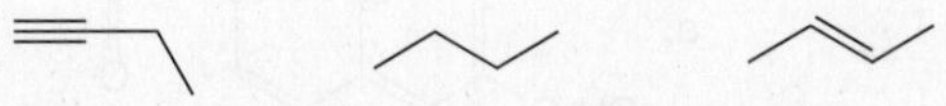 (1-뷰타인)　(뷰테인)　(2-뷰텐)

2.51 다음 각 이온의 염기도가 증가하는 순위를 정하라.

a. $CH_3\bar{C}H_2$, CH_3O^-, $CH_3\bar{N}H$

b. CH_3^-, HO^-, Br^-

c. 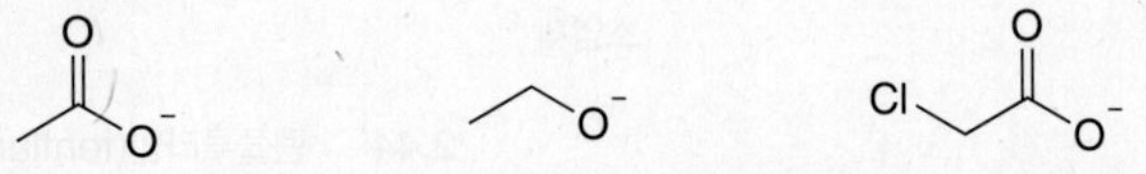 (아세트산 이온, O^-)　(에톡사이드, O^-)　(클로로아세트산 이온, Cl, O^-)

d. 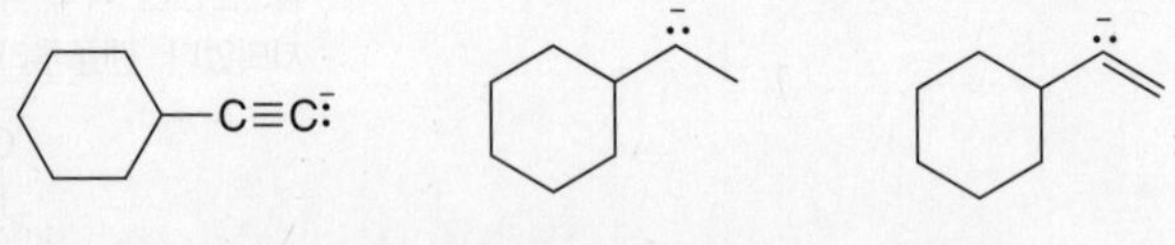 (사이클로헥실)−C≡C:⁻　(사이클로헥실 탄소 음이온)　(사이클로헥실 바이닐 음이온)

2.52 아래에 그린 두 암모늄 양이온의 pK_a는 8.33과 11.1이다. 어느 pK_a가 어느 양이온의 것인지 설명하라.

(피페리디늄, $\overset{+}{N}H_2$)　(모폴리늄, O, $\overset{+}{N}H_2$)

2.53 펜탄-2-온의 $C-H_a$ 결합이 $C-H_b$ 결합보다 더 산성인 이유를 설명하라.

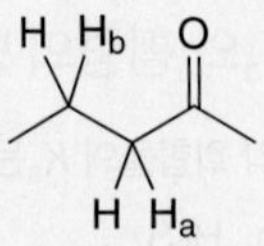

(H, H_b, O, H, H_a)

펜탄-2-온

2.54 세 개의 다른 C−H 결합의 pK_a가 주어져 있다.

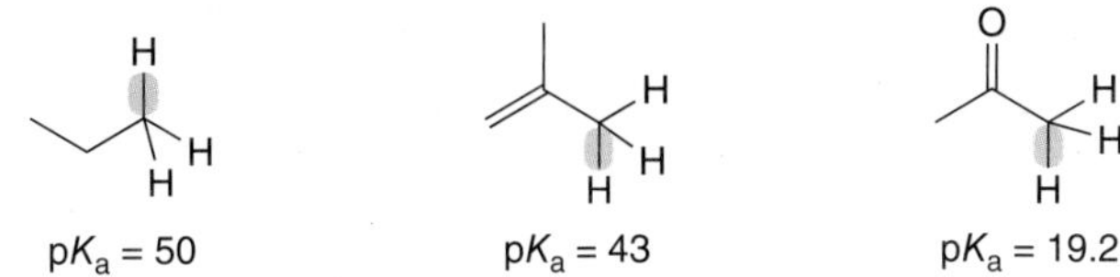

pK_a = 50 pK_a = 43 pK_a = 19.2

a. 각 화합물의 짝염기를 그리되, 가능한 모든 공명 구조를 그려라.

b. 관찰된 pK_a 값의 경향을 설명하라.

2.55 H_2N–(cyclohexane)–OH **A**

a. **A**의 짝산은 무엇인가?

b. **A**의 짝염기는 무엇인가?

2.56 **B**

아래 각 설명에 부합하는 화합물 B의 이성질체의 구조를 그려라.

a. **B**보다 적어도 10^5배 더 산성인 이성질체

b. **B**보다 적어도 10^5배 덜 산성인 이성질체

c. **B**와 산도가 유사한 이성질체

2.57 여러 가지 의약품이 브뢴스테드−로우리 산이거나 염기이다.

a. 진통제인 이부프로펜의 가장 산성인 양성자는 어느 것인가? 짝염기도 그려라.

b. 코카인에서 가장 염기성인 전자쌍은 어느 것인가? 짝산을 그려라.

이부프로펜 코카인

2.58 다이메틸 에터(CH_3OCH_3)와 에탄올(CH_3CH_2OH)은 이성질체이다. 그러나 CH_3OCH_3의 pK_a는 40이고 CH_3CH_2OH의 pK_a는 16이다. 왜 이러한 값 차이가 나는가?

2.59 아테놀올은 고혈압 치료에 사용되는 베타 차단제(β blocker)이다. 표시한 N−H 중에서 어느 것이 더 산성인가? 그 이유를 설명하라.

아테놀올

2.60 2.5절의 원리를 사용하여 다음 각 약품에서 가장 산성인 수소를 표시하라. 선택한 수소가 가장 센 산성인 이유를 설명하라.

a. 발프로산 (뇌전증 치료에 사용)

b. 파록세틴 상품명: 팍실 (우울증 치료에 사용)

c. 메토프롤롤 (고혈압 치료에 사용)

2.61 젖산[lactic acid, $CH_3CH(OH)CO_2H$]에 들어 있는 세 개의 가장 센 산성 수소를 표시하라. 그리고 산도가 감소하는 순으로 나열하고 그 이유를 설명하라.

2.62 마케인(Marcaine)이라는 상품명을 가진 부비바케인(bupivacaine)은 출산 중 때때로 사용되는 마취제이다. 부비바케인의 어떤 N이 더욱 염기성을 띠는가? 그리고 그 이유를 설명하라.

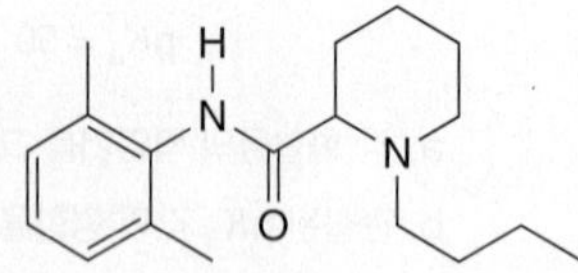

부비바케인

루이스 산과 염기

2.63 다음 각 화학종을 루이스 염기, 브뢴스테드–로우리 염기, 양쪽 모두, 둘 다 아닌 것으로 분류하라.

a. H(C=O)H b. CH_3CH_2Cl c. (cyclohexane) d. (benzene)

2.64 다음 각 화학종을 루이스 산, 브뢴스테드–로우리 산, 양쪽 모두, 둘 다 아닌 것으로 분류하라.

a. H_3O^+ b. Cl_3C^+ c. BCl_3 d. BF_4^-

루이스 산–염기 반응

2.65 각 반응에 루이스 산과 루이스 염기를 표시해 넣어라. 굽은 화살표를 이용하여 전자쌍의 이동을 표시하라.

a. $Cl^- + BCl_3 \longrightarrow BCl_4^-$

b. $CH_3COCl + {}^-OH \longrightarrow CH_3C(O^-)(OH)Cl$

2.66 루이스 산–염기 반응의 생성물을 그려라. 어느 것이 친전자체인지 어느 것이 친핵체인지 표시하라.

a. $CH_3CH_2SCH_2CH_3 + AlCl_3 \longrightarrow$

b. $(CH_3)_2C{=}O + BF_3 \longrightarrow$

c. (cyclohexyl cation) $+ H_2O \longrightarrow$

2.67 루이스 산, $(CH_3CH_2)_3C^+$이 다음의 각 루이스 염기와 반응할 때 형성되는 생성물을 그려라

a. H_2O b. CH_3OH c. $(CH_3)_2O$ d. NH_3 e. $(CH_3)_2NH$

일반 문제

2.68 **A-D** 화합물에 대하여 다음 질문을 답하라.

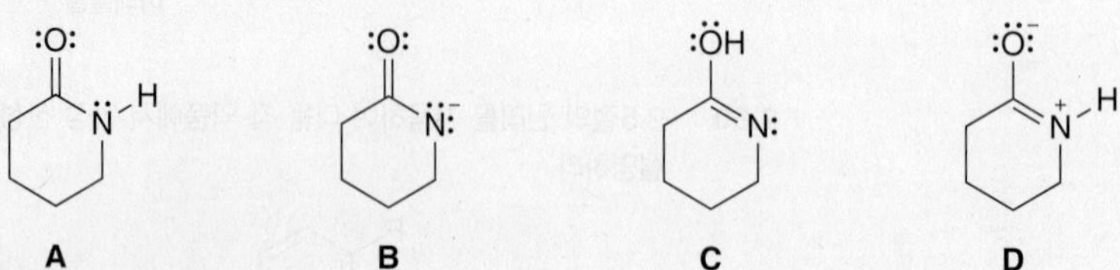

a. 어떤 두 화합물 짝이 짝산–염기를 나타내는가?

b. 어떤 두 화합물 짝이 공명구조를 나타내는가?

c. 어떤 두 화합물 짝이 구조이성질체를 나타내는가?

2.69 각 반응을 양성자 이동 반응 또는 친핵체-친전자체 반응으로 구분하라. 굽은 화살표를 이용하여 전자쌍의 이동을 표시하라.

a. (OH가 있는 이소프로필 구조) + HBr ⟶ (protonated $\overset{+}{O}H_2$) + Br^- ⟶ (Br 치환체) + H_2O

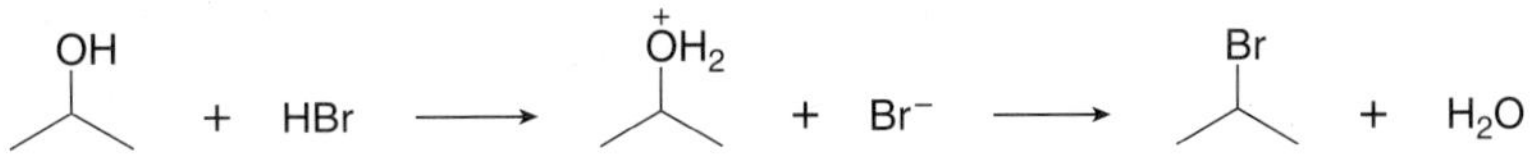

b. (벤젠) + Br^+ ⟶ (H, Br, + 양이온 중간체) $\xrightarrow{Br^-}$ (브로모벤젠) + HBr

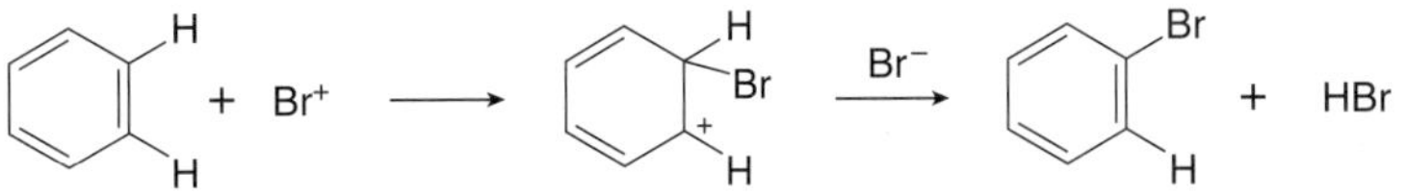

2.70 수산화 이온(^-OH)은 브뢴스테드-로우리 염기(양성자 제거) 또는 루이스 염기(탄소 원자 공격)로서 작용한다.

a. ^-OH가 브뢴스테드-로우리 염기로서 탄소 양이온 $(CH_3)_3C^+$와 반응하면 어떤 유기 생성물이 만들어지는가?

b. ^-OH가 루이스 염기로서 $(CH_3)_3C^+$와 반응할 때 생성되는 유기 생성물은 무엇인가?

2.71 에스몰올(esmolol)은 블레비블록(Brevibloc)이라는 상품명으로 판매되고 있는 고혈압 치료제이다. 에스몰올에 관한 다음의 물음에 답하라.

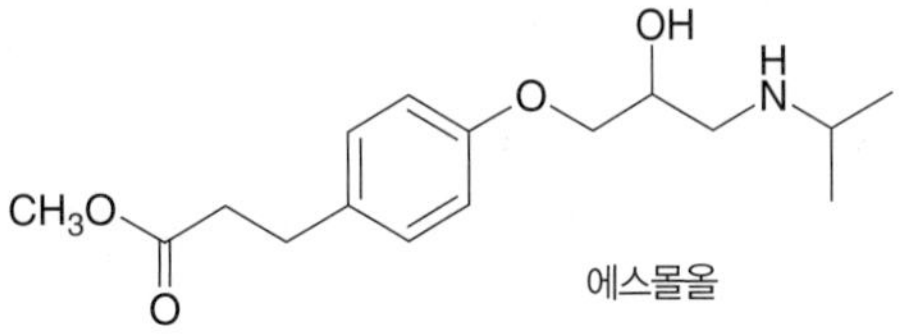

(구조: CH_3O, O, OH, H, N)

에스몰올

a. 에스몰올에서 가장 산성인 원자를 표시하라.

b. 에스몰올을 NaH와 반응시켰을 때 형성되는 생성물은 무엇인가?

c. 에스몰올을 HCl과 반응시켰을 때 형성되는 생성물은 무엇인가?

d. 모든 sp^2 혼성화된 C 원자를 표시하라.

e. 삼각쌍뿔 원자를 표시하라.

f. δ^+ 전하를 갖는 모든 C를 표시하라.

도전 문제

2.72 DBU(1,8-diazabicyclo[5.4.0]undec-7-ene)는 8장의 제거반응을 공부할 때 등장하는 염기이다. 아래 그림의 어떤 N이 더 염기성인가? 그리고 그 이유를 설명하라.

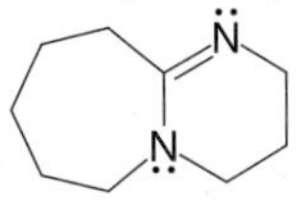

(구조: N, N)

DBU

2.73 아세트아마이드(acetamide, CH_3CONH_2)와 같은 분자는 HCl과 같은 센 산으로 처리하면 O나 N 원자가 양성자화될 수 있다. 어느 자리가 더 쉽게 양성자화되며 그 이유는 무엇인가?

2.74 말론산(malonic acid)과 같이 두 COOH기를 가진 화합물은 두 pK_a 값이 보고되어 있다. 아세트산(CH_3COOH, pK_a=4.8)과 비교하여, 왜 하나의 pK_a는 더 낮고 하나의 pK_a는 더 높은가를 설명하라.

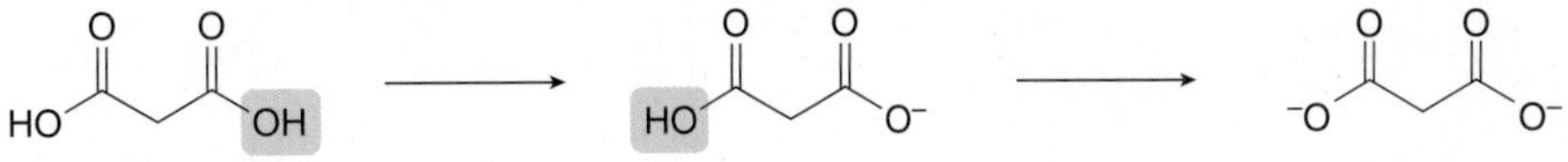

(구조: HO, O, O, OH ⟶ HO, O, O, O^- ⟶ ^-O, O, O, O^-)

말론산

pK_a = 2.86

pK_a = 5.70

2.75 글라이신(glycine)과 같은 아미노산은 근육, 힘줄, 머리카락, 손톱 등을 이루는 단백질이라고 부르는 큰 분자의 기본요소이다.

글라이신 쯔비터이온 형태

a. 글라이신은 어째서 모든 원자들이 전하를 띠지 않는 구조로 존재하지 않고, 쯔비터이온(zwitterion)이라고 부르는 염으로 존재하는지 설명하라.

b. 글라이신이 진한 HCl과 반응하면 무엇이 생성되는가?

c. 글라이신을 NaOH로 처리하면 어떤 생성물이 생성되는가?

2.76 다음 반응이 어떻게 일어나는지 양성자 이동 반응의 단계적 반응 순서대로 적어라(힌트: 첫 번째 단계는 ^-OH를 사용하여 C=O와 C=C 사이에 있는 CH_2기에서 양성자를 제거하라).

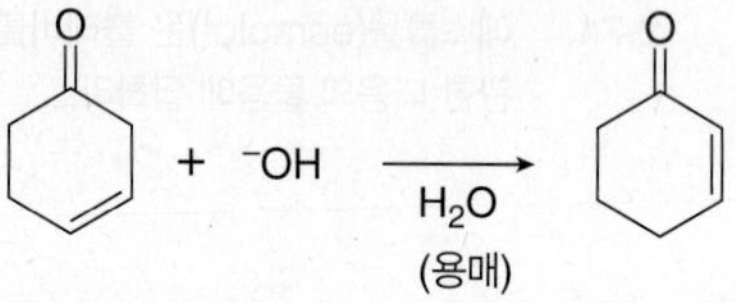

$+\ ^-OH \xrightarrow[\text{(용매)}]{H_2O}$

2.77 바이타민 C(아스코브산, ascorbic acid)에서 가장 산성인 수소 원자는 어느 H 원자인가?

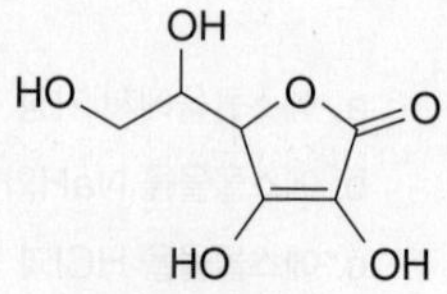

바이타민 C
아스코브산

2.78 아래의 화합물 **M**과 **N** 중 어떤 것이 더 센 산성인가? 그 이유를 설명하라.

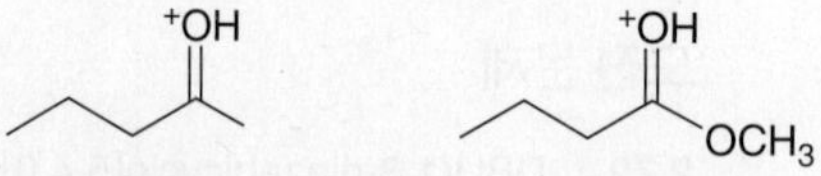

M **N**

Chapter

3 유기 분자와 작용기에 대한 이론

Introduction to Organic Molecules and Functional Groups

바이타민 C[vitamin C, 또는 **아스코브산**(ascorbic acid)]는 피부, 근육 그리고 혈관의 연결 조직을 서로 붙들어주는 단백질인 콜라젠의 형성에 중요하다. 오렌지, 자몽 및 레몬과 같은 감귤류 과일에 바이타민 C가 많이 들어 있다. 바이타민 C가 부족하면 괴혈병에 걸리게 되는데, 1600년대에 긴 항해 동안 신선한 과일을 섭취할 수 없었던 선원들에게 흔했던 병이다. 초기 극지 탐험가들은 북반구 극지대 해안에서 자라는 풀인 양고추냉이를 섭취함으로써 바이타민 C를 보충할 수 있었다. 3장에서 우리는 왜 바이타민 A 같은 바이타민들은 체내의 지방 세포 내에 저장되는 반면, 바이타민 C 같은 경우는 소변으로 배출되는지 배운다.

구조와 화학 결합 그리고 산-염기 화학에 대한 기본 개념을 1장과 2장에서 배웠기 때문에, 이제는 유기 분자에 대하여 집중적으로 공부한다.

- 유기 화합물의 특징은 무엇인가?
- 무엇이 유기 화합물의 성질을 결정하는가?

이러한 질문에 대한 답을 찾으면 우리는 중요한 현상들을 이해할 수 있다. 예를 들어, 왜 어떤 바이타민은 몸 속에 저장되고 또 다른 바이타민은 몸 밖으로 배설되는가? 어떻게 비누가 때를 씻어 내는가? 우리는 또한 세포막의 구조나 막 사이로 이동하는 것과 같은 기본적인 생물학적 현상도 유기 물질의 성질을 이용하여 설명할 수 있다.

3.1 작용기

유기 화합물의 특징들은 무엇인가? 대부분의 유기 화합물은 C−C 그리고 C−H σ 결합을 갖고 있다. 이 결합들은 강하고, 비극성이며, 쉽게 끊어지지 않는다. 유기 분자들은 다음과 같은 구조적 특징도 가질 수 있다.

- **헤테로원자**—탄소나 수소가 아닌 원자들. 자주 등장하는 헤테로원자들은 질소, 산소, 황, 인, 그리고 할로젠들이다.
- **π 결합**. 가장 흔한 π 결합은 C−C 그리고 C−O의 이중 결합에 나타난다.

이러한 구조적 특징으로 한 유기 분자가 다른 분자와 구별된다. 또한 구조적 특징은 분자의 형태와 물리적 성질, 그리고 반응성도 결정하며, **작용기(functional group)**라 부르는 것을 이루게 된다.

- 작용기란 특징적인 화학적, 물리적 성질을 갖는 원자 또는 원자들의 모임을 말한다. 이것이 분자가 반응하는 부분이다.

왜 헤테로원자와 π 결합이 특정한 분자에 반응성을 부여하는가?

- 헤테로원자는 비공유 전자쌍을 갖고 있으며 탄소에 전자가 부족한 자리를 만든다.
- π 결합은 화학 반응에서 쉽게 끊어진다. π 결합은 분자를 염기 그리고 친핵체로 만든다.

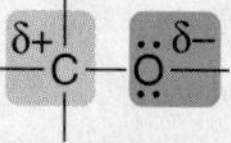

- 비공유 전자쌍 때문에 O는 염기가 되고 친핵체가 된다.
- C 원자는 전자가 부족하여 친전자체가 된다.

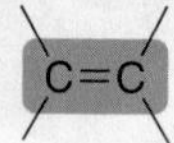

- π 결합 때문에 화합물은 염기가 되고 친핵체가 된다.
- π 결합은 쉽게 끊어진다.

그러나 C−C 그리고 C−H σ 결합이 중요하지 않다고 생각하지는 말자. 그것들은 **탄소 뼈대(carbon backbone)** 또는 **골격(skeleton)**을 만들고 여기에 작용기가 결합되어 있다. 한 작용기는 그것이 탄소 두 개짜리 탄소 골격에 결합되어 있건, 스무 개짜리 골격에 결합되어 있건 대체로 같은 방법으로 행동한다. 이러한 이유에서 우리는 주로 분자의 탄소 그리고 수소 부분은 대문자 **R**로 줄여서 표시하고 **R**이 어떤 특정한 작용기에 결합되어 있는 것으로 그린다.

에테인(ethane)을 예로 들면, 오직 C−C 그리고 C−H σ 결합만 갖고 있으며, 따라서 작용기를 갖

고 있지 않다. 에테인은 극성 결합, 비공유 전자쌍 그리고 π 결합이 없고, 따라서 **반응할 만한 자리도 없다.** 이러한 이유로 에테인과 이와 비슷한 분자들은 반응성이 매우 낮다.

반면에 **에탄올**(ethanol)은 탄소 골격에 탄소 두 개와 수소 다섯 개를 갖고 있으며, 또한 **하이드록시기**(hydroxy group)라고 부르는 작용기인 OH기를 갖고 있다. 에탄올은 비공유 전자쌍과 극성 결합을 갖고 있으며 이것들 때문에 2장에서 논의된 산과 염기 같은 여러 시약과 반응을 잘 한다. 하이드록시기 때문에 에탄올의 성질이 에테인의 성질과 매우 다르게 된다. 더욱이 하이드록시기를 갖는 모든 유기 분자는 에탄올과 성질이 비슷하다.

대부분의 유기 화합물들은 그들의 작용기의 구조에 따라 몇 개의 부류로 분류할 수 있다. 예를 들어 에테인은 **알케인**(alkane)의 일종이고 에탄올은 간단한 **알코올**(alcohol)류이다.

문제 3.1 CH_3CH_2OH를 다음의 시약으로 처리하면 어떤 반응이 일어나는가? CH_3CH_3는 이들 시약과 어떤 반응을 하는가?

a. H_2SO_4 b. NaH

3.2 작용기의 개요

가장 흔한 작용기들을 세 가지 종류로 나눌 수 있다. 작용기의 더 완전한 분류표는 앞표지 안쪽에 있다.

- 탄화수소
- C−Z σ 결합을 포함하는 화합물(Z는 전기음성적인 원소)
- C=O기를 포함하는 화합물

3.2A 탄화수소

간단한 지방족 알케인의 구조와 결합에 대하여 복습하려면 1.10절을 보라.

지방족(aliphatic)이라는 단어는 그리스어로 지방(fat)을 뜻하는 aleiphas에서 유래되었다. 지방족 화합물은 지방과 물리적 성질이 비슷하다.

탄화수소(hydrocarbon)는 오직 탄소와 수소 원소로만 이루어진 화합물들이다. 이들은 **지방족**(aliphatic)일 수도 있고 **방향족**(aromatic)일 수도 있다.

[1] **지방족 탄화수소.** 지방족 탄화수소는 세 종류의 부분군(subgroup)으로 분류된다.

- **알케인**(alkane)은 오직 C−C σ 결합만 갖고 작용기가 없다. 에테인 $\mathbf{CH_3CH_3}$는 간단한 알케인이다.
- **알켄**(alkene)은 C−C 이중 결합을 작용기로 갖는다. 에틸렌 $\mathbf{CH_2{=}CH_2}$는 간단한 알켄이다.
- **알카인**(alkyne)은 C−C 삼중 결합을 작용기로 갖는다. 아세틸렌 **HC≡CH**는 간단한 알카인이다.

[2] **방향족 탄화수소.** 이 종류의 탄화수소는 초기에 알려진 많은 방향족 화합물이 강하고 특징적인 냄새를 갖고 있었으므로 이렇게 이름이 붙여졌다.

가장 간단한 방향족 탄화수소는 **벤젠**(benzene)이다. 벤젠의 육각형 고리와 세 π 결합은 하나의

표 3.1 탄화수소

화합물의 종류	일반적인 구조	예	작용기
알케인	R—H	CH_3CH_3	—
알켄	C=C	$H_2C=CH_2$	이중 결합
알카인	—C≡C—	H—C≡C—H	삼중 결합
방향족 화합물			페닐기

작용기로 봐야 한다. 벤젠은 옥탄가를 높이기 위하여 휘발유에 첨가되는 **BTX** 혼합물(**B**는 벤젠을 뜻함)의 한 성분이다.

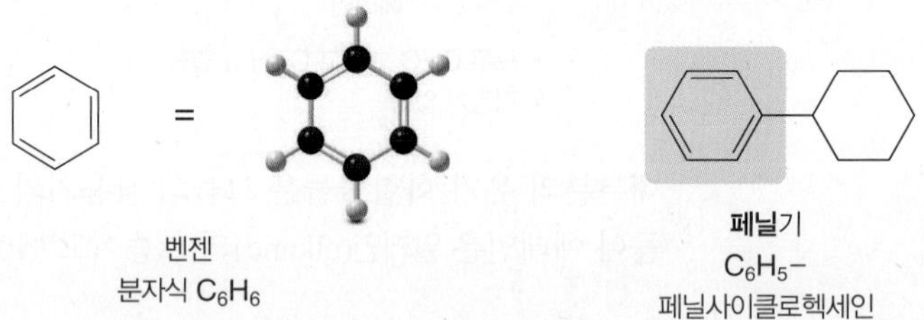
벤젠
분자식 C_6H_6

페닐기
C_6H_5–
페닐사이클로헥세인

벤젠 고리가 다른 기에 연결되어 있을 때는 페닐(phenyl)기라고 불린다. 예를 들어, 페닐사이클로헥세인의 경우 페닐기가 육각형 사이클로헥세인 고리에 결합되어 있다. 표 3.1에 탄화수소의 네 가지 유형이 정리되어 있다.

폴리에틸렌은 1930년대에 처음 생산된 합성 플라스틱이며, 초기에는 제2차 세계대전 중 레이더를 위한 절연물질로 쓰였다. 요즈음은 우유 팩, 샌드위치 포장지, 비닐 랩 등에 쓰인다. 매년 1천억 파운드 이상의 폴리에틸렌이 제조된다.

알케인은 작용기가 없으며, 매우 과격한 반응 조건이 아니면 반응하지 않는다. 예를 들어 폴리에틸렌(polyethylene)은 합성 플라스틱이고 $-CH_2-$기가 서로 결합하여 수백 또는 수천 개의 원자만큼 길게 연결된 고분자량 알케인이다. 이것은 반응할 자리가 없는 알케인이기 때문에 잘 분해되지 않는 매우 안정한 화합물이며 매립지에서 수년간 남아 있게 된다.

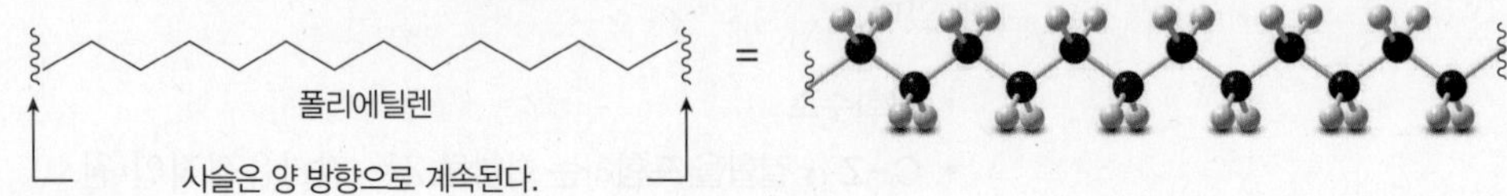

알케인이나 다른 유기 화합물에 있는 탄소 원자들은 다른 몇 개의 탄소들과 직접 결합되어 있는가에 따라 아래와 같이 구분한다.

- 일차 탄소 (1° 탄소)는 다른 한 개의 탄소와 연결되어 있다.
- 이차 탄소 (2° 탄소)는 다른 두 개의 탄소와 연결되어 있다.
- 삼차 탄소 (3° 탄소)는 다른 세 개의 탄소와 연결되어 있다.
- 사차 탄소 (4° 탄소)는 다른 네 개의 탄소와 연결되어 있다.

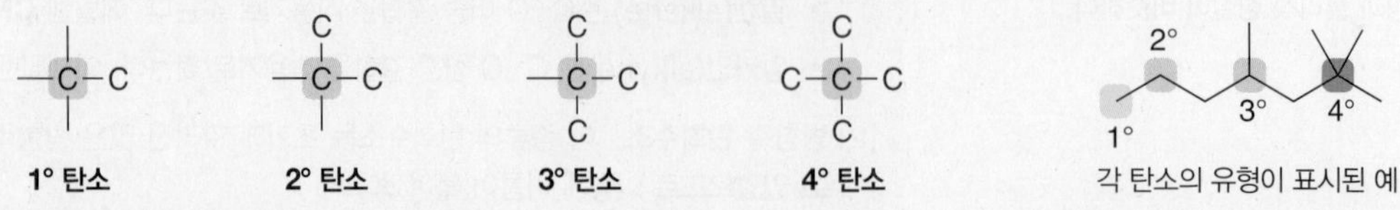

수소 원자는 어떤 유형의 탄소에 연결되어 있는지에 따라 일차(1°), 이차(2°), 삼차(3°)로 분류한다.

- 일차 수소 (1° H)는 다른 한 개의 탄소와 연결된 탄소에 있다.
- 이차 수소 (2° H)는 다른 두 개의 탄소와 연결된 탄소에 있다.
- 삼차 수소 (3° H)는 다른 세 개의 탄소와 연결된 탄소에 있다.

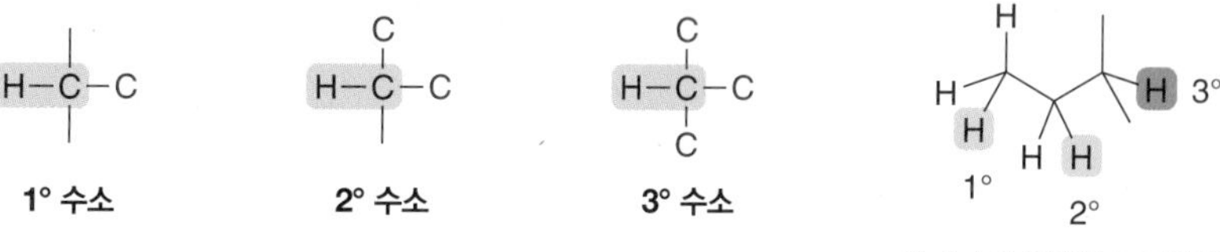

예제 3.1 A에서 표시된 탄소들을 1°, 2°, 3°, 4°로 구분하라. B에서 표시된 수소들을 1°, 2°, 3°로 구분하라.

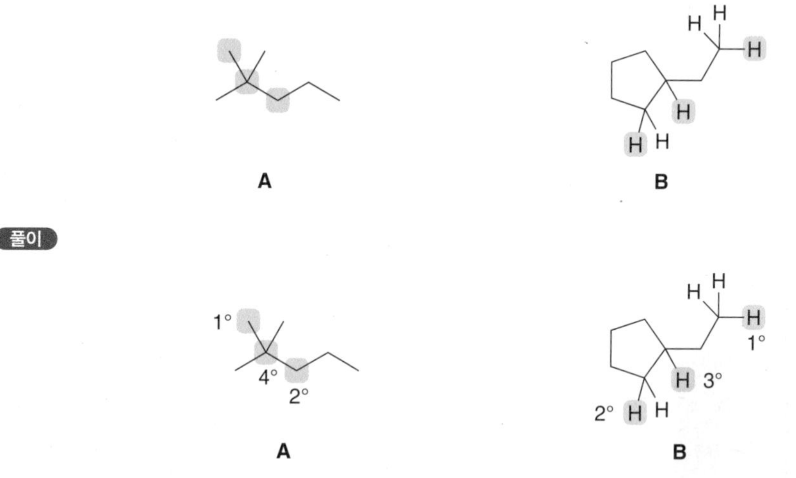

문제 3.2 (a) 아래 각 화합물의 탄소 원자를 1°, 2°, 3°, 4°로 구분하라. (b) 각 화합물의 수소들을 1°, 2°, 3°로 구분하라.

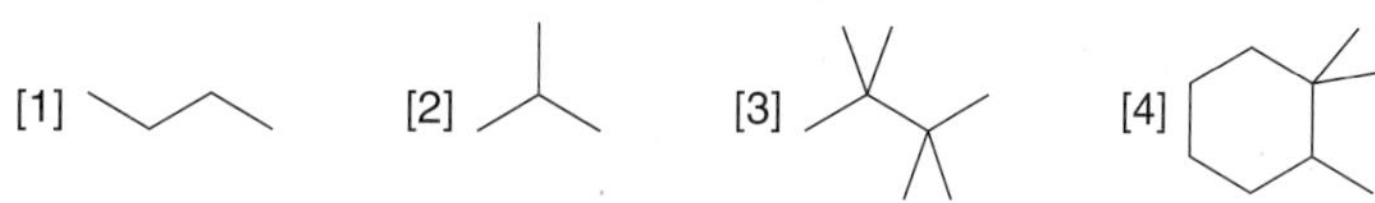

문제 3.3 탄소에 몇 개의 탄소가 결합되어 있느냐로 탄소를 분류하는 방법은 헤테로원자를 포함한 복잡한 분자에도 적용할 수 있다. 은행나무(*Ginkgo biloba*)에서 추출된 화합물인 빌로발라이드(bilobalide)의 각 sp^3 탄소 원자를 1°, 2°, 3°, 4°로 구분하라.

빌로발라이드

빌로발라이드(*bilobalide*)는 지구상에 현존하는 씨앗 식물 중에 가장 오래된 종인 은행나무(Ginkgo biloba)에서 얻어진다. 은행나무의 잎, 뿌리, 껍질, 씨앗 등에서 얻어지는 추출물은 동양 의학에서 약으로 사용되었고, 현재도 허브 건강보조제로 널리 쓰이고 있다.

3.2B C–Z σ 결합을 포함하는 화합물

C–Z σ 결합을 포함하는 작용기들의 몇 가지 종류가 표 3.2에 나타나 있다. 전기음성도가 큰 헤테로 원자인 Z는 극성 결합을 만들고 탄소의 전자가 모자라게 만든다. Z의 비공유 전자쌍은 특

표 3.2
C–Z σ 결합을 포함하는 화합물

화합물의 종류	일반적인 구조	예	3-D 구조	작용기
할로젠화 알킬	R–X: (X = F, Cl, Br, I)	CH_3–Br:		**–X** 할로기
알코올	R–ÖH	CH_3–O–H		**–OH** 하이드록시기
에터	R–Ö–R	CH_3–O–CH_3		**–OR** 알콕시기
아민	R–N̈H_2 or R_2N̈H or R_3N̈	CH_3–NH–H		**–NH_2** 아미노기
싸이올	R–S̈H	CH_3–S–H		**–SH** 머캡토기
황화물	R–S̈–R	CH_3–S–CH_3		**–SR** 알킬싸이오기

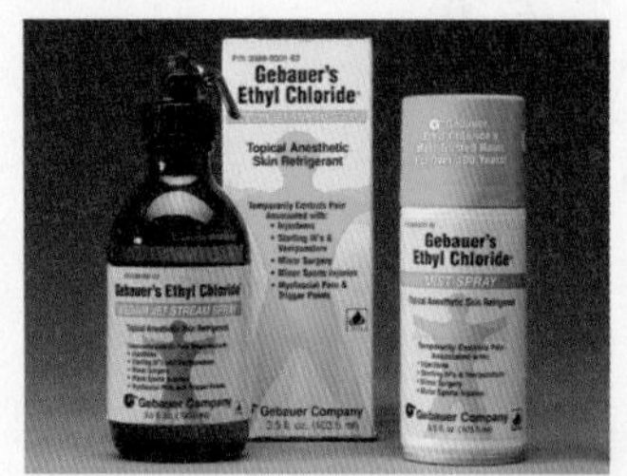

클로로에테인(CH_3CH_2Cl)은 국부 마취제이다.

히 Z=N 또는 O인 경우 양성자나 그 밖의 친전자체와 반응하는 데 쓰여질 수 있다.

δ+ C–Z̈ δ– 비공유 전자쌍

이 범주에 속하는 여러 간단한 화합물들이 널리 사용되고 있다. 예를 들면, 클로로에테인(chloroethane, CH_3CH_2Cl, 보통 염화 에틸이라고 부름)은 국부 마취제로 사용되는 할로젠화 알킬이다. 클로로에테인은 상처에 뿌리면 빨리 휘발하여, 냉각 감각(cooling sensation)을 일으켜 상처 부위의 감각을 마비시키는 역할을 한다.

이러한 작용기를 갖고 있는 분자들은 간단할 수도 있고 매우 복잡한 것도 있다. 예를 들어, 역사상 처음 사용되었던 일반 마취제인 다이에틸 에터는 붉은색으로 표시된 하나의 O 원자가 두 C 원자에 결합되어 있기 때문에 간단한 에터이다. 반면에 헤미브레비톡신 B(hemibrevetoxin B)는 네 개의 에터기와 그 밖에 다른 작용기들을 갖고 있다.

다이에틸 에터

헤미브레비톡신 B

할로젠화 알킬과 알코올은 할로젠이나 OH기를 갖는 탄소가 몇 개의 탄소와 결합되어 있는가에 따라 일차(1°), 이차(2°), 또는 삼차(3°)로 나뉜다.

헤미브레비톡신 B(hemibrevetoxin B)는 '적조'라 불리는 이끼의 꽃에서 생성되는 신경 독소로서, 이 이끼가 번성하면 얕은 해수가 붉은색을 띠기 때문에 '적조'라는 이름이 붙었다.

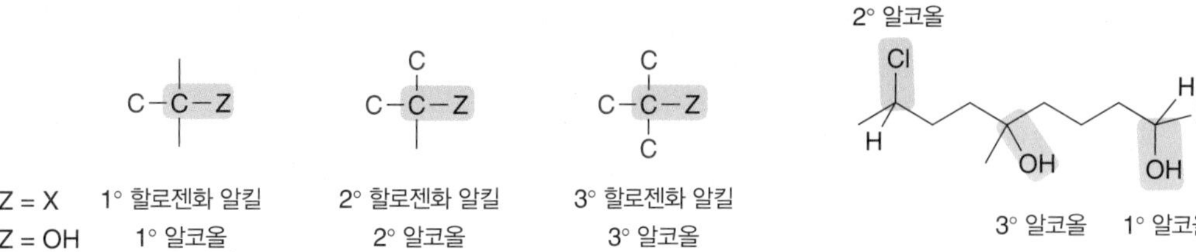

문제 3.4 아래 할로젠화 알킬과 알코올들을 1°, 2°, 3°로 구분하라.

a. OH b. F c. Br d. OH

문제 3.5 덱사메타손(dexamethasone)에 있는 OH기와 할로젠화 알킬을 1°, 2°, 3°로 구분하라.

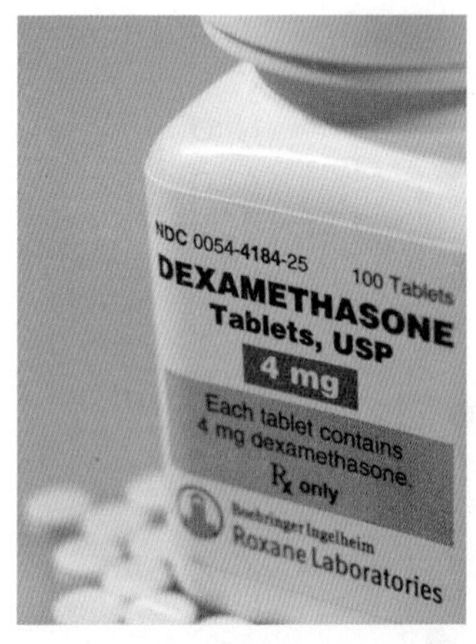

덱사메타손(dexamethasone)은 염증을 완화시키며 관절염, 피부염, 천식 등을 치료하는 데 쓰인다.

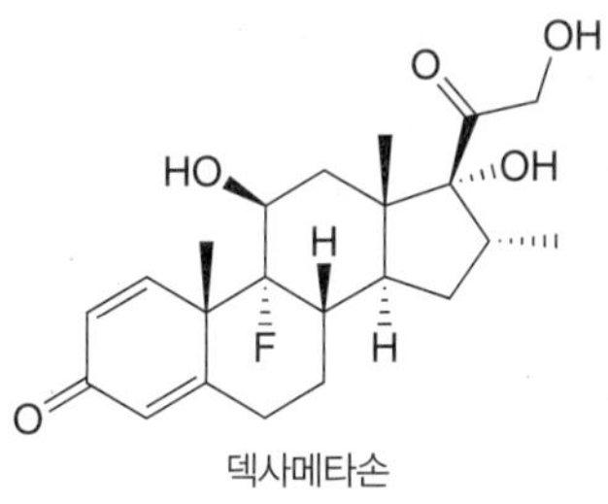

덱사메타손

아민은 질소 원자에 연결된 탄소 원자의 개수에 따라 일차(1°), 이차(2°), 삼차(3°) 아민으로 구분한다.

1° 아민 2° 아민 3° 아민

H_2N (1°) N (2°) N (3°)

아민을 1차 (1°), 2차 (2°), 3차 (3°) 아민으로 구분하는 방법은 알코올과 할로젠화 알킬을 구분하는 방법과 다르다. 할로젠화 알킬과 알코올은 할로젠이나 하이드록시기가 붙어 있는 탄소의 유형에 따라 구분하는 반면, 아민은 탄소-질소 결합의 개수에 따라 구분한다.

문제 3.6 아래 화합물에 있는 아민기를 1°, 2°, 3°로 구분하라.

a. 스퍼민(spermine) (정액에서 분리됨)

b. 메페리딘(meperidine, 마취제 일종) 상업명 더메롤(demerol)

문제 3.7 분자식이 $C_4H_{11}NO$이면서 다음 각 조건을 만족하는 화합물의 구조를 그려라

a. 1° 아민 한 개와 3° 알코올 한 개가 있다.

b. 3° 아민 한 개와 1° 알코올 한 개가 있다.

표 3.3
C=O기를 포함하는 화합물

화합물의 종류	일반적인 구조	예	축약 구조	3-D 구조	작용기
알데하이드	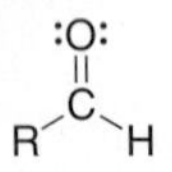 RCHO	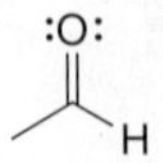	CH_3CHO		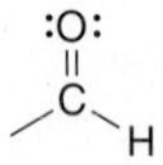
케톤	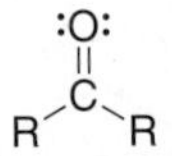 RCOR	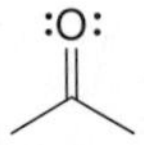	$(CH_3)_2CO$	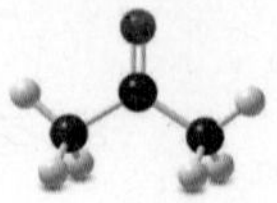	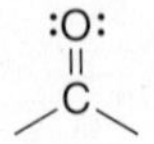 카보닐기
카복실산	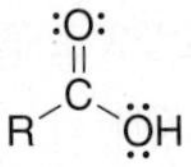 RCOOH	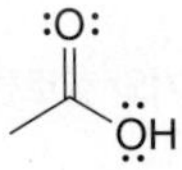	CH_3CO_2H	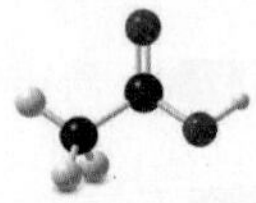	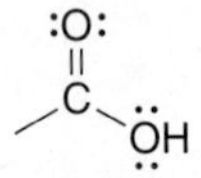 카복시기
에스터	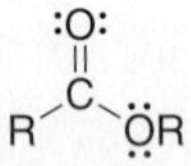 RCOOR	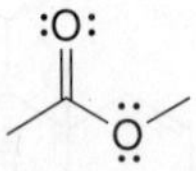	$CH_3CO_2CH_3$	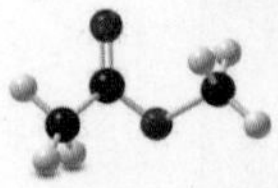	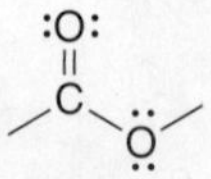
아마이드	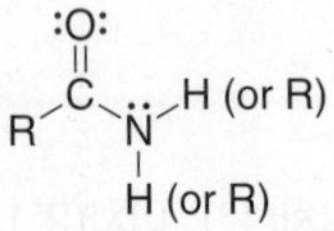 RCON(H or R)(H or R)	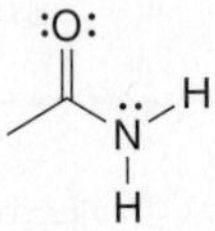	CH_3CONH_2	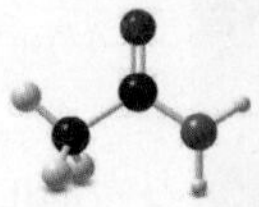	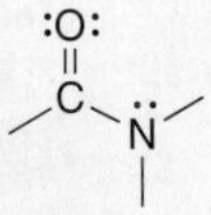
산 염화물	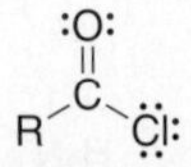 RCOCl	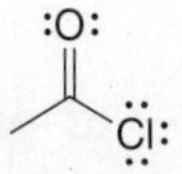	CH_3COCl	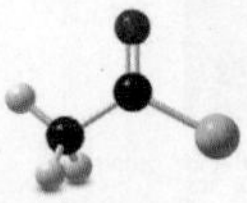	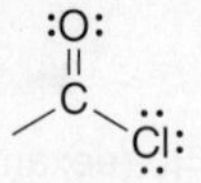

3.2C C=O기를 포함하는 화합물

표 3.3에 나온 것처럼 여러 다른 종류의 작용기가 C−O 이중 결합[카보닐기(carbonyl group)]을 갖고 있다. 극성인 C−O 결합이 카보닐 탄소를 친전자체로 만들고, 반면에 O의 비공유 전자쌍 때문에 산소는 친핵체와 염기로 작용한다. 카보닐기는 또한 π 결합을 갖고 있는데 이것은 C−O σ 결합보다 더 쉽게 끊어진다.

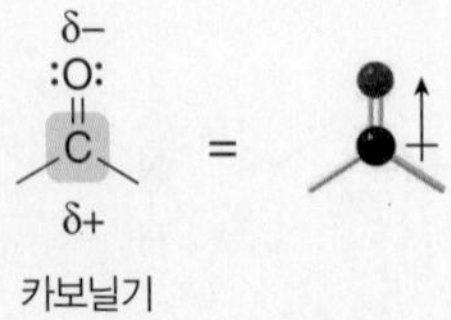

δ− :O: C δ+ =
카보닐기

질소 원자가 카보닐기 탄소에 직접 연결되어 있는 아마이드는 그 질소에 붙어 있는 탄소의 개수에 따라 일차(1°), 이차(2°), 삼차(3°) 아마이드로 구분한다.

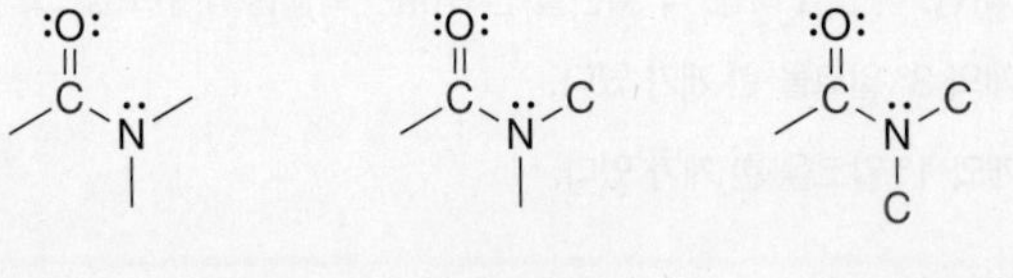

1° 아마이드　2° 아마이드　3° 아마이드

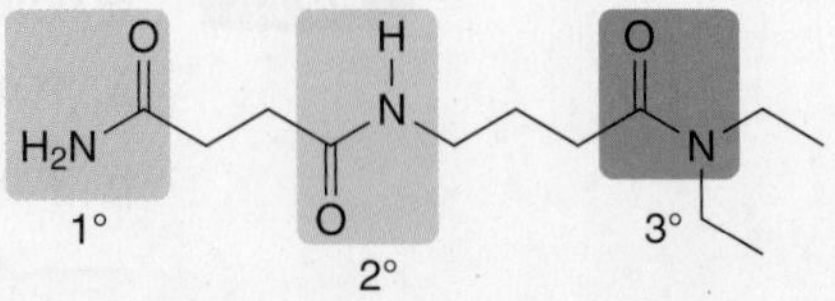

H_2N … 1° … 2° … 3°

문제 3.8 돌라벨라 오리큘라리아(*Dolabella auricularia*)라는 학명을 가진 바다 달팽이에서 추출한 항암제인 돌라스타틴(dolastatin)에 있는 아마이드기들을 1°, 2°, 3°로 구분하라.

돌라스타틴

작용기는 매우 중요하다. 작용기가 분자의 결합과 모양, 분자 간 인력의 유형 및 세기, 물리적 성질, 명명법, 화학 반응성 등을 결정짓기 때문이다.

문제 3.9 오셀타미비르(Oseltamivir)는 시킴산(shikimic acid)으로부터 10단계 반응으로 합성될 수 있다. 오셀타미비르와 시킴산에서 작용기를 밝혀라.

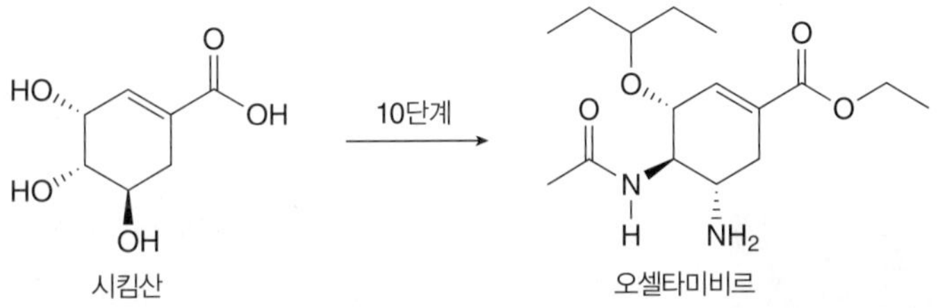

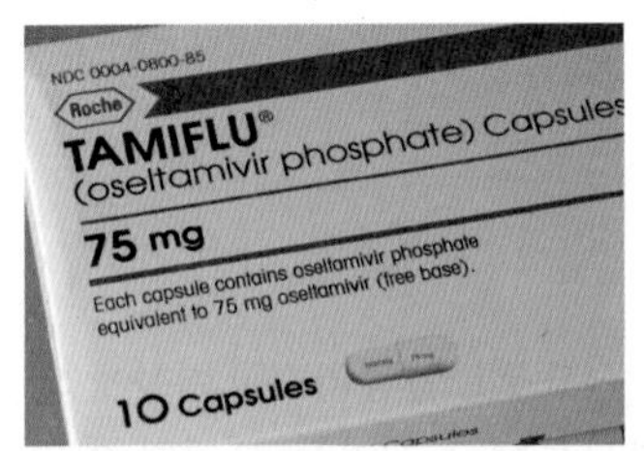

타미플루는 독감을 치료하는 항바이러스 의약품인 오셀타미비르의 상품명이다.

아테놀올(atenolol)과 도네페질(donepezil)은 다양한 작용기들을 갖고 있는 유용한 의약품의 예이다. 아테놀올은 **β** 차단제로서 고혈압 치료제로 쓰인다. 상품명 아리셉트(Aricept)로 판매되고 있는 도네페질(donepezil)은 알츠하이머 병과 관련된 치매를 완화시키는 치료제로 사용되고 있다.

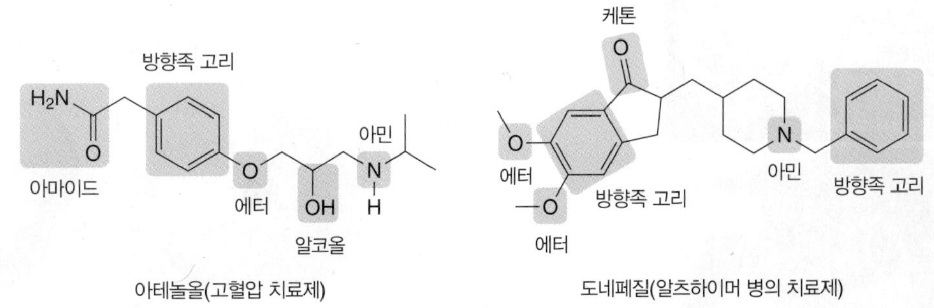

문제 3.10 다음 각 설명에 맞는 화합물의 구조를 그려라.

a. 분자식 C_4H_8O인 알데하이드

b. 분자식 C_4H_8O인 케톤

c. 분자식 $C_4H_8O_2$인 카복실산

d. 분자식 $C_4H_8O_2$인 에스터

문제 3.11 다음 각 설명에 부합하는 구조를 그려라. 또한 분자에 있는 작용기를 명명하라.

a. 분자식이 $C_5H_{10}O$이고, 다른 작용기를 포함하는 두 개의 구조 이성질체

b. 분자식이 $C_6H_{10}O$이고, 같은 작용기를 포함하는 두 개의 구조 이성질체

3.3 분자간 힘

분자간 힘(intermolecular force)은 분자들 사이에 존재하는 상호작용이다. 작용기가 이러한 상호작용의 종류와 크기를 결정한다.

3.3A 이온성 화합물

분자간 힘은 **비공유 상호작용** 또는 **비결합 상호작용**이라고도 부른다.

NaCl과 같은 이온 결합 화합물은 반대 전하를 갖고 있는 입자들이 매우 강한 정전기적 상호작용에 의하여 붙들려 있는 것이다. 이러한 이온성 상호작용은 공유 결합 분자들 사이에 존재하는 분자간 힘보다 훨씬 크기 때문에 반대 전하를 갖는 이온들을 서로 떨어뜨려 놓으려면 큰 에너지가 필요하다.

Na^+와 Cl^-사이의 강한 정전기적 상호작용

3.3B 공유 결합 화합물

공유 결합 화합물들은 별개의 분자들로 되어 있다. 이들 분자 간에 작용하는 힘의 본질은 거기에 존재하는 작용기에 달려 있다. 세 가지 다른 종류의 상호작용이 있으며, 크기가 증가하는 순서대로 나열하면 다음과 같다.

- 반데르발스(van der Waals) 힘
- 쌍극자–쌍극자 상호작용
- 수소 결합

반데르발스 힘

반데르발스 힘은 런던 힘(London force)이라고도 부르며, 분자 내의 전자 밀도의 순간적인 변화에 의해 생기는 매우 약한 상호작용이다. 반데르발스 힘은 비극성 화합물들에 존재하는 유일한 인력이다.

예를 들어, 비극성인 CH_4 분자는 순수 쌍극자는 없으나, 그 전자 밀도가 어느 한 순간에 완전히 대칭적이지 않을 수 있어 일시적인 쌍극자가 형성될 수 있다. 이것이 또 다른 CH_4 분자에 쌍극자를 유도하게 되어 부분적인 양전하와 음전하가 가깝게 되도록 배열된다. 이러한 일시적인 쌍극자의 약한 상호작용이 반데르발스 힘을 이룬다. 모든 화합물은 반데르발스 힘을 보인다.

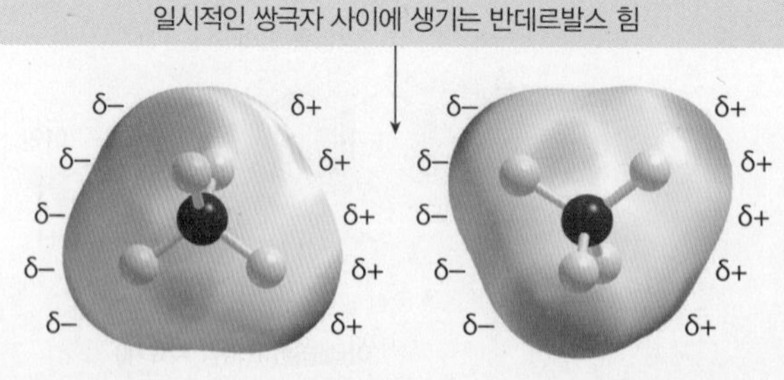

하나의 반데르발스 상호작용은 약하나 여러 개의 반데르발스 상호작용은 매우 강한 힘을 만든다. 예를 들어, 도마뱀은 각각의 발에 있는 500,000개의 작은 털이 벽과 천장의 표면과 반데르발스 상호작용을 함으로써 표면에 달라 붙는다.

반데르발스 상호작용의 크기는 분자의 표면적에 의해 결정된다. 표면적이 클수록 두 분자 사이의 인력이 커지며 분자간 힘은 더 강해진다. 그림 3.1에 나타낸 것처럼 $CH_3CH_2CH_2CH_2CH_3$(펜테인) 같이 길고, 소시지 같이 생긴 분자들은 $C(CH_3)_4$(2,2-다이메틸프로페인) 같이 촘촘한 구형 물질보다 더 강한 반데르발스 상호작용을 갖는다.

반데르발스 힘에 영향을 주는 또 다른 인자는 편극성(polarizability)이다.

- 편극성이란 원자 주위의 전자 구름이 전자적 환경의 변화에 대응하는 정도를 뜻한다.

그림 3.1
표면적과 반데르발스 힘

a. $CH_3CH_2CH_2CH_2CH_3$ (펜테인)

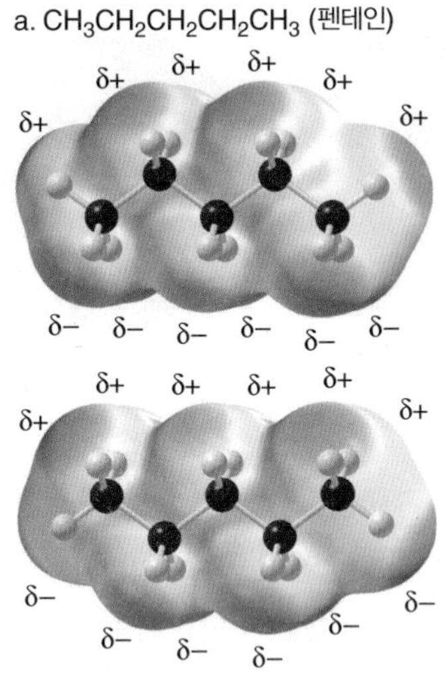

- 더 넓은 표면을 갖는 펜테인 같은 긴 원통형 분자는 더 강한 반데르발스 상호 작용을 유발한다.

b. $C(CH_3)_4$ (2,2-다이메틸프로페인)

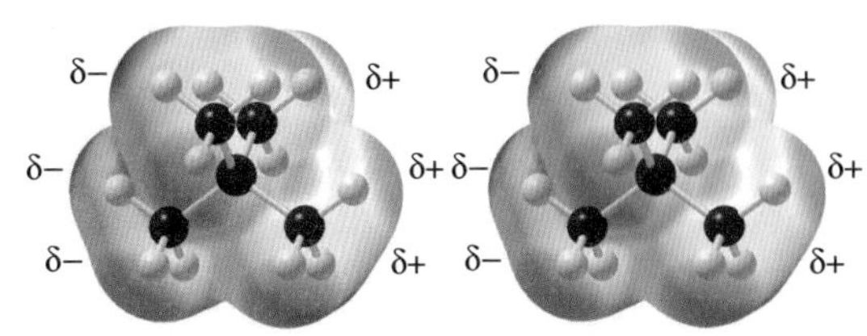

- 보다 좁은 표면적을 갖는 2,2-다이메틸프로페인 같은 촘촘한 구형 분자는 더 약한 반데르발스 상호 작용을 유발한다.

아이오딘(iodine)과 같은 큰 원자들은 원자가 전자가 느슨히 붙잡혀 있어서 편극성이 크지만, 플루오린(fluorine) 같이 작은 원자들은 전자들이 꼭 붙들려 있어 편극성이 작다. 큰 원자들은 더 쉽게 유도될 수 있는 쌍극자를 갖기 때문에, 이들을 포함하는 화합물들은 더 강한 분자 간 상호작용을 갖는다.

따라서 두 F_2 분자들은 그 전자들이 꼭 붙들려 있어 일시적인 쌍극자를 유도하기 어려워 그 사이에 인력이 작은 반면, 두 I_2 분자들은 그 전자들이 느슨히 붙들려 있어 일시적인 쌍극자를 유도하기 쉽기 때문에 그 사이에 인력이 훨씬 더 크다.

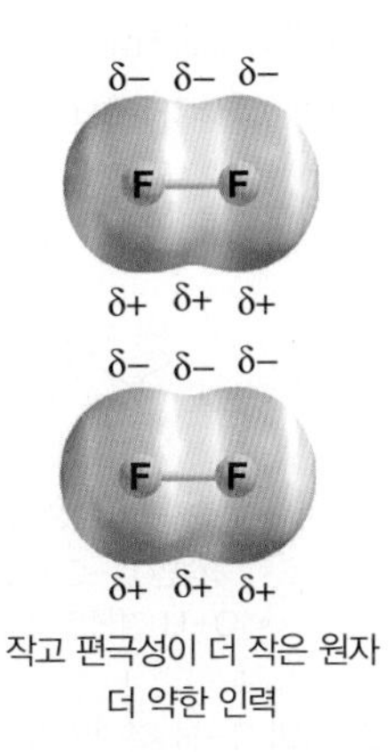

작고 편극성이 더 작은 원자
더 약한 인력

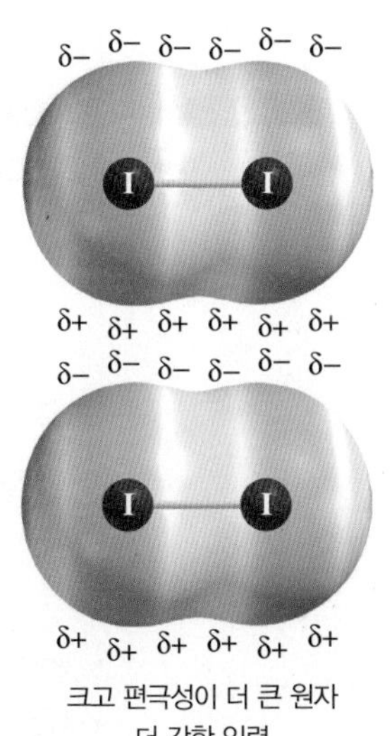

크고 편극성이 더 큰 원자
더 강한 인력

쌍극자–쌍극자 상호작용

쌍극자–쌍극자 상호작용(dipole-dipole interaction)이란 두 극성 분자들 사이의 영구적인 쌍극자 사이에 작용하는 인력이다. 예를 들어, 아세톤[$(CH_3)_2C{=}O$]에서 인접한 분자들의 쌍극자가 정렬하여 부분 양전하와 부분 음전하가 가까이 있게 된다. 이렇게 영구적 쌍극자에 의해 생기는 인력은 약한 반데르발스 힘보다 훨씬 세다.

δ+ δ− δ+ δ− δ+ δ−

아세톤

영구적인 쌍극자의 알짜 인력

수소 결합

수소 결합은 탄수화물이나 단백질 같은 거대한 생분자(biomolecule)의 삼차원적인 모양을 결정하게 해준다. 자세한 것은 28장과 29장 참조.

수소 결합(hydrogen bonding)은 보통 O, N 또는 F에 결합된 수소 원자가 또 다른 분자의 O, N 또는 F의 비공유 전자쌍에 정전기적으로 끌릴 때 생긴다. 따라서 H_2O 분자들은 서로 수소 결합을 할 수 있다. 이 경우 물 분자 하나의 O에 공유 결합으로 연결된 H 원자는 또 다른 물 분자의 O의 비공유 전자쌍에 끌리게 된다. 수소 결합은 세 종류의 분자간 힘 중 가장 강한 힘이지만 공유 결합에 비하면 아주 약한 편이다.

수소 결합

δ− δ+ δ+

수소 결합

δ− δ+ δ+

어떤 종류의 화합물들에 대해 분자간 힘의 상대적인 세기를 어떻게 정하는지가 예제 3.2에 설명되어 있다. 표 3.4에 모든 화합물의 성질에 영향을 주는 네 종류의 상호작용이 정리되어 있다.

예제 3.2 다음 화합물을 분자간 힘이 증가하는 순서대로 순위를 매겨라.

$CH_3CH_2CH_2CH_2CH_3$(펜테인), $CH_3CH_2CH_2CH_2OH$(뷰탄-1-올), $CH_3CH_2CH_2CHO$(뷰탄알).

풀이

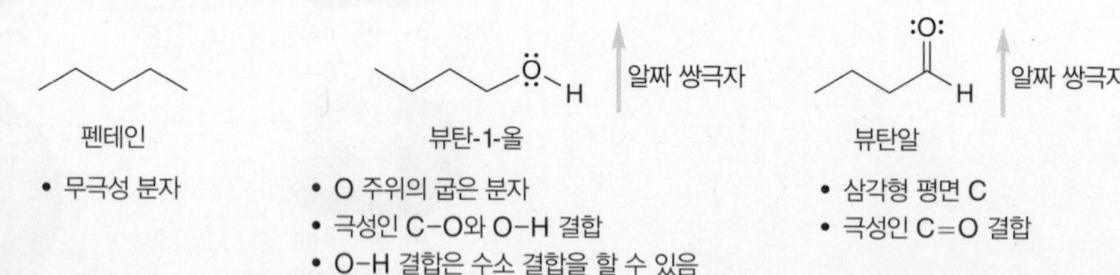

- 펜테인은 비극성의 C−C와 C−H 결합만 있으며, 따라서 이 분자는 **반데르발스 힘**에 의해서만 붙들려 있다.
- 뷰탄-1-올은 극성의 굽은 분자이다. 따라서 **반데르발스 힘**과 함께 **쌍극자-쌍극자** 상호작용을 가질 수 있다. 또한 O−H 결합을 갖기 때문에 분자 간 **수소 결합**에 의해서도 붙들려 있다.
- 뷰탄알은 극성 C=O 결합을 지닌 삼각 평면 탄소를 갖고 있다. 따라서 **반데르발스 힘**과 함께 **쌍극자-쌍극자** 상호작용을 가질 수 있다. O에 결합된 H는 없기 때문에 두 뷰탄알 분자는 서로 수소 결합을 할 수 없다.

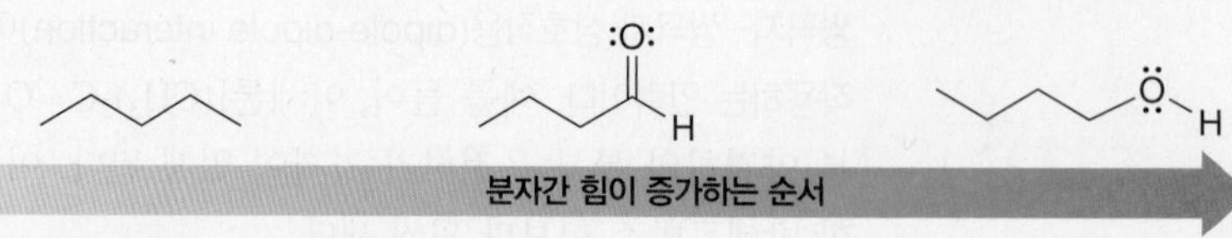

표 3.4
분자간 힘의 종류와 요약

힘의 종류	상대적 세기	나타나는 경우	예
반데르발스	약함	모든 분자	$CH_3CH_2CH_2CH_2CH_3$ $CH_3CH_2CH_2CHO$ $CH_3CH_2CH_2CH_2OH$
쌍극자-쌍극자	중간	쌍극자가 있는 분자	$CH_3CH_2CH_2CHO$ $CH_3CH_2CH_2CH_2OH$
수소 결합	강함	O−H, N−H 또는 H−F 결합이 있는 분자	$CH_3CH_2CH_2CH_2OH$
이온-이온	매우 강함	이온성 화합물	NaCl, LiF

문제 3.12 다음 각 화합물에 존재하는 분자간 힘은 무엇인가?

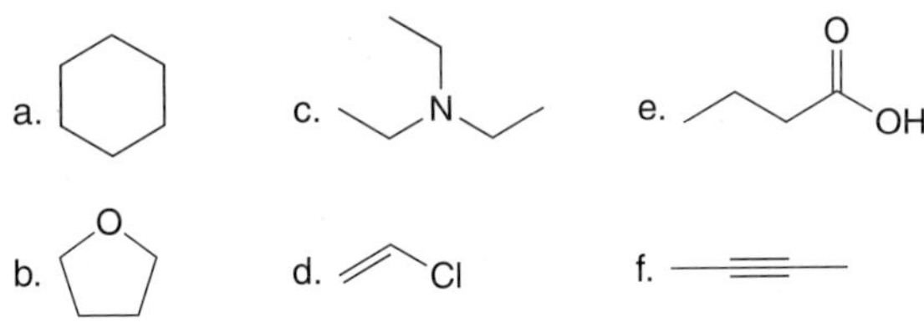

3.4 물리적 성질

화합물의 분자간 힘의 세기는 끓는점, 녹는점 그리고 용해도와 같이 그 화합물의 많은 물리적 성질을 결정한다.

3.4A 끓는점(bp)

화합물의 끓는점(boiling point, bp)이란 액체에서 기체로 변하는 온도를 말한다. 끓을 때, 더 잘 정돈된 액체 상태에서 작용하는 인력을 극복하기 위한 에너지가 요구된다.

- 분자간 힘이 클수록 끓는점은 높다.

이온 결합 화합물은 매우 강한 상호작용에 의해 붙들려 있기 때문에 끓는점이 매우 높다. 예를 들어 NaCl의 끓는점은 1413°C이다. 공유 결합 분자들의 경우 끓는점은 작용기의 종류에 따라 결정된다. 대략 비슷한 분자량을 갖는 화합물들의 경우 분자간 인력의 세기와 끓는점이 증가하는 순서는 다음과 같다.

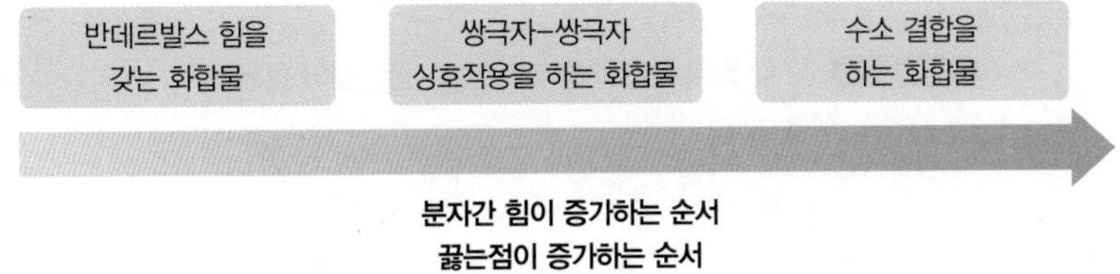

예를 들어, 예제 3.2에서 분자간 힘이 펜테인, 뷰탄알, 뷰탄-1-올의 순서로 증가하였음을 상기하자. 이들 화합물의 끓는점도 같은 순서로 증가한다.

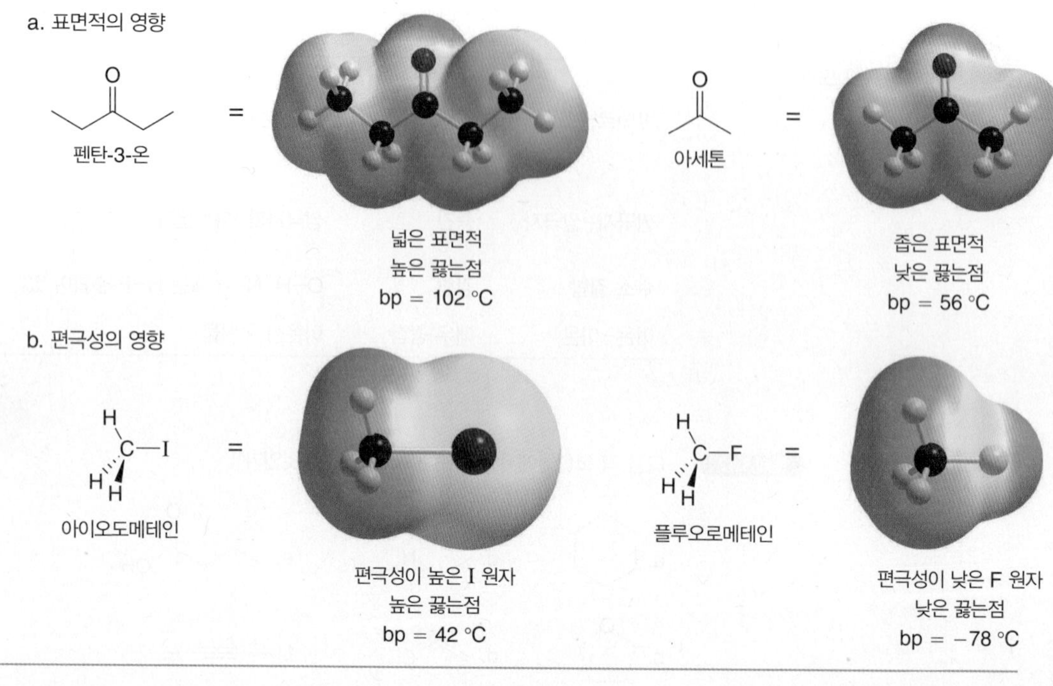

그림 3.2
표면적과 편극성이 끓는점에 미치는 영향

펜테인 bp = 36 °C　　뷰탄알 bp = 76 °C　　뷰탄-1-올 bp = 118 °C

분자간 힘이 증가하는 순서
끓는점이 증가하는 순서

표면적과 편극성이 분자간 힘의 크기에 영향을 끼치므로 이 인자들 또한 끓는점에 영향을 끼친다. 비슷한 작용기를 갖는 두 화합물에서

- 표면적이 넓을수록 끓는점이 높다.
- 원자의 편극성이 클수록 끓는점이 높다.

이들 각 현상들의 예가 그림 3.2에 나타나 있다. 크기가 다른 두 케톤을 비교해 보면, 펜탄-3-온이 아세톤보다 분자량이 크고 표면적이 넓기 때문에 끓는점이 더 높다. 같은 수의 탄소를 갖는 두 할로젠화 알킬 화합물을 비교해 보면, I가 F보다 편극성이 크기 때문에 CH_3I가 CH_3F보다 끓는점이 높다.

예제 3.3 각 쌍의 화합물 중 어느 것의 끓는점이 높은가?

a. A 또는 B　　b. C 또는 D

풀이

a. 이성질체 **A**와 **B**는 오직 비극성인 C−C와 C−H 결합만을 갖고 있으며, 따라서 오직 반데르발스 힘만을 보인다. **B**가 더 빽빽이 차 있어서 표면적이 작고, 끓는점은 낮다.

b. 화합물 **C**와 **D**는 대략 비슷한 분자량을 갖고 있으나 작용기는 다르다. **C**는 비극성의 알케인이어서 반데르발스 힘만 보인다. **D**는 수소 결합을 할 수 있는 O−H기를 갖고 있는 알코올이기 때문에 분자간 힘이 더 세고, 끓는점이 더 높다.

그림 3.3
증류 장치 모형도

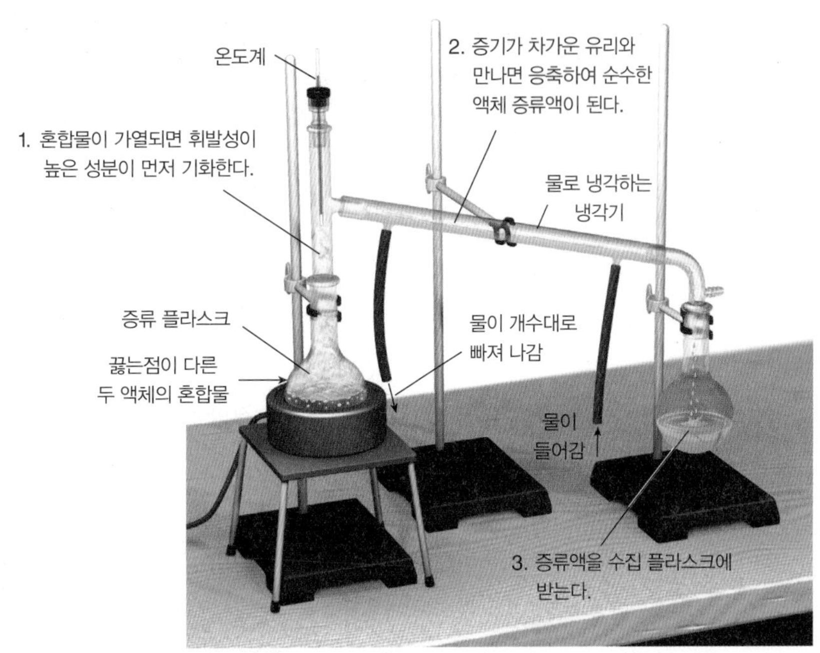

수집 플라스크를 주기적으로 교체하면 서로 다른 끓는점을 갖는 화합물을 각각 다른 플라스크에 받을 수 있다.

문제 3.13 각 쌍의 화합물 중 어느 것의 끓는점이 높은가?

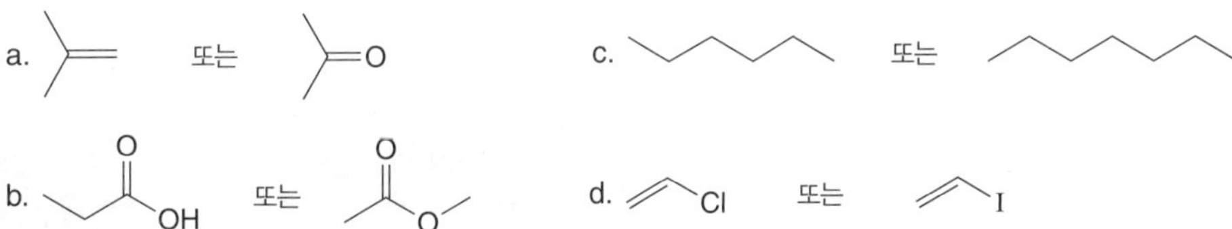

문제 3.14 프로판아마이드(propanamide, $CH_3CH_2CONH_2$)와 *N*,*N*-다이메틸폼아마이드[*N*,*N*-dimethylformamide, $HCON(CH_3)_2$]의 두 화합물은 아마이드의 이성질체임에도 불구하고, 프로판아마이드의 끓는점(213°C)이 *N*,*N*-다이메틸폼아마이드의 끓는점(153°C)보다 상당히 더 높다. 그 이유를 설명하라.

끓는점이 다른 액체들은 실험실에서 증류(distillation) 장치를 이용하여 서로 분리할 수 있다(그림 3.3). 두 액체의 혼합물을 증류 플라스크에서 가열하면 끓는점이 낮은 성분(**휘발성이 높은 쪽**)이 먼저 증류되어 나오고, 그 다음 **휘발성이 낮은, 끓는점이 높은 성분**이 나오게 된다. 증류액을 여러 개의 다른 플라스크에 나누어 받으면 두 액체를 분리해 낼 수 있다. 혼합물에서 액체의 끓는점이 큰 차이가 나는 경우 일반적으로 분리가 잘 된다.

3.4B 녹는점(mp)

녹는점(melting point, mp)은 고체가 액체 상태로 변하는 온도이다. 녹는 과정에서는 더 잘 정돈된 결정 형태의 고체상에 존재하는 인력을 극복하기 위하여 에너지가 요구된다. 한 화합물의 녹는점은 두 가지 요소에 의해 결정된다.

- 분자간 힘이 클수록 녹는점이 높다.
- 같은 작용기가 있는 경우, 화합물이 더 대칭적일수록 녹는점이 높다.

이온 결합 화합물은 매우 강한 상호작용에 의해 붙들려 있기 때문에 녹는점이 매우 높다. 예를 들어, NaCl의 녹는점은 801°C이다. 공유 결합 분자들의 경우, 녹는점도 역시 작용기의 종류에 따라 결정된다. 대략 비슷한 분자량을 갖는 화합물들의 경우 분자간 힘과 녹는점이 증가하는 순서는 다음과 같다.

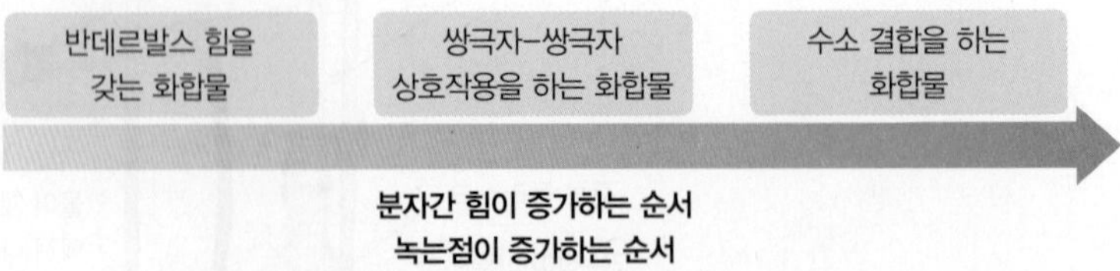

펜테인, 뷰탄알, 뷰탄-1-올의 녹는점의 경향은 끓는점의 경우와 같다.

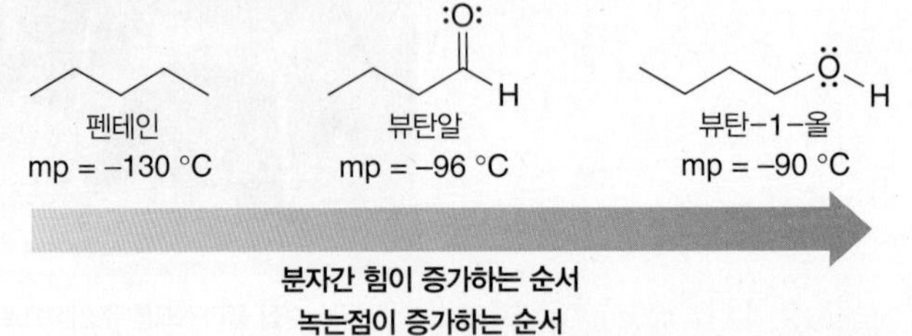

작용기가 같고 분자량도 비슷하나 모양이 매우 다른 화합물들의 경우, 대칭성(symmetry)은 녹는점을 결정하는 중요한 요소로 작용한다. 2,2-다이메틸프로페인의 경우처럼 촘촘히 대칭적으로 채워진 분자는 결정 격자에 잘 쌓이게 되는 반면, 2-메틸뷰테인의 경우처럼 CH_3기가 네 탄소 사슬에 매달려 있는 경우는 그렇지 못하다. 따라서 2,2-다이메틸프로페인의 녹는점이 훨씬 높다.

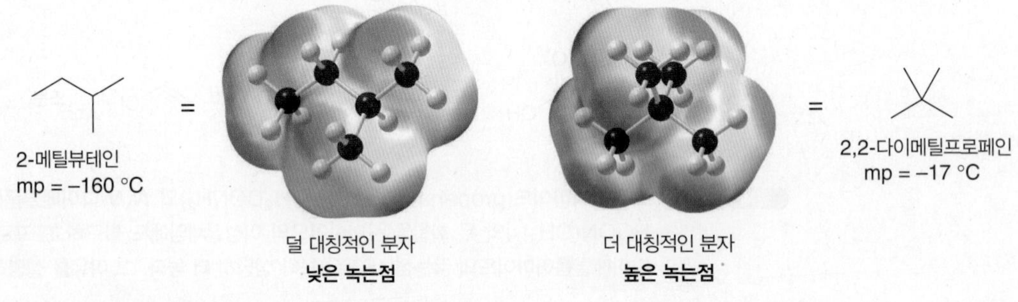

문제 3.15 다음 화합물의 쌍에서 어느 쪽의 녹는점이 높을지 예측하라.

a. (구조식) 또는 (구조식) NH_2 b. (구조식) 또는 (구조식)

문제 3.16 아세트산(CH_3CO_2H)과 그 짝염기인 아세트산 소듐(CH_3CO_2Na)을 생각한다. (a) 각 화합물에는 어떤 분자간 인력이 존재하는가? (b) 아세트산 소듐의 녹는점(324°C)이 아세트산의 녹는점(17°C)보다 상당히 더 높은 이유를 설명하라.

3.4C 용해도

정량적으로 용질 3g이 용매 100mL에 녹으면 용해된다고 간주한다.

용해도(solubility)는 용질(solute)이라고 부르는 화합물이 용매(solvent)라고 부르는 액체에 녹는 정도를 뜻한다. 물질이 녹는 과정에서 용질의 분자들 또는 이온들 사이의 상호작용을 깨뜨리는 데 필요한 에너지는 용질과 용매 사이에서 새롭게 생기는 상호작용에서부터 나온다.

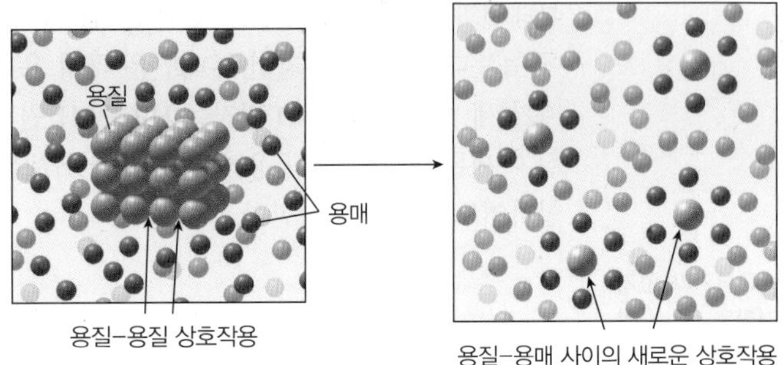

화합물은 비슷한 종류의 분자간 힘을 갖는 용매에 녹는다.

- "비슷한 것끼리 녹인다(Like dissolves like)."
- 극성 화합물은 극성 용매에 녹고, 비극성 또는 극성이 약한 화합물은 비극성 또는 극성이 약한 용매에 녹는다.

물과 유기 용매는 종류가 전혀 다른 용매이다. 물은 용질과 수소 결합을 할 수 있어서 극성이 매우 높다. 많은 유기 용매는 사염화 탄소(CCl_4)나 헥세인[$CH_3(CH_2)_4CH_3$]의 경우처럼 비극성이거나 다이에틸 에터($CH_3CH_2OCH_2CH_3$) 같이 극성이 약하다.

이온 결합 화합물은 강한 정전기적 힘에 의해 붙들려 있기 때문에 녹이기 위해서는 매우 극성이 큰 용매가 필요하다. 대부분의 이온 결합 화합물은 물에는 녹으나, 유기 용매에는 녹지 않는다. 이온 결합 화합물을 녹이기 위해서는 강한 이온–이온 상호작용을 더 약한 이온–쌍극자 상호작용으로 대체해줘야 하므로 그림 3.4에 나타난 것처럼 이온–쌍극자 상호작용이 여러 개 필요하다.

대부분의 유기 화합물들은 유기 용매에 녹는다(비슷한 것끼리 녹인다는 점을 상기하자). 유기 화합물은 매 다섯 탄소마다 용매와 수소 결합을 할 수 있는 극성 작용기가 하나 있는 경우에만 물에 녹는다. 다시 말해서 수용성 유기 화합물은 비극성인 탄소 골격을 물에 녹일 수 있도록 O 또는 N을 포함하는 작용기를 포함하고 있다.

예를 들어, 뷰테인과 아세톤의 H_2O와 CCl_4에서의 용해도를 비교해보자.

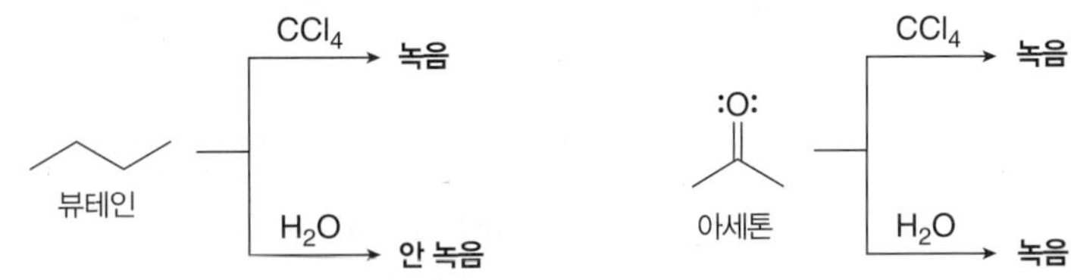

그림 3.4
이온 결합 화합물이 물에 녹는 경우

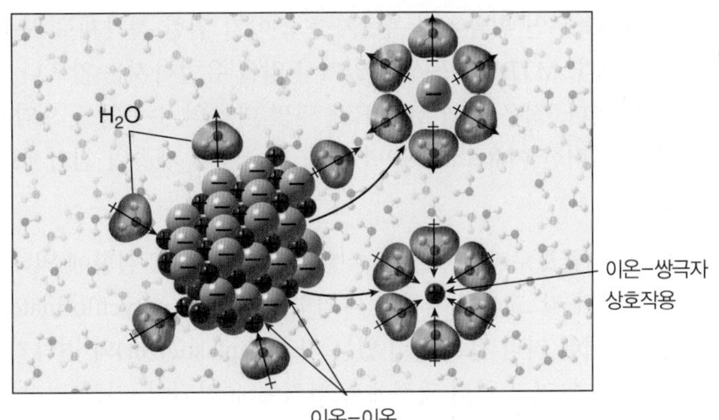

- 이온성 고체가 물에 녹으면 이온–이온 상호작용 대신 이온–쌍극자 상호작용이 일어난다. 이 힘은 약하나 여러 개가 한꺼번에 일어나므로 더 강한 이온 결합을 보상할 수 있다.

뷰테인과 아세톤은 둘 다 C−C와 C−H 골격을 갖는 유기 화합물이기 때문에 유기 용매인 CCl_4에 녹는다. 비극성 분자인 뷰테인은 극성 용매인 H_2O에 녹지 않는다. 반면에 아세톤은 탄소 원자가 세 개밖에 없고, O 원자는 H_2O의 H 원자와 수소 결합을 할 수 있으므로 H_2O에 녹는다. 사실 아세톤은 물에 대한 용해도가 높아 아세톤과 물은 완전히 섞인다. 즉 이들은 어떤 비율로 혼합하여도 용액을 형성한다.

$(CH_3)_2C{=}O$ 분자는 OH기가 없기 때문에 자신과 수소 결합을 할 수 없다. 그러나 $(CH_3)_2C{=}O$는 그 O 원자가 H_2O의 H 원자 하나와 수소 결합을 할 수 있으므로 H_2O와는 수소 결합을 한다.

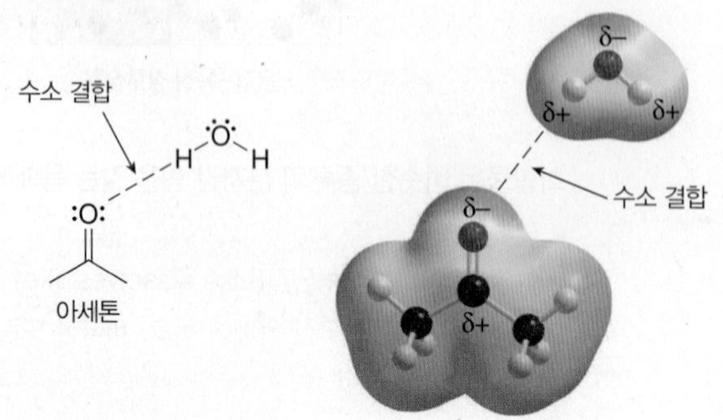

하나의 작용기를 갖는 유기 화합물의 경우, **다섯 개 이하의 C원자를 갖고, 하나의 O 또는 N 원자를 갖고 있는 경우에만 물에 녹는다.**

극성 작용기를 갖고 있는 유기 분자의 크기가 물에서의 용해도를 결정한다. 에탄올과 같은 저분자량의 알코올은 극성인 OH기의 크기에 비하여 작은 탄소 골격(탄소 다섯 개 이하)을 갖고 있으므로 수용성이다. 반면에 콜레스테롤은 27개의 탄소 원자에 단 하나의 OH기를 갖고 있다. 이 탄소 골격은 OH기 하나가 수소 결합을 하여 물에 녹이기에는 너무 크므로 콜레스테롤은 물에 녹지 않는다.

OH
에탄올
H_2O에 녹음

HO
콜레스테롤
H_2O에 안 녹음

소수성 = H_2O를 싫어함
친수성 = H_2O를 좋아함

- 분자 내에서 H_2O에 끌리지 않는 비극성 부분을 소수성(hydrophobic)이라 한다.
- 분자 내에서 H_2O에 수소 결합을 할 수 있는 극성 부분을 친수성(hydrophilic)이라 한다.

예를 들어 콜레스테롤에서 하이드록시기는 친수성인 반면 탄소 골격은 소수성이다.

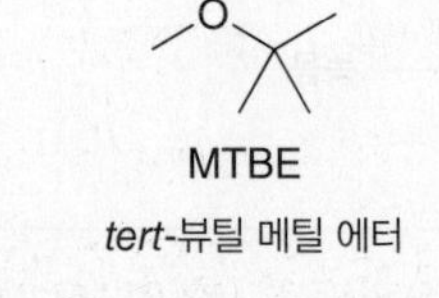
MTBE
tert-뷰틸 메틸 에터

Cl — — Cl
4,4'-다이클로로바이페닐
(염화 바이페닐, PCB)

MTBE(*tert*-butyl methyl ether)와 4,4'-다이클로로바이페닐[4,4'-dichlorobiphenyl; 다염화 바이페닐(polychlorinated biphenyl, 줄여서 PCB)의 일종]은 자연 환경에서 유기 화합물의 운명이 용해도에 의해 결정된다는 점을 보여주는 좋은 사례이다.

MTBE를 무연 휘발유에 옥탄가를 높이기 위한 첨가제로 사용하는 것은 환경에 부정적인 영향을 끼친다. MTBE는 독성이 있거나 암을 유발하지는 않으나, 독특하고 구역질나는 냄새를 내며 수용성이다. 적은 양의 MTBE가 몇몇 마을의 수돗물을 오염시켜 사용할 수 없게 만든 적이 있었다. 이러한 이유로, 1999년 이래 미국에서 가솔린 첨가제로서 MTBE 사용이 꾸준히 감소되었다.

4,4'-다이클로로바이페닐은 두 벤젠 고리가 C−C 결합에 의해 연결되고, 하나 또는 그 이상의 염소 원자가 각 고리에 치환된 다염화 바이페닐(polychlorinated biphenyl, PCB)이다. PCB는 폴리스타이렌 커피 컵에 들어 있는 가소제(plasticizer)와 변압기의 냉매로 쓰인다. 이것은 생산, 사용, 보관 그리고 처리 과정에서 환경에 유입되어, 가장 널리 퍼져 있는 유기 오염 물질 중 하나이다. PCB는 물에는 녹지 않으나 유기 매체에는 매우 잘 녹기 때문에 지방 조직에 녹으며, 세상의 모

표 3.5
용해도 요약

화합물의 종류	H_2O에서의 용해도	유기 용매에서의 용해도 (CCl_4와 같은)
이온성		
NaCl	**녹음**	**녹지 않음**
공유 결합		
$CH_3CH_2CH_2CH_3$	**녹지 않음**(H_2O에 수소 결합을 할 N 또는 O 원자가 없음)	**녹음**
$CH_3CH_2CH_2OH$	**녹음**(다섯 개 이하의 C 원자와 H_2O에 수소 결합을 할 O 원자)	**녹음**
$CH_3(CH_2)_{10}OH$	**녹지 않음**(여섯 개 이상의 C 원자, H_2O에 수소 결합을 할 O 원자가 있으나 물에 녹기에는 크기가 너무 큼)	**녹음**

든 어류와 조류의 지방 조직에도 녹는다. PCB 자체에 독성은 없지만, PCB에 오염된 생선을 자주 많은 양을 섭취할 경우 소아의 발육을 늦추고 기억 유지에 나쁜 영향을 주는 것으로 알려져 있다.

몇몇 대표적인 화합물의 용해도 성질을 표 3.5에 요약하였다.

예제 3.4 어느 화합물이 수용성인가?

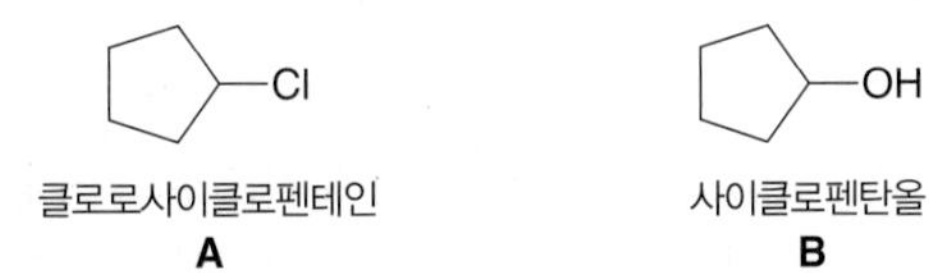

풀이

A는 다섯 개의 C 원자와 하나의 극성 C−Cl 결합이 있으나 H_2O와 수소 결합 할 수 없으므로 H_2O에 녹지 않는다. **B**는 다섯 개의 **C** 원자와 수소 결합을 할 수 있는 하나의 극성 OH기를 갖고 있어서 수용성이다.

문제 3.17 어느 화합물이 수용성인가?

a. b. c.

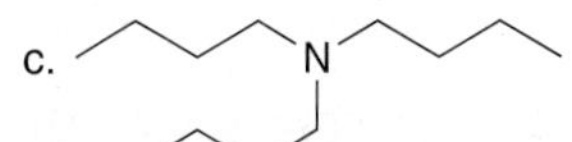

예제 3.5 a. 다음 중 어느 화합물이 자기 자신과 같은 또 하나의 분자와 수소 결합을 할 수 있는가?
b. 다음 중 어느 화합물이 물과 수소 결합을 할 수 있는가?

풀이

a. 화합물 **A**와 **B**는 극성 C−O, C−N 결합을 갖고 있으나, **A**는 O−H 결합이 없어서 또 하나의 **A** 분자와 수소 결합을 할 수 없는 반면, **B**는 N−H 결합이 있어서 두 개의 B 분자는 서로 수소 결합 할 수 있다.

b. **A**는 전기음성적인 O 원자를, **B**는 전기음성적인 N 원자를 갖고 있어서, **A**와 **B** 둘 다 물의 수소 원자와 수소 결합을 이룰 수 있다.

수소 결합 수소 결합

A B

문제 3.18 (a) 각 분자에 소수성과 친수성 부분을 표시하라. (b) C 분자는 어느 부분에서 자기와 비슷한 분자와 수소 결합을 할 수 있는가? (c) D 분자는 어느 부분에서 물과 수소 결합을 하는가?

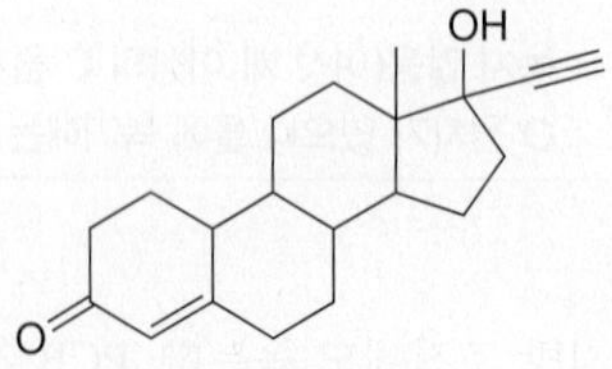

C
노르에틴드론
(경구 피임약 성분)

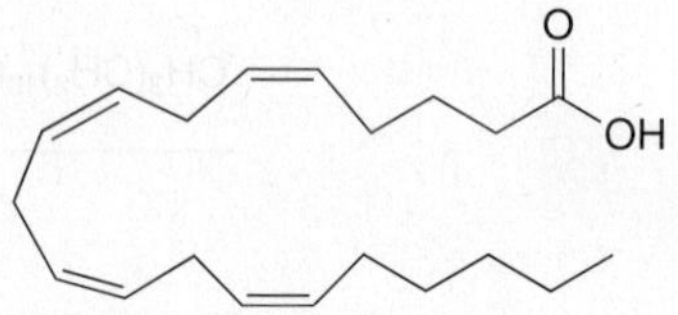

D
아라키돈산
(지방산)

3.5 응용: 바이타민

바이타민(vitamin)은 정상의 세포 기능을 유지하기 위하여 소량 필요한 유기 화합물이다. 우리의 몸은 이들 화합물을 만들지 못하므로 음식물에서 섭취해야 한다. 대부분의 바이타민들은 A, C, D, E 그리고 K처럼 알파벳 글자로 구분한다. 그러나 바이타민 B에는 몇 가지 다른 종류가 있어서 B_1, B_2 그리고 B_{12}처럼 아래첨자를 붙여 구분한다.

어떤 바이타민이 **지용성**(유기 매체에 녹는다)인지 또는 **수용성**인지는 3.4C절에서 논의된 용해도 원리를 적용하면 결정할 수 있다. 바이타민 A와 C의 예가 지용성 그리고 수용성 바이타민의 차이를 보여준다.

3.5A 바이타민 A

1912년에 폴란드 화학자 캐시미르 펑크(Casimir Funk)는 **바이타민**이 모두 아민 작용기를 가지고 있다고 생각하여 이들 화합물에 vitamine이라는 이름을 처음으로 사용하였다. 그후 어떤 바이타민은 아민이지만 바이타민 A와 C처럼 아민이 아닌 것도 있다는 이유로 이름이 vitamine에서 vitamin으로 줄어들었다.

바이타민 A 또는 레티놀(retinol)은 눈에 있는 시각 수용체의 필수 구성 성분이다. 이것은 또한 점막과 피부의 건강 상태를 유지하는 데 도움을 주기 때문에 많은 노화 방지 크림에 바이타민 A가 들어 있다. 이 바이타민이 부족하면 야맹증을 일으킨다.

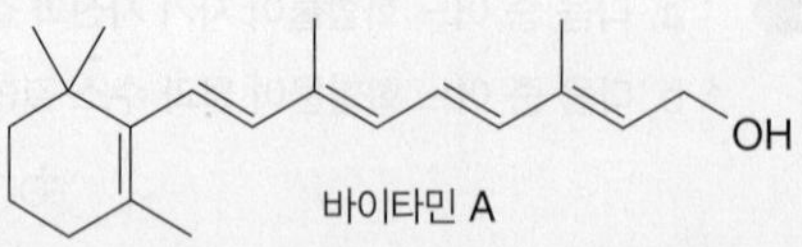

바이타민 A

바이타민 A는 스무 개의 탄소와 하나의 OH기를 갖고 있어서 물에 녹지 않는다. 이것은 유기성이기 때문에 어떤 유기 매체에도 녹는다. 이러한 용해도 특징에 의해 비롯되는 결과를 이해하기 위하여 우선 우리 몸의 화학적 환경에 대해 배워야 한다.

사람 몸의 약 70%는 물로 이루어져 있다. 혈액, 위에 있는 소화액, 소변과 같은 체액 대부분은 물에 Na^+, K^+ 같은 이온이 녹아 있는 것이다. 바이타민 A는 이들 체액에 녹지 않는다. 몸에는 또한 C−C, C−H 결합을 갖고 있는 유기 화합물로 이루어진 지방 세포들이 있다. 바이타민 A는 이런 유기 환경에 녹기 때문에 특히 간에 있는 지방 세포에 잘 저장된다.

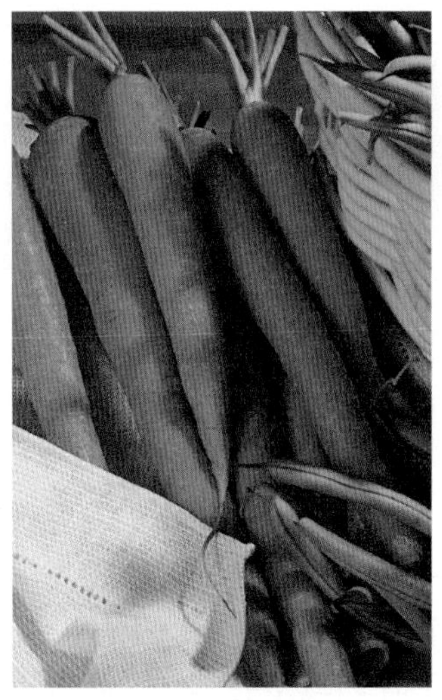

바이타민 A는 당근의 주황 색소인 β-카로텐에서 합성된다.

바이타민 A는 음식물을 섭취함으로써 직접 얻는다. 또한, 당근같이 여러 식물에서 발견되는 주황 색소인 β-카로텐(β-carotene)이 우리 몸 속에서 바이타민 A로 전환되기도 한다.

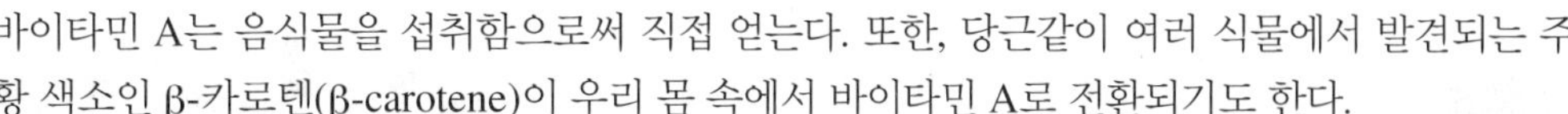

β-카로텐

OH

바이타민 A

당근을 많이 먹는다고 바이타민 A가 많이 비축되는 것은 아니다. β-카로텐을 필요 이상으로 많이 섭취하면, 몸은 추가의 바이타민 A가 요구될 때까지 이 전구체 상태로 비축한다. β-카로텐의 일부는 피부와 눈의 표면 조직에 도달하여 주황색을 띠게 한다. 이것은 좀 이상하게 보일지는 모르나 해로운 것은 아니며 다시 정상으로 돌아간다. 비축된 β-카로텐이 바이타민 A로 전환되어 더 이상 과다 상태가 아니면 이 조직들은 정상 색조를 띤다.

3.5B 바이타민 C

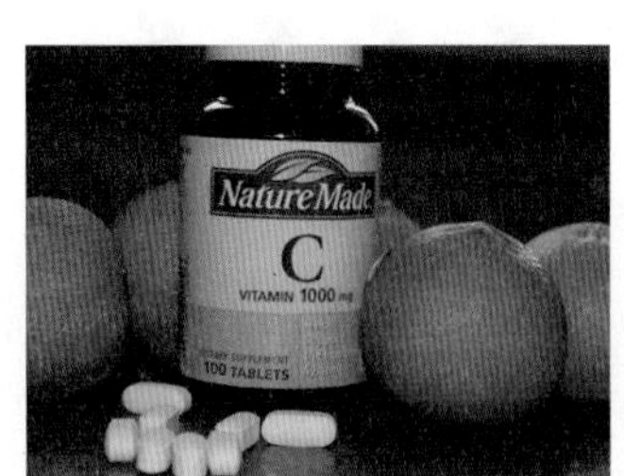

바이타민 C는 감귤류와 여러 다른 과일이나 채소를 섭취하여 얻는다. 또한, 실험실에서 합성한 바이타민 C가 들어 있는 정제(tablets)를 복용함으로써 일일 권장 섭취량을 충족할 수도 있다. 오렌지에 들어 있는 '천연' 바이타민 C와 바이타민 보충제에 들어 있는 '합성' 바이타민 C는 모두 동일하다.

대부분의 동물들은 바이타민 C를 합성할 수 있으나, 사람, 기니피그, 인도 과일박쥐, 그리고 명금새(bulbul bird)는 음식물을 섭취하여 얻어야 한다. 감귤류, 딸기, 토마토, 그리고 고구마는 바이타민 C를 많이 함유하고 있다.

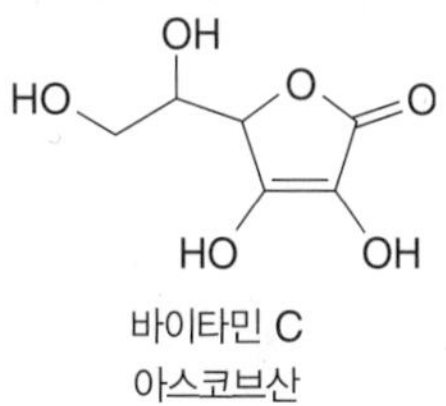

바이타민 C
아스코브산

바이타민 C는 여섯 개의 탄소 원자를 갖고 있으며, 그 각각은 수소 결합 할 수 있는 산소 원자에 결합되어 있어서 **수용성**이다. 따라서 바이타민 C는 소변에 녹는다. 바이타민 C가 감기부터 암까지의 모든 종류의 질병을 예방한다는 주장이 있어 왔으나, 일일 최소 요구량 이상은 소변으로 배설되기 때문에, 과량의 바이타민 섭취에 대한 효과는 정확히 알려져 있지 않다.

문제 3.19 다음 각 바이타민의 물에서의 용해도를 예측하라.

a. 바이타민 B_3
니아신

b. 바이타민 K_1
필로퀴논

문제 3.20 (a) 바이타민 B_5인 판토텐산(pantothenic acid)의 공-막대 모형에서 작용기를 표시하라. (b) 어느 위치에서 판토텐산이 물과 수소 결합을 할 수 있는가? (c) 판토텐산의 물에 대한 용해도를 예측하라.

아보카도는 바이타민 B_5인 판토텐산 (pantothenic)의 훌륭한 섭취원이다.

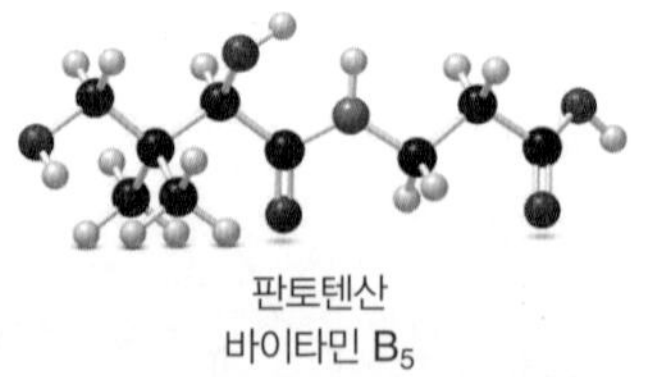

판토텐산
바이타민 B_5

3.6 용해도의 응용: 비누

비누는 인류가 약 2천 년 동안 사용해 왔다. 역사 기록을 보면 1세기에 비누를 제조하였고, 폼페이에 비누 공장이 있었다는 사실을 알 수 있다. 그 이전에는 의복을 물 속의 바위에 문지르거나 어떤 식물의 뿌리, 껍질 그리고 잎을 이용하여 비누 같은 거품을 일으켜 빨았다. 이들 식물은 사포닌(saponin)이라 부르는 천연물을 생산했으며, 이것이 현대 비누와 거의 같은 방식으로 작용한다.

비누 분자는 서로 다른 두 부분으로 되어 있다.

- 이온으로 구성된 친수성 부분: 극성 머리
- 비극성 C−C와 C−H 결합의 소수성 탄소 사슬: 비극성 꼬리

Na^+ ^-O ... = Na^+ $^-$

이온성 말단 — **극성 머리**

긴 탄화수소 사슬 — **비극성 꼬리**

비누 분자

그림 3.5
물에 비누가 용해되는 모습

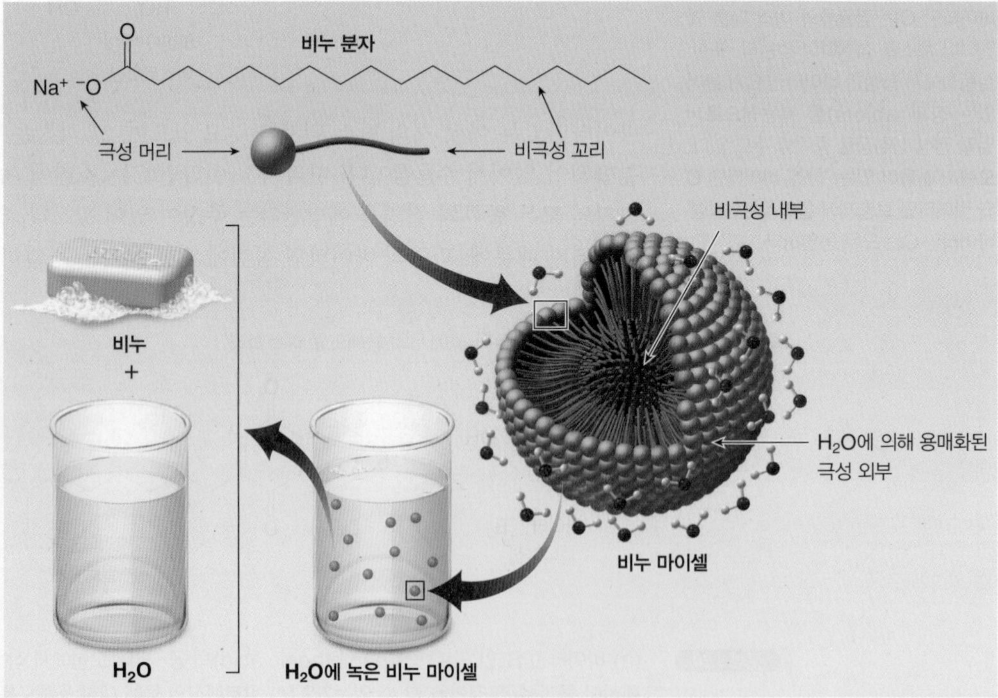

- 비누가 H_2O에 녹으면, 비누 분자는 비극성 꼬리가 내부로 향하고 극성 머리는 표면에 오는 마이셀을 형성한다. 극성 머리는 H_2O 분자와 이온−쌍극자 상호작용에 의해 용매화된다.

비누를 물에 녹이면 그림 3.5에 나타낸 것과 같이 **이온성 머리가 표면에 오고 내부는 비극성 꼬리 부분으로 채워진 구형 방울인 마이셀(micelle)**을 형성한다. 이렇게 배열되어, 이온성 머리는 극성 용매인 물에 의해 둘러싸여서 비누의 비극성인 '기름 같은' 탄화수소 부분을 물에 녹게 한다.

어떻게 비누가 그리스와 기름을 녹이는가? 대부분 비극성 탄화수소로 이루어진 때를 물만으로 녹일 수는 없다. 그러나 비누가 물에 섞이면 마이셀의 내부에서 비극성 탄화수소 꼬리가 때를 녹이게 된다. 비누의 극성 머리는 마이셀의 표면에서 물과 상호작용한다. 비누 분자의 비극성 꼬리는 극성 머리 부분에 의해 물에서부터 완전히 격리되어 마이셀은 수용성이 되고 우리 옷의 섬유로부터 떨어져 나와 물과 함께 씻겨 나가게 된다. 이렇게 하여 비누는 불가능해 보이는 일, 즉 우리 피부와 옷에서부터 비극성 탄화수소 물질을 극성 용매인 물에 녹여 씻어 내는 작용을 한다.

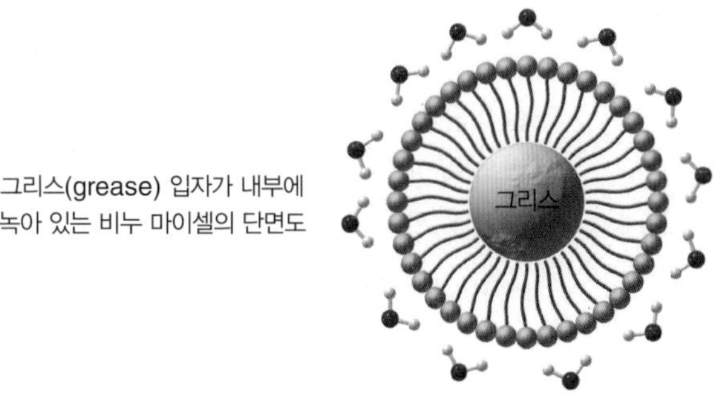

그리스(grease) 입자가 내부에 녹아 있는 비누 마이셀의 단면도

문제 3.21 다음 구조 중에서 비누를 나타내는 것은? 그 이유를 설명하라.

a. O, O^- Na^+ c. O, OH

b. O, O^- Na^+

문제 3.22 오늘날에는 다음 화합물과 같은 합성 세제가 비누 대신 옷을 세탁하는 데 사용된다. 이 세제가 어떻게 때를 씻어 내는지 설명하라.

SO_3^- Na^+

세제

3.7 응용: 세포막

세포막은 어떻게 유기화학적 원리가 생물학적 계에 적용되는지를 보여주는 복잡 미묘한 예이다.

3.7A 세포막의 구조

살아 있는 생물의 기본 단위는 **세포(cell)**이다. 세포질(cytoplasm)은 세포 내부의 수성 매체로서 세포 밖의 물과는 **세포막(cell membrane)**에 의해 분리되어 있다. 세포막은 얼핏 보면 서로 모순인 것 같은 두 가지 기능을 한다. 세포 안팎으로 이온, 물, 그리고 다른 분자들이 통과하는 것을 막기도 하고, 또한 양분은 안으로, 노폐물은 밖으로 선택적으로 통과시키는 역할도 한다.

세포막의 주된 구성 성분은 인지질(phospholipid)이라 불리는 유기 분자들이다. 비누처럼, 이들은 친수성인 이온성 부분과 소수성인 탄화수소 부분(이 경우는 C−C와 C−H 결합으로 이루어진 두 개의 긴 탄소 사슬임)으로 되어 있다. 따라서 **인지질은 하나의 극성 머리와 두 개의 비극성 꼬리로 되어 있다.**

이온성 말단
극성 머리
인지질의 구조
두 개의 긴 탄화수소 사슬
비극성 꼬리

인지질을 물과 섞으면, 이온성 머리는 외부로 향하게 되고 비극성 꼬리 부분이 내부로 향하는 지질 이중층(lipid bilayer)이라고 부르는 배열이 된다. 극성 머리 부분은 극성 용매인 물과 정전기적으로 상호작용하며, 비극성 꼬리 부분은 무수한 반데르발스 상호작용에 의해 서로 가깝게 붙들려 있게 된다. 이 모형이 그림 3.6에 나와 있다.

세포막은 이들 지질 이중층으로 구성되어 있다. 전하를 띠고 있는 인지질의 머리는 세포의 수성

그림 3.6
세포막

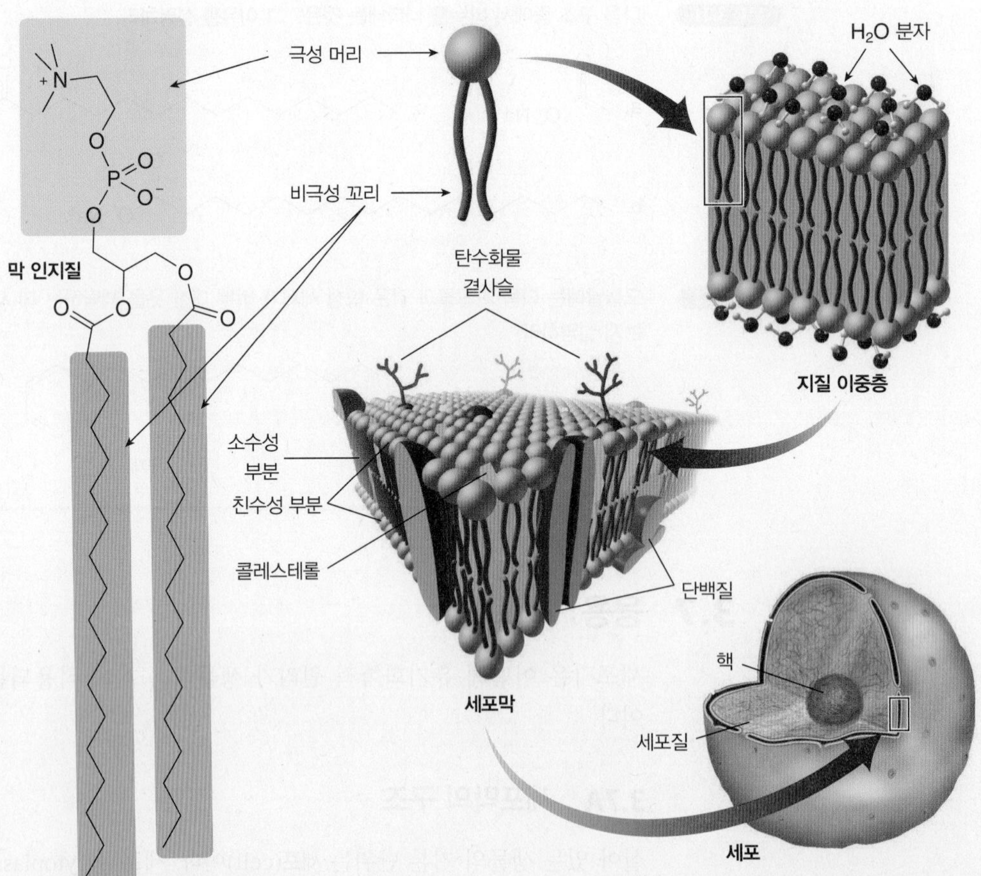

- 인지질은 이온성 또는 극성 머리와 두 개의 긴 비극성 탄화수소 꼬리로 되어 있다. 수용성 환경에서 인지질은 극성 머리는 수용성 외부로 향하고, 비극성 꼬리는 비극성 소수성 내부를 형성하는 지질 이중층을 이룬다. 세포막은 대부분 이러한 지질 이중층으로 구성되어 있다.

내부와 외부로 향해 있다. 비극성 꼬리 부분은 세포막의 소수성 내부를 형성하여 세포를 바깥으로부터 보호하는 녹지 않는 보호막 역할을 한다.

특히 사람의 뇌에 있는 세포막의 소수성 내부는 혈액 속의 불필요한 물질이 뇌 쪽으로 들어가는 것을 막아줄 뿐만 아니라, 혈액 속 화합물의 농도 변화에 뇌가 영향을 받지 않도록 함으로써 뇌를 보호하는 데 중요한 역할을 한다. 이러한 혈액뇌장벽(blood-brain barrier)은 뇌 속 모세혈관 안에 견고하게 조성된 세포층으로 이루어져 있으며, 뇌 속으로 들어가는 물질은 모두 이 모세혈관에 있는 세포막을 통과해야 한다. 이온은 소수성인 세포막 내부에 잘 녹지 않으므로 혈액뇌장벽을 거의 통과하지 못한다. 그러나 니코틴, 카페인, 헤로인과 같이 전하를 띠지 않는 유기 분자들은 세포막 내부에 아주 잘 용해되기 때문에 뇌 속으로 잘 통과되어 들어간다.

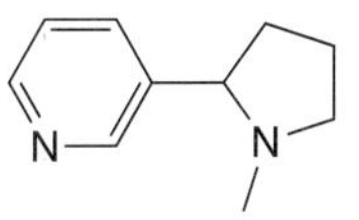

니코틴 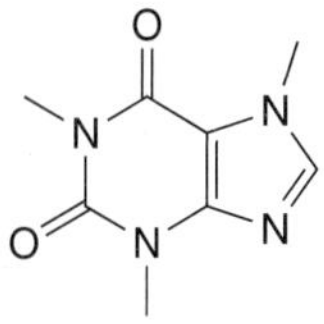 카페인 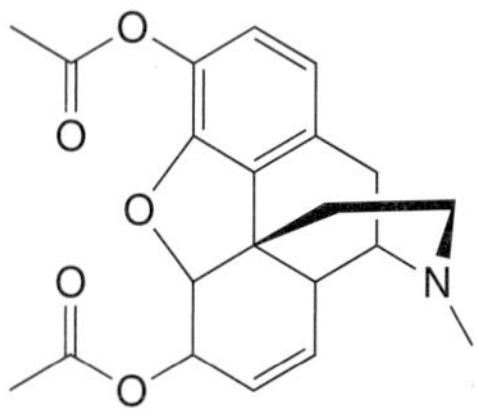 헤로인

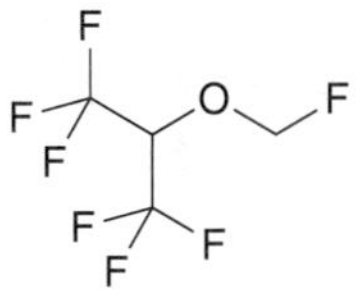

세보플루레인

세보플루레인(sevoflurane)과 같은 전신 마취제 역시 극성이 약한 화합물이어서 모세혈관의 지질 이중층에 잘 녹아들어가기 때문에 혈액뇌장벽을 통과할 수 있다.

문제 3.23 (a) 모르핀과 헤로인은 각각 어떤 종류의 분자간 힘을 갖는가? (b) 어느 화합물이 혈액뇌장벽을 더 잘 통과하여 더 강한 진통제 역할을 할 수 있을까?

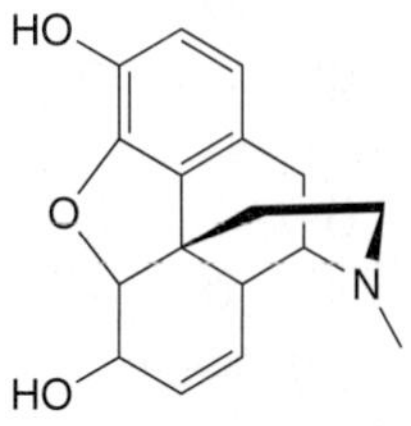

모르핀 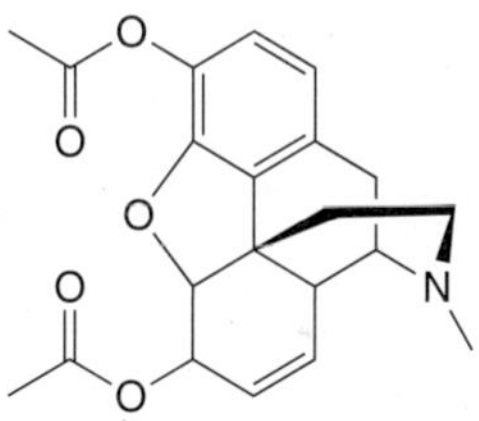 헤로인

문제 3.24 비활성기체인 제논이 전신 마취제가 될 수 있는 이유를 설명하라.

3.7B 세포막을 건너는 운반 작용

어떻게 세포 외부의 물에 녹아 있는 극성 분자나 이온이 세포막의 비극성 내부를 통과하여 세포 안으로 들어갈까? O_2 같은 비극성 분자들은 작기 때문에 확산에 의해 세포에 드나들 수 있다. 반면에 극성 분자와 이온들은 너무 크거나 너무 극성이어서 잘 확산되지 못한다. 어떤 이온들은 **이온운반체**(ionophore)라 불리는 분자의 도움으로 막을 건너 운반된다.

이온운반체는 양이온과 착물을 형성하는 유기 분자이다. 이것은 소수성 외벽을 갖고 있어서 세포막의 비극성 내부에 녹으며, 가운데는 몇 개의 산소 원자가 배열된 공동(cavity)이 있어서 산소의 비공유 전자쌍이 이온과 착물을 이룬다. 공동의 크기에 따라 그 이온운반체가 어떤 양이온과 착물을 이루는지 결정된다. 천연에서 얻어지는 **노낙틴**(nonactin)과 **발리노마이신**(valinomycin)과 같은 두 가지 항생물질이 이온운반체로 작용한다.

노낙틴

빌리노마이신

크라운 에테(crown ether)라고 부르는 종류처럼 몇몇 합성 이온운반체도 알려져 있다. 크라운 에테는 몇 개의 산소 원자를 갖고 있는 고리형 에테로서 그 공동의 크기에 따라 특정한 양이온에 결합한다. 크라운 에테는 *x*-크라운-*y*로 명명되는데, 여기서 *x*는 고리에 있는 전체 원자 수이고 *y*는 산소 원자 수이다. 예를 들어, 18-크라운-6은 고리에 6개의 O 원자를 포함한 18개의 원자로 되어 있다. 이 크라운 에테는 포타슘 이온과 결합한다. 소듐 이온은 너무 작아서 단단한 착물을 형성하지 않고, 더 큰 양이온은 공동에 끼어 들어가지 못한다.

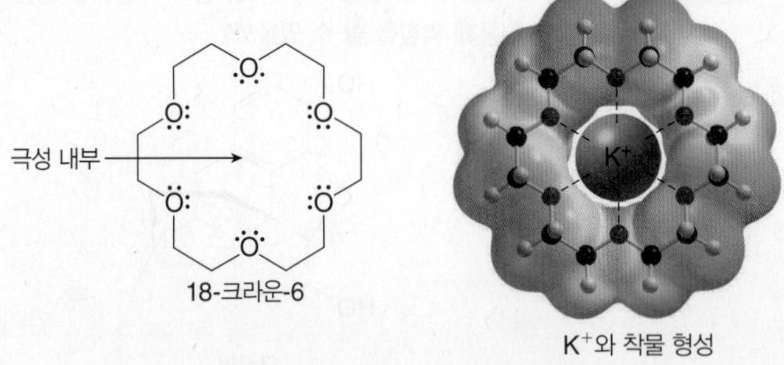

K^+와 착물 형성

이온운반체는 어떻게 막을 건너 이온을 운반할까? 이온운반체는 막의 한쪽에서 극성 내부에 이온을 결합시킨다. 그후 이온운반체의 소수성 외벽이 인지질의 소수성 꼬리와 상호작용을 하기 때문에 막을 건너 움직일 수 있다. 그 다음 막의 반대쪽에서 이온운반체는 이온을 내어놓는다. 이러한 이온 이동 역할은 정상적인 세포 기능에 필수적이다. 이 과정이 그림 3.7에 나타나 있다.

그림 3.7
세포막을 통과하는 이온의 이동

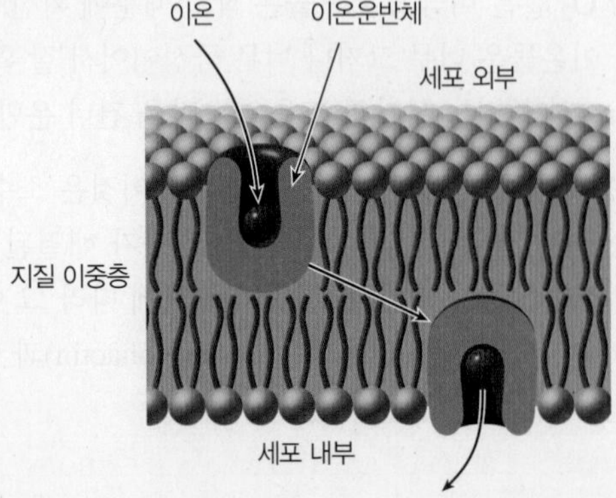

- 지질 이중층의 한쪽(이온의 농도가 높은 쪽)에서 이온과 결합하고 이중층의 다른 쪽(이온의 농도가 낮은 쪽)에서 방출함으로써 이온운반체는 이온을 세포막을 건너 이동시킨다.

이러한 방법으로, 노낙틴과 같은 항생제 이온운반체는 박테리아의 세포막 사이로 이온을 운반한다. 이렇게 하여 박테리아 세포의 정상적인 이온 균형을 교란하여 세포 기능을 방해하고 박테리아를 죽게 한다.

문제 3.25 이제 용해도에 대해 배웠으니 왜 아스피린(2.7절)이 짝염기 음이온 상태보다는 중성의 카복실산으로서 세포막을 통과하는지 설명하라.

3.8 작용기와 반응성

3장의 대부분은 작용기가 어떻게 분자간 힘을 결정하는지, 또 그 결과로 분자의 물리적 성질을 어떻게 결정하는지에 대해 설명하였다. 작용기는 반응성도 결정한다. 어떤 특정한 유기 화합물은 어떤 종류의 반응을 하는가? 두 가지의 기본 개념을 상기하며 생각해 보라.

- 작용기는 분자 내에서 반응하는 자리를 만든다.
- 전자가 풍부한 자리가 전자가 모자라는 자리와 반응한다.

모든 작용기는 헤테로원자, π 결합 또는 둘 다 갖고 있으며 이러한 것들이 분자 내에서 전자가 모자라는(친전자성) 자리와 전자가 풍부한(친핵성) 자리를 만든다. 분자들은 이러한 자리에서 반응한다. 반응성을 예측하려면 먼저 작용기를 찾아내고 그것 때문에 생기는 전자가 풍부한 또는 전자가 모자라는 자리를 정해야 한다. 세 가지의 지침을 항상 명심한다.

- N, O 또는 X 같은 전기음성적인 헤테로원자는 탄소 원자를 친전자성으로 만든다.

δ+ Cl: δ+ OH

- 헤테로원자는 비공유 전자쌍으로 인해 염기성이고 친핵성이다.

O: 염기 친핵체 H N: 염기 친핵체

- π 결합은 친핵성 자리를 만들고 σ 결합보다 더 쉽게 끊어진다.

C=C 쉽게 끊어지는 한 개의 π 결합

—C≡C— 쉽게 끊어지는 두 개의 π 결합

문제 3.26 각 분자 내에서 친전자성 자리와 친핵성 자리를 표시하라.

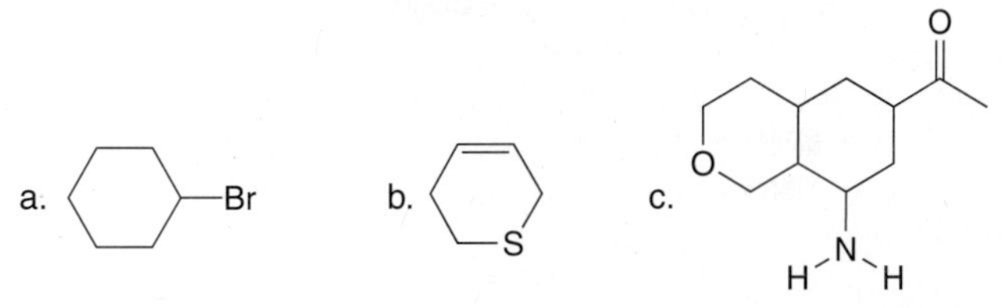

화합물에서 친핵성 자리와 친전자성 자리를 찾아냄으로써 분자가 어떻게 반응할지 이해할 수 있게 된다. 일반적으로 전자가 풍부한 자리가 전자가 모자라는 자리와 반응한다.

$:Nu^-$ = 친핵체
E^+ = 친전자체

- 전자가 부족한 탄소 원자는 $:Nu^-$로 표시되는 친핵체와 반응한다.
- 전자가 풍부한 탄소는 E^+로 표시되는 친전자체와 반응한다.

지금 상태로 우리는 아직 충분한 유기화학 지식이 없기 때문에 반응의 생성물을 자신 있게 그려내지 못한다. 그러나 우리는 전자 밀도의 논리만 갖고도 두 화합물이 반응할지, 그리고 그 반응이 어느 원자에서 일어날지 예측할 수 있을 만큼의 지식은 얻었다.

예를 들어, 알켄은 전자가 풍부한 C–C 이중 결합을 갖고 있으며, 따라서 친전자체 E^+와 반응한다. 반면에 할로젠화 알킬은 친전자성 탄소 원자를 갖고 있어서 전자가 풍부한 친핵체와 반응한다.

C=C + E^+ δ+ Cl + $:Nu^-$

알켄 친핵체   친전자체   할로젠화 알킬 친전자체   친핵체

지금 당장은 이 반응의 생성 물질이 무엇인지 걱정할 필요는 없다. 지금 단계에서는 분자 내에서 반응하는 자리를 찾아 내고, 왜 반응이 거기서 일어나는지만 이해할 수 있으면 된다. 4장과 5장에서 유기 분자들의 구조에 대해서 더 배우고 난 후, 6장에서 유기 반응에 대한 자세한 논의가 시작될 것이다.

문제 3.27 전자 밀도만을 고려하여, 다음 반응이 일어날 것인지 설명하라.

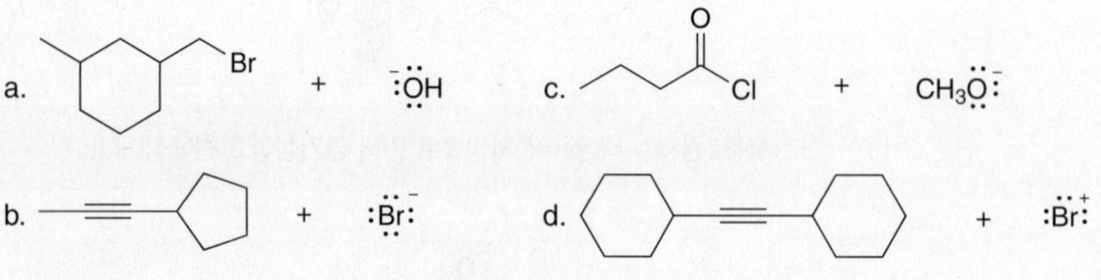

a. Br + $:\ddot{O}H^-$ c. Cl + $CH_3\ddot{O}:^-$

b. + $:Br:^-$ d. + $:Br:^+$

3.9 생분자

생분자(biomolecule)는 생체계에서 발견되는 유기 화합물이다. 이 중 많은 경우는 분자량 1000 g/mol 이하의 비교적 작은 분자들이다. 이 작은 분자들은 단당류, 지질, 아미노산 그리고 뉴클레오타이드 등 네 개의 부류로 분류된다. 간단한 생분자들 중 많은 것은 세포 내에서 중요한 기능을 하는 더 큰 화합물을 만드는 데 쓰인다.

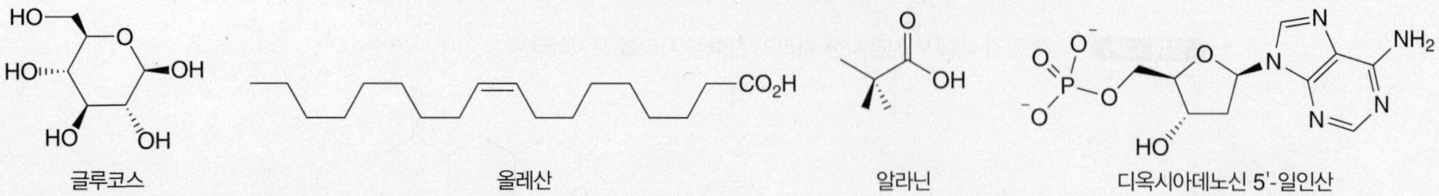

HO, O, OH, HO, HO, OH CO_2H O, OH   O, P, O, N, NH_2, N, HO

글루코스 단당류   올레산 지방산   알라닌 아미노산   디옥시아데노신 5'-일인산 뉴클레오타이드

그림 3.9
DNA의 이중 나선

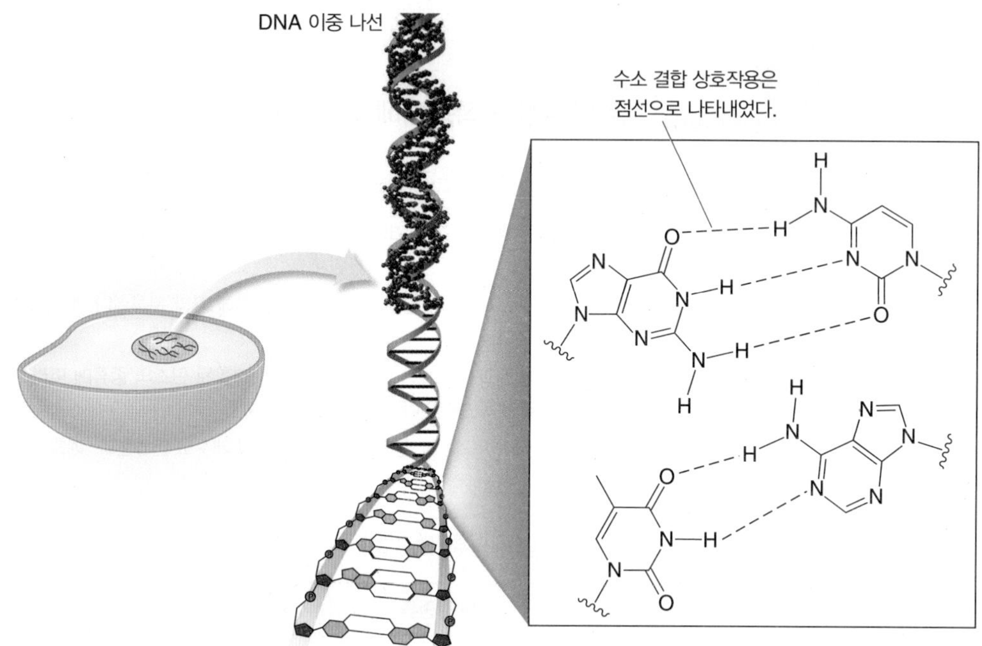

- 세포핵의 염색체에 들어 있는 DNA는 유기체의 모든 유전 정보를 저장하고 있다. DNA는 수소 결합으로 서로 붙들려 있는 두 가닥의 긴 폴리뉴클레오타이드로 되어 있다.

28장에서 기술한 바와 같이 글루코스와 같은 단당류가 결합하여 복잡한 녹말이나 셀룰로스를 형성한다. 알라닌은 29장의 주제인 단백질을 합성하는 데 사용되는 아미노산이다. 올레산(oleic acid)과 같은 지방산(fatty acids)은 알코올과 반응하여 트라이글리세롤을 형성한다. 10장에서 처음 언급한 트라이아실글리세롤(triacylglycerol)은 가장 흔히 볼 수 있는 지질(lipid)로서 22장과 31장에서 더 자세하게 논의한다. 이러한 생분자들은 모두 두 개 이상의 작용기를 가지고 있기는 하나, 그들의 성질과 반응은 유기화학의 기본적인 원리로 설명할 수 있다.

마지막으로, 디옥시아데노신 5'-일인산은 하나의 뉴클레오타이드로서 수천 개의 다른 뉴클레오타이드들과 결합하여 DNA, 디옥시리보핵산(deoxynucleic acid)과 같이 생물에서 유전 정보를 저장하는 고분자량의 폴리뉴클레오타이드를 만든다. DNA는 이중 나선으로 서로 감겨 있는 두 개의 폴리뉴클레오타이드 사슬로 되어 있다. 그림 3.8은 DNA의 구조에서 수소 결합의 중요성을 설명해 주고 있다. 두 개의 폴리뉴클레오타이드 사슬은 한 사슬에 있는 N−H기가 인접한 사슬에 있는 산소나 질소 원자와 분자간 수소 결합을 함으로써 광범한 네트워크로 서로 붙들려 있다.

문제 3.28 설탕처럼 달콤한 탄수화물이 칼로리가 높다는 사실은 달지만 칼로리가 낮은 대체 물질의 개발을 촉발했다. (a) 인공 감미료인 아스파탐에 있는 작용기를 표시하라. (b) 물의 산소 원자와 수소 결합을 할 수 있는 부분을 모두 표시하라. (c) 물의 수소 원자와 수소 결합을 할 수 있는 부분을 모두 표시하라.

아스파탐

유기 분자와 작용기에 대한 개론

탄소 원자, 수소 원자, 알코올, 할로젠화 알킬, 아민, 그리고 아마이드의 분류법(3.2절)

- 탄소 원자는 거기에 직접 결합한 탄소의 개수에 따라 분류한다. 한 개의 탄소와 연결된 탄소를 1차 탄소(1° 탄소)라고 부르는 식이다.
- 수소 원자는 그 수소가 달려 있는 탄소의 종류에 따라 분류한다. 1° 탄소에 수소가 붙어 있으면 그 수소를 1° 수소라고 부르는 식이다.
- 할로젠화 알킬과 알코올은 OH 또는 X기가 결합된 탄소의 종류에 따라 분류한다. 1° 탄소에 붙어 있는 알코올을 1° 알코올이라고 부르는 식이다.
- 아민이나 아마이드는 그 질소에 결합된 탄소의 개수로 분류한다. 예를 들어 1° 아민은 한 개의 탄소–질소 결합을 가지고 있다.

분자간 힘의 종류(3.3절)

세기 증가 (↓)

힘의 종류	원인
반데르발스	일시적 쌍극자의 상호작용에 의해 생김 • 표면적이 넓을수록 힘이 커짐 • 크고 더 편극성이 큰 원자일수록 힘이 커짐
쌍극자–쌍극자 수소 결합	영구적인 쌍극자의 상호작용에 의해 생김 O–H, N–H 또는 H–F의 H 원자가 또 다른 N, O, F 원자의 비공유 전자쌍과 정전기적 상호작용을 하여 생김
이온–이온	두 이온의 전하의 인력에 의해 생김

물리적 성질

성질	관찰사항
끓는점(3.4A절)	• 비슷한 분자량을 갖는 화합물의 경우, 분자간 힘이 클수록 bp가 높아짐. VDW bp = 36 °C; VDW, DD bp = 76 °C; VDW, DD, HB bp = 118 °C 분자간 힘이 커짐 끓는점이 높아짐
	• 비슷한 작용기를 갖는 화합물의 경우, 표면적이 넓을수록 bp가 높아짐. bp = 0 °C; bp = 36 °C 표면적이 커짐 끓는점이 높아짐

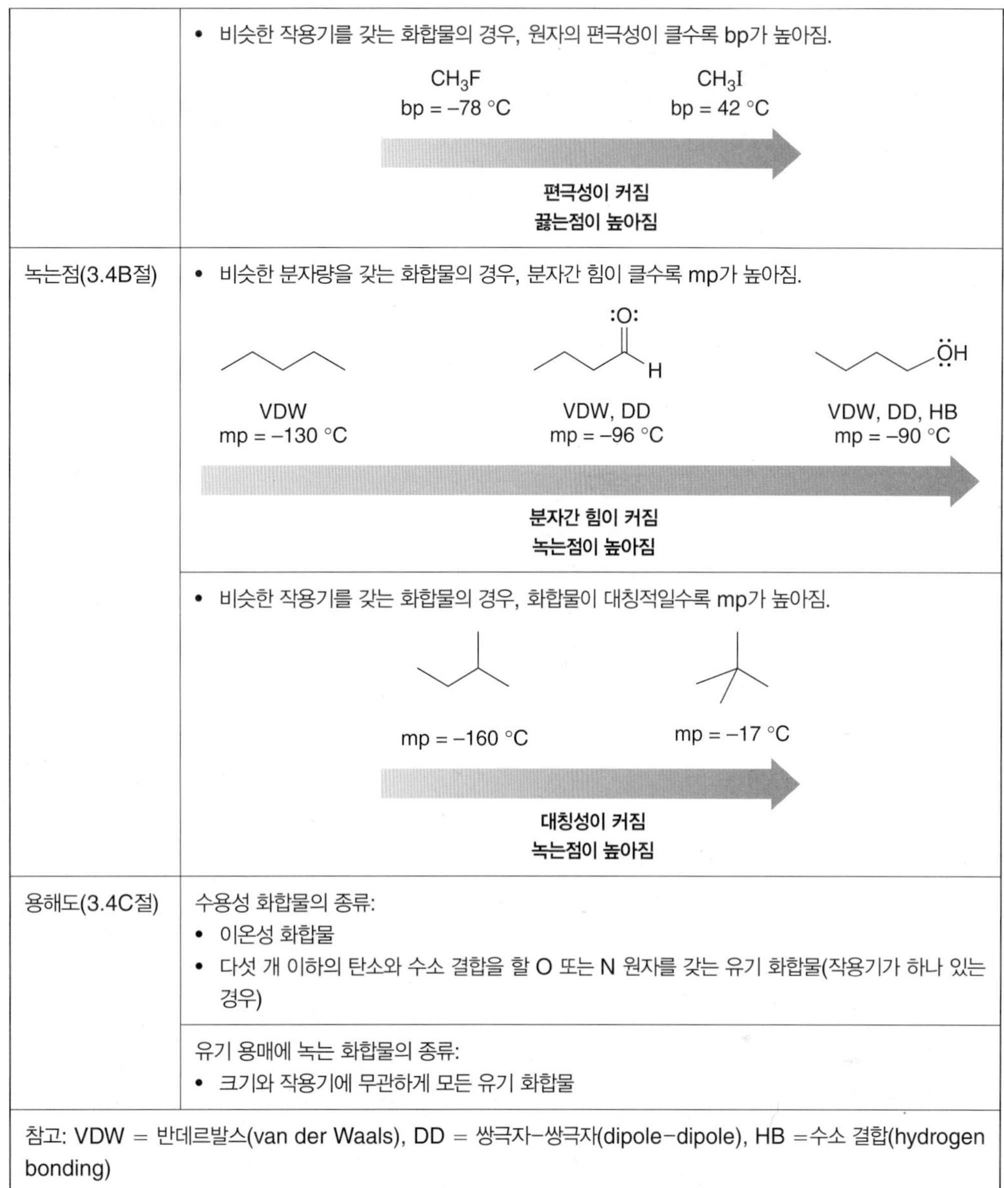

	• 비슷한 작용기를 갖는 화합물의 경우, 원자의 편극성이 클수록 bp가 높아짐. CH_3F bp = −78 °C → CH_3I bp = 42 °C **편극성이 커짐** **끓는점이 높아짐**
녹는점(3.4B절)	• 비슷한 분자량을 갖는 화합물의 경우, 분자간 힘이 클수록 mp가 높아짐. VDW mp = −130 °C → VDW, DD mp = −96 °C → VDW, DD, HB mp = −90 °C **분자간 힘이 커짐** **녹는점이 높아짐**
	• 비슷한 작용기를 갖는 화합물의 경우, 화합물이 대칭적일수록 mp가 높아짐. mp = −160 °C → mp = −17 °C **대칭성이 커짐** **녹는점이 높아짐**
용해도(3.4C절)	수용성 화합물의 종류: • 이온성 화합물 • 다섯 개 이하의 탄소와 수소 결합을 할 O 또는 N 원자를 갖는 유기 화합물(작용기가 하나 있는 경우)
	유기 용매에 녹는 화합물의 종류: • 크기와 작용기에 무관하게 모든 유기 화합물
참고: VDW = 반데르발스(van der Waals), DD = 쌍극자−쌍극자(dipole−dipole), HB =수소 결합(hydrogen bonding)	

반응성(3.8절)

- **친핵체는 친전자체와 반응한다.**
- 전기음성적인 헤테로원자는 친전자성 탄소 원자를 만들고, 이는 주로 친핵체와 반응한다.
- 비공유 전자쌍과 π 결합은 친핵성 자리로서 친전자체와 주로 반응한다.

문제

삼차원 모델을 이용하는 문제

3.29 (a) 육두구(nutmeg)의 독특한 맛과 향기의 일부 원인이 되는 화합물인 엘레마이신(elemicin)에 대한 공−막대 모형에서 작용기를 표시하라. (b) 더 높은 끓는점과 녹는점을 갖는 엘레마이신의 구조 이성질체 한 가지에 대해 골격 구조를 그려라. (c) 모든 친전자성 탄소 원자를 표시하라.

엘레마이신

3.30 (a) 레몬 풀에서 추출해서 레몬 향기를 갖는 화합물인 네랄(neral)에 대한 공-막대 모형에서 작용기를 표시하라. (b) 더 물에 잘 녹는, 네랄의 구조 이성질체 한 가지에 대해 골격 구조를 그려라. (c) 가장 친전자성이 큰 탄소 원자를 표시하라.

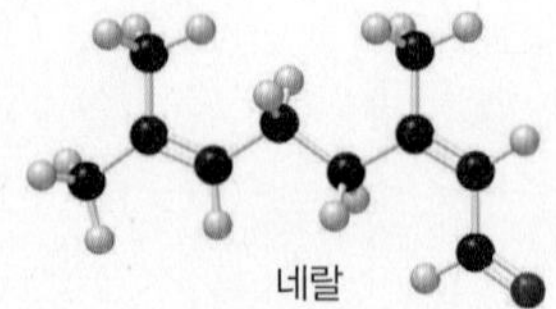
네랄

작용기

3.31 각 알케인에 대해 (a) 각 탄소를 1°, 2°, 3°, 4°로 분류하라 (b) 각 수소 원자를 1°, 2°, 3°로 분류하라.

3.32 다음 각 분자들에서 작용기를 찾아라. 각 알코올, 할로젠화 알킬, 아마이드, 아민을 1°, 2°, 3°로 분류하라.

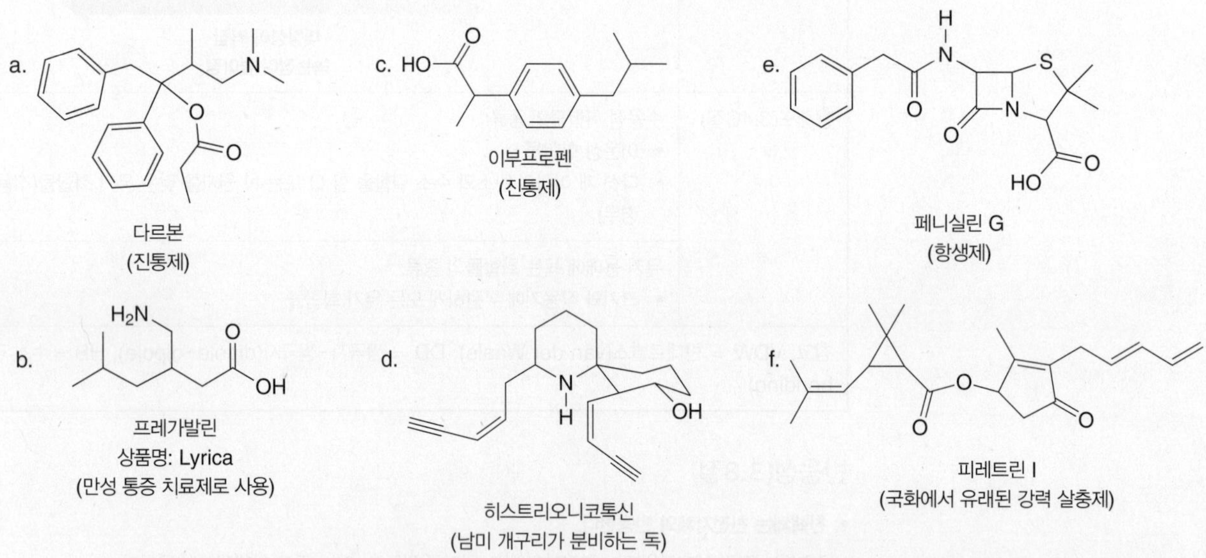

a. 다르본 (진통제)

b. 프레가발린 상품명: Lyrica (만성 통증 치료제로 사용)

c. 이부프로펜 (진통제)

d. 히스트리오니코톡신 (남미 개구리가 분비하는 독)

e. 페니실린 G (항생제)

f. 피레트린 I (국화에서 유래된 강력 살충제)

3.33 다음 고리 화합물에 있는 각 작용기를 찾아라. 고리형 에스터인 락톤과 고리형 아마이드인 락탐은 각각 어느 것인가?

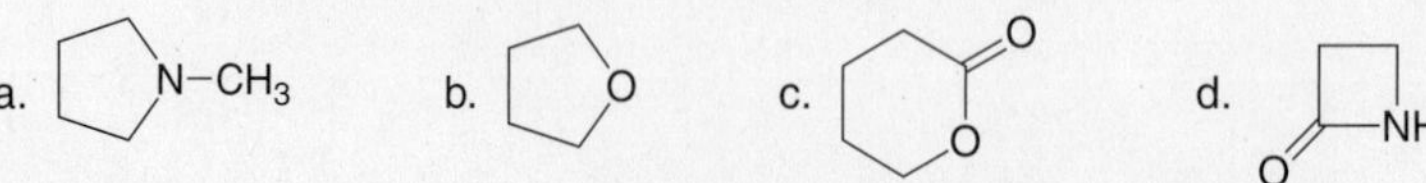

3.34 (a) 해양 퇴적물에서 분리한 항암제인 살리노스포라마이드 A(salinosporamide A)에 있는 작용기들을 찾아라. (b) 각 알코올, 할로젠화 알킬, 아민을 1°, 2°, 3°로 분류하라.

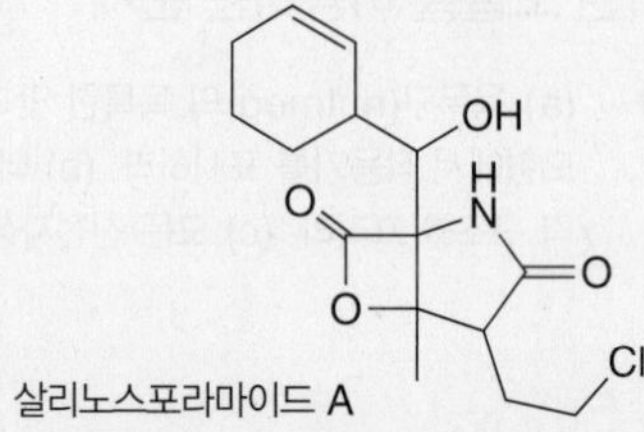
살리노스포라마이드 A

3.35 카보닐기를 포함하고 있는 분자식이 $C_3H_6O_2$인 화합물이 있다. 이 화합물의 7개의 구조 이성질체를 그려라. 각 이성질체에 있는 작용기를 말하라.

분자간 힘

3.36 다음 각 화합물이 나타내는 분자간 힘에는 어떤 것이 있는가?

a. O, OH　b. O, OCH_3　c. N　d.

3.37 다음 화합물들을 분자간 힘이 증가하는 순서대로 순위를 매겨라.

a. NH_2　　Cl　b.　O, OH　O

3.38 인디나비르(Indinavir: 상표명 Crixivan)는 HIV 치료제이다. (a) 인디나비르에서 자기와 비슷한 다른 분자와 수소 결합 할 수 있는 위치는 어디인가? (b) 인디나비르가 물과 수소 결합을 할 수 있는 위치는 어디인가?

OH　O　H　N　O　N　H　OH　N　N　N

인디나비르

3.39 분자내 인력은 때로는 거대한 분자의 형태를 유지하는 데 중요하다. 예를 들어, 몇몇 단백질들은 인접한 작용기 사이의 인력에 의해 서로 붙들려 있으면서 꽉 채워진 모습으로 접혀 있다. 아래에 단백질의 접힌 형태의 모형이 그려져 있다. 단백질의 골격은 청록색 띠로 나타내었고 다양한 곁사슬이 골격에 매달려 있는 것으로 나타내었다. **A~F**로 표시된 각 위치에서 어떤 종류의 분자내 힘이 작용하는가?

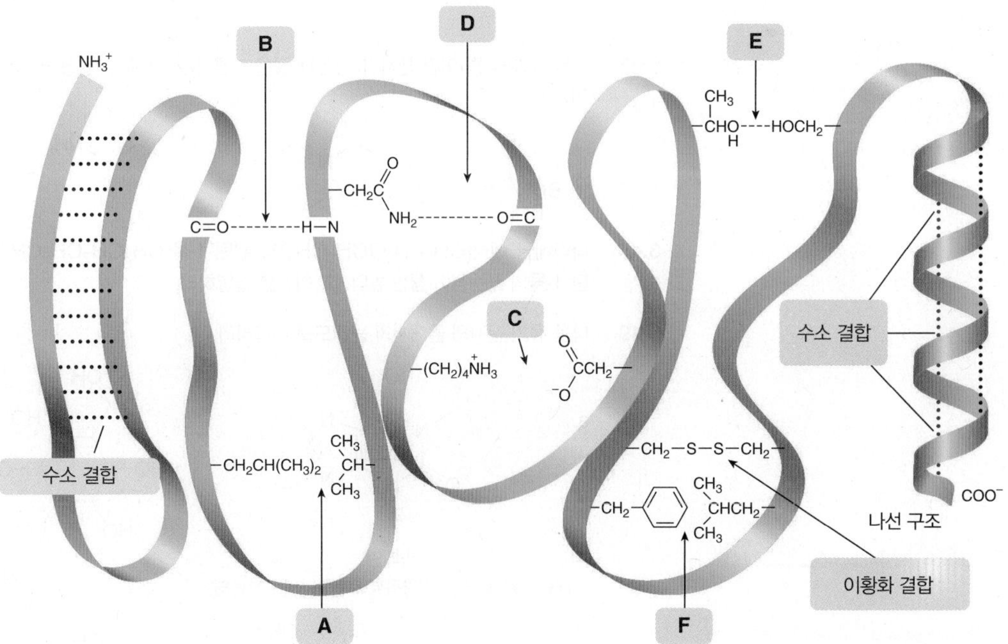

물리적 성질

3.40 (a) 각각의 화합물이 적어도 하나의 다른 작용기를 갖도록 분자식이 $C_6H_{12}O$인 화합물 네 개를 그려라. (b) 어떤 화합물이 가장 높은 끓는점을 가질 것인지 예측하고 그 이유를 설명하라.

3.41 다음 각 묶음에 있는 화합물들을 끓는점이 증가하는 순서대로 순위를 매겨라.

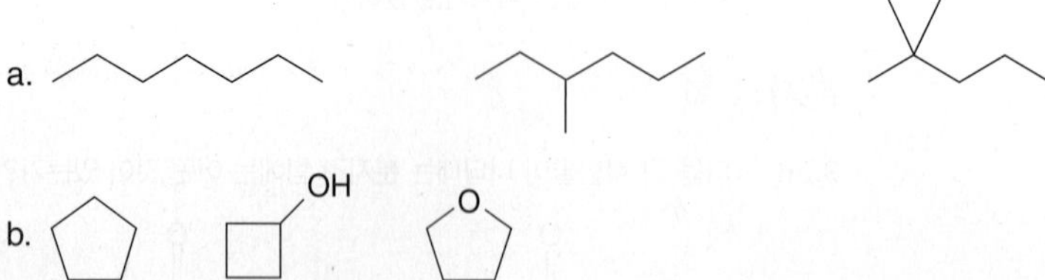

3.42 $CH_3CH_2NHCH_3$는 $(CH_3)_3N$과 분자량은 같으나 끓는점은 더 높은 이유를 설명하라.

3.43 멘톤(menthone)과 멘톨(menthol) 둘 다 박하에서 분리한다. 실온에서 멘톨은 고체인 반면 멘톤은 액체인 이유를 설명하라.

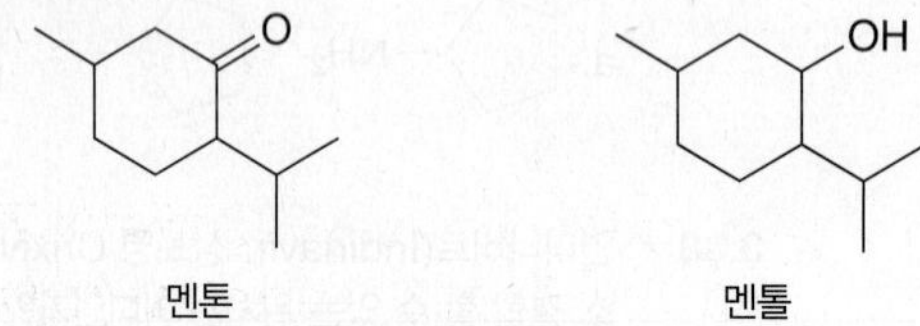

멘톤 멘톨

3.44 다음 화합물들을 녹는점이 증가하는 순서대로 순위를 정하라.

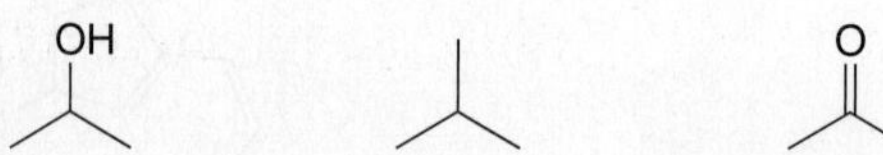

3.45 벤젠은 톨루엔보다 끓는점은 낮으나 녹는점은 훨씬 높다. 그 이유를 설명하라.

벤젠 bp = 80 °C mp = 5 °C 과 톨루엔 bp = 111 °C mp = −93 °C

3.46 다음 화합물들을 물에서의 용해도가 증가하는 순서대로 순위를 정하라.

—OH =O —Br

3.47 다음 분자들 중 어떤 분자가 자신과 같은 다른 분자와 수소 결합 할 수 있는가? 물과 수소 결합 하는 것은 무엇인가?

a. $CHBr_3$ (Br, Br, Br) b. N c. NH_2, O d. O, O

3.48 다이에틸 에터($CH_3CH_2OCH_2CH_3$)와 뷰탄-1-올($CH_3CH_2CH_2CH_2OH$)은 물에서의 용해도는 비슷하나 뷰탄-1-올의 끓는점이 훨씬 높다. 그 이유를 설명하라.

3.49 다음 유기 분자의 물에서의 용해도를 예측하라.

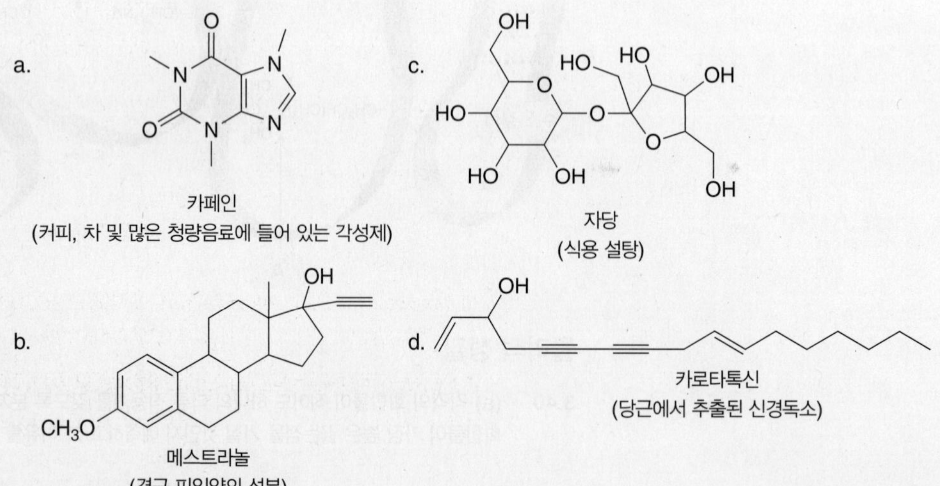

a. 카페인 (커피, 차 및 많은 청량음료에 들어 있는 각성제)

c. 자당 (식용 설탕)

b. 메스트라놀 (경구 피임약의 성분)

d. 카로타톡신 (당근에서 추출된 신경독소)

응용

3.50 다음에 주어진 바이타민들의 물에서의 용해도와 유기 용매에서의 용해도를 예측하라.

a. 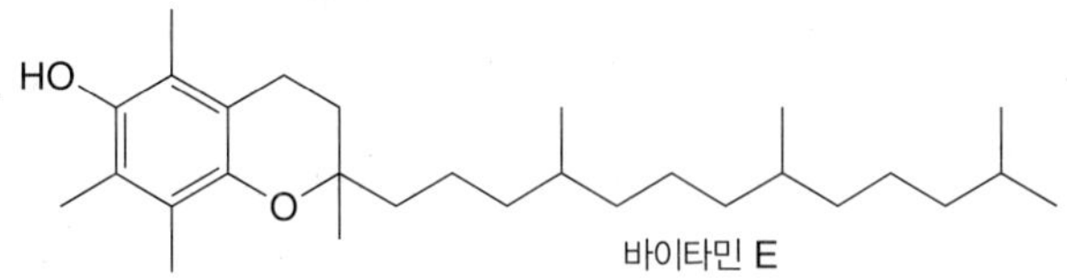 바이타민 E

b. 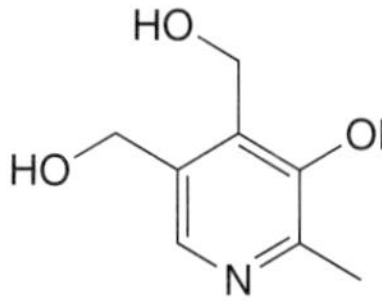 피리독신 바이타민 B_6

3.51 아보벤존(avobenzone)과 다이옥시벤존(dioxybenzone)은 두 종류의 시판용 자외선 차단제이다. 용해도의 원리를 이용하여 수영장에서 사용할 때, 어떤 자외선 차단제가 더 잘 씻겨져 나갈 것인지 용해도의 원리를 이용하여 예측하라.

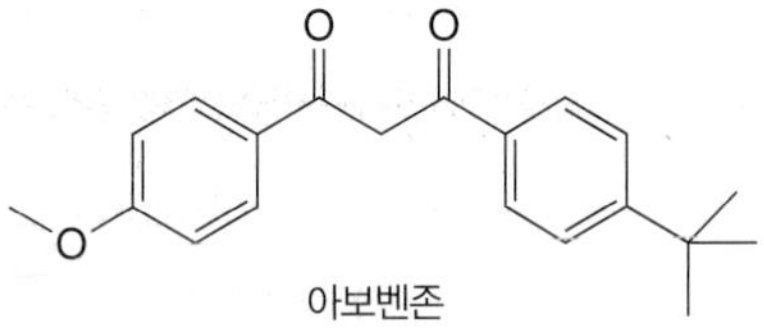

아보벤존

다이옥시벤존

3.52 폴리에틸렌글라이콜[poly(ethylene glycol) (PEG)]과 폴리바이닐클로라이드[poly(vinyl chloride) (PVC)]는 큰 유기 분자인 고분자의 예로서, 작은 단위체들이 공유 결합으로 반복하여 이루어졌다. 고분자들은 그들이 갖는 작용기에 따라 매우 다른 성질을 나타낸다. 각 고분자의 물에 대한 용해도를 논하라. PVC는 정원에서 사용하는 호스나 파이프를 만드는 데 이용한다. 그러나 PEG는 샴푸에 사용된다. 그 이유는 무엇인가? 합성 고분자는 15장과 30장에서 자세하게 논의한다.

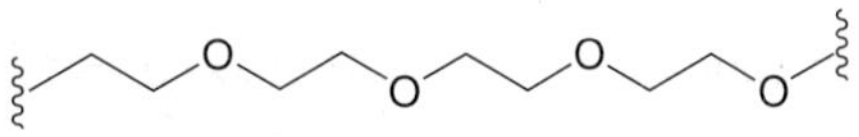

폴리에틸렌글라이콜
PEG

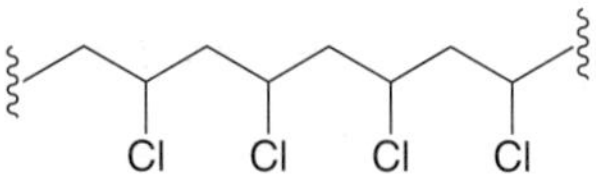

폴리바이닐클로라이드
PVC

3.53 THC는 마리화나의 유효성분이고 에탄올은 알코올 음료에 있는 알코올이다. THC의 존재는 이 물질이 체내에 들어온 후 수 주일 후에 약물 검사를 하여도 나타나지만 에탄올은 나타나지 않는 이유를 설명하라.

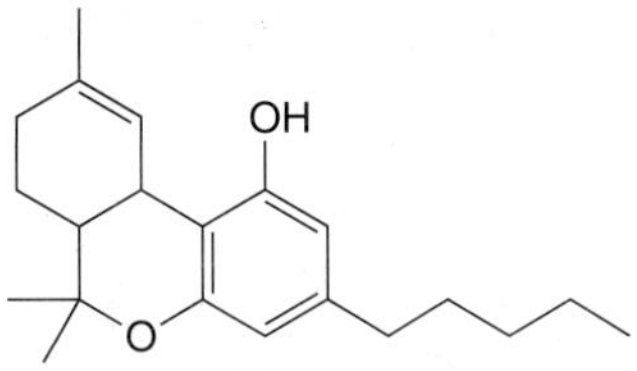

테트라하이드로칸나비놀
THC

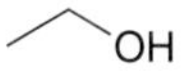

에탄올

3.54 코카인은 널리 남용되는 중독성 마약이다. 코카인은 보통 염산염(코카인-염산)으로 얻어지나 염기로 처리하여 크랙(중성 분자)으로 전환할 수 있다. 이 중 어떤 것의 끓는점이 더 높은가? 어느 쪽이 물에 더 잘 녹는가? 크랙은 보통 담배 피우듯 연기로 흡입하나 코카인-염산염은 직접 혈관에 주사하는 이유를 상대적인 용해도로 어떻게 설명할 수 있는가?

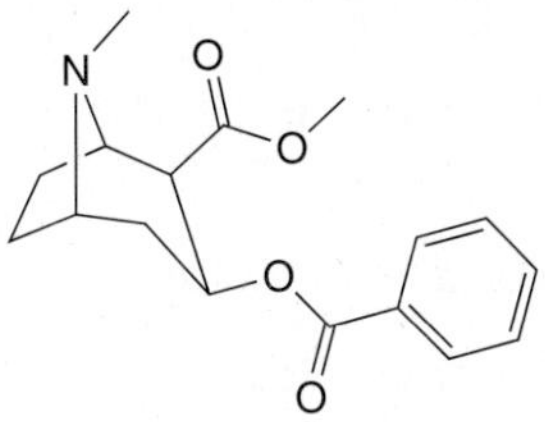

코카인(크랙)
중성 유기 분자

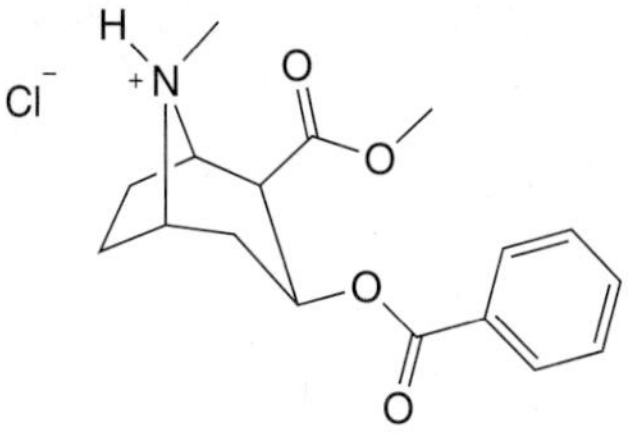

코카인 하이드로클로라이드
염

3.55 많은 약품들은 아민(R_2NH)을 염산과 반응시켜 만든 염산염($R_2NH_2{}^+Cl^-$)의 형태로 만들어 판매한다.

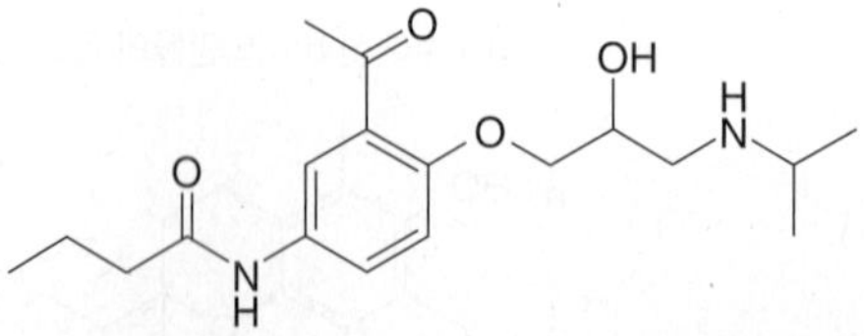

아세뷰톨올

a. 아세뷰톨올(acebutolol)을 염산과 반응시켜 형성된 생성물(염산염)을 그려라. 아세뷰톨올은 고혈압을 치료하는 데 사용되는 β-차단제이다.

b. 물에서 아세뷰톨올의 용해도와 아세뷰톨올의 염산염의 용해도를 논해보라.

c. 중성 아민이 아니라 염산염의 형태로 의약품을 판매하는 이유를 쓰라.

유기 분자의 반응성

3.56 다음 각 분자 내에서 친전자성 자리와 친핵성 자리를 표시하라.

a. 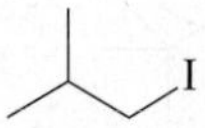 b. 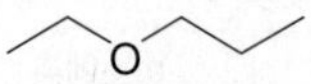 c. 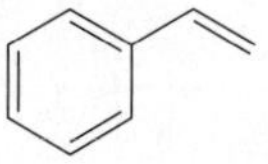 d.

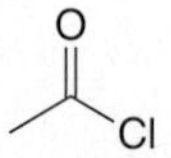

3.57 전자 밀도만을 고려하여, 다음 반응이 일어날지 판단하라.

a.  + Br^- ⟶

b. 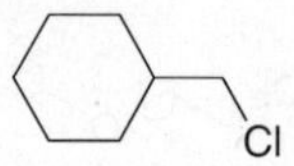 + ^-CN ⟶

c. 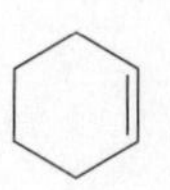 + ^-OH ⟶

d. 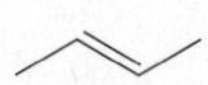 + H_3O^+ ⟶

세포막

3.58 세포막의 구성 성분은 모든 종류의 세포에 대하여 항상 일정한 것은 아니다. 어떤 세포막은 다른 것보다 더 단단하다. 단단한 정도는 여러 가지 요소로 결정되는데, 그중 하나는 막을 구성하는 인지질의 탄소 사슬 구조이다. 3.7A절에 한 종류의 인지질이 그려져 있으며, 탄소 사슬에 C−C 이중 결합이 있는 또 다른 종류가 아래에 그려져 있다. 더 단단한 세포막에 어떤 인지질이 존재하겠는가? 그 이유는 무엇인가?

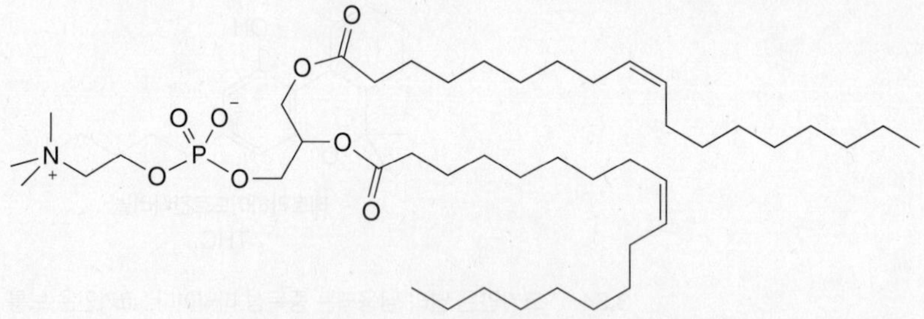

인지질

3.59 다음 화합물들 중 어느 것이 전신 마취제로 타당한가? 그 이유를 설명하라.

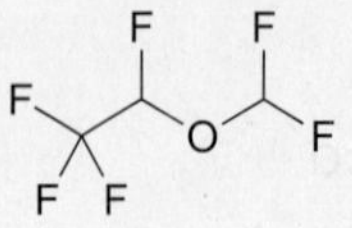

A 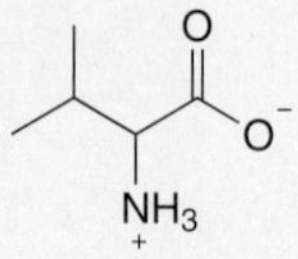 **B**

일반 문제

3.60 퀴나프릴(quinapril, 상표명 Accupril)은 고혈압이나 협심증에 쓰이는 약이다.

퀴나프릴

a. 퀴나프릴에 있는 작용기들을 찾아라.

b. 알코올, 아마이드, 아민기가 있다면 이들을 1°, 2°, 3°로 분류하라.

c. 퀴나프릴에서 물과 수소 결합을 할 수 있는 자리는 어디인가?

d. 퀴나프릴에서 아세톤[$(CH_3)_2CO$]과 수소 결합 할 수 있는 자리는 어디인가?

e. 가장 산성도가 높은 수소 원자를 표시하라.

f. 어느 위치가 가장 염기도가 높은가?

3.61 극심한 통증 완화에 사용되는 마약성 진통제인 옥시코돈(oxycodone)에 관한 아래 질문에 답하라.

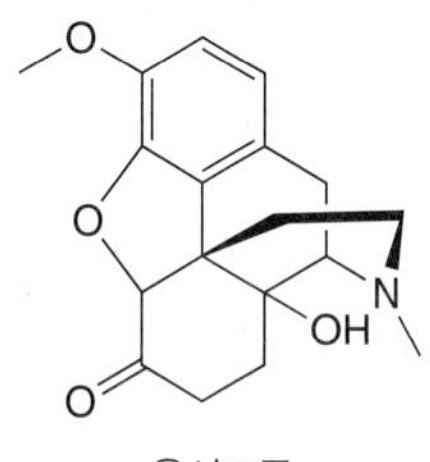
옥시코돈

a. 옥시코돈에 있는 작용기들을 찾아라.

b. 알코올, 아마이드, 아민기가 있다면 이들을 1°, 2°, 3°로 분류하라.

c. 어느 수소가 가장 산성인가?

d. 어느 위치가 가장 염기도가 높은가?

e. N 원자의 혼성궤도함수는 무엇인가?

f. 옥시코돈은 몇 개의 sp^2 혼성 탄소 원자를 갖고 있는가?

도전 문제

3.62 다이에틸 에터와 테트라하이드로퓨란 둘 다 네 개의 탄소를 함유한 에터일지라도 한 화합물이 물에 훨씬 더 잘 녹는다. 어떤 화합물이 물에 대한 용해도가 클 것인지 예측하고 그 이유를 설명하라.

다이에틸 에터 테트라하이드로퓨란

3.63 외과 수술 과정에 사용되는 강력한 마약 마취제인 펜타닐(fentanyl)의 공-막대 모형을 참조해서 다음 물음에 답하라.

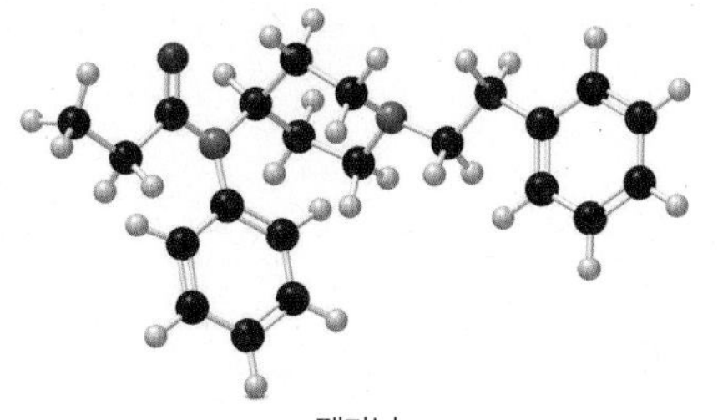
펜타닐

a. 작용기를 표시하라.

b. 가장 산성이 큰 양성자를 표시하라.

c. 가장 염기성이 큰 원자를 표시하라.

d. 두 펜타닐 분자 사이에 어떠한 분자간 인력이 존재하겠는가?

e. 더 높은 끓는점을 가질 것으로 예상되는 이성질체를 그려라.

f. 분자의 어느 부분이 물과 수소 결합 할 수 있는가?

g. 모든 친전자성 탄소를 표시하라.

3.64 아래 두 화합물이 서로 같은 작용기를 갖고 있지만 **A**가 **B**보다 물에 덜 녹는 이유를 설명하라.

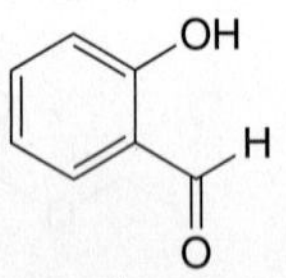

A 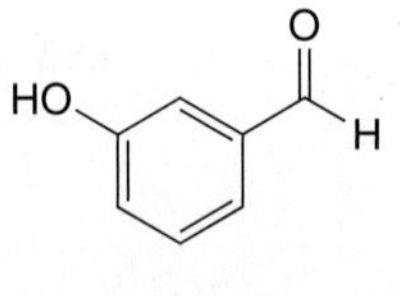 **B**

3.65 1.10B 절에서 탄소–탄소 이중 결합 주위로 회전이 잘 안 된다는 것을 배웠다. 말레산(maleic acid)과 퓨마르산(fumaric acid)은 물리적 성질과 두 양성자가 해리하는 pK_a 값이 매우 다른 두 이성질체이다. 다음의 각 차이가 왜 일어나는지 설명하라.

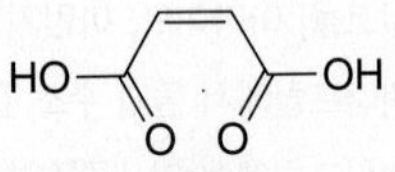

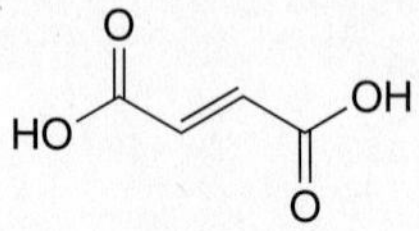

	말레산	퓨마르산
mp (℃)	130	286
25 ℃, 물에서의 용해도(g/L)	788	7
pK_{a1}	1.9	3.0
pK_{a2}	6.5	4.5

Chapter

4 알케인
Alkanes

가장 간단한 탄화수소인 알케인은 다양한 모양과 크기로 발견되며 자연에 널리 존재한다. 이것들은 **헥세인**(hexane)이나 **데케인**(decane)과 같은 탄화수소를 포함하는 화합물들의 복잡한 혼합물인 석유의 주요 성분이다. 파열된 원유 탱크에서 바다로 엎질러진 원유는 바닷물 표면에 불용성 기름이 된다. 석유는 정제되어 휘발유, 디젤 연료, 가정 난방용 기름 그리고 수천의 유용한 화합물로 된다. 4장에서는 알케인의 성질, 이름 붙이는 방법(명명법) 그리고 알케인의 중요한 반응의 하나인 산화 반응에 대해 배운다.

4장에서는 1장에서 3장까지 배운 결합, 모양 그리고 반응성의 원리들을 우리가 배울 첫 번째 유기화합물 종류인 알케인(alkane)에 적용한다. 알케인은 작용기가 없으므로 다른 유기화합물에 비해 반응성이 훨씬 낮다. 그렇기 때문에, 4장은 주로 알케인의 이름을 붙이고 그리는 방법 그리고 탄소-탄소 단일 결합 주위로 회전시키면 어떻게 되는지 이해하는 데 주안점을 둔다.

알케인에 대하여 공부를 하다보면, **지질**(lipid)에 대해서도 처음 배우게 될 것이다. 지질은 주로 비극성의 탄소-탄소와 탄소-수소 σ 결합으로 구성되어 있다는 점에서 알케인과 비슷한 생체 분자 종류이다. 4.15절에서는 지질에 대하여 간단한 개론만 소개하고 10장 및 31장(온라인)에서 다시 언급한다.

4.1 알케인-서론

바퀴벌레는 **운데케인**(undecane)을 분비하여 다른 바퀴벌레들이 모이게 한다. 운데케인은 동물들, 특히 곤충들이 서로 **의사 소통을 하기 위하여 분비하는 화학 물질인 페로몬**(pheromone)이다.

사이클로헥세인(cyclohexane)은 세계적으로 가장 많이 소비되는 망고 성분 중 하나이다.

3.2절에서 배웠듯이 알케인은 C–C와 C–H σ 결합으로만 구성된 지방족 탄화수소임을 상기하자. 그 탄소 원자가 서로 연결되어 사슬 또는 고리를 이룰 수 있기 때문에 비고리형 또는 고리형으로 분류할 수 있다.

- **비고리형**(acyclic) **알케인**은 분자식이 C_nH_{2n+2}(n은 정수)이고 탄소 원자의 사슬이 직선형 또는 가지 달린 구조이다. 이것은 또한 탄소 원자당 최대 수의 수소 원자를 갖고 있으므로 **포화 탄화수소**(saturated hydrocarbon)라고도 부른다.
- **사이클로알케인**(cycloalkane)에서는 탄소가 한 개 또는 두 개 이상의 고리로 연결되어 있다. 일반식은 C_nH_{2n}이므로 탄소 수가 같은 비고리형 알케인에 비해 수소 수가 두 개 적다.

운데케인과 사이클로헥세인은 자연에 존재하는 알케인의 예이다.

4.1A 탄소 원자 하나에서 다섯 개까지의 비고리형 알케인

1장에서 가장 간단한 비고리형 알케인 두 개의 구조가 소개 된 바 있다. 메테인(methane), CH_4는 탄소 원자가 하나이고, 에테인(ethane), CH_3CH_3은 두 개이다. 알케인의 모든 C 원자는 네 개의 기로 둘러싸여 있어서 sp^3 혼성, 정사면체 구조이며 결합각은 109.5°이다.

CH_4 메테인 = (H, C, H, H, H) — 109 pm, 109.5°

CH_3CH_3 에테인 = (H, H, C—C, H, H, H, H) — 153 pm

탄소 세 개짜리 알케인인 $CH_3CH_2CH_3$는 프로페인(propane)이라 부르며 분자식은 C_3H_8이다. 삼차원 그림에서는 각 탄소 원자의 결합 중 두 개는 평면에 있고(실선), 하나는 튀어 나와 있으며(쐐기로 표시), 하나는 평면 뒤로 향해(점선으로 표시) 있다.

알케인의 구조를 그릴 때는 탄소 원자들을 단일 결합으로 연결하고 각 C 원자가 네 개의 결합을 갖도록 H 원자를 그려 넣는다.

$CH_3CH_2CH_3$ =

프로페인

문제 4.1 암컷 모래벌(*Ophrys sphegodes*)의 성 페로몬에는 세 가지 성분이 들어 있는데, 탄소 원자의 수가 23, 25 및 27로 된 포화 탄화수소이다. 이 세 가지 각 알케인은 H 원자가 몇 개인가? 흥미롭게도, 이른 시간에 거미난초는 꽃을 수분하기 위해 수컷의 모래벌을 유인하려고 비슷한 탄화수소 화합물을 방출한다.

네 개의 탄소를 배열하는 두 가지 다른 방법이 있는데, **뷰테인**(butane)과 **아이소뷰테인**(isobutane 또는 2-methylpropane)이라고 명명된, 분자식 C_4H_{10}를 갖는 화합물이 존재한다.

뷰테인
네 개의 C가 일직선상에 있음

곧은 사슬 알케인

(메틸프로페인 또는 아이소뷰테인)
세 개의 C가 일직선상에 있고 탄소 한 개의 곁가지가 있음

가지달린 사슬 알케인

메테인, 에테인, 프로페인의 분자식은 알케인의 일반적 분자식인 $\mathbf{C_nH_{2n+2}}$에 맞는다.

- 메테인 = CH_4 = $C_1H_{2(1)+2}$
- 에테인 = C_2H_6 = $C_2H_{2(2)+2}$
- 프로페인 = C_3H_8 = $C_3H_{2(3)+2}$

뷰테인과 2-메틸프로페인은 **이성질체**, 즉 분자식은 같으나 서로 다른 화합물이다(1.4절). 이 두 화합물은 이성질체의 두 종류 중 하나인 **구조 이성질체**(constitutional isomer 또는 structural isomer)이다. 1.5절에서 언급한 이성질체인 CH_3OCH_3와 CH_3CH_2OH도 구조 이성질체이다. 이성질체의 두 종류 중 또 다른 하나인 **입체이성질체**(stereoisomer)는 4.13B절에서 배우게 된다.

- 구조 이성질체들은 원자가 서로 연결된 방법에서 차이가 있다.

뷰테인은 네 탄소가 일렬로 연결된 **곧은 사슬**(straight-chain) 또는 **노말**(normal) **알케인**(*n*-alkane)이다. 반면에 2-메틸프로페인은 **가지달린 사슬**(branched-chain) **알케인**이다. 탄소가 네 개보다 많은 알케인의 경우 곧은 사슬 이성질체의 이름은 규칙적이며 그리스 어원을 갖고 있는데, 다섯 탄소 원자는 **펜테인**(pentane), 여섯 개 탄소 원자는 **헥세인**(hexane) 등이고, 탄소 다섯 개의 알케인에는 분자식이 모두 C_5H_{12}인 세 개의 이성질체, 즉 펜테인(pentane), **2-메틸뷰테인**(2-methylbutane 또는 isopentane), 그리고 **2,2-다이메틸프로페인**(2,2-dimethylpropane 또는 neopentane)이 있다.

펜테인

메틸뷰테인
(아이소펜테인)

다이메틸프로페인
(네오펜테인)

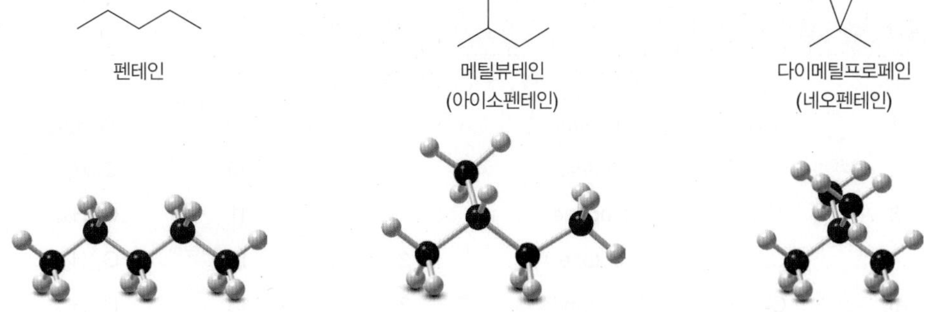

골격 구조 해석에 있어 주의해야 한다. 펜테인은 전형적으로 지그재그 구조로 그려지지만, 탄소 골격은 다른 여러 가지 방식으로 그려질 수 있으며 그럼에도 불구하고 같은 화합물을 나타낸다. 다음에 표현된 각각의 구조는 다섯 개의 탄소 원자를 연속적으로 가지며, 따라서 각각은 펜테인의 이성질체가 아니라 펜테인을 나타낸다.

펜테인 C_5H_{12} = 연결된 다섯 개의 C = 연결된 다섯 개의 C = 연결된 다섯 개의 C

문제 4.2 다음 중 2-메틸뷰테인의 표시법이 아닌 것은 어느 것인가?

a. b. c. d.

4.1B 다섯 개 이상의 C 원자를 갖는 비고리형 알케인

표 4.1에 나와 있는 것처럼 알케인의 탄소 원자 수가 증가함에 따라 최대 가능한 구조 이성질체의 수는 엄청나게 증가한다. 예를 들어, 탄소 원자가 열 개인 알케인에는 75개의 가능한 이성질체가 있는 반면, 탄소 원자가 20개인 경우에는 366,319개의 가능한 이성질체가 있다.

표 4.1의 각 경우는 그 앞의 경우에 CH_2를 더한 것이다. CH_2기는 메틸렌기(methylene group)라고 부른다. 하나의 CH_2기만 차이가 나는 일련의 화합물은 동족 계열(homologous series)이라 한다. 모든 알케인의 이름은 -에인(*-ane*)으로 끝나고 이 접미사 앞의 음절이 탄소 원자의 수를 뜻한다.

문제 4.3 분자식이 C_6H_{14}인 구조 이성질체 다섯 개를 그려라.

문제 4.4 3.2절에서의 탄소와 수소의 구별을 상기하여 (a) 한 개의 4° 탄소 (b) 오직 1°, 2° 탄소 (c) 1°, 2°, 3° 수소를 포함하는, C_7H_{16} 분자식을 갖는 각각의 알케인의 구조를 그려라.

문제 4.5 (a) 화합물 **B**~**F** 중 **A**와 같은 화합물은 어느 것인가? (b) 화합물 **B**~**F** 중 **A**의 이성질체 화합물은 어느 것인가?

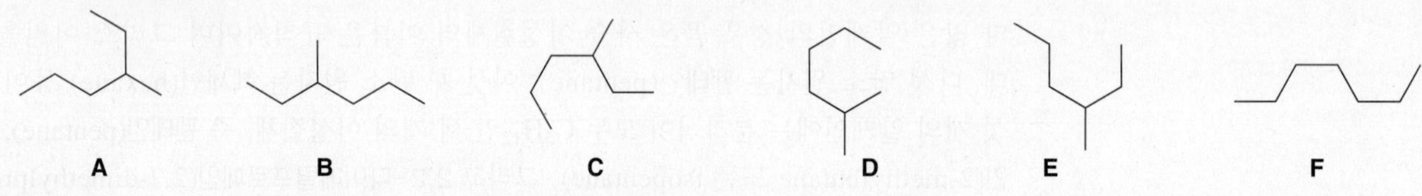

표 4.1 요약: 곧은 사슬 알케인류

C 원자 수	분자식	이름(*n*-alkane)	구조 이성질체 수	C 원자 수	분자식	이름(*n*-alkane)	구조 이성질체 수
1	CH_4	methane	—	9	C_9H_{20}	nonane	35
2	C_2H_6	ethane	—	10	$C_{10}H_{22}$	decane	75
3	C_3H_8	propane	—	11	$C_{11}H_{24}$	undecane	159
4	C_4H_{10}	butane	2	12	$C_{12}H_{26}$	dodecane	355
5	C_5H_{12}	pentane	3	13	$C_{13}H_{28}$	tridecane	802
6	C_6H_{14}	hexane	5	14	$C_{14}H_{30}$	tetradecane	1858
7	C_7H_{16}	heptane	9	15	$C_{15}H_{32}$	pentadecane	4347
8	C_8H_{18}	octane	18	20	$C_{20}H_{42}$	eicosane	366,319

4.2 사이클로알케인

사이클로알케인은 분자식이 C_nH_{2n}이고, 고리로 배열된 탄소 원자를 포함한다. 사이클로알케인은 사슬의 끝에 있는 탄소에서 두 H 원자를 떼어 낸 후 그 두 탄소를 연결하여 만드는 것으로 생각할 수 있다. 간단한 사이클로알케인의 이름은 접두사 사이클로-(cyclo-)를 탄소 수가 같은 비고리형 알케인의 이름 앞에 붙여 부른다.

아래 그림에 탄소 수 셋에서 여섯까지의 사이클로알케인이 나타나 있다. 이들은 대개 골격 모습으로 나타낸다.

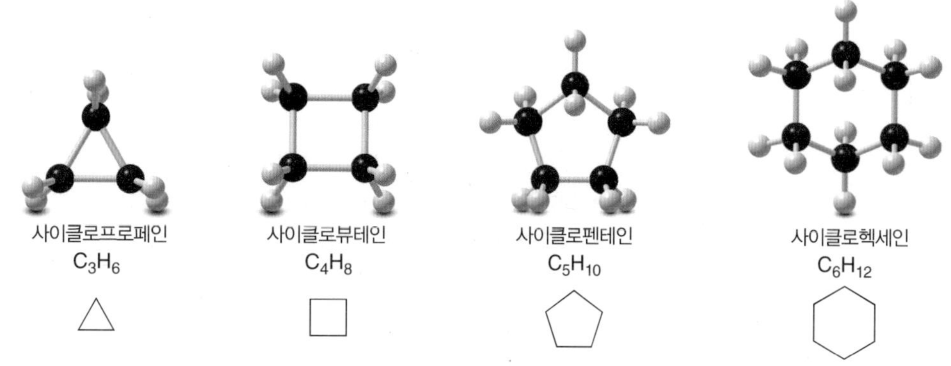

문제 4.6 고리가 한 개이고, 분자식이 C_5H_{10}인 화합물이 있다. 이 화합물의 다섯 개의 구조 이성질체를 그려라.

4.3 명명법 서론

마늘은 오랜 역사상 매우 중요한 일용품이었다. 이것은 한약재로 4000년 이상 쓰여 왔으며, 시베리아에서는 통화의 단위로, 색슨족은 마녀를 물리치는 수단으로 사용하였다. 오늘날에는 건강 효과가 높다는 보고가 많이 있어서 식품 첨가물로 쓰인다. 마늘의 냄새를 일으키는 분자인 **알리신**(allicin)은 조금 불안정한 분자로 통마늘에 존재하는 것이 아니라, 통마늘을 으깨거나 흠집을 내면 효소의 작용으로 생산되는 것이다.

유기화합물들은 어떻게 이름이 붙여지는가? 옛날에 화합물의 이름은 주로 그것이 얻어지는 식물이나 동물의 출처를 근거로 붙여졌다. 예를 들어 폼산(formic acid)은 몇몇 개미 종류에서 발견되는 부식성의 화합물로, 개미를 뜻하는 라틴어 *formica*에서 그 이름이 유래하였으며, 마늘의 자극적 냄새의 주 성분인 알리신(allicin)은 마늘의 학명 *Allium sativum*에서 유래하였다. 어떤 화합물들은 그 발견자가 개인적인 이유로 이름을 붙이기도 하였다. Adolf von Baeyer는 Barbara라는 여인의 이름을 따서 barbituric acid라는 이름을 붙였다는 설이 있으나, Barbara가 누구인지—연인, 뮌헨의 음식점 여종업원 또는 성 Barbara(St. Barbara)인지—에 대해서는 아직도 의견이 분분하다.

폼산
(개미종류에서 얻어짐)

알리신
(마늘의 냄새 성분)

바르비투르산
(어느 Barbara의 이름을 따서 붙여졌나?)

수많은 새로운 유기화합물이 추출되거나 합성되면서, 각 유기화합물들에는 쉽게 기억할 수 있는 몇 개의 규칙에 의해 지어진 분명한 이름이 필요하게 되었다. 화합물의 이름을 붙이는 규칙적인 방법이 국제 순수 및 응용 화학 연맹(IUPAC, International Union Pure and Applied Chemistry)에 의해 고안되었다. 이것을 IUPAC식 명명법(IUPAC system of nomenclature)이라 한다. 이 방법으로 알케인에 이름을 붙이는 법이 4.4절과 4.5절에서 소개된다.

IUPAC 명명법 체계는 1892년에 채택된 이래로 정기적으로 개정되어 왔다. 1979년과 1993년 개정, 그리고 최근인 2004년도 권고안은 화합물에 대하여 화학자들이 사용할 수 있는 가능한 이름을 다양하게 추천하였다. 크게 변화된 것은 없다. 예를 들면, 1979년의 명명법 규칙에서는 $CH_2 = CHCH_2CH_3$에 대한 이름을 1-뷰텐(1-butene)이라고 명명하였는데, 1993년에는 이 규칙을 숫자의 위치만을 바꾸어서 뷰트-1-엔(bute-1-ene)이라고 명명하는 것으로 개정하였다. 이 교재에서는 가장 널리 사용되는 IUPAC 협약을 사용할 것이다. 가끔 주석에서는 과거와 현재의 명명법에 대한 차이에 대한 설명이 추가될 것이다.

유기화합물에 이름을 붙이는 것은 제약 회사들에게는 매우 중요한 문제이다. 유기화합물의 IUPAC 이름은 때때로 길고 복잡할 수가 있으며, 화학자만이 이해할 수 있는 경우도 있다. 일반적으로 대부분의 약은 세 가지의 이름이 있다.

- 체계명(systematic name): 체계명은 명명법의 공인된 규칙을 따라 지어지며, 화합물의 화학 구조를 나타낸다. 이것이 IUPAC 이름이다.
- 일반명(generic name): 일반명은 공식적이며 국제적으로 공인된 의약품의 이름이다.
- 상품명(trade name): 의약품의 상품명은 그 약의 제조사가 붙인다. 상품명은 보통 "관심을 끌고" 기억하기 좋게 고안된다. 제약 회사들은 특허가 만료되어 값싼 복제품이 나온 다음에도 소비자들이 그 약의 이름을 기억하고 계속 사기를 희망하며 약에 이름을 붙인다.

일반 의약품 소염제 중에서 화학자가 2-[4-(2-메틸프로필)페닐]프로피온산(2-[4-(2-methylpropyl)phenyl]propanoic acid)이라고 부르는 화합물은 이부프로펜(ibuprofen)이라는 일반명을 갖고 있다. 이것은 모트린(Mortrin), 애드빌(Advil) 등 여러 가지 상품명으로 판매된다.

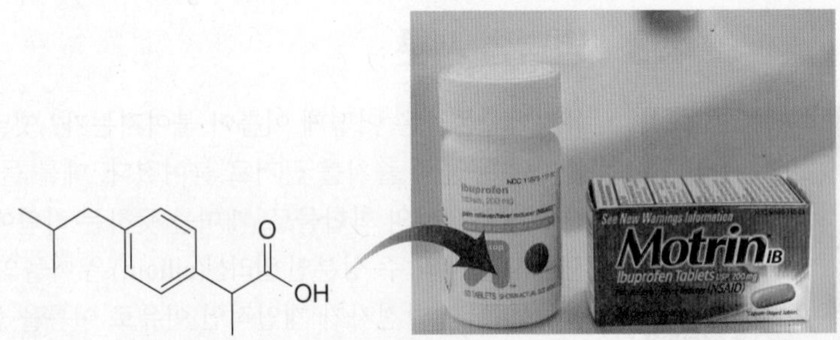

체계명: 2-[4-(2-메틸프로필)페닐] 프로피온산
일반명: 이부프로펜(ibupropen)
상품명: Motrin 또는 Advil

4.4 알케인 명명법

각 유기 분자의 이름은 다음 세 부분으로 구성되어 있다.

- 어미명(parent name)은 분자 내에서 연속적으로 가장 긴 탄소 사슬에 있는 탄소 수를 나타낸다.
- 접미사(suffix)는 어떤 작용기가 존재하는지를 나타낸다.
- 접두사(prefix)는 탄소 사슬에 연결된 치환기의 종류, 위치 그리고 수를 말해 준다.

접두사	+	어미명	+	접미사
치환기가 무엇이고 어디에 있는가?		가장 긴 탄소 사슬은 무엇인가?		작용기는 무엇인가?

4.1B절의 표 4.1에 나온 간단한 *n*-알케인들의 이름은 가장 긴 탄소 사슬에 있는 탄소 수를 나타내는 어미명, 그리고 화합물이 알케인이라는 것은 나타내는 -에인(*-ane*) 접미사로 구성되어 있다. 탄소 하나짜리의 어미명은 메ㅌ-(*meth-*), 두 개짜리는 에ㅌ-(*eth-*) 등으로 됨을 주목하라. 이렇게 우리는 이미 유기화합물의 이름 중 두 부분에 대해서는 잘 알고 있다.

이름의 세 번째 부분인 접두사를 알기 위하여 우리는 가장 긴 탄소 사슬에 연결된 탄소 기, 즉 치환기(substituent)에 이름 붙이는 법을 알아야 한다.

4.4A 치환기 명명법

긴 탄소 사슬에 결합된 탄소 치환기를 알킬기(alkyl group)라 한다.

- 알킬기는 알케인에서 수소 하나를 떼어 내면 형성된다.

알킬기는 이제 다른 원자나 작용기에 결합할 수 있는 분자의 한 부분이다. 알킬기의 이름은 어미 알케인의 –에인(*-ane*)으로 끝나는 부분을 –일(*-yl*)로 바꾸어 명명한다. 즉 메테인(methane, CH_4)은 메틸(methyl, CH_3-)이 되고 에테인(ethane, CH_3CH_3)은 에틸(ethyl, CH_3CH_2-)이 된다. 3.1절에서 배운 바와 같이 R은 작용기에 붙어 있는 일반적인 탄소 기를 뜻한다. 따라서 R은 어떠한 알킬기를 나타낸다.

탄소 세 개와 네 개짜리 알킬기의 이름은 어미 탄화수소가 두 종류 이상의 수소 원자를 갖고 있기 때문에 좀 더 복잡하다. 예를 들어 프로페인은 1°와 2° 수소를 가지고 있으며, 이들 각 수소를 떼어 내면 서로 다른 알킬기가 생겨 이름도 프로필(propyl) 또는 아이소프로필(isopropyl)로 다르게 된다.

접두사 **아이소-**(iso-)는 프로필, 뷰틸과 같은 단어의 한 부분으로 전체가 하나의 단어, 즉 **아이소프로필**(isopropyl)과 **아이소뷰틸**(isobutyl) 등이 된다. 접두사 ***sec*-**과 **tert-**는 단어 뷰틸과 하이픈(-)으로 분리된다. 즉 ***sec*-뷰틸**(*sec*-butyl), ***tert*-뷰틸**(*tert*-butyl) 등.

2° H
1° H
프로페인
1° H를 떼어 냄
프로필기
어미
2° H를 떼어 냄
아이소프로필기
한 개의 H가 제거되면, 알킬기는 C 원자의 어미 사슬에 결합할 수 있다.

접두사 *sec*-는 *secondary*(이차)의 약자이다. *sec*-뷰틸기는 **2° H**를 떼어 내어 만들어진다. 접두사 *tert*-는 *tertiary*(삼차)의 약자이다. *tert*-뷰틸기는 **3° H**를 떼어 내어 만들어진다.

뷰테인은 그 자체가 두 가지 이성질체가 있고, 각각에는 서로 다른 두 가지 H 원자가 있으므로 탄소 네 개짜리 알킬기는 네 가지가 존재하여, 네 개의 서로 다른 이름이 있다: 뷰틸(butyl), ***sec*-뷰틸**(*sec*-butyl), 아이소뷰틸(isobutyl) 그리고 ***tert*-뷰틸**(*tert*-butyl).

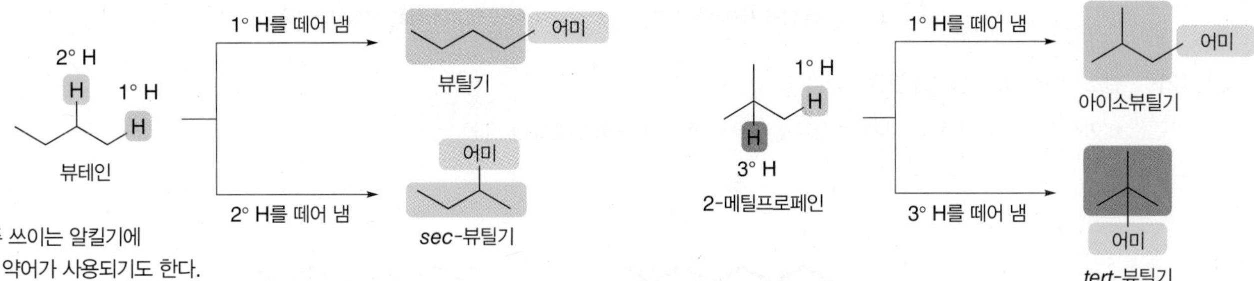

몇몇 자주 쓰이는 알킬기에 대해서는 약어가 사용되기도 한다.

알킬기(약어)

- 메틸(Me)
- 에틸(Et)
- 뷰틸(Bu)
- *tert*-뷰틸(*t*-Bu)

아이소프로필, *sec*-뷰틸, 아이소뷰틸 및 *tert*-뷰틸의 이름은 1979년 및 1993년 IUPAC 명명법 개정에서 사용 가능한 치환기의 이름으로 채택되었다. 다섯 개 이상의 탄소를 포함하는 알킬기와 이들 치환기를 명명하는 일반적인 방법은 부록 B에 설명되어 있다.

4.4B 비고리형 알케인의 명명법

알케인에 이름을 붙이는 방법은 다음의 네 단계로 진행된다.

해결 방법 IUPAC 규칙에 따라 알케인에 이름 붙이는 방법

단계 [1] 어미 탄소 사슬을 찾는다. 그리고 접미사를 붙인다.

- 연속적으로 있는 가장 긴 탄소 사슬을 찾아, 표 4.1에 있는 것처럼 탄소 수에 따른 어미명을 이용하여 그 이름을 붙인다. 그 어미명에 알케인에 해당하는 접미사 **-에인**(*-ane*)을 붙인다. 작용기마다 고유의 접미사가 있다.

- 가장 긴 탄소 사슬을 찾는 것은 여러 번 시도해 보아야 하는 일이다. 사슬의 한쪽 끝에 연필을 대고, 손을 떼지 않은 채 다른 쪽 끝까지 가며 탄소 수를 센다. 이 과정을 되풀이하여 탄소 수가 최대가 되는 사슬을 찾는다.
- 사슬이 직선이냐 꺾어져 있느냐는 상관없다. 아래에 있는 그림들은 모두 똑같은 구조를 나타낸다.

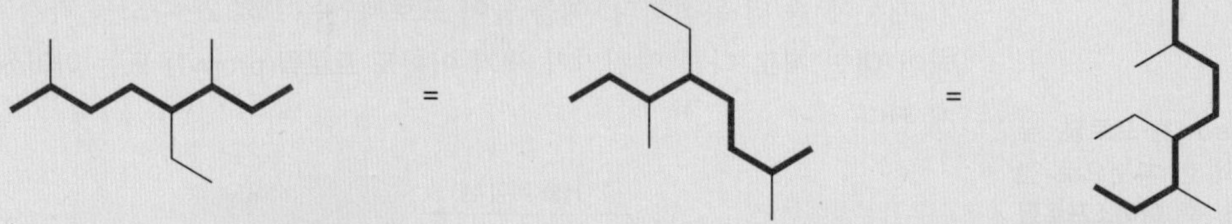

- 길이가 같은 사슬이 두 개 있는 경우에는 치환기가 더 많이 달려 있는 쪽을 선택한다. 다음 예에서 한 알케인에 탄소 일곱 개짜리의 서로 다른 사슬이 두 가지 있으나, 왼쪽 경우는 긴 사슬에 연결된 알킬기가 두 개 있으며, 오른쪽에는 하나만 연결되어 있다.

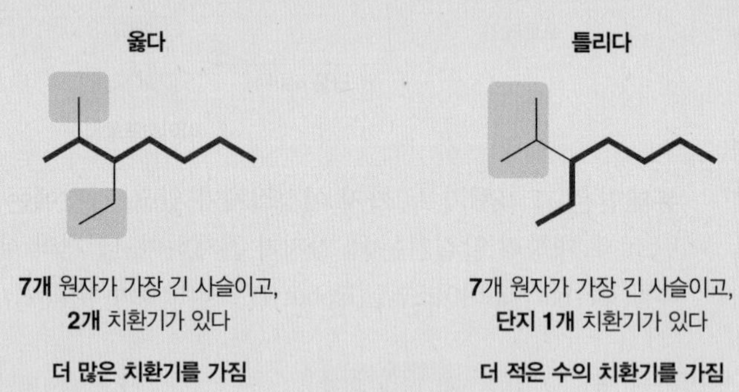

단계 [2] 탄소 사슬에 있는 원자에 번호를 매긴다.

- 가장 긴 사슬에, 처음 나타나는 치환기가 더 낮은 번호가 되도록 번호를 붙인다.

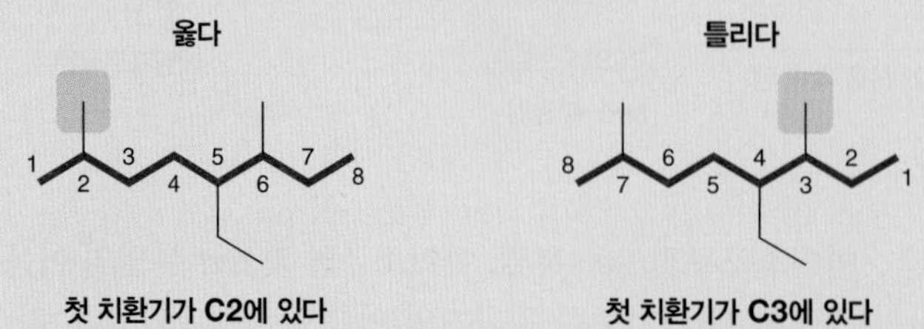

- 첫 치환기가 좌우 양쪽에서 같은 거리만큼 떨어져 있는 경우에는 두 번째 치환기가 더 낮은 번호가 되는 방향으로 번호를 붙인다. 가장 긴 사슬에 번호를 붙일 때는 이렇게 좌우 양 방향을 비교해 가며 처음으로 달라지는 점을 찾는다.

C2, C3, C5에 CH_3기가 있다
두 번째 CH_3기가 더 낮은 번호를 갖는다(C3)

C2, C4, C5에 CH_3기가 있다
두 번째 CH_3기가 더 높은 번호를 갖는다(C4)

- 탄소 사슬에 번호를 붙일 때 좌우 양 방향 모두 똑같은 숫자가 나오는 경우에는 영어 알파벳 순으로 먼저 나오는 치환기가 낮은 번호가 되도록 한다.

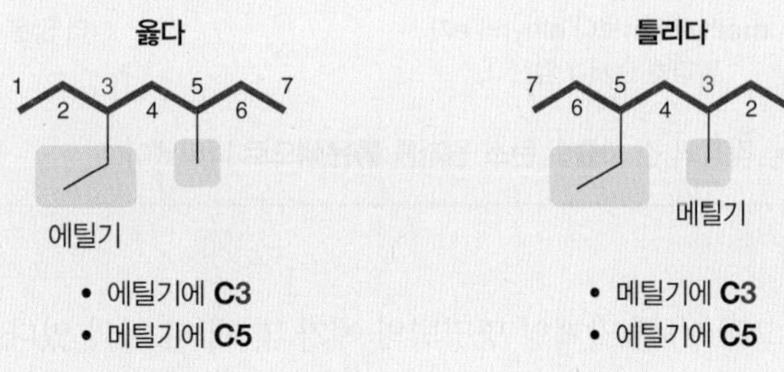

옳다:
- 에틸기에 **C3**
- 메틸기에 **C5**

틀리다:
- 메틸기에 **C3**
- 에틸기에 **C5**

먼저 나오는 글자 → 더 낮은 번호

단계 [3] 치환기의 이름과 번호를 붙인다.

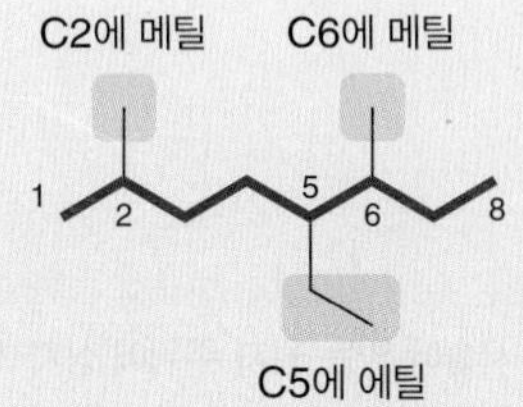

8개의 C가 가장 긴 사슬

- 치환기를 알킬기로 이름 붙이고, 그 위치는 단계 [2]에서 정한 대로 번호를 붙여 나타낸다.
- 각 탄소는 가장 긴 사슬 중에 속하거나 아니면 치환기에 속하게 되며, 양쪽에 다 속할 수는 없다.
- 각 치환기마다 고유의 번호가 붙여져야 한다.
- 가장 긴 사슬에 둘 이상의 같은 종류의 치환기가 붙어 있는 경우, 몇 개인지는 접두사를 붙여 표시한다: 두 개면 **다이-**(di-), 세 개면 **트라이-**(tri-), 네 개면 **테트라-**(tetra-) 등. 위에 있는 예에서 메틸 치환기가 두 개 있으므로 이 이름에는 메틸이라는 단어 앞에 접두사 다이-를 붙여 다이메틸이라는 말이 들어가게 된다.

단계 [4] 치환기 이름과 번호 + 어미명 + 접미사를 모두 연결한다.

- 치환기의 이름을 어미명 앞에 쓴다.
- 치환기의 이름을 영어 알파벳 순으로 쓰는데, 단 아이소프로필 그리고 아이소뷰틸처럼 접두사 아이소는 예외로 한다.
- 각 치환기 이름 앞에 그 위치를 표시하는 번호를 붙인다. **각 치환기마다 번호가 하나 있어야 한다.**
- 번호와 번호 사이에는 쉼표를 찍고 번호와 글자 사이에는 하이픈을 붙인다. 알케인의 이름은 하이픈이나 쉼표 뒤에 띄어쓰기를 하지 않고 한 단어로 쓴다.

[1] 단계 1~3을 이용하여 **화합물의 모든 부분을 확인한다.**

2,6-다이메틸

C2에 메틸 C6에 메틸

C5에 에틸

5-에틸

8개의 C가 가장 긴 사슬

옥테인

[2] 이름의 각 부분을 함께 모아 놓는다.

치환기 이름과 번호	+	어미명	+	접미사
5-에틸-2,6-다이메틸	+	**oct**	+	**ane**
알파벳 순으로: **ethyl**의 **e**, 그 다음 **methyl**의 **m**		8개의 C		**알케인**

해답: 5-에틸-2,6-다이메틸옥테인

그림 4.1
알케인 명명법의 예

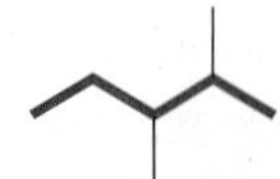

2,3-다이메틸펜테인

1st 메틸기에 더 낮은 번호를 부여하라.

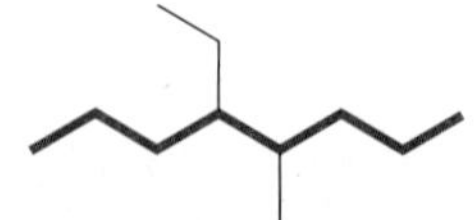

4-에틸-5-메틸옥테인

1st 알파벳 순서 치환기에 더 낮은 번호를 부여하라:
methyl의 **m**보다 **e**thyl의 **e**가 더 낮은 번호가 되게 하라.

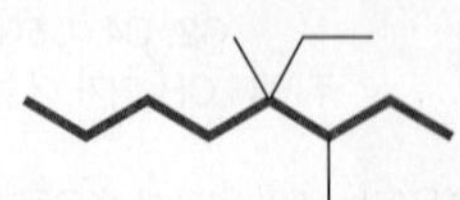

4-에틸-3,4-다이메틸옥테인

methyl의 **m**보다 **e**thyl의 **e**가 알파벳 순서가 앞선다.

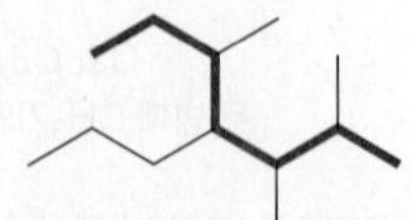

2,3,5-트라이메틸-4-프로필헵테인

더 많은 치환기를 가지는 긴 사슬을 택하라.

- 각각의 긴 사슬의 탄소 원자를 붉은색으로 나타냈다.

그림 4.1에 알케인 명명법의 예가 몇 개 더 나와 있다.

예제 4.1 다음 화합물의 IUPAC 이름을 써라.

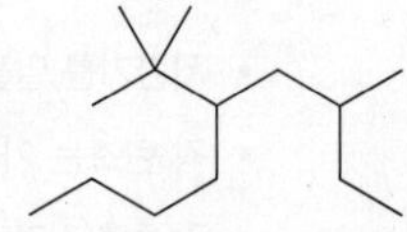

풀이

어떤 탄소들이 가장 긴 사슬에 속하고 어떤 것이 치환기인지 알기 위해 긴 사슬에 있는 원자 주위에 상자 표시를 하면 편리하다. 그 상자 밖에 있는 탄소 원자는 모두 치환기가 되며, 알킬기로 이름 붙여야 한다.

단계 1: 어미명을 써라.

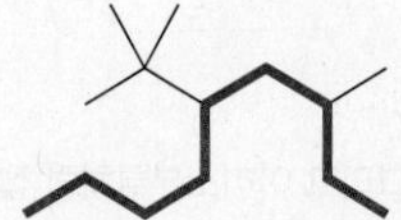

9개 탄소가 가장 긴 사슬이다
노네인

단계 3: 치환기 이름과 번호를 써라.

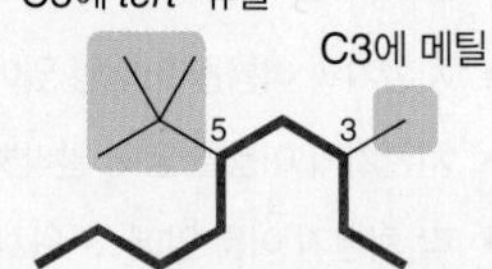

단계2: 사슬에 번호를 매겨라.

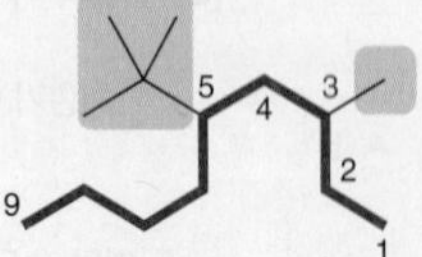

C3에 첫 번째 치환기

단계 4:각 부분을 합친다.

- 알파벳 순: **butyl**의 **b**가 **methyl**의 **m**보다 앞에 온다.

해답: 5-*tert*-뷰틸-3-메틸노네인

문제 4.7 다음 각 화합물의 IUPAC 이름을 써라.

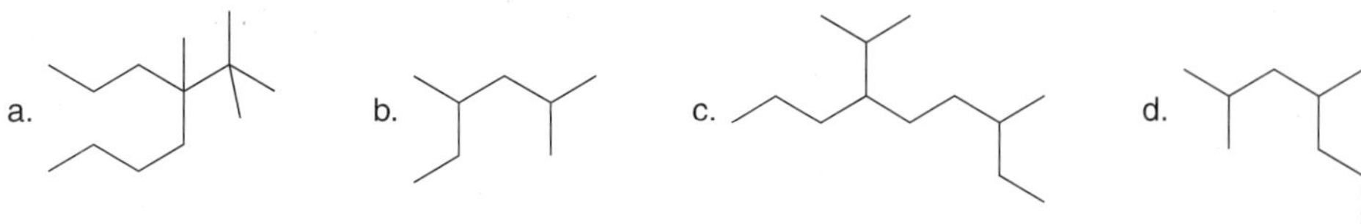

문제 4.8 다음 각 화합물의 IUPAC 이름을 써라.

a. $(CH_3)_3CCH_2CH(CH_2CH_3)_2$ c. $CH_3(CH_2)_3CH(CH_2CH_2CH_3)CH(CH_3)_2$

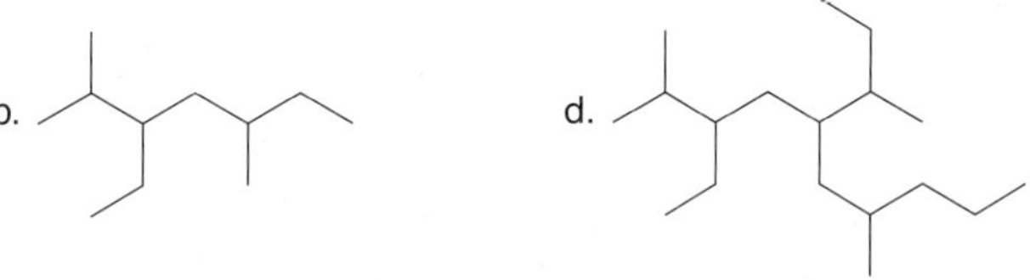

이름이 주어지면 거기서부터 구조를 그리는 방법도 알아야 한다. 예제 4.2에 단계적 방법이 설명되어 있다.

예제 4.2 다음 IUPAC 이름에 해당하는 구조를 그려라: 6-아이소프로필-3,3,7-트라이메틸데케인(6-isopropyl-3,3,7-trimethyldecane).

풀이

다음의 세 단계에 따라 이름으로부터 구조를 그린다.

단계 [1] 어미명과 이름 끝에 있는 작용기를 찾는다.

데케인 ----→ **10**개의 C ----→

단계 [2] 탄소 골격의 번호를 좌우 아무 방향으로나 붙인다.

1 2 3 4 5 6 7 8 9 10

단계 [3] 적당한 탄소에 치환기를 그려 넣는다.

문제 4.9 다음 각 IUPAC 이름에 해당하는 구조를 그려라.

a. 3-methylhexane
b. 3,3-dimethylpentane
c. 3,5,5-trimethyloctane
d. 3-ethyl-4-methylhexane
e. 3-ethyl-5-isobutylnonane

문제 4.10 문제 4.3에 나온 분자식 C_6H_{14}을 갖는 다섯 개의 구조 이성질체 각각의 IUPAC 이름을 써라.

4.5 사이클로알케인 명명법

사이클로알케인도 비슷한 방법으로 이름을 붙이며, 접두사 사이클로-(cyclo-)를 어미명 앞에 붙인다.

접두사	+	사이클로	+	어미명	+	접미사
어떤 치환기가 어디에 있는가?				고리에 몇 개의 C가 있는가?		작용기는 무엇인가?

해결 방법 IUPAC 규칙에 따라 사이클로알케인에 이름 붙이는 방법

단계 [1] 어미 사이클로알케인을 찾는다.

- 고리 안의 탄소 원자 수를 세고, 그 탄소 수에 맞는 어미명을 쓰며, 그 앞에 접두사 **사이클로-**(cyclo-)를, 뒤에는 접미사 **-에인**(*-ane*)을 붙인다.

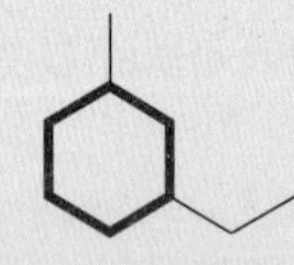

고리 안의 6개의 C
사이클로헥세인

단계 [2] 치환기의 이름과 번호를 붙인다.

- 치환기가 하나 있는 경우에는 위치를 나타내는 번호를 붙일 필요가 없다.

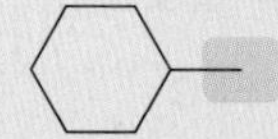

메틸사이클로헥세인

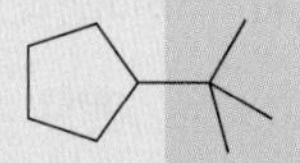

tert-뷰틸사이클로펜테인

- 치환기가 두 개 이상 있는 경우에는 한 치환기에서 번호를 시작하여 고리를 따라 시계 방향 또는 시계 반대 방향으로 번호를 붙이되, 두 번째 치환기의 번호가 낮게 되도록 한다.

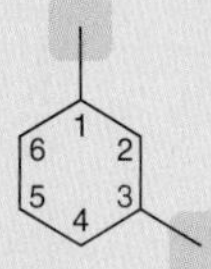

C1과 C3에 CH_3
두 번째 치환기가 더 낮은 번호를 가진다.

옳다: 1,3-다이메틸사이클로헥세인

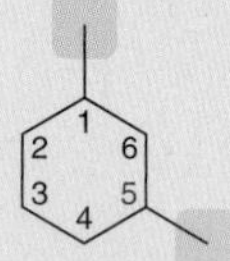

C1과 C5에 CH_3

틀리다: 1,5-다이메틸사이클로헥세인

- 서로 다른 치환기가 두 개 있는 경우 영어 알파벳 순으로 먼저 나오는 치환기의 번호가 낮게 되도록 한다.

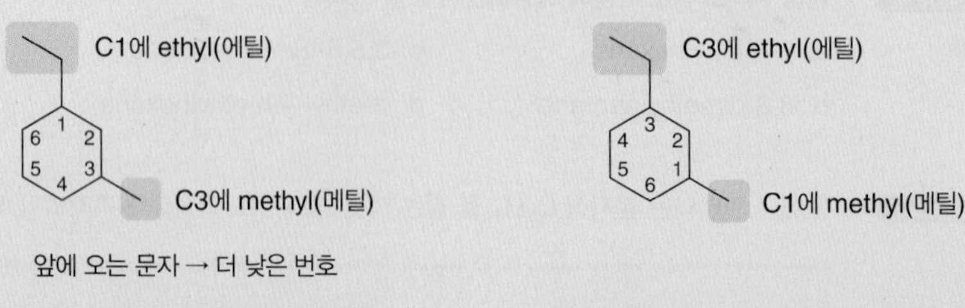

앞에 오는 문자 → 더 낮은 번호

옳다: 1-에틸-3-메틸사이클로헥세인

틀리다: 3-에틸-1-메틸사이클로헥세인

그림 4.2
두 가지 대조적인 예–탄소 고리와 긴 사슬을 함께 가지는 화합물 명명

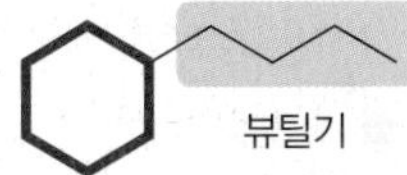

6 C인 고리–사이클로헥세인

하나의 치환기를 갖는 **사이클로헥세인**으로 명명한다

뷰틸사이클로헥세인

- 어떤 단일 알킬 치환기보다 고리 안의 탄소 수가 더 많을 때 그 분자를 치환된 사이클로알케인으로 명명한다.

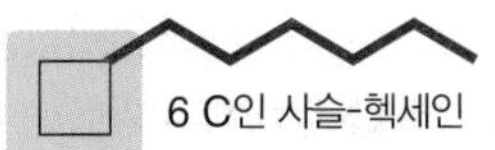

4 C인 고리–사이클로뷰틸

하나의 치환기를 갖는 **헥세인**으로 명명한다

1-사이클로뷰틸헥세인

- 고리보다 더 많은 C가 있는 탄소 사슬을 가지면 그 분자를 치환된 알케인으로 명명한다.

그림 4.3
사이클로알케인 명명의 예

에틸사이클로뷰테인

치환기가 하나이므로 번호가 필요 없음.

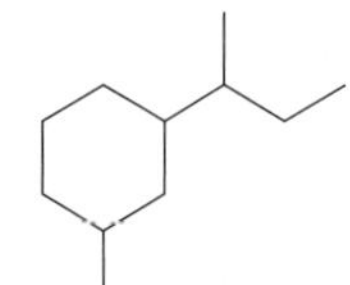

1-*sec*-뷰틸-3-메틸사이클로헥세인

알파벳 순서가 첫 번째인 치환기의 번호를 더 낮게 부여한다: **m**ethyl의 **m**보다 **b**utyl의 **b**가 순서가 앞이다.

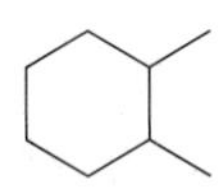

1,2-다이메틸사이클로헥세인

두 번째 CH_3기가 더 낮은 번호를 부여한다: 1,6이 아니라 1,2-이다.

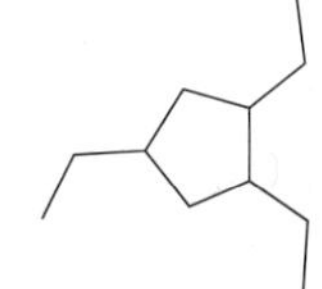

1,2,4-트라이메틸사이클로펜테인

두 번째 CH_3CH_2기가 더 낮은 번호를 부여한다: 1,3,4- 또는 1,3,5가 아니라 1,2,4-이다.

어떤 알케인에 고리와 긴 사슬이 같이 있는 경우에는 이 화합물의 이름을 비고리형 알케인으로 할지 아니면 사이클로알케인으로 할지 어떻게 결정하는가? 그림 4.2에 나와 있는 것처럼 고리 안의 탄소 수가 가장 긴 사슬의 탄소 수보다 많거나 같으면 그 화합물은 사이클로알케인으로 이름 붙인다. 그림 4.3에 사이클로알케인 명명법의 예가 몇 개 더 나와 있다.

문제 4.11 다음 각 화합물의 IUPAC 이름을 써라.

a. 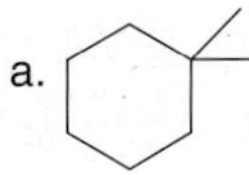
c. 
e.

b. 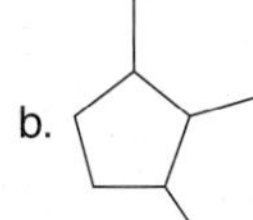
d.
f. 

문제 4.12 다음 각 IUPAC 이름에 해당하는 구조를 그려라.

a. 1,2-dimethylcyclobutane
b. 1,1,2-trimethylcyclopropane
c. 4-ethyl-1,2-dimethylcyclohexane
d. 1-*sec*-butyl-3-isopropylcyclopentane
e. 1,1,2,3,4-pentamethylcycloheptane

그림 4.4
몇 가지 여러고리 알케인의 관용명

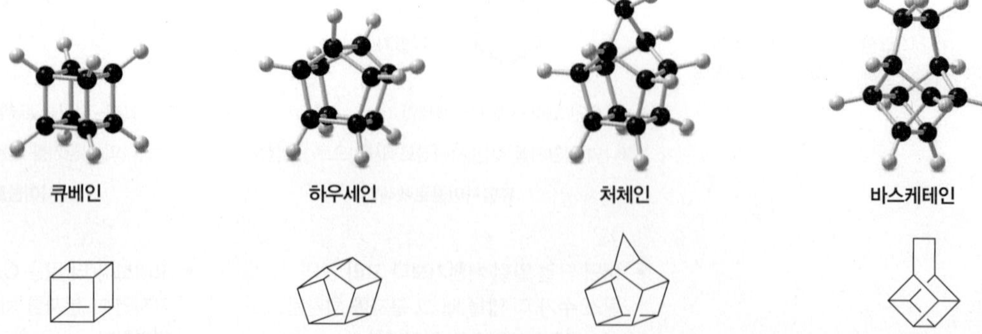

특이한 여러고리 알케인(윈도우페인, 다비데인, 카티네인, 프로펠레인 기타 등등)의 좀 더 방대한 목록은 다음 책에 나와 있다: *Organic Chemistry: The Name Game*, Alex Nickon과 Ernest Silversmith 공저, Pergamon Press, 1987.

4.6 관용명

어떤 유기화합물은 IUPAC 명명법을 따르지 않는 **관용명**(common name)으로 부른다. 이들 중 많은 경우는 IUPAC 규칙이 제정되기 오래전부터 사용되던 것들이다. 이런 이름은 아직 널리 쓰이고 있다. 예를 들어, C_5H_{12} 이성질체 중 하나는 2-메틸뷰테인(2-methylbutane)으로 불릴 수도 있으나, 옛날 이름인 아이소펜테인(isopentane)이라는 이름도 IUPAC에서 인정하고 있다. 이 책에서는 관용명이 널리 쓰이는 경우를 제외하고는 IUPAC 규칙을 따른다.

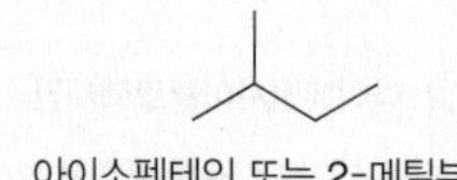
아이소펜테인 또는 2-메틸뷰테인

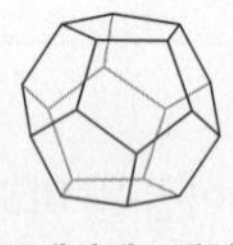
도데카헤드레인

지난 몇 년간 유기 화학자들은 자연에서 발견되지 않는 특이한 사이클로알케인을 합성하고자 노력해 왔다. 12개의 다섯 원자고리로 구성된 아름다운 대칭 화합물인 도데카헤드레인(dodecahedrane)이 그중 한 예로서, 1982년에 오하이오 주립 대학교에서 처음 합성되었다. 도데카헤드레인의 IUPAC 이름은 undecacyclo[$9.9.9.0^{2,9}.0^{3,7}.0^{4,20}.0^{5,18}.0^{6,16}.0^{8,15}.0^{10,14}.0^{12,19}.0^{13,17}$]eicosane으로, 이름이 너무 복잡하여 그 이름만으로는 아무리 숙련된 유기 화학자라도 구조를 생각해 내기가 쉽지 않을 것이다.

이러한 체계명은 다루기가 너무 어려워서 유기 화학자들은 때때로 고리가 여러 개인 화합물에 그 모양과 구조에 더 잘 어울리는 이름을 붙인다. 도데카헤드레인이라는 이름은 그것에 있는 열두 개의 오각형 고리가 정십이면체를 닮았기 때문에 붙여진 것이다. 그림 4.4에 탄소 골격의 모양 때문에 이름이 붙여진 사이클로알케인 몇 개의 이름과 구조가 나와 있다. 여기에 있는 모든 이름이 접미사 -에인(*-ane*)으로 끝나서 이들이 알케인임을 나타낸다는 점에 주목하자.

4.7 화석 연료

많은 알케인들은 자연에서 주로 천연 가스나 석유 속에서 발견된다. 이들 화석 연료는 오래전 유기 물질이 분해되어 생긴 것으로, 에너지원으로 사용된다.

천연 가스는 냄새가 없다. 가스가 샐 때 나는 냄새는 유출을 쉽게 감지하도록 소량 넣어 주는 메테인싸이올(methanethiol) CH_3SH 같은 황 첨가물의 냄새이다.

천연 가스(natural gas)는 주로 메테인(methane, 출처에 따라 60~80%)과 기타 소량의 에테인, 프로페인, 그리고 뷰테인 등으로 이루어져 있다. 이들 유기화합물은 산소 존재하에 연소하여 취사나 난방용 에너지를 발산한다.

그림 4.5
유용한 연료나 다른 석유 제품으로 원유의 정제

a. **정유공장.** 정유공장에서는 원유를 **증류** 공정에 의해 유사한 끓는점 부획별로 분리한다.

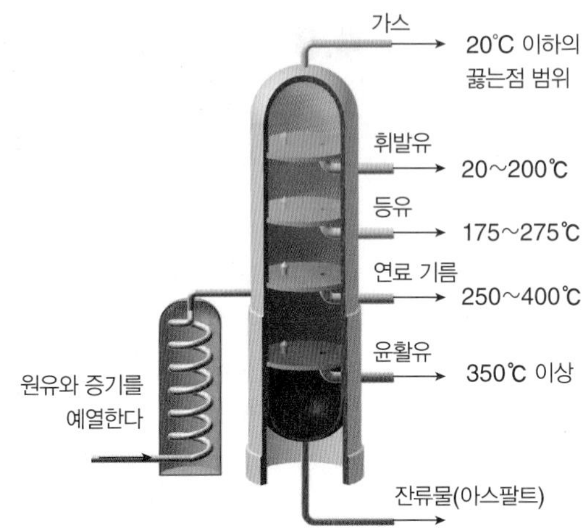

b. **정유 탑의 개략도.** 원유를 가열하면 끓는점이 낮고 휘발성이 더 큰 성분들이 먼저 증류되고, 점차 온도를 올려 끓는점이 더 높은 분획들을 분리한다.

메테인은 여러 다양한 방법으로 생성되고 사용된다. 뉴욕시의 매립지에서 야채가 부패할 때 발생되는 CH_4는 가정 난방에 쓰인다. 중국 시골의 농촌 마을에서는 CH_4 발생기를 이용하여 소 배설물을 에너지로 전환시킨다.

석유(petroleum)는 여러 화합물의 복잡한 혼합물로서, 대부분은 탄소 수가 한 개에서 40개까지인 탄화수소들이다. 원유를 **정제**(refining)라고 하는 과정으로 증류하면, 끓는점이 다른 유용한 분획으로 분리된다(그림 4.5). 원유 정제의 산물 중 대부분은 가정 난방, 자동차 디젤 엔진 그리고 비행기 연료 등으로 쓰인다. 각 연료 종류의 탄화수소 성분비는 휘발유(C_5H_{12}~$C_{12}H_{26}$), 등유($C_{12}H_{26}$~$C_{16}H_{34}$), 디젤 연료($C_{15}H_{32}$~$C_{18}H_{38}$) 등과 같이 각각 다르다.

석유는 연료 이외에도 많은 용도가 있다. 원유 약 3%는 플라스틱이나 의약품, 섬유, 염료, 살충제 등 합성 화합물을 만드는 데 이용된다. 이러한 제품들은 선진 개발국에서는 당연한 것으로 여기고 있는 안락한 생활을 유지할 수 있도록 하는 것들이다. 냉방, 냉장, 마취, 진통제 등 석유화학 산업의 산물이 없으면 우리의 생활이 어떨지 상상만이라도 해보자.

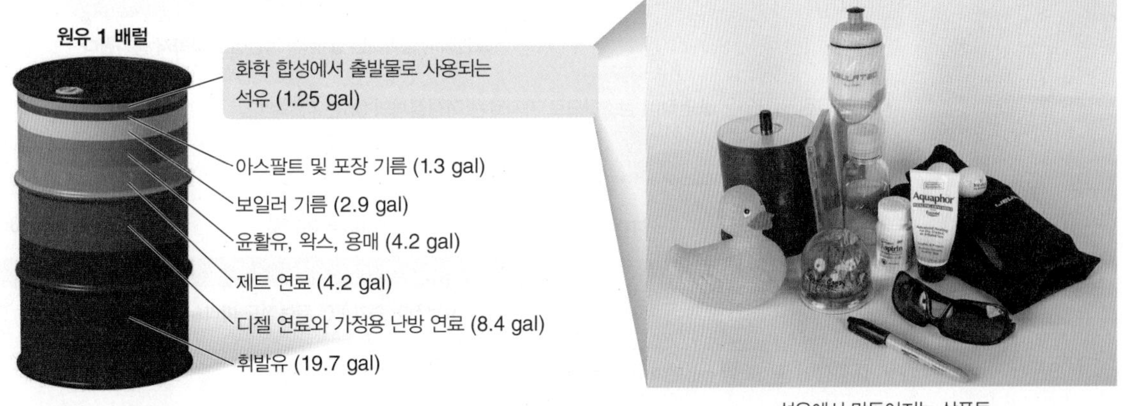

석유에서 만들어지는 상품들

석유에서 얻는 에너지는 **재생할 수 없고**, 원유 매장량은 제한되어 있다. 연료뿐만 아니라 현대 생활의 여러 방면에서 우리의 석유 의존도를 생각하면, 우리가 갖고 있는 자원을 절약하고 대체 에너지원을 찾아야만 한다는 점은 명확해진다.

4.8 알케인의 물리적 성질

알케인에는 비극성인 C−C와 C−H 결합만 있기 때문에 약한 van der Waals 힘만을 보인다. 표 4.2에 이 분자간 힘이 어떻게 알케인의 물리적 성질에 영향을 미치는지가 요약되어 있다.

휘발유 산업에서는 끓는점과 녹는점이 알케인의 크기에 좌우된다는 점을 이용하여 여름에 매우 덥고 겨울에 매우 추운 지역에서는 계절마다 휘발유의 성분을 다르게 한다. 더운 날씨에는 끓는점이 높은 탄화수소의 성분이 높아지도록 휘발유를 증류하여, 증발을 덜 하도록 한다. 추운 날씨에는 끓는점이 낮은 탄화수소의 성분이 높아지도록 휘발유를 증류하여, 쉽게 얼지 못하도록 한다.

비극성 알케인은 물에 녹지 않기 때문에, 바다에서 유조선에 금이 가면 원유가 흘러 나와 바다

표 4.2 알케인의 물리적 성질

<table>
<tr><th>성질</th><th>관찰</th></tr>
<tr><td>끓는점과 녹는점</td><td>

• 알케인은 크기가 비슷한 더 극성인 화합물보다 bp와 mp가 더 낮다.

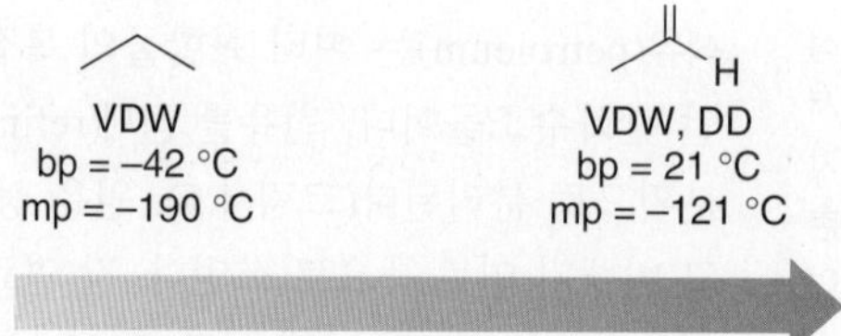

분자간 상호작용 힘이 증가하면 따라서 끓는점, 녹는점도 증가한다

• 탄소 수가 증가하면 표면적이 따라서 증가하므로 bp와 mp도 증가한다.

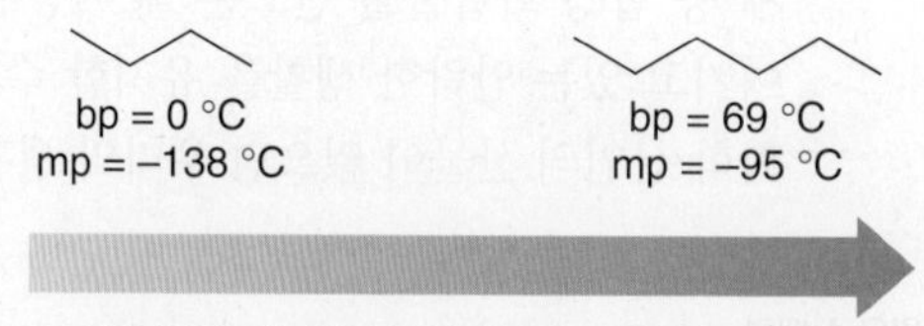

표면적이 증가하면 끓는점, 녹는점도 따라서 증가한다

• 가지달린 알케인은 표면적이 감소하므로 가지달린 이성질체의 bp는 감소한다.

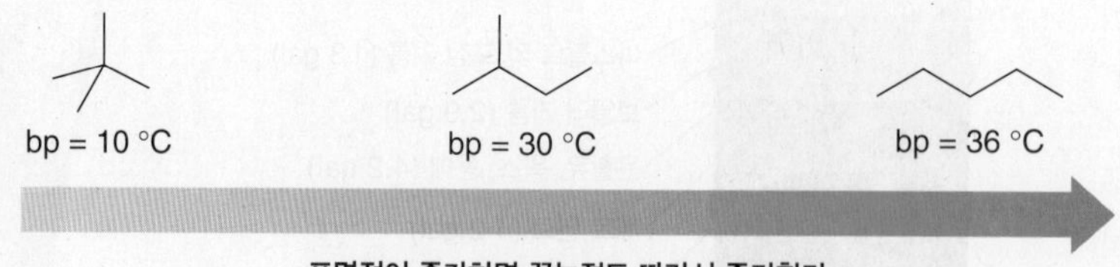

표면적이 증가하면 끓는점도 따라서 증가한다

• 대칭성이 증가하면 mp도 따라서 증가한다.

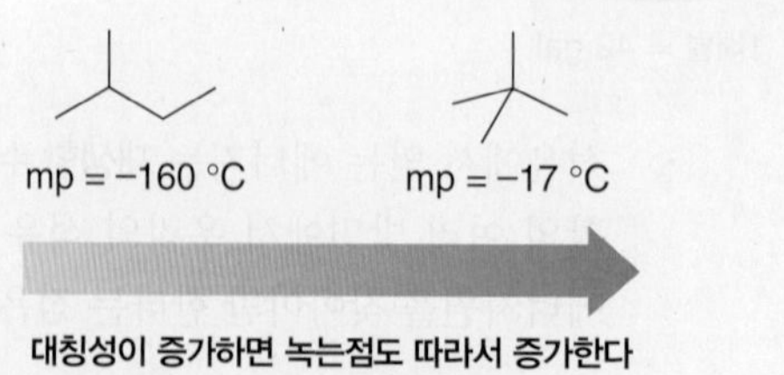

대칭성이 증가하면 녹는점도 따라서 증가한다

</td></tr>
<tr><td>용해도</td><td>

• 알케인은 유기용매에 녹는다.

• 알케인은 물에 녹지 않는다.

</td></tr>
</table>

참고: bp = 끓는점, mp = 녹는점, VDW = 반데르발스, DD = 쌍극자−쌍극자, HB = 수소 결합, MW = 분자량

비극성 기름과 극성이 매우 높은 물은 서로 용해되지 않는 성질로부터 "기름과 물은 서로 섞이지 않는다"라는 속담도 생겨났다.

표면에 녹지 않는 기름 막을 형성한다. 이러한 녹지 않는 탄화수소 기름은, 깃털이 천연의 비극성 기름으로 덮여 단열작용을 하는 새들에게는 특히 치명적이다. 이러한 소수성 기름이 원유에 녹아 새들은 천연적 보호 층을 잃게 되고 죽는 경우가 많다.

문제 4.13 다음 화합물을 끓는점이 증가하는 순서대로 나열하라.

4.9 비고리형 알케인의 형태 – 에테인

이제 알케인의 삼차원 구조를 좀 더 자세히 살펴보자. 삼차원 구조에 관한 학문을 입체화학(stereochemistry)이라 한다. 4장에서는 단일 결합 주위의 회전에 따른 영향을 살펴볼 것이다. 5장에서는 입체화학의 다른 사항들에 대해 배우게 될 것이다.

1.10A절에서 배운 대로, 탄소–탄소 σ 결합 주위로 회전이 일어난다는 사실을 기억하자. 따라서 에테인의 두 CH_3기가 서로 회전하여 한쪽의 수소들이 다른 쪽의 수소에 대해 다른 배열을 하게 된다. 이러한 배열을 형태(conformation)라고 한다.

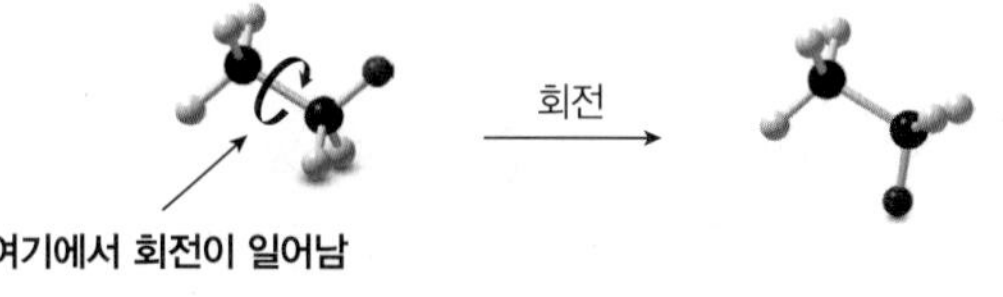

두 가지 다른 형태

- 형태란 단일 결합의 회전에 의해 원자 배열이 다른 배열로 상호변환된 것이다.

두 가지의 다른 배열을 기술하기 위해 다른 이름이 주어진다.

- 가려진 형태(eclipsed conformation)에서는 한 탄소의 C–H 결합이 바로 옆에 있는 탄소의 C–H 결합과 직접 겹치게 된다.
- 엇갈린 형태(staggered conformation)에서는 한 탄소의 C–H 결합이 바로 옆에 있는 탄소의 H–C–H 결합각을 이등분한다.

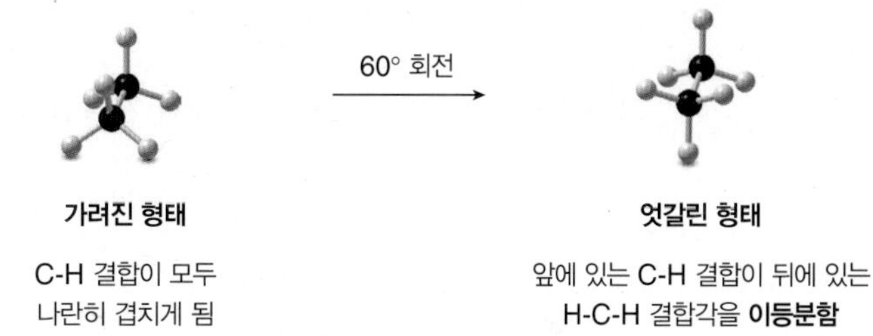

한 탄소의 원자들을 60°만큼 돌리면 가려진 형태가 엇갈린 형태로 되며, 그 반대도 마찬가지이다. 이들 형태는 끝에서 관통해 보면, 즉 탄소–탄소 결합을 따라 보면 이해하기 쉽다. 한 탄소의 결합이 바로 옆 탄소의 결합과 이루는 각도를 이면각(dihedral angle)이라 한다. 에테인의 경우, 엇갈린 형태에서 C–H 이면각은 60°이다. 에테인의 가려진 형태의 이면각은 0°이다.

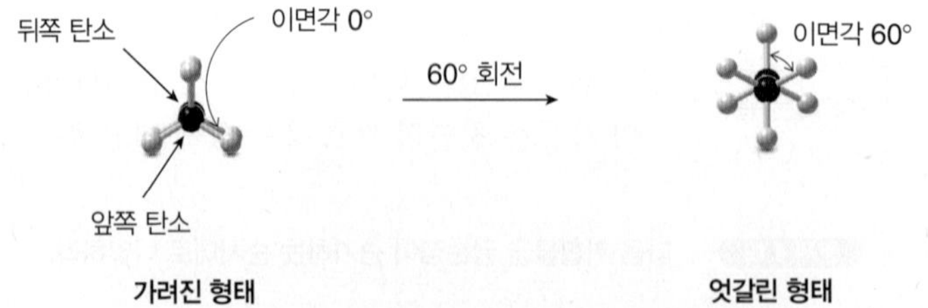

형태를 끝에서 관통해 본 모습으로 그린 것을 **뉴먼 투영도**(Newman projection)라고 한다. 뉴먼 투영도에서는 특정한 C−C 결합의 각 탄소 원자에 결합된 세 종류의 기와 그들의 이면각이 표시된다.

해결 방법 뉴먼 투영도 그리는 방법

단계 [1] C−C 결합을 따라 (관통하여) 보고, 원을 그린 다음에 C−C 결합의 탄소를 원의 중심점으로 나타낸다.

뒤편의 C

앞편의 C

- 원은 뒤 탄소를 나타내고, 점은 앞 탄소를 나타낸다.

단계 [2] 결합을 그린다.

앞의 결합들

뒤의 결합들

- 원의 **중심에서** 선들이 **만나도록 앞** 탄소의 세 개 결합을 그린다.
- 원의 **둘레까지 뒤** 탄소의 세 개 결합을 그린다.

단계 [3] 각 결합에 원자를 적어 넣는다.

- 에테인의 각 C에는 세 개의 H가 있음

그림 4.6에 에테인의 엇갈린 형태와 가려진 형태의 뉴먼 투영도가 나와 있다.

그림 4.6
에테인의 엇갈린 형태와 가려진 형태의 뉴먼 투영도

그림 4.7 프로페인의 엇갈린 형태와 가려진 형태의 뉴먼 투영도

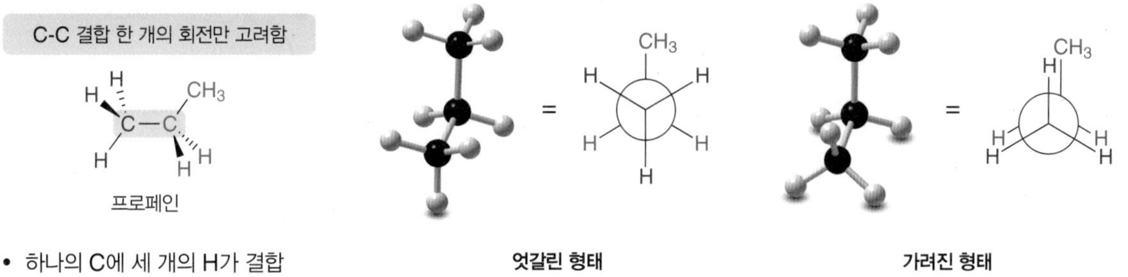

- 하나의 C에 세 개의 H가 결합
- 하다른 C에 두 개의 H와 하나의 CH_3가 결합

어떤 C−C 결합에 대해서도 이 과정을 따라 그린다. 뉴먼 투영도에서는 한 C−C 결합만 고려하여, 그 결합의 탄소 원자 자체가 아니라 그 탄소 원자에 결합된 원자들을 그리는 것이다. 프로페인의 엇갈린 형태와 가려진 형태의 뉴먼 투영도를 그림 4.7에 나타내었다.

문제 4.14 CH_3-CH_2Br의 C-C 결합 주위를 회전할 때 생기는 엇갈린 형태와 가려진 형태를 그려라.

문제 4.15 2-메틸펜테인에 대한 가능한 뉴먼 투영도는 다음 중 어느 것인가?

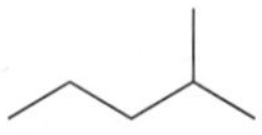

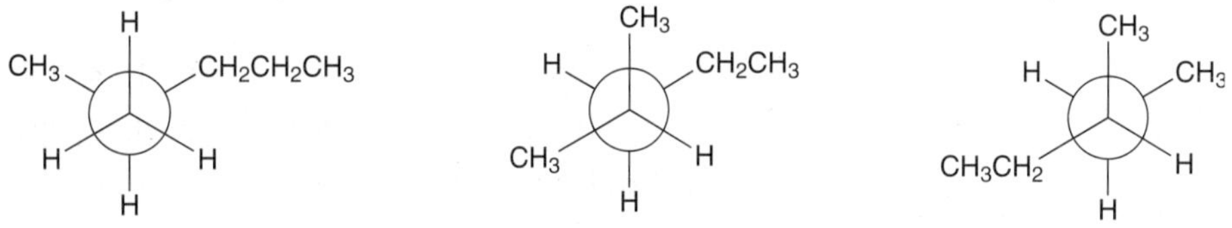

실온에서 에테인의 엇갈린 형태와 가려진 형태는 상호변환되지만, 각 형태가 똑같이 안정한 것은 아니다.

- 엇갈린 형태는 가려진 형태보다 더 안정하다(에너지가 낮다).

이러한 안정도의 차이에 대한 원인이 화학 문헌에서 논쟁거리가 되기도 한다. 가려진 형태에서는 결합 간의 전자−전자 반발로 인하여 에너지가 높아지는 반면, 엇갈린 형태에서는 결합 전자들이 멀리 떨어져 있게 된다.

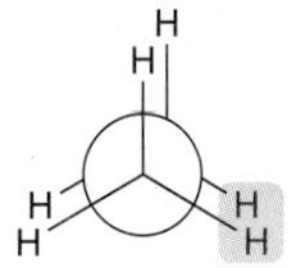

가려지는 각 H, H는 4.0 kJ/mol의 에너지를 증가시킨다.

엇갈린 형태와 가려진 형태 사이의 에너지 차이는 약 12 kJ/mol(2.9 kcal/mol)로서, 이 차이는 아주 작아 실온에서 회전 속도는 아주 빠르며 형태를 분리할 수는 없다. 세 개의 가려진 C—H 결합 때문에 형태의 에너지가 약 12 kJ/mol 높아지는 것이기 때문에 각각의 가려진 C−H 결합은 에너지를 4.0 kJ/mol (1.0 kJ/mol)만큼 높게 한다. 엇갈린 형태와 가려진 형태 사이의 에너지 차이를 비틀림 에너지(torsional energy)라 한다. 즉 결합이 가려지게 되면 분자에 비틀림 무리(torsional strain)가 생긴다.

- 비틀림 무리는 결합이 가려져 생기는 에너지의 증가분이다.

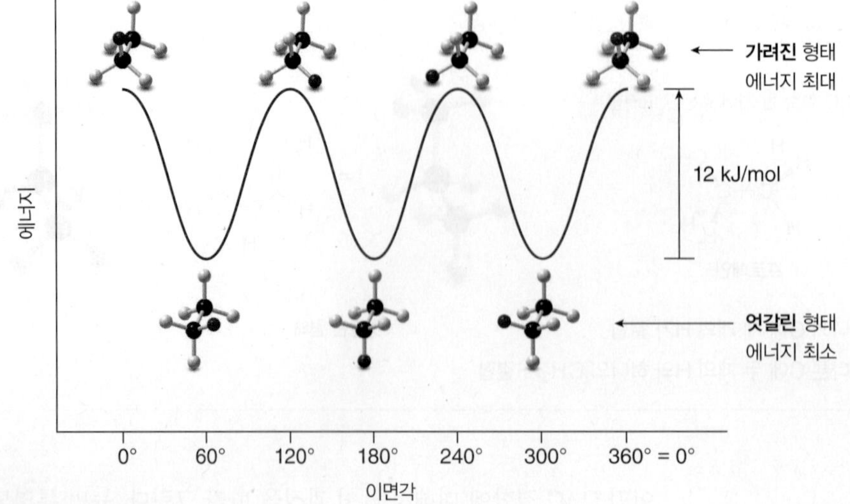

그림 4.8
그래프: 에테인의 에너지 대 이면각

- 표시된 H 원자의 위치는 60° 회전한 후의 위치임에 유의하라. 세 개의 모든 엇갈린 형태는 모두 동일하고(표시한 위치를 제외하고는), 세 개 모든 가려진 형태도 실제로 동일하다.

그림 4.8의 그래프에 에테인의 한 CH_3기가 다른 쪽에 대해 회전할 때, 이면각에 따라 에테인의 퍼텐셜 에너지가 어떻게 변하는지가 나와 있다. 엇갈린 형태가 가장 안정한 배열이며, 따라서 에너지 최저 상태에 있다.

한 탄소의 C−H 결합이 다른 쪽 탄소의 C−H 결합에 대해 회전함에 따라 C−H 결합이 서로 가까워져서 에너지가 증가하고, 60° 회전하여 가려진 형태가 되면 에너지가 최고가 된다. 회전이 계속되면 에너지가 감소하여, 또다시 60° 회전하면 다시 한 번 엇갈린 형태가 된다. 어느 한 순간에도 에테인 분자들이 모두 더 안정한 엇갈린 형태로 존재하는 것은 아니다. 더 안정한 엇갈린 형태로 존재하는 분자의 백분율이 다른 어떤 가능한 배열로 존재하는 경우보다 더 높은 것이다.

무리(strain)는 에너지를 증가시킨다. 비틀림 무리(torsional strain)는 이 책에서 논의되는 세 가지 종류의 무리 중 첫 번째 것이다. 다른 두 가지 종류는 입체 무리(4.10절)와 각무리(4.11절)이다.

- 에너지 최저점과 최고점은 60°마다 엇갈린 형태에서 가려진 형태로 변하며 나타난다. 엇갈린 형태도 가려진 형태도 아닌 경우의 에너지는 그 중간이다.

문제 4.16 프로페인의 비틀림 에너지는 14 kJ/mol (3.4 kcal/mol)이다. 각각의 H, H가 가려지는 상호작용이 4.0 kJ/mol (1.0 kcal/ mol)만큼 불안정화한다고 생각할 때 H, CH_3가 가려지는 상호작용은 얼마만큼 불안정화하는가? (4.10절에 답을 구하는 또 다른 방법이 나와 있음.)

4.10 뷰테인의 형태

뷰테인이나 분자량이 더 큰 알케인들은 여러 개의 탄소−탄소 결합이 있으며, 이들은 모두 회전할 수 있다.

뷰테인
C2−C3 회전에 대해 생각하자.
각 C는 2H와 하나의 CH_3를 가지고 있다

그림 4.9
뷰테인의 여섯 개 다른 형태들

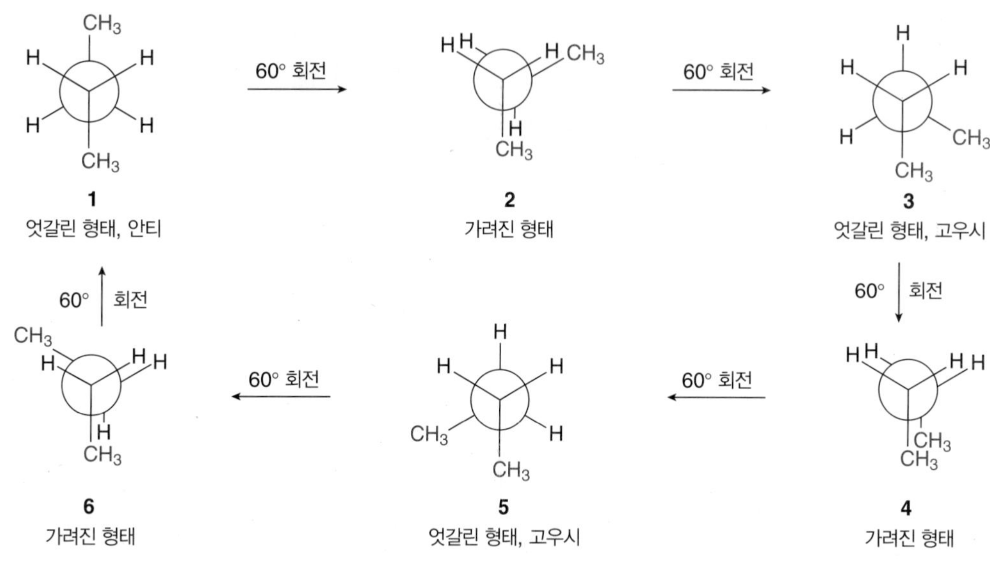

C2−C3 결합이 회전하며 생기는 여러 다른 형태를 분석하기 위하여, 임의의 형태—예를 들어, 두 CH_3기가 180° 떨어진 엇갈린 형태—에서 시작하자.

처음의 형태로 돌아오려면 60° 회전이 여섯 번 필요하다.

- 다른 탄소는 고정시킨 채, 한 탄소 원자를 시계 방향이나 시계 반대 방향으로 60°씩 회전시킨다. 처음의 형태로 돌아올 때까지 계속한다.

그림 4.9에 이 과정에서 생기는 여섯 개의 가능한 형태를 나타내었다.

각각 60° 회전할 때마다 엇갈린 형태가 가려진 형태로 되거나 또는 그 반대로 되지만 모든 엇갈린 형태와 모든 가려진 형태가 똑같지는 않다. 예를 들어, 엇갈린 형태 3과 5에서 메틸기 사이의 이면각은 60°이나 엇갈린 형태 1에서는 180°이다.

- 큰 두 기가 180° 떨어져 있는 엇갈린 형태는 안티(anti)라고 부른다.
- 큰 두 기가 60° 떨어져 있는 엇갈린 형태는 고우시(gauche)라고 부른다.

마찬가지로 형태 2와 6에서 두 메틸기는 수소 원자를 가리고 있으나 형태 4에서는 자기들끼리 가려져 있다.

엇갈린 형태(1, 3, 그리고 5)는 가려진 형태(2, 4, 그리고 6)보다 에너지가 낮으나, 엇갈린 형태와 가려진 형태 각각의 에너지는 어떻게 비교되는가? 각각의 엇갈린 형태(또는 각각의 가려진 형태)의 상대적 에너지는 그 **입체 무리**(steric strain)에 좌우된다.

- 입체 무리는 원자들이 서로 너무 가깝게 위치해야 할 때 생기는 에너지 증가분이다.

안티 형태(1)에서 메틸기들은 고우시 형태(3과 5)에서보다 더 멀리 떨어져 있기 때문에 엇갈린 형태 중에서 1이 3과 5보다 더 에너지가 낮다(더 안정하다). 사실, 3과 5에서 메틸기가 가까워서 생기는 입체 무리 때문에 안티 형태는 고우시 형태보다 3.8 kJ/mol (0.9 kcal/mol)만큼 더 에너지가 낮다.

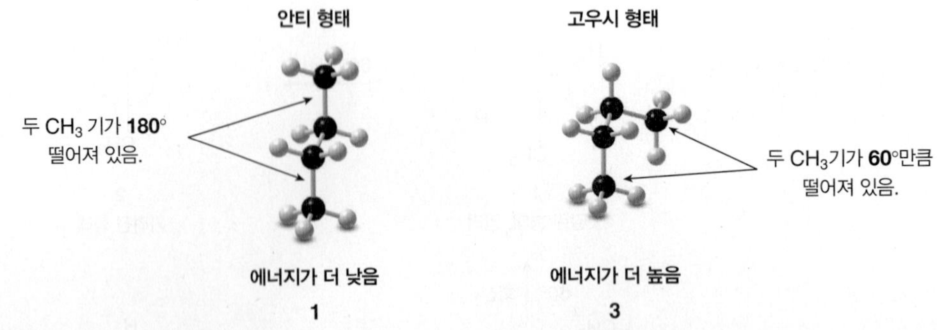

- 일반적으로 고우시 형태는 안티 형태보다 입체 무리로 인하여 에너지가 더 높다.

입체 무리는 가려진 형태에서도 상대적 에너지에 영향을 끼친다. 형태 4는 2나 6보다 더 에너지가 높은데, 이는 두 개의 큰 CH_3기가 가까이 위치하여 제법 큰 입체 무리가 생기기 때문이다.

두 개의 가려진 CH_3기에 의해 생기는 **입체 무리**

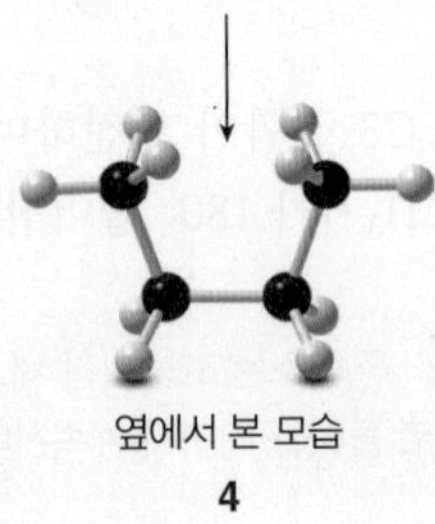

옆에서 본 모습

4

에너지와 이면각 사이의 그래프를 그릴 때, 다음 두 사항을 고려하자.

- 엇갈린 형태는 에너지 최저점에 있으며, 가려진 형태는 에너지 최고점에 있다.
- 불리한 입체 무리는 에너지를 증가시킨다.

뷰테인의 경우, 이러한 이유로 안티 형태 1의 에너지가 가장 낮고, 두 CH_3기가 가려진 형태 4의 에너지가 가장 높다. 다른 형태의 상대적 에너지는 그림 4.10에 있는 뷰테인의 에너지 대 회전 도식에 나와 있다.

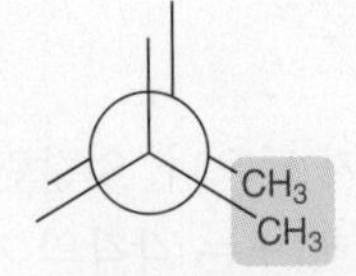

가려지는 CH_3, CH_3
11 kJ/mol의 불안정화

그림 4.10의 값으로부터 다른 기들이 가려져 있을 때 얼마만큼 불안정해지는지 계산할 수 있다. 예를 들어 형태 4는 안티 형태 1보다 19 kJ/mol만큼 불안정하다. 형태 4는 H,H가 가려지는 상호작용이 두 개 있어서 각각 4.0 kJ/mol만큼 불안정하며(4.9절), CH_3,CH_3가 가려지는 상호작용이 한 개 있다. 따라서 CH_3, CH_3가 가려지는 상호작용은 19 − 2(4.0) = 11 kJ/mol 만큼 불안정화한다.

H
CH_3

가려지는 H, CH_3
6.0 kJ/mol의 불안정화

유사하게, 형태 2는 안티 형태 1보다 16 kJ/mol만큼 불안정한데, H,H가 가려지는 상호작용이 한 개(4.0 kJ/mol 불안정) 있고 H,CH_3 상호작용이 두 개 있다. 따라서 각각의 H,CH_3 상호작용은 1/2 (16 − 4.0) = 6.0 kJ/mol 만큼 불안정화한다. 이 값들은 표 4.3에 요약되어 있다.

- 가장 낮은 에너지 형태와 가장 높은 에너지 형태의 에너지 차이를 회전 장벽(barrier to rotation)이라 한다.

우리는 이러한 원리를 이용하여 어떠한 비고리형 알케인의 형태와 상대적 에너지도 결정할 수 있다. 에너지가 가장 낮은 형태는 모든 결합들이 엇갈려 있고, 큰 기들은 안티 상태이므로, 이를 나타내기 위하여 알케인은 주로 지그재그 골격 구조로 그린다.

그림 4.10
그래프: 뷰테인의 에너지 대 이면각

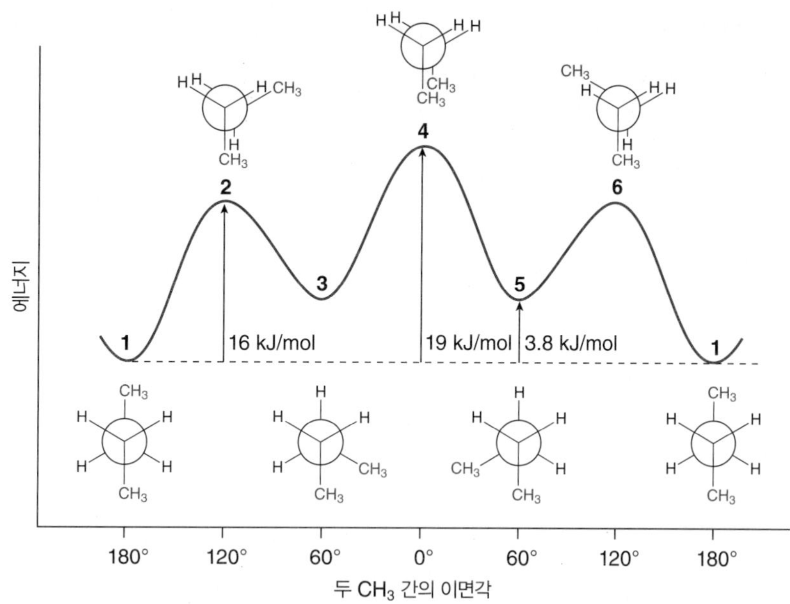

- 엇갈린 형태 **1**, **3**, **5**는 에너지가 최저인 곳에 있다.
- 안티 형태 **1**이 입체 무리가 있는 고우시 형태 **3**과 **5**보다 에너지가 더 낮다.
- 가려진 형태 **2**, **4**, **6**은 에너지가 최대인 곳에 있다.
- 가려진 형태 **4**는 두 개의 가려진 CH_3 때문에 추가적인 입체무리가 있어 가장 큰 에너지를 가진다.

표 4.3
요약: 비고리 알케인의 비틀림 및 입체 무리 에너지

상호작용 종류	에너지 증가	
	kJ/mol	kcal/mol
가려지는 H,H	4.0	1.0
가려지는 H,CH_3	6.0	1.4
가려지는 CH_3,CH_3	11	2.6
고우시 CH_3 기	3.8	0.9

문제 4.17

a. 붉은색으로 표시된 결합을 회전하여 얻어지는 세 개의 엇갈린 형태와 세 개의 가려진 형태를 뉴먼 투영도로 나타내라.

b. 가장 안정한 형태와 가장 불안정한 형태가 어떤 것인지 표시하라.

문제 4.18 에너지가 증가하는 순서대로 다음의 형태를 나열하라.

A **B** **C** **D**

문제 4.19 1,2-다이클로로에테인($ClCH_2CH_2Cl$)의 탄소–탄소 결합 주위로 회전할 때,

a. 이 결합을 회전하여 얻어지는 모든 엇갈린 형태와 가려진 형태를 뉴먼 투영도로 나타내라.

b. 이 결합을 회전하는 경우 에너지 대 이면각의 그래프를 그려라.

문제 4.20 다음 각각의 가려진 형태의 에너지가 얼마만큼 불안정한지 계산하라.

a. H H, H CH₃, CH₃ H

b. CH₃ H, H CH₃, CH₃ H

4.11 사이클로알케인 서론

비틀림 무리와 입체 무리 이외에도 사이클로알케인의 형태는 각 무리(angle strain)에 의한 영향도 받는다.

- 각 무리란 결합각이 최적의 정사면체 각도인 109.5°에서 벗어날 때 생기는 에너지 증가분이다.

애초에는 사이클로알케인이 평평한 고리이고 탄소 원자 사이의 결합각은 고리의 크기에 따라 결정된다고 생각했었다. 예를 들어, 평평한 사이클로프로페인 고리는 60°의 내부 결합각을, 평평한 사이클로뷰테인 고리는 90°의 각도를, 그리고 큰 평평한 고리는 매우 큰 결합각을 가질 것으로 생각했었다. 정사면체 결합각과 크게 다른 결합각을 갖는 고리들은 무리가 매우 크고 반응을 잘하리라고 생각했었다. 이것을 Bayer 무리 이론(Bayer strain theory)이라 한다.

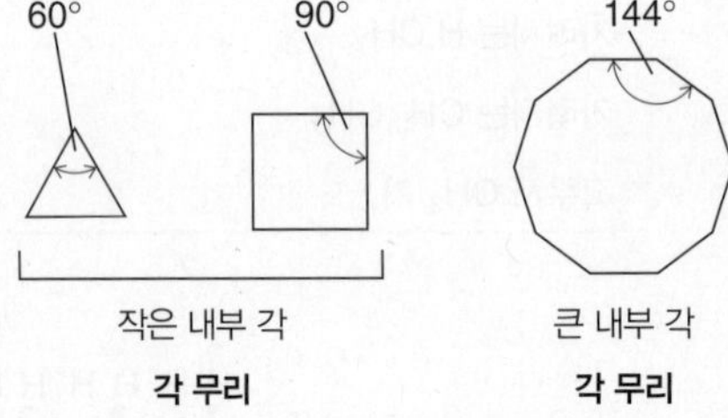

고리 내부에 세 개보다 많은 탄소를 가진 사이클로알케인은 평평한 분자가 아니라는 것이 밝혀졌다. 이들은 무리, 즉 각 무리와 비틀림 무리 모두를 줄이기 위하여 주름 잡힌 모습이다. 간단한 사이클로알케인 몇 개의 삼차원 구조가 그림 4.11에 나와 있다. 삼각형과 사각형 고리는 아직도 큰 각 무리를 갖지만, 더 큰 고리에서는 구부러지게 되면 내부 결합각이 줄어들고 따라서 각 무리도 줄어든다.

그림 4.11
몇 가지 사이클로알케인의 삼차원 구조

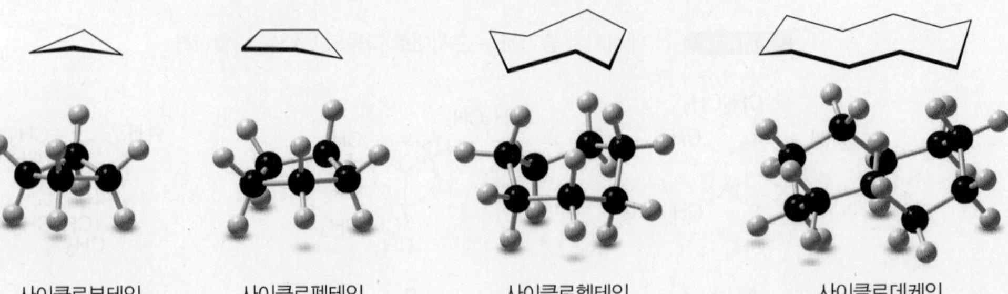

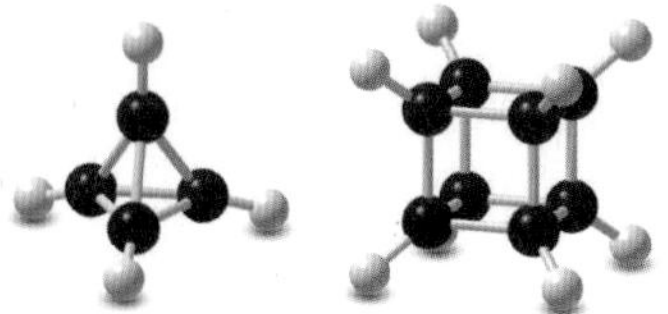

테트라헤드레인 큐베인

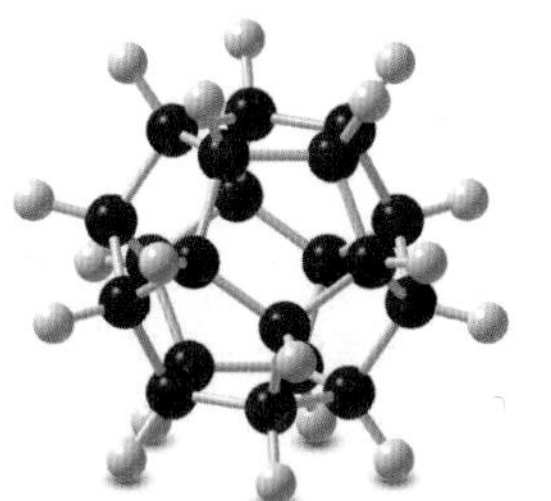

도데카헤드레인

많은 여러고리 탄화수소가 화학자들의 관심거리이다. 예를 들어, 12개의 오원자 고리가 서로 연결되어 있는 **도데카헤드레인**(dodecahedrane)은 한 가지 크기의 고리 여러 개가 서로 연결되어 생긴 탄화수소 종류에 속하는 세 화합물 중 하나이다. 이 종류에 속하는 다른 두 화합물은 네 개의 삼원자 고리로 구성된 **테트라헤드레인**(tetrahedrane)과 여섯 개의 사원자 고리로 구성된 **큐베인**(cubane)이다. 이 화합물들의 구조는 정다면체이며, 매우 대칭적인 Platon의 고체(Platonic solid)들 중 세 개인 정사면체, 정육면체 그리고 정십이면체와 닮았다.

이 화합물들은 얼마나 안정한가? 테트라헤드레인(내부 결합각 60°)은 구조적으로 큰 무리가 있어서 지금까지 이 화합물을 합성하려고 노력하였지만 성공하지 못하였다. 큐베인도 결합각 90°로 무리가 있으나 1964년에 처음 합성되었고, 실온에서 안정한 분자이다. 마지막으로 도데카헤드레인은 결합각이 정사면체 각도와 매우 비슷하기 때문에(108° 대 109.5°) 매우 안정하다. 화학자들은 이것의 합성을 수년 동안 성공하지 못하고 있었는데, 그 이유는 이 구조에 무리가 있거나 이 분자의 근원적인 불안정성 때문이 아니라, 12개의 오원자 고리를 서로 연결하여 구형을 만드는 일이 합성적으로 매우 어려운 일이었기 때문이다.

4.12 사이클로헥세인

이제 자연계에서 발견되는 화합물 중 가장 흔한 고리 크기인 **사이클로헥세인**(cyclohexane)의 형태에 대해 자세히 살펴본다.

4.12A 의자 형태

사이클로헥세인이 평평하다면 내부 결합각이 120°가 되어 각 무리가 있을 것이고, 이웃하는 탄소에 있는 모든 수소들이 겹쳐지게 되기 때문에 비틀림 무리가 있을 것이다.

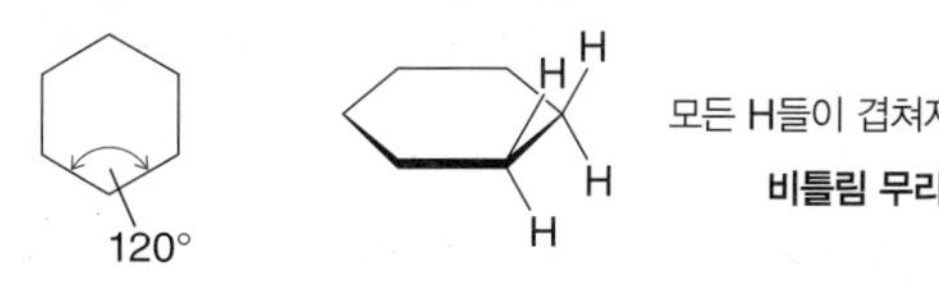

실제로 사이클로헥세인은 **의자**(chair) 형태라고 부르는 주름 잡힌 형태를 하고 있으며, 이 형태는 다른 어떠한 형태보다 더 안정하다.

의자 형태를 보는 법. 사이클로헥세인의 의자 형태를 아래쪽으로 기울이면 등받침, 앉는 자리, 그리고 발 받침이 있는 의자 모양을 쉽게 볼 수 있다.

=

의자 형태　　사이클로헥세인 의자 형태의 탄소 골격

의자 형태는 각 무리가 전혀 없고 (모든 C–C–C 결합각은 109.5°임) 비틀림 무리도 전혀 없어서 (이웃하는 탄소에 있는 모든 수소들이 겹쳐 있지 않고 엇갈려 있음) 매우 안정하다.

109.5° H H H H 모든 H들이 **엇갈려 있음.**

그림 4.12
모든 H 원자를 그린 사이클로헥세인의 의자 형태 삼차원 모형

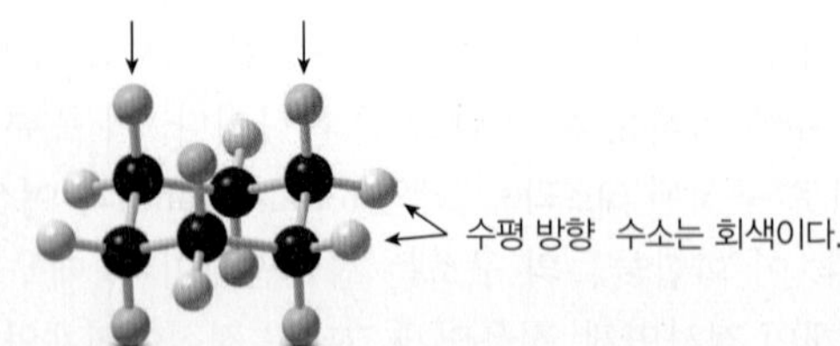

- 사이클로헥세인은 **여섯 개의 수직 방향 H**와 **여섯 개의 수평 방향 H**를 가지고 있다.

- 사이클로헥세인에서 C 원자 세 개는 위쪽으로 주름이 잡혀 있고, 또 다른 세 개는 아래쪽으로 주름이 잡혀 있으며 고리를 따라 반복해서 나타난다. 이들 C 원자를 위 C, 아래 C라고 부른다.

사이클로헥세인의 각 탄소 원자는 하나의 수직 방향 수소와 하나의 수평 방향 수소를 갖고 있다.

사이클로헥세인에 있는 각 탄소는 두 종류의 다른 수소를 갖고 있다.

- 수직 방향 수소는 고리 면의 위와 아래에 위치한다(수직 축을 따라).
- 수평 방향 수소는 고리 면에 위치한다(적도를 따라).

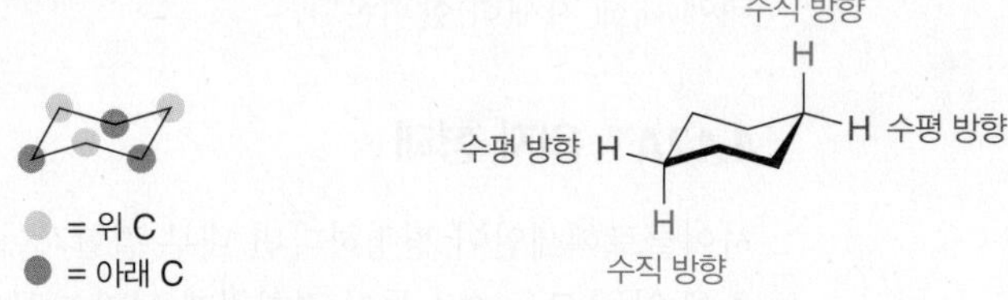

의자 형태의 삼차원 모형이 그림 4.12에 나와 있다. 논의를 계속하기 전에 먼저 사이클로헥세인의 의자 형태를 그리는 방법을 배워야 한다.

해결 방법 사이클로헥세인의 의자 형태 그리는 방법

단계 [1] 탄소 골격을 그린다.

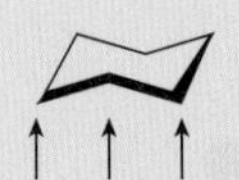

- 의자의 세 부분을 그린다: **꼭지, 한 쌍의 평행선**, 또 **다른 꼭지**.
- 그러고 나서 이들을 모두 연결한다.
- 아래에 있는 세 개 C는 종이 면에서 튀어나오는 것이며, 이 탄소에 연결된 결합은 때때로 굵게 표시한다.

단계 [2] 고리의 위에 있는 C와 아래에 있는 C를 표시한다.

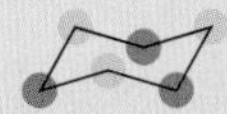

- 세 개의 C는 위에 있고, 세 개의 C는 아래에 있으며, 이들이 고리를 따라 번갈아 나타난다.

단계 [3] 수직 방향 H 원자를 그린다.

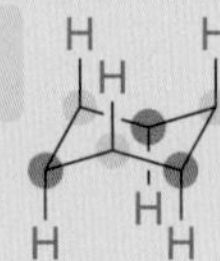

- 위 C에 있는 수직 방향 H는 위로 향한다.
- 아래 C에 있는 수직 방향 H는 아래로 향한다.

단계 [4] 수평 방향 H 원자를 그린다.

- 아래 C에 있는 수직 방향 H가 **아래**로 향하므로, 수평 방향 H는 위로 향한다.
- 위 C에 있는 수직 방향 H가 **위**로 향하므로, 수평 방향 H는 아래로 향한다.

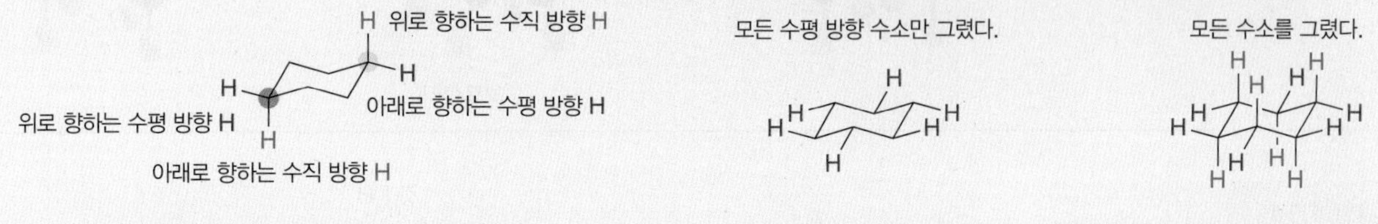

문제 4.21 고리에 있는 탄소를 위 C, 아래 C로 표시하라. 진하게 표시된 결합이 수직 방향인지 수평 방향인지 밝혀라.

문제 4.22 그림에 보인 바와 같이 탄소의 번호가 매겨진 사이클로헥세인을 사용하여 다음 설명에 맞는 의자 형태를 그려라.

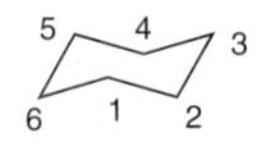

a. C1에서 수직 방향 CH_3기와 C2에서 수평 방향 OH기를 지닌 고리 구조
b. C6에서 수평 방향 CH_3기와 C4에서 수직 방향 OH기를 지닌 고리 구조
C. C1, C2와 C5에 수평 방향 OH기를 지닌 고리 구조

4.12B 고리 뒤집힘

비고리형 알케인과 같이 사이클로헥세인도 한 형태로만 존재하는 것은 아니다. 결합이 꺾이고 구부러지면 새로운 배열이 생기게 되지만 움직임이 덜 자유스럽다. 형태 변화 중 중요한 한 가지는 다음 식에 표시한 것과 같은 **고리 뒤집힘(ring-flipping)** 현상이다. 고리 뒤집힘은 두 단계로 진행된다고 생각할 수 있다.

- **아래쪽 C가 위로 뒤집힌다.** 이렇게 하면 **보트(boat) 형태**라는 사이클로헥세인의 새로운 형태가 나온다. 보트 형태는 네 탄소가 이루는 평면 위에 두 탄소가 위치하게 된다.
- 보트 형태는 두 가지 방법으로 고리 뒤집힘을 할 수 있다. 처음 뒤집힌 탄소(붉은색 원으로 표시)가 다시 아래로 뒤집혀, 처음 형태로 되돌아가거나, **또 다른 위쪽 C**(푸른색 원으로 표시)**가 아래로 뒤집힌다. 이렇게 하면 또 다른 두 번째 의자 형태가 된다.**

고리 뒤집힘 현상 때문에 **위쪽 탄소는 아래쪽 탄소가 되고 아래쪽 탄소는 위쪽 탄소가 된다.** 따라서 사이클로헥세인은 똑같이 안정한 두 가지의 다른 의자 형태로 존재하며, 이들은 실온에서 빠르게 상호변환된다.

고리 뒤집힘 현상은 또한 사이클로헥세인의 수소 원자의 방향에도 영향을 미친다.

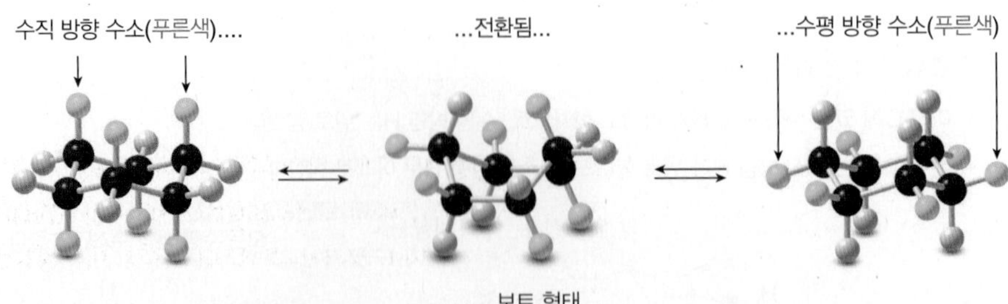

그림 4.13
사이클로헥세인에서 고리 뒤집힘에 의한 수직 방향 수소와 수평 방향 수소의 상호변환

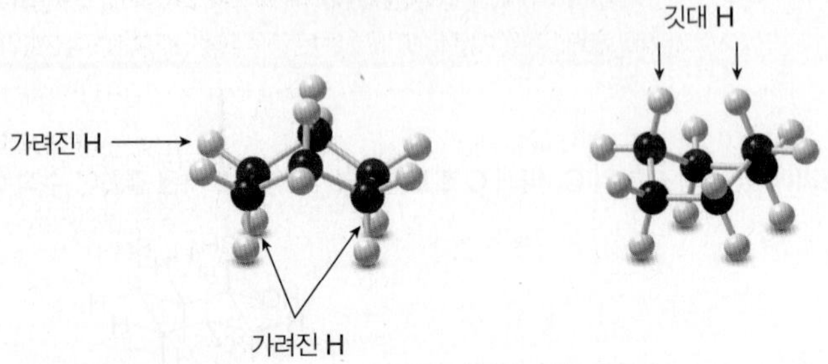

그림 4.14
사이클로헥세인 보트 형태의 두 가지 모습

사이클로헥세인의 보트 형태는 다음 두 가지 이유로 의자 형태보다 더 불안정하다.

- H가 가려지는 상호작용으로 인해 비틀림 무리가 있다.
- 깃대 H가 인접해 있어 입체 무리가 있다.

- 고리 뒤집힘으로 인하여 수직 방향 수소와 수평 방향 수소는 상호변환된다. 수직 방향 수소는 수평 방향 수소가 되고, 수평 방향 수소는 수직 방향 수소가 된다(그림 4.13).

사이클로헥세인의 의자 형태는 보트 형태보다 30 kJ/mol 만큼 더 안정하다. 보트 형태는 한 평면상에 있는 네 탄소에 결합된 모든 수소들이 겹쳐 있기 때문에 비틀림 무리가 있어서 불안정하다. 또한 보트의 양 끝에 있는 두 수소[깃대 수소(flagpole hydrogen)]가 그림 4.14에 나온 것처럼 가까이 있게 되어 입체 무리가 있다.

4.13 치환된 사이클로알케인

사이클로헥세인의 한 수소가 더 큰 치환기로 치환되면 어떻게 될까? 두 사이클로헥세인 형태의 안정성에 차이가 있게 될까? 이러한 질문에 답을 하기 위하여 한 가지 법칙을 기억하자.

- 수평 위치가 축 위치보다 자리 여유가 많아서 큰 치환기는 수평 위치에 있는 것이 더 안정하다.

4.13A 치환기가 하나 있는 사이클로헥세인

메틸사이클로헥세인(methylcyclohexane)의 경우처럼, 치환기가 하나 있는 사이클로헥세인은 다음 해결 방법에서 보는 것처럼 가능한 의자 형태가 두 가지 있다.

CH_3기는 수평 방향에서 수직 방향으로 뒤집혔으나, 시작할 때도 아래쪽 결합이었고, 계속 아래쪽 결합으로 남아 있음을 주의하자. 고리 아래쪽에서 위쪽으로 뒤집힐 수는 없다.

- 고리 뒤집힘 과정에서 치환기는 항상 고리의 같은 쪽—위쪽 또는 아래쪽—에 머물게 된다.

해결 방법 치환기가 하나 있는 사이클로헥세인의 두 형태 그리는 방법

단계 [1] 의자 형태를 하나 그리고 치환기를 그려 넣는다.

- 고리에 있는 탄소 하나를 임의로 선택하여 위 또는 아래 탄소로 분류한 후 결합을 그려 넣는다. 각 C는 수직 방향 결합과 수평 방향 결합이 하나씩 있다.
- 치환기(이 경우는 H와 CH_3)를 하나는 수직 방향에, 다른 하나는 수평 방향에 임의로 그려 넣는다. 아래의 예에서는 CH_3기가 수평 방향에 가도록 그렸다.
- 이렇게 하여 가능한 두 의자 형태 중 하나가 생기며, 이를 형태 **A**이라고 표시한다.

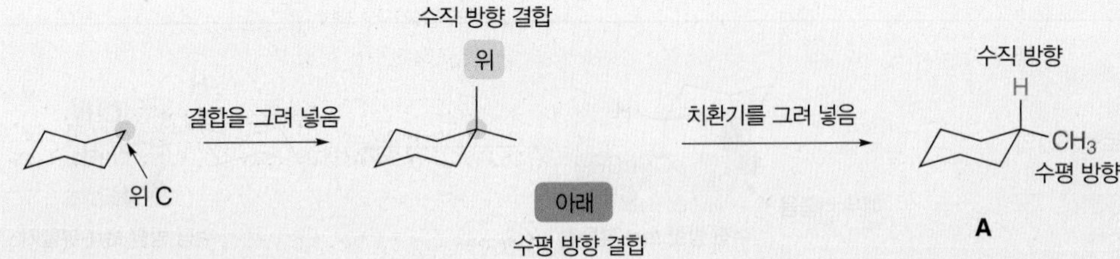

단계 [2] 사이클로헥세인 고리의 고리 뒤집힘을 시행한다.

위 C —**고리 뒤집힘**→ 아래 C

- 위쪽 C는 아래쪽 C가 되고 아래쪽 C는 위쪽 C가 된다. 앞에서 선택한 위쪽 C는 이제 아래쪽으로 향하게 된다.

단계 [3] 두 번째 형태에 치환기를 그려 넣는다.

- 수직 방향 결합과 수평 방향 결합을 그린다. 아래 C에서 수직 방향 결합은 아래로 향한다.
- 고리 뒤집힘으로 인하여 수직 방향 결합은 수평 방향이 되고, 수평 방향 결합은 수직 방향이 된다. 수평 방향 메틸기는 수직 방향이 된다.
- 이렇게 하여 가능한 두 의자 형태 중 두 번째 것이 나오며, 이를 형태 **B**라고 표시한다.

위 C —결합을 그려 넣음→ (수평 방향 결합 위, 수직 방향 결합 아래) —치환기를 그려 넣음→ **B** (수평 방향 H, 수직 방향 CH_3)

각 탄소 원자는 하나의 위쪽 결합과 하나의 아래쪽 결합을 갖고 있다. 위쪽 결합은 그것이 결합된 탄소에 따라 수직 방향일 수도 있고, 수평 방향일 수도 있다. 위쪽 C에서는 수직 방향 결합이 위이지만, 아래쪽 C에서는 수평 방향 결합이 위이다.

(수평 방향 결합이 위. / 수직 방향 결합이 위. / 아래 C / 위 C)

메틸사이클로헥세인의 두 형태는 서로 다르며, 따라서 안정성에서도 차이가 있다. 사실, 형태 A에서는 큰 메틸기가 공간 여유가 더 많은 수평 방향에 위치하기 때문에 수직 방향에 있는 형태 B보다 훨씬 안정하다.

형태 A (H, CH_3 수평 방향)	⇌	**형태 B** (H, CH_3 수직 방향)
크기가 큰 CH_3기가 수평 방향임.		
더 안정함 95%		덜 안정함 5%

왜 치환기가 하나 있는 사이클로헥세인의 경우 큰 치환기가 수평 방향 위치에 있을 때가 더 안정한가? 그림 4.15를 보면 CH_3기가 수평 방향에 있을 때, 인접한 기들과 입체 상호작용이 최소화됨을 알 수 있다. CH_3기가 수직 방향에 있으면, 두 개의 다른 수직 방향 H 원자와 가깝게

그림 4.15
메탈사이클로헥세인의 두 형태에 대한 삼차원 모형

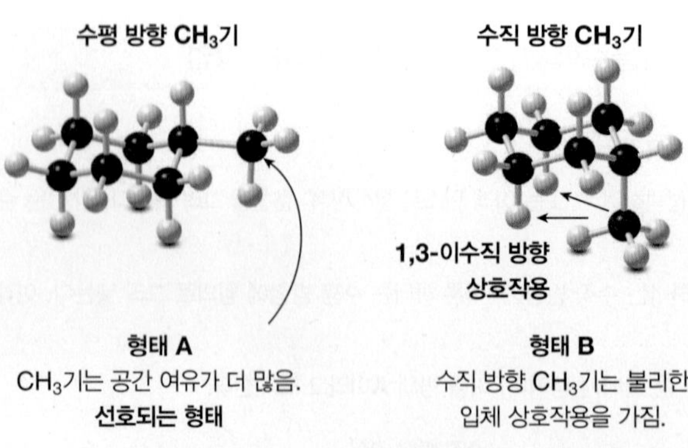

그림 4.16
tert-뷰틸사이클로헥세인의 두 가지 형태

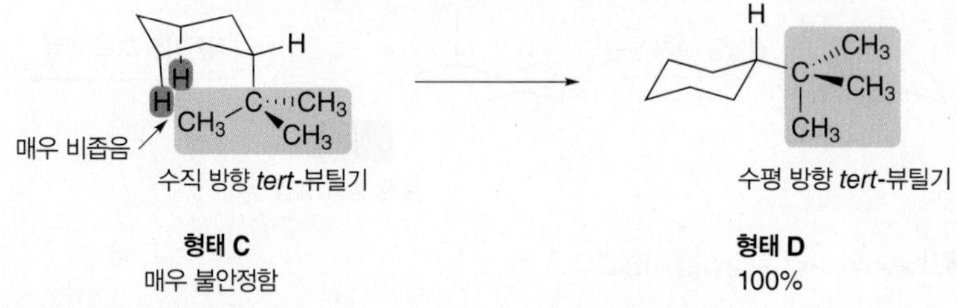

형태 C
매우 불안정함

형태 D
100%

- 큰 *tert*-뷰틸기는 사이클로헥세인 고리를 이런 **D**로 고정시킴.

있게 되어 불안정하게 되는 입체 상호작용이 두 개 생기게 되며, 이를 **1,3-이수직방향 상호작용**(1,3-diaxial interaction)이라 한다. 불리한 H, CH_3 상호작용 각각이 이 형태를 3.8 kJ/mol만큼 불안정하게 만들어 형태 B(오른쪽)는 형태 A(왼쪽)보다 7.6 kJ/mol만큼 불안정하다.

- 수직 방향 치환기의 크기가 크면 1,3-이수직 방향 상호작용이 불리하게 되어 사이클로헥세인 형태가 불안정하게 된다.

육원자 고리의 치환기가 크면 클수록 평형에서 치환기가 수평 방향에 있는 형태의 비율이 높아진다. 사실, *tert*-뷰틸[$(CH_3)_3C-$]처럼 아주 큰 치환기의 경우, 실온에서 *tert*-뷰틸기가 수직 방향인 형태는 거의 존재하지 않으며, 따라서 **고리는 *tert*-뷰틸기가 수평 방향인 한 형태로 고정되는 셈이다**. 그림 4.16에 이에 대한 설명이 나와 있다.

문제 4.23 다음 각 사이클로헥세인에 대하여 또 다른 의자 형태를 그려라. 평형에서 어떤 형태가 더 많이 존재할지 밝혀라.

a. Br　b. Cl　c. CH_2CH_3

문제 4.24 1-에틸-1-메틸사이클로헥세인의 두 가지 형태를 그리고 어떤 형태가 더욱 안정한지 결정하라.

4.13B 이중치환기 사이클로알케인

사이클로알케인 고리에 있는 C−C 결합 주위로 회전하는 것은 자유롭지 못하여 **고리의 한쪽에 있는 치환기를 다른 쪽으로 회전시킬 수 없다**. 그 결과 서로 다른 두 가지의 1,2-다이메틸사이클로펜테인이 존재한다—하나는 두 CH_3기가 고리의 같은 쪽에 있는 것이고, 다른 하나는 고리의 반대편에 있는 것이다.

쐐기는 고리 평면의 앞쪽에 있는 결합을 표시하고, 점선은 뒤쪽에 있는 결합을 표시한다. 이 표시법은 1.7B절에서 다루었다. 고리 **앞쪽**에 있는 CH_3기가 고리의 탄소에 결합되어 있으면(쐐기로 연결), 이 탄소에 결합된 다른 원자는 고리 **뒤쪽**에 위치하는 수소 원자이다(점선으로 표시).

시스와 **트랜스** 이성질체는 사이클로알케인의 이름에 시스와 트랜스 접두사를 붙여 이름짓는다. 즉 **A**는 시스-1,2-다이메틸사이클로펜테인이고 **B**는 트랜스-1,2-다이메틸사이클로펜테인이다.

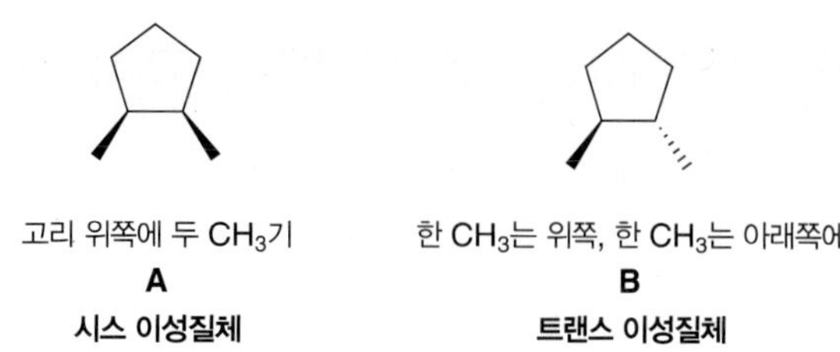

고리 위쪽에 두 CH_3기 **A** **시스 이성질체**

한 CH_3는 위쪽, 한 CH_3는 아래쪽에 **B** **트랜스 이성질체**

A와 B는 같은 분자식을 가졌지만 서로 다른 화합물이기 때문에 이성질체이다. 그렇지만 이들은 이성질체의 두 번째 부류인 입체이성질체(stereoisomer)의 예이다.

- 입체이성질체는 원자가 공간에서 배열되어 있는 방법만이 다른 이성질체이다.

이들 입체이성질체를 구별하기 위하여 접두사 시스(cis)와 트랜스(trans)를 붙인다.

- 시스 이성질체는 두 기가 고리의 같은 쪽에 있다.
- 트랜스 이성질체는 두 기가 고리의 반대쪽에 있다.

문제 4.25 다음 각 화합물의 구조를 쐐기와 점선을 이용하여 그려라.

a. 시스-1,2-다이메틸사이클로프로페인 b. 트랜스-1-에틸-2-메틸사이클로펜테인

문제 4.26 시스-1,3-다이에틸사이클로뷰테인의 (a) 입체이성질체, (b) 구조 이성질체를 그려라.

4.13C 이중치환 사이클로헥세인

1,4-다이메틸사이클로헥세인과 같이 치환기가 두 개 있는 사이클로헥세인은 시스와 트랜스 입체이성질체가 있다. 아울러 각각 두 개의 가능한 의자 형태가 있다.

두 치환기가 다른 탄소 원자에 결합하고 있는 모든 이중치환된 사이클로알케인은 시스와 트랜스 이성질체를 갖는다.

트랜스-1,4-다이메틸사이클로펜테인 **시스**-1,4-다이메틸사이클로펜테인

각 입체이성질체의 두 형태를 그리려면 4.13A절에 있는 치환기가 하나 있는 사이클로헥세인의 경우와 같이 따라 하되, 고리에 두 치환기를 그려 넣으면 된다.

형태 A과 B는 동일하게 안정하지 않다. 형태 B에서는 큰 CH_3기 두 개가 모두 공간 여유가 더 많은 수평 방향에 위치하기 때문에 에너지가 더 낮다.

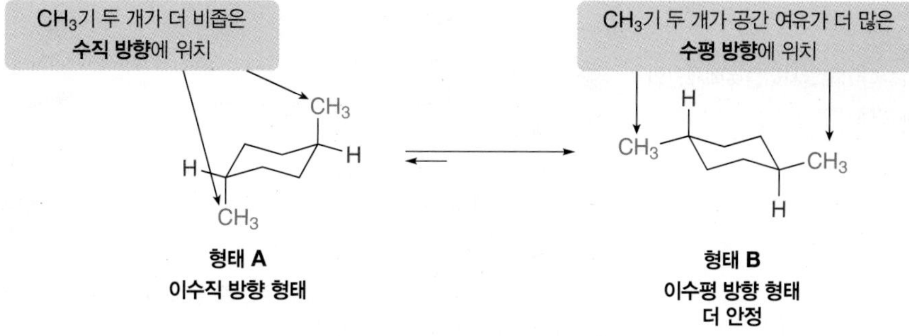

형태 A **이수직 방향 형태**

형태 B **이수평 방향 형태** **더 안정**

1,4-다이메틸사이클로헥세인의 시스 이성질체에도 두 형태가 있으며, 그림 4.17에 나와 있다.

해결 방법 치환기가 두 개 있는 사이클로헥세인의 두 형태 그리는 방법

단계 [1] 의자 형태를 그리고 치환기를 그려 넣는다.

- 트랜스-1,4-다이메틸사이클로헥세인의 경우 임의로 1,4 위치에 있는 두 C를 선택하고 이들을 위 C 또는 아래 C로 분류한 후 치환기를 그려 넣는다.
- 트랜스 이성질체에서는 하나의 치환기는 고리 위에(위에 있는 결합에), 그리고 다른 하나는 고리 아래에(아래에 있는 결합에) 있다. 치환기들은 하나는 위쪽 다른 하나는 아래쪽이기만 하면 되고, 수직 방향이든 수평 방향이든 상관없다. 보기에 제일 쉬운 트랜스 이성질체는 두 CH_3기 둘 다 수직 방향에 있는 것이다. 이 배열을 **이수직 방향**(diaxial)이라 한다.
- 이렇게 하여 가능한 두 의자 형태 중 하나가 생기며, 이를 형태 **A**이라고 표시한다.

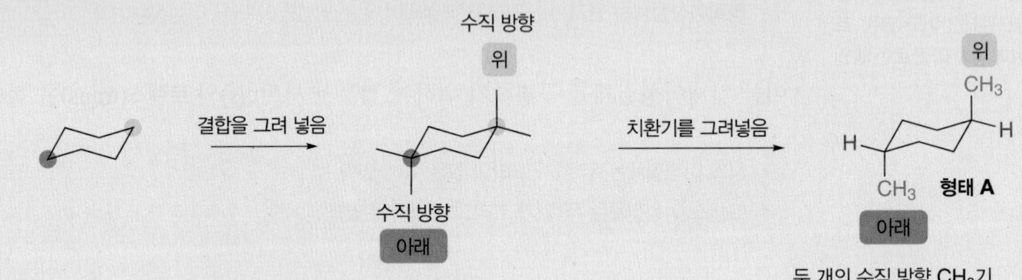

단계 [2] 사이클로헥세인 고리의 고리 뒤집힘을 시행한다.

위 C
아래 C
고리 뒤집힘
위 C
아래 C

- 위 C는 뒤집혀서 아래로 향하고 아래 C는 뒤집혀서 위로 향한다.

단계 [3] 두 번째 형태에 치환기를 그려 넣는다.

H
위
CH_3
CH_3
아래
H

두 개의 수평 방향 CH_3기

형태 B

- 고리 뒤집힘으로 인하여 수직 방향 결합은 수평 방향이 되고 수평 방향 결합은 수직 방향이 된다. 이수직 방향 CH_3기는 **이수평 방향**(diequatorial)이 된다. 이 트랜스 이성질체는 모습을 떠올리기가 쉽지 않다. 그러나 한 CH_3기는 고리 위에(위쪽 결합에), 그리고 다른 하나는 고리 아래에(아래쪽 결합에) 있으므로 분명 트랜스이다.

그림 4.17
시스-1,4-다이메틸사이클로헥세인의 두 가지 형태

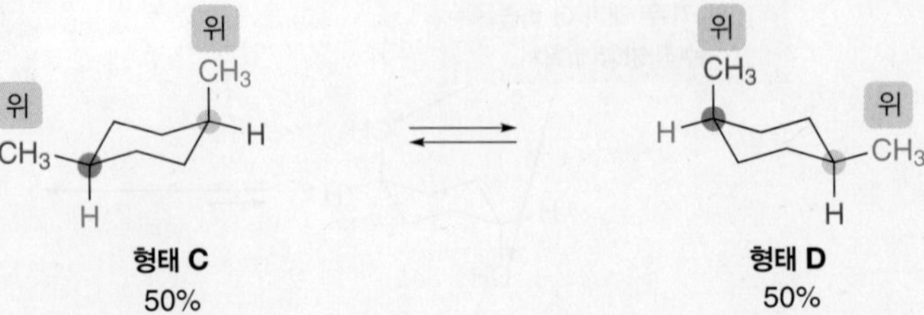

- 시스 이성질체는 두 치환기가 같은 쪽, 즉 둘 다 위쪽 결합에 있거나 둘 다 아래쪽이다. 이 예에서 형태 **C**과 **D**는 두 CH_3가 위로 가도록 그렸다.
- 두 형태가 모두 하나의 CH_3는 수직 방향, 또 하나는 수평 방향이어서 안정성이 동일하다.

각 형태는 CH_3 한 개가 수직 방향, 또 다른 한 개가 수평 방향에 있으므로 이들은 에너지가 같다. 따라서 실온에서 이들 두 형태는 50:50 혼합물의 평형 상태로 존재한다.

치환기가 두 개 있는 어떠한 사이클로헥세인 화합물의 두 형태의 상대적 안정성도 이와 같은 방법으로 분석할 수 있다.

- 시스 이성질체는 두 치환기가 같은 쪽, 즉 둘 다 위쪽 결합에 있거나 둘 다 아래쪽 결합에 있다.
- 트랜스 이성질체는 두 치환기가 반대쪽, 즉 하나는 위쪽, 다른 하나는 아래쪽 결합에 있다.
- 치환기들이 수직 방향이냐 수평 방향이냐 하는 것은 두 치환기의 상대적 위치(즉 1,2-, 1,3-, 또는 1,4-번 탄소)에 따라 달라진다.

예제 4.3 트랜스-1,3-다이메틸사이클로헥세인의 두 의자 형태를 그려라.

풀이

단계 [1] 의자 형태를 그리고 치환기를 그려 넣는다.

위쪽 C
위쪽 C
수직 방향
위
CH_3
H
CH_3
수평 방향
아래
H
형태 A

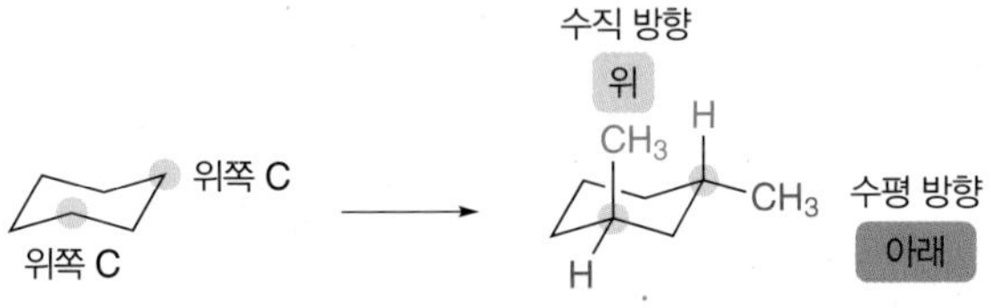

- 서로 1,3-위치에 있는 두 C를 선택한다.
- 트랜스 이성질체는 두 치환기가 **반대쪽**에 있다. 형태 **A**에서는 하나의 CH_3기는 수직 방향에(위쪽 결합에), 그리고 다른 하나는 수평 방향에(아래쪽 결합에) 있게 된다.

단계 [2~3] 고리 뒤집힘을 시행하고 치환기를 그려 넣는다.

수직 방향
CH_3
H
CH_3
수평 방향
H
형태 A

고리 뒤집힘

CH_3
수평 방향
H
H
CH_3
수직 방향
형태 B

- 두 개의 위쪽 C는 뒤집혀서 아래로 향한다.
- 수직 방향 CH_3는 뒤집혀서 수평 방향이 되고(여전히 위쪽 결합), 수평 방향 CH_3는 뒤집혀서 수직 방향(여전히 아래쪽 결합)이 된다. 형태 **B**는 두 CH_3가 여전히 반대쪽에 있으므로 트랜스이다.
- 각각이 한 CH_3는 수평 방향에, 그리고 다른 하나는 수직 방향에 있으므로 **형태 A과 B는 안정성이 같다**.

문제 4.27 다음 각 화합물이 시스인지 트랜스인지 밝혀라. 그리고 또 다른 의자 형태를 그려라.

a. 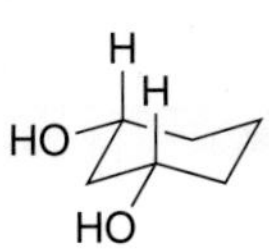 H, H, HO, HO

b. 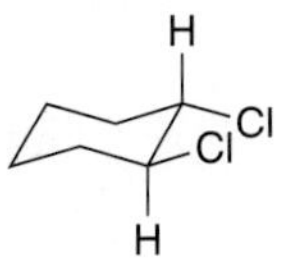 H, Cl, Cl, H

c. 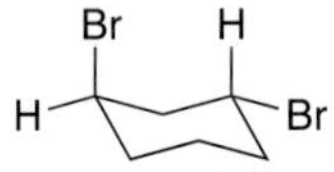 Br, H, H, Br

문제 4.28 1,2-다이메틸사이클로헥세인에서

a. 육원자 고리를 평면이라 생각하고 시스와 트랜스 이성질체의 구조를 그려라.

b. 시스 이성질체의 가능한 두 의자 형태를 그려라. 만일 차이가 있으면, 어떤 형태가 더 안정한가?

c. 트랜스 이성질체의 가능한 두 의자 형태를 그려라. 만일 차이가 있으면, 어떤 형태가 더 안정한가?

d. 시스와 트랜스 중 어떤 이성질체가 더 안정한가? 그리고 그 이유는 무엇인가?

문제 4.29 한 개의 CH_3CH_2기와 한 개의 CH_3기를 갖는 사이클로헥세인이 있다. 다음의 각 설명에 맞는 의자 형태를 그려라.

a. CH_3CH_2기가 수직 방향에 있는 1,1-이중치환 사이클로헥세인

b. CH_3기가 수직 방향에 있는 시스-1,2-이중치환 사이클로헥세인

c. CH_3기가 수평 방향에 있는 트랜스-1,3-이중치환 사이클로헥세인

d. CH_3CH_2기가 수평 방향에 있는 트랜스-1,4-이중치환 사이클로헥세인

4.14 알케인의 산화

3장에서 우리는 작용기가 헤테로원자나 π 결합을 포함하며 분자의 반응하는 부분이라고 배웠다. 알케인은 유기 분자 종류들 중에서 유일하게 작용기가 없는 종류이며, 따라서 알케인이 하는 반응은 별로 없다. 사실 알케인은 매우 극단적인 반응 조건을 쓰지 않으면 반응하지 않는다.

4장에서는 알케인이 하는 여러 반응 중에서 한 가지 반응인 **연소**(combusition)에 대해서만 살펴본다. 연소는 **산화-환원**(oxidation-reduction) 반응이다.

4.14A 산화와 환원 반응

다수의 C−H 결합과 소수의 C−Z 결합을 갖고 있는 화합물은 **환원된 상태**에 있다고 말하고, 소수의 C−H 결합과 더 많은 수의 C−Z 결합을 갖고 있는 화합물은 **더 산화된 상태**에 있다고 말한다. CH_4는 극히 환원된 상태이다. CO_2는 극히 산화된 상태이다.

- 산화는 전자를 잃는 것이다.
- 환원은 전자를 얻는 것이다.

산화와 환원은 반대 과정이다. 산-염기 반응처럼 이들 반응에서는 항상 두 요소가 관여한다. 한쪽은 산화되고, 다른 쪽은 환원된다.

유기화합물이 산화되는지 환원되는지를 결정하려면 출발물과 생성물의 탄소 원자만 생각하여 C−H 결합과 C−Z 결합의 상대적 수를 비교한다(여기서 Z는 탄소보다 *더 전기음성적*인 원소로서 보통 O, N, X 등이다). 산화와 환원은 두 가지 상호보완적인 방법으로 정의된다.

- 산화는 C−Z 결합의 수를 증가시킨다. 또는
- 산화는 C−H 결합의 수를 감소시킨다.

Z는 C보다 더 전기음성적이므로 C−H 결합이 C−Z 결합으로 바뀌면 C 주위에 전자 밀도가 줄어든다. 전자 밀도의 감소 = 산화.

- 환원은 C−Z 결합의 수를 감소시킨다. 또는
- 환원은 C−H 결합의 수를 증가시킨다.

그림 4.18은 CH_4의 C−H 결합들이 C−O 결합으로 바뀌어 CH_4가 산화되는 과정(왼쪽에서 오른

그림 4.18
탄소 화합물의 산화와 환원

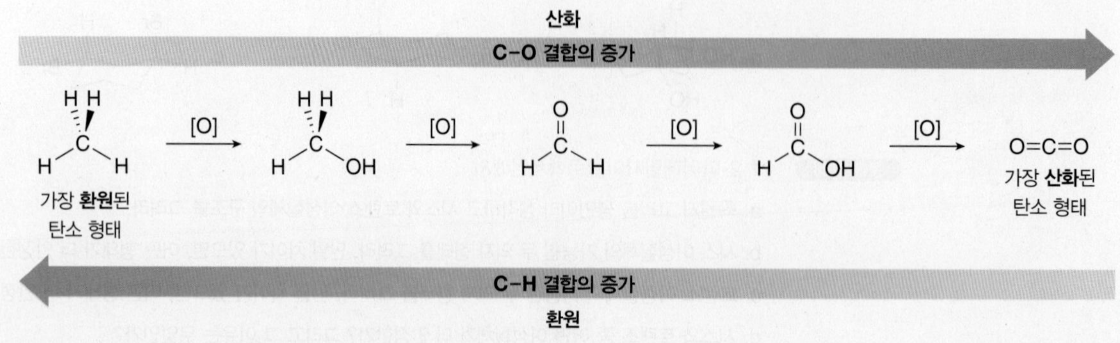

쪽 방향으로)을 나타낸다. [O] 표시는 산화를 뜻한다. 환원은 산화의 역과정이므로 그림 4.18의 분자들은 오른쪽에서 왼쪽으로 가면서 CO_2부터 CH_4까지 단계적으로 환원되는 것이다. [H] 표시는 환원을 뜻한다.

예제 4.4 다음 각 반응에서 유기화합물이 산화되는지 환원되는지 밝혀라.

a. 에탄올 ⟶ 아세트산

b. 사이클로헥센 ⟶ 사이클로헥세인

풀이

a. 에탄올에서 아세트산으로의 변환은 C−O 결합이 증가하므로 **산화**이다: CH_3CH_2OH에는 하나의 C−O 결합이 있고, CH_3COOH에는 세 개의 C−O 결합이 있다.

b. 사이클로헥센에서 사이클로헥세인으로의 변환은 C−H 결합이 증가하므로 **환원**이다: 사이클로헥세인에는 사이클로헥센보다 C−H 결합이 두 개 더 있다.

문제 4.30 다음 각 반응이 산화인지 환원인지 아니면 어느 것도 아닌지 밝혀라.

a. (벤즈알데하이드) ⟶ (벤조산)

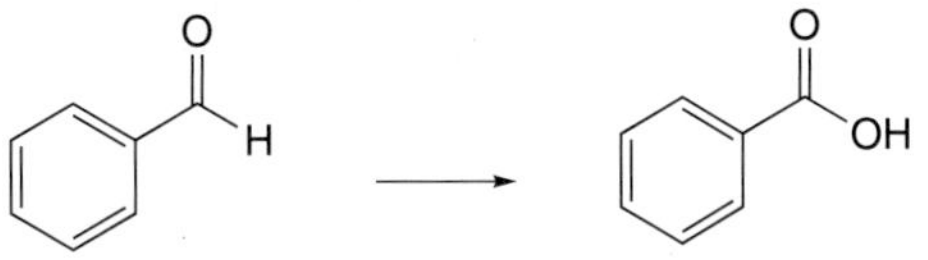

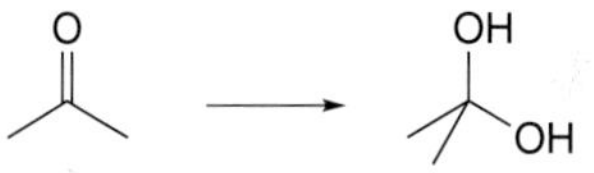

b. (이환 케톤, =O) ⟶ (이환 탄화수소)

c. (아세톤) ⟶ (OH, OH가 붙은 화합물)

d. (사이클로헥산온, =O) ⟶ (사이클로헥산올, −OH)

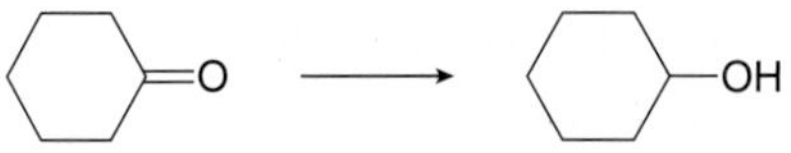

4.14B 알케인의 연소

유기화합물이 어떤 시약에 의해 산화되면, 그 시약 자체는 환원된다. 마찬가지로 유기화합물이 어떤 시약에 의해 환원되면, 그 시약 자체는 산화된다. **유기화학자들은 어떤 반응이 산화인지 환원인지 구별할 때, 반응의 유기 성분에 어떤 일이 일어나는지로 판단한다.**

알케인은 연소된다−즉 산소 존재하에서 타서 이산화탄소와 물을 생성한다. 이것은 산화의 실용적인 예이다. 출발물에 있는 모든 C−H와 C−C 결합은 생성물에서 C−O 결합이 된다. 아래 반응식은 두 가지 다른 알케인의 연소를 보여 준다. 생성물인 $CO_2 + H_2O$는 출발물이 무엇이든 간에 같음을 주목하자. 알케인이 천연 가스, 휘발유, 또는 난방 기름인 경우, 이것의 연소는 가정용 난방, 자동차의 동력, 그리고 취사에 필요한 에너지를 제공한다.

$$CH_4 + 2\,O_2 \xrightarrow{\text{불꽃}} CO_2 + 2\,H_2O + \text{(열)에너지}$$

메테인

$$2\,(\text{2,2,4-트라이메틸펜테인}) + 25\,O_2 \xrightarrow{\text{불꽃}} 16\,CO_2 + 18\,H_2O + \text{(열)에너지}$$

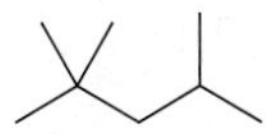

2,2,4-트라이메틸펜테인 (아이소옥테인)
환원된 상태 출발물

산화된 상태 생성물

연소할 때, 반응을 시작하기 위하여 스파크나 성냥불이 필요하다. 따라서 주로 알케인으로 구성된 휘발유는 공기 중에서 안전하게 취급하고 저장할 수 있으나 스파크나 성냥불이 있으면 즉시 그리고 매우 격렬하게 연소한다.

그림 4.19
1958년 이후 대기 중의 CO_2 농도 변화

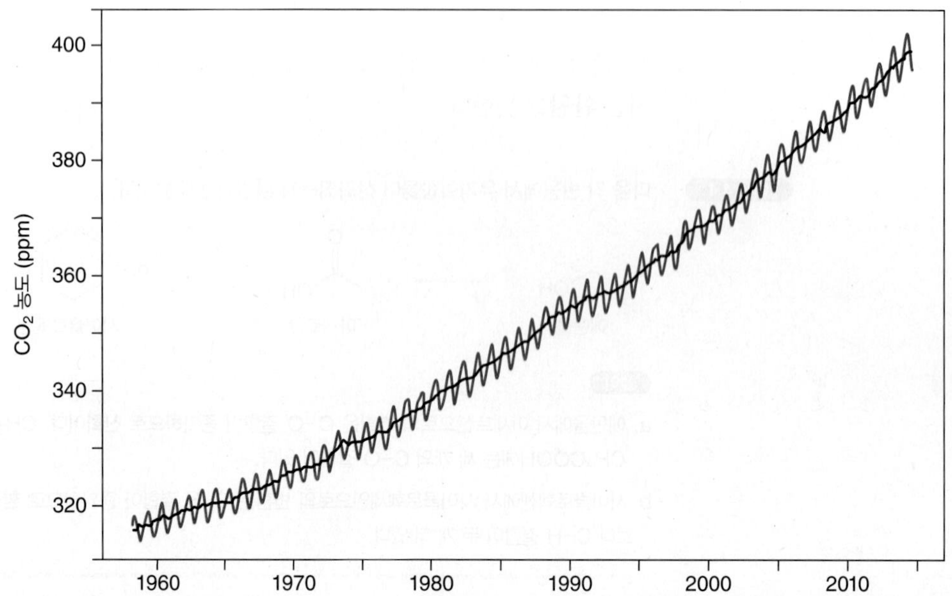

이 그래프에서 대기 중의 CO_2 농도 증가가 뚜렷이 나타난다. 매년 두 번의 자료가 기록되었다. 그래프가 톱날처럼 보이는 것은 계절에 따라 광합성의 양이 달라서 CO_2 농도가 변하기 때문이다(자료는 하와이의 Mauna Loa에서 기록되었음).

자동차로 10,000마일을 갤런당 25마일의 연비로 운전하면 ~10,000 lb의 CO_2가 대기에 방출된다.

알케인과 화석 연료에서 얻어지는 그 밖의 탄화수소의 연소로 인하여 매년 엄청난 양의 CO_2가 대기에 더해지게 된다. 양적으로 보면, 지난 53년 동안 대기 중의 CO_2의 농도는 20% 증가했다는 자료(1958년에 315 ppm에서 2011년에 389 ppm으로, 그림 4.19)가 있다. 대기의 구성성분은 지구가 생긴 이래로 변해 왔으나, 인류의 행동으로 인하여 성분이 크게, 또 그렇게 빨리 변한 것은 처음 있는 일일 것이다.

대기 중의 CO_2 농도가 증가하는 것은 그 영향이 오래 가고, 또 광범위하게 전해진다. CO_2는 보통 지구 표면에서 발산하는 열 에너지를 흡수하여 표면에 다시 보낸다. 따라서 CO_2의 농도가 높으면, 지구 대기의 평균 온도가 올라가게 된다. 이렇게 지구 온난화(global warming)라고 불리는 현상은, 몇 가지 예만 든다면 극지방의 빙하가 녹고, 해수 표면이 올라가며, 지구 기후의 급격한 변화가 일어나는 등 많은 결과를 초래한다. 이 과정에서 CO_2의 역할이 얼마나 큰 지에 대해서는 열띤 논쟁이 진행되고 있다.

문제 4.31 다음 각 연소 반응의 생성물을 그려라.

a. (propane skeletal structure) + O_2 $\xrightarrow{\text{불꽃}}$ b. (cyclohexane) + O_2 $\xrightarrow{\text{불꽃}}$

4.15 지질–1부

탄소–탄소 이중 결합을 포함하는 지질은 10.6절에서 자세히 다룬다.

지질(lipid)은 그 성질이 알케인이나 다른 탄화수소를 닮은 생체 분자이다. 이것은 어떤 특정한 작용기로 정의된 것이 아니라 물리적 성질로 정의된다는 점이 다른 종류의 생체 분자들과 다르다.

그림 4.20
대표적인 세 개의 지질 분자

긴 탄화수소

$PGF_{2\alpha}$

콜레스테롤

- 지질은 유기 용매에 녹고 물에는 녹지 않는 생분자이다.

지질은 크기와 모양이 다양하고 여러 작용기를 갖고 있다. 바이타민 A와 같은 지용성 바이타민과 세포막을 형성하는 인지질은 3.5절과 3.7절에 소개된 지질의 예이다. 다른 예들은 그림 4.20에 소개되어 있다. 이들의 공통적 특징은 그 용해도이다.

- 지질은 비극성 C−H와 C−C 결합 여러 개로 구성되어 있으며 극성 작용기는 별로 없다.

왁스(wax)는 두 개의 긴 알킬 사슬이 산소를 포함하는 하나의 작용기로 연결된 지질이다. C−H와 C−C 결합이 여러 개 있기 때문에 **왁스는 소수성**(hydrophobic)이다. 이것은 조류의 깃털이 물에 젖지 않도록, 그리고 나뭇잎의 표면에서는 수분의 증발을 방지하도록 보호막을 형성한다. 벌은 $CH_3(CH_2)_{14}COO(CH_2)_{29}CH_3$를 분비하며, 이것은 벌들이 알을 낳는 벌집을 만드는 왁스이다.

$PGF_{2\alpha}$는 **프로스타글란딘**(prostaglandin)이라는 지질의 종류에 속한다. 프로스타글란딘은 많은 C−C와 C−H 결합과 하나의 COOH기(카복시기)를 갖고 있다. 프로스타글란딘은 다양한 범위의 생물학적 활성을 갖는다. 이것은 염증을 조절하고, 혈소판 응고에 영향을 끼치며 자궁 수축을 일으키도록 한다. 이부프로펜과 같은 비스테로이드성 소염제는 19.6절에 설명되는 것처럼, 프로스타글란딘의 합성을 차단함으로써 약효를 낸다.

콜레스테롤(cholesterol)은 지질의 한 종류로, 네 개의 고리가 서로 연결된 스테로이드류에 속하는 화합물이다. 이것은 단 하나의 극성 OH기를 갖고 있으므로 혈액의 수용성 매체에 녹지 않는다. 이것은 간에서 합성되어 물에 녹는 유기 분자에 결합하여 다른 세포로 이동된다. 콜레스테롤 수치가 높으면 심혈관계 질병이 생길 수 있다.

콜레스테롤은 세포막의 필수적인 성분이다. 이것의 소수성 탄소 사슬은 지질 이중층에 묻혀 있고 친수성 하이드록시기는 수용성 외부로 향해 있다(그림 4.21). 고리가 네 개인 탄소 골격은 길고 흐느적거리는 인지질의 곁 사슬에 비해 매우 단단하기 때문에 콜레스테롤은 세포막을 빳빳하게 하여 더 강하게 만든다.

그림 4.21 세포막의 지질 이중층에 묻혀 있는 콜레스테롤

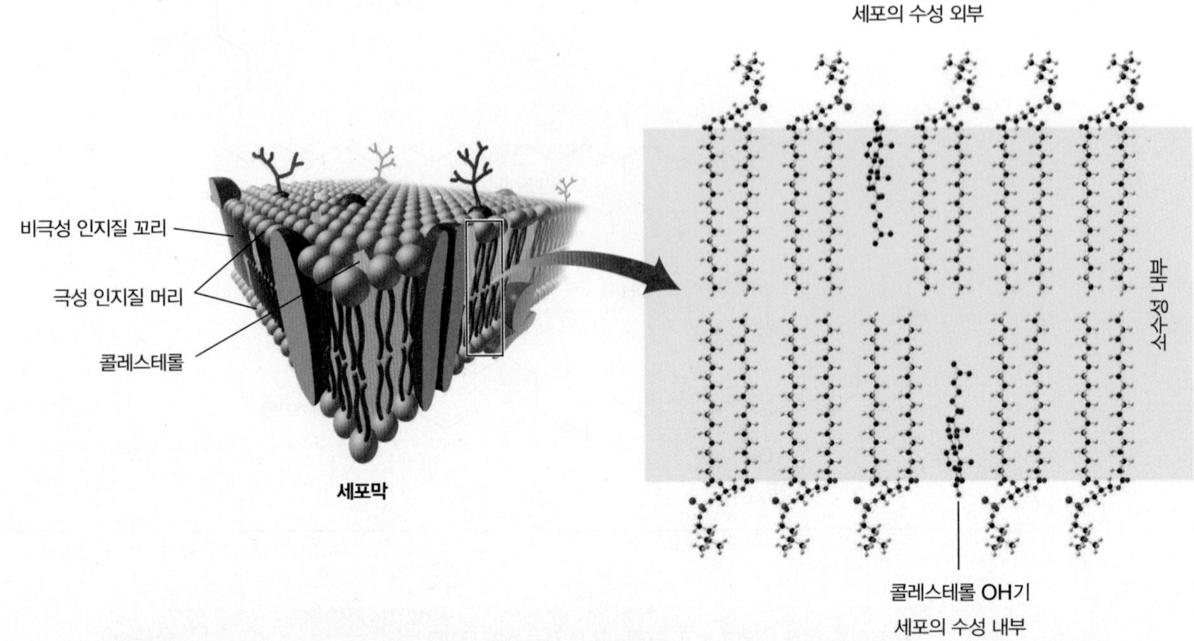

- 콜레스테롤의 비극성 탄화수소 골격은 세포막의 비극성 내부에 묻혀 있다. 이것의 단단한 탄소 골격은 연한 지질 이중층을 단단하게 하여 더 강하게 만든다.
- 콜레스테롤의 극성 OH기는 세포 내부 및 외부의 수용성 매질 쪽으로 향해 있다.

지질의 에너지 함량은 높아서 대사 과정에서 높은 에너지가 방출된다. 지질은 주로 C–C와 C–H 결합으로 되어 있어서, 마치 알케인처럼 산화될 때 에너지가 나온다. 사실 지질은 에너지를 저장하는 가장 효율적인 생체 분자이다. 우리는 알케인을 연소하여 우리 가정에 필요한 열을 얻고, 지질을 대사하여 우리 몸에 필요한 에너지를 얻는다.

문제 4.32 왜 밀랍은 H_2O에 녹지 않고 에탄올(CH_3CH_2OH)에는 조금만 녹으며 클로로폼(chloroform, $CHCl_3$)에는 녹는지 설명하라.

문제 4.33 민간 요법과 북 유럽의 해안에서 윤활유로 사용했던 프리스테인(pristane) 기름은 상어 간 기름에 존재하는 분자량이 큰 알케인이다. IUPAC이름은?

프리스테인

상어 간유, 프리스탄 및 기타 지질의 원료는 북대서양과 남태평양 바다의 차가운 물에 서식하는 상어에서 얻는다. (Photo © Eric Couture, courtesy Canadian Shark Research Laboratory.)

알케인

알케인에 관한 일반적 사실(4.1~4.3절)

- 알케인은 **정사면체**, sp^3 혼성 C 원자로 구성되어 있다.
- 알케인에는 두 가지 종류가 있다: 분자식 $\mathbf{C_nH_{2n+2}}$인 비고리형 알케인과 분자식 $\mathbf{C_nH_{2n}}$인 사이클로알케인.
- 알케인은 **비극성 C−C와 C−H 결합**만 갖고 있으며, 작용기는 없기 때문에 거의 반응을 하지 않는다.
- 알케인은 접미사 **-에인**(*-ane*)을 붙여 이름을 부른다.

알킬기의 이름(4.4A절)

구조식	이름	구조식	이름
CH_3–	메틸	$CH_3CH_2CH_2CH_2$–	뷰틸
CH_3CH_2–	에틸	$CH_3CH_2\underset{\mid}{C}HCH_3$	*sec*-뷰틸
$CH_3CH_2CH_2$–	프로필	$(CH_3)_2CHCH_2$–	아이소뷰틸
$(CH_3)_2CH$–	아이소프로필	$(CH_3)_3C$–	*tert*-뷰틸

비고리형 알케인의 형태(4.9, 4.10절)

- 알케인의 형태는 이웃한 탄소에 결합된 치환기의 상대적인 배열에 따라 **가려진 형태**, **엇갈린 형태**, **안티** 또는 **고우시** 등으로 분류한다.

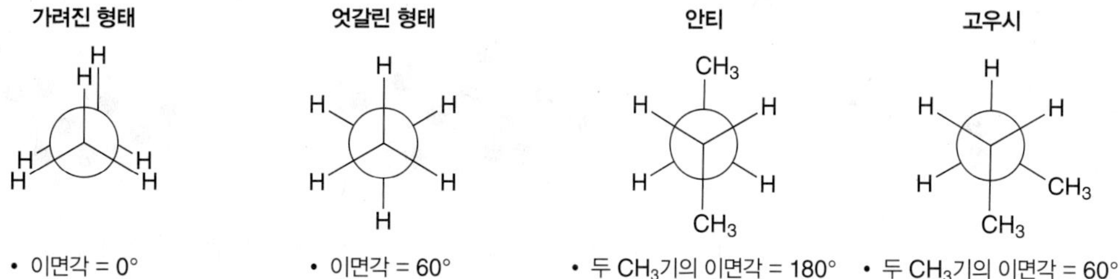

- 엇갈린 형태가 가려진 형태보다 **에너지가 낮다.**
- 안티 형태가 고우시 형태보다 **에너지가 낮다.**

무리의 종류

- **비틀림 무리**−가려짐 상호작용에 의해 생기는 에너지의 증가분(4.9절).
- **입체 무리**−원자들이 서로 가까이 있게 될 때 생기는 에너지의 증가분(4.10절).
- **각 무리**−결합각이 109.5°에서 벗어날 때 생기는 에너지의 증가분(4.11절).

이성질체의 두 종류

[1] **구조 이성질체**−원자들이 서로 연결된 방법이 다른 이성질체(4.1A절).

[2] **입체 이성질체**−원자들이 공간에서의 배열만이 서로 다른 이성질체(4.13B절).

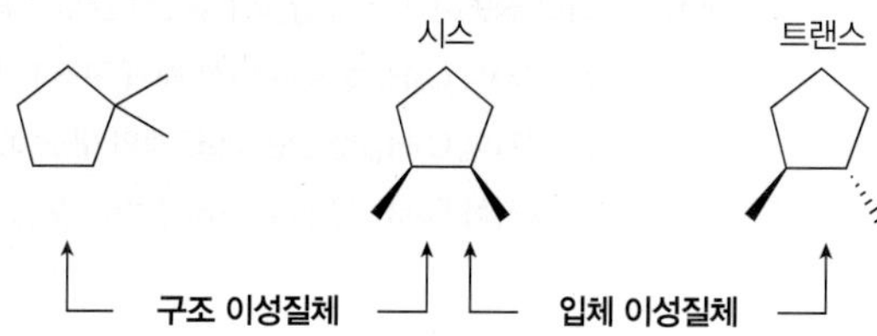

사이클로헥세인의 형태(4.12, 4.13절)

- 사이클로헥세인은 실온에서 빠른 평형 상태에 있는 **두 의자 형태**로 존재한다.
- 사이클로헥세인의 각 탄소 원자는 하나의 수직 방향 수소와 하나의 수평 방향 수소를 갖고 있다. 고리 뒤집힘 현상으로 수직 방향 H는 수평 방향 H가 되고 수평 방향 H는 수직 방향 H가 된다.

- 치환된 사이클로헥세인에서 수소보다 큰 치환기는 공간 여유가 **더 많은 수평 방향**에 있을 때 더 안정하다.
- 치환기 두 개가 다른 원자에 있는 사이클로헥세인에서는 두 입체이성질체가 가능하다.
- **시스** 이성질체는 두 치환기가 고리의 **같은 쪽**에 있어서, 둘 다 위쪽이거나 둘 다 아래쪽이다.
- **트랜스** 이성질체는 두 치환기가 고리의 **반대쪽**에 있어서, 하나는 위쪽이고 다른 하나는 아래쪽이다.

산화-환원 반응(4.14절)

- **산화**는 **C-Z 결합의 수를 증가**시키거나 **C-H 결합의 수를 감소**시킨다.
- **환원**은 **C-Z 결합의 수를 감소**시키거나 **C-H 결합의 수를 증가**시킨다.

문제

삼차원 모델을 이용하는 문제

4.34 다음 의 공-막대 모형으로 나타낸 알케인을 명명하고, 각 탄소를 1°, 2°, 3° , 4° 로 구분하라.

a. 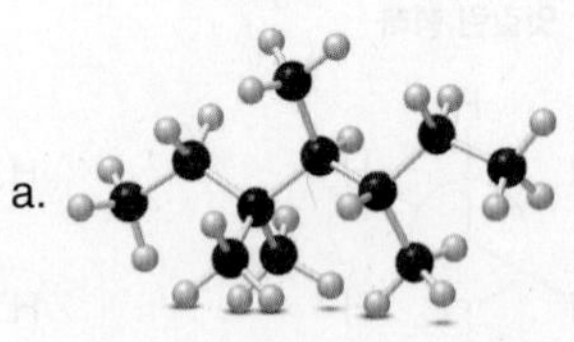

b. 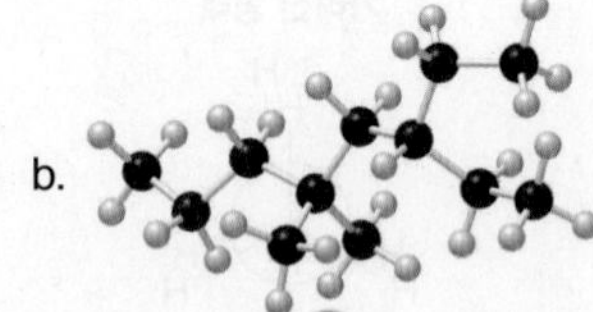

4.35 공-막대 모형으로 나타낸 치환기를 가진 사이클로헥세인에 대해 다음 문제에 답하라.

a. C1, C2 및 C4에 있는 치환기가 수직 방향인지 수평 방향인지를 구분하라.

b. C1과 C2의 치환기는 서로 시스인가, 트랜스인가?

c. C2과 C4의 치환기는 서로 시스인가, 트랜스인가?

d. 두 번째 가능한 의자 형태를 그리고, 3D로 보여준 형태보다 더 안정한지 불안정한지 설명하라.

4.36 삼차원으로 나타낸 모형에서 표시한 결합 주위의 뉴먼 투영도를 그려라.

a. 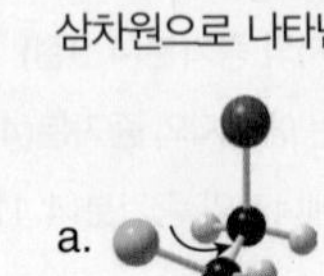

b. 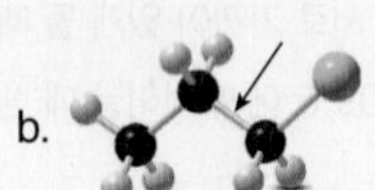

c. 

구조 이성질체

4.37 다음 설명에 맞는 화합물의 구조를 모두 그려라.

a. 분자식 C_4H_8을 갖는 다섯 개의 구조 이성질체

b. 분자식 C_7H_{16}을 갖는 아홉 개의 구조 이성질체

c. 분자식 C_6H_{12}을 갖고 고리를 하나 포함하는 열두 개의 구조 이성질체

IUPAC 명명법

4.38 다음 각 화합물의 IUPAC 이름을 써라.

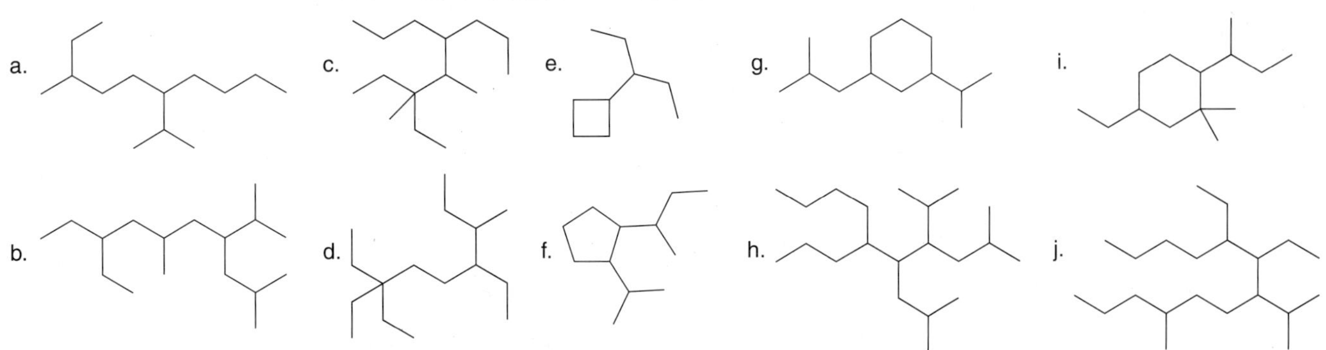

4.39 분자식 C_9H_{20}을 갖고 가장 긴 사슬에 일곱 개의 탄소가 있으며 치환기로 두 메틸기가 있는 아홉 개의 이성질체 각각의 구조와 IUPAC 이름을 써라.

4.40 다음 각 IUPAC 이름에 해당하는 구조를 그려라.

a. 3-ethyl-2-methylhexane
b. sec-butylcyclopentane
c. 4-isopropyl-2,4,5-trimethylheptane
d. cyclobutylcycloheptane
e. 3-ethyl-1,1-dimethylcyclohexane
f. 4-butyl-1,1-diethylcyclooctane
g. 6-isopropyl-2,3-dimethylnonane
h. 2,2,6,6,7-pentamethyloctane
i. *cis*-1-ethyl-3-methylcyclopentane
j. *trans*-1-*tert*-butyl-4-ethylcyclohexane

4.41 다음 각 IUPAC 이름은 틀린 것이다. 왜 틀렸는지 설명하고 정확한 IUPAC 이름을 써라.

a. 2,2-dimethyl-4-ethylheptane
b. 5-ethyl-2-methylhexane
c. 2-methyl-2-isopropylheptane
d. 1,5-dimethylcyclohexane
e. 1-ethyl-2,6-dimethylcycloheptane
f. 5,5,6-trimethyloctane
g. 3-butyl-2,2-dimethylhexane
h. 1,3-dimethylbutane

4.42 다음 각 화합물의 IUPAC 이름을 써라.

a. CH_3; H; $CH_2CH_2CH_3$; CH_3; H; $CH_2CH_2CH_3$

b. CH_3; CH_3; CH_2CH_3; H; H; CH_2CH_3

c. CH_3; CH_3CH_2; $CH_2CH_2CH_3$; $CH_3CH_2CH_2$; H; CH_2CH_3

물리적 성질

4.43 다음 각 기의 알케인들을 끓는점이 증가하는 순서로 순위를 부여하라. 그 이유도 설명하라.

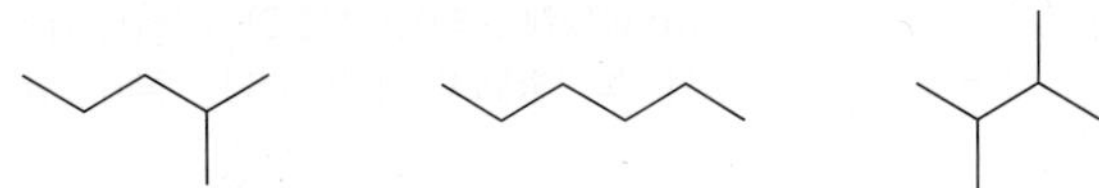

4.44 다음의 두 알케인 이성질체의 녹는점과 끓는점은 다음과 같다.
$CH_3(CH_2)_6CH_3$, mp = −57°C 그리고 bp = 126°C; $(CH_3)_3CC(CH_3)_3$, mp = 102°C 그리고 bp = 106°C.
(a) 첫 번째 이성질체의 녹는점은 두 번째 이성질체보다 더 낮지만 끓는점은 더 높다. 그 이유를 설명하라. (b) 두 화합물의 끓는점은 적은 차이만을 나타내지만 녹는점은 매우 큰 차이를 나타낸다. 그 이유를 설명하라.

비고리형 알케인의 형태

4.45 다음 각 쌍에서 어느 형태의 에너지가 더 높은가? 표 4.3에 주어진 값을 이용하여 두 형태 사이의 에너지 차이를 계산하라.

a. 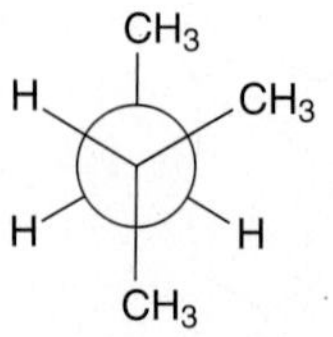 또는 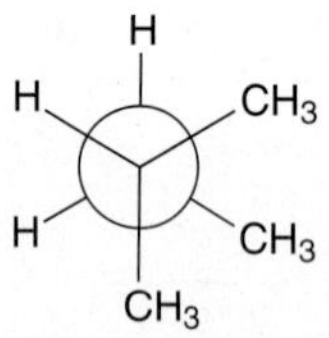 b. 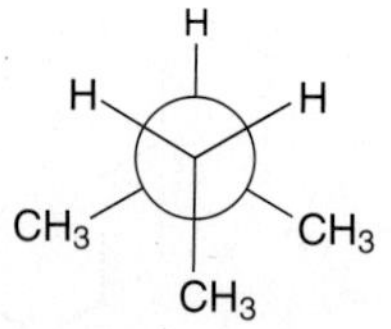 또는

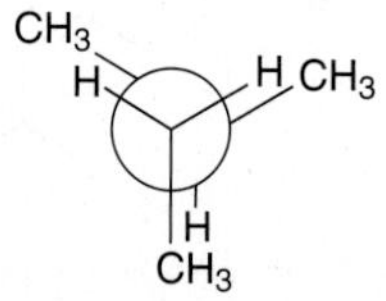

4.46 다음 각 화합물에서 붉은색으로 표시된 결합 주위로 회전할 때 가장 안정한 형태와 가장 불안정한 형태를 뉴먼 투영도로 나타내라.

a.  b.

4.47 다음의 각 삼차원 모형을 붉은색으로 표시한 결합 주위의 뉴먼 투영도로 변환시켜라.

a. 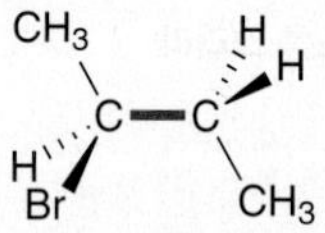 b. 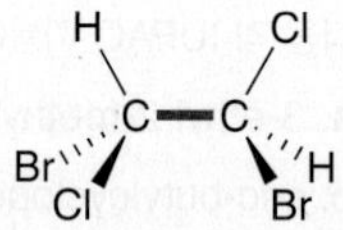 c.

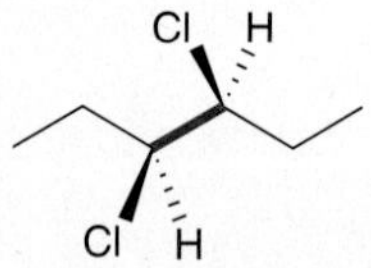

4.48 (a) 다음 각 화합물에서 붉은색으로 표시된 결합 주위로 회전하여 생기는 엇갈린 형태와 가려진 형태 모두를 뉴먼 투영도로 나타내어라. (b) 이 결합 주위로 회전하는 경우 에너지 대 이면각의 그래프를 그려라.

[1]  [2]

4.49 각 형태에서 입체 무리와 비틀림 무리 자리를 표시하라.

a. 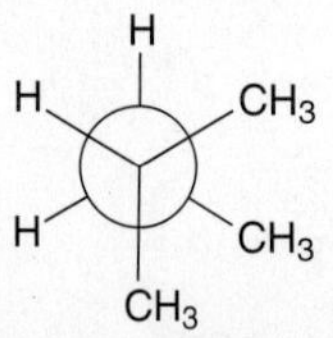 b. 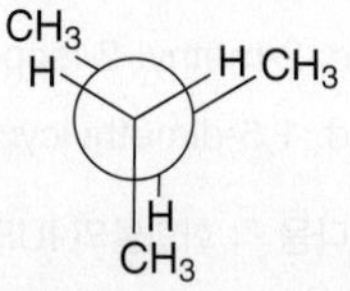 c.

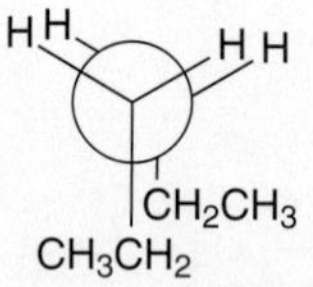

4.50 붉은색으로 표시된 각 결합에 대한 회전 장애를 계산하라.

a. 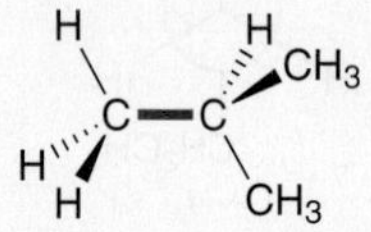 b.

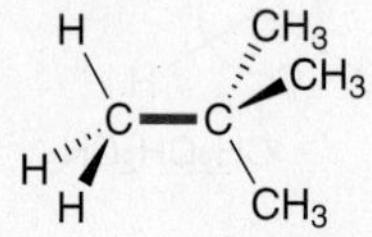

4.51 CH_3CH_2Cl의 가려진 형태는 엇갈린 형태보다 15 kJ/mol만큼 불안정하다. H,Cl이 가려지는 상호작용은 얼마만큼 불안정화하는가?

4.52 (a) 에틸렌 글라이콜($HOCH_2CH_2OH$)의 안티 형태와 고우시 형태를 그려라. (b) 에틸렌 글리콜은 고우시 형태가 안티 형태보다 더 안정하다는 점에서 특이하다. 그 이유를 설명해 보라.

사이클로알케인의 형태와 입체이성질체

4.53 아래에 있는 각 화합물에 대하여

a. 각 OH, Br, CH_3기에 대해 수직 방향인지 수평 방향인지 밝혀라.

b. 각 형태가 시스인지 트랜스인지 밝혀라.

c. 각 구조를 육원자 고리는 평면, 고리 위쪽과 아래쪽에 있는 치환기는 쐐기와 점선으로 나타나도록 그려라.

d. 각 화합물에 대하여 또 하나의 가능한 의자 형태를 그려라.

[1] H, HO, OH, H [2] Br, H, CH_3, H [3] H, HO, OH, H

4.54 시스-1,3-다이메틸사이클로헥세인에 대한 두 가지 가능한 의자 형태를 그려라. 둘 중의 어느 하나가 더 안정하다면 어느 형태가 더 안정한가?

4.55 아래에 있는 각 화합물에 대하여

a. 시스, 트랜스 이성질체에 대해 육원자 고리는 평면, 치환기는 쐐기와 점선으로 나타나도록 그려라.

b. 시스 이성질체의 경우 두 개의 가능한 의자 형태를 그려라. 이 중 에너지에 차이가 있다면 어떤 것이 더 안정한가?

c. 트랜스 이성질체의 경우 두 개의 가능한 의자 형태를 그려라. 이 중 에너지에 차이가 있다면 어떤 것이 더 안정한가?

d. 시스, 트랜스 이성질체 중 어느 쪽이 더 안정한가? 그 이유는 무엇인가?

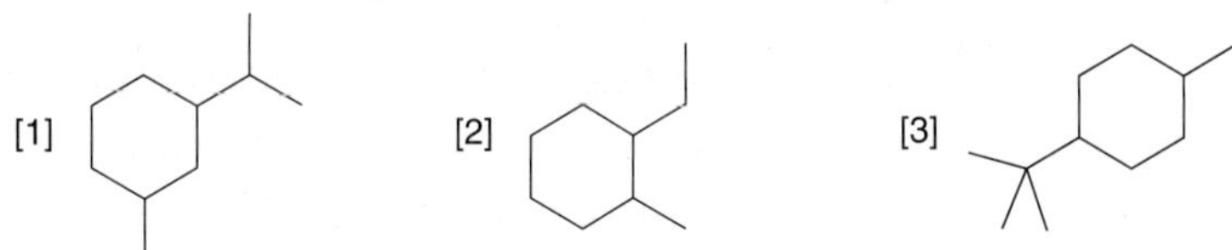

4.56 다음 각 구조를 더 안정한 의자형으로 변환시켜라. 한 구조는 멘톨(menthol)을 나타내며, 다른 하나는 아이소멘톨(isomenthol)을 나타낸다. 더 안정한 이성질체인 멘톨은 입술 연고(lip balms)와 양치질 약(mouthwash)에 사용된다. 멘톨에 해당하는 구조는 어느 것인가?

4.57 그림에서 보는 바와 같이 세 개의 육각 고리로 이루어진 탄소 골격에 CH_3와 OH기를 지니고 있는 화합물 A에 대해 다음 질문에 답하라.

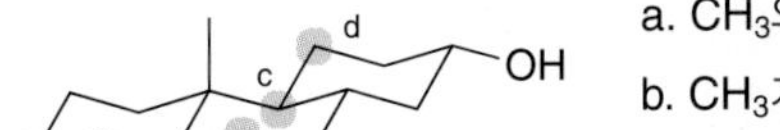

A

a. CH_3와 OH기는 서로 시스인가, 트랜스인가?

b. CH_3기에 대해 시스인 C_a의 치환기는 수직 방향인가, 수평 방향인가?

c. C_b에서 수평방향 Br기는 OH기에 대해서 시스인가, 트랜스인가?

d. C_c에 수소원자는 OH기에 대해 시스인가, 트랜스인가?

e. OH기에 대해 트랜스인 C_d의 치환기는 수직 방향인가, 수평 방향인가?

4.58 글루코스는 다섯 개의 치환기가 육원자 고리에 연결된 단당류이다.

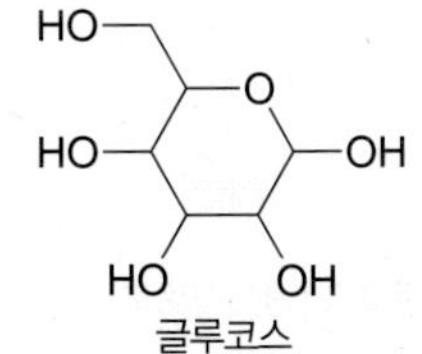

글루코스

a. 이들 치환기가 육원자 고리에 연결된 구조 중 가장 안정한 배열을 의자 형태로 그려라.

b. 이 구조를 육원자 고리는 평면, 치환기는 쐐기와 점선으로 나타나도록 그려라.

c. 글루코스의 형태이성질체를 그려라.

d. 하나의 탄소에 수직 방향 OH기를 지닌 입체이성질체를 그려라.

구조 이성질체와 입체이성질체

4.59 다음 각 쌍의 화합물들이 서로 구조 이성질체인지, 입체이성질체인지, 동일한 분자인지 또는 이성질체가 아닌지 밝혀라.

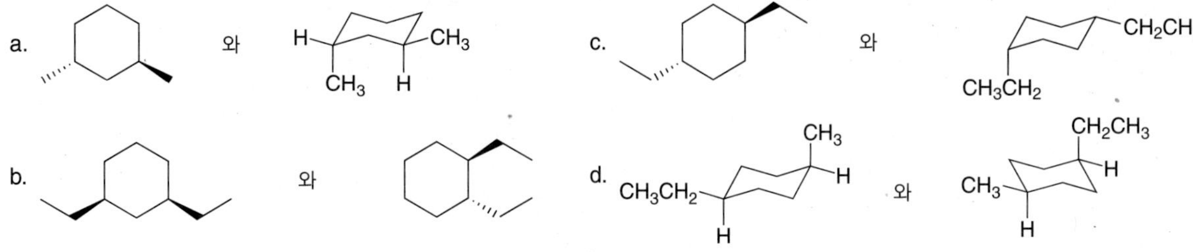

4.60 다음 각 화합물 쌍은 구조 이성질체인가? 아니면 동일한 분자인가?

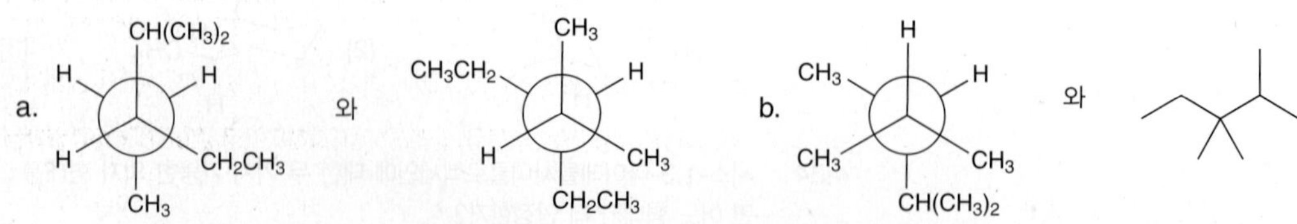

4.61 화합물 **A**~**D**에 대해 다음 물음에 답하라.

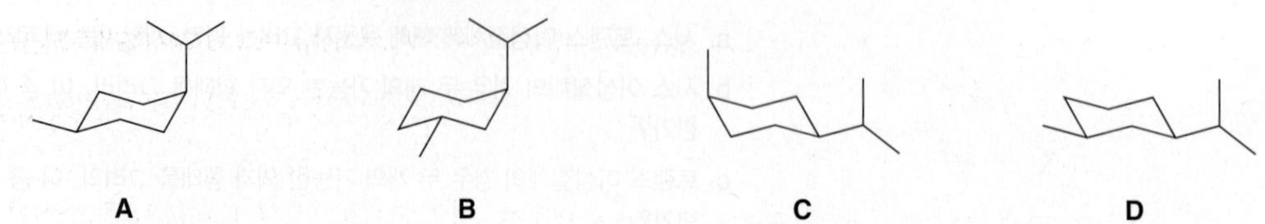

a. 상기 구조로부터 형태이성질체, 입체이성질체, 또는 동일 분자들의 쌍을 **A**와 **B**, **A**와 **C**, **B**와 **D**와 같이 선택하라.

b. 각 화합물을 시스 또는 트랜스 이성질체로 표기하라.

c. **B**를 치환기의 입체화학을 나타내는 쐐기와 점선 쐐기를 갖는 육각형 구조로 그려라.

d. 치환기의 입체화학을 나타내는 쐐기와 점선 쐐기를 갖는 육각형 구조로 화합물 **A**의 입체이성질체를 그려라.

4.62 분자식은 C_7H_{14}이고, 오각형 고리와 두 메틸 치환기를 갖고 있는 구조 이성질체 세 개를 그려라. 이 중 시스와 트랜스 이성질체를 갖는 구조 이성질체 각각에 대해 두 입체이성질체를 그려라.

산화와 환원

4.63 다음 각 반응이 산화인지 환원이지 또는 산화−환원 반응이 아닌지 밝혀라.

a. → Br

b. OH →

4.64 다음 각 알케인의 연소 생성물을 그려라.

a.

b.

4.65 벤젠과 같은 탄화수소는 몸 속에서 산화 아렌(aren oxide)으로 대사하고, 이는 다시 자리옮김 반응을 하여 페놀이 된다. 이것은 원하지 않는 화합물(벤젠)이 우리 몸속에 들어왔을 때, 몸 밖으로 쉽게 배설되도록 대사물질(metabolite)이라 불리는 더 수용성인 유도체로 바뀌는 일반적인 과정의 예이다.

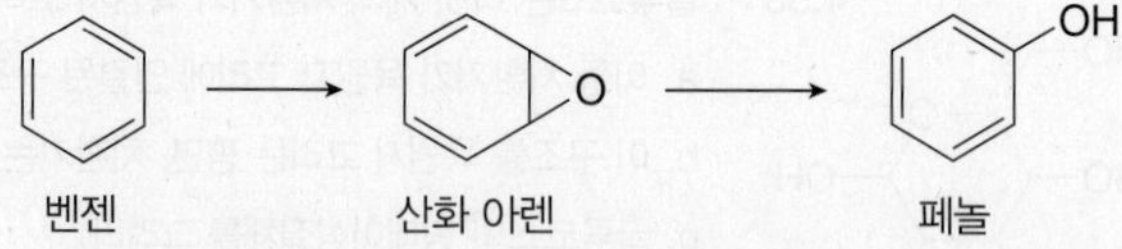

a. 이들 반응의 각 과정이 산화인지 환원인지 또는 산화−환원 반응이 아닌지 밝혀라.

b. 페놀이 벤젠보다 더 수용성인 이유를 설명하라. 이것은 페놀이 벤젠보다 대부분 물로 되어 있는 소변에 잘 녹는다는 뜻이다.

지질

4.66 **담즙산**(bile acid)이라고 불리는 **콜린산**(cholic acid)은 몸 속에서 담즙산 염(bile salt)으로 전환된다. 담즙산 염은 비누와 성질이 비슷한 지질이 수용성 용액을 통해 이동하도록 돕는다. 왜 이렇게 되는지 설명하라.

콜린산
담즙산

담즙산 염

4.67 분자량이 큰 알케인의 혼합물인 광유(mineral oil)는 가끔 하제(laxative)로 사용된다. 이 목적으로 광유를 복용하는 사람은 바이타민 A와 같은 지용성 바이타민이 풍부한 음식을 같이 먹는 것을 피하는 것이 좋다는 처방을 받는다. 그 이유를 설명하라.

도전 문제

4.68 사이클로프로페인의 C−C−C 결합각이 사이클로뷰테인의 C−C−C 결합각보다 훨씬 더 작지만, 사이클로프로페인과 사이클로뷰테인은 무리 에너지가 비슷하다. 이러한 관찰 결과를 4장에서 논했던 모든 종류의 무리(strain)를 고려해서 설명하라.

4.69 페니실린 G (penicillin G)는 두 아마이드 작용기를 갖고 있는데, 이 중 하나가 다른 것보다 훨씬 더 반응성이 높다. 어느 아마이드가 반응성이 높으며, 그 이유는 무엇인가?

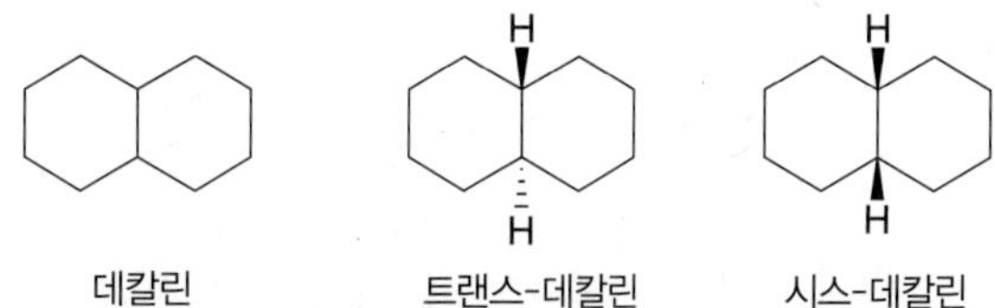

페니실린 G

4.70 할로에테인(CH_3CH_2X, X = Cl, Br, I)은 할로젠의 크기가 Cl → Br → I로 감에 따라 증가함에도 불구하고 회전 장애(13.4~15.5 kJ/mol)가 비슷하다. 그 이유를 제시하라.

4.71 두 개의 육 원자 고리가 하나의 C−C 결합을 공유하면 이 두 고리 화합물을 **데칼린**(decalin)이라 한다. 여기에는 두 가지의 가능한 배열이 있다. 트랜스-데칼린은 고리가 만나는 위치에 있는 두 수소 원자가 고리의 반대편에 있고, 시스-데칼린은 고리가 만나는 위치에 있는 두 수소 원자가 고리의 같은 쪽에 있다.

데칼린 트랜스-데칼린 시스-데칼린

a. 사이클로헥세인 고리를 의자 형태로 하여 트랜스- 그리고 시스-데칼린을 그려라.

b. 트랜스 이성질체가 더 안정하다. 그 이유를 설명하여라.

4.72 세고리 화합물 **A**를 참고로 하여 다음에 답하라. a. 고리상의 치환기가 수직 방향인지 수평 방향인지를 표시하라. b. 쐐기−점선을 이용하여 **A**의 구조를 그리고 치환기 위치를 고리상에서 위와 아래로 표시하라.

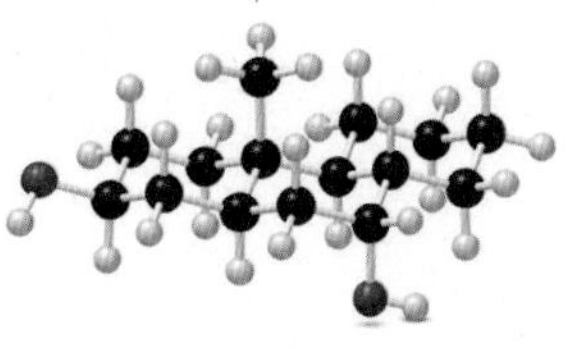

A

4.73 세 고리 화합물 **B**를 참고하여 다음에 답하라. a. 고리상의 치환기가 수직 방향인지 수평 방향인지 표시하라. b. 각 육원자 고리를 의자 형태로 표현한 **B**의 구조를 그려라. c. 접합된 고리에서 접합 원자들이(두 고리를 서로 연결하는 탄소) 시스인지 트랜스인지 구분하라.

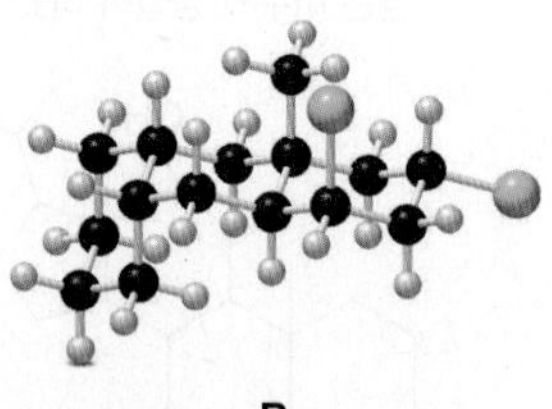

B

4.74 곁가지를 가진 알킬 치환기를 명명하는 부록 B를 읽고 $C_5H_{11}-$ 식을 갖는 가능한 모든 알킬기를 그려라. 분자식이 $C_{10}H_{20}$인 화합물이 있다. 이 화합물은 위에서 그린 각 알킬기와 사이클로펜테인 고리를 가지고 있다. 8개의 이들 화합물에 대한 IUPAC 이름을 써라.

4.75 두 고리 화합물(bicyclic compound) 명명법에 대해 부록 B를 읽고 다음 화합물들의 IUPAC명을 써라.

a. 

b. 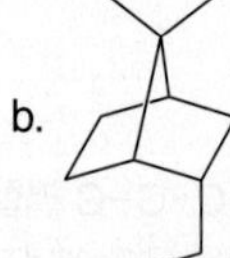

c. 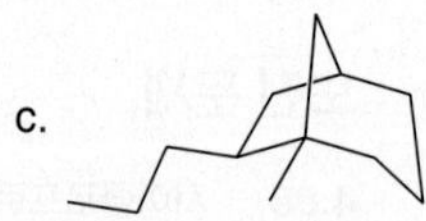

d. 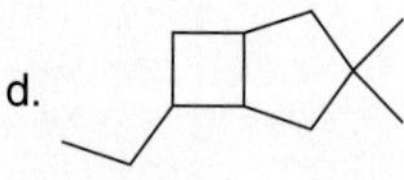

Chapter

5 입체화학

Stereochemistry

난소암, 유방암 및 기타 여러 가지 암에 효과가 있는 탁월한 항암제인 **파클리탁셀**(paclitaxel, 상품명 탁솔)은 1962년에 발견되어 1992년 식품의약국(FDA)에서 사용 승인을 받았다. 파클리탁셀을 이용한 초기 연구는 태평양 주목나무의 나무껍질에서 채취한 재료를 가지고 수행되었지만, 나무껍질을 벗겨내면서 거목들이 죽었다. 파클리탁셀은 1994년 실험실에서 합성되었으며, 현재 식물 세포 발효 과정을 통해 생산된다. 광범위하게 사용되는 다른 약물과 마찬가지로, 파클리탁셀은 복잡한 구조 및 작용기의 특정 3차원 배열로 인해 생물학적으로 활성이다. 5장에서 우리는 파클리탁셀 같은 분자의 입체화학에 대해 학습한다.

당신은 왼손잡이인가 또는 오른손잡이인가? 오른손잡이라면 당신은 불편함을 그리 느끼지 못하고 지내왔을 것이다. 만일 왼손잡이라면 가위, 야구 글러브 등 대다수의 물건들이 오른손잡이에게 '맞춰져' 있고 왼손잡이에게는 '반대 방향'으로 만들어져 있다는 것을 어린 시절부터 느꼈을 것이다. 우리 주위의 많은 물체들과 같이 양손은 동일하지 않은 거울상(mirror image)이다.

5장에서는 분자들의 '손잡이적 특성'을 검토하고 분자의 삼차원 구조가 얼마나 중요한지를 검토할 것이다.

5.1 녹말과 셀룰로스

입체화학(stereochemistry)은 분자의 삼차원 구조라고 4장에서 정의했던 것을 기억하라. 입체화학이 얼마나 중요한가? 두 종의 생분자(biomolecule)—녹말과 셀룰로스—가 구조의 작은 차이가 얼마나 큰 성질의 변화를 초래하는가를 예시한다.

녹말(starch)과 셀룰로스(cellulose)는 탄수화물(carbohydrate)이라고 부르는 생분자 군(family)에 속하는 두 고분자이다(그림 5.1). 고분자는 단위체(monomer)라고 부르는 작은 반복 단위체가 공유 결합된 거대 분자이다.

그림 5.1
녹말과 셀룰로스—흔히 볼 수 있는 두 종류의 탄수화물

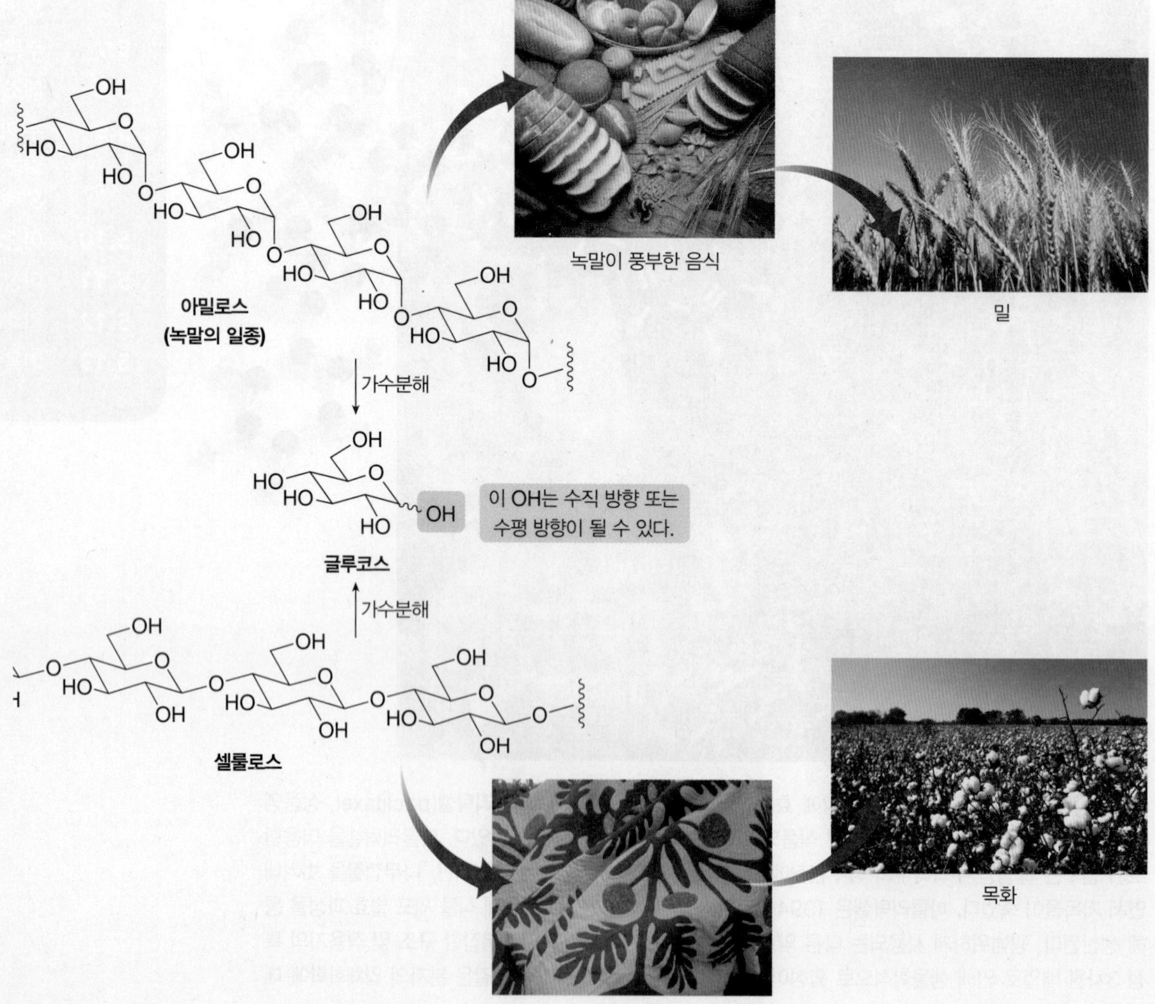

녹말은 식물의 씨앗과 뿌리를 구성하는 주요 탄수화물이다. 예를 들어 우리가 밀, 쌀, 또는 감자를 먹을 때 녹말이 섭취되는데, 녹말은 가수분해(hydrolysis) 되어 우리 몸의 에너지로 활용되는 화합물의 일종인 단당류 **글루코스**(glucose)가 된다. 자연계의 가장 풍부한 유기 물질인 **셀룰로스**는 나무 기둥과 식물 줄기의 강성을 제공한다. 목재, 목면, 아마(flax)는 대부분 셀룰로스로 구성된다. 셀룰로스의 완전한 가수분해 또한 글루코스를 생성하지만, 인체는 녹말과 달리 셀룰로스를 글루코스로 변환시키는 대사 작용을 할 수가 없다. 다시 말해서, 인체는 녹말은 소화할 수 있으나 셀룰로스는 소화할 수 없다.

셀룰로스와 녹말은 산소와 세 개의 OH기를 포함하는 육각형 고리 구조인 동일한 반복 단위가 산소 원자에 의해 연결된 구조이다. 두 물질은 단지 고리를 연결하는 산소의 위치만 다를 뿐이다.

셀룰로스에서는 O가 수평 방향 위치를 갖는다.

녹말에서는 O가 수직 방향 위치를 갖는다.

반복 단위

- 셀룰로스에서 O 원자는 두 개의 수평 방향 결합을 사용하여 두 고리를 연결한다.
- 녹말에서 O 원자는 한 개의 수평 방향 결합과 한 개의 수직 방향 결합을 사용하여 두 개의 고리를 연결한다.

셀룰로스

두 개의 수평 방향 결합(붉은색)

녹말

한 개의 수직 방향(푸른색), 한 개의 수평 방향 결합(붉은색)

녹말과 셀룰로스는 동일한 분자식$(C_6H_{10}O_5)_n$을 갖는 다른 화합물이므로 **이성질체**이다. 두 화합물은 단지 삼차원 원자 배열만 다르므로 **입체이성질체**(stereoisomer)이다.

그림 5.2
셀룰로스와 녹말의 삼차원 구조

셀룰로스

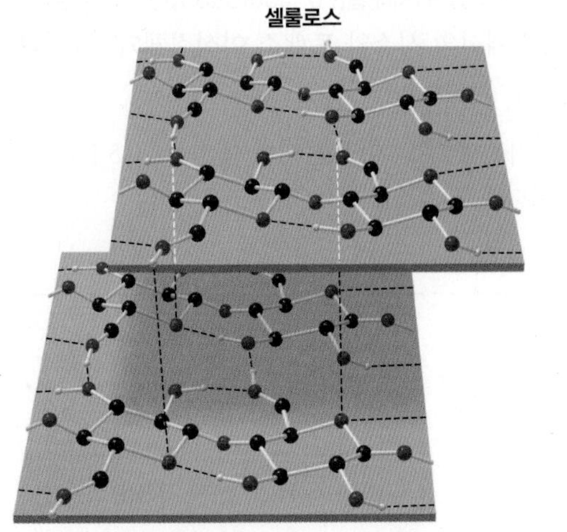

- 셀룰로스는 수소 결합에 의하여 연결된 넓은 삼차원 망상 구조를 형성한다.

녹말

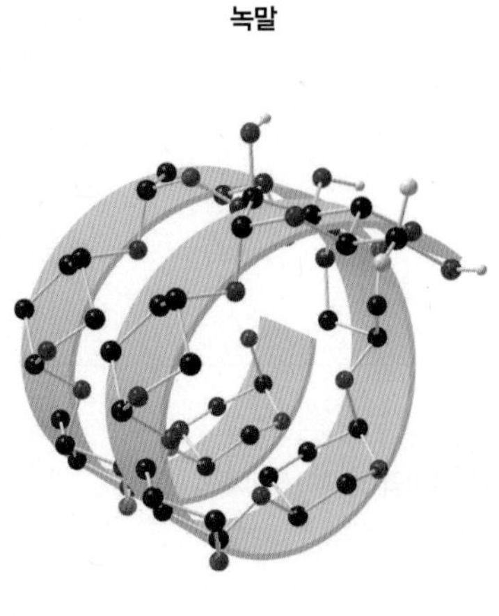

- 녹말은 나선형으로 감겨진 사슬로 구성된 고분자이다.

육원자 고리 구조들이 어떻게 서로 연결되었는가는 이 탄수화물 분자들의 모양과 성질에 커다란 영향을 미친다. 셀룰로스는 분자간 수소 결합에 의해 서로 연결된 긴 사슬들로 구성되어 있으며, 따라서 완벽한 삼차원 망상 구조로 적층된 판상형으로 구성된다. 녹말에서의 수직 방향–수평 방향 연결 고리는 나선형(helix) 구조를 형성한다(그림 5.2). 인간의 소화 기관은 수직 방향의 C–O 결합을 절단하여 녹말을 가수분해하는 데 필요한 효소는 보유하고 있으나, 셀룰로스의 수평 방향 C–O 결합을 가수분해하는 효소는 갖고 있지 않다.

이와 같이 삼차원 원자 배열의 작은 차이가 녹말과 셀룰로스의 커다란 성질 차이를 나타나게 한다.

문제 5.1 많은 OH기의 존재에도 불구하고 셀룰로스는 물에 불용성이다. 그 이유를 셀룰로스의 삼차원 구조를 고려하여 대답하라.

5.2 이성질체의 두 가지 주된 부류

입체화학을 학습하기 위해서는 이성질체에 대한 이해가 필수적이므로 이성질체에 대한 개괄적인 설명부터 시작하기로 한다.

- 이성질체는 분자식은 같으나 다른 화합물이다.

이성질체에는 구조 이성질체(constitutional isomer 또는 structural isomer)와 입체이성질체(stereoisomer)의 두 가지 종류가 있다. 구조 이성질체는 원자들이 서로 연결되어 있는 방식이 다르다. 구조 이성질체는

- IUPAC 이름이 다르고
- 동일하거나 다른 작용기가 있으며
- 다른 물리적 성질로 인해 증류 등과 같은 물리적 방법에 의해 분리가 가능하며
- 다른 화학적 성질로 인해 화학 반응에서 다르게 작용하며 다른 생성물을 생성한다.

입체이성질체는 단지 원자의 공간 배열만 다르다. 입체이성질체는 IUPAC 이름이 같다(시스 또는 트랜스와 같은 접두사를 제외한). 입체이성질체는 단지 원자의 삼차원 공간 배열만 다르기 때문에 항상 같은 작용기를 가지고 있다.

특히 삼차원 공간 배열을 위치배열(configuration)이라고 부른다. 따라서 입체이성질체는 위치배열이 다르다. 4.13B절에서의 시스와 트랜스 이성질체와 5.1절의 녹말과 셀룰로스는 입체이성질체의 두 가지 예이다.

그림 5.3은 두 가지 경우의 이성질체를 예시한다. 5장의 대부분은 입체이성질체의 종류와 성질에 관한 설명이다.

그림 5.3
구조 이성질체와 입체이성질체의 비교

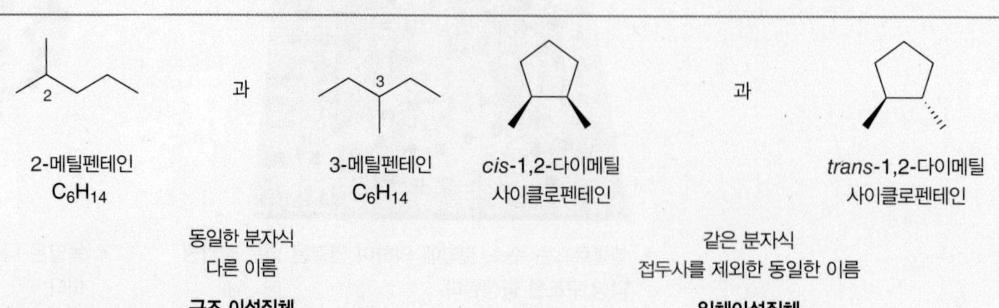

문제 5.2 다음 각 쌍의 화합물을 구조 이성질체와 입체이성질체로 분류하라.

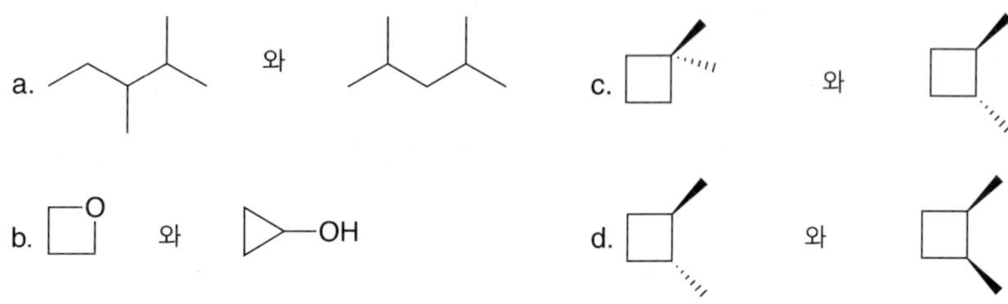

5.3 거울의 화학 카이랄과 비카이랄 분자들

왼손잡이에 대한 오른손잡이의 우세는 인종과 문화를 망라하여 발생해 왔다. 이러한 사실에도 불구하고 일란성 쌍둥이도 왼손잡이 또는 오른손잡이의 차이를 보인다. 사진은 저자의 일란성 쌍둥이 아들인 왼손잡이 Zachary와 오른손잡이 Matthew이다.

모든 사물은 거울상을 가지고 있다. 입체화학에서 중요한 점은 분자가 거울상과 동일한가 또는 다른가이다.

어떤 분자들은 손과 같다. 왼손과 오른손은 서로 거울상이다. 그러나 동일하지는 않다. 만일 한쪽 손을 다른 쪽 손의 내부에 들어가게 한다고 상상하면, 당신은 손가락과 손등 및 손바닥을 겹치게 할 수 없다. 거울상과 물체를 겹치게 하는 것은 물체의 모든 부분과 그 물체의 거울상을 정렬하는 것을 의미한다. 분자에서는 모든 원자와 모든 결합을 정렬한다는 뜻이다.

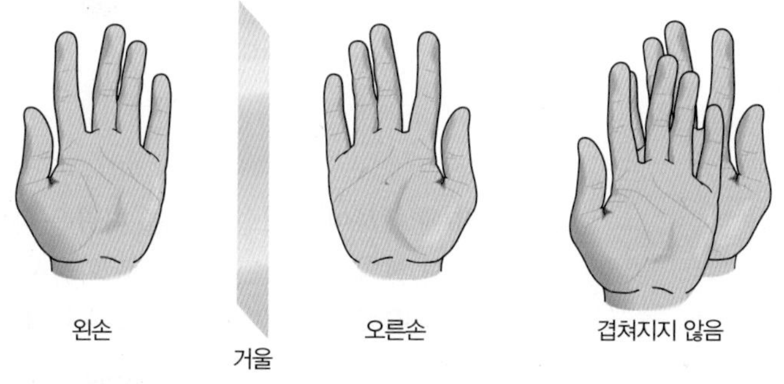

- 분자(또는 물체)가 거울상과 겹쳐지지 않으면 카이랄(chiral)이라고 부른다.

다른 분자들은 양말과 같다. 한 짝의 양말은 거울상이며 겹쳐진다(superimposable). 한 개의 양말은 다른 한 개의 양말 안에 발뒤꿈치에서 발끝까지, 그리고 발등과 바닥으로 정렬되었을 때 서로 겹쳐질 수 있다. 양말과 그것의 거울상은 동일하다.

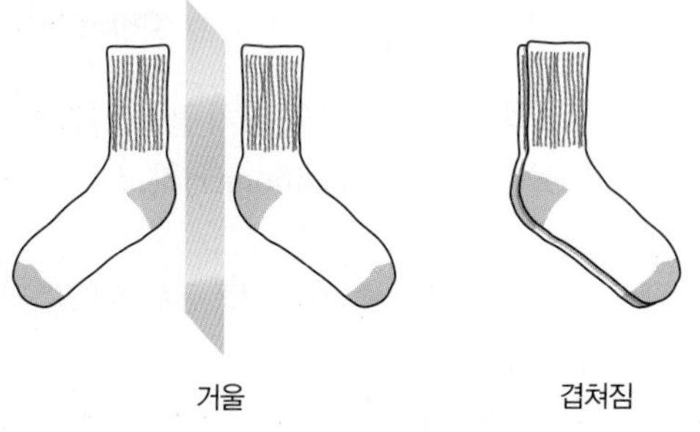

- 거울상과 겹쳐지는 분자(또는 물체)는 비카이랄(achiral)이라고 부른다.

세 종류의 분자 H_2O, CH_2BrCl과 CHBrClF가 거울상들과 겹쳐지는지 살펴보자. 다시 말해 H_2O, CH_2BrCl과 CHBrClF가 카이랄인가 비카이랄인지 확인해보자.

카이랄이라는 형용사는 '손'을 의미하는 그리스어 cheir로부터 유래한다. 왼손과 오른손은 **카이랄**이다. 서로 겹쳐지지 않는 거울상이다.

유기화학을 배우기 시작하는 학생으로서, 이차원 면에 그려진 분자식을 보고서 화합물이 그 거울상과 겹쳐지는가를 쉽게 파악할 수 있는 학생은 거의 없다. 삼차원 분자 모형은 겹쳐짐을 결정하는데 큰 도움을 줄 수 있다.

카이랄성 테스트를 위하여,

- 분자를 삼차원으로 그린다.
- 거울상을 그린다.
- 모든 결합과 원자들을 배열한다. 분자와 그 거울상을 겹치기 위하여 결합을 회전시킬 수 있으나 절단할 수는 없다.

이 절차를 따르면, H_2O와 CH_2BrCl은 모두 각각의 분자가 거울상과 겹쳐지는 비카이랄 분자이다.

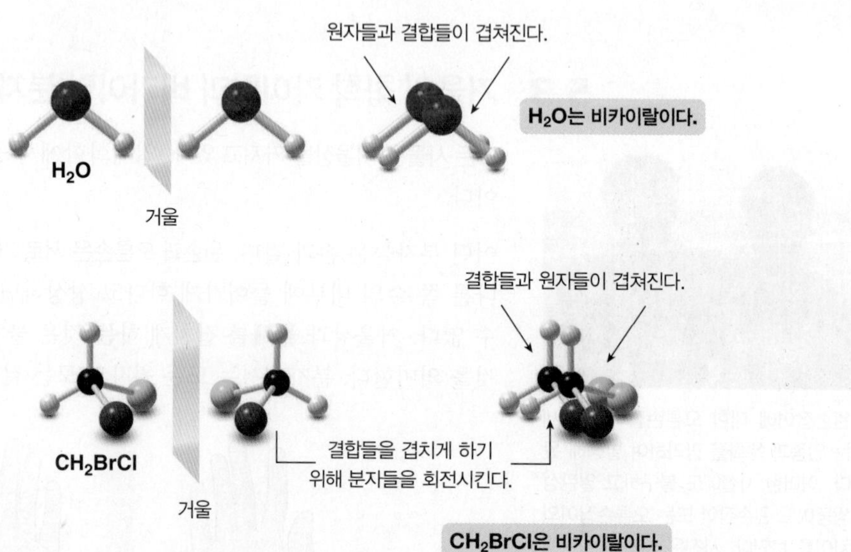

CHBrClF에 대하여 동일한 절차를 따랐을 때 결과는 상이하다. 이 분자(A)와 거울상(B)은 겹쳐지지 않는다. A와 B를 어떤 방법으로 회전시키더라도 모든 원자가 동일하게 배열하지는 않는다. 그러므로 CHBrClF는 카이랄 분자이고, A와 B는 다른 화합물이다.

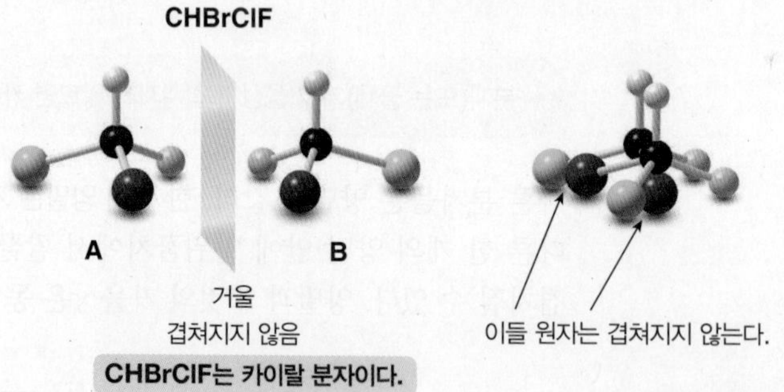

A와 B는 치환기의 삼차원 배열만 다른 이성질체이므로 입체이성질체이다. 이 입체이성질체는 거울상이성질체(enantiomer)라고 부른다.

- 거울상이성질체는 서로 겹쳐지지 않는 거울상들이다.

CHBrClF의 탄소는 네 개의 서로 다른 치환기가 결합하고 있다. 네 개의 서로 다른 치환기에 결합된 탄소를 일반적으로 입체발생 중심(stereogenic center)이라고 부른다. 대부분의 카이랄 분자는 한 개 이상의 입체발생 중심을 보유하고 있다.

입체발생 중심은 두 개의 치환기를 상호 교환했을 때 입체이성질체를 형성하는 분자 내의 자리이다. 두 개의 치환기를 서로 교환하면 한 거울상이성질체가 다른 거울상이성질체로 변환되므로, 네 개의 서로 다른 치환기를 갖는 탄소 원자는 사면체(*tetrahedral*) 입체발생 중심이다. 다른 유형의 입체발생 중심에 대해서는 8.2B절에서 배울 것이다.

네 개의 서로 다른 기와 연결된 탄소 원자의 명명법은 아직 유기화학자들 간에 확고한 결정이 내려지지 않은 분야이다. IUPAC에서는 카이랄성 중심(chirality center)이라는 용어를 권장한다. 그러나 그 용어는 1996년에 처음 제시된 이래로 유기화학자들 사이에 큰 호응을 얻지 못하고 있다. 일반적으로 사용되는 용어들로는 카이랄 중심(chiral center), 카이랄 탄소(chiral carbon), 비대칭 탄소(asymmetric carbon), 그리고 입체 중심(stereocenter)이 있으며 이 교재에서는 그중 입체발생 중심을 사용한다.

지금까지 두 가지 연관된 서로 다른 개념들을 공부하였는데, 이제 그 개념들을 구별해보자.

- 거울상과 겹쳐지지 않는 분자는 카이랄 분자이다.
- 네 개의 다른 치환기와 결합하고 있는 탄소 원자는 입체발생 중심이다.

분자들은 0, 한 개 또는 그 이상의 입체발생 중심을 보유할 수 있다.

- **입체발생 중심이 없으면 그 분자는 대개 비카이랄이다.** H_2O와 CH_2BrCl은 입체발생 중심이 없고, 따라서 비카이랄 분자들이다(이 일반론에 예외가 가끔 발생하는데, 그것은 17.5절에서 공부할 것이다).
- **하나의 사면체 입체발생 중심이 있을 경우, 분자는 항상 카이랄이다.** CHBrClF는 한 개의 입체발생 중심을 보유한 카이랄 분자이다.
- 5.8절에서 배우게 될 **두 개 이상의 입체발생 중심을 보유한 분자는 카이랄 또는 비카이랄일 수 있다.**

문제 5.3 다음 각 화합물에 대한 거울상을 그려라. 각각의 분자가 카이랄인지 비카이랄인지를 나타내라.

a. Cl, Br b. Br, Cl, H c. Ö d. Br, H, F

카이랄과 비카이랄 화합물을 구별할 때는 다음 사항을 고려한다.

- 대칭면은 분자를 반으로 나누는 거울면이다. 따라서 분자의 반쪽은 다른 반쪽과 동일하다.

- 비카이랄 분자는 일반적으로 대칭면이 있으나 카이랄 분자는 없다.

비카이랄 분자인 CH_2BrCl은 대칭면을 갖는다. 그러나 카이랄 분자인 CHBrClF는 갖지 못한다.

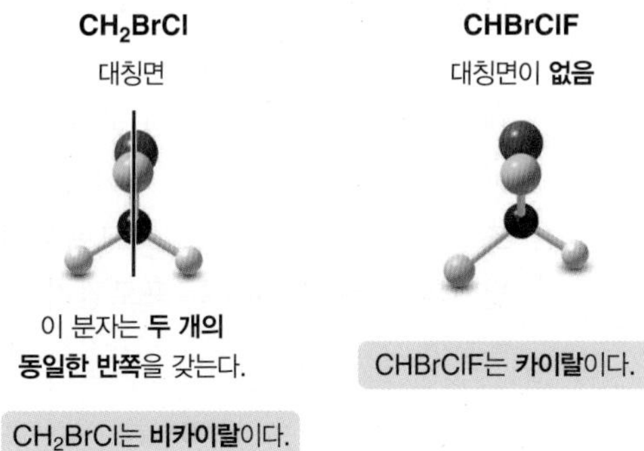

그림 5.4
카이랄성의 기본 원리

- 모든 사물은 거울상을 갖는다. 기본적인 질문은 분자와 그 거울상이 서로 겹쳐지는가이다.
- 만일 분자와 그 거울상이 서로 겹치지 않으면, 그 분자와 거울상은 카이랄이다.
- 입체발생 중심과 카이랄 분자는 서로 연관이 있지만 서로 다른 개념이다. 일반적으로 카이랄 분자들은 한 개 이상의 입체발생 중심을 가져야만 한다.
- 대칭면의 존재는 그 분자가 비카이랄임을 의미한다.

그림 5.4는 지금까지 배운 카이랄에 대한 주요 사항을 요약한 것이다.

문제 5.4 각각의 분자들에 대하여 대칭면을 그려라.

a. b. c. d. Cl Cl

문제 5.5 임의의 어떤 형태에 대하여 분자가 대칭면을 보유하면 그 분자는 비카이랄이다. 다음 각각의 형태는 대칭면을 갖지 않지만, 탄소–탄소 결합 주위의 회전은 대칭면을 취하는 형태로 형성된다. 각 분자에 대한 형태를 그려라.

a. CH_3, H, Br, C—C, Br, H, CH_3

b.

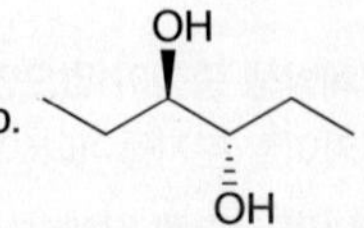

오른 나사 방향의 껍질의 넓은 쪽을 오른손 엄지 손가락으로 붙들고 있을 때, 입구는 오른쪽에 있다.

입체화학이 생소하게 느껴지지만 카이랄성은 우리의 주변에 만연해 있다. 분자 단위에서 우리 생활에 필수적인 많은 생분자들이 카이랄이다. 거시 수준에서 자연 발생하는 많은 사물들이 손잡이성을 갖는다. 예를 들면, 오른 나사 방향의 껍질을 갖는 카이랄 나선형 바다 조개와 왼나사 방향의 나선형으로 감겨지는 카이랄 인동덩굴 같은 식물이 있다. 인간의 몸도 카이랄이고 손과 발, 귀는 서로 겹쳐지지 않는다.

5.4 입체발생 중심

입체화학을 배우기 위해서는 사면체 입체발생 중심을 배열하고 그릴 수 있는 기술이 필수적이다.

5.4A 고리 구조가 아닌 탄소 원자의 입체발생 중심

5.3절에서 네 개의 서로 다른 치환기와 결합한 탄소 원자는 사면체의 입체발생 중심이라고 정의한 것을 상기하라. 입체발생 중심을 파악하기 위하여 분자 내의 모든 사면체 구조의 탄소 원자를 조사하라. 그리고 그 탄소에 연결된 네 개의 치환기—원자가 아닌—를 관찰한다. CBrClFI는 중심 탄소가 네 개의 서로 다른 기에 연결되어 있으므로 입체발생 중심이 한 개이다. 3-브로모헥세인(3-bromohexane) 또한 한 개의 탄소가 H, Br, CH_2CH_3, 그리고 $CH_2CH_2CH_3$에 연결되어 있어서 입체발생 중심이 한 개이다. 중심 탄소에 직접 연결된 원자가 아니라 결합된 전체 단위 구조를 고려해야 한다. 3-브로모헥세인의 C3가 두 개의 탄소 원자에 결합되어 있지만, 하나는 에틸기의 일부이고 하나는 프로필기의 일부이다.

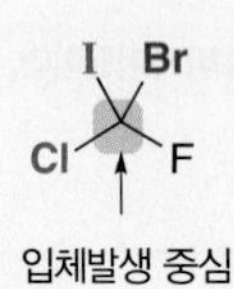

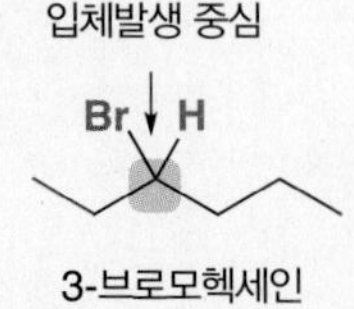

입체발생 중심은 다음에 결합된다. H
Br
CH_2CH_3
$CH_2CH_2CH_3$

사면체 입체발생 중심이 될 수 없는 모든 탄소는 고려 대상에서 제외한다. 그러한 탄소는 다음을 포함한다.

- CH_2, CH_3기(두 개 이상의 H가 C에 연결)
- 모든 *sp* 또는 sp^2 혼성화된 C(탄소에 결합된 기가 세 개 이하)

큰 유기 분자들은 두 개, 세 개, 또는 수백 개의 입체발생 중심을 보유할 수 있다. **프로폭시펜**(propoxyphene)과 **에페드린**(ephedrine)은 각각 두 개의 입체발생 중심을 가지며, 단당류인 **프룩토스**(fructose)는 세 개의 입체발생 중심을 갖는다.

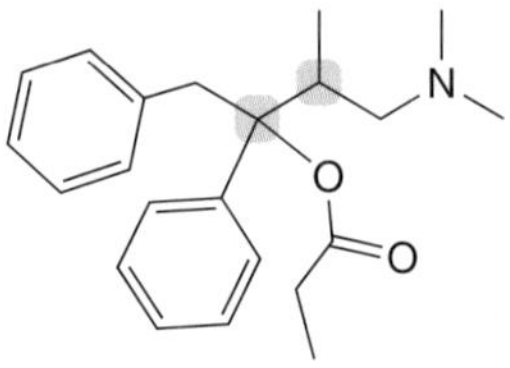

초목의 일종인 마황(ma huang)으로부터 추출되는 에페드린은 중국의 전통 의학에서 호흡기 질환 치료제로 사용되었다. 예전에 체중 감소와 근육 강화를 촉진하는 데 인기 있었던 약품인 에페드린이 현재는 돌연사, 심장마비 및 뇌졸중을 일으키는 것으로 의심되고 있다.

프로폭시펜
상품명: Darvon
(진통제)

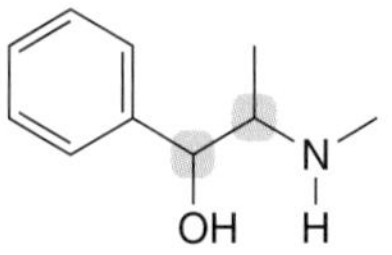

에페드린
(기관지 확장제, 울혈 제거제)

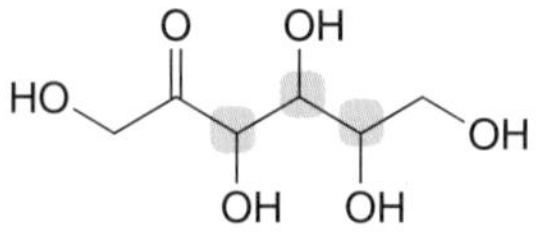

프룩토스
(단당류)

= 입체발생 중심

예제 5.1 다음의 각 약품에 대해 입체발생 중심을 표시하라. 알부테롤(albuterol)은 기관을 넓혀주는 기관지 확장제이며, 천식을 치료하는 데 사용된다. 클로람페니콜(chloramphenicol)은 값이 싸서 개발도상국에서 광범위하게 사용되는 항생제이다.

a. 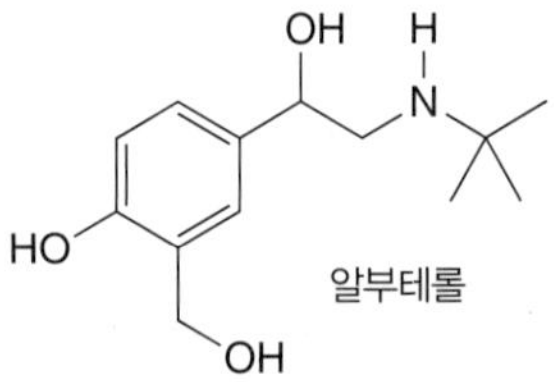 알부테롤

b. 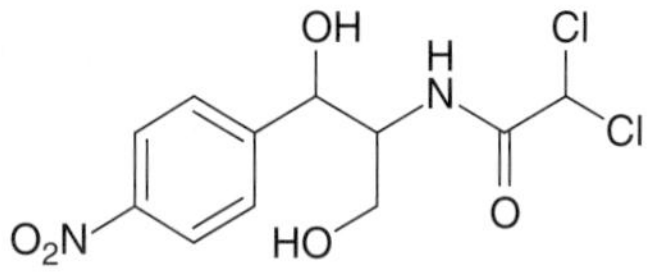 클로람페니콜

풀이

네 개의 서로 다른 치환기와 결합하고 있는 헤테로원자도 입체발생 중심이다. 입체 N 원자에 대해서는 25장에서 다룬다.

모든 CH_2, CH_3기와 이중 결합된(sp^2 혼성화된) 탄소 원자를 제외한다. 알부테롤에는 한 개의 탄소에 세 개의 CH_3기가 결합되어 있다. 따라서 그 탄소도 제외한다. 분자의 골격 구조를 그릴 때 치환기들을 더 분명하게 보려면 정사면체의 탄소에 결합되어 있는 수소를 그려야 한다. 네 개의 다른 치환기와 결합되어 있는 탄소가 알부테롤에는 한 개, 클로람페니콜에는 두 개가 있다. 이들 탄소가 입체발생 중심이 된다.

a. 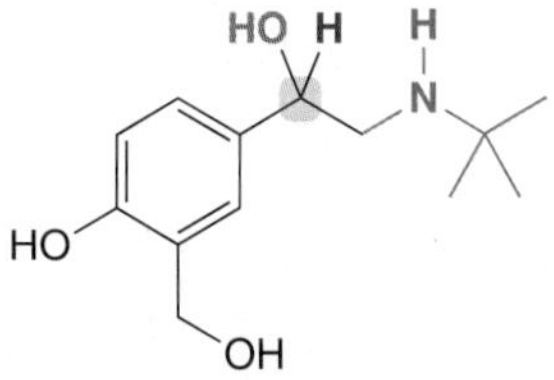 하나의 입체발생 중심

b. 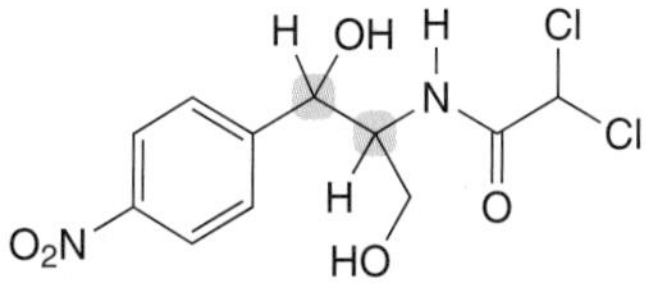 두 개의 입체발생 중심

문제 5.6 각각의 분자에 대하여 입체발생 중심을 표시하라. 화합물은 한 개 이상의 입체발생 중심을 보유할 수 있다.

a. 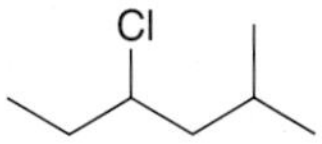 b. 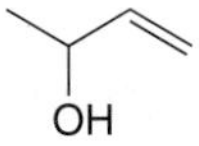 c. 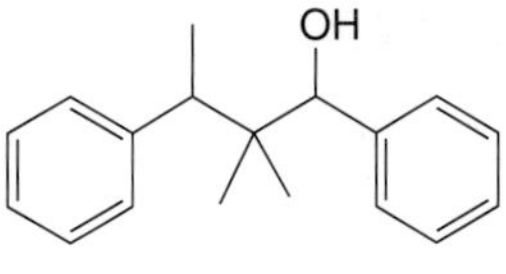 d. 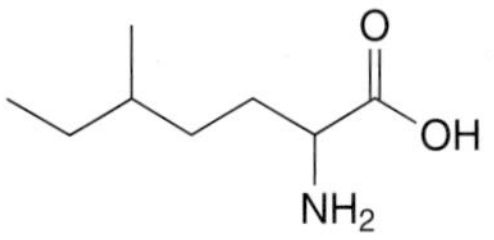 e. 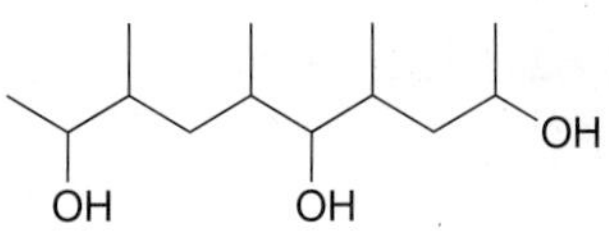 f.

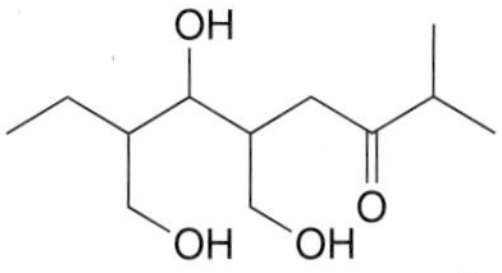

문제 5.7 5.4A절의 사실들은 분자가 매우 복잡하더라도 분자의 입체발생 중심을 표시하는 데 사용될 수 있다. 항상 네 개의 다른 치환기가 결합된 탄소를 찾아라. 이것을 생각하면서 고혈압의 치료제로 2007년에 도입된 약품인 알리스키렌(aliskiren) 분자에 대하여 네 개의 입체발생 중심을 표시하라.

알리스카렌

5.4B 한 쌍의 거울상이성질체를 그리는 법

- 입체발생 중심이 한 개인 모든 분자는 카이랄 화합물이며 한 쌍의 거울상이성질체로 존재한다.

OH
뷰탄-2-올
입체발생 중심

예를 들어, 뷰탄-2-올(butan-2-ol)은 입체발생 중심이 한 개이다. 두 개의 거울상이성질체를 그리기 위하여 전형적인 사면체 묘사를 위한 기법을 활용한다. 두 개의 결합을 한 평면에 배치하고 다른 하나의 돌출된 결합은 쐐기 모양, 그리고 나머지 하나의 후면에 있는 결합은 점선을 사용한다. 그러고 나서 첫 번째 거울상이성질체 A를 생성하기 위해 네 개의 기—H, OH, CH_3와 CH_2CH_3—를 입체발생 중심의 아무 결합에나 임의로 배치한다.

28.2절에서 우리는 탄수화물 화학에서 입체발생 중심을 그리는 데 주로 사용하는 고전적 방식인 피셔 투영식(Fischer projection formulas)에 대하여 배울 것이다.

분자를 그리고 난 후 거울상을 그린다.

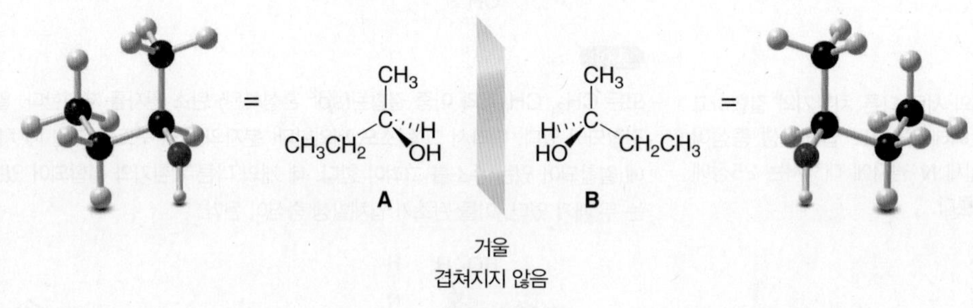

거울
겹쳐지지 않음
거울상이성질체

그 후 거울면을 그리고 첫 번째 분자가 거울에 반영되도록 거울상에 치환기를 배열하여 거울상이성질체 B를 생성한다. A와 B를 어떤 방법으로 회전시켜도 모든 원자를 동일하게 배열할 수 없다. A와 B가 거울상이며 겹치지 않으므로 A와 B는 거울상이성질체이다. 두 가지 다른 종류의 거울상이성질체를 그림 5.5에 나타내었다.

그림 5.5
한 쌍의 거울상이성질체에 대한 삼차원 표시

a. 아미노산의 일종인 알라닌

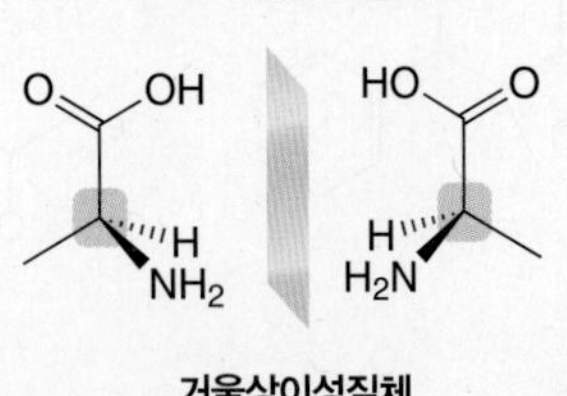

거울상이성질체

b. 3-브로모헥세인

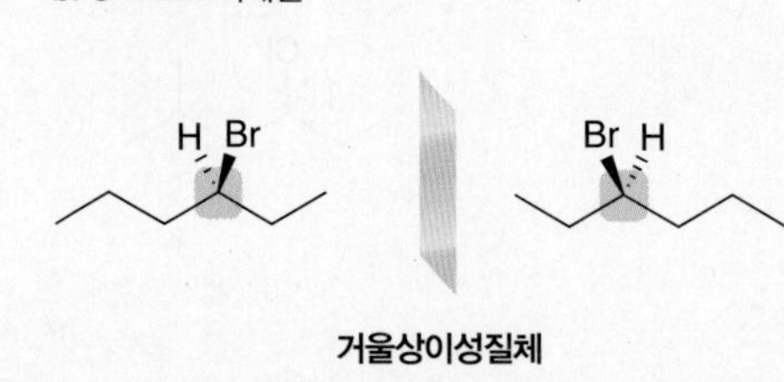

거울상이성질체

- 기억하라: H와 Br은 앞뒤로 정렬되어 있다.

문제 5.8 각각의 화합물에 대해 입체발생 중심을 표시하고, 두 개의 거울상이성질체를 그려라.

a. (Cl) b. (OH, OH) c. (S, O, OH, NH_2)

5.5 고리 화합물의 입체발생 중심

실선, 쐐기 및 점선으로 사면체를 그릴 때, 항상 두 실선을 먼저 그린다. 그 다음 실선의 반대쪽에 쐐기와 점선을 그린다.

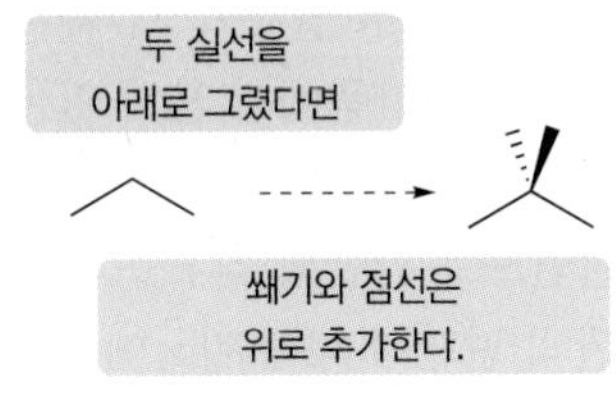

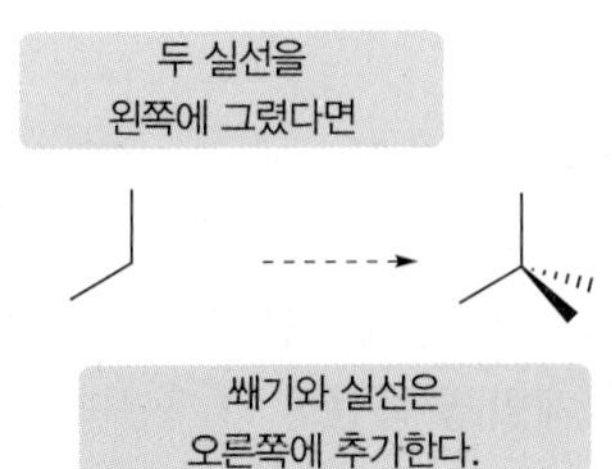

입체발생 중심은 고리 구조를 구성하는 탄소 원자에서도 나타날 수 있다. 고리 탄소에서 입체발생 중심을 발견하기 위해서는 항상 고리를 평면 다각형으로 그리고, 네 개의 서로 다른 기에 결합된 사면체 탄소를 찾는다. 모든 고리 탄소는 고리 내의 다른 두 개의 원자와 고리에 치환된 두 개의 원자에 연결되어 있다. 이 두 개의 치환기가 다를 경우, 검토하고 있는 원자로부터 등거리에 있는 고리 원자들을 비교해야만 한다.

메틸사이클로펜테인(methylcyclopentane)은 입체발생 중심을 갖는가? 메틸기에 결합된 고리 탄소인 C1을 제외한 모든 탄소 원자는 두 개 또는 세 개의 수소 원자와 결합되어 있다. 다음으로 C1으로부터 등거리에 있는 고리 원자들과 결합들을 차이점이 발견될 때까지, 또는 한 개의 원자에서 또는 결합의 가운데에서 양쪽이 만날 때까지 비교한다. 이 경우 양쪽 고리 원자의 차이점이 발견되지 않으므로 C1은 고리를 형성하고 있는 동일한 알킬기에 결합되어 있는 것이다. 따라서 C1은 입체발생 중심이 아니다.

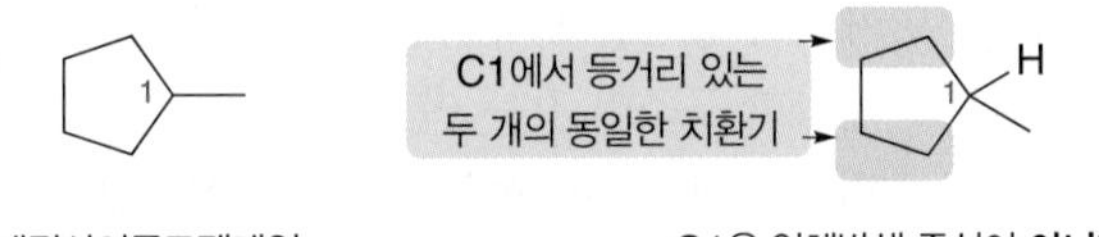

메틸사이클로펜테인 C1은 입체발생 중심이 **아니다.**

3-메틸사이클로헥센(3-methylcyclohexene)에 대해서는 다른 결과가 발생한다. 메틸기에 결합된 고리 탄소인 C3를 제외하고 모든 탄소 원자들은 두 개 이상의 수소에 결합되어 있거나 sp^2 혼성 오비탈을 구성한다. 이번 경우에는 C3로부터 등거리의 원자들이 다르며 C3는 고리 구조의 다른 알킬기에 결합되어 있다. 따라서 C3는 네 개의 서로 다른 기에 결합되어 있으며, 결과적으로 입체발생 중심이다.

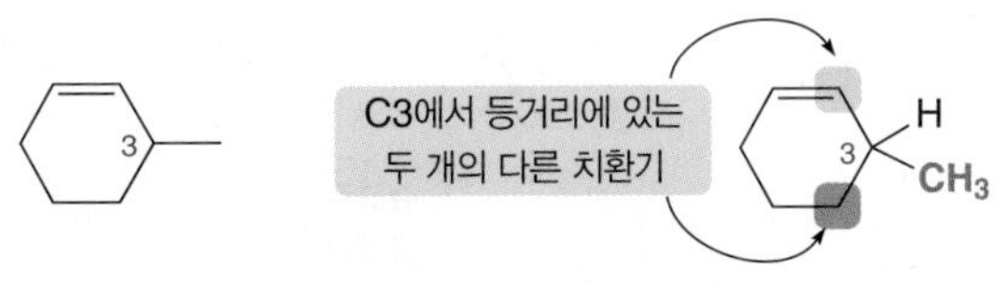

3-메틸사이클로헥센 C3는 입체발생 중심이다.

두 거울상이성질체는 서로 다른 화합물이다. 한쪽의 거울상이성질체에서 다른 쪽 거울상이성질체로 바꾸기 위해서는 **두 원자의 위치를 바꾸어야 한다**. 이 작업은 결합의 절단을 통해 일어난다.

3-메틸사이클로헥센은 입체발생 중심이 한 개이므로 카이랄 화합물이고 한 쌍의 거울상이성질체로 존재한다.

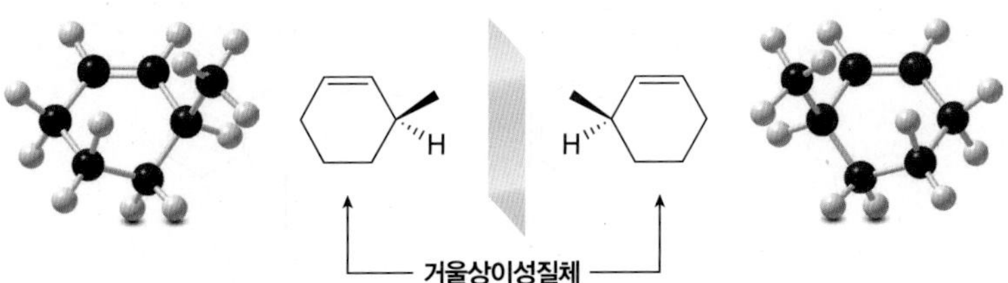

많은 생리 활성 화합물은 고리 탄소에 입체발생 중심이 한 개 이상이다. 예를 들어, 탈리도마이

드(thalidomide)는 한때 영국과 유럽에서 임산부에게 진정제 및 구역질 치료제로 처방된 약물로, 입체발생 중심이 한 개이므로 한 쌍의 거울상 이성질체로 존재한다.

구역질 치료제 | 기형 유발 물질

탈리도마이드

거울상이성질체

오늘날 탈리도마이드는 한센병(나병) 치료를 위해 엄격한 규제하에 처방된다. 한때 하와이에서는 한센병 환자를 개별 격리하기 위해 하와이에 있는 몰로카이(Moloka'i) 섬에서 접근이 불가능할 정도로 먼 카라파파(Kalaupapa)로 보냈다. 한센병은 현재 치료 가능한 박테리아 감염으로 알려져 있는데, 25.16절에서 논의될 술파제(sulfa drug)로 처방된다.

불행히도 탈리도마이드는 두 가지 거울상이성질체의 혼합물로 판매되었고, 두 입체이성질체는 서로 다른 생리 효과를 나타내었다. 5.13절에서 설명하겠지만 이는 카이랄 약품에서 흔히 있는 성질이다. 한 가지 거울상이성질체는 기대되는 약효를 보였으나, 다른 하나의 거울상이성질체는 임신 중 이 약을 복용한 여성들이 많은 심각한 기형아를 낳은 원인으로 판단되었다. 프란시스 올덤 켈시(Frances Oldham Kelsey)라는 식약청 소속 약품 검사관의 판단에 의해 미국에서는 탈리도마이드의 사용이 금지되었다. 그녀는 탈리도마이드의 안전성이 검증되지 않았다고 주장하였다.

이 장의 도입부에서 소개한 **슈크로스**(sucrose)와 **파클리탁셀**(paclitaxel)은 고리 탄소에 몇 개의 입체발생 중심을 보유하는 유용한 분자이다. 탄소들을 한 개씩 살펴보면서 동일한 방법으로 좀 더 복잡한 구조를 갖는 이 화합물의 입체발생 중심을 찾아보자. 9개의 입체발생 중심을 두 개의 고리 탄소에 보유하는 **슈크로스**는 설탕으로 사용되는 탄화수소이다. 입체발생 중심이 11개인 **파클리탁셀**은 난소암, 유방암 및 폐암의 항암제로 유효하다.

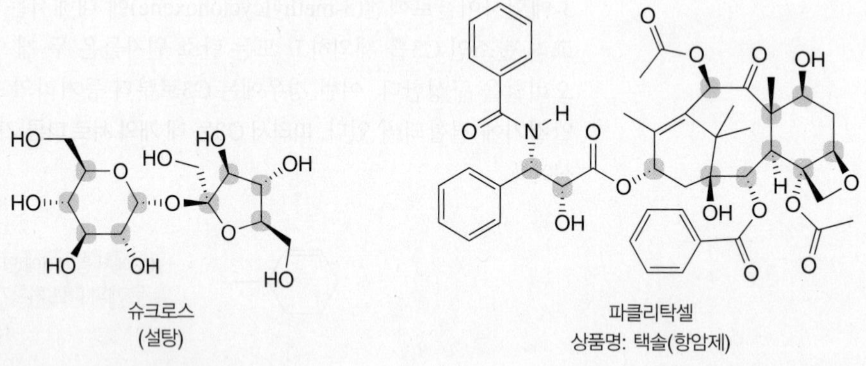

슈크로스 (설탕)

파클리탁셀
상품명: 택솔(항암제)

문제 5.9 각각의 화합물에 대하여 입체발생 중심을 표시하라. 하나의 분자에 0, 한 개 또는 두 개 이상의 입체발생 중심이 있을 수 있다. 가바펜틴(gabapentin), (d)는 발작증과 만성적인 통증을 임상적으로 치료하는 데 사용되고 있다. 가바펜틴 에나카빌(gabapentin enacarbil), (e)은 세 배나 더 강력한 관련 화합물이다.

a. c. e.

가바펜틴 에나카빌

b. d. f.

가바펜틴

문제 5.10 각각의 화합물에 입체발생 중심을 표시하라.

a. b.

콜레스테롤

상품명: 조코(Zocor)
(콜레스테롤 강하제)

5.6 입체발생 중심의 *R* 배열과 *S* 배열

거울상이성질체를 *R* 또는 *S* 접두사를 사용하여 명명하는 방법은 그것을 고안한 화학자 세 사람의 이름을 따서 칸-인골드-프렐로그(Cahn-Ingold-Prelog) 체계라고 부른다.

거울상이성질체는 두 개의 서로 다른 화합물이므로 다른 이름으로 구별되어야 한다. 그 방법은 거울상이성질체의 IUPAC 이름에 접두사 *R* 또는 *S*를 붙이는 것이다. 거울상이성질체에 *R* 또는 *S*를 지정하기 위하여, 먼저 입체발생 중심에 결합된 각각의 기에 순위(1, 2, 3 또는 4)를 부여하고 이 순위의 방향에 따라 하나의 거울상이성질체에 *R*을 지정하고 다른 하나에 S를 지정해준다.

순위 부여를 위한 규칙들

규칙 [1] 입체발생 중심에 직접 결합된 원자들에 원자 번호가 큰 것부터 작아지는 순서대로 순위(1, 2, 3 또는 4)를 부여한다. 원자 번호가 가장 큰 원자의 우선순위가 가장 높다(1번).

- CHBrClF의 경우 순위는 다음과 같이 지정된다. Br (1, 가장 높음) → Cl (2) → F (3) → H (4, 가장 낮음). 많은 분자에서 가장 낮은 순위를 갖는 기는 H일 것이다.

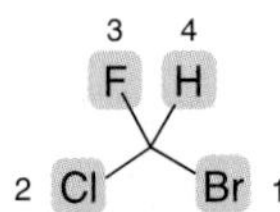

규칙 [2] 입체발생 중심에 직접 결합된 두 원자가 **동일한** 경우, 이들 원자들에 결합된 원자들의 원자 번호에 의거하여 우선순위를 지정한다. 원자 번호가 높은 원자가 **하나라도** 존재하면 더 높은 우선순위를 부여받는다.

- 뷰탄-2-올(butan-2-ol)에서 O 원자는 가장 높은 우선순위(1)을 부여받고, H는 가장 낮은 우선권(4)을 규칙 1에 따라 부여받는다. 나머지 두 개의 C 원자에 대한 우선권(2 또는 3)을 지정하기 위하여 각각의 탄소에 결합된 원자들(입체발생 중심이 아닌)을 살펴본다.

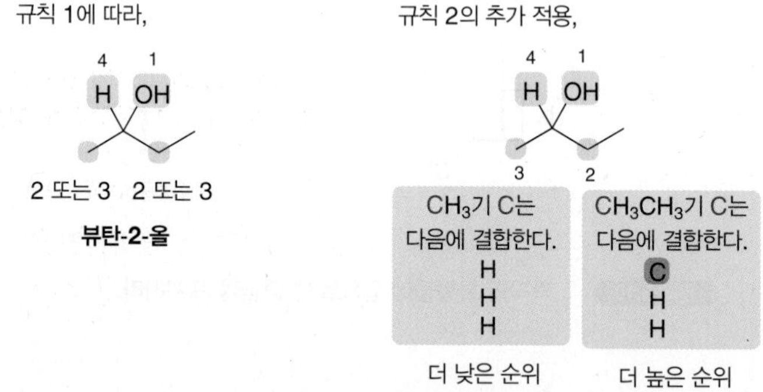

- CH_2CH_3은 에틸기의 탄소가 다른 탄소와 결합하므로 CH_3기(우선순위 3)보다 더 높은 우선순위 (2)를 취한다.
- 뷰탄-2-올에 결합된 기의 우선순위는 $-OH$ (1), $-CH_2CH_3$ (2), $-CH_3$ (3), H (4)이다.
- 순위가 아직 지정되지 않은 경우에는 사슬을 따라 차이가 발생할 때까지 비교를 계속한다.

규칙 [3] 입체발생 중심에 두 개의 동위 원소가 결합되었을 때는 질량수가 높은 동위 원소의 우선순위가 더 높다.

- 수소 원소의 두 동위 원소를 비교할 때 질량수가 2인 중수소(하나의 양성자와 하나의 중성자)는 질량수가 1인 수소(하나의 양성자)보다 우선순위가 높다.

규칙 [4] 다중 결합에 포함된 원자의 순위를 지정할 경우, 다중 결합의 원자는 단일 결합 원자가 다중 결합 수만큼 중복되어 있는 것으로 취급한다.

- C=O의 C는 두 개의 O에 결합된 것으로 간주된다.

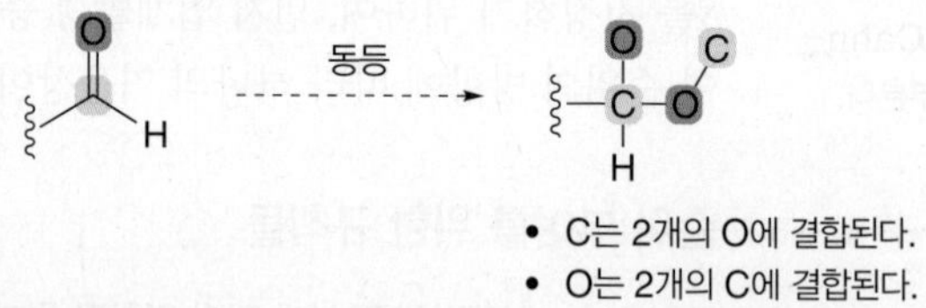

- 다른 일반 다중 결합들은 다음과 같이 그린다.

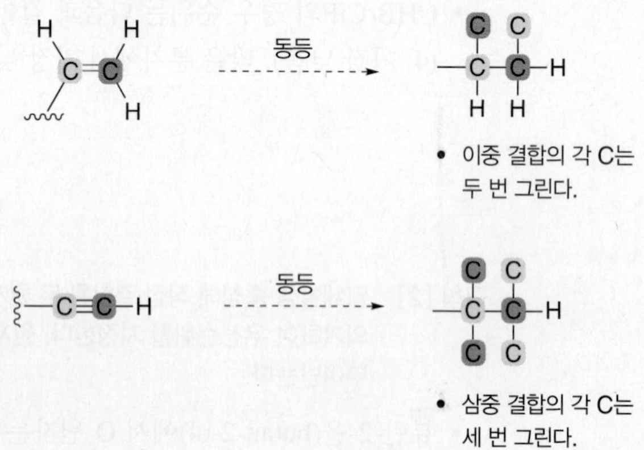

그림 5.6은 입체발생 중심에 지정된 우선순위의 예를 보여준다.

문제 5.11 각각의 쌍들 중에서 더 높은 우선순위를 갖는 치환기는 어느 것인가?

a. $-CH_3$, $-CH_2CH_3$
b. $-I$, $-Br$
c. $-H$, $-D$
d. $-CH_2Br$, $-CH_2CH_2Br$
e. $-CH_2CH_2Cl$, $-CH_2CH(CH_3)_2$
f. $-CH_2OH$, $-CHO$

그림 5.6
입체발생 중심에 우선순위를 지정하는 예

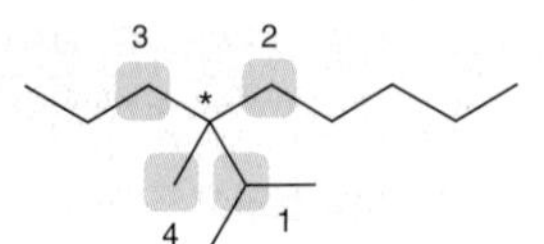

- 입체발생 중심은 Br, Cl, C, 그리고 H에 결합된다.
- 입체발생 중심은 I에 직접 결합되어 있지 않다.

- $CH(CH_3)_2$는 C가 두 개의 다른 C에 결합되어 있으므로 우선순위가 가장 높다.

- OH는 O가 원자 번호가 가장 높으므로 가장 높은 우선순위를 취한다.
- CO_2H(O에 대한 세 개의 결합)은 CH_2OH(O에 대한 하나의 결합)보다 더 높은 우선순위를 취한다.

[* = 입체발생 중심]

---

*R*은 '오른쪽'을 의미하는 라틴어 rectus에서 유래되었고, *S*는 '왼쪽'을 의미하는 라틴어인 sinister에서 비롯되었다.

문제 5.12 우선순위가 감소하는 순서로 다음 기들을 배열하라.

a. $-COOH$, $-H$, $-NH_2$, $-OH$
b. $-H$, $-CH_3$, $-Cl$, $-CH_2Cl$
c. $-CH_2CH_3$, $-CH_3$, $-H$, $-CH(CH_3)_2$
d. $-CH{=}CH_2$, $-CH_3$, $-C{\equiv}CH$, $-H$

입체발생 중심 주위의 네 기의 우선순위가 지정되면, 세 단계를 사용하여 입체발생 중심을 *R* 또는 *S*로 지정할 수 있다.

예제 5.2 다음 화합물이 *R*인지 *S*인지 판단하라.

풀이

[1] 순위를 정한다.

[2] 가장 순위가 낮은 기(H)를 향하여 1 → 2 → 3의 방향으로 원을 그린다.

시계 반대 방향

답: ***S*** 이성질체

가장 낮은 순위의 기가 점선상에서 뒤쪽을 향하지 않는 경우, 분자의 *R* 또는 *S*의 지정을 어떻게 하는가? 그림 5.7과 같이 분자를 회전 및 반전을 통하여 가장 낮은 순위의 기가 뒤로 가게 할 수 있고, 그런 다음 배열을 정하는 단계별 절차를 따른다. 삼차원 공간에서 분자를 변형하고 형상화하는 것이 익숙하지 않다면, 예제 5.3에서 제시한 절차를 시도한다.

해결 방법 입체발생 중심에 *R* 또는 *S*를 지정하는 방법

예 각각의 거울상이성질체를 *R* 또는 *S*로 표시하라.

뷰탄-2-올의 두 거울상이성질체

단계 [1] 입체발생 중심에 결합된 모든 기의 순위를 1에서 4까지 지정한다.

- 뷰탄-2-올의 입체발생 중심 주위 네 개 기에 대한 순위는 앞에 설명한 규칙 2에 소개되어 있다.

$-OH$	$-CH_2CH_3$	$-CH_3$	$-H$
1	2	3	4
가장 높음			가장 낮음

우선순위 감소

단계 [2] 가장 낮은 순위의 기(4)를 뒤쪽으로(점선) 보내고, 남은 세 개(1, 2와 3) 기의 상대적인 위치를 표시한다.

- 부탄-2-올의 각각의 거울상이성질체에 대해, 평면 뒤로부터 C−H 결합을 따라 최하위 순위의 기로 향한다.

단계 [3] 기의 순위 1 → 2 → 3을 따라 원을 그린다.

- 원의 진행이 **시계** 방향일 경우—정오에서부터 오른쪽으로 진행—그 이성질체는 ***R***로 명명한다.
- 원의 진행이 **시계** 반대 방향일 경우—정오에서부터 왼쪽으로 진행—그 이성질체는 ***S***로 명명한다.

시계 방향
***R* 이성질체**

시계 반대 방향
***S* 이성질체**

- *R* 또는 *S*는 분자의 IUPAC 이름 앞에 위치한다. 뷰탄-2-올의 거울상이성질체에 대하여

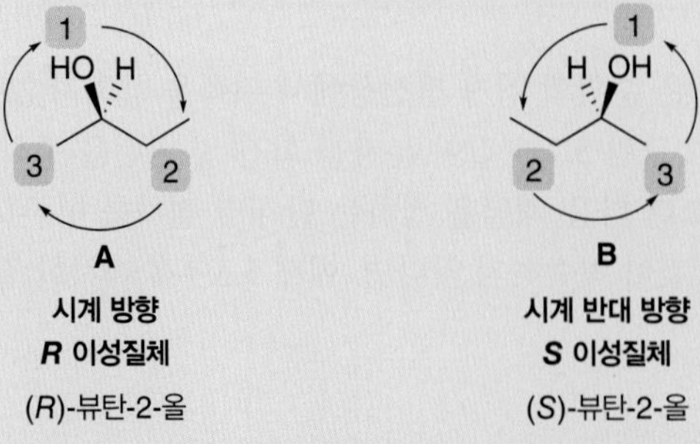

A
시계 방향
***R* 이성질체**
(*R*)-뷰탄-2-올

B
시계 반대 방향
***S* 이성질체**
(*S*)-뷰탄-2-올

그림 5.7
가장 낮은 우선순위의 기를 뒤로 보내는 방법

회전

시계 방향
R 이성질체

180° 회전

시계 반대 방향
S 이성질체

- 단일 결합에 대해 분자를 회전시키면 세 개의 기의 위치가 바뀐다.
- 분자를 180° 뒤집으면 네 개의 기가 모두 바뀐다.

예제 5.3 다음 화합물이 *R*인지 *S*인지 판단하라.

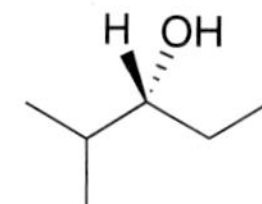

풀이

이 문제에서 가장 낮은 순위의 기(H)는 뒤쪽이 아닌 **앞쪽**에 배열되어 있다. 이 경우 *R* 또는 *S*를 배열하기 위하여

- 앞쪽에 배열된 가장 낮은 순위의 기(H)를 뒤쪽에 배열된 기($-CH_2CH_3$)와 **교환한다**.
- 일반적인 방법으로 *R* 또는 *S*를 정한다.
- **결과의 반대를 택한다**. 처음에 입체발생 중심에 연결된 두 기의 위치를 바꾸었고, 두 가지 경우만 존재하므로 정답은 얻어진 답의 **반대**가 된다.

[1] 순위를 정한다.

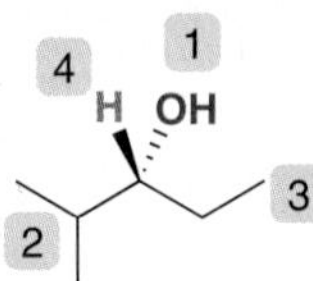

[2] 4번 기와 1번 기의 위치를 교환한다.

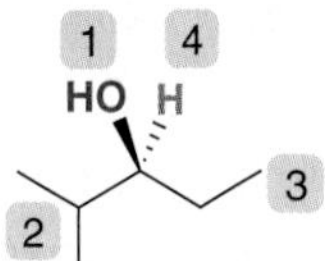

[3] 1 → 2 → 3 순으로 원을 형성하여 얻은 결과의 반대를 택한다.

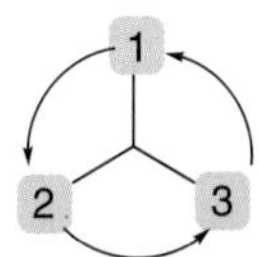

시계 반대 방향
S 이성질체처럼 보이지만 처음에 1번 기와 4번 기를 교환하였으므로 정답은 반대(*S* → *R*)를 택해야 한다.

답: ***R*** 이성질체

문제 5.13 다음 화합물이 *R*인지 *S*인지 판단하라.

a. b. c. d.

문제 5.14 관상 동맥 질환이나 발작 이력을 갖는 환자들의 혈액 응고를 막아주는 데 사용되는 약품인 클로피도그렐(clopidogrel, 상품명 플라빅스)의 두 거울상이성질체를 그려라. 플라빅스(Plavix)는 *S* 배열의 단일 거울상이성질체로 판매되고 있다. 어느 거울상이성질체가 플라빅스인가?

CH_3O O Cl N S

클로피도그렐

문제 5.15 (a) 고혈압 치료제로 사용되는 리시노프릴의 공–막대 모형에서 입체발생 중심을 나타내라. (b) 각각 입체발생 중심 *R* 혹은 *S*로 나타내라.

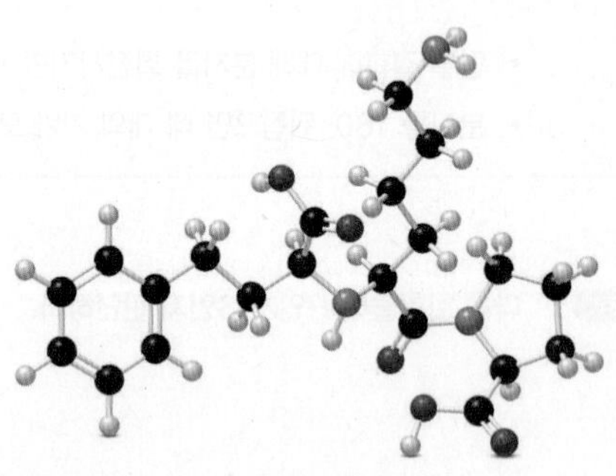

리시노프릴

리시노프릴(상품명 제스트릴, Zestril)은 혈액의 안지오텐신(angiotensin)의 양을 감소시켜 혈압을 낮추는 의약품으로서 ACE 억제제이다. 안지오텐신은 폴리아마이드로서 혈관을 좁혀 혈압을 증가시킨다.

5.7 부분입체이성질체

지금까지 사면체 입체발생 중심이 한 개인 다양한 화합물의 예가 제시되었다. 두 개의 입체발생 중심을 보유하는 화합물은 더 많은 입체이성질체가 가능하기 때문에 더욱 복잡한 상황을 보여준다. 더욱이 입체발생 중심이 두 개인 분자는 카이랄일 수도 있고 아닐 수도 있다.

- n개의 입체발생 중심에 대하여 입체이성질체의 최대 수는 2^n이다.

- $n = 1$일때 $2^1 = 2$이다. 입체발생 중심이 한 개인 경우 두 개의 입체이성질체가 항상 존재하고, 그것들은 거울상이성질체이다.
- $n = 2$일때 $2^2 = 4$이다. 입체발생 중심이 두 개인 경우 때때로 4보다 적을 수도 있으나, 입체이성질체의 최대 수는 4이다.

문제 5.16 다음 화합물의 입체이성질체의 최대 수를 구하라.

a. 입체발생 중심이 세 개인 화합물 b. 입체발생 중심이 여덟 개인 화합물

2,3-다이브로모펜테인(2,3-dibromopentane)을 이용하여 가능한 입체이성질체를 모두 찾아내는 단계적 절차를 살펴보자. 2,3-다이브로모펜테인이 입체발생 중심이 두 개이므로 입체이성질체의 최대 수는 네 개이다.

해결 방법 입체발생 중심이 두 개인 화합물에 대한 가능한 모든 입체이성질체를 찾아 그리는 방법

단계 [1] 입체발생 중심들의 주위에 임의로 치환기를 배열하여 하나의 입체이성질체를 그린다. 그리고 그것의 거울상을 그린다.

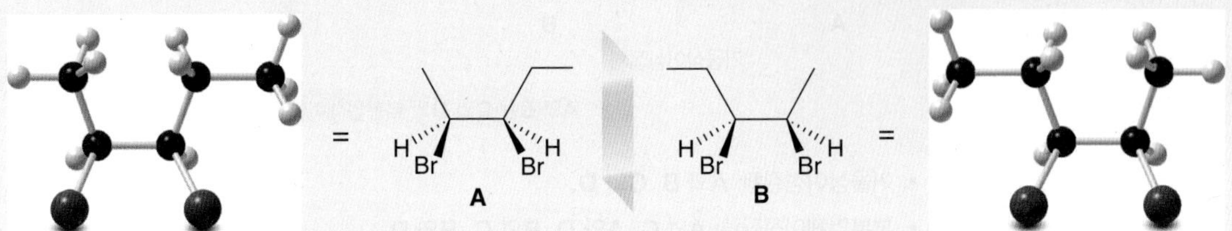

- 입체발생 중심에 H, Br, CH_3와 CH_2CH_3기를 임의적으로 붙여 **A**를 생성하고 나서 **B**의 치환기들이 **A** 치환기들의 거울에 비친 모습이 되도록 거울상 **B**를 그린다.
- 원자가 모두 나란하게 배열하는지 보기 위하여 한 분자를 뒤집거나 돌려서 **A**와 **B**가 서로 겹치는지를 판단한다.
- 설명한 바와 같이 화합물과 거울상을 그렸다면, 원자들이 일치하는지 확인하기 위해서는 두 가지 작업만 수행하면 된다. **B**를 **A** 위에 직접 위치시킨다(상상하거나 모형을 이용하여), 그리고 나서 **B**를 180° 돌리고 **A** 위에 위치시킨 후 원자가 동일하게 배열하는지를 본다.

회전

180° **B** → **B** **A**

- H와 Br은 일치하지 않는다.
- **A**와 **B**는 다른 화합물이다.

- 이 경우 **A**와 **B**의 원자가 서로 일치하지 않으므로, **A**와 **B**는 겹쳐지지 않는 거울상—**거울상이성질체**—이다. **A**와 **B**는 2,3-다이브로모펜테인의 네 개의 입체이성질체 중 두 개다.

단계 [2] 한 곳의 입체발생 중심에 연결된 두 기의 위치를 교환하여 세 번째 입체이성질체를 그린 다음, 그 이성질체의 거울상을 그린다.

- **A** 또는 **B**의 한 곳의 입체발생 중심에 연결된 H와 Br(또는 다른 두 기)의 위치를 교환하여 **A**, **B**와 다른 새로운 입체이성질체(이 예에서는 C)를 생성한다. 이제 **D**로 지정된 **C**의 거울상을 그리면 **C**와 **D**는 서로 겹쳐지지 않는 거울상, 즉 **거울상이성질체**가 된다. 이제 2,3-다이브로모펜테인의 최대 개수인 네 개의 입체이성질체가 완성된다.

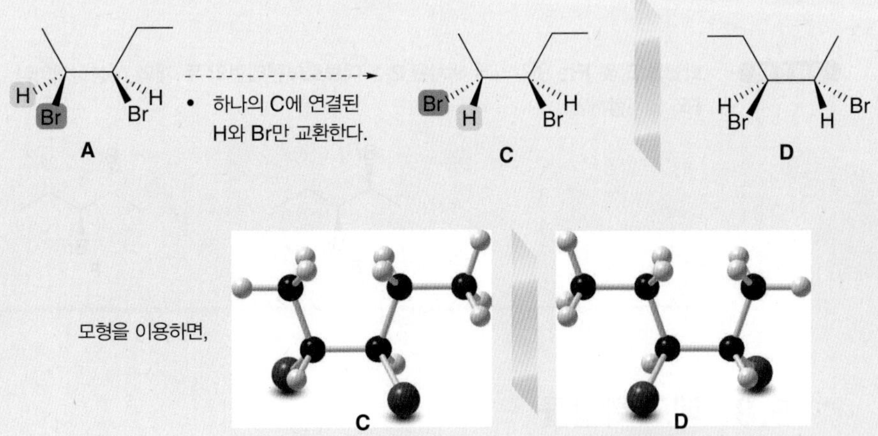

그림 5.8
2,3-다이브로모펜테인의 네 개의 입체이성질체

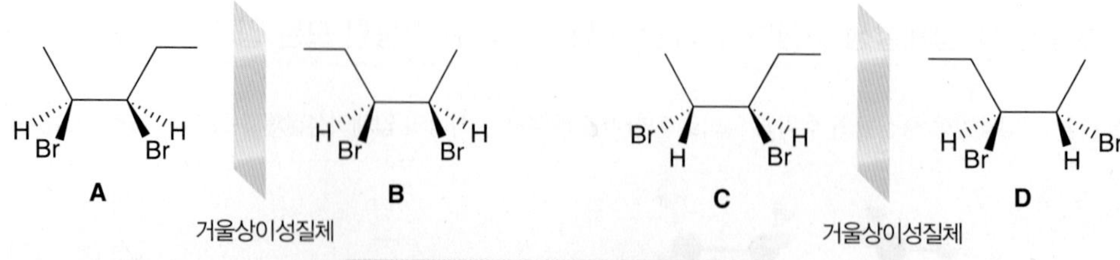

A와 **B**는 **C**와 **D**의 부분입체이성질체이다.

- 거울상이성질체: **A**와 **B**, **C**와 **D**.
- 부분입체이성질체: **A**와 **C**, **A**와 **D**, **B**와 **C**, **B**와 **D**.

어떤 화합물이 다른 화합물과 겹치는가를 판단하기 위하여 원자들을 회전시키고 전체 분자를 뒤집어 본다. 그러나 **어떤 결합도 절단해서는 안 된다.**

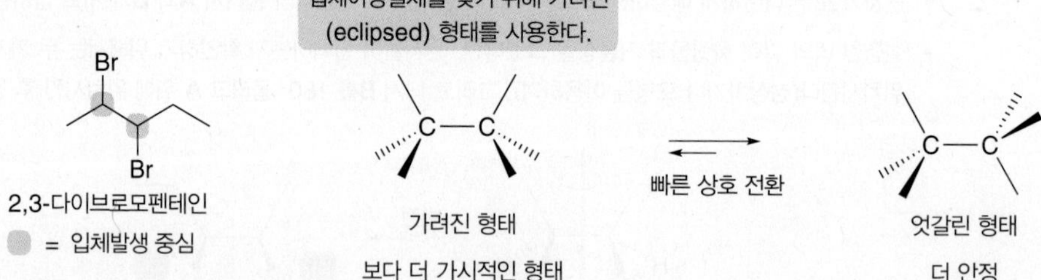

입체이성질체는 두 가지 종류가 존재한다. **거울상이성질체는 서로 거울상인 입체이성질체이고, 부분입체이성질체는 거울상이 아닌 입체이성질체이다.**

2,3-다이브로모펜테인은 거울상이성질체 A, B와 거울상이성질체 C와 D의 네 개의 입체이성질체를 보유한다. 그러면 A와 C 같은 두 입체이성질체 사이의 관계는 무엇인가? A와 C는 입체이성질체의 두 번째 종류인 부분입체이성질체(diasteromer)가 된다. 부분입체이성질체는 서로 거울상이 아닌 입체이성질체이다. A와 B는 C와 D의 부분입체이성질체이다. 그림 5.8은 2,3-다이브로모펜테인의 입체이성질체 사이의 관계를 요약한 것이다.

문제 5.17 각각의 화합물에 대하여 두 개의 입체발생 중심을 표시하고, 가능한 모든 입체이성질체를 그려라.

a. (Cl, OH)　　b. (Br, Cl)

문제 5.18 화합물 **E** 및 **F**는 엇갈리게 배치된 2,3-디브로모펜테인의 두 개의 이성질체이다. 그림 5.8의 화합물(**A**–**D**)은 **E**와 **F**와 일치할까?

E　　**F**

5.8 메조 화합물

2,3-다이브로모펜테인이 두 개의 입체발생 중심과 최대 수 네 개의 입체이성질체를 보유하고 있는 반면에, 2,3-다이브로모뷰테인(2,3-dibromobutane)은 두 개의 입체발생 중심을 보유하고 있으나 입체이성질체의 수는 최대 수보다 적다.

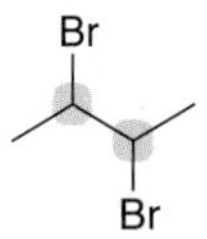

Br
Br
2,3-다이브로모뷰테인
= 입체발생 중심

2,3-다이브로모뷰테인의 모든 입체이성질체를 찾아 그리기 위하여 5.7절에 요약된 동일한 단계별 절차를 따른다. 임의로 H, Br과 CH_3기를 입체발생 중심에 연결하여 하나의 입체이성질체 A를 생성한다. 그리고 거울상인 B를 그린다. A와 B는 서로 겹치지 않는 거울상—**거울상이성질체**—이다.

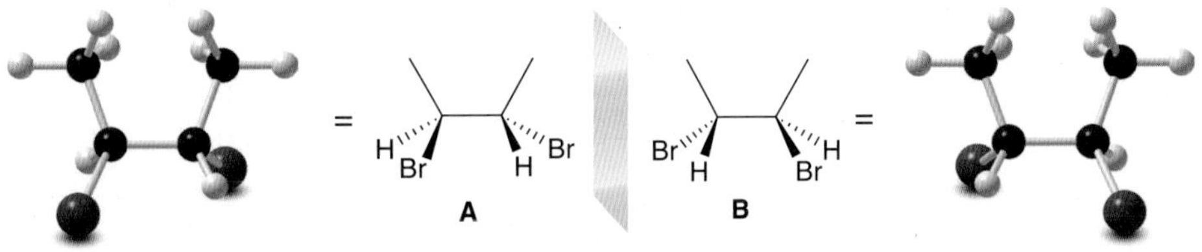

A B

거울상이성질체

다른 두 입체이성질체(만일 존재한다면)를 찾기 위하여 한쪽 거울상이성질체의 한 입체발생 중심의 두 기의 위치를 교환한다. 이 경우 A의 입체발생 중심에 연결된 H와 Br의 위치를 교환하여 A, B와 다른 새로운 입체이성질체인 C를 생성한다.

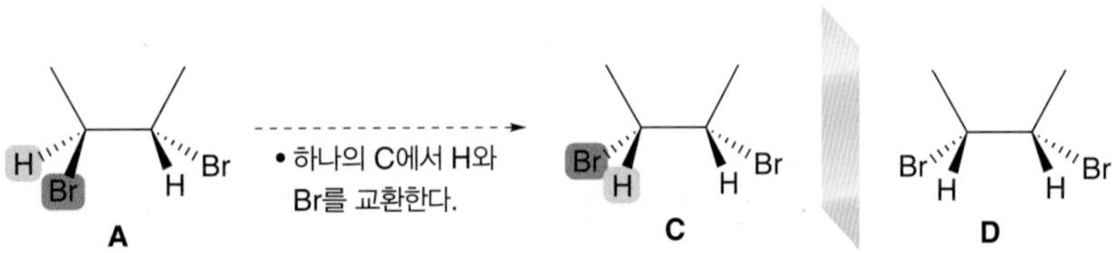

• 하나의 C에서 H와 Br를 교환한다.

A C D

동일
C = D

분자 모형을 이용하면,

C D

그러나 C의 거울상인 D는 C와 겹쳐진다. 따라서 C와 D는 동일하다. 그러므로 C는 두 개의 입체발생 중심을 보유하고 있으나 비카이랄이다. C는 **메조 화합물**(meso compound)이다.

- 메조 화합물은 사면체 입체발생 중심들을 보유하고 있으나 비카이랄 화합물이다.

C는 대칭면이 있다. 모든 메조 화합물은 대칭면이 있어서 두 개의 동일한 반쪽을 소유한다.

대칭면

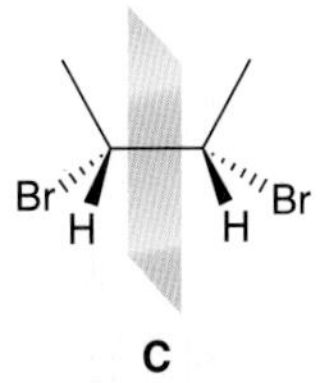

C
동일한 두 반쪽

그림 5.9
2,3-다이브로모뷰테인의 세 입체 이성질체

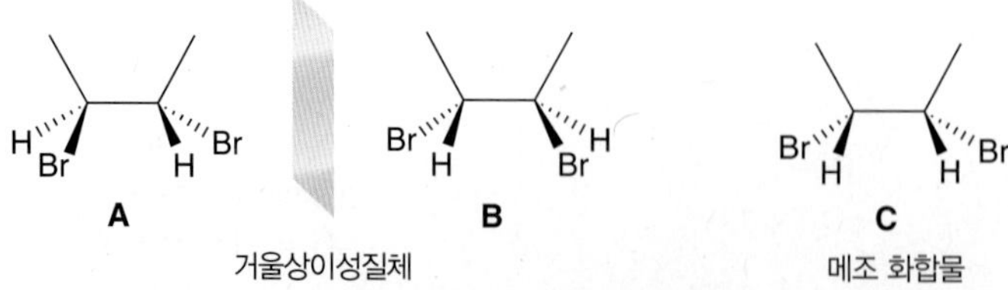

거울상이성질체 메조 화합물

A와 **B**는 **C**의 부분입체이성질체이다.

- 거울상이성질체: **A**와 **B**.
- 부분입체이성질체: **A**와 **C**, **B**와 **C**.

2,3-다이브로모뷰테인의 한 입체이성질체가 그것의 거울상과 겹치므로 그림 5.9에 요약된 것과 같이 네 개가 아닌 세 개의 입체이성질체가 존재한다.

문제 5.19 각각의 화합물들에 대하여 가능한 입체이성질체를 그리고, 거울상이성질체와 부분입체이성질체를 표시하라.

a. (OH, OH) b. (Cl, OH)

문제 5.20 어느 화합물이 메조 화합물인가?

a. (HO, H, H, OH) b. (OH, OH) c. (Br, Br)

문제 5.21 다음 각 분자에 대한 메조 화합물을 그려라.

a. (Br, Cl, Cl, Br) b. HO … OH c. H_2N … NH_2

5.9 입체발생 중심이 두 개 이상인 화합물의 *R* 배열 또는 *S* 배열 지정

화합물에 입체발생 중심이 한 개 이상일 때, 각각의 입체발생 중심에 대하여 *R* 또는 *S* 배열을 지정해주어야 한다. 여기에 그려진 2,3-다이브로모펜테인의 입체이성질체의 경우, C2는 *S* 배열이고 C3는 *R* 배열이다. 이 화합물의 완전한 이름은 (2*S*,3*R*)-2,3-다이브로모펜테인이다.

(2S, 3R)-2,3-다이브로모펜테인

R, *S* 배열은 두 개의 화합물이 동일한지, 거울상이성질체인지, 또는 부분입체이성질체인가를 구별하는 데 사용될 수 있다.

- 동일한 화합물은 모든 사면체 입체발생 중심의 *R*, *S* 배열이 같다.
- 거울상이성질체는 정확히 *R*, *S* 배열이 반대이다.
- 부분입체이성질체는 최소한 한 개의 입체발생 중심의 *R*, *S* 배열이 같으며 최소한 한 개의 입체발생 중심은 *R*, *S* 배열이 반대이다.

예컨대 두 개의 입체발생 중심이 모두 *R* 배열인 화합물의 경우, 거울상이성질체는 *S*, *S*이고 부분입체이성질체는 *R*, *S* 또는 *S*, *R*이다.

문제 5.22 화합물의 두 입체발생 중심이 *R*, *S* 배열인 경우, 그 화합물의 거울상이성질체와 두 부분입체이성질체의 *R*, *S* 배열은 어떻게 되는가?

문제 5.23 구조를 그리지 않고, 다음 각 쌍의 화합물들을 거울상이성질체와 부분입체이성질체로 나누어라.

a. (2*R*,3*R*)-헥세인-2,3-다이올과 (2*R*,3*R*)-헥세인-2,3-다이올

b. (2*R*,3*R*)-헥세인-2,3-다이올과 (2*S*,3*S*)-헥세인-2,3-다이올

c. (2*R*,3*S*,4*R*)-헥세인-2,3,4-트라이올과 (2*S*,3*R*,4*R*)-헥세인-2,3,4-트라이올

소비톨(문제 5.24)은 몇몇 종류의 베리(berry)나 과일에 들어 있다. 이것은 무설탕 껌이나 캔디의 대체 감미료로 사용된다.

문제 5.24 (a) 소비톨(sorbitol)의 네 개의 입체발생 중심을 *R* 또는 *S*로 표시하라. (b) 소비톨과 **A**는 어떤 관계에 있는가? (c) 소비톨과 **B**는 어떤 관계에 있는가?

소비톨 | **A** | **B**

5.10 이중치환 사이클로알케인

이제 이중치환 사이클로알케인에 대하여 살펴본다. 1,3-다이브로모사이클로펜테인(1,3-dibromocyclopentane)의 가능한 모든 입체이성질체를 그려보자. 1,3-다이브로모사이클로펜테인은 입체발생 중심이 두 개이므로 최대 네 개의 입체이성질체가 있을 수 있다.

1,3-다이브로모사이클로펜테인

치환된 사이클로알케인의 카이랄성을 결정하는 경우, 고리 구조를 반드시 **평면 다각형**(flat polygon)으로 그려야 한다. 두 개의 의자 형태가 서로 전환되어서 입체 구조의 분석이 특히 어려워지는 사이클로헥세인의 경우 더욱 중요하다.

가능한 모든 입체이성질체를 그리기 위하여 이중치환 사이클로알케인은 두 기가 같은 방향으로 연결된 고리(시스 이성질체, A) 또는 다른 방향으로 연결된 고리(트랜스 이성질체, B)가 있다는 사실을 기억하라. 이 화합물은 입체이성질체이나 서로 거울상이 아니다. 따라서 부분입체이성질체이다. A와 B는 네 개의 가능한 입체이성질체 중의 두 개다.

A 시스 이성질체 | **B** 트랜스 이성질체

A와 **B**는 부분입체이성질체

시스-1,3-다이브로모사이클로펜테인은 대칭면이 있다.

다른 두 개의 입체이성질체를 찾기 위해(존재한다면), 각각의 화합물에 대한 거울상을 그리고 그 화합물과 거울상이 겹치는지 살펴본다.

A
시스 이성질체

A와 동일

- 시스 이성질체는 거울상과 겹치므로 두 화합물은 동일하다. 그러므로 A는 비카이랄 메조 화합물이다.

B
트랜스 이성질체

C
트랜스 이성질체

B와 C는 거울상이성질체

- 트랜스 이성질체 B는 거울상인 C와 겹치지 않아서 B와 C는 다른 화합물이다. 그러므로 B와 C는 거울상이성질체이다.

1,3-다이브로모사이클로펜테인의 한 이성질체가 거울상과 겹치므로 네 개가 아닌 세 개의 입체이성질체가 존재한다. A는 비카이랄 메조 화합물이고 B와 C는 카이랄 거울상이성질체이다. A와 B 그리고 A와 C는 부분입체이성질체이다.

문제 5.25 다음의 고리 분자 중 메조 화합물은 어느 것인가?

a. b. c.

문제 5.26 각각의 화합물에 대하여 가능한 모든 입체이성질체를 그려라. 거울상이성질체와 부분입체이성질체를 표시하라.

a. b. c.

5.11 이성질체–요약

입체화학에 관한 논의를 전환하기 전에 그림 5.10과 5.11로 복습하는 시간을 갖는다. 그림 5.10은 이성질체의 종류를 요약한 것이다.

- 이성질체의 두 가지 주요 부류: 구조 이성질체와 입체이성질체
- 입체이성질체에는 두 가지 종류가 존재한다: 거울상이성질체와 부분입체이성질체

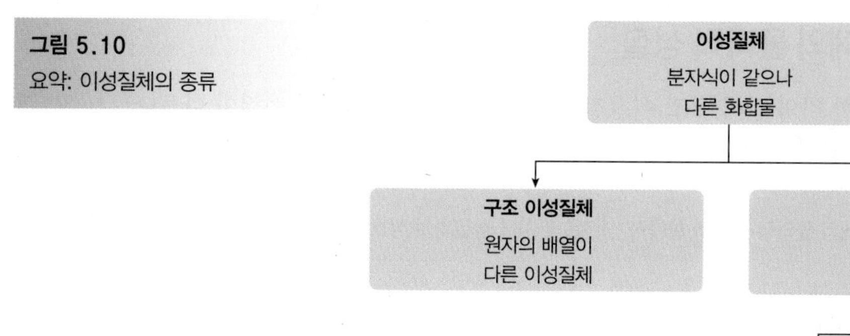

그림 5.10
요약: 이성질체의 종류

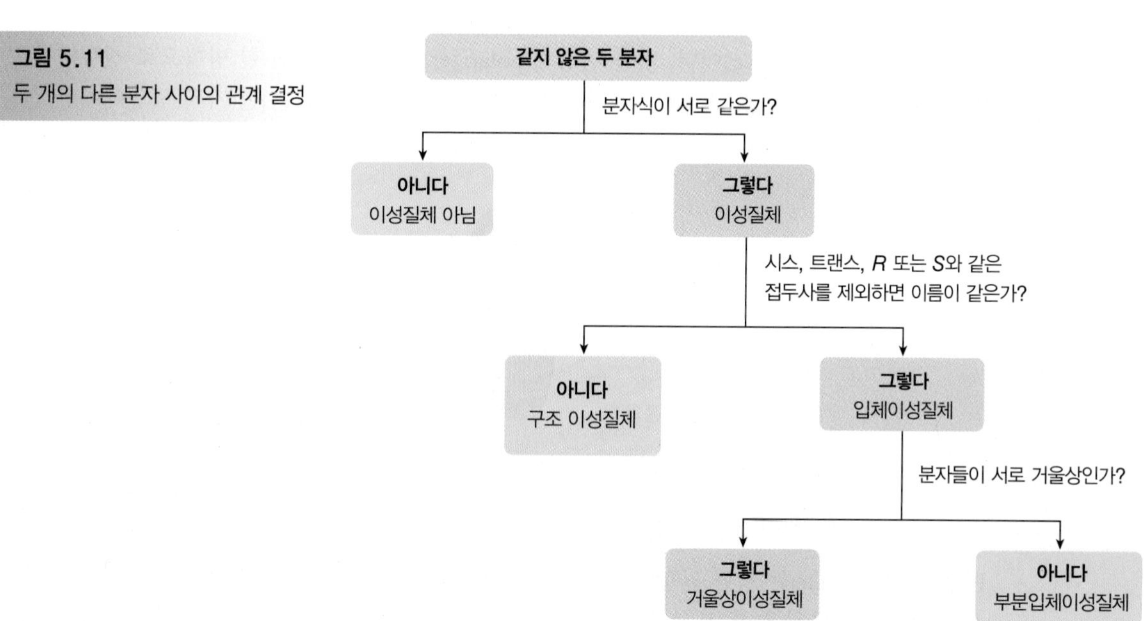

그림 5.11
두 개의 다른 분자 사이의 관계 결정

동일하지 않은 두 분자 사이의 관계를 정하기 위해서는 그림 5.11을 참조한다.

문제 5.27 각 쌍의 화합물 간의 관계를 말하라. 거울상이성질체인가, 부분입체이성질체인가, 구조 이성질체인가, 또는 같은 분자인가?

a. OH, Br 와 Br, HO

c. HO, OH 와 OH, HO

b. 와

d. OH, HO 와 OH, HO

5.12 입체이성질체의 물리적 성질

5.2절에서 언급한 바와 같이 구조 이성질체는 물리적 성질과 화학적 성질이 다르다. 그러면 거울상이성질체의 물리적 성질과 화학적 성질은 어떠한가?

- 거울상이성질체의 물리적 성질과 화학적 성질은 카이랄 물질과의 상호작용만 제외하고는 동일하다.

5.12A 광학 활성

두 거울상이성질체는 평면 편광(plane-polarized light)과 상호작용하는 방법을 제외하고는 물리적 성질—녹는점, 끓는점, 용해도—이 같다.

평면 편광이란 무엇인가? 보통의 빛은 진행 방향에 수직인 평면의 모든 방향으로 진동하는 전자기파(electromagnetic wave)이다. 빛을 편광체(polarizer)에 통과시키면 한 방향으로 진동하는 빛만 통과된다. 이 빛이 **평면 편광**(또는 단순히 **편광**)으로 전기적 벡터는 한 가지 평면에서만 진동한다.

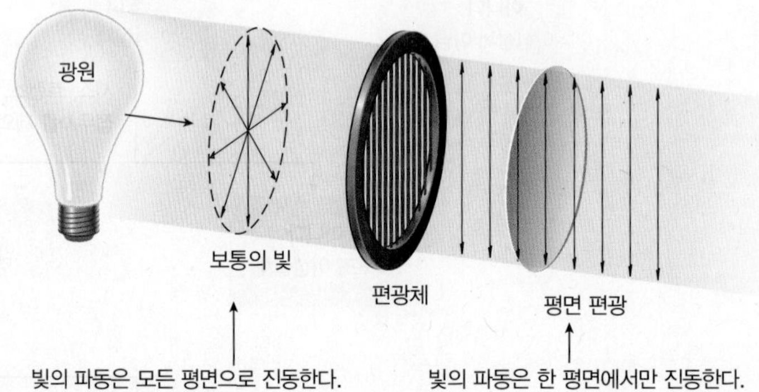

편광계(polarimeter)는 평면 편광이 유기 화합물이 들어 있는 시료관을 지나가게 하는 장치이다. 시료관에서 빛이 나온 후 분석기(analyzer)의 슬릿(slit)을 회전시켜서 편광면의 방향을 알아낸다. 이때 두 가지 결과 중의 하나가 관찰된다.

비카이랄 화합물의 경우 빛은 시료관을 변동 없이 통과하여 나온 후, 편광면은 시료관에 들어가기 전과 동일한 위치에 있게 된다. 빛이 편광면을 변화시키지 않는 화합물을 **광학 비활성**(optically inactive)이라고 부른다.

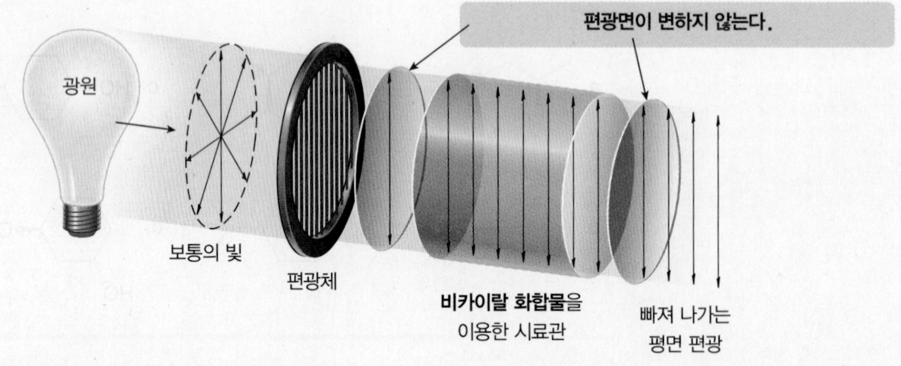

카이랄 화합물에서는 평면 편광이 α의 각도로 회전한다. 도(°)로 측정된 각도 α를 **측정 광회전도**(observed rotation)라고 한다. 평면 편광을 회전시키는 화합물을 **광학 활성**(optically active)이라고 부른다.

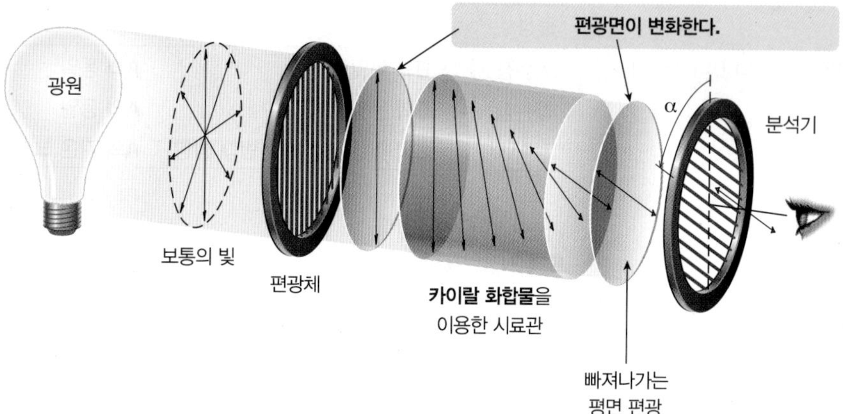

예를 들면, 비카이랄 화합물 CH_2BrCl은 광학 비활성이다. 반면에 거울상이성질체 중 하나인 CHBrClF는 카이랄 화합물이고 광학 활성이 있다.

편광의 회전은 시계 방향이거나 시계 반대 방향이다.

- 회전이 시계 방향이면(12시로부터 오른쪽 방향) 그 화합물은 우회전성(dextrorotatory)이라고 한다. 이 회전은 *d* 또는 (+)로 표시한다.
- 회전이 시계 반대 방향이면(12시로부터 왼쪽 방향) 그 화합물은 좌회전성(levorotatory)이라고 한다. 이 회전은 *l* 또는 (−)로 표시한다.

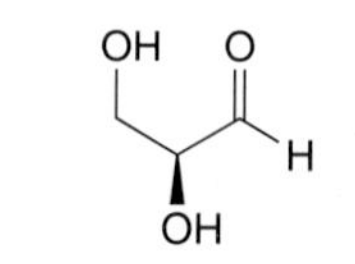

(*S*)-(−)-글리세르알데하이드

O
OH
OH

(*S*)-(+)-락트산

배열을 나타내는 *R*, *S* 접두사와 광학 회전을 표시하는 (+), (−) 사이에는 아무런 연관성이 없다. 예를 들면, 락트산(lactic acid)의 *S* 거울상이성질체는 우회전성(+)인 반면에 글리세르알데하이드(glyceraldehyde)의 *S* 거울상이성질체는 좌회전성(−)이다.

두 거울상이성질체의 회전을 어떻게 비교하는가?

- 두 거울상이성질체는 평면 편광을 같은 정도로 반대 방향으로 회전시킨다.

그러므로 거울상이성질체 A가 편광을 +5° 회전시켰다면, 같은 농도의 거울상이성질체 B는 −5° 회전시킨다.

5.12B 라셈 혼합물

두 거울상이성질체가 동일한 양이 들어 있는 혼합물의 측정 광회전도는 몇 도인가? **두 거울상이성질체는 평면 편광을 같은 정도로 반대 방향으로 회전시키므로 회전은 상쇄되어 관찰되지 않는다.**

- 동일한 양의 두 거울상이성질체는 라셈 혼합물(racemic mixture) 또는 라셈체(racemate)라고 한다. 라셈 혼합물은 광학 비활성이다.

라셈 혼합물의 광학 회전을 제외한 다른 물리적 성질들은 쉽게 예측되지 않는다. 라셈 혼합물의 녹는점과 끓는점은 각각의 순수한 거울상이성질체와 동일하지 않을 수도 있으며, 이러한 사실은 쉽게 설명되지 않는다. 표 5.1에 두 거울상이성질체와 라셈 혼합물의 물리적 성질을 요약하였다.

표 5.1
거울상이성질체 A와 B의 물리적 성질 비교

물성	A	B	라셈 A + B
녹는점	**B**와 동일	**A**와 동일	**A**, **B**와 다를 수 있음
끓는점	**B**와 동일	**A**와 동일	**A**, **B**와 다를 수 있음
광학 회전	**B**와 같은 크기이나 반대 방향	**A**와 같은 크기이나 반대 방향	0°

5.12C 고유 광회전도

측정 광회전은 편광과 상호작용을 하는 카이랄 분자의 수에 의해 비례한다. 다시 말하면 시료관의 길이와 시료의 농도에 비례한다. 광학 회전 값을 표준화하기 위하여 **고유 광회전도**(specific rotation, [α])를 정의하였다. 이때의 조건은 시료관의 길이(보통 1dm), 농도, 온도(25°C)와 소듐 램프의 파장(D선, 589 nm)이다.

$$\text{고유 광회전도} = [\alpha] = \frac{\alpha}{l \times c}$$

α = 관찰된 회전(°)
l = 시료관의 길이(dm)
c = 농도(g/mL)

[dm = 데시미터
1 dm = 10 cm]

고유 광회전도는 녹는점, 끓는점과 같은 물리적 상수이며, 다양한 화합물에 대하여 화학 참고 자료들에 보고되어 있다.

문제 5.28 아미노산인 (*S*)-알라닌은 구조식 아래에 표시된 물리적 특성을 갖는다.

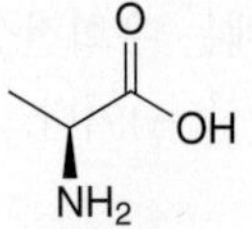

(*S*)-알라닌
[α] = +8.5
mp = 297 °C

a. (*R*)-알라닌의 녹는점은 얼마인가?
b. (*R*)-알라닌과 (*S*)-알라닌의 라셈 혼합물의 녹는점은 (*S*)-알라닌의 녹는점에 비교하여 어떠한가?
c. (*S*)-알라닌과 동일한 조건으로 측정한 (*R*)-알라닌의 고유 광회전도는 얼마인가?
d. (*R*)-알라닌과 (*S*)-알라닌의 라셈 혼합물의 관찰된 광학 회전은 얼마인가?
e. 다음의 물질들은 광학 활성인가, 광학 비활성인가?

순수한 (*S*)-알라닌 용액, (*R*)-알라닌과 (*S*)-알라닌의 동일한 양의 혼합물, 75%의 (*S*)-와 25%의 (*R*)-알라닌이 들어 있는 용액

문제 5.29 실험실에서 분리한 천연 물질이 10 mL의 물에 1.0 g 용해되어 1 dm 시료관에서 측정된 광학 회전이 +10°이다. 이 화합물의 고유 광회전도는 얼마인가?

5.12D 거울상 초과량

때로 실험실에서 순수한 거울상이성질체도 아니고 라셈 혼합물도 아닌 두 거울상이성질체의 혼합물이나 한쪽이 과량으로 혼합된 혼합물이 존재한다. **거울상 초과량**(enantiomeric excess, ee)(또는 광학적 순도, optical purity)은 한쪽의 거울상이성질체가 얼마나 과량인가를 말해 준다.

- 거울상 초과량 = ee = 한쪽 이성질체의 % − 다른 한쪽 이성질체의 %.

거울상 초과량은 한쪽 이성질체가 라셈 혼합물보다 얼마나 더 과량으로 존재하는가를 나타낸다. 예를 들어, 혼합물이 75%의 거울상이성질체와 25%의 다른 쪽 이성질체를 포함하는 경우, 거울상 초과량은 75% − 25% = 50%이다. 따라서 라셈 혼합물에서 한쪽 거울상이성질체가 50% 과량이다.

문제 5.30 다음의 거울상이성질체 **A**와 **B**의 혼합물에 대하여 ee를 말하라.

a. 95% **A**와 5% **B** b. 85% **A**와 15% **B**

혼합물의 *ee*를 알게 되면 각 거울상이성질체의 양을 계산할 수 있다. 예제 5.4에 설명되어 있다.

예제 5.4 거울상 초과량이 95%이면 각각의 거울상이성질체는 얼마씩 되는가?

풀이

거울상이성질체를 **A**와 **B**로 표현하고 **A**가 과량 있다고 가정하면, 95% ee는 5%의 라셈 혼합물에 95%의 과량 **A**가 존재함을 의미한다. 라셈 혼합물은 동량의 **A**와 **B**가 존재하므로 **A** 2.5%와 **B** 2.5%가 혼합되어 있다.

- **A**의 총량 = 95% + 2.5% = 97.5%
- **B**의 총량 = 2.5%(100% − 97.5%)

문제 5.31 주어진 ee 값에 대하여 존재하는 각 거울상이성질체의 %를 계산하라.

a. 90% ee b. 99% ee c. 60% ee

거울상 초과량은 혼합물의 고유 광회전도 [α]와 순수 거울상이성질체의 고유 광회전도 [α]를 알면 계산할 수 있다.

$$ee = \frac{[\alpha]\ \text{혼합물}}{[\alpha]\ \text{순수 거울상이성질체}} \times 100\%$$

예제 5.5 순수한 콜레스테롤은 고유 광회전도가 −32이다. 실험실에서 제조된 콜레스테롤이 −16의 고유 광회전도를 갖는다면, 이 콜레스테롤의 거울상 초과량은 얼마인가?

풀이

주어진 식을 사용하여 혼합물의 ee를 계산한다.

$$ee = \frac{[\alpha]\ \text{혼합물}}{[\alpha]\ \text{순수 거울상이성질체}} \times 100\% = \frac{-16}{-32} \times 100\% = 50\%\ ee$$

문제 5.32 일반적인 조미료 성분인 순수한 MSG는 고유 광회전도가 +24이다. (a) [α]가 +10인 용액의 ee를 계산하라. (b) MSG 용액의 ee가 80%일 때, 이 용액의 [α]를 구하라.

^-O O O O^- Na^+ $\overset{+}{N}H_3$

MSG
글루탐산 모노소듐

문제 5.33 (*S*)-락트산의 고유 광회전도는 +3.8이다. (a) 락트산 용액의 ee가 60%라면, 이 용액에 대한 [α]는 얼마인가? (b) 이 용액에는 좌회전성 이성질체와 우회전성 이성질체가 각각 얼마나 들어 있는가?

그림 5.12
타타르산의 세 입체이성질체의 물리적 성질

A B C

- **A**와 **B**는 거울상이성질체이다.
- **A**와 **B**는 **C**의 부분입체이성질체이다.

성질	A	B	C	A + B (1:1)
녹는점(°C)	171	171	146	206
용해도(g/100mL H_2O)	139	139	125	139
[α]	+13	−13	0	0
R,*S* 배열	*R*,*R*	*S*,*S*	*R*,*S*	–
d,*l* 지정	*d*	*l*	아무것도 아님	*d*,*l*

- **A**와 **B**의 물리적 성질은 부분입체이성질체인 **C**의 물리적 성질과 다르다.
- **A**와 **B**의 라셈 혼합물의 물리적 성질(마지막 항)은 그들의 거울상이성질체 및 부분입체이성질체 **C**와 다르다.
- **C**는 비카이랄 메조 화합물이다. 따라서 광학 비활성이다. [α] = 0

5.12E 부분입체이성질체의 물리적 성질

부분입체이성질체는 서로의 거울상이 아니다. 따라서 광학 회전을 포함한 물리적 성질들이 다르다. 그림 5.12는 한 쌍의 거울상이성질체와 메조 화합물로 구성된 타타르산의 세 입체이성질체의 물리적 성질을 비교한 것이다.

화합물의 한 집합이 동일한 물리적 성질을 갖는지의 여부에 따라 실험실에서의 실제적인 처리 방법을 결정한다. 물리적 성질이 화합물의 물리적 상태를 표현하므로 두 화합물은 대개 물리적인 성질이 다를 경우에만 분리될 수 있다.

두 개의 거울상이성질체는 29.3절에서 언급한 것처럼 **분할**(resolution) 과정을 거쳐 분리될 수 있다.

- 두 거울상이성질체는 물리적 성질이 동일하므로 증류 등과 같은 일반적인 물리적 분리 방법에 의해서는 분리할 수 없다.
- 부분입체이성질체는 물리적 성질이 다르므로 일반적인 물리적 분리법에 의해 분리될 수 있다.

문제 5.34 1,3-다이메틸사이클로펜테인의 세 입체이성질체의 물리적 성질을 비교하라.

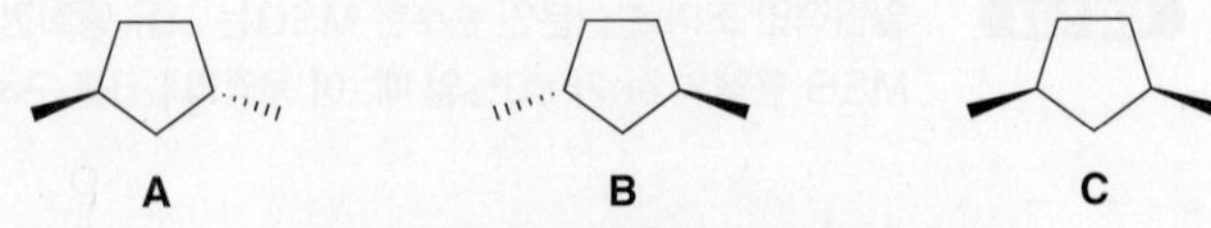

1,3-다이메틸사이클로펜테인의 세 입체이성질체

a. **A**와 **B**의 끓는점을 비교하면 어떠한가? **A**와 **C**는 또한 어떠한가?

b. 순수한 **A**, **B**, **C**의 다음과 같은 혼합 용액의 경우 광학 활성인가 또는 광학 비활성인가?
같은 양의 **A**와 **B**, 같은 양의 **A**와 **C**

c. 반응을 하여 **A**, **B**, **C**가 각각 1:1:1인 혼합물이 나왔다. 이 혼합물을 증류하면 몇 가지 성분을 얻는가? 어떤 성분이 광학 활성이고 어떤 성분이 광학 비활성인가?

5.13 거울상이성질체의 화학적 성질

비카이랄 시약과 두 거울상이성질체는 동일한 속도로 반응하나, 두 거울상이성질체가 라셈 혼합물이 아닌 카이랄 시약과 반응하면 서로 다른 속도로 반응한다.

- 두 거울상이성질체는 라셈 아닌 카이랄 시약과 반응하는 경우를 제외하면 화학적 성질이 같다.

일상적인 비유로서, 비카이랄 물질인 펜과 카이랄 물질인 오른손에 끼는 글러브를 받았을 때 어떤 상황이 발생하는가? 우리의 왼손과 오른손은 거울상이성질체이다. 그러나 두 손은 모두 비카이랄인 펜을 똑같은 방법으로 잡을 수 있다. 글러브는 오직 오른손만 글러브를 낄 수 있고 왼손은 불가능하다.

이 교재의 후반부에서 카이랄 분자와 카이랄 시약 또는 카이랄 분자와 비카이랄 시약의 구체적인 반응에 대하여 살펴볼 것이다.

5.13A 카이랄 약물

(*R*)-이부프로펜이 소염효과를 갖고 있으나, 생체 내에서는 서서히 S 거울상이성질체로 변환한다.

생명 기관은 카이랄 분자들의 보고이다. 많은 약물들은 카이랄이고, 흔히 효과적으로 약효를 발휘하기 위하여 카이랄 수용체 또는 카이랄 효소와 상호 작용하여야 한다. 약물의 한쪽 거울상이성질체는 질병을 효과적으로 치료할 수 있으나, 거울상은 비효과적일 수 있다. 선택적으로 한 거울상이성질체는 생화학적 반응을 유발하는데, 그 거울상은 전혀 다른 반응을 유도할 수 있다.

예를 들면, 이부프로펜(ibuprofen)과 플루옥세틴(fluoxetine)은 각각 입체발생 중심이 한 개이며, 따라서 한 쌍의 거울상이성질체로 존재한다. 그러나 그중 하나만 생리 효과가 있다. (*S*)-이부프로펜은 모르틴(Mortin)과 애드빌(Advil) 같은 소염제의 유효 성분이고, (*R*)-플루옥세틴은 항우울제 프로잭(Prozac)의 유효 성분이다.

O OH CF_3 O N H

(*S*)-이부프로펜
소염제

(*R*)-플루옥세틴
항우울제

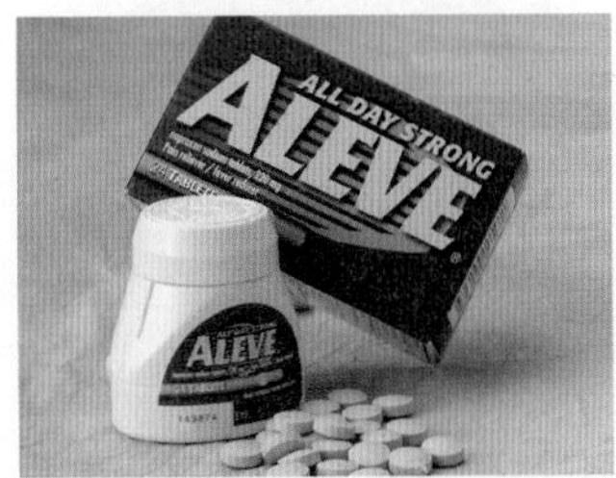

진통 완화제로 널리 사용되고 있는 Naprosyn과 Aleve는 (*S*)-나프록센이란 활성이 있는 성분의 화합물이다.

두 치환기의 배향을 교환하여 거울상이성질체를 만들면, 이와 같이 생물학적인 활성을 변화시킬 수 있으며 다른 쪽 거울상이성질체의 바람직하지 못한 부작용을 초래할 수 있다. 나프록센(naproxen)의 *S* 입체이성질체는 유효한 소염제이나 *R* 거울상이성질체는 간에 해로운 독이다.

H OH O O HO H O O

(*S*)-나프록센
소염제

(*R*)-나프록센
간 독소

서로 다른 생화학 특성을 갖는 두 거울이성질체의 예는 *Journal of Chemical Education*, **1996**, 73, pp. 481~484 참조.

카이랄 약물을 한 쪽의 활성 거울상이성질체로 판매할 수 있다면, 적은 양을 사용하여 부작용을 줄일 수 있을 것이다. 그러나 한쪽의 거울상이성질체를 얻는 것이 어렵고 더 많은 비용이 소요

되므로 많은 카이랄 약물들이 라셈 혼합물로 판매된다. 두 거울상이성질체의 물리적 성질이 동일하므로 거울상이성질체는 라셈 혼합물로부터 쉽게 분리되지 않는다. 12장에서 카이랄 약물을 쉽게 제조하기 위하여 개발한 한쪽 거울상이성질체만 생성하는 반응에 대하여 설명할 것이다.

5.13B 거울상이성질체와 냄새

특정 분자의 냄새는 특정한 작용기의 존재보다는 분자의 모양에 의해 결정된다. 예를 들어 헥사클로로에테인(hexachloroethane, Cl_3CCCl_3)과 사이클로옥테인(cyclooctane)은 구조가 비슷하지는 않지만 둘 다 냄새는 장뇌와 비슷하다. 이는 두 분자가 비슷하게 구형이기 때문일 것으로 설명된다. 코 속의 신경 말단에 위치한 구형의 후각 수용체에 위의 두 화합물들이 유사한 방법으로 결합하므로 비슷한 냄새를 풍긴다(그림 5.13).

거울상이성질체는 코 속의 카이랄 냄새 수용체와 상호작용을 하므로, 일부 거울상이성질체는 냄새가 다르다. 이 경우에 대한 매우 좋은 예를 자연계에서 발견할 수 있다. 예를 들어, (*S*)-카본[(*S*)-carvone]은 캐러웨이(식물)의 냄새를 내는 성분이며, (*R*)-카본은 박하 냄새의 원인이다.

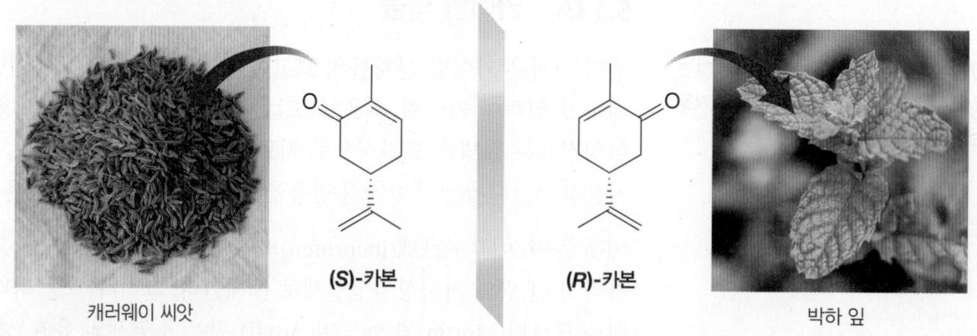

이 예는 유기화학에서 분자의 삼차원 공간 구조가 매우 중요하다는 것을 보여준다.

그림 5.13
분자의 형태와 냄새

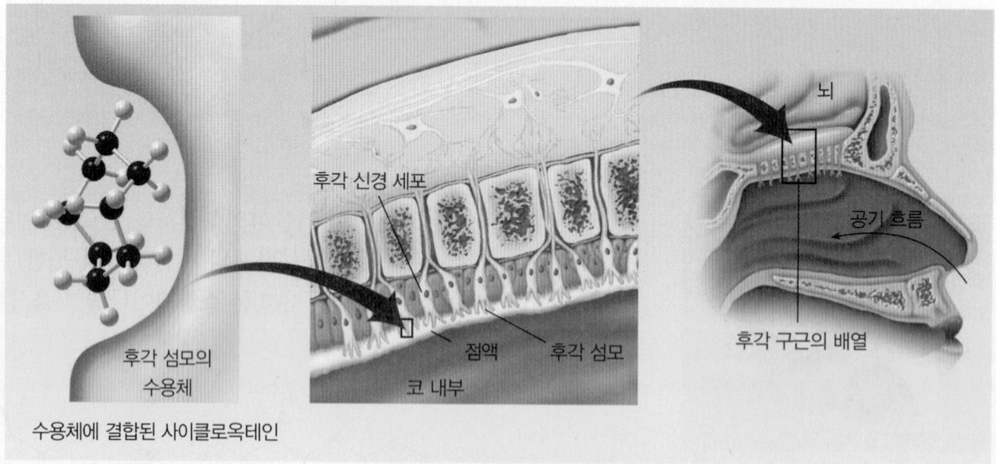

사이클로옥테인과 형태가 유사한 다른 분자들은 코 속의 상부에 있는 신경 세포와 연결된 특정 후각 수용체와 결합한다. 이 결합은 특정 수용체에 대한 냄새를 인지하는 뇌로 자극을 전달한다.

문제 5.35 카르본(carvone)과 같이 셀러리 케톤(celery ketone)의 두 거울상이성질체는 서로 다른 냄새를 풍긴다. *R* 거울상이성질체는 셀러리 잎과 같은 냄새가 나는 반면, *S* 거울상이성질체는 감초와 같은 냄새가 난다. 각 거울상이성질체를 그리고, 냄새를 지정하라.

(*R*)–셀러리 케톤(문제 5.35)은 셀러리 잎을 연상시키는 냄새를 풍긴다.

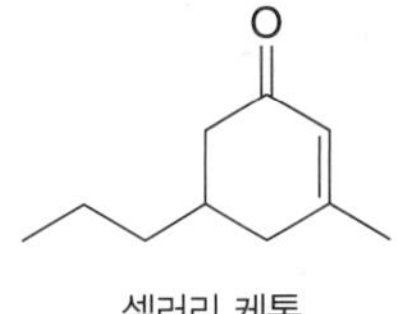

셀러리 케톤

입체화학

이성질체는 분자식은 같으나 서로 다른 화합물이다(5.2, 5.11절).

[1] **구조 이성질체**—원자가 서로 연결되어 있는 순서가 다른 이성질체

- IUPAC 이름이 다르다
- 작용기가 같거나 다르다.
- 화학적 성질과 물리적 성질이 다르다.

[2] **입체이성질체**—원자의 공간상 배향만 다른 이성질체. 작용기는 같고, 시스, 트랜스, *R*, *S*와 같은 접두사를 제외하고 IUPAC 이름은 같다.

- **거울상이성질체**—서로 겹쳐지지 않는 거울상인 입체이성질체(5.4절)
- **부분입체이성질체**—서로 거울상이 아닌 입체이성질체(5.7절)

몇 가지 기본 원칙

- 화합물과 거울상이 **겹쳐지면 동일한 비카이랄 화합물**이다. 하나의 입체 구조에서 대칭면이 있으면 그 화합물은 비카이랄이다(5.3절).
- 화합물과 거울상이 **겹쳐지지 않으면 다른 카이랄 화합물**이며 **거울상이성질체**이다. 카이랄 화합물은 분자 내에 대칭면이 없다(5.3절).
- **사면체 입체발생 중심**은 네 개의 다른 기가 결합된 탄소 원자이다(5.4, 5.5절).
- ***n*개의 입체발생 중심**이 있으면 최대 **2^n**개의 입체이성질체가 존재할 수 있다(5.7절).

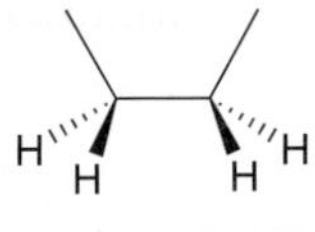

입체발생 중심 없음
비카이랄

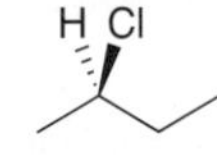

1개의 입체발생 중심
카이랄

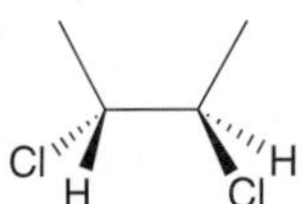

2개의 입체발생 중심
카이랄

대칭면

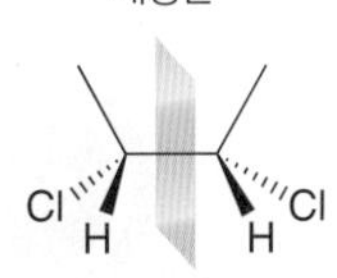

2개의 입체발생 중심
비카이랄

광학 활성은 화합물이 평면 편광을 회전시키는 능력이다(5.12절).

- 광학 활성 용액에는 카이랄 화합물이 들어 있다.
- 광학 비활성 용액에는 다음의 한 가지가 들어 있다.
  - 입체발생 중심이 없는 비카이랄 화합물
  - 메조 화합물—입체발생 중심이 두 개 이상이나 비카이랄 화합물
  - 라셈 혼합물—두 거울상이성질체의 동량 혼합물

d 및 *l* 과 비교한 접두사 *R*과 *S*

*R*과 *S* 접두사는 명명법에 사용되는 표현이다. *R*, *S*를 지정하는 법칙은 5.6절에 소개되어 있다.

- 거울상이성질체는 모든 입체발생 중심의 입체 배열이 반대이다. 입체발생 중심이 두 개인 화합물의 배열이 *R*, *R*이면 그 거울상이성질체는 *S*, *S*이다.
- 이 화합물의 부분입체이성질체는 *R*, *S* 또는 *S*, *R* 배열이다. 하나의 입체발생 중심은 배열이 같고 다른 하나는 배열이 반대이다.

접두사 *d*(또는 +)와 *l*(또는 −)은 화합물이 평면 편광을 회전시키는 방향을 표현한다(5.12절).

- 우회전성 *d*(또는 +) 화합물은 시계 방향으로 편광을 회전시키는 화합물이다.
- 좌회전성 *l*(또는 −) 화합물은 시계 반대 방향으로 편광을 회전시키는 화합물이다.
- 화합물의 *R* 또는 *S* 배열과 *d*, *l*은 연관성이 없다.

이성질체의 물성 비교(5.12절)

이성질체의 종류	물성
구조 이성질체	다름
거울상이성질체	평면 편광의 회전 방향을 제외하면 동일
부분입체이성질체	다름
라셈 혼합물	각각의 거울상이성질체와 다를 수 있음

공식

- 고유 광회전도(5.12C절):

$$\text{고유 광회전도} = [\alpha] = \frac{\alpha}{l \times c}$$

α = 관찰된 회전(°)
l = 시료관의 길이(dm)
c = 농도(g/mL)

[dm = 데시미터
1 dm = 10 cm]

- 거울상 초과량(5.12절):

$$ee = \text{한쪽 이성질체의 \%} - \text{다른 쪽 이성질체의 \%} = \frac{[\alpha]\ \text{혼합물}}{[\alpha]\ \text{순수 거울상이성질체}} \times 100\%$$

삼차원 모델을 이용하는 문제

5.36 (a) 콜레스테롤을 낮추는 의약품인 에제티미브(ezetimibe, 상품명 Zetia)의 공-막대 모형을 보고 입체발생 중심을 나타내라. (b) 각각의 입체발생 중심에 *R*과 *S*를 표시하라.

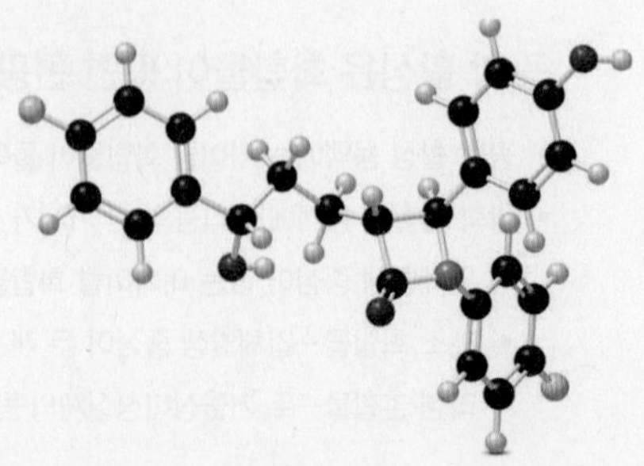

에제티미브

5.37 공-막대 모형 **A~D**에 대하여 주어진 각 쌍의 관계를 말하라. 동일 분자, 거울상이성질체, 부분입체이성질체 중에서 선택하라.

a. **A**와 **B** b. **A**와 **C** c. **A**와 **D** d. **C**와 **D**

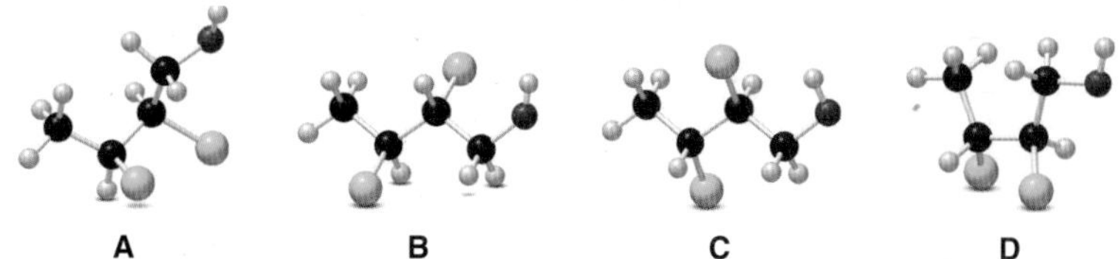

구조 이성질체 대 입체이성질체

5.38 다음의 쌍들에 대해 구조 이성질체, 입체이성질체 그리고 이성질체가 아닌 것으로 표시하라.

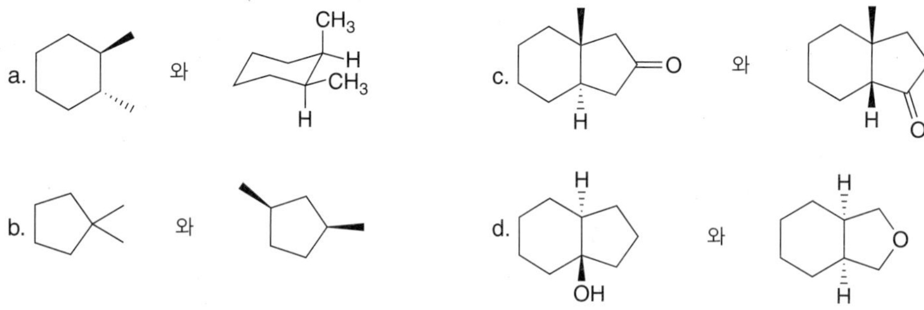

거울상과 카이랄성

5.39 각 화합물의 거울상을 그리고, 화합물들이 카이랄인지 비카이랄인지를 표시하라.

a. b. c. d.

5.40 각각의 화합물이 동일한지 또는 **A**의 거울상이성질체인지를 결정하라.

A a. b. c.

5.41 대칭면을 갖는 분자들에 대하여 대칭면을 그려라. 일부 분자들은 대칭면을 보기 위해 탄소-탄소 결합에서 회전이 필요하다.

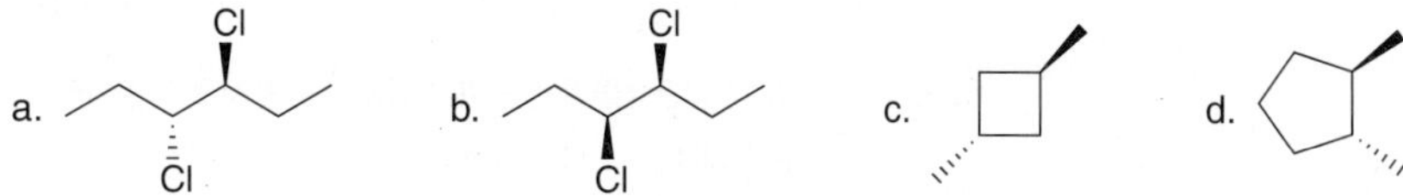

입체발생 중심을 찾고 그리는 법

5.42 각각의 화합물에 대하여 입체발생 중심(들)을 표시하라. 분자내에 0개, 한 개 또는 그 이상의 입체발생 중심이 있을 수 있다.

a. 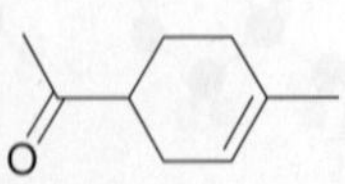 c. 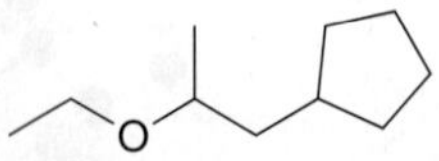 e.

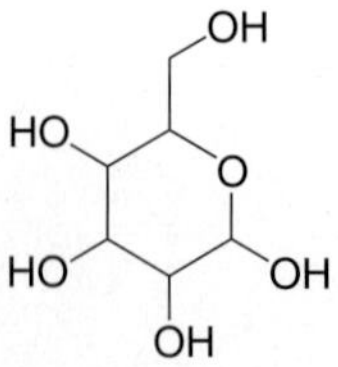

b. 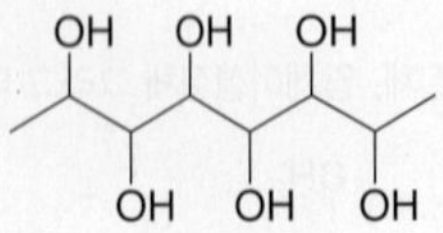 d. 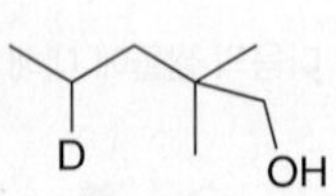 f.

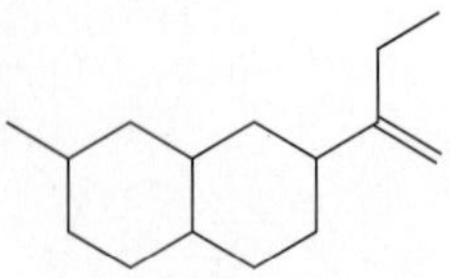

5.43 각 의약품에서 입체발생 중심을 찾아라.

a. 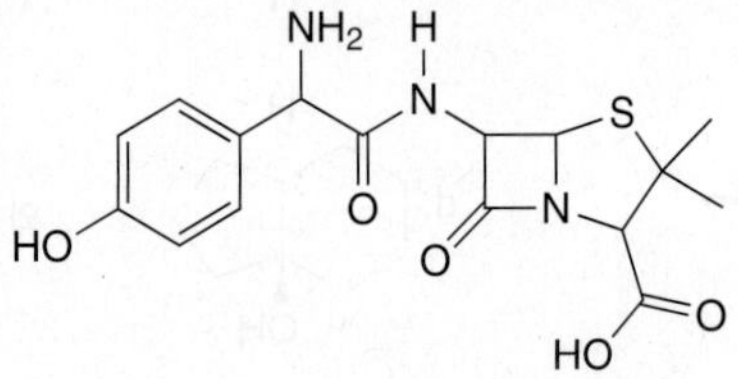 아목시실린 (항생제)

b. 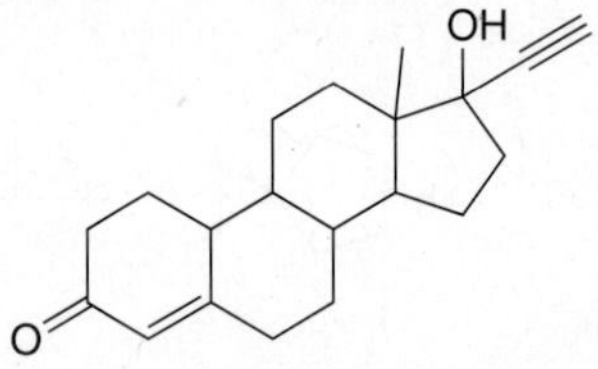 노르에틴드론 (경구 피임제)

c. 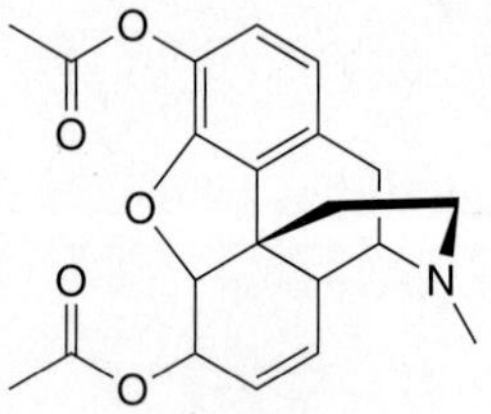 헤로인 (아편)

5.44 다음의 생물학적 활성인 각 화합물에 대하여 두 가지 거울상이성질체를 그려라.

a. 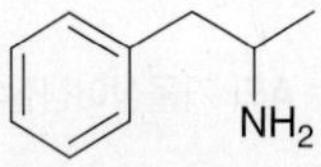 암페타민 (강력한 중추 신경 흥분제)

b. 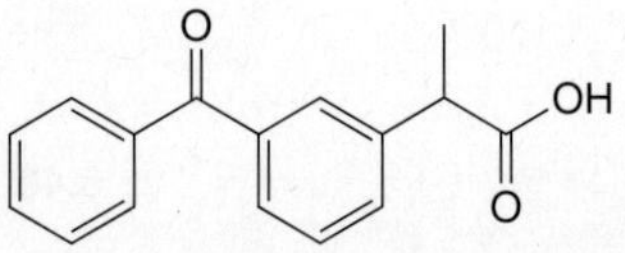 케토프로펜 (진통 및 소염제)

명명법

5.45 다음의 각 쌍에서 *R*, *S*를 명명할 때 우선순위가 더 높은 치환기는 어느 것인가?

a. $-CD_3$, $-CH_3$

b. $-CH(CH_3)_2$, $-CH_2OH$

c. $-CH_2Cl$, $-CH_2CH_2CH_2Br$

d. $-CH_2NH_2$, $-NHCH_3$

5.46 다음의 각 집단들을 우선순위가 감소하는 순서로 나열하라.

a. $-F$, $-NH_2$, $-CH_3$, $-OH$

b. $-CH_3$, $-CH_2CH_3$, $-CH_2CH_2CH_3$, $-(CH_2)_3CH_3$

c. $-NH_2$, $-CH_2NH_2$, $-CH_3$, $-CH_2NHCH_3$

d. $-COOH$, $-CH_2OH$, $-H$, $-CHO$

e. $-Cl$, $-CH_3$, $-SH$, $-OH$

f. $-C{\equiv}CH$, $-CH(CH_3)_2$, $-CH_2CH_3$, $-CH{=}CH_2$

5.47 각각의 입체발생 중심에 대하여 *R* 또는 *S*를 표기하라.

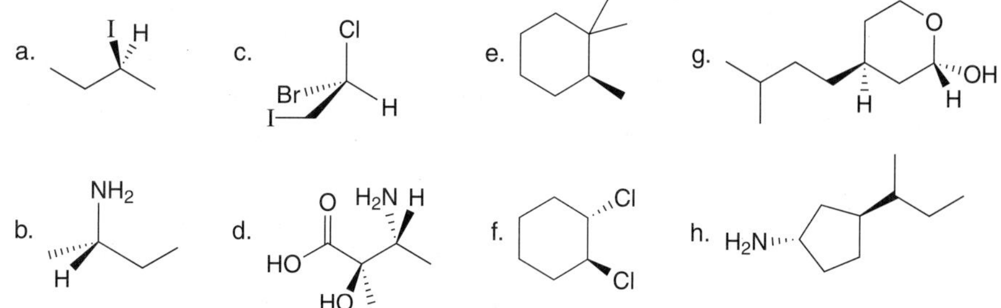

5.48 각각의 뉴먼 투영도에서 입체발생 중심을 찾아 각 중심에 *R* 또는 *S*를 표기하라.

5.49 다른 입체이성질체에 비해 효과가 10배 이상인 결핵 치료제의 일종인 (*S*,*S*)-에탐부톨의 구조를 그려라.

에탐부톨

5.50 우울증과 불안감 치료에 사용되는 치료제의 일종인 (*S*)-시탈로프람[(*S*)-citalopram]의 구조를 그려라. 이것은 자신의 *R* 거울상이성질체보다 효과가 훨씬 강하다.

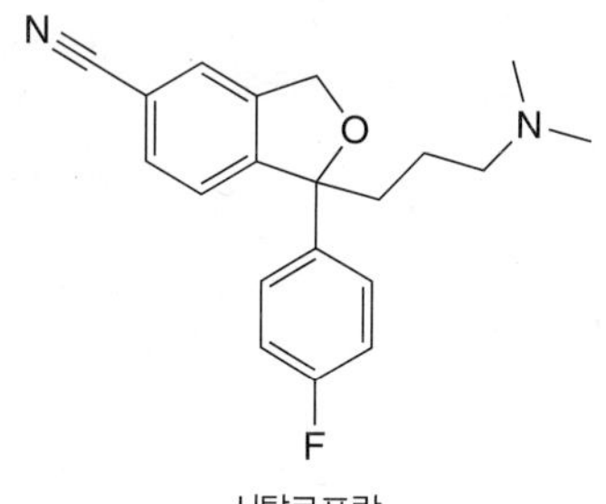

시탈로프람

5.51 각 화합물의 구조를 그려라.

a. (*R*)-3-메틸헥세인

b. (4*R*,5*S*)-4,5-다이메틸옥테인

c. (3*R*,5*S*,6*R*)-5-에틸-3,6-다이메틸노네인

d. (3*S*,6*S*)-6-아이소프로필-3-메틸디케인

5.52 다음 화합물에서 각각의 입체발생 중심의 *R*, *S* 표시를 포함하는 IUPAC 명을 써라.

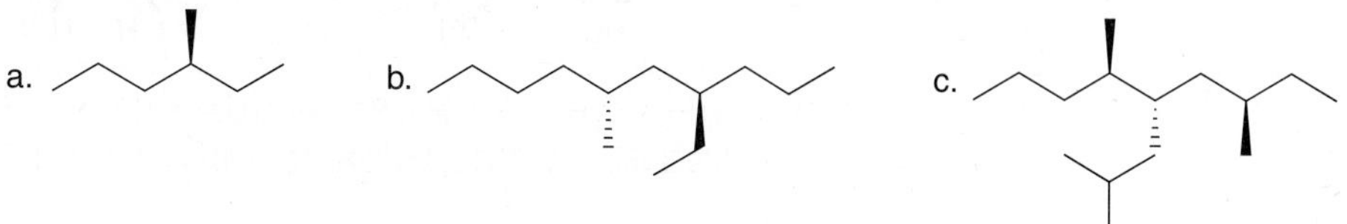

5.53 이 장의 도입부에 소개된 항암제 파클리탁셀의 입체발생 중심을 *R* 또는 *S*로 표기하라.

파클리탁셀

입체발생 중심이 두 개 이상인 화합물

5.54 각 화합물의 입체발생 중심을 표시하라.

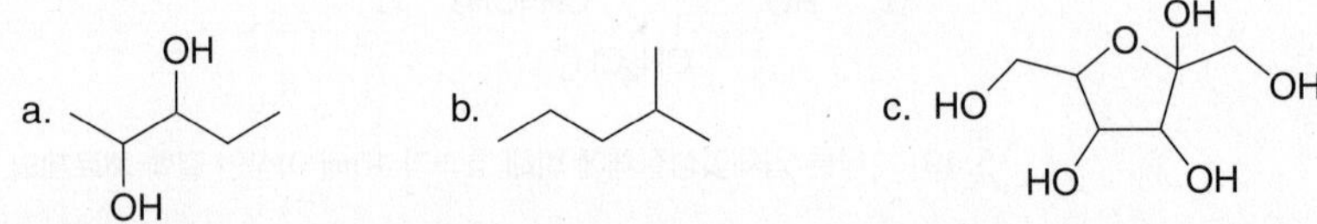

5.55 관목인 마황(5.4A절)에는 생물학적으로 활성인 두 개의 입체이성질체, 즉 에페드린(ephedrine) 및 유사에페드린(pseudoephedrine)이 들어 있다. 이들 화합물은 그림에서 나타낸 것과 같이 입체발생 중심이 두 개이다. 유사에페드린은 코의 울혈 완화제인 반면에, 에페드린은 보디 빌더들이 힘과 각성도를 증가시키기 위하여 사용하였던 한때 유행하였던 약물의 한 성분이다.

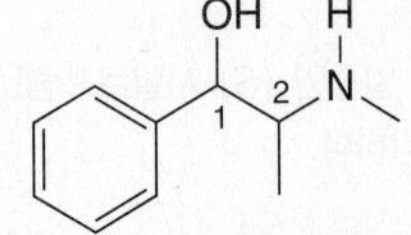

마황에서 분리하였음

a. 1*R*, 2*S* 배열의 천연물인 (−)-에페드린의 구조를 그려라.
b. 1*S*, 2*S* 배열을 갖는 천연에 존재하는 (+)-유사에페드린의 구조를 그려라.
c. 에페드린과 유사에페드린은 어떤 관계가 있는가?
d. 에페드린과 유사에페드린은 다른 모든 입체이성질체를 그려라. 또한, 모든 입체발생 중심에 대하여 *R*, *S*를 표시하라.
e. (d)에서 그린 각 화합물은 에페드린과 어떤 관계가 있는가?

5.56 각각의 화합물에 대하여 가능한 모든 입체이성질체를 그려라. 거울상이성질체 쌍들과 부분입체이성질체를 표시하라. 메조 화합물을 표시하라.

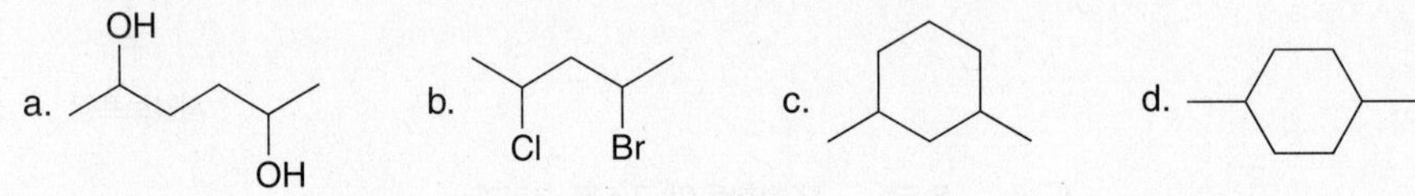

5.57 각각의 화합물에 대하여 거울상이성질체와 부분입체이성질체를 그려라.

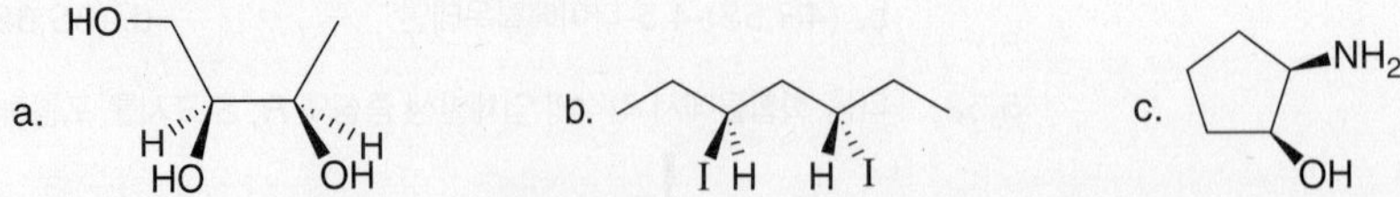

5.58 분자식이 C_6H_{12}인 화합물이 있다. 이 화합물은 사이클로뷰테인 고리와 두 개의 메틸기가 있다. 이 화합물에 대한 가능한 모든 구조 이성질체와 입체이성질체를 그려라. 각각의 화합물이 카이랄인지 비카이랄인지를 표시하라.

5.59 화합물 **A~E**를 참고로 하여 다음을 각각 설명하라.

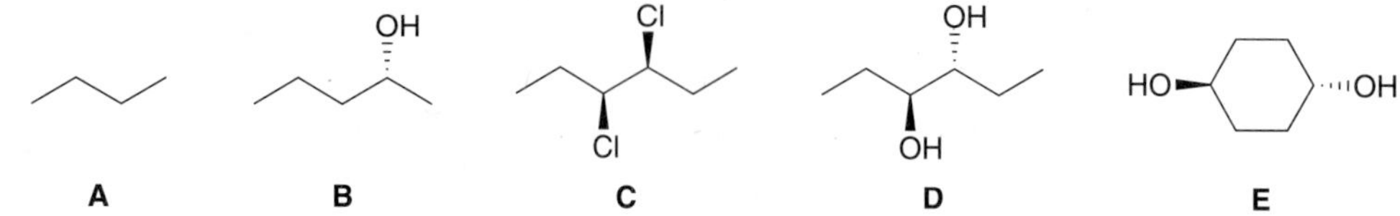

a. **A**는 거울상이 있지만 거울상이성질체는 아니다.

b. **B**는 거울상이성질체가 있지만 부분입체이성질체는 아니다.

c. **C**는 거울상이성질체와 부분입체이성질체가 모두 있다.

d. **D**는 부분입체이성질체는 있으나 거울상이성질체는 없다.

e. **E**는 부분입체이성질체는 있으나 거울상이성질체는 없다.

화합물 비교: 거울상이성질체, 부분입체이성질체 및 구조 이성질체

5.60 각각의 화합물은 단당류인 D-에리트로스(D-erythrose)와 어떤 관계인가? 거울상이성질체인가 부분입체이성질체인가 또는 같은 화합물인가?

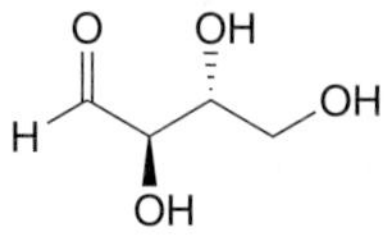

에리트로스

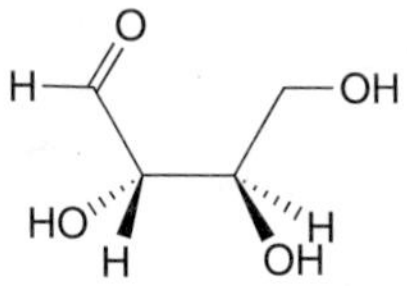

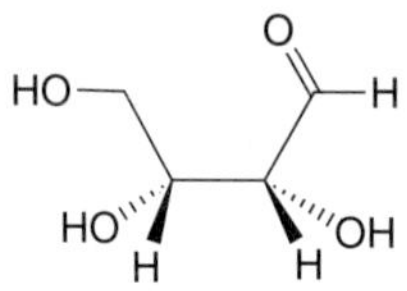

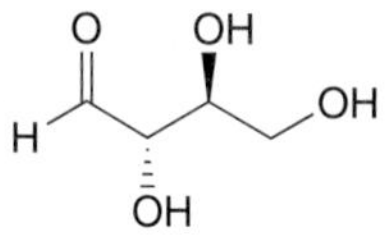

5.61 탄소가 네 개인 탄수화물에 대한 다음의 뉴먼 투영도(**A~D**)를 생각하라. 다음 각 쌍의 화합물은 어떤 관계인가? 같은 분자, 거울상이성질체 또는 부분입체이성질체 중에서 골라라.

(a) **A**와 **B** (b) **A**와 **C** (c) **A**와 **D** (d) **C**와 **D**

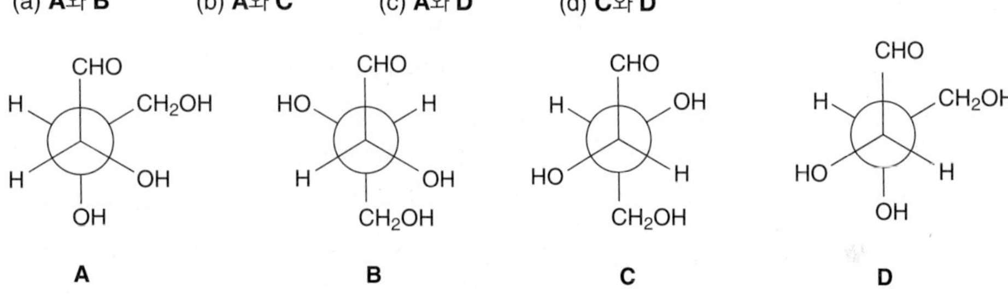

5.62 화합물 **A**는 화합물 **B~E**와 어떤 관계를 가지는가? 거울상이성질체, 부분입체이성질체, 구조 이성질체 또는 같은 분자 중에서 선택하라.

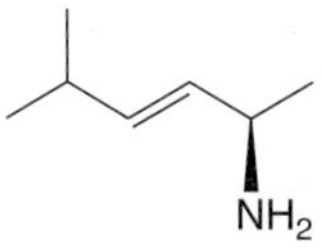

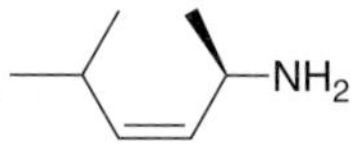

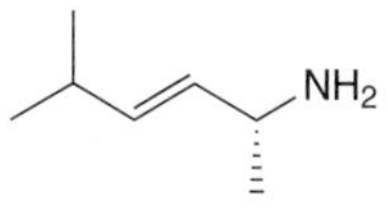

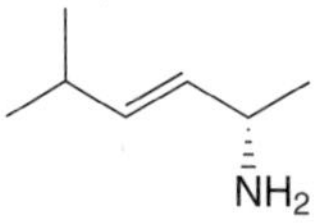

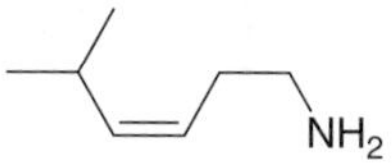

5.63 각 쌍의 화합물들은 어떤 관계인가? 동일한가, 거울상이성질체인가, 부분입체이성질체인가, 구조 이성질체인가 또는 서로 이성질체가 아닌가?

a. 와 d. 와

b. 와 e. 와

c. 와 f. 와

이성질체의 물리적 성질

5.64 다이메틸사이클로프로페인의 네 가지 이성질체가 아래에 그려져 있다.

a. 각각의 쌍들은 어떠한 관계인가? (거울상이성질체, 부분입체이성질체, 구조 이성질체)
A와 **B**, **A**와 **C**, **B**와 **C**, **C**와 **D**?

b. 각각의 화합물들이 카이랄인지 비카이랄인지 구별하라.

c. 어떠한 화합물이 광학 활성인가?

d. 어떤 화합물에 대칭면이 있는가?

e. 다음의 각 쌍의 화합물들에 대하여 끓는점을 비교하라. **A**와 **B**, **A**와 **C**, **B**와 **C**, **C**와 **D**.

f. 어떤 화합물이 메조 화합물인가?

g. **C**와 **D**의 동일한 양의 혼합물은 광학 활성인가? **B**와 **C**의 동일한 양의 혼합물은 어떠한가?

5.65 말라리아 치료제인 순수한 퀴닌(quinine)의 [α]는 −165이다.

퀴닌
(말라리아 치료제)

a. 다음의 [α] 값을 갖는 용액의 ee를 계산하라. −50, −83, −120

b. 각각의 ee에 대하여 각각의 거울상이성질체의 함량 %를 계산하라.

c. 퀴닌의 거울상이성질체의 [α] 값은 얼마인가?

d. 80%의 퀴닌과 20%의 거울상이성질체를 포함하고 있는 용액의 ee는 얼마인가?

e. (d) 용액의 [α]값은 얼마인가?

5.66 살구, 복숭아 및 야생 체리의 씨에서 추출되는 성분인 아미그달린(amygdalin)은 아직 의학적으로 확실히 규명되어 있지는 않으나, 국내외적으로 비인가된 항암제로 사용되어 오고 있다. 아미그달린의 가수분해 산물인 만델산(mandelic acid)은 광노화 및 주근깨 등에 의해 발생되는 피부 트러블의 치료제로 사용된다.

아미그달린 —HCl, H_2O→ 만델산 + 다른 생성물

a. 아미그달린에 포함된 입체발생 중심의 수는 몇 개인가? 최대로 가능한 입체이성질체의 수는 몇 개인가?

b. 만델산의 거울상이성질체 두 개를 그리고 각각의 입체발생 중심을 *R*과 *S*로 표시하라.

c. 순수한 (*R*)-만델산은 −154의 고유 광회전도를 가지고 있다. 시료가 60%의 *R* 이성질체와 40%의 거울상이성질체를 포함한다면, 이 용액의 [α]는 얼마인가?

d. [α]가 +50인 만델산의 ee를 계산하라. 각 거울상이성질체의 백분율 함량은 얼마인가?

일반 문제

5.67 아르테미시닌(artemisinin)과 메플로퀸(mefloquine)은 말라리아 예방약으로 널리 사용되었다.

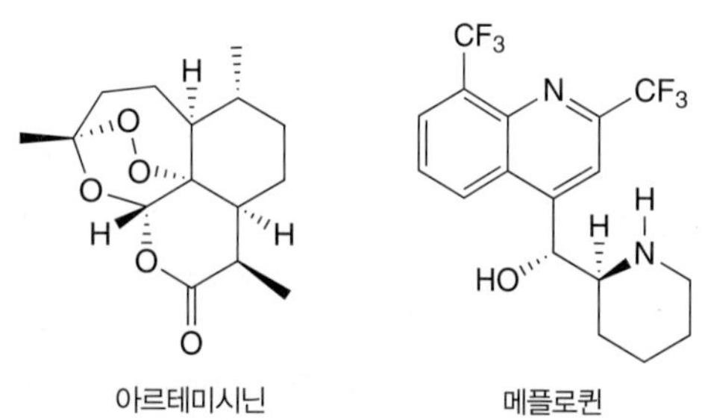

아르테미시닌 메플로퀸

a. 두 약품의 입체발생 중심을 표시하라.

b. 메플로퀸에 있는 각 입체발생 중심을 *R* 또는 *S*로 표시하라.

c. 아르테미시닌의 가능한 입체이성질체의 최대 수는 얼마인가?

d. 메플로퀸의 N 원자는 어떤 혼성을 하고 있는가?

e. 아르테미시닌의 두 분자는 서로와 분자간 수소결합을 할 수 있겠는가?

f. 메플로퀸을 HCl과 반응시키면 어떤 생성물이 형성되겠는가?

5.68 사퀴나비어(saquinavir, 상품명: 인비라제)는 프로테아제 억제제(protease inhibitors)라고 부르는 약품 계열에 속하는데, 이것은 HIV(후천성 면역 결핍 바이러스)를 치료하는 데 사용된다.

사퀴나비어
상품명: 인비라제

a. 사퀴나비어에 있는 모든 입체발생 중심을 표시하라. 또한, 각 입체발생 중심을 R 또는 S로 표시하라.

b. 사퀴나비어의 거울상이성질체를 그려라.

c. 사퀴나비어의 부분입체이성질체를 그려라.

d. 적어도 한 개의 다른 작용기를 포함하는 구조 이성질체를 그려라.

도전 문제

5.69 소수의 카이랄 화합물들은 입체발생 중심이 없다. 예를 들면, **A**는 비카이랄이나, 구조 이성질체인 **B**는 카이랄이다. 모형을 통하여 관찰된 이 사실을 설명하라. 하나의 탄소를 공유하는 두 개의 이중 결합을 보유하는 화합물을 알렌(allene)이라고 부른다. 항생제 미코마이신(mycomycin)에서 알렌을 찾아 미코마이신이 카이랄 또는 비카이랄 여부를 결정하라.

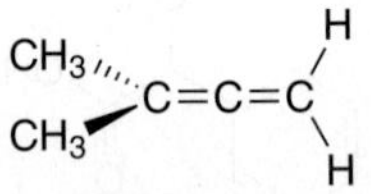

CH_3 CH_3 C=C=C H H　　CH_3 H C=C=C CH_3 H　　HC≡C−C≡C−CH=C=CH−CH=CH−CH=CH−CH_2CO_2H

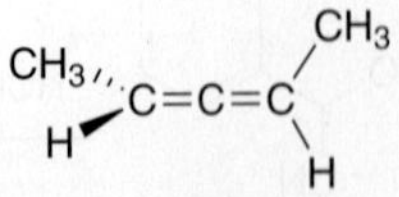

비카이랄 **A**　　카이랄 **B**　　미코마이신

5.70 설포늄 이온(R_3S^+)이라고 부르는 삼가 양이온의 황 원자에 세 개의 다른 알킬기가 결합되어 있으면, 이때 황 원자는 입체발생 중심이 된다. 이 경우 황 원자는 비공유 전자쌍을 포함하여 네 개의 다른 기로 둘러싸인다. 비공유 전자쌍을 가장 낮은 순위(4)로 두고 황에 대하여 *R*과 *S*를 결정하라. 설포늄 이온을 포함하는 생리 활성 화합물의 한 예가 아데노실메티오닌(S-adenosylmethionine, SAM)인데 이것은 7.12절에서 더 자세히 배우게 될 것이다. SAM에 존재하는 모든 입체발생 중심을 나타내고 각각에 대하여 *R*과 *S*를 결정하라.

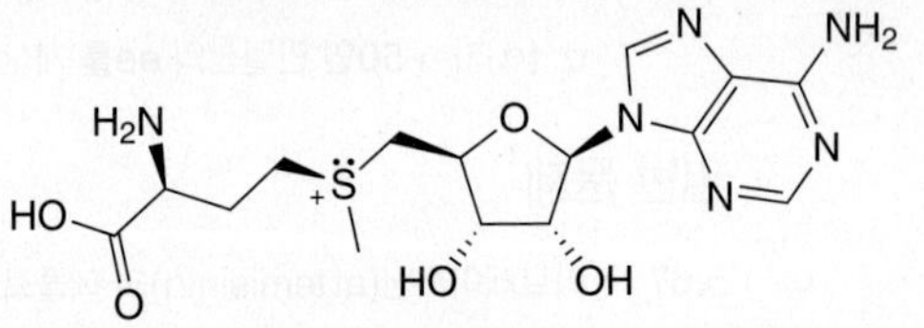

SAM

5.71 a. 지중해 해양 해면체인 디스코더미아 디소루타(*Discodermia dissoluta*)에서 추출한 천연 물질인 디스코더모라이드(discodermolide) 내의 사면체 입체발생 중심을 모두 표시하라. 디스코더모라이드는 중요한 항암 물질로 밝혀졌으며, 대장암, 자궁암 및 유방암의 치료제로 개발되었다.

b. 일부 탄소−탄소 이중 결합은 입체발생 중심의 역할을 할 수 있다. 5.3절에서 정의한 바에 의하여 이 사실을 설명하고, 디스코더모라이드의 추가적인 세 개의 입체발생 중심을 표시하라

c. 모든 입체발생 중심을 고려하였을 경우, 디스코더모라이드에 대하여 가능한 입체이성질체의 최대 수는 몇 개인가?

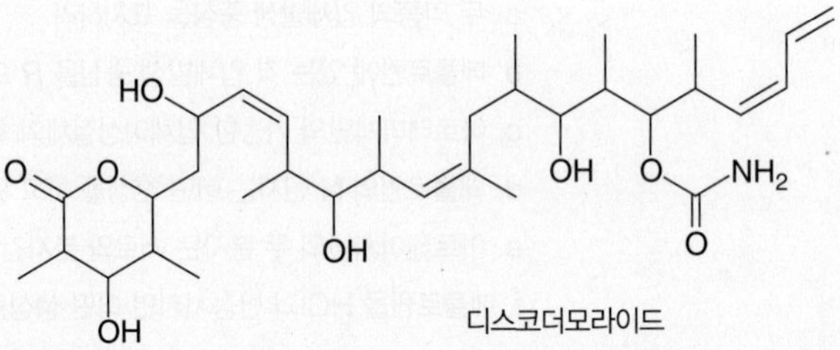

디스코더모라이드

5.72 각 화합물에 대하여 카이랄과 비카이랄을 표시하라. 두 개의 고리가 한 개의 탄소로 연결되어 있는 화합물을 스피로 화합물이라고 부른다. 두 개의 고리를 연결하는 한 개의 탄소가 정사면체 구조이므로 각각의 고리는 서로 수직을 이룬다.

a. 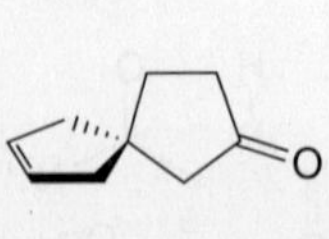　b. 　c. 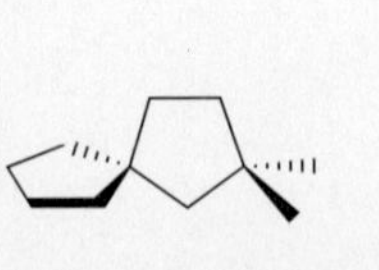　d.

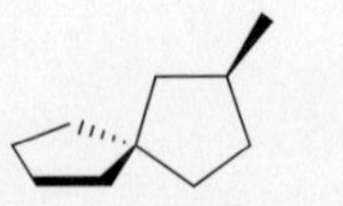

5.73 (*R*)-*sec*-뷰틸아민은 2-페닐프로판산의 라셈 혼합물과 산−염기 반응에 의하여 두 가지의 생성물이 생성된다. 이 생성물들은 녹는점이 다르고 용해도도 약간 다르다. 이 두 생성물의 구조를 그리고, 생성물 내의 입체발생 중심에 대하여 *R*, *S* 배열을 지정하라. 이 두 생성물은 어떤 관계인가? 거울상이성질체, 부분입체이성질체, 구조이성질체, 이성질체가 아닌 것 중에서 선택하라.

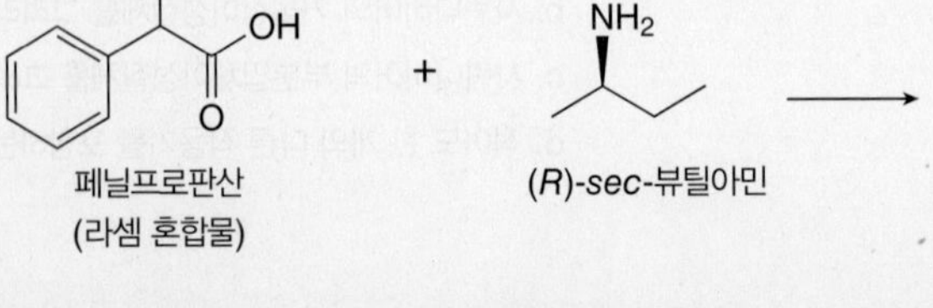

페닐프로판산 (라셈 혼합물)　+　(*R*)-*sec*-뷰틸아민　⟶

Chapter

6 유기 반응의 이해
Understanding Organic Reactions

가장 풍부한 종류의 단순당인 **포도당**(glucose)은 전분과 셀룰로스 그리고 꿀을 이루는 기본 구성 단위이다. 포도당은 대부분의 유기물에서 에너지원으로 사용된다. 음식이 소화된 후 포도당의 수준이 높아지면 인체는 포도당을 글리코겐 형태로 저장하는데, 에너지 요구가 늘어나고 포도당 수준이 떨어지면 다시 가수 분해된다. 포도당은 혈액을 통해 운반되어 산소 존재하에 이산화탄소와 물로 대사되면서 많은 양의 에너지를 발생한다. 6장에서는 화학 반응에 수반되는 이러한 에너지 변화에 대해 공부한다.

두 가지 화합물을 서로 섞었을 때, 어떤 경우에는 반응이 일어나지만 또 어떤 경우에는 반응이 일어나지 않는 이유는 무엇인가? 이 의문에 답하기 위해서는 유기 화합물이 왜 그리고 어떻게 반응하는지에 대한 이해가 필요하다.

반응은 유기화학의 핵심이다. 반응 과정을 이해하면 천연 자원을 유용한 새 화합물로 바꿀 수 있다. 아스피린, 이부프로펜(ibuprofen, 소염제), 나일론, 폴리에틸렌 등은 화학 반응을 통해 석유에서 얻어낸 화합물들이다.

반응들을 각각 독립적인 것으로 보고 개별적으로 살피면 반응에 대한 이해가 어려워지므로 이런 식의 접근은 지양해야 한다. 화학 반응에는 대체적으로 몇 가지 일반적인 기본 원칙들이 있다. 이들 보편적인 원칙을 먼저 익힌 후에 이를 기초로 구체적인 반응들을 살펴보도록 한다.

우리는 먼저 작용기부터 시작하여 전자-풍부 자리 및 전자-부족 자리, 그리고 깨어지기 쉬운 결합들을 알아가며 유기 반응을 공부할 것이다. 이런 반응 자리를 살피면, 특정 부류의 화합물에서 일어날 일반적인 반응의 형태를 짐작할 수 있다. 마지막으로 반응이 어떤 과정으로 일어나는지 배울 것이다. 반응은 과연 단일 단계로 진행될 것인가 아니면 여러 단계로 진행될 것인가? 이런 반응에 대한 세부 지식들은 흥미롭고 유용한 유기물을 제조할 때 이용될 수 있을 것이다.

6.1 유기 반응의 반응식 작성

반응의 주 성분 물질에 초점을 맞추기 위하여 종종 용매와 온도를 반응식에서 생략한다.

용매. 대부분의 유기 반응은 **액체 용매** 내에서 진행된다는 사실을 명심하라. 용매는 주요한 반응 성분들을 용해하고 반응의 온도를 유지하기 위한 열 저장소 역할을 한다. 7장에서 두 가지 형태의 주요 유기 용매들을 소개하고, 이들이 치환 반응에 미치는 영향력을 보여 줄 것이다.

다른 화학 반응처럼 유기 반응식도 반응물과 생성물 사이에 한 방향 화살표(→)를 그려 나타낸다. 그러나 일반 화학에서 접하던 반응식과는 달리 여러 가지 기호들이 사용된다.

유기 화합물과 반응을 하는 화학 물질인 시약(reagent)은 일반적으로 반응식의 왼쪽에 표시한다. 출발물을 강조하기 위해서는 시약을 종종 화살표 위에 표시한다. 반응에 필요한 용매와 반응 온도를 화살표의 위나 아래에 덧붙일 수도 있다. "$h\nu$"와 "Δ"는 각각 반응에 필요한 빛과 열을 나타내는 기호이다. 그림 6.1은 같은 유기 반응을 다른 방식으로 표현한 것을 보여준다.

반응중간체를 표시하지 않을 경우, 보통 화살표 위나 아래에 두 연속 반응 단계를 번호를 붙여 나타낸다. 이런 표현법은 첫 단계 반응 종료 후에 다음 단계가 차례로 진행되며 시약들이 동시에 투입되는 것이 아니라 순차적으로 투입됨을 나타낸다.

첫 번째 반응

O ... [1] CH_3MgBr / [2] H_2O → OH ... ($HOMgBr$)

두 번째 반응

무기 부산물
(종종 생략됨)

그림 6.1
유기 반응을 표현하는 다른 방법

a. + Br_2 → Br, Br

Br_2 → Br, Br

• 반응물(Br_2)은 화살표의 왼쪽 혹은 위쪽에 쓴다.

b. Br_2 / $h\nu$ 또는 Δ / CCl_4 → Br

CCl_4가 용매이다.
$h\nu$–빛이 필요함을 나타낸다.
Δ–열이 가해짐을 나타낸다.

• 다른 반응 변수들이 제시될 수 있다.

이 반응식에서는 유기 생성물만 화살표 오른쪽에 표시되어 있다. 반응물 CH_3MgBr은 Mg와 Br을 포함하고 있지만, 유기 생성물에는 이 원소들이 포함되지 않으며, 종종 생성물에서 생략된다. 이 원소들이 없어진 것은 아니다. 이들은 무기 부산물(이 경우 HOMgBr)의 일부를 이루는데 대부분의 경우 유기화학자들에게는 관심 밖의 물질이다.

6.2 유기 반응의 종류

2장과 4장에서 설명한 바와 같이 유기 분자는 다른 화합물처럼 산-염기 반응과 산화-환원 반응을 한다. 또한 유기 분자는 **치환 반응, 제거 반응** 그리고 **첨가 반응**을 한다.

6.2A 치환 반응

- 치환(substitution)은 한 원자나 원자단이 다른 원자나 원자단에 의해 교체되는 반응을 말한다.

Z + Y ⟶ Y + Z

Z = H 또는 헤테로원자

일반적인 치환 반응에서는, 탄소 원자에 결합된 Z가 Y로 교체된다. **치환은 σ 결합의 변화를 포함한다. 즉, 동일 탄소에 연결된 한 σ 결합이 끊어지고, 다른 한 σ 결합이 형성된다.** 치환 반응이 일어나는 가장 흔한 예는 Z가 수소이거나 탄소보다 전기음성도가 더 큰 헤테로원자일 경우이다.

[1] CH_3I + Cl^- ⟶ CH_3Cl + I^-

[2] CH_3COCl + ^-OH ⟶ CH_3COOH + Cl^-

6.2B 제거 반응

- 제거(elimination)는 출발물의 원소가 '떨어져' 나가고 π 결합이 형성되는 반응이다.

(X, Y) + 시약 ⟶ (C=C) + X−Y

두 개의 σ 결합이 끊어진다. 한 개의 π 결합이 형성된다.

제거 반응에서는 X와 Y의 두 기가 출발물에서 제거된다. **두 개의 σ 결합이 끊어지고, 두 인접 원자 간에 π 결합이 형성된다.** 일반적인 제거 반응은 X = H이고 Y가 탄소보다 전기음성도가 더 큰 원자일 경우에 가장 잘 일어난다.

[1] CH_3CH_2Br + ^-OH ⟶ $CH_2=CH_2$ + H−OH + Br^-

HBr 제거 새로운 π 결합

[2] (cyclohexanol, HO / H, H_2O 제거) $\xrightarrow{H_2SO_4}$ (cyclohexene, 새로운 π 결합) + H–OH

6.2C 첨가 반응

- 첨가(addition)는 원소가 출발물에 추가되는 반응이다.

(alkene, 한 개의 π 결합이 끊어진다.) + X–Y ⟶ (X, Y 첨가 생성물, 두 개의 σ 결합이 형성된다.)

첨가 반응에서는 새로운 기 X와 Y가 출발물에 첨가된다. 한 개의 π 결합이 끊어지고, 두 개의 **σ** 결합이 형성된다.

[1] $CH_2{=}CH_2$ (π 결합이 끊어진다.) + H–Br ⟶ CH_3CH_2Br (HBr이 첨가된다.)

[2] cyclohexene (π 결합이 끊어진다.) + H–OH $\xrightarrow{H_2SO_4}$ cyclohexanol (HO, H; H_2O가 첨가된다.)

유기 반응의 일반적인 유형이 부록 G에 요약되어 있다.

첨가와 제거는 정반대의 반응이다. 제거 반응에서는 π 결합이 형성되고, 첨가 반응에서는 π 결합이 파괴된다.

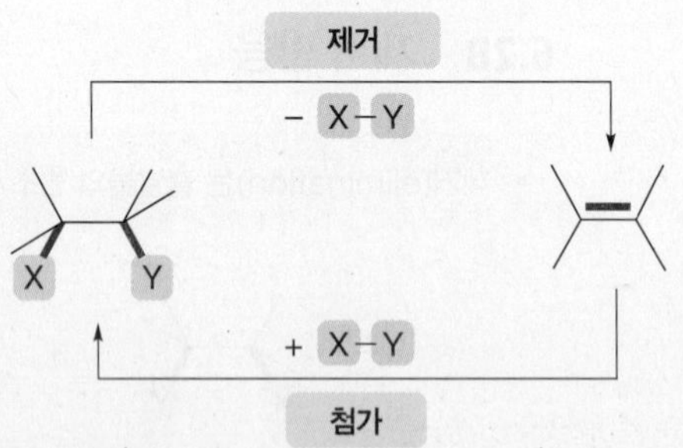

문제 6.1 각각의 반응을 치환 반응, 제거 반응, 첨가 반응으로 분류하라.

a. cyclohexanol (OH) ⟶ bromocyclohexane (Br)

b. cyclohexanone (=O) ⟶ cyclohexanol (OH)

c. acetone (O) ⟶ chloroacetone (O, Cl)

d. 2-butanol (OH) ⟶ 2-butene

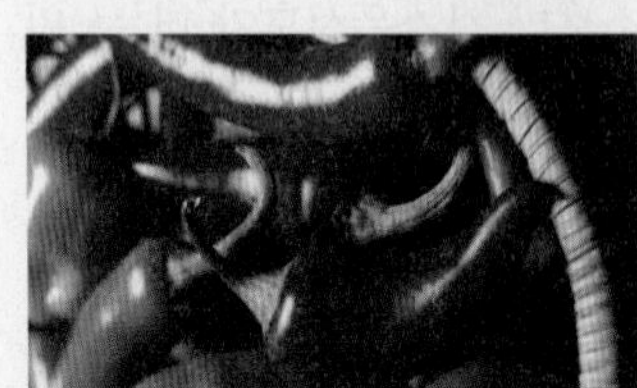

캡사이신은 고추의 특징적 풍미 성분이다

복잡한 시작 물질의 반응을 치환 반응인지 제거 반응인지 혹은 첨가 반응인지 결정하기 위해서는 작용기의 변화에 주목하라. 아민 화합물 **X**와 산 염화물 **Y**가 캡사이신이라는 천연 물질로 바뀌는 것은 치환 반응인데 그 이유는 산 염화물의 Cl이 아민의 N 원자로 바뀌기 때문이다.

X + Y → 캡사이신 + H–Cl

문제 6.2 A에서 B로의 변환을 치환, 제거, 첨가 반응으로 분류하라. B는 두 단계를 거쳐 여성 성호르몬인 에스트론으로 바뀐다.

A → B —(2 단계)→ 에스트론

6.3 화학 결합의 절단과 형성

이제까지는 일반적인 유기 반응들을 어떻게 나타내고 구분하는지에 대해 알아보았다. 지금부터는 반응 메커니즘(reaction mechanism)에 대하여 알아보도록 한다.

- 반응 메커니즘은 출발물이 생성물로 변하는 동안 어떻게 화학 결합이 끊어지고 만들어지는지 그 과정을 자세히 나타낸 것이다.

반응 메커니즘은 결합의 파괴와 생성 과정의 상대적 순서와 속도에 대한 기술이다. 반응에서 나타난 모든 현상과 반응으로 형성된 모든 생성물에 대해 설명하는 것이 반응 메커니즘으로, 새로운 사실이 발견됨에 따라 수정과 조절이 이루어진다.

반응은 한 단계로 혹은 여러 단계가 연속되어 일어날 수 있다.

- 한 단계 반응은 협동 반응(concerted reaction)이라고 부른다. 얼마나 많은 결합의 파괴와 생성이 일어나든 상관없이, 출발물이 직접 생성물로 바뀐다.

A → B

- 여러 단계 반응은 두 개 이상의 단계를 포함한다. 출발물은 먼저 반응중간체(reactive intermediate)라고 불리는 불안정한 중간체로 변환된 후 생성물을 형성한다.

6.3A 결합의 파괴

모든 화학 반응은 결합의 파괴와 생성을 수반한다. 반응의 단계가 많고 적음에 관계없이 결합이 끊어지는 방법은 단 두 가지로서, 두 원자 사이의 결합 전자들이 균등하게 나누어 끊어지거나 불균등하게 나누어 끊어지는 것이다.

- 두 원자 사이에서 **전자가 균등하게 분배**되어 끊어지는 경우를 **균일 분해**(homolysis 또는 homolytic cleavage)라고 부른다.

A−B —균일 분해→ A· + ·B
각 원자는 전자를 한 개씩 가진다.

- 두 원자 사이의 결합이 **전자의 불균등한 분배**에 의해 끊어지는 것을 **불균일 분해**(heterolysis 또는 heterolytic cleavage)라고 부른다.

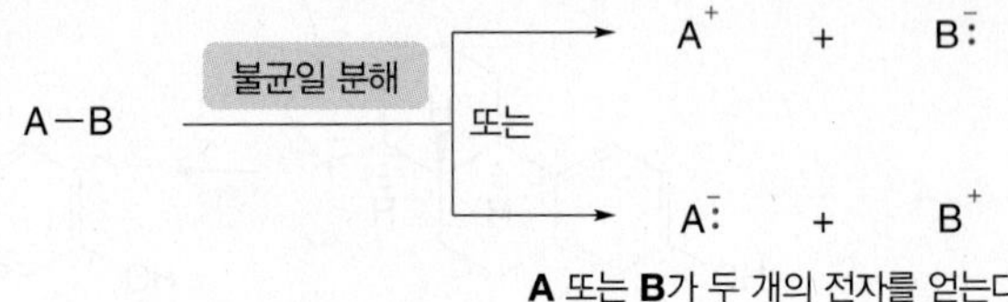

A와 **B** 사이 결합의 불균일 분해는 결합에 포함된 두 개의 전자를 **A** 또는 **B**가 모두 보유할 수 있게 한다. **A**와 **B**의 전기음성도가 다를 때에는 보통 전기음성도가 큰 원자에 두 개의 전자가 모두 귀속된다.

균일 분해 또는 불균일 분해는 모두 에너지를 필요로 한다. 두 경우 모두 반응중간체를 형성하지만 그 생성물은 각각 서로 다르다.

- 균일 분해는 홀전자(unpaired electron)를 보유하는 비이온성 반응중간체를 생성한다.
- 불균일 분해는 전하를 띤 중간체를 생성한다.

이들 각 반응중간체는 수명이 매우 짧고, 빨리 반응하여 안정한 유기 생성물을 형성한다.

6.3B 라디칼, 탄소 양이온 및 탄소 음이온

1.6절에서 처음으로 논의한 굽은 화살표는 **전자쌍**의 이동을 도시할 수 있으므로 불균일 분해를 나타내기에 적합하다. 균일 분해에서는 한 개의 전자가 한 쪽 원자로 이동하고, 다른 한 개의 전자는 다른 쪽 원자로 이동하므로 다른 종류의 굽은 화살표가 필요하다.

- 전자 한 개의 이동은, 가끔 낚시 고리라 부르는, 반쪽머리 굽은 화살표로 도시한다.

A−B —균일 분해→ A· + ·B

- **단일** 전자 두 개의 이동 표시에는 두 개의 **반쪽머리** 굽은 화살표가 필요하다.

A−B —불균일 분해→ A^+ + B:⁻

- **한 쌍**의 전자 이동 표시에는 한 개의 **굽은 화살표**가 필요하다

굽은 화살표(⌒)는 한 쌍의 전자 이동을 표시한다. **반쪽머리 굽은 화살표**(⌒)는 단일 전자의 이동을 표시한다.

그림 6.2는 탄소 화합물에 대하여 균일 분해와 두 가지 다른 불균일 분해를 굽은 화살표를 사용하여 표현하였다. 세 가지 반응중간체가 생성되었다.

C−Z 결합의 균일 분해는 홀전자를 보유한 두 비이온성 생성물을 형성한다.

그림 6.2
C–Z 결합의 균일 및 불균일 분해에 의해 생성된 세 종류의 반응중간체

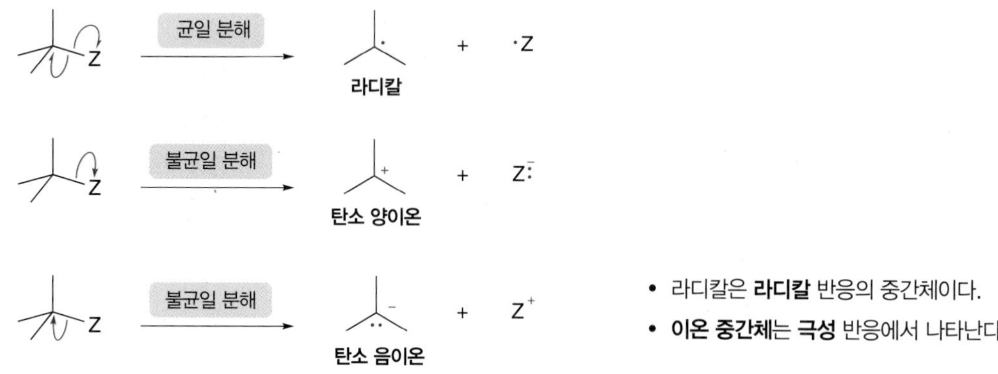

- 라디칼은 **라디칼** 반응의 중간체이다.
- **이온 중간체**는 **극성** 반응에서 나타난다.

- 홀전자를 보유하는 반응중간체를 라디칼(radical)이라 부른다.

대부분의 라디칼은 최외각 전자 여덟 개를 보유하고 있지 못하는 원자를 포함하고 있으므로 매우 불안정하다. 라디칼은 일반적으로 전하를 띠지 않는다. 이들은 15장에서 자세하게 논의할 라디칼 반응의 중간체이다.

C–Z 결합의 불균일 분해는 탄소 양이온(carbocation) 또는 탄소 음이온(carbanion)을 생성할 수 있다.

- 두 개의 전자를 모두 Z에게 주고 생긴 양으로 하전된 탄소 중간체를 탄소 양이온이라 부른다.
- 두 개의 전자를 모두 받아 생긴 음으로 하전된 탄소 화학종을 탄소 음이온이라 부른다.

탄소 양이온과 탄소 음이온은 모두 불안정한 반응중간체이다. 탄소 양이온은 6개의 전자만으로 둘러싸인 탄소를 포함한다. 탄소 음이온은 전기 음성도가 별로 크지 않은 원자인 탄소에 음전하를 가진다. 탄소 양이온[친전자체(electrophile)]과 탄소 음이온[친핵체(nucleophile)]은 친핵체와 친전자체가 반응하는 극성 반응(polar reaction)의 중간체가 될 수 있다.

또 다른 형태의 유기 반응중간체인 카르벤(carbene)의 화학은 26.4절에서 논의할 것이다.

이와 같이 균일 분해와 불균일 분해는 유기화학에서 가장 흔히 보는 세 가지 반응중간체인 라디칼, 탄소 양이온, 탄소 음이온을 생성한다.

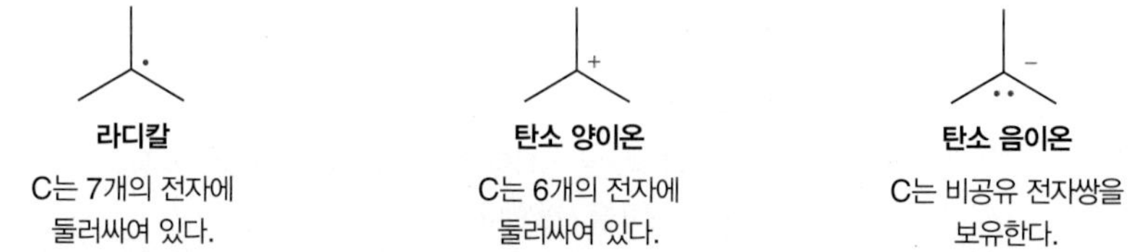

라디칼	탄소 양이온	탄소 음이온
C는 7개의 전자에 둘러싸여 있다.	C는 6개의 전자에 둘러싸여 있다.	C는 비공유 전자쌍을 보유한다.

- 라디칼과 탄소 양이온은 전자가 부족한 탄소를 포함하고 있으므로 친전자체이다.
- 탄소 음이온은 고립 전자쌍을 보유하고 있으므로 친핵체이다.

문제 6.3 전기음성도의 차이를 고려하여 각 분자의 탄소–헤테로원자 결합의 불균일 분해 생성물을 적어라. 생성된 유기 반응중간체를 탄소 양이온과 탄소 음이온으로 구분하라.

a. (OH) b. (Br) c. (Li)

표 6.1
화학 반응의 각종 화살표 요약

화살표	이름	용도
⟶	반응 화살표	화학 반응에서 출발물과 생성물 사이에 그려짐(6.1절)
⇄	쌍방향 반응 화살표	출발물과 생성물이 평형 반응일 때 사용함(2.2절)
⟷	양쪽머리 화살표	공명 구조를 표현할 때 사용됨(1.6절)
↷	굽은 화살표	전자쌍의 이동을 표현함(1.6절, 2.2절)
⌒	반쪽머리 굽은 화살표	한 개의 전자 이동을 나타냄(6.3절)

유기화학에 사용되는 모든 화살표에 대한 요약이 이 책 뒷 표지 안쪽에 정리되어 있다.

6.3C 결합의 생성

결합의 파괴처럼, 결합의 생성도 두 가지 방법으로 진행된다. 두 개의 라디칼이 **전자를 한 개씩** 제공하여 두 개의 전자로 구성된 결합을 형성할 수 있다. 혹은 전하가 서로 다른 두 이온이 만나면서 음전하를 갖는 이온이 **전자쌍을 모두** 제공하여 결합을 형성할 수 있다. **결합이 형성될 때에는 항상 에너지가 방출된다.**

6.3D 화살표의 종류

유기 반응에서 사용되는 각종 화살표들을 표 6.1에 요약하였다. 어떤 전자가 반응에 참여하는지, 결합의 파괴와 생성 시에 이 전자들이 어떻게 이동하는지, 그리고 반응이 라디칼을 통해 진행되는지, 극성 중간체를 통해 진행되는지를 명확하게 보여 줄 수 있으므로 굽은 화살표와 반쪽머리 화살표는 유기 반응에서 특히 중요하다.

예제 6.1 각 반응에서 전자의 이동을 굽은 화살표와 반쪽머리 굽은 화살표를 사용하여 표시하라.

a. (cyclohexane with CH_3 and $\overset{+}{O}H_2$) ⟶ (cyclohexyl cation) + $H_2\ddot{O}:$ b. cyclopentane + ·$\ddot{Cl}$: ⟶ cyclopentyl radical + H−$\ddot{Cl}$:

풀이

파괴되거나 생성된 결합들을 모두 찾는다. 전자쌍의 이동에는 두 머리 굽은 화살표를, 그리고 단일 전자의 이동에는 반쪽머리 굽은 화살표를 사용한다.

a. 이 반응에서 C−O 결합은 불균일 분해를 한다. 전자 한 쌍만 관여되므로, **굽은 화살표 한 개만** 필요하다.

(cyclohexane with $\overset{+}{O}H_2$, curved arrow) ⟶ (cyclohexyl cation) + $H_2\ddot{O}:$

b. 이 반응은 라디칼을 포함하므로 홀전자의 이동을 표현하기 위하여 반쪽머리 굽은 화살표가 필요하다. H와 Cl 사이에 두 개의 전자를 보유하는 결합이 생성되고 홀전자는 C에 남게 된다. 세 개의 홀전자의 이동이 있으므로, **세 개의 반쪽머리 굽은 화살표가 필요하다.**

(cyclopentane)−H + ·$\ddot{Cl}$: ⟶ (cyclopentyl radical)· + H−$\ddot{Cl}$:

한 전자가 C에 잔류 — 두 전자가 결합을 생성

문제 6.4 굽은 화살표를 이용하여 각 반응의 전자의 이동을 표시하라.

a.

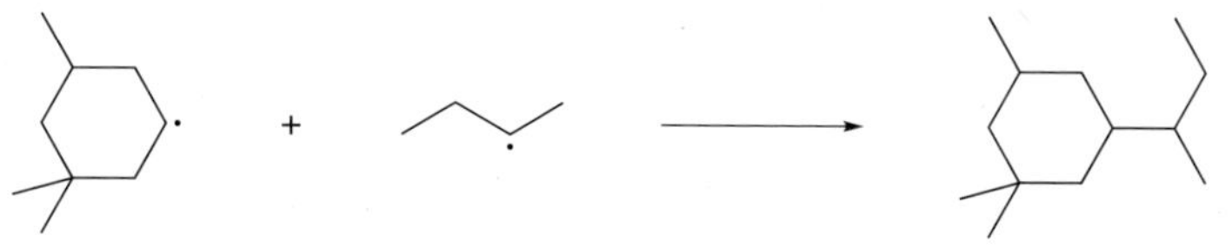

b.

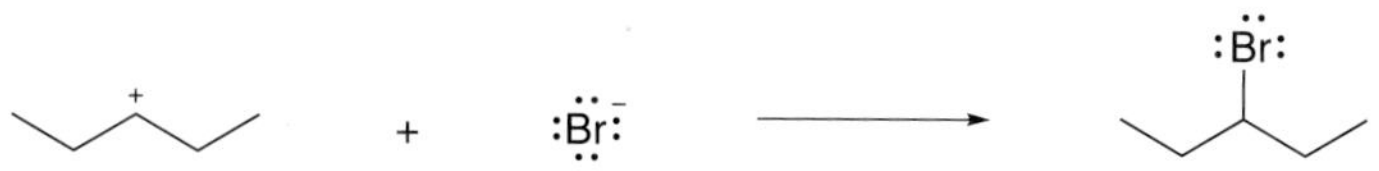

예제 6.2 화살표의 이동에 따라서 다음 반응의 생성물을 그려라.

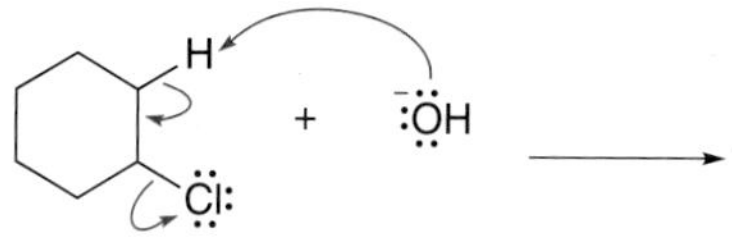

풀이

세 개의 두 머리 굽은 화살표가 그려져 있으므로 세 쌍의 전자가 반응에 참여한다. 화살표 ①은 ⁻OH의 고립 전자쌍이 H에 새로운 결합을 형성하는 것을 보여준다. 화살표 ②는 C–H 결합의 전자쌍이 C–C 이중 결합을 형성하는 것을 나타낸다. 화살표 ③은 C–Cl의 전자쌍이 Cl로 이동하는 것을 보여준다. 결합의 파괴 및 생성 후 필요하면 반응에 관여된 원자들의 형식 전하를 조정한다.

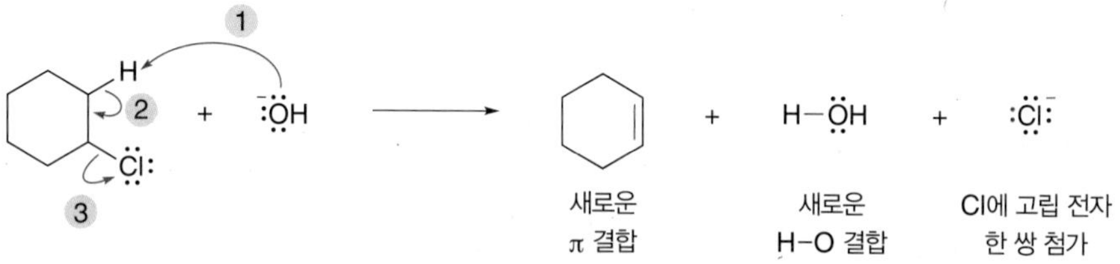

새로운 π 결합 | 새로운 H–O 결합 | Cl에 고립 전자 한 쌍 첨가

문제 6.5 화살표의 이동에 따라서 다음 반응의 생성물들을 그려라

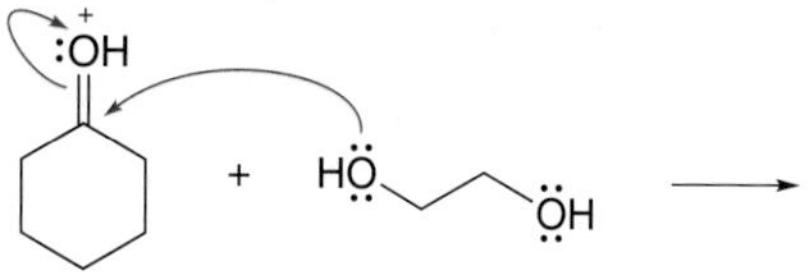

6.4 결합 해리 에너지

결합의 파괴는 결합 해리 에너지를 사용하여 정량화할 수 있다.

- 결합 해리 에너지(bond dissociation energy)는 공유 결합의 균일 분해에 필요한 에너지이다.

$$A{-}B \longrightarrow A\cdot + \cdot B \qquad \Delta H° = \text{결합 해리 에너지}$$

균일 분해는 에너지를 필요로 한다.

위첨자(°)는 표준 상태(25 °C, 1기압에서 순물질의 가장 안정한 상태)에서 결정된 값을 의미한다.

어떤 반응에서 흡수 또는 방출되는 에너지($\Delta H°$로 표시)를 엔탈피 변화(enthalpy change) 또는 반응열(heat of reaction)이라고 부른다.

표 6.2 일반적인 결합들의 결합 해리 에너지[A–B → A·+·B]

결합	$\Delta H°$ kJ/mol	(kcal/mol)
H–Z 결합		
H–F	569	(136)
H–Cl	431	(103)
H–Br	368	(88)
H–I	297	(71)
H–OH	498	(119)
Z–Z 결합		
H–H	435	(104)
F–F	159	(38)
Cl–Cl	242	(58)
Br–Br	192	(46)
I–I	151	(36)
HO–OH	213	(51)
R–H 결합		
CH_3-H	435	(104)
CH_3CH_2-H	410	(98)
$CH_3CH_2CH_2-H$	410	(98)
$(CH_3)_2CH-H$	397	(95)
$(CH_3)_3C-H$	381	(91)
$CH_2=CH-H$	435	(104)
$HC\equiv C-H$	523	(125)
$CH_2=CHCH_2-H$	364	(87)
C_6H_5-H	460	(110)
$C_6H_5CH_2-H$	356	(85)
R–R 결합		
CH_3-CH_3	368	(88)
$CH_3-CH_2CH_3$	356	(85)
$CH_3-CH=CH_2$	385	(92)
$CH_3-C\equiv CH$	489	(117)
R–X 결합		
CH_3-F	456	(109)
CH_3-Cl	351	(84)
CH_3-Br	293	(70)
CH_3-I	234	(56)
CH_3CH_2-F	448	(107)
CH_3CH_2-Cl	339	(81)
CH_3CH_2-Br	285	(68)
CH_3CH_2-I	222	(53)
$(CH_3)_2CH-F$	444	(106)
$(CH_3)_2CH-Cl$	335	(80)
$(CH_3)_2CH-Br$	285	(68)
$(CH_3)_2CH-I$	222	(53)
$(CH_3)_3C-F$	444	(106)
$(CH_3)_3C-Cl$	331	(79)
$(CH_3)_3C-Br$	272	(65)
$(CH_3)_3C-I$	209	(50)
R–OH 결합		
CH_3-OH	389	(93)
CH_3CH_2-OH	393	(94)
$CH_3CH_2CH_2-OH$	385	(92)
$(CH_3)_2CH-OH$	401	(96)
$(CH_3)_3C-OH$	401	(96)

추가의 C–C 다중 결합의 해리 에너지는 표 1.6에 주어져 있다.

- $\Delta H°$가 양수(+)일 때, 에너지는 흡수되고 반응은 흡열(endothermic)이다.
- $\Delta H°$가 음수(–)일 때, 에너지는 방출되고 반응은 발열(exothermic)이다.

결합 해리 에너지는 특정한 반응—공유 결합의 균일 분해로 두 개의 라디칼이 형성되는 반응의 $\Delta H°$이다. 결합의 해리는 에너지를 필요로 하기 때문에 결합 해리 에너지는 항상 양수이고, 균일 분해는 항상 흡열이다. 반대로, 결합의 형성은 항상 에너지를 방출한다. 그래서 그 반응은 항상 발열이다. H–H 결합은 끊어지는 데 +435 kJ/mol의 에너지를 필요로 하고, 형성될 때 –435 kJ/mol의 에너지를 방출한다. 표 6.2는 일반적인 결합들의 결합 해리 에너지를 보여준다.

$$\text{H—H} \xrightarrow[\text{흡열 반응}]{\Delta H = +435\ \text{kJ/mol}} \text{H}\cdot + \cdot\text{H}$$

부록 C의 표에도 결합 해리 에너지가 수록되어 있다.

$$\text{H}\cdot + \cdot\text{H} \xrightarrow[\text{발열 반응}]{\Delta H = -435\ \text{kJ/mol}} \text{H—H}$$

결합 해리 에너지를 비교하는 것은 결합 세기(bond strength)를 비교하는 것과 동일하다.

- 결합이 강할수록 결합 해리 에너지는 커진다.

예를 들면, H–H 결합은 Cl–Cl 결합보다 강하다. 왜냐하면 H–H의 결합 해리 에너지(435 kJ/mol(H_2))가 Cl–Cl의 결합 해리 에너지(242 kJ/mol(Cl_2))보다 크기 때문이다(표 6.2). 표 6.2의 자료에 의하면 주기율표의 같은 족에서의 결합 해리 에너지는 결합에 사용되는 최외각 전자가 원자핵으로부터 더욱 멀어지기 때문에 아래쪽으로 내려갈수록 감소한다. 메틸–할로젠 결합의 결합 해리 에너지는 이러한 경향성을 보여주고 있다.

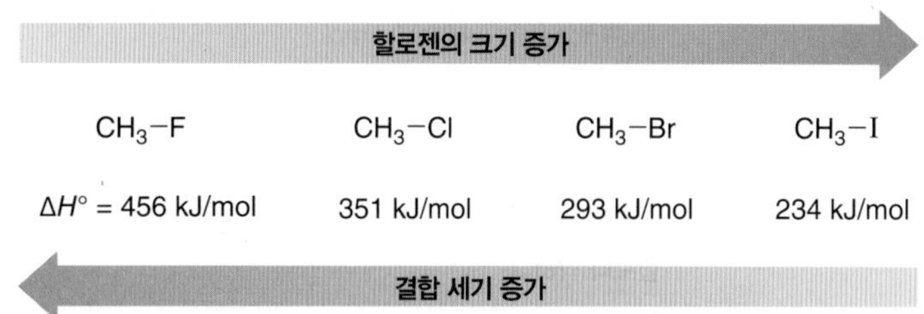

주기율표의 같은 족에서는 아래로 내려갈수록 결합의 길이가 길어지므로, 결합 해리 에너지는 1장에서 설명한 일반 현상—짧은 결합이 더 센 결합이다—에 대한 정량적 증거이다.

문제 6.6 다음 각 쌍에 대해 결합 해리 에너지 표를 보지 말고, 어느 쪽의 결합 해리 에너지가 더 큰지 결정하라.

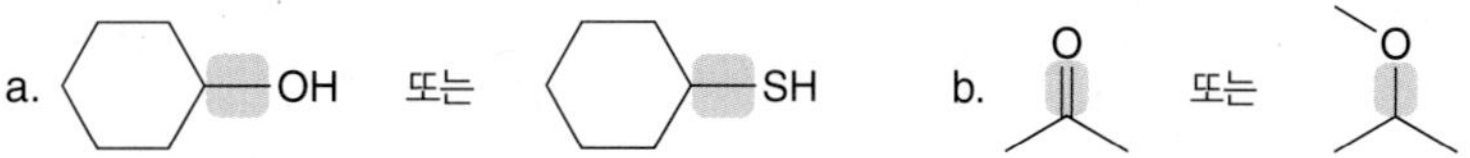

결합 해리 에너지는 여러 개의 결합이 끊어지고 형성되는 반응의 엔탈피 변화($\Delta H°$)를 계산하는 데에도 사용된다. **$\Delta H°$**는 반응에서 끊어지고 형성되는 결합의 상대적인 세기를 나타낸다.

- $\Delta H°$가 양수이면, 결합의 생성 시 방출된 에너지보다 결합의 끊어짐에 필요한 에너지가 더 크다. 출발물에서 끊어진 결합이 생성물에서 형성된 결합보다 더 세다.

- $\Delta H°$가 음수이면, 결합이 끊어질 때 필요한 에너지보다 결합이 생성될 때 더 많은 에너지가 방출된다. 생성물에서 형성된 결합이 출발물에서 끊어진 결합보다 더 세다.

반응의 전체 **$\Delta H°$**를 결정하기 위해서는,

[1] 계수 맞춘 반응식(balanced equation)에서, 출발물에서 파괴된 모든 결합의 결합 해리 에너지를 합산한다. 이 (+) 값이 결합의 해리에 필요한 에너지를 나타낸다.

[2] 생성물에서 형성된 모든 결합의 결합 해리 에너지를 합산한다. 이 (−)값이 결합의 형성 시 방출된 에너지를 나타낸다.

[3] 전체 **Δ*H*°**는 단계 [1]의 합과 단계 [2]의 합을 더한 것이다.

Δ*H*° 전체 엔탈피 변화 = 끊어진 모든 결합의 Δ*H*° 합 + 형성된 모든 결합의 Δ*H*° 합 (−)

예제 6.3 표 6.2의 값을 사용하여 다음 반응의 Δ*H*°를 결정하라.

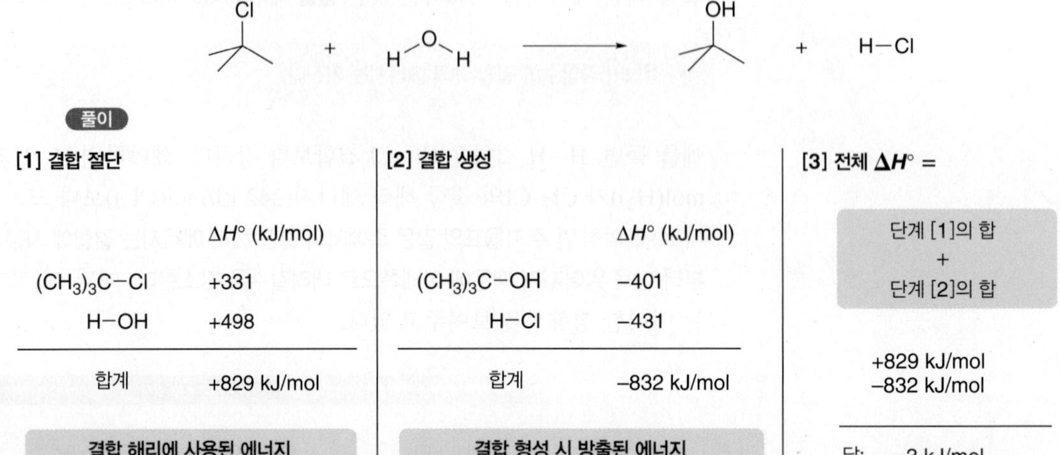

Δ*H*°가 음의 값을 가지므로, 이 반응은 **발열 반응**이고 에너지가 방출된다. **출발물에서 끊어진 결합은 생성물에서 형성된 결합보다 약하다.**

문제 6.7 표 6.2의 값을 사용하여 각각의 반응에 대한 Δ*H*° 값을 계산하라. 각 반응이 흡열 반응인지 발열 반응인지 확인하라.

a. $CH_3CH_2Br + H_2O \longrightarrow CH_3CH_2OH + HBr$

b. $CH_4 + Cl_2 \longrightarrow CH_3Cl + HCl$

이 장의 도입부에 소개된 두 분자, 아이소옥테인과 글루코스의 산화는 CO_2와 H_2O를 생성한다.

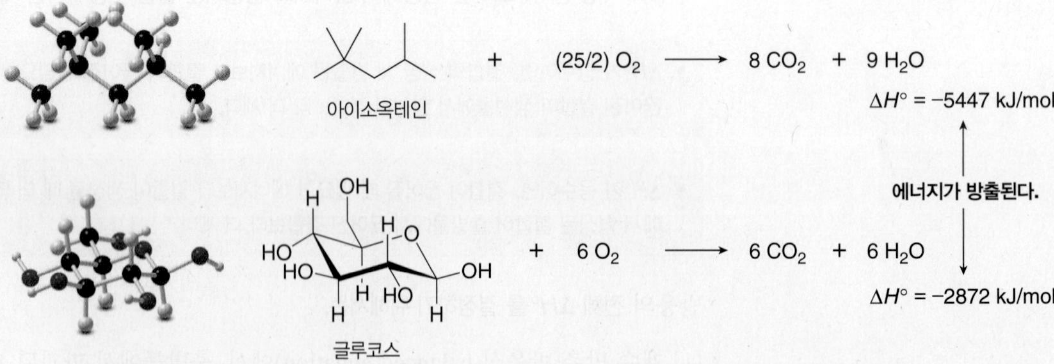

산화 반응의 **Δ*H*°**는 모두 음수이고, 따라서 두 반응 모두 발열 반응이다. 생성물의 결합이 반응물의 결합보다 세기 때문에 산화 반응이 일어나면 아이소옥테인과 글루코스는 모두 에너지를 방출한다.

결합 해리 에너지에는 중요한 한계가 두 가지 있다. 결합 해리 에너지는 단지 전체 에너지 변화만 보여준다. 반응의 메커니즘이나 반응의 진행 속도에 대해서는 아무런 정보도 주지 못한다. 더욱이 결합 해리 에너지는 기체 상태의 반응에 대한 측정값인데 비해, 대부분의 유기 반응은 용매 내에서 진행된다. 따라서 용매화 에너지가 반응의 전체 엔탈피에 중요한 기여를 하게 된다. 결합 해리 에너지는 반응의 에너지 변화를 표현하기에는 불충분한 지표이다. 이와 같은 결함에도 불구하고 결합 해리 에너지 값을 활용하여 계산된 $\Delta H°$ 값은 반응에서 결합이 생성되고 해리되는 데 발생하는 에너지의 변화에 대한 유용한 근사값을 제공한다.

문제 6.8 각 산화 반응의 $\Delta H°$를 계산하라. 각 반응식은 계수 맞춘 반응식이다. 끊어진 결합의 수와 형성된 결합의 수를 결정하는 데 계수를 고려할 것을 기억하라[O_2에 대한 $\Delta H°$ = 497 kJ/mol, CO_2 내 C=O 한 개의 $\Delta H°$ = 535 kJ/mol].

a. $CH_4 + 2\ O_2 \longrightarrow CO_2 + 2\ H_2O$　　　b. $2\ CH_3CH_3 + 7\ O_2 \longrightarrow 4\ CO_2 + 6\ H_2O$

6.5 열역학

실용적인 화학 반응은 평형이 생성물 쪽에 치우쳐 있어야 하고, 반응 속도는 적정한 시간 내에 생성물을 형성하기에 충분히 빨라야 한다. 이 두 조건은 각각 반응의 **열역학**(thermodynamics)과 **속도론**(kinetics)에 의해 결정된다.

- 열역학은 에너지와 평형 상태를 나타낸다. 반응물과 생성물의 에너지는 어떻게 비교하는가? 평형에서 반응물과 생성물의 상대적 양은 어떠한가?

반응속도론은 6.9절에서 논의한다.

- 속도론은 반응의 속도를 나타낸다. 반응물은 얼마나 빠르게 생성물로 변하는가?

6.5A 평형 상수와 자유 에너지 변화

K_{eq}는 2.3절 산-염기 반응에서 처음 정의하였다.

평형 상수(equilibrium constant, K_{eq})는 평형 상태에서 반응물과 생성물의 상대적인 양에 관련된 수학적인 표현이다. 예를 들어, 출발물 **A**와 **B**가 반응하여 생성물 **C**와 **D**를 생성할 때, 평형 상수는 아래와 같이 정의된다.

$$\mathbf{A} + \mathbf{B} \rightleftharpoons \mathbf{C} + \mathbf{D}$$

$$K_{eq} = \frac{[\text{생성물}]}{[\text{출발물}]} = \frac{[C][D]}{[A][B]}$$

K_{eq}의 크기는 평형의 위치를 표현한다. 즉 평형에 도달했을 때 출발물이 우세한지 생성물이 우세한지를 나타낸다.

- $K_{eq} > 1$이면 평형은 생성물(**C**와 **D**)을 선호하고 주어진 반응식의 오른쪽에 놓인다.
- $K_{eq} < 1$이면 평형은 출발물(**A**와 **B**)을 선호하고 반응식의 왼쪽에 놓인다.

- 유용한 반응은 생성물이 우세한 평형이어야 하며, $K_{eq} > 1$이어야 한다.

주어진 반응에서 평형이 생성물 쪽으로 기우는 것을 결정하는 것은 무엇인가? 평형의 위치는 반응물과 생성물의 상대적 에너지 차이에 의해 결정된다. 깁스 자유 에너지(Gibbs free energy)라고도 부르

그림 6.3
$\Delta G°$와 K_{eq} 사이의 관계 요약

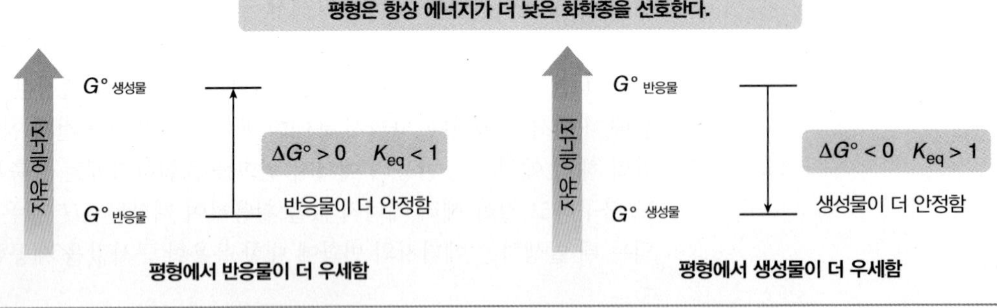

는 분자의 자유 에너지는 $G°$로 나타낸다. $\Delta G°$로 상징되는 반응물과 생성물 사이의 자유 에너지의 변화는 평형에서 출발물이 우세한지 또는 생성물이 우세한지를 결정한다.

- $\Delta G°$는 반응물과 생성물 간의 전 에너지 차이이다.

$$\Delta G° = G°_{생성물} - G°_{반응물}$$

↑ 생성물의 자유 에너지 ↑ 반응물의 자유 에너지

$\Delta G°$는 평형 상수 K_{eq}와 다음과 같은 관계에 있다.

$$\Delta G° = -2.303RT \log K_{eq}$$

[R = 8.314 J/(K•mol), 기체 상수; T = Kelvin 온도(K)]

이 식을 사용하면 반응물과 생성물 간 자유 에너지 변화와 평형 상수 사이의 관계를 결정할 수 있다.

25°C에서 $2.303RT$ = 5.7kJ/mol 이므로 $\Delta G° = -5.7\log K_{eq}$이다.

$\Delta G° < 0$일 때 $K_{eq} > 1$이고, 평형은 생성물 쪽으로 기운다. $\Delta G° > 0$일 때, $K_{eq} < 1$이고, 평형은 출발물 쪽으로 기운다.

- $K_{eq} > 1$, $\log K_{eq}$가 양수이면 $\Delta G°$는 음수가 되며 에너지가 방출된다. 이처럼 생성물의 에너지가 반응물의 에너지보다 낮을 때 평형은 생성물 쪽으로 기운다.
- $K_{eq} < 1$, $\log K_{eq}$가 음수이면 $\Delta G°$는 양수가 되며 에너지가 흡수된다. 이처럼 생성물의 에너지가 반응물의 에너지보다 높을 때 평형은 반응물 쪽으로 기운다.

에너지가 낮은 화합물이 더 큰 안정도를 갖는다. 이와 같이 반응의 출발물보다 생성물이 더 안정(낮은 에너지)할 때 평형은 생성물 쪽으로 기운다. 이것을 그림 6.3에 요약하여 놓았다.

$\Delta G°$가 K_{eq}의 log 함수 값에 의존하기 때문에 에너지의 작은 차이가 평형에서 출발물과 생성물의 상대적인 양에 큰 차이를 준다. 몇 가지 $\Delta G°$와 K_{eq}값들이 표 6.3에 나와 있다. 예를 들어, 단지 ~6 kJ/

표 6.3
반응 A → B에 대하여 25 °C에서 $\Delta G°$와 K_{eq}의 대표적인 값

$\Delta G°$(kJ/mol)	K_{eq}	평형에서 A와 B의 상대적인 양
+18	**10^{-3}**	**실질적으로 모두 A(99.9%)**
+12	10^{-2}	A가 B의 100배
+6	10^{-1}	A가 B의 10배
0	1	A와 B의 양이 같음
−6	10^{1}	B가 A의 10배
−12	10^{2}	B가 A의 100배
−18	**10^{3}**	**실질적으로 모두 B(99.9%)**

증가 [생성물]

~ 기호는 근사값을 의미한다.

mol의 적은 에너지 차이가 평형에서는 더 안정한 쪽 물질의 양을 10배 증가시키는 결과를 보인다. 약 18 kJ/mol 정도의 에너지 차가 나면 평형에서는 출발물이건 생성물이건 거의 한 물질만 존재한다.

문제 6.9 a. K_{eq} = 1000 또는 K_{eq} = 0.001 중 어느 쪽이 음수의 $\Delta G°$ 값에 해당하는가?

b. $K_{eq} = 10^{-2}$ 또는 $K_{eq} = 10^{-5}$ 중 어느 쪽이 더 낮은 $\Delta G°$ 값에 해당하는가?

문제 6.10 주어진 값들에 대하여 평형에서 우세한 쪽이 반응물인지 생성물인지를 결정하라.

a. K_{eq} = 5.5   b. $\Delta G°$ = 40 kJ/mol

문제 6.11 주어진 값들에 대하여 에너지가 낮은 쪽이 출발물인지 생성물인지를 밝혀라.

a. $\Delta G°$ = 8.0 kJ/mol   b. K_{eq} = 10   c. $\Delta G°$ = −12 kJ/mol   d. $K_{eq} = 10^{-3}$

6.5B 에너지 변화와 형태 분석

이 식은 두 상태가 평형을 이루고 있는 모든 상황에 적용될 수 있다. 예를 들면, 단일 치환된 사이클로헥세인은 상온에서 빠르게 상호 변환하는 두 개의 서로 다른 의자 형태로 존재한다(4.13절). 두 형태 중 공간이 넉넉한 수평에 치환기가 위치하는 형태가 더 우세하다. 두 형태 간의 에너지 차이를 알면 평형에서 두 형태의 양을 각각 계산할 수 있다.

예를 들면, 페닐사이클로헥세인(phenylcyclohexane)의 두 의자 형태 간의 에너지 차는 아래의 식에 보이는 바와 같이 −12.1 kJ/mol이다. 표 6.3에 있는 값을 이용하면, 평형 상수는 약 100이 되며, 이는 평형에서 **A**(수직 방향 페닐기)보다 **B**(수평 방향 페닐기)가 약 100배 많음을 의미한다.

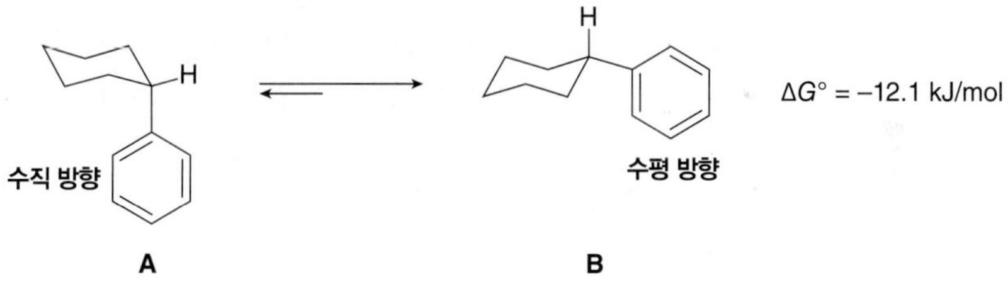

수직 방향 **A** ⇌ 수평 방향 **B** $\Delta G°$ = −12.1 kJ/mol

$$\Delta G° = -2.303RT \log K_{eq}$$

$$-12.1 \text{ kJ/mol} \longrightarrow K_{eq} \approx 100$$

평형 상태에서 **A**보다 **B**가 약 100배 많음

문제 6.12 메톡시사이클로헥세인의 수직 방향 형태와 수평 방향 형태 간의 상호 변환에 대한 평형 상수 값은 2.7이다.

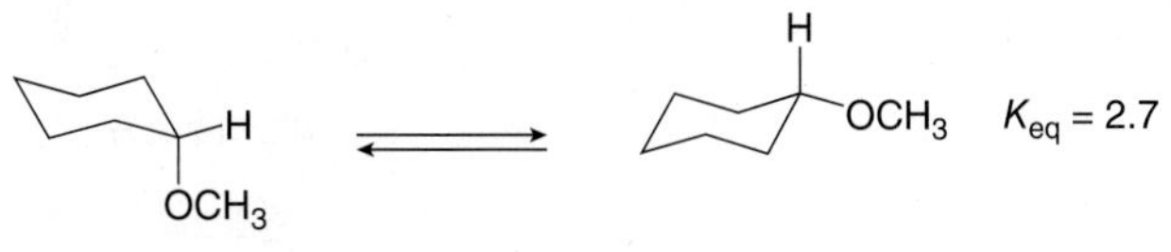

(수직 방향 OCH_3) ⇌ (수평 방향 OCH_3) K_{eq} = 2.7

a. 주어진 값을 볼 때, 어느 형태가 평형에서 더 우세하게 존재하는가?

b. 이 과정의 $\Delta G°$ 값은 양수인가, 음수인가?

c. 표 6.3의 값을 이용하여 대략적인 $\Delta G°$ 값을 계산하라.

6.6 엔탈피와 엔트로피

자유 에너지 변화($\Delta G°$)는 엔탈피 변화($\Delta H°$)와 엔트로피 변화($\Delta S°$)에 의존한다. $\Delta H°$는 상대적인 결합의 세기를 의미하는데 $\Delta S°$는 무엇을 나타내는가?

엔트로피는 화학 강의에 반복해서 언급되지만 이해하기 쉽지 않은 개념이다. 엔트로피와 무질서도를 연결시키는 한 방법으로 분필 한 줌을 생각해보자. 바닥에 떨어뜨리면 이들은 무질서하게 배열된다(높은 엔트로피 상태). 분필들을 일렬로 배열하려면 이들을 인위적으로 나열하여야 한다(낮은 엔트로피 상태). 무질서하고 자유로운 배열이 더 선호되며 에너지 면에서도 유리하다.

(감수자 주: 흔히 엔트로피를 무질서와 연관시키지만, 엔트로피는 엄청난 수의 분자의 통계학적 행동 때문에 생기는 미시적 성질이다. 따라서 분필 같은 거시계에는 전혀 적용되지 않는다. 더 올바른 정의는 일반화학이나 물리화학 교재에서 찾아보라.)

엔트로피(entropy, $S°$)는 계(system)의 무질서(randomness) 정도를 나타낸다. 더 많은 움직임의 자유 또는 더 많은 무질서가 존재하면 엔트로피는 더 커진다. 기체 분자는 액체 분자보다 더 자유롭게 움직이며 그래서 엔트로피가 더 크다. 고리 분자는 유사한 비고리 분자보다 결합의 회전이 제한되며 따라서 엔트로피가 낮다.

엔트로피의 변화($\Delta S°$)는 반응물과 생성물 사이의 무질서도의 변화이다. 생성물이 반응물보다 더 무질서해졌을 때 $\Delta S°$는 양수(+)이고, 생성물이 반응물보다 덜 무질서할 때 $\Delta S°$는 음수(−)이다.

- 엔트로피가 증가하는 반응이 더 유리하다.

$\Delta G°$는 $\Delta H°$ 및 $\Delta S°$와 다음과 같은 관계에 있다.

$$\Delta G° = \Delta H° - T\Delta S° \quad [T = \text{Kelvin 온도}]$$

$\Delta G°$	$\Delta H°$	$T\Delta S°$
전체 에너지 변화	결합 에너지의 변화	무질서의 변화

이 식은 반응의 전체 에너지 변화가 두 인자 즉, 결합 에너지의 변화와 무질서도의 변화에 영향을 받음을 나타낸다. 결합 에너지의 변화는 결합 해리 에너지(6.4절)로부터 계산될 수 있다. 이에 비해 엔트로피 변화는 추정이 어려우나 균형 화학 반응식에서 출발물의 분자 수와 생성물의 분자 수가 서로 다를 경우에 중요하다. 선형 분자가 고리 구조로 변하거나, 고리 분자가 선형 분자로 변형되는 경우에도 계의 엔트로피 변화가 확실하게 나타난다.

예를 들면, 결합의 균일 분해에 의해 두 개의 라디칼을 생성하는 경우처럼 하나의 출발물이 두 개의 생성물을 형성할 때는 엔트로피가 증가하며 생성물의 형성이 유리한다. 반면에 선형 화합물이 고리를 형성할 때에는 엔트로피가 감소한다. 왜냐하면 고리는 자유도가 더 작기 때문이다. 이 경우, 엔트로피는 생성물의 형성에 불리하다.

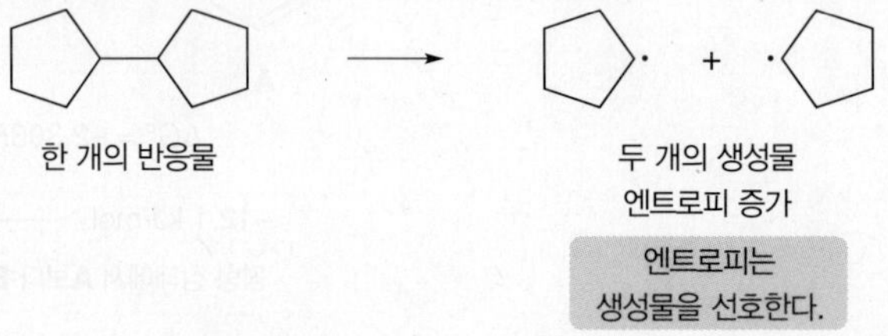

한 개의 반응물 → 두 개의 생성물 엔트로피 증가

엔트로피는 생성물을 선호한다.

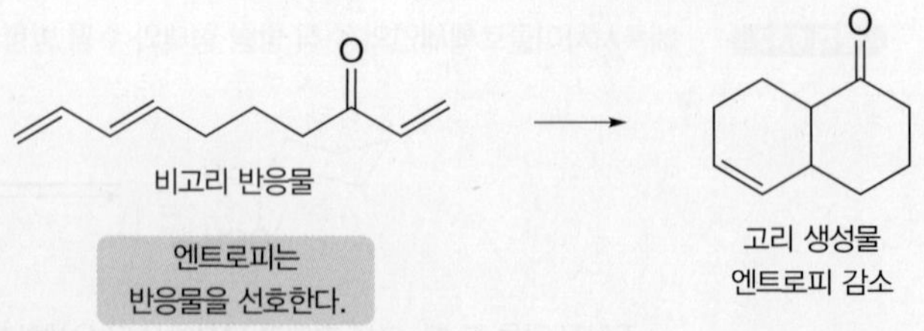

비고리 반응물 → 고리 생성물 엔트로피 감소

엔트로피는 반응물을 선호한다.

글루코스 대사(6.4절)는 엔트로피 측면상 유리한 반응인데 그 이유는 생성되는 분자 수(6 CO_2와 6 H_2O)가 반응하는 분자 수($C_6H_{12}O_6$와 6 O_2)보다 더 많기 때문이다.

고온에서 진행되지 않는 대부분의 다른 반응에서는, 엔트로피 항($T\Delta S°$)이 엔탈피 항($\Delta H°$)에 비해 작아 무시할 수 있다. 그래서 반응의 전체 자유 에너지 변화를 종종 결합 에너지의 변화로 어림잡곤

6.4절에서 배운 것처럼 $\Delta H°$가 양수일 때는 흡열 반응이고 $\Delta H°$가 음수일 때는 발열 반응인 것을 기억하라. **$\Delta G°$가 양수일 때 자유 에너지 증가**(endergonic) **반응이고 $\Delta G°$가 음수일 때 자유 에너지 감소**(exergonic) **반응이 된다**. 이 교재에서는 대개의 경우에 $\Delta G°$를 $\Delta H°$ 값으로 근사화하므로 자유 에너지 증가와 자유 에너지 감소라는 용어는 거의 쓰지 않는다.

한다. 이는 근사값이지만, 많은 경우 에너지 측면에서 유리한 반응인지 여부를 추정하는 기본이 된다.

$$\Delta G° \approx \Delta H°$$

이 근사법에 의해,

- 반응에서 $\Delta H°$가 음수일 때 생성물이 선호된다. 즉 반응물의 결합보다 생성물의 결합이 더 세다.

- 반응에서 $\Delta H°$가 양수일 때 반응물이 선호된다. 즉 생성물의 결합보다 반응물의 결합이 더 세다.

문제 6.13 엔트로피를 고려하지 않고 다음의 값을 토대로 판단할 때, 평형에서 반응물과 생성물 중 어느 쪽을 더 선호할까?

a. $\Delta H° = 80$ kJ/mol b. $\Delta H° = -40$ kJ/mol.

문제 6.114 $\Delta H° = 40$ kJ/mol 인 반응에 대하여 다음 설명 중 어느 것이 옳은지를 밝혀라. 틀린 부분을 지적하고 수정하여 바른 설명으로 바꿔라.

a. 반응은 발열 반응이다.

b. 반응의 $\Delta G°$는 양수이다.

c. K_{eq}는 1보다 크다.

d. 생성물의 결합보다 출발물의 결합이 더 세다.

e. 평형에서 생성물이 더 선호된다.

문제 6.15 $\Delta H° = -20$ kJ/mol일 경우로 바꿔서 문제 6.14에 답하라.

6.7 에너지 도표

에너지 도표(energy diagram)는 반응물이 생성물로 변하는 동안 발생하는 에너지의 변화를 개략적으로 표현하는 도표이다. 에너지 도표는 얼마나 쉽게 반응이 진행되는가, 얼마나 많은 단계가 반응에 포함되는가, 그리고 반응물들, 생성물들과 중간체들의 에너지가 어떠한가를 나타낸다.

예를 들어, 분자 **A–B**와 음이온 **C:⁻**가 협동 반응을 하여 **A:⁻**와 **B–C**를 생성하는 반응을 생각하라. 만일 반응이 한 단계로 끝난다면, **A**와 **B** 사이의 결합이 끊어지는 동시에 **B**와 **C** 사이에 결합이 생성된다. 이 가상적인 반응에서 생성물의 에너지가 반응물의 에너지보다 낮다고 가정한다.

에너지 도표는 **에너지를 y축**에 기록하고, 흔히 **반응 좌표**(reaction coordinate)라고 불리는 반응 진행도를 **x축**에 기록한다. 출발물 **A–B**와 **C:⁻** 가 서로 접근하면 전자 구름이 약간의 반발을 보이게 되고, 따라서 최댓값에 도달할 때까지 에너지 상태가 증가하게 된다. 이 불안정한 에너지 최댓값 상태를 **전이 상태**(transition state)라고 부른다. 전이 상태에서 **A**와 **B** 간의 결합은 부분적으로 끊어지고 **B**와 **C** 간의 결합은 부분적으로 생성된다. 그 상태는 에너지의 정점인 '고갯마루'에 존재하므로 **전이 상태는 분리해 낼 수 없다**.

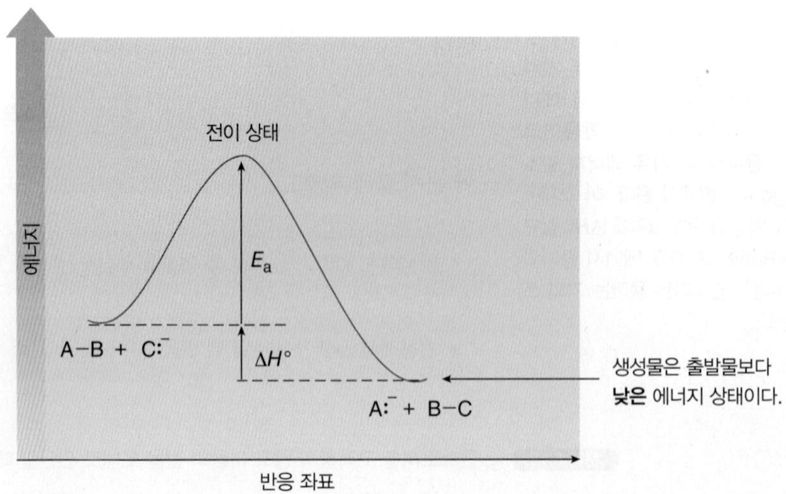

전이 상태에서 **A**와 **B** 간 결합이 다시 형성되어 출발물로 돌아가거나, 또는 **B**와 **C** 간 결합이 형성되어 생성물을 생성하는 방향으로 진행될 수 있다. B와 C 간 결합이 형성되면서 에너지가 감소하여 최소 에너지 값을 갖는 안정한 생성물 상태에 도달한다.

- 생성물과 반응물의 에너지 차이가 $\Delta H°$이다. 생성물의 에너지가 반응물의 에너지보다 낮으므로 반응은 발열 반응이며 에너지는 방출된다.

- 전이 상태와 출발물 간의 에너지 차이를 활성화 에너지(energy of activation, E_a)라고 부른다.

활성화 에너지는 반응물의 결합을 끊는 데 필요한 최소한의 에너지이다. 이는 반응이 진행되기 위해 넘어야 하는 에너지 장벽을 의미한다. E_a의 크기는 반응 속도에 대한 정보를 제공해 준다.

느린 반응은 E_a가 크고 빠른 반응은 E_a가 작다.

- E_a가 커지면 결합을 끊기 위한 에너지가 커지게 되며 따라서 반응 속도는 느려진다.

불안정한 전이 상태의 구조를 어떻게 그릴 수 있을까? 전이 상태의 구조는 출발물과 생성물의 중간 구조로 존재한다. 부분적으로 생성되거나 끊어지는 결합은 점선으로 그린다. 전이 상태에서 전하를 얻거나 잃게 되는 원자는 부분 전하를 갖는다. 전이 상태는 대괄호[] 내에 그리며, 괄호 밖에 이중 단검표를 윗첨자(‡)로 표시한다.

A−B와 **C:⁻**가 반응하여, **A:⁻**와 **B−C**가 형성되는 가상적인 반응에 있어서, **A**와 **B** 사이의 결합은 부분적으로 끊어지고, **B**와 **C** 사이는 부분적으로 결합이 형성된다. 반응이 진행되는 동안 **A**는 음전하를 얻고 **C**는 음전하를 잃어버리게 되므로 전이 상태에서는 두 원자가 모두 부분적인 음전하를 갖는다.

$$\left[\overset{\delta-}{\text{A}}\text{---B---}\overset{\delta-}{\text{C}}\right]^{\ddagger}$$

이 결합이 부분적으로 끊어짐 이 결합이 부분적으로 형성됨

그림 6.4에 몇 개의 에너지 도표를 예시하였다. 모든 에너지 도표의

- E_a는 에너지 장벽의 높이를 결정한다.
- $\Delta H°$는 반응물과 생성물의 상대적인 위치를 결정한다.

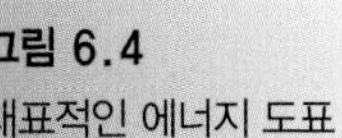

그림 6.4
대표적인 에너지 도표

예 [1]

- 큰 E_a → 느린 반응
- (+) $\Delta H°$ → 흡열 반응

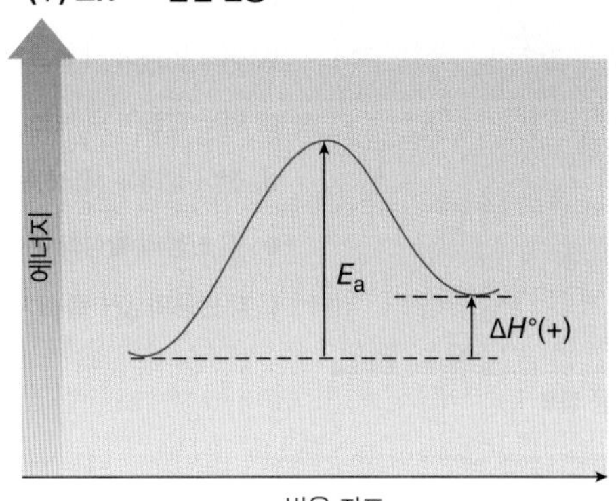

예 [3]

- 작은 E_a → 빠른 반응
- (+) $\Delta H°$ → 흡열 반응

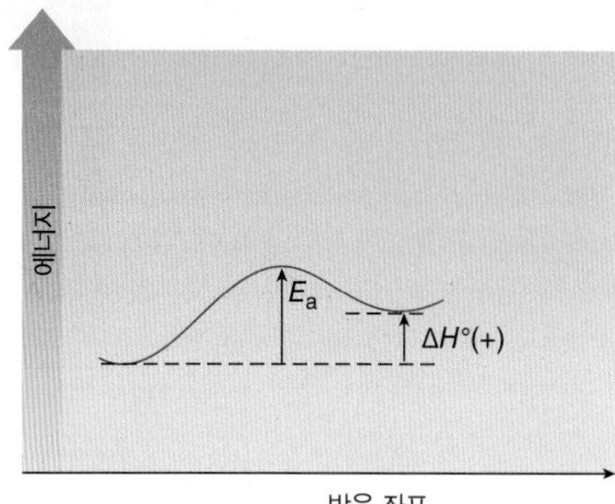

예 [2]

- 큰 E_a → 느린 반응
- (–) $\Delta H°$ → 발열 반응

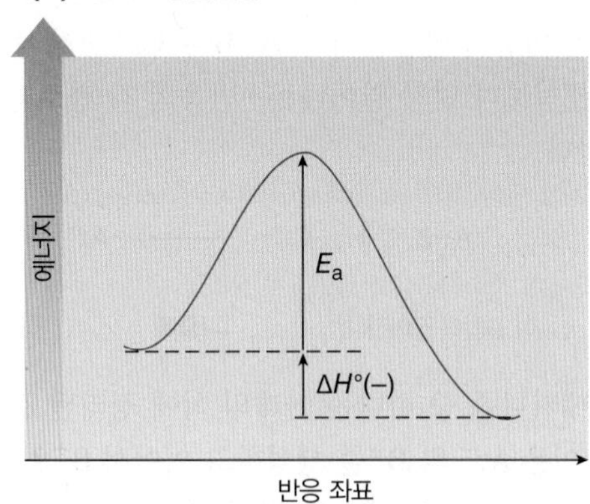

예 [4]

- 작은 E_a → 빠른 반응
- (–) $\Delta H°$ → 발열 반응

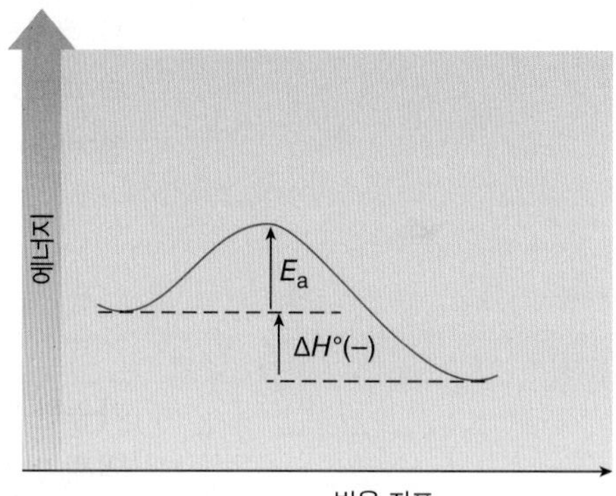

두 변수 E_a와 $\Delta H°$는 서로 독립적이다. 같은 $\Delta H°$ 값을 가진 두 반응이라도 서로 다른 E_a 값을 가질 수 있다. 모두 같은 음수의 $\Delta H°$ 값을 가진 발열 반응이라도 작은 E_a 값을 갖고 있는 반응이 더 빠르게 진행된다.

문제 6.16 생성물이 출발물보다 에너지 상태가 더 높으며 E_a가 큰 반응의 에너지 도표를 그리고 다음의 사항을 표시하라. 좌표축, 출발물, 생성물, 전이 상태, $\Delta H°$와 E_a.

문제 6.17 다음 각 반응의 전이 상태 구조를 그려라.

a. $\overset{+}{O}H_2$ (tert-butyl) ⟶ (tert-butyl cation, +) + H_2O

b. (propanol) OH + ^{-}OH ⟶ (propoxide) O^{-} + H_2O

문제 6.18 화합물 **A**는 **B**나 **C** 어느 쪽으로도 바뀔 수 있다. 이 두 과정의 에너지 도표는 다음과 같다.

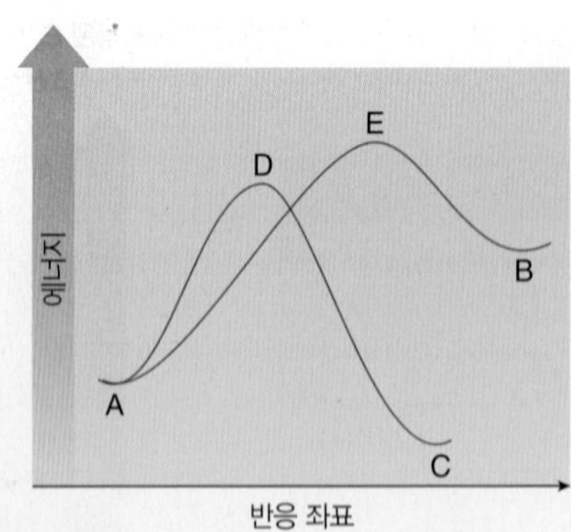

a. 각 반응을 흡열과 발열 반응으로 구분하라.
b. 어느 반응이 더 빠르게 일어나는가?
c. 어느 반응이 더 낮은 에너지를 갖는 생성물을 형성하는가?
d. 전이 상태에 해당하는 위치를 에너지 도표에 표시하라.
e. 각 반응의 활성화 에너지를 표시하라.
f. 각 반응의 $\Delta H°$를 표시하라.

6.8 두 단계 반응 메커니즘의 에너지 도표

6.7절에서는 협동 반응을 가상하여 설명을 하였으나, 많은 경우는 중간에 반응성이 높은 중간체를 형성하는 두 단계 이상의 반응들이다. **A–B + C:⁻**가 생성물 **A:⁻ + B–C**를 형성하는—결합의 파괴가 결합의 생성보다 먼저 일어나는—반응의 각 경로 단계를 생각해보자. 전체 과정은 발열 반응이라 가정한다.

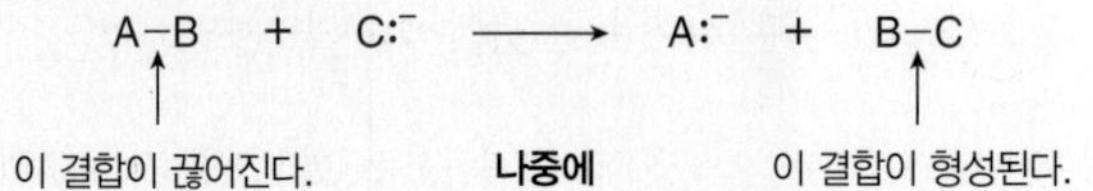

가능한 단계 반응 메커니즘 중 하나는 아래의 식에 정리된 것처럼, **A–B** 결합의 불균일 분해에 의해 먼저 두 개의 이온 **A:⁻** 와 **B⁺**를 생성하고 이어서 **B⁺**와 음이온 **C:⁻**의 반응에 의해 생성물 **B–C**를 형성하는 것이다. 여기서 **B⁺**가 반응중간체(reactive intermediate)이다. 이는 단계 [1]에서 생성되어 단계 [2]에서 **C:⁻**와 반응한다.

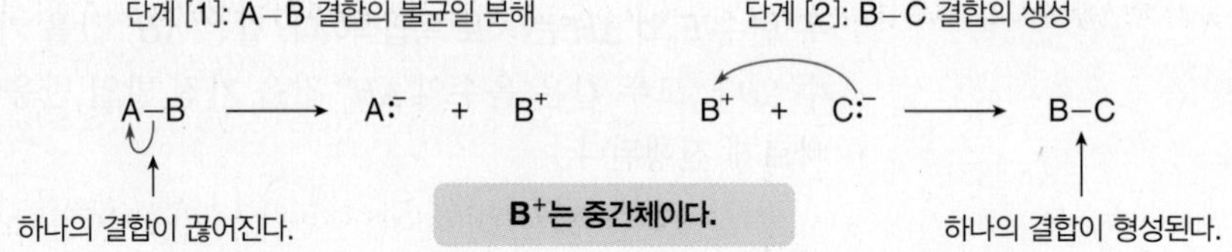

두 단계 반응의 전체 에너지 도표를 그리기 위해서는 먼저 각각의 단계에 대한 에너지 도표를 그리고 난 후에 두 개의 에너지 도표를 연결시켜야 한다.

단계 [1]은 **A–B** 결합의 분해를 위하여 필요한 에너지를 공급해야 하므로 흡열 반응이다. 그래서 $\Delta H°$는 양수 값을 갖고 단계 [1]의 생성물은 출발물보다 높은 에너지 상태에 놓인다. 전이 상태에서는 **A–B** 결합이 부분적으로 끊어진다.

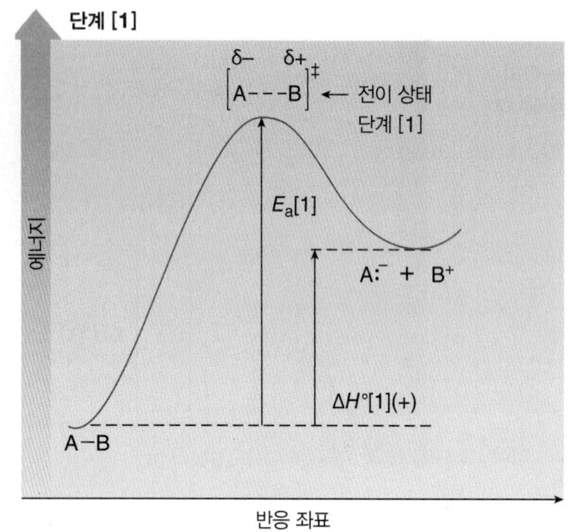

단계 [2]는 **B–C** 결합이 형성되면서 에너지를 방출하므로 발열 반응이다. $\Delta H°$는 음수이며, 단계 [2]의 생성물은 단계 [2]의 출발물보다 낮은 에너지 상태에 놓인다. 전이 상태에서는 **B–C** 결합이 부분적으로 형성된다.

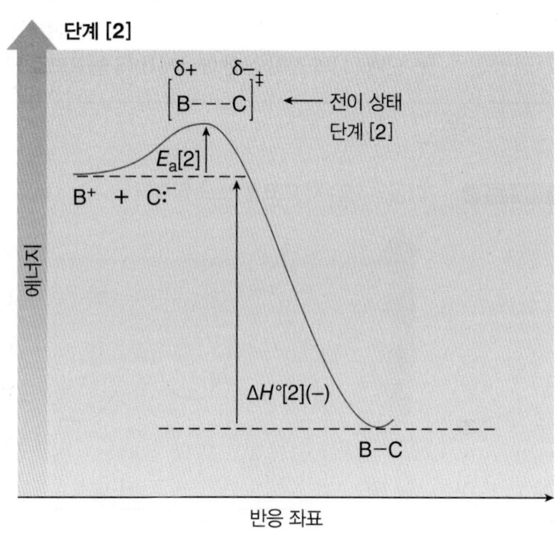

두 단계를 합하여 하나의 에너지 도표로 작성한 전체 과정이 그림 6.5에 나와 있다. 반응이 두 단계로 구성되어 있으므로 각각 독립적인 에너지 장벽을 갖는 두 개의 전이 상태가 존재한다. 두 전이 상태는 에너지 최소치에 존재하는 반응 중간체 B+에 의해 분리되어 있다. 두 단계의 전체 반응이 발열 반응이라고 가정하였으므로 $\Delta H°_{전체}$가 나타내는 반응물과 생성물 간 전체 에너지 차는 음의 값이 되고, 최종 생성물은 출발물보다 에너지 상태가 낮다.

E_a[1]으로 표시된 단계 [1]의 에너지 장벽은 E_a[2]로 표시된 단계 [2]의 에너지 장벽보다 더 높다. 이것은 결합의 끊어짐(단계 [1])은 결합의 생성(단계 [2])보다 더 어렵기(에너지가 필요) 때문이다. 단계 [1]의 전이 상태 에너지가 더 높아서 반응 경로상 더 느린 단계가 된다.

- 여러 단계의 반응 메커니즘에서 가장 높은 에너지의 전이 상태를 갖는 단계를 속도 결정 단계리 부른다.

위의 반응에서는 단계 [1]이 속도 결정 단계이다.

그림 6.5
A−B + C:⁻ → A:⁻ + B−C의 두 단계 변환에 대한 완성된 에너지 도표

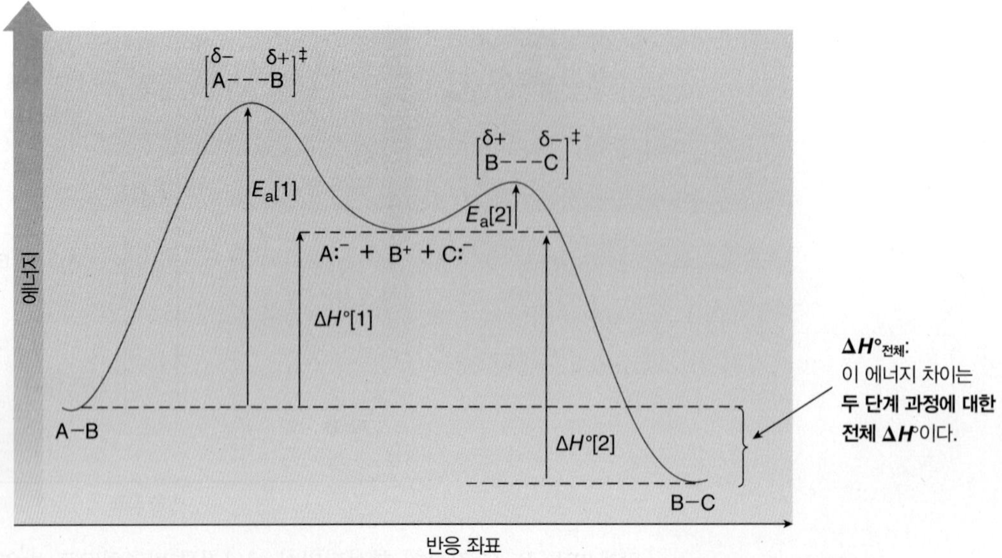

- **전이 상태는 에너지의 최대치에 위치하는 반면, 반응중간체인 B^+는 에너지의 최소치에 위치한다.**
- 각 단계는 각각 고유한 $\Delta H°$와 E_a의 값을 갖는다.
- 출발물과 생성물의 전체 에너지 차이는 $\Delta H°_{전체}$로 표시되며, 이 예의 두 단계 반응 생성물은 출발물보다 낮은 에너지 상태에 존재한다.
- 단계 [1]의 전이 상태 에너지가 더 높으므로 단계 [1]이 **속도 결정 단계**(rate-determining step)이다.

문제 6.19 다음의 에너지 도표를 보고 답하라.

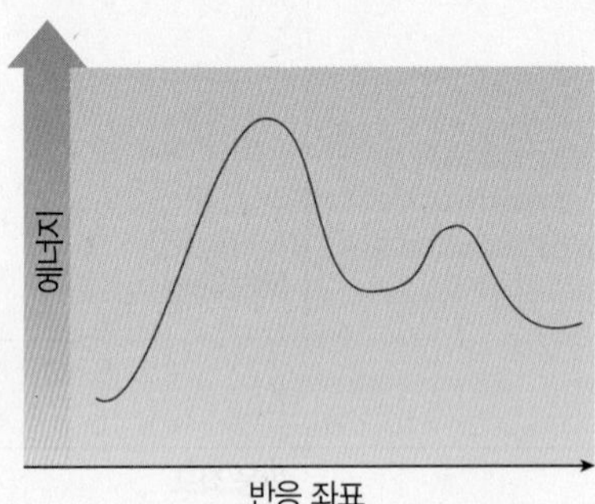

a. 이 반응은 몇 단계 반응인가?

b. 각각의 단계에 대해 $\Delta H°$, Ea를 표시하고, $\Delta H°_{전체}$도 나타내라.

c. 각각의 전이 상태를 표시하라.

d. 어느 지점이 반응중간체에 해당하는가?

e. 어느 단계가 속도 결정 단계인가?

f. 전체 반응은 흡열인가 발열인가?

문제 6.20 상대적인 에너지 크기가 C < A < B이고, B → C단계가 속도 결정 단계인 두 단계 반응 A → B → C에 대한 에너지 도표를 그려라.

6.9 반응속도론

이제 반응 속도(reaction rate), 즉 특정 반응이 얼마나 빠르게 진행되는가에 대해 좀 더 자세히 논의해 본다. 이러한 연구 분야를 반응속도론(kinetics)이라고 부른다.

화학 반응의 속도는 우리 생활의 많은 분야에 영향을 미친다. 아스피린은 프로스타글란딘의 합성을 빠르게 억제하므로(19.6절) 효과적인 소염제이다. 버터는 지질이 대기 중의 산소와 서서히 산화하여 원하지 않는 부산물을 생성하므로(15.11절) 부패한다. DDT(7.4절)는 대기 중의 물, 산소, 또는 기타 성분과 반응하지 않아 환경오염 물질로 잔류한다. 이 모든 과정은 서로 다른 반응 속도 때문에, 때론 유익하거나 때론 해로운 결과를 초래한다.

어떤 반응들은 매우 유리한 평형 상수(K_{eq} >> 1)를 갖는다. 그러나 반응 속도는 매우 느리다. 아이소옥테인과 같은 알케인의 산화에 의해 CO_2와 H_2O가 생성되는 반응이 이 현상에 대한 한 예이다. 반응을 개시시키기 위한 점화가 없는 한 아이소옥테인은 O_2와 반응하지 않는다. 그래서 아이소옥테인을 함유하는 휘발유를 대기 중에서 안전하게 다룰 수 있다.

반응 속도에 대한 온도 효과를 실제로 부엌에서 이용하고 있다. 음식물을 차가운 냉장고에 보관하여 부패의 원인이 되는 반응의 속도를 늦춘다.

6.9A 활성화 에너지

6.7절에서 공부한 바와 같이 활성화 에너지 E_a는 전이 상태와 반응물 간의 에너지 차이다. 이것은 반응물이 생성물로 변환되기 위해 넘어야 할 **에너지 장벽**이다.

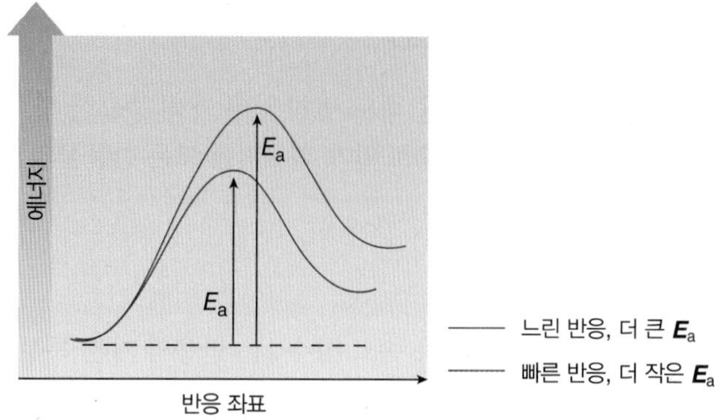

- E_a가 커질수록 반응이 더 느려진다.

농도와 온도도 반응 속도에 영향을 준다.

- 농도가 진해지면 반응 속도도 빨라진다. 농도가 증가하면 반응 분자 사이의 충돌 횟수가 증가하며 따라서 반응 속도가 올라간다.

- 온도가 높을수록 반응 속도는 더 빨라진다. 온도가 증가하면 반응 분자의 평균 운동 에너지를 상승시킨다. 충돌하는 분자의 운동 에너지가 결합의 분해에 사용되므로, 평균 운동 에너지의 증가는 반응 속도의 증가를 유래한다.

대부분 유기 반응의 E_a 값은 40~150 kJ/mol 정도이다. E_a < 80 kJ/mol인 반응은 실내 온도 이하에서 쉽게 진행된다. E_a > 80 kJ/mol일 경우에는 높은 온도가 요구된다. 일반적으로 온도가 10 °C 상승할 때마다 반응 속도는 두 배 증가한다. 따라서 실험실에서는 반응 속도를 높여서 적절한 시간 내에 반응이 끝날 수 있게 때로는 가열을 한다.

어떠한 반응물의 양은 반응 속도와는 무관함에 유의한다.

- $\Delta G°$, $\Delta H°$ 와 K_{eq}는 반응 속도에 영향을 주지 않는다. 이 수치들은 평형의 방향과 반응물과 생성물 간 에너지 차를 나타낸다.

문제 6.21 어떤 값이 더 빠른 반응에 해당되는가?

a. E_a = 40 kJ/mol 또는 E_a = 4 kJ/mol
b. 반응 온도 0 °C 또는 반응 온도 25 °C
c. K_{eq} = 10 또는 K_{eq} = 100
d. $\Delta H°$ = −10 kJ/mol 또는 $\Delta H°$ = 10 kJ/mol

문제 6.22 K_{eq} = 0.8과 E_a = 80 kJ/mol인 반응에 대한 다음 설명 중 옳은 서술을 고르고 틀린 서술은 적절히 고쳐라. 단 엔트로피는 고려하지 않는다.

a. 이 반응은 K_{eq} = 8과 E_a = 80 kJ/mol인 반응보다 빠르게 일어난다.
b. 이 반응은 K_{eq} = 0.8과 E_a = 40 kJ/mol인 반응보다 빠르게 일어난다.
c. 이 반응의 $\Delta G°$ 값은 양의 값을 갖는다.
d. 반응물은 생성물의 에너지 상태보다 더 낮은 에너지 상태를 갖는다.
e. 이 반응은 발열 반응이다.

6.9B 반응 속도식

화학 반응의 반응 속도는 시간에 따른 반응물 농도의 감소 또는 시간에 따른 생성물 농도의 증가를 측정함으로써 결정된다. 반응 속도 법칙(rate law, 또는 반응 속도식)은 반응 속도와 반응물 농도의 관계를 보여주는 식이다. 반응 속도 법칙은 실험적으로 결정되며, 반응 메커니즘의 영향을 받는다.

반응 속도 법칙은 두 개의 중요한 항, 즉 k로 표시되는 반응 속도 상수와 반응물의 농도로 표현된다. 앞으로 알게 되겠지만 모든 반응물의 농도가 반응 속도식에 나타나지는 않는다.

반응 속도 = k[반응물]

k = 반응 속도 상수

반응 속도 상수 k와 활성화 에너지 E_a는 서로 역비례 관계에 있다. **높은 E_a 값은 작은 k값에 해당한다.**

반응 속도 상수 k는 반응의 기본 특성이다. k는 반응 속도의 온도와 활성화 에너지에 대한 의존성을 보여주는 복잡한 수학식으로 표현된다.

- 빠른 반응은 반응 속도 상수가 크다.
- 느린 반응은 반응 속도 상수가 작다.

어떤 농도가 반응 속도식에 나타나는가는 반응의 메커니즘에 좌우된다. 우리가 보게 될 유기 반응에서는,

- 한 단계 반응 메커니즘의 반응 속도식은 모든 반응물의 농도 항을 포함한다.
- 다단계 반응에서의 반응 속도식은 속도 결정 단계에 관련되는 반응물의 농도 항만을 포함한다.

예를 들면, **A−B + C:⁻**가 **A:⁻ + B−C**를 형성하는 한 단계 반응에서는 두 반응물이 모두 한 단계뿐인 메커니즘의 전이 상태에 모두 관련된다. 두 반응물의 농도가 모두 반응 속도에 영향을 주고 따라서 둘 다 반응 속도식에 포함된다. 두 개의 반응물을 포함하는 반응의 형태를 이분자 반응(bimolecular reaction)이라고 부른다.

$$\text{A–B} + \text{C:}^- \longrightarrow \text{A:}^- + \text{B–C}$$

반응 속도 = k [AB][C:⁻]

지수의 합 = 2

한 단계에 두 반응물이 모두 반응한다.
두 개의 반응물이 반응 속도를 결정한다.

이차 반응식

반응 속도식의 차수는 반응 속도식 농도 항의 지수를 합한 것과 같다. **A−B + C:⁻** 의 한 단계 반응에 대한 반응 속도식에서는 지수가 각각 1인 두 개의 농도 항이 있다. 그러므로 지수의 합은 2이며 반응 속도식은 이차(second order)이다(반응은 이차 반응 속도식을 따른다).

반응 속도가 두 개의 반응물의 농도에 의존하므로, **A−B** 또는 **C:⁻**의 농도를 두 배로 증가시키면 반응 속도가 두 배 증가하게 된다. **A−B**와 **C:⁻**의 농도를 모두 두 배로 증가시키면 반응 속도는 네 배 증가한다.

다단계 과정으로 **A−B + C:⁻**가 **A:⁻ + B−C**를 형성하는 변환에서는 상황이 달라진다. 6.8절에 나타난 반응 메커니즘은 **A−B** 결합이 끊어지는 느린 단계(속도 결정 단계)와 **B−C**결합이 생성되는 빠른 단계의 두 단계를 포함한다.

$$A{-}B \xrightarrow[\text{단계 [1]}]{} A{:}^- + B^+ \xrightarrow[\text{단계 [2]}]{C{:}^-} B{-}C$$

속도 결정

AB만 속도 결정 단계에 속해 있다.
반응 속도가 [AB]에 의해서만 결정된다.

반응 속도 = *k* [AB]

단 하나의 농도 항

일차 반응식

다단계 반응 메커니즘에서 전체 반응은 반응 속도 결정 단계보다 더 빨라질 수 없다. 속도 결정 단계에 영향을 미치는 반응물의 농도만이 반응 속도식에 포함된다. 이 예에서 **A−B**만이 속도 결정 단계에 나타나므로 반응 속도는 **A−B**의 농도에만 의존한다. 하나의 반응물만 포함하는 반응을 일분자 반응(unimolecular reaction)이라고 부른다. 하나의 농도 항만 존재하므로(지수는 일차) 반응 속도식은 일차이다(반응은 일차 반응 속도식을 따른다).

반응 속도가 하나의 반응물의 농도에만 의존하므로, **A−B**의 농도를 두 배로 증가시키면 반응 속도는 두 배가 된다. 그러나 **C:⁻**의 농도를 두 배로 증가시키는 것은 반응 속도에 아무런 영향을 미치지 않는다.

이런 결과는 당혹스러울 수 있다. **C:⁻**가 반응에 포함되어 있는데, 왜 전체 반응 속도에 영향을 미치지 않는가? 반응 속도에 영향을 주지 않은 채로 **C:⁻**의 농도를 변화시킬 수 있을 뿐만 아니라, 반응 속도에 영향이 없어 **C:⁻**를 다른 음이온과 교체할 수도 있다. 어떻게 이럴 수 있는가? C:⁻는 반응의 느린 단계에 포함되어 있지 않다. 그래서 그것의 농도나 존재 여부가 반응 속도에 영향을 미치지 않는 것이다.

다음과 같은 비유가 적합할 것이다. 학생 세 명이 학급 소풍을 위해 땅콩버터와 젤리 샌드위치를 20개 만들어야 한다고 가정해 본다. 학생 (1)은 빵에 버터를 바르고, 학생 (2)는 젤리를 올리고, 학생 (3)은 샌드위치를 반으로 자른다. 이때 젤리를 올리는 학생 (2)의 속도가 느리면, 학생 (1)과 학생 (3)의 속도가 아무리 빨라도 학생 (2)가 젤리를 올리는 속도 이상으로 더 빨리 샌드위치를 만들 수 없다. 땅콩버터를 바르는 학생을 다섯 명 더 추가하거나 다른 학생이 학생 (3)을 대신한다 해도 샌드위치를 만드는 속도를 더 빠르게 할 수는 없다. 샌드위치를 만드는 속도는 전적으로 속도 결정 단계, 즉 젤리를 올리는 속도에 좌우된다.

반응 속도식은 반응 메커니즘에 대한 매우 중요한 정보를 제공한다. 반응 메커니즘이 알려져 있지 않은 새로운 반응에 대한 반응 속도 법칙은 농도에 따라 반응 속도가 어떻게 변하는지 측정하는 일련의 실험으로 결정한다. 그런 다음 어떤 반응물이 반응 속도에 영향을 주는가에 근거하여 반응 메커니즘을 추정한다.

문제 6.23 다음 각 반응 속도식의 경우, 지시된 농도의 변화는 전체 반응 속도에 어떤 영향을 주는가?

(1) 반응 속도 = $k[CH_3CH_2Br][^-OH]$
  a. CH_3CH_2Br의 농도만 세 배로 증가시켰을 때
  b. ^-OH의 농도만 세 배로 증가시켰을 때
  c. CH_3CH_2Br과 ^-OH의 농도를 동시에 세 배로 증가시켰을 때

(2) 반응 속도 = $k[(CH_3)_3COH]$
  a. $(CH_3)_3COH$의 농도를 두 배 증가시켰을 때
  b. $(CH_3)_3COH$의 농도를 열 배 증가시켰을 때

문제 6.24 주어진 메커니즘을 바탕으로 각 반응의 반응 속도식을 완성하라.

a. (bromopropane) + ^{-}OH ⟶ (propene) + H_2O + Br^-

b. (tert-butyl bromide) —느림→ (tert-butyl carbocation) + Br^- —^{-}OH, 빠름→ (2-methylpropene) + H_2O

6.10 촉매

어떤 반응들은 촉매(catalyst)가 첨가되지 않으면 적절한 시간 내에 반응이 일어나지 않는다.

- 촉매는 반응 속도를 증가시키는 물질이다. 촉매는 반응에서 변화되지 않고 회수되며, 생성물에 포함되지 않는다.

일반적인 유기 반응 촉매는 산과 금속이다. 아래의 식들이 그 두 가지 예이다.

아세트산 + 에탄올 —H_2SO_4→ 아세트산 에틸 + H_2O

사이클로헥센 + H_2 —Pd→ 사이클로헥세인

아세트산과 에탄올이 반응하여 아세트산 에틸과 물을 생성하는 반응은 산 촉매의 존재하에서 진행된다. 산 촉매가 출발물이거나 생성물이 아니라는 것을 강조하기 위하여 화살표의 아래쪽 또는 위쪽에 기입한다. 22장에서 이 반응의 세부 사항에 대하여 추가로 설명한다.

사이클로헥세인을 형성하기 위한 사이클로헥센과 수소의 반응은 팔라듐, 백금(platinum) 또는 니켈과 같은 금속 촉매의 존재하에서만 진행된다. 금속은 사이클로헥센과 수소를 동시에 결합할 수 있는 표면을 제공하고, 이런 과정을 통해서 반응이 진행된다. 12장에서 이 반응 메커니즘을 다시 살펴보기로 한다.

그림 6.6
반응에 대한 촉매의 영향

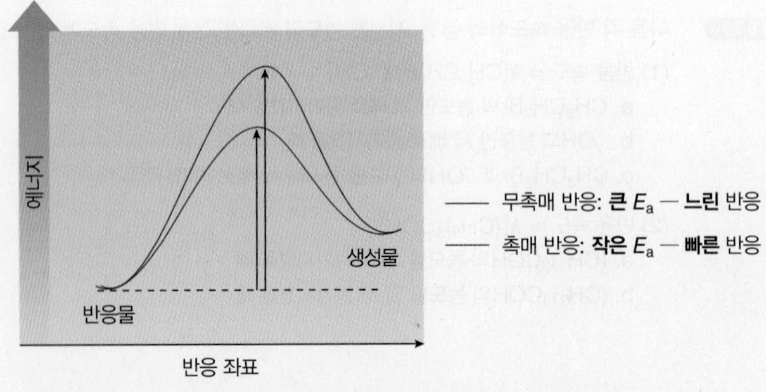

- 촉매는 활성화 에너지를 낮추어 준다. 따라서 **반응 속도를 증가시킨다.**
- 촉매 반응과 무촉매 반응의 반응물과 생성물의 에너지는 동일하다. 따라서 **평형의 위치는 동일하다.**

촉매는 활성화 에너지를 낮춤으로써 반응을 촉진시킨다(그림 6.6). 촉매는 평형 상수에는 영향을 주지 않는다. 따라서 평형에서 반응물 및 생성물의 양은 변함이 없다. 이와 같이 촉매는 평형이 어떻게 빠르게 이루어지는지에 영향을 주며, 평형 상태에서의 반응물과 생성물의 상대적 양에는 영향을 주지 않는다. 만일 반응 과정의 한 단계에서 촉매가 사용되었다면, 다른 단계에서 재생되어야 한다. 출발물에 비하여 매우 소량이 필요하기 때문에 **촉매량**(catalytic amount)으로 존재한다고 말한다.

문제 6.25 각각의 반응에서 촉매를 지적하라.

a. $CH_2{=}CH_2 \xrightarrow[H_2SO_4]{H_2O} CH_3CH_2OH$　　b. $CH_3Cl \xrightarrow[^-OH]{I^-} CH_3OH + Cl^-$

6.11 효소

생명체 내에서 생분자를 합성하고 분해하는 촉매는 산과 금속이 유기 반응에서 관여하는 것과 동일한 원리로 작용한다. 생명체 내의 촉매는 일반적으로 단백질 분자이며 **효소**(enzyme)라고 부른다.

- 효소는 매우 특별한 삼차원 구조를 이룬 아미노산들로 구성된 생화학 촉매이다.

그림 6.7
효소 작용의 개략적 표현

단계 [1]에서 유당 분해 효소의 활성 자리에 탄수화물인 락토스($C_{12}H_{22}O_{11}$)가 부착된다. 단계 [2]에서 락토스는 물과 반응하여, 결합이 끊어지면서 두 개의 더 작은 당인 갈락토스와 글루코스를 형성한다. 이 과정이 우유 속 주요 당인 락토스의 첫 소화 단계이다.

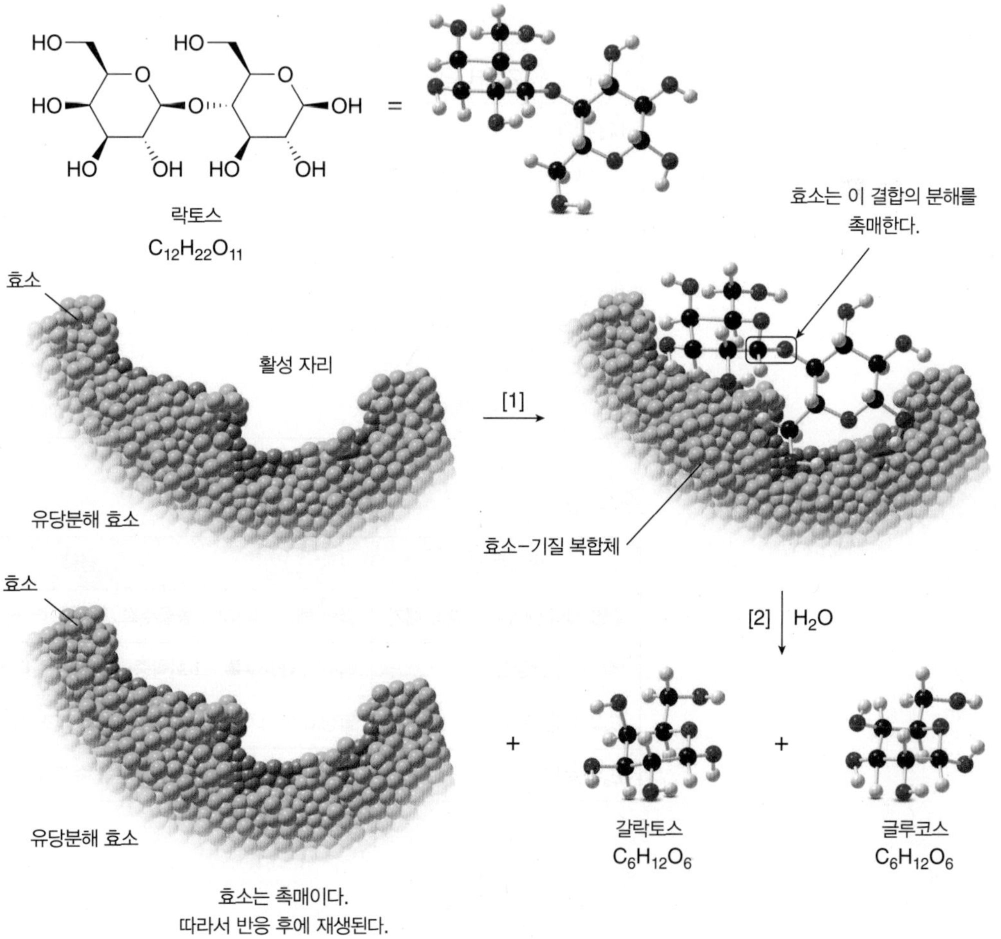

효소는 활성 자리(active site)라 부르는 영역과 이에 결합하는 유기 반응물인 기질로 구성된다. 이들이 서로 결합한 단위체를 효소-기질 복합체라 부르는데, 그림 6.7은 유당분해 효소(lactase)가 우유에 들어 있는 주요 탄수화물인 락토스(lactose, 유당)와 복합체를 형성하는 과정을 체계적으로 나타내었다. 유기 기질이 일단 부착되면 매우 특이적 반응이 빠른 속도로 진행된다. 이 예에서 락토스는 더 간단한 두 개의 당인 글루코스와 갈락토스로 바뀐다. 적정량의 유당 분해 효소가 결핍된 사람의 경우 락토스를 소화할 수 없어 복통과 설사를 일으킨다.

효소는 다양한 방식으로 생물학적 반응을 촉진한다. 효소는 반응물을 적절한 배열로 유지시켜 반응을 촉진하거나, 특정 변환에 필요한 산성의 영역을 제공하기도 한다. 일단 반응이 완료되면, 효소는 기질을 방출하고 또 다른 반응을 촉매할 수 있게 된다.

유기 반응의 이해

유기 반응식 쓰기(6.1절)

- 전자의 이동을 표현하기 위하여 굽은 화살표를 사용한다. 완전한 화살표는 전자쌍의 이동에 사용하고, 반쪽머리 굽은 화살표는 한 개의 전자 이동에 사용한다.
- 시약은 반응식의 왼쪽이나 반응 화살표 위에 위치할 수 있다. 촉매는 반응 화살표의 위쪽 또는 아래쪽에 위치한다.

반응의 종류(6.2절)

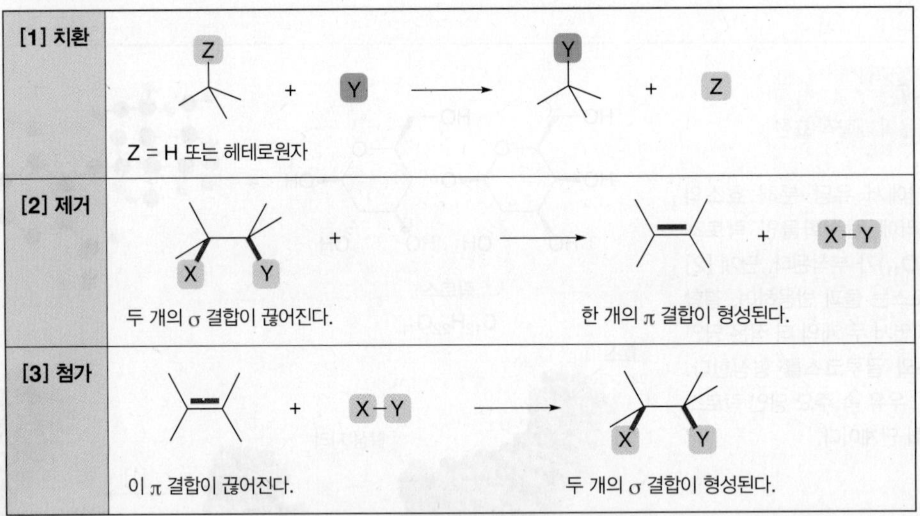

주요 경향

비교된 값	경향
결합 해리 에너지와 **결합 세기**	결합 해리 에너지가 **높을수록**, 결합은 **더 세진다**(6.4절).
에너지와 **안정성**	에너지 **높을수록**, 그 **화학종**의 **안정성은 더 줄어든다**(6.5A절).
E_a와 **반응 속도**	활성화 에너지가 **높을수록**, 반응은 **더 느려진다**(6.9A절).
E_a와 **속도 상수**	활성화 에너지가 **높을수록**, 반응 속도 상수는 **더 작아진다**(6.9B절).

반응중간체(6.3절)

- 결합이 분해되면서 반응중간체가 만들어진다.
- 균일 분해는 짝을 짓지 않은 전자를 가진 라디칼들을 생성한다.
- 불균일 분해는 이온을 생성한다.

반응중간체	일반 구조	반응 특성	반응성
라디칼		홀전자	친전자성
탄소 양이온		양전하: C 주위에 전자가 여섯 개만 있음	친전자성
탄소 음이온		알짜 음전하: C에 고립 전자쌍	친핵체

에너지 도표(6.7절, 6.8절)

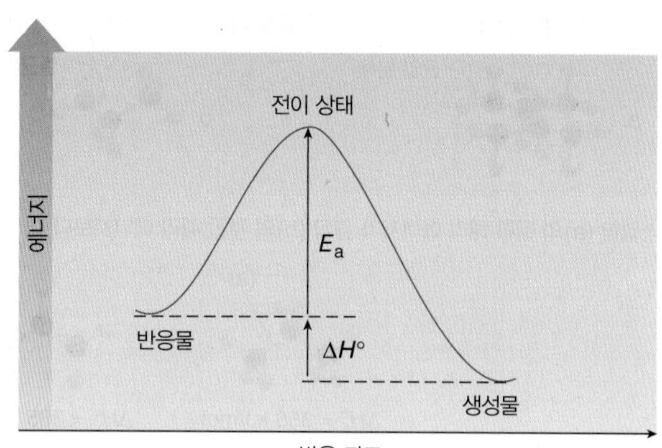

- E_a가 반응 속도를 결정한다.
- $\Delta H°$는 반응물과 생성물 사이의 결합 에너지의 차이이다.

생성물 형성이 우세한 조건(6.5절, 6.6절)

변수	값	의미
K_{eq}	$K_{eq} > 1$	평형에서 생성물이 반응물보다 더 많이 존재한다.
$\Delta G°$	$\Delta G° < 0$	생성물의 자유 에너지가 반응물의 자유 에너지보다 **더 작다**.
$\Delta H°$	$\Delta H° < 0$	생성물의 결합이 반응물의 결합보다 **더 세다**.
$\Delta S°$	$\Delta S° > 0$	생성물이 반응물보다 **더 무질서하다**.

식(6.5절, 6.6절)

$$\boldsymbol{\Delta G°} = -2.303RT \log \boldsymbol{K_{eq}}$$

K_{eq}는 반응물과 생성물의 에너지 차이에 의존한다.

[R = 8.314 J/(K • mol), 기체상수
T = Kelvin 온도(K)]

$$\boldsymbol{\Delta G°} = \boldsymbol{\Delta H°} - \boldsymbol{T\Delta S°}$$

자유 에너지 변화 = 결합 에너지 변화 − 무질서도 변화

[T = Kelvin 온도(K)]

반응 속도에 영향을 주는 요인들(6.9절)

요인	영향
활성화 에너지	큰 E_a ----→ 느린 반응
농도	높은 농도 ----→ 빠른 반응
온도	높은 온도 ----→ 빠른 반응

삼차원 모델을 이용하는 문제

6.26 표시된 결합의 균일 분해 혹은 불균일 분해 생성물을 그려라. 전기음성도 차이를 고려하여, 불균일 분해 반응 후의 전하 위치를 결정하라. 각 탄소 중간체들을 라디칼, 탄소 양이온 그리고 탄소 음이온으로 구분하라.

a. 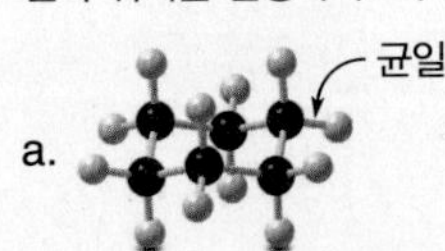

b. 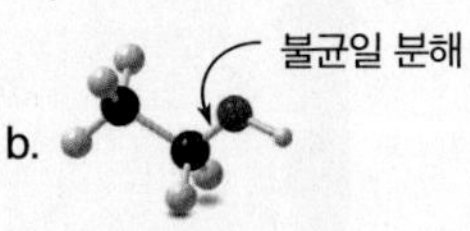

6.27 결합 (a)의 결합 해리 에너지가 결합 (b)의 결합 해리 에너지보다 더 낮은 이유를 설명하라.

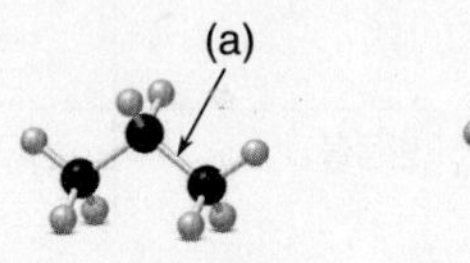

$\Delta H°$ = 356 kJ/mol　　$\Delta H°$ = 385 kJ/mol

반응의 형태

6.28 다음 각 변환을 치환, 제거 또는 첨가로 구분하라.

a. 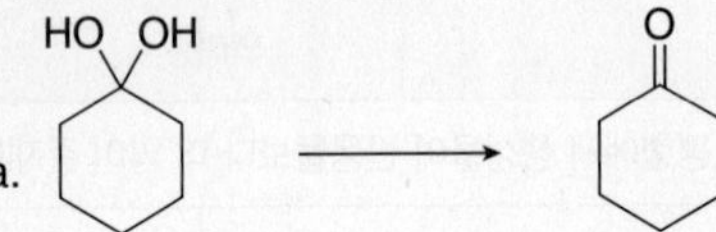

b. O → OH

굽은 화살표

6.29 각 반응에 대하여 완전한 굽은 화살표 또는 반쪽머리 굽은 화살표를 사용하여 전자쌍의 이동을 표시하라.

a. :Ö:⁻ :C̈l: → :O: + :C̈l:⁻

b. + Br_2 → :B̈r: + :B̈r·

c. CH_3CH_2B̈r: + ⁻:ÖH → CH_3CH_2ÖH + :B̈r:⁻

d. + ⁻:ÖH → + H_2Ö:

6.30 다음의 굽은 화살표를 고려하여 각 반응의 생성물을 그려라.

a. O + C̈l: →

b. HÖ: :ÖH Ö⁺ H →

6.31 (a) **A**가 에폭시 케톤 **C**로 어떻게 바뀌는지 보여주는 굽은 화살표를 각 단계에 덧붙여라. (b) **A**가 **C**로 바뀌는 것을 치환, 제거 혹은 첨가로 분류하라. (C) **B**의 공명구조 한 개를 더 그려라.

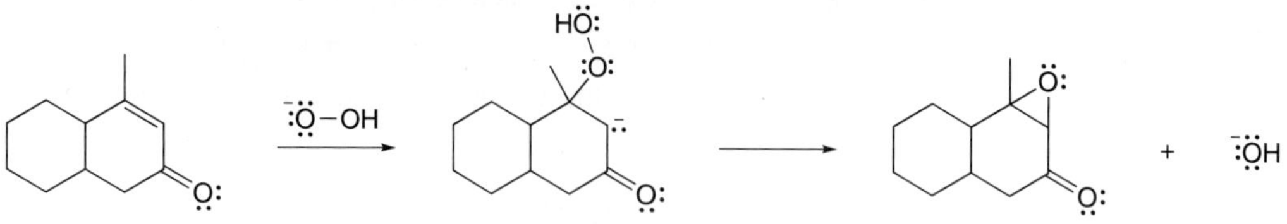

6.32 (a) 단계 [1]에서 **A**가 어떻게 **B**로 변환되는지 굽은 화살표를 사용하여 나타내라. (b) 단계 [2]에 그려진 굽은 화살표를 참조하여 **X**의 구조를 밝혀라.

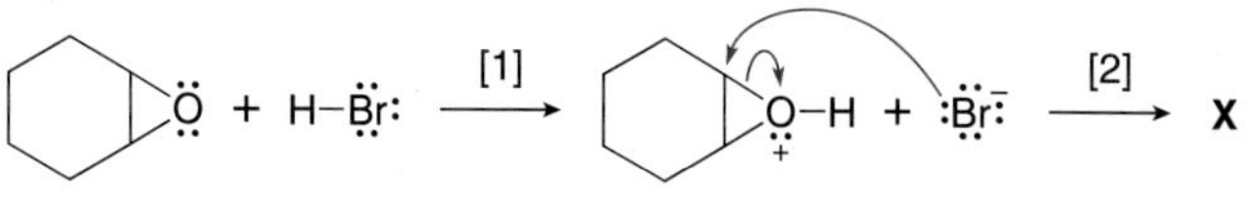

6.33 $PGF_{2\alpha}$ (4.15절)는 다단계 라디칼 반응을 촉매하는 사이클로옥시게나제(cyclooxygenase) 효소에 의해 세포 내에서 합성된다. 아래의 식에 과정의 두 단계를 상술하였다. (a) 단계 [1]에서 **C**가 어떻게 **D**로 변하는지 굽은 화살표로 도시하라. (b) **D**에 그려진 화살표를 살펴 단계 [2]의 생성물 **Y**의 구조를 밝혀라.

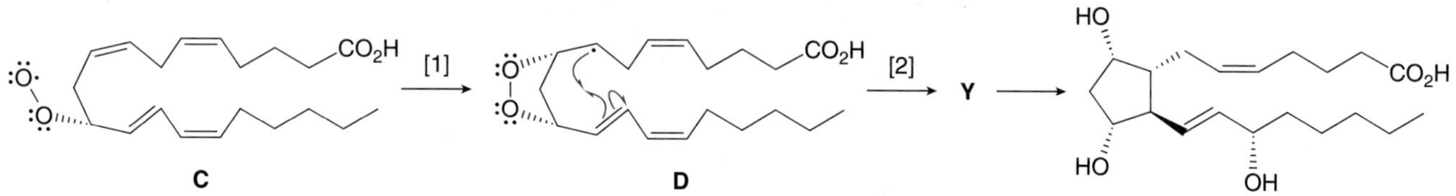

결합 해리 에너지와 $\Delta H°$의 계산

6.34 표시된 결합을 결합 해리 에너지가 증가하는 순으로 나열하라.

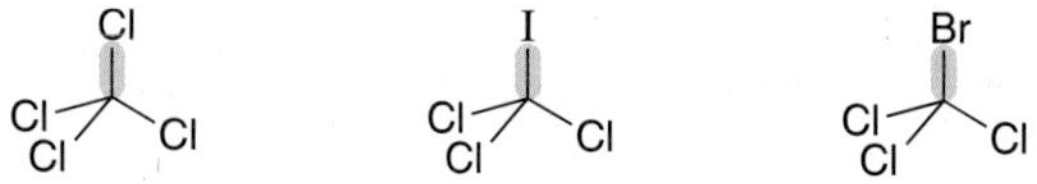

6.35 각 반응의 $\Delta H°$를 계산하라.

a. $HO^{\cdot} + CH_4 \longrightarrow {}^{\cdot}CH_3 + H_2O$

b. $CH_3OH + HBr \longrightarrow CH_3Br + H_2O$

6.36 아래 표시된 프로펜의 C−H 결합은 균일 분해로 공명 안정화된 자유 라디칼을 형성한다.

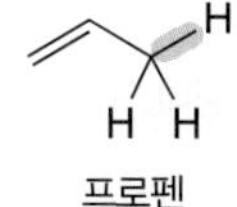

프로펜

a. 이 라디칼의 두 가지 가능한 공명 구조를 그려라.

b. 하나의 공명 구조가 어떻게 다른 구조로 변환되는지 반쪽머리 굽은 화살표를 사용하여 나타내라.

c. 공명 혼성체의 구조를 그려라.

6.37 프로페인($CH_3CH_2CH_3$)에는 1°와 2° 탄소가 모두 있으므로 다른 두 종류의 C−H 결합이 있다.

a. 각 C−H 결합의 균일 분해로 만들어지는 탄소 라디칼을 그려라.

b. 표 6.2의 값을 사용하여 어느 쪽 C−H 결합이 더 강한가 밝혀라.

c. 형성된 두 라디칼의 상대적 안정성을 비교하는 데 어떻게 이 정보를 활용할지 설명하라. 프로페인에서 형성된 라디칼 중 어떤 것이 더 안정한가?

열역학, $\Delta G°$, $\Delta H°$, $\Delta S°$ 및 K_{eq}

6.38 주어진 값을 보고, 출발물과 생성물 중 어느 쪽이 평형에서 우세할지 밝혀라.

a. $K_{eq} = 0.5$
b. $\Delta G° = -100$ kJ/mol
c. $\Delta H° = 8.0$ kJ/mol
d. $K_{eq} = 16$
e. $\Delta G° = 2.0$ kJ/mol
f. $\Delta H° = 200$ kJ/mol
g. $\Delta S° = 8$ J/(K • mol)
h. $\Delta S° = -8$ J/(K • mol)

6.39 a. $K_{eq} = 10^{-2}$ 또는 $K_{eq} = 10^{2}$ 중 어느 값이 음수의 $\Delta G°$에 해당하는가?

b. 평형에서 출발물이 생성물보다 다섯 배 많은 단일 분자 반응에서 K_{eq} 값은 얼마인가? $\Delta G°$는 음수인가 양수인가?

c. $\Delta G° = -8$ kJ/mol 또는 $\Delta G° = 20$ kJ/mol 중 K_{eq} 값이 더 큰 것은 어느 것인가?

6.40 4장에서 공부한 것 같이 단일치환된 사이클로헥세인은 수직 방향 또는 수평 방향 치환기를 갖는 두 형태의 평형으로 존재한다.

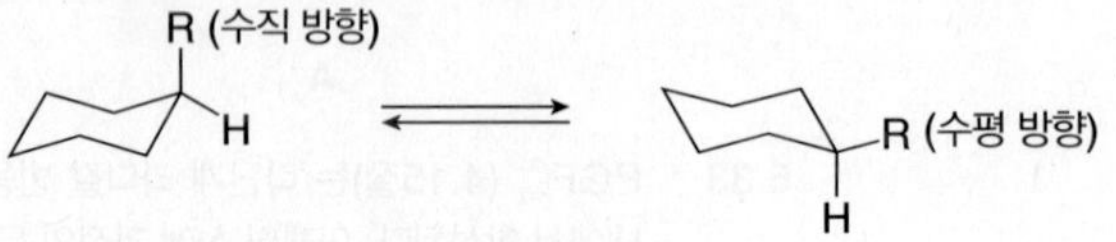

R (수직 방향) ⇌ R (수평 방향)

a. R = CH_3일 때, 어느 쪽 형태가 더 높은 농도로 존재하는가?

b. 어떤 R이 평형에서 수평 방향 치환기의 백분율이 가장 높은가?

c. 어떤 R이 평형에서 수직 방향 치환기의 백분율이 가장 높은가?

d. 어떤 R이 가장 큰 음수의 $\Delta G°$ 값을 갖는가?

e. R의 크기는 수직 방향과 수평 방향 형태의 평형량과 어떤 연관이 있는가?

6.41 다음 중 $\Delta S°$가 양수 값인 것은 어느 것인가?

a. 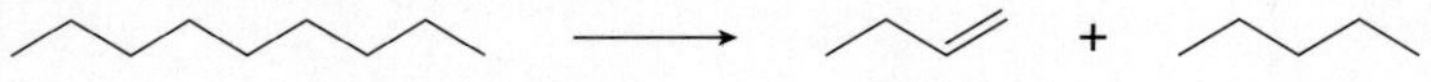 (구조식) ⟶ (구조식) + (구조식)

b. 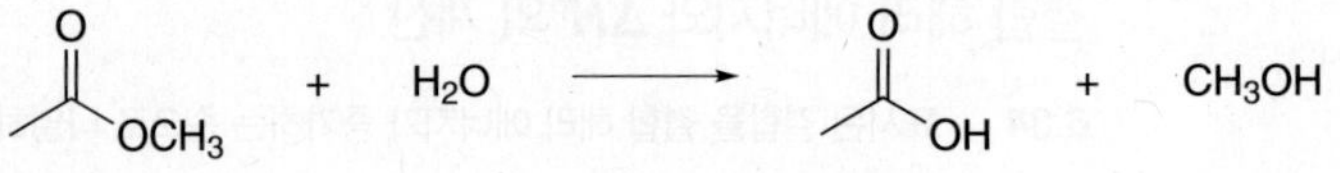 CH_3COOCH_3 + H_2O ⟶ CH_3COOH + CH_3OH

에너지 도표와 전이 상태

6.42 다음 각 반응의 전이 상태를 그려라.

a. 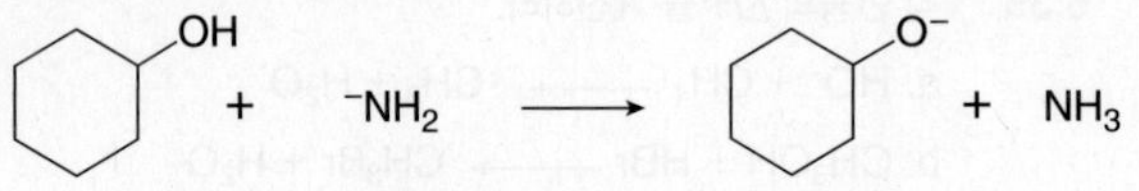 (사이클로헥산올) + $^{-}NH_2$ ⟶ (사이클로헥실 O^-) + NH_3

b. 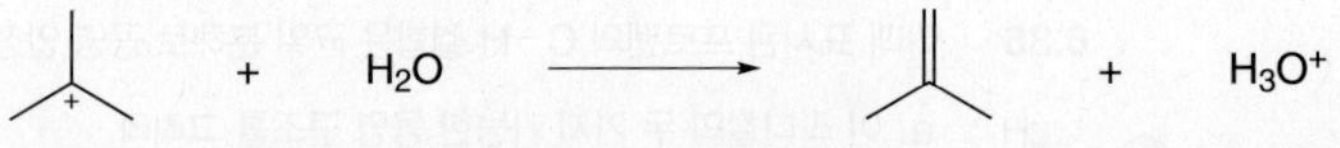 (3차 탄소 양이온) + H_2O ⟶ (알켄) + H_3O^+

6.43 각 반응의 에너지 도표를 그려라. 좌표축과 출발물, 생성물, 전이 상태, $\Delta H°$, E_a를 표시하라.

a. $\Delta H° = 80$ kJ/mol 이고, Ea = 16 kJ/mol인 협동 반응

b. 화합물의 상대적인 에너지가 **A** < **C** < **B**이고, **A** → **B** 단계가 속도 결정 단계인 두 단계 **A** → **B** → **C** 반응

6.44 반응 $CH_4 + Cl\cdot \rightarrow \cdot CH_3 + HCl$에 대하여

a. 전자의 이동을 굽은 화살표로 나타내라.

b. 표 6.2의 결합 해리 에너지를 사용하여 $\Delta H°$를 계산하라.

c. $E_a = 16$ kJ/mol로 가정하여 에너지 도표를 그려라.

d. 역반응($\cdot CH_3 + HCl \rightarrow CH_4 + Cl\cdot$)의 E_a는 얼마인가?

6.45 다음 **A** → **G** 변환의 에너지 도표에 대하여

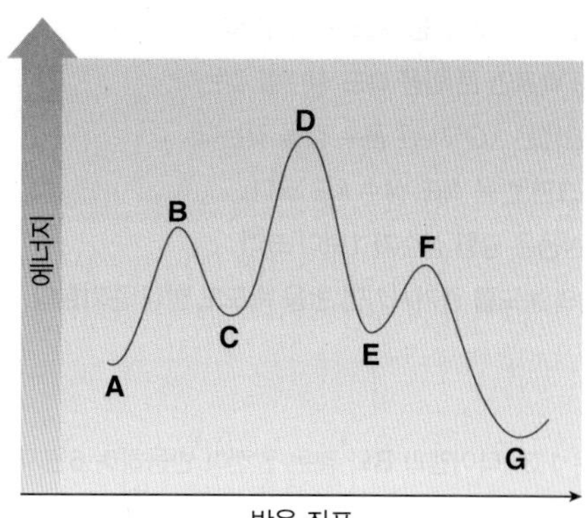

a. 전이 상태에 해당되는 곳은 어디인가?

b. 반응중간체에 해당되는 곳은 어디인가?

c. 이 반응 메커니즘에 포함된 단계수는 몇 단계인가?

d. 메커니즘의 각 단계에 발열 또는 흡열을 표시하라.

e. 전체 반응은 발열인가 흡열인가?

6.46 CH_3CO_2H와 $^-OC(CH_3)_3$이 Brønsted-Lowry 산–염기 반응으로 $CH_3CO_2^-$와 $(CH_3)_3COH$를 형성하는 반응에 대한 에너지 도표를 그려 좌표와 반응물, 생성물, $\Delta H°$, E_a를 표시하라. 그리고 전이 상태의 구조를 그려라.

6.47 다음 두 단계 반응에서

cyclohexene + H–Cl: →[1] carbocation + :Cl:⁻ →[2] chlorocyclohexane

a. 단계 [1]에서 끊어지고 생성된 결합의 수는 몇 개인가? 단계 [1]의 $\Delta H°$은 양인가? 음인가?

b. 단계 [2]에서 끊어지고 생성된 결합의 수는 몇 개인가? 단계 [2]의 $\Delta H°$은 양인가? 음인가?

c. 어느 단계가 속도 결정 단계인가?

d. 두 단계의 전이 상태를 그려라.

e. $\Delta H°_{전체}$가 음수일 때, a~d의 정보를 모두 포함하는 이 두 단계의 반응에너지 도표를 그려라.

반응속도론과 반응 속도 법칙

6.48 반응 속도에 영향을 주는 요소를 골라라.

a. $\Delta G°$ c. E_a e. 농도 g. k

b. $\Delta H°$ d. 온도 f. K_{eq} h. 촉매

6.49 이분자 협동 반응 $CH_3Br + NaCN \rightarrow CH_3CN + NaBr$에 대해,

a. 이 반응의 반응 속도식을 쓰라.

b. $[CH_3Br]$이 두 배가 될 때 반응 속도의 변화는 어떠한가?

c. $[NaCN]$이 반이 될 때 반응 속도의 변화는 어떠한가?

d. $[CH_3Br]$과 $[NaCN]$이 모두 다섯 배가 될 때 반응 속도의 변화는 어떠한가?

6.50 염화 아세틸이 아세트산 메틸로 변환되는 반응은 다음 두 단계 메커니즘으로 진행된다.

염화 아세틸 + $^-OCH_3$ →[1] 느림 (사면체 중간체) →[2] 빠름 아세트산 메틸 + Cl^-

a. 각 단계의 전자 이동을 굽은 화살표로 표시하라.

b. 첫 단계를 속도 결정 단계로 가정하여 이 반응의 반응 속도식을 쓰라.

c. $^-OCH_3$의 농도가 열 배 증가된다면, 이 반응의 속도는 어떻게 되겠는가?

d. CH_3COCl과 $^-OCH_3$의 농도가 열 배 증가된다면, 반응의 속도는 어떻게 되겠는가?

e. 염화 아세틸이 아세트산 메틸로 변환되는 반응은 첨가, 제거, 또는 치환 중 어떤 반응인가?

6.51 다음의 설명이 맞는지 틀리는지 판단하라. 틀린 설명을 맞는 표현으로 고쳐라.

a. 온도가 올라가면 반응 속도도 증가한다.

b. 반응이 빠르면 큰 반응 속도 상수를 갖는다.

c. 빠른 반응은 $\Delta G°$가 큰 음수 값을 갖는다.

d. E_a가 크면 반응 속도 상수 k도 크다.

e. 빠른 반응은 평형 상수가 1보다 크다.

f. 반응물의 농도를 증가시키면 반응 속도도 항상 증가한다.

일반 문제

6.52 **A**와 같은 1,3-다이엔과 **B**와 같은 알켄이 반응하여 6원자 고리 **C**를 형성하는 딜스-알더(Diels-Alder) 반응이 일어난다.

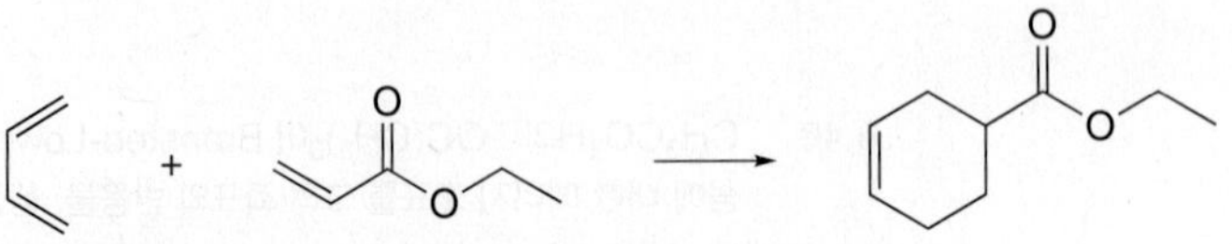

A + B ⟶ C

a. A와 B가 반응하여 C를 형성하는 과정을 보여주는 굽은 화살표를 그려라.

b. 이 반응에서는 어떤 결합이 파괴되고 어떤 결합이 형성되나?

c. 이 반응은 흡열일까 발열일까?

d. 엔트로피는 반응물과 생성물 중 어느 쪽에 유리할까?

e. 딜스-알더 반응은 치환, 제거, 첨가 중 어떤 반응일까?

6.53 $(CH_3)_3CI$를 $(CH_3)_2C{=}CH_2$로 변환시키는 반응은 아래에 표시된 반응식 [1]과 [2]의 한 단계 또는 두 단계 반응으로 진행될 수 있다.

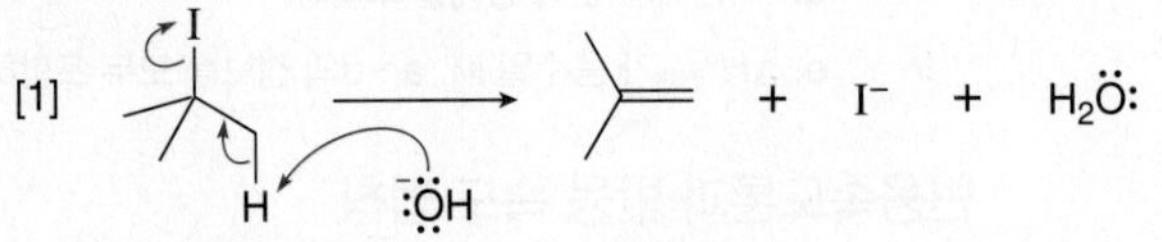

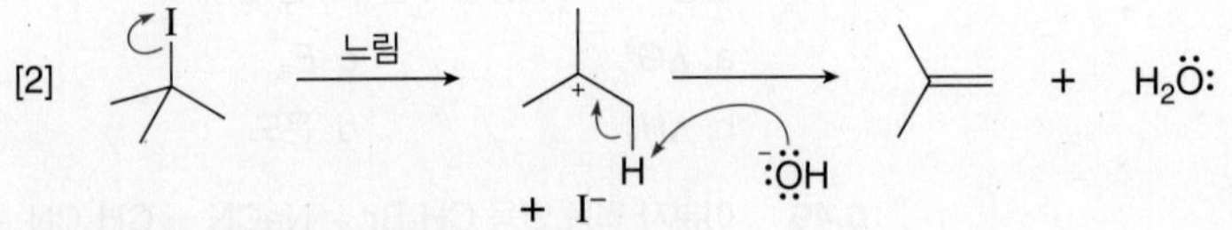

[1] (I, H, :ÖH⁻) ⟶ + I^- + $H_2\ddot{O}$:

[2] (I) —느림⟶ (H, :ÖH⁻) + I^- ⟶ + $H_2\ddot{O}$:

a. 반응식 [1]의 반응 메커니즘에 대한 반응식을 쓰라.

b. 반응식 [2]의 반응 메커니즘에 대한 반응식을 쓰라.

c. 각 반응 속도식의 차수를 말하라(1°, 2° 등등).

d. 어느 메커니즘이 옳은지 판단하는 데 이 반응 속도식을 어떻게 이용할 수 있을지 설명하라.

e. 식 [1]이 흡열 반응에 대한 것이라 가정하고 반응의 에너지 도표를 그려라. 좌표와 반응물, 생성물, $\Delta H°$, E_a를 표시하고 전이 상태의 구조를 그려라.

f. 식 [2]의 반응이 흡열 반응이고 속도 결정 단계의 생성물이 반응물이나 최종 생성물보다 더 에너지가 높다고 가정하고 이 두 단계 반응의 에너지 도표를 그려라. 좌표와 반응물, 생성물, $\Delta H°$, E_a를 표시하고 전이 상태의 구조를 그려라.

도전 문제

6.54 HC≡CH의 C−H 결합이 CH_3CH_3의 C−H 결합보다 더 큰 결합 해리 에너지를 갖고 있음에도 HC≡CH가 CH_3CH_3보다 더 산성인 이유를 설명하라.

6.55 굽은 화살표를 사용하면 복잡한 반응을 도시하는 데 편리하다.

a. 굽은 화살표를 더하여, 탄소 양이온 **A**가 어떻게 탄소 양이온 **B**로 바뀌는지 보여라. 새로 형성된 σ 결합을 모두 표시하라. 유사한 반응이 스테로이드 합성에 이용되고 있다(30.8절 문제 30.40).

A B

b. 굽은 화살표에 따른 생성물의 구조를 그려라. 이 반응은 27장에서 배울 [3,3] 시그마 결합성 자리옮김 (sigmatropic rearrangement)의 일종이다.

Δ

6.56

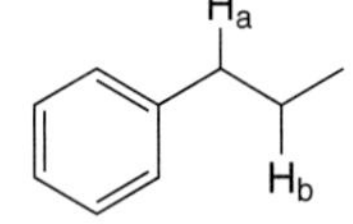

프로필벤젠

a. 프로필벤젠(propylbenzene)의 C−H_a 결합 균일 분해에 의해 형성되는 라디칼은 무엇인가? 이 라디칼의 가능한 공명 구조를 모두 그려라.

b. 프로필벤젠(propylbenzene)의 C−H_b 결합 균일 분해에 의해 형성되는 라디칼은 무엇인가? 이 라디칼의 가능한 공명 구조를 모두 그려라.

c. 이들 C−H 결합 중 다른 결합에 비해 결합 분해 에너지가 낮은 것은 어느 결합인가? 그 이유를 설명해 보라.

6.57 에스터화 반응은 카복실산(RCOOH)이 알코올(R′OH)과 반응하여 물을 방출하고 에스터(RCOOR′)를 형성하는 반응이다. 반응 [1]은 분자간 에스터화 반응의 한 예이다. 반응 [2]는 분자내 에스터화, 즉 반응물이 카복실산기와 알코올기를 동시에 갖고 있어 고리 에스터를 생성하는 반응의 예이다. 주어진 두 반응의 평형 상수를 보고 유사한 두 반응의 평형 상수 K_{eq}가 서로 다른 이유를 설명하라.

[1] + H_2O K_{eq} = 4

아세트산 에틸

[2] + H_2O K_{eq} = 1000

6.58 문제 6.57에서 식 [1]의 K_{eq}는 생성물의 형성을 크게 선호하지 않는다. 그러나 때때로 르 샤틀리에(Le Chatelier)의 원리를 사용하여 아세트산 에틸의 수득률을 증가시킬 수 있다. 르 샤틀리에의 원리는 평형에 있는 계에 변화가 가해지면 계는 그 변화를 감소시키는 방향으로 이동한다는 것이다. 아세트산 에틸의 수득률을 증가시키는 방향으로 평형을 이동시키려면 르 샤틀리에의 원리를 어떻게 이용해야 할까? 르 샤틀리에의 원리의 다른 예는 9.8절에 주어져 있다.

6.59 15.12절에서 공부하겠지만, 라디칼에 의한 산화 반응에 항산화제로 작용하는 많은 항산화 물질들은 페놀의 유도체들이다. 페놀류는 벤젠 고리에 OH 작용기를 가지고 있는 물질들을 말한다.

a. 페놀의 O−H 결합을 분해하는 데 필요한 에너지(362 kJ/mol)는 에탄올의 O−H 결합을 분해하는 데 필요한 에너지(438 kJ/mol)보다 더 작다. 그 이유를 설명하라.

b. 페놀의 C−O 결합 길이가 에탄올의 C−O 결합 길이보다 짧은 이유는 무엇인가?

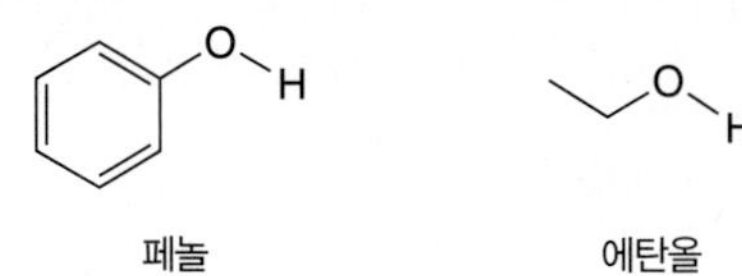

페놀 에탄올

Chapter

7 할로젠화 알킬과 친핵성 치환
Alkyl Halides and Nucleophilic Substitution

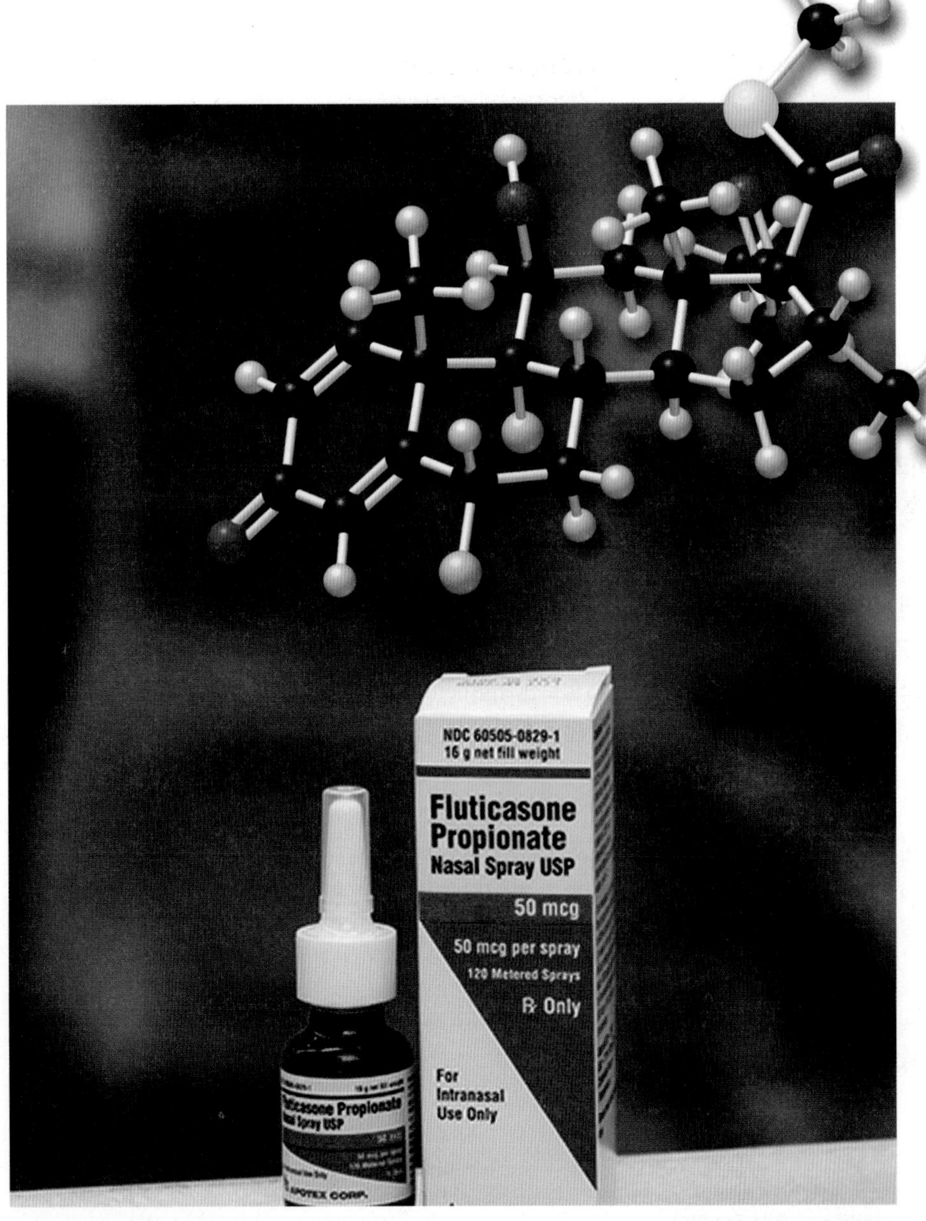

플루티카손(fluticasone)은 사용이 증가하고 있는 할로젠을 포함하는 유용한 약물이다. 플로네이즈(Flonase)라는 상표명으로 판매되는 플루티카손은 계절 및 재발성 비강 알레르기 치료를 목적으로 사용되는 에어로졸 형태의 흡입용 합성 스테로이드이다. 이 약은 염증을 감소시키는 작용을 하므로 천식과 관련된 만성 폐 염증에도 사용된다. 7장에서는 플루티카손과 같은 할로젠화과 이 화합물 특유의 반응인 친핵성 치환에 대해 학습한다.

7장은 C−Z **σ** 결합을 포함하는 화합물의 유기 반응을 심도 있게 공부하는 세 개 장의 첫 번째 장이다. 여기서 Z는 탄소보다 전기음성도가 큰 원소이다. 7장에서는 **할로젠화 알킬**(alkyl halide)과 이 화합물 특유의 반응인 **친핵성 치환**(nucleophilic substitution)에 대해 배운다. 8장에서는 할로젠화 알킬의 두 번째 일반적인 반응인 **제거 반응**(elimination)을 고찰한다. 9장에서는 친핵성 치환과 제거 반응을 하는 다른 분자들을 검토하면서 이 논의의 결론을 맺는다.

7.1 할로젠화 알킬의 소개

할로젠화 알킬은 sp^3 혼성화된 탄소 원자에 결합한 할로젠 원자 X를 포함하는 유기 분자이다. 할로젠화 알킬은 할로젠을 포함하는 탄소에 결합된 탄소의 개수에 따라 **일차**(primary, 1°), **이차**(secondary, 2°) 또는 **삼차**(tertiary, 3°)로 분류된다. 할로젠화 알킬이 1°, 2° 또는 3°인지 아닌지는 할로젠화 알킬의 화학 반응의 과정을 결정하는 가장 중요한 인자이다.

할로젠화 알킬의 일반적인 분자식은 $\mathbf{C_nH_{2n+1}X}$으로, 알케인의 수소 원자가 할로젠 원자로 치환된다고 생각하면 된다.

할로젠화 알킬
X = F, Cl, Br, I
C는 sp^3 혼성 탄소이다.

2°염화물 3° 브로민화물 1° 플루오린화물

π 결합에 아주 가까이 할로젠 원자가 있는 유기 할로젠화물의 네 종류를 그림 7.1에 나타내었다. **할로젠화 바이닐**(vinyl halide)은 탄소−탄소 이중 결합에 결합된 할로젠 원자를 포함한다. **할로젠화 아릴**(aryl halide)은 벤젠 고리에 결합한 할로젠 원자를 포함한다. 7.17절에서 논의하겠지만, sp^2 혼성 탄소에 바로 X가 결합한 유기 할로젠화물은 7장에서 보여주는 반응을 일으키지 않는다.

알릴성 할로젠화물과 벤질성 할로젠화물은 sp^3 혼성 탄소에 할로젠 원자가 결합하고 있으며 7장에서 기술한 반응을 수행한다. **알릴성 할로젠화물**(allylic halide)은 탄소−탄소 이중 결합에 이웃한 탄소 원자에 X가 결합하고, **벤질성 할로젠화물**(benzylic halide)은 벤젠 고리에 이웃한 탄소 원자에 X가 결합한다. 알릴성과 벤질성 할로젠화물의 합성은 15.10절과 18.14절에서 각각 논의한다.

문제 7.1 천연에서 발생하는 살충제인 텔페어린(Telfairine)과 항종양제 할로몬(halomon)은 적조로부터 분리한 두 개의 다할로젠화 화합물이다. (a) sp^3 혼성 탄소에 결합한 각 할로젠화물을 1°, 2° 혹은 3°로 분류하라. (b) 각 할로젠화물을 바이닐성, 알릴성 혹은 둘 다 아닌 것으로 표시하라.

그림 7.1
π 결합에 근접한 X를 가지는 유기 할로젠화물(RX)의 네 가지 유형

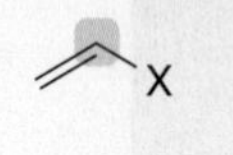

할로젠화 바이닐

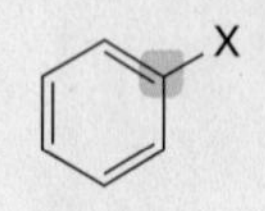

할로젠화 아릴

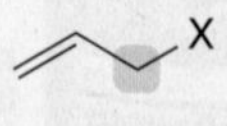

알릴성 할로젠화물

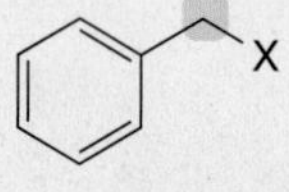

벤질성 할로젠화물

- C는 X에 결합된 sp^2 혼성 탄소이다.
- 이 유기화합물은 7장에서 다루는 반응을 하지 않는다.

- C는 X에 결합된 sp^3 혼성 탄소이다.
- 이 유기화합물은 7장에서 다루는 반응에 참여한다.

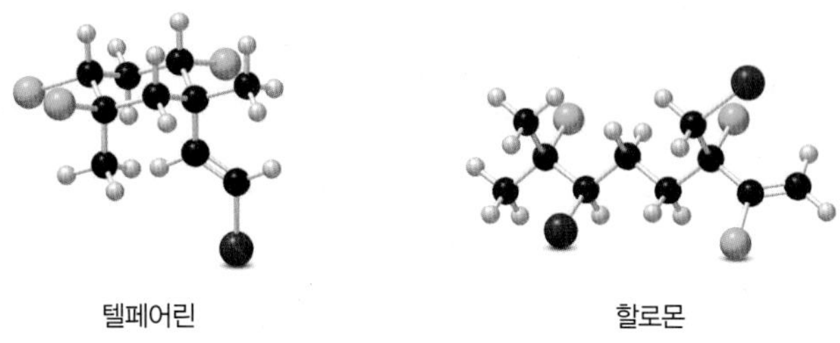
텔페어린　　　　할로몬

7.2 명명법

할로젠화 알킬을 명명하는 체계적 IUPAC 명명법은 4장에서 공부한 기본 규칙을 따른다. 분자량이 작은 할로젠화 알킬은 흔히 관용명으로 부르기 때문에 7.2B절에서 관용명을 논의한다.

7.2A IUPAC 체계

할로젠화 알킬은 알케인에 할로젠 치환기를 붙여, **할로 알케인(halo alkane)**으로 명명한다. 할로젠 치환기의 이름은 할로젠 이름 끝 부분의 **-인(-ine)**을 접미사 **-오(-o)**로 바꾸어 명명한다(염소, chlorine → 클로로, chloro).

해결 방법 IUPAC 체계를 이용하여 할로젠화 알킬을 명명하는 방법

예 다음 할로젠화 알킬의 IUPAC 이름을 쓰라.

Cl

단계 [1] 할로젠을 포함하는 모체 탄소 사슬을 찾아서 알케인으로 명명하라.

Cl

7개의 탄소가 가장 긴 사슬

7 C's ----→ 헵테인

- 할로젠을 가장 긴 사슬에 결합된 치환기로 간주하고 모체 사슬을 **알케인**으로 명명한다.

단계 [2] 명명법의 다른 모든 규칙을 적용한다.

a. 사슬에 **번호를 매긴다.**

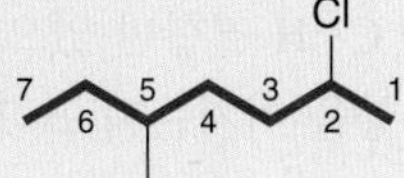

- 알킬이나 할로젠 첫 번째 치환기에 가장 가까운 말단에서 번호를 시작한다.

b. 치환기를 **명명하고 번호를 매긴다.**

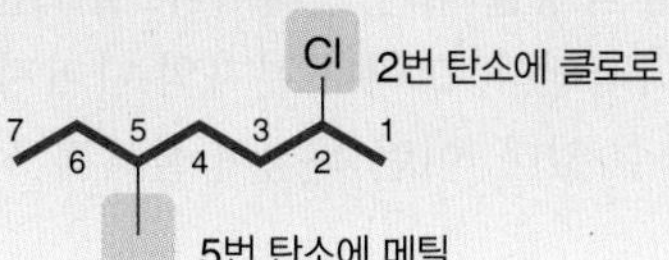

c. **알파벳 쓰기:** 클로로 (**c**hloro)의 **c** 메틸(**m**ethyl)의 **m** 알파벳 순서로 명명한다.

답: 2-클로로-5-메틸헵테인

그림 7.2
예: 할로젠화 알킬의 명명법

Cl

IUPAC: **1-클로로-2-메틸프로페인**
관용명: 염화 아이소뷰틸

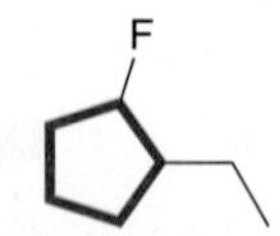

- **C1** 위치에 에틸기
- **C2** 위치에 플루오로기

IUPAC: **1-에틸-2-플루오로사이클로펜테인**
알파벳 선두 순서 --▸ 작은 번호

[관용명을 사용하기에는 너무 복잡함]

7.2B 관용명

할로젠화 알킬의 관용명은 간단한 할로젠화 알킬에만 사용한다. 관용명을 적용하기 위해

- 분자의 모든 탄소 원자를 단 하나의 **알킬기**로 명명한다.
- 알킬기에 결합된 할로젠을 명명한다. 할로젠을 명명할 때 할로젠에 –화를 붙인다(예: 염화, 브로민화, 플루오린화, 아이오딘화). 영어명에서는 할로젠에 이름을 붙일 때 ***-ine***로 끝나는 할로젠 이름을 접미사 ***-ide***로 바꾼다. 예를 들면, **brom*ine*** → **brom*ide***.
- 각 단어를 한 칸 띄고 할로젠화와 알킬명을 결합한다(영어명에서는 알킬기와 할로젠의 이름 순서로 결합한다).

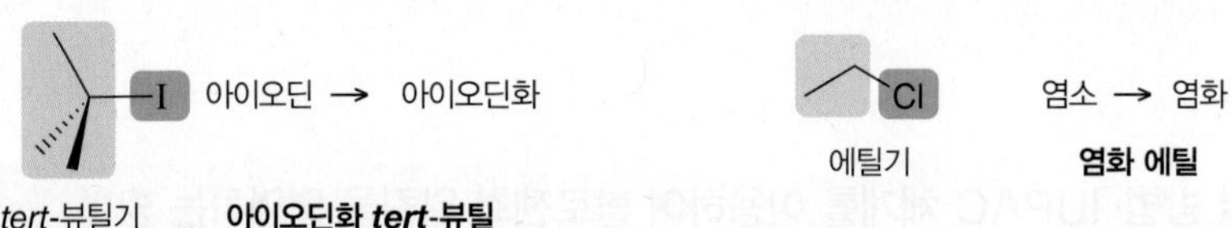

할로젠화 알킬 명명법의 다른 예는 그림 7.2에 나와 있다.

문제 7.2 다음 각 화합물의 IUPAC 이름을 쓰라.

a. Cl b. Br c. Br d. F

문제 7.3 다음 각 이름에 해당하는 구조식을 그려라.

a. 3-클로로-2-메틸헥세인
b. 4-메틸-5-아이오도-2,2-다이메틸옥테인
c. 시스-1,3-다이클로로사이클로펜테인
d. 1,1,3-트라이브로모사이클로헥세인
e. 브로민화 *sec*-뷰틸
f. 6-에틸-3-아이오도-3,5-다이메틸노네인

7.3 물리적 성질

할로젠화 알킬은 약하게 극성을 띠는 분자이다. 할로젠화 알킬은 극성 C–X 결합 때문에 쌍극자–쌍극자 상호작용을 나타낸다. 그러나 분자의 나머지 부분에 C–C와 C–H 결합만 있으므로 분자간 수소 결합은 할 수 없다. 이런 특성이 물리적 성질에 어떻게 영향을 미치는지 표 7.1에 요약하였다.

표 7.1
할로젠화 알킬의 물리적 특성

특성	관찰
끓는점(bp)과 녹는점(mp)	• 할로젠화 알킬은 탄소 수가 같은 알케인보다 끓는점과 녹는점이 높다. (프로페인) bp = −42 °C 와 (1-클로로프로페인, Cl) bp = 47 °C • R의 크기가 증가함에 따라 bp와 mp도 증가한다. (Cl) mp = −136 °C, bp = 12 °C 와 (Cl) mp = −123 °C, bp = 47 °C 큰 표면적 높은 mp와 bp • X의 크기가 증가함에 따라 bp와 mp도 증가한다. (Cl) mp = −136 °C, bp = 12 °C 와 (Br) mp = −119 °C, bp = 39 °C 큰 극성 할로젠 높은 mp와 bp
용해도	• RX는 유기 용매에 녹는다. • RX는 물에 녹지 않는다.

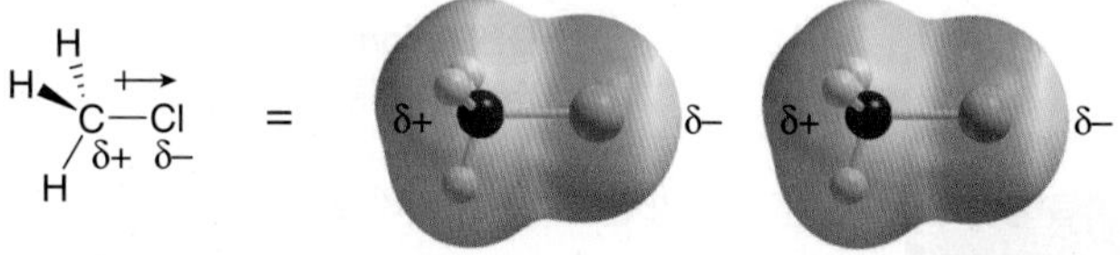

쌍극자의 반대쪽 끝이 상호작용한다.

문제 7.4 sp^3 혼성 C−Cl 결합이 sp^2 혼성 C−Cl 결합보다 극성이 크다. (a) 이러한 현상의 이유를 설명하라. (b) 다음 화합물들을 끓는점이 증가하는 순서로 나열하라.

(브로모사이클로헥세인, Br) (클로로사이클로헥세인, Cl) (클로로벤젠, Cl)

7.4 흥미로운 할로젠화 알킬류

여러 가지 간단한 할로젠화 알킬들이 불에 타지 않고 넓은 범위의 유기 화합물을 녹이기 때문에 좋은 용매가 된다. $CHCl_3$(클로로폼, chloroform 또는 트라이클로로메테인, trichloromethane)나 CCl_4(사염화 탄소, carbon tetrachloride 또는 테트라클로로메테인, tetrachloromethane)는 이와 같은 화합물의 범주에 속한다. 매년 공업적으로 이런 용매들이 대량으로 생산된다. 그러나 염소가 있는 많은 유기 화합물처럼 클로로폼이나 사염화 탄소 모두 증기를 호흡하거나 삼키면 독성이 있다. 그림 7.3에 기타 간단한 할로젠화 알킬을 나타내었다.

합성 유기 할로젠화물은 단열 물질, 플라스틱 포장 랩, 코팅제로 쓰인다. 테플론(Teflon)과 폴리(염화 바이닐)[PVC, poly (vinyl chloride)]가 그런 화합물이다.

그림 7.3
몇 개의 간단한 할로젠화 알킬

CH_3Cl

- **클로로메테인(CH_3Cl)**은 대형 켈프와 조류가 생성한다. 하와이의 킬라우에아(Kilauea) 같은 화산의 분출물에서도 역시 발견된다. 대부분의 공기 중 클로로메테인은 이러한 천연의 원천으로부터 기인한다.

CH_2Cl_2

- **다이클로로메테인(혹은 염화 메틸렌, CH_2Cl_2)**은 중요한 용매로 한때는 커피에서 카페인을 제거하는 데 사용하였다. 커피에 잔류하는 극미량의 CH_2Cl_2이 나쁜 영향을 줄까 염려가 되어 지금은 초임계 CO_2를 사용하여 카페인을 제거한다. 그러나 쥐에 대한 추후의 연구는 하루에 100,000 컵의 무카페인 커피에 해당되는 양을 동물이 섭취하였을 때 어떠한 암도 발생하지 않았다는 것을 보여준 바 있다.

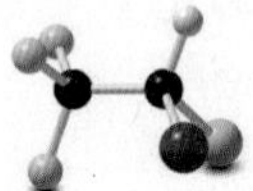

$CF_3CHClBr$

- **할로테인($CF_3CHClBr$)**은 $CHCl_3$ 같은 유기 마취제를 대체하는 안전하고 일반적으로 사용하는 마취제이다. $CHCl_3$는 간과 신장에 손상을 초래하고, $CH_3CH_2OCH_2CH_3$(다이에틸 에터)는 매우 인화성이 크다.

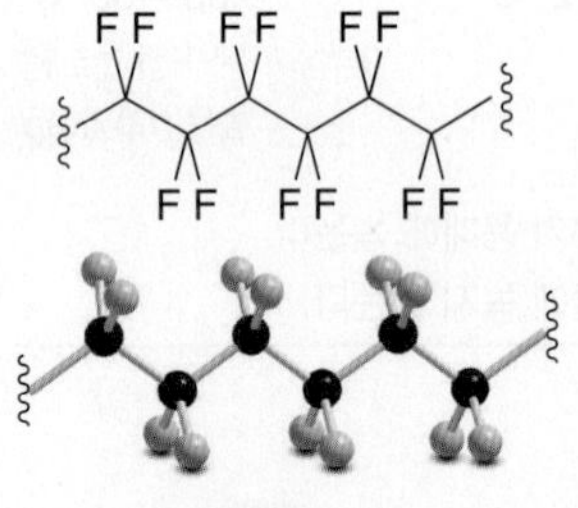

테플론(Teflon)
(달라붙지 않는 코팅제)

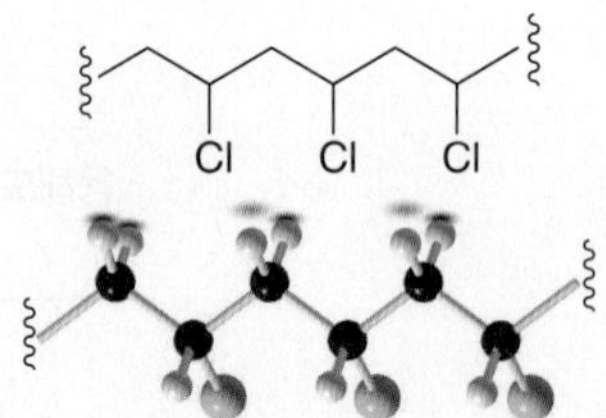

폴리(염화 바이닐)(PVC)
(필름, 파이프 및 절연에 사용하는 플라스틱)

다양한 구조와 생물학적 활성을 가지는 수백 개의 유기 할로젠화물이 암초 가장자리의 얕은 바다에서 자라는 해초로, 적조의 한 종 로우렌시아(*Laurencia*)로부터 분리되었다.

현재 다양한 해양 유기체로부터 수천 개의 유기 할로젠화물이 분리되어 왔다. 해양의 독특한 냄새는 해초에서 발견되는 단순한 할로젠화 알킬에 일부 기인한다. 많은 해면과 산호가 이러한 화합물을 포식자와 기생물에 대비하는 화학적 방어제로 사용하였지만, 최근 연구에서는 이러한 몇 가지 화합물이 암과 기타 질병을 치료하는 새로운 의학적 특성이 있을 수 있다는 것을 보여주었다. 두 개의 다할로젠화 화합물은 하와이산 적조 식물(*Laurencia cartilaginea*)로부터 분리한 마일리온(ma'ilione)과 식도암 세포를 죽이는 플로코랄아이드 B(plocoralide B)이다.

HO Br O

마일리온

Cl Cl Br Br

플로코랄아이드 B

여러 가지 유기 할로젠화물들이 주는 유용한 영향은 논쟁할 필요가 없지만, **클로로플루오로탄소**(chlorofluorocarbon) 그리고 살충제 DDT와 같은 염소(Cl)를 포함하는 합성유기 화합물은 환경에 오랫동안 해를 끼쳐 왔다.

$CFCl_3$
CFC 11
Freon 11

Cl Cl Cl Cl Cl

DDT =

클로로플루오로탄소(CFC)의 분자식은 CF_xCl_{4-x}이다. 트라이클로로플루오로메테인[$CFCl_3$, CFC 11 혹은 프레온 11(상품명)]은 쉽게 기화되는 이런 화합물 가운데 하나인데, 냉매와 에어로솔 추진체로 광범위하게 사용되었다. CFC는 성층권까지 천천히 상승하여 햇빛의 촉매작용으로 분해된다. 이 과정에서 해로운 자외선으로부터 지구 표면을 보호해주는 대기권의 얇은 막인 오존층이 파괴된다(15.9절 참조). CFC의 광범위한 사용을 이제 와 쉽게 비난할 수 있지만, 왜 널리 쓰였는지도 당연히 쉽게 이해된다. CFC는 일반 대중에게 냉장 보관을 가능하게 해주었다. 냉장고를 편리함을 주는 것이라고 불러야 할까 혹은 필수품이라 불러야 할까?

비생분해성 살충제인 DDT에 대해 1945년에 윈스턴 처칠은 '기적'의 발견이라고 한 반면, 레이첼 카슨은 그녀의 책 『침묵의 봄(Silent Spring)』에서 '죽음의 영약(elixir of death)'이라고 했다. 미국에서의 DDT 사용은 1973년에 금지되었다. 그러나 좋은 살충 효과와 낮은 가격 때문에 개발도상국에서는 아직도 널리 쓰인다.

살충제 DDT(**d**ichloro**d**iphenyl**t**richloroethane)에 대한 이야기도 같은 맥락이다. DDT는 단기간에 귀중한 영향을 준 유기 분자이다. 그런데 단기 영향은 장기간의 문제를 야기한다. DDT는 말라리아나 발진티푸스와 같은 질병을 옮기는 곤충을 죽이며, 곤충의 수를 조절하여 전 세계적으로 수백만 명의 생명을 구했다. DDT는 약한 극성을 띠는 매우 안정한 유기 화합물이다. 그래서 DDT(이와 같은 화합물들)는 주위 환경에 오랜 세월 동안 남아 있었다. DDT는 유기 매질에 녹기 때문에 대부분 동물의 지방 조직에 축적된다. 미국 대부분 성인들의 몸 속에는 낮은 농도의 DDT(혹은 DDT의 분해 생성물)가 들어 있다. DDT는 많은 종류의 해양 생물(가재, 바다 새우와 몇 가지 물고기)에게 독성이 매우 크지만, 사람들에게 나타나는 장기간의 영향은 아직 알려져 있지 않다.

문제 7.5 콘드로콜 A(chondrocole A)는 태평양의 거친 파도 지역에서 자라는 적조로부터 분리한 해양 천연물이다. (a) 물과 CH_2Cl_2에서의 콘드로콜 A의 용해도를 예측하라. (b) 입체생성 중심을 찾아서 각각을 *R* 혹은 *S*로 표지하라. (c) 콘드로콜 A의 한 개 입체이성질체와 한 개 구조 이성질체를 쓰라.

Br H O Cl

콘드로콜 A

7.5 극성 탄소-할로젠 결합

할로젠화 알킬의 성질이 반응성을 지배한다. 그림 7.4에 있는 네 개의 간단한 할로젠화 알킬의 정전기 전위 지도는 전기 음성인 할로젠 X가 극성 C–X 결합을 만들어 탄소를 전자가 부족한 원자로 되게 하는 것을 보여준다. 이 극성 C–X 결합이 할로젠화 알킬의 화학을 결정한다.

할로젠화 알킬은 어떤 종류의 화학 반응을 할 수 있을까? 할로젠화 알킬이 하는 특징적인 반응은 치환 반응과 제거 반응이다. 할로젠화 알킬은 탄소가 친전자성이므로 루이스 염기(친핵체)와 브뢴스테드-로우리 염기 같은 전자가 풍부한 시약과 반응할 수 있다.

그림 7.4
네 개의 간단한 할로젠화 알킬(CH_3X)의 정전기 전위 지도

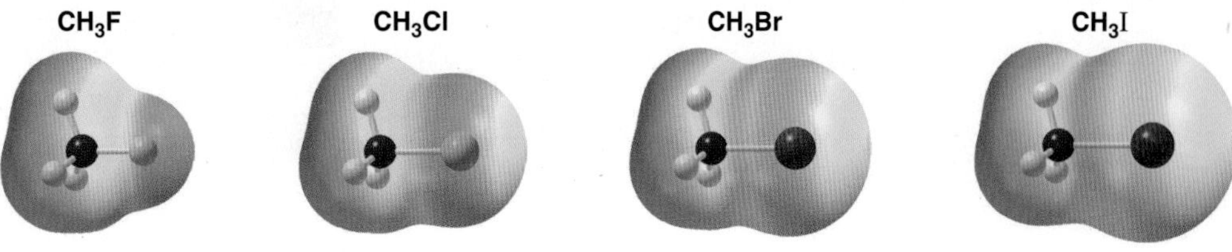

- 각 CH_3X 분자의 극성 C–X 결합은 탄소 원자를 전자 결핍으로 만든다.

- 할로젠화 알킬은 친핵체와 치환 반응을 한다.

X + :Nu⁻ (친핵체) —Nu로 X를 치환→ Nu + :X⁻ (이탈기)

RX의 치환 반응에서 할로젠 X는 전자가 풍부한 친핵체 $:Nu^-$에 의해 치환된다. C−X의 σ 결합은 끊어지고 C−Nu의 σ 결합이 형성된다.

- 할로젠화 알킬은 브뢴스테드-로우리 염기와 반응하여 제거 반응을 일으킨다.

H, X + :B (염기) —HX 제거→ 새로운 π 결합 알켄 + $H{-}B^+$ + $:X^-$

RX의 제거 반응에서 HX의 원소들이 브뢴스테드-로우리 염기 :B에 의해 제거된다.

7장의 나머지 부분에서는 전적으로 할로젠화 알킬의 치환 반응에 대해 설명한다. 제거 반응은 8장에서 다룬다.

7.6 친핵성 치환의 일반적 특징

모든 치환 반응에는 세 개의 구성 성분이 필요하다.

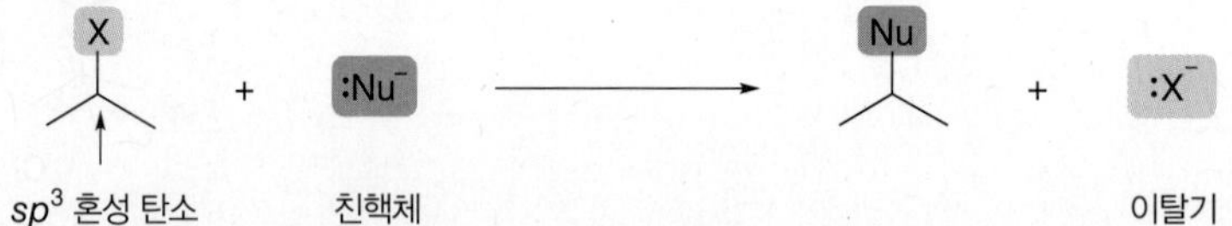

[1] R—X에 결합된 *sp*³ 혼성화된 탄소를 포함하는 알킬기 R.

[2] X—이탈기(leaving group)라 부르는 원자 X(혹은 기). 이탈기는 C−X 결합에서 전자 밀도를 수용할 수 있어야 한다. 매우 흔한 이탈기는 할로젠 원자이다. 그러나 H_2O(ROH_2^+로부터)와 N_2(RN_2^+로부터)도 이탈기가 될 수 있다.

[3] $:Nu^-$—친핵체. 친핵체는 비공유 전자쌍 혹은 π 결합을 포함하지만 반드시 음전하를 띨 필요는 없다.

이와 같은 치환 반응은 전자가 풍부한 친핵체가 관여되기 때문에 친핵성(nucleophilic) 치환 반응이라 부른다. 반응식 [1]~[3]에 그 예를 나타내었다. 친핵성 치환은 루이스 산-염기 반응이다. 친핵체는 전자쌍을 내주고 할로젠화 알킬(루이스 산)은 전자쌍을 받는다. 그리고 C−X 결합은 불균일하게 끊어진다. 반응식 [3]에 나타낸 바와 같이 전자쌍의 흐름을 보여주기 위해 굽은 화살표를 쓴다.

[1] Cl + :ÖH⁻ → OH + :Cl:⁻

[2] I + :SH⁻ → SH + :I:⁻

[3] Br + :ÖCH₃⁻ (친핵체) → OCH₃ + :Br:⁻ (이탈기)

^-OH, ^-SH와 같이 음전하를 띤 친핵체는 전하 균형을 맞추기 위해 Li^+, Na^+, K^+와 같은 반대 이온을 가진 염(salt)을 사용한다. 양이온의 특성은 일반적으로 별로 중요하지 않으므로 화학 반응식에서는 생략하는 경우가 많다.

중성 친핵체를 사용할 때는 치환 생성물이 양전하를 띤다. 원래 친핵체에 결합된 모든 원자는 치환이 일어난 다음에도 친핵체에 여전히 결합되어 있음을 주목하자. 아래에 주어진 예에서 세 개의 CH_3기 모두가 N 원자에 결합된 채로 남아 있다.

할로젠화 알킬과 암모니아(NH_3)와의 반응으로 RNH_2를 형성하는 반응은 25장에서 논의한다.

더욱이 치환 생성물이 양전하를 띠고, O 혹은 N에 결합된 양성자를 가지고 있을 때, 초기 치환 생성물은 브뢴스테드-로우리 산-염기 반응을 통하여 양성자를 쉽게 잃어 버려서 중성 생성물이 만들어진다.

이 모든 반응은 친핵성 치환이고 친핵체에 의한 이탈기의 치환이라는 똑같은 종합 결과를 나타낸다. 친핵체의 성질이나 전하에 관계없이 친핵성 치환 생성물을 그리기 위해서는,

- 이탈기가 있는 sp^3 혼성 탄소를 찾는다.
- 친핵체를 확인한다. 비공유 전자쌍이나 π 결합이 있다.
- 이탈기를 친핵체로 바꾼다. 그리고 결합이 끊어지거나 결합이 형성되는 것에 관여된 원자에 (필요하면)전하를 부여한다.

문제 7.6 치환 친핵체와 이탈기를 찾고 각 반응의 생성물을 그려라.

문제 7.7 각 중성 친핵체로 치환되는 친핵성 치환 생성물을 그려라. 초기 생성물이 양성자를 잃고 중성 생성물을 생성할 때 그 생성물도 그려라.

목캔디인 Cepacol과 구강 청결제인 Crest Pro-Health는 소독제 CPC를 함유한다. CPC는 친핵성 치환 반응(문제 7.8)에 의하여 합성한다.

문제 7.8 입안 청소나 목의 청결에 사용되는 소독제인 CPC(cetylpyridinium chloride)는 다음 반응식에 의해 합성된다. CPC의 구조식을 쓰라.

(pyridine N: + $CH_3(CH_2)_{15}Cl$ ⟶ CPC)

문제 7.9 다음 이염화물 **A**를 뇌졸중 위험을 줄이기 위해 사용하는 항혈소판제인 티클로피딘(ticlopidine)으로 전환하기 위해 필요한 중성 친핵체는 무엇인가?

A ⟶ 티클로피딘

7.7 이탈기

친핵성 치환은 유기 화합물의 일반적 반응이다. 그런데 왜 할로젠화 알킬이 가장 흔한 기질이고 할로젠화 음이온이 가장 흔한 이탈기인가? 이 질문에 답할 수 있으려면 이탈기의 능력을 이해해야만 한다. 무엇이 좋은 이탈기를 만드는가?

R−X의 친핵성 치환 반응에서 C−X 결합은 불균일하게 끊어진다. 이탈기는 그 결합을 이루던 전자를 포함하여 X:⁻가 되어 떨어진다. 이탈기 X:⁻가 더 안정할수록 전자쌍을 받아들이는 능력이 더 좋아지므로 다음과 같이 일반화할 수 있다.

- 두 개의 이탈기를 비교했을 때 더 좋은 이탈기는 더 약 염기이다.

R−X + :Nu⁻ ⟶ R−Nu + :X⁻

좋은 이탈기는 약한 염기이다.

예를 들면, H_2O가 더 약 염기이기 때문에 H_2O가 ^-OH보다 더 좋은 이탈기이다. 또한 염기성의 주기율표 경향을 이용하여 이탈기 능력의 주기적 경향을 알아낼 수 있다.

- 주기율표의 왼쪽에서 오른쪽으로 가면서 염기성이 감소함에 따라 이탈기 능력은 증가한다.

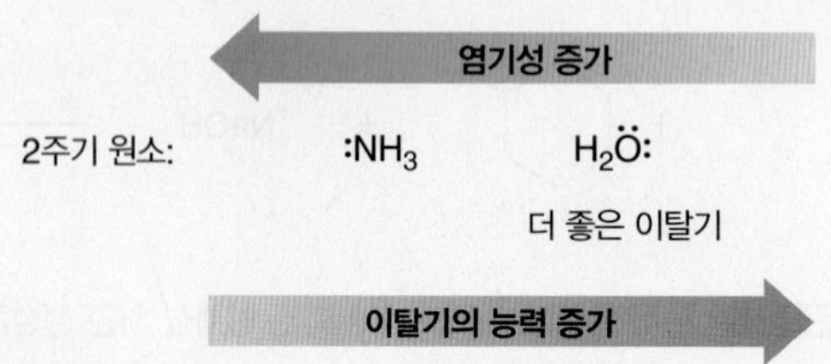

- 주기율표의 한 족에서 위에서 아래로 가면서 염기성이 감소함에 따라 이탈기 능력은 증가한다.

표 7.2
친핵체 치환 반응에 관한 좋은 이탈기

출발 물질	이탈기	짝산	pK_a
R−Cl	:C̈l:⁻	HCl	−7
R−Br	:B̈r:⁻	HBr	−9
R−I	:Ï:⁻	HI	−10
$R-OH_2^+$	$H_2\ddot{O}$:	H_3O^+	−1.7

표 7.3
친핵체 치환 반응에 관한 나쁜 이탈기

출발 물질	이탈기	짝산	pK_a
R−F	:F̈:⁻	HF	3.2
R−OH	⁻:ÖH	H_2O	15.7
$R-NH_2$	$^-\ddot{N}H_2$	NH_3	38
R−H	H:⁻	H_2	35
R−R	R:⁻	RH	50

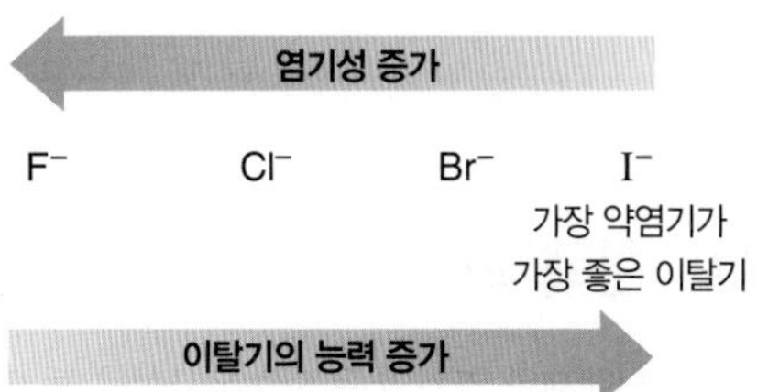

좋은 이탈기는 모두 약염기이며, 그 짝산은 pK_a 값이 낮은 센 산이다. 따라서 짝산(HCl, HBr, HI)의 pK_a 값이 낮으므로 F^-를 제외한 모든 할로젠화 음이온은 좋은 이탈기이다. 표 7.2와 표 7.3에 친핵성 치환 반응에서 좋은 이탈기와 나쁜 이탈기를 각각 나타내었다. 표 7.3에 있는 이탈기는 강염기이기 때문에 이 이탈기가 떨어지는 친핵성 치환 반응은 일어나지 않는다.

문제 7.10 다음 각 쌍에서 어느 것이 더 좋은 이탈기인가?

a. Cl^-, I^-　　b. NH_3, $^-NH_2$　　c. H_2O, H_2S

문제 7.11 어느 분자가 더 좋은 이탈기를 가지고 있는가?

a. (골격 구조) Br　　b. (골격 구조) OH　　c. (골격 구조) $\overset{+}{O}H_2$　　d. (골격 구조)

특정한 친핵체와 이탈기가 주어졌을 때, 친핵성 치환에서 화학 평형이 생성물에 유리한지 아닌지를 어떻게 결정할 수 있을까? 흔히 친핵체와 이탈기의 염기성을 비교함으로써 평형의 방향을 정확하게 예측할 수 있다.

- 이탈기가 친핵체보다 더 약 염기일 때 평형은 친핵성 치환의 생성물 생성을 선호한다.

예제 7.1은 이와 같은 일반적인 규칙을 적용하는 방법을 보여준다.

예제 7.1 다음 치환 반응은 생성물 생성을 선호하는가?

$$CH_3CH_2Cl + {}^-OH \longrightarrow CH_3CH_2OH + Cl^-$$

풀이

친핵체(^-OH)와 이탈기(Cl^-)의 짝산의 pK_a값을 비교하여 염기의 세기를 비교하자. **짝산의 세기가 더 세면 더 약 염기이고, 또한 더 좋은 이탈기이다.**

			짝산	
친핵체	^-OH	⟶	H_2O	pK_a = 15.7
이탈기	Cl^-	⟶	HCl	pK_a = −7
	더 약 염기		더 센 산	

이탈기인 Cl^-가 친핵체인 ^-OH보다 약염기이기 때문에 생성물 생성에 유리한 반응이다.

문제 7.12 다음 각 치환 반응에서 평형은 반응물 혹은 생성물을 선호하는가?

a. $CH_3CH_2NH_2 + Br^- \longrightarrow CH_3CH_2Br + {}^-NH_2$

b. $CH_3CH_2CH_2CH_2I + {}^-CN \longrightarrow CH_3CH_2CH_2CH_2CN + I^-$

7.8 친핵체

여기서 염기란 브뢴스테드-로우리 염기이고 친핵체란 양성자가 아닌 친전자체와 반응하는 루이스 염기를 뜻한다.

친핵제와 염기의 구조적 유사성은 둘 다 비공유 전자쌍이나 π 결합이 있다는 것이다. 그러나 공격하는 대상은 다르다.

- 염기는 양성자를 공격한다. 친핵체는 전자가 부족한 그 밖의 원자(보통은 탄소)를 공격한다.

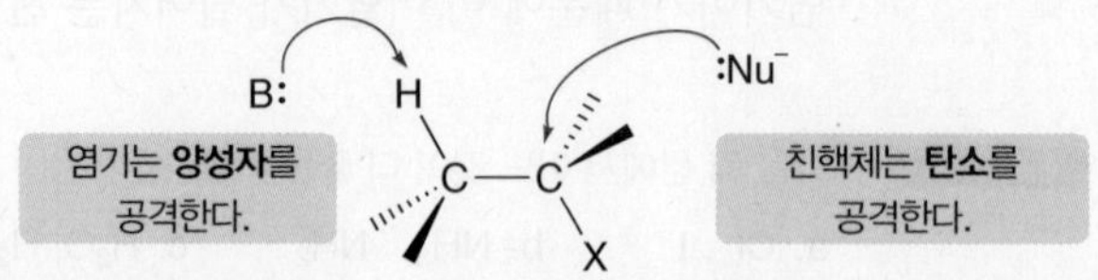

7.8A 염기성에 대비한 친핵성

친핵성(nucleophilicity, 친핵체의 세기)이 어떻게 염기성(basicity)과 연관이 있을까? 강염기가 센 친핵체인 것이 사실이지만 이는 친핵체 크기와 입체적인 요인에 따라 바뀔 수 있다.

다음 세 경우에 친핵성과 염기성이 유사하게 대응한다.

[1] 같은 친핵성 원자를 가진 두 개의 친핵체인 경우, 더 센 염기가 더 센 친핵체이다.

- ^-OH와 $CH_3CO_2^-$ 같은 두 산소 친핵체의 상대적인 친핵성은 각각의 짝산(H_2O와 CH_3CO_2H)의 pKa 값을 비교하여 결정할 수 있다. CH_3CO_2H(pKa = 4.8)는 H_2O(pKa = 15.7)보다 센 산이다. 따라서 ^-OH는 $CH_3CO_2^-$보다 센 염기이자 센 친핵체이다.

[2] 음전하를 띠는 친핵체는 항상 짝산보다 센 친핵체이다.

- ^{-}OH는 짝산인 H_2O보다 센 염기이고 센 친핵체이다.

[3] 주기율표 한 주기에서 오른쪽에서 왼쪽으로 갈수록 염기성이 세지는 것처럼 친핵성도 세진다.

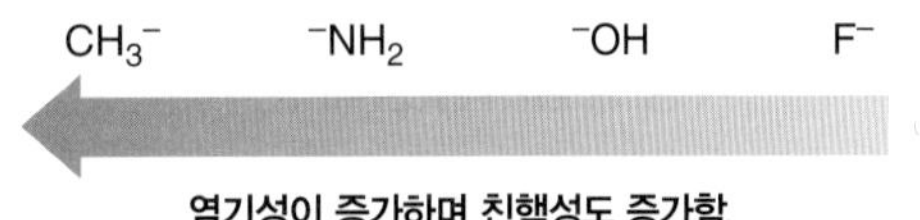

문제 7.13 각 쌍에서 더 센 친핵체를 찾아라.

a. NH_3, $^{-}NH_2$ b. CH_3NH_2, CH_3OH c. CH_3COO^-, $CH_3CH_2O^-$

7.8B 입체 영향과 친핵성

모든 입체 영향은 두 원자가 같은 공간을 차지할 수 없기 때문에 나타난다. 예를 들면 4장에서 큰 작용기들(큰 부피를 차지하는)이 서로 가깝게 모이면 **입체 무리**(steric strain)가 증가한다는 것을 배웠다.

입체 장애(steric hindrance)가 중요한 요인이 되면 친핵성과 염기성은 비슷하지 않다. 입체 장애는 반응이 일어나는 자리에 부피가 큰 기가 존재하기 때문에 나타나는 반응성 감소이다.

예를 들어, pK_a 표에 따르면 *tert*-뷰톡시화 음이온[$(CH_3)_3CO^-$]이 에톡시화 음이온($CH_3CH_2O^-$)보다 더 센 염기이지만 에톡시화 음이온이 더 센 친핵체이다. *tert*-뷰톡시화 음이온의 O 원자 근처의 세 개의 CH_3기가 입체 장애를 일으킨다. 그래서 크고 부피가 큰 염기가 네 개의 결합기가 있는 탄소 원자에 대한 공격을 어렵게 한다.

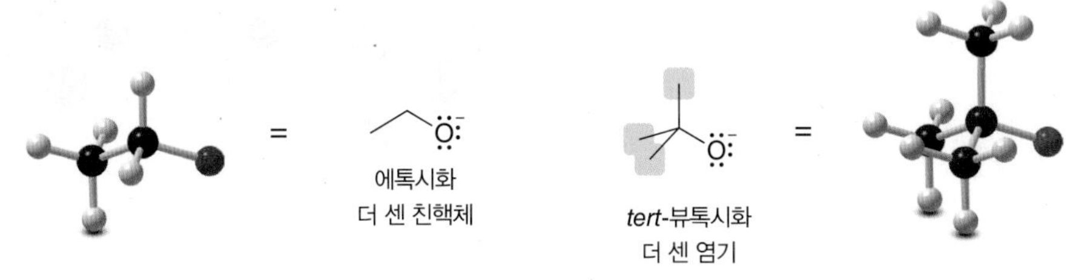

세 개의 CH_3기가 O 원자를 가로막기 때문에 약한 친핵체이다.

입체 장애는 친핵성을 감소시키지만 염기성은 감소시키지 않는다. 염기는 작고 쉽게 접근할 수 있는 양성자를 떼어 내기 때문에 입체 장애의 영향을 받지 않는다. 반대로 친핵체는 혼잡한 정사면체 탄소를 공격해야 한다. 따라서 부피가 큰 기는 반응성을 떨어뜨린다.

나쁜 친핵체인 입체 장애를 받는 염기를 비친핵성 염기(nonnucleophilic base)라 부른다. *tert*-뷰톡시화 포타슘[$K^{+}\,^{-}OC(CH_3)_3$]은 강염기인 비친핵성 염기이다.

7.8C 크기가 다른 친핵체의 비교–용매의 영향

주기율표의 한 열에서 위에서 아래로 감에 따라 원자의 크기는 크게 달라진다. 이 경우 친핵성은 치환 반응에 사용된 용매에 의존한다. 지금까지 용매는 무시되었지만 유기 반응은 모든 반응물을 어느 정도 녹이는 액체 용매에서 일어난다. 치환 반응은 극성 출발물을 포함하기 때문에 극성 물질을 녹이는 극성 용매가 사용된다. 극성 용매는 극성 양성자성(protic) 용매와 극성 비양성자(aprotic) 용매 두 가지로 분류할 수 있다.

그림 7.5
극성 양성자성 용매의 예

H_2O	CH_3OH	CH_3CH_2OH	$(CH_3)_3COH$	CH_3CO_2H
	메탄올	에탄올	*tert*-뷰탄올	아세트산

극성 양성자성 용매

쌍극자-쌍극자 상호작용과 더불어 극성 양성자성 용매는 분자간 수소 결합을 할 수 있다. 그 이유는 극성 양성자성 용매는 O-H 혹은 N-H 결합이 있기 때문이다. 그림 7.5에 나와 있는 것처럼 가장 흔한 극성 양자성 용매는 물과 알코올(ROH)이다. 극성 양성자성 용매는 양이온과 음이온 모두를 잘 용매화할 수 있다.

- 양이온은 이온-쌍극자 상호작용으로 용매화된다.
- 음이온은 수소 결합에 의하여 용매화된다.

예를 들어, 만일 NaBr 염이 H_2O에서 친핵체 Br^-의 공급원으로 사용된다면, Na^+ 양이온은 이온-쌍극자 상호작용으로 H_2O 분자에 의해 용매화된다. 그리고 Br^- 음이온은 센 수소 결합의 상호작용으로 용매화된다.

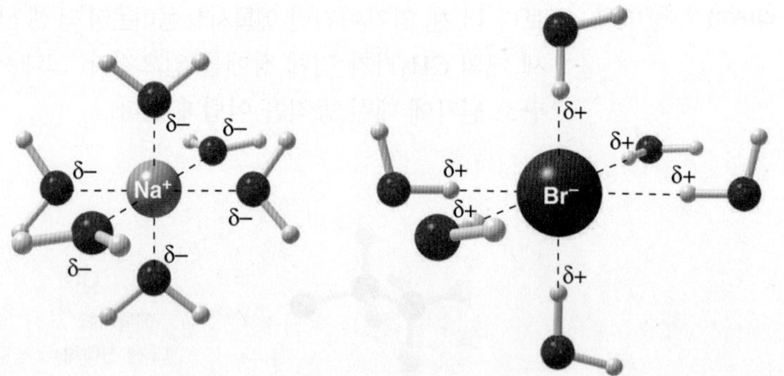

극성 양성자성 용매가 친핵성에 어떤 영향을 끼칠까? 주기율표의 위에서 아래로 가면서 음이온의 크기가 커지기 때문에 극성 양성자성 용매에서 친핵성은 증가한다. 이것은 염기성과 반대이다. 전기음성도가 큰 F^-와 같은 음이온은 수소 결합으로 용매화가 잘된다. 따라서 반응성이 크게 떨어진다. 반대로, 크기가 크고 전기음성도가 작은 I^-와 같은 음이온은 용매 분자에 세게 달라붙지 않는다. 용매는 큰 친핵체를 잘 '숨길' 수 없다. 그래서 이 친핵체는 반응에서 전자쌍을 줄 수 있는 능력이 더 좋아진다. 따라서 비록 염기성은 감소하지만 친핵성은 한 열에서 아래로 가면서 증가한다. 극성 양성자성 용매에서는 다음과 같은 경향을 나타낸다.

I^-는 약염기이지만 극성 양성자성 용매에서 센 친핵체이다.

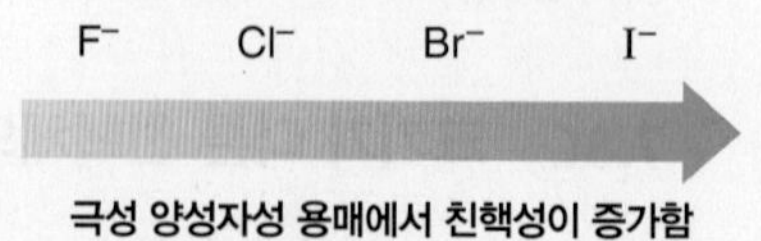

극성 비양성자성 용매

극성 비양성자성 용매는 쌍극자-쌍극자 상호작용을 나타내지만 O-H나 N-H와 같은 결합이 없기 때문에 수소 결합을 할 수 있는 능력이 없다. 극성 비양성자성 용매의 예를 그림 7.6에 나타내었다. 극성 비양성자성 용매는 양이온만을 잘 용매화할 수 있다.

그림 7.6
극성 비양성자성 용매의 예

유기화학에서 화합물의 완전한 이름 대신 줄임말이 흔히 쓰인다. 많이 쓰이는 줄임말을 책 뒤 표지 안쪽에 나타내었다.

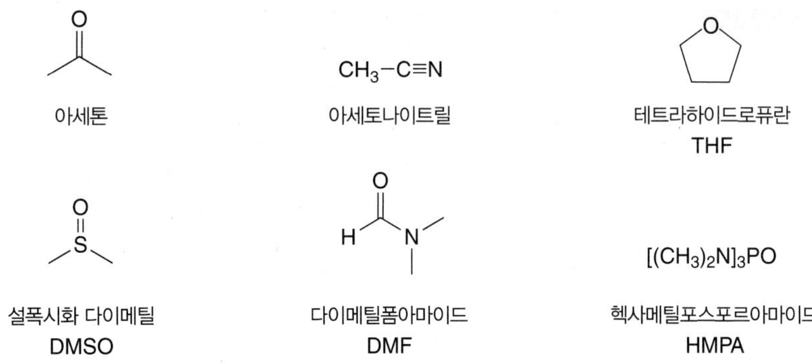

- 양이온은 이온–쌍극자 상호작용으로 용매화된다.
- 용매가 음이온과 수소 결합을 할 수 없기 때문에 음이온은 잘 용매화되지 않는다.

아세톤[$(CH_3)_2C{=}O$]에 NaBr 염을 녹이면 Na^+ 양이온은 이온–쌍극자 상호작용으로 아세톤에 용매화된다. 그러나 Br^- 음이온은 수소 결합을 할 수 없기 때문에 잘 용매화되지 않는다. 이런 음이온은 용매에 단단하게 상호작용으로 결합되어 있지 않기 때문에 **노출된 음이온**(naked anion)이라 부른다.

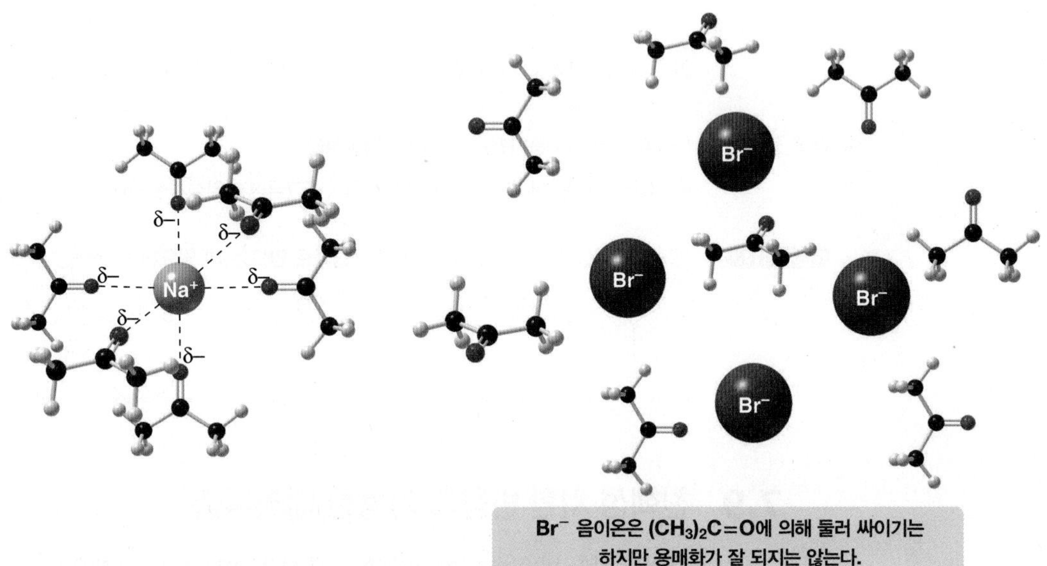

Br^- 음이온은 $(CH_3)_2C{=}O$에 의해 둘러 싸이기는 하지만 용매화가 잘 되지는 않는다.

극성 비양성자성 용매가 친핵성에 어떤 영향을 끼치는가? 음이온은 극성 비양성자성 용매에서 잘 용매화되지 않기 때문에 용매 분자가 하나의 음이온을 다른 음이온보다 더 효과적으로 가리는지 고려할 필요가 없다. 친핵성은 염기성과 비슷한 경향을 가진다. **더 센 염기는 더 센 친핵체이다.** 염기성은 주기율표의 한 열에서 아래로 감에 따라 크기에 더불어 감소한다. 친핵성 또한 감소한다.

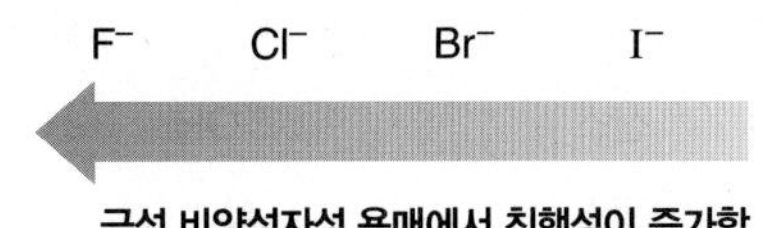

문제 7.14 다음을 양성자성 용매 혹은 비양성자성 용매로 분류하라.

a. $HOCH_2CH_2OH$ b. $CH_3CH_2OCH_2CH_3$ c. $CH_3COOCH_2CH_3$

문제 7.15 다음 음이온 쌍에서 더 센 친핵체를 찾아라.

a. 극성 양성자성 용매에서 Br^- 또는 Cl^-
b. 극성 비양성자성 용매에서 HO^- 또는 Cl^-
c. 극성 양성자성 용매에서 HS^- 또는 F^-

7.8D 요약

친핵성에 대한 위와 같은 긴 토론은 뒤에 우리가 유기화학을 공부하는 동안 다시 만나게 될 입체 장애와 용매 효과 같은 많은 새로운 개념들을 알게 해 주었다. 그러나 두 친핵체를 비교할 때 친핵성과 염기성 사이의 중요한 관계는 기억하고 있어야 한다.

- 일반적으로 더 센 염기가 더 센 친핵체인 것은 사실이다.
- 그러나 극성 양성자성 용매에서는 음이온의 크기가 증가하면 친핵성이 증가한다(염기성과 반대임).
- 입체 장애는 염기성은 감소시키지 않고 친핵성은 감소시킨다. $(CH_3)_3CO^-$가 $CH_3CH_2O^-$보다 강염기이지만 약한 친핵체이다.

표 7.4에 친핵성 치환 반응에 흔히 사용되는 친핵체를 나타내었다.

문제 7.16 다음을 친핵성이 증가하는 순서대로 나열하라.

a. ^-OH, $^-NH_2$, H_2O b. ^-OH, Br^-, F^-(극성 비양성자성 용매) c. H_2O, ^-OH, CH_3COO^-

문제 7.17 $(CH_3)_2CHCH_2CH_2Br$을 다음의 각 생성물로 만드는 데 필요한 친핵체는 무엇인가?

a. $(CH_3)_2CHCH_2CH_2SH$ b. $(CH_3)_2CHCH_2CH_2OCH_2CH_3$ c. $(CH_3)_2CHCH_2CH_2OCOCH_3$ d. $(CH_3)_2CHCH_2CH_2C\equiv CH$

7.9 친핵성 치환 반응의 가능한 메커니즘

친핵성 치환 반응에 대한 일반적인 특성을 어느 정도 알았으므로 이제 메커니즘을 이해할 수 있을 것이다.

$$R-X \quad + \quad :Nu^- \longrightarrow R-Nu \quad + \quad :X^-$$

이 σ 결합이 끊어진다. (R−X) 이 σ 결합이 형성된다. (R−Nu)

표 7.4 유기화학에서 흔한 친핵체

	음전하를 가진 친핵체			중성 친핵체	
산소	^-OH	^-OR	$CH_3CO_2^-$	H_2O	ROH
질소	N_3^-			NH_3	RNH_2
탄소	^-CN	$HC\equiv C^-$			
할로젠	Cl^-	Br^-	I^-		
황	HS^-	RS^-		H_2S	RSH

친핵성 치환은 sp^3 혼성 탄소에서 두 개의 σ 결합이 관여한다. 이탈기에 연결된 결합은 끊어지고 친핵체에 연결된 결합은 만들어진다. 이 메커니즘을 이해하기 위해서는 이 두 과정이 일어나는 타이밍을 알아야 한다. 즉 **결합이 끊어지고 생성되는 순서는 무엇인가?** 동시에 일어나는가, 아니면 한 과정이 다른 과정보다 앞에 일어나는가? 여기에는 세 가지 가능성이 있다.

[1] **메커니즘은 한 단계로, 결합이 분해되고 생성되는 과정이 동시에 일어난다.**

:Nu⁻ + (CH₃)₃C–X: —(한 단계)→ Nu–C(CH₃)₃ + :X:⁻

C–X σ 결합이 끊어지면서… 동시에 …C–Nu σ 결합이 생성된다.

- C–X 결합이 끊어지면서 C–Nu 결합이 생성된다면 메커니즘은 **한 단계**이다. 6.9절에서 배운 것처럼 이와 같은 이분자 반응의 속도는 두 반응물의 농도에 의존하다. 속도식은 이차이고, 반응 속도= k[RX][:Nu⁻]이다.

[2] **메커니즘은 두 단계로, 결합 생성 전에 결합 분해가 일어난다.**

(CH₃)₃C–X: —①→ 탄소 양이온 + :X:⁻ —②(:Nu⁻)→ Nu–C(CH₃)₃

C–X σ 결합이 끊어지고… 그 다음에 …C–Nu σ 결합이 생성된다.

- C–X 결합이 먼저 끊어지고 나서 C–Nu 결합이 생성된다면 메커니즘은 **두 단계**이고, 중간체로 **탄소 양이온**이 생성된다. 첫 단계가 반응 속도 결정 단계이기 때문에 속도는 RX의 농도에만 의존한다. **속도식은 일차이고, 반응 속도 =** k**[RX]이다.**

[3] **메커니즘은 두 단계로, 결합 분해 전에 결합 생성이 일어난다.**

:Nu⁻ + (CH₃)₃C–X: —✕①→ Nu–C(CH₃)₃–X:⁻ (C 주위에 10개의 전자) —②→ Nu–C(CH₃)₃ + :X:⁻

C–Nu σ 결합이 생성되고… 그 다음에 …C–X σ 결합이 끊어졌다.

- C–Nu 결합이 먼저 생성되고 C–X 결합이 끊어진다면 메커니즘은 **두 단계**이다. 그러나 이 메커니즘은 근원적인 문제를 가진다. 첫 단계에서 생성된 중간체가 열 개의 전자가 있는 탄소를 포함하므로 팔전자 규칙에 어긋난다. 위의 가능한 나머지 두 메커니즘은 기본 법칙을 위반하지 않는다. 따라서 이 마지막 경우는 무시할 수 있다.

앞서의 논의에서 친핵성 치환에 대하여 두 개의 가능한 메커니즘을 제시하였다. 즉, **결합 절단과 결합 생성이 동시에 일어나는 한 단계 메커니즘과 결합 절단이 먼저 일어나고, 결합 생성이 뒤에 일어나는 두 단계 메커니즘이다.** 7.10절에서 두 특수한 친핵성 치환 반응에 대한 자료를 살펴보고 제시된 메커니즘이 자료와 잘 맞는지 검토한다.

7.10 친핵성 치환에 대한 두 개의 메커니즘

두 개의 다른 반응에 대한 속도식을 이용하여 친핵성 치환의 가능한 메커니즘을 알아낼 수 있다.

브로모메테인(CH_3Br)과 친핵체인 아세트산 음이온(CH_3COO^-)의 반응에서 치환 생성물은 Br^-

이 이탈기로 떨어져 나간 아세트산 메틸이다(반응식 [1]). 반응 속도는 두 반응물 모두의 농도에 의존한다는 것을 속도 자료를 통하여 알 수 있다. 즉 속도식은 2차이다. 이것은 C−X 결합이 끊어지면서 C−Nu 결합이 생성되는 한 단계 메커니즘이고 이분자 반응이라는 것을 제시한다.

[1] CH_3-Br (브로모메테인) + 아세트산 음이온 → (2° 반응 속도식) $CH_3-O-C(=O)CH_3$ (아세트산 메틸) + Br^-

반응식 [2]에 다른 할로젠화 알킬 $(CH_3)_3CBr$을 이용하지만 비슷한 친핵성 치환 반응이 일어나서 Br^-가 CH_3COO^-로 치환되는 반응을 나타내었다. 이 반응의 속도는 오직 하나의 반응물(할로젠화 알킬)의 농도만 의존하다는 사실을 반응 속도 자료를 이용하여 알 수 있다. 즉 반응 속도식은 1차이다. 이런 결과는 속도 결정 단계에서 할로젠화 알킬만이 관련되는 두 단계 메커니즘을 제시한다.

[2] $(CH_3)_3C-Br$ + 아세트산 음이온 → (1° 반응 속도식) $(CH_3)_3C-O-C(=O)CH_3$ + Br^-

메커니즘 S_N1과 S_N2에서 숫자 **1**과 **2**는 각 반응의 속도 차수를 나타낸다. 예를 들면, S_N**2**는 속도식이 **2차**임을 뜻한다. 숫자 2가 메커니즘에서 두 단계를 뜻하는 것은 아니다.

이러한 두 가지 다른 결과를 어떻게 설명할 수 있을까? 이 두 반응은 친핵체와 이탈기가 같지만 반응속도식이 다르므로 두 개의 다른 메커니즘이 있어야만 한다. 이러한 반응식들은 sp^3 혼성 탄소에서 일어나는 친핵성 치환 반응에서 잘 알려진 두 메커니즘의 특정한 예이다.

- S_N2 메커니즘(이분자 친핵성 치환), 반응식 [1]로 표시한 반응
- S_N1 메커니즘(일분자 친핵성 치환), 반응식 [2]로 표시한 반응

이제부터 S_N2 메커니즘과 S_N1 메커니즘의 특성을 검토한다.

7.11 S_N2 메커니즘

CH_3Br과 CH_3COO^- 간의 반응은 S_N2 반응의 한 예이다. 이 반응의 일반적인 특징은 무엇인가?

CH_3-Br + 아세트산 음이온 → (S_N2 반응) $CH_3-O-C(=O)CH_3$ + Br^-

7.11A 반응속도론

S_N2 반응은 이차 반응 속도식으로 표현된다. 즉, 이분자 반응이고 할로젠화 알킬과 친핵체 모두 반응속도식에 나타난다.

- 반응 속도 $= k[CH_3Br][CH_3COO^-]$

둘 중 어떤 반응물의 농도든지 변화시키면 속도에 영향을 준다. 예를 들어, 친핵체나 할로젠화 알킬의 농도를 두 배로 증가시키면 속도가 두 배로 증가한다. 두 반응물의 농도를 모두 두 배로 증가시키면 속도는 네 배로 증가한다.

문제 7.18 다음 각 조건에서 S_N2 반응 속도는 어떻게 되는가?

a. [RX]는 3배이고, [:Nu⁻]는 변화 없음
b. [RX]는 절반이고, [:Nu⁻]는 변화 없음
c. [RX], [:Nu⁻] 모두 3배
d. [RX]는 절반이고, [:Nu⁻]는 2배

7.11B 한 단계 메커니즘

지금까지 관찰한 이차 반응속도론에 대한 가장 직설적인 설명은 메커니즘 7.1에 나타낸 바와 같은 결합 분해와 결합 생성이 동시에 일어나는 협동(concerted) 반응이다.

$CH_3Br + CH_3CO_2^-$ 반응의 에너지 도표를 그림 7.7에 나타내었다. 반응은 한 단계이고, 그래서 반응물과 생성물 사이에 하나의 에너지 장벽이 있다. 이 S_N2 반응의 평형이 생성물을 선호하기 때문에 생성물의 에너지가 출발물의 에너지보다 낮게 그려졌다.

문제 7.19 다음 S_N2 반응의 전이 상태 구조를 그려라.

$CH_3CH_2CH_2Cl + CH_3\ddot{O}:^- \longrightarrow CH_3CH_2CH_2OCH_3 + :\ddot{Cl}:^-$

메커니즘 7.1 S_N2 메커니즘

한 부분 C–O 결합이 형성되면서 C–Br 결합이 끊어진다.

$CH_3CO_2^- + CH_3\text{–}Br \xrightarrow{\text{한 단계}} CH_3CO_2\text{–}CH_3 + :\ddot{Br}:^-$

새로운 C–O 결합 형성

그림 7.7
S_N2 반응 $CH_3Br + CH_3CO_2^- \rightarrow CH_3CO_2CH_3 + Br^-$에 관한 에너지 도표

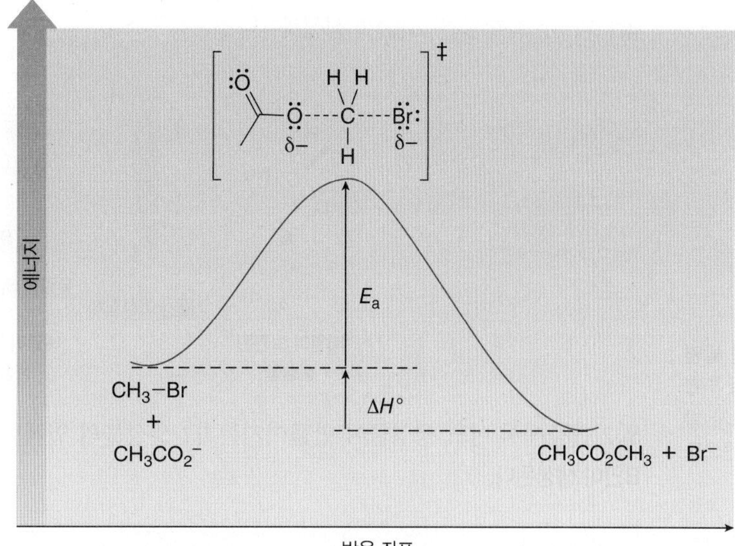

- 전이 상태에서 C–Br 결합은 일부 끊어지고 C–O 결합은 일부 형성된다. 공격하는 친핵체와 이탈기 모두에 부분 음전하가 있다.

7.11C S_N2 반응의 입체화학

S_N2 반응에서 친핵체는 기질의 어느 방향에서 접근하는가? 두 가지 가능성이 있다.

- **앞쪽에서 공격**: 친핵체가 이탈기와 같은 쪽에서 접근한다.
- **뒤쪽에서 공격**: 친핵채가 이탈기의 반대쪽에서 접근한다.

친핵체가 앞쪽에서 혹은 뒤쪽에서 공격한 결과를 $CH_3CH(D)Br$을 기질로 하고 일반적인 친핵체: Nu^-를 이용하여 나타내었다. 이 기질은 이탈기가 입체발생 중심 탄소에 결합되어 있다. 따라서 다른 두 방향에서 공격했을 때 생성되는 구조의 차이점을 알 수 있다.

앞쪽 공격에서 친핵체는 이탈기와 같은 쪽으로 접근하여 구조식 A를 형성한다. 이 예에서 이탈기는 오른쪽에 그려졌고, 따라서 친핵성 공격은 오른쪽에서 일어난다. 친핵체와 이탈기가 탄소의 다른 세 개의 기에 대해 같은 위치에 있기 때문에 앞쪽 공격은 입체발생 중심(stereogenic center) 탄소에서 **배열이 보존**된다.

D는 ^2H(수소의 동위원소)를 의미한다는 1장 1절을 상기하라.

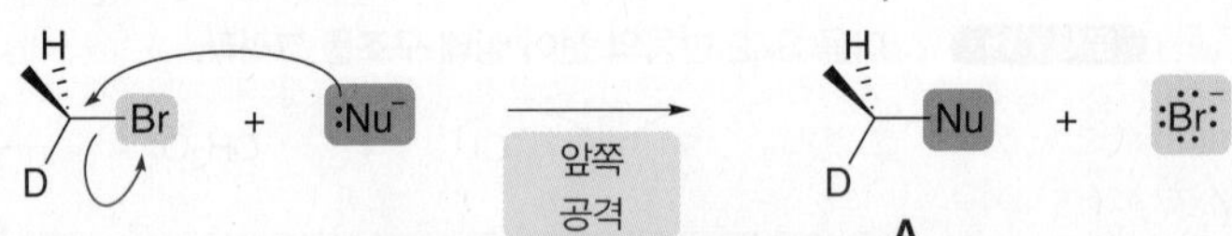

Nu가 Br이 있었던 같은 쪽에서 치환한다.

뒤쪽 공격에서, 친핵체는 이탈기의 반대쪽으로 접근하여 구조식 B를 형성한다. 이 예에서 이탈기는 오른쪽에 그려졌고 친핵성 공격은 왼쪽에서 일어난다. 친핵체와 이탈기가 탄소의 다른 세 개의 기에 대해 서로 반대 방향에 있기 때문에 뒤쪽 공격은 입체발생 중심 탄소에서 **배열이 반전**된다.

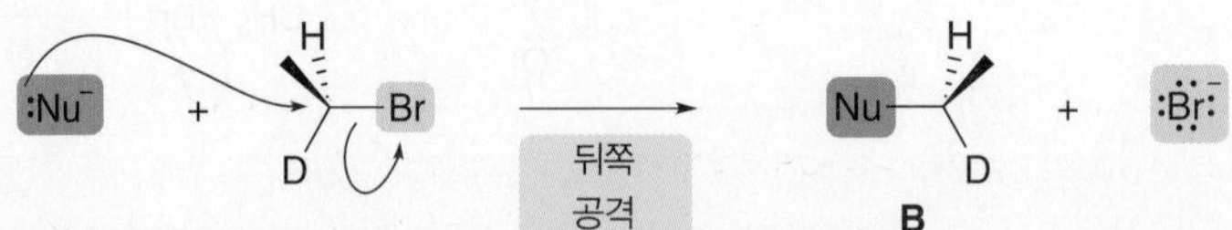

Nu가 Br이 있었던 반대쪽으로 치환한다.

앞쪽 공격과 뒤쪽 공격의 생성물은 다른 화합물이다. A와 B는 입체이성질체이고 서로 겹쳐지지 않는다. 두 화합물은 **거울상이성질체**이다.

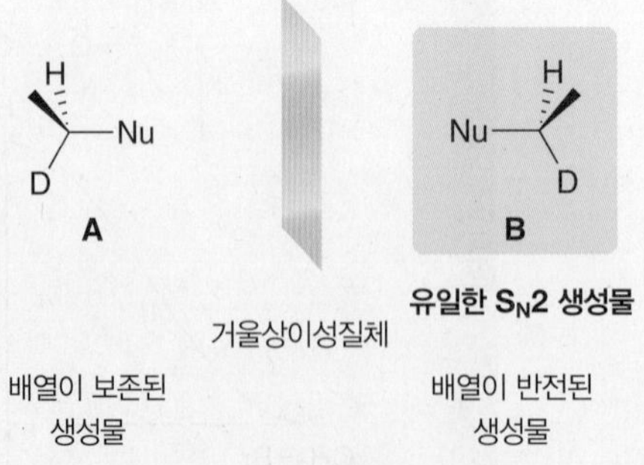

S_N2 반응에서 일어나는 반전을 **발덴 반전(Walden inversion)**이라 부르는데, 1896년에 라트비아 화학자 발덴(Paul Walden) 박사가 처음으로 관찰하였다.

반전을 일으키는 뒤쪽 공격은 모든 S_N2 반응에서 일어나지만, 이탈기가 입체발생 중심 탄소에 결합되었을 때만 관찰할 수 있다.

S_N2 반응에서 어느 생성물이 만들어지는가? 생성물의 입체화학을 결정해보면, **뒤쪽 공격 생성물 B만이 생성된다.**

- 모든 S_N2 반응은 친핵체가 뒤쪽에서 공격해서 진행되고, 입체발생 중심에서 반전이 일어난다.

뒤쪽 공격에 대한 하나의 설명은 전자에 관한 논거에 기초를 둔다. 친핵체와 이탈기 모두 전자

그림 7.8
S_N2 반응의 입체화학

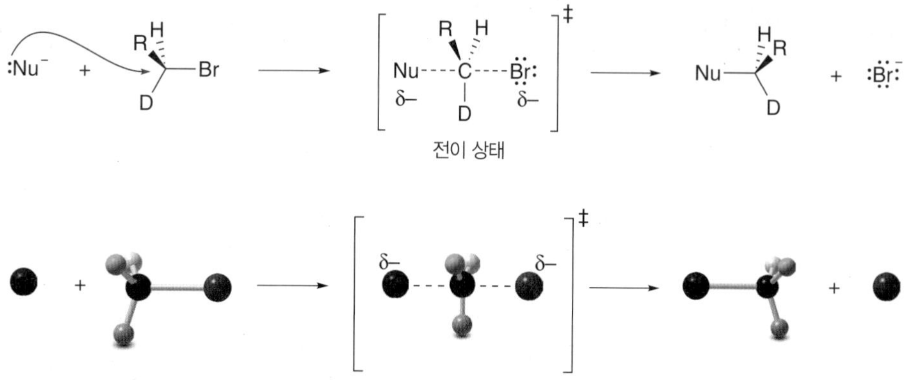

:Nu⁻ + R(H)(D)C–Br → [Nu---C---Br: (δ–, δ–)]‡ → Nu–C(H)(R)(D) + :Br:⁻

전이 상태

- R, H, D를 포함하는 평면에서 $:Nu^-$와 Br^-는 180° 정반대 방향으로 떨어져 있다.

그림 7.9
S_N2 반응에서 나타나는 반전의 두 가지 예

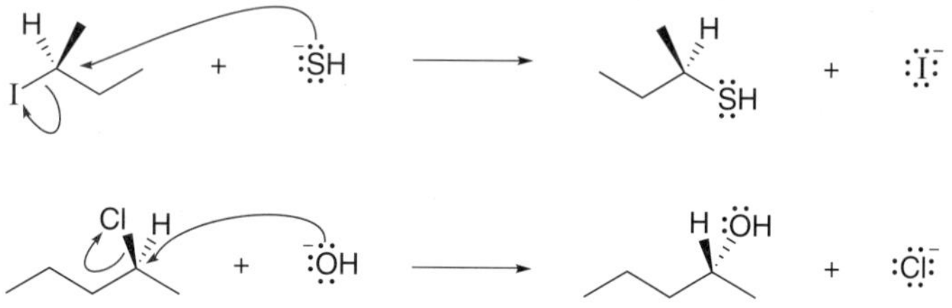

- 생성물에서 친핵체가 만든 결합은 출발물에서 이탈기가 만들었던 결합과 항상 반대쪽이다. 만약 이탈기가 왼쪽에 표시되어 있다면 친핵체는 오른쪽에서 접근하고, 이탈기가 평면의 앞쪽으로 표시되어 있다면 친핵체는 뒤쪽에서 접근할 것이다.

가 풍부하다. 같은 전하끼리는 서로 밀어낸다. 뒤쪽에서 공격하면 두 기를 서로 가능한 한 멀리 떨어지게 할 수 있다. 전이 상태에서 친핵체와 이탈기는 서로 180° 방향으로 멀리 떨어져 있고 다른 세 개의 기는 탄소와 같은 평면에 있다. 이것을 그림 7.8에 나타내었다.

그림 7.9에 S_N2 반응에서 나타나는 반전의 두 가지 예를 나타내었다.

예제 7.2 다음 S_N2 반응의 친핵체와 이탈기를 표시하고, 생성물을 그려라(입체화학도 포함하여).

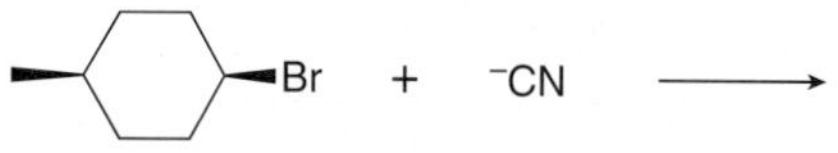

풀이

Br^-는 이탈기이고 ^-CN은 친핵체이다. S_N2 반응은 배열이 **반전**되면서 진행되고, 이탈기가 고리의 위에 그려졌기(쐐기) 때문에 친핵체는 아래에서 접근하여야 한다(점선 결합으로 끝남).

반전

- 배열의 반전은 C–Br 결합에서 일어난다.
- 친핵체(CN–)가 고리 평면의 아래에서 공격하므로 뒤쪽 공격은 두 기가 서로 시스인 출발물을 두 기가 서로 트랜스인 생성물로 변화시켰다.

문제 7.20 다음 각 S_N2 반응의 생성물을 그리고 입체화학을 표시하라.

a. D, H, —Br + $\ddot{O}^-$ ⟶ b. —I + $^-$:C≡N: ⟶

7.11D R기의 정체성

할로젠화 알킬 기질의 알킬기가 CH_3 ⟶ 1° ⟶ 2° ⟶ 3°로 변화되면, S_N2 반응의 속도는 어떻게 바뀌는가?

- 이탈기가 붙은 탄소에 붙은 R기의 개수가 증가하면 S_N2 반응의 속도는 감소한다.

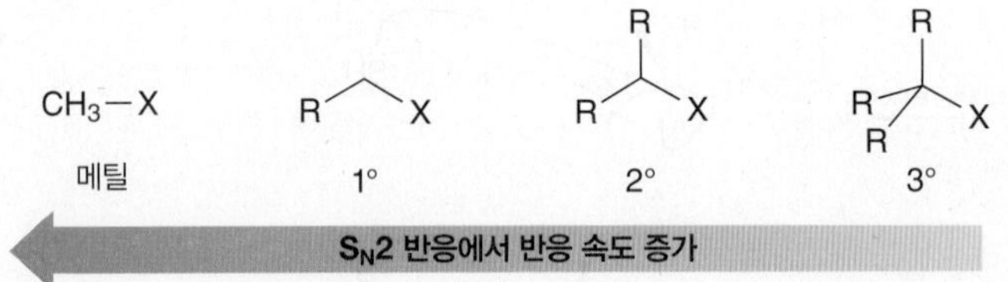

- 메틸과 1° 할로젠화 알킬은 S_N2 반응을 잘한다.
- 2° 할로젠화 알킬은 S_N2 반응을 느리게 한다.
- 3° 할로젠화 알킬은 S_N2 반응을 하지 않는다.

입체 효과로 이 반응성을 설명할 수 있다. 작은 수소 원자가 더 큰 알킬기로 바뀌면, 부피가 큰 알킬기에 의한 입체 장애 때문에 친핵체가 뒤쪽에서 공격하기가 더욱 어려워지고 반응 속도는 느려진다. 그림 7.10은 일련의 할로젠화 알킬에서 입체 장애가 증가할 때 나타나는 영향을 보여준다.

- S_N2 반응은 입체 장애를 받지 않는 할로젠화 알킬이 빠르다.

표 7.5에 여태까지 배운 S_N2 메커니즘을 요약한다.

그림 7.10
S_N2 반응에서의 입체 장애

입체 장애 증가

:Nu⁻ CH_3Br :Nu⁻ CH_3CH_2Br :Nu⁻ $(CH_3)_2CHBr$:Nu⁻ $(CH_3)_3CBr$

S_N2 반응에서 반응성 증가

표 7.5
S_N2 메커니즘의 특성

특성	결과
반응속도	• 2차 속도론: 반응속도 = k[RX][:Nu⁻]
메커니즘	• 한 단계
입체화학	• 친핵체의 뒤쪽 공격 • 입체발생 중심에서의 배열의 반전
R의 정체성	• 입체 장애가 없는 할로젠화물이 빠르게 반응한다. • 반응 속도: $CH_3X > RCH_2X > R_2CHX > R_3CX$

그림 7.11 의약품의 합성에서의 유용한 두 가지 친핵성 치환 반응

[1]

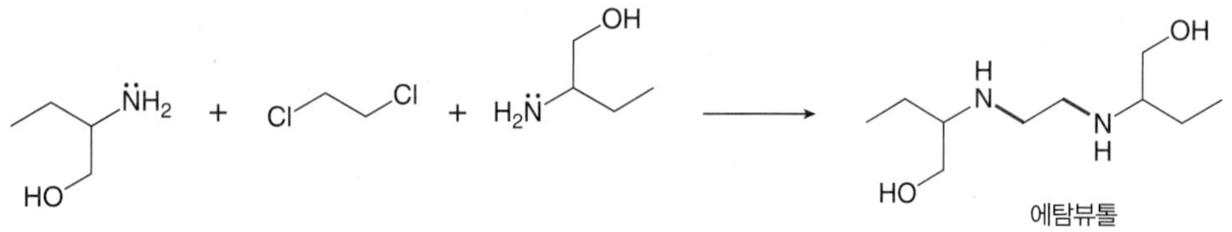

에탐뷰톨
(상품명: 마이암부톨)

[2]

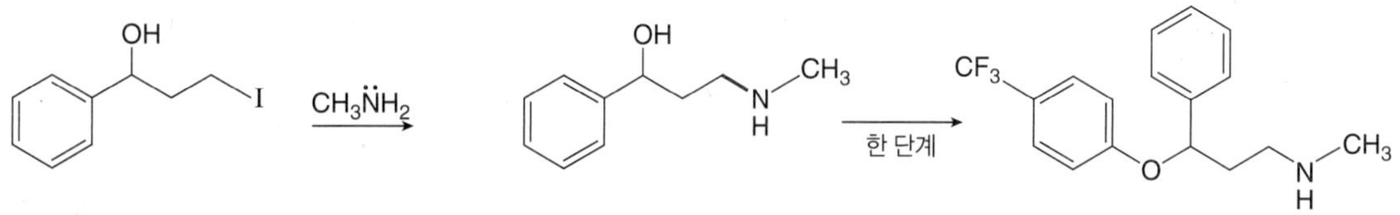

$CH_3\ddot{N}H_2$

한 단계

플루옥세틴
(상품명: 프로잭)

- 두 예 모두에서 초기 치환 반응 생성물은 양전하를 띠며 그 후에 하나의 양성자를 잃고 그려진 생성물을 형성한다.
- 중성 친핵체인 NH_2기는 각 합성에서 할로젠을 치환한다. 친핵성 치환 반응에 의하여 새로이 형성된 결합은 생성물에서 붉은색으로 그려졌다.

문제 7.21 다음 각 쌍에서 S_N2 반응이 더 빠른 화합물은 어느 것인가?

a. 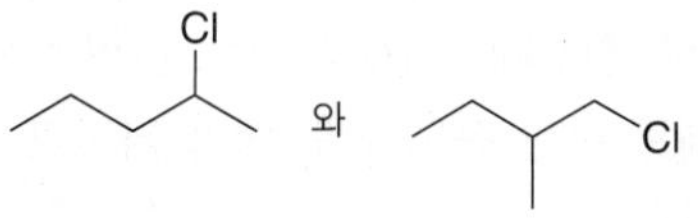 (2-클로로펜테인 구조) 와 (1-클로로-3-메틸뷰테인 구조) b.  (브로모사이클로헥세인 구조) 와 (1-브로모-1-메틸사이클로헥세인 구조)

그림 7.11에 나타낸 것처럼, S_N2 반응은 결핵 치료에 쓰이는 **에탐뷰톨**(ethambutol, 상품명: 마이암뷰톨(Myambutol))과 항우울제인 **플루옥세틴**(fluoxetine, 상품명: 프로잭(Prozac)) 같은 많은 의약품을 실험실에서 합성하는 핵심적인 단계이다.

문제 7.22 화합물 **C**를 **D**로 전환하는 데 필요한 중성 친핵체는 무엇인가? 특정 암들에 대한 효과적 치료제인 이마티닙(Imatinib)은 화합물 **D**로부터 한 단계로 합성할 수 있다.

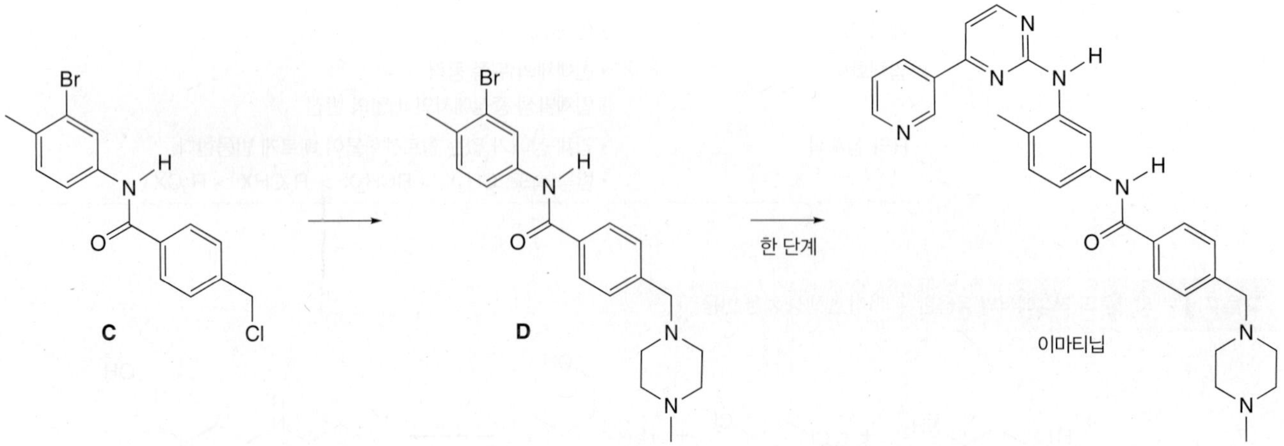

C → D → (한 단계) 이마티닙

7.12 S_N1 메커니즘

$(CH_3)_3CBr$과 $CH_3CO_2^-$의 반응은 친핵성 치환 반응에 관한 두 번째 예인 S_N1 메커니즘이다. 이 메커니즘의 일반적인 특징은 무엇인가?

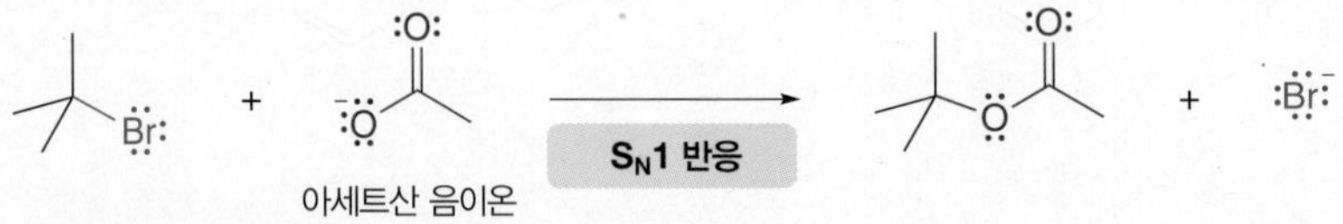

$(CH_3)_3CBr$ + 아세트산 음이온 → (S_N1 반응) $(CH_3)_3COCOCH_3$ + Br^-

7.12A 반응속도론

S_N1 반응은 1차 반응 속도식을 나타낸다.

- 반응 속도 = $k[(CH_3)_3CBr]$

7.10절에서 배운 것처럼 S_N1 메커니즘은 두 단계 이상을 포함하며, 느린 단계는 할로젠화 알킬만을 포함하는 일분자 반응이다. 친핵체의 정체성과 농도는 반응 속도에 영향을 미치지 않는다. 예를 들어 $(CH_3)_3CBr$의 농도를 두 배로 하면 속도가 두 배가 되지만, 친핵체의 농도를 두 배로 하는 것은 속도에 영향을 미치지 못한다.

문제 7.23 다음 각 조건에서 S_N1 반응 속도는 어떻게 되는가?

a. [RX]는 세 배, [:Nu⁻]는 변화 없음
b. [RX], [:Nu⁻] 모두 세 배
c. [RX]는 반, [:Nu⁻]는 변화 없음
d. [RX]는 반, [:Nu⁻]는 두 배

7.12B 두 단계 메커니즘

일차 속도식을 가지는 반응에 대한 가장 직접적인 설명은 메커니즘 7.2에 나타낸 것처럼 결합 형성보다 결합 절단이 먼저 일어나는 두 단계 메커니즘이다.

메커니즘 7.2 S_N1 메커니즘

1 느림 탄소 양이온 + :Br:⁻ 2

① C−Br 결합의 불균일 분해는 속도 결정 단계에서 탄소 양이온을 생성한다.

② 탄소 양이온(루이스 산)에서 아세트산 음이온(루이스 염)의 친핵성 공격은 새로운 C−O 결합을 생성한다.

S_N1 메커니즘의 중요한 특징은 다음과 같다.

- 메커니즘은 두 단계이다.
- 반응성이 큰 중간체인 탄소 양이온이 형성된다.

$(CH_3)_3CBr + CH_3CO_2^-$ 반응의 에너지 도표를 그림 7.12에 나타내었다. 각 단계는 에너지의 극대점에서 전이 상태를 포함하는 각각의 에너지 장벽이 있다. 전이 상태 에너지가 더 높기 때문에 단계 ①이 속도를 결정한다. 결합이 끊어질 뿐이므로 단계 ①의 $\Delta H°$는 양의 값을 가진다. 그러나 단계 ②의 $\Delta H°$는 결합이 생성되기만 하므로 음의 값을 가진다. 전체 반응을 발열 반응이라고 가정하면 최종 생성물의 에너지는 초기 출발물보다 낮다.

그림 7.12
다음 S_N1 반응에 관한 에너지 도표:
$(CH_3)_3CBr + CH_3CO_2^- \rightarrow (CH_3)_3COCOCH_3 + Br^-$

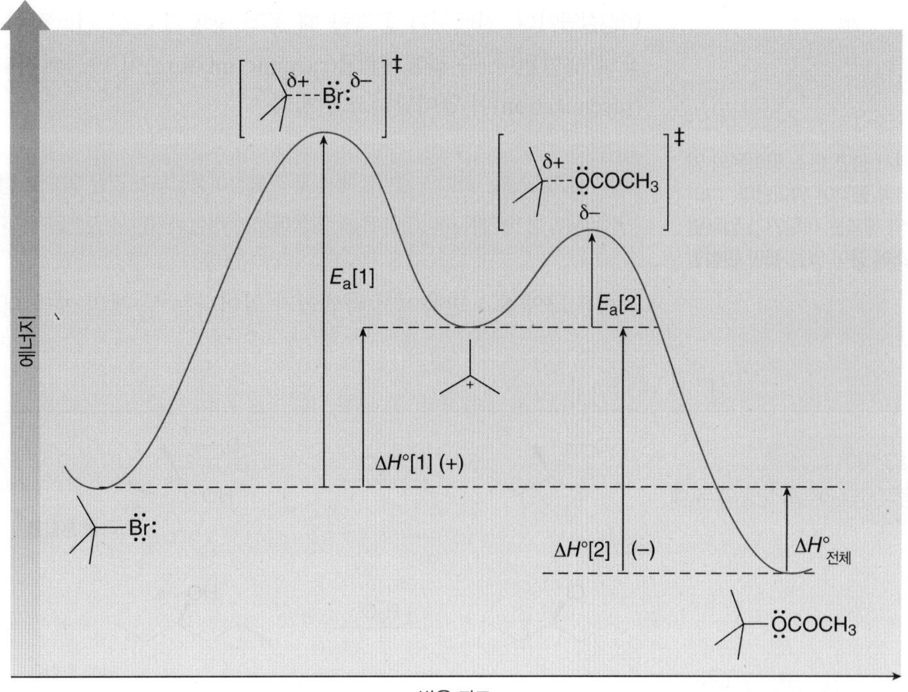

- S_N1 메커니즘은 두 단계이기 때문에 두 개의 에너지 장벽이 존재한다.
- 단계 [1]에서 결합이 끊어지고 단계 [2]에서는 결합이 형성되기 때문에 $E_a[1] > E_a[2]$이다.
- 각 단계에서 한 개의 결합만 끊어지거나 형성되기 때문에 각 단계의 전이 상태에는 한 개의 부분 결합이 있다.

7.12C S_N1 반응의 입체화학

S_N1 반응의 입체화학을 이해하기 위해서는 탄소 양이온 중간체의 기하 구조를 검토해야 한다.

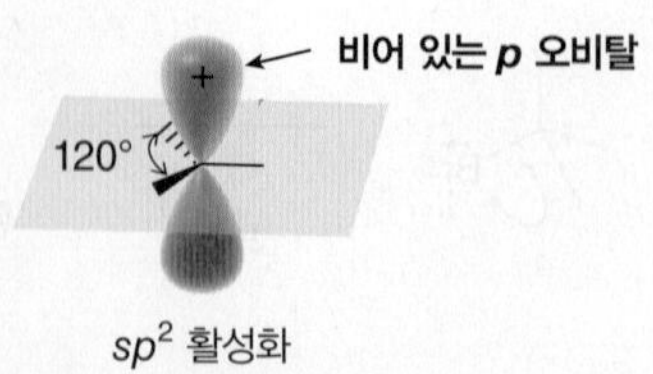

- 탄소 양이온(세 개의 기가 탄소 주위에 있는)은 sp^2 혼성이며, 평면 정삼각형 구조로서 평면 위아래로 연장된 비어 있는 *p* 오비탈이 있다.

반응성이 큰 중간체인 정삼각 평면 탄소 양이온의 반응 결과를 알아보기 위해서 입체발생 중심 탄소에 이탈기가 붙어 있는 3° 할로젠화 알킬의 S_N1 반응을 살펴보자.

A —[1]→ 평면의 탄소 양이온 + :Br:⁻ —:Nu⁻ [2]→ 앞쪽에서 공격 → B; 뒤쪽에서 공격 → C

단계 [1]에서 이탈기가 떨어지면 비카이랄성 평면 탄소 양이온이 형성된다. 단계 [2]에서 친핵체의 공격은 어느 쪽에서나 일어날 수 있으므로 생성물은 B와 C가 된다. 이 두 생성물은 하나의 입체발생 중심이 있는 다른 화합물이다. B와 C는 서로 겹쳐지지 않는 입체이성질체, 즉 거울상이성질체이다. 친핵체가 공격할 때 공격 방향에 관한 선호성이 없기 때문에 두 화합물은 같은 양으로 생성된다. 즉 라셈 혼합물(racemic mixture)이 만들어진다. 우리는 이 반응에서 라셈화 반응(racemization)이 일어났다고 말한다.

S_N1 반응에서 평면 탄소 양이온의 양쪽에서 친핵성 공격이 일어난다. 그러나 이 현상의 결과는 이탈기가 입체발생 중심 탄소에 붙어 있을 때만 관찰할 수 있다.

- 라셈화 반응은 하나의 출발물에서 두 거울상이성질체가 같은 양으로 형성되는 것이다.
- 입체발생 중심이 하나이면 S_N1 반응에서는 라셈화되면서 진행된다.

그림 7.13에 S_N1 반응에서 라셈화가 일어나는 두 개의 예를 더 나타내었다.

그림 7.13
S_N1 반응에서의 라셈화 반응의 두 예

$\xrightarrow{H_2O}$ 라셈 혼합물 + HI

$\xrightarrow{H_2O}$ 라셈 혼합물 + HCl

- S_N1 메커니즘에 의하여 각 출발물의 친핵성 치환은 두 생성물의 **라셈 혼합물**을 형성한다.
- 중성의 친핵체인 H_2O와의 반응에서 친핵성 치환 반응의 초기 생성물(ROH_2^+)은 양성자를 잃어 최종 중성 생성물 ROH를 형성한다(7.6절).

예제 7.3 다음 S_N1 반응의 친핵체와 이탈기를 표지하고 생성물을 그려라(입체화학을 포함하여).

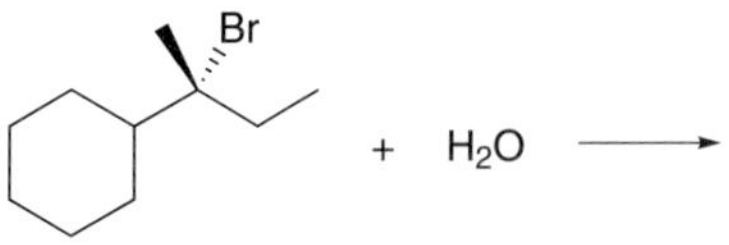

Br

+ H_2O ⟶

풀이

Br^-는 이탈기이고 H_2O는 친핵체이다. 이탈기가 떨어지면 정삼각 평면의 탄소 양이온이 형성된다. 이 중간체는 친핵체와 둘 중 어느 한 방향 쪽으로든지 반응해서 두 개의 생성물을 형성한다.

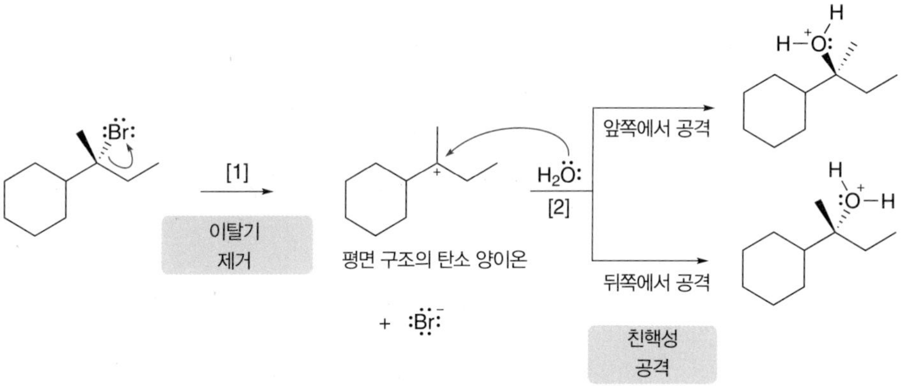

[1] 이탈기 제거

평면 구조의 탄소 양이온

+ :Br:⁻

$H_2\ddot{O}$: [2]

앞쪽에서 공격

뒤쪽에서 공격

친핵성 공격

이 예에서 친핵성 치환의 초기 생성물들은 양전하를 띤다. 이들은 양성자를 쉽게 잃어버리고 중성 생성물로 된다. 중성 친핵체의 전체 과정은 **세 단계**이다. 처음 두 단계는 **두 단계 S_N1 메커니즘**(이탈기는 떨어지고 그리고 친핵체는 공격하고), 세 번째는 **브뢴스테드-로우리 산-염기 반응**이며 중성의 유기 생성물이 만들어진다.

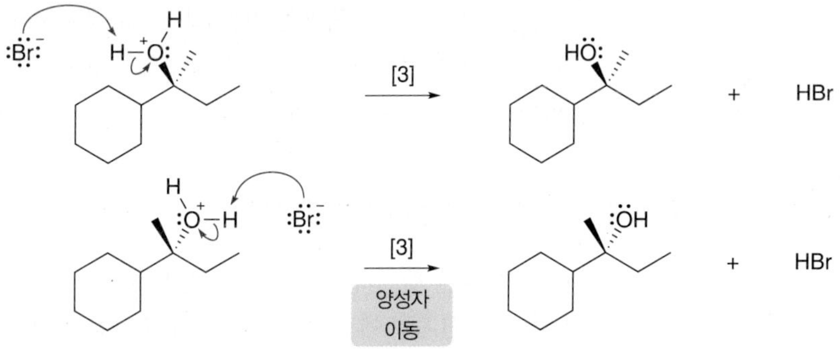

[3] → + HBr

[3] → + HBr

양성자 이동

이 반응에서 두 생성물은 서로 겹쳐지지 않는 거울상, 즉 **거울상이성질체이다**. 정삼각 평면 탄소 양이온 양쪽에서 같은 확률로 친핵성 공격이 일어나기 때문에 **라셈 혼합물이 만들어진다**.

문제 7.24 다음 각 S_N1 반응의 생성물을 그려라. 모든 입체발생 중심에서는 입체화학을 표시하라.

a. 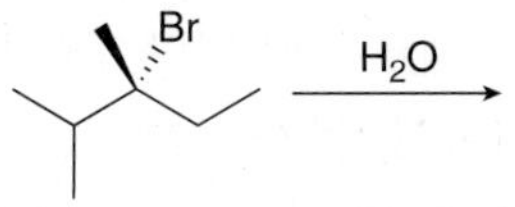 (Br) $\xrightarrow{H_2O}$ b.  (Cl) $\xrightarrow{CH_3CO_2^-}$

7.12D R기의 정체성

기질 할로젠화 알킬에서 알킬기가 CH_3 ---→ 1° ---→ 2° ---→ 3°로 변화될 때 S_N1 반응의 속도는 어떻게 바뀌는가?

표 7.6
S_N1 메커니즘의 특성

특성	결과
반응속도	• 1차 속도론: 반응속도 = k[RX]
메커니즘	• 두 단계
입체화학	• 정삼각 평면의 탄소 양이온 중간체 • 단 한 개의 입체발생 중심에서의 라셈화
R의 정체성	• 치환이 많은 할로젠화물이 빨리 반응한다. • 반응 속도: $R_3CX > R_2CHX > RCH_2X > CH_3X$

• 이탈기가 있는 탄소에 붙은 R기의 수가 증가함에 따라 S_N1 반응의 속도는 증가한다.

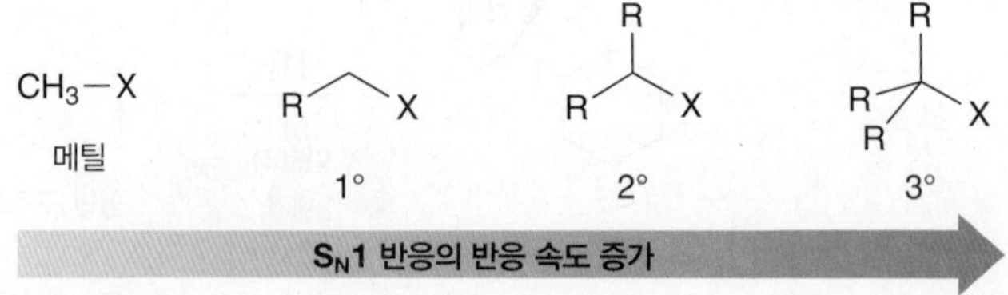

• 3° 할로젠화 알킬은 S_N1 반응을 빠르게 일으킨다.
• 2° 할로젠화 알킬은 더 느리게 반응한다.
• 메틸이나 1° 할로젠화 알킬은 S_N1 반응을 하지 않는다.

이 경향은 S_N2 메커니즘과 정반대이다. 이와 같은 결과를 설명하려면 탄소 양이온이 형성되는 속도 결정 단계를 공부해야 하고, 탄소 양이온 안정성에 대한 알킬기의 영향을 배워야 한다. 표 7.6에 S_N1 반응의 특성을 요약하였다.

7.13 탄소 양이온의 안정성

탄소 양이온은 양전하를 띤 탄소에 붙은 R기의 수에 따라 1°(일차), 2°(이차), 3°(삼차)로 분류한다. 양전하를 띤 탄소에 붙은 R기의 수가 증가함에 따라 탄소 양이온의 안정성도 증가한다.

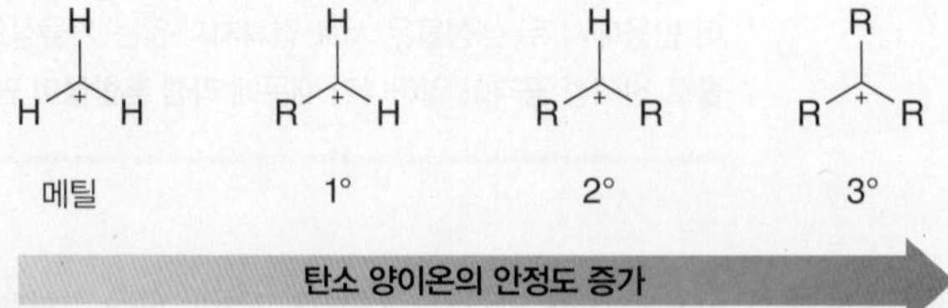

탄소 양이온의 안정성을 말할 때, 실제로는 탄소 양이온의 상대적인 안정성을 뜻하는 것이다. 3° 탄소 양이온은 불안정하여 분리할 수 없지만 2° 탄소 양이온보다는 더 안정하다. 이와 같은 안정성에 대한 이유를 두 개의 다른 원리, 즉 유도 효과(inductive effect)와 하이퍼콘쥬게이션(hyperconjugation)을 이용하여 검토할 것이다.

문제 7.25 다음 탄소 양이온을 1°, 2°, 3°로 분류하라.

a. b. c. d.

문제 7.26 $C_4H_9^+$인 탄소 양이온 중 각각 1°, 2°, 3°인 탄소 양이온의 구조식을 그려라. 세 개의 탄소 양이온을 안정도가 증가하는 순서로 나열하라.

7.13A 유도 효과

유도 효과는 σ 결합을 통해 일어나는 전자 효과이다. 예를 들면, 2.5B절에서 전자를 끄는 유도 효과에 의해 전기음성도가 더 큰 원자가 음전하를 안정시키는 것을 배웠다.

전자 주개 기(Z)는 (+)전하를 안정시킨다: Z → Y^+. 전자를 끌어 당기는 기(W)는 (−)전하를 안정시킨다: W ← Y^-.

양전하를 안정시키기 위해 전자를 주는 기가 필요하다. 알킬기는 양전하를 안정시키는 전자를 주는 기이다. 여러 개의 σ 결합이 있는 알킬기는 수소 원자보다 편극성이 더 커서 전자 밀도를 더 잘 줄 수 있다. 그래서 CH_3^+에서 R기가 H 원자를 차례로 치환하면 양전하는 전자를 주는 R기에 더 많이 분산되며 탄소 양이온은 더 안정해진다.

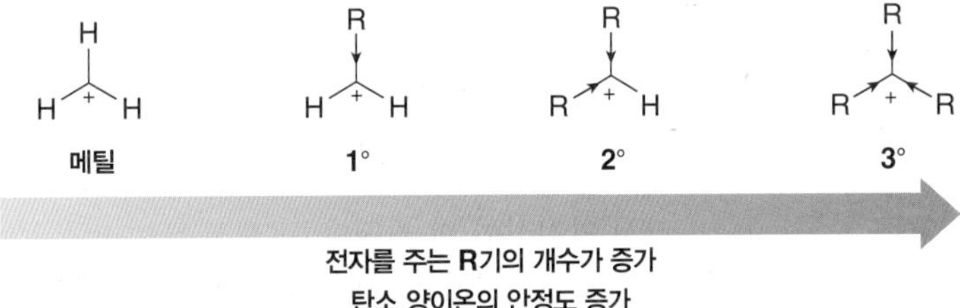

그림 7.14는 네 개의 다른 탄소 양이온의 정전기 전위 지도를 이용하여, 탄소 양전하에서의 알킬기의 치환 수 증가에 따른 효과를 보여준다.

문제 7.27 다음 탄소 양이온을 안정성이 증가하는 순서로 나열하라.

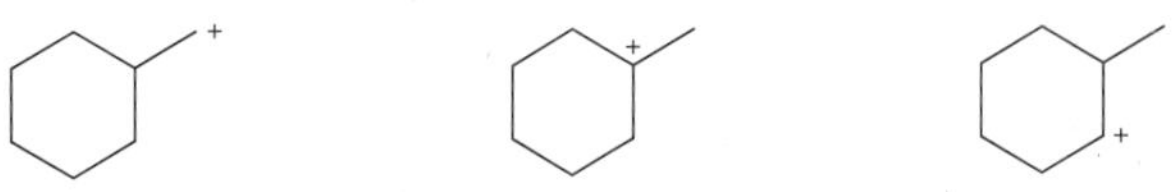

7.13B 하이퍼콘쥬게이션

탄소 양이온의 안정성 경향에 대한 두 번째 설명은 오비탈 겹침에 기본을 둔다. 양전하가 두 개 이상의 원자에 비편재화되기 때문에 3° 탄소 양이온이 2°, 1° 또는 메틸 탄소 양이온보다 더 안정하다.

그림 7.14
다른 탄소 양이온에 관한 정전기 전위 지도

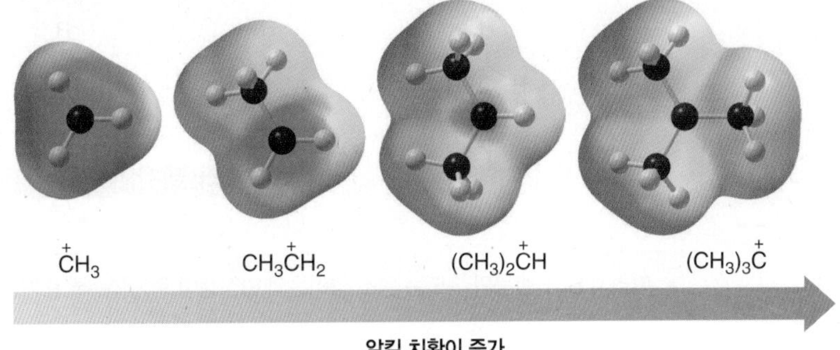

- 정전기 전위 지도에서 진한 청색 지역은 전자 밀도가 낮은 지역을 나타낸다. 알킬 치환의 증가에 따라 탄소에서 양전하 지역의 농도가 묽어진다.

- 비어 있는 *p* 오비탈이 인접하고 있는 *s* 결합과 겹침에 의해 전하가 분산되는 것을 하이퍼콘쥬게이션(hyperconjugation)이라 한다.

예를 들어 CH_3^+는 하이퍼콘쥬게이션에 의해 안정화될 수 없지만, $(CH_3)_2CH^+$는 안정화된다.

하이퍼콘쥬게이션 기회가 없음

하이퍼콘쥬게이션이 가능

두 탄소 양이온에는 sp^2 혼성 탄소가 있다. 따라서 모두 평면 위와 아래로 뻗은 *p* 오비탈이 있는 정삼각 평면 구조이다. CH_3^+에는 *p* 오비탈과 오비탈 겹침을 할 C–H σ 결합이 옆에 없다. 그러나 $(CH_3)_2CH^+$에는 이웃한 C–H 결합들이 있다. 이러한 겹침(하이퍼콘쥬게이션) 때문에 탄소 양이온에 있는 양전하가 분산되어 더 큰 공간으로 흩어져 탄소 양이온을 안정화하는 것이다.

이웃한 탄소에 있는 알킬기의 수가 더 많아질수록 하이퍼콘쥬게이션 될 기회가 더 많아지며, 따라서 안정성이 더 커진다. 그래서 하이퍼콘쥬게이션은 더 많은 R기가 있는 탄소 양이온이 더 안정한 이유를 설명하는 또 다른 방법이 된다.

7.14 하몬드 가설

S_N1 반응의 속도는 C–X 결합의 불균일 분해를 통해 만들어지는 속도 결정 단계의 생성물인 탄소 양이온의 생성 속도에 따라 결정된다.

- S_N1 반응의 속도는 이탈기가 붙어 있는 탄소에 결합된 R기의 수가 증가할수록 증가한다.
- 탄소 양이온의 안정성은 양전하를 띠는 탄소에 결합된 R기의 수가 증가할수록 증가한다.

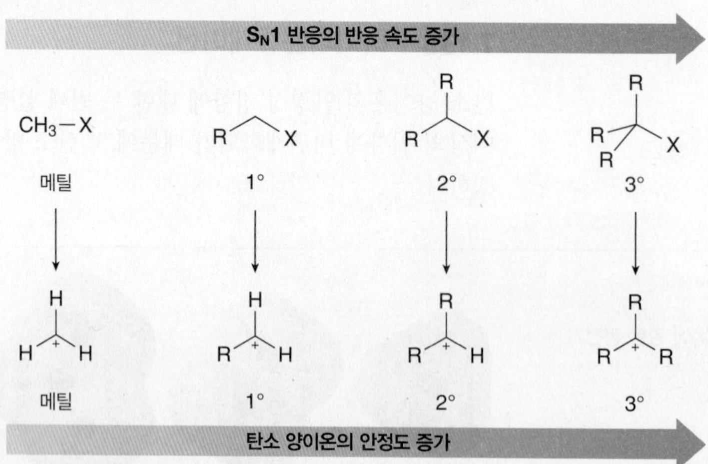

- 따라서 S_N1 반응의 속도는 탄소 양이온의 안정성이 증가할수록 증가한다.

속도 결정 단계

보다 더 안정한 탄소 양이온에
의해 반응이 더 빨라진다.

속도는 E_a의 크기에 따라 결정된다. 생성물의 안정성은 $\Delta G°$에 따라 결정된다. 1955년에 처음 제안된 하몬드 가설은 속도와 안정성을 관련시킨다.

7.14A 하몬드 가설의 일반적 특징

하몬드 가설은 전이 상태의 에너지를 정성적으로 평가한다. 전이 상태의 에너지가 활성화 에너지를 결정하고, 따라서 반응 속도도 결정하기 때문에 두 전이 상태의 상대적인 에너지를 예측할 수 있으면 두 반응의 상대적인 속도를 결정할 수 있다.

하몬드 가설에 따르면 반응의 전이 상태는 에너지 값이 근접한 반응물이나 생성물의 구조를 닮는다. 흡열 반응의 전이 상태는 에너지가 생성물에 더 근접한다. 발열 반응의 전이 상태는 에너지가 반응물에 더 근접한다.

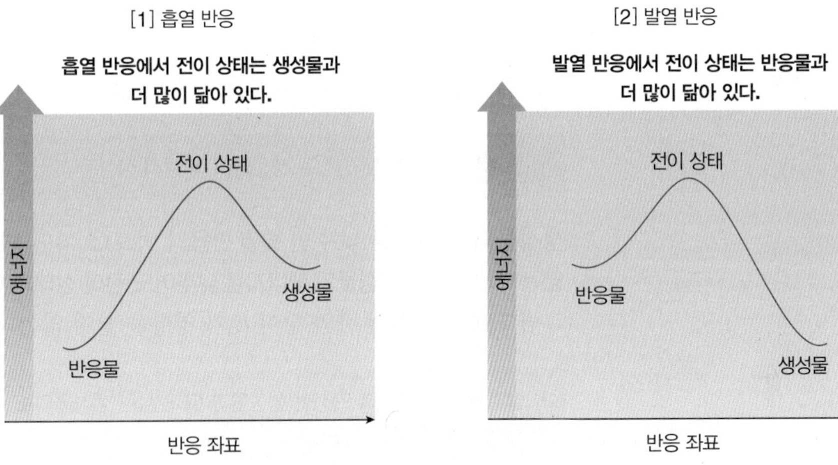

- 흡열 반응의 전이 상태는 생성물을 닮는다.
- 발열 반응의 전이 상태는 반응물을 닮는다.

그림 7.15
흡열 반응-전이 상태와 생성물의 에너지 관련 상태

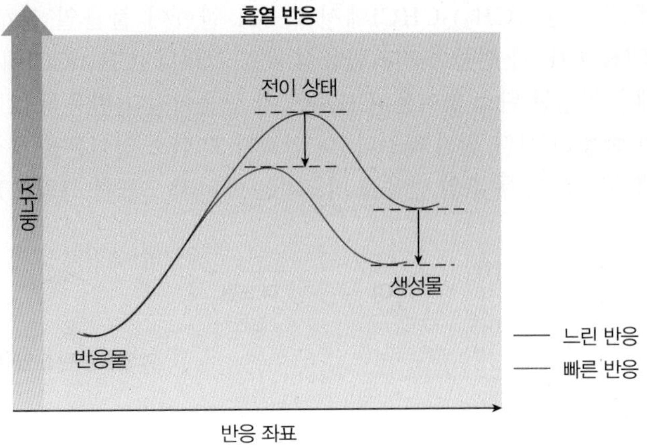

- 전이 상태의 에너지가 더 낮을수록 생성물도 에너지가 더 낮아진다.

그림 7.16
발열 반응–전이 상태와 생성물의 에너지 간의 관련 상태

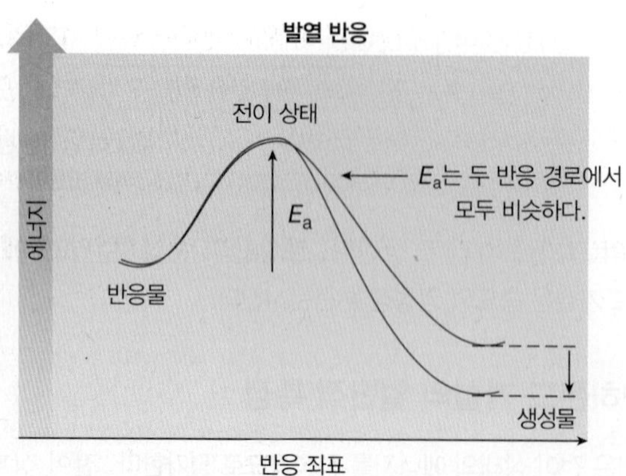

- 생성물의 에너지가 낮아져도 흔히 전이 상태의 에너지는 영향을 별로 받지 않는다.

생성물의 에너지를 낮추면 반응 속도는 어떻게 될까? 흡열 반응에서 전이 상태는 생성물을 닮는다. 따라서 생성물을 안정시키는 모든 조건은 전이 상태 또한 안정시킨다. 전이 상태의 에너지를 낮추면 활성화 에너지(E_a)가 감소하고, 따라서 반응속도가 증가한다.

흡열 반응에서 두 개의 가능한 생성물이 있고 하나의 생성물이 다른 생성물보다 더 안정(더 낮은 에너지)하다고 가정하자(그림 7.15). 하몬드 가설에 따르면 더 안정한 생성물을 생성하는 전이 상태는 에너지가 낮고, 따라서 이 반응은 더 빨리 일어난다.

- 흡열 반응에서는 더 안정된 생성물이 더 빨리 생성된다.

생성물의 에너지를 낮추면 발열 반응의 속도에 어떤 변화가 일어나는가? 전이 상태는 반응물을 닮는다. 따라서 생성물의 에너지를 낮추어도 전이 상태의 에너지는 거의 또는 전혀 영향을 받지 않는다. 그림 7.16에 나타낸 바와 같이 E_a가 영향을 받지 않는다면 반응속도 또한 영향 받지 않는다.

- 발열 반응에서는 더 안정한 생성물과 덜 안정한 생성물의 E_a가 비슷하기 때문에 더 안정한 생성물이 만들어질 수도 있고 아닐 수도 있다.

7.14B 하몬드 가설과 S_N1 반응

S_N1 반응에서 속도 결정 단계는 탄소 양이온 생성 단계이고 흡열 반응이다. 하몬드 가설에 따르면 탄소 양이온의 안정성이 생성 속도를 결정한다.

예를 들면, $(CH_3)_2CHCl$에서 C−Cl 결합이 불균일 분해되면 불안정한 2° 탄소 양이온 $(CH_3)_2CH^+$가 만들어진다(반응식 [1]). 그러나 $(CH_3)_3CCl$에서 C−Cl 결합이 불균일 분해되면 매우 안정한 탄소 양이온 $(CH_3)_3C^+$가 만들어진다(반응식 [2]). 하몬드 가설에 따르면, 반응 [2]가 반응 [1]보다 훨씬 빠르다. 더 안정한 3° 탄소 양이온을 생성하는 전이 상태의 에너지가 낮기 때문이다. 이 두 흡열 반응을 비교하는 에너지 도표를 그림 7.17에 보였다.

[1] Cl → (더 느린 반응) 2° 덜 안정한 탄소 양이온 + :Cl:⁻

[2] Cl → (더 빠른 반응) 3° 더 안정한 탄소 양이온 + :Cl:⁻

그림 7.17
두 개의 다른 S_N1 반응에서 탄소 양이온 형성에 관한 에너지 도표

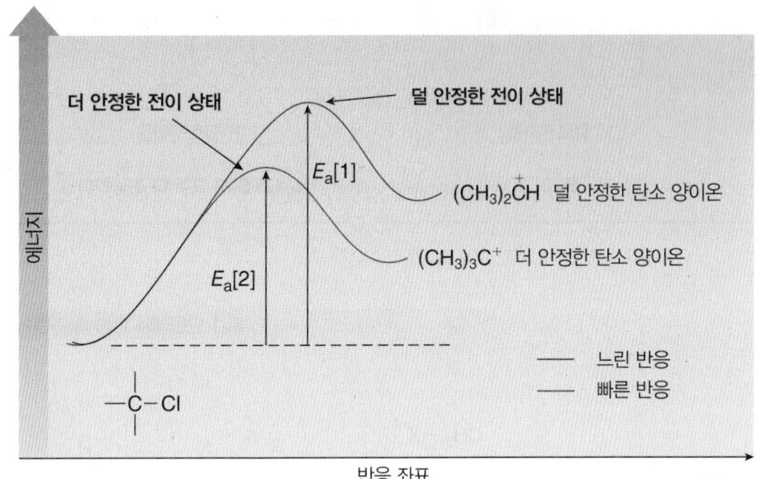

• $(CH_3)_2CH^+$가 $(CH_3)_3C^+$보다 덜 안정하기에 $E_a[1] > E_a[2]$가 되고, 반응 [1]은 느리다.

결론적으로 하몬드 가설은 전이 상태의 상대적인 에너지를 예측하는 데 사용할 수 있다. S_N1 반응에서 반응 속도 결정 단계는 흡열이어서 더 안정한 탄소 양이온이 빨리 형성된다.

문제 7.28 S_N1 반응에서 각 쌍의 할로젠화 알킬 중 어느 것이 빠르게 반응하는가?

a. Cl 와 Cl b. Br 와 Br

7.15 어느 때 S_N1 메커니즘이고 어느 때 S_N2 메커니즘인가?

특정 출발물과 친핵체가 주어졌을 때, 반응이 S_N1 혹은 S_N2 메커니즘에 의하여 일어날지를 어떻게 알 수 있는가? 네 가지 요인을 검토한다.

- 할로젠화 알킬—CH_3X, RCH_2X, R_2CHX, 혹은 R_3CX
- 친핵체—강하거나 혹은 약한
- 이탈기—좋거나 혹은 나쁜
- 용매—양성자성 혹은 비양성자성

7.15A 할로젠화 알킬–가장 중요한 요인

반응이 S_N1 혹은 S_N2 메커니즘을 따라서 반응이 일어날지 아닐지를 결정하는 가장 중요한 요인은 할로젠화 알킬의 정체성이다.

- 알킬 치환이 증가하면 S_N1 반응을 선호한다.
- 알킬 치환이 감소하면 S_N2 반응을 선호한다.

그림 7.18
RX의 정체성과 친핵성 치환의 메커니즘

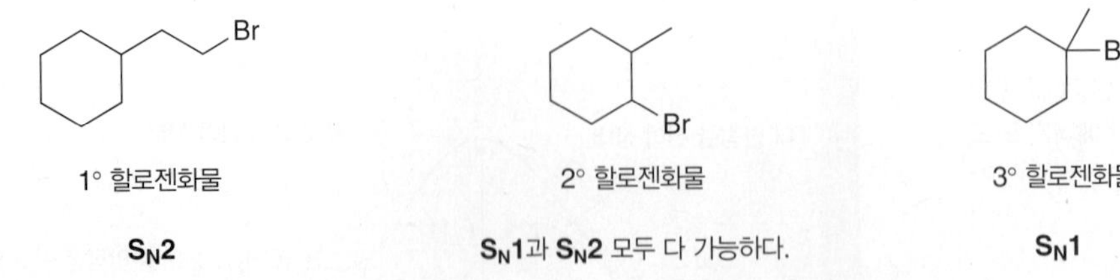

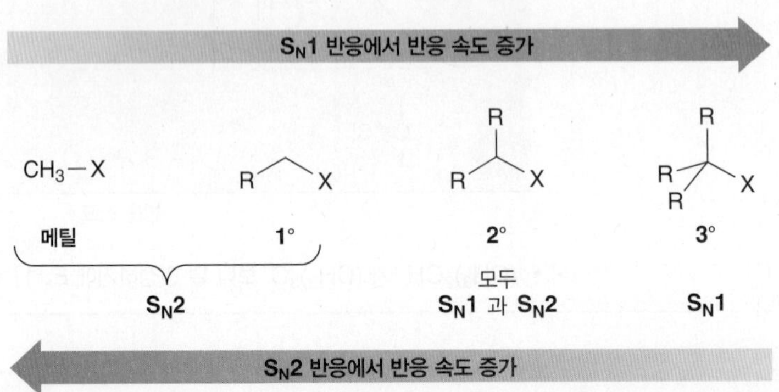

- 메틸과 1° 할로젠화 알킬(CH_3X와 RCH_2X)은 S_N2 반응만 한다.
- 3° 할로젠화 알킬(R_3CX)은 S_N1 반응만 한다.
- 2° 할로젠화 알킬(R_2CHX)은 S_N1과 S_N2 반응을 둘 다 한다. 다른 요인들이 메커니즘을 결정한다.

예를 그림 7.18에 나타내었다.

문제 7.29 다음 각 할로젠화 알킬에 관한 친핵성 치환 반응의 가장 가능한 메커니즘은 무엇인가?

a. Br b. Br c. Br d. Br

7.15B 친핵체

친핵체의 세기가 S_N1 또는 S_N2 메커니즘에 어떻게 영향을 미치는가? 친핵체가 반응 속도식에 포함되지 않기 때문에 친핵체의 본질성은 S_N1 반응의 속도에 영향을 주지 않는다(반응 속도 = k[RX]). 그러나 S_N2 반응에서는 친핵체가 속도식에 포함되기 때문에 친핵체의 본질성이 매우 중요하다(반응 속도 = $k[RX][:Nu^-]$).

- 강한 친핵체가 높은 농도로 있으면 S_N2 반응을 선호한다.
- 약한 친핵체는 모든 경쟁 S_N2 반응 속도를 감소시킴으로써 S_N1 반응을 선호한다.

S_N2 반응에서 가장 일반적인 친핵체는 알짜 음전하를 가진다. S_N1 반응에서 가장 일반적인 친핵체는 H_2O나 ROH와 같은 약한 친핵체이다. 2° 할로젠화 알킬이 출발물일 때, 친핵체의 본질성은 메커니즘을 결정하는 가장 중요한 요인이 되며, 따라서 친핵성 치환의 입체화학이 결정된다.

2° 할로젠화 알킬 A(시스-1-브로모-4-메틸사이클로헥세인)가 센 친핵체 ^-OH 또는 약한 친핵체 H_2O 둘 중 하나와 반응할 때 생성되는 치환 생성물을 비교해보자. 2° 할로젠화 알킬은 두 메커

니즘 모두에 의하여 반응할 수 있기 때문에 친핵체의 세기가 어느 메커니즘이 일어날지를 결정한다.

센 친핵체 ^-OH는 S_N2 반응을 선호한다. 친핵체가 뒤쪽에서 공격해서 배열의 반전이 일어난다. 이탈기 Br^-가 고리 평면의 위에 있기 때문에 친핵체는 고리 평면 아래에서 공격한다. 따라서 오직 하나의 생성물 B가 만들어진다.

약한 친핵체인 H_2O는 S_N1 반응을 선호한다. 이 반응은 탄소 양이온 중간체를 거쳐 일어난다. A에서 이탈기가 떨어지면 탄소 양이온이 생성되고, 이 탄소 양이온이 고리 평면의 위와 아래에서 친핵성 반응을 하여 두 개의 생성물 C와 D를 생성한다. 양성자 전달 과정으로 양성자를 잃어버리면 최종 생성물 B와 E를 생성한다. B와 E는 서로 부분입체이성질체 관계이다(B는 트랜스 이성질체이고 E는 시스 이성질체이다).

따라서 친핵성 치환 반응의 메커니즘이 생성물의 입체화학을 결정한다.

문제 7.30 각각의 할로젠화 알킬과 친핵체에 대하여 [1] 친핵성 치환 반응의 생성물을 그려라. [2] 가능한 메커니즘(S_N1 또는 S_N2)은 무엇인가?

a. Cl + CH_3OH

b. Br + ^-SH

c. I + $CH_3CH_2O^-$

d. Br + CH_3OH

문제 7.31 다음 각 반응의 생성물을 그려라(입체화학을 포함하여).

a. Br + H_2O ⟶ b. Cl H D + $^{-}$:C≡C–H ⟶

7.15C 이탈기

이탈기의 정체성은 어떻게 S_N1 또는 S_N2 반응에 영향을 미치는가?

- 좋은 이탈기는 S_N1과 S_N2 반응의 속도를 모두 증가시킨다.

S_N2 메커니즘의 유일한 단계의 전이 상태와 S_N1 메커니즘의 느린 단계의 전이 상태에서 이탈기에 대한 결합이 부분적으로 끊어지기 때문에 좋은 이탈기는 S_N1과 S_N2 반응의 속도를 모두 증가시킨다. 이탈기가 더 좋을수록 C–X 결합에서 전자쌍을 더 잘 받으려 하고, 반응은 더 빨라진다.

할로젠화 알킬에서 S_N1과 S_N2 메커니즘에 대하여 다음과 같은 반응성 순서가 관찰된다.

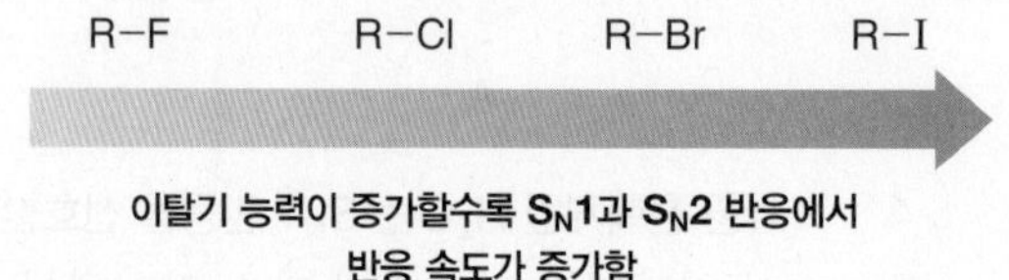

이탈기 능력이 증가할수록 S_N1과 S_N2 반응에서 반응 속도가 증가함

문제 7.32 다음 각 쌍의 친핵성 치환에는 어느 화합물이 더 빨리 반응하는가?

a. Cl 와 I
b. Br 와 I
c. OH 와 $\overset{+}{O}H_2$
d. OH 와 O (O)

7.15D 용매

극성 양성자성 용매와 극성 비양성자성 용매는 S_N1 반응과 S_N2 반응 속도에 다르게 영향을 준다.

- 극성 양성자성 용매는 S_N1 반응에 특별히 좋다.
- 극성 비양성자성 용매는 S_N2 반응에 특별히 좋다.

용매 효과의 요약
- 이온 중간체가 용매화에 의해 안정화되기 때문에 극성 양성자성 용매는 S_N1 반응을 선호한다.
- 친핵체의 용매화가 잘 되지 않고 따라서 친핵성이 더 증가하기 때문에 극성 비양성자성 용매는 S_N2 반응을 선호한다.

H_2O나 ROH와 같은 극성 양성자성 용매는 양이온과 음이온을 모두 잘 용매화한다. 이 특성은 두 이온(탄소 양이온과 이탈기)이 C–X 결합의 불균일 분해로 생성되는 S_N1 메커니즘에서 중요하다. 탄소 양이온은 극성 용매와 이온–쌍극자 상호작용으로 용매화되고, 이탈기는 수소 결합에 의하여 용매화된다. 7.8C절에서 Na^+와 Br^-가 용매화되는 것과 매우 유사한 방법이다. 이 상호작용은 반응성이 큰 중간체를 안정화한다. 사실 S_N1 반응에는 일반적으로 극성 양성자성 용매가 필요하다.

극성 비양성자성 용매는 쌍극자–쌍극자 상호작용을 한다. 그러나 수소 결합은 하지 않는다. 그 결과로 음이온을 잘 용매화하지 못한다. 이 현상은 음이온 친핵체의 친핵성에 매우 큰 영향을 미친다. 용매와 강하게 상호작용을 하지 않는 친핵체는 '숨겨져' 있지 않기 때문에 이 친핵체들은 친핵성이 더욱 커진다. 더 센 친핵체는 S_N2 반응을 선호하기 때문에 극성 비양성자성 용매는 S_N2 반응에 특별히 좋다.

문제 7.33 다음 중 어느 용매가 S_N1 반응을 선호하며, 어느 용매가 S_N2 반응을 선호하는가?

a. 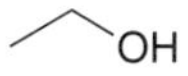 (에탄올 골격 구조, OH) b. CH_3CN c. 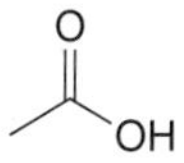 (아세트산 골격 구조, O, OH) d. 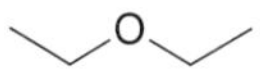 (다이에틸 에터 골격 구조, O)

문제 7.34 다음 각 반응에서 할로젠화 알킬의 정체성과 친핵체를 고려하여 어느 치환 메커니즘이 일어날지 결정하라. 그리고 나서 어느 용매가 반응을 더 빠르게 할지 결정하라.

a. 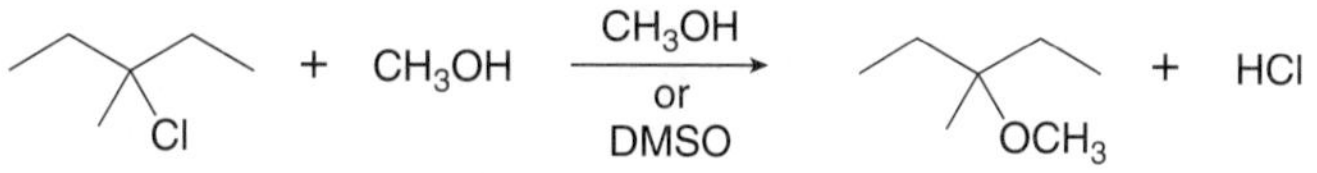 (3차 염화 알킬, Cl) + CH_3OH $\xrightarrow[\text{or DMSO}]{CH_3OH}$ (생성물, OCH_3) + HCl

b. 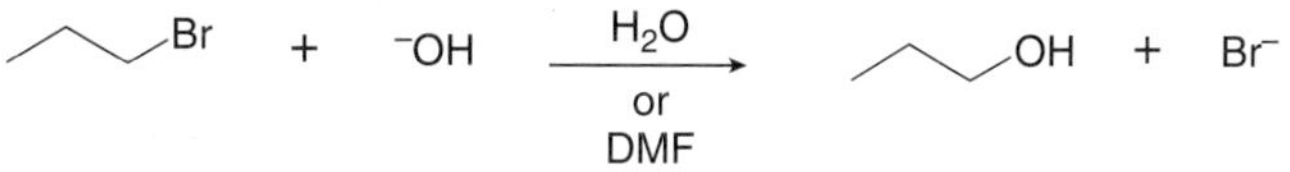 (1-브로모프로페인, Br) + ^-OH $\xrightarrow[\text{or DMF}]{H_2O}$ (생성물, OH) + Br^-

c. 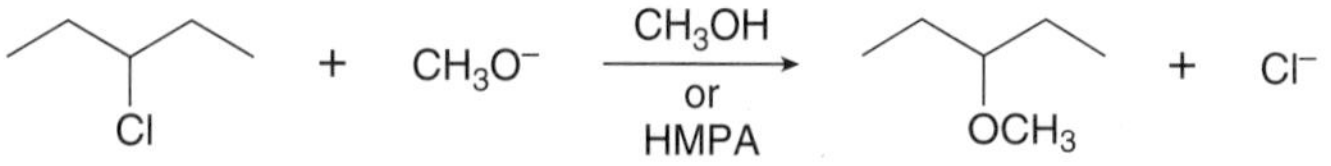 (2차 염화 알킬, Cl) + CH_3O^- $\xrightarrow[\text{or HMPA}]{CH_3OH}$ (생성물, OCH_3) + Cl^-

7.15E S_N1 메커니즘이 일어날지, 또는 S_N2 메커니즘이 일어날지 결정하는 요인의 요약

표 7.7에 반응이 S_N1 메커니즘으로 일어날지, 또는 S_N2 메커니즘으로 일어날지 결정하는 요소들을 요약하였다. 예제 7.4와 7.5는 주어진 반응의 메커니즘을 결정할 때 이 요인들을 어떻게 사용하는지 설명한다.

표 7.7 반응이 S_N1 메커니즘으로 일어날지 S_N2 메커니즘으로 일어날지 결정하는 요인의 요약

할로젠화 알킬	메커니즘	다른 요인
CH_3X RCH_2X (1°)	**S_N2**	다음 경우에 선호 • **센 친핵체**(일반적으로 알짜 음전하) • 극성 **비양성자성** 용매
R_3CX (3°)	**S_N1**	다음 경우에 선호 • **약한 친핵체**(일반적으로 중성) • 극성 **양성자성** 용매
R_2CHX (2°)	**S_N1 또는 S_N2**	메커니즘은 다음 조건에 따른다. • **센 친핵체는 S_N1보다 S_N2를 선호한다**. 예를 들면, RO^-는 ROH보다 센 친핵체이다. 따라서 RO^-는 S_N2 반응을 선호하고 ROH는 S_N1 반응을 선호한다. • **양성자성 용매는 S_N1 메커니즘을 선호하고 비양성자성 용매는 S_N2 메커니즘을 선호한다**. 예를 들면, H_2O나 CH_3OH는 극성 양성자성 용매이므로 S_N1 메커니즘을 선호하는 반면에, 아세톤[$(CH_3)_2C=O$]과 DMSO[$(CH_3)_2S=O$]는 극성 비양성자성 용매이므로 S_N2 메커니즘을 선호한다.

예제 7.4 각 반응의 친핵성 치환 메커니즘을 결정하고 생성물을 그려라.

a. Br + $^-$:C≡CH ⟶ b. (cyclopentyl)–Br + $^-$CN ⟶

풀이

a. 이 할로젠화 알킬은 1°이다. 따라서 친핵체 $^-$:C≡CH와 S_N2 메커니즘으로 반응해야 한다.

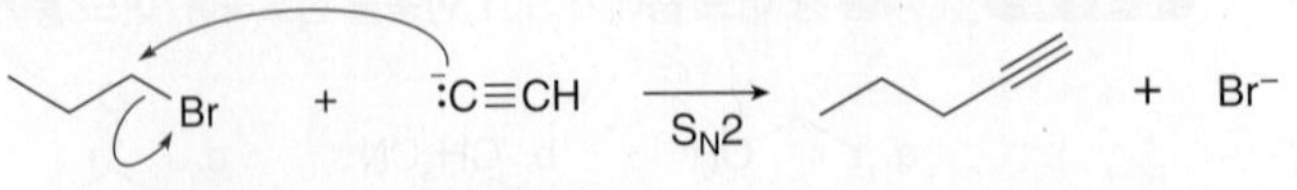

Br + $^-$:C≡CH $\xrightarrow{S_N2}$ (alkyne) + Br$^-$

1° 할로젠화 알킬 센 친핵체

b. 이 할로젠화 알킬은 2°이므로 S_N1이나 S_N2 메커니즘으로 반응할 수 있다. 센 친핵체는 S_N2 메커니즘을 선호한다.

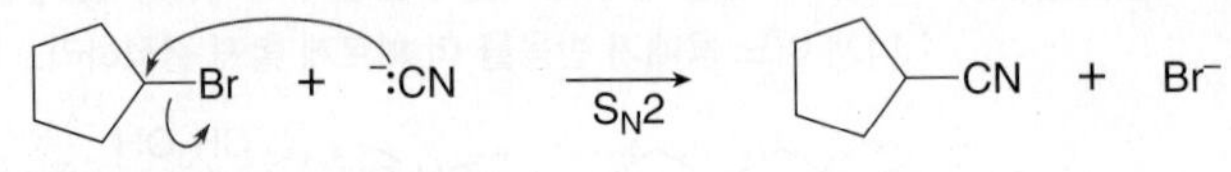

(cyclopentyl)–Br + $^-$:CN $\xrightarrow{S_N2}$ (cyclopentyl)–CN + Br$^-$

2° 할로젠화 알킬 센 친핵체

예제 7.5 다음 각 반응에 대한 친핵성 치환의 메커니즘을 결정하라. 입체화학을 포함한 생성물 구조를 그려라.

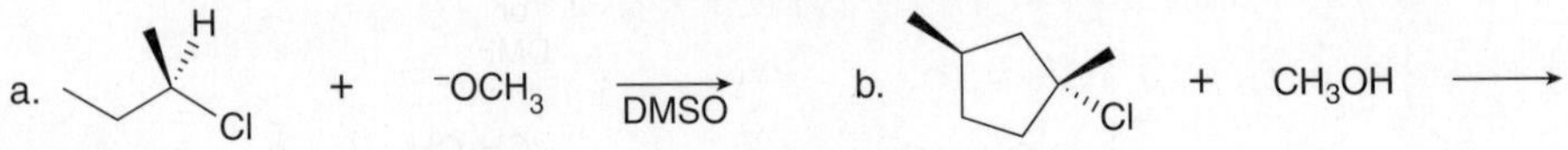

a. H, Cl + $^-$OCH$_3$ $\xrightarrow{DMSO}$ b. Cl + CH_3OH ⟶

풀이

a. 2° 할로젠화 알킬은 S_N1이나 S_N2 메커니즘으로 반응한다. 센 친핵체($^-OCH_3$)는 S_N2 메커니즘을 선호하며, 극성 비양성자성 용매(DMSO)도 마찬가지이다. S_N2는 배열의 반전이 일어난다.

$CH_3\ddot{O}$:$^-$ + H, Cl $\xrightarrow[S_N2]{DMSO}$ H, $CH_3\ddot{O}$ + :Cl:$^-$

센 친핵체 2° 할로젠화 알킬 배열이 **반전**됨

b. 할로젠화 알킬이 3°이므로 약한 친핵체(CH_3OH)는 S_N1 메커니즘으로 진행된다. S_N1은 입체발생 중심이 있으면 라셈화가 되면서 진행된다. 따라서 두 개의 생성물이 만들어진다.

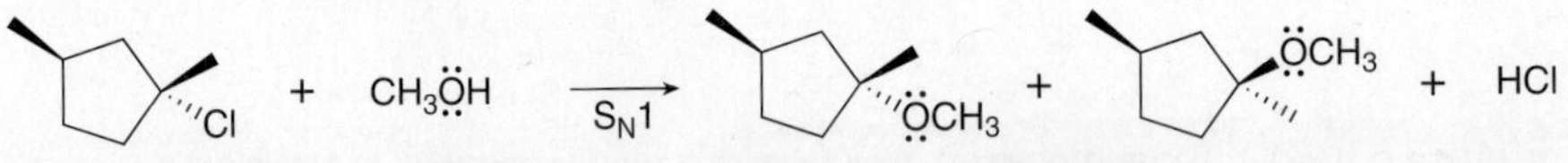

Cl + $CH_3\ddot{O}H$ $\xrightarrow{S_N1}$ $\ddot{O}CH_3$ + $\ddot{O}CH_3$ + HCl

3° 할로젠화 알킬 약한 친핵체 친핵성 치환의 두 가지 생성물

문제 7.35 각 반응의 메커니즘을 결정하고 생성물을 그려라. 모든 입체발생 중심에서 입체화학을 표시하라.

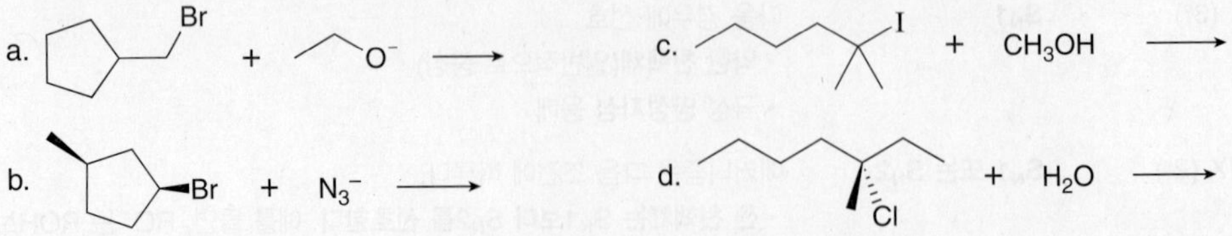

a. Br + O$^-$ ⟶

b. Br + N_3^- ⟶

c. I + CH_3OH ⟶

d. Cl + H_2O ⟶

7.16 생물학 관점에서의 친핵성 치환

친핵성 치환은 다양한 생물학적 반응에서 일어난다.

7.16A 인에서 유도된 이탈기들

실험실에서 할로젠화 알킬을 반응물로 사용하고 할로젠 음이온을 이탈기로 사용하는 친핵성 치환과 달리, 생물학적 치환 반응은 인산염(phosphate, PO_4^{3-}, 무기인산염 P_i로 표기), 이인산염($P_2O_7^{4-}$, PP_i로 표기)과 삼인산염($P_3O_{10}^{5-}$, PPP_i)을 이탈기로 자주 사용한다. 이 음이온들은 약하고, 공명 안정화된 염기이므로 매우 좋은 이탈기들이다.

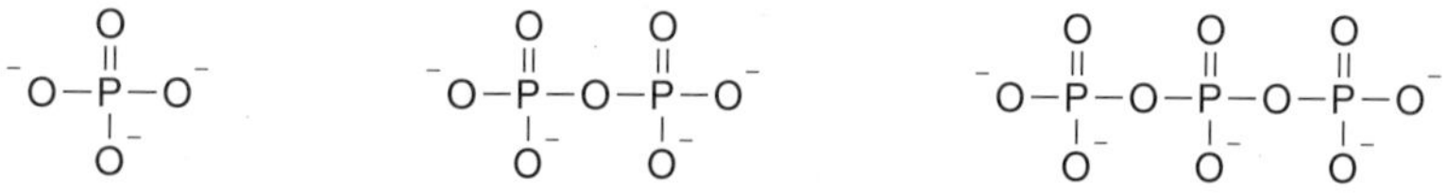

인산염 P_i

이인산염 PP_i

삼인산염 PPP_i

유기 화합물이 이 이탈기들과 결합된 탄소를 가지고 있을 때, 유기 인산, 유기 이인산, 유기 삼인산이라고 한다.

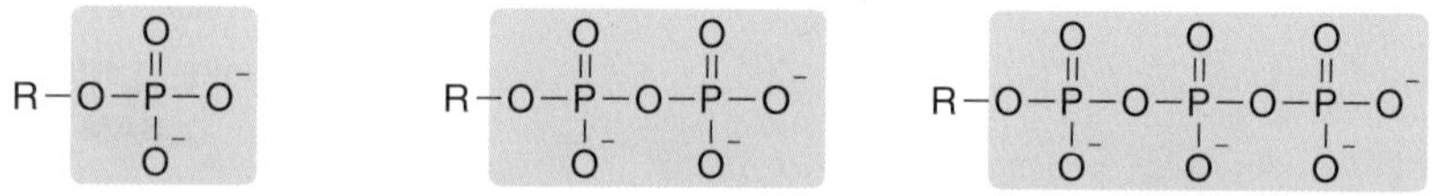

유기 인산 R–OP

유기 이인산 R–OPP

유기 삼인산 R–OPPP

아데노신 삼인산(adenosine triphosphate, ATP)은 유기 삼인산이다.

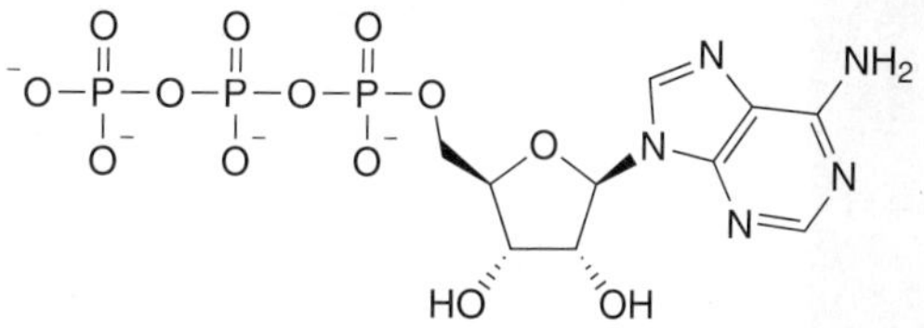

아데노신 삼인산

ATP

이러한 화합물의 친핵성 치환은 아래의 일반적 이인산 R_2CHOPP를 이용해 나타낸 것처럼 S_N2 나 S_N1 과정으로 일어날 수 있다.

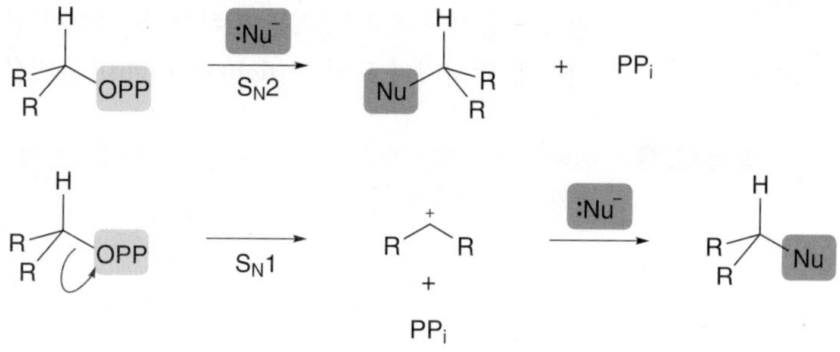

R_2CH–OPP $\xrightarrow[S_N2]{:Nu^-}$ Nu–CHR_2 + PP_i

R_2CH–OPP $\xrightarrow{S_N1}$ R_2CH^+ + PP_i $\xrightarrow{:Nu^-}$ R_2CH–Nu

향수의 제조에 사용되는 장미 오일에 포함된 제라니올(geraniol)의 생합성 마지막 단계도 물에서 일어나는 제라닐 이인산의 S_N1 반응이다. 이 반응은 공명 안정화된 탄소 양이온으로 인해 일어난다. 이인산에 대해서는 16장에서 더 다룰 것이다.

이인산염 제라닐 —S_N1→ (탄소 양이온) —$H_2\ddot{O}$:→ $\ddot{O}H_2^+$ —(− H^+)→ 제라니올

(공명 구조) + PP_i

7.16B S-아데노실메싸이오닌

친핵성 치환 반응은 S-아데노실메싸이오닌 또는 SAM으로 일으킬 수 있다. SAM은 세포 내에서 CH_3I와 동등한 물질이다. SAM에 있는 많은 극성 작용기가 SAM이 세포 안의 수용성 환경에서 녹을 수 있게 해준다.

친핵체가 여기를 공격함 → CH_3

이 분자의 나머지 모든 부분이 하나의 이탈기이다.

S-아데노실메싸이오닌
SAM

이 구조식을 간단히 나타내면, $CH_3-\overset{+}{S}R_2$
설포늄염

새미(SAMe)라는 이름으로 시판되는 영양 보조제인 SAM은 유럽에서 우울증과 관절염 치료에 20년 이상 사용되어 왔다. 세포 내에서 SAM은 주요 아미노산, 호르몬 및 신경 전달제를 합성하는 친핵성 치환 반응에 사용된다.

축약 구조식$(CH_3SR_2)^+$으로 쓰는 SAM에서 CH_3기는 좋은 이탈기를 구성하는 양전하로 하전된 황 화학종인 설포늄염에 연결되어 있다. SAM의 CH_3기에서 친핵성 공격은 좋은 중성 이탈기인 R_2S를 치환한다. CH_3기가 하나의 화합물(SAM)에서 다른 화합물$(:Nu^-)$로 전이되므로 이 반응을 메틸화 반응(methylation)이라고 한다.

$$:Nu^- + CH_3-\overset{+}{S}R_2 \longrightarrow CH_3-Nu + SR_2$$

SAM → S_N2 생성물, 이탈기

예를 들어, 아드레날린(에피네프린)은 SAM의 친핵성 치환을 이용하여 부신에서 노르아드레날린(노르에피네프린)으로부터 만들어지는 호르몬이다(그림 7.19). 각 화합물은 위험을 감지하거나 스트레스를 받으면 뇌의 시상하부 지역에서 부신샘으로 아드레날린을 합성하여 방출하라는 신호를 보낸다. 아드레날린은 혈류에 들어가서 많은 기관에서 응답을 자극한다. 저장된 탄수화물은 간에서 포도당으로 대사된다. 포도당은 더욱 대사되어 에너지를 증가시킨다. 심장 박동과 혈압이 증가하고 허파 기관이 확장된다. 이런 신체적 변화는 아드레날린의 항진의 결과이고, 개인에게 '맞서거나 도망 갈(fight or flight)' 준비를 하도록 해준다.

문제 7.36 담배에 들어 있는 독성과 중독성이 있는 화합물인 니코틴은 SAM을 이용하여 **A**로부터 합성된다. **A**를 니코틴으로 변환시키는 반응을 쓰라.

A → 니코틴 (N–H → N–CH_3)

그림 7.19
스트레스에 대한 반응으로 노르아드레날린에서 아드레날린 합성

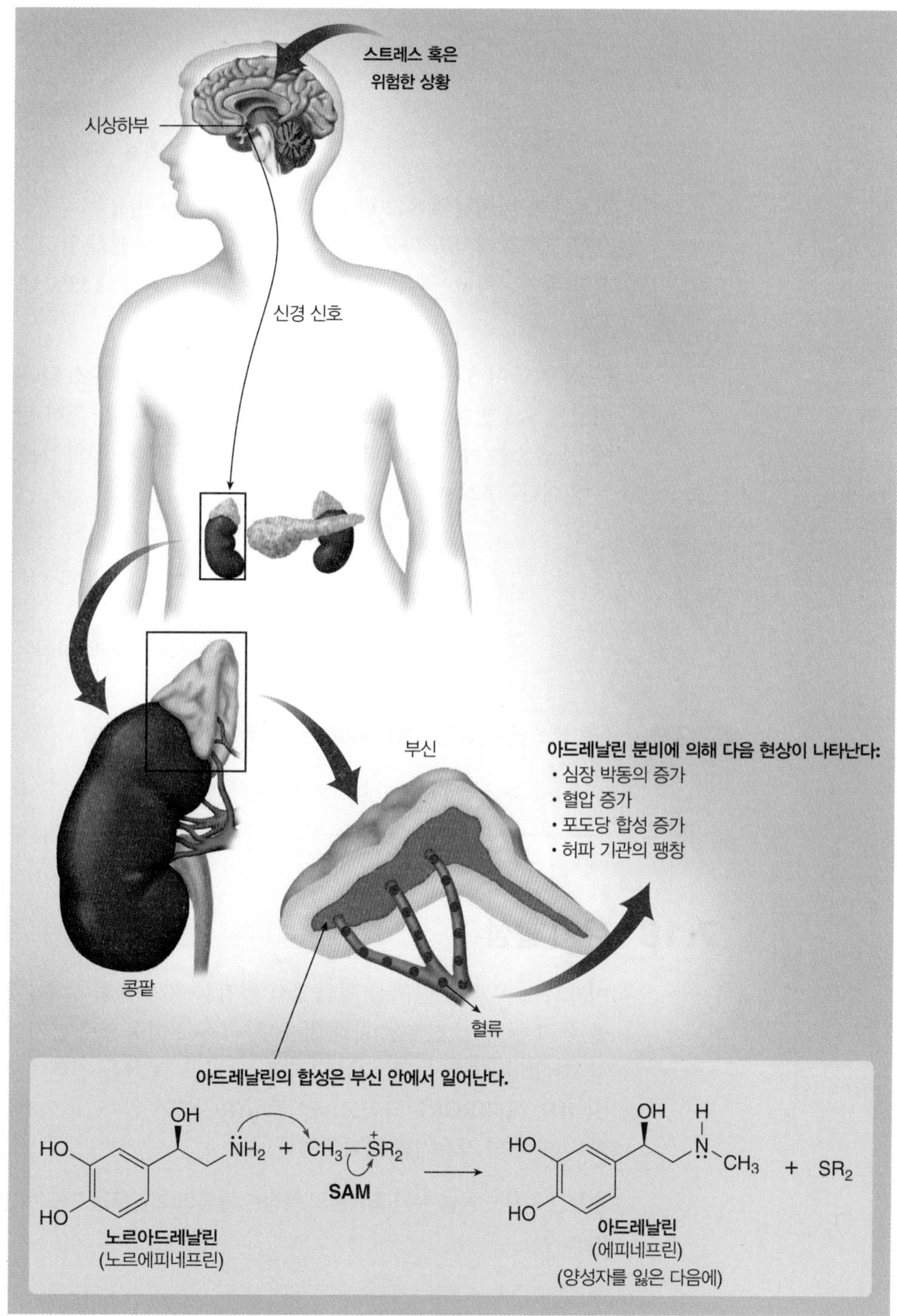

7.17 할로젠화 바이닐과 할로젠화 아릴

S_N1과 S_N2 반응은 sp^3 혼성화된 탄소에서만 일어난다. 친핵성 치환 반응에 대해 학습했으므로 할로젠 원자가 sp^2 혼성화된 탄소에 결합된 할로젠화 바이닐(vinyl halide)과 할로젠화 아릴(aryl halide)이 S_N1이나 S_N2 메커니즘으로 치환 반응을 하지 않는다는 것을 이해할 수 있다. 여기서는 할로젠화 바이닐에 대해서 중심으로 다루지만, 비슷한 논리가 할로젠화 아릴에도 적용된다.

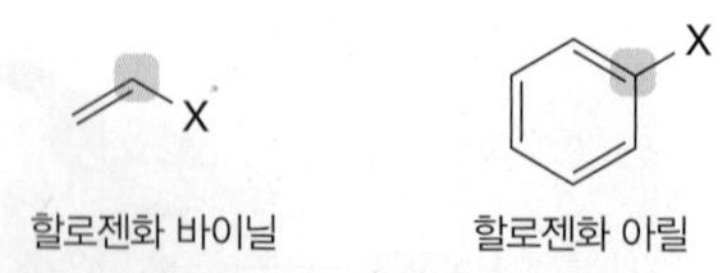

C는 X에 결합된 sp^2 혼성 탄소

할로젠화 바이닐의 S_N2 반응이 일어나지 않는 이유는 부분적으로 C−X 결합에서 탄소 원자의 혼성 오비탈에서의 퍼센트 *s*-성질 때문이다. 할로젠화 알킬의 sp^3 혼성 오비탈에 비교하여 할로젠화 바이닐의 sp^2 혼성 오비탈의 높은 퍼센트 *s*-성질(33% 대 25%)은 결합을 더 짧고 강하게 만든다.

C−X 결합이 불균일 분해되면 **매우 불안정한 바이닐 탄소 양이온**이 생성되기 때문에 할로젠화 바이닐은 S_N1 반응을 하지 않는다. 이 탄소 양이온은 양전하 탄소 주위에 두 개의 기만 있기 때문에 이 탄소는 *sp* 혼성이다. 이 탄소 양이온은 1° 탄소 양이온보다 불안정하다. 따라서 S_N1 반응은 일어나지 않는다.

$$H_2C{=}CHBr \longrightarrow H_2C{=}\overset{+}{C}{-}H \; + \; :\ddot{\underset{\cdot\cdot}{Br}}:^-$$

매우 불안정한 바이닐 탄소 양이온

문제 7.37 다음 탄소 양이온을 안정성이 증가하는 순서로 나열하라.

a. b. c.

7.18 유기 합성

이제까지 우리는 친핵성 치환에서 출발물(할로젠화 알킬)에 집중하고 생성물에는 많은 관심을 두지 않았다. 친핵성 치환 반응, 특히 S_N2 반응으로 분자에 아주 다양한 다른 작용기를 도입할 수 있다. 예를 들면, $^-$OH, $^-$OR, 그리고 $^-$CN을 친핵체로 사용하면 생성물은 각각 알코올(ROH), 에터(ROR), 그리고 나이트릴(RCN)이 된다. 표 7.8에 친핵성 치환 반응으로 쉽게 도입하는 몇 개의 작용기를 나타내었다.

친핵성 치환 반응을 유기 화합물의 특정한 종류의 화합물을 만드는 반응으로 생각하면서 합성에 대해 알아보자.

- 유기 합성은 쉽게 구할 수 있는 출발물에서 한 단계나 많은 단계로 한 화합물을 만드는 체계적인 제법이다.

7.18A 유기 합성의 배경

화학자들은 여러 가지 이유로 분자들을 합성한다. 때로는 자연계에서 분리된 **천연물**에서 유용한 의약적 특성을 찾을 수 있지만, 생물계에서 매우 작은 양만 생산된다. 합성 화학자들이 간단한 출발물로부터 이러한 분자를 합성함으로써 많은 사람들이 유용할 수 있게 해준다.

때로는 화학자들이 천연에 존재하지 않는 분자들(비록 천연물과 비슷하지만)을 합성한다. 왜냐하면 이러한 화합물이 천연에 존재하는 상대보다 탁월한 특성을 가지기 때문이다. 아스피린(아세

표 7.8
R−X로부터 S_N2 반응을 사용하여 합성하는 분자들

	친핵체(:Nu⁻)	생성물	이름
산소 화합물	^-OH	R−OH	알코올
	$^-OR'$	R−OR'	에터
	$^-O-C(=O)-R'$	$R-O-C(=O)-R'$	에스터
탄소 화합물	^-CN	R−CN	나이트릴
	$^-:C\equiv C-H$	$R-C\equiv C-H$	알카인
질소 화합물	N_3^-	$R-N_3$	아자이드
	$:NH_3$	$R-NH_2$	아민
황 화합물	^-SH	R−SH	싸이올
	$^-SR'$	R−SR'	황화물

그림 7.22
아스피린 합성

페놀 →([1] NaOH, [2] CO_2, [3] H_3O^+) 살리실산 →($(CH_3CO)_2O$, 산) 아스피린

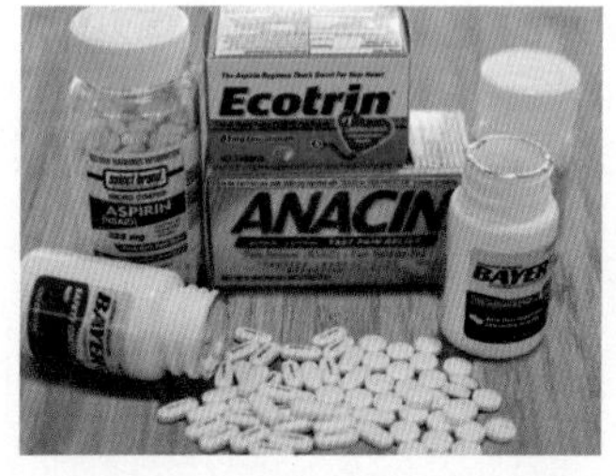

아스피린은 단순하고 값싼 출발물로부터 두 단계 과정으로 합성한다.

아스피린 합성의 출발물인 페놀은 산업적 합성에서 대량으로 사용되는 대부분의 출발물처럼 하나의 석유 제품이다. 따라서 석유 비축이 모자라면 교통 수단의 연료 공급만이 아니라 대부분 화학 합성에 필요한 원료 물질 공급도 영향을 받는다.

틸살리실산)(2.7절)은 잘 알려진 예이다. 아세틸살리실산은 석유 산업의 생산물인 페놀에서 두 단계 공정으로 합성한다(그림 7.20). 뛰어난 진통 효과와 소염 성질이 있으며, 값싸고 쉽게 구할 수 있기 때문에 아스피린은 가장 인기 있고 널리 쓰이는 화합물 가운데 하나이다.

7.18B 친핵성 치환과 유기 합성

합성을 수행하기 위해 역으로 생각해야 한다. 화합물을 검토하고 다음과 같이 묻는다. 그 **화합물을 만들기 위해 어떤 출발물과 시약이 필요한가?** 친핵성 치환 반응을 사용한다면 특정한 화합물을 생성하기 위하여 어떤 할로젠화 알킬과 어떤 친핵체를 사용할 것인지를 결정해야 한다. 한 단계만 포함되기 때문에 이것은 합성에서 가장 간단한 경우이다. 11장에서 다단계 합성에 대해 배울 것이다.

예를 들면, $(CH_3)_2CHCH_2OH$(2-메틸프로판-1-올)를 할로젠화 알킬과 필요한 시약으로 합성하라는 요청을 받았다고 가정하자. 이 합성을 완수하기 위해 다음 반응식에서 출발물과 시약을 '빈 상자에 채워야 한다.'

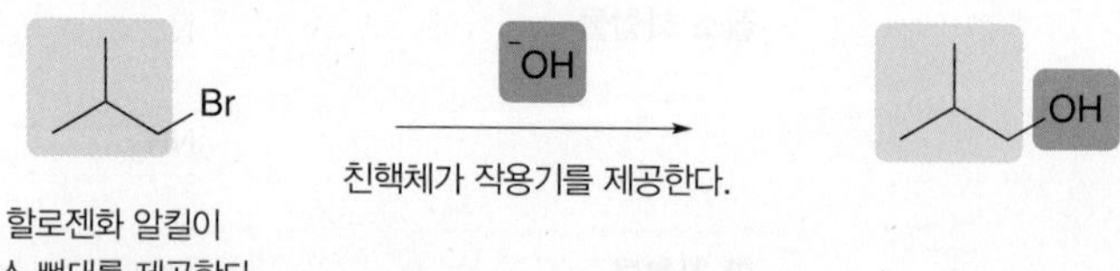

합성에 필요한 두 구성 성분을 결정하기 위해 탄소 원자는 유기 출발물에서 온다는 것을 기억하자[이 경우 1° 할로젠화 알킬, $(CH_3)_2CHCH_2Br$]. 작용기는 친핵체로부터 온다(이 경우 ^-OH). 이와 같은 사항을 고려하면 합성을 완성하기 위하여 필요한 '빈 상자를 채울 수 있다.'

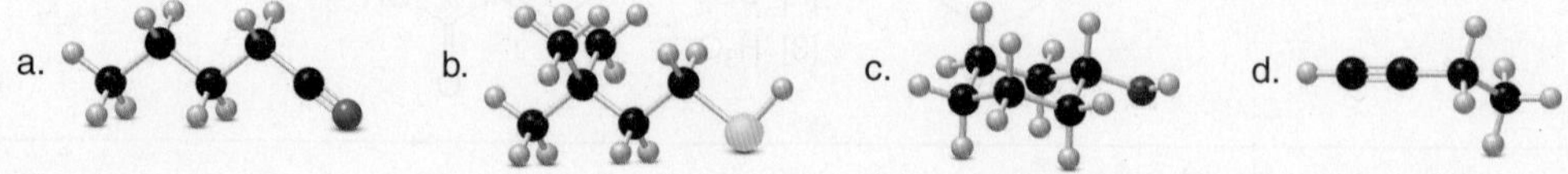

어떠한 합성이라도 제안한 다음에는 우리가 아는 반응들의 정보를 가지고 그 합성이 타당한지 검토한다. 작성한 반응이 높은 수율의 생성물을 줄 것인가? $(CH_3)_2CHCH_2OH$의 합성은 타당하다. 왜냐하면 출발물은 1° 할로젠화 알킬이고, 센 친핵체(^-OH)이다. 두 사실 모두 성공적인 S_N2 반응에 기여한다.

문제 7.38 다음 각 화합물의 합성에 필요한 할로젠화 알킬과 친핵체는 무엇인가?

a. b. c. d.

문제 7.39 에터 $CH_3OCH_2CH_3$는 두 개의 다른 친핵성 치환 반응으로 합성할 수 있다. 한 방법은 CH_3O^-를 친핵체로 사용하는 것이고, 다른 방법은 $CH_3CH_2O^-$를 친핵체로 사용하는 것이다. 두 경로를 모두 그려라.

할로젠화 알킬과 친핵성 치환

할로젠화 알킬에 대한 일반적인 사실

- 할로젠화 알킬은 sp^3 혼성 탄소에 결합한 할로젠 원자 X를 포함한다(7.1절).
- 할로젠화 알킬은 할로젠을 치환기로 간주하여 할로 알케인으로 명명한다(7.2절).
- 할로젠화 알킬은 극성 C–X 결합을 가진다. 따라서 쌍극자–쌍극자 상호작용을 하지만 분자간 수소 결합은 할 수 없다(7.3절).
- 극성 C–X 결합은 탄소가 친전자성이기 때문에 할로젠화 알킬은 친핵체나 염기와 반응할 수 있다(7.5절).

중심 주제(7.6절)

- 친핵성 치환은 할로젠화 알킬이 하는 두 주요 반응 중 하나이다. 친핵체는 sp^3 혼성 탄소에 있는 이탈기를 치환시킨다.

$$R_3C{-}X + :Nu^- \xrightarrow{\text{X를 Nu로치환}} R_3C{-}Nu + :X^-$$

(친핵체) (이탈기)

- σ 결합 하나가 끊어지고 σ 결합 하나가 만들어진다.
- 두 개의 가능한 메커니즘이 있다: S_N1과 S_N2

S_N1과 S_N2 메커니즘 비교

	S_N2 메커니즘	S_N1 메커니즘
[1] 메커니즘	한 단계(7.11B절)	두 단계(7.12B절))
[2] 할로젠화 알킬	반응성 순서: $CH_3X > RCH_2X > R_2CHX > R_3CX$ (7.11D절)	반응성 순서: $R_3CX > R_2CHX > RCH_2X > CH_3X$ (7.12D절)
[3] 반응 속도	속도 = k[RX][:Nu^-]	속도 = k[RX]
	2차 반응 속도(7.11A절)	1차 반응 속도(7.12A절)
[4] 입체화학	친핵체가 뒤쪽에서 공격(7.11C절)	정삼각 평면 탄소 양이온 중간체(7.12C절)
	입체발생 중심에서 배열 반전	입체발생 중심이 하나이면 라셈화
[5] 친핵체	센 친핵체일 때 선호(7.15B절)	약한 친핵체일 때 선호(7.15B절)
[6] 이탈기	더 좋은 이탈기 --→ 더 빠른 반응(7.15C절)	더 좋은 이탈기 --→ 더 빠른 반응(7.15C절)
[7] 용매	극성 비양자성 용매일 때 선호(7.15D절)	극성 양성자성 용매일 때 선호(7.15D절)

주요 경향

- 가장 좋은 이탈기는 가장 약염기이다. 이탈기 능력은 주기율표 주기의 왼쪽에서 오른쪽으로 갈수록, 위에서 아래로 갈수록 증가한다(7.7절).
- 친핵성은 주기율표 주기의 왼쪽에서 오른쪽으로 갈수록 감소한다(7.8A절).
- 친핵성은 주기율표 열에서 아래로 갈수록 극성 비양성자성 용매에서는 감소한다(7.8C절).
- 친핵성은 주기율표 열에서 아래로 갈수록 극성 양성자성 용매에서는 증가한다(7.8C절).
- 탄소 양이온의 안정성은 양전하를 띠는 탄소에 붙은 R기의 수가 증가함에 따라서 증가한다(7.13절).

주요 원리

원리	예
전자를 주는 기(R기와 같은)는 양전하를 안정화시킨다(7.13A절).	3° 탄소 양이온(R_3C^+)은 2° 탄소 양이온(R_2CH^+)보다 안정하다. 2°탄소 양이온은 1° 탄소 양이온(RCH_2^+)보다 안정하다.
입체 장애는 친핵성을 감소시키지만 염기성은 감소시키지 않는다(7.8B절).	$(CH_3)_3CO^-$는 $CH_3CH_2O^-$보다 더 센 염기이지만 더 약한 친핵체이다.
하몬드 가설: 흡열 반응에서 더 안정한 생성물이 더 빨리 생성된다. 발열 반응에서는 항상 그런 것은 아니다(7.14절).	S_N1 반응은 더 안정된(더 많이 치환된) 탄소 양이온이 형성될 때 더 빠르다. 왜냐하면 속도 결정 단계가 흡열 반응이기 때문이다.
평면 sp^2 혼성화된 원자는 평면의 양쪽 모두에서 시약과 반응한다(7.12C절).	정삼각 평면 탄소 양이온은 평면의 양쪽에서 친핵체와 반응한다.

문제

삼차원 모델을 이용하는 문제

7.40 R,S 표시를 포함하여 각 화합물의 IUPAC 이름을 쓰라.

a. 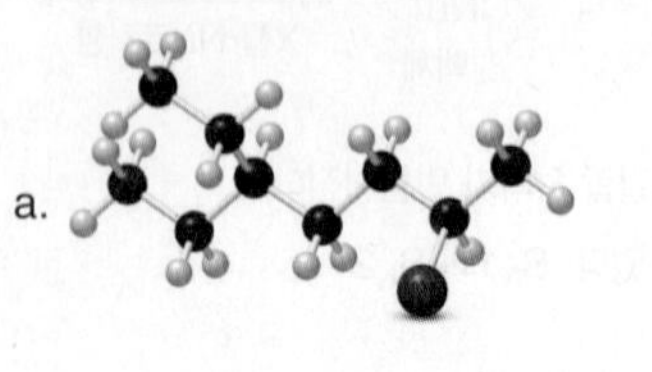

b. 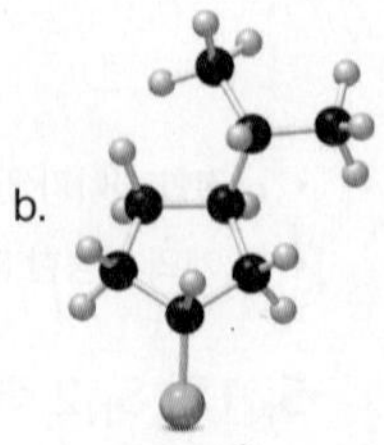

7.41 각 할로젠화 알킬을 NaCN으로 처리하였을 때 형성하는 생성물의 구조를 그려라.

a. 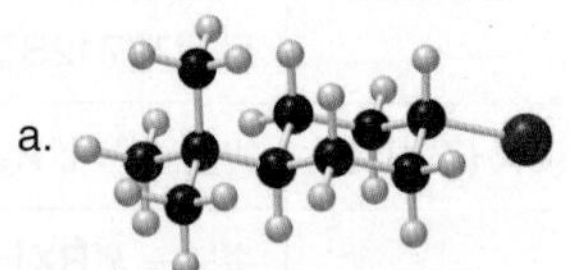

b. 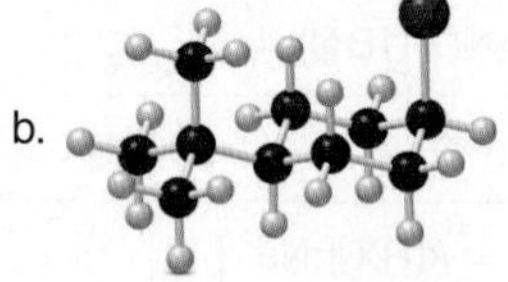

명명법

7.42 각 화합물에 관한 IUPAC 이름을 쓰라.

a. 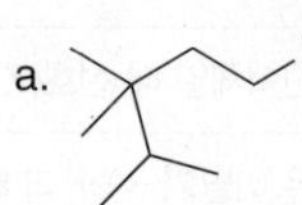

c. 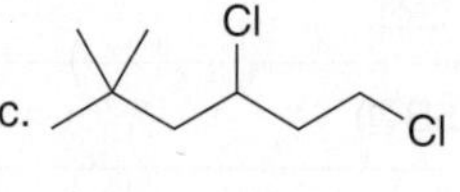

e. 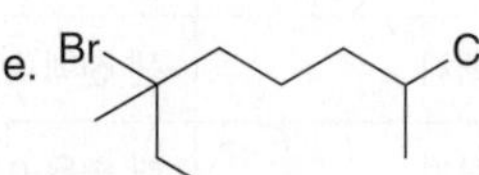

b. 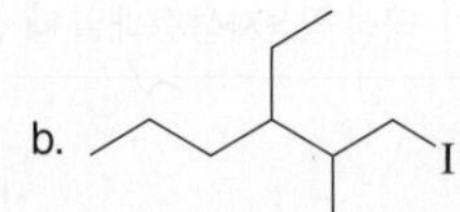

d. 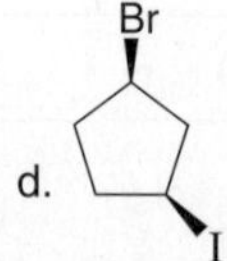

f. 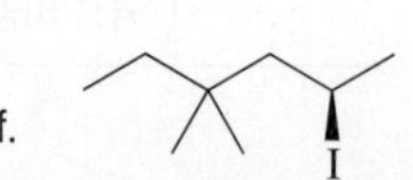

(R인지 S인지 결정하라)

7.43 각 이름에 해당되는 구조를 쓰라.

a. 3-브로모-4-에틸헵테인

b. 1,1-다이클로로-2-메틸사이클로헥세인

c. 1-브로모-4-에틸-3-플루오로옥테인

d. (S)-3-아이오도-2-메틸노네인

e. (1R,2R)-트랜스-1-브로모-2-클로로사이클로헥세인

f. (R)-4,4,5-트라이클로로-3,3-다이메틸데케인

7.44 $C_5H_{11}Cl$ 분자식을 가지는 구조 이성질체 여덟 개의 구조를 그려라.

a. 각 화합물에 IUPAC 이름을 쓰라(R, S 표시는 무시한다).

b. 모든 입체발생 중심을 표시하라.

c. 입체발생 중심을 포함하는 각 구조 이성질체들의 가능한 입체이성질체 구조를 모두 그려라. 각 입체 생성 중심을 R, S로 표시하라.

물리적 특성

7.45 각 쌍에서 끓는점이 더 높은 화합물은 어느 것인가?

a. 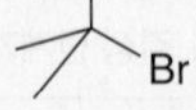 (CH₃)₃CBr 또는 CH₃CH₂CH₂CH₂Br   b.  CH₃CH₂CH₂CH₂I 또는 CH₃CH₂CH₂CH₂Br

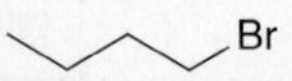

일반적 친핵성 치환 반응, 이탈기 및 친핵체

7.46 각 친핵성 치환 반응의 생성물의 구조를 그려라.

a. 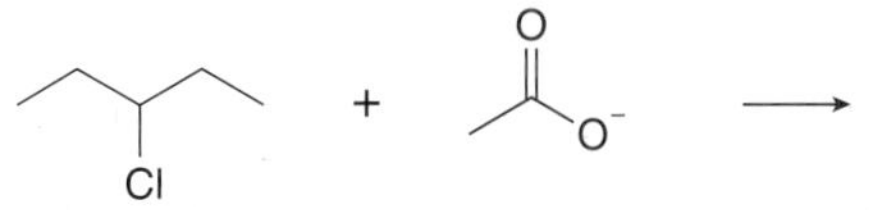 (2-chlorobutane) + $CH_3CO_2^-$ ⟶

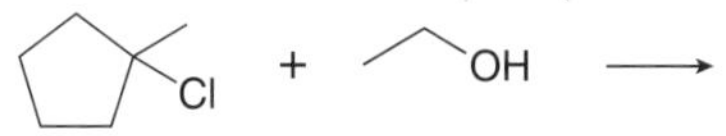

b. 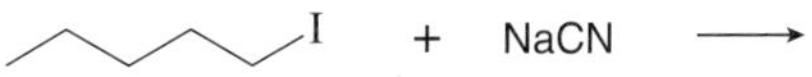 (1-iodohexane) + NaCN ⟶

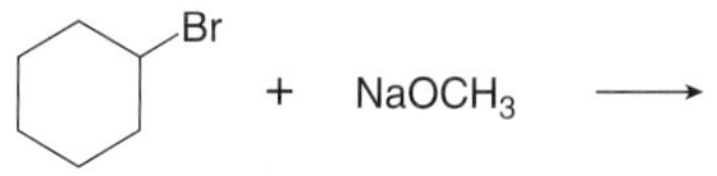

c. 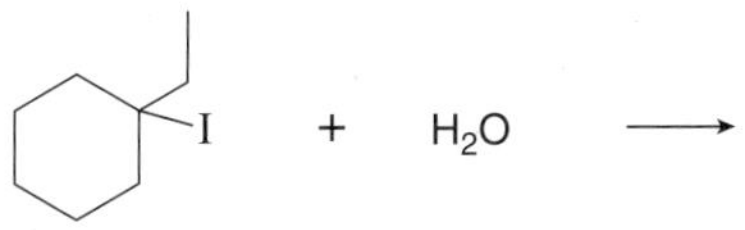 (1-ethyl-1-iodocyclohexane) + H_2O ⟶

d. (1-chloro-1-methylcyclopentane) + CH_3CH_2OH ⟶

e. (bromocyclohexane) + $NaOCH_3$ ⟶

f.  (1-chloropropane) + $CH_3CH_2SCH_2CH_3$ ⟶

7.47 좋은 이탈기를 포함하는 분자는 어느 것인가?

a. 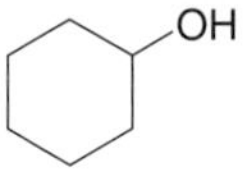 (cyclohexanol, OH) b. 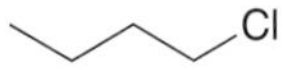 (1-chlorobutane, Cl) c. 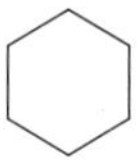 (cyclohexane) d. 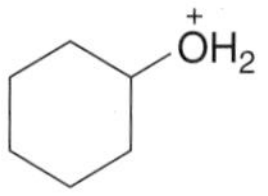 (cyclohexyl–$\overset{+}{O}H_2$)

7.48 이탈기 능력을 증가하는 순서로 나열하라.

a. Br^-, Cl^-, I^- b. NH_3, H_2S, H_2O

7.49 다음 친핵성 치환 반응 중 어느 것이 일어날 수 있는가?

a.  (cyclohexyl–NH_2) + I^- ⟶ (cyclohexyl–I) + $^-NH_2$

b.  (iodoethane) + CH_3O^- ⟶ $CH_3CH_2OCH_3$ + I^-

7.50 각 집단의 화학종을 친핵성이 증가하는 순서로 나열하라.

a. $CH_3CH_2S^-$, $CH_3CH_2O^-$, $CH_3CO_2^-$(CH_3OH에서)

b. CH_3NH_2, CH_3SH, CH_3OH(아세톤에서)

c. OH^-, F^-, Cl^-(아세톤에서)

d. HS^-, F^-, Cl^-(CH_3OH에서)

7.51 다음 용매들을 양성자성 또는 비양성자성으로 분류하라.

a. $(CH_3)_2CHOH$

b. CH_3NO_2

c. CH_2Cl_2

d. NH_3

e. $N(CH_3)_3$

f. $HCONH_2$

7.52 $CH_3CONHCH_2CH_2CH_2NHCH_3$ 안에 있는 아마이드의 N 원자보다 아민의 N 원자가 더 친핵성인 이유는 무엇인가?

S_N2 반응

7.53 다음 S_N2 반응에 대하여 답하라.

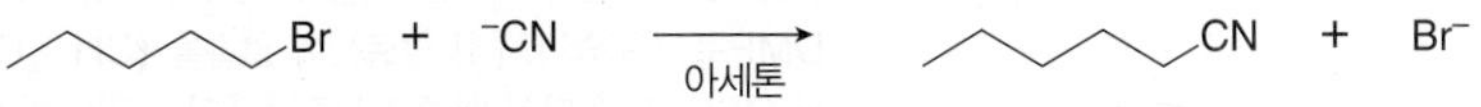

(1-bromopentane) + ^-CN —(아세톤)⟶ (hexanenitrile, CN) + Br^-

a. 굽은 화살표를 이용하여 메커니즘을 그려라.

b. 에너지 그림을 그려라. 축, 반응물, 생성물, $\Delta H°$, E_a를 표시하라. 이 반응은 발열 반응이라고 가정하라.

c. 전이 상태의 구조를 그려라.

d. 속도식은 무엇인가?

e. 다음 경우에 반응 속도는 어떻게 변화하는가? [1] 이탈기를 Br^-에서 I^-로 바꾸었다. [2] 용매를 아세톤에서 CH_3CH_2OH로 바꾸었다. [3] 할로젠화 알킬을 $CH_3(CH_2)_4Br$에서 $CH_3CH_2CH_2CH(Br)CH_3$로 바꾸었다. [4] ^-CN의 농도를 다섯 배 증가시켰다. [5] 할로젠화 알킬의 농도와 ^-CN의 농도를 모두 다섯 배 증가시켰다.

7.54 다음 중 더 빠른 S_N2 반응을 제공하는 반응물이나 용매를 선택하라.

a. CH_3CH_2Br 또는 CH_3CH_2Cl과 ^-OH의 반응

b. NaOH 또는 $NaOCOCH_3$와 $CH_3CH_2CH_2Cl$의 반응

c. CH_3OH 또는 DMSO에서 $^-OCH_3$와 $CH_3CH_2CH_2I$의 반응

7.55 S_N2 생성물의 구조를 그리고, 입체화학이 있으면 표시하라.

a. 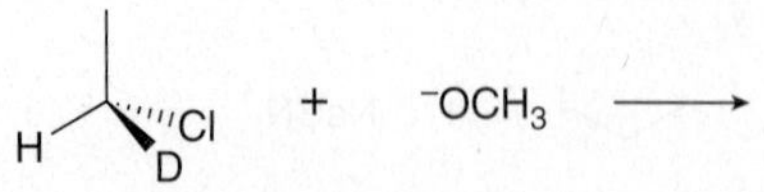 H, D, Cl + $^-OCH_3$ ⟶

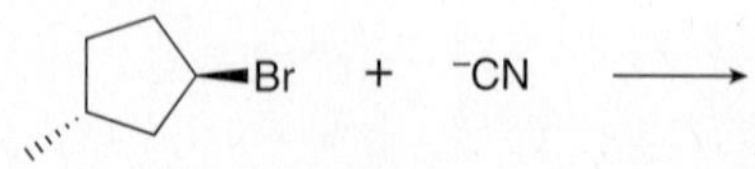

b. 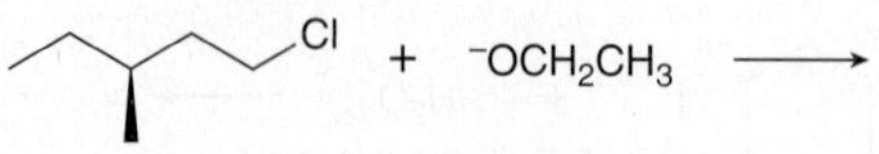 Cl + $^-OCH_2CH_3$ ⟶

c. Br + ^-CN ⟶

탄소 양이온

7.56 안정성이 증가하는 순서로 탄소 양이온을 나열하라.

a.

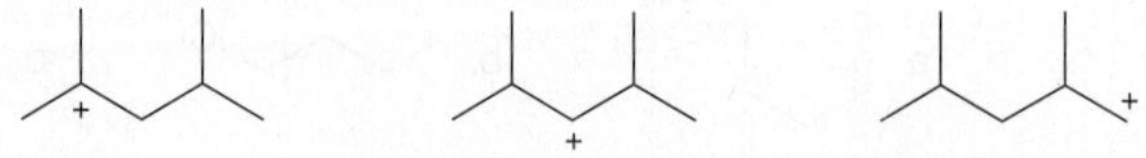

b.

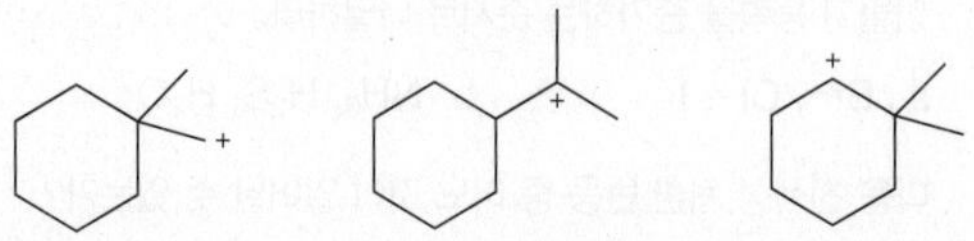

7.57 다음 탄소 양이온(**A** 혹은 **B**) 중 어느 것이 더 안정한가? 설명하라.

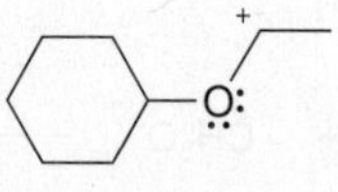

A 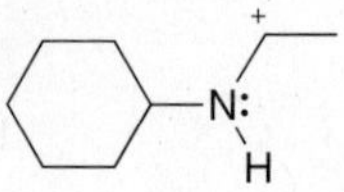 **B**

S_N1 반응

7.58 다음 S_N1 반응에 대하여 답하라.

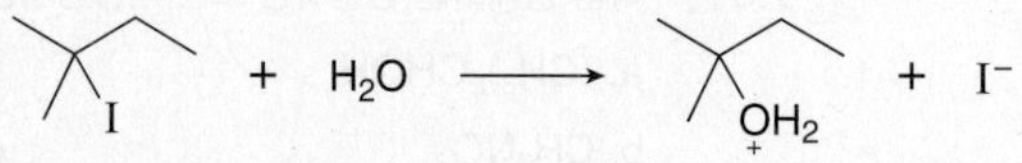

I + H_2O ⟶ $\overset{+}{O}H_2$ + I^-

a. 굽은 화살표를 이용하여 메커니즘을 그려라.

b. 에너지 그림을 그려라. 축, 반응물, 생성물, $\Delta H°$, E_a를 표시하라. 출발물과 생성물의 에너지가 같다고 가정하라.

c. 전이 상태의 구조를 그려라.

d. 반응 속도식은 무엇인가?

e. 다음 경우에 반응 속도는 어떻게 변화하는가? [1] 이탈기를 I^-에서 Cl^-로 바꾸었다. [2] 용매를 H_2O에서 DMF로 바꾸었다. [3] 할로젠화 알킬을 $(CH_3)_2C(I)CH_2CH_3$에서 $(CH_3)_2CHCH(I)CH_3$로 바꾸었다. [4] H_2O의 농도를 다섯 배 증가시켰다. [5] 할로젠화 알킬의 농도와 H_2O의 농도를 모두 다섯 배 증가시켰다.

7.59 다음 중 더 빠른 S_N1 반응을 제공하는 반응물 또는 용매를 선택하라.

a. $(CH_3)_3CCl$ 또는 $(CH_3)_3CI$와 H_2O의 반응

b. $(CH_3)_3CBr$ 또는 $(CH_3)_2CHCH_2Br$과 CH_3OH의 반응

c. 물 또는 DMSO에서 CH_3CH_2OH와 $CH_3CH_2CH(I)CH_3$의 반응

7.60 S_N1 반응 생성물의 구조를 그려라. 필요하면 입체화학을 표시하라.

a. 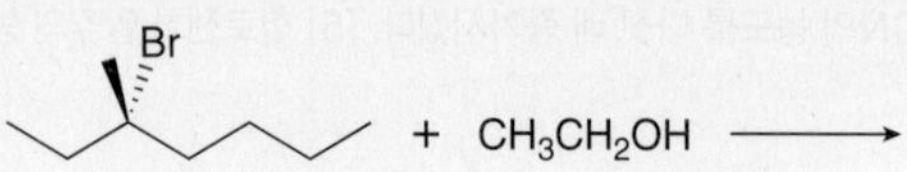 Br + CH_3CH_2OH ⟶

b. 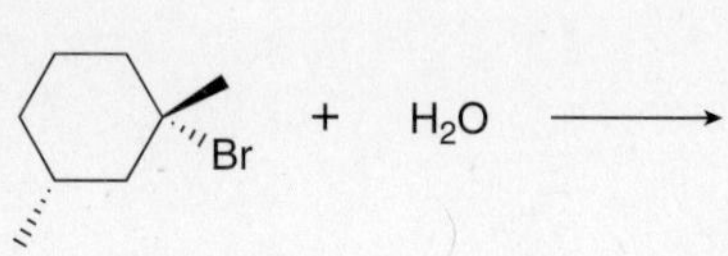 Br + H_2O ⟶

7.61 다음 반응의 메커니즘을 그리고, 치환 반응 생성물이 두 개 생기는 이유를 설명하라. 또한 일차 할로젠화 알킬인 1-브로모헥스-2-엔이 약한 친핵체인 CH_3OH와 빠르게 S_N1 반응을 하는 이유를 설명하라.

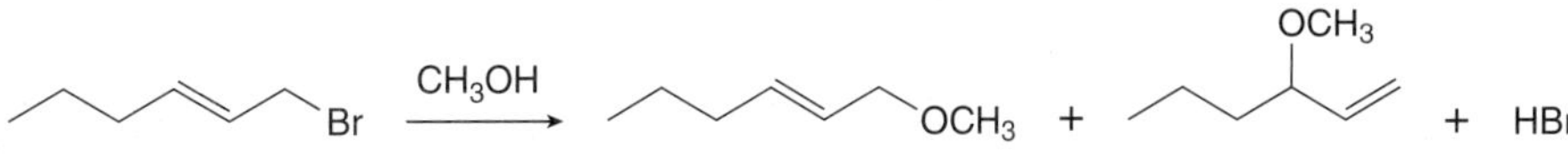

1-브로모헥스-2-엔 $\xrightarrow{CH_3OH}$ (OCH$_3$ 치환 생성물) + (OCH$_3$ 치환 생성물) + HBr

S_N1과 S_N2 반응

7.62 (a) 다음 화합물 **A**, **B**, **C**를 S_N2 반응성이 증가하는 순서로 나열하라. (b) **A**, **B**, **C**를 S_N1 반응성이 증가하는 순서로 나열하라.

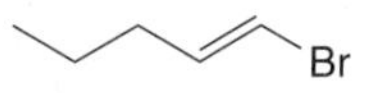

A  **B** 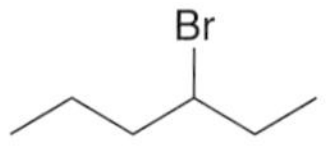 **C**

7.63 각 반응의 치환 반응 메커니즘을 결정하라. 입체화학을 포함한 생성물 구조를 그려라.

a. 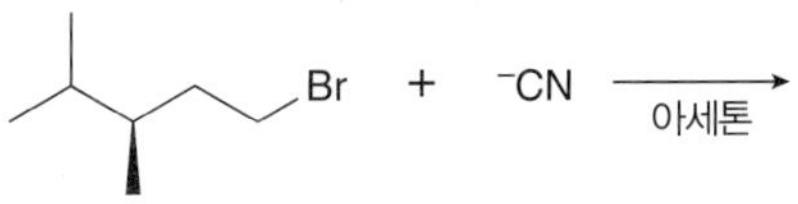 (Br 화합물) + ^-CN $\xrightarrow{\text{아세톤}}$

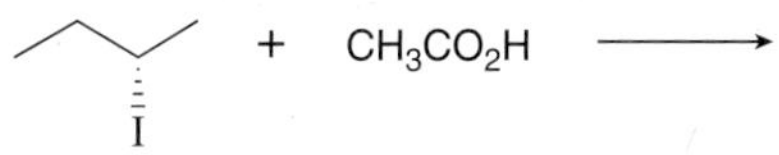

b. 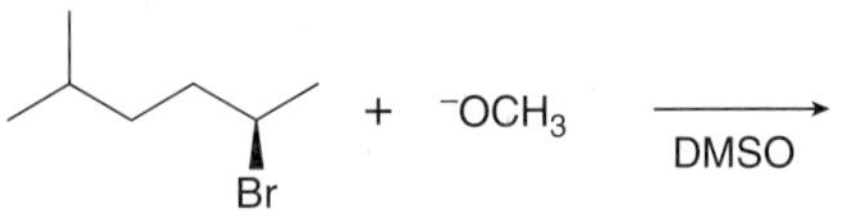 (Br 화합물) + $^-OCH_3$ $\xrightarrow{\text{DMSO}}$

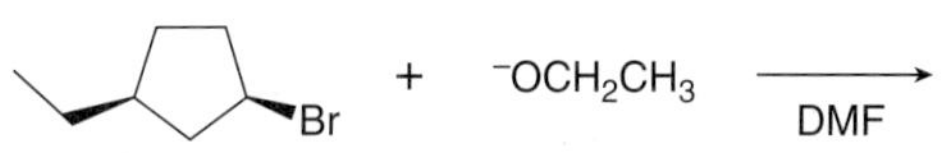

c. 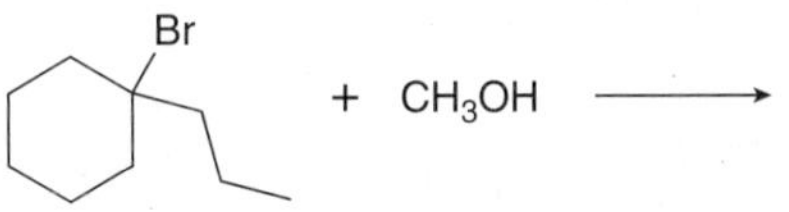 (Br 화합물) + CH_3OH ⟶

d. (I 화합물) + CH_3CO_2H ⟶

e. (Br 화합물) + $^-OCH_2CH_3$ $\xrightarrow{\text{DMF}}$

f. 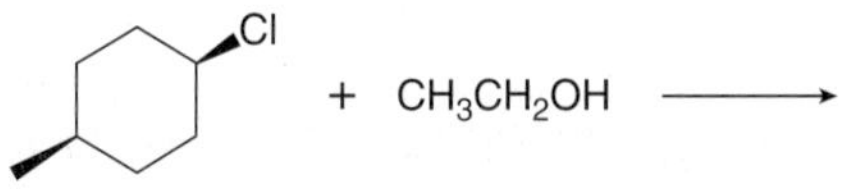 (Cl 화합물) + CH_3CH_2OH ⟶

7.64 이 장의 도입부에 소개한 플루티카손(fluticasone)은 다음의 반응을 통해 합성된다. 이 반응의 메커니즘을 단계별로 그려라.

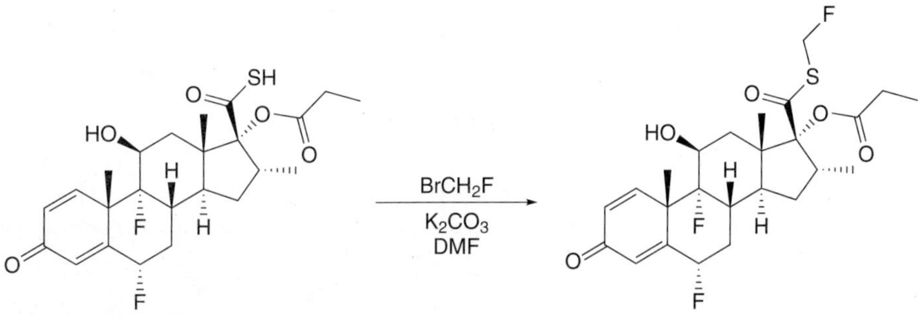

A $\xrightarrow[\text{K}_2\text{CO}_3,\ \text{DMF}]{\text{BrCH}_2\text{F}}$ 플루티카손

7.65 유리딘 일인산(UMP, uridine monophosphate)은 RNA를 구성하는 네 가지 뉴클레오타이드 중 하나로, 핵산은 DNA의 유전 정보를 단백질로 전달하여 세포의 기능을 유지하는 역할을 한다. UMP 합성의 주요 단계는 **A**와 **B** 사이의 반응으로 **C**를 형성하는 S_N1 반응이다. 이 S_N1 반응의 메커니즘을 그려라.

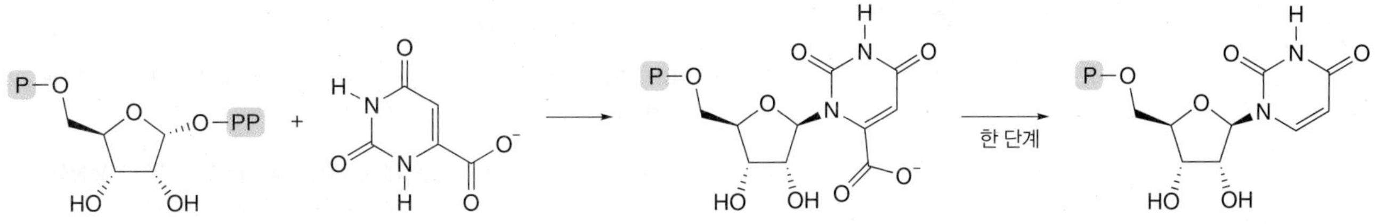

A + **B** ⟶ **C** + HO−PP $\xrightarrow{\text{한 단계}}$ UMP

7.66 베나드릴(Benadryl)에 있는 항히스타민제인 다이펜하이드라민(diphenhydramine)은 다음과 같은 두 단계 과정으로 합성할 수 있다. 다이펜하이드라민의 구조식은 무엇인가?

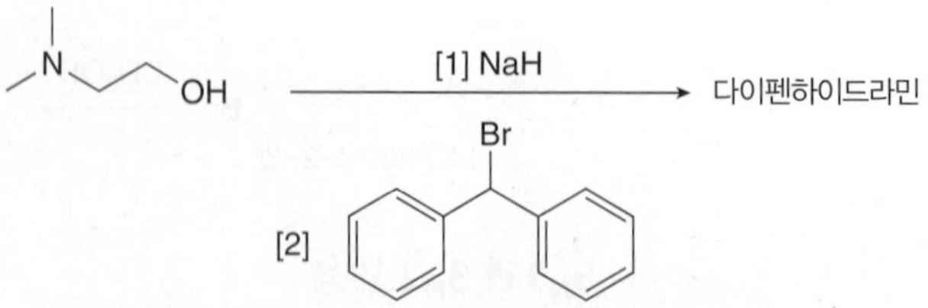

[1] NaH → 다이펜하이드라민

[2] Br

7.67 다음 반응에 대해서 단계별로 상세한 메커니즘을 쓰라. 전자의 흐름을 굽은 화살표로 나타내라.

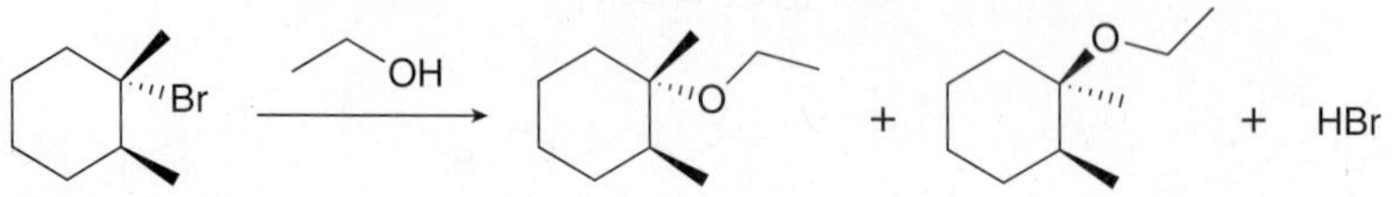

Br OH O O + + HBr

7.68 하나의 화합물에 친핵체와 이탈기가 모두 있을 때 **분자내**(intramolecular) 반응이 일어날 수 있다. 이러한 점을 고려해서 다음 반응의 생성물의 구조식을 쓰라.

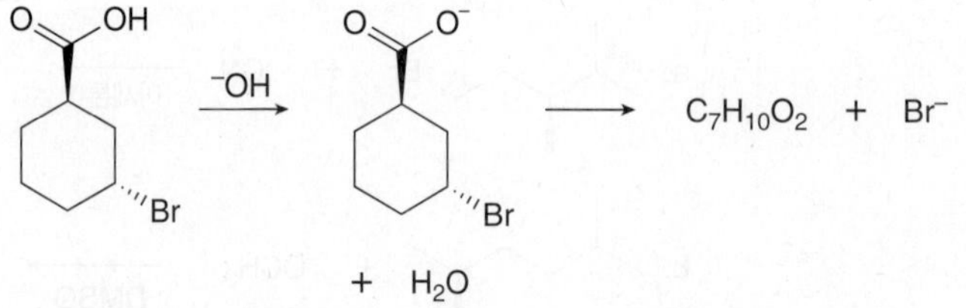

O OH ^-OH O O^- → $C_7H_{10}O_2$ + Br^-

Br Br + H_2O

7.69 니코틴은 다음 암모늄염을 Na_2CO_3으로 처리하여 합성할 수 있다. 이 반응의 단계별 메커니즘을 쓰라.

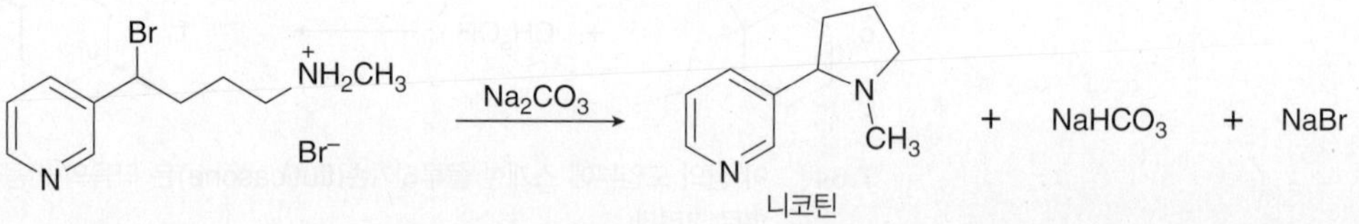

Br $\overset{+}{N}H_2CH_3$ Br^- N Na_2CO_3 → N N CH_3 + $NaHCO_3$ + NaBr

니코틴

7.70 퀴나프릴(상품명 Accupril)은 고혈압과 출혈성 심장 쇠약을 치료하는 데 사용한다. 퀴나프릴 합성의 한 단계는 라셈성 브로민화 알킬 **A**와 아미노 에스터 **B**의 단 하나의 거울상이성질체와의 반응을 포함한다. (a) 이 반응에서 생성되는 두 개의 생성물은 무엇인가? (b) 주어진 퀴나프릴의 구조에서 이 의약품을 합성하는 데 필요한 생성물은 두 개의 생성물 중 어느 것인가?

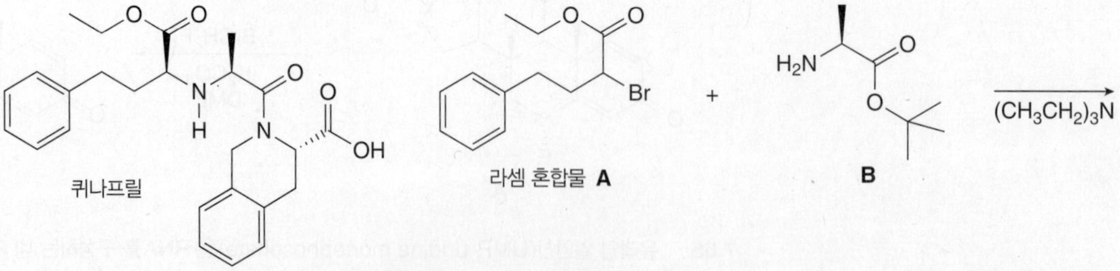

O O N H O N O OH 퀴나프릴 O O Br 라셈 혼합물 **A** + H_2N O O **B** $(CH_3CH_2)_3N$ →

7.71 다음 반응에 관한 상세한 메커니즘을 단계별로 그려라.

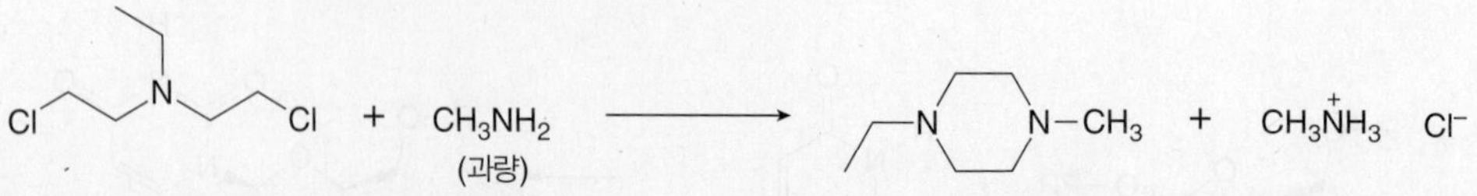

Cl N Cl + CH_3NH_2 (과량) → N N−CH_3 + $CH_3\overset{+}{N}H_3$ Cl^-

7.72 (*R*)-6-브로모-2,6-다이메틸노네인을 CH_3OH에서 녹였을 때, 친핵성 치환 반응으로 광학적 불활성 용액이 얻어진다. 이성질성 할로젠화물인(*R*)-2-브로모-2,5-다이메틸노네인을 같은 조건에서 CH_3OH에서 녹였을 때, 친핵성 치환 반응은 광활성 용액을 형성한다. 각 반응의 생성물의 구조를 그리고, 광활성도의 차이가 관찰된 이유를 설명하라.

합성

7.73 다음 반응에서 적절한 시약과 출발물을 빈 칸에 채워라.

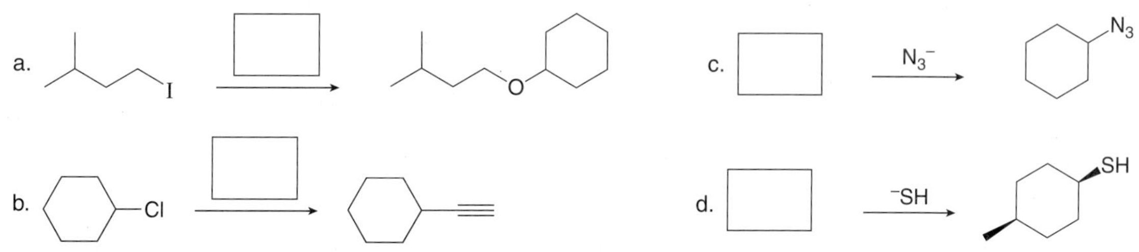

7.74 다음 화합물을 할로젠화 알킬에서 출발하여 합성하는 방법을 제시하라. 어떤 유기 혹은 무기 화합물 시약을 사용하여도 좋다.

a. SH b. O c. CN d. O e. O O

7.75 **A~D**와 같은 화합물을 마음대로 사용할 수 있다고 가정하라. 이 화합물을 이용하여 **E**를 만드는 두 가지 다른 방법을 고안하라. 두 방법 가운데 어느 것이 더 마음에 드는가? 그 이유를 설명하라.

CH_3I (**A**) I (**B**) $NaOCH_3$ (**C**) ONa (**D**) OCH_3 (**E**)

7.76 흔한 집파리의 성 페로몬인 무스카몬(muscalure)은 두 번의 친핵체 치환 반응을 사용하는 반응 순서에 따라 합성할 수 있다. 무스카몬 합성 과정의 **A~D** 화합물을 확인하라.

H−C≡C−H —NaH→ **A** + H_2 —Br→ **B** —NaH→ **C** + H_2 —Br→ **D** —H_2 첨가 (1당량)→

도전 문제

7.77 연이은 장에서 앞으로 친핵성 치환 반응, 특히 S_N2 반응이 자주 언급될 것이다. 각 경우에 이 장에서 해온 바와 같이 염화 알킬보다는 오히려 친핵체에 관심을 기울일 것이다. 다른 친핵체들을 사용한 친핵성 치환 반응으로부터 여러 가지 작용기를 갖는 다양한 유기 화합물들을 합성할 수 있다. 이러한 것을 염두에 두고, 다음 두 단계 경로의 각 생성물의 구조식을 쓰라(힌트: 각각의 첫 번째 단계에서는 산−염기 반응이 일어나는데, 이때 가장 산성이 큰 수소가 출발물로부터 제거된다).

a. OH (9장) —[1] NaH, [2] CH_3Br→

b. (11장) —[1] $NaNH_2$, [2] Br→

c. O O O O (23장) —[1] $NaOCH_2CH_3$, [2] Br→

7.78 비록 두 화합물 모두 세 개의 R기가 질소에 결합되어 있지만, 퀴누클리딘(quinuclidine)이 트라이에틸아민보다 더 반응성이 큰 친핵체인 이유를 설명하라.

7.79 다음 반응 순서에서 단계별 메커니즘을 그려라.

[1] NaH
[2] CH_3Br
\+ H_2 + NaBr
주생성물
부생성물

7.80 앞으로 9장에서 공부하겠지만 에폭사이드(epoxide)는 삼원자 고리에 산소가 있는 에터이다. 에폭사이드는 아래에서 보는 바와 같이 친핵체와 그 이웃하는 탄소에 이탈기를 포함하는 화합물에서 분자내 S_N2 반응에 의해 합성된다.

염기
분자내 S_N2 반응
\+ Br^-
에폭사이드

다음의 각 출발물은 이 반응에 의해 에폭사이드로 변환될 수 있다고 가정하라. 각각의 출발물로부터 형성되는 생성물의 구조를(입체화학을 포함하여) 쓰라. 이들 반응의 몇몇은 다른 것에 비해 친핵성 치환 반응 생성물을 더 어렵게 제공하는 이유는 무엇인가?

a. b. c. d.

7.81 삼염화물 **J**를 CH_3OH와 반응시키면 친핵성 치환 반응이 일어나 이염화물 **K**를 형성한다. 이 반응의 메커니즘을 쓰고, 하나의 염소가 다른 두 개의 염소에 비해 반응성이 커서 하나의 치환 생성물만 생성하는 이유를 말하라.

CH_3OH
(1당량)
\+ HCl
J **K**

7.82 S_N1 조건하의 몇몇 친핵성 치환 반응에서는 완전한 라셈화 반응이 일어나지 않고 한 거울상이성질체가 약간 과량으로 존재한다. 예를 들면, 광학적으로 순수한 1-브로모-1-페닐프로페인을 물로 처리하면 1-페닐프로판-1-올이 형성된다. (a) 주어진 광회전 자료를 사용하여 각 거울상이성질체가 각각 얼마나 존재하는지 계산하라. (b) 어느 생성물–즉, 배열 반전 생성물과 보전 생성물–이 우세한가? (c) 이러한 현상의 설명을 제안하라.

H_2O
1-브로모-1-페닐프로페인
1-페닐프로판-1-올
관찰한 $[\alpha] = +5.0$
광학적으로 순수한 *S* 이성질체, $[\alpha] = -48$

Chapter

8 할로젠화 알킬과 제거 반응

Alkyl Halides and Elimination Reactions

DDE, 다이클로로다이페닐다이클로로에틸렌(dichlorodiphenyldichloroehtylene)은 살충제 DDT로부터 HCl의 제거 반응으로 형성된다. DDE와 DDT는 DDT에 오염된 물고기를 먹고 사는 물수리와 같은 포식자 새들의 지방 조직에 축척된다. 체 내 DDE와 DDT의 농도가 높으면 어미 물수리가 낳은 알이 껍질이 얇게 되면서 쉽게 깨지므로 물수리 새끼의 부화가 많이 일어나지 못한다. 8장에서 유기 화합물의 두 번째 일반적인 반응인 **제거 반응**을 상세하게 배운다.

제거 반응은 유기 화합물에 π 결합을 도입해서 π 결합이 각각 한 개 또는 두 개있는 탄화수소인 알켄과 알카인을 합성하는 데 이용된다. 친핵성 치환 반응과 같이, 제거 반응은 반응 조건에 따라 두 가지 다른 경로로 일어난다. 따라서 8장을 끝내면, 두 개의 친핵성 치환 반응(S_N1과 S_N2) 및 두 개의 제거 반응(E1과 E2)으로 네 개의 서로 다른 유기 반응 메커니즘을 배우게 된다.

이 과정에서 가장 큰 도전은 네 개의 다른 메커니즘에서 어떻게 두 개의 서로 다른 반응을 가려내는가를 배우는 것이다. 특정한 할로젠화 알킬의 경우 주어진 시약과 치환반응 혹은 제거반응이 일어날 것인가, 그리고 네 가지 가능한 메커니즘 중의 어떤 것에 의해 일어날 것인가? 이 질문에 대답하기 위해, 주어진 기질에 대해 어떠한 반응과 메커니즘이 가능할지 예측할 수 있도록 요약하면서 8장을 마무리할 것이다.

8.1 제거 반응의 일반적 특성

모든 제거 반응은 출발물로부터 성분을 잃어버리고 생성물에서 새로운 π 결합을 생성한다.

- 할로젠화 알킬은 브뢴스테드–로우리(Brönsted-Lowry) 염기에 의해 제거 반응이 일어난다. HX 분자가 떨어져 나가서 알켄이 형성된다.

H, X + :B (염기) —HX의 제거→ 새로운 π 결합 알켄 + $H{-}B^+$ + $:X^-$

식 [1]과 [2]는 제거 반응의 예를 보여준다. 두 반응에서 염기는 유기 출발물로부터 산 HBr 혹은 HCl을 제거한다.

[1] (H, Br) —$K^+\ ^-OC(CH_3)_3$ [–HBr]→ + $HOC(CH_3)_3$ + K^+Br^-

[2] (H, Cl) —$Na^+\ ^-OCH_2CH_3$ [–HCl]→ + $HOCH_2CH_3$ + Na^+Cl^-

할로젠화수소 이탈 반응(dehydrohalogenation)이라 부르는 HX의 제거는 π 결합을 도입하여 알켄을 만드는 가장 흔한 방법 가운데 하나이다. 할로젠화수소 이탈 반응은 두 개의 인접한 이웃 원자에서 원소가 떨어지기 때문에 β 제거 반응의 한 예이다. 즉 α 탄소에는 이탈기 X가 결합되어 있고 β 탄소는 α 탄소에 이웃한 위치에 있다. 이 과정에서 네 개의 결합이 어떻게 만들어지고 끊어지는가를 세 개의 굽은 화살표로 나타내었다.

B:, H, α, β, X → C=C (α, β) 새로운 π 결합 + $H{-}B^+$ + $:X^-$ 이탈기

- 염기(B:)가 β 탄소에 있는 수소를 제거하면 $H{-}B^+$가 생긴다.
- β C–H 결합에 있는 전자쌍은 α와 β 탄소 사이에 새로운 π 결합을 만든다.
- C–X 결합에 있는 전자쌍은 할로젠으로 이동하여 이탈기 $:X^-$를 만든다.

표 8.1
할로젠화수소 이탈 반응에 사용되는 일반적인 염기

구조	이름
$Na^+ \ ^-OH$	수산화 소듐
$K^+ \ ^-OH$	수산화 포타슘
$Na^+ \ ^-OCH_3$	메톡시화 소듐
$Na^+ \ ^-OCH_2CH_3$	에톡시화 소듐
$K^+ \ ^-OC(CH_3)_3$	*tert*-뷰톡시화 포타슘

제거 반응에 가장 많이 사용되는 염기는 ^-OH와 이의 알킬 유도체인 **알콕사이드**(alkoxide), ^-OR 같이 음전하를 띤 산소 화합물로서 표 8.1에 나타내었다. 부피가 큰 비친핵성 염기인 *tert*-뷰톡시화 포타슘, $K^+ \ ^-OC(CH_3)_3$은 특히 유용하다(7.8B절)

할로젠화수소 이탈 반응의 생성물 그리기:

- α 탄소를 찾아라—이탈기에 결합된 sp^3 혼성 탄소이다.
- H 원자를 가진 모든 β 탄소를 확인하라.
- α와 β 탄소에서 H와 X를 제거하여 π 결합을 만든다.

예를 들면 2-브로모-2-메틸프로페인에는 β 탄소(3개의 CH_3기)가 세 개 있다. 그러나 세 개가 동일하기 때문에 HBr이 제거되면서 하나의 알켄만이 생성된다. 이와는 다르게, 2-브로모뷰테인에는 두 개의 서로 다른 β 탄소(β_1과 β_2로 표시)가 있다. 따라서 α와 β_1 탄소나 α와 β_2 탄소에서 HBr이 제거되면 두 개의 구조 이성질체가 얻어진다. 어느 화합물이 많이 생성되는지와 그 이유에 대해서는 8.5절에서 배운다.

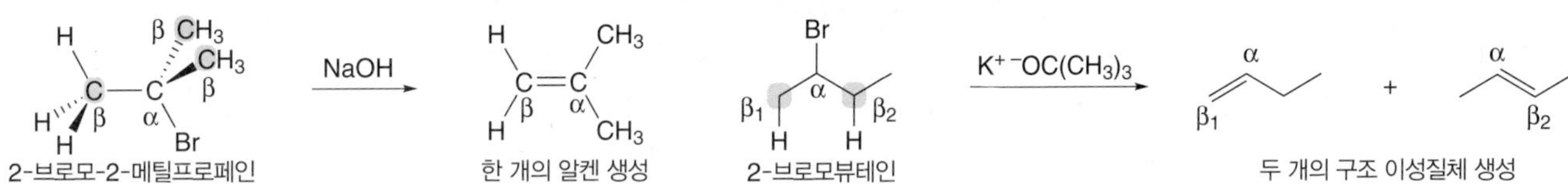

제거 반응은 **살충제 DDT**(7.4절)가 천천히 간단한 화합물로 분해되는 첫 번째 단계이다. DDT에서 HCl을 제거하면 **분해 생성물 DDE**(dichlorodiphenyldichloroethene)를 생성한다. 이 안정한 알켄은 미국 성인의 지방 조직에서 낮은 농도로 발견되고 있다.

–HCl

DDT DDE

문제 8.1 각각의 할로젠화 알킬에서 α 탄소와 β 탄소를 표시하라. 각 할로젠화 알킬에 $K^{+} \ ^{-}OC(CH_3)_3$를 처리했을 때 가능한 제거 반응 생성물의 구조를 모두 그려라.

a. Cl b. Cl c. Br

8.2 알켄-제거 반응의 생성물

할로젠화 알킬의 제거 반응은 알켄을 형성하기 때문에 앞에서 알켄 구조에 대해 공부했던 것을 복습하고 몇 개의 추가 사항을 배워보자.

8.2A 탄소-탄소 이중 결합에서의 결합

알켄은 탄소-탄소 이중 결합이 있는 탄화수소라는 내용의 1.10B절을 상기하라. 이중 결합의 각 탄소는 sp^2 혼성화되어 있고 평면 삼각형이며, 모든 결합각은 120°이다.

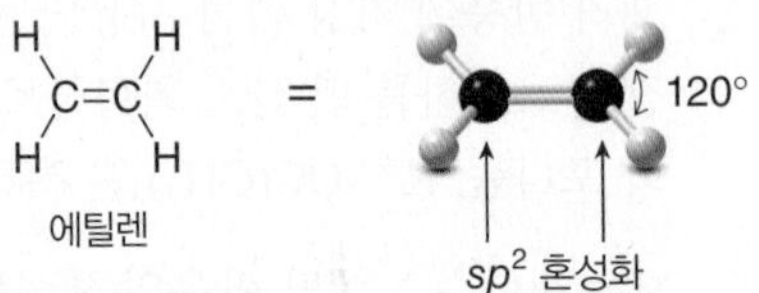

알켄의 이중 결합은 하나의 σ 결합과 하나의 π 결합으로 되어 있다.

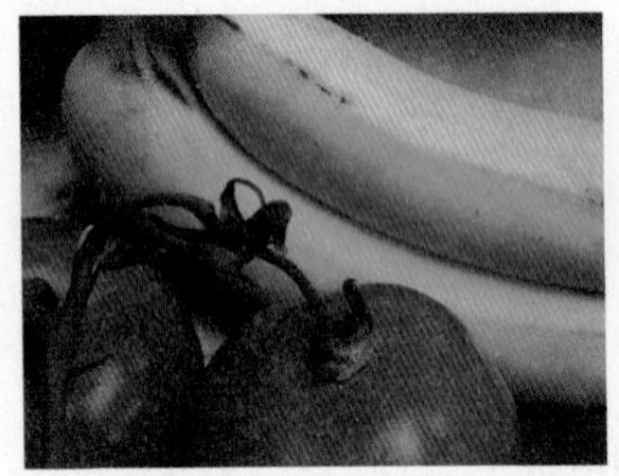

가장 단순한 알켄인 에틸렌은 식물성장 및 과일의 숙성을 조절하는 호르몬이다. 바나나는 에틸렌을 방출하기 때문에 잘 익은 바나나는 초록색 토마토의 숙성을 촉진시킨다.

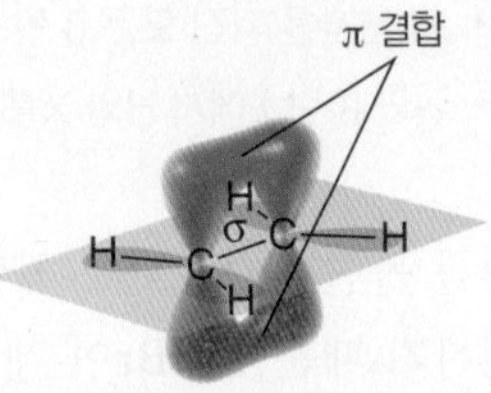

- σ 결합은 sp^2 혼성 오비탈이 정면으로 겹쳐져서 만들어지며 분자 평면에 있다.
- π 결합은 두 개의 $2p$ 오비탈이 옆으로 나란히 겹쳐져서 만들어지는데 분자 평면과 수직이다. 제거 반응이 일어나는 동안 π 결합이 생성된다.

알켄은 이중 결합 탄소에 붙은 탄소 원자 수에 따라 분류된다. 단일 치환 알켄(monosubstituted alkene)은 이중 결합 탄소에 하나의 탄소 원자가 결합되어 있다. 이중 치환 알켄(disubstituted alkene)은 이중 결합 탄소에 두 개의 탄소 원자가 결합되어 있다.

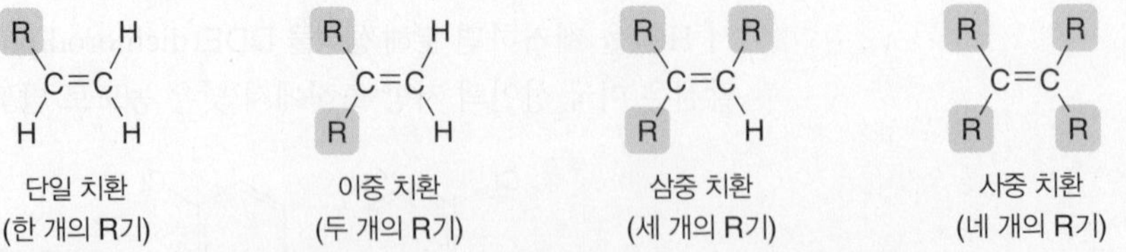

그림 8.1에 몇 개의 알켄이 어떻게 분류되는지 나타내었다. 반응에서 알켄의 혼합물이 생성될 때 제거 반응의 주 생성물과 부 생성물을 결정하려면 이런 방법으로 알켄을 분류할 수 있어야 한다.

그림 8.1
알켄은 이중 결합 주위에 결합된 R기의 수에 의해 분류된다.

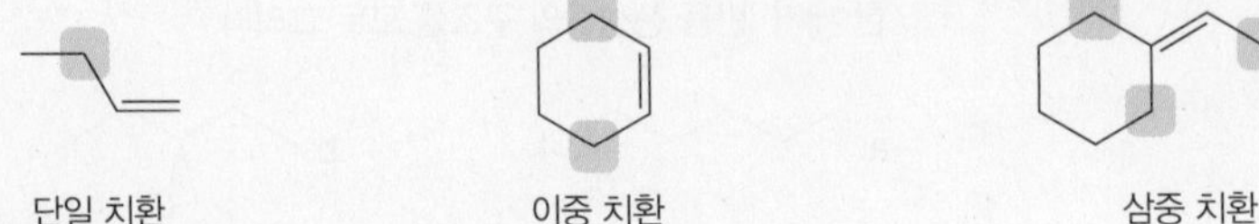

- 이중 결합에 결합된 탄소 원자는 청색으로 표시하였다.

그림 8.2 C−C 및 C=C을 중심으로 하는 회전의 비교

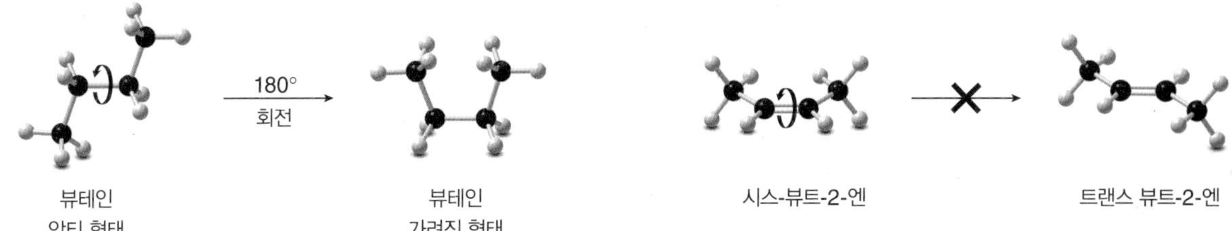

이 형태는 회전하면서 **서로 변환된다**. 이 형태들은 **같은** 분자이다.

이들 분자들은 회전에 의해 **변환되지 않는다**. 그들은 **다른** 분자이다.

문제 8.2 이중 결합 탄소에 붙은 탄소 원자의 수에 따라 알켄을 분류하라.

a. 바이타민 A (OH)

b. 바이타민 D_3 (H, HO)

8.2B 제한된 회전

그림 8.2에서 보듯이 뷰테인에서는 탄소−탄소 단일 결합 주위로 자유롭게 회전할 수 있지만, 뷰트-2-엔의 탄소−탄소 이중 결합에 대해서는 그렇지 못하다. 회전이 제한되어 있기 때문에 뷰트-2-엔의 경우 두 가지 입체이성질체가 가능하다.

- 시스 이성질체는 두 기가 이중 결합의 같은 쪽에 있다.
- 트랜스 이성질체는 두 기가 이중 결합의 반대쪽에 있다.

시스와 트랜스 이성질체의 개념은 4장에서 이중 치환된 사이클로알케인에서 처음으로 소개되었다. 두 경우에서 고리 또는 이중 결합은 움직이는 것을 제한하고, 고리 또는 이중 결합의 한쪽에서 다른 쪽으로 기가 회전하는 것을 방해한다.

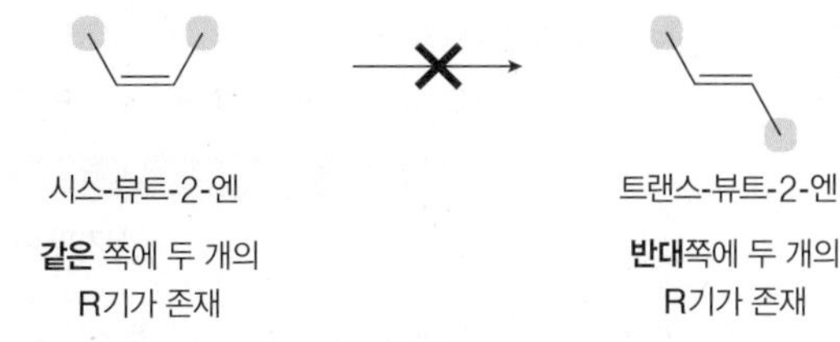

시스-뷰트-2엔과 트랜스-뷰트-2-엔은 입체이성질체이다. 그러나 서로 거울상은 아니다. 따라서 서로 부분입체이성질체 관계이다.

뷰트-2-엔의 시스와 트랜스 이성질체는 탄소−탄소 이중 결합에서 나타나는 입체이성질체의 일반적 유형의 구체적인 예이다. 탄소−탄소 이중 결합의 각각의 탄소에서 두 개의 기가 서로 다를 때 두 개의 부분입체이성질체가 가능하다.

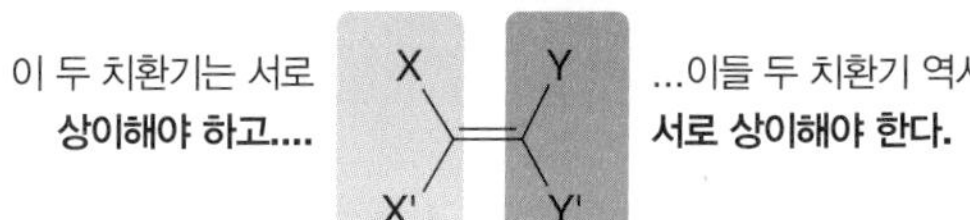

문제 8.3 어느 알켄이 입체이성질체가 가능한가?

a. OH b. OH c.

특징적인 라일락 향기는 (*E*)-오시멘과 다른 휘발성 에터, 알데하이드 및 알코올의 혼합물이다.

문제 8.4 (a) 라일락 꽃 향의 주 성분인 (*E*)-오시멘(ocimene)에서 어느 이중 결합이 입체이성질체를 나타내는가? (b) (*E*)-오시멘의 부분입체이성질체를 그려라.

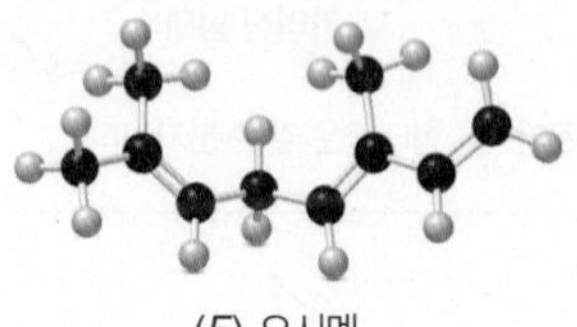

(*E*)-오시멘

문제 8.5 각 쌍의 알켄을 구조 이성질체, 입체이성질체, 동일 화합물로 표시하라.

a. 및 c. 및

b. 및 d. 및

8.2C 알켄의 안정성

어떤 알켄은 다른 알켄보다 안정하다. 예를 들면 이중 결합 탄소에 붙어 있는 기가 서로 멀리 떨어지면 입체 장애가 감소되기 때문에 트랜스 알켄은 시스 알켄보다 안정하다.

트랜스 이성질체는 CH_3기가 서로 멀리 떨어져 있다.

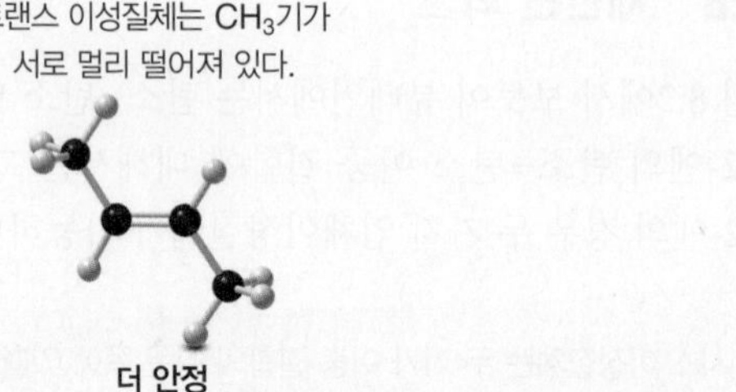

더 안정

CH_3기의 입체적 상호작용 때문에 시스 이성질체가 불안정해진다.

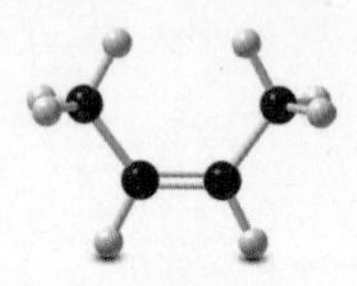

덜 안정

더욱이 이중 결합 탄소에 결합된 R기의 수가 증가하면 알켄의 안정성은 더욱 증가한다.

가장 불안정 가장 안정

$CH_2{=}CH_2$ < $RCH{=}CH_2$ < $R_2C{=}CH_2$ ~ $RCH{=}CHR$ < $R_2C{=}CHR$ < $R_2C{=}CR_2$

R기의 수가 증가할수록 안정성도 커진다

R기는 sp^3 혼성화되어 있는 반면 이중 결합 탄소 원자는 sp^2 혼성화되어 있기 때문에 R기는 알켄의 안정성을 증가시킨다. 1.11B절과 2.5D절에서 sp^3에서 sp^2로 갈 때 혼성 오비탈의 *s*-성질이 25%에서 33%로 증가했다는 것을 상기하라. *s*-성질의 비율이 더 커지면 전자 밀도를 더 쉽게 받아들인다. 따라서 sp^2 혼성 탄소 원자는 전자 밀도를 받아들이는 능력이 더 커진다. 그리고 sp^3 혼성 탄소는 전자 밀도를 내어주는 능력이 더 커진다.

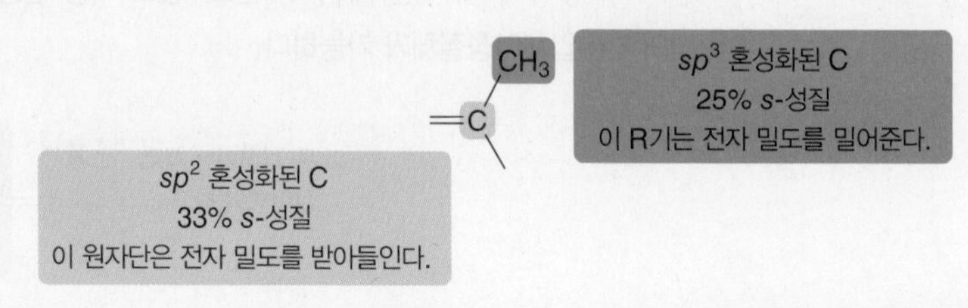

- 결과적으로 전자 밀도를 받을 수 있는 탄소 원자에 전자를 내어주는 R기의 수가 증가하면 알켄은 더 안정하게 된다.

따라서 트랜스-뷰트-2-엔(이중 치환 알켄)은 시스-2-뷰트-2-엔(또 다른 이중 치환 알켄)보다 안정하다. 그러나 뷰트-1-엔(단일 치환 알켄)보다는 모두 더 안정하다.

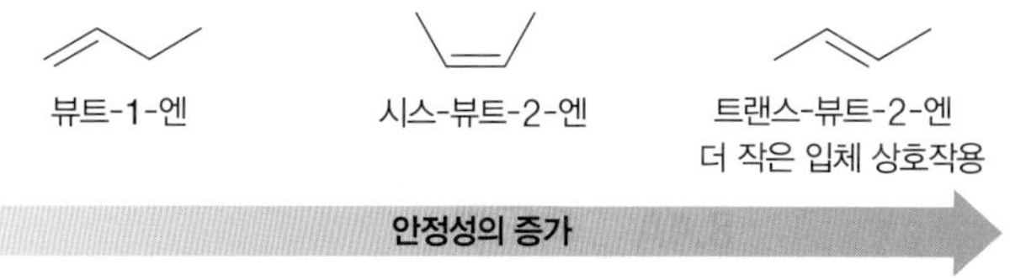

요약

- 입체 장애가 작기 때문에 트랜스 알켄는 시스 알켄보다 더 안정하다.
- 전자를 밀어주는 유발 효과 때문에 알킬 치환이 증가하면 알켄이 안정화된다.

문제 8.6 각 쌍에서 어느 알켄이 더 안정한가?

a. 또는

b. 또는

c. 또는

문제 8.7 여러 요인이 알켄의 안정성에 영향을 미친다. 다음 두 화합물은 모두 이중치환 탄소–탄소 이중 결합이 있음에도 불구하고 왜 알켄 **A**가 알켄 **B**보다 안정한지의 이유를 설명하라.

8.3 제거 반응의 메커니즘

제거 반응 메커니즘은 무엇인가? 결합이 끊어지고 만들어지는 순서는 무엇인가? 반응이 한 단계인가? 아니면 여러 단계로 일어나는가?

친핵성 치환 반응에서 S_N2와 S_N1 두 메커니즘이 있는 것과 같이, 제거 반응에는 E2와 E1 두 메커니즘이 있다.

- **E2** 메커니즘(이분자 제거 반응)
- **E1** 메커니즘(일분자 제거 반응)

E2와 E1 메커니즘은 S_N2와 S_N1 메커니즘과 비슷하게 결합이 끊어지고 만들어지는 타이밍이 다르다. 사실 E2와 S_N2 반응은 공통적인 특징이 있고, E1과 S_N1도 공통적인 특징이 있다.

8.4 E2 반응 메커니즘

할로젠화수소 이탈 반응에서 가장 일반적인 메커니즘은 E2 메커니즘이다. 예를 들면 $(CH_3)_3CBr$이 ^{-}OH와 반응하여 E2 메커니즘을 통해서 $(CH_3)_3C{=}CH_2$를 만든다.

$(CH_3)_3C(Br){-}CH_3 + {:}\ddot{O}H^{-} \xrightarrow{\text{E2 반응}} (CH_3)_2C{=}CH_2 + H{-}\ddot{O}H + {:}\ddot{Br}{:}^{-}$

8.4A 속도론

E2 반응은 2차 반응 속도식을 나타낸다. 반응이 이분자성이며 할로젠화 알킬 및 염기가 모두 속도식에 나타난다.

- 속도 = $k[(CH_3)_3CBr][^{-}OH]$

8.4B 한 단계 메커니즘

2차 속도식에 대한 가장 적합한 설명은 협동 반응(concerted reaction)이다. 메커니즘 8.1에 나타낸 것처럼 모든 결합이 동시에 끊어지고 형성된다.

메커니즘 8.1 E2 메커니즘

- 염기(^{-}OH)가 β 탄소로부터 양성자를 제거해서 H_2O(부산물)을 생성한다.
- β C−H 결합에 있는 전자쌍은 새로운 π 결합을 생성한다.
- 이탈기인 Br^{-}가 C−Br 결합에 있는 전자쌍과 함께 떨어져 나온다.

$(CH_3)_3CBr$과 ^{-}OH와의 반응 에너지 도표가 그림 8.3에 보여져 있다. 반응은 한 단계이다. 따라서 반응물과 생성물 사이에는 에너지 장벽이 하나 있다. 한 단계에서 두 개의 화학 결합이 끊어지고(C−H와 C−Br) 두 개의 화학 결합이 생성되었다(H−OH와 π 결합). 따라서 전이 상태에서는 네 개의 부분 결합이 있고 음전하는 염기와 이탈기에 분산되어 있다. 두 분자의 출발물이 세 분자의 생성물을 만들기 때문에 엔트로피는 E2 반응 생성물을 선호된다.

문제 8.8 다음 E2 반응에서 전자의 이동을 굽은 화살표를 이용하여 그려라. 전이 상태 구조를 그려라.

Br, $CH_3CH_2\ddot{O}{:}^{-}$ → + $CH_3CH_2\ddot{O}H$ + ${:}\ddot{Br}{:}^{-}$

그림 8.3
E2 반응에 대한 에너지 도표:
$(CH_3)_3CBr + {}^{-}OH \rightarrow$
$(CH_3)_2C = CH_2 + H_2O + Br^-$

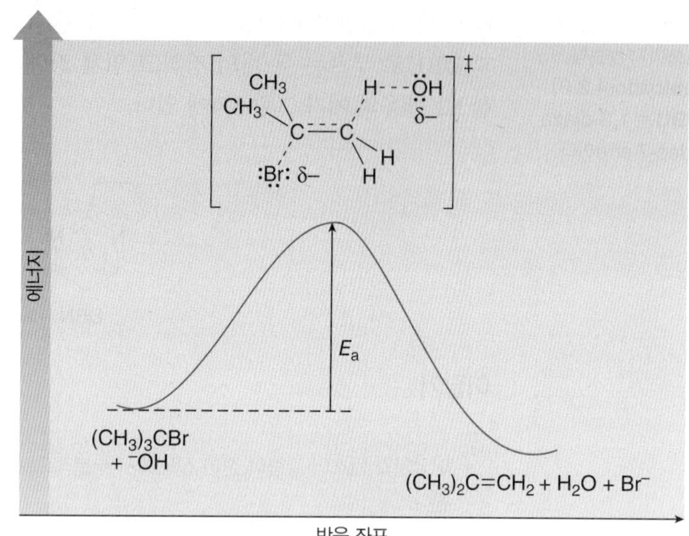

- 전이 상태에서 C−H와 C−Br 결합은 부분적으로 끊어져 있고 O−H와 π 결합은 부분적으로 형성되어 있다. 그리고 염기와 떨어져 나가는 이탈기 모두 부분적인 음전하를 띤다.

염기, 이탈기 및 용매의 성질이 반응 속도에 영향을 미치는 면에서 E2와 S_N2 메커니즘 사이에 밀접한 유사 관계가 있다.

염기

- 염기는 반응 속도식에 나타난다. 따라서 염기의 세기가 증가하면 E2 반응 속도는 증가한다.

그림 8.4 염기로서 DBN을 사용한 E2 제거 반응

DBN

E2

새로운 π 결합

$+ Br^-$

묽은 산

PGA_2
프로스타글란딘
(19.6절)

DBN과 **DBU**의 IUPAC 이름은 복잡하기 때문에 거의 쓰이지 않는다. **DBN**은 1,5-**d**iaza**b**icyclo[4.3.0]**n**on-5-ene이고 **DBU**는 1,8-diazabicyclo[5.4.0]undec-7-ene이다.

E2 반응은 일반적으로 강하고 음전하를 띤 $^-$OH와 $^-$OR 같은 염기가 사용될 때 일어난다. DBN과 DBU로 부르는 두 개의 강하고 입체 장애가 큰 질소 염기도 때때로 사용된다. DBN을 사용한 E2 반응의 예가 그림 8.4에 있다.

DBN DBU

이탈기

• 이탈기와 탄소의 결합이 전이 상태에서 부분적으로 끊어지기 때문에 더 좋은 이탈기이면 E2 반응은 더 빨라진다.

F Cl Br I

이탈기 능력 증가
E2 반응 속도 증가

용매

• 극성 비양자성 용매는 E2 반응 속도를 증가시킨다.

$(CH_3)_2C = O$와 같은 극성 비양자성 용매는 음이온을 잘 용매화시키지 못하기 때문에, 용매와의 강한 상호작용으로 음전하를 띤 염기가 '숨겨지지' 않는다(7.17D절). 따라서 그 염기는 더 세진다. 더 센 염기는 반응 속도를 증가시킨다.

문제 8.9 CH_3CH_2Br과 $KOC(CH_3)_3$ 사이의 E2 반응을 고려하라. 다음과 같은 각 변화는 제거 반응 속도에 어떤 영향을 미치는가?

a. 염기를 KOH로 바꾸었다. b. 할로젠화 알킬을 CH_3CH_2Cl로 바꾸었다.

8.4C 할로젠화 알킬의 특성

R기가 반응 속도에 영향을 미치는 방법은 S_N2와 E2 반응 메커니즘에서 서로 다르다.

• 이탈기가 붙어 있는 탄소에 R기의 개수가 증가하면, E2 반응 속도가 증가한다.

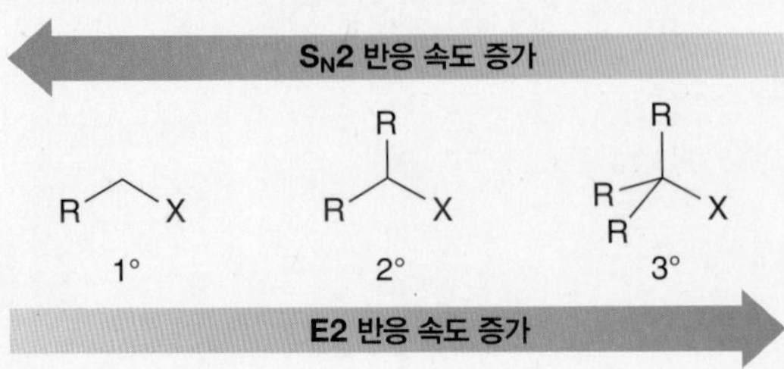

이 경향은 할로젠화 알킬의 S_N2 반응의 반응성과 정반대이다. S_N2 반응에서는 알킬 치환이 증가하면 반응 속도는 감소한다(7.11D절).

왜 알킬 치환이 증가하면 E2 반응 속도가 증가하는가? 전이 상태에서 이중 결합은 부분적으로 형성된다. 알킬 치환으로 이중 결합의 안정성을 증가시키면 전이 상태가 안정되고(즉 E_a가 낮아짐으로) 반응 속도가 증가된다.

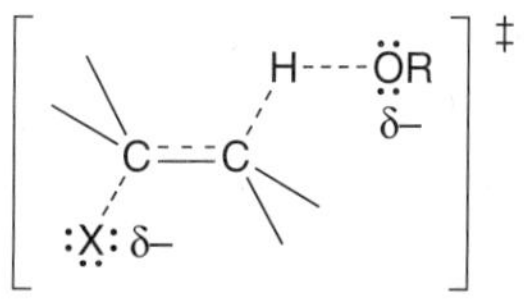

이중 결합이 부분적으로 형성되었다.

- 이탈기를 가진 탄소에 R기의 개수가 증가하면 E2 반응에서 더 많이 치환되고 더 안정한 알켄이 생성된다.

예를 들면 1° 할로젠화 알킬(1-브로모뷰테인)은 단일 치환 알켄을 생성하지만, 3° 할로젠화 알킬(2-브로모-2-메틸뷰테인)은 이중 치환 알켄을 생성한다. 이중 치환 알켄은 보다 안정하기 때문에 3° 할로젠화 알킬이 1° 할로젠화물보다 빠르게 반응한다.

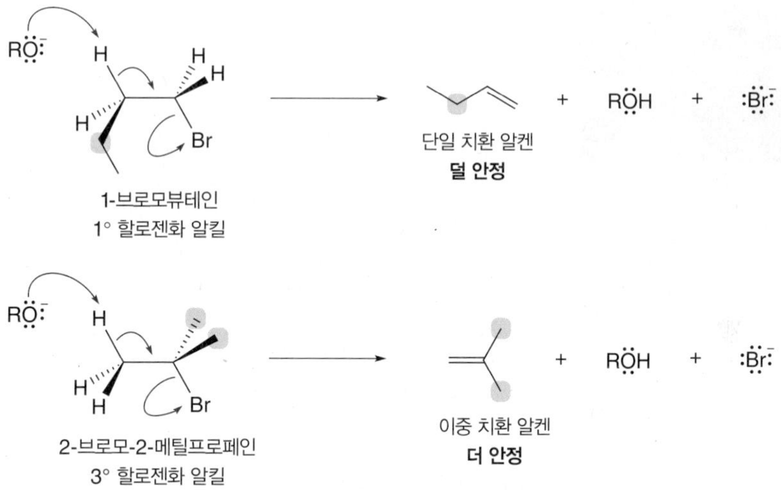

1-브로모뷰테인
1° 할로젠화 알킬
→ 단일 치환 알켄 **덜 안정** + ROH + Br⁻

2-브로모-2-메틸프로페인
3° 할로젠화 알킬
→ 이중 치환 알켄 **더 안정** + ROH + Br⁻

문제 8.10 다음 각 쌍의 할로젠화 알킬에 대해 E2 반응에서 반응성이 증가하는 순서로 나열하라.

a.

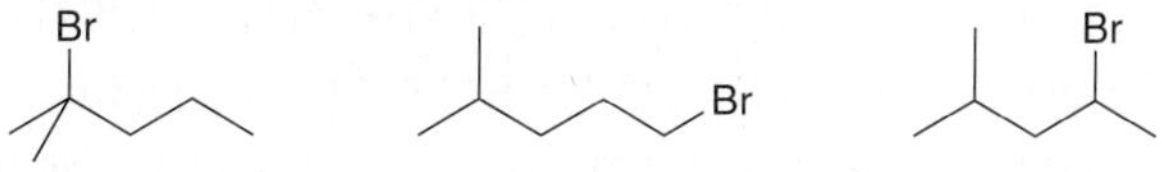

b.

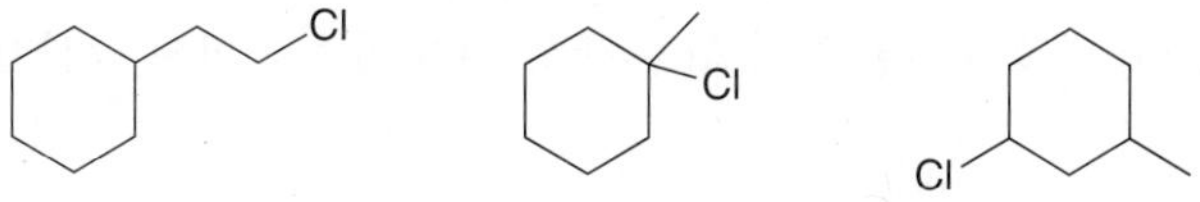

표 8.2에 E2 반응 메커니즘의 특징을 요약하였다. 그리고 그림 8.5에 자연계에서 발견되는 두 개의 화합물인 퀴닌과 에스트라다이올의 합성에 사용된 E2 반응의 두 예를 나타내었다.

문제 8.11 다음 변화는 E2 반응 속도에 어떤 영향을 미치는가?

a. [RX]를 세 배로
b. [B:]를 반으로
c. 용매를 CH_3OH에서 DMSO로 바꿈
d. 이탈기를 I^-에서 Br^-로 바꿈
e. 염기를 ^-OH에서 H_2O로 바꿈
f. 할로젠화 알킬을 CH_3CH_2Br에서 $(CH_3)_2CHBr$로 바꿈

표 8.2
E2 반응의 특징

특징	결과
속도식	• 2차
메커니즘	• 한 단계
R의 특성	• 많이 치환된 할로젠화 알킬이 가장 빠름 • 속도: $R_3CX > R_2CHX > RCH_2X$
염기	• 강염기에 의해 선호됨
이탈기	• 더 좋은 이탈기 → 더 빠른 반응
용매	• 극성 비양자성 용매일 때 선호

그림 8.5
유기 합성에 사용된 E2 반응의 두 가지 예

퀴닌은 안데스 산맥이 원산지인 신코나(cinchona) 나무의 껍질로부터 분리된 천연물로서 강력한 해열제이다. 퀴닌은 지난 한 세기 동안 말라리아를 효과적으로 치료하는 유일한 약이었다.

• 퀴닌과 에스트라다이올 안에 있는 결합과 원자들 중에 알켄 반응중간체로부터 온 부분은 붉은색으로 나타내었다.

8.5 자이체프 규칙

8.1절에서 배운 바와 같이, 두 개 이상의 β 탄소 원자를 가진 할로젠화 알킬의 할로젠화수소 이탈 반응에서 알켄의 혼합물이 생성된다는 사실을 기억하라. 이 경우에 대개 한 개의 생성물이 우세하게 많이 만들어진다. 주 생성물은 더 안정한 생성물이다—치환이 더 많이 된 알켄이다. 예를 들면 1-아이오도-1-메틸사이클로헥세인에서 원소 H와 I를 제거하면 두 개의 구조 이성질체가 생성된다: 삼중 치환된 알켄 A(주 생성물)와 이중 치환된 알켄 B(부 생성물).

β_1 β_2 I β_1 — ^-OH → A + B

1-아이오도-1-메틸사이클로헥세인

A
주 생성물
삼중 치환 알켄

B
부 생성물
이중 치환 알켄

이 현상은 이러한 경향을 처음 발견했던 러시아 화학자의 이름을 따서 자이체프(Zaitsev) 규칙 또는 세이체프(Sayzeff) 규칙이라 한다.

- 자이체프 규칙: β 제거에서는 주 생성물에 더 많은 치환된 이중 결합이 있다.

두 개 이상의 생성물이 가능할 경우, 어느 한 개의 구조 이성질체가 우세하게 혹은 유일하게 얻어질 때 위치 선택적(regioselective) 반응이라 한다. 더 많이 치환된 알켄이 우세하게 생성되기 때문에 E2 반응은 위치 선택적 반응이다.

E2 반응은 전이 상태에서 이중 결합이 부분적으로 형성되기 때문에 자이체프 규칙의 결과가 얻어진다. 그러므로 R기를 첨가하여 이중 결합의 안정성을 증가시키면 전이 상태의 에너지가 낮아지기 때문에 반응 속도를 증가시킨다. 예를 들면 2-브로모-2-메틸뷰테인에서 HBr을 제거하면 알켄 **C**와 **D**가 생성된다. 더 많이 치환된 이중 결합을 가진 **D**가 주 생성물이다. 왜냐하면 **D**를 생성하는 전이 상태 에너지가 더 낮기 때문이다.

^{-}OH
β_1 C–H 결합 끊어짐

H---ÖH
δ–
β_1
:Br: δ–
‡

덜 안정한
전이 상태

C
부 생성물
이중치환 알켄

β_2
β_1
Br
β_1
2-브로모-2-메틸뷰테인

^{-}OH
β_2 C–H 결합 끊어짐
선호되는 경로

HÖ---H
δ–
β_2
:Br: δ–
‡

더 안정한
전이 상태

D
주 생성물
삼중 치환 알켄

할로젠화수소 이탈 반응에서 입체이성질체의 혼합물의 생성이 가능할 때 주 생성물은 더 안정한 입체이성질체이다. 예를 들면 할로젠화 알킬 **X**의 할로젠화수소 이탈 반응은 트랜스와 시스 알켄의 혼합물을 생성한다(**Y**와 **Z**). 트랜스 알켄 Y가 더 안정하기 때문에 주 생성물이 된다.

Br
X
$Na^{+}\ ^{-}OCH_2CH_3$
+
Y
트랜스 알켄
주 생성물
Z
시스 알켄
부 생성물

두 개 혹은 그 이상의 생성물이 가능할 때 하나의 입체이성질체가 우세하게 혹은 유일하게 얻어지면 이 반응은 입체 선택적(stereoselective)인 반응이다. 하나의 입체이성질체가 우선적으로 생성되기 때문에 E2 반응은 입체 선택적 반응이다.

예제 8.1 다음 E2 반응에서 주 생성물을 예측하라.

Cl
$^{-}OCH_2CH_3$

풀이

할로젠화 알킬에는 두 개의 다른 β 탄소 원자가 있다(β_1, β_2로 표시). 따라서 두 개의 다른 알켄이 가능한데, 하나는 α와 β_1 탄소에서 HCl을 제거하여 생성되고, 다른 하나는 α와 β_2 탄소에서 HCl을 제거하여 생성된다. 자이체프 규칙을 이용하여 판단하면, 더 많이 치환된 **A**가 주 생성물이 되어야 한다.

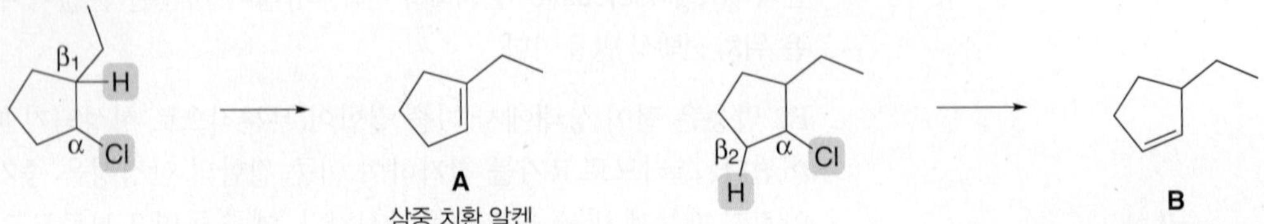

A
삼중 치환 알켄
주 생성물

B
이중 치환 알켄
부 생성물

문제 8.12 다음 각 할로젠화 알킬에서 E2 반응으로 어떤 알켄이 만들어지는가? 주 생성물을 예측할 때 자이체프 규칙을 이용하라.

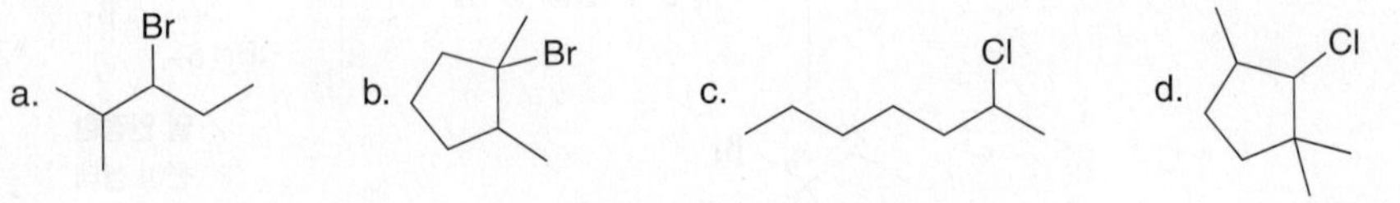

a. b. c. d.

8.6 E1 반응 메커니즘

제거 반응의 두 번째 경우인 E1 메커니즘의 일반적 메커니즘은 $(CH_3)_3CI$가 H_2O와 반응하여 $(CH_3)_2C{=}CH_2$를 생성하는 할로젠화수소 이탈 반응으로부터 설명할 수 있다.

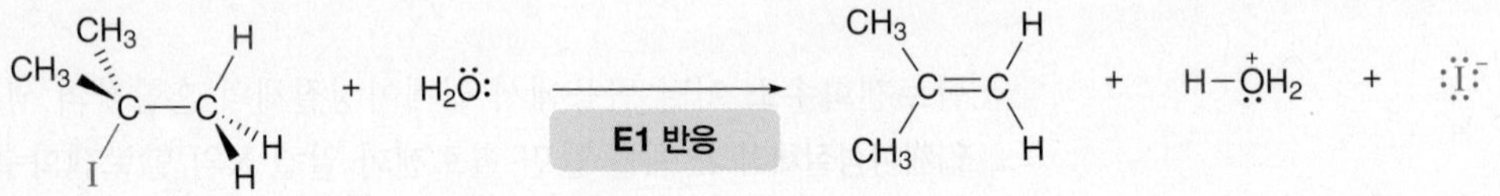

$$(CH_3)_2C(I){-}CH_3 + H_2\ddot{O}: \xrightarrow{\text{E1 반응}} (CH_3)_2C{=}CH_2 + H{-}\overset{+}{O}H_2 + :\ddot{I}:^-$$

8.6A 속도론

E1 반응은 1차 반응 속도식을 나타낸다.

- 속도 = $k[(CH_3)_3CI]$.

S_N1 반응 메커니즘처럼 속도론에서 이 메커니즘은 한 단계 이상의 단계를 포함하며 느린 단계에서 할로젠화 알킬만 관여하는 일분자 반응이다.

8.6B 두 단계 메커니즘

1차 반응 속도론에 대한 가장 올바른 설명은 8.2에 나타낸 반응 메커니즘처럼 π 결합이 형성되기 전에 이탈기 결합이 먼저 끊어지는 두 단계 반응이다.

메커니즘 8.2 E1 메커니즘

1 느림 탄소 양이온 + $:\ddot{I}:^-$ 2 $H_2\ddot{O}:$ + $H_3\ddot{O}^+$

① 속도 결정 단계에서 C–I 결합이 불균일 분해되어 탄소 양이온을 생성한다.

② 염기(H_2O나 I^-)가 탄소 양이온의 인접한 탄소로부터 양성자를 제거하고, C–H 결합에 있는 전자쌍은 π 결합을 생성한다.

E1과 E2 반응 메커니즘 모두 같은 수의 결합이 끊어지고 생성된다. 유일한 차이점은 결합이 끊어지고 생성되는 순서의 차이이다.

- E1 반응에서는 이탈기가 먼저 떨어지고 β 양성자가 제거되며 반응은 두 단계로 일어난다.
- E2 반응에서는 이탈기가 떨어지면서 β 양성자가 제거되며 반응은 한 단계로 일어난다.

$(CH_3)_3CI + H_2O$ 반응에 대한 에너지 도표가 그림 8.6에 있다. 각 단계에는 에너지가 가장 높은 점에서 전이 상태를 가지는 에너지 장벽이 있다. 단계 [1]의 전이 상태 에너지가 더 높기 때문에 이 단계에서 반응 속도가 결정된다. 결합이 끊어지기만 하기 때문에 단계 [1]의 $\Delta H°$는 양의 값을 가진다. 하지만 두 개의 결합이 만들어지고 끊어지는 결합은 한 개뿐이기 때문에 단계 [2]의 $\Delta H°$는 음의 값을 가진다.

그림 8.6
E1 반응의 에너지 도표:
$(CH_3)_3CI + H_2O \rightarrow (CH_3)_2C = CH_2 + H_3O^+ + I^-$

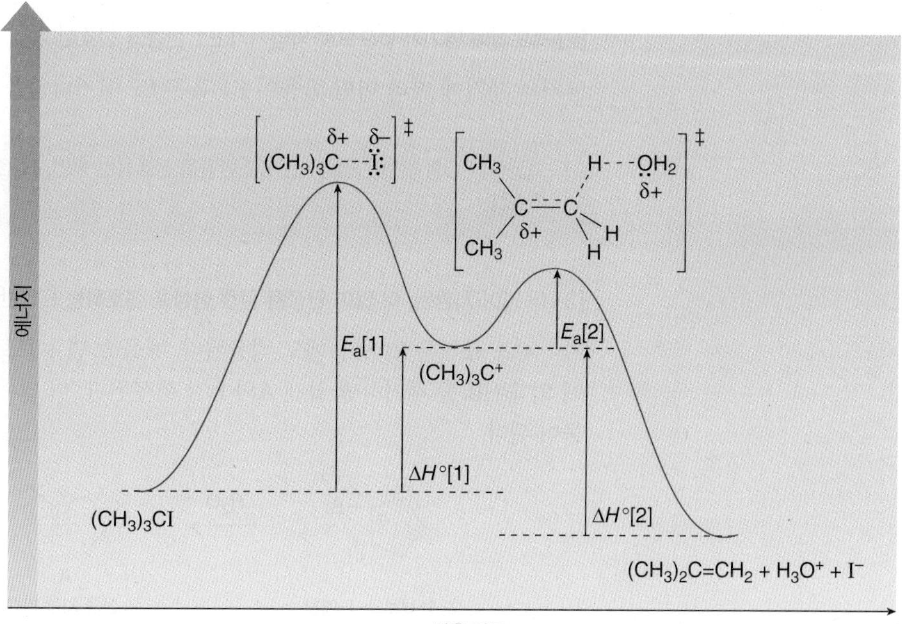

- E1 반응은 두 단계 과정이므로 두 개의 에너지 장벽이 있다.
- 단계 [1]이 속도 결정 단계이다.

문제 8.13 다음 반응의 E1 반응 메커니즘을 그려라. 각 단계의 전이 상태를 그려라.

$$\text{(CH}_3)_2\text{C(Cl)CH}_2\text{CH}_3 + CH_3OH \longrightarrow (CH_3)_2C{=}CHCH_3 + CH_3\overset{+}{O}H_2 + Cl^-$$

8.6C E1 반응의 다른 특성

E1 반응의 다른 세 가지 특징을 주목할 필요가 있다.

[1] 이탈기가 있는 탄소에 R기의 수가 증가할수록 E1 반응의 속도는 증가한다.

알킬 치환기의 수를 증가시키면 E1, E2 반응 모두 속도에 같은 영향을 준다; RCH_2X (1°) < R_2CHX (2°) < R_3CX (3°).

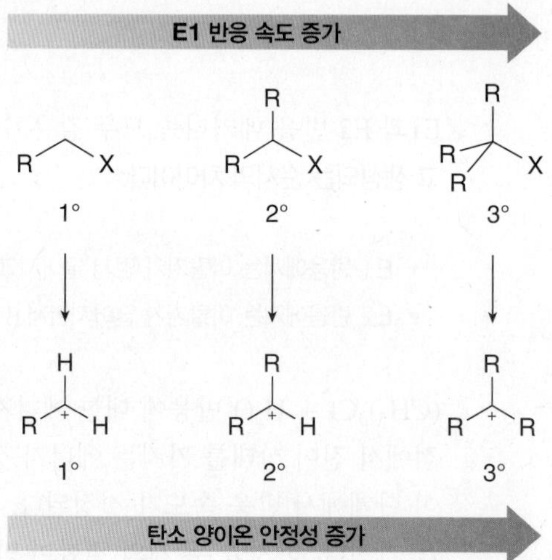

S_N1 반응처럼 더 많이 치환된 할로젠화 알킬은 속도 결정 단계에서 더 많이 치환된(더 안정한) 탄소 양이온을 만든다. 탄소 양이온의 안정성이 증가되면, 결국 느린 단계에 대한 E_a를 낮추어 주게 되어 하몬드(Hammond) 가설에 따라 E1 반응의 속도를 증가시킨다.

[2] 속도식에 염기가 없으므로 약염기가 E1 반응을 선호한다.

염기의 세기에 따라 어떤 반응이 E1 혹은 E2 메커니즘을 따를 것인지가 결정된다.

- ^-OH와 ^-OR과 같은 강염기는 E2 반응을 선호하는 반면, H_2O나 ROH와 같은 더 약염기는 E1 반응을 선호한다.

[3] 더 많이 치환된, 더 많이 안정된 알켄 형성을 선호하는 E1 반응은 위치 선택적 반응이다.

자이체프 규칙은 E1 반응에도 적용된다. 예를 들면 1-브로모-1-메틸사이클로펜테인에서 E1 반응에 의해 HBr을 제거하면 알켄 **A**와 **B**가 생성된다. 더 많이 치환된 이중 결합을 가진 **A**가 주 생성물이 된다.

1-브로모-1-메틸-메틸사이클로펜테인 $\xrightarrow{H_2O}$ **A** (삼중 치환 알켄, **주 생성물**) + **B** (이중 치환 알켄, **부 생성물**)

표 8.3에 E1 반응의 특성을 요약하였다.

표 8.3
E1 메커니즘의 특성

특성	결과
속도론	• 1차
메커니즘	• 두 단계
R의 특성	• 많이 치환된 할로젠화 알킬이 가장 빠름 • 속도: $R_3CHX > R_2CHX > RCH_2X$
염기	• H_2O과 ROH와 같은 더 약염기에 의해 선호됨
이탈기	• 이탈기와 탄소의 결합이 속도 결정 단계에서 부분적으로 끊어지기 때문에 더 좋은 이탈기일수록 반응은 빨라짐
용매	• 이온성 중간체를 용매화시킬 수 있는 극성 양성자성 용매가 필요함

문제 8.14 E1 반응에 의해 각 할로젠화 알킬에서 생성되는 알켄은 무엇인가? 자이체프 규칙을 이용하여 주 생성물을 예측하라.

a. Cl b. I

문제 8.15 다음 변화가 E1 반응 속도에 어떤 영향을 미치는가?

a. [RX]를 2배로 한다.

b. [B:]를 2배로 한다.

c. 할로젠화 알킬을 $(CH_3)_3CBr$에서 $CH_3CH_2CH_2Br$로 바꿔준다.

d. 이탈기 Cl^-를 Br^-로 바꿔준다.

e. 용매를 DMSO에서 CH_3OH로 바꿔준다.

8.7 S_N1과 E1 반응

S_N1과 E1 반응에서 탄소 양이온이 형성되는 첫 단계는 정확하게 동일하다. 두 반응은 탄소 양이온에 무엇이 일어나는가가 서로 다르다.

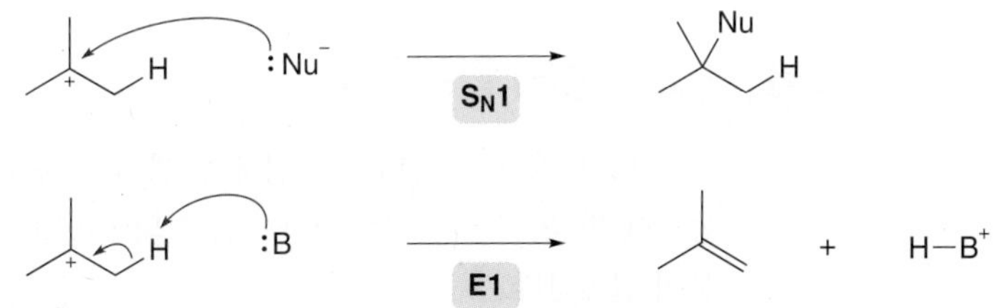

- S_N1 반응에서 친핵체는 탄소 양이온을 공격하여 치환 생성물을 만든다.
- E1 반응에서 염기가 양성자를 제거하여 새로운 π 결합을 만든다.

S_N1 메커니즘에 의한 치환을 선호하는 동일한 조건에서 E1 메커니즘도 제거 반응을 선호한다. 기질로서 3° 할로젠화 알킬, 시약으로서 약한 친핵체 혹은 염기 및 극성 양성자성 용매를 사용하면, 예제 8.2에서 설명한 것처럼 두 반응에서 모두 같은 반응 혼합물에서 일어나고, 생성물이 혼합물로서 얻어진다.

예제 8.2 $(CH_3)_3CBr$과 H_2O가 반응하여 생성되는 S_N1과 E1 생성물을 쓰라.

풀이

두 반응에서 첫 단계는 C−Br 결합이 불균일 분해되어 탄소 양이온을 형성하는 것이다.

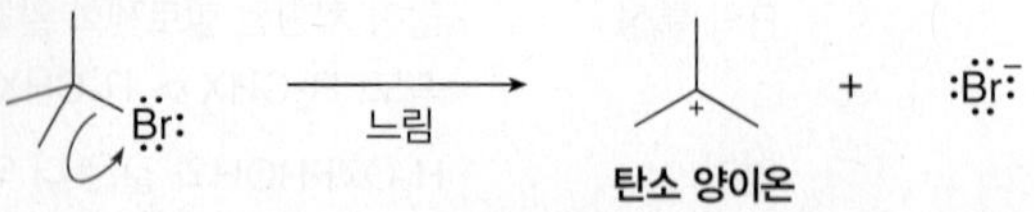

느림

탄소 양이온

탄소 양이온이 친핵체 H_2O와 반응하여 치환 생성물을 만든다(반응 [1]). 또는, H_2O가 염기로 작용하여, 양성자를 제거하여 제거 생성물을 만든다(반응 [2]). **두 개의 생성물이 만들어진다.**

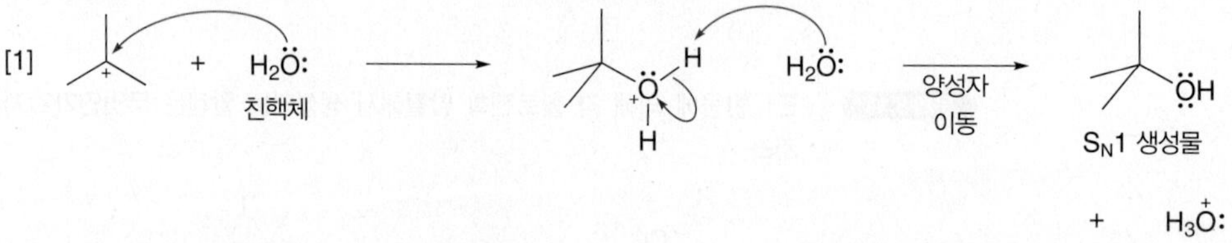

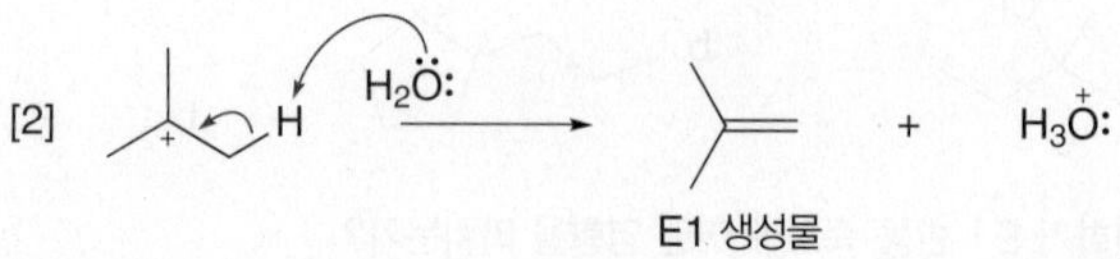

[1] 친핵체 양성자 이동 S_N1 생성물 + $H_3\overset{+}{O}$:

[2] E1 생성물 + $H_3\overset{+}{O}$:

E1 반응은 흔히 경쟁하는 S_N1 반응과 함께 일어나기 때문에 할로젠화 알킬의 E1 반응은 E2 반응보다 덜 유용하다.

문제 8.16 각 반응의 S_N1과 E1 생성물을 그려라.

a. 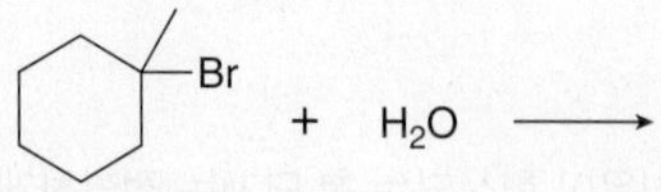 + H_2O ⟶ b. 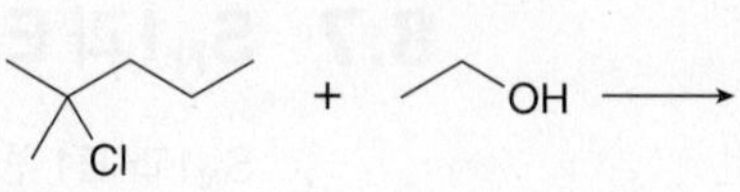 + OH ⟶

8.8 E2 반응의 입체화학

비록 E2 반응이 정사면체의 입체 발생 중심을 가진 생성물을 생성하지는 않지만, 전이 상태는 동시에 반응하는 네 개의 원자로 구성되어 있고, 특별한 입체화학적 배열이 이루어졌을 때만 반응이 일어난다.

8.8A 입체화학의 일반 특성

E2 반응의 전이 상태는 할로젠화 알킬로부터의 수소 원자 하나, 두 개의 탄소 원자 및 이탈기 X를 포함하는 네 개의 원자들로 구성된다. 이들 네 개의 원자는 한 평면에 배열된다. C−H 결합과 C−X 결합이 동일 평면에 놓일 수 있는 방법에 두 가지가 있다.

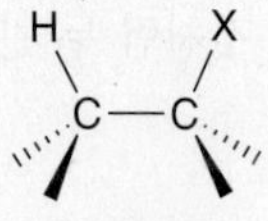

신 준평면 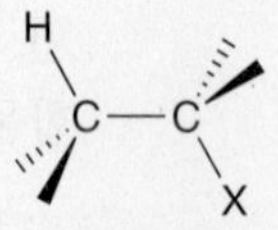 안티 준평면

그림 8.7
E2 반응의 두 가지 가능한 기하 구조

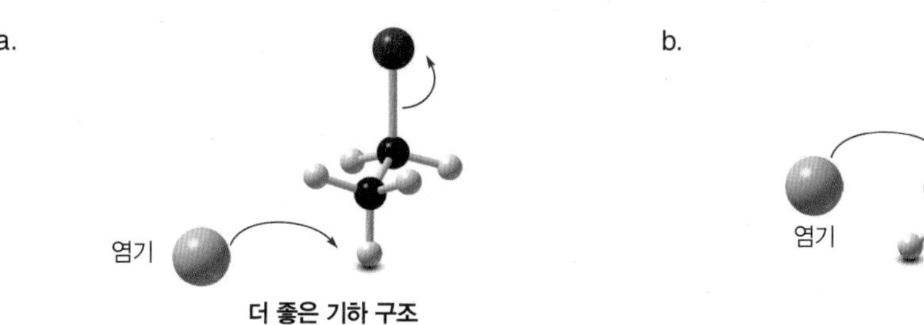

a.
- **안티 준평면 배열**은 엇갈린 형태이다.
- 전자가 풍부한 두 기는 멀리 떨어져 있다.

b.
- **신 준평면**은 가려진 형태이다.
- 전자가 풍부한 두 기가 가까이 있다.

C–H와 C–X 결합의 이면각(dihedral angle)이 0°이면 신 준평면이고, 180°이면 안티 준평면이다.

- H 및 X 원자가 분자의 같은 쪽에 배열될 수 있다. 이 기하 구조를 신 준평면(syn periplanar)이라 부른다.
- H 및 X 원자가 분자의 반대쪽에 배열될 수 있다. 이 기하 구조를 안티 준평면(anti periplanar)이라 부른다.

모든 증거에 의하면 **E2 반응은 안티 준평면 기하 구조에서 가장 흔하게 일어난다.** 이 배열에서는 분자가 에너지가 더 낮은 엇갈린(staggered) 형태에서 반응한다. 그림 8.7에 나타낸 것처럼 이런 배열이 되면 전자가 풍부한 두 화학종(들어오는 염기와 떠나는 이탈기)이 서로 멀리 떨어져 있게 된다.

할로젠화 알킬에서 E2 제거 반응이 일어나는 경우, 안티 준평면 기하 구조가 고리 또는 비고리 구조이든 관계없이 **선호되는 배열이다.** 이 입체화학적 요구 조건은 육원자 고리를 가지는 화합물에 중요한 결과를 가져오게 된다.

문제 8.17 E2 반응이 안티 준평면 기하 구조로 일어난다고 가정하여 각 제거 반응의 생성물을 그려라. (a)와 (b)의 할로젠화 알킬은 부분입체이성질체이다. 반응의 생성물들은 어떤 관계에 있는가? 3.2A절에서 언급하였듯이, C_6H_5–는 페닐기이며 다른 기에 결합된 벤젠고리를 나타낸다는 것을 기억하라.

a. H, CH_3, C_6H_5 / C_6H_5, H, Br —C—C— $\xrightarrow{^-OCH_2CH_3}$

b. H, C_6H_5, CH_3 / C_6H_5, H, Br —C—C— $\xrightarrow{^-OCH_2CH_3}$

8.8B 안티 준평면 기하구조와 할로젠화 사이클로헥세인

4.13절에서 사이클로헥세인은 빠르게 서로 변환되는 두 개의 의자 형태로 존재하고, 치환된 사이클로헥세인은 치환기가 공간이 넓은 수평 방향에 있을 때 더 안정하다는 것을 배웠다. 클로로사이클로헥세인은 두 개의 의자 형태로 존재하지만 Cl이 수평 방향에 있기 때문에 **X**가 선호된다.

H, Cl 수평 방향 ⇌ H, Cl 수직 방향

더 안정 **X**   덜 안정 **Y**

클로로사이클로헥세인

E2 제거 반응에서 C-Cl 결합은 β 탄소에 있는 C-H 결합과 안티 준평면이어야 한다. 이것은 H와 Cl 원

그림 8.8
클로로사이클로헥세인의 E2 제거에서 트랜스 이수직 방향 기하 구조

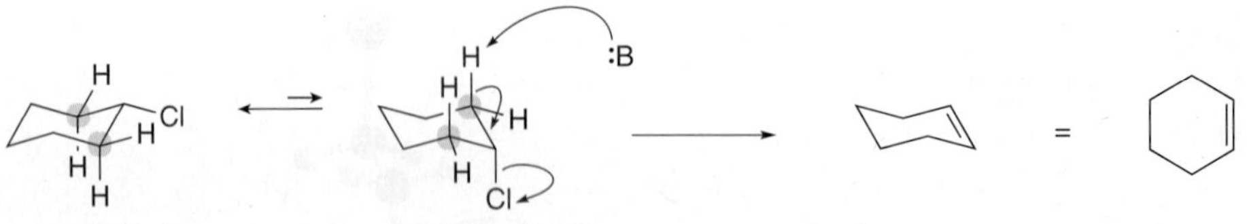

이 형태에서는 반응이 일어나지 않음

이 형태는 반응함

- 형태 **X**(**수평 방향** Cl기)에서 β C–H 결합과 C–Cl 결합은 절대로 안티 준평면이 되지 않는다. 따라서 E2 제거가 일어날 수 없다. β 탄소는 청색으로 강조하였다.
- 형태 **Y**(**수직 방향** Cl기)에서 β C–H 결합과 C–Cl 결합은 **트랜스 이수직 방향**이다. 따라서 E2 제거가 일어난다. 반응이 일어나는 β 탄소 위의 수직 방향 H는 적색으로 강조하였다.

자가 모두 수직 방향에 위치할 때만 가능하다. 이와 같은 트랜스 이수직 방향 기하 구조가 필요한 조건이며 이것은 E2 제거가 그림 8.8에 나타낸 것처럼 덜 안정한 형태 **Y**에서 일어나야 한다는 것이다. 때때로 이런 엄격한 입체화학적 요구 조건 때문에 치환된 사이클로헥세인의 E2 반응의 위치 선택성이 영향을 받는다. E2 메커니즘으로 일어나는 시스-와 트랜스-1-클로로-2-메틸사이클로헥세인의 할로젠화수소 이탈 반응으로부터 이런 현상을 설명할 수 있다.

시스-1-클로로-2-메틸-사이클로헥세인

트랜스-1-클로로-2-메틸-사이클로헥세인

시스 이성질체는 두 가지 형태(**A**와 **B**)로 존재한다. 각각 하나의 기는 수평 방향, 그리고 하나는 수직 방향에 있다. E2 반응은 Cl 원자가 수직 방향인 형태 **B**에서 일어난다.

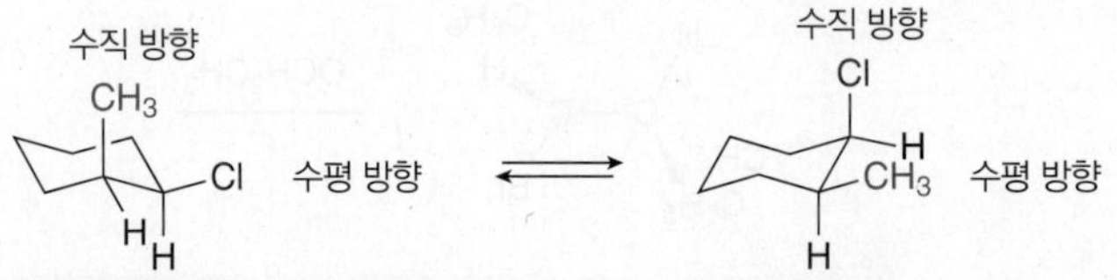

시스 이성질체
A

시스 이성질체
B
이 형태가 반응한다.

형태 **B**는 두 개의 다른 β 수소 원자(H_a와 H_b로 표시)를 가지고 있기 때문에 E2 반응은 두 가지 다른 방향으로 진행되어 두 개의 알켄을 생성한다. 자이체프 규칙에서 예측한 것처럼 주 생성물은 더 안정한 삼중 치환 이중 결합을 가진다.

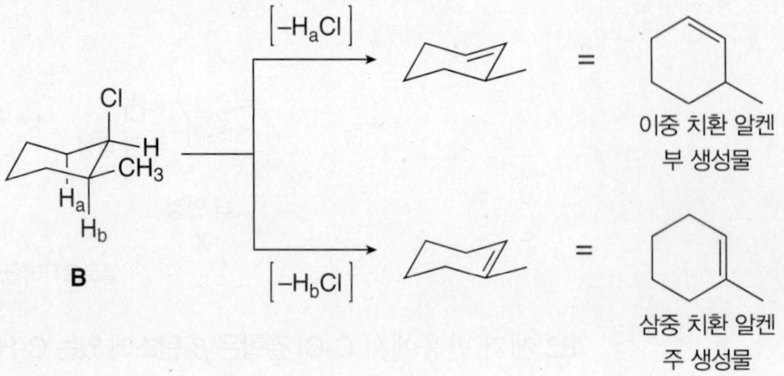

이중 치환 알켄
부 생성물

삼중 치환 알켄
주 생성물

트랜스 이성질체는 두 가지 형태로 존재한다. **C**는 수평 방향 치환기 두 개를 가지고 있고, **D**는 수직 방향 치환기 두 개를 가지고 있다. E2 반응은 수직 방향 Cl 원자를 가지는 형태 **D**에서 일어나야 한다.

H, Cl 수평 방향, CH_3 수평 방향, H

트랜스 이성질체
C

수직 방향 CH_3, H, H, Cl 수직 방향

트랜스 이성질체
D
이 형태가 반응한다.

형태 **D**에는 **수직 방향 β 수소**가 오직 하나이므로 E2 반응이 한 방향으로만 일어나게 되어 이중 치환 이중 결합을 가진 **오직 한 가지 생성물**이 얻어진다. 이것은 자이체프 규칙으로 예측되지 않는다. E2 반응에 대한 필요조건은 H와 Cl이 트랜스와 이수직 방향에 위치하는 것이며, 트랜스 이성질체인 경우 이 조건은 덜 안정한 알켄이 생성물로 만들어질 때만 가능하다.

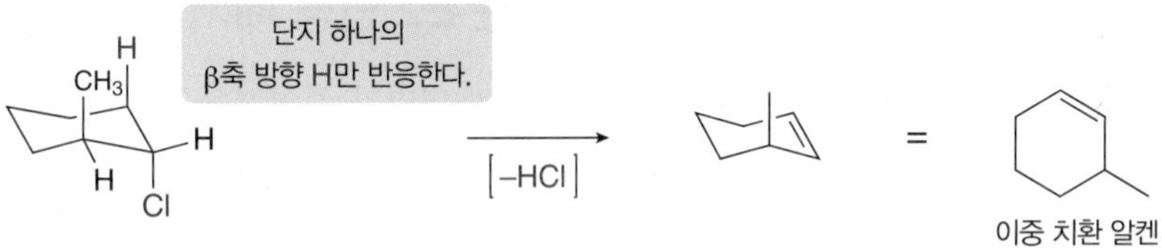

단지 하나의
β축 방향 H만 반응한다.

[−HCl]

이중 치환 알켄
유일한 생성물

- 결론적으로, 치환된 사이클로헥세인의 E2 제거 반응은 H와 X가 트랜스 이수직 방향 배열일 때 일어나야 한다. 이와 같은 필요조건 때문에 더 많이 치환된 알켄이 항상 주 생성물이 되지는 않는다.

예제 8.3 다음 할로젠화 알킬의 E2 제거 반응의 주 생성물을 그려라.

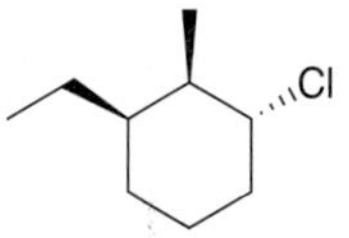

풀이

제거 생성물을 그리기 위해서는 β 탄소에 위치한 H 원자가 이탈기와 트랜스되어야 한다. 주어진 염화 알킬은 $β_1$과 $β_2$로 표기된 두 개의 다른 β 탄소를 가지고 있다. 제거 반응은 이탈기 Cl과 β 탄소에 있는 H 원자가 서로 트랜스일 때에만 일어난다.

H와 Cl은 트랜스

−HCl
E2 제거 반응이 일어남

유일한 생성물은
이중 치환 알켄

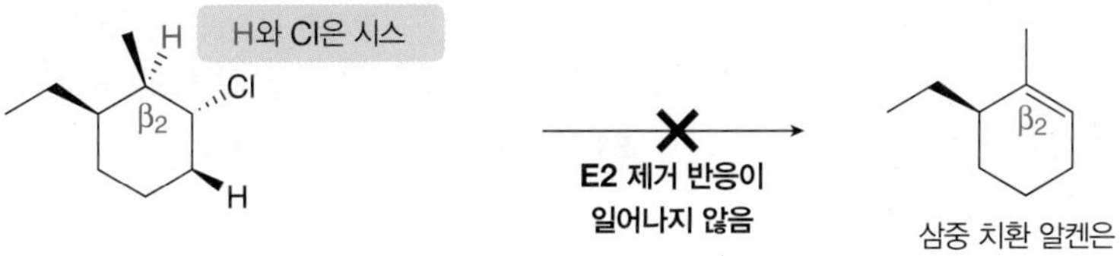

H와 Cl은 시스

E2 제거 반응이 일어나지 않음

삼중 치환 알켄은
생성되지 **않는다**

β_1 C가 Cl에 대해 트랜스 위치의 H를 가지므로 E2 제거 반응이 일어나서 이중 치환 알켄이 생성된다. β_2 C에 있는 H는 트랜스 위치가 아니므로 이 방향에서는 E2 제거 반응이 일어날 수 없고, 더 안정한 삼중 치환 알켄은 형성되지 않는다. 자이체프 규칙에 의한 예측이 결과와 다르지만, E2 제거 반응이 일어나기 위해 H와 X 원자가 서로 트랜스 위치에 있어야만 필요조건과 일치한다.

문제 8.18 다음 각각의 할로젠화 알킬에 대하여 E2 제거 반응의 주 생성물의 구조를 그려라.

a. 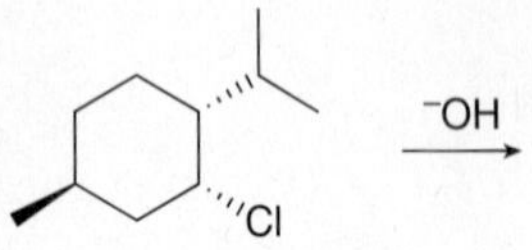 Cl ($^-$OH →)　　b. 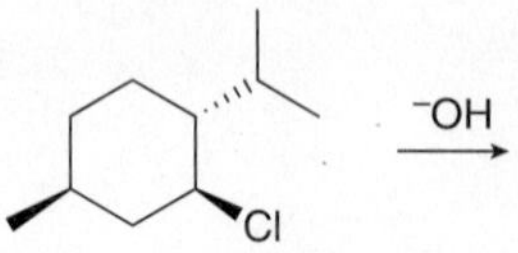 Cl ($^-$OH →)

문제 8.19 시스-1-클로로-2-메틸사이클로헥세인은 E2 반응이 트랜스 이성질체보다 훨씬 빠르게 진행된다. 그 이유를 설명하라.

8.9 어느 때 E1 또는 E2 반응 메커니즘이 일어나는가?

어떤 특정한 출발물과 염기가 주어졌을 때 반응이 E1 혹은 E2 메커니즘으로 일어날지 어떻게 알 수 있는가?

이탈기가 있는 탄소에 결합된 R기의 수가 증가하면 E1과 E2 반응 모두 속도가 증가하기 때문에 할로젠화 알킬의 특성을 이용하여 어느 제거 메커니즘이 일어날지 결정할 수 없다.

- 염기의 세기가 제거 반응 메커니즘을 결정하는 데 가장 중요한 요소가 된다. 강염기는 E2 메커니즘을 선호한다. 약염기는 E1 메커니즘을 선호한다.

표 8.4에서 E1과 E2 메커니즘을 비교하였다.

문제 8.20 각 반응에서 어느 메커니즘(E1 혹은 E2)이 일어나는가?

a. 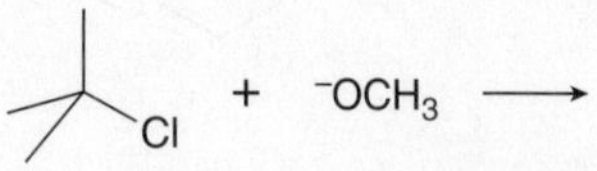 Cl + $^-OCH_3$ →

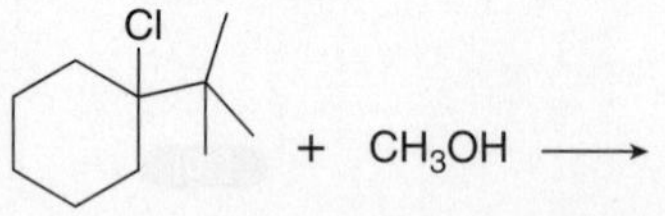

b. 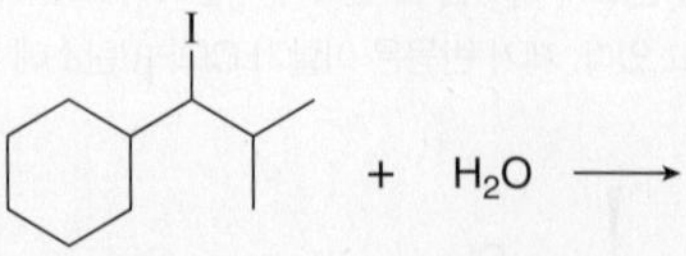 I + H_2O →

c. Cl + CH_3OH →

d. 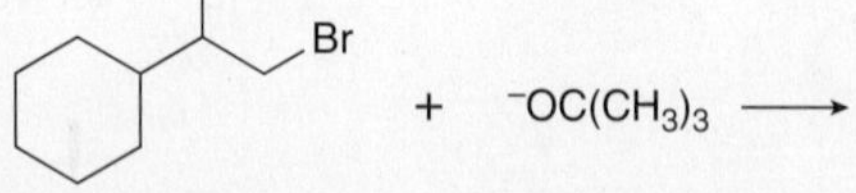 Br + $^-OC(CH_3)_3$ →

표 8.4
E1과 E2 메커니즘의 비교

메커니즘	설명
E2 메커니즘	• 훨씬 더 일반적이고 유용하다. • 강하고 음전하를 띤 염기(특히 $^-$OH와 $^-$OR)에 의해 선호된다. • 1°, 2°, 3° 할로젠화 알킬에서 일어난다. 반응성 순서: $R_3CX > R_2CHX > RCH_2X$
E1 메커니즘	• 대체로 S_N1과 E1 생성물이 혼합물로 만들어지기 때문에 유용성이 훨씬 떨어진다. • H_2O와 ROH 같은 약하고 중성인 염기에 의해 선호된다. • 1° RX는 매우 불안정한 1° 탄소 양이온을 생성하기 때문에 1° RX에서는 일어나지 않는다.

8.10 E2 반응과 알카인 합성

알카인의 탄소–탄소 삼중 결합은 한 개의 σ 결합과 두 개의 π 결합으로 구성된다는 1.10C절의 내용을 기억하라.

제거 반응이 한 번 일어나면 알켄의 π 결합이 만들어진다. 두 번의 연속적인 제거 반응은 알카인의 두 개의 π 결합을 생성한다.

C=C
알켄
한 개의 π 결합
한 번의 제거 반응이 필요하다.

—C≡C—
알카인
두 개의 π 결합
두 번의 제거 반응이 필요하다.

- 알카인은 두 개의 연속되는 할로젠화수소 이탈 반응으로 제조할 수 있다.

이할로젠화물 기질에서 HX가 2몰 제거되기 위해서는 두 번의 제거 반응이 필요하다. 두 가지의 출발물이 쓰일 수 있다.

이웃자리 이할로젠화물 　 같은자리 이할로젠화물

같은자리라는 단어는 쌍둥이를 뜻하는 라틴어 geminus라는 단어에서 유래되었다.

- **이웃자리(vicinal) 이할로젠화물**은 두 개의 X 원자가 이웃하는 탄소에 있다.
- **같은자리(geminal) 이할로젠화물**은 두 개의 X 원자가 같은 탄소에 있다.

식 [1]과 [2]에서 어떻게 2몰의 HX가 이할로젠화물에서 염기에 의해 제거되는가를 나타내었다. 강염기 2당량이 사용되었고 각 단계는 E2 메커니즘을 따른다.

[1] 이웃자리 이할로젠화물 $\xrightarrow[-HX]{E2}$ 할로젠화 바이닐 $\xrightarrow[-HX]{E2}$ R—≡—R

[2] 같은자리 이할로젠화물 $\xrightarrow[-HX]{E2}$ 할로젠화 바이닐 $\xrightarrow[-HX]{E2}$ R—≡—R

할로젠화수소 이탈 반응을 이용하여 알카인을 합성할 때는 알켄을 합성할 때보다 더 강한 염기가 필요하다. 전형적인 염기는 아마이드화 이온(amide, $^{-}NH_2$)으로 소듐 염으로 사용한다(sodium amide, $NaNH_2$). $KOC(CH_3)_3$도 DMSO를 용매로 하여 사용된다. DMSO는 극성 비양성자성 용매이기 때문에 음이온 염기는 잘 용매화되지 않는다. 따라서 염기성을 증가시켜 HX 2당량을 제거하기에 충분한 세기가 되게 한다. 그림 8.9에 예를 나타내었다.

알카인(alkyne)의 합성에서는 강염기성 조건이 필요한데, 이는 중간체인 RCH=C(R)X와 같은

그림 8.9 이할로젠화물이 할로젠화 수소 이탈 반응으로 알카인이 되는 예

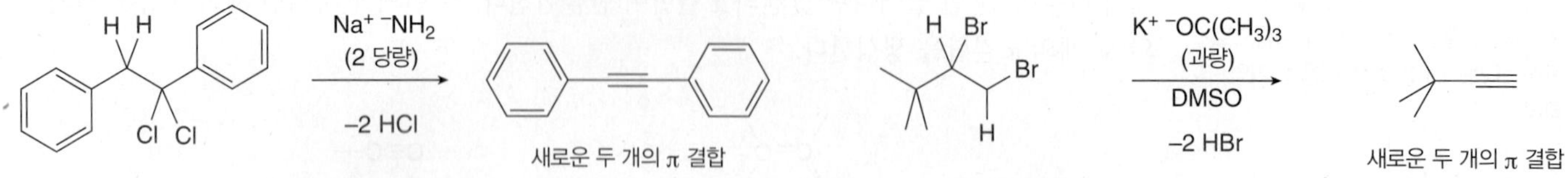

할로젠화 바이닐로부터 두 번째 당량의 HX의 제거가 어렵기 때문이다. H와 X는 둘 다 sp^2 혼성 탄소에 결합하고 있으므로, 이들 결합은 할로젠화 알킬의 sp^3 혼성 C−H 결합보다 짧고 강한 결합이기 때문에 더 센 염기가 필요하다.

문제 8.21 다음의 이할로젠화합물을 과량의 염기와 반응하였을 경우 생성되는 알카인을 그려라.

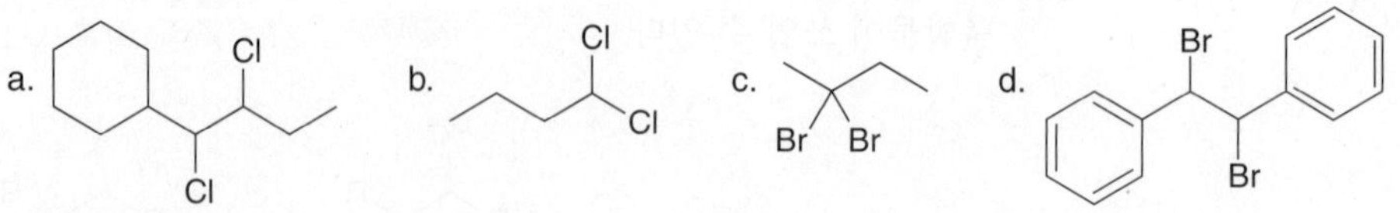

8.11 S_N1, S_N2, E1, E2 반응은 언제 일어나는가?

이제까지 한 가지 종류의 화합물(할로젠화 알킬)에서 시작되는 반응의 두 개의 다른 종류(치환과 제거 반응)와 네 개의 다른 메커니즘(S_N1, S_N2, E1 및 E2)을 취급하였다. 주어진 할로젠화 알킬이 어떤 염기 혹은 친핵체와 반응할 때 치환 혹은 제거 반응으로 갈 것인지 그리고 어떤 메커니즘으로 갈 것인지를 어떻게 알 수 있을까?

불행히도 쉽게 답할 수 없으며, 흔히 생성물은 혼합물로 얻어진다. 치환 또는 제거 반응인지를 결정하기 위해서는 일반적인 두 가지 방법이 있다.

[1] 약염기인 좋은 친핵체는 제거보다 치환 반응을 선호한다.

어떤 음이온은 좋은 친핵체이지만 약염기이기 때문에 항상 치환 생성물을 생성한다. 이러한 것에는 I^-, Br^-, HS^-, ^-CN, $CH_3CO_2^-$ 등이 있다.

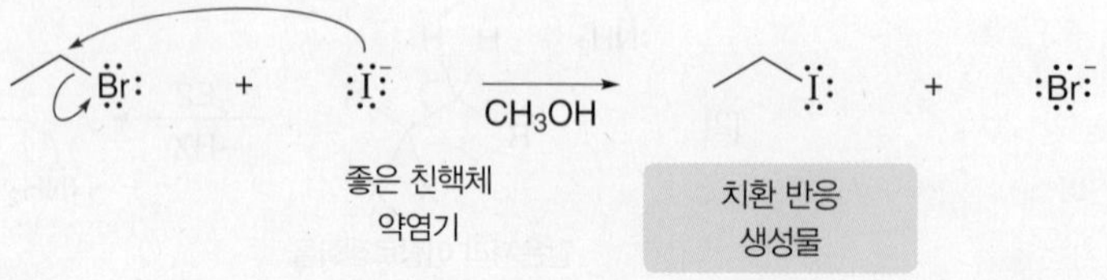

[2] 부피가 크고 친핵성이 없는 염기는 치환 반응보다 제거 반응을 선호한다.

$KOC(CH_3)_3$, DBU, DBN은 정사면체 탄소를 공격하기에는 입체적 장애가 너무 크다. 그러나 작은 양성자를 제거하는 능력은 있어서 치환 반응보다 제거 반응을 더 선호한다.

표 8.5
할로젠화 알킬과 S_N1, S_N2, E1, 및 E2 메커니즘의 요약

할로젠화 알킬의 종류	반응물	메커니즘
1° RCH_2X	강한 친핵체	S_N2
	부피가 큰 강한 염기	E2
2° R_2CHX	강한 염기와 친핵체	S_N2 및 E2
	강한 부피가 큰 염기	E2
	약한 염기 및 친핵체	S_N1 및 E1
3° R_2CHX	약한 염기 및 친핵체	S_N1 및 E1
	강한 염기	E2

H, Br, + K^+ $^-$:ÖC$(CH_3)_3$ ⟶ + HÖC$(CH_3)_3$ + KBr

세지만 친핵성이 없는 염기

제거 반응 생성물

하지만 대부분의 경우 이런 반응들의 결과를 예측하려면 다른 기준에 의존해야 할 것이다. 할로젠화 알킬의 어떤 반응의 생성물을 결정하기 위해서는,

[1] 알킬 할라이드를 1°, 2°, 또는 3°로 분류하라.
[2] 염기 혹은 친핵체를 강함, 약함, 부피의 크기에 따라 분류하라.

어떤 반응의 치환 혹은 제거 반응 생성물을 예측하기 위해서는 표 8.5에 요약한 바와 같이 할로젠화 알킬의 유형에 따라 정리할 수 있다. 표에 따르는 설명에서 2° 할로젠화 알킬을 가장 나중에 정리하는데, 이는 이들 2° 할로젠화 알킬은 네 가지의 메커니즘 어느 것을 따를 수도 있으며 흔히 생성물은 혼합물로 얻어지기 때문이다.

8.11A 삼차 할로젠화 알킬

삼차 할로젠화 알킬은 S_N2를 제외한 모든 메커니즘으로 반응한다.

- 강염기를 사용하면, 제거반응이 E2 메커니즘으로 일어난다.

Br + $^-$:ÖH ⟶

3° 강염기 **E2 생성물**

강염기 또는 친핵체는 S_N2 혹은 E2 메커니즘을 선호한다. 그러나, 3° 할라이드는 S_N2 반응이 일어나기에는 입체적으로 매우 가려져 있어서 E2 제거 반응만 일어난다.

- 약한 친핵체 혹은 염기는 S_N1과 E1 생성물의 혼합물을 생성한다.

Br + $H_2\ddot{O}$: ⟶ OH +

3° **약한 친핵체와 염기** **S_N1 생성물** **E1 생성물**

약한 염기 혹은 친핵체는 S_N1과 E1 메커니즘을 선호하며, 두 가지 반응이 모두 일어난다.

8.11B 일차 할로젠화 알킬

일차 할로젠화 알킬은 S_N1과 E2 메커니즘으로 일어난다.

- 강한 친핵체는 S_N2 메커니즘을 거쳐 치환 반응이 일어난다.

Br (1°) + :ÖH (강한 친핵체) → OH (S_N2 생성물)

강염기 또는 친핵체는 S_N2 또는 E2를 선호하지만, 1°할라이드는 제거 반응 시 반응성이 가장 낮은 할로겐화물이므로 S_N2 반응만 일어난다.

- 강하고 부피가 큰 염기의 제거 반응은 E2 메커니즘에 의해 일어난다.

Br (1°) + $K^{+}\ {}^{-}OC(CH_3)_3$ (강하고 부피가 큰 염기) → (E2 생성물)

강하고 부피가 큰 염기는 친핵체로 작용할 수 없으므로 제거 반응이 일어나며, 메커니즘은 E2이다.

8.11C 이차 할로젠화 알킬

이차 할로젠화 알킬은 모든 메커니즘에 의해 반응한다.

- 강한 염기와 친핵체와는 S_N2 및 E2 생성물의 혼합물이 얻어진다.

Br (2°) + :ÖH (강한 염기 및 친핵체) → OH (S_N2 생성물) + (E2 생성물)

강한 염기이며 또한 강한 친핵체는 S_N2와 E2 생성물의 혼합물을 생성한다.

- 강염기이며 부피가 큰 염기로는 E2 메커니즘에 의해 제거 반응이 일어난다.

Br (2°) + $K^{+}\ {}^{-}OC(CH_3)_3$ (강하고 부피가 큰 염기) → (E2 생성물)

강하고 부피가 큰 염기는 친핵체로 작용할 수 없으므로 제거 반응이 일어나며, 메카니즘은 E2이다.

- 약한 친핵체 혹은 염기와는 S_N1 및 E1 생성물이 얻어진다.

Br (2°) + $H_2\ddot{O}$: (약한 친핵체 및 염기) → OH (S_N1 생성물) + (E1 생성물)

약한 염기 혹은 친핵체는 S_N1 및 E1 메커니즘을 선호하며, 두 가지 반응이 다 일어난다.

예제 8.4~8.6은 표 8.5의 정보를 특정한 할로젠화 알킬에 어떻게 적용하는지를 보여준다.

예제 8.4 다음 반응의 생성물을 그려라.

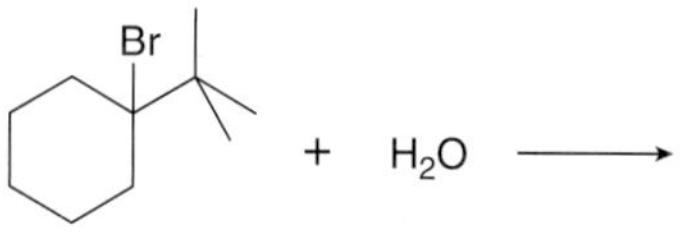

Br + H_2O ⟶

풀이

- 메커니즘을 결정하기 위해서 할로젠화 알킬을 1°, 2°, 또는 3°로 분류하고 시약을 강염기 혹은 약염기(그리고 친핵체)로 분류하라. 이 경우에서 할로젠화 알킬은 3°이고 시약(H_2O)은 약염기 및 친핵체이다. 따라서 $\mathbf{S_N1}$ 및 **E1** 메커니즘 생성물이 모두 생성된다.
- S_N1 생성물을 그리기 위해서는 이탈기(Br^-)를 친핵체(H_2O)로 대체하고 양성자가 소실되면 중성 생성물을 그린다.
- E1 생성물을 그리려면 α와 β 탄소에서 H와 Br 성분을 제거한다. H 원자가 있는 두 개의 동일한 β C 원자가 있으므로 하나의 제거 반응 생성물만 가능하다.

β Br α β + H_2O ⟶ OH +

S_N1 생성물 **E1 생성물**

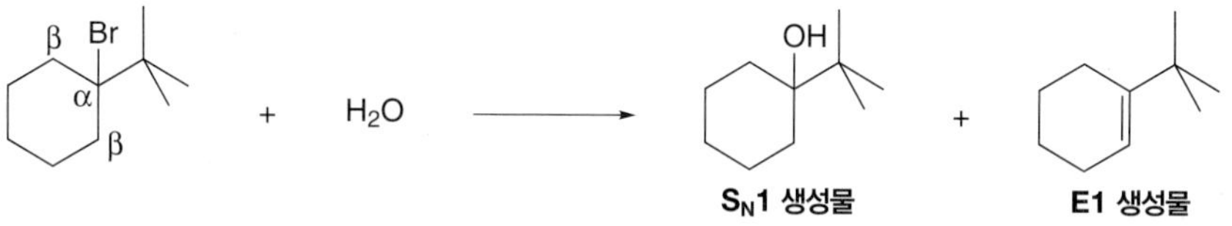

예제 8.5 다음 반응의 생성물을 그려라.

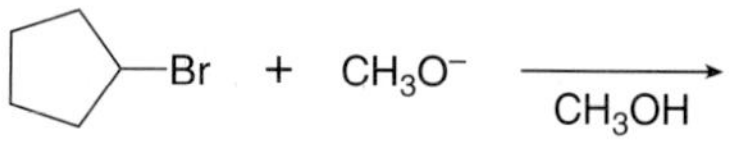

Br + CH_3O^- $\xrightarrow[CH_3OH]{}$

풀이

- 메커니즘을 결정하기 위해서 할로젠화 알킬을 1°, 2°, 또는 3°로 분류하고 시약을 강염기 혹은 약염기(그리고 친핵체)로 분류하라. 이 경우에서 할로젠화 알킬은 2°이고 시약(CH_3O^-)은 강염기 및 친핵체이다. 따라서 $\mathbf{S_N2}$ 및 **E2** 메커니즘 생성물이 모두 생성된다.
- S_N2 생성물을 그리기 위해 이탈기(Br^-)를 친핵체(CH_3O^-)로 대체한다.
- E2 생성물을 그리려면 α와 β 탄소에서 H와 Br 성분을 제거한다. H 원자가 있는 두 개의 동일한 β C 원자가 있으므로 하나의 제거 반응 생성물만 가능하다.

Br + $CH_3\ddot{O}^-$ ⟶ $\ddot{O}CH_3$
친핵체
S_N2 생성물

β α Br β H $CH_3\ddot{O}^-$ ⟶ α β
E2 생성물

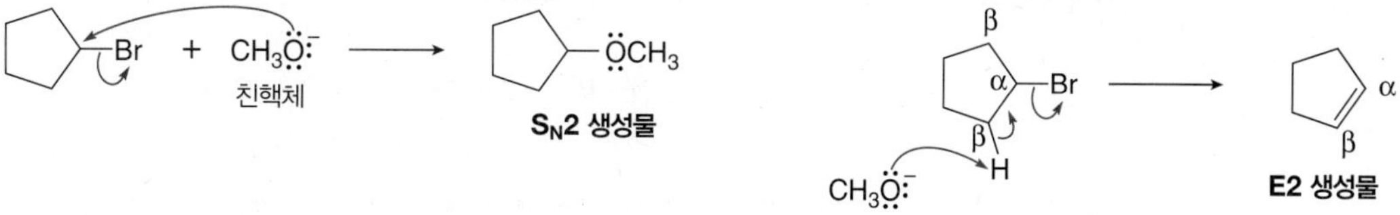

예제 8.6 다음 반응의 생성물을 그려라. 각 생성물이 생성되는 메커니즘을 그려라.

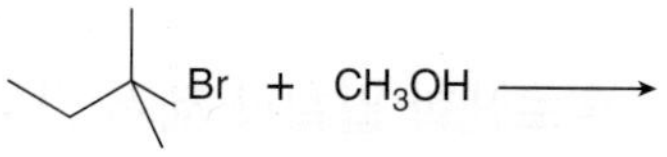

Br + CH_3OH ⟶

풀이

- 메커니즘을 결정하기 위해서 할로젠화 알킬을 1°, 2°, 또는 3°로 분류하고 시약을 강염기 혹은 약염기(그리고 친핵체)로 분류하라. 이 경우에 할로젠화 알킬은 3°이고 시약(CH_3OH)은 약염기 및 친핵체이다. 따라서 $\mathbf{S_N1}$ 및 **E1** 메커니즘 생성물이 모두 생성된다.
- 생성물을 주는 각 단계의 메커니즘을 그려라. 두 메커니즘은 탄소 양이온을 형성하기 위해 이탈기를 잃는 동일한 첫 단계로 시작한다.

탄소 양이온

- **S_N1:** 탄소 양이온이 친핵체와 반응한다. CH_3OH가 탄소 양이온을 친핵성 공격하면 양전하를 띠는 중간체가 형성된다. 양성자를 잃고 중성의 S_N1 생성물을 만든다.

친핵체 공격 / 양성자 전달 / **S_N1 생성물**

- **E1:** 탄소 양이온이 염기(CH_3OH 또는 Br^-)와 반응한다. 탄소 양이온이 두 개의 다른 β 탄소를 갖고 있기 때문에 두 가지의 제거 반응 생성물이 얻어진다.

E1 생성물

E1 생성물

이 문제에서 세 개의 생성물이 얻어졌다. 한 개는 S_N1 반응에서 생성되고 다른 두 개는 E1 반응에서 생성되었다.

문제 8.22 각 반응에서 생성물을 그려라.

a. $K^+\ ^-OC(CH_3)_3$

b. ^-OH

c. CH_3CH_2OH

d. $CH_3CH_2O^-$

문제 8.23 다음 반응의 단계별 메커니즘을 그려라.

CH_3OH + HBr

할로젠화 알킬과 제거 반응

친핵성 치환과 β 제거 반응의 비교

친핵성 치환 반응–친핵체가 탄소 원자를 공격한다(7.6).

치환 반응 생성물 / 좋은 이탈기

β **제거 반응**–염기가 양성자를 공격한다(8.1).

B: H X → 제거 반응 생성물 + H–B$^+$ + :X$^-$ 좋은 이탈기

비슷한 점	다른 점
두 반응에서 RX는 친전자체로 작용해서 전자가 풍부한 시약과 반응한다.	치환에서 친핵체가 하나의 탄소 원자를 공격한다.
두 반응 모두 C–X 결합에서 전자 밀도를 받아들이는 **좋은 이탈기 X:**–를 필요로 한다.	제거 반응에서 브뢴스테드–로우리 염기가 양성자를 제거하여 π 결합을 생성하고 두 탄소가 반응에 포함된다.

E2 반응과 E1 반응에서 염기의 중요성(8.9)

염기의 세기가 제거 반응의 메커니즘을 결정한다.

- 강염기는 E2 반응을 선호한다.
- 약염기는 E1 반응을 선호한다.

Br → $^-$:ÖH 강염기 → E2 생성물 + $H_2\ddot{O}$: + :Br:$^-$

Br → $H_2\ddot{O}$: 약염기 → E1 생성물 + $H_3\overset{+}{O}$: + :Br:$^-$

E1과 E2 메커니즘 비교

	E2 메커니즘	E1 메커니즘
메커니즘	한 단계(8.4B)	두 단계(8.6B)
할로젠화 알킬	속도: $R_3CX > R_2CHX > RCH_2X$(8.4C)	속도: $R_3CX > R_2CHX > RCH_2X$(8.6C)
속도식	속도 = k[RX][B:] 2차 속도론(8.4A)	속도 = k[RX] 1차 속도론(8.6A)
입체화학	H와 X의 안티 준평면 배열(8.8)	평면 삼각형 탄소 양이온 중간체(8.5B)
염기	강염기일 때 선호됨(8.4B)	약염기일 때 선호됨(8.6C)
이탈기	더 좋은 이탈기 → 더 빠른 반응(8.4B)	좋은 이탈기 → 더 빠른 반응(표 8.3)
용매	극성 비양성자성 용매일 때 선호(8.4B)	극성 양성자성 용매일 때 선호(표 8.3)
생성물	더 많이 치환된 알켄이 선호됨(자이체프 규칙, 8.5)	더 많이 치환된 알켄이 선호됨(자이체프 규칙, 8.6C)

네 개의 메커니즘에 대한 요약: S_N1, S_N2, E1, 혹은 E2

알킬 할라이드	조건		메커니즘
1° RCH_2X	강한 친핵체 강하고 부피가 큰 염기	→ →	S_N2 E2
2° R_2CHX	강염기, 센 친핵체 강하고 부피가 큰 염기 약염기, 약한 친핵체	→ → →	S_N2 + E2 E2 S_N1 + E1
3° R_3CX	약염기, 약한 친핵체 강염기	→ →	S_N1 + E1 E2

삼차원 모델을 이용하는 문제

8.24 공 및 막대 모형에서 보여준 알켄(**A~C**)들의 안정성이 증가하는 순서를 쓰라.

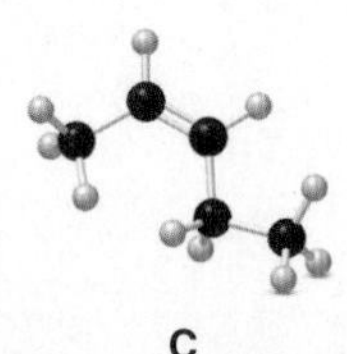

A B C

8.25 다음 각 화합물을 명명하고 어느 입체이성질체가 E2 제거 반응에서 빨리 반응하는가를 결정하라. 이유를 설명하라.

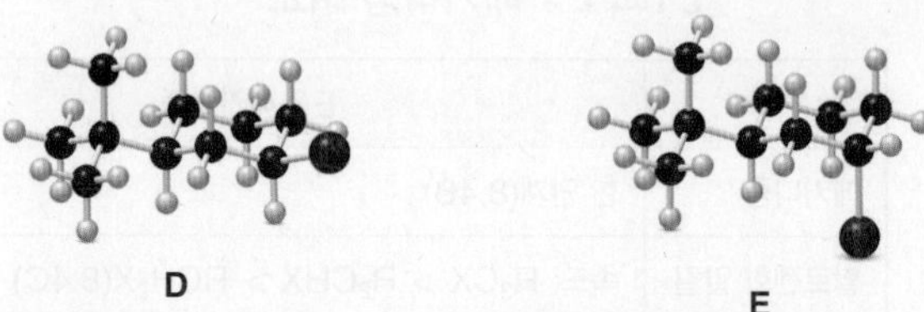

D E

8.26 다음 각 할로젠화 알킬로부터 형성되는 E2 제거 반응의 주 생성물은 무엇인가?

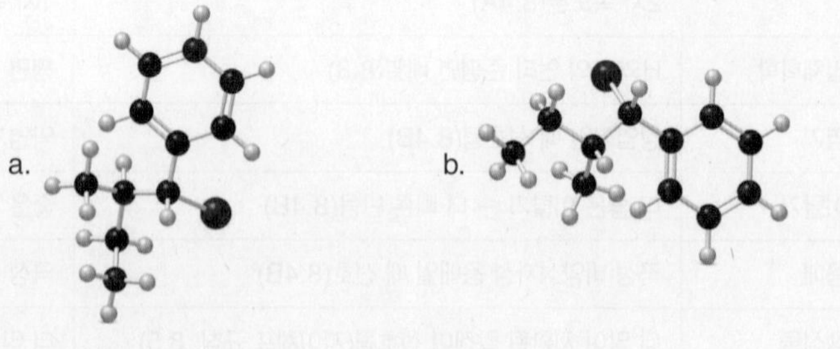

일반적인 제거 반응

8.27 각 할로젠화 알킬의 할로젠화수소 이탈 반응에서 생성되는 가능한 구조 이성질체를 모두 그려라.

a. Br b. Br c. Cl d. I

8.28 제거 반응이 일어나는 경우 다음 알켄이 유일한 생성물로 만들어지는 할로젠화 알킬은 무엇인가?

a. 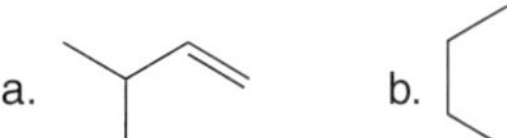 b. 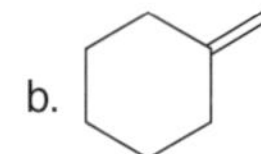 c. d.

알켄

8.29 다음 천연 화합물에서 어느 이중 결합에서 입체이성질체를 만들어 낼 수 있는 것은? 네롤리돌(Nerolidol)은 천사의 트럼펫(Angel's trumpet)이라는 식물에서 분리되고, 캐릴오필렌(caryophyllene)은 대마초에 존재하며, 휴물렌(humulene)은 호프에서 분리된다.

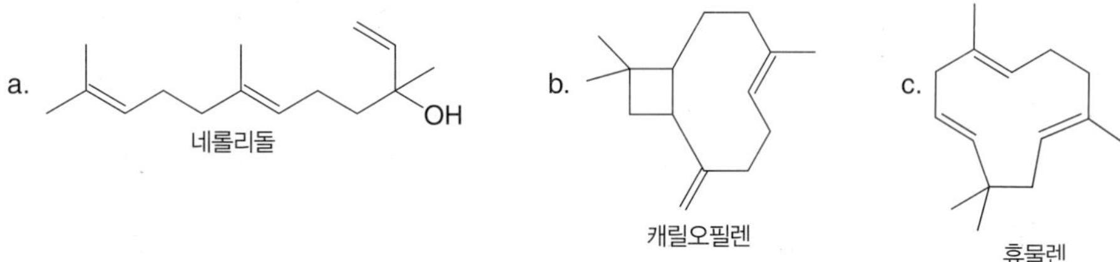

8.30 다음 각 쌍의 알켄을 구조 이성질체, 입체이성질체, 혹은 동일 화합물로 표시하라.

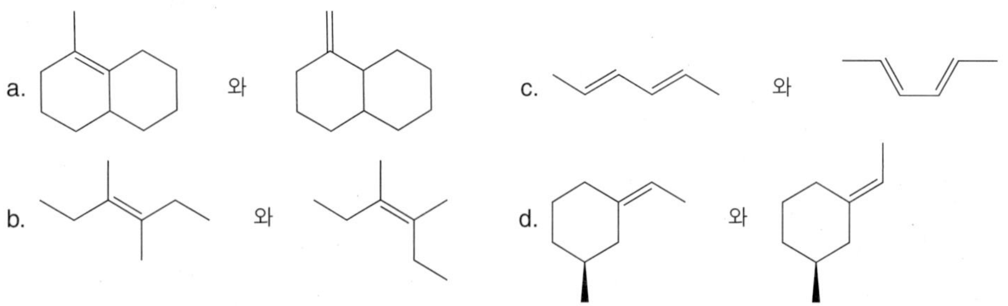

8.31 각 알켄을 안정성이 증가하는 순서로 나열하라.

A **B** **C**

8.32 일련의 비슷한 반응에서 얻은 $\Delta H°$ 값은 알켄의 상대적 안정성을 결정하는 데 사용되는 한 세트의 실험 자료이다. 다음 자료를 보고 뷰트-1-엔보다 시스-뷰트-2-엔이 더 안정하다는 것을 설명하라(12.3A절).

뷰트-1-엔 + H_2 ⟶ $\Delta H° = -127$ kJ/mol

시스-뷰트-2-엔 + H_2 ⟶ $\Delta H° = -120$ kJ/mol

E2 반응

8.33 각 E2 반응에서 생성되는 구조 이성질체를 모두 그려라. 그리고 자이체프 규칙을 이용하여 주 생성물을 예측하라.

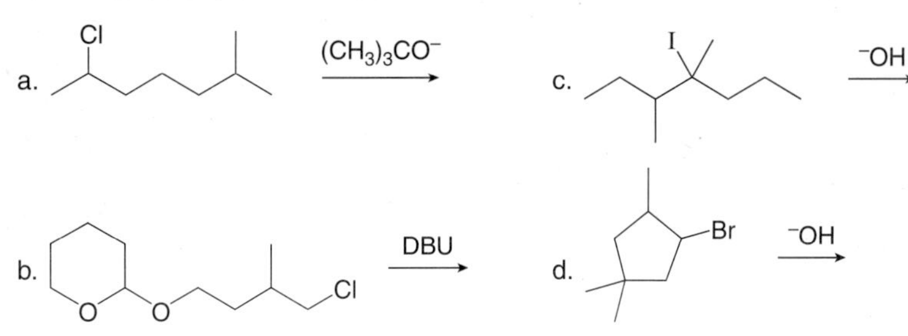

8.34 다음의 각 알켄에 대해서, 할로젠화수소 이탈 반응의 유일한 생성물로서 주어진 알켄을 생성하는 두 개의 다른 할로젠화 알킬은 무엇인가?

a. b. c.

8.35 다음 E2 반응에 대해 생각해보자.

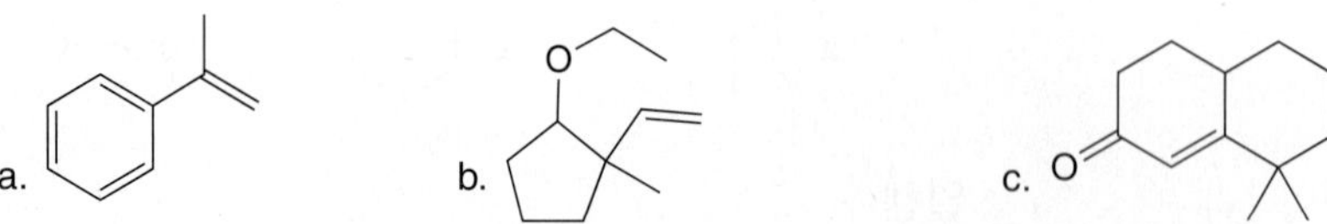

a. 반응의 부산물을 그려라. 그리고 굽은 화살표를 이용하여 전자의 이동을 표시하라.

b. 다음의 각 변화는 반응 속도에 어떠한 영향을 미치는가? [1] 용매를 DMF로 바꾼다; [2] $^-OC(CH_3)_3$의 농도를 감소시킨다; [3] 염기를 ^-OH로 바꾼다; [4] 할로젠화물을 $CH_3CH_2CH_2CH_2CH(Br)CH_3$로 바꾼다; [5] 이탈기를 I^-로 바꾼다.

8.36 1-클로로-1-메틸사이클로프로페인에서 할로젠화 수소 이탈 반응이 일어나면 두 개(**A** 및 **B**)의 알켄이 생성물로서 얻어진다. 화합물 **A**가 덜 치환된 이중 결합을 포함하고 있음에도 불구하고 주 생성물이 되는 이유를 설명하라.

Cl $\xrightarrow{K^+ \, ^-OC(CH_3)_3}$ **A** + **B**

1-클로로-1-메틸사이클로프로페인

8.37 각 할로젠화 알킬을 $KOC(CH_3)_3$과 반응할 경우 생성되는 주 입체이성질체는 무엇인가?

a. Br b. Cl

E1 반응

8.38 E1 반응에서 각 할로젠화 알킬로부터 생성되는 주 생성물은 무엇인가?

a. Cl b. Br c. Cl

E1과 E2

8.39 각각의 제거 반응에서 생성되는 모든 구조 이성질체를 그려라. 메커니즘을 E2 혹은 E1으로 표시하라.

a. Br $\xrightarrow{^-OCH_3}$

b. Br $\xrightarrow{CH_3OH}$

c. I $\xrightarrow{^-OC(CH_3)_3}$

d. Cl $\xrightarrow{H_2O}$

e. Cl $\xrightarrow{^-OH}$

f. Cl $\xrightarrow{^-OH}$

8.40 E2 반응성이 증가하는 순서로 할로젠화 알킬을 나열하라. 그리고 E1 반응성에 대해서도 나열하라.

Cl **A** Cl **B** Br **C**

8.41 각각의 경우에서 제거 반응이 더 빠르게 일어나는 시약 혹은 용매를 선택하라.

a. ^-OH와 1-클로로-1-메틸사이클로헥세인 혹은 1-클로로-3-메틸사이클로헥세인의 반응

b. H_2O와 $CH_3CH(Cl)CH_2CH_3$ 혹은 $(CH_3)_2C(Cl)CH_2CH_3$와의 반응

c. H_2O 혹은 DMSO에서 $(CH_3)_3CCl$과 ^-OH와의 반응

8.42 브로모사이클로데세인의 할로젠화 수소 이탈 반응에서 주생성물은 트랜스-사이클로데센이 아니라 시스-사이클로데센이 된다. 설명하라.

8.43 2-브로모뷰테인으로부터 HBr의 제거 반응은 뷰트-1-엔과 뷰트-2-엔의 혼합물이 얻어진다. 염기로서 에톡시화 소듐으로 처리하면 알켄 생성물의 81%가 뷰트-2-엔이지만, *tert*-뷰톡시화 포타슘과의 반응에서는 알켄 생성물의 67%만이 뷰트-2-엔이다. 이 두 반응의 차이를 설명하라.

입체화학과 E2 반응

8.44 각 할로젠화물로부터 주 E2 제거 반응 생성물은 무엇인가?

a. CH_3, C_6H_5, Br, H, CH_2CH_3, CH_3　b. Br, H, CH_3, C_6H_5, CH_3, CH_2CH_3　c. C_6H_5, CH_3, H, CH_3, Br, CH_2CH_3

8.45 안티 준평면 기하 구조를 고려하여 다음 각 출발물에서 E2 반응의 주 생성물을 예측하라.

a. Cl　b. Cl

8.46 시스- 혹은 트랜스-1-브로모-4-tert-사이클로헥세인에서 어떤 것이 E2 반응이 더 빠르게 일어나는가?

8.47 a. 2-클로로-3-메틸펜테인의 모든 입체이성질체의 삼차원 구조를 그려라. 거울상 이성질체의 쌍을 표시하라.

b. C2와 C3에서만 일어나는 할로젠화 수소 이탈 반응에서 각각의 할로젠화 알킬에서 생성되는 E2 생성물을 그려라. 몇 개의 서로 다른 생성물을 그릴 수 있는가?

c. 이 생성물들은 서로 어떤 관계인가?

8.48 화합물 **A**는 강염기를 사용했을 때 왜 E2 제거 반응이 일어나지 않는가?

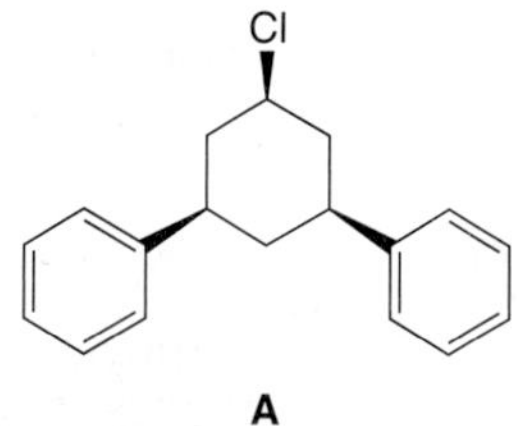

A

8.49 E2 제거 반응이 일어나는 조건에서 어떤 염화 알킬에서 다음의 알켄이 생성되겠는가?

알카인

8.50 각각의 이할로젠화물과 과량의 $NaNH_2$이 반응할 경우 생성물을 그려라.

a. Br　b. Br　c. Cl　d. I

8.51 다음 알카인을 합성할 수 있는 이할로젠화물을 그려라. 두 개 이상이 될 수도 있다.

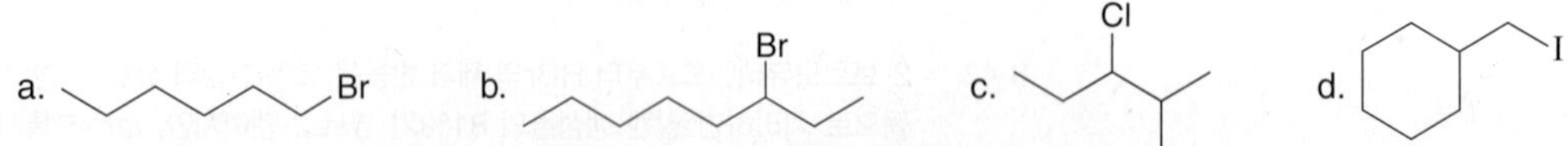

8.52 어떤 반응 조건에서 2,3-다이브로모뷰테인은 2당량의 염기와 반응하여 세 개의 생성물을 생성한다. 각 화합물은 두 개의 새로운 π 결합을 가지고 있다. 생성물 **A**는 두 개의 *sp* 혼성 탄소를 가지며, 화합물 **B**는 하나의 *sp* 혼성 탄소를 가지며, 생성물 **C**는 가지지 않는다. **A**, **B**, **C**의 구조는 무엇인가?

S_N1, S_N2, E1, 그리고 E2 메커니즘

8.53 다음 S_N1, S_N2, E1 또는 E2 반응 메커니즘에 대한 설명에서 맞는 것은 어느 것인가? 한 개 또는 그 이상의 메커니즘에 대해 맞는 설명일 수도 있다.

a. 탄소 양이온 중간체를 포함하는 메커니즘.
b. 두 단계를 가지는 메커니즘.
c. 좋은 이탈기를 가지면 반응 속도가 증가한다.
d. 용매가 CH_3OH에서 $(CH_3)_2SO$로 변화시켰을 때 반응 속도가 증가한다.
e. 반응 속도는 할로젠화 알킬만의 농도에만 의존한다.
f. 협동 메커니즘이다.
g. CH_3CH_2Br과 NaOH와의 반응은 이 메커니즘에 의해 일어난다.
h. 입체 발생 중심에서 라셈화가 일어난다.
i. 3차 할로젠화 알킬은 2차 또는 1차 할로젠화 알킬보다 빠르게 반응한다.
j. 반응은 2차 속도식을 따른다.

8.54 다음 각 반응에서 형성되는 유기 생성물을 그려라.

a. Br $\xrightarrow{^-OC(CH_3)_3}$
b. I $\xrightarrow{^-OCH_2CH_3}$
c. Cl Cl $\xrightarrow[(2당량)]{^-NH_2}$
d. Br $\xrightarrow{DBU}$
e. Br $\xrightarrow{^-OC(CH_3)_3}$
f. Br $\xrightarrow{CH_3CH_2OH}$
g. Br Br $\xrightarrow{2\ NaNH_2}$
h. Cl $\xrightarrow{H_2O}$

8.55 각 할로젠화 알킬에 다음 각 시약을 처리했을 때 형성되는 주 생성물은 무엇인가? 만일 주 생성물을 예측할 수 없다면, 혼합물에 들어 있는 생성물들을 확인하고 각 화합물이 형성된 메커니즘을 제시하라.

[1] $NaOCOCH_3$ [2] $NaOCH_3$ [3] $KOC(CH_3)_3$

a. Cl b. Cl c. Cl

8.56 다음의 각 반응에서 입체이성질체를 포함해 모든 생성물을 그려라.

a. Cl $\xrightarrow{^-OH}$
b. Cl $\xrightarrow{H_2O}$
c. Cl $\xrightarrow{CH_3OH}$
d. Br, D $\xrightarrow{KOH}$

8.57 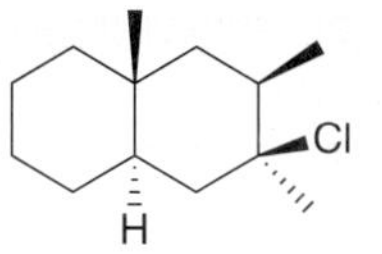 다음의 할로젠화 알킬과 각각의 시약으로부터 생성되는 모든 치환 및 제거 반응의 생성물을 그려라. 생성물에 존재하는 입체 발생 중심 주위의 입체화학 및 각 생성물이 만들어지는 메카니즘을 밝히시오.

(a) CH_3OH (b) KOH

8.58 아래 반응식에 그려진 생성물은 주 생성물이 아니다. 그 이유를 설명하고 실제로 얻어지는 주 생성물의 구조를 그려라.

a. 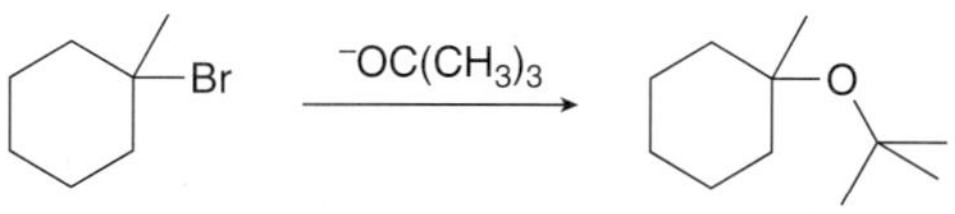 $^-OC(CH_3)_3$

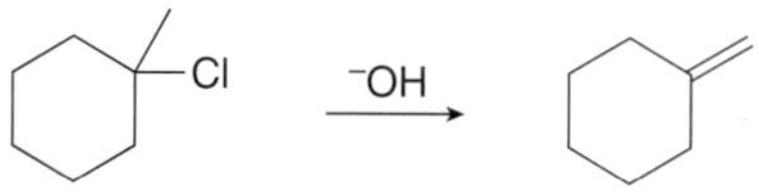

b. 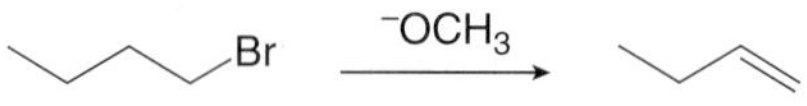 $^-OCH_3$

c. ^-OH

d. 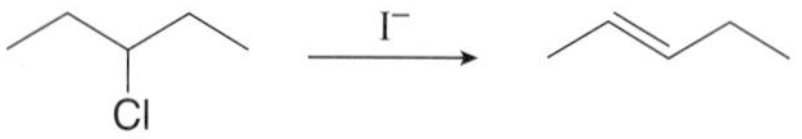 I^-

8.59 각 반응의 단계별 상세한 메커니즘을 그려라.

a. 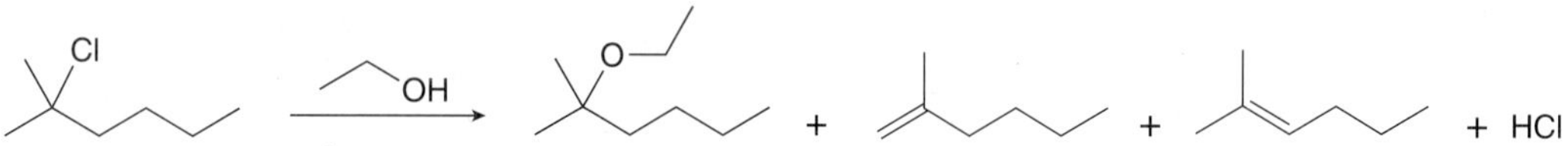 + + + HCl

b. 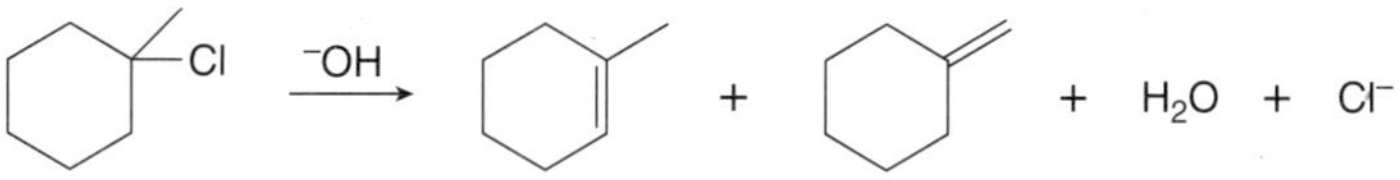 ^-OH + + H_2O + Cl^-

8.60 (*R*)-1-클로로-3-메틸펜테인에 다음 각 시약을 처리했을 때 주 생성물을 그려라.

a. $NaOCH_2CH_3$ b. KCN c. DBU

8.61 다음 반응에 대해 각 단계의 상세한 메커니즘을 쓰라.

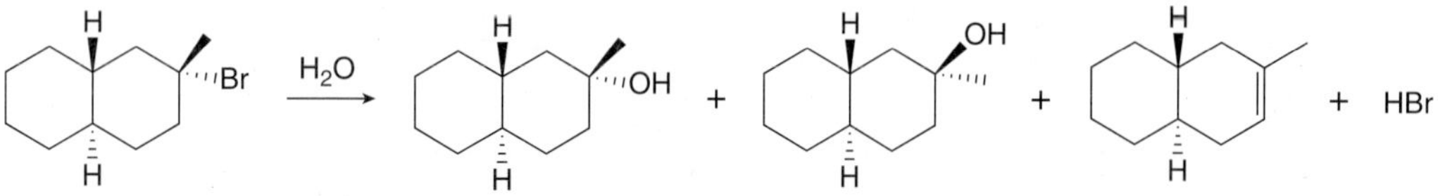

H_2O + + + HBr

8.62 2-브로모프로페인와 $NaOCOCH_3$의 반응에서는 생성물로서 $(CH_3)_2CHOCOCH_3$만을 생성하지만, 2-브로모프로페인과 $NaOCH_2CH_3$의 반응에서는 $(CH_3)_2CHOCH_2CH_3$(20%)와 $CH_3CH{=}CH_2$(80%)의 혼합물을 생성한다. 그 이유를 설명하라.

도전 문제

8.63 다음 반응에서 네 개의 유기 생성물이 어떻게 얻어지는지 각 단계의 상세한 메커니즘을 써서 설명하라.

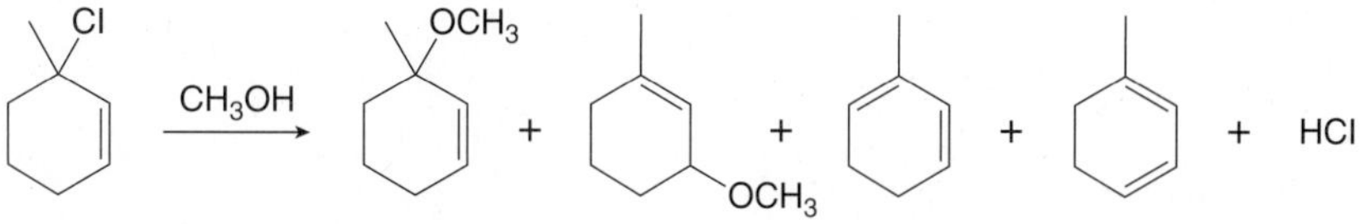

CH_3OH + + + + HCl

8.64 1,2,3,4,5,6-헥사클로로사이클로헥세인의 9개의 입체이성질체가 있지만 E2 제거 반응에서 하나의 입체이성질체는 다른 것들보다 7000배나 반응이 느리다. 이 이성질체의 구조를 그리고 그 이유를 설명하라.

8.65 다음 반응에서 생성물이 선택적으로 얻어지는 이유를 설명하라.

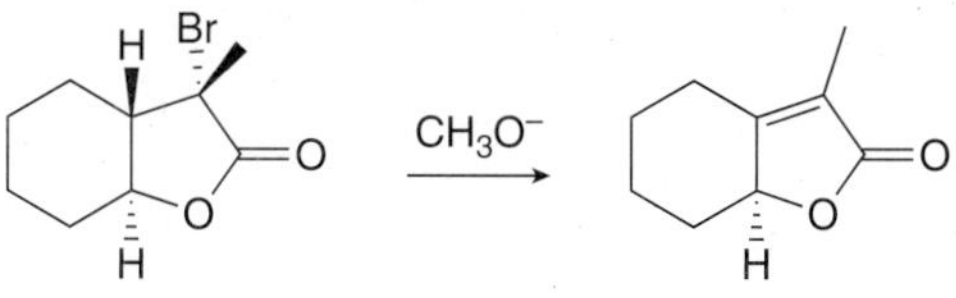

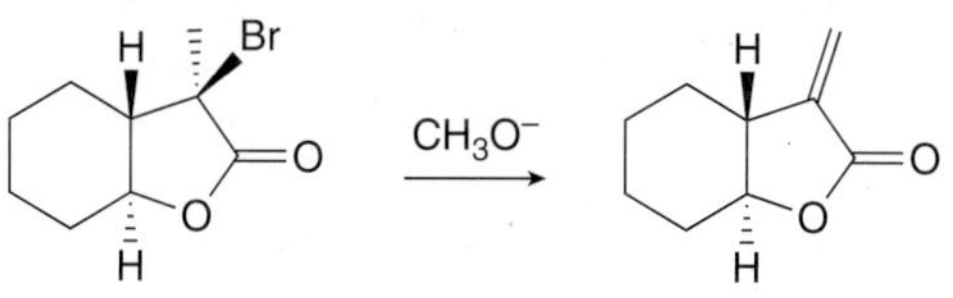

CH_3O^- CH_3O^-

8.66 다음 반응의 각 단계별 메커니즘을 그려라. 출발물과 생성물에서 4원자 고리를 β-락탐이라 부른다. 22장에 논의된 것처럼 이 작용기 때문에 페니실린과 그와 비슷한 여러 항생제들이 생물 활성을 띠게 된다(힌트: 이 메커니즘은 β 제거 반응으로 시작하며 단지 두 단계로 일어난다).

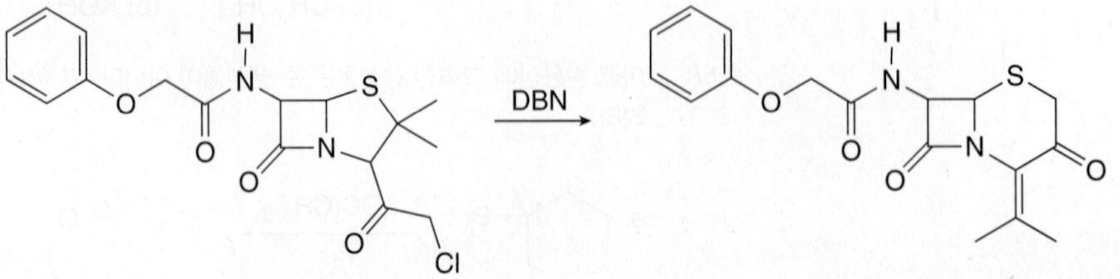

H N S O O O N O Cl —DBN→ H N S O O O N O

8.67 안티 준평면 기하 구조에서 할로젠화수소 이탈 반응이 일어나지만, 어떤 제거 반응은 신 준평면에서 일어날 수도 있다. 각 제거 반응의 출발물과 생성물을 살펴보고 제거 반응이 신 또는 안티 준평면에서 일어나는지 설명하라.

a. H D O Se —Δ→ D

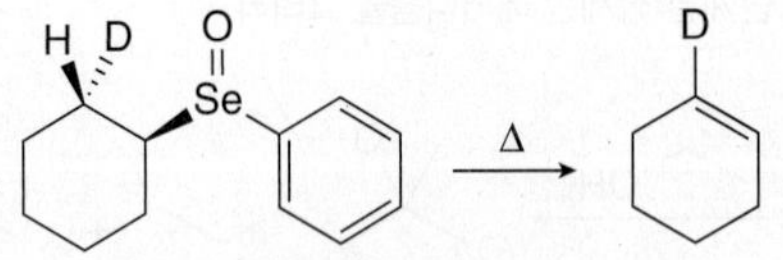

b. H Br H Br —Zn→

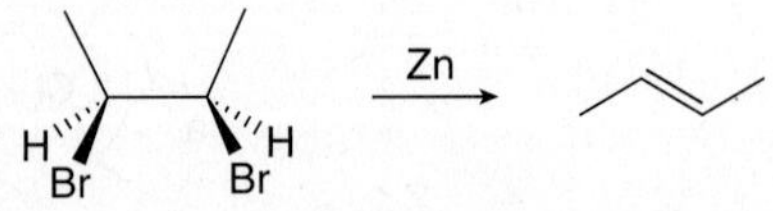

8.68 (a) 각 이브로민화물(**A**와 **B**)에 1당량의 $NaNH_2$를 처리했을 때 형성되는 모든 생성물을 그려라. (b) 부분입체이성질체 및 구조 이성질체의 쌍을 표시하라

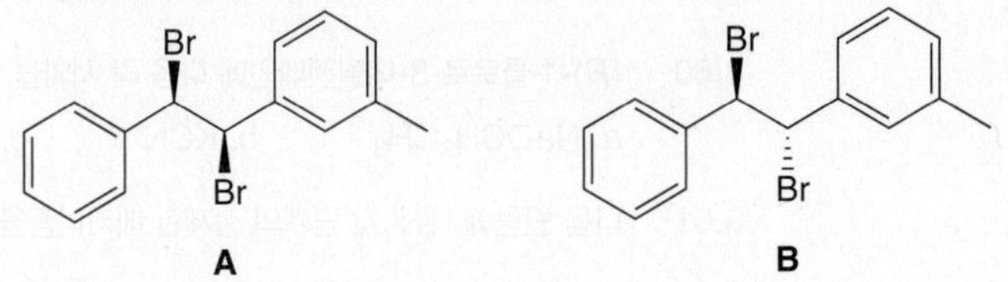

Br Br **A** Br Br **B**

Chapter

9 알코올, 에터 및 연관 화합물

Alcohols, Ethers, and Related Compounds

리날로올(linalool)은 다양한 향기가 나는 허브, 월계수, 감귤류에서 찾을 수 있는 10-탄소 알코올이다. *R* 거울상이성질체는 라벤더 오일의 두 가지 주성분 중 하나이며, *S* 거울상이성질체는 고수(coriander)와 달콤한 오렌지 꽃에서 발견된다. 쾌적한 냄새 때문에 리날로올은 상업적으로 냄새가 좋은 비누 및 로션에 사용되고, 벼룩과 바퀴벌레를 통제하기 위한 살충제의 일종으로도 사용된다. 9장에서는 리날로올과 같은 알코올과 그 밖에 산소 및 황을 갖는 작용기에 대해 학습한다.

9장에서는 이탈기, 친핵체 그리고 염기에 대하여 7장과 8장에서 배운 원리를 극성 C−O 결합을 가지는 세 개의 새로운 작용기인 알코올(alcohol), 에터(ether) 및 에폭사이드(epoxide)에 적용시킨다. 이 과정을 통하여 9장의 모든 반응들은 7장과 8장에서 소개된 네 개의 기본 메커니즘—S_N1, S_N2, E1 또는 E2—중의 하나를 따르며 새로 배워야 할 메커니즘은 없다는 것을 알게 될 것이다.

또한 이 장의 뒷부분에서 알코올과 에터의 황 유사물인 싸이올(RSH), 설파이드(R_2S)에 대해 각각 배우게 될 것이다. 이러한 작용기들은 특히 29장에서 논의되는 단백질과 생체 분자의 화학에서 중요한 역할을 한다.

9.1 서론

알코올, 에터 및 에폭사이드는 탄소−산소 σ 결합이 있는 세 개의 작용기이다.

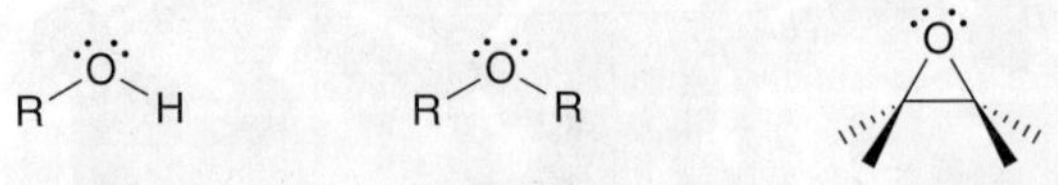

알코올 에터 에폭사이드

알코올에는 sp^3 혼성화 탄소 원자와 결합된 하이드록시기(hydroxy group, OH기)가 들어 있다. 알코올은 OH기가 있는 탄소에 결합된 탄소 원자의 수에 따라 1°(일차), 2°(이차), 3°(삼차) 알코올로 분류된다.

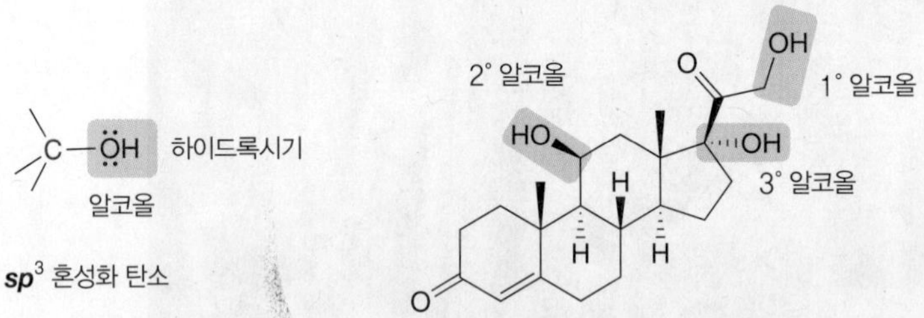

하이드록시기 알코올 sp^3 혼성화 탄소

2° 알코올 1° 알코올 3° 알코올

코르티솔
항염증 스테로이드

sp^2 혼성화 탄소 원자에 하이드록시기(OH기)가 있는 화합물—엔올(enol)과 페놀(phenol)—은 알코올과는 다른 반응을 나타내며, 각각 11장과 19장에서 다룰 것이다. 엔올은 C−C 이중 결합의 탄소에 OH기가 있다. 페놀은 벤젠 고리에 OH기가 있다.

엔올 페놀

- OH에 결합된 C는 sp^2 혼성이다.

에터는 한 산소 원자에 두 개의 알킬기가 결합한다. 만약 두 알킬기가 같다면 대칭 에터, 다르다면 비대칭 에터이다. 알코올과 에터는 각각 산소 원자에 결합된 하나 또는 두 개의 수소 원자가 알킬(R)기에 의하여 치환된 H_2O의 유기 유도체이다.

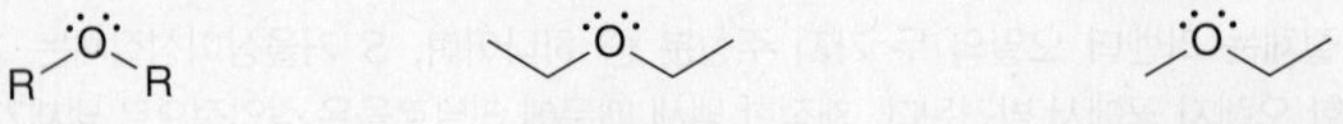

에터 대칭형 에터 R기는 같다. 비대칭형 에터 R기는 서로 다르다.

에폭사이드는 삼원자 고리에 산소 원자가 있는 에터이다. 에폭사이드는 옥시레인(oxirane)이라고도 부른다.

에폭사이드 또는 옥시레인

문제 9.1 천연 해양 생성물인 브레베날(brevenal)에서 에터와 알코올을 각각 표시하고, 각 알코올을 1°, 2°, 3°로 구분하라.

브레베날

브레베날은 적조기에 증식하는 단세포 유기체인 카레니아 브레비스(*Karenia brevis*)에서 생성되는 무독성 해양 폴리에터로 해조류를 적색, 갈색, 녹색으로 변화시켜 바다의 색을 거대하게 바꿔 놓는다.

9.2 구조와 결합

알코올, 에터 및 에폭사이드는 각각 두 개의 원자와 결합되어 있고, 두 개의 비결합 전자쌍으로 둘러싸인 산소 원자가 있어서 산소 원자는 **정사면체**이고 sp^3 혼성화이다. 산소 주위의 네 개의 기 중 두 개만이 원자이기 때문에 알코올과 에터는 H_2O와 같은 굽은 모양이다.

109° 111°

알코올 또는 에터의 산소 주위의 결합각은 정사면체 결합각인 109.5°와 비슷하다. 반면에 에폭사이드의 C−O−C 결합각은 정사면체 결합각을 상당히 벗어난 60°이어야 한다. 이 때문에 에폭사이드는 다른 에터보다 훨씬 큰 반응성을 제공하는 각 무리(angle strain)를 가진다.

60°

각 무리를 갖는 삼원자 고리

산소의 음성도는 탄소나 수소보다 훨씬 크므로 C−O와 O−H 결합에서는 모두 산소 원자는 전자가 풍부하고, 탄소와 수소는 전자가 부족한 극성 결합이다. 그림 9.1의 정전기 전위 그림은 세 개의 모든 작용기에서 극성 결합을 보여준다.

그림 9.1
간단한 알코올, 에터 그리고 에폭사이드의 정전기 전위 그림

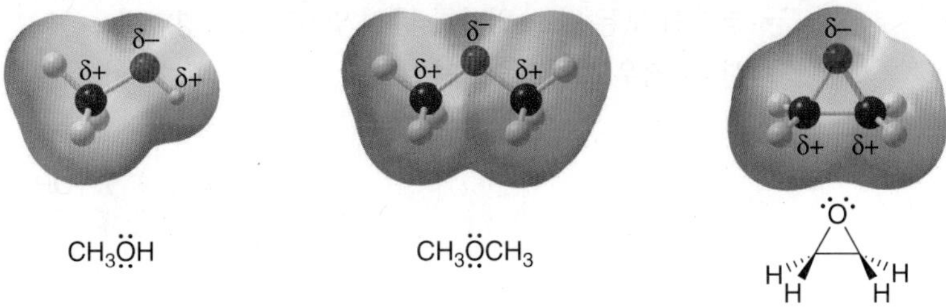

$CH_3\ddot{O}H$ $CH_3\ddot{O}CH_3$

• 산소 원자 주위의 전자가 풍부한 지역은 붉은색으로 나타내었다.

해결 방법 IUPAC 규칙에 따르는 알코올 명명법

예 IUPAC 명명법에 따라 다음 알코올의 이름을 쓰라.

OH

단계 [1] OH기를 포함하는 가장 긴 탄소 사슬을 찾는다.

OH

가장 긴 사슬에 여섯 개의 탄소

여섯 개의 C → 헥세인 → 헥산올

- 어미 알케인에 어미 **-e**를 -올(**-ol**)로 바꾼다.

단계 [2] OH기가 결합된 탄소가 작은 번호가 되도록 탄소에 번호를 붙이고 명명법의 다른 규칙을 적용한다.

a. 사슬에 **번호를 붙인다.**

OH

6 5 4 3 2 1

- OH기가 결합된 탄소는 4번이 아니라 3번으로 사슬에 번호를 붙인다.

헥산-3-올

b. 치환기의 **이름과 번호를 붙인다.**

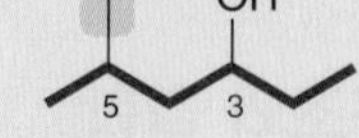

답:5-메틸헥산-3-올

9.3 명명법

IUPAC 명명법으로 알코올, 에터 또는 에폭사이드의 이름을 붙이기 위하여 치환기 또는 접미사로서 어미명에 추가되는 작용기의 명명법을 배워야 한다.

9.3A 알코올 명명법

- IUPAC 명명법에 따라 알코올은 접미사 -올(-ol)을 붙인다.

$CH_3CH_2CH_2CH_2OH$은 IUPAC의 1979년 권고에 의해 1-뷰탄올로 명명하다 1993년 권고에 따라 뷰탄-1-올로 명명한다.

OH기가 고리에 결합되어 있는 경우에 고리는 OH기가 붙어 있는 탄소부터 위치 번호를 시작한다. 작용기는 항상 C1에 위치하기 때문에 일반적으로 OH의 위치 번호 1은 생략한다. 고리 번호는 다음 치환기가 작은 번호를 가지도록 시계 방향 또는 시계 반대 방향으로 부여된다. 그림 9.2에 전형적인 예를 나타내었다.

간단한 알코올에 대하여 때때로 관용명이 사용된다. 관용명을 지정하기 위하여

- 분자의 모든 탄소 원자를 단일 알킬기로 명명한다.
- 한 칸 띄우고 알코올을 붙인다.

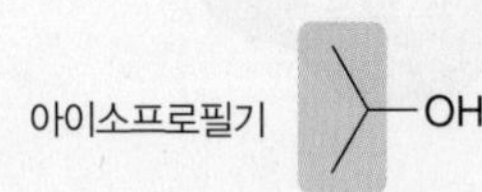

두 개의 하이드록시기를 가지는 화합물을 다이올(diol, IUPAC 명명법에 따라) 또는 글라이콜

그림 9.2
예: 고리형 알코올의 명명

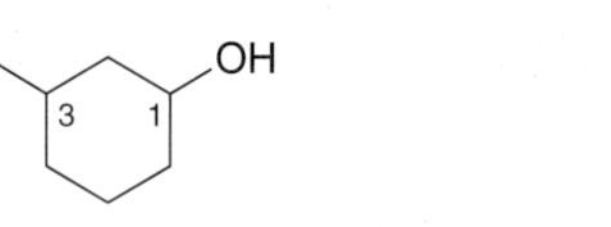

3-메틸사이클로헥산올

[OH기는 C1에 있다.
두 번째 치환기(CH_3)에 보다 작은 숫자를 부여한다.]

2,5,5-트라이메틸사이클로헥산올

[OH기는 C1에 있다.
두 번째 치환기(CH_3)에 보다 작은 숫자를 부여한다.]

(glycol)이라 부른다. 세 개의 하이드록시기가 있는 화합물은 트라이올(triol)이라 부른다. 예를 들어, 다이올은 어미 알케인의 이름에 접미사 -다이올(-diol)을 붙이고, OH기의 위치를 숫자를 접두사로 나타낸다.

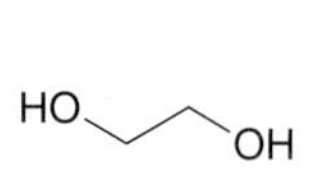

에틸렌 글라이콜
(1,2-에테인다이올)

글리세롤
(1,2,3-프로페인트라이올)

일반적으로 이와 같이 간단한 화합물에는 관용명이 사용된다.

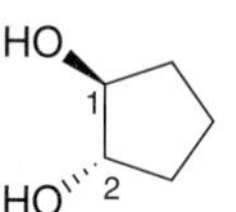

트랜스-1,2-사이클로펜테인-1,2-다이올

두 OH기의 위치 번호가 필요하다.

문제 9.2 각 화합물의 이름을 IUPAC 명명하라.

a. OH b. OH c. OH

문제 9.3 다음 화합물의 구조식을 쓰라.

a. 7,7-다이메틸옥탄-4-올
b. 5-메틸-4-프로필헵탄-3-올
c. 2-*tert*-뷰틸-3-메틸사이클로헥산올
d. 트랜스-사이클로헥세인-1,2-다이올

9.3B 에터 명명법

일반적으로 간단한 에터들은 관용명으로 부른다. 산소에 결합된 두 알킬기의 이름을 알파벳 순서에 따라 에터 앞에 놓인다. 대칭 에터는 접두사 다이-(di-)를 알킬기 앞에 쓴다.

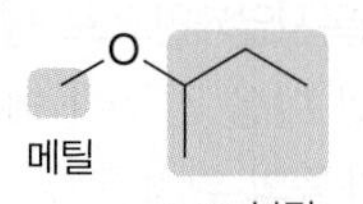

***sec*-뷰틸 메틸 에터**

[알파벳 순으로 메틸(methyl)보다
뷰틸(butyl)을 먼저 표기한다.]

O
에틸 에틸
다이에틸 에터

더 복잡한 에터는 IUPAC 명명법에 따라 이름을 짓는다. 한 알킬기는 탄화수소 사슬로 이름을 붙이고, 다른 알킬기는 사슬에 결합된 치환기로 이름을 짓는다.

- 알콕시기로서 간단한 알킬기 + 산소 원자의 이름은 알킬기의 -일(-yl)을 -옥시(-oxy)로 바꾼다.
- 탄소사슬에 결합된 치환기로서 알콕시기를 가진 알케인으로 알킬기를 명명한다.

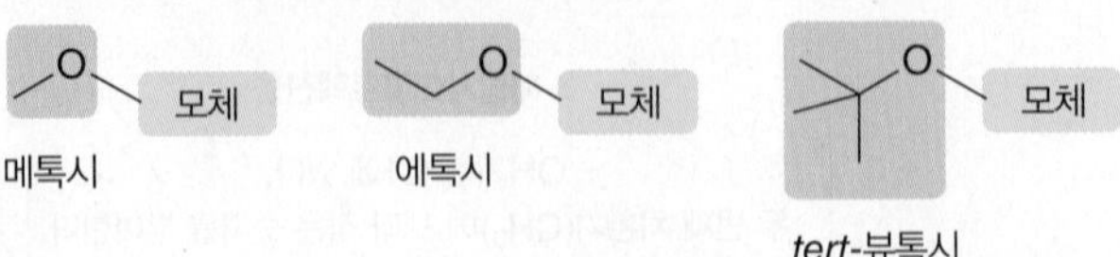

예제 9.1 다음 에터를 IUPAC 명명하라.

풀이

[1] 긴 사슬을 어미로 명명하고 짧은 사슬은 알콕시기로 명명한다.

[2] 명명을 완결하기 위하여 다른 명명법 규칙을 적용한다.

문제 9.4 다음 에터를 명명하라.

a.　　b.　　c.

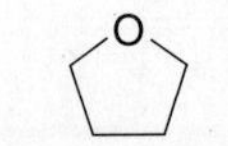

테트라하이드로퓨란
THF

헤테로 원자를 가지는 고리화합물을 헤테로고리 화합물(heterocycle)이라 부른다.

고리 에터는 고리에 산소 원자가 있다. 친핵성 치환(7.8C절)과 다른 많은 유기 반응에서 약한 극성 비양성자성 용매로 사용되는 테트라하이드로퓨란(THF)은 잘 알려진 고리 에터이다.

9.3C 에폭사이드 명명법

에폭사이드는 에폭시알케인(epoxyalkane), 옥시레인(oxirane) 또는 알켄 옥사이드(alkene oxide)와 같이 세 가지의 다른 방법으로 명명된다.

에폭사이드를 에폭시알케인으로 명명하기 위하여, 먼저 산소가 결합해 있는 알케인 사슬 또는 고리의 이름을 붙인 다음 접두사 에폭시(epoxy)를 사용하여 에폭사이드를 치환기로 나타낸다. 산소에 결합된 원자들의 위치를 두 개의 숫자로 표시한다.

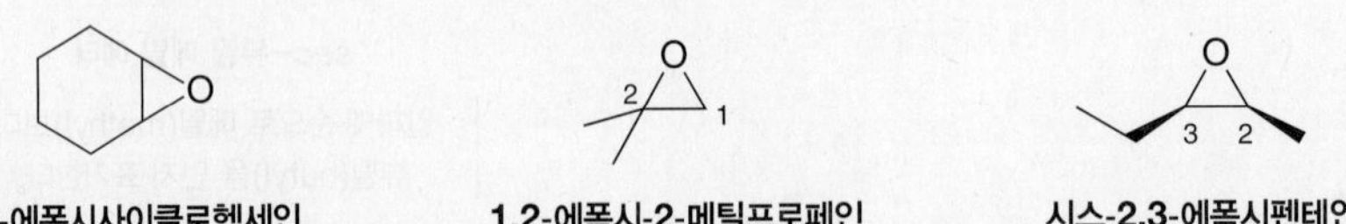

1,2-에폭시사이클로헥세인　**1,2-에폭시-2-메틸프로페인**　**시스-2,3-에폭시펜테인**

탄소 원자 사슬에 결합된 에폭사이드는 두 개의 탄소와 한 개의 산소로 고리를 이루는 가장 간단한 에폭사이드인 옥시레인 유도체로 불리기도 한다. 옥시레인 고리의 산소에 위치 번호 1을, 첫 번째 치환기에 위치 번호 2를 부여한다. 한 개의 치환기가 있는 옥시레인의 치환기에는 위치 번호를 부여하지 않는다.

옥시레인 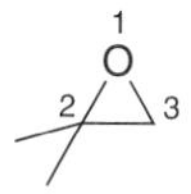 2,2-다이메틸옥시레인

에폭사이드는 때때로 알켄에 산소 원자를 첨가하여 제조되기 때문에(12장) **알켄 옥사이드**로 명명되기도 한다. 이 방법으로 에폭사이드를 명명하기 위하여, 마음속으로 에폭사이드 산소를 이중결합으로 바꿔 알켄(10.3절)을 명명하고 **옥사이드**(oxide)를 뒤에 붙인다. 예를 들어, 옥시레인의 관용명은 알켄 에틸렌으로부터 유도된 에폭사이드이기 때문에 에틸렌 옥사이드이다. 10장에서 알켄의 명명법을 상세히 다룬 후 에폭사이드의 명명법으로 이 방법을 사용할 것이다.

에틸렌 → **에틸렌 옥사이드** 옥시레인

문제 9.5 각 에폭사이드를 명명하라.

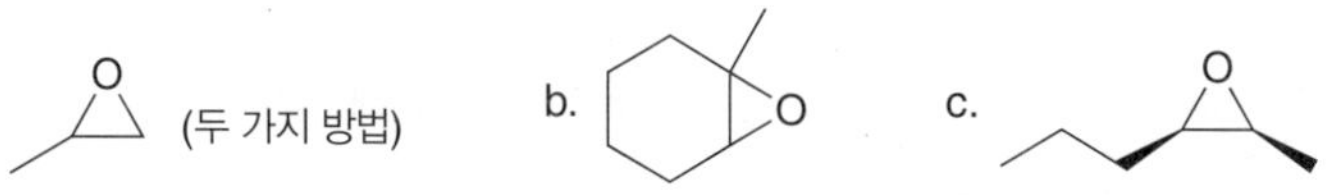

a. (두 가지 방법) b. c. (두 가지 방법)

9.4 물리적 성질

알코올, 에터, 에폭사이드는 극성 결합이 두 개인 굽은 구조이므로 쌍극자–쌍극자 상호작용을 보인다. **알코올은** 산소 원자에 수소 원자가 결합되어 에터와 에폭사이드보다 더 극성을 나타내며 **분자간 수소 결합을 할 수도 있다.**

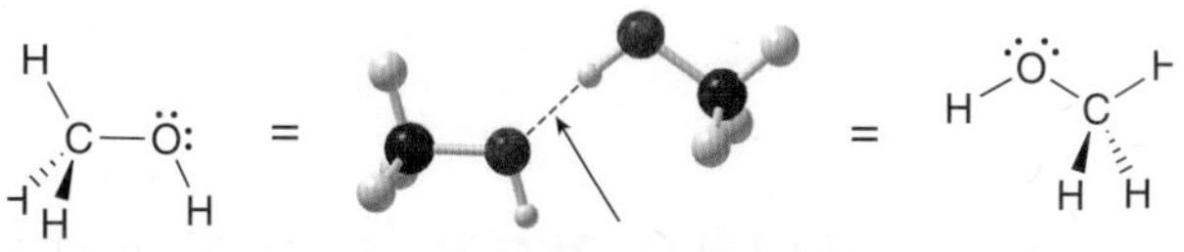

수소 결합

입체 인자는 수소 결합력에 영향을 미친다. 모든 알코올들은 수소 결합을 할 수 있지만 OH기가 있는 탄소에 결합된 R기의 수가 증가하면 수소 결합력은 감소한다. 따라서 1° 알코올이 가장 강하게 수소 결합을 하는 반면 3° 알코올은 가장 약한 수소 결합을 한다.

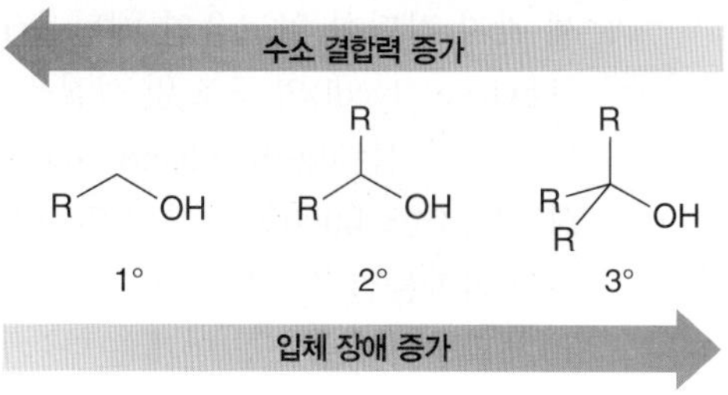

수소 결합력 증가

1° 2° 3°

입체 장애 증가

이러한 인자들이 알코올, 에터 및 에폭사이드의 물성에 어떤 영향을 미치는지를 표 9.1에 요약하였다.

표 9.1 알코올, 에터과 에폭사이드의 물리적 성질

성질	관찰
끓는점과 녹는점	• 비슷한 분자량의 화합물에 대해 분자간 힘이 **강할수록** 끓는점과 녹는점이 **더 높아**진다. 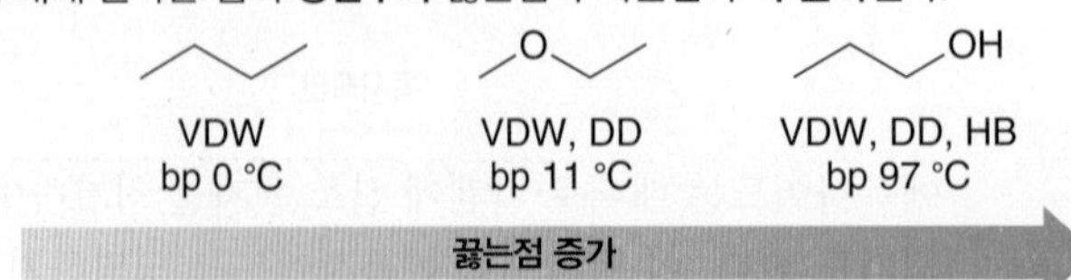 • 수소 결합력이 **증가**함에 따라 끓는점이 **증가**된다. 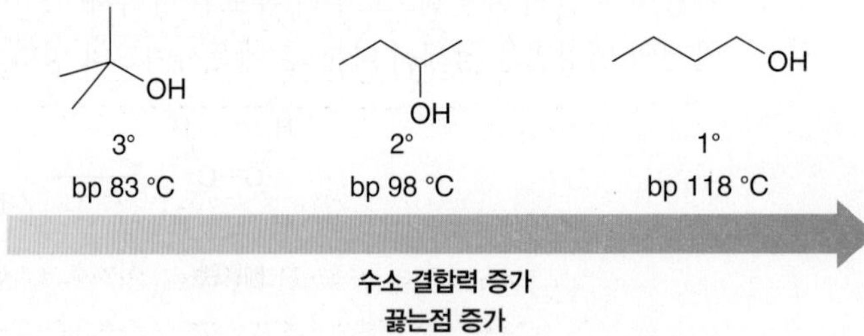
용해도	• H_2O와 수소 결합할 수 있는 산소 원자가 있는 탄소 수 다섯 개 이하의 알코올, 에터와 에폭사이드는 물에 용해된다(3.4c절). • H_2O에 용해되기에 비극성 알킬기가 지나치게 커서 다섯 개 이상의 탄소가 있는 알코올, 에터와 에폭사이드는 물에 용해되지 않는다. • 크기에 상관없이 알코올, 에터와 에폭사이드는 유기용매에 용해된다.

참고: VDW = 반데르발스 힘, DD = 쌍극자–쌍극자, HB = 수소 결합

문제 9.6 다음 화합물을 끓는점이 증가하는 순서에 따라 나열하라.

a. OH

b. OH OH OH

9.5 흥미로운 알코올, 에터 및 에폭사이드

많은 수의 알코올, 에터 및 에콕사이드의 성질은 흥미로우면서 유용하다.

9.5A 흥미로운 알코올

세 가지 간단한 알코올인 메탄올(methanol), 프로판-2-올(propan-2-ol), 에틸렌 글라이콜(ethylene glycol)의 구조 및 성질을 그림 9.3에 나타내었다. 곡류, 포도, 감자의 탄수화물이 발효되어 형성되는 에탄올(ethanol, CH_3CH_2OH)은 알코올 음료에 존재하는 알코올이다. 알코올 생산은 최소한 4,000년 전부터 알려져 왔기 때문에 아마도 에탄올은 인간에 의해 최초로 합성된 유기 화합물일 것이다. 에탄올은 중추신경계 기능을 약화시키고, 위산 분비를 증가시키며, 혈관을 확장시켜 홍조를 띠게 한다. 에탄올은 실험실에서 일상적으로 용매로 사용되기도 하는데, 이 경우는 소량의 벤젠 또는 메탄올(둘 다 독성이 있음)을 가하여 섭취에는 부적적절하게 합성된다.

그림 9.3
간단한 알코올

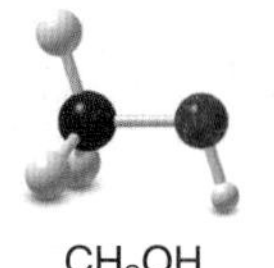

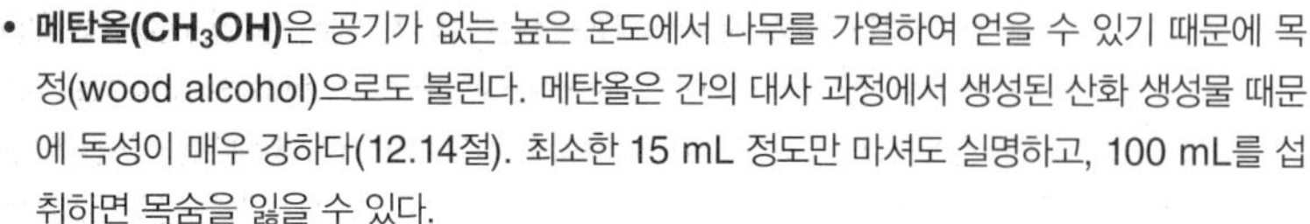
- **메탄올(CH_3OH)**은 공기가 없는 높은 온도에서 나무를 가열하여 얻을 수 있기 때문에 목정(wood alcohol)으로도 불린다. 메탄올은 간의 대사 과정에서 생성된 산화 생성물 때문에 독성이 매우 강하다(12.14절). 최소한 15 mL 정도만 마셔도 실명하고, 100 mL를 섭취하면 목숨을 잃을 수 있다.

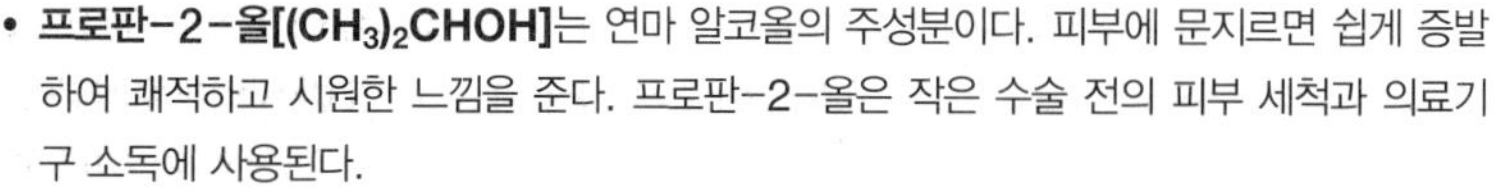
- **프로판-2-올[$(CH_3)_2CHOH$]**는 연마 알코올의 주성분이다. 피부에 문지르면 쉽게 증발하여 쾌적하고 시원한 느낌을 준다. 프로판-2-올은 작은 수술 전의 피부 세척과 의료기구 소독에 사용된다.

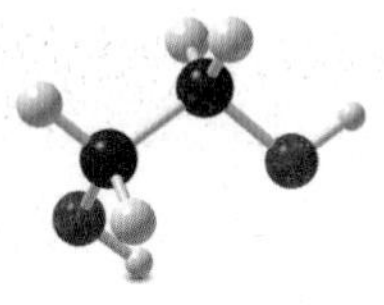

- **에틸렌 글라이콜($HOCH_2CH_2OH$)**은 부동액의 주성분이다. 9.15절에서 논의된 반응으로 쉽게 에틸렌 옥사이드로부터 만들 수 있다. 단맛이 나지만 독성이다.

에탄올은 친환경 연료이며 휘발유 첨가제이다. 두 가지 흔한 가솔린-에탄올 연료는 10%의 에탄올과 에탄올을 85% 포함하는 E-85이다. 에탄올은 일상적으로 옥수수의 탄수화물에서 얻어진다(그림 9.4). 복잡한 탄수화물 고분자인 녹말을 가수분해하면 단순당인 포도당이 얻어지고, 이를 발효시키면 에탄올이 얻어진다. 에탄올을 가솔린과 혼합하면 유용한 연료가 만들어지는데, 연소하면 CO_2와 H_2O 및 많은 양의 에너지가 생성된다.

녹색식물은 광합성하는 동안 햇빛을 이용하여 CO_2와 H_2O를 탄수화물로 만들기 때문에 이듬해 옥수수 곡류는 자라면서 새로운 녹말 분자를 만들기 위해 대기 중에서 CO_2를 제거한다. 이러한 방식으로 에탄올은 재생 가능한 연료의 원천이지만, 대규모 농장 설비와 비료 및 제초제에 대한

그림 9.4 재생 가능한 연료인 옥수수로부터 에탄올 얻기

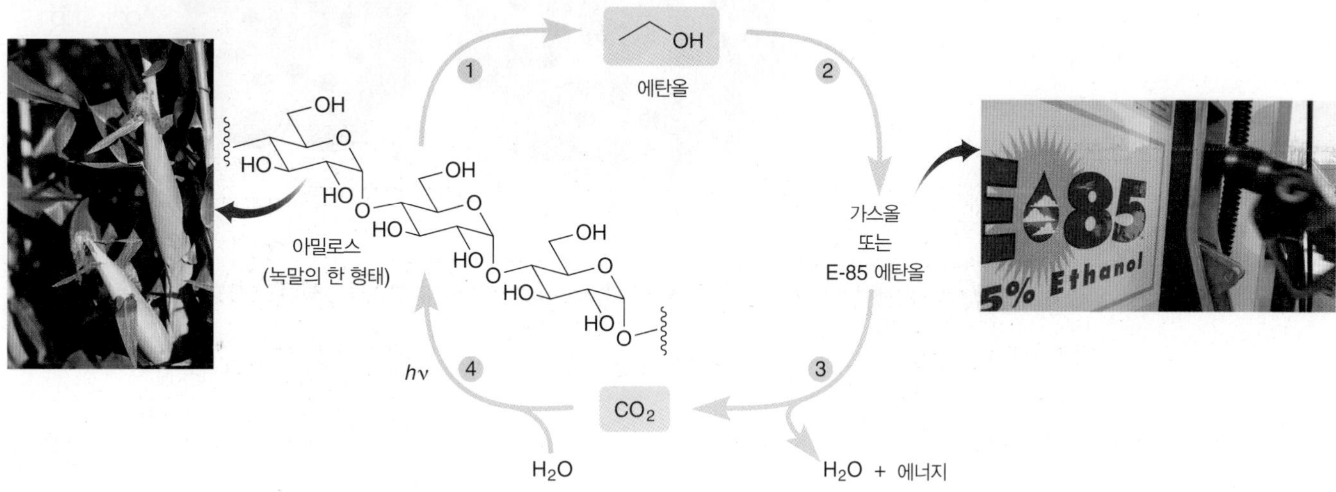

- 녹말을 가수분해하고 단순당 발효시켜(단계 ①) 에탄올을 만들고, 석유를 정제해 얻은 탄화수소와 혼합하여(단계 ②) 유용한 연료로 만든다.
- 에탄올-탄화수소를 연소하면 CO_2와 다량의 에너지가 방출된다(단계 ③).
- 단계 ④에서 광합성은 대기 중의 CO_2를 다시 탄수화물로 만들고, 순환은 계속된다.

의존도가 증가하면서 에탄올 제조 비용이 상승하였다. 게다가 많은 사람들은 유효 농지를 식량 생산이 아니라 에너지 생산용 곡물 재배에 사용하는 것을 비판한다. 따라서 화석 연료를 대체하는 에너지원으로서 에탄올에 대한 논의가 계속되고 있다.

9.5B 흥미로운 에터

일반적인 마취제로 사용할 수 있는 다이에틸 에터(diethyl ether, $CH_3CH_2OCH_2CH_3$)의 발견은 19세기 외과 수술에 대변혁을 일으켰다. 수년 동안 다이에틸 에터의 마취 능력을 누가 처음으로 발견하여 사용에 따른 엄청난 유효성을 인정하였는지 열띤 논쟁이 있었다. 다이에틸 에터를 마취제로 사용한 최초의 공개 시술 시험은 치과의사 모턴(William Morton)에 의하여 1846년 보스턴에서 수행되었다. 실제로 조지아의 의사인 크로포트 롱(Crawford Long)은 여러 해 동안 외과와 산과에서 다이에틸 에터를 사용하였으나, 그가 발견한 것을 많은 사람들에게 알리지 않았다.

다이에틸 에터는 불완전한 마취제이지만 19세기에 있어서 다른 대안을 고려해볼 때 기적의 약이었다. 안전하며, 투약이 쉽고, 사망률이 낮았지만 너무 가연성이 높으며 많은 환자들에게 메스꺼움을 유발하였다. 이로 인해 비가연성이며 환자들에게 별 불쾌감을 주지 않는 세보플루렌(sevoflurane) 및 다른 할로젠화 에터로 대부분 대체되었다.

세보플루렌

3.7B절에서 언급한 바와 같이 크라운 에터는 ***x*-크라운-*y***라고 부르며, 여기서 ***x***는 고리에 포함된 전체 원자 수이고, ***y***는 O 원자의 수를 나타낸다.

3.7B절에서 언급한 바와 같이 둘 이상의 에터 결합이 있는 화합물인 고리 폴리에터(polyether)는 특정한 크기의 양이온과 착물을 형성할 수 있는 구멍이 있음을 상기하라. 예를 들면, 18-크라운-6은 K^+와 결합하지만 12-크라운-4는 Li^+와 결합한다.

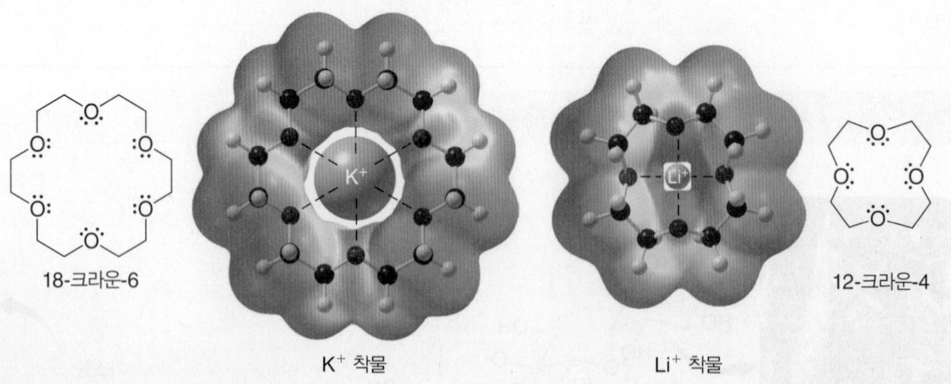

- 크라운 에터-양이온 착물을 주인-손님(host-guest) 착물이라고 한다. 크라운 에터는 주인이며 양이온은 손님이다.
- 특정한 양이온에 결합하는 주인 분자의 능력을 분자 인식(molecular recognition)이라고 한다.

그림 9.5에 나타낸 바와 같이 양이온과 착물을 형성하는 크라운 에터의 능력은 친핵성 치환 반응에 이용된다. 친핵성 치환 반응은 보통 극성 유기 기질과 이온성 친핵체가 모두 용해될 수 있는 극성 용매에서 진행된다. 그러나 크라운 에터를 사용하면 비극성 용매에서 친핵성이 증진된 조건으로 반응이 진행될 수 있다.

그림 9.5
친핵성 치환 반응에서 크라운 에터의 사용

KCN은 비극성 용매에는 용해되지 않지만, 18-크라운-6와 함께 사용하면 용해된다.

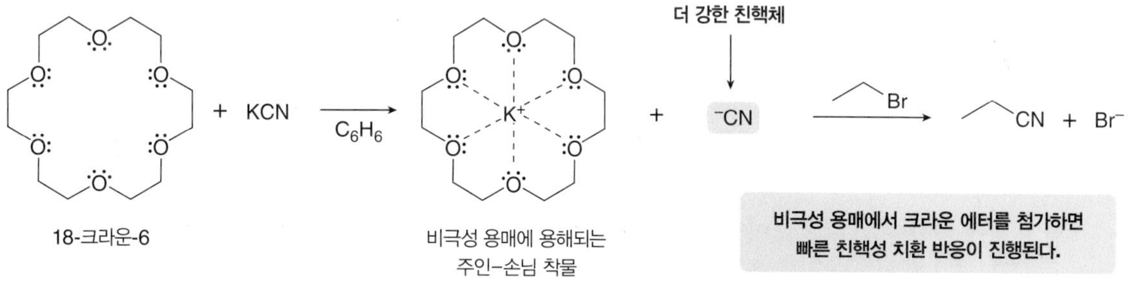

예를 들어, 18-크라운-6을 CH_3CH_2Br과 KCN의 반응에 첨가하면 크라운 에터는 K^+와 단단한 착물을 형성하는데, 이 착물은 비극성 C−H 결합을 바깥쪽에 가짐으로써 벤젠(C_6H_6) 또는 헥세인과 같은 비극성 용매에 녹는다. 크라운 에터/K^+ 착물은 비극성 용매에 녹아 ^-CN의 전기적 중성이 유지되도록 한다. 그 결과는 단단히 착물화된 양이온의 용액과 비교적 비용매화된 음이온(친핵체)이다. 그러므로 음이온은 용매 분자에 의해 기질로부터 가려지지 않으므로 매우 강한 친핵체로 작용한다.

문제 9.7 비극성 용매에서 크라운 에터를 사용하는 것은 S_N1 또는 S_N2 중 어떤 메커니즘에 적합한가?

9.5C 흥미 있는 에폭사이드들

에폭사이드들은 알코올이나 에터에 비해 천연에 많이 퍼져 있지는 않지만, 여러 개의 흥미 있고 유용한 에폭사이드들이 알려져 있다. 예를 들면, 최근에 보고된 에폭사이드를 함유하는 두 가지의 약이 있는데, 에프레레논(eplerenone)과 브로민화 티오트로피움(tiotropium bromide)이다. 상품명이 인스프라(Inspra)인 에프레레논은 심장마비를 겪었던 환자의 재발병률을 낮추는 효능이 있다. 상품명이 스피리바(Spiriva)인 브로민화 티오트로피움은 흡연자와 간접 흡연에 오랫동안 노출되어 온 사람들의 만성 폐질환을 치료하는, 효능이 오래 지속되는 기관지 확장제이다.

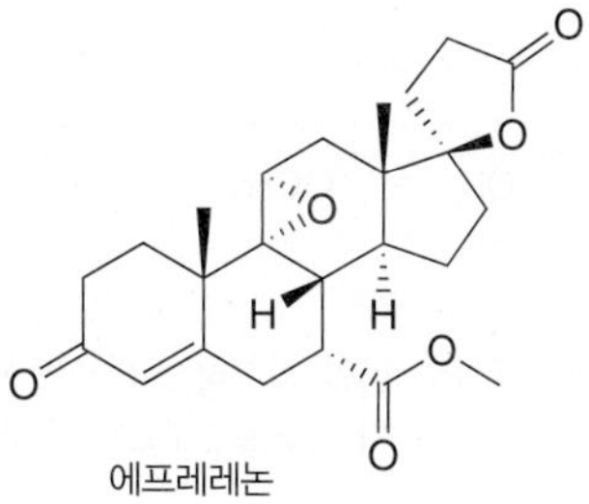

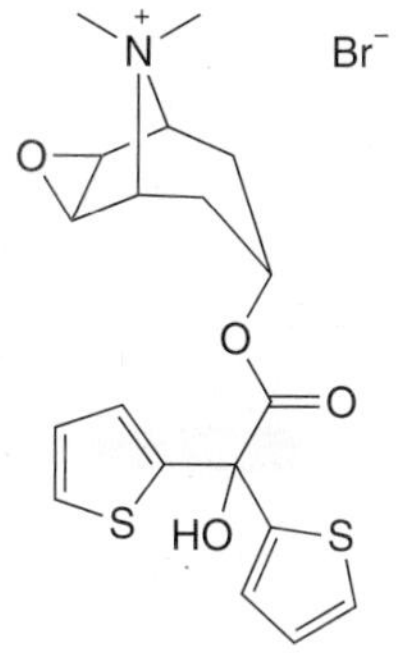

9.6 알코올, 에터 및 에폭사이드의 제조

알코올과 에터는 모두 일반적인 친핵성 치환에 의한 생성물이다. 이들은 센 친핵체를 사용하는 S_N2 반응에 의하여 할로젠화 알킬로부터 합성된다. 모든 S_N2 반응에서와 마찬가지로 방해받지 않는 메틸과 1° 할로젠화 알킬로부터 가장 높은 수율로 생성물이 얻어진다.

이와 같은 방법의 에터 제조법을 윌리엄슨(Williamson) 에터 합성법이라 부르는데, 1800년대에 처음 보고되었음에도 현재까지 에터 제조에 있어서 가장 일반적인 방법이다. 비대칭 에터는 두 가지 다른 방법으로 합성될 수 있지만 때때로 한 방법만이 선호된다.

예를 들어, 에틸 아이소프로필 에터는 $CH_3CH_2O^-$와 2-브로모프로페인(경로 [a]), 또는 $(CH_3)_2CHO^-$와 브로모에테인으로부터(경로 [b]) 제조된다. S_N2 메커니즘이므로 입체적으로 장애가 적은 할로젠화물인 CH_3CH_2Br을 사용하는 과정(경로 [b])이 유리하다.

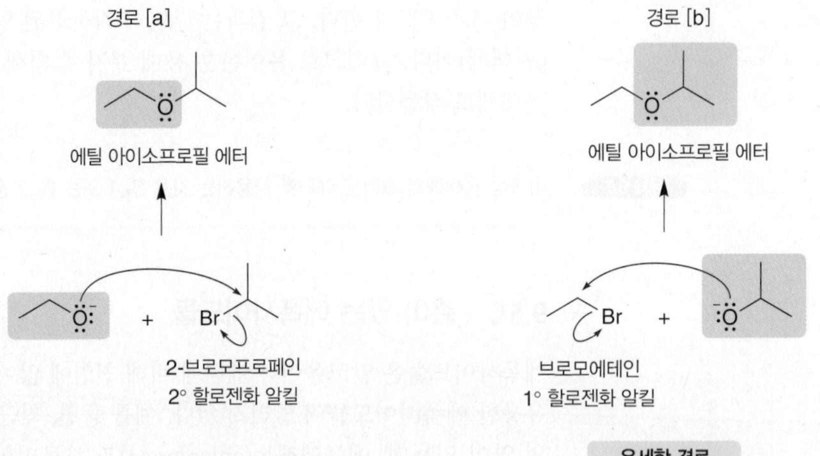

문제 9.8 각 반응의 유기 생성물을 그려라.

a. Br + ^-OH ⟶

b. Cl + $^-OCH_3$ ⟶

c. I + $^-OCH(CH_3)_2$ ⟶

d. Br + $^-OCH_2CH_3$ ⟶

문제 9.9 항우울제 페록세틴(상품명 Paxil)을 합성하는 중요한 단계는 **X**에서 비고리 에터 합성에 윌리엄슨 에터 합성법을 포함한다. 이 에터를 만드는 두 가지 경로를 그리고, 더 우세한 경로를 정하라.

알코올을 합성하기 위하여 친핵체로서 **수산화물**이 필요한데, NaOH와 KOH와 같은 염은 값이 싸며 상업적으로 유용하다. **알콕시화 음이온** 염은 에터를 제조하는 데 필요하다. 소듐 메톡사이드($NaOCH_3$)와 같은 간단한 알콕시화 음이온은 구입이 가능하지만, 다른 것들은 알코올로부터 브뢴스테드-로우리 산-염기 반응에 의해 제조되어야 한다. 예를 들면, **에톡시화 소듐**($NaOCH_2CH_3$)은 에탄올을 NaH와 반응시켜 제조한다.

반응의 부산물인 H_2가 반응물로부터 거품을 일으키며 빠져나가는 기체이기 때문에 NaH는 알콕시화 음이온을 제조하는 데 매우 좋은 염기이다.

$CH_3CH_2\ddot{O}H + Na^+\,H:^- \longrightarrow CH_3CH_2\ddot{O}:^-\,Na^+ + H_2$

에톡시화 소듐

알콕시화 음이온 친핵체

예제 9.2 다음 연속적인 두 단계 반응의 생성물을 그려라.

사이클로헥산올(OH) → [1] NaH, [2] CH_3CH_2Br

풀이

[1] 염기는 OH기로부터 양성자를 제거하여 알콕시화 음이온을 형성한다.

사이클로헥산올 + $Na^+\,H:^-$ → (양성자 이동) → 사이클로헥실-$\ddot{O}:^-\,Na^+$ + H_2

알콕시화 음이온 친핵제

[2] 알콕시화 음이온은 S_N2 반응에서 친핵체로 작용하여 에터를 형성한다.

사이클로헥실-$\ddot{O}:^-\,Na^+$ + CH_3CH_2Br → (S_N2) → 사이클로헥실-O-CH_2CH_3 + $Na^+\,:\ddot{Br}:^-$

- 이 연속적인 두 단계 반응은 알코올을 에터로 변환시킨다.

이웃한 탄소에 하이드록시기와 할로젠 원자가 모두 있는 유기 화합물은 위 반응의 분자 내 변환으로 에폭사이드를 형성한다. 이와 같은 연속적인 두 단계 반응의 출발물인 **할로하이드린**(halohydrin)은 알켄에서 얻어지며, 10장에서 배울 것이다.

B: + H–Ö–C–C–X (할로하이드린) → (양성자 이동) → $^-$:Ö–C–C–X + H–B^+ → (S_N2) → 에폭사이드 + X^-

문제 9.10 각 반응의 생성물을 그려라.

a. $CH_3CH_2CH_2OH$ + NaH ⟶

b. 1-사이클로펜틸에탄올(OH) + $NaNH_2$ ⟶

c. 2-메틸헥산-1-올(OH) → [1] NaH, [2] $CH_3CH_2CH_2Br$

d. 2-브로모사이클로헥산올(OH, Br) → NaH → $C_6H_{10}O$

9.7 알코올, 에터 및 에폭사이드의 반응에서 나타나는 일반적 특징

알코올, 에터 및 에폭사이드의 화학적 반응에 대해 각 작용기의 일반적 반응 특징의 관점에서 논의를 시작한다.

9.7A 알코올

많은 분자종과는 다르게 알코올의 반응은 한 반응 종류로 나타내기에 적합하지 않다. 9장에서는 오직 알코올의 치환 반응과 β 제거 반응에 대하여 논의한다. 알코올은 산화 반응(12장)에서 역시 중요한 출발물이다. 알코올의 극성 O−H 결합은 많은 다른 유기 화합물에 비하여 알코올의 산도를 더 높게 하며, 그 특징은 19장에서 다룬다.

알코올과 할로젠화 알킬은 모두 sp^3 혼성화 탄소 원자에 전기음성도가 큰 원소가 있다는 점에서 유사하다. 그러나 할로젠화 알킬에는 좋은 이탈기(X^-)가 있는 반면에 알코올은 그렇지 않다. ROH를 출발물로 하는 친핵성 치환은 강염기이기 때문에 빈약한 이탈기인 ^-OH를 치환하여야 한다.

$$R{-}X + :Nu^- \longrightarrow R{-}Nu + X^- \quad \text{좋은 이탈기}$$

$$R{-}OH + :Nu^- \not\longrightarrow R{-}Nu + {}^-OH \quad \text{나쁜 이탈기}$$

알코올에 대한 친핵성 치환 또는 제거 반응이 진행되기 위해서는 OH기가 좋은 이탈기로 변환되어야 한다. 이는 산과 함께하는 반응으로 이루어진다. 알코올을 HCl 또는 H_2SO_4와 같은 센산으로 처리하면 산−염기 반응에 의하여 산소 원자에 양성자 첨가가 일어난다. ^-OH는 이 과정에서 H_2O로 변환되며, H_2O는 약염기이기 때문에 좋은 이탈기이다.

$$R{-}\ddot{O}H + H{-}Cl \rightleftharpoons R{-}\overset{+}{O}H_2 + Cl^-$$

센산 / 약염기 좋은 이탈기

알코올의 OH기가 좋은 이탈기로 변환되면 알코올은 9.8~9.12절에 언급된 바와 같은 β 제거 반응과 친핵성 치환이 잘 일어날 수 있다.

$(ROH_2)^+$의 pK_a는 약 −2이기 때문에 알코올은 pK_a가 −2 이하인 매우 센산에 의해서만 양성자 첨가가 일어난다.

(사이클로헥산올 OH → β 제거, − H_2O → 사이클로헥센) **β 제거 반응에 의해 알켄이 형성된다.** (9.8~9.10절)

(사이클로헥산올 → 친핵성 치환 → 사이클로헥실 X) **친핵성 치환에 의해 할로젠화 알킬이 형성된다.** (9.11~9.12절)

9.7B 에터와 에폭사이드

알코올과 마찬가지로 에터는 좋은 이탈기가 없는데, 이는 친핵성 치환과 β 제거 반응이 직접적으로 일어나지 않음을 의미한다. 에터의 반응은 알코올에 비하여 유용성이 낮다.

$$R{-}\ddot{O}R \quad \text{나쁜 이탈기}$$

에폭사이드 역시 좋은 이탈기가 없지만 알코올뿐만 아니라 에터에 없는 특징이 있다. '이탈기'는 무리가 있는 삼원자 고리이다. 친핵성 공격이 삼원자 고리를 열면서 각 무리를 제거함으로써 에폭사이드는 빈약한 이탈기에도 불구하고 친핵성 공격에 대하여 우호적이다. 상세한 예는 9.16절에 소개한다.

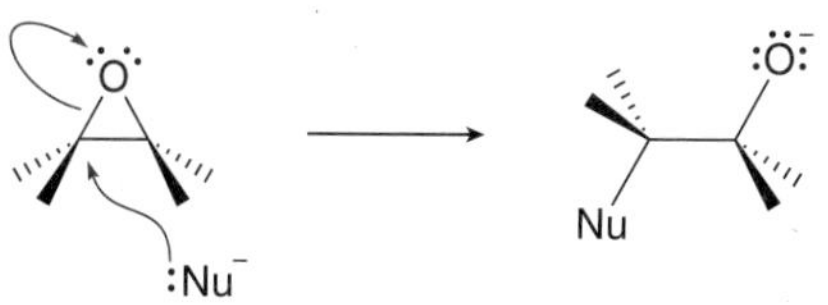

:Nu⁻ Nu

9.8 알코올의 탈수에 의한 알켄의 제조

8장에서 언급한 할로젠화 알킬의 할로젠화수소 이탈 반응은 분자에 π 결합을 형성시키는 방법 중 하나이다. 다른 방법으로는 알코올로부터 물을 제거하는 **탈수 반응**(dehydration)이 있다.

- 할로젠화 수소 이탈 반응과 같이 탈수 반응은 α와 β 탄소 원자로부터 각각 OH와 H가 제거되는 β 제거 반응이다.

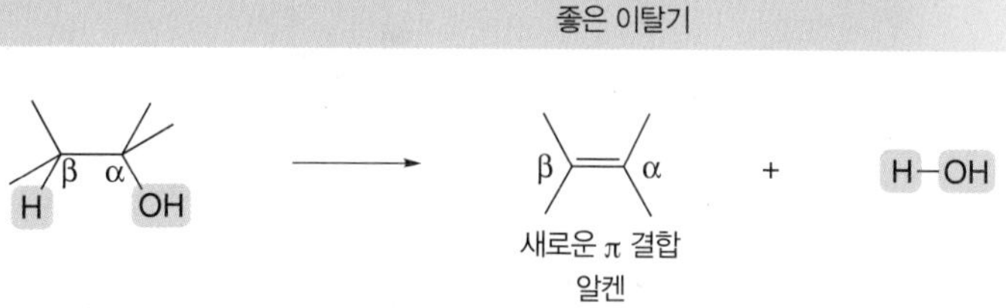

좋은 이탈기

H β α OH → β═α (새로운 π 결합, 알켄) + H—OH

탈수 반응은 일반적으로 H_2SO_4와 다른 센산 또는 아민 염기 존재하에서 $POCl_3$를 사용하여 진행된다. 우선 산 조건에서의 탈수 반응을 다루고, $POCl_3$에 의한 탈수 반응은 9.10절에서 취급할 것이다.

9.8A 산 조건에서 일어나는 탈수 반응의 일반적 특징

반응식 [1]과 [2]에 나타낸 것처럼 알코올은 센산의 존재하에서 탈수되어 알켄으로 변환된다. 이 변환에서 일반적으로 사용되는 산은 H_2SO_4 또는 *p*-톨루엔설폰산(TsOH)이다.

2.6절에서 다룬 것처럼 *p*-톨루엔설폰산은 센 유기산(pK_a = −7)임을 상기한다.

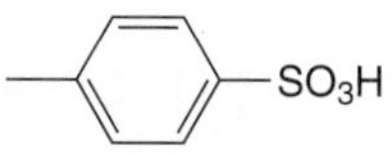

—⟨벤젠⟩—SO_3H

p-톨루엔설폰산
TsOH

[1] (HO, H, H, H) —H_2SO_4→ 알켄 + H_2O

[2] (H, OH) —TsOH→ 사이클로헥센 + H_2O

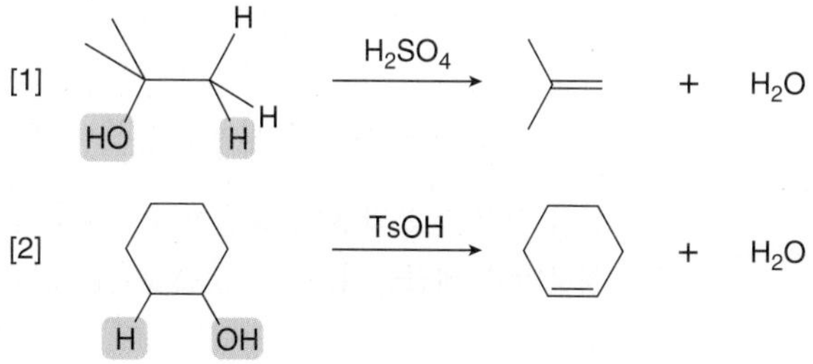

치환기가 많은 알코올은 쉽게 탈수되며, 반응성은 다음과 같다.

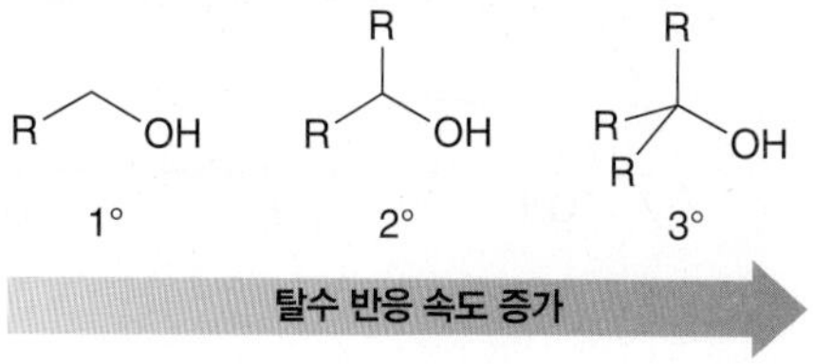

R⁀OH (1°) R₂CH–OH (2°) R₃C–OH (3°)

탈수 반응 속도 증가 →

알코올에 둘 또는 세 개의 다른 β 탄소가 있다면 탈수 반응은 위치선택적으로 일어나며 자이체프 규칙을 따른다. **구조 이성질체 혼합물의 생성이 가능하다면, 더 많은 치환기가 있는 알켄이 주 생성물이다.** 예를 들면, 2-메틸뷰탄-2-올로부터 H와 OH를 제거하면 두 개의 구조 이성질체가 생성된다. 세 개의 치환기가 있는 알켄 A가 주 생성물이며 두 개의 치환기가 있는 알켄 B는 부 생성물이다.

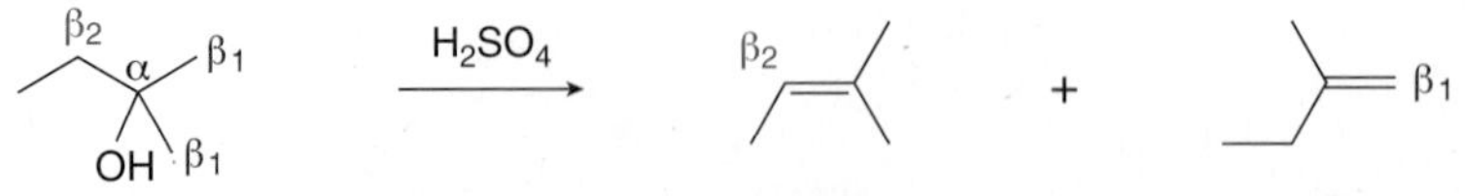

2-메틸뷰탄-2-올 →(H_2SO_4) A 주 생성물 삼중 치환 알켄 + B 부 생성물 이중 치환 알켄

문제 9.11 각 알코올이 TsOH와 탈수 반응을 일으킬 때의 생성물을 그리고, 혼합물이 얻어진다면 주 생성물을 나타내라.

a. 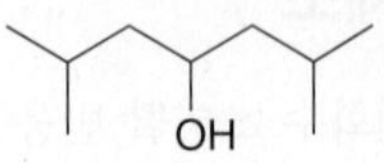 b. 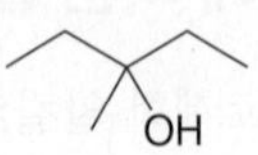 c.

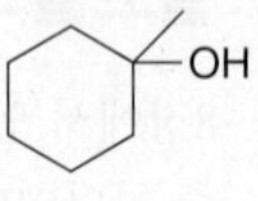

문제 9.12 다음 알코올이 H_2SO_4와 탈수 반응을 일으킬 때 반응성이 증가하는 순서로 나열하라.

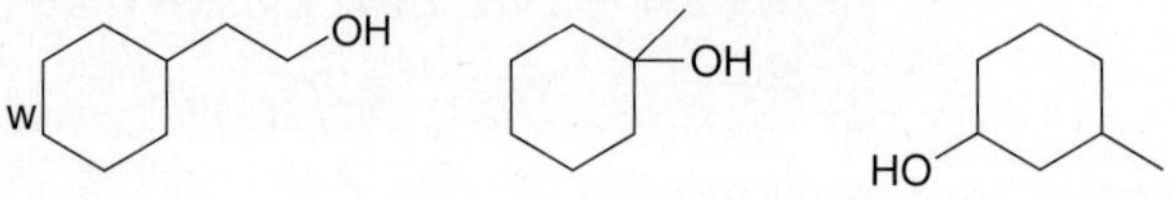

9.8B 2°와 3° 알코올의 탈수 반응에 대한 E1 메커니즘

탈수 반응 메커니즘은 알코올의 구조에 의존한다. 1° 알코올은 E2 메커니즘에 의하여 반응하는 데 반하여 2°와 3° 알코올은 E1 메커니즘으로 반응한다. 그러나 알코올의 형태에 관계없이 산소 원자에 양성자 첨가를 통한 좋은 이탈기 형성을 위해 센산은 항상 필요하다.

2°와 3° 알코올의 E1 탈수 반응은 출발물로서 $(CH_3)_3COH$(3° 알코올)를 사용하여 $(CH_3)_2C{=}CH_2$를 생성물로 얻는 반응으로 설명된다. 이 메커니즘은 세 단계로 구성된다(메커니즘 9.1).

따라서 2°와 3° 알코올의 탈수 반응은 첫 번째 단계가 추가되어 E1 메커니즘으로 일어난다.

단계 ①에서는 좋은 이탈기를 만들기 위해 OH기에 양성자 첨가가 일어난다. 단계 ②와 ③은 탄소 양이온 형성을 위한 이탈기 손실(이 경우에는 H_2O)과 뒤 이은 π 결합 형성을 위해 β 양성자가 제거되는 E1 메커니즘의 두 단계이다. 단계 ①에서 알코올에 양성자 첨가를 위해 사용된 산은 단계 ③에서 양성자 제거를 통하여 재생된다. 따라서 탈수는 산 촉매 반응이다.

산을 사용한 2°와 3° 알코올의 E1 탈수 반응은 S_N1 반응에 의한 부산물 없이 오직 제거 반응 생성물만을 제공한다. 이는 할로젠화 알킬의 E1 할로젠화 수소 이탈 반응(8.7절)보다 알코올의 E1

메커니즘 9.1 2°와 3° ROH의 탈수 반응–E1 메커니즘

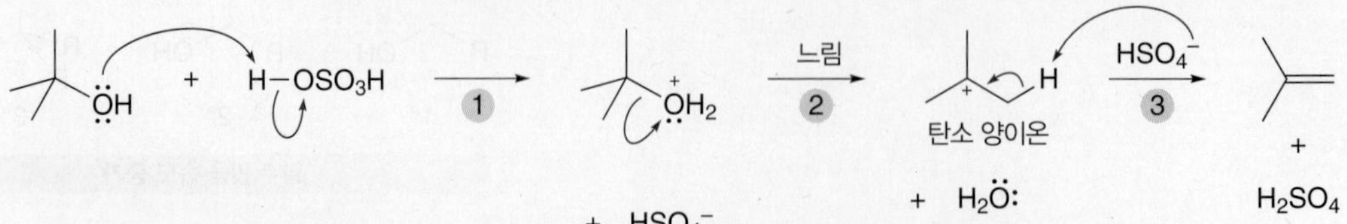

$(CH_3)_3C\ddot{O}H$ + $H-OSO_3H$ →(①) $(CH_3)_3C\overset{+}{O}H_2$ + HSO_4^- →(② 느림) 탄소 양이온 + $H_2\ddot{O}$: (좋은 이탈기) →(③ HSO_4^-) $(CH_3)_2C{=}CH_2$ + H_2SO_4

① 산소 원자의 양성자 첨가 반응은 빈약한 이탈기(^-OH)를 좋은 이탈기(H_2O)로 변환시킨다.

② C–O 결합의 불균일 분해는 속도 결정 단계에서 탄소 양이온을 형성한다.

③ 염기(HSO_4^- 또는 H_2O)는 탄소 양이온 이웃의 탄소로부터 양성자를 제거하고 새로운 π 결합을 형성한다.

메커니즘 9.2 1° ROH의 탈수 반응−E2 메커니즘

$$CH_3CH_2CH_2\ddot{O}H + H{-}OSO_3H \xrightarrow{1} CH_3CH(H)CH_2\overset{+}{O}H_2 \;(HSO_4^-) \xrightarrow{2} CH_3CH{=}CH_2 + H_2\ddot{O}: + H_2SO_4$$

좋은 이탈기

① 알코올의 산소 원자에 대한 양성자 첨가는 빈약한 이탈기(^-OH)를 좋은 이탈기(H_2O)로 변환시킨다.

② 두 결합이 끊어지고 두 결합이 형성된다. 염기(HSO_4^- 또는 H_2O)는 β 탄소로부터 양성자를 제거하고, C−H 결합의 전자쌍은 새로운 π 결합을 형성하며, 이탈기(H_2O)는 이탈한다.

탈수 반응을 합성적으로 더 유용하게 만든다. 반응물에는 중간체인 탄소 양이온과 반응할 좋은 친핵체가 없어서 S_N1 반응과 경쟁 반응이 없기 때문에 제거 반응만 일어난다.

9.8C 1° 알코올의 탈수 반응에 대한 E2 메커니즘

1° 탄소 양이온은 매우 불안정하기 때문에 1° 알코올의 탈수 반응은 탄소 양이온을 중간체로 포함하는 E1 메커니즘으로 일어나지 않는다. 그러므로 1° 알코올의 탈수 반응은 E2 메커니즘을 따른다. $CH_3CH_2CH_2OH$(1° 알코올)가 산 촉매인 H_2SO_4와 함께 $CH_3CH{=}CH_2$로 변환되는 두 단계 과정을 메커니즘 9.2에 나타내었다.

1° 알코올의 탈수 반응은 좋은 이탈기를 형성하기 위해 2°와 3° 알코올의 탈수 반응과 똑같이 OH기에 양성자 첨가와 함께 시작된다. 그러나 1° 알코올에서는 이탈기와 β 양성자가 동시에 제거되므로 매우 불안정한 1° 탄소 양이온이 생성되지 않는다.

문제 9.13 다음 반응의 두 단계 메커니즘의 각 전이 상태 구조를 나타내라.

$$CH_3CH_2CH_2OH + H_2SO_4 \rightarrow CH_3CH{=}CH_2 + H_2O$$

9.8D 르 샤틀리에 원리

비록 엔트로피는 탈수 반응에 따른 생성물 형성에 유리하게 작용하지만(반응물 한 분자로부터 생성물 두 분자가 형성된다), 반응물에서 끊어지는 두 σ 결합은 생성물에서 형성되는 σ와 π 결합보다 더 세기 때문에 엔탈피는 그렇지 못하다. 예를 들어 CH_3CH_2OH로부터 $CH_2{=}CH_2$로 변환되는 탈수 반응의 $\Delta H°$는 +38 kJ/mol이다(그림 9.6).

르 샤틀리에 원리에 따라 평형에서의 계는 평형을 방해하는 요소를 제거하는 방향으로 반응한다. 그러므로 반응 혼합물로부터 형성되는 생성물을 제거하는 것은 평형을 더 많은 생성물이 형성되는 오른쪽으로 유도하게 된다.

알켄 생성물이 알코올 반응물보다 끓는점이 낮기 때문에 르 샤틀리에 원리는 탈수 반응에서 생성물에 유리하도록 이용될 수 있다. 따라서 알켄은 형성되는 대로 반응 혼합물로부터 증류될 수 있으며, 알코올과 산은 더 반응하여 더 많은 생성물을 형성하게 된다.

그림 9.6
CH_3CH_2OH의 $CH_2=CH_2$로 탈수 반응–흡열 반응

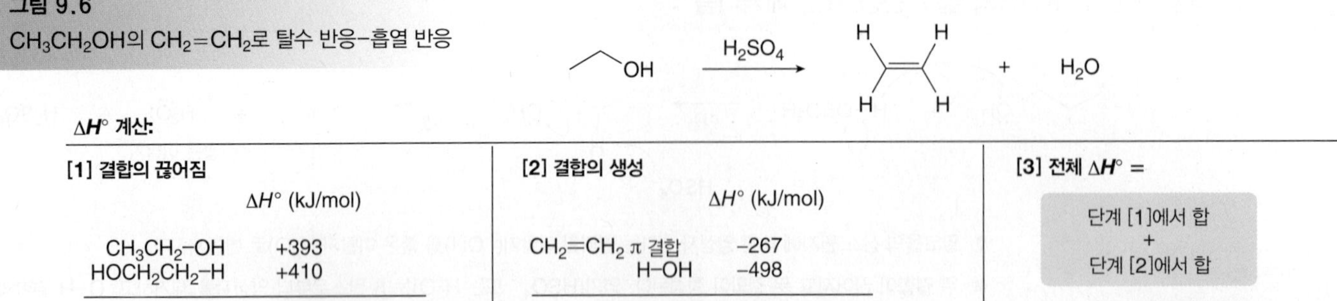

$\Delta H°$ 계산:

[1] 결합의 끊어짐	$\Delta H°$ (kJ/mol)	[2] 결합의 생성	$\Delta H°$ (kJ/mol)	[3] 전체 $\Delta H°$ =
$CH_3CH_2\text{–}OH$	+393	$CH_2{=}CH_2$ π 결합	−267	단계 [1]에서 합 + 단계 [2]에서 합
$HOCH_2CH_2\text{–}H$	+410	H–OH	−498	+803 kJ/mol −765 kJ/mol
전체	+803 kJ/mol	전체	−765 kJ/mol	$\Delta H°$ = +38 kJ/mol
결합을 끊는 데 필요한 에너지		결합이 생성될 때 방출되는 에너지		반응은 흡열 반응

[부록 C에서 인용한 값]

9.9 탄소 양이온의 자리 옮김

탈수 반응에서 종종 '예상하지 못한' 생성물이 형성된다. 즉 출발물과 생성물의 탄소 골격이 다르거나 이중 결합이 다른 위치에 놓인다. 예를 들면 3,3-다이메틸뷰탄-2-올의 탈수 반응 생성물의 탄소 골격은 출발물의 것과 일치하지 않는다.

OH ——H_2SO_4——→ + + H_2O

3,3-다이메틸뷰탄-2-올

이와 같은 현상은 탄소 양이온이 반응성 중간체인 경우에 종종 일어난다. 덜 안정한 탄소 양이온은 수소 원자 또는 알킬기 이동에 의하여 더 안정한 탄소 양이온으로 자리 옮김이 일어난다. 이와 같은 자리 옮김은 알킬기 또는 수소 원자가 한 탄소로부터 바로 이웃의 탄소 원자로 이동하기 때문에 1,2-이동(1,2-shift)이라 부른다. 이동기는 결합 전자쌍과 함께 탄소 골격으로 이동한다.

1,2-이동에서 이동기는 결합 전자쌍과 함께 이동하기 때문에 남겨지는 탄소는 오직 세 개의 결합(여섯 개의 전자)만 있으며, 전체적으로 양(+)전하를 나타낸다.

R (또는 H) ——1,2-이동——→ R (또는 H)
탄소 양이온 자리 옮김

- 수소 원자의 이동은 1,2-수소화 이온 이동이라 부른다.
- 알킬기의 이동은 1,2-알킬 이동이라 부른다.

메커니즘 9.3에 나타낸 바와 같이 3,3-다이메틸뷰탄-2-올의 탈수 반응은 1,2-메틸 이동(1,2-methyl shift)에 의한 2°에서 3° 탄소 양이온으로의 자리 옮김을 보여준다. 탄소 양이온 자리 옮김은 네 단계 메커니즘 중 단계 ③에서 일어난다.

3,3-다이메틸뷰탄-2-올의 탈수 반응 메커니즘에서 단계 ①, ② 그리고 ④는 앞서에 보았던 탈수 반응 단계와 똑같다. 양성자 첨가, H_2O의 이탈 그리고 양성자 이탈. 단지 덜 안정한 2° 탄소 양이온이 더 안정한 3° 탄소 양이온으로 자리 옮김을 하는 단계 ③이 새로운 단계이다.

- 모든 1,2-이동은 덜 안정한 탄소 양이온을 더 안정한 탄소 양이온으로 변환시킨다.

메커니즘 9.3 1,2-메틸 이동–탈수 반응 중에 탄소 양이온 자리 옮김

부분 [1] 2° 탄소 양이온의 생성과 자리 옮김

1. 산소 원자의 양성자화는 빈약한 이탈기(^-OH)를 좋은 이탈기(H_2O)로 전환한다.
2. C–O 결합의 불균일 분해는 2° 탄소 양이온을 형성한다.
3. CH_3기의 1,2–이동은 2° 탄소 양이온을 더 안정한 3° 탄소 양이온으로 전환한다.

부분 [2] 양성자를 잃고 π 결합을 형성

4. 탄소(β_1과 β_2로 표기)에서 양성자를 잃고 두 가지 알켄을 형성한다.

예를 들어, 2° 탄소 양이온 A는 1,2-수소화 이온 이동으로 더 안정한 3° 탄소 양이온으로 자리 옮김을 하지만, 탄소 양이온 B는 이미 3° 탄소 양이온이기 때문에 자리 옮김하지 않는다.

예제 9.3은 1,2-수소화 이온 이동이 수반되는 탈수 반응을 나타낸다.

예제 9.3 1,2-수소화 이온 이동을 이용하여 알코올 **X**로부터 알켄 **Y**가 형성되는 과정을 설명하라.

풀이

단계 [1]과 [2] **X**의 양성자 첨가와 H_2O 이탈은 2° 탄소 양이온을 형성한다.

단계 [3]과 [4] 1,2-수소화 이온 이동에 의한 2° 탄소 양이온의 자리 옮김은 더 안정한 3° 탄소 양이온을 형성한다. β 탄소로부터의 양성자 이탈은 알켄 **Y**를 형성한다.

문제 9.14 예제 9.3에서 **Y**와 함께 어떤 다른 알켄이 생성될 수 있는가? 만약 탄소 양이온 자리 옮김이 일어나지 않는다면 **X**로부터 어떤 알켄이 형성되는가?

자리 옮김이 탈수 반응에서만 독특하게 일어나는 것은 아니다. 자리 옮김은 S_N1이나 E1 반응과 같이 탄소 양이온이 반응성 중간체로 생성되는 경우에 항상 일어날 수 있다. 실제로 자리 옮김 생성물의 존재는 종종 탄소 양이온 중간체의 존재를 나타낸다.

문제 9.15 각 중간체로부터 1,2-이동이 어떻게 더 안정한 탄소 양이온을 형성하는지를 나타내라.

문제 9.16 반응에서 두 개의 치환 생성물이 생성되는 이유를 설명하라.

9.10 $POCl_3$와 피리딘을 이용한 탈수 반응

어떤 유기 화합물은 센산의 존재하에서 분해되기 때문에 센산을 사용하지 않고 알코올을 알켄으로 변환시키는 다른 방법들이 개발되어 왔다. 일반적으로 H_2SO_4와 TsOH 대신에 삼염화 산화 인($POCl_3$)과 피리딘(아민 염기)이 사용된다. 예를 들어, 사이클로헥산올을 $POCl_3$와 피리딘으로 처리하면 사이클로헥센이 높은 수율로 생성된다.

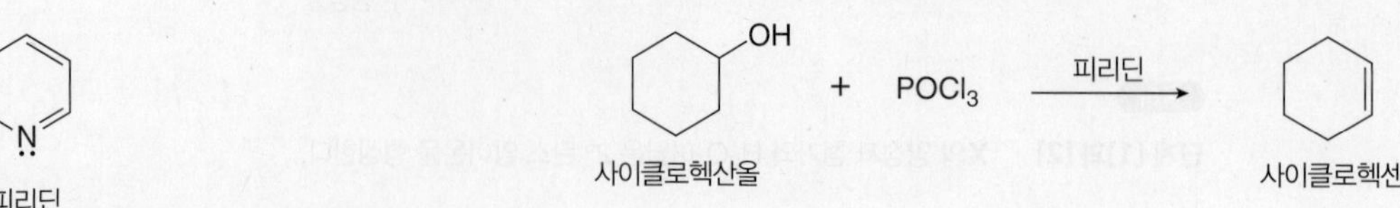

피리딘

메커니즘 9.4 $POCl_3$ + 피리딘을 이용한 탈수 반응−E2 메커니즘

① ② $POCl_3$과 OH의 반응과 뒤이은 양성자 제거는 빈약한 이탈기(^-OH)를 좋은 이탈기($^-OPOCl_2$)로 변환시킨다.

③ 두 결합이 끊어지고 두 결합이 형성된다. 염기(피리딘)는 양성자를 제거하고, β C−H 결합의 전자쌍은 π 결합을 형성한다. 이탈기($^-OPOCl_2$)는 이탈한다.

$POCl_3$는 산 촉매 탈수 반응에서 센산이 하는 역할과 꼭 같이 작용하는데, 빈약한 이탈기(^-OH)를 좋은 이탈기로 변환시킨다. 그리고 탈수 반응은 메커니즘 9.4에 나타낸 바와 같이 E2 메커니즘에 의해 진행된다. 피리딘은 제거 과정에서 β 양성자를 제거하는 염기이다.

$POCl_3$를 이용한 탈수 반응에서는 자리 옮김이 일어나지 않으며, 이 반응 중에는 탄소 양이온이 중간체로 형성되지 않는 것으로 예상된다. 메커니즘의 단계 ①과 ②는 OH기를 좋은 이탈기로 변환시킨다. 단계 ③에서 C−H와 C−O 결합이 끊어지고, π 결합이 형성된다.

알코올 탈수에 사용되는 다른 두 시약—센산(H_2SO_4와 TsOH)과 $POCl_3$+피리딘—에 관하여 배웠다. 어떤 알코올에 대한 최상의 탈수법을 미리 아는 것은 때로는 어렵기 때문에 유기화학자들은 변환 방법을 하나 이상 개발하고자 한다. 그림 9.7에 천연물 합성에 이용되는 탈수 반응의 두 가지 예를 나타내었다.

그림 9.7 두 가지 천연물 합성에 이용되는 탈수 반응

• 말레이시아가 원산지인 파출리(patchouli)에서 추출한 **파출리 알코올**(patchouli alcohol)은 이국적인 향 때문에 향수 제조에 이용된다. 1800년대에 숄은 해충으로부터 보호하기 위해 종종 파출리 잎과 함께 포장되어 인도로부터 수입되었으며, 독특한 향이 옷에 스며들기도 했다.

9.11 할로젠화 수소를 이용한 알코올의 할로젠화 알킬로의 변환

알코올은 친핵성 공격 전에 OH기가 더 좋은 이탈기로 변환된 경우에만 친핵성 치환 반응이 진행된다. 따라서 알코올을 X^-와 반응시키는 경우에는 ^-OH가 좋은 이탈기가 아니기 때문에 치환은 일어나지 않는다(반응 [1]). 그러나 알코올을 HX와 반응시키는 경우에는 H_2O가 이탈기이기 때문에 치환이 일어난다(반응 [2]).

[1] R–ÖH + X^- —✕→ R–X + ^-OH — 나쁜 이탈기 **반응은 일어나지 *않는다*.**

[2] R–ÖH + H–X ⟶ R–X (**할로젠화 알킬**) + H_2O — 좋은 이탈기 **반응이 진행된다.**

- 알코올과 HX(X = Cl, Br, I)의 반응은 1°, 2° 및 3° 할로젠화 알킬을 제조하는 일반적인 방법이다.

OH —HBr→ Br + H_2O

OH —HCl→ Cl + H_2O

일반적으로 치환기가 많은 알코올은 HX와 더 빠르게 반응한다.

R–CH₂OH (1°), R₂CHOH (2°), R₃COH (3°)

HX와의 반응 속도 증가 →

문제 9.17 각 반응의 생성물을 나타내라.

a. OH —HCl→ b. OH —HI→ c. OH —HBr→

9.11A ROH와 HX 반응에 대한 두 메커니즘

ROH와 HX의 반응은 어떻게 일어날까? 산–염기 반응은 매우 빨라서 센산인 HX는 알코올의 OH기에 양성자를 첨가하여 좋은 이탈기(H_2O)와 좋은 친핵체(짝염기, X^-)를 형성한다. 두 성분은 친핵성 치환에 모두 필요하다. H_2O에 대한 X^-의 치환 메커니즘은 R기의 구조에 의존한다.

산소를 포함하는 반응물과 센산이 함께 있다면, 메커니즘의 첫 번째 단계는 항상 산소 원자에 대한 양성자 첨가이다.

R–ÖH + H–X —양성자 이동→ R–$\overset{+}{O}H_2$ (좋은 이탈기) + :Ẍ:⁻ (좋은 친핵제) —S_N1 또는 S_N2→ R–Ẍ: + H_2O

- 메틸과 1° ROH는 S_N2 메커니즘에 의하여 RX를 형성한다.
- 2°와 3° ROH는 S_N1 메커니즘에 의하여 RX를 형성한다.

메커니즘 9.5 1° ROH와 HX의 반응–S_N2 메커니즘

① OH기에 대한 양성자 첨가는 좋은 이탈기(H_2O)를 만든다.

② 이탈기의 이탈과 함께 친핵체의 결합이 형성된다.

CH_3CH_2OH와 HBr의 반응은 1° 알코올의 S_N2 메커니즘을 나타낸다(메커니즘 9.5). 양성자가 첨가된 알코올에 대한 친핵성 공격은 한 단계로 일어나는데, 친핵체 X^-와의 결합이 형성되면서 이탈기(H_2O)와의 결합이 끊어진다.

$(CH_3)_3COH$와 HBr의 반응은 3° 알코올의 S_N1 메커니즘을 나타낸다(메커니즘 9.6). 양성자가 첨가된 알코올에 대한 친핵성 공격은 두 단계로 일어나는데, 친핵체 X^-와의 결합이 형성되기 전에 이탈기(H_2O)와의 결합이 끊어진다.

두 메커니즘은 모두 같은 첫 번째 단계—좋은 이탈기를 만들기 위한 산소 원자에 대한 양성자 첨가—로 시작하고, 생성물로 모두 할로젠화 알킬(RX)을 제공한다. 두 메커니즘은 오직 결합이 끊어지고 생성되는 시간만 다르다.

할로젠화 수소의 반응성은 산도 증가에 따라 증가한다.

H–Cl H–Br H–I

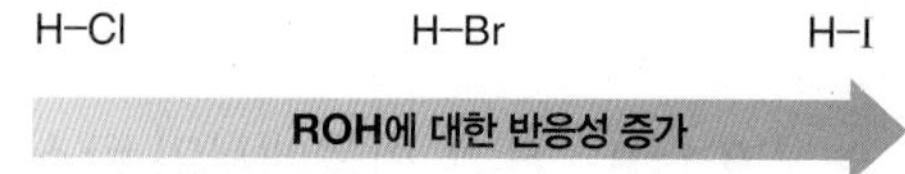

Cl^-는 Br^- 또는 I^-에 비하여 빈약한 친핵체이기 때문에 1° 알코올과 HCl의 반응은 보통 $ZnCl_2$와 같은 루이스 산 촉매를 첨가한 경우에만 일어난다. $ZnCl_2$는 루이스 산–염기 반응에 따라 알코올의 산소 원자와 결합하여 매우 좋은 이탈기를 만들어 S_N2 반응을 촉진하는 착물을 형성한다.

메커니즘 9.6 2°와 3° ROH와 HX의 반응–S_N1 메커니즘

① OH기에 대한 양성자 첨가는 좋은 이탈기(H_2O)를 만든다.

② 이탈기의 이탈은 탄소 양이온을 형성한다.

③ Br^-의 친핵성 공격은 치환 생성물을 형성한다.

입체발생 중심에서 반응이 일어나는 경우, 알고 있는 메커니즘으로 생성물의 입체화학을 예측할 수 있다.

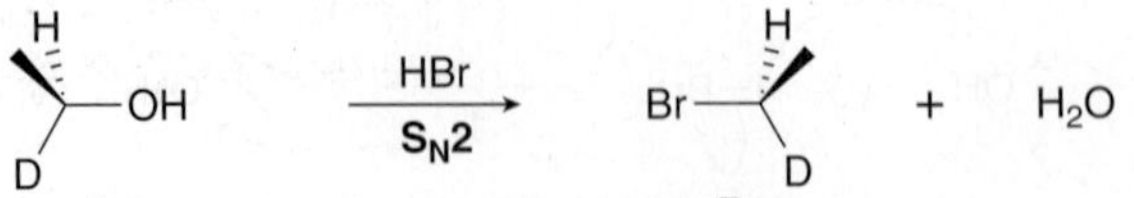

A 1° 알코올 —HBr, S_N2→ B 반전된 생성물 + H_2O

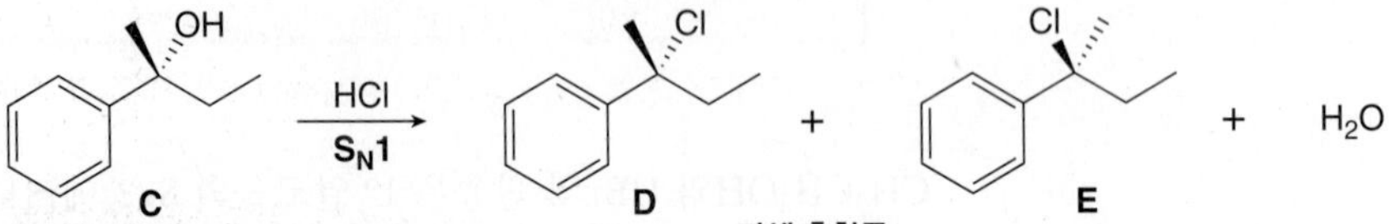

C 3° 알코올 —HCl, S_N1→ D + E 라셈 혼합물 + H_2O

- 1° 알코올 A는 HBr과 S_N2 메커니즘으로 반응하여 입체발생 중심에서 입체화학이 반전된 브로민화 알킬 B를 생성한다.
- 3° 알코올 C는 HCl과 S_N1 메커니즘으로 반응하여 삼각 평면 탄소 양이온 중간체를 형성하기 때문에 염화 알킬 D와 E의 라셈 혼합물(racemic mixture)을 생성한다.

문제 9.18 각 반응의 생성물을 그리고, 입체발생 중심에서의 입체화학을 나타내라.

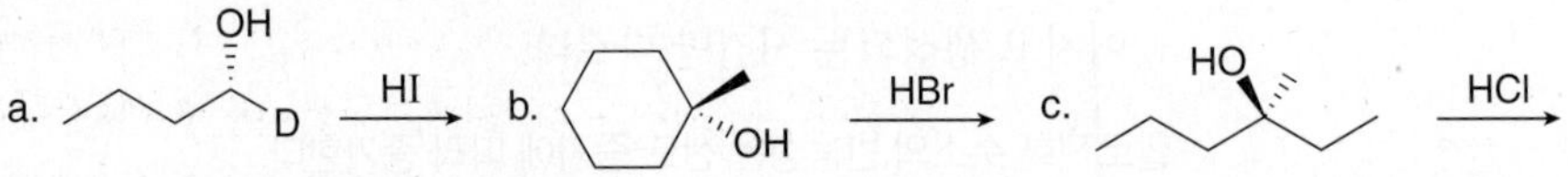

a. —HI→ b. —HBr→ c. —HCl→

9.11B S_N1 반응에서의 탄소 양이온 자리 옮김

예제 9.4에 나타낸 바와 같이 HX와 2° 및 3° 알코올의 S_N1 반응에서 탄소 양이온이 형성되기 때문에 탄소 양이온의 자리 옮김이 가능하다.

예제 9.4 다음 반응의 메커니즘을 단계적으로 나타내라.

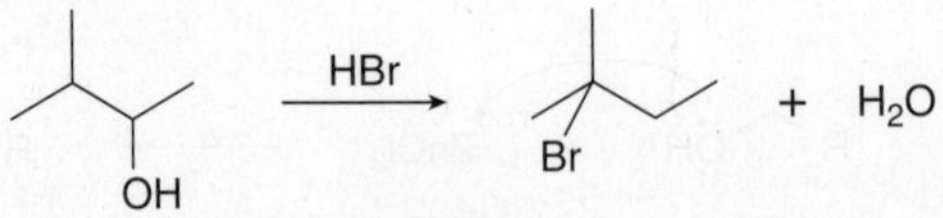

—HBr→ + H_2O

풀이

2° 알코올은 HBr과 S_N1 메커니즘으로 반응한다. 이 예에서 치환은 2° 알코올을 3° 할로젠화 알킬로 변환시키기 때문에 탄소 양이온 자리 옮김이 반드시 일어나야만 가능하다.

단계 [1]과 [2] 산소 원자에 대한 양성자 첨가와 뒤이은 H_2O 이탈은 2° 탄소 양이온을 형성한다.

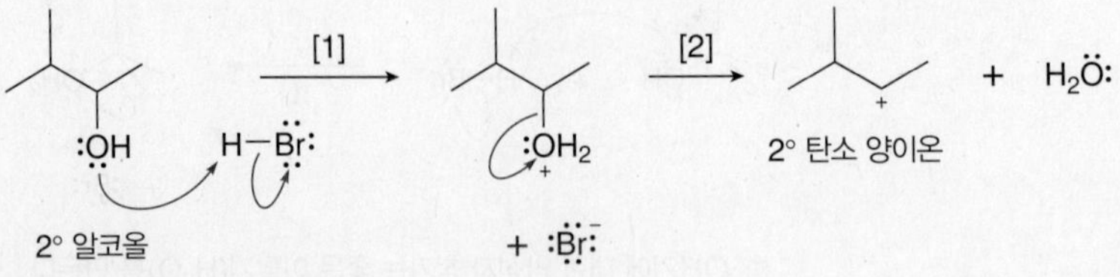

2° 알코올 + H—Br —[1]→ + Br^- —[2]→ 2° 탄소 양이온 + H_2O

단계 [3]과 [4] **1,2-수소화 이온 이동에 의한 2° 탄소 양이온의 자리 옮김은 더 안정한 3° 탄소 양이온을 형성한다.** 친핵체 공격은 치환 생성물을 형성한다.

[3] 1,2-H 이동 → 3° 탄소 양이온 [4] → 3° 할로젠화 알킬

문제 9.19 각 알코올이 HCl과 반응하면 어떤 주 생성물이 형성되는가?

a. b. c.

9.12 $SOCl_2$와 PBr_3을 이용한 알코올의 할로젠화 알킬로의 변환

1°와 2° 알코올은 $SOCl_2$와 PBr_3에 의하여 할로젠화 알킬로 변환될 수 있다.

- $SOCl_2$(염화 싸이오닐)는 알코올을 염화 알킬로 변환시킨다.
- PBr_3(트라이브로민화 인)는 알코올을 브로민화 알킬로 변환시킨다.

두 시약은 반응 혼합물 상태에서 직접적으로 ^-OH기를 좋은 이탈기로 변환시킴과 동시에 이탈기를 치환시키는 친핵체(Cl^- 또는 Br^-)를 제공한다.

9.12A ROH와 $SOCl_2$의 반응

1° 또는 2° 알코올을 $SOCl_2$ 및 피리딘과 반응시키면 염화 알킬을 형성하며, SO_2와 HCl이 부산물로 생성된다.

OH + $SOCl_2$ —피리딘→ Cl (1° 염화 알킬) + SO_2 + HCl

OH + $SOCl_2$ —피리딘→ Cl (2° 염화 알킬) + SO_2 + HCl

메커니즘 9.7 ROH와 $SOCl_2$ + 피리딘의 반응−S_N2 메커니즘

R−ÖH + $SOCl_2$ —①→ + :Cl:⁻ —②→ + H−N⁺ —③→ R−Cl + SO_2 + :Cl:⁻

① ② 알코올과 $SOCl_2$의 반응과 양성자 손실은 OH기를 좋은 이탈기인 OSOCl로 전환한다.

③ 염화물의 친핵성 공격과 이탈기(SO_2와 Cl^-)의 손실은 한 단계에서 RCl을 형성한다.

이 메커니즘은 두 부분으로 구성된다. 메커니즘 9.7에 나타낸 바와 같이 OH기는 좋은 이탈기로 변환되고 S_N2 반응에 의하여 Cl^-의 친핵성 공격이 일어난다.

문제 9.20 알코올과 $SOCl_2$ 및 피리딘의 반응이 S_N2 메커니즘을 따른다면, (*R*)-뷰탄-2-올로부터 형성되는 염화 알킬의 입체화학은 무엇인가?

9.12B ROH와 PBr_3의 반응

비슷한 유형으로 1° 또는 2° 알코올을 트라이브로민화 인(PBr_3)과 반응시키면 브로민화 알킬을 형성한다.

$$CH_3CH_2OH + PBr_3 \longrightarrow CH_3CH_2Br + HOPBr_2$$

1° 브로민화 알킬

$$C_6H_{11}OH + PBr_3 \longrightarrow C_6H_{11}Br + HOPBr_2$$

2° 브로민화 알킬

이 메커니즘 역시 두 부분으로 구성된다. 메커니즘 9.8에 나타낸 바와 같이 OH기는 좋은 이탈기로 변환되고, S_N2 반응에 의하여 Br^-의 친핵성 공격이 일어난다.

9.11절과 9.12절에 소개된 알코올을 할로젠화 알킬로 변환시키는 방법을 표 9.2에 요약하였다.

문제 9.21 알코올과 PBr_3의 반응이 S_N2 메커니즘을 따른다면 (*R*)-뷰탄-2-올로부터 형성되는 브로민화 알킬의 입체화학은 무엇인가?

문제 9.22 각 반응의 유기 생성물을 그리고, 입체발생 중심을 가지는 생성물의 입체화학을 나타내라.

a. (pentan-1-ol) OH $\xrightarrow[\text{pyridine}]{SOCl_2}$ b. (3-methylhexan-3-ol) OH $\xrightarrow{HI}$ c. (2-methylcyclopentanol) OH $\xrightarrow{PBr_3}$

9.12C ROH로부터 RX 합성의 중요점

알코올로부터 염화 알킬을 제조하는 두 가지 방법과 브로민화 알킬을 제조하는 두 가지 방법을 배웠다. 반응을 일으킬 수 있는 좋은 하나의 방법이 있음에도 왜 더 많은 방법을 찾으려 하는가?

메커니즘 9.8 ROH와 PBr_3의 반응–S_N2 메커니즘

$$R-\ddot{O}H + PBr_3 \xrightarrow{①} R-\overset{+}{O}(H)-PBr_2 + :\ddot{Br}:^- \xrightarrow{②} R-\ddot{Br}: + HOPBr_2$$

① 알코올과 PBr_3의 반응은 OH기를 좋은 이탈기인 $OPBr_2$로 전환시키고, 친핵체인 Br^-를 생성한다.

② 브롬화물의 친핵성 공격과 이탈기의 손실은 한 단계에서 RBr을 형성한다.

표 9.2
ROH을 RX로 전환하는 방법의 요약

전체 반응	시약	설명
ROH → RCl	HCl	• 모든 ROH에 유용 • 2°, 3° ROH의 S_N1 메커니즘; CH_3OH, 1° ROH의 S_N2 메커니즘
	$SOCl_2$	• CH_3OH, 1°, 2° ROH에 최선 • S_N2 메커니즘
ROH → RBr	HBr	• 모든 ROH에 유용 • 2°, 3° ROH의 S_N1 메커니즘; CH_3OH, 1° ROH의 S_N2 메커니즘
	PBr_3	• CH_3OH, 1°, 2° ROH에 최선 • S_N2 메커니즘
ROH → RI	HI	• 모든 ROH에 유용 • 2°, 3° ROH의 S_N1 메커니즘; CH_3OH, 1° ROH의 S_N2 메커니즘

어떤 특별한 시약은 한 출발물에 대해서 잘 적용되겠지만, 다른 물질에 대해서도 그런 것은 아니다. 따라서 유기화학자는 같은 전체 반응을 수행할 수 있는 여러 종류의 다른 방법을 찾으려 노력한다. 지금은 가장 일반적인 하나 또는 두 개의 방법에 대하여 집중적으로 이해함으로써 기본개념을 더 잘 이해하게 될 것이다.

알코올을 할로젠화 알킬로 변환하는 방법은 왜 여러 가지인가? 할로젠화 알킬은 예제 9.5에 나타낸 바와 같이 유기 합성에서 다용도의 출발물이다.

예제 9.5 프로판-1-올을 뷰테인나이트릴(**A**)로 변환시켜라.

OH → ? → CN
프로판-1-올 뷰테인나이트릴 **A**

풀이

$^-$OH가 나쁜 이탈기이기 때문에 $^-$CN을 친핵체로 사용하여 프로판-1-올을 **A**로 직접 변환시키는 것은 불가능하다. 그러나 OH기를 Br 원자로 변환시키면 좋은 이탈기가 형성되기 때문에 $^-$CN과 S_N2 반응이 쉽게 진행되어 **A**를 생성한다. **이 두 단계 반응은 다단계 합성의 첫 번째 예이다.**

OH + $^-$:CN ✕→ CN + $^-$OH
나쁜 이탈기

OH —PBr_3→ Br —$^-$:CN, S_N2→ CN + Br^-
A 좋은 이탈기

문제 9.23 $(CH_3)_2CHOH$를 다음 각 화합물로 변환시키는 두 단계를 나타내라.
$(CH_3)_2CHN_3$와 $(CH_3)_2CHOCH_2CH_3$

9.13 토실레이트–또 다른 좋은 이탈기

알코올의 OH기를 좋은 이탈기로 변환시키는 두 종류의 반응, 즉 센산과의 반응(9.8절), 할로젠화 알킬로의 변환(9.11~9.12절)에 대해 배웠다. 알코올은 알킬 토실레이트(alkyl tosylate)로도 변환될 수 있다.

1.5절에서 공부한 바와 같이 황과 같은 3주기 원소는 루이스 구조에서 주위에 10개 또는 12개의 전자를 가질 수 있다.

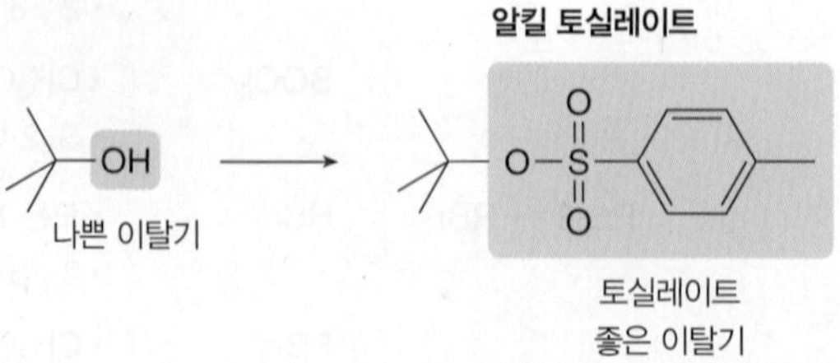

알킬 토실레이트는 종종 간단히 **토실레이트로** 불린다.

알킬 토실레이트

나쁜 이탈기

토실레이트
좋은 이탈기

알킬 토실레이트는 두 부분으로 구성되어 있다. 알코올로부터 유래된 알킬기 R, 좋은 이탈기인 토실레이트(*p*-톨루엔설포네이트의 약어). 토실기 $CH_3C_6H_4SO_2^-$를 Ts로 줄여 표현하므로 알킬 토실레이트는 ROTs이다.

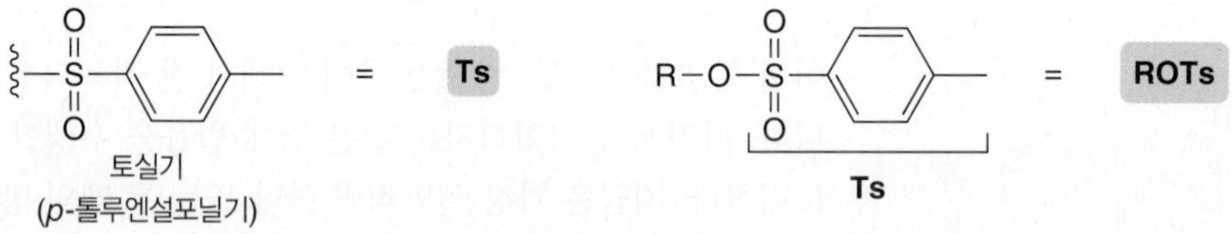

= Ts　　R−O−S(=O)(=O)−C₆H₄−CH₃ = ROTs

토실기
(*p*-톨루엔설포닐기)

Ts

9.13A 알코올의 알킬 토실레이트로의 변환

토실레이트(TsO⁻)는 이탈기로서의 반응성이 I⁻와 비슷하다.

알코올은 피리딘 존재하에서 *p*-톨루엔설포닐 클로라이드(TsCl)와 반응하여 토실레이트로 변환된다. 이 전체 과정은 나쁜 이탈기(⁻OH)를 좋은 이탈기(⁻OTs)로 변환시킨다. 토실레이트는 짝산인 *p*-톨루엔설폰산($CH_3C_6H_4SO_3H$, TsOH)이 센산(pK_a = −7, 2.6절)이기 때문에 좋은 이탈기이다.

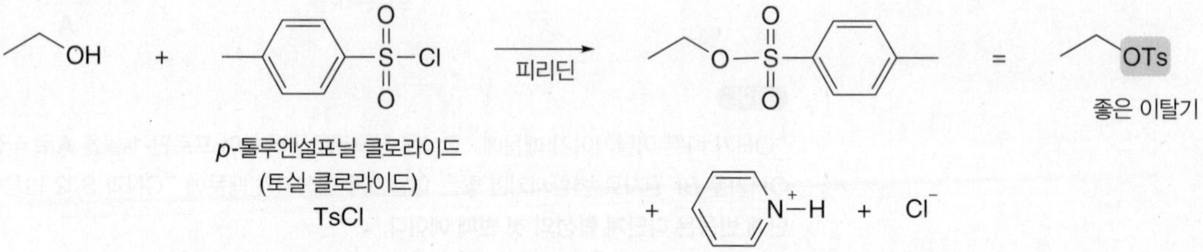

OH + TsCl —피리딘→ OTs + 피리디늄 N⁺−H + Cl⁻

p-톨루엔설포닐 클로라이드
(토실 클로라이드)
TsCl

좋은 이탈기

(*S*)-뷰탄-2-올은 입체발생 중심에서의 배열이 보존되면서 토실레이트로 변환된다. 따라서 토실레이트가 형성될 때 알코올의 C−O 결합은 끊어지지 않는다.

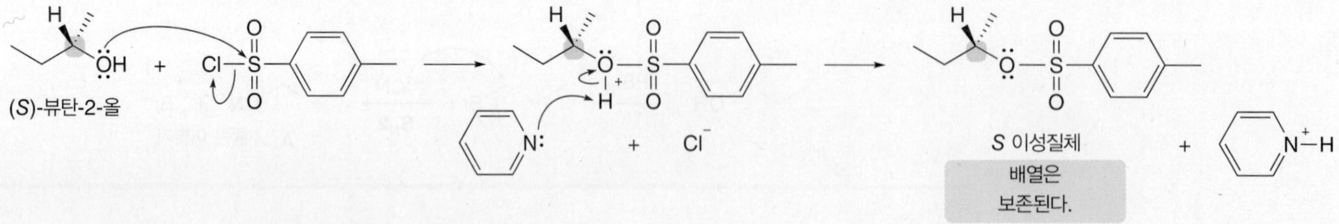

(*S*)-뷰탄-2-올 + Cl−Ts → (피리딘, Cl⁻) → *S* 이성질체 + N⁺−H

S 이성질체

배열은
보존된다.

문제 9.24 다음 반응의 생성물을 그리고, 입체발생 중심에서의 입체화학을 나타내라.

a. 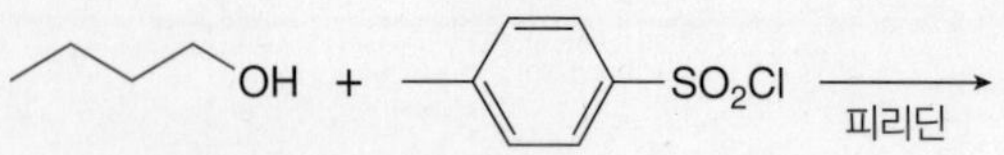 뷰탄-1-올(OH) + $CH_3C_6H_4SO_2Cl$ —피리딘→

b. 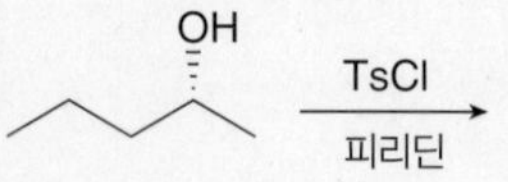 OH 알코올 —TsCl, 피리딘→

9.13B 알킬 토실레이트의 반응

알킬 토실레이트에는 좋은 이탈기가 있기 때문에 할로젠화 알킬과 똑같이 친핵성 치환과 β 제거 반응이 모두 일어난다. 일반적으로 알킬 토실레이트와 센 친핵체와 염기를 반응시키면 치환은 S_N2 메커니즘으로, 제거는 E2 메커니즘으로 진행된다.

예를 들어, 1° 탄소에 이탈기가 있는 프로필 토실레이트는 $NaOCH_3$와 반응하여 S_N2 메커니즘에 의한 친핵체 치환 생성물인 메틸 프로필 에터를 생산한다. 프로필 토실레이트는 입체 장애가 있는 강염기인 $KOC(CH_3)_3$와 반응하여 E2 메커니즘으로 프로펜을 만든다.

[1] 프로필 토실레이트 OTs + Na^+ $^-:\ddot{O}CH_3$ (센 친핵체) —S_N2→ (치환 생성물) + Na^+ ^-OTs

[2] OTs + K^+ $^-:\ddot{O}C(CH_3)_3$ (센 비친핵성 염기) —E2→ (제거 생성물) + K^+ ^-OTs + $HOC(CH_3)_3$

치환은 S_N2 메커니즘을 경유하여 일어나기 때문에 이탈기가 입체발생 중심에 결합되어 있으면, 배열의 반전이 일어난다.

$^-:CN$ + (H) OTs ⟶ NC (H) + ^-OTs

배열의 반전

예제 9.6 다음 반응의 생성물을 입체화학을 포함하여 나타내라.

(OTs, D) —Na^+ $^-OCH_2CH_3$→

풀이

1° 알킬 토실레이트와 입체 장애가 없는 센 친핵체는 모두 뒤쪽 공격이 일어나는 **S_N2** 메커니즘에 의한 치환을 선호하기 때문에 입체발생 중심에서 배열의 **반전**이 일어난다.

$CH_3CH_2\ddot{O}:^-$ + (OTs, D) 1° 토실레이트 ⟶ (O, D) + Na^+ ^-OTs

문제 9.25 각 반응의 생성물을 그리고, 입체발생 중심이 있는 생성물의 입체화학을 나타내라.

a. OTs + ^-CN ⟶

b. OTs + K^+ $^-OC(CH_3)_3$ ⟶

c. OTs + ^-SH ⟶

9.13C 알코올을 치환 생성물로 변환시키는 두 단계 반응

알코올을 치환 생성물로 변환시키는 두 단계 반응, 즉 알킬 토실레이트를 형성하기 위한 알코올과 T_SCl 및 피리딘의 반응(단계 [1])에 이은 토실레이트에 대한 친핵체의 공격(단계 [2])에 대해 배웠다.

$$R-OH \xrightarrow[\text{피리딘 [1]}]{TsCl} R-OTs \xrightarrow[{[2]}]{:Nu^-} R-Nu + {}^-OTs$$

이 두 단계 과정에서 입체화학을 고려하자.

- 토실레이트를 형성하는 단계 [1]은 C−O 결합이 본래대로 유지되기 때문에 배열이 보존(retention)되면서 진행된다.
- 단계 [2]는 친핵체의 뒤쪽 공격으로 배열의 반전이 함께 진행되는 S_N2 반응이다.
- 전체적으로 입체발생 중심에서 배열의 알짜 반전(net inversion of configuration)이 일어난다.

예를 들어 시스-3-메틸사이클로헥산올을 *p*-톨루엔설포닐 클로라이드 및 피리딘과 반응시키면 시스 토실레이트 A를 형성하며, A는 친핵체 $^-OCH_3$에 의한 뒤쪽 공격으로 트랜스 에터 B를 생성한다.

시스 (OH) —TsCl, 피리딘 [1] 배열의 **보존**→ A 시스 (OTs) —$^-OCH_3$ [2] 배열의 **반전**→ B 트랜스 (OCH_3)

문제 9.26 (*S*)-뷰탄-2-올을 TsCl와 피리딘과 반응시키고, 뒤이어 NaOH와 반응시켰을 때 형성되는 생성물을 그려라. 각 화합물의 입체발생 중심을 ***R*** 또는 ***S***로 나타내라. 출발 알코올과 최종 생성물 사이의 입체화학적 관계는 무엇인가?

9.13D 알코올의 치환 반응과 제거 반응에 대한 요약

9.8~9.13C절에서 배운 알코올의 반응은 두 가지 유사성이 있다.

- OH기는 산 또는 다른 반응 시약과 반응하여 더 좋은 이탈기로 변환된다.
- 그 결과로 얻어진 생성물은 반응 조건에 따라서 제거 또는 치환이 일어난다.

그림 9.8에 사이클로헥산올을 출발물로 한 반응을 요약하였다.

그림 9.8
요약: 알코올의 친핵성 치환과 β 제거 반응

사이클로헥산올(OH) —H_2SO_4 또는 $POCl_3$, 피리딘→ 사이클로헥센

사이클로헥산올 —HX 또는 $SOCl_2$ 또는 PBr_3→ X 치환체 —$:Nu^-$ 또는 B:→ Nu 치환체 또는 사이클로헥센

사이클로헥산올 —TsCl, 피리딘→ OTs 치환체 —$:Nu^-$ 또는 B:→ Nu 치환체 또는 사이클로헥센

문제 9.27 $(CH_3)_2CHOH$를 다음 반응 시약과 반응시켰을 때 형성되는 생성물을 나타내라.

a. $SOCl_2$, 피리딘
b. TsCl, 피리딘
c. H_2SO_4
d. HBr
e. PBr_3, 다음에 NaCN
f. $POCl_3$, 피리딘

9.14 에터와 센산의 반응

에터는 반응성이 거의 없기 때문에 다이에틸 에터와 테트라하이드로퓨란(THF)은 유기 반응에서 용매로 자주 사용된다.

9.7B절에서 언급한 바와 같이 에터에는 나쁜 이탈기가 있으므로 친핵성 치환 또는 β 제거 반응이 직접적으로 일어날 수 없다는 것을 기억하라. 대신에 에터는 센산과 반응하여 좋은 이탈기로 변환되어야 한다. 센산이면서 역시 좋은 친핵체(Br^-와 I^-)를 제공하므로 HBr과 HI만이 사용된다. 에터가 HBr 또는 HI와 반응하면 두 C−O 결합이 모두 끊어지며, 두 개의 할로젠화 알킬이 생성물로 형성된다.

$$\text{R-O-R} \xrightarrow[\text{(2당량)}]{\text{H-X}} \text{R-X} + \text{R-X} + H_2O$$

X = Br 또는 I)

HBr 또는 HI는 에터의 산소 원자에 양성자 첨가를 일으키는 센산으로 작용하며 좋은 친핵체(Br^-와 I^-)를 제공한다. 에터의 두 C−O 결합이 모두 끊어지기 때문에 두 번의 연속적인 친핵성 치환 반응이 일어난다.

(사이클로헥실 에틸 에터) + H−Br (2당량) ⟶ (브로모사이클로헥세인) + (브로모에테인) + H_2O

$(CH_3)_3C-OCH_3$ + H−I (2당량) ⟶ $(CH_3)_3C-I$ + CH_3-I + H_2O

- 에터 절단은 R의 구조에 따라서 S_N1또는 S_N2 메커니즘으로 진행된다.
- 에터의 산소 원자에 2° 또는 3° 알킬기가 결합된 경우에는 C−O 결합이 끊어져 탄소 양이온을 포함한 S_N1 메커니즘으로 진행되고, 메틸 또는 1° R기인 경우에는 C−O 결합이 S_N2 메커니즘으로 절단된다.

예를 들어, 메커니즘 9.9에 나타낸 바와 같이 $(CH_3)_3COCH_3$와 HI의 반응에서 절단은 두 결합에서 일어난다. 한쪽의 C−O 결합 절단으로 생성된 3° 알킬기는 S_N1 메커니즘에 의하여 친핵성 치환이 일어난다. 두 번째 C−O 결합 절단으로 생성된 메틸기는 S_N2 메커니즘에 의하여 친핵성 치환이 일어난다.

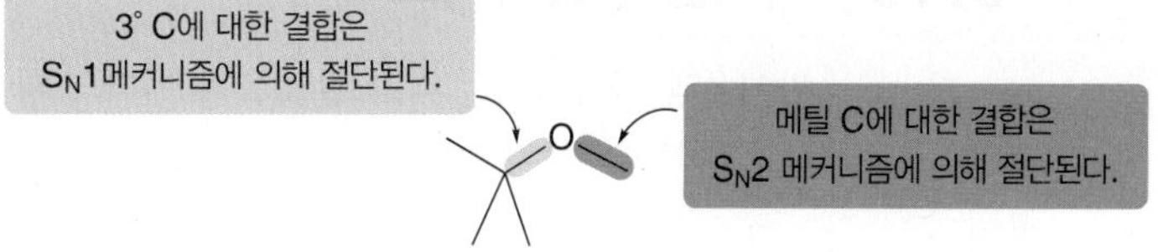

메커니즘은 반응에서 HX의 중심 역할을 설명한다.

- HX는 에터 산소에 양성자를 첨가하여 좋은 이탈기를 만든다.
- HX는 친핵성 공격을 위한 X^-의 공급원이다.

메커니즘 9.9 센산에서의 에터 절단 메커니즘–$(CH_3)_3COCH_3$ + HI → $(CH_3)_3CI$ + CH_3I + H_2O

부분 [1] S_N1 메커니즘에 의한 3° C–O 결합의 절단

$CH_3-\ddot{O}H$

① 에터 O 원자의 양성자 첨가는 좋은 이탈기를 형성한다.

② 3° 탄소에 대한 C–O 결합의 절단은 3° 탄소와 CH_3OH를 형성한다.

③ I^-의 친핵성 첨가는 치환 생성물을 형성한다.

부분 [2] S_N2 메커니즘으로 CH_3–O 결합의 절단

$$CH_3-\ddot{O}H + H-\ddot{I}: \xrightarrow{4} CH_3-\overset{+}{O}H_2 + :\ddot{I}:^- \xrightarrow{5} CH_3-I + H_2\ddot{O}:$$

④ OH기의 양성자 첨가는 좋은 이탈기(H_2O)를 형성한다.

⑤ 아이오딘화물의 친핵성 공격은 두 번째 할로젠화 알킬 CH_3I가 형성된다. 메커니즘은 SN_2이므로 C–I 결합의 형성과 함께 C–O 결합은 끊어진다.

문제 9.28 다음 에터가 HBr과 반응하였을 때 생성되는 할로젠화 알킬은 무엇인가?

a. b. c.

문제 9.29 아니솔(anisole)을 HBr과 반응시키면, 왜 브로모벤젠이 생성되지 않고 페놀과 CH_3Br이 생성되는지를 설명하라.

아니솔 ($-OCH_3$) $\xrightarrow{HBr}$ 페놀 ($-OH$) + CH_3Br [브로모벤젠 ($-Br$)]

9.15 싸이올과 설파이드

싸이올과 설파이드는 각각 알코올과 에터의 황 유사체이다.

R–S̈–H 싸이올 R–S̈–R 설파이드

9.15A 싸이올

머캅탄(mercaptan)이라고도 하는 싸이올은 탄소 원자에 결합된 머캅토(mercapto)기(SH)를 포함한다. 황은 주기율표상에서 산소 아래에 있으므로 황 원자는 두 개의 원자와 두 개의 고립 전

자쌍으로 둘러싸여 있고, 싸이올은 굽은 형태를 띤다. 그러나 알코올과 달리 싸이올은 분자간 수소 결합이 가능하므로 비슷한 수의 탄소가 있는 알코올에 비해 끓는점과 녹는점이 낮다.

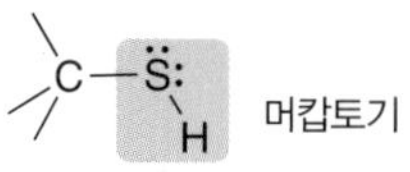

머캅토기

싸이올 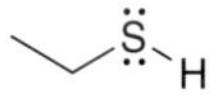 | 에테인싸이올 bp 35 °C | 에탄올 bp 78 °C

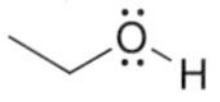

많은 단순 싸이올은 톡 쏘는 불쾌한 냄새를 풍긴다. 스컹크, 양파, 그리고 사람의 땀에는 모두 싸이올이 함유되어 있다.

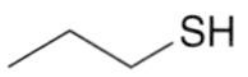

프로페인-1-싸이올 양파 냄새 | 3-메틸뷰테인-1-싸이올 스컹크 냄새 | (S)-3-메틸-3-설파닐헥산-1-올 양파 냄새 비슷한 사람의 땀내

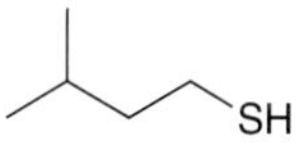

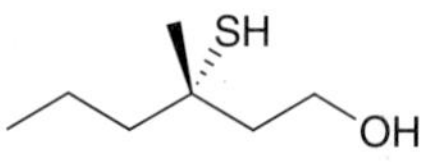

싸이올은 알코올과 비슷하게 접미사 −올(-ol) 대신 접미사 −싸이올(-thiol)을 사용하여 명명한다.

IUPAC 명명법에서 싸이올의 명명은

- 모체 탄소 사슬에 접미사 싸이올(−thiol)을 추가하여 명명한다.
- SH기에 낮은 숫자를 부여하여 기타의 명명법을 적용한다.

싸이올 명명법의 예를 그림 9.9에 나타냈다.

문제 9.30 각 싸이올의 이름을 쓰라.

a. 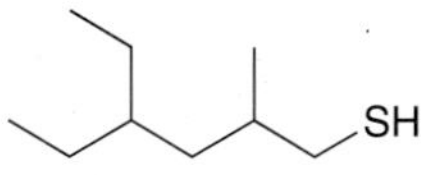 b.

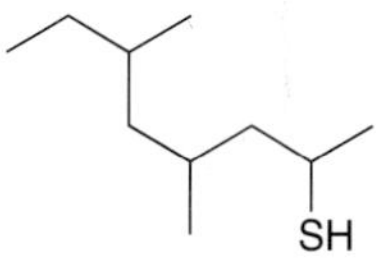

싸이올은 좋은 친핵체인 $^-$SH와 할로젠화 알킬의 S_N2 반응에 의해 합성된다.

싸이올은 Br_2 또는 I_2와 쉽게 산화되어 황−황 결합을 포함하는 다이설파이드(RSSR)를 형성한다.

다이설파이드를 생성할 때 H 원자가 싸이올에서 제거되므로 이 반응은 산화이다(4.14절). 다이설파이드는 Zn 및 산과 반응하여 싸이올로 환원된다.

그림 9.9
싸이올 명명법

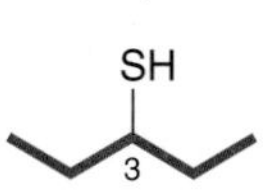

펜테인-3-싸이올 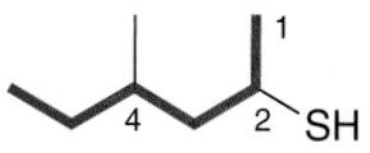 | 4-메틸헥세인-2-싸이올 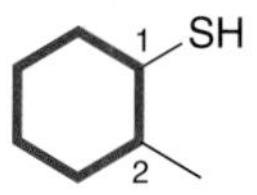 | 2-메틸사이클로헥세인싸이올

SH —(Br_2 or I_2)→ S–S

S–S —(Zn, HCl)→ SH + HS

다이설파이드의 형성은 아미노산 시스테인을 포함하는 일부 단백질의 형태와 특성을 결정하는 데 특히 중요하다. 29장에 이 내용을 다룬다.

문제 9.31 각 반응의 생성물을 그려라.

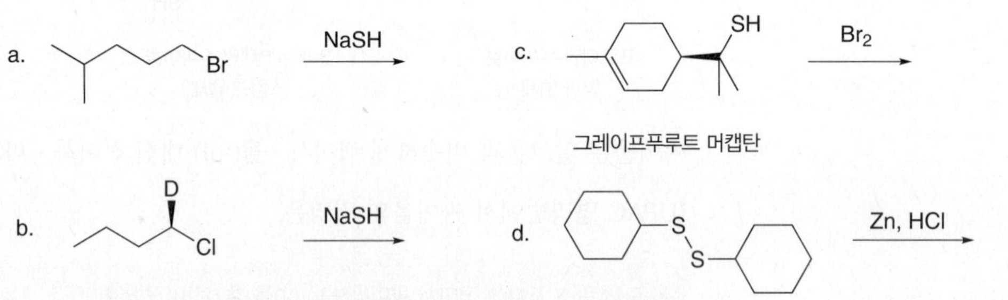

그레이프푸르트 머캡탄(문제 9.31C)의 강한 향은 그레이프푸르트 향의 특성을 만든다.

9.15B 설파이드

설파이드는 황 원자가 결합된 두 개의 알킬기를 포함한다. 설파이드는 에터의 명명과 같은 규칙으로 명명된다. 간단한 화합물에 대해서는 접미사 -에터(-ether) 대신 -설파이드(sulfide)를 사용한다.

R–S–R 설파이드 | *sec*-뷰틸 에틸 설파이드 | 다이에틸 설파이드

보다 복잡한 설파이드를 명명하기 위한 IUPAC 명명 체계는, 하나의 알킬기를 모체 사슬로 이름 붙이고 다른 하나를 그 사슬에 결합된 치환기의 일부로 이름 붙인다.

- 간단한 알킬기 +S 원자는 알킬싸이오(alkylthio) 치환기로 명명한다.
- 나머지 알킬기는 일반적인 명명 규칙을 사용하여 알킬싸이오 치환기가 있는 알케인으로 명명한다.

문제 9.32 각 설파이드에 대해 IUPAC 명명을 쓰라.

a. S b. S

설파이드는 S_N2에 의해 싸이올에서 합성되는데, 윌리엄슨 에터 합성과 유사하다.

프로페인-1-싸이올 → (Na^+ $H:^-$) → 황 친핵체 + H_2 → (S_N2, Br) → 에틸 프로필 설파이드 + $:Br:^-$

설파이드는 비친핵성 할로젠화 알킬과 쉽게 반응하여 설포늄 이온을 형성하는 친핵성 황이온을 포함한다.

설파이드 + 브로민화 에틸 → (S_N2) → 설포늄 이온 + $:Br:^-$

7.16절에 소개된 생체 설포늄 이온인 *S*-아데노실메싸이오닌(*S*-Adenosylmethionine, SAM)은 친핵성 설파이드를 포함하는 아미노산 메싸이오닌과 삼인산염(triphosphate) 이탈기를 포함하는 삼인산염 아데노신(adenosine triphosphate, ATP)에서 합성된다(7.16절).

메싸이오닌 + 삼인산염 아데노신 ATP → (S_N2) → *S*-아데노실메싸이오닌 + PPP_i 삼인산염 이탈기

문제 9.33 각 반응의 생성물을 그려라.

a. 사이클로헥세인싸이올 → [1] NaH, [2] CH_3Br →

b. 설파이드 + 1-클로로-2-메틸프로페인 →

9.16 에폭사이드의 반응

에폭사이드는 좋은 이탈기가 없지만 두 개의 극성 결합이 있는 무리가 걸린 삼원자 고리이다. 친핵성 공격은 무리가 걸린 삼원자 고리를 열며, 나쁜 이탈기가 있음에도 불구하고 이 과정은 잘 일어난다.

δ–, δ+, δ+, $:Nu^-$ → $:\ddot{O}:^-$ 이탈기, Nu 새로운 C–Nu 결합

이 반응은 ^-CN과 같은 센 친핵체, 그리고 HZ와 같은 산(Z는 친핵체 원자)과 함께 쉽게 일어난다.

[1] $^-$CN
[2] H_2O

HCl

9.16A 센 친핵체에 의한 에폭사이드의 고리 열림

실제로 모든 센 친핵체는 연속적인 두 단계 반응에 의하여 에폭사이드를 연다.

[1] H_2O [2] + ^-OH

- 단계 [1]: 친핵체는 에폭사이드의 전자가 부족한 탄소를 공격하여 C–O 결합을 절단하고, 삼원자 고리의 무리를 제거한다.
- 단계 [2]: 알콕시화 음이온의 양성자 첨가는 물로부터 이루어지며, 이는 이웃하는 탄소에 두 작용기가 있는 중성 생성물을 만든다.

에폭사이드 고리를 여는 일반적인 친핵체에는 $^-$OH, $^-$OR, $^-$CN, $^-$SR과 NH_3가 있다. 이와 같은 센 친핵체와 함께 고리 열림 반응은 다음 두 조건에 따르는 S_N2 메커니즘으로 일어난다.

- 친핵체는 뒤쪽으로부터 에폭사이드 고리를 연다.

[1] S_N2 뒤쪽 공격 H_2O [2]

생성물에서 CH_3O와 OH는 서로 **안티** 관계에 놓인다.

에폭사이드 고리의 친핵성 고리 열림에 대한 다른 예는 12.6절과 20.14절에서 소개된다.

- 비대칭 에폭사이드에서 친핵체는 치환기가 적은 탄소 원자를 공격한다.

[1] 치환기가 적은 탄소에서 공격 H_2O [2]

문제 9.34 각 반응의 생성물을 그리고, 입체발생 중심에서의 입체화학을 나타내라.

a. [1] $CH_3CH_2O^-$ [2] H_2O

b. [1] H–C≡C$^-$ [2] H_2O

1,2-에폭시사이클로헥세인은 대칭면이 있으므로 비카이랄성인 대칭 에폭사이드이다. 그러나 1,2-에폭시사이클로헥세인은 $^-OCH_3$와 반응하여 서로 거울상이성질체인 두 개의 트랜스-1,2-이중 치환 사이클로헥세인 A와 B를 생성한다. 이들은 각각 두 개의 입체발생 중심을 포함한다.

[1] $^-OCH_3$
[2] H_2O

1,2-에폭시사이클로헥세인

비카이랄성 출발물

A B

거울상이성질체

[*는 입체발생 중심을 나타냄]

이 경우에 양쪽이 모두 동등하게 치환되어 있기 때문에 어느 쪽에서든 C−O 결합의 뒤쪽에서 $^-OCH_3$의 친핵성 공격이 일어난다. 어느 쪽이든 공격이 일어날 가능성은 같기 때문에 같은 양의 두 거울상이성질체가 생성된다—**라셈 혼합물**. 이것은 비카이랄성 반응물로부터 얻어지는 생성물의 입체 화학이 고려된 일반적 규칙의 예이다.

에폭사이드는 평면 아래에 있다.

친핵체는 양쪽의 아래에서 공격한다.

트랜스 생성물

A 거울상이성질체

B

- 비카이랄성 반응물이 입체발생 중심이 있는 생성물을 만드는 경우에 생성물은 언제나 비카이랄성 또는 라셈이어야 한다.

이 일반적 규칙은 광학 활성도에서 다시 언급될 수 있다. 5.12절에서 다룬 바와 같이 비카이랄성 화합물과 라셈 혼합물은 광학적으로 비활성임을 상기하라.

- 광학적으로 비활성인 출발물은 광학적으로 비활성인 생성물을 만든다.

문제 9.35 2,3-다이메틸옥시레인의 시스와 트랜스 이성질체는 모두 ^-OH와 반응하여 뷰테인-2,3-다이올을 생성한다. 한 입체이성질체는 하나의 비카이랄성 생성물을 만들며, 다른 것은 두 개의 카이랄성 거울상이성질체를 만든다. 어떤 에폭사이드가 하나의 생성물을 만들며 어떤 것이 두 개의 생성물을 만드는가?

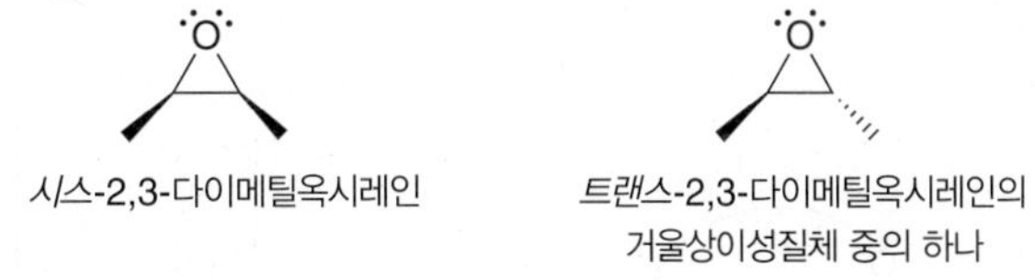

시스-2,3-다이메틸옥시레인

트랜스-2,3-다이메틸옥시레인의 거울상이성질체 중의 하나

9.16B 산 HZ와의 반응

친핵체 Z를 가진 산 HZ는 연속적인 두 단계 반응으로 에폭사이드 고리를 연다.

[1] [2]

- 단계 [1]: HZ에 의한 에폭사이드 산소의 양성자 첨가는 에폭사이드 산소를 좋은 이탈기 (OH)로 만든다. 이는 에폭사이드 고리를 여는 좋은 친핵체(Z^-)를 제공하기도 한다.
- 단계 [2]: 친핵체 Z^-는 뒤쪽 공격으로 양성자가 첨가된 에폭사이드 고리를 연다.

이 두 단계—양성자 첨가와 뒤이은 친핵체 공격—는 양성자 첨가에 앞서 친핵체 공격이 일어나는 센 친핵체에 의한 에폭사이드 고리 열림과는 완전히 반대이다.

HCl, HBr 그리고 HI는 모두 이와 같은 방법으로 에폭사이드를 연다. H_2O와 ROH도 할 수 있지만 반드시 산이 첨가되어야 한다. 반응에 관계없이 생성물은 한 탄소에는 에폭사이드로부터 형성되는 OH기를, 바로 이웃 탄소에는 친핵체로부터 형성되는 새로운 작용기 Z가 있다. 고리에 접합된 에폭사이드는 트랜스-1,2-이중치환 사이클로알케인을 형성한다.

HBr
Br OH

H_2O
H_2SO_4
OH OH + OH OH
거울상이성질체

친핵체의 뒤쪽 공격은 이 반응이 S_N2 메커니즘에 의해 일어나는 것을 나타내지만, 비대칭 에폭사이드와의 반응에서 위치선택성은 그렇지 않다.

- 비대칭 에폭사이드와의 반응에서 친핵체 공격은 치환기가 더 많은 탄소에서 일어난다.

예를 들어, 2,2-다이메틸옥시레인을 HCl과 반응시키면 친핵성 공격은 두 메틸기가 있는 탄소에서 일어난다.

2,2-다이메틸옥시레인
HCl
치환기가 더 많은 탄소에서 공격
OH
Cl

그림 9.10
HCl을 이용한 비대칭 에폭사이드 고리 열림

2,2-다이메틸옥시레인 + H–Cl: [1] + :Cl:⁻

[2]
더 안정한 전이 상태
더 많이 치환된 탄소에 δ+
A
이 생성물이 생성된다.

덜 안정한 전이 상태
덜 치환된 탄소에 δ+
B
HO Cl

- 전이 상태 **A**는 부분 양전하(δ^+)가 더 많이 치환된 탄소에 위치하므로 에너지적으로 더 낮다. 그래서 이 경우에 더 많이 치환된 탄소(SN1 특성)의 뒤쪽에서 친핵성 공격(S_N2 특성)이 일어난다.

친핵체의 뒤쪽 공격은 S_N2 메커니즘을 암시하지만, 치환기가 더 많은 탄소에서 공격이 일어난다는 것은 S_N1 메커니즘을 뜻한다. 이 결과에 대한 설명으로, 친핵성 공격 메커니즘은 S_N1과 S_N2 사이에 놓이는 것으로 생각된다.

2,2-다이메틸옥시레인과 HCl의 반응에 대한 두 가지 가능한 경로를 그림 9.10에 나타내었다. 치환기가 더 많은 탄소에 대한 Cl^-의 뒤쪽 공격은 전이 상태 A를 경유하는 반면에, 치환기가 더 적은 탄소에 대한 Cl^-의 뒤쪽 공격은 전이 상태 B를 경유한다. 전이 상태 A는 치환기가 더 많은 탄소가 부분 양전하를 가짐에 따라 더 안정하다. 따라서 에너지가 낮은 상태 A를 경유하는 반응 경로가 유리하다.

에폭사이드의 고리 열림은 센 친핵체와도 일어난다. 한 구조 이성질체가 주 생성물이거나 유일한 생성물이기 때문에 $:Nu^-$ 또는 산 HZ와의 반응은 입체선택적이다. 그러나 두 반응에서의 위치선택은 정반대이다.

[1] $^-OCH_3$ / [2] H_2O → HO, OCH_3

센 친핵체와 함께, CH_3O는 치환기가 적은 탄소에 위치한다.

CH_3OH / H_2SO_4 → OH, CH_3O

산과 함께, CH_3O는 치환기가 많은 탄소에 위치한다.

- 센 친핵체와의 반응에서: Nu^-는 치환기가 적은 탄소를 공격한다.
- 산 HZ와의 반응에서 친핵체는 치환기가 더 많은 탄소를 공격한다.

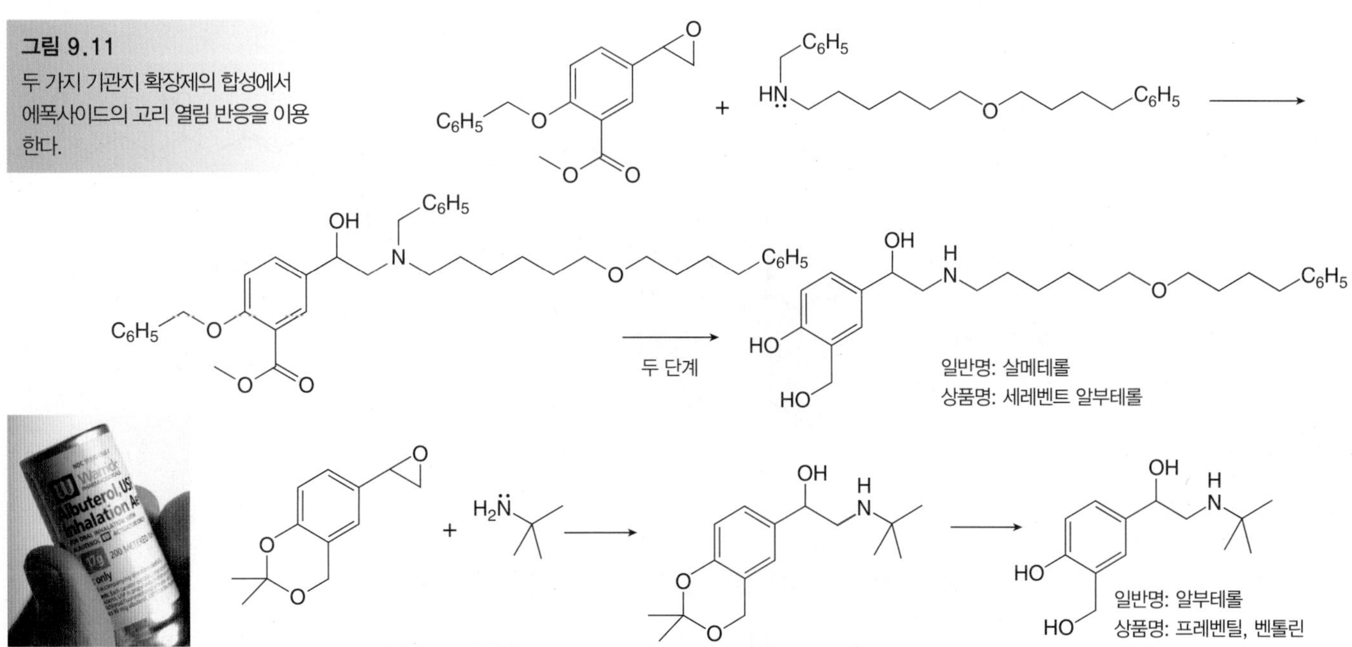

그림 9.11
두 가지 기관지 확장제의 합성에서 에폭사이드의 고리 열림 반응을 이용한다.

- 각 합성 과정에서 중요 단계는 질소 친핵체에 의한 에폭사이드 고리 열림 반응으로 붉은색으로 표시한 새로운 C–N 결합을 형성하는 것이다.

친핵체에 의한 에폭사이드 고리 열림 반응은 천식 치료에 있어서 기관지 확장제로 사용되는 알부테롤과 살메테롤을 포함하는 많은 생리 활성 화합물을 합성하는 데 매우 중요하다(그림 9.11).

문제 9.36 각 반응의 생성물을 나타내라.

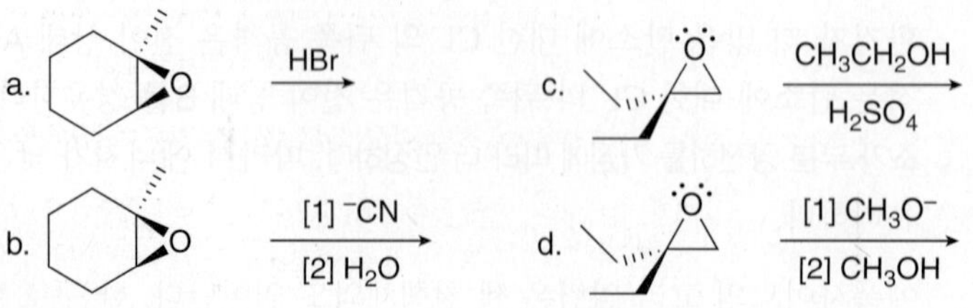

a. (epoxide) $\xrightarrow{HBr}$

b. (epoxide) $\xrightarrow[\text{[2] } H_2O]{\text{[1] } ^-CN}$

c. (epoxide) $\xrightarrow[H_2SO_4]{CH_3CH_2OH}$

d. (epoxide) $\xrightarrow[\text{[2] } CH_3OH]{\text{[1] } CH_3O^-}$

9.17 응용: 에폭사이드, 루코트라이엔 및 천식

친핵체에 의한 에폭사이드 고리 열림 반응은 어떤 중요한 생물학적 과정에서 핵심이 되는 단계이다.

9.17A 천식과 루코트라이엔

천식은 수백만 명의 미국인이 앓고 있는 폐색성 폐질환이다. 천식은 기도를 일시적으로 수축하여 좁아지게 하므로 알부테롤(그림 9.10)과 같은 기관지 확장제를 사용하여 기도를 확장시킴으로써 치료한다. 또한 천식은 만성 염증의 특징이 있으므로 염증을 줄여주는 흡입 스테로이드 역시 일반적으로 사용된다.

루코트라이엔은 1990년 노벨 화학상 수상자인 코리(E.J. Corey) 교수 연구실에서 1980년에 처음 합성되었다.

루코트라이엔(leukotriene)은 천식을 일으키는 분자이다. 전형적인 예로 루코트라이엔 C_4를 아래에 나타내었다. 이 화합물의 생리 활성은 1930년대에 처음으로 관찰되었음에도 불구하고 1979년까지 루코트라이엔 C_4의 화학적 구조는 결정되지 못하였다. 루코트라이엔은 매우 불안정하고 반응성이 매우 커 세포 조직에 극히 소량만이 존재하기 때문에 구조 결정과 화학적 합성이 어려웠다.

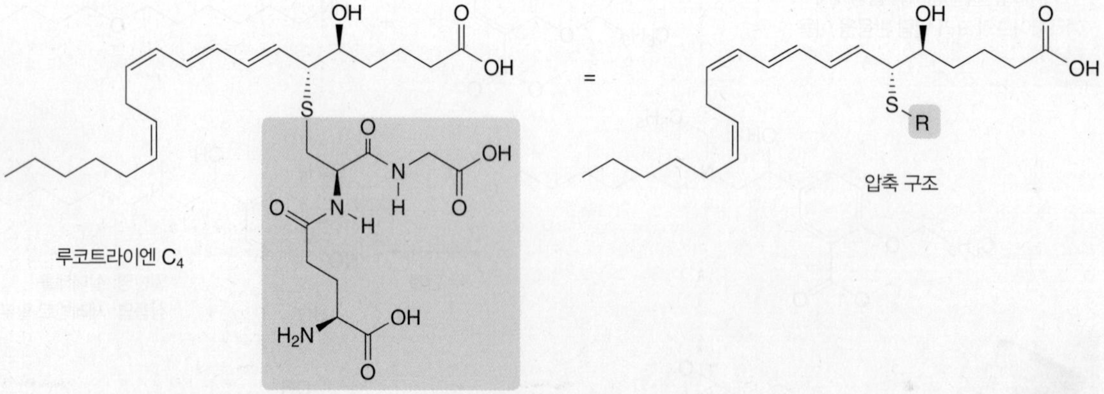

루코트라이엔 C_4 = 압축 구조 (OH, O, OH, S, R, N, H, H_2N)

9.17B 루코트라이엔의 합성과 천식약

루코트라이엔은 세포 내에서 아라키돈산(arachidonic acid)의 산화에 의해 5-HPETE로 합성된다. 5-HPETE는 일종의 에폭사이드인 루코트라이엔 A_4로 변환된다. 황 친핵체 RSH에 의한 에폭사이드 고리 열림에 의해 루코트라이엔 C_4가 형성된다.

아라키돈산 → 리폭시게나아제 (효소) → 5-HPETE

5-HPETE → 루코트라이엔 C_4 (친핵체는 이곳을 공격한다.) → RSH → 루코트라이엔 C_4

새로운 항천식제는 아라키돈산으로부터 루코트라이엔 C_4의 합성을 방해하는 작용을 한다. 예를 들어, **질루톤**(zileuton, 상품명: Zyflo)은 이 과정 중 첫 단계에서 필요한 효소(lipoxygenase라 부른다)를 억제한다. 질병을 일으키는 루코트라이엔 C_4의 합성을 방해함으로써 질루톤은 천식 예방에 사용되지만 치료제는 아니다.

일반명: 질루톤
상품명: 자이플로
항천식제

9.18 응용: 벤조[α]피렌, 에폭사이드 및 암

벤조[α]피렌(benzo[α]pyrene)은 가솔린, 연료, 목재, 쓰레기 그리고 담배 등 모든 형태의 유기 물질이 연소할 때 생성되는 만연된 환경오염 물질이다. 이는 17장에서 더 논의될 화합물 종류인 **여러 고리형 방향족 탄화수소**(PAH, polycyclic aromatic hydrocarbon)이다.

트럭이나 버스에서 배출되는 검댕 같은 가스에는 벤조[a]피렌과 같은 PAH가 함유되어 있다.

벤조[a]피렌 → 산화, 여러 단계 → 다이올 에폭사이드

벤조[a]피렌: **물에 녹지 않는다.**

다이올 에폭사이드: **물에 더 잘 녹는다.**

비극성이며 물에 녹지 않는 이 화합물은 흡입하거나 섭취하면 간에서 다이올 에폭사이드로 산화된다. 산화는 신체에 유용하지 않은 이물질의 공통적인 최후이다. 산화물은 산소를 포함하는 세 개의 작용기를 가지며 물에 더 잘 용해되어 더 쉽게 소변으로 배출된다. 또한 이 화합물은 유력한 발암 물질이다. 무리를 가지는 에폭사이드의 삼원자 고리는 생물학적 친핵체 $:Nu^-$(DNA 또는 효소)와 쉽게 반응하여 정상적인 세포 작용을 혼란시켜 암 또는 세포 소멸을 일으키는 고리열린 생성물을 만든다.

발암 물질

이런 예들은 두 가지의 잘 알려진 세포 과정(cellular process)에서 에폭사이드의 친핵성 고리 열림 반응이 중심 역할을 한다는 것을 보여준다.

알코올, 에터 및 연관 화합물

ROH, ROR 및 에폭사이드에 대한 일반적 사실

- 세 화합물 모두 ***sp***^{3} 혼성화된 사면체 구조가 있는 산소 원자가 있다(9.2절).
- 세 화합물 모두 극성 C−O 결합이 있지만 알코올만이 분자간 수소 결합을 할 수 있는 O−H 결합이 있다(9.4절).
- 알코올과 에터는 좋은 이탈기가 없다. 친핵성 치환은 오직 OH(또는 OR)기가 좋은 이탈기로 변환된 후에 일어날 수 있다(9.7A절).
- 에폭사이드는 무리가 있는 삼원자 고리에 있는 이탈기가 있으며, 이는 센 친핵체와 친핵성 원자 Z를 포함하는 산 HZ에 대하여 반응성을 가지게 한다(9.15절).

탄소 양이온의 새로운 반응(9.9절)

- 덜 안정한 탄소 양이온은 수소 원자 또는 알킬기 이동에 의하여 더 안정한 탄소 양이온으로 자리 옮김을 한다.

1,2-이동

R (또는 H) R (또는 H)

- 자리 옮김 외에도 탄소 양이온은 친핵체(7.12절)및 염기(8.6절)와 반응한다.

알코올, 에터 및 에폭사이드의 제조(9.6절)

[1] 알코올의 제조

$$\text{R–X} + {}^{-}\text{OH} \longrightarrow \text{R–OH} + \text{X}^{-}$$

- 메커니즘은 S_N2이다.
- 반응은 CH_3X와 1° RX에 대하여 가장 적합하다.

[2] 알콕시화 음이온의 제조—브뢴스테드-로우리 산-염기 반응

$$\text{R–O–H} + \text{Na}^{+}\text{H}^{-} \longrightarrow \text{R–O}^{-}\,\text{Na}^{+} + \text{H}_2$$

알콕시화 음이온

[3] 에터의 제조(윌리엄슨 에터 합성법)

$$\text{R–X} + {}^{-}\text{OR}' \longrightarrow \text{R–OR}' + \text{X}^{-}$$

- 메커니즘은 S_N2이다.
- 반응은 CH_3X와 1° RX에 대하여 가장 적합하다.

[4] 에폭사이드의 제조—분자 내 S_N2 반응

B: H—Ö: C—C X [1] → :Ö: C—C X + H—B⁺ [2] → Ö C—C + X^-

할로하이드린

- 연속적인 두 단계 반응
  [1] 염기에 의한 양성자 제거는 알콕시화 음이온을 형성한다.
  [2] 분자 내 S_N2 반응은 에폭사이드를 형성한다.

알코올의 반응

[1] 알켄 합성을 위한 탈수 반응

a. 센산의 이용 (9.8, 9.9절)

(H, OH 알코올) $\xrightarrow[\text{또는 TsOH}]{H_2SO_4}$ (알켄) + H_2O

- 반응성: $R_3COH > R_2CHOH > RCH_2OH$
- 2°와 3° ROH에 대한 메커니즘은 E1이다–탄소 양이온은 중간체이며 자리 옮김이 일어난다.
- 1° ROH에 대한 메커니즘은 E2이다.
- 자이체프 규칙을 따른다.

b. $POCl_3$와 피리딘의 이용(9.10절)

(H, OH 알코올) $\xrightarrow[\text{피리딘}]{POCl_3}$ (알켄) + H_2O

- 메커니즘은 E2이다.
- 탄소 양이온의 자리 옮김은 일어나지 않는다.

[2] HX와 반응하여 RX 형성(9.11절)

$R{-}OH + H{-}X \longrightarrow R{-}X + H_2O$

- 반응성: $R_3COH > R_2CHOH > RCH_2OH$
- 2°와 3° ROH에 대한 메커니즘은 S_N1이다–탄소 양이온은 중간체이며 자리 옮김이 일어난다.
- CH_3OH와 1° ROH에 대한 메커니즘은 S_N2이다.

[3] RX 형성을 위한 다른 반응 시약과의 반응(9.12절)

$R{-}OH + SOCl_2 \xrightarrow[\text{피리딘}]{} R{-}Cl$

$R{-}OH + PBr_3 \longrightarrow R{-}Br$

- 반응은 CH_3OH, 1° 및 2° ROH와 일어난다.
- 반응은 S_N2 메커니즘을 따른다.

[4] 알킬 토실레이트 형성을 위한 토실 클로라이드와의 반응(9.13A절)

$R{-}OH + Ts{-}Cl \xrightarrow[\text{피리딘}]{} R{-}OTs$

- C–O 결합이 끊어지지 않기 때문에 입체발생 중심에서의 배열은 보존된다.

알킬 토실레이트의 반응

알킬 토실레이트는 반응 시약에 따라 치환 반응 또는 제거 반응이 진행된다(9.13B절).

(H, OTs 알킬 토실레이트) $\xrightarrow{:Nu^-}$ (H, Nu 치환 생성물) + ^-OTs

- 치환은 센 $:Nu^-$와 일어나며 메커니즘은 S_N2이다.

(H, OTs 알킬 토실레이트) $\xrightarrow{B:}$ (알켄) + TsO^- + HB^+

- 제거는 강염기와 일어나며 메커니즘은 E2이다.

에터의 반응

오직 한 반응만이 유용하다. 센산에 의한 절단(9.14절)

$$\text{R-O-R'} + \underset{(2당량)}{\text{H-X}} \longrightarrow \text{R-X} + \text{R'-X} + H_2O$$

[X = Br 또는 I]

- 2°와 3° R기의 경우에 메커니즘은 S_N1이다.
- CH_3와 1° R기의 경우, 메커니즘은 S_N2이다.

싸이올과 설파이드를 포함하는 반응(9.15절)

[1] 싸이올의 합성

$$\text{R-X} + {}^{-}\text{SH} \longrightarrow \text{R-SH} + X^-$$

- 메커니즘은 S_N2이다.
- CH_3X와 1° RX에 가장 잘 반응한다.

[2] 싸이올을 포함하는 산화 및 환원

a. 다이설파이드에 대한 싸이올 산화

$$\text{R-SH} \xrightarrow{Br_2 \text{ or } I_2} \text{RS-SR}$$

b. 싸이올에 대한 이설파이드 환원

$$\text{RS-SR} \xrightarrow[\text{HCl}]{\text{Zn}} \text{R-SH}$$

[3] 설파이드의 합성

$$\text{R-X} + {}^{-}\text{SR'} \longrightarrow \text{R-SR'} + X^-$$

- 메커니즘은 S_N2이다.
- CH_3X와 1° RX에 가장 잘 반응한다.

[4] 설포늄 이온을 형성하는 설파이드 반응

$$R'_2S + \text{R-X} \longrightarrow R'_2\overset{+}{S}\text{-R} + X^-$$

- 메커니즘은 S_N2이다.
- CH_3X와 1° RX에 가장 잘 반응한다.

에폭사이드의 반응

에폭사이드 고리는 친핵체 :Nu^-나 HZ와 같은 산에 의해 열린다(9.16).

[1] :Nu^- [2] H_2O or HZ → OH, Nu (Z)

- 반응은 뒤쪽 공격으로 일어나며, 트랜스 또는 안티 생성물이 얻어진다.
- Nu^-와의 반응 메커니즘은 S_N2이며, 친핵성 공격은 덜 치환된 탄소에서 일어난다.
- HZ와의 반응 메커니즘은 S_N1과 S_N2 사이에 놓이며, Z^-의 공격은 더 치환된 탄소에서 일어난다.

문제

삼차원 모델을 이용하는 문제

9.37 공–막대 모형으로 묘사된 각 화합물을 명명하라.

a. 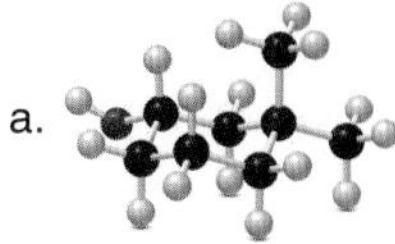
b. 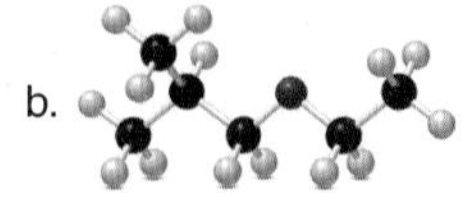
c. 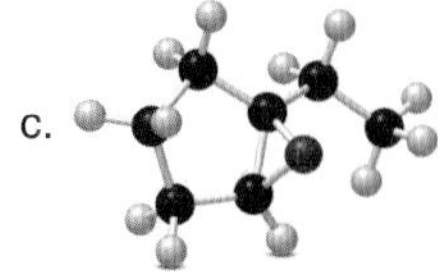

9.38 화합물 **A**의 공–막대 모형으로 다음 질문에 답하라.

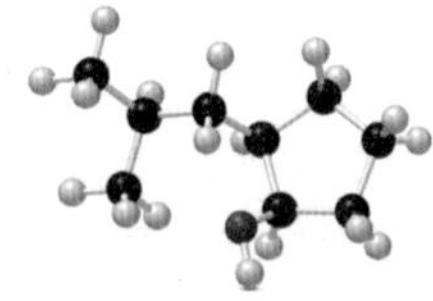

a. 입체발생 중심에 ***R***, ***S*** 표시를 포함하여 **A**의 IUPAC 명을 쓰라.
b. **A**를 1°, 2°, 3° 알코올로 분류하라.
c. **A**의 입체이성질체를 그리고 IUPAC 명을 쓰라.
d. OH기를 가진 구조 이성질체를 그리고 IUPAC 명을 쓰라.
e. 에터를 포함한 구조 이성질체를 그리고 IUPAC 명을 쓰라.
f. **A**를 다음의 시약으로 처리할 때 생성된 생성물을 그려라.
[1] NaH [2] H_2SO_4 [3] $POCl_3$, 피리딘 [4] HCl [5] $SOCl_2$, 피리딘 [6] TsCl, 피리딘

9.39 알코올을 다음의 시약으로 처리할 때 생성된 생성물의 입체화학을 표시하고 생성물을 그려라.
(a) HBr (b) PBr_3 (c) HCl (d) $SOCl_2$와 피리딘

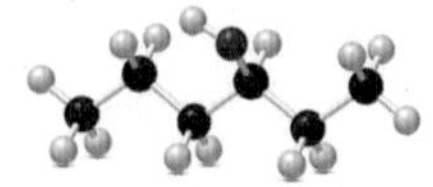

구조와 명명

9.40 각 알코올의 IUPAC 명을 쓰라.

a. 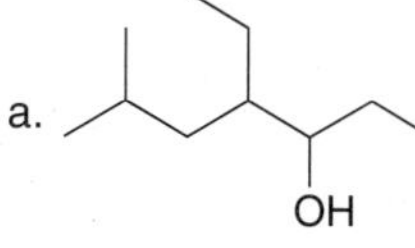

c. HO–(cyclohexane)–OH

e. 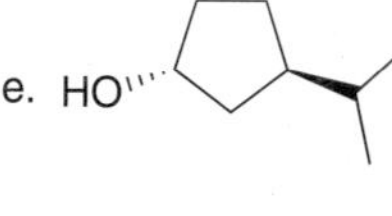

b. OH

d. OH OH OH

9.41 다음 에터와 에폭사이드, 싸이올, 설파이드를 명명하라.

a. O

c. 

e. 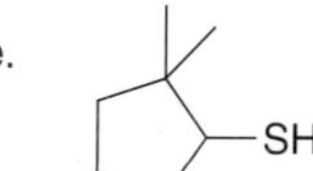

b. O

d. 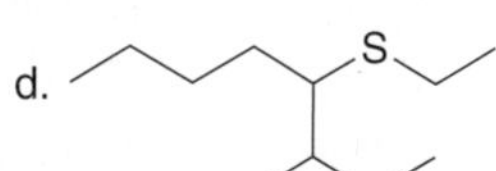

9.42 다음 화합물의 구조식을 그려라.

a. *trans*-2-methylcyclohexanol
b. 2,3,3-trimethylbutan-2-ol
c. 6-sec-butyl-7,7-diethyldecan-4-ol
d. 3-chloropropane-1,2-diol
e. 1,2-epoxy-1,3,3-trimethylcyclohexane
f. 1-ethoxy-3-ethylheptane
g. (2*R*,3*S*)-3-isopropylhexan-2-ol
h. (*S*)-2-ethoxy-1,1-dimethylcyclopentane
i. 4-ethylheptane-3-thiol
j. 1-isopropylthio-2-methylcyclohexane

물리적 성질

9.43 다음의 세 가지 알코올 이성질체들의 녹는점의 경향성에 대해 설명하라.
$(CH_3)_2CHCH_2OH$ (−108°C), $CH_3CH_2CH_2CH_2OH$ (−90°C), $(CH_3)_3COH$ (26°C)

9.44 프로페인-1,3-다이올($HOCH_2CH_2CH_2OH$)의 끓는점(215℃)이 프로페인-1,2-다이올($HOCH_2CH(OH)CH_3$)의 끓는점(187℃)보다 높은 이유는 무엇인가? 두 알코올이 뷰탄-1-올($CH_3CH_2CH_2CH_2OH$)의 끓는점(118℃)보다 높은 이유는 무엇인가?

알코올

9.45 $CH_3CH_2CH_2OH$가 각 반응 시약과 반응하여 생성되는 유기 생성물을 그려라.

a. H_2SO_4
b. NaH
c. HCl + $ZnCl_2$
d. HBr
e. $SOCl_2$, 피리딘
f. PBr_3
g. TsCl, 피리딘
h. [1] NaH; [2] CH_3CH_2Br
i. [1] TsCl, 피리딘, [2] NaSH
j. $POCl_3$, 피리딘

9.46 각 알코올이 TsOH와의 탈수 반응으로 생성할 알켄을 예측하라. 혼합물이 얻어질 경우에는 주 생성물을 표시하라.

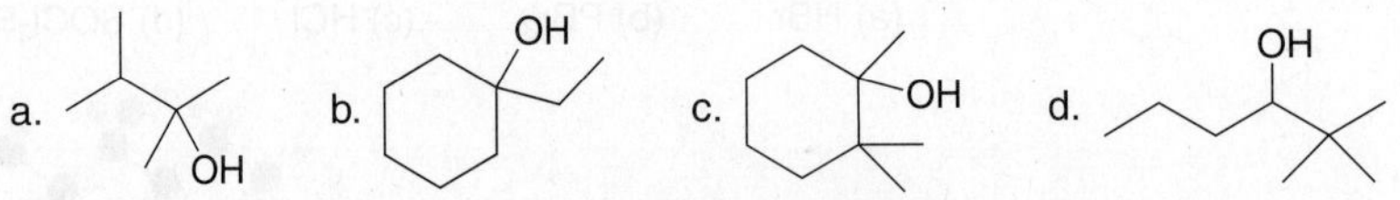

a. OH　b. OH　c. OH　d. OH

9.47 $CH_3CH_2CH_2CH_2OTs$가 각 반응 시약과 반응하여 생성되는 생성물을 예측하라.

a. CH_3SH　b. $NaOCH_2CH_3$　c. NaOH　d. $KOC(CH_3)_3$

9.48 다음 반응의 생성물을 그리고, 입체발생 중심의 입체화학을 표시하라.

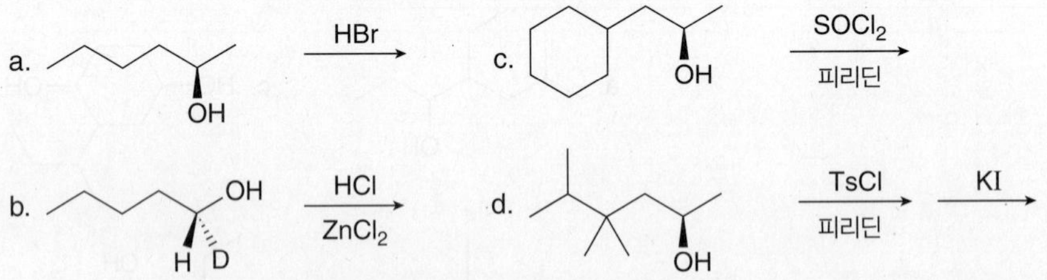

a. OH →(HBr)
b. OH, H D →(HCl, $ZnCl_2$)
c. OH →($SOCl_2$, 피리딘)
d. OH →(TsCl, 피리딘) →(KI)

9.49 다음 반응의 생성물을 그려라. 반응은 뇌졸증 위험을 감소시키는 항 혈소판제인 클로피도그렐(clopidogrel)을 합성하는 한 단계이다.

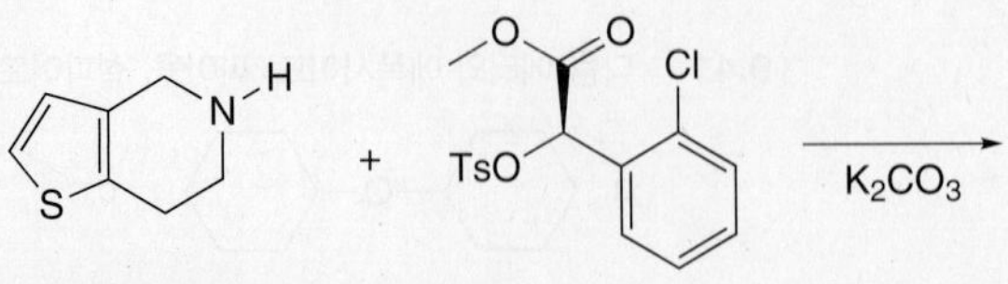

S, N–H + O, O, Cl, TsO →(K_2CO_3)

9.50 (*R*)-헥산-2-올을 다음 시약들과 반응시켰을 때 형성되는 생성물을 입체화학을 포함하여 그려라. 이들 중 같은 생성물이 얻어지는 두 과정은 무엇인가?

(a) NaH 첨가 후 CH_3I를 첨가
(b) TsCl과 피리딘 첨가 후 $NaOCH_3$를 첨가
(c) PBr_3 첨가 후 $NaOCH_3$를 첨가

9.51 (a) **A**가 H_2SO_4와 탈수 반응할 때 생성되는 주 알켄 생성물은 무엇인가? (b) **A**가 $POCl_3$ 및 피리딘과 반응할 때 생성되는 주 알켄 생성물은 무엇인가? 이들 반응에서 서로 다른 주생성물이 생성되는 이유를 설명하라.

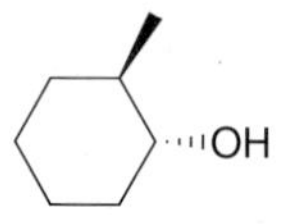

OH

A

9.52 다음 반응의 단계별 메커니즘을 나타내라.

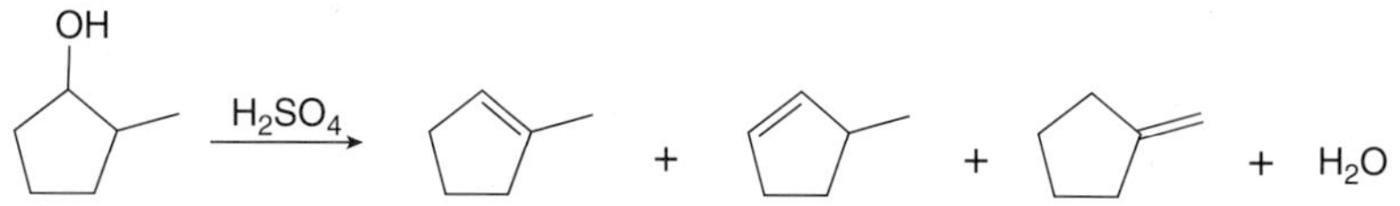

OH

H_2SO_4

\+ \+ + H_2O

9.53 알코올 **V**에 $POCl_3$와 피리딘을 함께 반응시키면 하나의 생성물인 알켄 **W**가 생성되고, H_2SO_4로 탈수 반응시키면 세 가지 알켄 이성질체(**X~Z**)가 형성된다. 각각의 반응에 대한 단계별 메커니즘을 쓰고, 이러한 차이가 나타나는 이유를 설명하라.

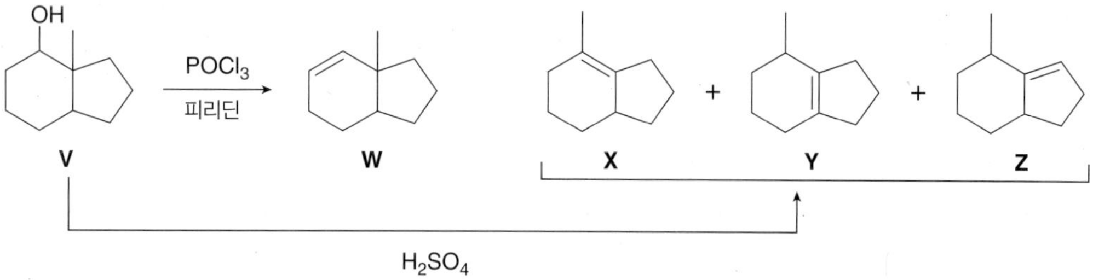

OH

$POCl_3$

피리딘

V **W** **X** + **Y** + **Z**

H_2SO_4

9.54 때때로 탄소 양이온의 자리 옮김은 고리의 크기를 바꾼다. 다음 반응에 대한 자세한 메커니즘을 단계적으로 나타내라.

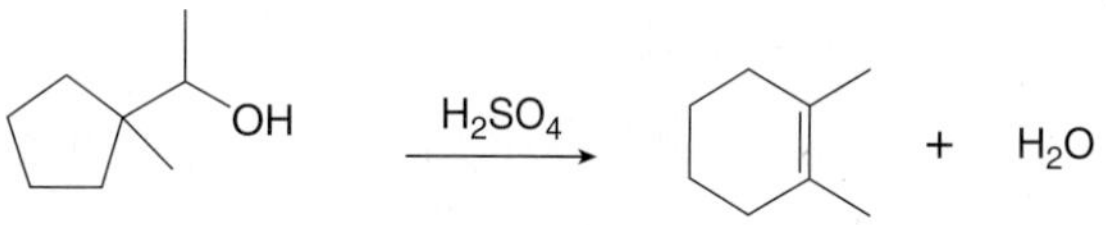

OH H_2SO_4 + H_2O

9.55 다음 관찰 결과를 설명하라. 3-메틸뷰탄-2-올을 HBr과 반응시키면 1,2-이동에 따른 하나의 브로민화 알킬이 분리된다. 2-메틸프로판-1-올을 HBr과 반응시키면 자리 옮김이 일어나지 않은 브로민화 알킬이 생성된다.

9.56 알릴성 알코올은 C−C 이중 결합 이웃의 탄소에 OH기가 있다. 알릴성 알코올 **A**를 HCl과 반응시키면 두 개의 염화 알릴(allylic chloride) **B**와 **C**가 형성된다. 두 생성물이 형성되는 단계적 메커니즘을 그려라.

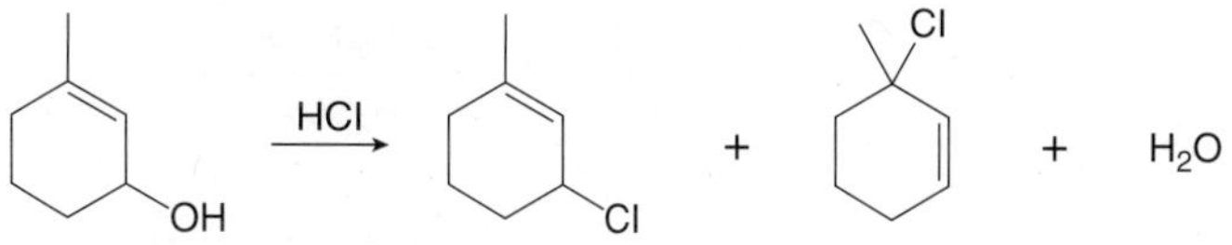

HCl

OH Cl Cl + + H_2O

A **B** **C**

9.57 다음 반응에 대한 자세한 단계별 메커니즘을 쓰라.

O OH H_2SO_4 O + H_2O

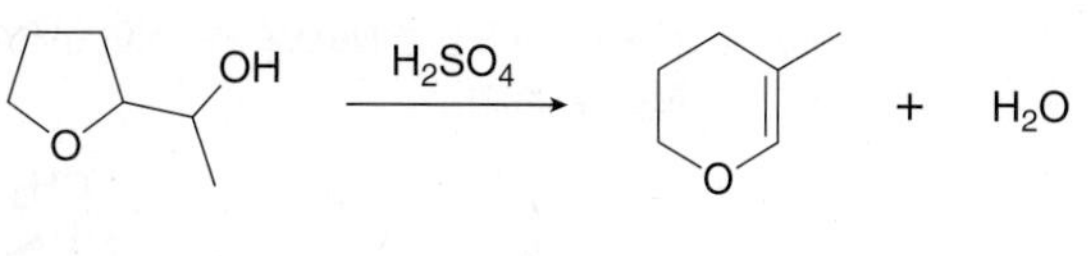

9.58 다음 고리형 에터가 형성되는 분자 내 반응에 대한 자세한 단계별 메커니즘을 쓰라.

OH OH H_2SO_4 O + H_2O

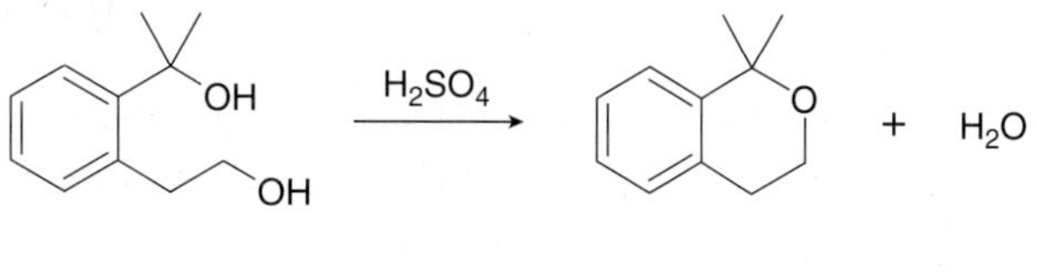

에터

9.59 윌리엄슨 에터 합성에 의하여 다음 에터를 합성하는 두 가지 방법을 나타내라. 만약 한 가지 방법이 다른 방법보다 더 좋다면 그것을 표기하라.

a. 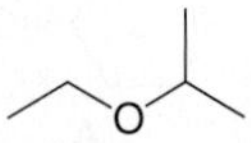 b. 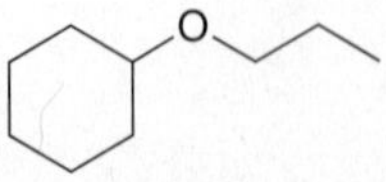 c.

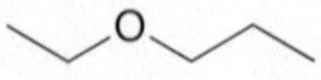

9.60 윌리엄슨 에터 합성으로 *tert*-뷰틸 페닐(*tert*-butyl phenyl) 에터를 제조할 수 없는 이유를 설명하라.

9.61 다음 각 에터를 2당량의 HBr과 반응시켰을 때의 생성물을 나타내라.

a. 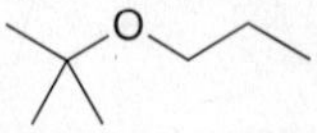 b. 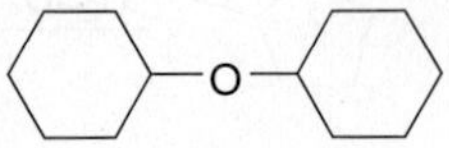 c. 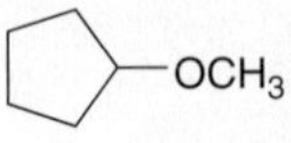 OCH_3

9.62 다음 각 반응의 단계별 메커니즘을 나타내라.

a. 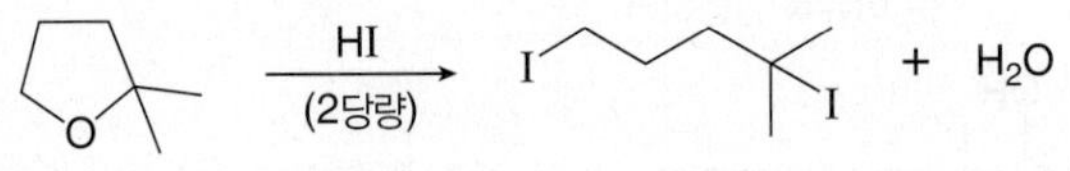 HI (2당량) → I, I + H_2O

b. 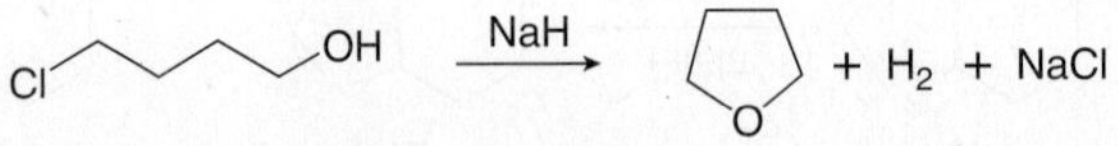 Cl, OH → NaH → O + H_2 + NaCl

9.63 다음 반응에 대한 자세한 단계별 메커니즘을 쓰라.

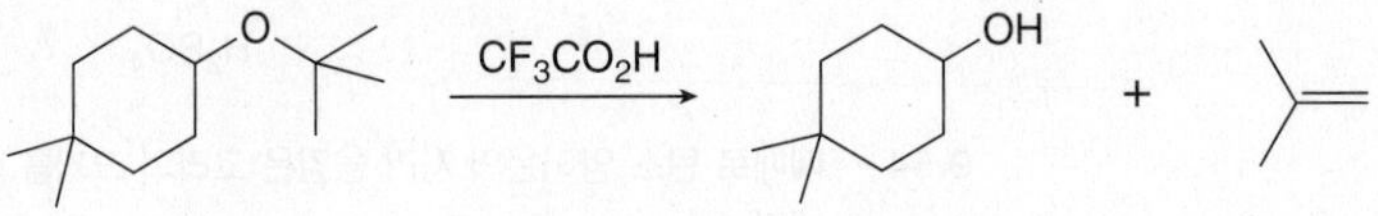

O → CF_3CO_2H → OH +

에폭사이드

9.64 에틸렌 옥사이드와 각 반응 시약과의 반응으로 생성되는 생성물을 예측하라.

a. HBr

b. $H_2O(H_2SO_4)$

c. [1] $CH_3CH_2O^-$; [2] H_2O

d. [1] $HC\equiv C^-$; [2] H_2O

e. [1] ^-OH; [2] H_2O

f. [1] CH_3S^-; [2] H_2O

9.65 다음 반응의 생성물을 나타내라.

a. 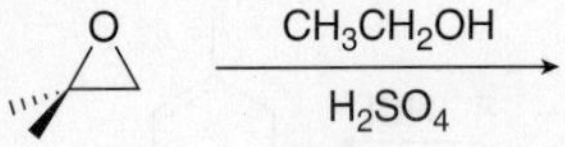 O → CH_3CH_2OH / H_2SO_4 →

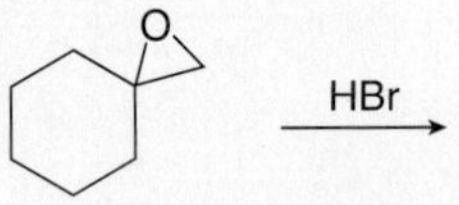

b. 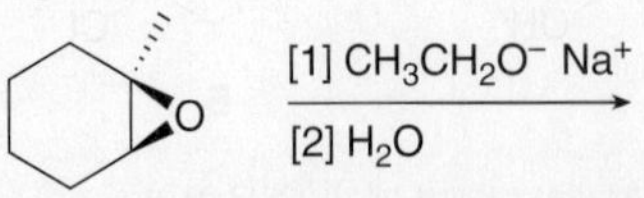 O → [1] $CH_3CH_2O^-$ Na^+ / [2] H_2O →

c. O → HBr →

d. 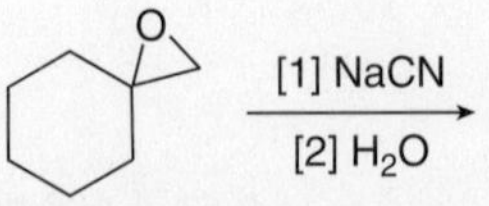 O → [1] NaCN / [2] H_2O →

9.66 각 할로하이드린을 NaH로 처리하여 분자식 C_4H_8O인 생성물을 얻었다. 다음 각 반응의 생성물을 그리고 입체화학을 표시하라.

a. 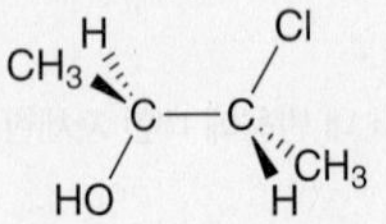 H, CH_3, C—C, Cl, HO, H, CH_3

b. CH_3, H, C—C, Cl, HO, H, CH_3

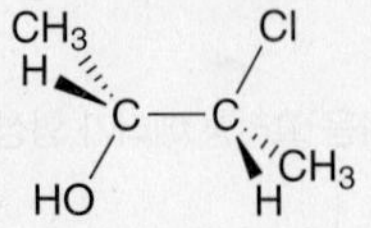

c. Cl, OH, C—C, CH_3, H, H, CH_3

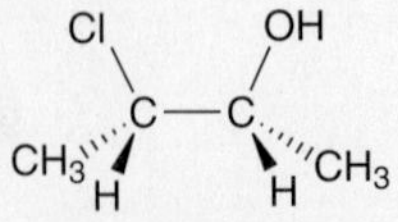

9.67 (a) (*R*)-2-에틸-2-메틸옥시레인을 (*R*)-2-메틸뷰테인-2-다이올로 전환하는 데 필요한 반응 조건이 무엇인가? (b) (*R*)-2-메틸뷰테인-2-다이올을 (*R*)-2-에틸-2-메틸옥시레인으로 전환하는 데 필요한 반응 조건이 무엇인가?

9.68 다음 반응에 대한 단계별 메커니즘을 그리고, 생성물의 입체 화학을 설명하라.

HO, O, H, O → H^+ → H, O, HO, H, O

일반 문제

9.69 다음 반응의 생성물을 그리고, 입체화학을 표시하라.

a. —OTs $\xrightarrow{KOC(CH_3)_3}$

b. OH $\xrightarrow{HBr}$

c. SH $\xrightarrow{Br_2}$

d. OTs $\xrightarrow{KSH}$

e. OH $\xrightarrow{PBr_3}$

f. OH, D $\xrightarrow[\text{피리딘}]{TsCl}$ $\xrightarrow{CH_3CO_2^-}$

g. O $\xrightarrow{HBr}$

h. O $\xrightarrow[\text{[2] } H_2O]{\text{[1] } NaOCH_3}$

i. OH $\xrightarrow{NaH}$ $\xrightarrow{\text{I}}$

j. O $\xrightarrow[\text{(2당량)}]{HI}$

k. D, Br + S^- Na^+ ⟶

l. S $\xrightarrow{\text{I}}$

9.70 다이올로부터 다이설파이드를 제조하는 데 사용되는 두 단계 과정을 아래에 나타냈다. 반응 [1]에서 형성되는 중간체를 그리고, 반응 [2]에 대한 메커니즘을 그려라.

OH, OH $\xrightarrow[\text{[2] } Na_2S]{\text{[1] 2 } CH_3SO_2Cl\text{, 피리딘}}$ S

9.71 사이클로펜탄올로부터 다음 각 화합물을 합성하라. 어떤 경우에는 한 단계 이상이 필요하다.

a. —Cl b. c. —OCH_3 d. —CN

9.72 다음 각 반응을 수행하는 데 필요한 반응 시약(a~h)을 나타내라.

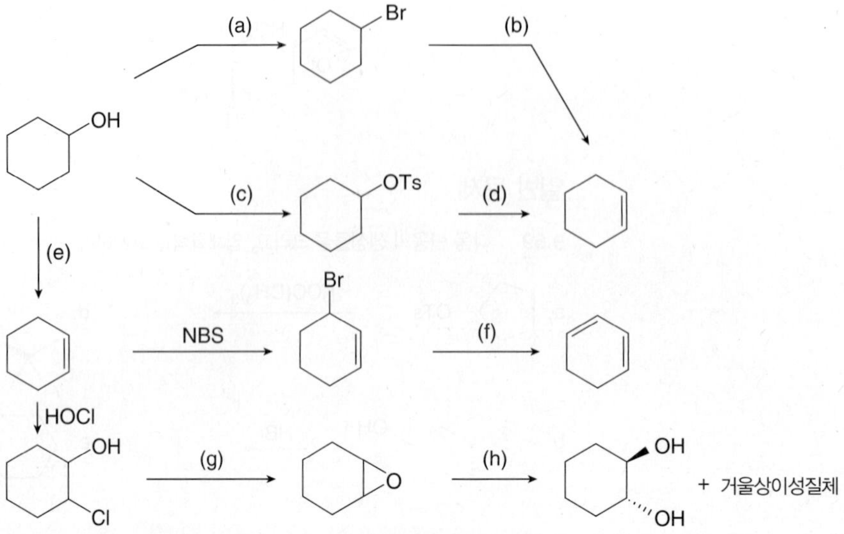

(a)
Br
(b)
OH
(c)
OTs
(d)
(e)
Br
NBS
(f)
HOCl
OH
Cl
(g)
O
(h)
OH
OH
+ 거울상이성질체

9.73 고혈압 치료제로 사용되는 항고혈압제인 **프로프라놀롤**(propranolol)은 1-나프톨(1-naphthol), 에피클로로하이드린(epichlorohydrin), 그리고 아이소프로필아민으로부터 두 개의 연속적인 친핵성 치환 반응으로 제조될 수 있다. 이 출발물들로부터 프로프라놀롤을 합성하는 단계를 제시하라.

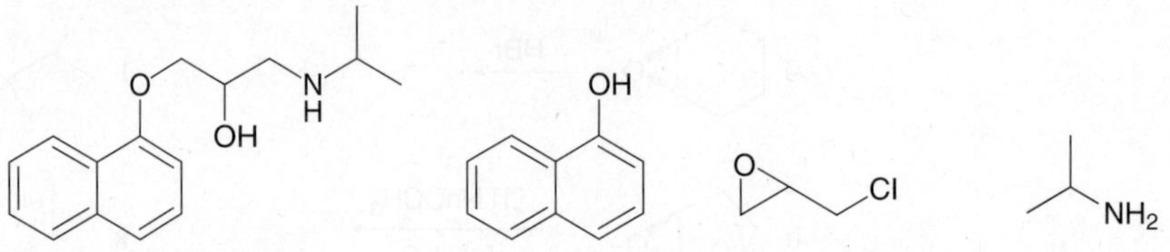

O
N
H
OH
OH
O
Cl
NH_2

프로프라놀롤 1-나프톨 에피클로로하이드린 아이소프로필아민

도전 문제

9.74 시스-4-브로모사이클로헥산올을 HO^-로 처리하여 화합물 **A**와 사이클로헥스-3-엔-1-올을 얻고, 트랜스-4-브로모사이클로헥산올을 같은 조건에서 화합물 **B**와 사이클로헥스-3-엔-1-올을 얻었다. **A**와 **B**는 다른 작용기가 있으며, 서로 이성질체 관계가 아니다. **A**와 **B**의 구조를 제안하고 이들의 생성에 관한 설명을 하라.

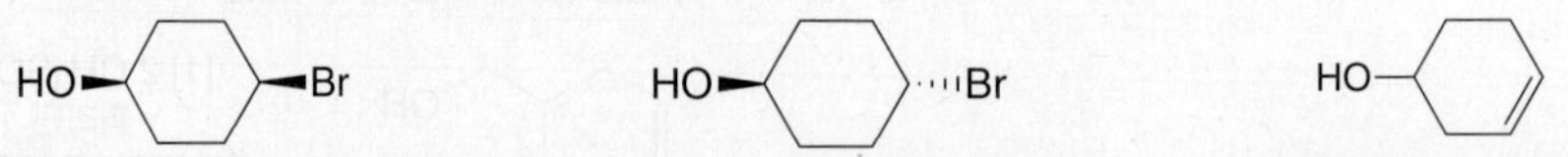

HO
Br
HO
Br
HO

시스-4-브로모사이클로헥산올 트랜스-4-브로모사이클로헥산올 사이클로헥스-3-엔-1-올

9.75 에폭사이드는 리튬 다이에틸아미드[$LiN(CH_2CH_3)_2$]와 같은 친핵성이 없는 염기와 반응하면 알릴성 알코올(allylic alcohol)로 변환된다. 1,2- 에폭시사이클로헥세인이 염기에 의해 사이클로헥스-2-엔-1-올로 변환되는 단계별 메커니즘을 쓰고, 이 반응에서 강하면서 덩치가 큰 염기가 꼭 필요한 이유를 설명하라.

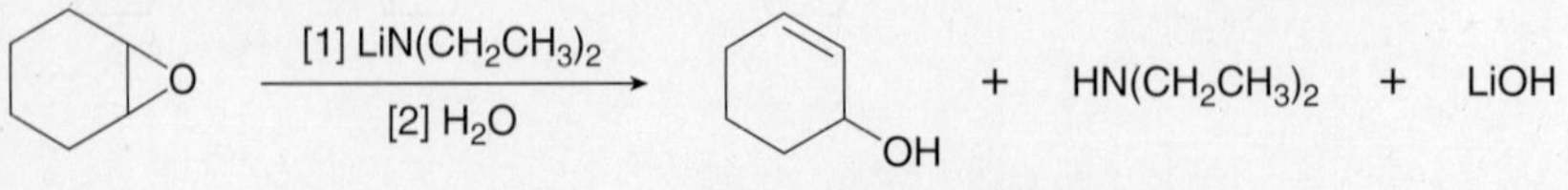

O
[1] $LiN(CH_2CH_3)_2$
[2] H_2O
OH
+ $HN(CH_2CH_3)_2$ + LiOH

사이클로헥스-2-엔-1-올

9.76 1° 탄소 양이온은 형성되지 않음에도 불구하고, 1° 알코올의 탈수 반응의 진행 과정에서 자리 옮김 반응이 일어날 수 있다. 이 반응은 $C-OH_2^+$결합이 끊어지면서 1,2-이동의 형태로 일어나며, 보다 안정한 2° 또는 3° 탄소 양이온이 형성된다. 아래에 그 메커니즘을 소개하였다. 이와 같은 사실을 고려하여 $CH_3CH_2CH_2CH_2OH$을 H_2SO_4를 이용해 탈수하면, $CH_3CH=CHCH_3$의 시스 및 트랜스 이성질체와 $CH_3CH_2CH=CH_2$의 혼합물이 형성된다. 이 과정의 단계별 메커니즘을 그려라. 18.5C절에서 이와 같은 형태의 또 다른 자리 옮김 반응을 접하게 될 것이다.

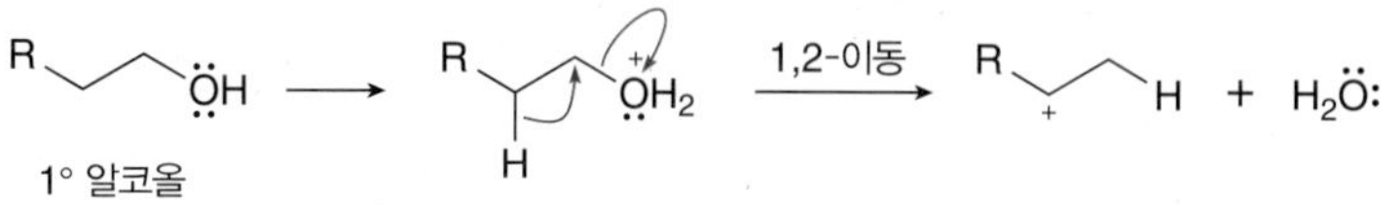

1° 알코올

이 단계에서
1° 탄소 양이온이 생성되지 않음

1,2-이동

2° 탄소 양이온

9.77 다음 반응에 대한 자세한 메커니즘을 단계별로 그려라.

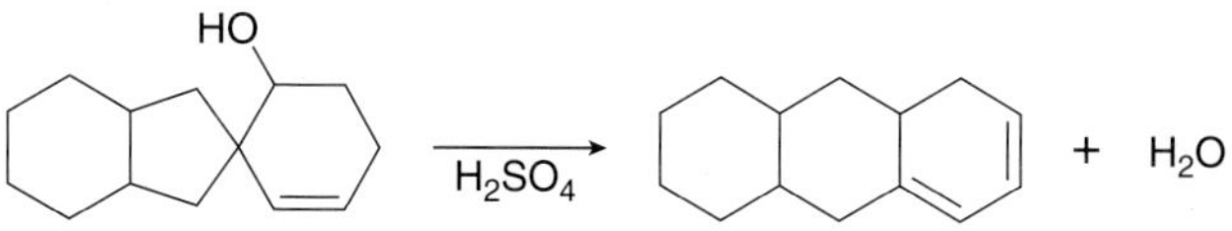

HO

H_2SO_4

+ H_2O

9.78 1,2,2-트라이메틸사이클로헥산올을 H_2SO_4를 이용한 탈수 반응하여 부 생성물로 1-*tert*-뷰틸사이클로펜텐을 얻었다. (a) 이 알켄이 생성되는 단계별 메커니즘을 그려라. (b) 이 탈수 반응으로 얻을 수 있는 다른 알켄을 그려라. 적어도 한 개 이상의 오원자 고리를 포함한다.

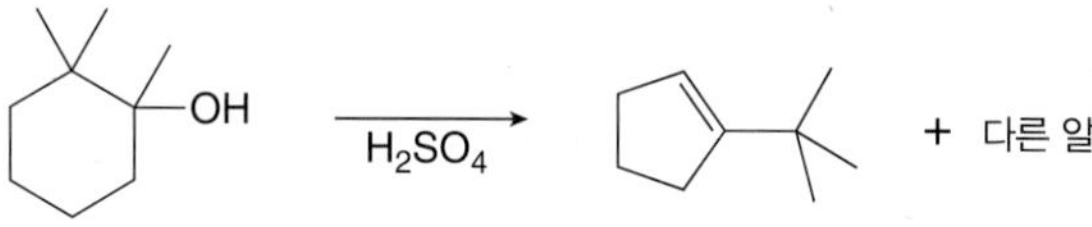

OH

H_2SO_4

+ 다른 알켄

1,2,2-트라이메틸사이클로헥산올

1-*tert*-뷰틸사이클로펜텐

9.79 1,2-다이올을 센산으로 처리하여 카보닐 화합물로 전환되는 반응을 **피나콜 자리 옮김 반응**이라고 부른다. (a) 이 반응의 단계별 메커니즘을 그려라(힌트: 이 반응은 탄소 양이온 중간체를 거쳐 진행된다). (b) 피나콜 자리 옮김 반응이 더 안정한 탄소 양이온 중간체를 거쳐 진행될 것으로 예상하고, 다이올 **D**로부터 생성된 자리 옮김 반응 생성물을 그려라.

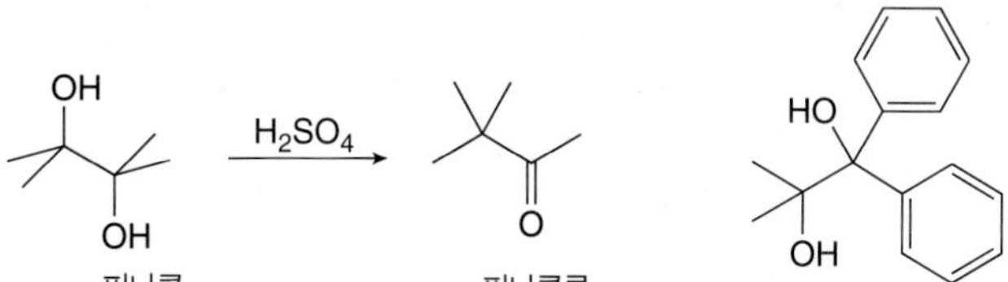

OH

H_2SO_4

OH

O

HO

OH

피나콜

피나콜론

D

9.80 다음 반응에 대한 단계별 메커니즘을 그려라.

OH

NaOH

I

O

O

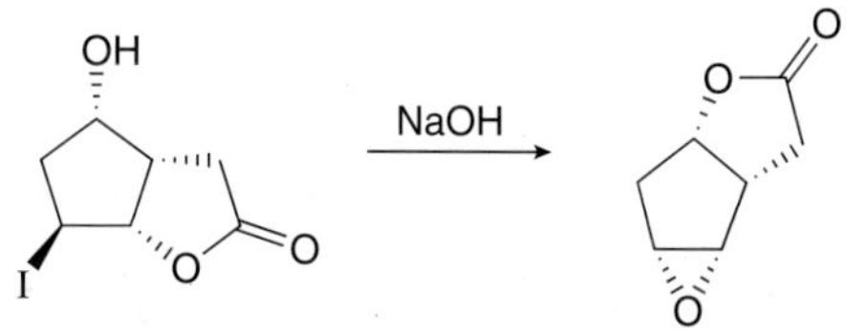

9.81 아지리딘(aziridine)은 삼원자 고리에 N 원자를 포함한 헤테로고리 화합물이다. 에폭사이드처럼 아지리딘은 이론적으로 사면체 결합각에서 크게 벗어난 삼원자 고리의 결합각이 60°이므로 각 무리가 있고 반응성이 높다. 오셀타미뷔르(상품명 타미플루, 3.2절)를 합성하는 한 단계는 중간체 아지리딘을 거쳐 아민 **X**를 다이아민 **Y**로 전환된다. **X**가 **Y**로 전환되는 반응의 단계별 메커니즘을 그려라. 아지리딘 중간체의 구조를 나타내고 **Y**에서 두 아민이 트랜스 입체화학인 이유를 설명하라.

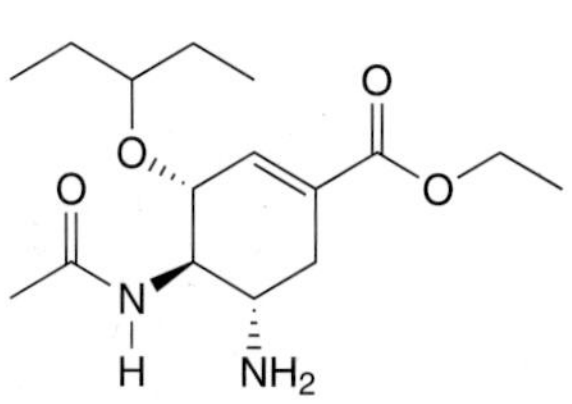

O

N

H

NH_2

오셀타미뷔르

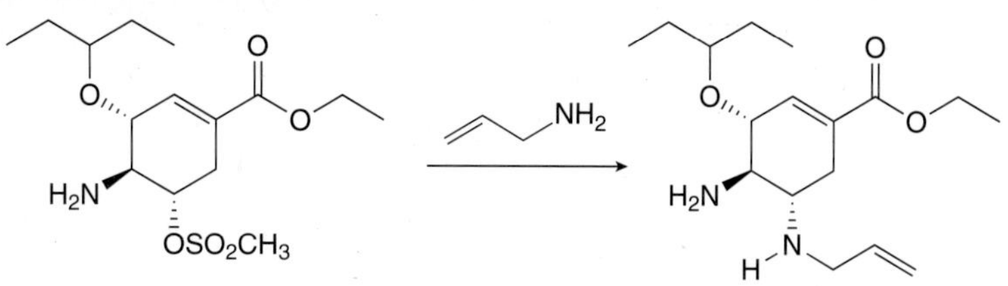

H_2N

OSO_2CH_3

X

NH_2

Y

Chapter

10 알켄
Alkenes

하와이에서 쿠쿠이 너츠(Kukui nuts)로 알려진 캔들넛(Candlenuts)은 **리놀레산**과 **리놀렌산**, 두 가지 불포화 지방산이 풍부하다. **불포화 지방산**에는 하나 이상의 탄소-탄소 이중 결합을 포함하는 탄소 사슬에 결합된 카복시기(CO_2H)가 있다. 이중 결합의 존재는 이들 화합물의 화학적 물리적 특성에 크게 영향을 미친다. 10장에서는 탄소-탄소 이중 결합을 포함하는 유기 화합물인 알켄에 대해 배운다.

10장과 11장에서는 각각 한 개의 π 결합과 두 개의 π 결합이 있는 알켄(alkene)과 알카인(alkyne)에 대하여 논의한다. π 결합은 쉽게 끊어지기 때문에 알켄과 알카인은 유기 반응의 세 번째 일반적인 반응인 첨가 반응(addition reaction)을 일으킨다. 다중 결합은 탄소 원자의 전자를 풍부하게 만들어준다. 따라서 알켄과 알카인은 매우 다양한 친전자성 반응 시약과 첨가 반응을 일으킨다.

10장에서는 먼저 알켄의 성질과 합성을 복습한 후 반응에 관하여 논의할 것이다. 10장의 새로운 반응은 모두 첨가 반응이다. 가장 주목할 부분은 각 반응을 특징짓는 반응 시약, 메커니즘, 그리고 입체화학에 대해 배우는 것이다.

10.1 서론

알켄은 **올레핀**(olefin)이라고도 한다.

알켄은 탄소–탄소 이중 결합이 있는 화합물이다. **말단 알켄**(terminal alkene)은 탄소 사슬의 끝에 이중 결합이 있으며, **내부 알켄**(internal alkene)은 이중 결합의 양 끝에 적어도 한 개 이상의 탄소가 있다. **사이클로알켄**(cycloalkene)은 고리 내에 이중 결합이 있다.

C=C

알켄 말단 알켄 내부 알켄 사이클로알켄

알켄의 이중 결합은 한 개의 σ 결합과 한 개의 π 결합으로 이루어져 있다. 각 탄소는 sp^2 혼성화되어 있으며 삼각 평면이고, 모든 결합각은 약 120°이다(8.2A절).

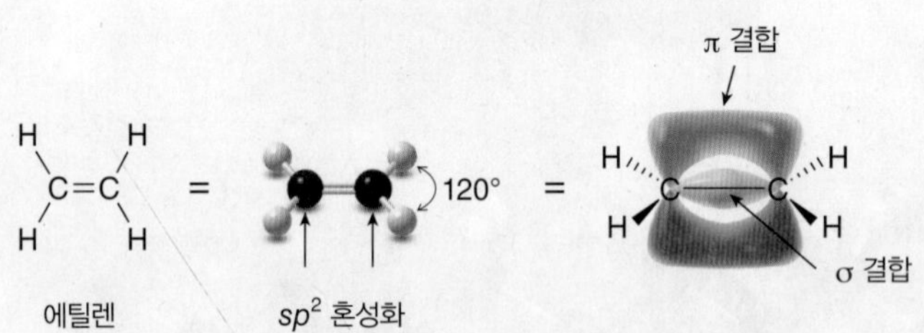

에테인(오직 σ 결합만)과 에틸렌(한 개의 σ 결합과 한 개의 π 결합)의 C–C 결합 해리에너지는 이중 결합의 π 결합 세기를 추정하는 데 이용될 수 있다. 만약 에틸렌의 σ 결합 세기(368 kJ/mol)와 비슷하다고 가정한다면, π 결합의 세기는 267 kJ/mol 정도이다.

$CH_2{=}CH_2$		$CH_3{-}CH_3$		
635 kJ/mol	–	368 kJ/mol	=	267 kJ/mol
(σ + π 결합)		(σ 결합)		**π 결합**

- π 결합은 C–C 이중 결합의 σ 결합보다 훨씬 약하기 때문에 매우 쉽게 끊어진다. 그 때문에 알켄은 알케인이 일으키지 않는 많은 반응을 일으킨다.

8장에서 소개하였던 탄소–탄소 이중 결합의 다른 특징을 표 10.1에 요약하였다.

여덟 개보다 적은 탄소 원자가 있는 사이클로알켄은 시스 기하구조이다. 트랜스 사이클로알켄은 너무 큰 무리를 받지 않을 정도로 충분히 긴 탄소 사슬이 이중 결합 끝에 연결되어 있어야 한다. 트랜스–사이클로옥텐은 분리가 가능한 가장 작은 트랜스 사이클로알켄이지만 시스–사이클로옥텐에 비하여 상당히 덜 안정하며 높은 에너지를 가지는 몇 종류의 트랜스 이성질체 중의 하나이다.

표 10.1
탄소-탄소 이중 결합의 성질

성질	결과
제한된 회전	• **C−C 이중 결합을 축으로 회전하는 것은 불가능하다.** 회전은 π 결합이 끊어지는 경우에만 일어나며, 형태가 변한다. 이 과정은 정상적인 상태에서는 일어나지 않는다(8.2B절).
입체이성질 현상	• C=C 이중 결합의 각 끝의 두 알킬기가 서로 다르다면, 두 개의 부분입체이성질체가 가능하다. 시스-와 트랜스-2-뷰트-2-엔(표 10.1 아래 그림)은 부분입체이성질체이다(8.2B절).
안정성	• **트랜스** 알켄은 일반적으로 **시스** 알켄보다 더 안정하다. • **C=C에 붙어 있는 R기의 수가 증가할수록 알켄의 안정성은 증가한다**(8.2C절).

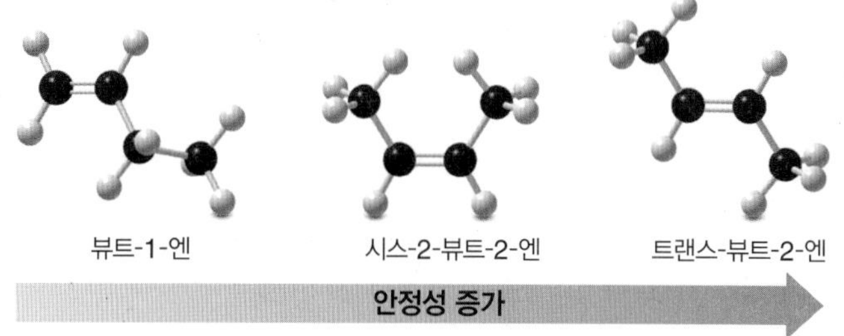

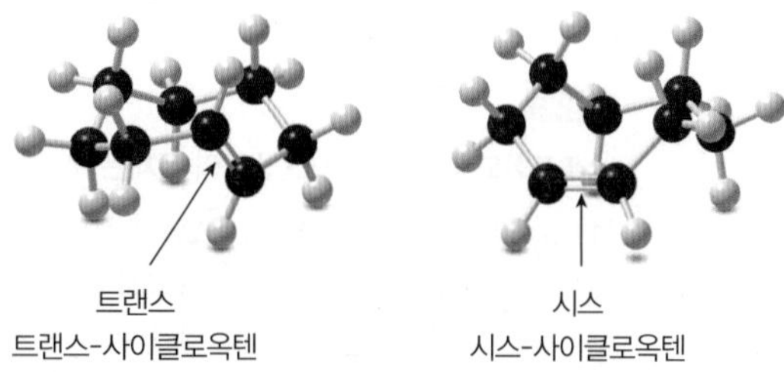

문제 10.1 분자식 C_5H_{10}을 가지는 여섯 개의 알켄을 그려라. 부분입체이성질체 한 쌍을 표시하라.

10.2 불포화도의 계산

비고리 알켄의 분자식은 C_nH_{2n}으로 탄소 수가 같은 비고리 알켄에 비해 수소가 두 개 적다.

• 알켄은 탄소당 최대 수소 원자 수보다 수소가 두 개 적으므로 불포화 탄화수소이다.

12장에서 π 결합에 의한 불포화도와 고리에 의한 불포화도를 결정하기 위하여 π 결합의 수소 첨가를 이용하는 방법에 대하여 배우게 된다.

사이클로알케인의 일반 분자식 역시 C_nH_{2n}이다.따라서 각 π 결합 또는 고리는 분자로부터 두 개의 수소 원자가 제거되며, 이들의 불포화도(degree of unsaturation)는 1이다. 특정 분자에 대한 불포화도는 화합물 내에 있는 실제 H 원자의 수와 가능한 H 원자의 최대 수를 비교하여 계산한다. n개의 탄소에 대하여 수소 원자의 최대 수는 $2n + 2$임을 기억하자(4.1절). 이러한 방법으로 분자 내의 고리와 π 결합의 총 수를 계산한다.

예제 10.1 분자식이 C_4H_6인 화합물의 불포화도를 계산하고, 가능한 구조를 제안하라.

풀이

[1] 가능한 최대 H 원자의 수를 계산한다.

- n개의 탄소에 대하여, 수소 원자의 최대 수는 $2n + 2$이다. 이 예에서 $2n + 2 = 2(4) + 2 = 10$.

[2] 최대 수에서 실제 H 원자의 수를 빼고 둘로 나눈다.

- 10H(최대 수) − 6H(실제 수) = 4H

$$\frac{\text{4H(최대 수보다 적은 H 수)}}{\text{2H(불포화도 한 개당 제거되는 H 수)}} = \textbf{불포화도 2}$$

불포화도 2인 화합물은 다음과 같다.

C_4H_6의 가능한 구조:

두 개의 고리 또는 **두 개의 π 결합** 또는 **한 개의 고리와 한 개의 π 결합**

이러한 방법은 예제 10.2에 나타낸 바와 같이 산소 및 할로젠과 같은 헤테로원자의 화합물에도 적용될 수 있다.

예제 10.2 다음 화합물에 대한 불포화도를 계산하고, 각 화합물의 두 개의 가능한 구조를 제안하라.

a. C_5H_8O b. $C_6H_{11}Cl$ c. C_8H_9N.

풀이

a. 불포화도를 계산할 때 O 원자의 존재는 무시한다. 즉 계산에서는 단지 주어진 C 수와 H 수만 사용한다(C_5H_8).

[1] 5 C에 대하여, 최대 H 수 = $2n + 2 = 2(5) + 2 = 12$.
[2] 화합물에는 여덟 개의 H가 있으므로 H의 최대 수보다 4가 작다.(12 − 8 = 4).
[3] 불포화도 한 개당 H 두 개가 제거되므로 단계 [2]의 값을 2로 나눈다.
답: 불포화도 2

b. 할로젠 원자의 화합물은 H가 한 개 더 있는 탄화수소와 동등하다. 즉 $C_6H_{11}Cl$은 불포화도를 계산할 때 C_6H_{12}와 동등하다.

[1] 6 C에 대하여 최대 H 수 = $2n + 2 = 2(6) + 2 = 14$.
[2] 화합물에는 열두 개의 H가 있으므로 H의 최대 수보다 2가 작다(14 − 12 = 2).
[3] 불포화도 한 개당 H 두 개가 제거되므로 단계 [2]의 값을 2로 나눈다.
답: 불포화도 1

c. 질소 원자가 하나 있는 화합물은 H가 하나 부족한 탄화수소와 동등하다. 즉 C_8H_9N은 불포화도를 계산할 때 C_8H_8과 동등하다.

[1] 8 C에 대하여 최대 H 수 = $2n + 2 = 2(8) + 2 = 18$.
[2] 화합물에는 여덟 개의 H가 있으므로 H의 최대 수보다 10이 작다(18 − 8 = 10).
[3] 불포화도 한 개당 H 두 개가 제거되므로 단계 [2]의 값을 2로 나눈다.
답: 불포화도 5

가능한 구조

a. (=O) b. (Cl) c. (N H)

문제 10.2 각 화합물의 불포화도를 계산하라.

a. C_6H_6 b. C_8H_{18} c. C_7H_8O d. $C_7H_{11}Br$ e. C_5H_9N

문제 10.3 다음 각 약물에 대한 불포화도를 계산하라.

a. 졸피뎀(zolpidem, 엠비언(Ambien)이라는 상품명으로 시판되는 수면 보조제), $C_{19}H_{21}N_3O$

b. 메플로퀸(mefloquine, 항말라리아제), $C_{17}H_{16}F_6N_2O$

10.3 명명법

- IUPAC 명명법에서 알켄은 접미사 -엔(*-ene*)을 사용한다.

10.3A 일반적인 IUPAC 규칙

이중 결합이 둘인 화합물을 다이엔(diene)으로 부르며 어미 알케인의 끝 -에인(-ane)을 빼고 접미사 -아다이엔(-adiene)을 붙인다. 이중 결합이 세 개인 경우에는 트라이엔(triene)으로 부른다. 항상 이중 결합의 **두** 탄소를 모두 포함하는 가장 긴 사슬을 찾는다. 그림 10.1에서 알켄의 이름은 헵텐 유도체가 되는데, 그 이유는 7개의 탄소 사슬은 이중 결합 탄소를 모두 포함하지만, 8개의 탄소 사슬은 그렇지 않기 때문이다.

사이클로알켄의 명명법에서 이중 결합은 C1과 C2에 놓이며, 이중 결합 위치를 나타내는 '1'은 이름을 쓸 때 생략한다. 고리는 첫 번째 치환기가 낮은 번호가 되도록 시계 방향 또는 시계 반대 방향으로 번호를 붙인다. 그림 10.2에 대표적인 예를 제시하였다.

해결 방법 알켄의 명명법

예 IUPAC 명명법에 따라 다음 알켄의 이름을 쓰라.

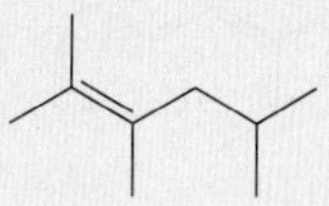

단계 [1] 이중 결합의 두 탄소를 모두 포함하는 가장 긴 사슬을 찾는다.

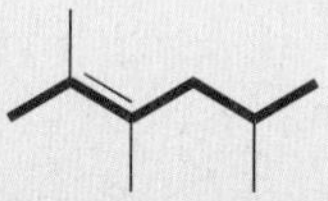

가장 긴 사슬에 여섯 개의 C가 있다.

헥세인 ----→ 헥센

- 어미 알케인의 이름 끝 **-에인(*-ane*)**을 **-엔(*-ene*)**으로 바꾼다.

단계 [2] 이중 결합이 낮은 번호가 되도록 탄소 사슬에 번호를 붙인 다음, 명명법의 다른 규칙을 적용한다.

사슬에 **번호**를 붙이고, C=C 이중 결합에, 표시된 **첫 번째 번호**를 사용하여 명명한다.

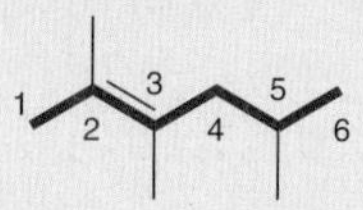

1 2 3 4 5 6

- 사슬에 C=C 이중 결합을 나타내는, 번호는 C4가 아니라 C2이다.

헥스-2-엔

치환기의 **번호**와 **이름을 붙인다.**

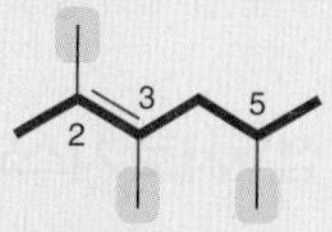

2 3 5

- C2, C3, C5에 세 개의 메틸기가 있다.

답: 2,3,5-트라이메틸헥스-2-엔

그림 10.1
가장 긴 사슬로 알켄을 명명하면 이중 결합의 두 탄소가 포함되지 않음

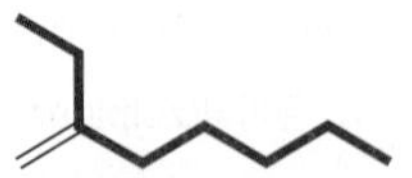

그림 10.2
사이클로알켄의 명명법

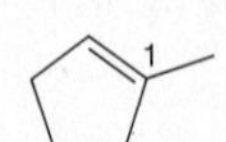

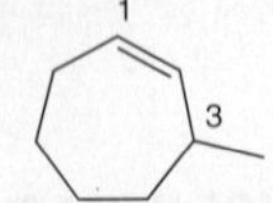

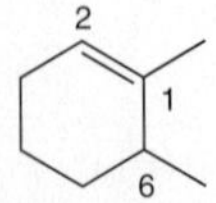

$CH_3CH_2CH_5CH_2$는 1979년 IUPAC 권고에서는 1-뷰텐으로 명명하였으나, 1993년 권고안은 뷰트-1-엔으로 명명하였다.

이중 결합과 하이드록시기가 모두 있는 화합물을 알켄올(alkenol)이라 부르는데, 사슬(또는 고리)의 번호는 –OH 자리의 탄소가 가장 낮다.

프로프-2-엔-1-올   6-메틸헵트-6-엔-2-올

문제 10.4 각 알켄의 IUPAC 이름을 쓰라.

a. b. c. d. e.

문제 10.5 다음 다중작용기 화합물의 IUPAC 이름을 쓰라.

a. b. c.

10.3B 입체이성질체의 명명법

부분입체이성질체가 가능한 두 알켄을 구별하기 위한 접두사가 필요하다.

접두사로 시스와 트랜스를 사용

이중 결합의 각 탄소 원자에 알킬기가 하나씩만 결합되어 있는 알켄은 두 알킬기의 상대적 위치를 나타내기 위하여 접두사로 시스와 트랜스를 사용하여 명명한다. 예를 들어, 시스-헥스-3-엔은 이중 결합의 같은 쪽에 두 개의 에틸기가 있는 데 반하여, 트랜스-헥스-3-엔은 이중 결합의 반대쪽에 두 개의 에틸기가 있다.

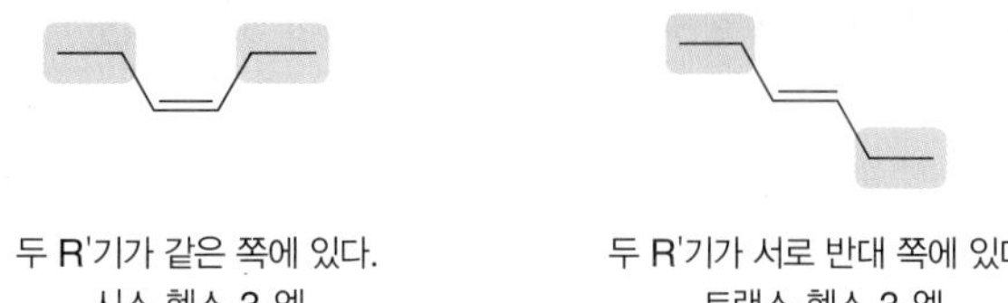

두 R'기가 같은 쪽에 있다.
시스-헥스-3-엔

두 R'기가 서로 반대 쪽에 있다.
트랜스-헥스-3-엔

접두사로 *E*와 *Z*를 사용

*E*는 '반대쪽'을 의미하는 독일어 **e**ntgegen을 나타낸다. *Z*는 '함께'를 의미하는 독일어 **z**usammen을 나타낸다. *E*, *Z* 명명법을 사용하면, 시스 이성질체는 *Z* 배열, 트랜스 이성질체는 *E* 배열이다.

C=C에 두 개의 알킬기가 결합되어 있을 때, 부분입체이성질체를 구별하기 위하여 접두사로 시스와 트랜스가 사용되지만, C=C에 세 개 또는 네 개의 알킬기가 결합되어 있는 경우에는 이들을 사용할 수 없다.

A
3-메틸펜트-2-엔

B
3-메틸펜트-2-엔

예를 들어, 알켄 A와 B는 모두 3-메틸펜트-2-엔으로 부르는 두 개의 서로 다른 화합물이다. A의 두 CH_3기는 시스이지만, B에서는 CH_3와 CH_2CH_3기가 시스이다. *E,Z* 명명 체계는 이와 같은 종류의 알켄을 명확하게 이름지을 수 있도록 고안되었다.

해결 방법 알켄에 접두사 *E*와 *Z*를 설정하는 법

단계 [1] *R*,*S* 명명법에서의 순위 규칙을 사용하여, C=C 각 끝의 두 치환기의 우선순위를 정한다(5.6절).

- 이중 결합을 반으로 나누고, 각 끝의 두 치환기의 상대적 우선순위를 번호 **1**과 **2**로 나타낸다—우선순위가 높은 기는 **1**로 표시하고, 우선순위가 낮은 기는 **2**로 표시한다.

각 끝의 치환기에 대하여 각각 우선순위를 정한다.

단계 [2] 우선순위가 높은(1) 두 기의 위치를 바탕으로 *E* 또는 *Z*를 표시한다.

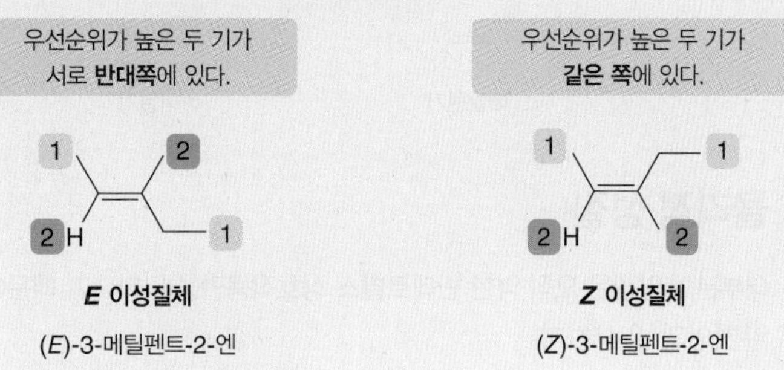

***E* 이성질체**
(*E*)-3-메틸펜트-2-엔

***Z* 이성질체**
(*Z*)-3-메틸펜트-2-엔

- ***E*** 이성질체는 우선순위가 높은 두 기가 **반대쪽**에 있다.
- ***Z*** 이성질체는 우선순위가 높은 두 기가 **같은 쪽**에 있다.

문제 10.6 각 알켄을 *E* 또는 *Z*로 표시하라. 카바인(kavain)은 카바(폴리네시아 후추나무)의 뿌리에서 분리한 천연 우울증 억제제이다.

a. Cl, Br b. c. OCH_3, C_6H_5, O

카바인

문제 10.7 11-시스-레틴알(11-*cis*-retinal)에 있는 탄소−탄소 이중 결합을 *E* 또는 *Z*로 표시하라. 21장 11절에서 배우겠지만, 빛이 망막에 닿을 때 이 화합물에 있는 이중 결합 중 하나가 덜 분비는 입체이성질체로 이성질화한다.

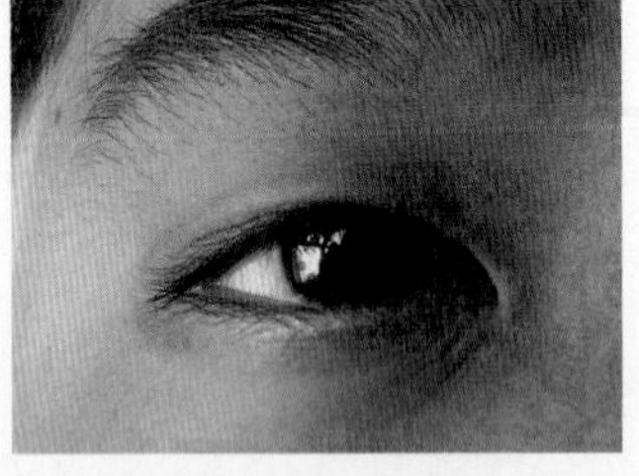
11-시스-레틴알은 모든 척추동물, 절지동물, 연체동물 등의 시각 화학에서 중요한 역할을 하는 광반응성 알데하이드이다.

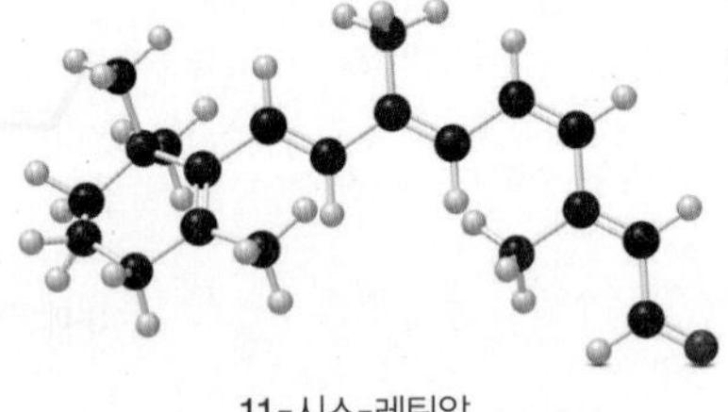
11-시스-레틴알

문제 10.8 다음 IUPAC 이름에 상응하는 화합물의 구조를 나타내라.

a. (*Z*)-4-에틸헵트-3-엔 b. (*E*)-3,5,6-트라이메틸옥트-2-엔 c. (*Z*)2−브로모-1-아이도헥스-1-엔

문제 10.9 (2*Z*,6*E*)-3-에틸-7-메틸데카-2,6-다이엔-1-올[(2*Z*,6*E*)-3-ethyl-7-methyldeca-2,6-dien-1-ol]의 구조를 그려라. 이 구조는 사과 작물을 파괴하는 코들링 나방의 성페로몬 구조이다. 과수원에 이 페로몬을 뿌리면 수컷과 암컷 나방의 교미를 방해하여 나방 개체군을 통제할 수 있다.

10.3C 관용명

IIUPAC 체계에서 에텐(ethene)으로 명명된 가장 간단한 알켄 $CH_2=CH_2$는 에틸렌(ethylene)이라는 관용명이 자주 사용된다. 알켄에서 유래된 세 알킬기 역시 관용명이 사용된다. 이 관용명을 사용하여 유기 분자를 명명한 두 예를 그림 10.3에 나타내었다.

10.4 물리적 성질

대부분의 알켄은 오직 약한 반데르발스 상호작용만을 나타내기 때문에 물리적 성질은 분자량이 비슷한 알케인과 유사하다.

그림 10.3
일반 치환기 이름으로 알켄의 이름짓기

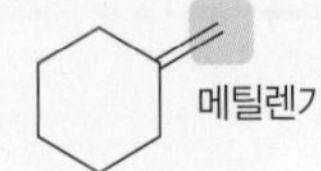

메틸렌사이클로헥세인

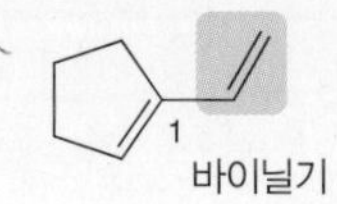

1−바이닐사이클로펜텐

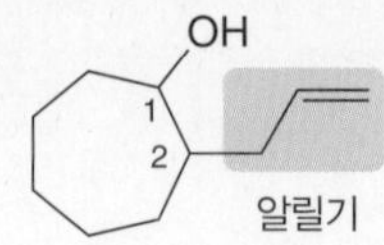

2−알릴사이클로헵탄올

- 알켄은 녹는점과 끓는점이 낮다.
- 녹는점과 끓는점은 탄소 수가 증가함에 따라 증가하는데, 이는 탄소 수가 증가하면 표면적이 커지기 때문이다.
- 알켄은 유기 용매에 대하여 용해성이지만 물에 대해서는 불용성이다.

시스와 트랜스 알켄의 물리적 성질은 종종 서로 다르게 나타난다. 예컨대 시스-뷰트-2-엔의 끓는점(4℃)은 트랜스-뷰트-2-엔(1℃)에 비해 높다. 이 차이는 알켄 이중 결합의 한 탄소와 알킬기 사이의 C−C 단일 결합이 약한 극성이기 때문에 생긴다. sp^3 혼성 알킬 탄소는 sp^2 혼성 알켄일 탄소에 전자 밀도를 제공한다.

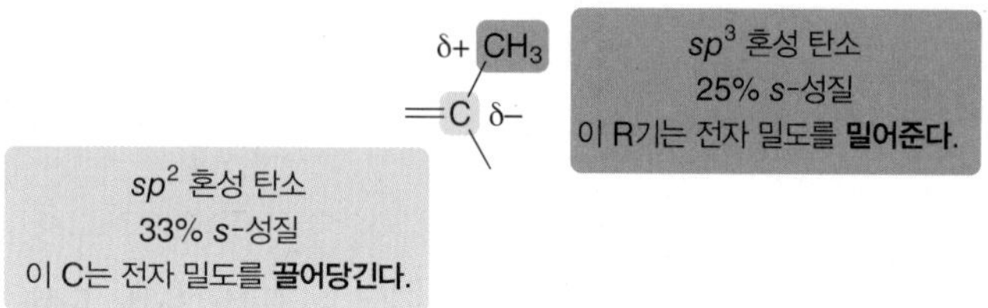

왜 알켄의 안정성이 알킬 치환기가 증가함에 따라 증가하는지를 설명하기 위하여 8.2C절에서 $C_{sp^3}—C_{sp^2}$ 결합과 관련된 논의가 있었다.

sp^2 혼성 오비탈(33%)은 sp^3 혼성 오비탈(25%)보다 s-성질이 더 크기 때문에 결합 쌍극자는 알킬 탄소(sp^3)에 비하여 알켄일 탄소(sp^2)에 부분 음전하가 놓이도록 한다. 시스 이성질체에서는 두 개의 $C_{sp^3}−C_{sp^2}$ 결합 쌍극자가 서로 강화되어, 작은 알짜 분자 쌍극자(net molecular dipole)를 만들어 낸다. 트랜스 이성질체에서는 두 결합 쌍극자가 상쇄된다.

CH_3, CH_3 / C=C / H, H	CH_3, H / C=C / H, CH_3
알짜 쌍극자가 작음	**알짜 쌍극자가 없음**
더 극성인 이성질체	**덜 극성인 이성질체**
시스-뷰트-2-엔	트랜스-뷰트-2-엔
높은 끓는점	**낮은 끓는점**

- 시스 알켄은 트랜스 알켄보다 극성이 더 세기 때문에 끓는점이 약간 더 높으며, 극성 용매에서 더 잘 녹는다.

문제 10.10 끓는점이 증가하는 순서에 따라 다음 이성질체를 나열하라.

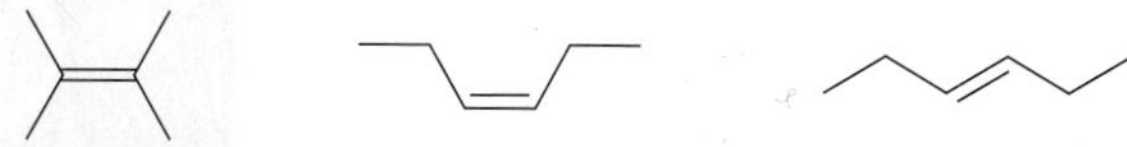

10.5 중요한 알켄

에틸렌(ethylene)은 분해(cracking)라 부르는 과정을 통하여 석유로부터 제조된다. 에틸렌은 가장 많이 생산되는 유기화학 물질로서 광범위하게 사용되는 플라스틱인 폴리에틸렌뿐만 아니라, 그림 10.4에서 보여주는 바와 같이 다른 많은 유용한 유기 화합물의 출발물로 사용된다.

탄소−탄소 이중 결합을 가지는 많은 유기 화합물이 자연계로부터 분리되었다(그림 10.5).

그림 10.4
많은 유용한 생성물의 산업적 출발물인 에틸렌

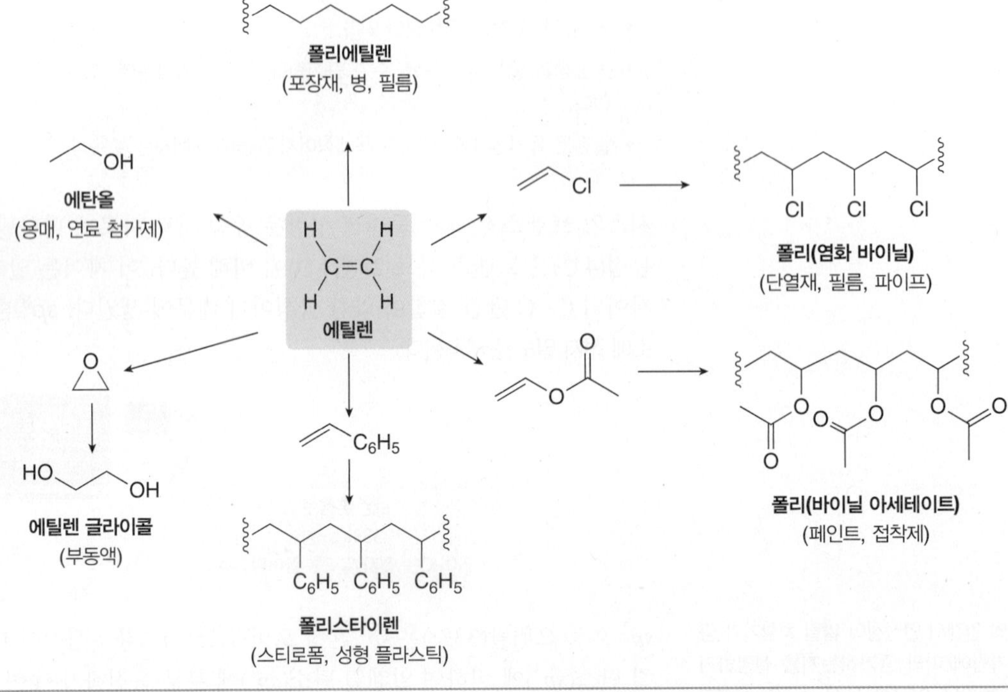

그림 10.5
자연계에 존재하는 네 개의 알켄

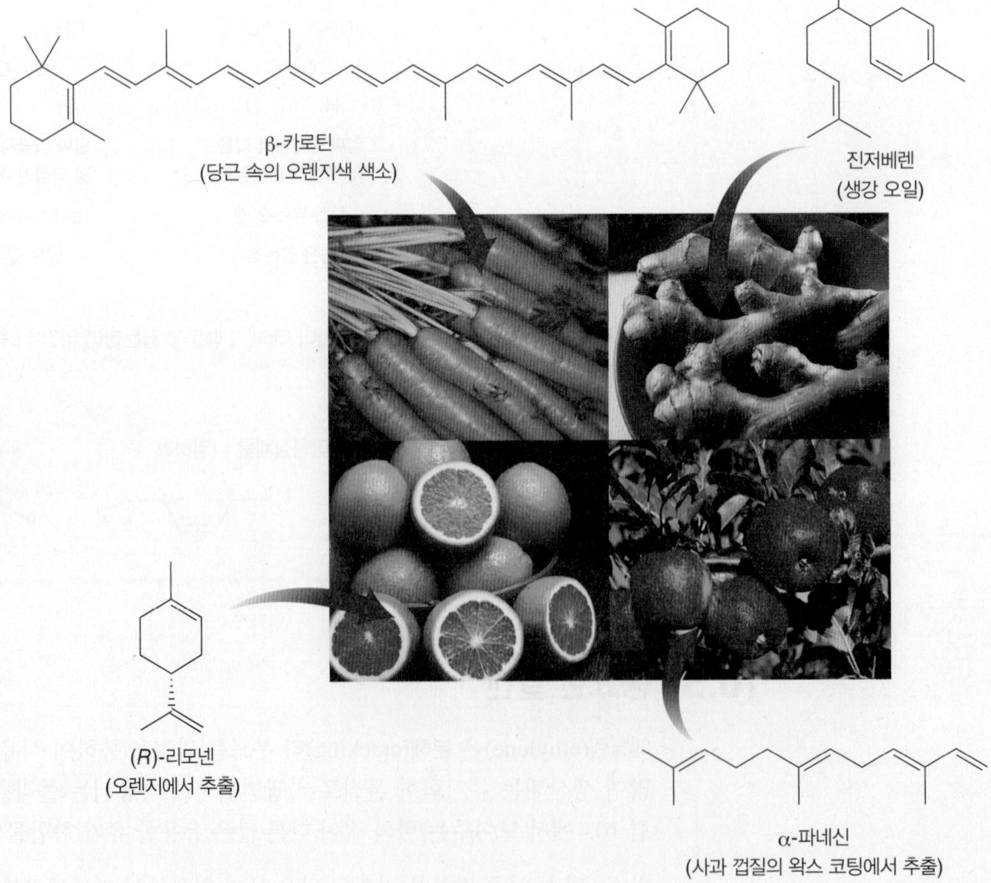

β-카로틴
(당근 속의 오렌지색 색소)

진저베렌
(생강 오일)

(*R*)-리모넨
(오렌지에서 추출)

α-파네신
(사과 껍질의 왁스 코팅에서 추출)

10.6 지질–2부

큰 비극성 C–C와 C–H 결합으로 구성된 지질은 물에 불용성인 생분자이다(4.15절).

에스터의 일반 구조

C–C 이중 결합의 기하 구조에 대한 이해는 가장 풍부한 지질인 **트라이아실글리세롤**(triacylglycerol)의 성질을 통찰할 수 있도록 한다. 트라이아실글리세롤은 각각 카보닐기(C=O)에 결합된 긴 탄소 사슬(R', R', R"으로 표시)이 있는 세 개의 에스터기를 포함한다.

R기에는 11～19개의 탄소가 있다.

[세 개의 에스터기를 붉은색으로 표시하였다.]

트라이아실글리세롤

10.6A 지방산

트라이아실글리세롤은 글리세롤(트라이올)과 일반 구조식이 RCO_2H인 세 개의 **지방산**(fatty acid)으로 가수분해된다. 자연계에 존재하는 지방산은 12~20 탄소 원자로 이루어져 있으며, 사슬의 끝에 카복시기가 있다.

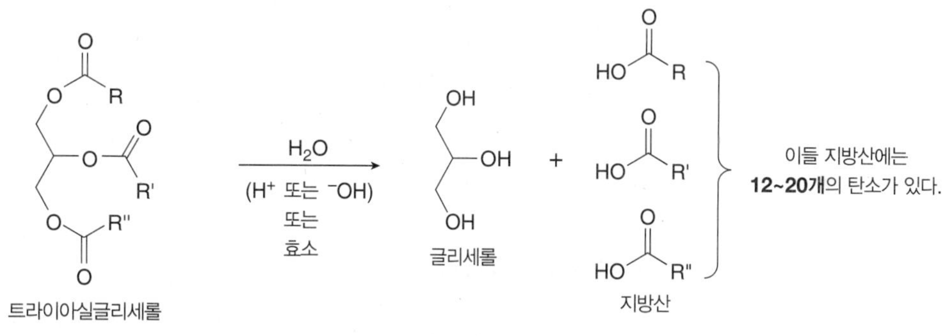
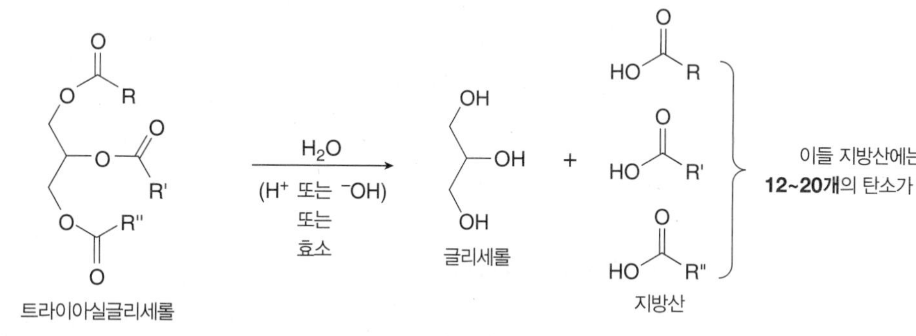

리놀레산(linoleic acid)과 리놀렌산(linolenic acid)은 체내에서 합성되지 않기 때문에 음식을 통하여 섭취되어야 하는 필수 지방산이다. 이 필수 지방산의 일반적인 공급원은 전지 우유이다. 초기 수유기에 탈지유를 섭취한 아이들은 이 필수 지방산을 충분히 공급받지 못하기 때문에 잘 자라지 못한다.

- 포화 지방산은 긴 탄화수소 사슬에 이중 결합이 없으며, 불포화 지방산은 긴 탄화수소 사슬에 하나 이상의 이중 결합이 있다.
- 천연 지방산에 존재하는 모든 이중 결합은 *Z* 배열이다.

표 10.2에 18개의 탄소 원자를 포함하는 지방산 네 개의 구조와 녹는점을 나타내었다. 스테아르산(stearic acid)은 가장 일반적인 두 개의 포화 지방산 중의 하나이며, 올레산(oleic acid)과 리놀레산(linoleic acid)은 가장 일반적인 불포화 지방산이다. 표 10.2의 자료들은 *Z* 이중 결합이 지방산의 녹는점에 미치는 영향을 보여준다.

- 지방산에 이중 결합 수가 증가하면 녹는점은 낮아진다.

그림 10.6에 나타낸 지방산의 삼차원 구조는 어떻게 긴 탄화수소 사슬에서 *Z* 이중 결합이 비틀림을 초래하여 결정 격자로 잘 쌓일 수 있는 능력을 감소시키는지를 보여준다. *Z* 이중 결합 수가 증가할수록 긴 탄화수소 사슬이 비틀어져 녹는점이 더 낮아진다.

표 10.2
이중 결합이 지방산의 녹는점에 미치는 영향

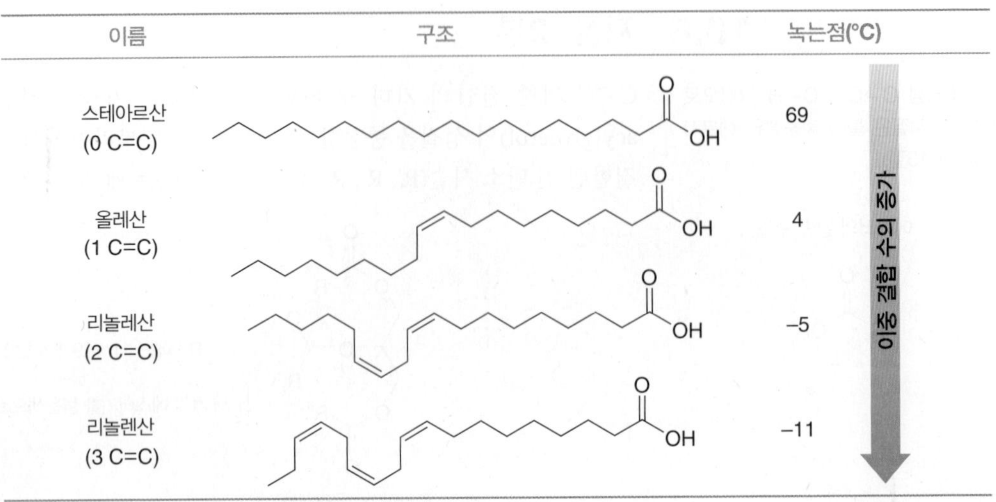

이름	구조	녹는점(°C)
스테아르산 (0 C=C)		69
올레산 (1 C=C)		4
리놀레산 (2 C=C)		−5
리놀렌산 (3 C=C)		−11

문제 10.11 리놀(표 10.2 참조)과 스테아리돈산(stearidonic acid)은 오메가-3 지방산이다. 이들 지방산들은 사슬 끝의 메틸기로부터 세 번째 위치에 첫 번째 이중 결합이 있다. 스테아리돈산의 녹는점은 리놀렌산의 녹는점에 비해 어떠할 것으로 예측하는가? 또한 스테아르산과 비교하면 어떠할 것으로 생각하는가? 불포화도가 더 낮은 식물성 기름 대신에 더 건강에 좋을 것으로 생각되는 스테아리돈산이 풍부한 콩기름을 사용하는 것에 대한 연구가 최근에 진행되는 연구 과제 중의 하나이다.

C3 → O OH

스테아리돈산

10.6B 지방과 기름

지방(fat)과 기름(oil, 유지)은 물리적 성질이 다른 트라이아실글리세롤이다.

- 지방은 녹는점이 더 높다—실온에서 고체이다.
- 기름은 녹는점이 더 낮다—실온에서 액체이다.

그림 10.6
C_{18} 지방산 네 개의 삼차원 구조

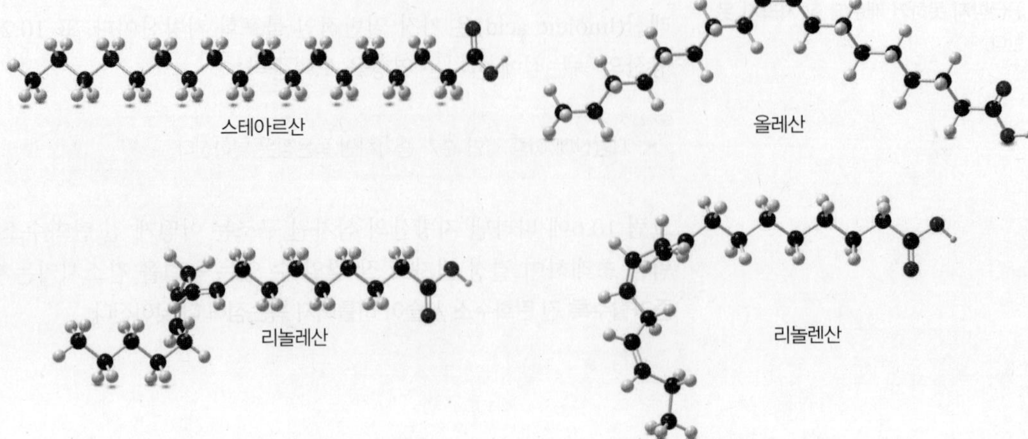

캐놀라(Canola), 콩, 아마 등은 우리 몸에 좋은 지방산인 리놀렌산을 섭취할 수 있는 아주 좋은 재료들이다. 오메가-3 지방산에 속하는 이들 기름(문제 10.11 참조)은 심장병의 진행을 막는 효과가 있다고 알려져 있다.

트라이아실글리세롤에 존재하는 세 가지의 지방산은 지방 또는 기름인지에 따라 구별된다. 지방산의 곁사슬에 있는 이중 결합 수의 증가는 트라이아실글리세롤의 녹는점을 낮춘다.

- 지방은 이중 결합이 적은 지방산으로부터 얻어진다.
- 기름은 이중 결합 수가 많은 지방산으로부터 얻어진다.

포화 지방은 전형적으로 동물로부터 얻지만, 불포화 기름은 일반적으로 채소에서 얻는다. 따라서 버터와 돼지 기름은 포화 트라이아실글리세롤이며, 올리브 기름과 잇꽃(safflower) 기름은 불포화 트라이아실글리세롤이다. 예외적으로 코코넛 기름은 많은 포화 알킬 곁사슬로 구성되어 있다.

콜레스테롤 양의 증가가 심장병을 일으킬 확률을 높인다는 많은 증거들이 알려져 있다. 포화지방산은 간에서 콜레스테롤의 합성을 촉진하여 혈중 콜레스테롤의 농도를 증가시킨다.

10.7 알켄의 제조

8장과 9장에서 알켄은 할로젠화 알킬과 알코올로부터 제거 반응을 거쳐 제조될 수 있음을 배웠다. 예를 들어, 할로젠화 알킬은 강염기와 함께 E2 메커니즘에 의한 할로젠화수소 이탈 반응으로 알켄을 합성한다(8.4와 8.5절).

- ^{-}OH와 ^{-}OR[특히 $^{-}OC(CH_3)_3$]을 포함하는 전형적인 염기와 DBU 및 DBN과 같은 비친핵성 염기
- 알킬 토실레이트도 역시 유사한 반응 조건에서 출발물로 사용될 수 있다(9.13절).

$NaOCH_2CH_3$ (Br)

$KOC(CH_3)_3$ (OTs)

H_2SO_4 또는 TsOH를 사용하는 알코올의 산 촉매 탈수 반응도 역시 알켄을 합성한다(9.8과 9.9절). 반응은 2°와 3° 알코올에 대해서는 E1 메커니즘을 경유하며, 1° 알코올에 대해서는 E2 메커니즘을 경유하여 일어난다. E1 반응은 탄소 양이온 중간체를 포함하기 때문에 자리옮김이 가능하다. 알코올은 $POCl_3$와 피리딘에 의해서도 E2 메커니즘으로 탈수가 일어난다(9.10절).

OH H_2SO_4

OH $POCl_3$ 피리딘

제거 반응은 입체선택적이고 위치선택적이기 때문에 가장 안정한 알켄이 주 생성물로 형성된다.

Br $KOC(CH_3)_3$ +
주 생성물

OH H_2SO_4 + +
주 생성물
트랜스 이중치환 알켄

그림 10.7
에틸렌의 정전기 전위 그림

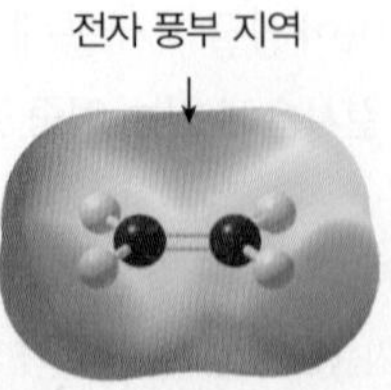

- π 결합의 전자가 풍부한 붉은 지역은 분자 평면 위와 아래에 놓인다. 이 정전기 전위 그림에 그려진 알켄의 평면은 기울어져 있기 때문에 오직 분자 위쪽의 붉은 영역만 보인다.

문제 10.12 다음 제거 반응의 생성물을 나타내라.

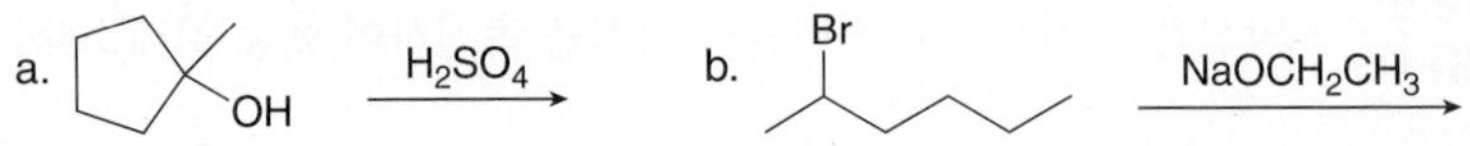

10.8 첨가 반응 개론

알켄의 C−C π 결합은 C−C σ 결합보다 훨씬 약하기 때문에 알켄 반응의 특징은 첨가 반응이다. 즉 π 결합이 끊어지고 두 개의 새로운 σ 결합이 형성된다.

$$\text{알켄} + X{-}Y \longrightarrow \text{생성물 (X, Y 첨가)}$$

이 π 결합이 끊어진다. 두 개의 σ 결합이 형성된다.

알켄은 그림 10.7의 정전기 전위 그림에서와 같이 전자가 풍부하다. π 결합의 전자 밀도는 분자 평면의 위와 아래에 밀집해 있어 σ 결합보다 π 결합이 더 노출되어 있다.

약하고 전자가 풍부한 알켄의 π 결합에 어떤 종류의 반응 시약이 첨가될까? 여기에는 많은 시약이 해당되는데, 이러한 것들은 알켄 화학에 도전할 만한 가치를 만든다. 이와 같은 정보를 정리하기 위해서는 다음을 기억해두자.

알켄의 첨가 반응은 10.9~10.16절과 12장(산화와 환원)에서 논의될 것이다.

- 알켄의 모든 반응은 첨가 반응을 수반한다. 즉, 항상 π 결합이 끊어진다.
- 알켄은 전자가 풍부하기 때문에 단순한 알켄은 그 자체로 전자가 풍부한 반응 시약인 친핵체 또는 염기와 반응하지 않는다. 알켄은 친전자체와 반응한다.

첨가 반응의 입체화학은 때때로 반응 메커니즘을 표현하는 데 중요하다. 이중 결합의 탄소 원자들은 모두 삼각 평면에 놓이기 때문에 원소 X와 Y는 서로 같은 쪽 또는 반대쪽으로 첨가될 수 있다.

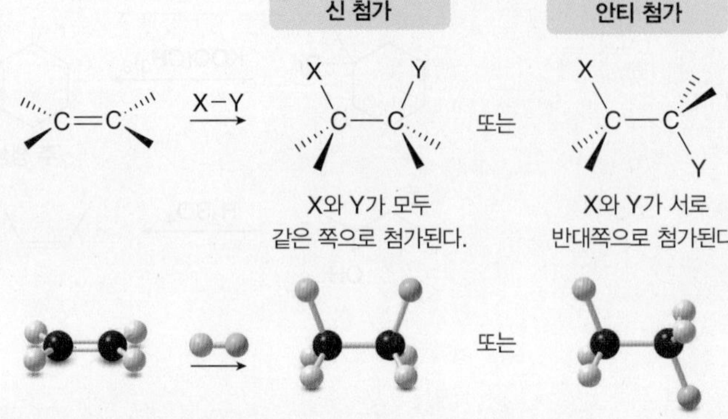

그림 10.8
사이클로헥센의 다섯 가지 첨가 반응

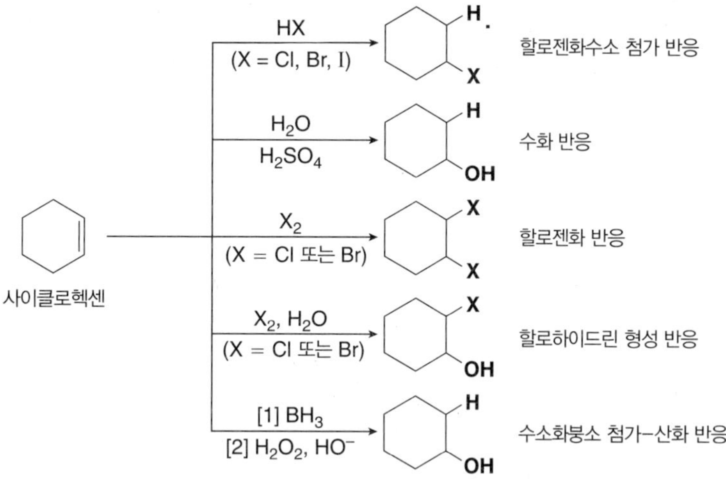

• 각 반응에서 π 결합이 끊어지고, 두 개의 새로운 σ 결합이 형성된다.

• 신 첨가(syn addition)는 X와 Y가 모두 같은 쪽으로 첨가될 때 일어난다.
• 안티 첨가(anti addition)는 X와 Y가 서로 반대쪽으로 첨가될 때 일어난다.

10장에서는 알켄의 다섯 가지 반응에 대하여 논의하는데, 각 반응은 사이클로헥센을 출발물로 하여 그림 10.8에 나타내었다.

10.9 할로젠화수소 첨가–HX의 친전자성 첨가

알켄의 할로젠화수소 첨가로 할로젠화 알킬을 만드는 것은 할로젠화 알킬의 할로젠화수소 이탈로 알켄을 만드는 것의 역과정이며, 이 반응은 8.4절과 8.5절에서 상세하게 논의되었다.

할로젠화수소 첨가 반응(hydrohalogenation)은 할로젠화 수소 HX (X=Cl, Br, 및 I)가 알켄에 첨가되어 할로젠화 알킬을 형성하는 것이다.

이 π 결합이 끊어진다. + δ+ δ– H–X (X = Cl, Br, I) → 할로젠화 알킬

이 반응에서는 두 개의 결합(알켄의 약한 π 결합과 HX 결합)이 끊어지고, 두 개의 새로운 σ 결합이 형성된다—하나는 H와 다른 하나는 X와 σ 결합을 형성한다. X는 H보다 더 전기음성도가 크기 때문에 H–X 결합은 H에 부분 양전하가 놓이는 방향으로 분극되어 있다. HX의 친전자성(H) 끝 부분이 전자가 풍부한 알켄으로 끌어 당겨지기 때문에 이 반응을 **친전자성 첨가**라고 한다.

첨가 반응의 생성물은 다음과 같이 나타낸다.

• C–C 이중 결합의 위치를 확인한다.
• 반응 시약에서 절단되는 σ 결합을 식별한다—즉 할로젠화수소 첨가에서는 H–X 결합.
• 알켄의 π 결합과 반응 시약의 σ 결합을 절단하고, 이중 결합의 탄소 원자에 새로운 두 개의 σ 결합을 형성시킨다.

그림 10.9
$CH_2=CH_2$에 대한 HBr의 첨가-발열 반응

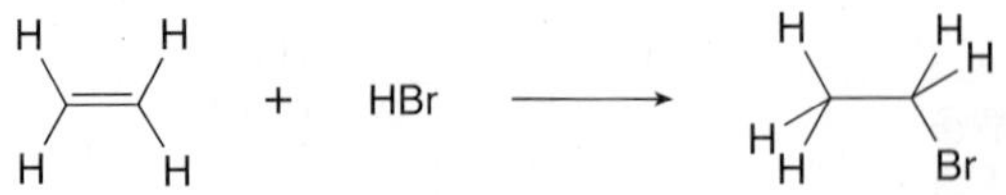

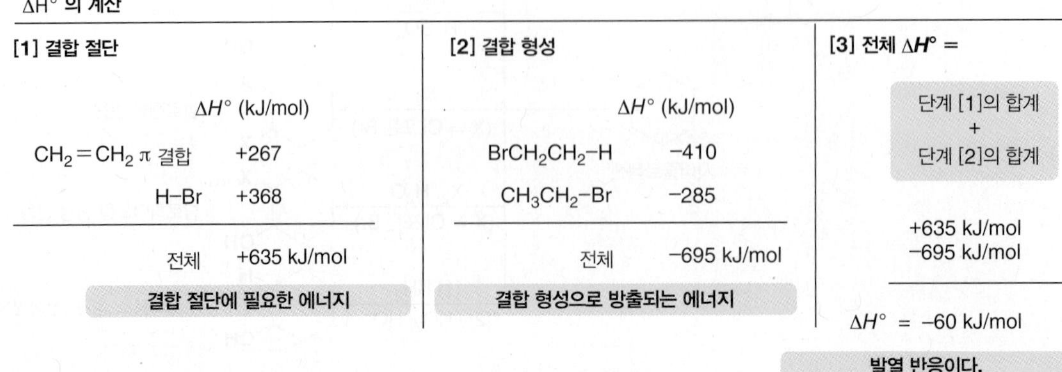

[부록 C로부터 값을 가져 왔음]

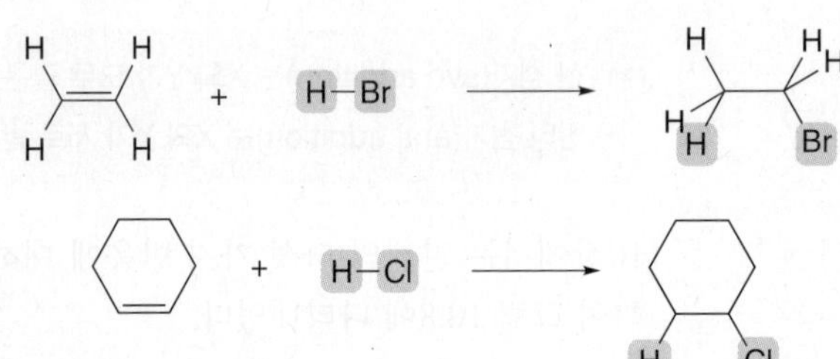

생성물에서 형성된 두 개의 σ 결합은 반응물에서 절단되는 σ와 π 결합보다 더 세기 때문에 첨가 반응은 발열 반응이다. 예를 들면, 그림 10.9에 나타낸 바와 같이 에틸렌에 대한 HBr 첨가 반응의 $\Delta H°$는 −60 kJ/mol이다.

HX의 친전자성 첨가 메커니즘은 탄소 양이온을 형성하는 H^+의 첨가와 뒤이은 X^-의 친핵성 공격의 두 단계로 구성된다. 시스-뷰트-2-엔과 HBr의 반응 메커니즘을 메커니즘 10.1에 나타내었다.

친전자성 첨가 반응의 메커니즘은 두 개의 연속적인 루이스 산-염기 반응으로 구성된다. 단계 ①에서 루이스 산인 H−Br에 전자쌍을 제공하는 알켄이 루이스 염기인 반면에 단계 ②에서는 루이스 산인 탄소 양이온에 전자쌍을 제공하는 Br^-이 루이스 염기이다.

메커니즘 10.1 알켄에 대한 HX의 친전자성 첨가

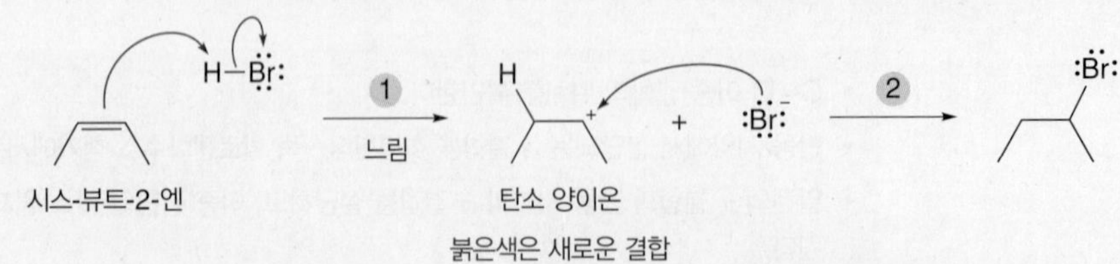

① 결합이 HBr의 H를 공격하면 속도 결정 단계에서 새로운 C−H 결합과 탄소 양이온이 형성된다.
② 탄소 양이온에 대한 Br^-의 친핵성 공격은 새로운 C−Br 결합을 형성한다.

그림 10.10 친전자성 첨가의 에너지 도표: $CH_3CH{=}CHCH_3 + HBr \rightarrow CH_3CH_2CH(Br)CH_3$

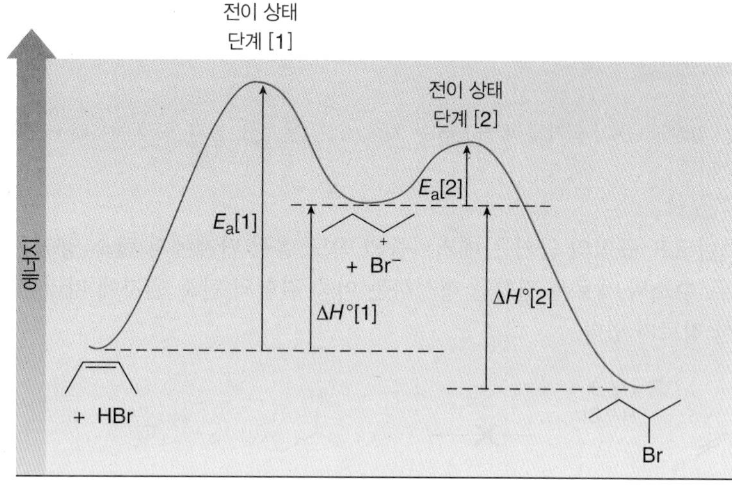

반응 좌표

전이 상태 단계 [1] = $[\delta-\ :\ddot{Br}\text{---}H \ \cdots \ \delta+]^{\ddagger}$

전이 상태 단계 [2] = $[:\ddot{Br}:\ \delta- \ \cdots \ \delta+]^{\ddagger}$

- 메커니즘은 두 단계이므로 두 개의 에너지 장벽이 있다.
- 단계 [1]이 속도 결정 단계이다.

$CH_3CH{=}CHCH_3$와 HBr 반응의 에너지 도표는 그림 10.10과 같다. 각 단계는 각각 최대 에너지 전이 상태를 나타내는 에너지 장벽이 있다. 단계 ①이 전이 상태의 에너지가 더 높기 때문에 속도 결정 단계이다. 형성되는 것보다 더 많은 결합이 절단되기 때문에 단계 ①의 $\Delta H°$는 양의 값이다. 반면에 단계 ②의 $\Delta H°$는 오직 결합 형성만 일어나기 때문에 음의 값이다.

문제 10.13 다음 각각의 알켄들을 HCl과 반응시켰을 때 형성되는 생성물을 무엇인가?

a. b. c.

문제 10.14 다음 반응의 단계별 메커니즘을 쓰라. 그리고 각 단계에 대한 전이 상태의 구조를 그려라.

+ HCl ⟶ Cl

10.10 마르코브니코프 규칙

비대칭 알켄의 이중 결합에 HX를 첨가하면 두 개의 구조 이성질체가 생성될 수 있다.

프로펜 (2, 1) —H−Cl→ 1-클로로프로페인 또는 2-클로로프로페인

단일 생성물

예를 들어, 프로펜에 대한 HCl의 첨가는 이론적으로 H와 Cl이 각각 C2와 C1에 첨가되어 형성

되는 1-클로로프로페인과 H와 Cl이 C1과 C2에 첨가되어 형성되는 2-클로로페인을 줄 수 있다. 실제로 **친전자성 첨가는 오직 2-클로로프로페인만을 형성한다.** 이는 HX의 친전자성 첨가의 위치선택성을 처음으로 결정한 러시아 화학자의 이름을 딴 **마르코브니코프 규칙**(**Markovnikov's rule**)의 구체적인 한 예이다.

- 비대칭 알켄에 HX가 첨가될 때 H 원자는 치환기가 적은 탄소 원자, 즉 처음부터 H 원자가 더 많은 탄소에 결합한다.

마르코브니코프 규칙의 근거는 메커니즘의 속도 결정 단계에서 탄소 양이온의 형성이다. 프로펜의 경우, 수소와 새로운 결합을 형성하는 이중 결합의 탄소 원자에 따라 첫 단계에서 두 가지의 가능한 경로가 있다.

경로 [1] H—Cl ✕→ 1° 탄소 양이온 + Cl^-

경로 [2] H—Cl → (적합한 경로) 2° 탄소 양이온 + Cl^- → 2-클로로프로페인

하몬드 가설은 1°, 2°, 그리고 3° RX의 S_N1 반응에서의 상대 속도를 설명하기 위하여 7.15절에서 처음 소개되었다.

경로 [1]은 매우 불안정한 1° 탄소 양이온을 형성하는 데 비하여, 경로 [2]는 더 안정한 2° 탄소 양이온을 형성한다. 하몬드(Hammond) 가설에 따르면, 탄소 양이온의 형성은 흡열 과정이기 때문에 경로 [2]가 더 빠르다. 그림 10.11의 에너지 도표에 나타낸 것과 같이, **더 안정한 2° 탄소 양이온을 형성하는 전이 상태의 에너지가 더 낮으므로 경로 [2]가 경로 [1]보다 더 빠르게 진행된다.**

- 비대칭 알켄에 대한 HX의 첨가에서 H 원자는 치환기가 적은 탄소에 첨가되어 더 안정한, 치환기가 더 많은 탄소 양이온을 형성한다.

탄소 양이온 중간체를 포함하는 다른 친전자성 첨가에서도 비슷한 결과가 나타난다. 즉, **치환기가 적은 탄소에 친전자체가 첨가되어 더 안정하고, 치환기가 더 많은 탄소 양이온이 형성된다.**

그림 10.11
친전자성 첨가와 하몬드 가설

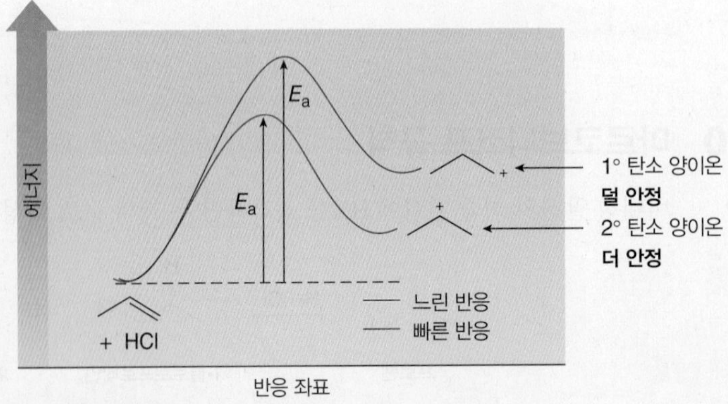

- 더 안정한 2° 탄소 양이온 형성에 대한 E_a는 1° 탄소 양이온 형성에 대한 E_a보다 낮다. 2° 탄소 양이온이 더 빨리 형성된다.

문제 10.15 다음 알켄을 HCl과 반응시켰을 때의 생성물을 나타내라.

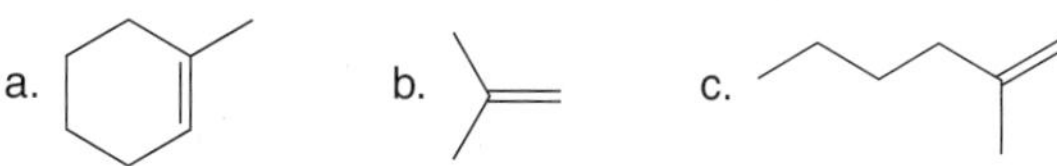

문제 10.16 하몬드 가설을 이용하여 HX의 친전자성 첨가에 대하여 $(CH_3)_2C=CH_2$가 $CH_3CH=CH_2$보다 빨리 반응하는 이유를 설명하라.

할로젠화수소 첨가에서 탄소 양이온이 중간체로 형성되기 때문에 예제 10.3에 나타낸 바와 같이 탄소 양이온 자리옮김이 일어날 수 있다.

예제 10.3 다음 반응의 단계별 메커니즘을 나타내라.

HBr

Br

풀이

출발물과 생성물의 탄소 골격이 다르기 때문에—알켄 반응물은 4° 탄소이지만, 생성물인 할로젠화 알킬은 그렇지 않다—탄소 양이온 자리옮김이 일어나야 한다.

단계 [1] **HBr의 마르코브니코프 첨가**는 H^+를 이중 결합의 치환기가 적은 탄소에 첨가하여 2° 탄소 양이온을 형성한다.

H—Br: [1] + H + :Br:⁻

2° 탄소 양이온
붉은색은 새로운 결합

단계 [2] **1,2 메틸 이동에 의한 2° 탄소 양이온의 자리옮김은 더 안정한 3° 탄소 양이온을 형성한다.**

단계 [3] Br^-의 친핵성 공격에 의해 생성물인 3° 할로젠화 알킬이 형성된다.

[2] 1,2-메틸 이동 :Br:⁻ [3] :Br:

3° 탄소 양이온

문제 10.17 3-메틸사이클로헥센(3-methylcyclohexene)은 HCl과 반응하여 두 생성물인 1-클로로-3-메틸사이클로헥세인과 1-클로로-1-메틸사이클로헥세인을 만든다. 이 결과를 설명하는 메커니즘을 나타내라.

문제 10.18 다음 중 HBr을 첨가하여 자리옮김 반응이 일어나는 알켄은 어느 것인가?

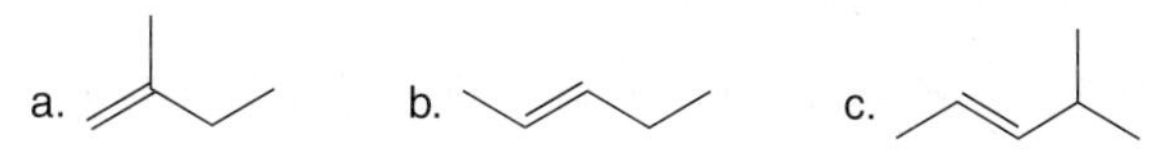

10.11 HX의 친전자성 첨가에서의 입체화학

친전자성 첨가에서의 입체화학을 이해하기 위하여 7장과 9장에서 배운 두 가지 입체화학 법칙을 상기하자.

- 삼각 평면의 원자는 두 방향에서 같은 확률로 시약과 반응한다(7.13C절).
- 비카이랄성 출발물은 비카이랄 또는 라셈 생성물을 만든다(9.15절).

많은 할로젠화 수소첨가 반응은 비카이랄성 반응물과 반응하여 비카이랄성 생성물을 만든다. 예를 들어, 비카이랄성 알켄인 사이클로헥센에 대한 HBr의 첨가는 비카이랄성 할로젠화 알킬인 브로모사이클로헥세인을 생성한다.

+ H−Br ⟶ Br

사이클로헥센
비카이랄성 출발물

브로모사이클로헥세인
비카이랄성 생성물

그러나 첨가는 sp^2 혼성 탄소를 sp^3 혼성 탄소로 변환시키므로 할로젠화수소 첨가 반응에 의하여 종종 새로운 입체발생 중심이 형성된다. 예를 들어, 비카이랄성 알켄인 1,3,3-트라이메틸사이클로헥세인에 대한 HCl의 마르코브니코프 첨가는 하나의 구조 이성질체 1-클로로-1,3,3-트라이메틸사이클로헥세인을 형성한다. 이 생성물은 새로이 형성된 sp^3 혼성 탄소 중의 하나에 입체발생 중심이 있으므로 같은 양의 두 개의 거울상이성질체—라셈 혼합물—가 형성되어야 한다.

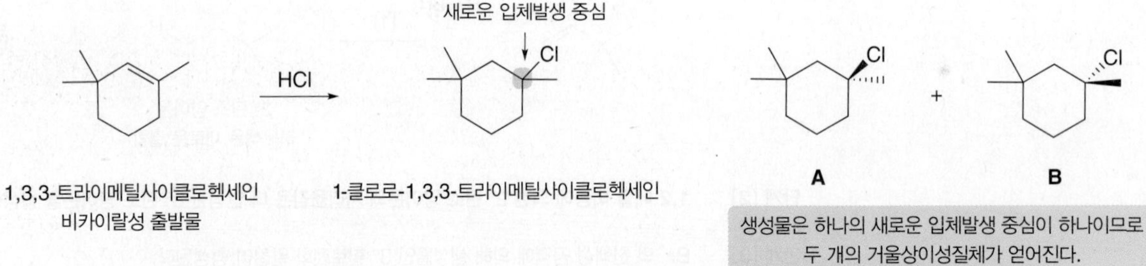

1,3,3-트라이메틸사이클로헥세인
비카이랄성 출발물

1-클로로-1,3,3-트라이메틸사이클로헥세인

할로젠화수소 첨가의 메커니즘은 어떻게 두 개의 거울상이성질체가 형성되는지를 보여준다. 친전자체 H^+(HCl로부터)의 초기 첨가는 평면인 이중 결합의 어느 쪽에서나 일어나며 탄소 양이온을 형성한다. 두 유형의 첨가(아래쪽과 위쪽)는 모두 같은 비카이랄성 탄소 양이온을 만든다. 이 탄소 양이온의 두 구조 모두 메커니즘의 두 번째 단계를 그리는 데 사용할 수 있다.

H H−C̈l: ⟶ H H + H H + :C̈l:$^-$

위에서 H^+

아래에서 H^+

동등한 탄소 양이온

삼각 평면 탄소 양이온에 대한 Cl^-의 친핵성 공격 역시 다른 두 방향에서 일어나며, 새로운 입체발생 중심이 있는 두 개의 생성물 A와 B를 형성한다. A와 B는 서로 겹치지 않기 때문에 거울상이성질체이다. 다른 방향에서의 공격은 같은 확률로 일어나기 때문에 A와 B의 라셈 혼합물이 형성된다.

표 10.3
요약: 알켄에 대한 HX의 친전자성 첨가 반응

	관찰 사항
메커니즘	• 메커니즘은 두 단계이다. • 속도 결정 단계에서 탄소 양이온이 형성된다. • 자리옮김이 일어날 수 있다.
위치선택성	• 마르코브니코프 규칙을 따른다. 비대칭 알켄에서 H는 치환기가 적은 C에 결합하여 더 안정한 탄소 양이온을 형성한다.
입체화학	• 신과 안티 첨가가 일어난다.

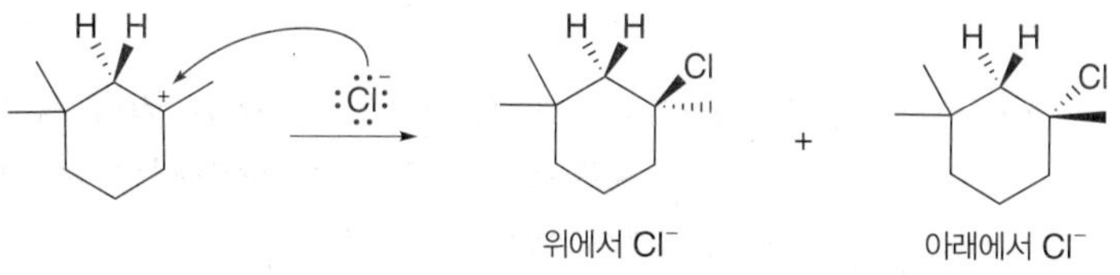

:Cl:⁻

위에서 Cl^- | 아래에서 Cl^-

A 신 첨가 — H와 Cl은 **같은 쪽**에서 첨가된다.

B 안티 첨가 — H와 Cl은 서로 **반대쪽**에서 첨가된다.

시스와 **트랜스**는 일반적으로 알켄 또는 두 개의 치환기가 있는 사이클로알케인과 같은 특정한 화합물의 치환기 배열을 나타내는 데 많이 쓰인다. **신**과 **안티**는, 예컨대 두 기가 이중 결합에 첨가되는 방식을 표현하는 것과 같은, 과정의 입체화학을 기술한다.

할로젠화수소 첨가는 **평면** 이중 결합에 일어나며 **평면** 탄소 양이온을 형성하기 때문에, H와 Cl의 첨가는 두 가지 다른 방법으로 일어난다. H와 Cl 원소는 이중 결합의 같은 방향으로 첨가(즉 **신 첨가**)되거나 반대쪽으로 첨가(즉 **안티 첨가**)될 수 있다. 양쪽 유형의 첨가가 이 두 단계 반응 메커니즘에서 일어난다.

- 할로젠화수소 첨가 반응은 HX의 신과 안티 첨가로 일어난다.

알켄에 대한 HX의 친전자성 첨가의 특징을 표 10.3에 요약하였다.

문제 10.19 다음 반응의 생성물을 입체화학을 포함하여 나타내라.

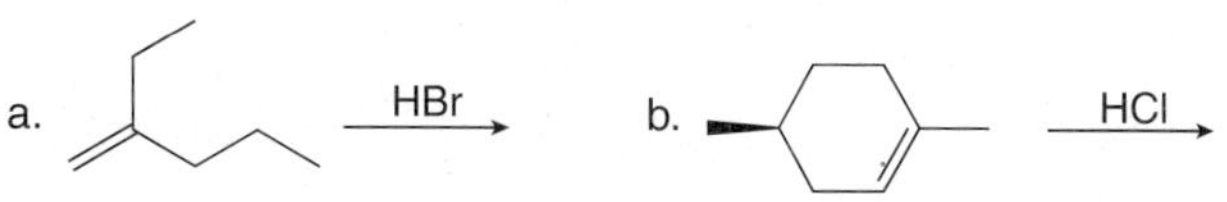

a. HBr → b. HCl →

문제 10.20 1,2-다이메틸사이클로헥센이 HCl과 반응하였을 때의 모든 입체이성질체를 그려라. 거울상이성질체를 표시하라.

10.12 수화–물의 친전자성 첨가

수화(hydration)는 알켄에 물이 첨가되어 알코올을 형성하는 반응이다. H_2O 자체는 알켄에 양성자를 첨가하기에는 매우 약한 산이지만, H_2SO_4를 첨가하면 H_3O^+가 형성되어 첨가가 쉽게 일어난다.

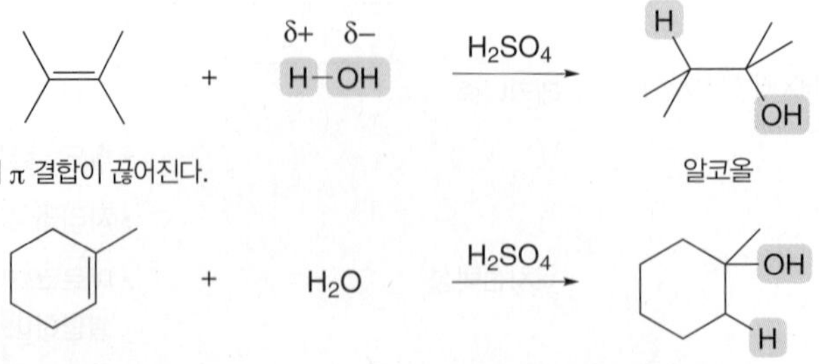

δ+ δ− H−OH, H_2SO_4

이 π 결합이 끊어진다. 알코올

+ H_2O H_2SO_4

수화는 친전자성 첨가의 간단한 다른 예이다. 메커니즘의 처음 두 단계는 HX의 알켄에 대한 친전자성 첨가 반응과 유사하다. 즉, 탄소 양이온 형성을 위한 H^+(H_3O^+로부터) 첨가와 뒤이은 H_2O의 친핵성 공격이다. 메커니즘 10.2에 사이클로헥센에 H_2O가 첨가되어 사이클로헥산올이 형성되는 과정을 나타내었다.

알켄의 수화 반응으로 알코올을 만드는 것은 알코올의 탈수 반응으로 알켄을 만드는 것의 역과정이며, 이 반응은 9.8절에서 상세하게 논의되었다.

탄소 양이온 중간체가 생기기 때문에 다음과 같은 세 가지 중요한 결과가 관찰된다.

- 비대칭 알켄에 대하여 H는 치환기가 적은 탄소에 첨가되어 더 안정한 탄소 양이온을 형성한다. 즉 마르코브니코프 규칙을 따른다.
- H와 OH의 첨가는 신과 안티 형태로 모두 일어난다.
- 탄소 양이온의 자리옮김이 일어날 수 있다.

알켄에 알코올을 첨가할 때 에터가 형성되는 반응도 같은 메커니즘으로 일어난다. 예를 들어, 2-메틸프로펜에 CH_3OH를 첨가하면 3.4C절에서 설명한 옥테인 값이 높은 연료 첨가제인 *tert*-뷰틸 메틸 에터(MTBE)를 형성한다.

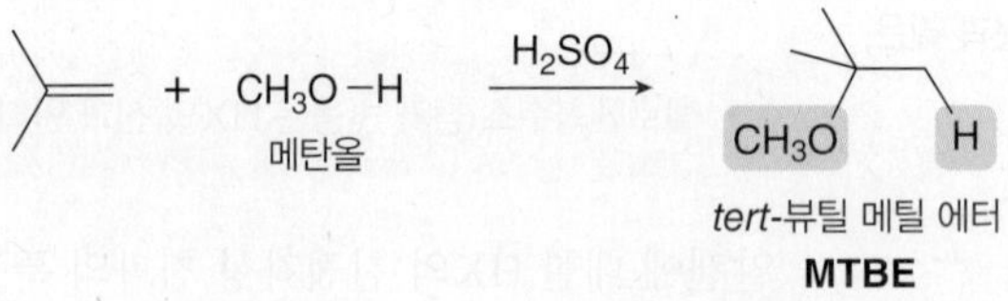

+ CH_3O-H (메탄올) H_2SO_4 → CH_3O H

tert-뷰틸 메틸 에터
MTBE

문제 10.21 산 촉매 수화에 의하여 다음 각 알코올을 주생성물로 생성하는 알켄을 각각 두 개씩 나타내라.

a. 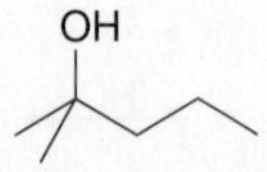 OH b. 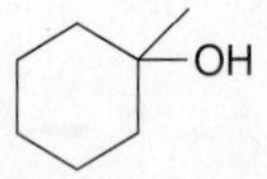 OH c. 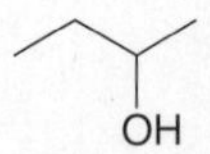 OH

메커니즘 10.2 알켄에 대한 H_2O의 친전자성 첨가—수화

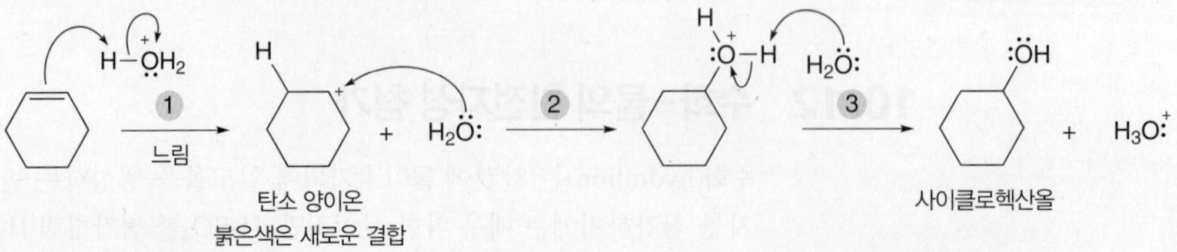

H−$\overset{+}{O}H_2$ ① 느림 → H (탄소 양이온, 붉은색은 새로운 결합) + $H_2\ddot{O}$: ② → $\overset{+}{O}$−H (H) + $H_2\ddot{O}$: ③ → :ÖH (사이클로헥산올) + H_3O^+:

① 알켄의 π 결합은 H_3O^+의 H를 공격하여 속도 결정 단계에서 새로운 C−H 결합과 탄소 양이온을 형성한다.

② 탄소 양이온에 대한 H_2O의 친핵성 공격은 새로운 C−O 결합을 형성한다.

③ H_2O에 의한 양성자 제거는 중성 알코올을 생성한다. 단계 ①에서 사용된 산이 단계 ③에서 재생산되므로 반응은 산 촉매반응이다

문제 10.22 펜트-1-엔을 H_2O 및 H_2SO_4와 반응시켰을 때 생성되는 입체이성질체는 무엇인가?

10.13 할로젠화 반응-할로젠의 첨가 반응

할로젠 첨가(halogenation) 반응은 알켄에 할로젠 X_2($X = Cl$ 또는 Br)를 첨가하여 이웃자리 이할로젠화물(vicinal dihalide)을 형성하는 것이다.

π 결합이 끊어진다. 이웃자리 이할로젠화물

브로민 첨가 반응은 π 결합의 존재를 확인하는 간단한 화학적 조사 방법이다. 헥스-1-엔과 같은 알켄을 붉은색 브로민 액체로 처리하면, Br_2가 오른쪽 시험관에 보이는 것처럼 이중 결합에 첨가되어 무색의 생성물을 생성한다. 알케인 헥세인(왼쪽 시험관)에서는 반응이 일어나지 않으며, 따라서 Br_2의 붉은색이 남아 있다.

I_2 첨가는 때때로 너무 느리며, F_2 첨가는 매우 폭발적이기 때문에 할로젠 첨가는 오직 Cl_2와 Br_2 첨가만이 유용한 합성이다. 이 반응에서 형성되는 이염화물과 이브로민화물은 8.10절에서 배운 바와 같이 알카인 합성에서 출발물로 사용된다.

할로젠은 편극화되기 때문에 π 결합에 첨가된다. 전자가 풍부한 이중 결합은 할로젠 분자에 접근하면서 쌍극자를 유도하여, 한 할로젠 원자는 전자가 부족하고 다른 할로젠 원자는 전자가 풍부하게 만든다($X^{\delta+} - X^{\delta-}$). 친전자성 할로젠 원자는 친핵성 이중 결합에 끌어당겨져 첨가가 가능해진다.

두 가지 사실로부터 할로젠 첨가는 할로젠화수소 첨가 반응 또는 수화와는 다른 메커니즘을 따른다는 것을 알 수 있는데, 첫 번째는 자리옮김이 일어나지 않으며, 두 번째는 오직 X_2의 안티 첨가만 관찰된다는 것이다. 예를 들어, 사이클로헥센과 Br_2의 반응은 안티 첨가에 의한 두 개의 트랜스 거울상이성질체를 형성한다.

메커니즘 10.3 알켄에 대한 X_2의 첨가—할로젠 첨가 반응

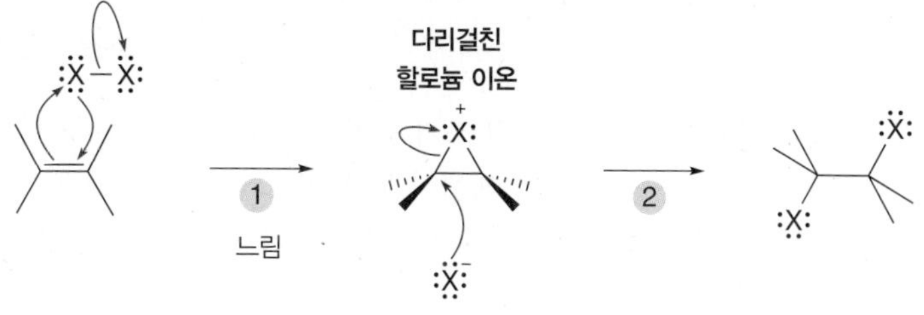

① 네 개의 결합이 깨지거나 형성되어 삼원자 고리를 포함하는 불안정한 다리걸친 할로늄 이온을 생성한다. π 결합의 전자쌍과 할로젠 원자의 고립 전자쌍이 두 개의 새로운 C−X 결합을 형성하는 데 사용되고, X−X 결합은 분해된다.

② X^-의 친핵성 공격은 할로늄 이온 고리를 열어 새로운 C−X 결합을 형성한다.

거울상이성질체

이 사실은 할로젠 첨가에서 탄소 양이온이 중간체가 아님을 나타낸다. 불안정한 탄소 양이온은 자리옮김을 하며, 탄소 양이온 중간체에 대해서는 신과 안티 첨가 모두 가능하다. 할로젠 첨가에 대하여 인정된 메커니즘은 두 단계로 구성되어 있지만, 메커니즘 10.3에서 보는 바와 같이 탄소 양이온 형성은 일어나지 않는다.

다리걸친 할로늄 이온은 친핵체와 쉽게 반응하는 수명이 짧은 중간체라는 점에서 탄소 양이온과 공통점이 있다. 탄소 양이온은 탄소 주위에 오직 여섯 개의 전자가 있으므로 본질적으로 불안정한 반면, 할로늄 이온은 양전하의 할로젠 원자를 포함하는 무리 있는 삼원자 고리이기 때문에 불안정하다.

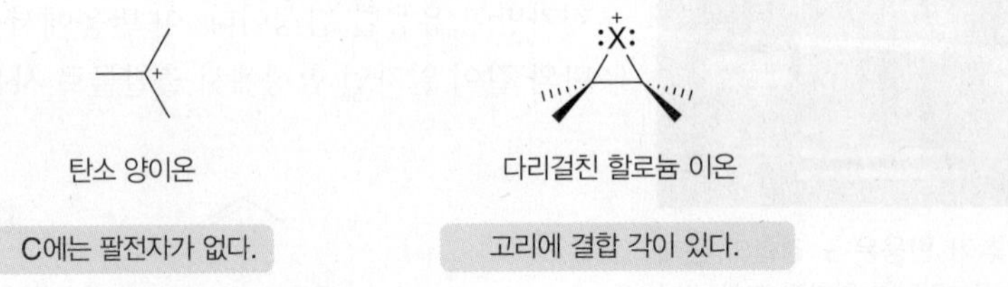

문제 10.23 다음 반응의 생성물을 입체화학을 포함하여 나타내라.

a. $\xrightarrow{Br_2}$ b. $\xrightarrow{Cl_2}$

10.14 할로젠 첨가의 입체화학

다리걸친 할로늄 이온으로부터 제안된 메커니즘으로 관찰된 할로젠 첨가 반응의 트랜스 생성물을 어떻게 설명할 것인가? 예를 들어, 사이클로펜텐에 대한 염소 첨가는 시스 생성물 없이 모두 거울상이성질체인 트랜스-1,2-다이클로로사이클로펜테인을 만든다.

트랜스 거울상이성질체

친전자체 Cl^+(Cl_2로부터)의 초기 첨가는 평면 이중 결합의 어느 쪽으로도 일어나며 다리걸친 할로늄 이온을 형성한다. 이 예에서 두 유형의 첨가(아래쪽과 위쪽)는 모두 같은 비카이랄성 중간체를 만들며, 이 중간체는 두 번째 단계를 나타내는 데 사용된다.

위에서 또는 아래에서 + $:\ddot{Cl}:^-$

동일한 비카이랄성

다리걸친 할로늄 이온 중간체의 고리 열림은 9.15절에서 논의한 친핵체에 의한 에폭사이드 고리 열림과 공통점이 있다.

두 번째 단계에서 Cl^-의 **친핵성 공격은 뒤쪽에서 일어나야 한다.** 즉 오원자 고리에 있는 다리걸친 클로로늄 이온이 있는 탄소의 반대쪽으로부터 일어나야 한다. 이와 같은 예에서 친핵체는 아래쪽에서 공격하며, 이탈기는 위쪽에서 이탈되기 때문에 생성물의 두 개의 Cl 원자는 서로 **트랜스** 위치에 놓인다. 삼원자 고리의 각 탄소에 대한 뒤쪽 공격은 같은 확률로 일어나기 때문에 같은 양의 두 거울상이성질체—**라셈 혼합물**—가 생성된다.

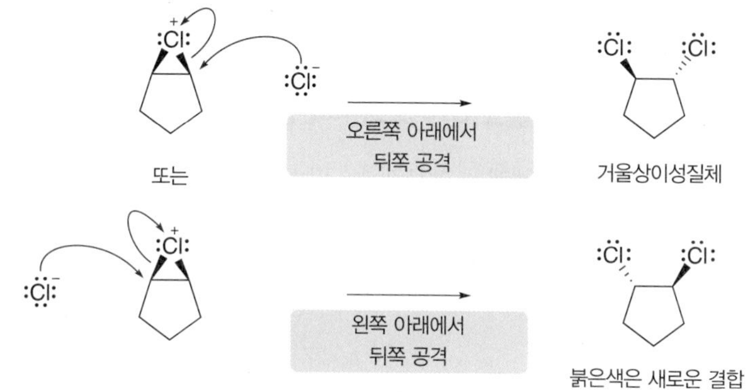

요약하면, 알켄에 대한 할로젠 첨가는 두 단계로 일어난다.

- X^+의 첨가는 속도 결정 단계에서 불안정한 다리걸친 할로늄 이온을 형성한다.
- X^-의 친핵성 공격은 뒤쪽에서 일어나며 트랜스 생성물을 형성한다. 전체적인 결과로서 X_2 첨가는 이중 결합에 대하여 안티 첨가이다.

할로젠 첨가는 오로지 안티 형태로만 일어나기 때문에 시스와 트랜스 알켄은 다른 입체이성질체를 생성한다. 알켄에 대한 할로젠 첨가는 **입체특이성 반응**(stereospecific reaction)이다.

- 출발물인 두 개의 특정한 입체이성질체가 각각 특정한 하나의 입체이성질체 생성물을 만든다면, 이 반응은 입체특이성 반응이다.

시스-뷰트-2-엔은 두 개의 거울상이성질체를 생산하는 데 비하여, 그림 10.12에 보인 바와 같이 트랜스-뷰트-2-엔은 단 하나의 비카이랄성 메소(meso) 화합물을 생성한다.

그림 10.12
시스-뷰트-2-엔과 트랜스-뷰트-2-엔에 대한 할로젠 첨가

Br_2 — 시스-뷰트-2-엔 → Br Br + Br Br — 거울상이성질체

Br_2 — 트랜스-뷰트-2-엔 → Br Br + Br Br — 동일한 비카이랄성 메소 화합물

할로젠 첨가의 생성물은 다음과 같이 나타난다.

- 이중 결합에 대하여 **안티** 첨가로 Br_2가 첨가되며, 나머지 다른 모든 기들은 원래 배열대로 유지된다. 한 생성물에서는 Br 원자가 평면 위쪽에, 다른 생성물에서는 Br 원자가 평면 아래쪽에 놓이도록 생성물을 나타낸다.
- 때때로 이 반응은 같은 양의 두 개의 입체이성질체를 형성하는 시스-뷰트-2-엔과 같이 두 개의 입체이성질체를 생성한다. 때때로 이 반응은 메소 화합물을 생성하는 트랜스-뷰트-2-엔과 같이 단 하나의 화합물을 생성한다.

문제 10.24 다음 반응에서 생성되는 모든 입체이성질체를 나타내라.

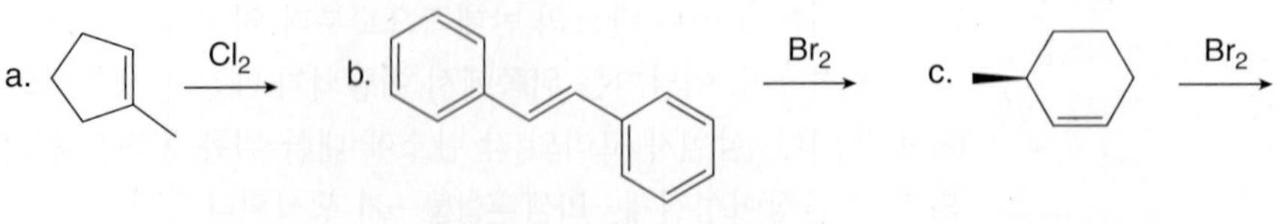

a. $\xrightarrow{Cl_2}$ b. $\xrightarrow{Br_2}$ c. $\xrightarrow{Br_2}$

10.15 할로하이드린의 형성

알켄을 할로젠 X_2 및 H_2O와 반응시키면 이중 결합에 X와 OH가 첨가되어 할로하이드린(halohydrin)을 형성한다.

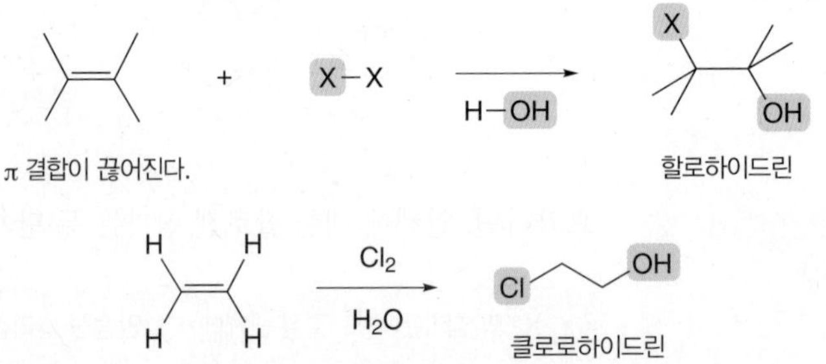

X–X, H–OH, X, OH

π 결합이 끊어진다. 할로하이드린

H H H H $\xrightarrow[H_2O]{Cl_2}$ Cl OH

클로로하이드린

할로하이드린 형성 메커니즘은 할로젠 첨가 메커니즘과 유사하게 친전자체 X^+(X_2로부터)의 첨가는 다리걸친 할로늄 이온을 형성하며, 뒤따르는 삼원자 고리의 뒤쪽으로 H_2O에 의한 친핵성 공격(메커니즘 10.4)이 일어난다. 메커니즘의 단계 ②에서 X^-가 형성됨에도 불구하고 H_2O(종종 용매로 사용)에 비하여 농도가 낮기 때문에 친핵체는 X^-가 아니라 H_2O이다.

7.8C절에서 다룬 바와 같이 DMSO(다이메틸 설폭사이드)는 극성인 비양성자성 용매임을 상기하자.

알켄으로부터 브로모하이드린(bromohydrin)의 형성에 Br_2와 H_2O를 혼합해 사용하는 것이 효과적임에도 불구하고 다른 반응 시약들이 사용될 수 있다. 브로모하이드린은 DMSO[$(CH_3)_2S = O$] 수용액에서 *N*-브로모석신이미드(NBS, N-bromosuccinimide)와의 반응으로도 형성된다. H_2O에서 NBS는 분해되어 Br_2를 형성하며 같은 반응 메커니즘으로 브로모하이드린을 형성한다.

메커니즘 10.4 할로하이드린 형성

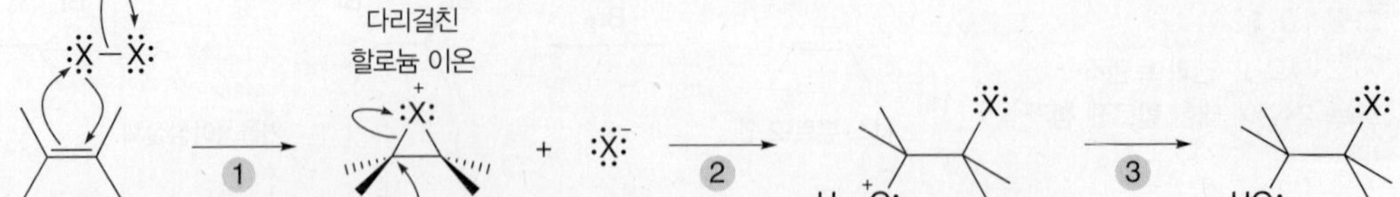

:X–X: 다리걸친 할로늄 이온 +:X: + :X:⁻ ① 느림 $H_2\ddot{O}$: ② H–O⁺: H $H_2\ddot{O}$: ③ :X: HO: + H_3O^+

① 네 개의 결합이 끊어지거나 형성되어 삼원자 고리를 포함하는 불안정한 다리걸친 할로젠 이온을 생성한다. π 결합의 전자쌍과 할로젠 원자의 고립 전자쌍이 두 개의 새로운 C–X 결합을 형성하는 데 사용되고, X–X 결합은 분해된다.

② H_2O의 친핵성 공격은 할로늄 이온 고리를 열어 새로운 C–O 결합을 형성한다.

③ 양성자를 잃어 할로하이드린이 형성된다.

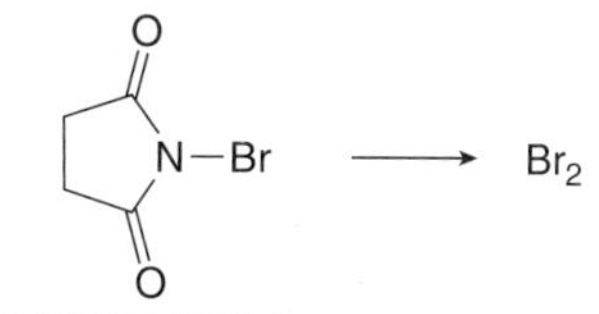

NBS → Br_2

N-브로모석신이미드
NBS

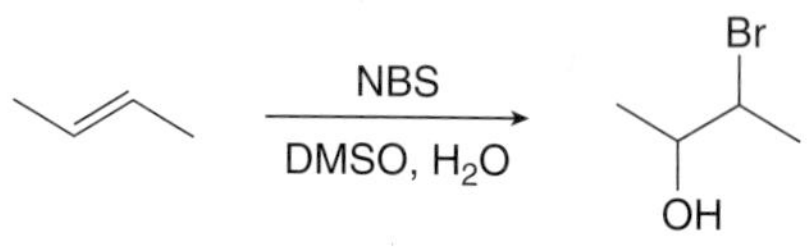

NBS / DMSO, H_2O

브로모하이드린

10.15A 할로하이드린 형성의 입체화학과 위치선택성

다리걸친 할로늄 이온 고리는 H_2O의 뒤쪽 공격으로 열리기 때문에 X와 OH의 첨가는 안티 형태로 일어나며 **트랜스** 생성물이 얻어진다.

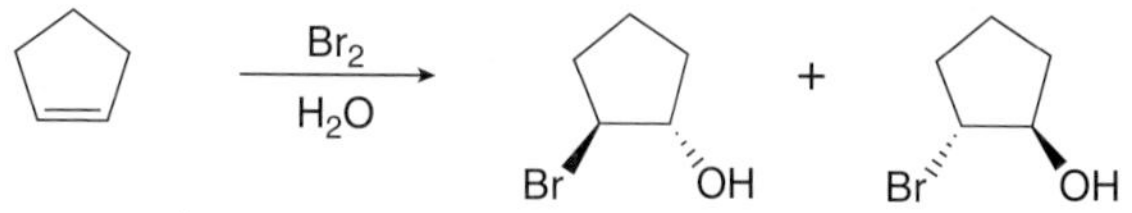

Br_2 / H_2O

Br OH + Br OH

트랜스 거울상이성질체

예제 10.4 다음 반응의 생성물을 입체화학을 포함하여 나타내라.

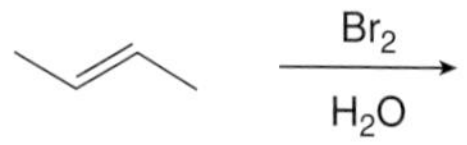

Br_2 / H_2O

트랜스-뷰트-2-엔

풀이

반응 시약(Br_2 + H_2O)은 원소 Br과 OH를 이중 결합에 **안티** 방식, 즉 **반대 방향**으로 첨가한다. 두 개의 안티 첨가 생성물을 그릴 때 한 생성물에서는 Br을 위쪽, OH는 아래쪽으로 나타내고, 다른 생성물에서는 Br을 아래쪽, OH는 위쪽으로 나타낸다. 이 예에서 두 생성물은 서로 겹치지 않는 **거울상이성질체**이다.

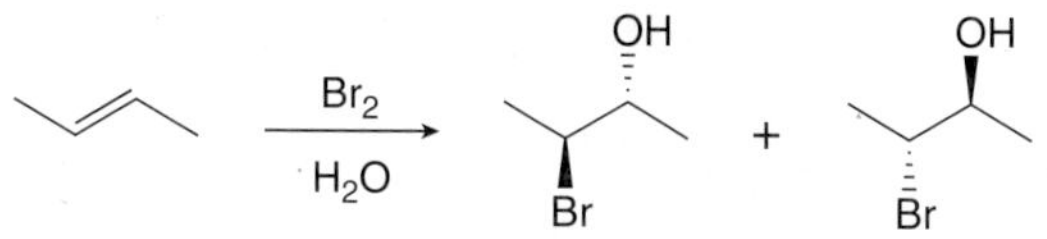

Br_2 / H_2O

OH Br + OH Br

트랜스-뷰트-2-엔 거울상이성질체

비대칭 알켄에 대한 X와 OH의 첨가에서 두 개의 구조 이성질체가 가능하지만 오직 하나만 형성된다. 주 생성물은 친전자체 X^+가 치환기가 적은 탄소 원자에 결합된 것이다. 즉, 반응하는 알켄에서 처음부터 더 많은 H 원자가 있는 탄소와 반응한다. 따라서 친핵체(H_2O)는 치환기가 많은 탄소에 결합한다.

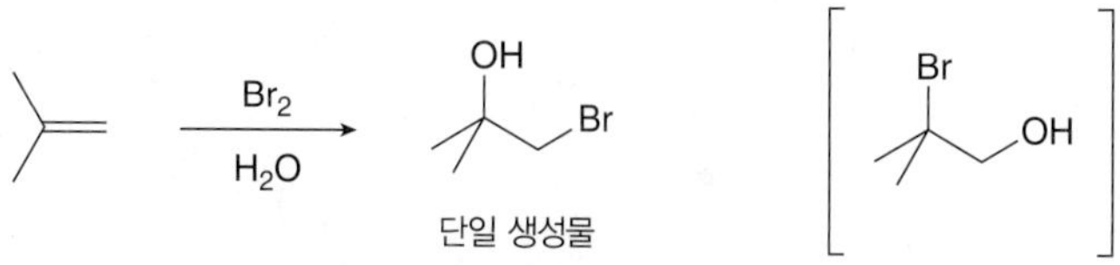

Br_2 / H_2O

OH Br

단일 생성물

전자체 Br^+은 **치환기**가 **적은 탄소**에 결합한다.

[Br OH]

가 아님

이 결과는 9.15B절에서 다루었던 산 HZ(Z = 친핵체)에 의한 에폭사이드 고리 열림 반응을 생각나게 한다. 에폭사이드 고리 열림 반응에서와 같이 친핵체는 다리걸친 할로늄 이온 끝 쪽의 치환기가 더 많은 탄소를 공격한다. 이는 치환기가 더 많은 탄소가 전이 상태에서 부분 양전하를 더 잘 수용할 수 있기 때문이다.

표 10.4
요약: 알켄의 할로하이드린으로의 변환

	관찰 사항
메커니즘	• 메커니즘은 두 단계이다. • 속도 결정 단계에서 다리걸친 할로늄 이온이 형성된다. • 자리옮김은 일어나지 않는다.
위치선택성	• 마르코브니코프 규칙을 따른다. X^+는 치환기가 적은 탄소에 결합한다.
입체화학	• 안티 첨가가 일어난다.

:Br–Br: + H₂O: → H–O⁺ … + H₃O⁺

친핵체는 **치환기가 더 많은 C를** 공격한다.

표 10.4에 할로하이드린 형성의 특징을 요약하였다.

문제 10.25 다음 각 반응의 생성물을 나타내고, 생성물의 입체화학을 표시하라.

a. NBS / DMSO, H_2O b. Cl_2 / H_2O

10.15B 할로하이드린: 유기 합성에 있어서 유용한 화합물

할로하이드린은 분자 내 S_N2 반응(9.6절)에 의하여 쉽게 에폭사이드로 변환되기 때문에 많은 천연물 합성에 사용되었다. 여성 호르몬인 에스트론(estrone)의 합성에 있어서 중요 단계를 그림 10.13에 나타내었다.

10.16 수소화붕소 첨가–산화 반응

수소화붕소 첨가–산화 반응(hydroboration-oxidation)은 연속적인 두 단계 반응이며 알켄을 알코올로 변환시킨다.

그림 10.13
클로로하이드린으로부터 에스트론의 합성

A → B ($^-$OH) → C (한 단계) → 에스트론

- 알켄 **A**에 Cl과 OH를 첨가하여 합성된 클로로하이드린 **B**는 염기와 반응하여 에폭사이드 **C**로 변환된다. **C**는 한 단계로 에스트론으로 변환된다.

BH3 수소화붕소 첨가 / H BH2 / 알킬보레인 / H2O2, HO− 산화 / H OH / 알코올

- 수소화붕소 첨가는 알켄에 보레인(BH_3)을 첨가하여 알킬보레인을 형성한다.
- 산화 반응은 알킬보레인의 C−B 결합을 C−O 결합으로 변환시킨다.

수소화붕소 첨가−산화 반응은 알켄에 대한 H_2O 첨가로 끝난다.

BH3 / H BH2 / H2O2, HO− / H OH

BH3 / H BH2 / H2O2, HO− / H OH

보레인(BH_3)은 거의 대부분 이합체인 다이보레인(B_2H_6)으로 존재하는 반응성 기체이다. 보레인은 루이스 염기와 쉽게 반응하는 센 루이스 산이다. 실험실에서 쉽게 다룰 수 있도록 보레인은 일반적으로 테트라하이드로퓨란(THF)과의 착물로 사용된다.

BH3 + THF → BH3 · THF

보레인 **루이스 산** / 테트라하이드로퓨란 **THF** **루이스 염기** / **BH3 · THF**

10.16A 수소화붕소 첨가 반응

수소화붕소 첨가−산화 반응의 첫 단계는 알켄의 π 결합에 대한 원소 H와 BH_2의 첨가에 따라 중간체인 알킬보레인이 형성되는 것이다.

BH3 / H BH2 / 알킬보레인

이중 결합에 신 첨가가 일어나고 탄소 양이온의 자리옮김이 관찰되지 않기 때문에 메커니즘 10.5에서 보여주는 바와 같이, 수소화붕소 첨가 동안에 탄소 양이온은 형성되지 않는다. 제안된

메커니즘 10.5 수소화붕소 첨가 반응의 메커니즘

한 단계 π 결합과 H−BH_2 결합은 C−H와 C−B 결합이 형성되면서 절단된다.

H−BH2 → [H---BH2]‡ 전이 상태 → H BH2 **신 첨가**

그림 10.14 BH_3와 3당량의 $CH_2=CH_2$ 반응을 통한 트라이알킬보레인으로의 변환

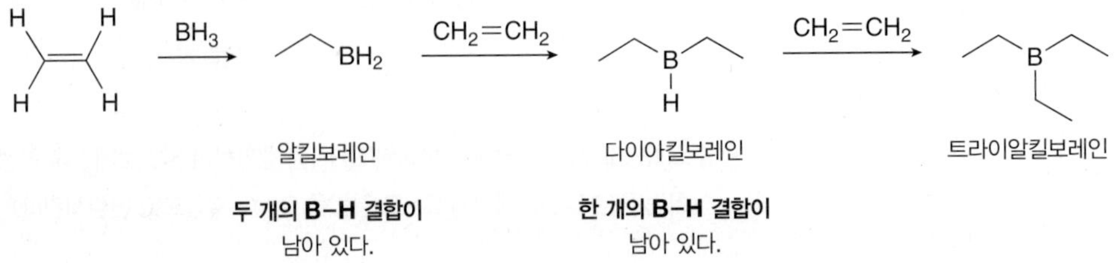

- 수소화붕소 첨가는 때때로 BH_3와 1당량의 알켄이 반응한 후 첨가가 중단되는 것처럼 나타낸다. 그러나 세 개의 모든 B–H 결합은 실제로 3당량의 알켄과 반응하여 트라이알킬보레인을 형성한다. **유기보레인**(organoborane)이란 용어는 탄소–붕소 결합을 가지는 모든 화합물에 대하여 사용된다.

메커니즘은 평면 이중 결합의 같은 쪽에서 H와 BH_2의 협동 첨가(concerted addition)를 포함하는데, π 결합과 H–BH_2 결합은 두 개의 새로운 σ 결합이 형성되면서 절단된다. 네 개의 원자가 포함되기 때문에 사중심(four-centered) 전이 상태를 가진다.

1당량의 알켄과의 반응으로 생성되는 알킬보레인에는 아직도 B–H 결합이 두 개 있기 때문에 2당량의 알켄과 더 반응하여 트라이알킬보레인이 생길 수 있다. 이것을 $CH_2=CH_2$와 BH_3의 반응으로 그림 10.14에 나타내었다.

수소화붕소 첨가에는 오직 하나의 B–H 결합이 필요하기 때문에 때때로 BH_3 대신에 일반 구조식 R_2BH인 상업적으로 이용 가능한 다이알킬보레인이 사용된다. 일반적으로 사용하는 것은 9-보라바이사이클로[3.3.1]노네인(9-BBN)이다. 9-BBN은 BH_3와 같은 방법으로 수소화붕소 첨가를 진행한다.

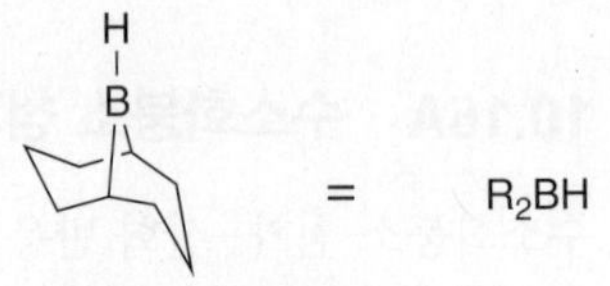

수소화붕소 첨가는 위치선택적이다. 비대칭 알켄에 대하여 붕소 원자는 치환기가 적은 탄소 원자에 결합한다. 예를 들어, 프로펜에 대한 BH_3의 첨가는 B가 말단 탄소에 결합한 알킬보레인을 형성한다.

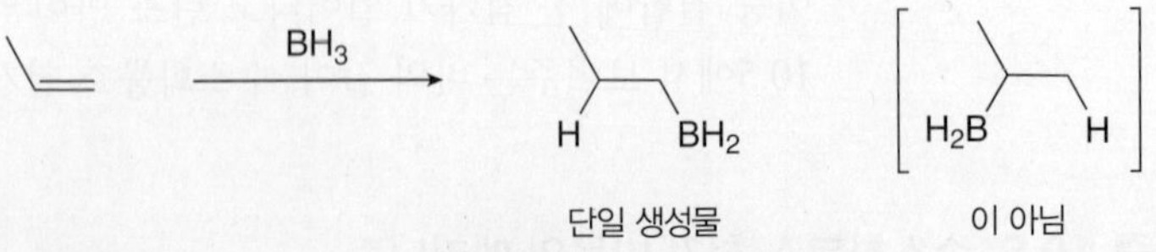

붕소보다 수소의 전기음성도가 더 크기 때문에 B–H 결합은 붕소가 부분 양전하($H^{\delta-}$–$B^{\delta+}$)를 가지도록 편극화되어 수소화붕소 첨가에서 BH_2를 친전자체로 만든다

입체적 요인은 이와 같은 위치선택성을 설명해준다. 큰 붕소 원자는 입체 장애가 적어 더 접근하기 쉬운 탄소 원자에 결합한다.

전기적 요인도 역시 이와 같은 위치선택성을 설명해준다. 결합 절단과 결합 생성이 완전히 대칭이 아니라면, 전이 상태에서 붕소는 부분 음전하이며, 탄소는 부분 양전하이다. 알킬기는 양전하를 안정화하기 때문에 그림 10.15에 나타낸 바와 같이 더 안정한 전이 상태는 치환기가 더 많은 탄소에서 부분 양전하이다.

그림 10.15
비대칭 알켄의 수소화붕소 첨가

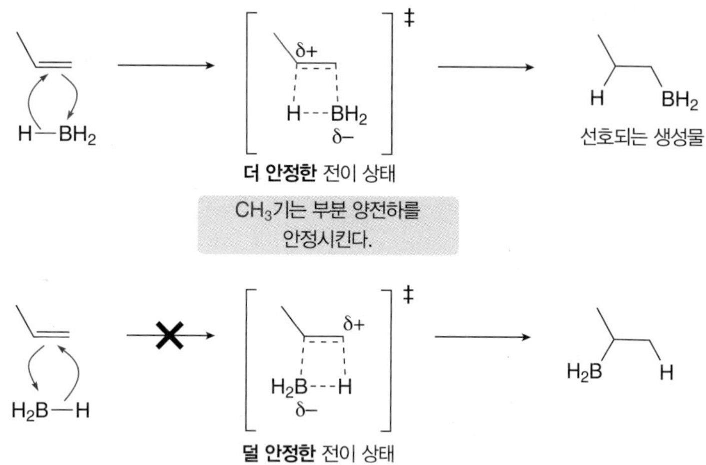

- 수소화붕소 첨가에서 붕소 원자는 치환기가 적은 탄소에 결합한다.

문제 10.26 다음 알켄에 대한 수소화붕소 첨가로 생성되는 알킬보레인을 나타내라.

a. b. c.

10.16B 알킬보레인의 산화 반응

알킬보레인은 물과 빠르게 반응하고 공기 중에 노출되는 경우 자연적으로 연소되기 때문에 분리하지 않은 채로 염기성 과산화 수소(H_2O_2, HO^-)에 의하여 산화된다. 산화 반응은 C−B 결합을 C−O 결합으로 바꾸며 배열이 보존된 새로운 OH기를 형성한다. 즉 OH기는 탄소에 있는 다른 세 개의 기에 대하여 같은 위치에서 BH_2와 교체된다.

BH_2 —(H_2O_2, HO^-)→ OH

배열 보존

따라서 수소화붕소 첨가–산화 반응의 생성물을 그리는 데 다음 두 가지 입체화학적 사실을 기억하자.

- 수소화붕소 첨가는 신 첨가로 일어난다.
- 산화 반응은 배열이 보존되는 방식으로 일어난다.

이 연속적인 두 단계의 전체 결과는 예제 10.5에 나타낸 바와 같이 이중 결합에 대한 원소 H와 OH의 신 첨가이다. OH기는 치환기가 적은 탄소에 결합한다.

예제 10.5 다음 연속 반응의 생성물을 입체화학을 포함하여 나타내라.

[1] BH_3
[2] H_2O_2, HO^-

풀이

단계 [1]에서 **비대칭 알켄에 대한 BH_3의 신 첨가는 BH_2기를 이중 결합 평면의 위 또는 아래쪽에서 치환기가 적은 탄소에 첨가한다.** 알킬보레인의 두 개의 거울상이성질체가 형성된다. 단계 [2]에서 산화 반응은 각 거울상이성질체에서 **배열 보존**을 유지하면서 BH_2기를 OH기로 교체하여, 역시 거울상이성질체인 두 개의 알코올을 생성한다.

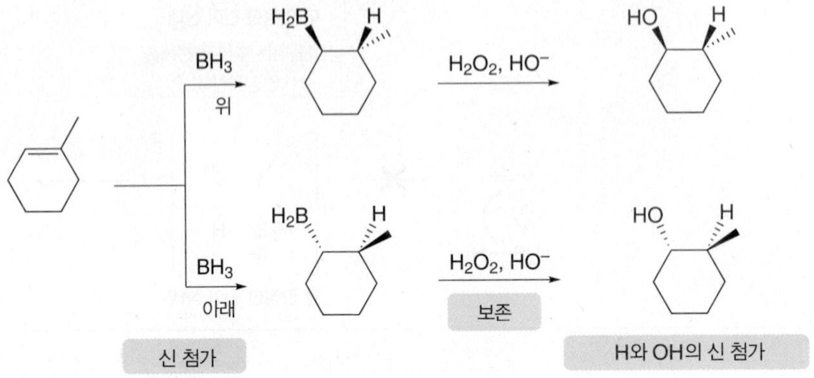

BH_3 위 → H_2B, H → H_2O_2, HO^- → HO, H

BH_3 아래 → H_2B, H → H_2O_2, HO^- (보존) → HO, H

신 첨가　　H와 OH의 신 첨가

수소화붕소 첨가-산화 반응은 이중 결합에 **신 형태로 H와 OH가 첨가**되는 결과를 만든다. 비카이랄성 알켄은 같은 양의 두 개의 거울상이성질체, 즉 **알코올의 라셈 혼합물**을 생성한다.

문제 10.27　다음 알켄을 BH_3와 반응시킨 후 H_2O_2 및 HO^-와 반응시켰을 때 얻어지는 생성물을 나타내라. 모든 입체발생 중심에서의 입체화학도 나타내라.

a. 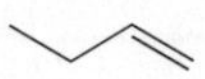　b. 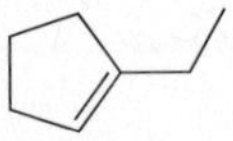　c.

문제 10.28　두 단계 반응, 즉 수소화붕소 첨가-산화 반응의 연속 반응으로 다음의 알코올을 제조할 수 있는 알켄을 제시하라.

a. 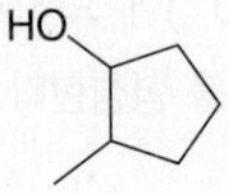 HO　b. 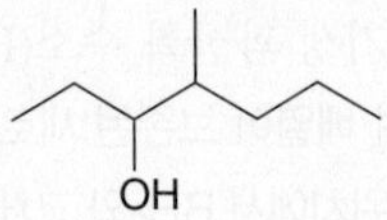 OH　c. 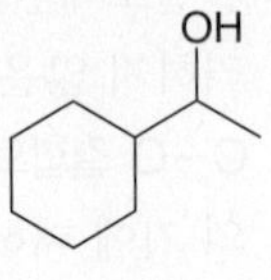 OH

표 10.5에 수소화붕소 첨가-산화 반응의 특징을 요약하였다.

수소화붕소 첨가-산화 반응은 이중 결합에 H_2O를 첨가하는 매우 일반적인 반응이다. 한 가지 예로 말라리아 치료약으로 사용되는 중국 개똥쑥(칭하오, qinghao)의 활성 성분인 아르테미시닌 [artemisinin, 또는 칭하오수(qinghaosu)]의 합성에서 볼 수 있다(그림 10.16).

표 10.5
요약: 알켄의 수소화붕소 첨가-산화 반응

	관찰 사항
메커니즘	• H와 BH_2의 첨가는 한 단계로 일어난다.
	• 자리옮김은 일어나지 않는다.
위치선택성	• OH기는 치환기가 적은 탄소에 결합한다.
입체화학	• 신 첨가가 일어난다.
	• 배열 보존을 유지하면서 OH기는 BH_2기와 자리를 바꾼다.

그림 10.16 합성에서 수소화붕소 첨가–산화 반응의 한 예

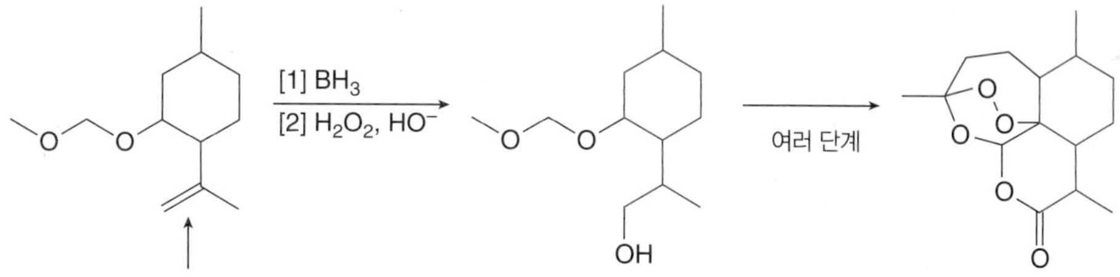

이곳에서 수소화붕소 첨가–산화가 일어난다.

A

아르테미시닌
(항말라리아제)

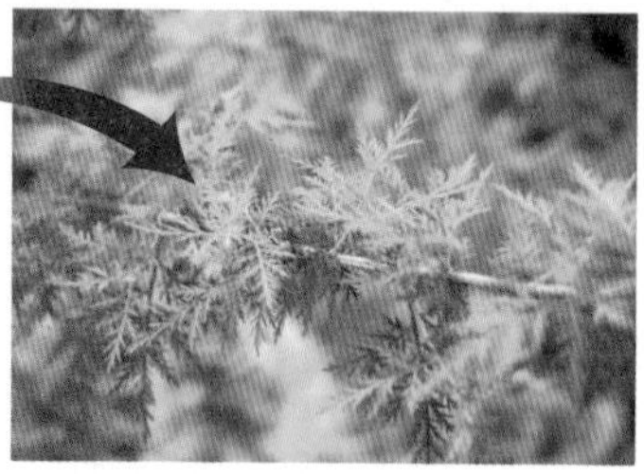

항말라리아제 아르테미시닌의 원료인 개똥쑥(Artemisia annua)

- 알코올 **A**로부터 아르테미시닌에 도입된 탄소 원자들은 붉은색으로 표시하였다.

10.16C 수화 방법의 비교

수화(H_2O, H^+)와 수소화붕소 첨가–산화 반응(BH_3와 뒤이은 H_2O_2, HO^-)은 모두 이중 결합에 H_2O의 두 원소를 첨가한다. 유사성에도 불구하고 예제 10.6에서와 같이 이 반응들은 다른 구조 이성질체를 형성한다.

예제 10.6 $CH_3CH_2CH_2CH_2CH{=}CH_2$가 (a) H_2O, H_2SO_4, (b) [1]BH_3, [2]H_2O_2, HO^-와 반응할 때 형성되는 생성물을 나타내라.

풀이

$H_2O + H_2SO_4$의 조건에서 H와 OH의 친전자성 첨가는 **H 원자를 알켄의 치환기가 적은 탄소에 결합시켜 2° 알코올을** 생성한다. 반면에 BH_3의 첨가는 **BH_2기가 치환기가 적은 알켄의 말단 탄소에 결합**된 알킬보레인을 생성한다. 산화 반응은 BH_2기를 OH로 바꾸어 **1° 알코올**을 생성한다.

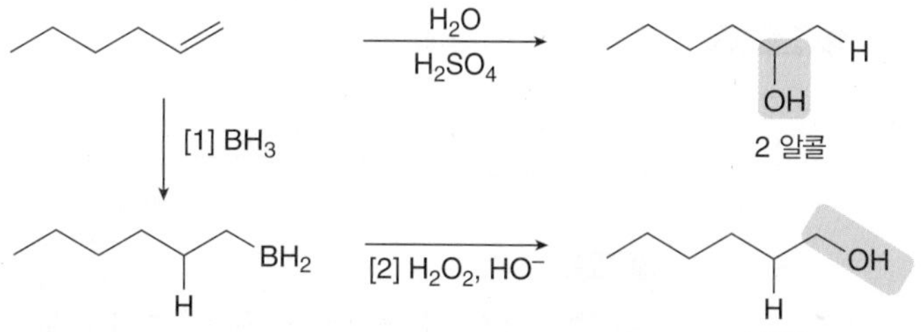

문제 10.29 아래의 알켄들을 다음 시약들과 반응시켰을 때 형성되는 구조 이성질체들의 구조식을 쓰라.

[1] H_2O, H_2SO_4, 또는 [2] BH_3에 이은 H_2O_2, ^-OH

a. 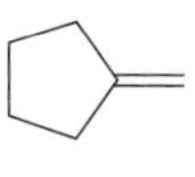 b. 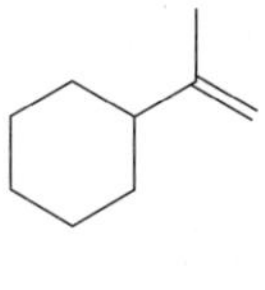 c. 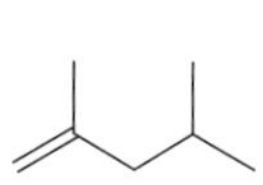

10.17 반응 경로의 추적

7~10장에서 기본적인 세 가지 종류의 유기 반응 친핵성 치환, β제거 그리고 첨가를 소개하였다. 반응 과정 중에 많은 특별한 반응 시약들이 언급되었고, 다른 많은 메커니즘으로부터 얻어진 입체화학이 조사되었다. 모든 반응의 경로를 어떻게 추적할 수 있을까?

그 과정을 쉽게 하기 위하여 대부분의 유기 분자들은 오직 하나 또는 두 종류의 반응을 한다는 것을 기억하자. 예를 들어

- 할로젠화 알킬은 좋은 이탈기가 있기 때문에 치환 또는 제거가 일어난다.
- 알코올은 단지 OH기를 좋은 이탈기로 변환시켰을 때만 치환 또는 제거가 일어난다.
- 알켄은 쉽게 절단되는 π 결합이 쉽게 깨지므로 첨가가 일어난다.

많은 반응을 보다 자세히 익혀야 하지만, 사실 이것들을 배우기 위한 특별한 방법은 없다. 이 반응들을 눈으로 보고 쓰는 것을 넘어 반복적으로 연습하여야 한다. 어떤 학생들은 각 작용기들의 특별한 반응 목록을 만든 다음, 다른 출발물로 다시 작성한다. 또 다른 학생들은 플래시 카드(출발물과 반응 시약을 한쪽에 쓰고 생성물을 다른 쪽에 써 넣은 색인 카드)를 만든다. 어떤 방법을 택하든 2 + 2와 같은 간단한 덧셈의 답이 주저 없이 나오듯이 세부적인 내용들도 습관처럼 자연스럽게 이끌려 나와야 한다.

반응을 배우는 것은 실제로 두 단계 과정이다.

- 첫째, 작용기에 대한 반응의 기본 형태를 배운다. 이는 반응에 대한 전체적인 구성에 관한 정보를 제공한다.
- 그런 다음 각 반응에 필요한 특정한 반응 시약에 대하여 배운다. 이로써 반응 시약을 성질에 따라 분류할 수 있다. 이 시약은 산인가 염기인가? 이 시약은 친핵체인가 친전자체인가? 이 시약은 산화제인가 환원제인가?

예제 10.7에 이 과정을 나타내었다.

예제 10.7 다음 각 반응의 생성물을 나타내라.

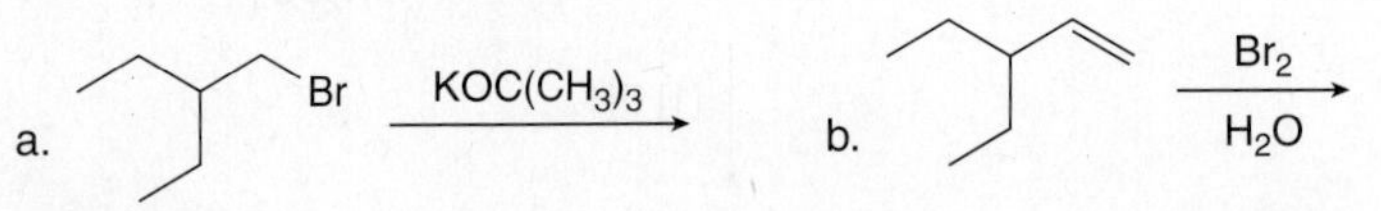

a. (Br이 있는 할로젠화 알킬) $\xrightarrow{KOC(CH_3)_3}$

b. (알켄) $\xrightarrow[H_2O]{Br_2}$

풀이

각 문제에서 일반 반응 유형—치환, 제거 또는 첨가—을 결정하는 작용기를 확인한다. 그리고 반응 시약이 친전자체, 친핵체, 산, 염기 등인지를 결정한다.

a. 반응물은 치환과 제거가 일어날 수 있는 **1° 할로젠화 알킬**이다. 반응 시약[$KOC(CH_3)_3$]은 E2 메커니즘에 의하여 제거를 선호하는 **센 비친핵성 염기**이다.

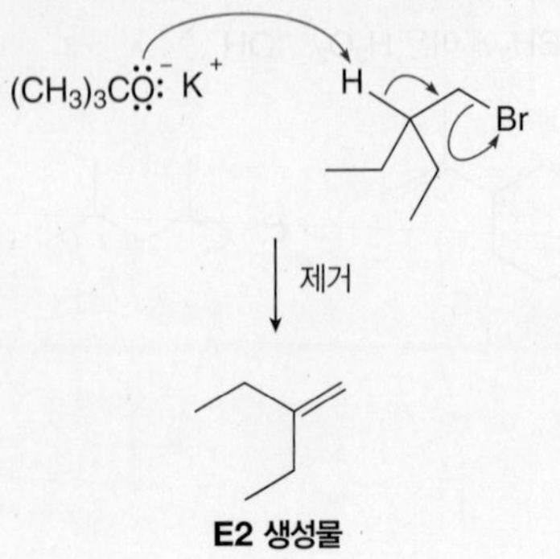

$(CH_3)_3C\ddot{O}:^- K^+$ + H, Br (기질) → 제거 → **E2 생성물**

b. 반응물은 π 결합 첨가가 일어나는 **알켄**이다. 반응 시약(Br_2 + H_2O)은 **친전자체 Br^+**를 제공하여, 결과적으로 이중 결합에 Br과 OH의 **첨가**가 일어난다(10.15절).

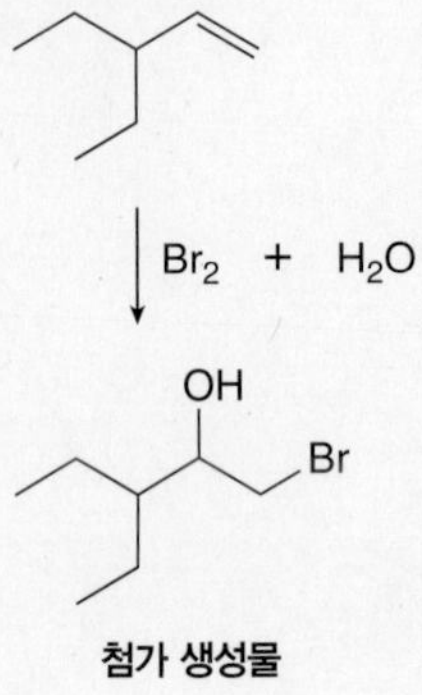

(알켄) → Br_2 + H_2O → OH, Br → **첨가 생성물**

문제 10.30 다음 반응의 생성물을 예제 10.7에서와 같은 두 부분의 전략적 개념을 사용하여 나타내라.

a. (메틸렌사이클로헥세인) $\xrightarrow{HBr}$ b. (Cl) $\xrightarrow{NaOCH_3}$ c. (OH) $\xrightarrow{H_2SO_4}$

10.18 유기 합성에서의 알켄

알켄은 유기화학에서 중심 작용기이다. 알켄은 할로젠화수소 이탈 및 탈수와 같은 제거 반응으로 쉽게 제조된다. 알켄의 π 결합은 쉽게 분해되기 때문에 유용한 화합물을 다양하게 제조하기 위한 많은 첨가 반응을 일으킨다.

예를 들어, 싸고 쉽게 구할 수 있는 출발물인 사이클로헥산올로부터 1,2-다이브로모사이클로헥세인을 합성하여야 한다고 가정하자. 이 변환 과정을 한 단계로 이룰 수 있는 방법은 없기 때문에 합성은 최소한 두 단계이어야 한다.

* 감수자 주: 생성물의 입체화학은 트랜스이어야 한다.

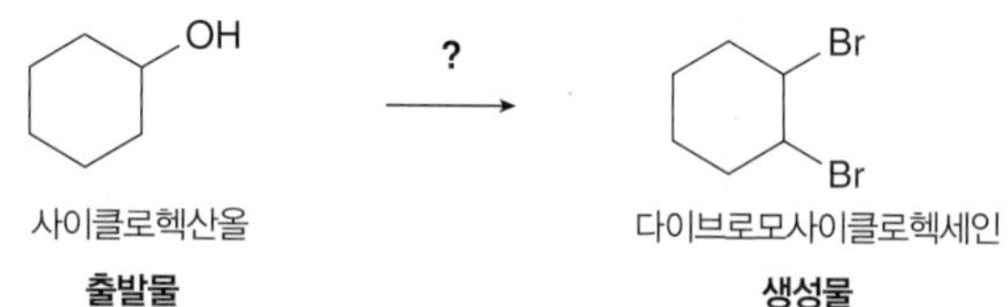

이 문제를 풀기 위해서는 다음과 같이 진행하여야 한다.

- 주어진 생성물로부터 역행하여 작업한다: 어떤 유형의 반응이 생성물의 작용기를 도입하는가?
- 주어진 출발물로부터 앞쪽으로 작업한다: 출발물은 어떤 유형의 반응을 일으키는가?

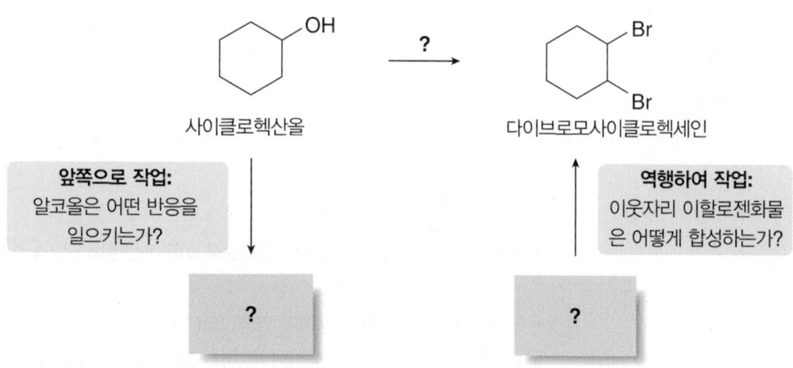

11장에서 역합성 분석에 대하여 더 자세히 배울 것이다.

생성물로부터 반대로 진행하여 출발물을 결정하는 과정을 역합성 분석(retrosynthetic analysis)이라 부른다.

우리는 이 질문들에 대한 답이 될 수 있는 반응을 알고 있다.

역행하여 작업:

[1] 이웃자리 이할로젠화물인 1,2-다이브로모사이클로헥세인은 사이클로헥센에 대한 Br_2 첨가 반응으로 제조된다.

앞쪽으로 작업:

[2] 사이클로헥산올은 사이클로헥센을 형성하는 산 촉매 탈수 반응을 일으킨다.

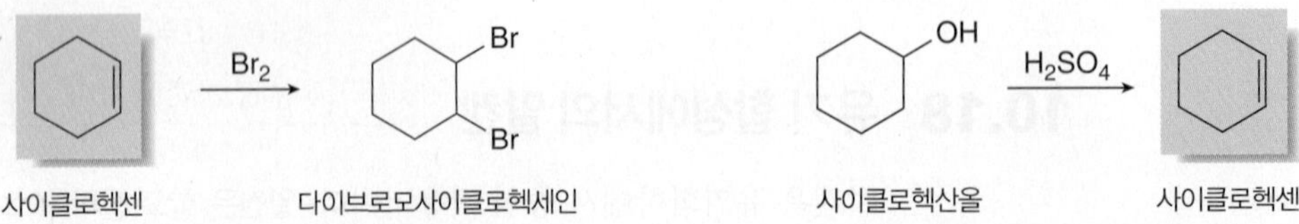

반응 중간체(reactive intermediate)는 탄소 양이온처럼 불안정한 중간체이며, 안정한 출발물로부터 안정한 생성물로 변환되는 과정에서 생성된다. **합성 중간체**는 한 단계 후의 생성물이며 안정한 화합물로서 다단계 합성에서 또 다른 출발물이다.

사이클로헥센은 한 단계의 생성물이며 또 다른 출발물이기 때문에 합성 중간체(synthetic intermediate) 또는 간단히 중간체(intermediate)라고 부른다. 이제 우리는 사이클로헥산올을 1,2-다이브로모사이클로헥세인으로 변환하는 연속적인 두 단계를 알게 되었으며 합성은 완료되었다. 이 합성 과정에서 알켄의 중심적인 역할을 주목하자.

OH → (H_2SO_4) → (Br_2) → Br, Br

합성 중간체

문제 10.31 제시된 출발물로부터 생성물을 합성하는 방법을 제시하라

a. Br → ? → Cl, OH   b. OH → ? → OH

알켄

알켄에 대한 일반적 사실

- 알켄은 강한 σ 결합과 약한 π 결합으로 이루어진 탄소–탄소 이중 결합을 가진다. 각 탄소는 sp^2 혼성화되어 있으며 삼각 평면이다(10.1절).
- 알켄은 접미사 **-엔을** 사용하여 명명한다(10.3절).
- 이중 결합의 각 말단에 다른 기가 있는 알켄은 부분입체이성질체 쌍으로 존재하며, 접두사 *E*와 *Z*를 사용하여 구별한다(10.3B절).
- 알켄은 분자간 힘이 약하기 때문에 녹는점과 끓는점이 낮고 물에 녹지 않는다. 시스 알켄은 트랜스 알켄보다 극성이 더 세기 때문에 끓는점이 조금 높다(10.4절).
- π 결합은 전자가 풍부하며 σ 결합보다 훨씬 약하기 때문에 알켄은 친전자체와 첨가 반응을 일으킨다(10.8절).

알켄의 첨가에 따른 입체화학(10.8절)

반응 시약 XY는 다음 세 가지 방법 중의 한 방법으로 이중 결합에 첨가된다.

- **신 첨가**–X와 Y는 같은 방향으로 첨가된다.

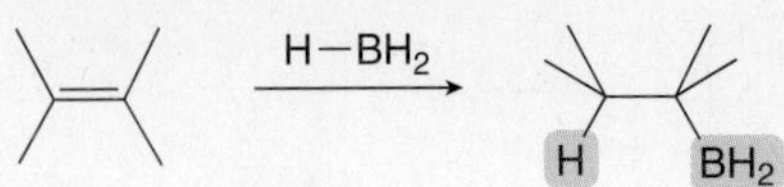

- **수소화붕소 첨가**에서 신 첨가가 일어난다.

- **안티 첨가**–X와 Y는 반대 방향으로 첨가된다.

X_2 or X_2, H_2O → X, X (OH)

- **할로젠 첨가**와 **할로하이드린 형성**에서 안티 첨가가 일어난다.

- **신과 안티 첨가**는 탄소 양이온이 중간체인 경우에 일어난다.

H–X 또는 H_2O, H^+ → H, X (OH) 그리고 H, X (OH)

- **할로젠화수소 첨가**와 **수화**에서 신 첨가와 안티 첨가가 일어난다.

알켄의 첨가 반응

[1] 할로젠화수소 첨가–HX(X5Cl, Br, I)의 첨가(10.9~10.11절)

R + H–X ⟶ 할로젠화 알킬

- 메커니즘은 두 단계이다.
- 중간체로 탄소 양이온이 형성된다.
- 탄소 양이온 자리옮김이 가능하다.
- 마르코브니코프 규칙을 따른다. H는 치환기가 적은 C에 결합하여 더 안정한 탄소 양이온을 형성한다.
- 신과 안티 첨가가 일어난다.

[2] 수화와 관련된 반응(H_2O 또는 ROH의 첨가)(10.12절)

R + H–OH $\xrightarrow{H_2SO_4}$ 알코올

R + H–OR $\xrightarrow{H_2SO_4}$ 에터

두 반응에 대하여

- 메커니즘은 세 단계이다.
- 중간체로 탄소 양이온이 형성된다.
- 탄소 양이온 자리옮김이 가능하다.
- 마르코브니코프 규칙을 다른다. H는 치환기가 적은 C에 결합하여 더 안정한 탄소 양이온을 형성한다.
- 신과 안티 첨가가 일어난다.

[3] 할로젠 첨가(X_2의 첨가, X=Cl 또는 Br)(10.13~10.14절)

R + X–X ⟶ 이웃자리 이할로젠화물

- 메커니즘은 두 단계이다.
- 중간체로 다리걸친 할로늄 이온이 형성된다.
- 자리옮김은 일어나지 않는다.
- 안티 첨가가 일어난다.

[4] 할로하이드린 형성(OH와 X의 첨가, X=Cl, Br)(10.15절)

R + X–X $\xrightarrow{H_2O}$ 할로하이드린

- 메커니즘은 세 단계이다.
- 중간체로 다리걸친 할로늄 이온이 형성된다.
- 자리옮김은 일어나지 않는다.
- X는 치환기가 적은 C에 결합한다.
- 안티 첨가가 일어난다.
- DMSO와 H_2O 용액에서 NBS도 같은 방법으로 Br과 OH를 첨가한다.

[5] 수소화붕소 첨가–산화 반응(H_2O의 첨가)(10.16절)

R $\xrightarrow[\text{[2] } H_2O_2,\ HO^-]{\text{[1] } BH_3 \text{ or 9-BBN}}$ R–OH 알코올

- 수소화붕소 첨가의 메커니즘은 한 단계이다.
- 자리옮김은 일어나지 않는다.
- OH는 치환기가 적은 C에 결합한다.
- H_2O의 신 첨가가 일어난다.

삼차원 모델을 이용하는 문제

10.32 다음 각 화합물의 IUPAC 명칭을 쓰라.

a. 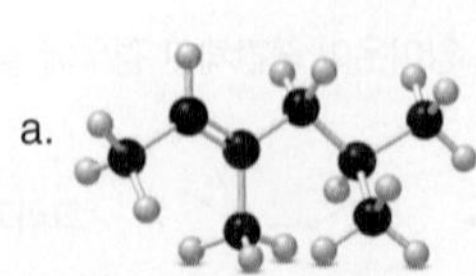

b. 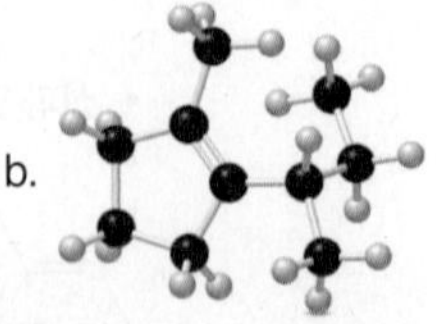

10.33 (a) 화합물 **A**의 탄소–탄소 이중 결합을 *E* 또는 *Z*로 표시하라. (b) 화합물 A를 H_2SO_4의 존재하에 H_2O와 반응시켰을 때의 생성물(입체이성질체 포함)을 그려라.

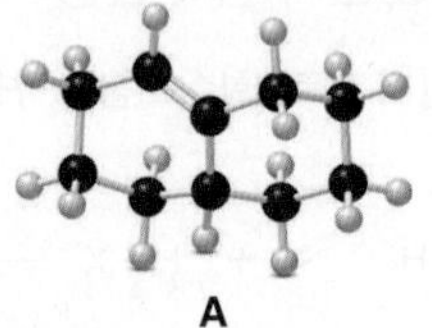

A

10.34 다음의 공–막대 모형으로 그려진 알켄을 명명하고, 알켄이 각각 (a) Br_2, (b) Br_2의 수용액, (c) Br_2의 메탄올 용액과 반응했을 때 생성되는 구조 이성질체를 그려라.

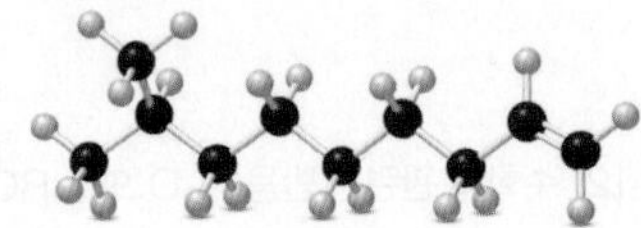

불포화도

10.35 각 분자식에 대한 불포화도를 계산하라.

a. C_6H_8 c. $C_{10}H_{16}O_2$ e. C_8H_9ClO g. C_4H_8BrN

b. $C_{40}H_{56}$ d. C_8H_9Br f. $C_7H_{11}N$ h. $C_{10}H_{18}ClNO$

10.36 분자식이 $C_{10}H_{14}$인 화합물은 몇 개의 고리 또는 π 결합을 갖겠는가?

명명법과 입체화학

10.37 각 약물의 알켄을 E 또는 Z로 표시하라. 엔클로미펜(enclomiphene)은 불임치료제 클로미드(Clomid)의 한 성분이다. 클라불란산(clavulanic acid)은 상품명 오그멘틴(Augmentin)의 항생제 아목시실린(amoxicillin)과 함께 판매된다.

a. Cl, O, N

엔클로미펜

b. O, N

타목시펜

c. O, N, OH, O, OH

클라불란산

10.38 다음 알켄의 IUPAC 이름을 쓰라.

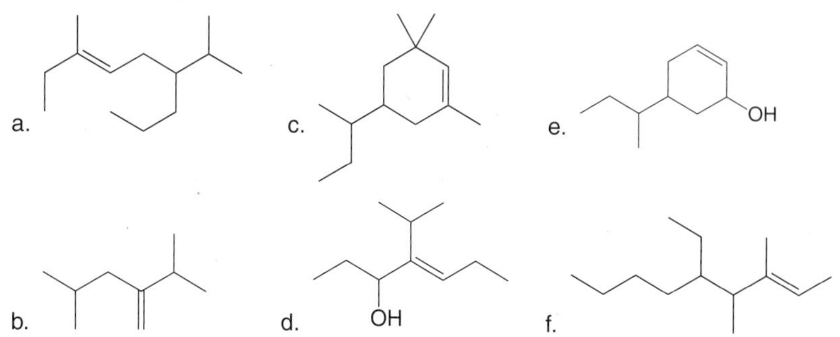

10.39 다음 각 화합물의 구조식을 그려라.

a. (*E*)-4-에틸헵트-3-엔
b. 3,3-다이메틸사이클로펜텐
c. 4-바이닐사이클로펜텐
d. (*Z*)-3-아이소프로필헵트-2-엔
e. 시스-3,4-다이메틸사이클로펜텐
f. 1-아이소프로필-4-프로필사이클로헥센
g. 3,4-다이메틸사이클로헥스-2-엔올
h. 3,5-다이메틸헥스-5-엔-3-올

10.40 (a) 4-다이메틸논-2-엔(4-methylnon-2-ene)에 가능한 모든 입체이성질체의 구조식을 쓰라. 그리고 각각의 이성질체의 *E*, *Z* 또는 *R*, S 등을 포함하는 이름을 쓰라. (b) 두 쌍의 거울상이성질체는 어느 것인가? (c) 네 쌍의 부분입체이성질체를 표시하라.

10.41 (a) (1*E*,4*R*)-1,4-다이메틸사이클로데센(dimethylcyclodecene)의 구조식을 쓰라. (b) 이것의 거울상이성질체의 구조식을 쓰라. 그리고 이 거울상이성질체의 이름을 *E*, *Z*, *R*, *S*를 포함해서 쓰라. (c) 이것의 두 개의 부분입체이성질체들의 이름을 *E*, *Z*, *R*, *S*를 포함해서 쓰라.

10.42 10.3절에서 알켄의 명명법을 배웠다. 9.3절에 기술된 것처럼 다음의 에폭사이드를 알켄 옥사이드로 명명하라.

a. b. c. d.

10.43 레지말리드(lejimalide) B는 24-원자 고리를 포함하는 항암제로 오키나와의 섬에서 발견되는 멍게로부터 분리된다. (a) 레지말리드 B에 있는 탄소-탄소 이중 결합을 *E* 또는 *Z*로 표시하라. (b) 4면체 입체발생 중심을 *R* 또는 *S*로 표시하라. (c) 레지말리드 B에 가능한 입체이성질체의 수는 몇 개인가?

레지말리드 B

지질

10.44 천연 불포화 지방산은 *Z* 배열이지만, 마가린과 식용유와 같은 가공 식품에 존재하는 C_{18} 지방산인 엘라이드산(elaidic acid)은 *E* 이중 결합이다. 스테아르산과 올레산의 녹는점(표 10.2)과 비교하여 엘라이드산의 녹는점을 예측하라.

엘라이드산

10.45 엘레오스테아르산(eleostearic acid)은 불포화 지방산으로 유동나무(tung oil tree, *Aleurites fordii*) 열매에 들어 있는 물질이다. 유동나무는 중국이 원산지인 낙엽수이다. (a) 엘레오스테아르산보다 녹는점이 높은 입체이성질체의 구조식을 쓰라. (b) 녹는점이 낮은 입체이성질체의 구조식을 쓰라.

CO_2H

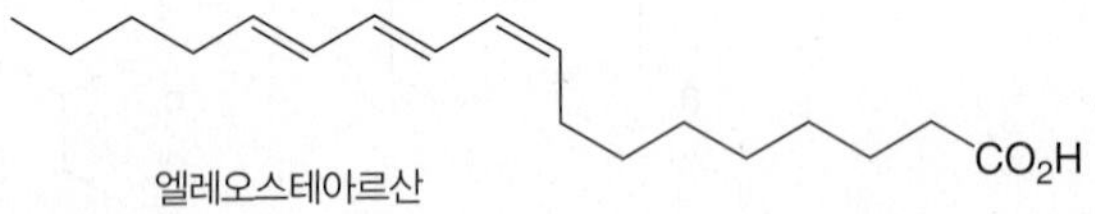

엘레오스테아르산

알켄의 반응

10.46 사이클로헥센과 다음 반응 시약과의 생성물을 나타내라.

a. HBr
b. H_2O, H_2SO_4
c. CH_3CH_2OH, H_2SO_4
d. Cl_2
e. Br_2, H_2O
f. NBS (DMSO 수용액)
g. [1] BH_3; [2] H_2O_2, HO^-

10.47 첨가 반응의 주 생성물로 다음의 각 알킬 할라이드 또는 다이할라이드를 생성하는 데 사용되는 알켄은 무엇인가?

a. 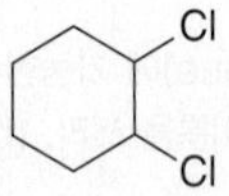 Cl, Cl　b. 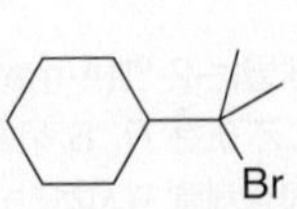 Br　c. 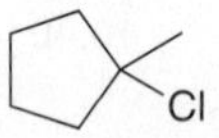 Cl　d. 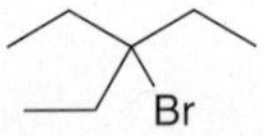 Br

10.48 다음 중 어떤 알코올이 알켄의 수소화붕소 첨가-산화 반응을 이용하여 단 하나의 생성물로 얻어질 수 있겠는가? 어떤 알코올이 알켄에 물의 산 촉매 첨가 반응에 의해 단 하나의 생성물로 얻어질 수 있겠는가?

a. 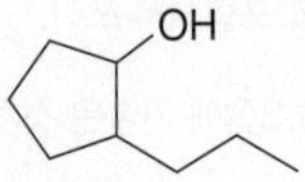 OH　b. 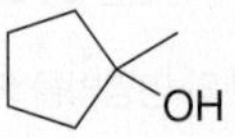 OH　c. 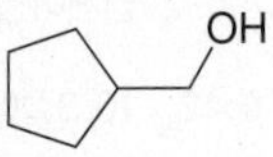 OH　d. 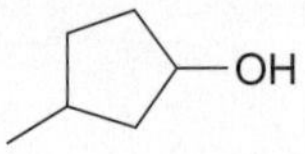 OH

10.49 다음 반응에서 형성되는 모든 구조 이성질체를 나타내라.

a. 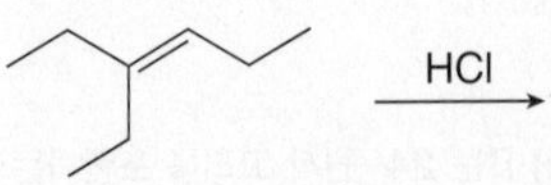 HCl
b. 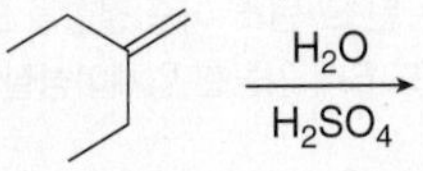 H_2O / H_2SO_4
c. 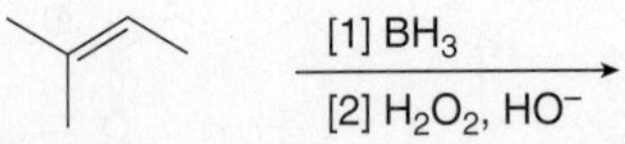 [1] BH_3 / [2] H_2O_2, HO^-
d. 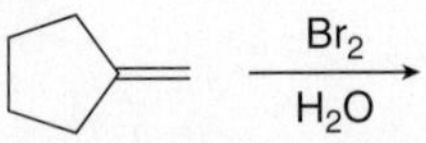 Br_2 / H_2O
e. 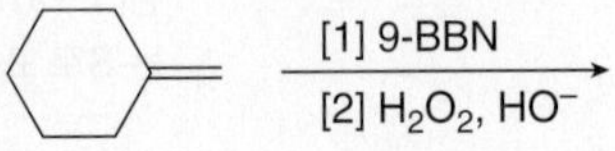 [1] 9-BBN / [2] H_2O_2, HO^-
f. 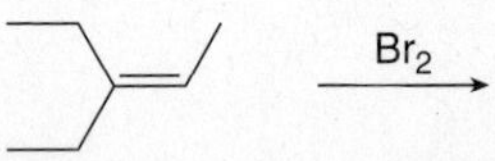 Br_2

10.50 HCl을 첨가하여 3-클로로-3-메틸헥세인을 제조할 수 있는 세 개의 알켄(입체이성질체 포함)은 무엇인가?

10.51 다음 반응에서 형성되는 모든 입체이성질체를 나타내라.

a. 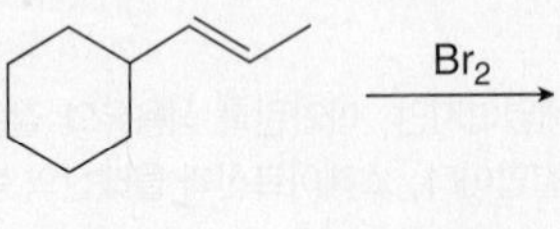 Br_2
b. 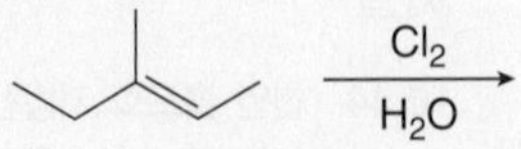 Cl_2 / H_2O
c. 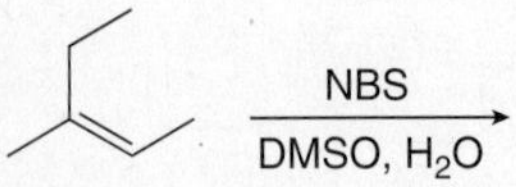 NBS / DMSO, H_2O

10.52 다음 반응의 생성물을 입체화학을 포함하여 나타내라.

a. 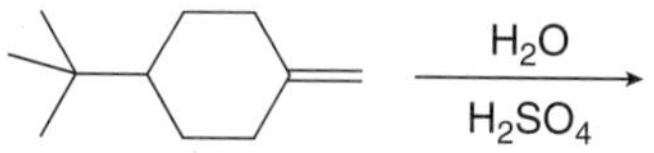 $\xrightarrow[H_2SO_4]{H_2O}$

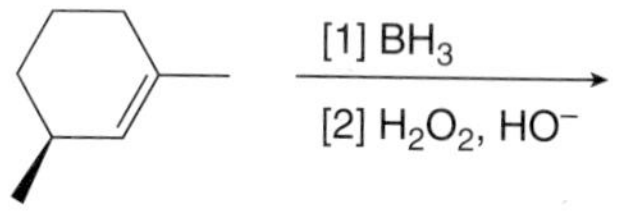

b.  $\xrightarrow{HI}$

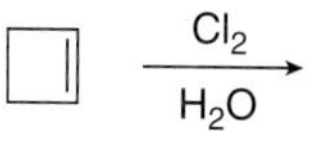

c. 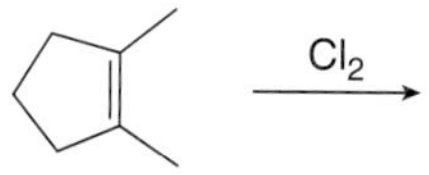 $\xrightarrow{Cl_2}$

d. $\xrightarrow[[2]\ H_2O_2,\ HO^-]{[1]\ BH_3}$

e. $\xrightarrow[H_2O]{Cl_2}$

f. 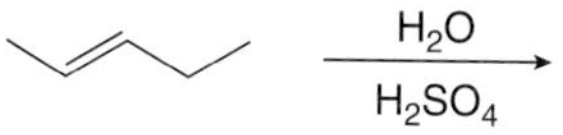 $\xrightarrow[H_2SO_4]{H_2O}$

10.53 HBr과 가장 빠르게 반응하는 알켄은 어느 것인가? 선택에 대해 설명하라.

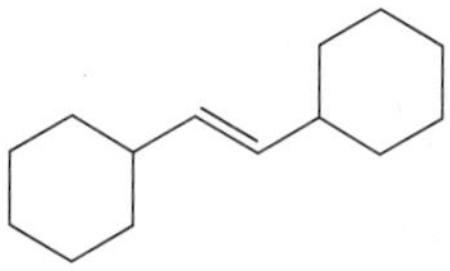

A 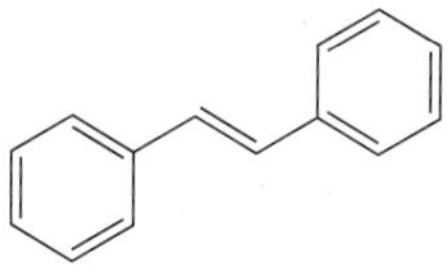 B

10.54 (a) Br_2와 반응하여 두 개의 거울이성질체의 혼합물인(4*R*,5*R*) 및 (4*S*,5*S*)-4,5-다이브로모옥테인을 얻을 수 있는 옥트-4-엔(oct-4-ene)의 부분입체이성질체는 무엇인가? (b) 메조 화합물(4*R*,5*S*)-4,5-다이브로모옥테인을 얻을 수 있는 옥트-4-엔의 부분입체이성질체는 무엇인가?

10.55 시스- 및 트랜스-헥스-3-엔을 이용하여, HCl 첨가가 입체특이성 반응이 아님을 설명하여라. 각 알켄으로부터 형성되는 입체이성질체의 구조를 나타내어라.

메커니즘

10.56 다음 반응의 단계별 메커니즘을 나타내라.

+ HBr ⟶ Br

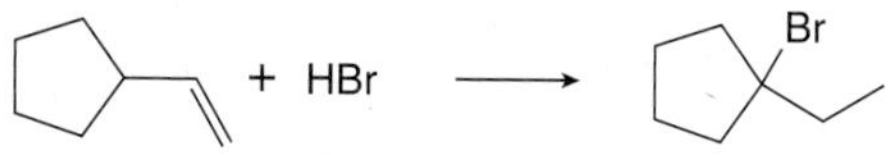

10.57 다음 반응의 단계별 메커니즘을 나타내라.

$\xrightarrow[H_2SO_4]{H_2O}$ OH

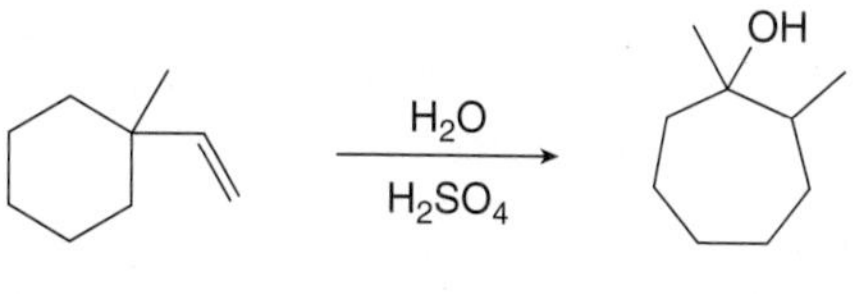

10.58 헥스-5-엔-1-올을 고리형 에터 A로 전환시키는 단계별 메커니즘을 그려라.

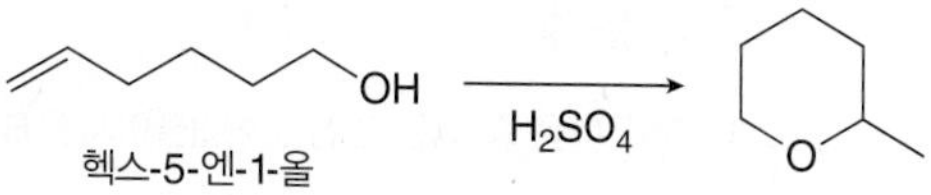

OH $\xrightarrow{H_2SO_4}$ O

헥스-5-엔-1-올 A

10.59 아래 반응에서 세 가지 알코올이 모두 형성되는 단계별 메커니즘을 쓰라.

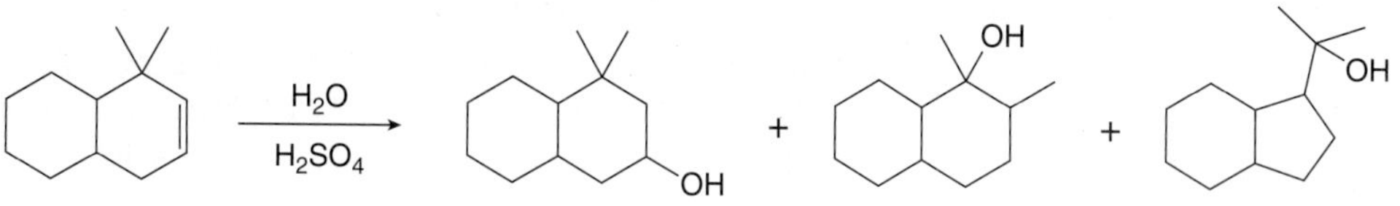

$\xrightarrow[H_2SO_4]{H_2O}$ OH + OH + OH

10.60 덜 안정한 알켄은 센 산과 반응하여 더 안정한 알켄으로 이성질화된다. 예를 들어, 2,3-다이메틸뷰트-1-엔은 H_2SO_4와 반응하여 2,3-다이메틸뷰트-2-엔으로 변환된다. 이 이성질화 과정의 단계별 메커니즘을 나타내라.

10.61 뷰타-1,3-다이엔($CH_2=CH-CH=CH_2$)이 HBr과 반응하면 두 개의 구조 이성질체 $CH_3CHBrCH=CH_2$와 $BrCH_2CH=CHCH_3$가 형성된다. 두 화합물의 형성을 설명할 수 있는 단계별 메커니즘을 나타내라.

10.62 알켄 **A**와 **C**에 대한 HBr의 첨가 반응은 위치선택적이며 각각 첨가 생성물 **B**와 **D**를 형성한다. 그 이유를 설명하라.

OCH_3 **A** —HBr→ Br OCH_3 **B**　　O OCH_3 **C** —HBr→ Br O OCH_3 **D**

10.63 이중 결합에 원소 Br과 OR을 첨가하는 브로모에테르화 반응(bromoetherification)은 산소 원자를 포함하는 고리를 형성하는 데 사용되는 일반적인 방법이다. 이 반응은 폴리에테르 항생제인 모넨신(monensin)을 합성하는 데 이용된다(문제 21.37). 다음 분자 내 브로모에테르화 반응에 대한 단계별 메커니즘을 나타내라.

OH —Br_2→ O Br + HBr

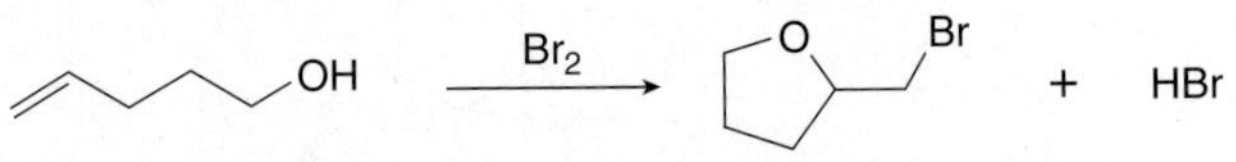

합성

10.64 주어진 출발물로부터 각 생성물의 합성법을 제시하여라. 한 단계 이상이 요구된다.

a. 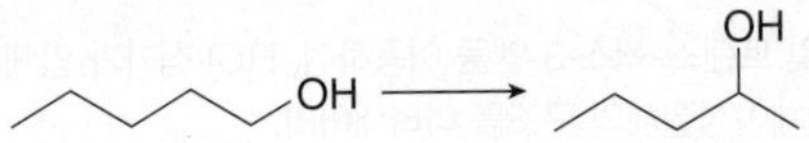 OH ⟶ OH

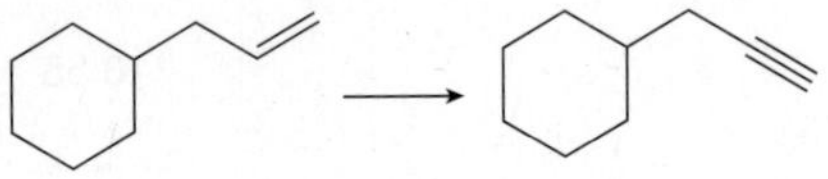

b. 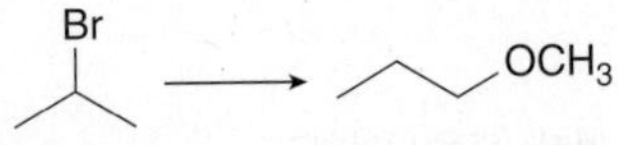 Br ⟶ OCH_3

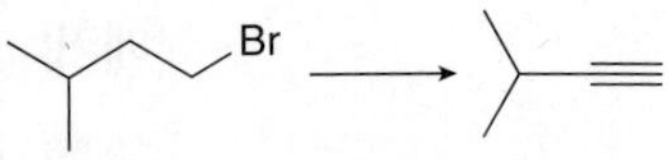

c. 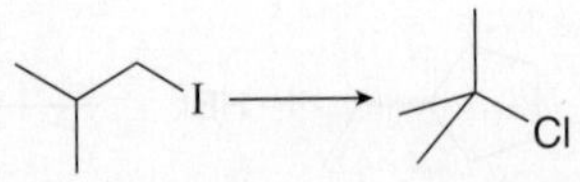 I ⟶ Cl

d. ⟶

e. Br ⟶

f. 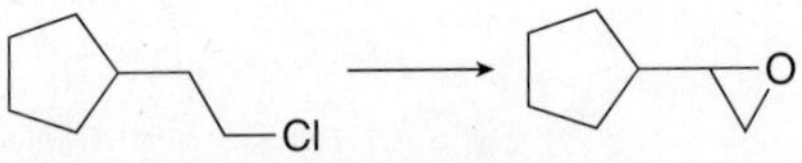 Cl ⟶ O

10.65 사이클로헥센으로부터 다음의 화합물을 합성하는 방법을 제시하라. 한 단계 이상이 요구된다.

a. 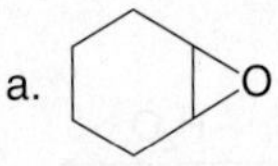 O　b. 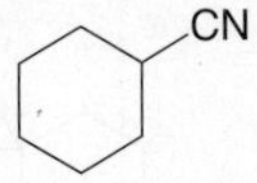 CN　c. 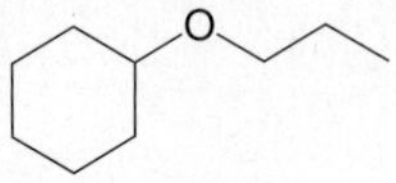 O　d. 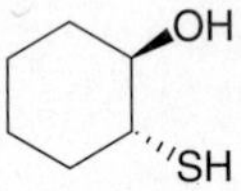 OH SH

\+ 거울상이성질체

도전 문제

10.66 다음 중 **A**는 안정한 화합물이지만 **B**는 안정한 화합물이 아니다. 그 이유는?

A　**B**

10.67 (a) 스틸벤($C_6H_5CH=CHC_6H_5$)의 *E* 이성질체를 Br_2와 반응시킨 다음, 1당량의 KOH로 처리하였을 때 생성되는 화합물은 무엇인가? 생성되는 알켄을 *E* 또는 *Z*로 표시하라. (b) 스틸벤($C_6H_5CH=CHC_6H_5$)의 *Z* 이성질체를 같은 방법으로 처리하였을 때 생성되는 화합물은 무엇인가? (c) 화합물 (a)와 (b)는 어떠한 긴밀한 연관성이 있는가?

10.68 알켄 **A**는 TsOH와의 반응으로 메역취(goldenrod)로부터 분리되는 천연물인 아이소코멘(isocomene)으로 이성질화될 수 있다. 이 변환에 대한 단계별 메커니즘을 나타내라(힌트: 탄소 양이온 자리옮김을 찾아보라).

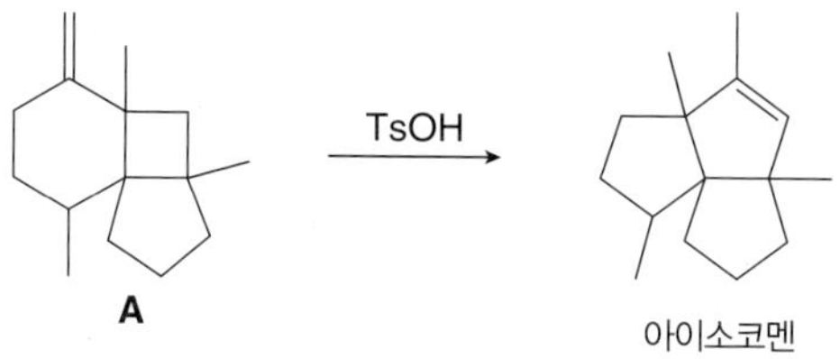

TsOH

A

아이소코멘

10.69 화합물 **A**와 같은 고리 에스터인 락톤은 알켄에 대한 첨가 반응인 할로락톤화 반응(halolactonization)에 의해 제조된다. 예를 들어, **B**에 대한 아이오도락톤화 반응은 프로스타글란딘 $PGF_{2\alpha}$ 합성(4.15절)의 중요한 중간체인 락톤 **C**를 형성한다. 이 첨가 반응의 단계별 메커니즘을 나타내어라.

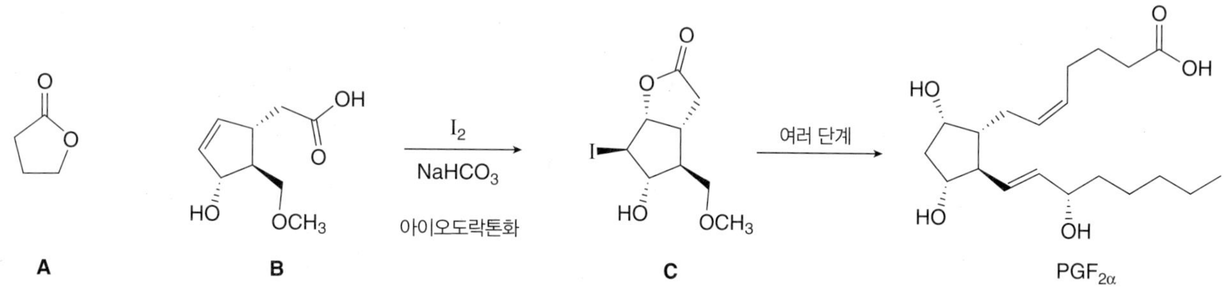

A B C $PGF_{2\alpha}$

I_2, $NaHCO_3$ — 아이오도락톤화

여러 단계

10.70 다음 반응의 단계별 메커니즘을 그려라.

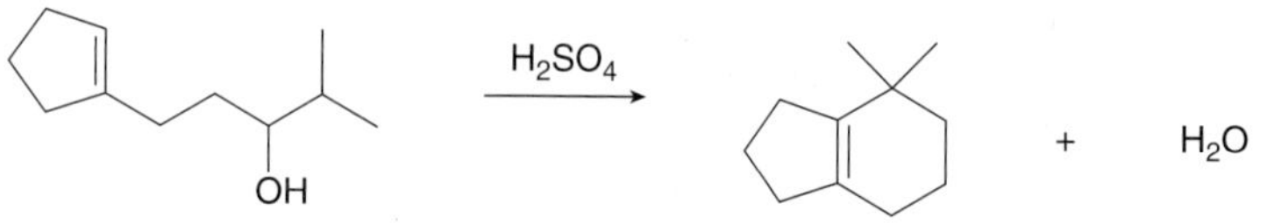

H_2SO_4 + H_2O

10.71 다른 친전자체와 같이, 알켄에 탄소 양이온이 첨가되면 새로운 탄소 양이온이 형성되며, 이 새로운 중간체는 반응 조건에 따라 치환 또는 제거 반응이 일어날 수 있다. 이 점을 고려하면서 네롤(nerol)에 대한 다음 반응들을 생각해보자. 네롤은 레몬의 잎과 다른 여러 식물들로부터 얻어지는 천연물이다. 네롤을 TsOH와 반응시키면 α-테르피네올(terpineol)이 주 생성물로 형성된다. 그렇지만 네롤을 클로로설폰산(chlorosulfonic acid) HSO_3Cl과 반응시키면 α-사이클로제라니올(α-cyclogeraniol, α-테르피네올의 구조 이성질체)이 형성된다. 각 반응의 단계별 메커니즘을 쓰라. 두 메커니즘 모두 친전자체인 탄소 양이온이 이중 결합에 첨가되는 과정을 포함하고 있다.

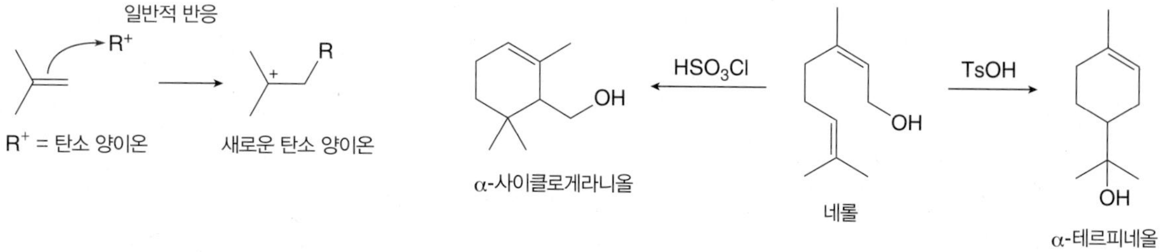

일반적 반응

R^+ = 탄소 양이온 — 새로운 탄소 양이온

HSO_3Cl — TsOH

α-사이클로게라니올 네롤 α-테르피네올

10.72 다음 반응의 단계별 메커니즘을 쓰라. 이 반응은 두 과정이 서로 연결되어 있는데, 친핵체에 의해 에폭사이드 고리가 열리는 과정과 친전자체가 탄소–탄소 이중 결합에 첨가되는 과정이다(힌트: 에폭사이드 고리에 양성자가 첨가되는 과정으로 메커니즘이 시작된다).

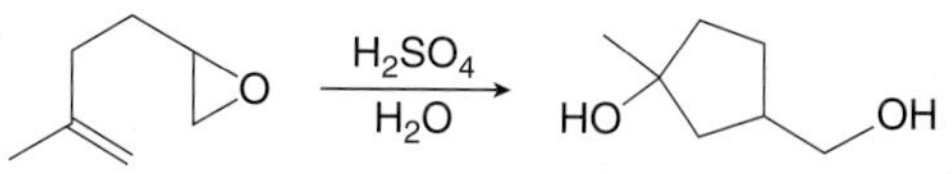

H_2SO_4, H_2O

Chapter

11 알카인 Alkynes

에타이닐에스트라다이올(ethynylestradiol)은 탄소 골격이 에스트로젠 여성호르몬과 거의 닮은 합성 화합물이다. 이 물질은 천연물 유사체보다 활성이 훨씬 강하므로, 경구피임약으로 널리 사용되는 화합물 성분의 하나이다. 에타이닐에스트라다이올 및 생리활성이 비슷한 유사 화합물들은 탄소-탄소 삼중 결합을 가지고 있다. 11장에서 우리는 삼중 결합을 지닌 탄화수소인 알카인에 대해 배우게 된다.

11장에서 우리는 탄소-탄소 삼중 결합이 있는 화합물인 알카인을 살펴보면서, 작용기가 전자 풍부한 유기 분자에 계속 관심을 가지게 될 것이다. 알켄과 마찬가지로 알카인도 쉽게 분해되는 π 결합을 가지는 친핵체이므로, 친전자성 시약과 첨가 반응을 일으킨다.

알카인은 또한 알켄 화학과는 유사하지 않은 반응을 하기도 한다. 알카인의 C-H 결합은 알케인이나 알켄에서의 C-H 결합보다 산성이 더 강하므로 알카인은 강염기에 의해 양성자 이탈 반응이 일어난다. 그 결과 얻어진 친핵체는 친전자체와 반응하여 새로운 C-C σ 결합을 형성하므로, 간단한 출발물로부터 복잡한 분자를 만들어내는 데 이용된다. 그러므로 알카인에 대해 학습함으로써 유기합성에 대해 좀 더 배울 기회를 갖게 될 것이다.

11.1 서론

알카인은 탄소-탄소 결합이 있는 분자이다. 말단 알카인(terminal alkyne)은 탄소 사슬의 끝에 삼중 결합이 있다. 그래서 하나의 수소 원자가 삼중 결합의 탄소 원자에 직접 결합되어 있다. 내부 알카인(interanl alkyne)은 삼중 결합의 탄소 원자에 탄소 원자가 각각 결합되어 있다.

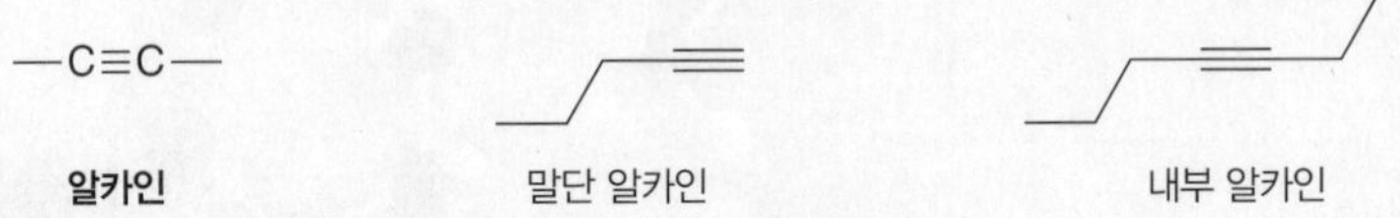

알카인은 일반적으로 분자식이 C_nH_{2n-2}로서 가능한 최대 수보다 수소가 네 개 적다. 불포화도 하나당 두 개의 수소가 감소하므로 삼중 결합이 하나 있으면 불포화도가 둘 만큼 증가한다.

삼중 결합의 각 탄소는 *sp* 혼성화되어 있어서 선형(linear)이다. 그러므로 모든 결합각은 180도이다. (1.10 C절).

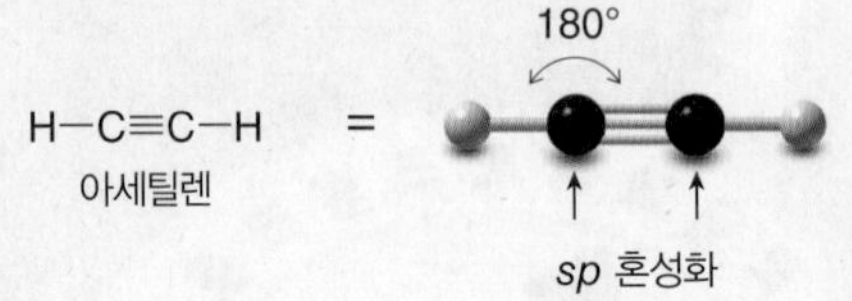

알카인의 삼중 결합은 한 개의 σ 결합과 두 개의 π 결합으로 되어 있다.

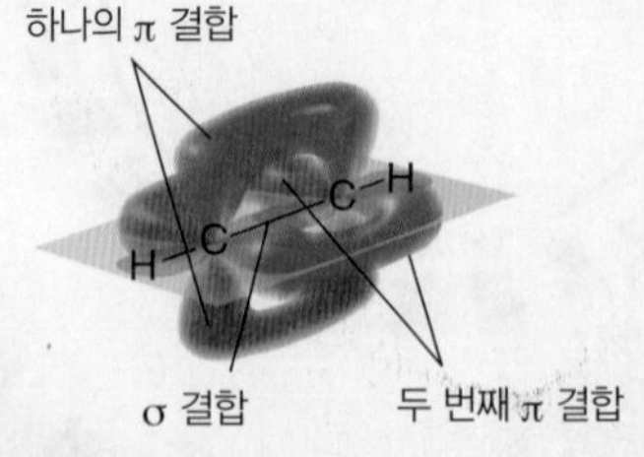

- σ 결합은 두 개의 *sp* 혼성 오비탈이 정면으로 겹쳐서 형성한다.
- π 결합은 두 개의 2*p* 오비탈이 나란히 정렬하여 겹쳐서 형성한다.

삼중 결합의 두 번째 π 결합의 세기를 추정하는 데 에틸렌(한 개의 σ 결합과 한 개의 π 결합)과 아세틸렌(한 개의 σ 결합과 두 개의 π 결합)의 C-C 결합 해리 에너지를 사용한다. 만약 아세틸렌에서 σ 결합과 첫 번째 π 결합의 세기가 에틸렌에서의 σ와 π 결합의 세기(각각 368, 267 kJ/mol)와 비슷하다고 가정하면, 두 번째 π 결합은 202 kJ/mol에 해당한다.

$HC\equiv CH$		$CH_2=CH_2$		
837 kJ/mol	−	635 kJ/mol	=	202 kJ/mol
(σ + 두 개의 π 결합)		(σ + π 결합)		↑ **두 번째 π 결합**

- C−C 삼중 결합의 π 결합 모두 C−C σ 결합보다 약해서 쉽게 끊어진다. 그 결과 알카인은 많은 첨가 반응을 일으킨다.
- π 결합의 전자들은 좀 더 느슨하게 붙잡혀 있어서 알카인은 알켄보다도 편극성이 더 크다.

알카인의 골격 구조식은 다소 비정상적으로 보이나, 통상적인 관례에 따른다. 탄소 원자는 두 선의 교차점과 끝점에 놓이게 된다. 따라서 다음과 같이 그릴 수 있다.

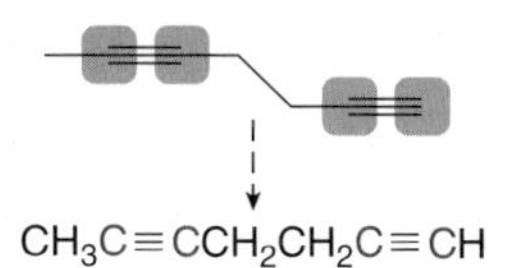

$CH_3C\equiv CCH_2CH_2C\equiv CH$

트랜스 사이클로알켄과 마찬가지로 작은 고리의 사이클로알카인(cycloalkyne)도 불안정하다. 삼중 결합의 두 끝에 너무 큰 뒤틀림(strain) 없이 결합할 만큼 탄소 고리는 충분히 길어야 한다. 사이클로옥타인(cyclooctyne)이 비록 단시간에 실온에서 분해되긴 하지만, 분리할 수 있는 가장 작은 사이클로알카인이다. 고리에 삼중 결합을 수용하기 위해 *sp* 혼성화 탄소 주위에서 굽힘이 발생하여 사이클로옥타인은 불안정해진다.

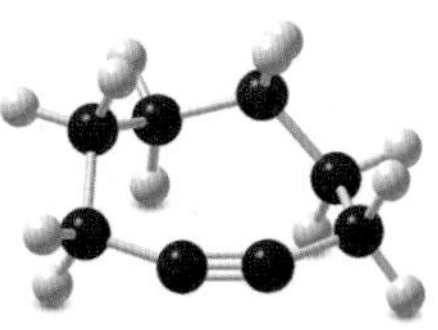

사이클로옥타인

문제 11.1 네펠라이오신 B(nepheliosyn B)는 칼레도니아 해양의 해면동물에서 분리한 삼중 결합을 가지는 새로운 지방산이다. (a) 가장 산성도가 큰 수소를 표시하라. (b) 어떤 탄소−탄소의 σ 결합이 가장 짧은가? (c) 네펠라이오신 B가 가지는 불포화도는? (d) $C_{sp}-C_{sp^3}$로 형성된 결합은 몇 개인가? (e) 각각의 삼중 결합에 내부인지 말단인지 표시하라.

네펠라이오신 B

11.2 명명법

알카인은 10.3절에서 명명법 알켄과 같은 방법으로 다음과 같이 명명한다.

- IUPAC 체계에서, 모 사슬의 에인(-ane) 끝말을 접미사 아인(-yne)으로 바꾼다.
- 삼중 결합의 원자 모두를 포함하는 가장 긴 사슬을 선택하여, 삼중 결합에 더 작은 숫자를 주도록 사슬에 번호를 붙인다.
- 삼중 결합이 두 개인 화합물은 다이아인(diyne)이라고 명명하며, 계속해서 트라이아인(triyne) 등으로 명명한다.
- 이중 결합과 삼중 결합이 둘 다 있는 화합물은 엔아인(enyne)라고 명명한다. 사슬에서 불포화된 첫 번째 자리(C=C이든 C≡C이든)에 낮은 숫자가 되도록 번호를 붙인다.

예제 11.1 다음 알카인의 IUPAC 이름을 제시하라.

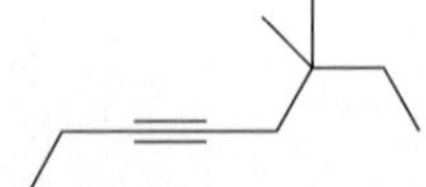

풀이

[1] 삼중 결합의 탄소 모두를 포함하는 가장 긴 사슬을 찾아낸다.

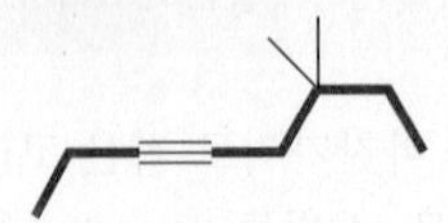

가장 긴 사슬에 있는 8개의 탄소

옥테인 ----→ 옥타인

[2] 긴 사슬에 번호를 붙이고, 치환기의 이름과 번호를 붙인다.

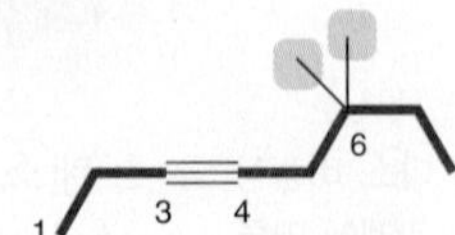

C6에 두 개의 메틸기

답: 6,6-다이메틸옥트-3-아인

가장 간단한 알카인인 HC≡CH는 IUPAC 체계로 에타인(ethyne)이며, 흔히 일반명인 아세틸렌(acetylene)이라고도 불린다. 아세틸렌으로부터 유도된 탄소 두 개의 알킬기는 에타이닐(ethynyl)기(HC≡C−)라고 부른다. 알카인의 명명의 예는 그림 11.1에 제시되어 있다.

문제 11.2 다음 각 화합물의 IUPAC 이름을 명명하라.

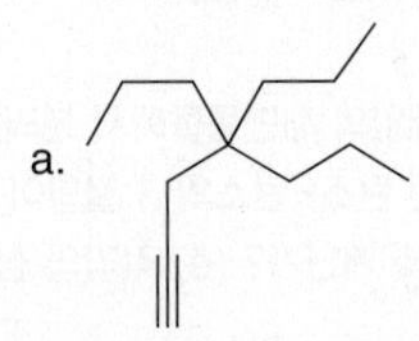

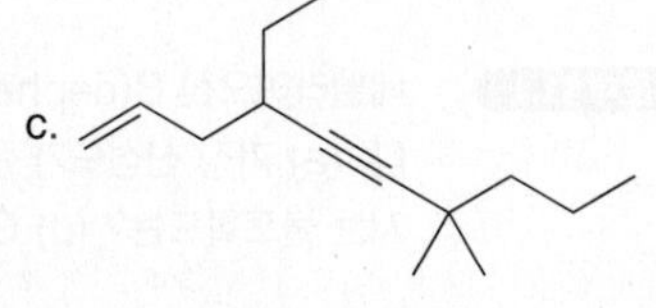

문제 11.3 다음 이름들의 각각에 해당하는 구조식을 쓰라.

a. 트랜스-2-에타이닐사이클로펜텐올 b. 4-*tert*-뷰틸데크-5-아인 c. 3,3,5-트라이메틸사이클로노나인

11.3 물리적 성질

알카인의 물리적 성질은 모양과 분자량이 유사한 탄화수소와 비슷하다.

- 알카인은 녹는점과 끓는점이 낮다.
- 탄소의 수가 증가하면서 녹는점과 끓는점이 올라간다.
- 알카인은 유기용매에 용해하며, 물에는 용해하지 않는다.

그림 11.1
알카인의 명명법의 예

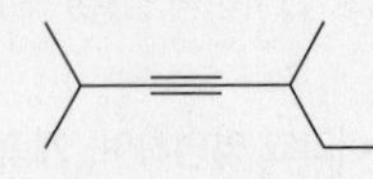

2,5-다이메틸헵트-3-아인

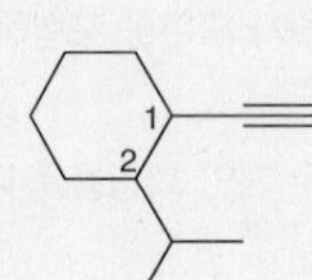

1-에타이닐-2-아이소프로필사이클로헥세인

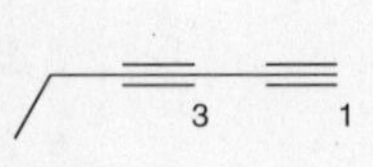

헥사-1,3-다이아인

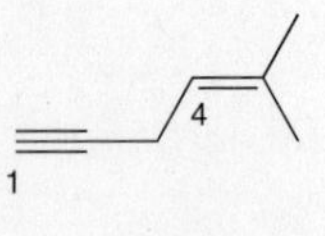

5-메틸헥스-4-엔-1-아인

문제 11.4 알카인이 종종 분자량이 비슷한 알켄보다 끓는점이 약간 높은 이유를 설명하라. 예를 들어 펜트-1-엔의 끓는점이 30°C인데, 펜트-1-아인의 끓는점은 39°C이다.

11.4 중요한 알카인

아세틸렌(HC≡CH)은 산소에서 타면 CO_2와 H_2O를 생성하는 에터 냄새의 무색의 기체이다. 아세틸렌의 연소에서는 다른 탄화수소보다 생성물 1 mole당 더 많은 에너지가 나오기 때문에 고온의 불꽃을 내며 타고, 따라서 용접용 토치의 훌륭한 연료로 쓰인다.

11장을 시작했을 때 소개했던 분자인 에타이닐에스트라다이올과 노레틴드론(norethindrone)은 탄소-탄소 삼중 결합을 가지는 경구 피임약의 두 종류의 성분(그림 11.2)이다. 이 분자들은 천연 여성호르몬인 에스트라다이올(estradiol)과 프로제스테론(progesterone)의 합성 유사체이지만, 효력이 더 강하므로 조금만 복용해도 된다. 경구 피임약의 대부분은 이 두 가지 합성 호르몬을 함유하고 있다. 이들은 여성에게 인위적으로 호르몬 수치를 증가시키므로 배란을 방지한다.

에스트라다이올 프로제스테론

그림 11.2 어떻게 경구 피임약이 작용하는가

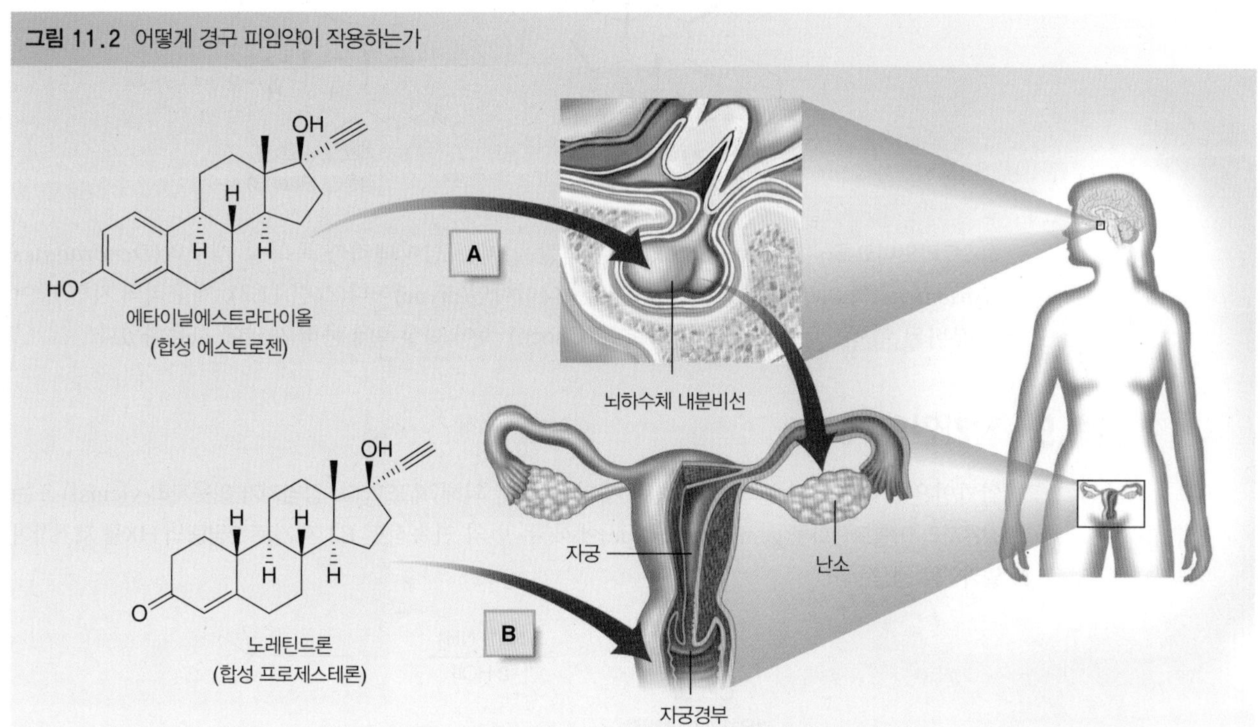

뇌하수체 내분비선에서 월경주기의 호르몬 분비는 배란을 일으키며, 난소에서 난자를 배출하게 한다. 많은 경구 피임약에 들어있는 두 가지 합성 호르몬은 임신을 방지하기 위해 여성의 생식계에 서로 다른 효과를 준다.

A: 합성 에스트로젠인 **에타이닐에스트라다이올**의 수치의 증가는 여성이 임신할 수 있다는 분별을 착각하게 해서 배란이 일어나지 않는다.

B: 합성 프로제스테론인 **노레틴드론** 수치의 증가는 자궁 내에 점액의 두께를 두껍게 형성하도록 자극해서 정충이 자궁에 도달하기 어렵게 한다.

그림 11.3
히스트리오니코톡신

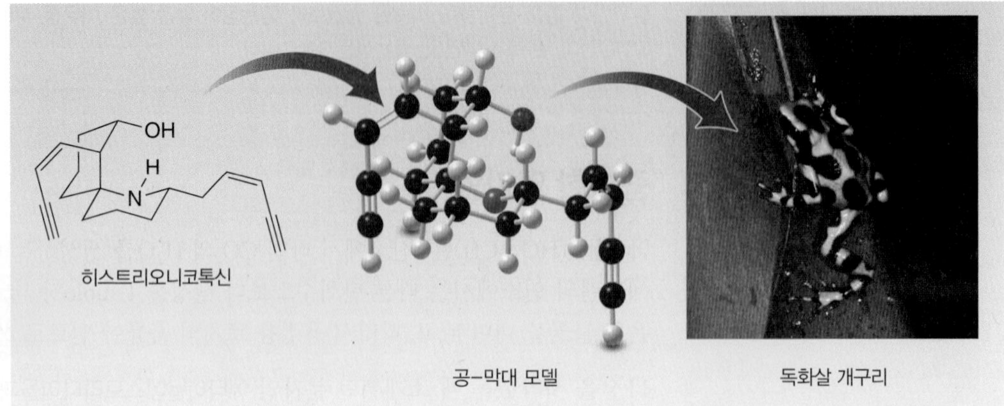

- 히스트리오니코톡신은 강한 포식자로부터 독화살 개구리를 보호해주는 방어 독소이다. 이런 작은 독화살 개구리는 열대우림의 습지에 살며 서부 에콰도르나 콜롬비아에서 흔히 발견된다. 히스트리오니코톡신은 포유동물의 신경 전달을 차단함으로써 오랫동안 근육 수축이 진행하도록 한다.

알카이닐기가 있는 또 다른 두 가지 합성 호르몬은 RU 486과 레보노제스트렐(levonorgestrel)이다. RU 486은 프로제스테론의 효능을 차단해서 수정된 난자의 착상을 억제하므로 성교 후 며칠 내로 복용하면 임신을 막을 수 있다. RU486은 임신 첫 몇 주안에 유산을 유도하는 데 사용된다. 레보노제스트렐은 배란을 저해하므로 피임하지 않은 성교 후 며칠 내로 복용하면 임신을 막을 수 있다.

RU 486
(상품명: Mifepristone)

레보노제스트렐
(상품명: Plan B)

히스트리오니코톡신(histrionicotoxin)은 색깔을 띠는 남아메리카 독화살 개구리(*Dendrobates histrionicus*)의 피부에서 소량으로 분리된 다이아인(diyne)이다(그림 11.3). 개구리의 자연 방어로 분비된 이 독소는 남아메리카의 초코(Choco) 족이 화살촉에 묻혀 사냥에 사용하였다.

11.5 알카인의 제법

알카인은 8.10절에서 논의한 것처럼 제거 반응에 의해 제조한다. 강염기가 이웃자리(vicinal) 또는 같은자리 이할로젠화물(geminal dihalide)에서 두 번의 연속적인 E2 제거로 2당량의 HX를 제거하여 알카인을 생성한다.

$\xrightarrow[\text{[-2 HCl]}]{2\ Na^+\ {}^-NH_2}$

같은자리 이염화물

$\xrightarrow[\text{DMSO [-2 HBr]}]{K^+\ {}^-OC(CH_3)_3\ \text{(2당량)}}$

이웃자리 이브로민화물

이웃자리 이할로젠화물은 알켄에 할로젠을 첨가하여 합성하므로, 예제 11.2에서 보여주는 두 단계 과정으로 알켄은 알카인으로 전환할 수 있다.

예제 11.2 단계적인 방법으로 알켄 **A**를 알카인 **B**로 전환하라.

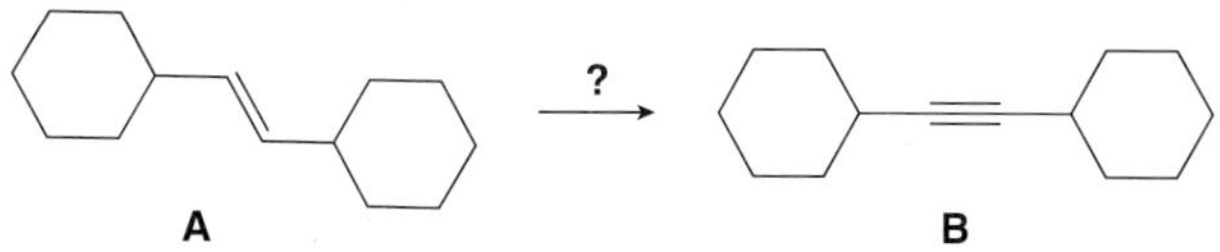

A ?→ B

풀이

두 단계 방법이 필요하다.

- **X_2의 첨가**로 이웃자리 이브로민화물을 생성한다.
- 2당량의 HX를 **제거**하여 2개의 π 결합을 형성한다.

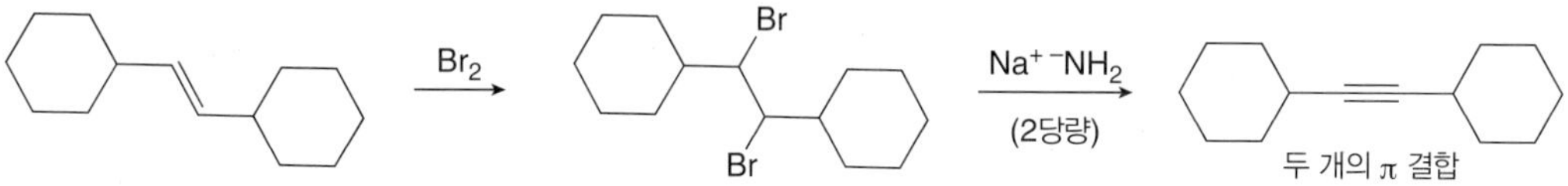

A →(Br_2) 이웃자리 이브로민화물 →($Na^+ \,^-NH_2$ (2당량)) B (두 개의 π 결합)

- **이 두 단계 과정은 한 등급의 불포화도를 도입하는데,** π 결합이 한 개인 알켄이 π 결합이 두 개인 알카인으로 전환된다.

문제 11.5 다음의 각 화합물들을 헥스-1-아인, $HC{\equiv}CCH_2CH_2CH_2CH_3$으로 전환하라.

a. 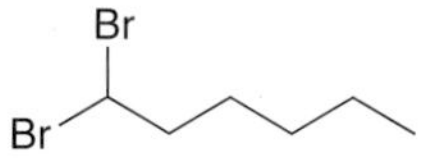 (Br, Br)
b. 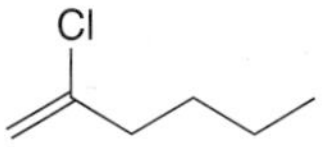 (Cl)
c.

11.6 알카인의 반응의 개요

알카인은 π 결합이 쉽게 깨지거나 말단 알카인의 경우에는 *sp* 혼성 C−H 결합이 산성이므로 알카인의 모든 반응이 일어난다.

11.6A 첨가 반응

알켄과 마찬가지로 알카인은 π 결합이 약하므로 첨가 반응이 일어난다. 두 번의 연속적인 반응이 일어난다. 반응이 연속적으로 두 번 일어날 수 있다. 즉, 1당량의 시약이 첨가되면 알켄이 생성되며, 다시 두 번째 당량의 시약이 첨가되면 새로운 결합이 네 개 생긴 생성물이 얻어진다.

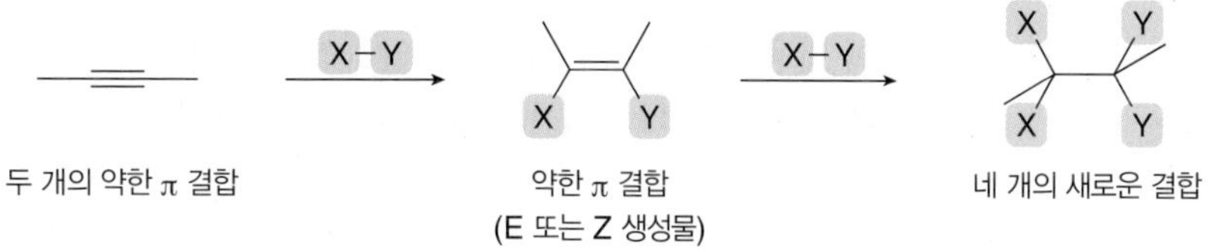

두 개의 약한 π 결합 →(X−Y) 약한 π 결합 (E 또는 Z 생성물) →(X−Y) 네 개의 새로운 결합

알카인의 산화, 환원 반응은 또한 첨가가 수반된 반응이며 12장에서 논의한다.

그림 11.4에서 아세틸렌의 정전기 전위 지도에서 보여주듯이 알카인은 전자가 풍부하다. 두 개의 π 결합은 두 개의 *sp* 혼성화된 탄소 원자 사이에서 원통형의 전자 밀도를 형성하며, 이 노출된 전자 밀도로 인하여 삼중 결합이 친핵성을 나타낸다. 결과적으로, 알카인은 친전자체와 반응한다.

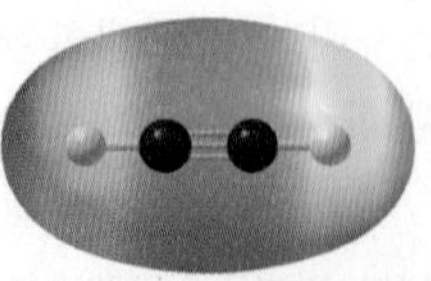

그림 11.4
아세틸렌의 정전기 전위 지도

- 전자가 풍부한 붉은 색 구역은 두 탄소 원자 사이에 자리 잡으며, 원통형 모양의 전자 밀도를 형성한다.

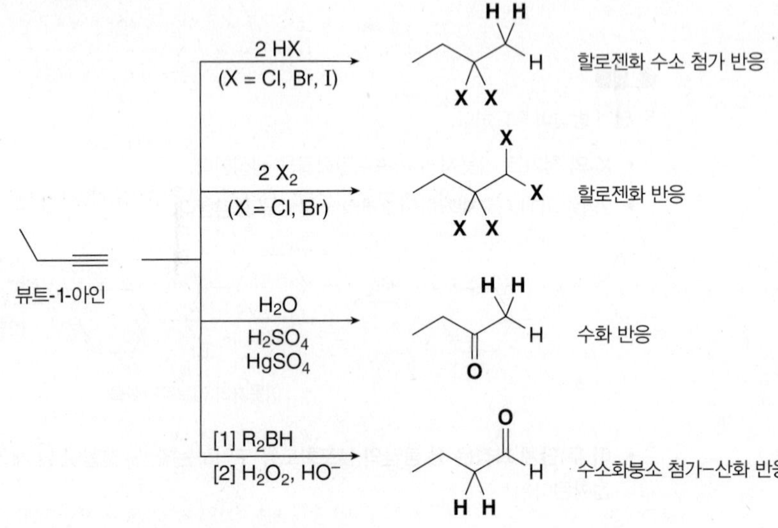

그림 11.5
뷰트-1-아인의 네 가지 첨가 반응

네 가지 첨가 반응을 11장에서 다룰 것이다. 그림 11.5는 뷰트-1-아인 출발물로 하는 반응들을 보여준다.

11.6B 말단 알카인–산으로서의 반응

sp 혼성화된 C–H 결합은 sp^2나 sp^3 혼성화된 C–H 결합보다 산성이 더 강하므로, 말단 알카인은 브뢴스테드–로우리 산–염기 반응에서 강염기에 의해 쉽게 탈양성자화할 수 있다. 결과적으로 생성된 음이온은 아세틸렌화 음이온(acetylide anion)이라 한다.

$$\text{R–C}\equiv\text{C–H} + :\text{B} \rightleftarrows \text{R–C}\equiv\text{C:}^- + \text{H–B}^+$$

말단 알카인 $pK_a \approx 25$ 　　아세틸렌화 음이온

2.5D절에서 C의 s-성질 백분율이 커질수록 C–H 결합의 산성도가 커지는 것을 배웠음을 상기하라. 따라서 상대적인 산성도의 세기 순서는 다음과 같다.

$C_{sp^3}\text{–H} < C_{sp^2}\text{–H} < C_{sp}\text{–H}$

이 반응을 위해 어떤 염기를 사용할 수 있는가? 산–염기 평형은 더 약한 염기와 산 쪽으로 치우치므로 짝산의 pK_a 값이 말단 알카인보다 큰—pK_a 값 > 25—염기만이 대부분의 아세틸렌화 음이온을 생성할 수 있다. 도표 11.1에서 보여주듯이 NH_2^-와 H^-가 말단 알카인의 양성자를 떼어낼 수 있으며, OH^-나 RO^- 염기는 그렇지 못하다.

이 반응은 왜 유용할까? 말단 알카인의 양성자이탈 반응으로 형성된 아세틸화 음이온은 센 친핵체이므로, 11.11절에서 보여준 많은 친전자체와 반응할 수 있다.

$$\text{R–C}\equiv\text{C:}^- + \text{E}^+ \longrightarrow \text{R–C}\equiv\text{C–E}$$

친핵체 　 친전자체 　　 새로운 결합

표 11.1
알카인의 탈양성자화를 위한 염기들의 비교

	염기	짝산의 pK_a
이 염기들은 알카인에서 양성자를 떼어내기에 충분히 강하다.	$^-NH_2$	38
	H^-	35
이 염기들은 알카인에서 양성자를 떼어내기에 충분히 강하지 않다.	^-OH	15.7
	^-OR	15.5~18

문제 11.6 어떤 염기가 아세틸렌에게서 양성자를 떼어낼 수 있는가? 괄호 안에 짝산의 pK_a 값이 주어져 있다.

a. CH_3NH^-(pK_a = 40) b. CO_3^{2-}(pK_a = 10.2) c. $CH_2 = CH^-$(pK_a = 44) d. $(CH_3)_3CO^-$(pK_a = 18)

11.7 할로젠화 수소의 첨가

알카인에 할로젠화 수소, HX(X=Cl, Br, I)를 가하면 할로젠화 수소 첨가 반응이 일어난다. 일반적으로 2당량의 HX가 사용되는데, 1몰이 첨가되면 할로젠화 바이닐(vinyl halide)이 생성되고, HX의 두 번째 몰이 첨가되면 같은자리 이할로젠화물이 만들어진다.

R—≡—R →(H—X, (X = Cl, Br, I)) R(H)C=C(R)(X) →(H—X) RCH₂–CX₂R

두 개의 약한 π 결합 (E 또는 Z 생성물) 할로젠화 바이닐 같은자리 이할로젠화물

알카인에 HX의 첨가는 친전자성 첨가의 또 다른 예이다. 왜냐하면 시약의 친전자성 말단인 H가 전자가 풍부한 삼중 결합에 유인되기 때문이다.

- 2당량의 HX에서 수소 원자 모두는 같은 탄소와 결합한다.
- 말단 알카인에서는 말단의 탄소가 H와 결합한다. 즉, 알카인의 할로젠화 수소 첨가 반응은 마르코브니코프의 규칙(Markovnikov's rule)을 따른다.

[1] 2-뷰틴 →(H—Cl) (H, Cl 첨가된 알켄) →(H—Cl) (H, H / Cl, Cl) = (Cl Cl)

생성물은 E 또는 Z

[2] H—≡—(에틸) →(H—Br) (H, H / Br) →(H—Br) (H, H, H / Br, Br) = (Br Br)

H 모두 말단 탄소에 결합한다.

- 단지 1당량의 HX와의 반응은 할로젠화 바이닐의 형성 단계에서 멈춘다.

H—≡—(메틸) →(H—Cl, (1당량)) (H, H / Cl)

염화 바이닐 (2-클로로프로펜)

메커니즘 11.1 알카인에 HX의 친전자성 첨가

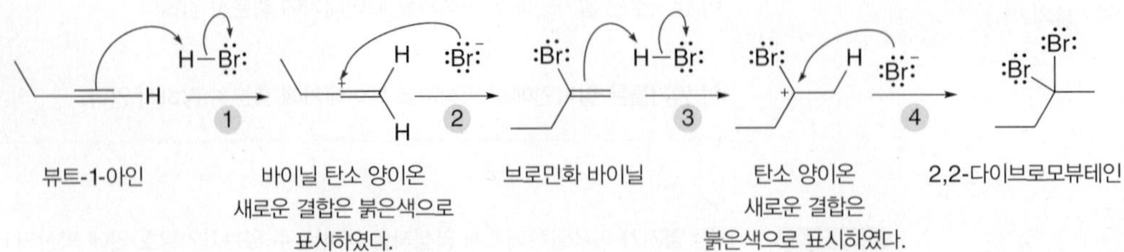

① H^+의 첨가는 바이닐 탄소양 이온을 형성하며 마르코브니코프의 규칙을 따른다. 더 많이 치환된 탄소 양이온을 형성하기 위해 말단 탄소에 H원자가 결합한다.

② Br^-의 친핵성 공격은 브로민화 바이닐을 형성한다. 2단계에서 1당량의 HBr이 첨가되었다.

③ 두 번째 당량의 HBr의 첨가가 같은 방식의 두 번째 단계로 뒤따른다. 브로민화 바이닐에 H^+의 첨가는 탄소 양이온을 형성한다.

④ Br^-의 친핵성 공격은 같은 자리 브로민화물인 2,2-다이브로모뷰테인을 형성한다.

바이닐 탄소 양이온이 불안정하기 때문에 HX의 첨가에 대해 별도의 탄소 양이온을 형성하지 않는 또 다른 메커니즘이 제안되기도 했다. 한 가지 이상의 메커니즘으로 일어나는 것으로 보이며, 알카인의 기질의 특성에 따라 다를 수 있다.

알카인에 2당량의 HX가 첨가되는 반응에 일반적으로 받아들여지는 메커니즘은 HX 각각이 첨가되는 2단계로 되어 있다. (HX로부터 온) H^+의 첨가는 탄소 양이온을 형성하게 되고 X^-의 친핵성 공격이 뒤따른다. 메커니즘 11.1은 뷰트-1-아인에 HBr이 첨가되어 2,2-다이브로모뷰테인을 만드는 것을 설명하고 있다. 각각의 두 단계 메커니즘은 10.9절에서 검토한 시스-뷰트-2-엔에 HBr이 두 단계로 첨가되는 것과 유사하다.

(단계 ①과 ③에서) 탄소 양이온의 형성을 좀 더 상세히 살펴볼 필요가 있다. 단계 ①에서 형성된 바이닐 탄소 양이온은 *sp* 혼성화되어 있어서 2° sp^2 혼성화된 탄소 양이온(7.18절)보다 덜 안정하다. 알카인이 알켄보다 더 잘 편극화할 수 있고 π 전자들이 더 느슨하게 결합하고 있지만, 이 때문에 알카인에 대한 HX의 첨가가 알켄에 대한 HX의 첨가보다 느리다.

H—Br: ① H + :Br:⁻

sp 혼성화됨
바이닐 탄소 양이온

③ 단계에서 두 가지 탄소 양이온이 가능하지만, 단지 한 가지만 생성된다. ③ 단계에서의 마르코브니코프 첨가로 인해 말단 탄소에 H가 첨가되어 치환이 덜된 탄소 양이온 B보다 치환이 많이 된 탄소 양이온 A가 만들어진다. 더 안정한 탄소 양이온이 더 빨리 형성되기 때문에—하몬드 가설의 또 다른 예—탄소 양이온 A가 탄소 양이온 B보다 더 안정하다.

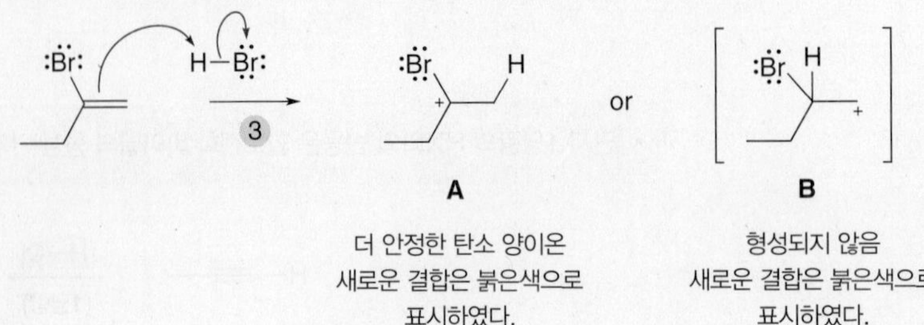

탄소 양이온 A는 양전하를 띤 탄소에 브로민 원자가 있는데 왜 더 안정할까? 전기음성도가 큰 브로민 원자는 양전하를 띤 곳에서 전자를 끌어당기지 않을까? 그래서 더 불안정하게 하지 않을까? 그와 반대로 A는 공명으로 안정화되어 있지만, B는 그렇지 않다. 탄소 양이온 A에 대해 두 개의 공명 구조를 그릴 수 있지만, 탄소 양이온 A에 대해서는 한 가지 루이스 구조만이 있다.

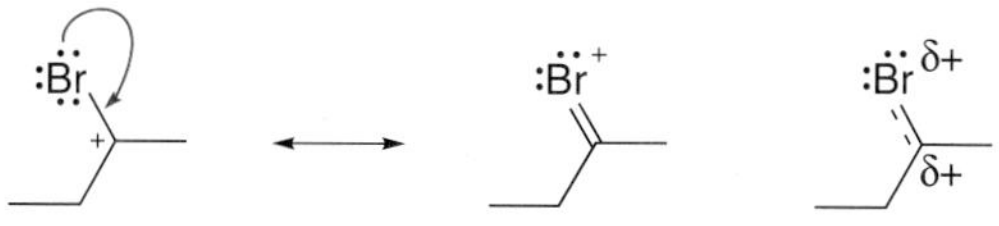

A의 두 가지 공명 구조

혼성체
양전하가 비편재화된다.

- 공명은 전하와 전자의 밀도를 분산시켜 분자를 안정화시킨다.
- 따라서 할로젠은 공명에 의해 인접한 양전하를 안정화시킨다.

H^+의 첨가는 공명으로 안정한 탄소 양이온을 형성하므로 할로젠화 바이닐에 HX의 첨가는 마르코브니코프 규칙이 적용된다. 결과적으로 삼중 결합에 HX가 매번 첨가될 때마다 H 원자는 모두 덜 치환된 탄소에 결합한다.

문제 11.7 다음의 각각의 알카인에 2당량의 HBr이 첨가될 때 생성되는 유기생성물을 그려라.

a. 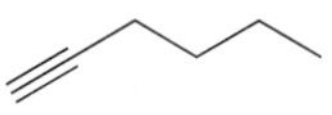 b. 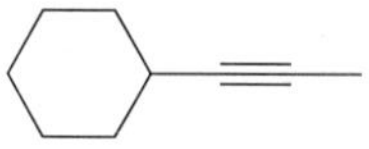 c.

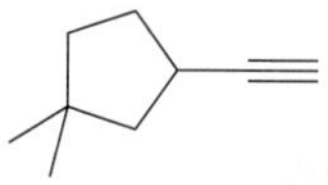

문제 11.8 다음의 각각의 탄소 양이온에 대해 추가적으로 공명 구조를 그려라.

a. 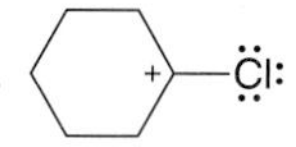 b. 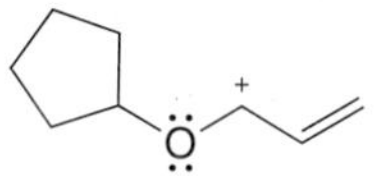 c.

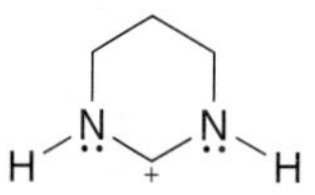

11.8 할로젠의 첨가

여러 가지 점에서 할로젠, X_2(X=Cl 또는 Br)은 알켄에 첨가되는 것과 같은 방법(10.13절)으로 알카인에 첨가된다. X_2 1몰의 첨가는 트랜스 이할로젠화물을 생성하며, 이어서 두 번째 X_2가 첨가되면 사할로젠화물(tetrahalide)을 형성한다.

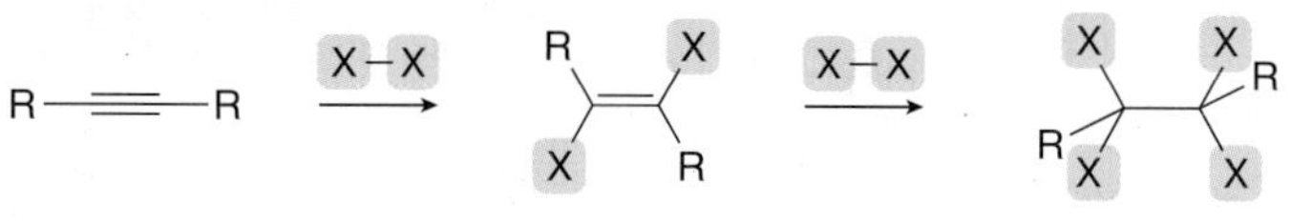

트랜스 이할로젠화물

사할로젠화물

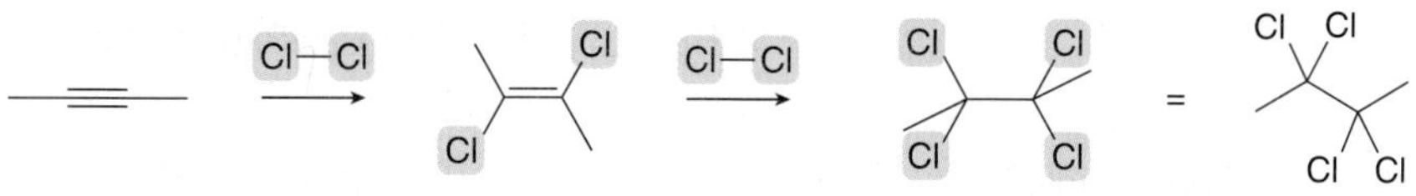

X_2가 매번 첨가될 때마다 다리걸친 할로늄 이온(bridged halonium ion) 중간체를 거치는 2단계 과정을 수반하며, 알켄에 X_2의 첨가(10.13절)를 상기하게 한다. 후면에서 친핵체가 첨가되면 할로늄 이온의 고리가 열리므로 1당량의 X_2의 첨가로 트랜스 이할로젠화물이 형성된다. $CH_3C{\equiv}CCH_3$에

메커니즘 11.2 알카인에 X_2의 첨가–할로젠화

다리걸친 할로늄 이온 ① ② 트랜스 이할로젠화물 다리걸친 할로늄 이온 ③ ④ 사할로젠화물

① 삼각고리의 다리걸친 할로늄 이온을 형성하기 위해 네 개의 결합이 깨어지거나 만들어진다.

② 뒤쪽으로부터 Cl^-에 의해 다리걸친 할로늄 이온의 고리가 열리고, 트랜스 이할로젠화물이 만들어진다.

③ Cl^+의 친전자성 첨가는 다리걸친 할로늄 이온을 만든다.

④ Cl^-의 친핵성 첨가는 다리걸친 할로늄 이온의 고리를 열어서 사할로젠화물을 만든다.

2당량의 Cl_2가 첨가되어 $CH_3CCl_2CCl_2CH_3$을 형성하는 것을 메커니즘 11.2에서 설명하고 있다.

문제 11.9 $CH_3CH_2C{\equiv}CCH_2CH_3$을 다음의 각각의 시약으로 처리했을 때 생성되는 생성물의 구조를 그려라.

a. Br_2 (2당량) b. Cl_2 (1당량)

문제 11.10 다음의 결과를 설명하라. 친전자체에 대해 일반적으로 알켄이 알카인보다 더 반응성이 크지만, 뷰트-2-아인과 Cl_2의 반응에서는 Cl_2 1당량이 첨가된 후에 멈출 수가 있다.

11.9 물의 첨가

알카인에 대한 H_2O의 첨가는 알켄에 대한 H_2O의 산 촉매 첨가와 여러 가지 면에서 유사하지만, 중요한 차이점이 있다. 센산이나 Hg^{2+} 촉매하에서 H_2O의 원소들이 삼중 결합에 첨가하지만, 초기 생성물인 엔올(enol)은 불안정하여 카보닐(C=O)기를 가지는 생성물로 자리옮김이 일어난다. C=O 탄소에 두 개의 알킬기가 결합된 카보닐 화합물을 케톤(ketone)이라 한다.

H–OH / H_2SO_4 / $HgSO_4$ — 덜 안정한 **엔올** — 케톤 — H_2O가 첨가됨 카보닐기

내부 알카인은 진한 산에 의하여 수화(hydration)를 일으키는 반면, 말단 알카인은 Hg^{2+} 촉매(일반적으로 $HgSO_4$)를 추가하여 H_2O의 마르코브니코프 첨가에 의해 메틸 케톤을 생성한다.

엔올은 C=C와 하이드록실기를 모두 가지고 있으므로 **엔올**(enol)이라는 이름은 알켄(alk**ene**) + 알코올(alcoh**ol**)에서 유래한다.

H_2O / H_2SO_4 — 엔올

$HgSO_4$는 더 온화한 반응 조건에서 수화가 일어나게 하기 때문에 내부 알켄의 수화에도 흔히 사용된다.

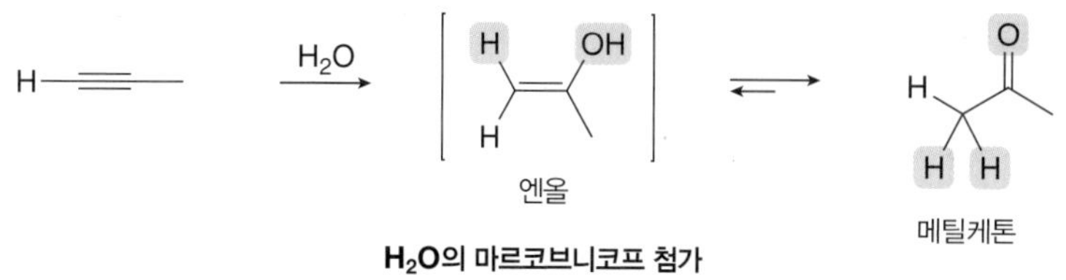

H—≡— —H_2O→ [엔올] ⇌ 메틸케톤

H_2O의 마르코브니코프 첨가
H는 말단 탄소에 첨가됨

우선 일반적인 엔올 A가 카보닐 화합물 B로 전환하는 것을 살펴보자. A와 B는 **토토머**(tautomer)라 한다. A는 토토머의 엔올형이며 B는 케토형이다.

- 토토머는 이중 결합과 수소 원자의 위치가 서로 다른 구조 이성질체이다. 두 토토머는 서로 평형을 이루고 있다.

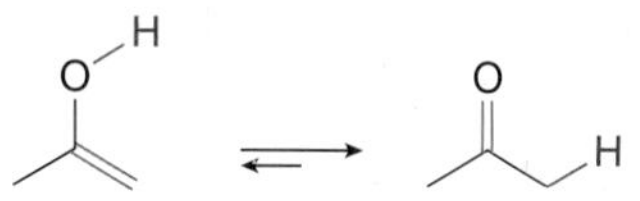

엔올형 A ⇌ **케토**형 B

토토머는 이중 결합과 수소 원자의 위치가 다르다. 23장에서 케토–엔올 토토머에 대해 상세하게 논의한다.

- 엔올 토토머는 C=C에 O–H기가 결합하고 있다.
- 케토 토토머는 C=O와 추가적으로 C–H 결합이 있다.

C=O가 C=C보다 훨씬 강하기 때문에 평형은 케토형을 주로 선호한다. 한 토토머에서 다른 토토머로 전환하는 과정인 **토토머화**(tautomerization)는 산이나 염기에 의해 촉매화된다. 수화 반응의 센 산성 조건에서 엔올의 케토형으로의 토토머화는 두 단계 과정으로 빠르게 일어난다. 메커니즘 11.3에서 보듯이 양성자 첨가와 연이은 양성자이탈 반응이다.

센산에 의한 내부 알카인의 수화는 산 촉매하의 알켄의 수화와 유사한 메커니즘(10.12절)으로 엔올을 생성한다. 메커니즘 11.4는 H_2O와 H_2SO_4에 의한 뷰트-2-아인의 수화 반응을 설명하고 있다. 생성하자마자 엔올은 양성자 첨가에 이은 양성자이탈에 의해 더 안정한 케토형으로 토토머화한다.

메커니즘 11.3 산에서의 토토머화

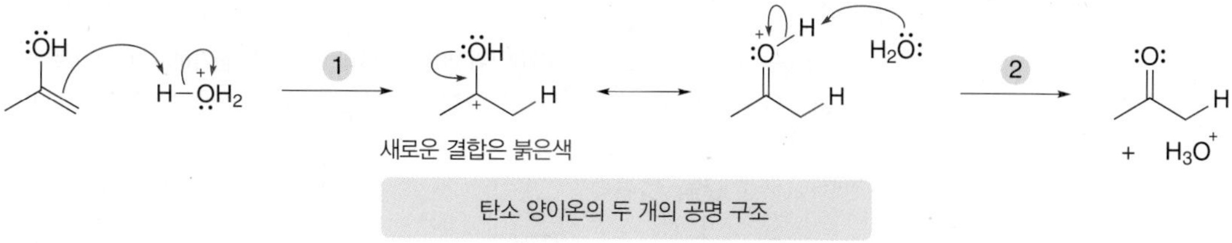

:ÖH + H–ÖH₂ —①→ :ÖH (+) H ⟷ :O⁺–H H —②→ :O: H + H_3O^+ ($H_2\ddot{O}$:)

새로운 결합은 붉은색

탄소 양이온의 두 개의 공명 구조

① 이중 결합에 양성자가 첨가되면 공명으로 안정화된 탄소 양이온이 생긴다.

② 어느 쪽 공명구조로도 그릴 수 있는 양성자의 이탈은 카보닐기를 생성한다. 이 과정에서 산이 다시 생성되므로 토토머화는 산–촉매 반응이다.

메커니즘 11.4 알카인의 수화

부분 [1] 엔올을 생성하는 물의 첨가

뷰트-2-아인 → (1) 바이닐 탄소 양이온 (새로운 결합은 붉은색) → (2) (E, Z 이성질체) → (3) 엔올 + H_3O

1 H+의 첨가로 바이닐 탄소양 이온이 생성된다.

2 3 친핵성 공격에 이은 탈 양성자로 엔올이 생성된다.

부분 [2] 토토머화

엔올 → (4) 새로운 결합은 붉은색 ↔ … → (5) 케톤 + H_3O^+

공명 안정화된 탄소 양이온

4 엔올의 케토형 토토머화는 이중 결합에 양성자가 첨가되어 탄소 양이온이 생기면서 일어난다.

5 어느쪽 공명 구조로도 그릴 수 있는 양성자의 이탈은 케톤을 생성한다

예제 11.3 다음 반응에서 엔올 중간체와 케톤 생성물의 구조를 그려라.

H_2O, H_2SO_4, $HgSO_4$

풀이

우선 **덜 치환된 말단 탄소에 수소를 결합시킴**으로써 삼중 결합에 H_2O를 첨가하여 엔올을 만든다.

H_2O, H_2SO_4, $HgSO_4$ → 엔올

엔올을 케토 토토머로 전환시키기 위하여 C=C에 양성자를 첨가하고, OH기로부터 양성자를 이탈시킨다. 토토머화에서 C−OH 결합은 C=O로 변환되고, 엔올의 또 다른 탄소에서는 새로운 C−H 결합이 생성된다.

엔올 ⇌ … ⇌ 케톤 + H_3O^+

양성자 첨가 양성자 이탈

- **전체적인 결과로 삼중 결합에 물이 첨가되면 케톤을 생성한다.**

문제 11.11 각각의 엔올의 케토 토토머를 그려라.

a. 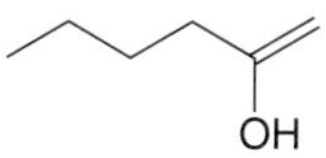 b. 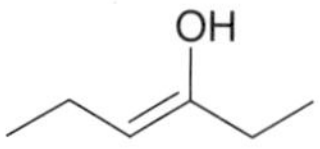 c.

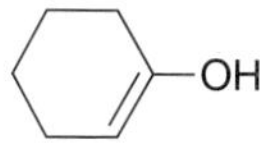

문제 11.12 펜트-2-아인을 H_2O, H_2SO_4 및 $HgSO_4$로 처리했을 때 생성되는 두 가지 엔올은 무엇인가? 이 엔올이 토토머화 후에 생성되는 케톤들의 구조를 그려라.

문제 11.13 (a) 2-메틸사이클로헥산온의 두 개의 다른 엔올 토토머를 그려라. (b) C=C와 OH기가 있지만 토토머는 아닌 두 개의 구조 이성질체를 그려라.

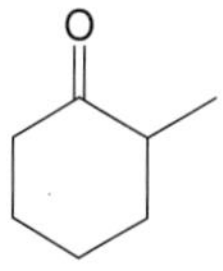

2-메틸사이클로헥산온

11.10 수소붕소화 첨가–산화

수소붕소화 첨가–산화 반응(hydroboration-oxidation)은 알카인을 카보닐 화합물로 변환시키는 연속된 두 단계의 반응이다.

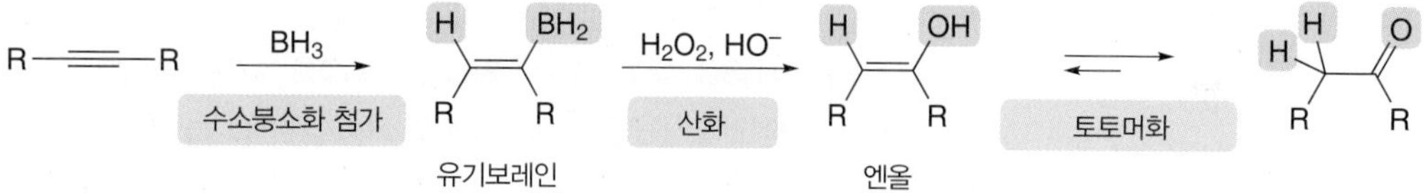

R—≡—R →(BH_3, 수소붕소화 첨가) 유기보레인 →(H_2O_2, HO^-, 산화) 엔올 ⇌ (토토머화)

- 보레인(borane)을 첨가하면 유기보레인(organoborane)이 생성된다.
- 염기성 H_2O_2로 산화하면 엔올이 생성된다.
- 엔올이 토토머화하여 카보닐 화합물을 생성한다.
- 전체적인 결과는 삼중 결합에 H_2O를 첨가한 것이다.

내부 알카인에 수소화붕소 첨가–산화 반응이 일어나면 **케톤**이 생성된다. **말단 알카인의 수소화붕소 첨가에서는 붕소가 치환이 덜 된 말단 탄소에 첨가된다.** 산화 후에 생성된 엔올은 토토머화하여 카보닐 수소 원자 하나가 탄소에 결합된 카보닐 화합물인 **알데하이드**를 생성한다. 말단 알카인의 수소화붕소 첨가는 일반적으로 다이알킬보레인(R_2BH)으로 반응시키며, 이 시약은 BH_3으로부터 제조할 수 있다(10.16절).

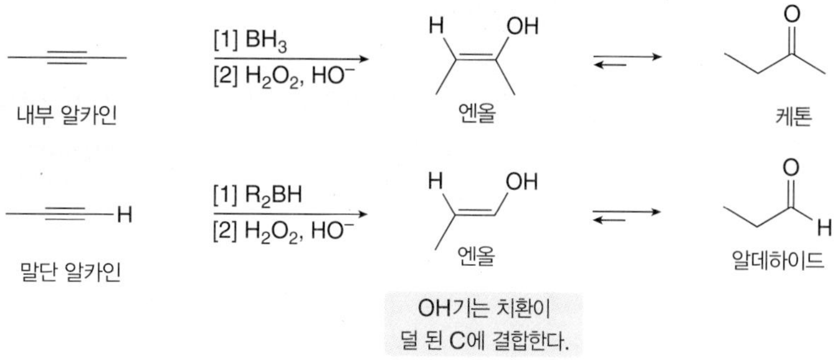

내부 알카인 →([1] BH_3 [2] H_2O_2, HO^-) 엔올 ⇌ 케톤

말단 알카인 →([1] R_2BH [2] H_2O_2, HO^-) 엔올 ⇌ 알데하이드

OH기는 치환이 덜 된 C에 결합한다.

수화(H_2O, H_2SO_4 및 $HgSO_4$)와 수소화붕소 첨가–산화 반응(R_2BH 첨가 후, 연이어 H_2O_2/HO^-)은 모두 삼중 결합에 H_2O의 성분을 첨가하는 것이다. 예제 11.4에서는 이러한 두 반응이 유사함에도 불구하고 말단 알카인으로부터 구조적으로 다른 이성질체가 생성됨을 보여주고 있다.

예제 11.4 $CH_3CH_2C{\equiv}CH$를 다음의 각각의 시약들과 반응시켰을 때, 생성되는 생성물의 구조를 그려라.

a. H_2O, H_2SO_4, $HgSO_4$ b. R_2BH와 H_2O_2, OH^-

풀이

(a) $H_2O + H_2SO_4 + HgSO_4$에 의한 H와 OH의 친전자성 첨가에서 **H 원자**는 알카인의 **치환이 덜 된 탄소**에 첨가되어 토토머화 후에 **케톤**을 생성한다. (b) 그와 반대로 R_2BH의 첨가에서는 **R_2B가 알카인의 치환이 덜 된 말단 탄소에 위치한다.** 산화 및 토토머화가 일어나 **알데하이드**를 생성한다.

H_2O, H_2SO_4, $HgSO_4$ → OH, H / 말단 C에 H ⇌ O / 케톤

R_2BH ↓

H, BR_2 —H_2O_2, HO^-→ H, OH / 말단 C에 OH ⇌ H, O / 알데하이드

- H_2O, H_2SO_4 및 $HgSO_4$를 사용하여 H_2O를 첨가시키면 말단 알카인으로부터 메틸 케톤이 생성된다.
- 유기보레인을 사용한 H_2O의 첨가 후, H_2O_2와 HO^-는 말단 알카인으로부터 알데하이드를 생성한다.

문제 11.14 아래의 알카인을 다음 시약과 반응시켰을 때 생성되는 생성물의 구조를 그려라.

[1] H_2O, H_2SO_4, $HgSO_4$ 또는 [2] R_2BH와 H_2O_2, ^-OH.

a. b.

11.11 아세틸렌화 음이온의 반응

말단 알카인은 $NaNH_2$와 NaH와 같은 강염기에 의하여 아세틸렌화 음이온으로 쉽게 변환된다. 이 음이온은 강한 친핵체이므로 할로젠화 알킬(alkyl halide) 및 에폭사이드(epoxide)와 같은 친전자체와 반응할 수 있다.

$$R{-}C{\equiv}C{-}H \; + \; :B \longrightarrow R{-}C{\equiv}C{:}^- \; + \; E^+ \longrightarrow R{-}C{\equiv}C{-}E$$

말단 알카인 $pK_a \approx 25$ — **아세틸렌화 음이온** 친핵체 — 친전자체

11.11A 할로젠화 알킬과 아세틸렌화 음이온의 반응

아세틸렌화 음이온은 입체 장애가 적은 할로젠화 알킬과 반응하여 친핵성 치환 생성물을 생성한다.

$$R-X + {}^{-}:C\equiv C-R' \xrightarrow{S_N2} R-C\equiv C-R' + X:^{-}$$

친핵체 이탈기

아세틸렌화 음이온은 센 친핵체이므로 친핵성 치환 반응의 메커니즘은 S_N2이다. 따라서 CH_3X 및 1° 할로젠화 알킬과 가장 빠르게 반응한다. 말단 알카인(반응 [1])이나 내부 알카인(반응 [2])은 아세틸렌화 음이온의 구조에 따라 제조될 수 있다.

[1] $CH_3CH_2Cl + {}^{-}:C\equiv C-H \xrightarrow{S_N2} CH_3CH_2C\equiv C-H + :Cl:^{-}$

[2] (벤질 브로마이드) 7 C's + ${}^{-}:C\equiv C$–(사이클로펜틸) 7 C's $\xrightarrow{S_N2}$ 14 C's + $:Br:^{-}$

새로운 결합(붉은색)

- 아세틸렌화 음이온에 의한 친핵성 치환은 새로운 탄소-탄소 결합을 형성한다.

유기 화합물은 탄소 골격 구조로 구성되어 있기 때문에 탄소-탄소 결합을 형성하는 반응이 특히 유용하다. 예를 들어, 반응 [2]에서 탄소가 일곱 개인 아세틸렌화 음이온이 탄소가 일곱 개인 할로젠화 알킬에 친핵성 공격을 하면 탄소가 열네 개인 알카인이 생성물로 얻어진다.

아세틸렌화 음이온에 의한 친핵성 치환은 매우 가치 있는 탄소-탄소 결합 형성 반응이지만, S_N2 반응에서 나타나는 제한점을 갖는다. 이탈기 주위에 입체 장애가 있는 2°와 3° 할로젠화 알킬은 2-브로모-2-메틸프로페인과의 반응에서 보듯이 E2 메커니즘에 의하여 제거 반응이 일어난다. 이렇게 아세틸렌화 음이온에 의한 친핵성 치환은 단지 장애가 적은 CH_3X 및 1° 할로젠화 알킬의 경우에만 높은 수율로 탄소-탄소 결합을 형성하게 한다.

$(CH_3)_3CBr + {}^{-}:C\equiv C-H \longrightarrow (CH_3)_2C=CH_2 + H-C\equiv C-H + :Br:^{-}$

2-브로모-2-메틸프로페인
3° 할로젠화 알킬

염기

E2 생성물

입체 장애는 S_N2 반응을 방해한다.

예제 11.5 각 반응에서 생성되는 유기 생성물의 구조를 그려라.

a. $CH_3CH_2CH_2CH_2Cl + {}^{-}:C\equiv C-H \longrightarrow$

b. (브로모사이클로헥세인) + ${}^{-}:C\equiv C$–(페닐) $\longrightarrow$

풀이

a. 할로젠화 알킬은 **1°**이고, 아세틸렌화 음이온은 강한 친핵체이므로 새로운 C−C 결합을 형성하는 **S_N2** 메커니즘으로 치환 반응이 일어난다.

1° 할로젠화 알킬 + $^-$:C≡C−H —S_N2→ (알카인) + :Cl:$^-$

b. 할로젠화 알킬이 **2°**이므로 **E2** 메커니즘에 의해 제거 반응이 일어나서 주 생성물이 생성된다.

2° 할로젠화 알킬 (Br, H) + $^-$:C≡C−(페닐) —E2→ 주 생성물 (사이클로헥센) + H−C≡C−(페닐) + Br$^-$

문제 11.15 각 반응에서 생성되는 유기 생성물의 구조를 그려라.

a. H−C≡C−H —[1] NaH, [2] (Cl)→

b. (사이클로펜틸)−C≡ —[1] NaH [2] (Br)→
 —[1] $NaNH_2$ [2] (Cl)→

문제 11.16 다음의 알카인을 제조하는 데 어떤 아세틸렌화 음이온과 할로젠화 알킬을 사용할 수 있는가? 두 가지 방법 이상일 경우에는 가능한 모든 방법을 제시하라.

a. b. c.

아세틸렌은 두 개의 *sp* 혼성화 C−H 결합이 있으므로 예제 11.6에서 보듯이 두 번의 연속적인 반응으로 두 개의 새로운 탄소−탄소 결합을 형성할 수 있다.

예제 11.6 다음의 연속적인 반응에서 말단 알카인 **A**와 내부 알카인 **B**의 구조를 제시하라.

H−C≡C−H —[1] $NaNH_2$, [2] (Br)→ **A** —[1] $NaNH_2$, [2] (Cl)→ **B**

풀이

각 단계에서 $^-NH_2$ 염기가 *sp* 혼성화 탄소에서 양성자를 제거하여 생성된 아세틸렌화 음이온의 친핵체가 할로젠화 알킬과 반응하여 S_N2 생성물을 생성한다. 첫 번째의 연속된 두 단계 반응으로 아세틸렌화 음이온이 $CH_3CH_2CH_2Br$에 친핵성 공격을 하여 **말단 알카인 A**를 생성한다.

H−C≡C−H + $^-$:$\ddot{N}H_2$ ⟶ H−C≡C:$^-$ (아세틸렌화 음이온) + :NH_3 ; + (Br) ⟶ 말단 알카인 **A** + Br$^-$

두 번째의 연속된 두 단계 반응으로 아세틸렌화 음이온이 CH_3CH_2Cl에 친핵성 공격을 하여 **내부 알카인 B**를 생성한다.

연산호는 천연물인 캡넬렌의 공급원이다.

예제 11.6은 일곱 개의 탄소를 가진 생성물을 세 개의 작은 분자로부터 두 개의 새로운 탄소–탄소 결합의 형성에 의하여 제조하는 방법을 설명하고 있다.

아세틸렌화 음이온에 의한 탄소–탄소 결합 형성은 수많은 천연물의 합성에서 사용되는 가치 있는 반응이다. 연산호(*Capnella imbricata*)에서 추출된 캡넬렌(capnellene)과 붉은 해면동물에서 추출된 니파톡신(niphatoxin) B의 두 가지 예가 그림 11.6에 나와 있다.

문제 11.17 $CH_3CH_2C{\equiv}CCH_2CH_2CH(CH_3)_2$를 합성하는 데 $HC{\equiv}CH$, CH_3CH_2Br 및 $(CH_3)_2CHCH_2CH_2Br$이 어떻게 사용되는지를 보이라. 모든 시약을 제시하고, 전자쌍의 이동을 보여주는 굽은 화살표를 사용하라.

문제 11.18 2,2,5,5-테트라메틸헥스-3-아인(2,2,5,5-tetramethylhex-3-yne)은 아세틸렌화 음이온을 사용하여 합성할 수 없다. 그 이유를 설명하라.

그림 11.6
두 개의 해양 천연물의 합성에 사용한 아세틸렌화 음이온의 반응

• 아세틸화 음이온으로부터 생성된 새로운 탄소–탄소 결합은 붉은색으로 표시되어 있다.

11.11B 에폭사이드와 아세틸렌화 음이온의 반응

아세틸렌화 음이온은 S_N2 메커니즘에 의하여 에폭사이드 고리를 열 수 있는 강한 친핵체이다. 이 반응으로 또한 새로운 탄소–탄소 결합이 형성된다. 후면 공격이 에폭사이드의 치환이 덜 된 끝 쪽에서 일어난다.

H−C≡C:⁻ 덜 치환된 탄소에 공격 → :Ö:⁻ … H₂O → :ÖH …

:C≡C−H 어느 쪽이든 탄소의 후면을 공격 → H₂O → ÖH + ÖH

거울상 이성질체

새로운 탄소–탄소 결합은 붉은색으로 표시

센 친핵체로 에폭사이드 고리의 열림은 9.15A절에서 처음 논의되었다.

문제 11.19 각 반응의 생성물을 그려라.

a. [1] $^-$:C≡C−H [2] H_2O b. [1] $^-$:C≡C−H [2] H_2O

문제 11.20 다음의 각 화합물과 $CH_3CH_2C{\equiv}C^-Na^+$를 반응시켰을 때 얻어지는 생성물을 그려라.

a. $CH_3CH_2CH_2Br$

b. $(CH_3)_2CHCH_2CH_2Cl$

c. $(CH_3CH_2)_3CCl$

d. $BrCH_2CH_2CH_2CH_2OH$

e. 에틸렌 옥사이드(ethylene oxide)와 반응시킨 다음 H_2O을 가한다.

f. 프로펜 옥사이드(propene oxide)와 반응시킨 다음 H_2O을 가한다.

11.12 합성

아세틸렌화 음이온의 반응은 우리에게 유기 합성을 보다 더 조직적으로 고찰할 기회를 제공한다. 다단계 합성을 수행하는 것은 어려울 수 있다. 여러분들은 특별한 작용기의 반응을 알아야 할 뿐만 아니라, 이러한 반응들을 논리적으로 나열하여 많은 연습으로 숙달되도록 해야 한다.

11.12A 일반적인 용어와 규약

한 단계 이상의 합성을 계획하기 위하여 **역합성 분석**(retrosynthetic analysis)의 과정을 사용한다. 즉 원하는 생성물을 만들기 위한 출발물을 결정하기 위해 생성물로부터의 역과정(10.18절)을 분석한다. 생성물로부터 출발물로의 역합성 과정은 **열린 화살표**(⇒)를 사용하여 작성하는데, 생성물을 왼쪽, 출발물을 오른쪽에 나타낸다.

각 합성 문제에 대한 방향을 주의 깊게 살펴보자. 때로는 출발물이 고정되기도 하지만, 어떤 경우에는 특정한 기준을 충족하는 화합물로 시작하는 경우도 있다. 예를 들어, 다섯 개 또는 그 이하의 탄소 원자를 갖는 알코올로부터 화합물을 합성하도록 요구받을 수도 있다. 이러한 조건은 다단계 합성을 설계할 때 방향을 제시해준다.

합성하고자 하는 생성물을 흔히 **과녁 화합물**(target compound)이라 한다. 역합성 분석을 사용하여 어떤 화합물이 하나의 반응에 의해 과녁 화합물로 변환될 수 있는지를 결정해야 한다. 즉 과녁 화합물의 직접적인 **전구물질**(precursor)은 무엇인가? 적절한 전구물질이 밝혀진 후에 특정한 출발물에 도달할 때까지 이 과정을 계속해야 한다. 때로는 특별한 경로가 결정되기 전에 다단계 합성 경로가 고찰되기도 한다.

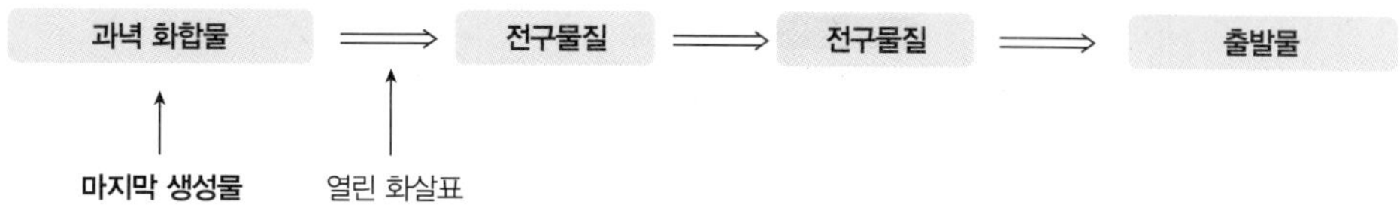

합성을 설계하는 데 있어서, 반응은 흔히 두 부류로 나뉜다.

- 새로운 탄소–탄소 결합을 형성하는 반응.
- 한 작용기를 다른 작용기로 변환하는 반응—즉, 작용기 상호변환(FGI, functional group interconversion).

부록 D는 이 교재에서 다루는 C–C 결합 형성 반응을 수록하고 있다.

탄소–탄소 결합의 형성 반응은 더 간단하고 덜 가치가 있는 출발물이 더 복잡한 생성물로 변환될 수 있기 때문에 유기 합성의 중심 반응이다. 합성된 생성물은 언제나 출발물보다 탄소–탄소 결합이 더 많으므로 합성은 이러한 반응들 중 최소한 한 개를 포함한다는 점을 염두에 두자.

11.12B 다단계 합성의 예

아세틸렌화 음이온에 의한 역합성 분석은 예제 11.7과 11.8에 설명되어 있다.

해결 방법 역합성 분석을 전개하는 방법

단계 [1] 출발물과 생성물의 탄소 골격을 비교한다.

- 생성물이 출발물보다 더 많은 탄소–탄소 σ 결합이 있다면, 합성은 하나 또는 그 이상의 C–C 결합을 형성해야 한다. 그렇지 않다면 작용기 상호변환만 일어난다.
- 새로운 C–C 결합이 어디에서 첨가되었고, 작용기가 어디에서 변하였는지를 알 수 있도록 생성물에 있는 탄소와 출발물에 있는 탄소를 비교하여 맞춰본다.

단계 [2] 출발물과 생성물에 있는 작용기에 주의를 기울여보고 질문해본다.

- 생성물에 있는 작용기를 어떤 방법으로 도입할 수 있는가?
- 출발물은 어떤 종류의 반응을 일으키는가?

단계 [3] 생성물로부터 역방향으로, 출발물로부터 정방향으로 분석한다.

- 질문: 생성물의 직접적인 전구물질은 무엇인가?
- 하나를 다른 하나로 변환시키는 한 단계의 반응이 있는지를 결정하기 위하여 각 전구물질을 출발물과 비교한다. 출발물에 도달할 때까지 이 과정을 계속한다.
- 역과정을 작성할 때 항상 더 간단한 전구물질을 고안한다.
- 다단계 경로가 가능할 경우에는 더 적은 단계를 사용한다.
- 주어진 화합물의 여러 가지 다른 전구물질에 대한 평가가 필요하다는 점을 유념한다.

단계 [4] 합성 방향으로 작성하여 합성을 대조해본다.

- 역합성을 대조해보기 위하여, 필요한 모든 시약을 제시하여 출발물에서 시작하는 단계들을 작성한다.

예제 11.7 $HC{\equiv}CCH_2CH_2CH_3$의 합성을 $HC{\equiv}CH$와 다른 유기 또는 무기 시약으로부터 고안해보라.

역합성 분석

출발물에 있는 두 개의 탄소는 생성물에 있는 두 개의 *sp* 혼성화 탄소에 해당하므로 세 개의 탄소 단위가 첨가되어야 한다.

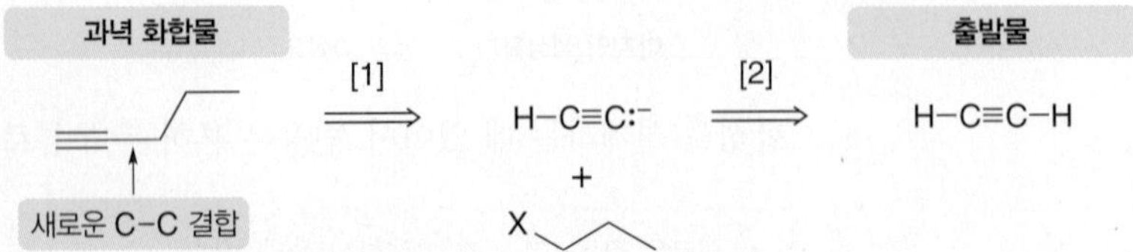

역으로 생각하면:

[1] 아세틸렌화 음이온과 1° 할로젠화 알킬을 사용하여 새로운 C−C 결합을 형성한다.

[2] 아세틸렌을 염기로 처리하여 아세틸렌화 음이온을 제조한다.

합성

$HC{\equiv}CH$를 NaH로 양성자이탈 반응을 시키면 아세틸렌화 음이온이 생성되며, 이것은 할로젠화 알킬과 S_N2 반응을 일으켜 탄소가 다섯 개인 알카인의 과녁 화합물을 생성한다.

두 단계 과정:

H−C≡C−H $\xrightarrow{Na^+H^-}$ H−C≡C:⁻ + H_2 ; H−C≡C:⁻ + Cl–(propyl) ⟶ 과녁 화합물 + Cl^-

예제 11.8 탄소가 두 개 이하인 출발물로부터 다음 화합물의 합성을 고안하라.

(2-butanone) ⟹ 탄소가 두 개 이하인 화합물

역합성 분석

탄소가 두 개인 출발물이 탄소가 네 개인 생성물로 변환하기 위해 탄소−탄소 결합의 형성 반응이 사용되어야 한다.

과녁 화합물 (2-butanone) $\overset{[1]}{\Longrightarrow}$ 1-butyne (새로운 C−C 결합) $\overset{[2]}{\Longrightarrow}$ ⁻:C≡C−H + X–(ethyl) $\overset{[3]}{\Longrightarrow}$ H−C≡C−H 출발물

역으로 생각하면:

[1] 삼중 결합을 수화시켜 카보닐기를 만든다.

[2] 아세틸렌화 음이온과 1° 할로젠화 알킬을 사용하여 새로운 C−C 결합을 형성한다.

[3] 아세틸렌을 염기로 처리하여 아세틸렌화 음이온을 제조한다.

합성

합성을 완결시키기 위하여 세 단계가 필요하다. $HC{\equiv}CH$를 NaH로 처리하면 아세틸렌화 음이온이 생성되며, 이것은 할로젠화 알킬과 S_N2 반응을 일으켜 탄소가 네 개인 말단 알카인을 생성한다. 알카인을 H_2O, H_2SO_4 및 $HgSO_4$로 수화시키면 과녁 화합물이 생성된다.

H−C≡C−H $\xrightarrow{Na^+H^-}$ H−C≡C:⁻ + H_2 ; H−C≡C:⁻ + Cl–(ethyl) ⟶ 1-butyne + Cl^- $\xrightarrow{H_2O,\ H_2SO_4,\ HgSO_4}$ 과녁 화합물

이 예들은 다단계 경로에 의하여 유기 화합물을 합성하는 과정을 설명하고 있다. 12장에서 우리는 다른 유용한 반응들을 배워서 합성의 수행 능력을 신장시켜 나갈 것이다.

문제 11.21 역합성 분석을 사용하여 헥스-3-아인을 아세틸렌과 다른 유기 및 무기 화합물로부터 어떻게 제조할 수 있는지를 보여라. 필요한 모든 시약을 제시하여 합성 방향으로의 합성을 그려라.

문제 11.22 탄소가 두 개인 출발물로부터 $CH_3CH_2CH_2CHO$의 합성을 고안하라.

알카인

알카인에 관한 일반적 사실

- 알카인은 강한 σ 결합과 약한 두 개의 π 결합으로 구성된 탄소–탄소 삼중 결합을 포함한다. 각 탄소는 *sp* 혼성화되어 있어 선형이다(11.1절).
- 알카인은 접미사 **-아인(*-yne*)**을 사용하여 명명한다(11.2절).
- 알카인은 분자간의 힘이 약하므로 mp와 bp가 낮고, 물에 녹지 않는다(11.3절).
- 약한 π 결합으로 인하여 알카인은 전자가 풍부하기 때문에, 알카인은 친전자체와 첨가 반응을 일으킨다(11.6절).

알카인의 첨가 반응

[1] 할로젠화 수소 첨가—HX의 첨가(X = Cl, Br, I)(11.7절)

R—≡ —(H−X, 2당량)→ R–C(X)(X)–CH_3
같은자리 이할로젠화물

- 마르코브니코프 규칙을 따른다. H가 치환이 덜 된 C에 결합하여 더 안정한 탄소 양이온을 생성한다.

[2] 할로젠화—X_2의 첨가(X = Cl 또는 Br)(11.8절)

R—≡ —(X−X, 2당량)→ R–C(X)(X)–CH(X)(X)
사할로젠화물

- 다리걸친 할로늄 이온이 중간체로 생성된다.
- X_2의 안티 첨가가 일어난다.

[3] 수화—H_2O의 첨가(11.9절)

R—≡ —(H_2O, H_2SO_4, $HgSO_4$)→ [R–C(OH)=CH_2] ⇌ R–C(=O)–CH_3
엔올 케톤

- 마르코브니코프 규칙을 따른다. H가 치환이 덜 된 C에 결합하여 더 안정한 탄소 양이온을 생성한다.
- 처음에 불안정한 엔올이 생성되며, 이것은 카보닐기로 자리를 옮긴다.

[4] 수소화붕소 첨가–산화 반응—H_2O의 첨가(11.10절)

R—≡ —([1] R_2BH, [2] H_2O_2, HO^-)→ [(R)(H)C=C(H)(OH)] ⇌ R–CH_2–CHO
엔올 알데하이드

- 산화 후에 처음으로 생성된 불안정한 엔올은 카보닐기로 자리를 옮긴다.

아세틸렌화 음이온을 포함하는 반응

[1] 말단 알카인으로부터 아세틸렌화 음이온의 생성(11.6B절)

$$R-C\equiv C-H \; + \; :B \rightleftharpoons R-C\equiv C:^- \; + \; HB^+$$

- 이 반응에 사용되는 전형적인 염기는 $NaNH_2$와 NaH이다.

[2] 아세틸렌화 음이온과 할로젠화 알킬의 반응(11.11A절)

$$H-C\equiv C:^- \; + \; R-X \longrightarrow H-C\equiv C-R \; + \; X^-$$

- 이 반응은 S_N2 메커니즘을 따른다.
- 이 반응은 CH_3X와 RCH_2X와 가장 잘 일어난다.

[3] 아세틸렌화 음이온과 에폭사이드의 반응(11.11B절)

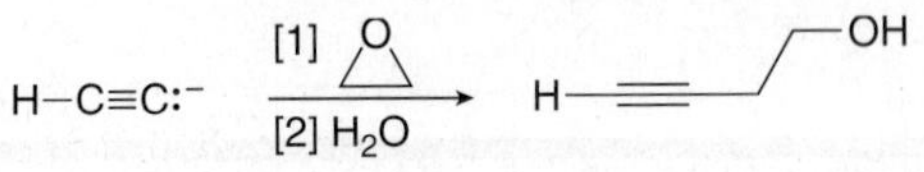

$$H-C\equiv C:^- \xrightarrow[\text{[2] } H_2O]{\text{[1] epoxide}} H-C\equiv C-CH_2CH_2-OH$$

- 이 반응은 S_N2 메커니즘을 따른다.
- 고리 열림은 치환이 덜 된 에폭사이드의 끝에서 후면 공격으로 일어난다.

삼차원 모델을 이용하는 문제

11.23 다음 화합물 각각의 IUPAC 이름을 붙여라.

a. 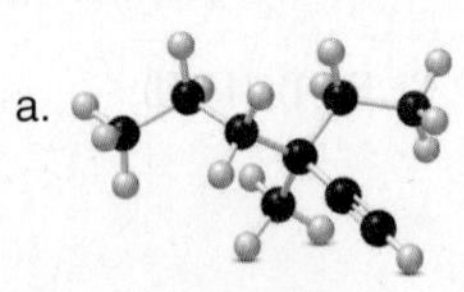 b. 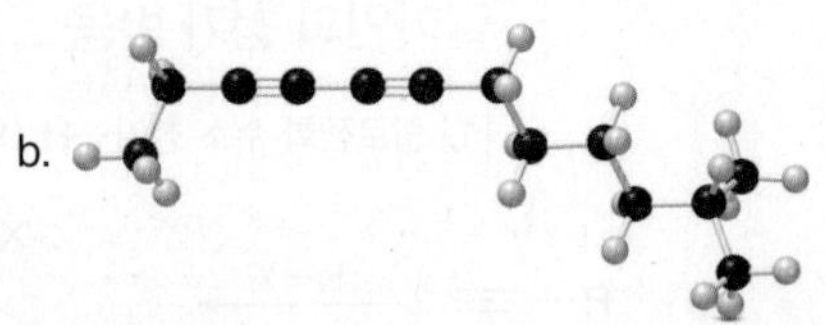

11.24 (a)의 엔올 토토머를 그려라. (b)의 케토 토토머를 그려라.

a. 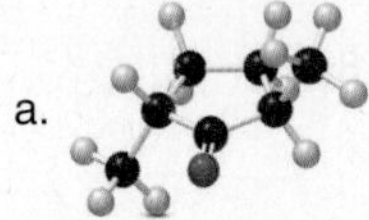 b. 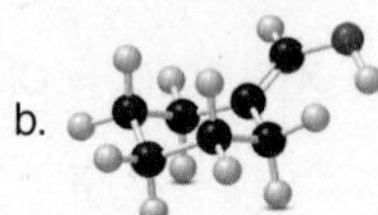

구조와 명명법

11.25 엘로티닙(erlotinib)과 포말렌산(phomallenic acid) C에 대한 다음 물음에 답하라. 상품명 타쎄바(Tarceva)로 시판되었던 엘로티닙은 2004년 폐암 치료제로 사용되었다. 포말렌산 C는 박테리아의 지방산 합성 억제제이다.

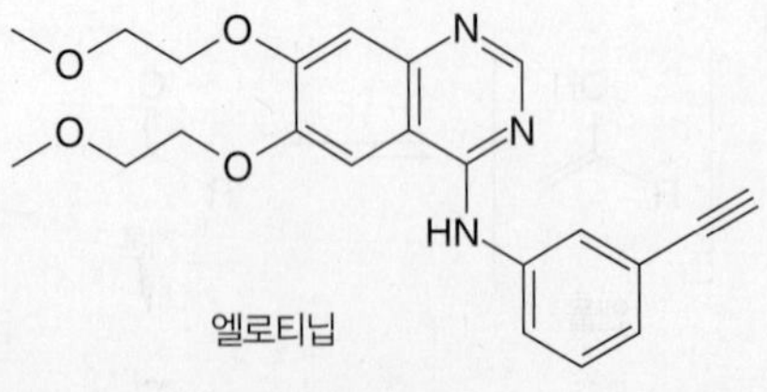

엘로티닙

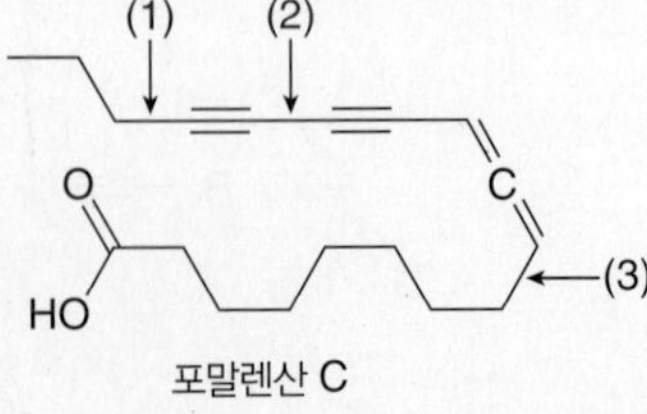

포말렌산 C

a. 엘로티닙의 C−H 결합 중에서 어느 것이 가장 산성인가?
b. 엘로티닙에서 가장 짧은 C−C 단일 결합을 형성하는 데 사용된 오비탈은 무엇인가?
c. 포말렌산 C에서 가장 산성인 수소 원자는 어느 것인가?
d. 포말렌산 C에서 *sp* 혼성 탄소는 모두 몇 개인가?
e. 포말렌산 C의 표시한 결합을 결합 세기가 증가하는 순으로 나열하라.

11.26 각 알카인의 IUPAC 이름을 붙여라.

a. 

c. 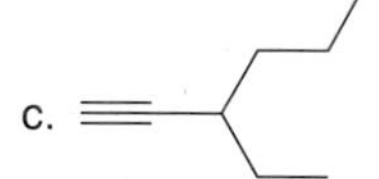

e.

b. 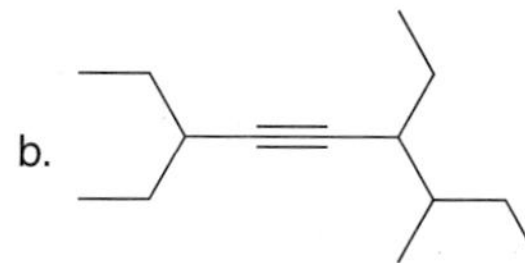

d. 

f. 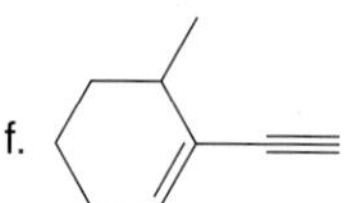

11.27 각 이름에 해당하는 구조를 제시하여라.

a. 5,6-다이메틸헵트-2-아인

b. 5-*tert*-뷰틸-6,6-다이메틸논-3-아인

c. (4*S*)-4-클로로펜트-2-아인

d. 시스-1-에타이닐-2-메틸사이클로펜테인

e. 3,4-다이메틸옥타-1,5-다이아인

f. (6*Z*)-6-메틸옥트-6-엔-1-아인

토토머

11.28 다음 화합물의 쌍 중에서 어느 것이 케토–엔올 토토머인가?

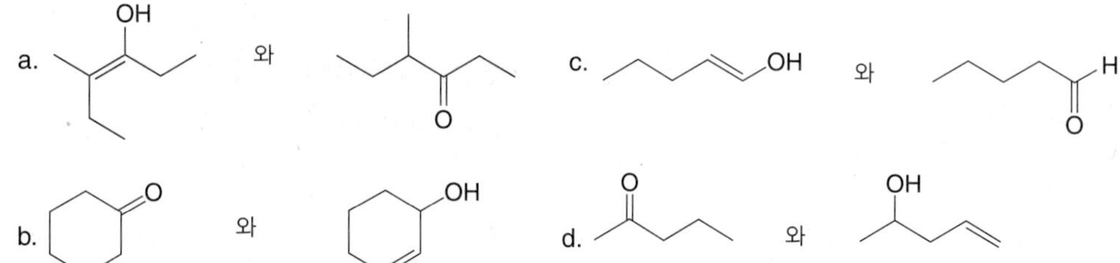

11.29 (a)와 (b)의 케토 토토머의 각각의 엔올형을 그려라. 그리고 (c)와 (d)의 엔올 토토머의 각각의 케토형을 그려라.

a. 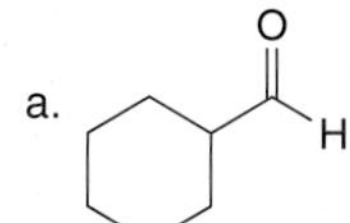

b. (두 가지 다른 엔올)

c.

d. 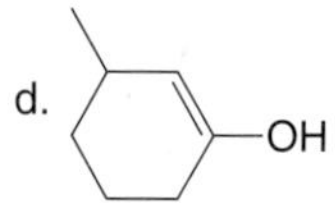

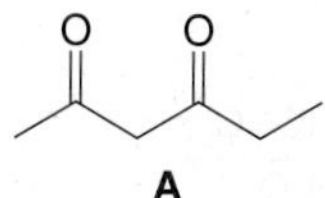

11.30 다음 각 화합물은 **A**와 어떤 관계를 가지는가? 토토머인가? 토토머가 아니라면 구조 이성질체인가? 또는 둘 다 아닌지를 선택하라.

a.

b. 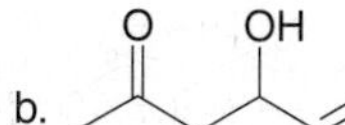

c.

d.

11.31 입체이성질체는 고려하지 않고, 뷰탄-2-온($CH_3CH_3COCH_2$)의 가능한 두 가지 엔올을 그리고 어느 것이 더 안정한지를 예상하라.

11.32 엔아민과 이민은 N 원자를 가지는 토토머이다. 엔아민 **X**가 이민 **Y**로 전환하는 산 촉매하의 단계별 메커니즘을 그려라.

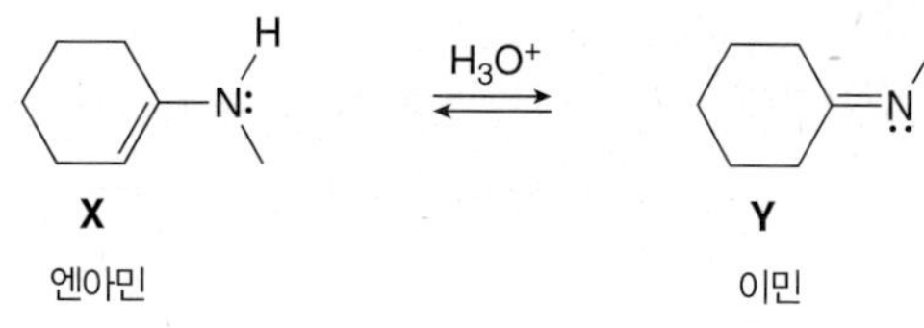

반응

11.33 헥스-1-아인(hex-1-yne)을 다음의 각각의 시약으로 반응시켰을 때 생성되는 생성물의 구조를 쓰라.

a. HCl(2당량)
b. HBr(2당량)
c. Cl_2(2당량)
d. $H_2O + H_2SO_4 + HgSO_4$
e. [1] R_2BH; [2] H_2O_2, HO^-
f. NaH
g. [1] $^-NH_2$; [2] CH_3CH_2Br
h. [1] $^-NH_2$; [2] (에폭사이드); [3] H_2O

11.34 $(CH_3CH_2)_3CC{\equiv}CH$을 다음 각 화합물로 변환시키는 데 필요한 시약은 무엇인가?

a. 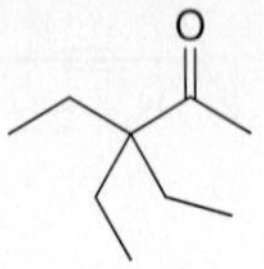 b. 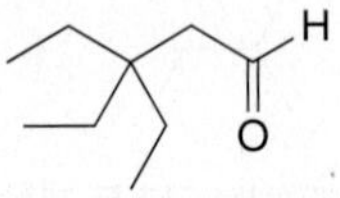 c. 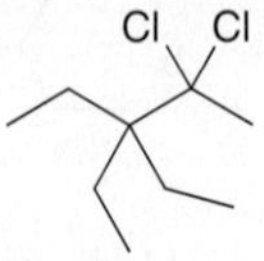 Cl Cl d.

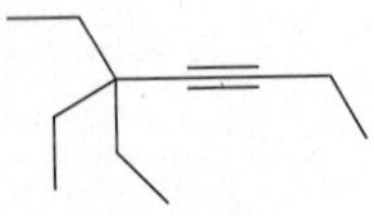

11.35 모순처럼 보이는 다음 사실을 설명하라. 알카인에 1당량의 HX를 첨가시키는 것이 알켄에 HX를 첨가시키는 것보다 더 큰 발열 반응이지만, 알켄이 HX와 더 빨리 반응한다.

11.36 H_2O, H_2SO_4 및 $HgSO_4$로 수화할 때 하나의 생성물로 다음의 각 케톤만 생성하는 알카인은 무엇인가?

a. 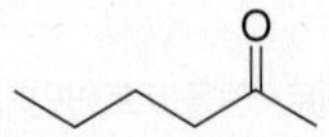 b. 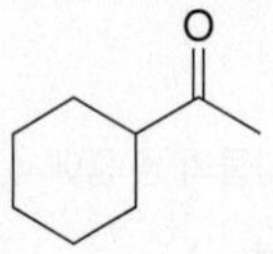 c. 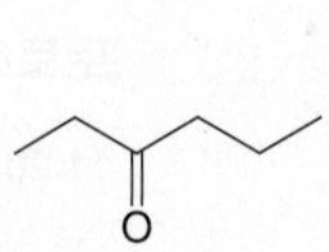 d.

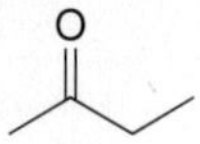

11.37 수소화붕소 첨가–산화 반응 후에 하나의 생성물로 다음의 각 화합물만 생성하는 알카인은 무엇인가?

a. 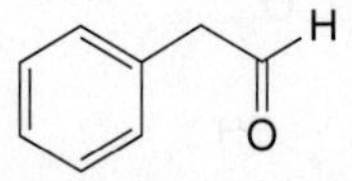 b.

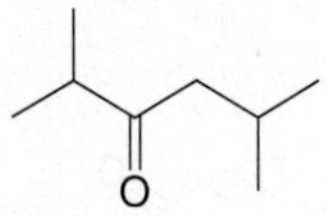

11.38 각 반응에서 생성되는 유기 화합물의 구조를 그려라.

a.  $\xrightarrow{\text{2 HBr}}$
b. 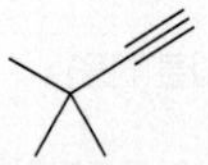 $\xrightarrow{\text{2 Cl}_2}$
c. 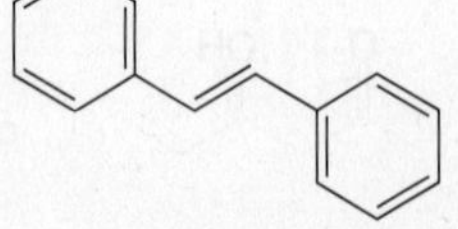 $\xrightarrow[\text{[2] NaNH}_2 \text{ (2당량)}]{\text{[1] Cl}_2}$
d. 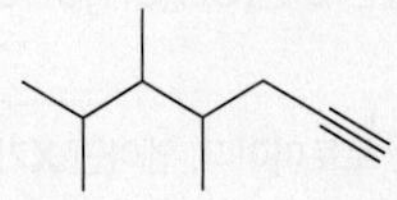 $\xrightarrow[\text{[2] H}_2\text{O}_2\text{, HO}^-]{\text{[1] R}_2\text{BH}}$
e. $HC{\equiv}C^- + D_2O \longrightarrow$
f. 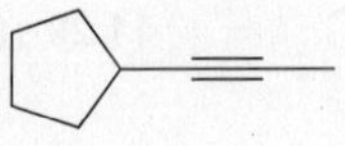 $\xrightarrow[\text{H}_2\text{SO}_4]{\text{H}_2\text{O}}$
g. 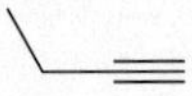 $\xrightarrow[\text{[2] OTs}]{\text{[1] NaNH}_2}$ 
h. 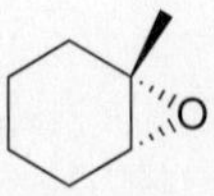 $\xrightarrow[\text{[2] H}_2\text{O}]{\text{[1] HC}\equiv\text{C}^-}$
i. 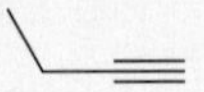 $\xrightarrow[\text{[2] I}]{\text{[1] NaNH}_2}$ 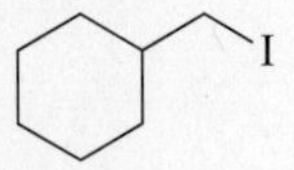
j. 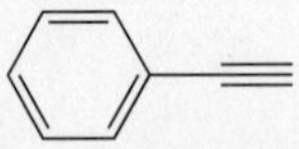 [1] NaH; [2] (에폭사이드); [3] H_2O

11.39 다음의 반응 도표에서 화합물 **A~E**의 구조를 그려라.

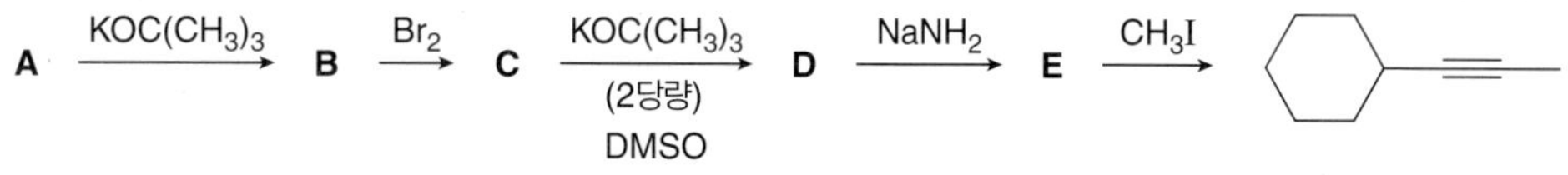

A $\xrightarrow{KOC(CH_3)_3}$ **B** $\xrightarrow{Br_2}$ **C** $\xrightarrow[\text{(2당량) DMSO}]{KOC(CH_3)_3}$ **D** $\xrightarrow{NaNH_2}$ **E** $\xrightarrow{CH_3I}$

11.40 알카인 **A**를 $NaNH_2$와 반응시킨 다음 연이어 CH_3I로 처리하면 화합물 **B**가 얻어지지 않고 분자식 $C_6H_{10}O$의 생성물이 얻어진다. 이 생성물의 구조는 무엇이며, 왜 생성되었는가?

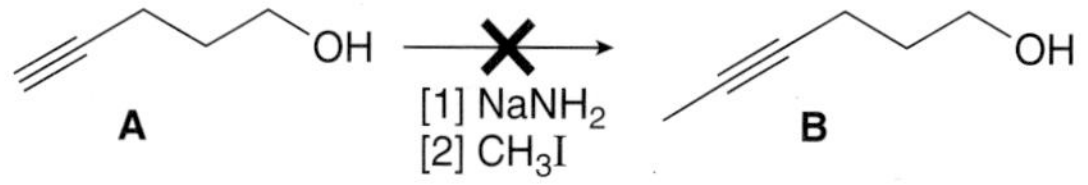

OH [1] $NaNH_2$ [2] CH_3I OH

A **B**

11.41 각 반응에서 생성되는 생성물을 그리고, 입체화학을 제시하라.

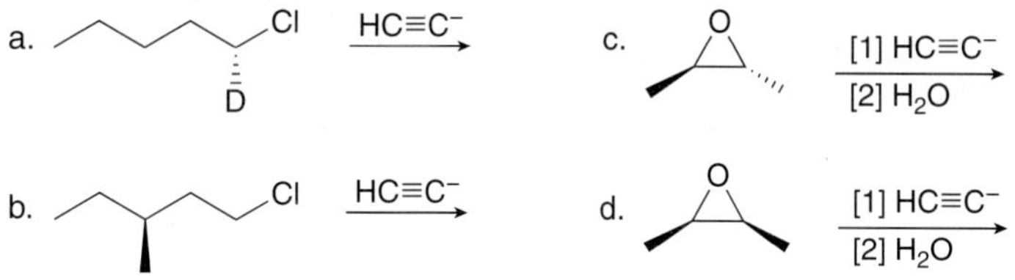

a. Cl D $\xrightarrow{HC\equiv C^-}$

b. Cl $\xrightarrow{HC\equiv C^-}$

c. O $\xrightarrow[\text{[2] } H_2O]{\text{[1] } HC\equiv C^-}$

d. O $\xrightarrow[\text{[2] } H_2O]{\text{[1] } HC\equiv C^-}$

11.42 알코올 **A**를 알카인 **B** 또는 알카인 **C**로 변환시키는 데 필요한 반응은 무엇인가?

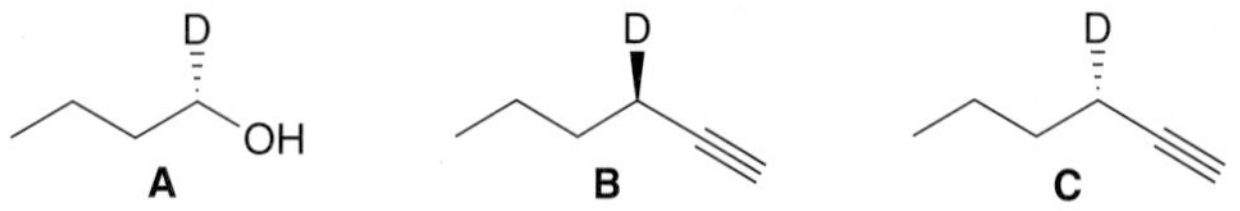

D OH **A** D **B** D **C**

11.43 다음의 반응 설계에서 화합물(**A~G**)의 구조를 제시하라. 각 연속 반응은 천연물의 합성에 사용되었다.

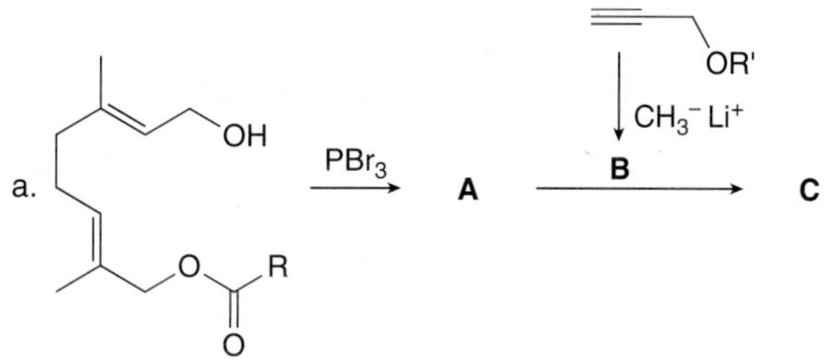

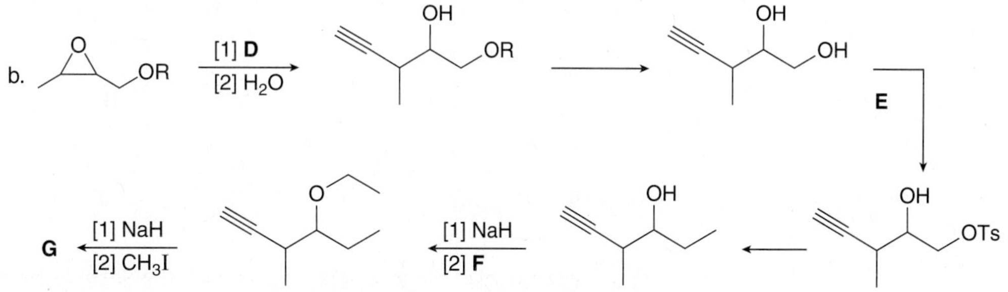

a. OH, O, R, O $\xrightarrow{PBr_3}$ **A** $\xrightarrow{\mathbf{B}}$ **C**

(OR' $\xrightarrow{CH_3^- Li^+}$ **B**)

b. O OR $\xrightarrow[\text{[2] } H_2O]{\text{[1] } \mathbf{D}}$ OH OR ⟶ OH OH $\xrightarrow{\mathbf{E}}$ OH OTs ⟶ OH $\xrightarrow[\text{[2] } \mathbf{F}]{\text{[1] NaH}}$ O $\xrightarrow[\text{[2] } CH_3I]{\text{[1] NaH}}$ **G**

메커니즘

11.44 2,2-다이브로모뷰테인을 2당량의 강염기와 반응시켰더니, 뷰트-1-아인, 뷰트-2-아인 및 소량의 뷰타-1,2-다이엔이 생성되었다. 각 화합물이 생성되는 것을 보여주는 반응 메커니즘을 쓰라. 어느 알카인이 주 생성물이 되겠는가?

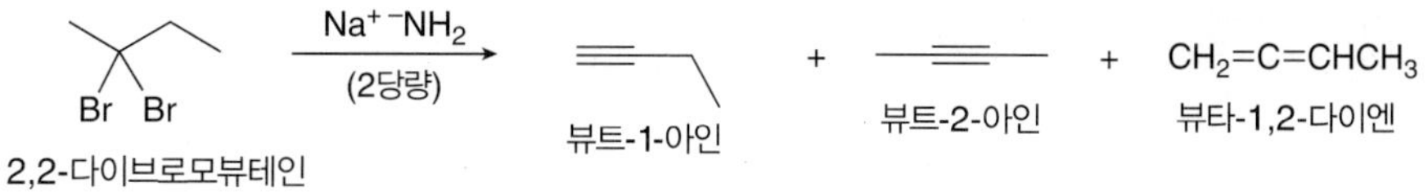

Br Br (2,2-다이브로모뷰테인) $\xrightarrow[\text{(2당량)}]{Na^+ \, ^-NH_2}$ 뷰트-1-아인 + 뷰트-2-아인 + $CH_2{=}C{=}CHCH_3$ (뷰타-1,2-다이엔)

11.45 다음 서술을 설명하라. $HC\equiv C^-$는 $CH_2{=}CH^-$보다 더 안정하지만, $HC\equiv C^+$는 $CH_2{=}CH^+$보다 덜 안정하다.

11.46 염기에서의 토토머화는 산에서의 토토머화와 유사하지만, 두 단계의 반응메커니즘에서 탈양성자화가 양성자 첨가보다 먼저 일어난다. (a) 다음의 토토머화 반응에 대한 단계별 메커니즘을 그려라. (b) 케토형에서 엔올형으로 전환하는 역반응의 메커니즘을 단계별로 그려라.

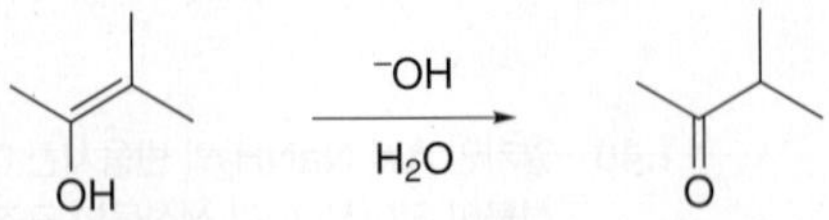

OH 엔올형 —(^-OH, H_2O)→ O 케토형

11.47 다음 반응의 단계적인 반응 메커니즘을 쓰라.

a. 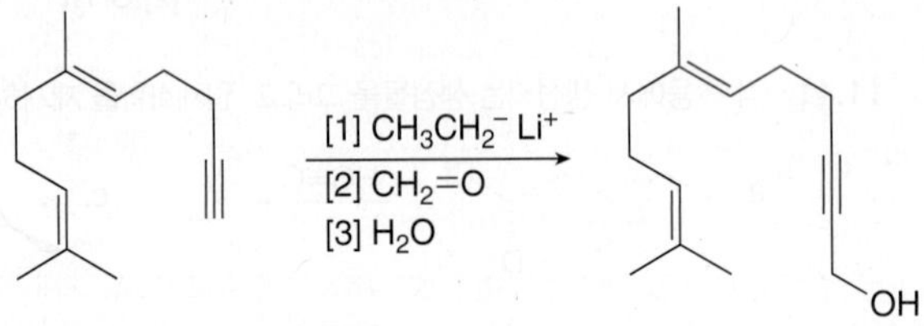 —([1] $CH_3CH_2^-$ Li^+ [2] $CH_2{=}O$ [3] H_2O)→ OH

b. 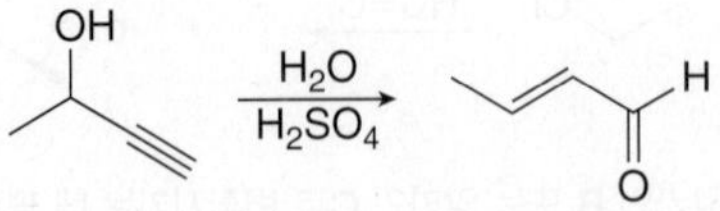 OH —(H_2O, H_2SO_4)→ H O

11.48 엔올과 알카인의 수화 반응에 대하여 배운 것을 토대로, $CH_3CH_2CH_2C{\equiv}COCH_3$의 산-촉매 수화 반응에서 생성되는 생성물을 예측하라. 생성물이 생성되는 과정을 설명하는 단계별 메커니즘을 쓰라.

합성

11.49 다음의 각각의 화합물로부터 페닐아세틸렌(phenylacetylene, $C_6H_5C{\equiv}CH$)을 만드는 데 필요한 시약은 무엇인가?

a. $C_6H_5CH_2CHBr_2$ b. $C_6H_5CHBrCH_3$ c. $C_6H_5CH_2CH_2OH$

11.50 다음의 알카인을 합성할 때 어떤 아세틸렌화 음이온과 할로젠화 알킬이 필요한가?

a. 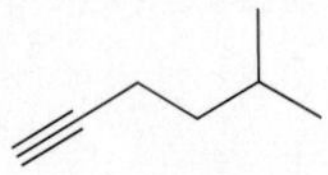 b. 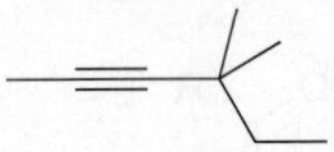 c.

11.51 아세틸렌으로부터 각 화합물을 합성하라. 어떤 유기 또는 무기 시약을 사용해도 좋다.

a. 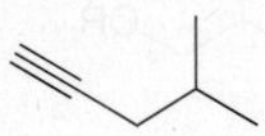 c. 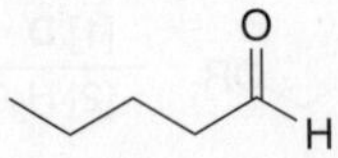 O H e. 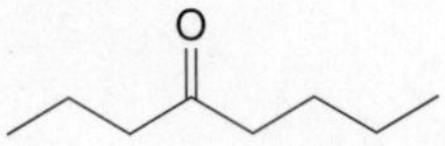 O

b. 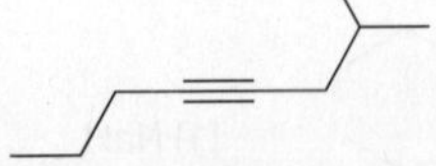 d. 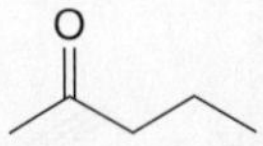 O

11.52 $CH_3CH_2CH{=}CH_2$를 출발물로 사용하여 다음 각 화합물의 합성을 고안하라. 어떤 다른 유기 또는 무기 시약을 사용해도 좋다.

a. 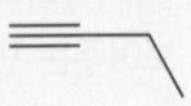 c. 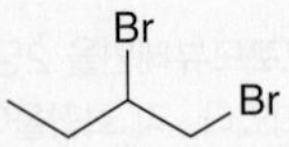 Br Br Br e. 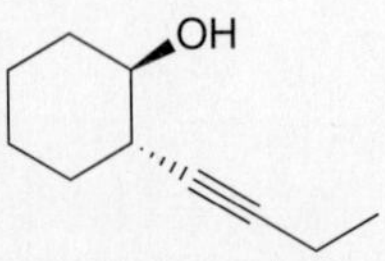 OH

(+ 거울상이성질체)

b. 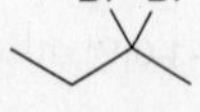 Br Br d. 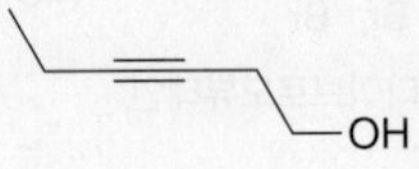 OH

11.53 사이클로헥센과 아세틸렌으로부터 다음의 화합물의 합성에 대해 고안해보라. 어떤 무기시약들을 사용하여도 좋다.

+ 거울상이성질체

11.54 각 화합물의 합성을 고안하라. 유기 출발물로서 HC≡CH, 에틸렌 옥사이드(ethylene oxide), 할로젠화 알킬을 사용할 수 있고, 어떤 무기 시약을 사용해도 좋다.

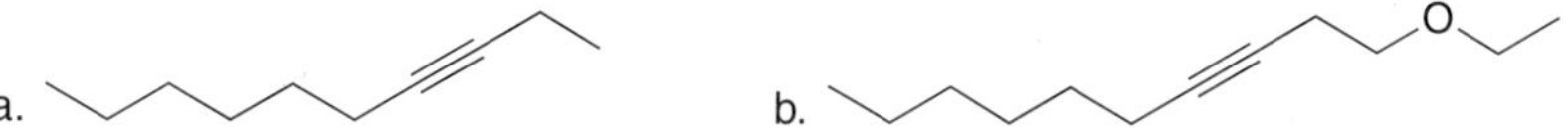

11.55 유일한 유기 출발물로서 CH_3CH_2Br을 사용하여 케톤인 헥산-3-온($CH_3CH_2COCH_2CH_2CH_3$)을 합성하라. 헥산-3-온에 들어 있는 모든 탄소는 CH_3CH_2Br의 것이어야 한다. 다른 필요한 시약을 사용해도 좋다.

11.56 유일한 유기 출발물로서 $CH_3CH_2CH_2OH$을 사용하여 다음 각 화합물을 합성하라. 다른 필요한 무기 시약을 사용해도 좋다. (a) $CH_3C{\equiv}CCH_2CH_2CH_3$; (b) $CH_3C{\equiv}CCH_2CH(OH)CH_3$.

11.57 유일한 유기 출발물로서 CH_3CH_2OH만을 사용하여 $CH_3CH_2C{\equiv}CCH_2CH_2OH$을 합성하라. 다른 필요한 시약을 사용해도 좋다.

도전 문제

11.58 전기음성도가 큰 산소 원자가 탄소–탄소 이중 결합에서 전자 밀도를 유도효과로 잡아당김에도 불구하고, 엔올의 C=C가 알켄의 C=C보다 왜 친핵성이 큰지를 설명하라.

11.59 알켄과 알카인에의 친전자성 첨가반응에서 *N*-클로로숙신이미드(*N*-chlorosuccinimide, NCS)가 Cl^+의 공급원으로 사용된다. 이 점을 마음에 담고, 다음과 같은 뷰트-2-아인에의 첨가에 대한 단계별 메커니즘을 그려라.

뷰트-2-아인 + *N*-클로로숙신이미드 —CH_3OH→

N-클로로숙신이미드

11.60 다음 반응의 단계적인 메커니즘을 쓰라.

—H_3O^+→

11.61 다음 반응의 단계적인 메커니즘을 쓰라.

—Br_2 / H_2O→

11.62 다음 반응에서 왜 구조 이성질체인 **Y** 대신에 화합물 **X**가 생성되는가?

—CH_3OH / TsOH→ **X** 이고, **Y** 가 아니다.

11.63 다음 각각의 반응에 대해 단계적인 메커니즘을 쓰라. 비슷한 조건에서 2,5-다이메틸헥스-3-아인은 2,5-다이메틸헥스-2,3-다이엔을 형성하는 데 반해, 왜 더 안정한 알카인(뷰트-2-아인)이 덜 안정한 알카인(뷰트-1-아인)으로 이성질화하는지 설명하라.

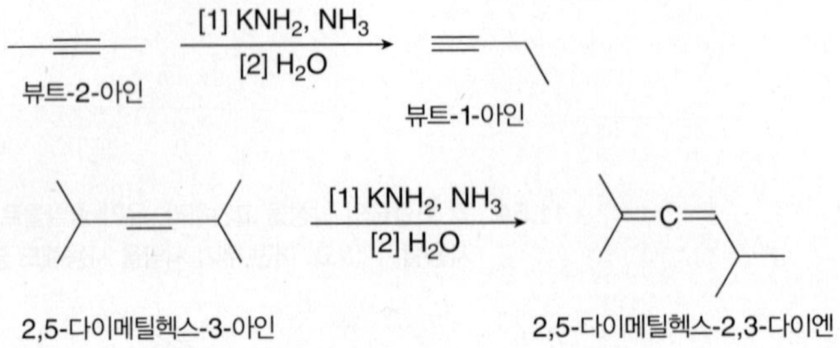

뷰트-2-아인 → [1] KNH_2, NH_3 [2] H_2O → 뷰트-1-아인

2,5-다이메틸헥스-3-아인 → [1] KNH_2, NH_3 [2] H_2O → 2,5-다이메틸헥스-2,3-다이엔

11.64 다음의 분자내 반응에 대한 단계적인 메커니즘을 쓰라.

OH → HCO_2H, H_2O → O

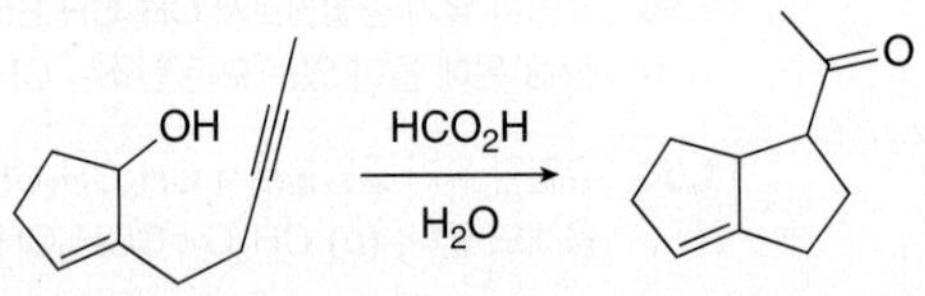

11.65 (R)-α-메틸뷰티로펜온((R)-α-methylbutyrophenone)의 광학 활성인 용액에 묽은 산을 가했을 때 왜 광학 활성을 잃게 되는지를 설명하라.

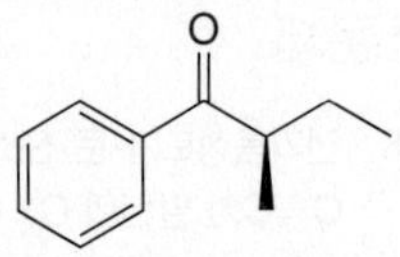

O

(R)-α-메틸뷰티로펜온

Chapter

12 산화와 환원

Oxidation and Reduction

알코올이 주는 도취감과 즐거움을 주는 풍미 때문에 인간은 오랜 세월 동안 알코올 음료를 마셔왔다. 포도주, 맥주 및 유사 제품에는 1° 알코올인 **에탄올**(CH_3CH_2OH)이 들어 있다. 알코올은 위와 소장에서 빨리 흡수되어 혈류 속으로 들어가 빠르게 다른 기관에 전달된다. 다른 1° 알코올과 같이 에탄올은 쉽게 산화된다. 즉, 에탄올이 체내에서 대사되는 이 과정은 간에서 일어나는 일련의 효소-촉매에 의한 산화 반응이다. 12장에서는 에탄올과 같은 유기 분자의 산화 및 환원 반응에 대하여 배운다.

12장에서 우리는 극성 C-X σ 결합이 있는 화합물—알코올, 할로젠화 알킬(alkyl halide) 및 에폭사이드(epoxide)—뿐만 아니라 알켄(alkene)과 알카인(alkyne)의 산화와 환원을 논의한다. 여기에는 다른 많은 종류의 시약과 메커니즘이 있지만, 우리는 이러한 반응을 한 부류로 논의함으로써 다른 반응과 더 쉽게 비교 대조해 볼 수 있다.

이 장에서 메커니즘은 느슨하게 다룬다. 할로젠화 알킬의 S_N1 반응이나 알켄의 친전자성 첨가와는 대조적으로, 12장에 제시된 몇 개의 메커니즘은 확실하지 않은 것으로 알려져 있다. 예를 들어, 특별한 중간체의 구조는 실험에 의하여 확인될 수 있지만, 다른 상세한 메커니즘은 마지막 생성물의 구조와 입체화학에 의하여 제안되기도 한다.

산화와 환원은 매우 광범위하며, 우리는 이러한 반응들을 앎으로써 다른 많은 유기 합성을 고안해볼 수 있다.

12.1 서론

산화나 환원 반응에는 두 개의 성분이 항상 존재한다—**한 성분은 산화되고 다른 한 성분은 환원된다.** 유기 화합물이 시약에 의하여 산화될 때, 이 시약은 환원되어야 한다. 마찬가지로 유기 화합물이 시약에 의하여 환원될 때, 이 시약은 산화된다.

4.14절에서 유기 화합물이 산화되는지 환원되는지를 C−H와 C−Z(Z=탄소보다 전기음성도가 더 큰 원소) 결합의 상대적인 수를 비교하여 결정한 것을 상기하라.

- 산화가 일어나면, C−Z 결합(보통은 C−O)의 수가 증가하거나 C−H 결합의 수가 감소한다.
- 환원이 일어나면, C−Z 결합(보통은 C−O)의 수가 감소하거나 C−H 결합의 수가 증가한다.

이렇게 그림 12.1에 제시된 것과 같이 CH_4와 같은 유기 화합물은 C−H 결합이 C−O 결합으로 교체됨으로써 산화될 수 있다. 환원은 산화의 반대로, 그림 12.1은 C−O 결합을 C−H 결합으로 교체함으로써 화합물이 환원될 수 있음을 보여준다. [O]와 [H] 표시는 각각 산화와 환원을 의미한다.

그림 12.1
탄소 화합물의 산화와 환원에 대한 일반적인 도식

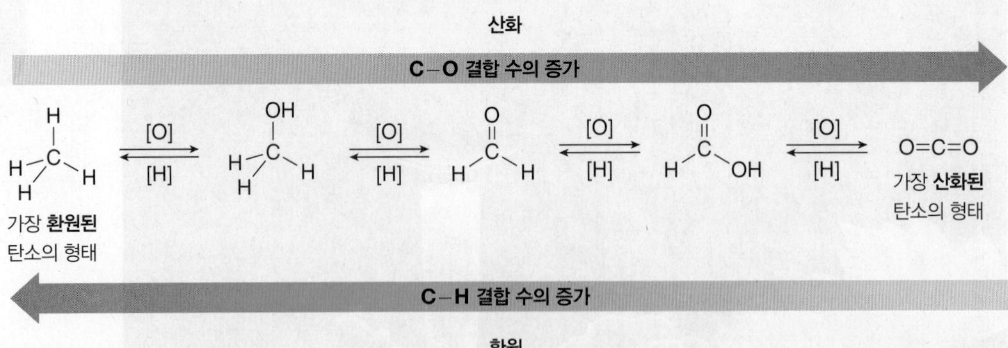

그림 12.2
탄화수소의 산화와 환원

산화
C−H 결합 수의 감소
R−≡−R ⇌ [H]/[O] 알켄 ⇌ [H]/[O] 알케인
알카인
알켄
알케인
C−H 결합 수의 증가
환원

때때로 두 개의 탄소 원자가 단일 산화 또는 환원 반응에 포함되는데, 두 탄소 원자에 있는 C−H나 C−Z 결합의 알짜 변화를 고려하여야 한다. 그림 12.2에 제시된 것처럼 알카인의 알켄으로의 변환과 알켄의 알케인(alkane)으로의 변환은 각 과정에서 출발물 쪽으로 두 개의 새로운 C−H 결합이 첨가되므로 환원의 예에 해당한다.

문제 12.1 각 반응을 산화, 환원, 또는 둘 다 아닌 것으로 구분하라.

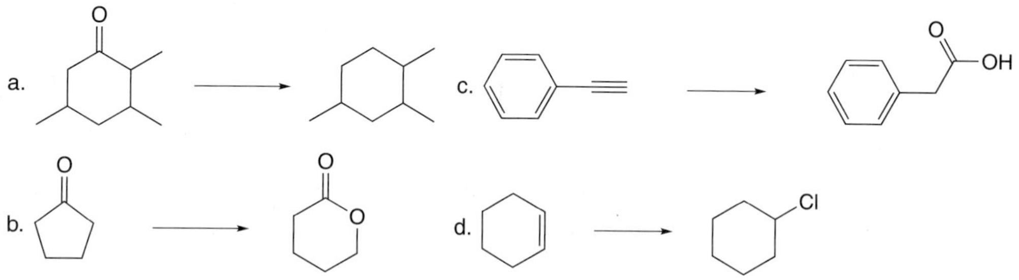

a. b. c. d.

12.2 환원제

모든 환원제(reducing agent)는 2당량의 수소 원자를 제공하지만, H_2를 첨가시키는 방법이 다른 세 가지 유형의 환원이 있다. 가장 간단한 환원제는 분자 H_2이다. 이러한 종류의 환원은 반응이 일어나는 표면으로 작용하는 금속 촉매의 존재하에 시행된다.

환원에서 H_2를 전달하는 두 번째 방법은 기질에 두 개의 양성자와 두 개의 전자를 첨가하는 것이다. 즉, $H_2 = 2H^+ + 2e^-$. 이런 종류의 환원에서는 전자의 공급원으로서 알칼리 금속, 양성자의 공급원으로서 액체 암모니아(NH_3)를 사용한다. NH_3 용액에서 Na로 환원하는 것을 **용해성 금속 환원**(dissolving metal reduction)이라 한다.

$$2\,Na \longrightarrow 2\,Na^+ + 2\,e^-$$
$$2\,NH_3 \longrightarrow 2\,{}^-NH_2 + 2\,H^+$$

환원에 필요한 1당량의 H_2

2당량의 수소 원자를 전달하는 세 번째 방법은 수소 음이온(hydride, H^-)과 양성자(proton, H^+)를 첨가하는 것이다. 가장 흔한 수소 음이온 환원제는 붕소와 알루미늄에 결합된 수소 원자를 포함하는 것들이다. 간단한 예는 **수소화붕소 소듐**(sodium borohydride, $NaBH_4$)과 **수소화 알루미늄 리튬**(lithium aluminum hydride, $LiAlH_4$)이다. 이러한 시약들은 기질에 H^-를 전달하고, 연이어 H_2O나 알코올로부터 양성자가 첨가된다.

수소화붕소 소듐
$NaBH_4$

수소화 알루미늄 리튬
$LiAlH_4$

- 금속 수소화물 시약은 수소 원자에 부분 음전하를 띠게 해주는 극성 금속−수소 결합을 가지므로 H^-의 공급원으로 작용한다.

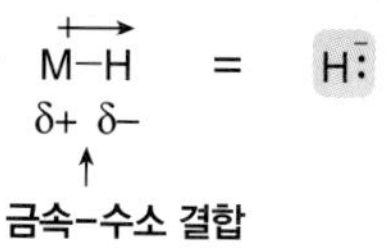

$$\overset{\delta+}{M}-\overset{\delta-}{H} = H:^-$$

극성 금속−수소 결합
M = B 또는 Al

12.3 알켄의 환원

알켄을 환원하면 H_2가 첨가되어 알케인이 생성된다. 두 개의 결합—알켄의 약한 π 결합과 H_2의 σ 결합—이 끊어지고, 두 개의 새로운 C–H σ 결합이 형성된다.

+ H–H 금속 촉매 → H H

π 결합이 끊어진다. 두 개의 C–H σ 결합이 형성된다.

수소화 촉매는 보통의 용매에 녹지 않으므로 **불균일** 반응 혼합물을 야기한다. 이러한 불용성은 실용적인 장점을 갖는다. 이 촉매는 값비싼 금속을 포함하고 있지만, 반응이 완결된 후에 촉매는 다른 반응물로부터 여과로 분리되고 다시 사용될 수 있다.

H_2의 첨가는 금속 촉매(metal catalyst)의 존재하에서만 일어나므로 촉매 수소화(catalytic hydrogenation) 반응이라고 한다. 촉매는 활성탄과 같이 잘게 나눠진 비활성 고체에 흡착된 금속—대개 Pd, Pt 또는 Ni—으로 구성되어 있다. 예를 들어, 탄소 속의 10% Pd 촉매는 10% Pd와 90% 탄소의 무게비로 구성된 것이다. H_2는 식 [2]와 같이 신(syn) 형식으로 첨가된다.

[1] + H–H Pd-C → H H

[2] + H–H Pd-C → H H

신 첨가

문제 12.2 각 알켄을 H_2와 Pd 촉매로 처리할 때 어떤 알케인이 생성되는가?

a. b. c.

문제 12.3 팔라듐 촉매의 존재하에서 1당량의 H_2와 반응하여 다음의 알케인을 생성하는 모든 알켄의 구조를 그려라. 구조 이성질체만을 고려하라.

a. b. c.

12.3A 수소화와 알켄의 안정성

수소화 반응은 생성물의 결합들이 출발물의 결합들보다 더 세기 때문에 발열(exothermic)이다. 수소화열(heat of hydrogenation)이라고 하는 수소화의 $\Delta H°$는, 똑같은 알케인으로 수소화되는 두 개의 서로 다른 알켄의 상대적 안정성의 척도로 사용될 수 있다.

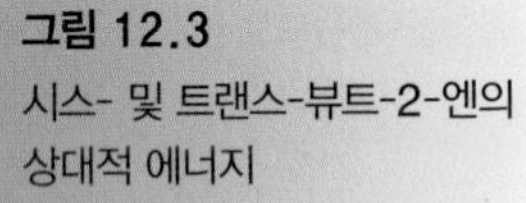
그림 12.3
시스- 및 트랜스-뷰트-2-엔의 상대적 에너지

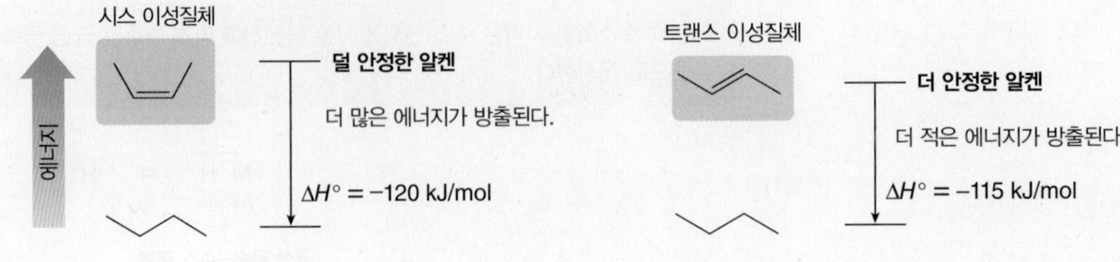

8장에서 배운 것처럼 **트랜스 알켄이 일반적으로 시스 알켄보다 더 안정하다는 것을 상기하라.**

예를 들어, 시스 및 트랜스-뷰트-2-엔은 모두 뷰테인으로 수소화되며, 트랜스 이성질체의 수소화열은 시스 이성질체의 수소화열보다 작다. 트랜스 알켄을 뷰테인으로 변환하는 데 더 적은 에너지가 방출되기 때문에 트랜스 알켄의 에너지가 낮으며 더 안정하다. 뷰텐 이성질체의 상대적 에너지를 그림 12.3에 설명하였다.

시스-뷰트-2-엔 $\xrightarrow[\text{Pd-C}]{H_2}$ 뷰테인 $\Delta H° = -120$ kJ/mol

트랜스-뷰트-2-엔 $\xrightarrow[\text{Pd-C}]{H_2}$ 뷰테인 $\Delta H° = -115$ kJ/mol

더 적은 에너지가 방출된다.

더 안정한 출발물

• 두 개의 알켄이 수소화되어 똑같은 알케인을 생성할 때, 더 안정한 알켄은 수소화열이 더 적다.

문제 12.4 각 쌍에서 어느 알켄의 수소화열이 더 큰가?

a. (cis-alkene) 또는 (trans-alkene) b. (1-methylcyclohexene) 또는 (3-methylcyclohexene)

문제 12.5 2-메틸펜트-2-엔(2-methylpent-2-ene)과 3-메틸펜트-1-엔(3-methylpent-1-ene)의 상대적 안정성을 결정하는 데 왜 수소화열을 사용할 수 없는지 그 이유를 설명하라.

12.3B 촉매 수소화의 메커니즘

촉매 수소화에 대하여 일반적으로 인정된 메커니즘에서 금속 촉매의 표면은 H_2와 알켄을 묶어 주며, H_2가 단계적인 빠른 과정으로 π 결합으로 이동한다(메커니즘 12.1).

메커니즘 12.1 알켄에 대한 H_2의 첨가—수소화 반응

① H_2는 H−H 결합이 부분적으로 또는 완전히 끊어진 상태로 **촉매 표면에 흡착된다.**

② 알켄의 π 결합이 금속에 착물화된다.

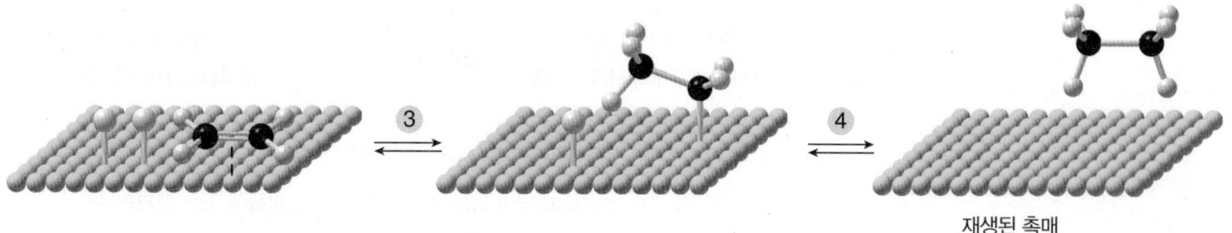

③ ④ **두 개의 H 원자가** π 결합으로 **연속적으로 이동하여** 알케인을 생성한다. 알케인 생성물은 금속에 착물화된 π 결합이 더 이상 없으므로 알케인은 촉매 표면으로부터 방출된다.

메커니즘은 수소화에 대하여 두 가지 사실을 설명한다.

- H_2의 빠르고 연속적인 첨가는 금속 표면에 착물화된 알켄 쪽에서 일어나므로 신 첨가가 일어난다.
- 입체 효과가 적은 이중 결합이 촉매 표면에 더 쉽게 착물을 형성하므로 반응이 더 빠르게 일어난다.

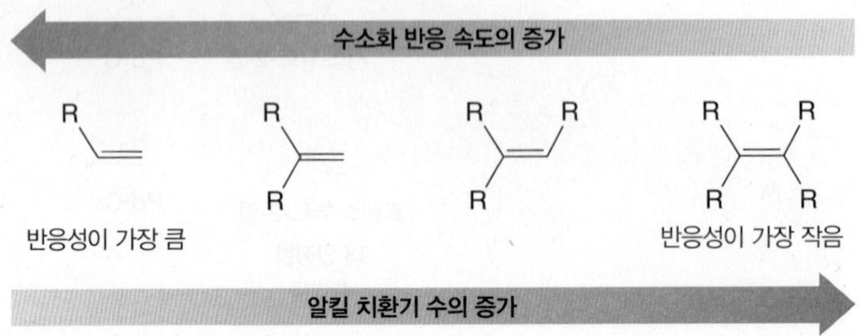

문제 12.6 H_2의 신(syn) 첨가는 삼각 평면형 이중 결합의 양쪽에서 일어난다. 각 알켄을 H_2로 처리할 때 생성되는 모든 입체 이성질체를 그려라.

a. b. c.

12.3C 수소화 반응 데이터와 불포화도

10.2절에서 배운 바와 같이 불포화도(degree of unsaturation)의 개수는 분자의 고리와 π 결합의 총 개수를 제공한다는 것을 상기하라. H_2는 고리의 C–C σ 결합에 첨가되는 것이 아니라, π 결합에 첨가되므로 우리는 수소화로부터 π 결합으로 인한 불포화도 개수와 고리로 인한 불포화도 개수를 결정할 수 있다. 예제 12.1에 설명된 것처럼, 이것은 분자가 H_2로 처리되기 전과 후의 불포화도 개수를 비교하여 알 수 있다.

예제 12.1 분자식 C_8H_{14}로 수소화되는, 분자식이 C_8H_{12}인 화합물에는 몇 개의 고리와 π 결합이 포함되어 있는가?

풀이

[1] 수소화 전과 후의 화합물의 불포화도 수를 결정한다.

H_2가 첨가되기 전 : C_8H_{12}

- n C가 가질 수 있는 최대의 수소 수는 $2n + 2$이다.
  이 예에서
  $2n + 2 = 2(8) + 2 = 18$
- 18개 H(최대) − 12개 H(실제) = 최대 수보다 6개의 H가 적음

$$\frac{\text{최대 수보다 6개의 H가 적음}}{\text{불포화도 1에 대하여 2개의 H가 제거됨}} = \textbf{불포화도 3}$$

H_2가 첨가된 후 : C_8H_{14}

- n C가 가질 수 있는 최대의 수소 수는 $2n + 2$이다.
  이 예에서
  $2n + 2 = 2(8) + 2 = 18$
- 18개 H(최대) − 14개 H(실제) = 최대 수보다 4개의 H가 적음

$$\frac{\text{최대 수보다 4개의 H가 적음}}{\text{불포화도 1에 대하여 2개의 H가 제거됨}} = \textbf{불포화도 2}$$

[2] 다음과 같이 고리나 π 결합에 대한 불포화도 수를 할당한다.

- H_2가 첨가된 후에 생성물에 남아 있는 불포화도 수 = 출발물에 있는 **고리의 수**
- H_2와 반응하는 불포화도 수 = **π 결합의 수**

이 예에서 수소화 후에 **두 개**의 불포화도가 남으므로 출발물에는 **두 개**의 고리가 남는다.

H_2가 첨가되기 전		H가 첨가된 후		
세 개의 불포화도	−	**두 개**의 불포화도	=	H_2와 반응하는 불포화도는 **한 개**
C_8H_{12} 속의 세 개의 고리 또는 π 결합	=	**두 개의 고리**	=	**한 개의 π 결합 : 답**

문제 12.7 각 화합물 A, B, C를 수소화할 때의 정보이다. 빈칸을 채워라. 고리와 π 결합의 수는 수소화되기 전의 반응물(A, B, C)의 수이다.

화합물	수소화 전의 분자식	수소화 후의 분자식	고리의 개수	π 결합의 개수
A	$C_{10}H_{12}$	$C_{10}H_{16}$	?	?
B	?	C_4H_{10}	0	1
C	C_6H_8	?	1	?

12.3D 다른 이중 결합의 수소화

카보닐기를 포함하는 화합물 또한 H_2 및 금속 촉매와 반응한다. 예를 들어, 알데하이드와 케톤은 각각 1°와 2° 알코올로 환원된다. 우리는 이 반응을 20장에서 다시 다룰 것이다.

알데하이드 —(H_2, Pd-C)→ 1° 알코올 케톤 —(H_2, Pd-C)→ 2° 알코올

12.4 응용: 기름의 수소화

땅콩 버터, 마가린 및 크래커와 같은 많은 가공 식품은 부분적으로 수소화된 식물성 기름을 포함한다. 이러한 기름은 트라이아실글리세롤(triacylglycerol)의 긴 탄화수소 사슬을 수소화하여 생산된다.

10.6절에서 지방(fat)과 기름(oil)은 긴 알킬 곁사슬에서 불포화도 수가 다른 트라이아실글리세롤이라는 것을 배웠다.

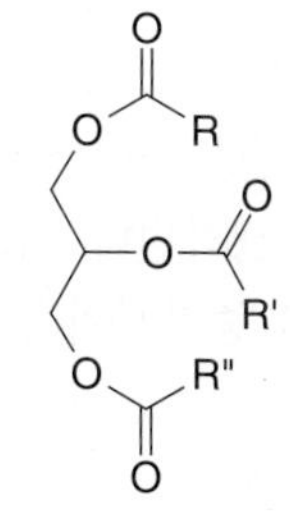

트라이아실글리세롤

R기에 있는 이중 결합의 수에 따라 트라이아실글리세롤은 지방이나 기름이 된다.

- 지방—대개 동물이 공급원—은 불포화도 수가 거의 없는 트라이아실글리세롤의 고체이다.
- 기름—대개 식물이 공급원—은 불포화도 수가 많은 트라이아실글리세롤의 액체이다.

불포화 식물 기름을 수소로 처리할 때, 몇 개(또는 모두)의 π 결합이 H_2에 첨가되므로 불포화도 수는 감소한다(그림 12.4). 이로 인하여 기름의 녹는점은 증가한다. 예를 들어, 마가린은 식물 기름을 부분 수소화하여 버터와 유사한 반고체 성질의 생성물로 제조된다. 이러한 과정을 경화(hardening)라 한다.

불포화 기름이 포화 지방보다 건강에 더 좋다면 왜 식품 산업에서 기름을 수소화하는가? 이는 미적인 측면과 유통 기한 측면에서의 두 가지 이유 때문이다. 소비자는 액체 기름보다는 반고체 성질의 마가린을 더 좋아한다. 토스트나 팬케이크 조각에 식물성 기름을 붓는다고 상상해보라.

더욱이 15장에서 논의되겠지만, 불포화 기름은 포화 지방보다 알릴 탄소 원자—이중 결합 탄소에 인접한 탄소—에서 산화에 더 민감하다. 산화가 일어나면 기름에서 고약한 냄새가 나므로 식용에 적합하지 않다. 그림 12.4에 설명된 것처럼 이중 결합을 수소화하면, 알릴 탄소의 수가 감소하므로

그림 12.4 식물 기름에 있는 이중 결합의 부분 수소화

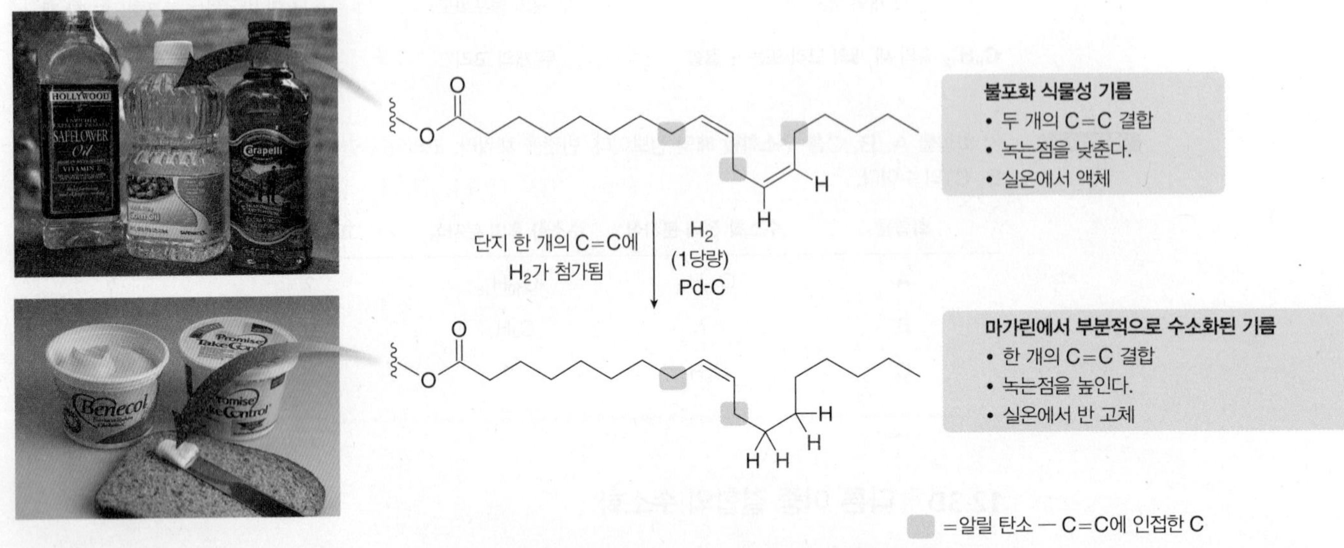

- 불포화 도수를 **감소**시키면 녹는점은 **증가한다**. 트라이글리세롤의 단 한 개의 긴 사슬만을 나타내었다.
- 기름이 부분적으로 수소화될 때, 몇 개의 이중 결합은 H_2와 반응하지만 몇 개의 이중 결합은 생성물에 남아 있다.
- 부분 수소화하면 알릴 자리(allylic site, 푸른색으로 나타냄)의 수가 **감소**하여 트라이아실글리세롤을 산화에 **덜** 민감하게 해주므로 더 오래 보관할 수 있다.

INGREDIENTS: ROASTED PEANUTS, SUGAR, PARTIALLY HYDROGENATED VEGETABLE OILS (RAPESEED, COTTONSEED AND SOYBEAN) TO PREVENT SEPARATION, SALT.

땅콩 버터는 부분적으로 수소화된 식물성 기름을 포함하는 흔한 소비 제품이다.

산화의 가능성을 감소시켜 식품 생산물의 저장 수명을 증가시킨다. 이러한 식품 가공은 부패를 막아 저장 수명을 최대화할 수 있지만, 소비자에게는 건강에 더 좋은 식품 생산물을 제공하는 균형 사이의 미묘한 점을 내포하고 있다.

또 다른 한 가지 가치 있는 정보가 있다. 수소화 반응의 단계들은 가역적이고, H 원자들은 동시 반응이라기보다는 연속적으로 첨가되므로 시스 이중 결합은 트랜스 이중 결합으로 이성질화될 수 있다. H 원자 하나가 첨가(메커니즘 12.1에서 단계 ③)된 후, 중간체는 수소 원자를 잃고, 시스 또는 트랜스 이중 결합으로 다시 되돌아 갈 수 있다.

그 결과, 수소화가 일어나는 과정에서 식물성 기름의 시스 이성질체의 일부가 트랜스 이중 결합으로 변환되는데, 이를 '트랜스 지방'이라고 부른다. 이때 생기는 지방산 사슬의 모양은 매우 다른데, 포화 지방산 사슬의 모양과 매우 비슷하다. 그 결과, 트랜스 지방은 혈중 콜레스테롤의 수준에 대한 영향이 포화 지방산과 거의 같은 나쁜 효과를 나타내는 것으로 생각된다. 즉, 트랜스 지방은 간에서 콜레스테롤의 합성을 자극하여 혈중 콜레스테롤의 수준을 증가시켜 심장 질환 위험을 증가시키는 요인이 된다.

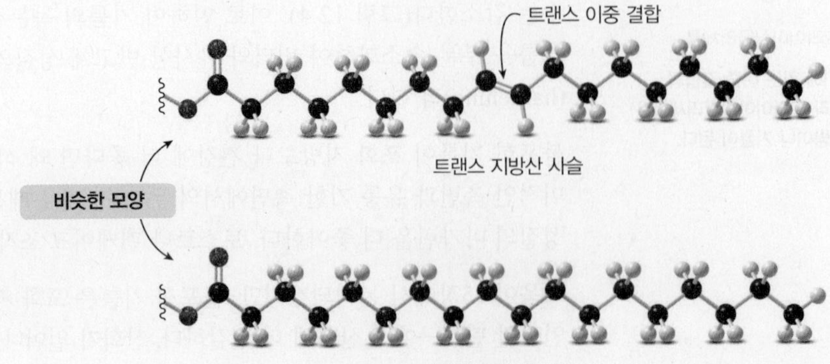

문제 12.8 트라이아실글리세롤 **A**를 각 시약으로 처리할 때 생성되는 화합물 **B**와 **C**의 구조를 그려라. **A**, **B**, **C**를 녹는점이 증가하는 순서로 나열하라.

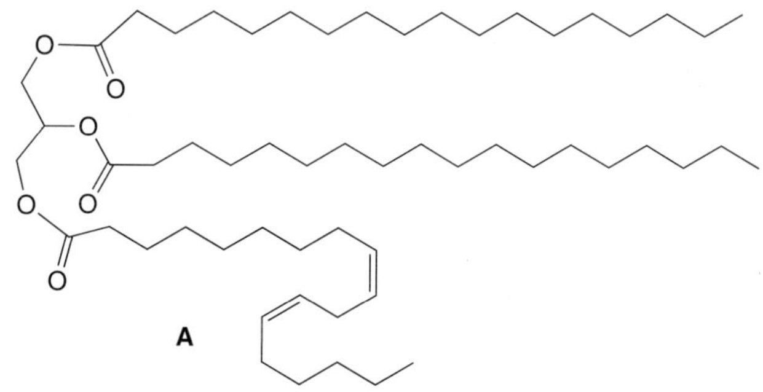

A

a. H_2(과량), Pd-C(화합물 **B**)

b. H_2(1당량), Pd-C(화합물 **C**)

12.5 알카인의 환원

알카인의 환원은 한 개 또는 두 개의 π 결합에 H_2를 첨가하는 것이다. H_2의 원소들을 삼중 결합에 첨가하는 세 가지 방법이 있다.

- 2당량의 H_2를 첨가하면 알케인이 생성된다.

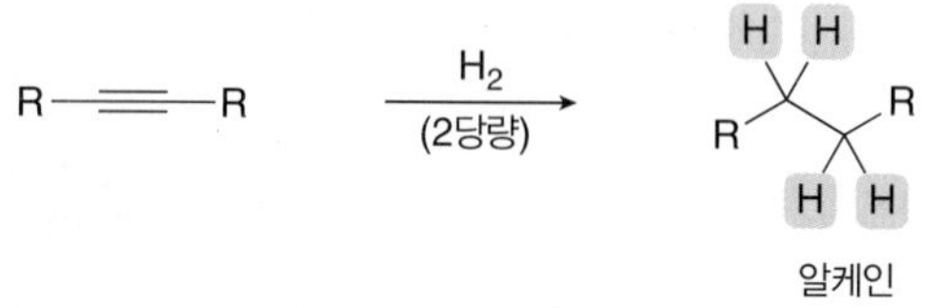

R—≡—R —H_2 (2당량)→ 알케인

- 1당량의 H_2를 신(syn) 첨가하면 시스 알켄이 생성된다.

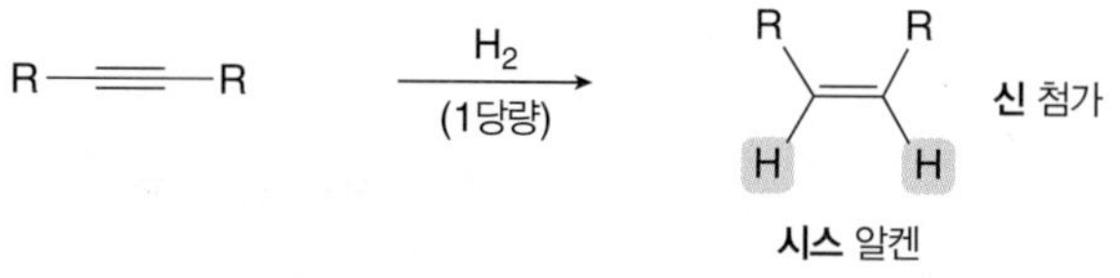

R—≡—R —H_2 (1당량)→ **시스** 알켄 (**신** 첨가)

- 1당량의 H_2를 안티 첨가하면 트랜스 알켄이 생성된다.

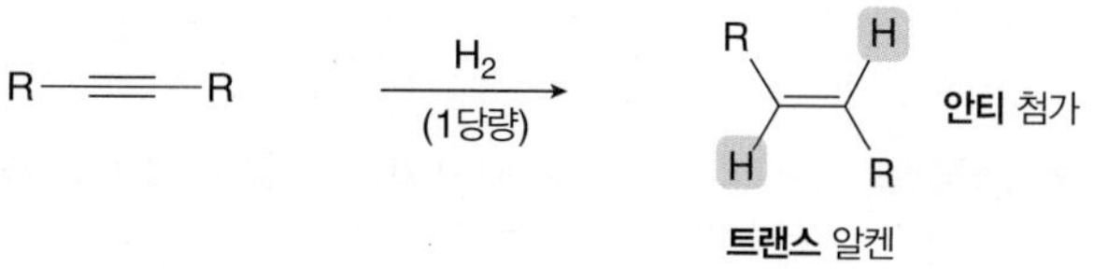

R—≡—R —H_2 (1당량)→ **트랜스** 알켄 (**안티** 첨가)

12.5A 알카인을 알케인으로 환원

알카인을 2당량 이상의 H_2와 Pd 촉매로 처리하면 두 π 결합의 환원이 일어난다. 1당량의 H_2에 신 첨가가 일어나면 시스 알켄이 생성되며, 이것은 두 번째 당량의 H_2를 첨가하여 알케인을 생성한다. 네 개의 새로운 C–H 결합이 형성된다. Pd-C 촉매를 사용하여 단지 1당량의 H_2를 첨가한 후에 반응을 멈추는 것은 불가능하다.

$$R-C\equiv C-R \xrightarrow[\text{Pd-C}]{H_2} \left[\text{시스 알켄 (분리되지 않음)}\right] \xrightarrow[\text{Pd-C}]{H_2} \text{알케인}$$

시스 알켄
(분리되지 않음)

알케인

문제 12.9 $HC{\equiv}CCH_2CH_2CH_3$와 $CH_3C{\equiv}CCH_2CH_3$ 중에서 어느 알카인의 수소화 반응열이 적은가? 선택에 대해 설명하라.

12.5B 알카인을 시스 알켄으로 환원

팔라듐(Pd) 금속은 활성이 매우 큰 촉매이므로 1당량의 H_2를 반응시킨 후 알카인의 수소화를 멈추게 할 수 없다. 알카인과 H_2로부터 시스 알켄을 제조하기 위하여 활성이 작은 Pd 촉매(아세트산 납(II)과 퀴놀린(quinoline)이 첨가된 $CaCO_3$에 흡착된 Pd)가 사용된다. 이 촉매는 처음 제조한 화학자의 이름을 따서 린들라 촉매(Lindlar catalyst)라 한다. Pd 금속과 비교할 때 린들라 촉매는 '독'으로 처리되어 있어서 활성이 약하다.

$CaCO_3$에 흡착된 Pd + $Pb(OCOCH_3)_2$ + 퀴놀린

린들라 촉매

퀴놀린

알카인을 시스 알켄으로 환원시키는 반응은 단지 하나의 입체이성질체가 생성되기 때문에 **입체선택성 반응**이다.

린들라 촉매를 사용하면 1당량의 H_2가 알카인에 첨가되며, 시스 알켄은 반응성이 낮아 더 이상 환원되지 않는다.

$$R-C\equiv C-R \xrightarrow[\text{린들라 촉매}]{H_2} \text{시스 알켄}$$

시스 알켄

$$\xrightarrow[\text{린들라 촉매}]{H_2}$$

시스-뷰트-2-엔

문제 12.10 린들라 촉매 존재하에서 알카인 **A**를 H_2로 처리하여 생성되는 시스-재스몬(*cis*-jasmone, 재스민 꽃으로부터 추출된 천연물)의 구조는 무엇인가?

재스민 꽃은 향료 성분인 시스-재스몬의 원천이다.

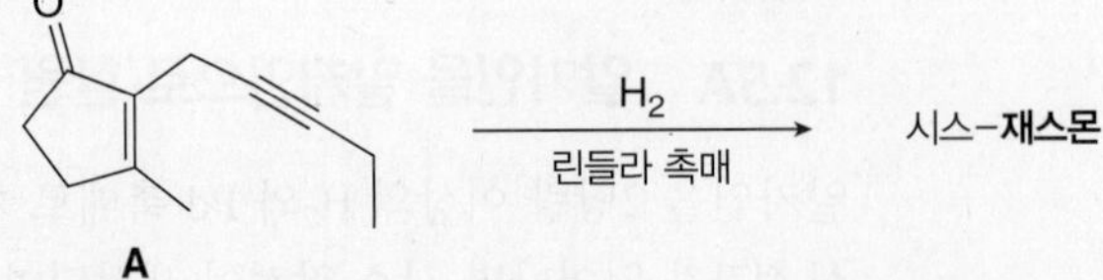

문제 12.11 a. Pb-C의 존재하에서는 H_2와 반응하지만, 린들라 촉매의 존재하에서는 H_2와 반응하지 않는 분자식 C_6H_{10}인 화합물의 구조식을 그려라.

b. 어느 촉매가 있어도 H_2와 반응하는 분자식 C_6H_{10}인 화합물의 구조식을 그려라.

12.5C 알카인의 트랜스 알켄으로의 환원

NH_3는 끓는점이 −33°C이므로 상온에서 기체이다. Na, NH_3 환원을 수행하기 위하여, NH_3 기체는 아세톤에 고체 CO_2를 혼합한 냉각조에 의해 −78°C로 유지된 플라스크에서 응축된다. Na가 액체 NH_3에 첨가될 때, 빛나는 푸른 용액이 생성된다.

촉매 수소화는 알카인으로부터 시스 알켄을 제조하는 편리한 방법이지만, 트랜스 알켄을 제조하는데는 사용될 수 없다. 그러나 용해성 금속 환원에 의하여 H_2의 원소들을 안티 형식으로 삼중결합에 첨가하면 **트랜스 알켄**이 생성된다. 예를 들어, 뷰트-2-아인은 NH_3 용액에서 Na와 반응하여 트랜스-뷰트-2-엔을 생성한다.

R—≡—R →(Na, NH_3) 트랜스 알켄 (R, H / H, R)

뷰트-2-아인 →(Na, NH_3) 트랜스-뷰트-2-엔

NH_3 용액에서 Na를 사용하는 용해성 금속 환원의 메커니즘에서는 전자와 양성자가 삼중 결합에 연속적으로 첨가된다. 전자 한 개의 이동을 의미하는 반쪽머리 화살표는 Na가 한 개의 전자를 공여하는 두 단계에서 사용되어야 한다. 메커니즘은 개념적으로 두 부분으로 나뉠 수 있으며, 각 메커니즘은 메커니즘 12.2에 제시된 것처럼 두 단계, 즉 **전자의 첨가 단계와 그로 인해 생성된 음전하의 연이은 양성자화의 단계**로 구성되어 있다.

단계 ③ 에서 생성된 바이닐 탄소 음이온은 두 R 기의 배열이 다를지라도 더 안정한 바이닐 탄소 음이온에서 형성된 트랜스 알켄만을 생성한다. 즉 이 탄소 음이온은 입체 상호작용을 피하기 위하여 큰 R기들은 서로 멀리 떨어져 있게 된다. 이 음이온에 양성자가 첨가되면 더 안정한 트랜스 생성물이 얻어진다.

메커니즘 12.2 알카인의 트랜스 알켄으로의 용해성 금속 환원

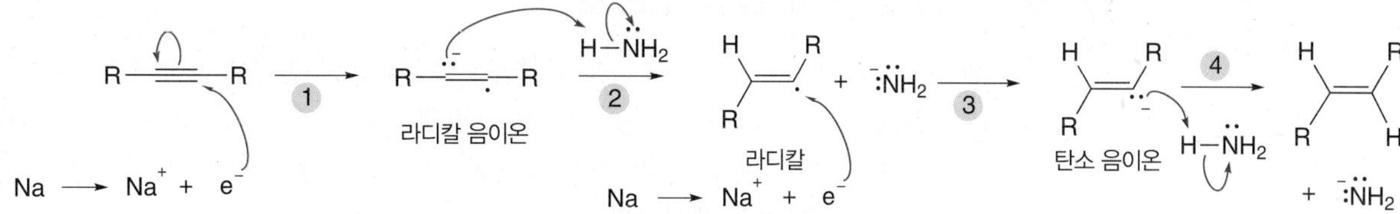

① 삼중 결합에 전자 한 개가 첨가되면 음전하와 홀전자(unpaired electron)를 모두 포함하는 화학종인 **라디칼 음이온**(radical anion)이 생성된다.

② 음이온이 NH_3 용매로 양성자화가 일어나 라디칼을 생성한다. 두 단계의 순수한 효과는 삼중 결합에 한 개의 수소 원자($H^{\cdot}$)를 첨가한 것이다.

③ 두 번째 전자가 첨가되어 탄소 음이온을 생성한다.

④ 탄소 음이온의 양성자화가 일어나 트랜스 알켄을 생성한다. 단계 ③과 ④는 삼중 결합에 두 번째 수소 원자($H^{\cdot}$)를 첨가한 것이다.

그림 12.5
요약: 삼중 결합을 환원하는 세 가지 방법

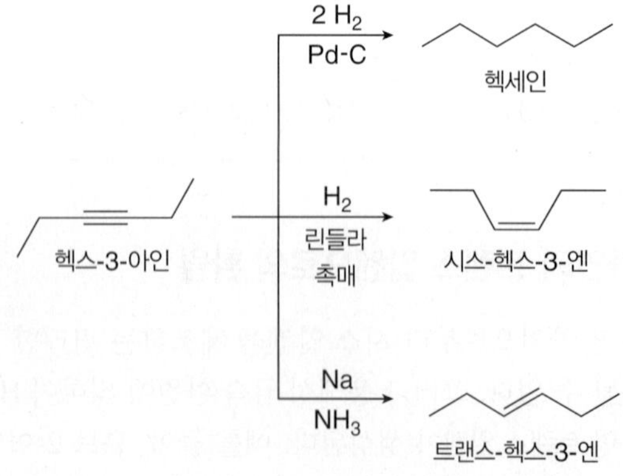

NH_3 용액에서 Na로 삼중 결합을 용해성 금속 환원하는 것은 트랜스 생성물을 지배적으로 생성하기 때문에 **입체선택성 반응**이다.

H R R
더 큰 R 기들은
서로 멀리 떨어져 있다.

더 안정한 바이닐 탄소 음이온은
트랜스 알켄을 형성한다.

H R R

가까운 R기 사이의 입체 상호작용으로
이 바이닐 탄소 음이온이 불안정해진다.

- 용해성 금속 환원은 항상 더 안정한 트랜스 생성물을 우선적으로 생성한다.

출발물로서 헥스-3-아인(hex-3-yne)을 사용하여 삼중 결합을 환원하는 세 가지 방법이 그림 12.5에 요약되어 있다.

문제 12.12 $CH_3OCH_2CH_2C{\equiv}CCH_2CH(CH_3)_2$가 각 시약 (a) H_2(과량), Pd-C, (b) H_2(1당량), 린들라 촉매, (c) H_2(과량), 린들라 촉매, (d) Na, NH_3로 처리될 때 생성되는 생성물은 무엇인가?

문제 12.13 분자식이 C_6H_{10}인 카이랄 알카인 **A**가 H_2와 린들라 촉매에 의해 입체발생 중심이 *R* 배열인 **B**로 환원되었다. **A**와 **B**의 구조는 무엇인가?

12.6 극성 C−X σ 결합의 환원

센 친핵체와 반응하는 극성 C−X σ 결합을 포함하는 화합물은 가장 흔히 수소화 알루미늄 리튬($LiAlH_4$)과 같은 금속 수소화물 시약으로 환원된다. 이러한 특성의 화합물은 할로젠화 알킬과 에폭사이드이다. 할로젠화 알킬은 이탈기인 X^-가 떨어지면서 알케인으로 환원된다. 에폭사이드는 고리가 열려 알코올을 생성한다.

R−X (할로젠화 알킬) → [1] $LiAlH_4$, [2] H_2O → R−H (알케인)

에폭사이드 → [1] $LiAlH_4$, [2] H_2O → 알코올

메커니즘 12.3 LiAlH$_4$에 의한 RX의 환원

$$R\text{-}CH_2\text{-}X + H\text{-}\bar{A}lH_3\ (Li^+) \longrightarrow R\text{-}CH_2\text{-}H + Li^+X^- + AlH_3$$

LiAlH$_4$는 H$^-$를 제공한다.

- H$^-$ 친핵체가 한 단계로 이탈기 X$^-$를 치환한다.

그림 12.6
LiAlH$_4$로 C–X σ 결합을 환원하는 예

[1] LiAlH$_4$ / [2] H$_2$O

H$_2$O

덜 치환된 C에 공격

이러한 C–X σ 결합의 환원은 LiAlH$_4$가 수소화 음이온 친핵체(H$^-$)의 공급원 역할을 하는 친핵성 치환의 또 다른 예이다. H$^-$는 센 친핵체이므로 메커니즘 12.3의 할로젠화 알킬의 한 단계 환원에 설명된 것처럼 S$_N$2 메커니즘을 따른다.

반응은 S$_N$2 메커니즘을 따르기 때문에

- 입체 효과가 작은 CH$_3$X와 1° 할로젠화 알킬은 더 많이 치환된 2°, 3° 할로젠화 알킬보다 더 쉽게 환원된다.
- 비대칭 에폭사이드에서 LiAlH$_4$로부터 온 H$^-$의 친핵성 공격은 치환이 덜 된 탄소 원자에서 일어난다.

그림 12.6에 예가 제시되어 있다.

문제 12.14 각 반응의 생성물을 그려라.

a. [1] LiAlH$_4$ / [2] H$_2$O

b. [1] LiAlH$_4$ / [2] H$_2$O

12.7 산화제

산화제(oxidizing agent)는 두 부류로 나뉜다.

- 산소–산소 결합을 포함하는 시약
- 금속–산소 결합을 포함하는 시약

O–O 결합을 포함하는 산화제는 O$_2$, O$_3$(오존), H$_2$O$_2$(과산화수소), (CH$_3$)$_3$COOH(*tert*-뷰틸 하이드로퍼옥사이드) 및 과산화산을 포함한다. 일반 구조가 RCO$_3$H인 과산화산(peroxyacid, 또는 과산)은 카복실산(RCO$_2$H)보다 산소가 한 개 더 있다. 어떤 과산화산은 제조하여 분리하지 않고 사용하기도 하지만, 몇몇 과산화산은 상업적으로 이용 가능하다. 과산화아세트산과 mCPBA로

축약하여 표현하는 메타-클로로퍼옥시벤조산(meta-chloroperoxybenzoic acid)이 일반적인 두 개의 과산화산이다.

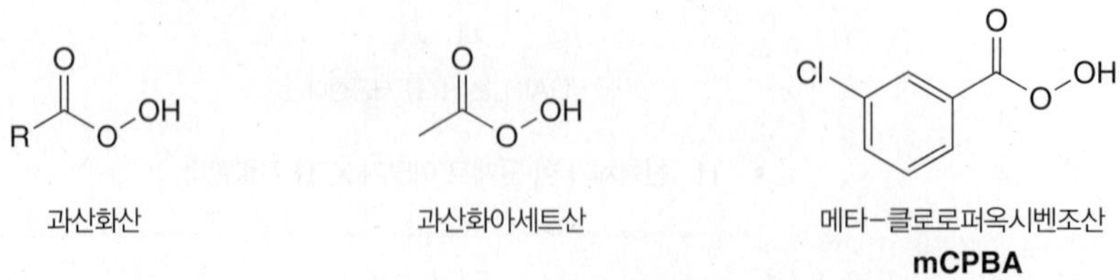

금속-산소 결합을 가진 가장 흔한 산화제는 산화수(여섯 개의 Cr–O결합)가 +6인 크로뮴이나 산화수(일곱 개의 Mn–O 결합)가 +7인 망가니즈이다. 일반적인 Cr^{6+} 시약은 산화크로뮴[chromium(VI) oxide, CrO_3]과 다이크로뮴산 소듐 또는 포타슘($Na_2Cr_2O_7$, $K_2Cr_2O_7$)이다. 이 시약들은 H_2SO_4와 같은 센산 수용액에서 센산화제로 사용된다. 할로젠화된 유기 용매에 녹는 Cr^{6+} 시약인 피리디늄 클로로크로메이트(Pyridinium chlorochromate, PCC)는 센산 없이도 사용될 수 있다. 이로 인하여 PCC는 12.12절에 설명된 것처럼 선택성이 더 큰 Cr^{6+} 산화제이다.

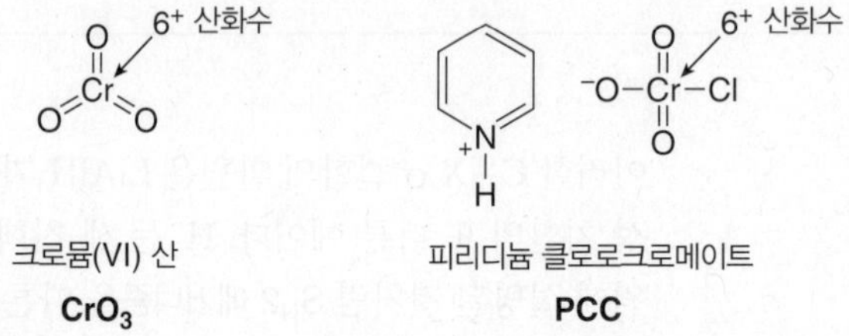

가장 흔한 Mn^{7+}시약은 물에 녹는 산화제인 $KMnO_4$(과망가니즈산 포타슘, potassium permanganate)이다. 금속을 포함하는 다른 산화제로는 OsO_4(사산화 오스뮴, osmium tetroxide)와 Ag_2O[산화 은(I), silver(I) oxide]가 있다.

12장의 나머지 부분에서는 알켄, 알카인, 알코올—이 교재에서 이미 소개된 세 가지 작용기

그림 12.7
알켄, 알카인 및 알코올의 산화 반응

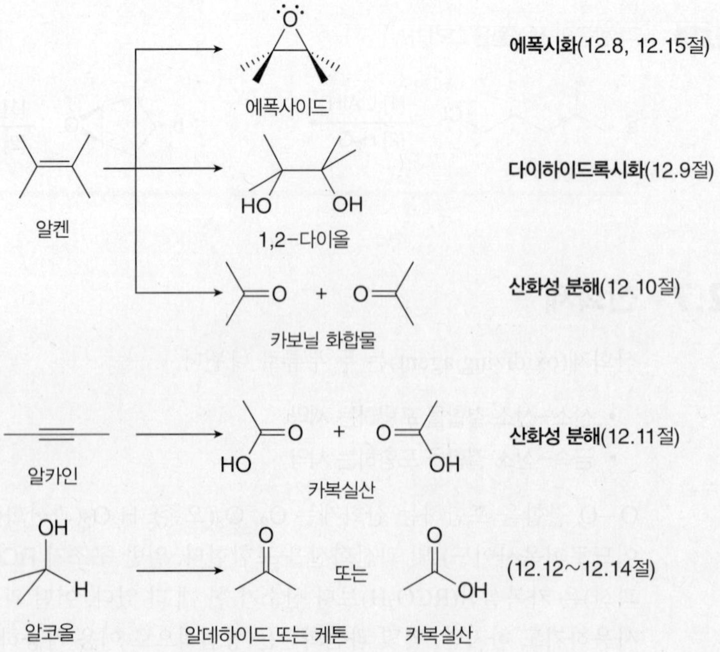

—의 산화를 설명한다(그림 12.7). C–O 결합 수를 증가시키는 알켄과 알카인의 첨가 반응은 12.8~12.11 절에서 논의된다. 알코올의 카보닐 화합물로의 산화는 12.12~12.14절에 나타나 있다.

12.8 에폭시화

에폭시화(epoxidation)는 알켄에 산소 원자 한 개가 첨가되어 에폭사이드를 생성하는 것이다.

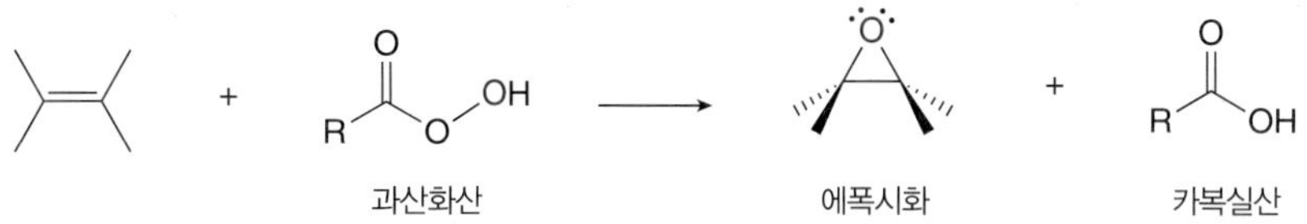

과산화산 에폭시화 카복실산

알켄의 약한 π 결합이 끊어지고, 두 개의 새로운 C–O σ 결합이 형성된다. 에폭시화는 전형적으로 과산화산으로 수행되며, 이 시약의 약한 O–O 결합이 분해된다.

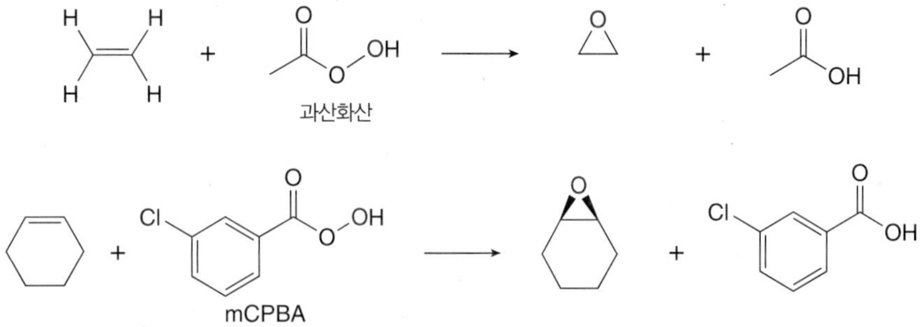

과산화산

mCPBA

메커니즘 12.4에 제시된 것처럼, 에폭시화는 π 결합에 과산화산의 산소 원자 한 개가 협동 첨가(concerted addition)되어 일어난다. 에폭시화는 한 단계에서 삼원자 고리에 두 개의 결합이 형성되는 다리걸친 할로늄 이온(bridged halonium ion, 10.13절)의 생성과 유사하다.

문제 12.15 각 알켄이 mCPBA로 처리될 때 어떤 에폭사이드가 생성되는가?

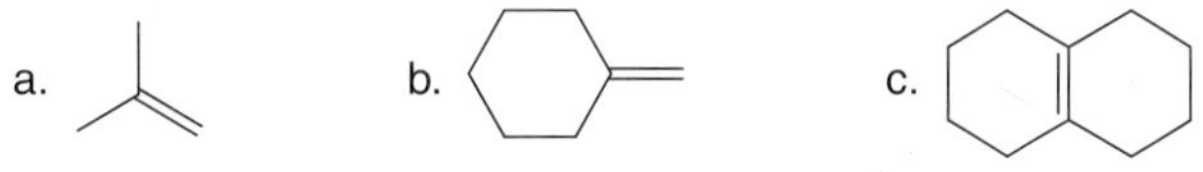

a. b. c.

메커니즘 12.4 과산화산에 의한 알켄의 에폭시화

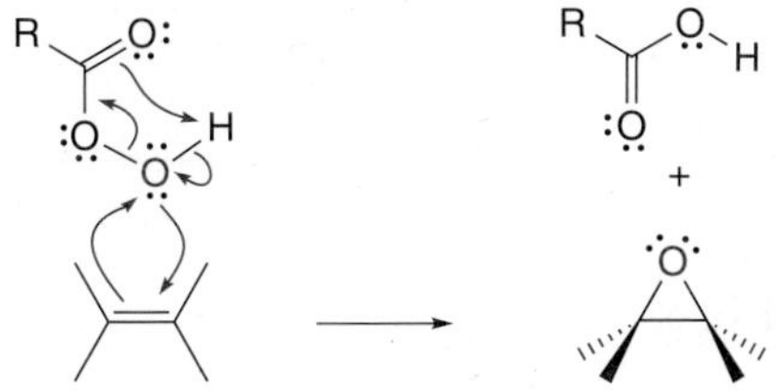

- **모든 결합은 한 단계로 끊어지거나 생성된다.** 과산화산과 알켄의 π 결합으로부터 각각 한 개의 전자쌍에 의하여 한 개의 O 원자에 두 개의 C–O 결합이 형성된다. 약한 O–O 결합은 끊어진다.

12.8A 에폭시화의 입체화학

에폭시화는 평면 이중 결합의 각 한쪽으로부터 O 원자의 신 첨가로 일어나 두 개의 C−O 결합이 같은 쪽에서 형성된다. 알켄 반응물에 있는 치환기의 상대적 위치는 에폭사이드 생성물에서 보존된다.

- 시스 알켄은 시스 치환체를 가진 에폭사이드를 생성한다. 트랜스 알켄은 트랜스 치환기를 가진 에폭 사이드를 생성한다.

에폭시화는 예제 12.2에 설명된 것처럼 시스와 트랜스 알켄이 다른 입체이성질체(stereoisomer)의 생성물을 생성하므로 입체특이성(stereospecific) 반응이다.

예제 12.2 시스-및 트랜스-2-뷰트-2-엔이 mCPBA로 에폭시화될 때 얻어지는 입체이성질체를 그려라.

풀이

에폭시화의 각 생성물을 작성하기 위하여 알켄의 각 쪽에 O 원자를 첨가하고, 모든 치환기는 본래의 위치에 있도록 한다. 시스-뷰트-2-엔에 있는 **시스** 메틸기는 에폭사이드에서 **시스** 치환기가 된다. 삼각 평면형 알켄의 각 쪽에서 O 원자가 첨가되면 똑같은 생성물—**두 개의 입체발생 중심이 있는 비카이랄(achiral) 메조 화합물**—이 얻어진다.

H, H, CH_3, CH_3 C=C —mCPBA→ O + O

시스 CH_3기 시스-뷰트-2-엔 | 시스 CH_3기 O가 평면 **위**에서 첨가된다. | 시스 CH_3기 O가 평면 **아래**에서 첨가된다.

생성물은 비카이랄설 메조 화합물이다.

시스- 및 트랜스-뷰트-2-엔의 에폭시화는 반응의 입체화학에 관한 일반적인 규칙을 설명해 준다. **비카이랄 출발물은 비카이랄 또는 라셈 생성물을 생성한다.**

트랜스-뷰트-2-엔에 있는 **트랜스** 메틸기는 에폭사이드에서 **트랜스** 치환기가 된다. 삼각 평면형 알켄의 각 쪽에서 O 원자가 첨가되면 두 개의 거울상이성질체(enantiomer)—**라셈 혼합물(racemic mixture)**—가 얻어진다.

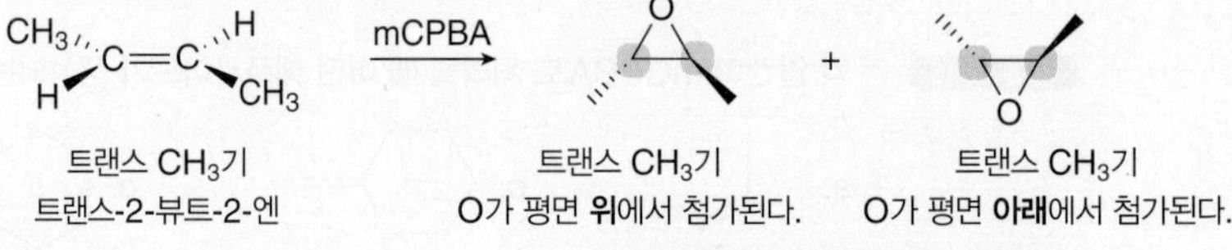

문제 12.16 각 알켄을 mCPBA와 반응시킬 때 얻어지는 모든 입체이성질체를 그려라.

a. b. c.

12.8B 디스파루어 합성

암컷 매미나방의 성 호르몬 에폭사이드 화합물인 **디스파루어**는 마지막 단계에서 에폭시화 반응을 사용하는 단계적인 반응 순서에 의하여 합성된다. 디스파루어의 역합성 분석은 세 단계의 주요 과정으로 이루어진다.

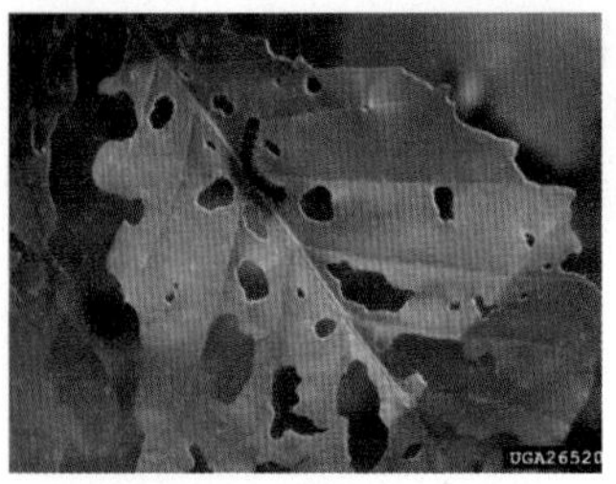

매미나방은 비단 산업을 발달시킬 의도로 1869년 뉴잉글랜드에 도입되었다. 몇몇 나방들이 들녘으로 탈출하여 개체 수가 증가하였다. 성숙한 매미나방 모충은 하루 평균 1평방피트의 나뭇잎을 갉아먹어 숲을 황폐화시킨다. 많은 나무들이 한 번의 고엽 후 고사한다.

[1] 에폭시화 → A

[2] 환원 → B

[3] C–C 결합 생성 → C, D

그림 12.8
디스파루어의 합성

부분 [1] 아세틸렌화 음이온을 사용한 두 개의 C–C 결합의 형성

$Na^+ \; ^-:NH_2$

C

S_N2

$Na^+ \; ^-:NH_2$

D

S_N2

B

부분 [2] 알카인 **B**의 환원으로 시스 알켄 **A**의 생성

B

H_2
린들라 촉매
H_2의 신 첨가

A
시스 알켄

부분 [3] **A**의 에폭시화로 디스파루어의 생성

A

mCPBA

위로부터 O의 첨가

디스파루어
생물학적 활성 페로몬

+

아래로부터 O의 첨가

생물학적 비활성 거울상이성질체
[파란색은 입체발생 중심을 나타냄]

- 디스파루어는 북동부 미국의 삼림을 주기적으로 황폐화시키는 해충인 집시 나방 유충의 번식을 억제하는 데 사용되었다. 활성 페로몬을 독이나 끈적이는 물질이 포함되어 있는 덫(trap)에 발라 놓으면, 숫 나방이 페로몬에 의해 덫으로 유인된다. 또 다른 방법은 디스파루어를 바른 수천 개의 트랩을 나방이 들끓는 지역의 가장자리를 따라 늘어 놓는다. 페로몬이 공기 중에 퍼지면 수컷을 혼란스럽게 해 짝을 찾을 수 없게 하므로 교미가 방해된다. 이처럼 특정 종에 대한 특유의 방식은 해로운 일반 살충제의 광범위한 살포를 피해 곤충의 개체군을 통제하는 새로운 방법을 제시한다.

- 단계 [1]: 디스파루어의 시스 에폭사이드는 시스 알켄 A의 에폭시화로 제조된다.
- 단계 [2]: A는 내부 알카인 B의 환원으로 제조된다.
- 단계 [3]: B는 아세틸렌화 음이온의 S_N2 반응에 의하여 아세틸렌과 두 개의 1° 할로젠화 알킬(C와 D)로부터 제조된다.

그림 12.8은 아세틸렌으로 시작하는 디스파루어의 합성을 설명한다. 디스파루어의 합성은 개념적으로 세 부분으로 나뉜다.

- 부분 [1]: 아세틸렌은 두 개의 C−C 결합을 형성하여 내부 알카인 B로 변환된다. 각 결합은 알카인을 염기($NaNH_2$)로 처리하여 아세틸렌화 음이온을 형성함으로써 생성되며, 이 음이온은 S_N2 반응으로 할로젠화 알킬(C 또는 D)과 반응한다(11.11절).
- 부분 [2]: 내부 알카인 B는 린들라 촉매를 사용한 H_2의 신 첨가에 의하여 시스 알켄 A로 환원된다(12.5B 절).
- 부분 [3]: 시스 알켄 A는 mCPBA와 같은 과산화산을 사용하여 디스파루어로 에폭시화된다.

라셈 혼합물을 구성 성분인 거울상이성질체로 분리하는 방법은 29.3절에서 논의할 것이다.

이중 결합의 다른 양쪽에서 시스 알켄 A를 에폭시화하면 마지막 단계에서 두 개의 시스 에폭사이드—두 거울상이성질체의 라셈 혼합물—가 생성된다. 이렇게 생성물의 반은 원하는 페로몬 디스파루어이지만, 나머지 반은 생물학적으로 비활성인 거울상이성질체이다. 원하지 않는 거울상이성질체로부터 원하는 거울상이성질체를 분리하는 일은, 두 화합물의 물리적 성질이 똑같기 때문에 비용이 많이 들며 어렵다. 라셈 혼합물을 생성하지 않으면서 비카이랄성 전구물질로부터 카이랄 에폭사이드를 생성하는 반응은 12.15절에서 논의된다.

12.9 다이하이드록시화

다이하이드록시화(dihydroxylation)는 이중 결합에 두 개의 하이드록시기(hydroxy group)를 첨가하여 1,2-다이올(1, 2-diol) 또는 글라이콜(glycol)을 생성하는 것이다. 시약에 따라 두 개의 새로운 OH기가 이중 결합의 반대쪽(안티 첨가) 또는 같은 쪽(신 첨가)에 첨가될 수 있다.

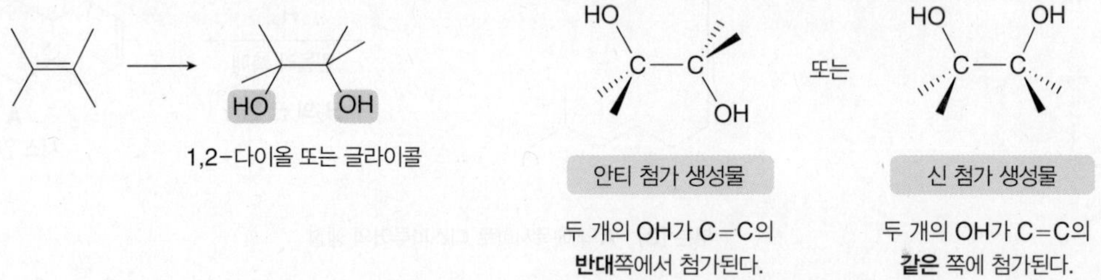

HO OH

1,2-다이올 또는 글라이콜

HO C—C OH 또는 HO OH C—C

안티 첨가 생성물

두 개의 OH가 C=C의 **반대**쪽에서 첨가된다.

신 첨가 생성물

두 개의 OH가 C=C의 **같은** 쪽에 첨가된다.

12.9A 안티 다이하이드록시화

안티 다이하이드록시화는 두 단계—에폭시화와 ^-OH 또는 H_2O에 의한 연이은 고리의 열림—로 수행된다. 예를 들어, 사이클로헥센(cyclohexene)은 두 개의 OH기가 안티 첨가되어 두 개의 트랜스-1,2-사이클로헥세인-1,2-다이올의 라셈 혼합물로 변환된다.

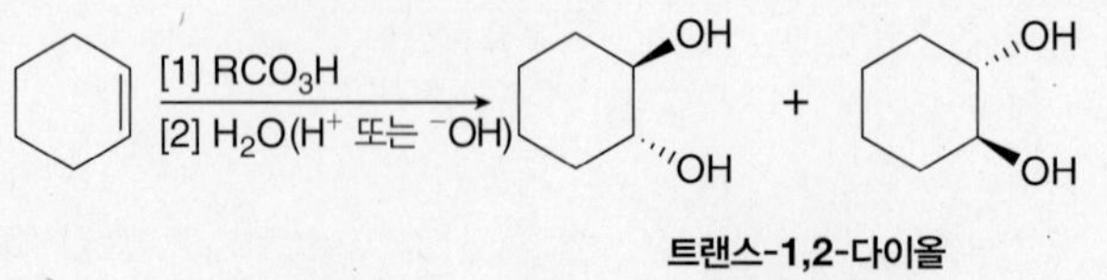

[1] RCO_3H
[2] H_2O(H^+ 또는 ^-OH)

OH OH + OH OH

트랜스-1,2-다이올
거울상이성질체

생성물의 입체화학은 각 단계의 입체화학을 고찰함으로써 이해될 수 있다.

사이클로헥센을 에폭시화하면 이중 결합의 평면 위 또는 아래에서 O 원자가 첨가되어 단일의 **비카이랄성 에폭사이드**를 생성하므로 단 하나의 구조만 그렸다. 에폭사이드 고리의 열림은 **C−O 결합의 각 양쪽에서 후면 공격**으로 일어난다. 에폭사이드는 육원자 고리의 평면 위에 그려져 있기 때문에, 친핵성 공격은 평면 **아래**에서 일어난다. 이 반응은 9.15절에서 이미 보았듯이, 센 친핵체가 에폭사이드 고리를 여는 특정한 예이다.

1,2-다이올에서 한 개의 OH기는 에폭사이드로부터 오고 다른 한 개의 OH기는 친핵체($^-$OH)로부터 왔기 때문에, 전체적으로는 **두 개의 OH기가 알켄에 안티 첨가한** 결과가 된다.

문제 12.17 두 시스 및 트랜스-뷰트-2-엔과 과산화산(peroxyacid)으로 처리한 후, 연이어 H_2O에서 $^-$OH로 반응할 때 생성되는 생성물을 그려라. 이러한 반응이 안티 다이하이드록시화가 입체특이적으로 일어난다는 것을 어떻게 알 수 있는지를 설명하라.

12.9B 신 다이하이드록시화

신 다이하이드록시화는 알켄을 $KMnO_4$ 또는 OsO_4로 처리할 때 나타난다.

시스-사이클로헥세인-1,2-다이올 시스-사이클로펜테인-1,2-다이올

각 시약은 이중 결합의 같은 쪽으로 두 개의 산소 원자가 첨가되어—즉 신 형태—고리 중간체를 생성한다. 고리 중간체가 가수분해로 금속−산소 결합이 분해되면 시스-1,2-다이올이 얻어진다. OsO_4의 경우에는 가수분해 단계에서 아황산수소 소듐(sodium bisulfite, $NaHSO_3$)을 가해준다.

$KMnO_4$는 가격이 저렴하고 쉽게 구입이 가능하지만, 유기 용매에 녹지 않으므로 그 용도가 제

한된다. 1,2-다이올 생성물의 연속적인 산화를 방지하기 위하여 반응 혼합물에 ^-OH를 첨가하여 염기성으로 유지해주어야 한다.

NMO는 **아민 산화물**(amine oxide)이다. 원자가 중성인 아민 산화물의 루이스 구조를 그리는 것은 불가능하다.

아민 산화물

OsO_4는 $KMnO_4$보다 선택성이 더 큰 산화제이며 유기 용매에 녹지만, 독성이 있으며 가격이 비싸다. 이러한 단점을 극복하기 위하여 다이하이드록시화는 산화제로서 *N*-메틸모폴린 *N*-옥사이드(NMO, *N*-methylmorpholine *N*-oxide)를 사용하고, 촉매 양의 OsO_4를 사용하여 수행될 수 있다.

메틸모폴린 *N*-옥사이드

NMO

촉매 과정에서 이중 결합을 다이하이드록시화하면 Os^{8+} 산화제가 Os^{6+}으로 변환되며, 이것은 NMO에 의하여 Os^{8+}로 재산화된다. 이 Os^{8+} 시약은 다시 다이하이드록시화에 사용될 수 있으며, 촉매 순환이 계속된다.

+ **Os^{8+} 산화제** ⟶ (HO, OH 다이올) + **Os^{6+} 생성물**

촉매

NMO는 **Os^{6+} 생성물**을 **Os^{8+}**로 산화시켜 다시 순환을 시작한다.

문제 12.18 두 시스-및 트랜스-2-뷰텐을 OsO_4로 처리한 후, 연이어 $NaHSO_3 + H_2O$로 가수분해할 때 생성되는 생성물을 그려라. 이 반응이 신 다이하이드록시화가 입체특이적으로 일어난다는 것을 어떻게 알 수 있는지를 설명하라.

12.10 알켄의 산화성 분해

번개는 뇌우 동안에 O_2로부터 O_3을 생성한다. 복사기를 사용할 때 나는 자극적인 냄새는 작업 동안 O_2로부터 생성된 O_3 때문이다. 지표면에서의 O_3는 원치 않는 대기 오염물이다. 그러나 성층권에서의 오존은, 15장에서 논의하겠지만, 해로운 자외선 복사로부터 우리를 보호해 준다.

알켄을 산화성 분해하면 이중 결합의 σ와 π 결합이 모두 끊어져 두 개의 카보닐기를 생성한다. 이중 결합에 결합된 R기의 수에 따라 산화성 분해로 케톤이나 알데하이드가 생성된다.

$R_2C{=}CHR \xrightarrow{[O]} R_2C{=}O + O{=}CHR$

σ 와 π 결합이 끊어진다. 케톤 알데하이드

산화성 분해의 한 방법은 첫 단계에서 산화제로 오존(ozone, O_3)을 사용하는 두 단계 과정이다. 오존으로 분해하는 것을 가오존분해 반응(ozonolysis)이라 한다.

[1] O_3
[2] Zn, H_2O

케톤 알데하이드

[1] O_3
[2] CH_3SCH_3

알켄의 π 결합에 오존을 첨가하면 **몰오조나이드**(molozonide)라 하는 불안정한 중간체가 생성되며, 이것은 단계적인 과정으로 **오조나이드**(ozonide)로 자리 옮김한다. 불안정한 오조나이드는 분리되지 않고 환원되어 카보닐 화합물을 생성한다. H_2O에서의 Zn이나 다이메틸 설파이드(dimethyl sulfide, CH_3SCH_3)는 오조나이드를 카보닐 화합물로 변환하는 데 사용되는 두 가지 흔한 시약이다.

몰오조나이드 → 오조나이드 —(Zn, H_2O 또는 CH_3SCH_3)→ 부산물: $Zn(OH)_2$ 또는 $(CH_3)_2S{=}O$

어떤 산화성 분해의 생성물을 그리기 위해서는

- 분자에 있는 모든 π 결합을 찾아낸다.
- 각 C=C를 두 개의 C=O 결합으로 바꿔 넣는다.

예제 12.3 각 알켄을 O_3로 처리한 후, 연이어 CH_3SCH_3로 반응시킬 때 얻어지는 생성물을 그려라.

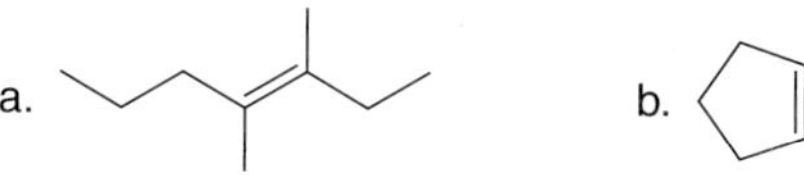

풀이

a. 이중 결합을 끊고, 그것을 두 개의 카보닐기로 바꾼다.

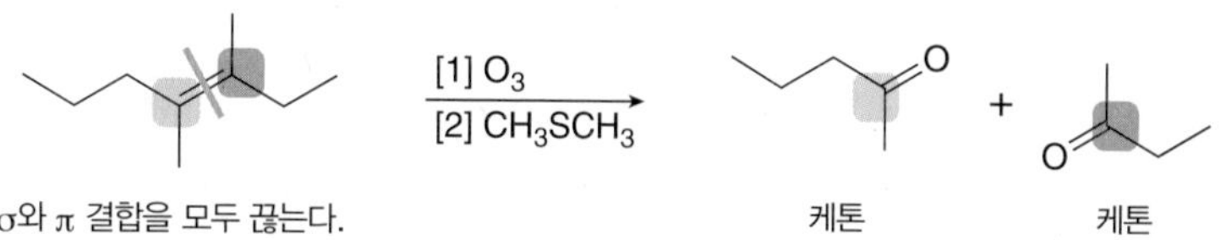

b. 사이클로알켄의 경우에 산화성 분해가 일어나면, **두 개의 카보닐기를 가진 단일 분자—다이카보닐(dicarbonyl) 화합물**—가 생성된다.

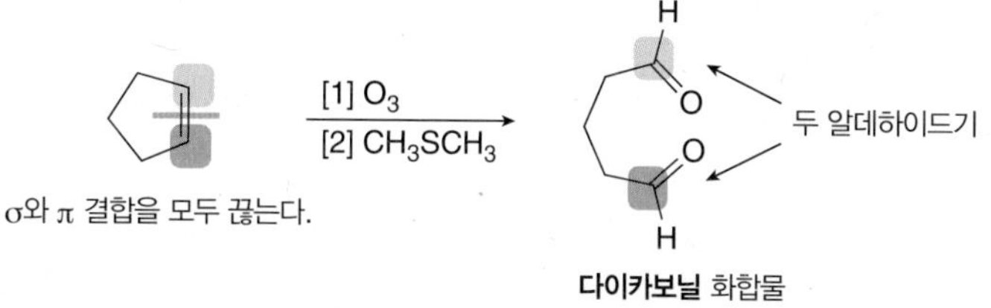

문제 12.19 각 알켄을 O_3로 처리한 후, 연이어 Zn, H_2O로 반응시킬 때 생성되는 생성물을 그려라.

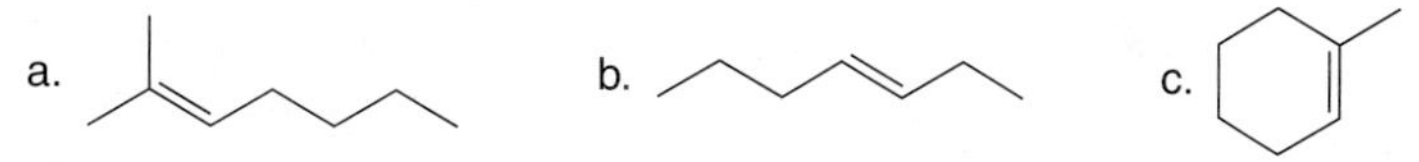

다이엔(및 다른 폴리엔)을 가오존분해하면 모든 C=C 결합의 산화성 분해가 일어난다. 생성물에 형성된 카보닐기의 수는 출발물에 있는 이중 결합 수의 두 배이다.

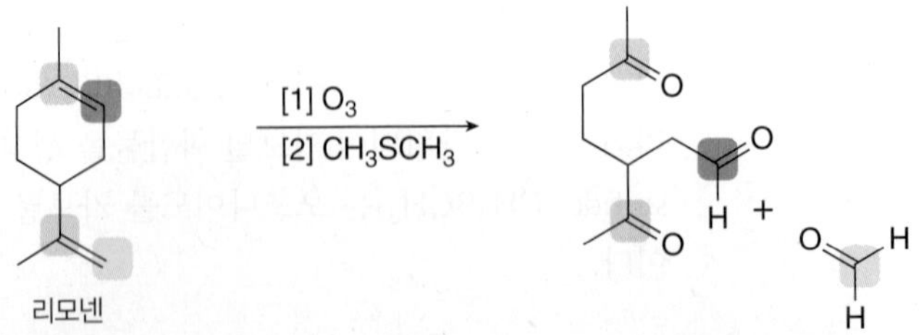

[1] O_3
[2] CH_3SCH_3

리모넨

산화성 분해는 미지 화합물의 구조를 결정하기 위한 귀중한 수단이다. 예제 12.4에 설명된 것처럼, 어떤 알켄이 산화성 분해 생성물의 특정한 쌍을 유발하는지 결정하는 능력은 유용한 기술이다.

예제 12.4 O_3로 처리한 후, 연이어 CH_3SCH_3로 반응시킬 때 다음 생성물을 생성하는 알켄은 무엇인가?

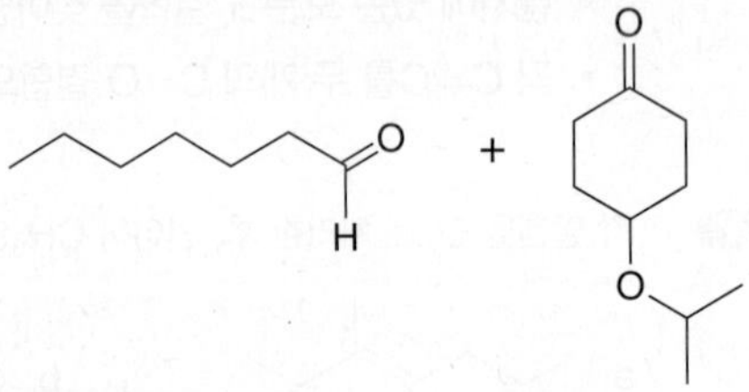

풀이

출발물을 작성하기 위하여 카보닐기에 있는 O 원자를 무시하고, 카보닐 탄소를 C=C로 결합시킨다.

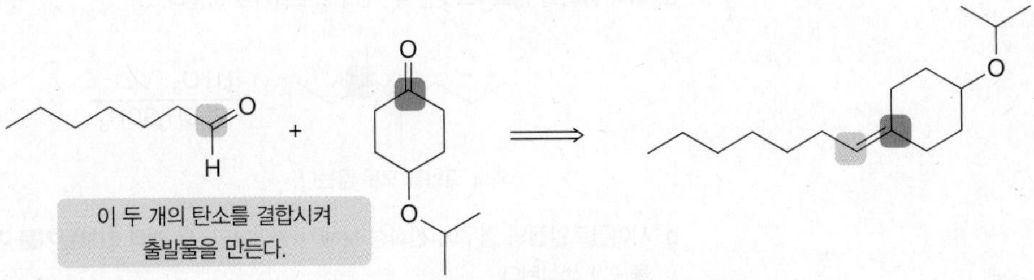

이 두 개의 탄소를 결합시켜 출발물을 만든다.

문제 12.20 산화성 분해 생성물의 각 쌍을 생성하는 알켄은 무엇인가?

a. + b. + c. 하나만

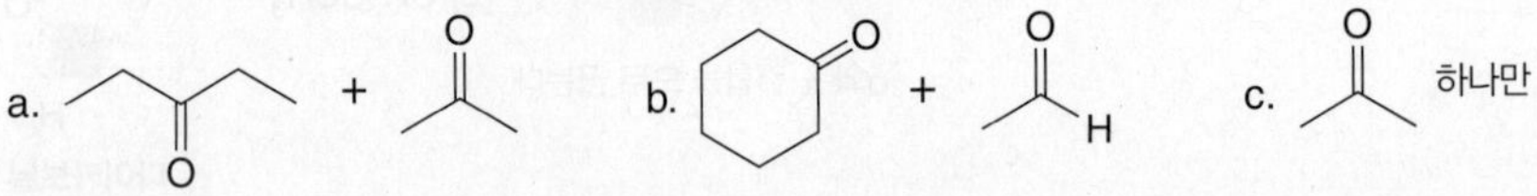

문제 12.21 다음의 각 다이엔이 O_3 및 CH_3SCH_3와 연속으로 반응할 때 생성되는 생성물을 그려라.

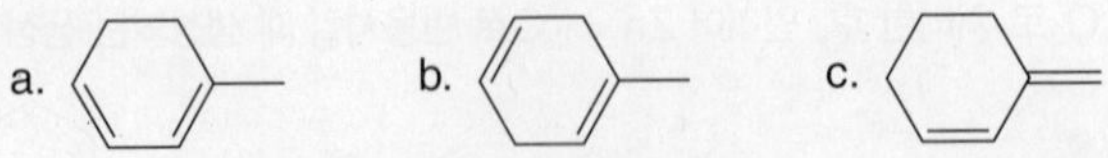

a. b. c.

12.11 알카인의 산화성 분해

알카인도 삼중 결합의 σ 결합과 두 개의 π 결합의 산화성 분해를 일으킨다. 말단 알카인은 카복실산(RCOOH)과 *sp* 혼성화된 C−H 결합으로부터 온 CO_2로 산화되는 반면, 내부 알카인은 카복실산으로 산화된다.

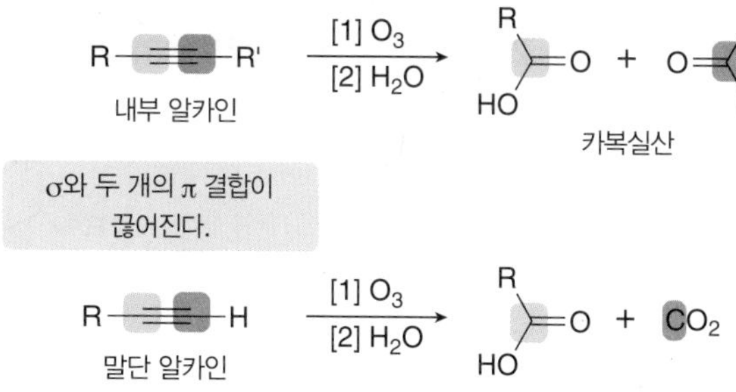

R—≡—R' 내부 알카인 →([1] O_3 / [2] H_2O) R—COOH + R'—COOH 카복실산

σ와 두 개의 π 결합이 끊어진다.

R—≡—H 말단 알카인 →([1] O_3 / [2] H_2O) R—COOH + CO_2

산화성 분해는 일반적으로 O_3로 처리한 후, 연이어 오조나이드 중간체를 H_2O로 분해시켜 수행된다.

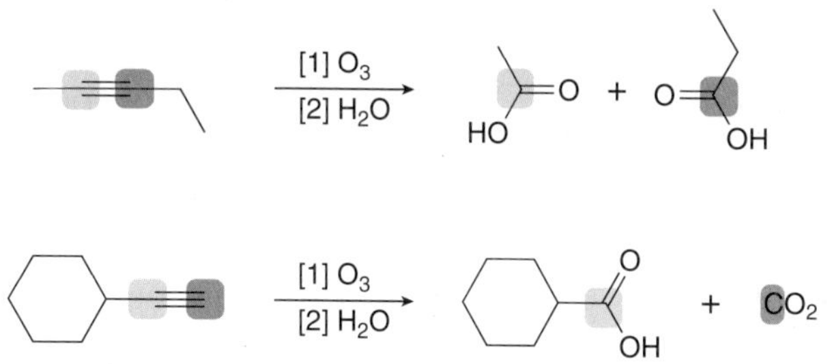

$$\text{CH}_3\text{C}\equiv\text{CCH}_2\text{CH}_3 \xrightarrow[\text{[2] H}_2\text{O}]{\text{[1] O}_3} \text{CH}_3\text{COOH} + \text{CH}_3\text{CH}_2\text{COOH}$$

$$\text{C}_6\text{H}_{11}\text{C}\equiv\text{CH} \xrightarrow[\text{[2] H}_2\text{O}]{\text{[1] O}_3} \text{C}_6\text{H}_{11}\text{COOH} + \text{CO}_2$$

문제 12.22 각 알카인을 O_3로 처리한 후, 연이어 H_2O로 반응시킬 때 생성되는 생성물을 그려라.

a.  (3-헵타인 골격 구조)　b. 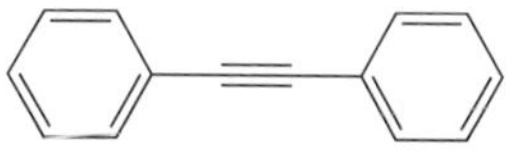 (다이페닐아세틸렌 구조)　c.  (다이아인 골격 구조)

문제 12.23 어떤 알카인(또는 다이아인)이 다음 각 산화성 분해 반응의 생성물을 만들어내는가?

a. 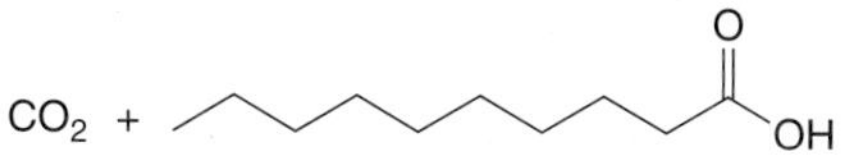 CO_2 + (장쇄 카복실산)OH

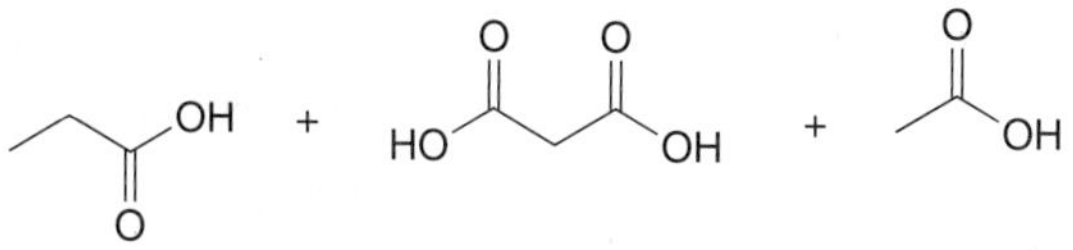

b. 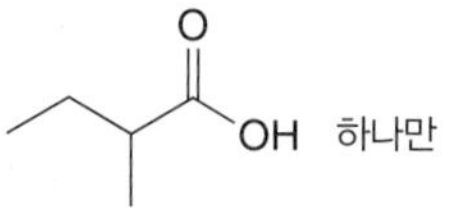 (2-메틸뷰탄산) OH 하나만

c. (프로판산)OH + HO(말론산)OH + (아세트산)OH

d. 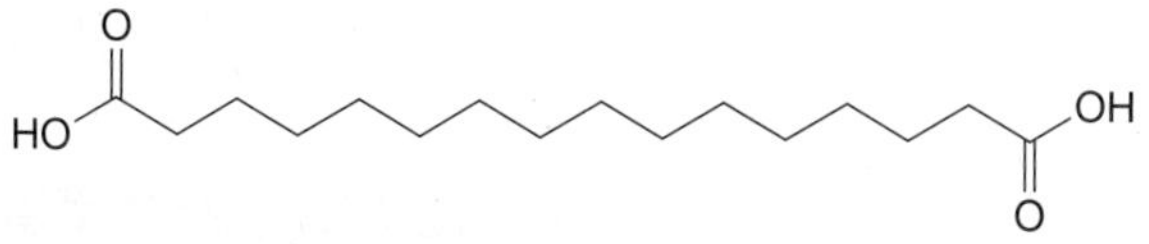 HO(장쇄 다이카복실산)OH

12.12 알코올의 산화

알코올은 알코올의 유형이나 시약에 따라 다양한 종류의 카보닐 화합물로 산화된다. 산화는 OH기를 가진 탄소 원자의 C−H 결합을 C−O 결합으로 바꿈으로써 일어난다.

- **1° 알코올**은 한 개 또는 두 개의 C−H 결합을 C−O 결합으로 바꿈으로써 **알데하이드**나 **카복실산**으로 산화된다.

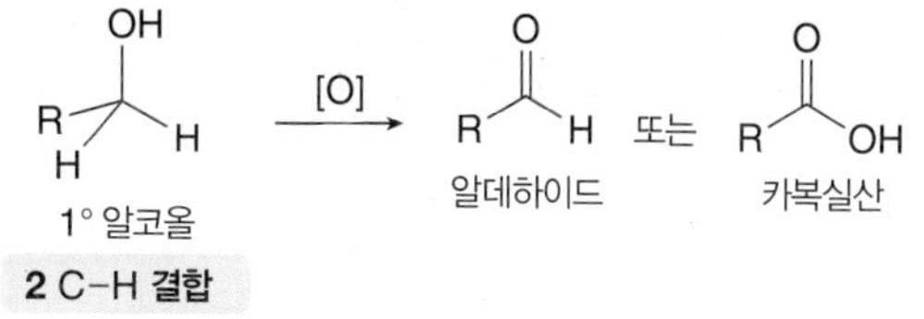

$$\text{RCH}_2\text{OH} \xrightarrow{\text{[O]}} \text{RCHO} \text{ 또는 } \text{RCOOH}$$

1° 알코올 (**2 C−H 결합**) → 알데하이드 또는 카복실산

- **2° 알코올**은 한 개의 C–H 결합을 C–O 결합으로 바꿈으로써 **케톤**으로 산화된다.

- **3° 알코올은 OH기가 있는 탄소에 H 원자가 없으므로** 쉽게 산화되지 않는다.

알코올 산화는 종종 이탈기 Z를 산소에 결합시키는 경로로써 발생하는데, Z는 전형적으로 높은 산화 상태 금속이다. 그런 다음 염기로 제거하면 C = O와 낮은 산화 상태 금속이 형성된다.

알코올의 카보닐 화합물로의 산화는 전형적으로 Cr^{6+} 산화제에 의하여 수행되며, Cr^{3+} 생성물로 환원된다.

- CrO_3, $Na_2Cr_2O_7$ 및 $K_2Cr_2O_7$은 산성 수용액(H_2SO_4 + H_2O)에서 사용되는 비선택적인 센 산화제이다.
- PCC(12.7절)는 CH_2Cl_2(다이클로로메테인)에 용해되며, 센산 없이도 사용될 수 있으므로 선택성이 더 크고, 더 온화한 산화제이다.

12.12A 2° 알코올의 산화

어떤 Cr^{6+} 산화제라도 2° 알코올을 케톤으로 효과적으로 산화시킨다.

알코올 산화의 메커니즘은 두 주요 부분, 크로뮴산 에스터(chromate ester)의 생성과 양성자의 이탈로 구성된다. 메커니즘 12.5에 CrO_3에 의한 일반적인 2° 알코올의 산화가 설명되어 있다.

이 세 단계에서 Cr^{6+} 산화제는 Cr^{4+} 생성물로 변환되며, 이것은 일련의 단계를 거쳐 Cr^{3+}로 환원된다.

메커니즘 12.5 CrO_3에 의한 알코올의 산화

2° 알코올 + CrO_3 —①→ —②양성자의 이동→ 크로뮴산 에스터 + H_2O —③→ 케톤 + $HCrO_3^-$ + H_3O^+

① ② 친전자성 금속(Cr^{6+} 산화제)에 대한 알코올의 친핵성 공격과 연이은 양성자의 이동으로 **크로뮴산 에스터**를 생성한다.

③ 염기(H_2O 또는 출발 알코올 분자)가 양성자를 제거하여 C−H 결합에 있는 전자쌍이 C=O의 새로운 π 결합을 형성한다. C−H 결합의 수가 감소하고 C−O 결합의 수가 증가하기 때문에 **탄소에서의 산화가 일어난다**.

12.12B 1° 알코올의 산화

1° 알코올은 시약에 따라 알데하이드 또는 카복실산으로 산화된다.

- 1° 알코올은 CH_2Cl_2에서 PCC를 사용하는 온화한 반응 조건에서는 알데하이드(RCHO)로 산화된다.
- 1° 알코올은 H_2O와 H_2SO_4 존재하에서 $Na_2Cr_2O_7$, $K_2Cr_2O_7$ 또는 CrO_3를 사용하는 더 격렬한 반응 조건에서는 카복실산(RCOOH)으로 산화된다.

1° 알코올 —PCC→ 알데하이드

1° 알코올 —$K_2Cr_2O_7$, H_2SO_4, H_2O→ 카복실산

메커니즘 12.6 1° 알코올의 카복실산으로의 산화

1° 알코올 —부분 ① [메커니즘 12.5]→ 알데하이드 + $HCrO_3^-$ —부분 ② [메커니즘 21.8]→ 수화물 —부분 ③ 두 단계→ 크로뮴산 에스터 + H_2O → 카복실산 + $HCrO_3^-$ + H_3O^+

부분 ① 1° 알코올의 알데하이드로의 산화는 메커니즘 12.5에 설명된 세 단계 메커니즘으로 일어난다.

부분 ② 21.13절에 소개된 메카니즘에 의해 C = O에 물을 첨가하여, 똑같은 탄소 원자에 두 개의 OH기를 가진 화합물인 수화물(hydrate)을 생성한다.

부분 ③ 수화물의 C − H 결합의 산화는 크로뮴산 에스터를 형성하고 양성자가 제거되는 메커니즘 12.5를 따른다.

1° 알코올이 알데하이드로 산화되는 메커니즘은 12.12A절에 설명된 2° 알코올이 케톤으로 산화되는 메커니즘과 같다. 1° 알코올의 카복실산으로의 산화는 메커니즘 12.6에 제시된 것처럼, 최초의 알데하이드로의 산화, 물과의 반응, 그리고 카복실산으로의 연속적인 산화를 거치는 세 가지 과정을 필요로 한다.

Cr^{6+}의 산화는 붉은 주황색의 Cr^{6+} 시약이 녹색의 Cr^{3+}로 환원되기 때문에 색깔 변화에 의하여 식별된다. '음주 운전'이 의심되는 경우의 혈중 알코올 함량 측정에 처음에 사용하는 장비는 이 색깔 변화를 이용한 것이다. 알코올 음료의 1° 알코올인 CH_3CH_2OH를 주황색의 $K_2Cr_2O_7$로 산화하면 CH_3COOH와 녹색의 Cr^{3+}가 생성된다.

에탄올 '알코올' (OH) + $K_2Cr_2O_7$ 붉은 주황색 ⟶ 아세틱산 (O, OH) + Cr^{3+} 녹색

개인의 혈중 알코올의 수치는 $K_2Cr_2O_7$, H_2SO_4 및 비활성 고체를 포함하는 관에 입김을 불어서 측정할 수 있다. 내쉰 숨 속의 알코올은 Cr^{6+}에 의하여 산화되며, 관 속에서 녹색으로 변한다(그림 12.9). 숨 속의 CH_3CH_2OH 농도가 높을수록 더 많은 Cr^{6+}가 환원되며, 시료 관에서 녹색인 Cr^{3+} 색깔의 길이가 늘어난다. 이 수치는 개인이 법적 혈중 알코올 범위를 넘었는지를 결정하는 데 이용된다.

문제 12.24 다음 각 반응의 유기 생성물을 그려라.

a. (OH) —PCC→

b. (OH) —PCC→

c. (OH) —CrO_3, H_2SO_4, H_2O→

d. (OH) —CrO_3, H_2SO_4, H_2O→

그림 12.9
혈중 알코올 검사

a. 알코올 검사 장치 개요

튜브에 $K_2Cr_2O_7$이 들어 있다.

개인이 튜브 속으로 숨을 내쉰다.

내쉰 공기에 의하여 풍선이 팽창한다.

$K_2Cr_2O_7$(붉은 주황색)이 CH_3CH_2OH와 반응하여 Cr^{3+}(녹색)를 생성한다.

b. 시판용

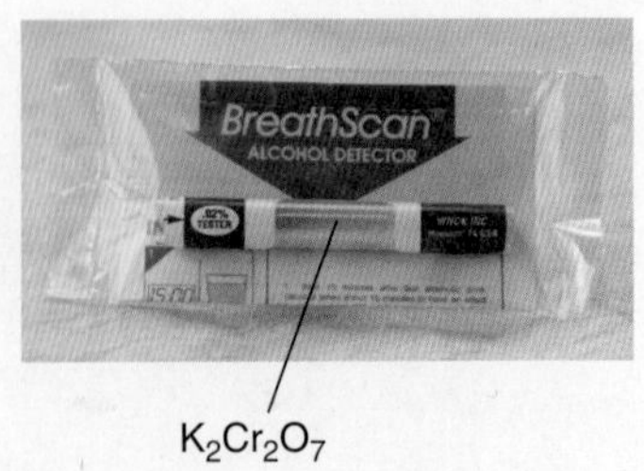

$K_2Cr_2O_7$

- $K_2Cr_2O_7$으로 CH_3CH_2OH를 산화하여 CH_3COOH와 Cr^{3+}를 생성하는 것은 내쉰 공기 속의 알코올 농도를 검사하기 위한 첫 번째 방법이었다. 알코올 검사를 위한 몇 가지 시판용 제품들은 아직도 이러한 기술에 근거하고 있다.

12.13 청정 화학

산화 반응에 관한 몇 가지 새로운 방법은 청정 화학(green chemistry)에 기초를 두고 있다. **청정 화학은 화합물을 합성할 때 환경 친화적인 방법을 사용하는 것이다.** 그 목적은 더 안정한 시약과 더 작은 양의 용매를 사용하고 부산물과 폐기물을 적게 만드는 반응을 개발하는 데 있다.

재생 가능한 자원(석유보다는)으로부터 유도된 출발물을 사용한 청정 고분자 합성은 30장에서 다룬다.

많은 산화 반응이 유독 약품(OsO_4와 O_3 등)과 부식성 산(H_2SO_4 등)을 사용하거나 발암성 부산물(Cr^{3+} 등)을 생성하므로 대체 반응이 개발되었다. 그 한 가지 방법은 센산을 사용하는 대신 고분자로 지지된 Cr^{6+} 시약—$HCrO_4^-$-앰버라이스트(amberlyst) A-26 수지—을 사용하고, 여과에 의해 생성물로부터 Cr^{3+} 부산물을 쉽게 제거하는 것이다.

앰버라이스트 A-26 수지는 음이온성 크로뮴 산화제 $HCrO_4^-$에 상대 이온으로 작용하는 양이온성 암모늄 이온 첨가 성분을 가진 복합 탄화수소 조직으로 구성되어 있다. 불용성 고분자 시약을 알코올과 함께 가열하면 알코올이 카보닐 화합물로 산화되며 불용성 Cr^{3+}이 부산물로 생긴다. 금속성 부산물은 용매를 첨가하지 않고 제거될 수 있으며, 재생한 후에 다음 반응에서 다시 사용할 수 있다.

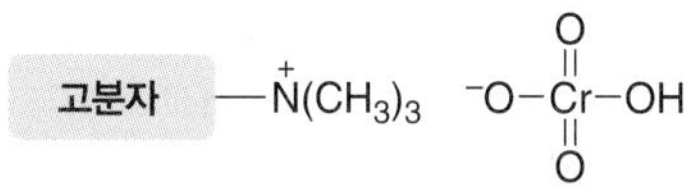

고분자 —$\overset{+}{N}(CH_3)_3$ $^-O-Cr(=O)_2-OH$

앰버라이스트 A-26 수지 Cr^{6+} 산화제

앰버라이스트 A-26 수지-$HCrO_4^-$와 1° 알코올은 알데하이드로 산화되며 2° 알코올은 케톤으로 산화된다.

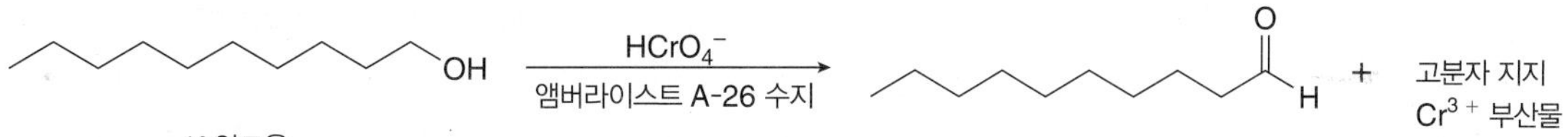

1° 알코올 —($HCrO_4^-$, 앰버라이스트 A-26 수지)→ 알데하이드 + 고분자 지지 Cr^{3+} 부산물

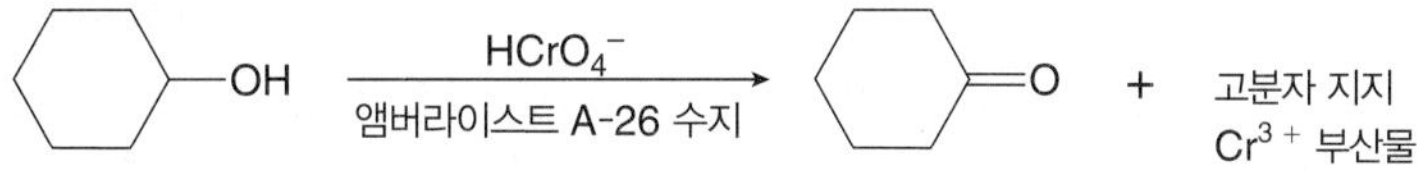

2° 알코올 —($HCrO_4^-$, 앰버라이스트 A-26 수지)→ 케톤 + 고분자 지지 Cr^{3+} 부산물

K^+ $^-O-S(=O)_2-O-OH$

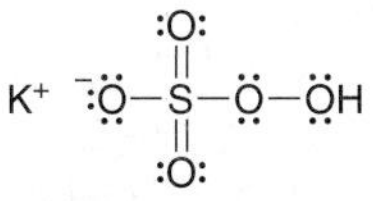

과황산 포타슘

금속성 부산물을 생성하지 않고 산화 반응을 일으키는 다른 많은 청정화학적 접근들이 활발히 연구되고 있다. 예를 들면, 과황산 포타슘(potassium peroxymonosulfate, $KHSO_5$)은 옥손(Oxone)이라는 상품명으로 팔리고 있는 3중염(triple salt, 2 $KHSO_5$ • .$KHSO_4$ • .K_2SO_4)으로서 과산화 수소의 황산염 유도체이다. 옥손은 크로뮴이나 망가니즈 같은 중금속이 없는 상태에서도 다양한 물질들을 산화시킬 수 있는데, 어떤 경우에는 산화 반응이 물이나 수용액 상태에서도 일어날 수 있다. 산화 반응 동안에 이 시약의 약한 O–O 결합이 깨지면서 황산 포타슘 염(K_2SO_4)이 부산물로 생성된다. 알코올 산화 반응의 2가지 예는 다음과 같다.

벤질 알코올 —(옥손, NaBr, CH_3CN, H_2O)→ 벤즈알데하이드

알코올 —(옥손, NaCl, 아세트산 에틸, H_2O)→ 케톤

문제 12.25 다음 각각의 알코올이 $HCrO_4$-앰버라이스트 A-26 수지로 처리될 때 어떤 카보닐 화합물이 생성되는가?

a. 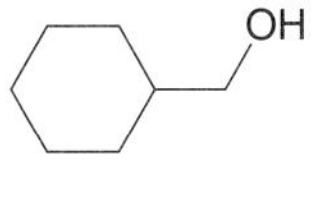 (cyclohexyl)CH₂OH b. 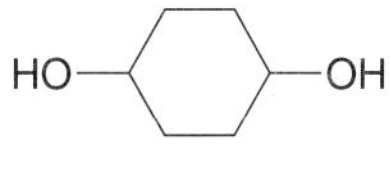 HO–(cyclohexane)–OH c. 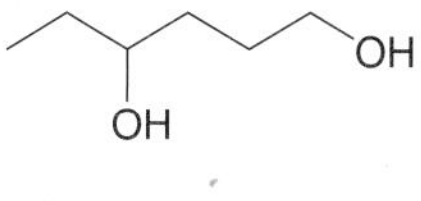 (OH, OH diol)

문제 12.26 수용성 CH_3COOH에 녹아 있는 하이포아염소산 소듐(sodium hypochlorite, NaOCl, 가정용 표백 산화제) 또한 '청정'산화제로 권장된다. 예를 들어 $(CH_3)_2CHOH$를 NaOCl로 산화시키면, $(CH_3)_2C{=}O$를 생성하고 NaCl과 H_2O를 얻는다.

a. $HCrO_4$-앰버라이스트 A-26 수지로 대신 산화시킬 때의 장단점은 무엇인가?

b. CrO_3, H_2SO_4, H_2O로 대신 산화시킬 때의 장단점은 무엇인가?

12.14 생물학적 산화

생물계에서의 많은 반응은 산화 또는 환원을 포함한다. 산화하는 데 Cr^{6+}를 사용하는 대신 세포는 두 개의 유기 화합물—분자량이 큰 **효소**(enzyme)와 산화제 역할을 하는 더 간단한 **보효소**(coenzyme)—을 사용한다.

생물계에서 알코올을 산화시키기 위해 자주 사용되는 효소는 NAD^+라고 약칭하는 니코틴아마이드 아데닌 다이뉴클레오타이드(nicotinamide adenine Dinucleotide)이다. 구조가 복잡해 보이지만, 붉은색으로 표시된 분자의 일부분만 산화 환원 반응에 참여한다.

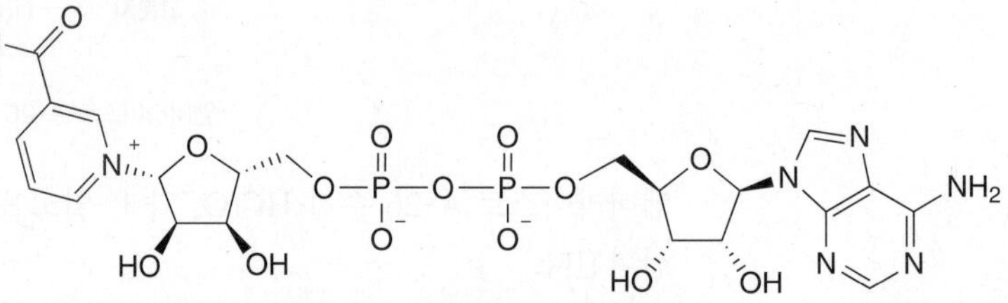

니코틴아마이드 아데닌 다이뉴클레오타이드
NAD+

두 개 전자가 들어 있는 수소 원자인 수소화 이온이 알코올에서 NAD^+로 이동하면 알코올이 카보닐기로 생화학적으로 산화된다. 이 과정에서 NAD^+는 NADH로 약칭하는 환원된 형태의 니코틴 아마이드 아데닌 다이뉴클레오타이드(nicotinamide adenine dinucleotide)로 환원된다. NADH는 20.6절에서 논의할 예정인데, 알코올을 카보닐 화합물로 변환시키는 생물학적 환원제이다.

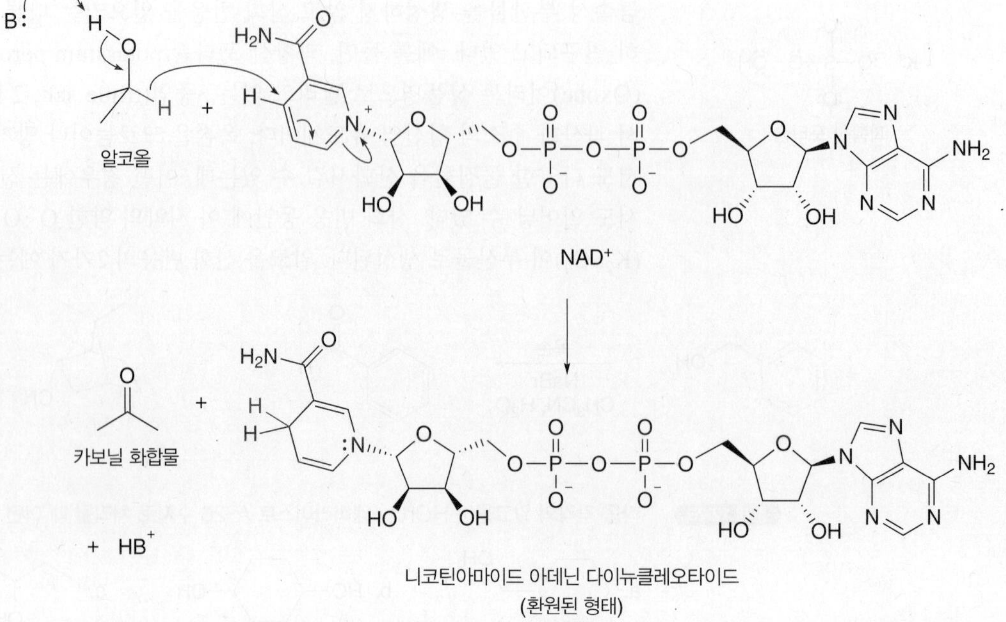

알코올 + NAD^+ → 카보닐 화합물 + NADH + HB^+

니코틴아마이드 아데닌 다이뉴클레오타이드
(환원된 형태)
NADH

예를 들어, CH_3CH_2OH(에탄올)을 섭취하면, 이것은 처음에 간에서 NAD^+에 의해 CH_3CHO(아세트알데하이드)로 산화되고, 그 후 CH_3COO^-(아세트산 음이온, 아세트산의 짝염기)로 산화된다. 아세트산 음이온은 지방산과 콜레스테롤을 합성하기 위한 출발물이다. 두 산화는 탈수소 효소(dehydrogenase enzyme)에 의하여 촉매화된다.

에탄올 —(NAD^+, 알코올 탈수소 효소)→ 아세트알데하이드 —(NAD^+, 알데하이드 탈수소 효소)→ 아세트산 음이온

주어진 시간 안에 신진대사를 일으킬 수 있는 양보다 더 많은 알코올을 섭취한다면, 아세트알데하이드의 농도는 증가한다. 이 독성 화합물로 인하여 숙취를 느끼게 된다.

안타부스

알코올 중독자의 알코올 음료 소비를 방지하는 데 사용되는 의약품인 **안타부스(antabuse)**는 에탄올의 정상적인 산화를 방해한다. 안타부스는 아세트알데하이드가 아세트산 음이온으로 산화되는 것을 억제한다. 에탄올 신진대사에서 첫 단계는 일어나지만 두 번째 단계는 일어나지 않기 때문에, 아세트알데하이드의 농도가 증가하여 고통을 심하게 느끼게 한다.

에탄올과 마찬가지로 메탄올은 같은 효소에 의하여 산화되어 알데하이드와 산—폼알데하이드와 폼산—을 생성한다. 이 산화 생성물은 인체가 사용할 수 없기 때문에 독성이 매우 크다. 이 결과로 혈액의 pH가 감소하여 눈이 멀고 사망에 이르게 한다.

CH_3-OH (메탄올) —(NAD^+, 알코올 탈수소 효소)→ 폼알데하이드 —(NAD^+, 알데하이드 탈수소 효소)→ 폼산

효소는 메탄올보다 에탄올에 대한 친화력이 더 크므로, 메탄올에 중독된 사람을 치료하는 데 에탄올이 사용된다. 에탄올과 메탄올이 둘 다 환자의 조직에 있을 때, 효소는 에탄올과 더 빠르게 반응하므로 메탄올의 독성 산화 생성물을 형성하지 않고, 메탄올을 변화가 없는 상태로 배출시킨다.

12.15 샤플리스 에폭시화

지금까지 논의된 모든 반응에서 **비카이랄 출발물은 비카이랄 시약과 반응하여 비카이랄 생성물이나 두 거울상이성질체의 라셈 혼합물을 생성하였다.** 여러분이 카이랄 생성물을 제조하려 한다면, 이것은 혼합 생성물의 절반은 원하는 거울상이성질체이고, 나머지 절반은 원하지 않는 거울상이성질체라는 뜻이다. 그림 12.8에 요약된 디스파루어의 합성은 이러한 난관을 예시하고 있다.

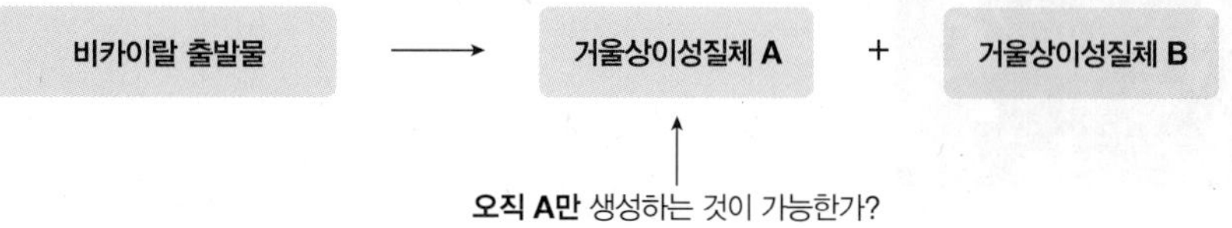

샤플리스는 카이랄 산화 반응에 대한 업적으로 2001년에 노벨 화학상을 수상하였다.

스크립스(Scripps) 연구소의 배리 샤플리스(K. Barry Sharpless)는 카이랄 시약을 사용하여 하나의 거울상이성질체의 생성이 가능하다는 것을 밝혀내었다.

- 거울상선택성 반응(enantioselective reaction)으로 하나의 거울상이성질체가 지배적으로 또는 주로 생성된다.
- 비카이랄 출발물을 주로 한 개의 거울상이성질체로 변환하시키는 반응을 비대칭 반응(asymmetric reaction)이라 한다.

샤플리스 비대칭 에폭시화는 알켄을 에폭사이드로 산화하는 거울상선택성 반응이다. 이 반응에서 알릴 알코올(allylic alcohol)—즉 C=C에 인접한 탄소에 하이드록시기(OH)기를 가진 알코올—의 이중 결합만이 산화된다.

R, R, OH, 알릴 알코올 → 샤플리스 시약 → O, R, R, OH, H, 위에서 O가 첨가 또는 R, R, OH, H, O, 아래에서 O가 첨가

샤플리스 시약
$(CH_3)_3C{-}OOH$
$Ti[OCH(CH_3)_2]_4$
(+)- 또는 (−)-타타르산 다이에틸

- 샤플리스 시약을 사용하면 하나의 거울상이성질체가 더 많이 생긴다.
- 새로운 입체발생 중심은 파란색으로 표시하였다.

샤플리스 시약은 *tert*-뷰틸 하이드로퍼옥사이드[*tert*-butyl hydroperoxide, $(CH_3)_3COOH$], 타이타늄 촉매[대개 타이타늄(IV) 아이소프로폭사이드[titanium(IV) isopropoxide, $Ti[OCH(CH_3)_2]_4$] 및 타타르산 다이에틸(DET, diethyl tartrate)등 세 가지 요소로 구성되어 있다. 두 개의 다른 카이랄 타타르산 다이에틸 이성질체가 있으며, 편광을 회전시키는 방향에 따라 (+)-DET 또는 (−)-DET로 표시된다.

(+)-(*R*,*R*)-타타르산 다이에틸
(+)-DET

(−)-(*S*,*S*)-타타르산 다이에틸
(−)-DET

DET 이성질체의 구조는 샤플리스 시약에 의한 알릴 알코올의 에폭시화에서 어떤 거울상이성질체가 주 생성물로 얻어지는지를 결정하게 해준다.

(+)-DET는 (+)-(*R*, *R*)-타타르산 [tartaric acid, $HO_2CCH(OH)CH(OH)CO_2H$]으로부터 제조된다. 이 산은 포도에서 발견되며, 양조 산업의 부산물로 시판되는 자연계에 존재하는 카복실산이다.

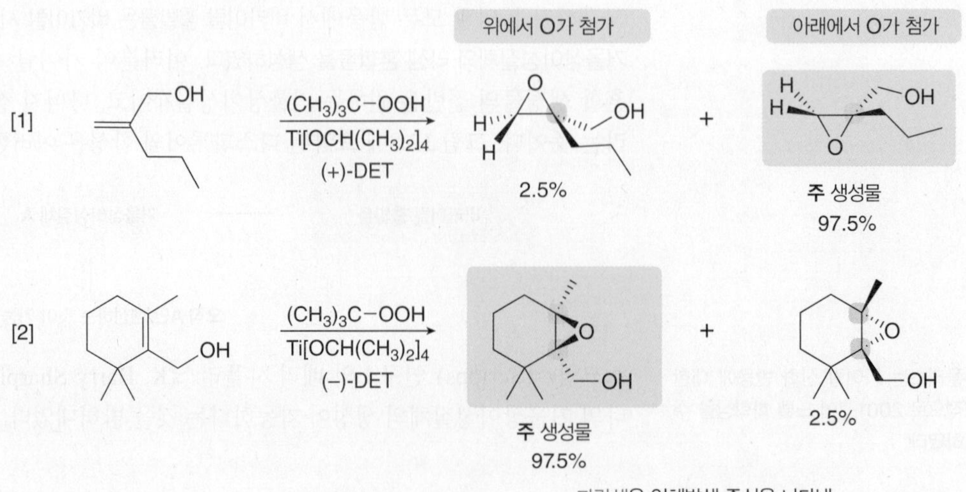

거울상 초과량 ***ee*** = 한 거울상이성질체의 % − 다른 거울상이성질체의 %

반응의 거울상 선택성도(degree of enantioselectivity)는 거울상 초과량(enantiomeric excess, ee)(5.12D절)에 의하여 측정된다. 반응 [1]과 [2]는 각각 95%의 거울상 초과량(97.5%의 주 거울상이성질체 −2.5%의 부 거울상이성질체)을 가지므로 거울상 선택성이 매우 높다.

제시된 DET 이성질체에 대하여 어떤 거울상이성질체가 생성되는지를 결정하기 위하여 평면에 알릴 알코올을 그릴 때, C=C기는 수평면에, OH기는 오른쪽 위 모서리에 위치하도록 그린다. 그 다음,

- (−)-DET 로 에폭시화할 때는 평면 위에서 산소 원자를 첨가한다.
- (+)-DET 로 에폭시화할 때는 평면 아래에서 산소 원자를 첨가한다.

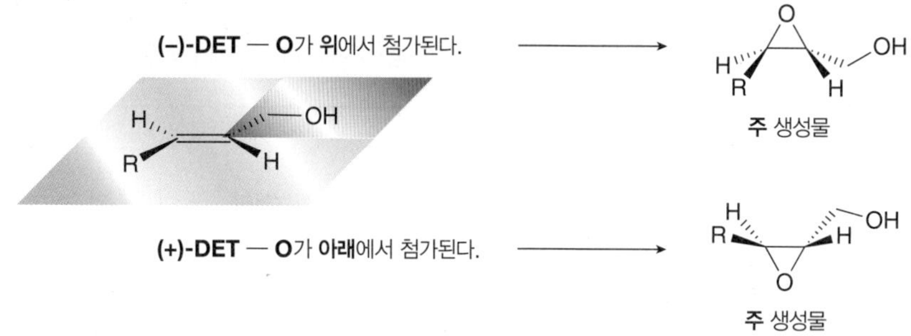

예제 12.5 각 에폭시화에서 주 생성물을 그려라.

a. (알릴 알코올) $\xrightarrow[\text{Ti[OCH(CH}_3)_2]_4,\ (+)\text{-DET}]{(CH_3)_3C-OOH}$ b. HO—(알릴 알코올) $\xrightarrow[\text{Ti[OCH(CH}_3)_2]_4,\ (-)\text{-DET}]{(CH_3)_3C-OOH}$

풀이

에폭시화 생성물을 그리기 위하여

- **알릴 알코올의 경우 C=C는 수평선에, OH기는 알켄의 오른쪽 위 모서리**에 위치하도록 그린다. 필요하다면 알켄을 다시 그린다.
- **(+)-DET**는 **아래**에서 O 원자를 첨가하며, **(−)-DET**는 **위**에서 O 원자를 첨가한다.

a. C=C는 수평선에, OH기는 이중 결합의 오른쪽 위 모서리에 그려졌으므로 알켄을 다시 그릴 필요가 없다. **(+)-DET**가 사용되므로 O원자는 **아래**에서 첨가된다.

(알릴 알코올) $\xrightarrow[\text{Ti[OCH(CH}_3)_2]_4,\ \mathbf{(+)\text{-DET}}]{(CH_3)_3C-OOH}$ (에폭사이드)

오른쪽 위 모서리에 OH

O 원자는 평면 **아래**에서 첨가된다.

b. 알릴 알코올은 수평 방향 C = C로 그리고, OH기를 오른쪽 위의 모서리에 위치하도록 다시 그린다. **(−)-DET**가 사용되므로 이때 O원자는 **위**에서 첨가된다.

HO—(알릴 알코올) → (분자를 거꾸로 뒤집어 다시 그린다.) (알릴 알코올) $\xrightarrow[\text{Ti[OCH(CH}_3)_2]_4,\ \mathbf{(-)\text{-DET}}]{(CH_3)_3C-OOH}$ (에폭사이드)

오른쪽 위 모서리에 OH

O 원자는 평면 **위**에서 첨가된다.

그림 12.10
비대칭 에폭시화를 이용한 카이랄 곤충 페로몬의 합성

$(CH_3)_3C-OOH$
$Ti[OCH(CH_3)_2]_4$
(+)-DET

여러 단계

(+)-α-멀티스트라이아틴,
유럽 느릅나무 좀의 페로몬

$(CH_3)_3C-OOH$
$Ti[OCH(CH_3)_2]_4$
(−)-DET

두 단계

(−)-frontalin
서부 소나무 좀의 페로몬

- 생성물에서 에폭사이드 중간체로부터 유도된 결합은 붉은색으로 표시되어 있다.

문제 12.27 각 샤플리스 에폭시화의 생성물을 그려라.

a. $(CH_3)_3C-OOH$, $Ti[OCH(CH_3)_2]_4$, (+)-DET

b. $(CH_3)_3C-OOH$, $Ti[OCH(CH_3)_2]_4$, (−)-DET

샤플리스 에폭시화는 그림 12.10에서 보듯이, 두 개의 곤충 페로몬인 (+)-α-멀티스트라이아틴(multistriatin)과 (−)-프론탈린(frontalin)을 포함하여 많은 카이랄 천연물을 합성하는 데 사용되어 왔다.

문제 12.28 샤플리스 시약에 의하여 왜 제라니올(geraniol)의 C=C 한 개만 에폭시화되는지를 설명하라.

제라니올

산화와 환원

요약: 반응 선택성을 설명하는 용어

- **위치선택성 반응**에서는 오직 또는 주로 한 개의 구조 이성질체가 생성된다(8.5절).
- **입체선택성 반응**에서는 오직 또는 주로 한 개의 입체이성질체가 생성된다(8.5절).
- **거울상선택성 반응**에서는 오직 또는 주로 한 개의 거울상이성질체가 생성된다(12.15절).

산화와 환원의 정의(12.1절)

산화 반응으로 다음 결과가 나타난다.

- C−Z 결합 수의 증가 또는
- C−H 결합 수의 감소

환원 반응으로 다음 결과가 나타난다.

- C−Z 결합 수의 감소 또는
- C−H 결합 수의 증가

환원 반응

[1] 알켄의 환원–촉매 수소화(12.3절)

RHC=CHR $\xrightarrow[\text{Pd, Pt, or Ni}]{H_2}$ RCH₂–CH₂R — 알케인

- H_2의 **신 첨가**
- C=C 에 알킬 치환이 증가하면 반응 속도는 감소한다.

[2] 알카인의 환원

a. R–C≡C–R $\xrightarrow[\text{Pd-C}]{2\,H_2}$ RCH₂–CH₂R — 알케인

- 2당량의 H_2가 첨가되고, 네 개의 새로운 C–H 결합이 형성된다(12.5A 절).

b. R–C≡C–R $\xrightarrow[\text{린들라 촉매}]{H_2}$ 시스 알켄

- H_2의 **신 첨가가** 일어나 **시스** 알켄을 생성한다(12.5B 절).
- 린들라 촉매는 활성이 작다. 1당량의 H_2가 첨가된 후 반응이 멈춘다.

c. R–C≡C–R $\xrightarrow[NH_3]{Na}$

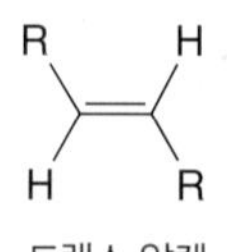

트랜스 알켄

- H_2의 **안티 첨가가** 일어나 **트랜스** 알켄을 생성한다(12.5C절).

[3] 할로젠화 알킬의 환원(12.6절)

R–X $\xrightarrow[\text{[2] } H_2O]{\text{[1] } LiAlH_4}$ R–H — 알케인

- 반응은 $\mathbf{S_N2}$ 메커니즘을 따른다.
- CH_3X와 RCH_2X가 치환이 많이 된 RX보다 빠르게 반응한다.

[4] 에폭사이드의 환원(12.6절)

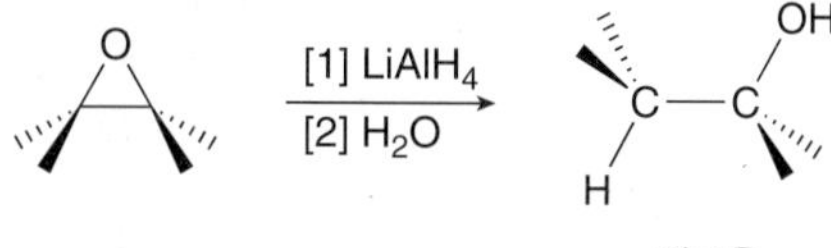

알코올

- 반응은 $\mathbf{S_N2}$ 메커니즘을 따른다.
- 비대칭 에폭사이드에서 $LiAlH_4$로부터 온 H^-는 치환이 덜 된 탄소를 공격한다.

산화 반응

[1] 알켄의 산화

a. 에폭시화(12.8절)

알켄 + RCO_3H ⟶ 에폭사이드

- 메커니즘은 **한 단계**이다.
- O원자의 **신 첨가가** 일어난다.
- 반응은 입체특이성이다.

b. 안티 다이하이드록시화(12.9A절)

알켄 $\xrightarrow[\text{[2] } H_2O\ (H^+ \text{ or } HO^-)]{\text{[1] } RCO_3H}$ HO–C–C–OH — 1,2-다이올

- 에폭사이드 고리 중간체가 ^-OH 또는 H_2O로 열리면 **안티** 1,2-다이올 형식으로 두 개의 OH기가 첨가되어 1,2-다이올을 생성한다.

c. 신 다이하이드록시화(12.9B절)

알켄 → [1] OsO_4; [2] $NaHSO_3$, H_2O 또는 [1] OsO_4, NMO; [2] $NaHSO_3$, H_2O 또는 $KMnO_4$, H_2O, HO^- → 1,2-다이올

- 각 시약이 **신** 형식으로 C=C에 두 개의 새로운 C−O 결합을 형성한다.

d. 산화성 분해(12.10절)

$R_2C{=}CHR'$ → [1] O_3 [2] Zn, H_2O or CH_3SCH_3 → $R_2C{=}O$ (케톤) + $O{=}CHR'$ (알데하이드)

- 알켄의 σ와 π 결합이 모두 분해되어 두 개의 카보닐기를 생성한다.

[2] 알카인의 산화성 분해(12.11절)

R−C≡C−R' (내부 알카인) → [1] O_3 [2] H_2O → RCOOH + R'COOH (카복실산)

- 알카인의 σ와 π 결합이 모두 분해된다.

R−C≡C−H (말단 알카인) → [1] O_3 [2] H_2O → RCOOH + CO_2

[3] 알코올의 산화(12.12, 12.13절)

a. RCH_2OH (1° 알코올) → PCC 또는 $HCrO_4^-$−앰버라이스트 A-26 수지 → RCHO (알데하이드)

- 1° 알코올을 PCC 또는 $HCrO_4^-$−앰버라이스트 A-26 수지로 산화시키면 알데하이드 단계에서 반응이 멈춘다. 단지 한 개의 C−H 결합이 C−O 결합으로 바뀐다.

b. RCH_2OH (1° 알코올) → CrO_3, H_2SO_4, H_2O → RCOOH (카복실산)

- 더 격렬한 반응 조건—CrO_3(또는 $Na_2Cr_2O_7$ 또는 $K_2Cr_2O_7$) + H_2O + H_2SO_4—에서 1° 알코올을 산화하면 RCOOH가 생성된다. 두 개의 C−H 결합이 두 개의 C−O 결합으로 바뀐다.

c. R_2CHOH (2° 알코올) → PCC or CrO_3 또는 $HCrO_4^-$−앰버라이스트 A-26 수지 → $R_2C{=}O$ (케톤)

- 2° 알코올은 OH기를 가진 탄소에 단지 한 개의 C−H 결합이 있기 때문에 모든 Cr^{6+} 시약들—PCC, CrO_3, $Na_2Cr_2O_7$, $K_2Cr_2O_7$ 또는 $HCrO_4^-$−앰버라이스트 A-26 수지—은 2° 알코올을 케톤으로 산화시킨다.

[4] 알릴 알코올의 비대칭 에폭시화(12.15절)

알릴 알코올 (R) → $(CH_3)_3C{-}OOH$, $Ti[OCH(CH_3)_2]_4$ → 에폭시 알코올 ((−)- 첨가) 또는 에폭시 알코올 ((+)- 첨가)

삼차원 모델을 이용하는 문제

12.29 **A**가 각각의 시약으로 처리될 때 형성되는 생성물을 그려라.

(a) H^2 + Pd-C (b) mCPBA (c) PCC (d) CrO_3, H_2SO_4, H_2O (e) (+)-DET와 같이 샤플리스 시약

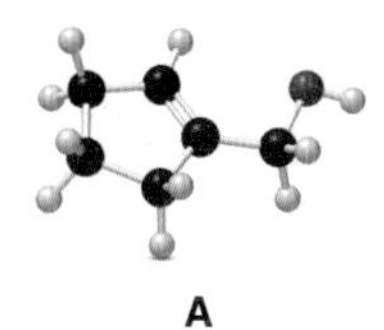

A

12.30 다음의 다이엔이 O_3와 CH_3SCH_3로 처리될 때 형성되는 생성물을 그려라.

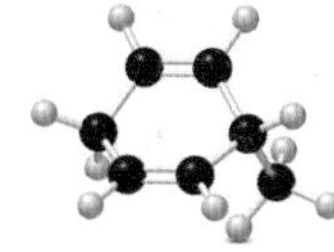

12.31 아세틸렌과 탄소가 두 개 이하인 유기 화합물로부터 다음 화합물의 합성을 고안하라.

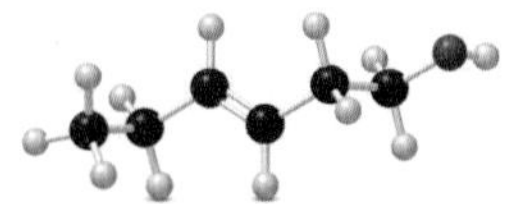

산화와 환원의 반응 분류

12.32 각 반응을 산화, 환원 또는 어느 것도 아닌 것으로 분류하라.

a. (O) ⟶ OH

b. HO—⟨⟩—OH ⟶ O=⟨⟩=O

c. OCH_3, OCH_3 ⟶ O, H, Br

d. OCH_3, OCH_3 ⟶ OCH_3

수소화

12.33 각 알켄이 Pd-C 촉매하에 H_2와 반응할 때 생성되는 유기 생성물을 그려라. 생성된 모든 입체이성질체의 삼차원 구조를 나타내라.

a. 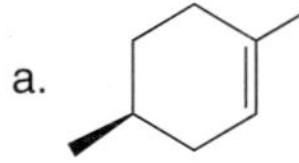 b. c. 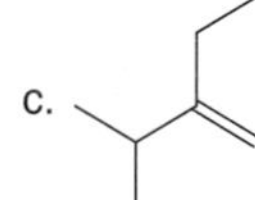

12.34 각 알켄을 수소화열과 짝지어라.

알켄: 3-메틸뷰트-1-엔, 2-메틸뷰트-1-엔, 2-메틸뷰트-2-엔

$\Delta H°$(수소화) kJ/mol: −119, −127, −112

12.35 화합물 **A~C**에는 몇 개의 고리와 π 결합이 포함되어 있는가? 각 화합물에 대하여 가능한 한 개의 구조를 그려라.

a. 화합물 **A**는 분자식이 C_5H_8로서, 분자식이 C_5H_{10}인 화합물로 수소화된다.

b. 화합물 **B**는 분자식이 $C_{10}H_{16}$로서, 분자식이 $C_{10}H_{18}$인 화합물로 수소화된다.

c. 화합물 **C**는 분자식이 C_8H_8로서, 분자식이 C_8H_{16}인 화합물로 수소화된다.

12.36 알켄 **A**, **B**, **C**에 대하여 (a) 수소화열이 증가하는 순서로 **A**, **B**, **C**를 나열하라. (b) H_2, Pd-C와의 반응 속도가 증가하는 순서로 **A**, **B**, **C**를 나열하라. (c) 각 알켄을 오존으로 처리한 후, 연이어 Zn, H_2O로 반응시킬 때 생성되는 생성물을 그려라.

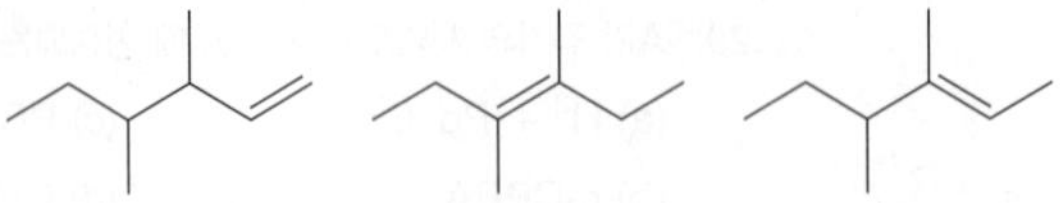

A **B** **C**

12.37 스테아리돈산(stearidonic acid, $C_{18}H_{28}O_2$)은 대마와 검은 까치밥 나무에서 분리한 기름에서 얻어진 불포화 지방산이다(문제 10.11 참조).

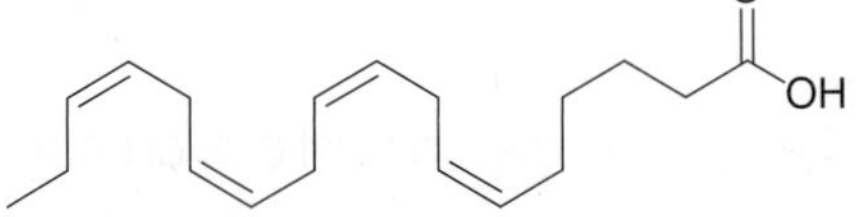

스테아리돈산

a. 스테아리돈산을 과량의 H_2와 Pd 촉매로 수소화 반응시켰을 때 생성되는 지방산은 무엇인가?

b. 스테아리돈산을 1당량의 H_2와 Pd 촉매로 수소화 반응시켰을 때 생성되는 지방산은 무엇인가?

c. 스테아리돈산을 1당량의 H_2와 Pd 촉매로 수소화 반응시켰을 때, 한 개의 이중 결합이 트랜스 이성질체로 이성질화되었다. 생성되는 가능한 생성물의 구조를 그려라.

d. 세 가지 지방산 스테아리돈산, (b)에서 생성된 생성물들 중의 하나, (c)에서 그린 생성물의 녹는점을 비교하라.

반응—일반

12.38 사이클로펜텐(cyclopentene)을 각 시약으로 처리할 때 생성되는 유기 생성물을 그려라. 몇몇 시약의 경우에는 반응이 일어나지 않는다.

a. H_2 + Pd-C
b. H_2 + 린들라 촉매
c. Na, NH_3
d. CH_3CO_3H
e. [1] CH_3CO_3H; [2] H_2O, HO^-
f. [1] OsO_4 + NMO; [2] $NaHSO_3$, H_2O
g. $KMnO_4$, H_2O, HO^-
h. [1] $LiAlH_4$; [2] H_2O
i. [1] O_3; [2] CH_3SCH_3
j. $(CH_3)_3COOH$, $Ti[OCH(CH_3)_2]_4$, (−)-DET
k. mCPBA
l. (k)번의 생성물; 그 다음 [1] $LiAlH_4$; [2] H_2O

12.39 알릴 알코올 **A**가 각 시약으로 처리될 때 생성되는 유기 생성물을 그려라.

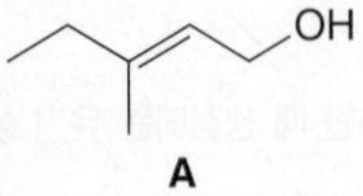

A

a. H_2 + Pd−C
b. mCPBA
c. PCC
d. CrO_3, H_2SO_4, H_2O
e. $(CH_3)_3COOH$, $Ti[OCH(CH_3)_2]_4$, (+)−DET
f. $(CH_3)_3COOH$, $Ti[OCH(CH_3)_2]_4$, (−)−DET
g. [1] PBr_3; [2] $LiAlH_4$; [3] H_2O
h. $HCrO_4^-$−앰버라이스트 A−26 수지

12.40 각 반응에서 생성되는 유기 생성물을 그려라.

a. 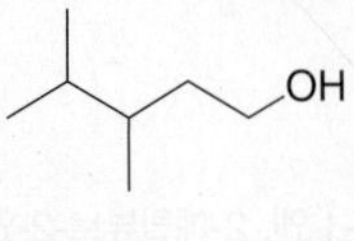 [1] $SOCl_2$, 피리딘 [2] $LiAlH_4$ [3] H_2O

b. 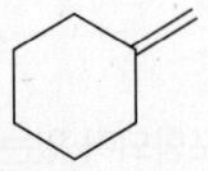 [1] OsO_4 [2] $NaHSO_3$, H_2O

c. 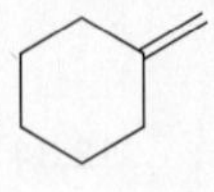 [1] mCPBA [2] $LiAlH_4$ [3] H_2O

d. 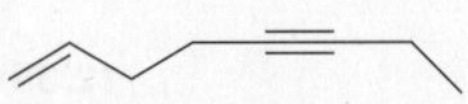 H_2 린들라 촉매

12.41 지방 분해의 한 단계는 글리세롤 포스페이트(glycerol phosphate) 탈수소 효소의 존재하에 (*R*)−글리세롤 포스페이트와 NAD^+의 반응을 포함한다. 2° 알코올에서만 반응이 일어난다면 어떤 생성물이 형성되는가?

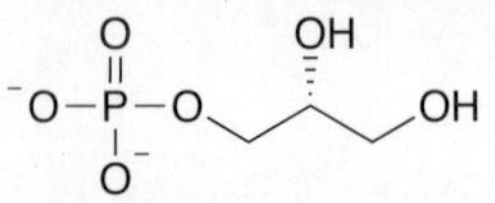

(*R*)−글리세롤 포스페이트

12.42 $LiAlH_4$와 반응할 때 2-메틸펜탄-2-올[$(CH_3)_2C(OH)CH_2CH_2CH_3$]을 생성하는 두 개의 다른 에폭사이드의 구조를 그려라.

12.43 Pd-C의 존재하에서 알켄 **A**가 D_2와 수소첨가 반응하면 단일 생성물 **B**가 얻어진다. 이것을 생각하면서, **A**가 다음 각각의 시약과 처리되어 생성되는 화합물은 무엇일까? 그리고 그 결과를 설명하라.

(a) mCPBA (b) Br_2, H_2O와 염기 처리

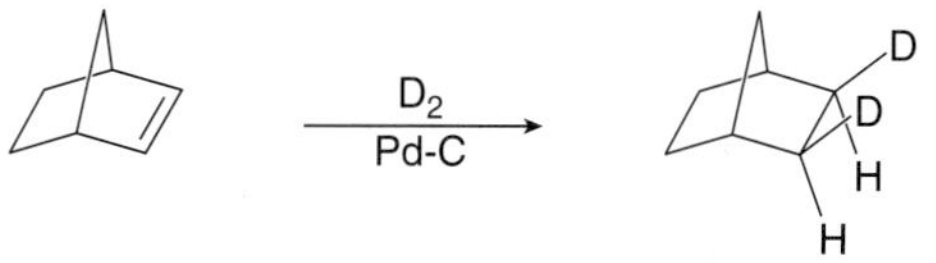

D_2, Pd-C

A **B**

12.44 다음의 각 1,2-다이올을 합성하고자 한다. 다음의 두 가지 조건에서 각 1,2-다이올을 합성하려면 어떤 알켄이 필요한가? [1] OsO_4로 반응시킨 다음, H_2O에서 $NaHSO_3$와 반응시킨다. [2] CH_3CO_3H와 반응시킨 다음, H_2O에서 ^-OH와 반응시킨다.

a. 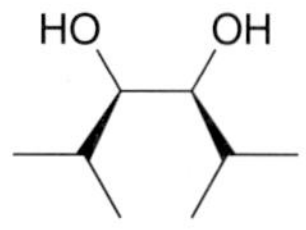 HO OH

b. 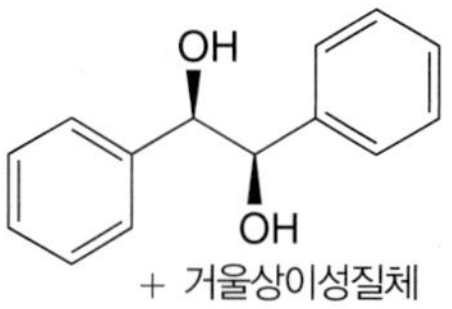 OH OH + 거울상이성질체

c. 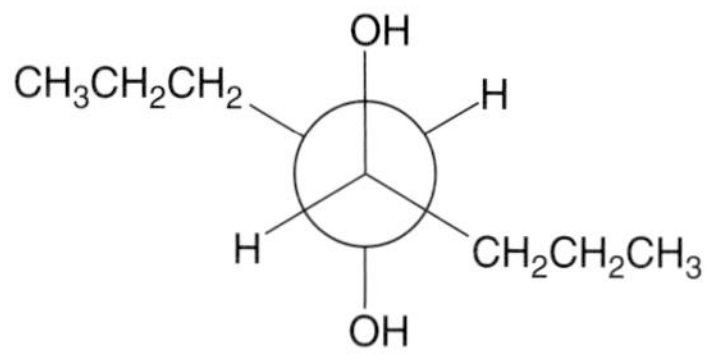 $CH_3CH_2CH_2$, OH, H, H, $CH_2CH_2CH_3$, OH

12.45 $LiAlH_4$를 사용하여 에폭시화물 **A**를 알코올 **B**로 환원시키는 반응의 단계별 메커니즘을 쓰라. 만일 시약으로 $LiAlD_4$ 사용한다면 어떤 생성물이 생성되는가? 쐐기와 점선을 사용하여 생성물의 모든 입체발생 중심의 입체화학을 표시하라.

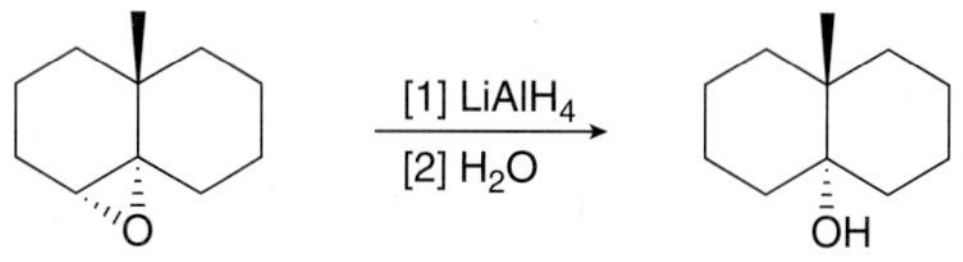

[1] $LiAlH_4$ / [2] H_2O

A **B** (OH)

12.46 (a) 다음 반응의 단계 [1]에서 어떤 생성물이 형성되는가? (b) 관찰된 입체화학을 설명하는 단계 [2]의 메커니즘을 그려라. (c) 프로프-2-엔-1-올(prop-2-en-1-ol, $CH_2{=}CHCH_2OH$)로부터 카이랄 A를 형성하기 위해 필요한 반응 조건은 무엇인가?

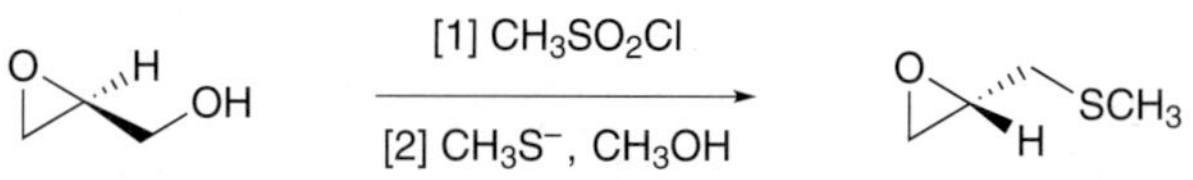

[1] CH_3SO_2Cl / [2] CH_3S^-, CH_3OH

A **B** (SCH_3)

12.47 다음의 세 단계 과정에서 단계 [1]과 단계 [2]가 일어난 후에 생성된 생성물을 쓰라. 그리고 각 단계에 대한 단계별 메커니즘을 쓰라.

Br → [1] mCPBA / [2] ^-OH, H_2O / [3] NaH → HO (O)

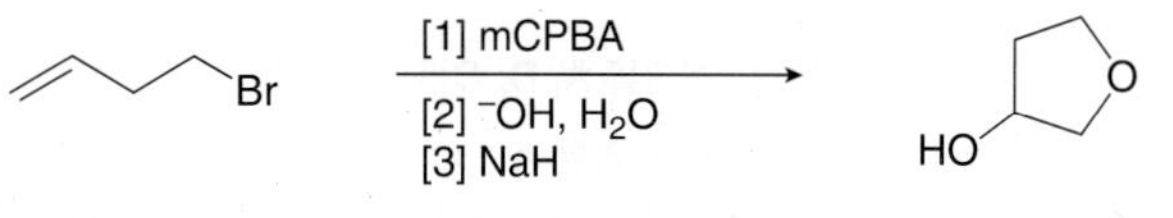

산화성 분해

12.48 각 산화성 분해로 생성된 생성물을 그려라.

a. 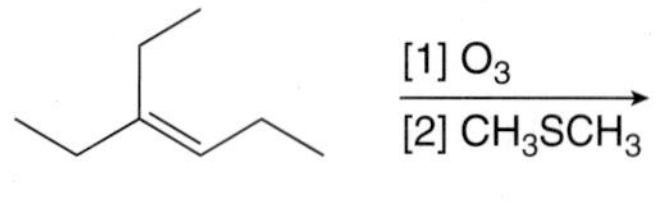 [1] O_3 / [2] CH_3SCH_3

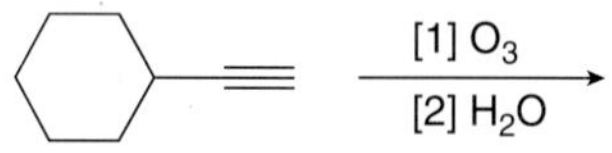

b. 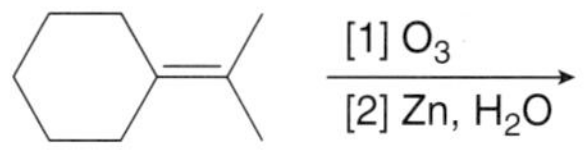 [1] O_3 / [2] Zn, H_2O

c. [1] O_3 / [2] H_2O

d.  [1] O_3 / [2] H_2O

12.49 오존에 의한 산화성 분해 후 다음의 각 생성물을 생성하는 알켄 또는 알카인은 무엇인가?

a. 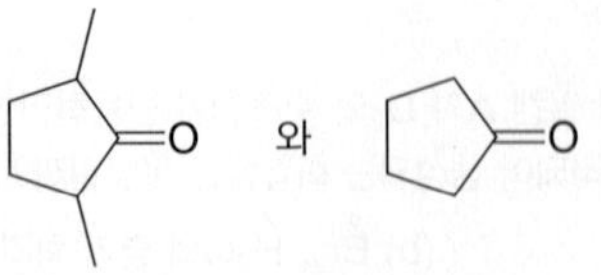 (구조식) 와 (구조식)

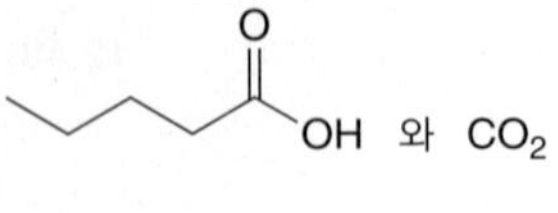

b. 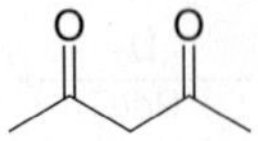 (구조식) 및 2당량의 $CH_2=O$

c. (구조식) 와 CO_2

d. 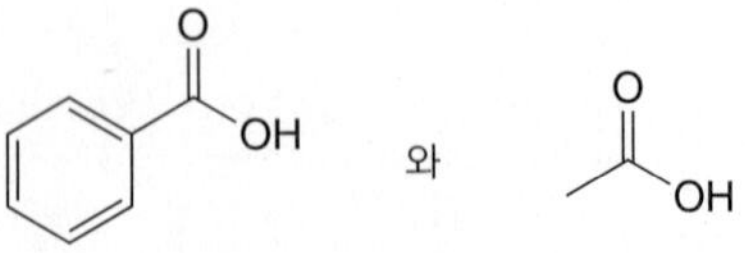 (구조식) 와 (구조식)

12.50 각 반응에서 출발물을 제시하라.

a. 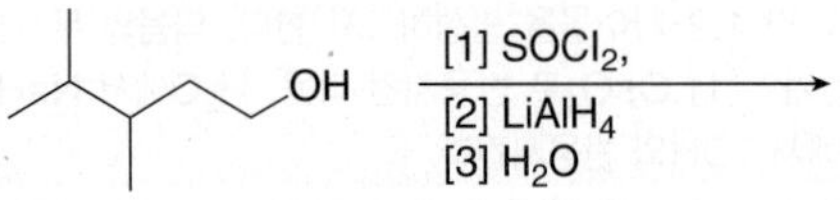 (구조식) $\xrightarrow{[1]\ SOCl_2,\ [2]\ LiAlH_4,\ [3]\ H_2O}$

b. 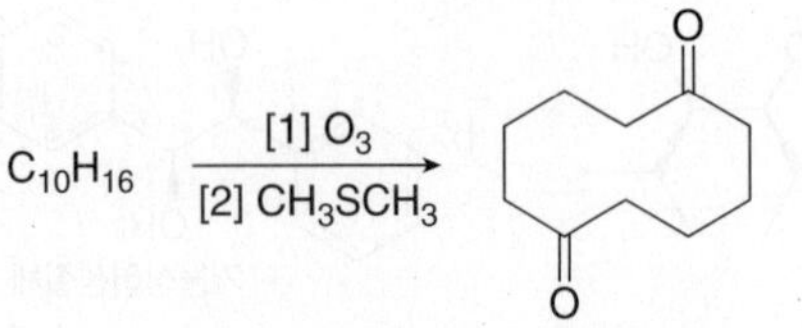 $C_{10}H_{16}$ $\xrightarrow{[1]\ O_3,\ [2]\ CH_3SCH_3}$ (구조식)

12.51 자연계에 존재하는 각 화합물을 O_3로 처리한 후, 연이어 Zn, H_2O로 반응시킬 때 생성되는 생성물을 그려라.

a. 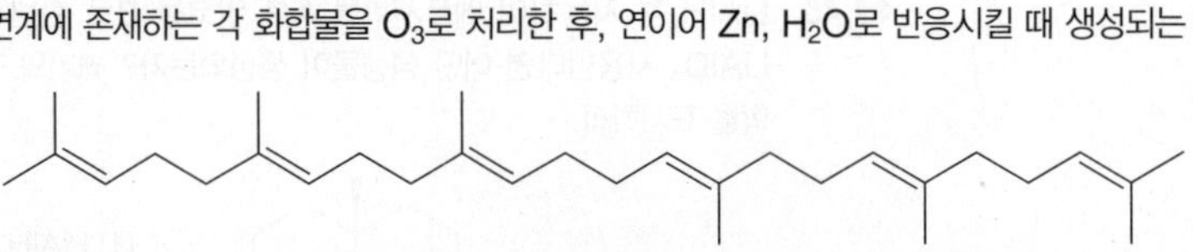 스쿠알렌

b. 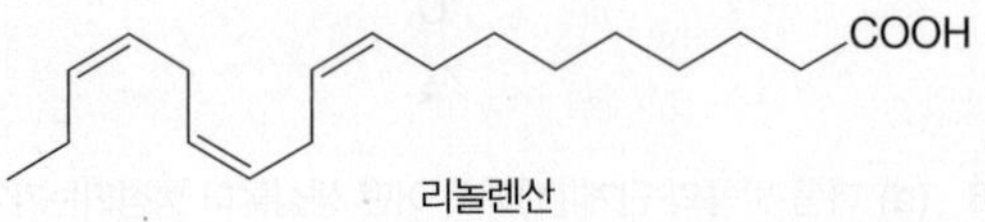 리놀렌산

c. 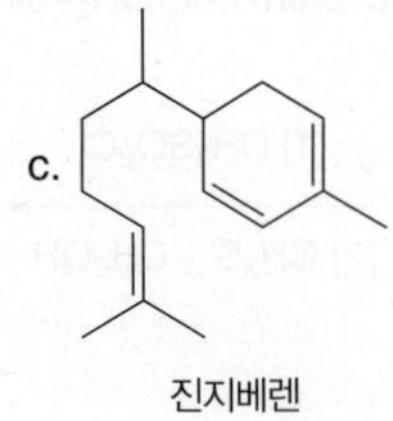 진지베렌

반응에서 화합물의 구조 결정

12.52 화합물 **A**, **B**, **C**를 제시하라.

a. 화합물 **A**는 C_8H_{12}의 분자식을 가지며, 2당량의 H_2와 반응한다. **A**를 O_3로 처리한 후 연이어 CH_3SCH_3로 산화성 분해하면 유일한 생성물로서 $HCOCH_2CH_2CHO$가 얻어진다.

b. 화합물 **B**는 C_6H_{10}의 분자식을 가지며, Pd 존재하에서 과량의 H_2로 처리될 때 $(CH_3)_2CHCH_2CH_2CH_3$를 생성한다. **B**는 $NaNH_2$ 및 CH_3I와 반응하여 화합물 **C**(분자식 C_7H_{12})를 생성한다.

12.53 자주개자리(alfalfa)로부터 추출된 두 탄화수소 화합물인 옥시멘(oximene)과 미르센(myrcene)은 분자식이 $C_{10}H_{16}$으로 H_2 및 Pd 촉매로 처리될 때 둘 다 모두 2,6-다이메틸옥테인(2,6-dimethyloctane)을 생성한다. 옥시멘을 가오존분해하면 $(CH_3)_2C=O$, $CH_2=O$, $CH_2(CHO)_2$ 및 CH_3COCHO를 생성한다. 미르센을 가오존분해하면 $(CH_3)_2C=O$, $CH_2=O$ (2당량) 및 $HCOCH_2CH_2COCHO$를 생성한다. 옥시멘과 미르센의 구조를 밝혀라.

12.54 분자식이 $C_{10}H_{18}O$ 인 미확인 화합물 **A**가 H_2SO_4와 반응하면 분자식이 $C_{10}H_{16}$인 두 개의 화합물(**B**와 **C**)을 생성한다. **B**와 **C**는 Pd-C의 존재하에서 H_2와 반응하여 데칼린(decalin)을 생성한다. **B**를 가오존분해시키면 **D**를 생성하고, **C**를 가오존분해시키면 분자량이 $C_{10}H_{16}O_2$인 다이케톤 E를 생성한다. 화합물 **A**, **B**, **C**, 그리고 **E**의 구조를 밝혀라.

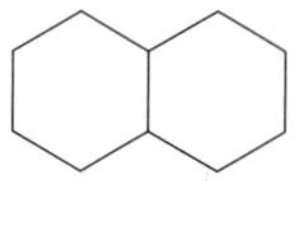

데칼린 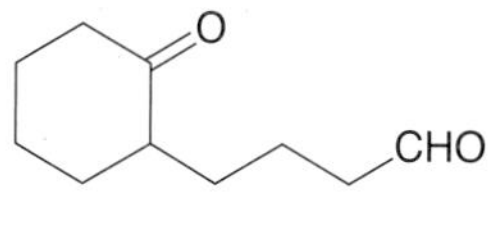 **D**

12.55 DHA는 생선 기름에서 나오는 지방산으로서 척추동물의 뇌에 풍부하게 들어있다. DHA를 수소화 반응시키면 도코산산[docosanoic acid, $CH_3(CH_2)_{20}CO_2H$]을 생성하며, 가오존분해시키면 CH_3CH_2CHO, $CH_2(CHO)_2$ (5당량) 및 $OHCCH_2CH_2CO_2H$를 생성한다. 만일 모든 이중 결합이 *Z* 배열이라면 DHA의 구조는 무엇인가?

12.56 하와이의 해변에서 '바닷가 냄새'의 원인 물질 중의 한 화합물은 dictyopterene D'이다. 이 물질은 limu lipoa 라고 부르는 갈색의 먹을 수 있는 해초의 한 성분이다. Dictyopterene D'을 Pd 촉매 존재하에서 과량의 H_2로 수소화 반응시키면 뷰틸사이클로헵테인이 생성된다. O_3로 가오존분해 반응시킨 다음, $(CH_3)_2S$와 반응시키면 $CH_2(CHO)_2$, $OHCCH_2CH(CHO)_2$ 및 CH_3CH_2CHO이 생성된다. Dictyopterene D'의 가능한 구조는 무엇인가?

샤플리스 비대칭 에폭시화

12.57 각 비대칭 에폭시화 반응의 생성물을 그려라.

a. 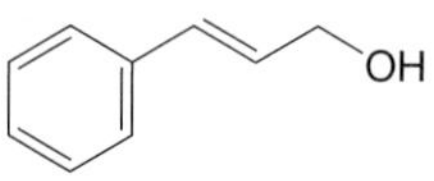 OH $\xrightarrow[\text{Ti[OC(CH}_3)_2]_4,\ (-)\text{-DET}]{(CH_3)_3COOH}$

b. 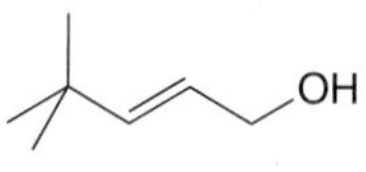 OH $\xrightarrow[\text{Ti[OC(CH}_3)_2]_4,\ (+)\text{-DET}]{(CH_3)_3COOH}$

12.58 샤플리스 시약을 (−)-DET와 사용하여 다음의 알릴 알코올을 에폭시화하면 87 : 13의 비율로 두 개의 에폭시 알코올이 생성된다.

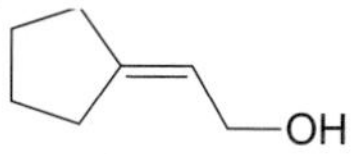

OH

a. 주 생성물과 부 생성물의 구조를 제시하라.

b. 이 반응에서 거울상 초과량은 얼마인가?

12.59 샤플리스 비대칭 에폭시화 반응을 사용하여 각 카이랄 에폭사이드를 제조하는 데 어떤 알릴 알코올과 DET 이성질체가 필요한가?

a. 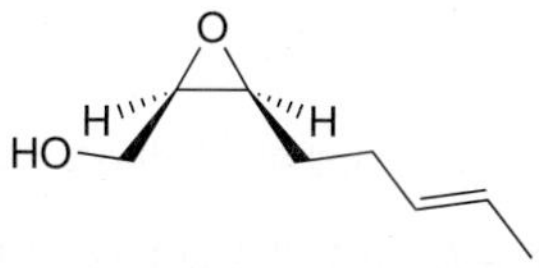 O, H, H, HO b. 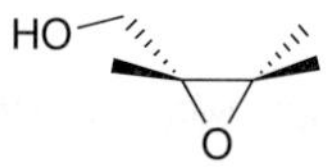 HO, O c. 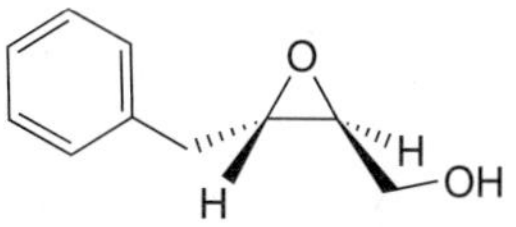 O, H, H, OH

12.60 다음 반응에서 A를 확인하고, A에서 B로의 변환 메커니즘을 그려라. B는 미국 이외의 지역에서 시판되는 항우울제인 (*S*, *S*)-레복시타인(reboxetine)으로 변환되었다.

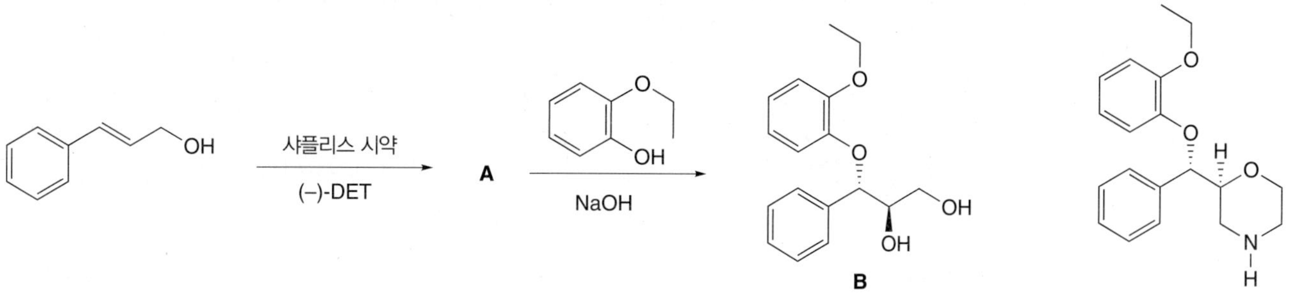

OH → 샤플리스 시약, (−)-DET → **A** → (2-에톡시페놀, OH), NaOH → **B**

(*S*, *S*)-레복시타인

합성

12.61 아세틸렌과 다른 필요한 시약으로부터 흔한 집파리의 성 페로몬인 무스카몬(muscalure)의 합성을 고안하라.

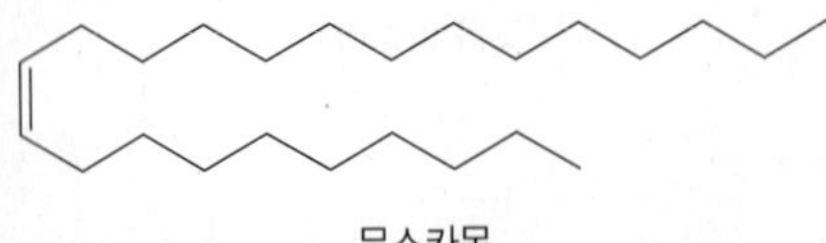

무스카몬

12.62 합성 반응에서 한 단계로 완성되지 않는 과정인 시스 알켄을 트랜스 알켄으로 이성질화하는 것이 가끔 필요하다. 8~12장에서 배운 반응을 이용하여 시스-2-뷰텐을 트랜스-2-뷰텐으로 변환시키는 단계를 제안하라.

12.63 아세틸렌과 다른 필요한 시약으로부터 각 화합물의 합성을 고안하라.

a. b. c. d.

12.64 주어진 출발물로부터 화합물 **A**의 합성을 고안하라. 다른 무기 시약과 유기 알코올을 사용할 수도 있다. **A**는 고혈압 치료제인 알리스키렌(aliskiren)을 제조하는 데 사용되었다.(문제 5.7 참조)

A

알리스키렌

12.65 펜트-1-엔으로부터 (*E*)-헥스-2-엔의 합성을 고안하라. 필요하다면 유기 화합물과 무기 시약을 사용하라.

12.66 하나 또는 두 개의 탄소를 포함하는 유기 화합물인 아래 제시된 출발물과 다른 필요한 시약으로부터 각 화합물의 합성을 고안하라.

a. c. H−C≡C−H ⟶

b. d. H−C≡C−H ⟶

(+ 거울상이성질체)

12.67 아세틸렌, 할로젠화 알킬 그리고 필요한 유기 화합물로부터 1-페닐-5-메틸헥세인[$C_6H_5(CH_2)_4CH(CH_3)_2$]의 합성을 고안하라.

12.68 아세틸렌과 필요한 유기 화합물 및 무기 시약으로부터 (3*R*,4*S*)-3,4-다이클로로헥세인의 합성을 고안하라.

12.69 유기 출발물로서 오직 CH_3CH_2OH만을 사용하여 다음 각 화합물의 합성을 고안하라. 즉 생성물의 모든 탄소는 에탄올 분자의 탄소로만 구성되어야 한다. 다른 필요한 무기 시약을 사용하라.

a. 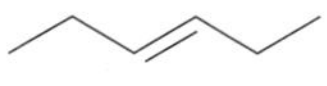 b. 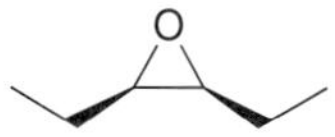 O c. 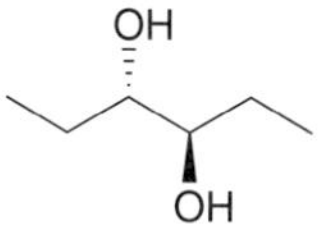 OH OH

도전 문제

12.70 버치(Birch) 환원 반응은 알코올의 존재하에서 Li 금속과 액체 암모니아를 사용하여 치환된 벤젠을 사이클로헥사-1,4-다이엔으로 변환시키는 용해성 금속 반응(dissolving metal reaction)이다. 다음의 Birch 환원 반응에 대한 단계별 메커니즘을 쓰라.

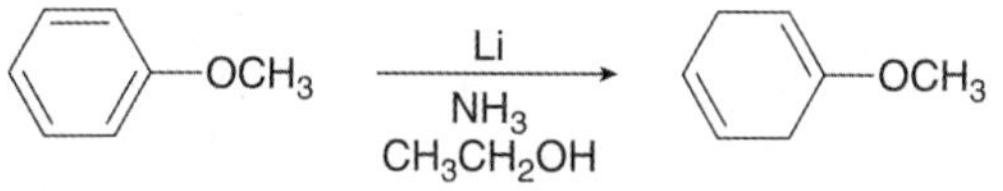

OCH_3 Li / NH_3 / CH_3CH_2OH → OCH_3

12.71 사이클로헥산올의 Cr^{6+} 산화에서 입체적으로 장애를 받는 알코올은 장애가 없는 알코올보다 더 빠르게 반응한다는 것은 일반적으로 사실이다. 다음의 알코올 중에서 어느 알코올이 더 빠르게 산화되는가?

OH OH

12.72 다음 반응의 단계적인 메커니즘을 쓰라.

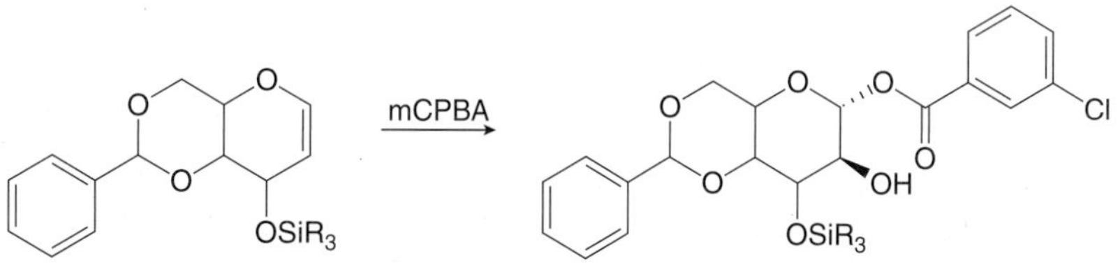

O O O $OSiR_3$ mCPBA → O O O O O Cl O OH $OSiR_3$

R = 알킬기 R = 알킬기

12.73 알켄의 다이하이드록실화는 HCO_2H에 담긴 H_2O_2와의 반응으로 이루어진다. 이 반응에서 트랜스-뷰트-2-엔은 (2*R*, 3*S*)-뷰테인-2,3-다이올을 생성하고, 시스-뷰트-2-엔은 (2*R*, 3*R*)-뷰테인-2,3-다이올과 (2*S*, 3*S*)-뷰테인-2,3-다이올의 혼합물을 생성한다. 이 방법의 다이하이드록실화 반응은 신(syn) 첨가인가, 안티 첨가인가?

12.74 다음의 반응에서 단계별 메커니즘을 그려라.

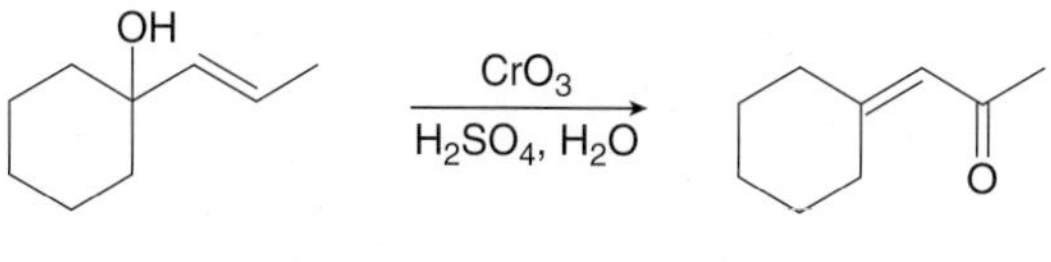

OH CrO_3 / H_2SO_4, H_2O → O

12.75 알릴 알코올 X의 샤플리스 에폭시화 반응은 화합물 Y를 형성한다. Y를 NaOH, 그리고 알코올–물 혼합물의 C_6H_5SH로 처리하면 Z를 형성한다. Y의 구조를 보이고, Y에서 Z로의 변화 메커니즘을 그려라. Z에 존재하는 입체발생 중심에 대한 입체화학을 설명하라. Z는 카이랄 탄화수소 합성을 위한 중간체로 사용되어 왔다.

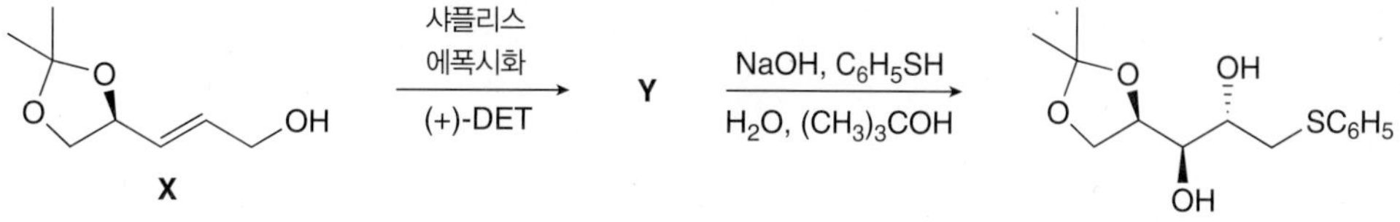

O O OH **X** → 샤플리스 에폭시화 / (+)-DET → **Y** → NaOH, C_6H_5SH / H_2O, $(CH_3)_3COH$ → O O OH SC_6H_5 OH **Z**

Chapter

13 질량 분석법 및 적외선 분광법

Mass Spectrometry and Infrared Spectroscopy

페니실린(penicillin)은 1928년 스코틀랜드의 세균학자인 알렉산더 플레밍(Alexander Fleming) 경에 의해 예기치 않게 발견되었으며, 의약품의 역사에서 단일 사건으로는 가장 중요한 발견 중의 하나로 간주되고 있다. 페니실린 G와 관련 화합물은 β-락탐 계열의 항생제들이며, β-락탐 계열의 모든 화합물은 생물학적인 활성을 나타내는 무리가 있는(strained) 사원자 아마이드 고리를 가지고 있다. 페니실린은 1942년 연쇄구균 감염을 치료하는 데 처음으로 사용되었으며, 제2차 세계대전에서 부상당한 많은 군인을 치료하는 데 페니실린이 필요하였기 때문에, 1944년까지 미국 정부의 최우선 과제는 페니실린의 생산이었다. 페니실린의 특이한 구조는 1940년대에 현대 기기분석 방법에 의해 밝혀졌다. 13장에서는 페니실린과 같은 유기 화합물의 구조를 밝히는 두 가지 방법인 질량 분석법과 적외선 분광법에 대하여 공부할 것이다.

어떤 화합물이 실험실에서 만들어지거나 자연계에서 추출되면, 우리는 먼저 그 화합물의 정체를 알아야 한다. 70여 년 전에는 유기 화합물의 구조를 결정한다는 것이 매우 힘들고 지루한 작업이었다. 화합물의 물리적 성질(녹는점, 끓는점, 용해도, 밀도)을 측정하고, 화학적 성질에 관한 다양한 시험을 시행하여 작용기를 확인했으며, 물리적, 화학적 성질이 알려진 여러 유도체를 만들어 그 특성을 측정해야만 했었다.

화합물의 구조 결정은 오늘날에도 결코 쉬운 일은 아니지만, 이제는 현대적 기기의 사용으로 훨씬 간편해졌다. 새로운 기술을 활용함으로써 화합물의 구조 결정에 소요되는 시간을 크게 줄일 수 있게 되었을 뿐만 아니라, 갈수록 복잡한 화합물의 구조도 완벽하게 알아낼 수 있게 되었다.

13장에서 우리는 화합물의 분자량과 분자식을 측정하는 데 사용되는 **질량 분석법**(MS, mass spectrometry)과 화합물의 작용기를 알아내는 데 유용한 **적외선 분광법**[infrared (IR) spectroscopy]을 공부하게 된다. 화합물의 탄소-수소 골격을 알아내는 데 사용되는 **핵자기 공명 분광법**[nuclear magnetic resonance (NMR) spectroscopy]은 14장에서 공부하게 되는데, 이 방법은 화합물의 구조를 규명하는 데 가장 강력한 수단이다. **각각의 방법에서는 전자파 같은 에너지원과 분자 사이에 일어나는 상호작용의 변화를 스펙트럼으로 기록하여 그것으로부터 구조를 알아내고 있다.**

13.1 질량 분석법

질량 분석법은 유기 분자의 분자식과 분자량을 알아내는 데 사용되는 방법이다.

13.1A 일반적인 특징

그림 13.1에 나타낸 것처럼, 가장 흔한 형태의 **질량 분석기**(mass spectrometer)에서 분자들은 증기 상태로 바뀐 후, 높은 에너지를 가진 전자와 충돌하여 이온화된다. 이때 사용되는 전자의 에너지는 대략 6400 kJ, 즉 70 전자 볼트(eV) 정도 된다. 보통의 시그마 결합을 깨는 데는 약 400 kJ의 에너지밖에 필요하지 않기 때문에 6400 kJ라는 에너지는 대단히 큰 값이다. 전자 빔은 분자로부터

그림 13.1
질량 분석기의 개략도

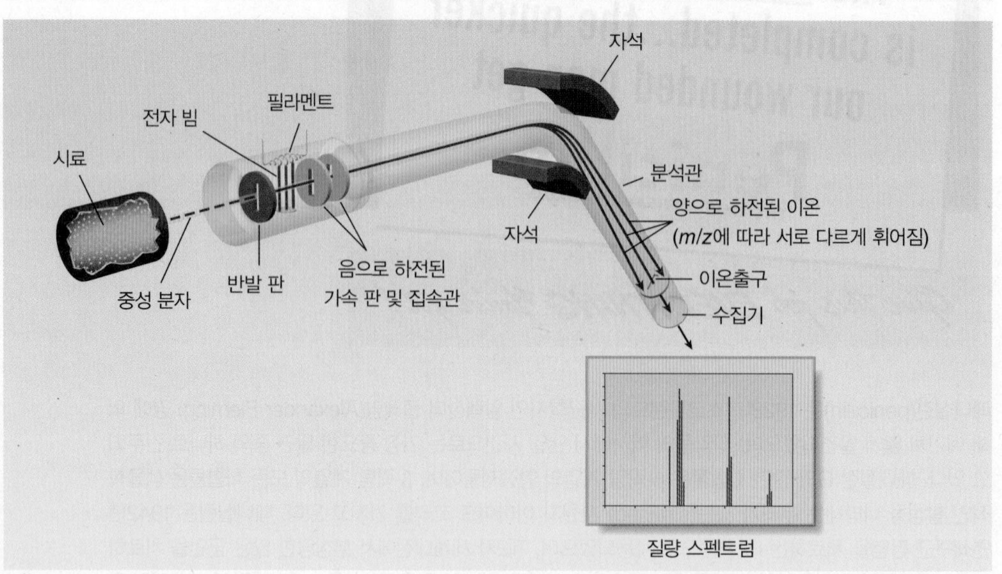

질량 분석기 내에서 시료는 기화되어 전자 빔과 충돌하면서 불안정한 라디칼 양이온으로 되는데 이것은 곧 작은 조각으로 깨진다. 양전기를 띤 이온은 음으로 하전된 가속 판 쪽으로 가속된 후 자기장이 걸린 구부러진 분석관을 통과하게 되는데, 이때 알갱이의 단위 전하당 질량비(m/z)에 따라 서로 다르게 구부러진다. 질량 스펙트럼은 검출기에 도착한 각 이온의 세기를 각각의 m/z 값에 대해서 기록한 것이다.

전자를 떨어져 나가게 함으로써 분자를 이온화한다.

분광법(spectroscopy)이라는 용어는 원래 에너지원으로 전자파를 이용하는 분석 방법을 지칭하는 말이다. 질량 분석법에서는 에너지원이 전자 빔인 관계로, 분광법이라는 용어 대신 **질량 분석법**이라는 말을 쓴다.

$$\underset{\text{분자}}{\mathbf{M}} \xrightarrow[\text{전자 빔}]{e^-} \underset{\text{라디칼 양이온}}{\mathbf{M}^{+\bullet}} + e^-$$

이때 만들어지는 것은 라디칼 양이온으로서, $M^{+\bullet}$로 표시한다. 이것은 짝짓지 않은 전자를 가지고 있으므로 라디칼이고, 원래 중성이던 때보다 전자를 적게 가지고 있으므로 양이온이다.

- 라디칼 양이온 $M^{+\bullet}$는 분자 이온(molecular ion) 또는 어미 이온(parent ion)이라고 한다.

전자 한 개의 질량은 무시해도 좋을 만큼 작으므로 $M^{+\bullet}$의 값이 바로 M의 분자량을 나타낸다. 분자 이온 $M^{+\bullet}$는 원래 불안정한 존재이므로 곧 분해된다. 단일 결합이 끊어져 조각으로 나누어지면서 분자 이온보다 작은 분자량을 가진 라디칼과 양이온을 만들어낸다. 질량 분석기는 양이온의 질량만을 검출해낼 수 있다. 양이온은 전기장에 의해서 가속되며 자기장 속에서 질량 대 전하비(m/z)에 따라 서로 다르게 구부러지므로 분자 이온과 쪼개진 여러 조각이 서로 다른 위치에 나타난다. 거의 모든 경우에 전하(z)는 +1이므로 m/z는 실제로는 각 이온의 질량(m)을 나타내는 셈이다.

$$\underset{\text{분자}}{\mathbf{M}} \xrightarrow{e^-} \underset{\text{불안정한 라디칼 양이온}}{\mathbf{M}^{+\bullet}} \longrightarrow \textbf{라디칼} + \underset{\text{이 양이온을 분석하게 된다.}}{\textbf{양이온}}$$

- 질량 스펙트럼(mass spectrum)은 각각의 양이온의 상대적인 양을 양이온의 질량에 대해서 표시한 것이다.

CH_4의 정수로 된 질량 값은(1 C × 12 amu) + (4 H × 1 amu) = 16 amu이다. 여기서 amu란 원자 질량 단위(atomic mass unit)를 말한다.

질량 분석기는 개별적인 분자의 질량을 분석해주는 것으로 분자량의 평균값을 알려주는 것은 아니므로, 분자 이온의 분자량을 계산하기 위해서는 가장 널리 존재하는 동위 원소의 정수로 된 원자 질량 단위(amu) 값으로부터 분자량을 계산해야 한다. 따라서 CH_4 분자 이온의 질량은 16이며, 그 결과 CH_4의 질량 스펙트럼은 어미 봉우리인 분자 이온(M)이 m/z = 16에서 나타난다.

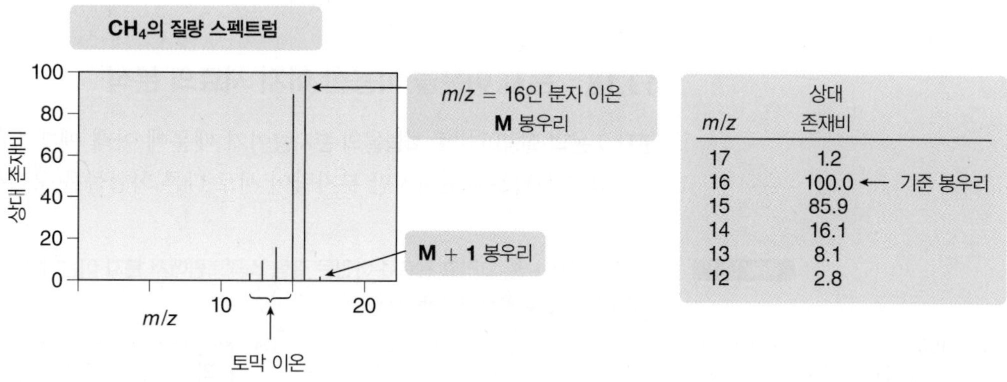

m/z	상대 존재비
17	1.2
16	100.0 ← 기준 봉우리
15	85.9
14	16.1
13	8.1
12	2.8

질량 스펙트럼에서 가장 큰 것을 기준 봉우리(base peak)라고 부른다. CH_4에서 기준 봉우리가 곧 분자 이온 봉우리인데, 모든 유기 분자에서 언제나 기준 봉우리가 분자 이온을 나타내는 것은 아니다.

CH_4의 질량 스펙트럼을 보면 분자 이온 M 이외에도 여러 봉우리가 보인다. $m/z < 16$인 봉우리들은 어떻게 나온 것일까? 분자 이온은 불안정하기 때문에 메테인보다 수소 원자가 하나, 둘, 셋 또는 넷이 적은 양이온, 라디칼 양이온 조각으로 쪼개진다. 즉 m/z = 15, 14, 13 및 12인 봉우리는 분자량보다 작은 조각으로부터 나타나는 봉우리이다. 분자 이온이 더 작은 분자량의 조각으로 쪼개지는 것을 토막내기(fragmentation)라고 한다.

그림 13.2
헥세인의 질량 스펙트럼
($CH_3CH_2CH_2CH_2CH_2CH_3$)

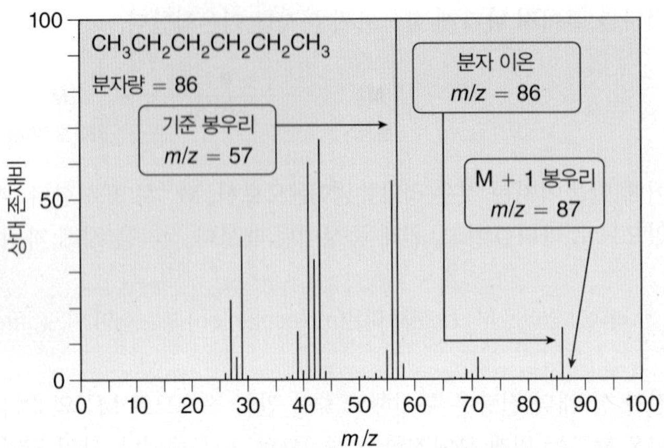

- 분자식이 C_6H_{14}인 헥세인의 분자 이온은 m/z = 86에 나타나 있다.
- 기준 봉우리(상대 존재비 = 100)는 m/z = 57에서 보인다.
- 조그마한 M + 1 봉우리가 m/z = 87에 나타나 있다.

$$CH_4 \xrightarrow{e^-} (CH_4)^{+\cdot} \xrightarrow{-H\cdot} CH_3^+ \xrightarrow{-H\cdot} CH_2^{+\cdot} \xrightarrow{-H\cdot} CH^+ \xrightarrow{-H\cdot} C^{+\cdot}$$

질량 16 (분자 이온), 질량 15, 질량 14, 질량 13, 질량 12 (토막 이온)

CH_4의 질량 스펙트럼에서 m/z = 17에 보이는 작은 봉우리는 어떻게 나타났을까? 대부분의 탄소 원자는 원자량이 12이지만 탄소 원자 중 1.1%는 핵에 중성자 하나가 더 있으므로 원자량이 13이다. 이 탄소-13 동위 원소 하나가 메테인에 있다고 하면, 이 분자는 m/z = 17에 분자 이온 봉우리를 나타내게 되는 것이다. 이 봉우리를 M + 1 봉우리라고 부른다.

위에서 이야기한 중요한 사항인 분자 이온, 기준 봉우리 및 M + 1 봉우리 모두가 그림 13.2 헥세인의 질량 스펙트럼에 설명되어 있다.

13.1B 분자 이온을 이용한 미지 시료의 분석

분자 이온의 질량이 바로 화합물의 분자량이기 때문에 아래 예제 13.1에서와 같이, 질량 스펙트럼은 물리적인 성질은 비슷하지만 분자량이 서로 다른 화합물을 구별하는 데 활용되고 있다.

예제 13.1 펜테인, 펜트-1-엔, 그리고 펜트-1-아인은 질량 스펙트럼에서 분자 이온이 서로 다른, 끓는점이 낮은 탄화수소이다. 각 화합물을 질량 스펙트럼과 연관지어라.

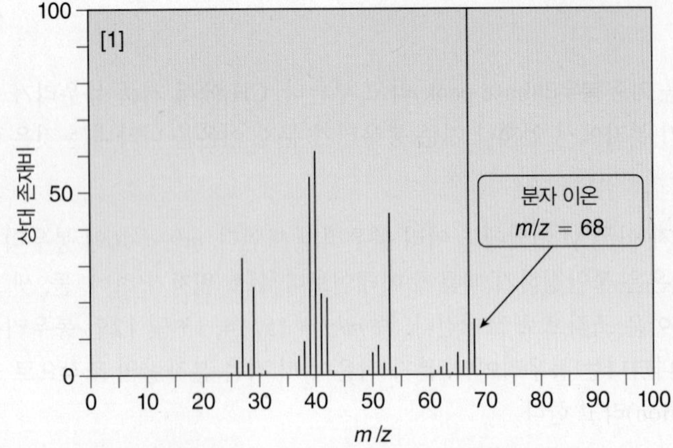

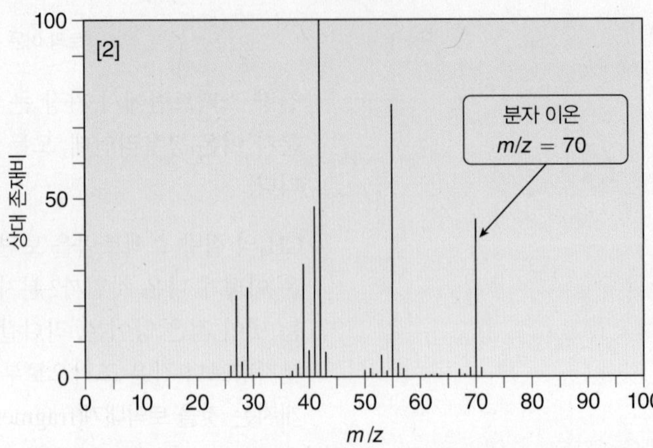

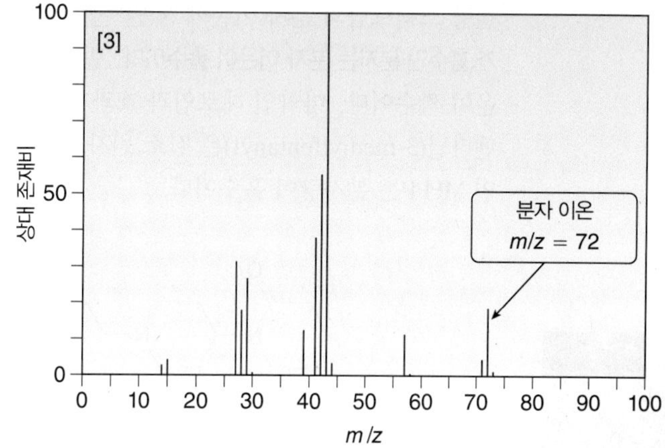

풀이

이 문제를 풀려면, 먼저 각 화합물의 분자식과 분자량을 알아야 한다. 분자량은 분자 이온의 질량과 같으므로, 분자량을 분자 이온의 m/z 값에 맞추면 된다.

화합물	분자식	분자량 = 분자 이온의 *m/z*	스펙트럼 번호
펜테인, $CH_3CH_2CH_2CH_2CH_3$	C_5H_{12}	72	[3]
펜트-1-엔, $CH_2{=}CHCH_2CH_2CH_3$	C_5H_{10}	70	[2]
펜트-1-아인, $HC{\equiv}CCH_2CH_2CH_3$	C_5H_8	68	[1]

문제 13.1 다음과 같은 분자식 화합물로부터 만들어지는 분자 이온의 질량을 구하라.

a. C_3H_6O b. $C_{10}H_{20}$ c. $C_8H_8O_2$ d. 메탐페타민(methamphetamine, $C_{10}H_{15}N$)

분자 이온의 질량을 이용하여 미지 시료의 분자식을 구하는 방법은 예제 13.2에 나와 있다. 이때 메테인(CH_4)이나 헥세인(C_3H_{14})과 같은 탄화수소나 다른 C, H 그리고 O 원자로만 이루어진 화합물의 분자 이온은 질량이 짝수이다. 일반적으로 분자 이온의 질량이 홀수로 나타나는 것은 분자에 질소 원자가 있음을 뜻한다.

예제 13.2 분자 이온의 *m/z* = 86인 화합물의 분자식을 제안하라.

풀이

분자 이온의 질량이 **짝수**이므로, 이 화합물은 아마도 C, H 그리고 O 원자가 있을 것으로 생각된다. 분자 이온이 86인 탄화수소를 먼저 생각해보자. 그런 다음 O 원자의 질량은 CH_4와 같은 16이므로 분자식에서 CH_4를 O 원자 하나로 바꾸어본다. 이 과정을 되풀이해서 산소 원자가 둘 이상인 화합물의 가능한 분자식도 찾아본다.

m/z = 86인 분자 이온에 대하여

가능한 탄화수소:

- 86을 탄소 원자 하나의 질량인 12로 나누면 가능한 최대의 탄소 수가 나온다.

$$\frac{86}{12} = 7\ \text{C(최대 7개의 탄소)}\ \text{(나머지 = 2)} \longrightarrow C_7H_2$$

- C 하나를 빼고 12를 넣어서 또 다른 가능한 분자식을 얻어 낸다.

$$C_7H_2 \xrightarrow[+\ 12\ H's]{-\ 1\ C} C_6H_{14}$$

C, H 그리고 O를 가진 가능한 화합물:

- CH_4를 산소 원자 하나로 대체한다(C_7H_2에는 적용 불가).

$$C_6H_{14} \xrightarrow[+\ 1\ O]{-\ CH_4} C_5H_{10}O$$

- 위 과정을 반복한다.

$$C_5H_{10}O \xrightarrow[+\ 1\ O]{-\ CH_4} C_4H_6O_2$$

질량 스펙트럼의 분자 이온에 N 원자가 미치는 영향을 질소 규칙(nitrogen rule)이라고 한다. N 원자가 홀수인 분자는 분자 이온이 홀수이다. 반대로 영을 포함하여 N 원자가 짝수 개인 화합물은 분자 이온이 짝수이다. 마약인 헤로인과 효과가 비슷한 유사 마약 두 가지가 있는데, 그중 하나인 3-메틸펜타닐(3-methylfentanyl)은 질소 원자가 두 개인 화합물로 분자량이 짝수이며, 질소 원자가 하나인 MPPP는 분자량이 홀수이다.

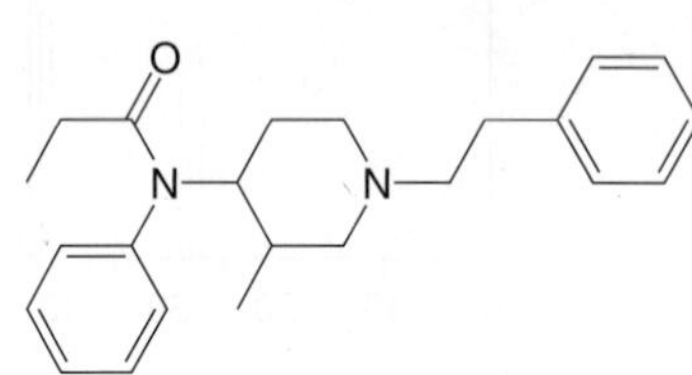

3-메틸펜타닐
$C_{23}H_{30}N_2O$
분자량 = 350

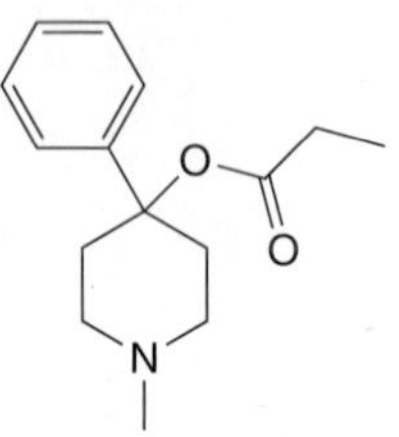

MPPP
(1-메틸-4-페닐-4-프로피오녹실피페리딘)
$C_{15}H_{21}NO_2$
분자량 = 247

누카톤(문제 13.3)은 자몽에 들어 있으며, 오랜 세월 동안 식품과 음료의 향료로 사용되었다.

문제 13.2 다음 각 분자 이온에 대하여 가능한 분자식을 두 개씩 만들어보라.

a. 72 b. 100 c. 73

문제 13.3 다음에 주어진 정보를 이용하여 자몽의 향기를 내는 물질 중 하나인 누카톤(nootkatone)의 분자식을 제시하라. 누카톤은 C, H, 그리고 O를 포함하고 있으며, 불포화도는 5, 분자 이온 봉우리는 m/z = 218에서 나타난다.

13.2 할로젠화 알킬과 M + 2 봉우리

유기 화합물에 포함되어 있는 대부분의 원소, 즉 탄소, 수소, 산소, 질소, 황, 인, 플루오린 그리고 아이오딘은 주요 동위 원소가 한 가지뿐이다. 그러나 염소와 브로민은 주요 동위 원소가 두 가지로서, 이를 포함하고 있는 화합물의 질량 스펙트럼은 특징적인 모양을 나타낸다.

염소에는 두 가지 중요한 동위 원소 ^{35}Cl과 ^{37}Cl이 있는데, 이 두 동위 원소는 3:1의 비율로 존재한다. 따라서 염화 알킬의 분자 이온은 크기가 3:1로 나타내는 봉우리 두 개를 보여준다. 큰 것이 M 봉우리로 ^{35}Cl을 가지고 있는 화합물에 해당하고, 작은 것은 M + 2 봉우리로서 ^{37}Cl을 가지고 있는 화합물로부터 나온 것이다.

- M과 M + 2에서 분자 이온 봉우리 두 개가 3:1의 비율로 나타나 있을 때, 이 화합물은 Cl 원자가 한 개 있다.

예제 13.3 2-클로로프로페인[$(CH_3)_2CHCl$]의 질량 스펙트럼에 나타나는 분자 이온의 모양을 설명하라.

풀이

염소의 주요 동위 원소 두 가지를 사용하여 분자량을 계산해본다.

분자량	분자 이온의 질량(m/z)
$C_3H_7{}^{35}Cl$	78 (M 봉우리)
$C_3H_7{}^{37}Cl$	80 (M + 2 봉우리)

그림 13.3에 나와 있는 2-클로로프로페인의 질량 스펙트럼처럼 m/z가 78과 80인 위치에 봉우리 두 개가 3:1의 비율로 나타나야 한다.

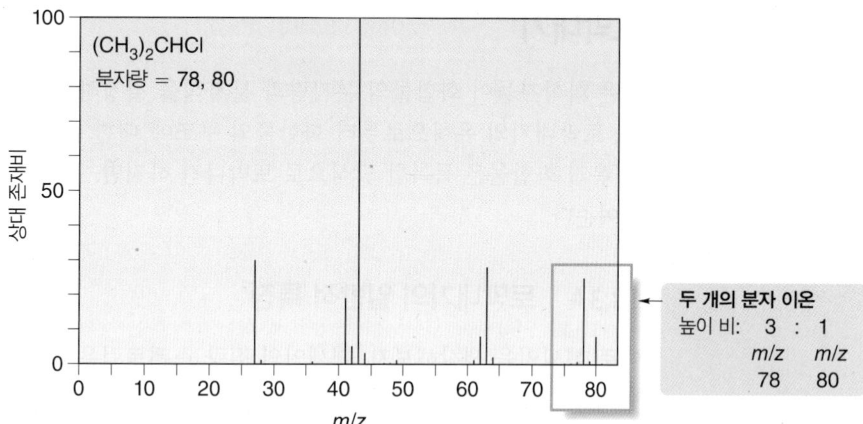

그림 13.3
2-클로로프로페인[$(CH_3)_2CHCl$]의 질량 스펙트럼

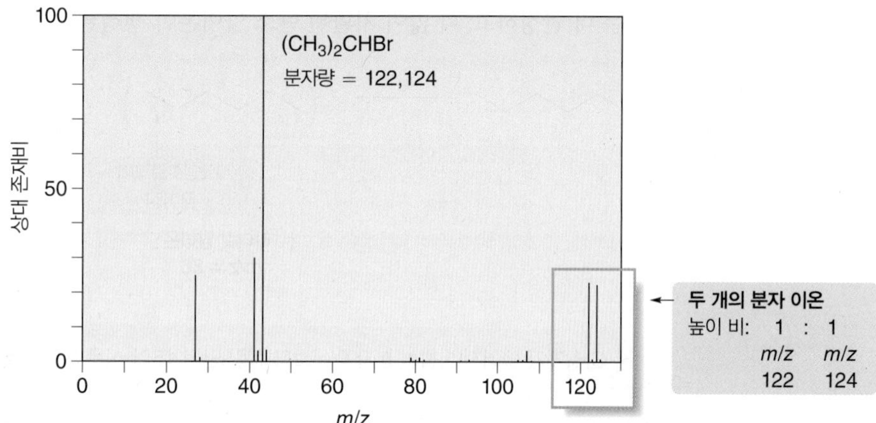

그림 13.4
2-브로모프로페인[$(CH_3)_2CHBr$]의 질량 스펙트럼

브로민에는 중요한 두 가지 동위 원소, 즉 ^{79}Br과 ^{81}Br이 1:1의 비율로 존재한다. 따라서 **브로민화 알킬의 분자 이온에서는 크기가 1:1인 두 개의 봉우리가 나타난다.** 예를 들어 2-브로모프로페인의 질량 스펙트럼(그림 13.4)을 보면, M 봉우리가 m/z = 122에서 나타나 있고, M + 2 봉우리가 m/z = 124에서 또 나타나 있다.

- M과 M + 2에서 분자 이온 봉우리 두 개가 1:1의 비율로 나타나 있을 때, 이 화합물은 Br 원자가 한 개 있다.

문제 13.4 분자식이 다음과 같은 화합물의 분자 이온을 예측하라.

a. C_4H_9Cl b. C_3H_7F c. $C_4H_{11}N$ d. $C_4H_4N_2$

문제 13.5 다음 공-막대 모델로 나타낸 화합물의 분자 이온을 예측하라.

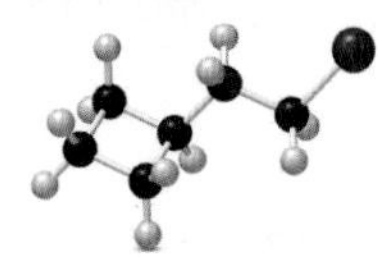

13.3 토막내기

많은 화학자들이 화합물의 분자량과 분자식을 결정하는 데만 질량 스펙트럼을 사용하고 있지만, 토막내기의 유형으로부터 화합물의 구조에 대한 유용한 정보를 추가적으로 얻을 수 있다. 각 유기 화합물은 독특한 방식으로 토막나긴 하지만, 특정 작용기는 일반적인 토막내기 형태를 보여준다.

13.3A 토막내기의 일반적 특징

예로 헥세인을 생각해보자. 헥세인의 질량 스펙트럼은 그림 13.2에 나타내었다. 헥세인을 전자빔으로 충격시키면, 대단히 불안정한 라디칼 양이온(m/z = 86)이 형성되는데, 이 라디칼 양이온은 C−C 결합이 끊어져 분해된다. 따라서 말단의 C−C 결합이 끊어지면 $CH_3CH_2CH_2CH_2CH_2^+$와 CH_3•이 형성된다. 토막내기는 항상 양이온과 라디칼을 발생시키며, 일반적으로 결합이 끊어질 때는 더 안정하고, 더 많이 치환된 탄소 양이온이 생성된다.

e⁻ → ( )+• → 양이온 m/z = 71 + •CH_3 라디칼

붉은색 결합이 끊어짐

라디칼 양이온 m/z = 86

- CH_3기가 떨어지면 항상 분자 이온보다 질량 단위 15가 적은 토막 이온이 생성된다.

그 결과 헥세인의 질량 스펙트럼은 $CH_3CH_2CH_2CH_2CH_2^+$에 기인하는 m/z = 71에서 봉우리를 나타낸다. 그림 13.5는 헥세인에서 다른 C−C 결합이 끊어져서 그 질량에 해당하는 다른 토막 이온이 생성되는 것을 보여주고 있다.

예제 13.4 2,3-다이메틸펜테인[$(CH_3)_2CHCH(CH_3)CH_2CH_3$]은 m/z = 85와 71에서 토막 이온을 보여주고 있다. 이 봉우리를 나타내는 이온에 대한 가능한 구조를 제안하라.

풀이

이런 종류의 문제를 해결하려면 먼저 분자 이온의 질량을 계산해야 한다. 화합물의 구조를 그리고, C−C 결합을 끊는다. 그리고 생겨난 토막 이온들의 질량을 계산한다. 원하는 질량 대 전하 비의 값이 나올 때까지 다른 C−C 결합에 대하여 이 과정을 반복한다.

[1] [2] m/z = 100 —e⁻→

결합 [1]이 끊어짐 → m/z = 85 + •CH_3

결합 [2]가 끊어짐 → m/z = 71 + •CH_2CH_3

이 예에서 2,3-다이메틸펜테인은 m/z = 100에서 분자 이온의 봉우리가 있다. 결합 [1]이 끊어지면 m/z = 85의 2차 탄소 양이온과 CH_3•가 형성된다. 결합 [2]가 끊어지면 m/z = 71의 2차 탄소 양이온과 CH_3CH_2•가 형성된다. 그러므로 m/z = 85와 71에서의 토막 이온은 앞의 그림에서 나타낸 두 탄소 양이온에 해당하는 봉우리임을 알 수 있다.

그림 13.5
헥세인의 질량 스펙트럼에서 토막 이온의 확인

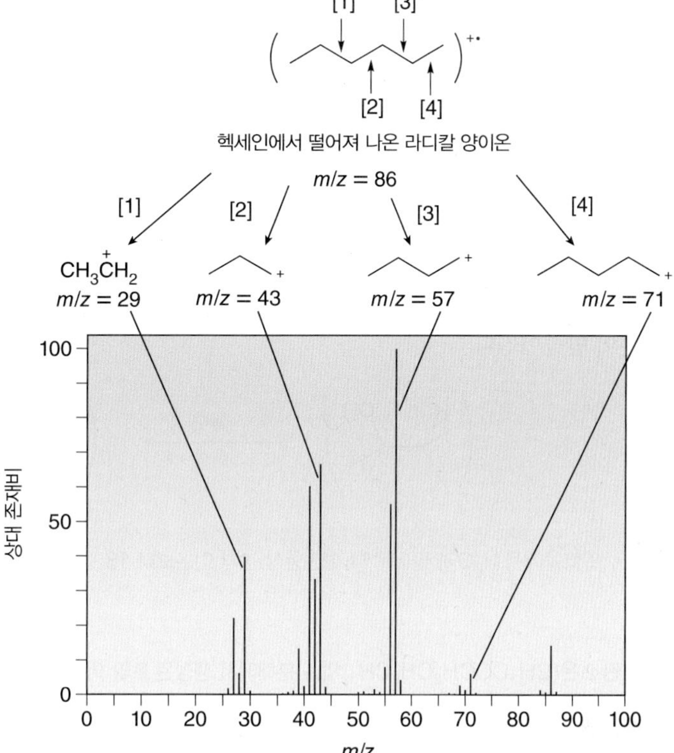

- 헥세인에서 [1]~[4]의 C−C 결합이 끊어지면 질량 스펙트럼에서 선에 해당하는 더 적은 분자량 토막 이온이 형성된다. 스펙트럼에서 보는 바와 같이 질량 스펙트럼이 다소 복잡하지만, 몇 가지 토막 이온의 가능한 구조를 확인할 수 있다.

문제 13.6 2,3-다이메틸펜테인의 질량 스펙트럼은 m/z = 57과 43에서 봉우리를 나타내고 있다. 이 봉우리를 나타내는 토막 이온의 가능한 구조를 제안하라.

문제 13.7 2,2,4-트라이메틸펜테인[$(CH_3)_3CCH_2CH(CH_3)_2$]은 m/z = 57에서 기준 봉우리를 보여주고 있다. 이 봉우리에 해당하는 이온은 무엇인가? 또한 이 이온이 가장 풍부한 이유는 무엇인가?

13.3B 몇 가지 작용기의 토막내기의 유형

각 작용기는 질량 스펙트럼을 분석하는 데 도움을 주는 특징적인 토막내기의 유형을 나타낸다. 예를 들면, 흔히 알데하이드와 케톤은 카보닐 탄소와 카보닐 탄소에 바로 인접한 탄소 사이의 결합이 끊어지는 α 분해 과정(α cleavage)이 일어난다. 이 끊어짐이 일어나면 중성 라디칼과 공명 안정화된 아실륨(acylium) 이온이 생성된다.

$$\left(\begin{array}{c}:\!O\!:\\ \| \\ R\diagup\diagdown R'\end{array}\right)^{+\cdot} \xrightarrow{\alpha\ 분해} R{-}\overset{+}{C}{=}\ddot{O}: \longleftrightarrow R{-}C{\equiv}\overset{+}{O}: \quad + \quad R'\cdot$$

공명 안정화된 아실륨 이온

이 결합이 끊어짐
R = H 또는 알킬기

알코올은 α 분해와 탈수 반응의 두 가지 다른 방식으로 토막내기가 일어난다. 알킬기와 OH기가 결합된 탄소 사이의 결합이 끊어지는 알파(α) 분해가 일어나면, 알킬 라디칼과 공명 안정화된 탄소 양이온이 생긴다.

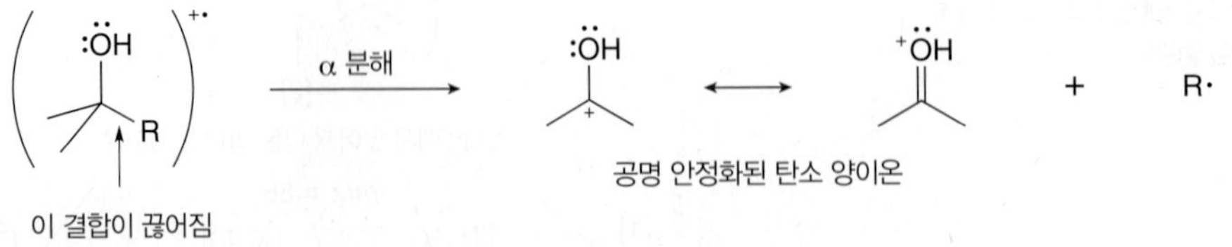

마찬가지로, 알코올은 두 인접한 원자에서 H_2O가 제거되는 탈수반응이 일어난다. 이제까지 논의한 토막내기와는 달리, 탈수 반응은 두 개의 결합이 끊어져서 물과 알켄에서 생성된 라디칼 양이온이 만들어진다.

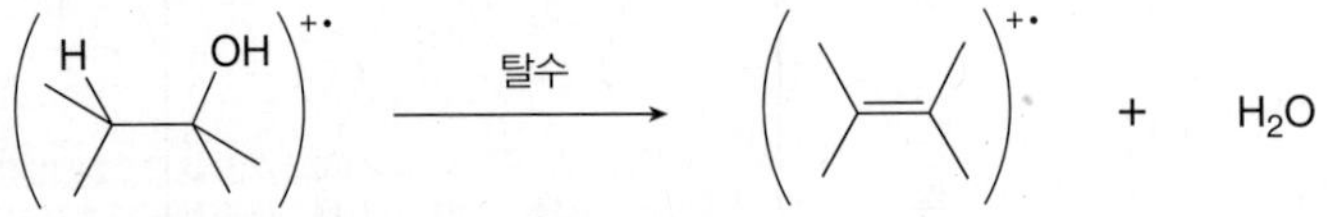

- 알코올에서 H_2O가 떨어져 나가면 항상 분자 이온보다 18 질량 단위가 적은 토막 이온이 형성된다.

예제 13.5 펜탄-2-온($CH_3COCH_2CH_2CH_3$)의 α 분해에서 생성된 토막 이온의 질량은 얼마인가?

풀이

알파(α) 분해는 카보닐 탄소와 카보닐 탄소의 인접한 탄소 사이의 결합이 끊어지는 것으로서 중성인 라디칼과 공명 안정화된 아실륨 이온이 생성된다. 펜탄-2-온과 같이 카보닐 탄소에 두 개의 다른 알킬기가 결합된 케톤의 α 분해는 두 가지 경로로 일어날 수 있다.

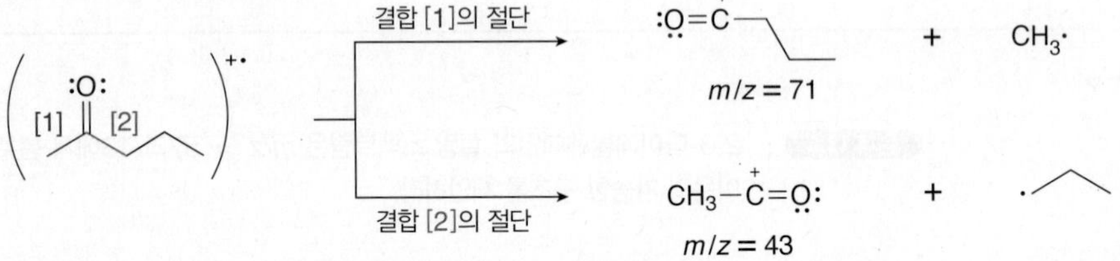

그 결과, 펜탄-2-온의 α 분해가 일어나면 두 개의 토막 이온이 형성되는데, m/z = 71와 43에서 봉우리를 나타낸다.

문제 13.8 (a) 뷰탄-2-올(butan-2-ol), $CH_3CH(OH)CH_2CH_3$의 α 분해로 생긴 질량 스펙트럼 토막 이온은 무엇인가? (b) 뷰탄-2-올의 탈수반응에서 생긴 토막 이온은 무엇인가?

문제 13.9 질량 분석기에서 다음 각 화합물의 α 분해로 생긴 양이온은 무엇인가?

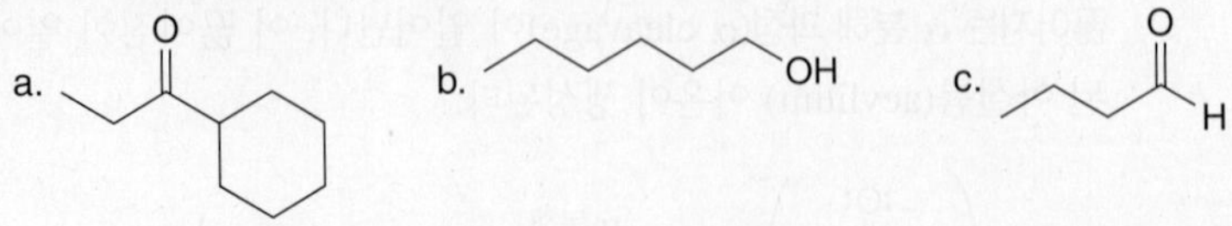

a. b. c.

13.4 다른 종류의 질량 분석법

최근의 급속한 발전으로 질량 분석법을 활용하여 더욱 다양한 정보를 얻어낼 수 있게 되었다.

표 13.1
대표적인 동위 원소의 정확한 질량

동위 원소	질량
^{12}C	12.0000
^{1}H	1.00783
^{16}O	15.9949
^{14}N	14.0031

13.4A 고분해능 질량 분석법

지금까지 공부한 질량 분석법은 분해능이 상대적으로 낮은 스펙트럼을 활용한 것이었다. 여기서 m/z는 대개 정수 값으로 주어지는 것이 보통이다. 따라서 어떤 분자 이온에 해당하는 분자식은 예제 13.2와 같이 여러 가지로 나타날 수 있다.

고분해능 질량 분석기로는 m/z를 소수점 아래 네 자리 또는 그 아래까지 측정할 수 있다. 이것이 중요한 이유는 12.0000으로 정의한 탄소-12 이외의 모든 핵종들은 원자량이 정수에 가깝기는 하지만 정수가 아니기 때문이다. 표 13.1에는 주요 핵종 몇 가지의 정확한 질량 값이 나타나 있다. 정확한 질량 값을 사용하면 어떤 분자 이온에 해당하는 분자식 하나만을 알아낼 수 있다.

예를 들어, 저분해능 질량 분석기에서 분자 이온이 m/z = 60인 화합물은 분자식이 다음과 같을 수 있다.

분자식	정확한 질량
C_3H_8O	60.0575
$C_2H_4O_2$	60.0211
$C_2H_8N_2$	60.0688

만약 분자 이온의 정확한 질량이 60.0578로 나타났다면, C_3H_8O가 이 측정한 값에 가장 가까우므로 이것이 바로 이 화합물의 분자식이 된다.

문제 13.10 어떤 진통제 **X**의 저분해능 질량 스펙트럼에서 분자 이온이 151에서 나타났는데, 가능한 분자식은 $C_7H_5NO_3$, $C_8H_9NO_2$, 그리고 $C_{10}H_{17}N$이다. 그런데 이 화합물의 고분해능 질량 스펙트럼을 찍어 보니 151.0640으로 나왔다. 화합물 **X**의 분자식은 무엇인가?

13.4B 기체 크로마토그래피-질량 분석법(GC-MS)

두 종류의 분석 방법, 즉 **기체 크로마토그래피**(GC, gas chromatography)와 **질량 분석법**(MS)을 하나로 통합하여 (GC-MS) 여러 화합물이 섞여 있는 혼합물을 분석할 수 있다(그림 13.6a). 기체 크로마토그래프를 사용하여 혼합물을 분리해내고, 질량 분석기로는 각 성분의 질량 스펙트럼을 얻어낸다.

다른 규제 물질과 같이, 마리화나 잎에서 얻어지는 테트라하이드로칸나비놀(tetrahydrocannabinol)은 GC-MS로 미량을 검출할 수 있다.

기체 크로마토그래프는 점성이 매우 크면서 끓는점이 높은 액체가 발라진 모세관 형태의 칼럼 분리관이 오븐 속에 들어 있는 구조를 가지고 있다. 시료가 GC 속에 주입되면, 기화된 다음 비활성의 운반 기체에 의하여 칼럼 내의 모세관 속으로 흘러 들어간다. 혼합물은 모세관을 각각 다른 속도로 흘러가면서 각 성분의 끓는점에 따라 분리되는데, 끓는점이 낮은 성분이 높은 성분보다 먼저 모세관 칼럼으로부터 흘러 나온다. 분리된 각 성분은 이제 질량 분석기로 들어가서, 이온화되어 분자 이온과 작은 분자량을 가진 조각을 만들어 낸다. GC-MS 기기를 사용하면 혼합물에 대해서 기체 각 성분의 **머무름 시간**(retention time), 즉 각 성분이 모세관 칼럼을 통과하

그림 13.6
GC-MS를 이용한 화합물 분석

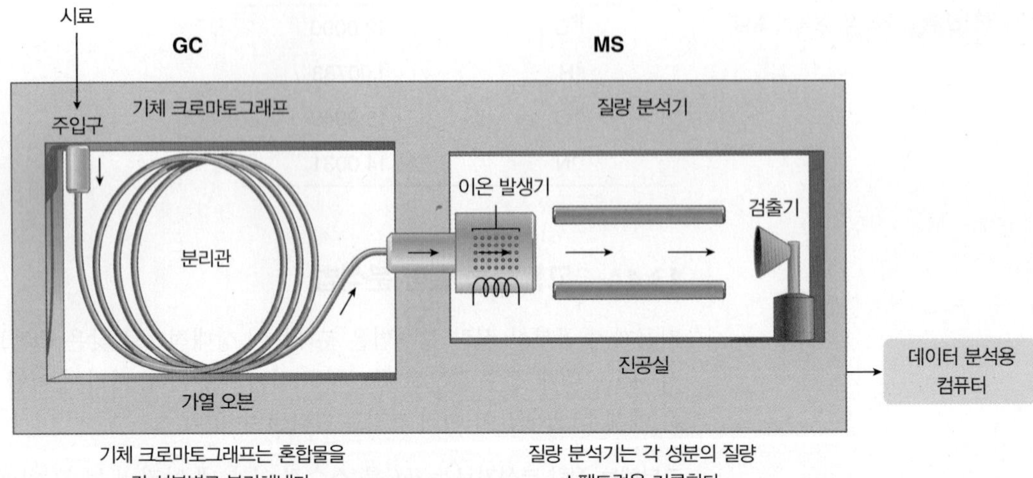

b. 세 가지 성분의 기체 크로마토그램. 질량 분석기는 각 성분에 대한 질량 스펙트럼을 나타낸다.

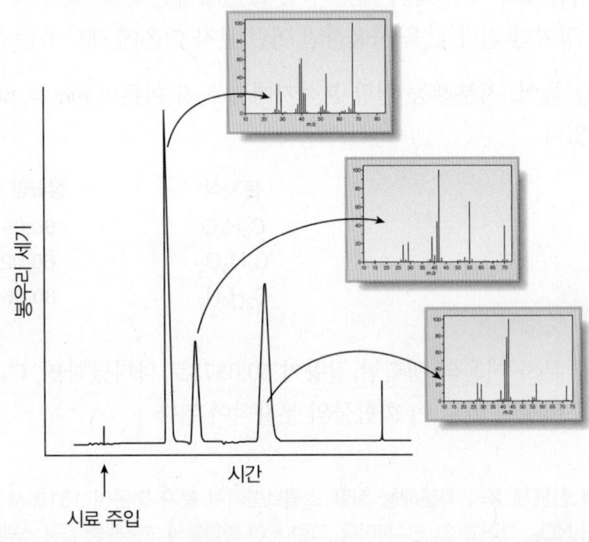

는 데 걸린 시간에 대한 각 성분의 양을 기록한 크로마토그램을 얻게 된다. 혼합물 내 각 성분이 무엇인지는 기체 크로마토그램에서의 머무름 시간과 질량 스펙트럼을 통하여 알 수 있다(그림 13.6b).

GC-MS는 환경 오염 물질을 분석하는 데 널리 활용되고, 또 운동선수의 소변이나 머리카락에서 금지된 약물을 검출해내는 데도 유용하게 쓰인다.

소변 속에 들어 있는 THC(tetrahydrocannabinol, 마리화나에 들어 있는 향정신성 물질의 주성분)를 분석하기 위해서는, 먼저 이 화합물을 소변에서 추출하여 정제, 농축 단계를 거친 다음 GC-MS 기기에 주입한다. THC가 존재한다면 이는 주어진 실험 조건하에서 특정한 시간에 기체 크로마토그램에서의 봉우리로 나타나며, 질량 스펙트럼에서는 그림 13.7에서 보는 바와 같이 THC의 분자량인 314의 분자 이온을 보여준다.

문제 13.11 옥테인 값을 높이기 위해 벤젠, 톨루엔 및 *p*-자일렌(BTX)을 휘발유에 첨가하기도 한다. 이 세 가지의 혼합물을 GC-MS로 처리하면 크로마토그램에는 몇 개의 봉우리가 나타나는가? 각 봉우리의 상대적 위치는 어디이며, 질량 스펙트럼에서 나타나는 분자 이온은 어떤 것인가?

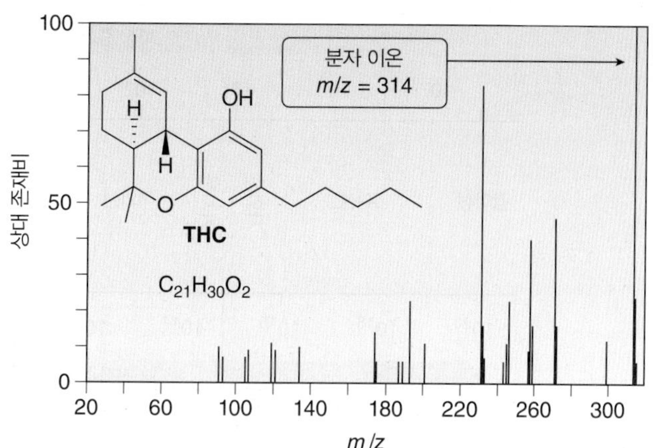

그림 13.7
테트라하이드로칸나비놀(THC)의 질량 스펙트럼

벤젠 톨루엔 *p*-자일렌

13.4C 고분자량 생체분자의 질량 스펙트럼

미국 예일대학의 명예교수인 존 펜(John Fenn) 박사는 ESI 질량 분석법을 개발한 공로로 2002년 노벨 화학상을 공동 수상하였다.

1980년대 이전에 질량 스펙트럼을 얻을 수 있는 대상은 진공 중에서 가열할 때 손쉽게 기화할 수 있는 분자, 즉 분자량이 대체로 800보다 작은 분자에 국한되었다. 그러나 최근 25년간 거대 분자를 기체 상태로 바꾸어 분자 이온을 만드는 기술이 발전하였고, 그 결과 단백질이나 탄수화물 등과 같은 분자의 질량 스펙트럼을 얻을 수 있게 되었다. 예를 들어, **전기분무 이온화법(ESI, electrospray ionization)**에서는 전기장 안에서 전하를 띤 아주 작은 방울로부터 이온을 만든다. 이어 전하를 띤 방울은 기체 상태의 이온으로 변하고 이 이온의 *m*/*z*에 따라 분석된다. ESI와 관련 기술 덕분에 휘발성이 거의 없는, 분자량이 100,000돌턴(원자량 단위)에 이르는 거대 분자에까지 질량 분석법의 적용 범위가 확대되었다.

13.5 전자기 복사

적외선(IR) 분광법과 **핵자기 공명(NMR) 분광법**(14장)에서 에너지의 근원은 전자기 복사이다. 따라서 IR과 NMR을 이해하기 위해서는 **전자기 복사**(electromagnetic radiation)의 성질을 알아야 한다. 전자기 복사는 파동과 입자의 두 가지 성질을 모두 가지고 있다.

전자기 복사의 입자를 **광자**(photon)라고 부르는데, 광자는 각기 **양자**(quantum)라고 부르는 정해진 양의 에너지를 가지고 있다. 전자기 복사는 또 파동으로서의 성질도 있으므로, **파장**과 **진동수**로도 전자기 복사를 특징지을 수 있다.

파장을 나타내는 데 흔히 사용되는 길이의 단위:

단위	길이
미터(m)	1 m
센티미터(cm)	10^{-2} m
마이크로미터(μm)	10^{-6} m
나노미터(nm)	10^{-9} m
옹스트롬(Å)	10^{-10} m

- 파장(λ)이란 파동의 어느 한 점에서 다음 파의 해당되는 점까지(예를 들면, 봉우리 또는 골짜기)의 길이를 말한다. 파장의 단위로는 복사의 종류에 따라 다양한 길이 단위가 사용된다.
- 진동수(ν)란 단위 시간당 주어진 점을 지나가는 파동의 개수를 말한다. 진동수의 단위로는 초당(s^{-1}) 사이클 또는 헤르츠(hertz, Hz)를 사용한다.

일상생활에서 우리는 여러 종류의 전자기 복사를 경험한다. 예를 들어, 이 책을 읽는 데는 가시광선을 이용하고 있고, 초단파를 사용해 요리를 하며, 자외선의 해로운 효과로부터 피부를 보호

그림 13.8
전자기 스펙트럼

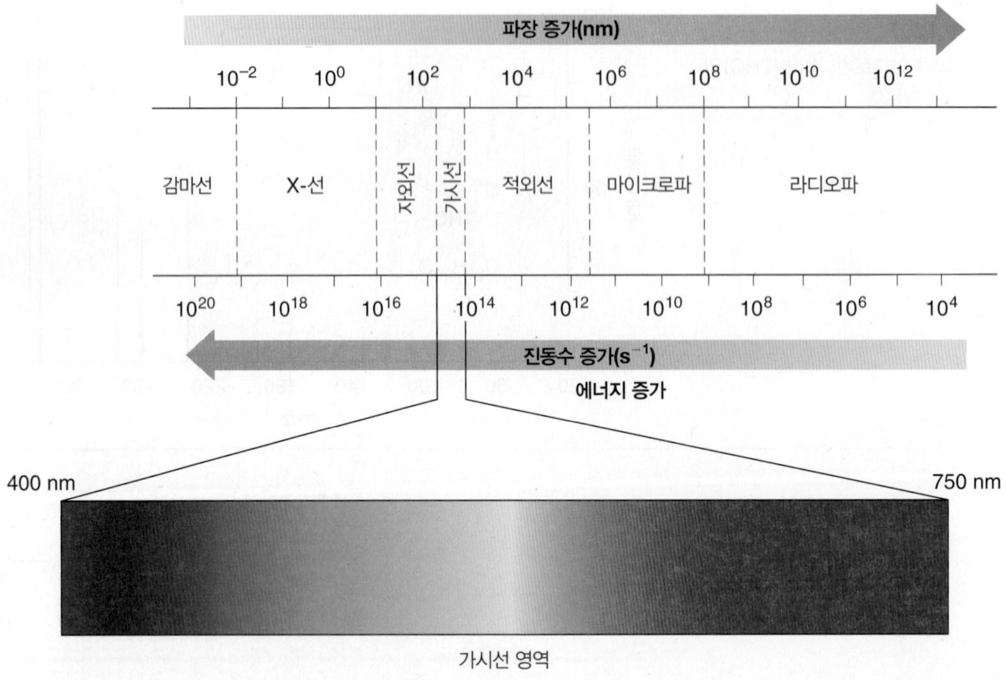

- 가시광선은 전자기 스펙트럼 중 아주 작은 부분을 차지한다.

하기 위하여 자외선 차단 크림을 바르기도 한다.

여러 종류의 전자기 복사가 모여서 전자기 스펙트럼(electromagnetic spectrum)이 이루어진다. 전자기 복사 스펙트럼은 그림 13.8에 나타낸 것처럼 여러 지역으로 나누어지는데, 그 기준은 임의로 정한 것이다. 모든 전자기 복사는 빛의 속도(c), 즉 3.0×10^8 m/s로 움직인다.

전자기 복사의 속도(c)는 파장과 진동수에 비례한다.

$$c = \lambda\nu$$

빛의 속도(c)는 상수이므로 파장과 진동수는 반비례 관계이다.

- $\lambda = c/\nu$: 진동수가 감소하면 파장은 커진다.
- $\nu = c/\lambda$: 파장이 감소하면 진동수는 증가한다.

광자의 에너지(E)는 진동수에 비례한다. 여기에서 h는 플랑크 상수(Planck's constant, 6.63×10^{-34} J·s)이다.

$$E = h\nu$$

진동수와 파장은 반비례 관계이고($\nu = c/\lambda$), 에너지와 파장도 반비례 관계이다.

$$E = h\nu = \frac{hc}{\lambda}$$

- 전자기 복사 에너지는 진동수 증가와 파장의 감소에 따라 증가한다.

전자기 복사와 분자가 만나면 특정 파장(결코 모든 파장은 아니다)의 전자기 복사는 분자에 흡수된다. 분자는 내부 에너지 준위가 불연속이므로 일부 파장의 전자기 복사만 흡수되는 것이다. 분자에서 전자, 진동 및 핵 스핀 에너지 준위는 연속적이 아니고 양자화되어 있다.

- 전자기 복사의 흡수가 일어나기 위해서 광자의 에너지가 분자 내 두 에너지 준위의 차이에 맞아야 한다.

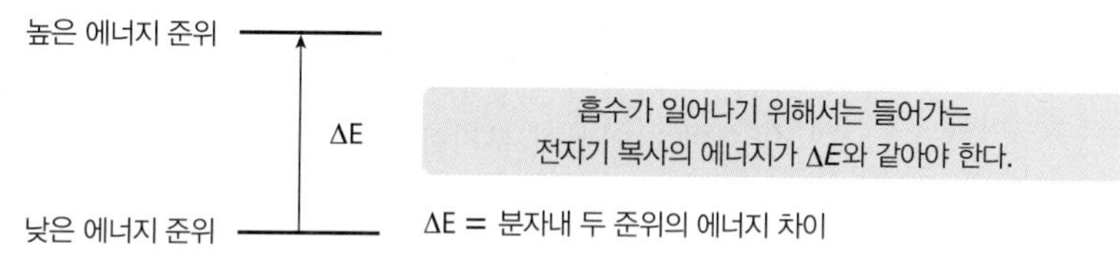

- 두 준위 사이의 에너지 차이가 클수록 흡수를 일으키는 데 필요한 전자기 복사의 에너지는 커지고 진동수는 높아지고, 파장은 작아진다.

문제 13.12 다음 중 어떤 것이 진동수가 더 높은가?

a. 파장이 10^2 또는 10^4 nm인 빛 b. 파장이 100 nm 또는 100 μm인 빛 c. 붉은빛 또는 푸른빛

문제 13.13 다음 중 어떤 것이 에너지가 더 높은가?

a. ν가 10^4 또는 10^8 Hz인 빛 b. λ가 10 nm 또는 1000 nm인 빛 c. 붉은빛 또는 푸른빛

13.6 적외선 분광법

유기화학에서 적외선 분광법은 화합물 내에 존재하는 작용기를 알아내는 데 사용된다.

13.6A 배경

적외선의 진동수를 표현할 때 파수 단위(4000~400 cm^{-1})를 사용하면 헤르츠 단위(1.2 × 10^{14}~1.2 × 10^{15} Hz)를 사용할 때보다 외우기가 쉽다.

적외선(λ = 2.5~25 μm)은 적외선 분광법에 사용되는 에너지원이다. 적외선은 가시 광선보다 파장이 약간 더 길고, 따라서 진동수는 낮으며 에너지 또한 가시 광선보다 낮다. 적외선 분광법에서 적외전의 진동수는 흔히 파수(wavenumber) ($\tilde{\nu}$)라는 단위로 표시된다.

$$\tilde{\nu} = \frac{1}{\lambda}$$

파수는 파장에 반비례하며 단위는 센티미터의 역수(cm^{-1})이다. 또 파수는 진동수(ν)에 비례한다. 진동수(그리고 에너지)는 파수가 증가함에 따라 증가한다. 파수 단위를 사용하면 적외선은 4000 cm^{-1}~400 cm^{-1}에 해당한다.

- 분자가 적외선을 흡수하면 진동하는 모습이 달라진다.

공유 결합은 가만히 정지하고 있는 결합이 아니다. 마치 양쪽 끝에 추가 달린 용수철 같다고 볼 수 있다. 원자 두 개가 서로 결합할 때, 결합은 길이가 줄었다 늘어났다 하는 신축 운동을 한다. 원자가 세 개 이상 결합한 경우에는, 결합이 굽혀졌다 펴졌다 하는 운동도 한다. 이와 같이 결합의 길이가 늘었다 줄었다 하는 것이나 굽혀졌다 펴졌다 하는 모습을 진동이라고 부르는데, 분자 안에서는 이런 진동이 항상 일어나고 있다.

결합이 늘어남　　　　두 결합이 굽혀짐

분자 내 진동은 양자화되어 있고 정해진 일정 진동수로만 일어나는데, 이 진동수가 분자에 흡수되는 적외선의 진동수와 관계가 있다. 적외선의 진동수가 분자 내 어떤 특정 진동의 진동수와 맞으면 적외선이 분자에 흡수되고, 분자 내에서 일어나는 해당 신축 또는 굽힘 진동의 진폭이 증가한다.

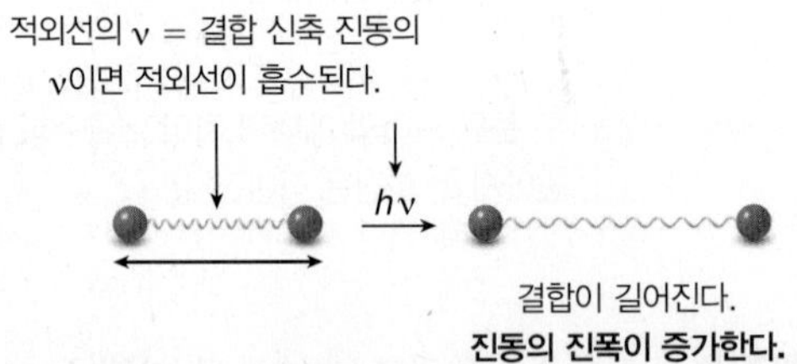

- 결합의 종류에 따라 진동의 진동수도 다르다. 따라서 흡수하는 적외선의 진동수도 다르다.
- 적외선 분광법으로 분자내에 존재하는 서로 다른 결합을 구별해낼 수 있다. 그 결과 분자 내에 존재하는 작용기를 알아낼 수 있는 것이다.

문제 13.14 다음 중 어느 것이 더 높은 에너지를 가지고 있는가?

a. 파수가 3000 cm^{-1} 또는 1500 cm^{-1}인 적외선　　b. 파장이 10 μm 또는 20 μm인 적외선

13.6B IR 스펙트럼의 특징

분광기 내에서 적외선은 시료를 통과한다. 이때 시료의 진동에 해당하는 진동수의 적외선은 시료에 흡수되지만, 나머지 적외선은 시료를 그대로 통과하여 검출기에 도달한다. IR 스펙트럼은 통과한 빛의 양을 파수에 대해 기록한 것이다. 프로판-1-올 $CH_3CH_2CH_2OH$의 IR 스펙트럼은 적외선 분광법의 몇 가지 중요한 특징을 보여준다.

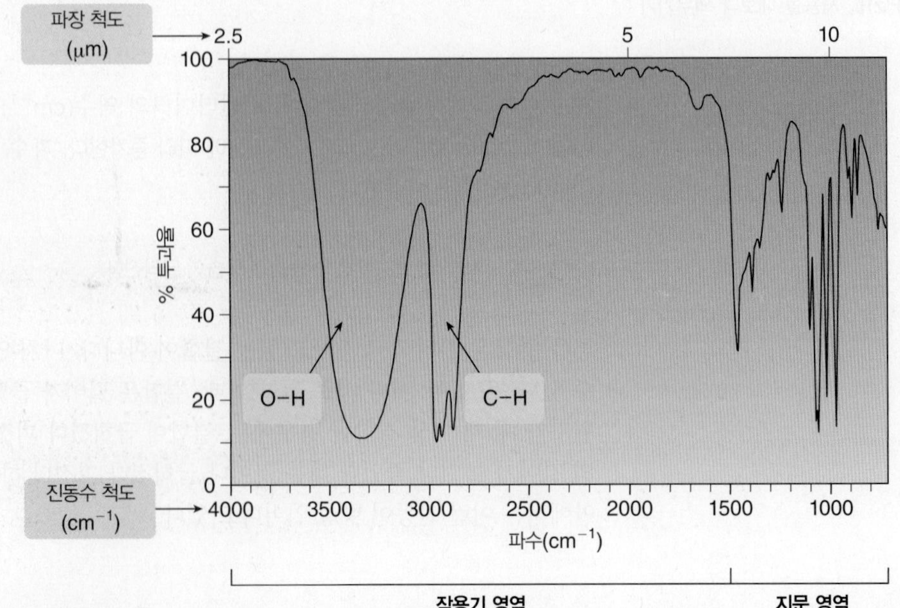

- IR 스펙트럼은 넓은 곡선 모양을 보여주고 있다.
- 스펙트럼에서 흡수 봉우리는 아래로 내려간다. 수직 y축은 퍼센트 투과율(percent transmittance)인데, 100% 투과율이란 빛이 시료에 전혀 흡수되지 않고 모두 통과되었음을 뜻한다. 반대로 0% 투과율이란 빛이 하나도 통과되지 않고 시료에 모두 흡수되었다는 뜻이다. 대개의 경우 빛의 흡수는 이 두 극단 사이에 나타난다.
- 각각의 봉우리는 특정 종류의 결합에 해당한다. 또 결합의 종류마다(예를 들어, O−H 또는 C−H 결합) 그것에 해당하는 특정 진동수가 존재한다.
- IR 스펙트럼의 x축의 단위는 파장이나 파수이다. 파장의 단위로는 μm (2.5~25)를 사용한다. 파수, 진동수 그리고 에너지는 왼쪽에서 오른쪽으로 갈수록 감소한다. 봉우리가 나타나는 위치는 센티미터의 역수(cm^{-1})로 표시한다.

IR 스펙트럼은 개념적으로 두 영역으로 나누어 볼 수 있다.

- 작용기 영역(functional group region): 1500 cm^{-1} 이상의 진동수 영역으로 주요 작용기의 특징적인 한두 개의 봉우리가 나타난다.
- 지문 영역(fingerprint region): 1500 cm^{-1}보다 낮은 영역으로 각 화합물에 고유한 복잡한 스펙트럼 모습을 보여준다.

예를 들어, 그림 13.9에는 5-메틸헥산-2-온(A)과 프로판산 에틸(B)의 IR 스펙트럼이 주어져 있는데, 두 화합물 모두 카보닐기(C=O)와 몇 개의 sp^3 혼성화된 C−H 결합을 가지고 있어 작용기 영역의 스펙트럼은 비슷하게 보인다. 하지만 두 화합물은 다른 화합물이기 때문에 지문 영역은 아주 다르다는 것을 알 수 있다.

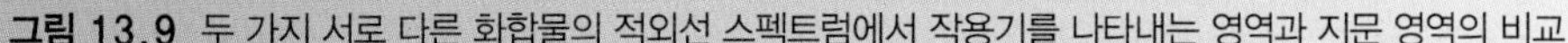

그림 13.9 두 가지 서로 다른 화합물의 적외선 스펙트럼에서 작용기를 나타내는 영역과 지문 영역의 비교

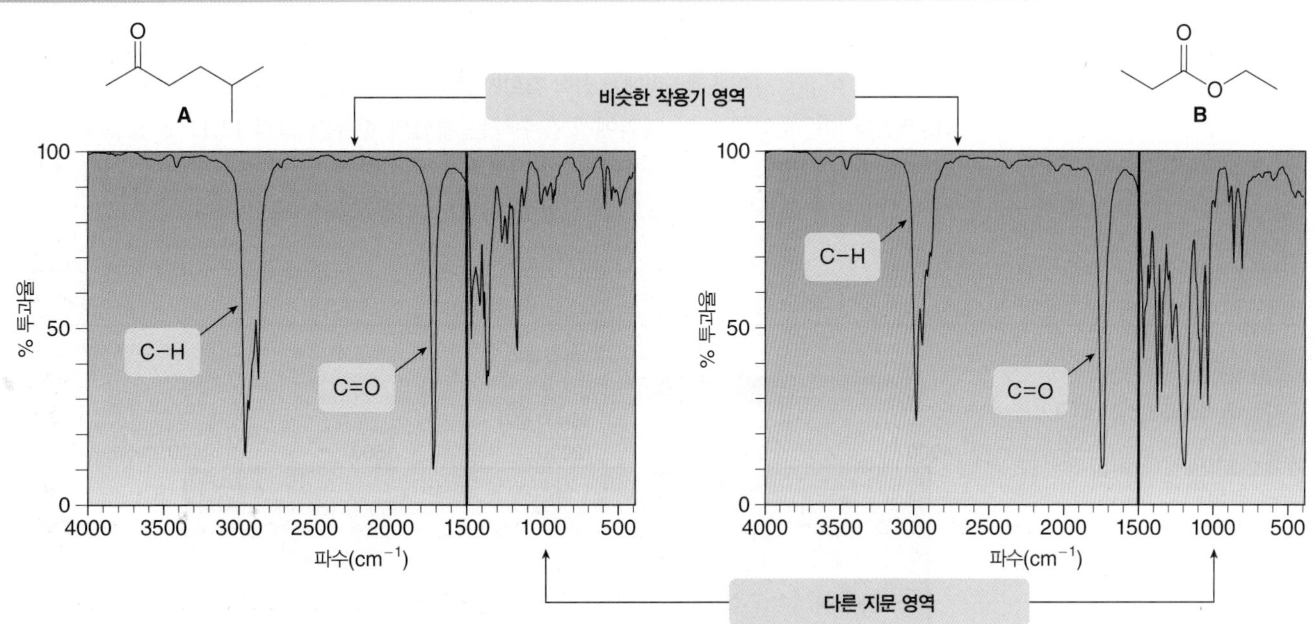

- **A**와 **B** 모두 같은 영역에서 C=O기와 sp^3 혼성화된 C−H기를 나타내는 봉우리가 보인다.
- **A**와 **B**는 다른 화합물이므로 그들의 지문 영역은 매우 다르다.

그림 13.10
후크의 법칙: 결합 진동의 진동수는 결합의 세기와 원자의 질량에 따라 달라진다.

진동하는 용수철의 진동수를 계산하는 법칙인 후크의 법칙으로부터 결합이 일으키는 진동의 진동수를 알아낼 수 있다.

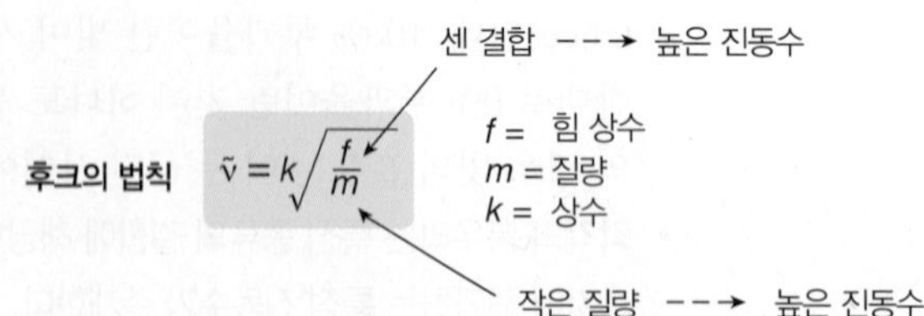

- 힘 상수(f)는 결합(용수철)의 세기를 나타낸다. 그 값이 클수록 결합이 세고 진동의 파수 값이 높다.
- 질량(m)은 원자(추)의 질량을 말한다. m 값이 작을수록 $\tilde{\nu}$ 값이 커진다.

13.7 적외선 흡수

13.7A IR 스펙트럼상에서 특정 결합이 나타나는 위치

어떤 결합이 적외선을 흡수하는 위치는 결합의 세기와 원자의 질량에 따라 달라진다.

- 결합의 세기: 센 결합은 높은 진동수에서 진동한다. 따라서 높은 $\tilde{\nu}$의 적외선을 흡수한다.
- 원자의 질량: 가벼운 원자를 갖는 결합은 더 높은 진동수에서 진동한다. 따라서 더 높은 $\tilde{\nu}$의 적외선을 흡수한다.

양쪽 끝에 추가 달린 용수철을 상상해보면 이 경향을 알 수 있다. 용수철의 세기는 결합의 세기와 유사하고, 추의 질량은 바로 원자의 질량과 유사하다. 같은 질량의 추를 양쪽에 가진 서로 다른 용수철 두 개를 비교해보면, 센 용수철의 진동수가 더 높다는 것을 쉽게 상상할 수 있다. 같은 세기의 용수철 두 개를 비교하면, 가벼운 추가 달린 용수철이 더 높은 진동수로 진동함을 알 수 있다. 진동의 진동수와 결합의 세기 및 질량 사이의 관계는 그림 13.10에서 설명한 대로 후크의 법칙으로 잘 설명됨을 알 수 있다.

이와 같은 이유로, IR 스펙트럼에서 화학 결합이 흡수를 일으키리라 예상하는 영역은 크게 네 부분으로 나누어진다. 이 네 영역과 각 영역에서 흡수하는 결합의 종류가 그림 13.11에 설명되어 있다. 이 그림을 외워두면 모르는 화합물의 IR 스펙트럼을 해석하는 데 유용할 것이다. 더불어 다음 두 가지 사항을 이해하면 그림 13.11의 내용을 기억하는 데 도움이 될 것이다.

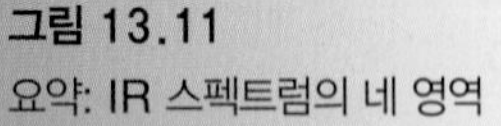
그림 13.11
요약: IR 스펙트럼의 네 영역

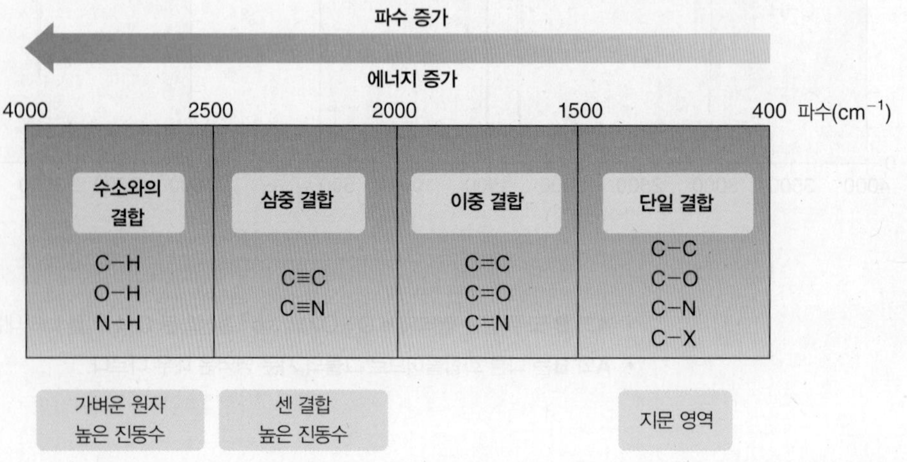

표 13.2
중요한 IR 흡수 봉우리

결합유형	대략적인 $\tilde{\nu}$ (cm^{-1})	세기
O−H	3600~3200	강함, 폭넓음
N−H	3500~3200	중간
C−H	~3000	
• C_{sp^3}−H	3000~2850	강함
• C_{sp^2}−H	3150~3000	중간
• C_{sp}−H	3300	중간
C≡C	2250	중간
C≡N	2250	중간
C=O	1800~1650(흔히~1700)	강함
C=C	1650	중간
(벤젠 고리)	1600, 1500	중간

- 수소와 연결된 결합은 언제나 스펙트럼의 왼쪽(높은 진동수 영역)에 나타난다. H−Z 결합(여기서 Z=C, O, N)에서 수소의 질량이 작고, 따라서 진동수가 높기 때문이다.
- 결합의 세기는 삼중 → 이중 → 단일 결합, 즉 C≡C → C=C → C−C로 갈수록 약해지고, 적외선 흡수는 스펙트럼의 오른쪽으로 이동한다.

스펙트럼의 작용기가 나타나는 영역에서는 H−Z 형태의 수소를 포함하는 단일 결합과 모든 다중 결합의 흡수가 나타난다. 작용기 영역에서 나타나는 대부분의 흡수는 결합의 굽힘 진동보다는 신축 진동 때문에 나타나는 것이다. 지문 영역에서는 H−Z 결합을 제외한 수많은 단일 결합에 의한 흡수가 나타나는 관계로 아주 복잡한 모습으로 나타나고 해석도 쉽지 않다.

IR 스펙트럼에 대하여 개괄적인 내용을 알고 난 다음에는 대표적인 결합들이 흡수하는 진동수를 알아야 한다. 표 13.2에는 작용기 영역에서 나타나는 중요한 흡수 봉우리의 위치가 수록되어 있다. 적외선 흡수에 관한 자세한 내용은 앞으로 이 책의 여러 작용기에 관한 부분에서 같이 공부하게 될 것이다. 부록 E에 흔히 볼 수 있는 결합의 흡수 진동수를 자세히 수록해 놓았다.

결합의 세기에 영향을 미치는 미세한 변화도 적외선 흡수 진동수에 변화를 준다. 이 책의 1.11절에서 우리는 탄소 혼성 오비탈의 *s*-성질 퍼센트가 커질수록 C−H 결합의 세기가 증가한다는 사실을 공부한 바 있다. 즉,

−C−H (사면체)	=C−H	≡C−H
C_{sp^3}−H	C_{sp^2}−H	C_{sp}−H
25% *s*-성질	33% *s*-성질	50% *s*-성질

s-성질 백분율이 증가하면 파수($\tilde{\nu}$)도 증가한다.

- 혼성 오비탈의 *s*−성질 퍼센트가 커질수록 결합이 세지고 흡수의 진동수도 증가한다.

문제 13.15 어느 결합이 높은 파수의 적외선을 흡수하는가?

a. or b. H or D

분자 내 거의 모든 결합이 적외선 영역에서 흡수를 일으키지만, 몇 개의 결합은 적외선을 흡수하지 않는다. 적외선 흡수가 일어나기 위해서는 결합이 진동을 하는 동안 쌍극자 모멘트가 달라져야 한다. 따라서 대칭적이고 비극성인 결합의 경우 적외선 흡수는 일어나지 않는다. 예를 들어, 뷰트-2-아인의 C≡C 삼중 결합은 비극성임과 동시에, 축을 따라 신축 운동을 할 때 쌍극자 모멘트의 변화가 일어나지 않기 때문에 2250 cm^{-1}에서 흡수 봉우리를 보여주지 않는다. 이와 같은 진동을 적외선 비활성(IR inactive)이라고 부른다.

결합의 축을 따라 신축 운동을 하는
경우에는 쌍극자 모멘트의 변화가 없음

$CH_3-C\equiv C-CH_3$

비극성 결합
적외선 비활성

13.7B 탄화수소의 적외선 흡수

헥세인, 헥스-1-엔, 그리고 헥스-1-아인의 IR 스펙트럼의 1500 cm^{-1} 왼쪽을 살펴보면, 이 탄화수소 사이의 특징적인 차이점이 잘 나타나 있다. 세 화합물 모두가 C–C 및 sp^3 혼성화된 C–H 결합을 가지고 있지만, C＝C 결합과 C≡C 결합의 존재로 말미암아 서로 구별이 되는 것이다.

또한 알케인, 알켄 그리고 알카인의 C–H 결합의 적외선 흡수 봉우리는 각기 특징적인 위치와 모양을 나타내고 있음도 알아두어야 한다. 대개 sp^3 혼성화된 C–H 결합은 < 3000 cm^{-1}에서 넓고 강한 흡수 봉우리를 보여주는 데 비해, sp^2와 sp 혼성화된 C–H 결합은 이보다 좀더 높은 진동수에서 흡수를 나타낸다.

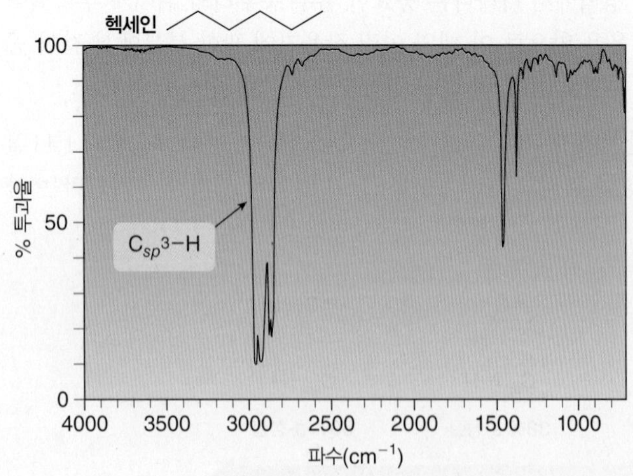

- 알케인 헥세인은 C–C 단일 결합과 sp^3 혼성화된 C 원자만을 가지고 있으므로, 1500 cm^{-1} 위쪽의 파수에서는 중요한 흡수가 하나밖에 나타나지 않는다. 즉, C_{sp^3} –H 흡수는 3000~2850 cm^{-1}에서 나타난다.

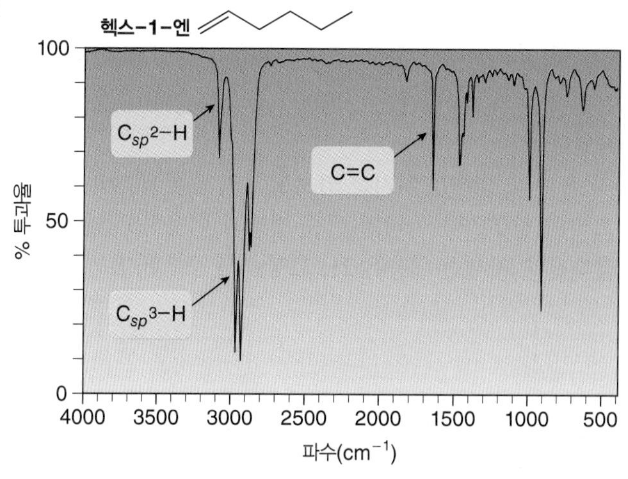

- 알켄 헥스-1-엔은 sp^3 혼성화된 C 원자 외에 C = C와 C_{sp^2}−H 결합을 가지고 있다. 그 결과 1500 cm^{-1} 위쪽의 파수에서는 중요한 흡수 봉우리 세 개가 관찰된다.
  - C_{sp^2}−H는 3150~3000 cm^{-1}
  - C_{sp^3}−H는 3000~2850 cm^{-1}
  - C=C는 1650 cm^{-1}

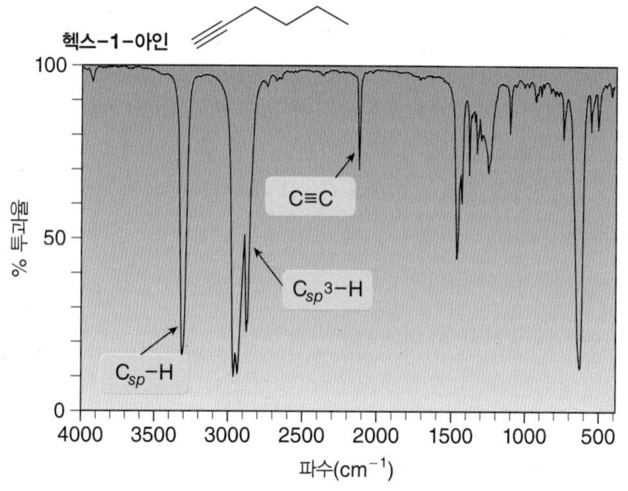

- 알카인 헥스-1-아인은 sp^3 혼성화된 C 원자 외에 C≡C와 C_{sp}−H 결합을 가지고 있다. 그 결과 중요한 흡수 봉우리 세 개가 관찰된다.
  - C_{sp}−H는 3300 cm^{-1}
  - C_{sp^3}−H는 3000~2850 cm^{-1}
  - C≡C는 ~2250 cm^{-1}

문제 13.16 서로 이성질체인 사이클로펜테인과 펜트-1-엔의 IR 스펙트럼은 어떻게 다른가?

13.7C 산소를 포함하는 화합물의 적외선 흡수

산소가 포함된 화합물에서 가장 중요한 적외선 흡수는 3600~3200 cm^{-1} 부근의 OH기 흡수와 1700 cm^{-1} 부근에서 나타나는 C=O 흡수인데, 아래 알코올(뷰탄-2-올), 케톤(뷰탄-2-온) 및 에터(다이에틸 에터)의 IR 스펙트럼에 설명되어 있다. 3000 cm^{-1} 부근에서 보이는 봉우리는 C_{sp^3}−H 나타난 것이다.

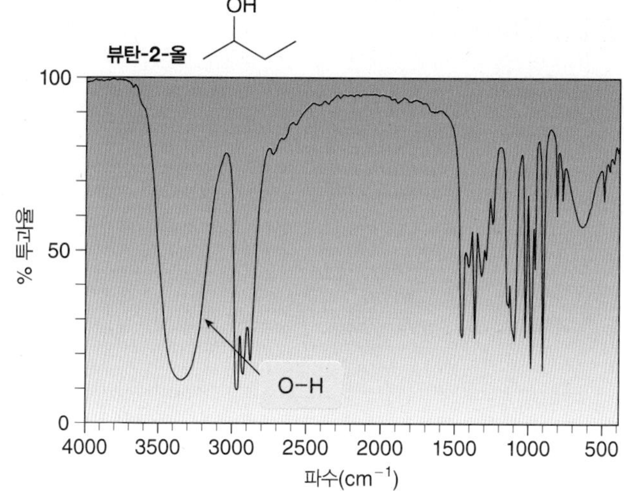

- 알코올 뷰탄-2-올의 OH기가 3600~3200 cm^{-1}에서 아주 강한 흡수를 보여주고 있다.

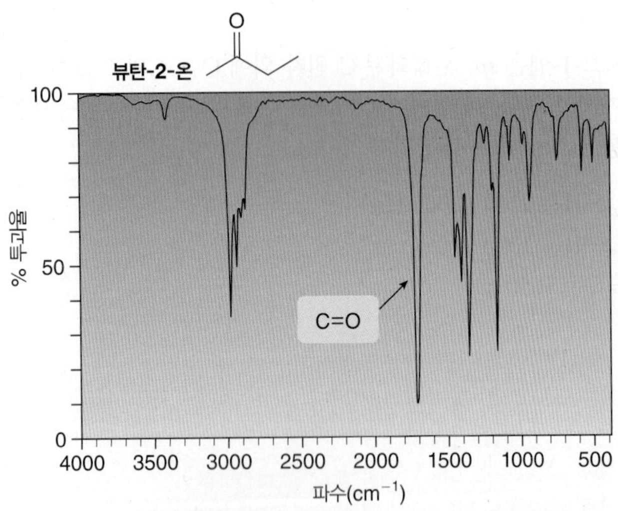

- 케톤 뷰탄-2-온의 C=O기는 ~1700 cm^{-1} 부근에서 강한 흡수를 나타낸다.
- C=O기 흡수의 정확한 위치는 카보닐기의 종류에 따라, 즉 그것이 고리의 일부인가 아니면 이중 결합과 이웃하고 있는가에 따라 달라진다. 자세한 내용은 21, 22장에서 공부한다.

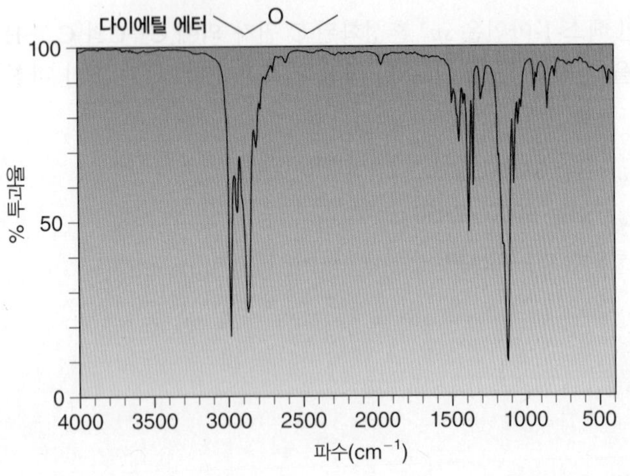

- 다이에틸 에터는 OH기나 C=O기가 없으므로 1500 cm^{-1} 이상에서는 ~3000 cm^{-1}에서 C_{sp^3}−H에 의한 흡수만이 나타난다. 산소가 있는 화합물로서 OH나 C=O 흡수를 보이지 않는 화합물은 에터이다.

13.7D 질소를 포함하는 화합물의 적외선 흡수

질소 원자를 포함하고 있는 대표적인 작용기 역시 1500 cm^{-1} 윗부분에 나타나는 IR 흡수로 알아낼 수 있다. 다음에 주어진 아민(옥틸아민), 아마이드(프로판아마이드) 및 나이트릴(옥테인나이트릴)의 IR 스펙트럼에 그 특징이 나타나 있다. 이 화합물의 IR 스펙트럼에 관한 자세한 내용은 22장과 25장에서 공부한다.

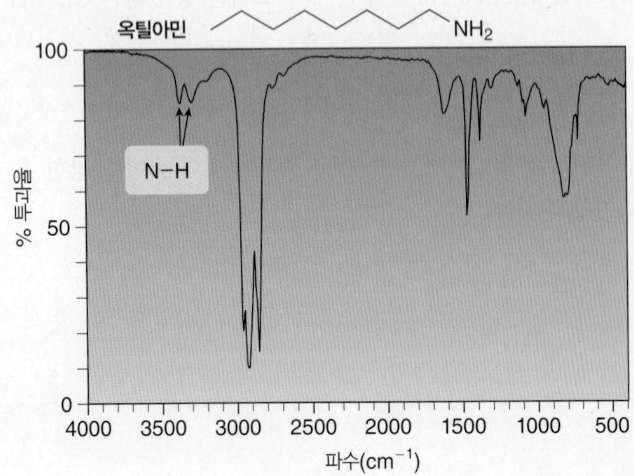

- 아민, 옥틸아민의 N−H 결합은 3300과 3400 cm^{-1}에서 두 개의 약한 흡수를 나타낸다.

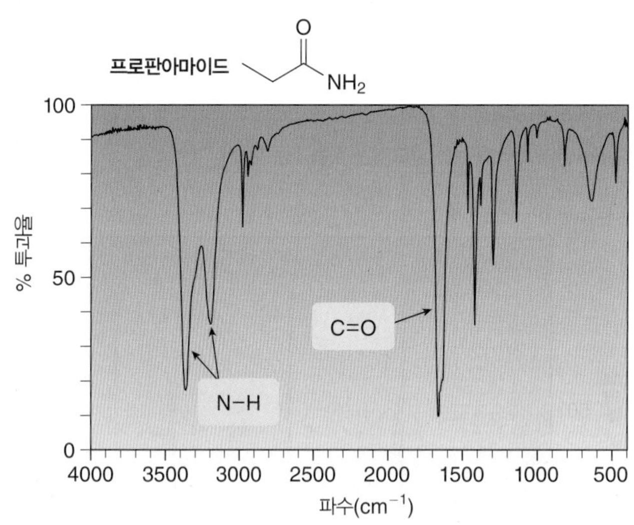

- 아마이드, 프로판아마이드는 1500 cm^{-1} 위쪽에서 N−H와 C=O기의 흡수를 나타낸다.
  - N−H는 3200과 3400 cm^{-1}에 두 개의 흡수 봉우리
  - C=O는 1660 cm^{-1}에서 흡수

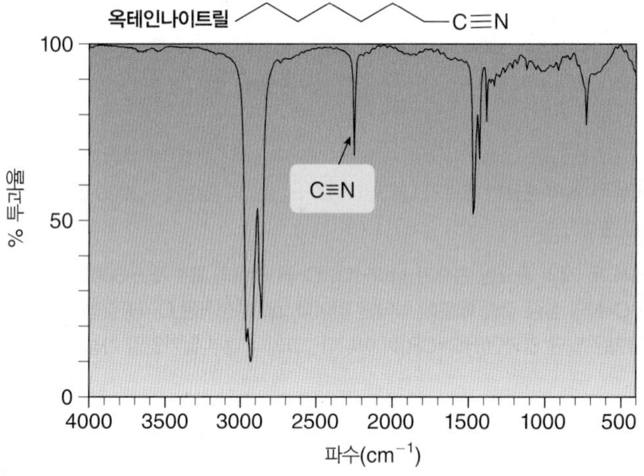

- 나이트릴, 옥테인나이트릴의 C≡N기는 삼중 결합 영역인 ~2250 cm^{-1}에서 흡수를 일으킨다.

예제 13.6 IR 스펙트럼을 써서 분자식이 C_2H_6O인 두 이성질체를 어떻게 구별할 수 있는가?

풀이

먼저 가능한 구조식을 그린 다음 작용기를 찾아낸다. 하나는 알코올이고 다른 하나는 에터이다.

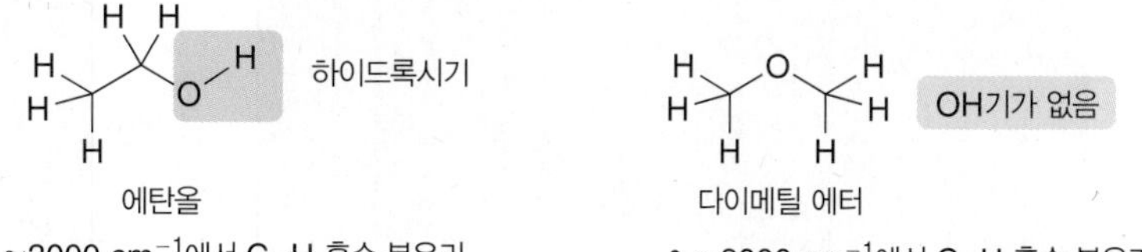

- ~3000 cm^{-1}에서 C−H 흡수 봉우리
- 3600~3200 cm^{-1}에서 O−H 흡수 봉우리

- ~3000 cm^{-1}에서 C−H 흡수 봉우리만

두 화합물 모두 sp^3 혼성화된 C−H 결합을 가지고 있지만, 에탄올은 OH기를 가지고 있으므로 3600~3200 cm^{-1}에서 강한 흡수를 보여주는 반면에 에터는 그렇지 못하다. 이 차이로 두 화합물들을 구별할 수 있다.

문제 13.17 분자식이 C_3H_6O인 세 이성질체(**A**, **B**, **C**)의 IR 스펙트럼은 어떻게 다른가?

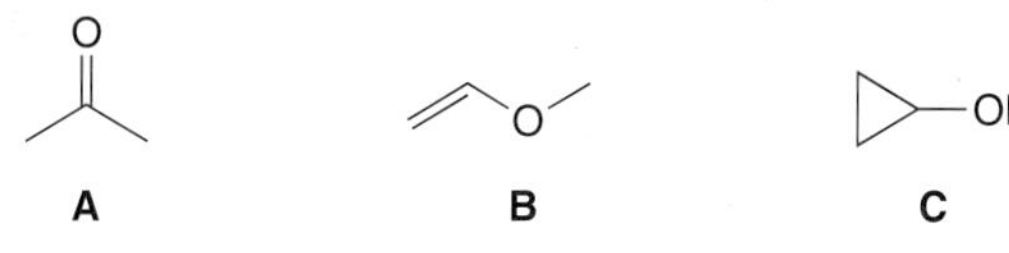

예제 13.7은 IR스펙트럼의 1500 cm^{-1} 윗부분이 작용기를 알아내는 데 어떻게 활용되는지 보여준다.

예제 13.7 화합물 **A**와 **B**의 각 IR 스펙트럼 1500 cm^{-1} 위쪽 영역에서 흡수를 일으키는 작용기는 무엇인가?

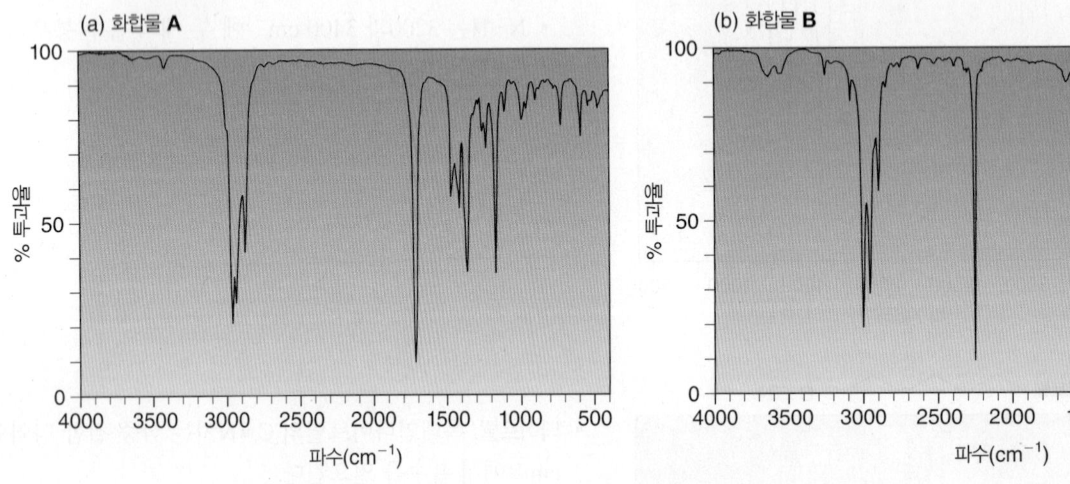

풀이

a. 화합물 **A**를 보면 1500 cm^{-1} 위쪽의 파수에서 두 개의 중요한 흡수가 나타난다. C–H 결합의 흡수가 ~3000 cm^{-1}에서 나타나는 반면에, ~1700 cm^{-1}에서는 C=O 흡수가 보인다.

b. 화합물 **B**에서도 1500 cm^{-1} 위쪽의 파수에서 두 개의 중요한 흡수가 나타난다. C–H 결합의 흡수가 ~3000 cm^{-1}에서 나타나고, ~2250 cm^{-1} 흡수는 C≡C나 C≡N의 삼중 결합 때문에 나타난 것이다. *sp* 혼성화된 C–H 결합의 흡수가 3300 cm^{-1}에 나타나지 않으므로 이 삼중 결합은 말단 알카인(HC≡CR)이 아니다. 그러나 내부 알카인일 가능성은 남아 있다.

문제 13.18 화합물 **A**와 **B**의 IR스펙트럼에서 1500 cm^{-1} 위의 파수에서 보이는 흡수 봉우리를 나타내는 작용기는 무엇인가?

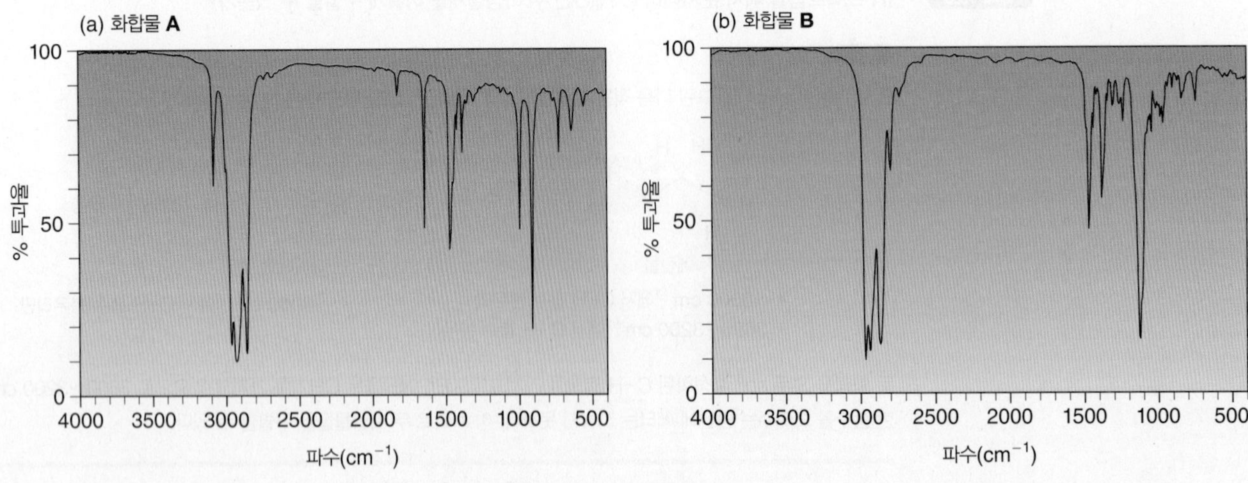

문제 13.19 다음 화합물의 작용기가 나타내는 주요 적외선 흡수 봉우리에는 어떤 것들이 있는가?

a.

b. OH

c.

d. O

e. CH_3O, O, N, H, HO

캡사이신
(고추의 매운 맛 성분)

문제 13.20 불포화지방산인 올레산(oleic acid)의 작용기가 나타내는 주요 적외선 흡수 봉우리에는 어떤 것들이 있는가?

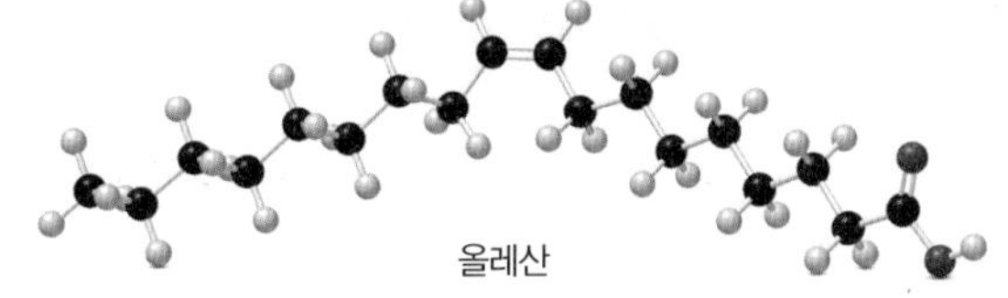

올레산

13.8 적외선과 구조 결정

페니실린의 항생제 성질은 알렉산더 플래밍(Alexander Fleming) 경이 푸른 곰팡이가 어떤 박테리아의 성장을 방해한다는 사실을 관찰했을 때 발견되었다. 페니실린은 그 구조가 확실하게 밝혀지기 전에 항생제로 사용되었다.

적외선 분광법이 처음 개발된 이래, 이 방법은 유기 분자의 작용기를 측정하는 데 요긴한 방법으로 발전되어 왔다.

1940년대 적외선 분광법은 항생제의 일종인 페니실린 G의 구조를 밝혀내는 데 큰 역할을 하였다. 아마이드 구조의 사원자 고리인 β-락탐의 카보닐기는 보통의 다른 카보닐기가 흡수하는 것보다 훨씬 높은 진동수에서($\sim$1760 cm^{-1}) 흡수를 일으킨다. 페니실린 G가 이렇게 높은 진동수에서 흡수를 나타냈기 때문에, 원래 그럴듯하다고 생각되었던 아래의 B 구조가 아니라 A 구조가 페니실린의 가능한 구조로 제안된 것이다. 그 후 X선 결정구조법으로 A의 구조가 확인되었다.

올바른 구조

틀린 구조,
IR로 가능성 제거됨

O, NH

β-락탐

H, N, O, S, O, N, HO, O

A

페니실린 G
β-락탐(붉은색)

N, O, O, S, N, H, O, HO

B

혈중 알코올 농도를 측정하는 신형 장비는 IR 분광법을 응용하여 내쉬는 숨 속에 들어 있는 CH_3CH_2OH의 C–H 결합의 IR 흡수를 분석한다(그림 12.10에는 산화 반응 화학에 근거한 좀 더 오래된 방법을 설명해 놓았다).

IR 분광법은 화학 반응의 결과를 알아내는 데도 자주 쓰인다. 예를 들어, 화합물 C의 하이드록시기를 카보닐기로 산화시켜 페리플라논 B(periplanone B)를 만드는 반응에서 생성물의 IR 스펙트럼을 살펴보면, OH 흡수(3600~3200 cm^{-1})는 점점 없어지고 1700 cm^{-1}부근에서 카보닐 흡수가 나타난다. 페리플라논 B는 미국 바퀴벌레 암컷의 성 페로몬이다.

3600~3200 cm^{-1}에서 흡수가 사라진다.

OH

Cr^{6+} 산화제

약 1700 cm^{-1}에서 흡수가 나타난다.

C

페리플라논 B

적외선 및 질량 스펙트럼을 종합해서 분석하면 미지 화합물의 구조에 관한 중요한 정보를 얻을 수 있다. 질량 스펙트럼은 미지 시료의 분자량 또는 분자식(정확한 분자량이 알려진 경우)을 알려주며, IR 스펙트럼은 중요한 작용기에 관한 정보를 제공한다.

해결 방법 적외선 및 질량 스펙트럼을 이용한 구조 결정 방법

예 구조를 모르는 화합물 X의 질량 및 IR 스펙트럼으로부터 어떤 정보를 얻어낼 수 있는가? 화합물 X는 원소 C, H 및 O를 가지고 있다.

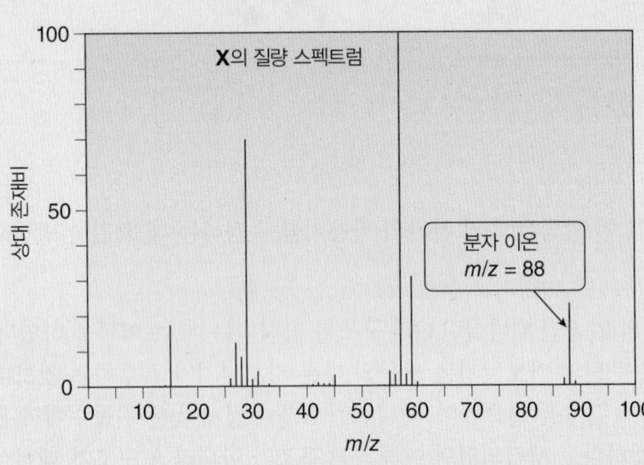

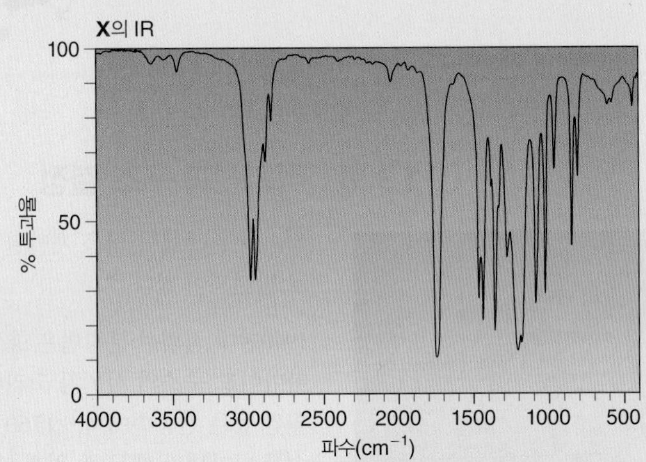

단계 [1] 가능한 몇 가지 분자식을 유도해내기 위하여 분자 이온을 활용한다. 정확한 분자량을 아는 경우에는 분자식을 정확히 알아낼 수 있다.

- 예제 13.2에 주어진 방법을 활용하여 분자식을 계산해낸다. m/z = 88인 분자 이온에 대하여:

$$\frac{88}{12} = 7\text{개의 C 최대 (남는 수 = 4)} \dashrightarrow C_7H_4 \xrightarrow[+1\,O]{-CH_4} C_6O \xrightarrow[+12\,H's]{-1\,C} C_5H_{12}O \xrightarrow[+1\,O]{-CH_4} C_4H_8O_2 \xrightarrow[+1\,O]{-CH_4} C_3H_4O_3$$

세 가지 가능한 분자식 ($C_5H_{12}O$, $C_4H_8O_2$, $C_3H_4O_3$)

- C_7H_4(탄화수소로서 불가능한 분자식)와 C_6O(H를 가지고 있지 않음)을 제외하면 **X**에 가능한 분자식은 셋이 남는다.
- 고분해능 질량 분석기를 사용한다면, 분자식을 바로 얻어낼 수 있다. 분자 이온의 정확한 분자량이 88.0580이라면, **X**의 분자식은 $C_5H_{12}O$(정확한 분자량 = 88.0888)나 $C_3H_4O_3$(정확한 분자량 = 88.0160)가 아니라 $\mathbf{C_4H_8O_2}$(정확한 분자량 = 88.0524)이다.

단계 [2] 불포화도(10.2절)를 계산한다.

- 분자식이 $C_4H_8O_2$인 화합물에서 가능한 최대의 수소 수는 $2n + 2 = 2(4) + 2 = 10$이다.
- 이 화합물은 수소가 여덟 개밖에 없으므로 최대 가능한 수보다 $10 - 8 = 2$개의 수소가 모자란다.
- 두 개의 수소가 불포화도 1에 해당하므로 **X**의 불포화도는 1이다. **X는 고리 또는 파이 결합 하나를 가지고 있다.**

단계 [3] IR 스펙트럼에서 작용기를 알아낸다.

- IR 스펙트럼의 1500 cm^{-1}보다 높은 파수에서 나타난 두 개의 중요한 흡수는 sp^3 혼성화된 C–H 결합(약 3000~2850 cm^{-1})과 C=O (1740 cm^{-1})에 의한 것이다. 따라서 불포화도 1은 **C=O** 때문에 나타난 것으로 볼 수 있다.

질량 및 IR 스펙트럼은 미지 화합물의 구조에 대한 중요한 정보를 제공해주기는 하지만 그 내용이 제한되어 있다. 위의 예에서 화합물 **X**는 분자식이 $C_4H_8O_2$이고 카보닐기가 있다는 사실을 알 수 있지만, 구조를 완벽히 알아내기 위해서는 좀 더 많은 정보가 필요하다. 14장에서 우리는 분자 구조를 알아내는 데 필수적인 또 다른 분광학적 방법을 배우게 될 것이다.

문제 13.21 IR 스펙트럼으로부터 다음 중 어느 것을 **X**의 가능한 구조에서 제외시킬 수 있는가?

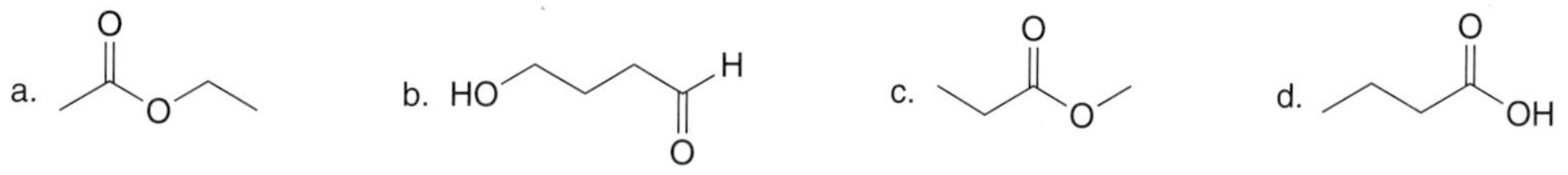

문제 13.22 다음 각 항의 자료와 일치하는 구조를 적어라.

a. 분자 이온 m/z = 68이고, 적외선 흡수가 3310, 3000~2850 그리고 2120 cm^{-1}에서 나타난다

b. 원소 C, H, O를 포함하고 분자 이온 m/z = 60이며, 적외선 흡수는 3600~3200 그리고 3000~2850 cm^{-1}에서 나타난다.

핵심 개념

질량 분석법 및 적외선 분광법

질량 분석법(MS; 13.1~13.4절)

- 질량 분석법을 통해서 화합물의 분자량을 측정할 수 있다(13.1A절).
- 분자 이온(**M**)의 질량 = 화합물의 분자량. 동위 원소 때문에 나타나는 M + 1 또는 M + 2 봉우리를 제외하면, 분자 이온은 질량 스펙트럼에서 질량이 가장 크다(13.1A절).
- 기준 봉우리란 질량 스펙트럼에서 가장 큰 봉우리를 말한다(13.1A절).
- 질소 원자가 홀수 개인 화합물의 분자 이온은 질량이 홀수이다. 질소 원자가 짝수 개(0을 포함)라면 분자 이온의 질량 역시 짝수이다(13.1B절).
- 염소 원자가 하나인 유기 화합물은 두 개의 분자 이온 M과 M + 2가 3:1의 비율로 나타난다(13.2절).
- 브로민 원자가 하나인 유기 화합물은 두 개의 분자 이온 M과 M + 2가 1:1의 비율로 나타난다(13.2절).
- 질량 분석기에서 형성된 라디칼 양이온의 토막내기는 작은 분자량의 토막 이온을 생성하며, 종종 작용기의 특징적인 분자량을 나타낸다(13.3절).
- 고분해능 질량 분석법을 이용하면 화합물의 분자식을 알아 낼 수 있다(13.4A절).

전자기 복사(13.5절)

- 전자기 복사의 진동수와 파장은 반비례한다. $\boldsymbol{\lambda = c/\nu}$ 또는 $\boldsymbol{\nu = c/\lambda}$ (13.5절).
- 광자의 에너지는 진동수에 비례한다. 진동수가 높으면 에너지가 커진다. $\boldsymbol{E = h\nu}$ (13.5절).

적외선 분광법(IR, 13.6 및 13.7절)

- 적외선 분광법을 이용하면 작용기를 알아낼 수 있다.
- 적외선 흡수의 위치는 파수로 나타낸다. $\boldsymbol{\tilde{\nu} = 1/\lambda}$.
- IR 스펙트럼에서는 **4000~1500 cm^{-1}**에 이르는 작용기에 의한 흡수가 일어나는 영역이 매우 유용하다.
- C–H, O–H 및 N–H 결합은 높은 진동수, 즉 ≥ 2500 cm^{-1}에서 나타난다.
- 결합의 세기가 증가할수록 흡수 봉우리의 $\tilde{\nu}$가 증가한다. 따라서 삼중 결합은 이중 결합보다 높은 $\tilde{\nu}$에서 흡수한다.

C=C ~1650 cm^{-1} → C≡C ~2250 cm^{-1}

결합의 세기가 증가하면 $\tilde{\nu}$ 가 증가

- 결합의 s-성질 백분율이 높을수록 결합은 세지고, 적외선 흡수의 $\tilde{\nu}$는 증가한다.

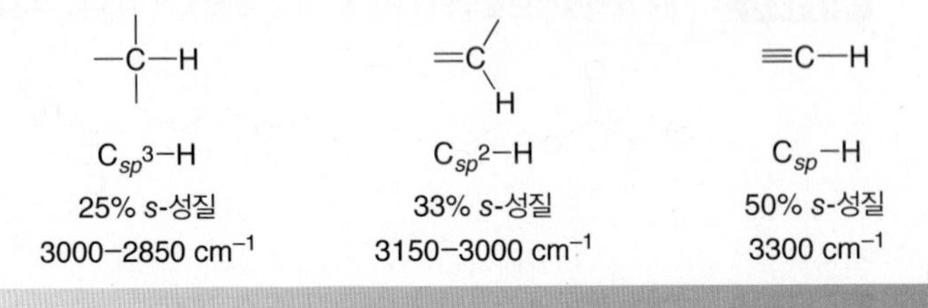

s-성질 백분율이 증가하면 $\tilde{\nu}$ 가 증가

삼차원 모델을 이용하는 문제

13.23 다음 화합물의 경우 1500 cm^{-1} 이상에서 존재하는 주요 IR 흡수 봉우리를 나타내라.

a. b.

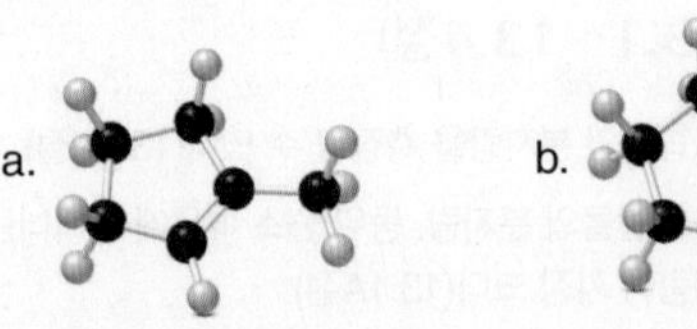

13.24 다음 화합물의 질량 스펙트럼은 m/z = 127, 113 그리고 85에서 분자 이온의 값을 보인다. 이 값들에 해당하는 이온의 구조를 제안하라.

질량 분석법

13.25 각 화합물의 분자 이온을 예측하라.

a. b. c. d. e.

13.26 다음 중 어느 것이 m/z = 122인 분자 이온을 보여주는가?

a. $C_6H_5CH_2CH_2CH_3$ b. $C_6H_5COCH_2CH_3$ c. $C_6H_5OCH_2CH_3$

13.27 다음에 주어진 분자 이온으로 가능한 분자식을 두 개씩 만들어라

a. 102 b. 98 c. 119 d. 74

13.28 분자 이온 m/z = 112인 탄화수소로 가능한 네 개의 구조를 그려라.

13.29 히말라야 삼나무로부터 얻은 탄화수소인 α−himachalene의 분자식은 무엇인가? 이 화합물의 불포화도는 4이고 분자 이온 봉우리는 m/z = 204에서 나타난다.

13.30 장미와 제라니움에서 분리한 장미향을 내는 물질인 장미 산화물의 분자식을 제시하라. 이 화합물은 C, H, O를 포함하고 불포화도는 2이며, 분자 이온 봉우리는 m/z = 154에서 나타난다.

13.31 주어진 구조와 질량 스펙트럼을 짝지어라.

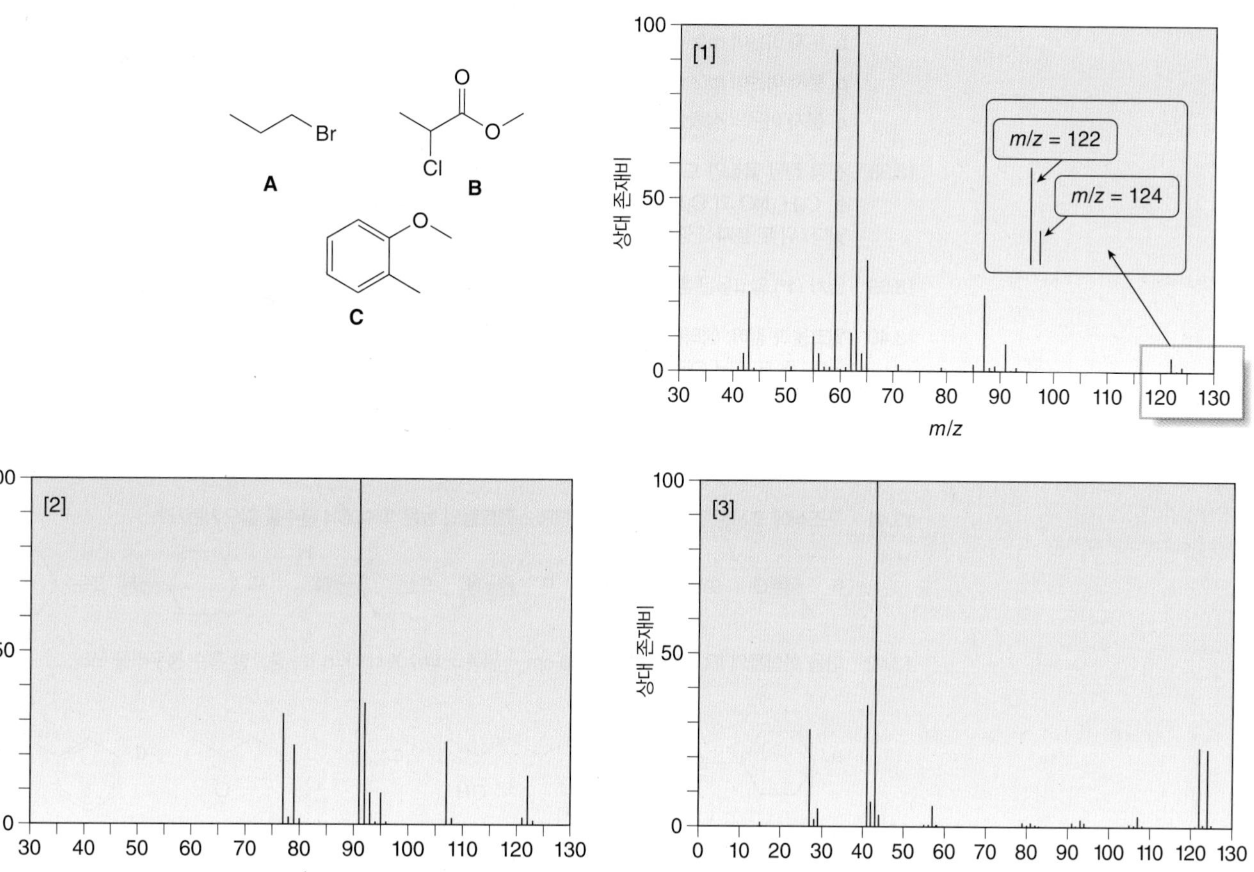

13.32 정확한 분자량이 96.0939이면서 H_2와 Pd-C으로 수소화반응하면 에틸사이클로펜테인을 만들어내는 탄화수소의 두 가지 가능한 구조를 그려라.

13.33 질량 분석기에서 다음 각 화합물의 α 결합이 끊어져서 생성되는 양이온들은 어떤 것이 있겠는가?

a. OH　　b. O　　c. O

13.34 2,3-다이메틸뷰테인과 2,2-다이메틸뷰테인은 질량 스펙트럼에서 분자 이온이 같지만, 그중 하나의 이성질체만이 m/z = 57에서 주요한 토막 이온을 나타내었다.

a. 어느 이성질체가 m/z = 57에서 강한 봉우리를 보이는가?

b. 이 봉우리를 나타내는 이온의 구조를 제시하라.

c. 다른 이성질체의 기준 봉우리는 m/z = 43 에서 나타난다. 이 봉우리를 나타내는 이온은 무엇인가?

13.35 다음 각 화합물에 대하여 각각의 m/z 값에 해당하는 토막 이온의 구조를 쓰라. 그리고, 각 토막 이온이 어떻게 생성되는지 설명하라.

a. $C_6H_5CH_2CH_2OH$: m/z에서의 봉우리 = 104, 91

b. $CH_2 = C(CH_3)CH_2CH_2OH$: m/z에서의 봉우리 = 71, 68, 41, 31

13.36 케톤 **A**와 케톤 **B**라고 표기된 두 개의 병이 있다고 가정하자. 한쪽 병에는 $CH_3CO(CH_2)_5CH_3$이 들어 있고, 다른 쪽 병에는 $CH_3CH_2CO(CH_2)_4CH_3$이 들어 있는 것을 알고 있지만 두 병의 케톤이 어느 케톤인지는 모른다. 케톤 **A**의 토막 이온은 m/z = 99으로 나타났고, 케톤 **B**는 m/z = 113에서 토막 이온이 나타났다. 이 토막 이온의 자료로부터 케톤 **A**와 **B**의 구조를 제시하라.

13.37 다음에 주어진 조건을 만족시키는 구조를 답하라.

a. 분자 이온이 m/z = 107이면서 벤젠 고리 화합물

b. 분자 이온이 m/z = 84이면서 sp^3 혼성 탄소만 있는 탄화수소

c. 분자 이온이 m/z = 114인 카보닐 화합물

d. 분자 이온의 정확한 질량이 101.0841이고 C, H, N 및 O가 있는 화합물

13.38 신경 전달 물질인 도파민의 저분해능 질량 스펙트럼에서 분자 이온이 m/z = 153에서 나타났는데, 가능한 분자식은 $C_8H_{11}NO_2$와 $C_7H_{11}N_3O$이다. 그런데 고분해능 질량 분석기로 측정하니 정확한 분자량이 153.0680에서 나타났다. 위 두 분자식 중 어느 것이 옳은가?

13.39 일차 (1°) 알코올은 흔히 질량 스펙트럼의 m/z = 31에서 봉우리를 보여준다. 이 토막 이온에 대한 구조를 제시하라.

13.40 알코올과 같이, 에터는 에터 산소 원자에 결합된 탄소와 알킬기 사이의 탄소–탄소 결합이 끊어지는 α 분해가 일어난다. 즉 $R-CH_2OR'$에서 붉은색의 C–C 결합이 끊어진다. 이것을 마음속에 그리면서 $(CH_3)_2CHCH_2OCH_2CH_3$의 α 분해에 의해 생성된 토막 이온의 구조를 제시하라. 에터 토막 이온이 α 분해에 의해 생성되는 이유를 설명하라.

적외선 분광법

13.41 구조식에 표시된 결합 중 어느 것이 IR 스펙트럼의 높은 파수에서 흡수를 일으키는가?

a. 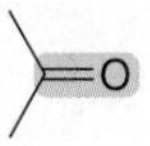

또는 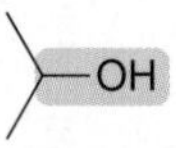

b. 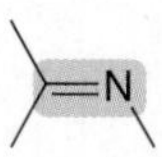

또는 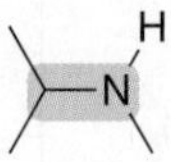

c. 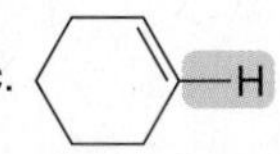

또는 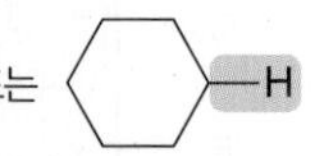

13.42 다음 화합물의 IR 스펙트럼의 1500 cm^{-1} 위쪽의 파수에서 나타나는 중요한 흡수 봉우리를 쓰라.

a. 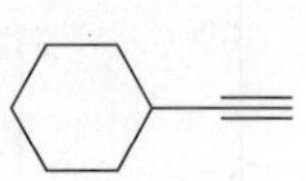
b. 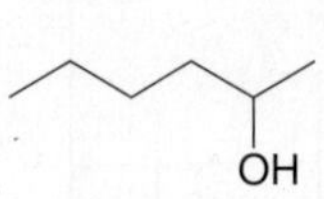

c. 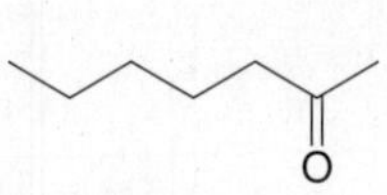

d. 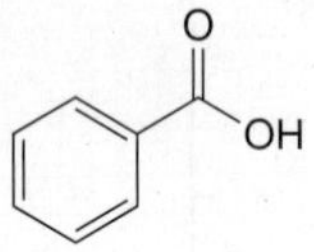

13.43 다음 각 쌍을 이루는 화합물은 IR 스펙트럼으로 어떻게 구별할 수 있는가?

a.  와 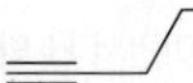

b. 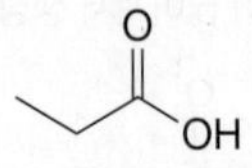

와 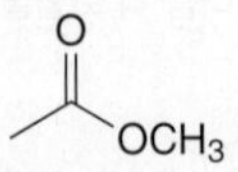

c. 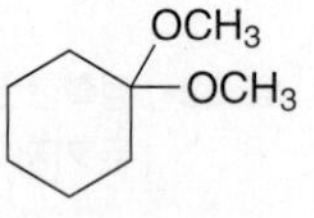

와 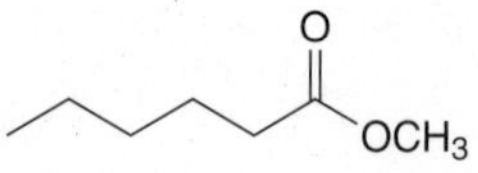

d. 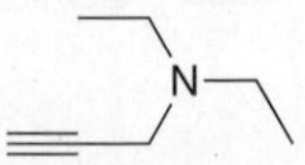

와 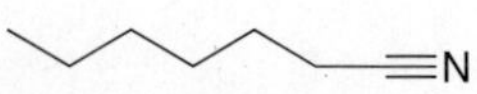

13.44 모르핀, 헤로인 및 옥시코돈은 중독성이 매우 큰 마약이다. IR 스펙트럼으로 이 세 화합물을 어떻게 구별할 수 있겠는가?

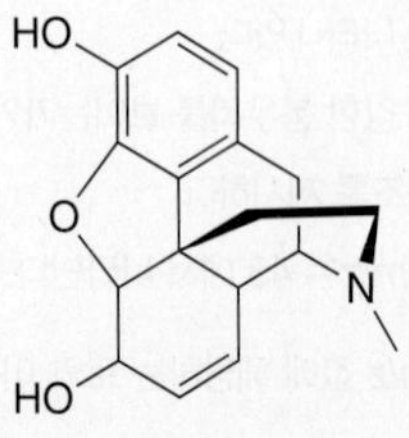

모르핀

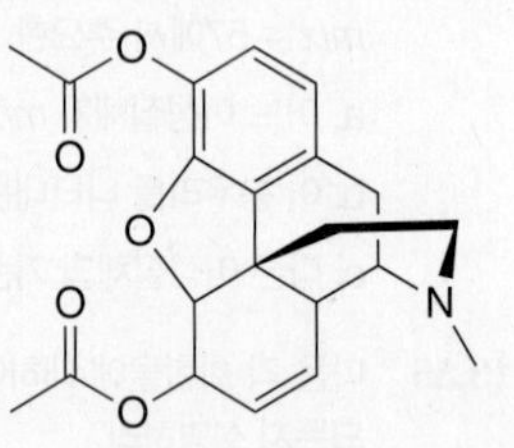

헤로인

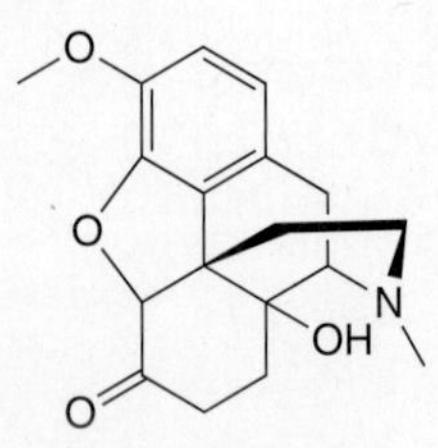

옥시코돈

13.45 사이클로헥스-2-엔온을 환원하면 반응 조건과 시약에 따라 사이클로헥산온, 사이클로헥스-2-엔올, 사이클로헥산올이 만들어진다. 이 생성물들을 구별하기 위하여 IR 분광법을 어떻게 이용하겠는가?

사이클로헥스-2-엔온　　사이클로헥산온　　사이클로헥스-2-엔올　　사이클로헥산올

13.46 다음 반응이 완결되었는지를 IR 스펙트럼으로 알아볼 방법을 말하라.

a. $\xrightarrow[\text{Pd-C}]{H_2}$

b. $\xrightarrow{\text{PCC}}$

c. $\xrightarrow[\text{[2] } CH_3SCH_3]{\text{[1] } O_3}$ + O=

d. OH $\xrightarrow[\text{[2] } CH_3Br]{\text{[1] NaH}}$ OCH_3

13.47 각각의 구조와 맞는 스펙트럼을 짝지어라.

A　B　C　D　E　F

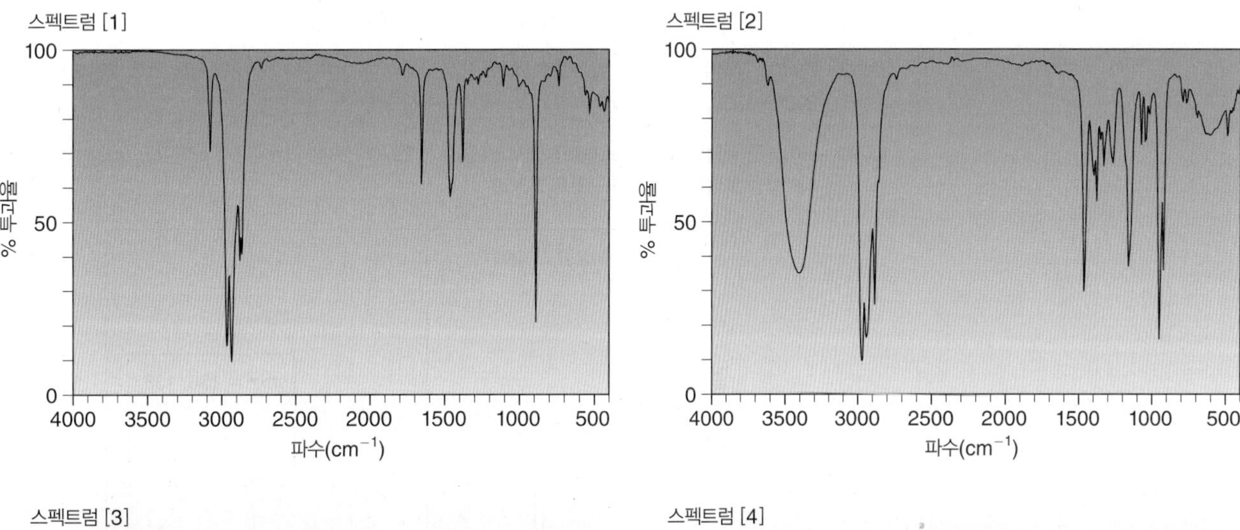

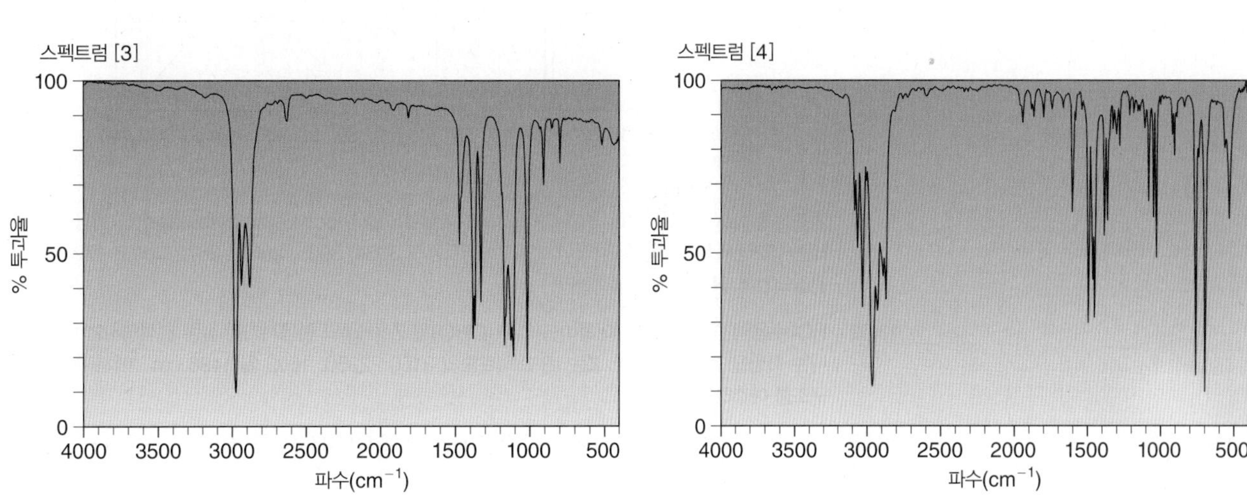

스펙트럼 [5]

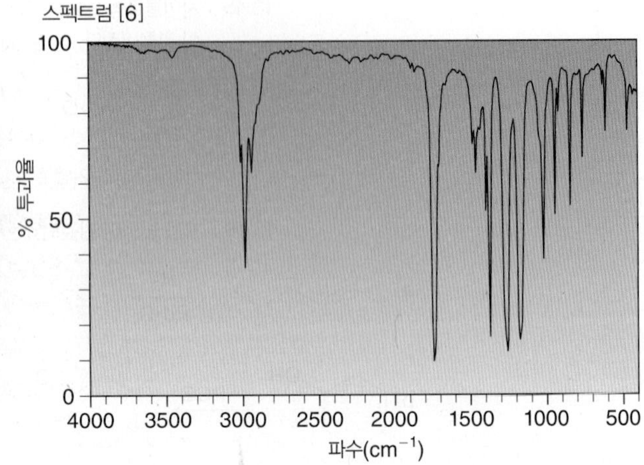

분광법 통합 문제

13.48 아래에 주어진 자료에 맞는 구조를 쓰라. 각 화합물은 sp^3 혼성화된 C–H 결합을 가지고 있고, 오로지 1500 cm^{-1} 위쪽 파수에서 나타나는 흡수 봉우리만을 제시하였다.

a. 분자 이온이 72에서 나타나고 1725 cm^{-1}에서 적외선 흡수를 보여주는 화합물

b. 분자 이온이 55에서 나타나고 ~2250 cm^{-1}에서 적외선 흡수를 보여주는 화합물

c. 분자 이온이 74에서 나타나고 3600~3200 cm^{-1}에서 적외선 흡수를 보여주는 화합물

13.49 카이랄 탄화수소 **X**가 질량 스펙트럼의 82에서 분자 이온을 나타내며, IR 스펙트럼에서는 흡수가 3300, 3000~2850, 및 2250 cm^{-1}에서 나타난다. 화합물 **X**의 구조를 그려라.

13.50 카이랄인 화합물 **Y**의 IR 스펙트럼에서 센 흡수가 2970~2840 cm^{-1}에서 나타나고 있으며, 아래와 같은 질량 스펙트럼을 보여주었다. **Y**의 구조를 그려라.

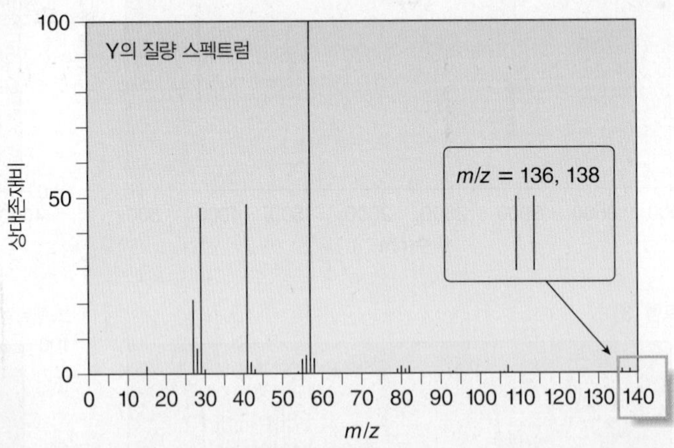

13.51 벤조산을 NaOH로 처리한 후 1-아이오도-3-메틸뷰테인(1-iodo-3-methylbutane)과 반응시켜 **H**를 만들었다. **H**는 192에서 분자 이온이 나타나고, IR 스펙트럼의 3064, 3035, 2960~2872 그리고 1721 cm^{-1}에서 흡수가 관찰되었다. **H**의 구조를 예측하라.

13.52 HCl 수용액 중에서 벤즈알데하이드(C_6H_5CHO)를 Zn(Hg)와 반응시키면 질량 분석의 92에서 분자 이온이 나타나는 화합물 **Z**가 얻어진다. **Z**는 IR 스펙트럼의 3150~2950, 1605 및 1496 cm^{-1}에서 흡수를 일으킨다. **Z**의 구조를 예측하라.

13.53 *tert*-뷰틸 펜틸 에터[$CH_3CH_2CH_2CH_2CH_2OC(CH_3)_3$]를 HBr과 반응시키면 1-브로모펜테인($CH_3CH_2CH_2CH_2CH_2Br$)과 미지의 화합물 **B**가 얻어진다. 질량 스펙트럼에서 **B**의 분자 이온은 56에 있고, IR 스펙트럼에서는 3150~3000, 3000~2850 및 1650 cm^{-1}에서 흡수가 관찰되었다. 화합물 **B**의 구조를 그리고, 이것이 형성되는 단계적인 메커니즘도 그려보라.

13.54 2-메틸프로판산[$(CH_3)_2CHCO_2H$]을 $SOCl_2$와 반응시킨 후, 2-메틸프로판-1-올과 반응시켜 **X**를 만들었다. **X**는 분자 이온이 144에서 나타나고, IR 스펙트럼의 2965, 2940, 1739 cm^{-1}에서 흡수가 관찰되었다 . **X**의 구조를 예측하라.

13.55 염화 펜타노일(pentanoyl Chioride, $CH_3CH_2CH_2CH_2COCl$)를 구리산 리튬 다이메틸[lithium dimethyl cuprate, $LiCu(CH_3)_2$]와 반응시켰더니 화합물 **J**를 생성하였다. **J**의 질량 스펙트럼에서 분자 이온 봉우리는 100에서 나타났으며, 다른 토막 이온들은 m/z = 85, 57, 및 43(기준)에서 봉우리를 나타내었다. **J**의 IR 스펙트럼은 2962와 1718 cm^{-1}에서 강한 흡수 봉우리를 나타낸다. **J**의 구조를 제안하라.

13.56 벤조나이트릴(benzonitrile, C_6H_5CN)을 환원시켰더니 사용한 환원제에 따라 두 개의 다른 생성물로 환원되었다. 수소화알루미늄 리튬과 반응시킨 다음, 물과 반응시켰더니 **K**를 생성하였다. **K**의 질량 스펙트럼에서는 107에서 분자 이온 봉우리를 나타내었고, IR 흡수 띠는 다음과 같이 나타났다: 3373, 3290, 3062, 2920 및 1600 cm^{-1}. 좀 더 온화한 환원제로 환원시켰더니 **L**을 생성하였다. **L**의 질량 스펙트럼에서 106에서 분자 이온 봉우리가 나타났고, IR 흡수 띠는 다음과 같았다: 3086, 2850, 2820, 2736, 1703 및 1600 cm^{-1}. **L**의 질량 스펙트럼에서 토막 이온은 m/z = 105와 77에서 봉우리를 보여주었다. **K**와 **L**의 구조를 제시하라. 그리고 당신의 답에 대한 합리적인 설명을 하라.

13.57 아니솔(anisole, $CH_3OC_6H_5$)을 Cl_2 및 $FeCl_3$와 반응시키면 **P**를 형성한다. **P**의 질량 스펙트럼은 다음과 같다. m/z = 142 (M), 144 (M + 2), 129 및 127. **P**의 IR 스펙트럼은 3096~2837(여러 개의 흡수 봉우리), 1582 및 1494 cm^{-1}에서 흡수를 보여주고 있다. **P**의 가능한 구조를 제시하라.

13.58 $BrCH_2CH_2CH_2CH_2NH_2$를 NaH와 반응시키면 화합물 **W**가 얻어지는데, 그 질량 스펙트럼 및 IR 스펙트럼을 아래에 제시하였다. 화합물 **W**의 구조를 쓰고, 이것이 어떻게 만들어지는지 메커니즘도 제시하라.

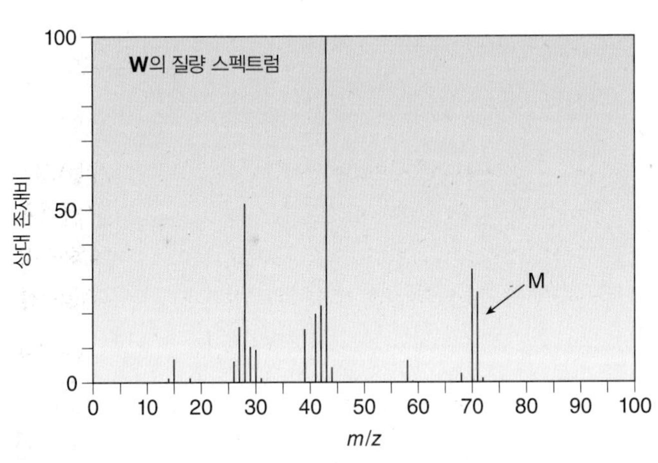

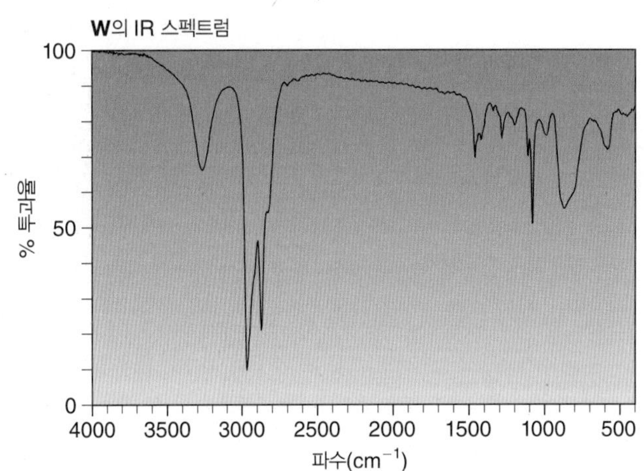

도전 문제

13.59 아마이드의 카보닐 흡수는 1630~1680 cm^{-1}인데 비하여, 에스터의 카보닐 흡수는 1735~1745 cm^{-1}에서 일어난다. 이러한 차이가 생기는 이유를 설명하라.

13.60 카보닐기가 이중 결합에 바로 연결되어 있는 α,β-불포화 카보닐 화합물의 IR 스펙트럼에서 카보닐기의 흡수가 왜 낮은 진동수 쪽으로 이동하는지를 설명하라. 예를 들어, 사이클로헥산온의 카보닐 흡수는 1720 cm^{-1}에서 나타나는 반면, 사이클로헥스-2-엔온의 카보닐 흡수는 1685 cm^{-1}에서 나타난다.

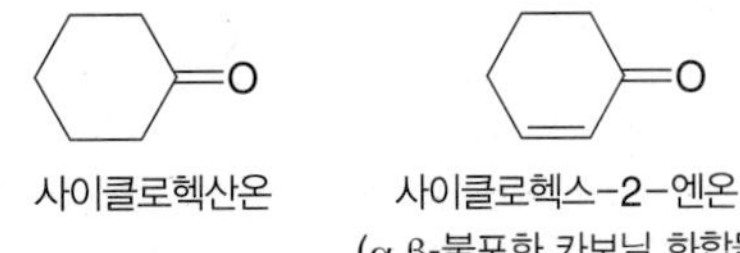

13.61 케톤 카보닐기가 알데하이드 카보닐기보다 낮은 파수(1715 대 1730 cm^{-1})에서 흡수되는 이유를 설명하라.

13.62 장미와 제라늄 오일의 성분인 시트로넬롤(citronellol)을 $NaOCOCH_3$ 존재하에 PCC로 산화시키면 화합물 **A**가 얻어진다. **A**의 질량 스펙트럼에서 분자 이온은 154에 나타나며, IR 스펙트럼에서는 C–H 신축 흡수 이외에 강한 흡수가 1730 cm^{-1}에서 관찰된다. 만약 $NaOCOCH_3$를 넣지 않았다면, 시트로넬롤은 PCC로 산화되어 아이소풀레곤(isopulegone)이 만들어지는데, 이것은 염기 수용액에 의하여 **B**로 바뀐다. **B**의 분자 이온은 152에서 나타나고, 적외선 흡수는 C–H 신축 흡수 이외에 1680 cm^{-1}에서 관찰된다.

A ← PCC, $NaOCOCH_3$ — 시트로넬롤 (OH) — PCC → 아이소풀레곤 (O) — ^{-}OH, H_2O → B

시트로넬롤 아이소풀레곤

a. 화합물 **A**와 **B**의 구조를 쓰라.

b. 시트로넬롤이 아이소풀레곤으로 변환되는 반응의 메커니즘을 쓰라.

c. 아이소풀레곤이 **B**로 바뀌는 반응의 메커니즘을 쓰라.

Chapter

14 핵자기 공명 분광법
Nuclear Magnetic Resonance Spectroscopy

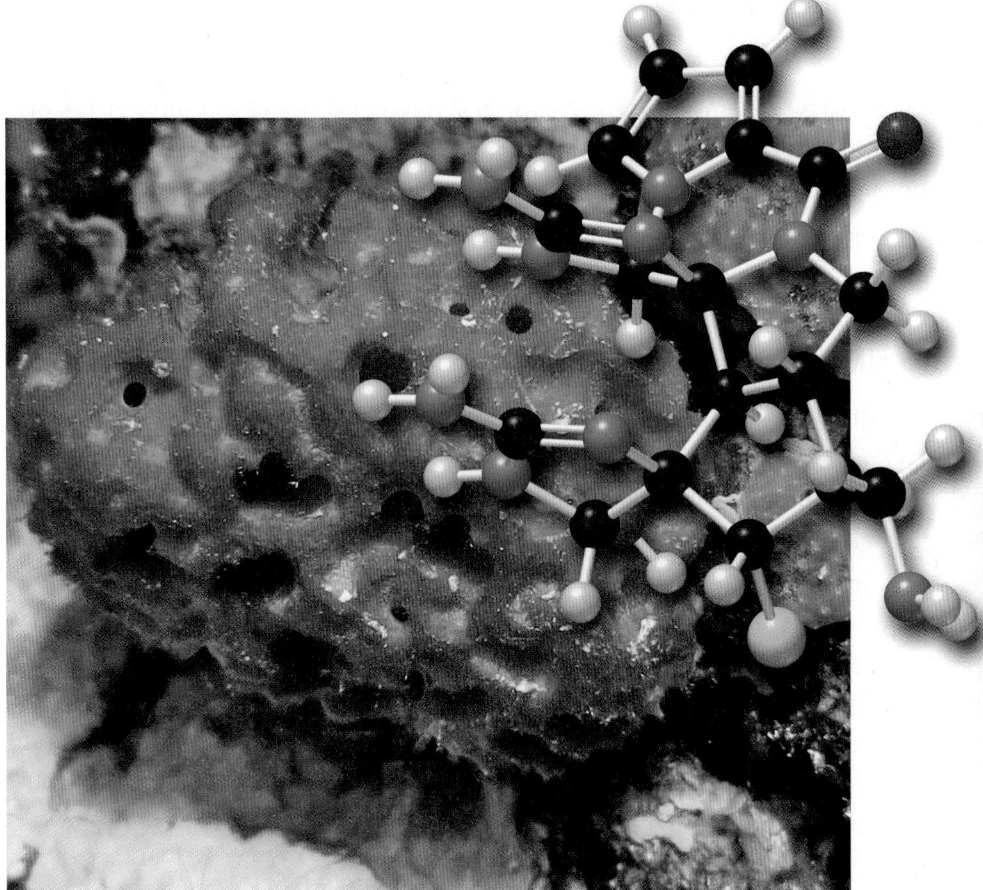

팔라우 아민은 팔라우 공화국과 가까운 태평양에서 서식하는 바다 스펀지(*stylotella agminata)* 로부터 분리되는 복잡한 천연물이다. 1993년 처음 제안된 팔라우 아민의 구조는 2007년, 핵자기 공명(NMR, nuclear magnetic resonance) 분광법을 포함하는 다양한 현대 분광학적 기술을 통해 수정되었다. 팔라우 아민에 포함된 다양한 작용기와 그것의 항암성과 면역 억제성으로 인해 많은 화학자들이 관심을 가졌고 2010년 전 합성이 보고되었다. 14장에서는 유기 화합물의 구조를 결정하는 데 핵자기 공명 분광법이 어떤 역할을 하는지 공부한다.

14장에서 우리는 유기 화합물의 구조를 결정하는 핵자기 공명(NMR) 분광법을 공부하게 된다. NMR 분광법은 화합물의 탄소-수소 뼈대를 정확히 알려주므로 지금까지 공부한 유기 화합물의 구조 결정법 중에서 가장 강력한 분광법이라고 알려져 있다.

14.1 NMR 분광법의 소개

유기 구조를 결정하기 위해서는 대표적으로 두 종류의 NMR 분광법이 사용되고 있다.

- ^1H NMR(양성자 NMR)은 분자 내에 존재하는 수소 원자의 종류와 수를 알아내는 데 사용된다.
- ^{13}C NMR(탄소 NMR)은 분자 내에 존재하는 탄소의 종류를 알아내는 데 사용된다.

유기 화합물의 구조를 결정하기 위해서는 NMR 활용법을 공부하기 전에 이 방법의 기초를 이루고 있는 물리에 대해서 조금 이해하여야 한다. 그러나 NMR 역시 근본적으로는 다른 분광법과 같은 원리에 의해서 나타나는 현상이다. 즉 에너지가 분자와 상호작용을 일으켜 오직 두 에너지 상태의 차이에 해당하는 에너지만이 분자에 흡수되는 원리에 의하여 NMR 현상도 나타나는 것이다.

14.1A NMR 분광법의 기초

NMR에서 에너지 공급원은 라디오파이다. 전자기 스펙트럼 중 라디오파 영역의 파(흔히 RF파라고 한다)는 상당히 긴 파장을 가지고 있고 따라서 진동수와 에너지는 상대적으로 매우 낮은 편에 속한다. 이 정도의 낮은 에너지를 가진 라디오파가 분자와 만나면 ^1H나 ^{13}C를 비롯한 몇 가지 원자핵의 스핀 상태를 변화시킨다.

양성자처럼 전하를 띤 입자가 내부의 축을 따라 자전(spin)하면 자기장을 일으킨다. 따라서 원자 핵을 작은 막대 자석처럼 생각하여 ↕로 표시하면서 이 부분을 공부하기로 한다. 통상적으로 막대 자석은 공간에서 무질서하게 배열되어 있지만 외부 자기장 B_0가 걸리게 되면 이 자기장에 같거나 반대되는 방향으로 배열된다. 자기장의 방향과 같도록 배열되는 막대 자석의 수가 반대로 배열되는 경우보다 더 많게 되는데 이것은 같은 방향으로 배열되는 상태의 에너지가 외부 자기장과 반대로 배열되는 상태의 에너지보다 더욱 낮기 때문이다. 이 두 상태의 에너지 차이는 매우 작다($<$ 0.4 J/mol).

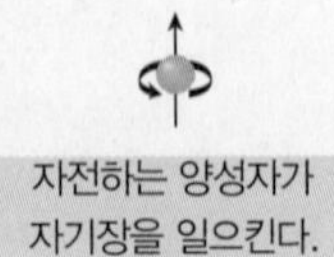

자전하는 양성자가 자기장을 일으킨다.

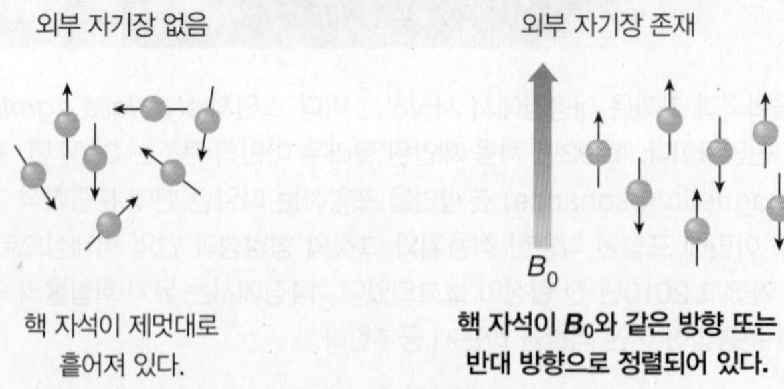

자기장 속에서 양성자는 두 에너지 상태로 존재하게 된다.

- 핵이 외부 자기장 B_0와 같은 방향으로 놓여 있는 낮은 에너지 상태
- 핵이 외부 자기장 B_0와 반대 방향으로 놓여 있는 높은 에너지 상태

두 에너지 상태의 차이(ΔE)에 해당하는 어떤 형태의 에너지($h\nu$)가 외부에서 주어지면 에너지가 흡수되면서 핵의 스핀이 한 방향에서 다른 방향으로 '뒤집어지는(spin flip)' 일이 일어난다. 핵 스핀에 존재하는 이 두 에너지 상태의 차이는 매우 작아서 전자기 스펙트럼 중 낮은 진동수의 라디오파(RF)에 해당한다.

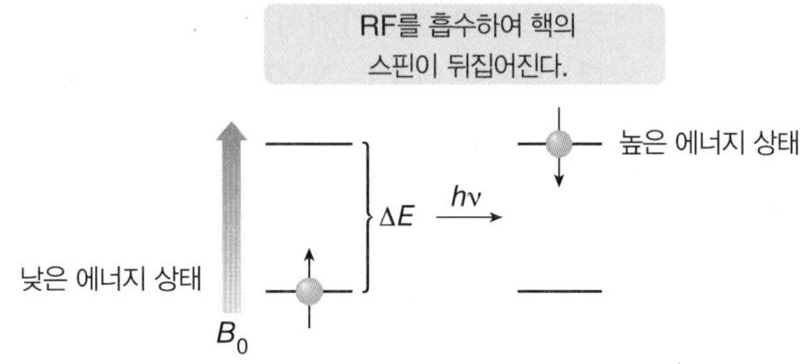

- 핵이 RF를 받아 '스핀이 뒤집히면서' 높은 에너지 상태로 전이하는 상황을 공명(resonance)을 일으킨다고 한다.

두 가지 변수가 NMR을 특성화한다.

- 외부 자기장 B_0. 외부 자기장의 세기 단위는 테슬라(tesla, T) 단위로 측정한다.
- 공명을 일으키는 데 사용한 전자기 복사의 진동수 ν, 헤르츠(Hz) 또는 메가헤르츠(MHz, 1 MHz $= 10^6$ Hz) 단위로 측정한다.

공명을 일으키는 데 필요한 진동수와 외부 자기장의 세기는 서로 비례 관계이다.

$$\nu \quad \propto \quad B_0$$

진동수 외부 자기장 세기

- 외부 자기장의 세기가 커질수록 핵의 두 스핀 상태의 에너지 차이도 커지고 그에 따라 공명을 일으키는 데 필요한 ν도 높아진다.

그림 14.1 NMR 분광기의 대략적인 그림

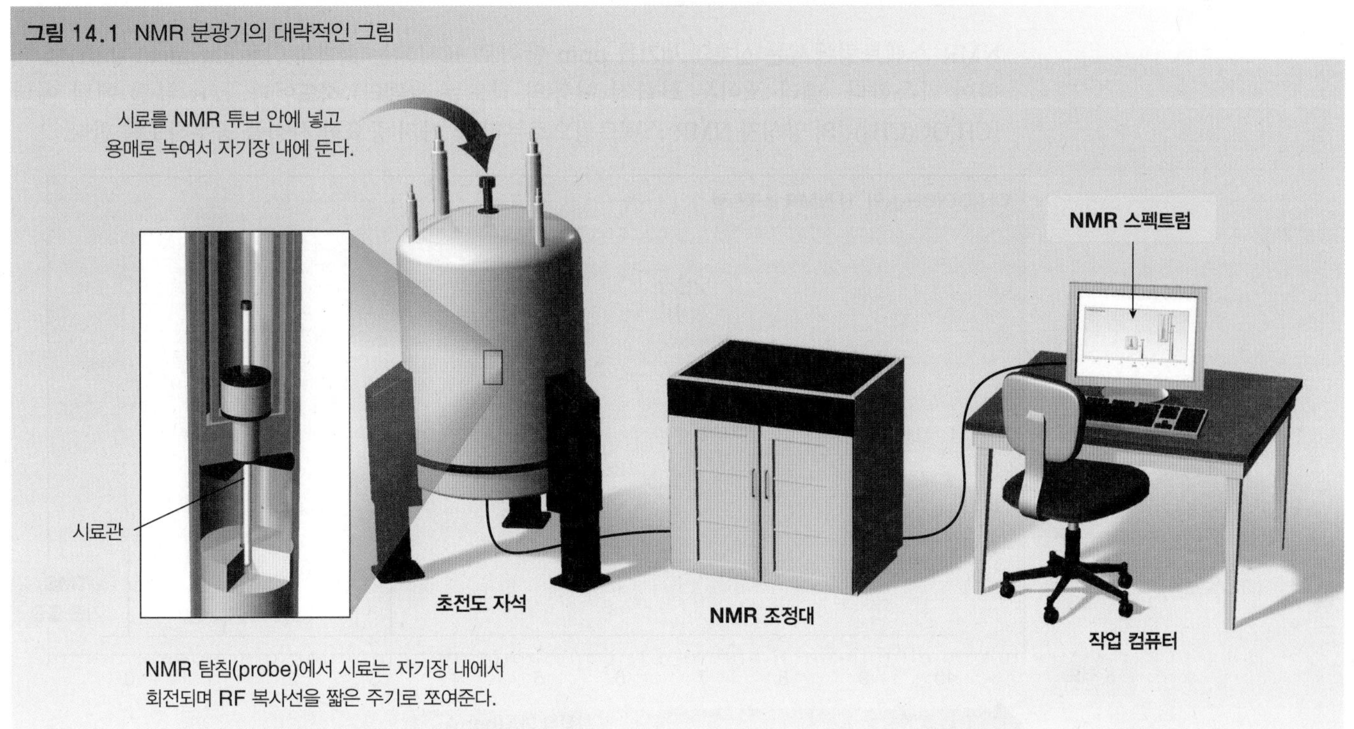

NMR 분광기. 시료를 $CDCl_3$(중수소화클로로폼)와 같은 용매에 녹여 자기장 속에 넣어 준 다음 라디오파 발생기를 통하여 라디오파를 짧은 펄스 형태로 공명을 일으키도록 쪼여준다. 원자의 핵이 낮은 에너지 상태로 돌아올 때 방출되는 에너지를 검출기가 잡아 내어 스펙트럼을 기록한다. 요즘 나오는 신형 NMR 분광기에 사용되는 초전도 자석은 액체 헬륨으로 냉각시킨 코일을 사용하는데, 이 코일에는 실질적으로 저항이 없는 상태에서 전류가 흐른다.

NMR 분광기는 공명을 일으키는 데 필요한 RF의 진동수에 따라 300 MHz 또는 500 MHz 등으로 불린다.

초기 NMR 분광기에서 자기장의 세기는 1.4 T 정도로 이것은 RF 진동수 60 MHz에 해당하였다. 최근에 나오는 NMR 분광기는 센 자석을 사용하고 따라서 공명 진동수도 매우 높다. 예를 들어, 자기장의 세기가 7.05 T인 경우 양성자가 공명을 일으키기 위해서는 300 MHz의 RF가 필요하다. 이런 분광기들은 아주 강력한 자기장을 사용하는데, 그 이유는 핵의 두 스핀 상태의 에너지 차이가 측정 가능할 만큼의 크기로 나타나게 하려면 자기장의 세기를 크게 해주어야 하기 때문이다. NMR 분광기의 대략적 모습이 그림 14.1에 수록되어 있다.

주어진 외부 자기장에서 모든 양성자가 동일한 진동수에서 흡수를 일으킨다면 모든 화합물의 NMR스펙트럼은 한 줄로 나타날 것이고, 그렇다면 NMR이라는 방법은 화합물의 구조 결정에는 아무 쓸모도 없어지게 된다. 그러나 실제 상황은 이것과는 매우 다르다.

- 모든 양성자는 동일한 진동수에서 흡수하지 않는다. 주위 환경이 다른 양성자는 조금씩 다른 진동수에서 흡수를 일으키며 NMR은 이 차이를 구별해낸다.

어떤 특정 양성자가 흡수를 일으키는 진동수는 양성자 주위의 전자 환경에 따라 결정된다(14.3절). 전자 역시 전하를 띤 움직이는 입자이므로 외부에서 걸어 준 자기장 B_0와 반대되는 방향으로 자기장을 일으키며, 양성자 주위에 나타나는 자기장의 세기에 따라 양성자가 흡수를 일으키는 진동수가 결정된다. 현대의 NMR 분광기는 일정한 자기장의 세기 B_0를 가해준 다음, 모든 양성자가 공명을 일으키도록 좁은 범위의 진동수들을 가해준다.

질량수가 홀수이거나(^1H, ^{13}C, ^{19}F 및 ^{31}P) 원자 번호(^2H 또는 ^{14}N)가 홀수인 원소만이 NMR 신호를 준다. ^1H와 자연 상태에서 조금밖에 존재하지 않는 탄소의 동위원소인 ^{13}C 등은 NMR로 측정할 수 있으므로 유기 분자의 수소나 탄소 골격을 측정할 수 있게 되는 것이다.

14.1B ^1H NMR 스펙트럼

NMR 스펙트럼에서는 신호의 세기를 ppm 단위로 표시되는 화학적 이동(chemical shift)에 대하여 기록한다. 널리 쓰이는 화학적 이동의 척도는 δ(델타) 척도이다. *tert*-뷰틸 메틸 에터 [$CH_3OC(CH_3)_3$]의 양성자 NMR 스펙트럼으로부터 몇 가지 중요한 사실을 공부하도록 한다.

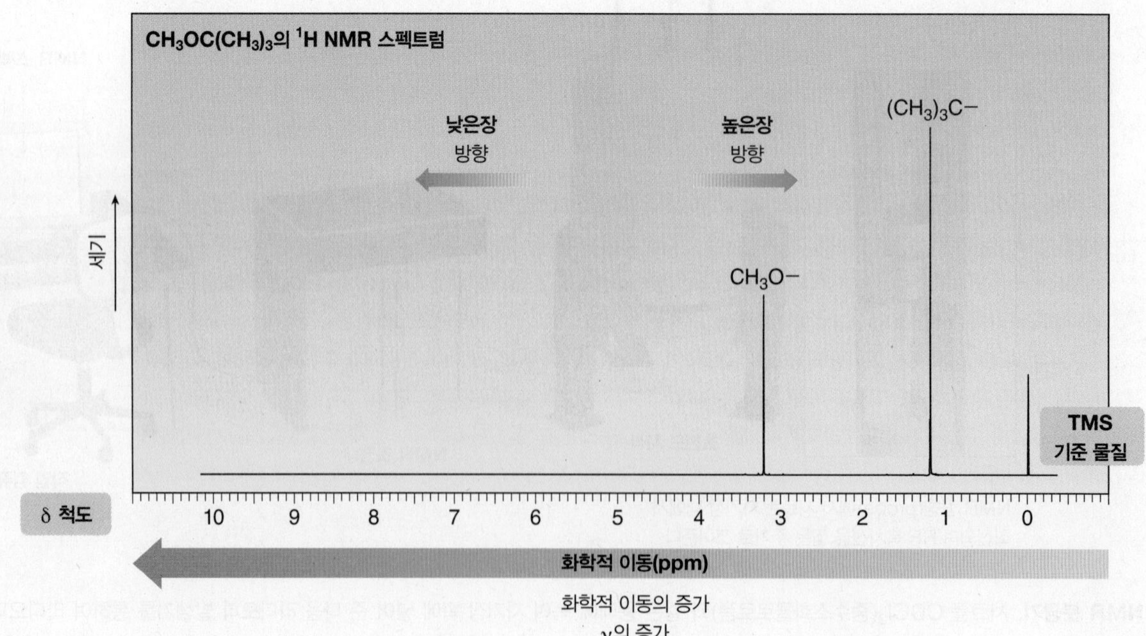

tert-뷰틸 메틸 에터(MTBE)는 휘발유에 옥테인 값을 높이기 위해 넣어주는 첨가제로서 일부 지역에서는 상수원을 오염시키기도 하였다(3.4절).

- NMR 흡수는 대개 날카로운 신호로 나타난다. $CH_3OC(CH_3)_3$의 ^1H NMR 스펙트럼은 두 개의 신호로 되어 있다. 1.2 ppm에서 나오는 큰 봉우리는 $(CH_3)_3C-$기에 의한 것이고 3.2 ppm에 나타난 작은 봉우리는 CH_3O-기 때문에 나온 것이다.
- 화학적 이동은 오른쪽에서 왼쪽으로 가면서 증가한다. 대부분의 양성자는 0~12 ppm 범위에서 흡수를 일으킨다.
- 높은장(upfield) 또는 낮은장(downfield)이란 용어는 신호의 상대적 위치를 나타내기 위해서 사용한다. 높은장이란 오른쪽을 의미한다. $(CH_3)_3C-$ 봉우리는 CH_3O- 봉우리보다 높은장 쪽에 있다. 낮은장이란 왼쪽을 의미한다. CH_3O- 봉우리는 $(CH_3)_3C-$ 봉우리보다 낮은 쪽에 위치한다.

$(CH_3)_4Si$
테트라메틸실레인
TMS

NMR에서 내부 기준물질인 테트라메틸실레인(TMS, tetramethylsilane)이 나타내는 봉우리의 위치를 0 ppm (δ 척도)으로 하여 상대적인 흡수 봉우리의 위치를 표시한다. TMS는 화학적으로 안정하면서 휘발성이 큰 물질로서, 대부분의 유기 화합물이 나타내는 NMR 흡수보다 높은장에서 단일선으로 이루어진 NMR 흡수를 나타낸다.

화학적 이동은 0 ppm에서 나타나는 TMS 봉우리에 대하여 상대적으로 나타내지만 기준이 되는 이 봉우리는 스펙트럼에 나타나지 않을 때도 있다.

δ 척도에서 양의 값은 TMS로부터 낮은장 쪽에 있다. TMS보다 높은장인 δ 척도의 음의 방향에서 일어나는 흡수는 매우 드물다(문제 14.74 참조).

x축의 화학적 이동은 아래 식에 따라 ppm 단위로 측정한 NMR 신호의 위치를 나타낸다.

$$\textbf{화학적 이동} \ (\delta \text{ 척도의 ppm}) = \frac{\text{TMS로부터 낮은장 쪽으로 관찰된 화학적 이동(Hz)}}{\text{NMR 분광기의 } \nu \text{ (MHz)}}$$

화학적 이동은 NMR 작동 진동수의 분율로 흡수를 표시하기 때문에 스펙트럼을 기록하는 데 사용한 분광기에 무관하게 나타난다. 공명을 일으키는 데 필요한 라디오파의 진동수는 외부 자기장 B_0의 세기에 비례하므로 B_0의 세기가 명시되지 않는 한 NMR 흡수를 진동수로 나타내는 것은 무의미한 일이다. 그러나 흡수를 NMR의 작동 진동수의 분율로 표시한다면 분광기에 무관한 단위, 즉 ppm을 얻어낼 수 있게 되는 것이다.

예제 14.1 300 MHz NMR의 TMS로부터 낮은장 쪽으로 1500 Hz에서 나타나는 흡수의 화학적 이동을 계산하라.

풀이

화학적 이동을 ppm 단위로 나타내는 식을 사용하면 다음과 같다.

$$\text{화학적 이동} = \frac{\text{TMS로부터 1500 Hz 낮은장 쪽}}{\text{NMR 작동 진동수 300 MHz}} = 5 \text{ ppm}$$

문제 14.1 500 MHz NMR 분광기로 CH_3OH의 ^1H NMR 스펙트럼을 기록하였더니 두 개의 신호가 나타났다. 두 신호 모두 TMS로부터 낮은장에서 나타났다. 한 개의 신호는 1715 Hz에서 CH_3의 양성자에 기인하는 것이었고, 다른 한 개는 1830 Hz에서 OH 양성자에 기인하는 신호였다. (a) 각 흡수의 화학적 이동을 계산하라. (b) CH_3 양성자는 OH 양성자보다 높은장에서 흡수가 일어나겠는가 아니면 낮은장에서 흡수가 일어나겠는가?

문제 14.2 1,2-다이메톡시에테인(1,2-dimethoxyethane, $CH_3OCH_2CH_2OCH_3$)의 ^1H NMR 스펙트럼을 300 MHz NMR 분광기로 기록하였다. TMS에서 낮은장인 1017 Hz와 1065 Hz에서 두 개의 신호가 나타났다. (a) 각 흡수의 화학적 이동을 계산하라. (b) 만일 스펙트럼을 500 MHz NMR 분광기로 기록하였다면 각 흡수가 일어나는 진동수는 얼마인가?

---

^1H NMR 스펙트럼으로부터 얻어 내는 네 가지 자료가 화합물의 구조를 결정하는 데 도움을 준다.

[1] 신호의 개수(14.2절)

[2] 신호의 위치(14.3 및 14.4절)

[3] 신호의 세기(14.5절)

[4] 스핀–스핀 상호작용에 의한 신호의 갈라짐(14.6~14.8절)

14.2 ^{1}H NMR: 신호의 개수

한 화합물에서 ^{1}NMR 신호는 몇 개나 나타날까? NMR 신호의 개수는 그 화합물 내에 있는 서로 다른 양성자의 수와 동일하다.

14.2A 일반 법칙

- 서로 다른 환경에 놓여 있는 양성자는 NMR에서 다른 신호를 나타낸다. 동등한 양성자는 같은 NMR 신호를 나타낸다.

많은 경우 두 양성자가 서로 같은지 다른지는 직관적으로 판단해 낼 수 있다.

주어진 분자 내에서 CH_3기는 CH_2기와 다르고 이것은 또 CH기와 다르다. CH_3OCH_3에서처럼 두 CH_3기는 같을 수도 있고 $CH_3OCH_2CH_3$에서와 같이 CH_3기가 어느 것과 연결되어 있느냐에 따라 서로 다를 수도 있다.

tert-뷰틸 메틸 에터[$CH_3OC(CH_3)_3$](14.1절)는 두 종류의 서로 다른 양성자를 가지고 있기 때문에 NMR에서 두 개의 신호를 나타낸다. CH_3기 하나는 $-OC(CH_3)_3$에 결합되어 있는 반면, 다른 CH_3 세 개는 모두 같은 기인 $[-C(CH_3)_2]OCH_3$와 결합하고 있다.

CH_3–O–CH_3 (Ha, Ha) 모두 동등한 H 1개의 NMR 신호

CH_3–CH_2–Cl (Ha, Hb) 2종류의 H 2개의 NMR 신호

CH_3–O–CH_2CH_3 (Ha, Hb, Hc) 3종류의 H 3개의 NMR 신호

- CH_3OCH_3: 각 CH_3기는 같은 기($-OCH_3$)에 결합되어 있으므로 두 개의 CH_3기는 동등하다.
- CH_3CH_2Cl: CH_3기의 양성자는 CH_2기의 양성자와는 다르다.
- $CH_3OCH_2CH_3$: CH_2기의 양성자는 모든 CH_3기의 양성자와 서로 다르다. 두 CH_3기의 양성자도 서로 다르다. 한 개의 CH_3기는 $-OCH_2CH_3$에 결합되어 있고 다른 CH_3기는 $-CH_2OCH_3$에 결합되어 있다.

어떤 경우에는 바로 보아서는 금방 두 종류의 양성자가 동등한지 서로 다른지를 잘 모를 때도 있다. 두 종류의 양성자가 같은 환경(그래서 하나의 NMR 신호를 줌)에 있는지를 엄밀히 알아보기 위해서는 각각의 수소 원자를 다른 임의의 원소 Z로 바꿔 본다(예를 들어, Z = Cl). 만약 Z에 의한 치환으로 동일한 화합물이나 거울상이 얻어진다면 두 양성자는 동등하다(예제 14.2).

예제 14.2 $CH_3CH_2CH_2CH_2CH_3$에는 몇 종류의 H 원자가 있는가?

풀이

두 개의 H 원자를 비교하려면 각각의 H를 Z로 바꾼 다음(예를 들어, Z=Cl) 나타나는 화합물을 살펴본다. 양 끝에 있는 CH_3의 H를 Cl로 바꾸면 모두 동일한 1-클로로펜테인이 얻어지기 때문에 두 CH_3기는 동등하다.

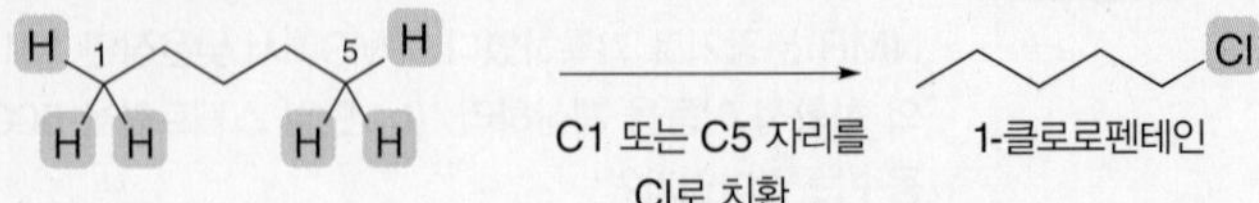

CH_2기는 다른 두 종류가 있으며, C2 또는 C4 자리의 H를 Cl로 치환하면 동일하게 2-클로로펜테인인 얻어진다. 따라서 두 H는 동일하다. 또한 C3 자리의 H를 Cl로 치환하면 다른 생성물인 3-클로로펜테인이 얻어지며 CH_2기는 앞의 두 CH_2와는 다르다.

그림 14.2
몇 가지 대표적인 유기 분자에서 나타나는 ¹H NMR 신호의 개수

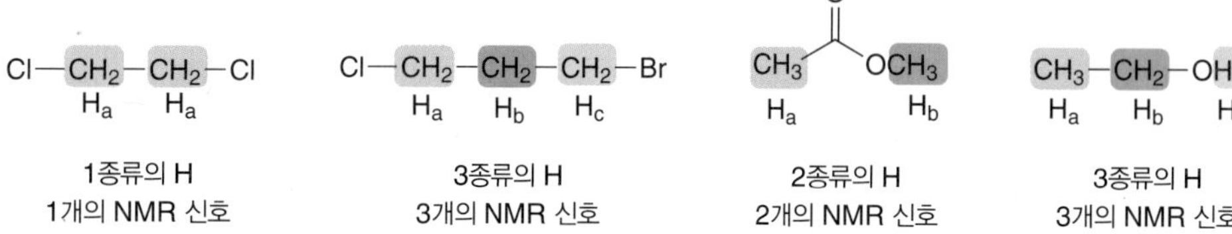

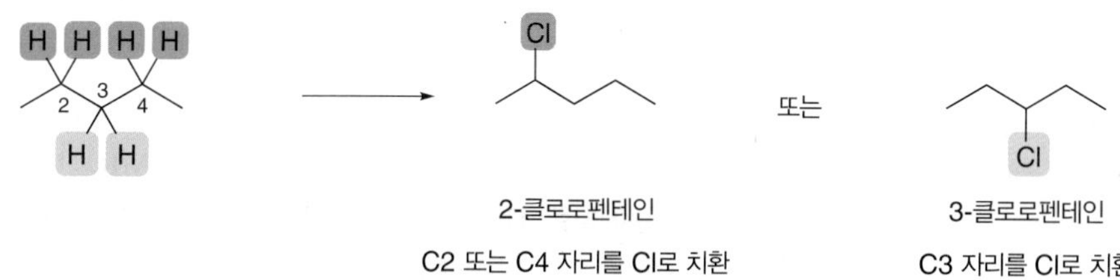

따라서 $CH_3CH_2CH_2CH_2CH_3$에는 **세** 종류의 양성자가 있고 NMR 신호는 **세** 종류가 나타난다.

$$\underset{H_a}{CH_3}-\underset{H_b}{CH_2}-\underset{H_c}{CH_2}-\underset{H_b}{CH_2}-\underset{H_a}{CH_3}$$

그림 14.2에서는 네 개의 서로 다른 분자가 나타내는 NMR 신호를 설명하고 있다. 탄소 원자에 결합 된 양성자뿐만 아니라 모든 종류의 양성자가 NMR 신호를 나타낸다. 예를 들어, 에탄올(CH_3CH_2OH)은 세 개의 NMR 신호를 보여주는데 그중 하나는 OH의 양성자로부터 나타난 것이다.

문제 14.3 다음 각 화합물의 ¹H NMR에서 몇 개의 신호가 나타나는가?

a. c. e. O, O g. Cl

b. O d. f. O h. OH

14.2B 알켄과 사이클로알케인에서의 동등한 양성자 결정

회전을 자유롭게 할 수 없는 결합을 가지고 있는 알켄과 사이클로알케인에서 동등한 양성자를 알아보기 위해서는 모든 수소 결합을 그려 보아야 한다.

(입체적으로) 그리면, [H, H, Cl, H, H, H] **이며,** [H, H, Cl, H, H, H] **이 아님** **(입체적으로) 그리면,** [Cl, H, H, H] **이며,** $ClCH{=}CH_2$ **이 아님**

그 다음 고리나 이중 결합에 위치한 두 개의 수소 원자를 비교하는데, 각각의 수소가 같은 기에 대하여 시스(혹은 트랜스인 경우에만) 두 수소 원자가 동등하다. 아래에 1,1-다이클로로에틸렌, 1-브로모-1-클로로에틸렌, 그리고 클로로에틸렌을 예로 들어 설명하였다.

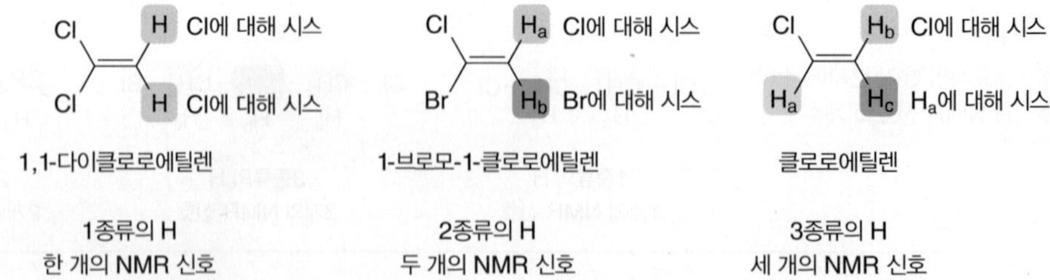

- 1,1-다이클로로에틸렌: C=C에 있는 두 개의 H 원자는 모두 다 Cl 원자에 대하여 시스이다. 따라서 두 수소는 동등하다.
- 1-브로모-1-클로로에틸렌: H_a는 Cl 원자에 대하여 시스이고 H_b는 Br 원자에 대하여 시스이다. 따라서 H_a와 H_b는 서로 다르고 두 개의 NMR 신호를 나타낸다.
- 클로로에틸렌: H_a는 Cl이 붙어 있는 탄소와 결합하고 있으므로 H_b 및 H_c와 다르다. 나머지 두 H 원자 중 H_b는 Cl 원자에 대해서 시스이고 H_c는 H 원자에 대해서 시스이므로 서로 다르다. 이 화합물에 있는 세 개의 수소 원자는 모두 다르다.

사이클로알케인에 있는 양성자의 동등성도 비슷한 방법으로 판단할 수 있다.

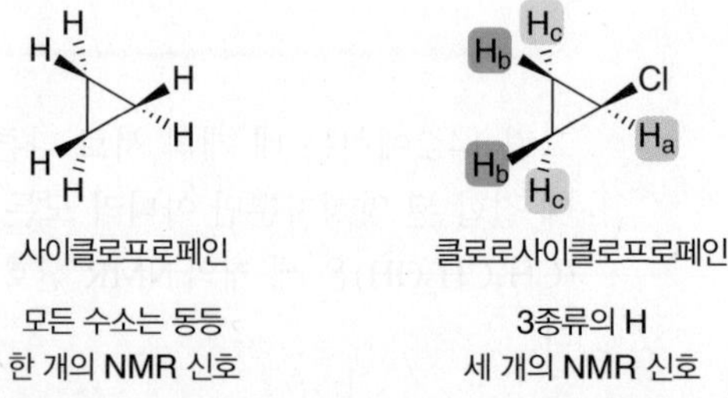

- 사이클로프로페인: 모든 H 원자는 동등하다. 따라서 NMR 신호는 한 가지만 나온다.
- 클로로사이클로프로페인: 세 종류의 H 원자가 존재한다. H_a는 Cl이 결합한 탄소에 결합하고 있고, 두 개의 H_b는 Cl에 대해서 시스, 그리고 H_c는 모두 다 M_a에 대해서 시스이다.

문제 14.4 아래에 주어진 각 다이메틸사이클로프로페인은 몇 개의 ^{1}H NMR 신호를 보이는가?

a. b. c.

문제 14.5 아래에 주어진 각 화합물의 ^{1}H NMR 신호는 몇 개인가?

a. b. c. d.

14.2C 대칭교환자리, 거울상이성질성 및 부분 입체 이성질성 양성자

이제 CH_2기에 있는 두 개의 sp^3 혼성화된 양성자가 서로 항상 동등한지를 좀 더 자세히 알아보기로 하자. 세 가지 예를 보면 서로 다른 결과가 나올 수 있음을 알 수 있다.

$CH_3CH_2CH_3$는 양성자가 두 종류이다. 즉 CH_3기와 CH_2기를 뜻하며 CH_2기의 두 개의 H는 서로 동등하다. H를 Z로 대체할 경우 생성물이 같기 때문에 한 개의 NMR 신호를 보인다.

H_a H_b CH_3 CH_3 → H를 Z로 치환 → Z H_b CH_3 CH_3 + H_a Z CH_3 CH_3

H_a와 H_b는 대칭교환자리 관계 — 동일한 생성물

- H 원자를 Z로 치환할 경우, 동일한 생성물을 형성하며 동등한 위치에 있는 수소를 대칭교환자리(homotopic) 양성자라고 한다.

CH_3CH_2Br는 두 종류의 양성자를 가진다. 즉 CH_3기와 CH_2기를 뜻하며 CH_2기의 두 개의 H는 서로 동등하다. CH_2기의 H를 Z로 대체할 경우 새로운 입체발생 중심이 만들어지고 두 생성물은 거울상이성질체의 관계에 있다.

H_a H_b CH_3 Cl → H를 Z로 치환 → Z H_b CH_3 Cl + H_a Z CH_3 Cl

H_a와 H_b는 거울상이성질성 관계이다. — 거울상이성질체

- 두 개의 H 원자 각각을 Z 원자로 치환하였을 때 거울상이성질체가 만들어진다면, 두 H 원자는 동등하고 NMR 신호는 하나로 나온다. 이때 두 H 원자는 거울상이성질성(enantiotopic) 양성자라고 부른다.

반면에 입체발생 중심이 하나인 (*R*)-2-클로로뷰테인에서 CH_2기의 두 개의 H 원자는 서로 동등하지 않다. 각 H를 Z로 치환하면 두 개의 부분 입체이성질체가 형성되며, 따라서 이 두 H 원자는 서로 다른 NMR 신호를 보여준다.

Cl H H_a H_b → H를 Z로 치환 → Cl H Z H_b + Cl H H_a Z

(*R*)-2-클로로뷰테인

H_a와 H_b는 부분 입체 이성질성 양성자이다. — 부분 입체이성질체

- 두 개의 수소 원자를 각각 Z 원자로 치환하였을 때 부분 입체이성질체가 만들어진다면, 두 개의 H는 서로 동등하지 않고 두 개의 NMR 신호를 보여준다. 이때 두 H는 부분 입체이성질성(diastereotopic) 양성자라고 부른다.

예제 14.3 다음에 지적한 각 CH_2기에 있는 양성자를 대칭교환자리, 거울상이성질성, 부분 입체이성질성으로 표시하라.

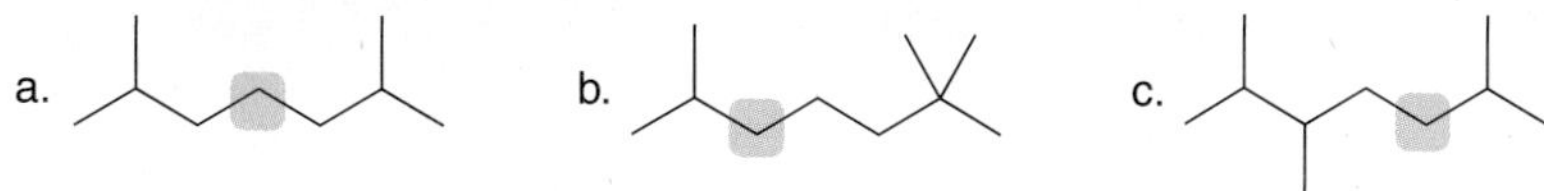

풀이

이 경우에 동등성을 결정하기 위하여 화합물이 입체발생 중심을 가지고 있는지, 그리고 H 원자를 Z로 치환하였을 때 새로운 입체발생 중심이 형성되는지를 조사한다.

a. 화합물은 비카이랄이며, 입체발생 중심이 없다. H를 Z로 치환하여도 동일한 생성물을 갖기 때문에 **대칭교환자리성**이다. 따라서 CH_2기에 있는 H는 서로 동등하며 한 개의 NMR 신호를 나타낸다.

CH_2기 각각의 H를 Z로 치환

비카이랄 화합물 한 개의 생성물

b. 화합물은 비카이랄이며, 입체발생 중심이 없다. H를 Z로 치환하면 새로운 입체발생 중심이 생기므로 양성자는 **거울상이성질성**이다. CH_2기에 있는 H는 서로 동등하며 한 개의 NMR 신호를 나타낸다.

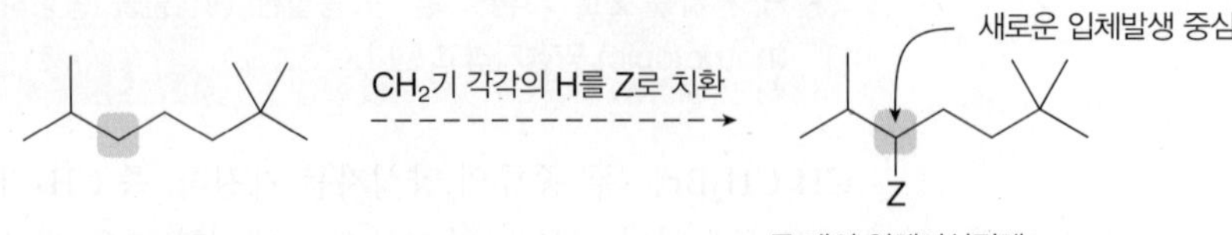

c. 화합물은 한 개의 입체발생 중심이 있다. H를 Z로 치환하면 새로운 입체발생 중심이 생기므로, 양성자는 **부분 입체 이성질성이다**. CH_2기에 있는 H는 서로 다르며, 다른 NMR 신호를 나타낸다.

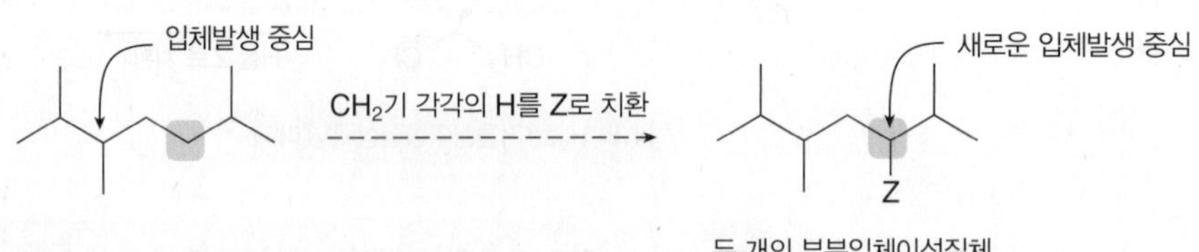

문제 14.6 표시된 CH_2 양성자가 거울상이성질성, 부분입체이성질성 또는 대칭교환자리성인지 말하라.

a. b. c. OH

문제 14.7 다음 각 화합물에서 몇 종류의 ^1H NMR 신호가 관찰되겠는가?

a. Cl b. Cl O c. Br

14.3 ^1H NMR: 신호의 위치

14.1B절에서 살펴본 바 있는 *tert*-뷰틸 메틸 에터의 NMR 스펙트럼에서 왜 CH_3O-기는 $-C(CH_3)_3$기보다 낮은장 쪽에서 흡수하는가?

- 양성자가 흡수를 일으키는 위치는 전자적 환경에 따라 결정된다.

14.3A 가림과 벗김의 효과

핵 주위의 전자적 환경이 화학적 이동에 미치는 영향을 이해하기 위해서는 우선 전자가 외부 자기장 B_0에 반대 방향으로 약한 자기장을 발생시킨다는 사실을 기억해야 한다. 이것을 전자가 핵을 B_0로부터 가린다(*shield*)라고 말한다.

그림 14.3 화학적 이동에 미치는 전자 밀도의 효과

a. 가림 효과
- 전자가 핵을 가린다.
- 흡수는 높은장 쪽으로 이동한다.

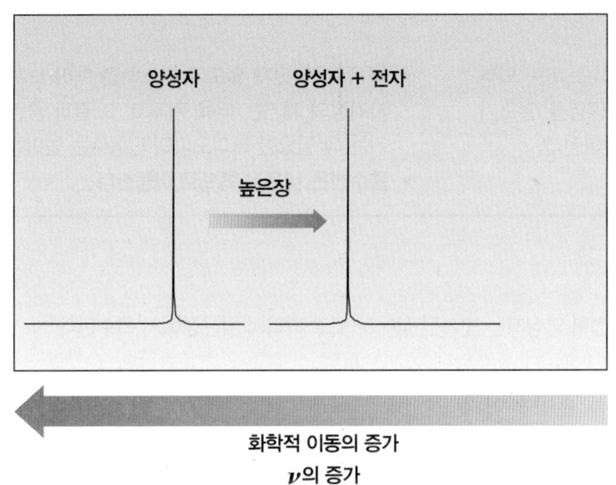

b. 벗김 효과
- 전자 밀도가 감소하여 핵이 벗겨진다.
- 흡수는 낮은장 쪽으로 이동한다.

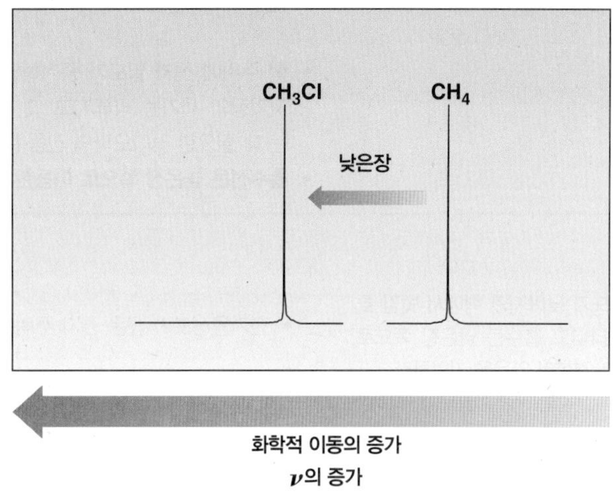

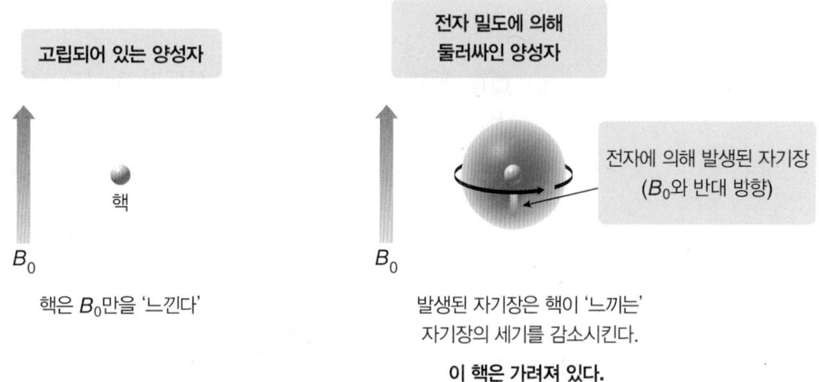

그러므로 핵 주위에서는 돌고 있는 전자에 의해 발생된 자기장이 양성자가 '느끼는' 외부 자기장을 감소시킨다. 그 결과 양성자는 줄어든 자기장의 세기를 느끼게 되므로 공명을 일으키기 위해서는 낮아진 진동수가 필요하게 된다. 진동수가 낮아진다는 것은 NMR 스펙트럼에서 오른쪽으로, 즉 화학적 이동의 값이 작은 쪽으로 옮겨지는 것이다. 그림 14.3a에서 보는 것처럼 **가림은 흡수를 높은장 쪽으로 이동시킨다.**

핵 주위의 전자의 밀도가 감소한다면 어떤 일이 일어나는가? 예를 들어, CH_4와 CH_3Cl의 양성자의 화학적 이동 값은 어떻게 다른가?

핵이 덜 가려져 있을수록 가해 준 자기장(B_0)을 더 크게 느끼게 된다. 즉 벗겨진 핵은 더욱 센 외부 자기장을 경험하게 되므로 공명을 일으키기 위해서는 더 높은 진동수가 필요하다. 높은 진동수는 NMR 스펙트럼의 왼쪽, 즉 화학적 이동 값이 큰 쪽을 의미하므로 그림 14.3b에서 CH_3Cl과 CH_4를 비교하면서 나타낸 바와 같이 **벗김 효과는 흡수를 낮은장 쪽으로 이동시킨다.** CH_3Cl에서는 전기음성 Cl 원자가 탄소와 수소 원자로부터 전자를 끌어당겨 CH_4에 비해서 전자를 벗기는 효과를 나타낸다.

그림 14.4
가림과 벗김의 효과

a. 가려진 핵

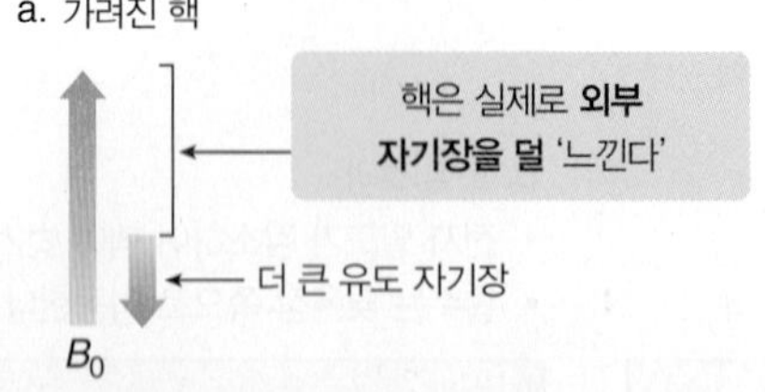

- 핵 주위에 전자 밀도가 증가하면 핵이 느끼는 외부 자기장의 세기는 약해지고 그 결과 공명을 일으키는 데 필요한 라디오파의 진동수는 낮아진다.
- **흡수선은 높은장 쪽으로 이동한다.**

b. 벗겨진 핵

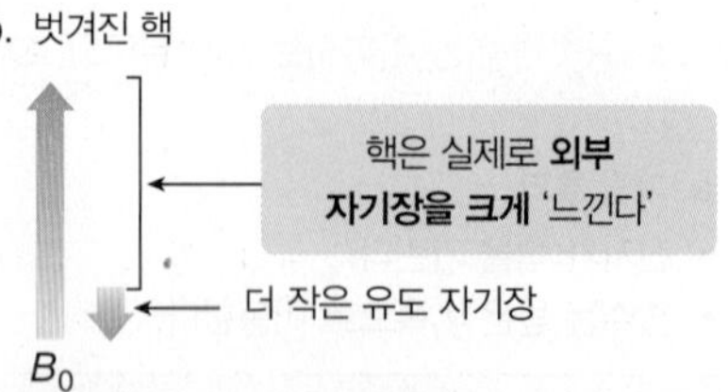

- 핵 주위에 전자 밀도가 감소하면 핵이 느끼는 외부 자기장의 세기는 더욱 커지고 그 결과 공명을 일으키는 데 필요한 라디오파의 진동수는 높아진다.
- **흡수선은 낮은장 쪽으로 이동한다.**

전자 밀도가 낮아지면 핵에서 벗김 효과가 나타나고 흡수는 낮은장 쪽으로 이동하는 경향이 있음을 기억하라.

- 전기음성도가 높은 원자 주위에 인접한 양성자는 벗겨진 상태가 되고 따라서 낮은장에서 흡수한다.

그림 14.4에 가림과 벗김의 효과를 요약하였다.

화학적 이동에 대하여 전자 밀도가 미치는 영향을 이해하면 많은 화합물에서 NMR 신호의 상대적 위치를 설명할 수 있다.

CH_3-CH_2-Cl (H_a, H_b)

- 양성자 H_b는 전기음성도가 큰 Cl 원자에 가깝게 위치하고 있기 때문에 벗겨져 있다. 따라서 H_a보다 낮은장 쪽에서 흡수한다.

$Br-CH_2-CH_2-F$ (H_a, H_b)

- F의 전기음성도가 Br보다 크므로 H_b가 H_a보다 더 벗겨져 있다. 따라서 H_b가 H_a보다 낮은장에서 흡수를 일으킨다.

$Cl-CH_2-CHCl_2$ (H_a, H_b)

- 전기음성도가 큰 Cl 원자의 개수가 더 많으므로(한 개 대 두 개) H_b는 H_a 양성자 보다 더 벗겨져 있다. 따라서 H_a 양성자는 더 낮은장에서 흡수한다.

예제 14.4 밑줄 친 양성자 중 어느 것이 더 낮은장에서 흡수를 일으키는가?

(a) $CH_3CH_2\mathbf{CH_3}$ 또는 $CH_3O\mathbf{CH_3}$　　(b) $CH_3O\mathbf{CH_3}$ 또는 $CH_3S\mathbf{CH_3}$

풀이

a. CH_3OCH_3에서 CH_3기는 전기음성도가 큰 O 원자에 의하여 벗겨져 있다. **벗김 효과는 흡수를 낮은장으로 이동시킨다.**
b. 산소의 전기음성도가 황보다 크기 때문에 CH_3OCH_3의 CH_3기가 더 많이 **벗겨져 있다.** 따라서 더 **낮은장** 쪽에서 흡수가 일어난다.

문제 14.8 아래에 주어진 화합물의 밑줄 친 양성자 중 어느 것이 더 낮은장에서 흡수를 일으키는가?

a. 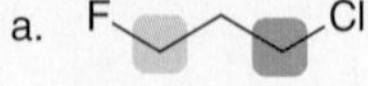

b. 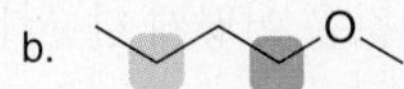

c. 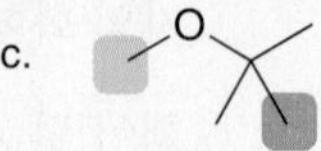

14.3B 화학적 이동의 값

NMR 각 흡수의 상대적인 위치는 예측할 수 있을 뿐만 아니라 양성자의 종류에 대한 대략적인 화학적 이동의 값을 예측할 수 있다.

표 14.1
대표적인 양성자의 화학적 이동 값

양성자의 종류	화학적 이동(ppm)	양성자의 종류	화학적 이동(ppm)
C–H	0.9~2	$R_2C=CH_2$ (H)	4.5~6
• RCH_3	~0.9		
• R_2CH_2	~1.3	C_6H_5–H	6.5~8
• R_3CH	~1.7		
Z=C–C–H Z = C, O, N	1.5~2.5	RC(=O)H	9~10
C≡C–H	~2.5	RC(=O)OH	10~12
Z–C–H Z = N, O, X	2.5~4	R–O–H 또는 R–N–H	1~5

화학적 이동 값에 대한 자세한 자료는 부록 F에서 찾아볼 수 있다.

• NMR 스펙트럼에서 특정 전자 환경의 양성자가 흡수하는 영역은 예측할 수 있다.

표 14.1에는 유기 화합물에서 흔히 볼 수 있는 결합의 일반적인 화학적 이동 값을 실어 놓았다.

표 14.1을 보면 정해진 C−H 결합의 화학적 이동 값은 대략 1~2 ppm에 이르는 좁은 범위에서 나타남을 알 수 있다. 예를 들어, 알케인과 사이클로알케인에서 볼 수 있는 모든 sp^3 혼성화된 C−H 결합은 0.9와 2.0 ppm 사이에서 흡수를 일으킨다. 그러나 한편으로 N−H나 O−H 양성자에 의한 흡수는 넓은 범위에 걸쳐서 나타난다. 예를 들어, 알코올의 OH 양성자는 1~5 ppm 범위에서 나온다. 정확한 위치는 수소 결합의 정도에 따라서도 또 달라진다.

특정 C−H 결합의 화학적 이동은 탄소 원자에 연결되어 있는 R기의 수에 따라서도 달라진다.

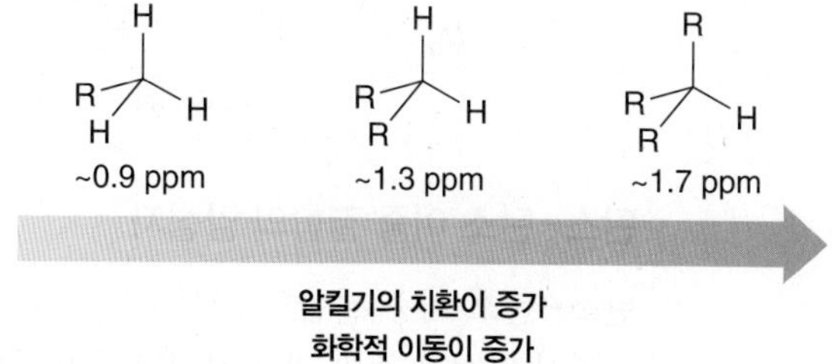

• C−H 결합의 화학적 이동 값은 알킬 치환기가 많아질수록 커진다.

문제 14.9 아래에 주어진 화합물에서 서로 다른 종류의 양성자를 구별해 낸 다음 이들을 화학적 이동 값이 증가하는 차례대로 나열하라.

a. Cl⁀⁀⁀Br b. (O–CH₂–O–C(CH₃)₃) c. (CH₃COCH₂CH₃)

문제 14.10 각 문장에서의 진실 혹은 거짓임을 밝히라.

a. 핵이 강한 자기장에 가려진 경우, 실제적인 자기장은 조사된 자기장보다 크며 낮은 자기장에서 흡수된다.
b. 핵이 강한 자기장에 가려진 경우, 실제적인 자기장은 조사된 자기장보다 작으며 높은 자기장에서 흡수된다.
c. 강하게 벗겨진 핵이 공명되기 위해서는 낮은 자기장 세기가 필요하다.
d. 강하게 가려진 핵은 높은 δ 값에서 흡수된다.

14.4 sp^2와 sp 혼성화 탄소에 결합된 양성자의 화학적 이동

벤젠 고리와 C–C 이중 결합, 그리고 C–C 삼중 결합 탄소에 연결된 양성자의 화학적 이동에 관해서는 좀 더 자세히 공부할 필요가 있다.

7.3 ppm　　4.5~6 ppm　　2.5 ppm

위의 세 가지 작용기는 모두 비교적 π 전자가 느슨하게 붙어 있는 π 결합이 있다. 자기장 속에서 이 π 전자는 원형 궤도 경로로 운동하면서 새로운 자기장을 일으킨다. 이렇게 유도된 자기장이 양성자의 화학적 이동에 미치는 영향은 그 양성자 주위에 나타나는 유도 자기장의 방향에 따라 결정된다.

벤젠 고리의 양성자

자기장 속에서 벤젠에 있는 여섯 개의 π 전자는 고리를 따라 순환하면서 고리 전류를 일으킨다. 움직이는 전자에 의하여 유도된 자기장은 양성자 주위에서 이미 가해지고 있던 외부 자기장에 더해져 자기장의 세기를 증가시킨다. 따라서 양성자는 더 센 자기장을 느끼게 되며 공명을 일으키는 데는 높은 진동수가 필요해진다. 따라서, 양성자는 벗겨지고 흡수는 낮은장에서 일어난다.

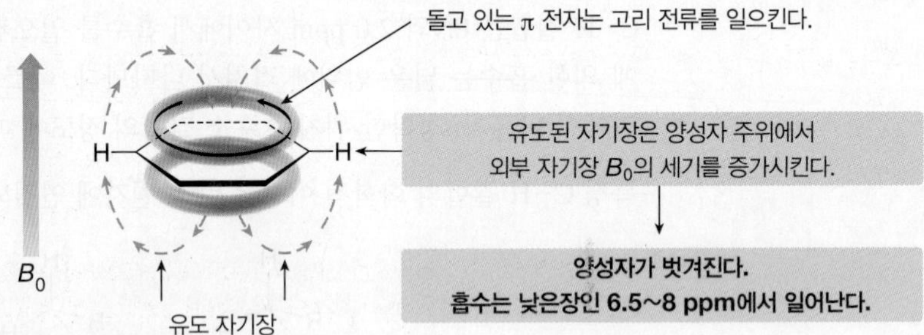

탄소–탄소 이중 결합의 양성자

탄소–탄소 이중 결합의 양성자의 경우에도 비슷한 현상이 나타난다. 느슨한 π 전자는 자기장 속에서 양성자 주위 외부 자기장의 세기를 증가시키는 효과를 나타낸다. 이제 양성자는 더욱 센 자기장을 느끼게 되므로 공명을 일으키는 데 더욱 높은 진동수가 필요하다. 양성자는 벗겨지고 흡수는 낮은장에서 일어난다.

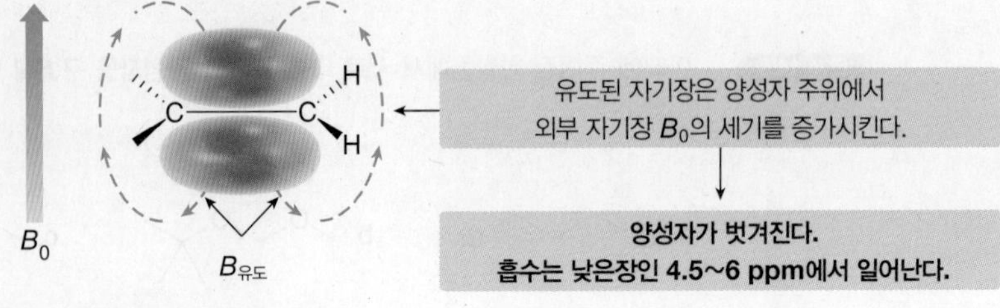

표 14.2
화학적 이동에 미치는 π 전자의 효과

양성자 종류	효과	화학적 이동(ppm)
(벤젠)—H	크게 벗겨짐	6.5~8
(알켄)—H	벗겨짐	4.5~6
≡—H	가려짐	~2.5

탄소–탄소 삼중 결합의 양성자

탄소–탄소 삼중 결합을 이루는 π 전자에 대해서도 외부 자기장은 원운동을 유도한다. 그러나 이 경우 유도된 자기장은 외부 자기장 B_0와 방향이 반대이다. 그 결과 양성자는 약한 자기장을 느끼게 되고 공명을 위해서는 낮은 진동수가 필요하다. 핵은 가려져 있으며 흡수는 높은장에서 일어난다.

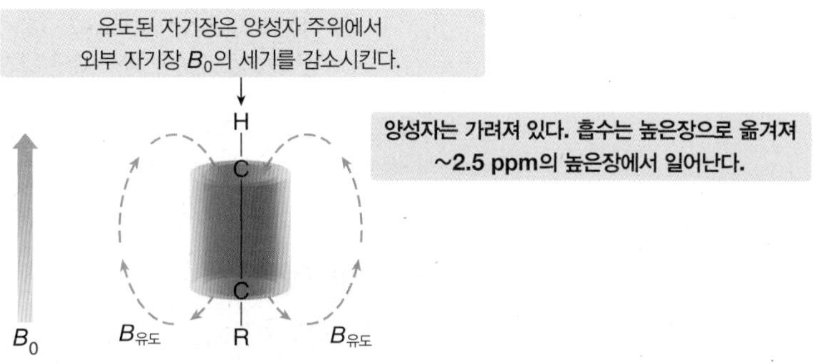

표 14.2에는 순환하는 π 전자에 의한 가림 효과와 벗김 효과를 요약해 놓았다.

그림 14.5처럼 ^{1}H NMR 스펙트럼을 여섯 영역으로 나누면 몇몇 대표적인 결합의 화학적 이동 값을 기억하기가 수월하다.

그림 14.5
^{1}H NMR 스펙트럼의 영역

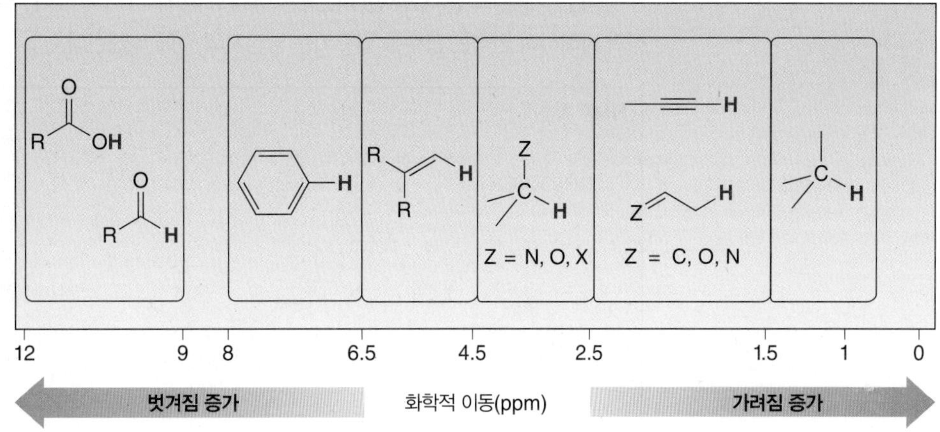

- 가려진 양성자는 낮은 화학적 이동(오른쪽)에서 흡수한다.
- 벗겨진 양성자는 높은 화학적 이동(왼쪽)에서 흡수가 일어난다.
- 주의: 여기에 나타낸 화학적 이동의 눈금은 일정한 간격으로 나타내지 않았다.

예제 14.5 다음 H_a, H_b 및 H_c를 화학적 이동값이 증가하는 차례대로 나열하라.

H_c / OCH_2CH_3 (H_b H_a)

풀이

H_a는 sp^3 혼성화된 탄소에 결합되어 있으므로 가려져 있다. 따라서 H_b나 H_c보다 높은장에서 흡수한다. 양성자 H_b는 전기음성도가 큰 산소 원자에 연결된 탄소와 결합하고 있으므로 벗겨져 있다. 따라서 H_a보다 낮은장 쪽에서 흡수를 일으킨다. H_c는 두 가지 요인에 의해서 벗겨진다. 전기음성인 산소 원자가 H_c의 전자 밀도를 감소시킨다. 더욱이 H_c는 C=C에 직접 결합되어 있기 때문에 π 전자에 의하여 유도된 자기장이 더욱 벗김을 일으킨다. 따라서 화학적 이동의 순서는 $H_a < H_b < H_c$이다.

문제 14.11 다음 각 원자단의 양성자를 화학적 이동값이 증가하는 순서로 나열하라.

a. H_a H_b H_c b. CH_3 (H_a) O OCH_2CH_3 (H_b H_c)

14.5 ^{1}H NMR: 신호의 세기

^{1}H NMR 신호의 상대적인 세기도 화합물의 구조에 관한 정보를 제공한다.

- NMR 신호 아래의 면적은 흡수를 일으키는 양성자의 수에 비례한다.

예를 들어, $CH_3OC(CH_3)_3$의 ^{1}H NMR 스펙트럼에서 낮은장 쪽 봉우리(CH_3O-기) 아래의 면적과 높은장 쪽 봉우리[$-C(CH_3)_3$] 아래 면적의 비는 1:3이다. NMR 분광기는 자동적으로 봉우리 아래의 면적을 적분한 뒤 NMR 신호의 상대적인 영역을 디지털 화면에 표시한다. 과거 NMR 분광기는 계단 모양의 곡선(적분)을 스펙트럼에 나타내었다. 각 계단의 높이가 바로 봉우리 아래 면적과 비례하며 면적은 흡수를 일으키는 양성자의 수에 비례한다.

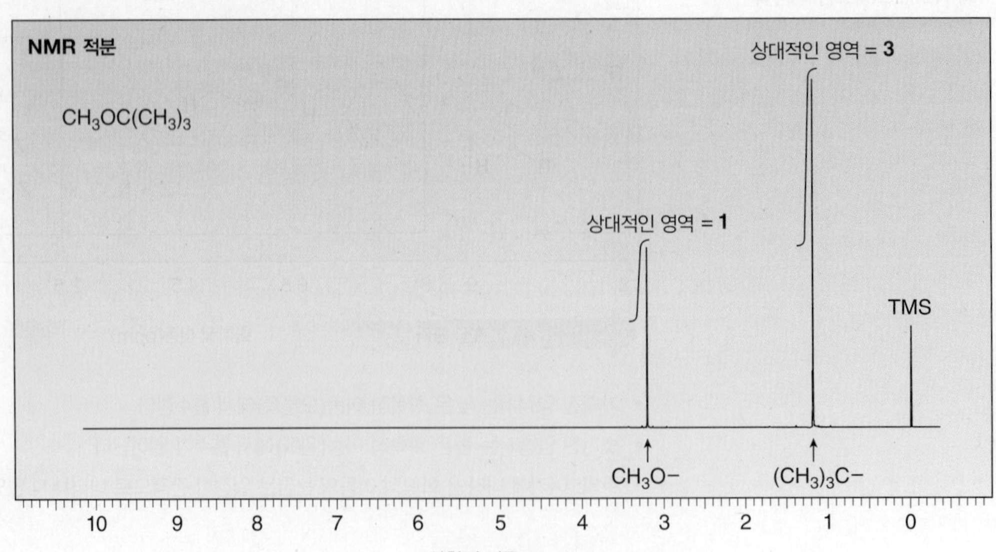

적분은 손으로 측정할 수도 있지만 요즘에 나오는 대부분의 NMR 분광기는 적분을 자동으로 계산하여 출력해 준다. 만일 두 적분 높이의 비율이 1:3이면 흡수된 양성자의 비율이 1:3 또는 2:6 또는 3:9라는 의미이다. 이것은 절대수가 아닌 상대적인 비율을 말한다.

문제 14.12 다음 중 ¹H NMR 스펙트럼에서 2:3 비율로 두 개의 신호를 관찰할 수 있는 화합물은 어느 것인가?

a. Cl b. c. O d. O O

문제 14.13 화화합물 **A**는 ¹H 스펙트럼에서 2.64와 3.69 ppm에서 두 개의 신호를 보이며 흡수 신호의 비율은 2:3이다. 화합물 **B**는 ¹H 스펙트럼에서 2.09와 4.27 ppm에서 두 개의 신호를 보이며 흡수 신호의 비율이 3:2이다. 다이메틸 석시네이트에 해당되는 화합물은 어떤 것이며 에틸렌 다이아세테이트에 해당되는 화합물은 어느 것인가?

다이메틸 석시네이트 에틸렌 다이아세테이트

14.6 ¹H NMR: 스핀-스핀 갈라짐

우리가 지금까지 보아 온 ¹H NMR 스펙트럼은 하나 이상의 단일선(singlet)이라고 부르는 흡수로만 구성되어 있었다. 그러나 $BrCH_2CHBr_2$의 ¹H NMR 스펙트럼에서 두 종류의 서로 다른 양성자에 의하여 나타나는 두 종류의 신호는 둘 이상의 봉우리로 갈라져 나타난다. 즉, 스핀-스핀 갈라짐(spin-spin splitting)의 결과로 나타나는 갈라지는 모양으로 흡수를 일으키는 양성자의 인근 탄소에 몇 개의 양성자가 결합되어 있는지를 알 수 있다.

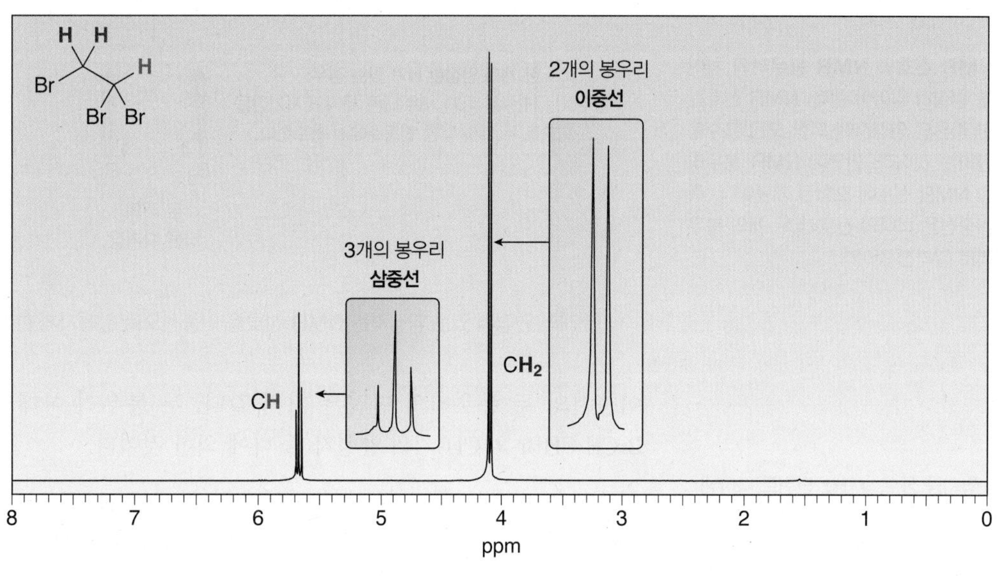

스핀-스핀 갈라짐을 이해하려면 먼저 NMR 신호를 나타나게 하는 **흡수를 일으키는 양성자**와 이 양성자에 **인접해 있으면서** 신호를 갈라지게 하는 **양성자**를 구별할 줄 알아야 한다. **인접해 있는 양성자가 우리가 최종적으로 보는 것처럼 신호를 갈라지게 만든다.**

- CH_2 신호는 이중선(doublet)이라고 부르는 두 개의 봉우리로 갈라져 나타난다. 이중선의 봉우리 아래의 상대적인 면적비는 1:1이다.
- CH 신호는 삼중선(triplet)이라고 부르는 세 개의 봉우리로 갈라져 나타난다. 삼중선의 봉우리 아래의 상대적인 면적비는 1:2:1이다.

오직 같은 탄소 또는 인접해 있는 탄소에 결합된 동등하지 않은 양성자 사이에서만 스핀-스핀 갈라짐이 관찰된다. 스핀-스핀 갈라짐이 왜 일어나는지를 알아보기 위해서 흔히 볼 수 있는 인접한 탄소에 결합해 있는 서로 동등하지 않은 양성자를 생각해보자. 외부 자기장 속에서는 양성자 역시 작은 자석처럼 행동하여 외부 자기장과 같은 방향이거나 아니면 반대 방향으로 정렬하게 되고, 이 정렬 상태가 인접한 양성자가 느끼는 자기장의 세기에 영향을 미치기 때문에 스핀-스핀 갈라짐 현상이 나타난다.

14.6A 갈라짐: 이중선은 어떻게 나타나는가?

우선 $BrCH_2CHBr_2$의 CH_2가 어떻게 이중선으로 갈라지는지를 살펴보자. CH_2기에는 흡수하는 양성자가 붙어 있고 인접한 CH에는 봉우리를 갈라지게 하는 인접 양성자가 붙어 있다.

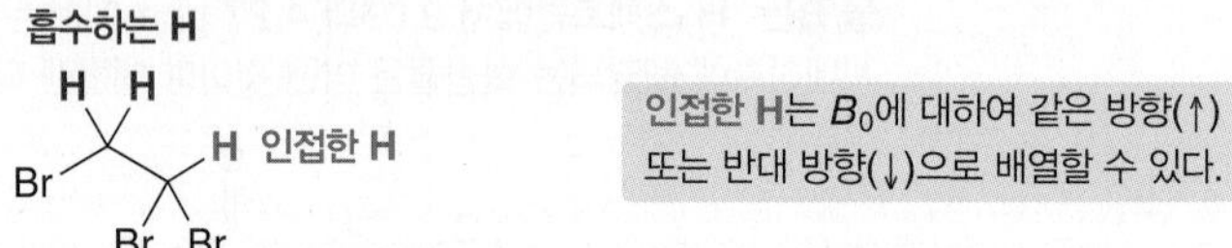

외부 자기장(B_0) 속에서 인접한 양성자($CHBr_2$)는 B_0와 같은 방향(↑) 또는 반대 방향(↓)으로 정렬한다. 따라서, 흡수하는 양성자(CH_2Br)는 아주 조금씩 서로 다른 두 자기장, 즉 한 경우는 B_0보다 조금 크고 다른 한 경우에는 B_0보다 조금 작은 자기장을 느낀다. 흡수하는 양성자가 두 다른 자기장을 느끼므로 NMR 스펙트럼에서 각기 다른 진동수에서 흡수하고 그 결과 하나의 흡수가 이중선으로 갈라지게 되는 것이다.

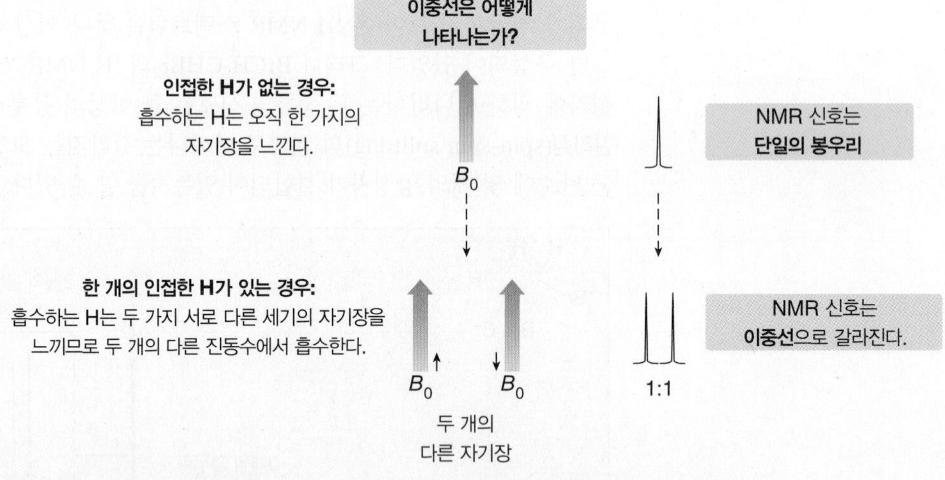

NMR 신호와 **NMR 봉우리**의 차이를 확실히 알아야 한다. NMR 신호란 한 종류의 양성자에 의한 모든 흡수를 말하는 것이다. 반면에 NMR 봉우리란 NMR 신호에 포함된 개념이다. 즉 이중선은 하나의 신호가 두 개의 봉우리로 갈라진 것이다.

- 한 개의 인접해 있는 양성자는 NMR 신호를 이중선으로 갈라지게 한다.

이중선의 두 봉우리의 면적은 거의 같다. 두 봉우리 아래의 면적, 즉 NMR 신호의 면적은 $BrCH_2CHBr_2$의 CH_2기의 양성자 둘 다에 의한 것이다.

짝지음 상수, ***J***, Hz 단위로 나타냄

이중선을 이루는 두 봉우리의 진동수의 차이는 Hz로 나타내며 이를 짝지음 상수(coupling constant)라고 부르고 *J*로 표시한다. 짝지음 상수는 대개 0~18 Hz 범위에 있으며 가해준 자기장의 세기 B_0에 무관하다.

14.6B 갈라짐: 삼중선은 어떻게 나타나는가?

이제 $BrCH_2CHBr_2$에서 CH기가 어떻게 삼중선으로 나타나는지 살펴보도록 하자. CH기에는 흡수하는 양성자가 붙어 있고 CH_2기에는 봉우리를 갈라지게 하는 인접 양성자(H_a와 H_b)가 붙어 있다.

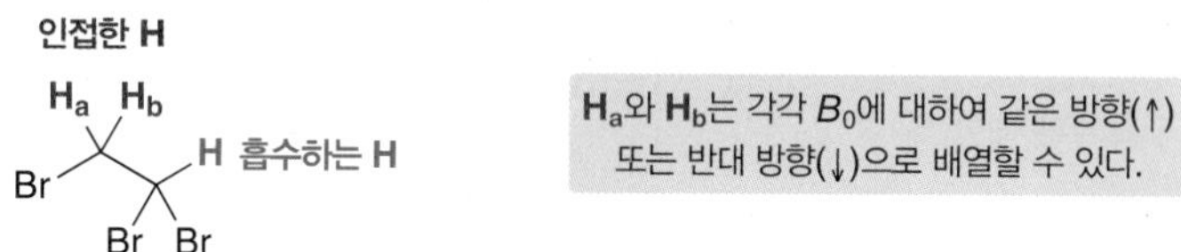

가해준 자기장(B_0) 속에 놓이면, 인접 양성자 H_a와 H_b는 각각 자기장 B_0와 같은(↑) 방향 또는 반대(↓) 방향으로 배열할 수 있다. 그 결과 흡수하는 양성자는 조금씩 서로 다른 세기의 자기장, 즉 B_0보다 약간 크거나 작거나 아니면 B_0와 같은 세기의 자기장을 경험하게 된다.

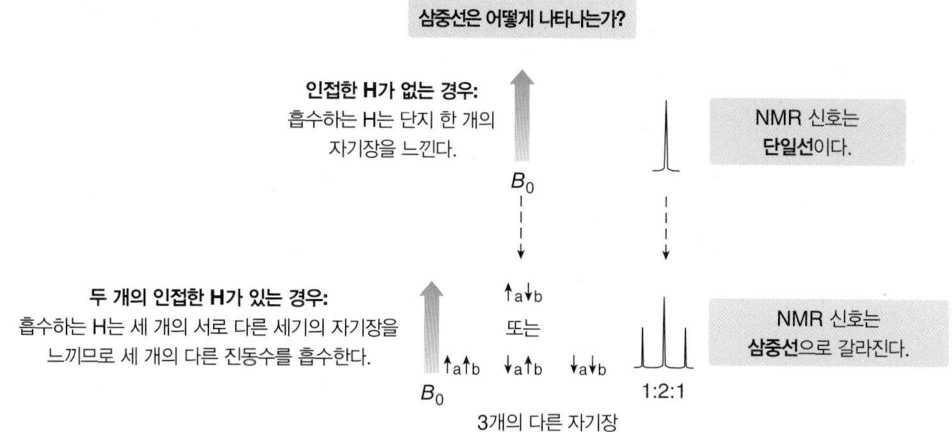

흡수를 일으키는 양성자는 세 개의 다른 자기장을 느끼므로 NMR 스펙트럼에서는 서로 다른 세 개의 진동수에서 흡수를 일으켜서 단일 흡수를 삼중선으로 갈라지게 한다. 양성자 하나는 외부 자기장과 같은 방향, 그리고 하나는 다른 방향으로 배열시키는 방법이 두 가지가 있을 수 있으므로, 즉 $\uparrow_a\downarrow_b$와 $\downarrow_a\uparrow_b$ 가운데 봉우리는 바깥쪽 봉우리보다 대략 두 배 정도 세기가 크고 봉우리 아래 면적의 비는 1:2:1로 나타난다.

- 두 개의 인접한 양성자는 NMR 신호를 삼중선으로 갈라지게 한다.

두 양성자가 상대방의 NMR 신호를 갈라지게 할 때 이 두 양성자가 서로 **짝지었다**라고 말한다. $BrCH_2CHBr_2$에서 CH의 양성자는 CH_2 양성자와 짝지은 상태이다. 갈라질 NMR 신호에서 짝지은 양성자들이 나타내는 갈라진 봉우리 사이의 거리는 서로 같으며 J 값으로 나타낸다.

14.6C 갈라짐의 규칙과 예

다음의 세 가지 규칙은 유기 화합물의 ^{1}H NMR 스펙트럼에서 볼 수 있는 갈라짐의 유형을 설명한다.

규칙 [1] 동등한 양성자끼리는 서로 신호를 갈라지게 하지 않는다.

규칙 [2] n개의 동등하지 않은 양성자의 세트는 인접한 양성자를 $n+1$개의 봉우리로 갈라지게 한다.

- 예를 들면, $BrCH_2CHBr_2$에서 CH의 양성자 한 개는 인접한 양성자의 NMR 신호를 둘(이중선)로 갈라지게 하며 CH_2의 양성자 두 개는 인접한 양성자의 NMR 신호를 셋(삼중선)으로 갈라지게 만든다. 둘에서 일곱개의 봉우리로 갈라진 NMR 신호의 이름은 표 14.3에 나와 있다. 일곱 개 이상으로 갈라진 봉우리는 **다중선**(multiplet)이라고 부른다.
- 갈라진 NMR 신호는 한가운데의 것이 가장 세다. 봉우리 아래의 면적은 안쪽에서 바깥쪽으로 갈수록 점점 줄어든다.

표 14.3
NMR 신호에서 봉우리 수에 대한 이름

봉우리 수	이름	봉우리 수	이름
1	단일선	5	오중선
2	이중선	6	육중선
3	삼중선	7	칠중선
4	사중선	> 7	다중선

규칙 [3] 갈라짐은 같은 탄소나 인접한 탄소에 붙어 있는 동등하지 않은 양성자에서 나타난다.

NMR 신호의 갈라짐은 동등하지 않은 인접한 양성자의 개수를 알려 준다. 흡수하는 양성자 자체에 관해서는 어떤 정보도 주지 않는다.

일반적으로 셋보다 많은 시그마(σ) 결합만큼 떨어진 양성자 사이에서 갈라짐은 관찰되지 않는다. 에틸 메틸 에터와 뷰탄-2-온의 H_a와 H_b는 서로 동등하지 않지만, H_a와 H_b는 네 개의 σ 결합만큼 떨어져 있는데 이것은 서로의 NMR 신호를 갈라지게 하는 데는 너무나 먼 거리이다.

뷰탄-2-온
H_a와 **H_b**는 네 개의 σ 결합으로부터 떨어져 있다.
H_a와 H_b 사이에 **갈라짐은 일어나지 않음**

에틸 메틸 에터
H_a와 **H_b**는 네 개의 σ 결합으로부터 떨어져 있다.
H_a와 H_b 사이에 **갈라짐은 일어나지 않음**

표 14.4 ^{1}H NMR에서 흔히 나타나는 갈라짐의 유형

예	유형	분석(H_a와 H_b는 동등하지 않음)				
[1] H–C–C–H		• H_a: 인접한 양성자 H_b 한 개	⇢	봉우리 두 개	⇢	**이중선**
		• H_b: 인접한 양성자 H_a 한 개	⇢	봉우리 두 개	⇢	**이중선**
[2] H–C–CH_2–		• H_a: 인접한 양성자 H_b 두 개	⇢	봉우리 세 개	⇢	**삼중선**
		• H_b: 인접한 양성자 H_a 한 개	⇢	봉우리 두 개	⇢	**이중선**
[3] –CH_2CH_2–		• H_a: 인접한 양성자 H_b 두 개	⇢	봉우리 세 개	⇢	**삼중선**
		• H_b: 인접한 양성자 H_a 두 개	⇢	봉우리 세 개	⇢	**삼중선**
[4] –CH_2CH_3		• H_a: 인접한 양성자 H_b 세 개	⇢	봉우리 네 개	⇢	**사중선***
		• H_b: 인접한 양성자 H_a 두 개	⇢	봉우리 세 개	⇢	**삼중선**
[5] H–C–CH_3		• H_a: 인접한 양성자 H_b 세 개	⇢	봉우리 네 개	⇢	**사중선***
		• H_b: 인접한 양성자 H_a 한 개	⇢	봉우리 두 개	⇢	**이중선**

*사중선 봉우리의 상대적인 면적비는 1:3:3:1이다.

표 14.4는 인접한 동등하지 않은 양성자에서 흔히 나타나는 갈라짐의 모습을 보여준다.

갈라짐의 예측은 항상 두 단계 과정으로 행한다:

- 두 양성자가 동등한지 아니면 다른지를 판단한다. 오직 동등하지 않은 양성자들끼리만 갈라지게 만든다.
- 동등하지 않은 두 양성자가 서로의 신호를 갈라지게 할 만큼 가깝게 위치하고 있는가? 동등하지 않은 양성자가 같거나 인접한 탄소에 위치해 있을 때에 한해서 갈라짐이 관찰된다.

구체적인 화합물을 예로 들어 스핀-스핀 갈라짐에 대한 이 두 단계 전략의 결과를 설명하기로 한다.

$ClCH_2CH_2Cl$

- 모든 양성자(H_a)는 동등하다. 따라서 NMR 신호는 갈라지지 않고 단일선으로 나타난다.

$ClCH_2CH_2Br$ (H_a H_a / H_b H_b)

- 두 개의 NMR 신호가 나타난다. H_a와 H_b는 동등하지 않은 양성자이고 인접한 탄소에 위치하므로 상대방의 NMR 신호를 갈라지게 할 만큼 가깝게 있다. H_a 신호는 H_b 두 개에 의해서 삼중선으로 갈라지며, H_b 신호는 두 개의 H_a 양성자에 의해 삼중선으로 갈라진다.

$CH_3COCH_2CH_3$ (H_a / H_b H_c)

- 세 개의 NMR 신호가 나타난다. H_a 주위에는 인접한 양성자가 없으므로 신호는 단일선이다. H_b는 세 개의 H_c 양성자에 의해 사중선으로 갈라진다. H_c는 두 개의 H_b 양성자에 의해 삼중선으로 갈라진다.

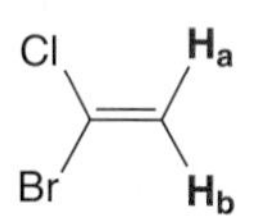

- NMR 신호는 두 개가 나타난다. H_a와 H_b는 동등하지 않으며 같은 탄소에 있으므로 서로의 신호를 갈라지게 하기에 충분할 만큼 가깝게 있다. H_b는 H_a에 의해서, 그리고 H_a는 H_b에 의해서 각각 이중선으로 갈라진다.

문제 14.14 아래에 화살표로 표시한 양성자는 각각 몇 개의 봉우리로 갈라지는가?

a. 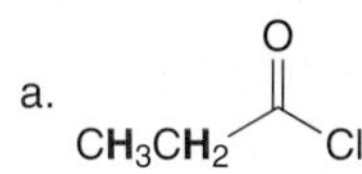

b. CH_3CHBr_2 c. $CH_3COCH_2CH_2Br$ d. (H)(Br)C=C(Cl)(H) e. f. $ClCH_2CH(OCH_3)_2$

문제 14.15 각 화합물에서 나오는 ¹H NMR 신호의 수를 알아보라. 각 신호는 몇 개의 봉우리로 나누어지는가?

a. b. c. d.

문제 14.16 화합물 CH_3CH_2Cl의 NMR 스펙트럼을 간략히 그려보라. 각 신호의 대략적인 위치도 표시하라.

14.7 더욱 복잡하게 갈라지는 경우

지금까지 공부한 예에서 스핀-스핀 갈라짐은 흡수를 일으키는 양성자에 바로 이웃한 탄소 하나에만 양성자가 있는 경우에 일어났다. 그런데 흡수를 일으키는 양성자에 인접한 탄소 두 개에 동등하지 않은 양성자가 있는 경우, 갈라짐이 어떻게 일어날까? 인접한 탄소에 붙어 있는 동등

그림 14.6
2-브로모프로페인, $(CH_3)_2CHBr$의 ^{1}H NMR 스펙트럼

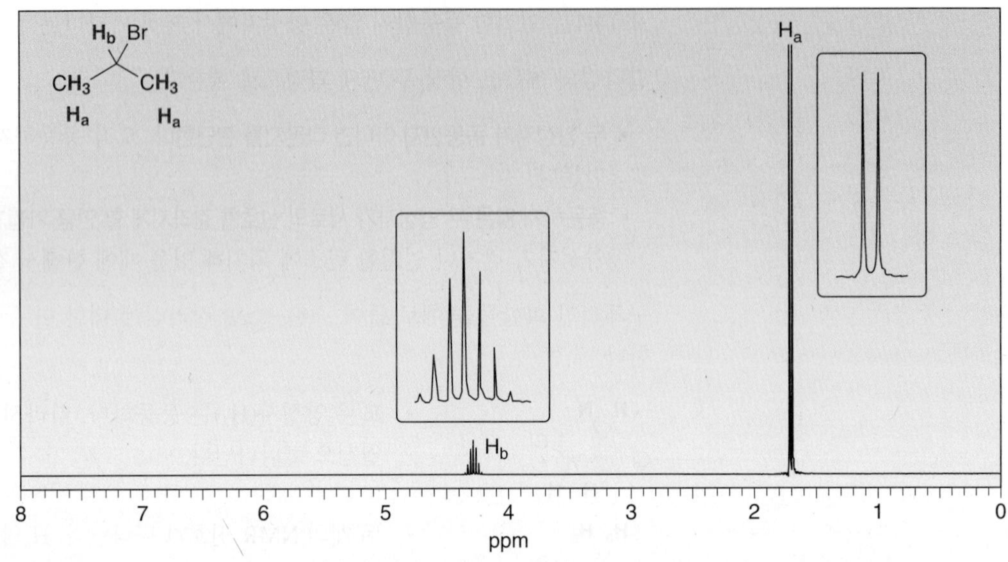

하지 않은 양성자 상호 간의 동등성 여부에 따라 두 가지 서로 다른 결과가 예상된다.

예를 들어, 2-브로모프로페인[$(CH_3)_2CHBr$]은 두 종류의 양성자 H_a와 H_b를 가지고 있고 그림 14.6에서 보는 바와 같이 두 개의 NMR 신호로 이루어진 스펙트럼을 보여준다.

- H_a는 동등하지 않은 양성자(H_b)가 하나만 인접해 있으므로 신호는 두 개의 봉우리로 갈라져 **이중선**으로 나타난다.
- H_b는 양성자 H_a를 양쪽에 각각 세 개씩 가지고 있다. 여섯 개의 양성자 H_a는 서로 동등하므로 갈라짐에 $n + 1$ 법칙을 적용하여 H_b가 일곱 개($6 + 1 = 7$)로 갈라져 **칠중선**을 나타낼 것이라고 예상할 수 있다.

위의 예에서 얻어 낼 수 있는 갈라짐에 관한 좀 더 일반적인 규칙은 다음과 같다.

- 인접해 있는 두 개(또는 세 개) 세트의 양성자가 서로 동등하다면, $n + 1$ 규칙을 이용하여 갈라지는 모습을 예측할 수 있다.

흡수하는 양성자가 서로 동등하지 않은 인접한 양성자 옆에 있을 때는 다른 결과가 나타난다. $CH_3CH_2CH_2Z$의 ^1H NMR 스펙트럼에서 H_b 양성자의 예측된 갈라짐의 양상을 생각해본다. H_b와 인접한 양쪽 탄소에는 모두 양성자가 있는데(H_a와 H_c) H_a와 H_c는 서로 동등하지 않으므로 이들을 서로 그냥 더하고 $n + 1$ 법칙을 사용할 수는 없다.

$$\underset{H_a}{CH_3}\underset{H_b}{CH_2}\underset{H_c}{CH_2}-Z$$

대신에, H_b의 갈라짐을 결정하려면 H_a 양성자와 H_c 양성자의 영향을 별개로 고려해야 한다. 3개의 H_a 양성자는 H_b 신호를 4개의 봉우리로 갈라지게 하며, 2개의 H_c 양성자는 이들 4개의 봉우리를 다시 3개의 봉우리로 갈라지게 한다—즉, H_b의 NMR 신호는 $4 \times 3 = 12$ **봉우리**로 나타난다. 그림 14.7은 이들 12개의 봉우리의 갈라짐이 어떻게 나타나는지를 보여주고 있다.

- 인접한 두 세트의 양성자가 서로 다를 때(양성자 n개는 인접 탄소 하나에, 그리고 양성자 m개는 또 다른 인접 탄소에) NMR 신호의 봉우리 수 = $(n + 1)(m + 1)$이다.

그림 14.7
$CH_3CH_2CH_2Z$에서 H_b가 갈라지는 모습

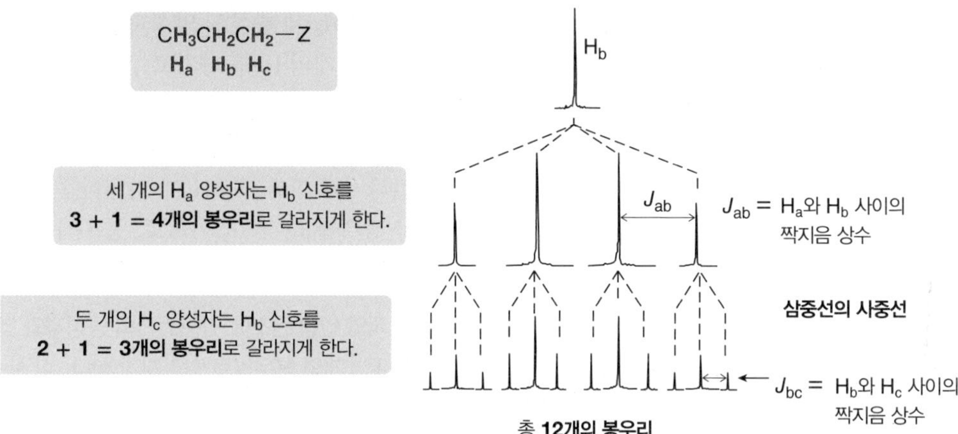

- H_b 신호는 12개의 봉우리, 즉 삼중선의 사중선으로 갈라진다. 실제로 보이는 봉우리의 수는 두 짝지음 상수 J_{ab}와 J_{bc}의 상대적 크기에 따라 결정된다. 위 그림에서와 같이 $J_{ab} >> J_{bc}$인 경우에는 12개의 선 모두가 잘 나타난다. J_{ab}와 J_{bc}의 크기가 비슷한 경우에는 봉우리들이 서로 겹치고 그 결과 적은 수의 봉우리만 관찰된다.

각 세트의 동등하지 않은 양성자들 사이의 짝지음 상수(이 예에서는 J_{ab}와 J_{bc})가 다를 때만(다시 말하면, $J_{ab} \neq J_{bc}$) NMR 스펙트럼에서 12개의 봉우리를 볼 수 있다. 14.8절에서 논의하게 되는 탄소-탄소 이중 결합에 동등하지 않은 양성자를 가지고 있는 경우에도 이와 같다. 실제로, 구부러지는 알킬 사슬에서는 J_{ab}와 J_{bc}가 매우 비슷하거나 같은 경우가 더 흔하다. 이 경우에는 봉우리가 겹치거나 12개보다 훨씬 적은 봉우리가 관찰된다.

1-브로모프로페인($CH_3CH_2CH_2Br$)의 ^1H NMR 스펙트럼은 봉우리가 겹치는 것을 보여준다(그림 14.8).

$$\underset{H_a}{CH_3}\underset{H_b}{CH_2}\underset{H_c}{CH_2}-Br$$

그림 14.8
1-브로모프로페인, [$CH_3CH_2CH_2Br$]의 ^1H NMR 스펙트럼

감수자 주: Hc의 신호는 잘못 그려졌다. 어디가 틀렸을까?

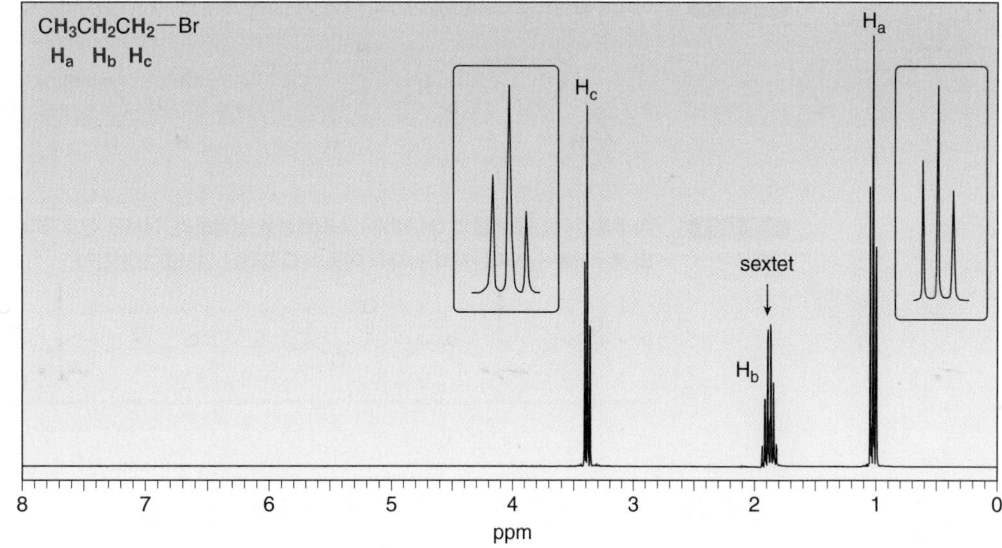

- H_a와 H_c는 둘 다 삼중선이다.
- H_b의 신호는 봉우리의 겹침으로 6개의 봉우리(육중선)의 다중선으로 나타난다.
  봉우리의 수 = $n + m + 1 = 3 + 2 + 1$ = 여섯 봉우리

$CH_3CH_2CH_2Br$은 H_a, H_b 및 H_c 세 종류의 양성자를 가지고 있어서, 3개의 NMR 신호를 나타낸다. H_a 및 H_c는 바로 옆에 두 개의 H_b를 가지고 있는 셈이므로 각각 삼중선으로 나타난다. H_b와 인접한 양쪽 탄소에는 모두 양성자가 있는데(H_a와 H_c) H_a와 H_c는 서로 동등하지 않다. 3개의 H_a 양성자는 H_b 신호를 4개의 봉우리로 갈라지게 하며, 2개의 H_c 양성자는 이들 각각의 4개의 봉우리를 다시 3개로 갈라지게 한다. 즉. H_b에 기인하는 NMR 신호는 다시 $4 \times 3 = 12$ 봉우리를 나타낸다. 그러나 이 경우에 $J_{ab} = J_{bc}$이므로, 봉우리 겹침이 일어나서 단지 6개의 다중선만 관찰된다.

$CH_3CH_2CH_2Br$에서, 한 개의 인접 탄소에 있는 *n*개의 양성자와 다른 인접한 탄소에 있는 *m*개의 양성자는 관찰된 신호를 $n + m + 1$개의 봉우리로 갈라지게 한다. 다시 말하면, 3개의 H_a 양성자와 2개의 H_c 양성자는 NMR 신호를 $3 + 2 + 1 = 6$ 봉우리로 갈라지게 하며, 그림 14.8에 육중선이 나타나 있다.

예제 14.6 아래에 표시한 양성자의 NMR 신호는 몇 개의 봉우리로 갈라지는가?

a. 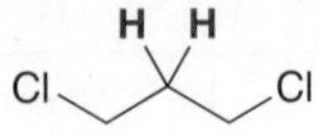 Cl–CH₂–CH₂(H H)–CH₂–Cl b. 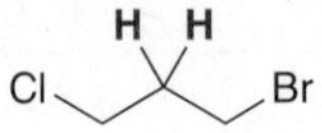 Cl–CH₂–CH₂(H H)–CH₂–Br

풀이

a. (구조: H_b H_b, H_a H_a H_a H_a)

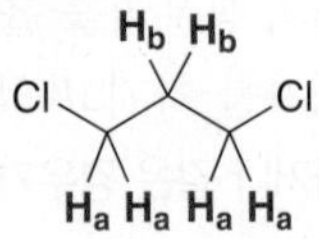

- H_b는 인접한 두 탄소 각각에 H_a를 두 개씩 가지고 있다. 양성자 H_a 네 개는 서로 동등하므로 갈라지는 모습을 예측하는 데 $n + 1$ 규칙을 활용할 수 있고, 따라서 $4 + 1 =$ **5개의 봉우리**로 갈라져 오중선을 보여준다.

b. 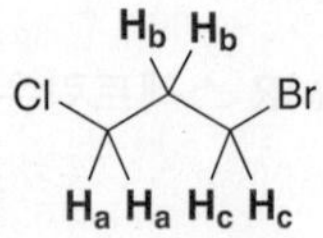 (구조: H_b H_b, H_a H_a H_c H_c)

- H_b의 바로 옆 탄소 하나에는 H_a가 두 개가 있고 또 다른 옆 탄소에는 H_c 두 개가 있다. H_c는 H_a와 동등하지 않으므로 H_b는 $(n + 1)(m + 1) = (2 + 1)(2 + 1) =$ **9개의 봉우리**로 갈라진다. 그러나 이 분자는 구부러지는 알킬 사슬을 가지고 있어서, J_{ab}와 J_{bc}가 아주 비슷하므로 봉우리의 겹침이 일어난다. 이 경우, H_b에 대한 봉우리 수 $= n + m + 1 = 2 + 2 + 1 =$ **5 봉우리**로 갈라진다.

문제 14.17 아래에 화살표로 표시한 양성자의 NMR 신호는 모두 몇 개의 봉우리로 갈라지는가?

a. 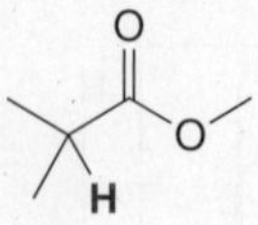 b. 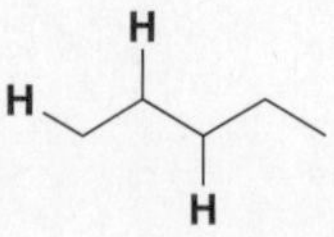 c. 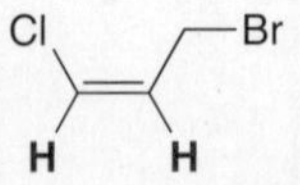 d.

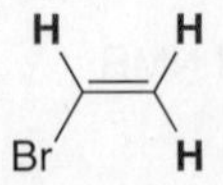

문제 14.18 아래에 주어진 화합물의 ¹H NMR 스펙트럼을 설명하라. NMR 신호가 몇 개 나타나는지를 말하고 각 신호는 몇 개의 봉우리로 갈라지는지와 화학적 이동의 대략적인 위치를 표시하라.

a. 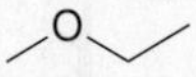 b. 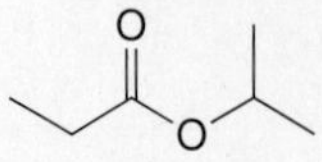 c. 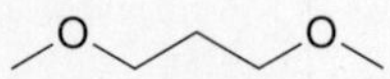 d.

14.8 알켄에서 나타나는 스핀–스핀 갈라짐

탄소–탄소 이중 결합에 붙어 있는 양성자의 갈라지는 모습은 독특한 경우가 많다. 치환기가 두 개인 이중 결합은 두 개의 같은자리 양성자(geminal proton, 같은 탄소에 붙어 있는 원자), 두 개의 시스 양성자, 또는 두 개의 트랜스 양성자를 갖는 경우로 나누어진다. 이 양성자들이 서로 다를 때

그림 14.9
(*E*)-와 (*Z*)-3-클로로프로펜산의 알켄 양성자를 보여주는 ^{1}H NMR 스펙트럼

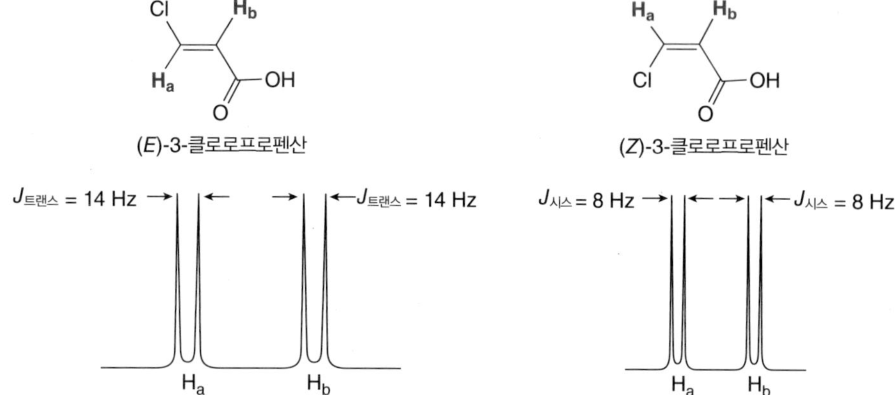

- (*E*)-및 (*Z*)-3-클로로프로펜산의 ^{1}H NMR 스펙트럼에서 두 화합물 모두가 알켄 양성자의 이중선을 보여주고 있지만 $J_{트랜스} > J_{시스}$이다.

각각의 양성자는 다른 양성자 신호를 갈라지게 하여 이중선을 만들어 낸다. 이중선에서 관찰되는 짝지음 상수 *J*는 각각의 수소 원자들이 어떻게 위치하고 있는가에 따라 결정된다.

같은자리 H		시스 H		트랜스 H
$J_{같은자리}$	<	$J_{시스}$	<	$J_{트랜스}$
0~3 Hz		5~10 Hz		11~18 Hz

따라서 3-클로로프로펜산의 *E*와 *Z* 이성질체에서 알켄의 양성자 두 개는 모두 이중선으로 갈라지는데, 그림 14.9에서 보는 바와 마찬가지로 양성자가 트랜스 관계에 있을 때가 시스로 있을 때보다 짝지음 상수가 더 크다.

치환기를 하나만 가지고 있을 때 이중 결합은 동등하지 않은 양성자 세 개를 보유하게 되고 세 양성자는 모두 이중 결합과 연결되어 있다. 이 경우 세 양성자는 서로 간에 모두 짝짓기를 하기 때문에 갈라지는 모양은 더욱 복잡해진다. 예를 들면, 아세트산 바이닐($CH_2{=}CHOCOCH_3$)에는 네 종류의 양성자가 있는데 이 중 세 개가 이중 결합에 연결되어 있다. CH_3기가 나타내는 단

그림 14.10
아세트산 바이닐(vinyl acetate, $CH_2{=}CHOCOCH_3$)의 ^{1}H NMR 스펙트럼

아세트산 바이닐을 중합시키면 페인트나 접착제의 원료로 널리 사용되는 폴리(아세트산 바이닐)를 만들어 낼 수 있다(문제 15.26).

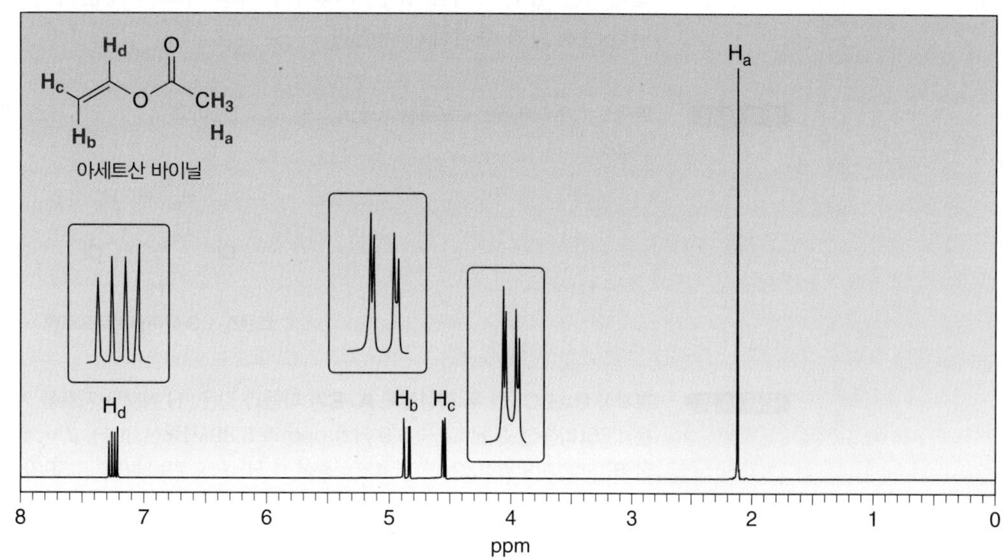

그림 14.11 아세트산 바이닐 ($CH_2=CHOCOCH_3$)에서 알켄 양성자의 갈라짐을 보여주는 그림

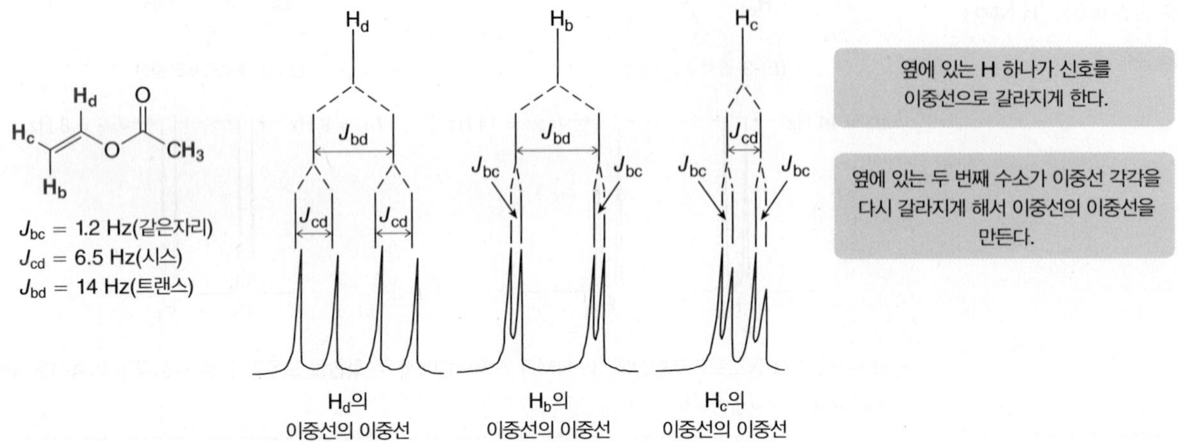

일선 외 이중 결합에 붙어 있는 양성자는 다른 두 개의 양성자와 짝지음을 보여주고 있으므로 그림 14.10과 같은 스펙트럼이 나타난다.

- H_b는 자신의 신호를 갈라지게 만드는 동등하지 않은 인접 양성자를 두 개, 즉 같은자리 양성자 H_c와 트랜스 양성자 H_d를 가지고 있다. H_d는 H_b의 신호를 이중선으로 갈라지게 하며 H_c는 이중선 각각을 다시 이중선으로 갈라지게 만든다. 이 모습은 **이중선의 이중선(doublet of doublets)**이라 부른다.
- H_c는 자신의 신호를 갈라지게 만드는 동등하지 않은 인접 양성자를 두 개, 즉 같은자리 양성자 H_b와 시스 위치의 양성자 H_d를 가지고 있다. H_d는 H_c의 신호를 이중선으로 갈라지게 만들고 H_b는 이중선을 또다시 이중선으로 갈라지게 하여 이중선의 이중선을 하나 더 만들어 낸다.
- H_d는 자신의 신호를 갈라지게 만드는 동등하지 않은 인접 양성자를 두 개, 즉 트랜스 위치의 H_b와 시스 위치의 양성자 H_c를 가지고 있다. H_b는 H_d의 신호를 이중선으로 갈라지게 만들고 H_c는 이중선을 또다시 이중선으로 갈라지게 하여 또 다른 이중선의 이중선을 만들어 낸다.

아세트산 바이닐에서 알켄 양성자의 신호가 갈라지는 모습을 그림 14.11에 그려 놓았다. 각각 갈라지는 경우 짝지음 상수의 크기가 서로 다르기 때문에 갈라지는 모양들이 서로 다르게 나타난다는 사실에 주의하기 바란다.

문제 14.19 트랜스-1,3-다이클로로프로펜에서 J_{ab} = 13.1 Hz이고 J_{bc} = 7.2 Hz일 때 H_b에 대한 갈라짐을 나타내는 그림을 그려라.

트랜스-1,3-다이클로로프로펜

문제 14.20 분자식 $C_3H_4Cl_2$인 두 이성질체 **A**, **B**가 다음과 같은 ^1H NMR 자료를 가질 때 각각의 구조를 확인하라. 화합물 **A**는 1.75(이중선, 3 H, J = 6.9 Hz) ppm과 5.89(사중선, 1 H, J = 6.9 Hz) ppm에서 신호를 나타내며, 화합물 **B**는 4.16(단일선, 2 H), 5.42(이중선, 1 H, J = 1.9 Hz)및 5.59(이중선, 1 H, J = 1.9 Hz) ppm에서 신호를 나타낸다.

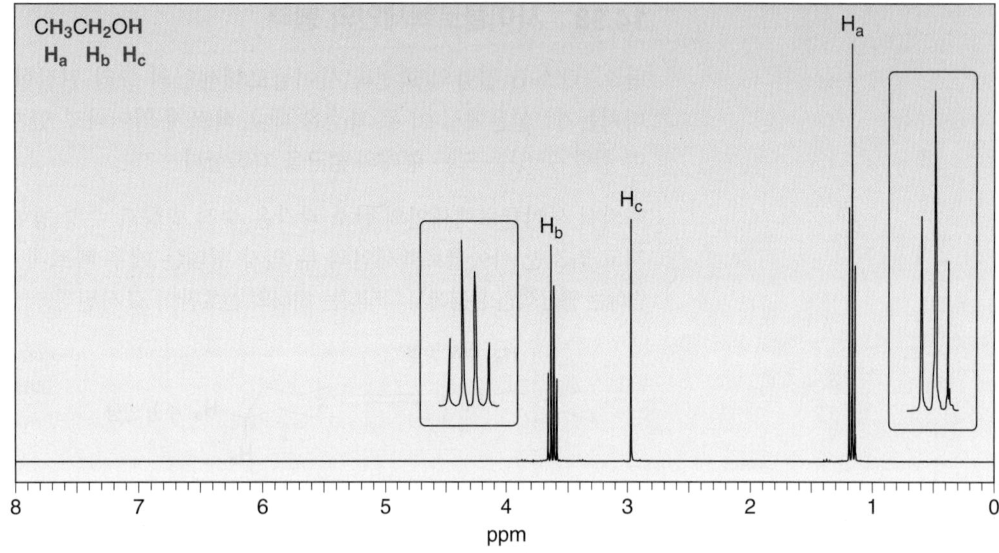

그림 14.12
에탄올(CH_3CH_2OH)의 ^1H NMR 스펙트럼

감수자 주: H_b의 신호는 잘못 그려졌다. 어디가 틀렸을까?

14.9 ^1H NMR 분광법의 추가 사항

14.9A OH기의 양성자

- 보통의 조건에서 OH기의 양성자는 인접한 양성자의 NMR 신호를 갈라지게 하지 않는다.
- OH기 양성자가 내는 신호는 인접한 양성자에 의해서 갈라지지 않는다.

예를 들어, 에탄올(CH_3CH_2OH)은 세 종류의 양성자를 가지고 있으므로 ^1H NMR 스펙트럼에는 그림 14.12에서 보는 바와 같이 세 가지 신호가 나타난다.

- H_a 신호는 두 개의 H_b 양성자 때문에 셋으로 갈라져 **삼중선**으로 나타난다.
- H_b 신호는 오직 세 개의 H_a에 의해서만 네 개로 갈라져 **사중선**으로 나타난다. 인접해 있는 OH 양성자는 H_b 신호를 갈라 놓지 않는다.
- H_c는 인접 양성자에 의하여 갈라지지 않기 때문에 **단일선**으로 나타난다.

^1H NMR 스펙트럼에서 산소 원자에 결합된 양성자는 왜 단일선으로만 나타나는 것일까? 아주 조금 흔적량만큼이라도 산이나 염기가 존재하는 경우 전기음성도가 큰 원소와 결합한 양성자는 다른 분자 사이를 매우 빠르게 왔다 갔다 하는 **양성자 교환**(exchange)을 일으킨다. 그 결과 에탄올의 CH_2기는 OH 양성자의 존재를 거의 '느끼지' 못한다. OH 양성자가 이 분자에서 저 분자로 매우 빠르게 왔다 갔다 이동하기 때문이다. 그러므로 OH 양성자가 나타내는 봉우리는 관찰은 되지만 갈라짐이 없는 하나의 봉우리로 나타나게 된다. 이 현상은 대개 OH나 NH 양성자에서 관찰된다.

문제 14.21 다음 화합물의 ^1H NMR 스펙트럼에는 몇 개의 신호가 나타나는가? 각 신호가 갈라지는 모습은 어떠한가?

a. (구조식) OH b. (구조식) OH c. (구조식) NH_2

14.9B 사이클로헥세인의 형태

탄소–탄소 σ 결합의 회전과 사이클로헥세인의 고리 뒤집힘은 NMR 스펙트럼에 어떤 영향을 미치는가? 실온에서 이 두 과정은 매우 빠르게 일어나고 있기 때문에 NMR 스펙트럼은 화합물이 취할 수 있는 모든 형태의 **평균**을 기록한다.

따라서 사이클로헥세인의 탄소 각각은 수직 방향과 수평 방향의 두 종류의 서로 다른 수소를 가지고 있지만 사이클로헥세인의 두 의자 형태는 매우 빠르게 상호 변환을 일으키고 **NMR 스펙트럼에는 평균적인 환경에서 나타나는 하나의 신호만이 표시된다.**

H_a 수직 방향 H_b ⇌ H_a 수평 방향 H_b

수직 방향과 수평 방향의 수소는 매우 빠르게 바뀐다. NMR은 평균 환경만을 관찰하여 하나의 신호로 기록한다.

14.9C 벤젠 고리에 있는 양성자

벤젠 유도체의 분광학적 흡수에 관해서는 17장에서 공부하기로 한다.

벤젠은 여섯 개의 동등한, 벗겨진 양성자를 가지고 있으며 ^{1}H NMR 스펙트럼에서는 봉우리 하나가 7.27 ppm에서 나타난다. 그러나 벤젠의 수소 하나가 다른 치환기 Z로 치환된 일치환 벤젠에서는 모든 양성자가 서로 동등하지 않은 다섯 개의 벗겨진 양성자를 갖는다. 그림 14.13에서 보듯이 Z의 정체는 이 지역(6.5~8 ppm)의 ^{1}H NMR 스펙트럼의 모습을 결정한다. 치환기를 하나만 가지고 있는 벤젠의 고리에 있는 양성자 신호의 갈라지는 모습에 대한 공부는 하지 않기로 한다.

그림 14.13
세 가지 벤젠 유도체의 ^{1}H NMR 스펙트럼 중 6.5~8 ppm 영역

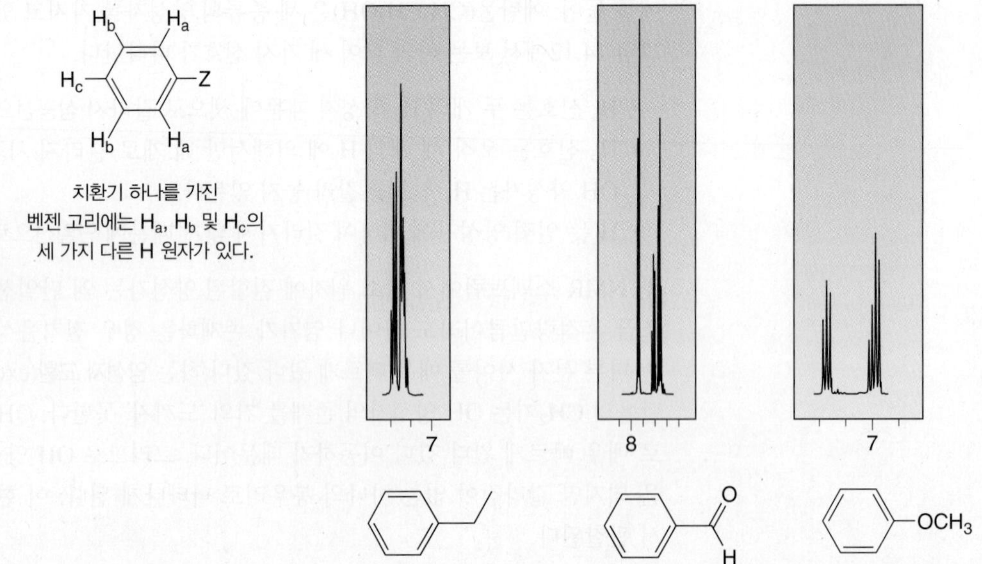

- ^{1}H NMR 스펙트럼의 6.5~8 ppm 영역에서 나타나는 신호의 모습은 C_6H_5Z에서 Z에 따라 달라진다.

문제 14.22 아래 ^{1}H NMR 스펙트럼에서 각각의 신호가 나타내는 알코올 **A**의 양성자는 어떤 것인가? 0~7 ppm 영역에 나타나는 모든 신호의 갈라지는 모습에 대해서도 설명하라.

A

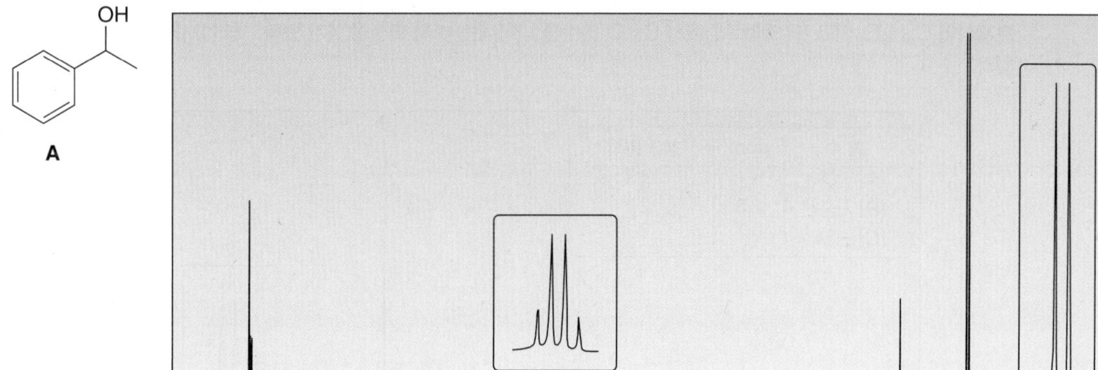

문제 14.23 이번 장의 도입 부분에 소개된 분자인 팔라우 아민의 **붉은색**으로 표시한 각각의 양성자는 ^{1}H NMR 신호에서 얼마나 많은 봉우리로 관찰되는가?

팔라우 아민

14.10 ^{1}H NMR을 이용한 미지 시료의 구조 결정

질량 분석 자료에서 화합물의 분자식 그리고 IR 스펙트럼으로부터 작용기에 관한 내용을 알고 나면 이제 ^{1}H NMR 스펙트럼을 이용하여 그 구조를 알아낼 수 있다. 이 방법을 13.8절에서 이미 나왔던 분자식이 $C_4H_8O_2$이고 C=O 작용기를 가진 화합물 X를 예로 들어 알아보기로 한다.

문제 14.24 분자식이 $C_7H_{14}O_2$이고 IR 흡수를 1740 cm^{-1}에서 보여주면서 다음과 같은 ^{1}H NMR 자료를 나타내는 화합물의 구조를 제안하라.

흡수	ppm	상대 면적
단일선	1.2	9
삼중선	1.3	3
사중선	4.1	2

해결 방법 ^{1}H NMR을 구조 결정에 활용하는 방법

예 분자식이 $C_4H_8O_2$이고 IR 스펙트럼에서 C=O 흡수를 나타내는 미지 화합물 X가 있다. ^{1}H NMR 스펙트럼을 이용하여 구조를 결정하라.

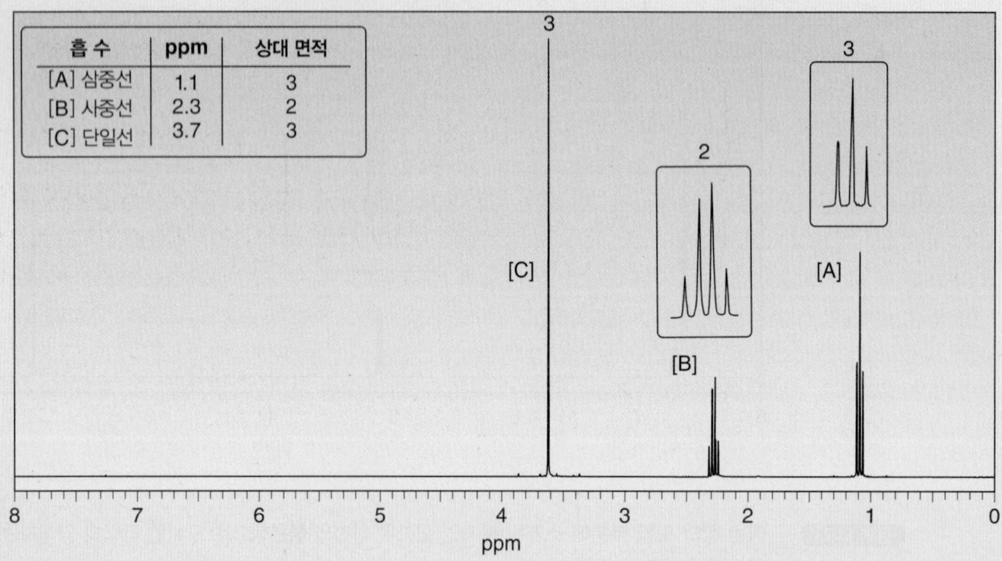

단계 [1] 다른 종류의 양성자를 가려 낸다.

- NMR 신호의 개수는 서로 다른 양성자 종류의 수와 같다.
- 이 분자는 [A], [B] 및 [C] 세 종류의 NMR 신호를 나타내므로 **세** 종류 H_a, H_b 및 H_c의 양성자를 가진다.

단계 [2] 상대적 면적을 활용하여 각 신호에서 나타내는 양성자의 수를 결정한다.

- 상대 면적(위 그림에서 각각의 신호)은 각 신호에 해당되는 양성자의 흡수된 비율을 의미한다. 이 경우의 비율은 왼쪽에서부터 오른쪽으로 3 : 2 : 3이다.
- 상대 면적의 합이 분자식의 양성자의 수와 같을 때, 상대 면적은 NMR 신호에 해당되는 양성자의 흡수된 수를 의미한다. 이 경우, 상대 면적의 합은 3 + 2 + 3 = 8이고, 미지의 화합물은 8개의 양성자를 갖고 왼쪽에서부터 오른쪽으로 3개, 2개 그리고 3개의 양성자를 갖는 신호를 보인다.

3 H_a 양성자 신호 [A]	2 H_b 양성자 신호 [B]	3 H_c 양성자 신호 [C]
3개의 동등한 H는 보통 $\mathbf{CH_3}$기를 의미한다.	2개의 동등한 H는 보통 $\mathbf{CH_2}$기를 의미한다.	3개의 동등한 H는 보통 $\mathbf{CH_3}$기를 의미한다.

단계 [3] 각 신호가 갈라진 모습을 보고 탄소가 어떻게 연결되어 있는지를 결정한다.

- 단일선부터 알아보자. 신호 [C]는 동등하지 않은 인접 수소가 없는 CH_3기에서 나온 것이다. 가능한 구조는

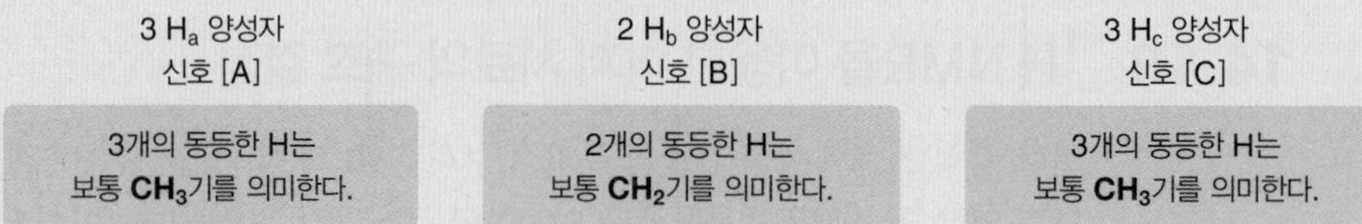

- 신호 [A]는 **삼중선**이므로 인접한 탄소에는 **수소가 두 개**(CH_2기) 있어야 한다.
- 신호 [B]는 **사중선**이므로 인접한 탄소에는 **수소가 세 개**(CH_3기) 있어야 한다.
- 위 사실로부터 **X**는 **에틸**기, 즉 CH_3CH_2–임을 알 수 있다.

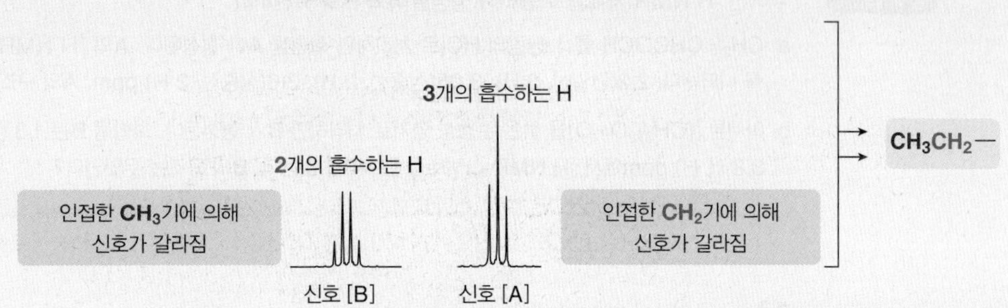

이상을 요약하면, **X**는 CH_3–, CH_3CH_2– 및 C=O (IR로부터)를 가지고 있다. 이것을 분자식과 비교하면 산소 하나가 아직 모자라는 것을 알 수 있다. 산소 원자는 ^{1}H NMR 스펙트럼에서 흡수를 일으키지 않으므로 산소의 존재 여부는 산소에 인접한 양성자의 화학적 이동값을 살펴봄으로써만 알 수 있다. 산소는 탄소보다 더욱 전기음성이므로 근처의 양성자에 벗김의 영향을 주고 그 결과 흡수가 낮은장 쪽으로 이동시킨다.

단계 [4] 화학적 이동값을 이용하여 구조 결정을 마무리한다.

- 화학적 이동값과 갈라진 모습이 맞도록 부분 구조를 조합한다.
- 이 예에서 갈라진 모습만으로 생각해 본다면 **X**의 구조로 두 가지 이성질체 **A**와 **B**가 가능하다.

구조 조각: CH_3— (H_c), C=O, CH_3CH_2— (H_a H_b), —O—

가능한 구조: $CH_3CH_2C(=O)OCH_3$ (H_a H_b, H_c) **A** or 또는 $CH_3C(=O)OCH_2CH_3$ (H_c, H_b H_a) **B**

- 화학적 이동값을 이용하여 두 구조 중 하나를 고른다. 전기음성도가 큰 산소는 인접한 수소를 벗기고 낮은장 쪽으로 이동시켜 3 ppm과 4 ppm 사이에 나타나게 한다. **A**가 옳은 구조라고 한다면 CH_3기(H_c)에서 나온 단일선이 낮은장에서 나타나야 하고, 만약 **B**가 옳다면 CH_2기(H_b)에서 나온 사중선이 낮은장에서 나타나야 한다.
- 그런데 **X**의 NMR은 3.7에서 사중선이 아닌 단일선을 보여주기 때문에 **옳은 구조는 A**이다.

문제 14.25 분자식이 C_3H_8O이고 IR 흡수는 3600~3200 cm^{-1}에서 보여주며, 다음과 같은 NMR 자료를 나타내는 화합물의 구조를 제안하라.

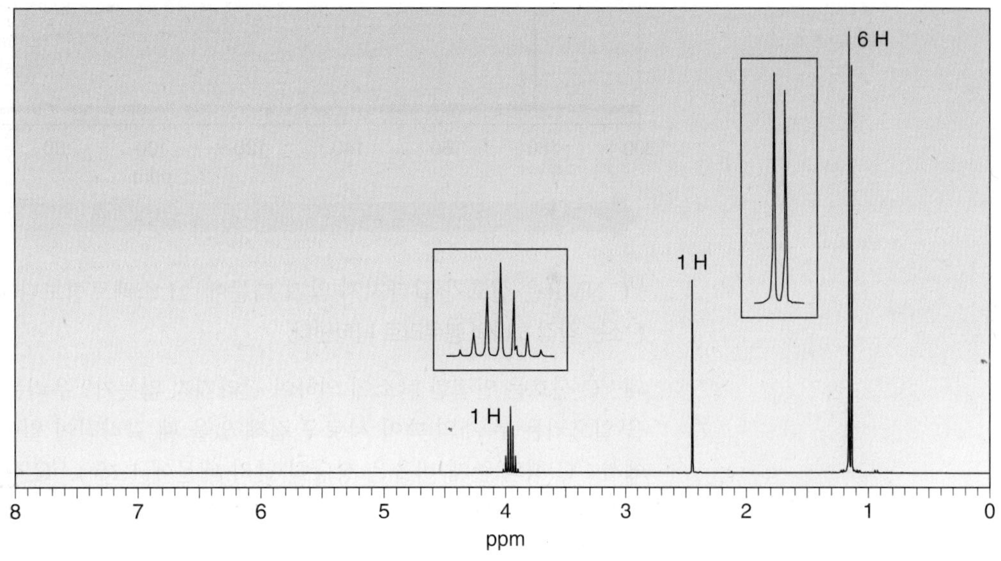

문제 14.26 주어진 ^1H NMR 자료를 이용하여 생성물 **A**와 **B**를 확인하라.

a. $CH_2{=}CHCOCH_3$를 1 당량의 HCl로 처리하면 화합물 **A**가 형성된다. **A**의 ^1H NMR 스펙트럼은 다음과 같은 흡수를 나타낸다: 2.2(단일선, 3 H), 3.05(삼중선, 2 H), 3.6(삼중선, 2 H) ppm. A의 구조는 무엇인가?

b. 아세톤 $[(CH_3)_2C{=}O]$을 묽은 수용성 염기로 처리하면 **B**가 형성된다. 화합물 **B**는 1.3 (6 H), 2.2 (3 H), 2.5 (2 H), 3.8 (1 H) ppm에서 ^1H NMR 스펙트럼 흡수띠를 갖는다. **B**의 구조는 무엇인가?

14.11 ^{13}C NMR 분광법

^{13}C NMR 분광법 역시 유기 분자의 구조를 결정하는 데 중요한 수단이다. ^{13}C NMR의 물리적 기초 이론은 ^1H NMR과 동일하다. 외부 자기장 B_0 속에서 ^{13}C 핵은 자기장과 같은 방향 아니면 반대 방향으로 배열되는데 외부 자기장과 같은 방향이 에너지가 낮은 상태이므로 좀 더 많은 수의 ^{13}C 핵이 같은 방향으로 배열되어 있다. 여기에 외부에서 적절한 진동수의 라디오파(RF)를 가해 주면 핵이 외부에서 가해 준 장과 반대 방향으로 배열하도록 스핀을 뒤집을 수 있다.

^1H NMR과 마찬가지로 ^{13}C NMR 스펙트럼에서도 봉우리의 세기를 화학적 이동에 대해서 그래프로 나타내며, 이때 TMS를 0 ppm의 표준 신호로 사용한다. 그러나 자연계에는 단지 전체 탄소의 1.1%만이 ^{13}C로 존재하기 때문에 ^{13}C NMR 신호의 세기는 ^1H NMR 신호와 비교하면 매우 약하다. 이 문제점을 극복하기 위하여 최신형의 기기에서는 시료에 수많은 RF 복사선의 펄스를 주고 수학적 도구를 사용하여 신호의 감도를 올리고 배경의 잡음 신호를 감소시킨다. 아세트산(CH_3COOH)의 예를 통해 ^{13}C NMR 스펙트럼의 일반적인 모습을 살펴보자.

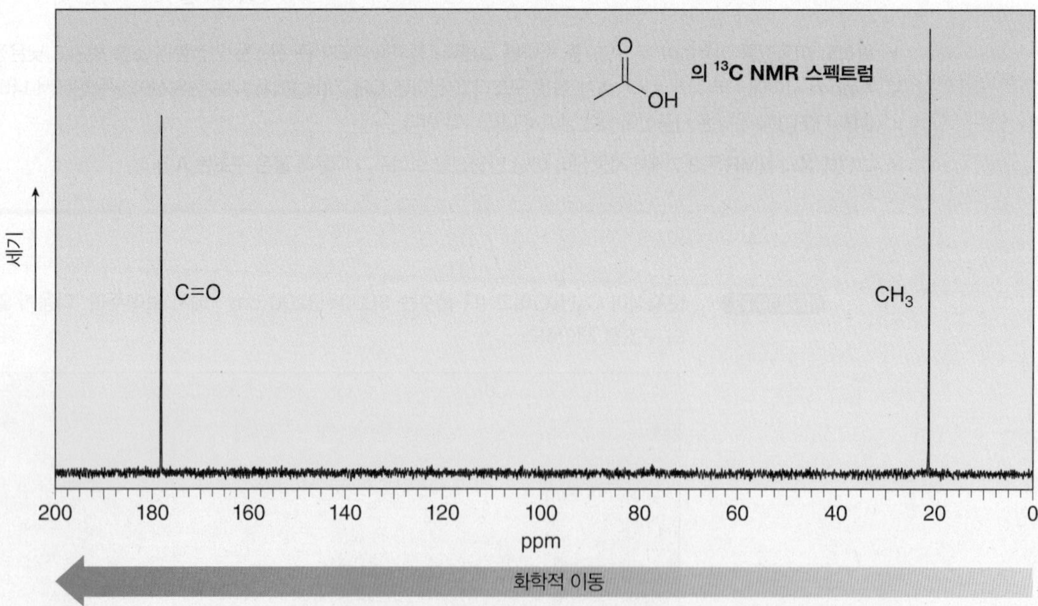

^{13}C NMR은 신호가 갈라지지 않기 때문에 ^1H 스펙트럼보다 해석하기가 쉽다. 각기 다른 종류의 탄소는 각각 하나의 봉우리로 나타난다.

왜 ^{13}C 신호는 인접한 탄소에 의하여 갈라지지 않는가? 우리는 14.6절에서 두 양성자처럼 NMR을 일으키는 두 개의 핵이 서로 근접해 있을 때 갈라짐이 일어난다는 사실을 알아냈다. 자연계에서 ^{13}C 핵의 존재 비율은 상당히 낮기 때문에(1.1%) ^{13}C 핵이 연속해서 위치할 확률은 더욱 낮아지고(0.01%), 따라서 갈라짐은 관찰되지 않는 것이다.

^{13}C NMR 신호는 또한 인접한 양성자에 의하여 갈라질 수 있다. 그러나 실제로 많은 스펙트럼

에서는 기기적 기술을 써서 양성자-탄소 사이의 상호작용을 제거하므로 $^{1}H-^{13}C$ 갈라짐이 나타나지 않게 되고 그 결과 ^{13}C NMR 스펙트럼에서는 모든 신호는 단일선으로 나타난다.

^{13}C NMR 스펙트럼이 가지고 있는 두 가지 특징, 즉 나타나는 신호의 개수가 많은 점과 화학적 이동의 폭이 넓은 점 때문에 이 스펙트럼이 유기 화합물의 구조에 관한 정보를 가장 많이 제공해 준다.

14.11A ^{13}C NMR: 신호의 개수

- ^{13}C 스펙트럼에서 나타나는 신호의 개수는 바로 그 분자 내에 존재하는 서로 다른 종류의 탄소 개수를 나타낸다.

같은 환경에 위치한 탄소 원자는 같은 NMR 신호를, 그리고 다른 환경에 위치한 탄소는 서로 다른 신호를 나타낸다. CH_3COOH은 두 개의 탄소를 가지고 있으므로 ^{13}C NMR 스펙트럼에서 두 개의 신호를, 즉 CH_3기의 C와 카보닐(C=O)의 C를 보여준다.

- ^{13}C NMR의 신호는 갈라지지 않으므로 신호의 개수는 바로 ^{13}C NMR 스펙트럼에 나타난 선의 수를 의미한다.

다이메틸 에터, 클로로에테인 및 아세트산 메틸은 각각 한 종류, 두 종류, 그리고 세 종류의 서로 다른 탄소를 가지고 있으므로 ^{13}C NMR 스펙트럼에서 각각 하나, 두 개 및 세 개의 선을 보여준다.

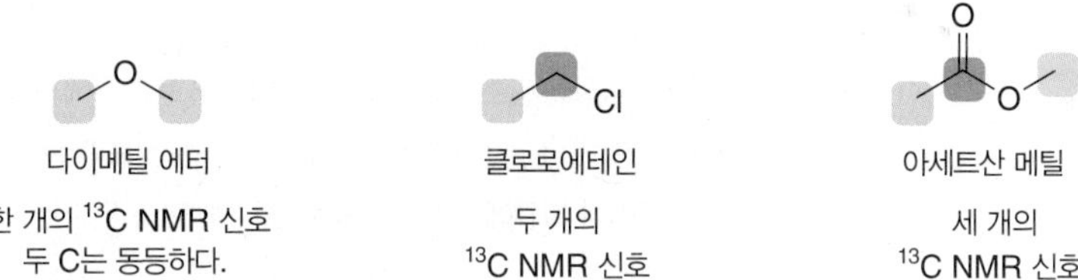

양성자 NMR과는 달리 봉우리의 세기는 흡수를 일으키는 탄소의 수와 관계가 없으므로 ^{13}C NMR 신호에 대해서는 적분을 하지 않는다.

예제 14.7 아래 각 화합물의 ^{13}C NMR 스펙트럼에는 몇 개의 선이 보이는가?

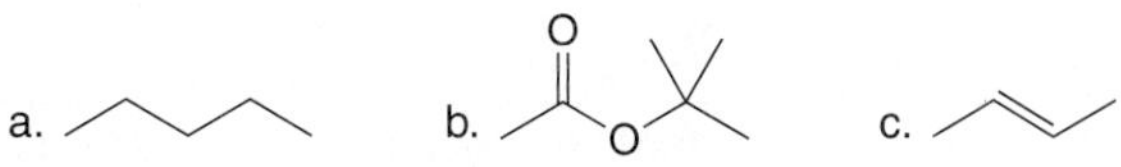

풀이

서로 다른 종류 탄소의 수는 바로 ^{13}C NMR 스펙트럼에 나타난 선의 수와 같다.

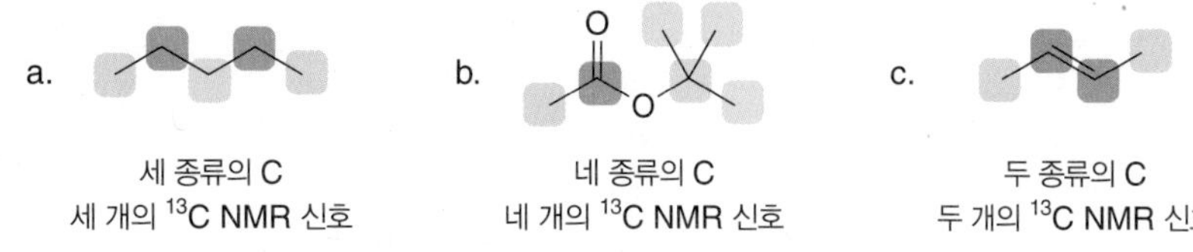

문제 14.27 아래 각 화합물의 ^{13}C NMR 스펙트럼에는 몇 개의 선이 나타나겠는가?

a. b. c. d.

문제 14.28 $C_3H_6Cl_2$의 분자식을 갖는 화합물의 모든 구조 이성질체를 그려라.

a. 각 이성질체는 ^1H NMR 스펙트럼에서 몇 개의 신호가 나타나겠는가?

b. 각 이성질체는 ^{13}C NMR 스펙트럼에서 몇 개의 선이 나타나겠는가?

c. 단지 ^1H와 ^{13}C NMR 분광기에서 나타난 신호의 수만으로, 이들 모든 구조 이성질체를 구별할 수 있겠는가?

문제 14.29 크리산템산의 에스터는 자연에서 발생하는 살충제이다. 크리산템산의 ^{13}C NMR 스펙트럼에 몇 개의 선이 나타나겠는가?

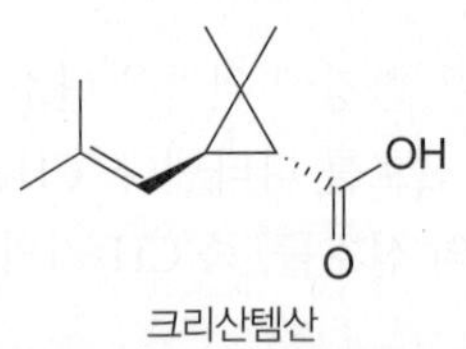

크리산템산

크리산템산의 에스터는 제충국(*Chrysanthemum cinerariifolium*)으로부터 얻어진다. 그것은 생분해성과 다양한 곤충에 대하여 활성을 가지므로 살충제로 널리 이용된다(26.4절 참조).

14.11B ^{13}C NMR: 신호의 위치

^1H NMR에서 보았던 좁은 범위(대개 0~12 ppm)의 화학적 이동과는 달리 ^{13}C NMR에서 흡수는 매우 넓은 범위, 즉 0~220 ppm 범위에서 나타난다. ^{13}C NMR에서 탄소 원자의 화학적 이동에 미치는 영향은 ^1H NMR에서 양성자의 화학적 이동에 미치는 영향과 동일하다.

- sp^3 혼성화 탄소는 가려져 있고 따라서 높은장에서 흡수를 일으킨다.
- 할로젠, 질소, 그리고 산소와 같이 전기음성도가 큰 원소는 흡수가 낮은장에서 일어나도록 만든다.
- 벤젠이나 알켄에서와 같이 sp^2 혼성화 탄소 원자는 낮은장에서 흡수를 일으킨다.
- 카보닐 탄소는 크게 벗겨져 있어서 다른 어떤 종류의 탄소보다 낮은장에서 흡수한다.

표 14.5에서는 대표적인 ^{13}C 화학적 이동 값을 보여주고 있다. 그림 14.14에서 프로판-1-올($CH_3CH_2CH_2OH$)과 아세트산 메틸($CH_3CO_2CH_3$)의 ^{13}C NMR 스펙트럼을 보면 이러한 원리를 알 수 있을 것이다.

표 14.5
대표적인 ^{13}C 화학적 이동 값

탄소의 종류	화학적 이동(ppm)	탄소의 종류	화학적 이동(ppm)
sp³ C	5~45	C=C	100~140
Z–C (Z = N, O, X)	30~80	벤젠 고리 C—	120~150
—C≡C—	65~100	C=O	160~210

그림 14.14 대표적인 ^{13}C NMR 스펙트럼

a. 프로판-1-올

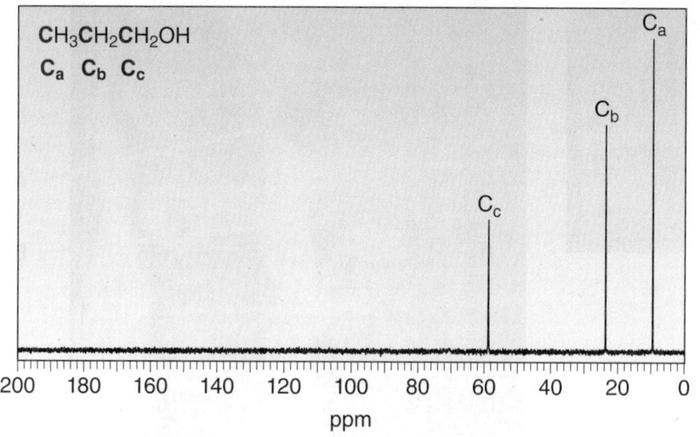

- 프로판-1-올에서 볼 수 있는 세 종류의 탄소—C_a, C_b 및 C_c로 표시—는 세 개의 ^{13}C NMR 신호를 보여 준다.
- 탄소 원자가 전기음성도가 큰 산소 원자에 가까이 있을수록 크게 벗겨지고 흡수는 낮은장 쪽으로 이동한다. 따라서 화학적 이동이 증가하는 차례를 보면 $C_a < C_b < C_c$이다.

b. 아세트산 메틸

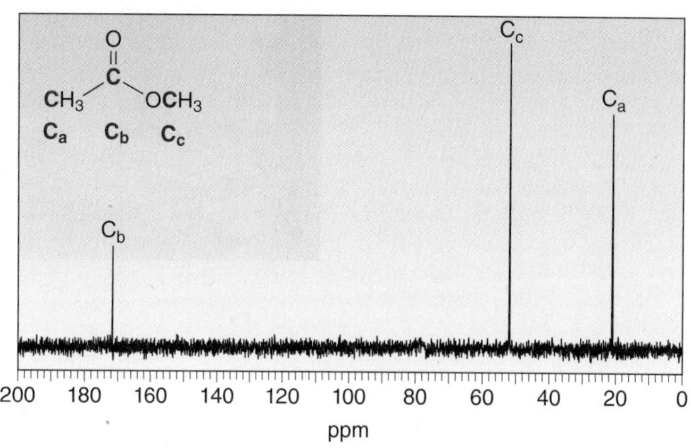

- 아세트산 메틸에서 볼 수 있는 세 종류의 탄소—C_a, C_b 및 C_c로 표시—는 세 개의 ^{13}C NMR 신호를 보여 준다.
- 카보닐 탄소(C_b)는 매우 크게 벗겨져 있기 때문에 가장 낮은장에서 흡수한다.
- 산소 원자에 결합되지 않은 sp^3 혼성화된 탄소인 C_a는 가장 크게 가려져 있기 때문에 가장 높은장에서 흡수한다.
- 따라서 화학적 이동이 증가하는 차례를 보면 $C_a < C_c < C_b$이다.

문제 14.30 아래 각 화합물에 표시된 탄소 중 어느 것이 더 낮은장에서 흡수하는가?

a. 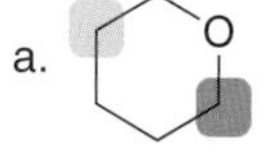

b. 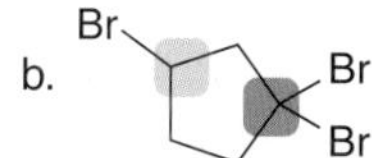

c. 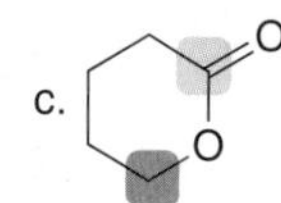

d. 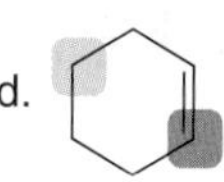

문제 14.31 각 NMR 신호에 해당하는 탄소를 지정해보라.

a.

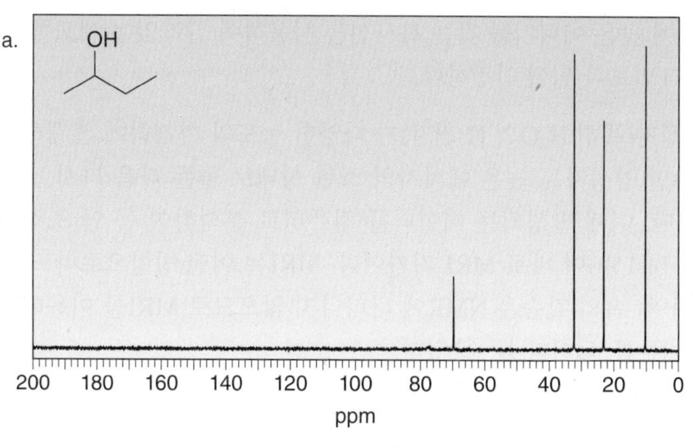

b.

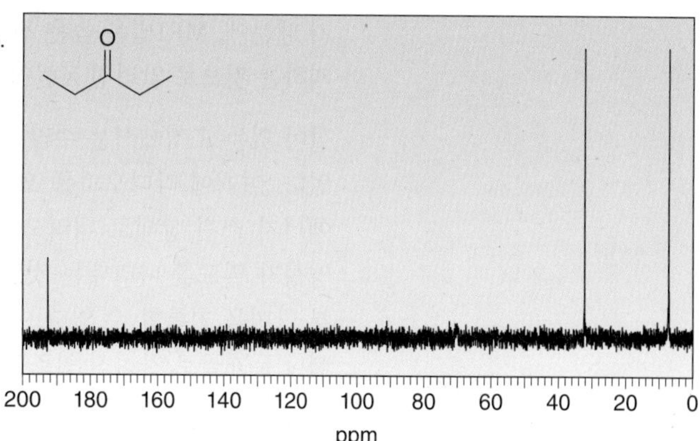

문제 14.32 분자식이 $C_4H_8O_2$인 화합물의 IR에서는 3600~3200이나 1700 cm^{-1} 부근에서 아무런 봉우리도 관찰되지 않았다. ^1H NMR 스펙트럼을 보니 3.69 ppm에서 단일선 하나, 그리고 ^{13}C NMR에서는 67 ppm에서 신호가 관찰되었다. 이 미지 시료의 구조는 무엇인가?

문제 14.33 160 ppm 이상에서 ^{13}C NMR 스펙트럼의 신호를 보여주는 C_4H_8O의 분자식을 갖는 화합물의 구조를 그려라. 또한, 모든 ^{13}C NMR 스펙트럼의 신호가 160 ppm 이하에서 나타나는 C_4H_8O의 분자식을 갖는 이성질체의 구조를 그려라.

그림 14.15
목의 MRI 영상

(a)

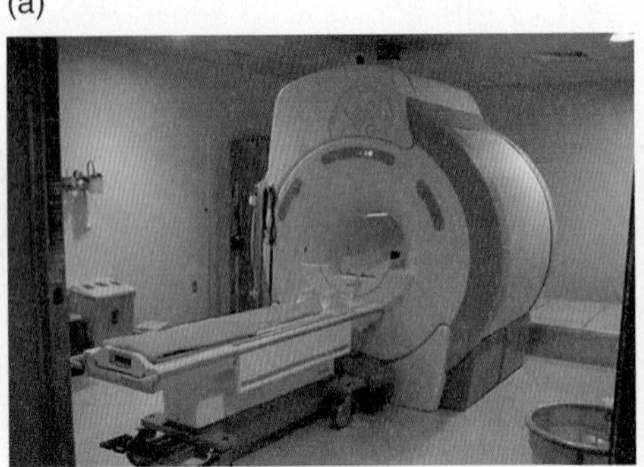

(b)

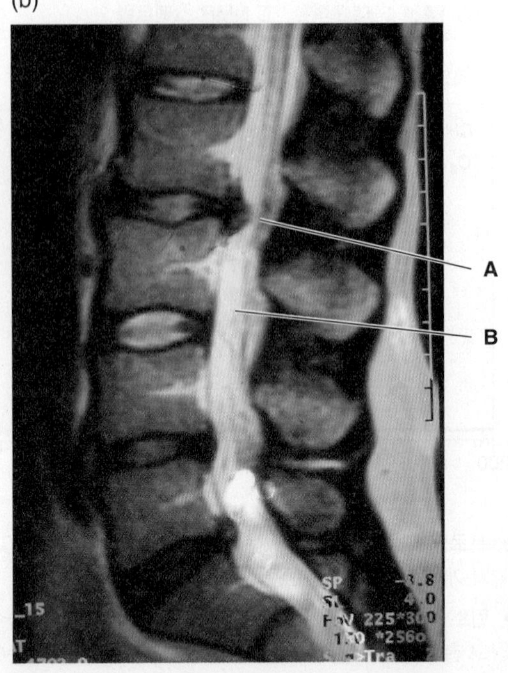

a. MRI 기기는 몸속의 연조직을 들여다보는 데 특히 유용하다. 2002년에 미국에서는 6,000만 건의 MRI 진료가 행해졌다. 2003년 노벨 생리의학상은 MRI의 개발에 대한 공로로 화학자인 폴 로터버(Paul C. Lautebur)와 물리학자인 피터 맨스필드(Peter Mansfield) 경에게 수여되었다.

b. **A**: 디스크에서 빠져 나온 척수, **B**: 척수(X선에서는 나타나지 않음)

14.12 자기 공명 영상법

자기 공명 영상법(MRI, magnetic resonance imaging)은 의학 분야에서 사용하는 NMR 분광법인데 대단히 강력한 진단 기술(그림 14.15a)이다. 여기서 '시료'인 환자는 자기장 속에 위치한 동굴 같은 공간에 눕혀진 다음 라디오파를 쪼이게 된다. 사용되는 라디오파의 진동수와 에너지도 낮기 때문에, MRI법은 높은 진동수에 높은 에너지를 갖는 복사선을 사용하여 살아있는 세포를 파괴하는 것으로 알려진 X선이나 CT법보다 훨씬 안전하다.

살아 있는 조직에서는 수많은 양성자(특히 H_2O의 H 원자)가 다양한 농도와 환경하에 존재하고 있다. 여기에 라디오파를 쪼여 주면 양성자는 높은 에너지의 스핀 상태로 들뜬 다음 다시 낮은 에너지 스핀 상태로 내려오게 된다. 이때 발생되는 데이터를 컴퓨터로 분석하여 몸 안 조직의 양성자 밀도를 나타내는 것(그림 14.15b)이 바로 MRI 기기이다. MRI는 어떤 방향으로라도 내부 단면을 기록할 수 있다. 게다가 뼈 속의 칼슘은 NMR에 나타나지 않으므로 MRI를 이용하면 뼈나 두개골로 가려진 연조직의 내부를 '들여다 볼 수' 있다.

핵자기 공명 분광법

^{1}H NMR 분광법

[1] **신호의 개수**는 서로 다른 양성자 종류의 수와 같다(14.2절).

[2] **신호의 위치**(화학적 이동)는 가림 효과와 벗김 효과의 크기에 따라 결정된다.

- 가림 효과는 흡수를 높은장 쪽으로 이동시킨다. 벗김 효과는 흡수를 낮은장 쪽으로 이동시킨다.
- 전기음성인 원자는 전자 밀도를 끌어당기고 핵을 벗겨서 흡수를 낮은장 쪽으로 이동시킨다(14.3절).

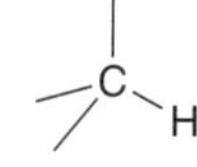

이 양성자는 가림 효과를 받는다.
따라서 흡수는 높은장인
0.9~2 ppm 부근에서 나타난다.

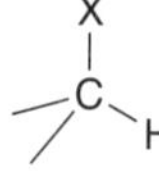

이 양성자는 벗김 효과를 받는다.
따라서 흡수는 더욱 낮은장인
2.5~4 ppm 부근에서 나타난다.

- 느슨하게 결합되어 있는 π전자는 핵을 가려막을 수도 있고 벗길 수도 있다. 벤젠 고리나 이중 결합에 연결된 양성자는 벗겨져 있어서 낮은장에서 나타나는 한편 삼중 결합에 연결된 양성자는 가려져 있어서 높은장에서 흡수한다(14.4절).

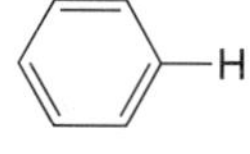

벗겨져 있는 H
낮은장 흡수

H

벗겨져 있는 H
낮은장 흡수

H

가려져 있는 H
높은장 흡수

[3] **NMR 각 신호 아래의 면적**은 흡수를 일으키는 양성자의 수에 비례한다(14.5절).

[4] **스핀-스핀 갈라짐**을 보면 인접해 있는 동등하지 않은 양성자의 수를 알 수 있다(14.6~14.8절).

- 동등한 양성자끼리는 상대방을 갈라지게 하지 않는다.
- 같은자리 또는 바로 이웃 탄소에 붙어 있는 n개의 동등하지 않은 양성자는 NMR 신호를 $n + 1$개로 갈라지게 한다.
- OH 및 NH 양성자는 갈라짐을 일으키지 않는다(14.9절).
- 흡수를 일으키는 양성자와 동등하지 않으나 자신들끼리는 동등한 양성자 두 세트가 흡수 양성자와 인접해 있는 경우에는 $n + 1$ 법칙에 의해 갈라짐이 일어난다.
- 흡수를 일으키는 양성자와 동등하지 않고 또 자신들끼리도 동등하지 않는 경우 갈라져 나오는 NMR 신호의 봉우리 수는 $(n + 1)(m + 1)$이다. 구부러지는 알킬 사슬에서는, 봉우리가 종종 겹쳐서 나타나므로 NMR 신호의 봉우리가 $n+m+1$개이다.

^{13}C NMR 분광법(14.11절)

[1] **신호의 개수는 서로 다른 종류의 탄소 개수와 같다.** 모든 신호는 **하나의 봉우리**로 나타난다.

[2] ^{13}C 신호의 상대적인 위치는 벗김 효과와 가려짐 효과에 따라 결정된다.

- sp^3 혼성화된 탄소는 가려져 있어서 흡수가 높은장에서 나타난다.
- 전기음성인 원소(O, N, 할로젠)는 흡수 신호를 낮은장으로 이동시킨다.
- 알켄과 벤젠 고리 탄소는 낮은장에서 흡수를 일으킨다.
- 카보닐 탄소는 크게 벗겨져 있어서 대부분의 탄소보다 낮은장에서 흡수한다.

삼차원 모델을 이용하는 문제

14.34 (a) 다음 화합물은 몇 개의 ^{1}H NMR 신호를 나타내겠는가? (b) 분자는 몇 개의 ^{13}C NMR 신호를 나타내겠는가?

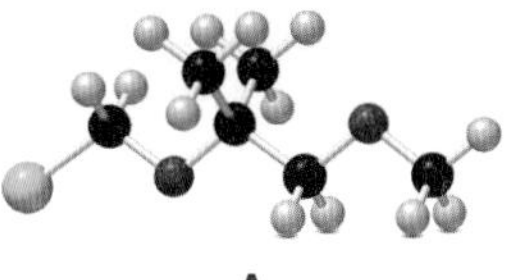

A

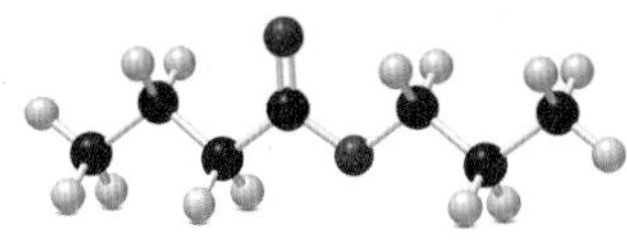

B

14.35 (a) 각각의 화합물은 몇 개의 ^1H NMR 신호를 나타내겠는가? (b) 그 안에서 각각의 신호는 몇 개의 갈라짐을 보여주는가?

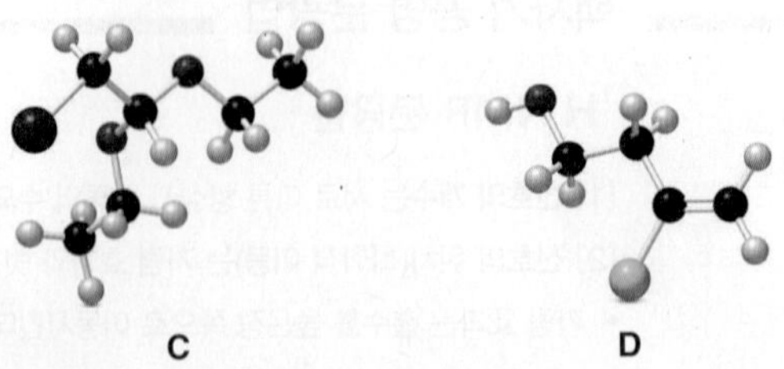

^1H NMR 분광법—동등한 양성자 결정하기

14.36 다음 각 화합물에는 몇 종류의 서로 다른 양성자가 존재하는가?

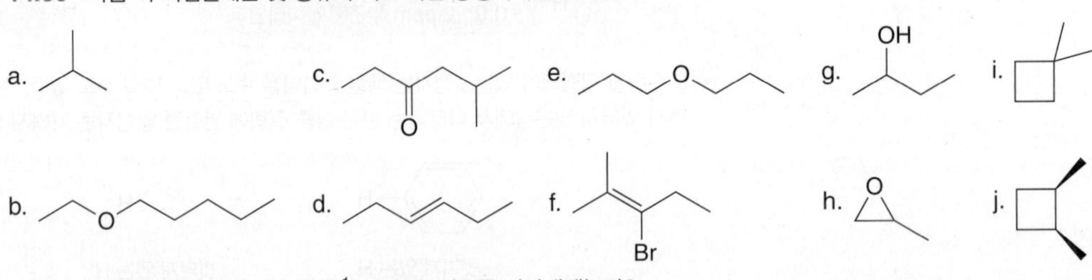

14.37 아래 천연물 분자는 몇 개의 ^1H NMR 신호를 나타내겠는가?

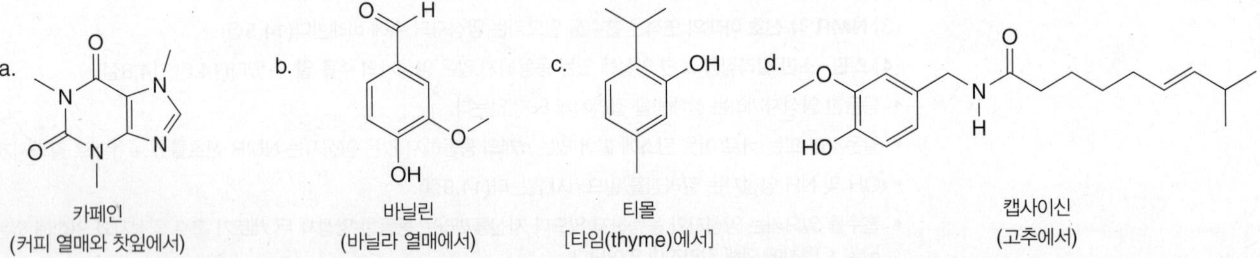

^1H NMR—화학적 이동 및 적분

14.38 300 MHz NMR 기기를 사용할 때

a. 2.5 ppm에서 나타난 봉우리는 TMS로부터 몇 Hz 아래쪽에 위치하는가?

b. TMS로부터 1200 Hz 아래쪽에서 나타나는 신호는 몇 ppm에서 일어나는가?

c. 두 봉우리가 서로 2 ppm 떨어져 있다면, 몇 Hz에 해당하는가?

14.39 ^1H NMR 스펙트럼의 주파수를 증가시키는 것이 각각의 경우 어떤 영향을 미치는가?

a. 화학적 이동(δ) b. 흡수되는 진동수(Hz) c. 짝지음 상수(J)

14.40 각 쌍에 지적한 양성자 중 어느 것이 더 낮은장에서 흡수를 일으키는가?

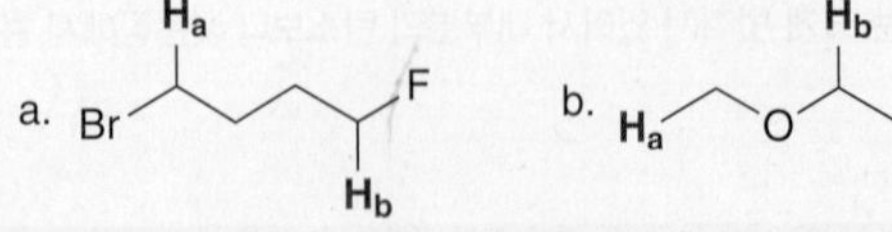

14.41 ^1H NMR 분광기의 화학적 이동과 적분 자료를 사용하여 $CH_3OCH_2CH_2OCH_3$와 $CH_3OCH_2OCH_3$를 구별하라. 각 화합물의 ^1H NMR 스펙트럼은 단일선 신호만을 나타낸다.

^{1}H NMR—갈라짐

14.42 표기된 양성자가 몇 개의 봉우리로 갈라지는지 예상하라.

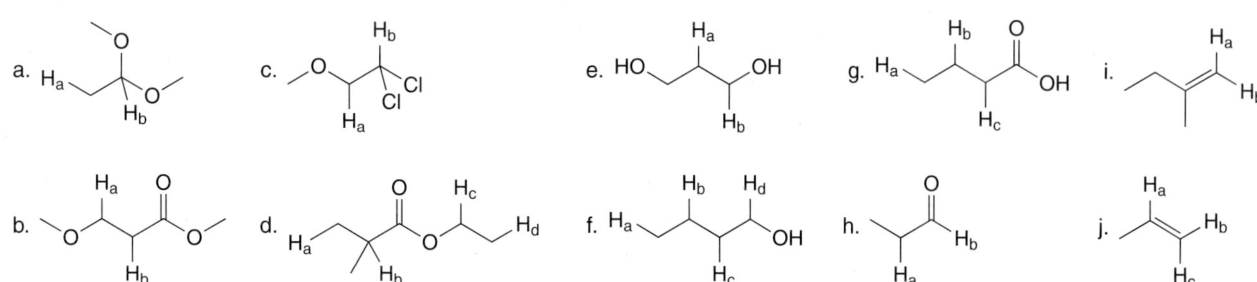

14.43 ^{1}H NMR 분광기를 사용하여 $CH_2{=}C(Br)CO_2CH_3$와 (*E*)-3-메틸브로모프로펜산 메틸 , $BrCH{=}CHCO_2CH_3$를 구별하라.

14.44 다음 화합물의 각 양성자들이 어떠한 형태로 갈라지는지 예상하라.

a. b.

14.45 아크릴로나이트릴(acrylonitrile, $CH_2{=}CHCN$)의 ^{1}H NMR 스펙트럼에서 어느 신호가 양성자 H_a, H_b 및 H_c에 의한 것인지를 표시하라. 양성자 H_a의 흡수로 나타나는 신호의 갈라짐을 설명하는 도표를 그려라.

감수자 주: 6.6, 6.2 ppm 신호는 잘못 그려졌다.

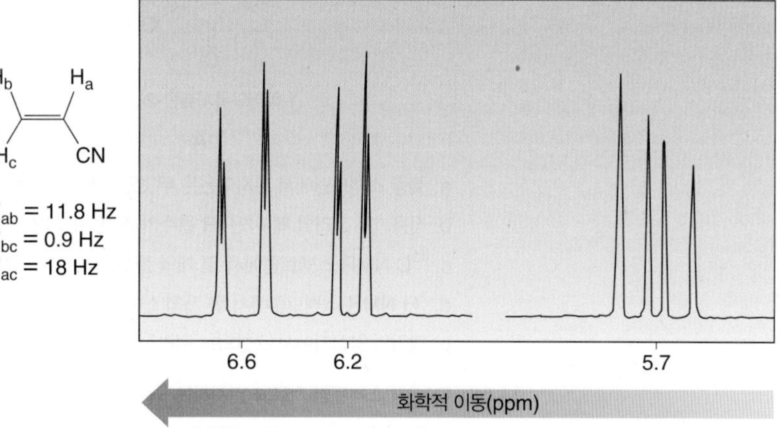

^{13}C NMR

14.46 분자식이 C_4H_9Br인 네 가지 구조 이성질체를 그리고, 각 경우 몇 가지 서로 다른 탄소가 존재하는지를 말하라.

14.47 ^{13}C NMR 스펙트럼에서 알데하이드나 케톤의 카보닐 탄소는 에스터의 카보닐 탄소보다 훨씬 더 낮은장에서 흡수가 일어나는 이유는 무엇인가?

14.48 아래 각 화합물의 ^{13}C NMR 스펙트럼에서 몇 개의 신호가 관찰되는가?

a. c. e. g.

b. d. f. h.

14.49 아래에 화살표로 표시된 탄소를 화학적 이동이 증가되는 차례대로 나열하라.

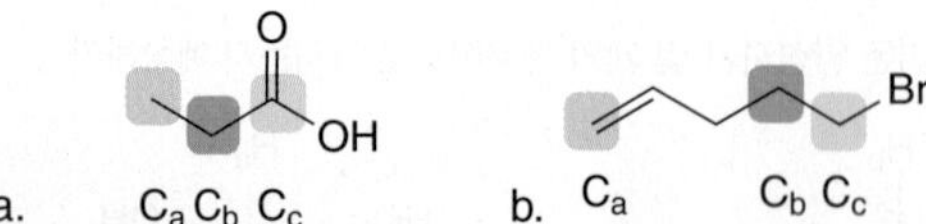

14.50 아래 각 화합물의 ^{13}C NMR 스펙트럼에서 각각의 신호를 나타내게 하는 탄소 원자를 알아내라.

a. $CH_3CH_2CH_2CH_2OH$; ^{13}C NMR: 14, 19, 35 및 62 ppm

b. $(CH_3)_2CHCHO$; ^{13}C NMR: 16, 41 및 205 ppm

c. $CH_2{=}CHCH(OH)CH_3$; ^{13}C NMR: 23, 69, 113 및 143 ppm

14.51 a. ^{13}C NMR 스펙트럼에서 푸마르산 다이메틸(트랜스 C=C가 있는 $CH_3O_2CCH{=}CHCO_2CH_3$)은 몇 개의 신호를 나타내겠는가?

b. ^{13}C NMR 스펙트럼에서 다음의 각 신호의 수를 나타내는 푸마르산 다이메틸의 이성질체의 구조를 그려라. [1] 3개의 신호; [2] 4개의 신호; [5] 5개의 신호.

결합시킨 분광학 문제

추가의 분광학 문제들은 15~23장과 25장의 끝에 주어져 있다.

14.52 다음의 하이드록시 케톤에 관해 대답하시오. 1-하이드록시뷰탄-2-온(**A**) 및 4-하이드록시뷰탄-2-온(**B**).

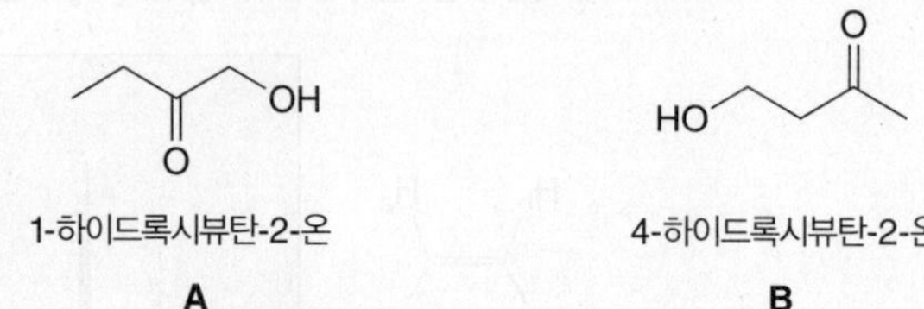

a. 질량 스펙트럼에서 분자이온은 무엇인가?

b. 작용기를 고려할 때 어떤 IR 흡수가 존재하는가?

c. ^{13}C NMR 스펙트럼에서 몇 개의 흡수선이 관찰되는가?

d. ^{1}H NMR 스펙트럼에서 몇 개의 신호가 관찰되는가?

e. 각각의 양성자에서 관찰되는 갈라짐 형태와 대략적인 화화적 이동 값을 설명하라.

14.53 다음 각 스펙트럼 자료와 일치하는 구조를 제안하라.

a. $C_4H_8Br_2$: IR 3000~2850 cm^{-1}; NMR (ppm):
1.87(단일선, 6 H)
3.86(단일선, 2 H)

b. $C_3H_6Br_2$: IR 3000~2850 cm^{-1}; NMR (ppm):
2.4(오중선)
3.5(삼중선)

c. $C_5H_{10}O_2$: IR 1740 cm^{-1}; NMR (ppm):
1.15(삼중선, 3 H) 2.30(사중선, 2 H)
1.25(삼중선, 3 H) 4.72(사중선, 2 H)

d. $C_6H_{14}O$: IR 3600~3200 cm^{-1}; NMR (ppm):
0.8(삼중선, 6 H) 1.5(사중선, 4 H)
1.0(단일선, 3 H) 1.6(단일선, 1 H)

e. $C_6H_{14}O$: IR 3000~2850 cm^{-1}; NMR (ppm):
1.10(이중선, 상대적인 영역 = 6)
3.60(칠중선, 상대적인 영역 = 1)

f. C_3H_6O: IR 1730 cm^{-1}; NMR (ppm):
1.11(삼중선)
2.46(다중선)
9.79(삼중선)

14.54 서로 이성질체인 **A**와 **B**의 구조를 결정하라(분자식은 $C_9H_{10}O$이다).

화합물 **A**: 1742 cm^{-1}에서 IR 봉우리; ^{1}H NMR 자료(ppm), 2.15(단일선, 3 H), 3.70(단일선, 2 H) 및 7.20(넓은 단일선, 5 H).

화합물 **B**: 1688 cm^{-1}에서 IR 봉우리; ^{1}H NMR 자료(ppm), 1.22(삼중선, 3 H), 2.98(사중선, 2 H) 및 7.28~7.95(다중선, 5 H).

14.55 분자식 $C_{10}H_{12}O_2$인 화합물 **W**는 CH_3COCl과 $C_6H_5CH_2CH_2OH$의 반응으로 얻어진다. **W**는 3088~2897, 1740, 1606 cm^{-1}에서 중요한 IR 흡수를 보인다. **W**는 ^1H NMR 스펙트럼에서 2.02(단일선), 2.91(삼중선), 4.25(삼중선), 7.20~7.35(다중선) ppm의 신호를 나타낸다. **W**의 구조는 무엇인가? 우리는 22장에서 이 반응에 대해 배울 것이다.

14.56 분자식 $C_7H_{14}O$인 화합물 **V**는 2-메틸프로판나이트릴을 $CH_3CH_2CH_2MgBr$과 반응시킨 후 수용성 산으로 처리하여 얻어진다. **V**는 1713 cm^{-1}에서 강하게 IR을 흡수하고 ^1H NMR 데이터는 0.91(삼중선, 3 H), 1.09(이중선, 6 H), 1.6(다중선, 2 H), 2.43(삼중선, 2 H), 2.60(육중선, 1 H) ppm을 갖는다. **V**의 구조는 무엇인가? 우리는 22장에서 이 반응에 대해 배울 것이다.

14.57 화합물 **C**의 질량 스펙트럼은 146에서 분자 이온 봉우리가 나타나고, IR 스펙트럼은 1762 cm^{-1}에서 센 흡수 봉우리가 나타났다. **C**의 ^1H NMR 스펙트럼은 1.47(이중선, 3 H), 2.07(단일선, 6 H), 및 6.84(사중선, 1 H) ppm이다. **C**의 구조는 무엇인가?

14.58 20장에서 배우겠지만, $(CH_3)_2CO$를 LiC≡CH와 반응시킨 후 H_2O로 처리하면 화합물 **D**가 생성된다. 화합물 **D**의 질량 스펙트럼은 84에서 분자 이온 봉우리가 나타나고, IR 스펙트럼에서는 3600~3200, 3303, 2938 및 2120 cm^{-1}에서 뚜렷한 흡수를 보여 준다. **D**의 ^1H NMR 스펙트럼은 1.53(단일선, 6 H), 2.37(단일선, 1 H) 및 2.43(단일선, 1 H) ppm이다. **D**의 구조는 무엇인가?

14.59 서로 이성질체인 **E**와 **F**의 구조를 결정하라(분자식은 $C_4H_8O_2$).

a. **화합물 E:** 1743 cm^{-1}에서 IR 흡수

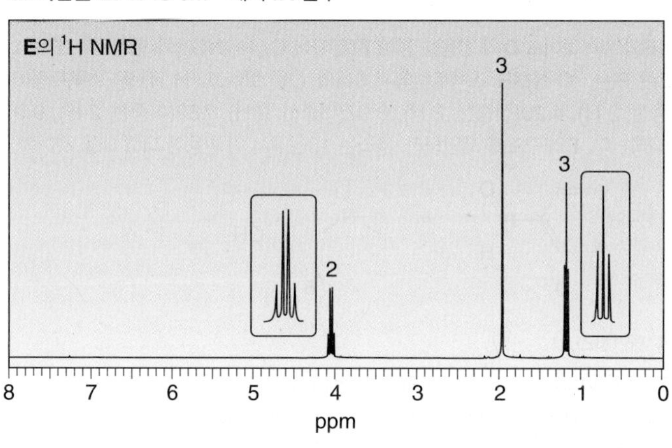

b. **화합물 F:** 1730 cm^{-1}에서 IR 흡수

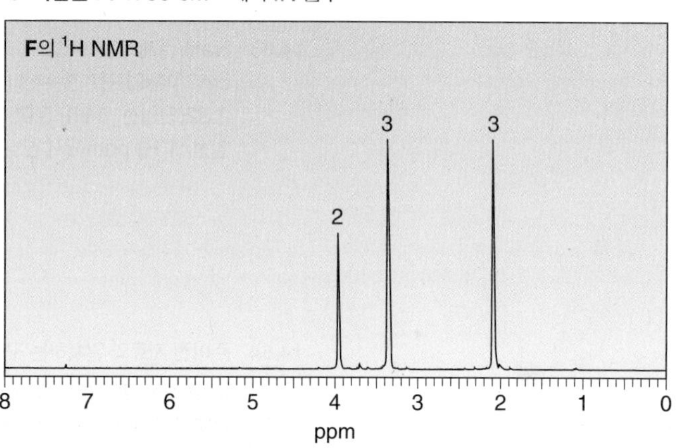

14.60 서로 이성질체인 **H**와 **I**의 구조를 결정하라(분자식은 $C_8H_{11}N$).

a. **화합물 H:** 3365, 3284, 3026, 2932, 1603 및 1497 cm^{-1}에서 IR 흡수

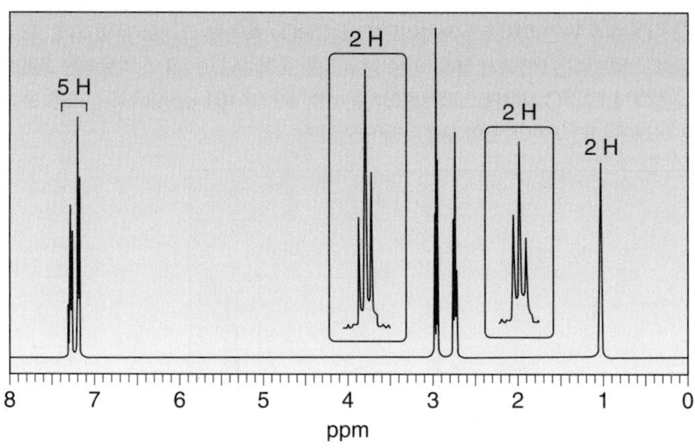

b. **화합물 I:** 3367, 3286, 3027, 2962, 1604 및 1492 cm^{-1}에서 IR 흡수

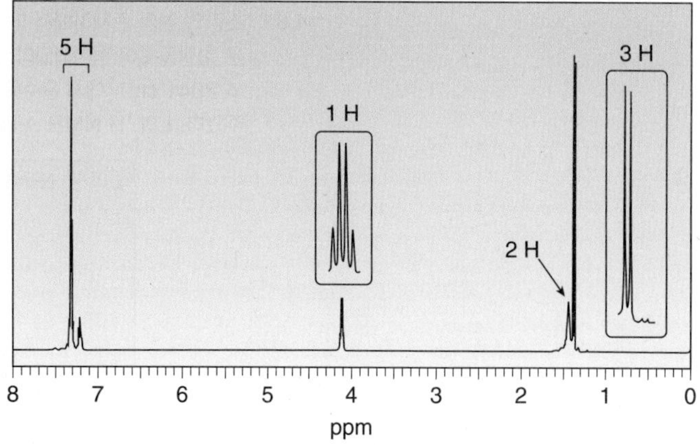

14.61 아래에 주어진 자료에 부합하는 구조를 결정하라.

a. $C_9H_{10}O_2$: 1718 cm^{-1}에서 IR 흡수

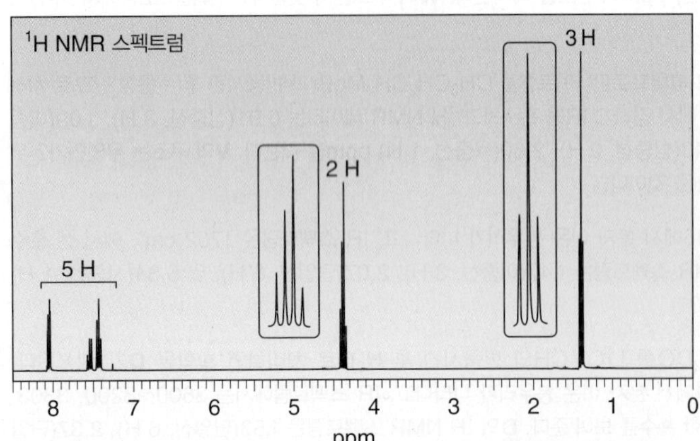

b. C_9H_{12}: 2850~3150 cm^{-1}에서 IR 흡수

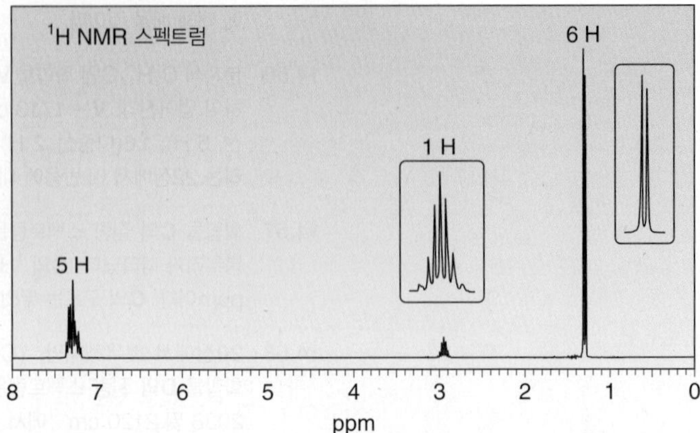

14.62 $(C_6H_5)_3P$과 $(CH_3)_3CCHO$의 반응 후에 수용성 산으로 처리하면 **R** ($C_7H_{14}O$)을 얻는다. 1717 cm^{-1}에서 강하게 IR을 흡수하며 ^1H NMR 스펙트럼은 1.02 (9 H), 2.13 (3 H), 2.33 (2 H) ppm에서 세 개의 단일선으로 나타난다. **R**의 구조는 무엇인가? 우리는 21장에서 이 반응에 대해 배울 것이다.

14.63 NaH 존재하에 아미노 알코올 **E**와 알데하이드 **D**의 반응을 통해 **F**(분자식 $C_{11}H_{15}NO_2$)가 형성된다. **F**는 1730 cm^{-1}에서 IR을 흡수한다. 또한 **F**는 ^{13}C NMR 스펙트럼에서 8개의 선을 보이고 ^1H NMR 스펙트럼에서는 2.32(단일선, 6 H), 3.05(삼중선, 2 H), 4.20(삼중선, 2 H), 6.97(이중선, 2 H), 7.82(이중선, 2 H), 9.97(단일선, 1 H) ppm에서 신호가 나타난다. **F**의 구조를 제안하라. 우리는 18장에서 이 반응에 대해 배울 것이다.

F–C₆H₄–CHO (**D**) + $(CH_3)_2NCH_2CH_2OH$ (**E**)

D **E**

14.64 주어진 자료와 일치하는 구조를 제안하라.

a. 화합물 **J**의 분자 이온은 72에서 나타나고, IR 스펙트럼은 1710 cm^{-1}에서 흡수 봉우리가 나타난다. ^1H NMR 데이터(ppm)는 다음과 같다. 1.0(삼중선, 3 H), 2.1(단일선, 3 H), 2.4(사중선, 2 H)

b. 화합물 **K**의 분자 이온은 88에서 나타나고 IR 스펙트럼은 3600~3200 cm^{-1}에서 흡수 봉우리가 나타난다. ^1H NMR 데이터(ppm)는 다음과 같다. 0.9(삼중선, 3 H), 1.2(단일선, 6 H), 1.5(사중선, 2 H), 1.6(단일선, 1 H)

14.65 소량의 산의 존재하에서 메탄올(CH_3OH)에 녹인 아세트알데하이드(CH_3CHO) 용액을 그대로 두었더니, 새로운 화합물 **L**이 형성되었다. **L**의 질량 스펙트럼은 90에서 분자 이온 봉우리를 보여주었고, IR 스펙트럼은 2992와 2941 cm^{-1}에서 흡수를 나타내었다. **L**의 ^{13}C NMR 스펙트럼에서는 19, 52 및 101 ppm에서 신호를 보여주었다. **L**의 ^1H NMR 스펙트럼은 아래에 나타내었다. **L**의 구조는 무엇인가?

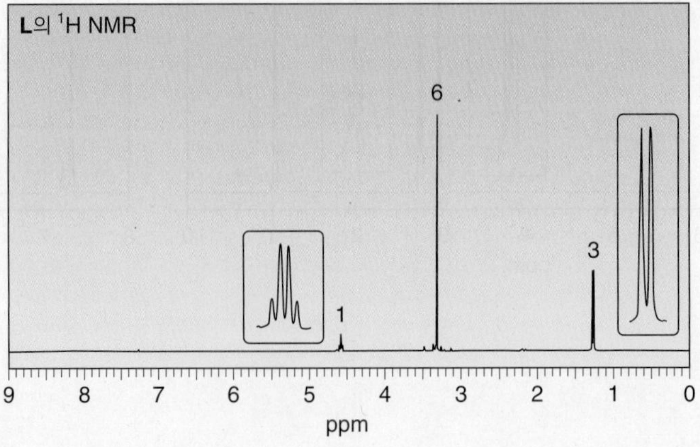

14.66 $(CH_3)_2CHCH(OH)CH_2CH_3$를 TsOH로 처리하면 분자식이 C_6H_{12}인 두 가지 생성물 **M**과 **N**이 생성된다. **M**과 **N**의 ^1H NMR 스펙트럼은 아래에 주어져 있다. **M**과 **N**의 구조를 제안하고, 이들이 형성되는 반응 메커니즘을 그려라.

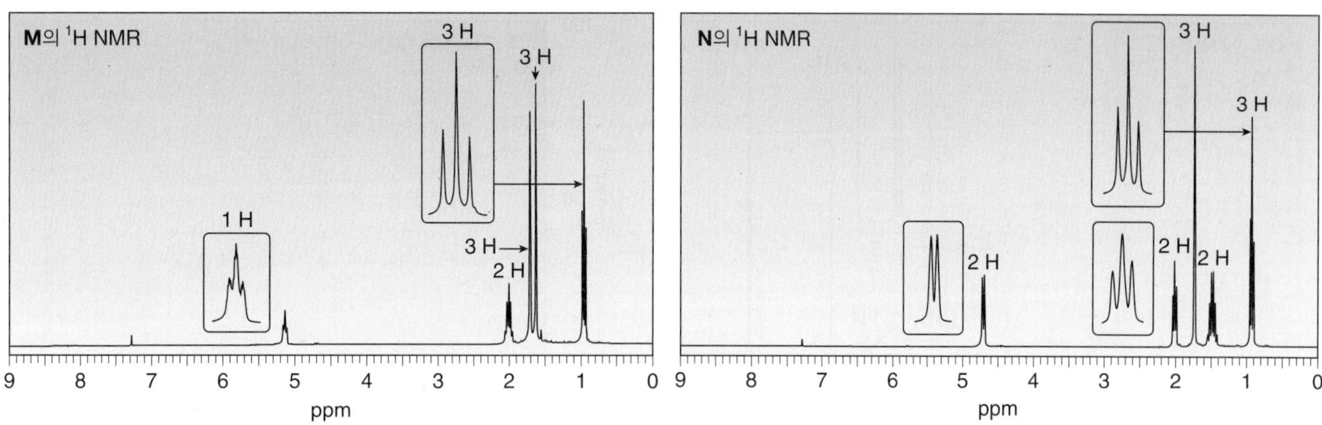

14.67 화합물 **O**의 분자식은 $C_{10}H_{12}O$이다. 1687 cm^{-1}에서 IR 흡수를 보여주며, **O**의 ^1H NMR 스펙트럼은 아래에 주어져 있다. **O**의 구조는 무엇인가?

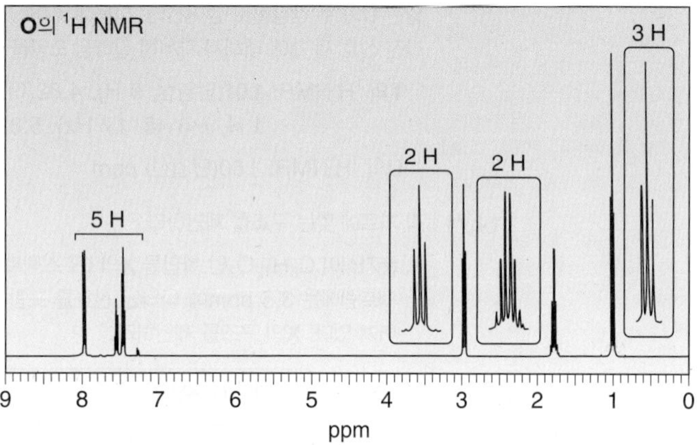

14.68 화합물 **P**의 분자식은 $C_5H_9ClO_2$이다. 주어진 ^1H와 ^{13}C NMR 스펙트라로부터 **P**의 구조를 제안하라.

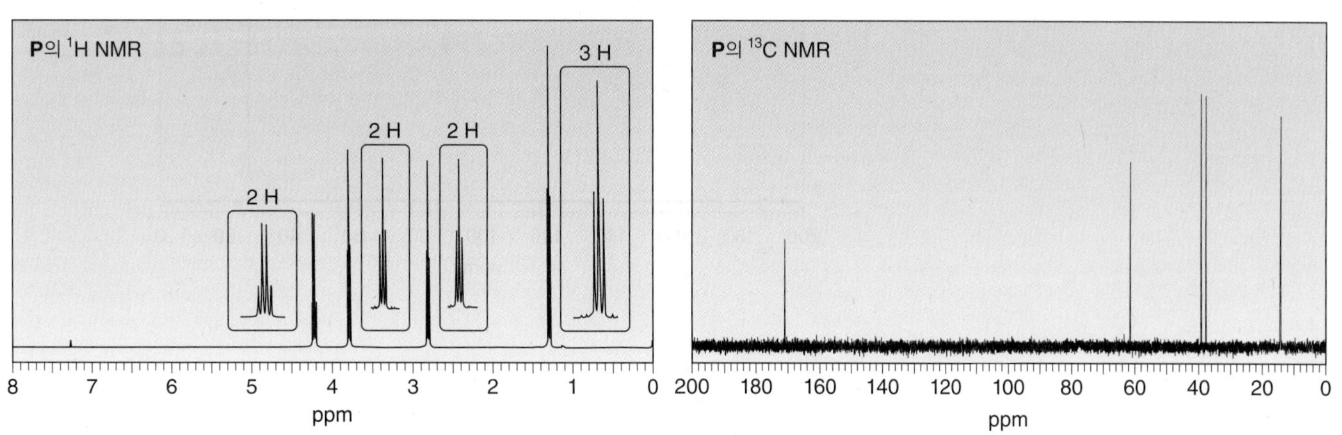

14.69 뷰탄-2-온($CH_3COCH_2CH_3$)을 센 염기로 처리한 다음 CH_3I와 반응시키면 화합물 **Q**가 만들어지는데, 질량 스펙트럼에서 분자 이온은 86으로 나타났다. 화합물 **Q**의 IR 스펙트럼의 1500 cm^{-1} 왼쪽 부분과 ^1H NMR 스펙트럼을 아래에 제시하였다. 화합물 **Q**의 구조는 무엇인가?

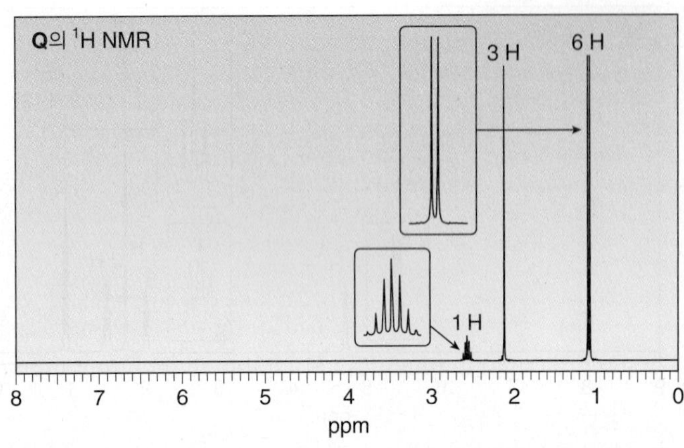

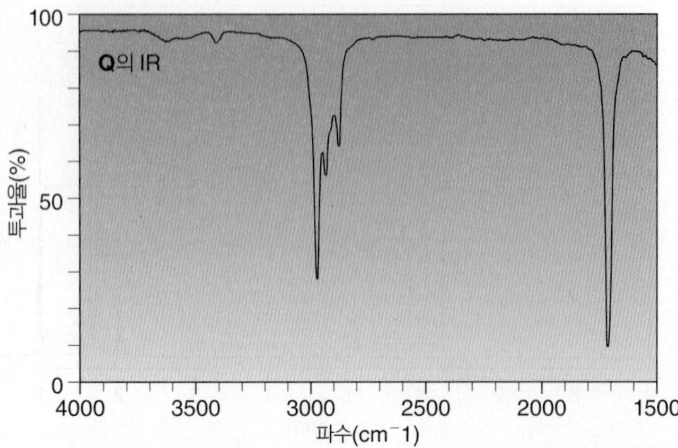

14.70 2-브로모-3,3-다이메틸뷰테인(2-bromo-3,3-dimethylbutane)을 $K^{+-}OC(CH_3)_3$로 처리하면 분자식이 C_6H_{12}인 화합물 **T**가 유일한 생성물로 얻어진다. 3,3-다이메틸-2-뷰탄올을 H_2SO_4로 처리하면 분자식이 **T**와 동일한 **U**가 주 생성물로 얻어진다. 다음에 주어진 ^1H NMR 자료로부터 **T**와 **U**의 구조를 밝혀라. **T**에서 나타난 갈라진 신호 세 개에 대해서 자세히 갈라짐 모양을 설명하라.

T의 ^1H NMR: 1.01(단일선, 9 H), 4.82(이중선의 이중선, 1 H, J = 10, 1.7 Hz), 4.93(이중선의 이중선, 1 H, J = 18, 1.7 Hz), 5.83(이중선의 이중선, 1 H, J = 18, 10 Hz) ppm

U의 ^1H NMR: 1.60(단일선) ppm

14.71 각 자료에 맞는 구조를 제안하라.

a. 분자식이 $C_6H_{12}O_2$인 화합물 **X**의 IR 스펙트럼을 보면 1740 cm^{-1}에서 센 봉우리가 있다. **X**의 ^1H NMR 스펙트럼에는 3.5 ppm에 나타난 신호를 포함해서 단일선 두 개만이 보였다. ^{13}C NMR 스펙트럼은 아래에 주어져 있다. **X**의 구조를 제안하라.

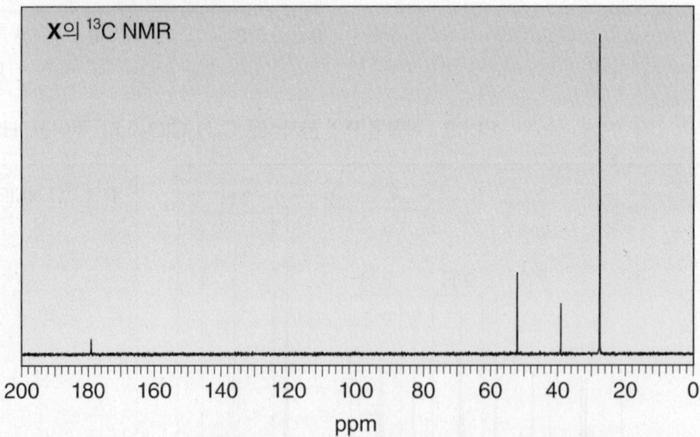

b. 분자식이 C_6H_{10}인 화합물 **Y**의 ^{13}C NMR 스펙트럼은 27, 30, 67 및 93 ppm에서 네 개의 선을 보여 주었고, IR 스펙트럼은 아래에 제시하였다. **Y**의 구조를 제안하라.

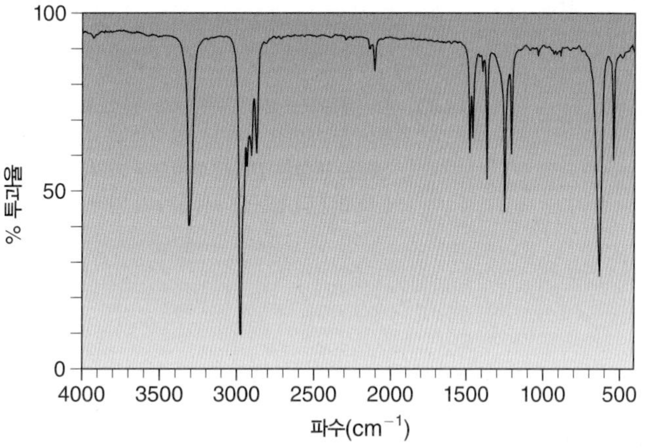

도전 문제

14.72 HCl과 **A**의 반응을 통해 주 생성물로서 클로로하이드린 **B**가 형성된다. **A**는 1700 cm^{-1} 혹은 3600~3200 cm^{-1}에서 IR 스펙트럼의 흡수를 볼 수 없고 ^1H NMR 신호는 1.4(이중선, 3 H), 3.0(이중선의 사중선, 1 H), 3.5(이중선, 1 H), 3.8(단일선, 3 H), 6.9(이중선, 2 H), 7.2(이중선, 2 H) ppm이다.

(a) 입체구조를 포함한 **A**의 구조를 제안하라. (b) 이 반응에서 왜 **B**가 주 생성물인지 설명하라.

Cl OH O

B

14.73 *N*,*N*-다이메틸폼아마이드의 ^1H NMR 스펙트럼에는 2.9, 3.0 및 8.0 ppm에서 단일선 세 개가 나타난다. 여기서 두 개의 CH_3기는 서로 동등하지 않아서, 서로 다른 두 개의 NMR 신호를 나타낸다. 그 이유를 설명하라.

O H N

N,*N*-다이메틸폼아마이드

14.74 18-아눌렌(18-annulene)은 ^1H NMR 스펙트럼에서 두 개의 신호가 각각 8.9 ppm(12 H)과 −1.8 ppm(6 H)에서 나타난다. 벤젠 양성자의 화학적 이동을 설명하는 데 사용했던 이론을 활용하여 18-아눌렌에는 왜 가려진 화학적 이동값과 벗겨진 화학적 이동 값이 관찰되는지를 설명하라.

18-아눌렌

14.75 3-메틸뷰탄-2-올의 ^{13}C NMR 스펙트럼에는 왜 다섯 개의 신호가 나타나는지를 설명하라.

14.76 ^{31}P은 질량수가 홀수이기 때문에 ^{31}P 핵은 NMR에서 흡수가 일어난다. 많은 면에서 ^{31}P 핵은 NMR 분광학에서 양성자와 비슷하게 행동한다. 이러한 사실을 생각하면서, 메틸 다이메틸포스포네이트 $CH_3PO(OCH_3)_2$의 ^1H NMR 스펙트럼은 1.5 및 3.7 ppm에서 두 개의 이중선이 나타나겠는지를 설명하라.

14.77 사이클로헥스-2-엔온은 탄소–탄소(표시된 H_a와 H_b) 이중 결합에 두 개의 양성자를 갖고 이중 결합에 인접한 탄소에 두 개의 양성자(H_c)를 가진다. (a) 만약 J_{ab} = 11 Hz와 J_{bc} = 4 Hz라면, sp^2 혼성화된 탄소에 각각의 양성자는 관찰된 갈라짐 패턴으로 그려진다. (b) H_a는 전자를 당겨주는 C=O에 인접하게 위치함에도 불구하고 H_b 신호보다 더 높은장에서 흡수가 일어난다(6.0 대 7.0 ppm). 설명하라.

사이클로헥스-2-엔온

Chapter

15 라디칼 반응

Radical Reactions

스타이렌 단위체 $C_6H_5CH=CH_2$로부터 합성된 값싼 고분자인 **폴리스타이렌**은 미국에서 생산되는 합성 고분자의 3/4을 차지하는 6가지 화합물('빅 6'라고도 부름) 중의 하나이다. 포장재와 뜨거운 음료를 담는 음료용 컵 등에 사용되는 폴리스타이렌 폼은 다우 케미컬 회사의 상표인 스티로폼이라고도 불린다. 폴리스타이렌은 또한 작은 주방용 기구, 텔레비전, 컴퓨터 및 CD 케이스 등의 틀을 만드는 데 사용된다. 재활용된 폴리스타이렌은 쓰레기통, 쟁반 등으로 성형할 수 있으나, 음식물을 담는 그릇이나 음료용 컵으로 사용되는 폴리스타이렌은 음식물로 오염되어 있기 때문에 세척하여 재활용하기가 어렵다. 15장에서는 폴리스타이렌과 같은 고분자의 합성에 관하여 배우게 된다.

반응의 수는 비록 작지만 그래도, 중요한 반응 중의 하나가 반응성이 큰 라디칼 중간체(radical intermediate)를 형성하기 위한 비극성 결합의 균일 분해이다. 이런 반응은 다른 유기 반응들과 다르지만, 라디칼 변환은 많은 생물학적, 산업적 공정에 중요하다. 기체인 O_2와 NO(산화 질소)는 모두 라디칼로 존재한다. 이러한 사실은 산소에 의한 산화 반응이 라디칼 중간체를 포함하고, 혈병화나 신경전달과 같은 NO에 의한 생물학적 과정도 라디칼을 포함할 수 있다는 것을 의미한다. 스티로폼, 폴리에틸렌과 같은 많은 산업 생산품들은 라디칼 공정에 의하여 제조된다.

15장에서는 라디칼 반응에 의한 비극성 결합의 분해에 대해 조사한다.

15.1 서론

6.3절에서 라디칼이 처음 소개되었다.

- 라디칼은 공유 결합의 균일 분해에 의하여 형성된, 쌍을 이루지 않은 한 개의 전자가 있는 반응성 중간체이다.

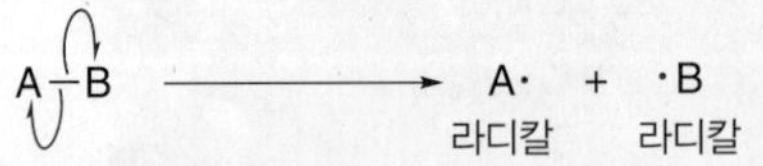

A–B ⟶ A· + ·B
라디칼 라디칼

라디칼은 팔전자계가 없는 원자를 포함하며, 이들 원자를 반응성으로 만들고, 불안정하게 한다. 라디칼 과정은 한 개의 전자를 포함하기 때문에 반쪽머리 화살표가 전자의 움직임을 나타내기 위하여 사용된다. 한 개의 반쪽머리 화살표는 한 개의 전자에 사용된다.

탄소 라디칼은 쌍을 이루지 않은 전자가 있는 탄소에 결합된 R기의 수에 따라 일차(1°), 이차(2°) 또는 삼차(3°) 라디칼로 분류된다. 탄소 라디칼은 sp^2 혼성화 탄소 양이온 같이 sp^2 혼성이며 삼각 평면 구조이다. 혼성화에 참여하지 않은 *p* 오비탈에는 쌍을 이루지 않는 전자가 있고, 삼각 평면 탄소의 위와 아래쪽에 존재한다.

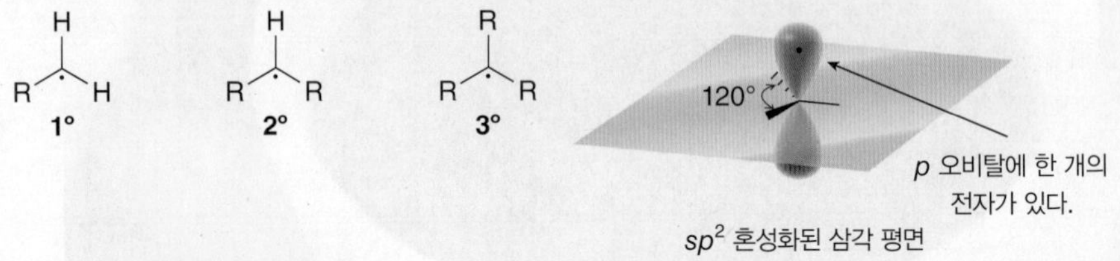

1° 2° 3°

120°

p 오비탈에 한 개의 전자가 있다.

sp^2 혼성화된 삼각 평면

C–H 결합의 분해를 위한 결합 해리 에너지는 라디칼의 안정성의 척도로 사용된다. 예로서 두 종류의 다른 라디칼이 $CH_3CH_2CH_3$에서 C–H 결합의 분해에 의하여 형성된다.

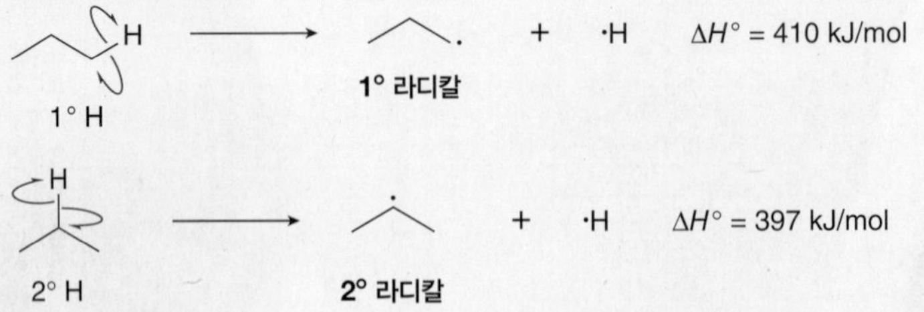

1° H ⟶ 1° 라디칼 + ·H $\Delta H° = 410$ kJ/mol

2° H ⟶ 2° 라디칼 + ·H $\Delta H° = 397$ kJ/mol

1° 라디칼($CH_3CH_2CH_2\cdot$)을 형성하기 위한 더 강한 1° C–H 결합의 분해는 2° 라디칼 [$(CH_3)_2CH\cdot$]을 형성하기 위한 더 약한 2° C–H 결합의 분해보다 더 많은 에너지가 필요하다 (410 대 397 kJ/mol). 이런 결합 에너지의 차이가 2° 라디칼을 더 안정하게 하는데, 이는 그림 15.1에서와 같이 라디칼 생성에 필요한 에너지가 더 적기 때문이다. 이와 같이 더 약한 결합의 분해는 더 안정한 라디칼을 생성한다.

그림 15.1
1°, 2° 탄소 라디칼의 상대적 안정도

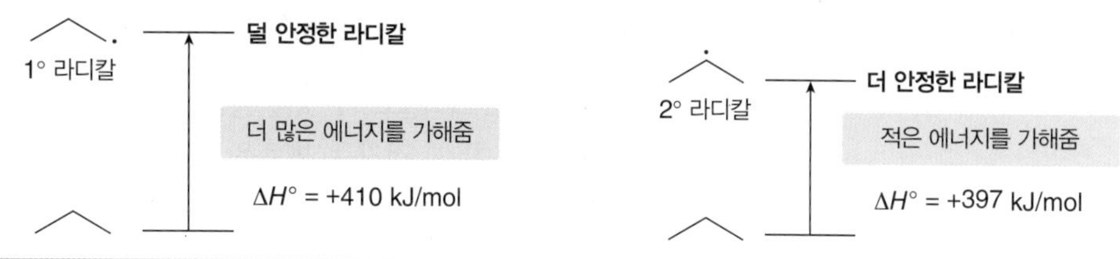

- 라디칼의 안정성은 탄소 라디칼에 결합된 알킬기의 수가 많을수록 증가한다.

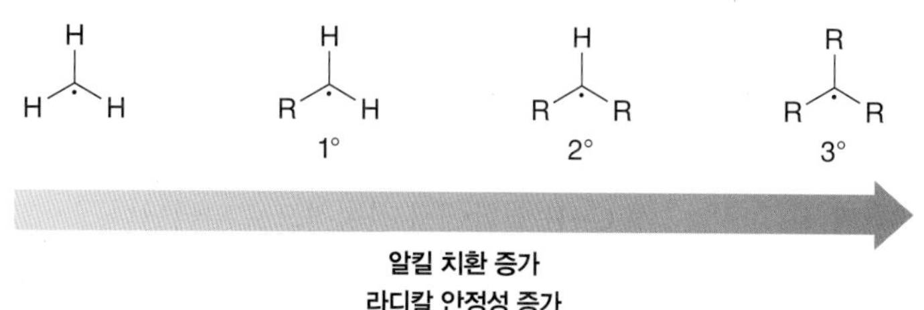

C−H 결합의 결합 해리 에너지가 **작을수록 더 안정한** 탄소 라디칼이 생성된다.

따라서 3° 라디칼은 2° 라디칼보다 안정하고, 2° 라디칼은 1° 라디칼보다 안정하다. 알킬 치환기가 증가하면 탄소 양이온의 안정성이 증가하는 것 같이 라디칼 안정성도 증가한다. 알킬기는 수소 원자보다 편극성이 크기 때문에 전자가 부족한 탄소 라디칼로 전자 밀도를 주어 안정성을 증가시킨다.

그러나 탄소 양이온과는 다르게, 불안정한 라디칼들은 더 안정한 라디칼로 자리 옮김하지 않는다. 이 차이점을 라디칼 반응과 탄소 양이온 반응을 구별하는 데 이용할 수 있다.

문제 15.1 다음 라디칼을 1°, 2° 또는 3°로 분류하라.

a. b. c. d.

문제 15.2 다음 각 분자의 C−H 결합이 끊어져서 생기는 가장 안정한 라디칼을 그려라.

a. b. c. d.

15.2 라디칼 반응의 일반적 특성

라디칼은 열(Δ)이나 빛($h\nu$)의 형태로 에너지를 가하여 공유 결합으로부터 생성된다. 그중에는 라디칼 개시제(radical initiator)에 의하여 수행되는 반응도 있는데, 라디칼 개시제는 라디칼 공급원으로서 역할을 하는 매우 결합이 약한 화합물이다. 일반적으로 RO−OR 구조의 과산화물(peroxide)이 가장 보편적으로 사용되는 라디칼 개시제이다. 과산화물을 가열하면 약한 O−O 결합의 균일 분해가 쉽게 일어나며 두 개의 RO· 라디칼이 생성된다.

15.2A 라디칼의 전형적인 두 가지 반응

라디칼은 두 가지의 주된 반응을 수행하는데, σ 결합과 반응하거나 π 결합에 첨가되며 두 가지 모두 팔전자를 만족시킨다.

[1] 라디칼 X· 와 C−H 결합의 반응

라디칼 X·는 탄소 라디칼과 H−X를 형성하기 위하여 C−H의 σ 결합으로부터 수소 원자를 떼어낸다. C−H 결합에서 한 개 전자는 새로운 H−X 결합을 형성하기 위하여 이용되고, C−H 결합의 나머지 한 개 전자는 탄소에 위치한다. 결과적으로 원래의 라디칼 X·에는 여덟 개의 전자가 남고 한 개의 새로운 라디칼이 생성된다.

새로운 라디칼

- H−X에서 한 개의 전자는 라디칼로부터 제공된다.
- H−X에서 한 개의 전자는 C−H 결합에서 제공된다.

이런 라디칼 반응은 극성이나 이온성의 친전자체 또는 친핵체와 반응할 수 없는 알케인의 비극성 C−H 결합에서 전형적으로 나타난다.

[2] 라디칼 X· 와 C=C의 반응

또한 라디칼 X·는 탄소−탄소 이중 결합의 π 결합에 첨가된다. 이중 결합의 한 개 전자는 새로운 C−X 결합을 형성하기 위하여 사용되고, 나머지 한 개 전자는 원래의 이중 결합의 다른 탄소에 존재한다.

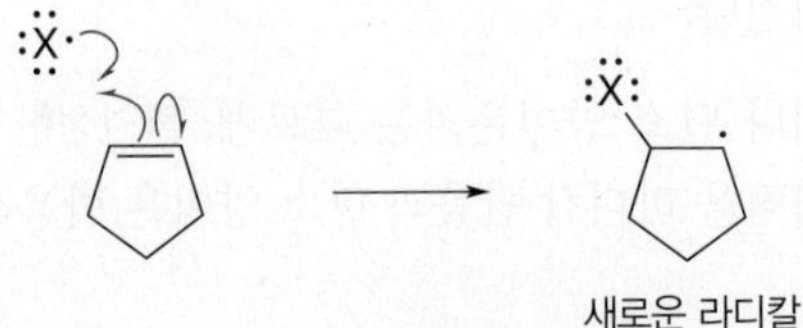

새로운 라디칼

- C−X에서 한 개의 전자는 라디칼로부터 제공된다.
- C−X에서 한 개의 전자는 π 결합으로부터 제공된다.

라디칼이 안정한 단일 결합 또는 이중 결합과 반응할 때마다 새로운 라디칼이 생성물에 형성된다.

알켄의 전자가 풍부한 이중 결합은 이온성 첨가 메커니즘에 의하여 친전자체와 반응하지만, 라디칼 또한 전자가 부족한 반응성이 큰 중간체이기 때문에 이중 결합과 반응한다.

15.2B 라디칼 두 개의 상호 반응

라디칼이 생성되기만 하면, 라디칼은 그 무엇과도 빠르게 반응한다. 일반적으로 그 무엇은 안정한 σ 결합과 π 결합을 의미한다. 그러나 두 개의 라디칼은 때때로 서로 접촉하고, σ 결합을 형성하는 반응을 한다.

:X· + ·X: ⟶ :X−X:

X−X에서 한 개의 전자는 각각의 라디칼에서 제공된다.

바닥 상태의 전자 배치에서 쌍라디칼인 산소와 라디칼의 반응은 서로 간에 반응하는 두 개 라디칼 반응의 또 다른 예이다. 이 경우 O_2와 X·의 반응은 새로운 라디칼을 형성함으로써 X·가 다른 유기 기질과 반응하는 것을 방해한다.

·Ö−Ö· + ·X: ⟶ ·Ö−Ö−X:

쌍라디칼

라디칼 반응을 억제하는 화합물을 라디칼 억제제(radical inhibitor) 또는 라디칼 포착제(radical scavenger)라 부른다. 산소 외에 15.12절에서 설명될 바이타민 E 및 관련 화합물들 또한 라디칼 포착제이다. 이 화합물들이 반응을 억제한다는 사실은 이 반응들이 라디칼 중간체를 경유하여 진행된다는 것을 의미한다.

문제 15.3 염소 원자(Cl·)가 다음의 각 화학종과 반응할 때 형성되는 생성물을 그려라.

a. (사이클로헥세인) b. $CH_2=CH_2$ c. :Cl· d. O_2

15.3 알케인의 할로젠화

빛이나 열의 존재하에서 알케인은 할로젠화 알킬을 형성하기 위하여 할로젠과 반응한다. 할로젠화는 라디칼 중간체를 포함하는 메커니즘에 의하여 할로젠 원자 X가 수소 원자를 치환하기 때문에 **라디칼 치환 반응**이다.

$$R_3C{-}H + X_2 \xrightarrow{h\nu \text{ 또는 } \Delta} R_3C{-}X + H{-}X$$

X = Cl 또는 Br   할로젠화 알킬

알케인의 할로젠화는 오직 Cl_2와 Br_2를 사용할 때만 유용하다. F_2와의 반응은 너무 격렬하고 I_2와의 반응은 너무 느려서 효과적이지 못하다. 다양한 형태의 수소 원자가 있는 알케인은 할로젠화 알킬 혼합물을 생성시킬 수 있다(반응 [2]).

알케인의 할로젠화 생성물을 그리라고 할 때, 특별한 지시가 없는 한 **오직 일할로젠화 생성물만 그려라.**

[1] (사이클로헥세인) + Br_2 $\xrightarrow{h\nu \text{ 또는 } \Delta}$ (브로모사이클로헥세인, Br) + H−Br

[2] 2 (프로페인) + 2 Cl_2 $\xrightarrow{h\nu \text{ 또는 } \Delta}$ (1-클로로프로페인, Cl) + (2-클로로프로페인, Cl) + 2 H−Cl

1 : 1

이들 할로젠화 예에서, 할로젠은 알케인의 수소 원자 한 개를 치환한다. 다른 수소 원자들도 치환될 수 있는가? 그림 15.2는 CH_4가 과량의 Cl_2로 처리될 때 네 개의 수소 원자 모두가 순차적으로 Cl로 치환되어 CCl_4가 형성되는 것을 보여준다. 일할로젠화(monohalogenation, 한 개의 수소가 X로 치환됨)는 과량의 알케인에 할로젠 X_2를 첨가하여 실험적으로 수행될 수 있다.

예제 15.1 Cl_2와 $h\nu$를 이용한 $(CH_3)_2CHCH_2CH_3$의 일할로젠화에 의하여 형성되는 모든 구조 이성질체를 그려라.

풀이

각 탄소의 H를 Cl로 치환하고 어떤 생성물이 동일한지를 조사한다. 출발물에는 다섯 개의 탄소가 있으나, 두 개 탄소 원자에서 한 개 수소 원자의 치환은 동일한 생성물이 생성된다. 따라서 **$(CH_3)_2CHCH_2CH_3$는 네 개의 일염소 치환 생성물을 형성한다.**

그림 15.2 과량의 Cl_2를 이용한 CH_4의 완전 할로젠화

$$CH_4 \xrightarrow[h\nu]{Cl_2} CH_3Cl + HCl \xrightarrow[h\nu]{Cl_2} CH_2Cl_2 + HCl \xrightarrow[h\nu]{Cl_2} CHCl_3 + HCl \xrightarrow[h\nu]{Cl_2} CCl_4 + HCl$$

$\xrightarrow[h\nu]{Cl_2}$

1-클로로-3-메틸뷰테인 + 2-클로로-3-메틸뷰테인 + 2-클로로-2-메틸뷰테인

+ 1-클로로-2-메틸뷰테인 + 1-클로로-2-메틸뷰테인

같은 이름
동일한 화합물

문제 15.4 각 알케인의 일염소화에 의해 생성되는 모든 구조 이성질체를 그려라.

a. b. c.

문제 15.5 화합물 **A**와 **B**는 분자식이 C_5H_{12}인 이성질체이다. Cl_2와 함께 **A**를 가열하면 일할로젠화에 의해 단일 생성물이 형성되는 반면, 같은 조건하에서 **B**를 가열하면 세 개의 구조 이성질체가 생성된다. **A**와 **B**의 구조는 무엇인가?

15.4 할로젠화 반응 메커니즘

친핵성 치환은 출발물과 시약에 의존하여 두 개의 다른 메커니즘으로 진행되지만, 알케인의 모든 할로젠화 반응은 사용된 할로젠과 알케인에 관계없이 같은 메커니즘으로 진행된다. 할로젠화에 관한 세 가지 사실은 메커니즘이 이온 중간체가 아닌 라디칼 중간체를 포함한다고 제시한다.

사실	설명
[1] 빛, 열 또는 과산화물의 첨가가 반응에 필요하다.	• 빛이나 열은 라디칼 형성을 위한 결합 균일 분해 에너지를 공급한다. 과산화물의 약한 O–O 결합을 분해함으로써 라디칼 반응을 개시시킨다.
[2] O_2는 반응을 억제한다.	• 쌍라디칼인 O_2는 반응 혼합물로부터 라디칼을 제거하여 반응을 중지시킨다.
[3] 자리 옮김은 관찰되지 않는다.	• 라디칼은 자리 옮김하지 않는다.

15.4A 단계별 라디칼 할로젠화

사이클로펜테인의 염소화가 라디칼 할로젠화의 세 단계를 설명한다(메커니즘 15.1).

$$+ \ Cl_2 \xrightarrow{h\nu \text{ 또는 } \Delta} \text{—Cl} \ + \ HCl$$

사이클로펜테인 클로로사이클로펜테인

- 개시(initation): 두 개의 라디칼이 σ 결합의 균일 분해에 의하여 형성되고, 반응을 개시한다.
- 전파(propagation): 한 개의 라디칼은 반응물과 반응하여 새로운 σ 결합과 또 다른 라디칼을 형성한다.
- 종결(termination): 두 개의 라디칼이 안정한 결합을 형성하기 위하여 결합한다. 새로운 라디칼의 발생이 없는 라디칼의 제거는 반응을 종결시킨다.

메커니즘 15.1 알케인의 라디칼 할로젠화

단계 [1] 개시

$$:\ddot{Cl}-\ddot{Cl}: \xrightarrow[\text{1}]{h\nu \text{ 또는 } \Delta} :\ddot{Cl}\cdot + \cdot\ddot{Cl}:$$

① 결합 분해는 두 개의 라디칼을 생성한다. 가장 약한 결합(Cl–Cl)의 균일 분해는 빛이나 열이 필요하며, 두 개의 염소 라디칼을 생성한다.

부분 [2] 전파

사이클로펜테인 + ·Cl: →(2) 새로운 라디칼 + H–Cl: (생성물) ; 새로운 라디칼 + :Cl–Cl: →(3) 클로로사이클로펜테인 생성물 + ·Cl:

② 라디칼 Cl·은 사이클로펜테인에서 한 개의 수소 원자를 떼어내 HCl(반응 생성물)과 새로운 탄소 라디칼을 형성한다.

③ 탄소 라디칼은 Cl_2로부터 염소 원자를 떼어내고 클로로사이클로펜테인(반응 생성물)과 새로운 염소 라디칼(Cl·)을 생성한다. 라디칼 Cl·은 단계 ② 에서는 반응물이기 때문에, 단계 ② 와 ③ 은 부가적인 개시 반응(단계 ①) 없이 반복적으로 일어날 수 있다.

부분 [3] 종결

:Cl· + ·Cl: →(4a) :Cl–Cl:

또는

사이클로펜틸· + ·사이클로펜틸 →(4b) A

또는

사이클로펜틸· + ·Cl: →(4c) 클로로사이클로펜테인

④ 두 개의 라디칼이 결합을 형성할 때 연쇄 반응은 종결된다.

개시 반응이 반응을 시작하는 데 필요한 라디칼 Cl·을 발생시키지만, 전파 단계(② 와 ③)가 두 개의 반응 생성물인 클로로사이클로펜테인과 HCl을 생성한다. 과정이 개시되기만 하면 전파 단계는 ① 이 발생할 필요도 없이 연속적으로 일어난다. **라디칼 할로젠화와 같이 두 개 이상의 반복 단계들을 포함하는 메커니즘을 연쇄 메커니즘(chain mechanism)이라 한다.** 각 전파 단계에서 안정한 결합에서 반응성 라디칼이 원자를 제거하면, 새로운 결합 그리고 연쇄 반응을 계속시킬 또 다른 라디칼이 생기게 된다.

라디칼은 연쇄를 전파하기 위하여 일반적으로 안정한 결합과 반응하나, 때때로 두 개의 라디칼이 결합하여 반응을 종결시킨다. 반응의 종류와 반응 조건에 따라 어떤 라디칼 연쇄 메커니즘은 종결이 일어나기 전에 수천 번 반복할 수 있다.

종결 단계 4a는 하나의 반응물인 Cl_2를 생성하나, 단계 4c는 반응 생성물 중의 하나인 클로로사이클로펜테인을 생성한다. 종결 단계 4b는 반응물이나 원하는 생성물이 아닌 A를 생성한다. 그러나 적은 양의 A 생성은 에틸 라디칼이 반응에서 형성되었다는 증거이다.

라디칼 할로젠화에서 가장 중요한 단계는 생성물로 이끄는 전파 단계이기 때문에 이 반응에 대한 계속되는 설명에서는 전파 단계를 집중적으로 다룬다.

문제 15.6 메커니즘 15.1을 참고하여, CH_4와 Br_2가 반응하여 CH_3Br과 HBr을 형성하는 반응 메커니즘을 쓰라. 각 단계를 개시, 전파, 종결로 분류하라.

15.4B 에테인의 염소화 에너지 변화

에테인의 염소화는 결합 해리 에너지(6.4절)가 전파 단계에 대한 $\Delta H°$를 계산하기 위하여 어떻게 이용될 수 있는지를 보여준다.

$$CH_3CH_3 + Cl_2 \xrightarrow{h\nu \text{ 또는 } \Delta} CH_3CH_2Cl + HCl$$

그림 15.3에 나타난 것처럼 전파 단계는 메커니즘 15.1에 있는 동일한 두 단계로 구성되어 있다. 먼저 수소 원자를 떼어내 CH_3CH_2.와 HCl을 형성한 다음 CH_3CH_2.에 의해 염소 원소를 떼어내 CH_3CH_2Cl과 염소 라디칼(Cl.)을 형성한다. 각 단계의 $\Delta H°$가 음의 값이기 때문에 전체 $\Delta H°$를

그림 15.3
에테인의 염소화에서 전파 단계의 에너지 변화

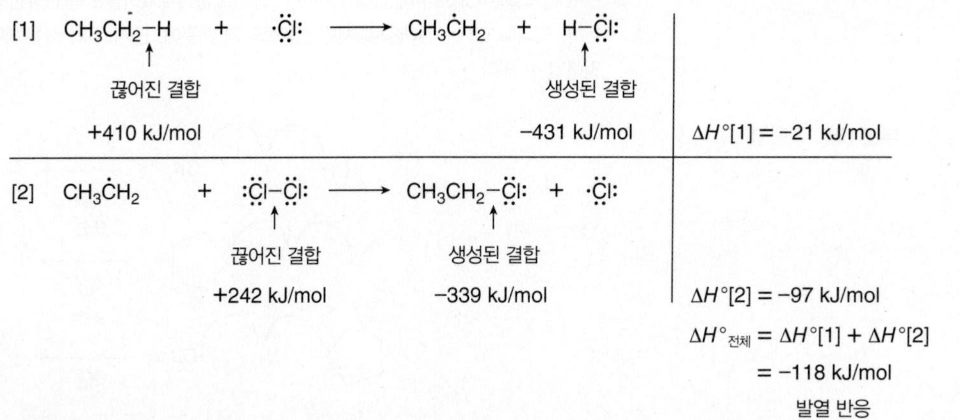

그림 15.4
에테인의 염소화에서 전파 단계의 에너지 도표

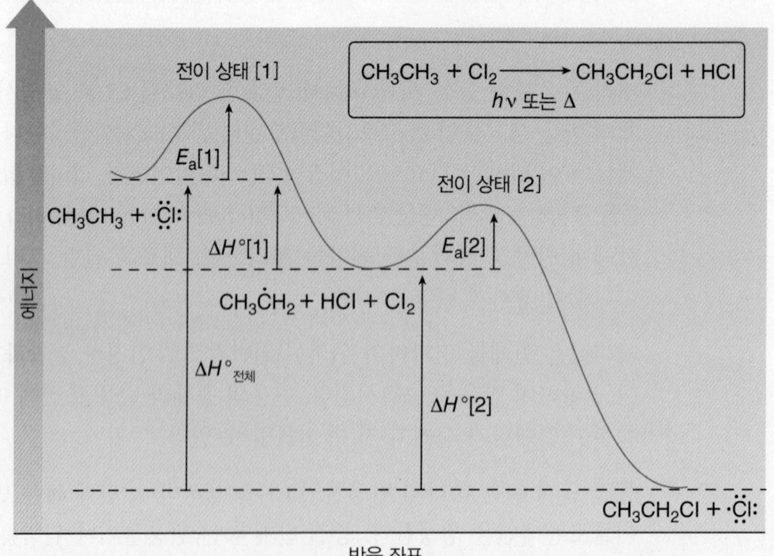

- 라디칼 할로젠화가 두 개의 전파 단계로 구성되기 때문에 에너지 도표는 두 개의 에너지 장벽을 갖는다.
- 첫 단계의 전이 상태 에너지가 높기 때문에 첫 단계가 속도 결정 단계이다.
- $\Delta H°_{전체}$가 음수이기 때문에 반응은 발열 반응이다.

음의 값이 되게 하여 발열반응이 되게 한다. 첫 번째 전파 단계의 전이 상태 에너지가 두 번째 전파 단계의 전이 상태 에너지보다 높기 때문에 **첫 번째 단계가 속도 결정 단계**이다. 이러한 사실들을 그림 15.4의 에너지 도표에서 설명하였다.

문제 15.7 CH_4와 I_2의 반응에서 속도 결정 단계에 대한 $\Delta H°$를 계산하라. 이 결과를 이용하여 왜 이 반응이 대단히 느린지를 설명하라.

15.5 다른 알케인의 염소화

$CH_3CH_2CH_3$의 염소화는 $CH_3CH_2CH_2Cl$ (1° 수소의 제거로부터 생성)과 $(CH_3)_2CHCl$ (2° 수소의 제거로부터 생성)의 1:1혼합물을 생성한다고 배운 15.3절의 내용을 상기하자.

CH_3–CH_2–CH_3 + Cl_2 $\xrightarrow{h\nu \text{ 또는 } \Delta}$ $CH_3CH_2CH_2Cl$ + $(CH_3)_2CHCl$

1° H's
2° H's

	여섯 개의 1° H		두 개의 2° H
예상 비	3	:	1
관찰 비	1	:	1
	더 적은 생성물		**더 많은** 생성물

$CH_3CH_2CH_3$에는 여섯 개의 1° 수소와 오직 두 개의 2° 수소 원자가 있다. 모든 수소의 반응성이 똑 같다면 생성물인 $CH_3CH_2CH_2Cl$과 $(CH_3)_2CHCl$의 비율은 3:1이다. 그러나 관찰된 비율이 1:1이기 때문에 2° C−H 결합의 반응성이 더 크다는 것을 알 수 있다. 즉 **2° C−H 결합이 1° C−H 결합보다 균일 분해가 더 쉬워야 한다.** 2° C−H 결합이 1° C−H 결합보다 약하다는 것은 15.2절에서 다루었다. 이와 같이

- 라디칼 할로젠화에서 C−H 결합이 약하면 약할수록 수소 원자가 더 쉽게 제거된다.

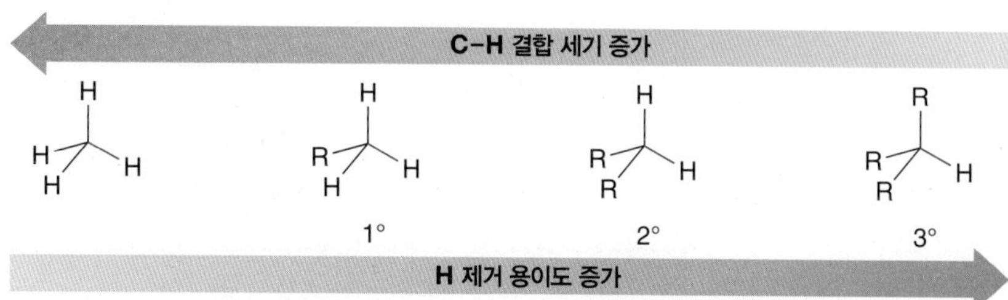

알케인의 Cl_2 반응 생성물은 혼합물이며, 통계적인 예상 값보다 더 약한 C−H 결합의 분해에 의하여 더 많은 생성물이 형성된다.

문제 15.8 각각의 화합물에서 어느 C−H 결합이 라디칼 할로젠화에서 가장 쉽게 제거되는가?

a.

b. 

c. 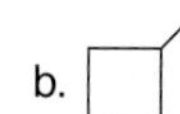

15.6 염소화 대 브로민화

알케인이 Cl_2 및 Br_2와 라디칼 치환 반응을 수행하지만 염소화 및 브로민화는 두 가지 차이점을 보여준다.

- 염소화가 브로민화보다 빠르다.
- 염소화는 선택성이 없어서 혼합 생성물을 형성하지만 브로민화는 일반적으로 선택성이 높아서 한 개의 주 생성물을 형성한다.

예를 들면, 프로페인은 Cl_2와 반응하여 1°와 2° 염소화 알킬 혼합물을 1:1로 형성한다. 반면에 프로페인과 Br_2의 반응은 훨씬 느리지만 99%의 $(CH_3)_2CHBr$을 형성한다.

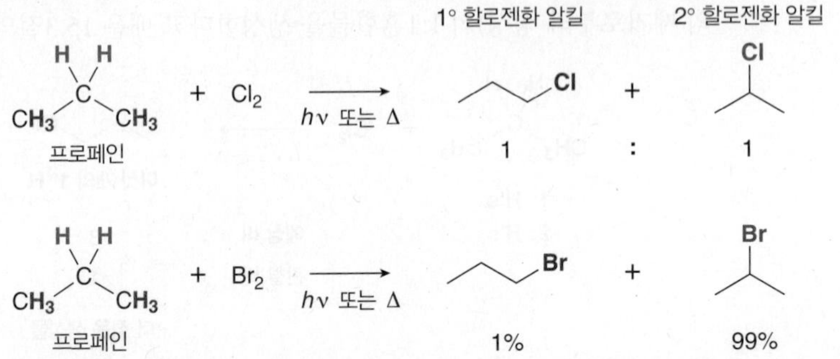

1° 할로젠화 알킬 2° 할로젠화 알킬

프로페인 + Cl_2 → ($h\nu$ 또는 Δ) 1 : 1 — 염소화는 빠르고 선택성이 없다.

프로페인 + Br_2 → ($h\nu$ 또는 Δ) 1% 99% — 브로민화는 느리고 선택적이다.

- 브로민화에서 주 생성물(또는 독점 생성물)은 가장 약한 C−H 결합 분해 생성물이다.

예제 15.2 3-에틸펜테인(3-ethylpentane)과 Br_2를 가열할 때 얻어지는 주 생성물을 그려라.

풀이

주의: **탄소 원자가 더 많이 치환될수록 C−H 결합은 더 약하다.** 3-에틸펜테인에서 브로민화의 주 생성물은 가장 약한 C−H 결합인, 단 한 개뿐인 **3° C−H** 결합 분해에 의하여 생성된다.

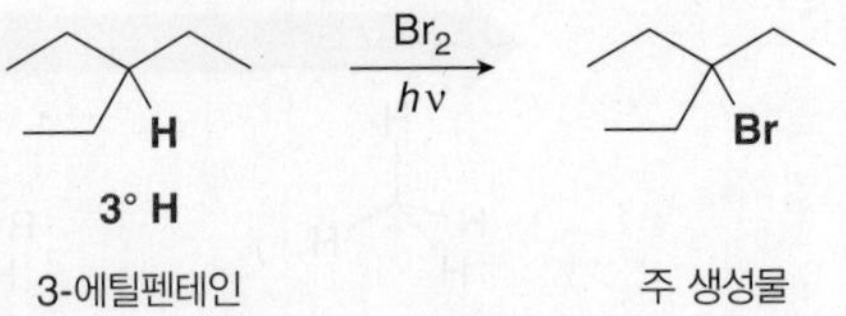

3° H — 3-에틸펜테인 → (Br_2, $h\nu$) 주 생성물

문제 15.9 다음의 각 사이클로알케인을 Br_2와 가열하였을 때 형성되는 주 생성물을 그려라.

a. b. c. d.

염소화와 브로민화의 차이를 설명하기 위하여, 하몬드(Hammond) 가설(7.15절)로 돌아가서 추측해보자. 할로젠화에서 속도 결정 단계는 할로젠 라디칼에 의하여 수소 원자가 제거되는 과정이어서, 우리는 염소화와 브로민화에서 이 단계들을 비교하여야 한다. 다음 사항을 주의하자.

- 흡열 반응에서 전이 상태는 생성물과 유사하다. 더 안정한 생성물이 더 빨리 형성된다.
- 발열 반응에서 전이 상태는 출발물과 유사하다. 생성물의 상대적 안정성은 전이 상태의 상대적 에너지에 크게 영향을 주지 않는다. 따라서 생성물은 일반적으로 혼합물이다.

브로민화: $CH_3CH_2CH_3 + Br_2$

브로민 라디칼은 프로페인에서 1° 또는 2° 수소를 떼어낼 수 있기 때문에 1° 및 2° 라디칼을 발생시킨다. 결합 해리 에너지를 이용하여 $\Delta H°$를 계산하면, 두 개의 반응이 모두 흡열 과정이라는 것과 더 안정한 2° 라디칼 형성에 더 적은 에너지가 소모된다는 것을 알 수 있다.

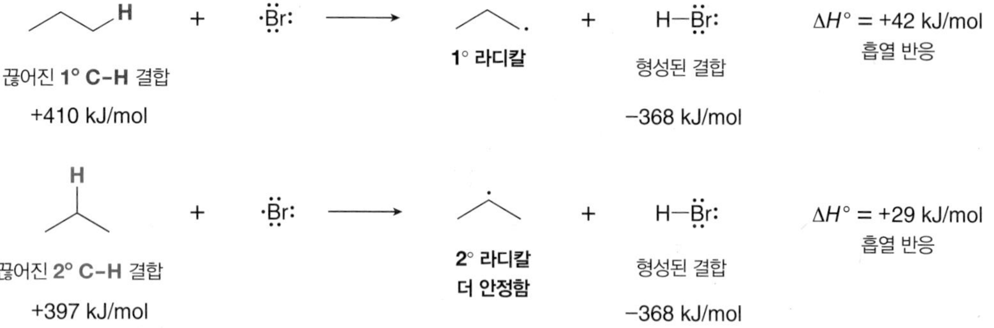

히몬드 가실에 따르면, 흡열 반응의 전이 상태는 생성물과 유사하므로 그림 15.5의 에너지 도표에서와 같이 더 안정한 2° 라디칼을 만들기 위한 활성화 에너지가 더 낮아서 반응이 빠르다. 2° 라디칼[$(CH_3)_2CH\cdot$]은 두 번째의 전파 단계에서 2-브로모프로페인으로 변환되기 때문에 **2° 할로젠화 알킬**이 브로민화의 주 생성물이다.

- 결론: 브로민화에서 속도 결정 단계는 흡열 과정이기 때문에 더 안정한 라디칼이 더 빨리 형성되고, 단일 라디칼 할로젠화 생성물이 주로 생성된다.

그림 15.5
선택적인 흡열 반응에 대한 에너지 도표

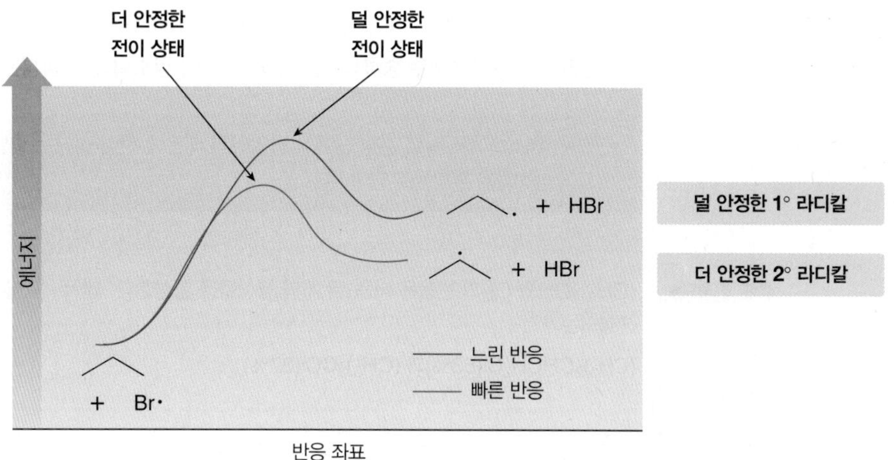

- 불안정한 1° 라디칼($CH_3CH_2CH_2\cdot$)을 형성하기 위한 전이 상태 에너지가 더 안정한 2° 라디칼[$(CH_3)_2CH\cdot$]을 형성하기 위한 전이 상태 에너지보다 높다. 따라서 **2° 라디칼이 더 빨리 형성된다.**

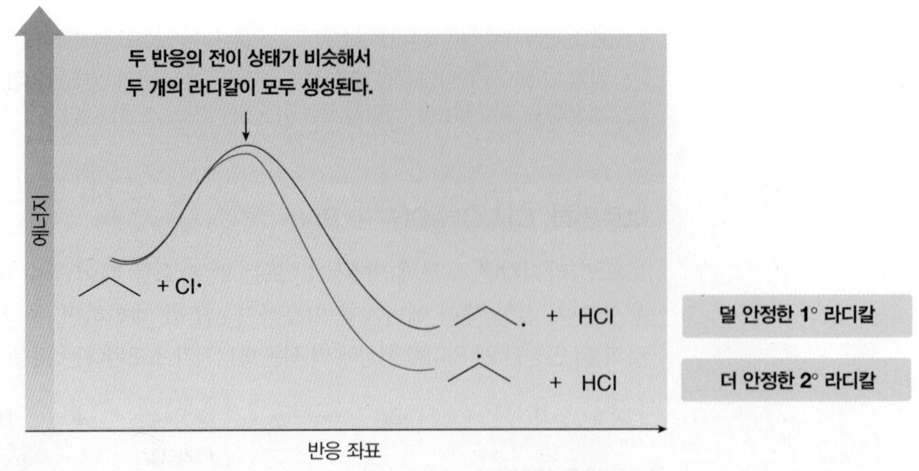

그림 15.6
비선택적인 발열 반응의 에너지 도표

염소화: $CH_3CH_2CH_3 + Cl_2$

염소 라디칼은 프로페인에서 1° 또는 2° 수소를 떼어내 1° 또는 2° 라디칼을 만들 수 있다. 결합 해리 에너지를 이용하여 $\Delta H°$를 계산하면 두 개 반응이 발열 과정이라는 것이 나타난다.

프로페인(1° C–H) + ·Cl: ⟶ 1° 라디칼 + H–Cl: $\Delta H° = -21$ kJ/mol 발열 반응

끊어진 1° C–H 결합 +410 kJ/mol; 형성된 결합 −431 kJ/mol

프로페인(2° C–H) + ·Cl: ⟶ 2° 라디칼 + H–Cl: $\Delta H° = -34$ kJ/mol 발열 반응

끊어진 2° C–H 결합 +397 kJ/mol; 형성된 결합 −431 kJ/mol

염소화는 속도 결정 단계가 발열이기 때문에 양쪽 라디칼을 형성하기 위한 전이 상태가 출발물인 $CH_3CH_2CH_3$를 닮는다. 결과적으로 두 라디칼의 상대적 안정성이 훨씬 덜 중요하기 때문에 두 라디칼이 모두 형성된다. 이 과정의 에너지 도표를 그림 15.6에 나타냈다. 1°와 2° 라디칼은 두 번째 전파 단계에서 1-클로로프로페인($CH_3CH_2CH_2Cl$)과 2-클로로프로페인[$(CH_3)_2CHCl$]으로 변환되기 때문에 두 종류의 할로젠화 알킬이 염소화에서 생성된다.

- 결론: 염소화에서 속도 결정 단계가 발열이기 때문에 전이 상태는 출발물을 닮아서 두 종류의 라디칼이 형성되어 생성물은 혼합물로 얻어진다.

문제 15.10 $(CH_3)_3CH$와 Cl_2의 반응은 다음 두 개의 생성물을 형성한다. 왜 주 생성물은 더 센 1° C–H 결합의 분해에 의하여 생성되는가?

$(CH_3)_2CHCH_2Cl$(63%)과 $(CH_3)_3CCl$(37%)

15.7 유기 합성 도구로서의 할로젠화 반응

할로젠화는 작용기가 없는 분자에 작용기를 첨가하여 할로젠화 알킬을 만드는 유용한 도구이다. 이들 할로젠화 알킬은 제거에 의하여 알켄으로 변환되거나, 친핵성 치환에 의하여 알코올과 에터로 변환될 수 있다.

예제 15.3 사이클로헥세인이 사이클로헥센으로 어떻게 변환되는지를 단계별로 나타내라.

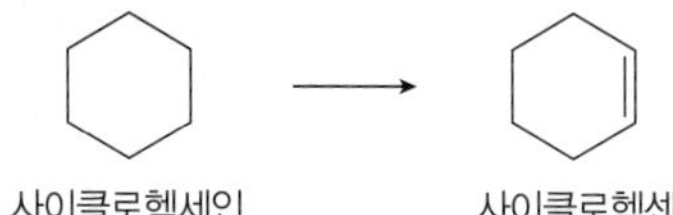

풀이

알케인을 알켄으로 한 단계로 변화시키는 방법은 없다. 두 단계 방법이 필요하다.

[1] **라디칼 할로젠화**로 할로젠화 알킬을 만든다.

[2] 센염기로 **HCl을 제거**하면 사이클로헥센이 생성된다.

문제 15.11 $(CH_3)_3CH$로부터 다음 각 화합물을 합성하라.

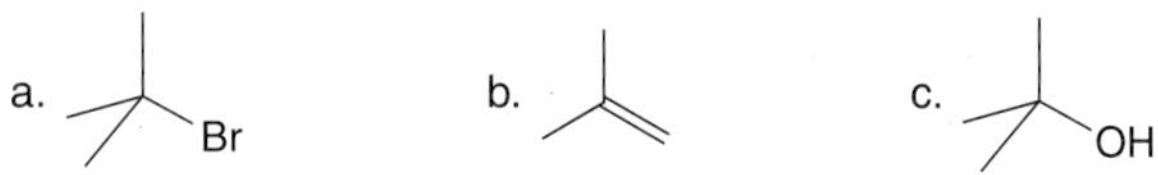

문제 15.12 사이클로헥세인을 다음 각각의 화합물로 변환하기 위하여 필요한 모든 반응 단계와 시약을 나타내라.

a. 트랜스-1,2-다이브로모사이클로헥세인의 두 개의 거울상이성질체 b. 1,2-에폭시사이클로헥세인

15.8 할로젠화 반응의 입체화학

반응 생성물의 입체화학은 반응이 입체발생 중심 또는 다른 원자에서 일어나는지, 그리고 새로운 입체발생 중심이 형성되는지에 달려 있다. 반 응 생성물의 입체화학을 예측하는 법칙이 표 15.1에 요약되어 있다.

15.8A 비카이랄 출발물의 할로젠화

비카이랄 출발물인 $CH_3CH_2CH_2CH_3$의 할로젠화는 1° 또는 2° 수소의 치환에 의하여 두 개의 구조이성질체를 형성한다.

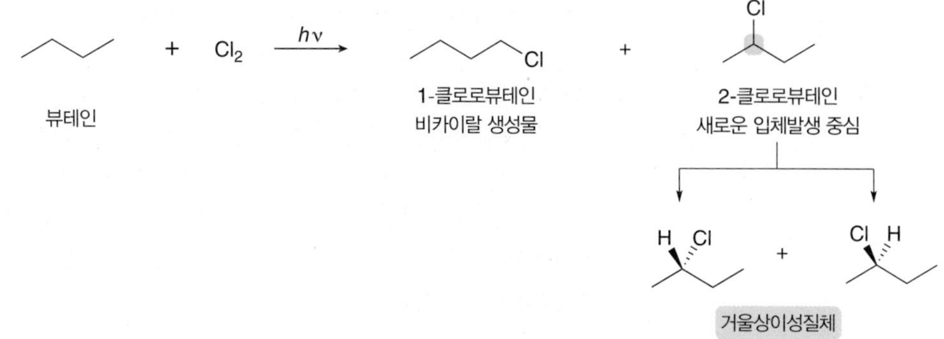

표 15.1
반응 생성물의 입체화학을 예측하는 법칙

출발물	결과
비카이랄	• 비카이랄 출발물은 항상 비카이랄 또는 라셈 생성물을 생성한다.
카이랄	• 반응이 입체발생 중심에서 일어나지 않으면, 입체발생 중심의 배열은 생성물에서 유지된다. • 반응이 입체발생 중심에서 일어나면, 생성물의 입체화학을 예측하기 위한 메커니즘을 알아야 한다.

- 1-클로로뷰테인($CH_3CH_2CH_2CH_2Cl$)은 입체발생 중심이 없으므로 비카이랄 화합물이다.
- 2-클로로뷰테인[$CH_3CH(Cl)CH_2CH_3$]은 입체발생 중심이 있으므로 두 개의 거울상이성질체가 같은 양만큼 생성된다. 즉 라셈 혼합물이 생긴다.

라세믹 혼합물은 첫 번째 전파 단계에서 평면인 sp^2 혼성 라디칼의 생성으로 새로운 입체발생 중심이 형성될 때 얻어진다. 같은 양의 거울상이성질체 두 개를 형성하기 위하여 Cl_2는 양쪽 측면에서 평면 라디칼과 반응한다.

뷰테인 —·Cl:→ 평면 라디칼 + HCl —Cl_2→ 뒤쪽에서 공격 (S)-2-클로로뷰테인 + 앞쪽에서 공격 (R)-2-클로로뷰테인

이와 같이 비카이랄 출발물인 뷰테인은 비카이랄 생성물(1-클로로뷰테인)과 두 개의 거울상이성질체[(*R*)- 및 (*S*)-2-클로로뷰테인]로 구성된 라셈 혼합물을 형성한다.

15.8B 카이랄 출발물의 할로젠화

카이랄 출발물인 (*R*)-2-브로모뷰테인의 C2와 C3 위치에서 일어나는 염소화를 살펴보자.

(*R*)-2-브로모뷰테인

C2 위치에서의 염소화는 입체발생 중심에서 일어난다. C2에서 수소 원자가 제거되면 비카이랄인 삼각 평면 sp^2 혼성 라디칼이 생긴다. 이 비카이랄 라디칼은 새로운 입체발생 중심을 형성하기 위하여 양쪽 면에서 Cl_2와 반응하여 같은 양의 두 거울상이성질체, 즉 라셈 혼합물을 생성한다.

—·Cl:→ 평면 비카이랄 라디칼 + HCl —Cl_2→ 앞쪽에서 공격 + 뒤쪽에서 공격

거울상이성질체

- 입체발생 중심에서 라디칼 할로젠화 반응은 라셈화를 일으킨다.

C3 위치에서의 염소화는 입체발생 중심에서 일어나지 않으나 새로운 입체발생 중심을 형성한다. 입체발생 중심인 C2에서는 어떠한 결합도 깨어지지 않기 때문에 C2의 배열은 유지된다. C3에서는 수소 원자가 제거되어 여전히 입체발생 중심이 있는 삼각 평면의 sp^2 혼성 라디칼을 형성한다. 라디칼의 양쪽 측면에서 Cl_2와 반응하여 새로운 입체발생 중심을 형성하므로 생성물에는 두 개의 입체발생 중심이 생긴다. 두 화합물은 C2에서의 배열은 동일하지만, C3에서의 배열은 다르므로 부분입체이성질체이다.

—·Cl:→ C2의 배열은 보존된다. + HCl —Cl_2→ 앞쪽에서 공격 + 뒤쪽에서 공격

부분입체이성질체

이와 같이 네 개의 이성질체가 (*R*)-2-브로모뷰테인의 C2와 C3 염소화에 의하여 형성된다. 입체발생 중심인 C2에서의 반응은 거울상이성질체로 구성된 혼합물로서 한 개의 입체발생 중심이 있는 생성물을 생성한다. C3에서의 반응은 새로운 입체발생 중심을 생성하고 혼합물인 부분입체이성질체를 형성한다.

문제 15.13 C1과 C4에서 (*R*)-2-브로모뷰테인의 일염소화로부터 형성되는 생성물은 무엇인가? 각 입체발생 중심을 *R*과 *S*로 표시하라.

문제 15.14 다음 각 화합물을 Cl_2와 가열할 때 생성되는 일염소화 생성물을 그려라. 입체발생 중심이 있다면 입체화학을 나타내라.

a. b. c. d. H Cl

(C2와 C3에서의 반응만 고려)

15.9 응용: 오존층과 클로로플루오로탄소(CFC)

1995년 노벨 화학상은 오존과 CFC의 관계를 규명한 업적으로 몰리나(Marion Molina), 크뤼천(Paul Crutzen), 롤런드(F. Sherwood Rowland)에게 수여되었다.

오존(ozone)은 산소 분자와 산소 원자의 반응에 의하여 초고층 대기에서 발생한다. 오존은 햇빛에 의하여 다시 원래의 두 개 화합물로 분해된다. 이 반응의 전체 결과는 높은 에너지인 자외선을 열로 변환하는 것이다.

오존의 합성 $O_2 + \cdot\ddot{\underset{..}{O}}\cdot \longrightarrow O_3 + 열$ (오존)

오존의 분해 $O_3 \xrightarrow{h\nu} O_2 + \cdot\ddot{\underset{..}{O}}\cdot$ (오존)

지금은 스프레이 캔의 분사제로 CFC 대신에 프로페인과 뷰테인이 사용된다.

오존은 생명에 치명적이지만, 파괴적인 자외선으로부터 지구 표면을 보호하는 보호물 역할도 한다. 이 보호층에서 오존 농도가 감소하면 피부암 및 백내장 발병률의 증가와 같은 즉각적인 결과가 발생할 것이다. 이 외에도 면역력의 저하, 식물에서의 광합성 저해, 대양 먹이사슬의 중추인 플랑크톤 성장의 저해와 같은 장기적인 영향을 초래한다.

현재 진행 중인 연구는 클로로플루오로탄소(CFC, chlorofluorocarbon)가 초고층 대기의 오존을 파괴하는 주범이라는 것을 제시한다. CFC는 프레온이라는 상품명으로 제조되는 할로젠을 포함하는 단순 유기 화합물이다.

$CFCl_3$ 트라이클로로플루오로메테인 **CFC 11** **프레온 11**

CF_2Cl_2 다이클로로다이플루오로메테인 **CFC 12** **프레온 12**

CFC는 비활성, 무취 및 무독성으로 냉매제, 용매, 에어로솔 추진제 등으로 사용된다. CFC는 휘발성이고 물에 녹지 않기 때문에 초고층 대기로 쉽게 탈출한다. 여기에서 이들은 높은 에너지의 햇빛에 의해 분해되어 그림 15.7에서 보이는 것처럼 라디칼 연쇄 메커니즘으로 오존을 파괴하는 라디칼이 형성된다.

그림 15.7 CFC와 오존층 파괴

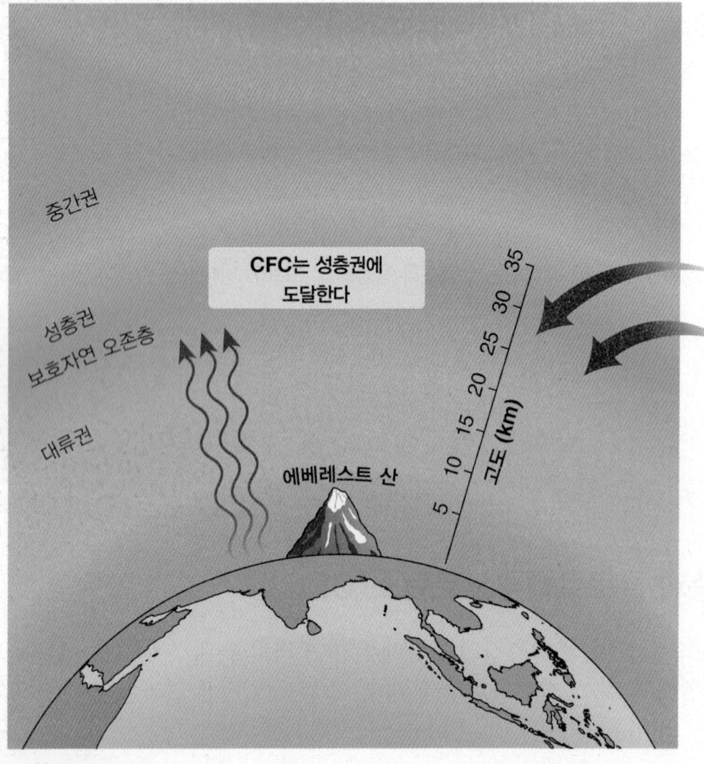

개시: CFC가 햇빛에 의해 분해되어 염소 라디칼이 생성된다.

$$CFCl_3 \xrightarrow{h\nu} \cdot CFCl_2 + \cdot\ddot{Cl}:$$

전파: 오존이 라디칼 중간체와의 연쇄 반응에 의하여 파괴된다.

$$\cdot\ddot{Cl}: + O_3 \longrightarrow :\ddot{Cl}-\ddot{O}\cdot + O_2$$

$$:\ddot{Cl}-\ddot{O}\cdot + \cdot\ddot{O}\cdot \longrightarrow \cdot\ddot{Cl}: + O_2$$

- $CFCl_3$에서 C−Cl 결합의 균일 분해에 의해 연쇄반응이 개시된다.
- 전파는 두 단계로 구성된다. O_3와 Cl·의 반응으로 일산화 염소 라디칼(ClO·)이 형성되며, 일산화 염소 라디칼은 산소 원자와 반응하여 O_2와 Cl·을 생성한다.

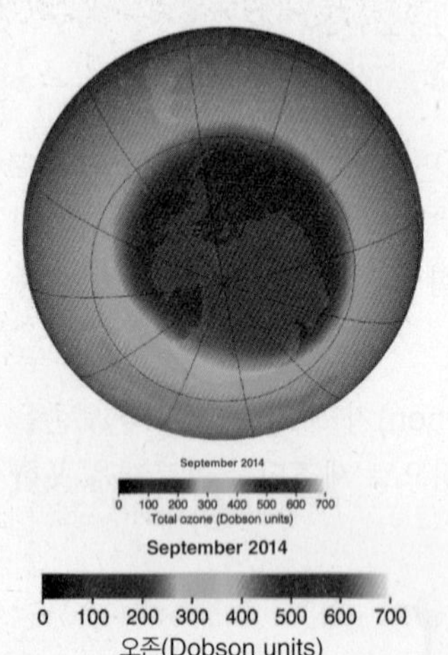

위성 영상 사진에서 볼 수 있듯이 O_3 파괴는 남극 지역에서 가장 심각하다.

전체 결과는 O_3가 반응물로 소모되고 O_2 분자가 생성되는 것이다. 이러한 방식으로 적은 양의 CFC가 막대한 양의 O_3를 파괴할 수 있다. 이에 따라 1978년에 미국에서는 에어로졸 추진제에 대한 CFC의 사용을 금지시켰으며, 냉동 시스템에 대한 CFC의 사용을 단계적으로 감소시켰다.

CFC의 새로운 대체물은 하이드로클로로플루오로탄소(HCFC)와 CH_2FCF_3와 같은 하이드로플루오로탄소(HFC)이다. 이 화합물들은 CFC와 유사한 특성을 가지지만 성층권에 도달하기 전에 HO·에 의하여 분해되기 때문에 O_3 파괴에는 적은 영향을 미친다.

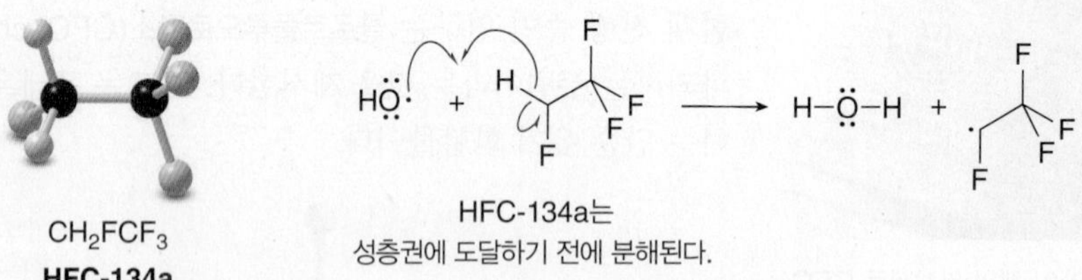

문제 15.15 산화 질소 NO·는 유사한 메커니즘에 의하여 오존층 파괴를 일으키는 또 하나의 라디칼이다. 성층권에서 NO· 공급원 중의 하나는 초음속 항공기로서 제트 엔진이 N_2와 O_2의 적은 양을 NO·로 변환한다. O_3와 NO·의 반응에 대한 전파 단계를 쓰라.

15.10 알릴 탄소의 라디칼 할로젠화

이제 이중 결합 옆에 붙어 있는 탄소인 알릴성 탄소(allylic carbon)의 라디칼 할로젠화를 조사해보자. 프로펜의 알릴성 C−H 결합의 균일 분해는 알릴 라디칼을 생성하는데, 이중 결합에 인접한 탄소에 쌍을 이루지 않은 전자가 있다.

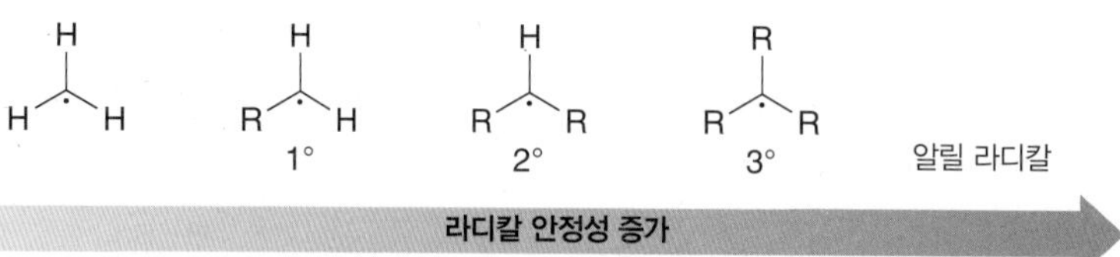

이 과정의 결합 해리 에너지(364 kJ/mol)는 3° C−H 결합에서(381 kJ/mol) 보다 더 적다. C−H 결합이 약하면 약할수록 생기는 라디칼은 더 안정하기 때문에, **알릴 라디칼은 3° 라디칼보다 더 안정하다.**

1° 2° 3° 알릴 라디칼

라디칼 안정성 증가

공명 구조를 그리는 데 있어서 원자들과 σ 결합 위치는 항상 같다. 공명 구조는 오직 π 결합과 비공유전자들의 위치만 다르다.

알릴 라디칼은 두 개의 공명 구조가 그려질 수 있기 때문에 다른 라디칼보다 더 안정하다.

알릴 라디칼의 두 공명 구조 혼성체

- 알릴 라디칼의 '실제' 구조는 두 개 공명 구조의 혼성체이다. 혼성체에서 π 결합과 쌍을 이루지 않은 전자는 비편재된다.
- 전자 밀도가 비편재되면 혼성체의 에너지가 낮아져 알릴 라디칼이 안정해진다.

문제 15.16 각 라디칼에 대한 공명 구조와 혼성체를 그려라.

a. b. c. d.

15.10A 알릴성 C−H 결합의 선택적 브로민화

알릴성 C−H 결합은 다른 sp^3 혼성 C−H 결합보다 약하기 때문에 **알릴성 탄소는 빛이나 과산화물의 존재하에서** *N*-브로모석신이미드(**NBS**, 10.15절)를 사용하여 **선택적으로 할로젠화할 수 있다.** 이들 조건에서 사이클로헥센의 알릴성 C−H 결합만 반응하여 할로젠화 알릴을 형성한다.

N-Br

N-브로모석신이미드
NBS

NBS
hν 또는 ROOR
알릴성 C
Br
할로젠화 알릴

NBS에는 빛에서 균일하게 분해되는 약한 N−Br 결합이 있어서, 브로민 라디칼을 발생시키고 할로젠화 알릴 반응을 개시한다. 다음의 전파는 메커니즘 15.2에서와 같이 일반적인 두 단계의 라디칼 할로젠화로 구성된다.

메커니즘 15.2 NBS의 알릴 브로민화 반응

부분 [1] 개시

NBS

① 빛 에너지를 이용한 약한 N−Br 결합의 균일 분해는 라디칼 할로젠화 과정을 시작하는 라디칼 Br·을 생성한다.

부분 [2] 전파

알릴성 라디칼 (NBS에서)

② 알릴성 라디칼을 만들기 위하여 라디칼 Br·은 알릴 수소 원자를 떼어낸다(공명 구조는 오직 한 개만 그려진다).

③ 알릴성 라디칼은 Br_2와 반응하여 할로젠화 알릴을 형성한다. 단계 ③에서 형성된 라디칼 Br·이 단계 ②에서는 반응물이기 때문에 단계 ②와 ③은 단계 ①이 필요 없이 연쇄를 계속하기 위하여 반복적으로 발생할 수 있다.

NBS는 반응을 개시하기 위한 Br· 공급원으로서의 역할 외에 두 번째 연쇄 전파 단계(메커니즘의 단계 ③)에서 필요한 Br_2를 낮은 농도로 발생시킨다. 단계 ②에서 형성된 HBr은 Br_2를 생성하여 NBS와 반응하고, 메커니즘의 단계 ③에서 할로젠화에 이용된다.

NBS + HBr ⟶ 석신이미드 + Br_2 (단계 ③의 알릴성 브로민화 반응에 사용됨)

NBS로부터 생성된 **낮은 농도의 Br_2는** 첨가보다 **알릴성 치환을 선호**하는데, 그 이유 중의 하나는 브로민이 메커니즘상 오직 한 단계에서 필요하기 때문이다. Br_2가 이중 결합에 첨가될 때, 낮은 Br_2 농도는 낮은 농도의 다리 걸친 브로모늄 이온(10.13절)을 생성시키고, 이브로민화물(dibromide)을 형성하기 위하여 두 번째 단계에서 더 많은 브로민(Br^- 형태로 존재하는)과 반응해야 한다. **두 개의 반응 중간체인 브로모늄 이온과 Br^-의 농도가 낮다면, 첨가 반응에 대한 전체 반응 속도가 매우 느리다.**

이와 같이 알릴성 C−H 결합을 가진 알켄은 반응 조건에 따라 두 가지 다른 반응을 수행한다.

Br_2 → 이웃자리 이브로민화물 — **첨가** 이온 중간체 경유

NBS, $h\nu$ 또는 ROOR → 브로민화 알릴 — **치환** 라디칼 중간체 경유

- CCl_4와 같은 유기 용매에서 사이클로헥센과 Br_2가 반응하면 이온 중간체(10.13절)를 거쳐 첨가 반응이 수행된다.
- NBS (+ $h\nu$ 또는 ROOR)와 사이클로헥센의 반응에서는 라디칼 중간체를 거쳐 알릴성 치환 반응이 수행된다.

문제 15.17 각 반응의 생성물을 그려라.

a. (cyclopentene) $\xrightarrow[h\nu]{NBS}$ b. (propene) $\xrightarrow[h\nu]{NBS}$ c. (cycloheptene) $\xrightarrow{Br_2}$

15.10B 알릴성 할로젠화의 혼합 생성물

알릴성 탄소에서 할로젠화는 자주 혼합물을 생성한다. 예를 들면, 라디칼 조건하에서 3-메틸뷰트-1-엔의 브로민화는 3-브로모-3-메틸뷰트-1-엔과 1-브로모-3-메틸뷰트-2-엔의 혼합물을 형성한다.

3-메틸뷰트-1-엔 $\xrightarrow[h\nu \text{ 또는 ROOR}]{NBS}$ 3-브로모-3-메틸뷰트-1-엔 + 1-브로모-3-메틸뷰트-2-엔

혼합물이 생기는 이유는 반응이 **공명 안정화된 라디칼**에 의하여 진행되기 때문이다. Br· 라디칼(NBS로부터 얻어진)의 알켄에서의 알릴성 수소 제거는 **두 개의 다른 루이스 구조**를 그릴 수 있는 알릴성 라디칼을 형성한다.

두 개의 다른 공명 구조

(3-메틸뷰트-1-엔) + ·Br: ⟶ (라디칼) ⟷ (라디칼) + H–Br:

↓ Br_2 ↓ Br_2

3-브로모-3-메틸뷰트-1-엔 + 1-브로모-3-메틸뷰트-2-엔 + ·Br:

δ· δ·
혼성체

결과적으로 두 개의 다른 탄소 원자들은 부분적인 라디칼 성질을 가지기 때문에(δ•로 표시) Br_2는 두 개의 다른 위치에서 반응하고 두 개의 알릴성 할로젠화물을 형성한다.

- 알릴성 라디칼에 대하여 두 개의 다른 공명 구조가 그려질 수 있다면, 라디칼 치환에 의하여 두 개의 다른 알릴성 할로젠화물이 형성된다.

예제 15.4 **A를 NBS + hν와 반응시킬 때 형성되는 생성물을 그려라.**

A $\xrightarrow[h\nu]{NBS}$

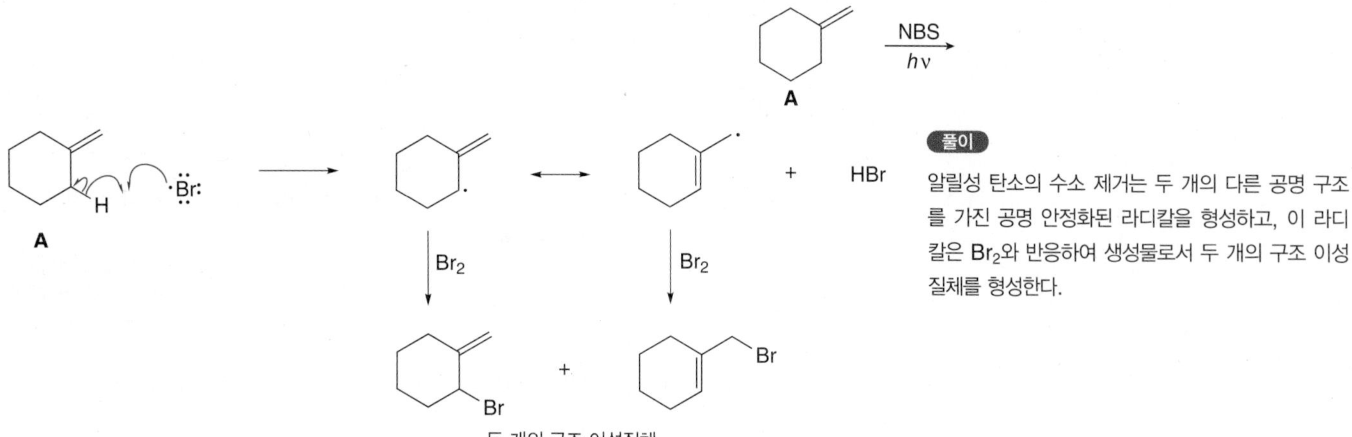

풀이

알릴성 탄소의 수소 제거는 두 개의 다른 공명 구조를 가진 공명 안정화된 라디칼을 형성하고, 이 라디칼은 Br_2와 반응하여 생성물로서 두 개의 구조 이성질체를 형성한다.

문제 15.18 각각의 알켄을 NBS + $h\nu$와 반응시킬 때 형성되는 구조 이성질체를 그려라.

a. 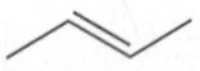 b. 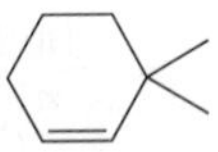 c.

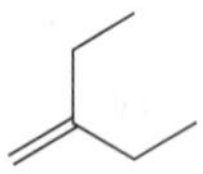

문제 15.19 3-메틸사이클로헥센을 NBS + $h\nu$로 처리할 때 형성되는 네 개의 알릴성 할로젠화물 구조를 그려라.

문제 15.20 다음 알켄의 알릴성 할로젠화에 의하여 어떤 화합물이 좋은 수율로 얻어질 수 있는가?

a. 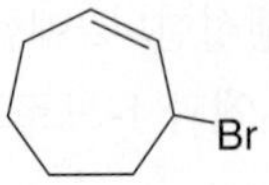 Br b. 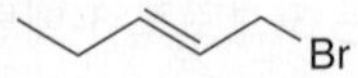 Br c. 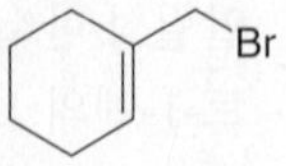 Br

15.11 응용: 불포화 지질의 산화

기름은 긴 탄소 사슬에 한 개 이상의 불포화 결합을 가지고 있는 트라이아실글리세롤로서 기름의 알릴성 탄소 원자는 산화에 민감하다. 산화는 그림 15.8에서와 같이 라디칼 연쇄 메커니즘에 의하여 발생한다.

- 단계 [1]: 알릴 C−H 결합이 다른 C−H 결합보다 약하기 때문에, 공기 중의 산소가 알릴성 수소 원자를 떼어내면 알릴성 라디칼이 생긴다.

그림 15.8
불포화 지방질의 O_2에 의한 산화

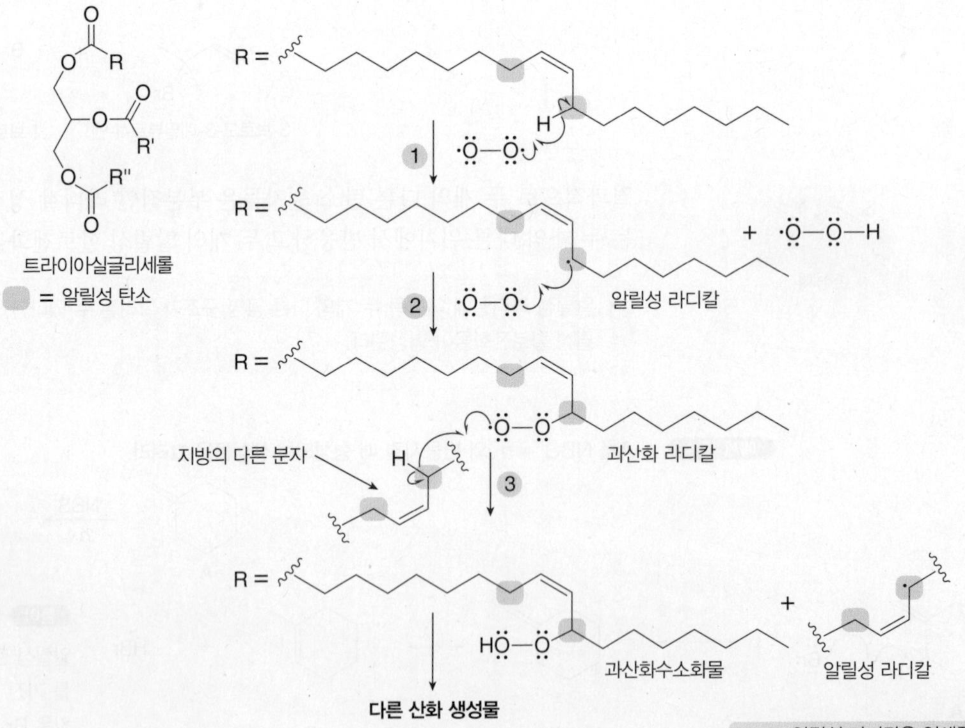

- 이 그림에서는 한 개의 알릴성 탄소에서 산화 반응이 일어나는 것만을 나타내었다. 표지된 다른 알릴성 탄소의 반응도 가능하다.

- 단계 [2]: 알릴성 라디칼이 또 다른 O_2 분자와 반응하면 과산화 라디칼이 생긴다.
- 단계 [3]: 과산화 라디칼은 또 다른 지방질 분자로부터 알릴성 수소를 떼어 내어, 연쇄를 계속할 수 있는 또 다른 알릴성 라디칼과 과산화물을 형성한다. 단계 [2]와 [3]은 어떤 다른 라디칼이 연쇄를 종결할 때까지 전파를 반복한다.

이 과정에 의하여 형성된 과산화물은 불안정하고, 많은 경우 불쾌한 냄새와 맛을 내는 다른 산화 생성물로 분해된다. **이 과정이 유지의 산패를 유도한다.** **불포화 지질은 포화 지질보다 더 쉽게 산화되**는데, 이는 불포화 지질이 반응의 단계 [1]에서 쉽게 파괴되는 약한 C−H 결합을 가져서, 공명 안정화된 알릴성 라디칼을 생성하기 때문이다. 포화 지방은 이중 결합이 없어서 약한 C−H 알릴성 결합이 없기 때문에 공기 산화에 훨씬 덜 민감하고 더 오래 보관할 수 있다.

문제 15.21 리놀레산(linoleic acid)에서 어느 C−H 결합이 가장 쉽게 끊어지는가? 생성되는 라디칼에 대한 모든 가능한 공명 구조를 그려라. 이 공명 안정화된 라디칼과 O_2의 반응에 의하여 형성된 모든 과산화물을 그려라

O
OH
리놀레산

15.12 응용: 항산화제

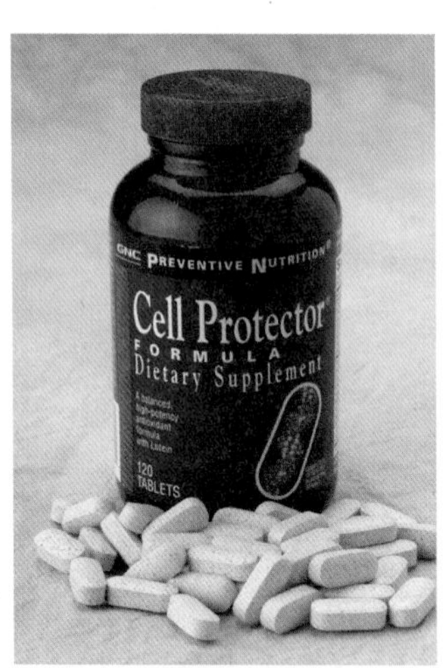

항산화제가 건강에 좋다는 소문으로 많은 노화 방지 제품에 항산화제가 이용되고 있다.

개암, 아몬드 및 여러 다른 유형의 견과류는 천연 산화제인 바이타민 E의 우수한 공급원이다.

항산화제(antioxidant)는 산화 반응이 일어나는 것을 억제시키는 화합물이다.

- 자연에서 생성된 항산화제인 바이타민 E는 세포의 손상을 일으키는 라디칼 반응을 방해한다.
- BHT(butylated hydroxy toluene)와 같은 합성 항산화제는 포장, 보존된 식품이 산화 및 변질되는 것을 방지하기 위하여 첨가된다.

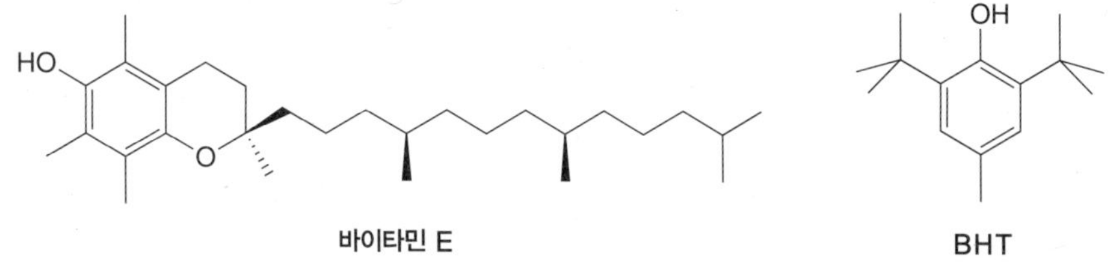

바이타민 E

BHT
뷰틸레이티드 하이드록시 톨루엔

바이타민 E와 BHT는 라디칼 억제제로서 라디칼과 반응하여 연쇄 메커니즘을 종료시킨다. 이들이 어떻게 라디칼을 억제할까? 바이타민 E와 BHT는 **페놀**(phenol)로 알려진 벤젠 고리에 결합된 하이드록시기를 가지고 있다.

라디칼(R·)은 항산화제의 하이드록시기(OH기)로부터 수소 원자를 떼어내고 새로운 공명 안정화된 라디칼을 형성한다. **이 새로운 라디칼은 연쇄 전파에 참여하지 않고,** 연쇄를 종결시키며 산화 과정을 정지시킨다. 모든 페놀류(바이타민 E와 BHT를 포함)는 이 라디칼 과정에 의해 산화를 방지한다.

:Ö H R·
페놀
R·은 OH기에서 H 원자를 떼어낸다.
R· = 일반적인 유기 라디칼
:Ö· ⟷ :O: ⟷ :O: ⟷ :O: ⟷ :Ö·
다섯 개의 공명 구조 + R−H

바이타민 E는 많은 비극성 C−C와 C−H 결합 때문에 유지에 용해되고, 또한 세포막의 비극성 내부에 녹아서 인산 지질(phospholipid)의 불포화 지방산의 산화를 방지한다고 생각된다. 세포 내에서 라디칼 메커니즘에 의한 지질의 산화 손상은 노화 과정에 중요한 역할을 한다고 알려진다. 이런 이유 때문에 바이타민 E 같은 항산화제를 포함하는 많은 노화 방지제가 소비자 제품으로 인기가 있다.

문제 15.22 로즈마린산(rosemarinic acid)은 로즈마리로부터 분리된 항산화제이다. 로즈마린산에서 빨간색으로 표시된 수소를 제거한 결과로 생성된 라디칼의 공명 구조를 그려라.

로즈마리 추출물은 불포화 식물유의 산화를 방지하는 항산화제인 로즈마린산을 포함하고 있다.

15.13 이중 결합의 라디칼 첨가 반응

이제 라디칼에서 두 번째로 자주 발생하는 이중 결합의 첨가 반응을 고려해보자. 알켄은 전자가 풍부하고 쉽게 끊어지는 π 결합을 가지고 있기 때문에 전자가 부족한 라디칼과 반응한다.

라디칼은 앞에서 언급한 라디칼 치환과 유사한 개시, 전파, 종결로 구성되는 라디칼 연쇄 메커니즘에 의하여 알켄과 반응한다.

15.13A HBr의 첨가

HBr은 빛, 열, 또는 과산화물의 존재하에 알켄과 반응하여 브로민화 알킬을 생성한다.

비대칭 알켄의 첨가에 대한 위치선택성은 빛, 열, 과산화물이 없는 조건에서 HBr이 첨가되는 경우와 다르다.

- 빛, 열, 과산화물이 없는 조건에서 프로펜에 대한 HBr의 첨가는 2-브로모프로페인을 형성한다. **H 원자는 더 적게 치환된 탄소에 첨가된다.** 이 반응은 **탄소 양이온 중간체**를 거쳐 발생한다. (10.10절)
- 빛, 열 또는 과산화물의 존재하에서 프로펜에 대한 HBr의 첨가는 1-브로모프로페인을 생성한다. **Br 원자는 더 적게 치환된 탄소에 첨가된다.** 이 반응은 **라디칼 중간체**를 거쳐 일어난다.

문제 15.23 다음의 각 알켄을 [1] 오직 HBr과 반응시킬 때, [2] 과산화물의 존재에서 HBr과 반응시킬 때 형성되는 생성물을 그려라.

a. b. c.

15.13B 알켄에 대한 HBr의 라디칼 첨가 메커니즘

빛, 열, 과산화물의 존재하에서 알켄에 대한 HBr의 첨가는 라디칼 중간체를 형성하고, 다른 라디칼 반응에서와 같이 개시, 전파, 종결로 분리된 메커니즘으로 진행된다. 메커니즘 15.3에는 $CH_3CH{=}CH_2$가 HBr 및 ROOR과 반응하여 $CH_3CH_2CH_2Br$을 형성하는 반응을 나타내었다.

첫 전파 단계(메커니즘의 단계 ③, 이중 결합에 대한 Br·의 첨가)는 주목할 만하다. 프로펜의 경우에 이중 결합의 어느 탄소 원자가 브로민과 새로운 결합을 형성하는지에 따라 이 단계에 대한 두 가지 가능한 경로가 있다. 경로 [A]는 더 불안정한 1° 라디칼을 형성하지만, 경로 [B]는 더 안정한 2° 라디칼을 형성한다. **더 안정한 2° 라디칼이 더 빨리 형성되기 때문에** 경로 [B]를 선호한다.

메커니즘 15.3 알켄에 대한 HBr의 라디칼 첨가

부분 [1] 개시

RO—OR →(1) 2 RO· + H—Br: →(2) ROH + ·Br:

① ② ROOR을 사용한 반응 개시는 약한 O–O 결합의 균일 분해 단계와 Br·을 형성시키기 위한 수소 원자 제거 단계의 두 단계가 필요하다.

부분 [2] 전파

·Br: →(3) H—Br: / Br →(4) H / Br + ·Br:

2° 라디칼

새로운 결합(붉은색)

새로운 결합(붉은색)

③ Br· 라디칼이 말단 탄소에 첨가되어 2° 탄소 라디칼을 만든다.

④ HBr로부터 H 원자를 떼어내 새로운 C–H 결합과 Br· 라디칼을 형성하기 때문에 단계 ③과 ④는 반복적으로 일어난다.

부분 [3] 종결

:Br· + ·Br: →(5) :Br—Br:

⑤ 두 라디칼이 서로 반응하여 결합을 형성할 때 연쇄 반응이 종결된다.

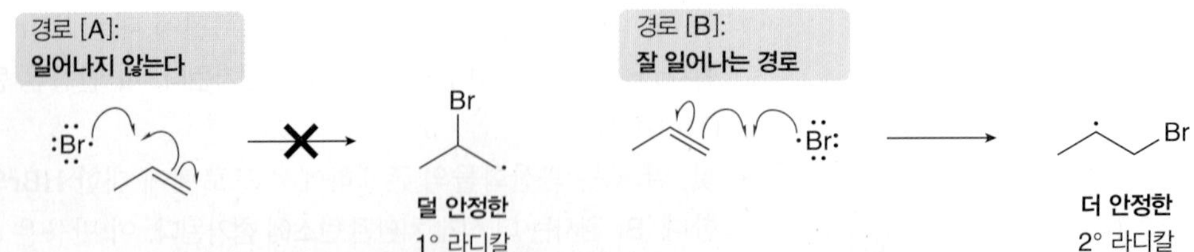

메커니즘은 HBr 첨가에 대한 위치선택성이 왜 반응 조건에 따라 다른지를 설명한다. 양쪽 반응에서 H와 Br이 이중 결합에 첨가되나 첨가의 순서는 메커니즘에 의존한다.

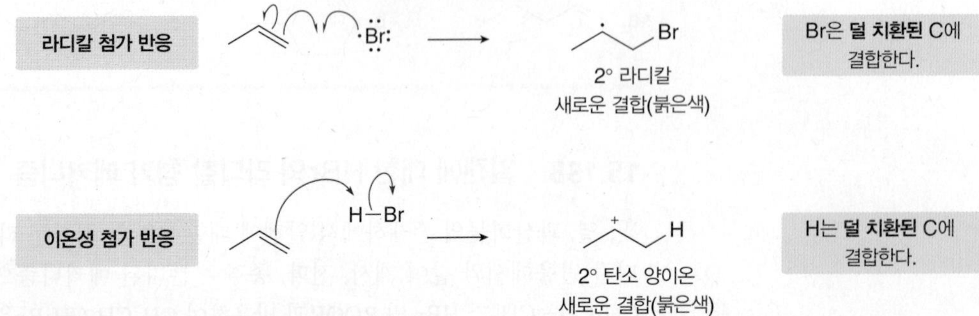

- 라디칼 첨가(HBr을 빛, 열 또는 ROOR과 반응시킴)에서는 Br·이 먼저 첨가하여 더 안정한 라디칼을 형성한다.
- 이온성 첨가(오직 HBr만 반응)에서는 H^+가 먼저 첨가하여 더 안정한 탄소 양이온을 형성한다.

문제 15.24 라디칼 조건하에서 HBr이 $(CH_3)_2C{=}CH_2$에 첨가될 때, 연쇄 전파의 첫 단계에서 두 라디칼이 생길 수 있다. 두 개의 라디칼 구조를 그리고 어느 것이 생성되는지를 지적하라. 그리고 라디칼 조건하에서 HBr의 첨가로 생성되는 주 생성물을 그려라.

문제 15.25 1-에틸사이클로헥센을 (a) 1-브로모-2-에틸사이클로헥세인 (b) 1-브로모-1-에틸사이클로헥세인 (c) 1,2-다이브로모-1-에틸사이클로헥세인으로 변환하기 위하여 어떤 시약이 필요한가?

15.13C HBr의 라디칼 첨가에 대한 에너지 변화

$CH_2{=}CH_2$에 대한 HBr의 라디칼 첨가에서 전파 과정의 에너지 변화는 그림 15.9에서와 같이 결합 해리 에너지로부터 계산될 수 있다.

HBr 첨가에 대한 두 개의 전파 단계가 발열이기 때문에 전체 전파는 에너지 측면에서 선호되는 발열이다. 그러나 HCl과 HI 첨가에서는 전파 단계 중의 하나가 상당히 흡열이어서 연쇄 메커니즘을 반복하기가 어렵다. 따라서 HBr은 라디칼 조건하에 알켄에 첨가되지만 HCl과 HI는 그렇지 못하다.

15.14 고분자와 중합

고분자(polymer)는 단위체(monomer)라 부르는 작은 분자의 반복 단위로 구성된 거대 분자로서 단백질과 탄수화물 같은 생물학적으로 중요한 화합물을 포함한다. 고분자는 또한 폴리에틸렌, 폴리(염화 바이닐)(PVC), 폴리스타이렌과 같은 공업적으로 중요한 플라스틱을 포함한다.

그림 15.9
전파 단계에서의 에너지 변화:
$CH_2{=}CH_2 + HBr \rightarrow CH_3CH_2Br$

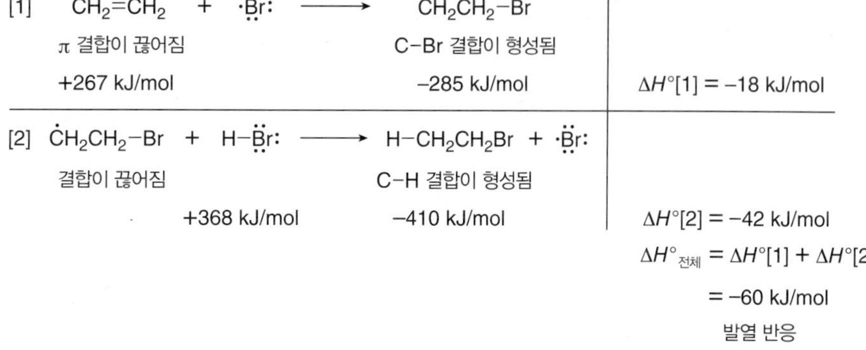

HDPE(고밀도 폴리에틸렌)와 **LDPE**(저밀도 폴리에틸렌)는 다른 반응 조건에서 제조된, 흔한 형태의 폴리에틸렌이다. HDPE는 불투명하고 단단하며, 우유통과 물주전자로 사용된다. LDPE는 약간 투명하며 더 유연하고, 비닐 봉투와 전기 절연체로 사용된다. HDPE와 LDPE 및 다른 플라스틱을 포함하는 제품에는 일반적으로 재활용 편의성을 표시하는 라벨이 있는데, 숫자가 작을수록 재활용이 쉽다.

15.14A 합성 고분자

실험실에서 합성되는 많은 고분자는 현대 사회에서 가장 폭넓게 사용되는 유기 화합물에 속한다. 합성 고분자는 천연 고분자와 유사한 것도 있지만, 많은 합성 고분자는 자연에서 발생하는 물질과 다르고 성질이 특이하다. 청량음료 병, 비닐 봉투, 음식포장용 랩, 콤팩트 디스크, 테플론과 스티로폼은 모두 합성 고분자로 제조된다. 이 장에서는 알켄 단위체로부터 만들어진 고분자에 대해서 알아본다. 다양한 종류의 합성 고분자의 성질과 합성에 관해서는 30장에서 자세히 설명한다.

- 중합(polymerization)은 단위체들을 연결하여 고분자를 만드는 것이다.

예를 들어, 에틸렌 단위체를 함께 연결하면 우유 팩이나 샌드위치 포장지에 사용되는 플라스틱인 폴리에틸렌 고분자를 형성한다.

$H_2C{=}CH_2$ + $H_2C{=}CH_2$ + $H_2C{=}CH_2$ ⟶(중합) 폴리에틸렌 고분자

에틸렌 단위체

폴리에틸렌 고분자
붉은색은 새로 형성된 결합

$CH_2{=}CHZ$와 같은 일반적인 구조의 많은 에틸렌 유도체들 또한 중합을 위한 단위체로 사용된다. Z의 종류가 생성된 고분자의 물리적 성질에 영향을 미쳐, 어떤 고분자를 어떤 소비재에 적용하는 게 더 적합한지 결정한다(예, 음료수병이나 CD 대 비닐 봉지나 주방용 랩). $CH_2 = CHZ$의 중합은 일반적으로 사슬 내의 모든 다른 탄소 원자에 Z기가 있는 고분자를 제공한다. 표 15.2는 자주 사용하는 단위체와 공업적으로 제조된 고분자 목록을 보여준다.

붉은색은 새로 형성된 결합

예제 15.5 아크릴산(acrylic acid, $CH_2{=}CHCO_2H$)을 중합하였을 때 형성되는 고분자는 무엇인가? 이때 생성된 고분자인 폴리(아크릴산)[poly(acrylic acid)]은 물 무게의 30배를 흡수하므로 1회용 기저귀에 사용된다.

풀이

세 개 이상의 알켄 단위체(monomer)를 그린 다음, 각 이중 결합 중에서 한 개를 끊고 알켄들을 단일 결합으로 연결하라. 비대칭 알켄에서는 치환기들이 매번 다른 탄소에 결합된다.

OH + OH + OH ⟶ 중합 ⟶ OH OH OH

파란색 탄소와 붉은색 탄소의 결합

폴리(아크릴산)

문제 15.26 (a) 이 장의 도입부에 소개한 분자인 폴리스타이렌은 스타이렌 단위체, $C_6H_5CH{=}CH_2$을 중합시켜 얻는다. 폴리스타이렌의 구조를 그려라. (b) 페인트와 접착제에 사용되는 폴리(아세트산 바이닐)[poly (vinyl acetate)] 고분자를 제조하려면 어떤 단위체를 사용해야 하는가?

폴리(아세트산 바이닐)

표 15.2
일반적인 산업용 단위체와 고분자

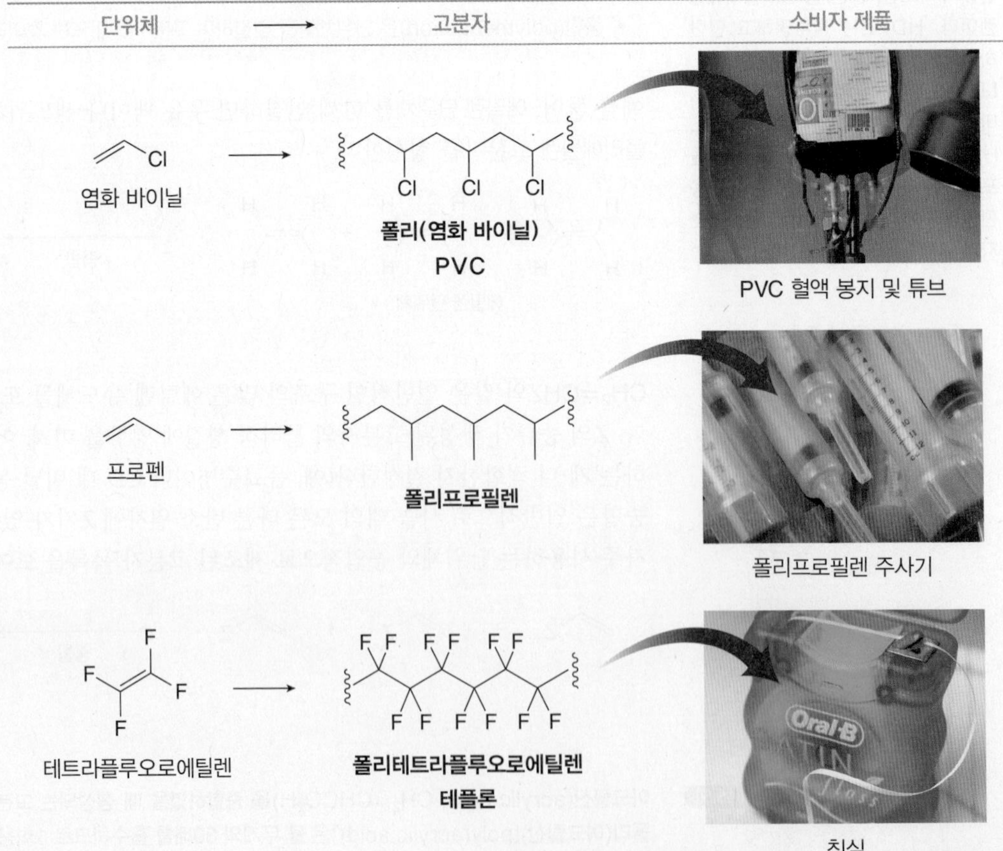

15.14B 라디칼 중합

15.14A절에 설명된 모든 고분자는 **라디칼을 π 결합에 첨가**함으로써 알켄 단위체의 중합에 의하여 제조된다. 메커니즘은 알켄에 대한 HBr의 라디칼 첨가와 유사하며, **브로민 원자가 아닌 탄소 라디칼이 이중 결합에 첨가**되는 것이 다르다. 메커니즘 15.4는 일반적인 단위체인 $CH_2=CHZ$를 이용하여 설명되어 있으며 개시, 전파 및 종결의 세 부분으로 되어 있다.

라디칼 중합에서, 더 많이 치환된 라디칼이 항상 단위체의 더 적게 치환된 부분에 첨가되는데, 이를 **머리-꼬리 중합**(head-to-tail polymerization) 과정이라 한다.

더 많은 치환기가 있는 라디칼이 **더 적은 치환기가 있는** 이중 결합의 **말단 탄소**에 첨가된다.

RÖ–CH₂–ĊH–Z + CH₂=CH–Z ⟶ RÖ–CH₂–CH(Z)–CH₂–ĊH–Z

새로운 라디칼은 항상 Z가 결합된 탄소에 위치한다.

문제 15.27 염화 바이닐($CH_2=CHCl$)을 폴리 염화 바이닐로 변환시키는 메커니즘의 각 단계를 그려라.

메커니즘 15.4 $CH_2=CHZ$의 라디칼 중합

부분 [1] 개시

RÖ–ÖR ⟶(1) 2 RÖ· + CH₂=CH–Z ⟶(2) RÖ–CH₂–ĊH–Z

① ② ROOR을 이용한 개시 반응은 약한 O–O 결합의 균일 분해와 탄소 라디칼 형성을 위해 알켄에 RO· 라디칼을 첨가하는 두 단계로 진행된다.

부분 [2] 전파

RÖ–CH₂–ĊH–Z + CH₂=CH–Z ⟶(3) RÖ–CH₂–CH(Z)–CH₂–ĊH–Z

③ 연쇄 전파는 단일 단계로 구성된다. 탄소 라디칼이 또 다른 알켄 분자에 첨가되면 새로운 C–C 결합과 다른 탄소 라디칼이 생긴다. 첨가는 Z 치환기가 있는 원자의 홀전자와 라디칼을 형성한다.

부분 [3] 종결

RÖ–CH₂–CH(Z)–CH₂–ĊH–Z + Z–ĊH–CH₂–CH(Z)–CH₂–ÖR ⟶(4) RÖ–CH₂–CH(Z)–CH₂–CH(Z)–CH(Z)–CH₂–CH(Z)–CH₂–ÖR

④ 두 개의 라디칼이 반응하여 결합을 형성할 때 연쇄 반응이 종결된다.

라디칼 반응

라디칼의 일반적 특징

- 라디칼은 쌍을 이루지 않은 전자 한 개가 있는 반응 중간체이다(15.1절).
- 탄소 라디칼은 sp^2 혼성이며 삼각 평면 구조이다(15.1절).
- 탄소 라디칼에 결합된 C 원자의 개수가 증가하면 라디칼의 안정성은 증가한다(15.1절).
- 알릴 라디칼은 공명에 의하여 안정화되고, 3° 라디칼보다 더 안정하다(15.10절).

라디칼 반응

[1] 알케인의 할로젠화(15.4절)

R−H $\xrightarrow[h\nu \text{ 또는 } \Delta]{X_2}$ R−X (할로젠화 알킬)

X = Cl 또는 Br

- 반응은 라디칼 연쇄 메커니즘을 따른다.
- C−H 결합이 약할수록 수소는 X에 의하여 더 쉽게 치환된다.
- 염소화는 브로민화보다 더 빠르고 선택성이 작다(15.6절).
- 입체발생 중심에서 라디칼 치환이 일어나면 라세믹화가 발생한다(15.8절).

[2] 알릴 할로젠화(15.10절)

$\xrightarrow[h\nu \text{ 또는 ROOR}]{NBS}$ Br (할로젠화 알킬)

- 반응은 라디칼 연쇄 메커니즘을 따른다.

[3] 알켄에 대한 HBr의 라디칼 첨가(15.13절)

R $\xrightarrow[h\nu \text{ 또는 ROOR}]{HBr}$ R Br (브로민화 알킬)

- 반응은 라디칼 첨가 메커니즘을 따른다.
- 더 많이 치환된 안정한 라디칼을 형성하기 위하여 Br은 더 적게 치환된 탄소에 결합한다.

[4] 알켄의 라디칼 중합(15.14절)

Z $\xrightarrow{ROOR}$ Z Z Z (고분자)

- 반응은 라디칼 첨가 메커니즘을 따른다.

문제

삼차원 모델을 이용하는 문제

15.28 (a) 다음의 알케인을 Cl_2와 $h\nu$와 함께 일염소화 진행 시 생성되는 모든 구조 이성질체를 그려라. (b) 다음 알케인과 Br_2를 가열하였을 때 생성되는 일브로민화의 주 생성물을 그려라.

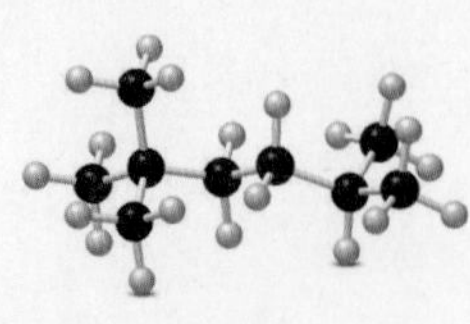
A

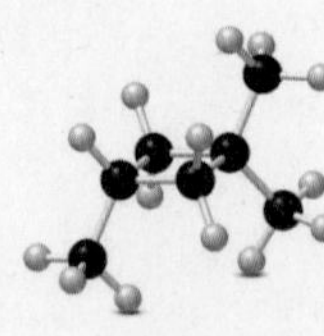
B

15.29 항산화제 BHA(**b**utylated **h**ydroxy **a**nisole)의 수소 원자를 제거함으로써 생성된 라디칼의 모든 공명 구조를 그려라.

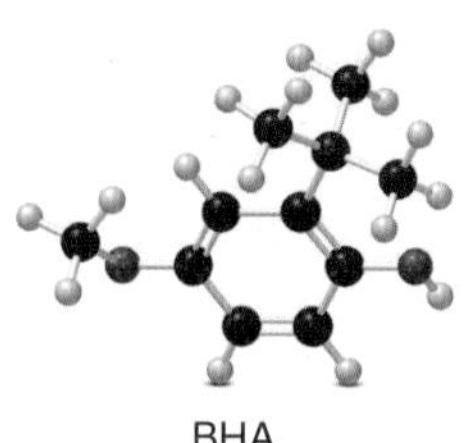

BHA

라디칼과 결합 세기

15.30 2-메틸뷰테인에서 표시된 C−H 결합을 참조하여 답하라.

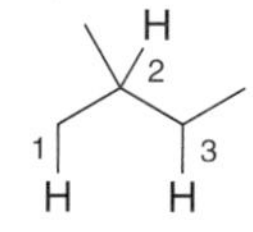

2-메틸뷰테인

a. 결합 세기가 증가하는 순으로 C−H 결합을 나열하라.

b. 각 C−H 결합의 분해 결과물인 라디칼을 그리고, 1°, 2° 또는 3°로 분류하라.

c. 안정성이 증가하는 순으로 나열하라.

d. 라디칼 할로젠화 반응에서 H 제거의 용이도가 증가하는 순으로 C−H 결합을 나열하라.

15.31 안정성이 증가하는 순으로 각각의 라디칼을 나열하라.

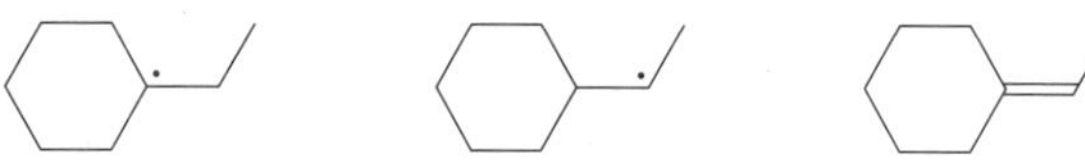

15.32 왜 벤질 C−H 결합(붉은색)은 특이하게도 약한가?

H H H

알케인 할로젠화

15.33 라디칼 할로젠화 반응에서 제거가 용이한 순으로 표시된 수소 원자를 나열하라.

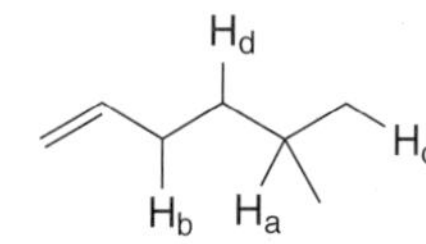

15.34 Cl_2 및 $h\nu$와 함께 각 알케인의 일염소화에 의하여 형성되는 구조 이성질체를 모두 그려라.

a.  b. c. 

15.35 각각의 알케인을 Br_2와 가열할 때 생성되는 일브로민화의 주 생성물은 무엇인가?

a. 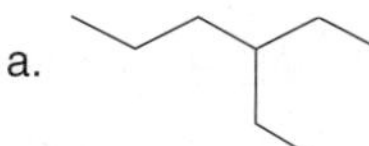 b. c. 

15.36 다섯 개 이성질체가 있는 알케인(**A~E**)은 분자식이 C_6H_{14}이며 각각의 이성질체 Cl_2 + $h\nu$로 처리될 때 분자식이 $C_6H_{13}Cl$인 할로젠화 알킬이 생성된다. **A**는 다섯 개의 구조 이성질체를 형성한다. **B**는 네 개의 구조 이성질체를 형성한다. **C**는 두 개의 구조 이성질체를 형성한다. **D**는 세 개의 구조 이성질체를 형성하고, 그중 두 개에 입체발생 중심이 있다. **E**는 세 개의 구조 이성질체를 형성하고, 그중 하나에 한 개의 입체발생 중심이 있다. **A~E**의 구조를 밝혀라.

15.37 라디칼 할로젠화에 의하여 다음의 할로젠화 알킬을 만들려면 어떤 알케인이 필요한가?

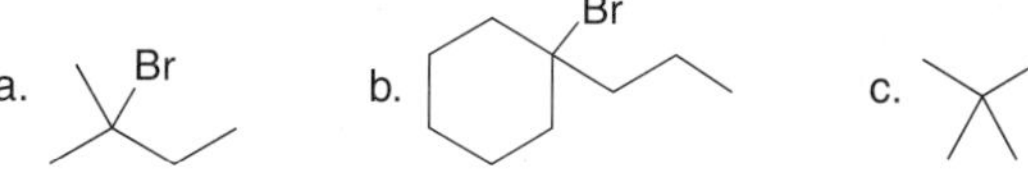

15.38 어느 알킬 할로젠화물이 알케인의 라디칼 할로젠화에 의하여 우수한 수득률로 생성되는가?

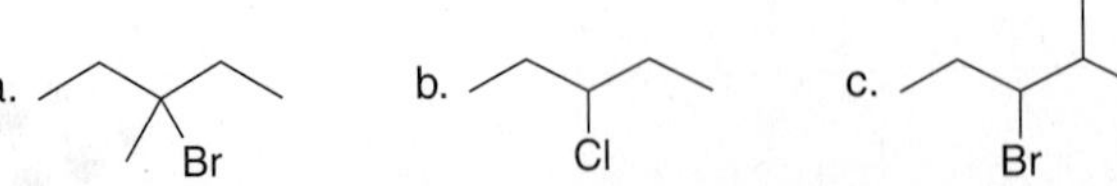

15.39 다음 각 물질의 라디칼 염소화 및 브로민화의 생성물을 그려라. 두 반응에서 생성된 물질 중 구조 이성질체가 하나인 것은 어떤 물질인가? 두 반응에서 하나의 생성물만을 생성하기 위해서는 반응물의 구조에서 어떤 점이 사실이어야 하는가?

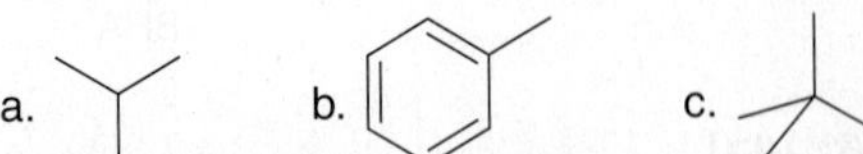

15.40 *p*-자일렌(*p*-xylene)에 라디칼 브로민화 반응을 시키면 **D**보다 **C**가 형성된다. 그 이유를 설명하라.

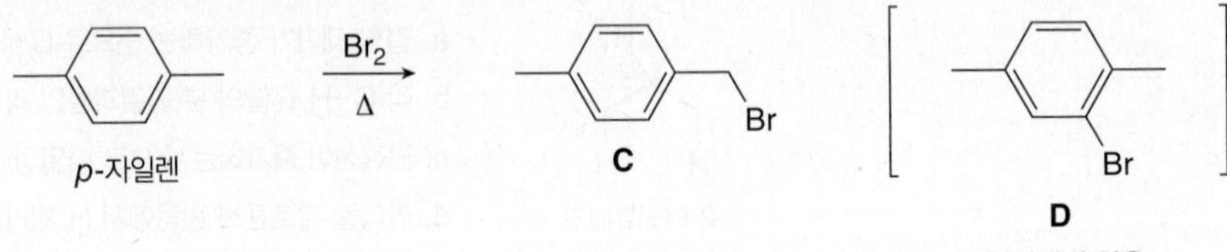

15.41 a. **Y**를 Cl_2와 함께 가열하면 어떤 생성물(들)(입체이성질체를 배제하여)이 생성되겠는가?
b. **Y**를 Br_2와 함께 가열하면 어떤 생성물(들)(입체이성질체를 배제하여)이 생성되겠는가?
c. **Y**를 알켄 **Z**로 변환시키는 데 필요한 단계는 무엇인가?

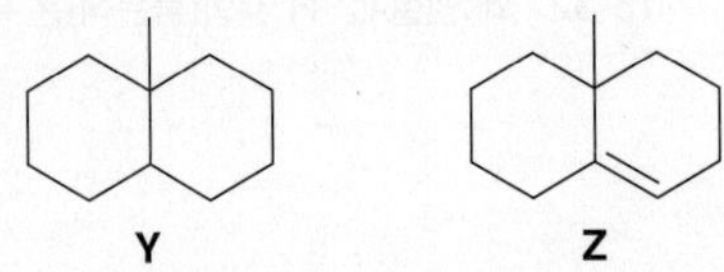

공명

15.42 각각의 라디칼에 대한 공명 구조를 그려라.

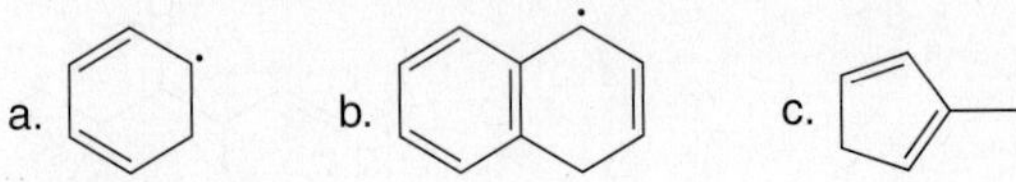

알릴 할로젠화

15.43 각각의 알켄이 NBS와 $h\nu$로 처리될 때 형성되는 생성물을 그려라.

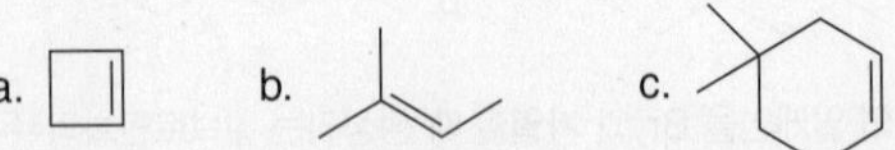

15.44 **X**를 NBS + $h\nu$와 반응시킬 때 형성되는 모든 구조 이성질체를 그려라.

X

반응

15.45 각각의 반응에서 형성되는 유기 생성물을 그려라.

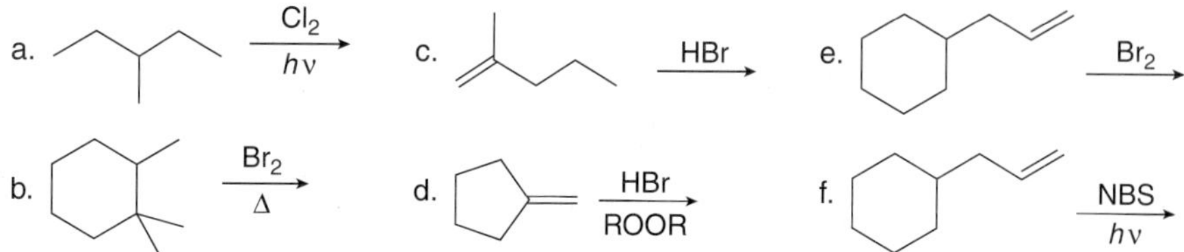

15.46 사이클로펜텐을 (a) 브로모사이클로펜테인, (b) 트랜스-1,2-다이브로모사이클로펜테인, (c) 3-브로모사이클로펜텐으로 변환시키기 위하여 필요한 시약은 무엇인가?

15.47 탄화수소 **A**(분자식 C_9H_{18})와 Br_2를 빛의 존재하에서 반응시키면 분자식이 $C_9H_{17}Br$인 할로젠화 알킬 **B**와 **C**가 생성된다. $KOC(CH_3)_3$와 **B** 또는 **C**와의 반응은 주 생성물로서 화합물 **D** (C_9H_{16})를 생성한다. 화합물 **D**의 오존 분해 반응은 사이클로헥산온과 아세톤을 형성한다. **A**~**D**의 구조를 밝혀라.

사이클로헥산온　　아세톤

입체화학과 반응

15.48 각각의 반응에서 형성되는 생성물을 입체발생 중심 주위의 입체화학을 포함하여 그려라.

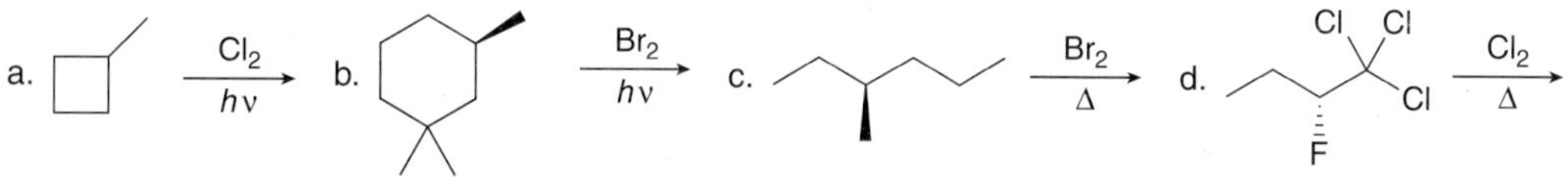

15.49 (a) (*R*)-2-클로로펜테인과 Cl_2가 가열될 때 형성되는 분자식이 $C_5H_{10}Cl_2$인 모든 입체이성질체를 그려라. (b) 물리적 성질이 다른 생성물은 분별 증류와 같은 물리적 방법을 이용하여 분리될 수 있다고 가정하면, 몇 가지의 다른 생성물이 얻어지겠는가? (c) 이들 중에 어느 것이 광학 활성인가?

15.50 (*S*,*S*)-1,2-다이메틸클로프로테인으로부터 형성된 일염소화 생성물의 구조를 그려라.

(*S*,*S*)-1,2-다이메틸클로프로테인

15.51 **A**를 NBS와 $h\nu$로 반응시킬 때 형성되는 여섯 개의 생성물(입체이성질체 포함)을 그려라.

A

15.52 (a) 2-메틸헥스-2-엔이 과산화물 존재하에서 HBr과 반응할 때 형성되는 생성물(입체이성질체를 포함하여) 구조를 그려라. (b) 비슷한 조건에서 (*S*)-2,4-다이메틸헥스-2-엔이 과산화물 존재하에서 HBr과 반응할 때 생성물(입체이성질체를 포함하여)의 구조를 그려라.

메커니즘

15.53 다음 브로민화를 생각하자. $(CH_3)_3CH + Br_2 \longrightarrow (CH_3)_3CBr + HBr$.

a. 표 6.2의 결합 해리 에너지를 이용하여 이 반응의 $\Delta H°$를 계산하라.

b. 개시, 전파 및 종결 단계를 포함하는 반응의 단계별 메커니즘을 쓰라.

c. 각 전파 단계의 $\Delta H°$를 계산하라.

d. 전파 단계에 대한 에너지 도표를 그려라.

e. 각 전파 단계의 전이 상태 구조를 그려라.

15.54 다음 반응의 단계별 메커니즘을 쓰라.

NBS, $h\nu$ → Br + Br + HBr

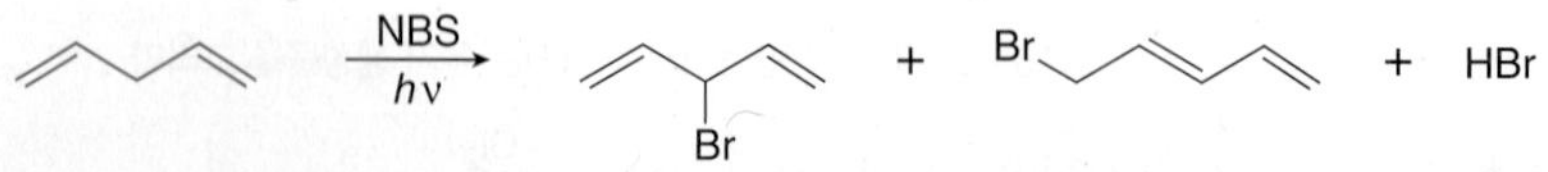

15.55 CH_4와 Cl_2가 반응하면 CH_3Cl과 HCl이 생기지만, CH_4와 I_2의 반응은 I–I 결합이 Cl–Cl 결합보다 약할지라도 적절한 속도로 일어나지 않는다. 왜 그런지 이유를 설명하라.

15.56 3,3-다이메틸뷰트-1-엔과 HBr만의 반응에서 주 생성물은 2-브로모-2,3-다이메틸뷰테인이다. 동일한 알켄을 HBr 및 과산화물과 반응시켰을 때는 유일한 생성물로 1-브로모-3,3-다이메틸뷰테인이 얻어진다. 메커니즘을 참고하여 이 결과들을 설명하라.

합성

15.57 사이클로펜테인과 유기 또는 무기 시약을 이용하여 다음 화합물들의 합성을 고안하라.

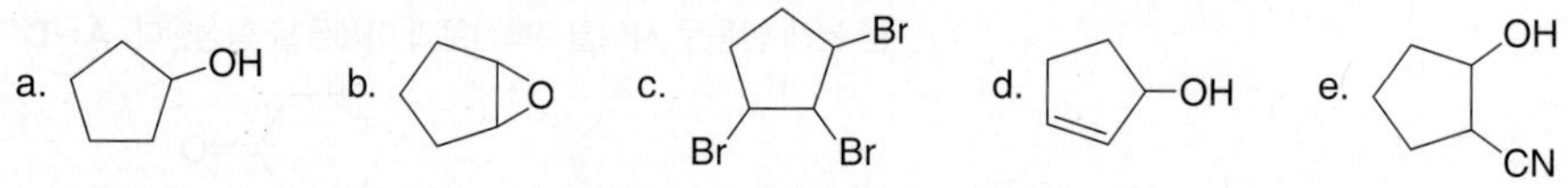

a. OH b. O c. Br, Br, Br d. OH e. OH, CN

15.58 메틸사이클로헥세인에서 1-메틸사이클로헥센 산화물의 합성을 고안하라. 다른 유기 및 무기 시약을 사용할 수 있다.

15.59 HC≡CH로부터 $CH_3CH_2CH_2CH_2Br$의 합성을 고안하라. 다른 유기 및 무기 시약을 사용할 수 있다.

15.60 탄소 원자의 유일한 출발물로서 CH_3CH_3를 사용하여 다음 화합물들을 합성하라. 필요한 유기 또는 무기 시약을 사용하라.

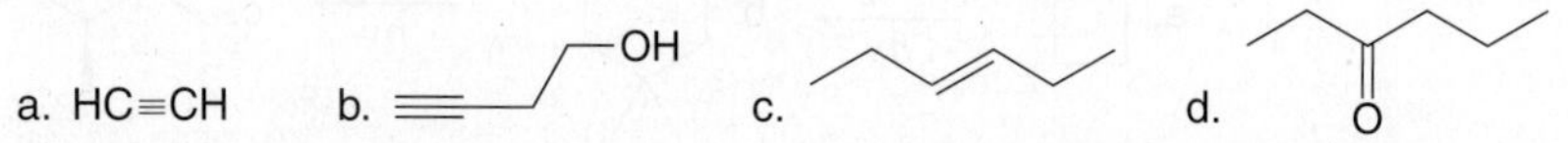

a. HC≡CH b. OH c. d. O

15.61 사이클로헥세인에서 $OHC(CH_2)_4CHO$의 합성을 고안하라. 필요하다면 어떠한 유기 또는 무기 시약을 사용할 수 있다.

15.62 프로페인에서 헥세인-2.3-다이올의 합성을 고안하라. 필요하다면 어떠한 유기 또는 무기 시약을 사용할 수 있다.

라디칼 산화 반응

15.63 9.16절의 설명에서와 같이, 천식 반응에 중요한 화합물인 류코트라이엔(leukotriene)은 아라키돈산(arachidonic acid)으로부터 과산화물인 5-HPETE를 경유하여 합성된다. O_2에 의한 아라키돈산의 5-HPETE로의 변환을 단계별 메커니즘으로 쓰라.

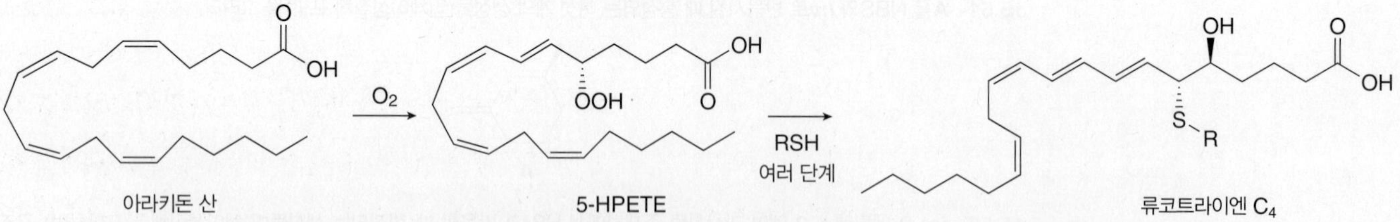

아라키돈 산 (O, OH) —O_2→ 5-HPETE (OOH, OH, O) —RSH 여러 단계→ 류코트라이엔 C_4 (OH, O, OH, S, R)

15.64 에터는 산소에 의해 산화되어 과산화 수소화물을 형성한다. 과산화 수소화물은 가열하면 격렬하게 분해된다. 과산화 수소화물을 형성하는 반응의 단계별 메커니즘을 쓰라.

O + O_2 → O, OOH

불안정한 과산화 수소화물

15.65 (a) 헥스-1-엔과 O_2의 산화에 의해 생성되는 두 개의 알릴성 과산화수소화물(allylic hydroperoxide)은 무엇인가? 입체이성질체는 무시한다. (b) 이들 과산화수소화물이 어떻게 생성되는지를 보여주는 단계별 메커니즘을 쓰라.

항산화제

15.66 레스베라트롤(resveratrol)은 적포도의 껍질에서 발견되는 항산화제이다. 이것의 항암, 항염, 그리고 다양한 심혈관계 질병에 대한 효능은 현재 연구가 진행 중이다. (a) 붉은색으로 표시된 OH 결합의 균일 분해에 의해 생기는 라디칼의 모든 공명 구조를 그려라. (b) 왜 이 OH 결합의 균일 분해가 다른 벤젠 고리에 있는 OH의 균일 분해보다 선호되는지 그 이유를 설명하라.

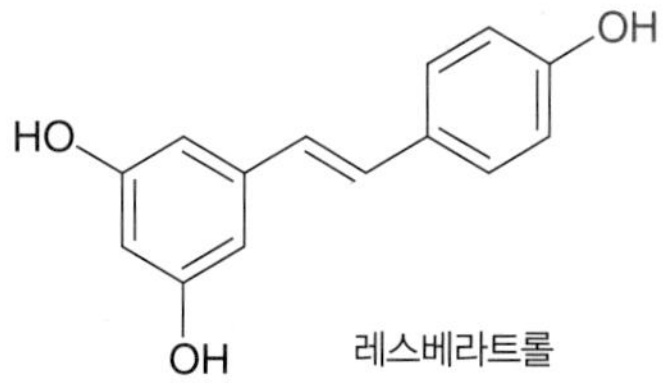

레스베라트롤

15.67 세포 내에서 바이타민 C는 대부분 짝염기 **X**로 존재한다. 산화 과정에서 형성된 라디칼은 표시된 수소 원자를 떼어내면 산화를 정지시키는 새로운 라디칼이 생기기 때문에 **X**는 항산화제이다. 수소 원자 제거에 의하여 형성된 라디칼의 구조를 그려라. 그리고 왜 이 수소 원자가 쉽게 제거되는지에 대하여 설명하라.

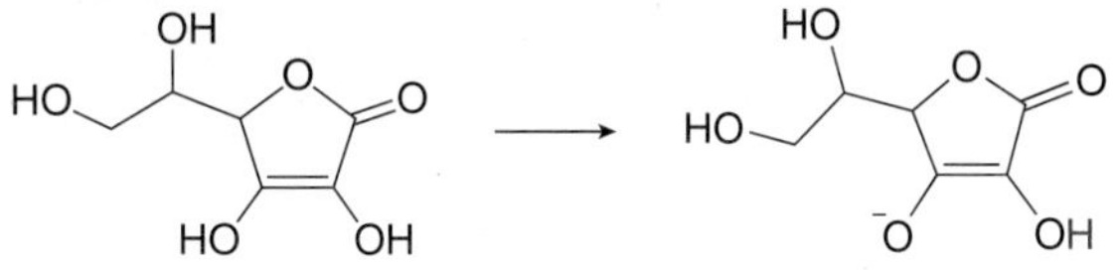

바이타민 C → **X**

고분자와 중합

15.68 각각의 고분자를 형성하기 위하여 어떤 단위체가 필요한가?

a. 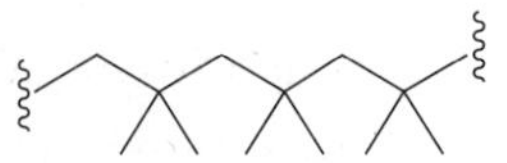 폴리아이소뷰틸렌 (농구공 제조에 사용)

b. 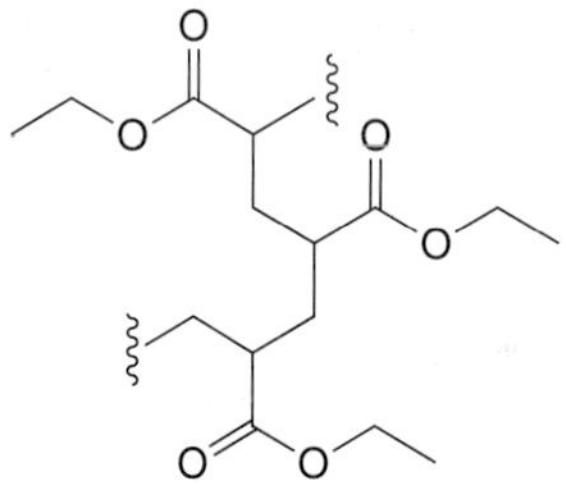 폴리(아크릴산 에틸) (고무 페인트에 사용)

15.69 (a) 1960년대에 처음 유행하던 하드 콘택트 렌즈는 메타크릴산 메틸[methyl methacrylate, $CH_2{=}C(CH_3)CO_2CH_3$]을 중합하여 만든 폴리(메타크릴산 메틸)[poly (methyl methacrylate), PMMA]이였다. PMMA의 구조를 그려라. (b) 1970년대에 도입된 더 편리한 소프트 콘택트 렌즈는 메타크릴산 하이드록시에틸 [hydroxyethyl methacrylate, $CH_2{=}C(CH_3)CO_2CH_2CH_2OH$]을 중합하여 만든 폴리(메타크릴산 하이드록시에틸), [poly (hydroxyethyl methacrylate), poly-HEMA)]이었다. poly-HEMA의 구조를 그려라. 두 콘택트 렌즈 모두 공기에서 눈의 망막까지 산소가 투과하지 못하는 데 비해, 오늘날에는 편리성과 산소 투과도 모두 만족시키는 더 새로운 콘택트 렌즈가 개발되었다.

15.70 폴리스타이렌이 왜 폴리에틸렌보다 O_2에 의해 더 쉽게 산화되는지 이유를 설명하라. 또한 폴리스타이렌의 어떤 수소가 가장 쉽게 제거가 되는가? 그리고 그 이유는 무엇인가?

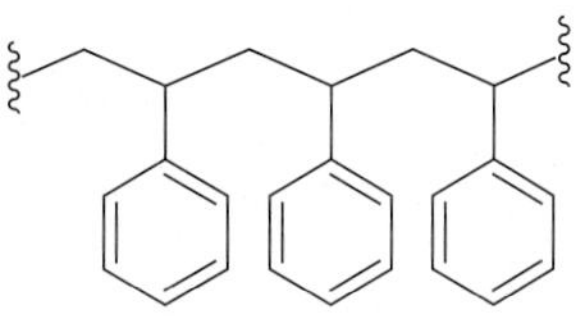

폴리스타이렌 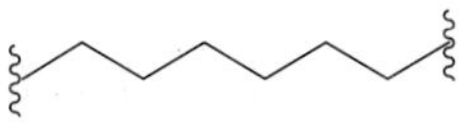 폴리에틸렌

15.71 다음 중합 반응의 단계별 메커니즘을 그려라.

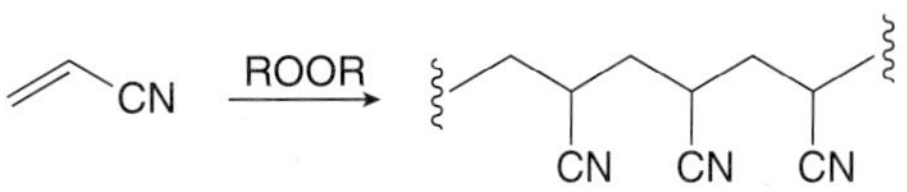

CN —ROOR→ CN CN CN

15.72 30장에서 배우게 되겠지만, **A**와 같은 스타이렌 유도체는 라디칼 중간체라기보다는 양이온 중간체가 형성되는 방법으로 중합된다. 양이온 중합 반응은 알켄에 대한 친전자 첨가 반응의 한 가지 예로서 탄소 양이온이 관여하는 반응이다.

A

a. **A**의 중합 반응으로 형성된 중합체의 짧은 반복 부분을 그려라.

b. 양이온 중합 반응에서 **A**가 스타이렌($C_6H_5CH{=}CH_2$)보다 더 빨리 반응하는 이유는 무엇인가?

15.73 두 단위체(**X**와 **Y**)가 같이 중합되면 공중합체가 생성된다. 교대 공중합체는 고분자 사슬에서 두 단위체 **X**와 **Y**가 규칙적으로 교대될 때 생성된다. 두 단위체 $CH_2{=}CCl_2$와 $CH_2{=}CHC_6H_5$가 같이 중합될 때 생성되는 교대 공중합체의 구조를 그려라.

분광법

15.74 화학식이 $C_3H_5Cl_3$인 **A**와 **B** 이성질체는 분자식이 $C_3H_6Cl_2$인 이할로젠화물 화합물 **C**의 라디칼 염소화에 의하여 형성된다.

a. 다음의 ^{1}H NMR 자료를 이용하여 **A**와 **B**의 구조를 밝혀라.

화합물 **A:** 2.23 ppm(단일선), 4.04 ppm(단일선)

화합물 **B:** 1.69 ppm(이중선), 4.34 ppm(다중선), 5.85 ppm(이중선)

b. **C**의 구조는 무엇인가?

15.75 프로페인의 라디칼 염소화 반응에서 생성된 부 생성물의 구조를 밝혀라. 이 부 생성물의 분자식은 $C_3H_6Cl_2$이고, ^{1}H NMR 스펙트럼은 다음과 같다.

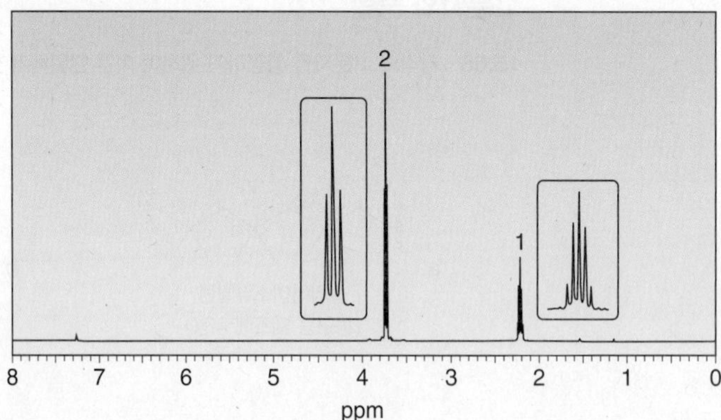

도전 문제

15.76 다음 알켄의 첨가 반응에 대한 단계별 메커니즘을 쓰라.

O
H
\+
ROOR
O

15.77 트라이페닐메틸(triphenylmethly) 라디칼은 용액에서 이 라디칼의 이합체와 평형을 이룬 상태에서 계속 존재하는 특이한 라디칼이다. 70년 동안 이 이합체는 헥사페닐에테인(hexaphenylethane)으로 생각하였지만, 1970년에 NMR 정보를 통하여 이 이합체가 **A**임이 밝혀졌다.

트라이페닐메틸 라디칼

헥사페닐에테인

A

a. 왜 트라이페닐메틸 라디칼이 다른 모든 라디칼보다 더 안정한가?

b. 두 개의 트라이페닐메틸 라디칼이 어떻게 결합하여 **A**를 형성하는지 굽은 화살표 표현법을 사용하여 설명하라.

c. 왜 헥사페닐에테인보다 **A**가 형성되는지 이유를 제안하라.

d. 헥사페닐에테인과 **A**를 구별하기 위하여 어떻게 ^1H과 ^{13}C 분광법을 사용하여야 하는가?

15.78 라디칼 개시제(Z·)의 존재하에서 수소화 트라이뷰틸주석(tributyltin hydride, R_3SnH, $R = CH_3CH_2CH_2CH_2$)은 다음의 반응으로 할로젠화 알킬을 알케인으로 환원시킨다. $R'X + R_3SnH \rightarrow R'H + R_3SnX$. 메커니즘은 주석 중간체와 함께 라디칼 연쇄 과정으로 구성된다.

개시: $R_3SnH + Z\cdot \longrightarrow R_3Sn\cdot + HZ$

전파:

$R'{-}Br + R_3Sn\cdot \longrightarrow R'\cdot + R_3SnBr$

$R'\cdot + R_3SnH \longrightarrow R'{-}H + R_3Sn\cdot$

이 반응은 라디칼 고리화 반응에 많이 이용된다. 다음 반응의 단계별 메커니즘을 쓰라.

15.79 $PGF_{2\alpha}$(4.15절)은 다단계 라디칼 반응 경로를 촉매화시키는 사이클로옥시게나아제(cyclooxygenase) 효소를 사용하여 아라키돈산($C_{20}H_{32}O_2$)으로부터 세포 내에서 합성된다. 이 과정의 일부는 라디칼 **A**를 불안정한 중간체인 PGG_2로 변환하는 것이 포함되며, 그 다음 PGG_2는 $PGF_{2\alpha}$와 다른 프로스타글란딘(prostaglandin)으로 변환된다. **A**가 PGG_2로 변환되는 과정의 단계별 반응 메커니즘을 쓰라(힌트: 메커니즘은 탄소–탄소 이중 결합에 라디칼 첨가가 일어나서 공명 안정화된 라디칼이 형성되는 것으로 시작한다).

Chapter

16 콘쥬게이션, 공명 및 다이엔

Conjugation, Resonance,and Dienes

모르핀(morphine)은 양귀비(*Papaver somniferum*)로부터 분리되는 진통제이자 마약으로 분류된다. 아편은 수 세기 동안 기분전환용 약제 및 통증 치료제로서 사용되었고, 모르핀이 들어있는 양귀비 씨앗 차는 2차 세계대전까지 영국 지방에서 민간치료 요법으로 사용되었다. 모르핀 합성에서 중요한 단계는 16장에서 취급되는 콘쥬게이션 다이엔의 중요한 반응 중 하나인 딜스–알더 반응이다.

16장은 콘쥬게이션 분자(이웃하는 세 개 이상의 원자에 걸쳐서 p 오비탈이 겹치는 분자)에 대한 화학을 논하는 세 장 중 첫 번째 장이다. 16장은 주로 비고리 콘쥬게이션 화합물에 초점을 맞추고, 17장과 18장은 벤젠 그리고 이와 연관된 고리의 모든 원자에 p 오비탈이 있는 화합물에 대한 화학을 논한다.

16장의 상당 부분은 1,3-다이엔의 특성과 반응에 대한 것이다. 그러나 이 화합물을 이해하기 위해서는 이웃하는 세 개 이상의 원자에 p 오비탈이 존재함으로써 얻을 수 있는 영향에 대해 먼저 배워야 한다. 또한 공명 구조를 그릴 수 있는 능력이 이러한 화합물을 공부하는 데 기본이 되기 때문에 공명 이론의 핵심 관점에 대해 자세히 언급한다.

16.1 콘쥬게이션

콘쥬게이션(conjugation)은 세 개 이상의 이웃한 원자에 p 오비탈이 겹칠 수 있을 때 발생한다. 두 가지 일반적인 콘쥬게이션 계로는 1,3-다이엔과 알릴 탄소 양이온이 있다.

16.1A 1,3-다이엔

뷰타-1,3-다이엔과 같은 1,3-다이엔은 단일 σ 결합으로 연결된 두 개의 탄소–탄소 이중 결합이 있다. 1,3-다이엔에 있는 각각의 탄소 원자는 세 개의 다른 원자와 결합되어 있고 비결합 전자쌍이 없다. 그래서 각 탄소 원자는 sp^2 혼성화를 이루며 한 개의 전자를 포함하는 하나의 p 오비탈이 있다. **이웃하는 원자에 존재하는 네 개의 p 오비탈로 인해 1,3-다이엔은 콘쥬게이션 계가 된다.**

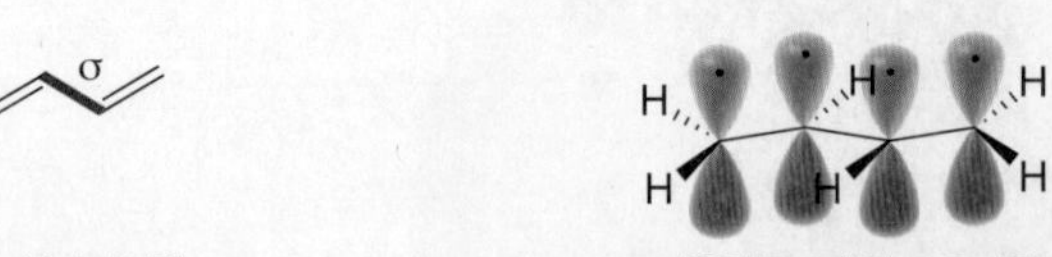

뷰타-1,3-다이엔 이중 결합 사이에 한 개의 σ결합

각각의 탄소 원자는 sp^2 혼성화를 이루고 한 개의 전자로 이루어진 p 오비탈이 있다.

콘쥬게이션의 특이성은 무엇인가? 이웃하는 원자에 세 개 이상의 p 오비탈이 존재하면 p 오비탈끼리 겹치게 되고 전자가 비편재된다.

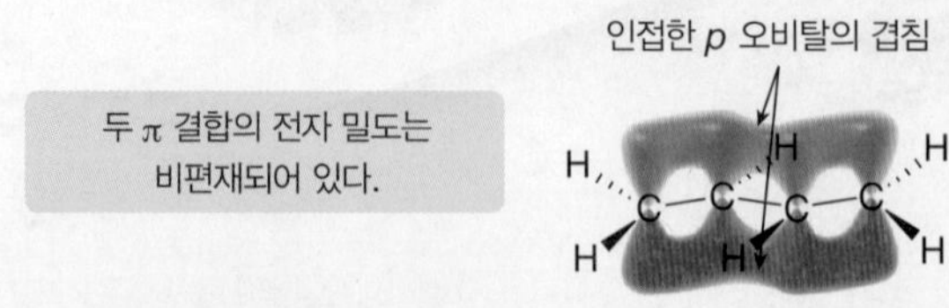

- p 오비탈이 겹치면 각 π 결합에 있는 전자 밀도는 더 넓은 범위로 분산되기 때문에 분자의 에너지가 낮아지고 분자를 더욱 안정화시킨다.

1,4-펜타다이엔은 두 개의 이중 결합이 두 개 이상의 σ 결합으로 분리되어 있기 때문에, 콘쥬게이션을 형성한 1,3-뷰타다이엔과는 본질적으로 다르다. 1,4-펜타다이엔의 이중 결합들은 콘쥬게이션을 이루기에는 너무 멀리 떨어져 있다.

그림 16.1
콘쥬게이션 다이엔과 고립된 다이엔의 정전기 전위 그림

콘쥬게이션 다이엔

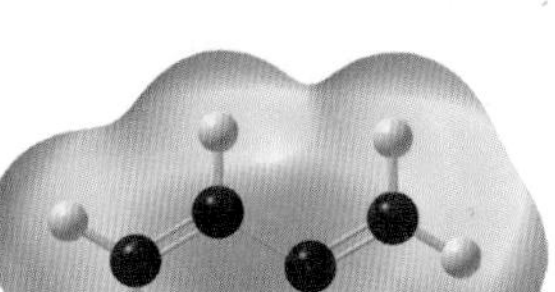

1,3-뷰타다이엔

전자가 풍부한 붉은 부분이 네개의 원자에 걸쳐 분포한다.

고립된 다이엔

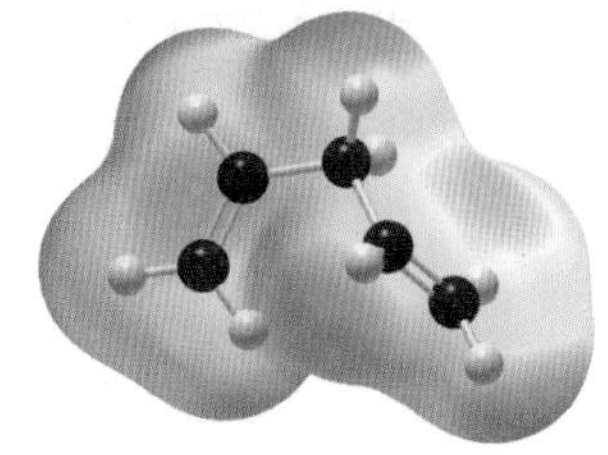

1,4-펜타다이엔

전자가 풍부한 붉은 부분이 양 끝에 있는 두 개 분자의 π 결합에 편재되어 있다.

콘쥬게이션 다이엔

뷰타-1,3-다이엔

π 결합 사이에 전자들이 **비편재**된다.

고립된 다이엔

펜타-1,4-다이엔

π 결합 사이에 전자들이 **편재**된다.

1,4-펜타다이엔은 고립된 다이엔(isolated diene)이다. 고립된 다이엔의 π 결합 전자 밀도는 두 탄소 원자 사이에 편재되어 있다. 그러나 1,3-뷰타다이엔의 경우는 π 결합 전자 밀도가 네 개의 원자에 걸쳐 비편재되어 있다. 그림 16.1의 정전기 전위 그림은 편재된 π 결합과 비편재된 결합 사이의 차이점을 분명히 나타내고 있다.

문제 16.1 아래의 다이엔을 고립된 것과 콘쥬게이션된 것으로 구분하라.

a. 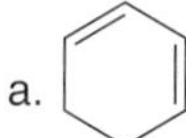 b. 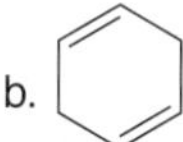 c. 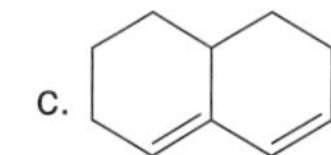 d. 

16.1B 알릴 탄소 양이온

알릴 탄소 양이온(allyl carbocation)은 콘쥬게이션 계의 또 다른 예이다. 알릴 탄소 양이온의 세 개의 탄소 원자(양전하를 띠고 있는 탄소 원자와 이중 결합을 형성하고 있는 두 탄소 원자)는 sp^2 혼성화를 이루고 있고, 한 개의 p 오비탈을 가지고 있다. 이중 결합 탄소의 각 p 오비탈은 한 개의 전자를 가지고 있는 반면에 탄소 양이온의 p 오비탈은 비어 있다.

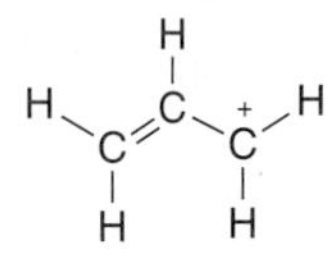

알릴 탄소 양이온

각각의 탄소 원자는 sp^2 혼성화를 이루고 p 오비탈을 가진다.

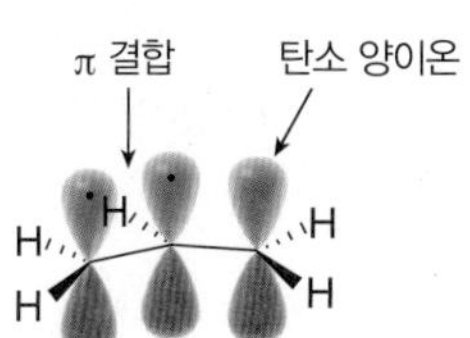

세 개의 인접한 p 오비탈

• 비록 한 개의 p 오비탈은 비어 있지만 알릴 탄소 양이온 안에 있는 세 개의 탄소의 p 오비탈들은 콘쥬게이션 되어 있다.

세 개의 p 오비탈이 세 원자에 걸쳐 π 결합의 전자 밀도를 비편재화하기 때문에 **콘쥬게이션은 알릴 탄소 양이온을 안정화한다.**

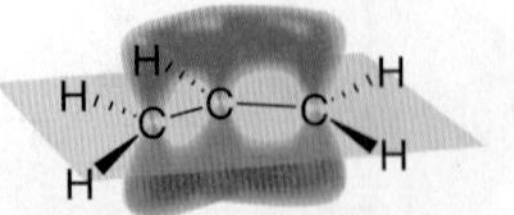

인접한 p 오비탈의 겹침

문제 16.2 다음 보기 중 어느 것이 콘쥬게이션되어 있는가?

a. b. c. d. e.

16.2 공명 및 알릴 탄소 양이온

공명이라는 단어는 두 가지 다른 의미로 사용된다. 핵자기 **공명** 분광학(NMR spectroscopy)에서는 핵이 에너지를 흡수하여 더 높은 에너지 상태로 되면 **공명**이라고 하며, 분자를 그릴 때에 있어서는 같은 원자 배열을 다른 두 가지 루이스 구조로 그릴 수 있을 때를 두고도 공명이라고 한다.

1.6절에서 공명 구조란 같은 원자 배열을 나타내는 두 가지 이상의 다른 루이스 구조라고 하였다. 정확한 공명 구조를 그릴 수 있는 능력이 콘쥬게이션 다이엔의 반응을 이해하는 데 매우 중요하다.

- 두 개의 공명 구조는 π 결합과 비결합 전자의 배치가 다를 뿐 원자나 σ 결합의 배치는 동일하다.

16.2A 알릴 탄소 양이온의 안정성

우리는 이미 아세트산 음이온(2.5C절)과 알릴 라디칼(15.10절)의 공명 구조를 그려보았다. 콘쥬게이션 알릴 탄소 양이온(conjugated allyl carbocation)은 두 개의 공명 구조를 그릴 수 있는 화합물의 또 다른 예이다. 알릴 탄소 양이온의 공명 구조를 그리는 것은 콘쥬게이션을 통해 전자를 비편재화하는 방법을 기술하기 위해 루이스 구조를 이용하는 방법과 같다.

δ+ δ+

알릴 탄소 양이온의 두 개의 공명 구조 혼성체

실제 알릴 탄소 양이온의 구조는 두 가지 공명 구조의 혼성화 형태이다. 혼성체에서 π 결합은 세 가지 원자 모두에 비편재되어 있다. 그 결과, 알릴 탄소 양이온 자체의 양전하 또한 양 끝에 있는 두 개의 탄소에 걸쳐 비편재되어 있다. 전자 밀도의 비편재화는 혼성체의 에너지를 낮춰 결과적으로 알릴 탄소 양이온을 안정화시켜 보통의 1° 탄소 양이온보다 더 안정하게 만든다. 실험적 자료에 의하면 알릴 탄소 양이온의 안정성은 2° 탄소 양이온과 비슷하다.

1° 2° 알릴 3°

가장 불안정 가장 안정

안정성 증가

그림 16.2
편재된 탄소 양이온과 비편재 탄소 양이온의 정전기 전위 그림

편재 탄소 양이온

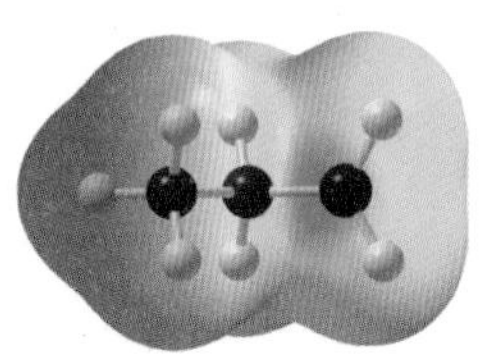

1° 탄소 양이온의 전자 부족 영역(푸른색)은 한 개의 탄소 원자에 집중되어 있다.

δ+ δ+

비편재 탄소 양이온

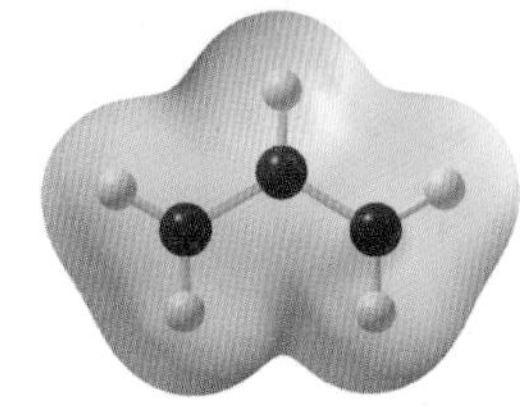

알릴 탄소 양이온의 전자 부족 영역(청록색)은 양 끝의 탄소 원자에 분산되어 있다.

그림 16.2는 공명 안정화 알릴 탄소 양이온과 편재 1° 탄소 양이온인 $CH_3CH_2CH_2^+$의 정전기 전위 그림을 비교한 것이다. 1° 탄소 양이온이 $CH_3CH_2CH_2^+$에서 전자가 부족한 영역(양전하를 띠는 부분)은 단 한 개의 탄소 원자에 국한된다. 그러나 알릴 탄소 양이온에서는 전자 부족 영역이 양 끝 탄소에 퍼져 있다.

문제 16.3 각 탄소 양이온의 두 번째 공명 구조를 그려라. 그리고 혼성체도 그려라.

a. b. c.

문제 16.4 공명 이론과 하몬드 가정을 이용하여 S_N1 반응에서 3-클로로프로프-1-엔($CH_2{=}CHCH_2Cl$)이 1-클로로프로페인($CH_3CH_2CH_2Cl$)보다 반응성이 좋은 이유를 설명하라.

16.2B 생물학적 반응에서 알릴 탄소 양이온

다이포스페이트로부터 형성된 알릴성 탄소 양이온들은 두 다섯-탄소 기질인 다이메틸알릴 다이포스페이트와 아이소펜텐일 다이포스페이트로부터 제라닐 다이포스페이트의 합성 같은 다양한 생물학적 반응에서 중요한 중간체이다(7.16절). 제라닐 다이포스페이트는 식물과 동물에서 발견되는 많은 지질들의 전구물질이다.

R−O−P(=O)(O⁻)−O−P(=O)(O⁻)−O⁻

유기 다이포스페이트

R−OPP

⁻O−P(=O)(O⁻)−O−P(=O)(O⁻)−O⁻

다이포스페이트 이탈기
PP_i

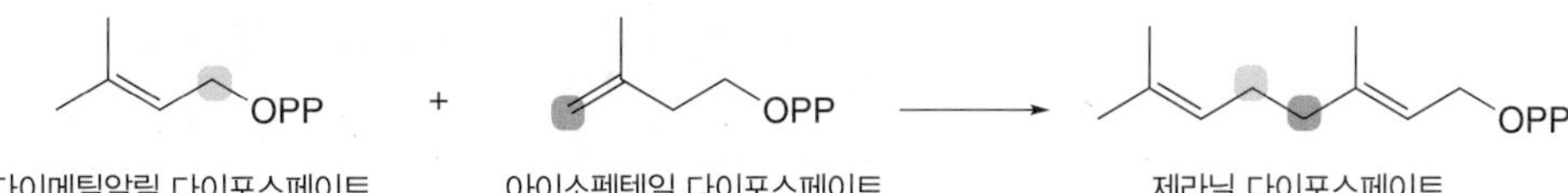

이러한 생물학적 과정을 통해 탄소−탄소 결합이 생성되는데, 이 과정에서 일어나는 두 주요 반응은 좋은 이탈기(다이포스페이트 이온, $P_2O_7^{4-}$, 또는 약자로 PP_i)가 떨어져서 알릴성 양이온이 생기는 단계 및 그 다음에 일어나는 이 양이온에 대한 전자 풍부 이중 결합의 친핵성 공격이다.

메커니즘의 각 단계가 메커니즘 16.1에 제시되었다.

메커니즘 16.1 제라닐 다이포스페이트의 생물학적 생성

1 다이포스페이트 이탈기가 떨어져 알릴성 탄소 양이온을 생성한다.

2 알릴성 탄소 양이온에 아이소펜텐일 다이포스페이트가 친핵성 공격을 하면 새로운 C−C σ 결합이 생긴다.

3 양성자의 제거(일반 염기 B:에 의하여)는 제라닐 다이포스페이트를 형성한다.

31장에서 다이포스페이트로부터 유래된 알릴성 탄소 양이온이 수행하는 생물학적 반응들에 대해 더 자세히 학습한다.

문제 16.5 파네실 다이포스페이트는 메커니즘 16.1에서와 같은 유사한 방법으로 아이소펜텐일 다이포스페이트와 **X**로부터 합성된다. **X**의 구조를 그려라.

16.3 공명의 일반적인 예

분자 또는 반응중간체의 공명 구조는 언제 그리는가? 공명에서는 π 결합과 고립 전자쌍의 비편재화가 일어나므로, 이러한 구조적 특징 하나 혹은 모두가 있어야 공명 구조를 더 그릴 수 있다. 두 개 이상의 루이스 구조를 그리기 위한 네 가지 일반적인 결합 유형이 있다.

유형 [1] '알릴' 계를 구성하는 세 원자, X=Y−Z*

- 이중 결합 X=Y와 Z로 이루어진 삼원자 X=Y−Z 기는 두 개의 공명 구조가 가능하다. 여기에서 Z는 0, 1개 또는 2개의 전자를 포함하는 *p* 오비탈이 있는 원자이다.

$$X{=}Y{-}\overset{}{\underset{*}{Z}} \longleftrightarrow \underset{*}{X}{-}Y{=}Z$$

별표[*] 표시는 전하, 라디칼, 고립 전자쌍들을 나타낸다.

* = +, −, ·, or ··

이것은 알릴성 탄소 양이온, 알릴성 탄소 음이온, 알릴성 라디칼의 경우, 이렇게 그릴 수 있기 때문에 알릴형(allyl type) 공명이라 부른다.

X, Y, Z는 알릴성 탄소 양이온(공명 구조 **A**, **B**)의 경우, 모두 탄소 원자가 될 수 있고, 아세트산 음이온(공명 구조 **C**, **D**)의 경우 헤테로원자가 될 수 있다. 다중 결합에 결합되어 있는 원자 Z는 (양전하 또는 음전하로) 전하를 띠고 있을 수 있고, (0개, 한 개 또는 고립 전자쌍이 있는) 중성일 수도 있다. 두 가지 공명 구조는 이중 결합의 위치가 다르며, 전하, 라디칼 또는 [*]로 나타낸 고립 전자쌍 중의 하나가 다르다.

알릴 탄소 양이온　　　　아세트산 음이온

A　　B　　C　　D

유형 [2] 콘쥬게이션 이중 결합

벤젠과 같이 완전 콘쥬게이션된 고리는 고리 주위에 있는 전자들을 순환시키는 방식으로 이동함으로써 두 개의 공명 구조를 그릴 수 있다. 다른 콘쥬게이션 다이엔은 세 가지 공명 구조를 그릴 수 있는데, 그중 두 가지는 전하가 분리된 형태이다.

벤젠의 두 가지 공명 구조

뷰타-1,3-다이엔의 세 가지 공명 구조

유형 [3] 양전하가 비공유 전자쌍과 이웃하는 양이온

- 고립 전자쌍과 양전하가 이웃하는 원자에 위치할 때, 두 가지 공명 구조를 그릴 수 있다.

$\ddot{X}-\overset{+}{Y} \longleftrightarrow \overset{+}{X}=Y$　　$CH_3-\ddot{O}-\overset{+}{C}H_2 \longleftrightarrow CH_3-\overset{+}{O}=CH_2$

두 가지 공명 구조에서 전체 전하는 같다. 형식 전하에 근거하여, 한 구조에서 중성인 X는 다른 한 구조에서 (+) 전하를 띠고 있어야 한다.

유형 [4] 전기음성도가 다른 원자들로 이루어진 이중 결합

- X=Y의 이중 결합에서 Y의 전기음성도가 X보다 크다면, 두 번째 공명 구조는 이중 결합의 π 전자가 Y로 이동한 형태로 그릴 수 있다.

$X=Y \longleftrightarrow \overset{+}{X}-\overset{-}{Y}:$

전기음성도 $Y > X$

예제 16.1은 이러한 다른 유형의 공명을 실제 분자에 어떻게 적용하는지를 보여준다.

예제 16.1 아래 화합물에 대한 공명 구조를 각각 두 가지 이상 그려라.

a.　　b.

풀이

추가적인 공명 구조를 그리기 쉽도록 머릿속으로 분자를 두 개 또는 세 개 원자 단위로 나누어 생각한다.

a. 육원자 고리 **A**의 맨 위에 있는 원자 세 개를 하나의 '알릴' 단위로 생각해보자. π 결합이 이동함에 따라 **B**와 같이 새로운 '알릴' 단위가 만들어지며, **B**에 다시 π 결합이 이동하면 세 번째 공명 구조인 **C**가 만들어진다.

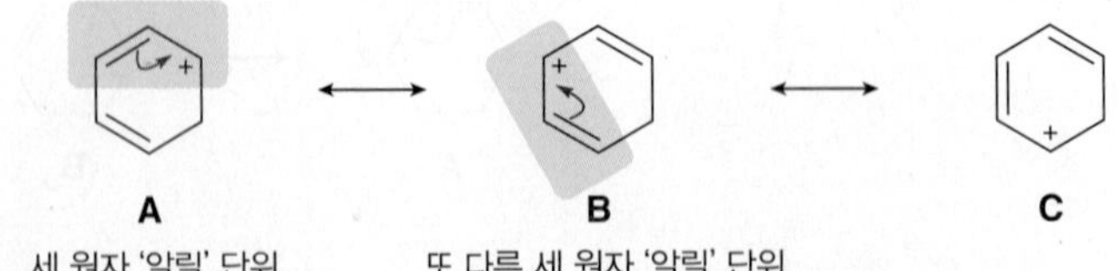

A **B** **C**

세 원자 '알릴' 단위 또 다른 세 원자 '알릴' 단위

b. 화합물 **D**는 카보닐기를 포함하기 때문에 전기음성도가 큰 산소 원자로 이중 결합의 전자쌍이 이동하여 전하가 분리되면, **E**와 같은 구조가 생성된다. **E**는 탄소 세 개로 이루어진 '알릴' 단위를 가지고 있다. 그러므로 남아 있는 π 결합의 이동에 의해 구조 **F**가 형성된다.

전하의 분리 π 결합의 이동

D **E** **F**

세 원자 '알릴' 단위

문제 16.6 각 이온들에 대하여 추가적인 공명 구조를 그려라.

a. b. c. d.

16.4 공명 혼성 구조

공명 구조의 에너지가 낮을수록 전체 혼성 구조에 기여하는 공명 구조의 중요성은 커진다.

비록 공명 혼성 구조가 모든 유효한 공명 구조들의 조합이라 해도 혼성 구조는 가장 안정한 공명 구조와 가장 흡사하다. 1.6C절에서 이미 논의되었던 것처럼 혼성화를 이루는 데 있어 가장 안정한 공명 구조를 주 기여체(major contributor), 덜 안정한 공명 구조를 부 기여체(minor con-tributor)라 한다. 두 개의 동등한 공명 구조는 혼성 구조에 동등하게 기여한다.

둘 이상의 유효한 공명 구조들의 상대적 안정성을 평가하기 위해, 아래와 같은 세 가지 규칙을 사용한다.

규칙 [1] 결합 개수가 많고, 전하가 적을수록 공명 구조는 더 안정하다.

모두 중성 원자
하나 더 많은 결합
보다 안정한 공명 구조

전하의 분리

규칙 [2] 모든 원자가 팔전자계를 만족시키는 공명 구조가 더 안정하다.

CH_3 $\ddot{O}$ CH_2^+ ⟷ CH_3 $\ddot{O}^+$ $=CH_2$

모든 2주기 원소가 팔전자계를 이룸
보다 안정한 공명 구조

이 예에서 전기음성도가 큰 산소 원자에 (+) 전하가 배치되더라도 모든 원자가 팔전자계를 만족시키는 공명 구조가 더 좋다.

규칙 [3] 전기음성도가 큰 원자에 음전하가 위치한 공명 구조가 더 안정하다.

전기음성도가 큰 O 원자에 (–) 전하가 위치
보다 안정한 공명 구조

예제 16.2는 공명 구조와 혼성체에 기여하는 상대적 에너지를 결정하는 방법을 보여준다.

예제 16.2 탄소 양이온 **A**의 두 번째 공명 구조와 두 가지 공명 구조에 의해 생성되는 혼성체를 그려라. 그런 다음 규칙 [1]~[3]을 사용하여 공명 구조와 혼성체 둘 다 상대적인 안정성이 증가하는 순으로 나열하라.

A

풀이

A는 비공유 전자쌍을 가진 원자 바로 옆에 양전하를 띠고 있기 때문에 두 번째 공명 구조 **B**를 그릴 수 있다. **B**는 결합 개수가 많고 모든 2주기 원소들이 팔전자계를 이루고 있기 때문에 **A**보다 안정하며, 혼성체 **C**를 형성하는 주 기여체가 된다. 혼성체 **C**는 두 가지 공명 구조보다 안정하기 때문에 **A**, **B**, **C**의 상대적 안정성은 아래와 같다.

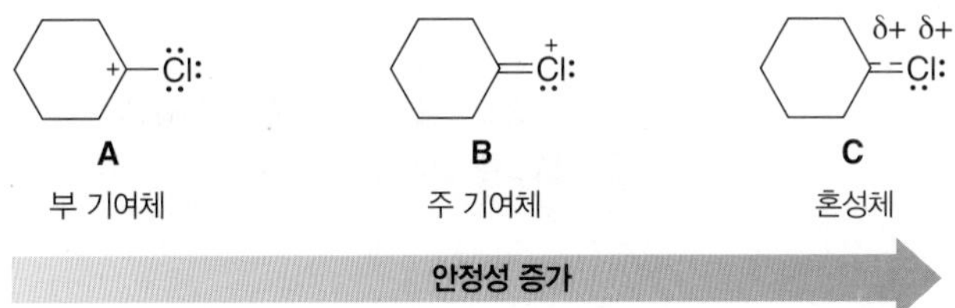

문제 16.7 아래 화학종의 두 번째 공명 구조와 혼성체를 각각 그리고, 두 가지 공명 구조와 혼성체를 안정성이 증가하는 순서로 나열하라.

a. b. c. d.

문제 16.8 다음 양이온의 모든 가능한 공명 구조를 쓰라. 그리고 이들 공명 구조 중에 기여도가 큰 구조를 지적하라.

16.5 전자의 비편재화, 혼성화 및 기하 구조

비공유 전자쌍 또는 π 전자들이 비편재화되기 위해서는 겹칠 수 있는 p 오비탈이 반드시 있어야 한다. 이것은 한 원자의 혼성화가 1장에서 다루었던 규칙을 사용하여 예측한 것과는 다름을 의미한다.

예를 들어, 아래와 같이 공명 안정화된 음이온[$(CH_3COCH_2)^-$]에는 두 가지의 루이스 구조(**A**와

B)가 있다.

A ⟷ B

이 탄소는 네 개의 기로 둘러싸여 있다— 세 개의 원자와 하나의 고립 전자쌍 **이 탄소는 sp^3 혼성인가?**	이 탄소는 세 개의 기로 둘러싸여 있다— 그러나 고립 전자쌍은 없는 구조 **이 탄소는 sp^2혼성인가?**

구조 **A**에 표시된 탄소는 고립 전자쌍이 sp^3 오비탈에 있으면서 sp^3 혼성화이다. 구조 **B**에서는 표시한 이 탄소는 혼성에 참여하지 않는 p 오비탈이 이중 결합의 π 부분을 이루면서 sp^2 혼성되어 있다.

전자의 비편재화는 분자를 안정화한다. 카보닐기 바로 옆에 있는 탄소 원자의 전자쌍은 이웃하는 두 원자의 p 오비탈과 겹칠 수 있는 p 오비탈을 가질 때에만 비편재될 수 있다. 즉 가장 말단의 탄소 원자는 삼각 평면 기하 구조의 sp^2 혼성화를 이룬다. 세 개의 이웃하는 p 오비탈은 음이온 콘쥬게이션을 형성한다.

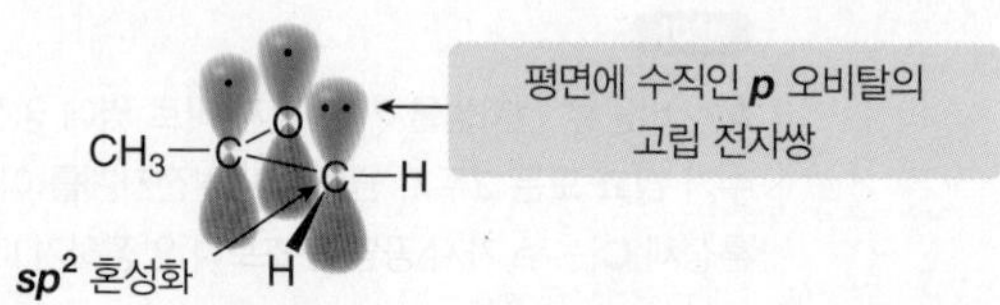

- X=Y−Z:의 계에서, Z는 sp^2 혼성되어 있다. 그리고 고립 전자쌍은 p 오비탈을 차지하여 계가 콘쥬게이션을 이루도록 한다.

예제 16.3 아래의 음이온에서 표시된 탄소 원자의 혼성화를 결정하라.

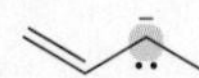

풀이

이것은 알릴형 계(X=Y−Z*)이기 때문에 두 번째 공명 구조는 고립 전자쌍과 π 결합을 '이동'시켜 그릴 수 있다. 고립 전자쌍을 비편재화하여 계를 콘쥬게이션으로 만들려면 표시한 탄소 원자는 고립 전자쌍이 p 오비탈에 있으면서 sp^2 혼성이어야 한다.

표시한 C 원자는 고립 전자쌍이
p 오비탈에 있으면서 sp^2혼성이어야 한다.

문제 16.9 각 화학종에서 표시된 원자의 혼성화를 결정하라.

a. b. c.

16.6 콘쥬게이션 다이엔

여러 개의 π 결합을 가진 화합물들을 **폴리엔**(polyene)이라고 한다.

16장의 나머지 부분에서는 두 개의 이중 결합이 한 개의 σ 결합으로 연결된 화합물인 **콘쥬게이션 다이엔**(conjugated diene)에 관하여 논할 것이다. 콘쥬게이션 다이엔은 **1,3-다이엔**(1,3-diene)이라고도 한다. 뷰타-1,3-다이엔($CH_2=CH-CH=CH_2$)은 가장 단순한 콘쥬게이션 다이엔이다.

양 끝 탄소에 알킬기가 치환된 1,3-다이엔에는 세 개의 입체이성질체가 존재한다(RCH=CH–CH=CHR).

R R — 두 이중 결합이 **트랜스** — 트랜스,트랜스-1,3-다이엔 또는 (*E*,*E*)-1,3-다이엔

R R — 두 이중 결합이 **시스** — 시스,시스-1,3-다이엔 또는 (*Z*,*Z*)-1,3-다이엔

R 시스 트랜스 R — 시스,트랜스-1,3-다이엔 또는 (*Z*,*E*)-1,3-다이엔

두 개의 이중 결합을 연결하고 있는 C–C 결합이 회전함에 따라 두 가지 형태가 만들어진다.

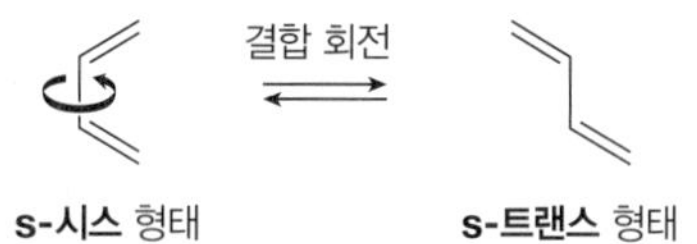

- *s*-시스 형태는 단일 결합을 중심으로 두 이중 결합이 같은 방향에 위치한다.
- *s*-트랜스 형태는 단일 결합을 중심으로 두 이중 결합이 반대 방향에 위치한다.

입체이성질체가 별개의 분자를 나타내는 반면, 형태는 같은 분자를 말하며 회전에 의해 변환이 가능하다. 아래에 나타낸 2,4-헥사다이엔의 세 가지 구조는 1,3-다이엔의 입체이성질체와 형태 사이의 차이를 보여준다.

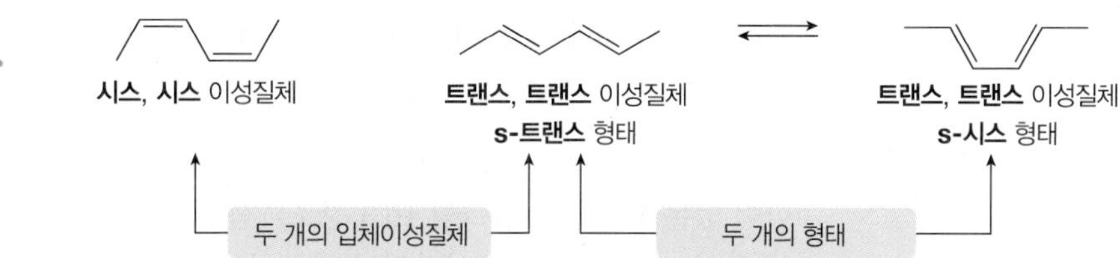

문제 16.10 각각의 설명과 일치하는 구조를 그려라.

a. *s*-트랜스 형태의 (2*E*,4*E*)-옥타-2,4-다이엔

b. *s*-시스 형태의 (3*E*,5*Z*)-노나-3,5-다이엔

c. (3*Z*,5*Z*)-4,5-다이메틸데카-3,5-다이엔의 *s*-트랜스 형태와 *s*-시스 형태

문제 16.11 뉴로프로텍틴 D1(nuroprotectin D1, NPD1)은 불포화기가 많은 필수 지방산으로부터 체내에서 합성된다. NPD1은 강력한 천연 항염제이다.

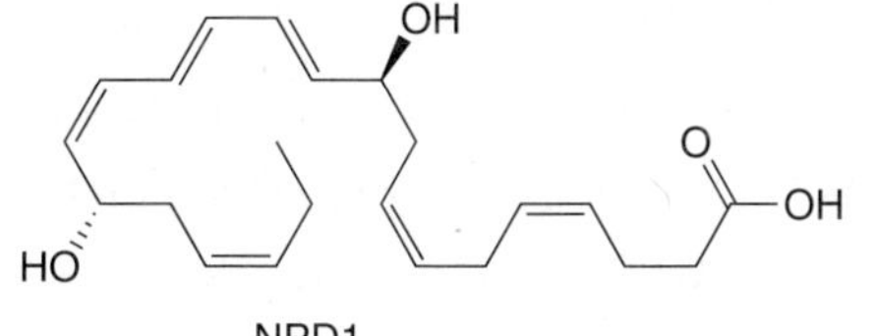

a. 각각의 이중 결합들을 고립된 것과 콘쥬게이션된 것으로 나누어보라.

b. 각각의 이중 결합들을 *E*, *Z*로 나누어보라.

c. 콘쥬게이션된 이중 결합에 대해서 *s*-시스와 *s*-트랜스로 나누어보라.

그림 16.3
콘쥬게이션 이중 결합을 포함한 생물 활성 유기 화합물

심바스타틴
(조코)

칼시트리올
(로칼트롤)

16.7 흥미로운 다이엔과 폴리엔

아이소프렌은 버지니아의 블루릿지(Blue Ridge) 산맥에서처럼, 숲이 우거진 언덕 위쪽에 보이는 푸른빛의 안개를 이루는 구성 성분이다.

아이소프렌(isoprene)과 라이코펜(lycopene)은 콘쥬게이션 이중 결합이 있는 두 가지 천연물이다.

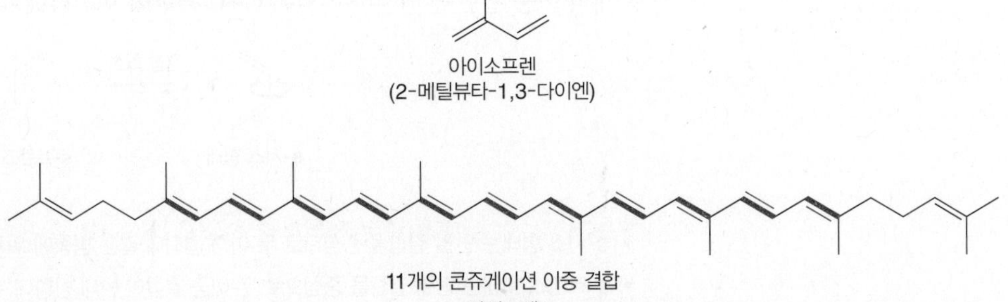

IUPAC 이름이 2-메틸뷰타-1,3-다이엔인 아이소프렌은 온도가 상승함에 따라 식물에 의하여 방출되는데, 이는 식물이 열에 대한 저항성을 증가시켜려는 과정이라고 생각된다.

토마토와 다른 과일들의 붉은색을 나타내는 주 성분인 라이코펜은 바이타민 E와 같은 항산화제이다. 라이코펜에 있는 11개의 콘쥬게이션 이중 결합들은 라이코펜이 붉은색을 띠게 하는데, 이와 연관된 내용은 16.15절에서 다룰 것이다.

심바스타틴(Simvastatin)과 칼시트리올(calcitriol)은 여러 가지 작용기와 콘쥬게이션된 이중 결합이 있는 의약들이다(그림 16.3 참조). 심바스타틴은 콜레스테롤의 농도를 낮춰주는 효능이 있는 약인 조코(Zocor)의 일반적인 이름이다. 칼시트리올은 음식으로부터 섭취된 바이타민 D_3로부터 생물학적으로 합성되는 일종의 호르몬인데, 칼슘과 인의 신진대사를 제어하는 역할을 한다. 칼시트리올은 로칼트롤(Rocaltrol)이라는 상품명으로 팔리고 있는데, 바이타민 D_3로부터 호르몬 합성 장애 환자의 치료에 사용된다. 칼시트리올은 칼슘 이온의 흡수를 촉진하는 효능이 있는데, 혈액 속에 칼슘 농도가 낮은 저칼슘혈증 환자의 치료에 사용된다.

16.8 뷰타-1,3-다이엔에서 탄소–탄소 간의 σ 결합 길이

콘쥬게이션 다이엔이 고립된 다이엔과 다른 네 가지 특징은 다음과 같다.

[1] 두 개의 이중 결합을 잇는 C–C 단일 결합은 일반적이지 않게
[2] 콘쥬게이션 다이엔들은 유사한 형태의 고립된 다이엔보다 더욱 안정하다.
[3] 콘쥬게이션 다이엔의 몇 가지 반응들은 고립된 이중 결합에서 일어나는 반응들과는 다른 양상을 보인다.
[4] 콘쥬게이션 다이엔들은 더 긴 파장의 자외선을 흡수한다.

뷰타-1,3-다이엔에 있는 탄소-탄소 이중 결합의 길이는 다른 고립된 이중 결합의 길이와 비슷하지만, 중심의 단일 결합은 에테인의 C−C 결합 길이보다 짧다.

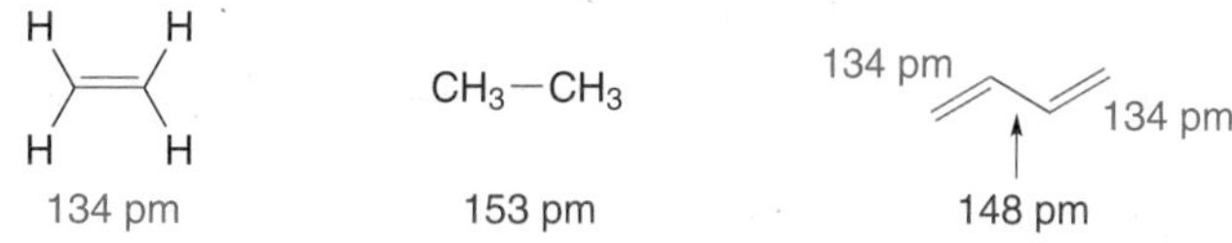

관측된 결합 길이는 혼성화를 통해 설명할 수 있다. 뷰타-1,3-다이엔의 각 탄소 원자는 sp^2 혼성화를 이루기 때문에, 가운데 C−C 단일 결합은 에테인과 같은 sp^3 혼성 오비탈보다는 두 개의 sp^2 혼성 오비탈의 겹침에 의해 형성된다.

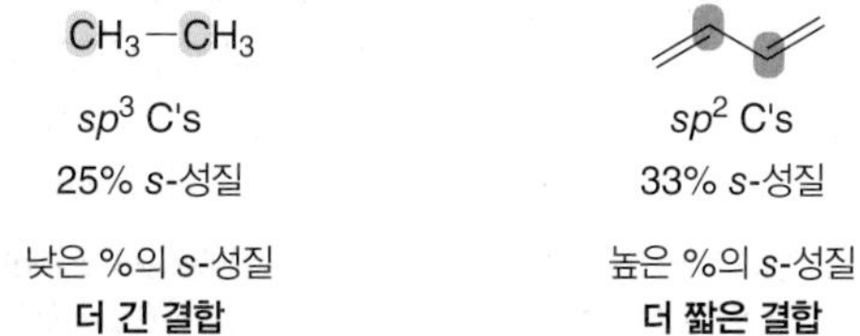

s-성질이 증가할수록 결합 길이는 감소한다는 1.11B절의 내용을 상기하자.

- 혼성화에 근거하면, $C_{sp^2}-C_{sp^2}$ 결합은 더 높은 % s-성질을 가진 오비탈에 의해 형성되기 때문에 $C_{sp^3}-C_{sp^3}$ 결합보다 짧아야 한다.

공명 이론은 뷰타-1,3-다이엔의 짧은 C−C σ 결합을 설명하는 데 사용될 수 있다. 뷰타-1,3-다이엔은 세 개의 공명 구조를 통해 묘사될 수 있다.

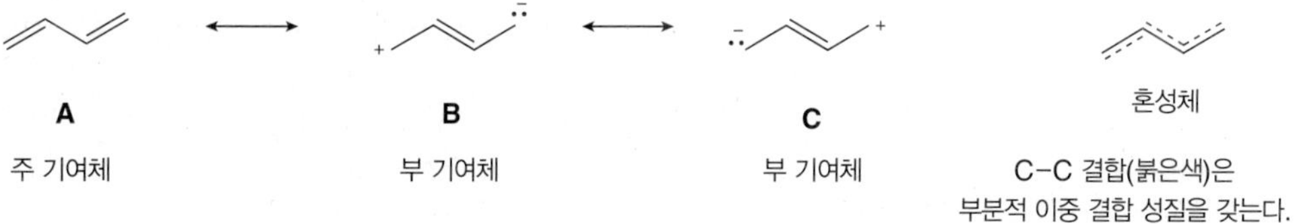

B, **C**의 구조는 전하가 분리되어 있고, **A**보다 결합 개수가 적기 때문에 불안정하며 공명 혼성체의 부 기여체가 된다. **B**와 **C** 둘 다 중심 탄소 원자 사이에 이중 결합이 있기 때문에 혼성 구조는 그 위치에 부분적인 이중 결합이 존재한다. 이는 중심의 C−C 결합을 알케인의 C−C 단일 결합보다 짧아지게 한다.

- 혼성화에 근거하면, 뷰타-1,3-다이엔 중심의 C−C 결합은 부분적인 이중 결합의 성질로 인해 그 길이가 짧아진다.

문제 16.12 혼성화를 이용하여 CH_3CH_3와 $CH_2{=}CH-CH{=}CH_2$의 C−C 결합 길이와 비교했을 때, $HC{\equiv}C-C{\equiv}CH$의 C−C 결합 길이는 어떠할지 예측하라.

문제 16.13 공명 구조 이론을 이용하여 아세트산 음이온에서 C−O 결합 길이가 왜 같은지 설명하라.

:O:
:O:⁻
아세트산

그림 16.4
콘쥬게이션 다이엔과 고립된 콘쥬게이션 다이엔 간의 상대적인 에너지

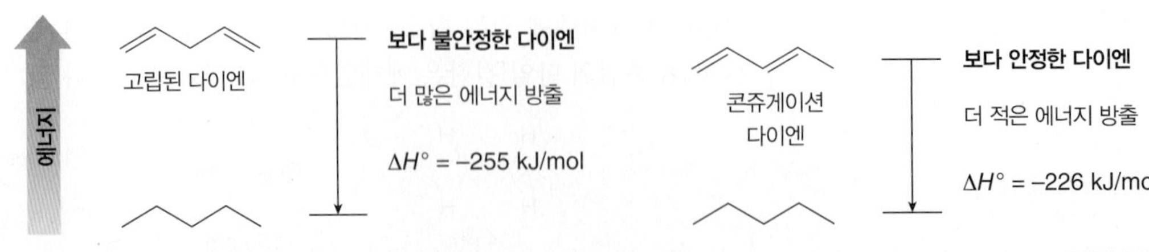

16.9 콘쥬게이션 다이엔의 안정성

12.3절에서는 수소 분자가 알켄에 첨가되어 알케인이 생성됨을 배웠다. 이 과정에서 방출되는 열을 수소화열(heat of hydrogenation)이라 하며, 알켄의 안정성을 측정하는 데 사용된다.

$$+ \; H_2 \xrightarrow{\text{Pd-C}} \qquad \Delta H° = \textbf{수소화열}$$

콘쥬게이션 다이엔과 고립된 다이엔의 상대적인 안정성은 수소화열을 비교함으로써 결정할 수 있다.

- 수소화를 통해 두 개의 다른 다이엔으로부터 같은 알케인이 생성된다면, 더 안정한 다이엔이 더 적은 수소화열을 방출할 것이다.

예를 들어, 2당량 수소를 사용하여 펜타-1,4-다이엔(고립된 다이엔)과 (3*E*)-펜타-1,3-다이엔(콘쥬게이션 다이엔)의 수소화 반응을 통해 펜테인이 생성된다고 하자. 콘쥬게이션 다이엔이 펜테인으로 될 때 더 적은 에너지가 방출되기 때문에, (3*E*)-펜타-1,3-다이엔은 에너지가 더 낮다(더 안정함). 이러한 펜타다이엔 이성질체 간의 상대적인 에너지를 그림 16.4에 나타냈다..

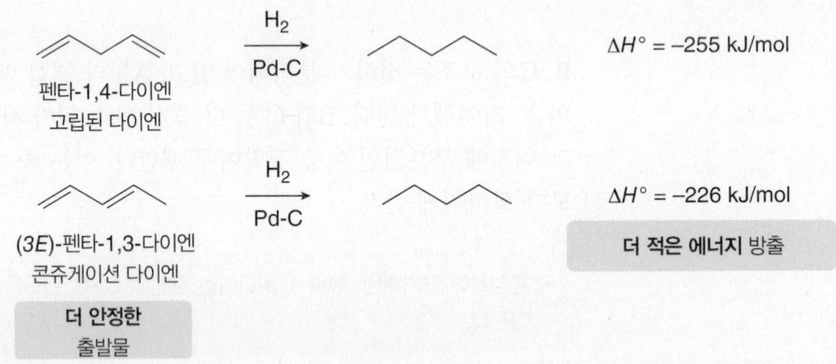

- 콘쥬게이션 다이엔은 수소화열이 더 적으며, 비슷한 고립된 다이엔보다 더 안정하다.

16.1절에서 왜 콘쥬게이션 다이엔이 고립된 다이엔보다 더 안정한지를 배웠다. 콘쥬게이션 다이엔은 이웃하는 네 원자에 있는 *p* 오비탈이 겹치기 때문에 π전자들이 4개 원자에 걸쳐 비편재화되어 다이엔을 안정화시킨다. 비편재화는 고립된 다이엔에서는 발생할 수 없고, 따라서 고립된 다이엔은 콘쥬게이션 다이엔보다 불안정하다.

문제 16.14 아래의 다이엔쌍 중에서 어떤 다이엔의 수소화열이 더 높은가?

a. 또는 b. 또는

문제 16.15 아래 화합물들을 안정성이 증가하는 순서대로 나열하라.

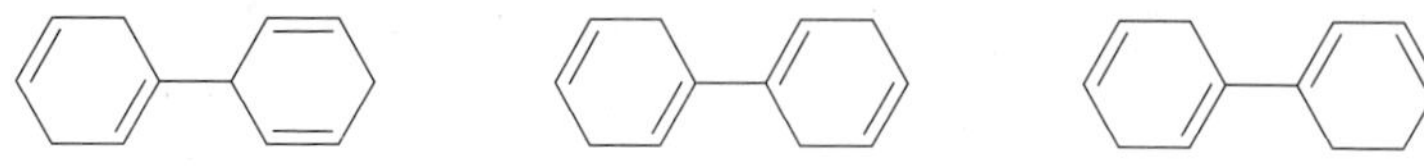

16.10 친전자성 첨가: 1,2-첨가 대 1,4-첨가

10장과 11장에서 π 결합을 가진 화합물의 특징적인 반응은 **첨가**라는 것을 배웠다. 콘쥬게이션 다이엔의 π 결합 역시 첨가가 일어난다. 그러나 그것은 고립된 다이엔의 첨가와는 다른 두 가지 방식으로 반응이 일어난다.

- 콘쥬게이션 다이엔의 친전자성 첨가는 혼합물을 생성한다.
- 콘쥬게이션 다이엔은 알켄이나 고립된 다이엔에서 관찰할 수 없었던 특징적인 첨가를 일으킨다.

우리는 10장에서 HX가 알켄의 π 결합에 첨가되어 할로젠화 알킬을 생성한다는 것을 배웠다.

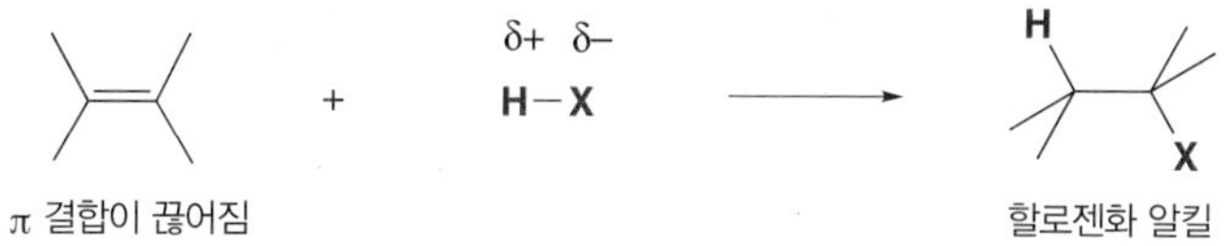

δ+ δ−
H−X
π 결합이 끊어짐
할로젠화 알킬

1당량의 HBr을 사용하여 **고립된 다이엔**에 친전자성 첨가 반응을 수행했을 때, 마르코브니코프 규칙을 따르는 한 가지 생성물만이 만들어진다. H 원자는 덜 치환된 탄소 원자와 결합을 형성한다. 덜 치환된 탄소는 더 많은 수의 수소 원자와 결합하고 있는 이중 결합의 탄소 원자를 말한다.

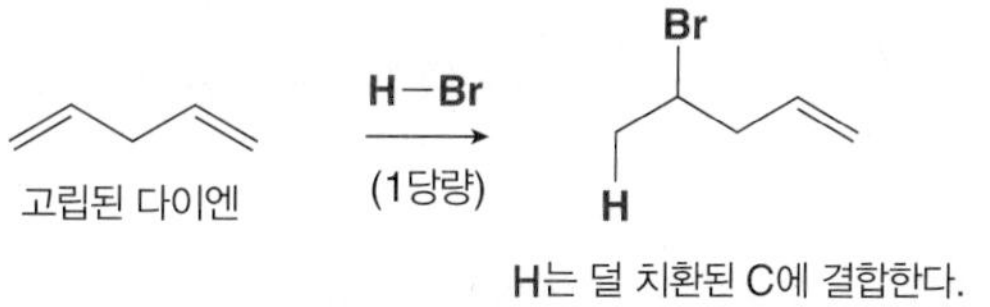

H−Br
(1당량)
고립된 다이엔
H는 덜 치환된 C에 결합한다.

1당량의 HBr이 **콘쥬게이션 다이엔**에 친전자성 첨가 반응할 경우, 두 가지의 생성물이 얻어진다.

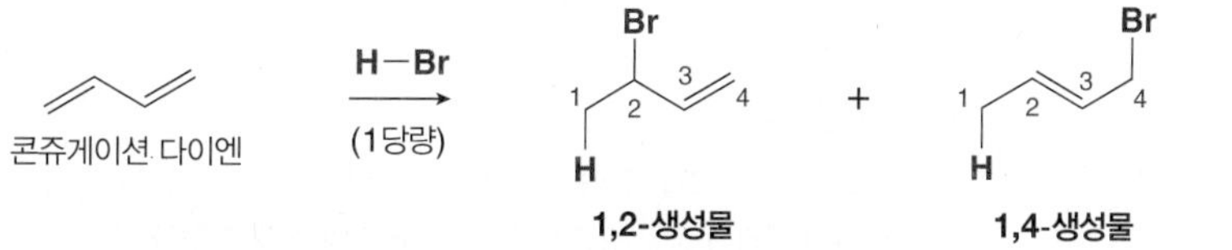

H−Br
(1당량)
콘쥬게이션 다이엔
1,2-생성물
1,4-생성물

C1과 C4로 불리는 1,3-다이엔의 말단 탄소는 IUPAC의 규칙을 고려하지 않고 임의로 붙인 것이다.

- **1,2-첨가 생성물**은 HBr이 마르코브니코프 규칙에 따라 다이엔의 이웃하는 두 탄소 원자(C1과 C2)에 첨가되어 얻어진다.
- **1,4-첨가 생성물**은 HBr이 다이엔의 양 끝 탄소 원자(C1과 C4)에 첨가되어 얻어진다. 1,4-첨가를 **콘쥬게이션 첨가**라고도 한다.

HX의 친전자성 첨가의 메커니즘은 **두 단계**로 나눌 수 있다. 먼저 H^+가 첨가하여 공명 안정화 탄소 양이온이 형성된 다음, 두 탄소 양이온의 친전자성 말단 중의 하나에서 X^-의 친핵성 공격이 일어나 두 가지 생성물을 형성한다. 메커니즘 16.1은 HBr과 뷰타-1,3-다이엔의 반응에 대해 설명한다.

메커니즘 16.2 1,3-다이엔에 대한 HBr의 친전자성 첨가(1,2-첨가와 1,4-첨가)

① HBr의 H^+가 1,3-다이엔의 말단 C에 첨가되어 공명 안정화된 알릴성 탄소 양이온을 형성한다.

② Br^-의 친핵성 공격이 (+)전하를 띠는 공명 안정화 탄소 양이온의 어느 한쪽에 발생하며 1,2-첨가물 또는 1,4-첨가물을 생성한다.

알켄에 대한 HX의 친전자성 공격과 같이 속도 결정 단계인 단계 [1]에서는 콘쥬게이션 다이엔에 대한 HBr의 첨가로 더욱 안정한 탄소 양이온을 생성한다. 그러나 이러한 경우 탄소 양이온은 2°이며 알릴성이기 때문에 그에 따른 두 가지 루이스 구조가 그려질 수 있다. 단계 [2]에서는 친전자성을 띠는 두 위치에 Br^-의 친핵성 공격이 일어나 두 종류의 생성물이 만들어진다.

- 콘쥬게이션 다이엔에 대한 HX의 첨가는 공명 안정화된 알릴성 탄소 양이온 중간체를 거쳐 반응이 진행되기 때문에 1,2-첨가와 1,4-첨가 생성물이 만들어진다.

예제 16.4 아래 반응의 생성물을 그려라.

풀이

생성물의 구조를 결정하는 메커니즘의 단계를 써보자. H^+의 첨가는 안정한 2° 알릴성 탄소 양이온을 생성하는데, 이는 두 가지 공명 구조로 표현될 수 있다. Br^-의 친핵성 첨가는 1,2-첨가와 1,4-첨가가 알릴성 탄소 양이온의 양 끝에서 함께 일어나며, 그 결과 두 가지의 생성물이 얻어진다.

문제 16.16 아래의 다이엔을 1당량의 HCl과 반응시켰을 때 얻어지는 생성물을 그려라.

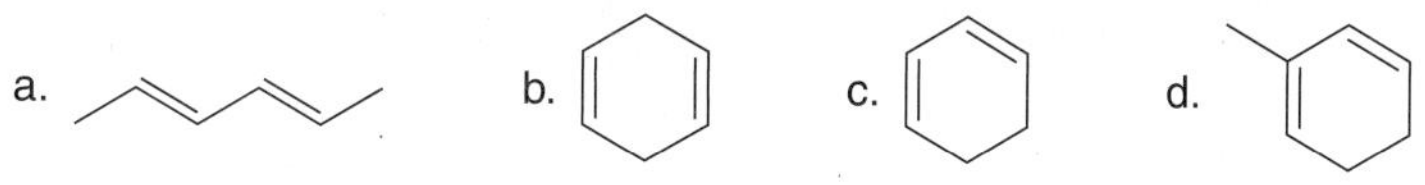

a. b. c. d.

문제 16.17 아래 반응에 대한 단계적인 메커니즘을 쓰라.

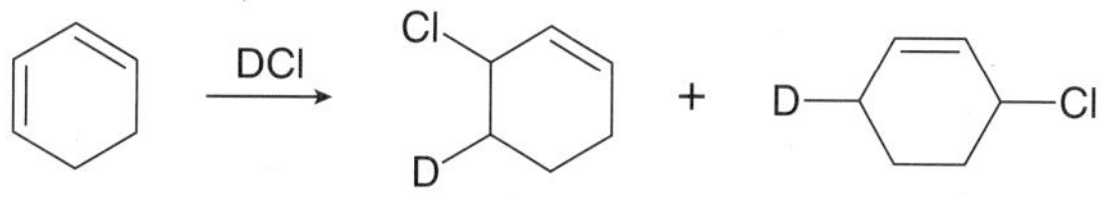

DCl → (Cl, D) + D—(—Cl)

16.11 반응속도론적 생성물 대 열역학적 생성물

콘쥬게이션 다이엔인 뷰타-1,3-다이엔에 대한 친전자성 첨가에서 1,2-첨가와 1,4-첨가 생성물의 양은 반응 조건에 크게 영향을 받는다.

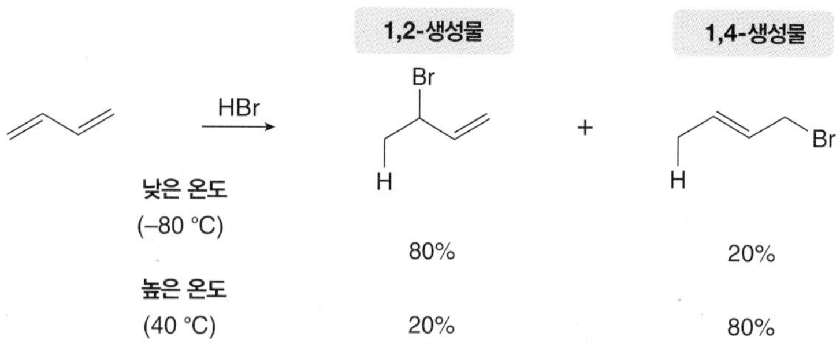

	HBr	1,2-생성물	1,4-생성물
		Br, H	Br, H
낮은 온도 (–80 °C)		80%	20%
높은 온도 (40 °C)		20%	80%

- 낮은 온도에서는 1,2-첨가 생성물이 주 생성물이다.
- 높은 온도에서는 1,4-첨가 생성물이 주 생성물이다.

또한 1,2-첨가 생성물이 더 많이 들어 있는 혼합물을 가열하면, 1,4-첨가 생성물이 형성되는 방향으로 평형이 이동한다.

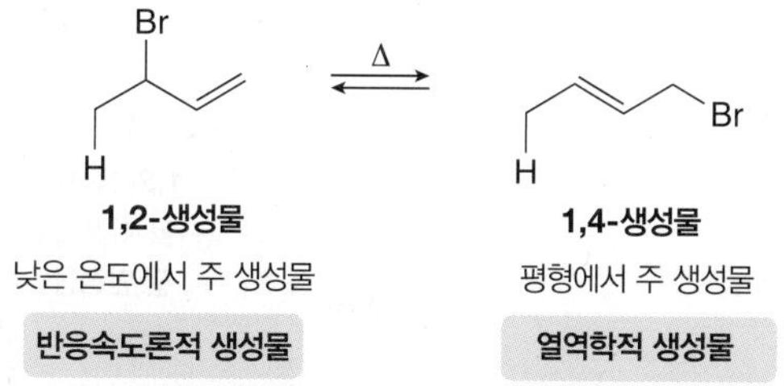

Br, H ⇌ (Δ) Br, H

1,2-생성물
낮은 온도에서 주 생성물
반응속도론적 생성물

1,4-생성물
평형에서 주 생성물
열역학적 생성물

- 1,2-생성물은 낮은 온도에서 우세하게 존재하기 때문에 빠르게 형성된다. 이렇게 빠르게 형성된 생성물을 반응속도론적 생성물(kinetic product)이라 한다.
- 1,4-생성물은 평형 상태에서 우세하게 존재하기 때문에 더 안정하다. 이렇게 평형에서 우세하게 존재하는 생성물을 열역학적 생성물(thermodynamic product)이라 한다.

그동안 접했던 많은 반응들에서 우리는 더 안정한 생성물이 더 빨리 생성된다고 배웠다. 그렇지만 이 경우는 반응속도론적 생성물과 열역학적 생성물이 동일했을 때의 결과이다. 뷰타-1,3-다이엔에 대한 HBr의 첨가는 안정한 생성물이 더 느리게 생성된다는 점에서 차이를 보인다. 즉 반응속도론적 생성물과 열역학적 생성물이 다르다는 것이다. 왜 안정한 생성물이 더 늦게 만들어질까?

그림 16.5
A → B + C의 반응에서 반응속도론적 생성물과 열역학적 생성물이 형성되는 방법

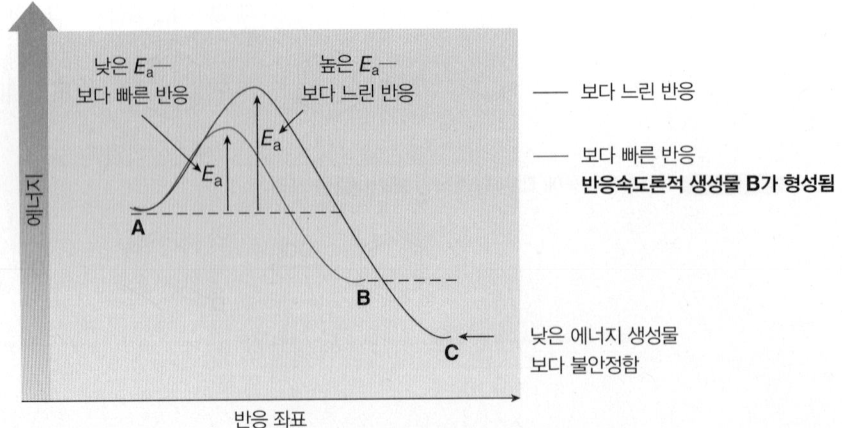

- **A** → **B**로의 변환은 **B**를 생성하는 경로의 활성화 에너지가 낮기 때문에 빠르게 진행된다. **B**는 반응속도론적 생성물이다.
- **C**는 에너지가 낮으므로, 이는 열역학적 생성물이다.

이 물음에 답하기 위해 평형에서의 생성물의 양은 그 안정성이 결정하지만, 반응 속도는 활성화 에너지가 결정한다는 사실을 상기하라(그림 16.5). 단일 출발물 **A**로부터 두 가지 발열 반응을 통해 두 가지 다른 생성물(**B**와 **C**)이 얻어질 때, 에너지 장벽의 상대적인 높이가 얼마나 빨리 **B**와 **C**가 생성되는지를 결정한다. 반면에, **B**와 **C**의 상대적 에너지는 평형에서 각각의 양을 결정한다. 발열 반응에서 **B**와 **C**의 상대적 에너지는 **B**와 **C**를 생성하는 상대적 활성화 에너지를 결정하는 요소가 되지 않는다.

뷰타-1,3-다이엔에 대한 HBr의 첨가에서 1,4-생성물(1-브로모뷰트-2-엔)은 탄소–탄소 이중 결합에 두 개의 알킬기를 가지므로 더 안정한 반면, 1,2-생성물(3-브로모뷰트-1-엔)은 단 한 개의 알킬기만을 가진다.

Br / H	H / Br
3-브로모뷰트-1-엔	1-브로모뷰트-2-엔
1,2-생성물	**1,4-생성물**
단일 치환 알켄	이중 치환 알켄
덜 안정함	**더 안정함**
	열역학적 생성물

- 더 치환된 알켄이 더 안정하기 때문에, 1-브로모뷰트-2-엔이 열열학적으로 더 안정한 생성물이 된다.

1,2-첨가 생성물은 근접 효과(proximity effect)로 인한 속도론적 생성물이다. HBr로부터 생성된 H^+가 이중 결합에 첨가될 때, Br^-는 C4 탄소 원자보다 C2 탄소 원자 가까이에 있어 C2를 보다 손쉽게 공격할 수 있다. 비록 공명 안정화된 탄소 양이온의 부분적인 양전하가 C2와 C4에 모두 있다 하더라도 Br^-는 더 가까운 위치에 있는 C2를 더 빠르게 공격한다.

그림 16.6
두 단계 메커니즘에 대한 에너지 도표:
$CH_2=CH-CH=CH_2$

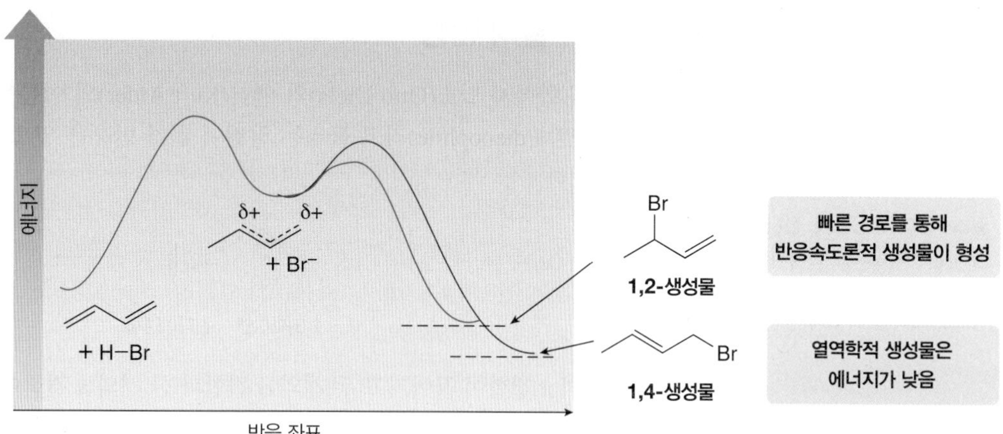

H−Br:

H 2 + Br

H 4 +

Br

H

1,2−첨가 생성물

반응속도론적 생성물

Br⁻가 C4보다 C2에 더 가깝다.

근접 효과는 한 가지 화학종이 다른 화학종보다 가까이 있을 때 일어난다.

- Br⁻가 C2에 더 가깝기 때문에 1,2-생성물이 형성된다.

1,2-첨가 생성물과 1,4-첨가 생성물을 만드는 뷰타-1,3-다이엔에 대한 HBr의 첨가에 관한 전체적인 두 단계 메커니즘은 그림 16.6과 같은 에너지 도표를 통해 나타낼 수 있다.

왜 생성물의 비율은 온도에 의존하는가?

- 낮은 온도에서는 활성화 에너지가 더 중요한 요인으로 작용한다. 낮은 온도에서는 대부분의 분자들이 높은 에너지 장벽을 넘을 수 있는 충분한 운동 에너지를 가지고 있지 않기 때문에 반응이 빨리 일어나는 경로를 통해 반응속도론적 생성물이 얻어진다.
- 높은 온도에서는 대부분의 분자들이 전이 상태에 도달하기 위한 충분한 운동 에너지를 가지고 있다. 두 가지 생성물은 가장 안정한 생성물 쪽으로 평형이 이동하여 에너지가 낮은 생성물이 주 생성물이 된다.

문제 16.18 아래의 반응에서 각각의 생성물을 1,2-첨가 생성물 또는 1,4-첨가 생성물로 표시하고, 어느 것이 반응속도론적 생성물인지, 열역학적 생성물인지를 결정하라.

HCl → Cl + Cl

16.12 딜스-알더 반응

딜스와 알더는 1950년 이러한 놀라운 반응에 대한 복잡한 세부 사항을 설명함으로써 노벨 화학상을 수상했다.

딜스-알더 반응에서 전자의 이동을 나타내는 화살표는 전자의 흐름을 표시하기 위해 시계 방향 또는 반시계 방향으로 그려질 수 있다.

독일의 화학자 딜스(Otto Diels)와 엘더(Kurt Alder)의 이름을 딴 딜스-알더 반응은 1,3-다이엔과 친다이엔체(dienophile)라고 불리는 알켄이 첨가 반응을 일으켜 새로운 육원자 고리를 생성하는 반응이다.

Δ

1,3-다이엔 친다이엔체

세 개의 π 결합이 끊어지고 두 개의 σ 결합과 한 개의 π 결합이 형성되므로 전자쌍들의 순환 이동을 표시하기 위해서는 세 개의 굽은 화살표가 필요하다. 각각의 새로운 σ 결합들은 끊어진 π 결합에 비해 약 100 kJ/mol의 에너지를 더 방출하므로, 일반적인 딜스-알더 반응에서는 약 200 kJ/mol의 에너지가 방출된다. 아래 반응식은 딜스-알더 반응의 세 가지 예를 보여준다.

1,3-다이엔 친다이엔체 딜스-알더 생성물

OCH_3 Δ OCH_3

세 개의 새로운 결합은 붉은색으로 표시되어 있다.

Δ

모든 딜스-알더 반응은 일반적으로 다음과 같은 특징이 있다.

[1] 반응은 열을 가함으로써 개시된다. 즉 딜스-알더 반응은 열에 의한 반응이다.

[2] 반응 결과 육원자 고리가 생성물로 얻어진다.

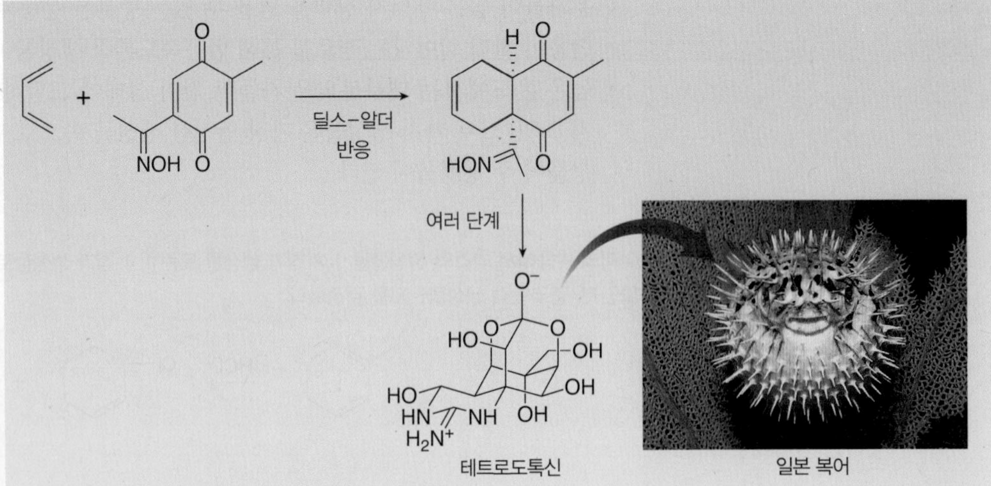

그림 16.7
딜스-알더 반응을 이용한 천연물의 합성

- 몇 개의 육원자 고리가 서로 연결되어 있는 접합 고리(fused ring)를 포함하는 복잡한 구조의 천연물인 테트로도톡신은 복어의 간과 알집에 존재하는 독성 물질이다. 복어는 위급할 때 자신의 몸을 공처럼 부풀리기 때문에 이와 같은 이름이 붙여졌다. 테트로도톡신을 합성하는 여러 단계 중 하나는 딜스-알더 반응에 의해 육원자 고리를 생성하는 단계이다.

[3] 세 개의 π 결합이 끊어지고, 두 개의 새로운 C−C σ 결합과 한 개의 새로운 C−C π 결합을 형성한다.
[4] 반응은 협동적(concerted)으로 일어난다. 즉 이전의 결합들의 끊어짐과 새로운 결합의 형성이 동시에 일어난다.

딜스−알더 반응은 새로운 C−C 결합을 형성시키는 반응이다. 그렇기 때문에 이는 단순한 분자로부터 더 크고 복잡한 분자를 형성하는 데 사용될 수 있다. 예를 들어, 그림 16.7을 보면, 복어로부터 얻어지는 테트로도톡신(tetrodotxin)이라는 독성 물질의 합성에 딜스−알더 반응이 사용되고 있다.

딜스−알더 반응은 처음에는 복잡해보일 수 있으나 실제로는 우리가 이미 접했던 여러 단계의 메커니즘과 탄소 양이온 중간체를 거치는 반응들보다는 덜 복잡하다. 중요한 것은 생성물의 구조를 쉽게 알아볼 수 있도록 출발물을 어떻게 배열하는가를 아는 것이다.

해결 방법 딜스−알더 반응의 생성물을 그리는 방법

예 다음 딜스−알더 반응의 생성물을 그려라.

단계 [1] 1,3-다이엔과 친다이엔체를 서로 가까이 배치한다. 이때 다이엔은 ***s*-시스** 형태로 그린다.

- ***s*-시스** 형태가 되도록 **다이엔을 회전시키고** 다이엔의 양 끝 탄소를 친다이엔체의 이중 결합에 가까이 위치하도록 하는 것이 중요하다.

회전

1,3-다이엔
s-트랜스 *s*-시스 **친다이엔체**

단계 [2] 세 개의 결합을 절단하고, 화살표를 이용해 새로 형성되는 결합을 표시한다.

다이엔 **친다이엔체** **딜스−알더** 생성물

문제 16.19 아래의 다이엔과 친다이엔체가 딜스−알더 반응을 한 후의 생성물을 그려라.

a. + b. + c. +

16.13 딜스-알더 반응을 지배하는 특별한 규칙

딜스-알더 반응은 몇 가지 규칙에 의해 진행된다.

16.13A 다이엔의 반응성

규칙 [1] 다이엔은 *s*-시스 형태일 경우에만 반응이 일어난다.

콘쥬게이션 다이엔의 양 끝은 친다이엔체의 π 결합과 가까이 위치해야 한다. 즉 *s*-트랜스 형태의 비고리형 다이엔은 반응이 일어나기 전 중앙의 C−C σ 결합이 회전하여 *s*-시스 형태가 만들어져야 한다.

회전
s-트랜스
s-시스
반응 가능 형태
회전
s-트랜스
s-시스
반응 가능 형태

고리형 다이엔에서는 이러한 회전이 일어나지 않는다. 결과적으로

- 다이엔의 두 이중 결합이 강제적으로 *s*-시스 형태를 유지하고 있다면, 이러한 다이엔은 상당히 반응성이 좋다.
- 두 개의 이중 결합이 *s*-트랜스 형태로 고정되어 있다면, 이러한 다이엔에서는 딜스-알더 반응이 일어나지 않는다.

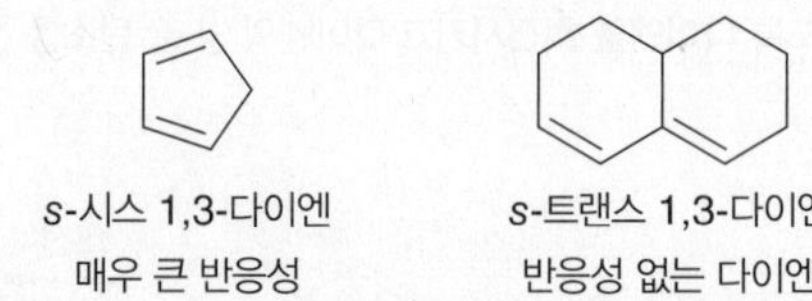

문제 16.20 딜스-알더 반응에서 아래 다이엔들을 반응성이 증가하는 순서대로 나열하라.

문제 16.21 생강 뿌리로부터 분리되는 천연물인 진지베렌(zingiberene)과 β-세스퀴펠란드렌(β-sesquiphellandrene)은 콘쥬게이션 다이엔 구조이다. 어느 다이엔이 딜스-알더 반응성이 높은가를 설명하라.

진지베렌 β-세스퀴펠란드렌

진지베렌과 β-세스퀴펠란드렌은 생강 뿌리에서 분리되는 트라이엔이다. 생강은 인도와 중국 요리에서 향료로 상용되고, 생강 캔디는 배멀미로 인한 메스꺼움을 완화시키는 데 가끔 사용되기도 한다.

16.13B 친다이엔체의 반응성

규칙 [2] 친다이엔체의 전자 끄는 치환기가 존재하면 반응 속도가 증가한다.

딜스-알더 반응에서 콘쥬게이션 다이엔은 친핵체로, 친다이엔체는 친전자체로 거동한다. 그 결과 전자 끄는 기는 친다인엔체의 이중 결합의 전자를 잡아당김으로써 친다이엔체들의 친전자성을 증가시킨다. 만약 Z가 전자 끄는 치환기라면 친전자체의 반응성은 아래와 같이 증가할 것이다.

그림 16.8
딜스–알더 반응에서의 몇 가지 일반적인 친다이엔체

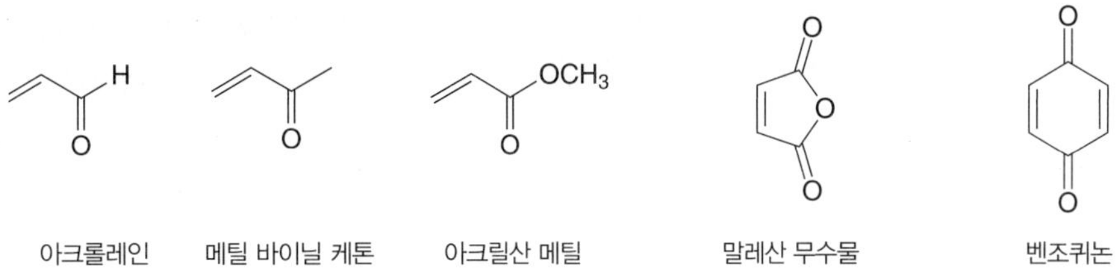

아크롤레인 메틸 바이닐 케톤 아크릴산 메틸 말레산 무수물 벤조퀴논

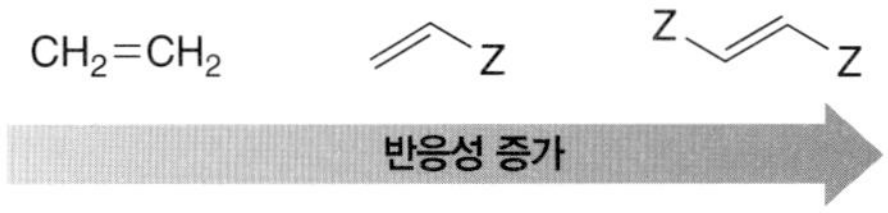

$CH_2=CH_2$

반응성 증가

카보닐기는 카보닐기의 탄소 원자가 부분적인 양전하(δ+)를 띠어 이중 결합의 전자를 끌어당기기 때문에 효과적인 전자 끄는 기가 된다. 카보닐기를 포함하는 일반적인 친다이엔체가 그림 16.8에 표시되어 있다.

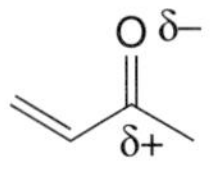

전자가 부족한 카보닐 탄소

문제 16.22 다음 친다이엔체의 반응성이 증가하는 순서대로 나열하라.

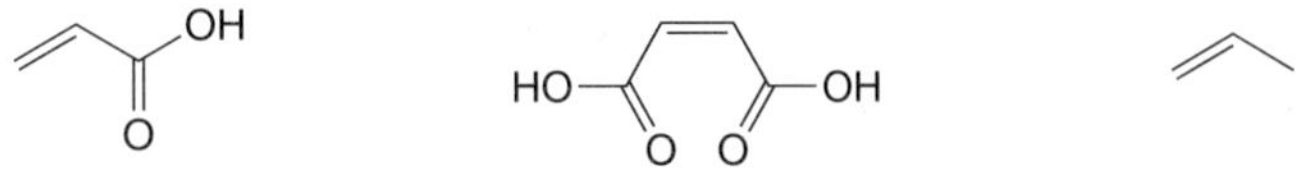

16.13C 입체특이성

규칙 [3] 친다이엔체의 입체화학은 생성물에서도 그대로 유지된다.

- 시스–친다이엔체는 시스–치환된 사이클로헥센을 생성한다.
- 트랜스–친다이엔체는 트랜스–치환된 사이클로헥센을 생성한다.

두 개의 카복시기가 시스로 위치한 말레산은 딜스–알더 반응 후 시스로 치환된 생성물이 얻어진다. 카복시기는 둘 다 평면의 위쪽 또는 아래쪽에 그려지며, 비카이랄 메소 화합물이 얻어진다. 퓨마르산과 같은 **트랜스 친다이엔체**는 트랜스로 위치한 카복시기로 인해 두 개의 거울상이성질체가 만들어진다.

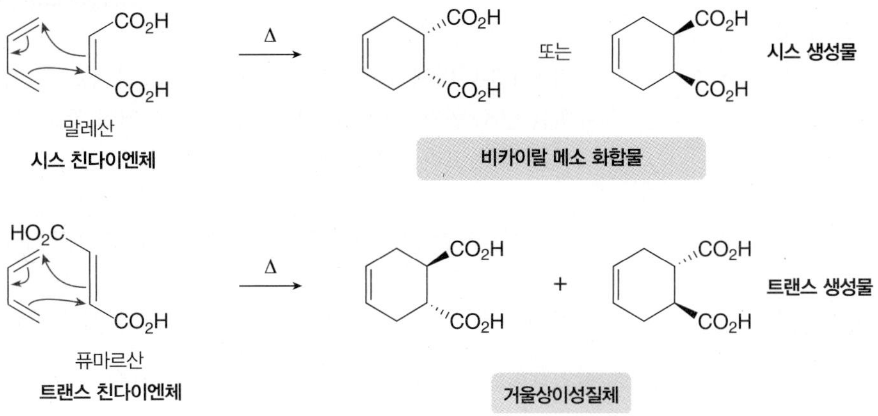

말레산
시스 친다이엔체

또는 **시스 생성물**

비카이랄 메소 화합물

퓨마르산
트랜스 친다이엔체

트랜스 생성물

거울상이성질체

고리형 친다이엔체를 이용하면 두고리 생성물(bicyclic product)을 형성할 수 있다. 두 개의 고리가 C−C 결합을 공유하는 두고리 계를 **접합 고리 계**(fused ring system)라고도 한다. 출발물인 친다이엔체가 시스 형태이기 때문에 생성된 고리의 다리목 탄소에 결합된 두 개의 수소 원자는 시스로 위치해야 한다. 이와 같은 종류의 이중 고리 계를 **시스-접합**(cis-fused)이라고 한다.

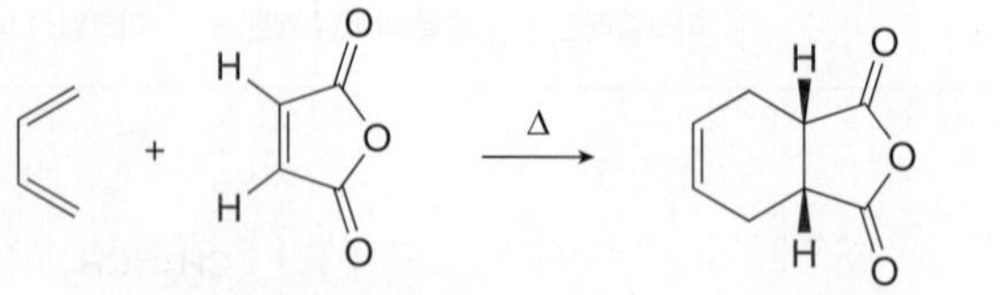

고리형 친다이엔체
친다이엔체의 **수소들이 시스**

두고리 생성물
생성물들의 **수소들이 시스**

문제 16.23 각 딜스-알더 반응의 생성물을 그리고, 입체화학을 나타내라.

a. + CH_3O–C(=O)–CH=CH–C(=O)–OCH_3 $\xrightarrow{\Delta}$

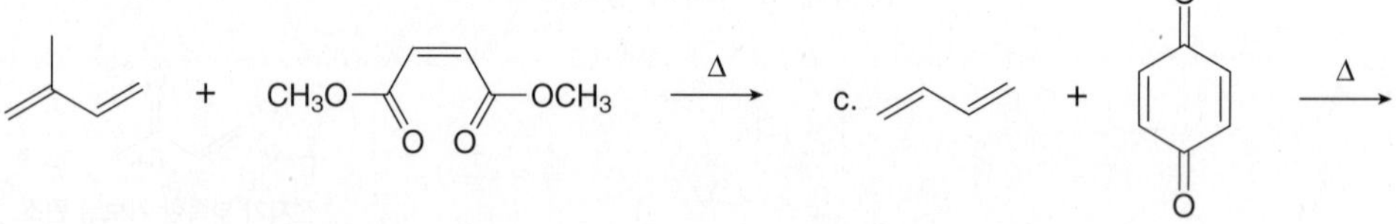

b. + CH_3O–C(=O)–CH=CH–C(=O)–OCH_3 $\xrightarrow{\Delta}$

c. + $\xrightarrow{\Delta}$

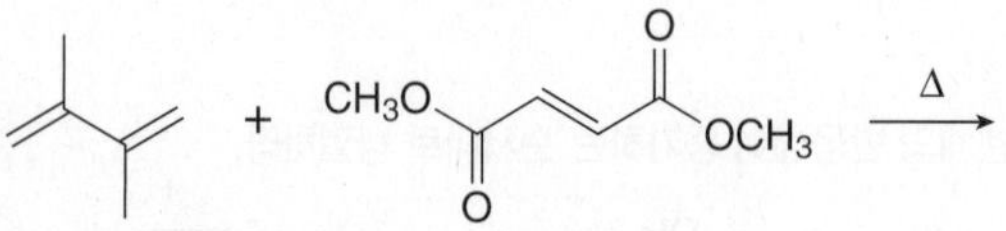

16.13D 내향 첨가 규칙

규칙 [4] 외향 생성물과 내향 생성물이 생성 가능할 때 내향 생성물의 생성이 지배적이다.

내향 첨가(endo addition)의 규칙을 이해하기 위해 우리는 먼저 고리형 1,3-다이엔의 딜스-알더 생성물을 조사해보아야 한다. 사이클로펜타다이엔이 에틸렌과 같은 친다이엔체와 반응할 때, 생성된 고리 위에 원자 한 개로 이루어진 '다리'가 있는 새로운 육원자 고리가 생성된다. 이 탄소 원자는 반응에 참여하지 않는 sp^3 혼성화된 다이엔의 탄소로부터 비롯되었다.

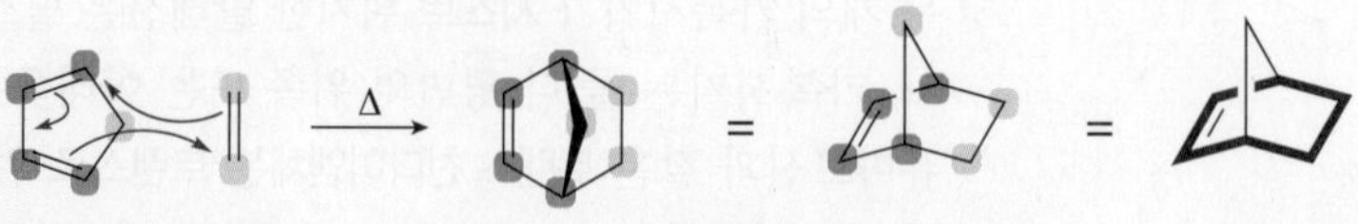

고리형 1,3-다이엔

다리걸친 두고리 계

고리형 1,3-다이엔의 딜스-알더 반응 생성물은 두고리 계(bicyclic system)이지만, 두 고리가 공유하는 탄소 원자는 인접해 있지 않다. 즉 이러한 두고리 생성물은 고리형 친다이엔체로부터 얻어지는 접합 고리 계와는 다르다.

- 인접하지 않은 탄소 원자를 공유하는 두고리 접합 고리 계를 다리걸친(bridged) 고리 계라고 한다.

그림 16.9에서는 접합 고리 계와 다리걸친 고리 계를 비교하고 있다.

사이클로펜타다이엔이 친다이엔체(CH_2=CHZ)로서 치환된 알켄과 반응할 때, 생성물에서 치환

그림 16.9
접합 고리 계와 다리걸친 고리 계의 비교

a. 접합된 두고리 계

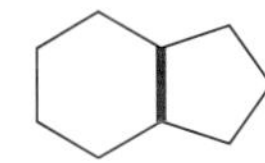

• 한 개의 결합(붉은색)이 두 고리에 의해 공유됨
• 공유된 C는 인접해 있다.

b. 다리걸친 두고리 계

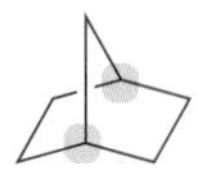

• 인접하지 않은 두 개의 탄소(파란색)가 두 고리에 의해 공유됨

기 Z는 둘 중 한 가지의 배향을 갖는다. 내향(endo)과 외향(exo)이라는 용어는 Z의 위치를 가리키는 데 사용된다.

• 치환기가 두고리에 공통인 탄소를 연결하는 더 긴 다리에 가까이 있는 것이 내향이다.
• 치환기가 탄소를 연결하는 더 짧은 다리와 가까이 있는 것이 외향이다.

내향과 외향을 구별하기 위해서는 내향 치환기는 새로이 생성되는 육원자 고리 아래에 위치한다는 것을 기억하자.

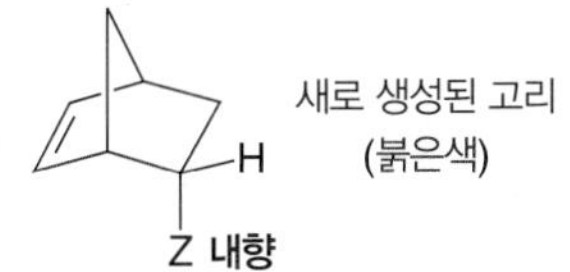

다음 쪽의 두 가지 예시에서 볼 수 있듯이, 딜스-알더 반응에서는 내향 생성물이 우선적으로 만들어진다.

Diels-Alder 반응의 더 상세한 내용은 27.4절에서 설명된다.

딜스-알더 반응은 협동 반응이다. 그리고 그림 16.10에 나와 있는 것처럼 다이엔과 친다이엔체가 옆으로 배열된 형상이 아닌, 한 화합물이 다른 화합물 위에 위치한 형상이 되어야 반응은 일어난다. 이론적으로 Z는 내향 생성물을 만들기 위해 직접적으로 다이엔 아래에 위치하거나(그림 16.10의 경로 [1]), 외향 생성물을 만들기 위해 다이엔과 멀리 떨어진 위치에 있을 수 있다(그림 16.10의 경로 [2]). 그러나 실제로는 **내향 생성물이 주 생성물이다.** 내향 생성물을 만드는 전이 상태는 전자가 풍부한 다이엔이 전자를 끌어당기는 치환기 Z를 가진 친다이엔체와 상호작용을 더 많이 할 수 있게 하는데, 이러한 상호작용은 에너지 측면에서 유리하다.

그림 16.10
딜스–알더 반응을 통해 어떻게 내향 또는 외향 생성물이 만들어지는가

경로 [1] 다이엔의 아래에 위치한 Z로 인해 내향 생성물이 얻어진다.

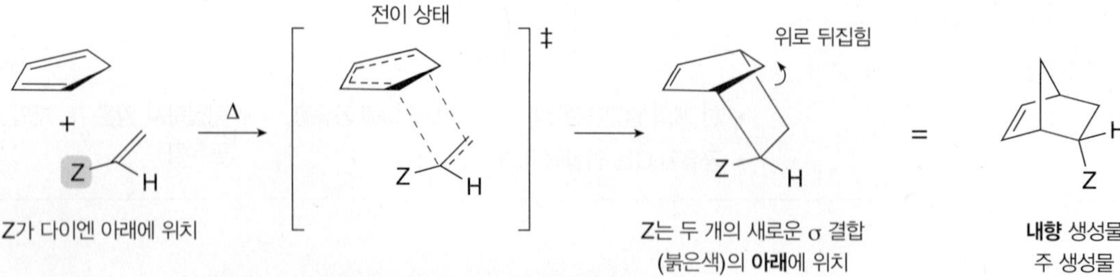

전자 끄는 Z기가 전자가 풍부한 다이엔에 가까이 위치

경로 [2] 다이엔의 바깥쪽에 위치한 Z로 인해 외향 생성물이 얻어진다.

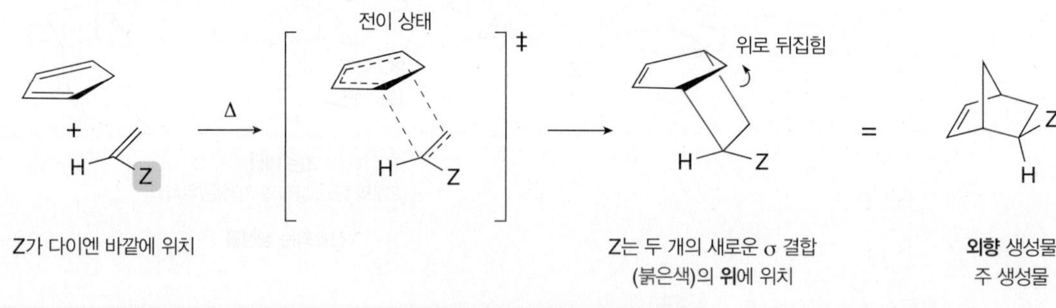

문제 16.24 각 딜스–알더 반응의 생성물을 그려라.

a. + Δ → b. + Δ →

16.14 딜스–알더 반응에 대한 다른 사실들

16.14A 딜스–알더 생성물에 대한 역합성 분석

딜스–알더 반응은 유기 합성에서 널리 사용되기 때문에, 우리는 화합물을 보고 어떠한 콘쥬게이션 다이엔과 친다이엔체가 반응하여 그것이 만들어졌는지 구분할 수 있는 기량을 갖추어야 한다. 주어진 딜스–알더 생성물에 대한 출발물들을 그리기 위해서는

- C=C를 포함하는 육원자 고리의 위치를 파악한다.
- 사이클로헥센 고리를 따라 π 결합에서부터 시작하여 세 개의 화살표를 그려본다. 화살표는 이웃하는 결합에 전자 두 개를 이동시키는데, 이러한 전자의 이동으로 한 개의 π 결합과 두 개의 σ 결합이 끊어지고 세 개의 π 결합이 형성된다.
- 친다이엔체의 C=C에 있는 치환기의 입체화학은 그대로 유지한다. 육원자 고리에서 시스로 배열된 치환기는 시스 친다이엔체를 생성한다.

이러한 단계적인 역합성 분석을 통해 우리는 그림 16.11처럼 딜스–알더 반응에 필요한 1,3-다이엔과 친다이엔체를 알아낼 수 있다.

그림 16.11
딜스-알더 반응에 필요한 다이엔과 친다이엔체의 발견

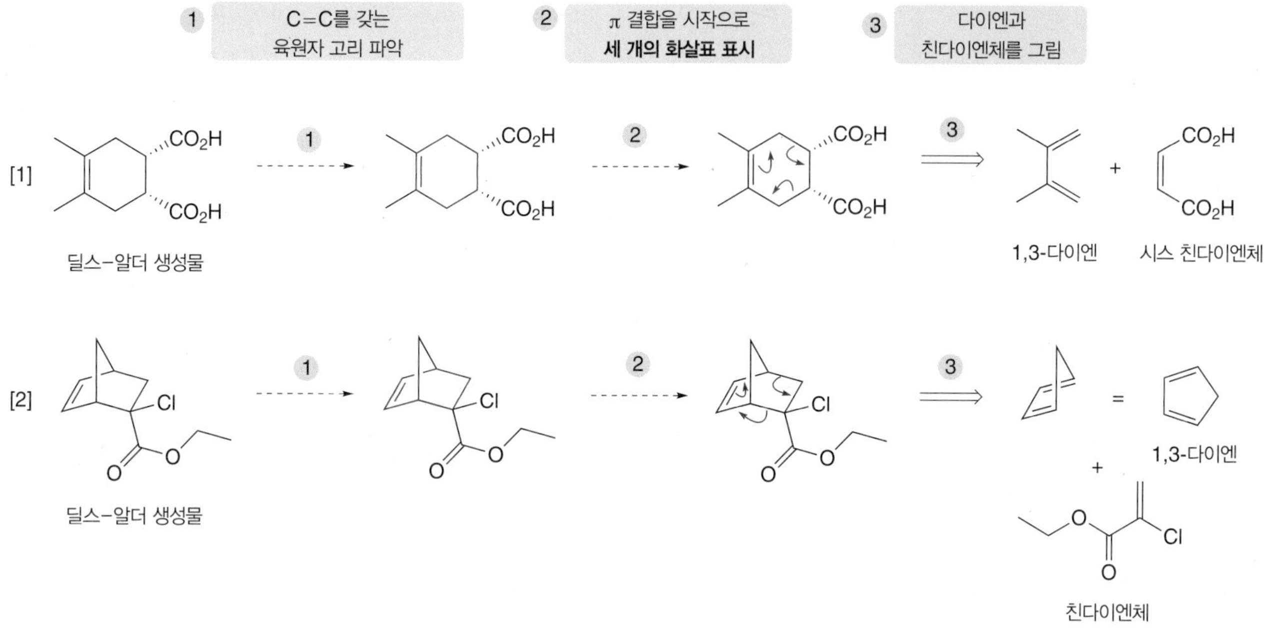

문제 16.25 아래의 화합물을 만드는 데 어떤 다이엔과 친다이엔체가 필요한가?

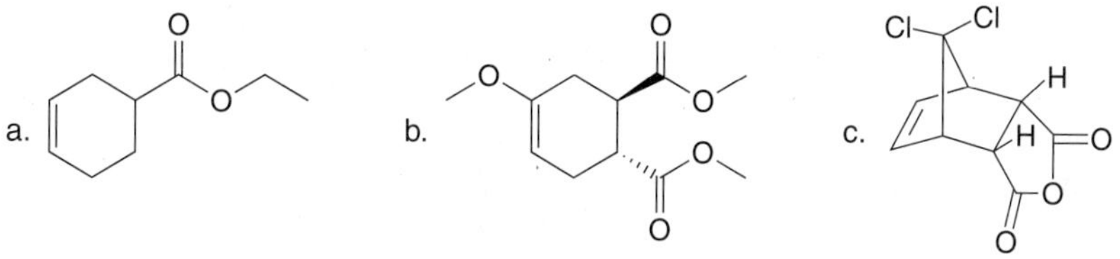

16.14B 역 딜스-알더 반응

1,3-사이클로펜타다이엔과 같이 반응성이 좋은 다이엔은 그 자체로도 쉽게 딜스-알더 반응이 일어난다. 즉 1,3-사이클로펜타다이엔은 한 분자가 다이엔으로, 다른 분자가 친다이엔체로 작용하여 이합체를 생성한다.

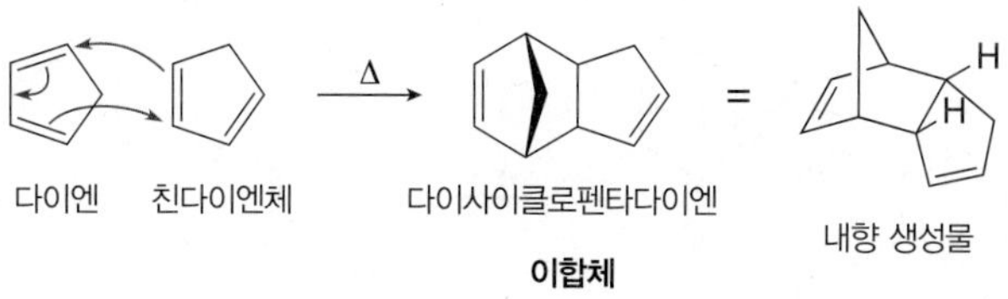

사이클로펜타다이엔이 완전히 이합체화하여 다이사이클로펜타다이엔이 형성되는 반응은 실온에서 몇 시간 정도면 완결될 정도로 매우 빠르게 진행된다. 그러면 실제로 이합체로 존재하는 사이클로펜타다이엔을 어떻게 딜스-알더 반응에 사용할 수 있을까?

열을 가하면 이합체에 역 딜스-알더 반응(retro Diels-Alder reaction)이 일어나고, 두 분자의 사이클로펜타다이엔이 재생된다. 만약 사이클로펜타다이엔이 즉시 다른 친다이엔체와 반응한다면 새로운 딜스-알더 생성물이 얻어질 것이다.

다이사이클로펜타다이엔

두 분자의 사이클로펜타다이엔
이제 이 다이엔이 다른 친다이엔체로 사용된다.

16.14C 스테로이드 합성에서 딜스-알더 반응의 적용

4.15절에서 다룬 것처럼 지방은 구조가 다양하고 물에 녹지 않는 생체분자임을 상기하자.

스테로이드(steroid)는 세 개의 육원자 고리와 한 개의 오원자 고리를 포함한 네 개의 고리로 이루어진 지질이다. 네 개의 고리들은 각각 **A**, **B**, **C** 및 **D**로 표기된다.

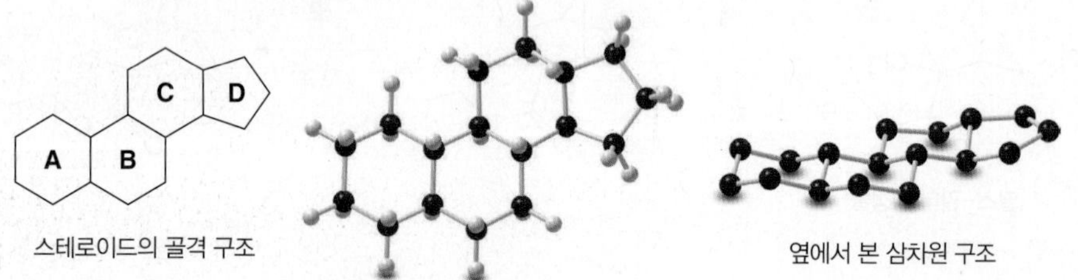

스테로이드의 골격 구조

옆에서 본 삼차원 구조

위에서 본 삼차원 구조

스테로이드는 광범위한 생물학적 특성을 나타내는데, 이러한 특성들은 고리에 있는 작용기들이 치환된 양상에 의존한다. 콜레스테롤(cholesterol, 심혈관 질환과 관련된 세포막의 한 성분), 에스트론(estrone, 생리주기를 조절하는 여성 성 호르몬), 코티손(cortisone, 탄수화물의 물질대사를 조절하고 염증을 조절하는 호르몬) 등이 여기에 포함된다.

콜레스테롤 에스트론 코티손

딜스-알더 반응은 실험실에서 스테로이드 합성에 널리 사용되어 왔다. 아래 에스트론의 C 고리와 코티손의 B 고리는 딜스-알더 반응에 의해 만들어질 수 있다.

다이엔 친다이엔체 → 딜스-알더 생성물 → (여러 단계) 에스트론

다이엔 친다이엔체 → 딜스-알더 생성물 → (여러 단계) 코티손

문제 16.26 아래 딜스-알더 반응의 생성물(**A**)의 구조를 그려라. **A**는 양귀비에서 분리된 중독성이 있는 진통제인 모르핀을 합성하는 데 거쳐야 할 중요한 중간체이다.

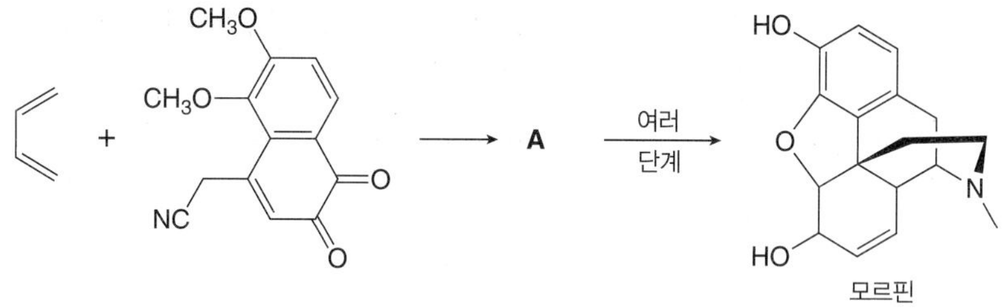

16.15 콘쥬게이션 다이엔과 자외선

적외선(infrared) 영역의 에너지 흡수는 분자를 낮은 진동 에너지 상태에서 높은 에너지를 상태로 들뜨게 한다고 설명한 13장의 내용을 상기해보자. 같은 방식으로 자외선(ultraviolet)의 흡수는 낮은 에너지의 전자 상태를 높은 에너지 상태로 들뜨게 한다. 자외선은 가시광선보다 파장이 짧고 진동수가 크다. 이러한 목적으로 사용하려 할 때 가장 유용한 자외선 영역은 200~400 nm 사이이다.

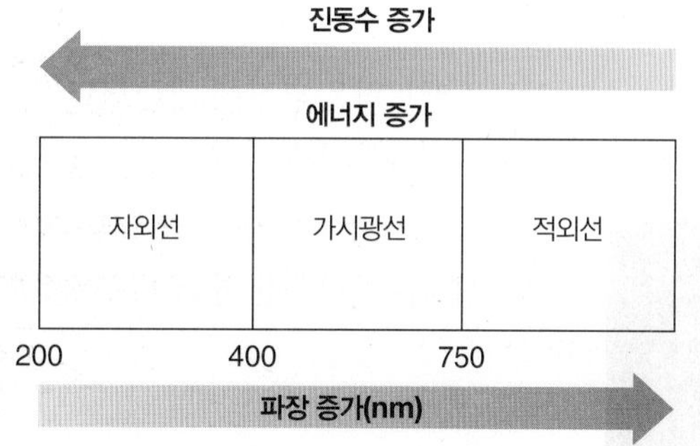

16.15A 기본 원리

낮은 에너지 상태[바닥 상태(ground state)]에 있는 전자가 적절한 에너지의 빛을 흡수하면 전자는 높은 에너지 상태[들뜬 상태(excited state)]로 이동한다.

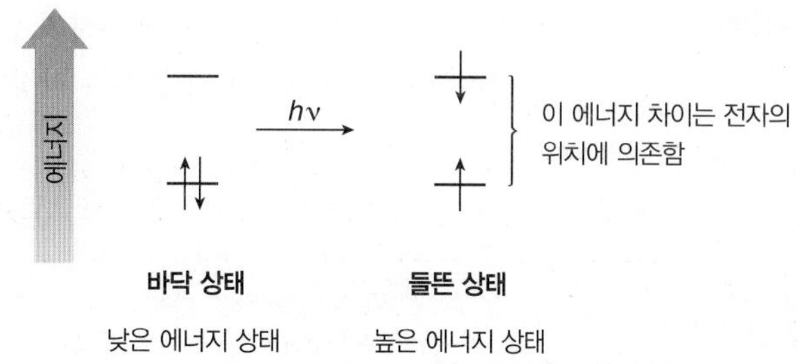

두 상태 간의 에너지 차이는 전자의 위치에 의존한다. σ 결합과 콘쥬게이션을 이루지 않은 π 결합에 존재하는 전자가 들뜨기 위해서는 파장이 200 nm 이하인 빛이 필요하다. 이 빛은 전자기 스펙트럼에서 자외선 영역의 빛보다 파장이 짧고 에너지는 더 크다. 그러나 콘쥬게이션 다이엔일 경우에는 바닥 상태와 들뜬 상태의 에너지 차이가 감소하기 때문에 전자를 들뜨게 하는 데 더 긴 파장의 빛이 사용된다. 화합물에 의해 흡수되는 파장을 흔히 최대 흡수 파장(λ_{max})이라 부른다. 예를 들어, 뷰타-1,3-다이엔은 217 nm의 자외선을 흡수하고 사이클로헥스-1,3-다이엔은

그림 16.12
아이소프렌의 UV 스펙트럼

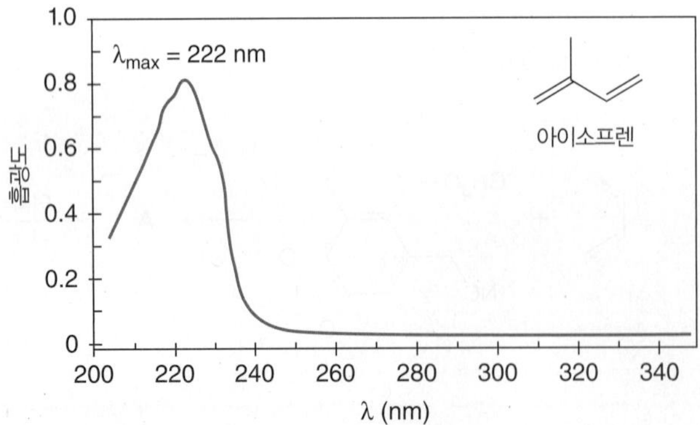

λ_{max}이 256 nm이다.

λ_{max} = 217 nm λ_{max} = 256 nm

- 콘쥬게이션 다이엔과 폴리엔들은 전자기 스펙트럼의 자외선 영역(200~400 nm)의 빛을 흡수한다.

UV 스펙트럼은 파장에 대한 UV 빛의 흡광도를 표시한다. 그림 16.12의 아이소프렌 UV 스펙트럼에서와 같이 UV 스펙트럼은 띠로 이루어져 있으며, 최대 흡광도는 λ_{max}이다.

콘쥬게이션된 π 결합 개수가 증가할수록 바닥 상태와 들뜬 상태 간의 에너지 차이가 감소하기 때문에 흡수는 더 긴 파장으로 이동한다.

라이코펜은 토마토, 수박, 파파야, 구아바, 분홍 그레이프프루트에서 발견되는 붉은색 안료이다. 라이코펜은 과일과 야채들이 가공될 때 파괴되지 않기 때문에 토마토 쥬스와 케첩에는 라이코펜이 풍부하다.

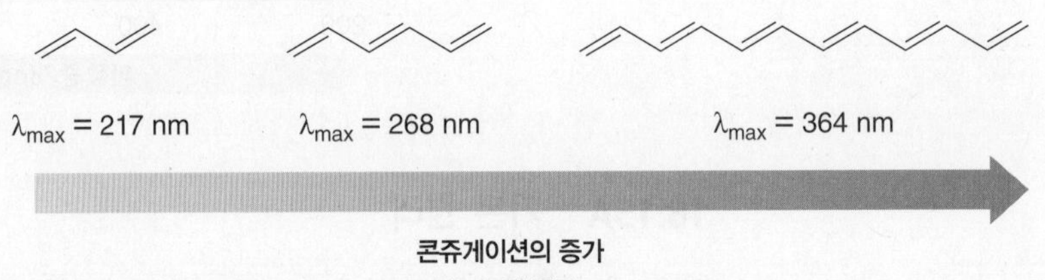

여덟 개 이상의 콘쥬게이션 π 결합이 있는 분자에서 빛의 흡수는 자외선에서 가시광선 영역으로 이동한다. 화합물은 자신이 흡수하지 않는 가시광선의 파장에 해당하는 색깔을 띤다. 예를 들어, 라이코펜 가시광선의 최대 흡수 파장은 470 nm으로 가시광선 영역의 청록색 구역에 해당

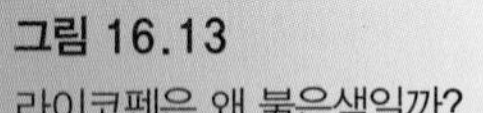

그림 16.13
라이코펜은 왜 붉은색일까?

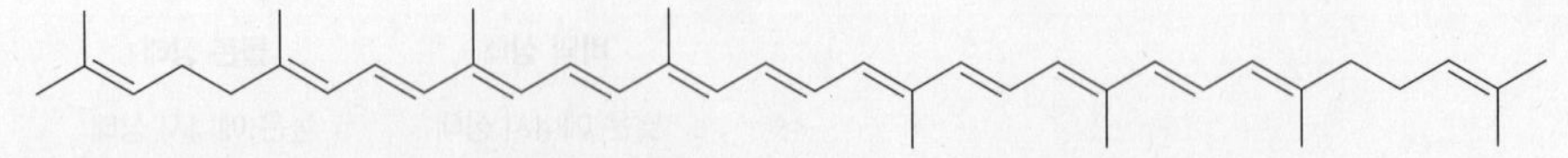

한다. 붉은 영역의 빛을 흡수하지 않기 때문에 라이코펜은 선홍색으로 보인다(그림 16.13).

문제 16.27 어떤 화합물이 더 긴 파장의 자외선을 흡수하는가?

a. 또는 b. 또는

16.15B 자외선 차단제

태양으로부터 내리쬐는 자외선은 화학 결합을 절단시키기에 에너지가 충분히 크므로, 피부를 빠르게 노화시키고 피부암을 유발할 수 있는 라디칼을 만들 수 있다. 자외선 영역은 자외선의 파장에 따라 UV-A (320~400 nm), UV-B (290~320 nm) 및 UV-C (< 290 nm)로 세분할 수 있다. 다행스럽게도 에너지가 높은 대부분의 자외선은 오존층에 의해 걸러지므로 파장이 290 nm 이상인 자외선만 피부 표면에 도달한다. 자외선은 멜라닌(melanin)에 의해 대부분 흡수되는데, 멜라닌은 피부에 존재하는 콘쥬게이션을 이루는 색깔을 지닌 색소로서 신체가 자외선이 유발하는 유해성을 방어하는 데 일조한다.

오랫동안 햇빛에 노출되면, 멜라닌이 흡수할 수 있는 양보다 더 많은 양의 자외선이 피부에 닿는다. 시판되는 자외선 차단제를 사용함으로써 피부를 자외선으로부터 보호할 수 있다. 이러한 차단제들은 자외선을 흡수하는 콘쥬게이션 화합물을 함유하고 있어서 일정 시간 동안 자외선의 해로운 영향으로부터 피부를 보호한다. 이러한 목적으로 사용되어 온 자외선 차단제로 파라: 로마체임-아미노벤조산(PABA)과 패디메이트 O(padimate O) 등이 있다.

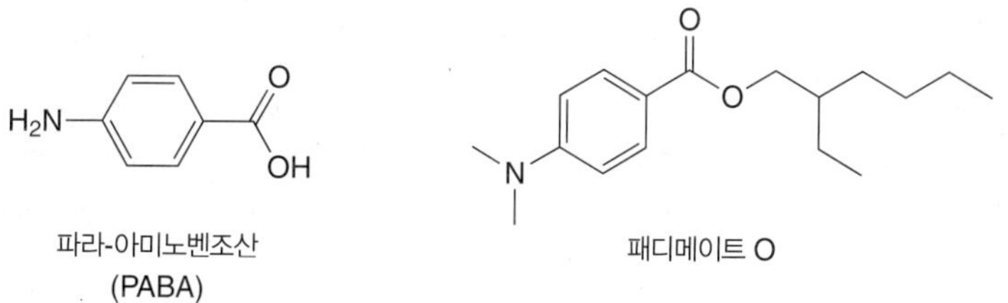

상업적으로 판매되는 자외선 차단제에는 자외선을 차단하는 정도에 따라 **SPF**(sun protection factor) 값이 표기되어 있다. 숫자가 클수록 자외선 차단 효과도 크다.

많은 자외선 차단제들은 자외선 스펙트럼의 여러 다른 영역을 차단하기 위해 두 가지 이상의 성분이 포함되어 있다. 일반적으로 콘쥬게이션 화합물은 UV-B로부터 피부를 보호해주지만, 더 긴 파장의 피부를 태우지 않는 UV-A 복사선에는 거의 효과가 없다. 그러나 장기간 노출될 시에는 피부 세포에 손상을 입힐 수 있다.

문제 16.28 아래 화합물 중 어느 것이 상업적으로 판매되는 자외선 차단제의 성분으로 쓰일 수 있는가? 그 이유는 무엇인가?

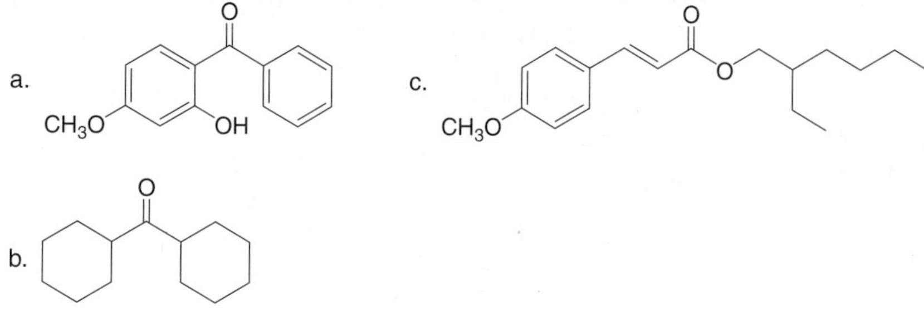

핵심 개념

콘쥬게이션, 공명 및 다이엔

콘쥬게이션과 전자 밀도의 비편재화

- 세 개 이상의 인접한 원자에서 *p* 오비탈의 겹침은 전자 밀도를 비편재화하며, 안정성을 추가한다(16.1절)
- 알릴 탄소 양이온은 *p* 오비탈의 겹침에 의해 보통의 1° 탄소 양이온보다 더 안정하다(16.2절).
- X=Y−Z: 계에서 Z는 sp^2 혼성화되어 고립 쌍이 *p* 오비탈을 차지하고, 그 결과 계는 콘쥬게이션된다(16.5절).

공명의 네 가지 일반적인 예들(16.3절)

[1] 삼원자 '알릴' 계

X=Y−Z* ⟷ X*−Y=Z * = +, −, ·, 또는 ··

[2] 콘쥬게이션 이중 결합

(벤젠 공명 구조) 또는 (사이클로헥사다이엔 공명 구조)

[3] 비공유 전자쌍 옆에 양전하를 갖는 양이온

$\ddot{X}-\overset{+}{Y}$ ⟷ $\overset{+}{X}=Y$

[4] 하나의 원자가 다른 원자에 비해 더욱 전기음성적인 이중 결합

X=Y ⟷ $\overset{+}{X}-\overset{-}{\ddot{Y}}$: [전기음성도 Y > X]

공명 구조에서 상대적인 '안정성'을 결정하는 규칙(16.4절)

[1] 결합이 더 많고 전하가 더 적은 구조일수록 더 안정하다.

[2] 모든 원자가 팔전자계를 만족시키는 구조가 더 안정하다.

[3] 음전하가 전기음성도가 큰 원자에 놓여 있는 구조가 더 안정하다.

콘쥬게이션 다이엔의 독특한 성질

[1] 두 이중 결합 사이의 C−C σ 결합이 특별히 짧다(16.8절).

[2] 콘쥬게이션 다이엔은 콘쥬게이션 안 된 다이엔에 비해 더욱 안정하다. 같은 생성물이 형성되는 경우에 수소화 반응열($\Delta H°$)은 콘쥬게이션되지 않은 다이엔에 비해 더 적다(16.9절).

[3] 다음 반응이나 현상은 특이하다.

- 친전자성 첨가 반응은 1,2-첨가 및 1,4-첨가 생성물을 생성한다(16.10~16.11절).
- 콘쥬게이션 다이엔은 콘쥬게이션이 안 된 다이엔에서는 일어나지 않는 딜스−알더 반응이 일어난다(16.12~16.14절).

[4] 콘쥬게이션 다이엔은 200~400 nm 영역의 UV 파장을 흡수한다. 콘쥬게이션 π 결합의 개수가 증가할수록 더 긴 파장 영역을 흡수한다(16.15절).

콘쥬게이션 다이엔의 반응

[1] HX (X = 할로젠)의 친전자성 첨가 반응(16.10~16.11절)

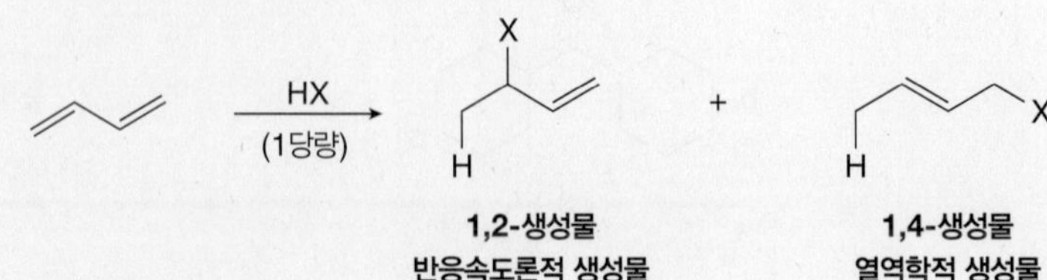

- 반응은 두 단계로 일어난다.
- 마르코브니코프의 규칙을 따른다. H^+가 첨가되면 더 안정한 알릴성 탄소 양이온이 형성된다.
- 1,2-생성물은 반응속도론적 생성물이다. H^+가 이중 결합에 첨가될 때, X^-는 가까이 있는 알릴성 탄소 양이온의 끝 부분에 첨가된다(C4가 아니라 C2). 반응속도론적 생성물은 낮은 온도에서 더 빠르게 형성된다.
- 열역학적 생성물은 이중 결합이 더 많이 치환되어 더 안정하다. 열역학적 생성물은 평형 상태에서 많이 나타난다. 1,3-뷰타다이엔으로 반응할 경우, 열역학적 생성물은 1,4-생성물이다.

[2] 딜스–알더 반응(16.12∼16.14절)

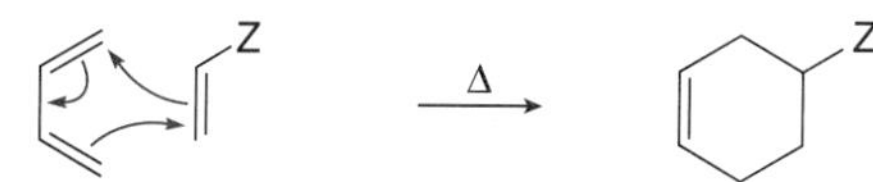

1,3-다이엔 친다이엔체

- 반응을 통해 육원자 고리에서 두 개의 σ 결합과 한 개의 π 결합이 형성된다.
- 반응은 열을 가하여 진행된다.
- 메커니즘은 협동적이다. 결합의 절단과 형성이 동시에 일어난다.
- 다이엔이 *s*-시스 형태일 경우에만 반응이 일어난다(16.13A절).
- 친다이엔체에 전자 끄는 기가 존재할 경우 반응 속도가 증가한다(16.13B절).
- 친다이엔체의 입체화학은 생성물에서도 유지된다(16.13C절).
- 내향 생성물이 주 생성물이다(16.13D절).

문제

삼차원 모델을 이용하는 문제

16.29 다음 각각의 다이엔 화합물을 명명하고 공–막대 모형이 *s*-시스 형태인지 *s*-트랜스 형태인지 결정하라.

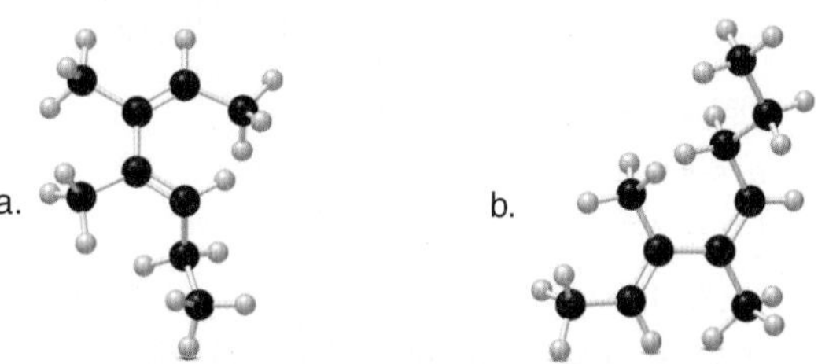

16.30 다음 각각의 딜스–알더 반응 생성물을 얻는 데 사용되어야 하는 다이엔과 친다이엔체를 설명하라.

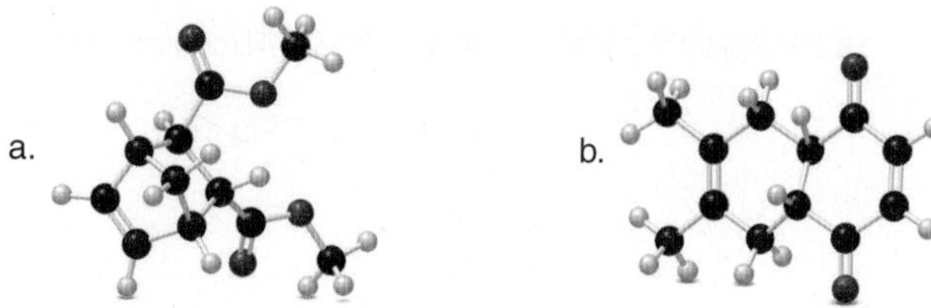

콘쥬게이션

16.31 아래 보기 중 콘쥬게이션 계인 것을 찾아라.

a. CN b. c. d. O

공명과 혼성

16.32 다음의 각 화학종에 대하여 가능한 모든 공명 구조를 그려라.

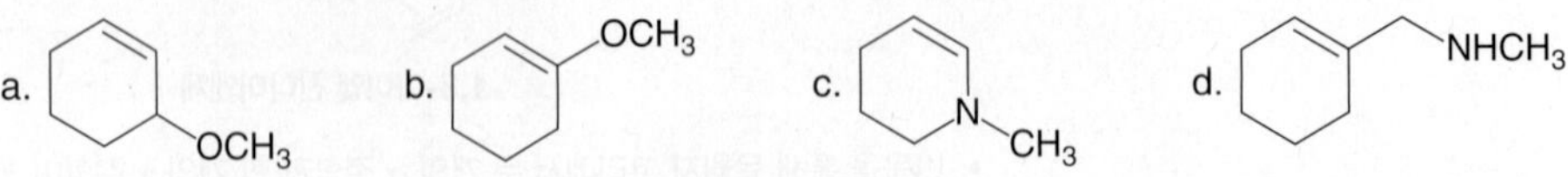

16.33 다음 중 두 번째 공명 구조를 그릴 수 있는 화합물은 어느 것인가? 공명 안정화 화합물에 대해 추가의 공명 구조를 그려라.

a. b. c. d.

16.34 아세트산 무수물에 대하여 가능한 모든 공명 구조를 그려라.

아세트산 무수물

16.35 사이클로펜타다이엔일 음이온 **A**의 ^{13}C NMR 스펙트럼에서는 한 개의 신호만 나타난다. 그 이유를 설명하라.

= **A**

16.36 16.36 에테인의 C−C결합에 대한 결합 해리에너지가 뷰트-1-엔의 C−C 결합에 대한 결합 해리에너지보다 높은 이유는 무엇인가?

CH_3—CH_3
에테인
+ 368 kJ/mol

뷰트-1-엔
+ 301 kJ/mol

콘쥬게이션 다이엔의 명명법과 입체이성질체

16.37 아래 화합물의 구조를 그려라.

a. *s*-트랜스 형태의 (*Z*)-펜타-1,3-다이엔
b. (2*E*,4*Z*)-1-브로모-3-메틸헥사-2,4-다이엔
c. (2*E*,4*E*,6*E*)-옥타-2,4,6-트라이엔
d. *s*-시스 형태의 (2*E*,4*E*)-3-메틸헥사-2,4-다이엔

16.38 헵타−2,4−다이엔의 가능한 모든 이성질체들을 그리고, 각 이중 결합을 *E*, *Z*로 표기하라.

16.39 짝지어진 화합물이 입체이성질체인지 형태(conformation)인지를 결정하라.

a. 그리고 c. 그리고
b. 그리고

16.40 아래의 다이엔을 수소화열이 증가하는 순서로 나열하라.

친전자성 첨가

16.41 아래에 있는 각각의 물질이 1당량의 HBr과 반응할 때 형성되는 물질을 그려라.

a. b. c.

16.42 (E)-헥사-1,3,5-트라이엔과 HBr의 첨가 반응에 의해 생성되는 모든 생성물을 입체이성질체를 무시하고 그려라.

16.43 알켄 **A**와 **B**를 HBr과 반응시키면 같은 할로젠화 알킬인 **C**가 만들어진다. 생성되는 중간체의 가능한 모든 공명 구조를 포함하여 각 반응의 메커니즘을 규명하라.

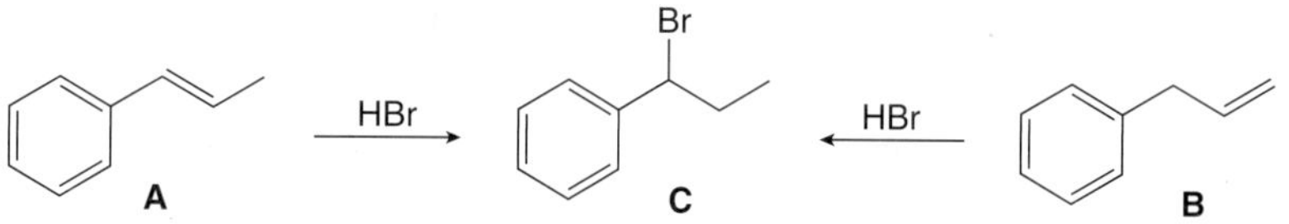

A —HBr→ C ←HBr— B

16.44 아래 반응의 단계적 메커니즘을 그려라.

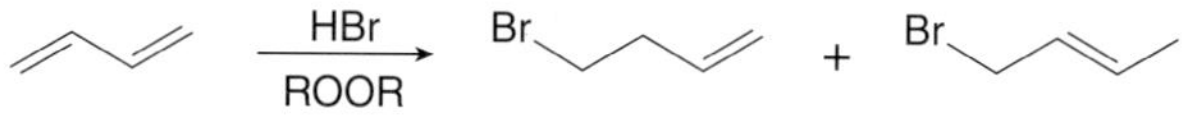

HBr / ROOR

16.45 알켄 **X**에 대한 HCl의 첨가는 할로젠화 알킬 **Y**와 **Z**를 생성한다.

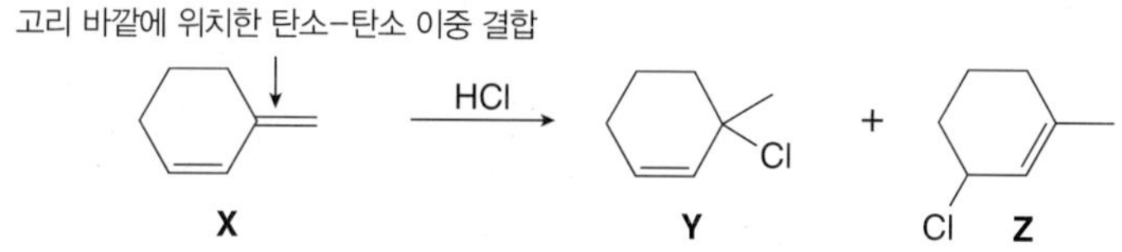

고리 바깥에 위치한 탄소–탄소 이중 결합

X —HCl→ Y + Z

a. **Y**와 **Z**가 1,2-첨가 생성물인지 1,4-첨가 생성물인지 결정하라.

b. **Y**와 **Z**가 반응속도론적 생성물인지 열역학적 생성물인지 결정하고 그 이유를 설명하라.

c. 왜 HCl의 첨가 반응은 다른 이중 결합이 아닌 화살표로 표시된 C=C 이중 결합에서만 일어나는가?

16.46 네 가지의 구조 이성질체가 생성될 수 있음에도 불구하고, 왜 다이엔 **A**에 대한 1당량 HCl의 첨가는 두 가지의 친전자성 첨가 반응 생성물을 만드는지 그 메커니즘으로 설명하라.

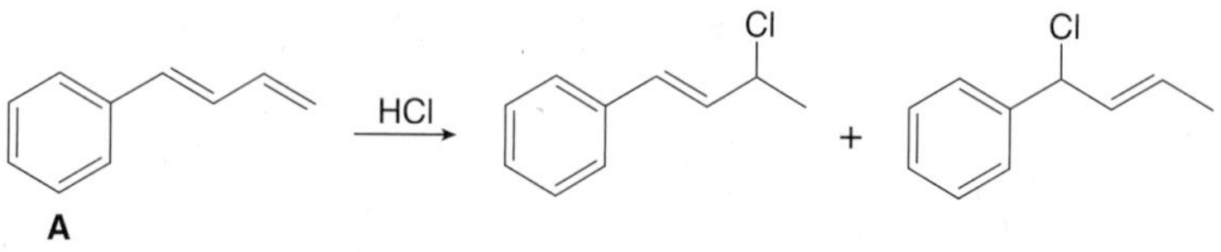

A —HCl→

16.47 $(CH_3)_2C=CH-CH=C(CH_3)_2$에 HBr을 가하였을 때 형성되는 주 생성물은 저온과 고온에서 같다. 이 주 생성물을 그리고 반응속도론적 생성물과 열역학적 생성물이 같은 이유를 설명하라.

딜스–알더 반응

16.48 메틸 바이닐 에터가 왜 딜스–알더 반응에서 반응성이 낮은 친다이엔체인지 설명하라.

16.49 아래와 같은 딜스–알더 반응의 생성물을 그리고, 적절한 입체화학을 표시하라.

a. 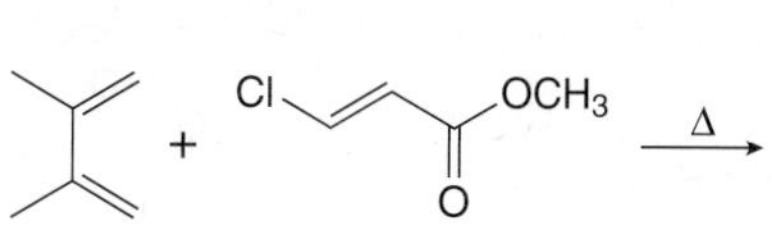 Δ c. 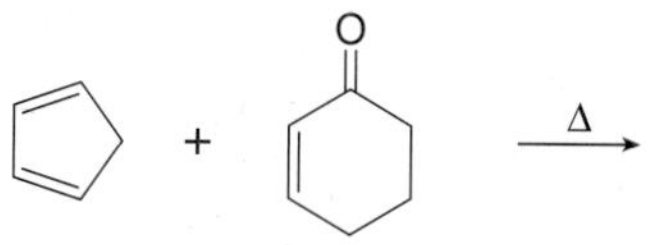 Δ

b. 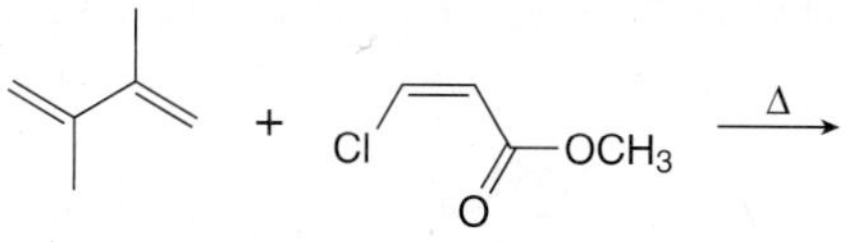 Δ d. 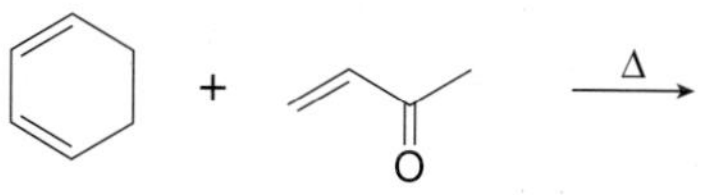 Δ

16.50 아래의 딜스–알더 생성물을 얻기 위해서 어떤 다이엔과 친다이엔체가 필요한가?

a. 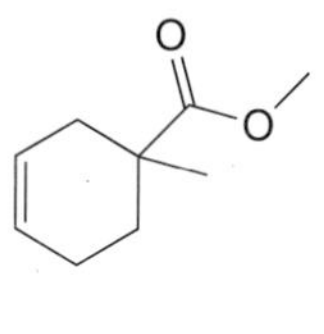 b. 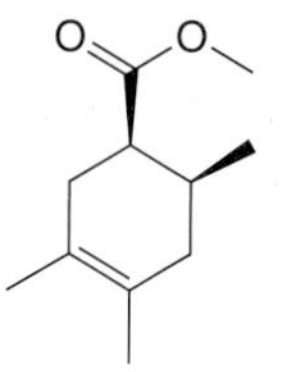 c. 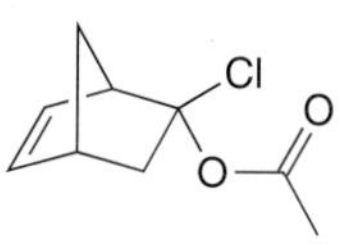 d.

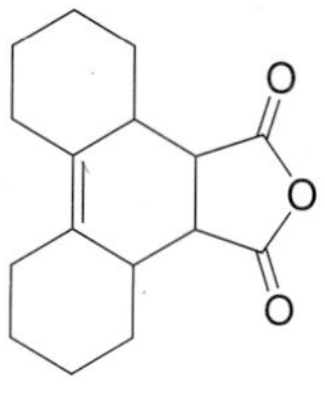

16.51 딜스–알더 반응을 통해 아래의 화합물을 생성하는 두 가지의 다른 방법을 설명하라. 그중 어느 반응이 더 잘 일어날 것인지도 설명하라.

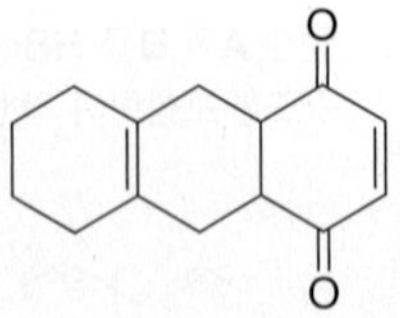

O

O

16.52 삼중 결합 화합물 또한 딜스–알더 반응의 친다이엔체로 쓰일 수 있다. 이러한 개념을 가지고 아래 반응에서 어떠한 생성물이 얻어질 수 있는지 그려라.

a. 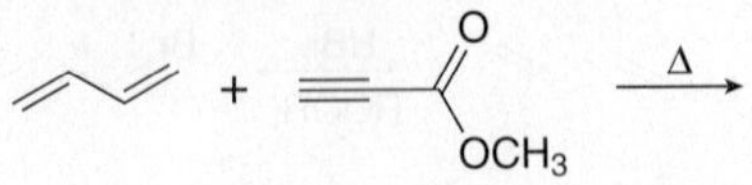 + O OCH_3 $\xrightarrow{\Delta}$ b. 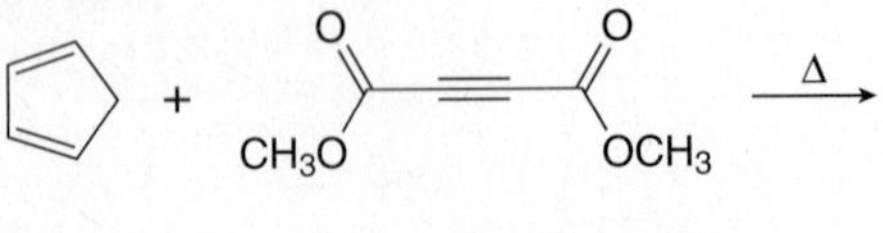 + O O CH_3O OCH_3 $\xrightarrow{\Delta}$

16.53 단일 치환 다이엔(예를 들어, $CH_2{=}CH{-}CH{=}CHOCH_3$)과 단일 치환 친다이엔체(예를 들어, $CH_2{=}CHCHO$)의 딜스–알더 반응은 생성물이 혼합물이다. 1,2-이중 치환 생성물이 주 생성물이다. 각각의 반응물에 대한 공명 혼성 구조를 그리고, 왜 1,2-이중 치환된 생성물이 주 생성물이 되는지를 설명하기 위하여 공명 혼성체의 전하 분포를 사용하라.

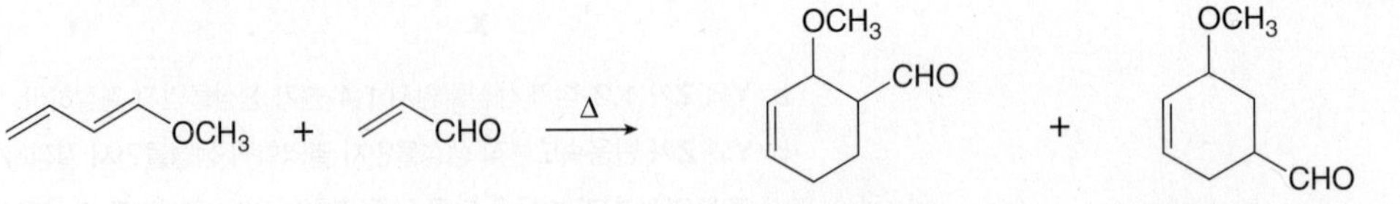

OCH_3 + CHO $\xrightarrow{\Delta}$ OCH_3 CHO + OCH_3 CHO

1,2-이중 치환 생성물
주 생성물

1,3-이중 치환 생성물
부 생성물

16.54 아래 반응은 DDT(7.4절)와 스토리가 비슷한 살충제인 딜드린(Dieldrin)과 알드린(Aldrin)(딜스와 알더를 위해 명명됨)을 합성하는 데 사용되어 왔다. 아래 그림에서 X, Y, Z로 표기된 화합물의 구조를 명시하라.

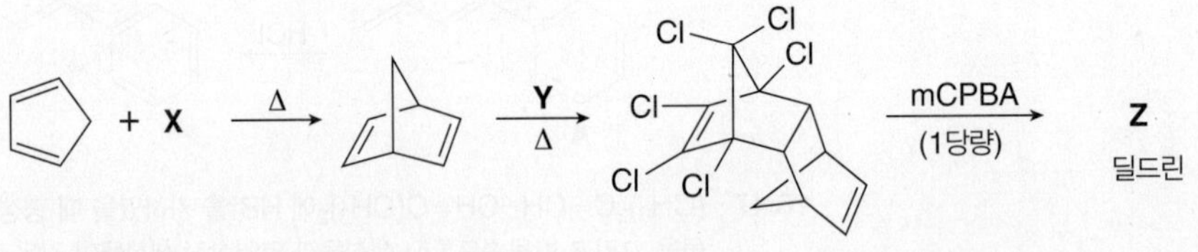

+ **X** $\xrightarrow{\Delta}$ $\xrightarrow[\Delta]{\textbf{Y}}$ Cl Cl Cl Cl Cl Cl $\xrightarrow[\text{(1당량)}]{\text{mCPBA}}$ **Z**

알드린

딜드린

16.55 다이사이클로펜타다이엔으로부터 딜스–알더 반응을 한 단계로 사용하여 아래 화합물들의 단계적인 합성법을 고안하라. 탄소 네 개 이하의 유기 물질과 필요한 유기, 무기 시약은 아무거나 사용할 수 있다.

a. 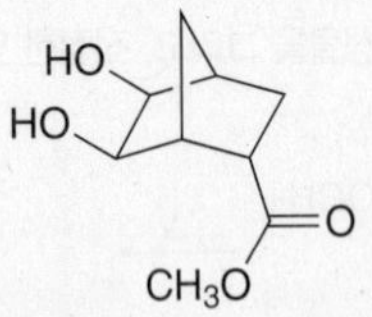 HO HO O CH_3O b. 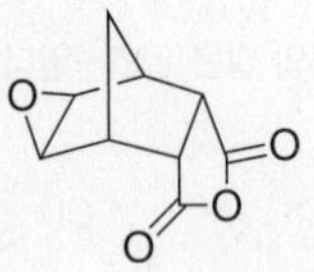 O O O O c. 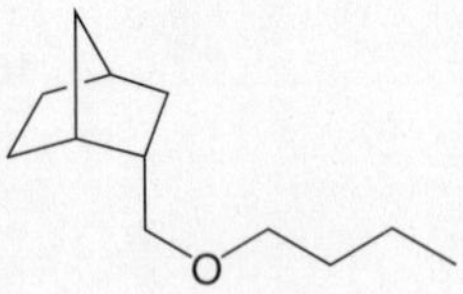 O

16.56 분자 내 딜스–알더 반응은 아래 그림처럼 기질이 1,3-다이엔과 친다이엔체를 둘 다 가지고 있을 때 일어날 수 있다.

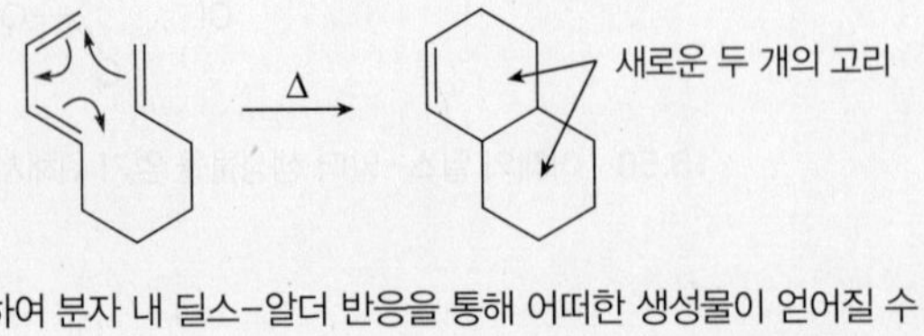

$\xrightarrow{\Delta}$ 새로운 두 개의 고리

이러한 개념을 이용하여 분자 내 딜스–알더 반응을 통해 어떠한 생성물이 얻어질 수 있는지 생성물의 구조를 그려라.

a. 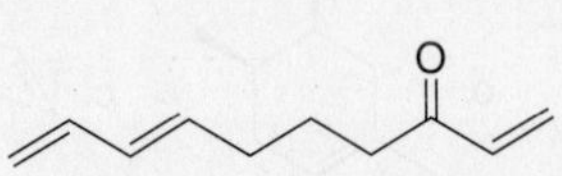 O $\xrightarrow{\Delta}$ b. 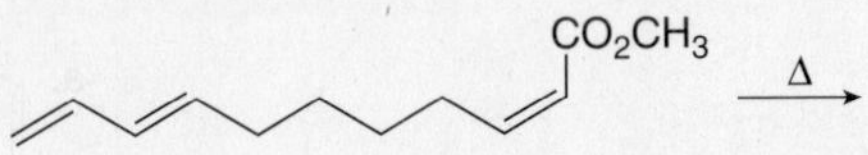 CO_2CH_3 $\xrightarrow{\Delta}$

16.57 하나의 고리에 다이엔(diene)과 친다이엔체가 다 들어 있는 갖는 화합물에서는 분자 내 반응인 고리 횡단 딜스–알더 반응이 일어나 세고리 계의 생성물이 형성된다. 다음 트라이엔이 고리 횡단 딜스–알더 반응이 일어날 때 형성되는 생성물의 구조식을 쓰라.

일반적인 반응

16.58 (a) 수소화 반응열이 가장 큰 트라이엔은 어느 것인가? (b) 수소화 반응열이 가장 적은 트라이엔은 어느 것인가? (c) 가장 긴 파장의 UV 빛을 흡수하는 트라이엔은 어느 것인가? (d) 딜스–알더 반응에서 가장 반응성이 큰 트라이엔은 어느 것인가?

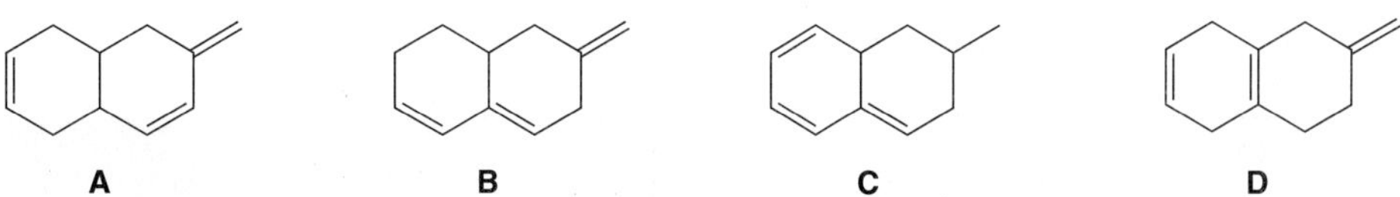

A **B** **C** **D**

16.59 다음 반응의 단계별 메커니즘을 쓰라.

OH —HBr→ Br + Br + H_2O

16.60 각 반응의 생성물을 그려라. 딜스–알더 반응 생성물의 입체화학을 표시하라.

a. —HI (1당량)→ b. O + O O O —Δ→ c. + CO_2CH_3 —Δ→ d. —HBr (1당량)→

16.61 리날릴 다이포스페이트(linalyl diphosphate)가 리모넨(limonene)으로 생물학적 전환되는 단계별 메커니즘을 그려라.

OPP → + PP_i

리날릴 다이포스페이트 리모넨

16.62 다음 벤질성 할로젠화물 중 어느 화합물의 S_N1 반응이 빠른가? 설명하라.

CH_3O Br **A** O Br **B**

16.63 다른 알켄들과 마찬가지로 콘쥬게션인 다이엔도 제거 반응으로 합성될 수 있다. 3-메틸뷰트-2-엔-1-올 [$(CH_3)_2C{=}CHCH_2OH$]로부터 산 촉매 탈수 반응에 의해 아이소프렌[$CH_2{=}C(CH_3)CH{=}CH_2$]을 합성하는 과정의 단계별 메커니즘을 쓰라.

16.64 (a) $CH_2{=}CHCH_2CH(Cl)CH(CH_3)_2$를 알콕시화 음이온 염기로 처리하면 얻어지는, 서로 이성질체인 두 가지 다이엔 화합물의 구조식을 쓰라. (b) 이 반응의 주 생성물이 치환기가 더 많은 알켄이 아닌 이유를 설명하라.

분광법

16.65 아이소프렌[$CH_2{=}C(CH_3)CH{=}CH_2$]과 1당량의 mCPBA가 반응하면 주 생성물로 **A**가 형성된다. **A**는 질량 스펙트럼에서는 분자 이온이 84이고, IR 스펙트럼에서는 2850~3150 cm^{-1}에서 봉우리가 나타난다. **A**의 ^1H NMR 스펙트럼이 아래와 같을 경우, **A**의 구조는 무엇인가?

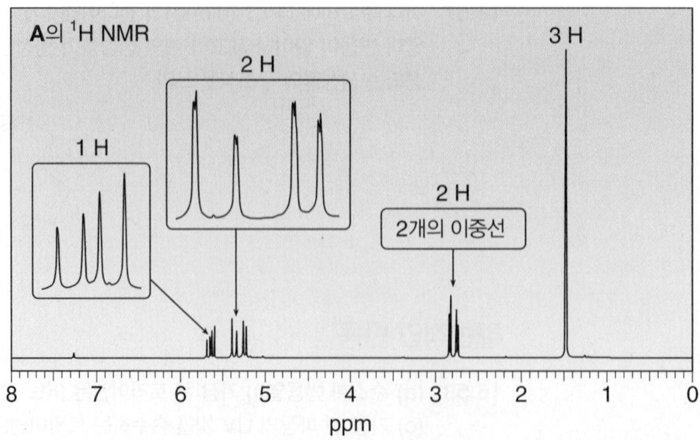

16.66 $(CH_3)_2C{=}CHCH_2Br$이 물과 반응하면 생성물 중의 하나로 **B**(분자식 $C_5H_{10}O$)가 형성된다. ^1H NMR과 IR 스펙트럼을 통하여 **B**의 구조를 결정하라.

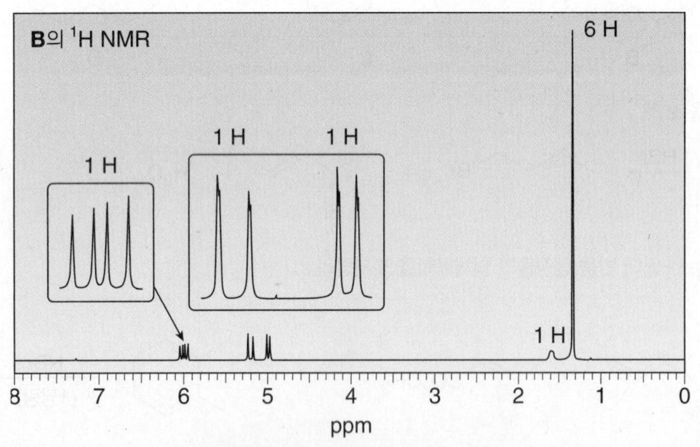

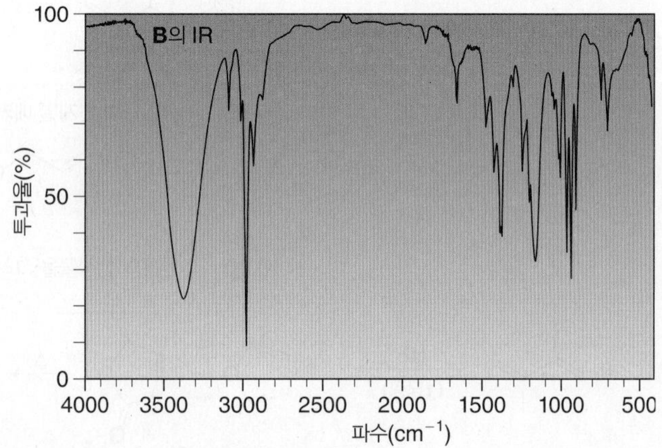

자외선 흡수

16.67 다음 중 어느 화합물이 더 긴 파장의 UV 빛을 흡수하는가?

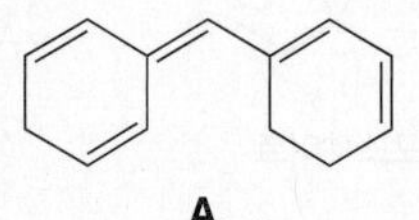

A

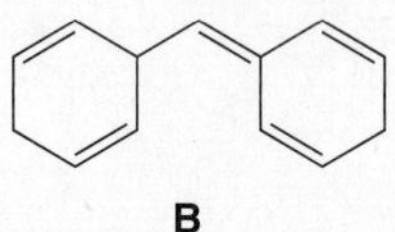

B

16.68 C와 D 화합물은 1,3-다이엔이 아니지만 전자기 복사선인 UV 영역의 빛을 흡수하는 이유를 설명하라.

O

C

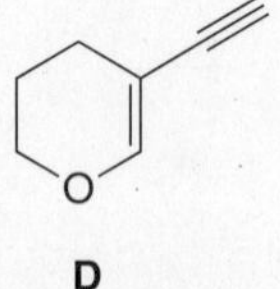

D

16.69 벼와 귀리 등 여러 작물에 들어 있는 천연물인 페룰산(ferulic acid)이 항산화제나 햇빛 차단제로 쓰일 수 있는 이유를 설명하라.

CO_2H

HO

OCH_3

페룰산

도전 문제

16.70 알렌(allene)에 대한 HBr 첨가 반응에서 3-브로모프로프-1-엔이 알릴성 탄소 양이온으로부터 생성된다 해도 3-브로모프로프-1-엔 대신에 2-브로모프로프-1-엔이 생성된다. 알렌 반응물의 오비탈 배열을 고려하여 설명하라.

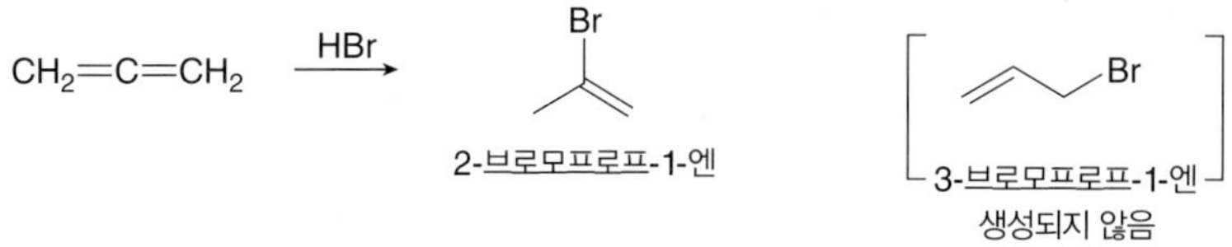
CH2=C=CH2
HBr
Br
2-브로모프로프-1-엔
Br
3-브로모프로프-1-엔
생성되지 않음

16.71 다음 각각의 아민 화합물에서 질소 원자 주위의 혼성화를 결정하고 사이클로헥산아민이 아닐린(aniline)보다 10^6 배 왜 염기성이 더 큰 지 설명하라.

NH2
NH2

사이클로헥산아민 아닐린

16.72 주어진 출발물로부터 **X**를 합성하는 과정을 고안하라. 적당한 유기 시약과 무기 시약을 사용하라. **X**에서 관찰된 입체화학을 설명하라.

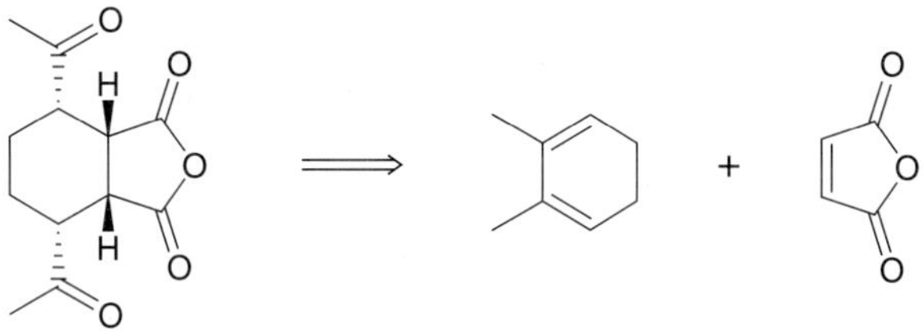
O
H
O
O
H
O
O
O
O
O

X

16.73 아래 그림은 백향목에서 분리된 천연물인 옥시덴탈롤(occidentalol)을 합성하는 한 단계 반응을 포함하고 있다. **A**의 구조를 그려보고 **A**가 어떻게 **B**로 변환하는지를 보여라.

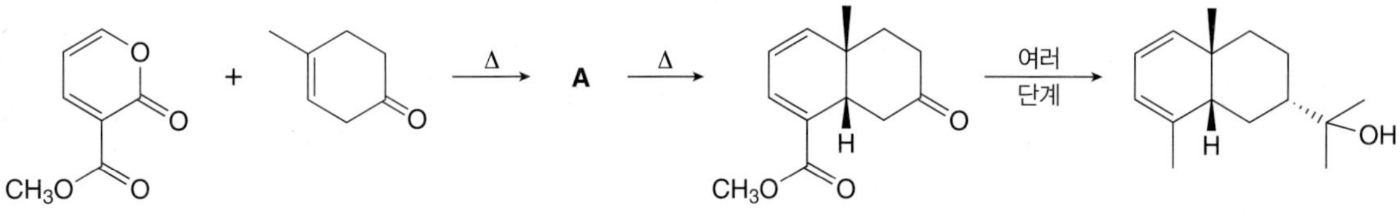
O
O
CH3O
O
+
O
Δ
A
Δ
H
O
CH3O
O
여러
단계
H
OH

B (−)–옥시덴탈롤

16.74 도데카헤드레인(dodecahedrane) 합성의 한 단계는 테트라엔(**C**)과 다이메틸아세틸렌 다이카복실레이트(**D**)가 반응하여 분자식이 $C_{16}H_{16}O_4$인 두 화합물이 만들어지는 단계이다. 이러한 반응을 연쇄(domino) 딜스–알더 반응이라고 하는데, 얻어지는 두 생성물의 구조를 그려라.

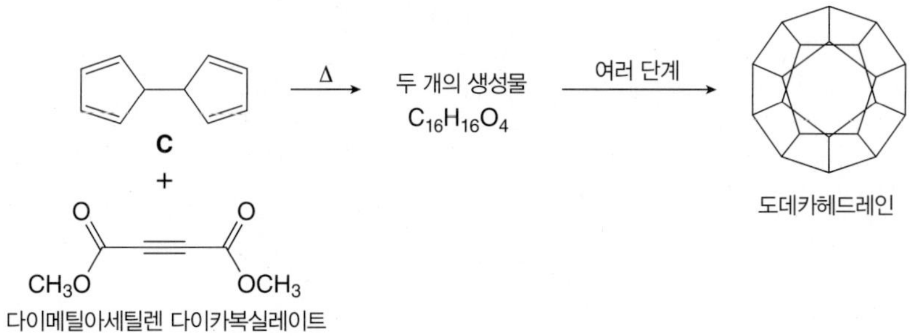
C
+
O
O
CH3O
OCH3
다이메틸아세틸렌 다이카복실레이트
Δ
두 개의 생성물
C16H16O4
여러 단계
도데카헤드레인

D

16.75 **M**을 **N**으로 변환시키는 과정의 단계별 메커니즘을 쓰라. **N**은 몇 단계를 거쳐 리세르그산(lysergic acid)으로 변환시킬 수 있다. 리세르그산은 환각제인 LSD의 천연 선구 물질이다(그림 18.4).

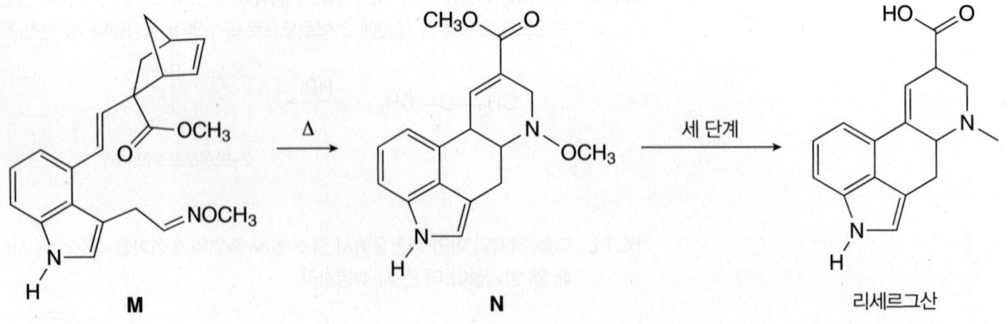

OCH3 NOCH3 H M Δ CH3O O N OCH3 H N 세 단계 HO O N H 리세르그산

Chapter

17 벤젠과 방향족 화합물

Benzene and Aromatic Compounds

캡사이신(capsaicin)은 고추의 매운맛을 내게 하는 화합물이다. 이 물질이 입이나 피부에 처음 접촉되었을 때는 타는 듯한 강한 느낌을 주지만 같은 자리에 반복적으로 접하면 감각이 많이 무뎌진다. 이러한 성질 때문에 이 물질을 만성 통증을 치료하는 국소용 크림을 제조하는 데 사용한다. 또한 캡사이신은 동물의 접근을 막는 스프레이의 성분으로 사용되며, 다람쥐가 가져갈 수 없는 새 모이를 만드는 데도 사용된다. 캡사이신은 벤젠 고리를 갖는 방향족 화합물이다. 이 장에서는 캡사이신과 같은 방향족 화합물의 성질에 대해서 공부한다.

16장의 콘쥬게이션 다이엔과 폴리엔뿐만 아니라 알케인, 알켄 및 알카인을 포함하여 지금까지 배웠던 탄화수소들은 지방족 탄화수소였다. 17장에서는 계속해서 **방향족 탄화수소**(aromatic hydrocarbon)에 대하여 알아볼 것이다.

방향족이 무엇을 의미하는지에 대한 현대적 정의를 배우기 위해 **벤젠**(benzene)을 시작으로 다른 고리형, 평면형, 그리고 콘쥬게이션 고리 집합체들을 알아볼 것이다. 그러고 나서 18장에서는 다른 불포화 화합물처럼 첨가 반응을 하지 않는 매우 불포화된 탄화수소인 방향족 화합물의 반응에 대해 배울 것이다. 이러한 반응에 대한 설명은 17장에 있는 방향족 화합물의 구조에 대한 이해를 토대로 한다.

17.1 배경

여섯 개의 C에 대해 H의 최대 수는 $2n + 2 = 2(6) + 2 = 14$이다. 벤젠에는 오직 여섯 개의 H가 있으므로 최대 수보다 8이 적다$(14 - 6 = 8)$. 이것은 불포화도 8H/2H에 대응하므로 **벤젠의 불포화도는 4**이다.

벤젠(C_6H_6)**은 가장 간단한 방향족 탄화수소**(**또는 아렌**)이다. 1825년 런던에서 패러데이(Michael Faraday)에 의해 조명 가스관에 남아 있던 기름 잔유물로부터 분리된 이래로 그것은 특이한 화합물로 인식되었다. 10.2절에 소개된 계산에 따르면, **벤젠은 불포화도가 4인 고도로 불포화된 탄화수소이다**. 그러나 알켄, 알카인 및 다이엔과 같은 불포화 탄화수소는 쉽게 첨가 반응을 하는 반면 벤젠은 그렇지 않다. 예를 들어 브로민은 에틸렌에 첨가되어 다이브로마이드(dibromide)를 형성하지만, 벤젠은 유사한 조건에서 비활성이다.

$H_2C{=}CH_2$ (에틸렌) $\xrightarrow{Br_2}$ $BrCH_2CH_2Br$ — 첨가 생성물

C_6H_6 (벤젠) $\xrightarrow{Br_2}$ **반응하지 않음**

벤젠은 오직 $FeBr_3$(루이스 산) 존재하에서만 브로민과 반응하는데, 이 반응은 첨가(addition)가 아닌 **치환**(substitution)이다.

$$C_6H_6 \xrightarrow[FeBr_3]{Br_2} C_6H_5Br$$

치환
H가 Br로 치환된다.

그래서 벤젠에 대해 제시된 구조는 벤젠의 높은 불포화도와 친전자성 첨가에 대한 반응성이 없는 것을 설명할 수 있어야 한다.

19세기 중후반에 아우구스트 케쿨레(August Kekulé)는 현대적 벤젠 구조와 비슷한 구조를 제안했다. 케쿨레 모형에서 벤젠은 교대하는 세 개의 π 결합과 함께 육원자 고리를 각각 가진 두 가지 화합물이 빠른 평형을 이루는 혼성체라고 생각되었다. 이러한 구조를 **케쿨레 구조**(**Kekulé structure**)라 부른다. 케쿨레 모형에서 두 탄소 원자 간의 결합은 때로는 단일 결합이고 때로는 이중 결합이다.

케쿨레 모형
평형

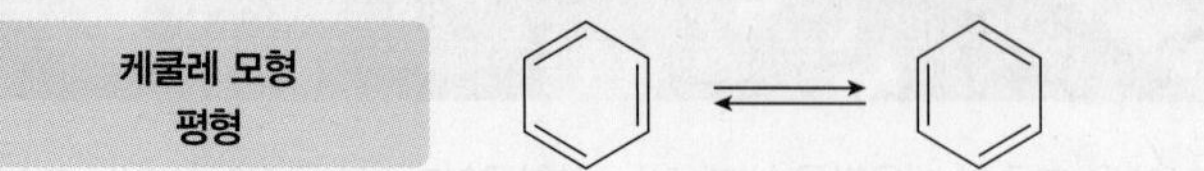

비록 벤젠이 교대하는 세 개의 π 결합과 함께 육원자 고리로 그려진다 하더라도, **실제 다른 두 종류 벤젠 분자 간의 평형은 없다**. 대신에 최근의 벤젠 구조는 17.2절에 묘사된 것처럼 오비탈 겹침으로 인한 공명과 전자 비편재화에 근거를 두고 있다.

19세기에 벤젠과 특성이 비슷한 많은 화합물이 자연계로부터 얻어졌다. 이러한 화합물들은 강하고 특징적인 향을 발산하므로 **방향족 화합물**(aromatic compound)이라 부른다. 이러한 화합물들을 특별하게 만드는 것은 화학적 성질이지 향이 아니다.

- 방향족 화합물은 벤젠과 유사하다—방향족 화합물은 알켄의 특징인 첨가 반응을 하지 않는 불포화 화합물이다.

17.2 벤젠의 구조

벤젠에 대한 구조는 아래의 관찰들을 설명할 수 있어야 한다.

- 육원자 고리와 3의 불포화도를 갖는다.
- 평면 구조이다.
- 모든 C–C 결합 길이는 동일하다.

케쿨레 구조가 첫 번째 두 가지 기준은 만족시키지만, 교대하는 π 결합이 있다는 것은 벤젠이 세 개의 짧은 이중 결합과 더 긴 세 개의 단일 결합이 교대로 나타낸다는 것을 의미하므로 세 번째 기준은 만족시키지 못한다.

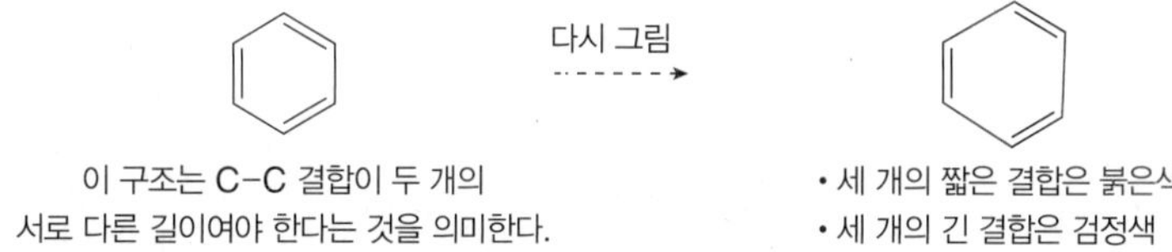

공명

일부 책에서는 벤젠을 안쪽에 원이 있는 육각형으로 그린다.

원은 고리의 여섯 원자 전체에 분산된 **여섯 개의 π 전자**를 나타낸다.

벤젠은 콘쥬게이션되어 있다. 그래서 그 구조를 묘사하기 위해 공명과 오비탈을 이용해야 한다. 벤젠의 공명 구조는 세 개 이중 결합과 세 개 단일 결합을 교대로 가진 두 개의 동일한 루이스 구조로 볼 수 있다.

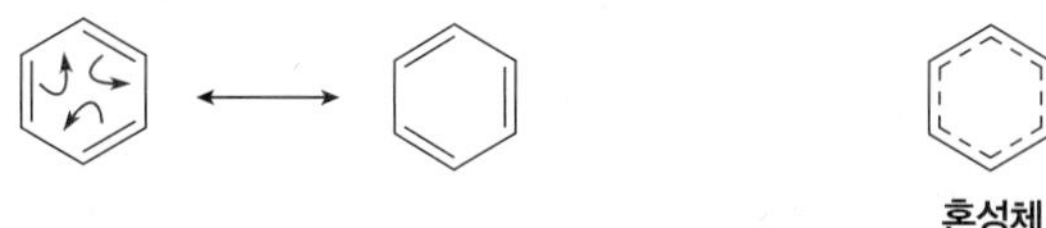

π 결합에 있는 전자들은 고리 주위에 **비편재화**되어 있다.

벤젠의 공명 구조는 케쿨레의 모형과 일치하나 한 가지 중요한 예외가 있다. 두 가지 케쿨레 모형은 서로 평형 상태에 있지 않다. 대신에 벤젠의 실제 구조는 두 루이스 구조의 공명 혼성체이며 혼성체의 점선은 π 결합의 위치를 나타낸다.

루이스 구조가 π 결합(π 전자)의 전자쌍을 추적하기 더 쉬우므로 벤젠을 그릴 때, 혼성체가 아닌 두 루이스 구조 중 하나를 사용할 것이다.

- 각각의 π 결합은 두 개의 전자를 가지기 때문에 벤젠은 여섯 개의 π 전자를 갖는다.

벤젠의 공명 혼성체는 모든 C–C 결합 길이가 동일한 이유를 설명해준다. 각각의 C–C 결합은 한 공명 구조에서는 단일 결합이고 다른 공명 구조에서는 이중 결합이다. 그래서 실제 결합 길이(139 pm)는 C−C 단일 결합 길이(153 pm)와 C−C 이중 결합 길이(134 pm)의 중간이다.

CH_3-CH_3 153 pm

$CH_2=CH_2$ 134 pm

139 pm

벤젠의 C−C 결합 길이는 모두 같으며 이중 결합 길이와 단일 결합 길이의 중간이다.

혼성화와 오비탈

벤젠 고리에 있는 각 탄소 원자는 고립 전자쌍이 없고 세 개의 원자로 둘러싸여 있기 때문에 모든 결합각이 120°인 sp^2 혼성이고 삼각 평면 구조이다. 또한 각 탄소는 분자 평면의 위와 아래에 걸쳐서 전자 하나가 있는 p 오비탈이 있다.

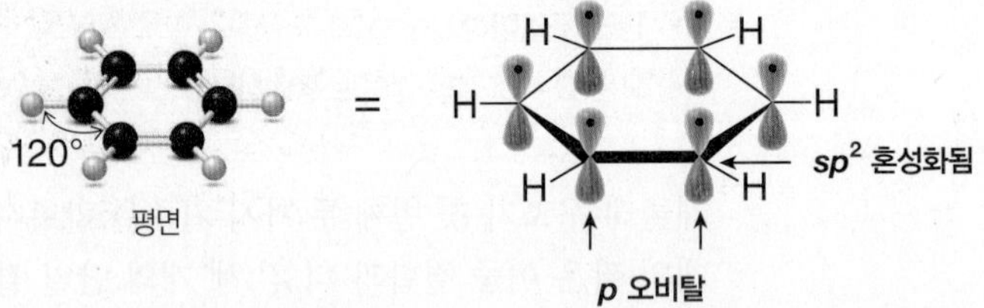

인접한 여섯 개의 p 오비탈이 겹치면 고리의 여섯 원자에 걸쳐서 여섯 전자가 비편재화되고, 그 결과 벤젠은 콘쥬게이션 분자가 된다. 각 p 오비탈은 벤젠 고리 평면의 위아래로 하나씩 두 개의 귓불(lobe)이 있으므로 p 오비탈의 겹침 현상은 그림 17.1a에서 보여주는 전자 밀도처럼 두 개의 '도넛'을 만들어낸다. 또한 그림 17.1b에 있는 정전기 전위 그림은 전자가 풍부한 구역은 여섯 개의 전자가 있는 분자 평면의 위와 아래에 밀집되어 있음을 보여준다.

- 벤젠의 여섯 개의 π 전자들은 벤젠을 전자가 풍부하도록 만들고 친전자체와 용이하게 반응하도록 한다.

문제 17.1 베나드릴(Benadryl)의 주 성분으로 항히스타민제인 다이펜하이드라민(diphenhydramine)의 가능한 모든 공명 구조를 그려라.

O N

다이펜하이드라민

그림 17.1
벤젠 고리에서 전자 밀도의 두 가지 표현

a. p 오비탈의 겹침

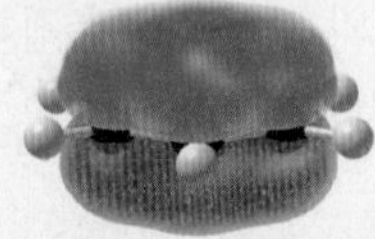

- 여섯 개의 인접한 p 오비탈의 겹침은 두 개의 전자 밀도 고리를 만들어 벤젠 고리 평면의 위와 아래에 각각 놓인다.

b. 정전기 전위 그림

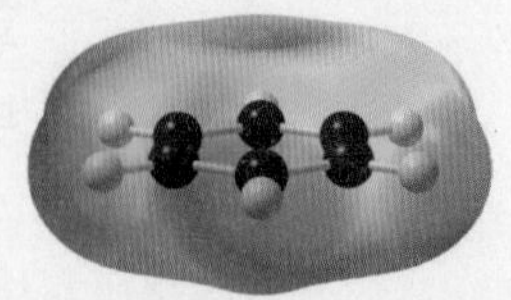

- 전자 풍부 지역(붉은색)은 고리 탄소 위와 아래에 집중되어 있는데, 여기에 여섯 개의 π 전자들이 위치한다(평면 아래에 있는 전자가 풍부한 영역은 보이지 않는다).

문제 17.2 다음의 분자에 표시된 결합을 형성하기 위해 어떤 오비탈이 사용되었는가? 표시된 C–C 결합 중 가장 짧은 결합은 어느 것인가?

H 1 2 3 4 5

17.3 벤젠 유도체의 명명법

많은 유기 분자들은 한 개 이상의 치환기를 가진 벤젠 고리를 포함한다. 우리는 그것들을 명명하는 방법을 배워야 한다. 그러나 IUPAC 체계가 많은 관용명을 인정하기 때문에 벤젠 유도체의 명명법은 다소 복잡하다.

17.3A 단일치환 벤젠

치환기가 한 개인 벤젠은 치환기를 명명한 다음, 벤젠(benzene)이란 단어를 덧붙여 명명한다. 탄소 치환기들은 알킬기로서 명명한다.

에틸벤젠 | *tert*-뷰틸벤젠 | Cl 클로로벤젠

메틸(CH_3–), 하이드록시(–OH), 아미노(–NH_2)기가 있는 벤젠처럼, 많은 단일치환 벤젠 또한 관용명이 있다..

톨루엔 (메틸벤젠) | OH 페놀 (하이드록시벤젠) | NH_2 아닐린 (아미노벤젠)

17.3B 이중치환 벤젠

두 개의 치환기가 벤젠 고리에 연결되어 있을 때는 세 가지 다른 방법이 있는데, 접두사 오쏘(ortho), 메타(meta), 파라(para)를 사용하여 두 치환기의 상대적인 위치를 나타낸다. 오쏘, 메타, 파라는 *o*, *m*, *p*로 축약할 수 있다.

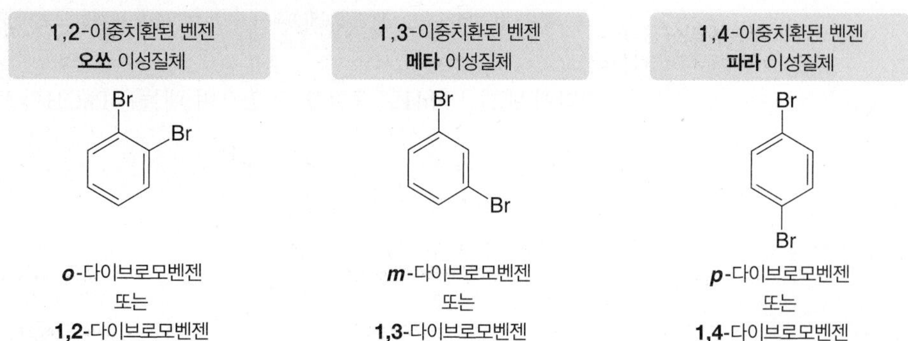

***o*-다이브로모벤젠** 또는 **1,2-**다이브로모벤젠 | ***m*-다이브로모벤젠** 또는 **1,3-**다이브로모벤젠 | ***p*-다이브로모벤젠** 또는 **1,4-**다이브로모벤젠

만약 벤젠 고리에 있는 두 치환기가 다르다면, 벤젠 앞에 알파벳 순으로 치환기의 이름을 명명

한다. 만약 치환기 중 일부가 많이 사용하는 관용명 모체(common root)라면, 단일치환 벤젠 유도체로서 분자를 명명한다.

두 개의 다른 치환기를 알파벳 순으로 명명 / **관용명 모체의 이름을 사용**

Br, Cl — ***o*-브로모클로로벤젠**

NO_2 **나이트로**기, F — ***m*-플루오로나이트로벤젠**

톨루엔, Br — ***p*-브로모톨루엔**

페놀 NO_2, OH — ***o*-나이트로페놀**

17.3C 다중치환 벤젠

셋 이상의 치환기가 벤젠 고리에 있는 경우

[1] 고리 주위에 가능한 가장 낮은 숫자가 되도록 번호를 붙인다.
[2] 치환기의 이름을 알파벳 순으로 한다.
[3] 치환기가 관용명 모체의 일부라면 단일치환 벤젠 유도체로서 분자를 명명하고 그 치환기를 C1번에 오도록 한다.

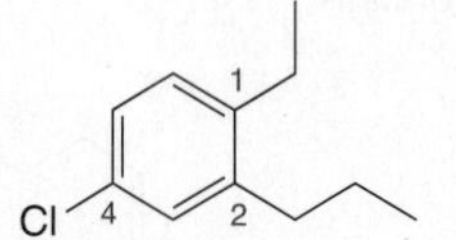

- 가장 낮은 번호 세트를 갖도록 배열한다.
- 모든 치환기를 알파벳 순으로 명명한다.

4-클로로-1-에틸-2-프로필벤젠

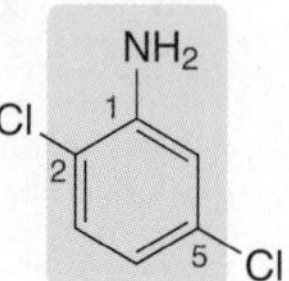

- 관용명 모체 **아닐린**(aniline)의 유도체로서 분자를 명명한다.
- NH_2기의 위치를 '1'로 정하고 나머지 치환기들이 가장 낮은 번호가 되도록 배열한다.

2,5-다이클로로아닐린

17.3D 치환기로서 방향족 고리의 명명

벤젠 치환기(C_6H_5-)를 페닐기라 하고 Ph–로 축약할 수 있다.

페닐기 C_6H_5- — 축약형 — Ph–

- 페닐기(C_6H_5-)는 벤젠(C_6H_6)에서 수소 한 개를 제거함으로써 형성된다.

따라서 벤젠은 PhH로 표현할 수 있으며 페놀은 PhOH가 될 것이다.

벤젠 **PhH** — 페놀 **PhOH**

흔히 사용하는 또 다른 벤젠 고리를 포함하고 있는 치환기인 벤질기는 페닐기와는 다르다.

벤질기
$C_6H_5CH_2-$

페닐기
C_6H_5-

마지막으로 나머지 치환된 방향족 고리로부터 유래된 치환기들을 **아릴기**(aryl group)라 하고, 축약하여 Ar−로 쓴다.

문제 17.3 각 화합물에 대한 IUPAC 이름을 쓰라.

a. b. c. OH d. Br Cl

문제 17.4 각각의 이름과 일치하는 구조를 그려라.

a. 아이소뷰틸벤젠
b. *o*-다이클로로벤젠
c. 시스-1,2-다이페닐사이클로헥세인
d. *m*-브로모아닐린
e. 4-클로로-1,2-다이에틸벤젠
f. 3-*tert*-뷰틸-2-에틸톨루엔

문제 17.5 IUPAC 이름이 2,6-다이아이소프로필페놀인 프로포폴(propofol)의 구조는 어떤 것인가? 프로포폴은 마취를 유도하고 지속시키는 혈관 투약 약품이다.

17.4 분광학적 특성

방향족 화합물의 중요한 IR과 NMR 흡수를 표 17.1에 요약하였다.

^1H NMR 스펙트럼에서 6.5~8.0 ppm의 흡수는 벤젠 고리가 있는 화합물들의 특성이다. 모든 방향족 화합물은 14.4절에서 논의된 바처럼 고리 주위를 도는 π 전자로 인한 고리 전류 효과 때문에 양성자가 크게 벗겨져 있다. ^1H NMR 스펙트럼에서 어떤 새로운 화합물이 이 구간에서 흡수를 나타내는가의 여부는 이 화합물이 방향족인지 아닌지를 판단하는 하나의 자료가 될 수 있다.

^{13}C NMR 분광법은 스펙트럼에서 각각의 선이 서로 다른 종류의 탄소 원자를 나타내기 때문에

표 17.1
벤젠 유도체의 분광학적 흡수 특성

분광법 유형	C, H의 형태	흡수
IR 흡수	C_{sp^2}−H	3150~3000 cm^{-1}
	C=C(아렌)	1600, 1500 cm^{-1}
^1H NMR 흡수	(아릴 H)	6.5~8 ppm(크게 벗겨진 양성자)
	$-CH_2-$ (벤질 H)	1.5~2.5 ppm(다소 벗겨진 양성자 C_{sp^3}−H)
^{13}C NMR 흡수	아렌의 C_{sp^2}	120~150 ppm

그림 17.2
다이브로모벤젠의 세 가지 이성질체의 ^{13}C NMR 흡수

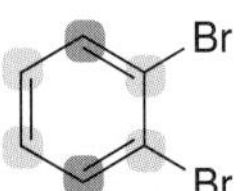

o-다이브로로벤젠

C의 **세 가지** 유형
세 개의 ^{13}C NMR 신호

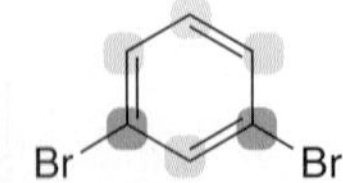

m-다이브로로벤젠

C의 **네 가지** 유형
네 개의 ^{13}C NMR 신호

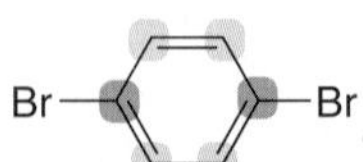

p-다이브로로벤젠

C의 **두 가지** 유형
두 개의 ^{13}C NMR 신호

- 두 개의 동일한 치환기가 있는 이중치환된 벤젠의 ^{13}C NMR 스펙트럼에서 신호(선)의 수는 그들이 서로 오쏘, 메타, 파라인지를 알려준다.

이중치환 벤젠에서 치환 양상을 결정하는 데 이용한다. 예를 들어, 그림 17.2에 나와 있는 것처럼 *o*-, *m*-, *p*-다이브로모벤젠은 ^{13}C NMR 스펙트럼에서 각기 다른 수의 선을 나타낸다.

문제 17.6 3150~2850 cm^{-1}에서 강한 IR 흡수를 보이며, 다음에 주어진 ^{1}H NMR 흡수를 제공하는, 분자식 $C_{10}H_{14}O_2$인 화합물의 구조식은 무엇인가? ^{1}H NMR 흡수: 1.4(삼중선, 6 H), 4.0(사중선, 4 H), 6.8(단일선, 4 H) ppm

문제 17.7 각 화합물은 얼마나 많은 ^{13}C NMR 신호를 나타내는가?

a. b. Cl c.

17.5 흥미로운 방향족 화합물

BTX는 벤젠, 톨루엔, 자일렌(다이메틸벤젠의 관용명)을 포함한다.

벤젠과 톨루엔은 석유 정제에서 얻어진 가장 간단한 방향족 탄화수소로서 합성 고분자의 출발물로 유용하다. 그것들은 옥테인 값을 높이기 위해 가솔린에 첨가되는 BTX 혼합물의 두 가지 구성 성분이다.

나프탈렌
(방충제로 사용됨)

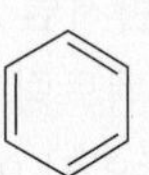

벤젠

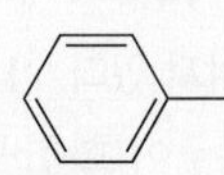

톨루엔

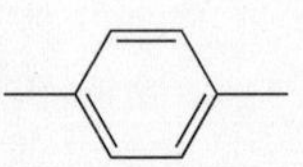

자일렌

그림 17.3
흔한 PAH인 벤조[*a*]피렌

- 담배에 있는 유기 화합물의 불완전 연소에 의해 생성되는 벤조[*a*]피렌은 담배 연기에서 발견된다.

그림 17.4 헬리센과 트위스트오플렉스—두 개의 합성 다중고리 방향족 탄화수소

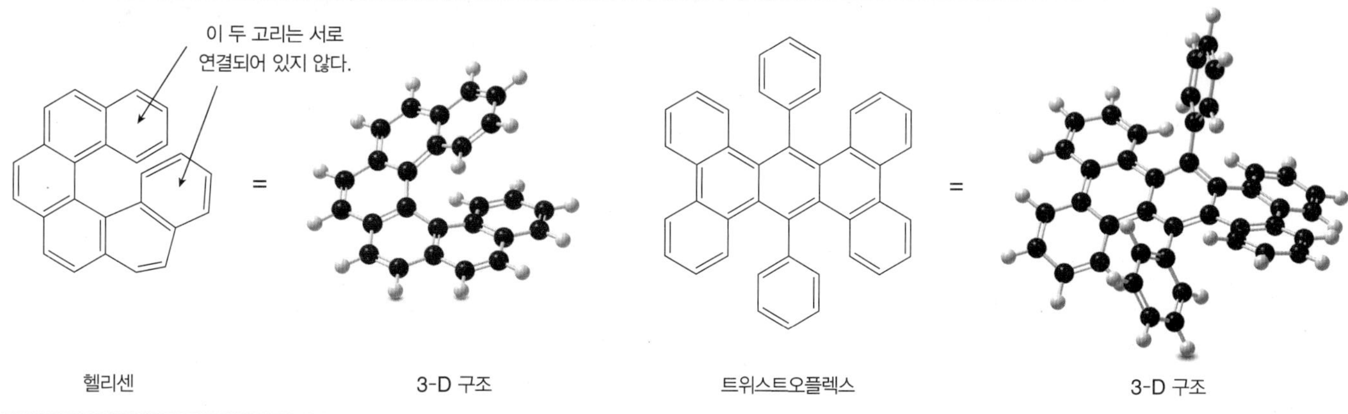

두 개 이상의 벤젠 고리를 포함하는 화합물은 **다중고리 방향족 탄화수소**(PAH, polycyclic aromatic hydrocarbon)라 부른다. 가장 간단한 PAH인 나프탈렌은 좀약의 약효 성분이다.

벤조[*a*]피렌(benzo[*a*]pyrene)은 그림 17.3에서 보여주는 것처럼 좀 더 복잡한 PAH로서 유기물의 불완전 연소에 의해 생성된다. 이것은 담배 연기, 자동차 배기가스, 숯불 그릴에서 나오는 연기에서 발견된다. 9.18절에 논의한 바와 같이, 벤조[*a*]피렌 및 유사한 다른 PAH를 섭취하거나 흡입하면 발암 물질로 산화된다.

두 가지 합성 PAH인 **헬리센**(helicene)과 **트위스트오플렉스**(twistoflex)는 그림 17.4에 있는 것처럼 특이한 모양을 하고 있다. 헬리센은 여섯 개의 벤젠 고리로 이루어져 있다. 말단에 있는 고리

그림 17.5
벤젠 고리를 포함하는 약품들

- 상품명: **졸로프트**
- 일반명: **설트랄린**
- 용도: 우울증과 공황장애에 대한 정신 치료제

- 상품명: **바륨**
- 일반명: **다이아제팜**
- 용도: 진정제

- 상품명: **노보카인**
- 일반명: **프로카인**
- 용도: 국소 마취제

- 상품명: **비라셉트**
- 일반명: **넬피나비어**
- 용도: HIV 치료에 상용되는 항바이러스제

- 상품명: **비아그라**
- 일반명: **실데나필**
- 용도: 발기 부전증 치료제

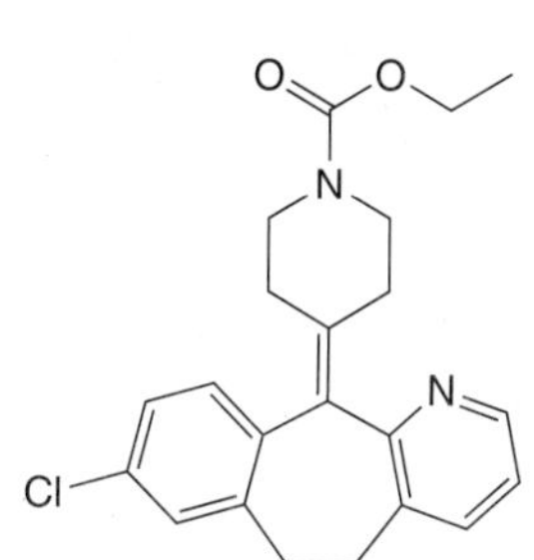

- 상품명: **클래리틴**
- 일반명: **로라타딘**
- 용도: 계절성 알레르기를 위한 항히스타민제

들은 서로 연결되어 있지 않기 때문에 모든 고리는 약간 꼬여 있으며, 말단에 있는 수소 원자들이 서로 부딪치는 것을 막기 위해 고정된 나선형 모양을 만들어내고 있다. 유사하게도 트위스트오플렉스 또한 이웃한 벤젠 고리에 있는 수소 원자들 간의 입체 장애를 줄이기 위해 평면이 아니다.

헬리센과 트위스트오플렉스 모두 카이랄 분자이다. 즉 그들 모두 입체발생 중심은 없지만 그 거울상에 겹쳐지지 않는다. 고리계는 거울 대칭이 없는 뒤틀린 모양이고 각각의 구조는 고정되어 있으므로 카이랄성을 만들어낸다.

널리 사용하는 많은 약품들은 벤젠 고리를 포함한다. 그림 17.5에 여섯 개의 예가 있다.

17.6 벤젠의 특이한 안정성

벤젠을 두 가지 공명 구조의 혼성체로 간주할 때 그것의 C–C 결합 길이가 동등함은 설명되지만, 벤젠의 특이한 안정성과 첨가에 대한 반응성의 결여는 설명하지 못한다.

16.9절에서 콘쥬게이션 다이엔이 고립된 다이엔보다 더 안정하다는 것을 보여주기 위해 사용한 수소화열은 벤젠의 안정도를 측정하는 데 또한 이용할 수 있다. 식 [1]~[3]은 사이클로헥센, 사이클로헥사-1,3-다이엔, 벤젠의 수소화열을 비교하고 있으며, 이들 모두는 금속 촉매하에서 과량의 수소로 처리하였을 때 사이클로헥세인이 된다.

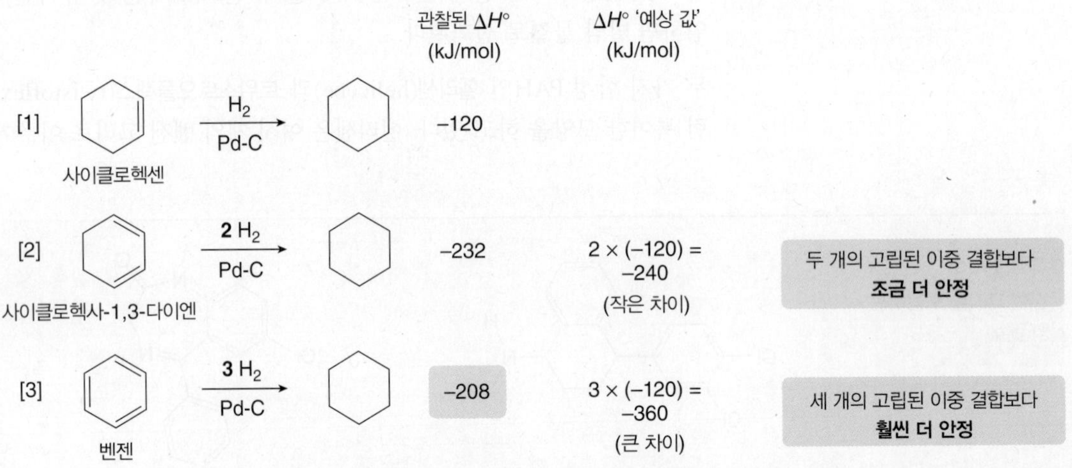

16.9절에서 콘쥬게이션 다이엔과 고립 다이엔의 상대적 안정성에 대하여 처음으로 논의한 바 있다.

사이클로헥센에 1 몰의 H_2를 첨가하였을 때 −120 kJ/mol의 열이 방출된다(식 [1]). 만일 이중 결합 하나당 −120 kJ/mol의 값을 갖는다면, 사이클로헥사-1,3-다이엔(식 [2])에 2 몰의 H_2를 첨가할 경우 2 × −120 kJ/mol = −240 kJ/mol의 열을 방출해야 한다. 그러나 관찰된 값은 −232 kJ/mol이다. 이것은 사이클로헥사-1,3-다이엔이 콘쥬게이션 다이엔이고 콘쥬게이션 다이엔은 두 개의 고립된 다이엔보다 더 안정하므로 예상한 값보다 약간 작은 것이다.

사이클로헥센과 사이클로헥사-1,3-다이엔의 수소화는 실내 온도에서 즉시 일어난다. 그러나 벤젠은 단지 격렬한 조건하에서만 수소화될 수 있고, 심지어 반응이 매우 느리게 일어난다. 만약 각 이중 결합이 −120 kJ/mol의 값을 갖는다면, 벤젠에 3 몰의 H_2를 첨가할 경우 3 × −120 kJ/mol = −360 kJ/mol의 열을 방출해야 한다. 그러나 사실 관찰된 수소화열은 단지 −208 kJ/mol로 예상한 값보다 152 kJ/mol이나 더 낮으며, 심지어 사이클로헥사-1,3-다이엔에서 관찰된 값보다도 더 작다. 그림 17.6은 벤젠에 대한 수소화열의 예상 값과 관찰 값을 비교하고 있다.

벤젠에 대한 수소화열의 예상 값과 관찰 값의 큰 차이는 공명과 콘쥬게이션의 원리만으로는 설명할 수 없다.

그림 17.6
벤젠에 대한 수소화열의 예상 값과 관찰 값 비교

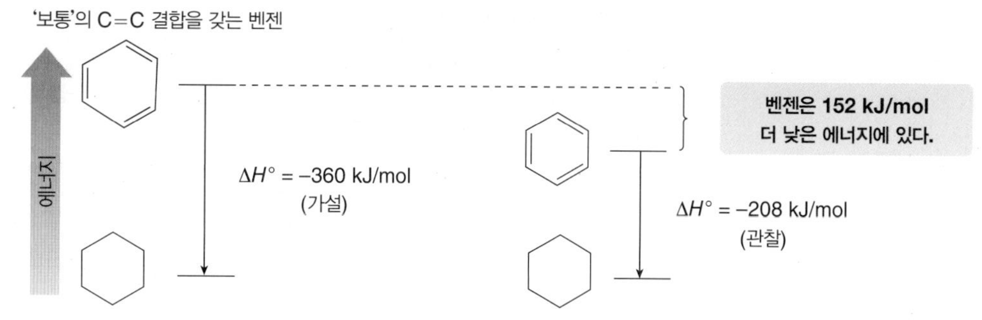

- 벤젠의 낮은 수소화열은 벤젠이 16장에서 소개한 콘쥬게이션 화합물보다 더 특별히 안정하다는 것을 의미한다. 이러한 특이한 안정도는 방향족 화합물의 특성이다.

화학 반응에서 벤젠의 특이한 행동은 수소화에만 국한되어 있는 것이 아니다. 17.1절에서 언급한 것처럼 **벤젠은 콘쥬게이션 다이엔을 포함한 다른 크게 불포화된 화합물의 전형적인 첨가 반응을 하지 않는다.** 벤젠은 Br_2와 반응하여 첨가물을 생성하지 않는다. 대신에 루이스 산이 있을 때는 수소 원자를 대신하여 벤젠 고리에 브로민 치환기가 있는 생성물을 얻게 된다.

Br_2 ✕ → Br, Br

첨가 생성물에는 더 이상 벤젠 고리가 없다.

H $\xrightarrow[FeBr_3]{Br_2}$ Br

치환 생성물은 여전히 벤젠 고리를 유지한다.

이러한 행동은 방향족 화합물의 특성이다. 방향족 화합물과 다른 화합물들의 구별되는 구조적 모양은 17.7절에서 논의한다.

문제 17.8 화합물 A와 B는 모두 메틸사이클로헥세인으로 수소화될 수 있다. 다음 중 수소화열이 더 큰 화합물은 어느 것인가? 어느 것이 더 안정한 화합물인가?

A **B**

17.7 방향족에 대한 기준—휘켈 규칙

어떤 화합물이 방향족이 되려면 네 가지 구조적 기준을 만족시켜야 한다.

- 분자는 고리형이고, 평면형이며, 완전한 콘쥬게이션을 이루어야 하고, 특별한 수의 π 전자를 포함해야 한다.

[1] 분자는 고리형이어야 한다.

- 방향족이 되기 위해서 각 p 오비탈은 인접한 원자의 p 오비탈과 겹쳐져야 한다.

벤젠의 모든 여섯 탄소 원자의 p 오비탈은 연속적으로 겹쳐지므로 벤젠은 방향족이다. 헥사-1,3,5-트라이엔(hexa-1,3,5-triene)도 여섯 개의 p 오비탈을 갖지만 말단에 있는 두 탄소들의 p 오비탈은 서로 겹쳐지지 않는다. 그래서 헥사-1,3,5-트라이엔은 방향족이 아니다.

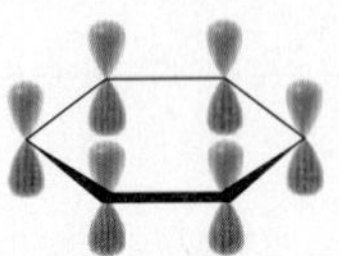

벤젠

모든 p 오비탈은 두 개의 이웃하는 p 오비탈과 겹친다.

방향족

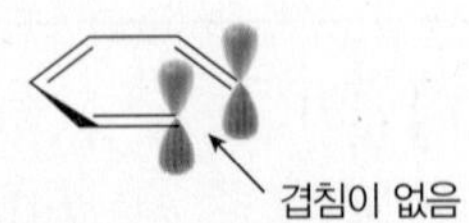

헥사-1,3,5-트라이엔

두 개의 말단 C에 있는 p 오비탈 사이의 겹침은 없다.

방향족이 아니다.

[2] 분자는 평면이어야 한다.

- 모든 인접한 p 오비탈은 π 전자 밀도가 비편재화될 수 있도록 정렬되어야 한다.

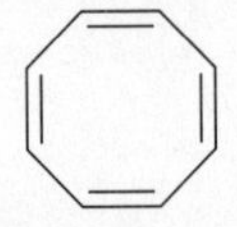

사이클로옥타테트라엔

방향족이 아니다.

욕조 모양의 팔원자 고리

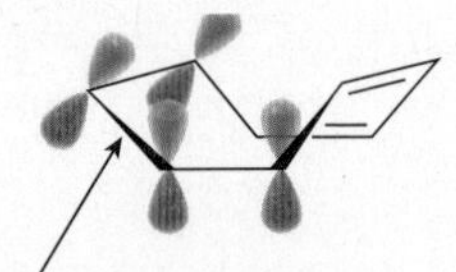

인접한 p 오비탈은 겹쳐질 수 없다. 전자들은 비편재화될 수 없다.

예를 들어, 사이클로옥타테트라엔(cyclooctatetraene)은 이중 결합과 단일 결합이 교대로 있는 고리형 분자라는 점에서 벤젠과 닮았다. 그러나 사이클로옥타테트라엔은 욕조 모양으로 평면이 아니므로 인접한 π 결합 사이의 겹침이 불가능하다. 따라서 사이클로옥타테트라엔은 방향족이 아니다. 그러므로 다른 알켄과 같이 첨가 반응을 한다.

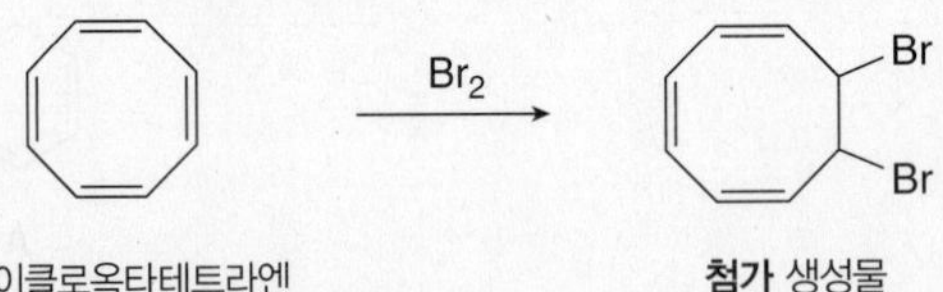

사이클로옥타테트라엔 **첨가** 생성물

[3] 분자는 완전히 콘쥬게이션을 이루어야 한다.

- 방향족 화합물은 고리의 모든 원자에 p 오비탈을 가져야 한다.

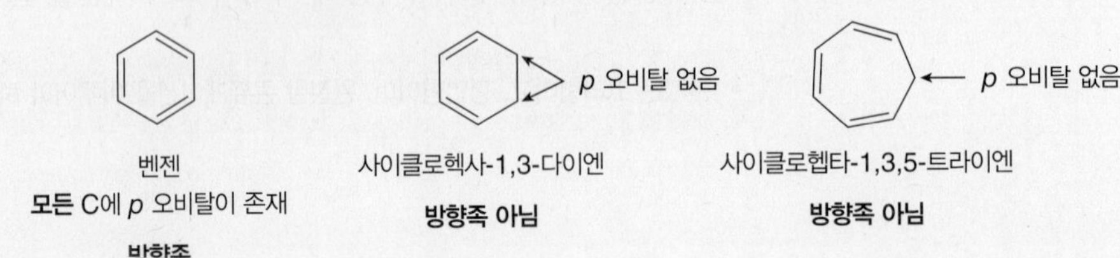

벤젠 / **모든 C에 p 오비탈이 존재** / **방향족**

사이클로헥사-1,3-다이엔 / **방향족 아님**

사이클로헵타-1,3,5-트라이엔 / **방향족 아님**

사이클로헥사-1,3-다이엔과 사이클로헵타-1,3,5-트라이엔은 둘 다 p 오비탈이 없는 탄소가 적어도 하나씩 있다. 그래서 그들은 완전히 콘쥬게이션되어 있지 않고, 따라서 **방향족이 아니다.**

[4] **분자는 휘켈(Hückel) 규칙을 만족시켜야 하며, 특별한 수의 π 전자를 가지고 있어야 한다.**

어떤 화합물은 방향족성에 대한 처음의 세 가지 규칙은 만족하지만 여전히 방향족 화합물의 전형적인 안정성을 나타내지 않는다. 예를 들어, **사이클로뷰타다이엔**은 반응성이 매우 좋아서 극도로 낮은 온도에서도 반응할 수 있다.

사이클로뷰타다이엔

평면이며 고리형이고 완전히 콘쥬게이션된 분자이나 방향족은 아님.

휘켈 규칙은 고리에 있는 원소의 수가 아니라 π 전자의 수와 관련 있다.

결국 방향족이 되기 위해서는 분자는 고리형이고 평면이며 완전히 콘쥬게이션되어야 한다는 것과 더불어 특별한 수의 전자가 필요함을 알 수 있다. 1931년에 에리히 휘켈(Erich Hückel)은 현재 **휘켈 규칙**(Hückel's rule)으로 알려진 두 부분으로 표현된 다음과 같은 기준을 만족시켜야 한다는 것을 알아냈다.

- 방향족 화합물은 $4n + 2$ π 전자($n = 0, 1, 2$ 등)를 가져야 한다.
- $4n$ π 전자를 갖는 고리형이고 평면이며 완전히 콘쥬게이션을 이루는 화합물은 특히 불안정하여 반방향족(antiaromatic)이라 부른다.

따라서 표17.2에 보인 바와 같이 2, 6, 10, 14, 18 등과 같은 수의 π 전자가 들어 있는 화합물은 방향족이다. **벤젠은 6 π 전자가 들어 있으므로 방향족이고 특별히 안정하다. 사이클로뷰타다이엔은 4 π 전자가 들어 있으므로 반방향족이고 특별히 불안정하다.**

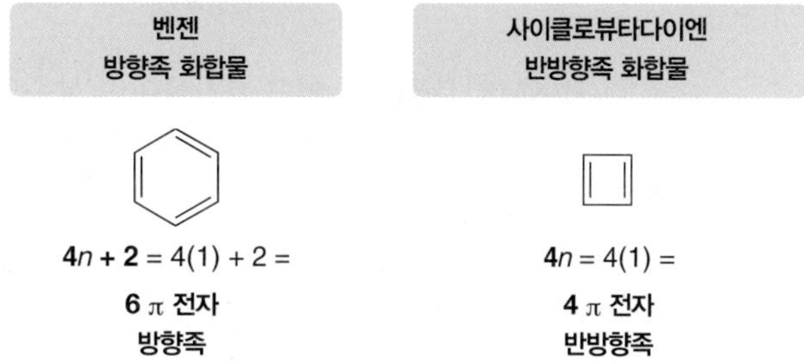

방향족성을 고려할 때 모든 화합물을 아래 세 가지 중 하나로 분류할 수 있다.

표 17.2
휘켈의 규칙을 만족시키는 π 전자의 수

n	$4n + 2$
0	2
1	6
2	10
3	14
4	18
…	…

[1] 방향족(aromatic)

- $4n + 2\pi$ 전자가 있는 고리형이고 평면이며 완전히 콘쥬게이션을 이루는 화합물

[2] 반방향족(antiaromatic)

- $4n\ \pi$ 전자가 있는 고리형이고 평면이며 완전히 콘쥬게이션을 이루는 화합물

[3] 비방향족(not aromatic 또는 nonaromatic)

- 방향족 또는 반방향족이 되기 위한 네 개의 조건 중 한 개 이상이 결여된 화합물

각 화합물의 유형과 동일한 수의 π 전자가 있는 비슷한 열린 사슬 분자 사이의 관계 또한 주목하자.

- 방향족 화합물은 같은 수의 π 전자가 있는 유사한 비고리형 화합물보다 더 안정하다. 벤젠은 헥사-1,3,5-트라이엔보다 더 안정하다.

- 반방향족 화합물은 같은 수의 π 전자가 있는 비고리형 화합물보다 덜 안정하다. 사이클로뷰타다이엔은 뷰타-1,3-다이엔보다 덜 안정하다.

- 방향족이 아닌 화합물은 같은 수의 π 전자가 있는 비고리형 화합물과 안정성 면에서 비슷하다. 사이클로헥사-1,3-다이엔은 시스,시스-헥사-2,4-다이엔과 안정성 면에서 비슷하다. 따라서 이것은 방향족이 아니다.

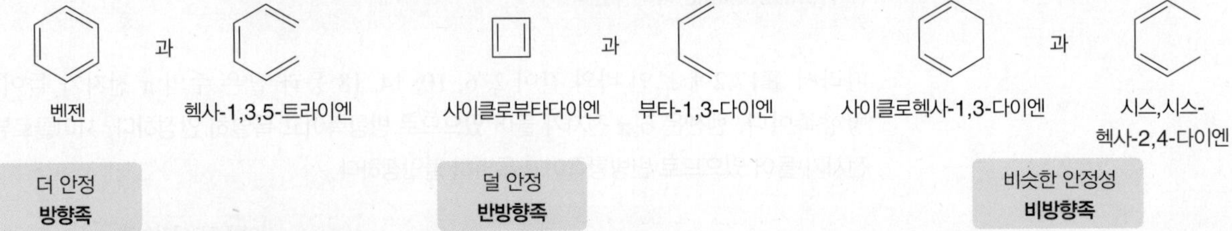

^{1}H NMR 분광법은 어떤 화합물이 방향족인지 아닌지를 즉시 알려준다. 알켄의 C=C에 결합된 수소처럼 전형적인 방향족이 아닌 탄화수소는 4.5~6 ppm에서 흡수하는 반면, 방향족 탄화수소에서 sp^2 혼성 탄소의 수소는 매우 크게 벗겨져 있어서 6.5~8 ppm에서 흡수한다. 그래서 방향족이 아닌 사이클로옥타테트라엔의 sp^2 혼성 탄소에 있는 수소는 더 높은 장인 5.8 ppm에서 흡수하는 반면 벤젠은 7.3 ppm에서 흡수한다.

벤젠과 더불어 많은 화합물들은 방향족이다. 몇몇 예들이 17.8절에 나와 있다.

문제 17.9 ^{1}H NMR 스펙트럼에서 각 화합물의 sp^2 혼성 탄소에 결합된 양성자들이 어디에서 흡수될지 예측하라.

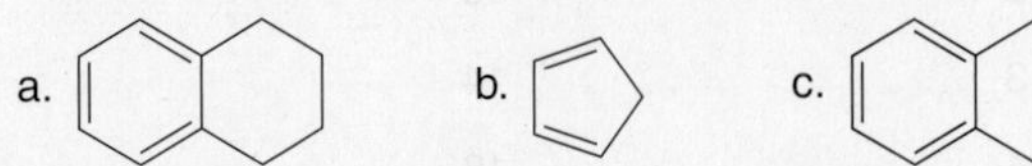

17.8 방향족 화합물의 예

17.8절에서는 많은 종류의 방향족 화합물을 보게 될 것이다.

17.8A 단일 고리가 있는 방향족 화합물

벤젠은 단일 고리가 있는 가장 흔한 화합물이다. 벤젠보다 더 큰 완전히 콘쥬게이션을 이룬 고리들이 평면이고 $4n + 2$ π 전자가 있다면 그들 또한 방향족이다.

- 이중 결합과 단일 결합이 교대하는 단일 고리를 포함한 탄화수소를 아눌렌(annulene)이라 한다.

아눌렌을 명명하기 위해 고리에 있는 원자의 수를 괄호 안에 표시하고 아눌렌이란 단어를 덧붙인다. 그래서 벤젠은 [6]-아눌렌이다. [14]-아눌렌과 [18]-아눌렌 모두 휘켈 규칙에 따라 고리형이고 평면이며 완전히 콘쥬게이션을 이루므로 이들 또한 방향족이다.

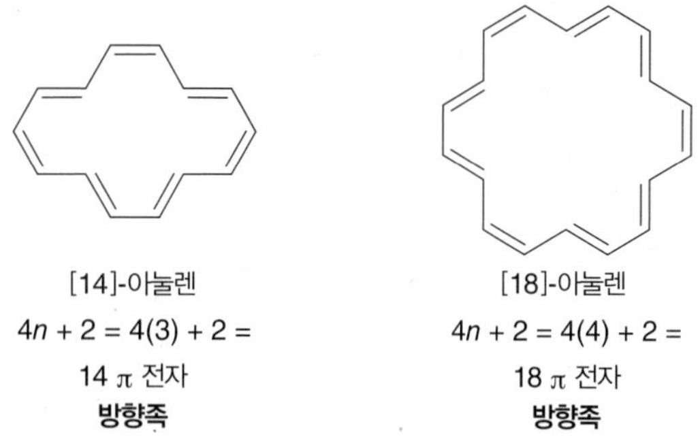

[10]-아눌렌은 휘켈 규칙을 만족시키는 10 π 전자가 있다. 그러나 평면 분자가 되면 고리 안쪽으로 두 개의 수소가 너무나 가까이 있게 된다. 그래서 이 무리를 최소화하기 위해 고리 주름을 만들게 된다. [10]-아눌렌은 평면이 아니기 때문에 10 π 전자는 전체 고리를 비편재화할 수 없게 되므로 방향족이 아니다.

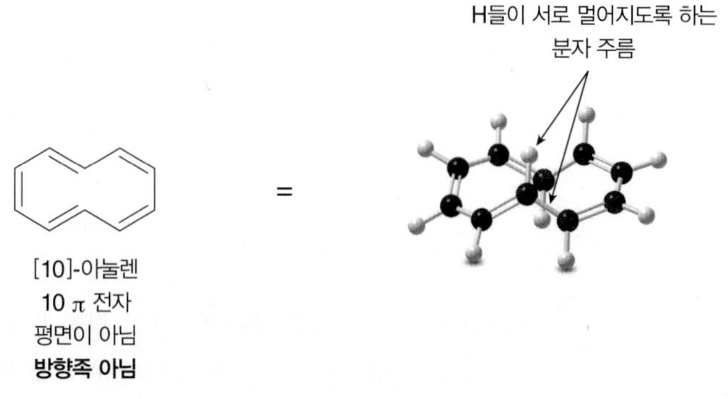

문제 17.10 [16]-, [20]- 또는 [22]-아눌렌의 각각의 고리가 평면이라면 방향족이 되겠는가?

17.8B 두 개 이상의 고리가 있는 방향족 화합물

방향족성을 결정하는 휘켈 규칙은 오직 단일 고리 체계에 한해서만 적용될 수 있다. 그러나 몇 개의 벤젠 고리가 서로 연결된 많은 방향족 화합물 또한 알려져 있다. 이중 결합과 단일 결합이 교대하는 육원자 고리가 두 개 이상 서로 접합되면 다중고리 방향족 탄화수소(PAH)가 얻어진다.

두 개의 벤젠 고리가 함께 연결되면 나프탈렌(naphtalene)을 형성한다. 고리 세 개를 두 가지 방법으로 다르게 접합하면 안트라센(anthracene)과 페난트렌(phenanthrane)이 얻어진다. 다른 두 가지 방법이 있다. 이 외에도 더 많은 복잡한 탄화수소가 알려져 있다.

나프탈렌
10 π **전자**

안트라센
14 π **전자**

페난트렌
14 π **전자**

연결된 벤젠 고리의 수가 증가할수록 공명 구조의 수 역시 증가한다. 벤젠에 대해서는 두 개의 공명 구조를 그릴 수 있지만, 나프탈렌은 세 가지 공명 구조의 혼성이다.

문제 17.11 안트라센(anthracene)에 대한 네 개의 공명 구조를 그려라.

17.8C 헤테로고리 방향족

9.3절에서 배운 것처럼 **헤테로고리**는 적어도 한 개의 헤테로원자를 포함하는 고리임을 상기하자.

산소, 질소, 황과 같이 적어도 한 개의 고립 전자쌍이 있는 원자를 포함한 헤테로고리 또한 방향족이다. 헤테로원자와 함께 고립 전자쌍이 헤테로원자에 편재되어 있는지, 아니면 비편재화된 π 계의 일부인지를 결정해야 한다. 피리딘(pyridine)과 피롤(pyrrole)의 두 예는 이러한 다른 가능성을 보여준다.

피리딘

피리딘은 세 개의 π 결합과 한 개의 질소 원자와 함께 육원자 고리를 지닌 헤테로고리이다. 벤젠과 같이 두 개의 공명 구조를 그릴 수 있다.

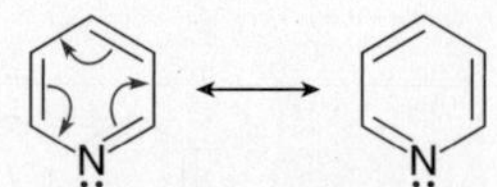

피리딘에 대한 두 개의 공명 구조
6 π **전자**

피리딘은 고리 주위로 세 개의 단일 결합과 이중 결합이 교대하기 때문에 고리형이고 평면이며 완전히 콘쥬게이션을 이룬다. 피리딘은 각 π 결합으로부터 두 개씩 여섯 개의 π 전자가 있으므로 휘켈 규칙을 만족시키며 방향족이다. 피리딘의 질소 원자는 N 원자에 편재된 고립 전자쌍을 갖고 있고 이것은 방향족 고리의 비편재화된 π 전자 체계의 일부가 아니다.

피리딘 고리의 질소 원자는 어떻게 혼성화될까? N 원자는 세 개의 치환기(두 개의 원자와 한 개의 고립 전자쌍)로 둘러싸이므로 sp^2 혼성이며 전자 하나가 들어 있는 p 오비탈은 인접 p 오비탈과 겹쳐지게 된다. N에 있는 고립 전자쌍은 비편재화된 π 전자에 수직인 sp^2 혼성 오비탈에 남아 있다.

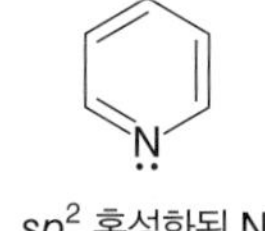

sp^2 혼성화된 N

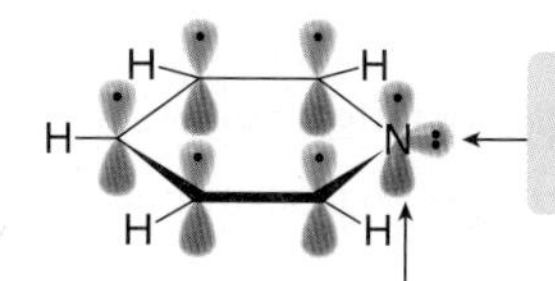

고립 전자쌍은 여섯 개의 *p* 오비탈에 수직인 sp^2 혼성 오비탈을 차지한다.

N에 있는 *p* 오비탈은 인접한 *p* 오비탈들과 겹쳐지며 고리가 완전히 콘쥬게이션을 이루도록 한다.

피롤

피롤은 두 개의 π 결합과 한 개의 질소 원자가 있는 오원자 고리를 포함한다. 또한 N 원자에 한 개의 고립 전자쌍이 있다.

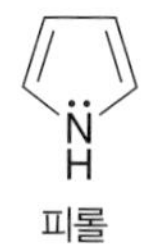

피롤

피롤은 두 개의 π 결합으로부터 총 네 개의 π 전자가 있는 고리형이고 평면이다. 고립 전자쌍은 N에 편재되어 있을까, 아니면 비편재화된 π 전자 체계의 일부일까? N에 있는 고립 전자쌍은 이중 결합에 인접해 있다. 16.5절에서 배운 다음과 같은 일반적인 규칙을 상기해보자.

- X = Y − Z:인 어떤 계에서 Z가 sp^2 혼성화되고 고립 전자쌍이 *p* 오비탈을 차지하면, 그 계는 콘쥬게이션되어 있다.

만약 N 원자에 있는 고립 전자쌍이 *p* 오비탈을 점유한다면,

- 피롤에는 인접한 모든 원자에 *p* 오비탈이 있으며 그것들은 완전히 콘쥬게이션을 이룬다.
- 피롤에는 π 결합에서 네 개와 고립 전자쌍에서 두 개, 총 여섯 개의 π 전자가 있다.

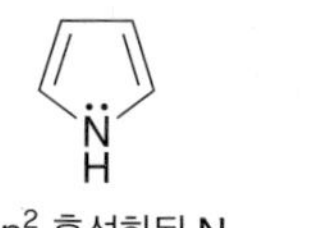

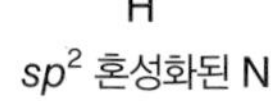

sp^2 혼성화된 N

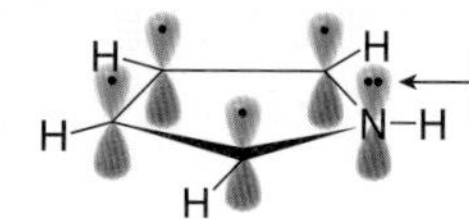

p 오비탈에 있는 고립 전자쌍

고리는 **6 π 전자로** 완전히 콘쥬게이션되어 있다.

피롤은 고리형이고 평면이며 완전히 콘쥬게이션을 이루고, $4n + 2\pi$ 전자가 있으므로 피롤은 방향족이다. 어떤 화합물이 방향족인지 아닌지를 결정하는 것은 고리의 크기가 아닌 전자의 수이다.

그림 17.7
피리딘과 피롤의 정전기 전위 그림

피리딘

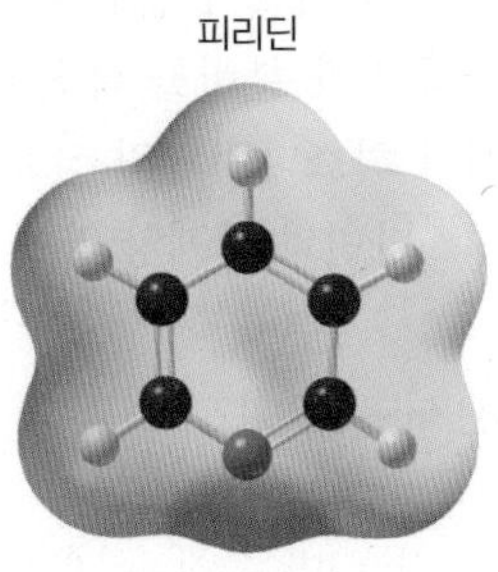

- N에 매우 높은 전자 밀집 지역(붉은색)을 보이는 것처럼 피리딘에서 고립 전자쌍은 sp^2 혼성화된 오비탈이 있는 N에 편재되어 있다.

피롤

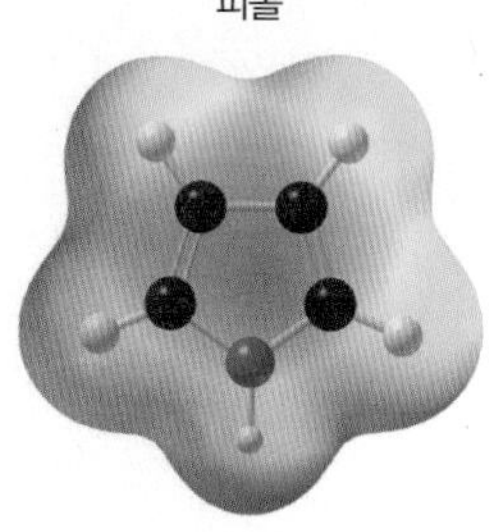

- 피롤에서 고립 전자쌍은 *p* 오비탈에 있고 고리 전체에 비편재되어 있다. 그래서 전체 고리는 전자가 풍부하다(붉은색).

그림 17.7의 피리딘과 피롤에 대한 정전기 전위 그림은 피롤에 있는 고립 전자쌍은 비편재화된 π 체계의 일부이지만, 피리딘의 고립 전자쌍은 N에 편재되어 있음을 확인해준다. 이와 같이, 피리딘과 피롤의 N 원자 간에는 기본적인 차이점이 존재한다.

- 피리딘의 N과 같이 헤테로원자가 이미 이중 결합의 일부분일 때, 그것의 고립 전자쌍은 *p* 오비탈을 점유할 수 없고 결국 고리에 비편재화될 수 없다.
- 피롤의 N과 같이 헤테로원자가 이중 결합의 일부가 아닐 때, 그것의 고립 전자쌍은 *p* 오비탈에 위치하고 방향족성을 만들기 위해 고리에 비편재화된다.

히스타민

만새기(mahimahi, 사진)와 참치 같은 물고기를 부적절하게 냉장된 상태로 섭취하면 안면 홍조, 발진, 가려움증과 관련 있는 고등어과 물고기 독성을 초래한다. 많은 양을 섭취할 때 박테리아가 아미노산의 일종인 히스티딘을 히스타민(28장)으로 바꾸어 이러한 병리 증후를 유발한다.

많은 조직에서 형성되는 생물학적으로 활성인 히스타민(histamine)은 두 개의 N 원자가 있는 방향족 헤테로고리 화합물인데, 두 개의 N 원자 중 하나는 피리딘의 N 원자와 유사하고 나머지 하나는 피롤의 N 원자와 유사하다.

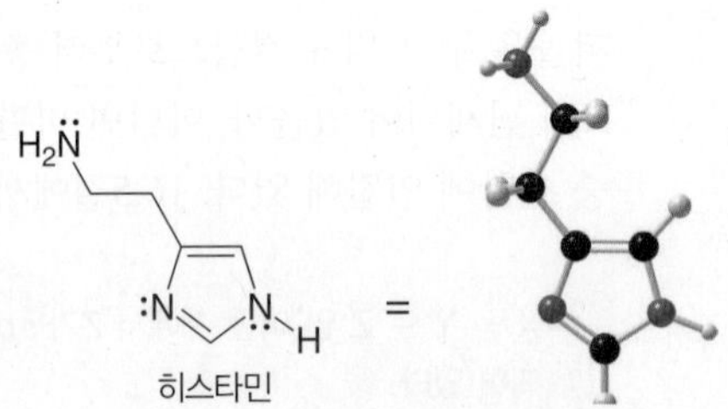

히스타민에는 두 개의 π 결합과 두 개의 질소 원자를 포함하는 오원자 고리가 있으며, 각각의 질소 원자에는 고립 전자쌍이 있다. 이 헤테로고리는 두 개의 이중 결합에 네 개의 π 전자가 있다. 붉은색 N에 있는 고립 전자쌍은 *p* 오비탈을 차지하고 헤테로고리가 완전히 콘쥬게이션을 이루도록 하며, 총 여섯 개의 π 전자가 되도록 한다. 이 N의 고립 전자쌍은 오원자 고리 전체에 걸쳐 비편재화되며 헤테로고리는 방향족이 된다. 파란색 N에 있는 고립 전자쌍은 비편재화된 π 전자에 수직인 sp^2 혼성화 오비탈을 차지한다.

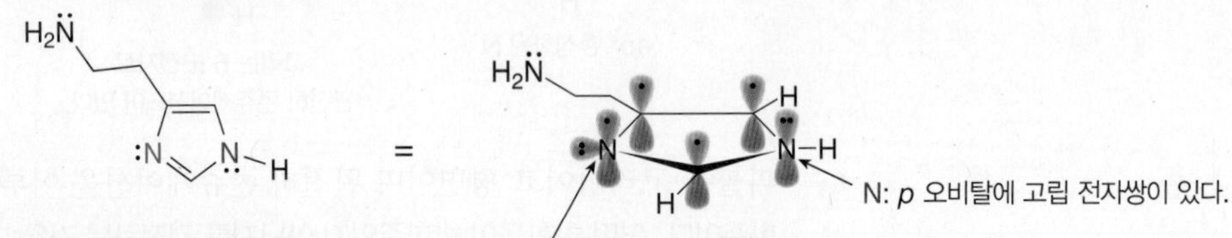

히스타민은 신체에 광범위한 생리 효과를 유발한다. 과량의 히스타민은 건초열의 증후인 콧물과 눈물을 수반한다. 또한 위산의 과량 분비를 촉진하고 위막성 후두염을 초래한다. 이러한 효과는 두 개의 다른 세포 수용체와 히스타민과의 상호작용으로 생긴다. 25.6절에서 히스타민의 이러한 효과들을 방해하는 항히스타민과 항궤양 약에 대한 더 많은 것을 배우게 될 것이다.

문제 17.12 다음 헤테로고리 중에서 방향족인 것은 어느 것인가?

a. 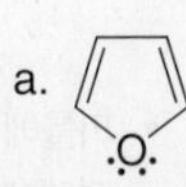
b. 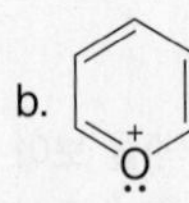
c. 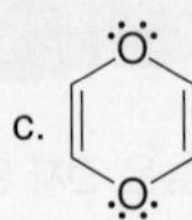
d. 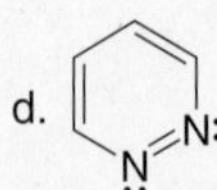

문제 17.13 (a) 열을 낮춰 주는 효과적인 항말라리아 약인 퀴닌에서 각각의 N 원자는 어떻게 혼성화되어 있는가?

(b) 각 N 원자의 고립 전자쌍은 어떤 유형의 오비탈에 존재하는가?

퀴닌은 안데스 산맥이 원산지인 신코나(cinchona)나무껍질에서 추출된다.

HO, H, N, CH_3O, N

퀴닌

문제 17.14 시타글리프틴(sitagliptin)의 상품명 자누비아(Januvia)는 2형 당뇨병의 치료제로 2006년에 도입되었다.

(a) 시타글리프틴에서 5각형 고리가 방향족인 이유를 설명하라.

(b) 각 N 원자의 혼성궤도를 결정하라.

(c) 각 N 원자의 고립 전자쌍은 어떤 형태의 오비탈에 존재하는가?

자누비아(Januvia)는 혈당 수치를 낮춰주는 신체 활동을 증가시키므로 2형 당뇨병 치료를 위해 단독으로 또는 다른 약물과 함께 사용된다.

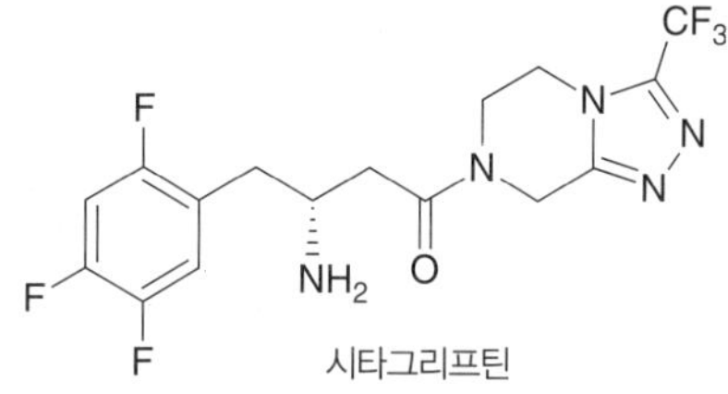

시타그리프틴

17.8D 전하를 띤 방향족 화합물

만약 음전하와 양전하를 띤 이온들이 모든 필요조건을 갖춘다면 그것들 모두 방향족이 될 수 있다.

사이클로펜타다이엔일 음이온

사이클로펜타다이엔일 음이온(cyclopentadienyl anion)은 두 개의 이중 결합과 한 개의 고립 전자쌍을 가진 고리형이고 평면인 음이온이다. 이러한 측면에서 피롤과 유사하다. 두 개의 π 결합이 네 개의 전자를 제공하고, 고립 전자쌍은 두 개를 제공하여 총 여섯 개의 전자가 고려되는 셈이다. 휘켈 규칙에 의하면 여섯 개의 전자를 취하면 방향족성을 띤다. 피롤에서의 N 원자처럼 음전하를 띤 탄소 원자는 sp^2 혼성화되고, 고립 전자쌍은 완전히 콘쥬게이션을 이루는 고리를 만들기 위해 p 오비탈을 점유해야 한다.

사이클로펜타다이엔일 음이온
모두 sp^2 혼성화된 C
여섯 개의 π 전자

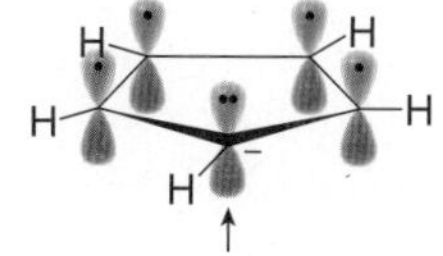

고립 전자쌍은 p 오비탈에 있다.

- 사이클로펜타다이엔일 음이온은 고리형이고, 평면이며 완전히 콘쥬게이션을 이루고, 6 π 전자가 있기 때문에 방향족이다.

사이클로펜타다이엔일 음이온에 대해 다섯 개의 동등한 공명 구조를 그릴 수 있으며, 음이온은 고리의 모든 탄소 원자에 비편재화된다.

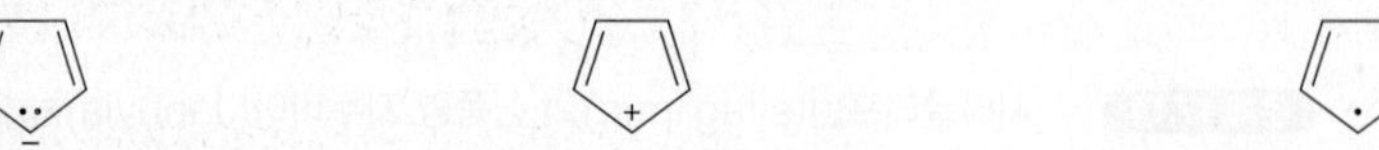

사이클로펜타다이엔일 양이온과 라디칼 모두에 대해서도 다섯 개의 공명 구조를 그릴 수 있지만, 오직 사이클로펜타다이엔일 음이온만 휘켈 규칙을 만족시키는 여섯 개의 π 전자가 있다. 사이클로펜타다이엔일 양이온은 π 전자가 네 개이므로 반방향족(antiaromatic)이며 특히 불안정하다. 사이클로펜타다이엔일 라디칼에는 다섯 개의 π 전자가 있다. 그래서 방향족도 반방향족도 아니다. 어떠한 화합물이 방향족성에 의해 특별히 안정되기 위해서는 '정확한' 전자의 수가 필요하다.

사이클로펜타다이엔일 음이온
- 6 π 전자
- $4n + 2$ π 전자가 있다.

방향족

사이클로펜타다이엔일 양이온
- 4 π 전자
- $4n$ π 전자가 있다.

반방향족

사이클로펜타다이엔일 라디칼
- 5 π 전자
- $4n + 2$ π또는 $4n$ π 전자가 없다.

방향족도 반방향족도 아님

사이클로펜타다이엔일 음이온은 브뢴스테드 로우리 산–염기 반응에 의해 사이클로펜타다이엔으로부터 쉽게 형성된다.

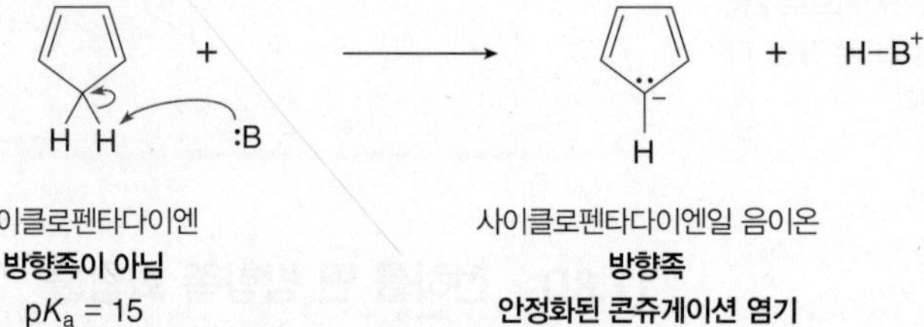

사이클로펜타다이엔
방향족이 아님
pK_a = 15

사이클로펜타다이엔일 음이온
방향족
안정화된 콘쥬게이션 염기

사이클로펜타다이엔은 완전히 콘쥬게이션되어 있지 않기 때문에 그 자체로는 방향족이 아니다. 그러나 사이클로펜타다이엔일 음이온은 방향족이고 공명 안정화되어 있으므로 매우 안정한 염기이다. 그렇기 때문에 사이클로펜타다이엔은 다른 탄화수소에 비해 매우 센 산성이 된다. 사실 사이클로펜타다이엔의 pK_a는 15로서 이제까지 논의된 어떠한 C–H 결합의 pK_a보다도 훨씬 작다(더 센 산성).

- 사이클로펜타다이엔은 그것의 짝염기가 방향족이기 때문에 많은 탄화수소보다 더 센 산성이다.

문제 17.15 사이클로헵타-1,3,5-트라이엔(pK_a = 39)을 강염기로 처리할 때 형성되는 생성물을 그려라. 왜 사이클로펜타다이엔의 pK_a보다 이것의 pK_a가 훨씬 높은가?

H H :B →

사이클로헵타-1,3,5-트라이엔
pK_a = 39

문제 17.16 다음의 화합물을 산도가 증가하는 순서로 나열하라.

사이클로펜타다이엔일 음이온과 트로필륨 양이온 모두 중요한 원리를 설명하는데, **방향족성을 결정하는 것은** 겹치는 p 오비탈의 수도 고리에 있는 원자의 수도 아닌 **π 전자의 수**이다. 사이클로펜타다이엔일 음이온과 트로필륨 양이온은 각각 여섯 개의 π 전자가 있으므로 방향족이다.

트로필륨 양이온

트로필륨 양이온(tropylium cation)은 칠원자 고리에 세 개의 이중 결합과 하나의 양전하가 있는 평면의 탄소 양이온이다. 이 탄소 양이온은 양으로 하전된 탄소가 sp^2 혼성화되고, 세 개의 이중 결합의 탄소로부터 여섯 개의 p 오비탈과 겹치는 비어 있는 p 오비탈이 있으므로 완전한 콘쥬게이션을 이룬다. 트로필륨 양이온은 세 개의 π 결합이 있고 다른 고립 전자쌍이 없기 때문에 6 π 전자가 있으며, 따라서 휘켈 규칙을 만족한다.

트로필륨 양이온
모두 sp^2 혼성화된 C
여섯 개의 π 전자

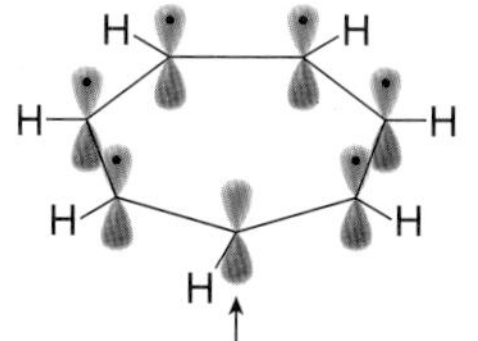

한 개의 p 오비탈은 비어 있다.

- 트로필륨 양이온은 고리형이고 평면이며 완전히 콘쥬게이션을 이루고, 고리의 일곱 원자 전체에 걸쳐 6 π 전자가 비편재되어 있기 때문에 방향족이다.

문제 17.17 트로필륨 양이온에 대한 일곱 개의 공명 구조를 그려라.

문제 17.18 고리가 평면임을 가정할 때, 다음 중 어떤 이온이 방향족인가?

a. 

b. :−

c. 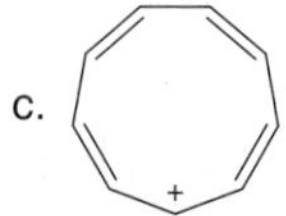

d. 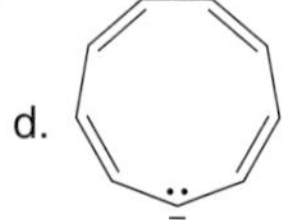

문제 17.19 화합물 **A**는 ^{1}H NMR 스펙트럼에서 방향족임을 나타내는 7.6 ppm의 신호를 보여준다. 삼중 결합의 탄소 원자가 어떻게 혼성화되어 있는가? 삼중 결합의 π 전자는 어떤 종류의 오비탈에 포함되는가? **A**에서 고리 주위에 얼마나 많은 전자가 비편재되었는가?

A =

17.9 휘켈 규칙의 원리는 무엇인가?

왜 π 전자의 수가 어떤 화합물이 방향족인지 아닌지를 결정할까? 사이클로뷰타다이엔은 벤젠처럼 고리형이고 평면이며 완전히 콘쥬게이션을 이룬다. 그런데 왜 벤젠은 방향족이고 사이클로뷰타다이엔은 반방향족인가?

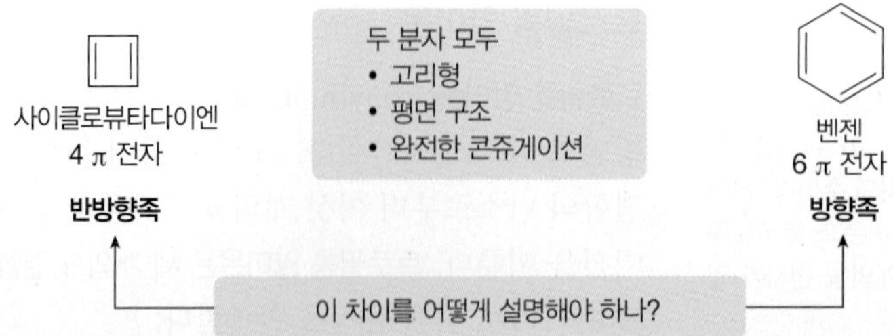

이에 대한 완전한 설명은 기초 유기화학 교재의 범위를 넘어선다. 그렇지만 오비탈과 결합에 대한 더 많은 것을 배움으로써 방향족성에 대한 원리를 더 잘 이해할 수 있을 것이다.

17.9A 결합과 반결합 오비탈

이제까지 우리는 결합이 어떻게 형성되는가를 설명할 때 다음과 같은 기본 개념을 사용했다.

- 수소는 다른 원소와 σ 결합을 형성하기 위해 1*s* 오비탈을 사용한다.
- 2주기 원소들은 σ 결합을 하기 위해 혼성 오비탈(sp, sp^2 또는 sp^3)을 사용한다.
- 2주기 원소들은 π 결합을 하기 위해 *p* 오비탈을 사용한다.

결합에 대한 이러한 서술을 **원자가 결합 이론**(valence bond theory)이라 한다. 원자가 결합 이론에서 공유 결합은 두 개의 원자 오비탈의 겹침으로 형성되고 결합에 참여한 전자쌍은 두 원자 모두에 의해 공유된다. 그래서 탄소–탄소 이중 결합은 각각 하나의 전자를 포함하는 두 개의 sp^2 혼성 오비탈의 겹침으로 인하여 형성된 σ 결합과 각각 한 개의 전자가 있는 두 개의 *p* 오비탈의 겹침으로 형성된 π 결합으로 이루어져 있다.

결합에 대한 이러한 묘사는 우리가 이제까지 보았던 유기 분자들 대부분에 잘 적용된다. 불행하게도 방향족 화합물과 같이 많은 인접한 *p* 오비탈이 겹쳐지는 체계를 묘사할 때 이 이론은 부적절하다. 이러한 체계에서 결합을 조금 더 완벽하게 설명하기 위해서는 **분자 오비탈 이론** [molecular orbital (MO) theory]을 적용해야 한다.

MO 이론은 **분자 오비탈**이라 부르는 새로운 오비탈을 형성하는 원자 오비탈의 수학적 조합으로서 결합을 설명한다. 분자 오비탈은 한 분자에서 전자가 발견될 가능성이 있는 공간의 영역을 차지한다. 원자 오비탈로부터 분자 오비탈을 형성할 때 다음을 명심하자.

- *n*개 원자 오비탈의 집합은 *n*개의 분자 오비탈을 형성한다.

만약 두 개의 원자 오비탈이 결합하면 두 개의 분자 오비탈이 형성된다. 이것은 근본적으로 원자가 결합 이론과는 다르다. 방향족성은 *p* 오비탈의 겹침 현상에 원리를 두고 있기 때문에 두 개의 *p*(원자) 오비탈이 결합할 때, MO 이론의 예측에 의하면 어떤 일이 일어날까?

각 *p* 오비탈의 두 개의 귓불은 서로 위상이 반대이며 핵에 마디가 있다. 두 개의 *p* 오비탈이 결합할 때 두 개의 분자 오비탈이 형성된다. 두 개의 오비탈이 같은 위상끼리 상호작용하면 서로 건설적으로 합쳐지고 반대 위상끼리 상호작용하면 상쇄적으로 합쳐진다.

그림 17.8
두 개의 *p* 오비탈이 결합하여 π와 π* 분자 오비탈을 형성하는 그림

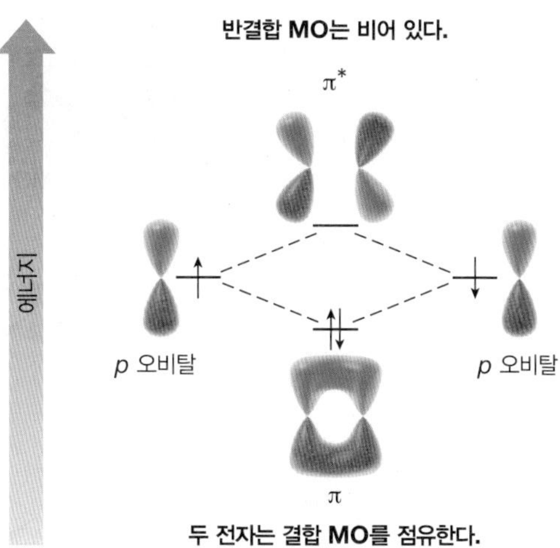

- 두 개의 원자 *p* 오비탈은 두 개의 분자 오비탈을 형성하기 위하여 결합한다. 결합 π MO는 본래 두 개의 *p* 오비탈보다 더 낮은 에너지에 위치하고 반결합 π*MO는 본래 두 개의 *p* 오비탈보다 더 높은 에너지에 위치한다.
- 두 개의 전자는 더 낮은 에너지의 결합 MO를 먼저 채운다.

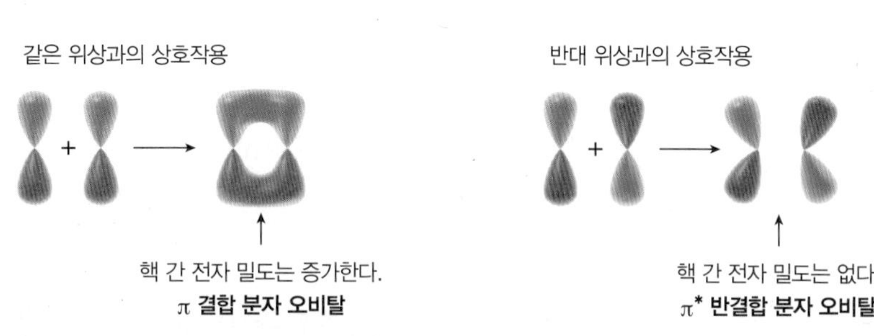

- 동일한 위상의 두 *p* 오비탈이 나란히 겹쳐질 때, π 결합 분자 오비탈이 된다.
- 반대 위상의 두 *p* 오비탈이 나란히 겹쳐질 때, π* 반결합 분자 오비탈이 된다.

π 결합 MO는 동일한 위상의 오비탈이 결합할 때 서로 핵을 공유하도록 하는 안정한 결합 상호작용 때문에 본래의 두 개의 *p* 오비탈보다 더 낮은 에너지에 있다. 유사하게 π* 반결합 MO는 반대 위상의 오비탈이 결합할 때 불안정한 마디 때문에 더 높은 에너지에 있다. 불안정한 상호작용은 핵이 멀리 떨어지도록 밀어낸다.

만일 두 개의 *p* 오비탈에 각기 한 개의 전자가 있고 MO를 형성하기 위해 결합한다면, 두 전자는 그림 17.8에서처럼 더 낮은 에너지에 있는 π 결합 MO를 차지할 것이다.

17.9B 둘 이상의 *p* 오비탈이 결합할 때 형성되는 분자 오비탈

벤젠의 분자 오비탈에 대한 묘사는 그림 17.8에서 형성된 두 개의 MO보다 훨씬 더 복잡하다. 벤젠은 여섯 탄소 각각에 *p* 오비탈이 있으므로 육원자 *p* 오비탈은 그림 17.9에 나와 있는 것처럼 여섯 개의 π 분자 오비탈을 형성하기 위해 결합한다. 이러한 여섯 개 MO의 정확한 표현과 에너지에 대한 기술은 이 책에 나온 것보다 더욱 정교한 계산과 MO 이론의 이해를 필요로 한다. 그럼에도 불구하고 가장 낮은 에너지에 있는 ψ_1과 가장 높은 에너지에 있는 ψ_6와 더불어 $\psi_1 \sim \psi_6$로 분류된 여섯 개의 MO에 대해 알아보자.

여섯 개의 벤젠 MO의 가장 중요한 특징은 다음과 같다.

그림 17.9
벤젠의 여섯 개 분자 오비탈

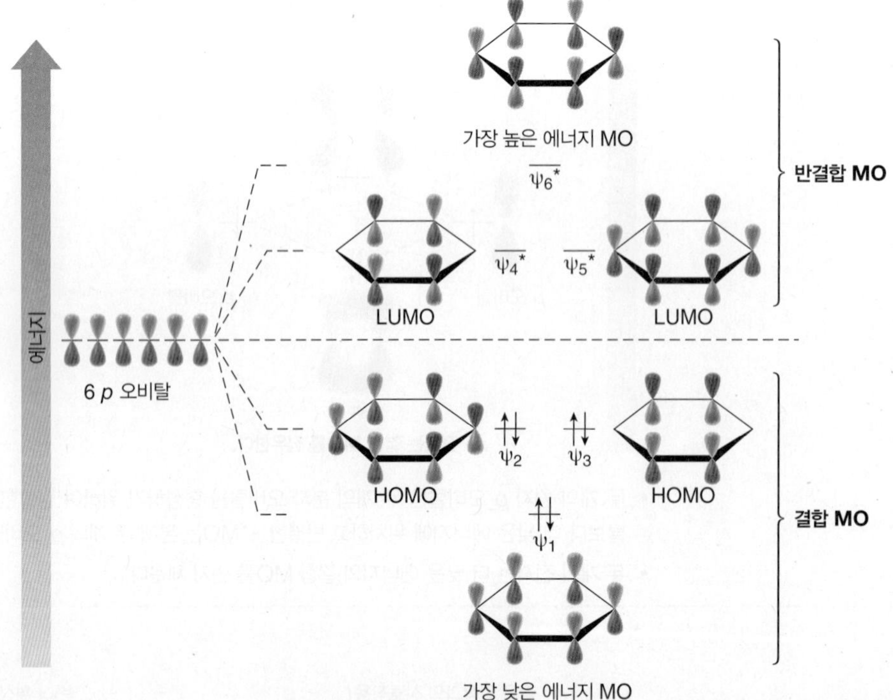

- 벤젠의 여섯 개 *p* 원자 오비탈의 상호작용을 그림에 나타내었다. 이들 오비탈들은 여섯 개의 분자 오비탈을 형성한다. 같은 위상의 오비탈이 결합하면 상호작용이 일어난다. 반대 위상의 오비탈이 결합하면 불안정한 마디가 형성된다.

- 상호작용하는 결합 수가 많을수록 MO의 에너지는 더 낮다. 가장 낮은 에너지의 분자 오비탈(ψ_1)은 *p* 오비탈 간에 모든 결합이 상호작용을 한다.
- 마디의 수가 많을수록 MO의 에너지는 더 높다. 가장 높은 에너지의 MO(ψ_6^*)는 *p* 오비탈 사이에 모두 마디를 갖는다.
- 출발 *p* 오비탈보다 더 높은 에너지에 있는 세 개의 MO는 반결합 MO(ψ_4^*, ψ_5^*, ψ_6^*)가 되는 반면, 출발 *p* 오비탈보다 더 낮은 에너지에 있는 세 개의 MO는 결합 MO(ψ_1, ψ_2, ψ_3)가 된다.
- 에너지가 같은 두 쌍의 MO(ψ_2와 ψ_3, ψ_4^*와 ψ_5^*)를 비분화(非分化) 오비탈(degenerate orbital)이라 한다.
- 전자가 있는 가장 높은 에너지의 오비탈을 최고 점유 분자 오비탈(HOMO, highest occupied molecular orbital)이라 한다. 벤젠의 경우 겹친 오비탈인 ψ_2, ψ_3는 HOMO이다.
- 전자가 없는 가장 낮은 에너지의 오비탈을 최저 비점유 분자 오비탈(LUMO, lowest unoccupied molecular orbital)이라 한다. 벤젠의 경우 겹친 오비탈인 ψ_4^*와 ψ_5^*는 LUMO이다.

MO를 채우기 위해 에너지가 가장 낮은 오비탈부터 하나의 오비탈에 두 개씩 채운다. 결과적으로 결합 MO는 여섯 전자로 완전히 채워지고, 반결합 MO는 비게 된다. 이것이 벤젠과 다른 방향족 화합물이 특별히 안정하고 여섯 개의 π 전자가 휘켈 규칙을 만족시키는 이유이다.

- 방향족 화합물에서는 모든 결합 MO(HOMO)가 완전히 채워져 있다. 어떠한 π 전자도 반결합 MO를 점유하지 않는다.

해결 방법 완전히 콘쥬게이션을 이룬 고리의 상대적 에너지를 정하기 위한 내접 다각형 방법

예 벤젠의 MO의 상대적인 에너지 위치를 그려라.

단계 [1] 원과 접하는 접점을 이루는 다각형을 한 개의 꼭짓점이 가장 아래로 향하도록 하여 원 안에 그린다. 다각형이 원과 만나는 점을 표시한다.

- 벤젠의 경우 원 안에 육각형을 내접시킨다. 육각형의 여섯 개의 접점은 벤젠의 여섯 개의 MO와 일치하며 여섯 개의 교점을 형성한다. 이러한 유형—가장 낮은 에너지의 한 개의 MO와 두 개의 겹친 MO 한 쌍, 그리고 가장 높은 에너지의 한 개의 MO—은 그림 17.9에 나타낸 것과 일치한다.

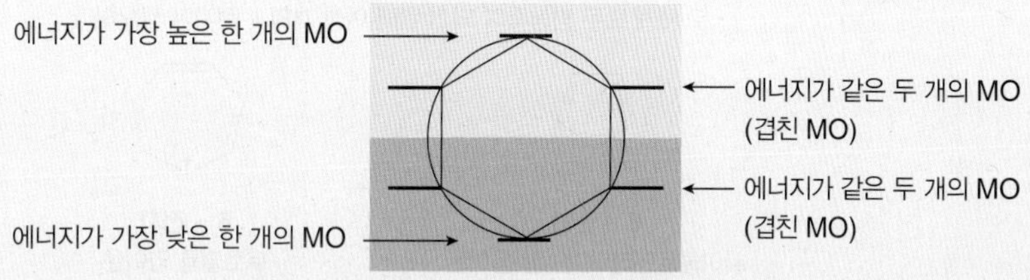

단계 [2] 원의 중심을 지나는 수평선을 그리고, MO를 결합, 비결합, 반결합으로 분류한다.

- **이 선 아래에 있는 MO는 결합이고,** 이들이 형성되기 전인 p 오비탈보다 더 낮은 에너지에 있다. 벤젠은 결합 MO가 셋이다.
- **이 선에 있는 MO는 비결합이고,** 형성되기 전인 p 오비탈과 동등한 에너지에 위치한다. 벤젠은 비결합 MO가 없다.
- **이 선 위에 있는 MO는 반결합이고,** 형성되기 전인 p 오비탈보다 더 높은 에너지에 위치한다. 벤젠은 반결합 MO가 셋이다.

단계 [3] 가장 낮은 에너지의 MO부터 전자를 채운다.

- **방향족 화합물에서는 모든 결합 MO(그리고 HOMO)가 완전히 채워진다. 반결합 MO를 차지하는 π 전자는 없다.**
- 벤젠은 여섯 개의 π 전자가 결합 MO를 완전히 채우므로 방향족이다.

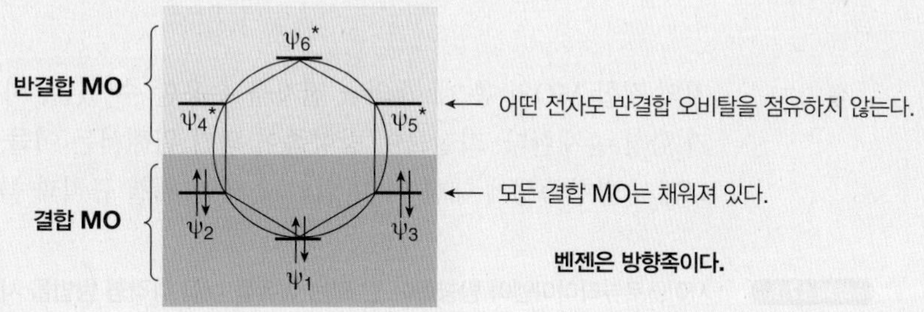

17.10 방향족을 예측하기 위한 내접 다각형 방법

내접 다각형을 **프로스트 원**(Frost circle)이라고도 한다.

어떤 화합물이 π 전자를 결합 MO에 완전히 채우는지 아닌지를 예측하기 위해 우리는 결합 분자 오비탈이 몇 개인지, π 전자는 몇 개인지를 알아야 한다. 정교한 계산 없이(즉 MO의 모양이 어떤 것인지 정확하게 알지 못해도) 내접 다각형 방법(inscribed polygon method)을 이용함으로써 완전히 콘쥬게이션을 이룬 고리의 상대적 에너지를 예상할 수 있다.

이 방법은 고리 크기에 상관없이 완전히 콘쥬게이션된 모든 단일 고리 탄화수소에 적용된다. 그림 17.10은 이 방법을 이용하여 완전히 콘쥬게이션된 오원자 및 칠원자 고리에 대한 MO를 나타내고 있다. MO의 총 개수는 다각형의 접선의 수와 항상 일치한다. 두 체계 모두 세 개의 결합 MO가 있으므로 각각 그들을 완전히 채우기 위해서는 여섯 개의 π 전자가 필요하다. 17.8D절에서 배웠던 사이클로펜타다이엔일 음이온과 트로필륨 양이온은 방향족이 된다.

내접 다각형 방법은 휘켈 규칙과 일치한다. 즉 두 개의 π 전자를 수용할 수 있는 가장 낮은 에너

그림 17.10
내접 다각형 방법을 이용한 오원자 및 칠원자 고리

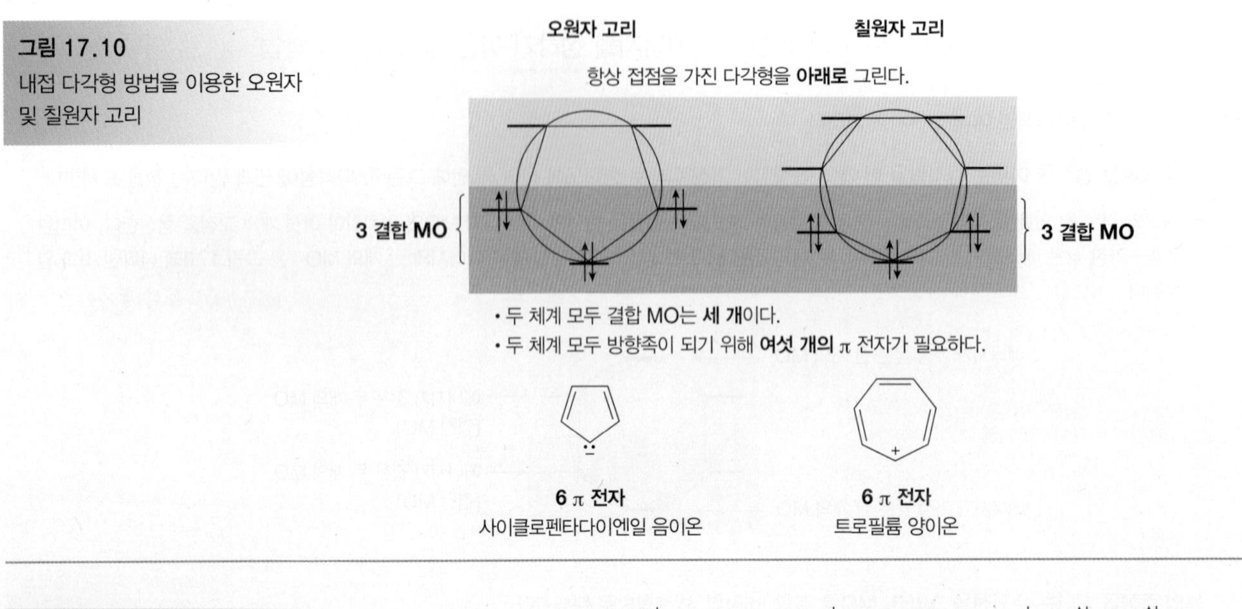

그림 17.11
완전히 콘쥬게이션된 고리계에 대한 MO 양상

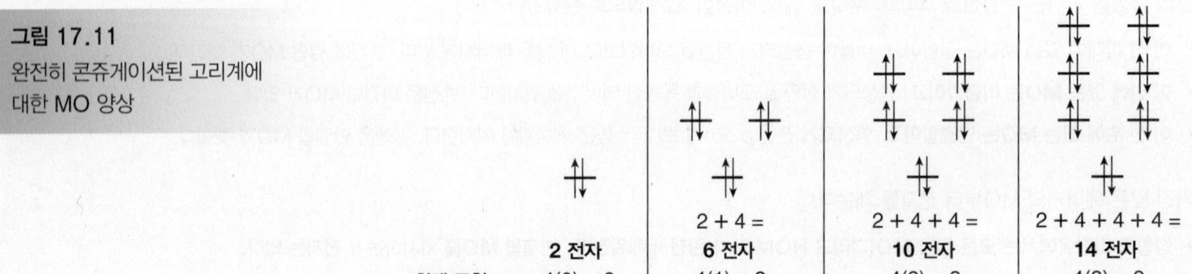

지의 결합 MO와 총 네 개의 π 전자를 수용할 수 있는, 비분화 쌍으로 존재하는 다른 결합 MO가 항상 존재한다. 화합물이 방향족이 되기 위해서는 이들 MO에 전자가 완전히 채워져야 한다. 그래서 방향족성에 대한 이 '마법의 숫자'는 휘켈 규칙과 들어맞는다(그림 17.11).

예제 17.1 사이클로뷰타다이엔이 방향족이 안 되는 이유를 내접 다각형 방법을 사용하여 설명하라.

사이클로뷰타다이엔
4 π 전자

풀이

사이클로뷰타다이엔에는 네 개의 MO(네 개의 *p* 오비탈에서 형성된)가 있으며, 이곳에 네 개의 π 전자가 채워져야 한다.

단계 [1] 한 개의 꼭짓점이 가장 아래로 가도록 사각형을 원에 내접하여 그리고 원과 접하는 네 개의 점을 표시한다.

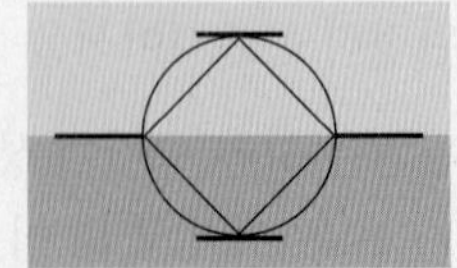

• 네 개의 접점은 사이클로뷰타다이엔의 네 개의 MO와 일치한다.

단계 [2]와 [3] 원의 중심을 지나는 선을 그리고, MO를 표시하고 전자를 채운다.

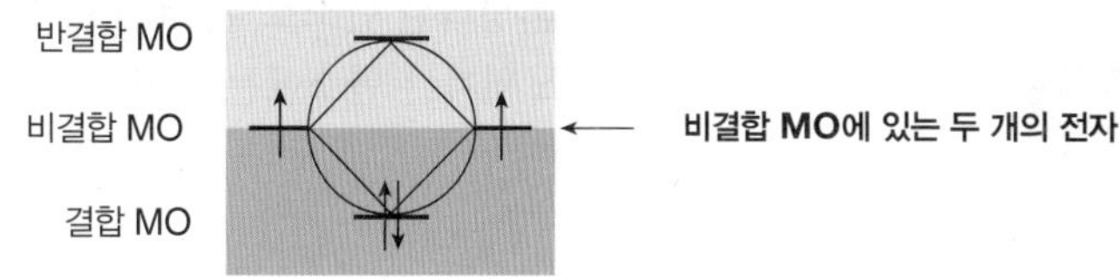

- 사이클로뷰타다이엔은 네 개의 MO를 갖는다—한 개의 결합, 두 개의 비결합, 한 개의 반결합.
- 이러한 오비탈에 사이클로뷰타다이엔의 네 개의 π 전자를 채울 때, 가장 낮은 에너지의 결합 MO에는 두 개, 비결합 MO에는 각각 한 개가 되도록 한다.
- 두 개의 비분화 MO에 분산되어 있는 전자들은 마치 서로 멀리 떨어지려고 하는 전하들처럼 이 상태를 유지한다.

결론: 사이클로뷰타다이엔은 HOMO와 두 개의 겹친 비결합 MO가 완전히 채워지지 않으므로 방향족이 아니다.

예제 17.1에 나온 과정들은 사이클로뷰타다이엔이 반방향족인 이유 또한 설명하고 있다. 비결합 MO에 쌍을 이루지 않는 전자가 있다는 것은 사이클로뷰타다이엔이 매우 불안정한 이중 라디칼임을 암시한다. 실제로 반방향족은 사이클로뷰타다이엔과 유사한데, 반방향족은 그 HOMO 가 쌍을 이루지 않은 전자를 포함하기 때문에 특별히 불안정하다.

문제 17.20 내접 다각형 방법을 이용하여 다음과 같은 양이온이 방향족이 되는 이유를 보여라.

문제 17.21 내접 다각형 방법을 이용하여 사이클로펜타다이엔일 양이온과 라디칼이 방향족이 되지 않는 이유를 보여라.

17.11 버크민스터풀러렌-방향족일까?

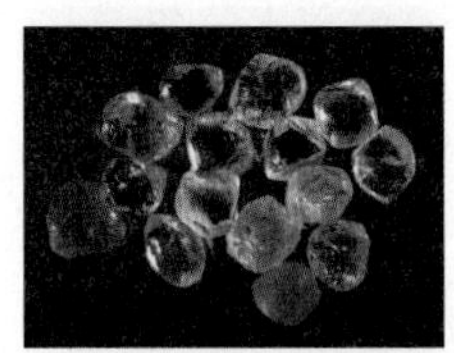

다이아몬드와 흑연은 탄소의 두 가지 원소 형태이다.

탄소의 가장 흔한 두 가지 원소 형태는 다이아몬드와 흑연이다. 가장 딱딱한 물체 중의 하나로 알려진 다이아몬드는 산업용 절단 도구로 사용되는 반면에 미끈미끈한 검은 물체인 흑연은 윤활제로 사용된다. 그들의 분자 구조가 매우 다르기 때문에 물리적 특성도 매우 다르다.

다이아몬드의 구조는 sp^3 혼성화된 탄소로 된 끊임없는 사면체 그물망으로 이루어져 있다. 그래서 의자 형태의 사이클로헥세인 고리가 무한히 배열되어 있다(수소 원자 없이). 한편, 흑연의 구조는 sp^2 혼성화된 탄소의 평행판으로 이루어져 있어서 고리가 무한히 배열되어 있다. 이 평행판은 약한 분자간 상호작용에 의해 서로 유지된다.

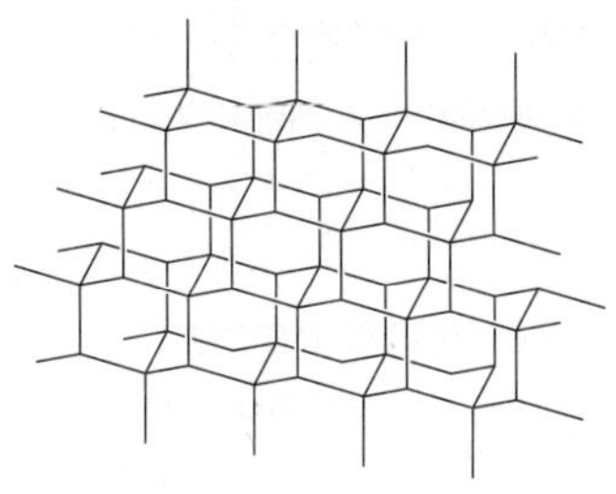

다이아몬드
삼차원에서 공유 결합으로 이루어진 육원자 고리의 '무한' 배열

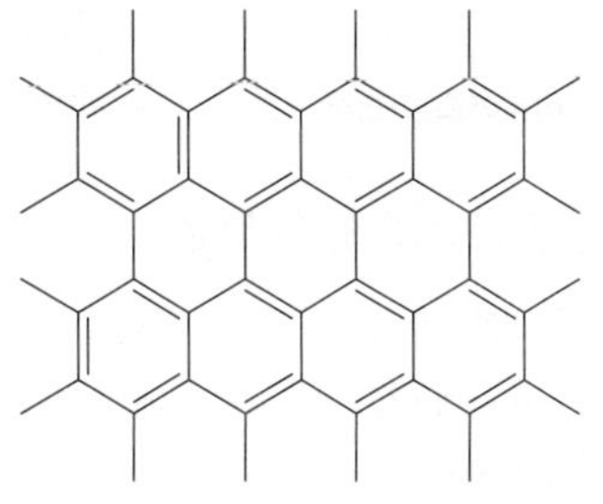

흑연
이차원에서 공유 결합으로 이루어진 벤젠 고리의 '무한' 배열

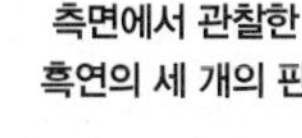

흑연은 벤젠 고리의 평면 판으로 존재하고 약한 분자간 힘에 의해 유지된다.

버크민스터플러렌[또는 버키볼(bucky ball)]은 1996년 노벨 화학상을 공동 수상한 스멀리(Smalley), 컬(Curl), 크로토(Kroto)에 의해 발견되었다. 이 특이한 명칭은 이러한 모양의 건축 양식인 지오데식 돔(geodesic dome)을 창안한 미국의 건축가 버크민스터 퓰러(R. Buckminster FulleR)의 이름에서 유래되었다. 오원자와 육원자 고리의 양상은 축구공과 유사하다.

버크민스터풀러렌(buckminsterfullerene, C_{60})은 탄소로 이루어진 세 번째 원소 형태이다. 이것의 구조는 sp^2 혼성화된 탄소로 된 20개의 육각형과 12개의 오각형이 구형 배열로 연결되어 있다. 각각의 탄소 원자는 탄소에는 전자가 한 개 들어 있는 *p* 오비탈이 있기 때문에 완전히 콘쥬게이션되어 있다.

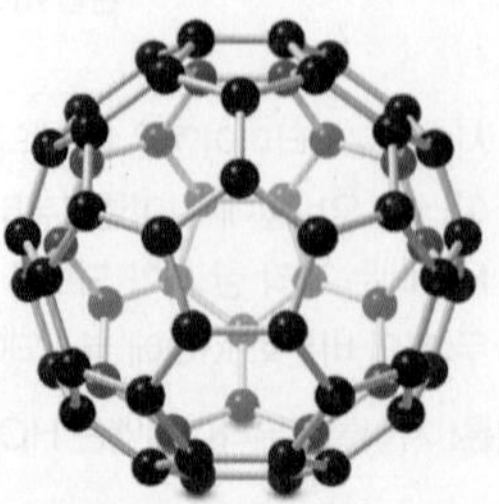

버크민스터풀러렌, C_{60}

탄소 원자로 연결된
20 육각형 + 12 오각형

버크민스터풀러렌의 60개의 C가 그려져 있다.
각 C는 하나의 전자가 있는 *p* 오비탈을 포함한다.

C_{60}은 방향족인가? 이것은 완전히 콘쥬게이션되어 있기는 하나 평면이 아니다. 이것의 굴곡 때문에 벤젠처럼 안정하지 않다. 실제로 보통의 알켄과 동일한 방법으로 친전자체와 첨가 반응을 한다. 한편 벤젠은 친전자체와 치환 반응을 하며 특별히 안정한 벤젠 고리를 그대로 유지한다. 이러한 반응은 18장에서 다룬다.

문제 17.22 C_{60}은 얼마나 많은 ^{13}C NMR 시그널을 나타내는가?

핵심 개념

벤젠과 방향족 화합물

방향족, 반방향족 및 비방향족 화합물의 비교(17.7절)

- **방향족 화합물**
  - $4n + 2\pi$(n = 0, 1, 2, 3 등) 전자를 포함하는 고리형이고 평면이며 완전히 콘쥬게이션된 화합물
  - 방향족 화합물은 동일한 수의 π 전자가 있는 유사한 비고리 화합물보다 더 안정하다.
- **반방향족 화합물**
  - $4n\ \pi$(n = 0, 1, 2, 3 등) 전자를 포함하는 고리형이고 평면이며 완전히 콘쥬게이션된 화합물
  - 반방향족 화합물은 동일한 수의 π 전자가 있는 유사한 비고리 화합물보다 덜 안정하다.
- **비방향족 화합물**
  - 방향족 또는 반방향족 화합물이 되기 위한 네 가지 조건 중 한 개 이상이 결여된 화합물

방향족 화합물의 특성

- 고리에 있는 모든 원자는 전자 밀도를 비편재화하는 *p* 오비탈이 있다(17.2절).
- 특이하게 안정하다. 수소화에 대한 $\Delta H°$는 주어진 불포화도로 예상한 것보다 훨씬 작다(17.6절).
- 보통의 알켄 첨가 반응을 하지 않는다(17.6절).
- 적용된 자기장을 강화하는 고리 전류 때문에 ^1H NMR 스펙트럼은 크게 벗겨진 양성자 신호를 보여준다(17.4절).
- 모든 결합 MO와 HOMO는 완전히 채워지고, 어떠한 전자도 반결합 오비탈을 점유하지 않는다(17.9절).

여섯 개의 π 전자가 있는 방향족 화합물의 예(17.8절)

벤젠

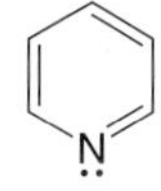
피리딘

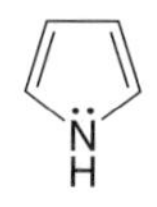
피롤

사이클로펜타다이엔일 음이온

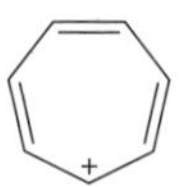
트로필륨 양이온

방향족이 아닌 화합물의 예(17.8절)

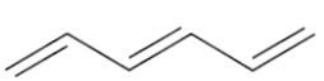
고리형이 아니다.

평면이 아니다.

완전히 콘쥬게이션되어 있지 않다.

문제

삼차원 모델을 이용하는 문제

17.23 각 화합물의 이름을 쓰고, ^{13}C-NMR에서 몇 개의 선이 관측되는지 설명하라.

a. 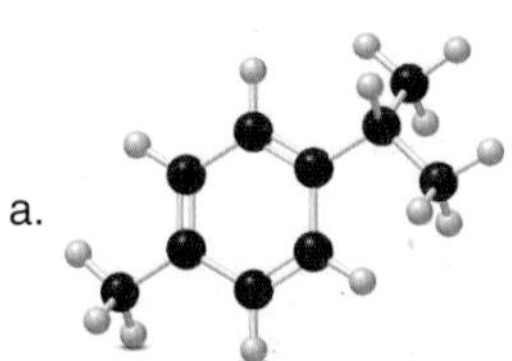

b. 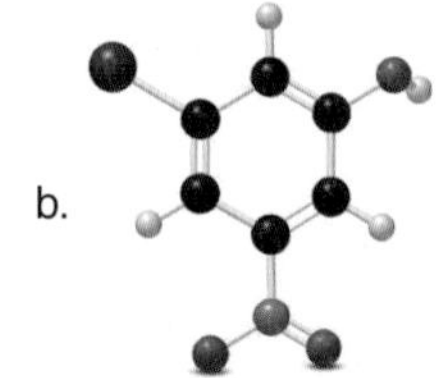

17.24 다음의 화합물을 방향족, 반방향족, 비방향족으로 분류하라.

a. 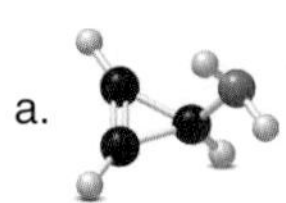

b. 

c. 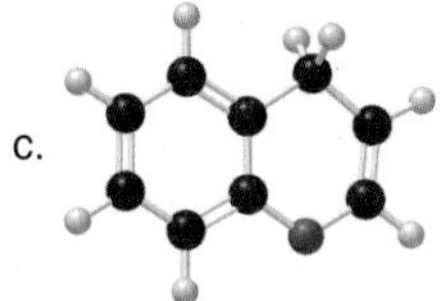

벤젠의 구조와 명명법

17.25 초기 벤젠의 구조 연구에서는 다음과 같은 실험적 사실들을 설명해야 했었다. 벤젠이 Br_2(루이스 산 첨가)로 처리될 때 분자식이 C_6H_5Br인 단일치환 생성물이 형성된다. 이 생성물을 동일한 Br_2로 처리하면 분자식이 $C_6H_4Br_2$인 세 개의 다른 화합물이 생성된다.

a. 단일 케쿨레 구조는 첫 번째 결과와 일치하지만 두 번째 결과와는 일치하지 않는 이유를 설명하라.

b. 벤젠의 공명 구조가 두 반응의 결과와 모두 일치하는 이유를 설명하라.

17.26 분자식이 C_8H_{10}인 모든 방향족 탄화수소의 구조식을 쓰라. 그리고 각각의 화합물에서 벤젠 고리의 H 하나가 Br로 바뀌어 C_8H_9Br로 되었을 때 가능한 이성질체의 수를 쓰라.

17.27 각 화합물에 대한 IUPAC 이름을 쓰라.

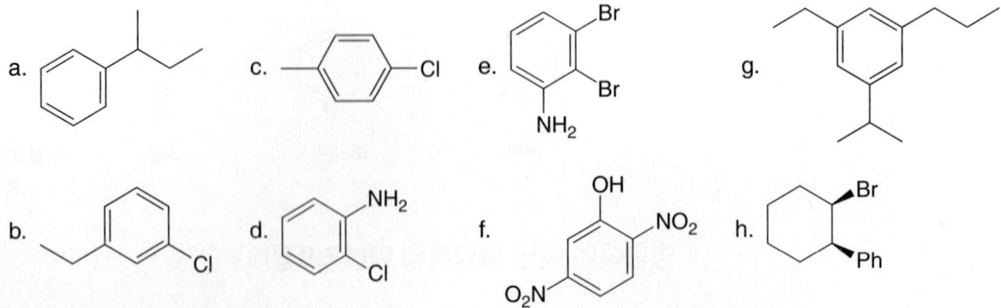

17.28 각각의 이름과 일치하는 구조를 그려라.

a. *p*-다이클로로벤젠
b. *p*-아이오도아닐린
c. *o*-브로모나이트로벤젠
d. 2,6-다이메톡시톨루엔
e. 2-페닐프로프-2-엔-1-올
f. 트랜스-1-벤질-3-페닐사이클로펜테인

17.29 a. 벤젠 고리를 가지면서 분자식이 C_8H_9Cl인 14개의 구조 이성질체를 모두 쓰라.
b. 이들 벤젠 고리에 치환기가 세 개인 화합물들의 이름을 쓰라.
c. 이들 중 어떤 화합물에서 입체이성질 현상이 가능한가? 가능한 모든 입체이성질체의 구조식을 그려라.

방향족성

17.30 다음의 각 분자는 π 전자가 몇 개인가?

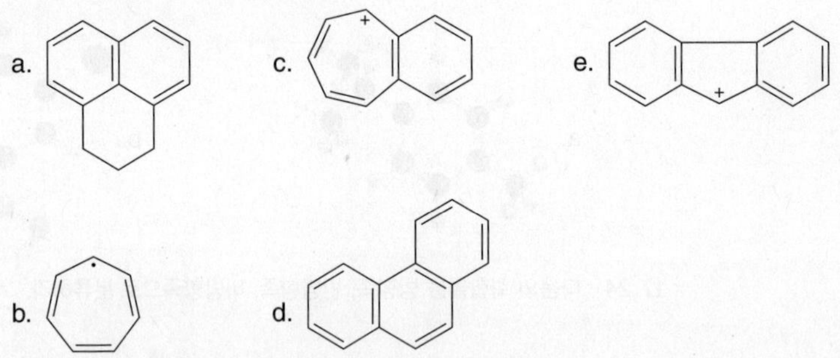

17.31 각 화합물에 대한 IUPAC 이름을 쓰라.

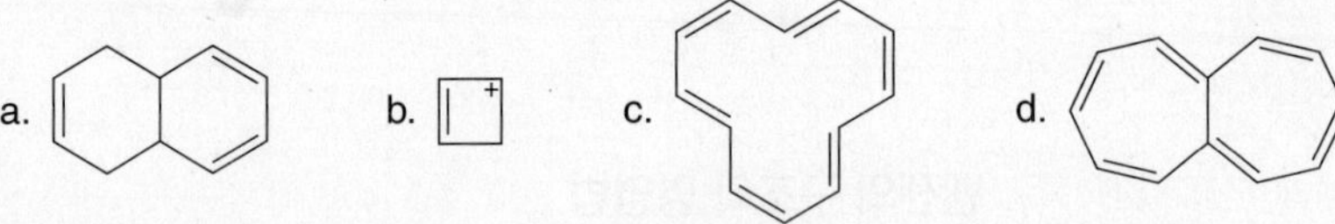

17.32 다음과 같은 헤테로고리 중 방향족인 것은 어느 것인가?

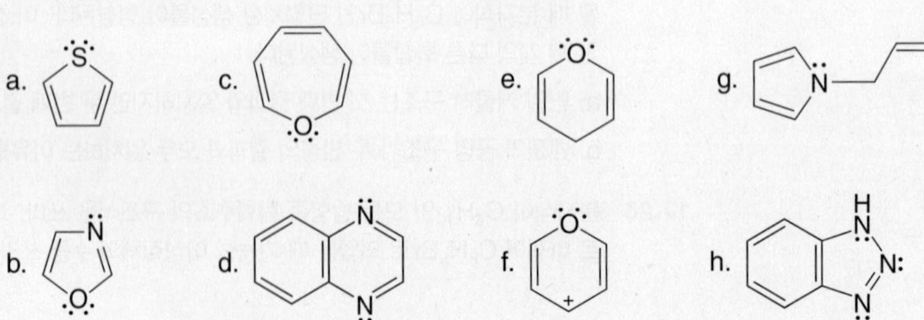

17.33 각 화합물을 방향족, 반방향족 또는 비방향족으로 분류하라. 완전히 콘쥬게이션된 모든 고리형은 평면이라고 가정한다.

17.34 탄화수소 **A**는 오직 C−C와 C−H 결합으로만 이루어졌음에도 불구하고 쌍극자가 상당히 크다. 이러한 쌍극자가 형성되는 이유를 설명하고, 공명 구조를 이용해 쌍극자의 방향을 나타내라. 어떤 고리가 더 전자가 풍부한가?

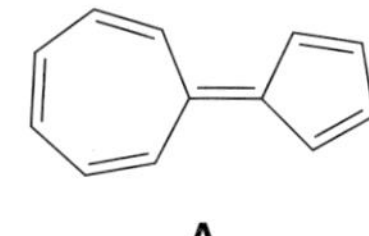

A

17.35 펜탈렌(pentalene), 아줄렌(azulene), 헵탈렌(heptalene)은 모두 벤젠 고리가 없는 콘쥬게이션된 탄화수소이다. 그들이 갖고 있는 π 전자의 수에 근거해서 어떤 화합물이 안정한지 또는 불안정한지 판단하고, 그 이유를 설명하라.

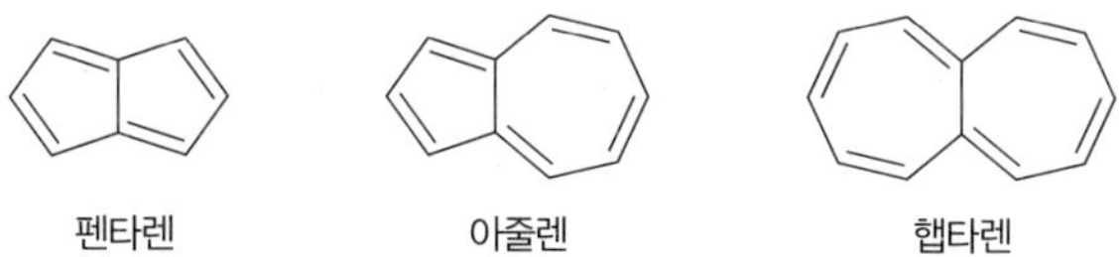

펜타렌 아줄렌 햅타렌

17.36 퓨린 헤테로고리는 DNA 구조에서 흔히 나온다.

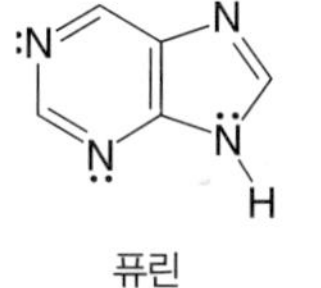

퓨린

a. 각 N 원자는 어떻게 혼성화되어 있는가?

b. N 원자에 있는 각각의 고립 전자쌍은 어떤 종류의 오비탈에 존재하는가?

c. 퓨린에는 몇 개의 π 전자가 있는가?

d. 왜 퓨린은 방향족인가?

17.37 폴산(folic acid)의 대사를 억제하는 약물인 메토트렉세이트(methotrexate)는 다양한 암과 류마티스 관절염 같은 자가 면역 질환의 치료에 사용된다. (a) 메토트렉세이트의 각 N 원자의 혼성화를 부여하라. (b) 각 N의 고립쌍에는 어떤 유형의 오비탈에 있는가? (c) 네 개의 N 원자를 함유하는 두고리 구조는 왜 방향족인지 설명하라.

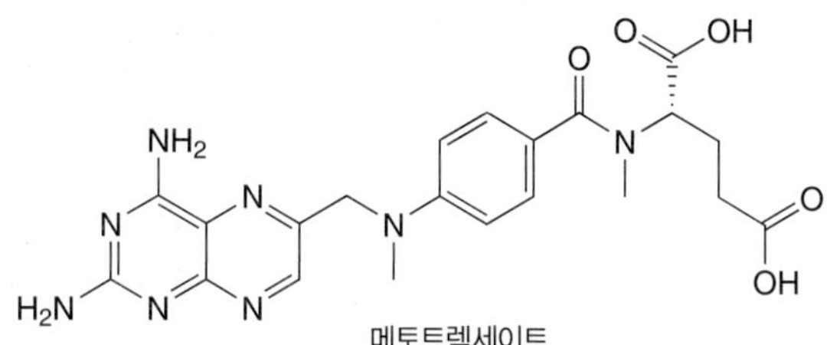

메토트렉세이트

17.38

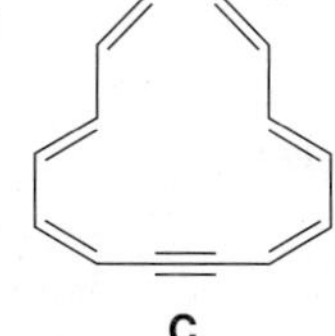

C

a. **C**에는 몇 개의 π 전자가 있는가?

b. 고리에 얼마나 많은 π 전자가 비편재화되어 있는가?

c. **C**가 방향족인 이유를 설명하라.

17.39 AZT는 AIDS를 발생시키는 바이러스인 HIV의 공인된 첫 번째 치료제이다. AZT의 육각형 고리가 방향성인 이유를 설명하라.

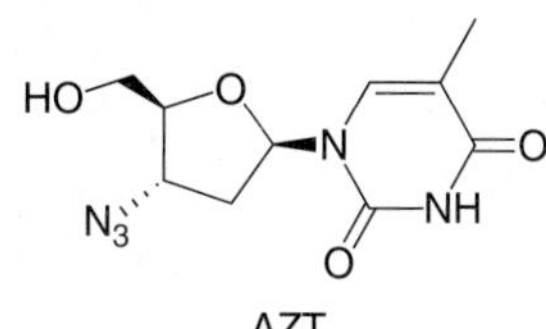

AZT

17.40 S_N1 반응에서 다음과 같은 2° 할로젠화 알킬의 반응성 순서가 관찰된 이유를 설명하라.

Cl Cl Cl

반응성 증가

17.41 다음 반응에 대한 단계별 메커니즘을 그려라.

D D [1] NaH [2] H_2O → D + D + D + H−D + NaOH

17.42 α-피론이 Br_2와 반응할 때, C=C 결합에 첨가 생성물이 아닌 치환 생성물(벤젠처럼)을 만드는 이유를 설명하라.

O O

α-피론

공명

17.43 각 화학종에 대하여 추가의 공명 구조를 그려라.

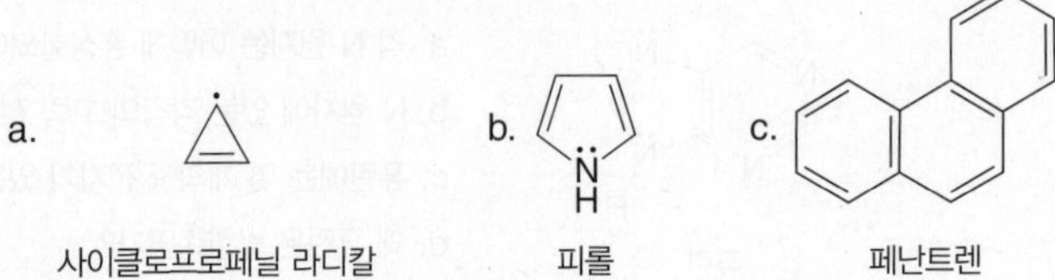

17.44 나프탈렌에서 탄소−탄소 결합 길이는 동일하지 않다. 결합(a)가 결합(b)보다 짧은 이유를 공명을 사용하여 설명하라.

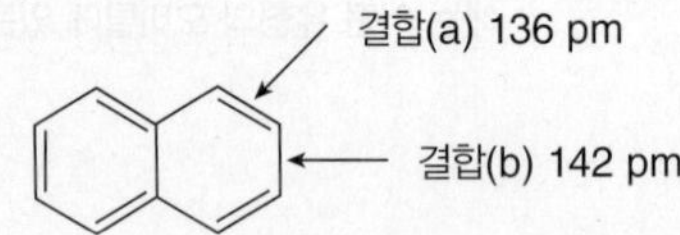

17.45

N H 피롤 O 퓨란

a. 피롤(pyrrole)에서 가능한 모든 공명 구조를 그려라. 그리고 피롤이 벤젠보다 공명 안정화 정도가 낮은 이유를 설명하라.

b. 퓨란(furan)에서 가능한 모든 공명 구조를 그려라. 그리고 퓨란이 피롤보다 공명 안정화 정도가 낮은 이유를 설명하라.

산성도

17.46 각 쌍에서 더 센 산성을 띠는 것은 어느 것인가?

17.47 인덴을 $NaNH_2$로 처리하면 브뢴스테드−로우리 산−염기 반응을 하여 짝염기를 만든다. 인덴의 짝염기에 대한 가능한 모든 공명 구조를 그리고, 인덴의 pK_a가 대부분 탄화수소의 pK_a보다 낮은 이유를 설명하라.

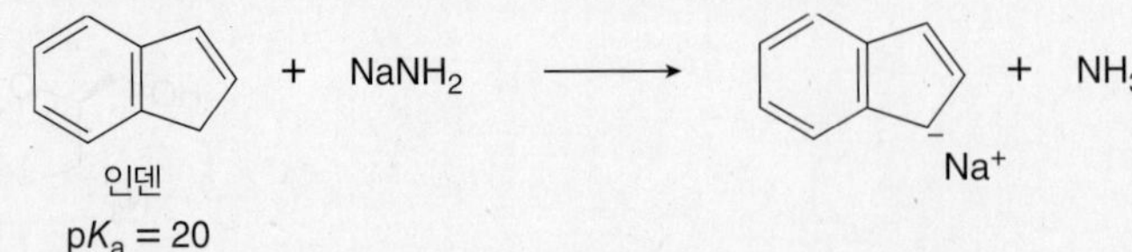

17.48 5-메틸사이클로펜타-1,3-다이엔(5-methylcyclopenta-1,3-diene), (**A**)과 7-메틸사이클로헵타-1,3,5-트라이엔(7-methycyclohepta-1,3,5-triene), (**B**)에 표식된 H 중에 어떤 것이 더 산성이 큰가? 또는 어떤 것이 산성이 더 작은가? 선택한 이유를 설명하라.

17.49 피롤과 사이클로펜타다이엔의 짝염기를 그려라. 사이클로펜타다이엔의 sp^3 혼성화된 C−H 결합이 피롤의 N−H 결합보다 산성인 이유를 설명하라.

17.50 a. 피롤의 양성자 첨가가 N 원자에서 일어나 **B**가 생기지 않고, C2에서 일어나 **A**가 생기는 이유를 설명하라.

b. **A**가 피리딘의 콘쥬게이션 산인 **C**보다 더 산성인 이유를 설명하라.

피롤 | pK_a = 0.4 (**A**, C2) | **B** | pK_a = 5.3 (**C**)

내접 다각형 방법

17.51 사이클로옥타테트라엔에서 내접 다각형 방법을 이용하여 분자 오비탈의 양상을 보여라.

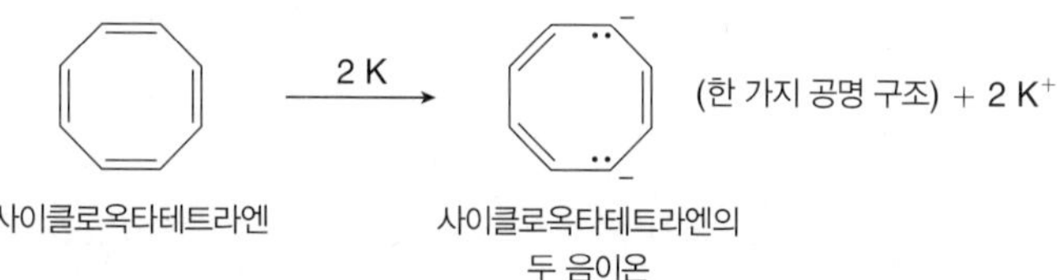

a. 결합, 반결합, 비결합으로 MO를 분류하라.

b. 사이클로옥타테트라엔에 대하여 이러한 오비탈에 있는 전자 배열을 설명하고, 사이클로옥타테트라엔이 방향족이 아닌 이유를 설명하라.

c. 사이클로옥타테트라엔을 포타슘으로 처리하면 2가 음이온이 생성된다. 이 2가 음이온은 얼마나 많은 π 전자를 포함하는가?

d. 이 2가 음이온에서 π 전자는 분자 오비탈에 어떻게 배열되는가?

e. 사이클로옥타테트라엔의 2가 음이온을 방향족, 반방향족 또는 비방향족으로 분류하고, 이유를 설명하라.

17.52 내접 다각형 방법을 이용하여 사이클로노나-1,3,5,7-테트라엔에서 분자 오비탈의 양상을 보이고, 마찬가지 방법으로 그것의 양이온, 라디칼, 음이온을 방향족, 반방향족, 비방향족으로 분류하라.

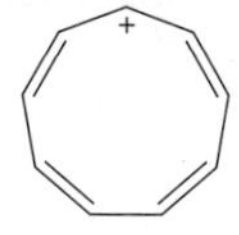

사이클로노나테트라엔일 양이온

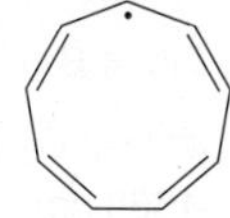

사이클로노나테트라엔일 라디칼

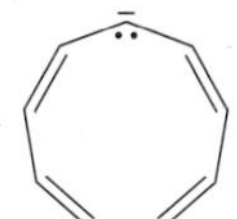

사이클로노나테트라엔일 음이온

분광법

17.53 각 화합물은 얼마나 많은 ^{13}C NMR 신호를 나타내는가?

a. 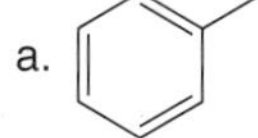 b. 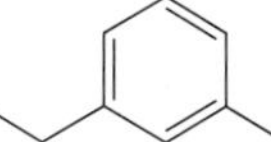 c. 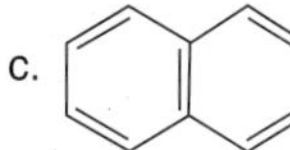 d. 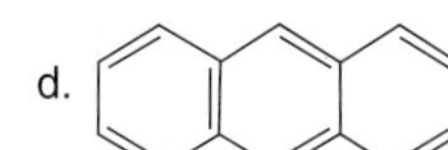

17.54 다이에틸벤젠 이성질체들(오쏘, 메타, 파라)과 다음의 ^{13}C NMR 자료를 연결하라.

[A] ^{13}C NMR 신호: 16, 29, 125, 127.5, 128.4 및 144 ppm

[B] ^{13}C NMR 신호: 15, 26, 126, 128 및 142 ppm

[C] ^{13}C NMR 신호: 16, 29, 128 및 141 ppm

17.55 각각의 자료와 일치하는 구조를 제안하라.

a. $C_{10}H_{14}$: 3150~2850, 1600 및 1500 cm^{-1}에서 IR 흡수선

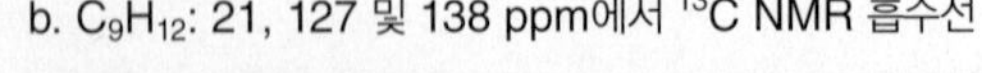

b. C_9H_{12}: 21, 127 및 138 ppm에서 ^{13}C NMR 흡수선

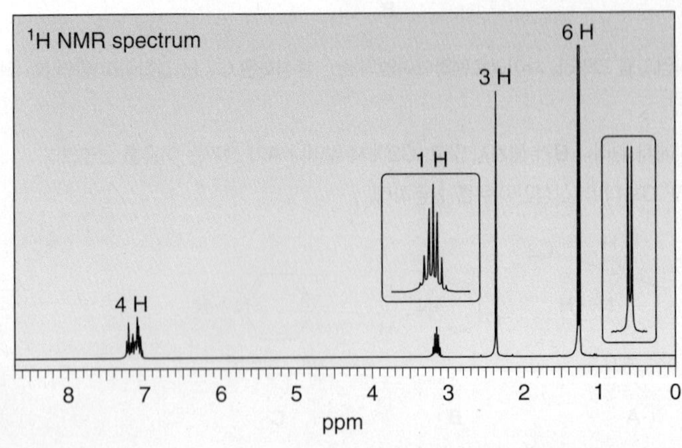

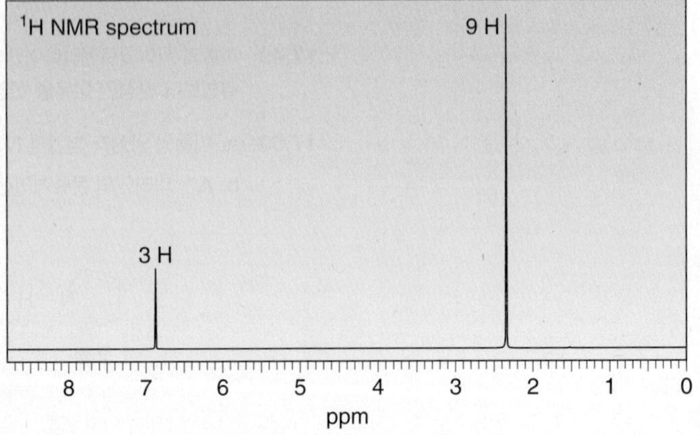

c. C_8H_{10}: 3108~2875, 1606 및 1496 cm^{-1}에서 IR 흡수선

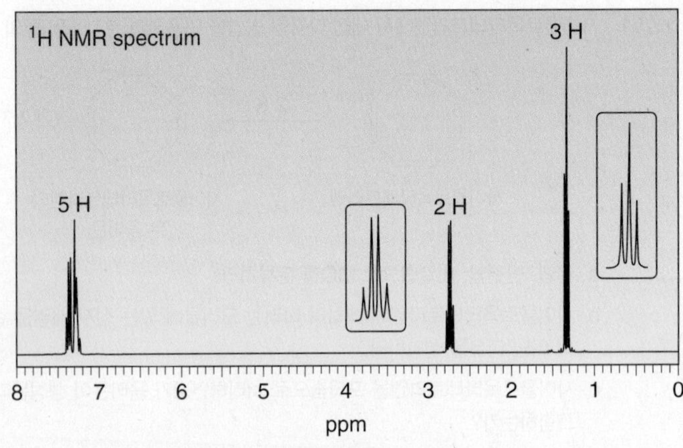

17.56 각 자료와 일치하는 자료를 제시하라.

a. 화합물 **A**:

분자식: $C_8H_{10}O$

3150~2850 cm^{-1}에서 IR 흡수

^1H NMR 자료: 1.4(삼중선, 3 H), 3.95(사중선, 2 H) 및 6.8~7.3(다중선, 5 H) ppm

b. 화합물 **B**:

분자식: $C_9H_{10}O_2$

1669 cm^{-1}에서 IR 흡수

^1H NMR 자료: 2.5(단일선, 3 H), 3.8(단일선, 3 H), 6.9(이중선, 2 H) 그리고 7.9(이중선, 2 H) ppm

17.57 티몰(thymol, 분자식 $C_{10}H_{14}O$)은 타임(thyme) 오일의 주요 구성 성분이다. 티몰은 3500~3200, 3150~2850, 1621 및 1585 cm^{-1}에서 IR 흡수선을 보인다. 티몰의 ^{1}H NMR 스펙트럼은 아래에 주어졌다. 티몰의 가능한 구조를 제안하라.

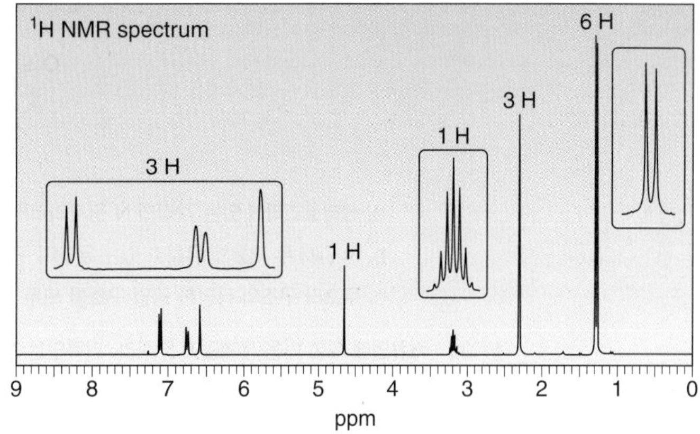

17.58 하나의 벤젠 고리에 $(CH_3)_2N-$과 $-CO_2CH_2CH_3$의 두 치환기가 있는 분자식 $C_{11}H_{15}NO_2$인 화합물이 있다. 이것의 ^{13}C NMR 스펙트럼은 아래와 같다. 이 NMR 자료에 맞는 화합물의 구조식은 무엇인가?

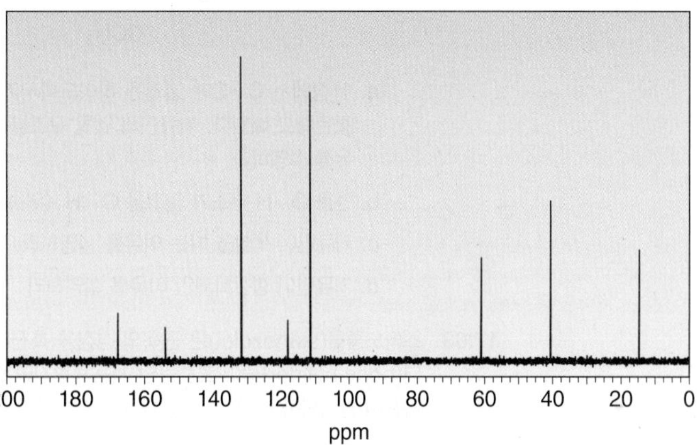

일반 문제

17.59 테트라하이드로퓨란과 퓨란은 모두 네 개의 탄소로 구성된 고리 에터이나, 퓨란보다 테트라하이드로퓨란이 끓는점이 높고 물에 더 잘 녹는 이유를 설명하라.

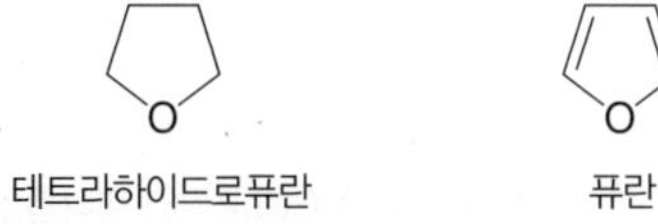

테트라하이드로퓨란 퓨란

17.60 라이자트립탄(Rizatriptan, 상품명, Maxalt)은 편두통 치료제로 처방되는 약이다. (a) 라이자트립탄은 몇 개의 방향족 고리를 포함하는가? (b) 각 N 원자의 혼성화를 결정하라. (c) 각 N 원자에 있는 고립쌍은 어떠한 유형의 오비탈에 존재하는가? (e) 세 개의 N 원자를 포함하는 5원자 고리에 대해 적합한 공명 구조를 그려라.

N N N N N H

라이자트립탄

17.61 졸피뎀(상품명 암비엔)은 빠르게 수면을 유도하여 불면증 치료제로 사용된다.

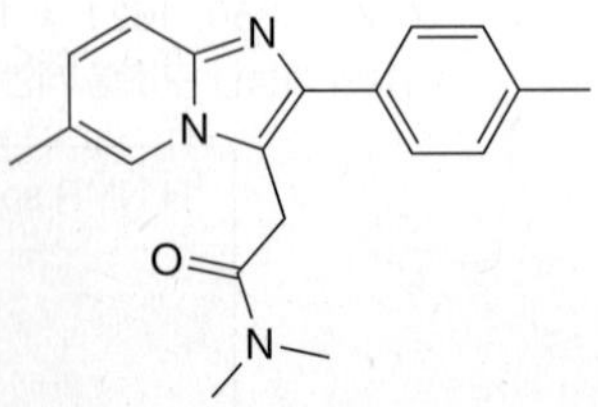

졸피뎀

a. 헤테로고리에 있는 각각의 N 원자의 비공유전자쌍은 어떤 오비탈에 머무르고 있는가?

b. N 원자 두 개를 함유하고 있는 두고리 구조가 방향족인 이유를 설명하라.

c. 두고리 구조의 타당한 공명 구조를 모두 그려라.

17.62 커큐민에 대한 다음 문제들에 답하라. 커큐민은 카레 분말의 노랑색을 내는 주요 성분이다.

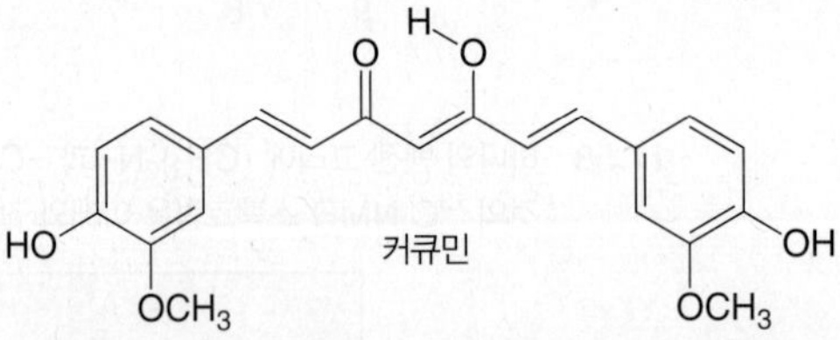

커큐민

a. 11장에서 C=C에 결합된 하이드록시기를 포함한 화합물인 엔올은 대개 불안정하여 카보닐기로 토토머화된다고 배웠다. 커큐민의 엔올 구조를 케토 구조로 그리고, 다른 많은 엔올보다 이 엔올이 더 안정한 이유를 설명하라.

b. 엔올 O−H 수소가 알코올 O−H 수소보다 더 산성인 이유를 설명하라.

c. 커큐민이 색깔을 띠는 이유를 설명하라.

d. 커뮤민이 항산화제인 이유를 설명하라.

17.63 스타노졸올(stanozolol)은 근육의 성장을 촉진하는 일종의 스테로이드이다. 스타노졸올은 운동선수들과 바디 빌더(body builder)들이 오랫동안 사용해왔지만 장기간 사용 시 많은 문제를 일으킨다. 그래서 스포츠 경기에서는 사용이 금지되어 있다.

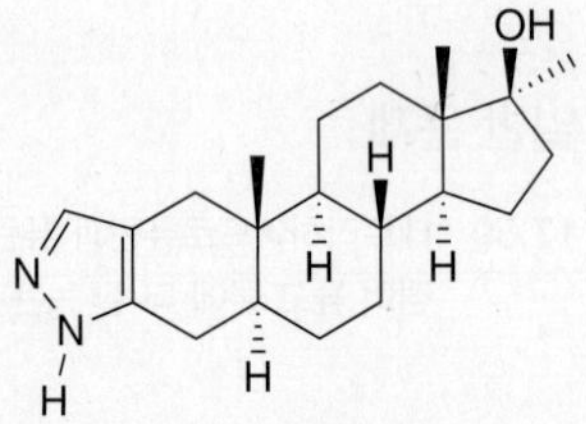

스타노졸올

a. 질소 헤테로고리인 피라졸(pyrazole) 고리가 방향족임을 설명하라.

b. 각각의 질소 원자의 고립 전자쌍은 어떤 오비탈을 하고 있는가?

c. 스타노졸올에 가능한 모든 공명 구조를 쓰라.

d. 피라졸 고리 내 N−H 결합의 pK_a가 O−H 결합의 pK_a와 비슷하고, pK_a가 40인 CH_3NH_2보다 훨씬 더 상대적으로 산성인 이유를 설명하라.

도전 문제

17.64 왜 **A**는 방향족이고 **B**는 비방향족인지 설명하라.

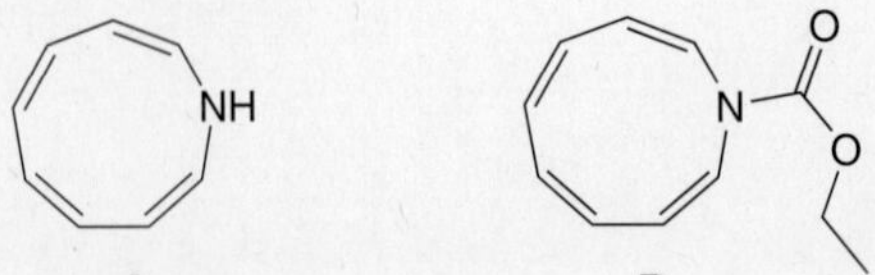

A **B**

17.65 ^{1}H NMR 데이터를 관찰하여 **C**와 그 화합물의 2가 음이온이 방향족, 반방향족, 또는 비방향족 중 어디에 속하는지 정하라. **C**는 NMR 피크가 −4.25 (6 H)ppm와 8.14~8.67 (10 H) ppm이다. **C**의 2가 음이온의 NMR 피크는 왜 상당히 크게 위쪽으로(또는 아래쪽으로) 이동하는가?

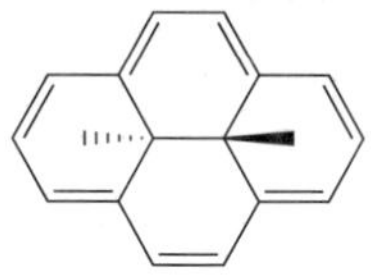

C

17.66 화합물 **A**가 화합물 **B**보다 훨씬 더 안정한 이유를 설명하라.

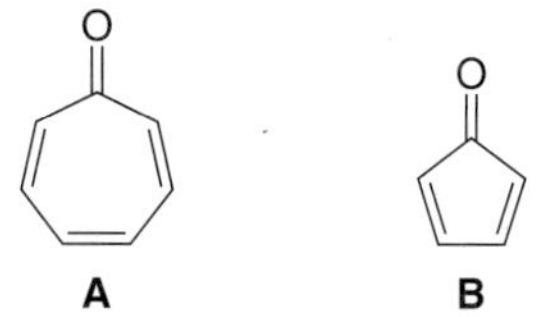

A **B**

17.67 (R)-카르본[(R)-carvone]은 스피어민트의 주요 성분인데, 산 촉매에 의해 카바크롤(carvacrol)로 이성질화된다. 카바트롤은 타임(thyme)의 주요 성분이다. 이 반응의 단계별 메커니즘을 쓰고, 이와 같은 이성질화가 일어나는 이유를 설명하라.

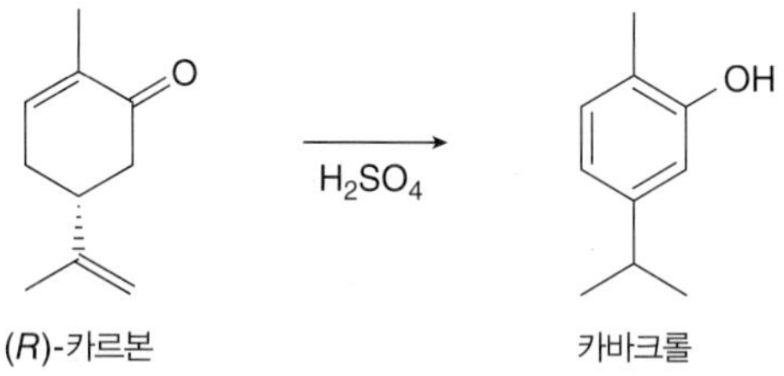

H_2SO_4

(R)-카르본 카바크롤

17.68 페난트렌은 Br_2와 반응하여 아래의 첨가 생성물을 형성하지만, 트라이페닐렌은 Br_2와 첨가 반응을 하지 않는다는 점에서 벤젠과 비슷하다. 그 이유를 설명하라(힌트: 트라이페닐렌과 페난트렌 모두 공명 구조를 그려 보고, 각각의 π 결합이 어떻게 비편재화되어 있는지 결정한다).

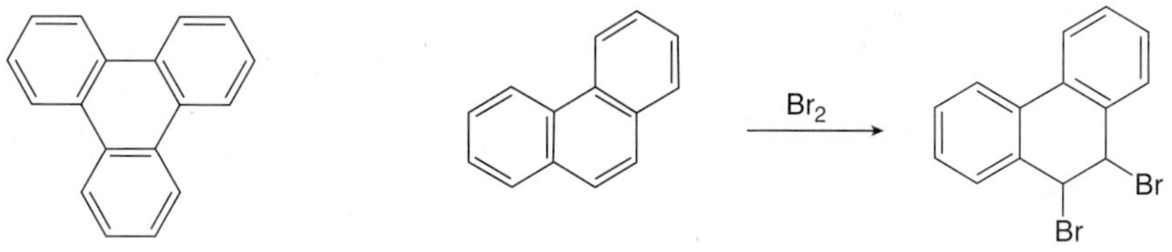

Br_2

Br Br

트라이페닐렌 페난트렌

17.69 벤젠의 ^{13}C NMR에서는 128 ppm에서 봉우리가 나타나지만, 치환기를 갖는 벤젠은 치환기의 종류에 따라 이것보다 위 또는 아래에서 봉우리가 나타난다. 다음의 하나의 치환기를 갖는 벤젠의 유도체 **X**와 **Y**에서, 주어진 치환기에서 오쏘(ortho) 위치의 탄소로부터 얻어진 ^{13}C NMR 값에 대해 설명하라.

113 ppm **X** 130 ppm **Y**

Chapter

18 방향족 화합물의 반응

Reactions of Aromatic Compounds

바이타민 K_1(필로퀴논)은 혈액이 응고하는 데 필요한 단백질 합성을 조절하는 지용성 바이타민이다. 바이타민 K_1은 꽃양배추, 브로콜리, 녹색 채소, 녹차 등을 섭취하여 얻을 수 있다. 바이타민 K_1이 심각할 정도로 결핍되면 혈액 응고가 이루어지지 않아 과도한 출혈이 일어나고 때로는 사망을 초래할 수도 있다. 바이타민 K_1은 친전자성 방향족 치환 반응의 하나인 생물학적인 프리델-크래프츠 반응에 의하여 합성된다. 이 반응은 18장에서 배우는 방향족 화합물의 핵심 반응이다.

18장은 벤젠과 기타 방향족 화합물의 화학 반응을 설명한다. 방향족 고리는 대단히 안정하며 지금까지 살펴본 대부분의 반응에서 벤젠은 반응성은 없었지만, 벤젠은 친핵체로서 친전자체와 반응하여 방향족 특성은 잃지 않으면서 치환 생성물이 생성한다.

벤젠의 기본 반응인 친전자성 방향족 치환 반응의 특징과 메커니즘(18.1~18.5절)에서 출발하여 치환된 벤젠류의 친전자성 방향족 치환 반응을 살펴보고(18.6~18.12절), 벤젠 유도체들이 일으키는 몇 가지 유용한 반응(18.13~18.15절)을 살펴볼 것이다. 공명 구조를 조금씩 변환할 수 있는 능력과 이들의 상대적인 안정도를 결정할 줄 아는 것이 벤젠의 반응을 이해하는 핵심이다.

18.1 친전자성 방향족 치환 반응

구조와 성질에 기초하여, 벤젠은 어떤 종류의 반응을 하는가? 특별히 약한 결합이 존재하는가? 전자가 풍부하거나 부족한 원자가 있는가?

- 벤젠은 여섯 개의 π 전자가 고리의 아래와 위에 서로 중첩되는 여섯 개의 *p* 오비탈에 퍼져 있는 구조를 하고 있다. 이렇게 느슨하게 붙잡혀 있는 π 전자로 인해 벤젠 고리는 전자가 비교적 풍부한 상태로 존재하고, 따라서 친전자체와 반응하게 된다.
- 벤젠에 있는 여섯 개의 π 전자는 휘켈 규칙을 만족하고, 아주 안정하다. 따라서 방향족 고리를 유지하는 반응이 유리하게 진행된다.

결과적으로 벤젠의 특징적인 반응은 친전자성 방향족 치환 반응*(electrophilic aromatic substitution)*으로 수소 원자 하나가 친전자체로 교체된다.

친전자성 방향족 치환 반응

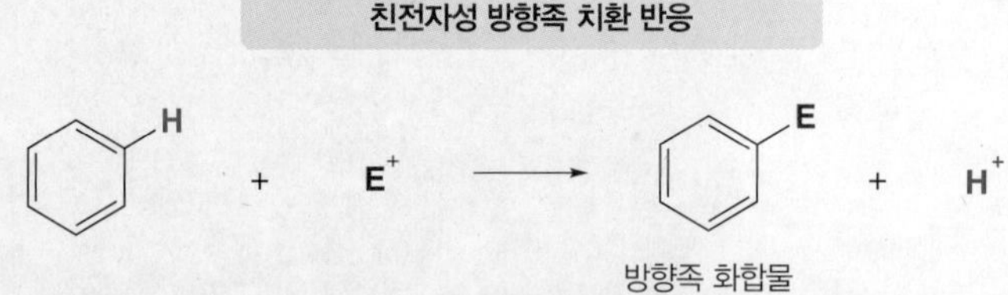

17.6에서 배웠듯이 벤젠은 다른 불포화 탄화수소처럼 첨가 반응을 일으키지 않는다. 왜냐하면 벤젠에 첨가 반응이 일어나면 방향족이 아닌 생성물이 만들어지기 때문이다. 그러나 수소가 치환되면 방향족 성질은 그대로 유지된다.

그림 18.1에는 다섯 종류의 친전자성 방향족 치환 반응의 구체적인 예가 나타나 있다. 18.2절에서 논의하겠지만, 메커니즘은 이 다섯 종류의 반응에서 거의 같다. 단지 친전자체 E^+의 특징만 다를 뿐이다.

문제 18.1 벤젠은 알켄보다 더 많은 π 전자(6 대 2)가 있음에도 불구하고 알켄보다 친전자체에 대하여 반응성이 작은 이유는 무엇인가?

18.2 일반적인 메커니즘

어떤 친전자체를 사용하여 반응시키든지 거의 모든 친전자성 방향족 치환 반응의 메커니즘은 18.1에서 보는 바와 같이 두 단계 메커니즘으로 나타낼 수 있다. 즉 친전자체 E^+가 첨가되면 공명 안정화된 탄소 양이온이 생성되고, 이어서 염기에 의한 양성자 제거가 일어난다.

그림 18.1
친전자성 방향족 치환 반응의 다섯 가지 예

반응	친전자체
[1] 할로젠화 반응–H를 X (Cl 또는 Br)로 치환	

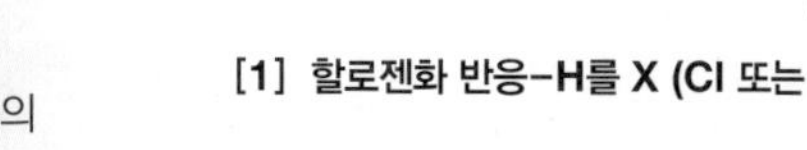

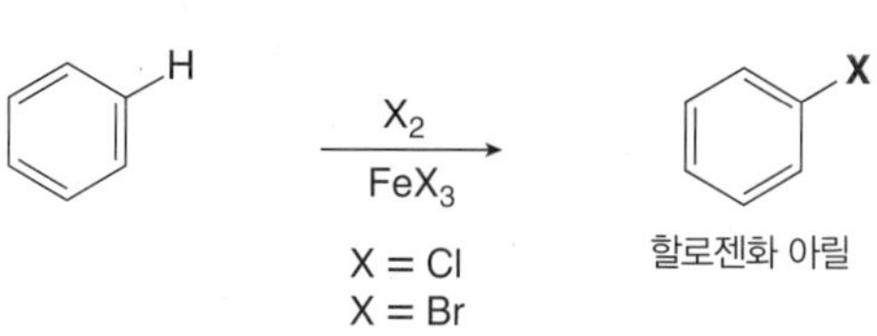

$E^+ = Cl^+$ 또는 Br^+

[2] 나이트로화 반응–H를 NO_2로 치환

벤젠 $\xrightarrow[H_2SO_4]{HNO_3}$ 나이트로벤젠 (NO_2)

$E^+ = \overset{+}{N}O_2$

[3] 설폰화 반응–H를 SO_3H로 치환

벤젠 $\xrightarrow[H_2SO_4]{SO_3}$ 벤젠설폰산 (SO_3H)

$E^+ = \overset{+}{S}O_3H$

[4] 프리델–크래프츠 알킬화 반응–H를 R로 치환

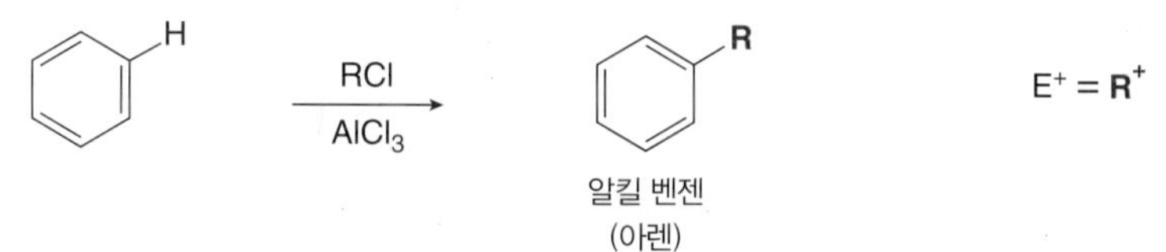

$E^+ = R^+$

[5] 프리델–크래프츠 아실화 반응–H를 RCO로 치환

프리델–크래프츠 알킬화 반응과 아실화 반응은 19세기에 새로운 탄소–탄소 결합을 형성하는 반응을 발견한 프리델(Charies Friedel)과 크래프츠(James Crafts)의 이름을 따서 명명하였다.

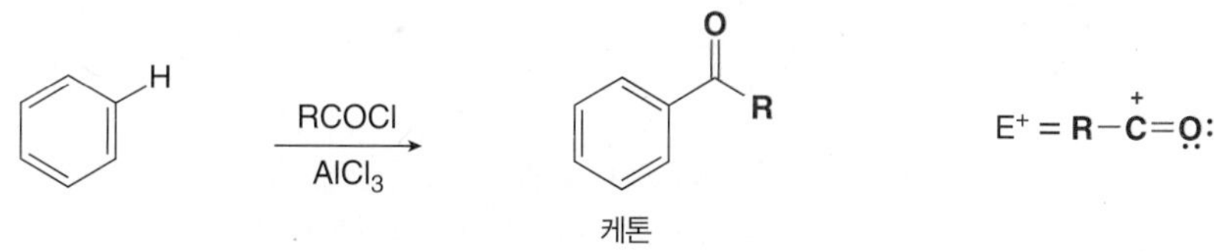

$E^+ = R-\overset{+}{C}=\ddot{O}:$

메커니즘 18.1 일반적인 메커니즘–친전자성 방향족 치환 반응

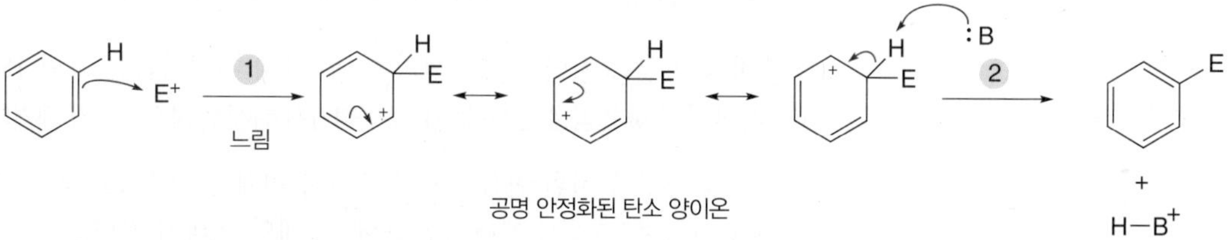

① 친전자체 E^+가 첨가되면 새로운 C–E 결합이 생성되면서 공명 안정화된 탄소 양이온이 생성된다. 벤젠의 방향족성을 잃어버리므로 이 단계는 속도 결정 단계이다.

② 친전자체에 결합되어 있는 양성자를 염기가 제거하여 방향족 고리를 다시 생성한다. 생성물을 그리는 데는 어떤 공명 구조도 사용될 수 있다.

그림 18.2
친전자성 방향족 치환 반응:
$PhH + E^+ \rightarrow PhE + H^+$ 대한
에너지 도표

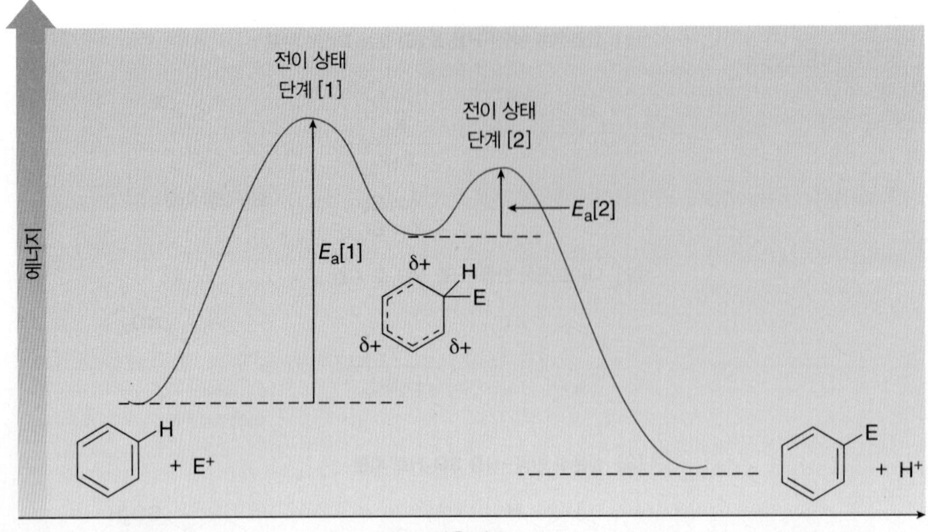

- 반응 메커니즘은 두 단계로서 두 개의 에너지 장벽이 존재한다.
- 첫 번째 단계가 속도 결정 단계로서 에너지가 더 높은 전이 상태이다.

친전자 방향족 치환 반응의 첫 단계에서는 탄소 양이온이 생성되며 세 개의 공명 구조를 그릴 수 있다. 양전하의 위치를 추적하기 위해서는

- E가 결합된 탄소에 수소를 표시하라. 그러면 이 탄소가 탄소 양이온 중간체 내에서 유일한 sp^3 혼성화된 탄소임이 보일 것이다.

- 주어진 공명 구조에서 양전하는 항상 새로운 C–E 결합의 오쏘(ortho)나 파라(para) 위치에 존재함을 기억하라. 따라서 혼성체에서는 전하가 고리의 세 탄소에 분산되어 있는 것을 볼 수 있다.

(+)는 E에 대해 오쏘 ⟷ **(+)는 E에 대해 파라** ⟷ **(+)는 E에 대해 오쏘** **혼성체**

친전자성 방향족 치환 반응에서의 이 두 단계 메커니즘은 그림 18.1의 모든 친전자체에 적용된다. 따라서 알짜 반응은 친전자체(E^+)가 첨가된 뒤에 양성자(H^+)가 제거되어 H가 E로 치환되는 것이다.

친전자성 방향족 치환 반응에서의 에너지 변화를 그림 18.2에 나타내었다. 메커니즘은 두 단계로 이루어지며, 따라서 에너지 도표에 두 개의 에너지 장벽이 나타난다. 첫 단계의 전이 상태 에너지가 더 높으므로 속도 결정 단계이다.

문제 18.2 메커니즘 18.1의 두 번째 단계는 양성자를 잃고 치환 생성물이 생기는 과정을 하나의 공명 구조만 이용하여 나타내었다. 나머지 두 개의 공명 구조로부터 양성자 제거 후 치환 생성물이 얻어짐을 굽은 화살표를 이용해서 나타내라.

18.3 할로젠화 반응

메커니즘 18.1에 나타낸 메커니즘은 그림 18.1의 다섯 종류의 친전자성 방향족 치환 반응에 모두 적용될 수 있다. 각 메커니즘마다 친전자체를 생성하는 방법을 기억하여야 한다. 이 단계는 친전자체마다 다르다. 생성된 친전자체는 메커니즘 18.1에서와 같이 두 단계 과정으로 벤젠과 반응한다. 두 단계로 진행되는 것은 다섯 종류의 반응에서 모두 같다.

할로젠화 반응(halogenation)은 $FeCl_3$ 또는 $FeBr_3$와 같은 루이스 산 촉매 존재하에서 벤젠이 Cl_2 또는 Br_2와 치환 반응을 하여 클로로벤젠과 브로모벤젠 같은 **할로젠화 아릴**(aryl halide)을 생성하는 반응이다. I_2의 경우에는 반응성이 너무 낮고, F_2의 경우에는 반응성이 너무 커서 격렬하게 반응하기 때문에 유기 합성법으로는 그다지 유용한 방법이 아니다.

브로민화 반응(메커니즘 18.2)에서는 먼저 루이스 산 $FeBr_3$가 Br_2와 반응하여 산–염기 착물을 생성하면 Br–Br 사이의 결합이 약해지고 극성을 띠게 되어 더욱 친전자적이 된다. 이것이 벤젠의 브로민화 반응에 대한 메커니즘의 단계 [1]이다. 이어지는 두 단계는 친전자성 방향족 치환 반응에 대한 전형적인 메커니즘을 따르는 단계이다. 친전자체(이 경우 Br^+)가 첨가되면 공명 안정화된 탄소 양이온이 생성되고, 이어서 양성자를 잃음으로써 방향족 고리로 되돌아오게 된다.

염소화 반응도 브로민화 반응과 유사한 메커니즘으로 진행된다. 벤젠 고리에 할로젠 치환기를 도입하는 반응은 널리 사용되고 있으며, 그림 18.3에 나타낸 것처럼 생물학적 활성을 갖는 많은 할로젠화 방향족 화합물이 이러한 방법으로 합성되었다.

메커니즘 18.2 벤젠의 브로민화 반응

① Br_2와 $FeBr_3$가 루이스 산–염기 반응을 하면 Br–Br 결합이 약해져서 Br^+가 생긴다.

② 친전자체가 첨가되면 새로운 C–Br 결합이 생기면서 공명 안정화된 탄소 양이온이 만들어진다.

③ $FeBr_4^-$가 친전자체가 결합한 탄소로부터 양성자를 제거하고 방향족 고리를 다시 형성한다. 루이스 산 촉매 $FeBr_3$는 다시 생성되어 다음 반응에 사용된다.

그림 18.3
생물학적으로 활성인 아릴 염화물

제초제는 빽빽한 정글의 잎을 제거할 목적으로 베트남 전쟁에 많이 사용되었다. 어떤 지역은 아직도 토양에 제초제 부산물의 농도가 매우 높게 남아 있다.

일반명: 부프로피온(bupropion)
상품명: 웰버트린(Wellbutrin), 자이반(Zyban)
항우울제,
또한 니코틴 갈망을 줄이는 데 사용

클로르페니라민(chlorpheniramine)
항히스타민제

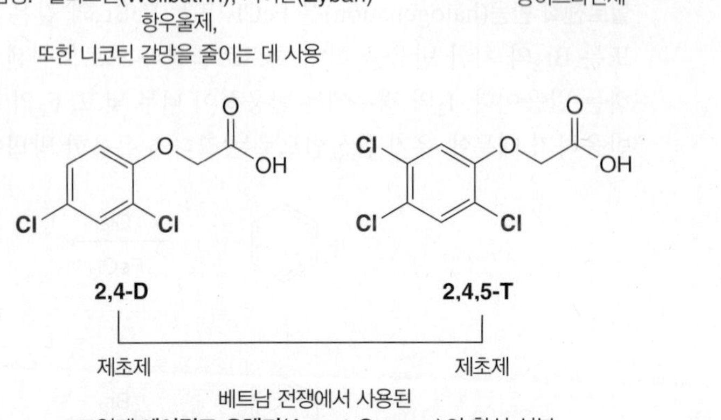

문제 18.3 Cl_2와 $FeCl_3$를 사용하는 벤젠의 염소화 반응의 메커니즘을 자세히 그려라.

18.4 나이트로화 반응과 설폰화 반응

벤젠의 나이트로화 반응(nitration)과 설폰화 반응(sulfonation)은 각각 벤젠 고리에 나이트로기 또는 설폰기를 도입하는 반응이다. 나이트로화 반응은 효용 가치가 높은데 나중에 나이트로기는 NH_2기로 환원할 수 있기 때문이다. 이 반응은 18.15절에서 다시 논의할 것이다.

$$C_6H_6 \xrightarrow[H_2SO_4]{HNO_3} C_6H_5NO_2 \xrightarrow{[18.15절]} C_6H_5NH_2$$

나이트로벤젠 아닐린

$$C_6H_6 \xrightarrow[H_2SO_4]{SO_3} C_6H_5SO_3H$$

벤젠설폰산

메커니즘 18.3 나이트로화 반응에 필요한 나이트로늄 이온($^{+}NO_2$)의 생성

$$HO{-}NO_2 + H{-}OSO_3H \xrightarrow{[1]} H_2\overset{+}{O}{-}NO_2 + HSO_4^- \xrightarrow{[2]} H_2O + \overset{+}{N}O_2 = O{=}\overset{+}{N}{=}O$$

친전자체

메커니즘 18.4 설폰화에 필요한 친전자체인 $^{+}SO_3H$의 생성

$$SO_3 + H{-}OSO_3H \longrightarrow O{=}\overset{+}{S}(=O){-}O{-}H = {}^{+}SO_3H + HSO_4^-$$

친전자체

나이트로화 반응과 설폰화 반응을 일으키는 친전자체가 만들어지기 위해서는 센산이 필요하다. 나이트로화 반응에 필요한 친전자체는 $^{+}NO_2$(나이트로늄 이온)인데 이것은 질산(HNO_3)에 양성자가 첨가된 후 탈수가 되면 생성된다(메커니즘 18.3).

설폰화 반응의 경우에는 삼산화 황(SO_3)에 양성자가 첨가되면 양으로 하전된 $^{+}SO_3H$가 생기는데 이것이 친전자체로 작용한다(메커니즘 18.4).

위에서 언급한 두 단계는 나이트로화 반응과 설폰화 반응에서 친전자체 E^+가 어떻게 생성되는지를 보여주는데, 이것은 친전자성 방향족 치환 반응 메커니즘의 첫 번째 단계이다. 나머지 단계는 메커니즘 18.1에 나타난 과정에서 친전자체 E^+를 $^{+}NO_2$ 또는 $^{+}SO_3H$로 교체하면 된다. 따라서 H가 E^+로 치환되는 두 단계 반응 메커니즘은 E^+에 관계없이 같다. 벤젠과 나이트로늄 이온의 반응에 대한 예를 예제 18.1에 보였다.

예제 18.1 벤젠의 나이트로화 반응의 메커니즘을 단계별로 나타내라.

$$\text{벤젠} \xrightarrow[H_2SO_4]{HNO_3} \text{나이트로벤젠}\ (C_6H_5NO_2)$$

나이트로벤젠

풀이

우선 친전자체가 만들어져야 하므로 친전자체가 생성되는 과정을 나타내고, 이를 사용하여 친전자성 방향족 치환 반응의 두 단계 메커니즘을 나타내면 된다.

단계 [1] $^{+}NO_2$ 친전자체 생성

$$H{-}O{-}NO_2 + H{-}OSO_3H \xrightarrow{①} H{-}\overset{+}{O}(H){-}NO_2 + HSO_4^- \xrightarrow{②} H_2O: + {}^{+}NO_2$$

단계 [2] 친전자성 방향족 치환 반응에 대한 두 단계 메커니즘

$$C_6H_6 + {}^{+}NO_2 \xrightarrow{③} [C_6H_6NO_2]^+ \xrightarrow[HSO_4^-]{④} C_6H_5NO_2 + H_2SO_4$$

[+ 두 개의 추가 공명 구조]

모든 고립 전자쌍을 가지고 있는 화학종은 반응의 마지막 단계인 양성자 제거에 쓰일 수 있다. 위의 경우 친전자체 $^{+}NO_2$가 생성될 때 형성된 HSO_4^-가 양성자 제거에 쓰인다.

문제 18.4 **A**와 같은 알킬 벤젠을 설폰화 반응시키면 벤젠설폰산 유도체 **B**가 얻어진다. 이 반응의 메커니즘을 단계별로 나타내라. 생성되는 **B**는 염기와 반응시키면 소듐염(**C**)이 생기는데, 이것이 바로 때를 제거하는 합성 세제이다(문제 3.22 참조).

A —(SO_3, H_2SO_4)→ B (SO_3H) —(NaOH)→ C (SO_3^- Na^+)

합성세제
C

18.5 프리델-크래프츠 알킬화 반응과 프리델-크래프츠 아실화 반응

프리델-크래프츠 알킬화 반응((Friedel-Crafts alkylation)과 프리델-크래프츠 아실화 반응(Friedel-Crafts acylation)은 새로운 탄소-탄소 결합을 생성한다.

18.5A 일반적인 특징

프리델-크래프츠 알킬화 반응은 벤젠을 할로젠화 알킬과 루이스 산($AlCl_3$) 존재하에서 반응시켜 알킬 벤젠을 합성하는 반응이다. 이러한 알킬화 반응은 알킬기가 한 원자로부터 다른 원자로 이동(Cl로부터 벤젠으로)하는 결과를 준다.

프리델-크래프트 알킬화 반응

벤젠 —(RCl, $AlCl_3$)→ 알킬 벤젠 (R) + HCl

벤젠 —(Cl, $AlCl_3$)→ + HCl

프리델-크래프츠 아실화 반응은 벤젠 고리가 산 염화물(RCOCl) 및 $AlCl_3$ 존재하에서 반응시켜 케톤을 생성하는 반응이다. 벤젠 고리에 새로 도입되는 작용기를 아실기(acyl group)라 하며, 이 경우도 한 원자에서 다른 원자로 아실기가 이동한다.

프리델-크래프츠 아실화 반응

벤젠 + 산 염화물 (O, R, Cl) —($AlCl_3$)→ 케톤 (O, R; 아실기) + HCl

산 염화물은 **아실 염화물**이라고도 한다.

벤젠 + (O, Cl) —($AlCl_3$)→ (O) + HCl

문제 18.5 벤젠을 $AlCl_3$ 존재하에 다음 각 유기 할로젠화물과 반응시키면 어떤 생성물이 얻어지는가?

a. Cl b. Cl c. O, Cl

문제 18.6 프리델-크래프츠 아실화 반응을 이용하여 벤젠으로부터 다음의 케톤을 합성하고자 할 때 어떤 산 염화물이 필요한가?

a. b. c.

18.5B 메커니즘

알킬화 반응과 아실화 반응도 할로젠화 반응, 나이트로화 반응, 설폰화 반응의 메커니즘과 유사한 방법으로 진행되며, 각 반응의 유일한 차이점은 친전자체가 어떻게 생성되는가이다.

프리델-크래프츠 알킬화 반응에서 루이스산 $AlCl_3$은 염화 알킬과 반응하여 루이스 산-염기 착물을 생성한다. 이를 염화 알킬 CH_3CH_2Cl과 $(CH_3)_3CCl$을 이용하여 보였다. 메커니즘 18.5에서 보듯이 염화 알킬의 특성이 반응의 경로를 결정하게 된다.

- CH_3Cl이나 1° RCl의 경우는 루이스의 산-염기 착물 자체가 친전자체로 작용하여 친전자 방향족 치환 반응을 일으키게 된다.
- 2° 또는 3° RCl의 경우에는 루이스 산-염기 착물이 2° 또는 3° 탄소 양이온 단계까지 진행되어 이것이 친전자체로 작용한다. 탄소 양이온의 안정성 차이 때문에 2° 또는 3° RCl의 경우에만 탄소 양이온이 생성된다.

메커니즘 18.5 프리델-크래프츠 알킬화 반응의 친전자체 생성—두 가지 방법

방법 [1] CH_3Cl과 1° RCl에 대해:

$CH_3CH_2\ddot{Cl}: + AlCl_3 \longrightarrow CH_3CH_2\overset{+}{Cl}-\overset{-}{Al}Cl_3$

친전자체
루이스 산-염기 착물

방법 [2] 2°와 3° RCl에 대해:

$(CH_3)_3C\ddot{Cl}: + AlCl_3 \xrightarrow{1} (CH_3)_3C\overset{+}{Cl}-\overset{-}{Al}Cl_3 \xrightarrow{2} (CH_3)_3C^+ + AlCl_4^-$

친전자체
루이스 산-염기 착물

친전자체

메커니즘 18.6 3° 탄소 양이온을 사용하는 프리델-크래프츠 알킬화 반응

$C_6H_6 + (CH_3)_3C^+ \xrightarrow{1} [\text{탄소 양이온 중간체}] + :\ddot{Cl}-\overset{-}{Al}Cl_3 \xrightarrow{2} C_6H_5C(CH_3)_3 + HCl + AlCl_3$

3° 탄소 양이온

[+ 두 개의 추가 공명 구조]

① 친전자체인 탄소 양이온이 첨가되어 새로운 탄소-탄소 결합이 생긴다.

② $AlCl_4^-$는 치환체가 결합된 탄소로부터 양성자를 제거하여 새로운 방향족 고리가 재생된다.

메커니즘 18.7 프리델-크래프츠 아실화 반응에서 친전자체의 생성

R–C(=O)–Cl + $AlCl_3$ →[1] 루이스 산-염기 착물 →[2] R–$\overset{+}{C}$=O: ⟷ R–C≡$\overset{+}{O}$: + $AlCl_4^-$

루이스 산-염기 착물　　공명 안정화된 **아실륨 이온**

위의 두 경우 모두 친전자체는 친전자 방향족 치환 반응의 특징인 두 단계 메커니즘으로 벤젠과 반응한다. 3° 탄소 양이온 $(CH_3)_3C^+$를 사용하는 반응 메커니즘이 18.6에 나타나 있다.

프리델-크래프츠 아실화 반응에서 루이스 산 $AlCl_3$는 산 염화물의 탄소-할로젠 결합을 이온화한다. 이로써 형성되는 양으로 하전된 공명 안정화된 탄소 친전자체를 아실륨 이온(acylium ion)이라 부른다(메커니즘 18.7). 아실륨 이온의 양으로 하전된 탄소 원자가 벤젠과 반응한다. 이 반응은 두 단계로 일어나는 친전자성 방향족 치환 반응이다.

완전한 아실화 반응 메커니즘은 예제 18.2에 나타낸 바와 같이 전형적인 반응 메커니즘에 친전자체(아실륨 이온)를 끼워 넣고 나머지 두 단계를 그리면 된다.

예제 18.2 프리델-크래프츠 아실화 반응의 메커니즘을 단계별로 나타내라.

벤젠 + CH_3COCl →($AlCl_3$) 아세토페논 + HCl

풀이

먼저 아실륨 이온을 생성시키고, 이것을 친전자체로 사용하여 친전자성 방향족 치환 반응의 두 단계 메커니즘을 나타내면 된다.

부분 [1] 친전자체$(CH_3CO)^+$의 생성

CH_3COCl + $AlCl_3$ →[1] 루이스 산-염기 착물 →[2] $CH_3\overset{+}{C}$=O: ⟷ CH_3C≡$\overset{+}{O}$: + $AlCl_4^-$

루이스 산-염기 착물　　아실륨 이온의 공명 구조

부분 [2] 친전자성 방향족 치환 반응에 대한 두 단계 메커니즘

벤젠(H) + $CH_3\overset{+}{C}$=O: →[3] 탄소 양이온 중간체 + :Cl–$\overset{-}{Al}Cl_3$ →[4] 아세토페논 + HCl + $AlCl_3$

[+ 두 개의 추가 공명 구조]

18.5C 프리델-크래프츠 알킬화 반응에 대한 다른 사실

프리델-크래프츠 알킬화 반응에 대해 세 가지 정도 추가로 알아 두어야 할 내용이 있다.

[1] **할로젠화 바이닐**(vinyl halide)**이나 할로젠화 아릴**(aryl halide)**은 프리델-크래프츠 알킬화 반응을 일으키지** 않는다.

대부분의 프리델-크래프츠 반응에는 탄소 양이온 친전자체가 수반된다. 할로젠화 바이닐과 할로젠화 아릴로부터 유래되는 탄소 양이온은 매우 불안정하고 용이하게 생성되지 않기 때문에 이러한 할로젠화물은 프리델-크래프츠 알킬화 반응을 일으키지 않는다.

Cl　　Cl

할로젠화 바이닐　　할로젠화 아릴
반응성이 없음　　반응성이 없음

문제 18.7 다음 구조 중에서 프리델-크래프츠 알킬화 반응을 일으키지 않는 것은 어느 것인가?

a. 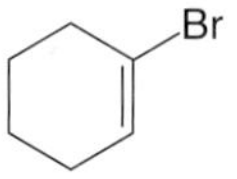 Br　b. 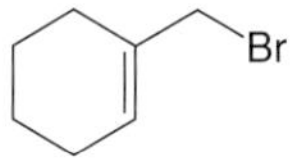 Br　c. 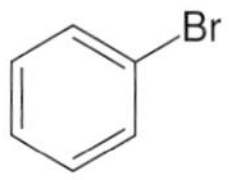 Br　d. 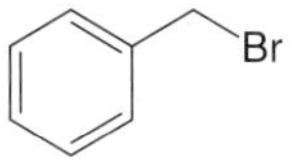 Br

수소나 알킬기의 1,2-이동으로 상대적으로 불안정한 탄소 양이온이 보다 안정한 탄소 양이온으로 바뀐다. 9.9절의 내용을 상기하라.

[2] 자리 옮김 반응이 일어날 수 있다.

프리델-크래프츠 반응은 반응식 [1]과 [2]에서 보듯이 반응물이 1° 또는 2° 할로젠화 알킬이면 자리 옮김된 탄소 골격이 있는 생성물이 생성될 수 있다. 이 두 반응에서 보듯이 출발물에서 할로젠에 결합하고 있던 탄소 원자(푸른색으로 표시)가 생성물에서는 벤젠 고리에 결합되어 있지 않다. 이러한 사실은 반응 도중에 자리 옮김이 일어났다는 것을 의미한다.

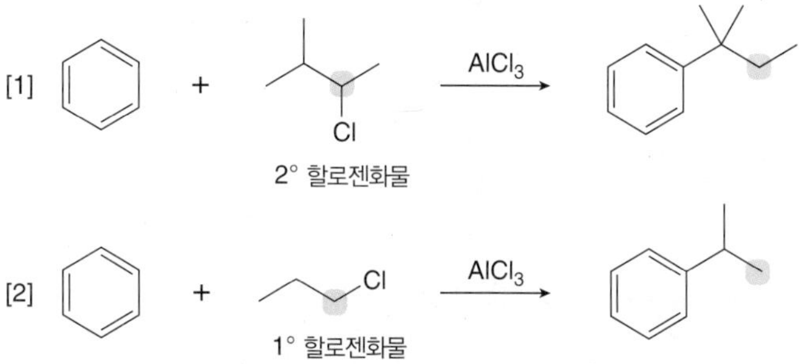

[1] + Cl $\xrightarrow{AlCl_3}$
2° 할로젠화물

[2] + Cl $\xrightarrow{AlCl_3}$
1° 할로젠화물

반응식 [1]의 결과는 탄소 양이온의 1,2-수소 음이온 이동이라는 자리 옮김 반응으로 설명할 수 있다. 메커니즘 18.8에 나타낸 바와 같이 **덜 안정한 2° 탄소 양이온(2° 할로젠화물로부터 형성)은 더 안정한 3° 탄소 양이온으로 자리 옮김을 일으킨다.**

자리 옮김 반응은 완전히 독립된 탄소 양이온이 생성되지 않아도 일어날 수 있다. 예를 들면, 반응식 [2]에서 1° 염화 알킬은 $AlCl_3$와 착물을 형성하지만 이 착물은 매우 불안정한 1° 탄소 양이온으로 분해하지 않는다(메커니즘 18.9). 대신에 **1,2-수소 음이온 이동**이 일어나 2° 탄소 양이온이 생성되고 두 단계로 일어나는 친전자성 방향족 치환 반응에서 친전자체로 작용한다.

메커니즘 18.8 탄소 양이온의 자리 옮김을 수반하는 프리델-크래프츠 알킬화 반응

부분 [1] 2° 탄소 양이온 생성과 자리 옮김 반응

① ② 염화 알킬이 $AlCl_3$와 루이스 산-염기 반응을 하고 C–Cl 결합이 끊어지고 2° 탄소 양이온이 생성된다.

③ 1,2-수소 음이온 이동이 2° 탄소 양이온을 더 안정한 3° 탄소 양이온으로 전환한다.

부분 [2] 친전자성 방향족 치환 반응의 두 단계 메커니즘

④ 3° 탄소 양이온 첨가는 새로운 탄소-탄소 결합을 만들고 공명 안정화 탄소 양이온을 생성한다.

⑤ $AlCl_4^-$는 새로운 치환체가 결합한 양성자를 제거하고 방향족 고리를 다시 생성한다.

메커니즘 18.9 1° 염화 알킬의 자리 옮김 반응

문제 18.8 다음 반응의 메커니즘을 단계별로 나타내라.

[3] 탄소 양이온을 생성할 수 있으면 어떤 작용기도 출발물로 사용될 수 있다.

할로젠화 알킬은 프리델-크래프츠 알킬화 반응을 잘 일으키지만 탄소 양이온을 쉽게 생성하는 어떠한 화합물도 할로젠화 알킬 대신 사용될 수 있다. 가장 흔히 쓰이는 대체 물질은 알켄과 알코올인데 이들은 센산의 존재하에서 쉽게 탄소 양이온을 생성한다.

- 알켄에 양성자가 결합하면 탄소 양이온이 되고, 이것은 프리델-크래프츠 알킬화 반응의 친전자체가 된다.

- 알코올에 양성자가 결합한 다음 물이 떨어져도 탄소 양이온이 생긴다.

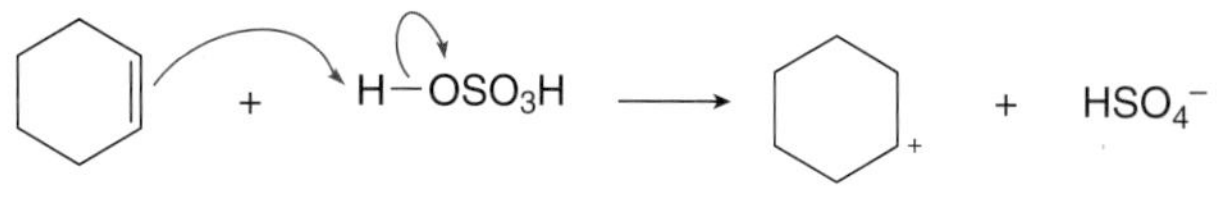

사이클로헥센 + $H-OSO_3H$ ⟶ 2° 탄소 양이온 + HSO_4^-

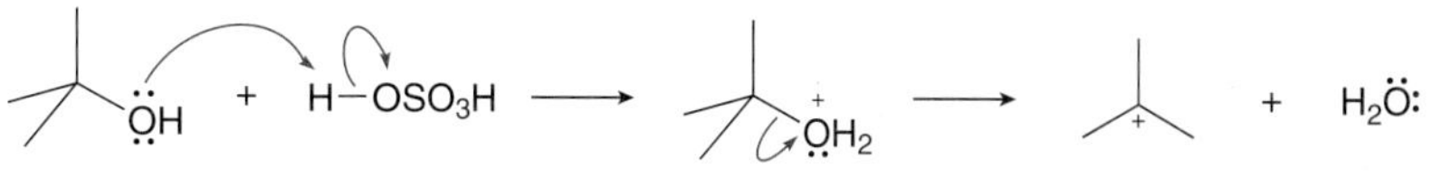

2-메틸프로판-2-올 + $H-OSO_3H$ ⟶ $\overset{+}{O}H_2$ + HSO_4^- ⟶ 3° 탄소 양이온 + $H_2\ddot{O}$:

생성되는 탄소 양이온은 벤젠과 반응하여 친전자성 방향족 치환 반응 생성물을 생성한다. 예를 들면

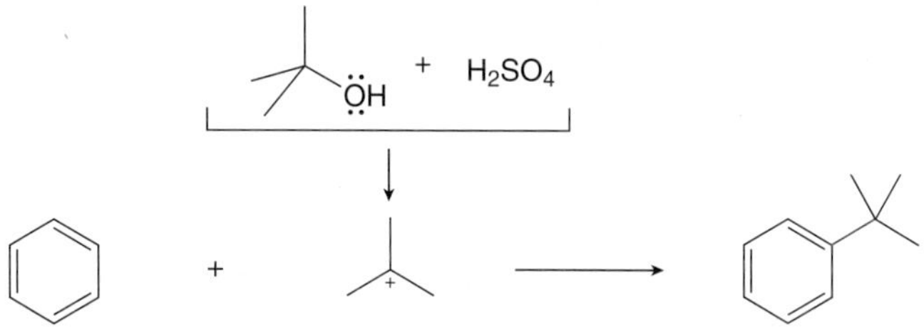

$\ddot{O}H$ + H_2SO_4

문제 18.9 다음 각 반응의 생성물을 그려라.

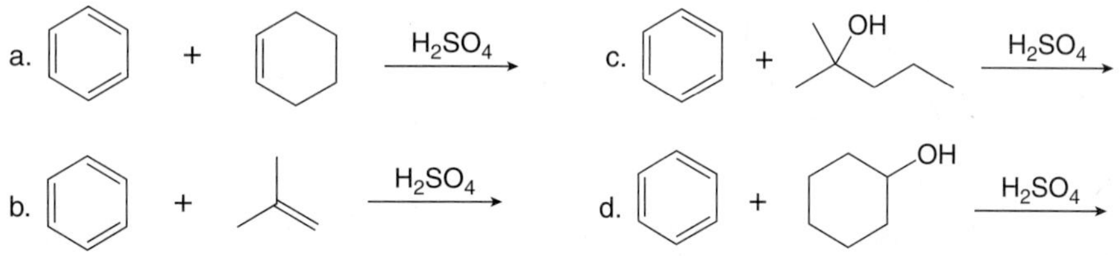

a. 벤젠 + 사이클로헥센 $\xrightarrow{H_2SO_4}$

b. 벤젠 + 2-메틸프로펜 $\xrightarrow{H_2SO_4}$

c. 벤젠 + OH $\xrightarrow{H_2SO_4}$

d. 벤젠 + OH $\xrightarrow{H_2SO_4}$

18.5D 분자내 프리델-크래프츠 반응

지금까지 논의된 모든 프리델-크래프츠 반응은 벤젠 고리와 친전자체 간의 분자간 반응에 대한 것이었다. 출발물이 한 분자내에 벤젠 고리와 친전자체가 될 수 있는 부분을 둘 다 포함하고 있으면 **분자내 반응**(intramolecular reaction)이 일어날 수 있으며 그 결과 새로운 고리가 생길 수 있다. 예를 들어, 벤젠 고리와 산 염화물을 포함하는 화합물 A를 $AlCl_3$로 처리하면 분자내 프리델-크래프츠 아실화 반응에 의해 α-테트라론이 생성된다.

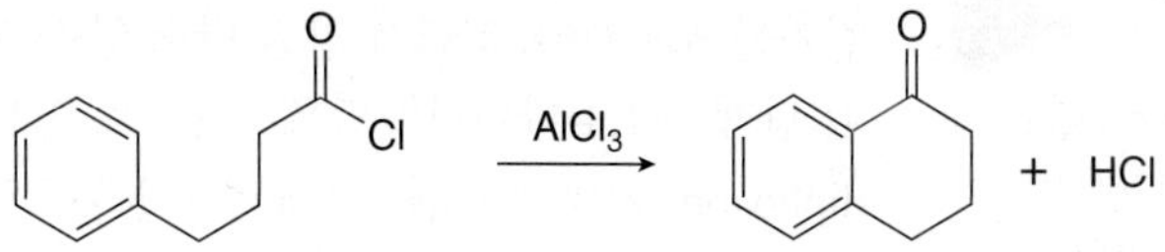

A (O, Cl) $\xrightarrow{AlCl_3}$ α-테트라론 (O) + HCl

새로운 C-C 결합은 붉은색으로 나타내었다.

이와 같은 분자내 프리델-크래프츠 아실화 반응은 그림 18.4에 나타낸 바와 같이 환각제 LSD 합성에 있어 핵심이 되는 단계이다.

그림 18.4
LSD 합성에서의 분자내 프리델-크래프츠 알킬화 반응

리세르그산(lysergic acid)의 출처인 맥각에 감염된 곡물

- 분자내 프리델-크래프츠 알킬화는 새로운 육원자 고리를 포함하는 생성물을 형성한다. 이 물질이 몇 단계 반응을 거쳐서 LSD가 된다.
- LSD는 1938년 스위스 화학자인 호프만(Albert Hoffman)에 의하여 호밀과 곡물들을 공격하는 맥각균으로부터 분리되어 처음으로 제조되었다. 맥각균은 이것에 오염된 빵을 먹은 사람에게 감염을 일으키는 무서운 독소로 예전부터 알려져 왔다. LSD의 환각성은 호프만이 손끝에 묻은 소량의 LSD를 우연히 흡입함으로써 발견되었다.

문제 18.10 다음 화합물 **A**의 분자내 프리델-크래프츠 아실화 반응으로 **B**가 생긴다. 이 반응의 메커니즘을 단계별로 나타내라. **B**는 한 단계 반응을 거쳐 우울증 치료제인 설트랄린(sertraline)으로 변환될 수 있다.

문제 18.11 프리델-크래프츠 알킬화도 분자내 반응으로 일어날 수 있다. 다음의 반응물로부터 형성된 분자내 알킬화 반응의 생성물의 구조식을 쓰라(자리 옮김 반응을 고려할 것).

a. b. c.

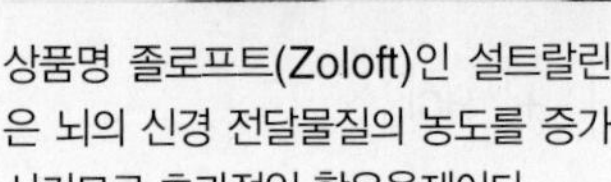

상품명 졸로프트(Zoloft)인 설트랄린은 뇌의 신경 전달물질의 농도를 증가시키므로 효과적인 항우울제이다.

18.5E 생물학적 프리델-크래프츠 반응

생물학적 프리델-크래프츠 반응도 일어난다. 16.2에서 배운 것처럼 알릴 이인산기는 좋은 이탈기를 포함한다. 따라서 알릴 탄소 양이온을 만들 수 있다. 바이타민 K_1의 생물학적 합성의 핵심 단계는 1,4-다이하이드록시나프토산(1,4-dihydroxynaphthoic acid)과 이인산 피틸(phytyl diphosphate)의 프리델-크래프츠 반응으로 X를 만드는 것이다. 그림 18.5에 보인 바와 같이 X는 몇 단계 과정을 거쳐 바이타민 K_1이 된다.

문제 18.12 (a) 이인산 피틸로부터 이탈기를 잃은 뒤 생성되는 탄소 양이온의 공명 구조를 그려라. (b) 1,2-다이하이드록시나프토산과 이 탄소 이온이 반응하여 **X**가 생성되는 프리델-크래프츠 알킬화 반응의 2단계 메커니즘을 그려라.

그림 18.5 프리델-크래프츠 반응을 이용한 바이타민 K_1 합성

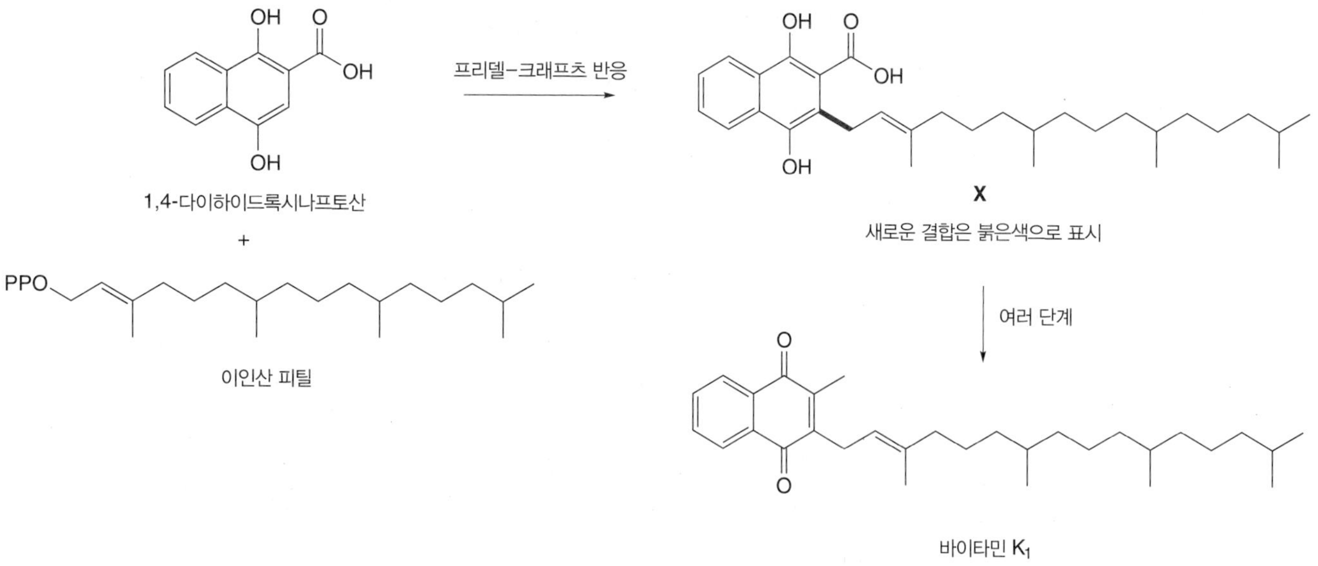

18.6 치환기가 있는 벤젠

치환기가 있는 벤젠 고리도 친전자성 방향족 치환 반응을 할 수 있다. 흔한 치환기는 할로젠, OH, NH_2, 알킬기 등과 카보닐기를 포함한 여러 작용기들이다. 각각의 치환기는 벤젠 고리의 전자 밀도를 증가시키거나 감소시키고, 이것은 친전자성 방향족 치환 반응의 경로에 영향을 미치게 되는데, 이에 대해서는 18.7절에서 살펴보기로 한다.

무엇이 벤젠 고리에 있는 치환기가 고리로 전자를 주거나 고리로부터 전자를 끌어당기게 하는가? 이에 대한 답은 **유도 효과**(inductive effect)와 **공명 효과**(resonance effect)이다. 이 두 효과로 인하여 고리의 전자 밀도는 높아지거나 낮아질 수 있다.

유도 효과

유도 효과는 치환기의 **전기음성도**와 **편극성**(polarizability)에서 유래한다.

유도 효과와 공명 효과는 2.5B절과 2.5C절에서 각각 처음으로 논의되었다.

- N, O 또는 X와 같이 탄소보다 전기음성도가 큰 원자는 탄소로부터 전자를 당겨 가므로 전자 끌기 유도 효과를 나타내게 된다.
- 편극성 알킬기는 전자를 밀어주는 치환기로 전자 주기 유도 효과를 나타내게 된다.

유도 효과만 고려한다면 NH_2기는 고리의 전자를 당기고 CH_3기는 전자를 밀어주게 된다.

전자 끌기 유도 효과

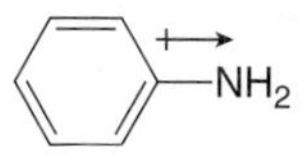

- N은 C보다 **전기음성도가 더 큼.**
- N은 전자 밀도를 유도적으로 끌어 당긴다.

전자 주기 유도 효과

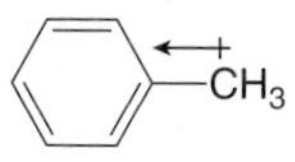

- 알킬기는 **편극성**이 있어서 전자 주는 기가 된다.

문제 18.13 다음의 치환기는 전자 끌기 유도 효과와 전자 주기 유도 효과 중 어느 쪽에 해당되는가?

a. $CH_3CH_2CH_2CH_2-$ b. $Br-$ c. CH_3CH_2O-

공명 효과

공명 효과는 치환기가 벤젠 고리에 양전하를 띠게 하느냐 또는 음전하를 띠게 하느냐에 따라 고리의 전자 밀도를 주거나 끌 수 있다.

- 공명 구조를 그렸을 때 벤젠 고리의 탄소에서 음전하가 나타난다면, 이 치환기가 나타내는 공명 효과는 전자 주기 공명 효과이다.
- 공명 구조를 그렸을 때 벤젠 고리의 탄소에서 양전하가 나타난다면, 이 치환기가 나타내는 공명 효과는 전자 끌기 공명 효과이다.

전자 주기 공명 효과는 고립 전자쌍을 갖는 원자(Z)가 벤젠 고리에 직접 결합되어 있는 경우(일반적인 구조는 $C_6H_5-Z:$)에 관찰된다. Z는 일반적으로 N, O 및 할로젠이다. 예를 들어, 아닐린($C_6H_5NH_2$)의 경우 다섯 개의 공명 구조를 그릴 수 있다. 이 중 세 개의 구조에서 벤젠 고리의 탄소 원자에 음전하가 나타난다. 따라서 NH_2기는 공명 효과에 의해 벤젠 고리에 전자 밀도를 높여준다.

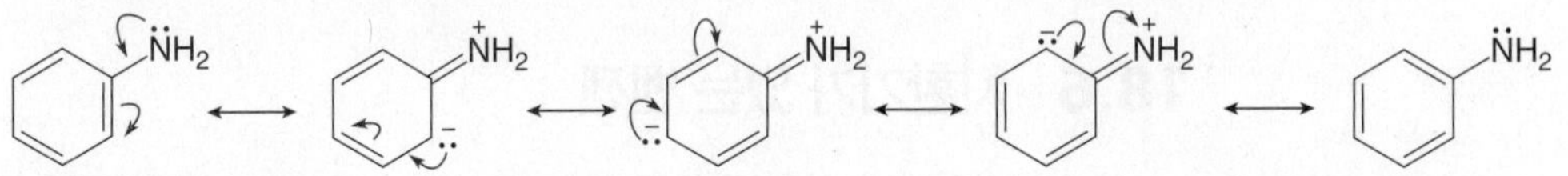

아닐린

세 개의 공명 구조가 고리 원자에 (−) 전하가 놓인다.

이에 비해 일반 구조가 $C_6H_5-Y=Z$인 치환된 벤젠은 공명 효과에 의해 전자를 끌어당긴다. 여기에서 Z는 Y보다 전기음성도가 크다. 예를 들면, 벤즈알데하이드(C_6H_5CHO)의 경우 총 일곱 개의 공명 구조가 가능하다. 그중 세 개에서 벤젠 고리의 탄소 원자에 양전하를 띤다. 그래서 CHO기는 공명 효과에 의해 벤젠 고리로부터 전자 밀도를 끌어당기게 된다.

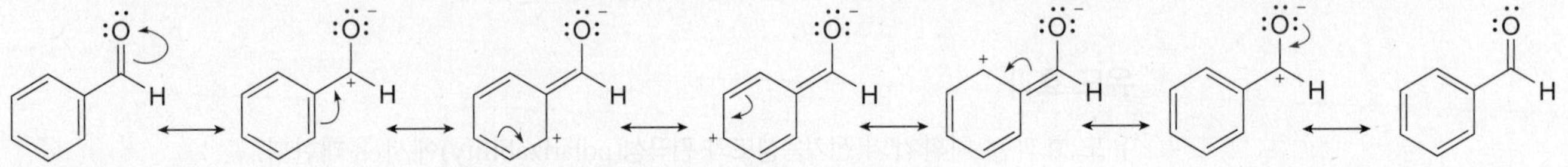

벤즈알데하이드

세 개의 공명 구조가 고리 원자에 (+) 전하를 갖는다.

문제 18.14 다음 각 화합물에 대하여 가능한 공명 구조를 그리고, 그 공명 구조로부터 치환기는 전자 주기 공명 효과가 있는지 전자 끌기 공명 효과가 있는지 결정하라.

a. 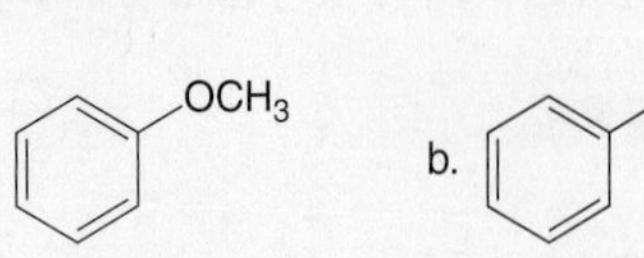 (OCH_3) b. (O)

유도 효과와 공명 효과를 모두 고려해야 하는 경우

치환된 벤젠이 치환기가 없는 벤젠보다 상대적으로 전자가 더 풍부한지 덜 풍부한지를 예측하려면 유도 효과와 공명 효과의 알짜 균형을 모두 고려해야 한다. 예를 들어, 알킬기는 유도 효과에 의

해 전자를 밀어주지만 비결합 전자쌍이나 π 결합이 없기 때문에 공명 효과를 나타내지는 못한다. 따라서

- 알킬기는 전자를 밀어주는 성질이 있으며, 따라서 알킬 벤젠은 벤젠보다 전자가 더 풍부하다.

벤젠 고리에 전기음성도가 큰 N, O 또는 할로젠이 치환되어 있으면, 이들은 유도 효과에 의해 고리로부터 전자를 당기게 된다. 그러나 이들 치환기에는 비결합 전자쌍도 있으므로 공명 효과도 나타나 고리에 전자를 밀어줄 수도 있다. 따라서 원소가 반대되는 효과의 알짜 균형을 결정한다.

δ+ Z δ−

Z = N, O, X

유도와 공명의 효과가 반대이다.
- Z는 유도 효과에 의해 전자 밀도를 끌어당긴다.
- Z는 공명 효과에 의해 전자 밀도를 준다.

- 벤젠 고리에 중성의 N이나 O가 직접 결합되어 있으면 공명 효과가 지배적이 되어 알짜 효과는 전자를 밀어주게 된다.
- 벤젠 고리에 할로젠 X가 직접 결합되어 있는 경우에는 유도 효과가 지배적이 되고 알짜 효과는 전자를 당기게 된다.

따라서 NH_2와 OH는 공명 효과가 지배적이므로 전자 주는 기인 반면에 Cl과 Br은 유도 효과가 지배적이므로 전자 끄는 기이다.

마지막으로 일반 구조가 $C_6H_5-Y=Z$ (Z가 Y보다 전기음성도가 큰 경우)인 화합물의 경우에는 유도 효과 및 공명 효과 둘 모두 전자를 끄는 효과로 나타난다. 즉, 두 효과가 서로 상승 작용을 일으킨다. 벤즈알데하이드(C_6H_5CHO)와 같이 벤젠 고리에 직접 결합되어 있는 카보닐기가 있는 모든 화합물이 여기에 해당된다.

NH_2는 전자를 준다. 따라서 아닐린($C_6H_5NH_2$)의 벤젠 고리는 벤젠보다 전자 밀도가 높다. 반면에 알데하이드기(CHO)는 전자를 당기므로 벤즈알데하이드(C_6H_5CHO)의 벤젠 고리는 벤젠보다

그림 18.6
치환된 벤젠에서 전자 밀도에 대한 치환기 효과

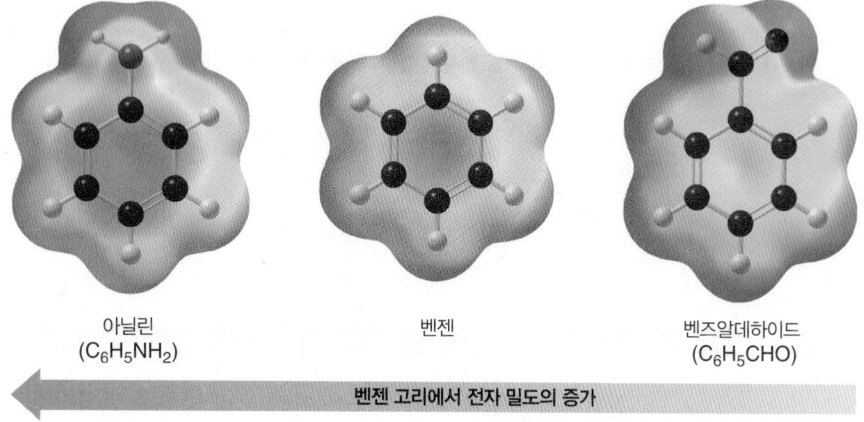

- NH_2기는 전자 밀도를 주기 때문에 벤젠 고리가 더 전자를 풍부하도록 만든다(붉은색). 반대로, CHO기는 전자를 당기므로 벤젠 고리가 덜 전자를 풍부하도록 만든다(초록색).

전자 밀도가 낮다. 이러한 효과를 그림 18.6에 정전기 전위 그림으로 나타내었다. 이들 화합물은 전자를 밀어주는 치환기와 전자를 끄는 치환기의 일반적인 구조 특성을 잘 나타내주고 있다.

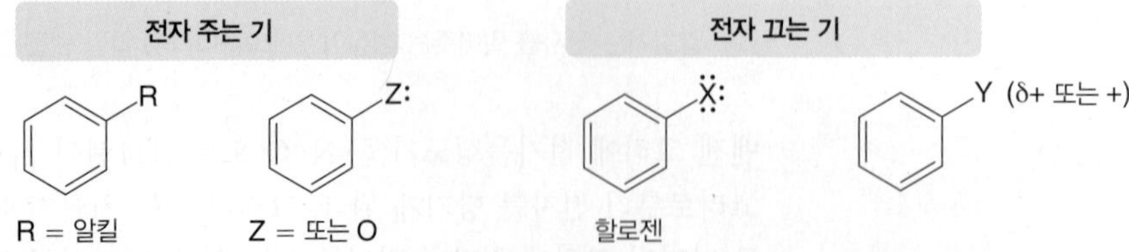

- 일반적으로 벤젠 고리에 결합된 전자 주는 기는 알킬기 또는 N이나 O 원자(고립 전자쌍이 있는)가 있는 가이다.

- 일반적으로 전자 끄는 기는 벤젠 고리에 결합된 할로젠 또는 완전한 (+) 전하 또는 부분 양전하(δ^+)를 띠는 Y 원자가 있는 기이다.

치환된 방향족 화합물의 반응에 대한 전자 주기 및 전자 끌기의 알짜 효과는 18.7~18.9에서 논의된다.

예제 18.3 다음 각 치환기를 전자 주는 기 또는 전자 끄는 기로 분류하라.

a. (벤젠–O–C(=O)–CH₃ 구조) b. (벤젠–CN 구조)

풀이

고립쌍과 다중 결합을 분명하게 보려면 치환기의 원자와 결합을 그린다. 전자 주기 또는 전자 끌기 효과를 판단하기 위해서는 항상 벤젠 고리에 직접 결합되어 있는 원자를 유의해서 볼 필요가 있다. 고립 전자쌍이 있는 O 또는 N 원자는 치환기를 전자 주는 기로 만든다. 할로젠이나 부분 양전하가 있는 원자는 치환기를 전자를 끄는 기로 만든다.

a. :O: (구조)

- 고립 전자쌍이 있는 O 원자는 벤젠 고리에 직접 연결되어 있음

전자 주는 기

b. δ+ δ– C≡N: (구조)

- 부분 (+) 전하가 있는 원자가 벤젠 고리에 직접 연결되어 있음

전자 끄는 기

문제 18.15 다음 각 치환기를 전자 주는 기 또는 전자 끄는 기로 분류하라.

a. (OCH_3) b. (I) c. (tert-뷰틸 구조)

18.7 치환기가 있는 벤젠의 친전자성 방향족 치환 반응

친전자성 방향족 치환 반응은 여러 고리 방향족 탄화수소, 헤테로고리 화합물, 치환된 벤젠 유도체와 같은 모든 방향족 화합물의 일반적인 반응이다. 치환기는 친전자성 방향족 치환 반응이 일어날 때 두 가지 측면에서 영향을 미치게 된다.

- **반응 속도:** 치환된 벤젠의 반응 속도는 벤젠보다 빠르거나 느리다.
- **지향성:** 새로 도입되는 기는 기존의 치환기로부터 오쏘, 메타, 파라에 위치한다. 기존에 존재하던 치환기가 두 번째로 도입되는 치환기의 지향을 결정한다.

톨루엔(toluene, $C_6H_5CH_3$)과 나이트로벤젠($C_6H_5NO_2$)을 이용하여 이 두 가지 측면을 설명한다.

[1] 톨루엔

모든 치환 반응에서 톨루엔은 벤젠보다 **빠른 속도로** 반응한다. 따라서 **전자를 밀어 주는 CH_3기**는 친전자체가 공격할 때 **벤젠 고리를 활성화시킨다.** 생성물은 세 가지가 가능하지만 CH_3기로부터 오쏘와 파라 위치에 치환된 생성물이 주생성물이다. 따라서 CH_3기는 **오쏘, 파라 지향기**라 부른다.

Br_2 / $FeBr_3$

오쏘	메타	파라
40%	미량	60%

[2] 나이트로벤젠

모든 치환 반응에서 나이트로벤젠은 벤젠보다 더 느린 속도로 반응한다. 따라서 친전자성 공격에 대해 **전자를 끄는 NO_2기는 벤젠 고리를 비활성화한다.** 세 가지의 치환 생성물이 가능하지만 NO_2에 대하여 메타 위치에 새 치환기가 위치하는 화합물이 주 생성물이다. NO_2기를 **메타 지향기**라 한다.

HNO_3 / H_2SO_4

오쏘	메타	파라
7%	93%	미량

치환기는 친전자체가 공격할 때 벤젠 고리를 활성화하거나 비활성화하고 치환 반응은 고리의 특정 위치에 선택적으로 일어난다. **모든 치환기는 일반적으로 세 가지 형태로 분류될 수 있다.**

[1] 오쏘, 파라 지향기와 활성화기

- 벤젠 고리를 활성화하며 오쏘와 파라 지향기

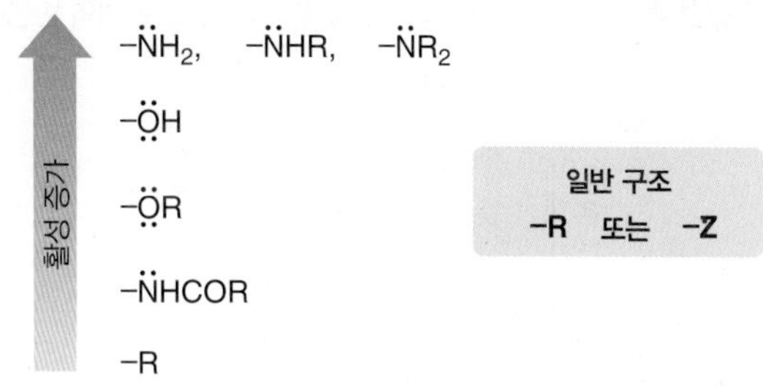

[2] 오쏘, 파라 비활성화기

- 벤젠 고리를 비활성화하고 오쏘와 파라 지향기

−F: −Cl: −Br: −I:

[3] 메타 지향기

- 메타 지향기
- 모든 메타 지향기는 고리를 비활성화한다.

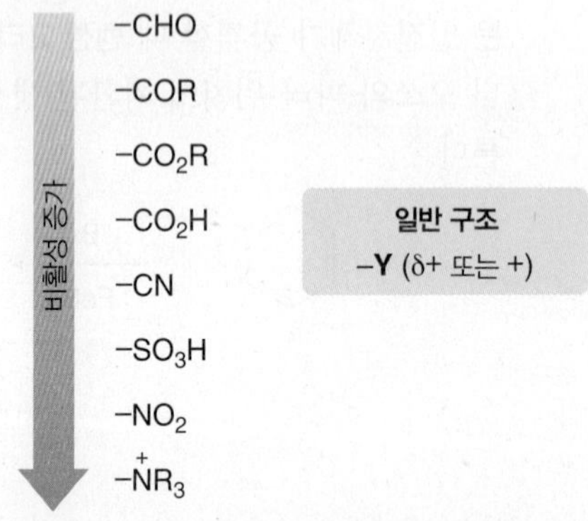

위에 나열된 치환기 목록 중 특히 할로젠은 따로 분류되어 있음에 유의하고, 치환기의 종류를 잘 알아두기 바란다.

- 오쏘, 파라 지향기들은 R이거나 고리에 직접 결합한 원자에 비공유 전자쌍이 있다.

Z = N 또는 O ⟶ 고리가 **활성화됨**
Z = 할로젠 ⟶ 고리가 **비활성화됨**

- 메타 지향기들은 고리에 결합된 원자에 완전한 양전하 또는 부분 양전하가 있다.

Y (δ^+또는+)

예제 18.4는 이러한 정보가 친전자성 방향족 치환 반응의 생성물을 예측하는 데 어떻게 사용되는지 잘 보여준다.

예제 18.4 다음 각 반응의 생성물을 나타내고, 벤젠의 반응에 비해서 그 속도가 빠른지 느린지 설명하라.

a. (HNO_3, H_2SO_4) b. (Br_2, $FeBr_3$)

풀이

생성물을 나타내려면

- 치환기의 루이스 구조를 그려 벤젠 고리에 결합된 원자에 고립 전자쌍이 있는지 부분 양전하가 있는지 따져본다.
- 치환기가 오쏘, 파라 활성, 오쏘, 파라 비활성, 또는 메타 비활성 중에서 어디에 속하는지 분류하고 생성물의 구조를 그린다.

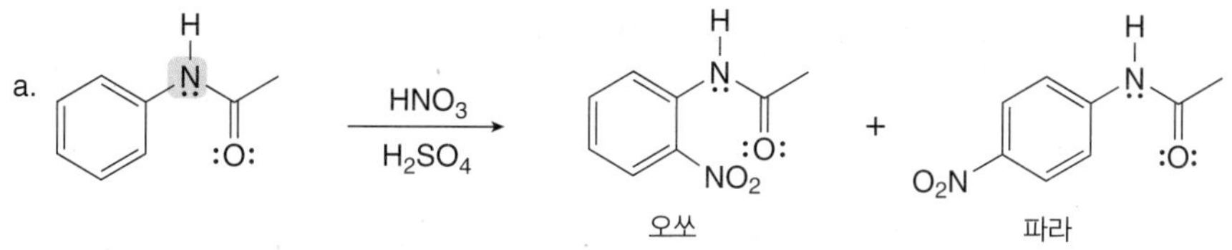

a. $\xrightarrow[H_2SO_4]{HNO_3}$ 오쏘 + 파라

N의 고립 전자쌍이 이 기를 **오쏘, 파라 활성**기로 만든다. **이 화합물은 벤젠보다 빨리 반응한다.**

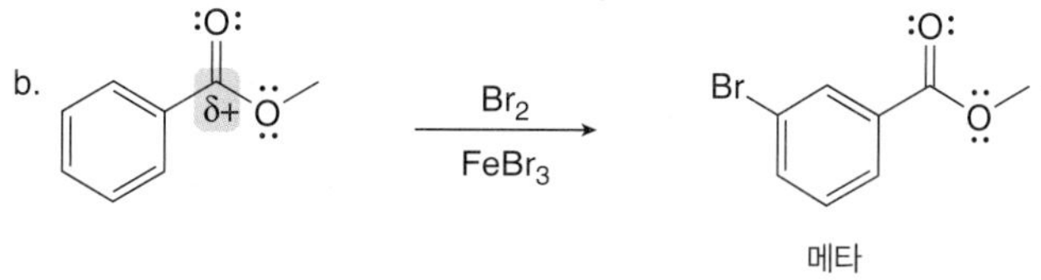

b. $\xrightarrow[FeBr_3]{Br_2}$ 메타

벤젠 고리에 결합된 C의 δ^+가 이 기를 **메타 비활성화기**로 만든다.
이 화합물은 벤젠보다 더 느리게 반응한다.

문제 18.16 다음의 각 화합물을 HNO_3와 H_2SO_4로 반응시켰을 때 생기는 생성물을 그려라. 벤젠과의 비슷한 반응보다 반응이 더 빠를지 아니면 더 느릴지를 언급하라.

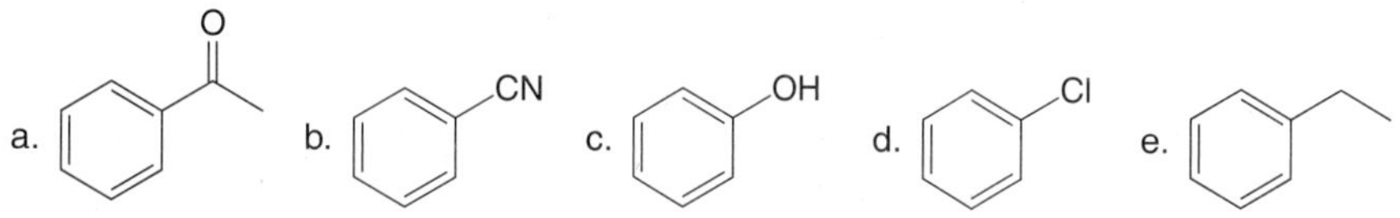

a. b. CN c. OH d. Cl e.

18.8 왜 치환기는 벤젠 고리를 활성화 또는 비활성화하는가?

- 왜 치환기는 벤젠 고리를 활성화 또는 비활성화하는가?
- 왜 특정한 지향 효과가 나타나는가? 왜 어떤 기는 오쏘, 파라 지향기이고 어떤 기는 메타 지향기인가?

어떤 치환기는 치환기가 없는 벤젠보다 반응을 더 느리게 일어나게 하지만(비활성화기), 어떤 치환기는 치환기가 없는 벤젠보다 더 빠르게 반응이 일어나게 하는지(활성화기)를 이해하기 위해서는 반응 메커니즘에서 속도 결정 단계(첫 단계)를 잘 살펴볼 필요가 있다. 18.2절에서 이미 살펴본 바와 같이 친전자성 방향족 치환 반응의 첫 단계는 친전자체(E^+)가 고리에 첨가되어 공명 안정화된 탄소 양이온이 생성되는 것이다. 하몬드 가설(7.15절)에 따라 탄소 양이온 중간체의 안정도를 비교해 봄으로써 반응의 상대적인 속도를 예측해볼 수 있다.

- 탄소 양이온의 안정성이 증가할수록 전이 상태의 에너지는 낮아지고, 따라서 반응 속도는 더 빠르게 된다.

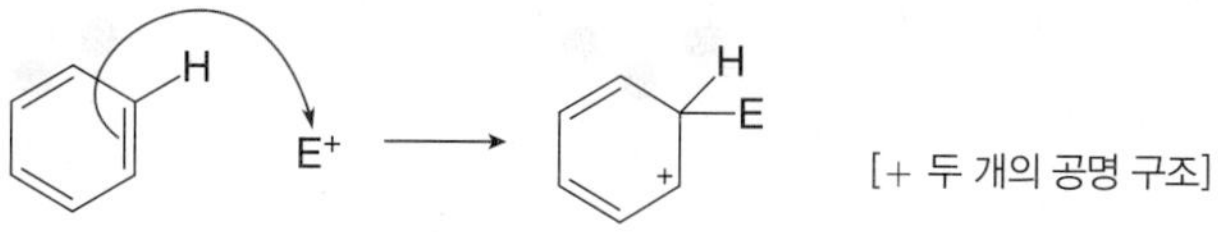

H E^+ ⟶ H E + [+ 두 개의 공명 구조]

탄소 양이온을 안정화시키면
반응은 더 빠르게 일어나게 된다.

18.6절에서 처음으로 소개한 유도 효과와 공명 효과의 원리를 탄소 양이온의 안정성을 예측하는 데 사용할 수 있다.

그림 18.7 치환된 벤젠의 친전자성 방향족 치환 반응에서 반응 속도를 비교하는 에너지 도표

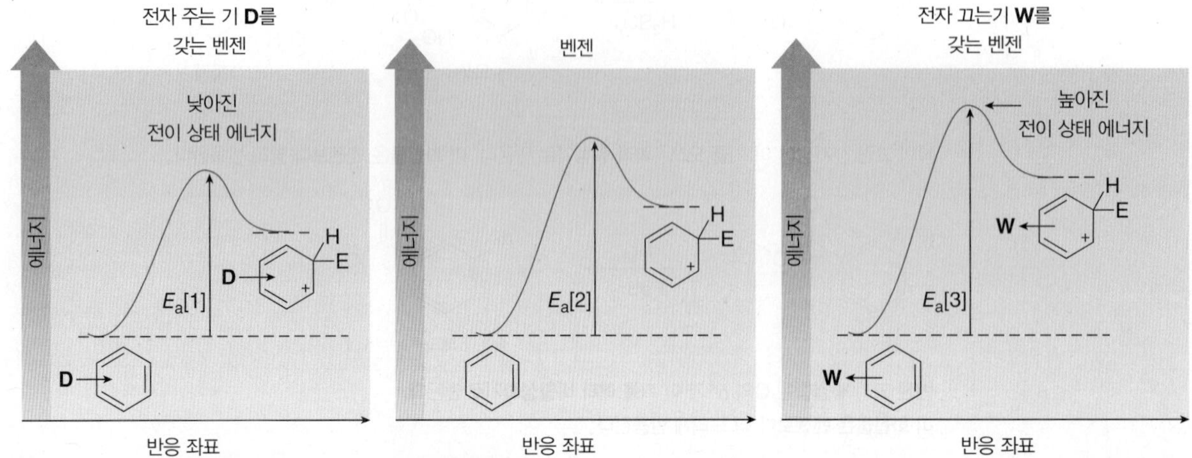

- 전자 주는 기인 **D**는 탄소 양이온 중간체를 안정화하므로 전이 상태의 에너지는 낮아지고 반응의 속도는 증가하게 된다.
- 전자 끄는 기인 **W**는 탄소 양이온 중간체를 불안정화하므로 전이 상태의 에너지는 상대적으로 높아지고 반응 속도는 감소하게 된다.

- 전자 주는 기는 탄소 양이온을 안정화시켜 벤젠 고리를 활성화하고, 친전자성 공격에 대해 벤젠 고리를 활성화시킨다. 모든 활성화기는 R기 또는 고립 전자쌍이 있는 N 또는 O 원자가 포함된 기가 벤젠 고리에 결합되어 있다.

- 전자 끄는 기는 탄소 양이온의 안정도를 낮추며 벤젠 고리에 대한 친전자성 공격의 활성도를 낮춘다. 모든 비활성화기는 할로젠 또는 부분 양전하가 있는 원자가 벤젠 고리에 직접 결합되어 있다.

그림 18.7의 에너지 도표는 친전자성 방향족 치환 반응에서 속도 결정 단계에 수반된 전이 상태 에너지에 미치는 전자를 주는 기와 전자를 끄는 기의 영향을 보여준다.

문제 18.17 다음의 화합물이 친전자성 방향족 치환 반응을 일으킬 때 벤젠보다 반응성이 더 큰지 더 작은지 말하라.

a. b. OH OH c. O O d. $\overset{+}{N}(CH_3)_3$

문제 18.18 다음 화합물 집단을 친전자성 방향족 치환 반응에 대해 반응성이 증가하는 순서로 나열하라.

18.9 치환된 벤젠의 지향 효과

왜 정해진 지향 효과가 나타나는지를 이해하기 위해서는 18.7절에서 이미 살펴본 바와 같이 오

해결 방법 특정 치환기의 지향 효과를 결정하는 방법

단계 [1] 친전자체인 E^+가 치환된 벤젠(C_6H_5-A)의 오쏘, 메타 및 파라 위치를 공격하여 생성되는 탄소 양이온의 모든 가능한 공명 구조를 그린다.

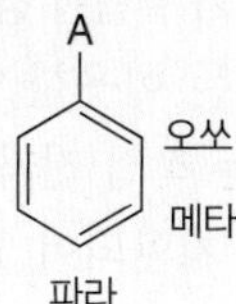

- 각 위치에서의 반응에 대하여 적어도 세 개의 공명 구조가 있다.
- 각 공명 구조에서 새로운 C−E 결합에 대하여 오쏘 또는 파라 위치에 양전하가 놓인다.

단계 [2] 중간체의 공명 구조 안정성을 평가한다. 친전자체는 가장 안정한 탄소 양이온이 생길 수 있는 위치를 공격한다.

쏘, 파라 지향기와 메타 지향기에 관한 구조적 특징을 잘 알고 있어야 한다. 여기에는 일반적으로 두 유형의 오쏘, 파라 지향기와 한 유형의 메타 지향기가 있다.

- 모든 오쏘, 파라 지향기는 알킬기 또는 벤젠 고리에 결합된 원자에 고립 전자쌍이 있다.

- 모든 메타 지향기는 벤젠 고리에 결합된 원자에 부분 또는 완전한 양전하가 있다.

어떤 치환기의 지향 효과를 결정하기 위해서는 위에 보인 '해결 방법'의 순서를 따른다.

18.9A~C절에서는 톨루엔에서 CH_3기 지향 효과, 아닐린에서 NH_2기 지향 효과 및 나이트로벤젠에서 NO_2기의 지향 효과를 결정하기 위하여 이 두 단계 메커니즘을 어떻게 이용하는지 살펴보자.

18.9A CH_3기−오쏘, 파라 지향기

CH_3기가 친전자성 방향족 치환 반응에서 왜 오쏘와 파라 위치를 지향하는지를 결정하기 위해서는 먼저 CH_3기에 대해 오쏘, 메타, 파라 위치에 친전자체의 공격으로 생성되는 모든 가능한 공명 구조를 그린다.

친전자 공격이 일어나는 곳에 항상 H 원자를 그려라. 이는 전하가 어디로 움직여가는지 알려줄 것이다.

오쏘 공격

CH_3는 (+) 전하를 안정화

선호되는 생성물

메타 공격

파라 공격

CH_3는 (+) 전하를 안정화

선호되는 생성물

모든 공명 구조에서 양전하는 C−E 결합에 대하여 항상 오쏘와 파라 위치에 나타남을 주목하라. 양전하가 CH_3기에 대하여 반드시 오쏘 또는 파라 위치에 나타나지 않는다.

공명 구조의 안정성을 평가하기 위해서는 먼저 특별히 안정하거나 또는 특별히 불안정한 구조가 있는지를 살펴본다. 예를 들면, CH_3에 대하여 오쏘, 파라 위치에 E가 결합한 경우 CH_3기를 갖는 탄소 원자에 양전하가 나타나는 공명 구조가 존재한다. 전자 주개인 CH_3는 이웃한 양전하를 안정화할 수 있다. 그러나 CH_3기에 대하여 메타 위치에 E가 결합한 경우는 직접 전자 주기 효과에 의해 안정화되는 어떤 공명 구조도 존재하지 않는다. 어떠한 알킬기가 치환되어 있더라도 이 반응에 대해 같은 이유로 오쏘, 파라 지향성을 갖는다.

- 전자를 주는 유도 효과가 탄소 양이온 중간체를 안정화하므로 CH_3기는 그에 대하여 오쏘와 파라 위치에서 친전자성 공격이 일어나게 지향한다.

18.9B NH_2기−오쏘, 파라 지향기

아미노기(NH_2)가 친전자성 방향족 치환 반응을 오쏘 및 파라 위치에 지향하는 이유를 살펴보기 위해 다음 과정을 따라가보자.

오쏘 공격

더 안정함
모든 원자가 팔전자계를 가짐

선호되는 생성물

메타 공격

파라 공격

더 안정함
모든 원자가 팔전자계를 가짐

선호되는 생성물

메타 위치의 공격은 세 종류의 공명 구조를 만들어낸다. 질소 원자에 존재하는 고립 전자쌍 때문에 오쏘와 파라 위치로 공격을 하면 네번째 공명 구조가 만들어지는데 이 구조는 모든 원자가 팔전자계이므로 더 안정화되어 있다. 이러한 추가적인 공명 구조는 벤젠 고리에 직접 결합된 N, O, 또는 할로젠 원자가 있는 모든 치환기에 대하여 그릴 수 있다.

- 탄소 양이온 중간체를 추가 공명 안정화하므로 NH_2기는 그에 대하여 오쏘와 파라에서 친전자성 공격이 일어나게 지향한다.

18.9C NO_2기−메타 지향기

나이트로기(NO_2)가 친전자성 방향족 치환 반응에서 왜 메타 위치에 지향하는지 알아보기 위해 똑같은 과정을 따라가보자.

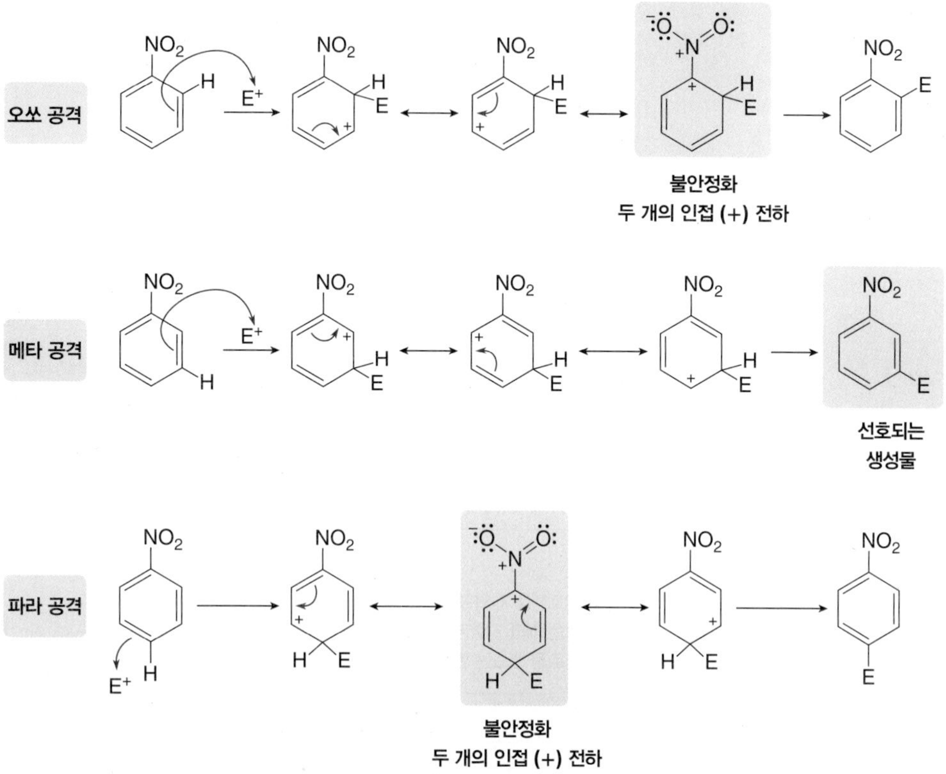

오쏘 공격

불안정화
두 개의 인접 (+) 전하

메타 공격

선호되는
생성물

파라 공격

불안정화
두 개의 인접 (+) 전하

각 위치에 대한 공격으로 세 개의 공명 구조가 만들어진다. 오쏘와 파라 위치의 공격에 의해 생성되는 공명 구조에는 특별히 불안정한 구조가 존재하는데, 인접한 두 원자에 양전하가 있기 때문이다. 메타 위치의 공격으로 생기는 공명 구조에는 특별히 불안정한 구조가 존재하지 않는다.

- NO_2기(그리고 모든 메타 지향기)의 경우에는 오쏘나 파라 위치를 공격하여 생기는 탄소 양이온 중간체가 더 불안정하기 때문에 메타 공격이 일어난다.

문제 18.19 다음 각 물질에 친전자체인 $^+NO_2$가 오쏘 위치를 공격했을 때 생성되는 탄소 양이온의 가능한 공명 구조를 그려라. 특별히 안정한 또는 불안정한 공명 구조가 있는가?

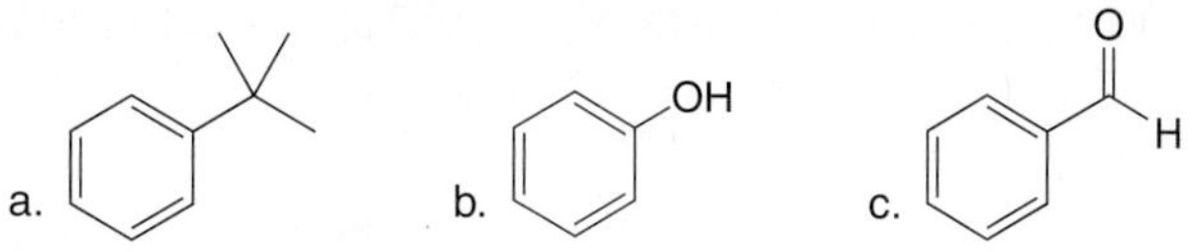

a.　　b.　　c.

그림 18.8은 벤젠 고리에 치환된 여러 치환기에 대하여 그 반응성과 지향성을 요약하여 보여준다.

그림 18.8
치환된 벤젠의 반응성과 지향 효과

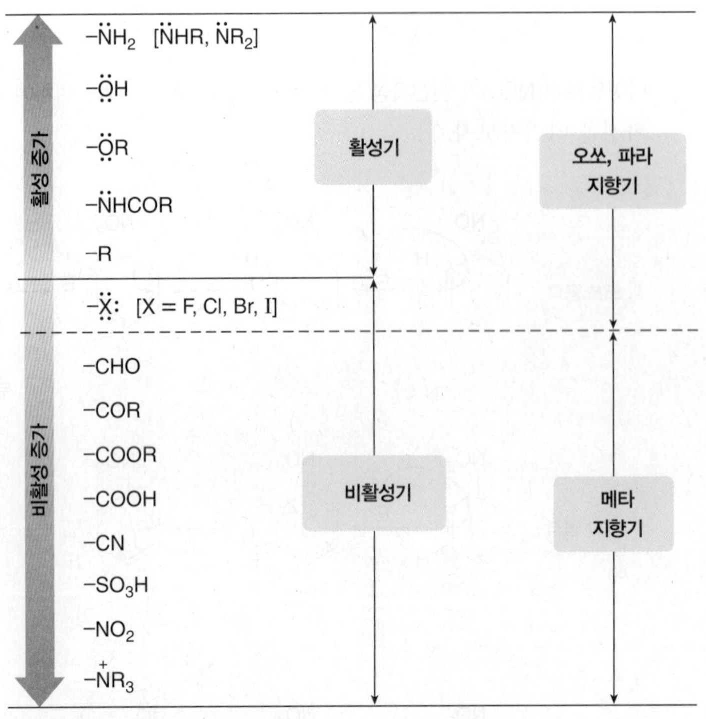

요약
[1] 할로젠을 제외한 모든 오쏘, 파라 지향기는 벤젠 고리를 활성화한다.
[2] 모든 메타 지향기는 벤젠 고리를 비활성화한다.
[3] 할로젠 원소는 벤젠 고리를 비활성화한다.

18.10 치환된 벤젠의 친전자성 치환 반응의 제한점

대부분의 치환된 벤젠은 친전자성 방향족 치환 반응을 잘 하지만 할로젠화 반응과 프리델–크래프츠 반응은 몇 가지 한계가 있다.

18.10A 활성화된 벤젠의 할로젠화 반응

할로젠화 반응은 모든 친전자성 방향족 치환 반응 중 가장 쉽게 일어난다. 따라서 벤젠 고리가 센 전자 주는 기인 OH, NH_2 또는 이들의 유도체(OR, NHR과 NR_2)에 의해 강하게 활성화되어 있는 경우 X_2와 FeX_3을 반응시키면 다중할로젠화 반응(polyhalogenation)이 일어난다. 아닐린($C_6H_5NH_2$)과 페놀(C_6H_5OH)은 둘 다 Br_2 및 $FeBr_3$와 반응하면 트라이브로모 유도체가 생성된다. 이때 치환은 NH_2기와 OH기에 대하여 모든 오쏘와 파라 위치에서 일어난다.

OH (페놀) —[Br_2, $FeBr_3$]→ OH, Br, Br, Br

Br에 의한 H의 일치환 반응(monosubstitution)은 촉매 없이 Br_2만 있어도 일어나며 오쏘와 파라 위치에 치환된 혼합 생성물이 생긴다.

OH —[Br_2]→ OH, Br + OH, Br

문제 18.20 다음 각 반응의 생성물을 그려라.

a. (페놀) $\xrightarrow[FeCl_3]{Cl_2}$ b. (페놀) $\xrightarrow{Cl_2}$ c. (톨루엔) $\xrightarrow[FeCl_3]{Cl_2}$

18.10B 프리델-크래프츠 반응의 제약

프리델-크래프츠 반응은 실험실에서 수행하기에 가장 어려운 친전자성 방향족 치환 반응이다. 예를 들면, 벤젠 고리가 NO_2(센 비활성화기) 또는 NH_2, NHR 또는 NR_2(센 활성화기)로 치환되었을 때는 프리델-크래프츠 반응이 일어나지 않는다.

벤젠 고리가 크게 전자 끄는 기(즉 모든 메타 지향기)로 치환되어 있어서 비활성화되어 있는 경우에도 프리델-크래프츠 반응을 일으키지 않는다.

$C_6H_5NO_2 \xrightarrow[AlCl_3]{RCl}$ **반응하지 않음**

NO_2: 센 비활성화기

센 활성화기인 NH_2도 프리델-크래프츠 반응을 일으키지 않는다. (N의 고립 전자쌍 때문에) NH_2기는 센 루이스 염기로 작용해서 알킬화 반응과 아실화 반응에 꼭 필요한 촉매이자 루이스 산인 $AlCl_3$와 착물을 생성한다. 이 착물은 벤젠 고리에 인접한 양전하를 포함하므로 고리가 크게 비활성화되고, 따라서 프리델-크래프츠 반응을 일으키지 않는다.

$C_6H_5NH_2$ (루이스 염기) + $AlCl_3$ (루이스 산) $\longrightarrow$ $C_6H_5\overset{+}{N}H_2-\overset{-}{A}lCl_3$ (센 비활성화기) $\xrightarrow[AlCl_3]{RCl}$ **반응하지 않음**

문제 18.21 다음 중 어느 화합물이 CH_3Cl과 $AlCl_3$ 조건에서 프리델-크래프츠 알킬화 반응을 일으키는가? 반응이 일어나는 경우에는 그 생성물을 그려라.

a. $C_6H_5-SO_3H$ b. C_6H_5-Cl c. $C_6H_5-N(CH_3)_2$ d. $C_6H_5-NHCOCH_3$

프리델-크래프츠 알킬화 반응의 또 하나의 제약은 **다중알킬화 반응(polyalkylation)**이 쉽게 일어난다는 것이다. 벤젠을 할로젠화 알킬 및 $AlCl_3$와 반응시키면 전자 주개 치환기인 R기가 벤젠 고리에 도입된다. R기는 벤젠 고리를 활성화하므로 알킬화 생성물(C_6H_5R)이 계속해서 치환 반응을 일으키게 된다. 초기에 생성된 알킬화 생성물이 출발물인 벤젠보다 반응성이 더 크므로 RCl과 다시 반응하여 다중알킬화된 생성물이 생성된다.

다중알킬화 반응을 최소로 하기 위해 할로젠화 알킬의 양에 비해 과량의 벤젠을 사용한다.

$C_6H_6 \xrightarrow[AlCl_3]{RCl} C_6H_5R$ (R: 전자 주는 기) $\xrightarrow[AlCl_3]{RCl}$ o-$C_6H_4R_2$ + p-$C_6H_4R_2$

다중알킬화 반응 생성물

그러나 프리델-크래프츠 아실화 반응에서는 다중치환 반응이 일어나지 않는다. 왜냐하면 초기 생성물이 고리를 비활성화하는 아실기의 치환이고, 따라서 제2의 친전자성 치환 반응에 대해 비활성화되어 있기 때문이다.

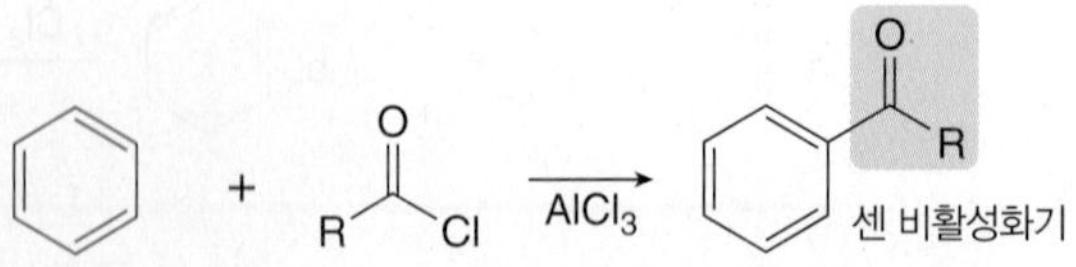

센 비활성화기

18.11 치환기가 두 개 있는 벤젠

출발물로서 이치환 벤젠을 사용하여 친전자성 방향족 치환 반응을 시키면 어떻게 될 것인가? 이 경우 생성물을 예측하기 위해서는 두 치환기의 지향 효과를 살펴보고, 그 알짜 결과를 다음의 세 가지 규칙에 따라 결정한다.

규칙 [1] 두 치환기의 지향 효과가 서로 보강된다면 새로 도입되는 친전자체는 두 치환기가 가지는 지향 효과에 의해 결정된다.

p-나이트로톨루엔의 CH_3기는 오쏘, 파라 지향기이며, NO_2기는 메타 지향기이다. 이 경우 두 효과는 서로 보강되어 Br_2 및 $FeBr_3$ 조건에서 하나의 생성물이 얻어질 것이다. CH_3기에 대하여 파라 위치는 나이트로기에 의해 '차단'되어 있으므로 이 탄소에서는 치환 반응이 일어날 수 없다

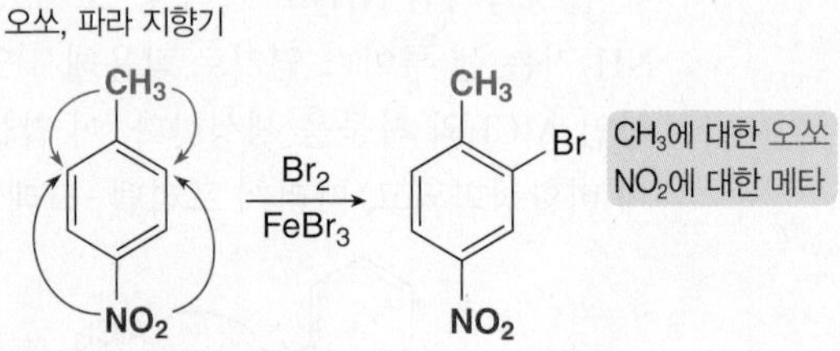

오쏘, 파라 지향기

CH_3에 대한 오쏘
NO_2에 대한 메타

메타 지향기
p-나이트로톨루엔

규칙 [2] 두 치환기의 지향 효과가 서로 상반된다면 더 센 활성기의 지향성을 따른다.

화합물 A의 친전자체와의 반응에서 $NHCOCH_3$기는 두 오쏘 위치를 활성화하고, CH_3기도 두 오쏘 위치를 활성화한다. $NHCOCH_3$가 더 센 활성화기이므로 치환 반응은 $NHCOCH_3$기의 오쏘 위치에서 일어난다.

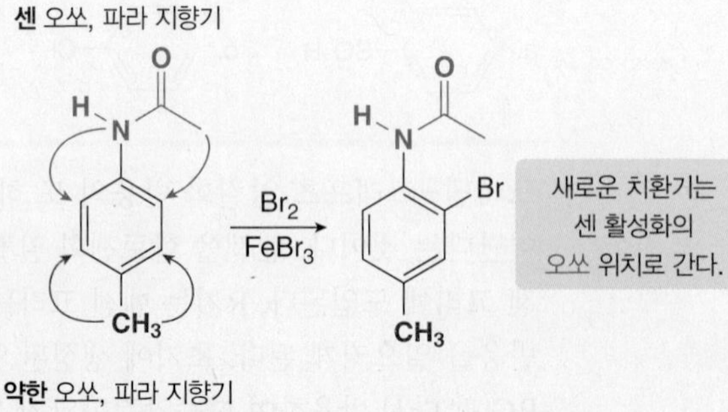

센 오쏘, 파라 지향기

새로운 치환기는
센 활성화의
오쏘 위치로 간다.

약한 오쏘, 파라 지향기
A

규칙 [3] 두 치환기가 서로 메타 위치에 놓여 있으면 두 치환기 사이는 입체적으로 혼잡하므로 치환 반응이 일어나지 않는다.

예를 들면, *m*-자일렌에서 두 개의 CH_3기 사이에 있는 탄소는 활성화되어 있긴 하지만 치환 반응이 일어나지 않는다.

어떤 치환 반응도 여기서는 일어나지 않는다.

한 개의 CH_3기에 대해 오쏘 한 개의 CH_3기에 대해 파라

$\xrightarrow[FeBr_3]{Br_2}$ Br

한 개의 CH_3기에 대해 오쏘 한 개의 CH_3기에 대해 파라

m-자일렌
(1,3-다이메틸벤젠)

예제 18.5 다음 각 화합물의 나이트로화 반응 생성물의 구조를 그려라.

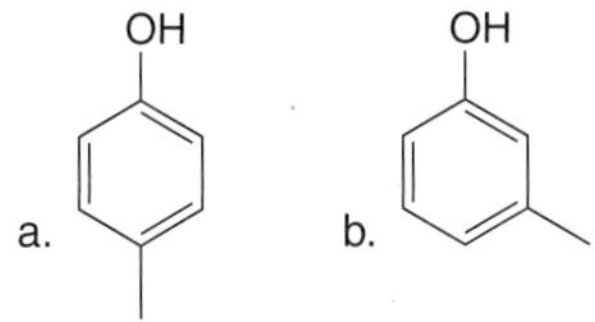

풀이

a. OH기와 CH_3기는 둘 다 오쏘, 파라 지향기이다. OH기가 더 센 활성화기이므로 치환 반응은 OH기에 대해 오쏘 위치에서 일어난다.

OH, CH_3 $\xrightarrow[H_2SO_4]{HNO_3}$ OH, NO_2, CH_3

새로운 치환기는 센 활성화기의 오쏘 위치로 간다.

b. 이 경우 OH기와 CH_3기는 지향 효과를 상호 보강하는 오쏘, 파라 지향기이다. 그러나 두 치환기 사이에는 치환 반응이 일어나지 않는다. 따라서 두 가지 생성물이 생긴다.

어떤 치환 반응도 여기서는 일어나지 않는다.

OH에 대해 오쏘 CH_3에 대해 파라

OH $\xrightarrow[H_2SO_4]{HNO_3}$ OH, O_2N + OH, NO_2

CH_3에 대해 오쏘 OH에 대해 파라

문제 18.22 다음 각 화합물을 HNO_3 및 H_2SO_4와 반응시켰을 때의 생성물의 구조를 그려라.

a. O, O, O
b. O, Br
c. NO_2
d. Cl, Br

18.12 벤젠 유도체의 합성

한 개 이상의 치환기를 갖는 벤젠 유도체를 합성하기 위해서는 각 치환기의 지향성을 고려해야

한다. 예를 들어, 이치환 벤젠의 합성 시 지향 효과는 어떤 치환기가 먼저 도입되어야 하는지 고려해야 한다.

예를 들어, *p*-브로모나이트로벤젠의 Br기는 오쏘, 파라 지향체이고 NO_2기는 메타 지향체이다. 두 치환기가 서로 파라 위치에 치환되어 있으므로 벤젠에서 출발해서 이 화합물을 합성하고자 할 때 오쏘, 파라 지향기가 먼저 도입되어야만 한다.

Br 오쏘, 파라 지향기

NO_2 메타 지향기

p-브로모나이트로벤젠

두 개의 기가 서로에 대해 파라이므로
오쏘, 파라 지향기를 먼저 도입한다.

따라서 경로 [1]처럼 나이트로화 반응보다 먼저 브로민화 반응을 시켜야 원하는 파라 생성물을 얻을 수 있다. 경로 [2]처럼 브로민화 반응보다 먼저 나이트로화 반응을 시키면 원치 않는 메타 이성질체가 얻어진다.

경로 [1]: 나이트로화 반응 전의 브로민화 반응: 원하는 파라 생성물이 형성된다.

오쏘, 파라 지향기

Br_2, $FeBr_3$ → (Br) → HNO_3, H_2SO_4 → (Br, NO_2) + (Br, NO_2)

원하는 생성물

혼합물에서
오쏘 생성물이 얻어진다.

경로 [2]: 브로민화 반응 전의 나이트로화 반응: 원하지 않는 메타 이성질체가 형성된다.

HNO_3, H_2SO_4 → (NO_2) → Br_2, $FeBr_3$ → (Br, NO_2)

메타 지향기

메타 이성질체

경로 [1]의 경우 필요한 파라 생성물뿐만 아니라 필요 없는 오쏘 이성질체도 얻어진다. 그러나 이 두 화합물은 구조 이성질체이기 때문에 쉽게 분리할 수 있다. 여기서 오쏘와 파라 이성질체의 혼합물이 형성되는 것은 피할 수 없다.

예제 18.6 벤젠으로부터 *o*-나이트로톨루엔의 합성법을 제시하라.

(NO_2) ⟹ (벤젠)

o-나이트로톨루엔

풀이

o-나이트로톨루엔의 CH_3기는 오쏘, 파라 지향기이고 NO_2기는 메타 지향기이다. 두 치환기가 서로에 대해 오쏘 위치에 있으므로 **오쏘, 파라 지향기가 먼저 도입되어야 한다.** 따라서 합성은 프리델-크래프츠 알킬화 반응을 먼저 시킨 후 나이트로화 반응을 일으키는 두 단계를 수반한다.

$$\text{benzene} \xrightarrow[\text{AlCl}_3]{\text{CH}_3\text{Cl}} \text{toluene} \xrightarrow[\text{H}_2\text{SO}_4]{\text{HNO}_3} \text{o-nitrotoluene} + \text{파라 이성질체}$$

o-나이트로톨루엔

문제 18.23 주어진 출발물로부터 각 화합물의 합성법을 제시하라.

a. (m-클로로벤젠설폰산: Cl, SO_3H) ⟹ 벤젠 b. (m-나이트로아세토페논: O_2N, C=O) ⟹ 벤젠 c. (2-브로모-4-메틸페놀: OH, Br) ⟹ 페놀

18.13 친핵성 방향족 치환 반응

대부분의 방향족 화합물이 친전자성 방향족 치환 반응을 진행하지만, 할로젠화 아릴은 강한 친핵체와 제한적으로 반응한다.

$$\text{A-C}_6\text{H}_4\text{-X} \xrightarrow{:\text{Nu}^-} \text{A-C}_6\text{H}_4\text{-Nu} + :\text{X}^-$$

X = F, Cl, Br, I
A = H, 전자 끄는 기

- 친핵성 방향족 치환 반응은 벤젠 고리에 결합된 할로젠 X를 친핵체 (:Nu^-)가 치환하는 반응이다.

7.17절에서 소개했듯이, 이 반응들은 sp^3 혼성화 탄소에서만 진행되는 S_N1 또는 S_N2 메커니즘에 의해 일어나지 않는다. 그 대신에 이 결과를 설명하기 위하여 첨가–제거(18.13A 절)와 제거–첨가(18.13B 절)의 두 가지 다른 메커니즘이 이 반응에 대하여 제안되었다.

18.13A 첨가–제거에 의한 친핵성 방향족 치환 반응

오쏘나 파라에 강한 전자를 끄는 기(나이트로기 등)를 함유하는 할로젠화 아릴은 친핵체와 반응하여 치환 반응물을 생성한다. 예를 들어, *p*-클로로나이트로벤젠(chloronitrobenzene)을 수산화(OH^-) 이온과 반응시켜서 Cl을 OH로 치환한 *p*-나이트로페놀(nitrophenol)을 생성할 수 있다.

$$O_2N\text{-C}_6\text{H}_4\text{-Cl} \xrightarrow{^-\text{OH}} O_2N\text{-C}_6\text{H}_4\text{-OH} + Cl^-$$

p-클로로나이트로벤젠 *p*-나이트로페놀

친핵성 방향족 치환 반응은 ^-OH, ^-OR, $^-NH_2$, ^-SR 등의 강한 음이온 친핵체뿐만 아니라 NH_3, RNH_2 등 중성 친핵체에 의해서도 진행될 수 있다. 이 반응의 메커니즘은 공명 안정 탄소 음이온을 생성하기 위한 친핵체의 첨가에 이어 할로젠 이탈기가 제거되는 두 단계로 구성된다. 일반적으로 전자를 끄는 기(W)를 가진 방향족 염소 화합물에 대한 메커니즘을 18.10에 보였다.

친핵성 방향족 치환 반응에서 반응성에 대한 다음의 경향이 관찰된다.

메커니즘 18.10 첨가-제거에 의한 친핵성 방향족 치환 반응

① 친핵체의 첨가는 속도 결정 단계에서 새로운 C−Nu 결합과 공명 안정화 탄소 음이온을 생성한다.

② 방향족 고리 구조를 재생성시키기 위해 이탈기가 제거된다.

- 전자를 끄는 기의 수가 증가하면 할로젠화 아릴의 반응성이 증가한다. 전자를 끄는 기는 음이온 중간체를 안정화시키고, 하몬드 가설에 의거하여 음이온 생성 과정에 발생하는 전이 상태의 에너지를 낮춘다.

- 할로젠 전기음성도의 증가는 방향족 할로젠의 반응성을 높인다. 전기음성도가 큰 할로젠은 유도 효과에 의하여 탄소 음이온 중간체를 안정화시킨다. 따라서 플루오린화 아릴(ArF)은 전기음성도가 작은 할로젠이 있는 것보다 훨씬 반응성이 크다.

그러므로 염화 아릴 B는 *o*-클로로나이트로벤젠 (A)보다 반응성이 높다. 왜냐하면 B에 두 개의 전자 끄는 NO_2기가 있기 때문이다. 플루오린화 아릴 C는 B보다 더 반응성이 높다. 왜냐하면 C에 더 전기음성도가 더 큰 할로젠인 플루오린이 있기 때문이다.

전자를 끄는 기의 위치가 친핵성 방향족 치환 반응의 반응 속도에 큰 영향을 주는 것에 유의하라. 나이트로기가 할로젠의 오쏘나 파라 위치인 경우, 탄소 음이온 중간체의 음전하는 NO_2기에 분산될 수 있으므로 음이온 중간체를 안정화시킨다. NO_2기가 메타 위치에 있는 경우, NO_2기에 의한 추가적인 음전하의 분산은 일어나지 않는다.

그러므로 첨가-제거 메커니즘에 의한 친핵성 방향족 치환 반응은 오쏘나 파라 위치에 전자 끄는 기가 있는 할로젠화 아릴에서만 발생할 수 있다.

문제 18.24 각 반응의 생성물을 그려라.

a. (2,4-dinitrochlorobenzene: O_2N, Cl, NO_2) $\xrightarrow{NaOCH_3}$

b. (4-fluoroacetophenone: F, O) $\xrightarrow{^-OH}$

문제 18.25 D를 생성하는 다음 반응 메커니즘을 단계별로 그려라. D는 한 단계 반응으로 항우울증 치료제 플루옥세틴(fluoxetine, 상품명 프로잭)으로 전환된다.

F_3C–C₆H₄–Cl + HO–CH(Ph)–CH₂CH₂–$N(CH_3)_2$ $\xrightarrow{KOC(CH_3)_3}$ F_3C–C₆H₄–O–CH(Ph)–CH₂CH₂–$N(CH_3)_2$ (**D**) $\xrightarrow{\text{한 단계}}$ F_3C–C₆H₄–O–CH(Ph)–CH₂CH₂–$NHCH_3$ (플루옥세틴)

18.13B 제거-첨가에 의한 친핵성 방향족 치환 반응: 벤자인

전자 끄는 기가 없는 할로젠화 아릴은 일반적으로 친핵체와 반응하지 않는다. 그러나 극한적인 반응 조건에서 친핵성 방향족 치환 반응이 할로젠화 아릴에서 일어날 수 있다. 예를 들면, 염화벤젠(chlorobenzene)을 300°C 이상의 온도, 170기압에서 NaOH와 반응시키면 페놀이 얻어진다.

염화벤젠 (C₆H₅–Cl) $\xrightarrow[\text{[2] } H_3O^+]{\text{[1] NaOH, 300 °C, 170 atm}}$ 페놀 (C₆H₅–OH) + NaCl

이 반응을 설명하기 위하여 제시된 메커니즘은 제거-첨가에 의한 벤자인(benzyne) 중간체(C_6H_4)의 형성을 포함한다. 메커니즘 18.11에서 보인 것처럼, 벤자인은 할로젠화 아릴에서 HX의 탈락으로 얻어지는 매우 반응성이 큰 불안정한 중간체이다.

벤자인 중간체의 형성은 방향족 할로젠의 치환 생성물이 혼합물을 형성하는 이유를 설명한다. **제거-첨가에 의한 친핵성 방향족 치환 반응은 이탈기가 부착된 탄소와 그 옆 탄소에서 발생한다.** 예를 들

메커니즘 18.11 제거-첨가에 의한 친핵성 방향족 치환 반응: 벤자인

(Cl, H가 붙은 벤젠) + $:\ddot{O}H^-$ →[1] (카르보음이온) + $H_2\ddot{O}:$ →[2] 벤자인 + $:\ddot{Cl}:^-$; 벤자인 + $:Nu^-$ →[3] (Nu 치환 음이온) + $H-\ddot{O}H$ →[4] (Nu, H 치환 벤젠) + $:\ddot{O}H^-$

① ② 두 개의 인접한 탄소로부터 H와 X가 탈락하여 반응성 높은 벤자인 중간체가 형성된다

③ ④ 친핵성 공격과 양성자 제거는 치환 생성물을 생성한다.

어, *p*-클로로톨루엔(chlorotoluene)과 $NaNH_2$의 반응은 파라와 메타 생성물을 형성한다.

벤자인 중간체에 대한 친핵체의 공격이 C3에 진행되어 *m*-메틸아닐린을 생성하거나, C4에 진행되어 *p*-메틸아닐린을 생성한다.

벤자인의 삼중 결합은 예상되는 바와 같이 비정상적이다. 육원자 고리의 각각의 탄소는 sp^2 혼성이다. 그 결과 하나의 σ 결합과 두 개의 π 결합의 삼중 결합이 다음과 같은 오비탈을 형성한다.

- σ 결합은 두 sp^2 혼성 오비탈의 겹침에 의해 생성된다.
- 한 개의 π 결합은 분자 평면과 수직인 두 *p* 오비탈의 겹침에 의해 생성된다.
- 두 번째 π 결합은 두 sp^2 혼성 오비탈의 겹침에 의해 생성된다.

그러므로 두 번째 π 결합은 여태껏 보아 왔던 π 결합과는 다른 형태이다. 즉, 두 번째 것은 *p* 오비탈이 아닌 측면과 측면끼리의 sp^2 혼성 오비탈의 겹침으로 형성된다. 이 π 결합은 분자 평면과 수평 방향으로 존재하고, 매우 약한 결합을 형성한다.

문제 18.26 각각 반응의 생성물을 그려라.

문제 18.27 *m*-클로로톨루엔이 NH_3 조건하에 KNH_2와 반응하였을 때 생성물을 모두 그려라.

18.14 알킬 벤젠의 할로젠화 반응

알케인의 라디칼 할로젠화 반응은 15장에서 살펴보았다. 알릴 탄소에서 일어나는 라디칼 할로젠화 반응의 메커니즘은 15.10절에 잘 나와 있다.

벤젠 유도체의 합성 방법을 크게 확장시켜 줄 수 있는 몇 가지 추가적인 치환된 벤젠의 반응을 살펴보고 18장을 끝내기로 한다. 18.14절에서는 라디칼에 의한 할로젠화 반응을 살펴보고, 18.15절에서는 유용한 산화 반응과 환원 반응을 살펴보기로 한다.

벤질자리 C–H 결합은 다른 sp^3 혼성화 C–H 결합보다 약하다. 왜냐하면 균일 분해로 생기는 벤질자리 라디칼이 공명 안정화될 수 있기 때문이다.

벤질자리 C–H 결합은 붉은색으로 나타내었다.

+ H·

벤질자리 라디칼의 다섯 개의 공명 구조

벤질자리 C–H 결합의 결합 해리 에너지는 356 kJ/mol로서 이 값은 3° 탄소의 C–H 결합의 해리 에너지 381 kJ/mol보다 작은 값이다.

따라서 라디칼 반응 조건하에서 약한 결합인 벤질자리 C–H에 선택적으로 브로민화 반응이 일어나 **벤질자리 할로젠화물**(benzylic halide)이 생성된다. 예를 들어, Br_2(빛이나 열 존재하에) 또는 NBS(*N*-bromosuccinimide, 빛이나 과산화물 존재하에)를 사용하여 에틸벤젠을 라디칼 브로민화 반응을 시키면 벤질자리 브로민화물(benzylic bromide)이 생성된다.

에틸벤젠 —[Br_2, $h\nu$ 또는 Δ / 또는 / NBS, $h\nu$ 또는 ROOR]→ 벤질자리 브로민화물 + HBr

라디칼 조건

메커니즘 18.12 벤질자리 브로민화 반응

부분 [1] 개시

$:\ddot{Br}-\ddot{Br}:$ —[$h\nu$ 또는 Δ, 1]→ $:\ddot{Br}\cdot$ + $\cdot\ddot{Br}:$

① 빛이나 열에 의해 Br–Br 결합의 균일 분해가 일어나 두 개의 Br 라디칼이 생긴다.

부분 [2] 전파

[+ 네 개의 공명 구조]

+ H–Br:

② Br·에 의해 벤질자리 수소가 떨어져 공명 안정화된 벤질자리 라디칼을 만든다.

③ 벤질자리 라디칼은 브로민 원자를 떼어내어 브로민화 벤질을 생성한다. Br·이 다시 생성되므로 단계 ②와 ③이 추가적인 개시 반응 없이도 반복될 수 있다.

부분 [3] 종결

$:\ddot{Br}\cdot$ + $\cdot\ddot{Br}:$ —[4]→ $:\ddot{Br}-\ddot{Br}:$

④ 두 개의 라디칼이 만나 결합을 형성하면 연쇄 반응이 종료된다.

벤질자리에서 일어나는 할로젠화 반응의 메커니즘은 다른 라디칼 할로젠화 반응 메커니즘과 유사하며, 개시, 전파, 종결 단계로 나눌 수 있다. 메커니즘 18.12는 Br_2 ($h\nu$ 또는 Δ)를 사용한 에틸벤젠의 라디칼 브로민화 반응을 나타내고 있다.

따라서 알킬 벤젠은 Br_2와 반응하면 반응 조건에 따라 두 개의 완전히 다른 반응을 일으키게 된다.

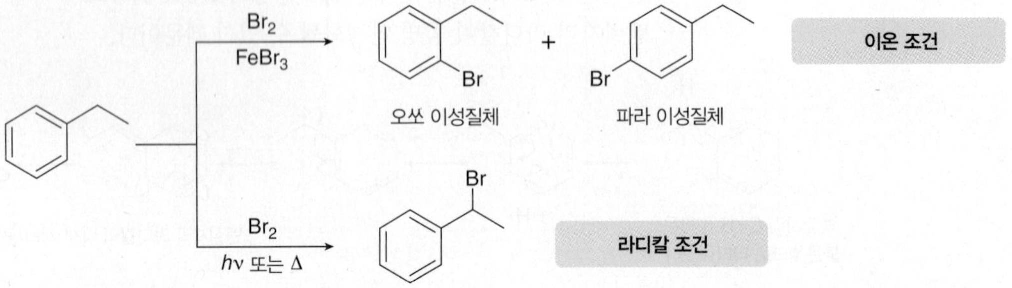

Br_2, $FeBr_3$ → 오쏘 이성질체 + 파라 이성질체 (이온 조건)

Br_2, $h\nu$ 또는 Δ → (라디칼 조건)

- Br_2와 $FeBr_3$가 있을 때(이온 조건) 친전자성 방향족 치환 반응이 일어나며, 결과적으로 방향족 고리의 H가 Br로 치환되어 오쏘 및 파라 이성질체가 생성된다.
- Br_2와 빛이나 열이 있을 때(라디칼 조건) 알킬기의 벤질자리에 있는 탄소의 H가 Br로 치환되는 반응이 일어난다.

문제 18.28 $C_6H_5CH_2CH_3$의 라디칼 브로민화 반응에서 왜 $C_6H_5CH_2CH_2Br$이 생성되지 않는지 설명하라.

알킬 벤젠의 라디칼 브로민화 반응은 매우 유용한 반응이다. 왜냐하면 반응의 결과 생성되는 벤질자리 할로젠화물은 여러 가지 치환 및 제거 반응의 출발물이 될 수 있기 때문이며, 그 결과 여러 가지 새로운 치환된 벤젠 유도체를 얻을 수 있다. 예제 18.7에서 한 가지 예를 들어보자.

예제 18.7 에틸벤젠으로부터 스타이렌을 합성하는 방법을 그려라.

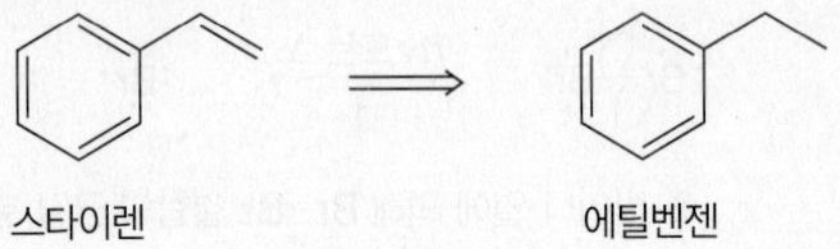

스타이렌 ⟹ 에틸벤젠

풀이

이중 결합은 두 단계 반응을 통해서 도입할 수 있다. 라디칼 반응 조건에서 벤질자리에 브로민화 반응을 시킨 다음, π 결합을 형성하기 위해 센염기 조건에서 HBr을 제거하면 된다.

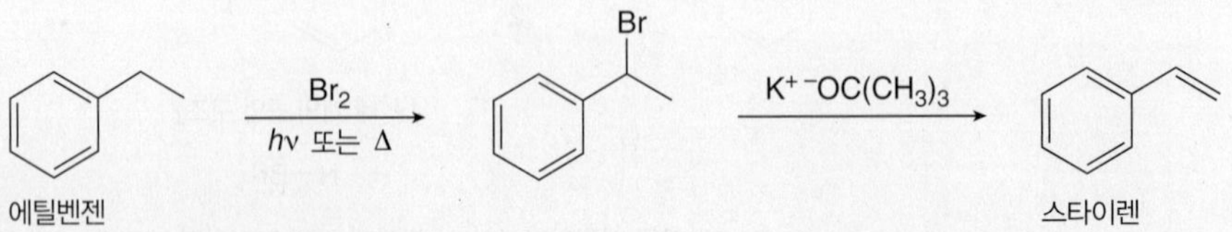

에틸벤젠 —(Br_2, $h\nu$ 또는 Δ)→ Br —($K^+ \ ^-OC(CH_3)_3$)→ 스타이렌

문제 18.29 다음 각 화합물을 합성하기 위하여 에틸벤젠을 어떻게 반응시키겠는가? 한 단계 이상의 반응이 필요할 수도 있다.

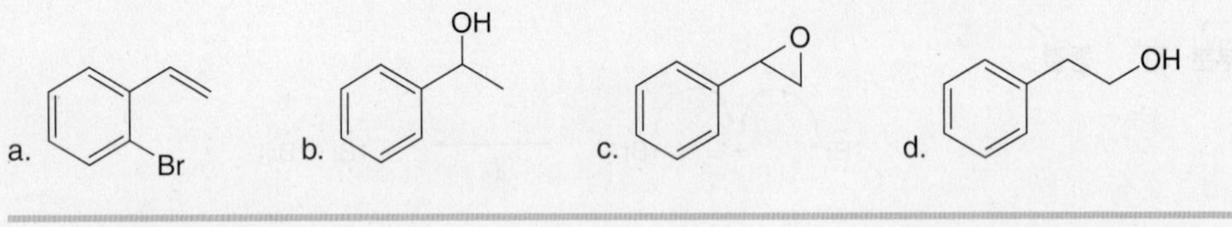

a. Br b. OH c. O d. OH

18.15 치환된 벤젠의 산화 반응과 환원 반응

산화 반응과 환원 반응은 여러 가지 벤젠 유도체 합성을 위한 중요한 수단이기도 하다. 메커니즘은 복잡하고 일반적으로 잘 응용되지 않기 때문에 상세한 메커니즘은 언급하지 않기로 하고 시약과 반응 조건만 다루기로 한다.

18.15A 알킬 벤젠의 산화 반응

벤질자리에 C–H 결합을 하고 있는 수소가 하나라도 있으면 $KMnO_4$에 의해서 벤질자리가 산화되어 카복시기(COOH)가 직접 벤젠 고리에 결합된 카복실산인 **벤조산**이 된다. 이러한 산화 반응은 탄소–탄소 결합이 끊어지는 결과를 주기 때문에 어떤 알킬 벤젠 산화 생성물의 탄소 수는 출발물보다 적다.

톨루엔
아이소프로필벤젠
$KMnO_4$
벤조산
카복시기

한 개 이상의 알킬기가 있는 반응물의 경우 산화 반응을 시키면 다이카복실산이 된다. 벤질자리에 C–H 결합이 하나도 없는 화합물은 산화 반응을 일으키지 않는다.

$KMnO_4$
프탈산
$KMnO_4$
반응하지 않음

18.15B 아릴 케톤을 알킬 벤젠으로 환원

프리델–크래프츠 아실화 반응에서 생성된 케톤은 두 가지 다른 방법에 의해 알킬 벤젠으로 환원될 수 있다.

Zn(Hg) + HCl
또는
NH_2NH_2 + ^-OH

- 클레멘젠 환원(Clemmensen reduction) 반응은 센산 존재하에 아연과 수은을 사용한다.
- 볼프–키쉬너(Wolff–Kishner reduction) 반응은 하이드라진(NH_2NH_2)과 강염기(KOH)를 사용한다.

출발물에 존재하는 C–O 결합이 C–H 결합으로 변환되기 때문에 이 환원 반응은 매우 어려운 환원 반응이며 반응 조건도 상당히 격렬하다.

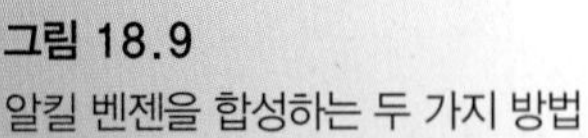

그림 18.9
알킬 벤젠을 합성하는 두 가지 방법

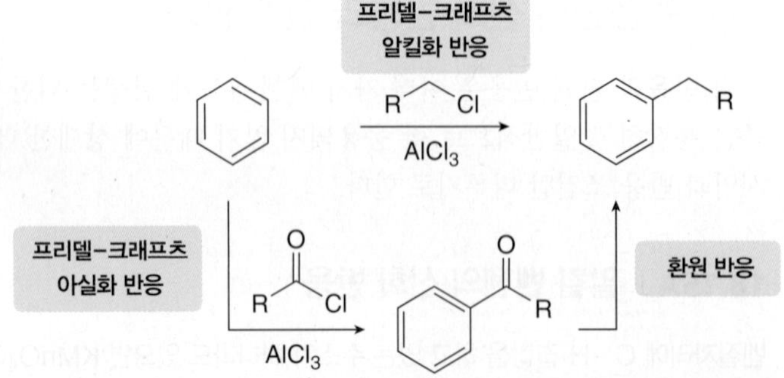

클레멘젠 환원 반응

Zn(Hg) + HCl, Δ

볼프-키쉬너 환원 반응

NH_2NH_2 + ^-OH, Δ

지금까지 벤젠 고리에 알킬기를 도입하는 두 가지 다른 방법을 살펴보았다(그림 18.9).

- 프리델-크래프츠 알킬화 반응에 의한 한 단계 방법
- 프리델-크래프츠 아실화 반응으로 케톤을 얻고, 이것을 환원시키는 두 단계 방법

두 단계 방법이 우회하는 방법처럼 보이지만, 어떤 알킬 벤젠의 경우에는 자리 옮김이 일어나서 한 단계 반응의 프리델-크래프츠 알킬화 반응으로 합성할 수 없기 때문에 두 단계 합성 방법을 사용해야 한다.

이미 18.5C절에서 언급했듯이 프로필벤젠은 프리델-크래프츠 알킬화 반응으로 합성할 수 없다. 벤젠을 1-클로로프로페인 및 $AlCl_3$와 반응시키면 자리 옮김 반응에 의해 아이소프로필벤젠이 생성된다. 그래서 프로필벤젠은 프리델-크래프츠 아실화 반응에 이은 환원 반응의 두 단계 과정을 통해 합성할 수 있다.

Cl, $AlCl_3$ → 아이소프로필벤젠 (자리 옮김 반응에 의해 생성) [생성되지 않음]

Cl, $AlCl_3$ → Zn(Hg), HCl → 프로필벤젠

문제 18.30 벤젠을 다음의 각 화합물로 변환하는 데 필요한 두 단계 반응식을 쓰라.

a.

b.

문제 18.31 벤젠을 *p*-아이소뷰틸아세토페논(*p*-isobutylacetophenone, 항염증제인 이부프로펜을 합성하는 데 필요한 핵심 중간체임)으로 변환시키는 데 필요한 합성 단계를 나타내라.

p-아이소뷰틸아세토페논 —(여러 단계)→ 이부프로펜

18.15C 나이트로기의 환원

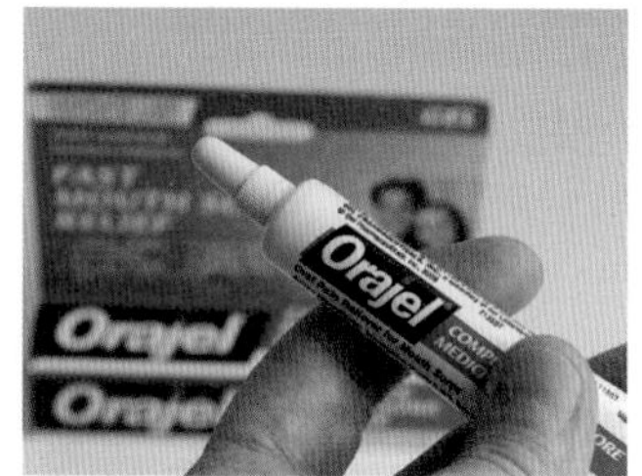

벤조카인(benzocaine)은 의사의 처방 없이 살 수 있는 국부 마취제인 오라젤(Ora-jel)의 주요 성분이다.

나이트로기(NO_2)는 센산과의 나이트로화 반응을 통해 벤젠 고리에 쉽게 도입할 수 있다(18.4절). 나이트로기는 쉽게 아미노기(NH_2)로 환원될 수 있기 때문에 이 반응은 유용하다. 가장 일반적인 환원 방법은 H_2와 촉매, 또는 금속(Fe 또는 Sn)과 HCl과 같은 센산을 사용하는 것이다.

나이트로벤젠 —(H_2, Pd-C 또는 Fe, HCl 또는 Sn, HCl)→ 아닐린

예를 들어 *p*-나이트로벤조산 에틸(ethyl *p*-nitrobenzoate)을 팔라듐(palladium) 촉매하에서 H_2와 반응시키면 *p*-아미노벤조산 에틸(ethyl *p*-aminobenzoate)이 형성된다. *p*-아미노벤조산 에틸은 벤조카인(benzocaine)이라고 불리는 국부 마취제이다.

p-나이트로벤조산 에틸 —(H_2, Pd-C)→ *p*-아미노벤조산 에틸 (벤조카인)

예제 18.8은 이러한 과정의 유용성을 잘 보여준다.

예제 18.8 벤젠으로부터 *m*-브로모아닐린을 합성하는 방법을 그려라.

m-브로모아닐린 ⟹ 벤젠

풀이

역합성 방법을 고안하는 데 유념해야 할 것은:

- NH_2기를 친전자성 치환 반응을 통해 직접 고리에 도입할 수는 없다. 따라서 이것은 두 단계, 즉 나이트로화 반응에 이은 환원 반응을 통해 도입되어야 한다.
- Br과 NH_2는 둘 다 오쏘, 파라 지향의 치환기인데 이 둘은 서로 메타 위치에 치환되어 있다. 그렇지만 NO_2기(NH_2가 만들어지는 기)는 메타 지향기이므로 이 성질을 합성에 이용하면 된다.

역합성 분석

최종 생성물로부터 거꾸로 합성 방법을 거슬러 올라가 보면 세 단계의 역합성 분석이 가능하다.

환원 반응 / 나이트로화 반응 / 브로민화 반응

m-브로모아닐린

- [1] NO_2의 환원 반응에 의한 NH_2기 생성
- [2] 할로젠화 반응에 의해 NO_2기에 대해 메타 위치에 Br기 도입
- [3] 나이트로화 반응에 의해 NO_2기 도입

합성

합성 방법은 세 단계를 포함하고 있으며 반응 순서가 대단히 중요하다. 메타 치환 생성물을 얻기 위해 할로젠화 반응(단계 [2])은 환원 반응(단계 [3])보다 먼저 일어나도록 해야 한다.

HNO_3, H_2SO_4 [1]; Br_2, $FeBr_3$ [2]; H_2, Pd-C [3]

m-브로모아닐린

Br은 NO_2기에 대해 메타 위치로 간다.
메타 지향기

문제 18.32 벤젠으로부터 다음의 각 화합물을 합성하라.

a. (벤젠 고리–CO_2H) b. (벤젠 고리–NH_2) c. (벤젠 고리–CO_2H, Br)

18.16 다단계 합성

18장을 통해 배운 반응은 예제 18.9~18.11에서 보는 바와 같이 여러 가지 치환된 벤젠의 합성을 가능하게 한다.

예제 18.9 벤젠으로부터 p-나이트로벤조산을 합성하라.

O_2N–(벤젠 고리)–C(=O)OH

나이트로벤조산

합성

고리에 치환된 두 작용기(NO_2와 COOH)는 모두 메타 지향성이다. 이 두 치환기를 서로에 대해 파라 위치에 치환되도록 하기 위해 기억해야 할 것은, 고리에 도입된 알킬기를 산화시키면 COOH기가 될 수 있다는 사실이다. 알킬기는 오쏘, 파라 지향기이다.

역합성 분석

역으로 생각하기:

- [1] 알킬기를 산화하면 COOH기 생성 가능
- [2] 나이트로화 반응으로 NO_2기를 CH_3기(오쏘, 파라 지향기이다)의 파라 위치에 도입
- [3] 프리델-크래프츠 알킬화 반응으로 CH_3기 첨가

합성

- 단계 [1]은 CH_3Cl과 $AlCl_3$를 사용한 벤젠 고리의 프리델-크래프츠 알킬화 반응으로 톨루엔을 합성한다. CH_3는 오쏘, 파라 지향기이므로 나이트로화 반응을 시키면 오쏘와 파라에 나이트로기가 치환된 물질의 혼합물이 얻어진다. 두 이성질체 중 파라 이성질체만 분리한다(단계 [2]).
- $KMnO_4$로 산화하여 CH_3기를 COOH기로 변환한다(단계 [3]).

예제 18.10 벤젠으로부터 *p*-클로로스타이렌(chlorostyrene)을 합성하라.

풀이

고리에 치환된 두 치환기는 모두 오쏘, 파라 지향기이고 서로 파라 위치에 있다. 곁사슬에 이중 결합을 도입하기 위해서는 예제 18.7에 나와 있는 두 단계 반응을 따르면 된다.

역합성 분석

역으로 생각하기:

- [1] 벤질자리 할로젠화 반응에 이은 제거 반응으로 이중 결합 생성 가능
- [2] 프리델-크래프츠 알킬화 반응에 의해 CH_3CH_2기 도입
- [3] 염소화 반응에 의해 고리에 Cl 원자 첨가

합성

벤젠 —(Cl_2, $FeCl_3$ [1])→ 클로로벤젠 —(CH_3CH_2Cl, $AlCl_3$ [2])→ p-에틸클로로벤젠 [+ 이성질체] —(Br_2, $h\nu$ [3])→ —($K^+ \, ^-OC(CH_3)_3$ [4])→ *p*-클로로스타이렌

- 단계 [1]의 염소화 반응과 단계 [2]의 프리델-크래프츠 알킬화 반응으로 두 이성질체의 혼합물을 얻고 오쏘 이성질체만 분리하여 원하는 파라 생성물을 얻는다.
- 벤질자리 브로민화 반응과 센염기[$KOC(CH_3)_3$]에 의한 제거 반응(단계 [3]과 [4])으로 목표 화합물인 *p*-클로로스타이렌의 이중 결합을 도입한다.

예제 18.11 **벤젠으로부터 삼치환 벤젠 유도체 A를 합성하라.**

NO_2

A

풀이

A에 존재하는 두 치환기(CH_3CO와 NO_2)는 메타 지향기이면서 이 둘은 서로 메타 위치에 있다. 또 하나의 치환기인 알킬기는 오쏘, 파라 지향기이다.

역합성 분석

벤젠 고리에 세 개의 치환기가 있으므로 우선 목표로 하는 물질이 합성될 수 있는 전구물질인 이치환 벤젠 유도체가 어떤 것인지 결정해야 한다. 이치환 벤젠 유도체 중 목표 물질로 바꿀 수 없는 것은 제거한다. 이 경우 이론적으로 세 개의 다른 이치환 벤젠(**B**~**D**)이 **A**의 전구물질이 될 수 있다. 그러나 비활성화된 벤젠 고리의 프리델-크래프츠 반응 조건을 사용해야 하는 **B** 또는 **D**의 경우 반응이 일어나지 않는다. 따라서 오직 **C**만이 **A**의 실제 전구물질이 될 수 있다.

목표 화합물

A (NO_2)

B —(CH₃COCl, $AlCl_3$) ✕→ **A**

C —(HNO_3, H_2SO_4)→ **A**

D —(Cl-butyl, $AlCl_3$) ✕→ **A**

벤젠 고리가 세게 비활성화되어 프리델-크래프츠 반응은 일어나지 않음

오직 이 경로로 반응이 일어난다.

벤젠 고리가 크게 비활성화되어 프리델-크래프츠 반응은 일어나지 않음

이제 벤젠으로부터 화합물 **C**를 합성하면 역합성 분석이 끝난다.

- [1] 프리델-크래프츠 아실화 반응에 의해 케톤 첨가
- [2] 프리델-크래프츠 아실화 반응에 이은 환원 반응의 두 단계 과정으로 알킬기를 도입한다. 자리 옮김 반응이 일어날 수 있기 때문에 한 단계의 프리델-크래프츠 알킬화 반응으로는 뷰틸벤젠이 합성될 수 없다(문제 18.15B).

합성

- 프리델-크래프츠 아실화 반응에 이은 Zn(Hg), HCl 조건의 환원 반응으로 뷰틸벤젠의 생성(단계 [1]~[2])
- 프리델-크래프츠 아실화 반응으로 얻어지는 두 이성질체 중에서 파라 이성질체만 분리하여 C를 얻음(단계 [3])
- 단계 [4]의 나이트로화 반응으로 알킬기(오쏘, 파라 지향기)에 대해 오쏘, CH_3CO기(메타 지향기)에 대해 메타 위에 NO_2기가 도입

문제 18.33 벤젠으로부터 각 화합물을 합성하라.

방향족 화합물의 반응

친전자성 방향족 치환 반응의 메커니즘(18.2절)

- 친전자성 방향족 치환 반응의 메커니즘은 두 단계이다. 방향족 고리와 친전자체의 반응으로 탄소 양이온이 생성되고, 양성자를 잃어 방향족 고리가 재생된다.
- 첫 번째 단계가 속도 결정 단계이다.
- 중간체로 생기는 탄소 양이온은 공명에 의해 안정화될 수 있다. 세 개 이상의 공명 구조를 그릴 수 있으며, 이때 양전하는 항상 새로운 C−E 결합에 대해 오쏘, 파라 위치에 놓인다.

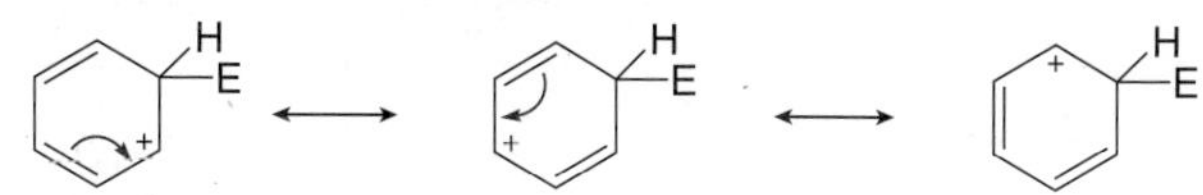

친전자성 치환 반응의 반응성과 지향 효과를 설명하는 세 가지 규칙(18.7~18.9절)

[1] 할로젠을 제외한 모든 오쏘, 파라 지향기는 벤젠 고리를 활성화한다.

[2] 모든 메타 지향기는 벤젠 고리를 비활성화한다.

[3] 할로젠은 벤젠 고리를 비활성화하지만, 오쏘, 파라 지향성을 갖는다.

친전자성 방향족 치환 반응의 치환기 효과 요약(18.6~18.9절)

	치환기	유도 효과	공명 효과	반응성	지향 효과
[1]	R = 알킬	주기	없음	활성화	오쏘, 파라
[2]	Z: , Z = N 또는 O	끌기	주기	활성화	오쏘, 파라
[3]	X: , X = 할로젠	끌기	주기	비활성화	오쏘, 파라
[4]	Y(δ+ 또는 +)	끌기	끌기	비활성화	메타

친전자 방향족 치환 반응의 다섯 가지 예

[1] 할로젠화 반응—Cl 또는 Br이 H를 치환(18.3절)

X_2 / FeX_3 → 염화 아릴 혹은 브로민화 아릴

[X = Cl, Br]

- 다중할로젠화 반응이 OH와 NH_2로 치환된(또는 관련 치환기)벤젠 고리에서 일어난다(18.10A).

[2] 나이트로화 반응—NO_2가 H를 치환(18.4절)

HNO_3 / H_2SO_4 → 나이트로 화합물

[3] 설폰화 반응—SO_3H가 H를 치환(18.4절)

SO_3 / H_2SO_4 → 벤젠설폰산

[4] 프리델-크래프츠 알킬화 반응—R이 H를 치환(18.5절)

RCl / $AlCl_3$ → 알킬 벤젠 (아렌)

- 자리 옮김이 일어난다.
- 할로젠화 비닐과 할로젠화 아릴은 반응성이 없다.
- 메타 비활성기 또는 NH_2기로 치환된 벤젠 고리에서는 반응이 일어나지 않는다(18.10B).
- 다중알킬화 반응이 일어난다.

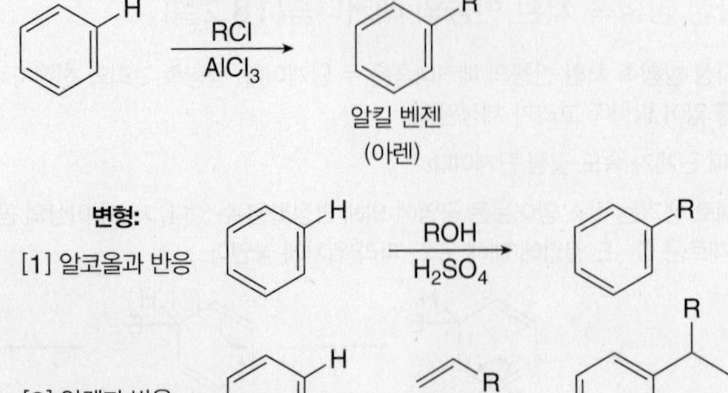

[5] 프리델–크래프츠 아실화 반응—RCO가 H를 치환(18.5절)

$$\text{C}_6\text{H}_5\text{–H} \xrightarrow[\text{AlCl}_3]{\text{RCOCl}} \text{C}_6\text{H}_5\text{COR}$$

케톤

- 메타 비활성기 또는 NH_2기로 치환된 벤젠 고리에서는 반응이 일어나지 않는다(18.10B).

친핵성 방향족 치환 반응 (18.13절)

[1] 첨가–제거 메카니즘에 의한 친행성 방향족 치환 반응

$$\text{A–C}_6\text{H}_4\text{–X} \xrightarrow{:\text{Nu}^-} \text{A–C}_6\text{H}_4\text{–Nu}$$

X = F, Cl, Br, I
A = 전자 끄는 기

- 두 단계 메카니즘이다.
- 오쏘 또는 파라 위치에 강한 전자 끄는 기가 필요하다.
- 전자 끄는 기의 증가는 반응성의 증가를 유도한다.
- 할로젠의 전기음성도가 증가할수록 반응이 빠르다.

[2] 제거–첨가 메카니즘에 의한 친핵성 방향족 치환 반응

$$\text{C}_6\text{H}_5\text{–X} \xrightarrow{:\text{Nu}^-} \text{C}_6\text{H}_5\text{–Nu}$$

X = 할로젠

- 반응조건이 극한적이다.
- 중간체로 벤자인이 생성된다.
- 생성물이 혼합물로 생겨날 수 있다.

벤젠 유도체의 다른 반응

[1] 벤질자리의 할로젠화 반응(18.14절)

$$\text{C}_6\text{H}_5\text{CH}_2\text{R} \xrightarrow[\text{또는 NBS, } h\nu \text{ 또는 ROOR}]{\text{Br}_2,\ h\nu \text{ 또는 } \Delta} \text{C}_6\text{H}_5\text{CHBrR}$$

벤질자리 브로민화물

[2] 알킬 벤젠의 산화 반응(18.15A절)

$$\text{C}_6\text{H}_5\text{CH}_2\text{R} \xrightarrow{\text{KMnO}_4} \text{C}_6\text{H}_5\text{COOH}$$

벤조산

- 벤질자리에 C–H 결합이 있어야 반응이 진행된다.

[3] 케톤의 알킬 벤젠으로의 환원 반응(18.15B절)

$$\text{C}_6\text{H}_5\text{COR} \xrightarrow[\text{또는 NH}_2\text{NH}_2,\ ^-\text{OH}]{\text{Zn(Hg), HCl}} \text{C}_6\text{H}_5\text{CH}_2\text{R}$$

알킬 벤젠

[4] 나이트로기의 아미노기로의 환원 반응(18.15C)

$$\text{C}_6\text{H}_5\text{NO}_2 \xrightarrow[\text{Fe, HCl 또는 Sn, HCl}]{\text{H}_2\text{, Pd-C 또는}} \text{C}_6\text{H}_5\text{NH}_2$$

아닐린

문제

삼차원 모델을 이용하는 문제

18.34 **A**와 **B**를 다음 시약으로 처리했을 때 생성되는 생성물을 그려라. (a) Br_2, $FeBr_3$ (b) HNO_3, H_2SO_4, (c) CH_3CH_2COCl, $AlCl_3$

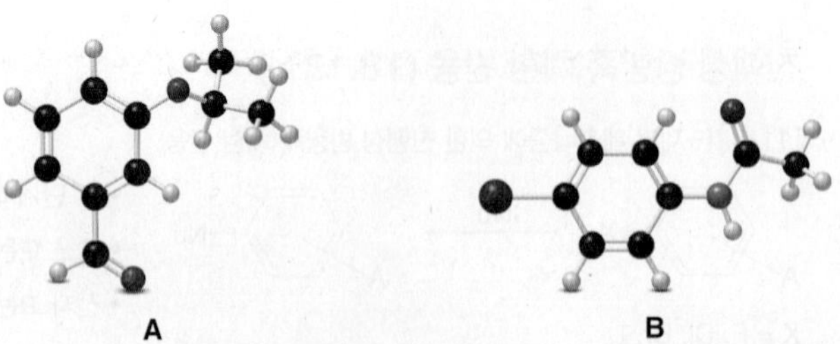

18.35 다음 화합물이 프리델-크래프츠 아실화 반응 시 생겨나는 생성물은 무엇인가?

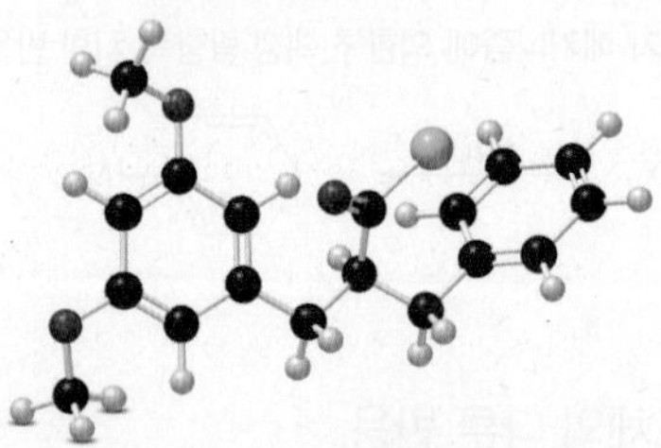

반응

18.36 페놀(C_6H_5OH)을 다음의 각 시약 조건에서 반응시켰을 때 얻어지는 생성물의 구조를 그려라.

a. [1] HNO_3, H_2SO_4; [2] Sn, HCl

b. [1] $(CH_3CH_2)_2CHCOCl$, $AlCl_3$; [2] Zn(Hg), HCl

c. [1] CH_3CH_2Cl, $AlCl_3$; [2] Br_2, hν

d. [1] $(CH_3)_2CHCl$, $AlCl_3$; [2] KM_nO_4

18.37 각 화합물을 CH_3CH_2COCl 및 $AlCl_3$와 반응시켰을 때 얻어지는 생성물의 구조를 그려라.

a. 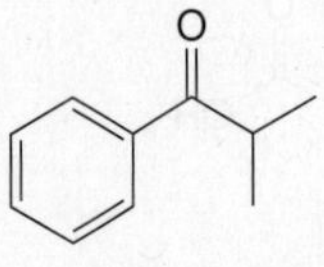 O b. 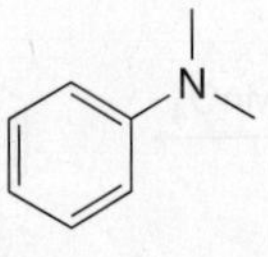 N c. 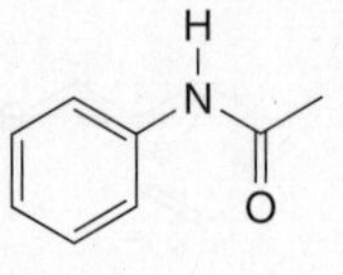 H N O

18.38 다음 각 반응의 생성물의 구조를 그려라.

a. 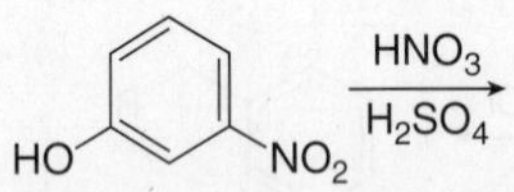 HO, NO_2 $\xrightarrow[H_2SO_4]{HNO_3}$

b. 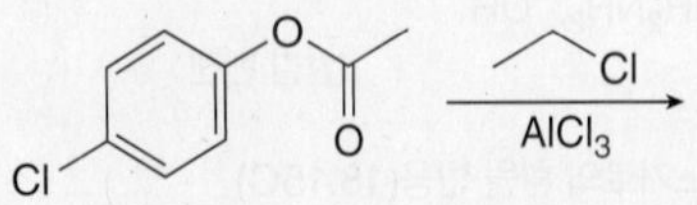 O, O, Cl $\xrightarrow[AlCl_3]{CH_3CH_2Cl}$

c. 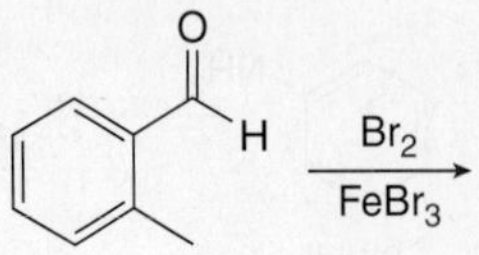 O, H $\xrightarrow[FeBr_3]{Br_2}$

d. 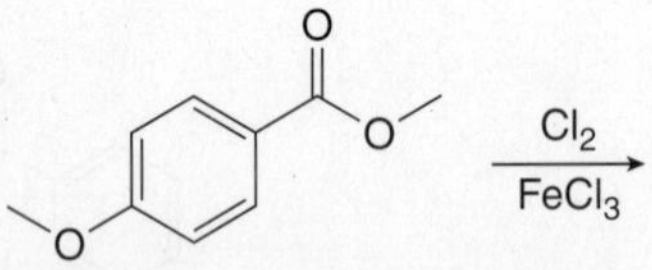 O, O, O $\xrightarrow[FeCl_3]{Cl_2}$

e. 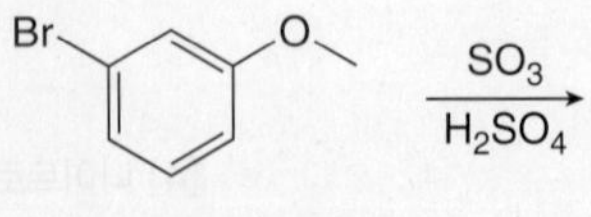 Br, O $\xrightarrow[H_2SO_4]{SO_3}$

f. 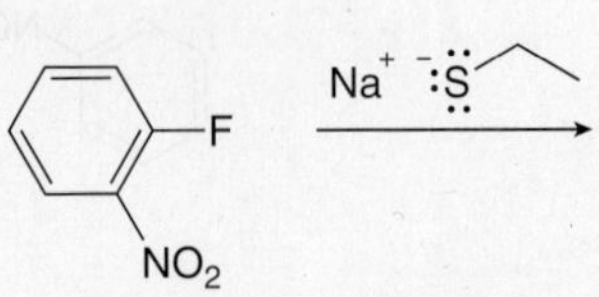 F, NO_2 $\xrightarrow{Na^+ \ {}^-:\ddot{S}-CH_2CH_3}$

18.39 벤젠을 다음의 각 염화 알킬 및 $AlCl_3$와 반응시켰을 때의 생성물은 무엇인가?

a. 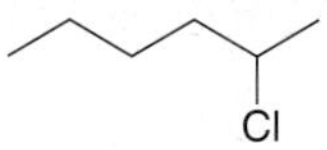 Cl b. 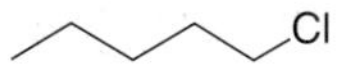 Cl c. 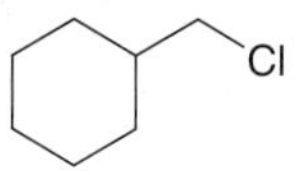 Cl

18.40 다음 각 반응의 생성물의 구조를 그려라.

a.  $KMnO_4$

c. 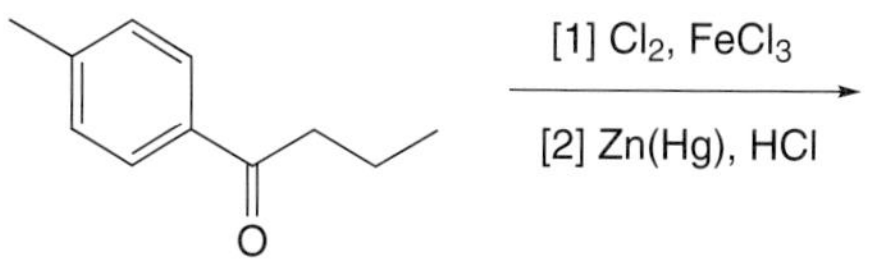 [1] Cl_2, $FeCl_3$ [2] Zn(Hg), HCl

O

b. 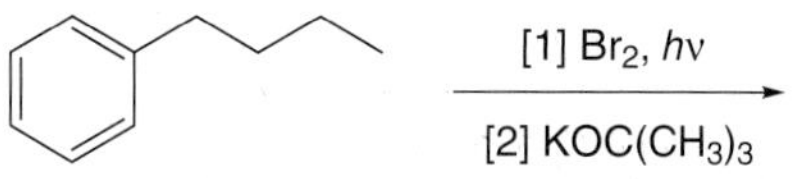 [1] Br_2, $h\nu$ [2] $KOC(CH_3)_3$

d. 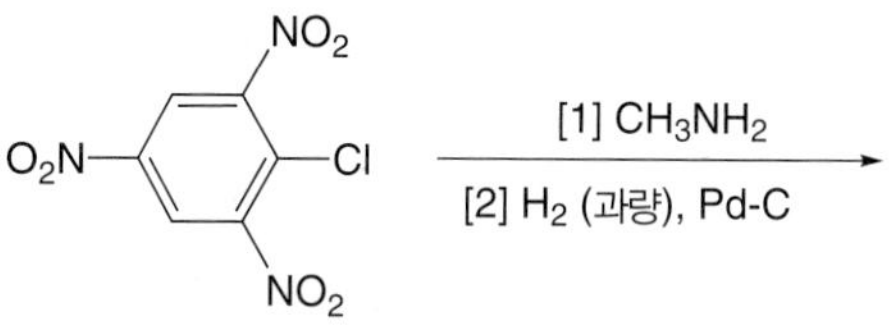 NO_2 O_2N Cl NO_2 [1] CH_3NH_2 [2] H_2 (과량), Pd-C

18.41 알킬 벤젠을 합성할 수 있는 두 가지 방법, 즉 프리델–크래프츠 알킬화 반응과 프리델–크래프츠 아실화 반응에 이은 환원 반응에 대해 배웠다. 대부분의 알킬 벤젠은 이 두 가지 방법으로 합성되지만 경우에 따라서는 한 가지 방법만 사용하여 합성된다. 벤젠으로부터 다음 화합물을 합성하는 데 어떠한 방법이 사용될 수 있는가? 사용되는 반응을 단계별로 나타내라.

a. 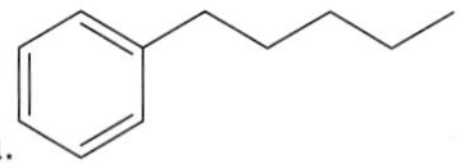 b. 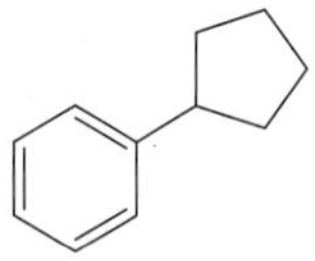 c.

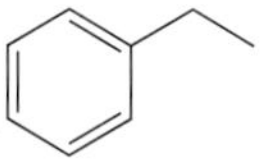

18.42 정신병 약인 리스페리돈(risperidone)을 합성하는 데 쓰이는 중간체인 A의 구조를 그려라. 리스페리돈에 존재하는 고리 3개가 모두 방향족인 이유를 설명하라.

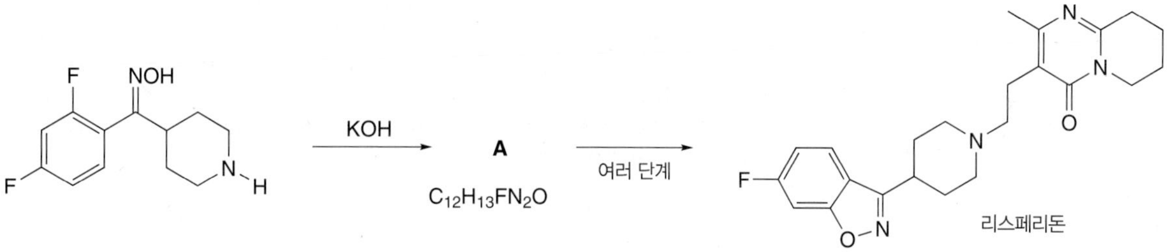

F NOH F N H KOH **A** $C_{12}H_{13}FN_2O$ 여러 단계 N N O N F O N 리스페리돈

18.43 2형 당뇨병 치료제인 피오글리타존(pioglitazone, 상품명 Actos)를 합성하는 반응 중 한 단계는 다음과 같다. NaH 존재하에 A와 B를 반응시키면 C가 생성된다. C의 구조를 그려라.

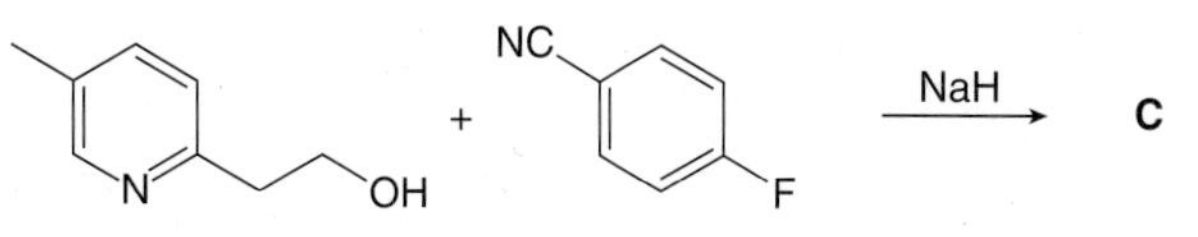

N OH **A** + NC F **B** NaH **C**

18.44 **D**는 당뇨병 치료제인 로시글리타존(rosiglitazone, 상품명 Avandia)을 합성하기 위한 중간체이다. 치환 반응을 통하여 **D**를 합성하는 두 가지 방법을 제시하라.

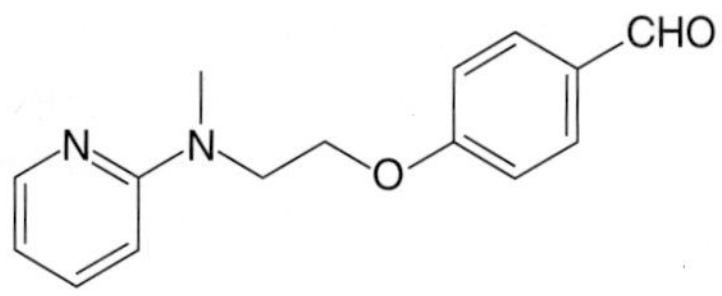

N N O CHO **D**

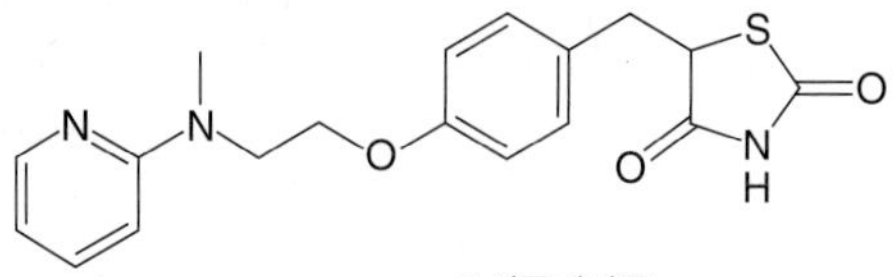

N N O S O N H O 로시글리타존

18.45 다음의 각 반응식은 식에 나타난 생성물을 만들지 않는다. 그 이유를 설명하라. 그리고 벤젠으로부터 **A**를 합성하는 방법과 페놀(C_6H_5OH)로부터 **B**를 합성하는 방법을 디자인하라.

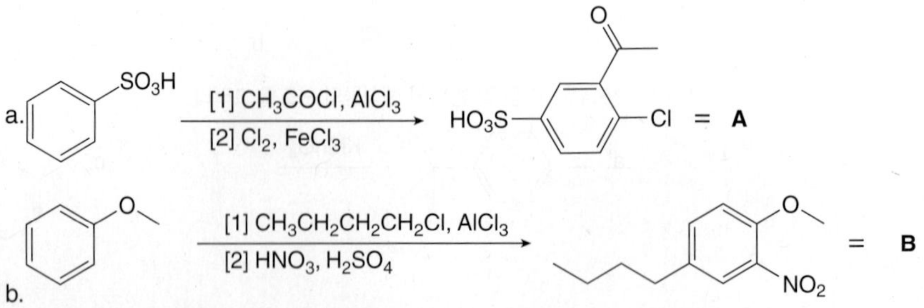

a. $C_6H_5SO_3H$ —[1] CH_3COCl, $AlCl_3$; [2] Cl_2, $FeCl_3$→ HO_3S–(acetyl)–Cl = **A**

b. $C_6H_5OCH_3$ —[1] $CH_3CH_2CH_2CH_2Cl$, $AlCl_3$; [2] HNO_3, H_2SO_4→ (butyl)(methoxy)(NO_2) = **B**

치환기 효과

18.46 다음 각 화합물 집단을 친전자성 방향족 치환 반응에서 반응성이 증가하는 순서대로 나열하라.

(a) C_6H_6, C_6H_5Cl, C_6H_5CHO (b) $C_6H_5CH_3$, $C_6H_5NH_2$, $C_6H_5CH_2NH_2$

18.47 다음 각 치환된 벤젠에 대하여 다음 물음에 답하라. [1] C_6H_5Br, [2] C_6H_5CN, [3] $C_6H_5OCOCH_3$.

a. 치환기가 유도 효과에 의해 전자 밀도를 주는가 아니면 당기는가?

b. 치환기가 공명 효과에 의해 전자 밀도를 주는가 아니면 당기는가?

c. 치환기가 벤젠보다 고리의 전자를 더 풍부하게 하는가 아니면 덜 풍부하게 하는가?

d. 치환기가 친전자성 방향족 치환 반응에서 벤젠 고리를 활성화 하는가 아니면 비활성화하는가?

18.48 아래에 보인 4고리 화합물을 생각해보자. 고리마다 A, B, C, D 표시를 하였다. (a) 친전자성 방향족 치환 반응에 대하여 반응성이 가장 큰 것은 어느 고리인가? (b) 친전자성 방향족 치환 반응에 대하여 반응성이 가장 작은 것은 어느 고리인가? (c)이 화합물을 1당량의 Br_2와 반응시켰을 때 생성되는 주 생성물은 무엇인가?

(구조: A, Cl, O, H N, B, H N, C, NH_2, D, O)

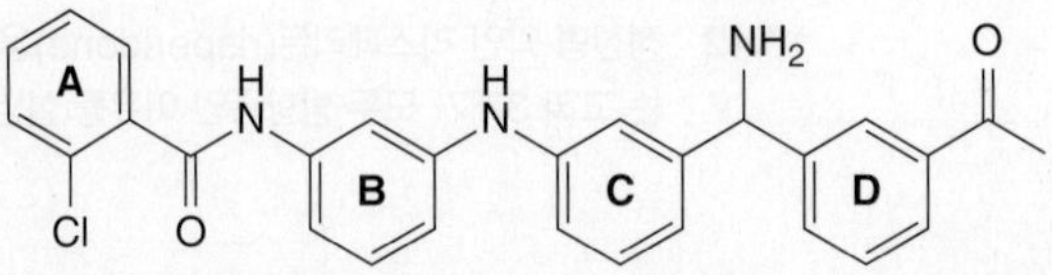

18.49 다음의 N 원자가 있는 치환기를 포함한 벤젠들이 친전자성 방향족 치환 반응에서 벤젠에 비해 더 빠르게 반응할지, 또는 더 느리게 반응할지, 또는 비슷한 속도로 반응할지를 예상해보라. 이 화합물들이 친전자성 시약인 E^+와 반응할 때 형성되는 주 생성물의 구조를 쓰라.

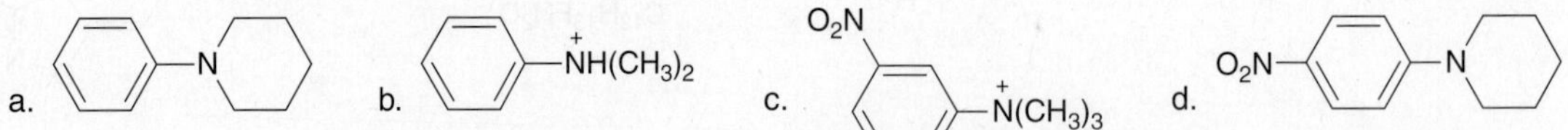

a. C_6H_5–N(piperidine) b. $C_6H_5\overset{+}{N}H(CH_3)_2$ c. O_2N–C_6H_4–$\overset{+}{N}(CH_3)_3$ d. O_2N–C_6H_4–N(piperidine)

18.50 다음 알켄을 HBr과 친전자성 첨가 반응을 시켰을 때 생성되는 주 생성물은 무엇인가?

(구조: O_2N–C_6H_4–CH=CH–C_6H_4–OCH_3)

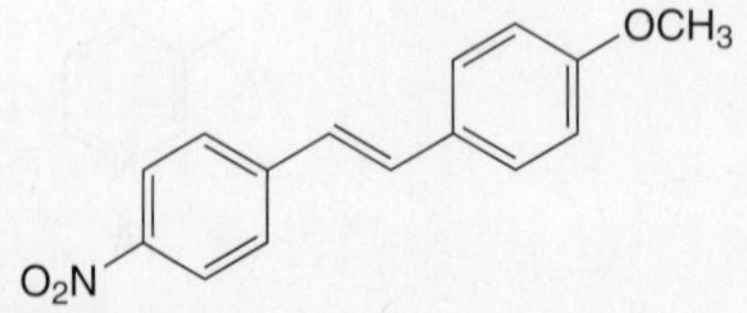

18.51 공명 구조를 이용하여 나이트로소기(−NO)가 친전자 방향족 치환 반응에 대해 오쏘, 파라 지향기이며 고리를 비활성화하는 치환기임을 설명하라.

18.52 다음의 관찰 사항에 대해 설명하라. 3-페닐프로판산 에틸($C_6H_5CH_2CH_2CO_2CH_2CH_3$)을 친전자성 시약과 반응시키면 오쏘와 파라에 모두 치환된 생성물이 얻어진다. 그러나 3-페닐-2-프로펜산 에틸($C_6H_5CH{=}CHCO_2CH_2CH_3$)를 친전자성 시약과 반응시키면 메타에 치환된 생성물이 얻어진다.

18.53 다음의 방향족 할로젠들을 첨가–제거 메커니즘에 의한 친핵성 방향족 치환 반응시켰을 때 반응성이 증가하는 순서대로 배열하라.

a. 클로로벤젠, *p*-플로오로나이트로벤젠, *m*-플루오로나이트로벤젠

b. 1-플로오로-2,4-다이나이트로벤젠, 1-플루오로-3,5-다이나이트로벤젠, 1-플루오로-3,4-다이나이트로벤젠

c. 1-플루오로-2,4-다이나이트로벤젠, 4-클로로-3-나이트로톨루엔, 4-플루오로-3-나이트로톨루엔

메커니즘

18.54 다음 반응들의 단계별 메커니즘을 쓰라.

$AlCl_3$ + HCl

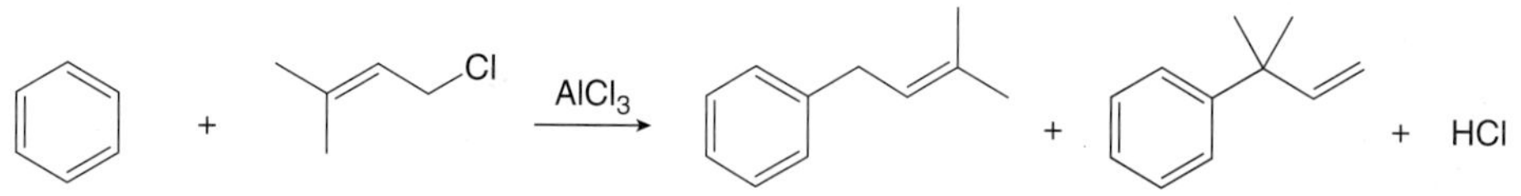

18.55 다음의 고리 내 반응에 대한 단계별 메커니즘을 자세하게 쓰라.

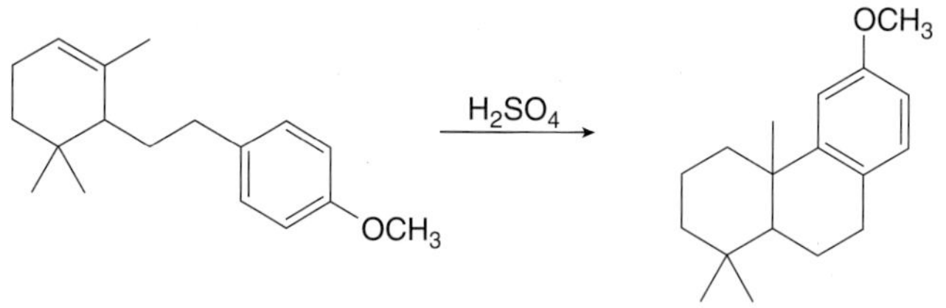

OCH_3 H_2SO_4 OCH_3

18.56 다음 반응들의 단계별 메커니즘을 쓰라.

OH CH_3O H_2SO_4 CH_3O + H_2O

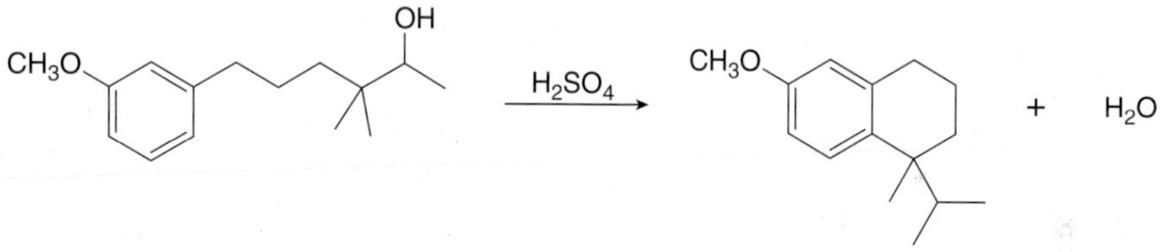

18.57 벤젠과 (*R*)-2-클로로뷰테인 및 $AlCl_3$로 프리델–크래프츠 알킬화 반응을 시키면 *sec*-뷰틸벤젠이 생성된다.

a. 생성물에서 몇 개의 입체발생 중심이 있는가?

b. 생성물은 광학 활성을 나타내겠는가? 반응 메커니즘을 고려하여 설명하라.

18.58 다음 치환 반응의 메커니즘을 단계별로 그려라. 이 반응에서 클로로벤젠보다 2-클로로피리딘(chloropyridine)의 반응 속도가 빠른 이유를 설명하라.

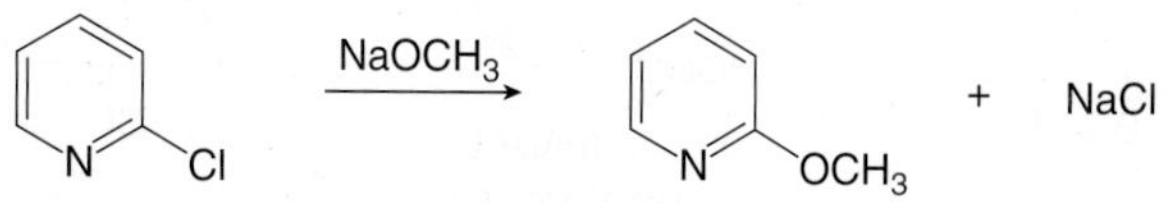

N Cl $NaOCH_3$ N OCH_3 + NaCl

2-클로로피리딘

18.59 다음 반응의 메커니즘을 단계별로 그려라.

H N Cl 강염기 N

18.60 나프탈렌이 친전자성 친핵 반응을 할 때 두 개의 생성물(A와 B)이 가능하지만 A만이 생성된다. 그 이유를 탄소 양이온 중간체의 공명 구조로 설명하라.

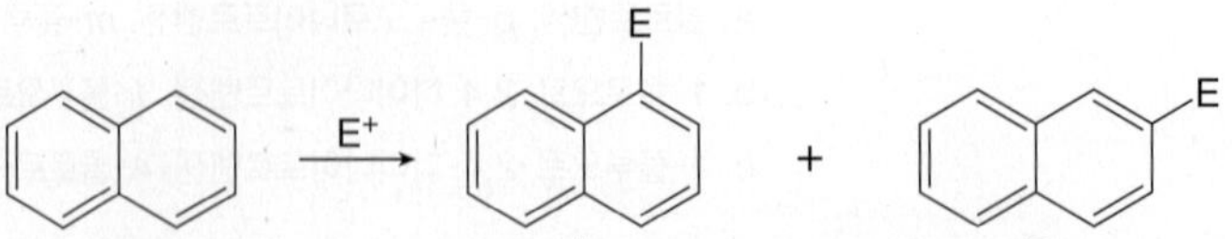

나프탈렌 —E^+→ A (이 생성물이 형성됨) + B (이 생성물은 형성되지 않음)

18.61 다양한 포장 재료에 첨가물로 쓰이는 비스페놀 F(R=H) 합성 반응의 단계별 메커니즘을 그리라. 비스페놀 F는 플라스틱을 단단하게 하는 물질인 BPA(bisphenol A, R=CH_3)와 관련이 있다. BPA는 내분비계를 파괴하는 에스테로겐 같은 활성이 있기 때문에 유아 용품에는 쓰이지 않는다.

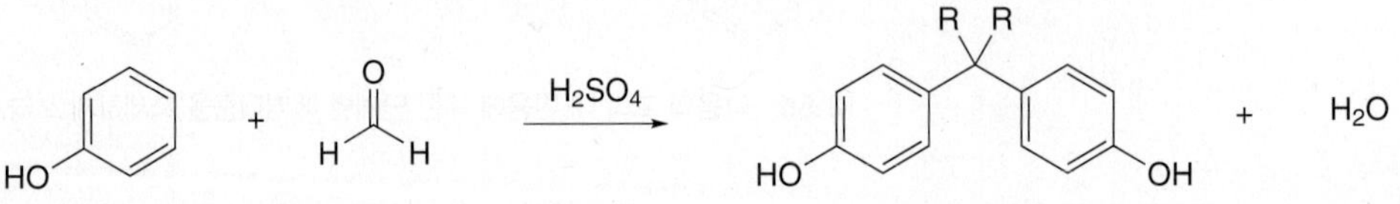

HO–C_6H_5 + $H_2C{=}O$ —H_2SO_4→ 비스페놀 F (R = H) + H_2O

18.62 브로민화 벤질(benzyl bromide, $C_6H_5CH_2Br$)는 CH_3OH와 빠르게 반응해서 벤질 메틸 에터($C_6H_5CH_2OCH_3$)를 형성한다. 이 반응의 단계별 메커니즘을 써라. 이 1° 할로젠화 알킬이 S_N1 반응이 선호되는 조건하에서 약한 친핵체와 쉽게 반응하는 이유를 설명하라. 다음의 두 파라 치환 브로민화 벤질 $CH_3OC_6H_4CH_2Br$과 $O_2NC_6H_4CH_2Br$에서 어느 것이 브로민화 벤질보다 더 이 반응을 잘할 것인가? 아니면 더 못할 것인가? 답을 하고 그 이유를 설명하라.

합성

18.63 벤젠과 그 외의 유기 또는 무기 시약을 사용하여 다음 각 화합물을 합성하라.

a. 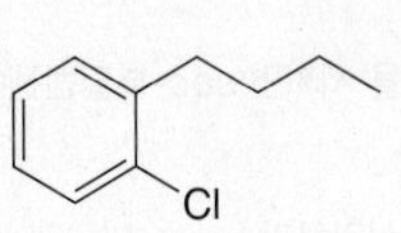 (Cl) b. 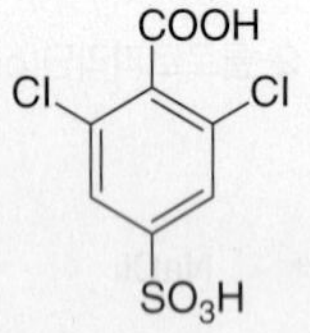 (COOH, Cl, Cl, SO_3H) c. (Cl, NO_2) d. 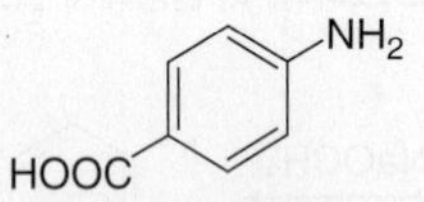 (NH_2, HOOC) (PABA) 자외선 차단제 성분 e. (Br, NH_2) f. 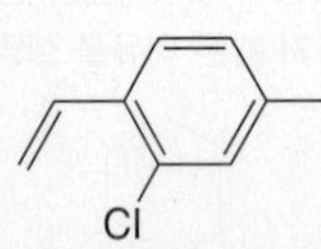 (Cl) g. (O, Br) h. 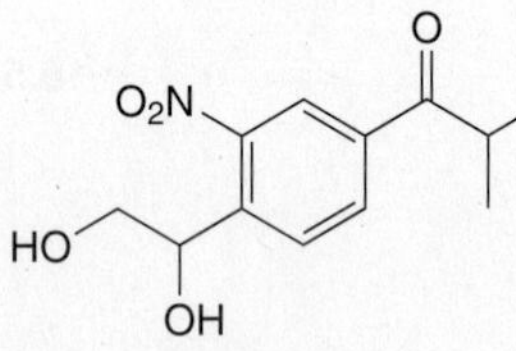 (O_2N, O, HO, OH)

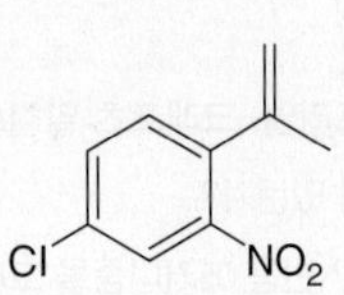

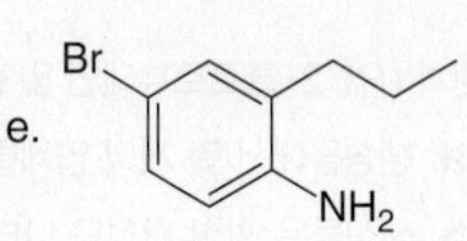

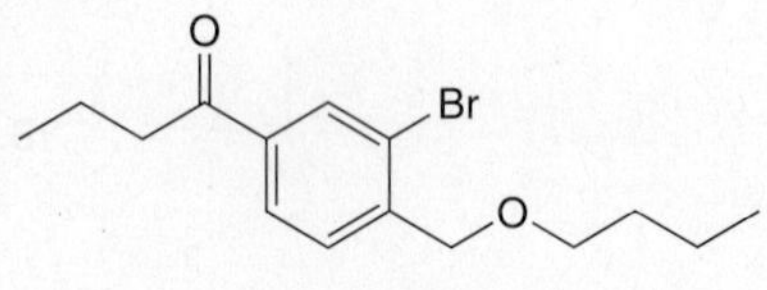

18.64 톨루엔($C_6H_5CH_3$)과 그 외의 필요한 유기 또는 무기 시약을 사용하여 다음 각 화합물을 합성하라.

a. 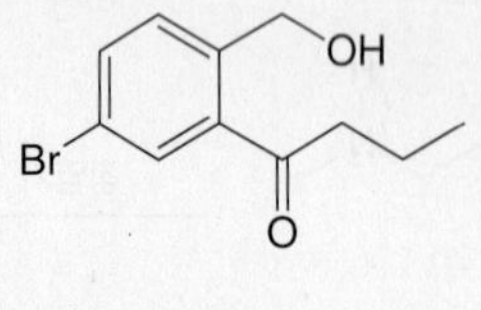 (OH, Br, O) b. 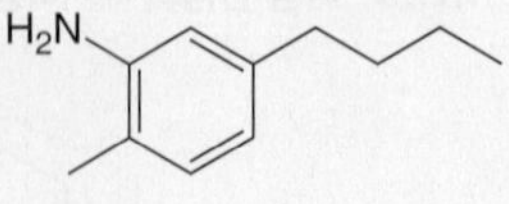 (H_2N) c. 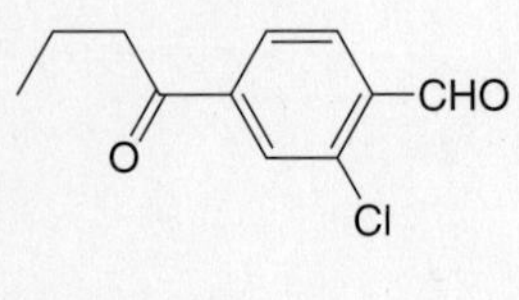 (CHO, O, Cl)

18.65 페놀(C_6H_5OH)과 그 밖의 필요한 유기 또는 무기 시약을 이용하여 다음 각 화합물을 합성하라.

a. 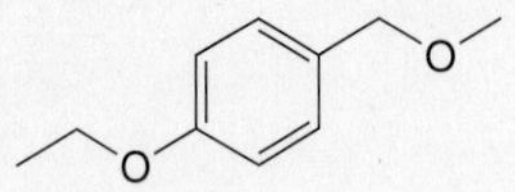 (O, O) b. 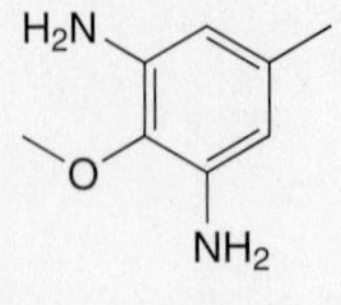 (H_2N, O, NH_2)

18.66 11, 12장에서 공부한 반응을 사용하여 다음의 각 화합물을 합성하라. 합성에는 벤젠, 아세틸렌(HC≡CH), 두 개의 탄소로 된 알코올, 에틸렌 옥사이드 및 기타 무기 시약이 사용될 수 있다.

a. c. O_2N

b. Cl OH d. Cl O NO_2

18.67 아이부페낙(Ibufenac)은 파라 치환 방향족 화합물로서 구조식은 $HO_2CCH_2C_6H_4CH_2CH(CH_3)_2$이다. 이것은 아스피린보다 훨씬 더 강한 진통제인데 임상실험에서 간 독성을 일으켜 실제 상업적인 판매로 가지는 못했다. 탄소 수 5개 미만의 유기 할로젠 화합물(organic halide)들과 벤젠을 사용해서 아이부페낙을 합성하는 과정을 보여라.

18.68 카복실산 **X**는 국소 마취제인 프로파라카인(proparacaine) 합성의 한 중간체이다. 페놀과 그 밖의 필요한 유기 또는 무기 시약을 사용하여 **X**를 합성하는 방법을 보여라.

O_2N O OH O **X** —여러 단계→ H_2N O O N O 프로파라카인

분광법

18.69 분자식이 C_8H_9Br인 이성질체 **A**와 **B**의 구조식을 쓰라.

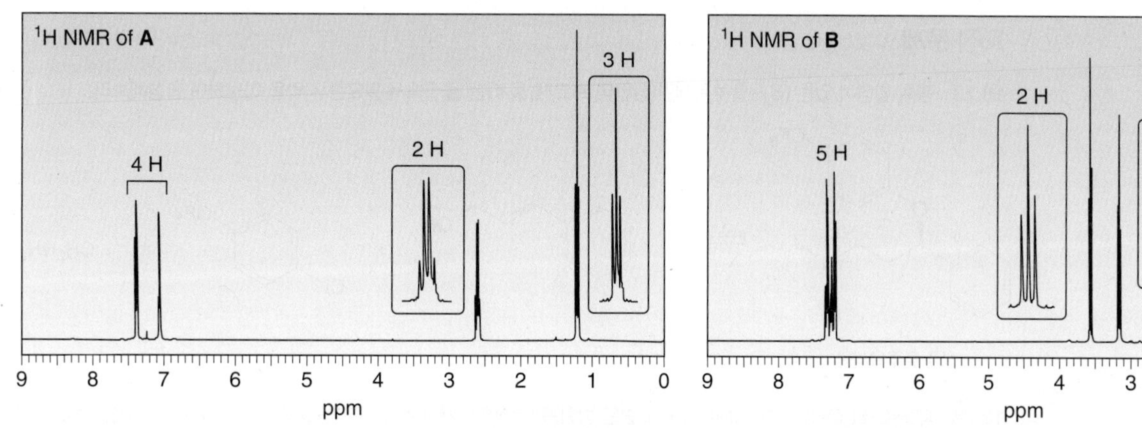

18.70 아래 테이터에 맞는 분자식 $C_{10}H_{12}O$인 화합물 **C**의 구조식을 쓰라. **C**는 라즈베리(raspberry)의 향 안에 들어 있는 물질이다.

화합물 **C**: IR 흡수 1717 cm^{-1}

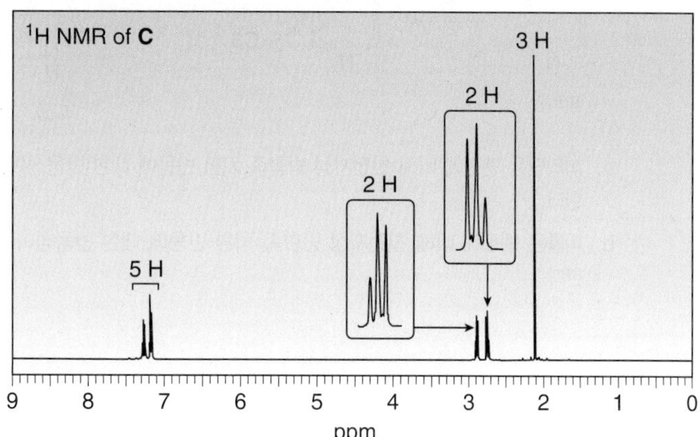

18.71 화합물 **X**(분자식 $C_{10}H_{12}O$)를 NH_2NH_2, ^-OH 조건에서 반응시키면 화합물 **Y**(분자식 $C_{10}H_{14}$)가 얻어진다. 아래에 주어진 **X**와 **Y** ^1H NMR 스펙트럼을 바탕으로 **X**와 **Y**의 구조를 결정하라.

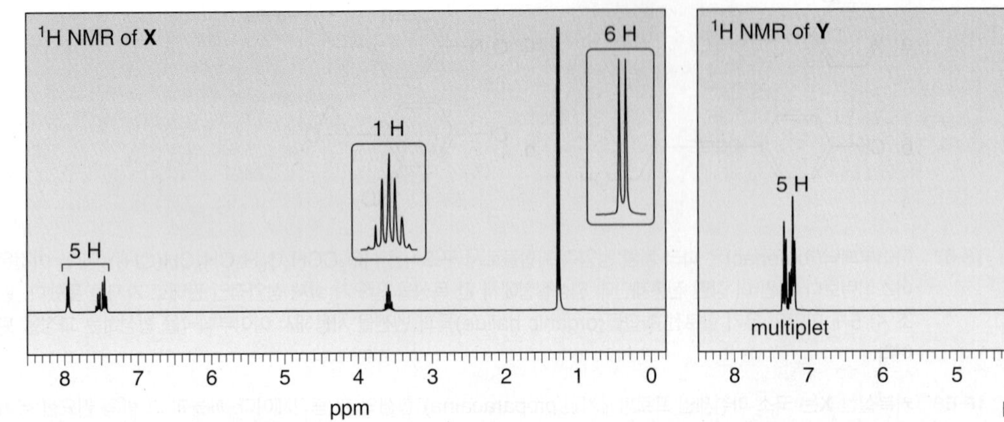

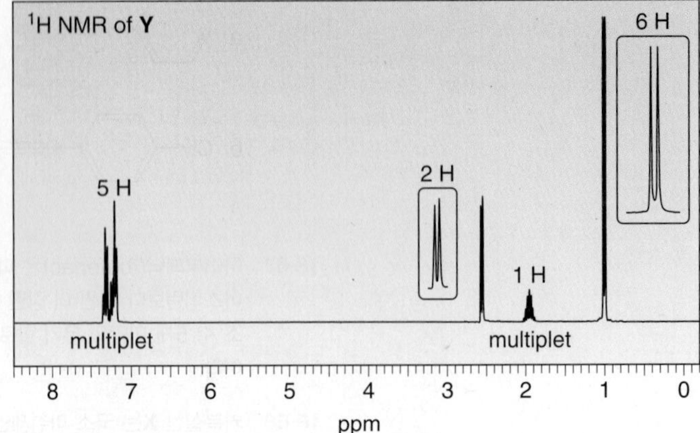

18.72 *p*-크레솔과 2당량의 2-메틸프로프-1-엔을 반응시키면 분자식이 $C_{15}H_{24}O$인 방부제 BHT가 생성된다. BHT의 ^1H NMR 스펙트럼은 다음과 같다. 1.4(단일선, 18 H), 2.27(단일선,3 H), 5.0(단일선,1 H)과 7.0(단일선, 2 H)ppm, BHT의 구조를 결정하라. 이것이 생성되는 메커니즘을 단계별로 나타내라.

OH + $\xrightarrow{H_2SO_4}$ BHT ($C_{15}H_{24}O$)

p-크레솔 2-메틸프로프-1-엔 (2당량)

도전 문제

18.73 광학 활성이 있는 (*S*)–플루옥세틴(상업명 프로잭)을 다음 물질에서 필요한 시약을 이용하여 합성해보라.

CF_3, O, N, H $\Longrightarrow$ OH + CF_3, Cl + CH_3NH_2

(*S*)-플루옥세틴

18.74 페놀(C_6H_5OH)의 ^1H NMR 스펙트럼은 방향족 영역에서 세 흡수 봉우리를 보인다. 6.70(2 오쏘 H), 7.14(2 메타 H), 6.80 (1 파라 H)ppm. 오쏘 수소와 파라 수소의 흡수가 메타 수소의 흡수보다 더 낮은(높은장) 화학적 이동의 값을 보이는 이유를 설명하라.

18.75 다음 헤테로 고리 화합물의 반응에서 반응성과 지향성에 대해 설명하라.

N $\xrightarrow{E^+}$ E, C3, N   N H $\xrightarrow{E^+}$ C2, E, N H

피리딘   피롤

a. 피리딘은 벤젠에 비해 친전자성 방향족 치환 반응에 대한 반응성이 낮으며, 3번 위치에 치환된 생성물을 형성한다.

b. 피롤은 벤젠에 비해 친전자성 방향족 치환 반응에 대한 반응성이 높으며, 2번 위치에 치환된 생성물을 형성한다.

18.76 다이에논(dienone)과 페놀 사이의 자리 옮김 반응의 단계별 자세한 메커니즘을 쓰라. 이 반응에서 사이클로헥사다이엔(cyclohexadiene)으로부터 알킬기가 치환된 페놀이 얻어진다.

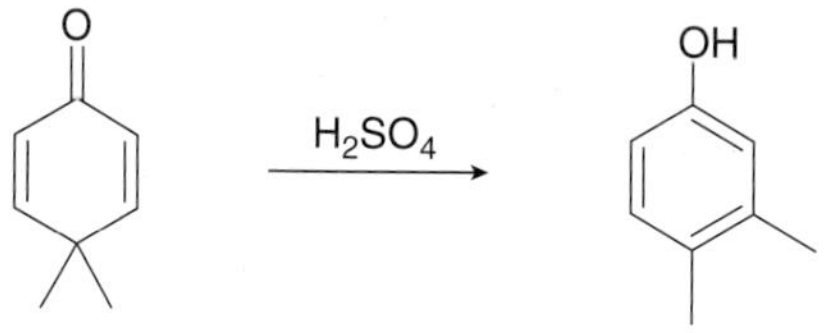

O → H_2SO_4 → OH

18.77 여성 성 호르몬인 에스트론의 합성에 사용되는 다음의 분자내 반응에 대한 메커니즘을 단계별로 나타내라.

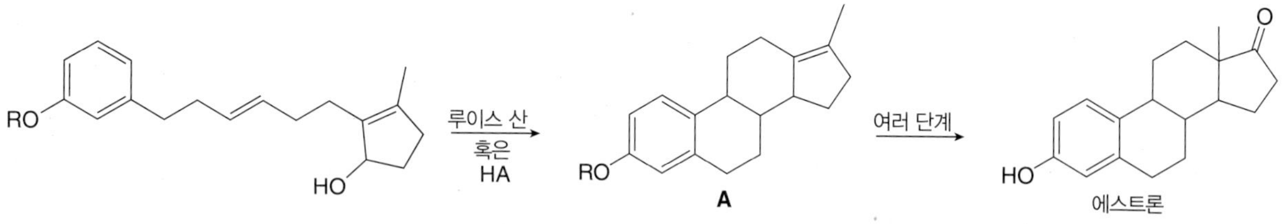

RO, HO → 루이스 산 혹은 HA → RO **A** → 여러 단계 → HO 에스트론

18.78 두고리 헤테로고리인 퀴놀린과 인돌은 친전자성 방향족 치환 반응을 하여 다음의 생성물을 생성한다. (a) 퀴놀린에서는 치환 반응이 N 이 없는 고리에서 진행되는데 인돌에서는 N이 있는 고리에서 진행되는 이유를 설명하라. (b) 퀴놀린에서 C7보다 C8에서 치환이 더 잘 발생하는 이유를 설명하라. (c) 인돌에서 C2보다 C3에서 치환 반응이 더 잘 발생하는 이유를 설명하라.

7, 8, N 퀴놀린 → Br_2, H_2SO_4 → Br, N + Br, N + HBr

3, 2, N, H 인돌 → Br_2 → Br, N, H + HBr

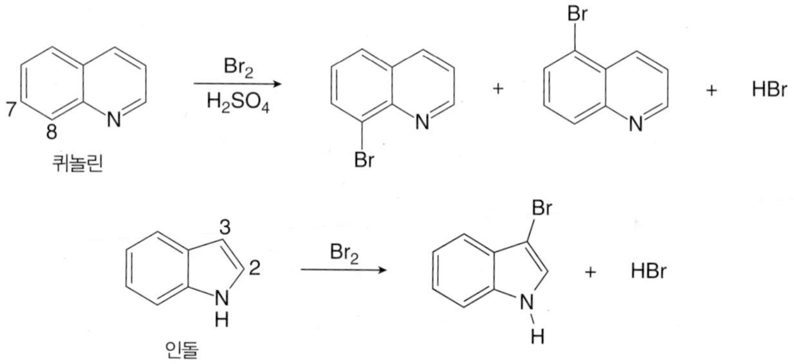

18.79 다음 반응에 대한 단계별 메커니즘을 제시하라. C2의 직접적인 친전자성 방향족 치환 반응은 진행되지 않는다. (힌트: C3에 친전자체를 첨가시키는 것으로 메커니즘이 시작된다.)

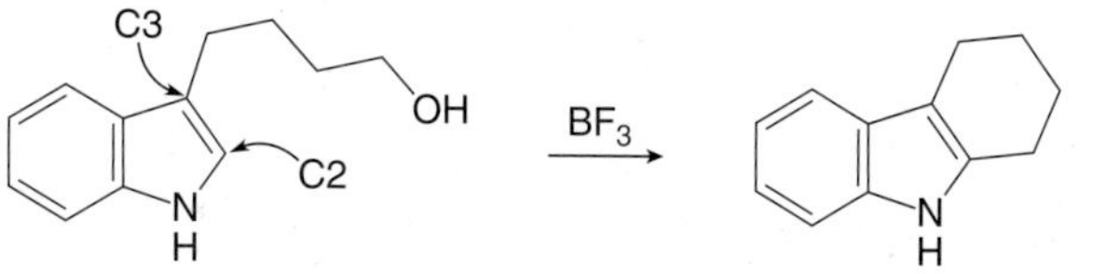

C3, OH, C2, N, H → BF_3 → N, H

Chapter

19 카복실산과 O–H 결합의 산도

Carboxylic Acids and the Acidity of the O–H Bond

라이신(lysin)은 단백질 합성에 필요한 필수 아미노산이다. 인간은 체내에서 이 아미노산을 합성할 수도 없고 저장도 못한다. 라이신을 일반적으로 섭취할 수 있는 음식물은 육류, 콩, 완두, 두부 및 땅콩 등이다. 대부분의 곡류는 라이신 함량이 적지만, 퀴노아는 상대적으로 라이신 함량이 높아 채식주의 식단에는 필수 아미노산을 섭취하기에 좋은 곡류이다. 다른 아미노산처럼 라이신은 카복실산과 아민 염기를 모두 갖고 있다. 19장에서 아미노산의 산–염기 성질 및 카복실산에 대하여 공부한다.

19장에서 다룰 내용은 앞 장에서 논의한 공명과 방향족성, 그리고 곧 다룰 카보닐 화학 사이의 중간 단계라고 할 수 있다. 이 장에서는 카복실산(RCO_2H), 그리고 그보다는 덜하지만 페놀(PhOH)과 알코올(ROH)을 다루면서 OH기의 화학을 공부하려고 한다.

19장에서는 카복실산의 산도에 대해서 깊이 있게 살펴보고, 이미 2장에서 조금 살펴보았지만 산도에 영향을 주는 여러 가지 요인들에 대해서 다시 더 자세하게 살펴보려고 한다. 그리고 앞으로 20장과 22장에서는 카보닐기 주변에서 일어나는 카복실산의 여러 가지 반응에 대해서 공부할 것이다.

19.1 구조와 결합

카복시(COOH기)라는 단어는 카보닐(C=O)과 하이드록시(OH)로부터 유래되었다.

카복실산(carboxylic acid)은 카복시기(COOH)를 지닌 유기 화합물이다. 카복실산의 구조를 RCOOH 또는 RCO_2H로 줄여 쓰지만 작용기의 중심 탄소 원자는 한 개의 산소 원자와 이중 결합을 하고 또 다른 산소와는 단일 결합을 하고 있다는 것을 기억하기 바란다.

카복실산　　카복시기

카복시기의 탄소 원자는 세 개의 기로 둘러싸여 결합각이 약 120°인 sp^2 혼성화되어 있으며 삼각 평면 구조를 이룬다. 카복실산의 C=O는 C−O보다 짧다.

아세트산　= 121 pm, 136 pm, 119°

카복실산의 C−O 단일 결합은 알코올의 C−O 단일 결합보다 짧다. 이는 각각의 탄소 원자의 혼성화를 봄으로써 알 수 있다. 알코올에서 탄소는 sp^3 혼성화된 반면 카복실산에서 탄소는 sp^2 혼성화되어 있다. sp^2 혼성 오비탈은 *s*-성질이 크기 때문에 카복실산의 C−O 결합 길이는 짧다.

136 pm	143 pm
sp^2 혼성화됨 33% *s*-성질	sp^3 혼성화됨 25% *s*-성질
s-성질이 큼 짧은 결합	s-성질이 작음 긴 결합

산소가 탄소나 수소보다 전기음성도가 크기 때문에 C−O와 O−H 결합은 극성이다. 그림 19.1의

그림 19.1
아세트산(CH_3COOH)의 정전기 전위 그림

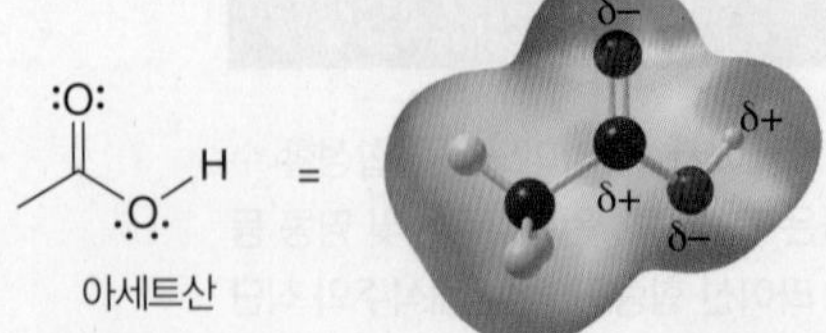

- 아세트산은 전자가 풍부한 두 개의 산소 원자(붉은색)가 있다. 카보닐 탄소와 하이드록시 수소는 모두 전자가 부족하다.

아세트산의 정전기 전위 그림은 탄소와 수소 원자는 전자가 부족하고 산소 원자는 전자가 풍부하다는 것을 보여준다.

19.2 명명법

카복실산에는 IUPAC 이름과 관용명 모두가 사용된다.

19.2A IUPAC 체계

IUPAC 명명법에서 카복실산은 가장 긴 사슬의 어미명에 접미사를 더하여 완성하고 카복시기가 사슬이나 고리에 결합되어 있느냐에 따라 두 개의 다른 어미가 사용된다.

IUPAC 체계를 사용하여 카복실산을 명명하기 위해서는

[1] COOH가 탄소 사슬에 결합되어 있으면, COOH기를 포함하는 가장 긴 사슬을 찾고 어미 알케인의 어미 *-e*를 접미사 *-oic acid* 로 바꾼다. COOH기가 고리에 결합되어 있으면, 고리명에 단어 **카복실산**(carbixylic acid)을 붙인다.

[2] 이름에서는 이 숫자를 생략하지만 COOH기가 C1이 되도록 탄소 사슬과 고리에 숫자를 붙인다. 다른 모든 통상적인 명명 규칙을 적용한다.

예제 19.1 각 화합물의 IUPAC 이름을 쓰라.

a. 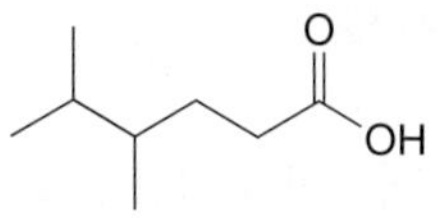 OH, O

b. 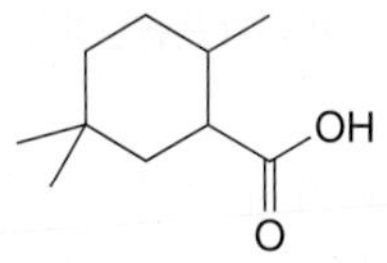 OH, O

풀이

a. [1] COOH를 포함하는 가장 긴 사슬을 찾아 이름을 붙인다.

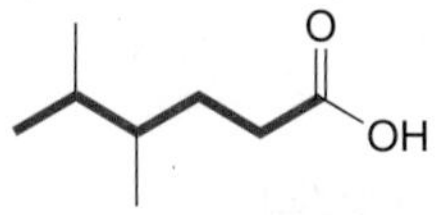

O, OH

hexane ⟶ **hexan**oic acid
(6 개의 C)

COOH는 가장 긴 사슬에 탄소 하나를 제공한다.

[2] 치환기가 붙은 탄소의 번호를 붙이고 치환기를 명명한다.

5, 4, O, OH

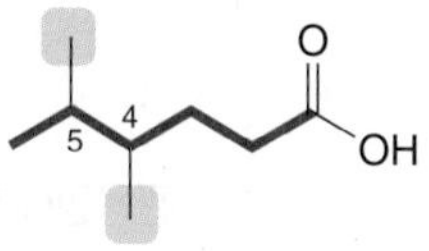

두 개의 메틸 치환기가 C4와 C5에 있다

답: 4,5-다이메틸헥산산

b. [1] COOH에 결합한 고리를 찾고 이름을 붙인다.

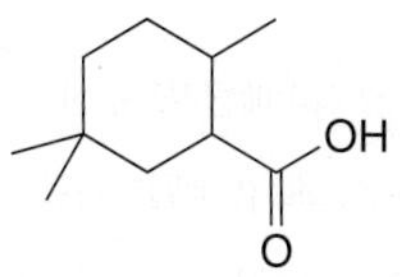

OH, O

cyclohexane + carboxylic acid
(6 개의 C)

[2] 치환기가 붙은 탄소의 번호를 붙이고 치환기를 명명한다.

2, 5, 1, OH, O

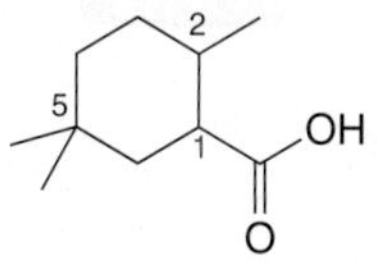

COOH에 연결된 탄소가 C1이 되도록 번호를 붙이고 두 번째 치환기(CH_3)가 작은 수(C2)가 되도록 한다.

답: 2,5,5-트라이메틸사이클로헥세인카복실산

문제 19.1 각 화합물의 IUPAC 이름을 쓰라.

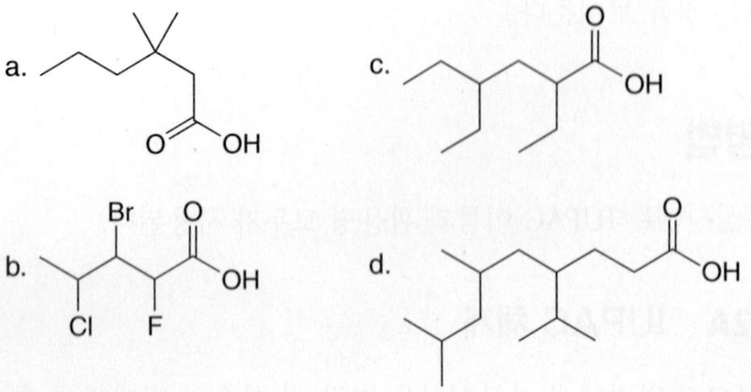

a. (구조식)　c. (구조식)

b. (구조식)　d. (구조식)

문제 19.2 각 IUPAC 이름에 해당하는 구조를 그려라.

a. 2-브로모뷰탄산　d. 2-*sec*-뷰틸-4,4-다이에틸노난산

b. 2,3-다이메틸펜탄산　e. 3,4-다이에틸사이클로카복실산

c. 3,3,4-트라이메틸헵탄산　f. 1-아이소프로필사이클로뷰테인카복실산

19.2B 관용명

대부분의 간단한 카복실산은 IUPAC 이름보다 관용명이 더 널리 사용된다.

- 관용명은 어미명의 관용명에 접미사 *-ic acid*를 더하여 만든다.

표 19.1에 몇 가지 간단한 카복실산의 어미명과 관용명을 나타내었다. 이 어미명은 카보닐기를 갖는 다른 많은 화합물의 명명법에 사용된다(21장과 22장).

- COOH 인접 탄소를 α 탄소라 한다.
- α 탄소에 결합한 탄소는 β 탄소, 계속해서 사슬을 따라 γ(감마) 탄소, δ(델타) 탄소 등이 된다. 사슬의 마지막 탄소를 때때로 Ω(오메가) 탄소라 한다.

관용명에서 α 탄소는 IUPAC 체계에서 C2이다.

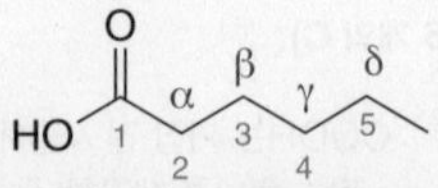

HO 1 2 3 4 5 (α β γ δ)

IUPAC 번호는 C=O에서 시작한다.
그리스 문자는 C=O에 결합한 C에서 시작한다.

문제 19.3 각 관용명에 해당하는 구조를 그려라.

a. α-메톡시발레르산　c. α,β-다이메틸카프로산

b. β-페닐프로피온산　d. α-클로로-β-메틸뷰티르산

19.2C 다른 카복실산의 명명

두 개의 카복시기를 갖는 많은 화합물들도 알려져 있다. IUPAC 체계에서 이가산(diacid)은 어미 알케인 이름에 접미사 −이산(-dioic acid)을 붙여 명명한다. 아래와 같이 세 개의 간단한 이가산

표 19.1
몇 가지 간단한 카복실산의 관용명

탄소 수	구조	어미명	관용명
1		**form-**	폼산
2		**acet-**	아세트산
3		**propion-**	프로피온산
4		**butyr-**	뷰티르산
5		**valer-**	발레르산
6		**capro-**	카프로산
		benzo-	벤조산

카프로산(caproic acid)은 헥산산의 일반적 이름으로 은행나무 씨앗의 다육질 피막에서 발견되는 역겨운 냄새를 풍기는 카복실산으로 씨앗에서 불쾌하고 역겨운 냄새가 나게 한다.

은 관용명이 더 알려져 있다.

옥살산(oxalic acid)
(에테인이산)

말론산(malonic acid)
(프로페인이산)

석신산(succinic acid)
(뷰테인이산)

19장의 많은 반응에서 카복실산으로부터 카복실산 음이온의 금속염이 생성된다. 카복실산 음이온 금속염의 명명은 카복실산의 −산(-ic acid) 끝말을 접미사 −에이트(-ate)로 바꾼 후 세 개 부분을 함께 놓는다.

금속 양이온명 + 어미 + 접미사

어미: 관용명 또는 IUPAC

접미사: -ate

그림 19.2에 두 가지 예를 나타냈다.

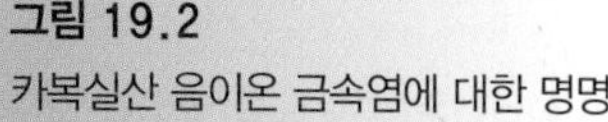
그림 19.2
카복실산 음이온 금속염에 대한 명명

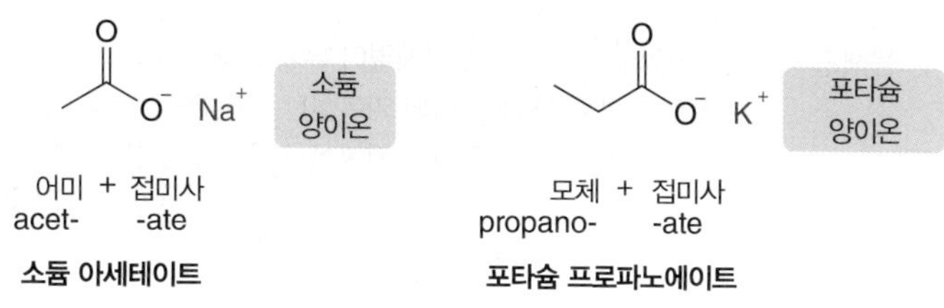

문제 19.4 각 카복실산 음이온 금속염의 IUPAC 이름을 쓰라.

a. (benzoate) O^- Li^+ d. (Br) O^- Na^+ c. O^- K^+ b. H O^- Na^+

문제 19.5 발작이나 심신 장애를 치료하는 데 사용되는 약인 데파코트(Depakote)는 발프로산(valproic acid) [$(CH_3CH_2CH_2)_2CHCO_2H$]과 이 산의 소듐염의 혼합물이다. 이들 화합물 각각의 IUPAC 이름을 쓰라.

19.3 물리적 성질

카복실산은 극성 C–O 결합과 O–H 결합이 있으므로 쌍극자–쌍극자 상호작용을 나타낸다. 또한 카복실산은 전기음성도가 큰 산소 원자와 결합한 수소 원자를 가지므로 분자간 수소 결합을 보여준다. 카복실산은 종종 두 개의 분자간 수소 결합에 의해 이합체(dimer)로 존재한다. 분자간 수소 결합은 한 분자의 카보닐 산소 원자가 다른 분자의 OH 수소 원자와 결합하여 형성된다.(그림 19.3) 카복실산은 우리가 지금까지 보아 온 어떤 유기 화합물보다 극성이 크다.

이 분자간 힘이 카복실산의 물성에 어떤 영향을 미치는지 표 19.2에 요약하였다.

그림 19.3
아세트산(CH_3COOH) 두 분자는 두 개의 수소 결합에 의해 연결되어 있다.

표 19.2
카복실산의 물성

성질	관찰 사항
끓는점과 녹는점	• 카복실산은 분자량이 비슷한 다른 화합물보다 끓는점과 녹는점이 높다. VDW, MW = 58, bp 0 °C / VDW, DD, MW = 58, bp 48 °C / VDW, DD, HB, MW = 60, bp 97 °C / VDW, DD, 두 개의 HB, MW = 60, bp 118 °C 분자간 힘의 세기 증가 끓는점 증가
용해도	• 카복실산은 크기에 관계없이 유기 용매에 녹는다. • 탄소 수 다섯 개 이하의 카복실산은 H_2O와 수소 결합을 할 수 있으므로 물에 녹는다(3.4C절). • 탄소 수 여섯 개 이상의 카복실산은 알킬 부분이 너무 커서 극성 H_2O 용매에 녹지 않으므로 물에 녹지 않는다. 이 '지방' 산은 비극성 지방 같은 환경에서 녹지만 물에는 녹지 않는다.

참고: VDW = 반데르발스, DD = 쌍극자–쌍극자, HB = 수소 결합, MW = 분자량

문제 19.6 다음 화합물을 끓는점이 증가하는 순으로 정렬하라. 어떤 화합물이 물에 가장 잘 녹는가? 어떤 화합물이 물에 가장 잘 녹지 않는가?

19.4 분광학적 성질

카복실산은 매우 특징적인 IR과 NMR 흡수 파장을 나타낸다. IR 영역에서 카복실산은 두 개의 강한 흡수 파장을 보여준다.

- 카보닐에 대한 통상적인 영역인 1710 cm^{-1} 부근에서 C=O기의 빛 흡수.
- O−H의 빛 흡수는 2500~3500 cm^{-1}에서 나타난다. 빛 흡수 영역이 매우 넓어 O−H의 빛 흡수는 3000 cm^{-1}에서 빛을 흡수하는 C−H의 흡수선을 가린다.

그림 19.4에서 뷰탄산의 IR 스펙트럼은 이들 특성 봉우리들을 보여준다.

카복실산은 두 개의 주목할 만한 ^{1}H NMR 흡수와 한 개의 주목할 만한 ^{13}C NMR 흡수를 보여준다.

- ^{1}H NMR 스펙트럼에서 크게 벗겨진 OH 양성자는 일반적인 유기 화합물의 다른 모든 흡수보다 훨씬 낮은 영역인 10 ppm과 12 ppm 사이에서 흡수가 일어난다. 알코올의 OH 신호와 같이 정확한 위치는 수소 결합의 정도와 시료 농도에 의존한다.
- 카복시기에 대해 α 탄소에 있는 양성자는 어느 정도 벗겨져서, 2~2.5 ppm에서 흡수가 일어난다.
- ^{13}C NMR 스펙트럼에서 카보닐의 빛 흡수는 크게 벗겨져서 170~210 ppm에서 나타난다.

OH의 빛 흡수 영역은 매우 넓어 ^{1}H NMR 스펙트럼의 기준선에 거의 묻히기 때문에 OH의 흡수를 관찰하기가 어려운 경우가 있다(그림 19.5).

그림 19.5에 프로판산(propanoic acid)의 ^{1}H와 ^{13}C NMR 스펙트럼을 나타내었다.

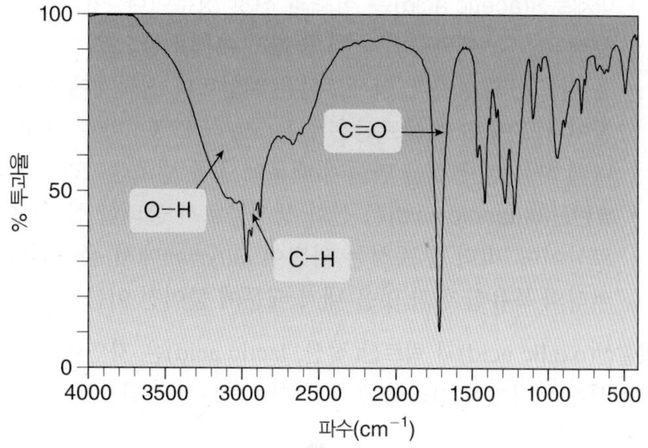

그림 19.4
뷰탄산, $CH_3CH_2CH_2COOH$의 IR 스펙트럼

- 강력한 C=O 빛 흡수가 1712 cm^{-1}에서 일어난다.
- O−H의 넓은 빛 흡수 영역(2500~3500 cm^{-1})은 ~3000 cm^{-1}에서 C−H 봉우리를 거의 덮어 가린다.

그림 19.5 프로판산의 ^{1}H와 ^{13}C NMR 스펙트럼

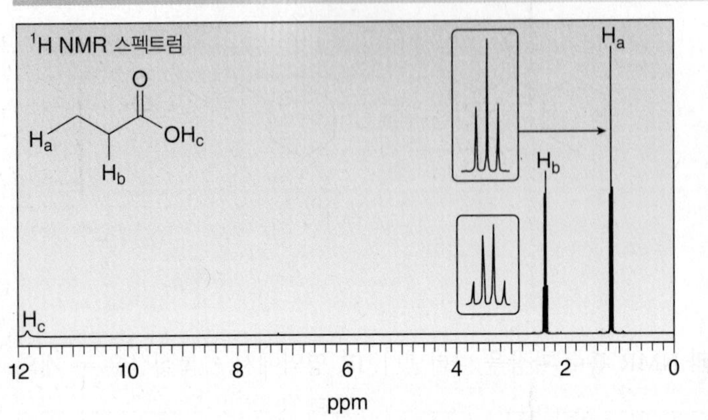

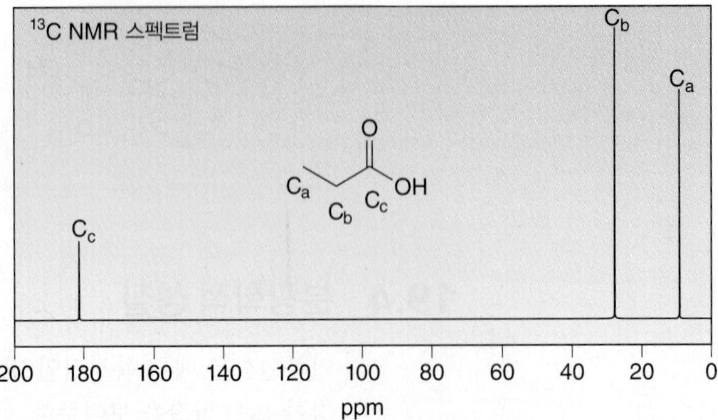

- **^{1}H NMR 스펙트럼**: 세 가지 다른 종류의 H로 인하여 세 개의 신호가 있다. H_a와 H_b 신호는 각각 삼중선, 사중선으로 나눠지지만, H_c 신호는 OH의 양성자가 매우 벗겨진 상태이므로 단일선이다.
- **^{13}C NMR 스펙트럼**: 세 가지 다른 종류의 탄소 원자로 인하여 세 개의 신호가 있다. 카보닐 탄소는 매우 벗겨진 상태이다

문제 19.7 다음 세 화합물을 분별하는 데 IR 분광법을 어떻게 사용할지를 설명하라.

19.5 흥미 있는 카복실산

몇몇 간단한 카복실산은 독특한 냄새와 향을 갖는다.

- 톡 쏘는 냄새와 신맛이 나는 카복실산인 폼산(formic acid)은 몇몇 종류의 개미의 침과 관계 있다. 이름은 '개미'를 뜻하는 라틴어 *formica*에서 유래되었다.
- 아세트산(acetic acid)은 식초의 신맛 성분이다. 이름은 '식초'를 뜻하는 라틴어 *acetum*에서 유래되었다. 에탄올이 공기 중에서 아세트산으로 산화하는 반응은 신맛을 내는 '나쁜' 와인을 만드는 과정이다. 아세트산은 페인트나 접착제에 사용되는 고분자 물질을 제조하는 출발물이다. 순수한 아세트산은 실온(mp = 17°C) 바로 아래에서 얼어 빙하에 있는 얼음을 생각나게 하는 흰 결정을 만들기 때문에 종종 빙초산이라 한다.
- 뷰탄산(butanoic acid)은 산화 생성물로서 불쾌한 몸 냄새의 한 원인이 된다. 관용명은 뷰티르산이며 '버터'를 뜻하는 라틴어 *butyrum*에서 유래되었다. 뷰티르산은 썩은 냄새가 나는 버터의 특유한 향과 맛을 내기 때문에 붙여진 이름이다.

폼산

아세트산

뷰탄산

옥살산(oxalic acid)과 락트산(젖산, lactic acid)은 자연에 널리 퍼져 있는 간단한 카복실산이다. 옥살산은 시금치나 장군풀에 존재하며 락트산은 발효된 우유에서 나는 신맛의 주성분이다.

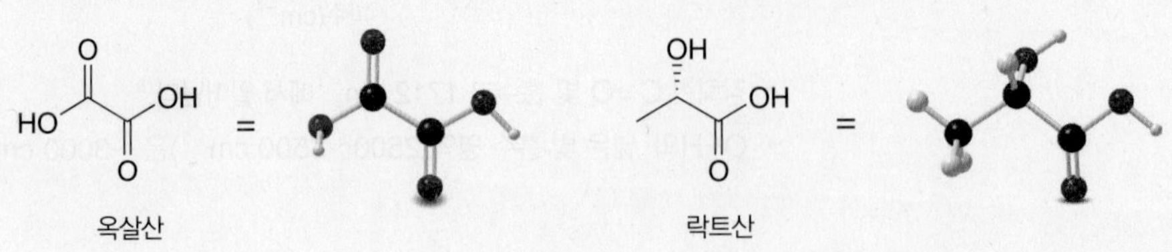

옥살산 락트산

비록 옥살산은 독성이 있지만, 한 번에 9 파운드의 시금치를 섭취해야 사람에게 해를 끼칠 수 있다.

4-하이드록시뷰탄산(4-hydroxybutanoic acid)은 관용명이 γ-하이드록시뷰티르산(γ-hydroxybutyric acid , GHB)인데 신경계를 자극해 환각을 일으키게 하는 불법적으로 사용되는 환각제이다. GHB는 폭넓게 남용되고 있는 중독성이 매우 강한 약으로, 그 맛이 알코올성 음료에 쉽게 가려지므로 '데이트 성폭행(date rape)' 약물로 오용되어 왔다.

4-하이드록시뷰탄산
GHB

카복실산염은 주로 방부제로 사용된다. 곰팡이 성장 억제제인 **벤조산 소듐**(sodium benzoate)은 비알코올성 음료에 사용되는 방부제이고, **소르빈산 포타슘**(potassium sorbate)은 구운 상품과 다른 식품의 저장 기간을 늘리기 위해 첨가하는 첨가제이다.

지방산의 소듐염인 비누는 3.6절에서 논의되었다.

벤조산 소듐 소르빈산 포타슘

문제 19.8 지방산인 아이소트레티노인은 일반 의약품에 잘 듣지 않는 심각한 여드름 치료에 사용되는 처방제이다. 이 약은 태아의 기형을 초래하기 때문에 임산부는 복용할 수 없으며, 이 약의 처방과 복용은 주의있게 감시된다.

a. 각각의 C=C 결합이 *E* 또는 *Z*인지 판별하라.

b. C=C 결합 두 개를 연결하는 각각의 시그마 결합이 시스인지 트랜스인지 판별하라.

19.6 아스피린, 아라키돈산 및 프로스타글란딘

Aspirin이라는 단어는 acetyl의 접두사 ***a***-와 톱니꼬리조팝 나무를 뜻하는 라틴명 spirea로부터 ***spir***가 더해진 것이다.

2장에서 언급한 바와 같이 **아스피린**(아세틸살리실산)은 버드나무 껍질에서 분리되는 **살리신**과 톱니꼬리조팝나무에서 발견되는 **살리실산**과 구조가 비슷한 합성 카복실산이라는 것을 상기하라.

아스피린
(아세틸살리신산)

살리신
(버드나무 껍질에서 분리됨)

살리실산
(톱니꼬리조팝나무에서 분리됨)

살리실산 소듐
(달콤한 카복실산염)

살리실산과 살리실산 소듐(살리실산의 소듐염)은 19세기에 진통제로 널리 사용되었으나 둘 모두 달갑지 않은 부작용이 있었다. 살리실산은 입과 위의 점액질막을 자극하며 살리실산 소듐은 대부분의 환자에게 너무 달았다. 합성 아스피린은 독일 화학자 호프만(Felix Hoffman)이 바이엘사에서 상업적으로 쉽게 합성할 수 있는 방법을 개발한 후 1899년에 처음으로 판매되었다. 호프만의 노력은 개인적인 이유에 따른 것이었는데, 류머티즘 관절염으로 고통 받던 그의 부친이 살리실산 소듐의 단맛을 견딜 수 없어 했던 때문이다.

아스피린은 어떻게 통증을 경감하고 염증을 줄이는가? 아스피린은 통증과 감염 그리고 다른 다양한 생물학적 기능의 원인인 다양한 프로스타글란딘(prostaglandins)의 합성을 차단한다. 프로스타글란딘은 오원자 고리를 지닌 탄소 수 20개의 지방산이다. $PGF_{2\alpha}$는 전형적인 프로스타글란딘의 탄소 골격을 갖는다.

아스피린은 전 세계에서 가장 널리 사용되는 진통제이며 항염증제이지만 그것의 작용 메커니즘은 1970년대까지 알려지지 않고 있었다. 베인(John Vane), 새뮤엘슨(Bengt Samuelsson)과 베르그스트롬(Sune Bergstrom)은 그 세부 메커니즘을 규명하여 1982년에 노벨 생리학상과 의학상을 수상하였다.

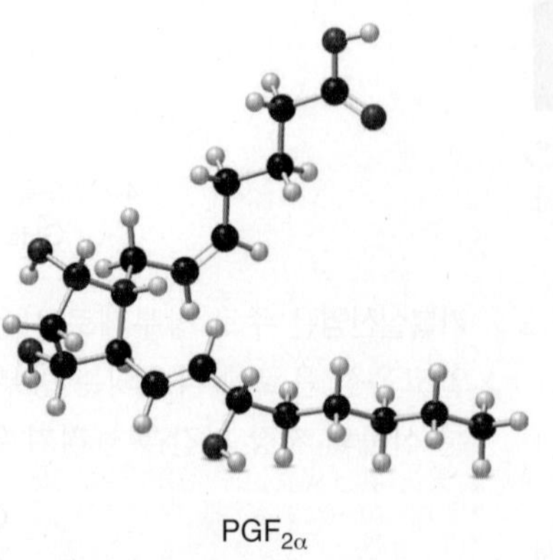

$PGF_{2\alpha}$
프로스타글란딘의 일종

프로스타글란딘은 세포 내에서 저장되지 않는다. 그 대신 시스 이중 결합이 네 개인 다중 불포화 지방산의 하나인 아라키돈산으로부터 합성된다. 혈액을 통해 작용 부위로 운반되는 호르몬과 달리 프로스타글란딘은 합성되는 부위에서 작용한다. 아스피린은 아라키돈산으로부터 프로스타글란딘의 합성을 차단한다. 아스피린은 아라키돈산을 PGG_2로 변환시키는 고리산소화효소(cyclooxygenase)를 비활성화한다. PGG_2는 $PGF_{2\alpha}$ 및 그 밖의 다른 종류의 프로스타글란딘의 불안정한 선구물질이다. 아스피린은 통증을 줄이고 염증을 감소시킨다. 왜냐하면 아스피린이 이들 생물학적 반응에 책임이 있는 화합물 프로스타글란딘의 합성을 방해하기 때문이다.

아라키돈산 → (고리 산소화효소) → [PGG_2 불안정한 중간체] → $PGF_{2\alpha}$와 그 밖의 다른 프로스타글란딘

프로스타글란딘은 생물학적 효능이 다양함에도 불구하고 불안정하기 때문에 약으로의 이용에는 많은 제약이 있다. 따라서 의학적 효능을 갖는 보다 안정한 유도체들이 합성되고 있다. 예를 들어 라타노프로스트(latanoprost, 상품명은 Xalatan)와 비마토프로스트(bimatoprost, 상품명은 Lumigan)는 녹내장 환자의 안압을 낮추는 데 사용되는 프로스타글란딘 유도체이다.

라타노프로스트　　비마토프로스트

문제 19.9 $PGF_{2\alpha}$는 몇 개의 사면체 입체발생 중심이 있는가? 그것의 거울상이성질체를 그려라. 시스–트랜스 이성질 현상을 나타내는 이중 결합은 몇 개인가? 이중 결합과 사면체 입체발생 중심을 고려할 때 $PGF_{2\alpha}$는 몇 개의 입체이성질체가 가능한가?

19.7 카복실산의 합성

카복실산에 관련된 반응에 관한 논의는 그들을 합성하는 간단한 반응 목록으로부터 시작한다. 이들 반응에서 카복시기는 생성물에서 만들어지며 다른 많은 작용기가 출발물로 작용한다. 특정 작용기를 만드는 반응을 **합성**(preparation)이라 한다.

19장의 나머지(및 20장, 22장) 부분에서는 카복실산이 여러 가지 다른 생성물로 변환될 수 있는 출발물인 반응을 논의할 것이다. **각 작용기들의 반응은 각각의 일반적인 법칙을 따른다는 것을 명심하라.** 예를 들면 알켄은 첨가 반응을 한다. 따라서 첨가 반응은 서로 다른 다양한 작용기들이 다양한 반응으로 같은 생성물을 합성하는 방법들보다 배우기 쉽다.

전에 어디서 반응 생성물로서 카복실산을 만났던가? C–O 결합이 세 개 있는 카보닐 탄소는 매우 산화되어 있기 때문에, **카복실산은 전형적으로 산화 반응에 의해 합성된다.** 세 가지 산화 방법을 아래에 요약하였다. 카복실산 합성을 위한 두 가지 다른 유용한 방법은 20장에 소개된다.

[1] 1° 알코올의 산화 반응에 의한 카복실산의 합성(12.12B절)

1° 알코올은 H_2O와 H_2SO_4 존재하에 $Na_2Cr_2O_7$, $K_2Cr_2O_7$, 또는 CrO_3와 반응하여 카복실산으로 변환된다.

$$\mathrm{RCH_2OH} \xrightarrow[H_2SO_4,\ H_2O]{K_2Cr_2O_7} \mathrm{RCOOH}$$

1° 알코올

[2] 알킬벤젠의 산화 반응에 의한 카복실산의 합성(18.15A절)

벤질자리 C–H 결합이 적어도 하나 있는 알킬벤젠은 $KMnO_4$에 의하여 카복실산으로 산화된다.

$$\mathrm{C_6H_5CH_3}\ \text{또는}\ \mathrm{C_6H_5CH_2R}\ \text{또는}\ \mathrm{C_6H_5CHR_2} \xrightarrow{KMnO_4} \mathrm{C_6H_5COOH}$$

어떤 알킬벤젠을 출발물로 사용하더라도 생성물은 항상 벤조산이다.

[3] 알카인의 산화성 분해에 의한 카복실산의 합성(12.11절)

내부 알카인과 말단 알카인 모두는 오존과 산화적으로 분해되어 카복실산을 생성한다.

$$\mathrm{R{-}C{\equiv}C{-}R'} \xrightarrow[\text{[2] } H_2O]{\text{[1] } O_3} \mathrm{RCOOH} + \mathrm{R'COOH}$$

$$\mathrm{R{-}C{\equiv}C{-}H} \xrightarrow[\text{[2] } H_2O]{\text{[1] } O_3} \mathrm{RCOOH} + CO_2$$

내부 알카인에서는 두 개의 카복실산이 생성된다. 말단 알카인에서는 *sp* 혼성화된 C–H 결합이 CO_2로 변환된다.

문제 19.10 각 카복실산을 만들기 위해 어떤 알코올을 산화시킬 것인가?

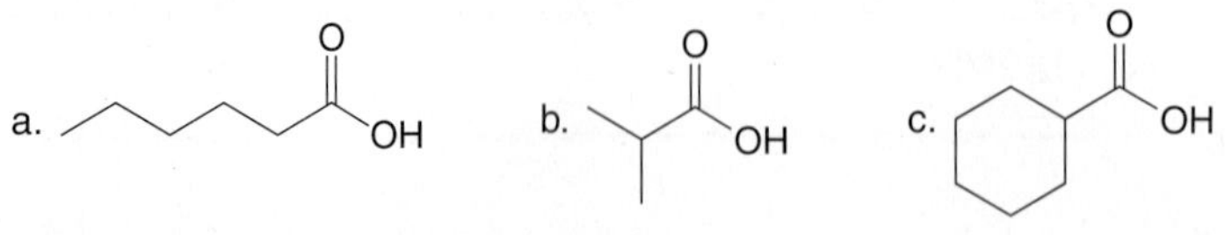

a. (카복실산 구조) OH b. (카복실산 구조) OH c. (카복실산 구조) OH

문제 19.11 다음 반응에서 A, B, C, D는 무엇인가?

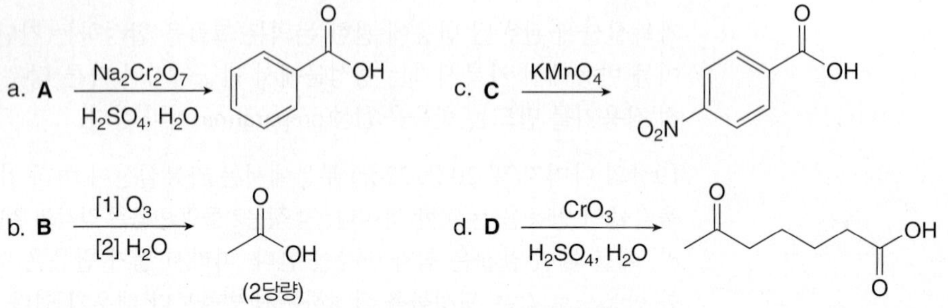

a. **A** $\xrightarrow[H_2SO_4,\ H_2O]{Na_2Cr_2O_7}$ (벤조산) OH

b. **B** $\xrightarrow[[2]\ H_2O]{[1]\ O_3}$ (아세트산) OH (2당량)

c. **C** $\xrightarrow{KMnO_4}$ O_2N-(벤조산) OH

d. **D** $\xrightarrow[H_2SO_4,\ H_2O]{CrO_3}$ (케토산) OH

19.8 카복실산의 반응-일반적 특징

카복실산은 극성 C-O 결합과 O-H 결합, 산소의 비결합 전자쌍과 π 결합으로 인하여 많은 반응자리를 가지며 그 화학은 다소 복잡하다. 카복실산의 가장 중요한 반응 특징은 염기와 반응하여 쉽게 끊어지는 극성 O-H 결합이다.

- 카복실산은 브뢴스테드-로우리 산, 즉 양성자 주개로 작용한다.

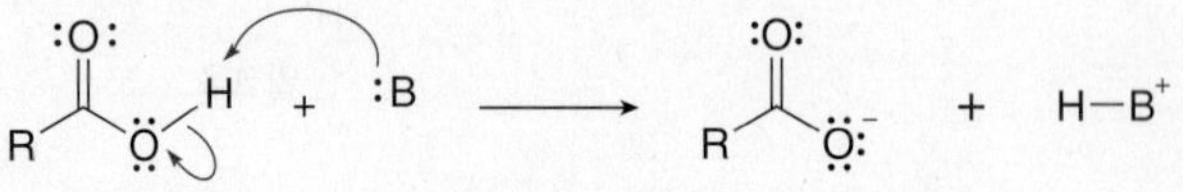

$$RCOOH + :B \longrightarrow RCOO^- + H-B^+$$

19장의 나머지 많은 부분에서는 산-염기와 관련된 반응과 카복실산의 산도를 다룬다. 카복실산의 구조적 특징 중 남은 두 개는 카복실산 반응에서 덜 중요하지만 20장과 22장의 반응에서 중요한 역할을 한다.

산소의 비결합 전자쌍은 전자가 풍부한 자리를 만들어 센산(H-A)에 의해 양성자가 첨가될 수 있다. 양성자 첨가는 결과적으로 생성되는 짝산이 공명 안정화되므로 카보닐 산소에서 일어난다. 따라서 카복실산은 약염기이다—센산과 반응하여 카보닐 산소에 양성자가 첨가된다. 이 반응은 22장의 몇몇 메커니즘에서 중요한 역할을 한다.

$$RCOOH + H-A \longrightarrow RC(=\overset{+}{O}H)OH \longleftrightarrow R\overset{+}{C}(OH)OH \longleftrightarrow RC(OH)=\overset{+}{O}H \; + \; :A^-$$

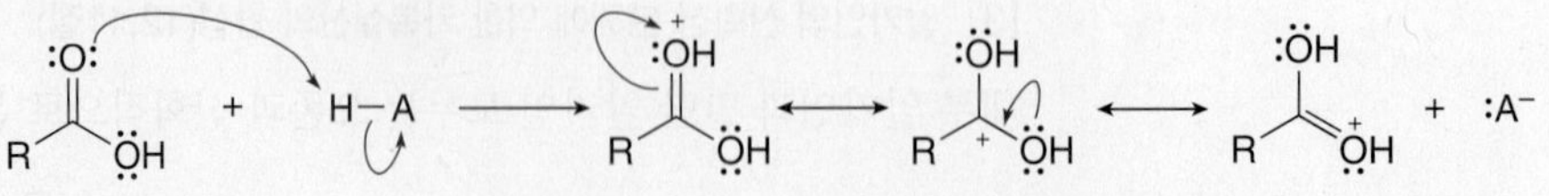

짝산의 세 개의 공명 구조

마지막으로 극성 C-O 결합은 카복시 탄소를 친전자적으로 만들기 때문에 카복실산은 친핵체와 반응한다. 친핵성 공격은 sp^2 혼성화된 탄소 원자에서 일어난다. 따라서 그 결과 π 결합도 깨진다. 이 반응도 22장에서 논의된다.

δ− :O: R δ+ OH :Nu⁻ ⟶ :O:⁻ Nu R OH

문제 19.12 카복실산의 OH기의 산소 원자에 양성자가 결합할 때 생성되는 양이온의 구조를 그려라. 양성자가 카보닐 산소 원자에 결합하는 것이 OH기의 산소 원자에 결합하는 것보다 용이한 이유를 설명하라.

19.9 카복실산: 센 브뢴스테드−로우리 유기산

카복실산은 센 유기산으로서 브뢴스테드−로우리 염기와 쉽게 반응하여 카복실산 음이온을 생성한다.

pK_a가 작을수록 더 센 산이라는 것을 2.3절에서 공부하였다.

R−COOH + :B ⇌ R−COO⁻ + H−B⁺

카복실산 음이온

어떤 염기가 카복실산의 양성자이탈 반응에 사용되는가? 2.3절에서 배운 것처럼 산−염기 반응은 더 약한 염기와 더 약한 산이 생성되는 쪽으로 진행한다. 약산은 pK_a가 크기 때문에 다음의 일반적인 규칙이 성립한다.

- 염기의 짝산의 pK_a가 산보다 더 크면 그 염기는 산에서 양성자를 제거할 수 있다.

많은 카복실산은 pK_a 값이 ~5이므로 짝산의 pK_a 값이 5보다 더 큰 염기는 카복실산을 충분히 양성자이탈 반응을 할 수 있을 만큼 세다. 따라서 아세트산(pK_a = 4.8)과 벤조산(pK_a = 4.2)은 다음 식과 같이 NaOH, $NaHCO_3$에 의해 양성자가 이탈될 수 있다.

아세트산 (센산, pK_a = 4.8) + Na^+ $^-$:OH (염기) ⇌ CH_3COO^- Na^+ + H_2O: (약산, pK_a = 15.7)

벤조산 (센산, pK_a = 4.2) + Na^+ HCO_3^- (염기) ⇌ $C_6H_5COO^-$ Na^+ + H_2CO_3 (약산, pK_a = 6.4)

표 19.3에 카복실산의 양성자이탈 반응에 사용될 수 있는 일반적인 염기를 정리하였다. $NaHCO_3$와 같은 약염기도 충분히 RCOOH에서 양성자를 제거할 수 있다는 것은 주목할 만하다.

카복실산은 왜 그렇게 센 유기산인가? 센산은 짝염기가 약하고 안정화되어 있다는 것을 기억하라. 카복실산의 양성자이탈에 의해 공명 안정화된 짝염기, 즉 카복실산 음이온이 생성된다. 예를 들면, 아세트산 음이온(아세트산의 짝염기)에 대해 두 개의 동등한 공명 구조를 그릴 수 있고, 둘 모두

표 19.3
카복실산의 양성자이탈 반응에서 사용되는 일반적인 염기

	염기	짝산(pK_a)
염기도 증가 ↓	$Na^+HCO_3^-$	H_2CO_3 (6.4)
	NH_3	NH_4^+ (9.4)
	Na_2CO_3	HCO_3^- (10.2)
	$Na^{+-}OCH_3$	CH_3OH (15.5)
	$Na^{+-}OH$	H_2O (15.7)
	$Na^{+-}OCH_2CH_3$	CH_3CH_2OH (16)
	Na^+H^-	H_2 (35)

전기음성 O 원자에 음전하를 갖는다. 따라서 공명 혼성에서 음전하는 두 산소 원자에 비편재화된다.

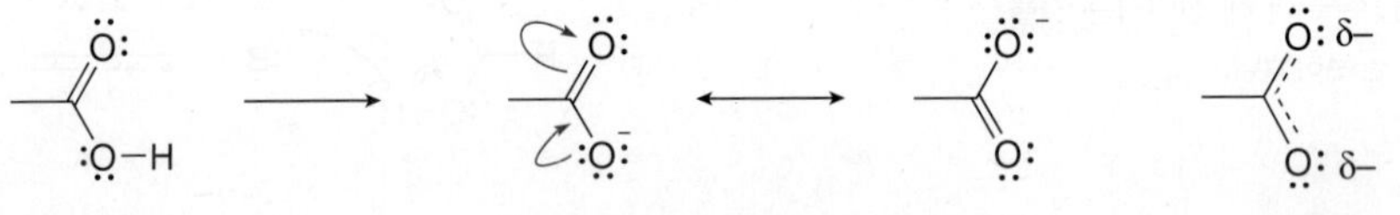

아세트산

아세트산 음이온에 대한 두 개의 공명 구조, 짝염기

혼성체

공명이 어떻게 산도에 영향을 미치는지에 대해서는 2.5C절에서 처음 논의되었다.

실험 자료는 이와 같은 아세트산 음이온의 공명 표기를 뒷받침한다. 아세트산 음이온은 두 개의 C−O 결합의 길이(127 pm)가 같고 C−O 단일 결합의 길이(136 pm)와 C=O 결합 길이(121 pm) 사이에 있다.

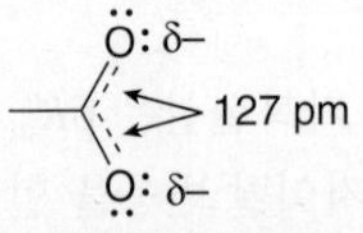

δ− δ− 127 pm

아세트산 음이온 공명 혼성체

공명 안정화는 카복실산이 O−H 결합을 갖는 알코올이나 페놀보다 왜 더 센 산인지를 설명해준다. 예를 들면, 에탄올(CH_3CH_2OH)과 페놀(C_6H_5OH)의 pK_a 값은 각각 16과 10으로 모두 아세트산의 pK_a 값(4.8)보다 크다.

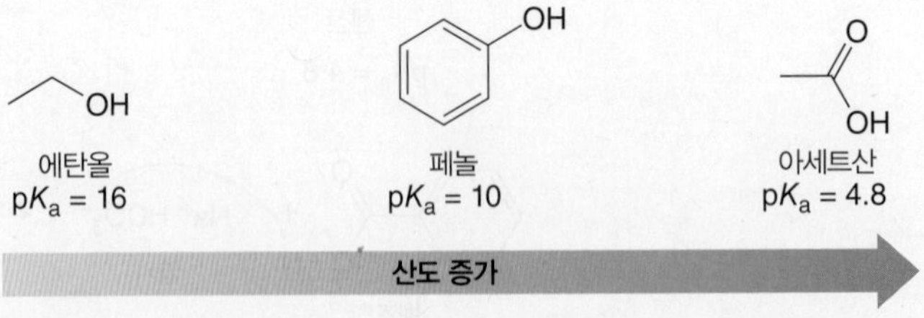

에탄올 $pK_a = 16$ 페놀 $pK_a = 10$ 아세트산 $pK_a = 4.8$

산도 증가 →

에탄올, 페놀, 아세트산의 상대적인 산도를 이해하기 위해서는 그들 짝염기의 안정도를 비교해야 하며 다음 규칙을 사용한다.

- 짝염기 $A:^-$를 안정화하는 것은 산 H−A를 더 산성이게 한다.

에탄올의 짝염기인 에톡시화 음이온(ethoxide)은 산소 원자에 음전하가 있지만 음이온을 안정화하는 더 이상의 요인은 없다. 에톡시화 음이온은 아세트산 음이온보다 덜 안정하여 에탄올은 아세트산보다 약산이다.

페녹시화 음이온(phenoxide)의 공명 혼성은 음전하가 네 개의 원자—세 개의 C 원자와 하나의 O 원자—에 분산되는 것을 보여준다.

에탄올 → 에톡시화 음이온

아세트산 음이온과 같이 **페녹시화 음이온**(phenoxide, $C_6H_5O^-$, 페놀의 짝염기) 또한 공명 안정화된다. 그러나 페녹시화 음이온의 경우 전부 네 개의 다른 원자(세 개의 다른 탄소와 한 개의 산소)에 음전하를 분산시키는 다섯 개의 공명 구조가 있다.

공명 혼성체

페놀 → 1 ↔ 2 ↔ 3 ↔ 4 ↔ 5

페녹시화 음이온은 에톡시화 음이온보다 더 안정하지만 아세트산 음이온보다는 덜 안정하다. 왜냐하면 아세트산 음이온은 음전하를 비편재화하는 두 개의 전기음성적인 산소가 있는 반면에 페녹시화 음이온은 단지 한 개만 있기 때문이다. 게다가 페녹시화 음이온의 공명 구조 2~4는 산소보다 전기음성도가 낮은 원소인 탄소에 음전하가 있다. 따라서 구조 2~4는 산소에 음전하가 있는 구조 1과 5보다 덜 안정하다.

더욱이 공명 구조 1과 5는 방향족 고리가 완전한 반면에 구조 2~4는 그렇지 못하다. 이것 역시 구조 2~4를 구조 1과 5보다 덜 안정하게 한다. 그림 19.6에 다섯 개의 공명 구조와 페녹시화 음이온의 공명 혼성체의 대략적인 상대적 에너지를 나타냄으로써 페녹시화 음이온에 관한 이 정보를 요약하였다.

결과적으로 짝염기의 공명 안정화는 산도를 결정하는 데 중요하다. **그러나 공명 구조의 절대 숫자만이 중요한 것은 아니다.** 짝염기의 상대적 안정도를 예측하기 위해서는 그들의 상대적 기여도를 평가해야 한다.

비록 카복실산이 센 유기산이지만 pK_a 값이 < 0인 HCl과 H_2SO_4와 같은 센 무기산보다는 훨씬 약하다는 것을 명심하라.

- O−H 결합으로 인하여 RCOOH, ROH와 C_6H_5OH는 대부분의 유기 탄화수소보다 더 산성이다.

- 카복실산은 그것의 짝염기가 가장 효과적으로 공명 안정화되기 때문에 알코올이나 페놀보다 더 센 산이다.

그림 19.7에 아세트산, 페놀, 에탄올에 대하여 산도와 짝염기 안정도의 관계를 요약하였다.

그림 19.6
페녹시화 음이온의 다섯 개의 공명 구조와 공명 혼성체에 대한 상대적인 에너지

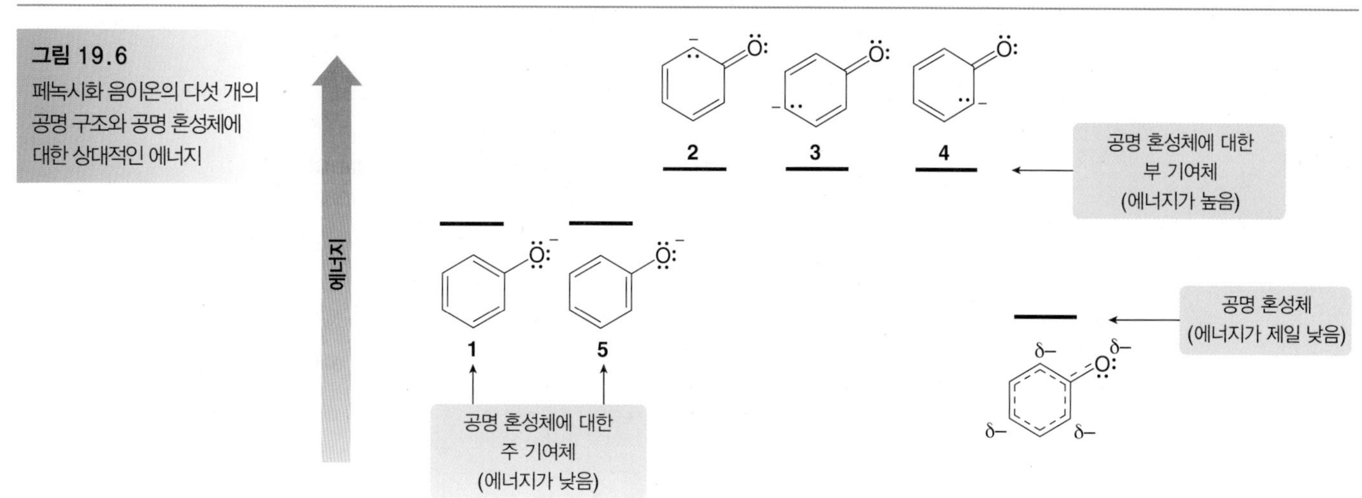

그림 19.7
요약: 아세트산, 페놀 및 에탄올에 대한 산도와 짝염기 안정도 사이의 관계

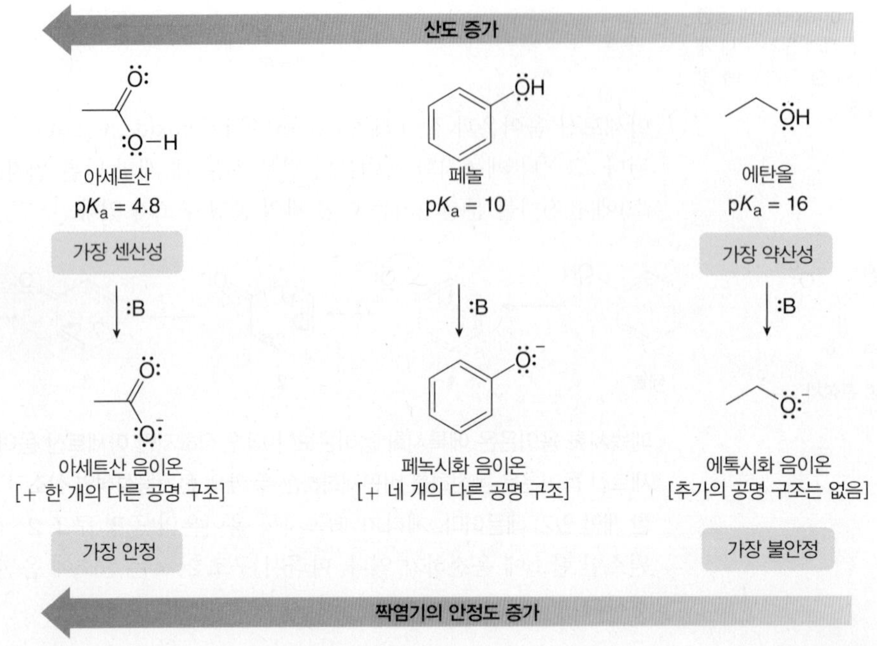

- 음전하가 두 O 원자 모두에 있는 두 개의 동등한 공명 구조 때문에 **아세트산 음이온은 가장 안정한 짝염기**이다.
- **페녹시화 음이온**은 오직 하나의 O 원자가 음전하를 받아들인다. 방향족 고리가 완전하고 음전하가 O 원자에 놓인 두 개의 공명 구조가 공명 혼성체에 대한 주 기여체이다. 공명은 페녹시화 음이온을 안정화하지만 아세트산 음이온만큼 안정화하지는 못한다.
- 추가의 공명 안정화가 없기 때문에 **에톡시화 음이온은 가장 안정하지 못한 짝염기**이다.

알코올과 페놀은 카복실산보다 더 약한 산이므로 양성자를 제거하려면 더 센 염기가 필요하다. C_6H_5OH(pK_a = 10)에서 양성자를 제거하려면 짝산의 $pK_a > 10$인 염기가 필요하다. 따라서 표 19.3에 있는 염기 중에서 $NaOCH_3$, NaOH, $NaOCH_2CH_3$와 NaH가 충분히 세다. CH_3CH_2OH(pK_a = 16)의 양성자를 제거하는 데는 NaH만이 충분히 세다.

문제 19.13 각 산–염기 반응의 생성물을 그려라.

a. (cyclohexanecarboxylic acid) $\xrightarrow{NaOH}$

b. (p-methylphenol) $\xrightarrow{NaOCH_3}$

c. (tert-butyl alcohol) $\xrightarrow{NaH}$

d. (benzoic acid) $\xrightarrow{NaHCO_3}$

문제 19.14 부록 A의 pK_a 값으로부터 다음의 어떤 염기가 CH_3COOH의 양성자이탈을 시키기에 충분히 센가?

a. F^- b. $(CH_3)_3CO^-$ c. CH_3^- d. $^-NH_2$ e. Cl^-

문제 19.15 자두와 복숭아에서 나타나는 카복실산인 만델산에 표시한 수소(H_a~H_c)를 산도가 증가하는 순으로 나열하라. 그 순서를 선택한 이유를 설명하라.

H_a OH_b OH_c O

만델산

19.10 지방족 카복실산의 유도 효과

카복실산의 pK_a는 전자 밀도를 유도적으로 밀어주거나 끌어당기는 인접기에 의해 영향을 받는다.

- 전자를 끌어당기는 기는 짝염기를 안정화하여 카복실산을 더 산성이게 한다.
- 전자를 주는 기는 짝염기를 불안정화하여 카복실산을 덜 산성이게 한다.

다음 식에서 CH_3COOH, $ClCH_2COOH$, $(CH_3)_3CCOOH$의 상대적인 산도는 이 원리를 보여준다.

2.5B절에서 유도 효과와 산도에 대해 처음으로 배웠다.

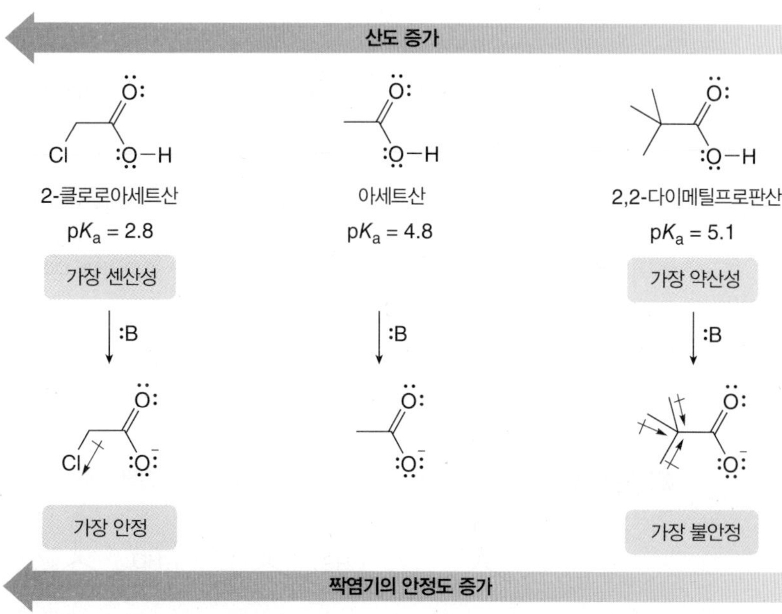

- 짝염기가 전기음성인 Cl의 전자 끌기 유도 효과에 의해 안정화되기 때문에 $ClCH_2COOH$는 CH_3COOH(pK_a = 4.8)보다 더 산성(pK_a = 2.8)이다.
- 세 개의 편극성 CH_3기가 전자 밀도를 밀어 주어 짝염기를 불안정화하기 때문에 $(CH_3)_3CCOOH$는 CH_3COOH보다 덜 산성(pK_a = 5.1)이다.

치환기의 수와 그들의 전기음성도 및 위치 또한 산도에 영향을 준다.

- 전기음성 치환기의 수가 더 많을수록 더 센 산이다.

$ClCH_2COOH$ pK_a = 2.8 | $Cl_2CHCOOH$ pK_a = 1.3 | Cl_3CCOOH pK_a = 0.9

산도 증가
전기음성 Cl 원자의 수 증가

- 치환기가 더 전기음성일수록 더 센 산이다.

$ClCH_2COOH$ pK_a = 2.8 | FCH_2COOH pK_a = 2.6

F는 Cl보다 더 전기음성
더 센 산

- 전자를 끌어당기는 기가 COOH에 더 가까이 있을수록 더 센 산이다.

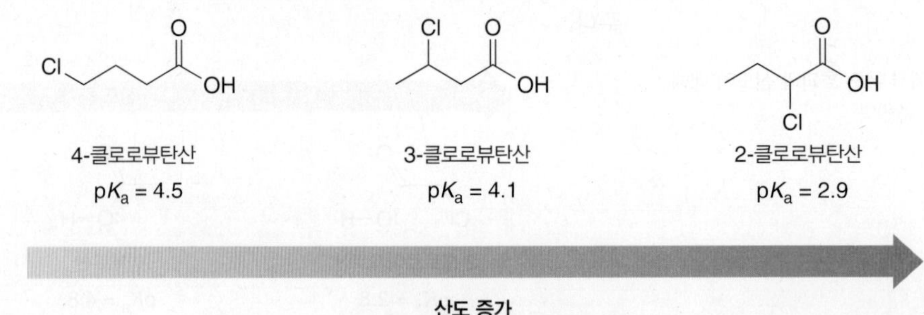

문제 19.16 다음 pK_a 값(3.2, 4.9와 0.2)에 맞는 카복실산을 찾아라.

a. CH_3CH_2COOH b. CF_3COOH c. ICH_2COOH.

문제 19.17 산도가 증가하는 순으로 각 집단의 화합물을 정렬하라.

a. CH_3COOH, $HSCH_2COOH$, $HOCH_2COOH$

b. ICH_2COOH, $I_2CHCOOH$, ICH_2CH_2COOH

19.11 치환된 벤조산

18장에서 다룬 바와 같이 벤젠 고리에 있는 치환기가 전자 밀도를 밀어주거나 끌어당기는 것은 치환기의 유도 효과와 공명 효과의 균형에 달려 있음을 상기하라. 이와 같은 효과가 치환된 벤조산의 산도를 결정한다. 두 가지 규칙을 명심해야 한다.

규칙 [1] 전자를 주는 기는 짝염기를 불안정화하여 산을 덜 산성이게 한다.

음으로 하전된 카복실산 음이온에 전자 밀도를 밀어 줌으로써 **전자를 주는 기는 짝염기를 불안정화**시킨다. 전자를 주는 기로 치환된 벤조산은 벤조산($pK_a = 4.2$)보다 pK_a가 크다.

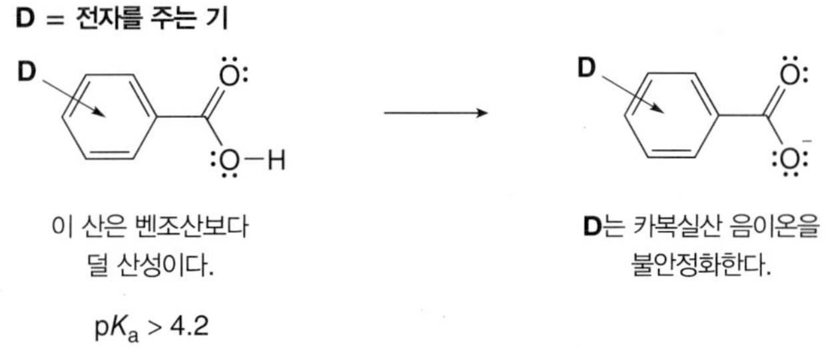

D = 전자를 주는 기

이 산은 벤조산보다 덜 산성이다.

$pK_a > 4.2$

D는 카복실산 음이온을 불안정화한다.

규칙 [2] 전자를 끌어당기는 기는 짝염기를 안정화하여 산을 더 산성이게 한다.

음으로 하전된 카복실산 음이온으로부터 전자 밀도를 제거함으로써 **전자를 끌어당기는 기는 짝염기를 안정화한다**. 전자를 끌어당기는 기로 치환된 벤조산은 벤조산($pK_a = 4.2$)보다 pK_a가 작다.

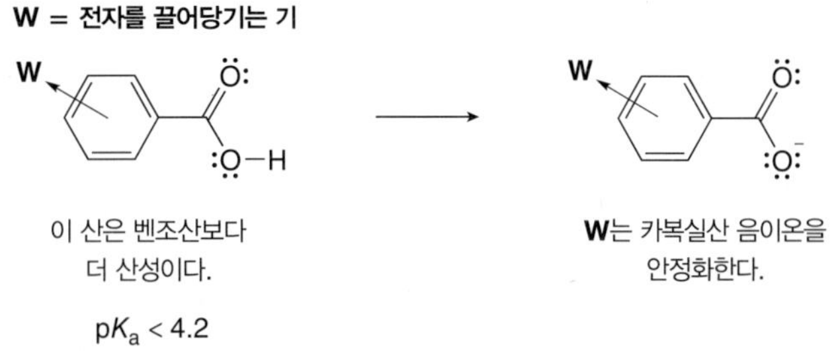

W = 전자를 끌어당기는 기

이 산은 벤조산보다 더 산성이다.

$pK_a < 4.2$

W는 카복실산 음이온을 안정화한다.

그림 19.8
치환기가 친전자체에 대한 벤젠 고리의 반응성과 치환된 벤조산의 산도에 어떤 영향을 미치는가

	치환기	친전자 치환 반응에서의 영향	치환된 벤조산의 산도에 미치는 영향
전자 주는 기	$-\ddot{N}H_2$ [$\ddot{N}HR$, $\ddot{N}R_2$]	활성기	이 기들은 벤조산을 **덜 산성**이게 한다.
	$-\ddot{O}H$		
	$-\ddot{O}R$		
	$-\ddot{N}HCOR$		
	$-R$		
전자 끄는 기	$-\ddot{X}:$ [X = F, Cl, Br, I]	비활성기	이 기들은 벤조산을 **더 산성**이게 한다.
	$-CHO$		
	$-COR$		
	$-COOR$		
	$-COOH$		
	$-CN$		
	$-SO_3H$		
	$-NO_2$		
	$-\overset{+}{N}R_3$		

산도 증가 (아래로)

- **전자 밀도를 밀어주는 기는 친전자성 공격에 대하여 벤젠 고리를 활성화하고, 벤조산을 덜 산성이게 한다.** 일반적으로 전자를 주는 기는 R기 또는 벤젠 고리에 결합된(고립 전자쌍을 갖는) N 또는 O 원자를 갖는 기이다.
- **전자 밀도를 끌어당기는 기는 친전자성 공격에 대하여 벤젠 고리를 비활성화하고, 벤조산을 더 산성이게 한다.** 일반적으로 전자를 끌어당기는 기는 할로젠 또는 벤젠 고리에 결합된 Y 원자(전부 또는 부분적으로 양전하를 갖는)를 갖는 기이다.

어떤 기가 벤젠 고리에 전자를 밀어주는지 아니면 전자를 끌어당기는지를 어떻게 알 수 있는가? 이미 18장에서 전자를 주는 기와 전자를 끌어당기는 기의 특성과 그들이 친전자성 방향족 치환 반응 속도에 어떤 영향을 미치는가를 공부하였다. 이 원리를 치환된 벤조산에 연장시킬 수 있다.

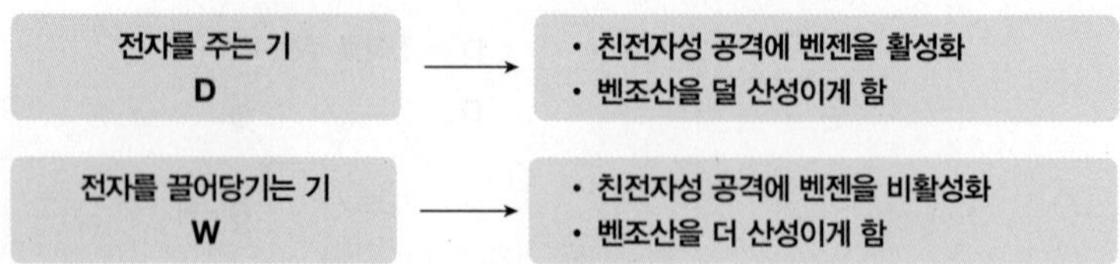

그림 19.8에 일반적으로 전자를 주는 기와 전자를 끌어당기는 기가 친전자체에 대한 벤젠 고리의 반응 속도와 치환된 벤조산의 산도에 어떤 영향을 미치는지를 설명하였다.

예제 19.2 다음 카복실산을 산도가 증가하는 순으로 정렬하라.

A 벤조산 B p-메톡시벤조산 C p-나이트로벤조산

풀이

p-메톡시벤조산(B): CH_3O기는 전자를 끌어당기는 유도 효과보다 전자를 주는 공명 효과가 더 크기 때문에(18.6절) 전자를 주는 기이다. CH_3O기는 음으로 하전된 카복실산 음이온에 전자 밀도를 밀어 줌으로써 짝염기를 불안정화하여 **B**를 벤조산 **A**보다 덜 산성이게 한다.

B p-메톡시벤조산

인접 원자에 두 개의 (−) 전하가 있기 때문에 짝염기를 불안정화한다.

p-나이트로벤조산(C): NO_2기는 유도 효과와 공명으로 인하여(18.6절) 전자를 끌어당기는 기이다. NO_2기는 음으로 하전된 카복실산 음이온으로부터 전자 밀도를 제거함으로써 짝염기를 안정화하여 **C**를 벤조산 **A**보다 더 산성이게 한다.

C p-나이트로벤조산

인접 원자에 다른 전하가 있기 때문에 짝염기를 안정화한다.

이 분석으로부터 산도의 순위는 **B** < **A** < **C**이다.

문제 19.18 각 집단의 화합물을 산도가 증가하는 순으로 정렬하라.

a.

b.

덩굴옻나무는 우루시올을 가지고 있다.

문제 19.19 치환된 페놀은 치환된 벤조산과 비슷한 치환기 효과가 있다. 덩굴옻나무에서 분리한 우루시올(urushiol)이라는 자연에 존재하는 페놀의 하나인 다음의 페놀 **A**의 pK_a 값은 페놀의 pK_a 값(10)보다 큰가, 작은가? 설명하라.

A

19.12 추출

추출의 역사는 오래되었고, 여전히 천연 원천에서 천연물을 분리하는 첫 번째 단계이다.

실험실의 유기화학자는 혼합물을 분리하고 정제해야 한다. 특히 유용한 기술 중의 하나가 추출(extraction)인데 화합물을 분리하고 정제하기 위해 용해도 차이와 산–염기 원리를 사용한다.

물 또는 10%의 $NaHCO_3$이나 10%의 NaOH와 같은 수용액, 그리고 다이클로로메테인(CH_2Cl_2), 다이에틸 에터, 또는 헥세인과 같은 유기 용매가 추출에 사용되는 두 가지 용매이다. 수용액과 유기 용매에서 화합물의 용해도 차이에 의해 화합물이 분리된다.

그림 19.9에 나타낸 분별 깔때기(separatory funnel)라고 하는 유리 용기가 추출에 사용된다. 서로 섞이지 않는 액체 둘을 분별 깔때기에 넣으면 밀도가 낮은 액체는 위층, 밀도가 높은 액체는 아래층으로 갈라져 두 층이 생성된다.

그림 19.9
분별 깔때기를 사용한 추출

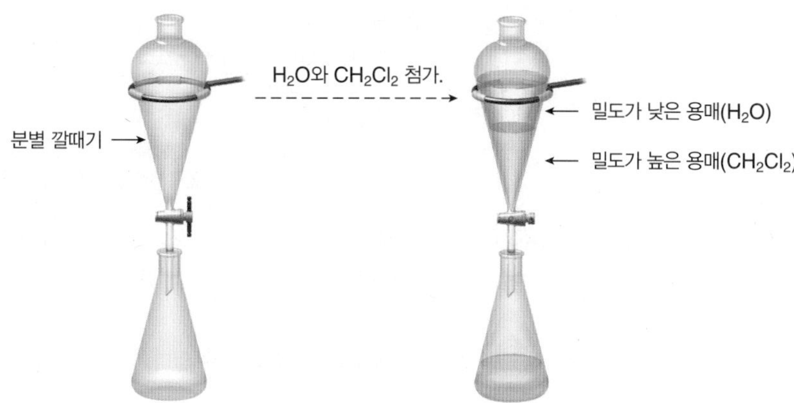

- 서로 섞이지 않는 두 액체를 분별 깔때기에 넣으면 두 층이 보이고 밀도가 낮은 액체가 위층이 된다.
- 층을 분리하기 위하여 마개를 열어 아래층을 빼낸다. 그 후 위층을 깔때기 윗목에서 쏟아낸다.

H_2O와 CH_2Cl_2가 들어 있는 분별 깔때기에 벤조산(C_6H_5COOH)과 NaCl의 혼합물을 가해보자. 벤조산은 유기층에서 용해되고 NaCl은 물층에서 용해될 것이다. 유기층과 물층을 분리하여 다른 플라스크에 넣으면 벤조산과 NaCl이 서로 분리된다.

벤조산과 사이클로헥산올의 혼합물을 어떻게 분리할 것인가? 둘 모두 유기 화합물이다. 따라서 둘 모두 CH_2Cl_2와 같은 유기 용매에 녹고 물에는 녹지 않는다. 벤조산과 사이클로헥산올의 혼합물을 CH_2Cl_2와 물과 함께 분별 깔때기에 넣으면 벤조산과 사이크로헥산올 모두 CH_2Cl_2 층에 녹아 두 화합물을 서로 분리할 수 없을 것이다. 이와 같이 용해도 성질이 비슷한 두 화합물을 추출을 이용하여 분리할 수 있겠는가?

표 19.1과 19.2에 나와 있는 것처럼 탄소가 다섯 개 이상인 알코올과 카복실산은 물에 녹지 않는다는 것을 상기하라.

벤조산
• 물에 불용성
• CH_2Cl_2에 가용성

비슷한 용해도 성질

사이클로헥산올
• 물에 불용성
• CH_2Cl_2에 가용성

화합물 중 하나가 카복실산이라면 답은 "예"이다. 왜냐하면 산−염기 화학을 이용하여 용해도 성질을 바꿀 수 있기 때문이다.

벤조산(센 유기산)을 수용성 NaOH와 반응시키면, 벤조산은 양성자가 이탈되어 벤조산 소듐이 된다. 벤조산 소듐은 이온성이기 때문에 물에 녹지만 유기 용매에는 녹지 않는다.

벤조산 + $Na^+\ ^-OH$ (염기) ⇌ 벤조산 소듐 + H_2O

벤조산 $pK_a = 4.2$; H_2O $pK_a = 15.7$

• 물에 불용성
• CH_2Cl_2에 가용성

상이한 용해도 성질

• 물에 가용성
• CH_2Cl_2에 불용성

사이클로헥산올을 NaOH와 반응시킬 때는 비슷한 산−염기 반응은 일어나지 않는다. 왜냐하면, 유기 알코올은 상당히 약한 유기산이기 때문이다. 그래서 알코올은 NaH와 같은 매우 센염기로만 양성자가 이탈될 수 있다. NaOH는 상당량의 소듐 알콕시화 음이온을 생성할 만큼 센염기가 아니다.

사이클로헥산올 + $Na^+\ ^-OH$ (염기) ⇌ 알콕시화 소듐 + H_2O

사이클로헥산올 $pK_a \sim 17$; H_2O $pK_a = 15.7$

출발물을 선호하는 평형이기 때문에
알콕시화 음이온이 거의 생기지 않는다.

그림 19.10에 나타낸 단계적인 추출 과정에 의해 벤조산과 사이클로헥산올을 분리하는 데 앞서 설명한 산−염기 화학에서의 차이를 이용할 수 있다. 이 추출은 두 개의 기본 원리에 따른다.

• 추출은 용해도 성질이 다른 화합물만 분리할 수 있다. 한 화합물은 물 층에 용해되어야 하고 다른 하나는 유기 층에 용해되어야 한다.

그림 19.10 추출 조작에 의한 벤조산과 사이클로헥산올의 분리

단계 [1] 벤조산과 사이클로헥산올을 CH_2Cl_2에 용해

단계 [2] 10% NaOH 용액을 가하여 이중 층을 형성

단계 [3] 층을 분리

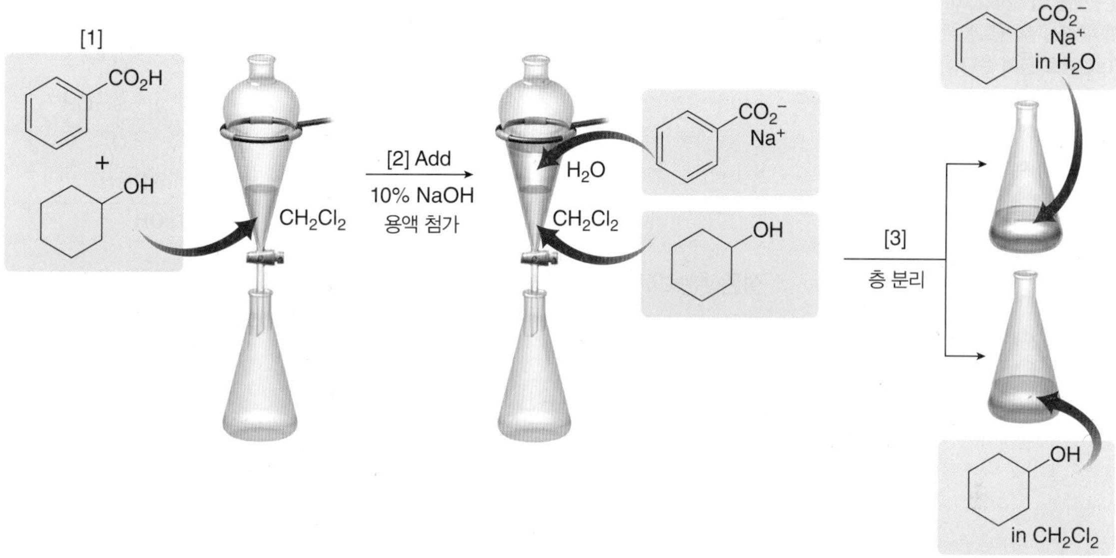

- 두 화합물은 유기 용매 CH_2Cl_2에 녹는다.

- 10% NaOH 수용액을 첨가하면 두 층이 형성된다. 두 층을 혼합하면 NaOH는 C_6H_5COOH를 양성자이탈 반응을 시켜 $C_6H_5COO^-Na^+$를 생성시킨다.
- 사이클로헥산올은 CH_2Cl_2 층에 남아 있다.

- 이중 층이 분리되고 밑의 마개로부터 아래층을 빼내면 분리 과정은 끝난다.
- 사이클로헥산올(CH_2Cl_2에 용해한)은 하나의 플라스크에 들어 있다. 벤조산의 소듐염 $C_6H_5COO^-Na^+$(물에 용해한다)은 또 다른 플라스크에 들어 있다.

- 카복실산은 산–염기 반응에 의해 물에 녹는 카복실산 음이온으로 변환시킴으로써 다른 유기 화합물로부터 분리될 수 있다.

따라서 물에 녹는 염 $C_6H_5COO^-Na^+$(산–염기 반응에 의해 C_6H_5COOH로부터 유도)는 추출 조작에 의해 물에 녹지 않는 사이클로헥산올로부터 분리할 수 있다.

문제 19.20 다음 중 어떤 화합물 쌍이 추출 조작에 의해 서로 분리될 수 있는가?

a. 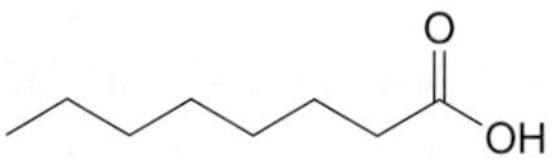 와 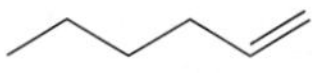

b. 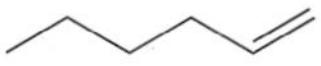 와 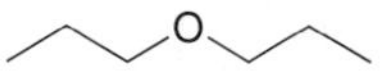

c. 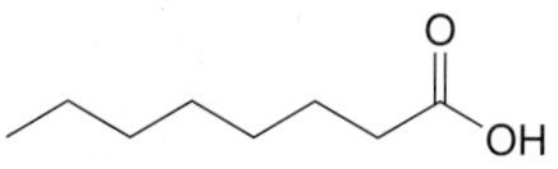 와 NaCl

d. NaCl 와 KCl

19.13 설폰산

9.13절에서 $CH_3C_6H_4SO_2$–를 토실기라 하고 **Ts**로 줄여 쓰기로 했다는 것을 상기하라. 이 이유 때문에 *p*-톨루엔설폰산(토실산이라고도 함)을 **TsOH**로 줄여 쓴다.

카복실산보다는 훨씬 덜 흔하지만 설폰산(sulfonic acid)은 유용한 유기산기이다. 설폰산의 일반 구조는 RSO_3H이다. 가장 널리 사용되는 설폰산인 *p*-톨루엔설폰산은 2.6절에서 처음으로 논의되었다.

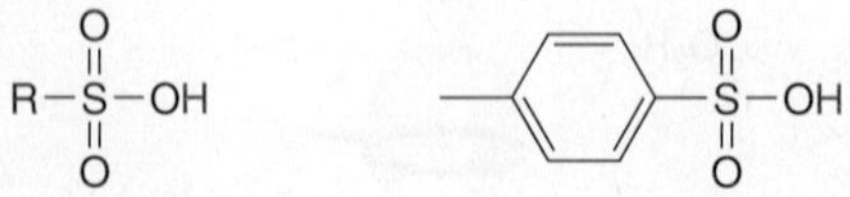

설폰산

p-톨루엔설폰산

TsOH

설폰산은 그것의 짝염기가 공명 안정화된 모든 공명 구조에서 산소의 음전하를 비편재화하므로 매우 센산(pK_a 값 ≈ −7)이다. 설폰산의 짝염기를 설폰산 음이온(sulfonate anion)이라 한다.

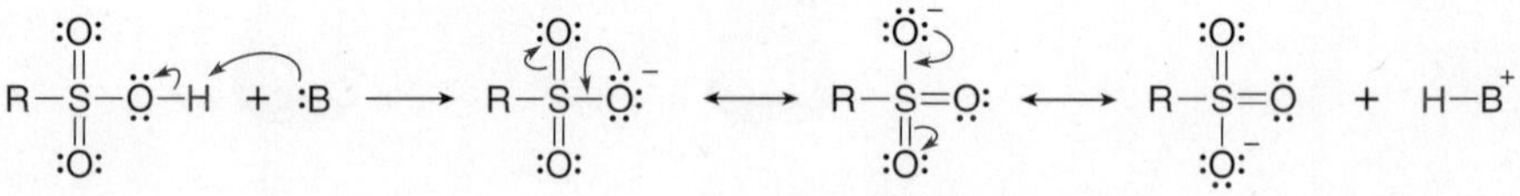

센산
pK_a ≈ −7

세 개의 공명 구조—
모두 산소에 음전하가 있음

설폰산 음이온은 약염기이기 때문에 9.13절에서 배운 바와 같이 친핵성 치환 반응에서 좋은 이탈기가 된다.

문제 19.21 흔히 사용되는 설폰산 두 가지는 메테인설폰산(methanesulfonic acid, CH_3SO_3H)과 트라이플루오로메테인설폰산(trifluoromethanesulfonic acid, CF_3SO_3H)이다. 어떤 것이 더 약한 짝염기를 갖는가? 어떤 짝염기가 더 좋은 이탈기인가? 어떤 산의 pK_a가 큰가?

19.14 아미노산

29장에서 아미노산의 합성과 아미노산이 단백질로 변환하는 것을 논의한다.

세포 내에서 생물학적으로 중요한 기능을 하는(3.9절) 네 종류의 작은 생체분자 중의 하나인 아미노산(amino acid) 또한 양성자이탈 반응을 한다.

19.14A 서론

아미노산은 두 개의 작용기, 즉 아미노기(NH_2)와 카복시기(COOH)가 들어 있다. 자연에서 발견되는 대부분의 아미노산에서 아미노기는 α 탄소에 결합되기 때문에 α-아미노산이라 한다. 아미노산은 근육, 머리카락, 손톱 및 많은 생물 조직을 구성하는 생체분자인 단백질의 기본 단위이다.

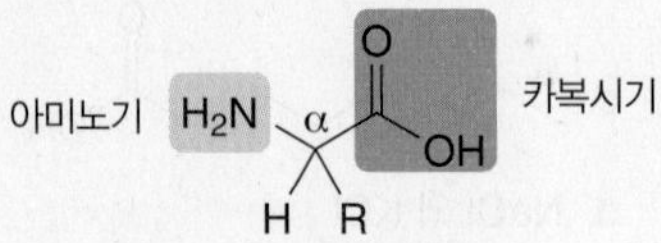

아미노기 카복시기

α-아미노산

자연계의 단백질에서 자연히 발견되는 20개의 아미노산은 α 탄소에 결합한 R기 성분만 다르다. 가장 단순한 아미노산인 글라이신(glycine)은 R = H이다. R기가 다른 어떤 치환기일 때 α 탄소는 입체발생 중심이고, 두 개의 가능한 거울상이성질체가 있다.

표 19.4
대표적인 아미노산

일반 구조: H_2N–CH(H)(R)–C(=O)OH

R기	이름	세 자로 줄임	한 자로 줄임
H	글라이신(glycine)	Gly	G
CH_3	알라닌(alanine)	Ala	A
$CH_2C_6H_5$	페닐알라닌(phenylalanine)	Phe	F
CH_2OH	세린(serine)	Ser	S
CH_2SH	시스테인(cysteine)	Cys	C
$CH_2CH_2SCH_3$	메싸이오닌(methionine)	Met	M
CH_2CH_2COOH	글루탐산(glutamic acid)	Glu	E
$(CH_2)_4NH_2$	라이신(lysine)	Lys	K

인간은 단백질 합성에 필요한 20개의 아미노산 중 단 10개만 합성할 수 있다. 나머지 10개를 **필수 아미노산**(essential amino acids)이라고 하는데, 거의 매일 일상의 음식물로부터 규칙적으로 섭취하여야 한다. 채식주의 식단은 모든 필수 아미노산을 섭취하도록 균형 잡혀야 한다. 곡물—밀, 쌀, 옥수수—은 라이신이 적고 콩과 식물—콩, 완두콩, 땅콩—은 메싸이오닌이 적다. 그러나 이 음식들을 같이 섭취하면 필요한 아미노산을 모두 취할 수 있다. 따라서 옥수수 토르티야와 콩 또는 쌀과 두부에는 모두 필수 아미노산이 들어 있다. 밀빵에 땅콩버터 샌드위치도 마찬가지이다.

글라이신
입체발생 중심이 없음

L **아미노산**
단백질에서는
이 이성질체만 발견된다.

D **아미노산**

아미노산은 자연계에서 이 거울상이성질체 중 단지 하나의 형태로만 존재한다. R기가 CH_2SH인 경우만 제외하고 α 탄소의 입체발생 중심은 *S* 배열이다. 예전의 명명법 체계에서는 자연계에서 발견되는 아미노산의 거울상이성질체를 L 이성질체로, 자연계에 존재하지 않는 L 이성질체의 거울상이성질체를 D 이성질체로 명명한다.

아미노산의 R기는 H, 알킬, 아릴 또는 N, O, S 원자를 포함하는 알킬 사슬일 수 있다. 대표적인 예를 표 19.4에 정리하였다. 모든 아미노산은 세 자로 줄이거나 한 자로 지정되는 관용명을 갖는다. 예를 들면 글라이신은 종종 세 글자 Gly로 줄이거나 한 글자 G로 줄여 쓴다. 이 줄임도 표 19.4에 나타내었다. 자연계에서 합성되는 20개 아미노산의 목록을 그림 29.2에 나타냈다.

문제 19.22 다음의 각 아미노산의 두 거울상이성질체를 그리고, *R* 또는 *S*로 표시하라.

a. 페닐알라닌 b, 메싸이오닌

19.14B 산–염기 성질

아미노산은 산이면서 염기이기도 하다.

- NH_2기는 비결합 전자쌍이 있으므로 염기가 된다.
- COOH기는 산성 양성자가 있으므로 산이 된다.

아미노산은 결코 전하를 띠지 않는 중성 화합물이 아니다. 아미노산은 염으로 존재하여 끓는점이 매우 높고 물에 잘 녹는다.

• 산성 카복시기에서 염기성 아미노기로 양성자가 이동하여 염이 생성되는데, 이를 쯔비터이온(zwitterion)이라 하며 양전하와 음전하가 모두 들어 있다.

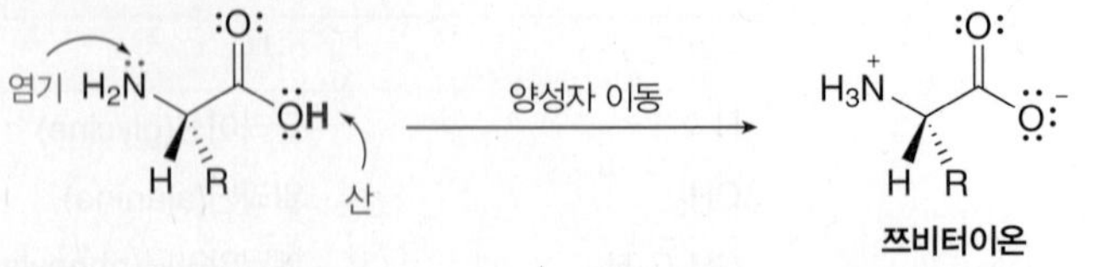

염기 · 산 · 양성자 이동

아미노산의 이와 같은 중성 형태는 존재하지 않는다.

쯔비터이온

이 염은 아미노산의 중성 형태이다.

실제로 아미노산은 용해되는 수용액의 pH에 따라 세 가지 다른 구조로 존재한다.

용액의 pH가 ~6일 때, 알라닌(R = CH_3)은 쯔비터이온 구조(A)로 존재하여 알짜 전하는 없다. 이 구조에서 카복시기는 음전하를 띠고—이는 카복실산 음이온이다—아미노기는 그만큼의 양전하(암모늄 양이온)를 띤다.

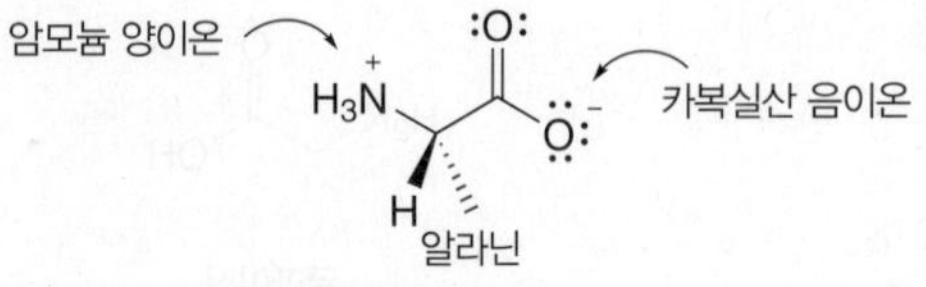

암모늄 양이온 · 카복실산 음이온

알라닌

A

중성 쯔비터이온

이 구조는 pH ≈ 6에서 존재한다.

센산을 첨가하여 pH를 낮추면(pH ≤ 2), 카복실산 음이온에 양성자가 첨가되어 아미노산은 알짜 양전하를 띤다(구조 B).

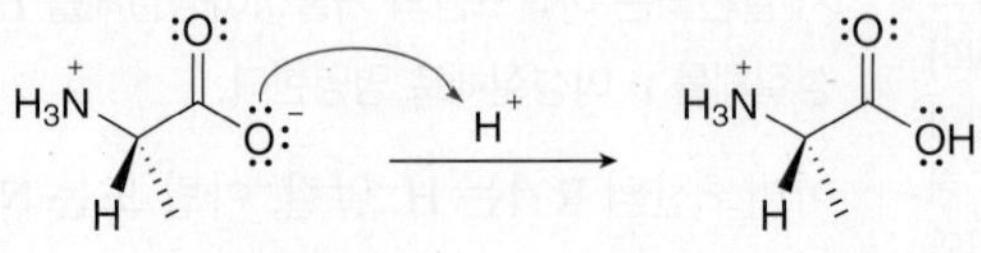

A → H^+ → **B**

전체적으로 (+1) 전하

이 구조는 pH ≤ 2에서 존재한다.

A에 센염기를 첨가하여 pH를 높이면(pH ≥ 10), 암모늄 양이온이 탈양성자화되어 아미노산은 알짜 음전하를 띤다(구조 C).

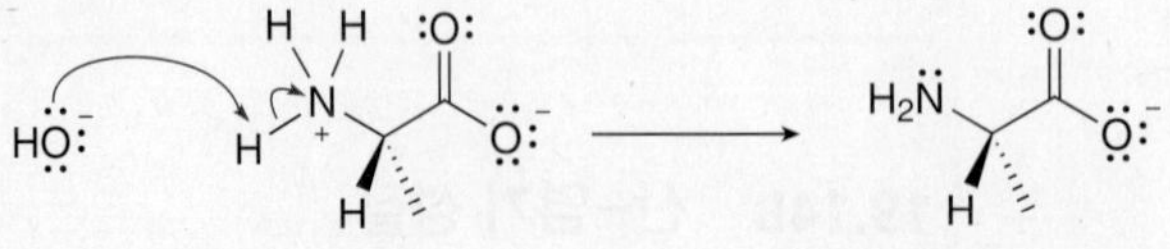

A → **C**

전체적으로 (−1) 전하

이 구조는 pH ≥ 10에서 존재한다.

따라서 알라닌은 용액의 pH에 따라 세 가지 다른 구조 중 하나로 존재한다. 용액의 pH가 2에서 10으로 서서히 증가하면 다음 과정이 일어난다.

그림 19.11
알라닌의 산–염기 반응의 요약

$H_3\overset{+}{N}$–CH(CH_3)–COOH (**B**, 전체적으로 (+1) 전하) $\underset{H^+}{\overset{HO^-}{\rightleftharpoons}}$ $H_3\overset{+}{N}$–CH(CH_3)–COO^- (**A**, 중성) $\underset{H^+}{\overset{HO^-}{\rightleftharpoons}}$ H_2N–CH(CH_3)–COO^- (**C**, 전체적으로 (−1) 전하)

pH 증가 →

- 낮은 pH에서 알라닌은 알짜 (+) 전하를 띤다(구조 B).
- pH가 ~6까지 증가하면 카복시기에서 양성자가 떨어져서 아미노산은 전체적으로 전하를 띠지 않는 쯔비터 이온으로 존재한다(구조 A).
- 높은 pH에서는 암모늄 양이온이 양성자 이탈 반응을 일으키고 아미노산은 알짜 (−) 전하를 띤다 (구조 C).

이 반응을 그림 19.11에 요약하였다.

문제 19.23 대부분의 다른 유기 화합물과는 달리 아미노산이 다이에틸 에터와 같은 유기 용매에 왜 녹지 않는지 설명하라.

문제 19.24 아미노산인 글라이신에 대하여 (+) 전하 구조, 중성 구조, (−) 전하 구조를 그려라. pH 11에서 주로 어떤 구조로 존재하는가? pH 1에서는 주로 어떤 구조로 존재하는가?

19.14C 등전점

양성자가 첨가된 아미노산은 적어도 두 개의 제거될 수 있는 양성자가 있으므로 이들 양성자 각각에 대한 pK_a 값이 보고되었다. 예를 들면, 알라닌의 카복시 양성자의 pK_a는 2.35이며 암모늄 양성자의 pK_a는 9.87이다. 표 29.1에 20개의 모든 아미노산에 대하여 이들 값을 정리해 놓았다.

- 아미노산이 주로 중성 구조로 존재할 때의 pH를 등전점(isoelectric point)이라 부르며, p*I*로 줄여 쓴다.

일반적으로 등전점은 아미노산의 두 pK_a 값의 평균이다.

등전점에 관한 더 많은 정보는 29.1절에서 찾을 수 있다.

$$\textbf{등전점} = \mathbf{p}\boldsymbol{I} = \frac{pK_a\,(\text{COOH}) + pK_a\,(\text{NH}_3^+)}{2}$$

$$\text{알라닌에 대해:}\quad \mathbf{p}\boldsymbol{I} = \frac{2.35 + 9.87}{2} = \underset{pI(\text{알라닌})}{6.12}$$

문제 19.25 페닐알라닌의 카복시 양성자와 암모늄 양성자의 pK_a 값은 각각 2.58과 9.24이다. 페닐알라닌의 등전점은 얼마인가? 등전점에서의 페닐알라닌의 구조를 그려라.

문제 19.26 글라이신의 COOH기의 pK_a가 아세트산의 COOH의 pK_a(2.35 대 4.8)보다 왜 훨씬 작은지 설명하라.

카복실산과 O−H 결합의 산도

일반적인 사실

- 카복실산은 카복시기(COOH)를 포함한다. 중심 탄소는 sp^2 혼성이며 삼각 평면이다(19.1절).
- 카복실산은 접미사 -oic acid, 카복실산 또는 -ic acid를 사용하여 이름 붙인다(19.2절).
- 카복실산은 수소 결합 상호작용을 보이는 극성 화합물이다(19.3절).

분광학적 흡수의 요약(19.4절)

IR 흡수	C=O	~1710 cm^{-1}
	O−H	3500~2500 cm^{-1}(매우 넓고 강함)
^{1}H NMR 흡수	O−H	10~12 ppm(크게 벗겨진 양성자)
	COOH에서 α 위치의 C−H	2~2.5 ppm(다소 벗겨진 C_{sp^3}−H)
^{13}C NMR 흡수	C=O	170~210 ppm(크게 벗겨진 탄소)

카복실산의 일반적인 산−염기 반응(19.9절)

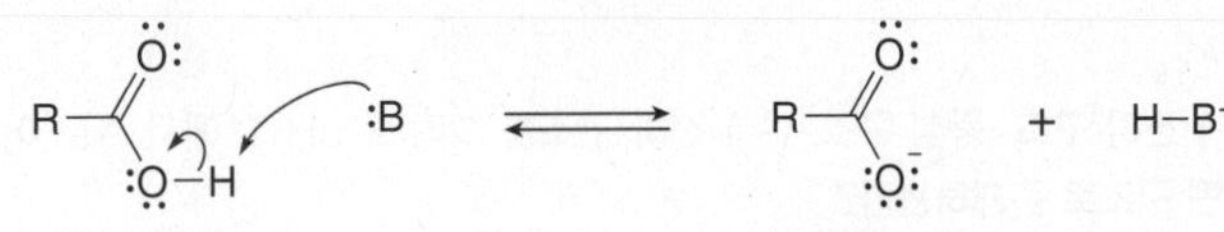

- 카복실산은 카복실산 음이온이 공명 안정화되기 때문에 특히 산성이다.
- 생성물을 선호하는 평형이 되려면 염기는 그 짝산의 pK_a가 5보다 커야 한다. 일반적인 염기를 표 19.3에 정리하였다.

산도에 영향을 미치는 요인

공명 효과

- 카복실산은 알코올이나 페놀보다 더 산성인데, 카복실산의 짝염기가 공명에 의해 더 효과적으로 안정화되기 때문이다(19.9절).

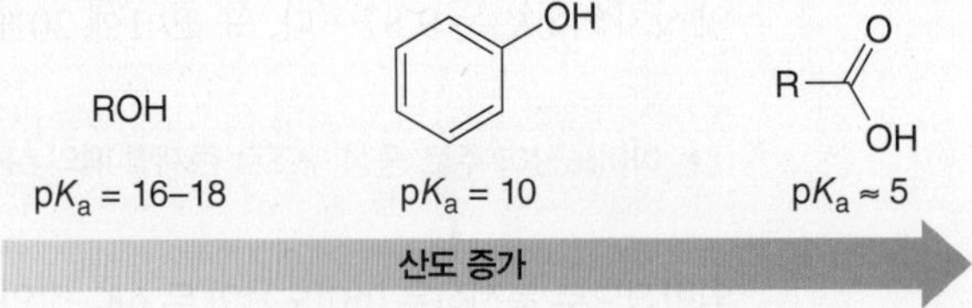

유도 효과

- 전자를 끌어당기는 기(전기음성인 할로젠 같은)가 존재하면 산성은 증가하고 전자를 주는 기(편극성 있는 알킬기 같은)가 존재하면 산성은 감소한다(19.10절).

치환된 벤조산

- 전자를 주는 기**(D)**는 치환된 벤조산을 벤조산보다 덜 산성이게 한다.
- 전자를 끌어당기는 기**(W)**는 치환된 벤조산을 벤조산보다 더 산성이게 한다.

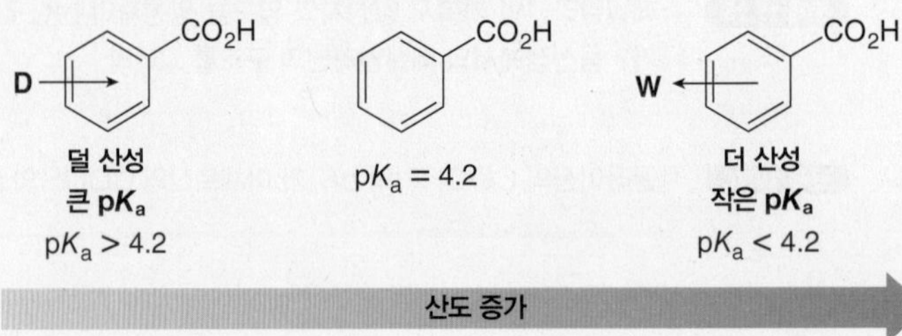

그 밖의 사실

- 추출은 용해도 성질이 다른 화합물을 분리하는 데 사용되는 유용한 기술이다. 추출로 다른 유기 화합물로부터 카복실산을 분리할 수 있는데, 수용성 염기가 카복실산을 수용성의 카복실산 음이온으로 변환하기 때문이다(19.12절).
- 설폰산(RSO_3H)은 센산이다. 왜냐하면 양성자가 이탈되어 약하고, 공명 안정화된 짝염기를 형성하기 때문이다 (19.13절).
- 아미노산은 카복시기의 α 탄소에 아미노기가 있다.[$RCH(NH_2)COOH$]. 아미노산은 pH ≈ 6에서 쯔비터 이온으로 존재한다. 산을 첨가하면 알짜 (+1) 전하를 띠는 $[RCH(NH_3)COOH]^+$를 형성한다. 염기를 첨가하면 알짜 (−1) 전하를 띠는 $[RCH(NH_2)COO]^-$를 형성한다(19.14절).

문제

삼차원 모델을 이용하는 문제

19.27 공–막대 모델로 나타낸 다음의 물질 **A**와 **B**에 대하여 답하라.

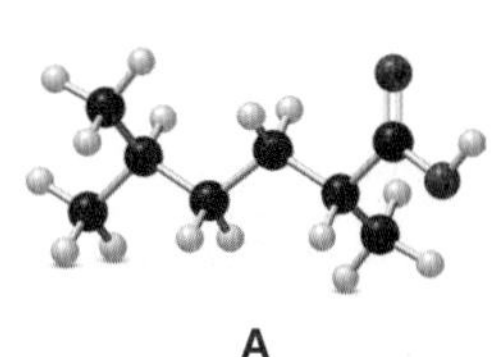
A

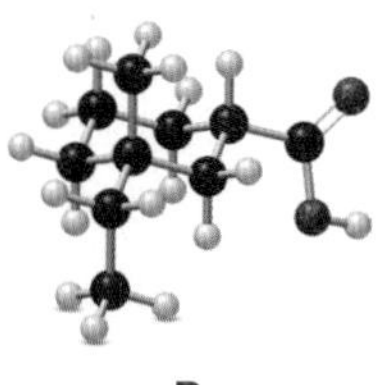
B

a. 각 화합물의 IUPAC 명을 쓰라.

b. 각 화합물에 NaOH를 처리하면 무엇이 생성되는가?

c. 질문 b에서 생성되는 화합물의 이름을 쓰라.

d. 각 물질들보다 10^5배 정도 낮은 산성도를 나타내는 이성질체의 구조를 쓰라.

19.28 다음의 화합물을 산성도가 증가하는 순서대로 쓰라.

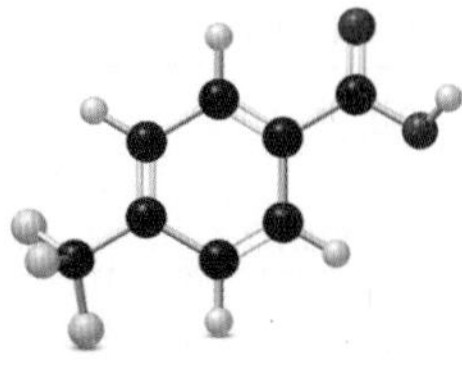

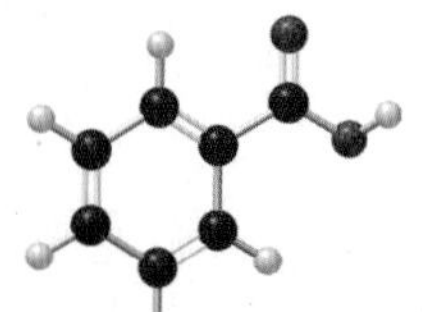

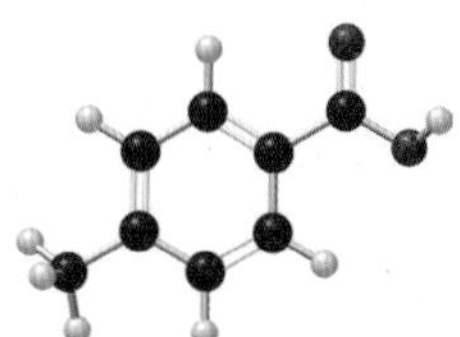

명명법

19.29 다음 화합물들의 IUPAC 이름을 쓰라.

a. O, OH

d. Br, CO_2H, NO_2

b. O, O^- Li^+

e. O, O^- Na^+

c. CO_2H

f. O, OH

19.30 다음 화합물들의 구조를 그려라.

a. 3,3-dimethylpentanoic acid
b. 4-chloro-3-phenylheptanoic acid
c. (*R*)-2-chloropropanoic acid
d. *m*-hydroxybenzoic acid
e. potassium acetate
f. sodium α-bromobutyrate
g. 2,2-dichloropentanedioic acid
h. 4-isopropyl-2-methyloctanedioic acid

19.31 자연계에 존재하는 다음의 카복실산의 IUPAC 명령 및 관용명을 쓰라.

a. $CH_3CH(OH)CO_2H$ (lactic acid)
b. $HOCH_2CH_2C(OH)(CH_3)CH_2COOH$ (mevalonic acid)

물리적 성질

19.32 끓는점이 증가하는 순으로 화합물을 정렬하라.

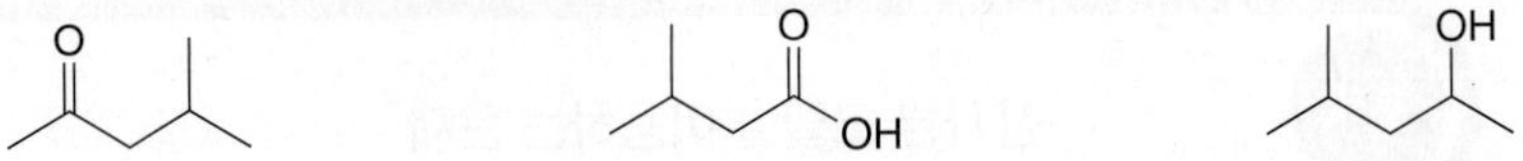

O, OH, OH

카복실산의 합성

19.33 각 반응에서 생성되는 유기 생성물을 그려라.

a. 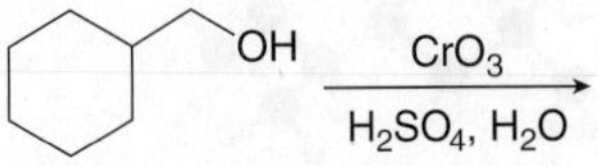 OH $\xrightarrow[H_2SO_4,\ H_2O]{CrO_3}$

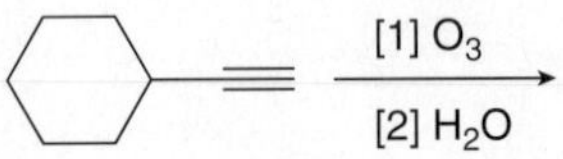

b. 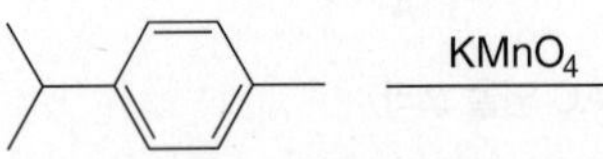 $\xrightarrow{KMnO_4}$

c. $\xrightarrow[[2]\ H_2O]{[1]\ O_3}$

d. 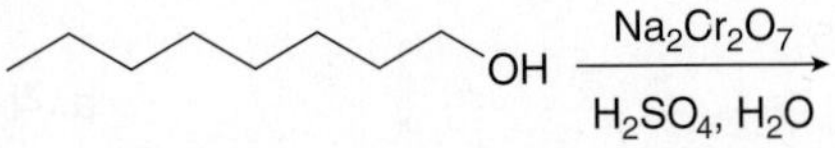 OH $\xrightarrow[H_2SO_4,\ H_2O]{Na_2Cr_2O_7}$

19.34 일련의 각 반응에서 **A~F**의 화합물은 무엇인가?

a. 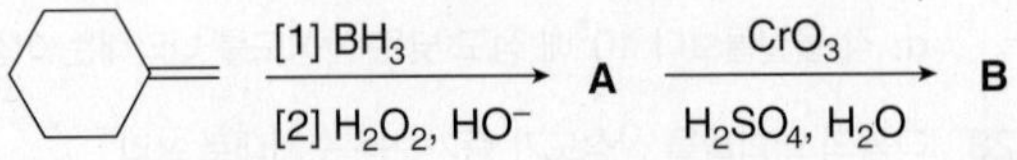 $\xrightarrow[[2]\ H_2O_2,\ HO^-]{[1]\ BH_3}$ **A** $\xrightarrow[H_2SO_4,\ H_2O]{CrO_3}$ **B**

b. $HC{\equiv}CH$ $\xrightarrow[[2]\ CH_3I]{[1]\ NaNH_2}$ **C** $\xrightarrow[[2]\ CH_3CH_2I]{[1]\ NaNH_2}$ **D** $\xrightarrow[[2]\ H_2O]{[1]\ O_3}$ **E** + **F**

c. 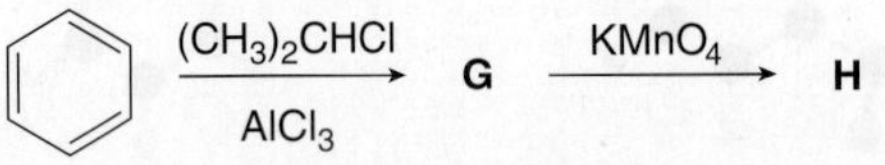 $\xrightarrow[AlCl_3]{(CH_3)_2CHCl}$ **G** $\xrightarrow{KMnO_4}$ **H**

산−염기 반응: 산도에 관한 일반적인 질문

19.35 부록 A의 pK_a 표를 사용하여 보기에 주어진 각 염기가 아래의 세 가지 화합물의 양성자 이탈 반응에 충분히 센지를 판단하라. 염기: [1] ^-OH, [2] $CH_3CH_2^-$, [3] $^-NH_2$, [4] NH_3, [5] $HC{\equiv}C^-$

a. 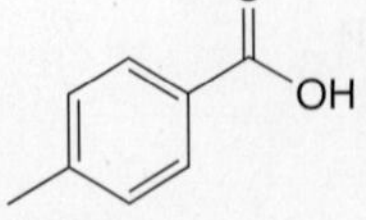 O, OH — pK_a = 4.3

b. 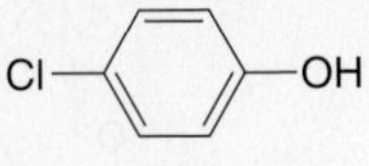 Cl, OH — pK_a = 9.4

c. 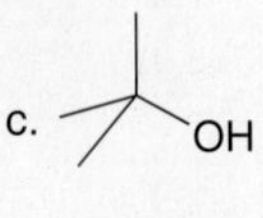 OH — pK_a = 18

19.36 각 산–염기 반응의 생성물을 그리고, 부록 A의 pK_a 표를 사용하여 평형이 반응물로 갈지 생성물로 갈지를 판단하라.

a. 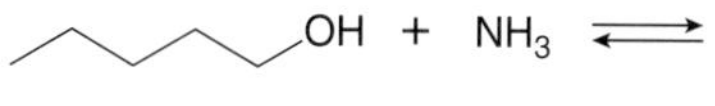 OH + NH_3 ⇄

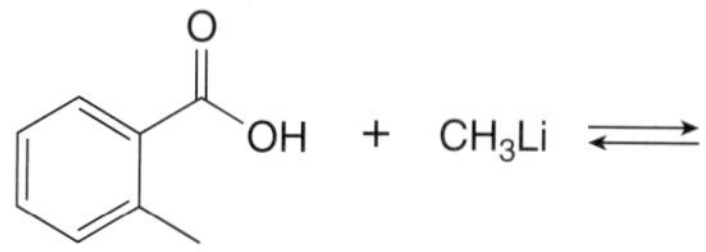

b. 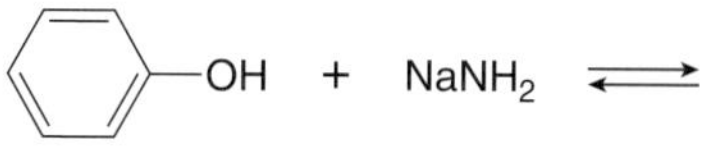 OH + $NaNH_2$ ⇄

c. O, OH + CH_3Li ⇄

d. 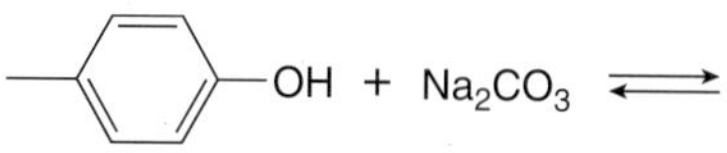 OH + Na_2CO_3 ⇄

19.37 각 쌍에서 어떤 화합물의 pK_a가 작은가? 각 쌍에서 어떤 화합물의 짝염기가 더 센가?

a. 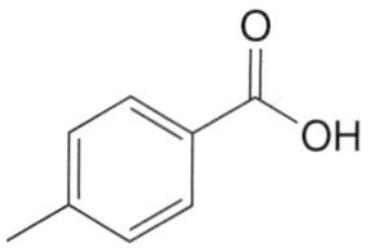 O, OH or O, OH, Cl

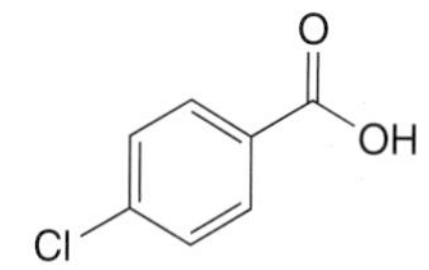

b. 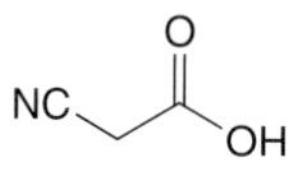 NC, O, OH or O, OH

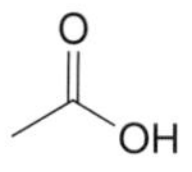

19.38 각 집단의 화합물을 산도가 증가하는 순으로 정렬하라.

a. 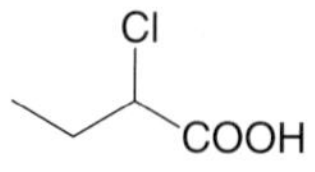 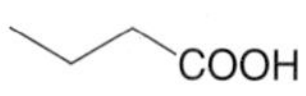 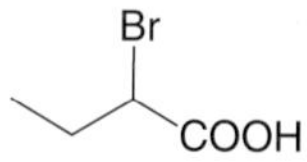 Cl, COOH　　COOH　　Br, COOH

b. 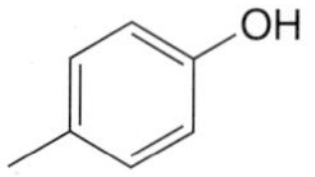 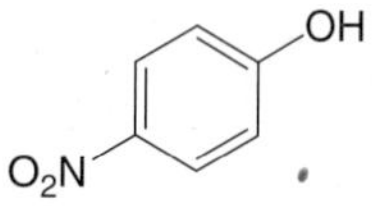 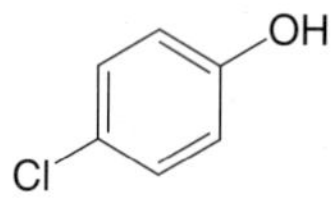 OH　　OH, O_2N　　OH, Cl

19.39 각 집단의 화합물을 염기도가 증가하는 순으로 정렬하라.

a. 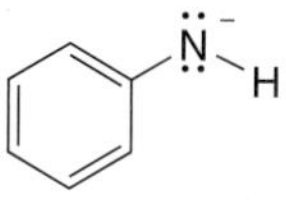 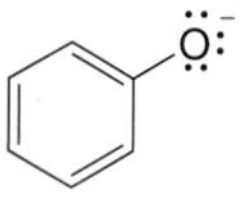 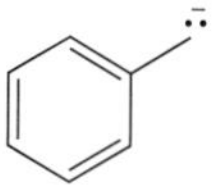 N, H　　O　　

b. 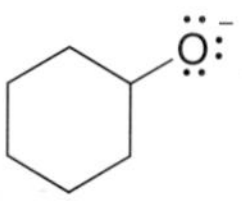 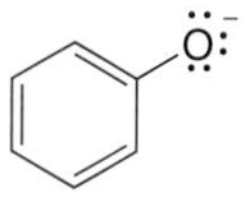 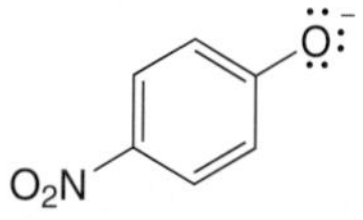 O　　O　　O, O_2N

19.40 주어진 pK_a 값에 해당하는 화합물을 짝지어라. pK_a 값: 0.28, 1.24, 2.66, 2.86, 3.12

a. FCH_2COOH　　b. CF_3COOH　　c. $F_2CHCOOH$　　d. ICH_2COOH　　e. $BrCH_2COOH$

19.41 코데인(codeine)은 아편에 소량 들어 있지만, 의약으로 사용되는 대부분의 코데인은 아편의 주성분인 모르핀(morphine)으로부터 합성된다. 아래의 반응에서 모르핀에 있는 OH 중에 한 곳에만 선택적으로 메틸화(methylation)가 일어나는 이유를 설명하라. 코데인은 모르핀보다 약효가 조금 낮고 중독성도 조금 적다.

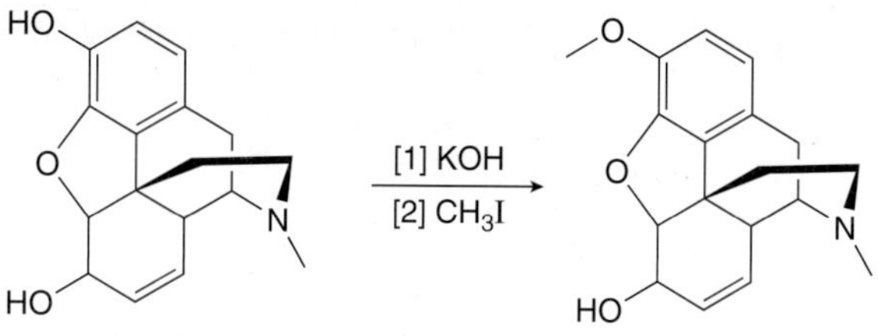

HO, O, N, HO　→ [1] KOH, [2] CH_3I →　O, O, N, HO

모르핀　　코데인

19.42 피루브산(CH_3COOH)과 아세토아세트산(CH_3COCH_2COOH) 중 어느 것이 pK_a가 더 작은지를 설명하라.

19.43 다음의 진술을 설명하라.

a. *p*-나이트로페놀의 pK_a 값은 페놀의 pK_a 값보다 작다(7.2 대 10).

b. *p*-나이트로페놀의 pK_a 값은 *m*-나이트로페놀의 pK_a 값보다 작다(7.2 대 8.3).

19.44 다음의 진술을 설명하라. 2-메톡시아세트산(2-methoxyacetic acid, CH_3OCH_2COOH)은 아세트산(CH_3COOH)보다 센산이고, *p*-메톡시벤조산(p-methoxybenzoic acid, $CH_3OC_6H_4COOH$)은 벤조산(C_6H_5COOH)보다 약산이다.

19.45 *p*-메틸싸이오페놀(*p*-methylthiophenol, $CH_3SC_6H_4COOH$)의 pK_a는 9.53이다. *p*-메틸싸이오페놀이 페놀보다 친전자성 방향족 치환 반응에 대한 반응성이 큰가 혹은 작은가?

19.46 화합물 **A**의 pK_a가 화합물 **B**나 화합물 **C**의 pK_a보다 더 낮은 이유는 무엇인가?

A $pK_a = 3.2$ **B** $pK_a = 3.9$ **C** $pK_a = 4.4$

19.47 산성이 증가하는 순서로 다음 화합물들을 나열하라. 또한 그러한 순서를 보이는 이유를 설명하라.

C **D** **E**

19.48 프탈산과 아이소프탈산의 카복실기에 있는 양성자는 염기로 제거될 수 있다. (a) 프탈산의 첫 번째 pK_{a1} 값이 아이소프탈산보다 낮은 이유를 설명하라. (b) 프탈산의 두번째 pK_{a2} 값이 아이소프탈산보다 큰 이유를 설명하라.

phthalic acid
$pK_{a1} = 2.9$
$pK_{a2} = 5.4$

isophthalic acid
$pK_{a1} = 3.7$
$pK_{a2} = 4.6$

19.49 다음 결과를 설명하라. OH 산소를 흔치 않은 ^{18}O 동위원소로 표시한 아세트산(CH_3COOH)을 수용성 염기와 반응시킨 후 용액을 산성화하였다. 다음 그림에 나타난 것처럼 ^{18}O 표지가 다른 위치에 나타난 두 개의 생성물이 생성되었다.

[1] NaOH
[2] H_3O^+

19.50 사이클로헥세인-1,3-다이온과 아세트아닐라이드에 표시된 각 양성자(H_a, H_b 와 H_c)를 제거하였을 때 형성되는 짝염기의 모든 공명 구조를 그려라. 각 화합물에서 수소의 산성도가 어느 것이 큰지 큰 순서대로 설명하라.

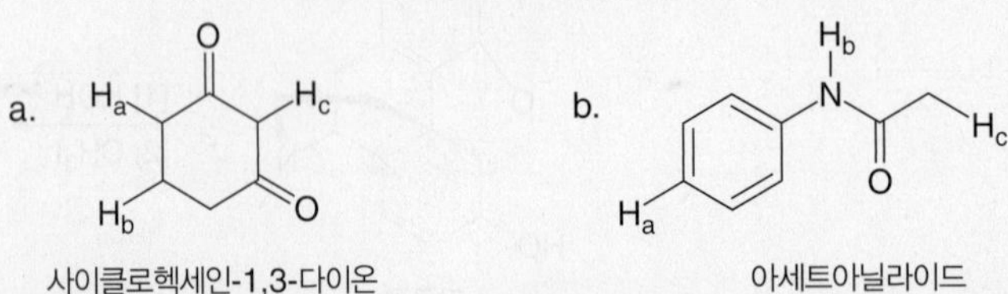

사이클로헥세인-1,3-다이온 아세트아닐라이드

19.51 23장에서 보게 되겠지만, 때때로 C−H 결합이 O−H 결합보다 더 산성을 보일 때도 있다. $CH_2(CHO)_2$의 pK_a가 $HO(CH_2)_3OH$의 pK_a보다 작은 이유를 설명하라. 참고로 $CH_2(CHO)_2$의 pK_a는 9 정도이며 $HO(CH_2)_3OH$의 pK_a는 16 정도이다.

19.52 다음 식에서 **X**를 밝히고, 이 일련의 단계적 반응에서 어떻게 헥산산이 생성되는지를 설명하라.

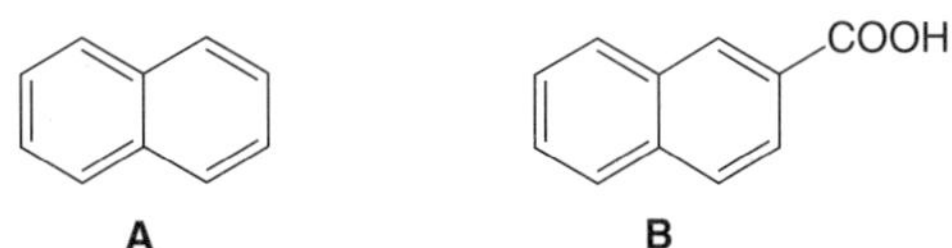

19.53 아세트아마이드의 pK_a는 16이다. 그것의 짝염기 구조를 그리고 아세트아마이드가 CH_3COOH보다 왜 덜 산성인지를 설명하라.

추출

19.54 추출 처리로 탄화수소 **A**와 카복실산 **B**를 분리하는 데 필요한 단계를 쓰라.

COOH

A **B**

19.55 페놀(C_6H_5OH)이 카복실산보다 덜 산성이기 때문에 NaOH로 탈양성자화할 수 있지만, 더 약한 염기인 $NaHCO_3$로는 탈양성자화할 수 없다. 이 정보를 이용하여 사이클로헥산올로부터 C_6H_5OH를 분리하는 데 사용될 수 있는 추출 순서를 쓰라. 이 절차의 각 단계에서 각 층에 어떤 화합물이 존재하는지 또 그것이 중성 형태로 존재할지 또는 이온 형태로 존재할지를 밝혀라.

19.56 수용성 추출 처리로 옥테인과 옥탄-1-올을 분리할 수 있는가? 왜 그런지, 아니면 왜 그렇지 못한지를 설명하라.

분광법

19.57 스펙트럼 자료로부터 각 화합물을 밝혀라.

a. 분자식: $C_3H_5ClO_2$
IR: 3500~2500 cm^{-1}, 1714 cm^{-1}
^1H NMR 자료: 2.87(삼중선, 2 H), 3.76(삼중선, 2 H) 및 11.8(단일선, 1 H) ppm

b. 분자식: $C_8H_8O_3$
IR: 3500~2500 cm^{-1}, 1688 cm^{-1}
^1H NMR 자료: 3.8(단일선, 3 H), 7.0(이중선, 2 H), 7.9(이중선, 2 H) 및 12.7(단일선, 1 H) ppm

c. 분자식: $C_8H_8O_3$
IR: 3500~2500 cm^{-1}, 1710 cm^{-1}
^1H NMR 자료: 4.7(단일선, 2 H), 6.9~7.3(다중선, 5 H) 및 11.3(단일선, 1 H) ppm

19.58 아래의 주어진 ^1H NMR 흡수 스펙트럼과 IR 스펙트럼을 이용하여 분자식 $C_4H_8O_2$인 두 이성질체(**A**와 **B**)의 구조를 밝혀라.

화합물 **A:**

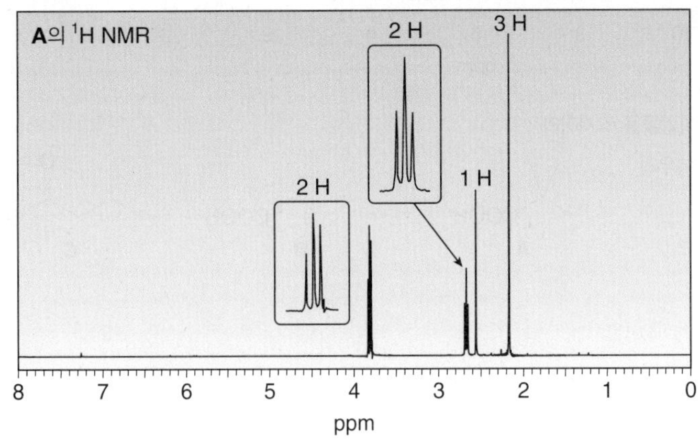

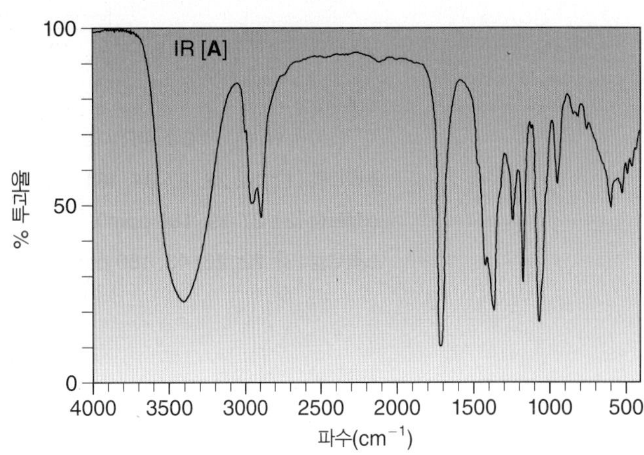

화합물 **B:**

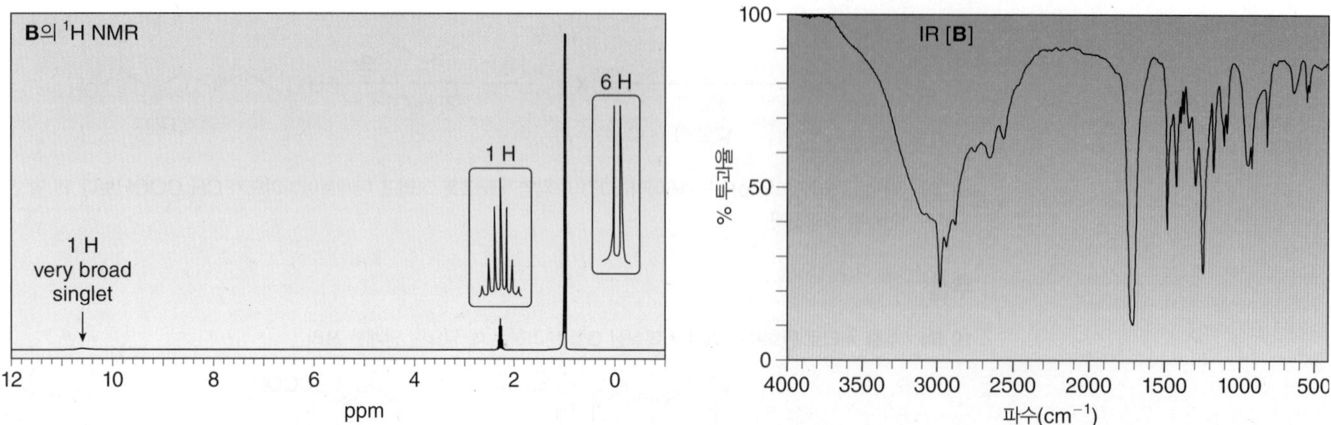

19.59 분자식이 $C_4H_8O_3$인 미지의 화합물 **C**의 적외선 흡수는 3600∼2500 cm^{-1}와 1734 cm^{-1}에서 나타나며, NMR 스펙트럼은 아래에 나타내었다. **C**의 구조식은 무엇인가?

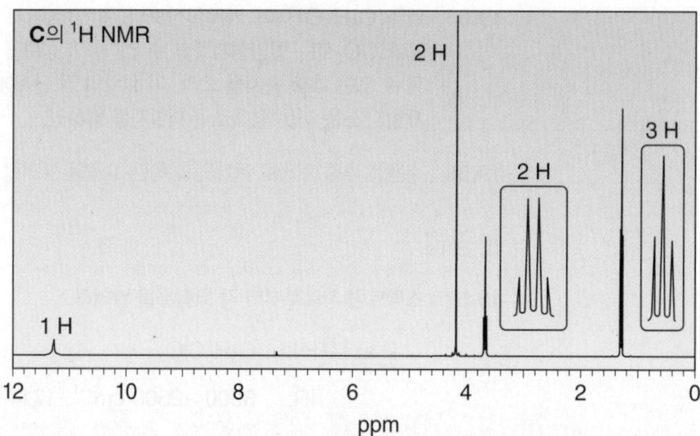

19.60 분자식이 $C_9H_9ClO_2$인 미지의 화합물 **D**의 NMR 분석 결과를 아래에 나타내었으며, ^{13}C NMR에서는 30, 36, 128, 130, 133, 139, 179 ppm에서 봉우리가 나타났다. **D**의 구조식은 무엇인가?

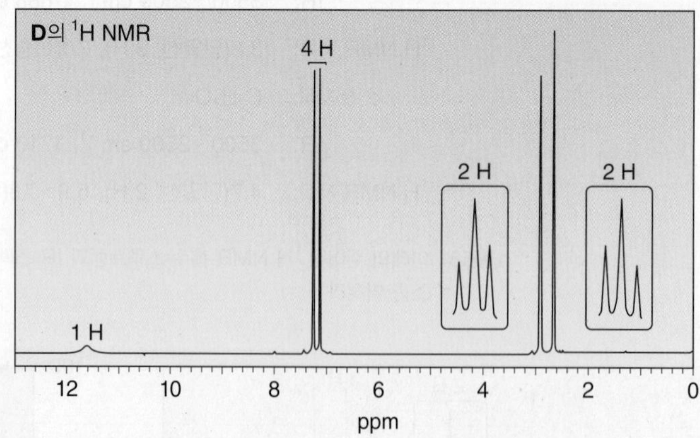

19.61 ^{13}C NMR 자료에 부합되는 화합물을 짝지어라.

스펙트럼 [1]: 14, 22, 27, 34, 181 ppm에서의 봉우리
스펙트럼 [2]: 27, 39, 186 ppm에서의 봉우리
스펙트럼 [3]: 22, 26, 43, 180 ppm에서의 봉우리

COOH **A** COOH **B** O OH **C**

19.62 γ-뷰티로락톤(γ-Butyrolactone, $C_4H_6O_2$, GBL]은 생물학적인 활성이 없는 화합물인데, 우리 몸 안에서 락토네이스(lactonase) 효소에 의해 GHB(19장 5절, 기분을 좋게 하는 생물학적인 효능이 있음)로 변환될 수 있다. GBL은 GHB보다 지방에 보다 잘 녹기 때문에 조직에 보다 쉽게 흡수되는데, 이것이 보다 빠른 생리적 효과를 내는 데 도움을 준다. GBL의 적외선 스펙트럼에서는 1770 cm^{-1}에서 흡수가 나타나며, NMR 스펙트럼 자료는 2.28(다중선, 2 H), 2.48(삼중선, 2 H), 4.35(삼중선, 2 H)ppm이다. GBL의 구조식은 무엇인가?

아미노산

19.63 트레오닌은 두 개의 입체발생 중심이 있는 자연에서 발견되는 아미노산이다.

트레오닌

a. 쐐기선을 활용한 그림으로 구조를 그려라.

b. 두 개의 입체발생 중심이 있는 천연의 트레오닌은 2*S*,3*R* 배열이다. 구조를 그려라.

19.64 프롤린은 α 탄소의 N 원자가 오원자 고리의 일부이기 때문에 독특한 아미노산이다.

프롤린

a. 프롤린의 두 거울상이성질체를 그려라.

b. 프롤린의 쯔비터이온 형태를 그려라.

19.65 각 아미노산[RCH(NH_2)COOH]에 대해 중성, 양 및 음으로 하전된 구조를 그려라. pH = 1, 6, 11에서는 각각 어떤 화학종이 주로 존재하는가? 등전점에서의 각 아미노산의 구조는 무엇인가?

a. 메싸이오닌(R = $CH_2CH_2SCH_3$)

b. 세린(R = CH_2OH)

19.66 각 아미노산의 등전점을 계산하라.

a. 시스테인: pK_a (COOH) = 2.05; pK_a (α-$NH3^+$) = 10.25

b. 메싸이오닌: pK_a (COOH) = 2.28; pK_a (α-$NH3^+$) = 9.21

19.67 라이신(Lysine)과 트립토판(tryptophan)은 α 탄소의 R기에 N 원자가 포함된 두 가지 아미노산이다. 그러나 라이신은 염기성 아미노산으로 분류되며 트립토판은 중성 아미노산으로 분류된다. 이렇게 분류되는 이유를 설명하라.

라이신 트립토판

19.68 글루탐산은 자연계에서 발견되는 α-아미노산으로 R기의 곁사슬에 카복시기가 있다(표 19.4). 글루탐산은 원자에 전하가 없는 중성으로 그려지나, 실제로는 어떤 pH에서도 이러한 구조로는 존재하지 않는다.

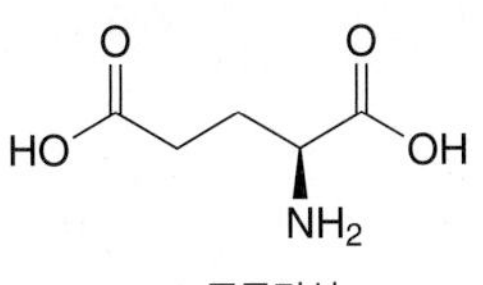

글루탐산

a. pH = 1에서 글루탐산은 어떤 구조인가?

b. pH가 점점 증가될 때, 1당량의 염기를 첨가한 이후에 글루탐산의 구조는 어떻게 되는가? 2당량의 염기를 첨가하면? 3당량의 염기를 첨가하면?

c. MSG로 알려진 화학 조미료인 글루탐산 소듐의 구조를 제시하라.

도전 문제

19.69 다음 반응에서 왜 1당량 또는 2당량의 NaH를 사용하면 다른 생성물이 생기는지 설명하라.

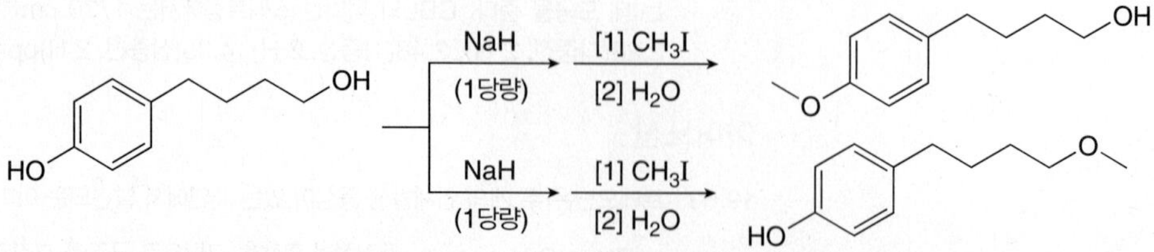

NaH (1당량) → [1] CH_3I [2] H_2O

NaH (1당량) → [1] CH_3I [2] H_2O

19.70 *p*-하이드록시벤조산은 벤조산보다 덜 산성이지만 *o*-하이드록시벤조산은 벤조산보다 약간 더 산성이다. 이 결과를 설명하라.

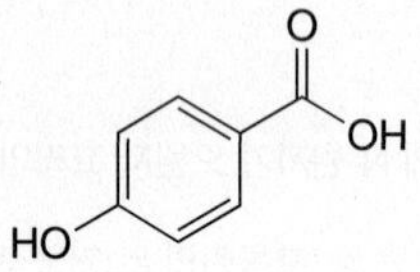

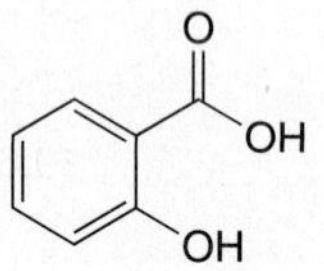

o-하이드록시벤조산

19.71 2-하이드록시뷰테인이산은 사과와 다른 과일에서 발견된다. 표시한 수소 원자(H_a~H_e)의 산도가 증가하는 순으로 이 수소 원자들을 정렬하라. 그리고 그 이유를 설명하라.

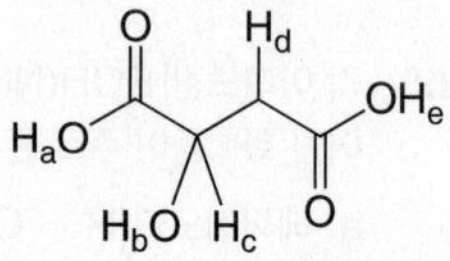

2-하이드록시뷰테인이산

19.72 쥐약으로 판매되는 와파린(warfarin)은 혈액 응고를 방지하는 효과적인 혈액 응고 방지제이다. 와파린의 구조에서 가장 산성인 수소는 어느 것인지 밝히고 해당 수소와 카복시산의 pK_a를 비교하여 산성도를 설명하라.

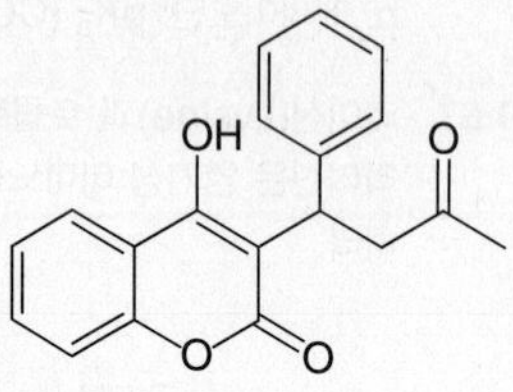

와파린

Chapter 20

카보닐 화학의 소개–유기금속 시약, 산화와 환원

Introduction to Carbonyl Chemistry; Organometallic Reagents; Oxidation and Reduction

시가톡신(ciguatoxin) **CTX3C**는 온수에 사는 400종 이상의 물고기에서 발견되는 강력한 신경 독소이다. 수천 명의 사람들이 매년 시가톡신을 가진 열대성 암초 생선을 섭취함으로써 시가테라(ciguatera) 중독에 걸린다. 생물학적인 검사를 위한 시가톡신 CTX3C의 실질적인 공급을 제공할 중요성이 2001년 실험실에서의 합성을 이끌었다. 다단계의 합성 과정에서 한 단계가 20장에 나타낸 많은 반응 중의 하나인 선택성 환원이 포함되어 있다.

이 교재의 20장부터 24장까지는 카보닐 화합물인 알데하이드, 케톤, 산 할로젠화물, 에스터, 아마이드, 카복실산에 대해 논의한다. 카보닐기는 유기화학에서 아마도 가장 중요한 작용기일 것이다. 왜냐하면 그 탄소는 전자가 부족하고 π 결합은 쉽게 끊어져 여러 가지 다양하고 유용한 반응이 쉽게 일어나기 때문이다.

카보닐 화합물의 두 가지 커다란 부류 사이의 유사점과 차이점을 살펴보면서 논의를 시작하자. 그 후에 20장의 나머지 부분에서는 유기 합성에서 특히 중요한 반응들을 다룰 것이다. 21장과 22장은 카보닐 탄소 원자에서 일어나는 특정 반응들을 소개하고, 23장과 24장은 카보닐기의 α 탄소에서 일어나는 반응들에 초점을 맞춘다.

20장에는 반응들로 '꽉 차' 있지만, 그들의 대부분은 두 가지 일반적 경로 중의 하나를 따른다. 따라서 여러분이 몇 가지 기본 원리를 기억한다면 잘 체계화된 방법으로 그 반응들을 분류할 수 있다. 반응들에 대한 다음의 기본적인 내용을 명심하라.

- 친핵체는 친전자체를 공격한다.
- π 결합은 쉽게 끊어진다.
- 좋은 이탈기와의 결합은 불균일한 방법으로 쉽게 끊어진다.

20.1 서론

화합물의 두 가지 큰 부류는 **카보닐기**(carbonyl group)를 포함한다.

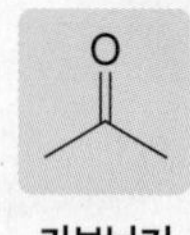

카보닐기

[1] 카보닐기에 탄소와 수소만 결합되어 있는 화합물

- **알데하이드**(aldehyde)는 카보닐기에 적어도 한 개의 수소 원자가 결합되어 있다.
- **케톤**(ketone)은 카보닐기에 두 개의 알킬기 또는 아릴기가 결합되어 있다.

[2] 카보닐기에 전기음성도가 큰 원자가 결합되어 있는 화합물

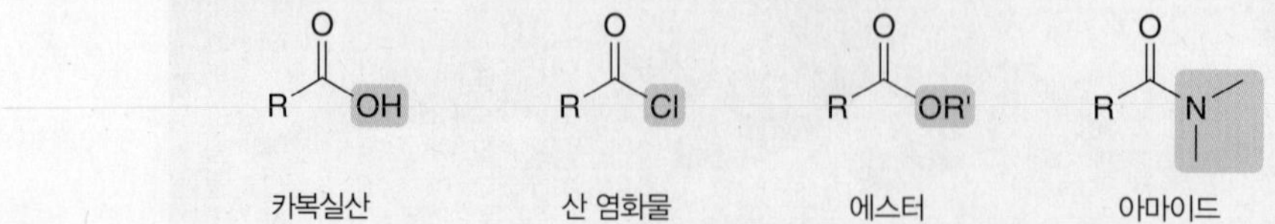

이 부류에는 **카복실산**(carboxylic acid), **산 염화물**(acid cholride), **에스터**(ester), **아마이드**(amide) 그리고 22장에서 논의될 다른 비슷한 화합물들이 포함된다. 각각의 화합물에는 **이탈기**로 작용할 수 있는 전기음성도가 큰 원자(Cl, O 또는 N)가 있다. 산 염화물, 에스터, 아마이드는 카복실산으로부터 합성될 수 있기 때문에(22장) 종종 **카복실산 유도체**(carboxylic acid derivative)라고 부른다. 각 화합물에는 아실기(RCO–)가 있으므로 **아실 유도체**(acyl derivative)라고도 부른다.

그림 20.1
폼알데하이드(CH_2=O)의 정전기 전위 그림

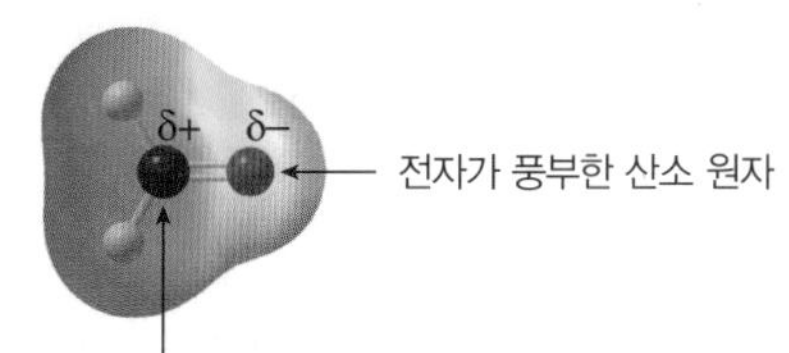

- 정전기 전위 그림은 카보닐기의 전자가 부족한 탄소 원자와 전자가 풍부한 산소 원자를 보여준다.

- 카보닐 탄소에 이탈기가 존재하는지의 여부는 그 화합물이 일으키는 반응의 유형을 결정한다(20.2절).

알데하이드 α-사이넨살(문제 20.1)은 남중국의 만다린 나무에서 얻어지는 만다린 기름에서 나는 오렌지 향의 주성분이다.

카보닐 탄소 원자는 sp^2 혼성화되어 있고, 삼각 평면 구조이며, 모든 결합각은 ~120°이다. 카보닐기의 이중 결합은 한 개의 σ 결합과 한 개의 π 결합으로 이루어져 있다. π 결합은 두 개의 *p* 오비탈의 겹침에 의해 형성되고, 평면의 위와 아래 공간에 퍼져 있다. 이런 면에서 카보닐기는 삼각 평면에 sp^2 혼성화된 탄소–탄소 이중 결합의 탄소와 닮았다.

π 결합
120°
삼각 평면
σ 결합

그러나 한 가지 중요한 점에서 C=O와 C=C는 매우 다르다. **카보닐기의 전기음성도가 큰 산소 원자는 결합이 극성을 띠고 카보닐 탄소에 전자가 부족하게 만든다.** 카보닐기는 두 개의 공명 구조로 표현되는데, 그중 하나는 혼성에 적은 기여를 하는 전하가 분리된 공명 구조이다. 가장 간단한 알데하이드인 폼알데하이드(formaldehyde)의 정전기 전위 그림이 그림 20.1에 주어져 있는데, 분극된 카보닐기를 분명하게 보여준다.

혼성체의 주 기여체 ⟷ 혼성체의 부 기여체 — 혼성체 분극된 카보닐 (δ+ δ–)

문제 20.1

[1] [2] [3] α-사이넨살

a. α-사이넨살에서 지적한 결합들은 어떤 오비탈로 이루어져 있는가?
b. 산소에 있는 고립 전자쌍에는 어떤 형태의 오비탈이 존재하는가?

20.2 카보닐 화합물의 일반적 반응

카보닐기는 어떤 종류의 시약과 반응하는가? 전기음성도가 큰 산소는 카보닐 탄소를 전자 친화적으로 만들고, 삼각 평면 구조이기 때문에 카보닐 탄소는 입체 장애가 적다. 더욱이 카보닐기는 π 결합이 쉽게 끊어진다.

결과적으로 카보닐 화합물은 친핵체와 반응한다. 그러나 친핵성 공격의 결과는 카보닐 출발물에 따라 다르다.

- 알데하이드와 케톤은 친핵성 첨가를 겪는다.

- 이탈기가 있는 카보닐 화합물은 친핵성 치환을 겪는다.

이제 이 일반적인 반응들을 각각 살펴보자.

20.2A 알데하이드와 케톤에의 친핵성 첨가

알데하이드와 케톤은 메커니즘 20.1에 나와 있듯이 친핵체와 반응하여 친핵성 공격(nucleophilic attack)과 그에 이은 양성자 첨가(protonation)의 두 단계 과정을 거쳐 첨가 생성물을 형성한다.

알데하이드와 케톤에 대한 더 많은 친핵성 첨가의 예들은 21장에서 논의될 것이다.

최종 결과, π 결합이 끊어지고 두 개의 새로운 σ 결합이 형성되며, H와 Nu가 π 결합에 첨가된다. 두 개의 다른 친핵체—수소 음이온(hydride, H:⁻)과 탄소 음이온(carbanion, R:⁻)—와의 친핵성 첨가는 20장에서 논의된다.

메커니즘 20.1 친핵성 첨가–두 단계 과정

① 친핵체는 친전자성 카보닐을 공격한다. π 결합이 끊어져서 전자쌍을 산소로 이동시키고 sp^3 혼성 탄소를 형성한다.

② H_2O에 의해 음전하를 띤 산소 원자에 양성자 첨가가 일어나면 첨가 생성물이 형성된다.

알데하이드는 입체적인 이유와 전기적인 이유 때문에 친핵성 공격에 대하여 케톤보다 더 반응성이 크다.

- 케톤 카보닐에 결합된 두 개의 R기는 그 주위를 더 혼잡하게 만들어서 친핵성 공격이 더 어려워진다.
- 전자 주개인 두 개의 R기는 케톤 카보닐 탄소의 부분 전하를 안정화하여 반응성이 감소된다.

20.2B RCOZ(Z = 이탈기)의 친핵성 치환

이탈기를 가진 카보닐 화합물은 메커니즘 20.2에 나와 있듯이 친핵체와 반응하여 친핵성 공격과 이탈기 손실의 두 단계 과정을 거쳐 치환 생성물을 형성한다.

최종 결과는 Z가 Nu로 바뀌는 친핵성 치환 반응이다. 이 반응은 7장에서 살펴본 sp^3 혼성 탄소에서 일어나는 친핵성 치환 반응과 구별하기 위해, 종종 친핵성 아실 치환 반응(nucleophilic *acyl* substitution)이라 부른다. 두 개의 다른 친핵체—수소 음이온(H:⁻)과 탄소 음이온(R:⁻)—와의 친핵성 치환이 20장에서 논의된다. 다른 친핵체는 22장에서 살펴볼 것이다.

카복실산 유도체는 친핵체에 대한 반응성이 매우 다르다. 반응성 순서는 카보닐 탄소에 결합된 Z기의 이탈 능력과 비례한다.

7.7절에서 배운 것처럼 더 약한 염기일수록 더 좋은 이탈기라는 사실을 상기하라.

- Z기가 더 좋은 이탈기일수록 친핵성 아실 치환에서 RCOZ의 반응성이 더 좋다.

그러므로 다음과 같은 경향이 나타난다.

메커니즘 20.2 친핵성 치환–두 단계 과정

:O: (R–C(=O)–Z) + :Nu⁻ —①→ :Ö:⁻ (R, Z, Nu) —②→ :O: (R–C(=O)–Nu) + :Z⁻

Z = OH, Cl, OR', NH_2

① 친핵체는 친전자성 카보닐을 공격한다. π 결합이 끊어져 전자쌍을 산소로 이동시키고 sp^3 혼성 탄소를 형성한다.

② 산소에 있는 전자쌍은 π 결합을 재형성하고, Z는 C–Z 결합에서 전자쌍이 있는 이탈기로 떨어져 나온다.

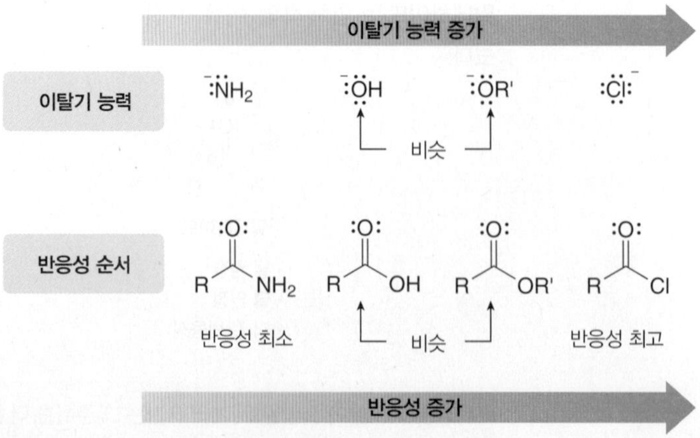

이탈기 능력 증가

이탈기 능력: $^{-}$:NH$_2$, $^{-}$:OH, $^{-}$:OR', :Cl:$^{-}$ (OH와 OR'는 비슷)

반응성 순서: RCONH$_2$ (반응성 최소), RCOOH, RCOOR' (비슷), RCOCl (반응성 최고)

반응성 증가

- 가장 좋은 이탈기(Cl$^-$)가 있는 산 염화물(RCOCl)이 반응성이 가장 좋은 카복실산 유도체이고, 가장 나쁜 이탈기($^-NH_2$)가 있는 아마이드(RCONH$_2$)가 반응성이 가장 낮다.
- 비슷한 염기성의 이탈기($^-$OH와 $^-$OR′)가 있는 카복실산(RCOOH)과 에스터(RCOOR′)는 중간에 놓인다.

친핵성 첨가와 친핵성 아실 치환은 동일한 첫 단계—친전자성 카보닐기에 친핵성 공격을 통한 사면체의 중간체 형성—를 수반한다. 두 반응에서의 차이점은 이 중간체에 무슨 일이 일어나는가이다. 알데하이드와 케톤은 새롭게 형성된 sp^3 혼성 탄소에 결합된 이탈기가 없어서 치환이 일어날 수 없다. 예를 들어, 알데하이드의 친핵성 치환은 H:$^-$를 형성하는데, 이는 매우 강염기이므로 매우 나쁜(매우 가망 없는) 이탈기이다.

알데하이드는 친핵성 치환을 일으키지 않는데, ...

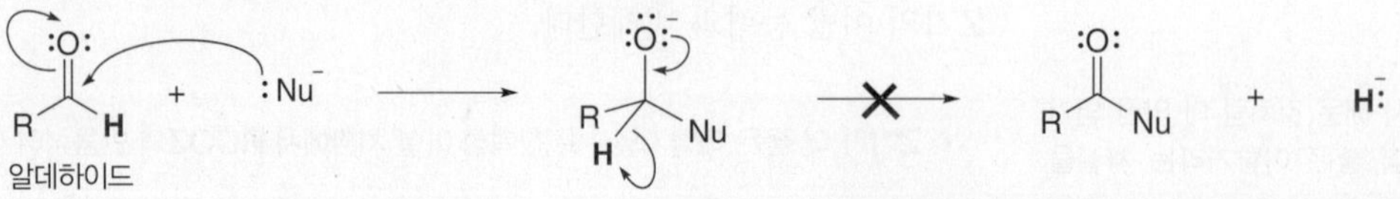

알데하이드 + :Nu$^-$ → 사면체 중간체 —✕→ RCONu + H:$^-$

.... 매우 나쁜 이탈기(H:$^-$)가 형성되기 때문이다.

문제 20.2 항암제인 택솔(5.5절)에 있는 카보닐기 중에서 어느 것이 친핵성 첨가 반응을 하며, 어느 것이 친핵성 치환 반응을 하겠는가?

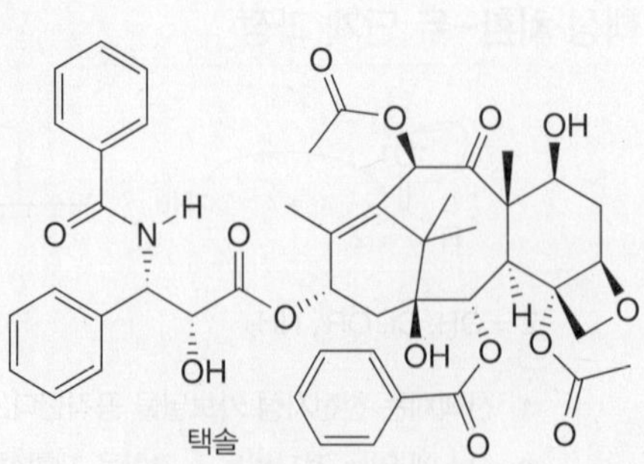

택솔

문제 20.3 각 쌍에서 어떤 화합물이 친핵성 공격에 더 반응성이 우수한가?

a. 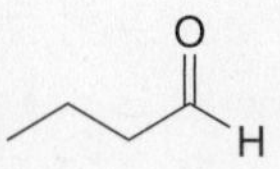 (butanal) or (2-pentanone)

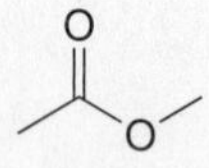

b. 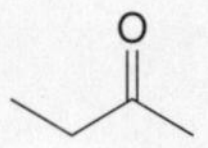 (2-butanone) or (2-methyl-3-pentanone)

c. (propanoyl chloride) or (methyl acetate)

d. (methyl propanoate) or (N-methylacetamide)

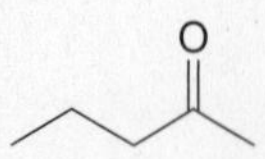

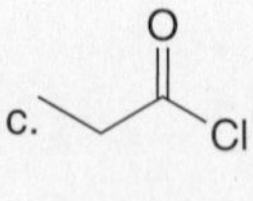

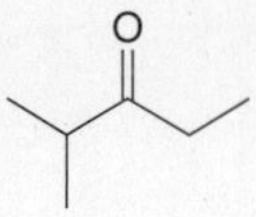

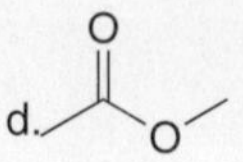

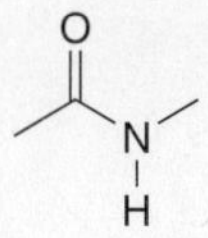

친핵성 치환과 첨가의 일반적 원리가 카보닐 화합물에 어떻게 적용되는지 보기 위해, 산화와 환원 반응, 그리고 유기금속 시약—탄소–금속 결합을 가진 화합물—과의 반응을 살펴볼 것이다. 전에 12장에서 배웠던 내용에 기초를 두는 환원으로 시작한다.

20.3 산화와 환원의 개설

12.1절에서 배웠던 산화와 환원의 정의를 상기하라.

- 산화는 C–Z 결합(일반적으로 C–O 결합)의 수가 증가하거나 C–H 결합의 수가 감소한다.
- 환원은 C–Z 결합(일반적으로 C–O 결합)의 수가 감소하거나 C–H 결합의 수가 증가한다.

카보닐 화합물은 이런 많은 반응에서, 도표에 그려진 것처럼 반응물이거나 생성물이다. 예를 들어 알데하이드는 이 그림의 가운데에 놓이므로 산화되거나 환원될 수 있다. 반면에 카복실산이나 그 유도체들(RCOZ)은 이미 매우 산화된 상태라 유일하게 유용한 반응은 환원이다.

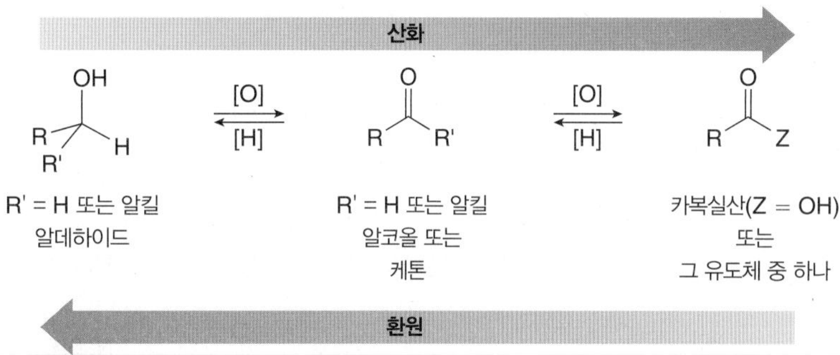

카보닐 출발물의 가장 유용한 세 가지 산화와 환원 반응은 다음과 같이 요약될 수 있다.

[1] 알데하이드와 케톤의 알코올로의 환원(20.4~20.6절)

[H]

R' = H 또는 알킬
알데하이드 또는 케톤

1° 또는 2° 알코올

알데하이드와 케톤은 각각 1°와 2° 알코올로 환원된다.

[2] 카복실산 유도체의 환원(20.7절)

[H]

알데하이드 또는 1° 알코올

카복실산과 그 유도체의 환원은 Z의 본질과 환원제의 성질에 따라 다양한 생성물을 만든다. 일반적인 생성물은 알데하이드나 1° 알코올이다.

[3] 알데하이드의 카복실산으로의 산화(20.8절)

[O]

알데하이드 → 카복실산

카보닐 화합물의 가장 유용한 산화 반응은 알데하이드의 카복실산으로의 산화이다.

환원 반응의 메커니즘이 친핵성 첨가와 치환에 대해 일반적 메커니즘을 직접 따르기 때문에, 환원부터 공부한다.

20.4 알데하이드와 케톤의 환원

$LiAlH_4$와 $NaBH_4$는 H:⁻의 근원으로 작용하지만, 이 시약들과의 반응에서 직접 H:⁻가 형성되는 것은 아니다.

알데하이드와 케톤을 환원시키기 위한 가장 유용한 시약은 금속 수소화물 시약이다(12.2절). 가장 일반적인 두 가지 금속 수소화물 시약은 **수소화붕소 소듐(sodium borohydride, $NaBH_4$)**과 **수소화 알루미늄 리튬(lithium aluminum hydride, $LiAlH_4$)**이다. 이 시약들은 친핵체 수소 음이온인 H:⁻의 근원으로 작용하는 극성의 금속-수소 결합이 있다. Al-H 결합이 B-H 결합보다 더 극성이기 때문에 $LiAlH_4$는 $NaBH_4$보다 더 강력한 환원제이다.

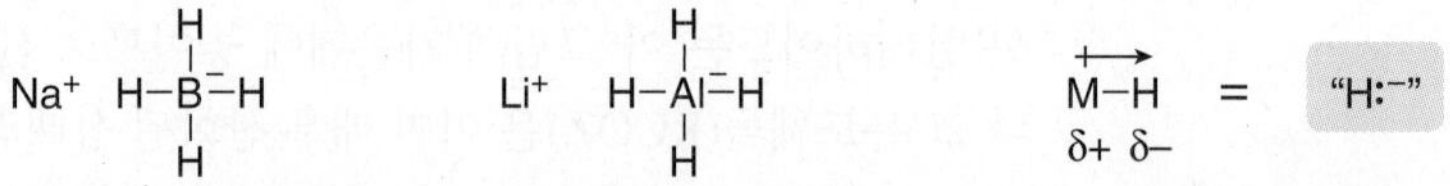

Na^+ $H-\overset{H}{\underset{H}{B}}{}^{-}-H$ 수소화붕소 소듐

Li^+ $H-\overset{H}{\underset{H}{Al}}{}^{-}-H$ 수소화 알루미늄 리튬

$\overset{\delta+}{M}-\overset{\delta-}{H}$ = "H:⁻" 극성 금속 - 수소 결합

20.4A 금속 수소화 시약으로의 환원

알데하이드와 케톤을 $LiAlH_4$나 $NaBH_4$로 처리한 후, 물이나 다른 양성자원을 가하면 **알코올**이 형성된다. H_2 원소가 π 결합을 통해 첨가되므로 이것은 첨가 반응이지만, 생성물인 알코올이 출발 카보닐 화합물보다 C-O 결합이 더 적으므로 환원이기도 하다.

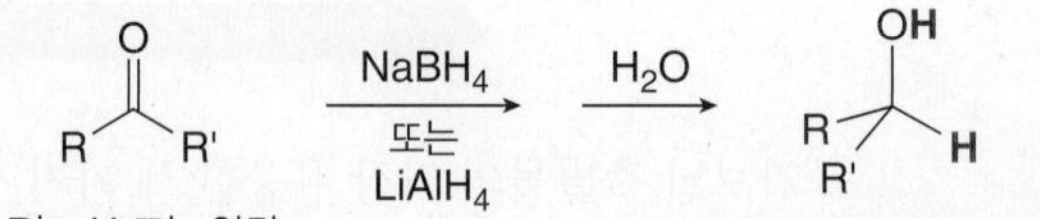

$RCOR'$ $\xrightarrow[\text{또는 } LiAlH_4]{NaBH_4}$ $\xrightarrow{H_2O}$ $RR'CH(OH)$

R' = H 또는 알킬
알데하이드 또는 케톤 → 1° 또는 2° 알코올

물과의 격렬한 반응성 때문에 $LiAlH_4$ 환원은 무수 조건에서 수행되어야 한다. $LiAlH_4$와의 환원이 끝난 후(양성자의 원천으로 작용하기 위해) 반응 혼합물에 물을 가해준다.

출발 카보닐 화합물이 알데하이드일 때 이 환원 반응의 생성물은 **1° 알코올**이고, 케톤일 때는 **2° 알코올**이다.

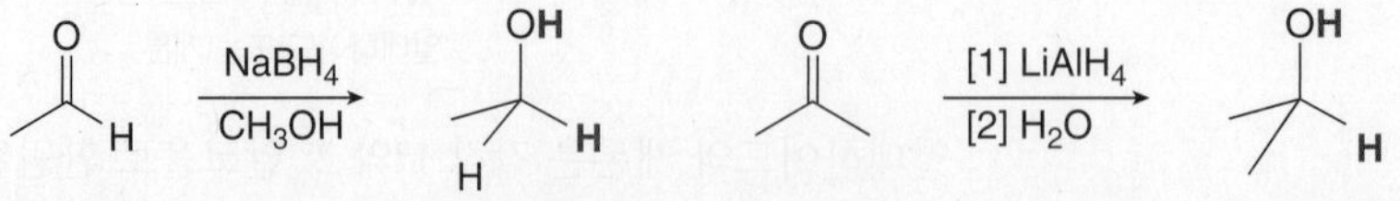

알데하이드 $\xrightarrow[CH_3OH]{NaBH_4}$ 1° 알코올

케톤 $\xrightarrow[\text{[2] } H_2O]{\text{[1] } LiAlH_4}$ 2° 알코올

$NaBH_4$는 대부분 다른 작용기의 존재하에서 알데하이드와 케톤을 선택적으로 환원시킨다. $NaBH_4$와의 환원은 일반적으로 CH_3OH 용매에서 수행된다. $LiAlH_4$는 알데하이드와 케톤, 그리고 다른 많은 작용기도 함께 환원시킨다(12.6절과 20.7절).

문제 20.4 각 화합물을 메탄올에서 $NaBH_4$로 처리하면 어떤 알코올이 형성되는가?

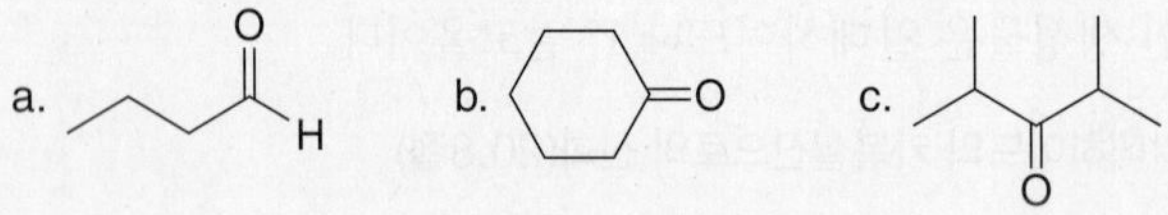

a. $CH_3CH_2CH_2CHO$ b. 사이클로헥산온 (C=O) c. $(CH_3)_2CHCOCH(CH_3)_2$

메커니즘 20.3 RCHO와 $R_2C=O$의 $LiAlH_4$ 환원

$$RR'C=\ddot{O}: + H-\bar{A}lH_3 \xrightarrow{1} RR'CH-\ddot{O}:^- + AlH_3 \xrightarrow{2, H-\ddot{O}H} RR'CH-\ddot{O}H + {}^-:\ddot{O}H$$

① 친핵체(AlH_4^-)가 카보닐기에 $H:^-$를 제공하면 π 결합이 끊어지면서 전자쌍이 산소 쪽으로 이동하여 새로운 C−H 결합을 형성한다.

② 음으로 하전된 산소가 H_2O(또는 CH_3OH)에 의해 양성자 첨가되어 새로운 O−H 결합으로 환원 생성물을 형성한다.

문제 20.5 금속 수소화 환원으로 다음 각 알코올을 제조하기 위해 어떤 알데하이드와 케톤이 필요한가?

a. (2-pentanol, OH) b. (3-methylcyclohexanol, OH) c. (benzyl alcohol, OH)

문제 20.6 왜 1-메틸사이클로헥산올은 환원에 의해 카보닐 화합물로부터 제조될 수 없는가?

20.4B 수소화 이온 환원의 메커니즘

알데하이드와 케톤의 수소화 이온 환원은 친핵성 첨가—즉 친핵성 공격과 그에 이은 양성자 첨가—의 일반적 메커니즘을 거쳐 일어난다. 메커니즘 20.3은 $LiAlH_4$를 사용하여 보여주고 있지만, 비슷한 메커니즘을 $NaBH_4$에 대해 쓸 수 있다.

- ($NaBH_4$나 $LiAlH_4$로부터) $H:^-$의 첨가와 (H_2O로부터) H^+ 첨가의 최종 결과는 카보닐 π 결합에 대한 H_2 원소의 첨가이다.

20.4C 알데하이드와 케톤의 촉매 수소화

촉매 수소화 반응도 H_2와 Pd-C(또는 다른 금속 촉매)를 이용하여 알데하이드와 케톤을 각각 1°와 2° 알코올로 환원시킨다. H_2가 알켄의 C=C에 첨가되듯이(12.3절) 같은 방법으로 C=O에 첨가된다. 금속 촉매(Pd-C)는 카보닐 출발물과 H_2가 흡착할 수 있게 표면을 제공하고, π 결합의 끊어짐과 함께 두 개의 수소 원자가 연속적으로 이동한다.

알데하이드 $\xrightarrow[Pd\text{-}C]{H_2}$ 1° 알코올 (OH)

케톤 $\xrightarrow[Pd\text{-}C]{H_2}$ 2° 알코올 (OH)

화합물이 카보닐기와 탄소-탄소 이중 결합을 모두 가지고 있을 때, 한 작용기의 선택적 환원은 적당한 시약의 선택으로 수행할 수 있다.

그림 20.2
유기 합성에 쓰인 $NaBH_4$ 환원

$NaBH_4$ / CH_3OH → 세 단계 → 이부프로펜 (소염제 모트린(Motrin)과 애드빌(Advil)의 성분)

$NaBH_4$ / CH_3OH → 네 단계 → 무스콘 시향의 향기 (향수 성분)

중국과 티벳의 산악 지역에서 발견되는 뿔 없는 작은 사슴인 숫사향노루는 사향 때문에 오랫동안 사냥되어 왔다. 사향은 초기에는 약품으로, 최근에는 향수의 원료로 사용되는 강한 향을 가진 액체이다.

- **무스콘**(muscone)은 사향의 주성분으로서 향 중에서 가장 오래되었다고 알려진 성분의 하나이다. 사향은 원래 숫사향노루에서 분리되었지만, 현재 여러 가지 방법으로 실험실에서 합성으로 제조가 가능하다.

- H_2(Pd-C)에서 C=C는 C=O보다 빨리 환원된다.
- C=O는 $NaBH_4$와 $LiAlH_4$로 쉽게 환원되지만, C=C는 환원되지 않는다.

그러므로 카보닐기와 탄소−탄소 이중 결합이 모두 있는 사이클로헥스-2-엔온은 시약에 따라 세 가지 다른 화합물—알릴 알코올, 카보닐 화합물 또는 알코올—로 환원될 수 있다.

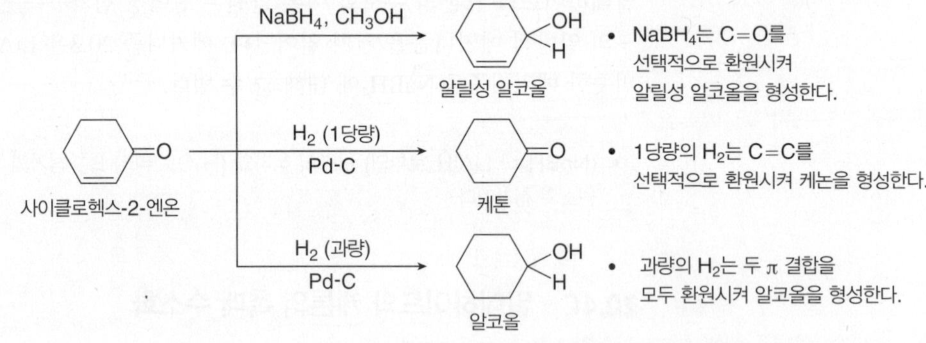

문제 20.7 $CH_3COCH_2CH_2CH_5CH_2{=}CH_2$를 다음의 각 시약으로 처리할 때 형성되는 생성물을 그려라.

(a) $LiAlH_4$를 가한 후 H_2O (b) CH_3OH에서 $NaBH_4$ (c) H_2(1당량), Pd-C
(d) H_2(과량), Pd-C (e) CH_3OH에서 $NaBH_4$(과량) (f) CH_3OH에서 NaBD4

알데하이드와 케톤의 환원은 많은 유용한 천연물 합성에서 사용되는 흔한 반응이다. 두 가지 예가 그림 20.2에 나와 있다.

20.5 카보닐 환원의 입체화학

카보닐 환원의 입체화학은 우리가 전에 공부했던 것과 같은 원리를 따른다. 환원은 평면의 sp^2 혼성 카보닐 탄소를 사면체의 sp^3 혼성 탄소로 바꾼다. 이 과정에서 새로운 입체발생 중심이 생길 때

9.15절에서 다룬 바와 같이 새로운 입체발생 중심이 생성될 때 비카이랄성 출발물이 라셈 혼합물을 생성한다는 사실을 상기하라.

무슨 일이 일어나는가? $NaBH_4$나 $LiAlH_4$ 같은 비카이랄성(achiral) 시약으로 라셈(racem) 생성물이 얻어진다. 예를 들어, CH_3OH 용액에서 $NaBH_4$는 비카이랄성 케톤인 뷰탄-2-온을 한 개의 새로운 입체발생 중심이 있는 뷰탄-2-올로 환원시킨다. 뷰탄-2-올의 두 거울상이성질체(enantiomer)는 같은 양만큼 형성된다.

뷰탄-2-온 비카이랄성 출발물 —$NaBH_4$, CH_3OH→ 뷰탄-2-올 (새로운 입체발생 중심) → (*S*)-뷰탄-2-올 + (*R*)-뷰탄-2-올

두 개의 거울상이성질체가 형성된다.

왜 라셈 혼합물이 형성되는가? 카보닐 탄소가 sp^2 혼성이고 평면이이므로 수소 음이온이 이중결합에 접근할 때 평면의 양쪽 방향으로 접근할 확률이 동일하다. 그래서 서로 **거울상이성질체**인 두 알콕시화 음이온을 형성한다. 알콕시화 음이온의 양성자 첨가는 역시 **거울상이성질체**인 두 알코올을 같은 양만큼 형성한다.

[$NaBH_4$는 $H:^-$를 제공하는 화합물이다.]

앞쪽에서 → CH_3OH → (*S*)-뷰탄-2-올

뒤쪽에서 → CH_3OH → (*R*)-뷰탄-2-올

거울상이성질체

- 결론: $NaBH_4$나 $LiAlH_4$를 이용한 비카이랄성 케톤의 수소화 환원은 새로운 입체발생 중심이 생길 때 두 알코올의 라셈 혼합물을 생성한다.

문제 20.8 각 화합물이 메탄올 용매에서 $NaBH_4$로 환원될 때 형성되는 생성물을(입체이성질체를 포함하여) 그려라.

a. b. c.

20.6 거울상선택성 카보닐 환원

20.6A CBS 시약

카보닐기의 환원에서 **카이랄성 환원제**(chiral reducing agent)가 사용되면 한 거울상이성질체가 선택적으로 형성될 수 있다. 이 전략은 샤플리스(Sharpless) 비대칭 에폭시화 반응(12.15절)에서 쓰인 것과 같다. 한 거울상이성질체만 주로 생성되는 환원을 **거울상선택성**(enantioselective) 또는 **비대칭**(asymmetric) **환원**이라고 한다.

현재 여러 가지 많은 카이랄성 환원제가 이런 목적으로 만들어지고 있다. 그런 시약 중의 하나가 **옥사자보롤리딘**(oxazaborolidine)이라 불리는 헤테로고리(heterocycle)와 **보레인**(BH_3)을 반응시켜 만든 것으로 하나의 입체발생 중심(그러므로 두 거울상이성질체)이 있다.

(S)-2-메틸-**CBS**-옥사자보롤리딘

(S)-CBS 시약

(R)-2-메틸-**CBS**-옥사자보롤리딘

(R)-CBS 시약

이러한 시약을 *(S)*-CBS 시약과 *(R)*-CBS 시약이라고 부른다. CBS는 이런 다양한 시약을 개발한 화학자인 코리(Corey), 박시(Bakshi), 시바타(Shibata)의 이름에서 명명되었다. 이 환원에서 BH_3의 한 B–H 결합은 수소 음이온의 원천으로 작용한다. 생성물의 새로운 입체발생 중심의 입체화학은 종종 예측이 가능하다. 아세토페논(acetophenone)에서 보여주는 것처럼, 일반 구조식이 C_6H_5COR인 케톤에 대해 카보닐의 왼쪽에 아릴기를 가진 출발물을 그려 보자. 그리고 생성물을 그리기 위해 다음을 명심하라.

- *(S)*-CBS 시약은 C=O의 앞쪽에서 수소 음이온($H:^-$)을 전달한다. 이 시약은 일반적으로 주 생성물로 *R* 알코올을 생성한다.
- *(R)*-CBS 시약은 C=O의 뒤쪽에서 수소 음이온($H:^-$)을 전달한다. 이 시약은 일반적으로 주 생성물로 *S* 알코올을 생성한다.

아세토페논

[1] (S)-CBS 시약
[2] H_2O
앞으로부터 H:–

주 생성물
R 이성질체

[1] (R)-CBS 시약
[2] H_2O
뒤로부터 H:–

주 생성물
S 이성질체

이 시약들은 상당히 거울상선택성이다. 프로피오페논을 (S)-CBS 시약으로 처리하면 *R* 알코올을 97% 거울상 초과도(*ee*)로 형성한다. 거울상선택성 환원은 그림 20.3에서 보여준 장시간 작용하는 기관지 확장제인 살메테롤(salmeterol)을 포함해 널리 사용되는 여러 가지 약품의 합성에서 주요 단계로 쓰인다. 이 새로운 기술은 전에는 종종 라셈 혼합물로서만 얻어졌던 것을 생물학적으로 활성이 있는 화합물의 한 거울상이성질체를 얻을 수 있는 길을 열어주었다.

프로피오페논

[1] (S)-CBS 시약
[2] H_2O
97% *ee*

이성질체
98.5%

\+

이성질체
1.5%

문제 20.9 콜레스테롤의 수준을 낮추기 위하여 장에서 흡수를 저해하는 에제티미브(ezetimibe, 상품명 제티아(Zetia))를 합성하는 중간체인 **X**를 만들기 위하여 CBS 시약과 어떤 카보닐 화합물이 필요한가?

그림 20.3
거울상선택성 환원–살메테롤 합성에서의 주요 단계

[1] (*R*)-CBS 시약
[2] H_2O

A

네 단계

(*R*)-살메테롤
상품명: **세레벤트(Serevent)**

- (*R*)-살메테롤은 천식 치료를 위해 사용되는 장시간 작용하는 기관지 확장약이다.
- 아세토페논과 프로피오페논에서 관찰된 결과와 같이, 이 예에서 (*R*)-CBS 시약의 H 원자는 뒤쪽에서 첨가된다. 그럼에도 불구하고 5장에서 다룬 우선순위 배열 규칙을 사용하면, 이 경우 알코올 **A**는 *R* 배열이다.

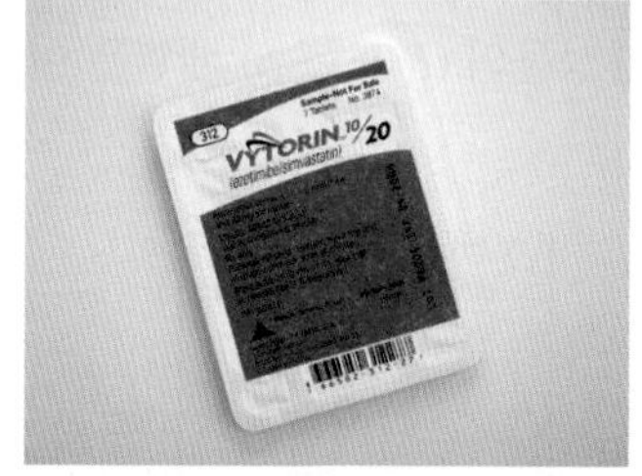

에제티미브는 제티아라는 상품명으로 단독 혹은 또 다른 콜레스테롤 강하제인 심바스타틴(simvastatin)과 배합하여 바이토린(Vytorin)으로 팔린다. 이러한 약들은 다른 콜레스테롤 강하제인 약물 치료로 효과가 없거나 내성이 있는 환자에게 처방된다(그림 30.12 참조).

X —한 단계→ 에제티미브

20.6B 거울상선택성인 생물학적 환원

실험실에서 수행하는 환원 반응은 거의 모두 100% 거울상선택성으로 진행하지 않지만, 세포 안에서 일어나는 생물학적 환원은 늘 오직 하나의 거울상이성질체를 형성하면서 완벽한 선택성으로 진행한다. 세포에서의 환원제는 12.14절에 소개된 조효소(coenzyme)인 NADH, 즉 (환원된 형태의)니코틴아마이드 아데닌 다이뉴클레오티드(nicotinamide adenine dinucleotide)이다.

니코틴아마이드 아데닌 다이뉴클레오티드
(환원된 형태)
NADH

생물학적 환원에서는 NADH가 금속 수소화 시약과 거의 같은 방식으로 $H:^-$를 제공한다. 따라서 수소화 및 양성자화의 친핵성 공격은 카보닐기로부터 알코올을 형성하고, NADH는 NAD^+로 전환된다.

이 반응은 완벽하게 거울상선택적이다. 예를 들어, 피루브산을 락트산 탈수소효소에 의해 촉매화된 NADH로 환원시키면, *S* 배열이 있는 오직 하나의 거울상이성질체인 락트산이 얻어진다. NADH는 생물계에서 여러 다양한 카보닐 화합물을 환원시킨다. 생성물의 (*R* 또는 *S*) 배열은 이 촉매 반응에 사용된 효소에 의존한다.

피루브산은 포도당 신진대사 과정에서 생성된다. 격렬한 운동 과정에서 피루브산을 CO_2로 신진대사시키는 산소가 충분하지 못하면 피루브산이 락트산으로 환원된다. 근육의 피로로부터 오는 통증은 락트산 축적의 결과이다.

나이아신은 그것을 자연적으로 함유한 콩 같은 음식이나 그것이 강화된 아침 식사용 시리얼로부터 얻을 수 있다. 아침 식사용 시리얼은 이 바이타민 B의 하루 권장량을 섭취할 수 있게 도와주는 나이아신을 함유하며 영양가가 강화된 것이다.

NADH의 산화된 구조인 NAD^+는 알코올을 카보닐 화합물로 산화시켜 NADH를 형성할 수 있는 생물학적 산화제이다. NAD^+는 바이타민 나이아신(niacin)으로부터 합성되는데, 콩을 통한 식이 요법으로 얻을 수 있다.

20.7 카복실산과 그 유도체의 환원

카복실산과 그 유도체(RCOZ)의 환원은 생성물이 이탈기(Z)와 환원제의 종류에 따라 다르기 때문에 복잡하다. 금속 수소화 시약이 가장 유용한 환원제이다. 수소화 알루미늄 리튬은 모든 카복실산 유도체와 반응하는 강력한 환원제이다. 관련된 다른 두 개의 더 온화한 시약 또한 사용된다.

[1] DIBAL-H로 줄여 쓰는 수소화 다이아이소뷰틸알루미늄 $[(CH_3)_2CHCH_2]_2AlH$에는 $LiAlH_4$보다 반응성을 약하게 만드는 두 개의 큰 아이소뷰틸기가 있다.

[2] 수소화 트라이-*tert*-뷰톡시알루미늄 리튬, $LiAlH[OC(CH_3)_3]_3$은 $LiAlH_4$보다 친핵성을 덜 띠게 만드는 세 개의 전기음성도가 큰 산소 원자가 알루미늄에 결합되어 있다.

$LiAlH_4$는 강력하고 선택성이 없는 환원제이다. DIBAL-H와 $LiAlH[OC(CH_3)_3]_3$는 더 온화하지만 더 선택성이 좋은 환원제이다.

Al−H = $[(CH_3)_2CHCH_2]_2AlH$
수소화 다이아이소뷰틸알루미늄
DIBAL-H

Li^+ H−Al−O ... = $LiAlH[OC(CH_3)_3]_3$
수소화 트라이-*tert*-뷰톡시알루미늄 리튬

20.7A 산 염화물과 에스터의 환원

산 염화물과 에스터는 시약에 따라 알데하이드나 알코올로 환원될 수 있다.

RCOCl 산 염화물 또는 RCOOR' 에스터 —[H]→ RCHO 알데하이드 또는 RCH_2OH 1° 알코올

- $LiAlH_4$는 RCOCl과 RCOOR′을 알코올로 바꾼다.
- 더 온화한 시약(DIBAL-H나 $LiAlH[OC(CH_3)_3]_3$)은 낮은 온도에서 RCOCl이나 RCOOR′을 RCHO로 변환시킨다.

산 염화물 —**강력한** 환원제: [1] $LiAlH_4$ [2] H_2O → 1° 알코올
산 염화물 —**온화한** 환원제: [1] $LiAlH[OC(CH_3)_3]_3$ [2] H_2O → 알데하이드

산 염화물의 환원에서 Cl^-이 이탈기로 떨어진다.

에스터 (OCH_3) —**강력한** 환원제: [1] $LiAlH_4$ [2] H_2O → 1° 알코올 + CH_3OH
에스터 (OCH_3) —**온화한** 환원제: [1] DIBAL-H [2] H_2O → 알데하이드 + CH_3OH

에스터의 환원에서 CH_3O^-가 이탈기로 떨어져 H_2O에 의해 양성자 첨가되어 CH_3OH를 형성한다.

메커니즘 20.4 금속 수소화물 시약을 이용한 RCOCl과 RCOOR′의 환원

① H:⁻의 친핵성 공격에 의해 이탈기 Z가 있는 사면체 중간체를 형성한다.

② π 결합이 재형성되고 이탈기 Z가 떨어져 나간다. H:⁻의 첨가 및 Z⁻ 제거의 총체적 결과는 Z에 대한 H의 치환이다.

③ H:⁻의 친핵성 공격은 이탈기가 없는 알콕시화 음이온을 형성한다.

④ 알콕시화 음이온의 H_2O에 의한 양성자 첨가는 알코올 환원 생성물을 형성한다. 단계 ③과 ④의 총체적 결과는 H_2의 첨가이다.

메커니즘 20.4는 왜 두 개의 다른 생성물이 가능한지를 보여준다. 메커니즘은 개념적으로 두 부분–알데하이드를 형성하는 친핵성 치환(단계 ①–②)과 뒤이은 알데하이드로의 친핵성 첨가에 의한 1° 알코올 형성(단계 ③–④)–으로 나눌 수 있다. 일반적인 메커니즘을 $LiAlH_4$를 환원제로 사용하여 그렸다.

DIBAL-H와 $LiAlH[OC(CH_3)_3]_3$ 같은 더 온화한 시약으로는 1당량의 H:⁻가 반응한 후에 생성물로서 알데하이드가 형성된다. $LiAlH_4$ 같이 더 강력한 환원제는 H:⁻ 2당량이 첨가되어 1° 알코올이 형성된다.

문제 20.10 다음 반응의 단계별 메커니즘을 그려라.

문제 20.11 환원에 의해서 다음 각 화합물을 제조하기 위해 사용될 수 있는 산 염화물과 에스터의 구조를 그려라.

선택적인 환원은 이 장 첫 페이지에 소개한 강력한 신경독인 시가톡신 CTX3C 같은 매우 복잡한 천연물의 합성에서 자주 사용된다. 그림 20.4에 보였듯이 시가톡신 CTX3C의 합성에서 한 반응이 DIBAL-H를 이용하여 에스터를 알데하이드로 환원하는 것이다.

20.7B 카복실산과 아마이드의 환원

카복실산은 $LiAlH_4$에 의해 1° 알코올로 환원된다. $LiAlH_4$는 너무 강력한 환원제이므로 알데하이드 단계에서 반응을 멈출 수 없다. 더 온화한 시약은 첫 단계를 개시할 만큼 강하지 못하다. 따라서

그림 20.4
해양 신경독 시가톡신 CTX3C의 합성에서 DIBAL-H 환원에 의한 알데하이드로의 에스터 환원

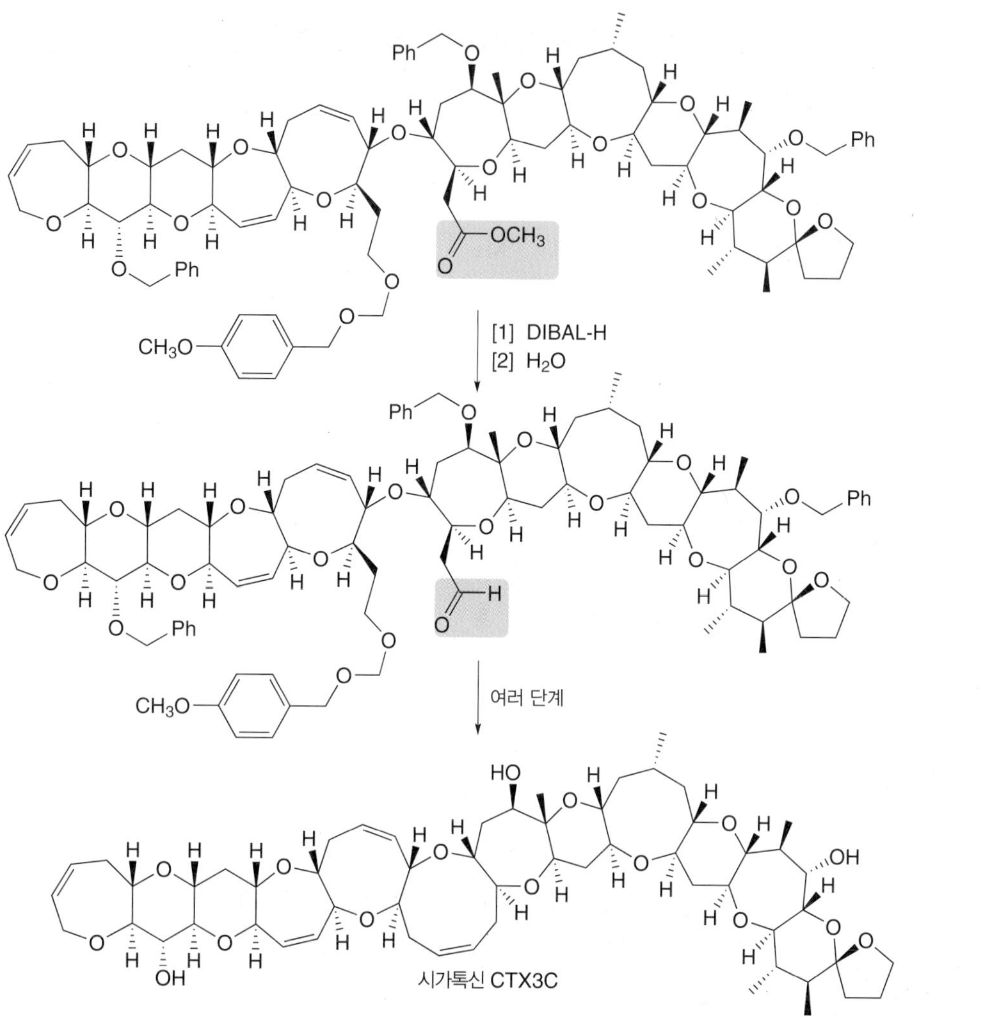

[1] DIBAL-H
[2] H_2O

여러 단계

시가톡신 CTX3C

- 시가톡신 CTX3C의 긴 합성 중에서 한 단계가 DIBAL-H를 이용한 알데하이드로의 에스터의 선택적 환원이다.

$LiAlH_4$가 카복실산을 환원시키는 유일한 중요한 환원제이다.

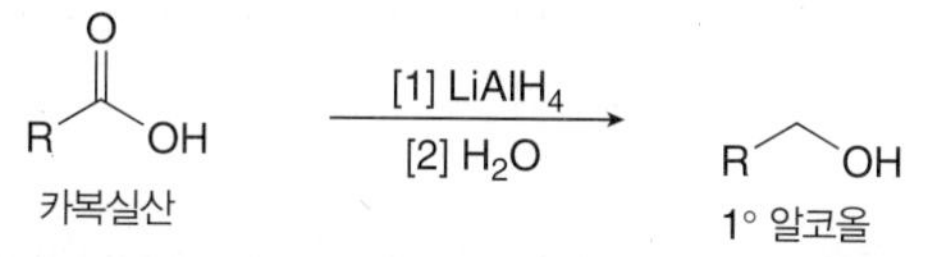

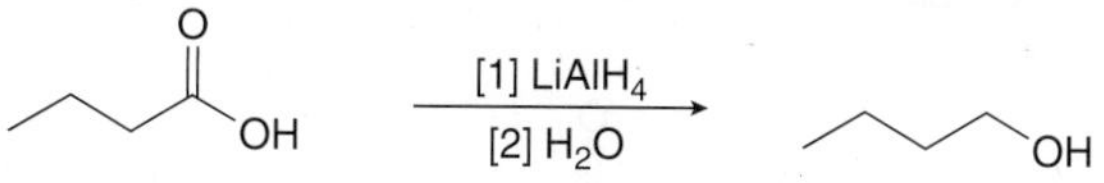

카복실산 → [1] $LiAlH_4$ [2] H_2O → 1° 알코올

1° 알코올을 생성하는 다른 모든 카복실산 유도체의 $LiAlH_4$ 환원과는 달리, 아마이드의 $LiAlH_4$ 환원은 아민을 형성한다.

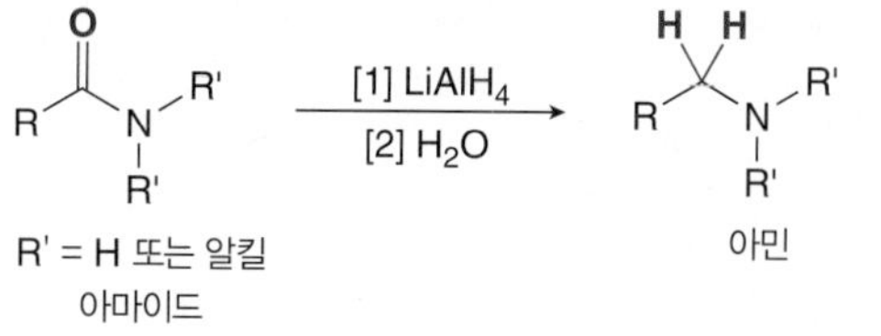

$R' = H$ 또는 알킬
아마이드 → [1] $LiAlH_4$ [2] H_2O → 아민

메커니즘 20.5 $LiAlH_4$를 이용한 아마이드의 아민으로의 환원

부분 [1] 아마이드가 이민으로 환원된다.

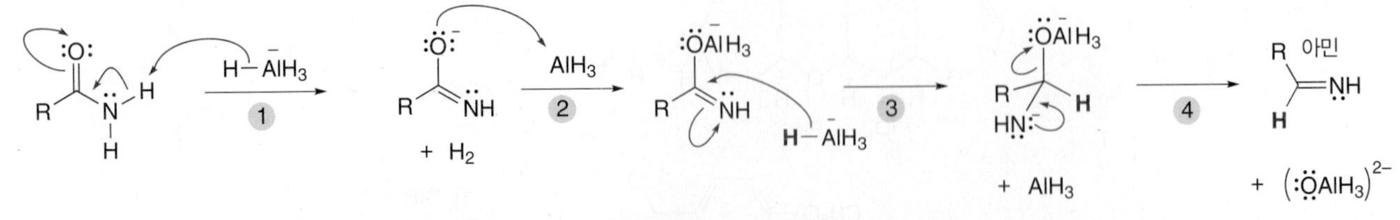

① ② AlH_4^-는 아마이드로부터 양성자를 제거하면 단계 ②에서 AlH_3와 착물을 이루는 루이스 염기를 형성한다.

③ ④ H:⁻의 친핵성 공격 및 이탈기$(OAlH_3)_2^-$의 손실은 이민을 형성한다.

부분 [2] 이민이 아민으로 환원된다.

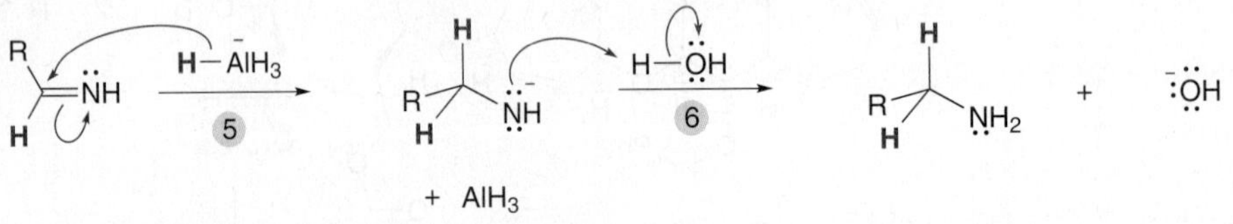

⑤ ⑥ H:⁻의 친핵성 공격과 양성자 첨가는 아민을 형성한다.

두 C–O 결합 모두 $LiAlH_4$에 의해 C–H 결합으로 환원되고, 아마이드 질소 원자에 결합된 H 원자나 R기가 생성물에서 질소에 결합된 채로 남아 있다. $^-NH_2$(또는 ^-NHR 또는 $^-NR_2$)가 Cl^- 또는 ^-OR보다 나쁜 이탈기이기 때문에 환원 과정 동안에 $^-NH_2$를 결코 잃지 않으므로 최종 생성물에서 아민이 형성된다.

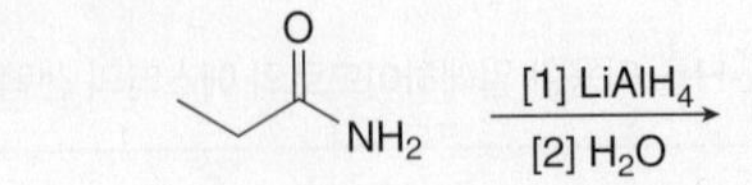

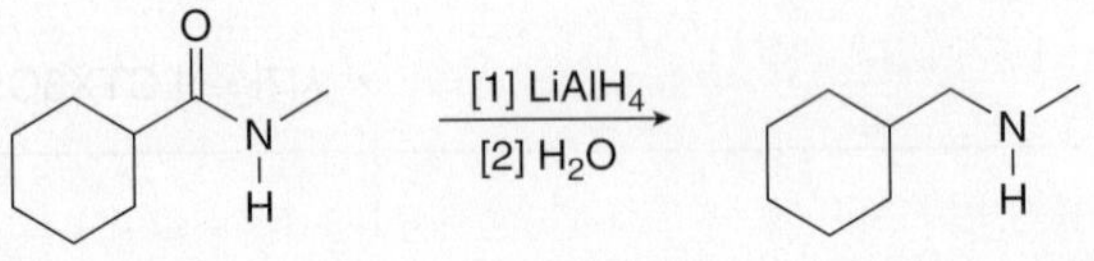

[1] $LiAlH_4$ [2] H_2O

이민과 관련 화합물은 21장에서 논의한다.

출발물로서 $RCONH_2$를 들어 설명한 메커니즘 20.5는 앞서의 다른 카복실산 유도체의 환원과 다소 다르다. 아마이드 환원은 C–N 이중 결합이 있는 화합물인 이민(imine) 중간체를 거쳐 아민으로 환원된다.

문제 20.12 다음 각 화합물의 $LiAlH_4$ 환원으로부터 생성되는 생성물을 그려라.

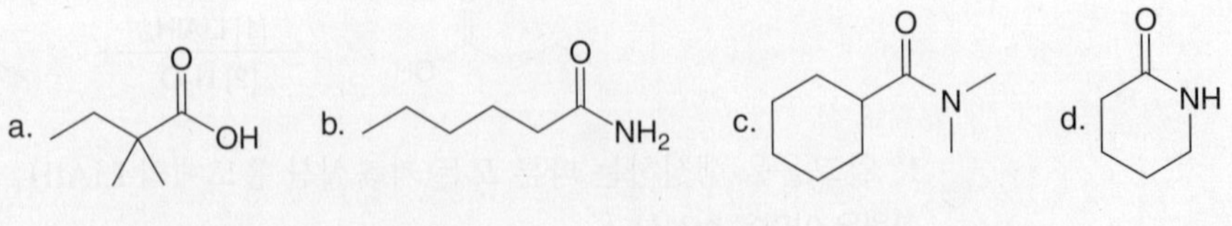

a. b. c. d.

문제 20.13 $LiAlH_4$로 처리할 때 어떤 아마이드가 다음 각각의 아민으로 바뀌겠는가?

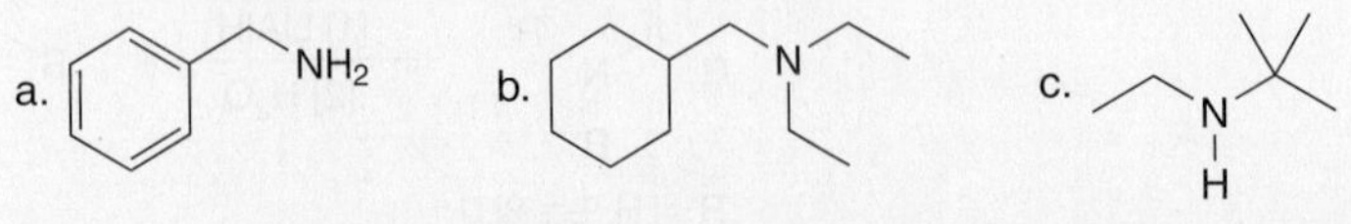

a. b. c.

표 20.1
금속 수소화 환원제의 요약

	시약	출발물	→	생성물
강력한 시약	$LiAlH_4$	RCHO	→	RCH_2OH
		R_2CO	→	R_2CHOH
		RCOOH	→	RCH_2OH
		RCOOR'	→	RCH_2OH
		RCOCl	→	RCH_2OH
		$RCONH_2$	→	RCH_2NH_2
온화한 시약	$NaBH_4$	RCHO	→	RCH_2OH
		R_2CO	→	R_2CHOH
	$LiAlH[OC(CH_3)_3]_3$	RCOCl	→	RCHO
	DIBAL-H	RCOOR'	→	RCHO

20.7C 환원을 위한 시약 요약

이용 가능한 많은 금속 수소화 시약이 다양한 작용기를 환원시킨다. $LiAlH_4$는 대부분의 극성 작용기를 비선택적으로(*nonselectively*) 환원시키는 강력한 환원제임을 명심하라. 다른 모든 금속 수소화 시약들은 그보다 온화하고, 각각 그것의 환원 반응성을 가장 잘 이용하는 특정 반응이 있다. 시약들과 그들의 용도를 표 20.1에 요약하였다.

문제 20.14 다음 각 화합물을 $LiAlH_4$(물로 후처리) 혹은 메탄올 용매의 $NaBH_4$로 처리할 때 어떤 생성물이 되겠는가?

a. b. OH c.

20.8 알데하이드의 산화

알데하이드는 톨렌스 양성 반응이 일어난다. 즉 Ag^+와 반응하여 RCOOH와 Ag를 형성한다. 반응이 유리 플라스크에서 일어날 때, 은거울이 벽면에 형성된다. 다른 작용기들은 반응을 일으키지 않아서 은거울이 형성되지 않는다.

카보닐 화합물의 가장 일반적인 산화 반응은 **카복실산으로의 알데하이드 산화**이다. CrO_3, $Na_2Cr_2O_7$, $K_2Cr_2O_7$ 그리고 $KMnO_4$를 포함하여 다양한 산화제가 사용될 수 있다. 12.12절에서 살펴보았듯이 Cr^{6+} 시약도 1°와 2° 알코올을 산화하는 데 사용된다. 케톤은 카보닐 탄소에 H가 없기 때문에 이런 산화 반응이 일어나지 않는다.

다른 작용기가 있을 때, 수용성 **암모니아 수용액***에서 Ag_2O를 사용하여 알데하이드를 선택적으로 산화시킬 수 있다. 이것을 **톨렌스(Tollens) 시약**이라고 부른다. 톨렌스 시약으로 산화시키면 분명한 색 변화가 관찰되는데, 이는 Ag^+가 은 금속(Ag)으로 환원되어 용액에서 침전되기 때문이다.

$\xrightarrow[H_2SO_4,\ H_2O]{CrO_3}$ OH + Cr^{3+}

HO H $\xrightarrow{Ag_2O,\ NH_4OH}$ HO OH + Ag 은거울

알데하이드만 산화된다.

*감수자 주: 원서에서는 암모니아수를 수산화 암모늄(NH_4OH)으로 표현하였으나 분자식이 NH_4OH인 화합물은 없다

문제 20.15 다음의 각 화합물이 Ag_2O, NH_4OH 또는 $Na_2Cr_2O_7$, H_2SO_4, H_2O와 반응할 때 어떤 생성물이 형성되는가?

a. 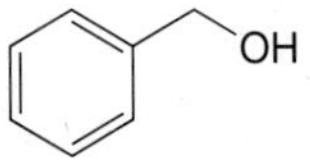 (구조식: 벤질 알코올, OH) b. 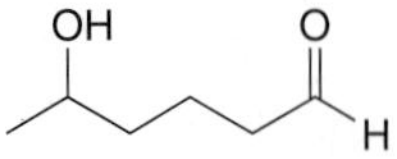 (구조식: OH, O, H)

문제 20.16 12.12절에서 Cr^{6+} 시약을 이용한 산화 반응을 정리하고, 화합물 **B**가 각 시약과 반응할 때 생성물을 그려라.

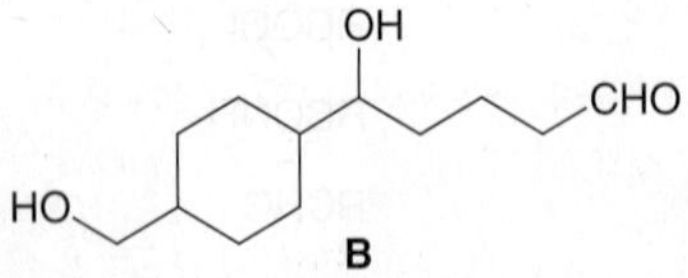

(구조식 **B**: OH, CHO, HO)

a. $NaBH_4$, CH_3OH
b. [1] $LiAlH_4$; [2] H_2O
c. PCC
d. Ag_2O, NH4OH
e. CrO_3, H_2SO_4, H_2O

20.9 유기금속 시약

이제부터 또 다른 친핵체인 유기금속 시약과 카보닐 화합물의 반응을 살펴보자.

- 유기금속 시약(organometallic reagent)은 금속에 탄소가 결합하고 있다.

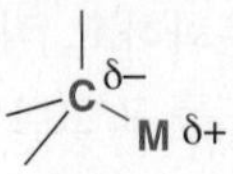

$C^{\delta-}$—$M^{\delta+}$ = R–M (유기금속 시약; M = 금속)

가장 흔한 금속들
M = Li, Mg, Cu

리튬, 마그네슘, 구리가 유기금속 시약에서 가장 흔히 쓰이는 금속이지만, (Sn, Si, Tl, Al, Ti 그리고 Hg 같은)다른 것들도 알려져 있다. 세 가지 흔한 유기금속 시약의 일반적인 구조가 아래에 나와 있다. R은 알킬, 아릴, 알릴, 벤질, sp^2 혼성, 그리고 M=Li 또는 Mg일 때 sp 혼성화될 수 있다. 금속이 탄소보다 더 전기 양성(덜 전기 음성)이기 때문에 탄소 쪽으로 전자 밀도를 제공하여 탄소는 부분 음전하를 띤다.

R–Li	**R–Mg–X**	**R_2Cu^- Li^+**
유기리튬 시약	유기마그네슘 시약 또는 그리냐르 시약	유기구리 시약 또는 유기구리염

- 더 극성인 탄소–금속 결합일수록 반응성이 더 좋은 유기금속 시약이다.

Li와 Mg 둘 다 매우 전기 양성적인 금속이기 때문에, 유기리튬(organolithium) 시약(RLi)과 유기마그네슘(organomagnesium) 시약(RMgX)은 탄소–금속 결합이 매우 극성이다. 따라서 반응성이 매우 큰 시약이다. 유기마그네슘 시약은 이에 대한 연구로 1912년에 노벨 화학상을 탄 그리냐르(Victor Grinard)의 이름을 따서 그리냐르 시약으로 부른다.

R–M 시약에서 탄소와 일반 금속의 전기음성도 값은 C (2.5), Li (1.0), Mg (1.3) 그리고 Cu (1.8)이다.

유기구리(organocopper) 시약(R_2CuLi)은 유기구리염(organocuprate)으로 불리기도 하는데, 탄소–금속 결합이 덜 극성이므로 반응성이 약하다. 유기구리염은 구리에 두 알킬기가 결합되어 있지만 단지 한 개의 R기만 반응에 쓰인다.

금속에는 상관없이 유기금속 시약은 자유로운 탄소 음이온처럼 반응하기 때문에 합성적으로 유용하다. 즉 탄소가 부분 음전하를 띠고 있어서 염기와 친핵체로 작용한다.

$M^{\delta+}$–$C^{\delta-}$ 는 $\ddot{C}^{-}$ 처럼 반응한다.

탄소 음이온

염기와 친핵체

20.9A 유기금속 시약의 제조

유기리튬과 그리냐르 시약은 다음 식에서 보이듯이, 유기 할로젠 화합물과 관련 금속과의 반응에 의해 전형적으로 제조된다.

$$R{-}X + 2\,Li \longrightarrow R{-}Li + LiX$$

유기리튬 시약

$$R{-}X + Mg \xrightarrow{\text{(CH}_3\text{CH}_2)_2\text{O}} R{-}Mg{-}X$$

그리냐르 시약

$$CH_3{-}Br + 2\,Li \longrightarrow CH_3{-}Li + LiBr$$

메틸리튬

$$CH_3{-}Br + Mg \xrightarrow{\text{(CH}_3\text{CH}_2)_2\text{O}} CH_3{-}Mg{-}Br$$

메틸마그네슘 브롬화물

리튬의 경우에 할로젠과 금속이 교환되어 유기리튬 시약이 만들어진다. 마그네슘의 경우는 금속이 탄소–할로젠 결합 사이에 끼어들어 그리냐르 시약을 만든다. 그리냐르 시약은 일반적으로 다이에틸 에터($CH_3CH_2OCH_2CH_3$) 용매에서 제조된다. 두 에터의 두 산소 원자가 마그네슘 원자와 착물을 형성하여 시약을 안정화하는 것으로 여겨진다.

$$(CH_3CH_2)_2\ddot{O} \rightarrow R{-}Mg{-}X \leftarrow \ddot{O}(CH_2CH_3)_2$$

다이에틸 에터 두 분자가 그리냐르 시약의
Mg 원자와 착물을 형성한다.

유기구리염은 주로 CuI 같은 Cu^{+} 염과 유기리튬 시약의 반응에 의해 만들어진다.

$$2\,R{-}Li + CuI \longrightarrow R{-}\overset{R}{\overset{|}{Cu^{-}}}\ Li^{+} + LiI$$

유기리튬 시약

$$2\,CH_3{-}Li + CuI \longrightarrow CH_3{-}\overset{CH_3}{\overset{|}{Cu^{-}}}\ Li^{+} + LiI$$

리튬 다이메틸 구리염

문제 20.17 CH_3CH_2Br을 각 시약으로 변환시키는 데 필요한 단계를 쓰라.

(a) CH_3CH_2Li (b) CH_3CH_2MgBr (c) $(CH_3CH_2)_2CuLi$.

20.9B 아세틸렌화 음이온

11장에서 살펴본 아세틸렌화 음이온(acetylide anion)은 유기금속 화합물의 또 다른 예이다. 이 시약은 $NaNH_2$나 NaH 같은 염기와 알카인의 산–염기 반응에 의해 만들어진다. 유기소듐(organosodium) 시약으로서 이러한 화합물을 생각해볼 수 있다. 소듐이 리튬보다 더 전기 양성적(덜 전기 음성적)이기 때문에 이 유기소듐 화합물의 C–Na 결합은 극성 공유보다는 이온성(ionic)으로 가장 잘 설명된다.

$$R{-}C{\equiv}C{-}H + Na^+ \ {:}\ddot{N}H_2^- \rightleftharpoons R{-}C{\equiv}C{:}^- \ Na^+ + {:}NH_3$$

아세틸렌화 음이온
유기소듐 화합물

산-염기 반응은 *sp* 혼성 유기리튬 화합물을 제조하는 데 쓰일 수 있다. 말단 알카인을 CH_3Li로 처리하면 아세틸렌화 리튬(lithium acetylide)이 형성된다. 말단 알카인의 *sp* 혼성화 C–H 결합이 형성되는 sp^3 혼성화된 짝산 CH_4보다 더 센 산이기 때문에 평형이 생성물에 유리하다.

$$R{-}C{\equiv}C{-}H + CH_3{-}Li \rightleftharpoons R{-}C{\equiv}C{-}Li + CH_3{-}H$$

$pK_a \approx 25$ 더 센산 / 염기 / 아세틸렌화 리튬 / $pK_a = 50$ 더 약산

문제 20.18 옥트-1-아인(1-octyne, $HC{\equiv}CCH_2CH_2CH_2CH_2CH_2CH_3$)은 NaH와 빠르게 반응하여 한 생성물로서 기체를 형성하여 반응 혼합물로부터 기포가 생성된다. 옥트-1-아인 CH_3MgBr과도 빠르게 반응하여 다른 기체를 형성한다. 두 반응의 균형 맞춘 반응식을 쓰고 형성되는 기체를 규명하라.

문제 20.19 다음 중 유기 금속 화합물을 나타내는 종은 어느 것인가?

(a) $BrMgC{\equiv}CCH_2CH_3$ (b) $NaOCH_2CH_3$ (c) $KOC(CH_3)_3$ (d) PhLi

20.9C 염기로서의 반응

- 유기금속 시약은 물로부터 양성자를 쉽게 떼어 내어 탄화수소를 형성하는 강염기이다.

탄소-금속 결합에서 전자쌍은 양성자에 새로운 결합을 형성할 때 쓰인다. H_2O가 알케인 생성물보다 더 센 산이므로 평형이 산-염기 반응의 생성물 쪽에 유리하다.

$$CH_3Li + H{-}\ddot{O}H \rightleftharpoons CH_3{-}H + Li^+ \ {:}\ddot{O}H^-$$

염기 / 산 $pK_a = 15.7$ 더 센 산 / $pK_a = 50$ 매우 약한 산

같은 이유로 알코올과 카복실산의 O–H 결합이나 아민의 N–H 결합과 비슷한 반응이 일어난다.

$$C_6H_5{-}MgBr + H{-}\ddot{O}CH_3 \longrightarrow C_6H_5{-}H + CH_3\ddot{O}{:}^- \ (MgBr)^+$$

강염기 / 산성

$$CH_3CH_2CH_2Li + CH_3COOH \longrightarrow CH_3CH_2CH_2{-}H + CH_3COO^- \ Li^+$$

강염기 / 산성

유기리튬과 그리냐르 시약은 그 자체가 할로젠화 알킬로부터 만들어지기 때문에, 두 단계 반응

에 의하여 할로젠화 알킬을 알케인으로(또는 다른 탄화수소로) 바꿀 수 있다.

$$\underset{\text{할로젠화 알킬}}{R-X} \xrightarrow{M} R-M \xrightarrow{H_2O} \underset{\text{알케인}}{R-H}$$

문제 20.20 각 유기금속 시약이 H_2O과 반응시켰을 때 형성되는 생성물을 그려라.

a. (cyclohexyl)–Li b. (tert-butyl)–MgBr c. (benzyl)–MgBr d. $CH_3CH_2C{\equiv}C$–Li

20.9D 친핵체로서의 반응

유기금속 시약은 또한 친전자성 탄소 원자와 반응하여 새로운 탄소-탄소 결합을 형성하는 강력한 친핵체이다. 이 반응은 복잡한 유기 분자의 탄소 골격을 형성하는 데 매우 중요하다. 유기금속 시약의 다음 반응들은 20.10, 20.13, 그리고 20.14절에서 공부한다.

[1] R-M을 알데하이드 또는 케톤과 반응시키면 알코올이 형성됨(20.10절)

$$RC(=O)R' \xrightarrow[\text{[2] } H_2O]{\text{[1] } R''-M} RR'R''C-OH$$

R' = H 또는 알킬
알데하이드 또는 케톤

1°,2° 또는 3° 알코올

알데하이드와 케톤은 R″Li 또는 R″MgX와 반응하여 1°, 2° 또는 3° 알코올로 변환된다.

[2] 카복실산 유도체와 R-M의 반응(20.13절)

$$RC(=O)Z \xrightarrow[\text{[2] } H_2O]{\text{[1] } R''-M} RC(=O)R'' \text{ 또는 } RR''_2C-OH$$

Z = Cl 또는 OR′

케톤 3° 알코올

산 염화물과 에스터는 유기금속 시약과 반응하여 케톤이나 3° 알코올로 변환될 수 있다. 생성물은 R″-M과 이탈기 Z에 따라 변한다.

[3] 다른 친전자성 작용기와 R-M의 반응(20.14절)

$$R-M \xrightarrow[\text{[2] } H_3O^+]{\text{[1] } CO_2} RCOOH \text{ (카복실산)}$$

$$R-M \xrightarrow[\text{[2] } H_2O]{\text{[1] 에폭사이드}} RCH_2CH_2OH \text{ (알코올)}$$

유기금속 시약은 또한 CO_2와 반응하여 카복실산을 형성하고, 에폭사이드와 반응하여 알코올을 생성한다.

20.10 알데하이드와 케톤의 유기금속 시약 반응

알데하이드와 케톤을 유기리튬이나 그리냐르 시약으로 반응시킨 후, 물로 처리하면 새로운 탄소–탄소 결합을 가진 알코올이 생성된다. 이 반응은 R″과 H의 원소가 π 결합에 첨가되기 때문에 첨가 반응이다.

R′ = H 또는 알킬
알데하이드 또는 케톤

R″MgX 또는 R″Li → H–ÖH →

새로운 C–C 결합

1°, 2° 또는 3° 알코올

20.10A 일반적 특징

이 반응은 친핵성 첨가에 대한 일반적인 메커니즘—즉 친핵성 공격과 그에 이은 양성자 첨가—을 따른다(20.2A절). 메커니즘 20.6은 R″MgX를 이용해 보여주지만 유기리튬 시약과 아세틸렌화 음이온과도 같은 과정으로 반응이 진행된다.

이 반응은 알데하이드 또는 케톤의 카보닐 탄소에 결합되어 있는 알킬기의 개수에 따라 1°, 2° 그리고 3° 알코올을 만드는 데 쓰인다.

[1] 폼알데하이드 + R″–MgX → → H_2O → 1° 알코올

[2] 알데하이드 R ≠ H + R″–MgX → → H_2O → 2° 알코올

[3] 케톤 + R″–MgX → → H_2O → 3° 알코올

메커니즘 20.6 RCHO와 $R_2C=O$에 대한 R″MgX의 친핵성 첨가

R₂C=O + R″–MgX →(1) 알콕시화 음이온 + MgX^+ →(2) H–ÖH → 알코올 + $^-$:ÖH

1 친핵체$(R'')^-$가 카보닐기를 공격하여 π 결합이 끊어지고, 알콕시화 음이온이 형성된다. 이 단계는 새로운 탄소–탄소 결합을 형성한다.

2 H_2O에 의한 알콕시화 음이온의 양성자 첨가는 새로운 O–H 결합을 형성한다. 총체적인 결과는 카보닐기에 대한 R″와 H의 첨가이다.

[1] 폼알데하이드($CH_2=O$)에 대한 R″MgX의 첨가는 1° 알코올을 형성한다.
[2] 그 외 다른 모든 알데하이드에 대한 R″MgX의 첨가는 2° 알코올을 형성한다.
[3] 케톤에 대한 R″MgX의 첨가는 3° 알코올 형성한다.

각 반응은 하나의 새로운 알킬기를 카보닐 탄소에 첨가하고, 하나의 새로운 탄소–탄소 결합을 형성한다. 반응식 [1]~[3]에서 보여주듯이, 이 반응은 모든 유기리튬과 그리냐르 시약에 대해 일반적이고, 아세틸렌화 음이온에 대해서도 같은 반응이 일어난다.

[1] 폼알데하이드 —[1] CH_3-MgX [2] H_2O→ 1° 알코올

[2] 벤즈알데하이드 —[1] CH₃CH₂Li [2] H_2O→ 2° 알코올

[3] 사이클로헥산온 —[1] HC≡C–Li [2] H_2O→ 3° 알코올

유기금속 시약이 H_2O와 빨리 반응하는 강염기이기 때문에(20.9C절), 미량의 물과 시약이 반응하여 원하는 알코올의 수율이 감소하는 것을 막기 위해, 새로운 알킬기의 첨가는 무수 조건에서 수행되어야 한다. 물은 첨가 반응 후에 알콕시화 음이온에 양성자 첨가를 하기 위해 첨가된다.

문제 20.21 각 반응의 생성물을 그려라.

a. 3-펜탄온 —[1] CH₃CH₂CH₂Li [2] H_2O→

b. $H_2C=O$ —[1] 사이클로헥실–Li [2] H_2O→

c. 사이클로펜탄온 —[1] C_6H_5Li [2] H_2O→

d. (CH₃)₂C=CHCH₂CH₂C≡C–Li —[1] $CH_2=O$ [2] H_2O→

20.10B 입체화학

환원처럼 유기금속 시약의 첨가도 sp^2 혼성화된 카보닐 탄소를 사면체의 sp^3 혼성 탄소로 바꾼다. R–M의 첨가는 항상 삼각 평면 카보닐기의 양쪽 면으로부터 일어난다. 예제 20.1에서 보여주듯이, 비카이랄성 출발물로부터 새로운 입체발생 중심이 형성될 때, 같은 양의 거울상이성질체 혼합물이 생성된다.

예제 20.1 다음 반응에서 생성되는 모든 입체이성질체를 그려라.

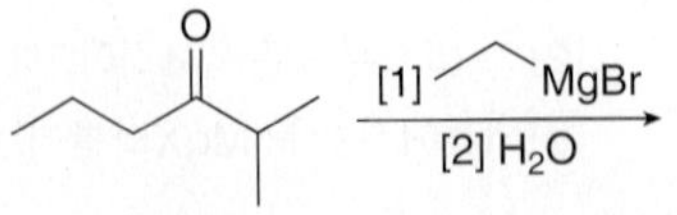

[1] MgBr
[2] H_2O

풀이

그리냐르 시약은 삼각 평면 카보닐기의 양쪽 면으로부터 첨가되어 각각 새로운 입체발생 중심을 가진 두 알콕시화 음이온을 형성한다. 물과의 양성자 첨가는 **두 거울상이성질체의 같은 양—라셈 혼합물**—을 생성한다.

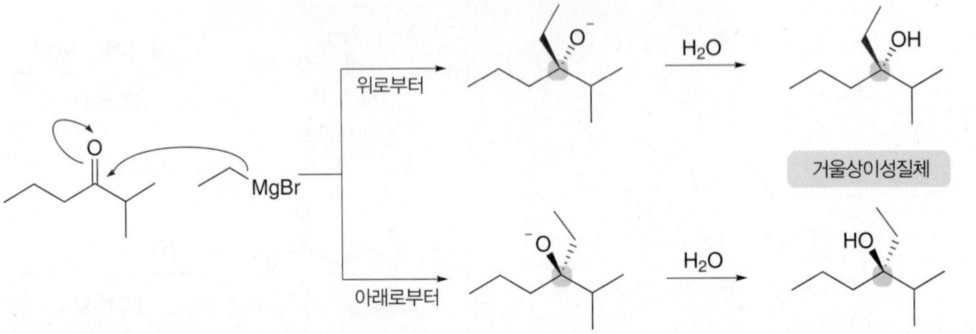

위로부터
아래로부터
MgBr
H_2O
H_2O
OH
HO
거울상이성질체

문제 20.22 다음 반응의 생성물을 (입체화학을 포함하여)그려라.

a. [1] MgBr [2] H_2O

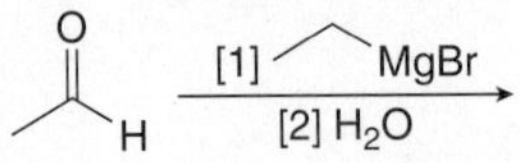

b. [1] Li [2] H_2O

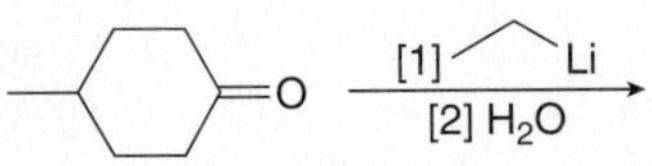

20.10C 합성에서의 응용

유용한 화합물의 많은 합성에서는 탄소–탄소 결합을 형성하는 그리냐르나 유기리튬 시약의 친핵성 첨가를 이용한다. 예를 들어, 경구 피임 성분인 에타인일에스트라다이올(ethynylestradiol, 11.4절)의 합성에서 주요 단계는 그림 20.5에서 보여 주듯이 케톤에 대한 아세틸렌화 리튬의 첨가이다.

곤충의 복잡한 생애를 조절하는 데 구조적으로 연관된 분자 군의 하나인 C_{18} 유충 호르몬의 합성은 또 다른 예이다. 합성 마지막 단계를 그림 20.6에 나타냈다.

유충 호르몬은 성충이 되기 전까지 유충 상태에 머물게 한다. 이러한 성질이 모기 및 낙농업에 영향을 끼치는 다른 곤충을 통제하기 위하여 활용되어 왔다. 유충 호르몬 자체는 빛에 매우 불안정하고 비싸서 곤충의 개체 수를 줄이는 목적으로는 합성하지 않는다. 그 대신 **모조 유충 호르몬**(juvenile hormone mimics)이라 불리는 관련 화합물이 효과적으로 사용되어 왔다. 알이나 애

그림 20.5
에타인일에스트라다이올의 합성

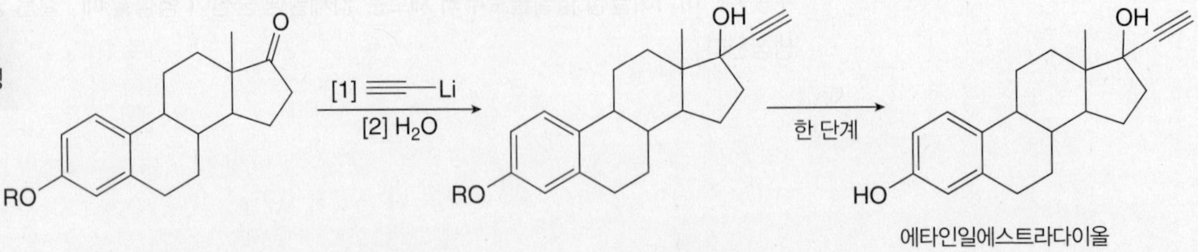

[1] ═Li
[2] H_2O
한 단계
RO
RO
HO
OH
에타인일에스트라다이올

그림 20.6
C_{18} 유충 호르몬

- 케톤 A에 대한 CH_3MgCl의 첨가는 알콕사이드 B를 형성하고, 이는 H_2O로 양성자가 첨가되어 3° 알코올 C를 생성한다. 에스터기($-COOCH_3$)도 그리냐르 시약과 반응할 수 있지만(20.13절을 보라), 케톤 카보닐보다 반응성이 약하다. 그러므로 반응 조건의 조절로 친핵성 첨가가 선택적으로 케톤에서 일어난다.
- 할로하이드린 C를 K_2CO_3로 처리하면 C_{18} 유충 호르몬이 한 단계로 만들어진다. 할로하이드린의 에폭시화물로의 변환은 9.6절에서 살펴보았다.

유충 호르몬은 누에나방의 생애를 통제한다.

벌레에 이러한 합성 호르몬을 적용하면 곤충의 성장을 막는다. 가장 잘 알려진 예는 메토프렌(methoprene)으로서 알토시드(Altocid), 프레코(Precor), 디아콘(Diacon) 같은 상품명으로 팔리고 있다. 메토프렌은 소에 달라붙는 뿔파리의 방제, 저장용 담배의 해충 방제, 개와 고양이의 벼룩 방제에 사용된다.

메토프렌
모조 유충 호르몬

20.11 그리냐르 생성물의 역합성 분석

합성에서 그리냐르 시약을 사용하기 위해서는 주어진 화합물을 만들기 위해서 어떤 카보닐과 그리냐르 성분이 필요한지 결정할 수 있어야 한다. 즉, 역합성 방향으로 거꾸로 작업해야 한다. 이것은 두 단계 과정으로 진행한다.

> 단계 [1] 생성물에서 OH기에 결합된 탄소를 찾는다.
> 단계 [2] 두 개의 구성 성분으로 분자를 나눈다. OH기를 가진 탄소에 결합된 한 개의 알킬기는 유기금속 시약으로부터 온다. 분자의 나머지는 카보닐 성분으로부터 온다.

그리냐르 첨가의 생성물 — 두 개의 반응물

펜탄-3-올

예를 들어, 그리냐르 반응에 의해 펜탄-3-올[$(CH_3CH_2)_2CHOH$]을 합성하기 위해 우선 OH기에 결합된 탄소를 찾아내어 두 개의 분자로 나누어야 한다. 역합성 분석을 보면 에틸기 중의 하나는 그리냐르 시약(CH_3CH_2MgX)으로부터 오고, 나머지 부분은 탄소 세 개의 알데하이드로부터 온다는 것을 보여준다.

역합성 분석

그리나르 첨가에 의해 이 새로운 결합을 형성

탄소 세 개의 알데하이드 ⟸ 펜탄-3-올 ⟹ 탄소 두 개의 그리나르 시약 (MgBr)

따라서 합성 방향-즉, 출발물로부터 생성물로-으로 반응을 작성하는 것은 그 분석이 옳은지 아닌지를 보여준다. 이 예에서 탄소 세 개의 알데하이드가 CH_3CH_2MgBr과 반응하여 알콕시화 음이온을 형성하고, 다시 H_2O에 의해 양성자 첨가되어 원하는 알코올인 펜탄-3-올을 형성한다.

합성 방향에서:

알데하이드 + MgBr ⟶ 알콕시화 음이온 $\xrightarrow{H_2O}$ 펜탄-3-올

예제 20.2에서 보듯이 그리나르 첨가에 의한 2° 알코올의 합성은 종종 두 가지 이상의 방법이 존재한다.

예제 20.2 그리나르 반응을 이용한 뷰탄-2-올의 두 가지 다른 합성법을 제시하라.

뷰탄-2-올

풀이

뷰탄-2-올은 OH기가 있는 탄소에 두 개의 다른 알킬기가 결합되어 있으므로 그리나르 첨가에 의한 새로운 탄소-탄소 결합 형성에 두 가지 다른 방법이 있다.

가능성 [1] CH_3MgX와 탄소 세 개의 알데하이드 사용

CH_3-MgBr + 프로판알

가능성 [2] CH_3CH_2MgX와 탄소 두 개의 알데하이드 사용

아세트알데하이드 + MgBr

출발물에서 생성물까지 반응식을 써보면 알 수 있듯이, 두 방법 모두 원하는 생성물인 뷰탄-2-올을 생성한다.

가능성 [1] 알데하이드 + CH_3-MgBr ⟶ 알콕시화 음이온

가능성 [2] 알데하이드 + MgBr ⟶ 알콕시화 음이온

$\xrightarrow{H_2O}$ 뷰탄-2-올

문제 20.23 다음 각각의 알코올을 합성하기 위해 어떤 그리냐르 시약과 어떤 카보닐 화합물이 필요한가? OH 기가 결합된 탄소에 서로 다른 알킬기 세 개의 결합된 3° 알코올은 세 가지 다른 그리냐르 시약으로부터 합성할 수 있다.

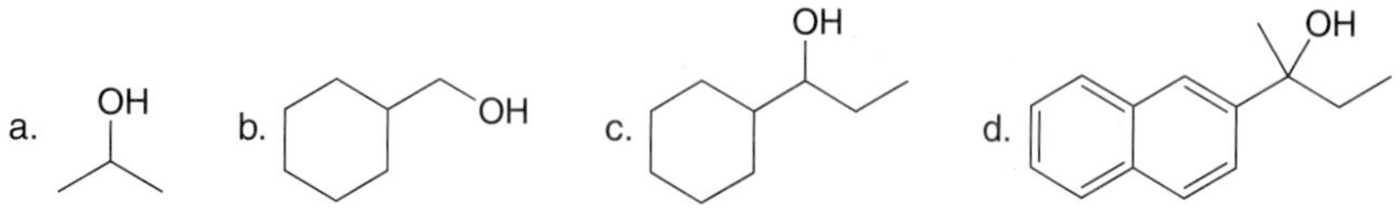

a. b. c. d.

(두 가지 방법) (세 가지 방법)

문제 20.24 리날로올(linalool)과 라벤둘올(lavandulol)은 라벤더 기름의 두 가지 주요 성분들이다. (a) 이들 각각의 알코올을 합성하기 위해서 어떤 유기리튬 시약과 어떤 카보닐 화합물이 필요한가? (b) 라벤둘올은 어떤 카보닐 화합물을 환원시켜 합성할 수 있겠는가? (c) 리날로올은 비슷한 반응 경로로 합성할 수 없다. 그 이유는 무엇인가?

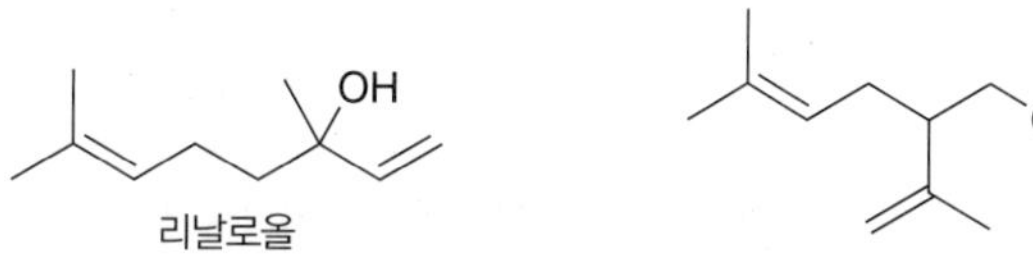

리날로올
(세 가지 방법으로)

라벤둘올

문제 20.25 항우울제 벤라팍신(venlafaxine, 상품명 Effexor)을 합성하기 위해서는 어떤 그리냐르 시약과 어떤 카보닐 화합물이 필요한가?

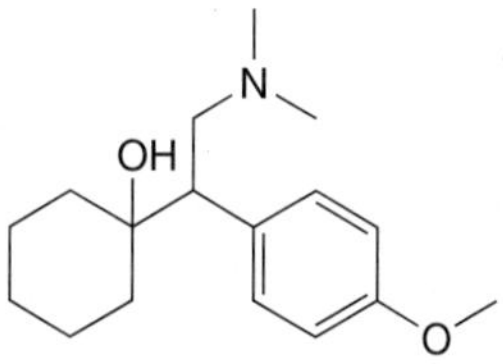

벤라팍신

20.12 보호기

카보닐기에 대한 유기금속 시약의 첨가가 다방면에 유용한 반응일지라도 카보닐기와 N−H 또는 O−H 결합이 함께 있는 분자에는 쓰일 수 없다.

유기금속 시약과 다음의 모든 작용기 사이에서 빠른 산−염기 반응이 일어난다: ROH, RCOOH, RNH_2, R_2NH, $RCONH_2$, RCONHR 그리고 RSH.

- N−H 또는 O−H 결합이 함께 있는 카보닐 화합물은 유기금속 시약과 친핵성 첨가가 아닌 산−염기 반응을 일으킨다.

예를 들어, 염화 메틸마그네슘(methylmagnesium chloride, CH_3MgCl)을 5-하이드록시펜탄-2-온 카보닐기에 첨가하여 다이올을 만들고 싶다고 가정하자. 친핵성 첨가는 이 기질에서 일어나지 않는다. 대신에 그리냐르 시약이 강염기이고 양성자 이동 반응이 빨라서, 친핵성 첨가가 일어나기 전에 CH_3MgCl은 O−H 양성자를 제거한다. 20.9C절에서 배웠듯이, 더 센 산과 염기는 더 약한 짝산과 짝염기를 형성하도록 반응한다.

그림 20.7
보호기를 이용하기 위한 일반적 전략

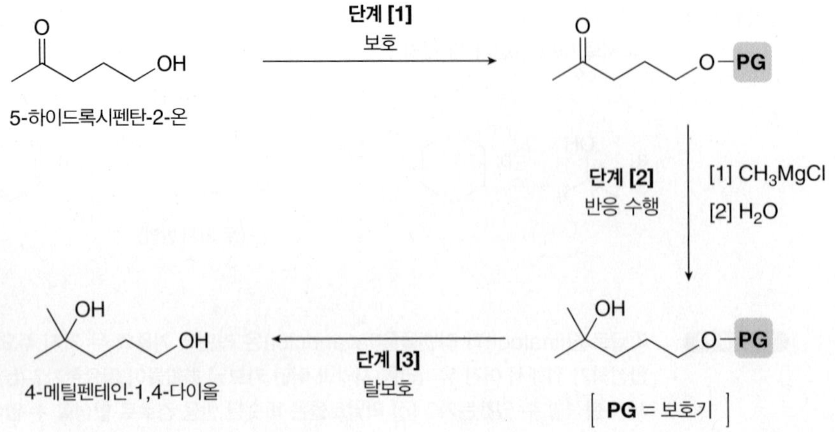

- 단계 [1]에서 5-하이드록펜탄-2-온의 OH 기가 **PG**로 쓰여진 보호기로 바뀐다. 단계 [1]의 생성물은 더 이상 OH 양성자를 가지고 있지 않기 때문에, 이제 친핵성 첨가를 겪을 수 있다.
- 단계 [2]에서 CH_3MgCl은 카보닐기로 첨가되고 물에 의해 양성자가 첨가된 후 3°알코올을 만든다.
- 단계 [3]에서 보호기의 제거는 원하는 생성물인 4-메틸펜테인-1,4-다이올을 형성한다.

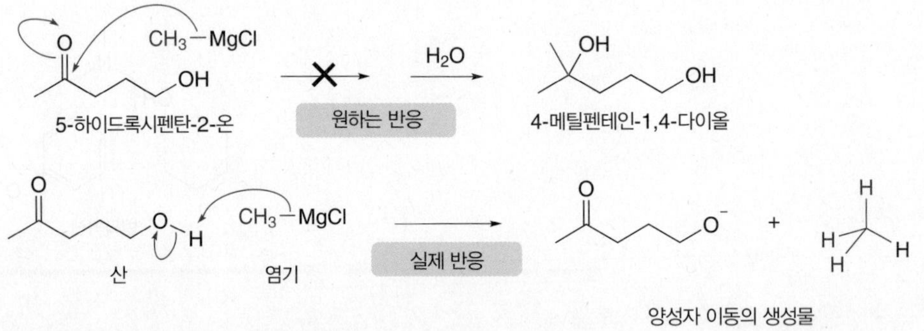

이 문제를 풀기 위해서는 세 단계 전략이 필요하다.

단계 [1] OH 기를 원하는 반응을 방해하지 않는 다른 작용기로 바꾼다. 이 새로운 막아주는 기를 보호기(protecting group)라 부르고, 그것을 만드는 반응을 보호(protection)라 부른다.

단계 [2] 원하는 반응을 수행한다.

단계 [3] 보호기를 제거한다. 이 반응을 탈보호(deprotection)라 부른다.

CH_3MgCl을 5-하이드록시펜탄-2-온에 그리냐르 첨가하는 일반 전략의 응용이 그림 20.7에 나와 있다.

일반적인 OH 보호기는 실릴 에터(silyl ether)이다. 실릴 에터는 알코올의 O−H 결합 대신에 새로운 O−Si 결합을 가진다. 가장 널리 사용되는 실릴 에터 보호기는 *tert*-뷰틸다이메틸실릴 에터(*tert*-butyldimethylsilyl ether)이다.

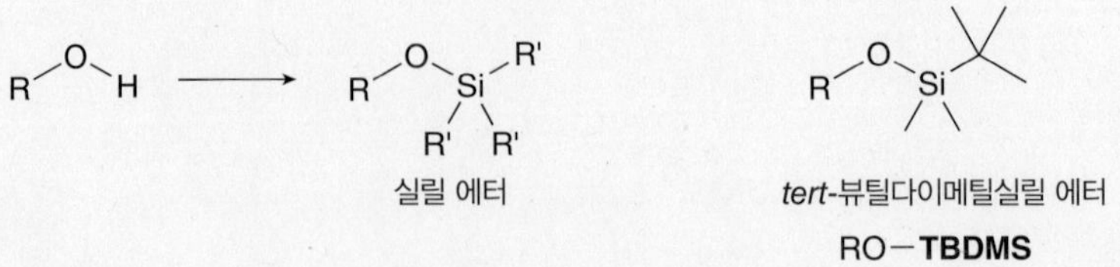

tert-뷰틸다이메틸실릴 에터는 염화 *tert*-뷰틸다이메틸실릴(*tert*-butyldimethylsilyl choloride)과 일반적으로 이미다졸(imidazole) 같은 아민 염기와 반응하여 알코올로부터 합성된다.

이미다졸

염화 *tert*-뷰틸다이에틸실릴
TBDMS－Cl

이미다졸
보호

tert-뷰틸다이메틸실릴 에터
RO－TBDMS

실릴 에터는 일반적으로 **플루오린화 테트라뷰틸암모늄**[tetrabutylammonium fluoride, $(CH_3CH_2CH_2CH_2)_4N^+F^-$] 같은 플루오린화 염으로 제거된다.

$Bu_4N^+F^-$
탈보호

tert-뷰틸다이메틸실릴 에터

알코올이 재생성

보호기로서 *tert*-뷰틸다이메틸실릴 에터의 사용은 세 단계 결과에 의해 4-메틸펜테인-1,4-다이올의 합성을 가능하게 한다.

5-하이드록시펜탄-2-온

TBDMS－Cl
이미다졸
단계 [1]

O－TBDMS

단계 [2]
[1] CH_3MgCl
[2] H_2O

$Bu_4N^+F^-$
단계 [3]

4-메틸펜테인-1,4-다이올

- 단계 [1]: 염화 *tert*-뷰틸다이메틸실릴과 이미다졸과의 반응에 의해 *tert*-뷰틸다이메틸실릴 에터로서 **OH기를 보호한다.**
- 단계 [2]: CH_3MgCl을 사용하고 연이은 양성자 첨가에 의해 **친핵성 첨가를 수행한다.**
- 단계 [3]: 원하는 첨가 생성물을 얻기 위해 플루오린화 테트라뷰틸암모늄으로 **보호기를 제거한다.**

보호기는 반응에 방해하는 작용기를 가려서 더 다양한 반응이 특정 기질에서 일어날 수 있다. 보호기에 대한 더 자세한 내용은 21.15절 아세탈에 대한 논의에서 볼 수 있다.

문제 20.26 적당한 보호기를 사용해서 에스트론(estrone)으로부터 먹는 피임약으로 널리 사용되는 에타인일에스트라다이올(ethynylestradiol)을 합성하는 과정을 보여라.

에스트론 → 에타인일에스트라다이올

20.13 유기금속 시약과 카복실산 유도체의 반응

유기금속 시약은 카복실산 유도체(RCOZ)와 반응하여 두 개의 다른 생성물을 형성하는데, 이는 이탈기 Z와 R−M 시약 모두에 의존한다. 가장 유용한 반응은 케톤이나 3° 알코올을 생성하는 에스터 및 산 염화물과의 반응이다.

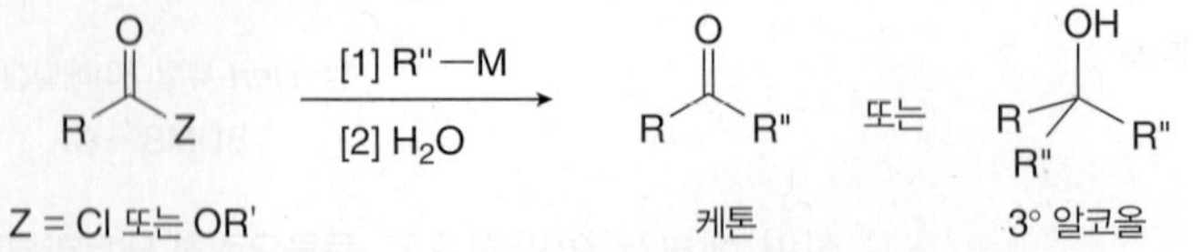

[1] R''−M
[2] H_2O

Z = Cl 또는 OR′ 케톤 또는 3° 알코올

- RLi와 RMgX는 반응성이 매우 큰 반면, R_2CuLi는 반응성이 훨씬 떨어진다는 것을 기억하라. 이 반응성의 차이는 선택적인 반응을 가능하게 한다.

20.13A 에스터와 산 염화물의 RLi 및 RMgX와의 반응

에스터와 산 염화물 모두 그리냐르나 유기리튬 시약 2당량과 반응할 때 3° 알코올을 형성한다. 두 개의 새로운 탄소−탄소 결합이 형성된다.

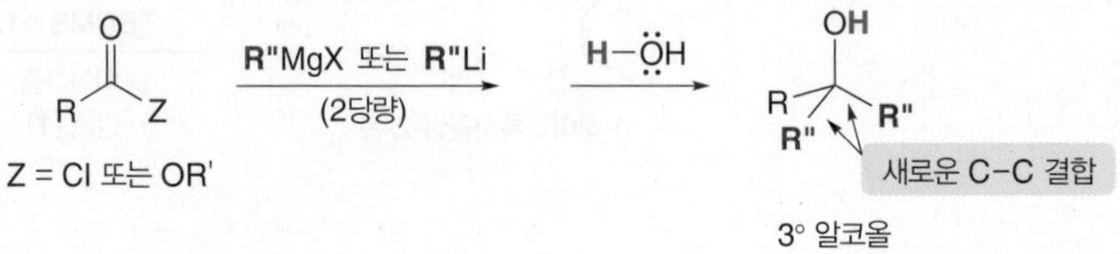

R''MgX 또는 **R''**Li (2당량) H−ÖH

Z = Cl 또는 OR′

새로운 C−C 결합

3° 알코올

그리냐르 시약을 사용한 두 가지 예를 보인다.

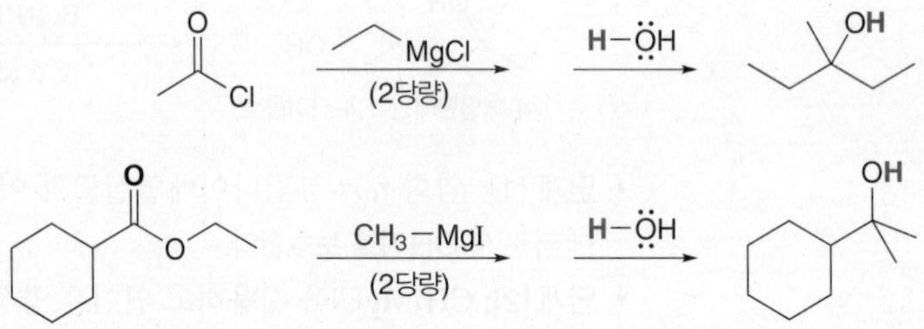

MgCl (2당량) H−ÖH

CH_3-MgI (2당량) H−ÖH

문제 20.27 각 화합물이 $CH_3CH_2CH_2CH_2MgBr$ 2당량과 반응한 후 H_2O로 처리되었을 때 형성되는 생성물을 그려라.

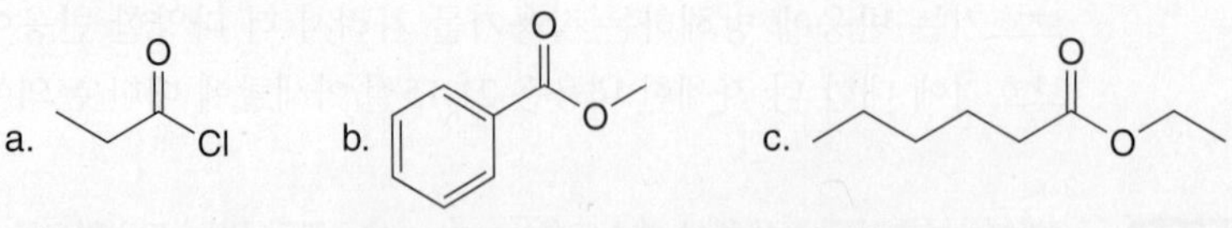

a. b. c.

이 첨가 반응에 대한 메커니즘은 20.7A절에서 논의된 산 염화물과 에스터의 금속 수소화 환원에 대한 메커니즘과 비슷하다. 메커니즘 20.7에 나와 있듯이 메커니즘은 개념적으로 케톤을 형성하는 친핵성 치환(단계 ①과 ②)과 그에 이은 친핵성 첨가에 의한 3° 알코올을 생성(단계 ③과 ④)하는 두 부분으로 나뉜다.

유기리튬과 그리냐르 시약은 에스터나 산 염화물과 반응하여 항상 3° 알코올을 준다. 시약 1당량이 RCOZ에 첨가되어 케톤이 형성되자마자(메커니즘의 단계 ①과 ②) 그것은 시약의 두 번째 당량과 반응하여 3° 알코올을 형성한다.

메커니즘 20.7 RCOCl과 RCOOR'의 R''MgX 또는 R''Li과의 반응

① $(R'')^-$의 친핵성 공격은 이탈기 Z가 있는 사면체의 중간체를 형성한다.

② π 결합이 재형성되면서 이탈기 Z가 케톤을 형성하기 위해 이탈한다. $(R'')^-$ 첨가와 $Z:^-$ 제거의 총체적인 결과는 Z에 대한 R''의 치환이다.

③ $(R'')^-$의 친핵성 공격은 이탈기가 없는 알콕시화 음이온을 형성한다.

④ H_2O에 의한 알콕시화 음이온의 양성자 첨가는 3° 알코올을 형성한다.

두 알킬기가 같은 3° 알코올만 만들 수 있기 때문에 이 반응은 알데하이드나 케톤에의 그리냐르 첨가보다 더 제한적이다. 그럼에도 불구하고 두 개의 새로운 탄소–탄소 결합이 형성되기 때문에 여전히 유용한 반응이다.

예제 20.3 다음 알코올을 만들기 위해 어떤 에스터와 그리냐르 시약이 필요한가?

풀이

에스터와 그리냐르 시약으로부터 형성되는 3° 알코올은 **두 R기가 같으므로**, 이 R기는 RMgX로부터 온다. 분자의 나머지 부분은 에스터로부터 온다.

합성 방향에서 확인하면:

문제 20.28 각 알코올을 만들기 위해 어떤 에스터와 그리냐르 시약이 필요한가?

a. b. c.

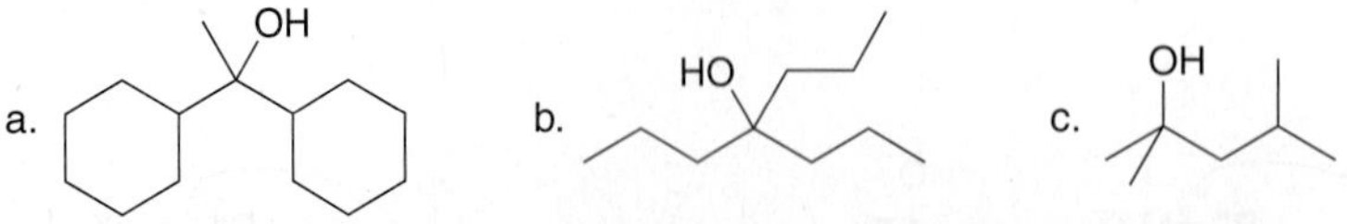

20.13B 산 염화물과 R_2CuLi의 반응

카복실산 유도체로부터 케톤을 만들기 위해서는 반응성이 약한 유기금속 시약—즉, 유기구리염—이 필요하다. 카복실산 유도체 중에 가장 좋은 이탈기(Cl^-)가 있는 산 염화물은 R'_2CuLi와 반응하여 생성물로서 케톤을 준다. 더 나쁜 이탈기(^-OR)가 있는 에스터는 R'_2CuLi와 반응하지 않는다.

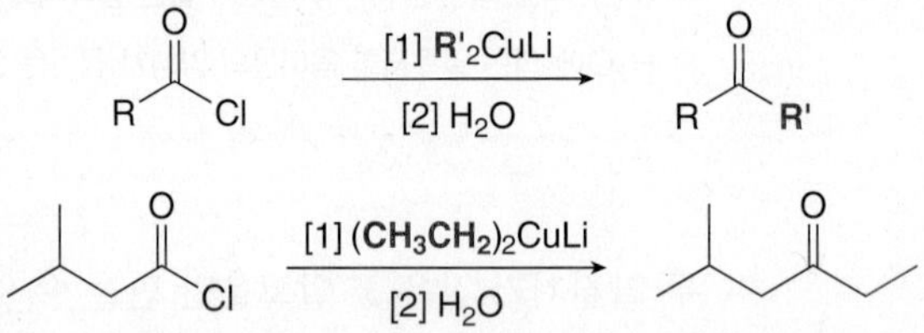

$$RCOCl \xrightarrow[\text{[2] } H_2O]{\text{[1] } R'_2CuLi} RCOR'$$

$$(CH_3)_2CHCH_2COCl \xrightarrow[\text{[2] } H_2O]{\text{[1] } (CH_3CH_2)_2CuLi} (CH_3)_2CHCH_2COCH_2CH_3$$

이 반응은 이탈기 Cl에 대한 알킬기 R'의 친핵성 치환이 일어나 한 개의 새로운 탄소–탄소 결합을 형성한다.

문제 20.29 CH_3CH_2COCl을 각 알코올로 변환시키기 위해 어떤 유기구리염 시약이 필요한가?

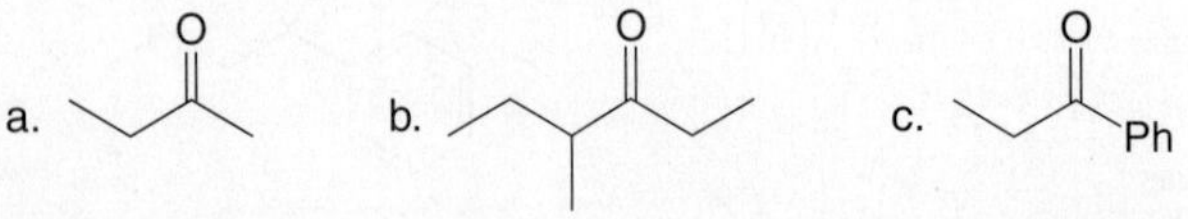

a. b. c. Ph

문제 20.30 $(CH_3)_2CHCH_2COCl$을 각 화합물로 변환시키기 위해 어떤 시약이 필요한가?

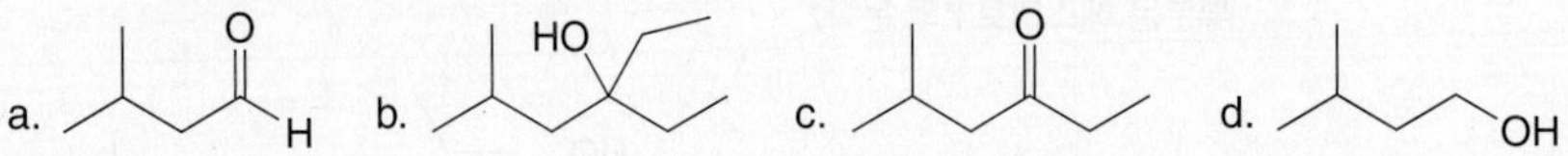

a. H b. HO c. d. OH

예제 20.4에서 보여주듯이 카보닐 탄소에 결합된 두 개의 다른 R기가 있는 케톤은 두 가지 다른 방법으로 제조될 수 있다.

예제 20.4 산 염화물과 유기구리염 시약으로부터 펜탄-2-온을 만드는 두 가지 다른 방법을 제시하라.

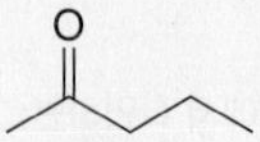

펜탄-2-온

풀이

각 경우에 한 알킬기는 유기구리염으로부터 오고, 다른 하나는 산 염화물로부터 온다.

가능성 [1] $(CH_3)_2CuLi$과 탄소 네 개의 산 염화물 사용 **가능성 [2]** $(CH_3CH_2CH_2)_2CuLi$와 탄소 두 개의 산 염화물 사용

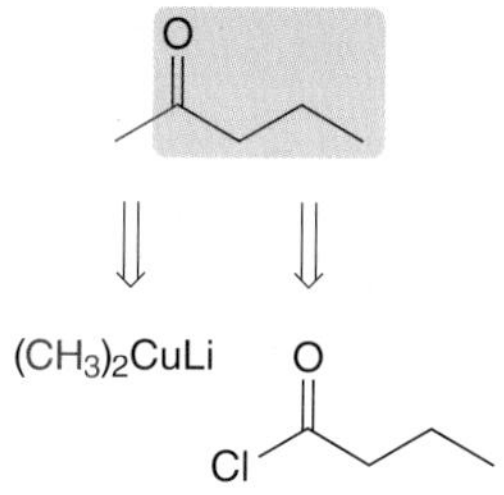

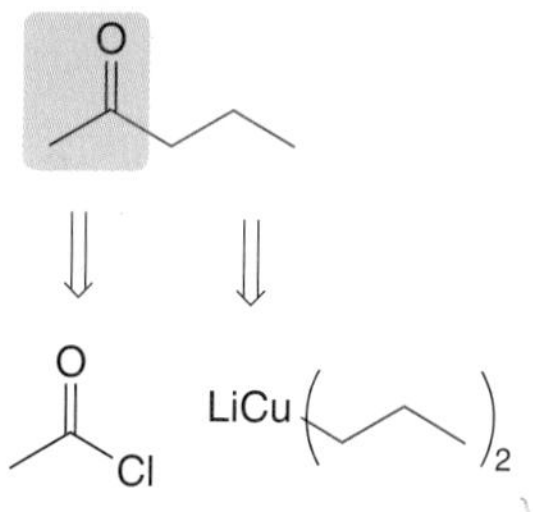

$(CH_3)_2CuLi$ LiCu

문제 20.31 산 염화물과 유기구리염 시약으로부터 각 케톤을 만드는 두 가지 다른 방법을 그려라.

a. 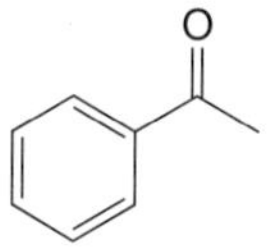 b.

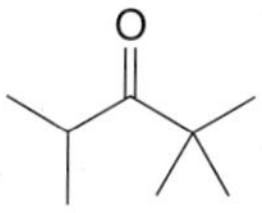

20.14 유기금속 시약과 다른 화합물의 반응

유기금속 시약이 강력한 친핵체이기 때문에 카보닐 외에도 다른 많은 친전자체와 반응한다. 이 반응은 항상 새로운 탄소–탄소 결합의 형성으로 이끌기 때문에 유기 합성에서 역시 중요하다. 20.14절에서는 유기금속 시약과 **이산화탄소**, 그리고 **에폭시화물(epoxide)**의 반응을 살펴본다.

20.14A 그리냐르 시약과 이산화탄소의 반응

그리냐르 시약은 CO_2와 반응하고 수용성 산으로 양성자가 첨가된 후 카복실산을 만든다. **카복시화(carboxylation)**라 불리는 이 반응은 그것을 만드는 그리냐르 시약보다 탄소 원자 수가 하나 더 있는 카복실산을 형성한다.

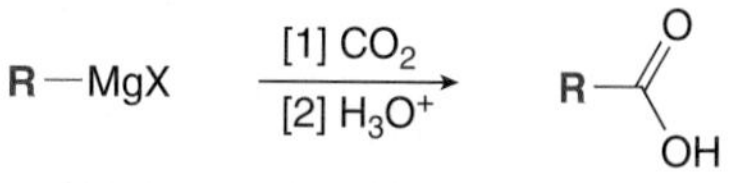

$$R{-}MgX \xrightarrow[\text{[2] } H_3O^+]{\text{[1] } CO_2} RCOOH$$

카복실산

그리냐르 시약이 할로젠화 알킬로부터 만들어지기 때문에, **그리냐르 시약의 형성과 그에 이은 CO_2와의 반응을 거치는 두 단계 반응 결과, 할로젠화 알킬에 탄소 원자가 하나 더 있는 카복실산으로 바뀔 수 있다.** .

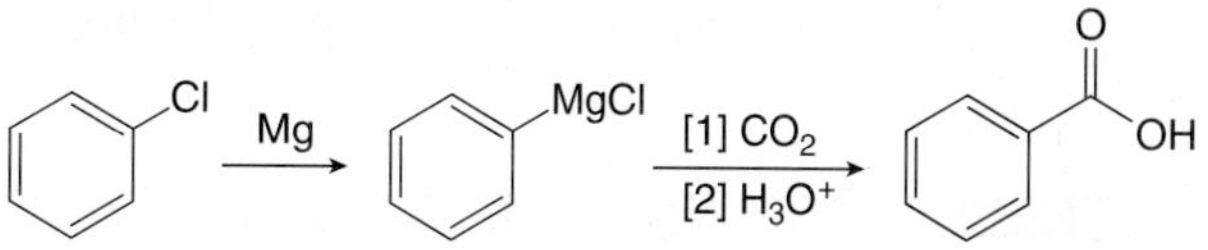

$$C_6H_5Cl \xrightarrow{Mg} C_6H_5MgCl \xrightarrow[\text{[2] } H_3O^+]{\text{[1] } CO_2} C_6H_5COOH$$

메커니즘 20.8에서 보여주듯이, 메커니즘은 앞에서 본 카보닐기와 친핵성 그리냐르 시약의 반응들과 비슷하다.

메커니즘 20.8 카복시화—RMgX와 CO_2의 반응

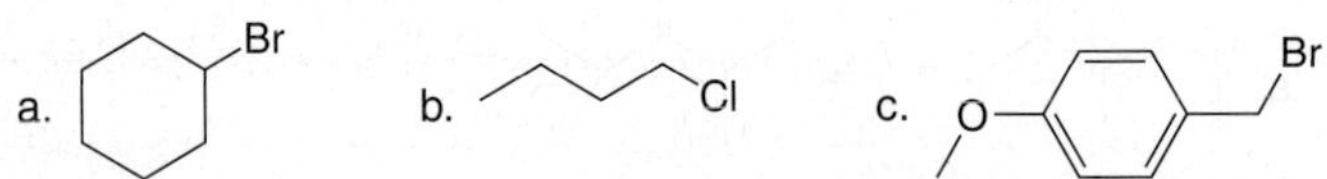

① 친핵성 그리냐르 시약이 CO_2의 친전자성 탄소 원자를 공격하여 π 결합을 끊고 새로운 탄소–탄소 결합을 형성한다.

② 카복실산 음이온은 수용성 산으로 양성자 첨가되어 카복실산을 형성한다.

문제 20.32 각 할로젠화 알킬이 [1] Mg, [2] CO_2, [3] H_3O^+로 처리될 때 어떤 카복실산이 형성되는가?

a. b. c.

20.14B 에폭시화물과 유기금속 시약의 반응

다른 강력한 친핵체처럼 유기금속 시약—RLi, RMgX 그리고 R_2CuLi—은 에폭시화물의 고리를 열어 알코올을 형성한다.

[1] RLi, RMgX 또는 R_2CuLi [2] H_2O → 알코올

[1] PhMgBr [2] H_2O

음전하를 띤 친핵체에 의한 에폭시화물 고리의 열림은 9.15A절에서 논의되었다.

이 반응은 다른 음전하를 띤 친핵체에 의한 에폭시화물 고리의 열림—즉, 에폭시화물 고리 뒤쪽으로부터의 친핵성 공격과 그에 따른 결과인 알콕시화 음이온의 양성자 첨가—과 같은 두 단계 과정을 거친다. 비대칭 에폭시화물의 경우에 친핵성 공격은 덜 치환된 탄소 원자에서 일어난다.

[1] 덜 치환된 C에서의 후면 공격 → H_2O [2]

문제 20.33 CH_3CH_2MgBr과 반응시킨 후 물로 반응을 끝내서 다음의 알코올을 얻기 위해서는 어떤 에폭시화물이 필요한가?

a. (+거울상이성질체) b. c. d.

20.15 α,β-불포화 카보닐 화합물

α,β-불포화 카보닐 화합물은 단일 σ 결합에 의해 떨어져 있는 카보닐기와 탄소-탄소 이중 결합을 가진 **콘쥬게이션 분자**(conjugated molecule)이다.

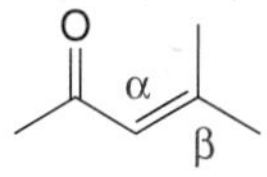

α,β-불포화 카보닐 화합물

α,β-불포화 카보닐 화합물의 두 작용기 모두 π 결합이 있지만 각각 매우 다른 종류의 시약과 반응한다. 탄소-탄소 이중 결합은 친전자체와 반응하고(10장) 카보닐기는 친핵체와 반응한다(20.2절). 그렇다면 반대의 반응성을 가진 이 두 작용기가 아주 가까이 존재할 때 무슨 일이 일어나는가?

두 π 결합이 콘쥬게이션되어 있기 때문에 α,β-불포화 카보닐 화합물의 전자 밀도는 네 원자에 걸쳐 비편재화되어 있다. 세 개의 공명 구조에 카보닐 탄소와 β 탄소가 부분적인 양전하가 있다는 것을 보여준다. 이것은 **α,β-불포화 카보닐 화합물이 다른 두 장소에서 친핵체와 반응할 수 있음을** 의미한다.

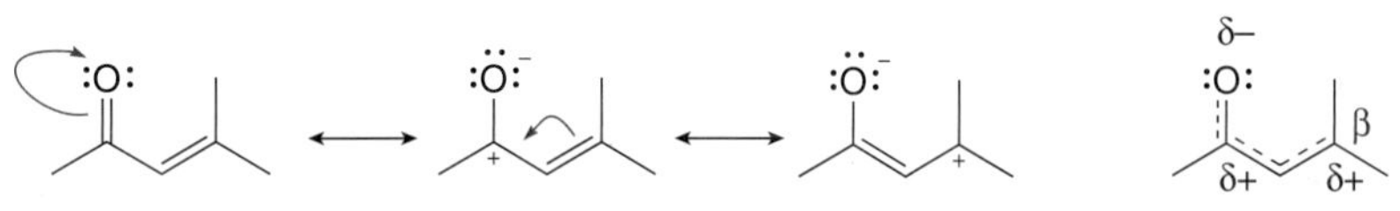

α,β-불포화 카보닐 화합물에 대한 세 개의 공명 구조

혼성체 두 친전자성 자리

- 1,2-첨가라 불리는 친핵체의 카보닐 탄소로의 첨가는 H와 Nu 원소를 C=O에 걸쳐 첨가하여 알릴성 알코올(allylic alcohol)을 형성한다.

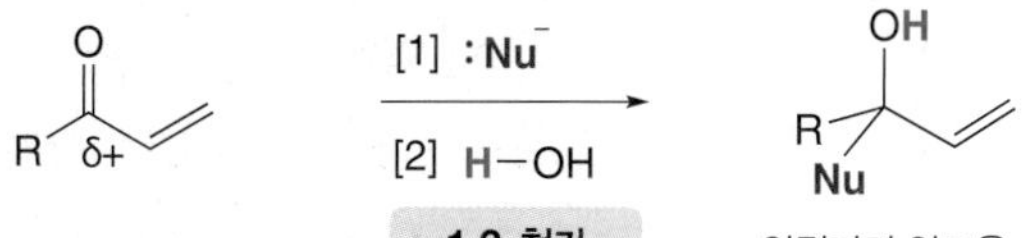

[1] :Nu⁻ [2] H−OH

1,2-첨가

알릴자리 알코올

- 1,4-첨가 또는 콘쥬게이션 첨가(conjugated addition)라 불리는 친핵체의 β 탄소로의 첨가는 카보닐 화합물을 형성한다.

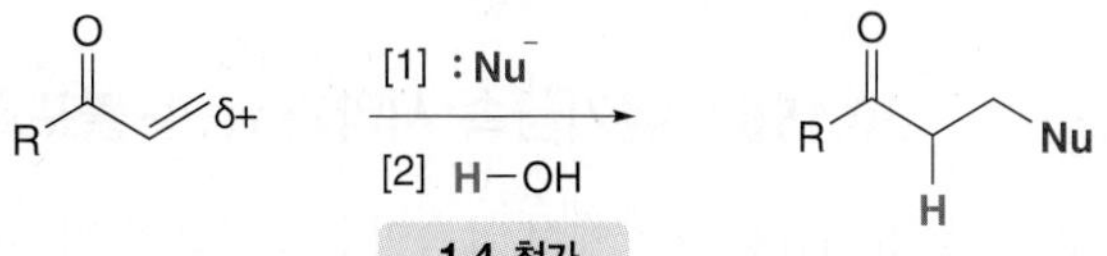

[1] :Nu⁻ [2] H−OH

1,4-첨가

β 탄소에 새로운 치환기를 가진 카보닐 화합물

1,2-첨가와 1,4-첨가 모두 H와 Nu원소의 친핵성 첨가이다.

20.15A 1,2-첨가와 1,4-첨가의 메커니즘

1,2-첨가의 메커니즘에 대한 단계들은 알데하이드와 케톤에의 친핵성 첨가, 즉 메커니즘 20.9에서 보여주는 바와 같이 친핵성 공격 후 양성자 첨가(20.2A절) 반응과 정확히 일치한다.

메커니즘 20.9 α,β-불포화 카보닐 화합물에의 1,2-첨가

① 친핵체는 친전자성 카보닐을 공격한다. π 결합이 끊어져 전자쌍이 산소로 이동한다.

② 음으로 하전된 산소의 H_2O에 의한 양성자 첨가는 첨가 생성물을 형성한다. H 및 Nu는 카보닐기에 첨가된다.

메커니즘 20.10 α,β-불포화 카보닐 화합물에의 1,4-첨가

공명 안정화
엔올 음이온

엔올

① 친전자성 β 탄소에서의 친핵성 공격은 두 번째 단계에서 탄소 또는 산소 중 어느 하나에 반응할 수 있는 공명 안정화된 음이온인 엔올 음이온을 형성한다.

2a 엔올 음이온의 탄소 끝에 대한 양성자 첨가는 1,4-첨가 생성물을 직접 형성한다.

2b ③ 엔올 음이온의 산소 끝에 대한 양성자 첨가는 엔올을 형성하는데, 엔올은 11.9절에 기술한 두 단계 과정에 의해 토토머화된다. 토토머화는 탄소에 대한 양성자 첨가의 결과로부터 나온 것과 동일한 1,4-첨가 생성물을 형성한다.

메커니즘 20.10에서 보여주듯이 1,4-첨가에 대한 메커니즘도 친핵성 공격으로 시작하여 양성자 첨가와 토토머화가 H와 Nu 원소를 카보닐 화합물의 α와 β 탄소에 첨가한다.

20.15B 유기금속 시약과 α,β-불포화 카보닐 화합물의 반응

유기금속 시약에서 금속이 α,β-불포화 알데하이드 또는 케톤과 1,2-첨가에 의해 반응할지 또는 1,4-첨가에 의해 반응할지는 유기금속 시약에 따라 다르다.

- 유기리튬과 그리나르 시약은 1,2-첨가 생성물을 형성한다.

콘쥬게이션 첨가를 왜 1,4-첨가라고도 부르는가? 엔올의 원자가 O 원자에서 시작하여 번호가 매겨진다면, H와 Nu의 원소가 각각 '1' 원자와 '4' 원자에 첨가된다.

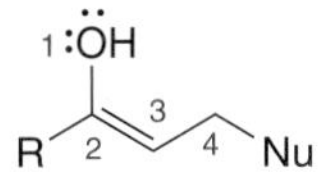

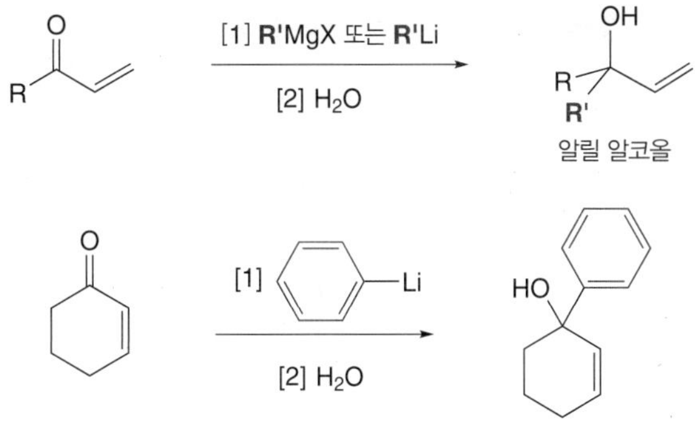

1 :ÖH, R, 2, 3, 4, Nu

[1] R'MgX 또는 R'Li
[2] H_2O

OH, R, R'
알릴 알코올

[1] Li
[2] H_2O

HO

- **유기구리염 시약은 1,4-첨가 생성물을 형성한다.**

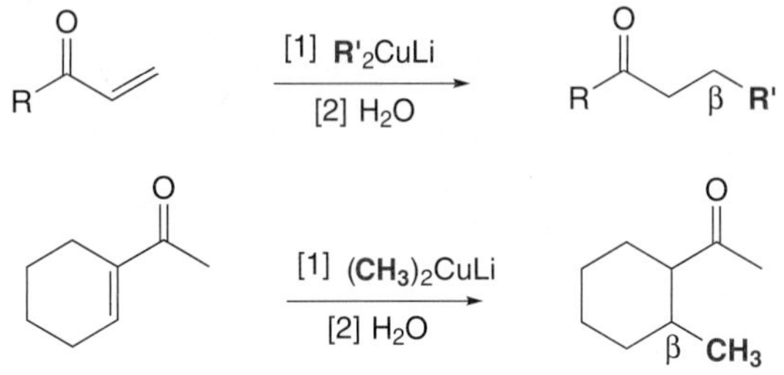

[1] R'_2CuLi
[2] H_2O

β R'

[1] $(CH_3)_2CuLi$
[2] H_2O

β CH_3

예제 20.5 각 반응의 생성물을 그려라.

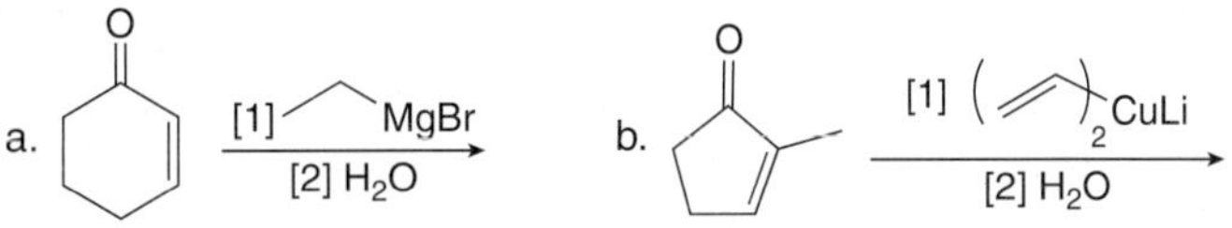

a. [1] MgBr [2] H_2O

b. [1] ( )$_2$CuLi [2] H_2O

풀이

α,β-불포화 카보닐 화합물의 특징적인 반응은 친핵성 첨가이다. 시약이 첨가의 방식(1,2- 또는 1,4-)을 결정한다.

a. **그리냐르 시약은 1,2-첨가를 일으킨다.**
CH_3MgBr은 카보닐 탄소에 새로운 CH_3기를 첨가한다.

[1] MgBr [2] H_2O → HO

b. **유기구리염 시약은 1,4-첨가를 일으킨다.**
구리염 시약은 β 탄소에 새로운 바이닐(vinyl, CH_2=CH)기를 첨가한다.

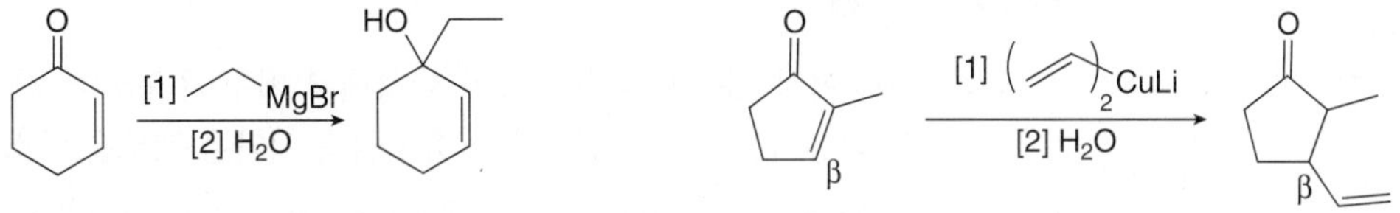

β [1] ( )$_2$CuLi [2] H_2O → β

문제 20.34 각 화합물이 $(CH_3)_2CuLi$과 이어서 H_2O로 처리되거나, HC≡CLi와 이어서 H_2O로 처리될 때 생성물을 그려라.

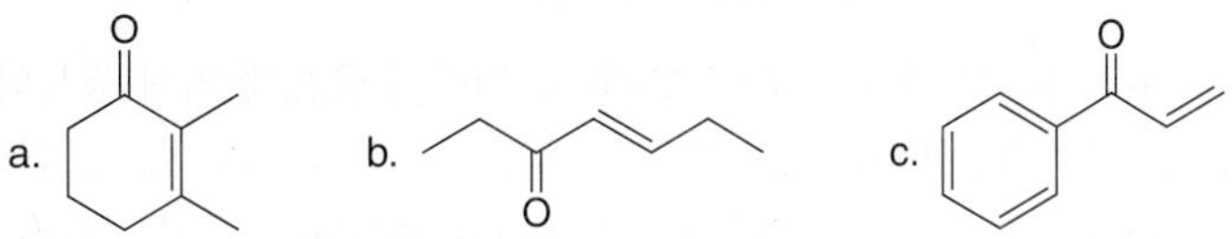

a. b. c.

20.16 요약−유기금속 시약의 반응

지금까지 다양한 작용기와 유기금속 시약의 여러 다른 반응들을 살펴보았다. 모든 반응들을 올바로 이해하기에는 어려움이 있을 수 있다. 따라서 그것들을 모두 암기하기보다는 다음 세 가지 개념을 기억하는 것이 도움이 된다.

[1] 유기금속 시약(R−M)은 친전자성 탄소 원자, 특히 카보닐 탄소를 공격한다.

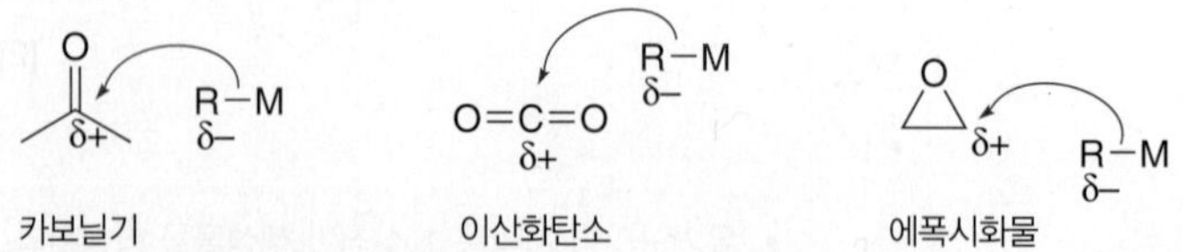

[2] 유기금속 시약이 카보닐 탄소에 첨가된 후, 중간체의 운명은 이탈기의 존재 유무에 의존한다.

- 이탈기가 없을 때 특징적인 반응은 친핵성 첨가이다.
- 이탈기가 있을 때는 친핵성 치환이다.

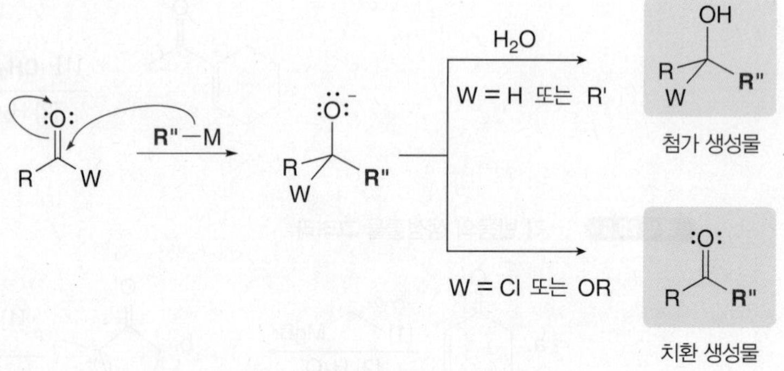

[3] R−M 결합의 극성은 시약의 반응성을 결정한다.

- RLi와 RMgX는 반응성이 매우 큰 시약이다.
- R_2CuLi는 반응성이 훨씬 약하다.

20.17 합성

20장에서 배운 반응들은 유기 합성에서 매우 유용하다. 산화와 환원 반응은 산화 상태가 다른 두 작용기들을 상호 변환한다. 유기금속 시약은 새로운 탄소−탄소 결합을 형성한다.

합성은 아마도 유기화학의 가장 어려운 측면일 것이다. 여러분은 방금 배운 새로운 반응들과 이전 장에서 보았던 반응들을 모두 기억해야 한다. 성공적인 합성을 위해서는 또한 이 반응들을 논리적인 순서로 배열해야 한다. 낙담하지 말라. 기본적인 반응들을 배우고 합성 문제들로 그것을 반복 또 반복하여 연습하면 된다.

이제 나오는 예제 20.6~20.8에서, 20장의 반응에 의해 생성되는 생성물들이 그 자체가 다른 많은 작용기로 변환될 수 있다는 것을 기억하라. 예를 들어, 염화 뷰틸마그네슘(butylmagnesium chloride)과 아세트알데하이드(acetaldehyde)의 그리냐르 반응의 생성물인 헥산-2-올은 그림 20.8에 나와 있는 것처럼 다양한 다른 화합물로 변환될 수 있다.

Cl —Mg→ MgCl —[1] O, H; [2] H_2O→ OH 헥산-2-올

그림 20.8
헥산-2-올의 다른 화합물로의 변환

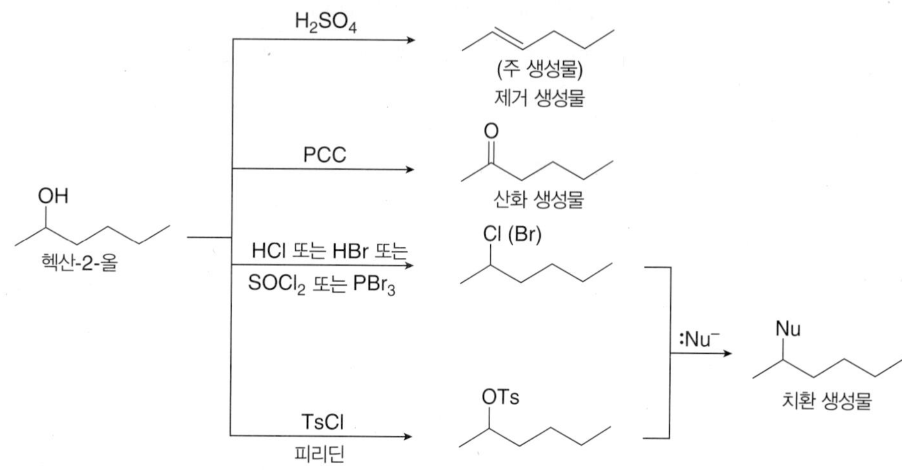

예제 20.6~20.8을 계속하기 전에 11.12절에서 보았던 합성 설계를 위한 단계별 전략을 복습해야 한다.

예제 20.6 사이클로헥산온과 임의의 유기 알코올로부터 1-메틸사이클로헥센(1-methylcyclohexene)을 합성하라.

1-메틸사이클로헥센 ⟹ 사이클로헥산온

역합성 분석

1-메틸사이클로헥센 ⟹[1] 1-메틸사이클로헥산올 (HO) ⟹[2] 사이클로헥산온 + CH_3MgX

CH_3MgX ⟹[3] CH_3OH

거꾸로 생각하면,

- [1] 알코올의 탈수에 의해 이중 결합을 형성한다.
- [2] CH_3MgX의 그리냐르 첨가에 의해 3° 알코올을 합성한다.
- [3] 알코올로부터 그리냐르 시약을 단계별로 제조한다.

합성

네 단계가 필요하다.

CH_3OH —(HBr 또는 PBr_3 [1])→ CH_3Br —(Mg [2])→ CH_3MgBr —(사이클로헥산온 [3]; H_2O)→ 1-메틸사이클로헥산올 (HO) —(H_2SO_4 [4])→ 1-메틸사이클로헥센 + 메틸렌사이클로헥세인

주 생성물
삼중치환 알켄

- CH_3OH의 그리냐르 시약 CH_3MgBr로의 변환은 다음과 같은 두 단계를 요구한다. 할로젠화 알킬의 형성(단계 [1])

과 그에 이어 Mg와의 반응(단계 [2]).

- 사이클로헥산온에 대한 CH_3MgBr의 첨가와 그에 이은 양성자 첨가는 단계 [3]에서 알코올을 형성한다.
- 단계 [4]에서 물의 산촉매 제거는 원하는 삼중 치환 알켄을 주 생성물로 가진 알켄의 혼합물을 형성한다.

예제 20.7 탄소 네 개짜리 알코올로부터 2,4-다이메틸헥산-3-온을 합성하라.

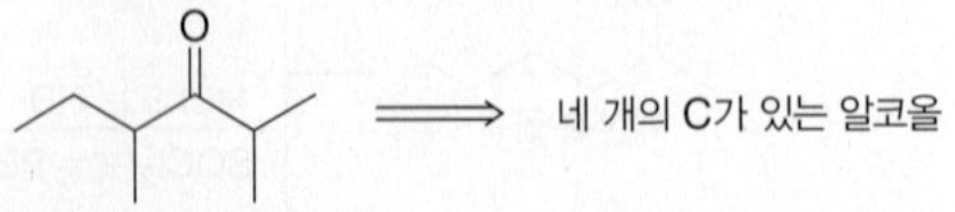

⟹ 네 개의 C가 있는 알코올

2,4-다이메틸헥산-3-온

역합성 분석

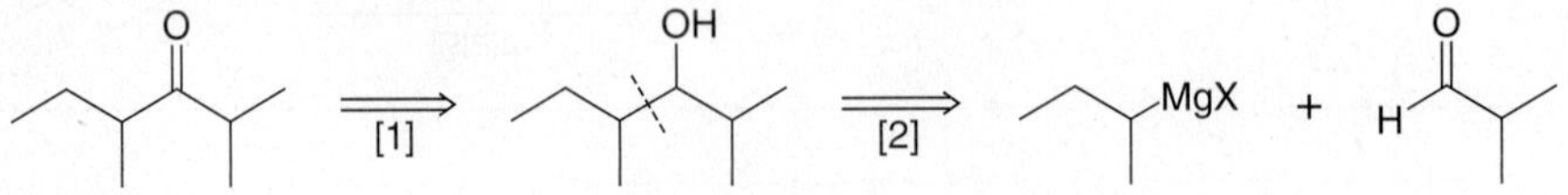

[1] [2] MgX + H

이 성분을 각각 합성

거꾸로 생각하면,

- [1] 2° 알코올의 산화에 의해 케톤을 형성한다.
- [2] 알데하이드의 그리냐르 첨가에 의해 2° 알코올을 합성한다. 이 두 화합물에는 모두 네 개의 탄소가 있으며, 각각은 알코올로부터 합성되어야 한다.

합성

우선, 그리냐르 반응을 위해 필요한 두 성분을 만든다.

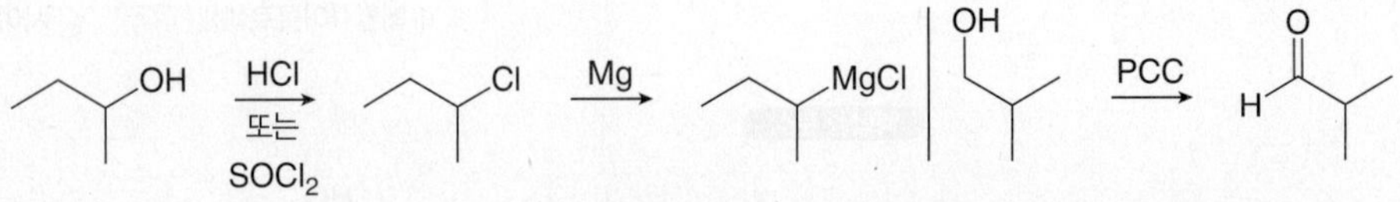

OH —(HCl 또는 $SOCl_2$)→ Cl —(Mg)→ MgCl | OH —(PCC)→ H

그리고 나서, 그리냐르 첨가와 그에 이어 알코올을 케톤으로 산화함으로써 합성을 완성한다.

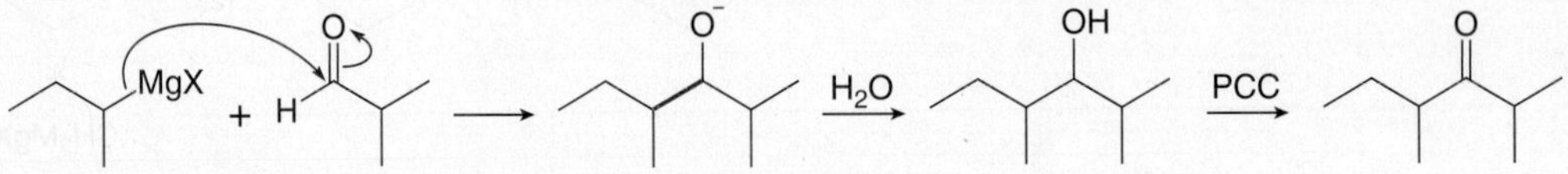

MgX + H → O^- —(H_2O)→ OH —(PCC)→

새로운 C−C 결합(붉은색)

예제 20.8 다섯 개 이하의 탄소를 가진 알코올로부터 아이소프로필사이클로펜테인(isopropylcyclopentane)을 합성하라.

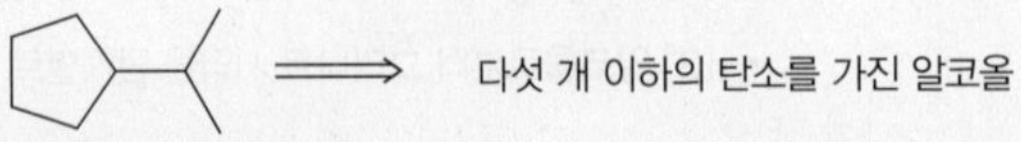

⟹ 다섯 개 이하의 탄소를 가진 알코올

아이소프로필사이클로펜테인

역합성 분석

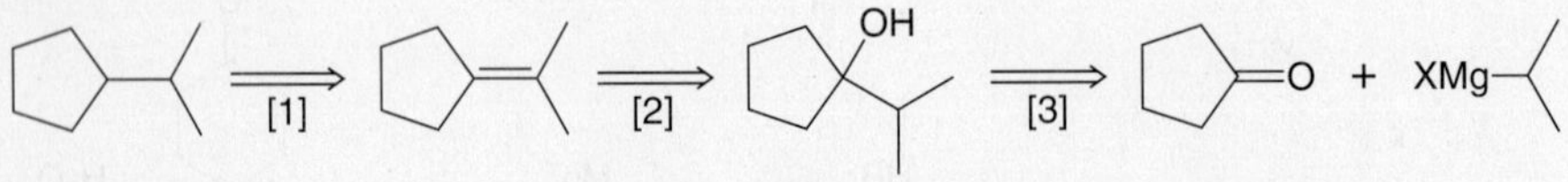

[1] [2] OH [3] O + XMg

거꾸로 생각하면

- [1] 알켄의 수소화에 의해 알케인을 형성한다.
- [2] 알코올의 탈수에 의해 이중 결합을 도입한다.
- [3] 케톤의 그리냐르 첨가에 의해 3° 알코올을 합성한다. 그리고 나서 그리냐르 반응의 두 성분 모두 합성되어야 한다.

합성

우선 그리냐르 반응을 위해 필요한 두 성분을 만든다.

그리냐르 첨가, 탈수 그리고 수소화로 합성을 완성한다.

주 생성물
사중 치환 이중 결합

문제 20.35 사이클로헥산올, 에탄올 및 임의의 다른 무기 시약으로부터 각 화합물을 합성하라.

a. b. c. d. e.

카보닐 화학의 소개: 유기금속 시약 및 산화와 환원

환원 반응

[1] 알데하이드와 케톤의 1°와 2° 알코올로의 환원(20.4절)

R' = H 또는 알킬

$NaBH_4$, CH_3OH 또는 [1] $LiAlH_4$; [2] H_2O 또는 H_2, Pd-C

1° 또는 2° 알코올

[2] α,β-불포화 알데하이드와 케톤의 환원(20.4C절)

$NaBH_4$, CH_3OH → 알릴 알코올 • C=O만 환원

H_2 (1당량), Pd-C → 케톤 • C=C만 환원

H_2 (과량), Pd-C → 알코올 • 두 π 결합 모두 환원

[3] 거울상선택성 케톤의 환원(20.6절)

PhCOR → [1] (*S*)- 또는 (*R*)-CBS 시역, [2] H_2O → (*R*) 2° 알코올 또는 (*S*) 2° 알코올

- 각각 단일 거울상이성질체가 형성됨

[4] 산 염화물의 환원(20.7A절)

RCOCl → [1] $LiAlH_4$, [2] H_2O → RCH_2OH (1° 알코올)

- 강력한 환원제인 $LiAlH_4$은 산 염화물을 무조건 1° 알코올로 환원시킨다.

RCOCl → [1] $LiAlH[OC(CH_3)_3]_3$, [2] H_2O → RCHO (알데하이드)

- 온화한 환원제인 $LiAlH[OC(CH_3)_3]_3$로 환원이 알데하이드 단계에서 멈춘다.

[5] 에스터의 환원(20.7A절)

RCOOR' → [1] $LiAlH_4$, [2] H_2O → RCH_2OH (1° 알코올)

- 강력한 환원제인 $LiAlH_4$는 에터를 무조건 1° 알코올로 환원시킨다.

RCOOR' → [1] DIBAL-H, [2] H_2O → RCHO (알데하이드)

- 온화한 환원제인 DIBAL-H로는 환원이 알데하이드 단계에서 멈춘다.

[6] 카복실산의 1° 알코올로의 환원(20.7B절)

RCOOH → [1] $LiAlH_4$, [2] H_2O → RCH_2OH (1° 알코올)

[7] 아마이드의 아민으로의 환원(20.7B절)

$RCONR'_2$ (R' = H 또는 알킬) → [1] $LiAlH_4$, [2] H_2O → $RCH_2NR'_2$ (아민)

산화 반응

알데하이드의 카복실산으로의 산화(20.8절)

RCHO → CrO_3, $Na_2Cr_2O_7$, $K_2Cr_2O_7$, $KMnO_4$ 또는 Ag_2O, NH_4OH → RCOOH (카복실산)

- PCC를 제외한 모든 Cr^{6+} 시약들은 RCHO를 RCOOH로 산화시킨다.
- 톨렌스 시약(Ag_2O + 암모니아 수용액)은 RCHO만 산화시킨다. 1°와 2°의 알코올은 톨렌스 시약과 반응하지 않는다.

유기금속 시약의 제조(20.9절)

[1] 유기리튬 시약: $R{-}X + 2\,Li \longrightarrow R{-}Li + LiX$

[2] 그리냐르 시약: $R{-}X + Mg \xrightarrow{\text{(Et}_2\text{O)}} R{-}Mg{-}X$

[3] 유기구리염 시약: $R{-}X + 2\,Li \longrightarrow R{-}Li + LiX$

$2\,R{-}Li + CuI \longrightarrow R_2Cu^-\ Li^+ + LiI$

[4] 아세틸렌화 리튬과 소듐:

$R{-}C{\equiv}C{-}H \xrightarrow{Na^+\ {}^-NH_2} R{-}C{\equiv}C^-\ Na^+ + NH_3$

아세틸렌화 소듐

$R{-}C{\equiv}C{-}H \xrightarrow{R'{-}Li} R{-}C{\equiv}C{-}Li + R'{-}H$

아세틸렌화 리튬

유기금속 시약과의 반응

[1] 염기로서의 반응(20.9C절)

$R{-}M + H{-}\ddot{O}R \longrightarrow R{-}H + M^+\ {}^-{:}\ddot{O}{-}R$

- $RM = RLi, RMgX, R_2CuLi$
- 이 산–염기 반응은 H_2O, ROH, RNH_2, R_2NH, RSH, RCOOH, $RCONH_2$, 그리고 RCONHR과 일어난다.

[2] 1°, 2° 및 3° 알코올을 형성하는 알데하이드와 케톤과의 반응(20.10절)

RCOR' → [1] R''MgX 또는 R''Li, [2] H_2O → RR'R''C–OH

R' = H 또는 알킬

1°, 2° 또는 3° 알코올

[3] 3° 알코올을 형성하는 에스터와의 반응(20.13A절)

RCOOR' → [1] R''Li 또는 R''MgX (2당량), [2] H_2O → RR''R''C–OH

3° 알코올

[4] 산 염화물과의 반응(20.13B절)

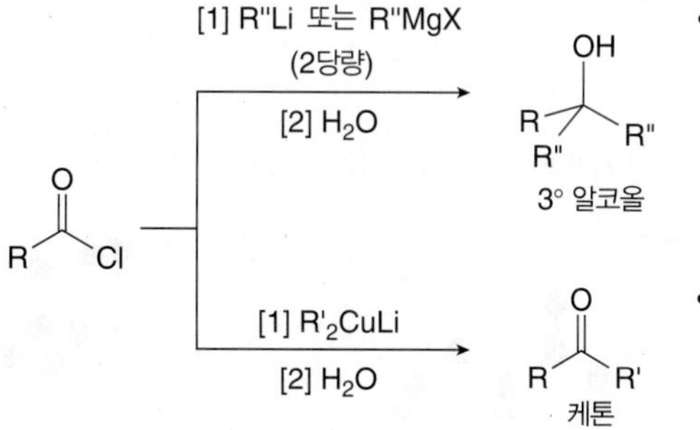

RCOCl → [1] R''Li 또는 R''MgX (2당량), [2] H_2O → RR''R''C–OH (3° 알코올)

RCOCl → [1] R'_2CuLi, [2] H_2O → RCOR' (케톤)

- 반응성이 더 좋은 유기금속 시약—R''Li과 R''MgX—은 산 염화물에 2당량의 R''을 첨가하여 두 개의 같은 R''기가 있는 3° 알코올을 형성한다.
- 반응성이 더 낮은 유기금속 시약 —R'_2CuLi—은 산 염화물에 오직 1당량의 R'을 첨가하여 케톤을 형성한다.

[5] 이산화탄소와의 반응—카복시화(20.14A절)

$R{-}MgX \xrightarrow[\text{[2] } H_3O^+]{\text{[1] } CO_2} RCOOH$

카복실산

[6] 에폭시화물과의 반응(20.14B절)

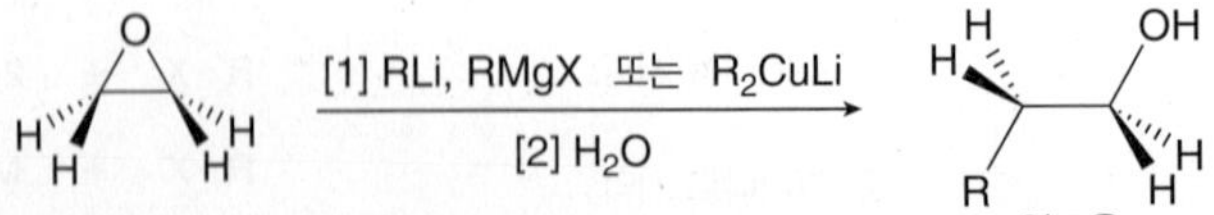

[1] RLi, RMgX 또는 R_2CuLi
[2] H_2O
알코올

[7] α,β-불포화 알데하이드와 케톤과의 반응(20.15B절)

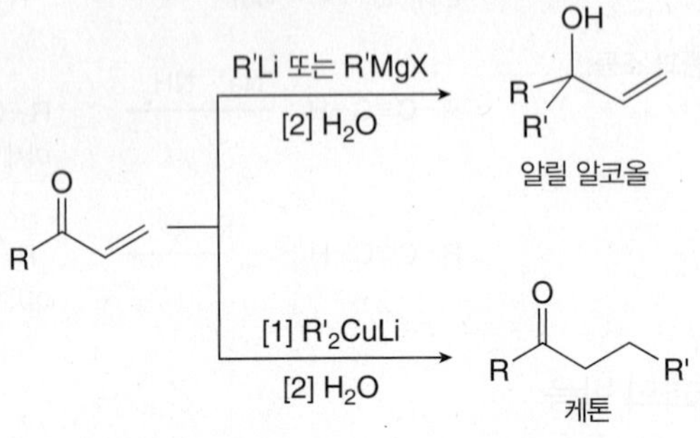

R'Li 또는 R'MgX
[2] H_2O
알릴 알코올

- 반응성이 더 좋은 유기금속 시약—R'Li와 R'MgX—α,β-불포화 카보닐과 1,2-첨가에 의해 반응한다.

[1] R'_2CuLi
[2] H_2O
케톤

- 반응성이 더 낮은 유기금속 시약—R'_2CuLi—α,β-불포화 카보닐과 1,4-첨가에 의해 반응한다.

보호기(20.12절)

[1] *tert*-뷰틸다이메틸실릴 에터로서 알코올의 보호

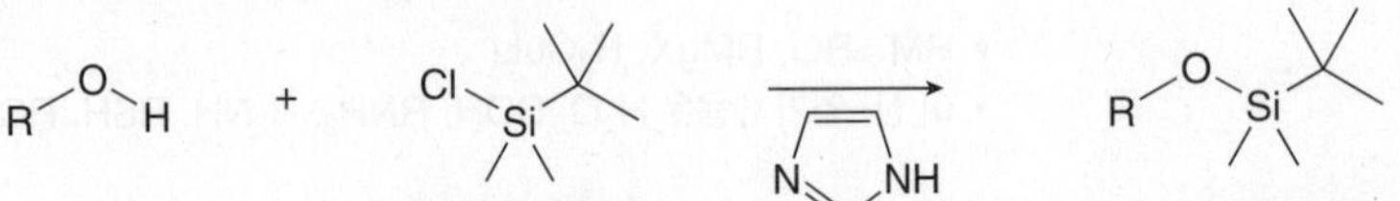

[Cl—TBDMS] → [R—O—TBDMS]
tert-뷰틸다이메틸실릴 에터

[2] 알코올을 재형성하는 *tert*-뷰틸다이메틸실릴 에터의 탈보호

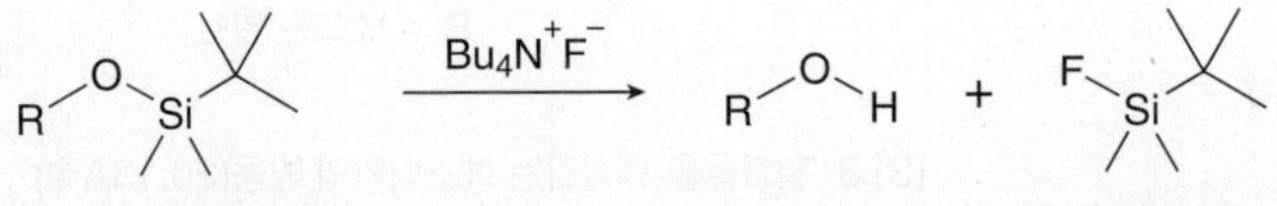

[R—O—TBDMS] $\xrightarrow{Bu_4N^+F^-}$ R—O—H + [F—TBDMS]

문제

삼차원 모델을 이용하는 문제

20.36 **A**와 **B**를 다음의 시약과 반응할 때의 생성물을 그려라. 어떤 경우에는 반응이 일어나지 않는다.

a. $NaBH_4$, CH_3OH
b. [1] $LiAlH_4$; [2] H_2O
c. [1] CH_3MgBr(과량); [2] H_2O
d. [1] C_6H_5Li(과량); [2] H_2O
e. $Na_2Cr_2O_7$, H_2SO_4, H_2O

20.37 하나 혹은 두 개의 탄소가 있는 알코올과 필요한 시약으로 다음 각 알코올의 합성을 고안하라.

a. 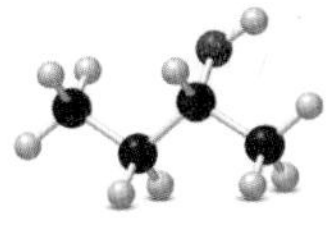
(+거울상이성질체)

b. 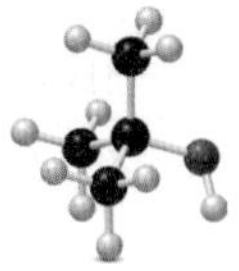

c. 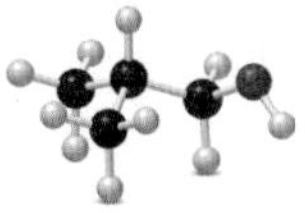

d. 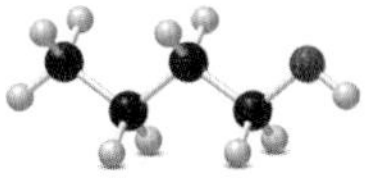

20.38 펜탄알($CH_3CH_2CH_2CH_2CHO$)이 각 시약으로 처리될 때 생성되는 생성물을 그려라. 어떤 시약과는 반응이 일어나지 않는다.

a. $NaBH_4$, CH_3OH
b. [1] $LiAlH_4$; [2] H_2O
c. H_2, Pd–C
d. PCC
e. $Na_2Cr_2O_7$, H_2SO_4, H_2O
f. Ag_2O, NH_4OH
g. [1] CH_3MgBr; [2] H_2O
h. [1] C_6H_5Li; [2] H_2O
i. [1] $(CH_3)_2CuLi$; [2] H_2O
j. [1] $HC{\equiv}CNa$; [2] H_2O
k. [1] $CH_3C{\equiv}CLi$; [2] H_2O
l. (a)의 생성물, 그리고 나서 TBDMS Cl, imidazole

20.39 $(CH_3CH_2CH_2CH_2)_2CuLi$이 각 화합물과 반응 시 생성되는 생성물을 그려라. 어떤 경우에는 반응이 일어나지 않는다.

a. 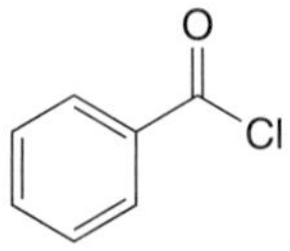

b. 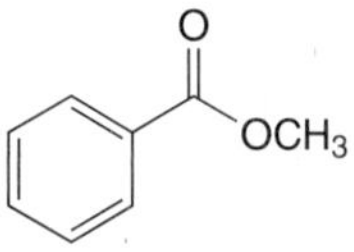

c. 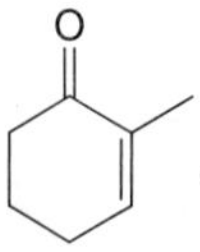

, 그 다음에 H_2O

d. 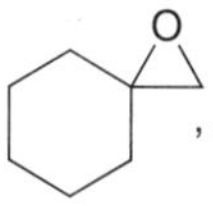

, 그 다음에 H_2O

20.40 20.5와 20.6절에서 배웠듯이 환원 생성물의 입체화학은 사용된 시약에 의존한다. 이것을 기억하면서, 3,3-다이메틸뷰탄-2-온[$CH_3COC(CH_3)_3$]을 (a) 라셈 3,3-다이메틸뷰탄-2-올[$CH_3CH(OH)C(CH_3)_3$], (b) 오직 (*R*)-3,3-다이메틸-2-뷰탄올, (c) 오직 (*S*)-3,3-다이메틸뷰탄-2-올로 어떻게 바꾸겠는가?

20.41 α,β-불포화 케톤 A가 각 시약으로 처리될 때 생성되는 생성물을 그려라.

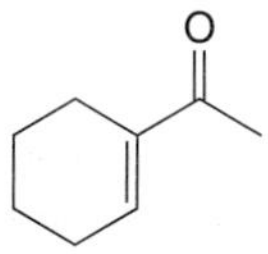

A

a. $NaBH_4$, CH_3OH
b. H_2(1당량), Pd-C
c. H_2(과량), Pd-C
d. [1] CH_3Li; [2] H_2O
e. [1] CH_3CH_2MgBr; [2] H_2O
f. [1] $(CH_2{=}CH)_2CuLi$; [2] H_2O

20.42 각 환원 반응의 생성물을 그려라.

a. 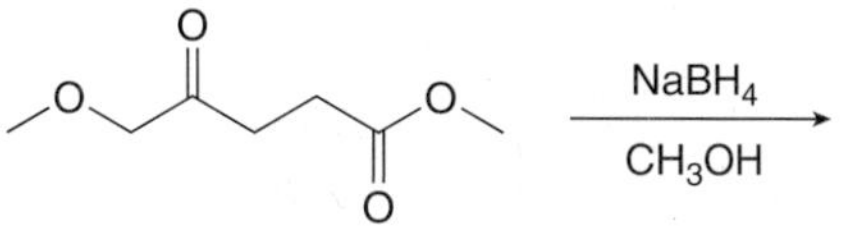

b. 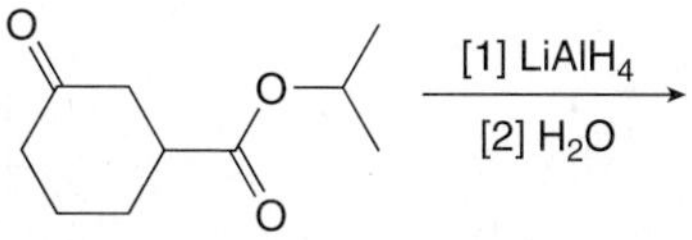

c. 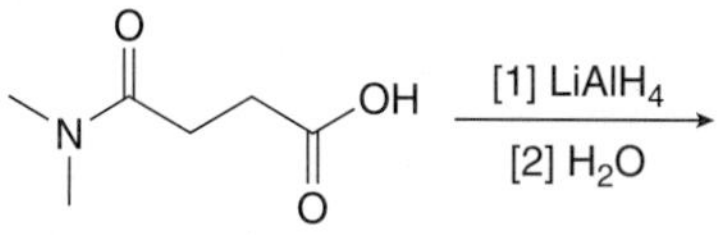

d. 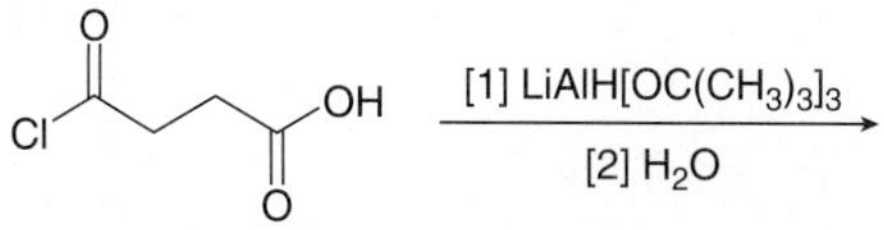

20.43 다음 유기금속 시약과의 반응들의 생성물을 그려라.

a. 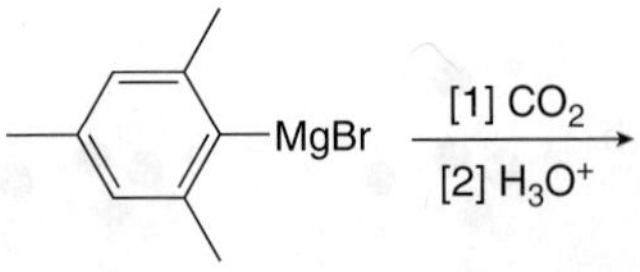 [1] CO_2 [2] H_3O^+

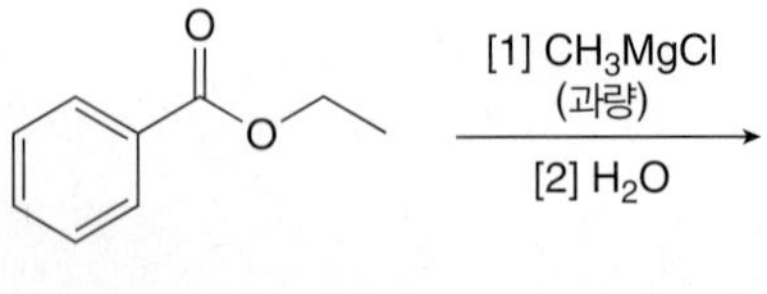

b. 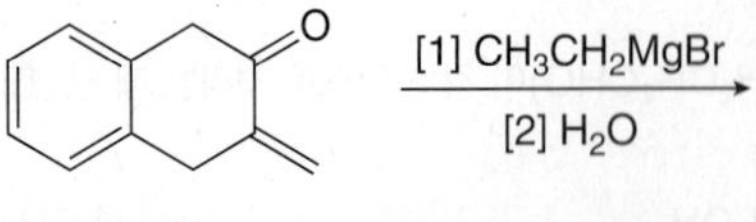 [1] CH_3CH_2MgBr [2] H_2O

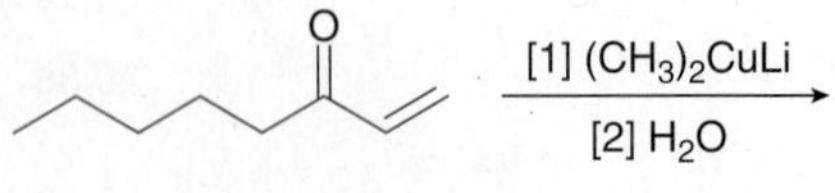

c. 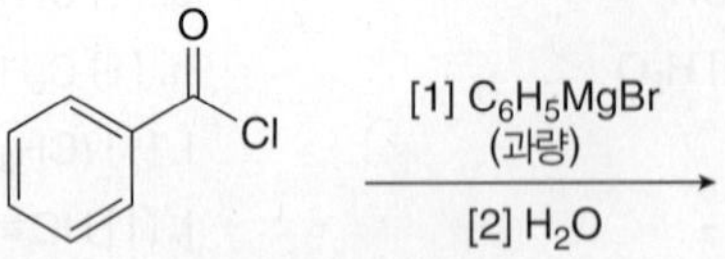 [1] C_6H_5MgBr (과량) [2] H_2O

d. [1] CH_3MgCl (과량) [2] H_2O

e. [1] $(CH_3)_2CuLi$ [2] H_2O

f. 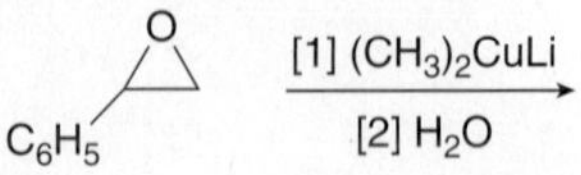 C_6H_5 [1] $(CH_3)_2CuLi$ [2] H_2O

20.44 각 반응에서 생성되는 모든 입체이성질체를 그려라.

a. 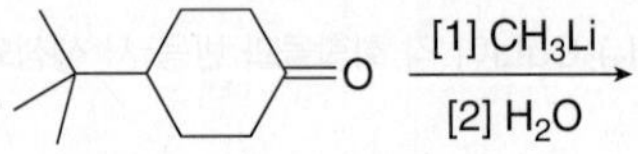 [1] CH_3Li [2] H_2O

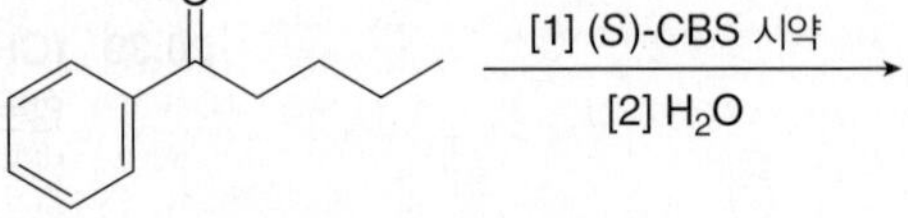

b. 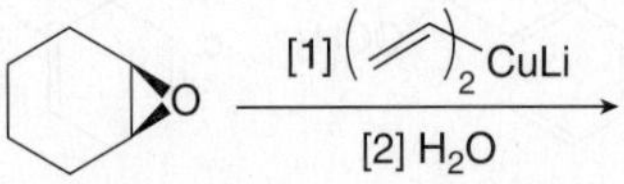 [1] (⁄⁄)$_2$CuLi [2] H_2O

c. [1] (*S*)-CBS 시약 [2] H_2O

d. 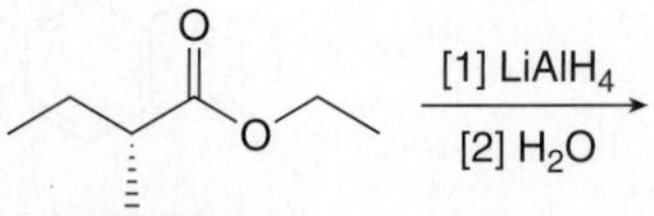 [1] $LiAlH_4$ [2] H_2O

20.45 **Y**에서 가장 친전자성인 탄소는 무엇인가? 당신의 선택을 설명하라.

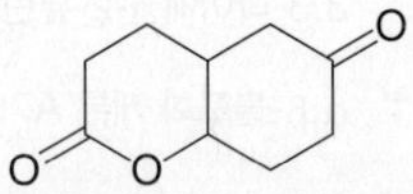

Y

20.46 케톤 **A**를 에타인일리튬(HC≡CLi)과 반응시킨 후 D_3O^+를 가하면 분자식 $C_{12}H_{13}DO_3$인 **B** 화합물이 생성되고 IR은 약 1715 cm^{-1}에서 흡수가 일어났다. **B**의 구조는 무엇이고 어떻게 생성되었는가?

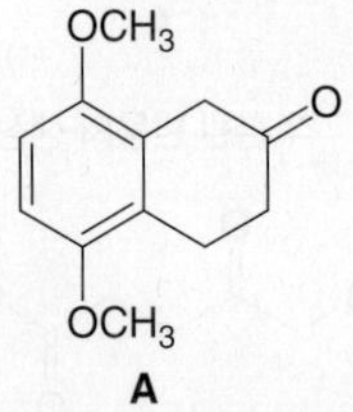

OCH_3 O OCH_3

A

20.47 다음에 소개한 두 개의 환원 반응에서 하나는 내향으로 다른 하나는 외향으로 반응이 일어나는 이유는 무엇인가?

[1] $LiAlH_4$ [2] H_2O → H, OH

내향 OH기

[1] $LiAlH_4$ [2] H_2O → OH, H

외향 OH기

20.48 한 학생이 다음 순서로 반응을 수행하고자 하였으나 다이올(diol) **A**가 전혀 생성되지 않았다. 이 계획에서 무엇이 잘못되었는지 설명하고 **A**의 성공적인 단계별 합성을 설계하라.

Br~~~OH —Mg→ BrMg~~~OH —[1] cyclohexanone, [2] H_2O→ **A**

20.49 다음 반응 도식에서 문자로 표기한 각 화합물을 규명하라. 화합물 **F**, **G**, **K**는 분자식 $C_{13}H_{18}O$의 이성질체이다. ^1H NMR 분광법으로 이 세 화합물의 차이를 어떻게 나타낼 수 있는가?

cyclohexanone —[1] C_6H_5MgBr, [2] H_2O→ **A** —H_2SO_4→ **B**

B —[1] O_3, [2] CH_3SCH_3→ **C**

B —HCl→ **D** —[1] Mg, [2] $CH_2{=}O$, [3] H_2O→ **F**

B —mCPBA→ **E** —[1] $(CH_3)_2CuLi$, [2] H_2O→ **G**

cyclohexanone —[1] $LiAlH_4$, [2] H_2O→ **H** —PBr_3→ **I** —Mg→ **J** —[1] C_6H_5CHO, [2] H_2O→ **K**

20.50 기관지를 확장시키고 심박수를 증가시키는 (*R*)-아이소프로테레놀(isoproterenol)의 합성에서 알파벳으로 표기된 생성물(**A**~**D**)을 채워 넣어라.

R_2Si 보호 카테콜 클로로케톤 —[1] (*R*)-CBS 시약, [2] H_2O→ **A** —NaI→ **B** —$(CH_3CH_2)_3SiCl$, 이미다졸→ **C** —$(CH_3)_2CHNH_2$→ **D** —KF→ (*R*)-아이소프로테레놀

시약

(*R*)-아이소프로테레놀
상품명: 이수프렐(Isuprel)

메카니즘

20.51 다음 반응에 대한 단계별 메커니즘을 그려라. 메커니즘이 유기 생성물을 어떻게 형성하는지 보여야 한다.

[1] CH_3MgBr (과량)
[2] H_2O
+ OH

20.52 다음 반응에 대한 단계별 메커니즘을 그려라.

[1] BrMg~~~MgBr
[2] H_2O

20.53 다이메틸 카보네이트[dimethyl carbonate, $(CH_3O)_2C{=}O$]와 과량의 그리니냐르 시약을 반응시키면 3° 알코올이 형성된다. 다음 반응의 단계별 메커니즘을 쓰라.

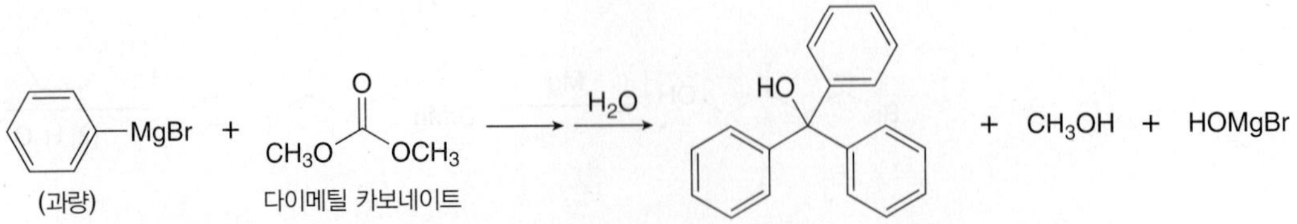

MgBr (과량) + CH_3O–C(=O)–OCH_3 (다이메틸 카보네이트) → H_2O → HO–C(Ph)$_3$ + CH_3OH + HOMgBr

20.54 다음 반응에 대한 단계별 메커니즘을 그려라.

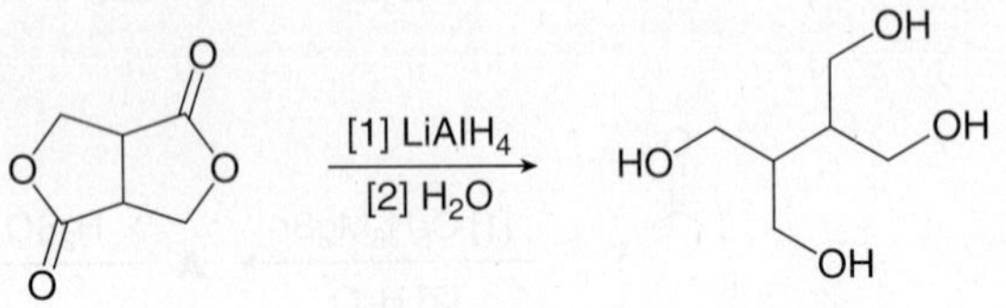

[1] $LiAlH_4$ [2] H_2O

합성

20.55 다음의 알코올을 각각 제조하는 데 어떤 그리냐르 시약과 알데하이드(또는 케톤)가 필요한가? 가능한 모든 방법을 보여라.

a. 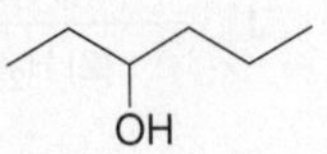 OH b. 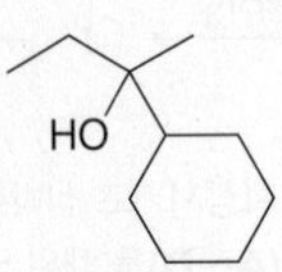 HO c. 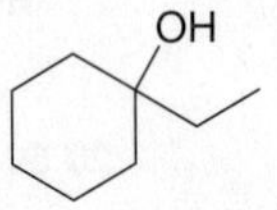 OH

20.56 프로싸이클리딘(procyclidine)은 파킨슨병과 관련하여 제어되지 않는 신체 동작을 치료하기 위해 처방된다. 그리냐르 시약을 사용하여 프로싸이클리딘을 합성하는 세 가지 다른 방법을 제안하라.

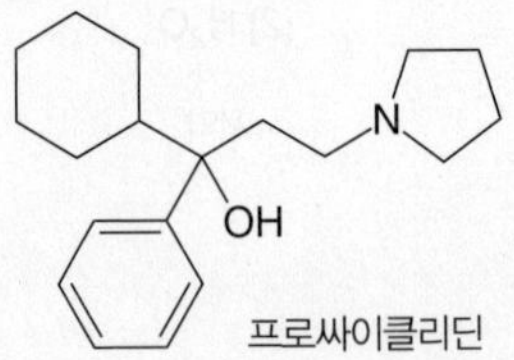

프로싸이클리딘

20.57 다음의 각 알코올을 합성하는 데 어떤 에스터와 그리냐르 시약이 필요한가?

a. 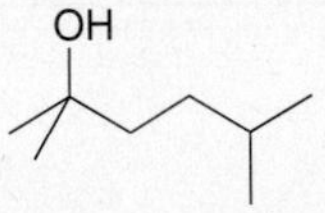 OH b. 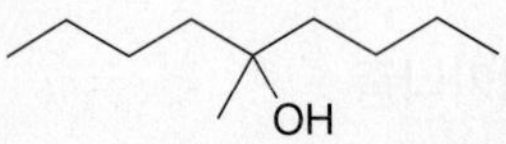 OH

20.58 다음의 화합물을 각각 제조하는 데 어떤 유기리튬 시약과 카보닐 화합물이 쓰이는가? 카보닐 출발물로서 알데하이드, 케톤 또는 에스터를 사용해도 좋다.

a. 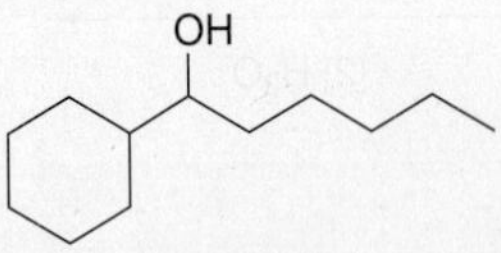 OH (두 가지 방법) b. 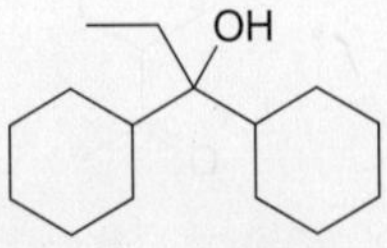 OH (세 가지 방법)

20.59 각 알코올을 합성하기 위해 어떤 에폭시화물과 유기금속 시약이 필요한가?

a.  OH b. 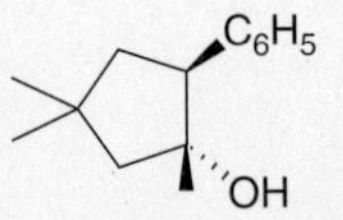 C_6H_5, OH c. HO, H, H

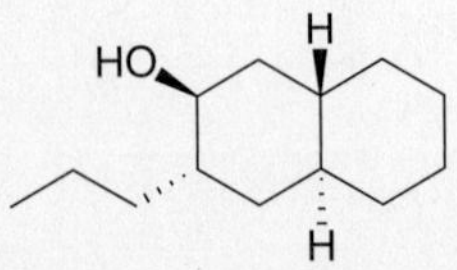

20.60 $C_6H_5CH_2CH_2Br$으로부터 $C_6H_5CH_2CH_3$를 합성할 수 있는 방법을 세 가지 이상 쓰라.

20.61 적당한 카보닐 화합물과 그리냐르 시약을 사용해 옥트-1-엔-3-올[oct-1-en-3-ol, $CH_3(CH_2)_4CH(OH)CH_5CH_2$]을 합성하는 서로 다른 두 가지 방법을 쓰라. 옥트-1-엔-3-올은 일본의 마쥬다케(*masutake*) 버섯으로부터 최초로 분리되었기 때문에 마쥬다케 알코올이라고 불린다.

20.62 임의의 다른 유기 또는 무기 시약을 사용하여 사이클로헥산올로부터 각 화합물을 합성하라.

a. 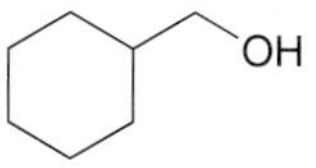 OH b. 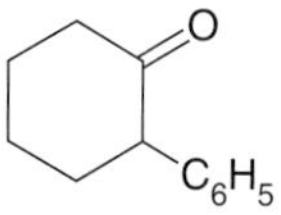 O, C_6H_5 c. 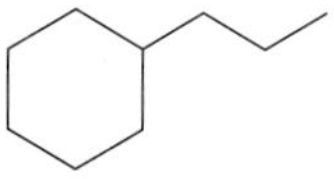 d. 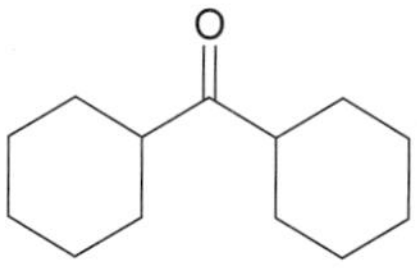 O

(각 사이클로헥세인 고리는 사이클로헥산올로부터 왔다.)

20.63 프로판-2-올[$(CH_3)_2CHOH$]을 각 화합물로 변환하라. 임의의 다른 유기 또는 무기 화합물을 사용해도 좋다.

a. 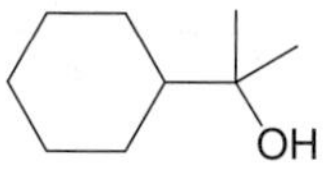 OH b. 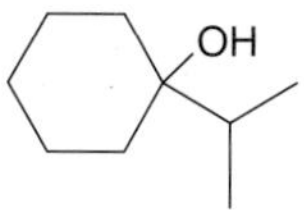 OH

20.64 벤젠을 각 화합물로 변환하라. 세 개 이하의 탄소 수가 있는 유기 알코올 및 어떠한 무기 시약을 사용할 수 있다. 합성의 한 단계에서는 반드시 그리냐르 시약을 사용해야 한다.

a. 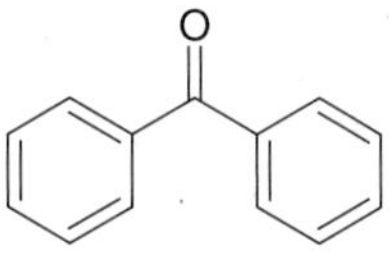 O b. 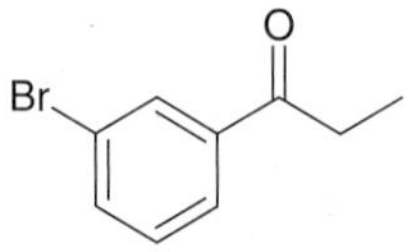 Br, O

20.65 유일한 유기 출발물로서 네 개 이하의 탄소를 가진 알코올로부터 각 화합물의 합성을 설계하라. 임의의 다른 무기 시약을 사용해도 좋다.

a. 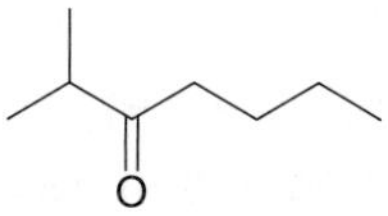 O b. 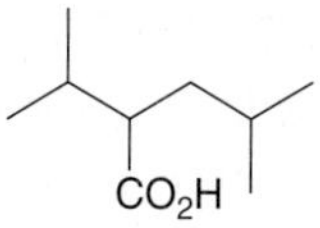 CO_2H c.

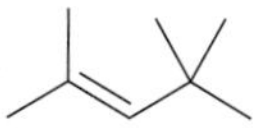

20.66 주어진 출발물로부터 각 화합물을 합성하라. 필요한 무기 시약들을 사용하라.

a. 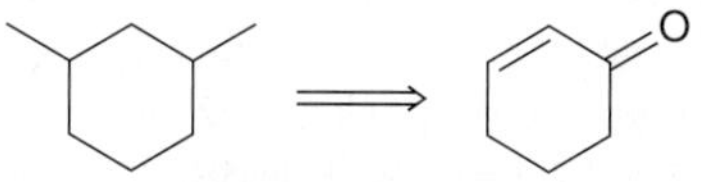 ⟹ O

+ 유기 할로젠화물

b. 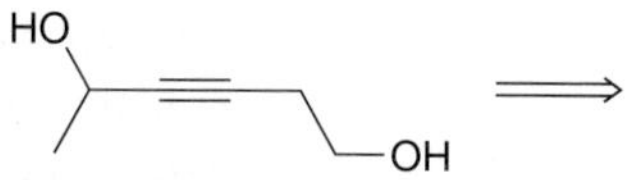 HO, OH ⟹ HC≡CH + 두 개 이하의 탄소가 있는 화합물

20.67 벤젠, 탄소 수 네 개 이하인 유기 알코올 및 임의의 필요한 무기 시약으로부터 주어진 알코올의 합성을 고안하라.

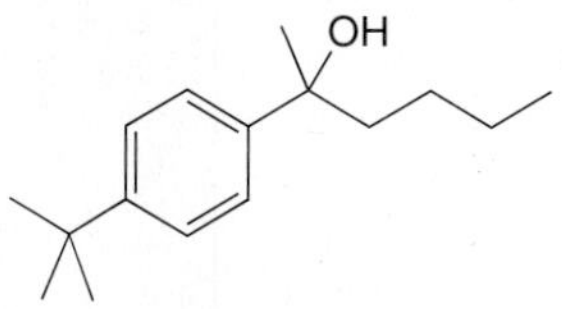

OH

20.68 아세틸렌, $Br(CH_2)_{10}OH$ 및 필요한 유기 화합물 또는 무기 시약으로부터 전나무 및 삼나무 숲을 파괴하는 해충인 가문비나무 벌레의 성 페로몬, (*E*)-테트라데크-11-엔알[(*E*)-tetradec-11-enal]의 합성을 고안하라.

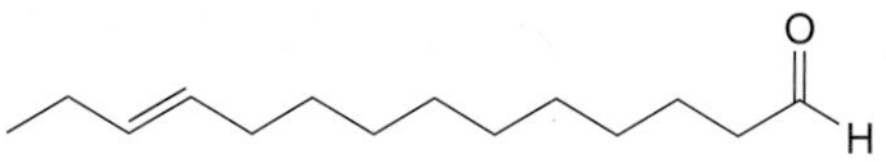

O, H

(*E*)-테트라데크-11-엔알

분광법

20.69 미지의 화합물 **A**(분자식 $C_7H_{14}O$)가 CH_3OH에서 $NaBH_4$로 처리되면 화합물 **B**(분자식 $C_7H_{16}O$)가 형성된다. IR 스펙트럼 1716 cm^{-1}에서 화합물 **A**가 강한 흡수를 보인다. 화합물 **B**는 IR 스펙트럼 3600~3200 cm^{-1}에서 강한 흡수를 보인다. **A**와 **B**의 ^1H NMR 스펙트럼이 주어져 있다. **A**와 **B**의 구조는 무엇인가?

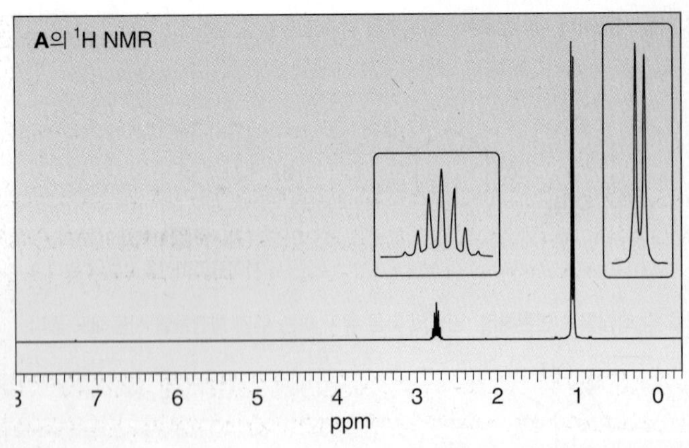

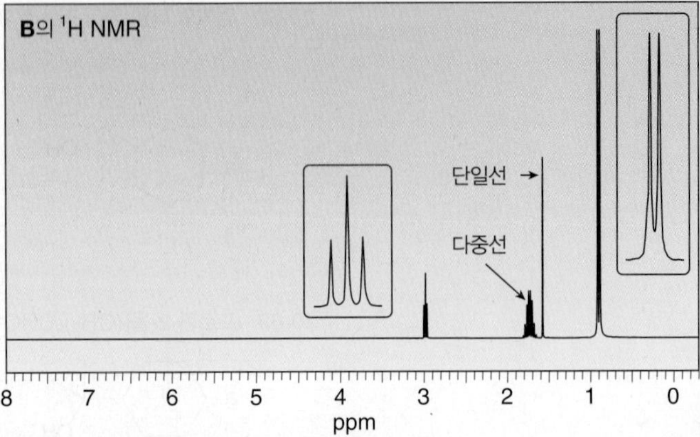

20.70 화합물 **C**(분자식 C_4H_8O)가 C_6H_5MgBr과 반응하고 연이어 H_2O로 처리되면 화합물 **D**(분자식 $C_{10}H_{14}O$)가 형성된다. 화합물 **D**는 IR 스펙트럼 3600~3200 cm^{-1}에서 강한 봉우리를 보인다. **C**와 **D**의 ^1H NMR 스펙트럼이 주어져 있다. **C**와 **D**의 구조는 무엇인가?

화합물 **C**는 1.3(단일선, 6 H)과 2.4(단일선, 2 H) ppm에서 봉우리를 보인다.

화합물 **D**는 1.2(단일선, 6 H), 1.6(단일선, 1 H), 2.7(단일선, 2 H) 그리고 7.2(다중선, 5 H) ppm에서 봉우리를 보인다.

20.71 화합물 **E**(분자식 $C_4H_8O_2$)가 과량의 CH_3CH_2MgBr과 반응하고 H_2O로 양성자 첨가된 후 화합물 **F**(분자식 $C_6H_{14}O$)를 형성한다. **E**는 IR 스펙트럼 1743 cm^{-1}에서 강한 흡수를 보인다. **F**는 IR 스펙트럼 3600~3200 cm^{-1}에서 강한 흡수를 보인다. **E**와 **F**의 ^1H NMR 스펙트럼이 주어져 있다. **E**와 **F**의 ^1H NMR 스펙트럼이 주어져 있다. **E**와 **F**의 구조는 무엇인가?

화합물 **E**는 1.2(삼중선, 3 H)과 2.0(단일선, 3 H) 그리고 4.1(사중선, 2 H) ppm에서 봉우리를 보인다.

화합물 **F**는 0.9(삼중선, 6 H), 1.1(단일선, 3 H), 1.5(사중선, 4 H) 그리고 1.55(단일선, 1 H) ppm에서 봉우리를 보인다.

20.72 뷰테인나이트릴[butanenitrile, $CH_3CH_2CH_2CN$]을 브로민화 메틸마그네슘(methylmagnesium bromide)과 반응시킨 다음, 산 수용액으로 처리하면 화합물 **G**가 형성된다. **G**의 질량 분석 결과에 의하면 분자 이온은 m/z=86에서 나오고, 기준 봉우리(base peak)는 m/z=43에서 나타난다. **G**의 적외선 분석(IR spectrum)에서는 1721 cm^{-1}에서 강한 흡수가 나타나며, ^1H NMR 분석 결과는 아래에 나타내었다. **G**의 구조식은 무엇인가? 이 반응은 22장에서 자세하게 공부하게 될 것이다.

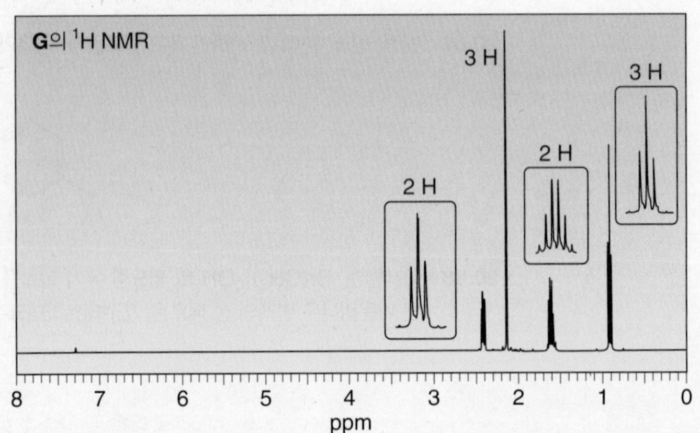

20.73 아이소뷰텐[isobutene, $(CH_3)_2C{=}CH_2$]을 $(CH_3)_3CLi$과 반응시키면 탄소 음이온이 형성되는데, 이 탄소 음이온에 $CH_2{=}O$를 반응시키고 나서 물을 가하면 화합물 **H**가 형성된다. **H**의 질량 분석 결과에 의하면 분자 이온은 $m/z = 86$에서 나오고, 71과 68에서 봉우리가 나타났다. **H**의 적외선 분석(IR spectrum)에서는 3600~3200 cm^{-1} 및 1651 cm^{-1}에서 흡수가 나타나며 ^1H NMR 분석 결과는 아래에 나타내었다. **H**의 구조식은 무엇인가?

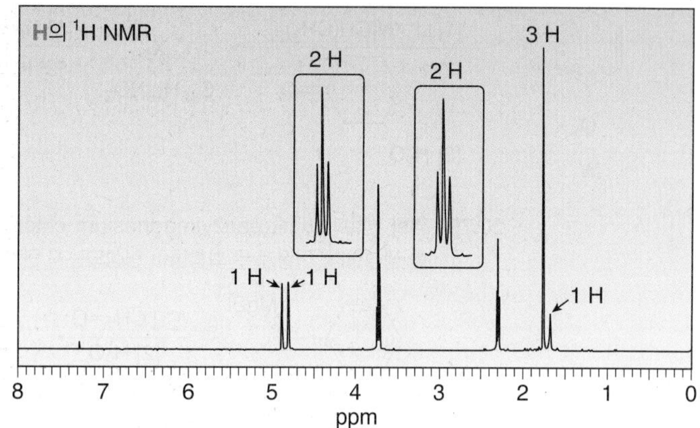

도전 문제

20.74 다음 반응에 대한 단계별 메커니즘을 그려라.

[1] ⁄⁄ Li
[2] H_2O

20.75 다음 출발물들로부터 (*R*)-살메테롤(그림 20.3)의 합성을 설계하라.

(*R*)-살메테롤

20.76 L-셀렉트라이드(L-selectride)로 알려진 트라이-*sec*-뷰틸수소화붕소 리튬(lithium tri-*sec*-butylborohydride)은 붕소에 결합된 세 개의 *sec*-뷰틸기를 가진 금속 수소화 시약이다. 이 시약이 고리형 케톤을 환원시키기 위해 사용될 때, 종종 한 입체이성질체가 생성물로서 우세하게 나타난다. L-셀렉트라이드를 이용한 4-*tert*-뷰틸사이클로헥산온(4-*tert*-butylcyclohexanone)의 환원이 왜 주 생성물로 시스 알코올을 형성하는지 설명하라.

$LiBH[CH(CH_3)CH_2CH_3]_3$

트라이-*sec*-뷰틸수소화붕소
L-셀렉트라이드

4-*tert*-뷰틸사이클로헥산온 → [1] L-셀렉트라이드 [2] H_2O → 시스-4-*tert*-뷰틸사이클로헥산올

20.77 α,β-불포화 카보닐 화합물의 탄소가 전자를 잡아당기는 카보닐기에 더 가까이 있음에도 불구하고 ^{13}C NMR 스펙트럼에서 β 탄소가 훨씬 낮은 장에서 흡수하는 이유를 설명하라. 예를 들어, 산화 메시틸(mesityl oxide)의 β 탄소는 150.5 ppm에서 흡수하고 α 탄소는 122.5 ppm에서 흡수한다.

122.5 ppm
150.5 ppm
β α

산화 메시틸

20.78 항우울제로 사용되는 벤라팍신(venlafaxine, 상품명:Effexor)의 합성에서 중요한 두 개의 중간체 **X**와 **Y**의 구조식을 쓰라. 그리고 **W**로부터 **X**가 형성되는 메커니즘을 쓰라.

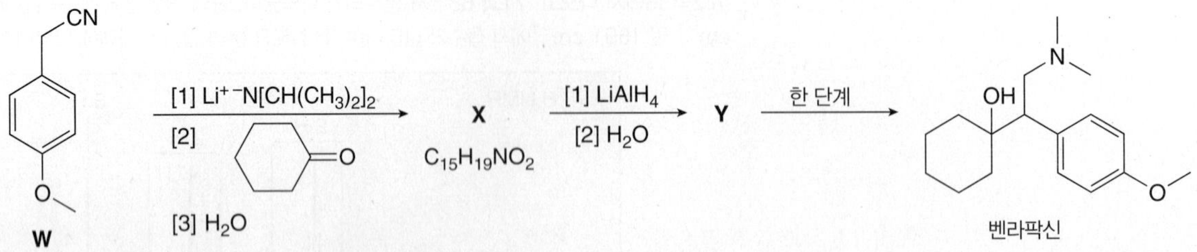

W —[1] $Li^+ \, ^-N[CH(CH_3)_2]_2$; [2] cyclohexanone; [3] H_2O→ X ($C_{15}H_{19}NO_2$) —[1] $LiAlH_4$; [2] H_2O→ Y —한 단계→ 벤라팍신

20.79 염화 벤질마그네슘(benzylmagnesium chloride)과 폼알데하이드의 반응은 양성자 첨가 후에 알코올 **N**과 **P**를 생성한다. 어떻게 두 화합물이 형성되는지 단계별 메커니즘을 그려라.

MgCl —[1] $CH_2=O$; [2] H_2O→ **N** (주 생성물) + **P** (부 생성물)

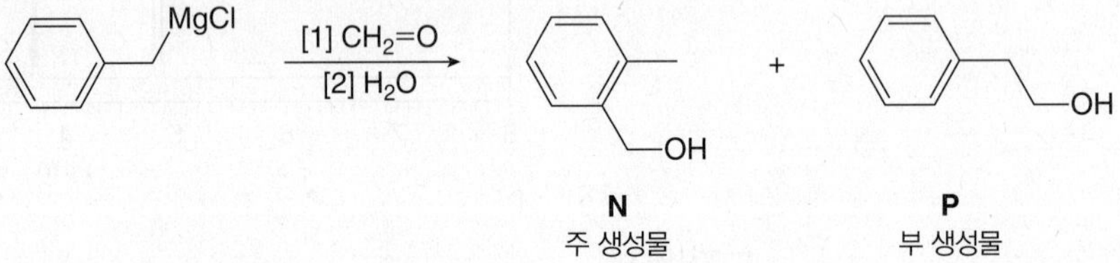

20.80 다음 반응의 단계별 메커니즘을 그려라(힌트: 콘쥬게이션 첨가는 탄소 친핵체와 같이 헤테로원자에 일어날 수 있다).

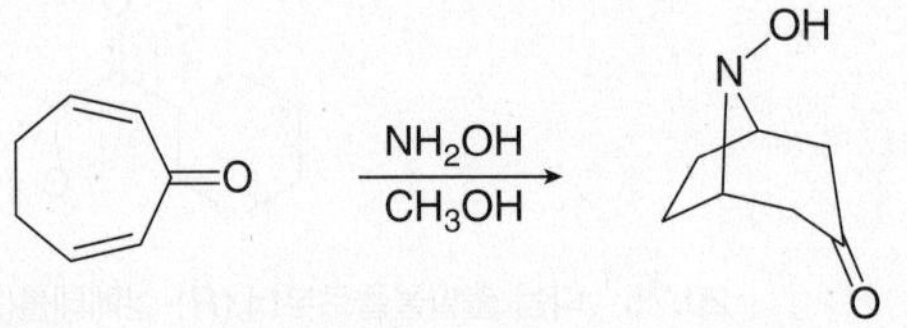

NH_2OH, CH_3OH

20.81 그리냐르 시약과 아마이드 고리의 다음 반응에 대한 단계별 메커니즘을 그려라.

[1] CH_3CH_2MgBr (과량), THF, ether; [2] H_3O^+

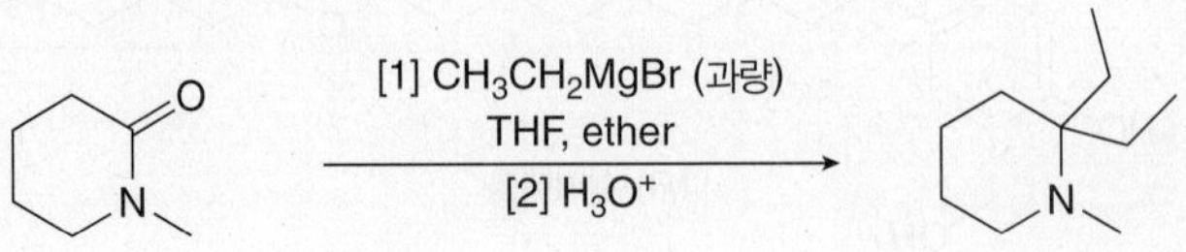

Chapter

21 알데하이드와 케톤 – 친핵성 첨가 반응

Aldehydes and Ketones-Nucleophilic Addition

천연물인 **디곡신**(digoxin)은 심장의 펌프 기능이 약해서 체내에 체액이 쌓이는 증상이 나타나는 충혈성 심장 기능 부전증을 앓는 환자에게 1960년대 이래로 처방하고 있다. 간단한 전구물질에서 합성되는 많은 상용 의약품과는 달리 디곡신은 아직도 털이 많은 디기탈리스 식물의 잎에서 추출하고 있는데, 네덜란드에서 자라는 이 식물은 가공을 위하여 미국에 수출된다. 1천 킬로그램을 건조시킨 잎에서 1킬로그램의 디곡신이 얻어지며, 라녹신(lanoxin)이라는 상품명으로 판매되고 있다. 디곡신은 카보닐기에 첨가 반응으로 형성된 세 개의 아세탈 단위체를 가지고 있다. 21장에서는 알데하이드와 케톤의 특징적인 반응인 친핵성 첨가 반응에 대하여 배운다.

21장에서는 알데하이드(aldehyde)와 케톤(ketone)에 대하여 상세하게 다루면서 카보닐기를 계속 배울 것이다. 먼저 알데하이드와 케톤의 명명법, 물리적 성질 및 분광학에 대하여 배운다. 21장의 나머지 부분에서는 친핵성 첨가 반응에 대하여 다룬다. 20장에서 이 반응에 대한 두 가지 예를 이미 다루었지만, 알데하이드나 케톤에 대한 친핵성 첨가 반응은 많은 친핵체들과 매우 다양한 생성물을 만드는 데 일어나는 일반적인 반응이다.

21장의 모든 새로운 반응은 친핵성 첨가 반응을 포함하고, 따라서 각 반응을 특정 짓는 특별한 시약과 메커니즘을 배우는 것이 중요한 과제이다.

21.1 서론

알데하이드는 자주 **RCHO**로 쓴다. **H 원자가** 산소에 결합된 것이 아니라 **탄소에 결합**된 것에 유의하자. 마찬가지로 케톤은 **RCOR** 또는 두 알킬기가 같을 때는 **R_2CO**로 쓴다. 각 구조는 모든 원자가 팔전자계를 가지기 위해서 C=O를 포함해야 한다.

20장에서 배운 바와 같이 알데하이드와 케톤은 카보닐기를 포함하고 있다. 알데하이드는 카보닐 탄소에 적어도 한 개의 수소 원자를 포함하고 있다. 반면에 케톤은 두 개의 알킬기나 아릴기가 그것에 결합되어 있다.

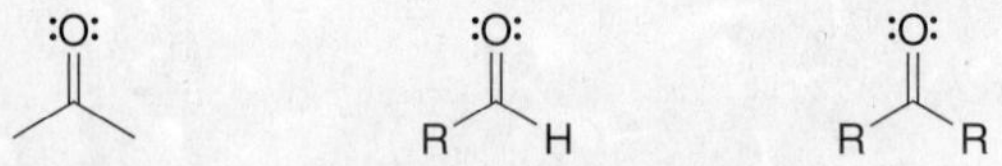

:O: :O: :O:
R H R R
카보닐기 알데하이드 케톤

두 개의 구조적인 특징이 알데하이드와 케톤의 성질과 화학을 결정한다.

sp^2 혼성화됨
~120°
=
δ+ δ–
삼각 평면 친전자성 탄소

- 카보닐기는 sp^2 혼성이고 삼각 평면이므로 상대적으로 덜 붐빈다.
- 전기음성적인 산소 원자는 카보닐기를 극성화시켜 카보닐 탄소를 친전자성으로 만든다.

그 결과, 알데하이드와 케톤은 친핵체와 반응한다. 카보닐기의 상대적인 반응성은 카보닐 탄소에 결합되어 있는 R기의 수에 의하여 결정된다. 카보닐 탄소 주위에 R기의 수가 증가하면 카보닐 화합물의 반응성은 감소하고, 결과적으로 반응성의 순서는 다음과 같다.

20.2B절에서 논의하였듯이 카보닐 탄소에 결합된 알킬기의 수가 증가하면 입체적 그리고 전기적인 두 가지 이유 때문에 반응성이 감소한다.

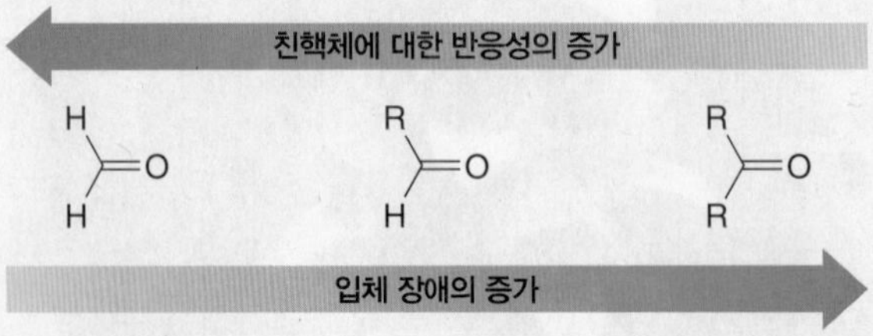

친핵체에 대한 반응성의 증가

H–C(=O)–H R–C(=O)–H R–C(=O)–R

입체 장애의 증가

문제 21.1 친핵체 공격에 대하여 반응성이 증가하는 순서로 다음 화합물을 정렬하라.

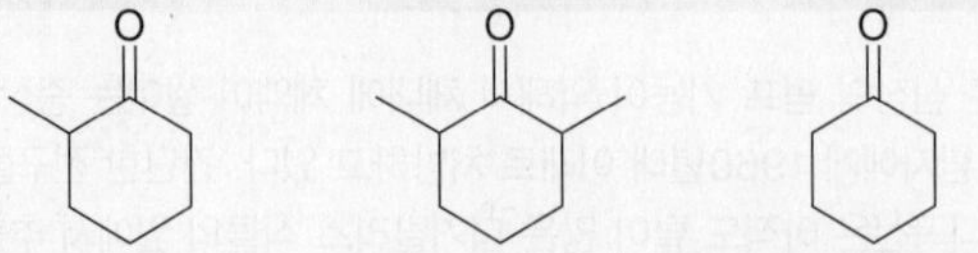

문제 21.2 친핵성 공격에 대하여 벤즈알데하이드(benzaldehyde)가 사이클로헥세인카브알데하이드보다 반응성이 작은 이유를 설명하라.

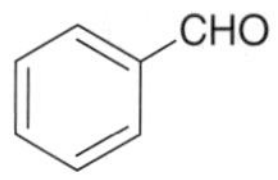

CHO CHO

벤즈알데하이드 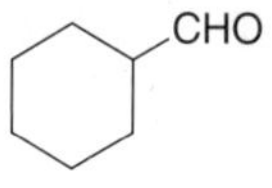 사이클로헥세인카브알데하이드

21.2 명명법

알데하이드와 케톤에 대해 IUPAC 이름과 관용명 모두 사용된다.

21.2A IUPAC 체계에서의 알데하이드 명명법

IUPAC 명명법에서 알데하이드는 가장 긴 사슬의 어미명에 접미사를 붙인다. CHO기가 사슬에 연결되어 있는지 고리에 연결되어 있는지에 따라 두 가지 접미사가 사용된다.

IUPAC 체계를 사용한 알데하이드의 명명:

[1] CHO가 탄소의 사슬에 결합되면, CHO기를 포함하고 있는 가장 긴 사슬을 찾아 어미 알케인의 끝 -에(-e)를 접미사 -알(-al)로 바꾼다. 만약 CHO기가 고리에 결합되어 있으면, 고리 이름에 접미사 -카브알데하이드(-carbaldehyde)를 붙인다.

[2] CHO기가 놓인 고리 또는 사슬의 번호가 C1이다. 그러나 이름에서는 이 번호를 생략한다. 다른 모든 일반적인 명명 규칙을 적용한다.

예제 21.1 각 화합물의 IUPAC 이름을 쓰라.

a. 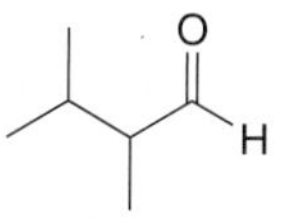 O H b. 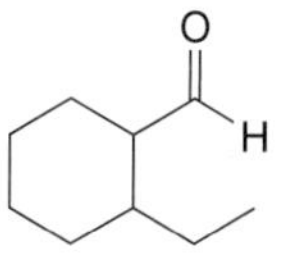 O H

풀이

a. [1] CHO를 포함하는 가장 긴 사슬을 찾는다. [2] 치환기의 숫자와 이름을 붙인다.

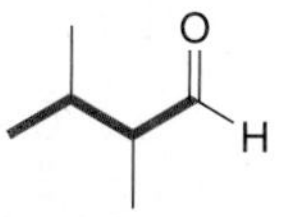

O H

뷰테인(butane) → 뷰탄알(butanal)
(4개의 C)

O 3 2 1 H

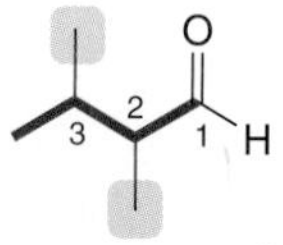

답:
2,3-다이메틸뷰탄알

b. [1] CHO기에 결합된 고리를 찾아서 이름을 붙인다. [2] 치환기의 숫자와 이름을 붙인다.

O H

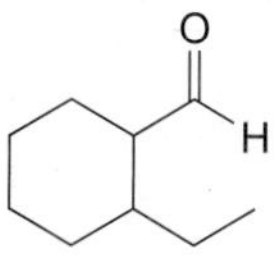

사이클로헥세인+카브알데하이드
(6개의 C)

O 1 H 2

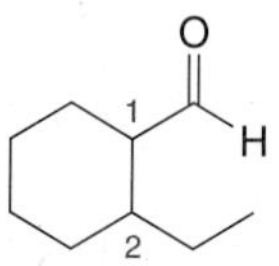

답:
2-에틸사이클로헥세인카브알데하이드

문제 21.3 다음 각 알데하이드의 IUPAC 이름을 쓰라.

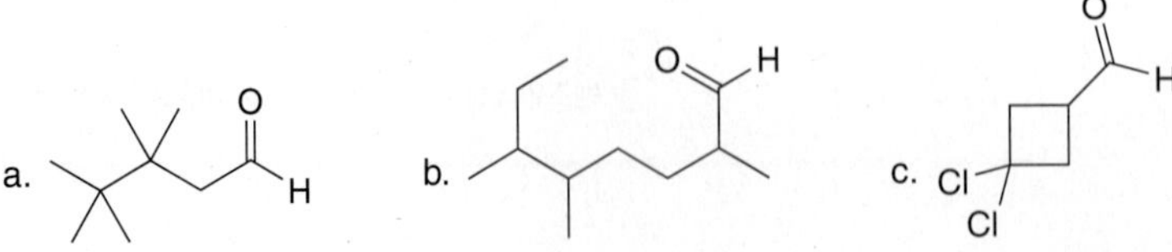

문제 21.4 각 IUPAC 이름에 해당하는 구조를 그려라.

a. 2-아이소뷰틸-3-아이소프로헥산알
b. 트랜스-3 메틸사이클로펜테인카브알데하이드
c. 1-메틸사이클로프로페인카브알데하이드
d. 3,6-다이에틸노난알

21.2B 알데하이드의 관용명

카복실산처럼 간단한 알데하이드들의 대부분이 관용명을 가지고 있으며 광범위하게 쓰인다.

- 알데하이드의 관용명은 관용 어미명에 -알데하이드(*-aldehyde*) 접미사를 붙여서 만들어진다.

일반적인 어미명은 표 19.1에 실린 카복실산에서 사용된 것과 비슷하다. 관용명인 폼알데하이드(formaldehyde), 아세트알데하이드(acetaldehyde) 및 벤즈알데하이드(benzaldehyde)는 그들의 IUPAC 이름 대신 실질적으로 많이 쓰인다.

폼알데하이드 (메탄알) | 아세트알데하이드 (에탄알) | 벤즈알데하이드 (벤젠카브알데하이드)

(괄호 안은 IUPAC 이름)

관용명에서는 치환기의 위치를 정하기 위해 그리스 문자가 사용된다. CHO기의 옆에 있는 탄소가 α 탄소이며 사슬에 순차적으로 쓰여진다.

IUPAC 번호는 C=O에서 시작하고, 그리스 문자는 C=O에 결합한 C에서 시작한다.

그림 21.1은 세 알데하이드에 대한 관용명과 IUPAC 이름을 보여준다.

그림 21.1
알데하이드 명명법의 세 가지 예

2-클로로프로판알 (α-클로로프로피온알데하이드) | 3-메틸펜탄알 (β-메틸발레르알데하이드) | 페닐에탄알 (페닐아세트알데하이드)

(괄호 안은 관용명)

21.2C IUPAC 체계에서의 케톤 명명법

- IUPAC 체계에서 모든 케톤은 접미사 -온(-one)을 갖는다.

IUPAC 규칙을 사용한 비고리 케톤의 명명

[1] 카보닐기를 포함하고 있는 가장 긴 사슬을 찾아서 본래 알케인의 마지막 -에(-e)로 끝나는 부분을 접미사 -온(-one)으로 바꾼다.

[2] 카보닐 탄소에 더 낮은 번호가 되도록 탄소 사슬의 번호를 매긴다. 다른 모든 일반적인 명명법 규칙을 적용한다.

고리 케톤의 번호는 언제나 카보닐 탄소에서 시작한다. 그러나 '1'은 항상 이름에서 일반적으로 생략한다. 그리고 고리는 첫 번째 치환기에 더 낮은 번호를 부여하기 위해서 시계 방향이나 반시계 방향으로 번호를 매긴다.

예제 21.2 다음 케톤에 IUPAC 이름을 붙여라.

a. 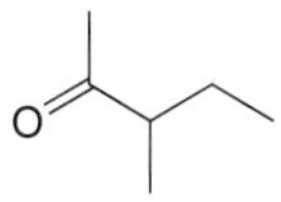 O　　b. 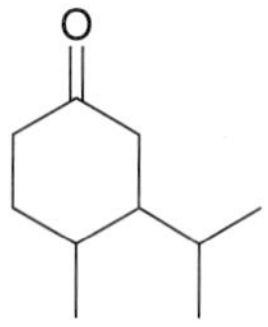 O

풀이

a. [1] 카보닐기를 포함하는 가장 긴 사슬을 찾아서 명명하라.

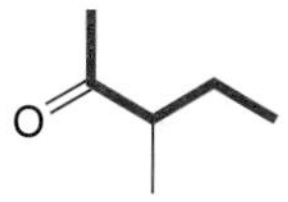

O

펜테인 → 펜탄온
(5개의 C)

[2] 치환기에 번호를 매기고 명명하라.

O 2 3

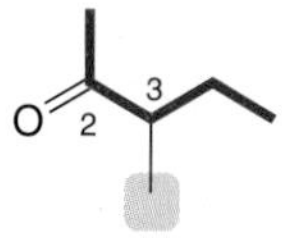

답:
3-메틸펜탄-2-온

b. [1] 고리를 명명하라.

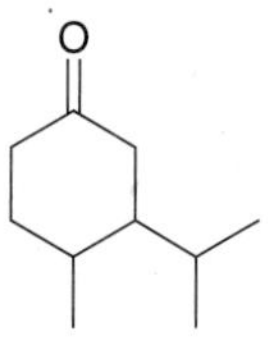

O

사이클로헥세인 → 사이클로헥산온
(6개의 C)

[2] 치환기에 번호를 매기고 명명하라.

O 1 3 4

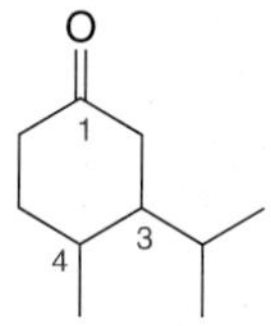

답:
3-아이소프로필-4-메틸사이클로헥산온

문제 21.5 다음 케톤의 IUPAC 이름을 쓰라.

a. 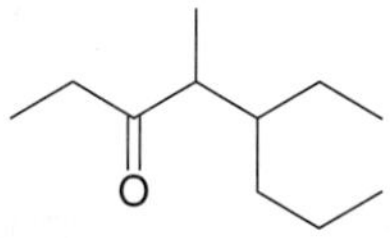 O　　b. 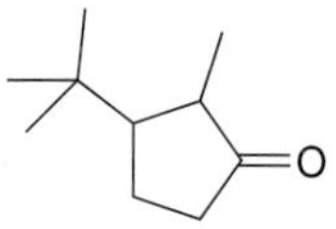 O　　c. 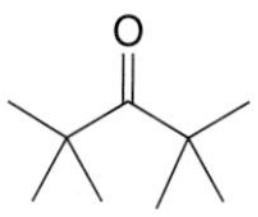 O

그림 21.2
케톤 명명법의 두 가지 예

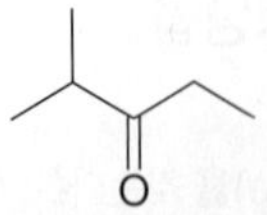

IUPAC 이름: 2-메틸펜탄-3-온
관용명: 에틸 아이소프로필 케톤

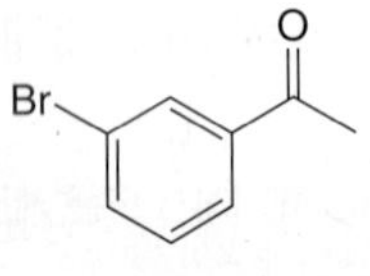

m-브로모아세토페논
또는 3-브로모아세토페논

21.2D 케톤의 관용명

케톤의 대부분의 관용명들은 카보닐 탄소에 결합되어 있는 두 알킬기를 명명한 다음, 그들을 알파벳 순서로 정렬하고, 케톤(ketone)이란 단어를 붙여서 명명한다. 이 방법을 사용한 2-뷰탄온의 관용명은 에틸 메틸 케톤이다.

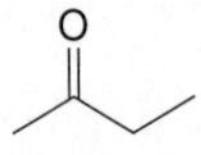

CH_3 메틸, CH_2CH_3 에틸

IUPAC 이름: 뷰탄-2-온

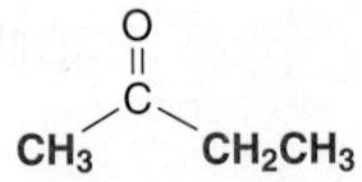

관용명: 에틸 메틸 케톤

자주 쓰이는 세 가지 간단한 케톤의 관용명은 이러한 규칙에 따르지 않는다.

아세톤 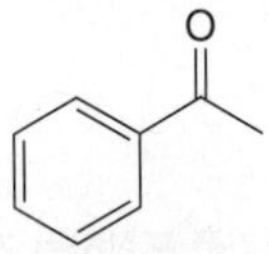 아세토페논 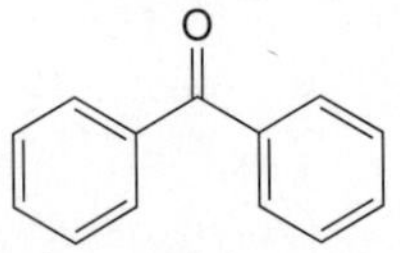 벤조페논

그림 21.2는 두 케톤에 대한 명명의 예를 보여준다.

21.2E 추가적인 명명법 예

벤질(benzyl)기와 **벤조일**(benzoyl)기를 혼동하지 말라.

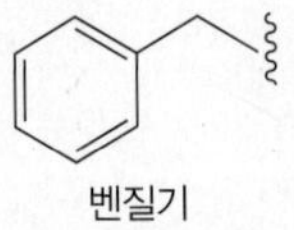

벤질기

때때로 아실(RCO−)기는 치환기로서 명명해야 한다. 아실기를 명명하기 위해서는 IUPAC 또는 관용명을 어미로 해서 그 이름에 접미사 **-일(-yl)**이나 **-오일(-oyl)**을 더한다. 가장 보편적인 세 가지 아실기를 다음에 나타내었다.

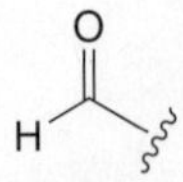

포밀기 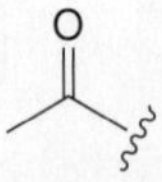 아세틸기 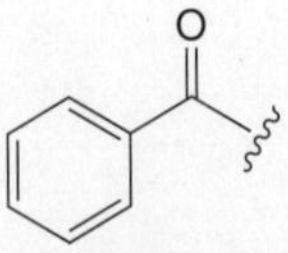 벤조일기

탄소–탄소 이중 결합과 알데하이드를 포함한 화합물은 **엔알**(enal)이라 부르고, 탄소–탄소 이중 결합과 케톤을 포함한 화합물은 **엔온**(enone)이라 부른다. 사슬에는 카보닐기가 낮은 숫자가 되도록 번호를 매긴다.

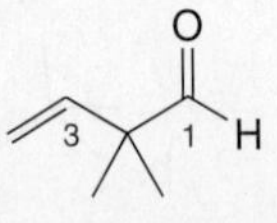

2,2-다이메틸뷰트-3-엔알

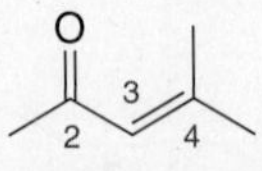

4-메틸펜트-3-엔-2-온

문제 21.6 다음 각각의 이름에 해당하는 구조를 나타내라.

a. *sec*-뷰틸 에틸 케톤
b. 메틸 바이닐 케톤
c. *p*-에틸아세토펜온
d. 3-벤조일-2-벤질사이클로펜탄온
e. 6,6-다이메틸-2-사이클로헥센온
f. 3-에틸-5-헥산알

표 21.1 알데하이드와 케톤의 물리적 성질

성질	관찰 사항
끓는점과 녹는점	• 동등한 분자량의 화합물에서 끓는점과 녹는점은 다음의 보편적인 법칙을 따른다: 분자간 힘이 클수록 끓는점 또는 녹는점이 높다. 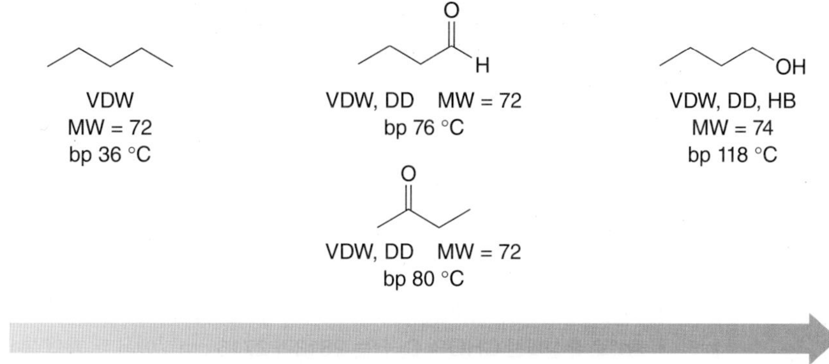 **분자간 힘의 세기가 증가할수록 끓는점이 증가한다.**
용해도	• RCHO와 RCOR은 크기에 상관없이 유기 용매에 녹는다. • 다섯 개 이하의 탄소를 가진 RCHO와 RCOR은 물과 수소 결합이 가능하므로 물에 녹는다(3.4C절). • 비극성의 알킬 성분이 너무 크면 극성인 H_2O 용매에 녹지 않기 때문에 다섯 개 이상의 탄소를 가진 RCHO와 RCOR은 물에 녹지 않는다.

참고: VDW = 반데르발스, DD = 쌍극자–쌍극자, HB = 수소 결합, MW = 분자량

문제 21.7 다음의 각 불포화 알데하이드에 대한 IUPAC 명(*E*,*Z* 표시를 포함하여)을 쓰라. 네랄(neral)은 레몬 싹에서 얻어지며, 방금 자른 오이의 냄새는 주로 오이 알데하이드(cucumber aldehyde)에 기인한다.

a. CHO
네랄

b. CHO
오이 알데하이드

21.3 물리적 성질

알데하이드와 케톤은 그들의 극성 카보닐기 때문에 쌍극자–쌍극자 상호작용을 나타낸다. 알데하이드와 케톤에는 O–H 결합이 없어서, RCOH 또는 RCOR의 두 분자 사이에 수소 결합이 불가능하기 때문에 알데하이드와 케톤은 알코올과 카복실산보다 약한 극성을 띤다. 분자간 힘이 알데하이드와 케톤의 물리적 성질에 어떻게 영향을 미치는가는 표 21.1에 요약되어 있다.

문제 21.8 뷰탄온(80°C)은 쌍극자–쌍극자 상호작용을 나타내고 분자량도 비슷하지만 다이에틸 에터(35°C)보다 끓는점이 상당히 높다. 이것을 설명하라.

21.4 분광학적 성질

알데하이드와 케톤의 카보닐기가 존재하면 IR과 NMR 스펙트럼에서 특정한 흡수가 나타난다.

그림 21.3
프로판알, CH_3CH_2CHO의 IR 스펙트럼

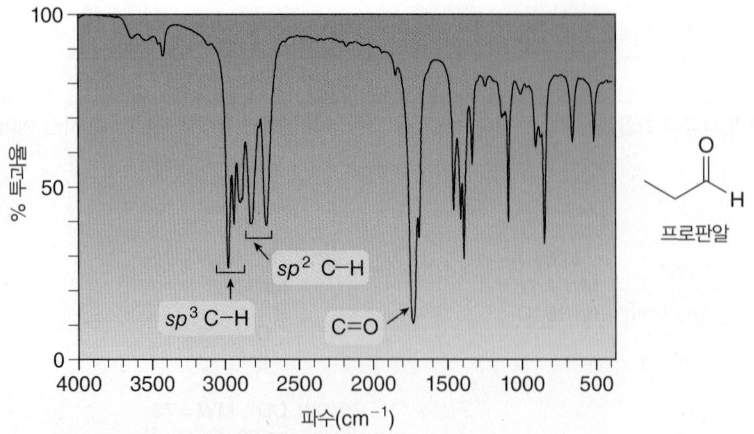

- 1739 cm^{-1}에서 강한 C=O가 나타난다.
- sp^2로 혼성화된 CHO의 C–H는 2813과 2716 cm^{-1}에서 두 개의 봉우리로 나타난다.

21.4A IR 스펙트럼

알데하이드와 케톤의 IR 흡수는 다음과 같다.

- 모든 카보닐 화합물과 같이 알데하이드와 케톤은 C=O로 인하여 1700 cm^{-1} 부근에서 강한 흡수가 일어난다.
- 알데하이드의 sp^2로 혼성화된 C–H 결합은 2700~2830 cm^{-1} 부근에서 한 개 또는 두 개의 봉우리로 나타난다.

그림 21.3에는 프로판알(propanal)의 특징적인 봉우리를 보이는 IR 스펙트럼을 나타내었다.

카보닐 흡수의 정확한 위치는 화합물에 대한 추가의 정보를 제공해 준다. 예를 들면, 대부분의 알데하이드의 C=O 봉우리는 1730 cm^{-1}에서 나타나고, 케톤은 1715 cm^{-1}에서 나타난다. 두 개의 다른 구조적 특징—고리의 크기(고리형 케톤)와 콘쥬게이션—은 카보닐 흡수 위치에 영향을 미치는데 위치 이동은 예측이 가능하다.

[1] 고리형 케톤의 카보닐 흡수는 고리의 크기가 작아지거나 고리 무리(strain)가 커지면 파수가 증가한다.

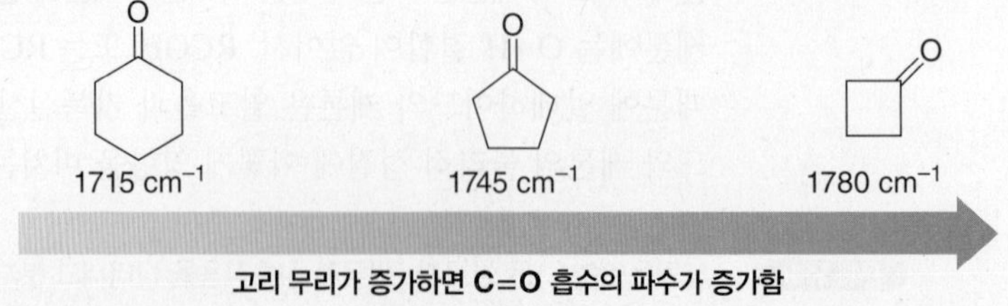

[2] 카보닐기에 콘쥬게이션되어 있는 C=C나 벤젠 고리가 존재할 경우 파수는 30 cm^{-1}정도 작아진다.

C=O기에 콘쥬게이션되어서 흡수 봉우리가 달라지는 것은 공명 효과로 설명할 수 있다. α,β-불포화 카보닐기 화합물은 세 개의 공명 구조를 가지는데, 그중 두 개의 구조에서는 탄소와 산소에 단일 결합된다. 또한 카보닐기의 π 결합이 비편재화되어 콘쥬게이션된 카보닐기가 어느 정도 단일 결합 성질을 띠게 되고, 따라서 콘쥬게이션되지 않은 C=O보다 약간 약하게 된다. 콘쥬게이션되지 않은 약한 결합일수록 IR 스펙트럼의 더 낮은 진동수(더 낮은 파수)에서 흡수가 일어난다.

그림 21.4
IR 스펙트럼에서 카보닐 흡수에 대한 콘쥬게이션 효과

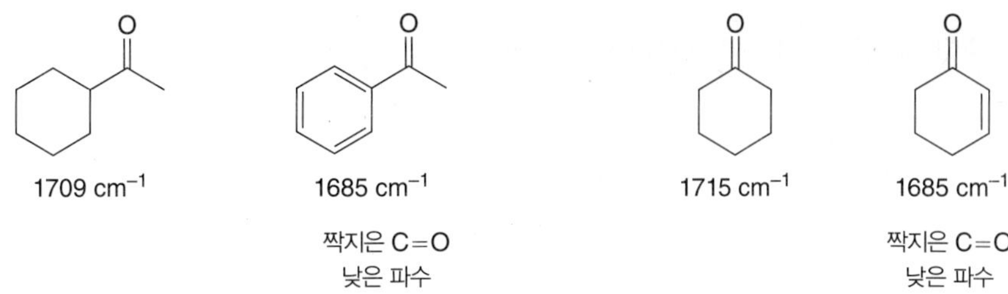

α, β-불포화 카보닐기 화합물

두 공명 기여체는 **C–O 단일 결합을 가진다.**

혼성체

π 결합은 비편재화 되어 있다.

그림 21.4는 몇 가지 대표적인 화합물에서 카보닐의 흡수 위치에 대한 콘쥬게이션 효과를 보여 주고 있다.

문제 21.9 다음의 각 카보닐 화합물 쌍에서 높은 진동수를 가지는 화합물은 어느 것인가?

a. CHO 또는 CHO b. =O 또는 =O

21.4B NMR 스펙트럼

알데하이드와 케톤의 특징적인 ^{1}H와 ^{13}C NMR의 흡수는 다음과 같다.

- 알데하이드의 sp^2로 혼성화된 C–H 양성자는 크게 벗겨져 있어서 9~10 ppm 사이의 낮은 장에서 흡수가 일어난다. α 탄소에 있는 양성자와 상호작용하여 갈라짐이 일어나지만, 짝지음 상수의 값은 매우 작다(J = 1~3 Hz).
- 카보닐기의 옆에 있는 α 탄소의 양성자는 2~2.5 ppm에서 흡수된다. 예를 들어, 메틸 케톤의 경우는 단일선으로 ~2.1 ppm에서 나타난다.
- ^{13}C NMR 스펙트럼에서 카보닐 탄소는 크게 벗겨져 있어서 190~215 ppm 영역에서 흡수가 나타난다.

프로판알의 ^{1}H와 ^{13}C NMR의 스펙트럼을 그림 21.5에 나타내었다.

문제 21.10 분자식이 $C_5H_{10}O$인 케톤의 모든 구조 이성질체의 구조를 그려라. 또한, 각 이성질체의 IUPAC 명을 쓰라. ^{13}C NMR 분광법을 이용하여 이들 이성질체를 구별할 수 있는 방법을 설명하라.

21.5 흥미로운 알데하이드와 케톤

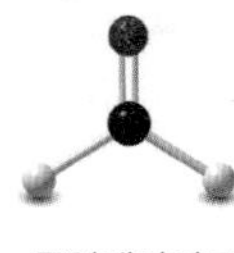

폼알데하이드
$CH_2=O$

폼알데하이드는 많은 플라스틱과 합성수지의 출발물이기 때문에 미국에서는 매년 10억 파운드의 많은 양이 메탄올의 산화를 통해 만들어진다. 또한 폼알데하이드는 37% 수용액으로 만들어진 포르말린(formalin)으로 팔린다. 포르말린은 예전에 생물 표본의 살균, 소독, 방부제로 사용되기도 하였다. 석탄과 화석 연료의 불완전 연소 생성물인 폼알데하이드는 스모그에 의해 생기는 자극 유발에 일부 관련이 있다.

그림 21.5 프로판알(CH_3CH_2CHO)의 ^1H와 ^{13}C NMR의 스펙트럼

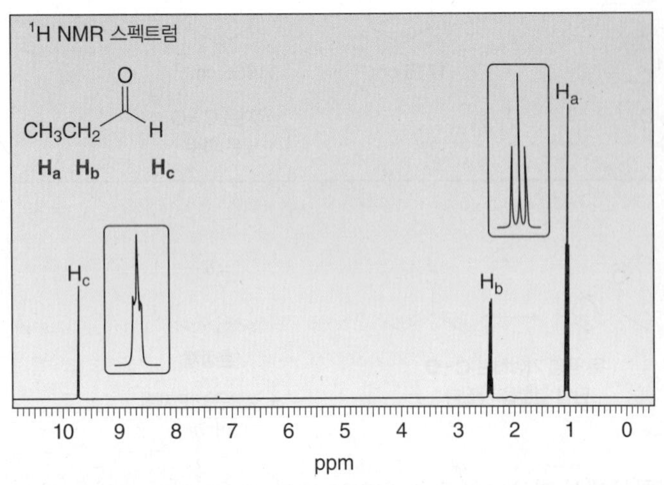

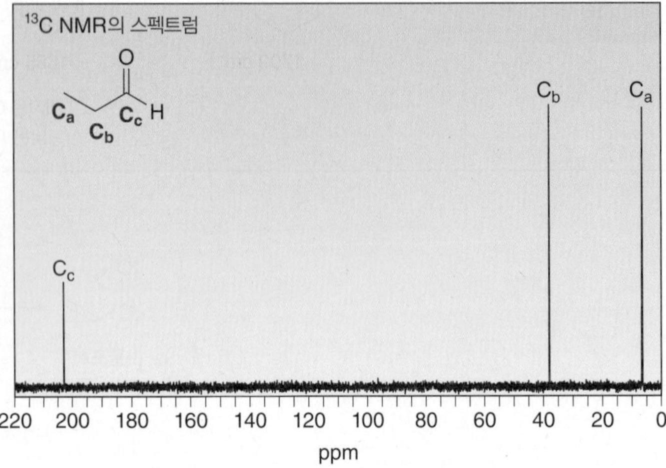

- **^{1}H NMR:** 각각 H_a, H_b 그리고 H_c로 표시한 세 종류의 서로 다른 수소에 대하여 세 가지의 신호가 있다. 벗겨진 CHO 양성자는 9.8 ppm의 낮은 장에서 나타난다. H_c 신호는 인접한 CH_2기에 의하여 삼중선으로 갈라지지만 짝지음 상수는 작다.
- **^{13}C NMR:** 각각 C_a, C_b 그리고 C_c로 표시한 세 종류의 다른 탄소에 대하여 세 가지 다른 신호가 있다. 벗겨진 카보닐 탄소는 203 ppm의 낮은 장에서 흡수가 일어난다.

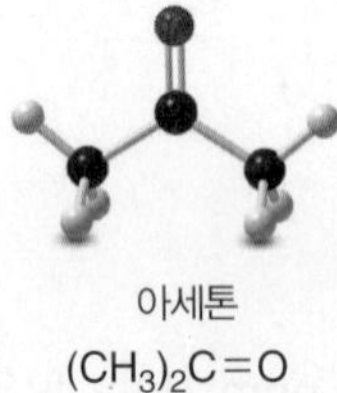

아세톤
$(CH_3)_2C=O$

아세톤(acetone)은 산업적 용매이고 어떤 고분자 화합물의 합성에서 출발물로 쓰인다. 아세톤은 생체 내에서 지방산이 분해되는 동안 생성된다. 신진대사에 이상이 생기는 흔한 내분비 질병인 당뇨병은 부적절한 인슐린 분비에 기인하며, 당뇨병 환자들은 보통 혈관 내 높은 아세톤 수치를 나타낸다. 아세톤 특유의 냄새는 당뇨병 환자가 병을 제대로 치료하지 못할 경우 호흡할 때 감지된다.

그림 21.6에서 보는 바와 같이 많은 알데하이드와 케톤은 자연에서 향기를 내는 특성을 가지고 있다.

그림 21.6
자연에 존재하는 강한 냄새를 풍기는 몇 가지 알데하이드와 케톤

많은 스테로이드 호르몬은 다른 작용기와 함께 카보닐기를 포함하고 있다. 코티손(cortisone)과 프레드니손(prednisone)은 밀접하게 관련된 두 가지 항염증 스테로이드이다. 코티손이 몸의 부신 분비기관에서 분비되는 것에 반하여 프레드니손은 천식과 관절염 등의 염증의 치료제로 사용되는 합성 유사체(synthetic analogue)이다.

코티손
(천연에 존재)

프레드니손
(합성물)

21.6 알데하이드와 케톤의 제조

알데하이드와 케톤은 다양한 방법으로 만들 수 있다. 이 반응들은 많은 다단계의 합성에 필요하기 때문에 21.6절에서는 앞서 소개한 알데하이드와 케톤의 합성 반응을 간단히 요약하기로 한다.

21.6A 알데하이드 합성의 일반적인 방법

알데하이드는 1° 알코올, 에스터, 산 염화물 및 알카인으로부터 만들어진다.

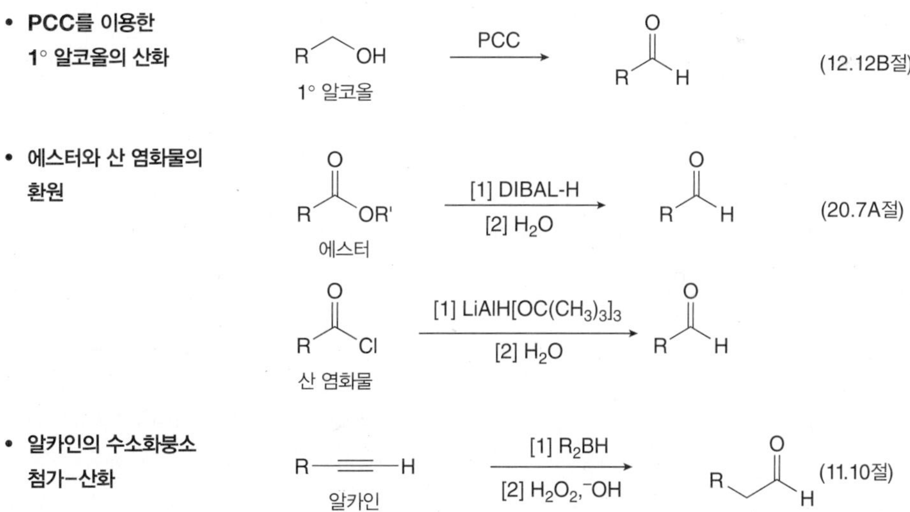

21.6B 케톤을 합성하는 일반적 방법

케톤은 2° 알코올, 산 염화물, 알카인으로부터 합성한다.

- **Cr^{6+} 시약을 이용한 2° 알코올의 산화**

2° 알코올 —(CrO_3 또는 $Na_2Cr_2O_7$ 또는 $K_2Cr_2O_7$ 또는 PCC)→ 케톤 (12.12A절)

- **유기 구리 시약을 이용한 산 염화물의 반응**

$$\text{RCOCl (산 염화물)} \xrightarrow[\text{[2] } H_2O]{\text{[1] } R'_2CuLi} \text{RCOR'}$$ (20.13절)

- **프리델 크래프츠 (Friedel–Crafts) 아실화 반응**

$$C_6H_6 + \text{RCOCl (산 염화물)} \xrightarrow{AlCl_3} C_6H_5COR$$ (18.5절)

- **알카인의 수화 반응**

$$\text{R–C≡C–H (알카인)} \xrightarrow[H_2SO_4,\ HgSO_4]{H_2O} \text{RCOCH}_3$$ (11.9절)

알데하이드와 케톤은 알켄의 산화성 쪼개짐(12.10절)에서 함께 생성물로 얻어진다.

$$R_2C{=}CHR' \text{ (알켄)} \xrightarrow{O_3} \xrightarrow[\text{또는 } CH_3SCH_3]{Zn,\ H_2O} R_2C{=}O \text{ (케톤)} + O{=}CHR' \text{ (알데하이드)}$$

문제 21.11 다음 각 화합물을 뷰탄알(butanal, $CH_3CH_2CH_2CHO$)로 만들려면 어떤 시약이 필요한가?

a. $CH_3CH_2CH_2COOCH_3$ b. $CH_3CH_2CH_2CH_2OH$ c. $HC≡CCH_2CH_3$ d. $CH_3CH_2CH_2CH{=}CHCH_2CH_2CH_3$

문제 21.12 다음 각 화합물을 아세토페논(acetophenone, $C_6H_5COCH_3$)으로 만들려면 어떤 시약이 필요한가?

a. C_6H_6 b. C_6H_5COCl c. $C_6H_5C≡CH$

문제 21.13 어떤 알켄을 O_3와 반응시킨 다음 $(CH_3)_2S$로 처리하였더니, 2,2-다이메톡시사이클로펜테인-1,3-다이카브알데하이드(2,2-dimethoxycyclopentane-1,3-dicarbaldehyde)가 얻어졌다. 알켄의 구조는 무엇인가?

2,2-다이메톡시사이클로펜테인-1,3-다이카브알데하이드

21.7 알데하이드와 케톤의 반응–일반적 고찰

알데하이드와 케톤에서 생기는 두 가지 일반적인 반응을 살펴보고 카보닐 반응의 논의를 시작해 보자.

[1] 카보닐 탄소의 반응

붐비지 않는 친전자성 카보닐 탄소는 알데하이드와 케톤의 친핵성 첨가 반응을 쉽게 한다는 것을 20장에서 배웠다.

R' = H 또는 알킬

[1] :Nu⁻ [2] H–OH 또는 HNu:, H⁺

친액성 첨가

H와 Nu가 첨가된다.

카보닐기에 친핵체와 H 원소가 첨가된다. 이미 20장에서 수소 음이온(H:⁻)과 탄소 음이온(R:⁻) 같은 친핵체의 반응에 대하여 배웠다. 21장에서 우리는 다른 친핵체와 함께 이와 유사한 반응에 대하여 논의할 것이다.

[2] **α** 탄소의 반응

알데하이드와 케톤의 두 번째 일반적인 반응은 **α** 탄소에서의 반응이다. 카보닐기의 α 탄소에 있는 C–H 결합은 많은 다른 C–H 결합보다 더 산성이다. 그 이유는 카보닐기의 α 탄소에 있는 C–H는 염기와 반응하여 공명 안정화된 엔올 음이온을 형성하기 때문이다.

- 엔올 음이온은 친핵체이다. 따라서 엔올 음이온은 친전자체와 반응하여 α 탄소에 새로운 결합을 형성한다.

α 탄소에 반응

+ H–B⁺

공명 안정화된 엔올 음이온

23장과 24장에서는 카보닐기와 α 탄소의 반응에 대해 설명한다.

- 알데하이드와 케톤은 카보닐 탄소에서 친핵체들과 반응한다.
- 알데하이드와 케톤은 α 탄소에서 친전자체와 반응하는 엔올 음이온을 생성한다.

21.7A 친핵성 첨가 반응의 일반적 메커니즘

보통 친핵성 첨가 반응으로 묘사되는 두 가지 일반적인 메커니즘은 친핵체(음으로 하전된 것과 중성)와 산 촉매의 존재 여부에 의존한다. 음으로 하전된 친핵체들은 20장에서 논의되었고 메커니즘 21.1에 나와 있듯이 **친핵성 공격 후에 양성자 첨가**라는 두 단계 과정을 따른다.

메커니즘 21.1 일반적 메커니즘–친핵성 첨가 반응

R' = H 또는 알킬

① 친핵체가 카보닐기를 공격한다. π 결합이 끊어지고 전자쌍이 산소로 이동하고 sp^3 혼성화된 탄소를 형성한다.

② 음으로 하전된 산소 원자에 H_2O로 양성자 첨가하면 첨가 생성물이 생성된다.

이 메커니즘에서 친핵성 공격이 양성자 첨가보다 먼저 일어난다. 이 과정은 센 중성 친핵체나 음으로 하전된 친핵체들과 일어난다.

그러나 어떤 중성 친핵체들은 산 촉매가 첨가되지 않으면 친핵성 첨가 반응이 일어나지 않는다. 그 메커니즘은 세 단계(두 단계가 아니라)로 구성된다. 그러나 카보닐의 π 결합에 H와 Nu가 교차하여 첨가되기 때문에 같은 생성물을 만든다. 이 메커니즘은 양성자 첨가가 친핵성 공격보다 먼저 일어난다. 메커니즘 21.2는 중성의 친핵체(H–Nu:)와 일반적인 산(H–A)의 반응을 보여 준다.

메커니즘 21.2 일반적 메커니즘–산 촉매 존재하의 친핵성 첨가 반응

R' = H 또는 알킬

공명 안정화된 양이온

+ :A⁻

+ H–A

① 카보닐 산소에 양성자 첨가가 일어나면 공명 안정화된 양이온을 형성한다.

② ③ 친핵성 공격 후 양성자이탈로 중성인 첨가 생성물이 생긴다. 전체적인 결과는 카보닐기에 H와 Nu가 첨가되는 것이다.

양성자 첨가의 효과는 중성의 카보닐기가 알짜 양전하를 갖는 양이온으로 변환되는 것이다. 양성자 첨가된 이 카보닐기는 더욱 친전자성이어서 친핵체에 의한 공격을 더 쉽게 받는다. 이 단계는 20장에서 사용한 것처럼 수소 음이온(H:⁻)과 같이 센 친핵체는 불필요하다. 그러나 약한 친핵체들은 카보닐기에 양성자 첨가가 일어나지 않으면 친핵성 공격이 일어나지 않는다.

알짜 전하 없음
덜 친전자성

알짜 (+)전하
더 친전자성

이 단계는 일반적인 반응의 구체적인 한 예이다.

- 카보닐기와 센산을 포함하는 반응은 카보닐기에 양성자 첨가라는 첫 단계로 시작한다.

21.7B 친핵체

어떤 친핵체들이 카보닐기에 첨가되는가? 이것은 단지 7장에서 배운 친핵성의 경향으로 예상할 수는 없다. sp^3 혼성화된 탄소들에 친핵성 치환이 잘 되는 몇 가지 친핵체들만 친핵성 첨가 반응 생성물을 적당한 수율로 얻을 수 있다.

Cl^-, Br^-, 그리고 I^-는 sp^3 혼성화된 탄소에 치환 반응을 하는 좋은 친핵체이지만 이들은 첨가 반응의 친핵체들로는 적당하지 않다. 예를 들어, 카보닐기에 Cl^-가 첨가되면 C–O의 π 결합이 깨어지고 알콕시화 음이온을 형성한다. Cl^-는 생성된 알콕시화 음이온보다 매우 약염기이기 때문에 첨가 생성물이 아닌 출발물(더 약 염기, Cl^-) 쪽으로 평형이 기울어진다.

그림 21.7
친핵성 첨가 반응의 구체적인 예

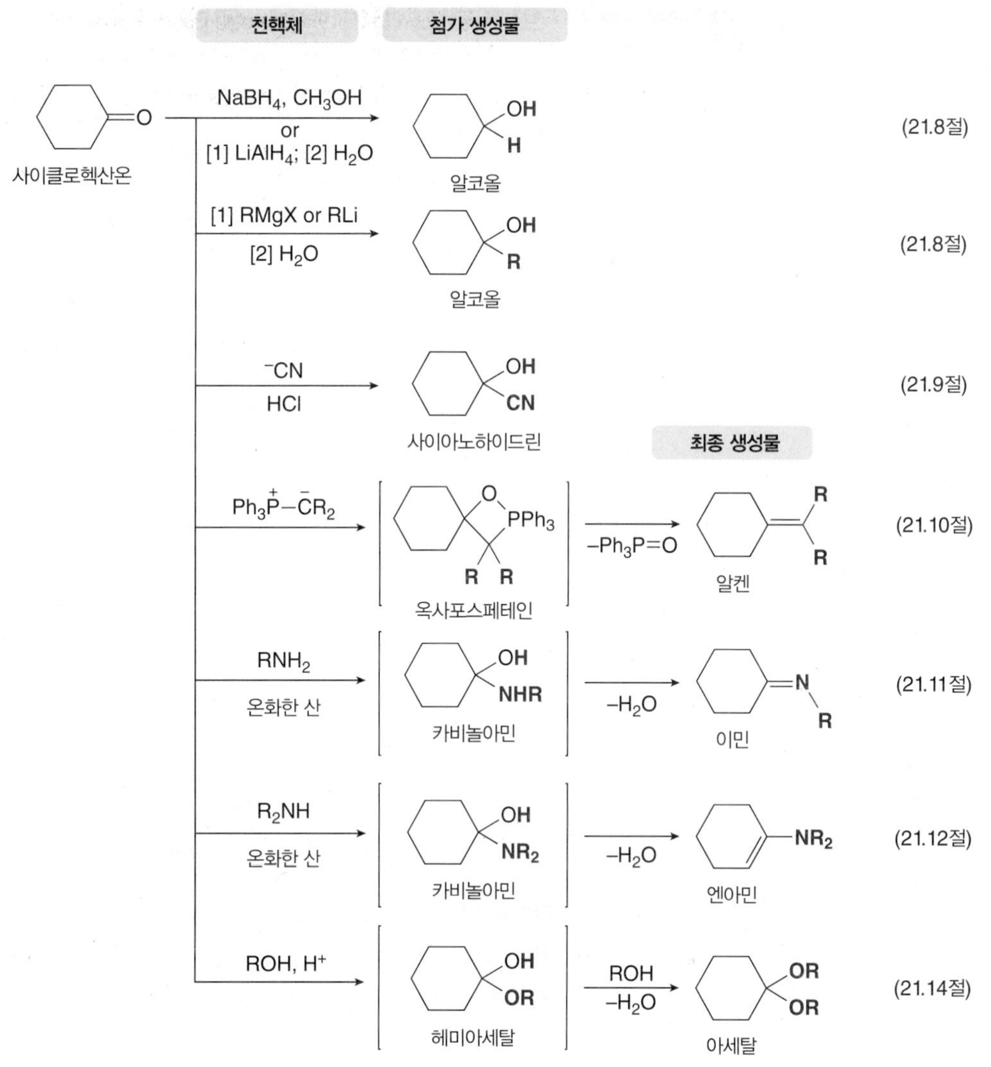

약염기 강염기

초기 친핵성 첨가 생성물들은 불안정하여 제거 반응이 일어나 더 안정한 생성물이 되기 때문에 상황은 더 복잡해진다. 예를 들어, 아민(RNH_2)은 약산의 존재하에서 카보닐기에 첨가되어 불안정한 **카비놀아민**(carbinolamine)이 형성된다. 이것은 빠르게 물을 잃고 **이민**(imine)을 형성한다. 이 첨가–제거는 연속적으로 일어나 C=O를 C=N으로 바꿔 준다. 이 과정에 대한 세부 사항에 대해서는 21.11절에서 논의된다.

RNH_2 첨가 → [카비놀아민] $-H_2O$ 제거 → 이민

그림 21.7은 카보닐기에 첨가하는 친핵체를 실어 놓았다. 케톤을 대표하는 물질로 사이클로헥산온을 사용하여 친핵성 첨가로 얻어지는 생성물을 함께 나타내었다. 이들의 반응에 대해서는 21장의 남은 절에서 논의할 것이다. 초기 첨가 생성물이 불안정한 경우 괄호로 둘러싸고 그 뒤에 최종 생성물을 나타내었다.

21.8 H^-와 R^-의 친핵성 첨가 반응-복습

알데하이드와 케톤에 대한 친핵성 첨가 반응을 논의하기 전에 20.4절과 20.10절에서 논의한 두 개의 반응, 즉 수소 음이온과 탄소 음이온의 친핵성 첨가 반응을 간단히 복습해 보자.

알데하이드 또는 케톤을 $NaBH_4$ 또는 $LiAlH_4$와 반응시킨 다음, 양성자 첨가 반응을 시키면 1° 또는 2° 알코올이 생성된다. $NaBH_4$와 $LiAlH_4$는 친핵체로 수소 음이온 $H:^-$를 제공하고 C–O π 결합에 H_2 원소가 첨가된 반응 결과를 만든다. H_2의 첨가 반응은 카보닐기를 알코올로 환원시킨다.

R' = H 또는 알킬 —($NaBH_4$ 또는 $LiAlH_4$ ($H:^-$의 공급원))→ —(H–OH)→ 1° 또는 2° 알코올

알데하이드와 케톤의 수소화물의 환원 반응은 친핵성 첨가의 두 단계 메커니즘을 거쳐서 일어난다. 즉 이미 20.4B절에서 설명한 것과 같이 $H:^-$의 친핵성 공격이 일어난 다음 양성자 첨가가 일어난다.

$H-\bar{A}lH_3$ Li^+ —(1)→ (+ AlH_3) —(2) H–OH→ + Li^+ $^-:\ddot{O}H$

알데하이드 또는 케톤에 유기리튬 시약(R''Li) 또는 그리냐르 시약(R''MgX)들을 반응시키고 물을 가하면 새로운 탄소–탄소 결합을 가지는 1°, 2° 또는 3° 알코올을 만든다. R''Li와 R''MgX는 탄소 음이온(R''^-)의 공급원—친핵체—이며, 결과적으로 C–O π 결합에 R''와 H가 첨가된다.

수소화물의 환원 반응과 그리냐르(Grignard) 첨가 반응의 입체화학은 각각 20.5절과 20.10B절에서 이미 논의하였다.

R' = H 또는 알킬 —(R''MgX 또는 R''Li)→ —(H–OH)→ 1°, 2° 또는 3° 알코올 (새로운 C–C 결합)

알데하이드와 케톤에 탄소 음이온의 친핵성 첨가는 양성자 첨가와 친핵성 공격, 즉 (R''^-)의 친핵성 공격 후에 양성자 첨가라는 두 단계의 메커니즘에 따라 일어난다는 것을 20.10절에서 이미 배웠다.

Li–Ph —(1)→ —(2) H–OH→ 2° 알코올 + Li^+ $^-:\ddot{O}H$

친핵체 수소 음이온 또는 탄소 음이온의 반응들은 둘 다 삼각 평면의 sp^2 혼성화된 카보닐 양쪽으로 공격한다. 따라서 새로운 입체 발생 중심이 형성되는데, 그 결과 입체이성질체의 혼합물이 얻어진다. 이러한 반응의 예를 예제 21.3에 나타내었다.

예제 21.3 다음 반응에서의 생성물(입체화학을 포함하여) 그려라.

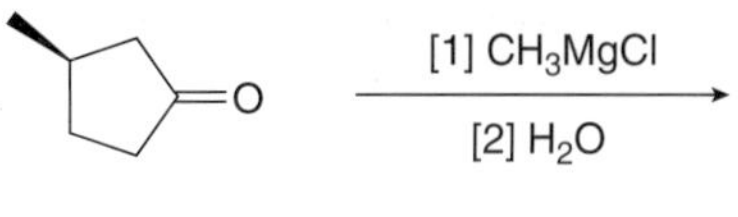

[1] CH_3MgCl
[2] H_2O

(*R*)-3-메틸사이클로펜탄온

풀이

그리냐르 시약의 CH_3^-는 카보닐기의 삼각 평면 양쪽에 첨가되고 물이 양성자 첨가된 뒤에는 3° 알코올의 혼합물이 얻어진다. 이 예에서 반응물 케톤과 생성물은 양쪽 다 카이랄이다. 두 개의 생성물은 두 개의 입체 발생 중심을 가지며 거울상이성질체가 아닌 입체이성질체이고, 이것을 **부분 입체이성질체**(diastereomer)라 부른다.

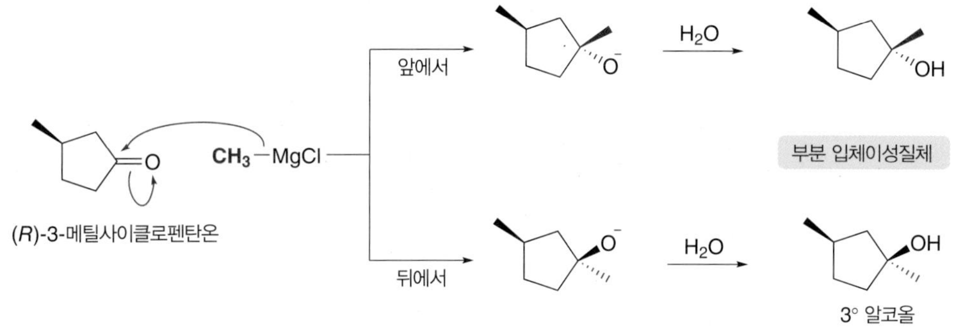

앞에서 / H_2O / OH

CH_3–MgCl

부분 입체이성질체

(*R*)-3-메틸사이클로펜탄온

뒤에서 / H_2O / OH

3° 알코올

문제 21.14 생성된 모든 입체이성질체를 포함하여 각각의 반응 생성물을 그려라.

a. 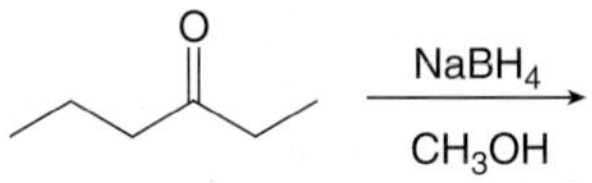 $\xrightarrow[CH_3OH]{NaBH_4}$

b. 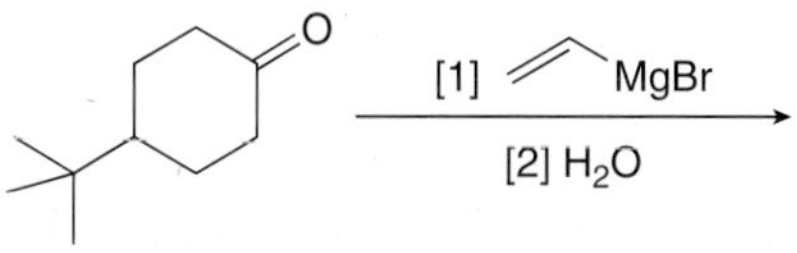 [1] MgBr, [2] H_2O

21.9 $^-$CN의 친핵성 첨가 반응

알데하이드 또는 케톤에 NaCN과 HCl과 같은 센산을 가하면 탄소와 산소 사이의 π 결합에 HCN이 첨가된 사이아노하이드린(cyanohydrin)이 만들어진다.

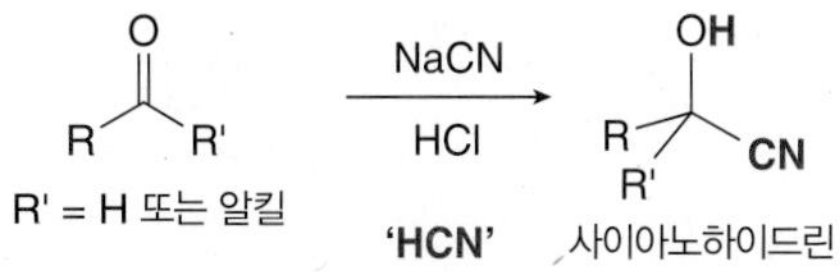

R' = H 또는 알킬 $\xrightarrow[HCl]{NaCN}$ 'HCN' 사이아노하이드린

이 반응은 알데하이드 또는 케톤에 새로운 탄소–탄소 결합을 만들면서 한 개의 탄소가 더해진다.

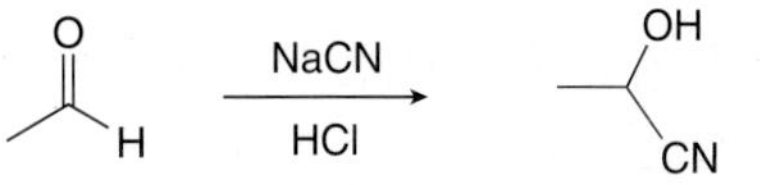

$\xrightarrow[HCl]{NaCN}$

아세트알데하이드
사이아노하이드린
새로운 C–C결합은 붉은색

21.9A 메커니즘

사이아노하이드린 생성 메커니즘은 일반적인 친핵성 첨가 반응의 두 단계 반응을 포함한다. 메커니즘 21.3에서 보여주듯이 친핵체의 공격 후에 양성자 첨가 반응이 일어난다.

메커니즘 21.3 ⁻CN의 친핵성 첨가 반응 – 사이아노하이드린 생성

R' = H 또는 알킬

새로운 C–C결합은 붉은색

① ⁻CN의 친핵성 공격으로 C–O π 결합이 끊어지고 새로운 탄소–탄소 결합이 형성된다.

② 음으로 하전된 산소 원자에 HCN에 의한 양성자 첨가가 일어나 첨가 생성물을 만든다. 이 단계에서 사용된 HCN은 ⁻CN가 센산인 HCl과 산–염기 반응을 하여 만들어진다.

이 반응은 HCN 단독으로는 일어나지 않는다. 사이안화 음이온은 카보닐기를 공격하는 센 친핵체이기 때문에 첨가가 가능하다.

사이아노하이드린을 염기와 반응시키면 카보닐 화합물로 다시 변환시킬 수 있다. 이 과정은 단지 양성자 이탈 후 ⁻CN의 제거에 따른 HCN 첨가 반응의 역반응이다.

두 가지 비슷한 용어의 차이에 주의하자. **수화반응**(hydration)은 화합물에 물이 첨가되는 것이고 **가수분해**(hydrolysis)는 물에 의해 결합이 끊어지는 것이다.

사이아노하이드린의 사이아노(CN)기는 산 또는 염기의 수용액과 가열하면 쉽게 가수분해하여 카복시기(COOH)로 된다. 가수분해 반응에 의해 세 개의 C–N 결합이 세 개의 C–O 결합으로 바뀐다.

문제 21.15 각 반응의 생성물을 그려라.

a. (벤즈알데하이드, CHO) $\xrightarrow[\text{HCl}]{\text{NaCN}}$

b. (1-hydroxycyclopentanecarbonitrile, OH, CN) $\xrightarrow{H_3O^+, \Delta}$

21.9B 응용: 자연에 존재하는 사이아노하이드린 유도체

사이아노하이드린은 일반적인 작용기가 아니지만 리나마린(linamarin)과 아미그달린(amygdalin)은 자연에 존재하는 두 가지 사이아노하이드린 유도체이다. 둘 다 산소 원자와 사이아노기가 결합된 탄소 원자를 포함하고 있는 사이아노하이드린 유사체이다.

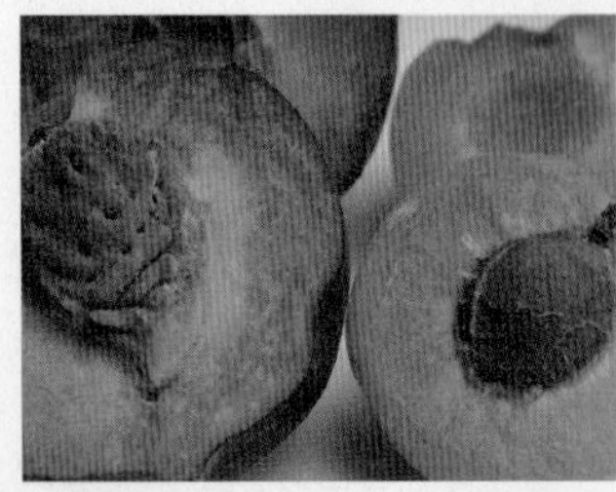

복숭아와 살구의 씨앗이 빠진 우묵한 곳은 사이아노하이드린 유도체인 아미그달린의 천연 원천이다.

리나마린

아미그달린

레이어트릴

카사바는 뿌리 채소 작물이며 16세기에 포르투갈 상인에 의하여 브라질에서 아프리카로 처음 소개되었다. 껍질을 벗긴 뿌리는 끓이거나 구워서 먹는다. 만일 뿌리를 가공하지 않고 먹으면, 높은 HCN 농도로 아프거나 심지어 죽을 수 있다.

리나마린은 남아메리카와 아프리카의 습한 열대 지역의 뿌리 채소처럼 관목을 이룬 카사바(cassava) 식물로부터 분리되었다. 아미그달린은 씨앗과 살구, 복숭아, 야생 체리들의 씨에서 얻을 수 있다. 레이어트릴(laetrile)라고도 부르는 아미그달린은 항암제의 목적으로 권유되었고 그 효능이 입증된 것은 아니지만 이 목적으로 몇 나라에서는 아직 이용되고 있다.

리나마린과 아미그달린은 둘 다 **유독성 화합물**이고 대사에 의하여 사이아노하이드린이 되고 가수분해되어 카보닐기와 유독성 HCN 기체가 된다. 이 두 번째 단계는 단지 실험실에서 사이아노하이드린이 염기의 존재하에서 카보닐 화합물로 재생성되는 과정이다(21.9A절). 카사바 뿌리는 효소를 사용하여 주의 깊게 처리하면 리나마린이 다음과 같은 일련의 과정으로 대사된다. 따라서 뿌리를 섭취하기 전에 독성인 HCN이 방출되어 뿌리를 안전하게 먹을 수 있다.

리나마린 (사이아노하이드린 유도체) —효소→ 아세톤 사이아노하이드린 —효소→ 아세톤 + HCN 독성 부산물

문제 21.16 아미그달린이 리나마린과 유사한 방법으로 대사되었을 때 어떠한 사이아노하이드린과 카보닐 화합물이 생기는가?

21.10 비티히 반응

H^-, R^-의 첨가 반응과 ^-CN의 첨가 반응은 모두 친핵성 공격과 뒤이은 양성자 첨가의 동일한 두 단계를 수반한다. 21장에서 다루는 친핵성 첨가 반응의 다른 예들은 조금 다르다. 그들은 친핵체의 공격을 수반하지만, 초기의 첨가물이 하나 또는 그 이상의 반응으로 다른 생성물로 변환된다.

이 범주의 첫 번째 반응은 독일의 화학자 게오르그 비티히(Georg Wittig)가 발견하여 1979년에 노벨화학상을 수상하였고 그의 이름을 따서 **비티히 반응**이라고 부르게 되었다. 비티히 반응은 탄소 친핵체인 **비티히 시약**을 사용하여 **알켄**을 만드는 것이다. 카보닐 화합물을 비티히 시약과 반응시키면 카보닐 산소 원자가 인에 결합되어 있던 음으로 하전된 알킬기로 치환된다. 즉, C=O가 C=C로 변환된다.

$RR'C=O$ (R' = H 또는 알킬) + $Ph_3\overset{+}{P}-\ddot{C}^-R''_2$ (비티히 시약) → $RR'C=CR''_2$ (알켄) + $Ph_3P=O$ (산화트라이페닐포스핀)

- 비티히 반응은 두 개의 새로운 탄소–탄소 결합—한 개의 새로운 σ 결합과 한 개의 새로운 π 결합—과 인 부생성물, $Ph_3P=O$[산화트라이페닐포스핀(triphenylphosphine oxide)]을 형성한다.

CH_3CHO —$Ph_3\overset{+}{P}-\ddot{C}H_2^-$→ $CH_3CH=CH_2$ + $Ph_3P=O$

사이클로헥산온 —$Ph_3\overset{+}{P}-\ddot{C}^-HCH_3$→ 에틸리덴사이클로헥세인 + $Ph_3P=O$

21.10A 비티히 시약

시티히 시약은 인과 탄소의 결합을 가지는 유기 인 시약이다. 일반적인 비티히 시약은 세 개의 페닐기와 결합하고 음전하의 알킬기를 가지고 있는 인 원자를 포함한다.

간단하게 표시하면 $Ph_3\overset{+}{P}-\ddot{C}^{-}R''_2$

비티히 시약

일라이드

이웃 원자에 (+)와 (−) 전하가 있다

인 일라이드는 **포스포레인**(phosphorane)이라고도 불린다.

비티히 시약을 일라이드(ylide)라 하는데 이것은 둘 다 팔전자 규칙을 만족시키면서 두 개의 반대되는 전하를 가지는 원자가 서로 결합된 물질이다. 비티히 시약은 음으로 하전된 탄소 원자와 양으로 하전된 인 원자의 결합으로 되어 있다.

인(P)은 3주기 원소이기 때문에 여덟 개보다 더 많은 수의 전자를 수용할 수 있다. 결과적으로 탄소와 인 사이에 이중 결합이 있는 두 번째 공명 구조를 그릴 수 있다. 어떤 공명 구조를 그리든지 관계없이 비티히 시약은 알짜 전하를 가지지 않는다. 그러나 한 가지 공명 구조는 탄소 원자가 전체적으로 음전하를 가지므로 이것이 친핵체가 된다.

$$Ph_3\overset{+}{P}-\ddot{C}^{-}R''_2 \longleftrightarrow Ph_3P=CR''_2$$

P 주위에 열 개의 전자가 있음
(다섯 개의 결합)

비티히 시약은 두 단계의 과정으로 합성된다.

단계 [1] **트라이페닐포스핀**(triphenylphosphine)**과 할로젠화 알킬의 S_N2 반응은 포스포늄 염을 만든다.**

$$Ph_3P: + R-CH_2-\ddot{X}: \xrightarrow{S_N2} Ph_3\overset{+}{P}-CH_2R \quad :\ddot{X}:^-$$

트라이페닐포스핀
친핵체

포스포늄 염

인은 주기율 표에서 질소 아래에 위치하고 있기 때문에 인 원자는 세 개의 결합과 한 개의 비공유 전자쌍을 가지고 있다.

P에 고립 전자쌍이 있는 트라이페닐포스핀(Ph_3P:)은 친핵체이다. S_N2 반응 메커니즘을 따르므로 장애가 없는 CH_3X와 1° 할로젠화 알킬(RCH_2X)이 반응을 잘 하며, 때론 수득률이 낮음에도 불구하고 2° 할로젠화 알킬도 쓰인다.

단계 [2] **포스포늄 염에서 강염기(:B)로 양성자를 제거하면 일라이드가 얻어진다.**

Bu—Li
강염기

$$Ph_3\overset{+}{P}-CH_2R \;\; :\ddot{X}:^- + :B \longrightarrow Ph_3\overset{+}{P}-\ddot{C}^{-}HR + H-B^+$$

포스포늄 염 / 강염기 / 일라이드

20.9C절에서는 강염기인 유기금속 시약의 반응을 논의하였다.

인에 결합하고 있는 탄소에서 양성자를 제거하면 공명 안정화된 탄소 음이온(일라이드)가 생기기 때문에 이 양성자는 포스포늄 염 안의 알킬기의 다른 양성자보다 좀 더 산성이다. 이러한 산–염기 반응이 일어나기 위해서는 매우 강한 염기를 필요로 한다. 이 반응에 쓰이는 일반적인 염기는 줄여서 BuLi로 표기되는 뷰틸리튬, $CH_3CH_2CH_2CH_2Li$ 같은 시약이다.

비티히 시약($Ph_3P{=}CH_2$)의 합성에는 이러한 두 단계가 사용된다.

Ph_3P: + $CH_3{-}Br$: →[S_N2, [1]] $Ph_3\overset{+}{P}{-}CH_3$:Br:⁻ (브로민화 메틸트라이페닐포스포늄) + Bu–Li →[2] $Ph_3\overset{+}{P}{-}\overset{-}{C}H_2$ ⟷ $Ph_3P{=}CH_2$ (일라이드의 두 가지 공명 구조) + Bu–H (뷰테인) + LiBr

- 단계 [1] Ph_3P:와 CH_3Br의 S_N2 반응에 의하여 포스포늄 염을 형성한다.
- 단계 [2] BuLi 같은 강염기를 사용하여 양성자를 제거함으로써 일라이드를 형성한다.

문제 21.17 비티히 반응에 따른 생성물을 그려라.

a. $(CH_3)_2C{=}O$ + $Ph_3P{=}CH_2$ ⟶ b. 사이클로펜탄온 + $Ph_3P{=}CHCH_2CH_2CH_2CH_3$ ⟶

문제 21.18 Ph_3P와 할로젠화 알킬로부터 각 비티히 시약을 합성하라.

a. $Ph_3P{=}CHCH_3$ b. $Ph_3P{=}C(CH_3)_2$ c. $Ph_3P{=}CHC_6H_5$

21.10B 비티히 반응의 메커니즘

현재 통용되는 비티히 반응의 메커니즘은 두 단계로 일어난다. 다른 친핵체들처럼 친전자체가 카보닐 탄소에 비티히 시약이 공격하지만, 초기의 첨가물이 제거 반응을 거쳐 알켄을 형성한다. 메커니즘 21.4에서는 $Ph_3P{=}CH_2$를 사용하여 설명하였다.

메커니즘 21.4 비티히 반응

RR'C=O: + ⁻:$CH_2{-}\overset{+}{P}Ph_3$ →(1) 옥사포스페테인 (새로운 C–C 결합은 붉은색) →(2) RR'C=CH_2 + :O=PPh_3 (산화트라이페닐포스핀)

① 음으로 하전된 일라이드의 탄소 원자가 카보닐 탄소를 공격하고, 반면에 카보닐 산소 원자는 양으로 하전된 P 원자를 공격한다. 이 단계에서 두 개의 결합이 형성되고 사원자 고리인 옥사포스페테인(oxaphosphetane)이 생성된다.

② 산화트라이페닐포스핀(triphenylphosphine oxide)이 제거되면서 두 개의 새로운 π 결합이 생성된다. 강력한 P=O 결합 형성은 비티히 반응의 추진력을 제공한다.

비티히 반응의 한 가지 단점은 때때로 알켄 입체이성질체의 혼합물이 생긴다는 점이다. 프로판알(CH_3CH_2CHO)의 비티히 반응을 예로 들면, *E*, *Z* 형태의 두 이성질체가 생성되는 것을 볼 수 있다.

그림 21.8
β-카로텐 합성에 사용된 비티히 반응

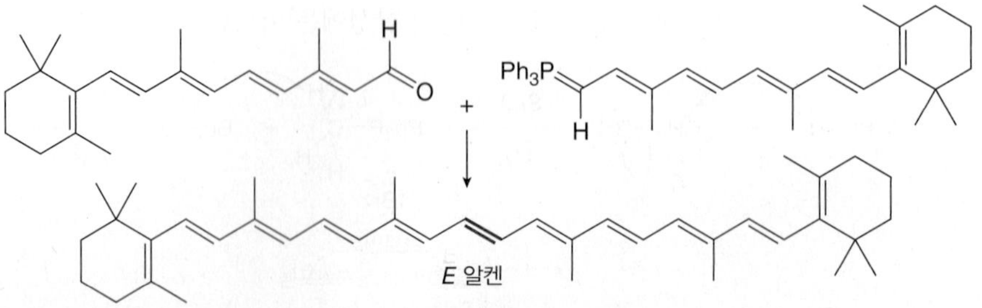

β-카로텐
당근에서 발견되는 오렌지색 색소
(바이타민 A 전구체)

- 이 비티히 반응에서는 좀 더 안정한 *E* 알켄이 주 생성물이다.

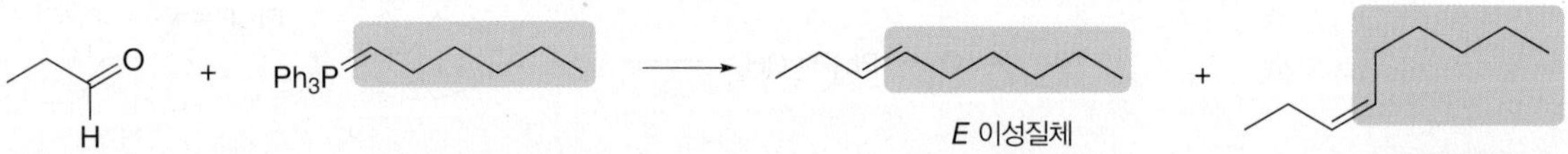

그림 21.8에서 보여 주듯이 단일 반응으로 비티히 반응은 두 개의 탄소–탄소 결합을 만들 수 있기 때문에 β-카로텐(β-carotene)을 포함하는 여러 가지 천연물들을 합성하는 데 사용되어 왔다.

문제 21.19 벤즈알데하이드(C_6H_5CHO)에 다음의 시약을 비티히 반응시켰을 때 만들어지는 생성물의 구조를 (입체화학을 포함하여)그려라.

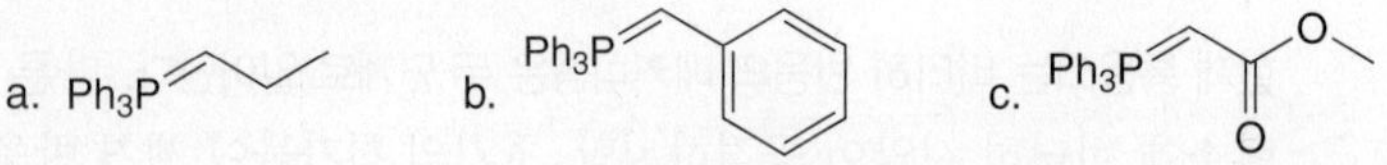

21.10C 역합성 분석

합성에서 비티히 반응을 사용하려면 주어진 화합물을 만드는 데 어떤 카보닐 화합물과 비티히 시약이 필요한지 알아야 한다. 즉, 역합성의 방향에서는 거꾸로 작업을 해야 한다. 주어진 알켄을 만드는 두 가지의 다른 비티히 방법이 있지만, 한 가지 방법이 입체적인 측면에서 선호된다.

문제 21.20 비티히 반응을 통하여 다음의 각 알켄을 만들기 위한 출발물은 무엇인가? 만약 두 가지 가능한 경로가 있다면 어느 것이 우선하는 경로인지 지적하라.

21.10D 알켄 합성 방법의 비교

비티히 반응을 사용하는 경우의 이점은 다른 제거 반응에 비하여 이중 결합의 위치를 항상 알 수 있다는 것이다. 다른 방법으로 알켄을 합성하면 자주 구조 이성질체의 혼합물이 주어지지만, 비티히 반응은 한 가지의 구조 이성질체만 얻어진다.

해결 방법 역합성 분석을 이용한 비티히 반응의 출발물 결정

예 **비티히** 반응으로 알켄 A를 합성하는 데 필요한 출발물은 무엇인가?

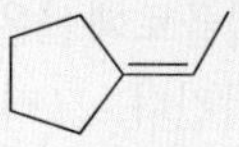

X

단계 [1] 탄소-탄소의 이중 결합을 분해하여 두 개의 구성물로 만든다.

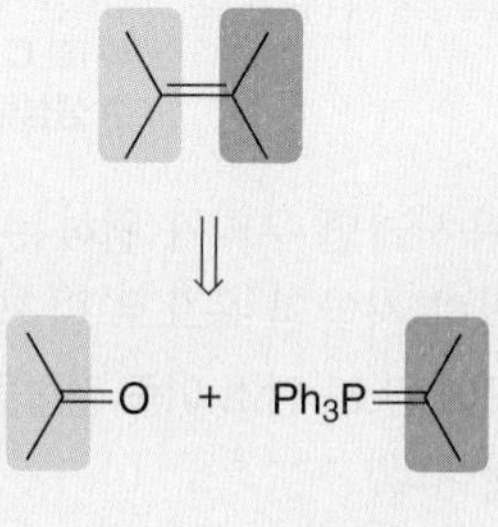

• 한 부분은 카보닐 화합물이 되고 다른 부분은 비티히 시약이 된다.

O + Ph_3P=

비티히 반응을 사용하여 주어진 알켄을 만드는 데는 보통 두 가지 방법이 있다.

가능성 [1] 가능성 [2]

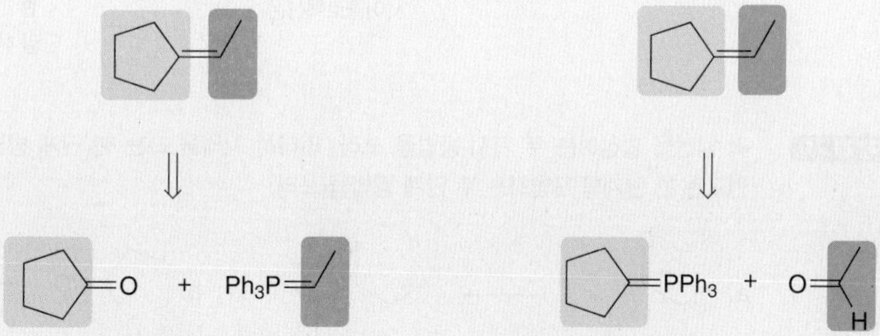

O + Ph_3P= =PPh_3 + O= H

단계 [2] 비티히 시약을 비교한다. 입체 장애가 적은 할로젠화 알킬(CH_3X, RCH_2X)로부터 유도된 비티히 시약이 우선적으로 사용된다.

각 비티히 시약을 만드는 데 필요한 할로젠화 알킬을 결정한다.

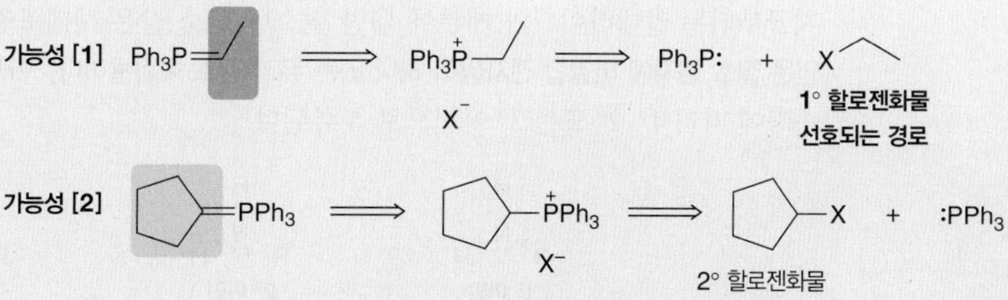

가능성 [1] Ph_3P= ⟹ $Ph_3\overset{+}{P}$ X^- ⟹ Ph_3P: + X
1° 할로젠화물
선호되는 경로

가능성 [2] =PPh_3 ⟹ $\overset{+}{P}Ph_3$ X^- ⟹ X + :PPh_3
2° 할로젠화물

비티히 시약의 합성은 **S_N2**로부터 시작되므로 입체 장애가 없는 **할로젠화 메틸과 1° 할로젠화 알킬이 잘 일어난다.** 이 예에서는 두 비티히 시약을 역합성으로 분석해보면 두 시약 중 오직 한 개 ($Ph_3P=CHCH_3$)만 1° 할로젠화 알킬로부터 합성될 수 있으며, 따라서 가능성 [1]이 우선되는 반응 경로이다.

예컨대, 사이클로헥산온을 알켄 B로 변환시키는 경우에 두 가지 방식, 즉 그리냐르 시약을 첨가한 후 탈수 반응이 진행되는 두 단계 반응이나 한 단계의 비티히 반응을 사용할 수 있다.

사이클로헥산온 → B

9.8절에서 알코올을 산 촉매에서 탈수하면 더 많이 치환된 알켄이 형성됨을 배웠다.

두 단계 반응은 사이클로헥산온을 CH_3MgBr을 사용하여 3° 알코올을 생성한 후에 황산을 이용하여 탈수 반응을 시킨다. 그러면 혼합물을 얻을 수 있는데, 우리가 원하는 이중치환 생성물은 부 생성물이 된다.

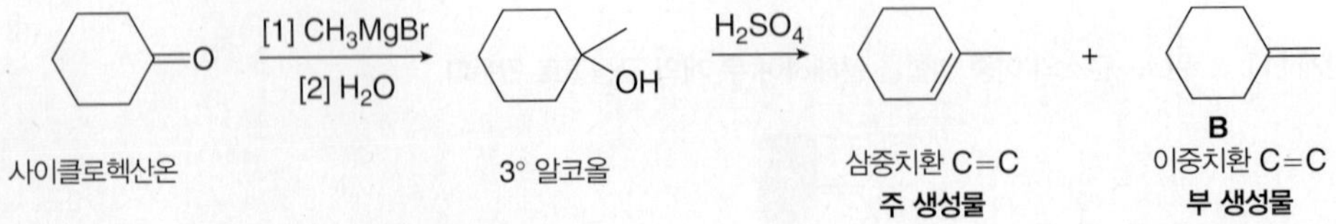

사이클로헥산온 —[1] CH_3MgBr, [2] H_2O→ 3° 알코올 —H_2SO_4→ 삼중치환 C=C **주 생성물** + **B** 이중치환 C=C **부 생성물**

반대로 사이클로헥산온을 $Ph_3P{=}CH_2$와 반응시키면 우리가 원하는 생성물을 한 가지만 얻을 수 있다. 새로이 생성된 이중 결합은 항상 비티히 시약의 음으로 하전된 카보닐 탄소에 결합한다. 다시 말해서 비티히 반응은 확실하게 원하는 곳에 탄소–탄소 이중 결합을 생성하는 것이다. 비티히 반응은 알켄을 만드는 특별하게 매력적인 방법이다.

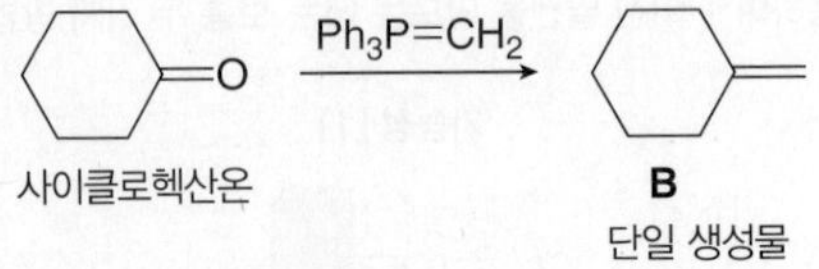

사이클로헥산온 —$Ph_3P{=}CH_2$→ **B** 단일 생성물

문제 21.21 각 알켄을 합성하는 두 가지 방법을 쓰라. 비티히 시약을 쓰는 한 단계 방법과 유기금속을 써서 탄소–탄소 결합을 만드는 한 단계를 포함하는 두 단계 방법을 쓰라.

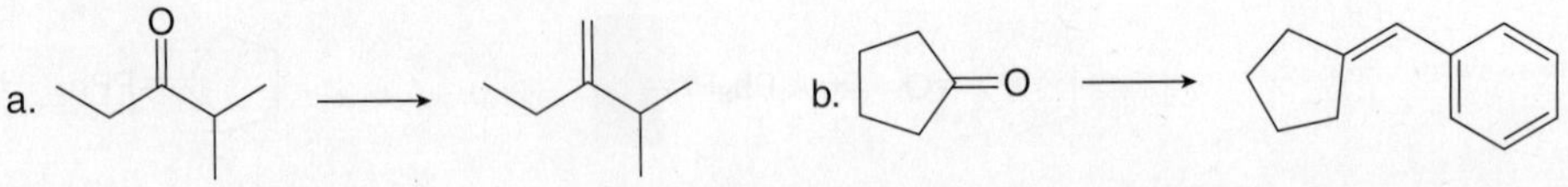

a. (케톤) → (알켄)　　b. (사이클로펜탄온) → (알켄)

21.11 1° 아민의 첨가 반응

지금부터는 알데하이드와 케톤에 대한 질소나 산소 같은 헤테로원자의 반응으로 옮겨 보자. 아민은 질소 원자에 비결합 전자쌍이 하나 있는 유기 질소 화합물이다. 아민은 질소에 결합한 알킬기의 숫자에 따라 1°, 2° 또는 3° 아민으로 분류된다.

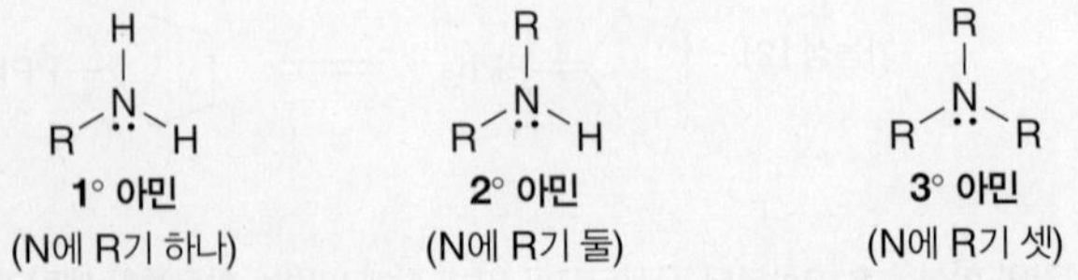

1° 아민	**2° 아민**	**3° 아민**
(N에 R기 하나)	(N에 R기 둘)	(N에 R기 셋)

1°, 2° 아민은 둘 다 알데하이드와 케톤과 반응한다. 이제 알데하이드 및 케톤과 1° 아민의 반응에 대한 논의를 시작한다.

21.11A 이민의 생성

알데하이드와 케톤을 1° 아민과 반응시키면 이민이 생성된다(이를 시프 염기(Schiff base)라고도 부른다). 1° 아민이 카보닐기를 친핵성 공격하면 불안정한 카비놀아민(carbinolamine)이 생성되고 물이 제거되면서 이민이 된다. 전체 반응의 결과는 C = O가 C = NR로 치환되는 것이다.

$$\underset{R'=H\ \text{또는 알킬}}{RC(=O)R'} \xrightarrow[\text{온화한 산}]{R''\ddot{N}H_2} \left[\underset{\text{카비놀아민}}{RR'C(OH)NHR''}\right] \xrightarrow{-H_2O} \underset{\text{이민}}{RR'C{=}NR''}$$

이민의 N 원자는 세 개의 기(두 개의 원자와 한 개의 비공유 전자쌍)로 둘러싸여 있기 때문에 sp^2 혼성화로 C−N−R″ 결합각이 ~120°가 된다(180°가 아니다). 이민 형성 반응은 반응 용액이 약하게 산성일 때 가장 빠르다.

$$\text{사이클로헥사논} \xrightarrow[\text{온화한 산}]{CH_3\ddot{N}H_2} \text{사이클로헥사논 } N\text{-메틸이민} + H_2O$$

$$\text{아세톤} \xrightarrow[\text{온화한 산}]{\text{사이클로헥실}-\ddot{N}H_2} \text{아세톤 } N\text{-사이클로헥실이민} + H_2O$$

이민 형성(메커니즘 21.5)의 메커니즘은 1° 아민의 친핵성 첨가 반응(단계 ①과 ②) 후 물이 제거(단계 ③~⑤)되는 두 개의 뚜렷한 부분으로 나누어 볼 수 있다. 각각의 반응 단계는 가역 평형을 포함하며 반응은 물이 제거되면서 최종 생성물로 진행된다.

이민 생성은 pH 4~5에서 가장 빠르다. 단계 ③에서 좋은 이탈기를 만들기 위해서 하이드록시기의 양성자 첨가에 약산이 필요하다. 센산 조건하에서는 이 반응 속도가 감소하는데 아민 친핵체가 양성자 첨가되기 때문이다. 자유 전자쌍이 없으면 더 이상 친핵성을 갖지 못하며 친핵성 첨가 반응이 일어나지 않는다.

메커니즘 21.5 알데하이드와 케톤으로부터 이민의 생성

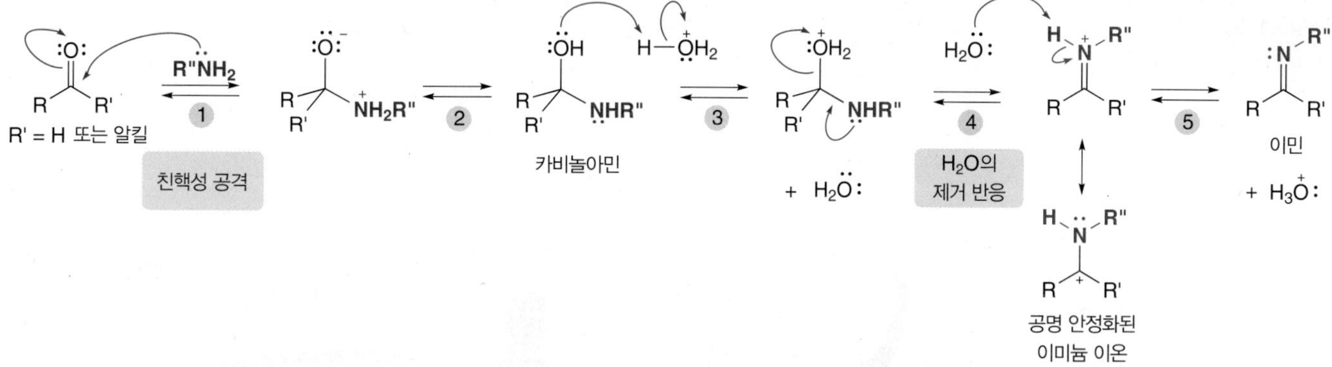

① ② 아민의 친핵성 공격 후 양성자의 이동으로 카비놀아민이 생성된다.

③ OH기에 양성자가 첨가되면 좋은 이탈기가 된다.

④ 물의 제거로 공명 안정화된 이미늄 이온(iminium ion)이 생성된다.

⑤ 양성자를 잃고 이민이 생성된다.

문제 21.22 약산 조건하에서 각 카보닐에 $CH_3CH_2CH_2CH_2NH_2$를 반응시켜 생기는 생성물을 그려라.

a. C_6H_5−CHO　b. 아세톤 (O=C(CH₃)₂)　c. 사이클로펜타논 (=O)

문제 21.23 어떤 1° 아민과 카보닐이 있어야 다음의 이민을 생성하는가?

a. (구조식) b. (구조식)

21.11B 응용: 레티날, 로돕신 그리고 시각의 화학

많은 이민은 생물 체계에서 생명 유지에 관련된 여러 가지 역할을 한다. 시각의 화학에서 주요 분자는 고도로 콘쥬게이션된 로돕신(rhodopsin)이며, 이것은 단백질 옵신(opsin)에 있는 1° 아민과 **11-시스-레티날**(21장 도입부에 소개된 분자)로부터 눈의 간상세포에서 합성된다.

(반응식: 11-시스-레티날 + H_2N—옵신 → 로돕신; 시스, H, CH_3, 복잡함, N, 옵신)

시각 과정에 있어서 로돕신의 주요 역할은 하버드대학교의 노벨상 수상자 조지 왈드(George Wald)에 의하여 서술되었다.

시각의 복잡한 과정은 레티날(그림 21.9)로부터 유도된 이 이민에 집중된다. 로돕신에 있는 11-시스 이중 결합은 약간 견고한 곁사슬 영역을 복잡하게 만든다. 빛이 망막의 간상세포를 치면 그것은 로돕신의 콘쥬게이션된 이중 결합에 흡수되어 11-시스 이중 결합은 11-트랜스 형태로 이성질화된다. 이 이성질화는 단백질의 구조에 극적인 변화를 수반하여 세포막을 통과하는 Ca^{2+}이온의 농도를 변화시켜, 뇌로 신경 자극을 전달하여 시각적 이미지로 처리된다.

그림 21.9
화학에서 시각의 주요 반응

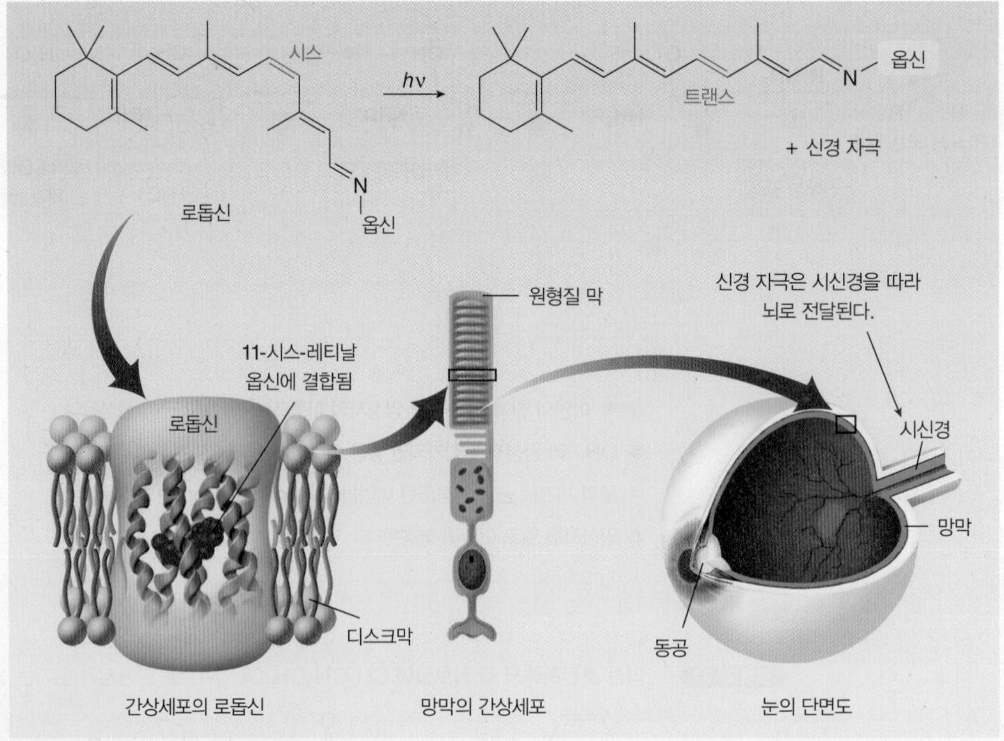

- 로돕신은 빛에 민감한 화합물로 망막의 간상세포막에 있다. 로돕신은 단백질 옵신과 이민 연결을 통하여 11-시스-레티날과 결합되어 있다. 여기에 빛을 가하면 복잡한 11-시스의 형태가 11-트랜스로 이성질화되고, 신경 자극이 시신경에 의해 뇌에 전달된다.

21.12 2° 아민의 첨가 반응

21.12A 엔아민의 형성

2° 아민은 알데하이드와 케톤과의 반응에서 엔아민(enamine)을 만든다. 엔아민은 이중 결합에 질소 원자가 결합하고 있다(알켄 + 아민 = 엔아민).

R′=H 또는 알킬 —(R_2NH)→ [카비놀아민] —($-H_2O$)→ 엔아민

이민과 같이 엔아민도 카보닐기에 질소 친핵체가 첨가 반응을 한 후 물이 제거되면서 생성된다. 그러나 이 경우에 제거 반응은 이웃한 두 탄소 원자 사이에 일어나고 새로운 탄소–탄소 π 결합이 생성된다.

온화한 산 + H_2O 온화한 산 + H_2O

엔아민 형성 메커니즘(메커니즘 21.6)은 π 결합 형성을 포함하는 마지막 단계를 제외하면 이민 생성 메커니즘과 동일하다. 이 메커니즘은 2° 아민의 친핵성 첨가 반응(단계 ①과 ②) 후 물이 제거(단계 ③ ~ ⑤)되는 두 개의 명백한 부분으로 나눌 수 있다. 각 단계는 이민 형성 반응에서처럼 가역적 평형이므로 물이 제거되면 반응이 완결된다.

메커니즘 21.6 알데하이드와 케톤으로부터 엔아민의 생성

R′ = H 또는 알킬 — R_2NH ① 친핵성 공격 — ② 카비놀아민 — ③ + H_2O: — ④ H_2O의 제거 — 공명 안정화된 이미늄 이온 — ⑤ H_2O: 엔아민 + H_3O^+:

① ② 아민의 친핵성 공격 후 양성자의 이동으로 카비놀아민이 생성된다.

③ OH기에 양성자가 첨가되면 좋은 이탈기가 된다.

④ 물의 제거로 공명 안정화된 이미늄 이온(iminium ion)이 생성된다.

⑤ 인접한 C–H 결합으로부터 양성자를 잃어서 엔아민이 생성된다.

메커니즘을 살펴보면 1° 아민과 카보닐의 반응은 이민을 형성하고, 2° 아민과 반응하면 엔아민을 형성하는 것으로 나타나 있는데 왜 그런 것일까? 그림 21.10에 사이클로헥산온을 출발물로 사용하여 두 메커니즘의 마지막 단계를 비교하였다. 이중 결합의 위치는 마지막 단계의 어느 양성자

그림 21.10
이민과 엔아민의 형성 비교

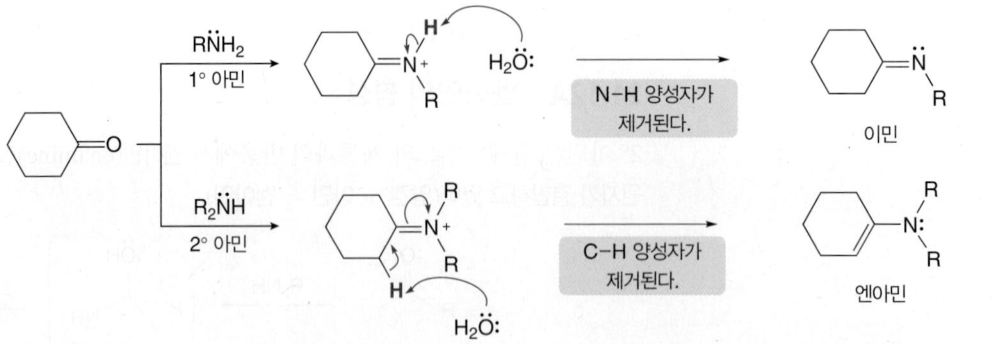

- **1° 아민**과는 중간체 이미늄 이온이 질소 원자에 양성자가 아직 있으므로 이것은 제거되어 C=N을 형성한다.
- **2° 아민**과는 중간체 이미늄 이온의 질소 원자에 양성자가 없으므로 이웃에 있는 C−H로부터 양성자가 제거되어 C=C 결합을 만든다.

가 제거되는가에 따른다. N−H에서 양성자가 제거되면 C=N이 형성되고, C−H에서 제거되면 C=C결합이 생성된다.

21.12B 이민과 엔아민의 가수분해

이민과 엔아민은 일련의 가역 반응에서 생성되므로 두 화합물을 약산으로 가수분해하면 카보닐 화합물로 되돌아갈 수 있다. 이 반응의 메커니즘은 이민과 엔아민의 생성 메커니즘의 정확한 반대이다. 엔아민의 가수분해에서 생성물의 카보닐 탄소는 출발물의 질소 원자에 결합되어 있는 sp^2 혼성화된 탄소로부터 온 것이다.

- 이민과 엔아민의 가수분해로 알데하이드와 케톤이 생성된다.

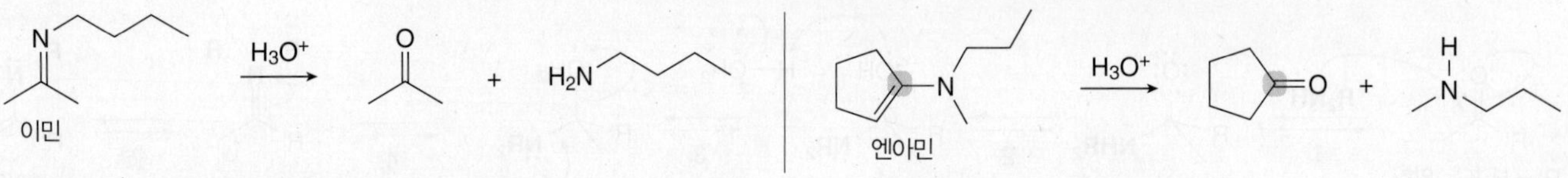

문제 21.24 2-메틸사이클로헥산온을 $(CH_3)_2NH$로 반응시킬 때 생기는 두 가지 엔아민은 무엇인가?

문제 21.25 다음의 화합물을 가수분해하였을 때 생기는 아민과 카보닐 화합물은 무엇일까?

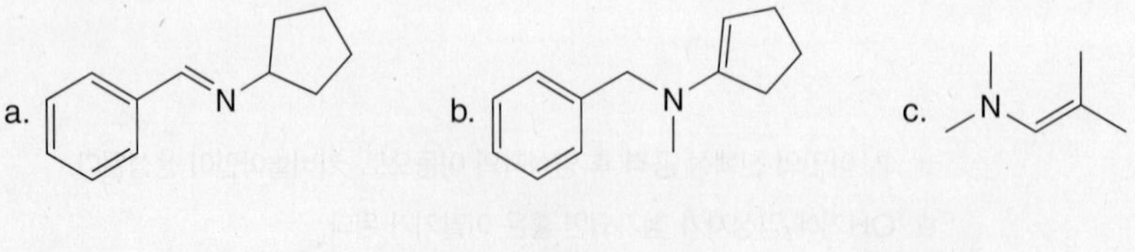

a. b. c.

문제 21.26 다음 이민 가수분해의 단계별 메카니즘을 그려라.

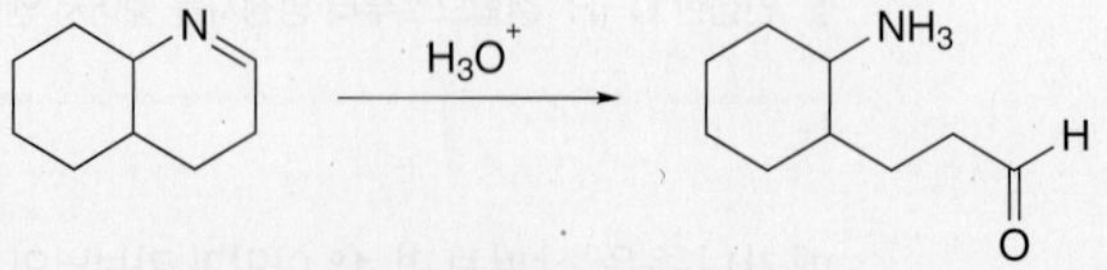

21.13 물의 첨가–수화 반응

카보닐 화합물에 산 또는 염기 촉매하에 물을 첨가하면 탄소–산소의 π 결합에 H와 OH가 엇갈리게 첨가되어 젬-다이올(gem-diol) 또는 수화물(hydrate)을 생성한다.

R′ = H 또는 알킬 — H_2O, H^+ or ^-OH → 젬-다이올 (수화물)

폼알데하이드와 같은 단순한 알데하이드나 전자 끄는 기가 주위에 있는 경우에만 카보닐기의 수화 반응은 젬–다이올을 좋은 수율로 얻는다.

폼알데하이드 —H_2O→ 폼알데하이드 수화물

클로랄 —H_2O→ 클로랄 수화물

21.13A 수화물 생성의 열역학

카보닐기에 물을 첨가하여 좋은 수율로 젬–다이올을 얻을 수 있는지는 생성물과 반응물의 상대적인 에너지 차이에 달려 있다. 덜 안정한 카보닐 출발물의 경우에는 평형이 수화물 쪽으로 치우치는 반면에 더 안정한 카보닐 출발물은 평형이 출발물 쪽으로 치우치게 된다. 알킬기는 카보닐기를 안정화하기 때문이다(20.2B절).

- 카보닐 탄소에 알킬기의 수가 증가하면 평형에서 수화물의 양은 감소한다.

다음은 폼알데하이드와 아세트알데하이드 그리고 아세톤에서 생성된 수화물의 양을 비교하여 나타낸 것이다.

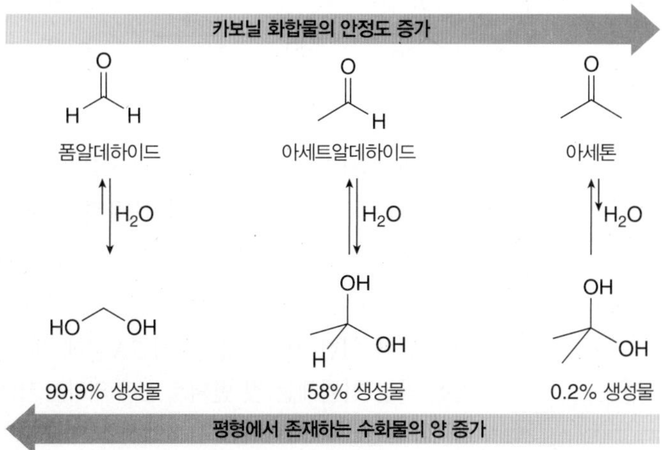

폼알데하이드는 카보닐 화합물 중에서 가장 불안정하며 수화물의 형성 비율이 가장 크다. 다시 말해서 아세톤과 다른 케톤의 경우는 전자를 제공하는 R기가 두 개로 평형에서 수화물 생성 비율은 1%미만이다. 다른 전자적 효과도 마찬가지로 영향을 미친다.

- 카보닐 탄소 가까이 있는 전자를 주는 기는 카보닐기를 안정화하여 평형에서 수화물의 양을 감소시킨다.
- 카보닐 탄소 가까이 있는 전자를 끄는 기는 카보닐기를 불안정화하여 평형에서 수화물의 양을 증가시킨다.

클로랄 수화물(chloral hydrate)은 때때로 수술 전에 환자를 조용하게 하기 위하여 복용시키는 진정제로 평판이 좋지 않게 사용되어 왔다. 이것을 알코올 음료와 섞으면 이른바 녹아웃 음료라고 불리는 것으로 이것을 먹으면 기절한다. 복용할 경우 중독성이 있고 주의가 필요하기 때문에 조심스런 물질이다.

이것은 클로랄(트라이클로로아세트알데하이드, trichloroacetaldehyde)이 평형에서 대부분 수화물로 되는 것을 설명한다. 전자를 끄는 세 개의 Cl은 카보닐의 α 탄소를 부분적인 양전하로 만들고 카보닐기를 불안정하게 하므로 평형에서 수화물의 양을 증가시킨다.

클로랄

인접한 같은 전하(δ^+)카보닐을 불안정화하고, 수화물의 양을 증가시킨다.

문제 21.27 각 쌍에서 평형에서 젬-다이올의 백분율이 높은 것은 어느 화합물인가?

a. 또는 b. 또는

21.13B 수화물 생성의 반응속도론

H_2O 자체는 카보닐기에 느리게 첨가되지만 산과 염기 모두 물의 첨가 반응에서 촉매 작용을 한다. ^-OH가 친핵체인 염기에서는 메커니즘 21.7에서 보여 주듯이 친핵성 공격과 그에 이은 양성자 첨가라는 일반적인 두 단계의 메커니즘을 따른다.

메커니즘 21.7 염기 촉매하에 카보닐기에 대한 물의 첨가 반응

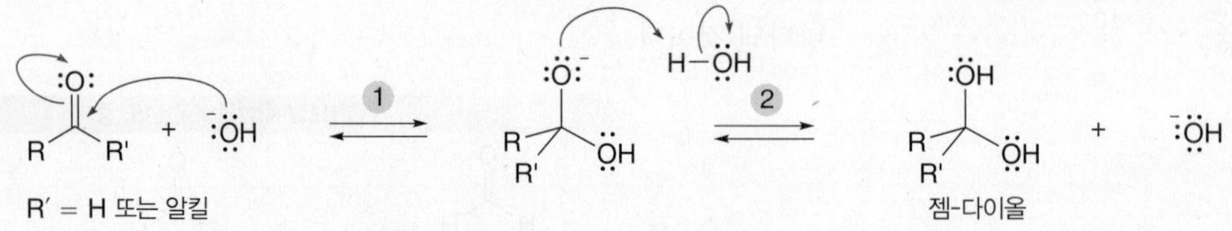

① 친핵체(^-OH)가 카보닐기를 공격하여 π 결합을 깨고 전자쌍이 산소로 이동한다.

② H_2O에 의해 음으로 하전된 산소에 양성자 첨가가 일어나 수화물이 생성된다.

산 촉매에 의한 첨가 반응은 21.7A절에 제시된 메커니즘을 따른다. 카보닐기를 공격하는 H_2O 같은 약한 친핵체는 첫 번째로 산에 의하여 카보닐에 먼저 양성자 첨가가 되어야 하며 그런 뒤에 친핵성 공격이 일어난다. 메커니즘 21.8에서 보여주듯이 전체적인 메커니즘은 세 단계이다.

메커니즘 21.8 산 촉매하에 카보닐기에 대한 물의 첨가 반응

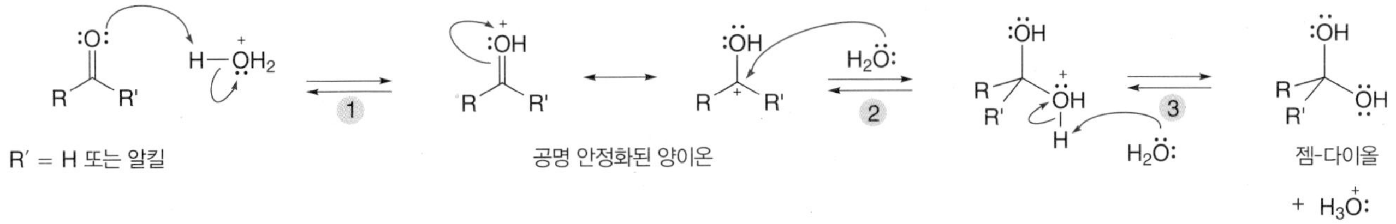

R′ = H 또는 알킬

공명 안정화된 양이온

젬-다이올

$+ H_3O^+$

① 카보닐 산소에 양성자 첨가되면 공명 안정화된 양이온이 생성된다.

② ③ 친핵체 공격과 양성자 제거로 젬–다이올이 생성된다. 전체적인 결과는 카보닐기에 H와 OH가 첨가반응이다.

산과 염기는 각기 다른 이유로 반응 속도를 증가시킨다.

- 염기는 물을 더 센 친핵체인 ^-OH로 변환시킨다.
- 산은 카보닐기에 양성자를 첨가함으로써 카보닐기를 친핵성 공격에 대하여 더 친전자적으로 만든다.

이러한 촉매들은 반응 속도를 증가시키지만 평형 상수에는 영향을 미치지 않는다. 낮은 수득률의 젬–다이올을 생성하는 출발물은 촉매의 존재 여부가 수득률과는 관계없다. 이러한 반응들은 가역 반응이므로 젬–다이올을 알데하이드나 케톤으로 변환시키는 반응은 산과 염기에 의해 촉매화되며, 메커니즘의 단계들은 정반대가 된다.

문제 21.28 다음 반응의 메커니즘을 그려라.

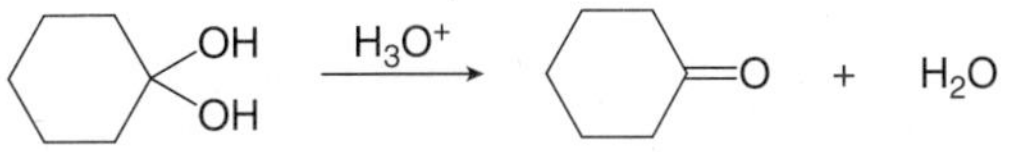

H_3O^+, $+ H_2O$

21.14 알코올의 첨가 반응–아세탈 생성

아세탈(acetal)이란 용어는 단일 탄소에 두 개의 OR기를 가지는 케톤이나 알데하이드에 적용된다. 케탈(ketal)이란 용어는 카보닐 출발물이 케톤일 때 가끔씩 사용된다. 즉, 케탈의 경우 알콕시기가 결합된 탄소가 수소와 결합하지 않으며 일반적인 구조식은 $R_2C(OR')_2$이다. 케탈은 IUPAC 체계에서 아세탈의 하위로 분류되므로 우리는 아세탈이란 단일 용어를 탄소 원자에 두 개의 OR기를 가진 어떤 화합물에도 사용할 것이다.

알데하이드와 케톤은 두 당량의 알코올과 반응하여 아세탈(acetal)을 형성한다. 아세탈에서 알데하이드와 케톤의 카보닐 탄소는 이제 두 개의 OR″(알콕시)기와 새로운 단일 결합을 형성한다.

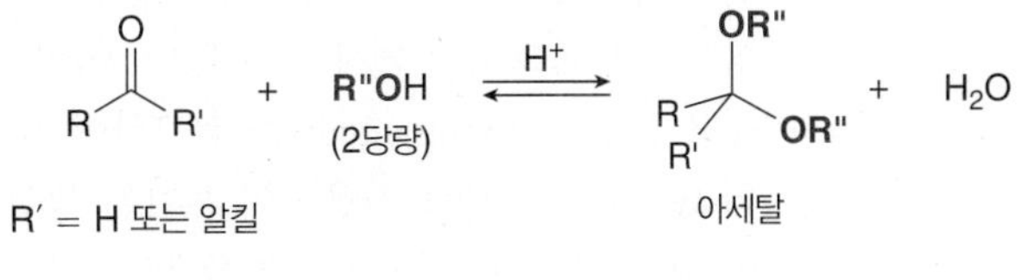

R″OH (2당량), H^+, $+ H_2O$

R′ = H 또는 알킬

아세탈

이 반응은 지금까지 우리가 보아 온 다른 첨가 반응들과는 다르다. 왜냐하면 카보닐기에 두 당량의 알코올이 첨가되어 두 개의 새로운 C–O σ 결합을 형성하기 때문이다. 아세탈화는 산으로 촉매되며 보편적으로 *p*-톨루엔설폰산(*p*-toluenesulfonic acid, TsOH)을 사용한다.

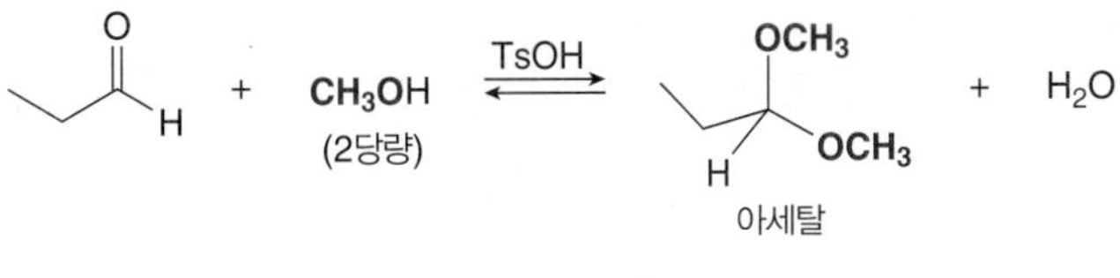

CH_3OH (2당량), TsOH, $+ H_2O$

아세탈

에틸렌 글라이콜 같은 다이올이 두 당량의 알코올(ROH) 대신에 사용되면 고리 아세탈이 생성

그림 21.11
물을 제거하는 딘스타크 트랩

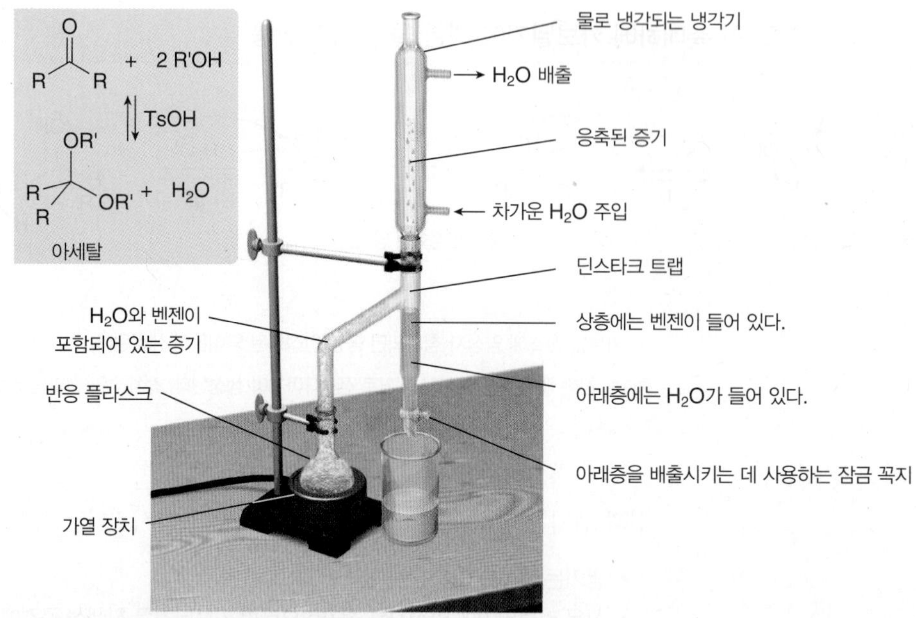

- **딘스타크 트랩(Dean-Stark trap)은 반응 혼합물 중에서 물을 제거하는 장치이다.** 딘스타크 트랩을 이용하여 카보닐 화합물을 아세탈로 변환시킨다.
  카보닐 화합물, 알코올 및 산을 벤젠에 녹인다. 반응물을 가열하면 카보닐 화합물은 아세탈과 부 생성물인 물로 된다. 벤젠과 물은 반응 혼합물에서 함께 증류된다. 뜨거운 증기가 차가운 냉각기에 다다르면 응축되어 액체가 되고 아래쪽 유리관에 모인다. 물은 밀도가 높아서 아래층으로 모인다. 모인 물은 잠금꼭지(stopcock)를 통하여 플라스크로 배출된다. 이와 같은 방법으로 반응 혼합물 중에서 물이 제거되어 평형을 이동시킨다.

된다. 고리 아세탈의 두 개의 산소 원자는 다이올에서 온다.

양쪽 작용기 모두 C−O σ 결합을 가지고 있지만 **아세탈은 에터가 아니다.** 같은 탄소 원자에 두 개의 C−O σ결합이 있는 아세탈은 에터와는 매우 다르다.

R−C(OR)(OR)−R ≠ R−O−R
아세탈 에터

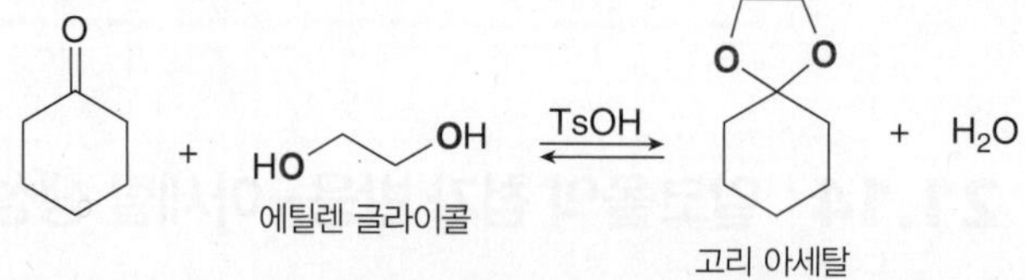

젬-다이올의 생성처럼 아세탈의 합성은 가역적이며 종종 평형에서는 생성물이 아니라 반응물리 더 선호된다. 그러나 아세탈의 합성에서 물은 부산물로 생성되므로 생성된 물을 제거하면 평형을 오른쪽으로 이동시킬 수 있다. 이러한 작업은 실험실에서 다양한 방법으로 할 수 있다. 보통은 탈수제(drying agent)를 첨가하여 물과 함께 반응시키거나 좀더 일반적으로는 그림 21.11의 딘스타크 트랩을 사용하여 혼합된 생성물 중에서 물을 증류할 수 있다. 생성물 중에 한 가지를 제거함으로써 평형을 오른쪽으로 이동하는 것은 르 샤틀리에(Le Châtelier) 법칙의 응용이다(9.8절 참조).

문제 21.29 각 반응의 생성물을 그려라.

a. 사이클로펜탄온 $\xrightarrow[\text{TsOH}]{2\ CH_3OH}$ b. 2-뷰탄온 + HO−CH₂CH₂−OH $\xrightarrow{\text{TsOH}}$

21.14A 메커니즘

아세탈 생성 메커니즘은 두 부분으로 나눌 수 있다. 1당량 알코올의 첨가로 헤미아세탈(hemiacetal)이 형성되고 뒤를 이어 헤미아세탈이 아세탈로 변환된다. 헤미아세탈은 탄소 원자에 OH기와 OR기가 결합되어 있다.

R'OH, H⁺ Part [1] · R'OH, H⁺ Part [2] · + H_2O

헤미아세탈 · 아세탈

젬－다이올처럼 헤미아세탈은 카보닐 출발물보다 에너지가 더 높으므로, 종종 평형 방향이 헤미아세탈 생성에 불리하다. 헤미아세탈에서 아세탈로 변환되는 동안 일어나는 물의 제거는 반응 혼합물로부터 물을 제거함으로써 평형을 생성물 쪽으로 촉진시킨다. 이것은 왜 카보닐기가 두 당량의 ROH와 반응하여 아세탈 생성물이 되는가를 설명한다.

메커니즘 21.9는 HA가 일반적인 산인 두 부분으로 작성되었다.

메커니즘 21.9 아세탈 형성

부분 [1] 헤미아세탈의 생성

공명 안정화된 양이온 + :A⁻ · 친핵체 공격 · 헤미아세탈 + H－A

① 카보닐 산소의 양성자 첨가로 공명 안정화된 양이온이 형성된다.

② ③ R'OH에 의한 친핵체의 공격과 양성자 제거로 헤미아세탈이 생성된다. 전체적인 결과는 카보닐기에 H와 OR'이 첨가이다.

부분 [2] 아세탈의 생성

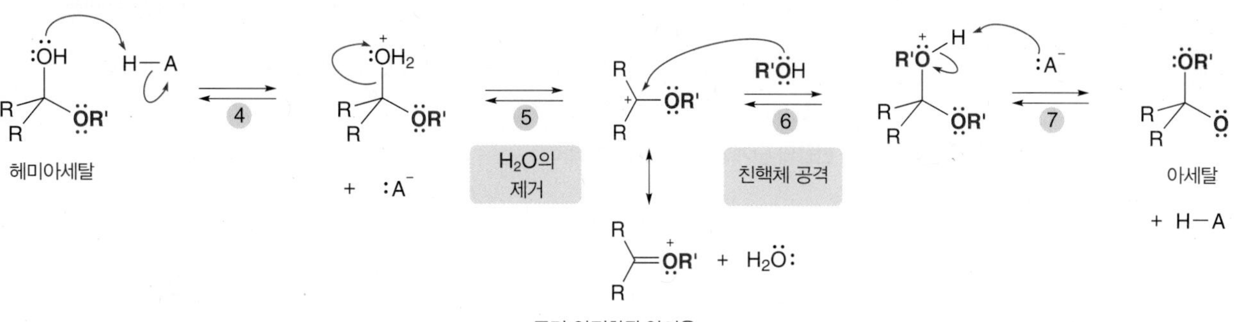

④ 헤미아세탈 OH기의 양성자 첨가는 좋은 이탈기를 만든다.

⑤ H_2O를 잃고 공명 안정화된 양이온을 생성한다.

⑥ ⑦ R'OH에 의한 친핵체의 공격과 양성자 제거로 아세탈이 생성된다. 부분 [2]의 전체적인 결과는 카보닐기에 두 번째 OR'기의 첨가이다.

이 메커니즘은 모두 일곱 단계로 길지만 단지 세 가지 다른 종류의 반응들, 즉 친핵체의 첨가, 이탈기의 제거, 그리고 양성자 이동으로 되어 있다. 단계 ② 와 ⑥ 에서는 친핵체의 공격을 포함하고 단계 ⑤ 에서는 H_2O가 제거된다. 메커니즘의 다른 네 개의 단계들은 더 좋은 이탈기로 또는 카보닐기를 더 친전자성으로 만들기 위하여 양성자가 산소 원자에서부터 다른 곳으로 이리저리 이동한다.

문제 21.30 각 화합물에 아세탈, 헤미아세탈, 에터를 표시하라.

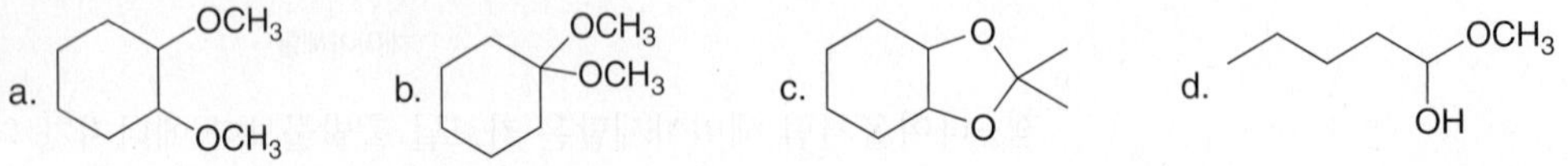

a. (1,2-다이메톡시사이클로헥세인: OCH_3, OCH_3) b. (1,1-다이메톡시사이클로헥세인: OCH_3, OCH_3) c. (고리 O, O) d. (OCH_3, OH)

문제 21.31 다음 반응의 단계적 메커니즘을 그려라.

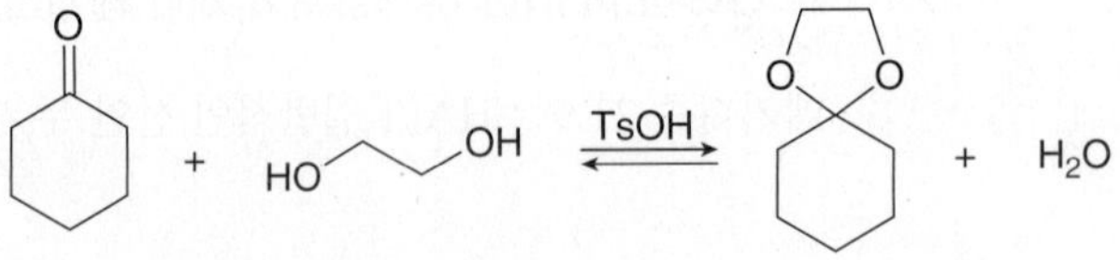

사이클로헥산온 + HO–CH₂CH₂–OH $\xrightleftharpoons{TsOH}$ 에틸렌 아세탈 + H_2O

21.14B 아세탈의 가수분해

아세탈이 알데하이드와 케톤으로 변환되는 과정은 가역 반응이므로 산 수용액에서 알데하이드와 케톤으로 가수분해될 수 있다. 이 반응 역시 평형 과정이므로 가수분해를 위한 과량의 물을 사용하면 반응이 오른쪽으로 촉진된다.

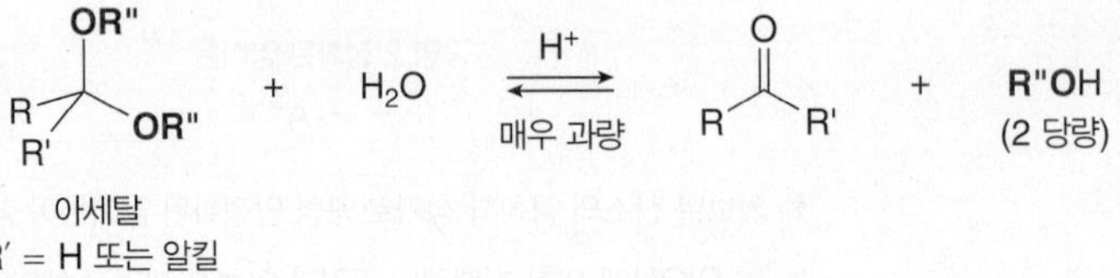

$$R(R')C(OR'')_2 + H_2O \underset{\text{매우 과량}}{\overset{H^+}{\rightleftharpoons}} RC(=O)R' + R''OH \; (2\ 당량)$$

아세탈
R′ = H 또는 알킬

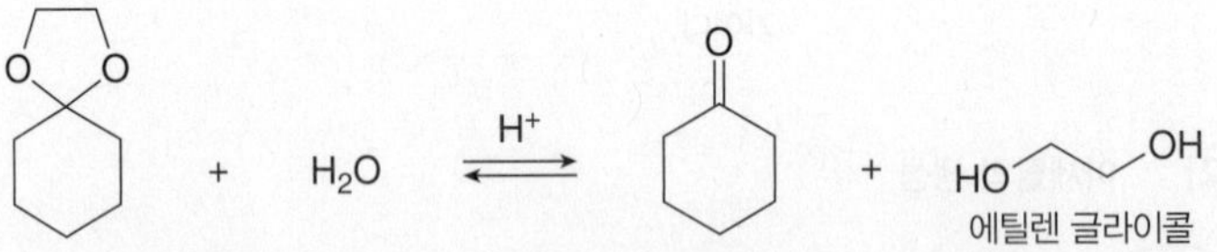

사이클로헥산온 에틸렌 아세탈 + H_2O $\overset{H^+}{\rightleftharpoons}$ 사이클로헥산온 + HO–CH₂CH₂–OH
에틸렌 글라이콜

이 반응의 메커니즘은 아세탈의 합성의 역과정으로 예제 21.4에 나타내었다.

예제 21.4 다음 반응의 단계별 메커니즘을 그려라.

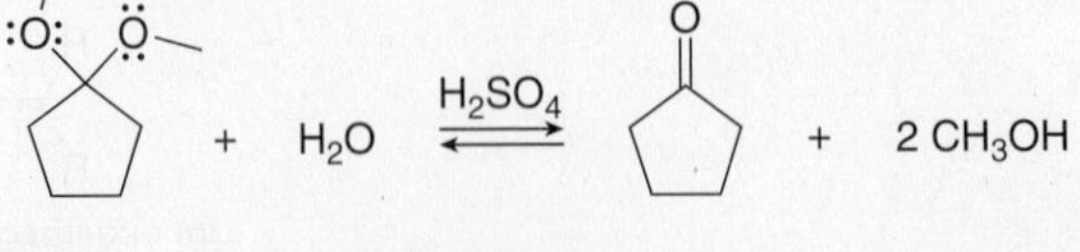

1,1-다이메톡시사이클로펜테인 (:Ö: Ö) + H_2O $\overset{H_2SO_4}{\rightleftharpoons}$ 사이클로펜탄온 + 2 CH_3OH

풀이

이 메커니즘은 아세탈 형성의 역과정으로 아세탈이 헤미아세탈로 변환된 후, 이어서 헤미아세탈이 카보닐 화합물로 변환되는 두 부분을 포함한다.

부분 [1] 아세탈의 헤미아세탈로의 변환

아세탈의 헤미아세탈화는 CH_3OH 한 분자가 제거되고 한 분자의 H_2O가 첨가된다.

아세탈 + $H-OSO_3H$ ⇌ (1) + HSO_4^- ⇌ (2) CH_3OH의 제거 + CH_3OH ⇌ $H_2\ddot{O}$: (3) 친핵성 공격 ⇌ HSO_4^- (4) 헤미아세탈 + H_2SO_4

부분 [2] 헤미아세탈의 카보닐 화합물로의 변환

헤미아세탈이 카보닐 화합물로 변환되기 위하여 한 분자의 CH_3OH가 제거되고 C－O π 결합이 형성되어야 한다.

헤미아세탈 + $H-OSO_3H$ ⇌ (5) + HSO_4^- ⇌ (6) CH_3OH의 이탈 + CH_3OH ⇌ HSO_4^- (7) 카보닐 화합물 + H_2SO_4

단계 ②와 ⑥은 이탈기(CH_3OH)가 이탈되고, 단계 ③에서 물의 친핵성 공격이 일어난다. 이 메커니즘의 다른 네 단계들은 양성자가 하나의 산소 원자로부터 다른 원자로 뒤섞인다.

단계 ②와 ⑥은 공명 안정화된 탄소 양이온을 형성하지만, 여기에는 단지 한 개의 공명 구조만 그려 놓았다.

아세탈의 가수분해는 좋은 이탈기(ROH)를 만들기 위하여 센산이 필요하다. 예제 21.4에서 H_2SO_4는 약염기인 CH_3O^-를 중성 이탈기 CH_3OH로 변환시킨다. 아세탈의 가수분해는 염기에서 일어나지 않는다.

문제 21.32 각 반응의 생성물을 그려라.

a. CH_3O OCH_3 + H_2O $\xrightarrow{H_2SO_4}$ b. + H_2O $\xrightarrow{H_2SO_4}$

사사프라스, 사프롤의 원천

문제 21.33 사프롤(Safrole)은 사사프라스(북아메리카산의 녹나무과 식물)로부터 추출되는 아세탈을 포함하는 천연 화합물이다. 한때는 루트 비어(root beer)나 음료수에 일반 식품 첨가제로 사용되었지만, 지금은 발암성 때문에 금지되었다. 사프롤이 산성 용액에서 가수분해되면 어떤 화합물이 생성되는가?

사프롤

올레안드린은 몇몇 국가에서 울혈성 심부전 치료제로 사용되는 심장 독성이 있는 당화합물이다. 열대나 아열대 지방의 일반적인 관상용 식물인 협죽도(*Nerium oleander*)의 수액에서 얻는다.

문제 21.34 올레안드린(oleandrin)에서 아세탈을 찾아내고, 이 아세탈을 산 촉매하에서 가수분해한 생성물을 그려라.

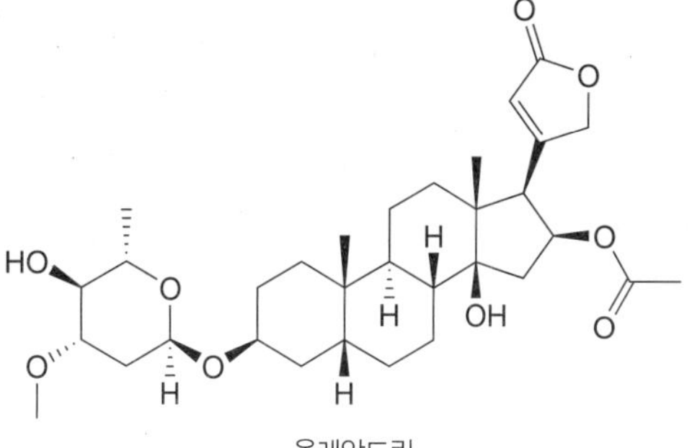

올레안드린

21.15 보호기로서의 아세탈

tert-뷰틸다이메틸실릴 에터(*tert*-buthyldimethylsilyl ether)가 알코올(21.12절)의 보호기로 사용되는 것과 같이 아세탈은 알데하이드와 케톤의 유용한 보호기이다.

출발물 **A**가 케톤과 에스터 양쪽을 포함한다고 가정하자. 그리고 케톤은 놓아 두고 에스터만 선택적으로 환원하여 알코올[6-하이드록시헥산-2-온(6-hydroxyhexan-2-one)]로 만들려고 한다. 이러한 선택 환원은 한 단계로 가능하지 않다. 케톤은 좀더 쉽게 환원되기 때문에 메틸-5-하이드록시헥사노에이트(methyl-5-hydroxyhexanoate)가 생성된다.

원하는 반응

6-하이드록시헥산-2-온

A

이 C=O가 반응성이 크다

관측된 반응

메틸-5-하이드록시헥사노에이트

이 문제를 해결하기 위해 우리는 보호기를 이용하여 더 반응성이 좋은 케톤 카보닐기를 차단한다.

[1] 간섭하는 작용기의 보호–케톤 카보닐

[2] 원하는 환원 반응의 수행

[3] 보호기의 제거

다음 일련의 세 단계의 고리 아세탈을 사용하여 원하는 생성물로 유도한다.

HOCH$_2$CH$_2$OH, TsOH — **단계 [1] 보호 반응**

[1] $LiAlH_4$ [2] H_2O — **단계 [2] 환원 반응**

H_2O, H^+ — **단계 [3] 탈보호 반응**

원하는 생성물

- 단계 [1] 케톤 카보닐은 $HOCH_2CH_2OH$와 TsOH로 반응하여 고리 아세탈로서 보호한다.
- 단계 [2] 에스터의 환원은 $LiAlH_4$로 수행하고 뒤이어 H_2O로 처리한다.
- 단계 [3] 아세탈은 산 수용액으로 케톤 카보닐기로 다시 변환한다.

아세탈들은 쉽게 첨가 및 제거되며 다양한 반응 조건에서 안정하기 때문에 알데하이드와 케톤의 보호기로 널리 사용된다. 아세탈은 염기, 산화제, 환원제, 그리고 친핵체와 반응하지 않는다. 좋은 보호기는 분자의 다른 곳에서 일어나는 다양한 반응 조건에서 살아 남아야 한다. 그러나 필요시에는 온화한 조건에서 선택적으로 제거되어야 한다.

문제 21.35 다음 변환을 수행하기 위해서는 어떤 보호기를 사용해야 하는가?

21.16 고리 헤미아세탈

비고리 헤미아세탈은 일반적으로 불안정하여 평형에서 상당한 양이 존재하지 않지만 오원자나 육원자 고리를 포함하는 고리 헤미아세탈은 쉽게 분리되는 매우 안정한 화합물이다.

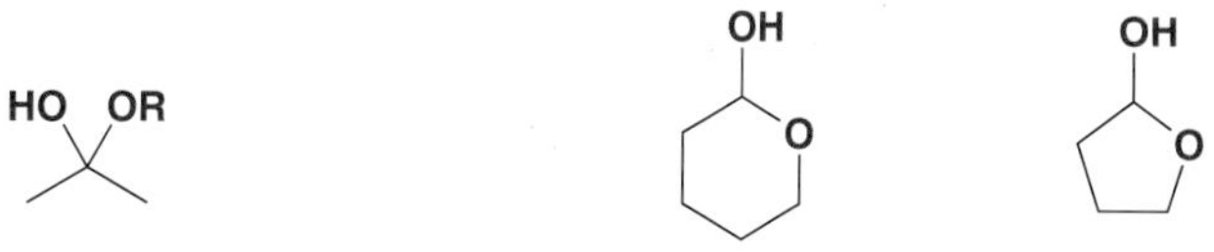
HO OR
OH
O
OH
O

헤미아세탈 고리 헤미아세탈

C는 다음 치환기와 결합하고 있다:
- **OH**기
- **OR**기

표시된 각 C는 다음의 치환기와 결합하고 있다:
- **OH**기
- 고리의 일부인 **OR**기

21.16A 고리 헤미아세탈의 생성

모든 헤미아세탈은 카보닐기에 하이드록시기가 친핵성 첨가되어 생성된다. 같은 방법으로 고리 헤미아세탈은 하이드록시 알데하이드의 분자내 고리화 반응에 의하여 생성된다.

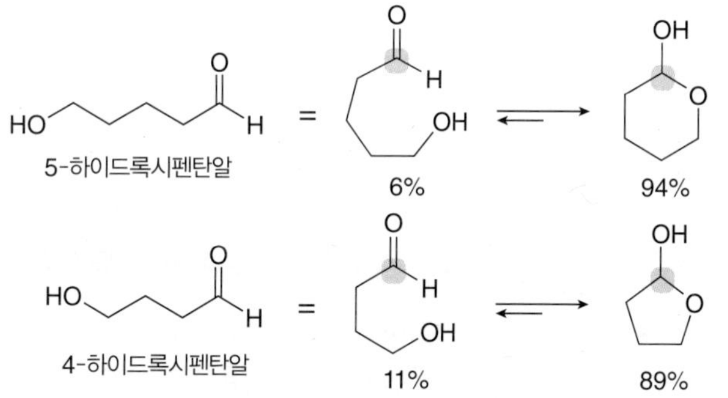
HO
O
H
5-하이드록시펜탄알
=
O
H
OH
6%
OH
O
94%
HO
O
H
4-하이드록시펜탄알
=
O
H
OH
11%
OH
O
89%

[평형에서 각 화합물의 비율이 주어져 있다.]

이러한 오원자나 육원자 고리를 형성하는 분자내 반응들은 이에 해당하는 분자간 반응보다 빠르다. 두 개의 반응 작용기, 이 경우 OH와 C=O는 근접해 있기 때문에 반응 확률이 증가한다.

문제 21.36 각 하이드록시 알데하이드의 분자내 고리화 반응으로 생성되는 락톨(고리 헤미아세탈)은 무엇인가?

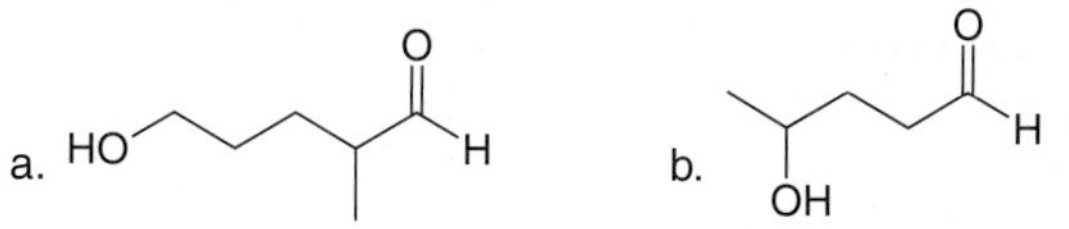
a.
HO
O
H
b.
O
H
OH

헤미아세탈은 산이나 염기 촉매하에서 형성된다. 산 촉매 메커니즘은 메커니즘 21.10에서 5-하이드록시펜탄알(5-hydroxypentanal)이 산 촉매 고리화 반응으로 육원자 고리 헤미아세탈을 생성하는 것처럼, 분자내 반응이라는 것을 제외하고는 메커니즘 21.9의 부분 [1]과 같다.

메커니즘 21.10 산 촉매 고리 헤미아세탈의 생성

1 2 카보닐 산소의 양성자 첨가 후 분자내 친핵성 공격에 의하여 육원자 고리를 형성한다.

3 양성자 이탈로 중성 고리 헤미아세탈을 생성한다.

하이드록시 알데하이드의 분자내 고리화 반응은 새로운 하나의 입체이성질 중심을 가진 헤미아세탈을 생성하므로 두 개의 거울상이성질체가 같은 양으로 생성된다.

새로운 입체 발생 중심 거울상이성질체

21.16B 헤미아세탈의 아세탈로의 변환

고리 헤미아세탈은 산과 알코올과 반응시켜 아세탈로 변환할 수 있다. 반응에서는 헤미아세탈의 일부분인 OH기가 OR기로 변환된다.

헤미아세탈 $\xrightarrow{CH_3OH,\ H^+}$ 아세탈 + H_2O

이 반응의 메커니즘 21.11은 고리 헤미아세탈의 아세탈로의 변환을 설명한 메커니즘 21.9의 부분 [2]와 동일한 반응이다.

메커니즘 21.11 고리 헤미아세탈에서 고리 아세탈의 형성

H_2O의 제거 친핵성 공격

공명 안정화된 양이온

① 헤미아세탈 OH기의 양성자 첨가는 좋은 이탈기를 만든다.

② 물의 제거는 공명 안정화된 양이온을 형성한다.

③ ④ CH_3OH의 친핵성 공격 후 양성자 이탈은 아세탈을 형성한다.

이 반응의 전체적인 결과는 헤미아세탈의 OH기를 OCH_3기로 바꾸는 것이다. 이 치환 반응은 단계 ②에서 생성된 탄소 양이온이 공명에 의하여 안정화되기 때문에 쉽게 일어난다. 이 사실은 헤미아세탈의 OH기는 다른 알코올의 하이드록시기와 다르다는 것이다.

그래서 알코올의 OH기와 헤미아세탈의 OH기를 포함하고 있는 화합물들을 산과 알코올로 처리하면 헤미아세탈의 OH기만 반응하여 아세탈이 된다. 알코올의 OH기는 반응하지 않는다.

고리 헤미아세탈이 아세탈로 변환하는 것은 28장에 논의한 것과 같이 탄수화물 화학에서는 매우 중요한 반응이다.

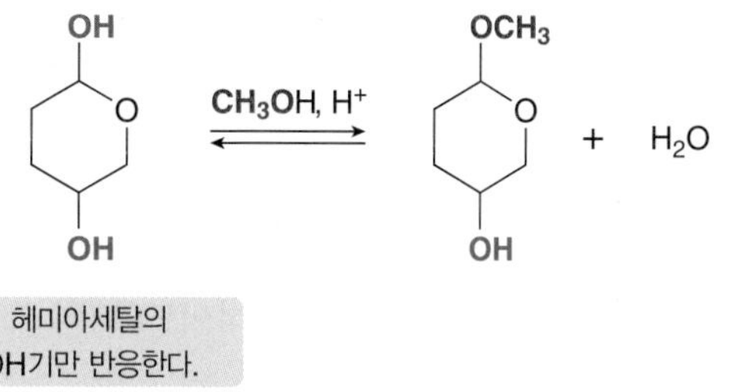

OH, O, OH — CH_3OH, H^+ ⇌ — OCH_3, O, OH + H_2O

헤미아세탈의 OH기만 반응한다.

문제 21.37 안정한 고리 헤미아세탈과 아세탈을 가지고 있는 두 가지 천연물은 모넨신(monensin)과 디곡신(digoxin, 21장의 도입부 분자)이다. 스트렙토마이세스 시나모넨시스(*Streptomyces cinamonensis*)에 의하여 생성되는 폴리에터 항생물질인 모넨신은 가축의 먹이에 첨가제로 쓰인다. 디곡신은 심장 수축력을 증가시키는 데 사용되는 심장약으로 널리 처방되고 있다. 각 화합물에서 아세탈과 헤미아세탈, 그리고 에터를 표시하라.

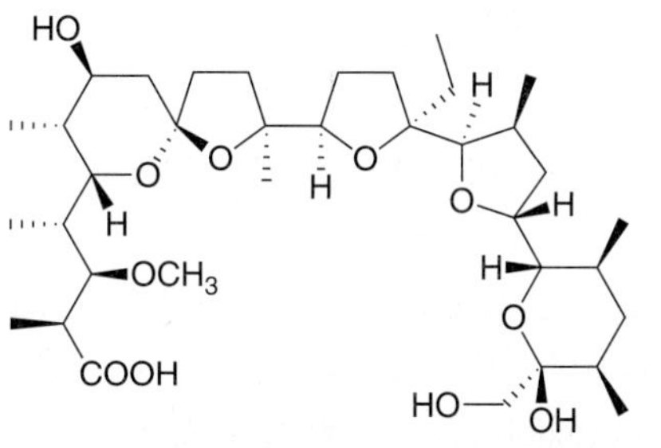

HO, O, H, OCH₃, COOH, HO, OH — 모넨신

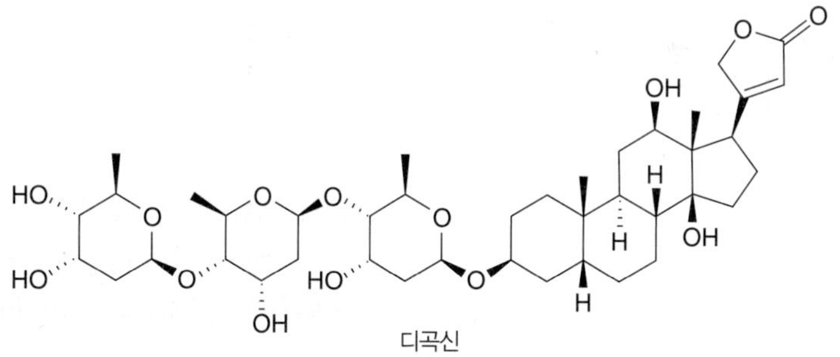

HO, O, OH, H — 디곡신

문제 21.38 각 반응의 생성물을 그려라.

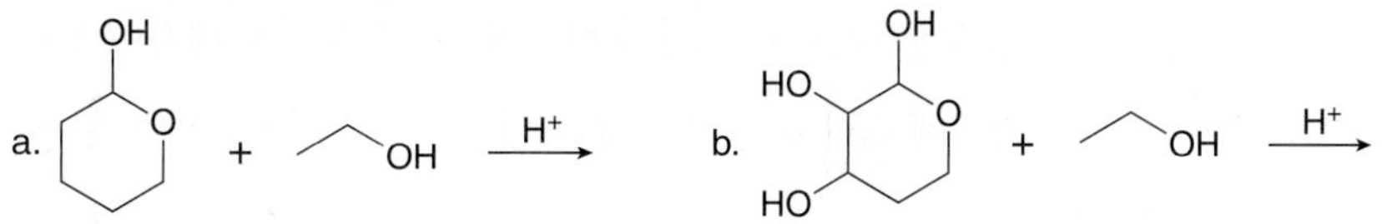

a. (OH, O) + (OH) $\xrightarrow{H^+}$

b. (OH, HO, O, HO) + (OH) $\xrightarrow{H^+}$

21.17 탄수화물의 소개

일반적으로 당과 녹말로 총칭되는 탄수화물은 폴리하이드록시(polyhydroxy) 알데하이드와 케톤 또는 그들로 가수분해될 수 있는 화합물이다. 단백질, 지방산 및 뉴클레오타이드와 함께 그것들은 살아 있는 세포의 기능과 구조를 관장하는 생체분자의 네 가지 주요 작용기 중의 하나이다.

많은 탄수화물은 고리 아세탈 또는 헤미아세탈을 포함하고 있다. 예를 들면, 가장 흔히 볼 수 있는 단순당인 글루코스와 우유 속에 들어 있는 주요 탄수화물인 락토스(lactose)가 있다.

글루코스는 혈액 속에 운반되어 각 세포에서 대사되는 탄수화물이다. 호르몬 인슐린은 혈액 속의 글루코스 양을 조절한다. 당뇨병은 인슐린의 부족으로 생기는 일반적인 병이며 혈액 속의 글루코스 수치를 증가시켜 다른 비정상적인 대사를 유발한다. 인슐린 주사는 글루코스 수치를 조절한다.

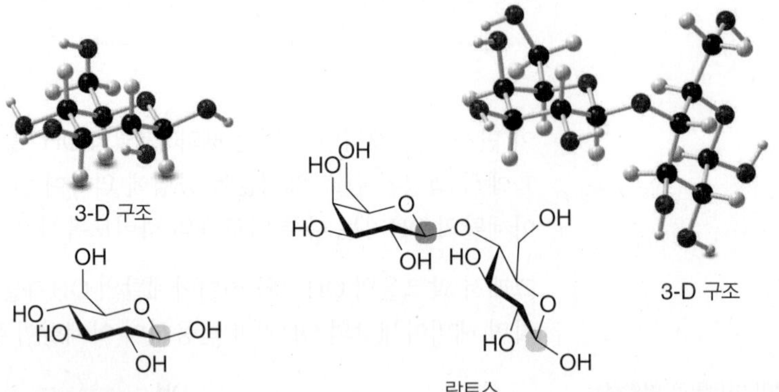

3-D 구조

β-D-글루코스
(글루코스의 한 형태)

락토스

3-D 구조

당 속의 헤미아세탈은 다른 헤미아세탈들이 생성되는 것과 같은 방식, 즉 하이드록시 알데하이드의 고리화 반응으로 형성된다. 그래서 글루코스의 헤미아세탈은 다음의 식에서 보여 주듯이 비고리 폴리하이드록시 알데하이드(**A**)의 고리화 반응으로 생성된다. 이 과정은 두 개의 주요한 특징을 설명한다.

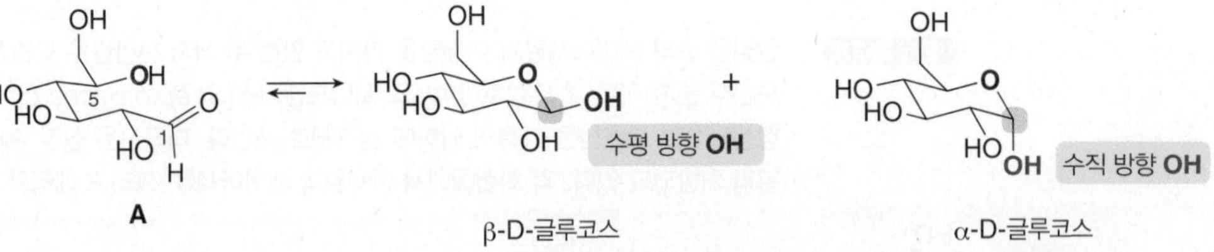

A ⇌ β-D-글루코스 (수평 방향 **OH**) 63% + α-D-글루코스 (수직 방향 **OH**) 37%

- C5에 있는 OH기가 친핵체일 때 육원자 고리가 생기는 고리화 반응이 쉽게 일어난다. 이 고리 크기가 우선적으로 생성된다.
- 고리화 반응은 새로운 입체 발생 중심을 형성하는데, 이것은 21.16A절에 있는 더 간단한 하이드록시 알데하이드(5-hydroxypentanal)의 고리화 반응과 정확히 비슷하다. 헤미아세탈의 새로운 OH기는 수평(equatorial) 또는 수직(axial) 방향 위치가 될 수 있다.

이 결과로 글루코스는 ***β*-D-글루코스**(수평 방향 OH기를 가지고 있다)와 ***α*-D-글루코스**(수직 방향 OH기를 가지고 있다)라 부르는 두 개의 고리를 형성한다. β-D-글루코스는 공간 여유가 있는 수평 방향 위치의 새로운 OH기를 가지고 있기 때문에 이 고리가 글루코스의 주 생성물이다. 평형 상태에서는 아주 소량의 비고리 하이드록시 알데하이드 **A**가 존재한다.

이 과정에 대한 더 많은 자세한 내용과 탄수화물의 다른 면을 28장에 설명하였다.

문제 21.39

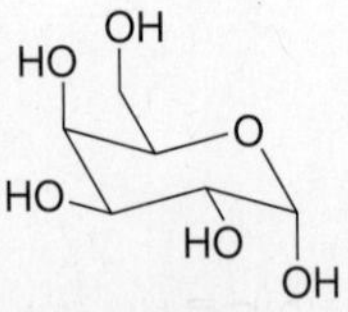

α-D-갈락토스

a. α-D-갈락토스에는 몇 개의 입체 발생 중심이 존재하는가?
b. α-D-갈락토스에 있는 헤미아세탈 탄소를 표시하라.
c. β-D-갈락토스의 구조를 그려라.
d. α-와 β-D-갈락토스로 고리화하는 폴리하이드록시 알데하이드의 구조를 그려라.
e. 21.16B절에서 배운 내용으로부터 α-D-갈락토스를 산 촉매 및 CH_3OH와 반응시킬 때 생성되는 생성물은 무엇인가?

알데하이드와 케톤—친핵성 첨가 반응

일반적 사항

- 알데하이드와 케톤은 H 원자 또는 R기와 결합한 카보닐기를 포함한다. 카보닐 탄소는 sp^2 혼성화이며 삼각 평면이다(21.1절).
- 알데하이드는 접미사 -알(-al)로 확인하고 케톤은 접미사 -온(-one)으로 확인한다(21.2 절).
- 알데하이드와 케톤은 극성 화합물로 쌍극자−쌍극자 상호작용을 나타내는 화합물이다(21.3절).

RCHO와 R_2CO의 분광학적 흡수에 대한 요약(21.4절)

IR 흡수	C=O	케톤은 약 1715 cm^{-1} 고리 크기가 감소함에 따라 진동수는 증가
		알데하이드는 약 1730 cm^{-1} RCHO와 R_2CO 모두 콘쥬게이션에 의해 진동수가 감소함.
	CHO의 C_{sp2}−H	약 2700~2830 cm^{-1}(한 개 또는 두 개의 봉우리)
^{1}H NMR 흡수	CHO	9~10 ppm(크게 벗겨진 양성자)
	C=O의 α위치에 있는 C−H	2~2.5 ppm(조금 벗겨진 C_{sp3}−H)
^{13}C NMR 흡수	C=O	190~215 ppm

친핵성 첨가 반응

[1] 수소 음이온(H^-)의 첨가(21.8절)

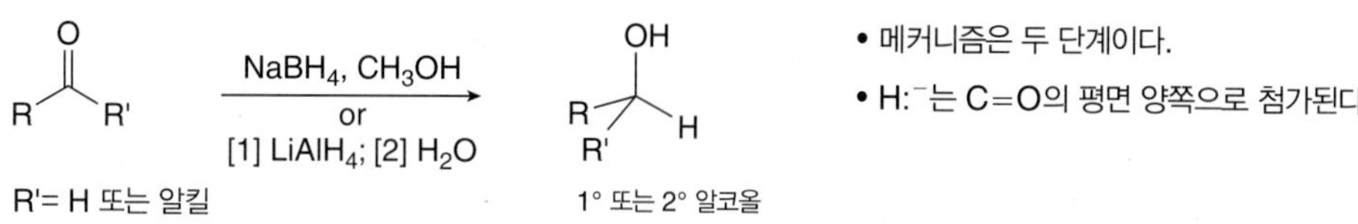

- 메커니즘은 두 단계이다.
- H:$^-$는 C=O의 평면 양쪽으로 첨가된다.

[2] 유기금속 시약(R^-)의 첨가 반응(21.8절)

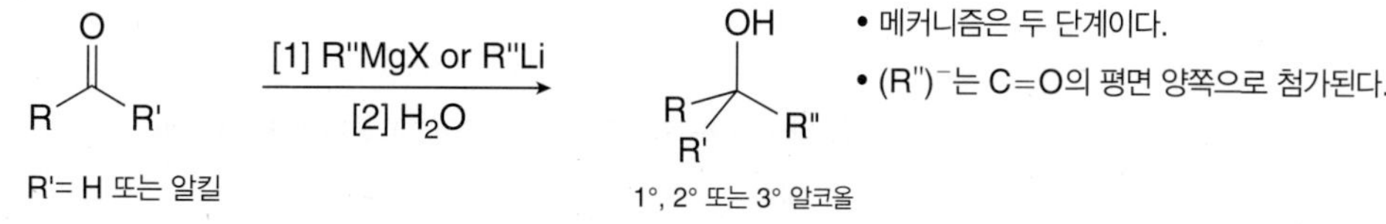

- 메커니즘은 두 단계이다.
- $(R'')^-$는 C=O의 평면 양쪽으로 첨가된다.

[3] 사이안화 음이온($^-$CN)의 첨가 반응(21.9절)

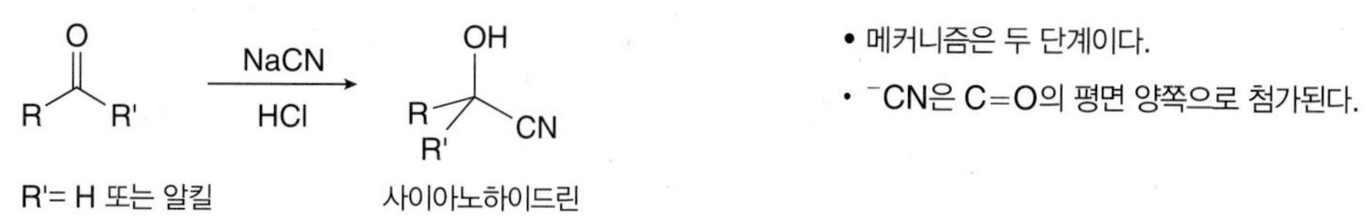

- 메커니즘은 두 단계이다.
- $^-$CN은 C=O의 평면 양쪽으로 첨가된다.

[4] 비티히 반응(21.10절)

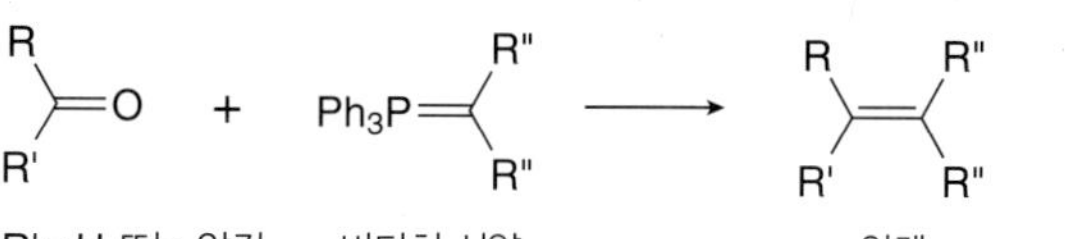

- 이 반응은 새로운 C−C σ 결합과 새로운 C−C π 결합을 생성한다.
- Ph_3P=O는 부산물로 생성된다.

[5] 1° 아민의 첨가(21.11절)

R'= H 또는 알킬 — $R''NH_2$, 온화한 산 → 이민

- 이 반응은 pH 4~5에서 가장 빠르다.
- 중간체인 카비놀아민은 불안정하여, 물을 잃고 C=N이 된다.

[6] 2° 아민의 첨가(21.12절)

R'= H 또는 알킬 — R_2NH, 온화한 산 → 엔아민 (NR_2)

- 반응은 pH 4~5에서 가장 빠르다.
- 중간체인 카비놀아민은 불안정하여 물을 잃고 C=C가 형성된다.

[7] 물의 첨가—수화 반응(21.13절)

R'= H 또는 알킬 — H_2O, H^+ 또는 ^-OH ⇌ 젬-다이올

- 이 반응은 가역적이다. 평형은 덜 안정한 카보닐 화합물(예로서 H_2CO와 Cl_3CCHO)인 경우에만 생성물 쪽을 선호한다.
- 이 반응은 H^+ 또는 ^-OH에 의해 촉매화된다.

[8] 알코올의 첨가(21.14절)

R'= H 또는 알킬 + $R''OH$ (2 당량) ⇌(H^+) 아세탈 (OR'', OR'') + H_2O

- 이 반응은 가역적이다.
- 이 반응의 촉매는 산이다.
- 물을 제거하면 생성물을 선호하는 방향으로 평형이 치우친다.

다른 반응들

[1] 비티히 시약의 합성(21.10A절)

RCH_2X — [1] Ph_3P:, [2] Bu–Li → Ph_3P=CHR

- 단계 [1]은 S_N2 메커니즘에 따르므로 CH_3X와 RCH_2X를 사용하는 것이 가장 좋다.
- 강염기는 단계 [2]에서 양성자의 제거에 필요하다.

[2] 사이아노하이드린의 알데하이드와 케톤으로의 변환(21.9절)

R, R', OH, CN — ^-OH → 알데하이드 또는 케톤 + H_2O + ^-CN

- 이 반응은 사이아노하이드린 생성의 역반응이다.

[3] 나이트릴의 가수분해(21.9절)

R'= H 또는 알킬 — HO–C(R)(R')–C≡N — H_2O, H^+ 또는 ^-OH, Δ → α-하이드록시 카복실산

[4] 이민과 엔아민의 가수분해(21.12절)

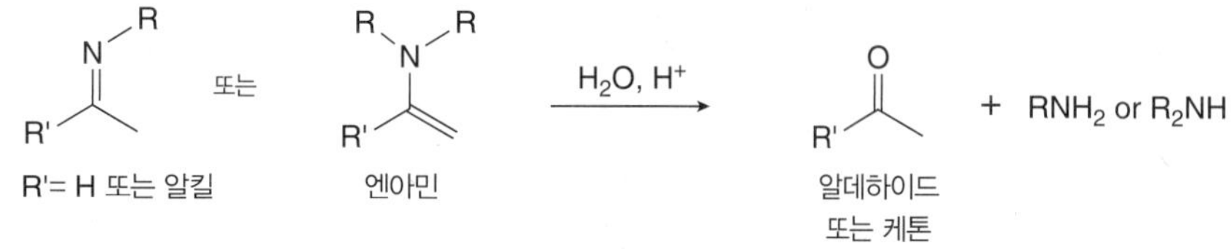

[5] 아세탈의 가수분해(21.14절)

$$\text{R}(\text{R}')\text{C}(\text{OR}'')_2 + H_2O \overset{H^+}{\rightleftharpoons} \text{RCOR}' + \text{R}''\text{OH}$$

R'= H 또는 알킬 | 알데하이드 또는 케톤 | R"OH (2당량)

- 이 반응은 산이 촉매이며 아세탈 합성의 역반응이다.
- 과량의 물은 평형을 생성물 쪽이 유리하게 한다.

삼차원 모델을 이용하는 문제

21.40 (a) **A**와 **B**의 IUPAC 이름을 붙여라. (b) **A** 또는 **B**와 다음의 시약을 반응했을 경우 생기는 생성물의 구조를 그려라. [1] $NaBH_4$, CH_3OH; [2] CH_3MgBr, 그 다음에 H_2O; [3] $Ph_3P{=}\ CHOCH_3$; [4] $CH_3CH_2CH_2NH_2$, 온화한 산 [5] $HOCH_2CH_2CH_2OH$, H^+.

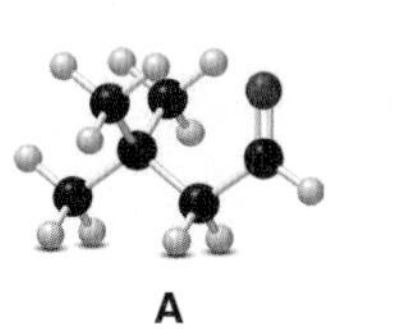
A

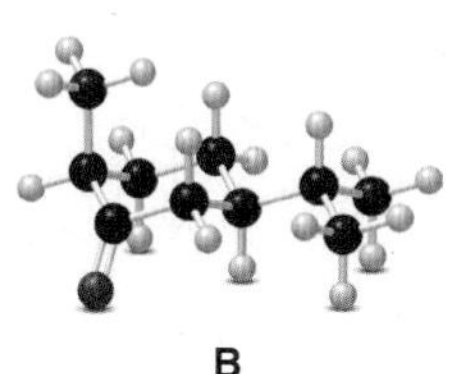
B

21.41 다음 화합물들을 친핵성 첨가 반응의 반응성이 증가하는 순으로 나열하라.

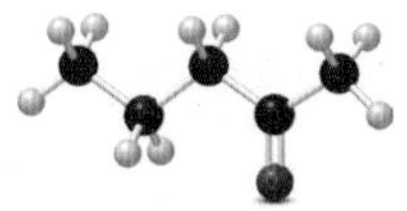

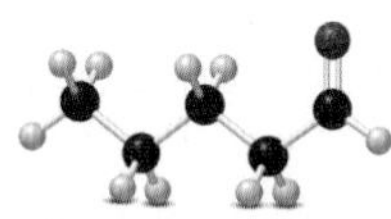

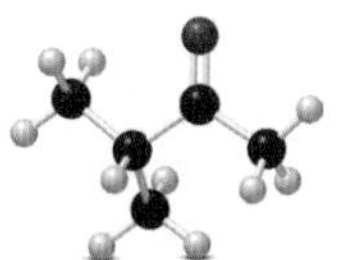

21.42 다음 화합물들을 만들기 위해 필요한 카보닐 화합물과 다이올은 무엇인가?

a. 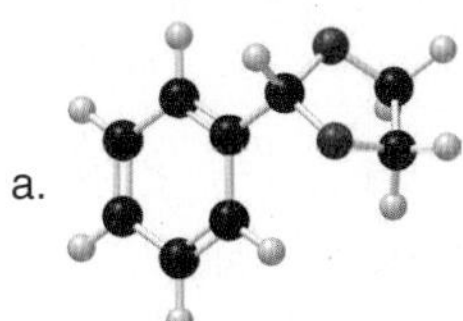

b. 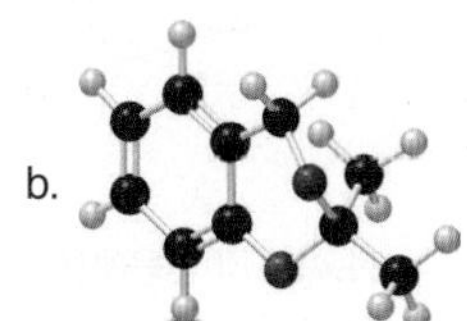

명명법

21.43 다음 화합물에 IUPAC 이름을 붙혀라.

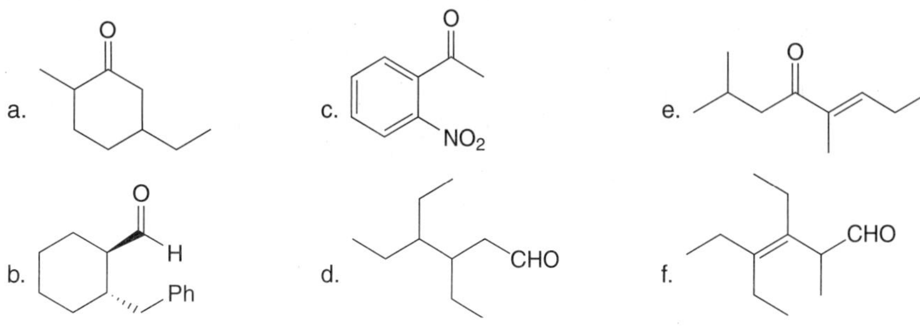

21.44 다음 이름에 적합한 구조를 그려라.

a. 2-메틸-3-페닐뷰탄알
b. 3,3-다이메틸사이클로헥세인카브알데하이드
c. 3-벤조일사이크로펜탄온
d. 2-포밀사이클로펜탄온
e. (*R*)-3-메틸헵탄-2-온
f. *m*-아세틸벤즈알데하이드
g. 2-*sec*-뷰틸사이클로펜트-3-엔온
h. 5,6-다이메틸사이클로헥스-1-엔카브알데하이드

반응

21.45 다음 반응의 생성물을 그려라.

Br, [1] Ph_3P, [2] BuLi

a. [3] O, H

b. Cl, [1] Ph_3P, [2] BuLi, [3] O, H

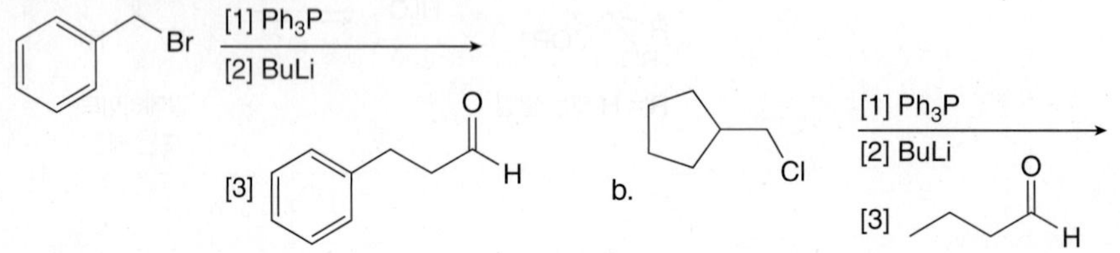

21.46 다음 반응의 생성물을 그려라.

a. 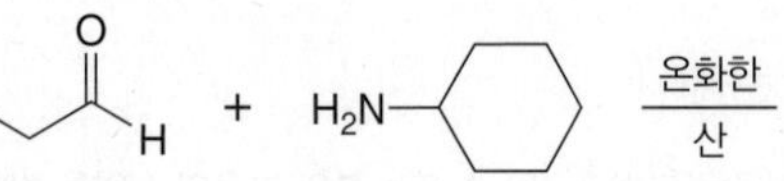 O, H + H_2N– ; 온화한 산

b. 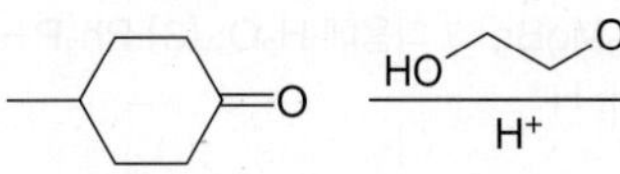 O ; HO, OH ; H^+

c.  N ; H_3O^+

d. 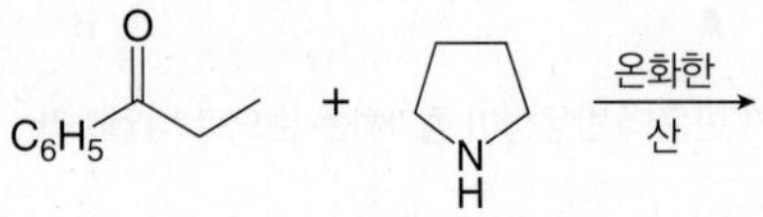 C_6H_5, O + N, H ; 온화한 산

e. 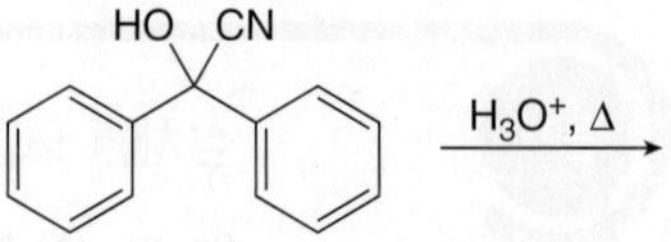 HO CN ; H_3O^+, Δ

f. 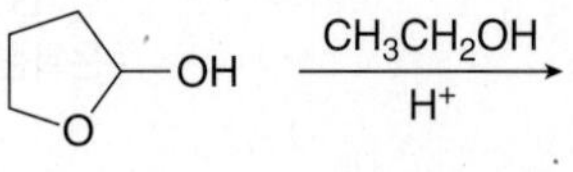 OH, O ; CH_3CH_2OH ; H^+

g. 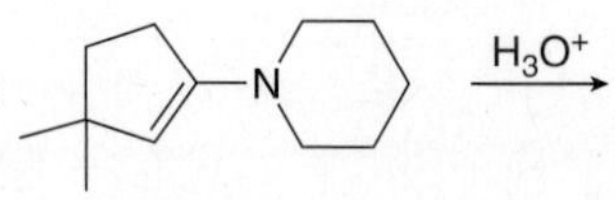 N ; H_3O^+

h. O ; Ph_3P=, O, OCH_3

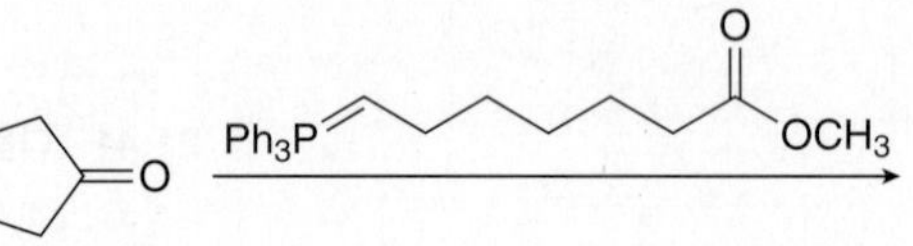

21.47 각 아세탈의 가수분해로 형성되는 카보닐 화합물과 알코올은 무엇인가?

a. 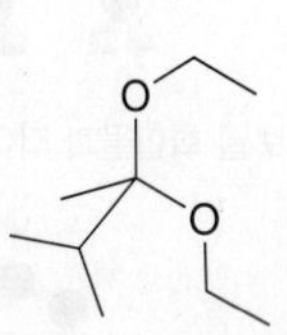 O, O
b. 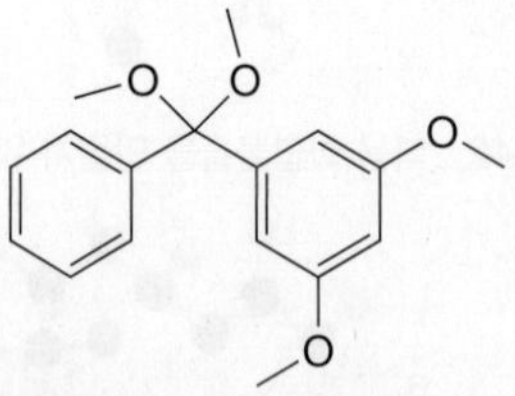 O, O, O, O
c. 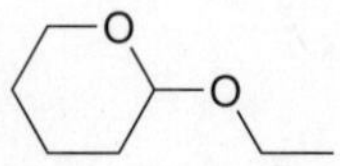 O, O

21.48 각 반응에서 형성되는 모든 입체이성질체를 그려라.

a. 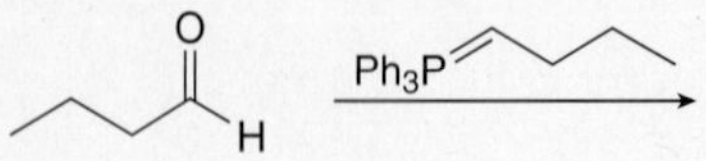 O, H ; Ph_3P=
b. 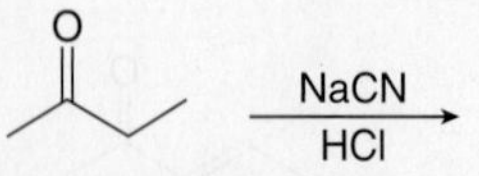 O ; NaCN ; HCl
c. 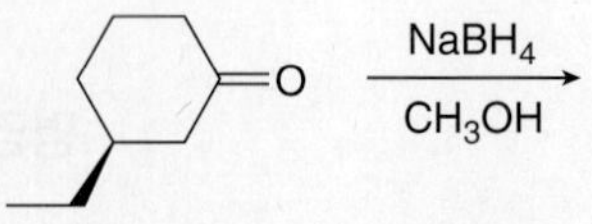 O ; $NaBH_4$; CH_3OH
d. 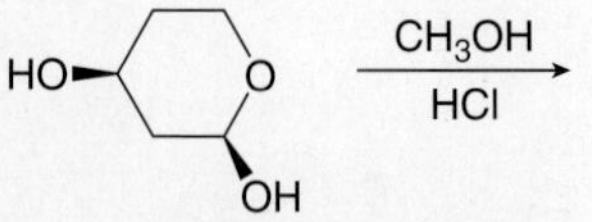 HO, O, OH ; CH_3OH ; HCl

21.49 하이드록시 알데하이드 **A**와 **B**는 쉽게 고리화되어 헤미아세탈 형태가 된다. **A**와 **B** 모두로부터 이 반응에서 형성된 입체이성질체를 그려라. 이 과정에서 **A**는 광학 비활성인 혼합물을 생성하지만, **B**는 광학 활성인 혼합물을 생성한다. 그 이유를 설명하라.

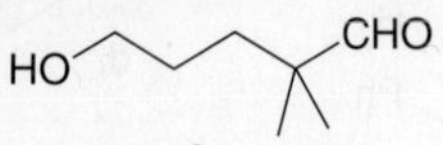

HO, CHO **A**

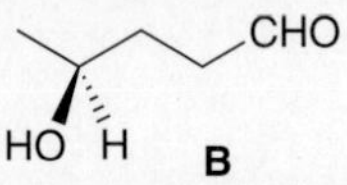

HO H, CHO **B**

21.50 각 아세탈을 수용성 산 가수분해하면 어떤 생성물이 생기는가?

21.51 다음 화합물을 수용성 산으로 처리하면 어떤 가수분해 생성물이 생기는가?

21.52 에토포포스(Etopophos)라는 상품명의 인산염 유도체로 판매되는 에토포사이드(etoposide)는 폐암, 고환암 및 림프종을 치료하는 데 사용된다. (a) 에토포사이드에 있는 아세탈을 찾아내라. (b) 모든 아세탈을 수용성 산에서 가수분해하였을 때 형성되는 생성물을 쓰라.

에토포사이드

알데하이드와 케톤의 특성

21.53 PhCOCHO 또는 $PhCH_2CHO$ 중 어떤 화합물이 평형에서 더 높은 농도의 수화물을 생성하는가? 이유를 설명하라.

21.54 파라 치환된 방향족 케톤인 $NO_2C_6H_4COCH_3$[*p*-니트로아세토페논(*p*-nitroacetophenone)]과 $CH_3OC_6H_4COCH_3$ [*p*-메톡시아세토페논(*p*-methoxyacetophenone)]을 생각하라.

a. 어느 카보닐 화합물이 더 안정한가?

b. 평형에서 수화물의 백분율이 더 높은 것은 어느 화합물인가?

c. IR 스펙트럼에서 카보닐 흡수가 더 높은 파수에서 나타나는 것은 어느 화합물인가? a, b, c에서 답에 대한 합당한 이유를 설명하라.

합성

21.55 다음 각 알켄을 합성하는 데 필요한 카보닐 화합물과 비티히 시약은 무엇인가? 그때 두 가지 방법이 가능하면, 어느 방법이 더 좋은가?

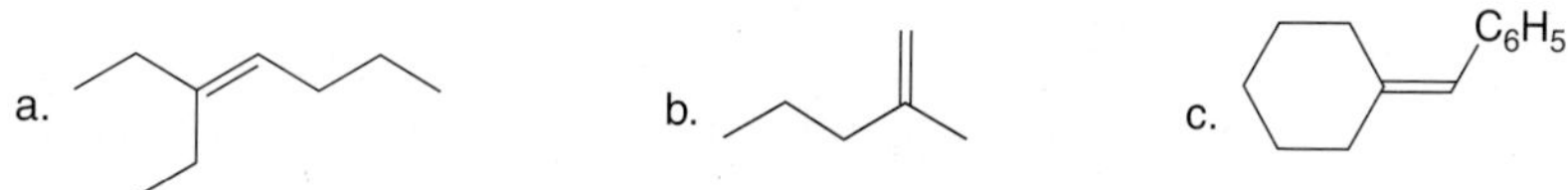

21.56 다음 각 화합물을 합성하려고 한다. 어떤 카보닐 화합물과 아민 또는 알코올이 필요한가?

21.57 다음 각 변환을 하는 데 두 가지 다른 방법을 쓰라. 비티히 시약을 사용하는 한 단계 방법이 있고 그리냐르 시약을 사용하는 두 단계 방법이 있다. 각 화합물을 만드는 데 어느 방법이 더 좋은가?

CHO

21.58 이중 결합을 만드는 비티히 반응을 사용하여 각 알켄의 합성법을 고안하라. 벤젠과 탄소 네 개 이하의 유기 알코올을 출발물로 하고 필요한 시약을 사용할 수 있다.

a. 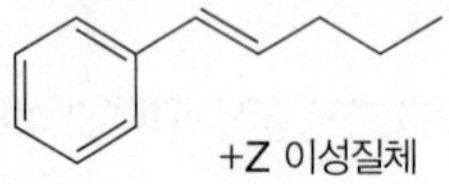 +Z 이성질체

b.

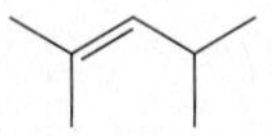

21.59 사이클로헥센과 유기 알코올로부터 각 화합물을 합성하라. 필요한 유기 또는 무기 시약을 활용하라.

a. 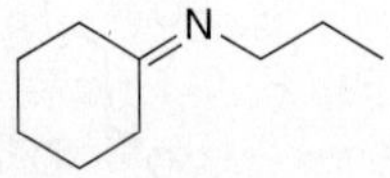 N

b. 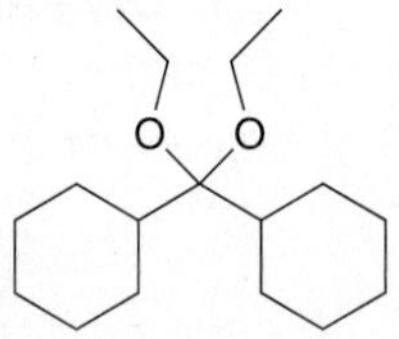 O O

21.60 주어진 출발물로부터 각 화합물을 합성하는 방법을 고안하라. 4개 또는 그 이하의 탄소를 갖는 유기 알코올을 사용하라. 그리고 필요한 유기 및 무기 시약을 사용하라.

a. 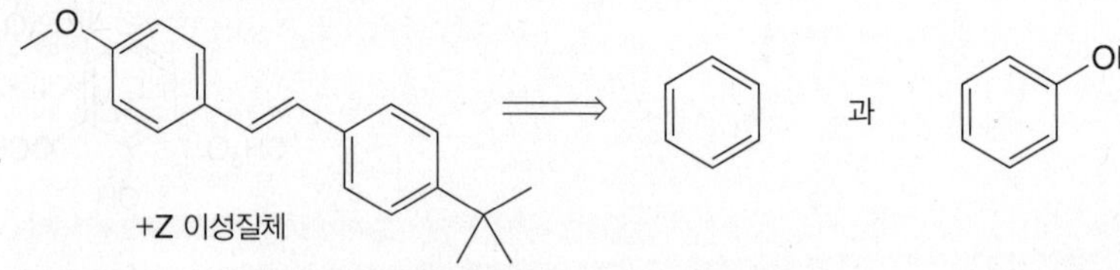 O ⟹ 과 OH

+Z 이성질체

b. 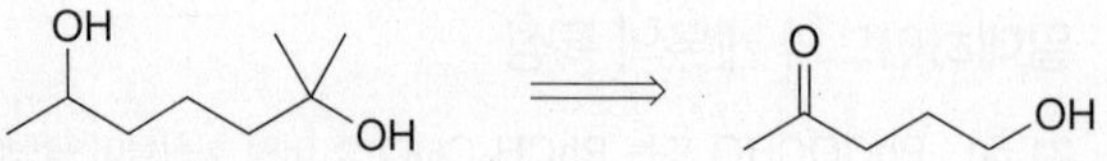 OH OH ⟹ O OH

c. 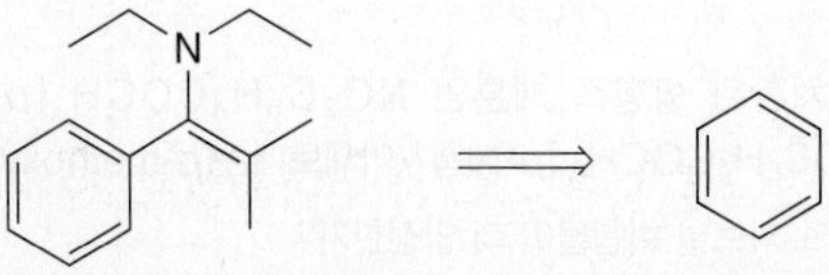 N ⟹

21.61 탄소 원자의 유일한 원천으로 에탄올(CH_3CH_2OH)을 사용하여 다음 각 화합물의 합성을 고안하라. 다른 유기 및 무기 시약을 사용하라.

a. 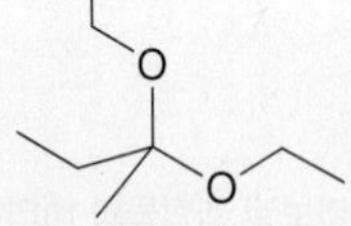 O O

b. 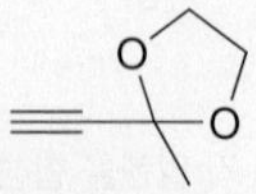 O O

보호기

21.62 사이클로펜탄온과 4-브로모뷰탄알을 하이드록시 알데하이드 **A**로 변환하는 단계를 그려라.

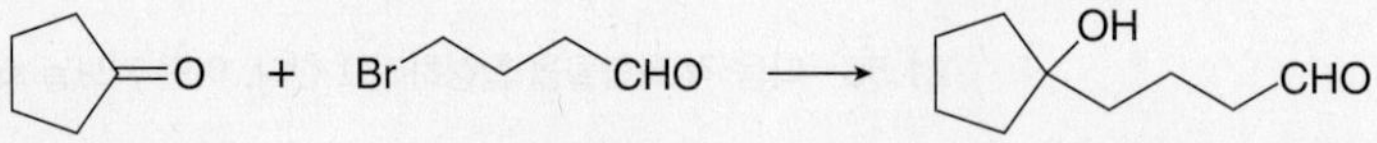

=O + Br CHO ⟶ OH CHO

사이클로펜탄온 4-브로모뷰탄알 **A**

21.63 20장에서 소개한 *tert*-뷰틸다이메틸실릴 에터(tert-butyldimethylsilyl ether) 외에도 알코올 보호기로 널리 사용되는 화합물이 많다. 예를 들면, 사이클로헥산올과 같은 알코올은 염기 및 클로로메틸 메틸 에터(chloromethyl methyl ether, $ClCH_2OCH_3$)와 반응시키면 메톡시 메틸 에터(**meth**oxy **m**ethyl ether, MOM 보호기)로 변환될 수 있다. 보호기는 산 수용액과 반응시키면 제거될 수 있다.

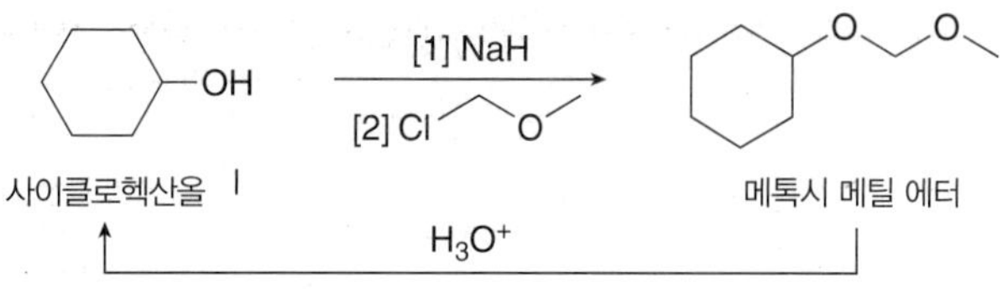

OH
[1] NaH
[2] Cl
O
O
사이클로헥산올
메톡시 메틸 에터
H_3O^+

a. 사이클로헥산올로부터 MOM이 형성되는 반응의 단계별 반응 메커니즘을 쓰라.

b. 어떤 작용기가 MOM 에터를 구성하는가?

c. MOM 에터를 가수분해시키면 사이클로헥산올 외에 어떤 다른 생성물이 형성되는가? 각 생성물의 형성을 설명해주는 단계별 메커니즘을 쓰라.

메커니즘

21.64 다음 반응의 단계별 메커니즘을 그려라.

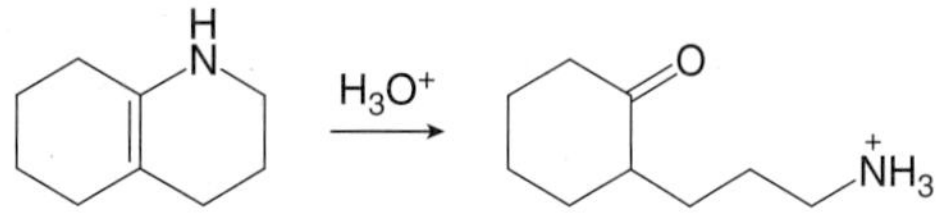

H
N
H_3O^+
O
$\overset{+}{N}H_3$

21.65 소염제 셀레콕시브[(celecoxib, 상품명 셀레브렉스(Celebrex)]의 합성의 핵심 단계인 다음 반응의 단계별 메커니즘을 그려라.

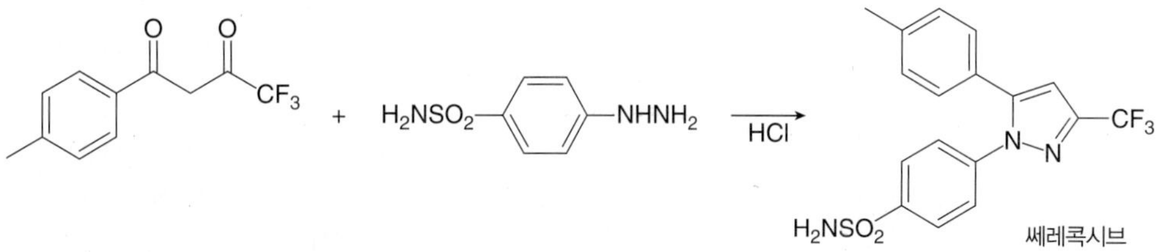

O
O
CF_3
+
H_2NSO_2
NHNH$_2$
HCl
CF_3
N
N
H_2NSO_2
쎄레콕시브

21.66 $(HOCH_2CH_2CH_2CH_2)_2CO$를 산과 반응시키면 분자식이 $C_9H_{16}O_2$인 화합물과 물 분자가 생성된다. 생성물의 구조를 그리고, 어떻게 생성되는지를 설명하라.

21.67 각 반응의 단계별 메커니즘을 그려라.

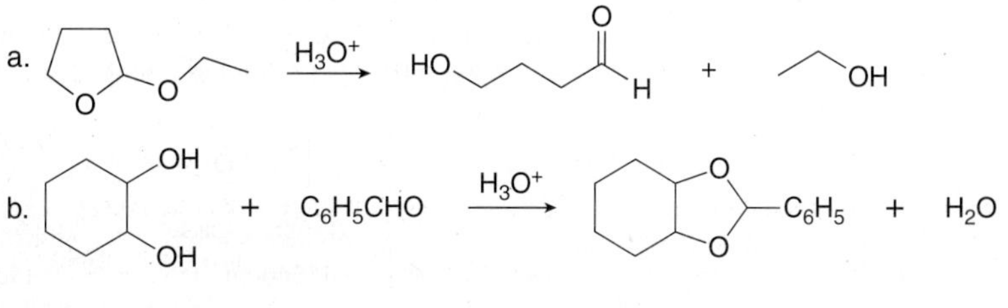

a.
O
O
H_3O^+
HO
O
H
+
OH
b.
OH
OH
+
C_6H_5CHO
H_3O^+
O
O
C_6H_5
+
H_2O

21.68 다이카보닐 화합물을 퓨란(furan)으로 바꾸는 다음 반응의 단계별 메커니즘을 그려라.

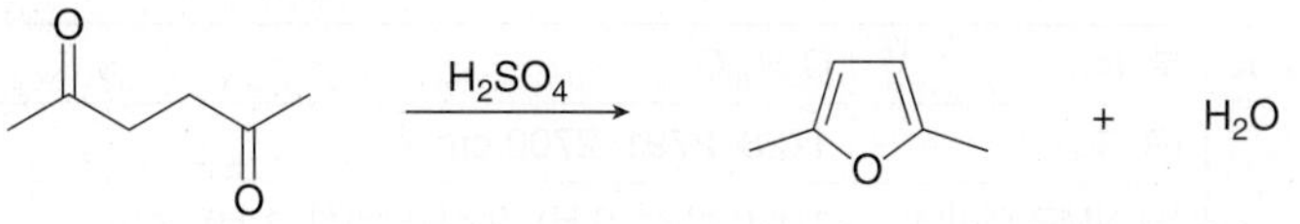

O
O
H_2SO_4
O
+
H_2O

21.69 혈소판 응집 억제제 티클로피딘(ticlopidine)의 합성에서 주요 단계인 다음 반응의 단계별 메커니즘을 그려라. 티클로피딘은 아스피린 독성에 약한 환자의 발작을 줄이기 위해 사용되어 왔다.

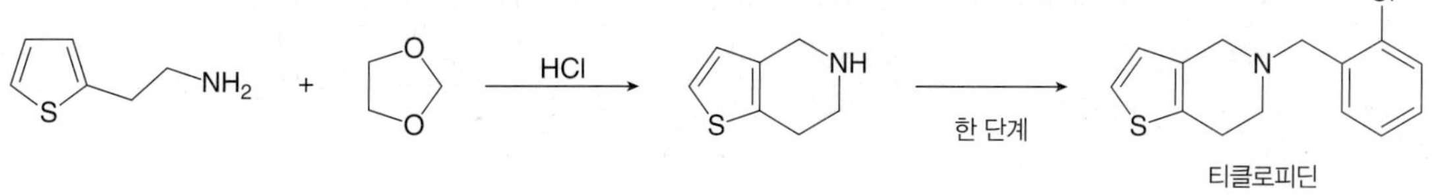

S
NH$_2$
+
O
O
HCl
NH
S
한 단계
Cl
N
S
티클로피딘

21.70 살솔리놀(salsolinol)은 바나나, 초콜릿 및 식물을 소스로 사용한 여러 음식 등에 들어있는 천연 화합물이다. 살솔리놀은 알코올 음료에서 섭취한 에탄올의 산화 생성물인 아세트알데하이드가 신경 전달물질인 도파민과 반응할 때 체내에서도 만들어진다. 다음 반응에서 살솔리놀의 형성에 대한 단계별 메커니즘을 쓰라.

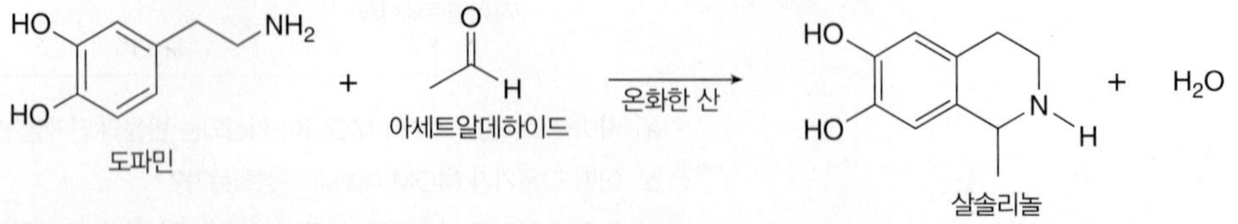

도파민 + 아세트알데하이드 —(온화한 산)→ 살솔리놀 + H_2O

21.71 (a) $NaBH_4$가 CH_3OH에서 헤미아세탈 **A**를 1,4-뷰테인다이올($HOCH_2CH_2CH_2CH_2OH$)로 어떻게 환원시키는지 설명하라. (b) A를 $Ph_3P = CHCH_2CH(CH_3)_2$와 반응시키면 어떤 생성물이 만들어지는가? (c) 아이소트레티노인(Isotretinoin) 약은 **X**와 **Y**를 반응해서 만든다. 아이소트레티노인의 구조는 무엇인가? 비록 아이소트레티노인[상품명 아큐탄(Accutane) 또는 로아큐탄(Roaccutane)]이 아주 심한 여드름 치료에 사용되지만, 선천성 장애를 유발하기 때문에 엄격한 규제하에 제공된다.

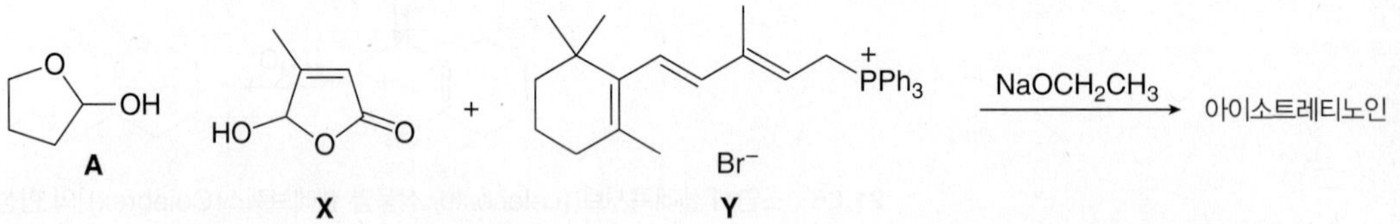

A   **X** + **Y** ($\overset{+}{P}Ph_3$, Br^-) —($NaOCH_2CH_3$)→ 아이소트레티노인

21.72 5,5-다이메톡시펜탄-2-온(5,5-dimethoxypentan-2-one)을 아이오딘화 메틸마그네슘(methylmagnesium iodide)과 반응시킨 후 산 수용액으로 처리하였더니 고리형 헤미아세탈 **Y**가 생성되었다. **Y**가 형성되는 과정을 보여주는 단계별 반응 메커니즘을 그려라.

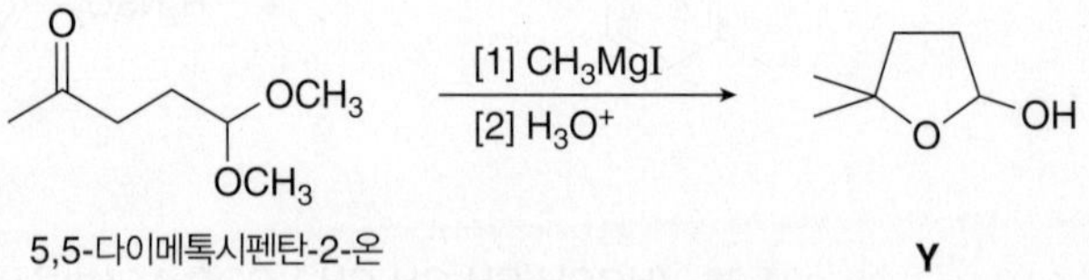

5,5-다이메톡시펜탄-2-온 —([1] CH_3MgI; [2] H_3O^+)→ **Y**

분광법

21.73 일반적으로 고리형 케톤의 카보닐 흡수는 고리 크기가 감소함에 따라 더 높은 파수로 이동하지만, 사이클로프로펜온(cyclopropenone)의 C=O는 사이클로헥스-2-엔온(cyclohex-2-enone)의 C=O보다 IR 스펙트럼의 파수를 더 낮은 쪽으로 이동한다. 17장에서 배운 방향족성의 원리를 이용하여 이 관찰 결과를 설명하라.

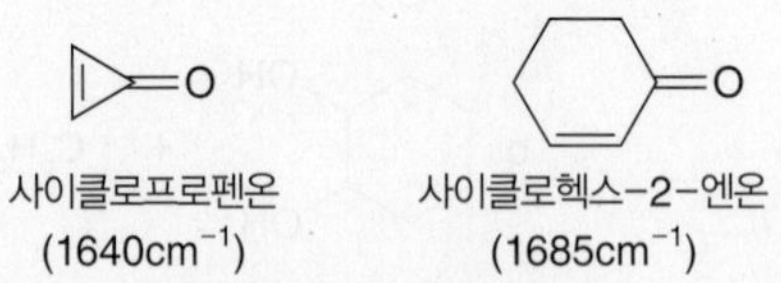

사이클로프로펜온 ($1640 cm^{-1}$)   사이클로헥스-2-엔온 ($1685 cm^{-1}$)

21.74 ^1H NMR과 IR 데이터를 사용하여 다음 화합물의 구조를 결정하라.

화합물 **A**	분자식:	$C_5H_{10}O$
	IR 흡수	1728, 2791, 2700 cm^{-1}
	^1H NMR 데이터:	1.08(단일선, 9 H), 9.48(단일선, 1 H) ppm
화합물 **B**	분자식:	$C_5H_{10}O$
	IR 흡수	1718 cm^{-1}
	^1H NMR 데이터:	1.10(이중선, 6 H), 2.14(단일선, 3 H), 2.58(칠중선, 1 H) ppm
화합물 **C**	분자식:	$C_{10}H_{12}O$
	IR 흡수	1686 cm^{-1}
	^1H NMR 데이터:	1.21(삼중선, 3 H), 2.39(단일선, 3 H), 2.95(사중선, 2 H), 7.24(이중선, 2 H) , 7.85(이중선, 2 H) ppm
화합물 **D**	분자식:	$C_{10}H_{12}O$
	IR 흡수	1719 cm^{-1}
	^1H NMR 데이터:	1.02(삼중선, 3 H), 2.45(사중선, 2 H), 3.67(단일선, 2 H) 7.06~7.48 (다중선, 5 H) ppm

21.75 에탄올(CH_3CH_2OH)의 아세톤[$(CH_3)_2C{=}O$] 용액을 미량의 산에 며칠 놓아두면 분자식이 $C_7H_{16}O_2$인 새로운 화합물이 생성된다. IR 스펙트럼에서는 3000 cm^{-1}부근에서 작용기의 주된 봉우리를 보여 주고 ^1H NMR 스펙트럼은 다음에 주어져 있다. 이 생성물의 구조는 무엇인가?

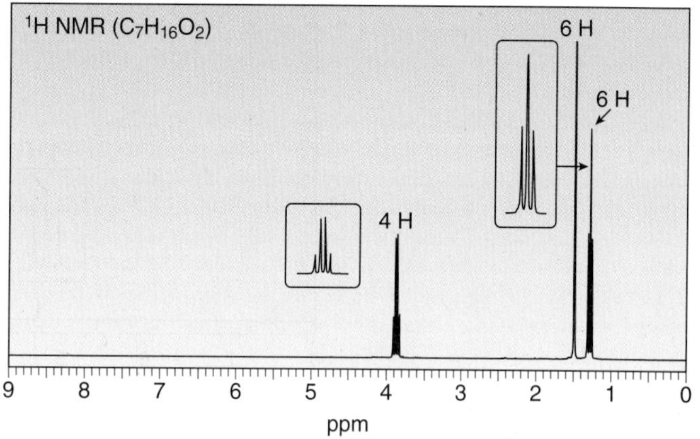

21.76 화합물 **A**와 **B**는 분자식이 $C_9H_{10}O$이다. ^1H NMR과 IR 스펙트럼에서 얻어진 결과로부터 그들의 구조를 확인하라.

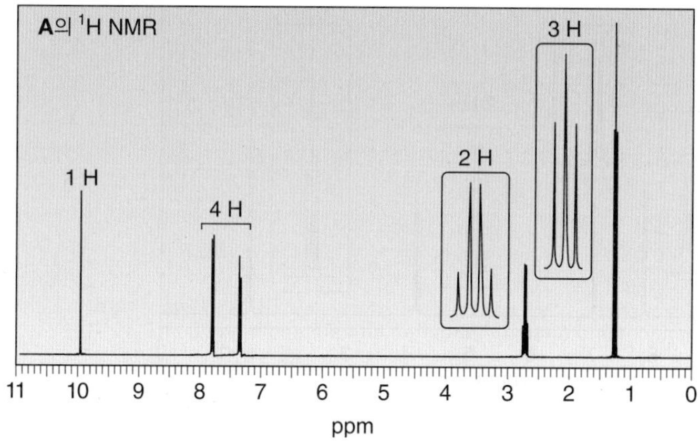

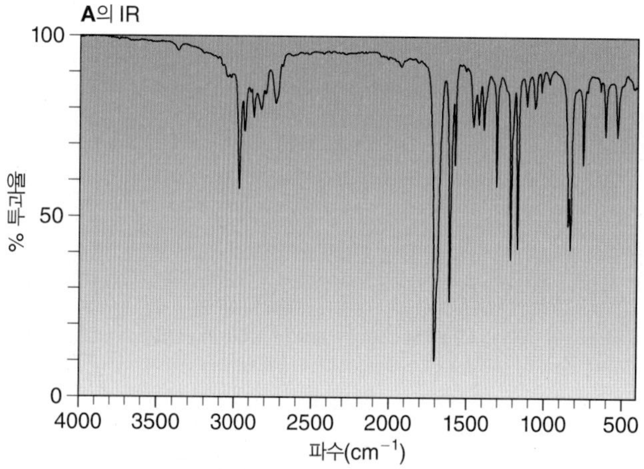

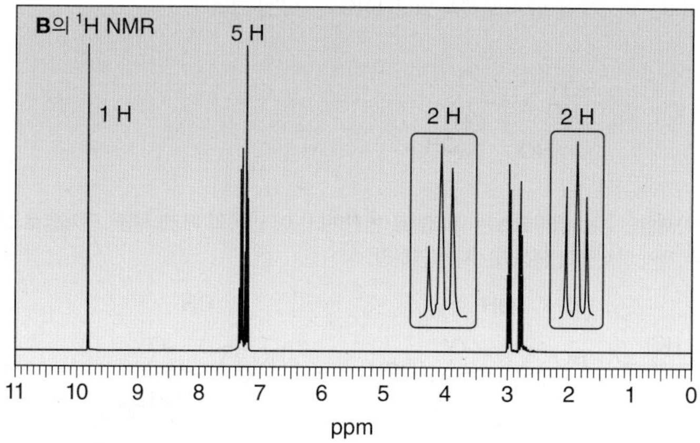

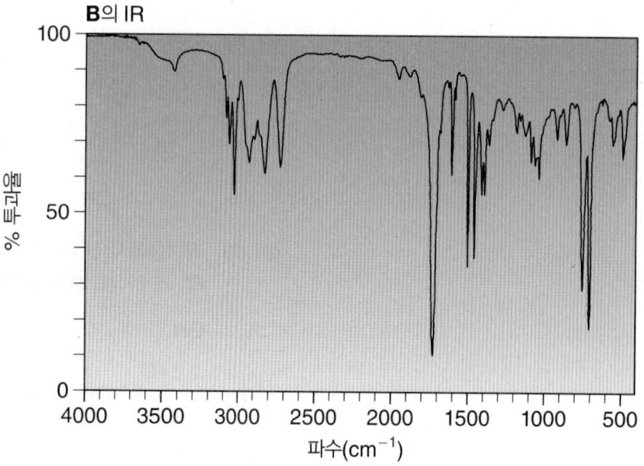

A의 ^1H NMR

A의 IR

B의 ^1H NMR

B의 IR

21.77 분자식이 $C_6H_{12}O_3$인 미지의 화합물 **C**의 IR 스펙트럼은 1718 cm^{-1}에서 강한 흡수 봉우리를 나타내었고, ^1H NMR 스펙트럼은 아래와 같이 나타났다. **C**의 구조는 무엇인가?

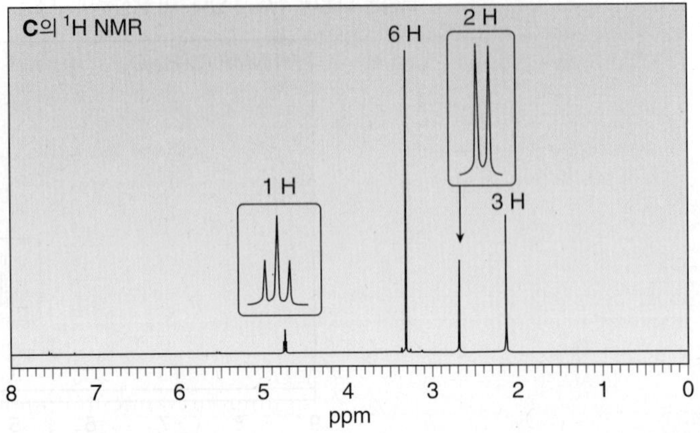

21.78 미지의 화합물 **D**의 IR 스펙트럼은 1692 cm^{-1}에서 강한 흡수 봉우리를 나타내었다. **D**의 질량 스펙트럼은 *m/z* = 150에서 분자 이온 봉우리를, *m/z* = 121에서 기준 봉우리를 보여주었다. **D**의 ^1H NMR 스펙트럼은 아래에 나타내었다. **D**의 구조는 무엇인가?

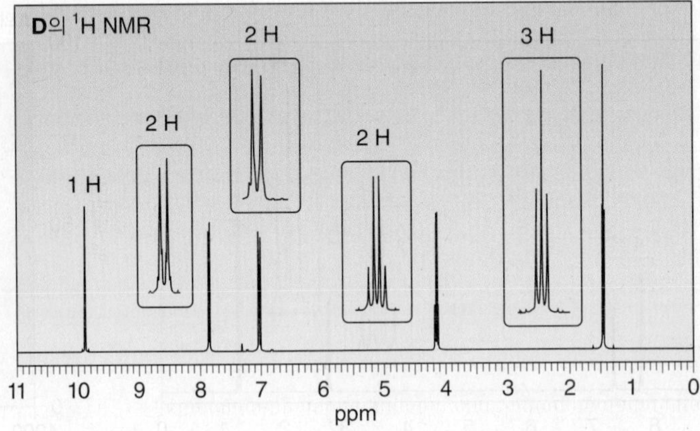

탄수화물

21.79 다음의 각 헤미아세탈로 고리화되는 비고리 폴리하이드록시 알데하이드의 구조를 그려라.

a. 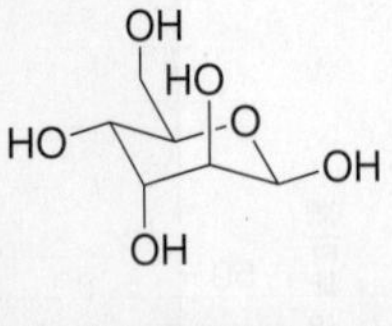 b.

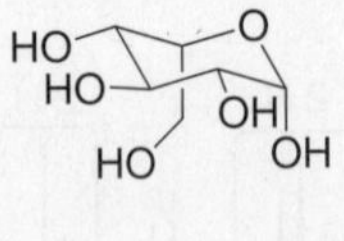

21.80 메탄올에서 산 촉매하에 헤미아세탈인 β-D-글루코스는 아세탈로 변환한다. 이 반응의 메커니즘을 단계별로 그려라. 왜 하나의 출발물로부터 두 개의 아세탈이 생성되는지 설명하라.

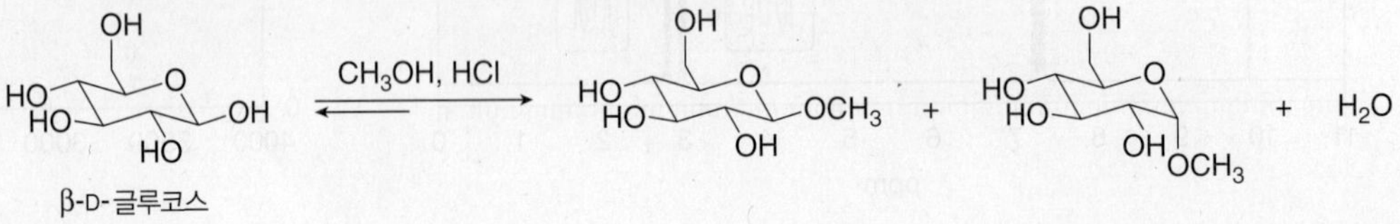

β-D-글루코스 $\xrightleftharpoons{CH_3OH,\ HCl}$ + + H_2O

도전 문제

21.81 다음 반응의 단계별 메커니즘을 그려라.

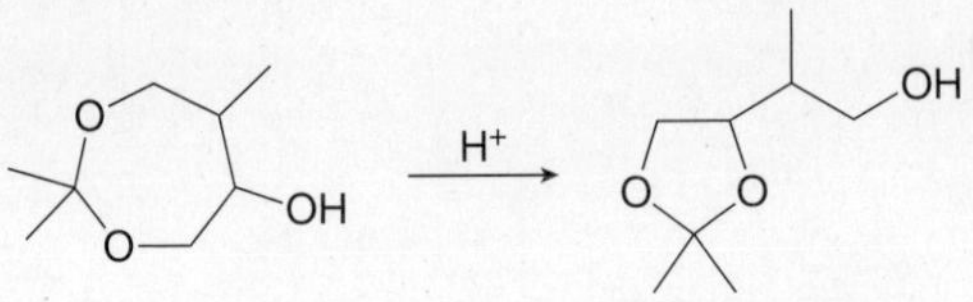

$\xrightarrow{H^+}$

21.82 딱정벌레의 집단 페로몬 브레비코민(brevicomin)은 두 고리 다리놓인 고리(bicyclic bridged ring) 구조를 가지고 있다. 브레비코민은 6,7-다이하이드록시노난-2-온(6,7-dihydroxynonan-2-one)을 산 촉매로 고리화 반응을 하여 만든다.

a. 브레비코민의 구조를 추측하라.

b. 6-브로모헥산-2-온에서 6,7-다이하이드록시노난-2-온을 합성하라. 세 개의 탄소를 가진 알코올과 필요한 유기 또는 무기 시약을 사용하라.

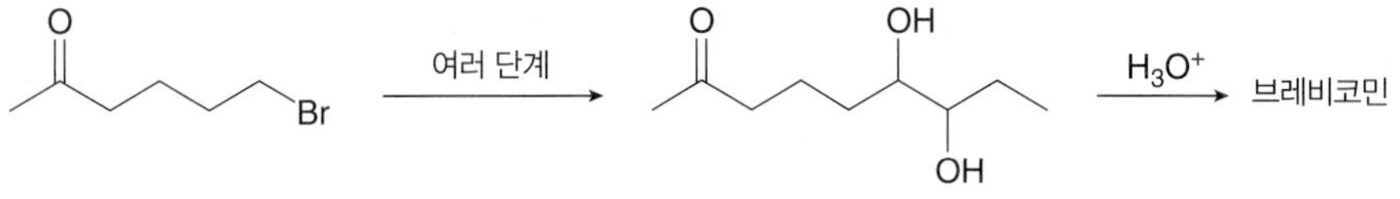

6-브로모헥산-2-온 —(여러 단계)→ 6,7-다이하이드록시노난-2-온 —(H_3O^+)→ 브레비코민

21.83 다음 반응의 단계별 메카니즘을 그려라.

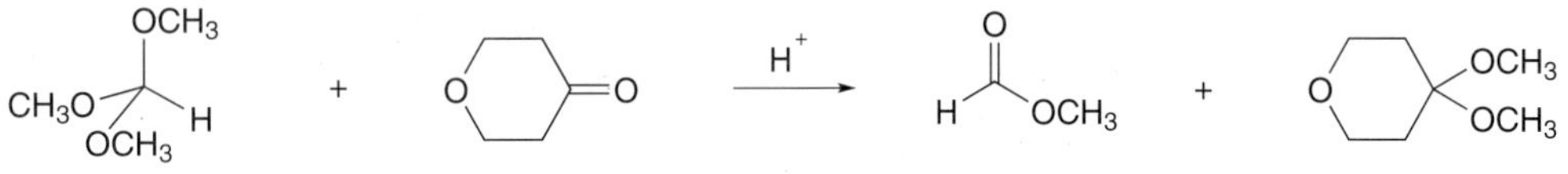

$HC(OCH_3)_3$ + (테트라하이드로-4H-피란-4-온) —(H^+)→ HCO_2CH_3 + (4,4-다이메톡시테트라하이드로피란)

21.84 말토오스(maltose)는 맥아에 존재하는 탄수화물이다. 보리나 다른 곡류에서 액체로 얻어진다. 말토오스가 많은 작용기를 가지고 있으나, 말토오스의 반응은 이미 배운 동일한 반응 원리로 설명할 수 있다.

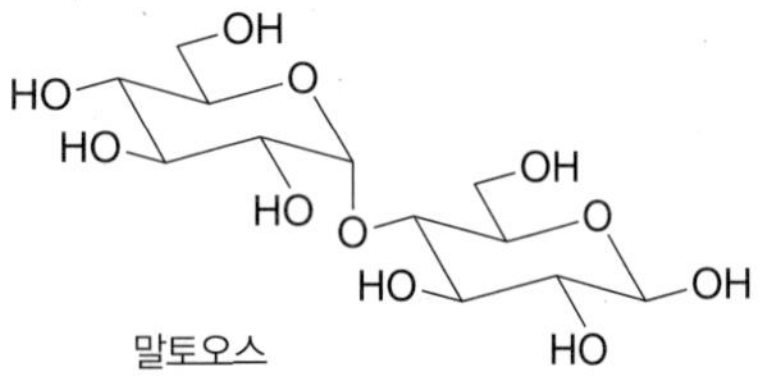

말토오스

a. 아세탈 및 헤미아세탈 탄소를 표시하라.

b. 다음 각 시약을 말토오스에 반응시키면 어떤 생성물이 생기는가?
[1] H_3O^+, [2] CH_3OH와 HCl, [3] 과량의 NaH, 그 다음 과량의 CH_3I.

c. 문제 (b)의 반응 [3]에서 생성된 화합물에 산 수용액을 반응시켜 생성되는 생성물을 그려라.

(b)와 (c)의 반응은 말토오스와 같은 탄수화물의 구조적인 특성을 결정하는 데 사용된다. 28장에서 말토오스와 비슷한 탄수화물에 대해 더 많은 것을 배울 것이다.

21.85 다음 반응 단계에서 **R**과 **S**를 찾아내고 **R**에서 **S**(분자식 $C_6H_{10}O_3$)로 변환하는 메커니즘을 그려라. **S**는 HIV 치료제로서 상품명 프레지스터(Prezusta)인 다루나비르(darunavir)의 합성에 사용되었다.

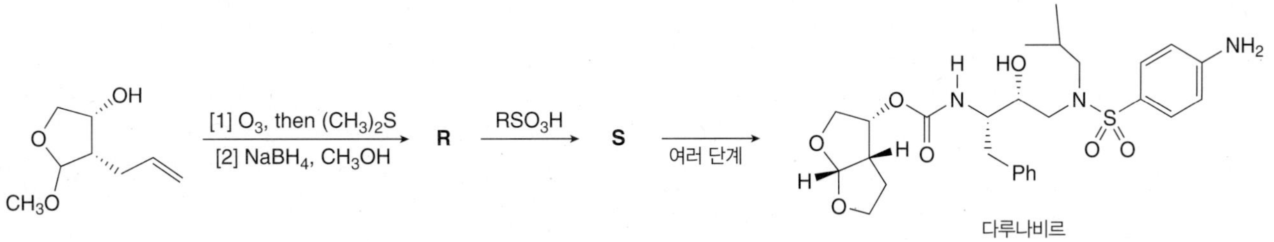

—([1] O_3, then $(CH_3)_2S$; [2] $NaBH_4$, CH_3OH)→ **R** —(RSO_3H)→ **S** —(여러 단계)→ 다루나비르

21.86 낮은 나트륨 수치를 치료하는 약인 바프리솔(Vaprisol)이라는 상품명으로 시판되는 코니밥탄(conivaptan)의 합성에서 주요 단계인 다음 반응의 단계별 메커니즘을 그려라.

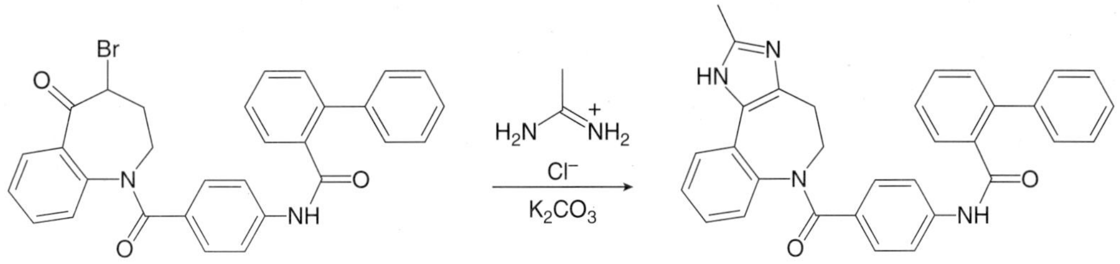

—(H_2N–C(CH_3)=NH_2^+ Cl^-, K_2CO_3)→ 코니밥탄

Chapter 22

카복실산과 그 유도체–친핵성 아실 치환 반응

Carboxylic Acids and Their Derivatives–Nucleophilic Acyl Substitution

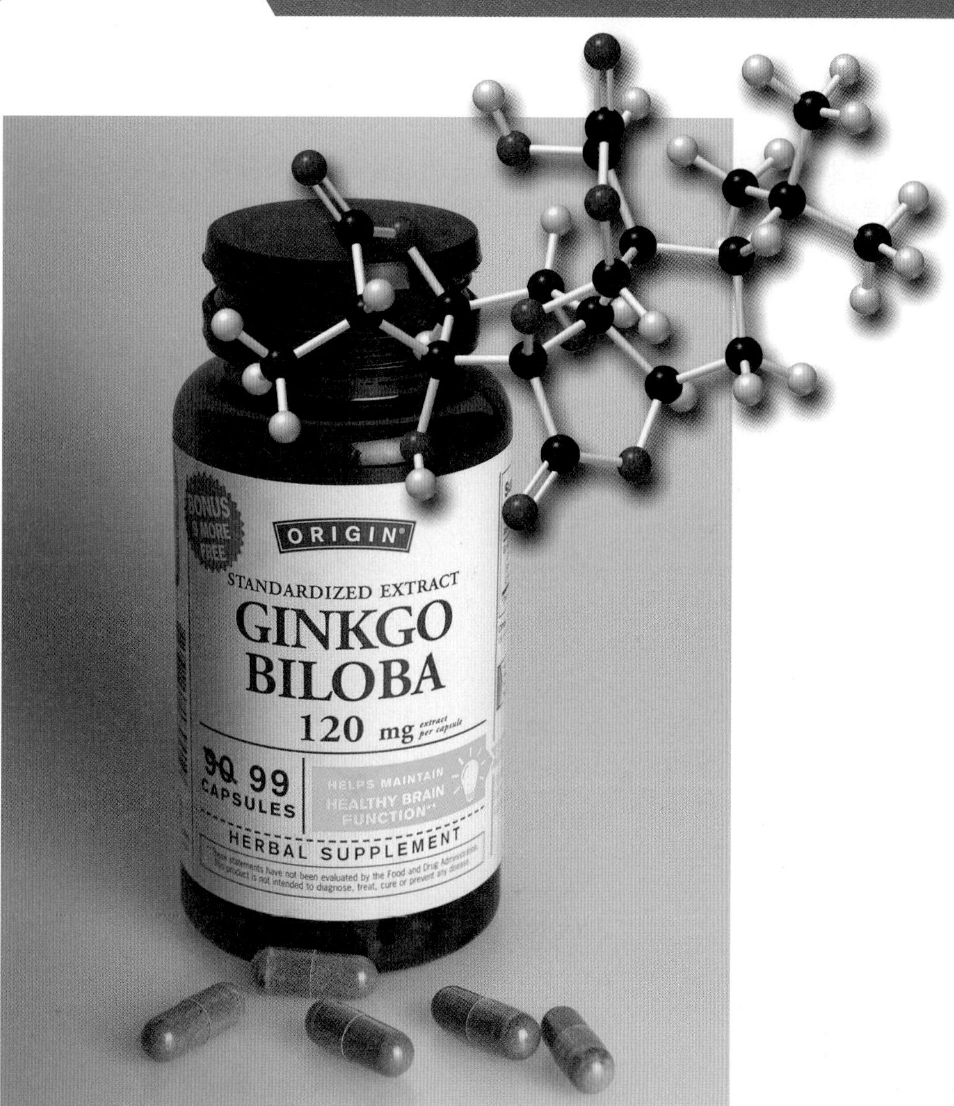

깅코라이드 B는 은행나무(Ginko biloba) 추출물의 주성분으로 구조가 매우 복잡한 천연물로서 1967년에 구조가 규명되었다. 20개의 탄소로 이루어진 이 화합물은 매우 단단한 고리 구조로 되어 있어 실험실에서의 합성이 아주 까다로운 물질로 1988년에 와서야 전합성 방법이 노벨상 수상자인 하버드 대학의 코리(E. J. Corey)와 그의 공동연구자들에 의해 알려졌다. 은행나무 추출물은 치매를 치료하고 기억력을 증진시키는 약초로 사용되어 왔으나, 최근 미국 보건당국은 장기적인 인지 기능의 개선효과에 대해 의문을 제기한 바 있다. 22장에서는 주로 깅코라이드 B에 존재하는 여러 가지 작용기 중 에스터의 반응에 대해 배워 보기로 한다.

22장에서는 카보닐 화합물의 특성에 대해 계속 살펴보고, 특히 카복실산 유도체가 일으키는 대표적인 반응인 **친핵성 아실 치환 반응**에 대해 자세히 살펴볼 것이다. 20장에서 sp^2혼성 구조를 이루는 탄소가 일으키는 치환 반응, 특히 탄소와 수소가 친핵체로 작용하는 반응에 대해 이미 살펴본 바 있다. 22장에서 공부하게 될 친핵성 아실 치환 반응은 헤테로원자를 함유하고 있는 여러 가지 친핵체와 반응하는 일반적인 반응이다. 이 반응을 이용하면 카복실산 유도체 사이의 변환이 가능하다. **22장에서 공부하게 될 모든 카보닐기의 반응은 친핵성 치환 반응을 동반한다고 볼 수 있다.** 또 22장에서는 탄소–질소 삼중 결합이 있는 **나이트릴**의 반응과 특성에 대해 살펴본다. 나이트릴기의 탄소의 산화 상태는 카복실산과 같으며 반응의 결과 카복실산 유도체가 생기게 된다.

22.1 서론

22장은 전기음성도가 큰 원자가 아실기에 결합되어 있는 카보닐 화합물에 대해 집중적으로 공부한다. 특히 카복실산과 산 염화물, 산 무수물, 에스터, 그리고 아마이드 등으로부터 만들어지는 카복실산 유도체에 대해 공부한다.

일반 구조

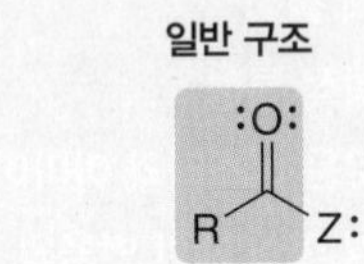

아실기
Z = 탄소보다 전기음성도가 큰 원자

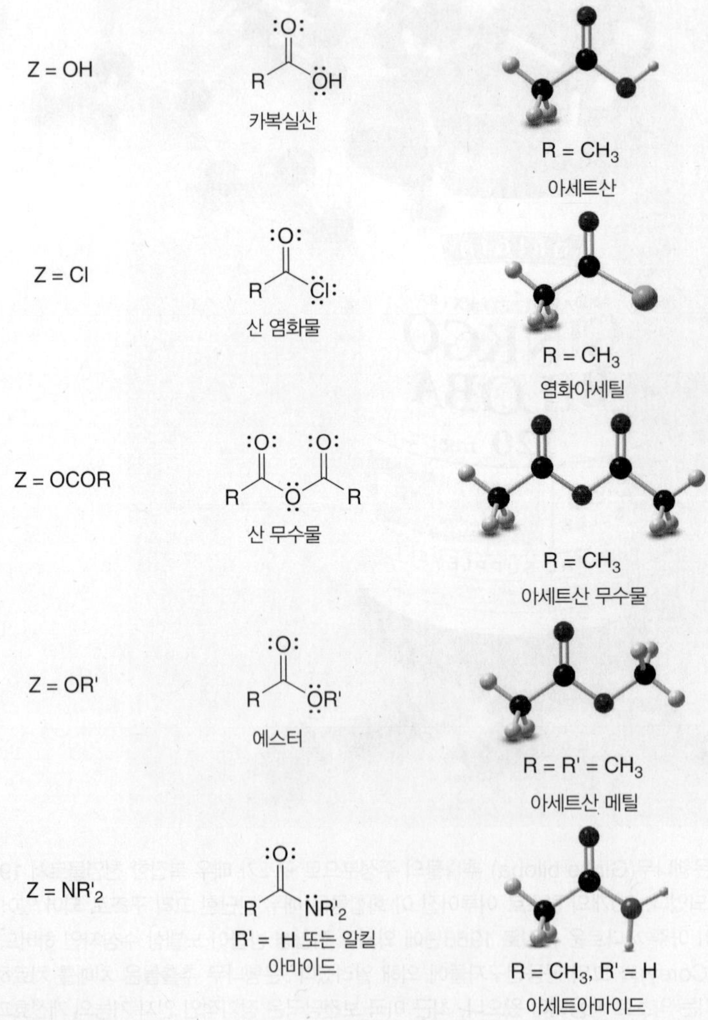

산 무수물(anhydride)은 하나의 산소 원자를 중심으로 두 개의 카보닐기가 결합된 화합물이다. **대칭 산 무수물(symmetrical anhydride)**은 산소에 결합된 두 개의 아실기가 같은 경우를 일컫는 말이며, **혼합 산 무수물(mixed anhydride)**은 산소에 결합된 두 개의 아실기가 다른 경우를 나타낸다. 그리고 고리를 이룬 **고리 산 무수물(cyclic anhydride)**도 있다.

대칭 산 무수물 혼합 산 무수물 고리 산 무수물

3.2 절에서 배운 바와 같이 **아마이드(amide)**는 질소 원자에 결합하고 있는 알킬기의 수에 따라 1°, 2°, 또는 3°로 분류된다.

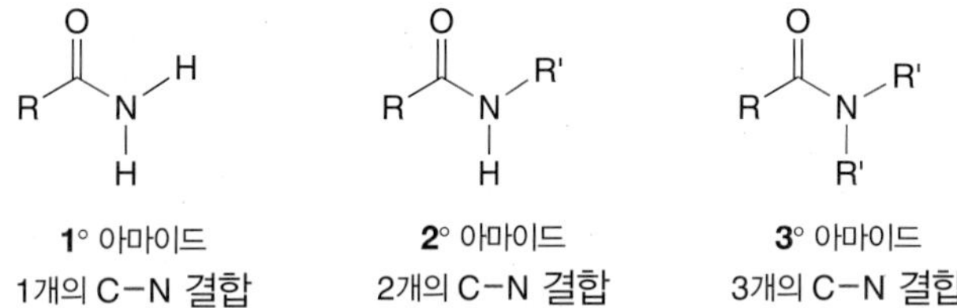

고리를 이루는 에스터는 **락톤(lactone)**, 고리 형태의 아마이드는 **락탐(lactam)**이라 부른다. 이렇게 고리를 이루고 있는 헤테로원자를 포함하는 고리의 크기는 그리스 문자로 표현된다. 카보닐기의 베타 탄소가 직접 헤테로원자(N)에 결합되면 사원자 고리 형태의 아마이드가 되는데 이를 **베타−락탐**이라 부른다. 오원자 고리를 이룬 에스터는 **감마−락톤**이라 부른다.

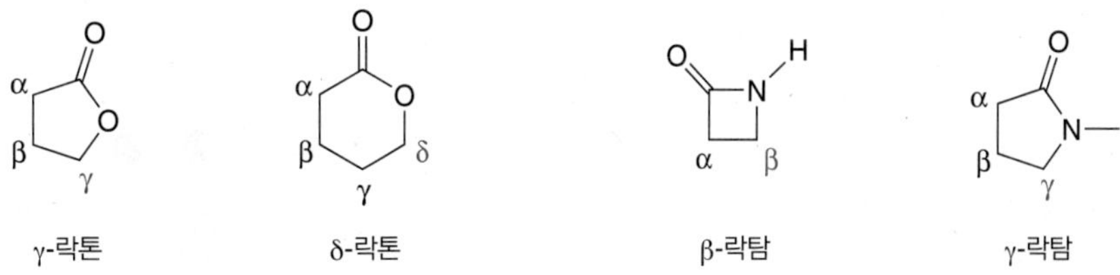

친핵성 아실 치환 반응에 대해서는 이미 20장에서 친핵체로서 R^- 및 H^-와의 반응에서 소개한 바 있다. 이 반응은 다양한 친핵체와 일어나기 때문에 여러 가지 치환 생성물이 얻어진다. 22.8∼22.13에서 살펴보도록 한다.

위에서 예를 든 모든 화합물은 잠재적으로 **이탈기**가 될 수 있는 전기음성도가 큰 원자 Z에 결합된 아실기가 있다. 따라서 이런 화합물은 **친핵성 아실 치환 반응**을 잘 일으키게 된다. 반면 알데하이드와 케톤은 카보닐기에 직접 결합된 이탈기가 없기 때문에 20장과 21장에서 살펴 본 바와 같이 친핵성 아실 치환 반응을 일으키지 않는다.

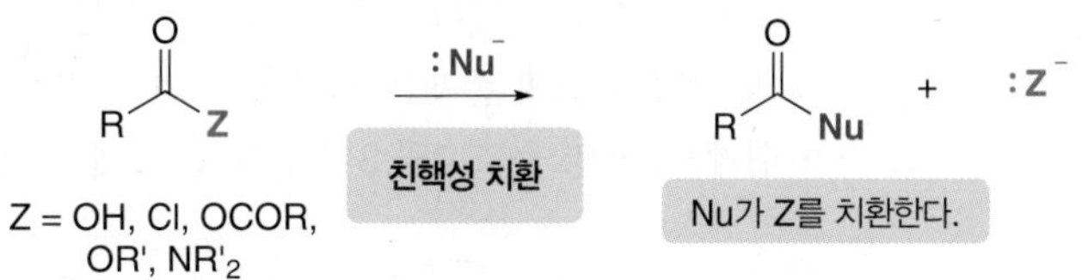

나이트릴(nitrile)은 알킬기에 결합된 사이아노기(C≡N)가 있는 화합물이다. 나이트릴은 구조적으로 카복실산이나 그 유도체들과는 상이하지만 사이아노기의 탄소 원자의 산화 상태는 카복실산 유도체의 카보닐 탄소와 같다. 따라서 둘은 화학적으로 유사한 면도 있다.

R−C≡N: 사이아노기

나이트릴

R−C≡N: :O: R Z:

두 화합물 모두 전기음성도가 큰 원자에 세 개의 결합이 있는 한 개의 탄소 원자가 있다.

문제 22.1 피토신(Pitocin)이란 상품명으로 팔리는 옥시토신(oxytosin)은 천연 호르몬의 일종으로 자궁 수축을 유도하여 유도분만에 사용된다. 다음 옥시토신의 구조를 보고 구조에 존재하는 아마이드를 1°, 2°, 3°로 분류하라.

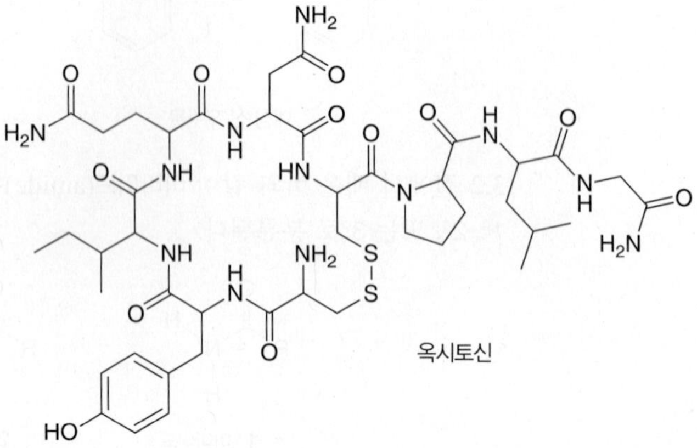

옥시토신

22.2 구조와 결합

카보닐기는 카보닐기에 붙어 있는 원자에 상관없이 공통적으로 가지는 두 가지 중요한 특징이 있다.

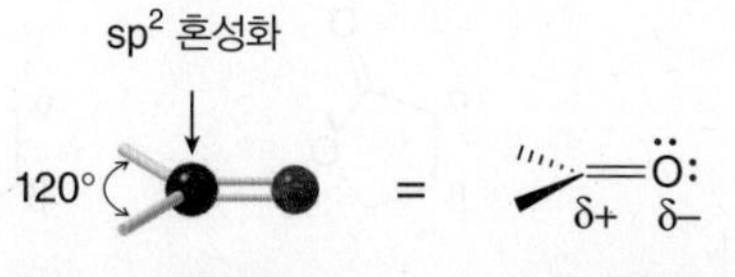

sp^2 혼성화

120°

삼각 평면

δ+ δ–

친전자성 탄소

- 카보닐기의 탄소는 sp^2 혼성 구조를 이루고 있으므로 평면 구조이며 상대적으로 덜 밀집된 상태로 존재한다.
- 전기음성도가 큰 산소 원자가 카보닐기를 편극시키면 카보닐 탄소가 친전자성을 나타낸다.

카복실산 유도체(RCOZ)는 모두 비공유 전자쌍이 있는 원자 Z와 결합되어 있어서 세 개의 공명 구조를 그릴 수 있다. 알데하이드와 케톤은 단지 두 개의 공명 구조가 존재하지만(20.1절), 세 개의 공명 구조의 존재는 전자 밀도의 비편재화를 더 효과적으로 일으켜 RCOZ를 안정화시킨다. 실제로, 공명 구조 2와 3이 공명 혼성체에 더 많이 기여할수록 RCOZ는 더 안정해진다.

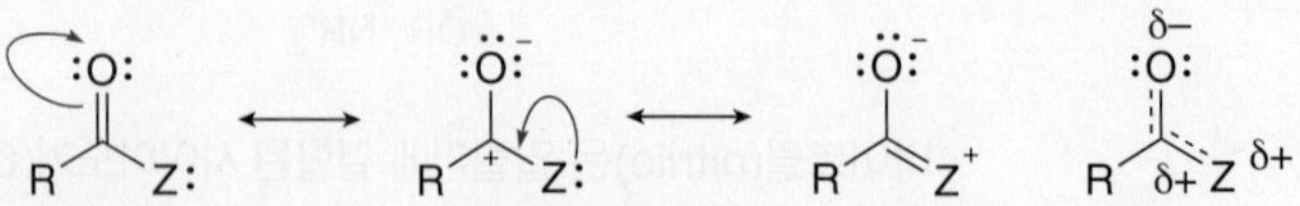

1 ⟷ 2 ⟷ 3 혼성체

- Z의 염기성이 클수록 가지고 있는 전자쌍을 더 잘 줄 수 있으므로 공명 구조 **3**이 혼성체에 더 많이 기여한다.

이탈기 Z의 상대적인 염기도는 표 22.1에 나타낸 바와 같이 어떤 짝산 HZ의 pK_a 값을 비교해 보면 알 수 있다. 염기도의 순서는 다음과 같이 나타낼 수 있다.

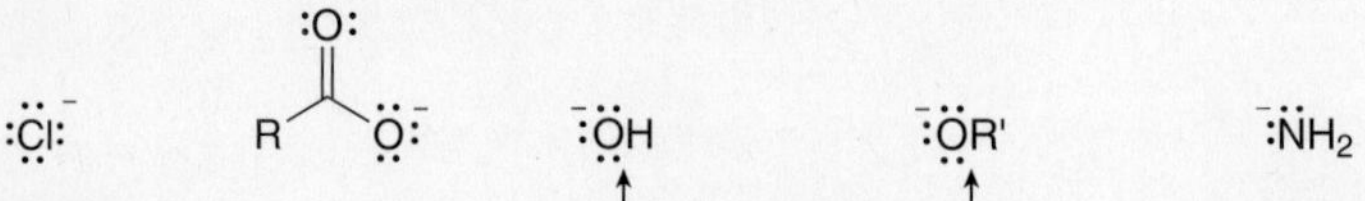

Cl^- $RCOO^-$ ^-OH $^-OR'$ $^-NH_2$

가장 약염기 — 비슷 (OH, OR') — 가장 강염기

염기도 증가

표 22.1 아실 화합물(RCOZ)의 일반적인 Z기에 대한 짝산(HZ)의 pK_a 값

구조	이탈기(Z^-)	짝산(HZ)	pK_a
RCOCl 산 염화물	Cl^-	HCl	−7
$(RCO)_2O$ 산 무수물	RCO_2^-	RCO_2H	3~5
RCOOH 카복실 산	^-OH	H_2O	15.7
RCOOR' 에스터	$^-OR'$	R'OH	15.5~18
$RCONR'_2$ 아마이드	$^-NR'_2$	R'_2NH	38~40

(Z의 염기도 증가 ↓ / HZ의 산도 증가 ↑)

Z의 염기도가 카복실산 유도체의 상대적인 안정성을 결정하며, 그 안정도의 순서는 다음과 같이 나타낼 수 있다.

산 염화물   산 무수물   카복실산 ~ 에스터   아마이드

(카복실산, 에스터: 비슷)

안정도 증가 →

즉 Cl^-가 가장 약염기이므로 산 염화물이 가장 불안정한 카복실산 유도체이며, $^-NR'_2$는 가장 강염기이기 때문에 아마이드는 가장 안정한 카복실산 유도체이다.

- 요약하면, Z의 염기도가 커질수록 RCOZ는 더 공명 안정화되고 더 안정해진다.

문제 22.2 산 브로민화물 RCOBr의 세 가지 가능한 공명 구조를 그려라. 그리고 부록 A에 나와 있는 pK_a 값을 사용하여 RCOBr이 카복실산(RCOOH)보다 더 공명 안정화되어 있는지 덜 공명 안정화되어 있는지 판단해 보라.

문제 22.3 다음에 주어진 실험 결과가 아마이드와 산 염화물의 상대적 안정성을 설명하는 데 어떻게 적용될 수 있는가? CH_3Cl과 CH_3COCl은 C−Cl 결합 길이는 같다(1.78 pm). 그러나 $HCONH_2$에서는 C−N 결합 길이는 CH_3NH_2에서의 C−N 결합 길이보다 짧다(각각 1.35 pm와 1.47 pm).

나이트릴의 구조와 결합은 카복실산 유도체와 매우 다르고, 알카인의 탄소−탄소 삼중 결합과 닮았다.

$CH_3-C\equiv N:$ =

sp 혼성화

180°

δ+ δ−

친핵체가 여기를 공격한다.

- C≡N기의 탄소 원자는 *sp* 혼성화되어 있으므로 180°의 결합각을 가진 선형 구조를 이룬다.
- 삼중 결합은 하나의 σ 결합과 두 개의 π 결합으로 이루어져 있다.

카복실산 유도체와 같이 나이트릴은 친전자성의 탄소 원자가 있기 때문에 친핵체의 공격을 받기 쉽다.

22.3 명명법

카복실산 유도체의 이름은 19.2절에서 살펴 본 어미 카복실산의 이름에서 파생된다. 폼산, 아세트산, 그리고 벤조산 같은 관용명이 정식 이름 대신에 널리 사용되어 왔기 때문에 이들 유도체에 대해서도 비슷한 관용명이 널리 쓰이고 있다.

22.3A 산 염화물의 명명–RCOCl

산 염화물은 아실(acyl)기 다음에 염화(chloride)라는 단어를 덧붙여 명명한다. 두 가지 다른 방법이 사용된다.

[1] 비고리형 산 염화물: 카복실산의 접미사인 -ic acid를 -yl chloride로 바꾼다.
[2] –COCl기가 고리 화합물에 결합되어 있을 때: 접미사 -carboxylic acid를 -carbonyl chloride로 바꾼다.

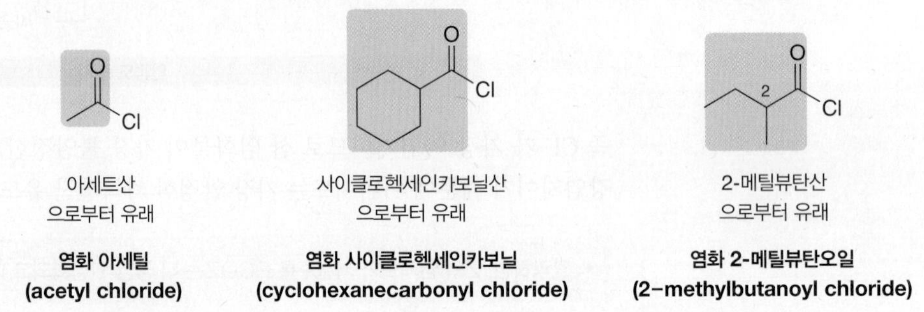

아세트산 으로부터 유래 — **염화 아세틸 (acetyl chloride)**

사이클로헥세인카보닐산 으로부터 유래 — **염화 사이클로헥세인카보닐 (cyclohexanecarbonyl chloride)**

2-메틸뷰탄산 으로부터 유래 — **염화 2-메틸뷰탄오일 (2-methylbutanoyl chloride)**

22.3B 산 무수물의 명명

anhydride란 말은 '무수'를 뜻한다. 두 분자의 카복실산에서 물이 제거되어 생긴다.

R–COOH + HO–COR → ($-H_2O$) → RCO–O–COR
무수물

대칭 산 무수물은 카복실산의 어미 acid를 산 무수물(anhydride)로 바꾸면 된다. 두 가지 다른 카복실산으로부터 유래된 혼합 산 무수물은 두 가지 산의 이름을 알파벳 순서로 나열하고 산(acid)을 무수물(anhydride)로 바꾸면 된다.

아세트산(acetic acid)으로부터 유래
아세트산 무수물 (acetic anhydride)

아세트산(acetic acid)과 벤조산(benzoic acid)으로부터 유래
아세트산 벤조산 무수물 (acetic benzoic anhydride)

22.3C 에스터의 명명–RCOOR′

에스터는 흔히 RCOOR′으로 나타내어 R′이 맨 나중에 오지만 이름 붙일 때는 R′이 맨 앞에 온다.

에스터는 두 부분으로 이루어져 있는데, 각각 아실기(RCO–)와 산소 원자에 결합된 알킬기(R′으로 표시)로 구분하여 따로 명명되어야 한다.

해결 방법 IUPAC 규칙에 따른 에스터의 명명법

예제 각 에스터에 대한 체계적인 이름을 쓰라.

a. b.

단계 [1] 산소 원자에 붙어 있는 R′ 기를 알킬기로 명명한다.

- 접미사 *-yl*로 끝나는 알킬기의 이름은 에스터 이름의 첫 부분이 된다.

에틸기 *tert*-뷰틸기

단계 [2] 어미 카복실산의 접미사 *-ic acid*를 *-ate*(-산)으로 바꿔 아실기(RCO–)를 명명한다.

- 아실기는 에스터 이름의 두 번째 부분이 된다.

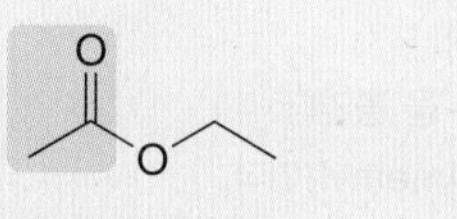

ace*tic acid*에서 유래 ----→ ace*tate*

답: ethyl acetate
(아세트산 에틸)

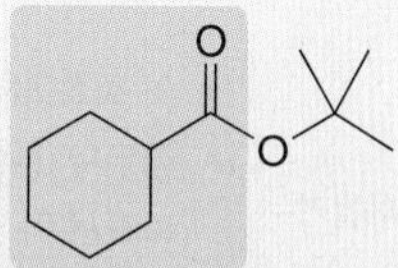

cyclohexanecarboxyl*ic acid*에서 유래 ----→ cyclohexanecarboxyl*ate*

답: *tert*-butyl cyclohexanecarboxylate
(사이클로헥세인카복실산 *tert*-뷰틸)

- [1] IUPAC 명명법 체계에서 에스터는 접미사 -ate(-산)을 붙인다.

22.3D 아마이드의 명명

1° 아마이드는 *-ic acid*, *-oic acid* 또는 *-ylic acid*를 amide로 바꾸면 된다.

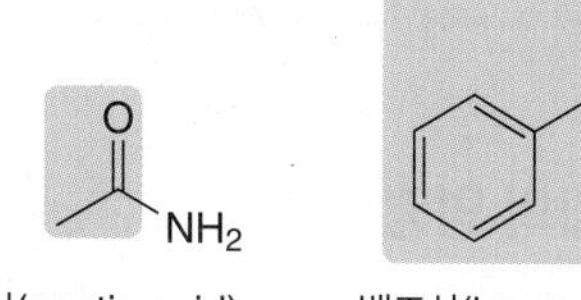

아세트산(acetic acid) 으로부터 유래	벤조산(benzoic acid) 으로부터 유래	2–메틸사이클로펜테인카복실산 (2–methylcyclopentanecarboxylic acid) 으로부터 유래
아세트아마이드 (acetamide)	**벤즈아마이드 (benzamide)**	**2-메틸사이클로펜테인카복스아마이드 (2–methylcyclopentanecarboxamide)**

2° 및 3° 아마이드의 구조는 질소(N)원자에 결합된 하나 또는 두 개의 알킬기와 카보닐기를 포함하는 아실기(RCO–) 두 부분으로 나누어진다.

해결 방법 2° 또는 3° 아마이드의 명명법

예제 다음 아마이드를 규칙에 맞게 명명하라.

a. b.

단계 [1] 아마이드의 질소(N) 원자에 붙어 있는 알킬기를 명명한다. 이때 알킬기가 질소 원자에 붙어 있는 것을 나타내야 하므로 각 알킬기의 이름 앞에 'N-'을 붙인다.

- 알킬기의 이름이 각 아마이드의 첫 부분이 된다.
- 3차 아마이드의 경우에는 N에 붙어 있는 두 알킬기가 동일하면 알킬기 앞에 둘을 나타내는 접두사 **di**-를 사용한다. 두 알킬기가 다르다면 알킬기의 이름을 알파벳 순서로 나열한다. 두 개의 같은 알킬기가 붙어 있더라도 두 개가 모두 N에 붙어 있음을 나타내야 하므로 각 알킬기에 대해 '***N-***'을 붙여준다.

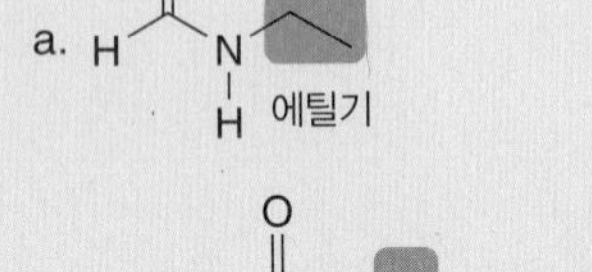

- 이 화합물은 한 개의 에틸기를 갖는 2° 아마이드이다.
  따라서 질소 원자에 결합된 알킬기는 *N*-에틸(*N*-ethyl)이다.

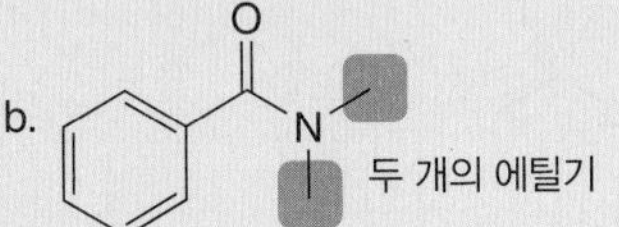

- 이 화합물은 두 개의 메틸기를 가진 3° 아마이드이다.
- 접두사 di-(다이)를 사용하고, 이름 앞에 두 개의 '*N*-'을 붙인다.
  따라서 이 알킬기의 이름은 *N*, *N*-다이메틸(*N*, *N*-dimethyl)이다.

단계 [2] 아실기(RCO^-)를 접미사 아마이드(*-amide*)와 함께 명명한다.

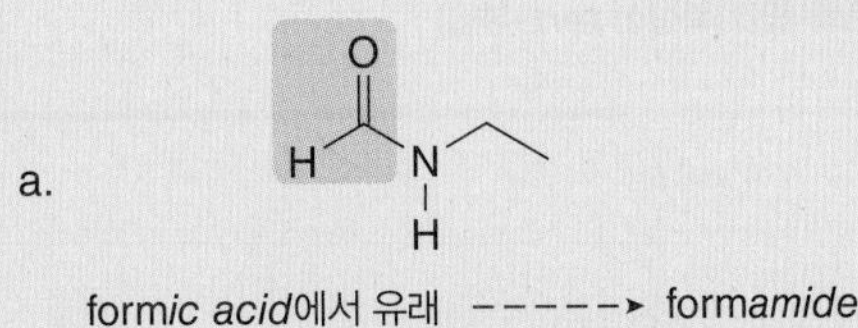

- 어미 카복실산으로 사용되는 -ic acid, *-oic acid*, 또는 *-ylic acid*를 *amide*로 바꾸어서 이름을 붙인다.
- 두 부분의 이름을 합쳐서 부른다.
- **답: *N*-에틸폼아마이드 (*N*-ethylformamide)**

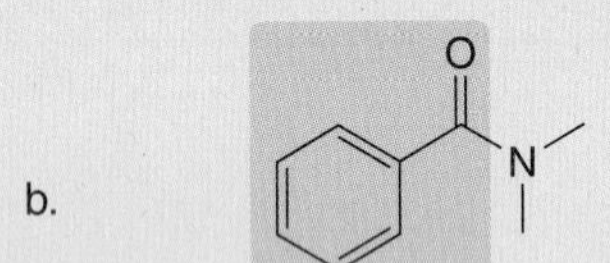

benzoic *acid*에서 유래 ----> benz*amide*

- 벤조산(benzoic acid)을 벤즈아마이드(benzamide)로 바꾼다.
- 두 부분의 이름을 합쳐서 부른다.
- **답: *N*, *N*-다이메틸벤즈아마이드 (*N*, *N*-dimethylbenzamide)**

22.3E 나이트릴의 명명

카복실산 유도체와는 다르게 나이트릴은 알케인 유도체로서 명명한다. IUPAC 규칙에 따른 나이트릴의 명명법은

- 사이아노기(C≡N)를 포함하는 가장 긴 탄소사슬을 찾아 이에 해당되는 어미 알케인의 이름의 끝에 **나이트릴**(nitrile)을 붙인다. C≡N이 붙어 있는 탄소가 1번 탄소가 되게 사슬에 번호를 붙이지만 이름에는 번호를 생략한다.

나이트릴을 명명하는 데 있어 CN의 탄소는 가장 긴 사슬의 탄소 원자 중 하나이다. **CH_3CH_2CN은 에테인나이트릴이 아니라 프로페인나이트릴이다.**

나이트릴의 관용명도 많이 사용되는데, 이 이름은 탄소 원자의 수가 같은 카복실산의 이름에서 유래되었다. 카복실산의 어미 *-ic acid*를 접미사 *-onitrile*로 바꾸면 된다.

그림 22.1
나이트릴 명명법의 요약

a. 나이트릴에 대한 IUPAC 이름

뷰테인 + 나이트릴
(네 개의 C)
2-메틸뷰테인나이트릴

b. 나이트릴에 대한 관용명

$CH_3-C\equiv N$
아세트산에서 유래
아세토나이트릴
(acetonitrile)

c. 치환기로서의 CN

2-사이아노사이클로헥세인카복실산

표 22.2
요약: 카복실산 유도체와 나이트릴의 명명법

화합물	이름 어미	예	이름
산 염화물	**-yl chloride** 또는 **-carbonyl chloride**		염화 벤조일
산 무수물	**anhydride**		벤조산 무수물
에스터	**-ate**		벤조산 에틸
아마이드	**-amide**		*N*-메틸벤즈아마이드
나이트릴	**-nitrile** 또는 **-onitrile**	$C_6H_5-C\equiv N$	벤조나이트릴

CN을 치환기로 취급할 때는 사이아노(cyano)기로 부른다.

표 22.2에 카복실산 유도체의 명명법의 핵심 내용을 요약하였다.

예제 22.1 다음 각 화합물을 IUPAC 규칙에 따라 명명하라.

a. b.

풀이

[a] 작용기가 사슬에 결합된 산 염화물이므로 이름은 ***-yl chloride***로 끝나야 한다.

[1] COCl을 포함한 가장 긴 사슬을 찾아 명명한다.

hexanoic acid ⟶ **hexano**yl chloride
(6개의 C)

[2] 치환기의 번호를 매기고 명명한다.

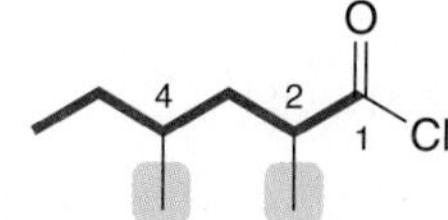

답: 염화 2,4-다이메틸헥산오일
(2,4-dimethylhexanoyl chloride)

[b] 이것은 작용기가 에스터이므로 이름이 ***-ate***로 끝나야 한다.

[1] 카보닐기를 포함한 가장 긴 사슬을 찾아 명명한다.

O

pentanoic acid ⟶ **pentano**ate

(5개의 C)

[2] 치환기의 번호를 매기고 명명한다.

O 2 아이소프로필기

답: 아이소프로필 2-메틸펜탄산
(isopropyl 2-methylpentanoate)

이름에서 O원자에 결합된 알킬기의 이름이 **먼저** 나온다.

문제 22.4 다음 각 화합물을 IUPAC 규칙에 따른 이름 또는 관용명을 쓰라.

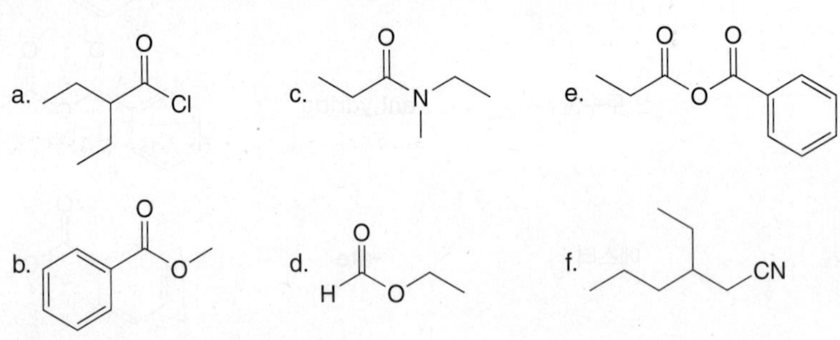

문제 22.5 각 이름에 해당하는 구조를 그려라.

a. 5-methylheptanoyl chloride
b. isopropyl propanoate
c. acetic formic anhydride
d. *N*-isobutyl-*N*-methylbutanamide
e. 3-methylpentanenitrile
f. *o*-cyanobenzoic acid
g. *sec*-butyl 2-methylhexanoate
h. *N*-ethylhexanamide

22.4 물리적 성질

모든 카보닐 화합물은 결합이 극성을 띠는 카보닐기를 가지고 있기 때문에 분자간 쌍극자–쌍극자 상호작용(dipole-dipole interaction)이 존재한다. 나이트릴도 극성인 사이아노기(C≡N)를 가지기 때문에 쌍극자–쌍극자 상호작용(dipole-dipole interaction)이 존재한다. 1°와 2° 아마이드는 하나 또는 두 개의 N–H를 가지고 있기 때문에 분자간 수소 결합을 할 수 있다. 그림 22.2는 아세트아마이드 두 분자(CH_3CONH_2)가 이루는 수소 결합을 보여주고 있다. 한 분자의 아마이드의 N–H 결합은 이웃 아마이드의 극성을 띠는 C=O의 산소와 수소 결합을 하고 있다.

이러한 요인들이 카복실산 유도체의 물리적 성질에 미치는 영향이 표 22.3에 요약되어 있다.

그림 22.2
두 아세트아마이드 분자 사이의 분자간 수소 결합

H–N: H O: = = H–N: H :O

수소 결합

표 22.3 카복실산 유도체의 물리적 성질

특성	관찰 사항
끓는점과 녹는점	• 1°와 2° 아마이드는 비슷한 분자량의 다른 화합물보다 끓는점과 녹는점이 더 높다. • 다른 카복실산 유도체들의 끓는점과 녹는점은 비슷한 크기와 모양의 다른 극성 화합물과 비슷하다. 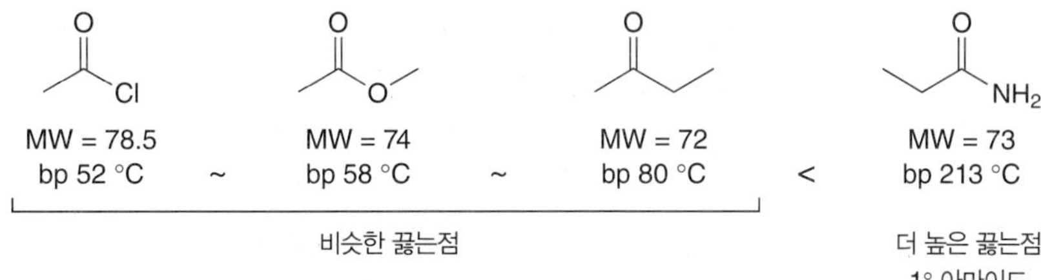
용해도	• 카복실산 유도체는 크기에 상관없이 유기 용매에 녹는다. • 탄소 수가 다섯 개 이하인 대부분의 카복실산 유도체는 H_2O와 수소 결합을 할 수 있기 때문에 H_2O에 녹을 수 있다 (3.4C절). • 탄소 수가 여섯 개 이하인 카복실산 유도체는 비극성의 알킬 부분이 너무 커서 극성인 H_2O 용매에 녹을 수 없기 때문에 H_2O에 불용성이다.

참고: MW = 분자량

문제 22.6 $CH_3CON(CH_3)_2$는 CH_3CONH_2보다 분자량도 더 크고 표면적이 더 넓지만, 끓는점(166°C)은 CH_3CONH_2 (221°C)보다 낮다. 그 이유를 설명해 보라.

22.5 분광학적 특성

22.5A IR 스펙트럼

카복실산 유도체와 나이트릴에서 가장 뚜렷하게 나타내는 IR 흡수 띠는 다음과 같다.

[1] 다른 카보닐 화합물처럼 카복실산 유도체도 1600~1850 cm^{-1}에서 강한 C=O의 진동 흡수 띠를 가진다.

[2] 1°와 2° 아마이드는 N–H 결합이 있기 때문에 두 흡수가 추가로 나타난다.

- 3200~3400 cm^{-1} 영역에서 N–H 신축 봉우리
- ~1640 cm^{-1}에서 N–H 굽힘 흡수

[3] 나이트릴은 C≡N이 2250 cm^{-1}에서 흡수를 보인다.

카복실산 유도체(RCOZ)에 존재하는 카보닐기(C=O) 흡수의 정확한 위치는 붙어 있는 Z의 특성에 따라 달라진다. 22.2절에서 설명하였듯이 Z의 염기도가 증가하면 ROOZ의 공명 안정화가 증가하여 다음과 같은 경향성이 나타난다.

- 카보닐 π 결합이 더 비편재화함에 따라 C=O 흡수는 더 낮은 진동수로 이동한다.

따라서 공명에 의하여 덜 안정화된 산 염화물과 산 무수물은 더 공명 안정화되어 있는 아마이드의 카보닐기보다 더 높은 진동수에서 흡수한다. 표 22.4는 카복실산 유도체의 카보닐기 흡수에 대한 고유한 값을 정리한 것이다.

콘쥬게이션과 고리 크기는 카보닐 흡수의 위치에 영향을 미친다.

표 22.4
카복실산 유도체의 카보닐기 IR 흡수

화합물 유형	구조(RCOZ)	카보닐 흡수($\tilde{\nu}$)
산 염화물	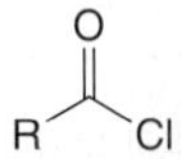 RCOCl	~1800
산 무수물	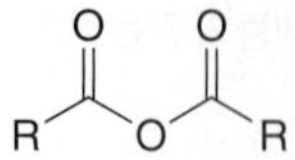 RCOOCOR	1820과 1760(두 개의 봉우리)
에스터	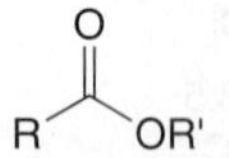 RCOOR'	1735~1745
아마이드	RCONR'$_2$	1630~1680

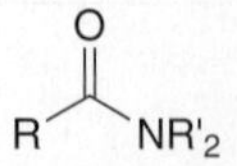

R' = H or 또는 알킬

(Z의 염기도 증가: 위에서 아래로; 흡수의 $\tilde{\nu}$ 증가: 아래에서 위로)

카보닐 흡수의 위치에 대한 콘쥬게이션과 고리 크기의 효과는 21.4A절에서 처음 논의되었다.

- 콘쥬게이션은 카보닐 흡수를 더 낮은 진동수로 이동시킨다.
- 고리형 카복실산 유도체에 대하여 고리 크기가 감소하면 카보닐 흡수는 더 높은 진동수로 이동한다.

문제 22.7 다음 각 쌍의 화합물들은 IR 스펙트럼에서 어떻게 다른가?

a. 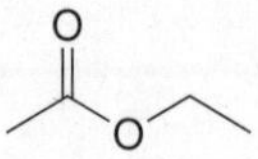 $CH_3COOCH_2CH_3$ 와 $CH_3CON(CH_2CH_3)_2$

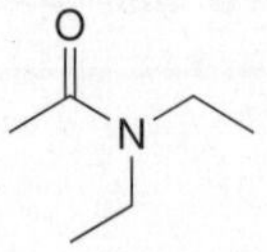

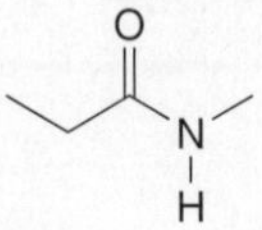

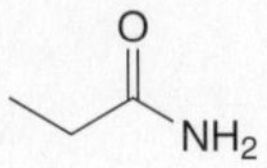

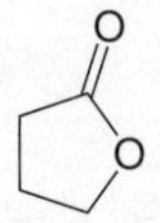

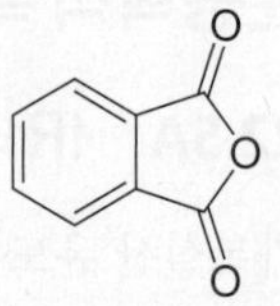

b. 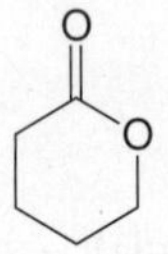 (δ-발레로락톤) 와 (γ-뷰티로락톤)

c. $CH_3CH_2CONHCH_3$ 와 $CH_3CH_2CONH_2$

d. (프탈산 무수물) 와 (벤조일 클로라이드)

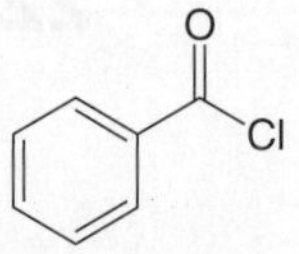

22.5B NMR 스펙트럼

카복실산 유도체는 다음 두 가지의 독특한 ^1H NMR 흡수를 보인다.

[1] 카보닐의 α 탄소에 있는 수소는 2~2.5 ppm에서 흡수한다.
[2] 1°와 2° 아마이드의 N–H 수소는 7.5~8.5 ppm에서 흡수한다.

카복실산 유도체의 ^{13}C NMR 스펙트럼에서 카보닐기의 탄소는 많이 벗겨진(deshielded) 상태에 놓여 있기 때문에 160~180 ppm에서 시그널이 나타난다. 이것은 190~215 ppm에서 나타나는 알데하이드와 케톤의 카보닐 흡수보다 약간 높은장(upfield)이다.

나이트릴은 ^{13}C NMR 스펙트럼에서 *sp* 혼성 탄소 때문에 115~120 ppm에서 나타난다. 이것은 65~100 ppm에서 나타나는 알카인의 *sp* 혼성 탄소보다 더 낮은장(downfield) 쪽에서 나타난 것이다.

문제 22.8 주어진 자료로부터 재스민의 두 개의 주성분인 **A**와 **B** 화합물의 구조를 추론하라.

화합물 **A:** $C_9H_{10}O_2$: 3091~2895 및 1743 cm^{-1}에서 IR 흡수; 2.06(단일선, 3 H), 5.08(단일선, 2 H), 그리고 7.33(넓은 단일선, 5 H) ppm에서 ^1H NMR 신호

화합물 **B:** $C_{14}H_{12}O_2$: 3091~2953 및 1718 cm^{-1}에서 IR 흡수; 5.35(단일선, 2 H), 그리고 7.26~8.15(다중선, 10 H) ppm에서 ^1H NMR 신호

22.6 흥미로운 에스터와 아마이드

22.6A 에스터

많은 과일의 특징적인 냄새는 저분자량의 에스터에 기인한다.

저분자량의 에스터 중에는 좋은 향기와 독특한 냄새를 가진 것들이 많다.

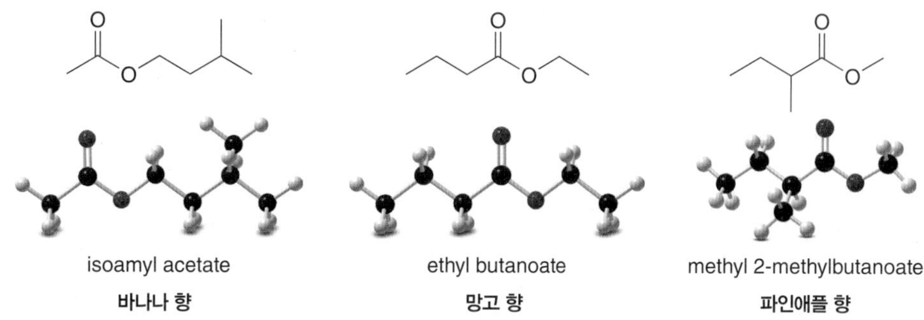

코카 식물인 Erythroxylon coca는 중독성 약품인 코카인의 원천이다.

코카인이나 바이타민 C와 같이 중요한 생리 활성을 나타내는 에스터도 있다.

바이타민 C

코카인

- **바이타민 C**(혹은 아스코브산)는 수용성 바이타민의 하나로서 이미 3.5B절에서 소개한 바와 같이 오원자 고리 락톤을 포함하고 있다. 바이타민 C는 식물에서는 합성되지만, 인간은 이것을 만드는 효소가 없기 때문에 음식물로 섭취해야만 한다.
- **코카인**은 코카나무 잎에서 얻어지는 중독성이 있는 물질로서 수천 년 전부터 남아프리카 토착민들은 쾌감을 얻을 목적으로 코카나무 잎을 씹었다. 코카 잎은 코카콜라의 생산 초기 20년간 미량 첨가되기도 했다. 코카인의 남용이 심각한 지경에 이르러 전 세계 대부분의 나라는 소지하거나 사용하는 것을 불법화하였다.

22.6B 아마이드

천연에서 발견되는 아마이드의 중요한 부류는 **아미노산의 중합체인 단백질**(protein)을 들 수 있다. 단백질은 중합된 사슬의 길이나 붙어 있는 R기의 특성에 따라 그 특성이 다르다. 단백질이란 말을 사용할 때는 보통 40개 이상의 아미노산이 고분자량의 중합체를 이루었을 때이며, 그 이하 저분자량의 중합체는 펩타이드(peptide)라고 부른다.

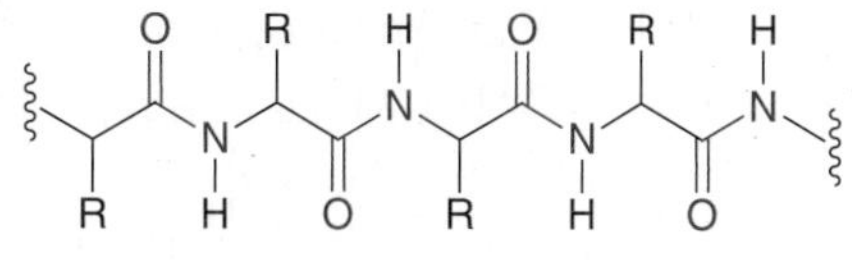

단백질 분자의 일부
[아마이드 결합이 붉은색으로 표시되었다.]

펩타이드와 단백질은 29장에서 자세히 논의한다.

단백질과 펩타이드는 세포 내에서 다양한 기능을 하는데, 근육, 결합 조직, 머리카락, 손발톱 등의 기본 성분을 이룬다. 반응을 촉매화시키고 세포막을 통과해 이온과 분자를 운반하기도 한다. 예를 들면, 신경 세포에서 주로 발견되는 네 개의 아마이드 결합을 가진 펩타이드인 **메트–엔케팔린**(met–enkephalin)은 모르핀과 같은 효과를 나타내 통증을 완화시키는 진정제로서 역할을 한다.

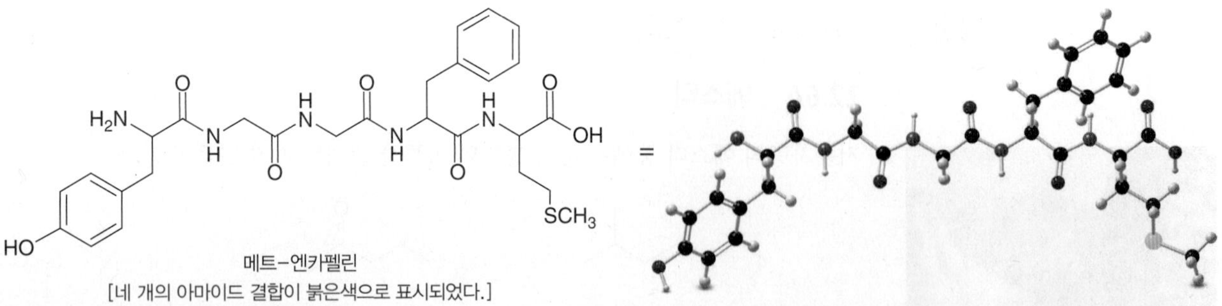

메트–엔카펠린
[네 개의 아마이드 결합이 붉은색으로 표시되었다.]

어떤 아마이드는 매우 유용한 약으로 쓰인다. 예를 들면 메테인설폰산(CH_3SO_3H) 염으로 시판되는 글리벡[Gleevec, 일반명: 이마티닙 메실레이트(imatinib mesylate)]은 대표적인 아마이드 약제로서 2001년에 승인받은 만성 골수성 백혈병 및 위암의 치료제이다. 글리벡은 특정 유형의 암을 일으키는 메커니즘을 분자 단위에서 차단할 수 있는 분자이다.

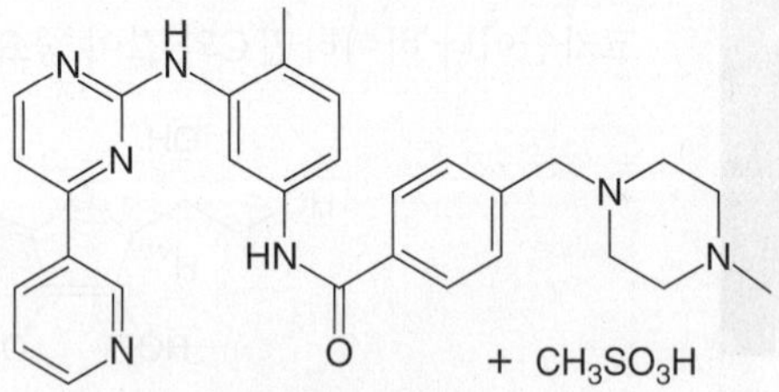

$+ \ CH_3SO_3H$

이마티닙 메실레이트
상품명: 글리벡

페니실린(penicillin)은 구조적 유사성이 있는 일련의 항생제를 일컫는 말로서, 1920년대에 플레밍(Alexander Fleming) 경의 선구적인 연구로 발견된 페니실린 G를 필두로 알려지게 되었다. 페니실린 계통의 물질은 모두 오원자 고리에 접합되어 있는 β-락탐 고리를 가지고 있으며, β-락탐 카보닐기의 α 위치에 또 다른 아마이드 결합을 가진다. 이 아마이드 곁가지에 있는 R기의 종류에 따라 페니실린이 나누어진다.

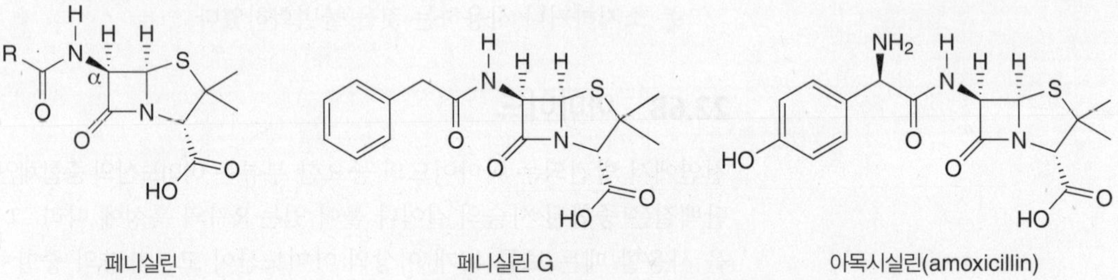

페니실린
붉은색이 β-락탐

페니실린 G

아목시실린(amoxicillin)

세팔로스포린(cephalosporin)은 육원자 고리에 접합된 사원자 고리가 있는 β-락탐 항생제의 두 번째 부류이다. 세팔로스포린은 페니실린보다 더 광범위한 종류의 세균에 대해 활성이 있다.

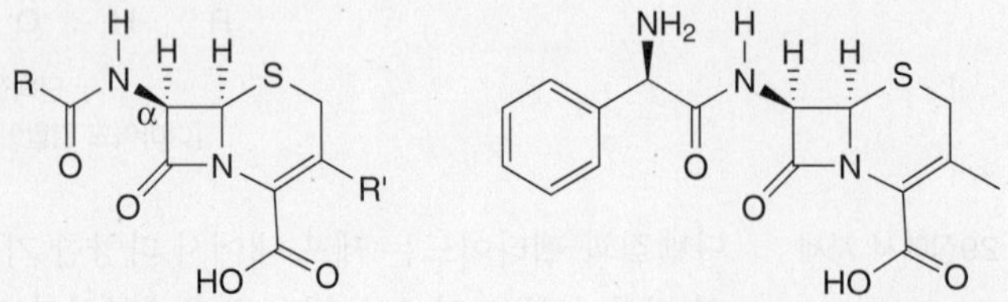

세팔로스포린
붉은색이 β-락탐

세팔렉신(cephalexin)
상품명: 케플렉스(Keflex)

22.7 친핵성 아실 치환 반응의 소개

카복실산 유도체가 일으키는 대표적인 반응은 친핵성 아실 치환(nucleophilic acyl substitution) 반응이다. 이것은 음전하를 띤 친핵체($Nu:^-$)나 중성인 친핵체(HNu:)에 의해 일어나는 흔한 반응이다.

$$RCOZ \xrightarrow[\text{또는 } HNu:]{:Nu^-} RCONu + :Z^- \text{ 또는 } HZ$$

Nu가 Z를 치환한다.

- 카복실산 유도체는 친전자적이면서 입체적으로 가려지지 않은 카보닐기를 가지고 있어서 친핵체와 쉽게 반응한다.
- 카복실산 유도체(RCOZ)는 이탈기인 Z가 있어서 첨가 반응이 아니라 치환 반응을 일으킨다.

22.7A 메커니즘

친핵성 아실 치환의 메커니즘은 20.2절에서 처음 소개되었다.

친핵성 아실 치환 반응은 메커니즘 22.1에서 보듯이 친핵체에 의한 친핵성 공격에 이어 이탈기 손실이 따르는 두 단계로 진행된다.

친핵체의 첨가와 이탈기 제거를 거치는 전체적인 반응의 결과는 이탈기가 친핵체에 의해 치환되는 것이다. 20장에서 공부한 친핵성 치환 반응이 친핵체의 하나인 탄소 음이온(R^-)이나 수소화 음이온(H^-)에 의해서도 일어남을 기억하라. 산소 및 질소를 포함하는 다양한 친핵체가 이 반응을 일으킨다.

산소 친핵체: $^-:\ddot{O}H$ $H_2\ddot{O}:$ $R\ddot{O}H$ $RCOO^-$

질소 친핵체: $\ddot{N}H_3$ $R\ddot{N}H_2$ $R_2\ddot{N}H$

아래 두 가지 예에서 볼 수 있듯이, 헤테로원자를 포함하고 있는 친핵체를 이용한 친핵성 아실 치환 반응은 하나의 카복실산 유도체를 또 다른 카복실산 유도체로 바꿀 수 있다.

$$CH_3COCl \xrightarrow{H-NH_2} CH_3CONH_2 + H-Cl$$

1° 아마이드

$$C_6H_5COOH \xrightarrow{H-OCH_3,\ H^+} C_6H_5COOCH_3 + H-OH$$

에스터

메커니즘 22.1 친핵성 아실 치환 반응의 일반적인 메커니즘

$$RCOZ + :Nu^- \xrightarrow{1} R(Z)C(O^-)Nu \xrightarrow{2} RCONu + :Z^-$$

Z = OH, Cl, OCOR, OR', NH_2

① 친핵체가 친전자적인 카보닐기를 공격한다. π 결합이 끊어지고, 전자쌍이 산소 쪽으로 이동하여 sp^3 혼성 탄소를 형성한다.

② 산소에 있는 전자쌍이 π 결합을 재형성하고 C–Z 결합에 있는 전자쌍과 함께 이탈기로 Z가 떨어져 나간다.

이 반응은 친핵체의 특성이나 전하에 상관없이 결국 이탈기를 친핵체로 교체하는 반응이다. 친핵성 아실 치환 반응의 생성물을 쓰기 위해서는,

- 이탈기를 가지고 있는 sp^2 혼성 탄소를 찾는다.
- 친핵체를 확인한다.
- 이탈기를 친핵체로 바꾼다. 중성 친핵체의 경우에는 중성 치환 생성물이 되기 위해 양성자를 하나 잃어야 한다.

22.7B 카복실산과 그 유도체의 상대적인 반응성 비교

20.2B절에서 살펴 보았듯이, 카복실산과 그 유도체는 친핵체에 대한 반응성이 서로 다르다. 반응성의 순서는 대략 이탈기인 Z의 이탈기로서의 능력과 비례한다.

- 더 좋은 이탈기일수록 RCOZ는 친핵성 아실 치환에서 반응성이 더 크다.

가장 좋은 이탈기는 가장 약염기라는 것을 기억하라. 일반적인 이탈기 Z의 상대적인 염기성도가 표 22.1에 주어져 있다.

따라서 다음과 같은 경향성이 나타난다.

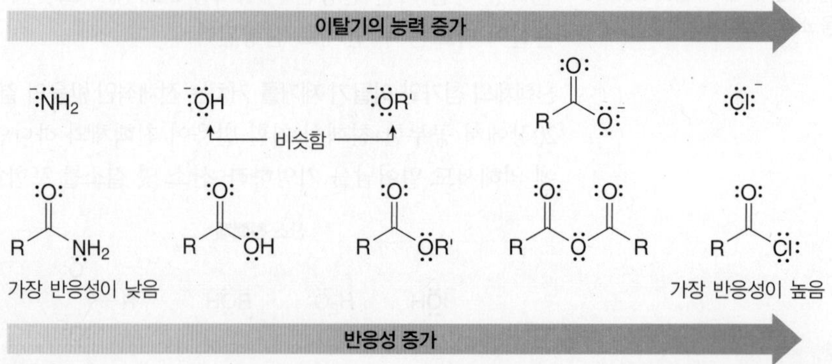

이 반응성의 순서를 기초로 하면, 반응성이 큰 아실 화합물(산 염화물과 산 무수물)을 반응성이 약한 아실 화합물(카복실산, 에스터, 아마이드)로 변환시킬 수 있다. 그 역반응은 대개 잘 일어나지 않는다.

잘 안 되는 이유는 카보닐기에 친핵체가 첨가되면 사면체 구조의 중간체가 생기는데, 여기서 Z^- 또는 $:Nu^-$은 둘 다 이탈기가 될 수 있다. 그러나 제거되는 것은 두 이탈기 중에서 더 좋은 이탈기이다. 따라서 치환 생성물이 되기 위해서는 Z^-가 더 좋은 이탈기여야 하고 출발물 RCOZ가 반응성이 더 큰 아실 화합물이어야 한다.

두 개의 가능한 이탈기

반응이 일어나려면 Z가 Nu보다 더 좋은 이탈기여야 한다.

친핵성 아실 치환 반응을 일으킬지 안 일으킬지를 판단하기 위해서는 예제 22.2에서 보듯이 공격하는 친핵체와 떨어져 나가는 이탈기의 이탈기로서의 능력을 비교하면 된다.

예제 22.2 다음 친핵성 아실 치환 반응이 일어나는지 안 일어나는지를 결정하라.

a. CH_3COCl —?→ $CH_3COOCH_2CH_3$ b. $C_6H_5CONH_2$ —?→ $(C_6H_5CO)_2O$

풀이

a. 아실 할라이드(CH_3COCl)를 에스터($CH_3COOCH_2CH_3$)로 바꾸기 위해서는 친핵체로 에톡사이드($^-OCH_2CH_3$)를 이용하여 Cl^-와 치환되어야 한다. Cl^-가 $^-OCH_2CH_3$보다 더 약 염기이므로 더 좋은 이탈기이다. 따라서 **이 반응은 일어날 수 있다.**

b. 아마이드($C_6H_5CONH_2$)를 산 무수물$(C_6H_5CO)_2O$로 바꾸기 위해서는 NH_2가 친핵체인 $^-OCOC_6H_5$로 치환되어야 한다. NH_2는 $^-OCOC_6H_5$보다 더 강염기이므로 더 약한 이탈기이다. 따라서 **이 반응은 일어날 수 없다.**

문제 22.9 22장을 미리 읽지 않고 다음의 친핵성 치환 반응이 가능한지 아닌지 설명해보라.

a. CH_3COCl → CH_3COOH

b. $CH_3CONHCH_3$ → CH_3COOCH_3

c. CH_3COOCH_3 → CH_3COCl

d. $(CH_3CO)_2O$ → CH_3CONH_2

요약하면,

카복실산 유도체의 반응성 순서를 익혀라. 이것을 기억하면 아주 많은 반응을 체계화할 수 있다.

- 친핵성 아실 치환 반응은 이탈기 Z^-가 친핵체인 $:Nu^-$보다 더 약 염기일 때 일어난다.
- 친핵성 아실 치환 반응을 이용하면 반응성이 더 큰 아실 화합물을 반응성이 더 적은 아실 화합물로 바꿀 수 있다.

문제 22.10 다음을 친핵성 아실치환 반응의 반응성이 증가하는 순서로 나열하라.

a. $C_6H_5COOCH_3$, C_6H_5COCl, $C_6H_5CONH_2$

b. CH_3CH_2COOH, $(CH_3CH_2CO)_2O$, $CH_3CH_2CONHCH_3$

문제 22.11 트라이클로로아세트산 무수물[$(Cl_3CCO)_2O$]이 아세트산 무수물[$(CH_3CO)_2O$]보다 친핵성 아실 치환 반응을 일으킬 때 왜 반응성이 더 큰지를 설명하라.

22.7C 구체적인 반응의 미리보기

22.8부터 22.14절까지는 헤테로원자를 가진 여러 가지 친핵체가 수반된 친핵성 아실치환 반응에 대한 구제적인 예를 살펴볼 것이다. 많은 반응들이 소개되므로 카복실산 유도체의 반응성의 순서를 숙지하고 있지 않으면 혼동하기 쉽다. 항상 기억할 것은 출발물이 아실기를 가지고 있으면 친핵성 아실치환 반응을 일으킬 수 있다는 사실이다.

이 책에서의 모든 친핵성 치환 반응은 출발물로 사용되는 카복실산 유도체에 따라 분류되어 있다. 가장 반응성이 큰 아실 화합물인 산 염화물의 반응에서 시작하여 반응성이 점점 작아지는 카복실산 유도체 순으로 하여 마지막은 아마이드에서 끝난다. 산 염화물은 모든 아실 화합물 중에서 가장 잘 떨어지는 이탈기를 가졌기 때문에 거의 모든 친핵체와 치환 반응을 일으키는 반면, 아마이드는 잘 안 떨어지는 이탈기를 가졌기 때문에 치환 반응을 잘 일으키지 않으며, 일어나더라도 아주 격렬한 반응 조건하에서 일어난다.

다음 반응식에서 보듯이 대부분의 경우에 네 가지 다른 친핵체와 일으키는 친핵성 아실 치환 반응을 살펴볼 것이다.

$RCOZ$ + ^-OCOR → $RCOOCOR$ (산 무수물)

$RCOZ$ + ^-OH 또는 $H-OH$ → $RCOOH$ (카복실산)

$RCOZ$ + $H-OR'$ → $RCOOR'$ (에스터)

$RCOZ$ + $H-NH_2$ 또는 $H-NHR'$ 또는 $H-NR'_2$ → $RCONH_2$ (1° 아마이드) 또는 $RCONHR'$ (2° 아마이드) 또는 $RCONR'_2$ (3° 아마이드)

위의 반응들은 하나의 아실 화합물로부터 산 무수물, 카복실산, 에스터 및 아마이드를 합성하는 데는 사용될 수 있지만, 산 염화물의 합성에는 쓸 수 없다. 산 염화물은 가장 반응성이 큰 아실 화합물이어서(가장 좋은 이탈기를 가짐) 친핵성 치환 반응으로 쉽게 얻어지지 않는다. 따라서 22.10A절에서 살펴보겠지만 특별한 시약을 사용하여 카복실산을 합성할 수 있다.

22.8 산 염화물의 반응

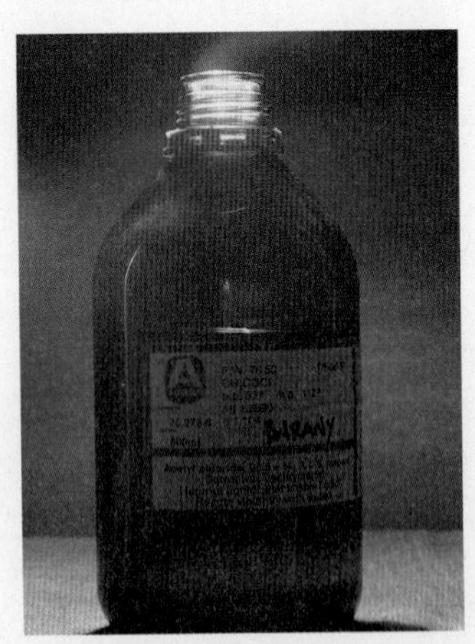

산 염화물은 물과 빠르게 반응한다. 산 염화물이 공기 중에 노출되면 공기 중에 포함된 수분과 반응하여 가수분해가 일어나면서 부산물로 HCl이 생겨 자극성 냄새가 난다.

산 염화물은 대부분의 친핵체와 반응하여 친핵성 치환 생성물을 형성하고 반응 부산물로 HCl이 생긴다. 센산인 HCl을 제거하기 위하여 약염기를 반응 혼합물에 가하면 암모늄 염이 생성된다.

$RCOCl + H-Nu: \longrightarrow RCONu + H-Cl$ (부산물)

$H-Cl$ + 피리딘 → 피리디늄 Cl^-

산 염화물은 산소를 포함하는 친핵체와 반응하여 산 무수물, 카복실산 및 에스터를 생성한다.

[1] $RCOCl$ + $^{-}OCOR$ ⟶ $RCOOCOR$ (무수물) + Cl^-

[2] $RCOCl$ + H–OH —피리딘→ $RCOOH$ (카복실산) + 피리디늄 Cl^-

[3] $RCOCl$ + H–OR' —피리딘→ $RCOOR'$ (에스터) + 피리디늄 Cl^-

산 염화물은 또한 암모니아, 1°, 2° 아민과 반응하여 각각 1°, 2° 및 3° 아마이드를 생성한다. 이 반응은 NH_3 또는 각 아민이 2 당량이 필요한데, 1 당량은 친핵체로 작용하여 Cl과 치환 반응을 통해 치환 생성물을 만들고, 다른 1 당량은 염기로 작용하여 부산물로 생기는 HCl과 암모늄 염을 만든다.

[1] $RCOCl$ + H–NH_2 (2 당량) ⟶ $RCONH_2$ (1° 아마이드) + HCl —NH_3→ $\overset{+}{N}H_4$ Cl^-

[2] $RCOCl$ + H–NHR' (2 당량) ⟶ $RCONHR'$ (2° 아마이드) + HCl —$R'NH_2$→ $R'\overset{+}{N}H_3$ Cl^-

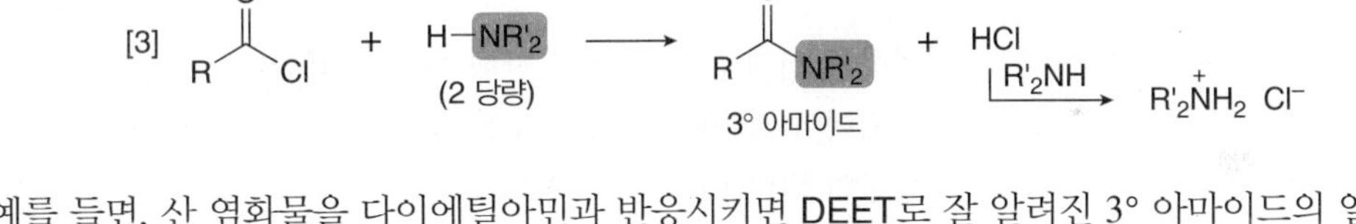

[3] $RCOCl$ + H–NR'_2 (2 당량) ⟶ $RCONR'_2$ (3° 아마이드) + HCl —R'_2NH→ $R'_2\overset{+}{N}H_2$ Cl^-

DEET를 함유하는 해충 퇴치제는 최근 들어 인기가 치솟고 있는데 그 이유는 웨스트나일 바이러스나 라임병과 같은 곤충이 매개하는 질병이 널리 퍼지고 있기 때문이다. DEET는 곤충을 죽일 수는 없으나 쫓아 버릴 수는 있다. 그 이유는 잘 알려져 있지 않으나 동물 주위의 따뜻하고 습한 공기를 인지하는 곤충의 인지 기능에 혼란을 초래하는 것으로 추정된다.

예를 들면, 산 염화물을 다이에틸아민과 반응시키면 DEET로 잘 알려진 3° 아마이드의 일종인 *N*,*N*-다이에틸-*m*-톨루아마이드를 생성한다. DEET은 광범위하게 사용되는 살충제로 모기, 벼룩, 진드기 등의 구제에 효과가 있다.

m-톨루오일 클로라이드 + $HN(CH_2CH_3)_2$ 다이에틸아민 (과량) ⟶ *N*,*N*-다이에틸-*m*-톨루아마이드 **(DEET)** + $(CH_3CH_2)_2\overset{+}{N}H_2$ Cl^-

문제 22.12 벤조일 클로라이드(C_6H_5COCl)가 다음의 친핵체와 반응할 때 생성되는 생성물을 구조를 그려라.

a. H_2O, 피리딘 b. CH_3COO^- c. NH_3(과량) d. $(CH_3)_2NH$(과량)

카복실염 친핵체의 작용은 22.7절에서 논의한 일반적 2단계 메커니즘을 따르는데, 메커니즘 22.2에 보인 바와 같이 친핵성 공격에 이은 이탈기의 손실로 이루어진다.

메커니즘 22.2 산 염화물의 산 무수물로의 변환

① 친핵체인 카복실산 음이온이 카보닐기를 공격하여 sp^3 혼성화 탄소를 형성한다.

② 이탈기인 Cl^-가 제거되고 치환 생성물인 산 무수물이 된다.

메커니즘 22.3 산 염화물의 카복실산으로의 변환

① 친핵체인 H_2O가 카보닐기를 공격하여 sp^3 혼성화 탄소를 형성한다.

② ③ 양성자의 제거와 그에 이은 이탈기 Cl^-의 제거가 치환 생성물인 카복실산을 형성한다.

전하를 띠지 않은 중성의 친핵체(H_2O, R'OH, NH_3 등)의 친핵성 치환 반응은 양성자 이동이 수반되어야 일어난다. 예를 들면 산 염화물과 친핵체 H_2O와의 반응은 세 단계 과정을 거쳐서 카복실산이 된다(메커니즘 22.3).

이와 같은 3단계 과정은 산 염화물과 반응하는 어떤 중성 친핵체에 대해서도 똑같이 적용된다.

문제 22.13 알코올과 산 염화물로부터 **A**가 생기는 반응의 메커니즘을 그려라. **A**는 한 단계를 거치면 독일 바퀴벌레 암컷이 분비하는 성페로몬인 블라텔라퀴논(blattellaquinone)으로 바뀐다.

22.9 산 무수물의 반응

산 무수물은 산 염화물보다는 반응성이 약간 떨어지지만 여전히 대부분의 친핵체와 반응하여 치환 생성물을 생성한다. 산 무수물은 두 개의 카보닐기를 가지고 있지만 친핵성 치환 반응은 다른 카복실산 유도체의 반응과 같은 방식으로 진행된다. 친핵성 공격은 둘 중 하나의 카보닐기에서 일어나고, 다른 하나의 카보닐기는 이탈기가 된다.

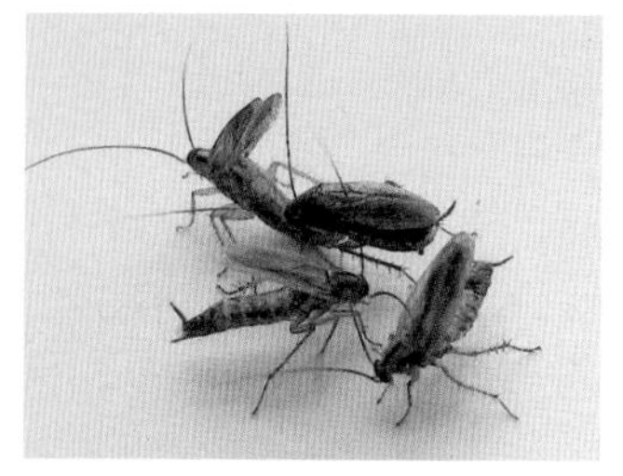

독일 바퀴벌레 암컷이 분비하는 성 페로몬인 블라텔라퀴논의 간단한 실험실 합성법(문제 22.13)은, 이 페로몬을 이용한 덫으로 바퀴벌레를 퇴치하는 새로운 가능성을 열었다.

친핵성 치환은 단지 이탈기가 공격하는 친핵체보다 더 약 염기이고, 따라서 더 좋은 이탈기일 때만 일어난다.

$RCOOC(O)R + H\text{–}Nu: \longrightarrow RC(O)Nu + HOC(O)R$ (부산물)

$RCOO^-$는 Cl^-보다 약간 더 강염기이므로 이탈기로서의 기능은 더 약하다. 따라서 산 무수물은 산 염화물을 합성하는 출발물로는 사용할 수 없다. 그러나 그 외의 다른 아실 유도체를 만드는 데는 사용될 수 있다. 즉 물이나 알코올과 반응시키면 카복실산이나 에스터를 생성한다. NH_3 또는 아민 2 당량과 반응시키면 1°, 2°, 및 3° 아마이드가 생성된다. 카복실산 또는 카복실산염이 항상 위 반응의 부산물로 생성된다.

$RCOOC(O)R + H\text{–}OH \longrightarrow RC(O)OH$ (카복실산) $+ HOC(O)R$ (부산물)

$RCOOC(O)R + H\text{–}OR' \longrightarrow RC(O)OR'$ (에스터) $+ HOC(O)R$ (부산물)

$RCOOC(O)R + H\text{–}NH_2$ (2 당량) $\longrightarrow RC(O)NH_2$ (1° 아마이드) $+ NH_4^+ \; ^-OC(O)R$ (부산물)

문제 22.14 벤조산 무수물[$(C_6H_5CO)_2O$]이 다음의 각 친핵체와 반응할 때 생성되는 생성물을 그려라.

a. H_2O b. CH_3OH c. NH_3(과량) d. $(CH_3)_2NH$ (과량).

친핵성 아실 치환 반응의 메커니즘은 산 무수물을 아마이드로 변환시키는 반응을 살펴보면 잘 알 수 있다(메커니즘 22.4). 여기서는 친핵성 첨가와 이탈기 제거 외에 양성자 이동 단계가 추가로 들어 있다.

산 무수물은 알코올이나 아민과 쉽게 반응하므로 실험실에서 에스터나 아마이드를 만들기 위해 종종 사용된다. 예를 들어 아세트산 무수물은 진통제 아세틸살리실산(acetylsalicylic acid, 아스피린이나 아세트아미노펜, 타이레놀의 활성 성분)을 만드는 데 사용된다.

메커니즘 22.4 산 무수물의 아마이드로의 변환

$RCOOC(O)R + :NH_3 \xrightarrow{1}$ 사면체 중간체 ($-NH_3^+$) $\xrightarrow{2}$ ($:NH_3$) 사면체 중간체 ($-NH_2$) $+ NH_4^+ \xrightarrow{3} RC(O)NH_2$ (1° 아마이드) $+ \,^-OC(O)R$

① 친핵체(NH_3)가 카보닐을 공격하여 sp^3 혼성 탄소를 형성한다.

② ③ 양성자가 떨어지고 이어서 이탈기인 RCO_2^-가 떨어져 치환 생성물인 1° 아마이드가 생성된다.

아세트아미노펜은 통증과 열을 감소시키지만 항염증성은 아니어서 염증이 심각한 관절염 같은 상태의 치료에는 비효과적이다. 과량 복용하면 간에 손상을 입히므로 권장량을 반드시 따라야 한다.

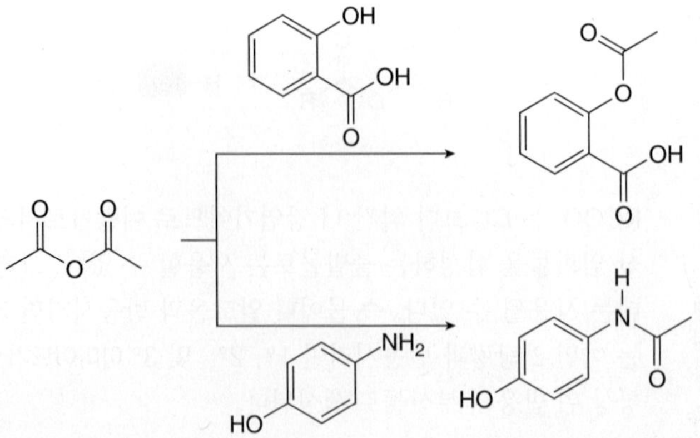

아세틸살리실산 (아스피린)

아세트아미노펜 (타이레놀의 활성 성분)

이 반응은 한 분자의 아세틸기(CH_3CO-)가 다른 헤테로원자로 이동하는 반응이므로 아세틸화(acetylation) 반응이라고도 불린다.

헤로인(heroin)은 양귀비 열매로부터 추출되는 모르핀을 아세틸화시켜 만들어진다. 모르핀에 존재하는 두 개의 OH기는 쉽게 아세트산 무수물로 아세틸화되어 헤로인에 존재하는 두 개의 에스터(diester)를 생성한다.

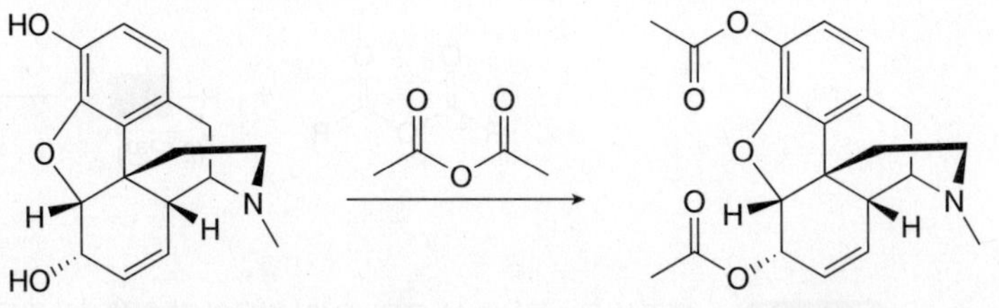

모르핀 → 헤로인

22.10 카복실산의 반응

카복실산은 센 유기산이다. 친핵체는 대부분이 염기이기도 하므로 카복실산과 반응하면 산–염기 반응이 먼저 일어난다.

$$RCOOH + :Nu^- \xrightarrow{\text{산–염기 반응}} RCOO^- + H\text{–}Nu$$

그림 22.3 카복실산의 친핵성 아실 치환 반응

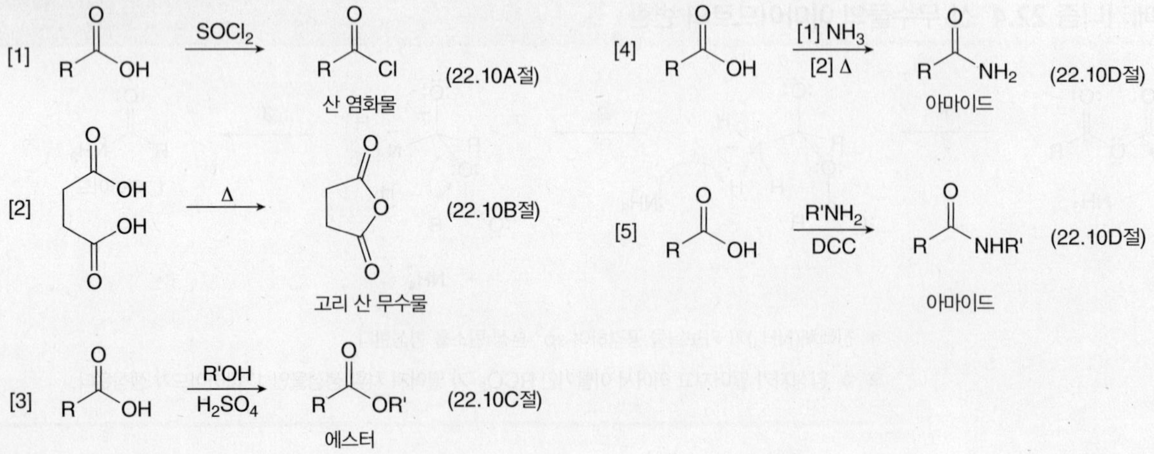

[1] $RCOOH \xrightarrow{SOCl_2} RCOCl$ (22.10A절) 산 염화물

[2] 석신산 $\xrightarrow{\Delta}$ 고리 산 무수물 (22.10B절)

[3] $RCOOH \xrightarrow[H_2SO_4]{R'OH} RCOOR'$ (22.10C절) 에스터

[4] $RCOOH \xrightarrow[\text{[2] }\Delta]{\text{[1] }NH_3} RCONH_2$ (22.10D절) 아마이드

[5] $RCOOH \xrightarrow[DCC]{R'NH_2} RCONHR'$ (22.10D절) 아마이드

친핵성 아실 치환 반응을 일으키는 거의 모든 친핵체들, 즉 OH^-, NH_3 또는 아민은 산-염기 반응을 일으킨다. 그러나 산 촉매 또는 특수한 시약을 사용하면 카복실산을 대부분의 다른 아실 유도체로 바꿀 수 있다. 그림 22.3에 이러한 반응을 요약하였다. 더 자세한 내용은 22.10A~22.10D에서 살펴볼 것이다.

22.10A RCOOH의 RCOCl로의 변환

카복실산은 Cl^-을 친핵체로 사용하는 아실 치환 반응으로는 산 염화물로 바꿀 수 없다. 왜냐하면 공격하는 친핵체는 떨어지는 이탈기보다 더 약 염기이기 때문이다. 그러나 9.12절에서 알코올을 염화 알킬로 바꾸는 시약으로 소개되었던 염화 싸이오닐(thionyl chloride, $SOCl_2$)을 사용하면 카복실산을 산 염화물로 쉽게 바꿀 수 있다.

RCOOH —($SOCl_2$)→ RCOCl + SO_2 + HCl

벤조산(benzoic acid)에 $SOCl_2$를 반응시키면 염화 벤조일(benzoyl chloride)을 얻을 수 있다. 이러한 반응의 원리는 반응성이 적은 아실 유도체(카복실산)를 반응성이 더 큰 유도체(산 염화물)로 바꿀 수 있음을 시사한다. 즉 염화 싸이오닐이 카복실산의 OH기를 반응성이 더 큰 이탈기로 바꾸어 약한 친핵체(Cl^-)가 치환 반응이 일어날 수 있도록 하기 때문이다. 이 과정은 메커니즘 22.5에 설명되어 있다.

벤조산 —($SOCl_2$)→ 염화 벤조일

문제 22.15 다음 반응의 생성물을 그려라.

a. CH_3CH_2COOH —($SOCl_2$)→

b. $CH_3CH_2CH_2C(CH_3)_2COOH$ —([1] $SOCl_2$; [2] $(CH_3CH_2)_2NH$ (과량))→

메커니즘 22.5 카복실산의 산 염화물로의 변환

RCOOH + $SOCl_2$ —①→ —②→ $RCOOSOCl$ + HCl —③→ 사면체 중간체 —④→ RCOCl + SO_2 + Cl^-

①② 카복실산이 $SOCl_2$과 반응하고 양성자를 잃어 OH 기가 좋은 이탈기인 OSOCl로 바뀐다.

③④ Cl^-가 친핵성 공격을 하여 사면체 중간체를 형성하고, 이탈기(SO_2와 Cl^-)의 이탈로 산 염화물이 형성된다.

22.10B RCOOH의 $(RCO)_2O$로의 변환

카복실산은 산 무수물로 쉽게 변환될 수 없지만, 다이카복실산은 높은 온도로 가열하여 고리형 산 무수물로 바꿀 수 있다. 이 반응은 물 한 분자가 이가산(diacid)으로부터 빠져 나가는 일종의 탈수(dehydration) 반응이다.

+ H_2O + H_2O

22.10C RCOOH의 RCOOR'으로의 변환

카복실산을 산 촉매 존재하에서 알코올과 반응시키면 에스터가 생성된다. 이 반응은 종종 피셔 에스터화(Fischer esterification) 반응이라 불린다.

H_2SO_4

이 반응은 평형 반응이지만, 르 샤틀리에(Le Châtelier)의 원리에 따라 반응물 중의 하나인 알코올을 과량 사용하거나 생성되는 반응물 중의 하나인 물을 제거함으로써 평형을 오른쪽으로 이동시킬 수 있다.

아세트산 에틸은 특유의 냄새를 가진 일반적인 유기 용매로서 매니 큐어 지우개와 모형 비행기 접착제로 사용된다.

아세트산 에틸

벤조산 메틸

피셔 에스터화에 대한 메커니즘은 친핵성 아실 치환의 일반적인 두 과정—즉 **친핵체의 첨가와 그에 이은 이탈기의 제거**—을 수반한다. 그러나 산 촉매 반응이기 때문에 양성자 첨가(protonation)와 양성자 이탈(deprotonation) 단계가 추가된다. 일반적인 산 HA를 사용한 메커니즘 22.6에서 보듯이, **산소를 포함하는 출발물과 산이 관여하는 모든 메커니즘의 첫 단계는 산소 원자에 양성자를 첨가하는 것이다.**

카복실산의 에스터화 반응은 산의 존재하에서 일어나지만 염기 존재하에서는 일어나지 않는다. 염기는 카복실산의 양성자를 제거하여 전자가 풍부한 카복실산염을 생성하므로 전자가 풍부한 친핵체의 공격을 받지 않는다.

$^-$OH는 친핵체가 **아니라** 염기로 작용한다.

γ- 또는 δ-하이드록시 카복실산은 분자 내 에스터화 반응으로 오원자 또는 육원자 고리의 락톤을 생성한다.

메커니즘 22.6 피셔 에스터화–카복실산의 에스터로의 산 촉매 변환

부분 [1] 친핵체 R'OH의 첨가

① 양성자 첨가는 카보닐기가 더 친전자성을 띠게 한다.

② ③ R'OH의 친핵성 첨가는 사면체 중간체를 형성하고, 양성자 이탈은 중성의 첨가 생성물을 형성한다.

부분 [2] 이탈기 H_2O의 제거

④ OH기의 양성자 첨가는 좋은 이탈기를 형성한다.

⑤ ⑥ H_2O의 제거와 양성자의 손실은 에스터를 형성한다.

문제 22.16 각 반응의 생성물을 그려라.

a. (CH_3CH_2OH, H_2SO_4)

b. (H_2SO_4)

c. ($NaOCH_3$)

d. (H_2SO_4)

문제 22.17 벤조산(C_6H_5COOH)이 ^{18}O 동위 원소로 표지된 알코올($CH_3{}^{18}OH$)과 반응하여 생성되는 에스터의 구조를 그려라. 생성물에서 동위 원소로 표지된 산소 원자가 어디에 있는지 나타내라.

문제 22.18 다음 반응의 메커니즘을 단계별로 나타내라.

22.10D RCOOH의 $RCONR'_2$ 변환

카복실산을 NH_3나 아민을 써서 직접 아마이드로 바꾸는 반응은, 반응성이 더 큰 아실 화합물을 반응성이 약간 더 적은 아실 화합물로 바꾸는 반응임에도 불구하고 일어나지 않는다. 카복실산이 센 유기산이고 NH_3와 아민은 염기이어서 원하는 친핵성 치환 반응보다 산–염기 반응이 먼저 일어나 암모늄염을 생성하기 때문이다.

RCOOH (산) + :NH_3 (염기) —[1] 산–염기 반응→ $RCOO^-$ NH_4^+ —[2] Δ 탈수→ $RCONH_2$ (1° 아마이드) + H_2O

100°C 이상의 온도로 가열하면 생성된 카복실산의 암모늄염의 탈수가 일어나 낮은 수율이지만 아마이드가 만들어진다.

22.8절과 22.9절에서 살펴보았듯이, 아마이드는 산 염화물이나 산 무수물로부터 훨씬 쉽게 만들 수 있다.

따라서 RCOOH의 $RCONH_2$로의 변환은 다음 두 단계를 거쳐야 한다.

[1] 암모늄염을 형성하는 RCOOH와 NH_3의 산–염기 반응

[2] 높은 온도(> 100 °C)에서의 탈수

C_6H_5COOH —[1] NH_3, [2] Δ→ $C_6H_5CONH_2$ + H_2O

카복실산과 아민은 다이사이클로헥실카보다이이미드(DCC, dicyclohexylcarbodiimide)의 존재하에 반응시키면 쉽게 아마이드를 생성한다. DCC는 반응 후 다이사이클로헥실유레아(dicyclohexylurea)로 변환된다.

RCOOH + $R'NH_2$ + 다이사이클로헥실카보다이이미드 (**DCC**, 탈수제) → RCONHR' (아마이드) + 다이사이클로헥실유레아 (H_2O가 첨가되었다.)

DCC는 탈수제이다. 생성물 중의 하나인 다이사이클로헥실유레아는 DCC에 H_2O가 첨가되어 생긴다. 따라서 DCC는 카복시기의 OH기를 훨씬 더 좋은 이탈기로 바꿈으로써 아마이드 생성 반응을 촉진시킨다.

CH_3CH_2COOH + CH_3NH_2 —DCC→ $CH_3CH_2CONHCH_3$ + 다이사이클로헥실유레아

메커니즘은 다음 설명과 같이 두 부분으로 나누어 생각할 수 있다. [1] OH기가 더 좋은 이탈기로 바뀌고, 이어서 [2] 친핵체의 첨가와 이탈기의 이탈로 친핵성 아실 치환 반응의 생성물이 생긴다(메커니즘 22.7).

DCC를 이용한 산과 아민의 반응은 29장에서 살펴볼 펩타이드의 아마이드 결합을 만들기 위해 실험실에서 많이 사용된다.

메커니즘 22.7 DCC를 사용한 카복실산의 아마이드로의 변환

부분 [1] OH기가 더 좋은 이탈기로의 변환됨

① 산-염기 반응의 결과로 양성자가 카복실 산에서 DCC로 옮겨간다.

② DCC의 콘쥬게이션 산에 RCO_2^-의 친핵성 공격은 첨가 생성물을 형성한다. 단계 ①과 ②의 전체적 결과는 OH기가 더 좋은 이탈기로 전환되는 것이다.

부분 [2] 친핵체의 첨가와 이탈기의 이탈

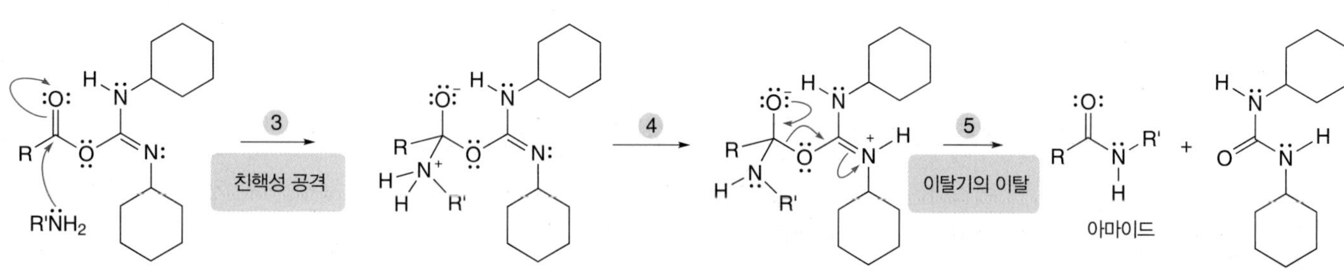

③ 활성화된 카복실기로 아민의 친핵성 공격이 사면체 중간체를 만든다.

④ ⑤ 양성자 이동과 이탈기로 다이사이클로헥실우레아의 제거는 아마이드를 형성한다.

문제 22.19 아세트산이 다음의 각 시약과 반응하면 어떤 생성물이 되는가?

a. CH_3NH_2 b. CH_3NH_2과 반응 후 가열 c. CH_3NH_2 + DCC

22.11 에스터의 반응

에스터는 카복실산과 아마이드로 변환될 수 있다.

- 에스터는 산이나 염기의 존재하에서 물에 의해 가수분해되어 카복실산이나 카복실산염을 생성한다.

H_2O (H^+ 또는 ^-OH)

카복실산 (산에서) 또는 카복실산 음이온 (염기에서) + H—OR'

- 에스터는 NH_3나 아민과 반응하여 1°, 2°, 또는 3° 아마이드를 형성한다.

$$\mathrm{RCOOR'} \xrightarrow{\;\mathrm{R_3N}\;} \mathrm{RCONH_2}\ \text{또는}\ \mathrm{RCONHR'}\ \text{또는}\ \mathrm{RCONR'_2} + \mathrm{H{-}OR'}$$

(NH$_3$와) 1° 아마이드 (R''NH$_2$와) 2° 아마이드 (R''$_2$NH와) 3° 아마이드

22.11A 산성 수용액에서의 에스터 가수분해

산 촉매 에스터 가수분해의 첫 단계는 산소를 포함한 출발물과 산을 수반하는 여느 메커니즘의 첫 단계와 같은 **산소에의 양성자 첨가**이다.

산성 수용액에서 에스터의 가수분해 반응은 가역적 평형 반응이어서 과량의 물을 사용하면 평형을 생성물 쪽으로 이동시킬 수 있다.

$$\mathrm{CH_3COOCH_2CH_3} + \mathrm{H_2O} \overset{\mathrm{H_2SO_4}}{\rightleftharpoons} \mathrm{CH_3COOH} + \mathrm{CH_3CH_2OH}$$

산에서의 에스터 가수분해 반응 메커니즘은 카복실산에서 에스터가 생기는 반응(메커니즘 22.6)의 역순이다(메커니즘 22.8). 따라서 메커니즘은 산에 의해 촉매화되는 반응이기 때문에 몇 번의 양성자 이동과 친핵성 아실 치환 반응에서 공통적으로 일어나는 친핵체 첨가와 이탈기 손실을 거친다.

22.11B 염기성 수용액에서의 에스터 가수분해

비누화란 단어는 비누를 의미하는 라틴어 **soap**로부터 왔다. 22.12B절에서 설명되는 것처럼, 비누는 지방의 에스터를 염기성 수용액으로 가수분해하여 만든다.

에스터는 염기성 수용액에서 가수분해되어 카복실산 음이온을 형성한다. 에스터의 염기성 가수분해를 비누화(saponification)라고도 한다.

메커니즘 22.8 에스터의 카복실산으로의 산 촉매 가수분해

부분 [1] 친핵체인 H$_2$O의 첨가

$$\mathrm{RCOOR'} + \mathrm{H{-}A} \underset{①}{\rightleftharpoons} \mathrm{RC(=\overset{+}{O}H)OR'} + :\mathrm{A^-} \underset{②}{\overset{\mathrm{H{-}OH}}{\rightleftharpoons}} \mathrm{RC(OH)(OR')(\overset{+}{O}H_2)} \underset{③}{\overset{:\mathrm{A^-}}{\rightleftharpoons}} \mathrm{RC(OH)_2(OR')} + \mathrm{H{-}A}$$

친핵성 공격

① 양성자 첨가는 카보닐기를 더 친전자성으로 만든다.

② ③ H$_2$O의 친핵성 첨가는 사면체 중간체를 형성하고, 양성자의 손실은 중성의 첨가 생성물을 형성한다.

부분 [2] 이탈기인 R'OH의 제거

$$\mathrm{RC(OH)_2(OR')} + \mathrm{H{-}A} \underset{④}{\rightleftharpoons} \mathrm{RC(OH)_2(\overset{+}{O}HR')} + :\mathrm{A^-} \underset{⑤}{\rightleftharpoons} \mathrm{RC(=\overset{+}{O}H)OH} + \mathrm{R'OH} \underset{⑥}{\overset{:\mathrm{A^-}}{\rightleftharpoons}} \mathrm{RCOOH} + \mathrm{H{-}A}$$

R'OH의 제거

카복실산

④ OR'기의 양성자 첨가는 좋은 이탈기를 형성한다.

⑤ ⑥ OR'기의 이탈과 양성자 손실은 카복실산을 형성한다.

메커니즘 22.9 에스터의 카복실산으로의 염기 촉진 가수분해

① ② 친핵체(^-OH)의 첨가와 그에 이은 이탈기($^-OR'$)의 제거는 카복실산을 형성한다. 이 두 단계는 가역적이다.

③ 카복실산은 센 유기산이고 이탈기($^-OR'$)는 강염기이므로 산–염기 반응이 일어나 카복실산염을 형성한다.

카복실산 음이온

이 반응의 메커니즘은 22.7절에서 소개된 친핵성 아실 치환 반응의 통상적인 메커니즘인 두 단계, 즉 **친핵체 첨가**에 이은 **이탈기 제거**를 거쳐 일어나며, 양성자 이동이 수반되는 단계가 추가되기도 한다(메커니즘 22.9).

카복실산 음이온은 공명 안정화될 수 있으므로 카복실산 음이온이 생성되는 쪽으로 평형이 이동된다. 일단 반응이 완결되면 센산으로 처리하여 중성의 카복실산을 얻는다.

가수분해가 염기로 촉진(base promoted)되는 것이지 염기가 촉매작용(base catalyzed)을 하는 것이 아니다. 왜냐하면 염기(^-OH)는 에스터에 첨가되고 생성물의 부분을 형성하는 친핵체이다. 그것은 반응에 참여하는 것이지 나중에 다시 생성되는 것이 아니다.

생성된 카복실산의 산소 원자는 어디서 온 걸까? 에스터의 C–OR′ 결합이 끊어지므로 OR′은 알코올(R′OH)이 되고, 카복실산 음이온의 두 산소 중 하나는 OH^-(친핵체)에서 온다.

문제 22.20 페노피브레이트(fenofibrate)는 콜레스테롤을 낮추어주는 약물로 신진대사 과정에서 가수분해에 의해 활성 약물인 페노피브릭산(fenofibric acid)으로 전환된다. 페노피브릭산의 구조는 어떠한가?

페노피브레이트

문제 22.21 깅코라이드에 포함된 에스터기가 산성 수용액에서 가수분해될 때의 생성물은 무엇인가? 모든 입체발생 중심의 입체화학을 나타내라.

깅코라이드 B

22.12 응용: 지질의 가수분해

22.12A 올레스트라-합성 지방

자연에 가장 흔히 존재하는 에스터는 10.6절에서 살펴본 트라이아실글리세롤(triacylglycerol)이다. 트라이아실글리세롤은 동물성 지방과 식물성 기름을 포함하는 지질의 하나다.

- 각 트라이아실글리세롤은 세 개의 긴 탄화수소 곁사슬이 있는 트라이에스터이다.
- 불포화 트라이아실글리세롤은 긴 탄화수소 사슬에 한 개 또는 그 이상의 이중 결합이 있으나, 포화 트라이아실글리세롤은 이중 결합이 없다.

트라이아실글리세롤

R기는 11~19개의 C를 가진다.
[세 개의 에스터가 붉은색으로 표시되었다.]

그림 22.4는 포화 지방의 공-막대 모형을 보여준다.

동물은 피하 지방 세포층에 트라이아실글리세롤의 형태로 에너지를 저장한다. 이 지방층은 지속적으로 신진대사에 필요한 에너지를 제공할 뿐 아니라, 단열 층 역할도 한다. 트라이아실글리세롤이 물질대사를 일으킬 때, 그 첫 단계는 에스터 결합의 가수분해 반응으로 글리세롤과 세 분자의 지방산이 생기는 반응이다. 이 반응은 에스터의 가수분해 반응으로, 세포 내에서는 리파아제(lipase)라고 하는 지방분해 효소에 의해 일어난다.

트라이아실글리세롤 —(H_2O, 리파아제)→ 글리세롤 + RCOOH + R'COOH + R''COOH

트라이아실글리세롤
[빨간색으로 그려진 세 개의 결합이 가수분해에서 끊어진다.]

글리세롤

12~20개의 C를 가진 세 가지 지방산이 생성물로서 형성된다.

그림 22.4
포화 트라이아실글리세롤의 삼차원 구조

- 이 트라이아실글리세롤은 에스터 카보닐에 결합된 세 개의 R기(각각 11개의 C를 가짐)에 이중 결합이 없다.

가수분해 반응으로 생성된 지방산은 단계별로 산화되어 궁극적으로 많은 에너지뿐만 아니라 이산화탄소(CO_2)와 물(H_2O)을 생성한다. 지방산이 산화되면 같은 질량의 탄수화물보다 두 배 이상의 에너지를 낸다.

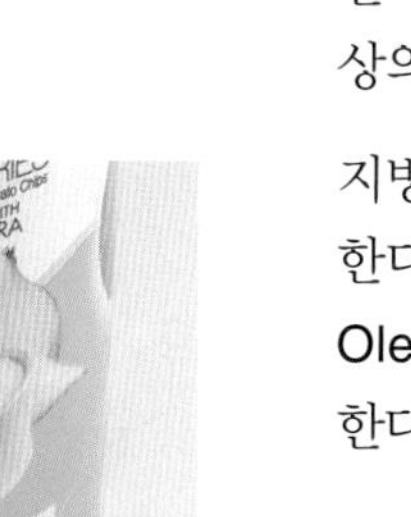

몇 가지의 스낵 식품은 '가짜 지방(fake fat)'인 올레스트라(olestra)를 포함하고 있는데, 이것은 칼로리를 의식하는 소비자들에게 저 칼로리를 제공해준다.

지방 함유량이 높은 음식물의 섭취는 피하에 저장되는 지방의 양을 늘려 결국 과체중을 유발한다. 그래서 최근에는 간식과 스낵 제품의 칼로리를 낮추기 위해 **올레스트라**(olestra, 상품명, Olean)와 같은 '가짜 지방'을 진짜 지방인 트라이아실글리세롤을 대체하는 방식이 사용되기도 한다.

올레스트라

과당(sucrose)의 폴리에스터
합성 지방[R기는 11∼19개의 C를 가진다.]

설탕

올레스트라의 3-D구조

에스터기가 너무 혼잡하여
가수분해가 쉽게 일어나지 않는다.

올레스트라의 구조는 긴 탄소사슬의 지방산과 설탕에서 단맛을 내는 탄수화물인 과당(sucrose)으로 이루어져 있는 일종의 폴리에스터이다. 트라이아실글리세롤도 자연산 폴리에스터이지만, 올레스트라는 서로 아주 가깝게 밀집되어 있는 에스터기를 너무 많이 가지고 있어 가수분해가 일어나지 않는다. 따라서 올레스트라는 효소에 의한 물질대사가 일어나지 않고 원형 그대로 몸 밖으로 빠져 나오기 때문에 에너지원으로서의 역할을 하지 않는 것이다.

즉 올레스트라에는 많은 C−C 결합과 C−H 결합이 존재하므로 트라이아실글리세롤과 비슷한 용해도를 가지지만, 입체적으로 밀집된 구조로 인해 입체 장애가 유발되어 가수분해가 일어나지 않는다.

문제 22.22 과당으로부터 올레스트라를 합성하는 방법을 보여라.

22.12B 비누의 합성

비누는 3.6절에서 논의되었다.

비누는 트라이아실글리세롤의 염기성 가수분해 또는 비누화에 의해 만들어진다. 동물성 지방이나 식물성 기름을 염기성 수용액에서 가열하면 세 개의 에스터기가 가수분해되어 글리세롤과 세 분자의 지방산 소듐 염이 형성된다. 이 카복실산염이 **비누(soap)**로서 구조적으로 성질이 다른 두 부분이 한 분자에 존재하기 때문에 기름 성분인 때를 없애주는 역할을 한다. 즉 꼬리에 해당하는

모든 비누는 지방산의 염이다. 비누들 사이의 주된 차이점은 세척 특성을 바꾸지 않는 다른 성분, 즉 색을 만드는 염료, 기분 좋은 냄새를 만드는 향, 미끄럽게 만드는 기름의 첨가이다. 뜨는 비누에는 물보다 밀도를 낮게 하기 위해 탄산가스가 들어 있다.

비극성 부분이 유지와 기름을 녹이고 극성인 머리 부분 때문에 물에도 녹게 된다(그림 3.5). 대부분의 트라이아실글리세롤은 긴 탄화수소 사슬의 길이가 다른 알킬기를 가지고 있기 때문에 비누는 대개 몇 개의 다른 카복실산염의 혼합물인 경우가 많다.

트라이아실글리세롤 $\xrightarrow[H_2O]{NaOH}$ 글리세롤 + $Na^+\ ^-OCOR$ + $Na^+\ ^-OCOR'$ + $Na^+\ ^-OCOR''$

비누는 지방산에서 유래한 카복실산염이다.

예:

$Na^+\ ^-O$ — 극성 머리 / 비극성 꼬리

3-D 구조

비누는 라드(lard, 돼지 기름), 수지(소나 양 기름), 코코넛 기름, 또는 야자유를 이용해 만든다. 대부분의 비누는 같은 원리로 작동하지만 지질의 종류에 따라 다소 다른 특징을 가진다. 사용하는 지방산의 탄소 사슬의 길이와 불포화 정도에 의해 비누의 특성이 영향을 받는다.

문제 22.23 다음 트라이아실글리세롤의 가수분해에 의해 만들어지는 비누의 화합물은 무엇인가?

22.13 아마이드의 반응

아마이드는 카복실산 유도체 중에서 가장 좋지 않은 이탈기를 가졌기 때문에 그 반응성이 가장 떨어진다. 강한 반응 조건에서 아마이드는 산이나 염기에 의해 가수분해되어 카복실산이나 카복실산 음이온을 생성한다.

$RCONR'_2 \xrightarrow{H_2O,\ H^+} RCOOH + H_2\overset{+}{N}R'_2$

$RCONR'_2 \xrightarrow{H_2O,\ ^-OH} RCOO^- + HNR'_2$

R' = H 또는 알킬

산성에서는 아민 부 생성물이 양성자와 반응하여 암모늄 이온으로 되고, 염기에서는 중성 아민이 생긴다.

$$CH_3CONH_2 \xrightarrow{H_3O^+} CH_3COOH + NH_4^+$$

$$C_6H_5CONHCH_3 \xrightarrow[{}^-OH]{H_2O} C_6H_5COO^- + CH_3NH_2$$

아마이드 결합의 낮은 반응성은 아마이드 결합으로 연결된 아미노산의 중합체인 단백질을 보면 알 수 있다(22.6B절). 단백질은 산성 또는 염기성이 아닌 수용액에서 매우 안정하여, 결합의 절단 없이 수용성 환경에서 여러 가지 기능을 수행할 수 있다. 단백질의 아마이드 결합이 가수분해되기 위해서는 특정한 효소가 필요하다.

산에서의 아마이드 가수분해 반응 메커니즘은 에스터 가수분해 반응 메커니즘(22.11A절)과 똑같고, 다만 이탈기가 다를 뿐이다.

염기에서의 아마이드 가수분해 반응의 메커니즘은 친핵성 아실 치환 반응의 두 단계 메커니즘인 **친핵체의 첨가**와 연이은 **이탈기의 손실**에 양성자 이동이 추가 수반된다. 반응의 결과 생성된 카복실산은 반응 조건이 염기성이므로 산−염기 반응을 통해 안정화된 카복실산염으로 바뀌면서 반응이 완결된다. 메커니즘 22.10은 1° 아마이드에 대한 메커니즘이다.

메커니즘 22.10의 단계 ②는 추가로 설명할 가치가 있다. 아마이드가 가수분해되기 위해서는 사면체 중간체가 ^-OH보다 더 강염기인 $^-NH_2$를 잃어야 한다(단계 ②). 이는 $^-NH_2$가 떨어지기 어렵다는 것을 의미한다. 따라서 ^-OH가 이탈기로서 떨어지면서 출발물로 되돌아가는 반응이 우세하게 일어난다. 그러나 $^-NH_2$도 느리기는 하지만 때때로 제거되면, 생성되는 카복실산이 단계 ③에서 비가역적으로 더 안정한 상태의 카복실산염으로 바뀌면서 반응의 평형이 생성물쪽으로 이동하게 된다.

문제 22.24 다음 반응의 메커니즘을 단계별로 나타내라.

$$\text{(2-piperidinone)} \xrightarrow[{}^-OH]{H_2O} {}^-O_2C(CH_2)_4NH_2$$

메커니즘 22.10 염기에서의 아마이드 가수분해

$$RCONH_2 + {}^-OH \underset{\text{친핵성 공격}}{\overset{①}{\rightleftharpoons}} RC(O^-)(OH)NH_2 \underset{{}^-NH_2\text{의 제거}}{\overset{②}{\rightleftharpoons}} RCOOH + {}^-NH_2 \xrightarrow{③} RCOO^- + H\text{−}NH_2$$

① ② 친핵체(^-OH)의 첨가와 그에 이은 이탈기($^-NH_2$)의 제거는 카복실산을 형성한다. 이 두 단계는 가역반응이다.

③ 카복실산은 센 유기산이고, 이탈기($^-NH_2$)는 강염기이므로 산−염기 반응이 일어나 카복실산염을 형성한다.

문제 22.25 다음 아세틸살리실산(아스피린, 2장 표지의 분자)의 구조와 아세트아미노펜(타이레놀의 활성 성분)의 구조를 참고하여, 왜 아세트아미노펜은 약 상자에 1년 이상 저장할 수 있으나, 아스피린은 시간이 지나면서 서서히 분해되는지 설명하라.

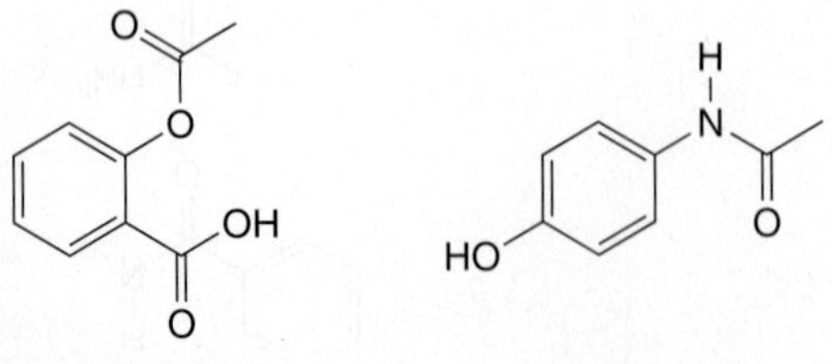

아세틸살리실산 아세트아미노펜

22.14 응용: β−락탐 항생제의 작용 메커니즘

페니실린과 같은 β-락탐계의 항생제는 친핵성 아실 치환 반응으로 세균을 죽인다. 페니실린계의 항생제는 반응성이 거의 없는 곁가지의 아마이드 결합과 아주 반응성이 큰 아마이드인 β-락탐 고리를 가지고 있다. β-락탐은 친핵체에 의해 쉽게 고리가 열리는, 무리가 큰 사원자 고리의 부분이므로 다른 아마이드보다 반응성이 더 크다.

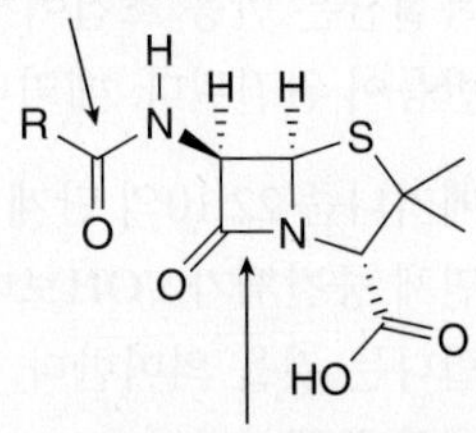

'보통'의 아마이드

무리를 받는 아마이드

페니실린

동물세포와 달리 세균의 세포는 매우 단단한 세포막으로 둘러싸여 있어 여러 환경에서 생존할 수 있다. 이런 보호 세포막은 글라이코펩타이드 트랜스펩티다아제(transpeptidase) 효소에 의해 생성된 아마이드 결합의 펩타이드 사슬로 연결된 탄수화물로 이루어져 있다.

페니실린은 세균의 세포막 합성을 저해한다. 글라이코펩타이드 트랜스펩티다아제의 친핵성 OH기는 친핵성 아실 치환 반응으로 페니실린의 β-락탐 고리를 깬다. 페니실린 분자의 열린 고리는 효소에 공유 결합으로 연결되므로 효소를 비활성화시키고, 세포막 합성이 중지되면서 세균은 죽게 된다.

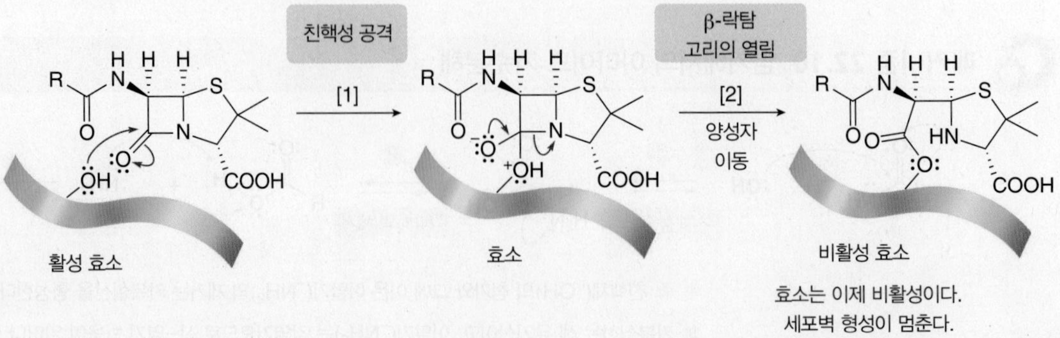

친핵성 공격 [1]

β-락탐 고리의 열림 [2] 양성자 이동

활성 효소 효소 비활성 효소

효소는 이제 비활성이다.
세포벽 형성이 멈춘다.

따라서 페니실린을 비롯한 모든 β-락탐 항생제는 중요한 박테리아의 효소와 친핵성 아실 치환 반응을 통해 그 생물학적 활성을 나타낸다.

문제 22.26 어떤 페니실린은 β-락탐 결합이 위 속의 산성 때문에 빨리 가수분해되므로 경구로 투여할 수 없다. 다음의 가수분해 반응으로 어떤 생성물이 생기는가?

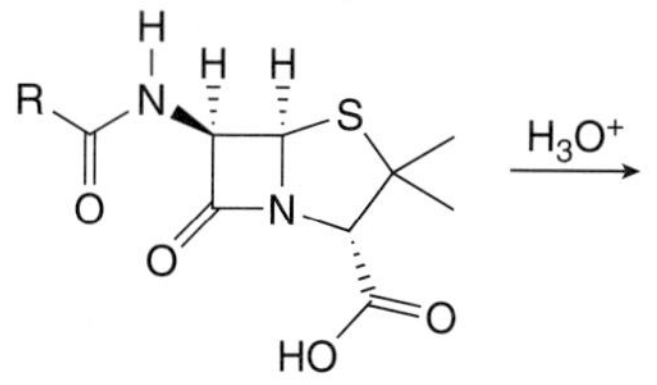

$\xrightarrow{H_3O^+}$

22.15 친핵성 아실 치환 반응의 요약

카보닐 탄소에서 일어나는 친핵성 아실 치환 반응의 원리를 파악하고 기억하기 위해서는 다음 두 가지 원리를 꼭 염두에 두라.

- 이탈기가 좋을수록 카복실산 유도체의 반응성은 더 크다.
- 반응성이 더 큰 아실 화합물은 반응성이 더 작은 아실 화합물로 변환이 가능하다. 그러나 그 반대가 항상 성립하지는 않는다.

반응성의 순서는 다음과 같다.

$RCONR'_2$ RCO_2H ≈ RCO_2R' $(RCO)_2O$ $RCOCl$

반응성 증가 →

표 22.5는 친핵성 아실 치환 반응의 반응성을 요약한 표이다. 특정 출발물에서 어떤 반응이 진행되는지, 생성물이 무엇인지를 보여주는 참고자료로 사용할 수 있다.

22.16 천연 섬유와 합성 섬유

천연 섬유와 합성 섬유는 모두 중합에 의해 얻어지는 고분자 물질이라 볼 수 있다. 천연 섬유는 식물이나 동물로부터 얻어지며, 그 화학적인 구조가 고유의 성질을 결정한다. **동물로부터 얻어지는 모직이나 실크** 같은 섬유는 아마이드 결합에 의해 연결된 **단백질**로서 아미노산으로부터 만들어진다. 반면에 면이나 린넨은 식물로부터 얻어지므로 글루코스 단량체로부터 얻어지는 **셀룰로스**

표 22.5
카복실산과 그 유도체의 친핵성 아실 치환 반응 요약

출발물		생성물: $RCOCl$	$(RCO)_2O$	RCO_2H	RCO_2R'	$RCONR'_2$
[1] $RCOCl$	→	–	✔	✔	✔	✔
[2] $(RCO)_2O$	→	✗	–	✔	✔	✔
[3] RCO_2H	→	✔	✔	–	✔	✔
[4] RCO_2R'	→	✗	✗	✗	–	✔
[5] $RCONR'_2$	→	✗	✗	✗	✗	–

기호 의미: ✔ = 반응이 일어남.
✗ = 아무런 반응도 일어나지 않음.

그림 22.5
보통 천연 섬유의 일반적인 구조

a. 모와 실크–많은 아마이드 결합을 가진 단백질

b. 면과 린넨–섬유소와 같은 탄수화물

의 일반적 구조를 갖는 탄수화물이다. 이러한 고분자의 전형적인 구조를 그림 22.5에 나타내었다.

실생활에 적용되는 유기화학의 실질적 응용의 예가 합성 섬유이다. 합성 섬유는 천연 섬유와 다를 뿐 아니라 더 우수한 특성을 가진 것들이 많다. 합성 고분자 중에서 가장 널리 쓰이는 두 가지 부류는 폴리아마이드와 폴리에스터이다.

22.16A 나일론–폴리아마이드

합성 섬유를 찾는 과정에서 얻어진 것이 폴리아마이드의 일종인 나일론(nylon)으로, 강하고 오래 가며 누에에서 생산되는 비단을 닮았다. 여러 종류의 나일론이 개발되었지만 가장 잘 알려진 것은 나일론 6,6이다.

[아마이드 결합이 붉은색으로 표시되었다.]
나일론 6,6

듀퐁(DuPont)은 1938년 첫 상업적 나일론 공장을 지었다. 나일론은 처음에 낙하산을 만드는 군사용으로 사용되었지만, 제2차 세계대전 이후 일반 의류 제품에서 비단을 빠르게 대체하였다.

나일론 6,6은 두 종류의 탄소 여섯 개의 단량체(6,6의 유래)인 염화 아디포일(adipoyl chloride, $ClOCCH_2CH_2CH_2CH_2COCl$)과 헥사메틸렌다이아민(hexamethylenediamine, $H_2NCH_2CH_2CH_2CH_2CH_2CH_2NH_2$)의 중합으로 얻는다. 이가산 염화물과 다이아민을 반응시키면 새로운 아마이드 결합으로 연결된 고분자가 만들어진다. 나일론을 축합 중합체(condensation polymer)라고도 부르는 이유는 작은 분자인 HCl이 합성 과정에서 제거되기 때문이다.

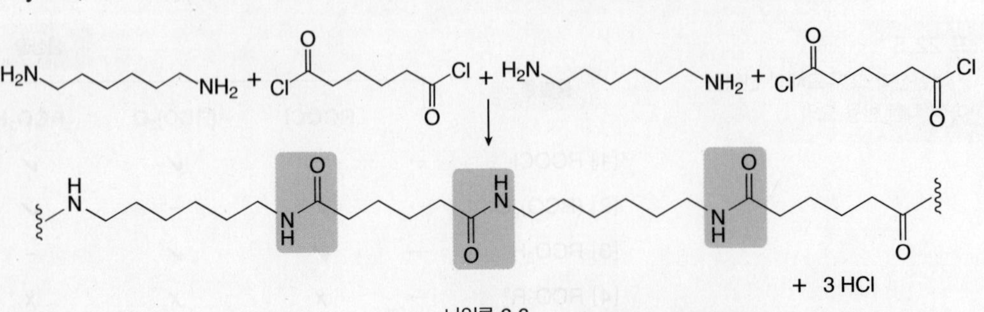

나일론 6,6

문제 22.27 나일론 6,10을 만들기 위해서는 어떤 단량체가 필요한가?

나일론 6,10

22.16B 폴리에스터

30장 9절에서 살펴보겠지만, 폴리에스터의 일종인 폴리에틸렌테레프탈레이트 (PET)는 여타의 폴리머보다 재활용이 훨씬 용이하다. 그래서 재사용이 가능한 쇼핑백을 만들어 사용되고 있다.

축합 중합체의 두 번째 부류는 **폴리에스터**이다. 가장 흔한 폴리에스터는 폴리에틸렌 테레프탈레이트(PET, polyethylene terephthalate)로서 용도에 따라 다양한 상품명(Dacron, Terylene, Mylar)으로 팔리고 있다.

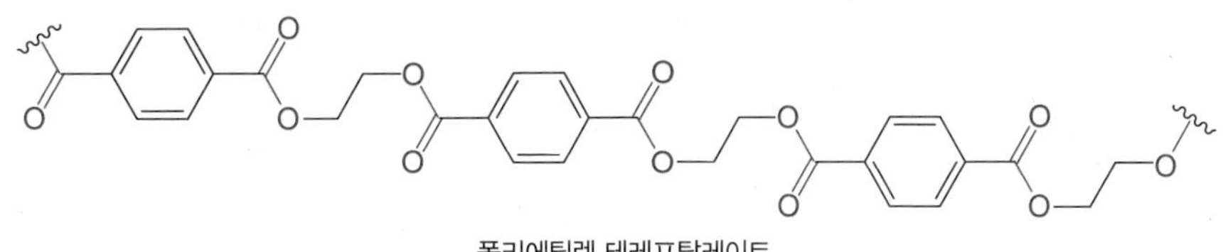

폴리에틸렌 테레프탈레이트
PET
(Dacribm, tertkebem 그리고 Mylar)
에스터 결합(붉은색)은 탄소 골격을 하나로 합친다.

폴리에스터를 합성하는 쉬운 방법은 다이올과 이가산을 산촉매 에스터화(피셔 에스터화)하는 것이다.

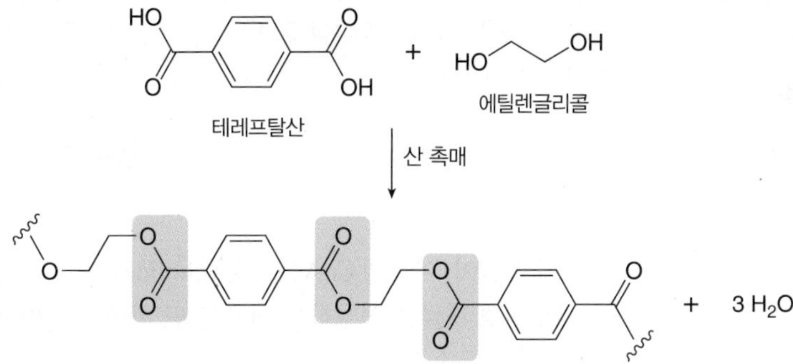

이 고분자는 쉽고 값싸게 제조되며, 강하고 화학적으로 안정한 재료를 형성하기 때문에 의복, 필름, 타이어 등 많은 상품에 쓰이고 있다.

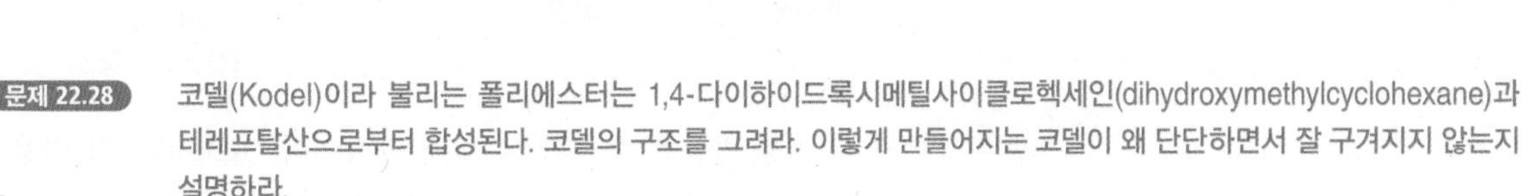
문제 22.28 코델(Kodel)이라 불리는 폴리에스터는 1,4-다이하이드록시메틸사이클로헥세인(dihydroxymethylcyclohexane)과 테레프탈산으로부터 합성된다. 코델의 구조를 그려라. 이렇게 만들어지는 코델이 왜 단단하면서 잘 구겨지지 않는지 설명하라.

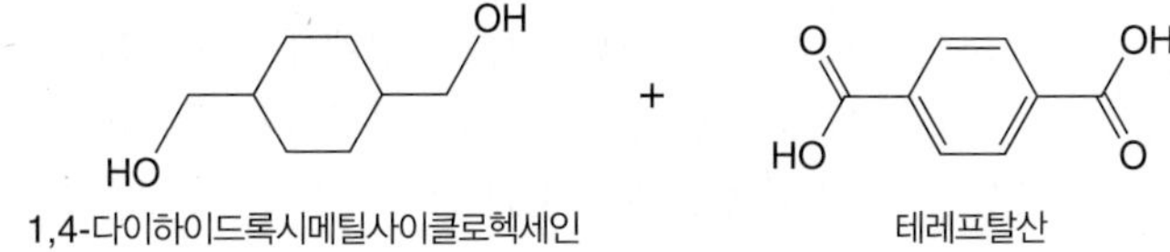

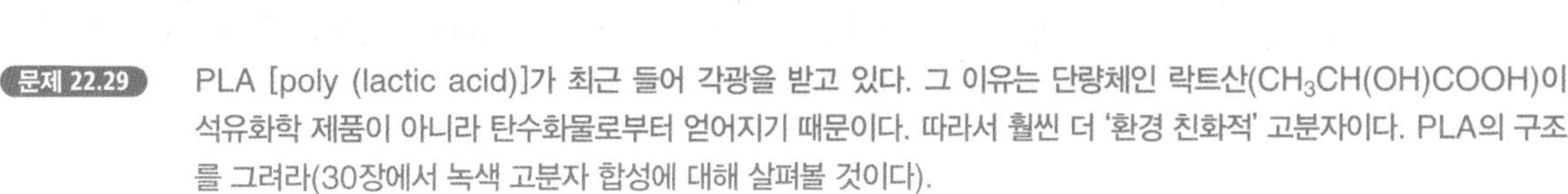
문제 22.29 PLA [poly (lactic acid)]가 최근 들어 각광을 받고 있다. 그 이유는 단량체인 락트산($CH_3CH(OH)COOH$)이 석유화학 제품이 아니라 탄수화물로부터 얻어지기 때문이다. 따라서 훨씬 더 '환경 친화적' 고분자이다. PLA의 구조를 그려라(30장에서 녹색 고분자 합성에 대해 살펴볼 것이다).

22.17 생물학적 아실화 반응

친핵성 아실 치환은 생체 화학 반응에서도 흔히 일어나는 반응이다. 아실화 반응은 아실기가 결국 한 원자로부터 다른 원자로 이동하는(이 경우 Z로부터 Nu로) 반응이므로 아실 이동 반응이라고도 불린다.

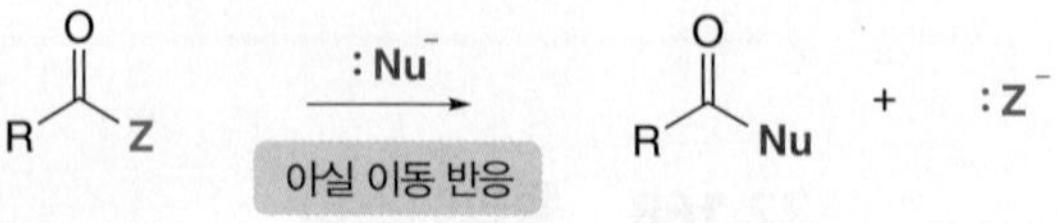

$$RCOZ \xrightarrow{:Nu^-} RCONu + :Z^-$$

아실 이동 반응

세포 내에서 이러한 아실화 반응은 구조 RCOSR'을 갖는 싸이오에스터(thioester)라 불리는 에스터의 황 유사체에서 일어난다. 가장 흔한 싸이오에스터는 아세틸 조효소 A(acetyl coenzyme A)로서 아세틸 CoA(acetyl CoA)로도 표시한다.

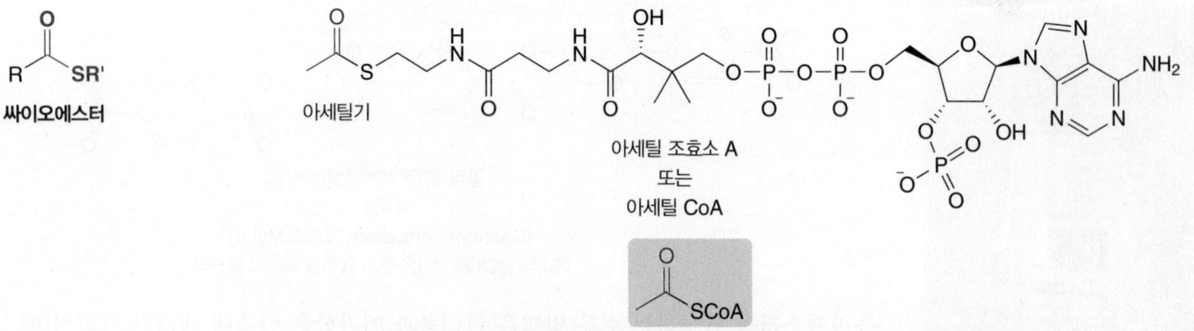

RCOSR'
싸이오에스터

아세틸기

아세틸 조효소 A
또는
아세틸 CoA

$CH_3COSCoA$

- 싸이오에스터(RCOSR')는 좋은 이탈기($^-SR'$)를 가지기 때문에 다른 아실 화합물들처럼 친핵체와 치환 반응을 일으킨다. 아세틸 CoA에서 아세틸기가 SCoA에서 친핵체 $:Nu^-$로 전환된다.

$$CH_3COSCoA + :Nu^- \longrightarrow CH_3CONu + {}^-SCoA$$

이탈기

예를 들어, 아세틸 CoA는 콜린(choline)과 효소 촉매화 친핵성 아실 치환을 일으켜, 신경세포 간의 신경 자극을 전달하는 전하를 띤 화합물인 아세틸콜린을 만든다.

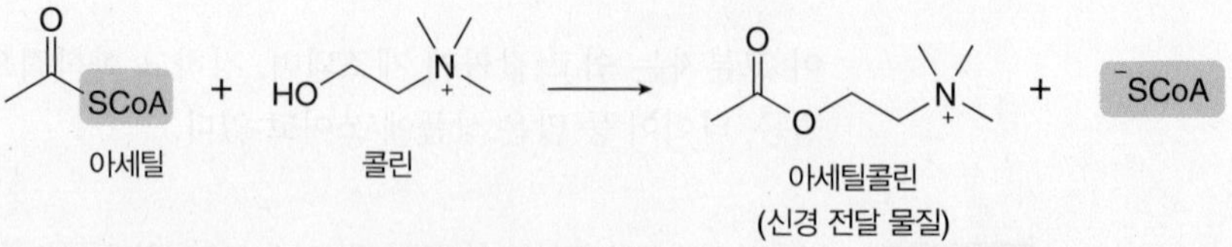

$$CH_3COSCoA + HOCH_2CH_2N^+(CH_3)_3 \longrightarrow CH_3COOCH_2CH_2N^+(CH_3)_3 + {}^-SCoA$$

아세틸 CoA, 콜린, 아세틸콜린 (신경 전달 물질)

많은 다른 아실 이동 반응은 중요한 세포 내 과정이다. 효소 촉매화 반응에서 지방산의 싸이오에스터가 콜레스테롤과 반응하면 콜레스테릴 에스터(cholesteryl ester)가 생성된다(그림 22.6). 이 에스터는 콜레스테롤이 신체에서 저장되고 이동되는 주요한 형태의 물질이다. 콜레스테롤은 수용성인 혈액에 안 녹는 지질이기 때문에 단백질이나 인산지질(phospholipid)이 포함된 입자들과 함께 혈관을 따라 돌아다닌다. 이러한 입자들은 그 밀도에 따라 분류된다.

- LDL 입자(저밀도 리포단백질, lipoprotein)는 콜레스테롤을 간으로부터 조직으로 운반한다.
- HDL 입자(고밀도 리포단백질)는 콜레스테롤을 다시 조직으로부터 간으로 운반하여 다른 스테로이드로 바뀌거나 대사된다.

그림 22.6
콜레스테릴 에스터와 LDL 입자

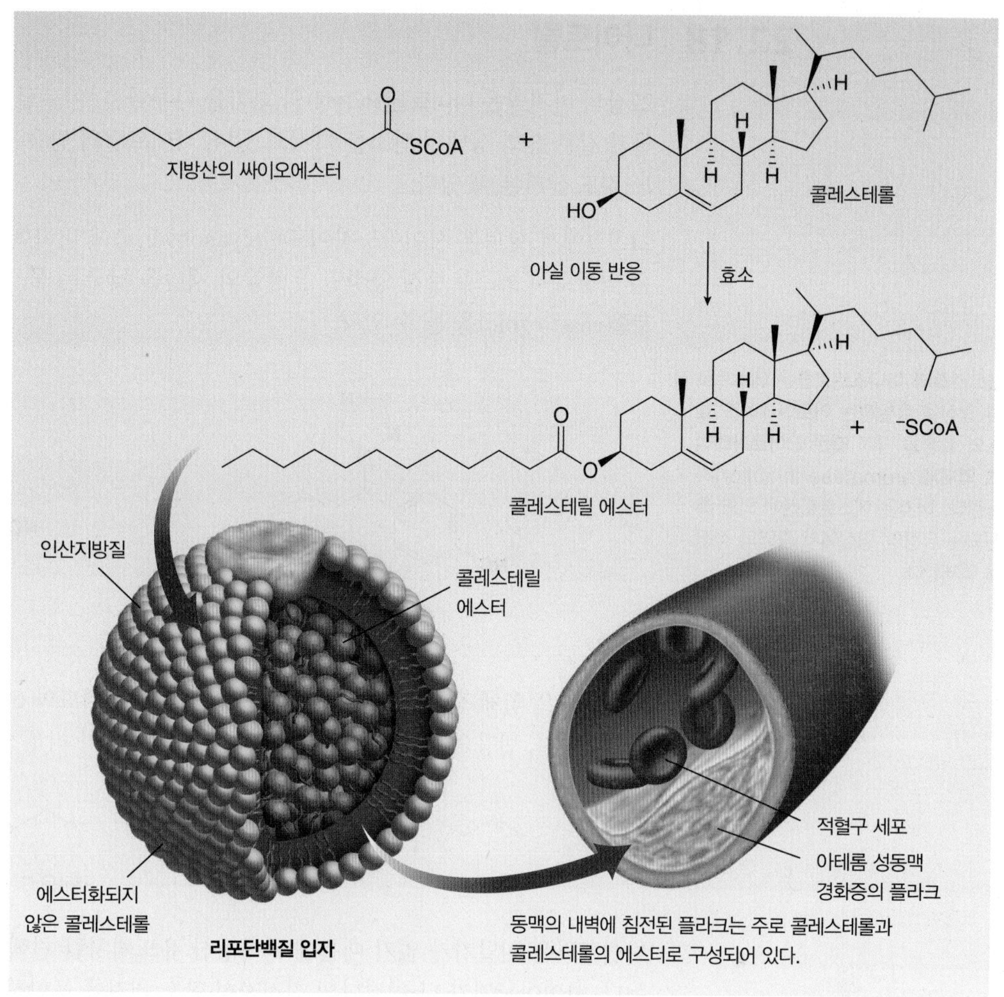

아테롬성 동맥 경화증(atherosclerosis)은 동맥의 내벽에 지방 축적물이 쌓여 플라크(plaque)를 형성하는 데서 기인하는 질병이다. 이것은 대부분 LDL 입자의 콜레스테롤(에스터화된 물질)로 이루어져 있다. 이 때문에 LDL은 흔히 '나쁜 콜레스테롤'로 알려져 있다. 반면에 HDL 입자는 콜레스테롤을 간으로 다시 이동시킴으로써 혈관에서 콜레스테롤의 양을 감소시키기 때문에 '좋은 콜레스테롤'로 알려져 있다.

문제 22.30 글루코사민은 골다공증에 좋은 것으로 알려져 있으며, 일반 슈퍼에서 판매되는 건강보조 식품이다. 글루코사민이 아세틸 CoA와 반응하면 NAG(*N*-acetylglucosamine)가 된다. 이 단위체가 가제나 게의 단단한 껍질을 형성하는 탄수화물인 키틴을 생성한다. 그 구조를 그려라.

OH, HO, O, OH, HO, NH_2 + O, SCoA ⟶

글루코사민

22.18 나이트릴

22장의 마지막은 나이트릴(RC≡N)의 화학을 다룬다. 나이트릴 역시 이 장에서 공부한 아실 화합물과 같은 산화 상태의 탄소를 가지고 있다. 나이트릴의 반응은 이 장 앞부분과 20, 21장에서 어느 정도 살펴본 바 있다.

21.9절에서 살펴본 사이아노하이드린(cyanohydrin)에 더하여, 생물학적 활성을 나타내는 새로운 약물로서 에스트로겐 양성인 유방암의 재발을 낮추는 물질인 레트로졸(letrozole)과 아나스트로졸(anastrozole)을 들 수 있다.

레트로졸과 아나스트로졸은 에스트로겐 합성을 유발하는 아로마테이즈 효소의 활성을 막기 때문에 **아로마테이즈 억제제**(aromatase inhibitor)라 불린다. 이것은 에스트로겐에 의해 촉진되는 유방암 형성에서 종양의 성장을 억제한다.

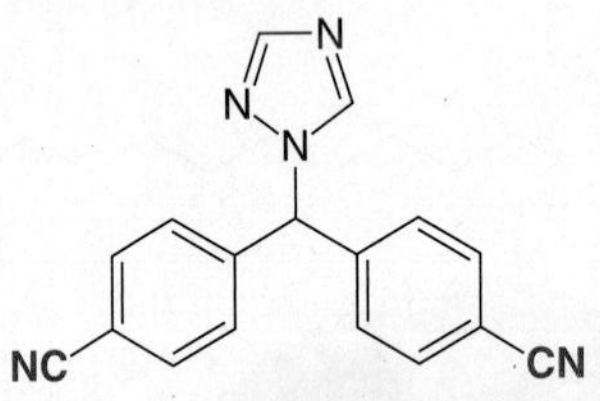

NC CN N N N

일반명: 레트로졸
상품명: Femara

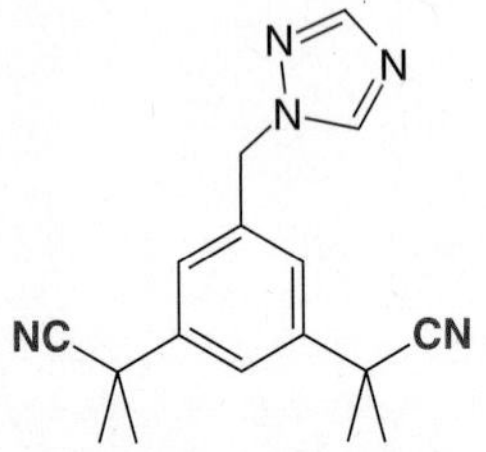

N N N NC CN

일반명: 아나스트로졸
상품명: Arimidex

나이트릴은 입체 장애가 없는 메틸이나 1° 알킬 할라이드와 CN^-의 S_N2 치환 반응에 의해 쉽게 만들어진다. 반응의 결과 알킬 할라이드에 탄소 한 개가 더해진 새로운 탄소-탄소 결합이 생성된다.

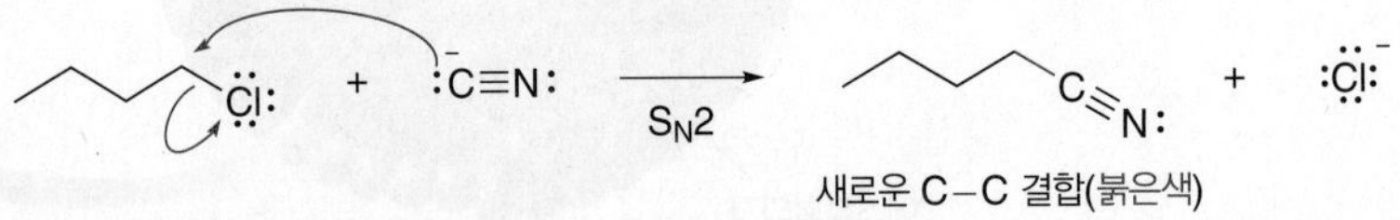

:Cl: + $^-$:C≡N: —S_N2→ C≡N: + :Cl:$^-$

새로운 C−C 결합(붉은색)

나이트릴은 이탈기가 없기 때문에 카복실산 유도체처럼 친핵성 아실 치환 반응을 일으키지 않는다. 사이아노기가 다중 결합의 친전자성 탄소 원자를 포함하고 있기 때문에 친핵성 첨가 반응으로 친핵체와 반응한다. 친핵체의 성질은 생성물의 구조를 결정한다.

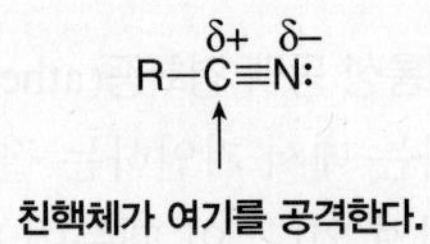

δ+ δ−
R−C≡N:

친핵체가 여기를 공격한다.

나이트릴과 친핵체인 물, 수소화물, 유기금속 시약 등과의 반응은 다음과 같다.

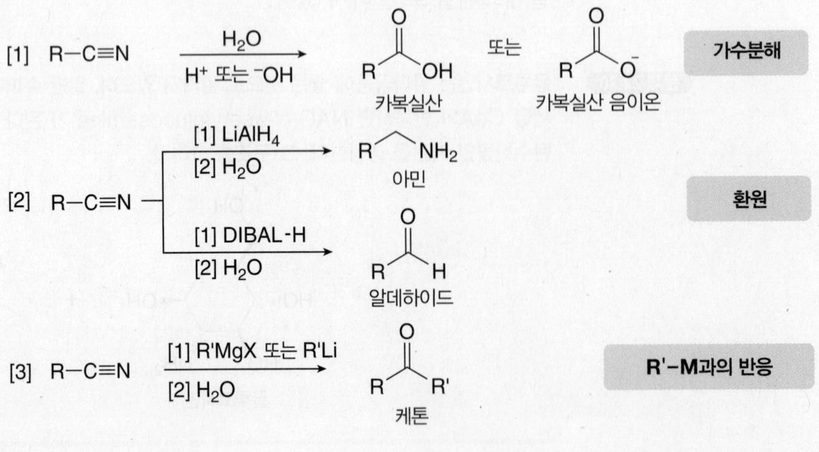

[1] R−C≡N —H_2O / H^+ 또는 ^-OH→ RCOOH 카복실산 또는 $RCOO^-$ 카복실산 음이온 — **가수분해**

[2] R−C≡N —[1] $LiAlH_4$ [2] H_2O→ RCH_2NH_2 아민; —[1] DIBAL-H [2] H_2O→ RCHO 알데하이드 — **환원**

[3] R−C≡N —[1] R'MgX 또는 R'Li [2] H_2O→ RCOR' 케톤 — **R'−M과의 반응**

22.18A 나이트릴의 가수분해

나이트릴은 수용성 산이나 염기의 존재하에 가수분해되면 카복실산이나 카복실산 음이온을 형성한다. 이 반응에서 C−N 삼중 결합은 세 개의 C−O 결합으로 바뀐다.

$$R-C\equiv N \xrightarrow[(H^+ \text{ 또는 } ^-OH)]{H_2O} RCOOH \text{ 또는 } RCOO^-$$

카복실산 (산으로) 카복실산 음이온 (염기로)

$$(CH_3)_2CH-C\equiv N \xrightarrow{H_2O,\ H^+} (CH_3)_2CH-COOH$$

$$C_6H_5-C\equiv N \xrightarrow{H_2O,\ ^-OH} C_6H_5-COO^-$$

이 반응의 메커니즘은 아마이드 토토머의 생성을 포함한다. 임의의 화합물에 대해 두 개의 토토머를 그릴 수 있는데, 1° 아마이드에 대한 토토머들의 구조는 다음과 같다.

$$RC(OH)=NH \underset{}{\overset{^-OH \text{ 또는 } H^+}{\rightleftharpoons}} RC(=O)NH_2$$

- C=N
- O−H 결합

이미드산 토토머

- C=O
- N−H 결합

아마이드 토토머

더 안정한 형태

11장에서 배운 것처럼 토토머는 이중 결합과 양성자의 위치가 다른 구조 이성질체임을 상기하라.

- 아마이드 형태는 C=O와 N−H 결합을 가지는 더 안정한 토토머이다.
- 이미드산 토토머는 C=N과 O−H 결합을 가지는 덜 안정한 형태이다.

이미드산과 아마이드 토토머는 카보닐 화합물의 케토−엔올 토토머와 비슷하게 산이나 염기에 의해 상호 변환된다. 두 아마이드 토토머는 질소 원자가 카보닐기에 결합된 탄소 원자를 대신하는 것 외에 케토−엔올 토토머와 정확히 같다고 볼 수 있다.

$$RC(OH)=CH_2 \overset{^-OH \text{ 또는 } H^+}{\rightleftharpoons} RC(=O)CH_2H$$

- C=C
- O−H 결합

엔올 토토머

- C=O
- C−H 결합

케토 토토머

더 안정한 형태

산 또는 염기 존재하에서 일어나는 나이트릴 가수분해 반응의 메커니즘은 두 단계로 나뉘는데, [1] H_2O나 ^-OH의 친핵성 첨가로 인한 이미드산 토토머 형성에 이어 아마이드가 생성되는 토토머화 반응, [2] RCOOH 또는 $RCOO^-$를 생성하는 아마이드의 가수분해 반응이다. 염기 존재하에서 RCN이 $RCOO^-$로 가수분해되는 반응의 메커니즘을 아래 나타내었다(메커니즘 22.11).

메커니즘 22.11 염기에서 나이트릴의 가수분해

부분 [1] 나이트릴에서 1° 아마이드로의 변환

① ② ⁻OH의 친핵성 공격과 그에 이은 양성자 첨가가 이미드산을 형성한다.

③ ④ 토토머화가 두 단계 연속으로 일어난다—탈양성자화와 그에 이은 양성자 첨가.

부분 [2] 카복실산염 음이온으로 1° 아마이드의 가수분해

- 아마이드의 카복실산 음이온으로의 변환은 22.10절에서 다룬 연속적인 세 단계로 일어난다.

문제 22.31 다음 각 반응의 생성물을 그려라.

문제 22.32 다음 각 화합물의 토토머를 그려라.

22.18B 나이트릴의 환원

나이트릴은 금속 수소화물에 의해 환원된다. 환원제의 종류에 따라 1° 아민이나 알데하이드를 생성한다.

- 나이트릴을 $LiAlH_4$와 반응시키고 H_2O로 처리하면, 삼중 결합에 2당량의 H_2가 첨가되어 1° 아민이 만들어진다.

메커니즘 22.12 $LiAlH_4$에 의한 나이트릴의 환원

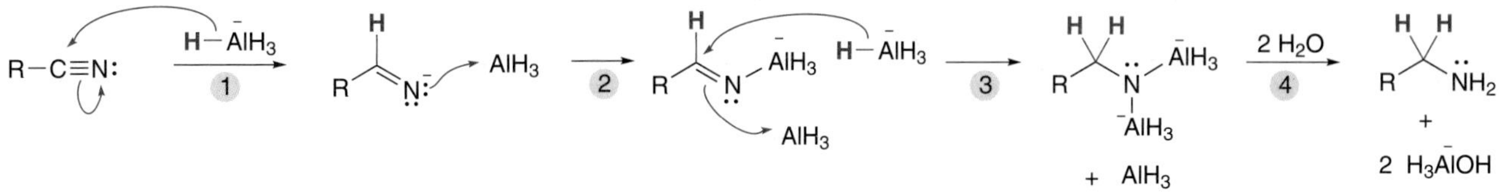

① ② $LiAlH_4$에서 1당량의 $H:^-$이 나이트릴에 첨가되면, AlH_3와 착물을 형성하여 새로운 C−H 결합을 갖는 반응 중간체가 형성된다.

③ ④ 중간체에 두 번째 당량의 $H:^-$가 첨가되어 AlH_3와 착물을 형성하면 이가 음이온이 생성된다. 이는 물과 반응하여 두 개의 새로운 N−H 결합을 갖는 1° 아민을 형성한다.

- 나이트릴을 DIBAL-H와 같은 온화한 환원제로 처리하고, 이어서 H_2O로 처리하면 알데하이드가 생성된다.

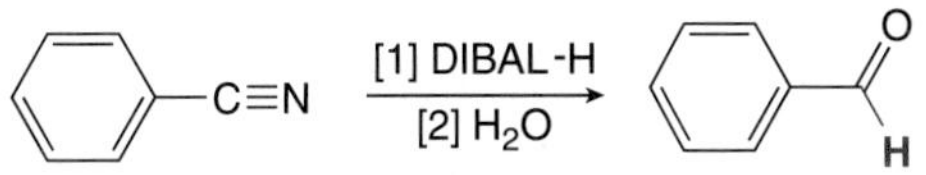

위 두 반응의 메커니즘에서는 극성인 C−N 삼중 결합에 수소 음이온(hydride, H^-)이 친핵체로 첨가된다. 메커니즘 22.12에 나와 있듯이, 나이트릴이 아민으로 환원되려면 $LiAlH_4$로부터 2당량의 수소 음이온이 첨가되어야 한다. 아마도 중간체인 질소 음이온이 AlH_3(반응 중에 생성)과 착물을 만들어서 반응이 촉진될 것이다. 단계 ④에서 이가 음이온(dianion)에 양성자가 첨가되면 아민이 얻어진다.

메커니즘 22.13에 나와 있듯이, DIBAL-H로 1당량의 수소 음이온이 친핵성 첨가되면 음이온을 형성하고(단계 ①), 이어서 물을 가해 양성자 첨가시키면 이민을 형성한다. 21.12절에서 설명했듯이 이민은 수용액에서 가수분해되어 알데하이드를 생성한다. 메커니즘 22.13은 환원 반응 동안 형성된 중간체 구조를 강조하기 위하여, 단계 ①에서 형성된 음이온과 알루미늄의 착물 생성 반응을 생략하여 써 놓았다.

메커니즘 22.13 DIBAL-H에 의한 나이트릴의 환원

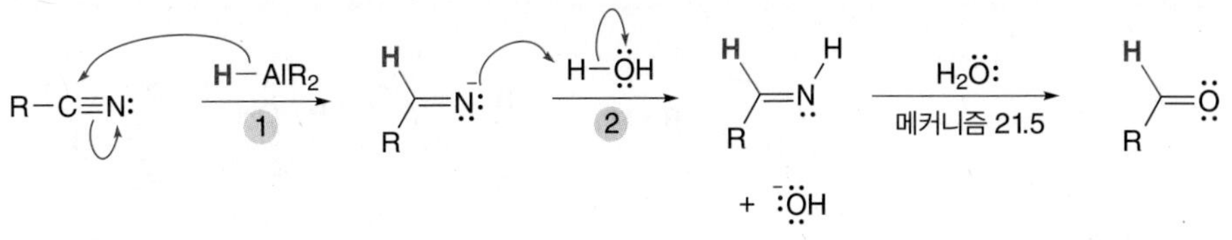

① DIBAL-H로부터의 $H:^-$의 첨가(R_2AlH로 그려진)는 새로운 C−H 결합을 형성한다.

② 메커니즘 21.5에 보인 바와 같이, 양성자 첨가에 의해 형성된 이민은 단계를 따라 알데하이드로 가수분해된다.

문제 22.33 다음 각 반응의 생성물을 그려라.

a. (3-methoxyphenyl)CH₂CH₂Br → [1] NaCN, [2] $LiAlH_4$, [3] H_2O

b. cyclohexyl–C≡N → [1] DIBAL-H, [2] H_2O

22.18C 나이트릴에 그리냐르 시약과 유기리튬 시약의 첨가 반응

그리냐르 시약과 유기리튬 시약은 둘 다 나이트릴과 반응하여 새로운 탄소–탄소 결합을 가진 케톤을 만든다.

$$C_6H_5–C{\equiv}N \xrightarrow[\text{[2] } H_2O]{\text{[1] } CH_3CH_2MgBr} C_6H_5COCH_2CH_3$$

반응은 극성 C–N 삼중 결합에 대한 유기금속 시약의 친핵성 첨가에 의해 먼저 음이온을 생성하고(단계 [1]), 이것은 물에 의해 양성자 첨가되어 이민을 형성한다. 그 다음 단계는 21.12절에서 설명했듯이 물에 의해 C=N이 C=O로 바뀌는 이민의 가수분해가 일어난다. 최종 생성물은 새로운 탄소–탄소 결합을 가진 케톤이다(메커니즘 22.14).

문제 22.34 다음 각 반응의 생성물을 그려라.

a. 2-methoxybenzonitrile (OCH_3, CN) → [1] CH_3CH_2MgCl, [2] H_2O

b. $CH_3CH_2CH_2CH(CN)CH_2CH_3$ → [1] C_6H_5Li, [2] H_2O

문제 22.35 페닐아세토나이트릴($C_6H_5CH_2CN$)을 다음의 각 화합물로 바꾸기 위해 어떤 시약이 필요한가?

a. $C_6H_5CH_2COCH_3$ b. $C_6H_5CH_2COC(CH_3)_3$ c. $C_6H_5CH_2CHO$ d. $C_6H_5CH_2COOH$

문제 22.36 뷰탄-2-온을 나이트릴과 그리냐르 시약으로부터 합성하는 두 가지 방법을 나타내라.

메커니즘 22.14 나이트릴에 대한 그리냐르와 유기리튬 시약(R–M)의 첨가

$$R–C{\equiv}N: \xrightarrow[\text{①}]{R'–M} R'R\,C{=}\ddot{N}:^- \xrightarrow[\text{②}]{H–\ddot{O}H} R'R\,C{=}NH + \,^-:\ddot{O}H \xrightarrow[\text{메커니즘 21.5}]{H_2\ddot{O}:} R'R\,C{=}\ddot{O}$$

① R'M(M = MgX 또는 Li)에서 $R:^-$ 첨가는 새로운 C–C 결합을 형성한다.

② 메커니즘 21.5에서 살펴보았듯이 단계적 순서로 양성자가 첨가되어 이민이 형성되고 가수분해되어 케톤이 된다.

카복실산과 그 유도체-친핵성 아실 치환 반응

RCOZ의 분광학적 흡수 요약(22.5)

IR 흡수

- 모든 RCOZ 화합물은 1600~1850 cm^{-1}에서 C=O의 흡수가 있다.
  - RCOCl: 1800 cm^{-1}
  - $(RCO)_2O$: 1820, 1760 cm^{-1}(두 피크)
  - RCOOR': 1735~1745 cm^{-1}
  - $RCONR'_2$: 1630~1680 cm^{-1}
- 또 아마이드의 흡수는 3200~3400 cm^{-1}(N-H 신축 진동)과 1640 cm^{-1}(N-H 굽힘 진동)에서 나타난다.
- 고리형 락톤, 락탐, 또는 산 무수물의 경우에는 고리 크기가 감소하면 C=O 흡수의 진동수가 증가(높은 파수)한다.
- 콘쥬게이션은 C=O를 더 낮은 진동수(낮은 파수)로 이동시킨다.

^1H NMR 흡수

- C=O의 α 위치의 C-H는 2~2.5 ppm에서 나타난다.
- 아마이드의 N-H는 7.5~8.5 ppm에서 나타난다.

^{13}C NMR 흡수

- C=O는 160~180 ppm에서 나타난다.

RCN의 분광학적 흡수 요약(22.5)

IR 흡수

- C≡N은 ~2250 cm^{-1}에서 흡수한다.

^{13}C NMR

- C≡N은 115~120 ppm에서 흡수한다.

요약: Z^-의 염기도와 RCOZ의 특성과의 상관관계

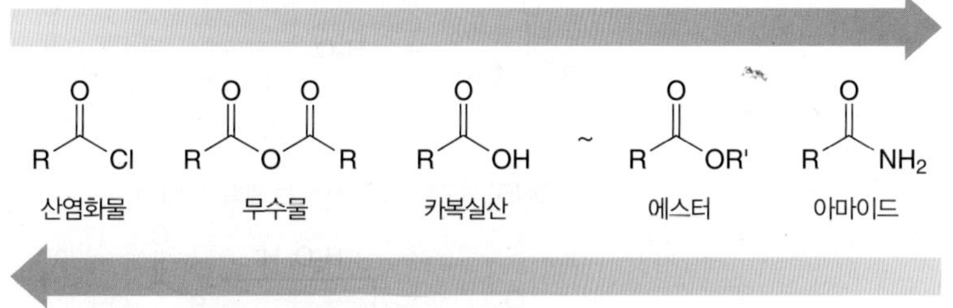

친핵성 아실 치환의 일반적 특징

- 일반적으로 RCOZ의 구조로 이루어진 화합물의 특징적인 반응은 친핵성 아실치환 반응이다(22.1).
- 메커니즘은 두 단계로 이루어진다(22.7A).
  [1] 사면체 중간체를 형성하는 친핵체의 첨가
  [2] 이탈기의 제거
- 반응성이 더 큰 아실 화합물은 반응성이 더 적은 아실 화합물을 만드는 데 사용될 수 있다. 그 반대는 반드시 그렇지는 않다(22.7B).

친핵성 아실 치환 반응

[1] 산 염화물(RCOCl)을 만드는 반응

RCOOH로부터(22.10A):

$$RCOOH + SOCl_2 \longrightarrow RCOCl + SO_2 + HCl$$

[2] 산 무수물[$(RCO)_2O$]을 만드는 반응

a. RCOCl로부터(22.8):

$$RCOCl + {}^-OCOR' \longrightarrow RCOOCOR' + Cl^-$$

b. 다이카복실산으로부터(22.10B):

$$HOOC(CH_2)_2COOH \xrightarrow{\Delta} \text{고리 산 무수물} + H_2O$$

고리 산 무수물

[3] 카복실산(RCOOH)을 만드는 반응

a. RCOCl로부터(22.8):

$$RCOCl + H_2O \xrightarrow{\text{피리딘}} RCOOH + C_5H_5NH^+\ Cl^-$$

b. $(RCO)_2O$로부터(22.9):

$$RCOOCOR + H_2O \longrightarrow 2\ RCOOH$$

c. RCOOR'으로부터(22.11):

$$RCOOR' + H_2O \xrightarrow[(H^+ \text{ 또는 } {}^-OH)]{} RCOOH \text{ 또는 } RCOO^- + R'OH$$

(산에서의 생성물) (염기에서의 생성물)

d. $RCONR'_2$으로부터(R'=H 또는 알킬, 22.13):

$$RCONR'_2 \xrightarrow{H_2O,\ H^+} RCOOH + R'_2\overset{+}{N}H_2$$

$$RCONR'_2 \xrightarrow{H_2O,\ {}^-OH} RCOO^- + R'_2NH$$

R' = H 또는 알킬

[4] 에스터(RCOOR')를 만드는 반응

a. RCOCl로부터(22.8):

$$RCOCl + R'OH \xrightarrow{\text{피리딘}} RCOOR' + C_5H_5NH^+\ Cl^-$$

b. $(RCO)_2O$로부터(22.9):

$$RCOOCOR + R'OH \longrightarrow RCOOR' + RCOOH$$

c. RCOOH로부터(22.10C):

$$\mathrm{RCOOH} + \mathrm{R'OH} \xrightarrow{H_2SO_4} \mathrm{RCOOR'} + H_2O$$

[5] 아마이드($RCONH_2$)를 생성하는 반응(이것은 친핵체로서 NH_3를 사용하는 경우이고, $R'NH_2$를 사용하면 RCONHR'가 되고, $R_2'NH$와 반응시키면 $RCONR'_2$가 됨)

a. RCOCl로부터(22.8):

$$\mathrm{RCOCl} + NH_3 \xrightarrow[\text{(2당량)}]{} \mathrm{RCONH_2} + NH_4^+Cl^-$$

b. $(RCO)_2O$로부터(22.9):

$$\mathrm{(RCO)_2O} + NH_3 \xrightarrow[\text{(2당량)}]{} \mathrm{RCONH_2} + RCO_2^-\,NH_4^+$$

c. RCOOH로부터(22.10D):

$$\mathrm{RCOOH} \xrightarrow[\text{[2] }\Delta]{\text{[1] }NH_3} \mathrm{RCONH_2} + H_2O$$

$$\mathrm{RCOOH} + R'NH_2 \xrightarrow[\text{DCC}]{} \mathrm{RCONHR'} + H_2O$$

d. RCOOR'으로부터(22.11):

$$\mathrm{RCOOR'} + NH_3 \longrightarrow \mathrm{RCONH_2} + \mathrm{R'OH}$$

나이트릴 합성(22.18)

나이트릴은 입체 장애가 없는 알킬 할라이드의 친핵성 치환 S_N2 반응으로 만들어진다.

$$\underset{R\,=\,CH_3,\ 1^\circ}{R{-}X} + {}^-CN \xrightarrow[S_N2]{} R{-}C{\equiv}N + X^-$$

나이트릴의 반응

[1] 가수분해(22.18A)

$$R{-}C{\equiv}N \xrightarrow[\text{(H}^+\text{ 또는 }^-\text{OH)}]{H_2O} \underset{\text{(산에서의 생성물)}}{\mathrm{RCOOH}} \quad \text{또는} \quad \underset{\text{(염기에서의 생성물)}}{\mathrm{RCOO^-}}$$

[2] 환원(22.18B)

$$R{-}C{\equiv}N \xrightarrow[\text{[2] }H_2O]{\text{[1] }LiAlH_4} \underset{1^\circ\text{ 아민}}{\mathrm{RCH_2NH_2}}$$

$$R{-}C{\equiv}N \xrightarrow[\text{[2] }H_2O]{\text{[1] DIBAL-H}} \underset{\text{알데하이드}}{\mathrm{RCHO}}$$

[3] 유기금속 시약과의 반응(22.18C)

$$R{-}C{\equiv}N \xrightarrow[\text{[2] }H_2O]{\text{[1] R'MgX 또는 R'Li}} \underset{\text{케톤}}{\mathrm{RCOR'}}$$

삼차원 모델을 이용하는 문제

22.37 다음 화합물을 친핵성 아실 치환 반응을 잘 일으키는 순으로 나열하라.

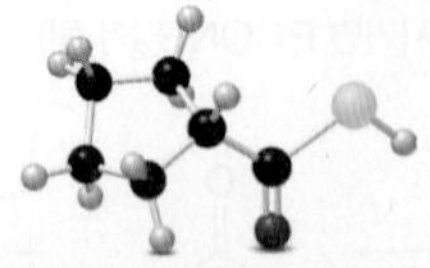
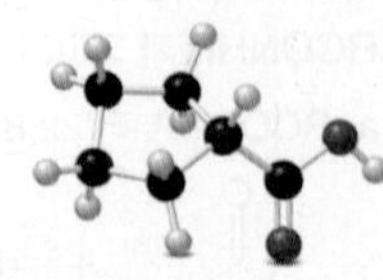
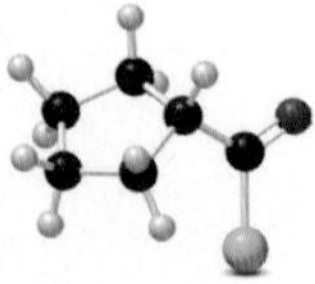

22.38 (a) A와 B의 화합물을 명명하라. (b) **A**와 **B**가 다음 시약과 반응하여 생성되는 유기 생성물의 구조를 그려라.

[1] H_3O^+ [2] ^-OH, H_2O [3] $CH_3CH_2CH_2MgBr$(과량), 그 다음 H_2O [4] $LiAlH_4$, 그 다음 H_2O.

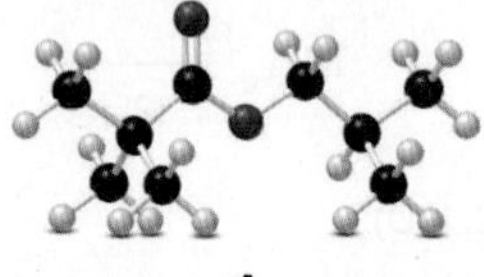
A

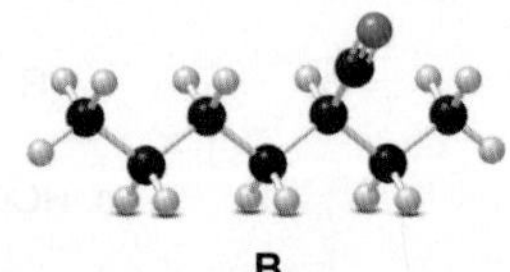
B

22.39 다음 두 에스터 **C**와 **D** 중에서 친핵성 아실 치환 반응을 더 잘 일으키는 것은? 또 그 이유를 설명하라.

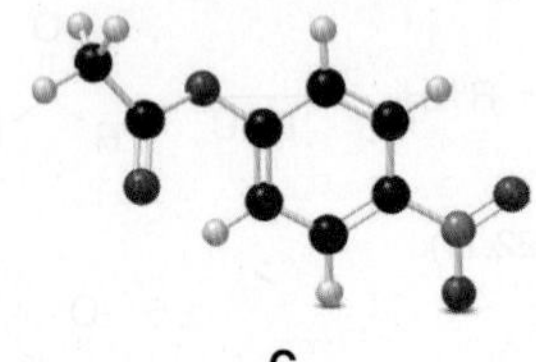
C

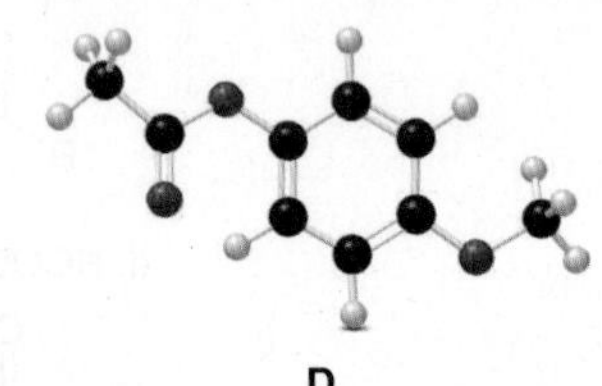
D

명명법

22.40 다음 각 화합물의 IUPAC 이름 또는 관용명을 쓰라.

a. O O, O

b. O, O

c. H, N, O

d. Cl, CN

e. 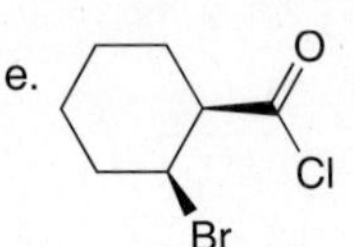

f. 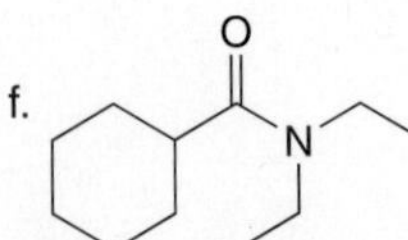

22.41 각 이름에 해당하는 구조를 그려라.

a. cyclohexyl propanoate
b. cyclohexanecarboxamide
c. 4-methylheptanenitrile
d. vinyl acetate
e. benzoic propanoic anhydride
f. 3-methylhexanoyl chloride
g. octyl butanoate
h. *N*,*N*–dibenzylformamide

카복실산 유도체의 특성

22.42 다음의 이미다졸라이드는 보통의 아마이드보다 친핵성 아실치환 반응을 훨씬 더 잘 일으킨다. 그 이유를 설명하라.

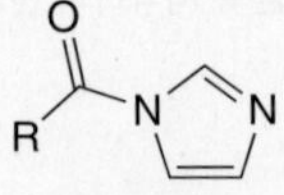

이미다졸라이드

22.43 CH_3CONH_2는 $CH_3CH_2NH_2$ 보다 더 센 산인 동시에 더 약 염기이다. 그 이유를 설명하라.

22.44 (a) 아세트산 페닐(1765 cm^{-1})과 아세트산 사이클로헥실(1738 cm^{-1})의 카보닐 흡수 진동수의 차이에 대해 설명하라. (b) 어느 카보닐기가 더 공명으로 더 효과적으로 안정화되어 있는가? (c) 수용액 염기로 처리했을 때 어느 에스터가 더 빨리 반응하는가?

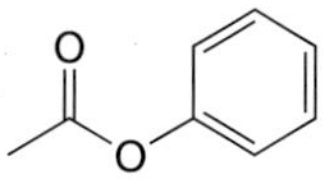

아세트산 페닐 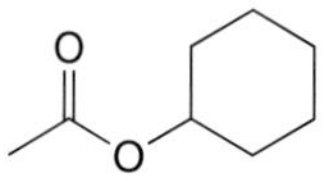　　아세트산 사이클로헥실

반응

22.45 페닐아세트산($C_6H_5CH_2COOH$)이 다음의 각 시약으로 처리될 때 생성되는 물질의 구조를 그려라. 반응이 일어나지 않을 수도 있다.

a. $NaHCO_3$
b. $NaOH$
c. $SOCl_2$
d. $NaCl$
e. NH_3(1당량)
f. NH_3, Δ
g. CH_3OH, H_2SO_4
h. CH_3OH, ^-OH
i. [1] $NaOH$; [2] CH_3COCl
j. CH_3NH_2, DCC
k. [1] $SOCl_2$; [2] $CH_3CH_2CH_2NH_2$(과량)
l. [1] $SOCl_2$; [2] $(CH_3)_2CHOH$

22.46 페닐아세토나이트릴($C_6H_5CH_2CN$)이 다음의 각 시약으로 처리될 때 생성되는 물질의 구조를 그려라.

a. H_3O^+
b. H_2O, ^-OH
c. [1] CH_3MgBr; [2] H_2O
d. [1] CH_3CH_2Li; [2] H_2O
e. [1] DIBAL-H; [2] H_2O
f. [1] $LiAlH_4$; [2] H_2O

22.47 각 반응에서 생성되는 유기물질의 구조를 그려라.

a. 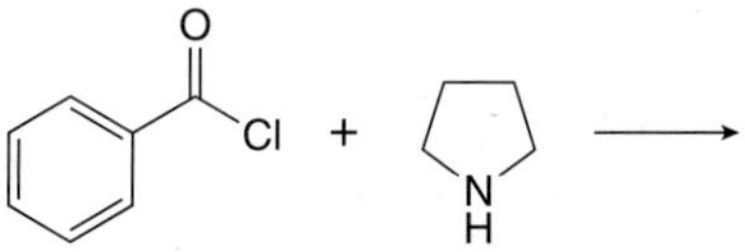 (benzoyl chloride) + (pyrrolidine, 과량) ⟶
b. 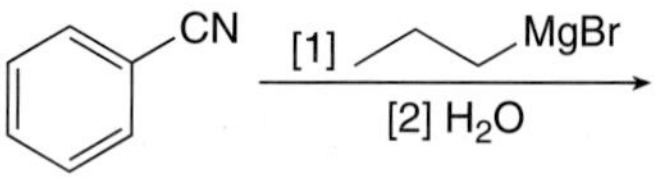 (benzonitrile) [1] $CH_3CH_2CH_2MgBr$ [2] H_2O ⟶
c. 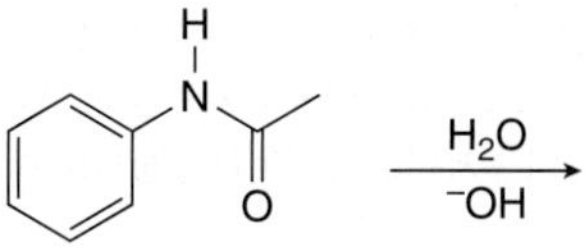 (acetanilide) H_2O, ^-OH ⟶
d. 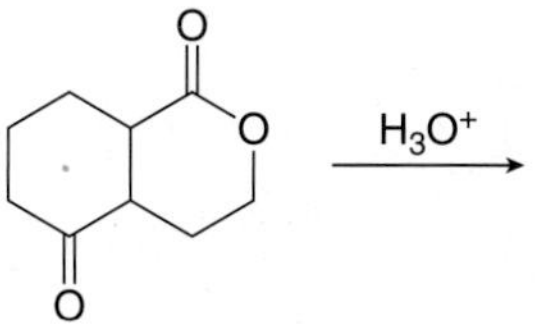 H_3O^+ ⟶
e. 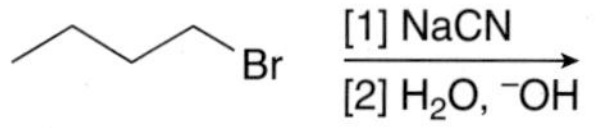 Br [1] NaCN [2] H_2O, ^-OH ⟶
f. 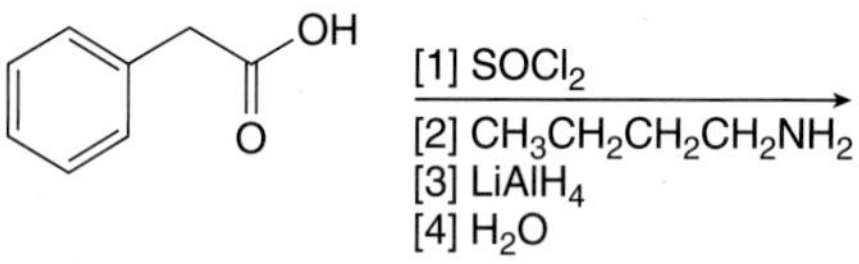 [1] $SOCl_2$ [2] $CH_3CH_2CH_2CH_2NH_2$ [3] $LiAlH_4$ [4] H_2O ⟶
g. 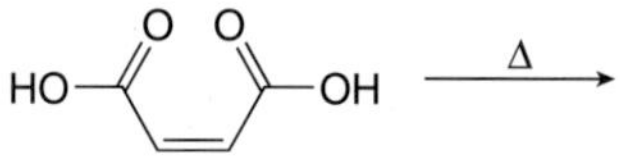 HO–C(=O)–CH=CH–C(=O)–OH Δ ⟶
h. 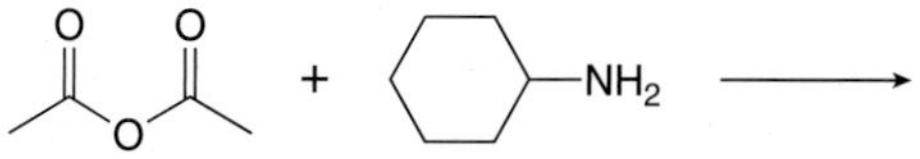 (acetic anhydride) + (cyclohexyl–NH_2, 과량) ⟶

22.48 코카 잎에서 얻는 천연물인 신나모일코카인(cinnamoylcocaine)은 다음 반응 순서에 따라 코카인으로 전환될 수 있다. 신나모일코카인의 구조뿐 아니라 중간체 X와 Y의 구조를 밝혀라.

신나모일코카인 $C_{19}H_{23}NO_4$ —H_3O^+→ X + (cinnamic acid, OH) + CH_3OH; X —(PhCO)$_2$O→ Y —$NaOCH_3$, CH_3I→ 코카인

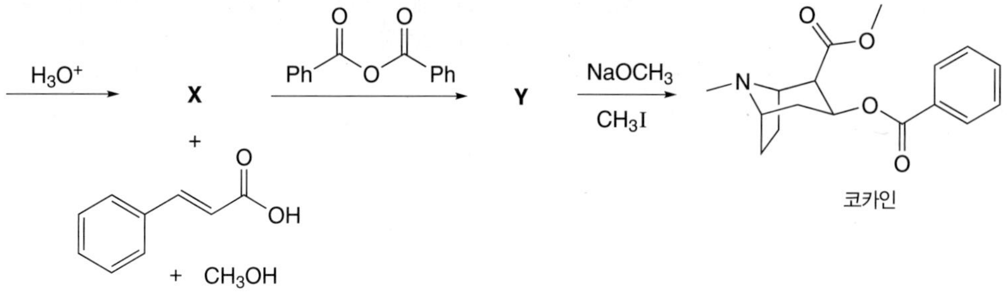

22.49 산으로 처리하여 락톤 또는 락탐의 가수분해로 생기는 생성물은 무엇인가?

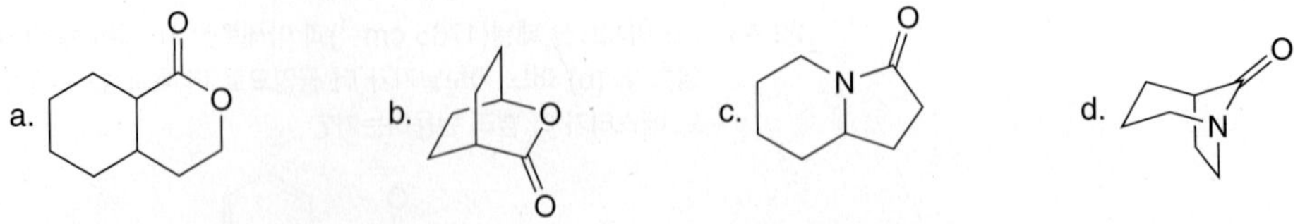

a. b. c. d.

22.50 다음 반응 순서에서 화합물 **A~M**의 구조를 쓰라.

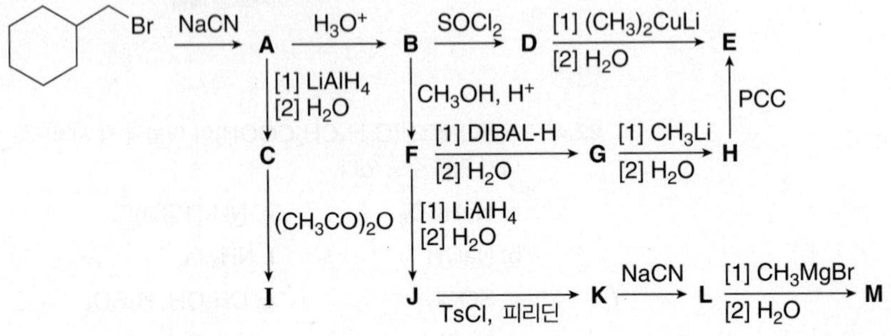

Br → NaCN → A → H_3O^+ → B → $SOCl_2$ → D → [1] $(CH_3)_2CuLi$ [2] H_2O → E

A → [1] $LiAlH_4$ [2] H_2O → C → $(CH_3CO)_2O$ → I

B → CH_3OH, H^+ → F → [1] DIBAL-H [2] H_2O → G → [1] CH_3Li [2] H_2O → H → PCC → E

F → [1] $LiAlH_4$ [2] H_2O → J → TsCl, 피리딘 → K → NaCN → L → [1] CH_3MgBr [2] H_2O → M

22.51 다음 각 반응의 생성물을 그리고, 입체발생 중심의 입체화학을 결정하라.

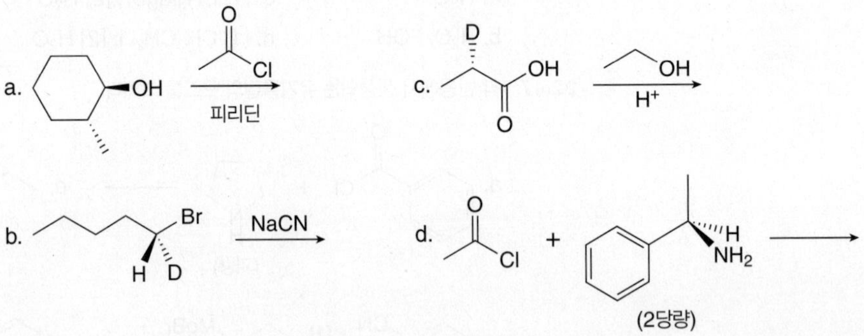

a. OH → 아세틸 클로라이드(Cl), 피리딘 →

b. Br, H D → NaCN →

c. D, OH, O → 에탄올(OH), H^+ →

d. Cl + NH_2, H (2당량) →

22.52 다음의 각 화합물에서 모든 아마이드와 에스터 결합이 가수분해되면 어떤 생성물이 형성되는가? 항바이러스제인 오셀타미비르(oseltamivir)의 상품명인 **타미플루[tamiflu**, (a)]는 유행성 감기를 치료하는 데 가장 효과적이라고 생각되는 물질이다. **아스파탐[aspartame**, (b)]은 Equal과 많은 다이어트 음료의 인공 감미료이다. 아스파탐의 가수분해 반응 생성물 중 하나는 아미노산 페닐알라닌이다. 페닐케톤 요증으로 고생하는 유아는 이 아미노산을 대사하지 못하고 축적되어 지능 발달이 지연된다. 병이 일찍 발견되면 페닐알라닌(과 그것으로 바뀌는 아스파탐 같은 화합물들)의 섭취를 제한하는 식이요법을 하도록 하여 일상 생활을 가능하게 할 수 있다.

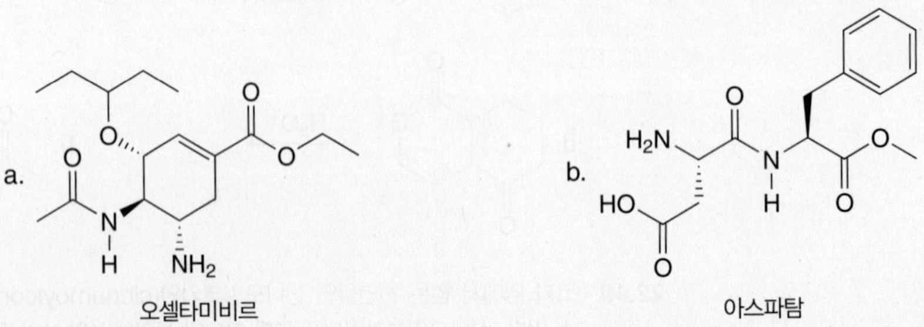

a. O, N, H, NH_2, O

오셀타미비르

b. H_2N, O, N, H, HO, O

아스파탐

22.53 다음 반응의 결과 생성되는 화합물 **F**의 구조를 쓰라. 화합물 **F**는 몇단계를 거치면 항우울증 치료제인 파록세틴(paroxetine, 상품명 Paxil, 문제 9.9 참고)으로 바꿀 수 있다.

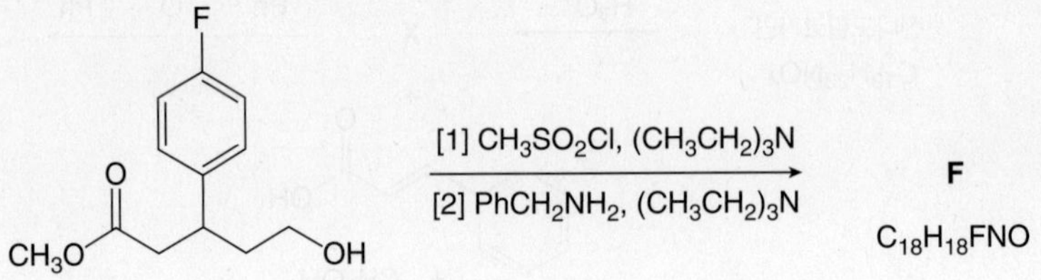

F, CH_3O, O, OH → [1] CH_3SO_2Cl, $(CH_3CH_2)_3N$ [2] $PhCH_2NH_2$, $(CH_3CH_2)_3N$ → **F** $C_{18}H_{18}FNO$

메커니즘

22.54 다음 각 반응에 대한 단계별 메커니즘을 쓰라.

+ NH_2NH_2 → (피리딘) NHNH$_2$ + H Cl$^-$

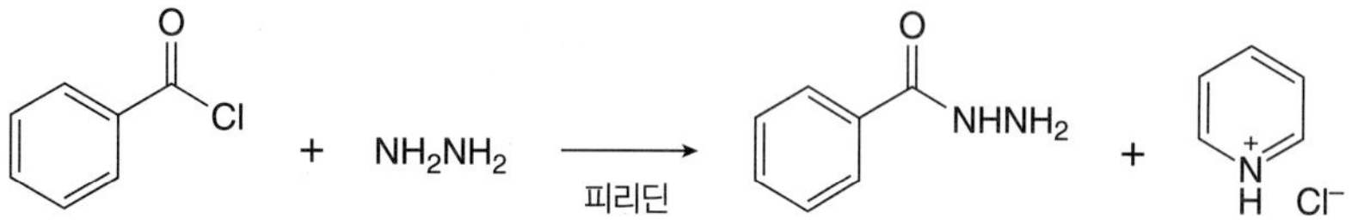

22.55 아세트산(CH_3COOH)을 ^{18}O 동위 원소로 표지된 물에서 미량의 산으로 처리하면 카복실산의 두 산소 원자에 동위 원소가 나타나기 시작한다. 이 현상을 설명할 수 있는 메커니즘을 제시하라.

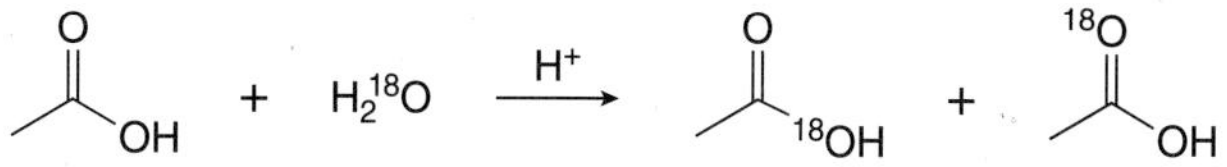

OH + $H_2{}^{18}O$ →(H^+) ^{18}OH + ^{18}O OH

22.56 γ-뷰티로락톤(γ-butyrolactone, 문제 19.62)은 생물학적 활성이 없는 화합물이지만 이것이 4–하이드록시뷰탄산(4-hydroxybutanoic acid, GHB)으로 변환되면 중독성이 있는 환각제가 된다(19.5절). 산 존재하에서 일어나는 아래 변환의 메커니즘을 쓰라.

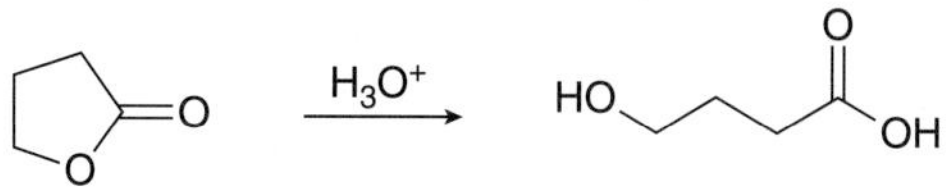

H_3O^+

γ-뷰티로락톤

4-하이드록시뷰탄산
GHB

22.57 아스피린은 아라키돈산이 스테로이드로 변환시키는 효소의 활성화 자리를 아세틸화시킴으로써 변환을 저해하여 항염증 작용을 나타내는 물질이다. 이러한 반응을 에스터 교환 반응이라고 부르는데, 이것은 친핵성 아실 치환 반응을 통해 어떤 에스터를 다른 에스터로 바꾸는 반응이다. 다음 트랜스에스터 교환 반응의 메커니즘을 단계별로 나타내라.

산 촉매

아스피린 효소 비활성 효소 살리실산

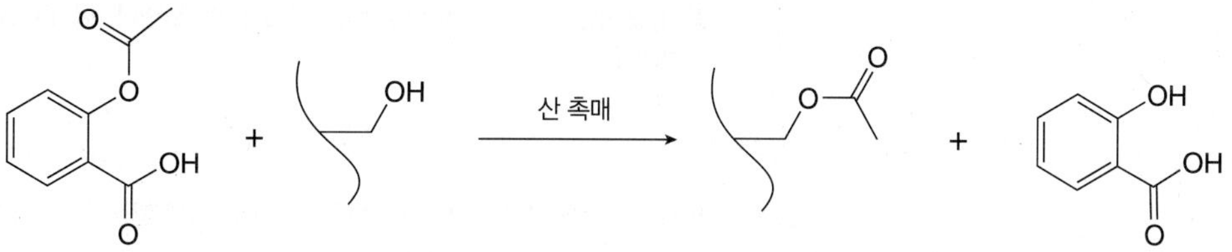

22.58 다음 반응에 대한 단계별 메커니즘을 쓰라.

H_3O^+

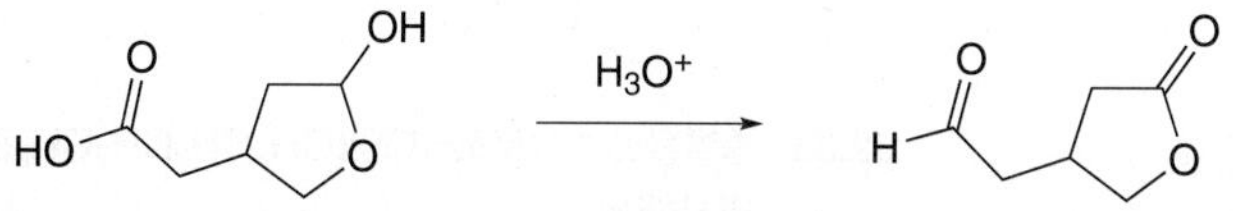

22.59 다음은 콜레스테롤 수치를 낮추는 약물인 에제티미브(ezetimibe, 20.6절)의 합성 단계 중의 하나이다. 반응의 메커니즘을 단계별로 나타내라.

RO N H F → (CH_3CH_2MgBr) N F

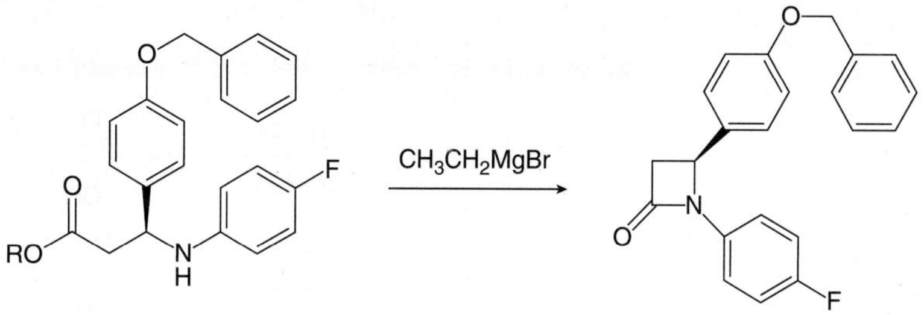

22.60 다음은 락톤 **C**가 카복실산 **D**로 변환되는 반응이다. 메커니즘을 나타내라. 화합물 **C**는 하버드대학교의 노벨상 수상자 코리(E. J. Corey)와 공동 연구자들이 수행한 프로스타글란딘 합성에서의 핵심 중간체다(19.6절).

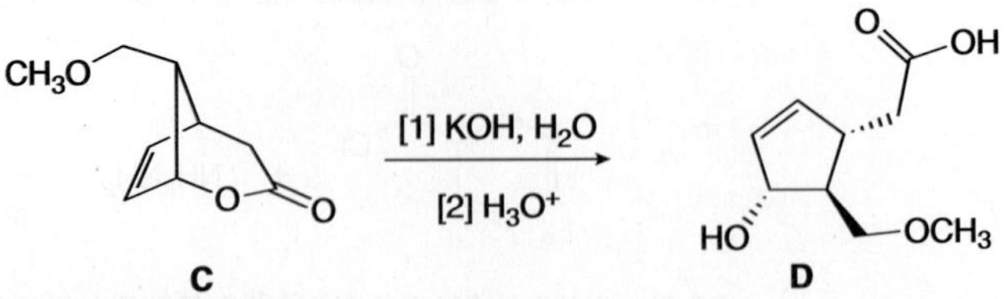

CH_3O — C —[1] KOH, H_2O [2] H_3O^+→ D (OH, HO, OCH_3)

22.61 다음의 락톤 **A**가 에탄올을 용매로 HCl 존재하에서 에스터 **B**로 변환되는 반응의 메커니즘을 쓰라. 합성된 **B**는 한 단계를 거쳐 에틸 크리산템산(ethyl chrysanthemate)로 쉽게 변환된다. 이 물질은 국화(26.4절)에서 분리되는 삼원자 고리를 가진 천연 살충제로 쓰이는 피레트린(pyrethrin) 합성의 중간체다.

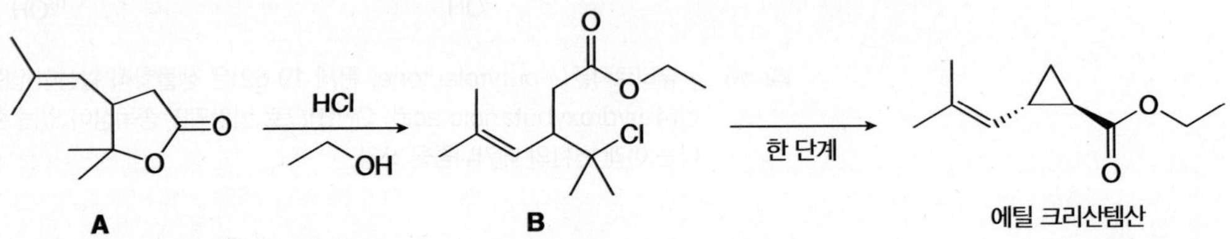

A —HCl, OH(에탄올)→ B (Cl) —한 단계→ 에틸 크리산템산

22.62 다음 반응의 메커니즘을 쓰라.

—H_3O^+→ (HO) + (아세톤)

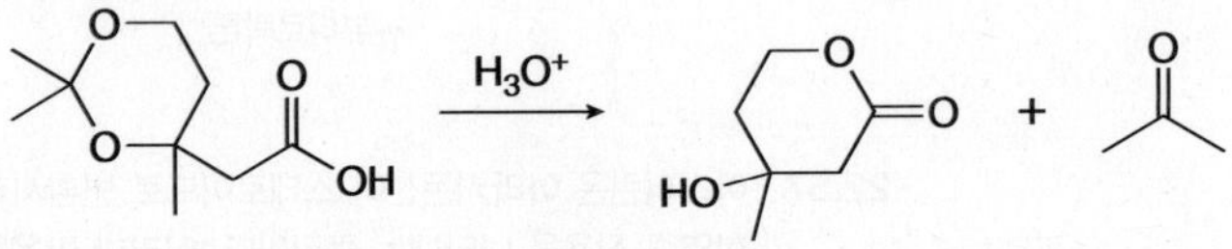

22.63 $HOCH_2CH_2C(CH_3)_2CN$을 산촉매하에서 가수분해시키면 화합물 **A**($C_6H_{10}O_2$)로 바뀐다. 화합물 **A**는 IR 스펙트럼에서 1770 cm^{-1}에서 피크를 보이고, ^1H NMR 스펙트럼에서 δ 1.27 ppm(단일선, 6 H), 2.12 ppm(삼중선, 2 H), 그리고 4.26 ppm(삼중선, 2 H)을 보인다. 화합물 **A**의 구조를 그리고 반응의 메커니즘을 단계별로 나타내라.

합성

22.64 피셔 에스터화 반응을 이용하여 다음의 각 에스터를 합성하는 데 필요한 카복실산과 알코올의 구조를 쓰라.

a. 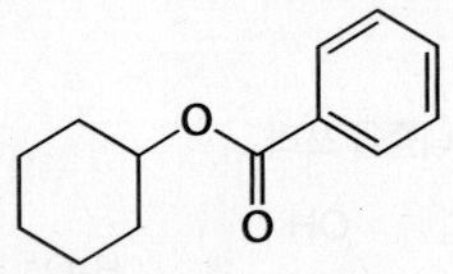 b.

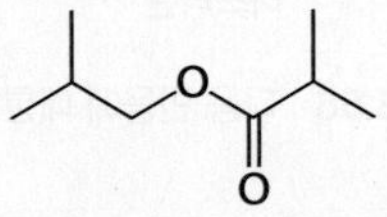

22.65 출발물로 1-브로모뷰테인($CH_3CH_2CH_2CH_2Br$)을 사용하여 다음 각 화합물의 합성법을 고안하라. 반응 조건을 명시하라.

a. 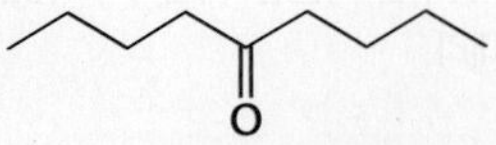 b. 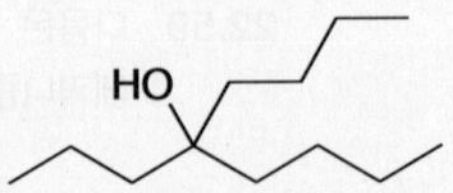 HO

22.66 다음은 알킬 할라이드를 탄소 수가 한 개 더 늘어난 카복실산으로 바꾸는 방법이다.

[1] 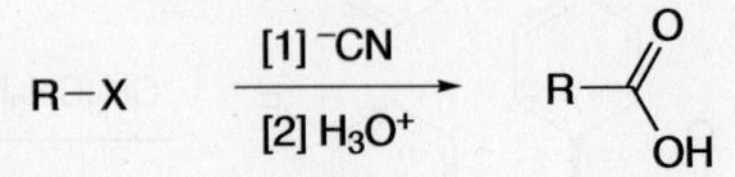 R–X —[1] ^-CN [2] H_3O^+→ $RCOOH$ (20.18절)

[2] 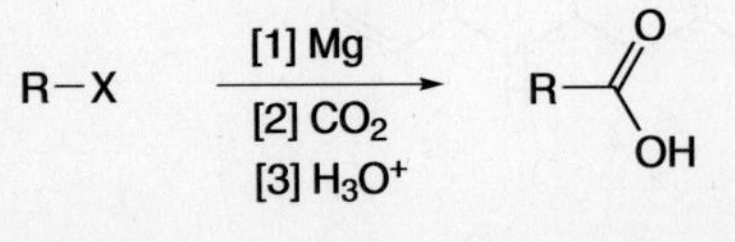 R–X —[1] Mg [2] CO_2 [3] H_3O^+→ $RCOOH$ (20.14 A절)

알킬 할라이드의 구조에 따라 이 방법 중 한 가지 또는 두 방법 모두 사용할 수 있다. 다음에 주어진 알킬 할라이드를 탄소가 한 개 이상 늘어난 카복실산으로 바꾸는 방법을 순서대로 쓰라. 두 방법 모두 적용할 수 있으면 두 방법을 모두 쓰라. 두 방법 중 하나만 쓸 수 있다면 왜 그런지 밝혀라.

a. CH_3Cl b. 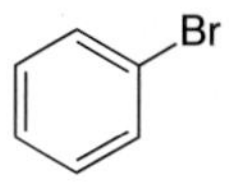 c.

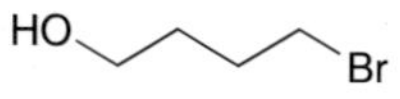

22.67 벤젠, 유기 알코올 및 필요한 유기, 무기 시약을 사용하여 벤조카인(ethyl *p*-aminobenzoate, $H_2NC_6H_4COOCH_2CH_3$)의 합성법을 고안하라. 벤조카인은 국소마취제 오라젤(Orajel, 18.15C)의 활성 성분이다.

22.68 페놀(C_6H_5OH)과 임의의 다른 유기 또는 무기 시약을 사용하여 다음 각 진통제의 합성법을 고안하라.

a. 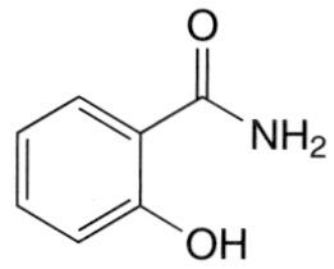 살리실아이드 b. 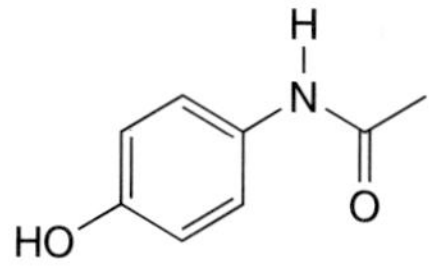 아세트아미노펜 c. 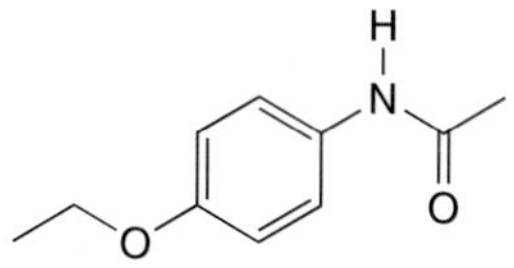 *p*-아세토페네티딘

22.69 벤젠과 네 개 이하의 탄소를 가지는 알코올로부터 다음 각 화합물의 합성을 유도하라. 필요하다면 어떠한 유기시약 또는 무기 시약을 사용할 수 있다.

a. 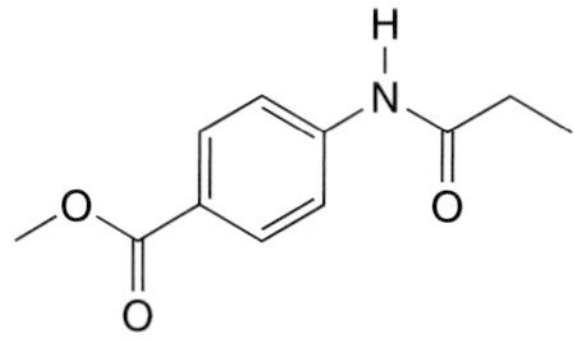 b.

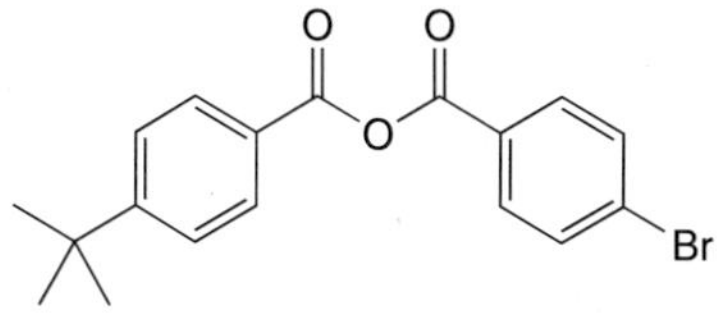

폴리머

22.70 다음의 각 단량체로부터 어떤 폴리에스터와 폴리아마이드가 만들어질 수 있는가?

a. 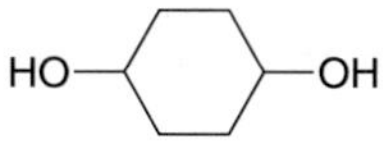 와 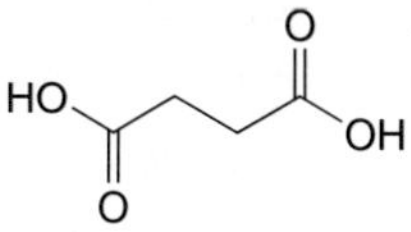 b. 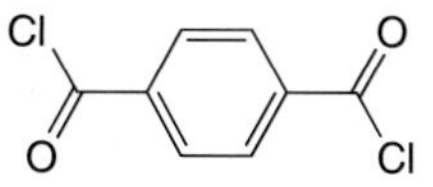 와

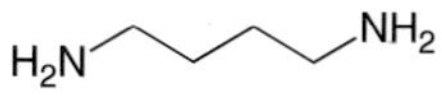

22.71 다음의 각 고분자를 만들기 위해 필요한 두 단량체는 무엇인가?

a. 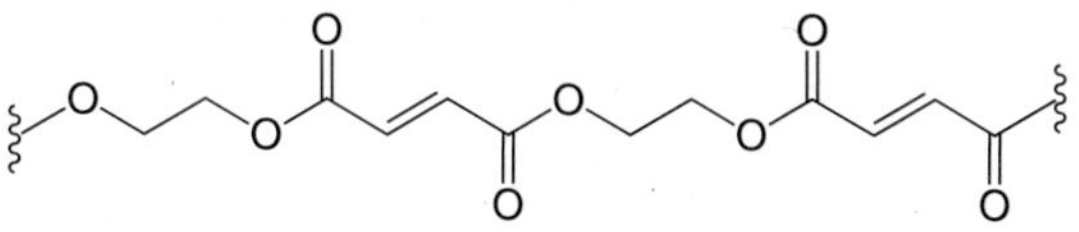 b.

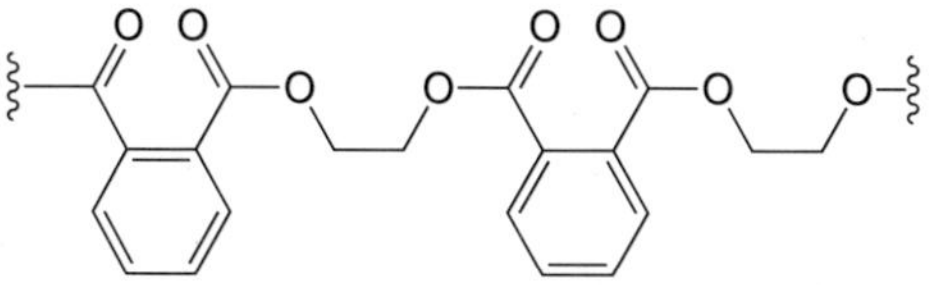

일반 문제

22.72 합성 항암제인 도세탁셀(docetaxel)의 상품명은 탁소텔(taxotere)인데, 그 구조는 태평양 주목나무에서 분리되는 파클리탁셀(paclitaxel)과 아주 비슷하다(5.5절).

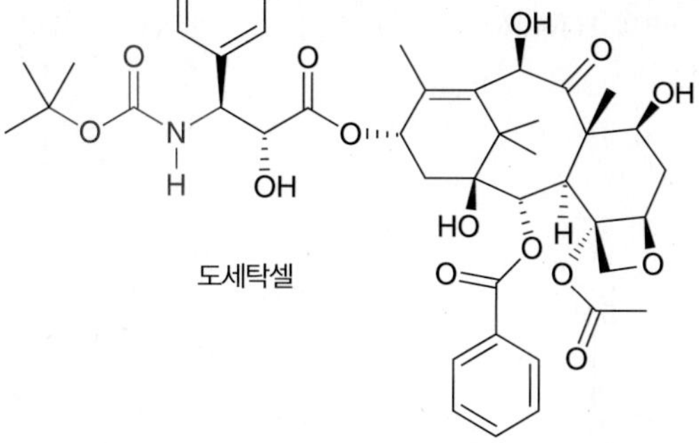

도세탁셀

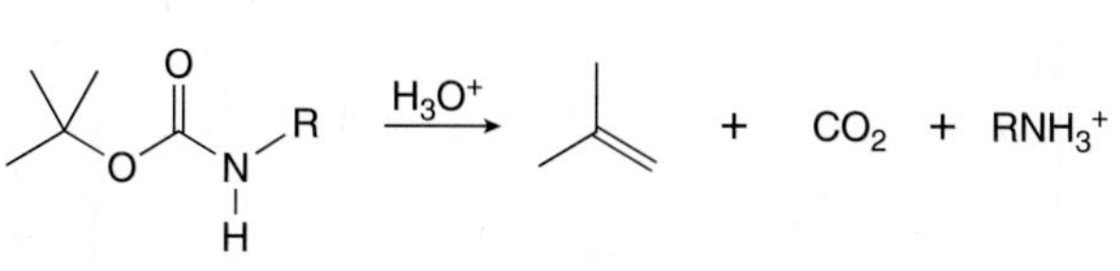

카바메이트 $\xrightarrow{H_3O^+}$ + CO_2 + RNH_3^+

a. 물에 잘 녹지 않는 탁솔의 물에 대한 용해도를 증가시키기 위한 연구가 진행되었다. 도세탁셀의 어떤 구조적인 특징이 용해도를 더 좋게 만드는가?

b. 도세탁셀은 카바메이트(붉은색 부분)기를 포함한다. 이 카바메이트기의 나머지 세 개의 공명 구조를 그려라. 네 개의 공명 구조를 안정성이 증가하는 순서대로 나열하라.

c. 뷰톡시기 [$(CH_3)_3CO-$)]와 연결된 카바메이트는 쉽게 가수분해된다. 카바메이트의 가수분해 반응 메커니즘을 단계별로 나타내라.

d. 도세탁셀의 모든 에스터기와 카바메이트기가 분해되었다고 가정할 때 예상되는 생성물의 구조를 쓰라.

분광학

22.73 다음 각 쌍의 이성질체를 구별하는 데 IR 분광학이 어떻게 쓰일 수 있는가?

a. 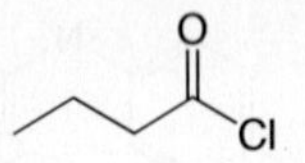 (O, Cl) 와 (O, Cl)　　b. 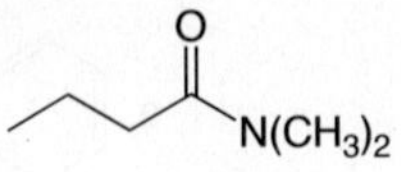 (O, $N(CH_3)_2$) 와 (O, NH_2)

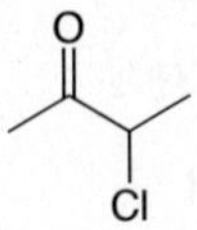

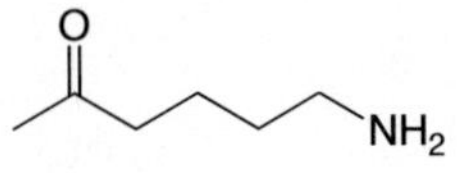

22.74 다음 각 기의 화합물의 C=O 흡수의 진동수가 IR 스펙트럼에서 증가하는 순서로 배열하라.

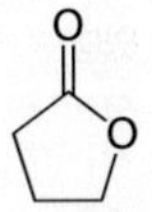

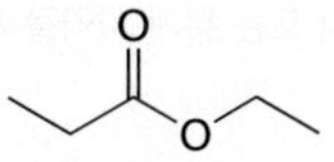

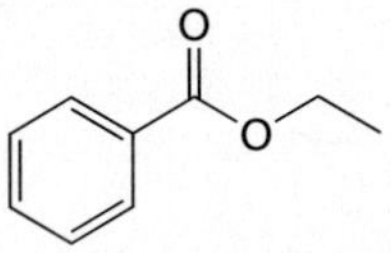

22.75 주어진 데이터로부터 다음 각 화합물의 구조를 결정하라.

a. 분자식 $C_6H_{12}O_2$
IR 흡수: 1738 cm^{-1}
^{1}H NMR: 1.12(삼중선, 3 H), 1.23(이중선, 6 H), 2.28(사중선, 2 H), 5.00(칠중선, 1 H) ppm

b. 분자식 C_4H_7N
IR 흡수: 2250 cm^{-1}
^{1}H NMR: 1.08(삼중선, 3 H), 1.70(다중선, 2 H), 2.34(삼중선, 2 H) ppm

c. 분자식 C_8H_9NO
IR 흡수: 3328과 1639 cm^{-1}
^{1}H NMR: 2.95(단일선, 3 H), 6.95(단일선, 1 H), 7.3~7.7(다중선, 5 H) ppm

d. 분자식 C_4H_7ClO
IR 흡수: 1802 cm^{-1}
^{1}H NMR: 0.95(삼중선, 3 H), 1.07(다중선, 2 H), 2.90(삼중선, 2 H) ppm

e. 분자식 $C_{10}H_{12}O_2$
IR 흡수: 1740 cm^{-1}
^{1}H NMR: 1.2(삼중선, 3 H), 2.4(사중선, 2 H), 5.1(단일선, 2 H), 7.1~7.5(다중선, 5 H) ppm

22.76 IR 자료와 ^{1}H NMR 스펙트라를 이용하여 분자식이 $C_{10}H_{12}O_2$인 화합물의 이성질체 **A**와 **B**의 구조를 규명하라.

a. **A**의 IR 흡수 1718 cm^{-1}

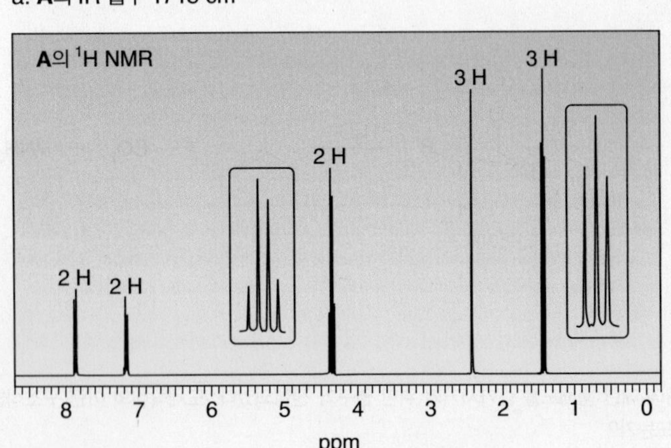

b. **B**의 IR 흡수 1740 cm^{-1}

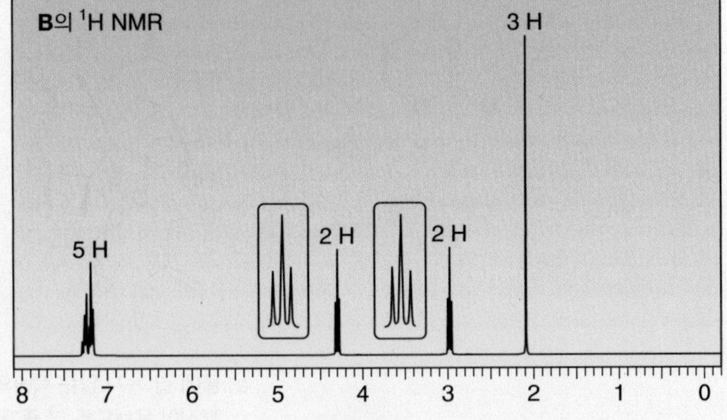

22.77 페나세틴(phenacetin)은 분자식이 $C_{10}H_{13}NO_2$인 진통제로 쓰이는 화합물이다. 의사의 처방 없이 팔리는 진통제인 APC(**a**spirin, **p**henacetin, **c**affeine)에 공통적으로 들어 있는 성분인 페나세틴은 간 독성이 있어 더 이상 사용되지 않는다. 다음 주어진 페나세틴의 ^{1}H NMR과 IR 스펙트럼으로부터 그 구조를 유추하라.

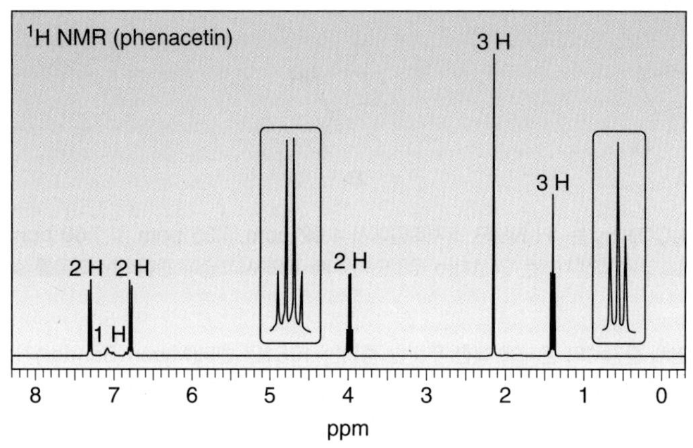

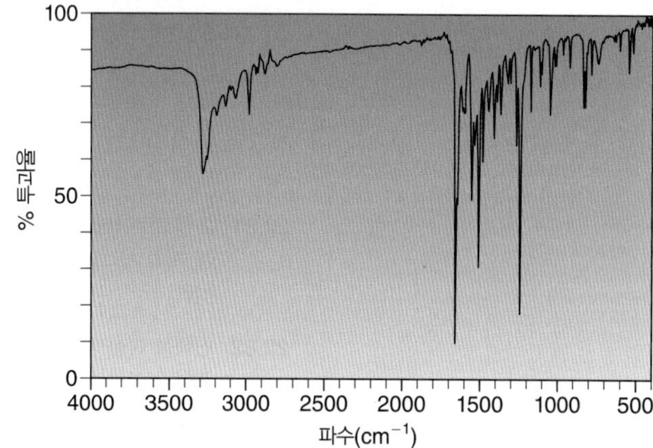

22.78 다음 ^{1}H NMR 스펙트럼을 보고 화합물 **C**의 구조를 결정하라. 분자식은 $C_{11}H_{15}NO_2$이며, IR 스펙트럼에서 1699 cm^{-1}에서 흡수가 있다.

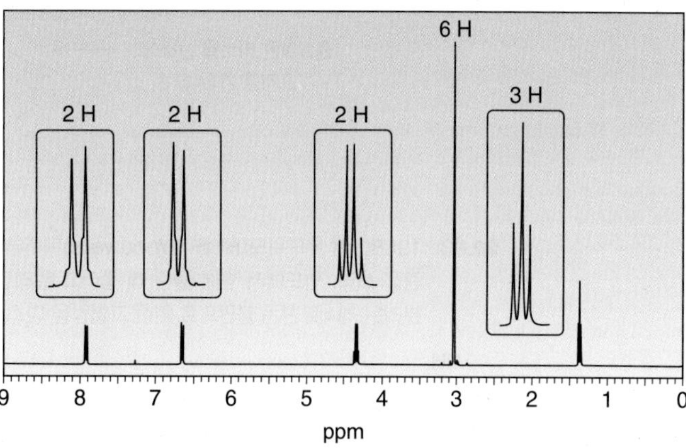

22.79 다음 **D**와 **E**는 서로 이성질체이며 분자식은 $C_6H_{12}O_2$이다. ^{1}H NMR과 IR 스펙트럼으로부터 그 구조를 결정하라. ^{1}H NMR 스펙트럼에서 1.35 ppm 과 1.66 ppm에서 피크가 나타난 것이 화합물 **D**이고, **E**는 1.90 ppm에서 다중선의 피크가 보인다.

a. 1743 cm^{-1}에서 **D**에 대한 IR 흡수

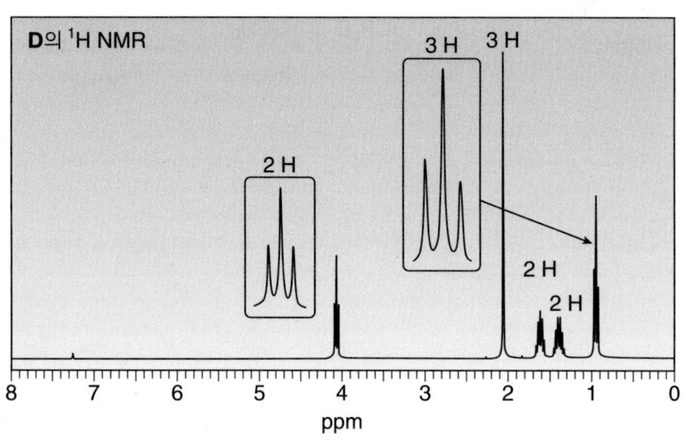

b. 1746 cm^{-1}에서 **E**에 대한 IR 흡수

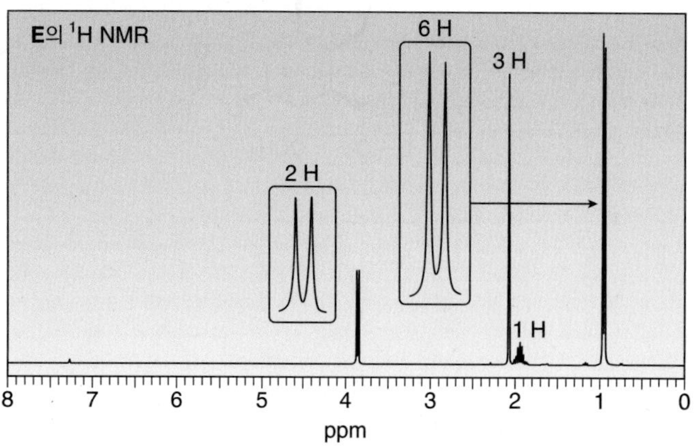

도전 문제

22.80 아마이드 **A**와 **B** 중 어느 하나는 IR에서 카보닐기의 흡수 피크가 매우 높은 파수에서 관찰된다. 둘 중 어느 것이 더 높은 파수에서 관찰되는 것인가? 그리고 그 이유는 무엇인가?

22.81 2-클로로아세트아마이드($ClCH_2CONH_2$)는 ^1H NMR 스펙트럼에서 4.02 ppm, 7.35 ppm 및 7.60 ppm의 세 개의 시그널을 보인다. 각 시그널을 발생시키는 양성자는 무엇인가? 세 개의 시그널이 관찰되는 이유를 설명하라.

22.82 친핵성 아실 치환 반응에서 사면체 중간체의 존재에 대한 뚜렷한 증거는 1951년 벤더(Myron Bender)가 수행한 일련의 실험에서 얻어졌다. 핵심이 되는 실험 내용은 카보닐 산소가 ^{18}O 동위 원소로 표지된 벤조산 에틸($C_6H_5COOCH_2CH_3$)을 OH^-에 수용액에서 반응시킨 것이었다. 벤더는 가수분해가 완결되기 전에 회수된 출발물에서 동위 원소로 표지한 산소가 어디 있는지를 조사하였다. 그 결과 회수된 벤조산 에틸에서 카보닐기의 산소에 동위 원소로 표지되지 않은 산소가 있음을 발견하였다. 통상적인 친핵성 아실 치환 반응의 메커니즘을 고려하여, 이러한 실험 사실이 어떻게 사면체 탄소가 중간체로 생긴다는 증거가 되는지 설명하라.

출발물은 카보닐 산소에 표지를 가진다. → ^{18}O 벤조산 에틸 / O 표지되지 않은 출발물이 회수되었다.

22.83 1958년에 우드워드(R. B. Woodward)에 의해 합성된 레세르핀(reserpine)의 생성에 대한 두 단계의 메커니즘을 쓰라. 인도에서 뱀에 물린 데 좋다고 알려진 식물인 인도 사목(*Rauwolfia serpentina Benth*)에서 추출 분리된 레세르핀은 불안으로 인한 고혈압을 다스리는 데 사용되어 왔다.

NH_2, CH_3O, N H, + , CH_3O, O, H, O, O, O, O, CH_3O, OCH_3 — [1] Δ, benzene [2] $NaBH_4$, CH_3OH → CH_3O, HN, O, N, H, H, O, O, CH_3O, OCH_3 — 여러 단계 → CH_3O, N H, N, H, H, H, O, O, O, CH_3O, OCH_3, OCH_3, OCH_3, OCH_3

리세르핀

22.84 다음 반응의 메커니즘을 단계별로 나타내라. 이 반응은 글루코스에서 출발하여 바이타민 C를 합성하는 다섯 단계 반응 중 마지막 단계에 해당한다.

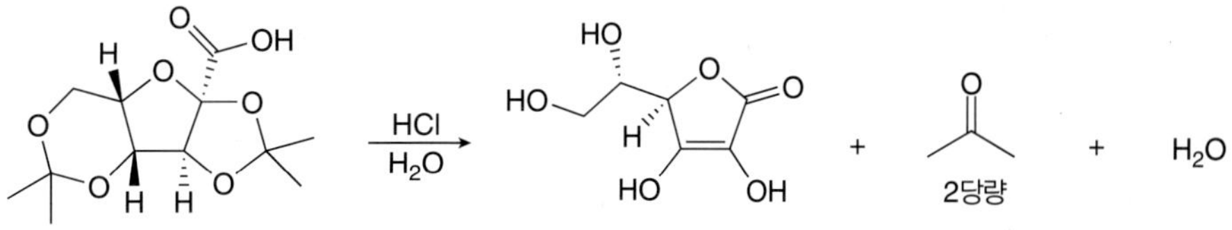

HCl, H_2O → 바이타민 C + 2당량 (acetone) + H_2O

22.85 다음 반응의 메커니즘을 단계별로 나타내라. 이 반응은 항균제인 리네졸리드(linezolid)를 합성하는 핵심 단계이다.

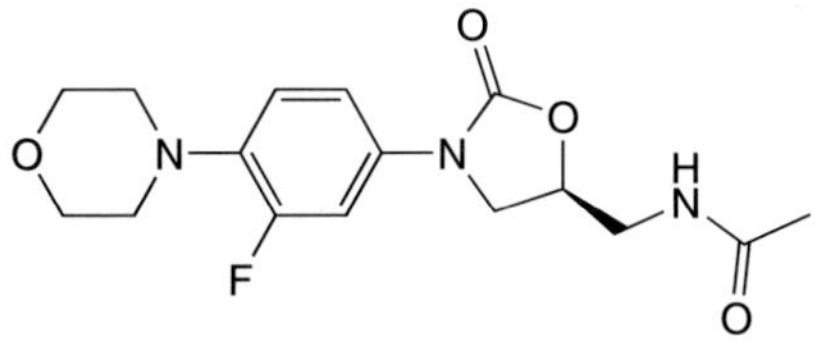

리네졸리드

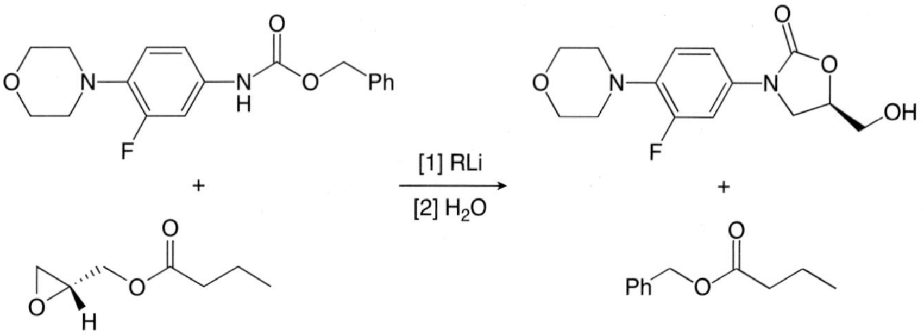

[1] RLi, [2] H_2O

Chapter 23

카보닐 화합물의 α 탄소에서의 치환 반응

Substitution Reactions of Carbonyl Compounds at the α Carbon

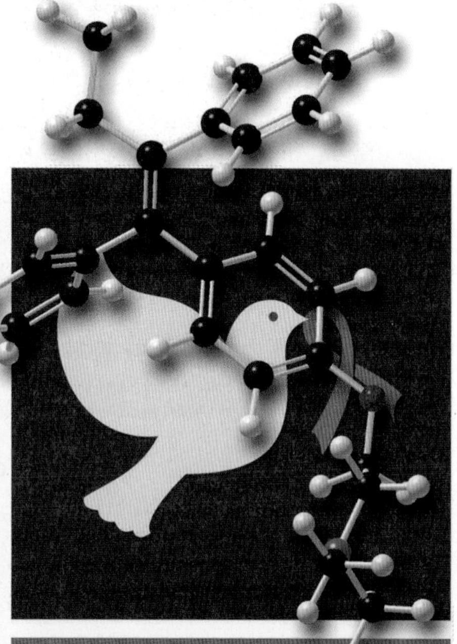

타목시펜(tamoxifen)은 유방암의 치료에 널리 쓰이는 강력한 항암제이다. 이 약은 에스트로젠(estrogen) 수용체에 결합하여 에스트로젠을 필요로 하는 유방암의 성장을 멈추게 한다. 타목시펜을 합성하는 한 가지 방법은 중간체인 엔올 음이온을 이용하여 카보닐기의 α 탄소에 새로운 탄소-탄소 결합을 만드는 것이다. 23장에서는 α 탄소에서 일어나는 이러한 반응과 다른 탄소-탄소 결합 형성 반응에 대하여 공부할 것이다.

23장과 24장에서는 카보닐 결합의 α 탄소에서 일어나는 반응들을 집중적으로 다룬다. 이러한 반응들은 20~22장에서 다룬 반응들, 즉 친핵체가 친전자성 카보닐 탄소를 공격하는 반응들과는 다르다. α 탄소에서 일어나는 반응에서 카보닐 화합물은 탄소나 할로젠 친전자체와 반응하는 친핵체의 역할을 하고, 결국 α 탄소에 새로운 결합이 생긴다.

23장에서는 α 탄소에서의 치환 반응을 중점적으로 다루며, 24장에서는 두 카보닐 화합물 사이의 반응을 다루는데, 이 경우 한 화합물은 친핵체의 역할을 하고 다른 하나는 친전자체의 역할을 한다. 23장에서 다룰 많은 반응들을 이용하면 새로운 탄소-탄소 결합을 만들 수 있는데, 여기에 간단한 출발물로부터 더 복잡한 유기 분자를 합성하는 데 사용할 수 있는 반응들도 더하게 될 것이다. 23장에서 소개할 반응들은 다양한 종류의 흥미롭고 유용한 화합물을 만드는 데 사용되고 있다.

23.1 서론

지금까지 카보닐 화합물에 대한 논의는 친핵체와 친전자성 카보닐 탄소와의 반응에 대한 것에 집중되어 왔다. 카보닐 출발물의 구조에 따라서 두 가지의 일반적인 반응이 관찰된다.

- 카보닐 탄소에 전기음성 원소 Z가 없을 때(예: 알데하이드, 케톤)에는 친핵성 첨가(nucleophilic addition)가 일어난다.

친핵성 첨가

[1] $:Nu^-$

[2] H−OH

알데하이드 또는 케톤

이탈기가 없으면 H와 Nu가 첨가된다.

- 카보닐 탄소에 전기음성 원소 Z가 있을 때(예: 카복실산과 그 유도체)에는 친핵성 아실 치환(nucleophilic acyl substitution)이 일어난다.

Z = 전기음성 원소

$:Nu^-$

친핵성 치환

$+ \; :Z^-$

이탈기가 있으면 Z 대신 Nu가 치환된다.

또한 카보닐기의 α 탄소에서도 반응이 일어날 수 있다. 이러한 반응은 엔올(enol) 또는 엔올 음이온 (enolate)을 거쳐 일어나며, 이러한 중간체들은 전자가 풍부한 중간체로서 친전자체와 반응하여 α 탄소에 새로운 결합을 만든다. 이러한 반응의 결과로서 수소 대신에 친전자체 E가 치환된다.

α 탄소에 있는 수소 원자를 **α 수소**라고 부른다.

α 탄소에서의 일반적 반응

엔올

친핵체

E^+

α 탄소에서 H 대신 E가 치환된다.

23.2 엔올

11장에서 엔올형과 케토형은 이중 결합과 양성자의 위치가 다른 카보닐기의 토토머(tautomer)임을 배웠다. 이러한 구조 이성질체는 서로 평형에 있다.

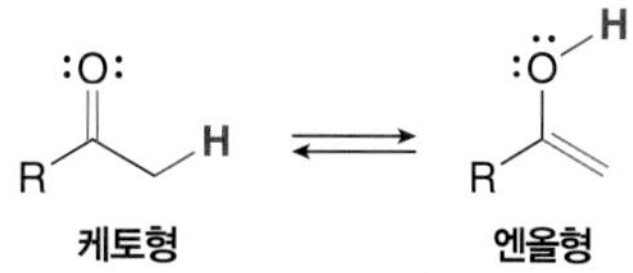

케토형 ⇌ 엔올형

- 케토 토토머(keto tautomer)에는 C=O 결합과 추가적인 C−H 결합이 있다.
- 엔올 토토머(enol tautomer)는 C=C 결합에 O−H기가 결합되어 있다.

C=O 결합이 C=C 결합보다 더 강하기 때문에 평형에서는 대부분의 카보닐 화합물의 경우 케토형이 더 많이 존재한다. 간단한 카보닐 화합물의 경우, 평형에서 엔올은 1% 미만이다. 게다가 비대칭 구조를 가진 케톤의 경우, 서로 다른 두 종류의 엔올이 가능하며, 이들도 총량이 1% 미만이다.

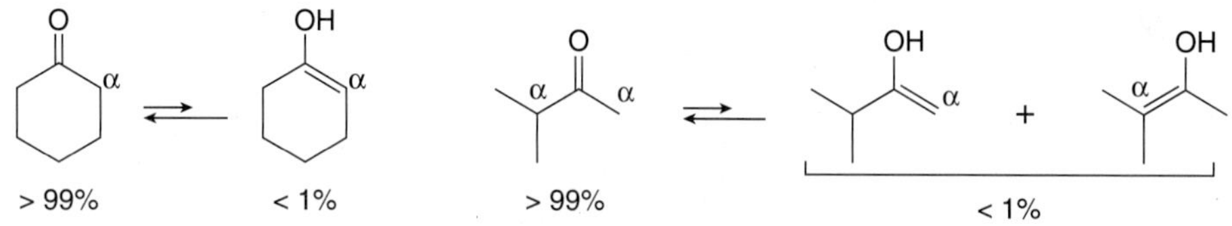

> 99% ⇌ < 1%　　> 99% ⇌ < 1%

그러나 두 카보닐기가 하나의 탄소에 결합하고 있는 화합물(β-다이카보닐 화합물 또는 1,3-다이카보닐 화합물이라고 부름)의 경우에는 엔올형의 농도가 케토형의 농도보다 더 높다.

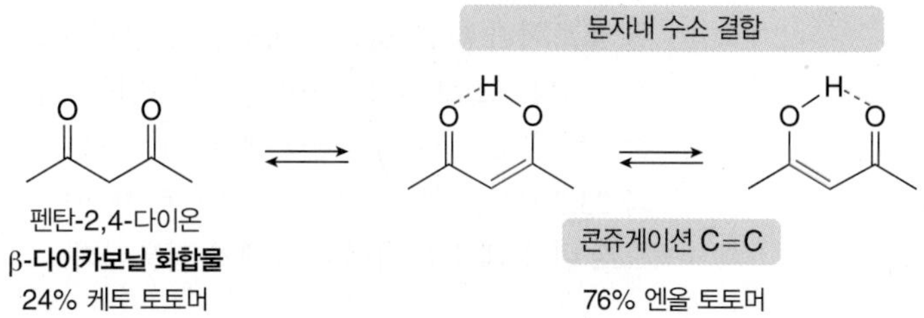

분자내 수소 결합

펜탄-2,4-다이온
β-다이카보닐 화합물
24% 케토 토토머

콘쥬게이션 C=C
76% 엔올 토토머

두 가지 요인에 의하여 β-다이카보닐 화합물의 엔올이 안정화되는데, **콘쥬게이션**(conjugation)과 **분자내 수소 결합**(intramolecular hydrogen bonding)이다. 엔올의 C=C 결합은 카보닐기와 콘쥬게이션되어 있으므로, π 결합의 전자 밀도가 비편재된다. 더구나 엔올의 OH기는 근처 카보닐기의 산소 원자와 수소 결합을 할 수 있다. 분자내 수소 결합이 이 경우처럼 육원자 고리를 이룰 경우에 특히 안정하다.

예제 23.1 각 화합물을 엔올 또는 케토 토토머로 바꿔라.

a. 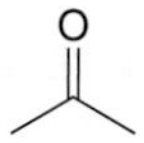 　　b.

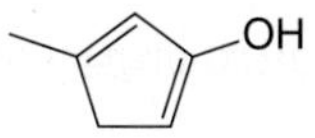

풀이

a. 카보닐 화합물을 엔올 토토머로 바꾸기 위해서는 카보닐 탄소와 α 탄소 사이에 이중 결합을 그리고, C=O를 C−OH로 고친다. 이 경우에는 α 탄소가 둘 다 같기 때문에 엔올은 하나만이 가능하다.

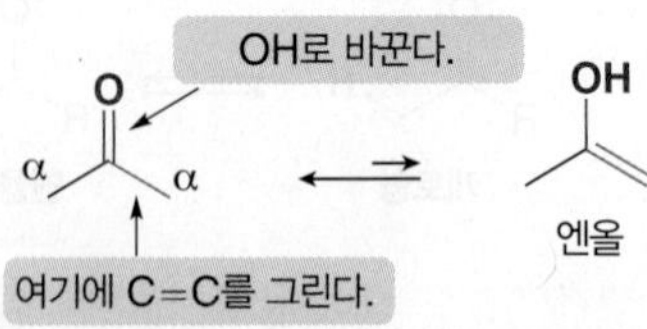

b. 엔올을 케토 토토머로 바꾸기 위해서는 C−OH를 C=O로 고치고 C=C의 다른 쪽 끝에 양성자를 더 한다.

C=O로 바꾼다.
OH
O
H
여기에 C=C를 넣는다.
케토형

문제 23.1 각 화합물의 엔올 또는 케토 토토머의 구조를 그려라.

a. OH

b. H, O

c. C_6H_5, O

d. HO

e. O

f. O O [모노 엔올 토토머만 그려라.]

23.2A 토토머화의 메커니즘

한 토토머가 다른 것으로 바뀌는 현상인 **토토머화**(tautomerization)는 산과 염기 모두에 의하여 촉진된다. 토토머화는 항상 두 단계(양성자 첨가와 양성자 이탈)가 필요하다. 그러나 이 단계들의 순서는 반응이 산 또는 염기에서 일어나는가에 따라 다르다. 토토머 현상에 대한 메커니즘 23.1과 23.2에서는 케토형이 엔올형으로 변한다. 모든 단계는 가역적이며, 따라서 엔올형이 케토형으로 변할 때에도 이러한 단계가 적용된다.

메커니즘 23.1 산에서의 토토머화

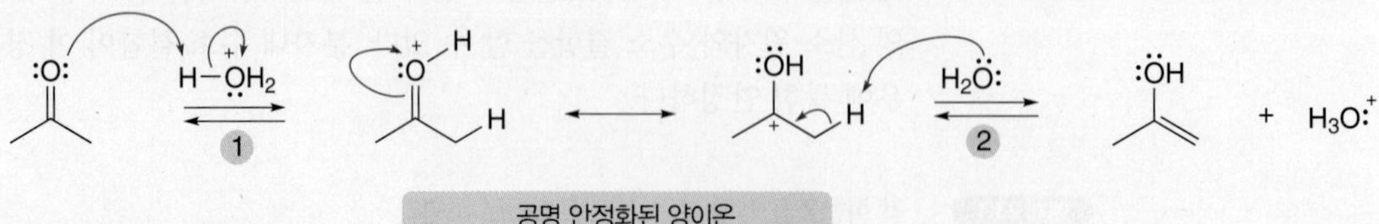

① 산이 있을 때에는 양성자 첨가가 양성자 이탈보다 먼저 일어난다. 카보닐 산소에 양성자 첨가가 일어나면 공명 안정화 양이온이 생긴다.

② 양성자가 제거되면 엔올이 생긴다.

메커니즘 23.2 염기에서의 토토머화

공명 안정화된 엔올 음이온

① 염기가 있을 때에는 양성자 이탈이 양성자 첨가보다 먼저 일어난다. α 탄소에 있는 양성자가 제거되면 공명 안정화된 엔올 음이온이 생긴다.

② 엔올 음이온이 양성자를 받으면 엔올이 생긴다.

문제 23.2 포도당의 대사 과정 중 두 번의 케토-엔올 토토머화 과정을 통하여 글리세르알데하이드 3-인산(glyceraldehyde 3-phosphate)을 변환시킨다. 산 존재하에서 이 반응에 대한 단계별 메커니즘을 그려라.

H_3O^+

글리세르알데하이드 3-인산 → 다이하이드록시아세톤 인산

23.2B 엔올은 어떻게 반응하는가?

탄소–탄소 이중 결합이 있는 다른 화합물처럼 **엔올은 전자가 풍부하기 때문에 친핵체로서 반응한다.** 그러나 OH기는 공명 효과에 의하여 강하게 전자를 주기 때문에 엔올은 알켄보다 더 전자가 풍부하다. 엔올에 대하여 두 번째 공명 구조를 그릴 수 있는데, 이 구조에서는 탄소 원자에 음전하가 놓이게 된다. 따라서 이 탄소 원자는 강한 친핵성이며 친전자체인 E^+와 반응하여 탄소와 새로운 결합을 형성하게 된다. 양성자가 제거되면 중성인 생성물이 생긴다.

E^+ · H^+의 제거

엔올의 두 공명 구조

- 엔올과 친전자체 E^+가 반응하면 α 탄소에 새로운 C–E 결합이 생긴다. 알짜 반응은 α 탄소의 수소가 E로 치환되는 것이다.

토토머화 · E^+와의 반응

문제 23.3 페닐아세트알데하이드(phenylacetaldehyde, $C_6H_5CH_2CHO$)를 D_2O에 녹이고 DCl을 가하면 카보닐의 α 수소 원자들이 중수소로 점차적으로 치환된다. 엔올이 중간체로 관여하는 이 반응의 메커니즘을 쓰라.

23.3 엔올 음이온

카보닐기의 α 탄소에 있는 양성자를 염기로 제거하면 엔올 음이온이 생긴다. α 탄소에 있는 C−H 결합은 다른 sp^3 혼성화된 C−H 결합보다 산도가 큰데, 그 이유는 엔올 음이온이 공명 안정화되기 때문이다. 더구나 음전하가 전기음성인 산소 원자에 놓인 공명 구조는 특히 안정하다.

카보닐 화합물에서 엔올 음이온이 생성되는 반응은 21.7절에서 처음으로 다루었다.

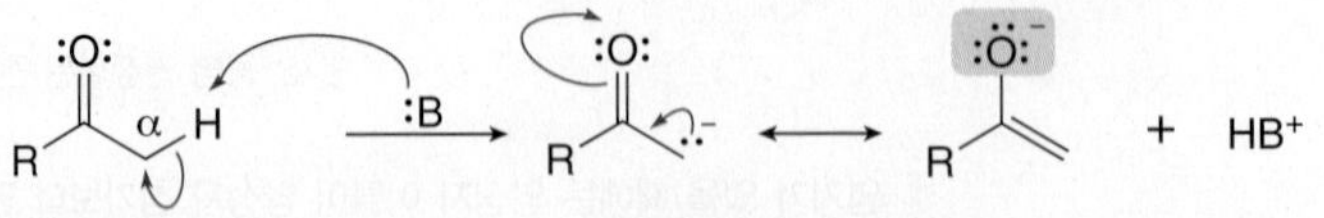

공명 안정화된 엔올 음이온

엔올 음이온은 α 탄소에 있는 양성자를 제거하면 항상 생긴다.

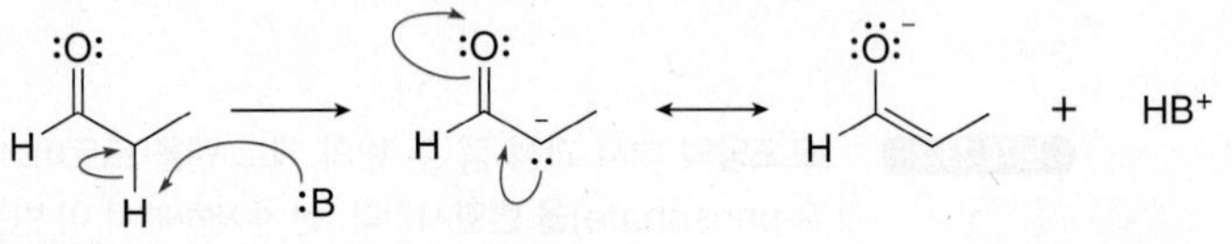

프로판알

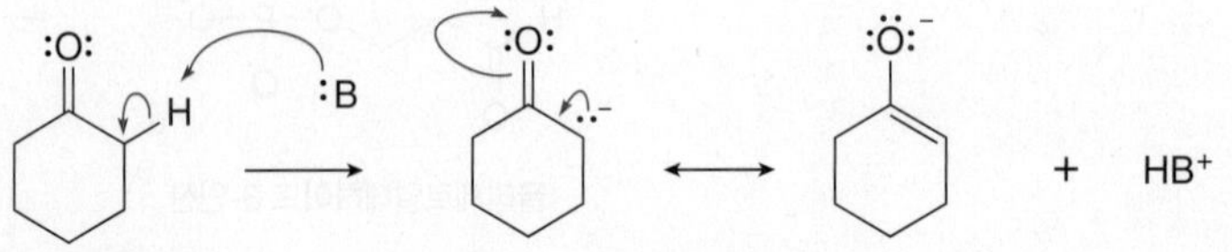

사이클로헥산온

알데하이드 또는 케톤에 있는 α 수소의 pK_a는 ~20이다. 표 23.1에서 볼 수 있듯이, 이 수소는 CH_3CH_3와 $CH_3CH{=}CH_2$의 C−H 결합보다 훨씬 큰 산성이다. 카보닐기의 α 위치에 있는 C−H 결합은 다른 C−H 결합보다 더 산성이나, 그 짝염기의 음전하가 전기음성인 산소 원자에 항상

표 23.1
pK_a 값의 비교

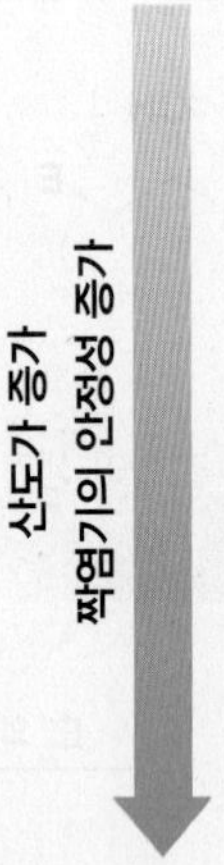

화합물	pK_a	짝염기	짝염기의 구조적 특징
CH_3CH_3	50	$CH_3\ddot{C}H_2$	• 짝염기는 탄소에 음전하가 있으나, 공명 안정화되지 못한다.
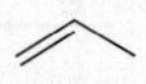 (프로펜)	43	 (알릴 음이온 공명 구조 ↔)	• 짝염기는 탄소에 음전하가 있으며, 공명 안정화되어 있다.
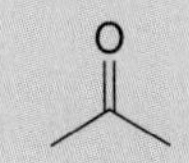 (아세톤)	19.2	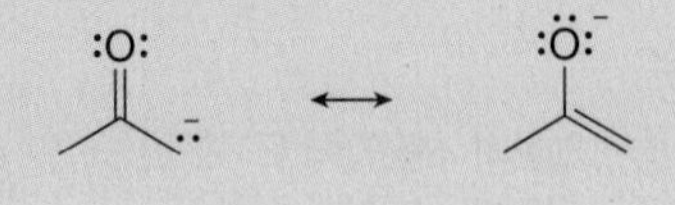 (엔올 음이온 공명 구조 ↔)	• **짝염기에는 두 개의 공명 구조가 있으며, 그중 하나는 음전하가 산소에 있다.**
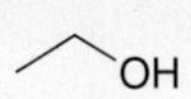 (에탄올) OH	16	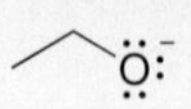 (에톡사이드)	• 짝염기는 산소에 음전하가 있으나, 공명 안정화되지 못한다.
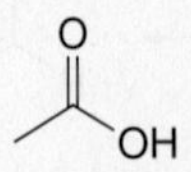 (아세트산) OH	4.8	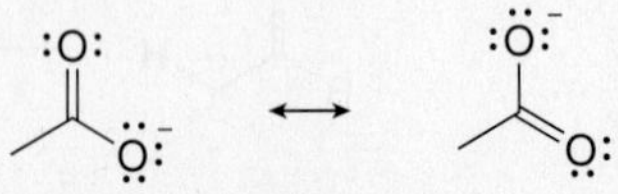 (아세테이트 공명 구조 ↔)	• 짝염기에는 두 개의 공명 구조가 있으며, 둘 다 음전하가 산소에 있다.

산도가 증가
짝염기의 안정성 증가

- **짝염기의 공명 안정화는 산도가 증가한다.**
  - $CH_2{=}CHCH_3$은 $CH_3CH_2CH_3$보다 더 산성이다.
  - CH_3COOH은 CH_3CH_2OH보다 더 산성이다.
- **짝염기의 산소에 음전하가 있으면 산도가 증가한다.**
  - CH_3CH_2OH은 $CH_3CH_2CH_3$보다 더 산성이다.
  - CH_3COCH_3은 $CH_2{=}CHCH_3$보다 더 산성이다.
  - CH_3COOH(산소 원자가 두 개)은 CH_3COCH_3보다 더 산성이다.

그림 23.1
엔올 음이온과 알콕시화 음이온의 전자 밀도

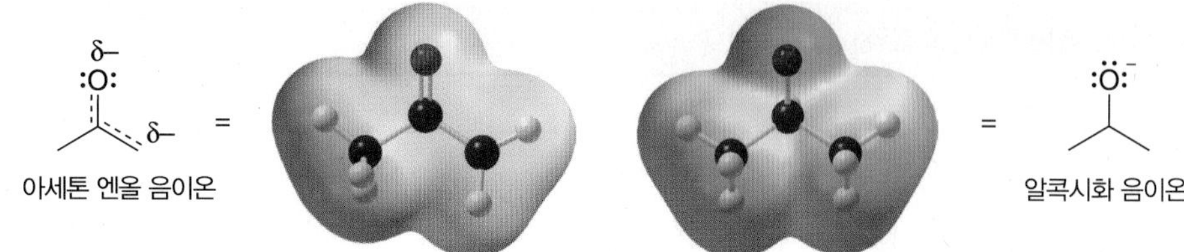

- 아세톤 엔올 음이온은 공명 안정화되어 있다. 음전하는 산소 원자(연한 적색)와 탄소 원자(연한 녹색)에 비편재화되어 있다.
- 알콕시화 음이온은 공명 안정화되어 있지 않다. 음전하는 산소 원자(짙은 붉은색)에만 집중되어 있다.

놓여 있는 O−H 결합보다는 산도가 작다(표 23.1에서 CH_3CH_2OH와 CH_3COOH를 비교하라).

그림 23.1의 정전기 전위 그림에서는 공명 안정화되고 비편재화된 아세톤 엔올 음이온의 전자 밀도와 공명 안정화되지 않은 알콕시화 음이온인 $(CH_3)_2CHO^-$의 전자 밀도를 비교하였다.

23.3A 엔올 음이온 및 관련된 음이온들의 예

알데하이드와 케톤에서 만들 수 있는 엔올 음이온 외에도, 비록 α 수소가 덜 산성이지만 에스터(ester)와 3° 아마이드(amide)로부터도 엔올 음이온을 만들 수 있다. 나이트릴(nitrile)도 그 짝염기의 음전하가 전기음성인 질소 원자에 비편재화되어 있어 안정하므로 사이아노(cyano)기의 인접 탄소 원자에 있는 수소는 산성이다.

O의 음전하
에스터
$pK_a \approx 25$
공명 안정화된 엔올 음이온

N의 음전하
나이트릴
$pK_a \approx 25$
공명 안정화된 탄소 음이온

β-다이카보닐 화합물의 두 카보닐기 사이에 있는 탄소의 수소는 그 음전하가 공명에 의해 두 개의 다른 산소 원자에 비편재화되기 때문에 특히 산성이다. 표 23.2에 β-다이카보닐 화합물뿐만 아니라 다른 카보닐 화합물 및 나이트릴의 pK_a 값이 나와 있다.

펜테인-2,4-다이온
$pK_a = 9$
β-다이카보닐 화합물

β-다이카보닐 화합물의 엔올 음이온의 경우
세 개의 공명 구조를 그릴 수 있다.

표 23.2 카보닐 화합물과 나이트릴의 pK_a 값

화합물 종류	예	pK_a	화합물 종류	예	pK_a
[1] 아마이드	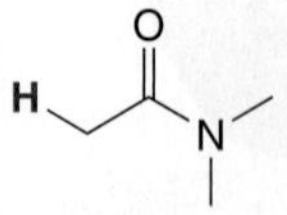	30	[6] 1,3-다이에스터	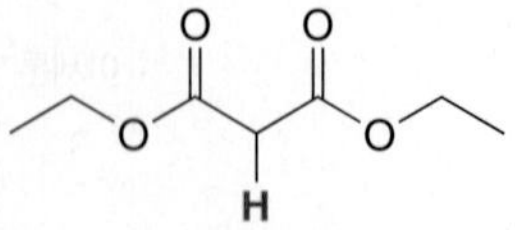	13.3
[2] 나이트릴	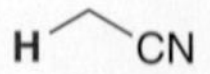 H⌒CN	25	[7] 1,3-다이나이트릴	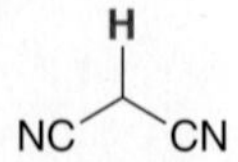	11
[3] 에스터	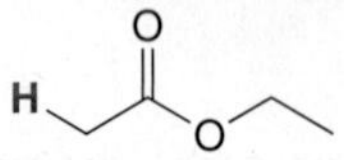	25	[8] β-케토 에스터	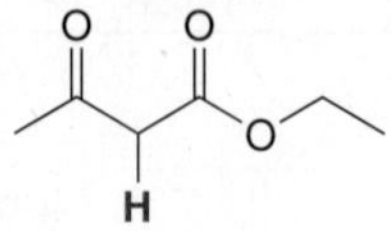	10.7
[4] 케톤	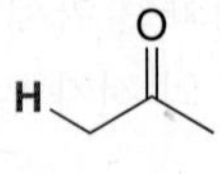	19.2	[9] β-다이케톤	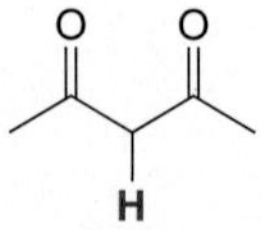	9
[5] 알데하이드	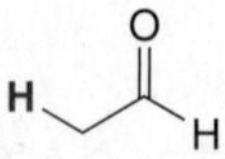	17			

문제 23.4 다음 각 음이온의 다른 공명 구조를 그려라.

a. 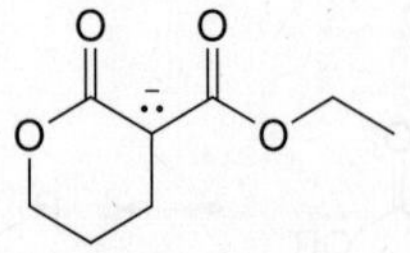 b. 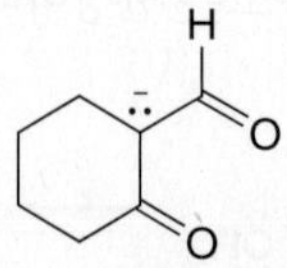 c.

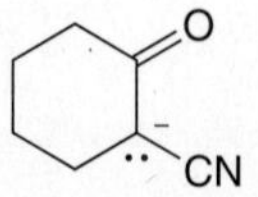

문제 23.5 다음 분자의 어느 C−H 결합이 그 짝염기가 공명 안정화되기 때문에 더 산성인가?

a. 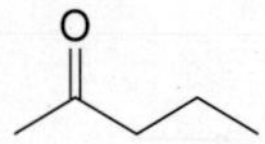 b.  c. 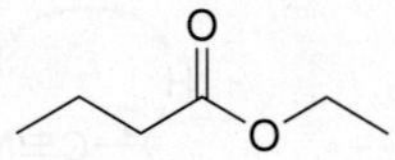 d.

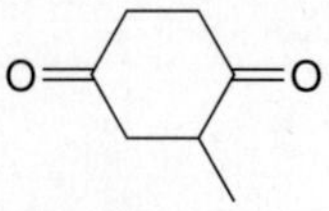

문제 23.6 표시한 CH_2기의 수소를 산도가 증가하는 순서로 배열하고, 이렇게 순서를 정한 이유를 설명하라.

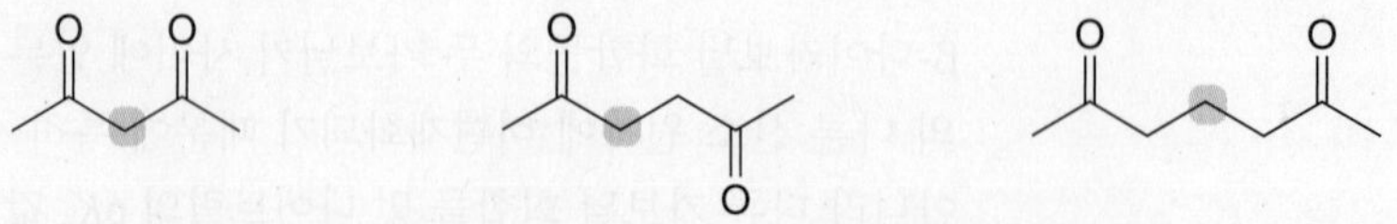

23.3B 염기

엔올 음이온의 생성 반응은 산−염기 평형이다. 따라서 염기가 강하면 강할수록 엔올 음이온이 더 많이 생성된다.

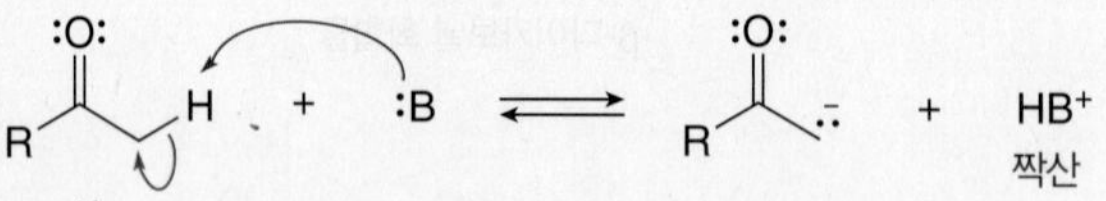

산 ($pK_a \approx 20$) + :B ⇌ 엔올 음이온 + HB^+ (짝산)

더 센 염기는 평형을 오른쪽으로 치우치게 한다.

표 23.3 여러 가지 염기를 사용한 엔올 음이온의 생성: $RCOCH_3(pK_a \approx 20) + B: \rightarrow RCOCH_2^- + HB^+$

	염기(B:)	짝산(HB^+)	HB^+의 pK_a	% 엔올 음이온
[1]	$Na^{+}\,{}^{-}OH$	H_2O	15.7	< 1%
[2]	$Na^{+}\,{}^{-}OCH_2CH_3$	CH_3CH_2OH	16	< 1%
[3]	$K^{+}\,{}^{-}OC(CH_3)_3$	$(CH_3)_3COH$	18	1∼10%(카보닐 화합물에 따라 다름)
[4]	$Na^{+}H^{-}$	H_2	35	100%
[5]	$Li^{+}\,{}^{-}N[CH(CH_3)_2]_2$	$HN[CH(CH_3)_2]_2$	40	100%

아마이드(amide)라는 용어를 지금까지 두 가지 다른 방법으로 사용하여 왔다. 처음에는 작용기(즉 카복실산의 유도체 $RCONH_2$)로서 사용하였고, 여기에서는 염기(소듐염인 $NaNH_2$ 또는 리튬염인 $LiNH_2$로서 구입할 수 있는 $^-NH_2$)로서 사용하였다. 23장에서는 $^-NH_2$의 두 개의 수소 원자가 R기로 대체된 다이알킬아마이드 $^-NR_2$를 사용할 것이다.

LDA에 의한 엔올 음이온의 생성은 흔히 −78°C에서 수행된다. 이 온도는 드라이아이스(고체 CO_2)가 승화하는 온도이기 때문에 실험실에서 얻기가 쉬운 온도이다. 아세톤이 −78°C까지 냉각될 때까지 아세톤에 드라이아이스를 넣으면 저온 냉각 중탕을 만들 수 있다. 반응 플라스크를 이 냉각 중탕에 담그면, 플라스크 내용물의 온도를 일정하게 저온으로 유지시킬 수 있다.

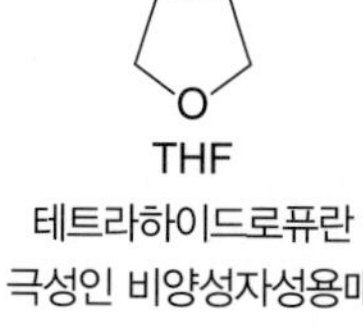

THF
테트라하이드로퓨란
극성인 비양성자성용매

출발물인 산(이 경우에는 카보닐 화합물)의 pK_a와 생성되는 짝산의 pK_a를 비교하면 산−염기 반응의 정도를 예측할 수 있다. **평형은 더 약 산(pK_a값이 더 큰 산)이 생기는 방향을 선호한다.** 많은 카보닐 화합물의 pK_a 값은 ∼20이므로, 짝산의 pK_a가 > 20일 경우에만 상당한 양의 엔올 음이온이 생긴다.

엔올 음이온을 얻기 위하여 흔히 사용하는 염기는 수산화 이온(^-OH), 알콕시화 음이온(^-OR), 수소화 음이온(H^-)과 다이알킬아마이드($^-NR_2$)이다. 이런 염기를 사용하였을 때 얼마나 많은 엔올 음이온이 생기는지가 표 23.3에 나와 있다.

^-OH와 ^-OR처럼 짝산의 pK_a가 < 20인 경우에는 평형에서 극히 적은 양의 엔올 음이온이 생성된다. 이 염기들은 더 산성인 1,3-다이카보닐 화합물의 엔올 음이온을 만들 때 유용하다. 또한 이 염기들은 24장에서 설명할 엔올 음이온과 카보닐 출발물이 모두 반응에 참여하는 경우에도 유용하다.

엔올 음이온을 거의 100% 수율로 얻기 위해서는 LDA라고 약칭하는 리튬 다이아이소프로필아마이드(lithium diisopropylamide) $Li^{+}\,{}^{-}N[CH(CH_3)_2]_2$ 같이 훨씬 강염기가 필요하다. **LDA는 센 비친핵성 염기이다.** 다른 비친핵성 염기(7.8B와 8.1절)처럼, 덩치가 큰 아이소프로필기의 입체장애 때문에 질소 원자는 친핵체로서 작용할 수 없다. 그러나 이 염기는 산−염기 반응에서 양성자를 제거할 수는 있다.

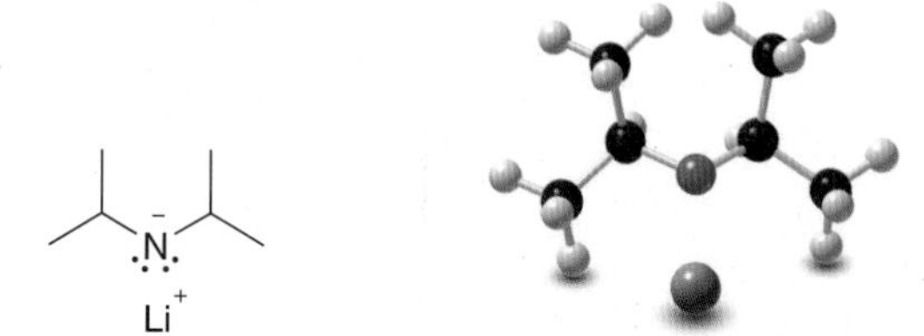

리튬 다이아이소프로필아마이드
LDA

N 원자는 입체적으로 너무 혼잡하여 친핵체가 되지 못한다.

LDA는 −78°C에서도 거의 모든 카보닐 화합물의 양성자를 빠르게 제거하여 엔올 음이온을 만든다. THF(tetrahydrofuran)가 이 반응에서 쓰이는 전형적 용매이다.

$$\text{cyclohexanone } (pK_a = 20) + \text{LDA} \underset{-78\ °C}{\xrightarrow{\text{THF}}} \text{enolate} + \text{다이아이소프로필아민 } (pK_a = 40)$$

평형은 생성물 쪽으로 크게 치우쳐 있다.
거의 모든 케톤이 엔올 음이온으로 변환된다.

LDA는 다이아이소프로필아민(diisopropylamine)의 양성자를 뷰틸리튬(butyllithium) 같은 유기 리튬 시약으로 제거하여 만든 다음, 반응에서 즉시 사용한다.

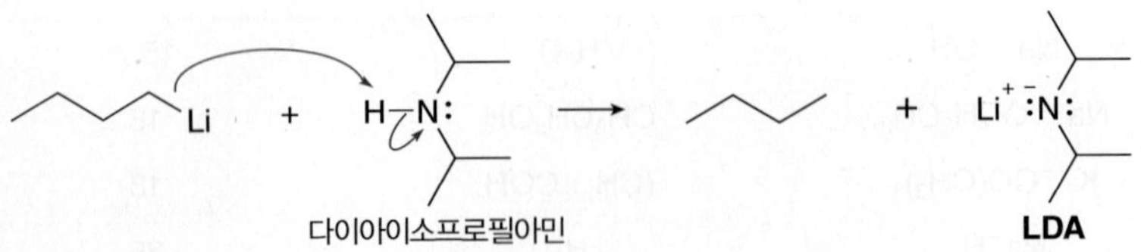

다이아이소프로필아민

LDA

문제 23.7 THF 용매에서 다음 각 출발물을 $-78°C$로 LDA와 반응시켰을 때 생기는 생성물의 구조를 그려라.

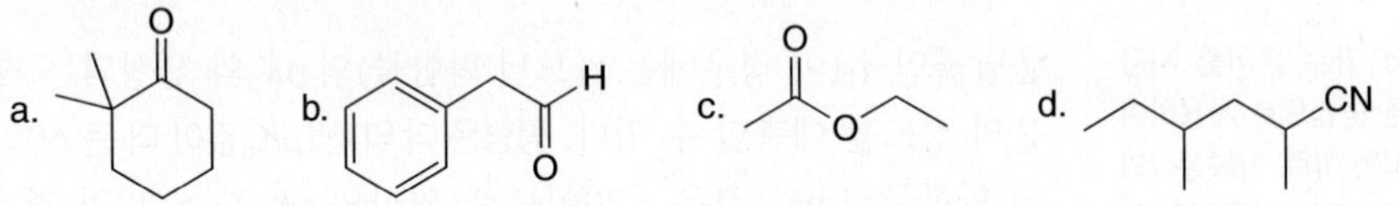

a. b. c. d.

문제 23.8 20장에서 배운 바와 같이 유기리튬 시약(RLi)은 양성자 산과 쉽게 반응하는 강염기이다. 왜 유기리튬 시약을 엔올 음이온을 만드는 데에는 사용하지 못하는가?

23.3C 엔올 음이온의 일반적 반응

엔올 음이온은 친핵체이며, 많은 친전자체와 반응한다. 이 엔올 음이온은 공명 안정화되어 두 개의 반응성이 있는 자리가 있는데, 탄소 원자와 산소 원자에 음전하를 띠고 있다. 이렇게 두 개의 반응 자리(reactive site)를 갖고 있는 친핵체를 양쪽자리 친핵체(ambident nucleophile)라고 부른다. 이론적으로는 이 원자들이 친핵체와 반응하면 두 개의 다른 생성물을 얻는데, 탄소와 새로운 결합을 이룬 생성물과 산소와 새로운 결합을 이룬 생성물을 각각 얻을 수 있다.

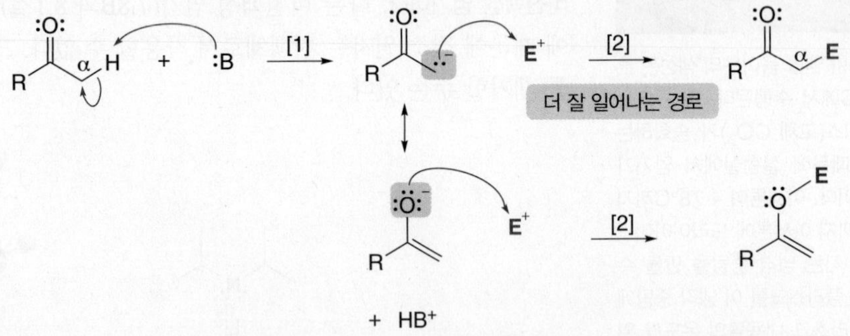

더 잘 일어나는 경로

$+ HB^+$

엔올 음이온은 대개 산소 대신에 탄소에서 반응하기 때문에, 음전하가 산소에 있는 공명 구조는 다단계 메커니즘에서는 흔히 생략할 것이다.

엔올 음이온은 보통 탄소 원자에서 반응이 일어나는데, 이곳이 더 친핵성이기 때문이다. 따라서 엔올 음이온은 일반적으로 α 탄소에서 친전자체와 반응하며, 23장에서 다룰 많은 반응들은 다음의 두 단계 경로를 따른다.

[1] 카보닐 화합물과 염기가 반응하면 엔올 음이온이 생성된다.
[2] 엔올 음이온이 친핵체와 반응하면 α 탄소에 새로운 결합이 형성된다.

23.4 비대칭 카보닐 화합물의 엔올 음이온

2-메틸사이클로헥산온(2-methylcyclohexanone)과 같은 비대칭 카보닐 화합물을 염기와 반응시키면 무엇이 생길까? 두 가지의 엔올 음이온이 가능한데, 하나는 2° 수소가 제거된 것이 생기며, 다

른 하나는 3° 수소가 제거된 것이 생긴다.

경로 [1]이 경로 [2]보다 더 빠르게 일어나는데, 그 이유는 입체 장애가 적은 2° 수소가 제거되어 덜 치환된 α 탄소에 엔올 음이온이 생기기 때문이다. 경로 [2]에서는 3° 수소가 제거되어 더 많이 치환된 이중 결합을 가진 안정한 엔올 음이온이 생성된다. 평형에서는 이 엔올 음이온은 더 많이 존재한다.

- 반응속도론적 엔올 음이온(kinetic enolate)은 덜 치환된 엔올 음이온이기 때문에 더 빨리 생성된다.
- 열역학적 엔올 음이온(thermodynamic enolate)은 더 많이 치환된 엔올 음이온이기 때문에 에너지가 더 낮다.

염기, 용매 및 반응 온도 모두가 어떤 엔올 음이온이 생성되는지에 영향을 주기 때문에, 적당한 반응 조건을 사용하면 두 엔올 음이온 가운데 하나를 위치선택적으로 얻을 수 있다.

반응속도론적 엔올 음이온

반응속도론적 엔올 음이온은 더 빨리 생성되므로, 온화한 반응 조건을 사용하면 활성화 에너지가 더 큰 느린 과정에 비하여 그 생성이 유리하다. 이 반응속도론적 엔올 음이온은 덜 안정하므로, 더 안정한 열역학적 엔올 음이온으로 평형이 이동하지 않게 하여야 한다. 반응속도론적 엔올 음이온은 다음 조건을 선호한다.

[1] 비친핵성 강염기. 강염기를 이용하면 엔올 음이온이 빠르게 생긴다. LDA 같은 덩치가 큰 염기는 입체 장애가 큰 수소보다 덜 치환된 탄소의 수소에 더 잘 접근하여 이 수소를 더 빨리 제거한다.

[2] 극성 비양성자성 용매. 극성인 출발물과 중간체를 녹이기 위해서는 용매가 극성이어야 한다. 생성되는 엔올 음이온에 양성자가 첨가되지 않도록 용매는 비양성자성이어야 한다. THF는 극성이며 비양성자성이다.

[3] 저온. 반응속도론적 엔올 음이온이 열역학적 엔올 음이온으로 평형이 이동되는 것을 방지하기 위해서는 온도가 저온(−78 °C)이어야 한다.

- 반응속도론적 엔올 음이온은 저온(−78 °C)에서 극성인 비양성자성 용매(THF)와 센 비친핵성 염기(LDA)를 사용하여 얻는다.

열역학적 엔올 음이온

평형 조건에서는 열역학적 엔올 음이온의 생성을 선호한다. 이러한 조건은 흔히 양성자성 용매에서 강염기를 사용하여 얻는다. 강염기를 사용하면 두 엔올 음이온 모두를 얻을 수 있으나, 양성자성 용매에서는 엔올 음이온에 양성자가 첨가되어 다시 카보닐 출발물로 되돌아간다. 평형에서는 에너지가 낮은 중간체가 더 많이 존재하므로 안정하고 많이 치환된 엔올 음이온이 더 많이 존재한다. 따라서 열역학적 엔올 음이온은 다음 조건을 선호한다.

[1] 강염기. $Na^{12}OCH_2CH_3$, $K^{12}OC(CH_3)_3$, 또는 다른 알콕시화 음이온이 흔히 쓰인다.

[2] 양성자성 용매. CH_3CH_2OH 또는 다른 알코올

[3] 실온(25 °C).

구조를 간략히 쓰기 위하여 아래와 같이 약어를 쓸 수 있다.
Me = CH_3, 따라서 $NaOCH_3$ = NaOMe
Et = CH_2CH_3, 따라서 $NaOCH_2CH_3$ = NaOEt
t-Bu = $C(CH_3)_3$, 따라서 $KO(CH3)_3$ = KOtBu

:O: H — NaOEt / EtOH, 25 °C ⇌ — :O:

주 생성물
열역학적 엔올 음이온

- 열역학적 엔올 음이온은 실온에서 강염기(RO^-)와 극성인 양성자성 용매(ROH)를 사용하여 얻는다.

예제 23.2 다음의 각 반응에서 더 많이 존재하는 엔올 음이온은 무엇인가?

a. O — LDA / THF, −78 °C →

b. O — NaOEt / EtOH, 25 °C →

풀이

a. LDA는 강염기이며, 비친핵성 염기로서 덜 치환된 α 탄소의 수소를 제거하여 반응속도론적 엔올 음이온을 얻는다.

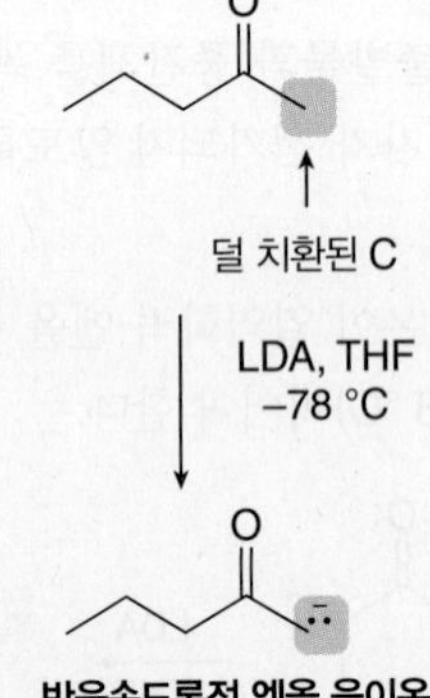

반응속도론적 엔올 음이온

b. $NaOCH_2CH_3$(강염기)와 CH_3CH_2OH(양성자성 용매)는 더 많이 치환된 α 탄소의 수소를 제거하며 따라서 열역학적 엔올 음이온을 생성한다.

← 더 많이 치환된 C
O
NaOEt
EtOH, 25 °C
O

열역학적 엔올 음이온

문제 23.9 다음의 각 케톤을 THF에서 LDA와 반응시키면 무슨 엔올 음이온이 생기는가? 같은 케톤을 CH_3OH 용매에서 $NaOCH_3$와 반응시키면 어떤 엔올 음이온이 생기는가?

a. 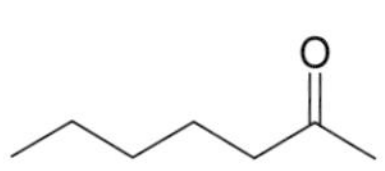 b. 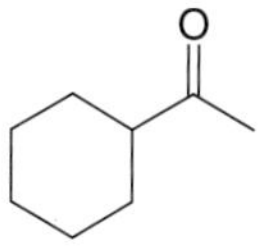 c.

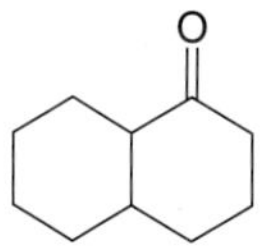

23.5 α 탄소에서의 라셈화

16.5절에서 엔올 음이온이 적당한 기하 구조 및 혼성화되었을 때에만 전자 밀도의 비편재화에 의하여 엔올 음이온이 안정화됨을 배웠다.

- 엔올 음이온이 콘쥬게이션을 이루기 위해서는, C=O에 인접한 탄소의 전자쌍은 C=O의 두 개의 다른 *p* 오비탈과 중첩하는 *p* 오비탈을 채워야 한다.

- 따라서 엔올 음이온의 모든 세 원자는 sp^2 혼성이며 삼각 평면 구조이다.

아세톤 엔올 음이온에 대한 이러한 결합 특성을 그림 23.2에 나타내었다.

카보닐기의 α 탄소가 입체발생 중심일 경우, 수용성 염기로 처리하면 두 단계 과정을 통해 라셈화(racemization)가 일어나는데, 양성자 이탈로 엔올 음이온을 만들고 양성자 첨가로 카보닐 화합물을 다시 생성하는 것이다. 예를 들어, 카이랄 케톤 A가 수용성 ^-OH와 반응하면 α 탄소가 sp^2 혼성화된 비카이랄 엔올 음이온을 만든다. 엔올 음이온은 평면 구조이므로 H_2O의 양성자가 첨가될 때, 두 방향에서 이 반응이 같은 확률로 일어나기 때문에 두 케톤의 라셈 혼합물이 생성된다.

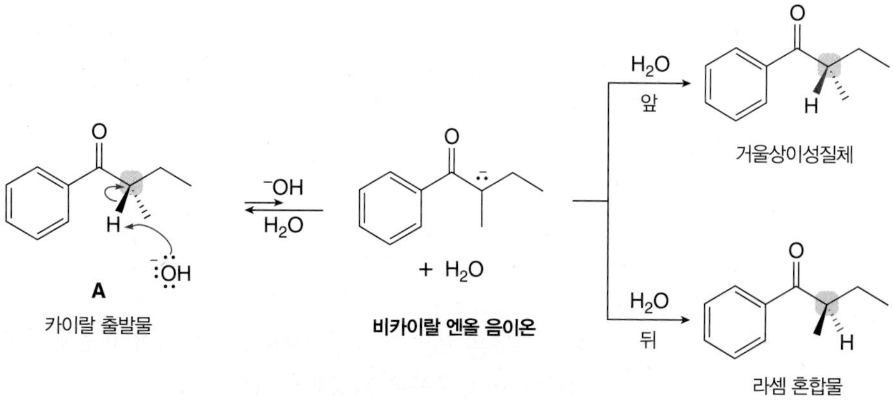

A
카이랄 출발물

^-OH / H_2O

$+ H_2O$
비카이랄 엔올 음이온

H_2O 앞 → 거울상이성질체

H_2O 뒤 → 라셈 혼합물

그림 23.2
아세톤 엔올 음이온$(CH_3COCH_2)^-$의 혼성화와 기하 구조

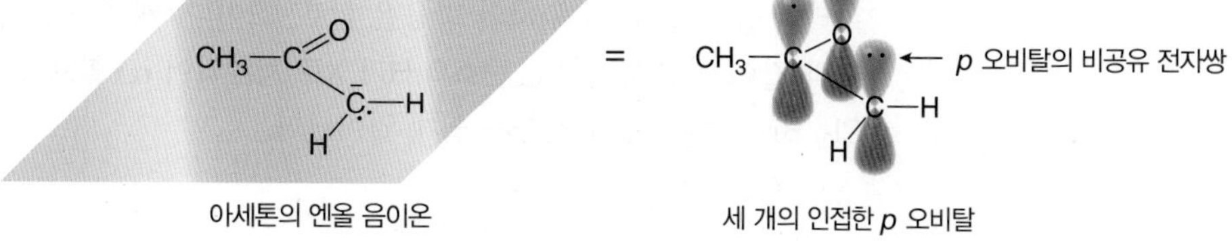

CH_3—C=O, C̈—H, H = CH_3—C, O, C—H, H ← *p* 오비탈의 비공유 전자쌍

아세톤의 엔올 음이온 세 개의 인접한 *p* 오비탈

- 엔올 음이온의 O 원자와 두 개의 C는 sp^2 혼성화되어 있으며, 한 평면에 놓여 있다.
- 각 원자의 *p* 오비탈은 평면의 위와 아래에 놓인다. 이 오비탈은 중첩하여 전자 밀도를 비편재화한다.

문제 23.10 다음 사실을 설명하라: (a) (*R*)-2-메틸사이클로헥산온[(*R*)-2-methylcyclohexanone]을 NaOH 수용액으로 처리하면, 광학 활성인 용액이 점차 광학 활성을 잃는다. (b) (*R*)-3-메틸사이클로헥산온을 NaOH 수용액으로 처리하면, 용액은 광학 활성을 유지한다.

23.6 α 탄소에서의 반응 미리보기

이미 엔올 음이온의 합성과 성질에 대하여 배웠기 때문에, 이제 엔올 음이온의 반응에 대하여 알아보기로 한다. 엔올처럼 엔올 음이온은 친핵체이다. 그러나 엔올 음이온은 음전하가 있으므로 중성인 엔올보다 더 친핵성이다. 따라서 엔올 음이온은 더 다양한 반응을 할 수 있다.

엔올 음이온이 하는 두 일반적 반응인 치환과 다른 카보닐 화합물과의 반응은 23장의 나머지 부분과 24장에서 다룰 것이다. 두 반응 모두 카보닐의 α 탄소에 새로운 결합을 생성한다.

- 엔올 음이온이 친전자체와 반응하면 치환 생성물이 생긴다.

X–X → + X⁻ 할로젠화

엔올 음이온

R–X → + X⁻ 알킬화

붉은색은 새로운 결합

두 종류의 치환 반응을 검토할 것인데, 하나는 X_2와의 할로젠화(halogenation)반응이고 다른 하나는 RX와의 알킬화(alkylation)반응이다. 이 반응들은 23.7~23.10절에서 더 자세하게 다룰 것이다.

- 엔올 음이온은 다른 카보닐기의 친전자성 카보닐 탄소와 반응한다.

엔올 음이온 → 새로운 C–C 결합(붉은색)

이 반응들은 처음 첨가 생성물이 카보닐기의 구조에 따라 다른 생성물을 생성하기 때문에 더 복잡하다. 이 반응들은 24장의 주제이다.

23.7 α 탄소에서의 할로젠화

우리가 공부할 첫 번째 치환 반응은 할로젠화이다. 케톤 또는 알데하이드를 할로젠과 산 또는 염기와 같이 반응시키면 α 탄소의 H가 X로 치환되어 α-할로 알데하이드 또는 케톤을 얻을 수 있다. Cl_2, Br_2 및 I_2의 할로젠화는 쉽게 일어난다.

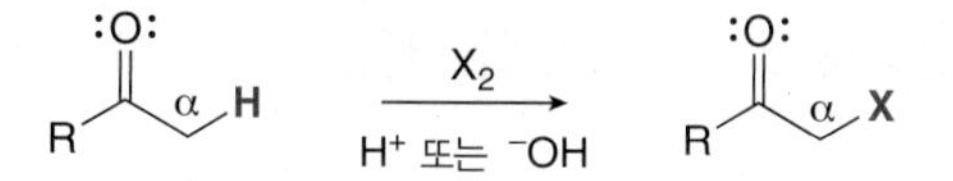

R = H 또는 알킬
$X_2 = Cl_2, Br_2, I_2$

α-할로 알데하이드 또는 케톤

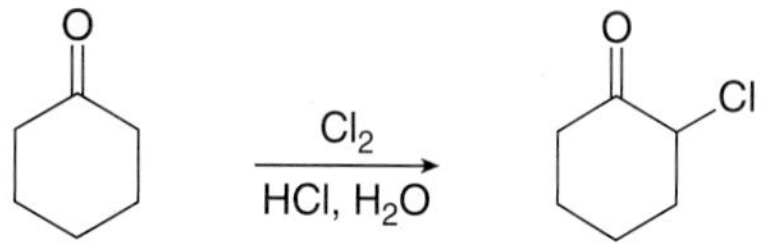

산과 염기에서 일어나는 할로젠화의 메커니즘은 약간 다르다.

- 산에서 일어나는 반응에서는 일반적으로 엔올이 중간체이다.
- 염기에서 일어나는 반응에서는 일반적으로 엔올 음이온이 중간체이다.

23.7A 산에서의 할로젠화

할로젠화 반응은 종종 아세트산에서 카보닐 화합물을 할로젠과 반응시켜서 수행한다. 이 방법에서는 아세트산이 용매이면서 동시에 산 촉매이다.

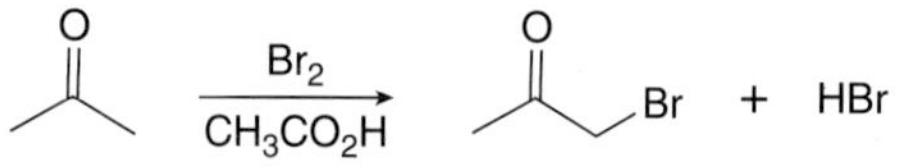

산 촉매에 의한 할로젠화 반응의 메커니즘은 두 단계, 즉 카보닐 화합물이 엔올형으로 변하는 토토미화와 엔올의 할로젠과의 반응을 통해서 일어난다. 메커니즘 23.3은 CH_3CO_2H에서 $(CH_3)_2C{=}O$와 Br_2의 반응을 나타낸다.

문제 23.11 다음의 각 반응의 생성물을 그려라.

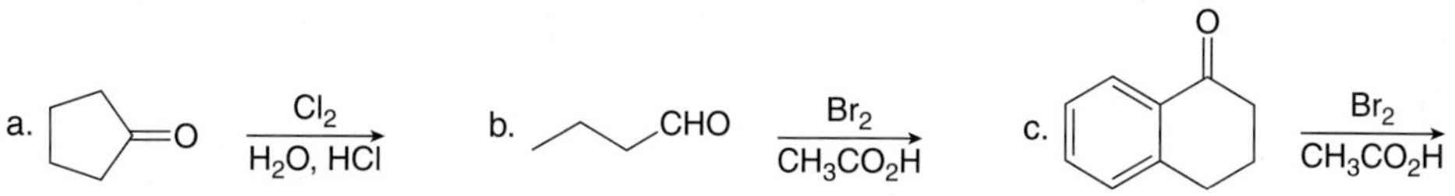

a. $\xrightarrow[H_2O,\ HCl]{Cl_2}$ b. CHO $\xrightarrow[CH_3CO_2H]{Br_2}$ c. $\xrightarrow[CH_3CO_2H]{Br_2}$

메커니즘 23.3 α 탄소에서 산 촉매로 일어나는 할로젠화

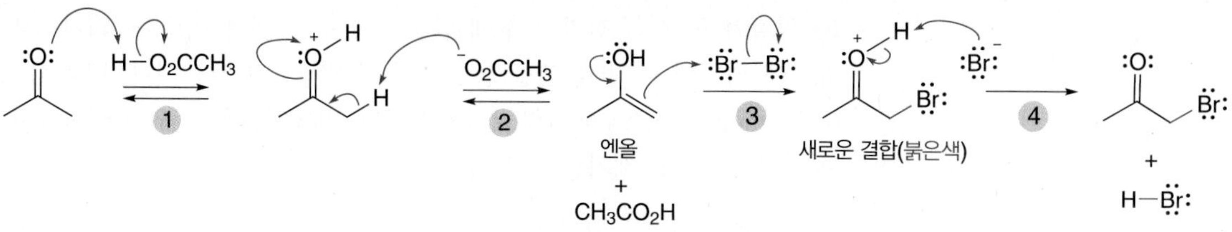

엔올 + CH_3CO_2H

새로운 결합(붉은색)

① ② 케톤이 양성자 첨가와 양성자 이탈의 두 단계 과정을 통하여 엔올 토토머로 변환된다.

③ ④ 할로젠이 엔올에 첨가되어 α 탄소에 Br이 결합되고 양성자를 잃으면서 치환 생성물을 얻는다.

메커니즘 23.4 염기에서 α 탄소의 할로젠화

① 케톤을 염기로 처리하면 친핵성 엔올 음이온이 생긴다.

② 엔올 음이온은 Br_2(친전자체)와 반응하여 α 탄소의 수소 하나가 Br로 치환된 치환 생성물이 된다.

23.7B 염기에서의 할로젠화

염기에서의 할로젠화는 단 한 개의 할로젠 원자만을 α 탄소에 가한 후 반응을 멈추는 것이 어렵기 때문에 덜 유용하다. 예를 들어 프로피오페논(propiophenone)을 $^-$OH 수용액에서 Br_2로 처리하면 다이브로모 케톤(dibromo ketone)이 생성된다.

카보닐 화합물과 염기의 반응에서는 카보닐 화합물의 α 수소가 쉽게 제거되므로 항상 엔올 음이온이 생긴다.

각 Br 원자가 도입되는 메커니즘은 동일한 두 단계, 즉 염기에 의한 양성자 이탈과 연이은 Br_2와의 반응으로 진행되며, 결과적으로 메커니즘 23.4에서 보는 바와 같이 새로운 C−Br 결합이 생긴다.

염기로 $^-$OH를 사용하면 엔올 음이온이 매우 적은 양이 생기나, 이 엔올 음이온은 Br_2와 매우 잘 반응하는 센 친핵체이므로 평형이 오른쪽으로 치우치게 된다. 그 다음, 동일한 두 단계 반응, 즉 양성자 이탈과 연속의 친핵성 공격에 의하여 α 탄소에 두 번째 Br 원자가 도입된다.

Br 원자가 한 개만 첨가된 후에 반응이 멈추는 것은 어렵다. 왜냐하면 Br의 전자 끌기 유도 효과에 의하여 두 번째 엔올 음이온이 안정화되기 때문이다. 따라서 α-브로모프로피오페논(α-bromopropiophenone)의 α 수소는 프로피오페논의 α 수소 원자보다 더 큰 산성이며, 더 쉽게 염기가 수소를 제거할 수 있다.

메틸 케톤을 과량의 할로젠으로 할로젠화하는 반응인 **할로폼**(haloform) 반응에서는, 탄소−탄소 σ 결합이 절단되고 카복실산 음이온과 CHX_3(흔히 할로폼이라고 부름)의 두 생성물이 생긴다.

메커니즘 23.5 할로폼 반응

부분 [1] CH_3의 CI_3로의 변환

단계 ① ~ ②의 두 번 반복

$+ H_2\ddot{O}:$ $+ :\ddot{I}:^-$

① ② 양성자 이탈반응을 통하여 엔올 음이온이 생성되고 I2와 반응하여 α-아이오도 케톤을 생성한다. 단계 ① 과 ② 가 두 번 더 반복되면 트라이아이오도(triiodo) 치환 생성물이 생긴다.

부분 [2] ^-OH에 의한 산화성 쪼개짐

$+ HCI_3$ 아이오도폼

③ ^-OH의 친핵성 첨가반응을 통하여 정사면체 중간체를 만든다.

④ $^-CI_3$가 제거되는 탄소-탄소 결합의 절단이 일어나면서 치환 생성물을 얻는다.

⑤ 양성자가 이동하여 카복실산 음이온과 아이오도폼 HCI_3가 생긴다.

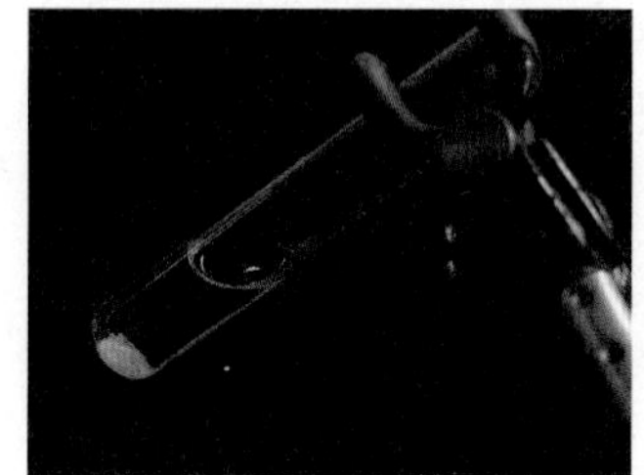

α 수소가 있는 모든 케톤이 염기 조건에서 I_2와 반응하지만, **메틸** 케톤의 경우에만 반응 혼합물에서 연한 노란색 고체인 CHI_3(아이오도폼)가 침전된다. 이 반응은 메틸 케톤을 검출하기 위하여 한때 쓰였던 화학적 방법인 **아이오도폼 검사**(iodoform test)이다. 메틸 케톤의 경우 아이오도폼 검사 결과(노란색 고체의 생성)가 양성(positive)으로 나타나지만, 다른 케톤은 아이오도폼 검사 결과(반응 혼합물에서 변화가 없음)가 음성(negative)으로 나타난다.

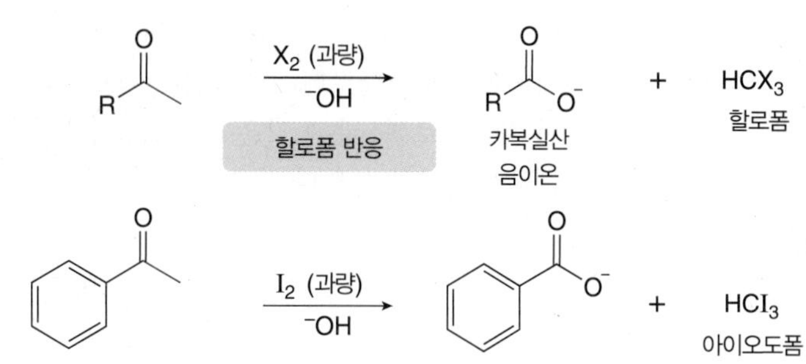

붉은색 C–C 결합이 쪼개진다.

할로폼 반응에서는 CH_3기의 세 개의 수소 원자가 순차적으로 X로 치환되어 중간체가 생성되고, 이것은 염기에 의하여 산화적으로 쪼개진다. 메커니즘 23.5에서는 할로젠으로 I_2를 사용하여 CHI_3 (iodoform) 생성물이 생성되는 것을 나타내고 있다.

단계 ③과 단계 ④의 결과로 케톤의 **친핵성 치환** 반응이 일어난다. 케톤은 보통 **친핵성 첨가**를 하므로, 이 두 단계 과정으로 일어나는 할로폼 반응은 특이하다. 세 개의 전기음성인 할로젠 원자가 CX_3(이 예에서는 CI_3)를 좋은 이탈기로 만들기 때문에 치환이 일어난다.

그림 23.3은 반응 조건과 기질에 따라 α 탄소에서 일어나는 할로젠화의 세 가지 가능한 결과를 요약한 것이다.

문제 23.12 과량의 할로젠이 존재한다고 가정하고, 각 반응의 생성물을 그려라.

a. $\xrightarrow{Br_2,\ ^-OH}$ b. $\xrightarrow{I_2,\ ^-OH}$ c. $\xrightarrow{I_2,\ ^-OH}$

그림 23.3
요약: 카보닐기의 α 탄소에서의 할로젠화 반응

a. 산에서의 할로젠화 – α 탄소에서의 단일 치환

$RCOCH_2H \xrightarrow[CH_3CO_2H]{X_2} RCOCH_2X$

b. 염기에서의 일반적 할로젠화 – α 탄소에서의 다중 치환

X_2, ^-OH

c. 과량의 X_2와 염기에 의한 메틸 케톤의 할로젠화 – 산화성 쪼개짐

X_2 (과량), ^-OH → $RCOO^-$ + HCX_3 할로폼

23.7C α-할로 카보닐 화합물의 반응

α-할로 카보닐 화합물은 염기를 이용한 제거(elimination)와 친핵체를 이용한 치환(substitution)의 두 가지의 유용한 반응을 할 수 있다.

예로, 2-브로모사이클로헥산온(2-bromocyclohexanone)을 극성 비양성자성 용매인 DMF [HCON $(CH_3)_2$]에서 LiBr의 존재하에 Li_2CO_3 염기로 처리하면 α와 β 탄소에서 Br과 H가 각각 제거되어 사이클로헥스-2-엔온(cycloehex-2-enone)이 생성된다. 따라서 두 단계 방법을 이용하면 사이클로헥산온과 같은 카보닐 화합물을 사이클로헥스-2-엔온 같은 α,β-불포화 카보닐 화합물로 변환시킬 수 있다.

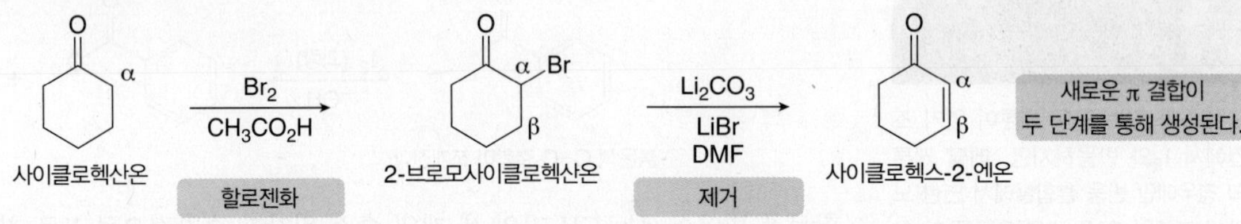

α,β-불포화 카보닐 화합물은 20.15절에서 다룬 바와 같이 다양한 1,2- 및 1,4-첨가 반응을 한다.

[1] α 탄소에서의 브로민화는 CH_3CO_2H에서 Br_2를 이용하여 이루어진다.

[2] DMF에서 Li_2CO_3와 LiBr로 처리하면 Br과 H가 제거된다.

α-할로 카보닐 화합물은 친핵체와 S_N2 반응도 한다. 예로 2-브로모사이클로헥산온을 CH_3NH_2와 반응시키면 치환 생성물 A를 얻을 수 있다. 그림 23.4에 나타낸 것처럼, α-할로 케톤의 분자 내 친핵성 치환이 항말라리아 약인 퀴닌(quinine)의 합성에서 중요한 단계였다.

2-브로모사이클로헥산온 $\xrightarrow[S_N2]{CH_3NH_2}$ A

문제 23.13 2-브로모펜탄-3-온(2-bromopentan-3-one, $CH_3CH_2COCHBrCH_3$)을 각 시약으로 처리하였을 때 생기는 유기 생성물을 그려라.

(a) Li_2CO_3, LiBr, DMF (b) $CH_3CH_2NH_2$ (c) CH_3SH

그림 23.4 퀴닌 합성의 한 단계인 분자내 친핵성 치환

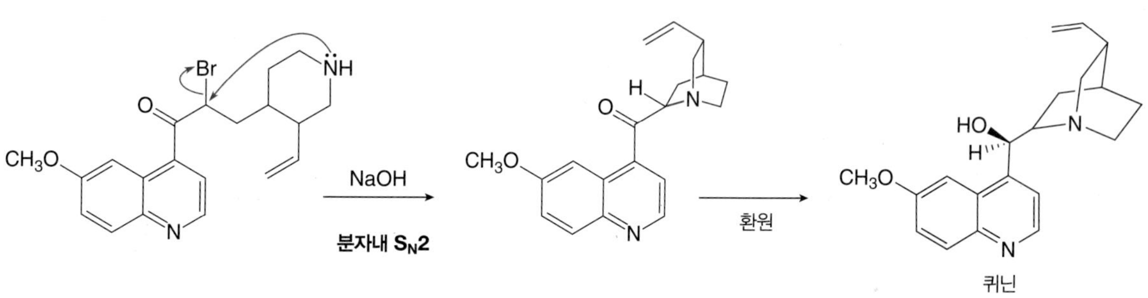

- 질소 친핵체가 α-할로 케톤과 분자내 S_N2 반응을 하면, 한 단계를 통해 퀴닌으로 변환할 수 있는 화합물을 얻을 수 있다. α 탄소의 새로운 C−N 결합을 붉은색으로 표시하였다.

문제 23.14 다음 반응에서 두 번째 단계의 생성물 **M**의 구조를 그려라. **M**은 여러 단계를 거쳐서 환각성 LSD(그림 18.4)로 변환된다.

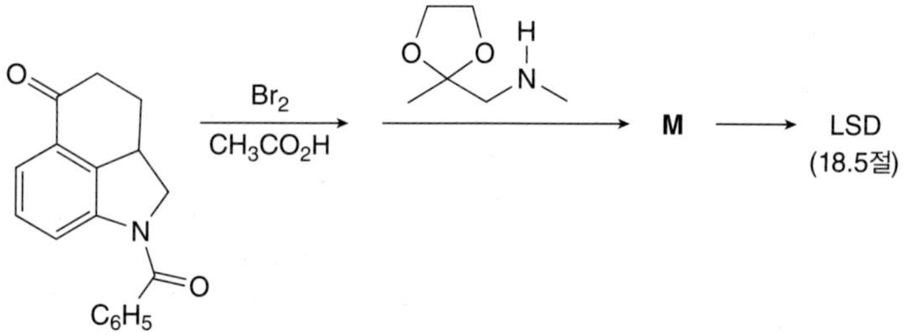

23.8 엔올 음이온의 직접 알킬화

알데하이드 또는 케톤을 염기와 할로젠화 알킬(RX)로 처리하면, α 탄소의 H 대신 R이 치환되는 알킬화(alkylation)가 일어난다. 알킬화가 일어나면 α 탄소에 새로운 탄소−탄소 결합이 생긴다.

23.8A 일반적 특징

알킬화를 직접 수행하는 방법부터 논의한 다음에, 오래되었으나 현재도 쓰이고 있는 두 가지 다단계 방법(23.9절과 23.10절)을 논의하고자 한다. 직접적 알킬화는 다음의 두 단계 과정으로 일어난다.

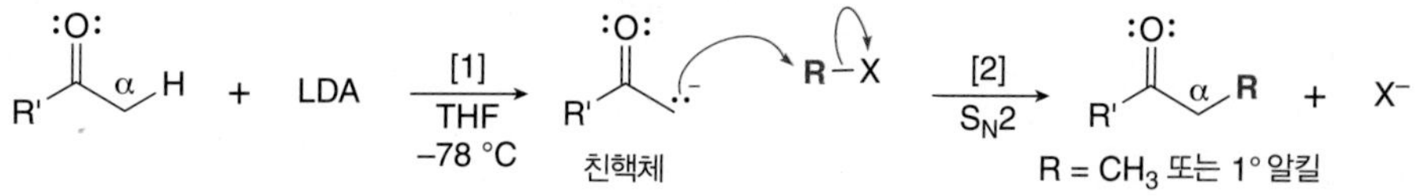

[1] 양성자 이탈: 염기가 α 탄소에서 수소를 제거하면 엔올 음이온이 생긴다. 저온(−78 °C)과 THF 용액에서 LDA 같은 비친핵성 강염기를 사용하면 이 반응은 잘 진행된다.

[2] 친핵성 공격: 친핵성 엔올 음이온이 할로젠화 알킬을 공격하면, S_N2 반응에 의하여 할라이드 (좋은 이탈기)가 떨어지고 알킬화 생성물을 얻는다.

단계 [2]는 S_N2 반응이므로 입체 장애가 없는 메틸과 1° 할로젠화 알킬의 경우에만 반응이 잘 진행된다. 입체 장애가 큰 할로젠화 알킬과 할로젠이 sp^2혼성 탄소에 결합된 화합물은 치환하지 않는다.

R_3CX, $CH_2{=}CHX$와 C_6H_5X는 S_N2반응에서 반응성이 없으므로 엔올 음이온과의 알킬화 반응을 하지 않는다.

LDA, THF, −78 °C; CH_3–Br; + Br^-

LDA, THF, −78 °C; Cl; + Cl^-

새로운 C–C 결합(붉은색)

에스터 엔올 음이온과 나이트릴에서 얻을 수 있는 탄소 음이온도 이 조건에서 알킬화된다.

에스터; LDA, THF, −78 °C; Br; + Br^-

나이트릴; CN; LDA, THF, −78 °C; CH_3–Br; CN; + Br^-

새로운 C–C 결합(붉은색)

문제 23.15 다음의 각 화합물을 저온에서 THF 용액에 녹인 LDA와 먼저 반응시킨 후, CH_3CH_2I를 반응시켰을 때 만들어지는 생성물은 무엇인가?

a. b. c. d. CN

엔올 음이온 알킬화의 입체화학은 반응들의 입체화학을 지배하는 일반적 규칙을 따른다. 비카이랄 출발물은 비카이랄 또는 라셈 생성물을 생성한다. 예로서, 사이클로헥산온(cyclohexanone, 비카이랄 출발물)을 염기와 CH_3CH_2I를 반응시켜 2-에틸사이클로헥산온(2-ethylcyclohexanone)으로 변환시키면 새로운 입체발생 중심이 한 개 생기는데, 거울상이성질체 생성물이 같은 양만큼 생긴다. 즉 라셈 혼합물을 얻는다.

[1] LDA, THF, −78 °C; [2] CH_3CH_2I; +

거울상이성질체

문제 23.16 다음의 각 화합물을 LDA와 반응시키고, 그 다음에 CH_3I와 반응시켰을 때 생성되는 생성물을 그려라(입체화학을 포함하여).

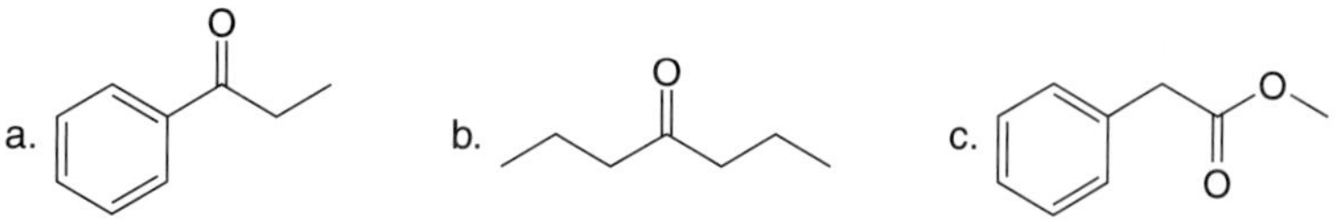

a. b. c.

문제 23.17 진통제인 나프록센(naproxen)은 에스터 **A**로부터 몇 단계의 반응을 거쳐 만들어진다. **A**를 나프록센으로 변환시키는 과정은 한 단계로 엔올 음이온을 알킬화하는 것이다. 이 과정에 필요한 시약은 무엇인가? 각 중간체의 구조를 쓰라. 라셈 혼합물이 형성되는 이유를 설명하라.

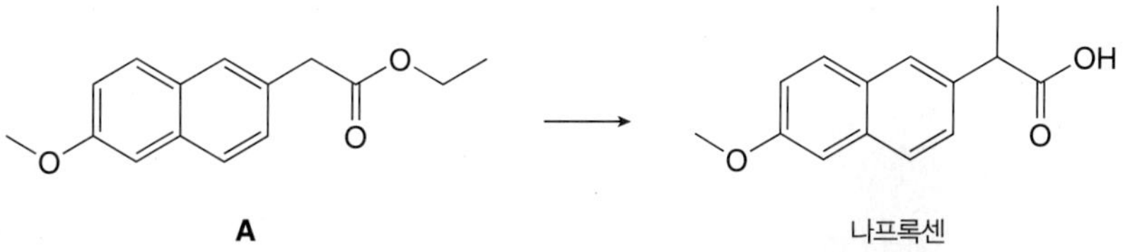

A → 나프록센

23.8B 비대칭 케톤의 알킬화

비대칭 케톤은 주 생성물이 한 개만 나오도록 위치선택적으로 알킬화할 수 있다. 적당한 염기, 용매 및 온도를 사용함으로써 반응속도론적 또는 열역학적 엔올 음이온을 얻을 수 있고(23.4절), 이것을 할로젠화 알킬로 처리하면 알킬화 생성물을 얻을 수 있다.

예로서 적당한 반응 조건을 선택하면 2-메틸사이클로헥산온(2-methylcyclohexanone)을 2,6-다이메틸사이클로헥산온[2,6-dimethylcyclohexanone, (A)] 또는 2,2-다이메틸사이클로헥산온[2,2-di-methylcyclohexanone, (B)] 중 하나로 변환시킬 수 있다.

- 2-메틸사이클로헥산온의 THF 용액을 −78°C에서 LDA와 반응시키면 치환체가 적은 반응속도론적 엔올 음이온이 생기며, 그 다음에 이 엔올 음이온은 CH_3I와 반응하여 A가 생성된다.

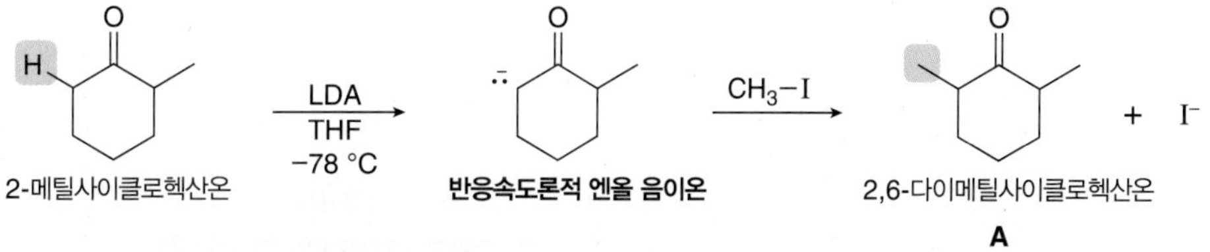

2-메틸사이클로헥산온 —(LDA, THF, −78 °C)→ **반응속도론적 엔올 음이온** —($CH_3{-}I$)→ 2,6-다이메틸사이클로헥산온 **A** + I^-

- 상온에서 2-메틸사이클로헥산온을 $(CH_3)_3COH$ 용액의 $KOC(CH_3)_3$과 반응시키면 치환체가 더 많은 열역학적 엔올 음이온이 생기며, 이것을 CH_3I와 반응시키면 B가 생성된다.

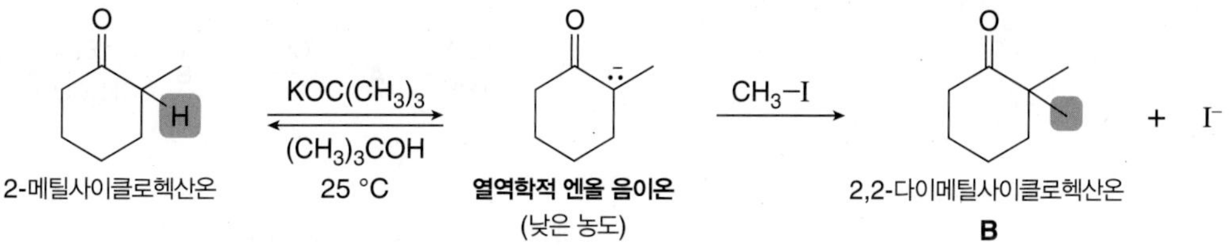

2-메틸사이클로헥산온 ⇌($KOC(CH_3)_3$, $(CH_3)_3COH$, 25 °C) **열역학적 엔올 음이온** (낮은 농도) —($CH_3{-}I$)→ 2,2-다이메틸사이클로헥산온 **B** + I^-

끝으로 LDA를 사용하여 덜 치환된 α 탄소에 엔올 음이온의 알킬화 반응은 믿을 만한 선택적인 반응인 반면, $KOC(CH_3)_3$를 사용한 더 치환된 α 탄소에서의 엔올 음이온의 알킬화 반응은 혼합물을 생성한다. 선택성은 기질의 종류와 원하는 알킬화 생성물의 수율을 극대화할 수 있는 실험 변수에 달려있다.

문제 23.18 펜탄-2-온(pentan-2-one)을 다음의 각 화합물로 어떻게 변환시킬 수 있는가?

a. b. c. d.

23.8C 엔올 음이온 알킬화의 응용: 타목시펜의 합성

이 장의 처음에 나온 타목시펜(tamoxifen)은 수년 동안 유방암을 치료하는 데 사용되고 있는 강력한 항암제이다. 타목시펜 합성의 한 단계는 케톤 A를 염기인 NaH로 처리하여 엔올 음이온을 얻는 것이다. 이 엔올 음이온을 CH_3CH_2I로 알킬화하면 높은 수율로 B를 얻을 수 있고, B는 우리가 이미 배운 반응을 이용하면 몇 단계를 거쳐 타목시펜으로 변환된다.

타목시펜은 놀바덱스(Nolvadex)라는 상표로 1970년대부터 판매되고 있다.

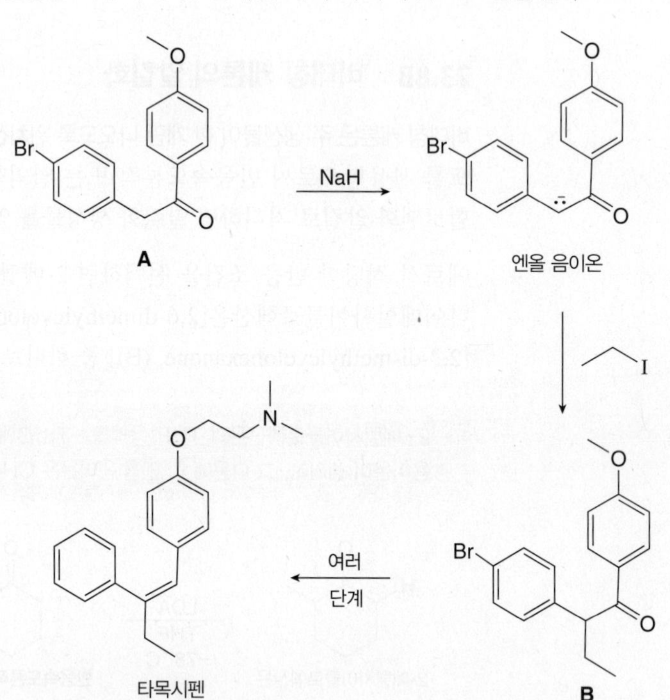

C=C의 **Z** 이성질체만이 약효가 있다.

문제 23.19 α-메틸렌-γ-뷰티로락톤(α-methylene-γ-butyrolactone)이라고 부르는 오원자 고리의 합성에서 중간체 **A, B**와 **C**의 구조를 그려라. 이러한 헤테로고리(heterocyclic)계는 몇 개의 항종양제에서 볼 수 있다.

$\xrightarrow[\text{THF}]{\text{LDA}}$ **A** $\xrightarrow{CH_3I}$ **B** $\xrightarrow[CH_3CO_2H]{Br_2}$ **C** $\xrightarrow[\text{LiBr, DMF}]{Li_2CO_3}$ α-메틸렌 γ-뷰티로락톤

23.9 말론산 에스터 합성

23.8절에서 다룬 엔올 음이온의 직접 알킬화의 방법 이외에, 말론산 에스터(malonic ester) 합성과 아세토아세트산 에스터(acetoacetic ester) 합성을 이용하면 α 탄소에 새로운 알킬기를 도입할 수 있다.

- 말론산 에스터 합성을 이용하면 다음과 같은 일반적 구조를 가지는 두 종류의 카복실산을 얻을 수 있다.

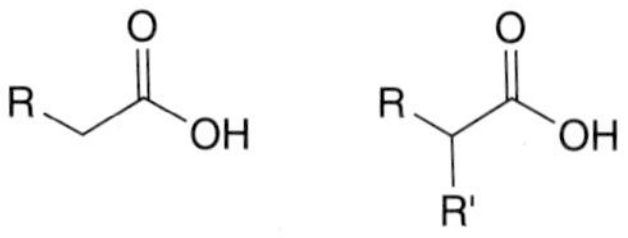

- 아세토아세트산 에스터 합성을 이용하면 다음과 같은 일반적 구조를 가지는 두 종류의 메틸 케톤을 얻을 수 있다.

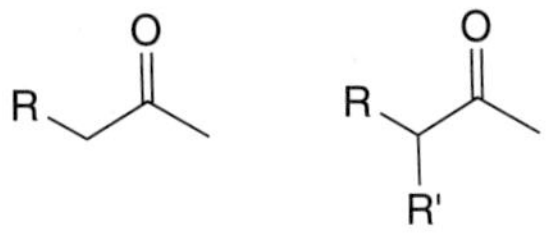

23.9A 말론산 에스터 합성의 배경

- 말론산 에스터 합성은 말론산 다이에틸(diethyl malonate)을 α 탄소에 한 개 또는 두 개의 알킬기를 갖는 카복실산으로 변환시키는 단계적 방법이다.

구조를 간단히 적기 위하여, 에스터의 CH_3CH_2기를 Et라고 줄여서 쓴다.

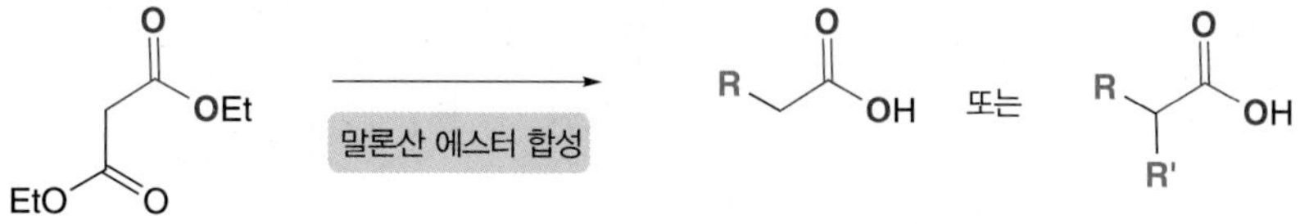

말론산 에스터 합성 → 또는

말론산 다이에틸
Et = CH_3CH_2

말론산 에스터 합성의 단계를 적기 전에, 22.11절에서 에스터는 수용성 산에 의하여 가수분해된다는 것을 배웠음을 기억하라. 따라서 말론산 다이에틸을 산 수용액에서 가열하면 두 에스터가 가수분해되어 카복시기로 변하고 β-이가산(β-diacid, 1,3-이가산)이 생성된다.

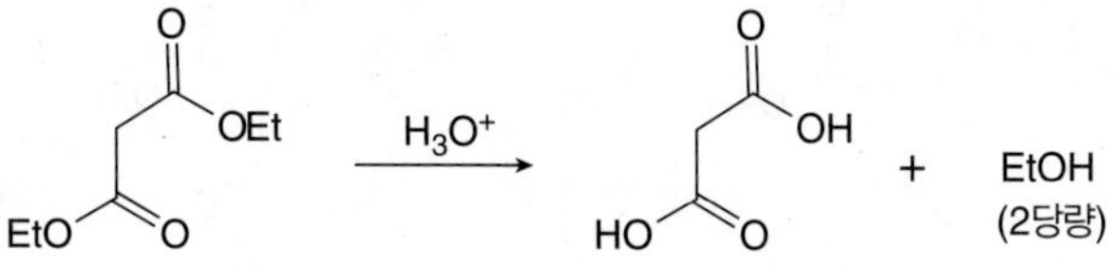

H_3O^+ → + EtOH (2당량)

말론산 다이에틸 / 말론산 β-이가산

β-이가산은 열에 불안정하여, CO_2를 잃어버리면서(카복시 이탈, decarboxylation) 탄소–탄소 결합이 깨지고 카복실산으로 변한다. 카복시 이탈은 모든 카복실산에서 흔히 일어나는 반응이 아니다. 그러나 β-이가산의 경우, 이 반응이 CO_2가 고리형 육원자 전이 상태를 거쳐 제거되기 때문에 일어난다. 이 과정에서 카복실산의 엔올이 생기나, 더 안정한 케토형으로 토토머화한다.

다시 그린다 Δ
β-이가산
엔올
+
$O{=}C{=}O$ = CO_2

카복시 이탈의 알짜 반응은 CO_2가 이탈되면서, α 탄소의 탄소–탄소 결합이 깨지는 것이다.

Δ
카복시 이탈
+ CO_2
β-이가산

카복시 이탈은 카복시기(COOH)가 다른 카보닐기의 α 탄소에 결합되어 있을 경우에 쉽게 일어난다. 예로서 β-케토산(β-keto acid)도 가열하면 쉽게 CO_2를 잃어버리고 케톤으로 변한다.

다시 그린다 Δ 토토머화
β-케토산
엔올
+ CO_2

문제 23.20 다음 화합물 중에서 가열하였을 때 쉽게 CO_2를 잃는 것은 어느 것인가?

a. b. c. d.

23.9B 말론산 에스터 합성의 단계

말론산 에스터 합성을 이용하면 세 단계로 말론산 다이에틸을 카복실산으로 변환시킬 수 있다.

[1] 산–염기 반응
[2] 알킬화
[3] H_3O^+, Δ 가수분해와 카복시 이탈
말론산 다이에틸
+ EtOH
+ X^-
+ CO_2
+ EtOH
(2당량)

[1] 양성자 이탈. 말론산 다이에틸을 ^-OEt로 처리하면 두 카보닐기 사이에 있는 산성 α 양성자가 제거된다. 이러한 양성자는 그 엔올 음이온이 보통의 두 개 대신 세 개의 공명 구조에 의하여 안정화되기 때문에 다른 α 양성자보다 더 산성임을 23.3A절에서 배운 바 있다. 따라서 더 센 염기인 LDA 대신 ^-OEt를 이 반응에 쓸 수 있다.

짝염기의 세 개의 공명 구조

[2] 알킬화 반응. 친핵성 엔올 음이온을 할로젠화 알킬과 반응시키면 S_N2 반응에 의하여 치환 생성물이 얻어진다. 메커니즘이 S_N2이므로 R은 CH_3 또는 1° 알킬기여야 한다.

[3] 가수분해와 카복시 이탈. 다이에스터를 산 수용액에서 가열하면 β-이가산으로 가수분해되고, 이 산은 CO_2를 잃고 카복실산으로 변한다.

말론산 다이에틸로부터 뷰탄산(butanoic acid, $CH_3CH_2CH_2COOH$)을 합성하는 반응이 이러한 기본 원리를 보여준다.

말론산 다이에틸

[1] NaOEt
[2] Br

H_3O^+
Δ

새로운 C−C 결합(붉은색)

이 반응 순서의 첫 번째 두 단계를 가수분해와 카복시 이탈 전에 반복하면, α 탄소에 두 개의 새로운 알킬기가 있는 카복실산을 합성할 수 있다. 이 방법을 이용하면 말론산 다이에틸로부터 2-벤질뷰탄산[2-benzylbutanoic acid, $CH_3CH_2CH(CH_2C_6H_5)COOH$]을 합성할 수 있다.

말론산 다이에틸

[1] NaOEt
[2] Br

새로운 C−C 결합(붉은색)

[1] NaOEt
[2] Cl

새로운 C−C 결합(파란색)

H_3O^+
Δ

$CH_2(CO_2Et)_2$ 로부터

로부터 Br

로부터 Cl

적당한 다이할라이드(dihalide)를 출발물로 사용하여 분자내 말론산 에스터 합성을 이용하면 삼원자 고리에서 육원자 고리까지 합성할 수 있다. 예로서 말론산 다이에틸과 1,4-다이브로모뷰테인(1,4-dibromobutane, $BrCH_2CH_2CH_2CH_2Br$)으로부터 다음과 같은 순서로 반응시키면 사이클로펜테인카복실산(cyclopentanecarboxylic acid)을 제조할 수 있다.

새로운 C–C 결합(붉은색)

+ NaBr

새로운 C–C 결합(파란색)

+ NaBr

사이클로펜테인카복실산

+ EtOH + CO_2
(2당량)

문제 23.21 각 반응의 생성물을 그려라.

a. $CH_2(CO_2Et)_2$ [1] NaOEt [2] (cyclohexyl)CH_2CH_2Br → H_3O^+, Δ →

b. $CH_2(CO_2Et)_2$ [1] NaOEt [2] CH_3Br → [1] NaOEt [2] CH_3Br → H_3O^+, Δ →

문제 23.22 말론산 에스터 합성에서 각 다이할라이드로부터 얻어지는 고리 생성물은 무엇인가?

a. $ClCH_2CH_2CH_2CH_2Cl$ b. $BrCH_2CH_2OCH_2CH_2Br$

23.9C 역합성 분석

말론산 에스터 합성에서 주어진 화합물을 얻기 위해서는 필요한 출발물이 무엇인지를 알아야 한다. 즉 역합성 분석을 이용하여 역순으로 생각하여야 한다. 역합성 분석은 두 단계 과정으로 이루어진다.

[1] COOH기의 α 탄소를 알아내고, 그 α 탄소에 결합하고 있는 모든 알킬기를 확인한다.

[2] 분자를 두 개(또는 세 개)의 성분으로 쪼갠다. α 탄소에 결합하고 있는 알킬기는 할로젠화 알킬에서 유래한다. 분자의 나머지 부분은 $CH_2(COOEt)_2$에서 오는 것이다.

R–X ⟸ R–α–COOH ⟹ $CH_2(COOEt)_2$

할로젠화 알킬 생성물 말론산 다이에틸

예제 23.3 말론산 에스터 합성을 이용하여 2-메틸헥산산[2-methylhexanoic acid, $CH_3CH_2CH_2CH_2CH(CH_3)COOH$]을 합성할 때 필요한 출발물은 무엇인가?

풀이

목표 분자에는 α 탄소에 두 개의 다른 알킬기가 결합되어 있다. 따라서 세 개의 성분이 합성에 필요하다.

2-메틸헥산산

말론산 다이에틸

CH_3—I

실제 합성 방향으로 쓰면 다음과 같다.

[1] NaOEt
[2] CH_3I

[1] NaOEt
[2] Br

H_3O^+
Δ

문제 23.23 말론산 에스터 합성을 이용하여 아래의 카복실산을 얻는 데 어떤 할로젠화 알킬이 필요한가?

a. b. c.

문제 23.24 다음 카복실산을 말론산 에스터 합성을 이용하여 얻을 수 없는 이유를 설명하라.

a. b. c.

23.10 아세토아세트산 에스터 합성

- 아세토아세트산 에스터 합성은 아세토아세트산 에틸을 α 탄소에 하나 또는 두 개의 알킬기가 있는 케톤으로 변환시키는 단계적 방법이다.

아세토아세트산 에틸 → 아세토아세트산 에스터 합성 → 또는

23.10A 아세토아세트산 에스터 합성의 단계

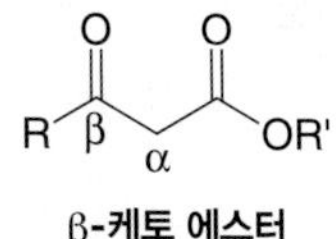

β-케토 에스터

아세토아세트산 에스터 합성은 말론산 에스터 합성과 정확히 같다. 출발물인 CH_3COCH_2COOEt가 β-케토 에스터이므로 최종 생성물은 카복실산이 아니라 케톤이다.

아세토아세트산 에틸 —[1] 산-염기 반응→ + EtOH —[2] 알킬화→ + X^- —[3] H_3O^+, Δ 가수분해와 카복시 이탈→ + CO_2 + EtOH

[1] 양성자 이탈 반응. 아세토아세트산 에틸을 $^-$OEt로 처리하면 두 카보닐기 사이에 있는 산성 양성자가 제거된다.

[2] 알킬화 반응. 친핵성 엔올 음이온을 할로젠화 알킬(RX)과 반응시키면 S_N2 반응에 의하여 치환 생성물이 얻어진다. 메커니즘이 S_N2이므로 R은 CH_3 또는 1° 알킬기여야 한다.

[3] 가수분해와 카복시 이탈. β-케토 에스터를 수용성 산과 같이 가열하면 에스터가 β-케토산으로 가수분해되고, 이 산은 CO_2를 잃고 케톤으로 변한다.

가수분해와 카복시 이탈 전에 이 반응 순서의 첫 번째 두 단계를 반복하면, α 탄소에 두 개의 새로운 알킬기가 있는 케톤을 합성할 수 있다.

아세토아세트산 에틸 —[1] NaOEt [2] RX→ 새로운 C–C 결합(붉은색) —[1] NaOEt [2] R'X→ 새로운 C–C 결합(파란색) —H_3O^+, Δ→

문제 23.25 다음 반응으로 어떤 케톤이 얻어지는가 답하라.

a. CH_3COCH_2COOEt —[1] NaOEt [2] CH_3I [3] H_3O^+, Δ→

b. CH_3COCH_2COOEt —[1] NaOEt [2] $CH_3CH_2CH_2Br$ [3] NaOEt [4] $C_6H_5CH_2I$ [5] H_3O^+, Δ→

23.10B 역합성 분석

아세토아세트산 에스터 합성에서 주어진 케톤을 얻기 위해서는 필요한 출발물이 무엇인지를 역합성으로 생각하여야 한다. 역합성 분석은 두 단계 과정으로 수행한다.

[1] 카보닐기의 α 탄소에 결합하고 있는 모든 알킬기를 확인한다.

[2] 분자를 두 개(또는 세 개)의 성분으로 쪼갠다. α 탄소에 결합하고 있는 각 알킬기는 할로젠화 알킬에서 유래한다. 분자의 나머지 부분은 CH_3COCH_2COOEt에서 오는 것이다.

R–X (할로젠화 알킬) ⟸ 생성물 ⟹ 아세토아세트산 에틸

⇓

R'–X (할로젠화 알킬)

α 탄소에 두 개의 R기가 있는 케톤의 경우, 세 개의 성분이 필요하다.

예제 23.4 아세토아세트산 에스터 합성을 이용하여 헵탄-2-온(heptan-2-one)을 합성할 때 필요한 출발물은 무엇인가?

헵탄-2-온

풀이

헵탄-2-온은 α 탄소에 알킬기가 하나만 결합되어 있어서, 아세토아세트산 에스터 합성에서는 할로젠화 알킬이 하나만 필요하다.

Br ⟸ 헵탄-2-온 ⟹ 아세토아세트산 에틸

합성 방향으로 합성을 쓰면 다음과 같다.

아세토아세트산 에틸 —[1] NaOEt, [2] Br→ —H_3O^+, Δ→ 헵탄-2-온

문제 23.26 아세토아세트산 에스터 합성을 이용하여 각 케톤을 합성할 때 필요한 할로젠화 알킬은 무엇인가?

a. b. c.

문제 23.27 아세토아세트산 에틸을 NaOEt(2 당량)와 $BrCH_2CH_2Br$로 처리하면 화합물 **X**를 얻을 수 있다. 이 반응은 독성이 있고 노란색을 띠는 호박등(jack-o'-lantern) 버섯에서 분리한 항종양제인 일루딘-S(illudin-S) 합성의 첫 단계이다. **X**의 구조는 무엇인가?

항종양제 일루딘-S가 들어 있는 호박등 버섯.

+ Br⁄⁄Br —NaOEt (2 당량)→ X —여러 단계→ 일루딘-S

아세토아세트산 에스터 합성과 엔올 음이온의 직접 알킬화는 비슷한 케톤을 얻는 데 쓰이는 서로 다른 두 방법이다. 예로 뷰탄-2-온은 엔올 음이온의 직접 알킬화에 의하여 아세톤으로부터 합성하거나(방법 [1]), 아세토아세트산 에틸의 알킬화, 가수분해, 카복시 이탈(방법 [2])에 의하여 합성할 수 있다.

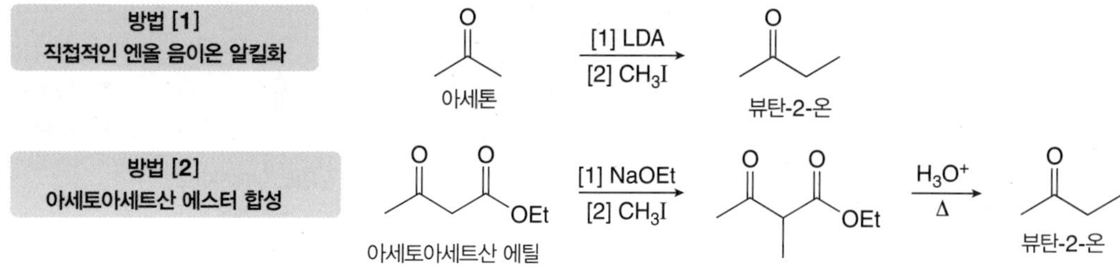

뷰탄-2-온을 아세톤으로부터 더 적은 단계로 합성할 수 있는데, 왜 굳이 아세토아세트산 에틸로부터 합성할까? 여기에는 고려할 몇 가지 요인이 있다. 우선, 합성 유기 화학자는 한 가지 반응을 수행하기 위하여 다양한 방법을 적용하고 싶어 한다. 어떤 경우에는 출발물 구조를 조금 변화시키면 그 반응이 다른 반응보다 더 잘 진행되는 경우가 있다.

더군다나 화학 산업에서는 비용이 중요한 문제이다. 유용한 의약품이나 다른 소비재를 대량으로 만들기 위해서는 값이 싼 출발물을 사용하여야 한다. 엔올 음이온의 직접적인 알킬화가 성공적이기 위해서는 LDA 같은 매우 강염기를 사용하여야 하는 반면에 아세토아세트산 에스터 합성에서는 NaOEt를 이용할 수 있다. NaOEt는 값이 더 싼 출발물로부터 얻을 수 있고, 따라서 단계가 더 많다고 하여도 아세토아세트산 에스터 합성이 매력적인 방법이 된다.

따라서 각각의 방법은 출발물, 시약의 확보, 비용, 부반응의 발생 등과 같이 자신만의 고유한 이점과 단점이 있다.

문제 23.28 나부메톤(nabumetone)은 릴라펜(Relafen)이라는 상표로 판매되고 있는 진통 및 소염제이다.

O

CH_3O

나부메톤

a. 아세토아세트산 에틸로부터 나부메톤을 합성하라.

b. 엔올 음이온의 직접적인 알킬화 반응을 이용하여 나부메톤을 합성할 경우에 어떤 케톤과 할로젠화 알킬이 필요한가?

카보닐 화합물의 α 탄소에서의 치환 반응

반응속도론적 엔올 음이온과 열역학적 엔올 음이온(23.4절)

:O:

R

반응속도론적 엔올 음이온

반응속도론적 엔올 음이온

- 덜 치환된 엔올 음이온
- 강염기, 극성 비양성자성 용매, 저온에서 더 많이 생성: LDA, THF, −78°C

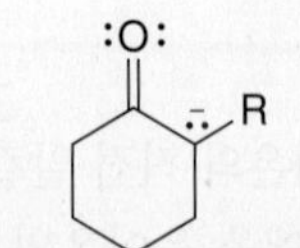

열역학적 엔올 음이온

열역학적 엔올 음이온

- 더 많이 치환된 엔올 음이온
- 강염기, 양성자성 용매, 더 높은 온도에서 더 많이 생성: $NaOCH_2CH_3$, CH_3CH_2OH, 실온

α 탄소에서의 할로젠화

[1] 산에서의 할로젠화(23.7A절)

R–CO–CH₂–H —(X_2, CH_3COOH)→ R–CO–CH₂–X

$X_2 = Cl_2, Br_2, \text{or } I_2$

α-할로 알데하이드 또는 케톤

- 이 반응은 엔올 중간체를 거쳐 일어난다.
- α 탄소에서 H 대신에 X가 한 번 치환된다.

[2] 염기에서의 할로젠화(23.7B절)

$$\mathrm{RC(=O)CH_2R} \xrightarrow[\;^-\mathrm{OH}\;]{\mathrm{X_2}\ (\text{과량})} \mathrm{RC(=O)CX_2R}$$

$X_2 = Cl_2, Br_2, \text{ or } I_2$

- 이 반응은 엔올 음이온 중간체를 거쳐 일어난다.
- α 탄소에서 H 대신에 X가 다중 치환된다.

[3] 염기에서 메틸 케톤의 할로젠화-할로폼 반응(23.7B절)

$$\mathrm{RC(=O)CH_3} \xrightarrow[\;^-\mathrm{OH}\;]{\mathrm{X_2}\ (\text{과량})} \mathrm{RC(=O)O^-} + \mathrm{HCX_3}$$

HCX_3: 할로폼

$X_2 = Cl_2, Br_2,$ 또는 I_2

- 이 반응은 메틸 케톤의 경우에 일어나며 탄소-탄소 σ 결합이 끊어진다.

α 할로 카보닐 화합물의 반응(23.7C절)

[1] α,β-불포화 카보닐 화합물을 생성하는 제거 반응

$$\mathrm{RC(=O)CH(Br)CH_3} \xrightarrow[\mathrm{LiBr,\ DMF}]{\mathrm{Li_2CO_3}} \mathrm{RC(=O)CH{=}CH_2}$$

- Br과 H 원자가 제거되면, 새로운 π 결합이 하나 생기면서 α,β-불포화 카보닐 화합물이 생성된다.

[2] 친핵성 치환

$$\mathrm{RC(=O)CH_2Br} \xrightarrow{:\mathrm{Nu}^-} \mathrm{RC(=O)CH_2Nu}$$

- 이 반응은 S_N2 반응을 따르며, α-치환된 카보닐 화합물이 생긴다.

α 탄소에서의 알킬화

[1] α 탄소에서의 직접 알킬화(23.8절)

$$\mathrm{R'C(=O)CH_2H} \xrightarrow[\text{[2] RX}]{\text{[1] 염기}} \mathrm{R'C(=O)CH_2R} + \mathrm{X^-}$$

- 이 반응에서는 α 탄소에서 새로운 C–C 결합이 생긴다.
- LDA는 중간체인 엔올 음이온을 생성시키기 위하여 흔히 사용하는 염기이다.
- 단계 [2]의 알킬화는 S_N2 메커니즘을 따른다.

[2] 말론산 에스터 합성(23.9절)

말론산 다이에틸 ($\mathrm{EtO_2CCH_2CO_2Et}$):

- [1] NaOEt; [2] RX; [3] H_3O^+, Δ → $\mathrm{RCH_2COOH}$
- [1] NaOEt; [2] RX → [1] NaOEt; [2] R'X; [3] H_3O^+, Δ → $\mathrm{RCH(R')COOH}$

- 이 반응은 α 탄소에 알킬기가 하나 또는 두 개 있는 카복실산을 얻기 위하여 사용된다.
- 단계 [2]의 알킬화는 S_N2 메커니즘을 따른다.

[3] 아세토아세트산 에스터 합성(23.10절)

아세토아세트산 에틸 ($\mathrm{EtO_2CCH_2COCH_3}$):

- [1] NaOEt; [2] RX; [3] H_3O^+, Δ → $\mathrm{RCH_2COCH_3}$
- [1] NaOEt; [2] RX → [1] NaOEt; [2] R'X; [3] H_3O^+, Δ → $\mathrm{RCH(R')COCH_3}$

- 이 반응은 α 탄소에 알킬기가 하나 또는 두 개 있는 케톤을 얻기 위하여 사용된다.
- 단계 [2]의 알킬화는 S_N2 메커니즘을 따른다.

삼차원 모델을 이용하는 문제

23.29 각 화합물의 엔올 토토머를 그려라. 입체이성질체는 무시하라.

a. 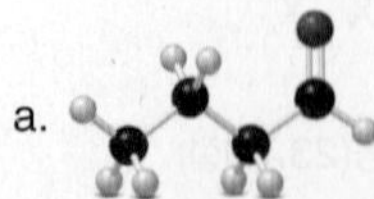 b. 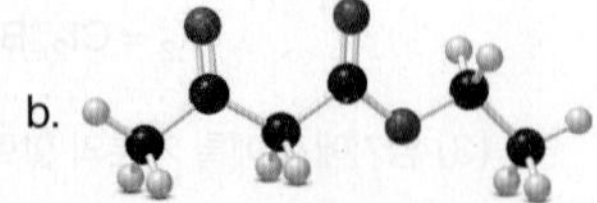

23.30 NaOH 수용액에서 시스-케톤 **A**는 트랜스-케톤 **B**로 이성질화한다. 케톤 **C**는 이와 비슷한 이성질화 반응을 하지 않는다. (a) 의자형 사이클로헥세인을 사용하여 **B**의 구조를 그려라. (b) **C**에 있는 치환체를 시스와 트랜스로 표시하고 반응성의 차이를 설명하라.

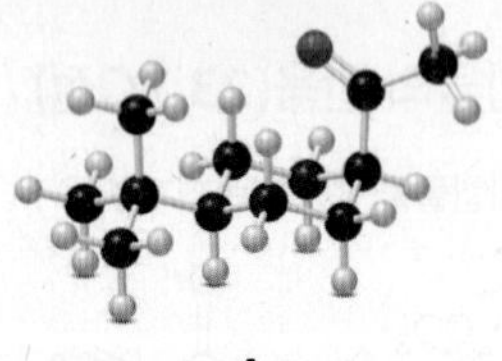
A

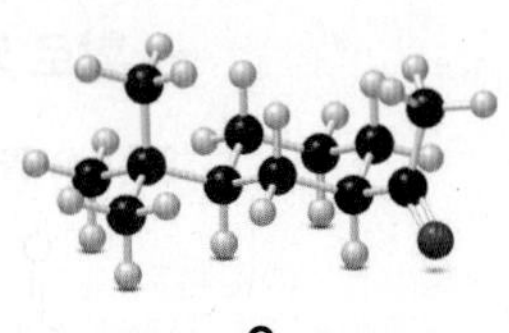
C

엔올, 엔올 음이온과 산성 양성자

23.31 다음 각 화합물의 엔올 토토머를 그려라.

a. 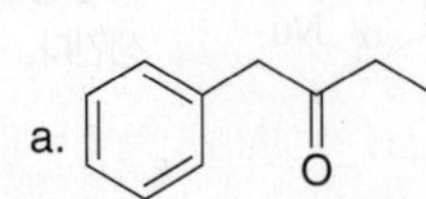 b. 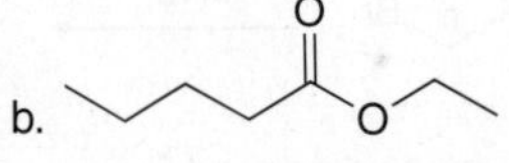 c. (모노 엔올형)

23.32 펜테인-2,4-다이온과 아세토아세트산 에틸은 둘 다 단일 탄소 원자에 의해 분리된 두 개의 카보닐기가 있다. 펜테인-2,4-다이온의 평형 혼합물은 76%의 엔올형을 포함하고 있으나, 아세토아세트산 에틸의 평형 혼합물에는 단지 8%의 엔올형을 포함할 뿐이다. 이 차이에 대한 이유를 설명하라.

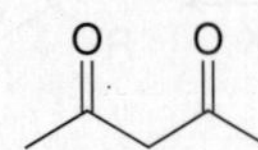
펜테인-2,4-다이온

아세토아세트산 에틸

23.33 각 쌍의 카보닐 화합물 가운데 어느 것이 더 높은 비율의 엔올 토토머가 생기는가?

a. 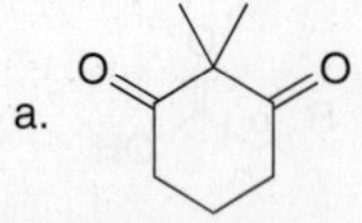 또는

b. 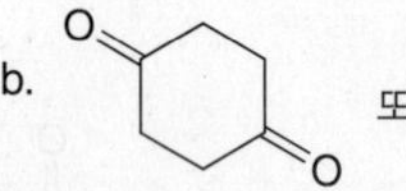 또는

23.34 각 화합물에서 pK_a ≤ 25인 수소 원자는 어떤 것인가?

a. b. c.

23.35 각 화합물에 표시한 수소를 산도가 증가하는 순서대로 나열하라.

a. b.

23.36 각 화합물을 LDA로 처리하였을 때 주로 얻어지는 엔올 음이온(또는 탄소 음이온)은 어떤 것인가?

a. 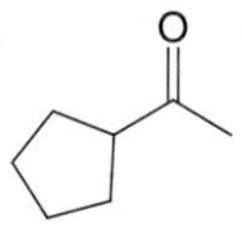 b. 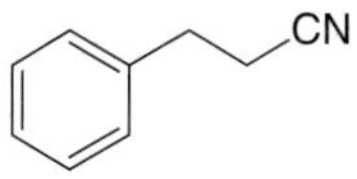 CN c. 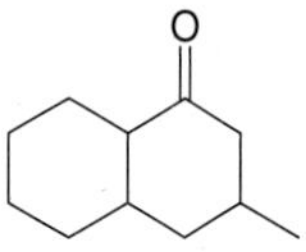 d.

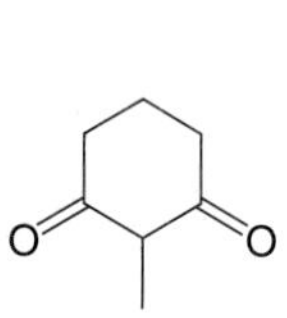

23.37 1-아세틸사이클로헥센에서 H_a 양성자의 pK_a가 H_b 양성자의 pK_a보다 더 높은 값을 가지는 이유는 무엇인가?

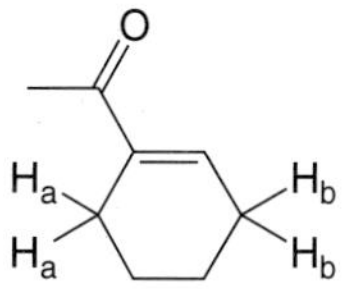

1-아세틸사이클로헥센

23.38 아사이클로비르(acyclovir)는 단순성 포진 바이러스(herpes simplex virus)를 치료하는 데 사용하는 효과적인 항바이러스제이다. (a) 아사이클로비르의 엔올형을 그리고 이것이 왜 방향족인지 설명하라. (b) 아사이클로비르는 엔올형이 방향족인데도 불구하고 왜 케토형으로 그리는가?

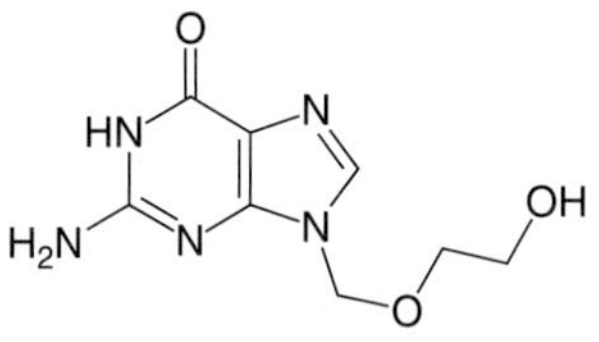

아사이클로비르

23.39 펜테인-2,4-다이온을 염기로 처리할 때, 염기의 당량이 1에서 2로 증가하면, 서로 다른 두 알킬화 생성물(**A** 또는 **B**)이 얻어지는 이유를 설명하라.

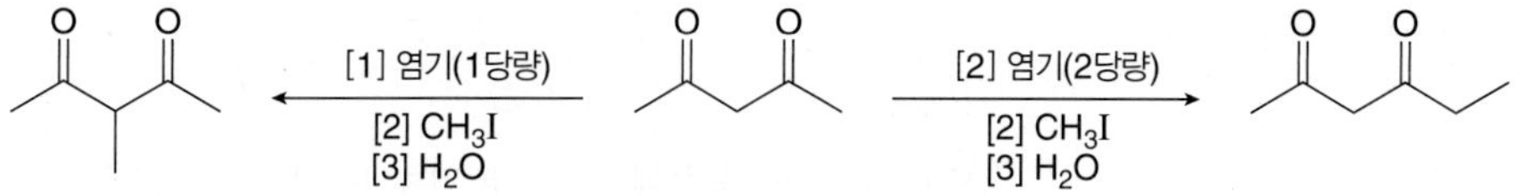

A ← [1] 염기(1당량) [2] CH_3I [3] H_2O — 펜테인-2,4-다이온 — [2] 염기(2당량) [2] CH_3I [3] H_2O → B

23.40 비타민 C는 안정한 엔다이올이다. 엔다이올과 평형에 있는 두 가지의 케토 토토머의 구조를 그리고 왜 엔다이올이 다른 토토머보다 더 안정한지를 설명하라.

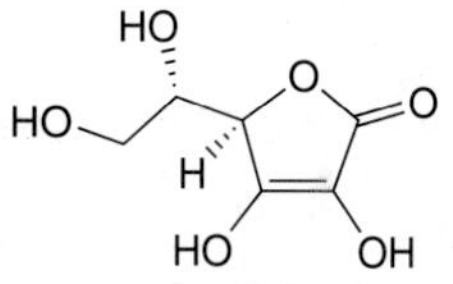

비타민 C
엔다이올의 일종

할로젠화

23.41 펜탄-2-온($CH_3COCH_2CH_2CH_3$)의 산 촉매 브로민화 반응에서는 $BrCH_2COCH_2CH_2CH_3$ (**A**)와 $CH_3COCH(Br)CH_2CH_3$ (**B**)의 두 생성물이 얻어진다. Br 원자가 카보닐기의 더 많이 치환된 쪽에 있는 **B**가 주생성물인 이유를 설명하라.

23.42 각 반응에 대하여 단계별 메커니즘을 그려라.

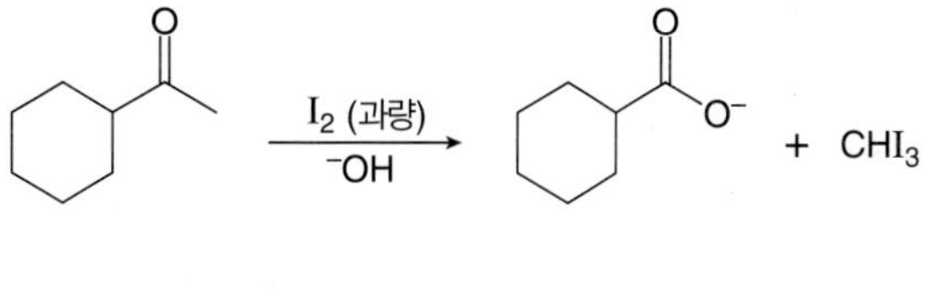

I_2 (과량), ^-OH → + CHI_3

말론산 에스터 합성

23.43 말론산 에스터 합성을 이용하여 각 카복실산을 만들 때 어떤 할로젠화 알킬이 필요한가?

a. 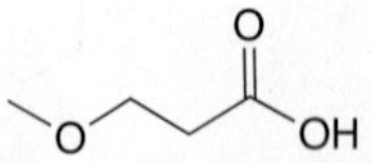 b. 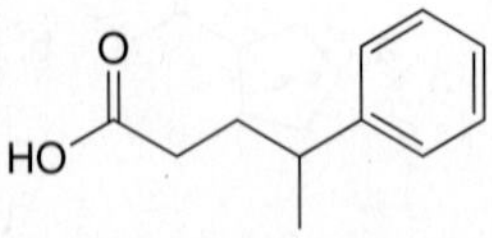 c.

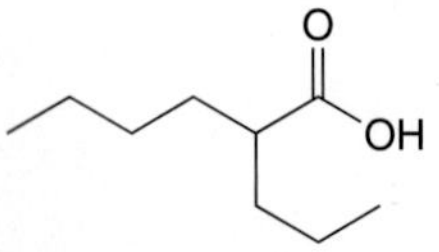

23.44 말론산 에스터 합성을 이용하여 다음의 각 카복실산을 합성하라.

a. 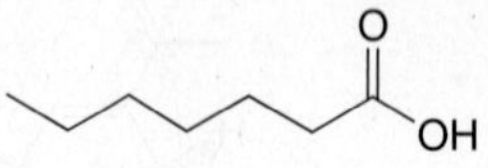 b.

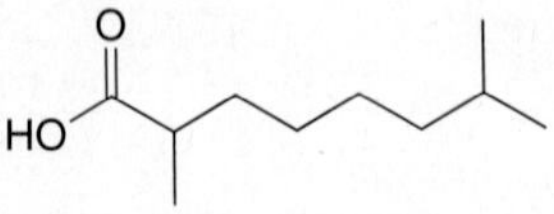

23.45 말론산 에스터 합성법을 이용하여 간질병 발작을 치료하는 데 사용하는 의약품인 발프로산[valproic acid, $(CH_3CH_2CH_2)_2CHCO_2H$]의 합성을 고안하라.

23.46 말론산 다이에틸로부터 각 화합물을 합성하라. 다른 유기 또는 무기 시약을 사용할 수 있다.

a. 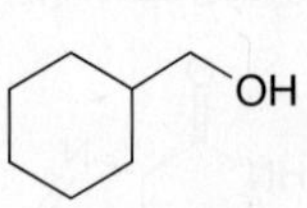 b.

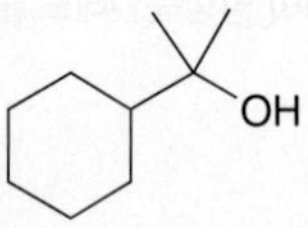

23.47 말론산 다이에틸에서 생기는 엔올 음이온은 다양한 친전자체(할로젠화 알킬만은 아닌)와 반응하여 새로운 탄소–탄소 결합을 이룰 수 있다. 이 사실을 염두에 두고 $Na^{+-}CH(COOEt)_2$가 각 친전자체와 반응하고 이어서 H_2O와 반응하였을 때 생기는 생성물의 구조를 그려라.

a.  b. 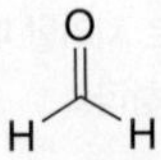 c. 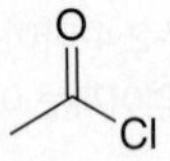 d.

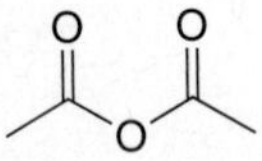

아세토아세트산 에스터 합성

23.48 아세토아세트산 에스터 합성을 이용하여, 다음의 각 케톤을 얻기 위하여 필요한 할로젠화 알킬은 무엇인가?

a. 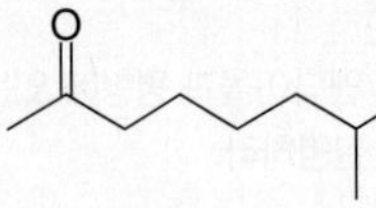 b. 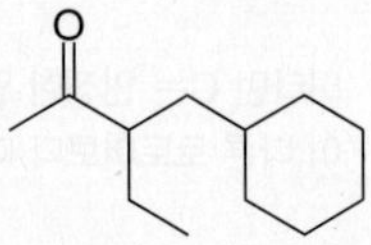 c.

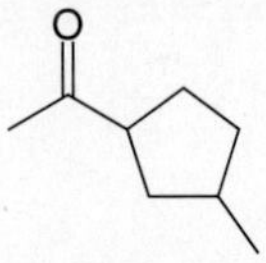

23.49 아세토아세트산 에틸로부터 다음의 각 화합물을 합성하라. 다른 유기 또는 무기 시약을 사용할 수 있다.

a. 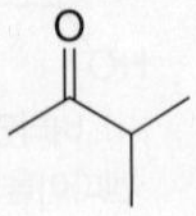 b.

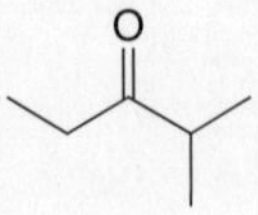

반응

23.50 각 반응에서 생성되는 유기 생성물을 그려라.

a. 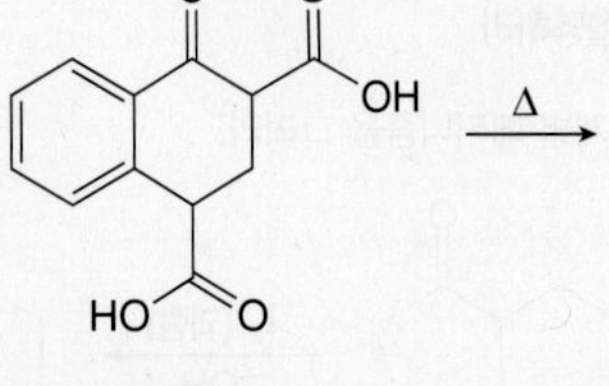 $\xrightarrow{\Delta}$

e. 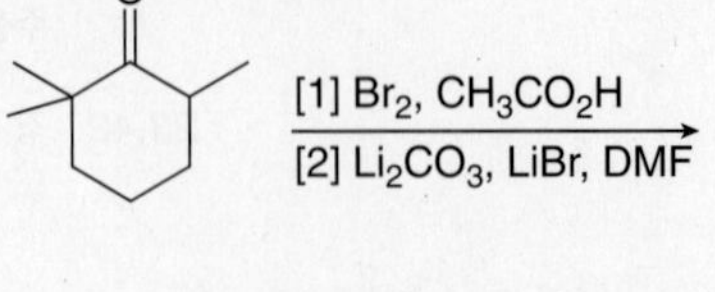 $\xrightarrow[\text{[2] } Li_2CO_3\text{, LiBr, DMF}]{\text{[1] } Br_2\text{, } CH_3CO_2H}$

b. 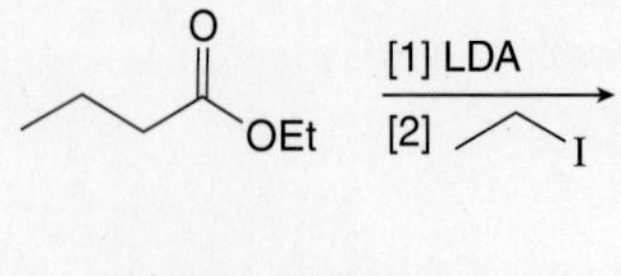 $\xrightarrow[\text{[2] } CH_3CH_2I]{\text{[1] LDA}}$

f. 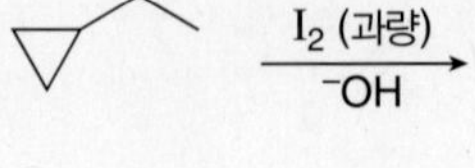 $\xrightarrow[^-OH]{I_2\text{ (과량)}}$

c. (isopropylamine, NH_2) →

g. Cl–(CH₂)₅–CN —NaH→ C_6H_9N

d. [1] LDA [2] CH₃CH₂I →

h. —Br_2 (과량), ^{-}OH→

23.51 각 반응에서 생성되는 유기 생성물을 그려라(입체화학을 포함하여).

a. [1] LDA [2] CH₃CH₂CH₂Cl →

b. [1] LDA [2] CH₃CH(H)(D)I →

c. [1] LDA [2] CH_3I →

23.52 a. *p*-아이소뷰틸벤즈알데하이드(*p*-isobutylbenzaldehyde)를 진통제인 이부프로펜(ibuprofen)으로 변환시키는 다음의 단계별 반응에서 반응 중간체인 **A**~**C**의 구조를 쓰라.

p-아이소뷰틸벤즈알데하이드 —$NaBH_4$, CH_3OH→ **A** —[1] PBr_3 [2] NaCN→ **B** —[1] LDA [2] CH_3I→ **C** —H_3O^+, Δ→ 이부프로펜

b. 1 당량의 LDA와 CH_3I와 반응시키는 **D**의 직접 알킬화 반응은 이부프로펜을 생성하지 않는다. 이 직접 알킬화 반응의 생성물은 무엇인가? 이 생성물이 어떻게 생성되는지 설명하라.

D

23.53 마약성 진통제인 메페리딘(meperidine, 상품명 Demerol) 합성의 주요 단계는 페닐아세토나이트릴을 X로 변환시키는 것이다. (a) X의 구조는 무엇인가? (b) 무슨 반응이 X를 메페리딘으로 변환시키는지 답하라.

페닐아세토나이트릴 —2 NaH, ClCH₂CH₂N(CH₃)CH₂CH₂Cl→ **X** ($C_{13}H_{16}N_2$) → 메페리딘

23.54 상품명이 플라빅스(Plavix)인 클로피도그렐(clopidogrel)은 심장 발작이나 뇌졸증의 병력을 가진 환자의 혈전 형성을 막는 데 사용되는 약품이다. 클로피도그렐의 단일 거울상이성질체는 카이랄인 α-하이드록시산 **A**로부터 3단계의 과정으로 만들 수 있다. 다음의 반응 과정에서 **B**와 **C**의 구조를 쓰라. 그리고, 이 반응 경로에서 형성된 거울상이성질체의 배열을 R 또는 S로 나타내라.

A —CH_3OH, H_2SO_4→ **B** —TsCl, 피리딘→ **C** —(thienopyridine, NH)→ 클로피도그렐 (단일의 거울상이성질체)

23.55 분자내 알킬화 반응을 이용하여 케톤 **A**를 **B** 또는 **C**로 변환시킬 때 필요한 반응 조건—염기, 용매 및 온도—은 무엇인가?

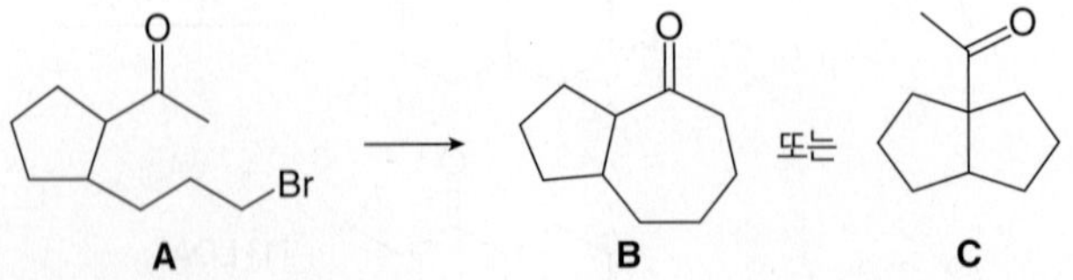
Br
또는
A
B
C

메커니즘

23.56 이부프로펜은 라셈 혼합물 형태로 판매되고 있으나, *S* 거울상이성질체만 진통제로 작용한다. 그러나 인체에서는 *R* 거울상이성질체의 일부가 엔올형으로 토토머화되어 *S* 거울상이성질체로 변환된다. 그 다음 양성자화가 일어나서 카보닐 화합물로 재생된다. 이 이성질화 반응에 대한 단계별 메커니즘을 쓰라.

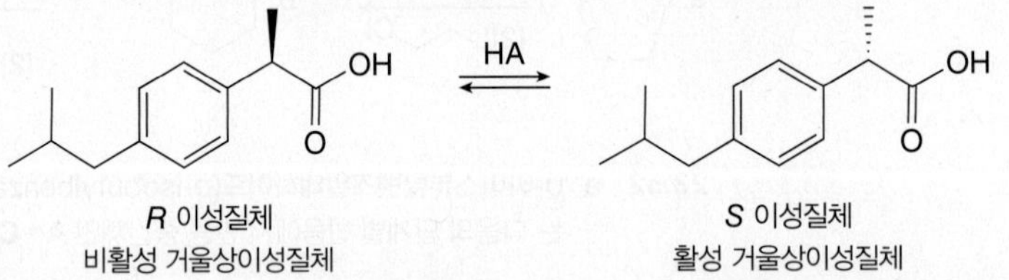
OH
HA
OH
R 이성질체
비활성 거울상이성질체
S 이성질체
활성 거울상이성질체

23.57 다음 반응에서 두 개의 알킬화 생성물이 어떻게 생기는지를 보여주는 단계별 메커니즘을 그려라.

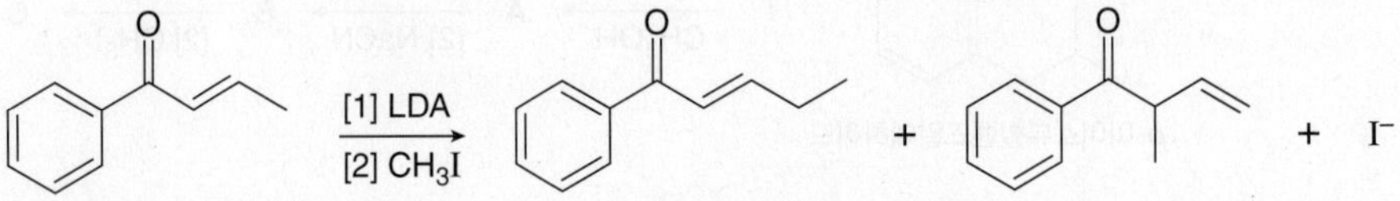
[1] LDA
[2] CH3I
+
+ I⁻

23.58 다음 반응의 단계별 메커니즘을 그려라.

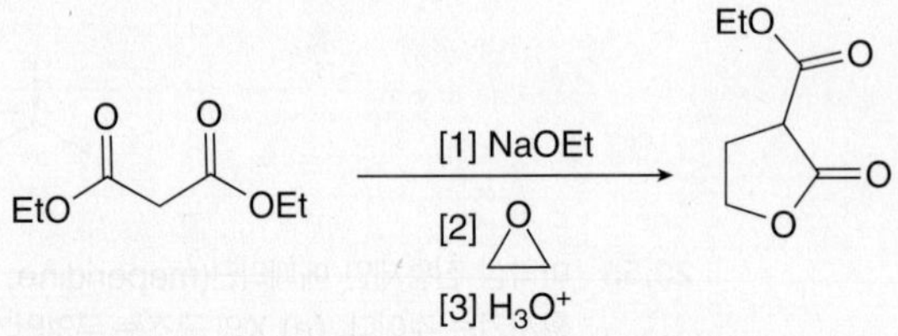
EtO
OEt
[1] NaOEt
[2]
[3] H3O+
EtO

23.59 α,β-불포화 카보닐 화합물 **X**를 염기와 반응시키면 부분입체이성질체인 **Y**가 생성된다. 이 반응에 대한 단계별 반응 메커니즘을 쓰라. 한 개의 입체발생 중심의 배열이 변하지만 다른 입체발생 중심은 변하지 않는 이유를 설명하라.

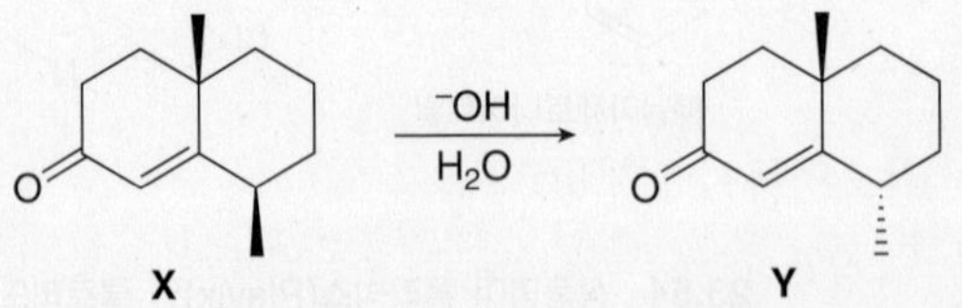
⁻OH
H2O
X
Y

23.60 각각의 생성물이 어떻게 생기는지를 보여주는 단계별 메커니즘을 그려라.

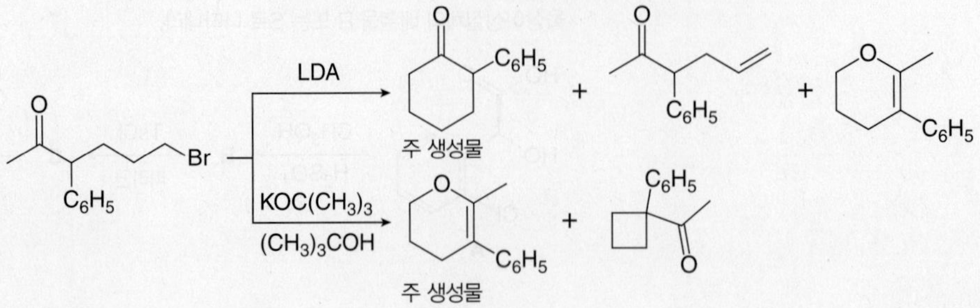
C6H5
Br
LDA
KOC(CH3)3
(CH3)3COH
C6H5
주 생성물
+
C6H5
+
C6H5
C6H5
주 생성물
+
C6H5

23.61 열대와 아열대 지역에서 발견되는 다년생 초본인 베티버(vetiver)의 주성분인 β-베티본(β-vetivone)의 합성에서 중요한 단계는 화합물 **A**와 다이할라이드 **B**가 2당량의 LDA와 함께 반응하여 **C**가 생성되는 것이다. 이 반응의 단계별 메커니즘을 그려라. 베티본은 고리 두 개가 탄소 원자 한 개를 공유하는 스파이로(spiro) 고리가 있다.

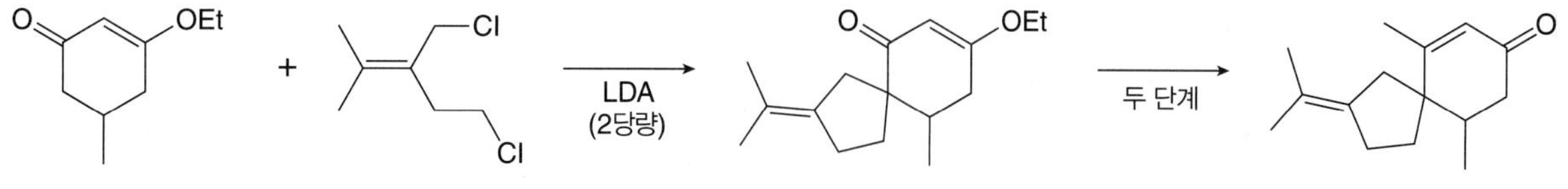

O OEt + Cl Cl → LDA (2당량) → O OEt → 두 단계 → O

A B C β-베티본

합성

23.62 (a) 분자 내 알킬화 반응을 통해서 **A**를 만들 수 있는 두 개의 다른 할로젠화 케톤을 그려라. (b) 아세토아세트산 에스터 합성을 이용하여 **A**를 어떻게 합성할 수 있나?

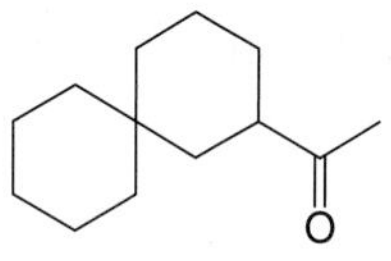

O

A

23.63 각 화합물을 사이클로헥산온과 탄소 수가 네 개 이하인 할라이드 화합물로부터 합성하라. 무기 시약은 아무거나 사용할 수 있다.

a. 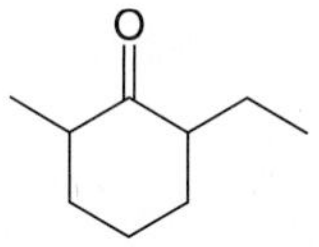 O b. 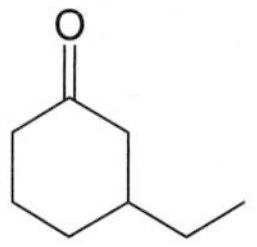 O c. 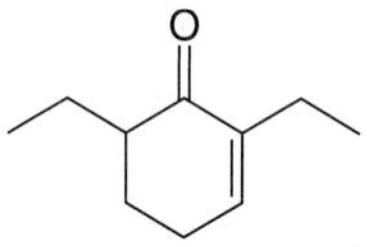 O

23.64 지반(Zyban)이라는 상품명으로 판매된 부프로피온(bupropion)은 1997년 금연을 돕는 데 사용 승인된 우울증 치료제이다. 벤젠과 다섯 개 이하의 탄소를 갖는 유기 화합물과 필요한 무기 시약으로부터 부프로피온의 합성을 고안하라.

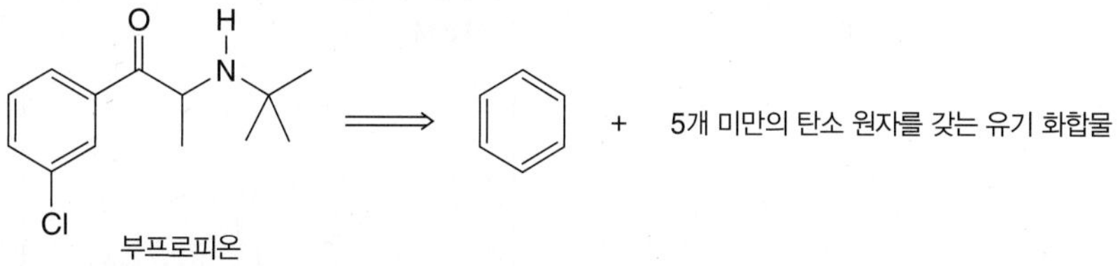

O H N Cl ⟹ + 5개 미만의 탄소 원자를 갖는 유기 화합물

부프로피온

23.65 유방암의 재발을 감소시키기 위해 사용하는 약(22.18절)인 아나스트로졸(anastrozole)을 주어진 화합물로부터 합성하는 방법을 제안하라. 어떤 유기 화합물과 무기 시약을 사용해도 좋다.

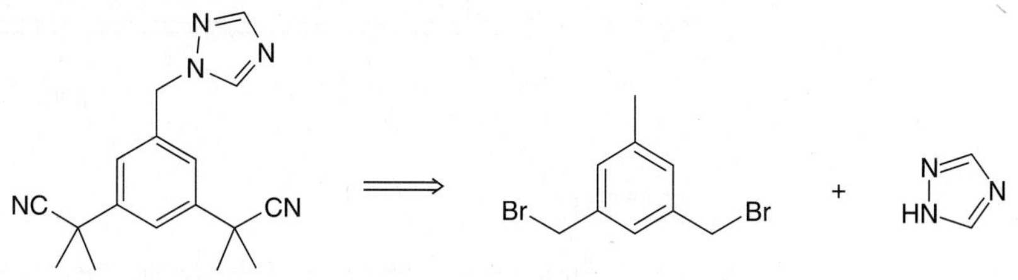

N N N NC CN ⟹ Br Br + N N HN

아나스트로졸

23.66 아세토아세트산 에틸($CH_3COCH_2CO_2Et$)과 주어진 출발물로부터 각 (*Z*)-헵트-5-엔-2-온[(*Z*)-hept-5-en-2-one]을 합성하라. 다른 유기 시약이나 필요한 무기 시약은 아무거나 사용할 수 있다.

Br → O

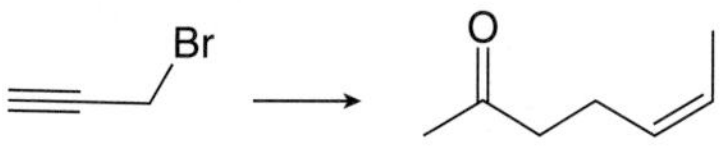

(*Z*)-헵트-5-엔-2-온

23.67 케톤 **A**를 LDA와 반응시킨 후 이어서 CH_3CH_2I로 처리하였더니 원하는 알킬화 생성물 **B**가 얻어지지 않았다. 어떠한 생성물이 대신 생겼는가? **A**를 **B**로 변환시킬 수 있는 다단계 방법을 고안하라. **B**는 항암제인 타목시펜의 합성에 사용되는 중간체이다(23.8C절과 23장의 도입부에 소개된 분자).

HO … **A** ⟶ HO … **B**

23.68 고추의 매운맛 성분인 캡사이신은 아민 **X**와 산 염화물 **Y**로부터 합성할 수 있다. (*E*)-6-메틸헵트-4-엔-1-올 [$(CH_3)_2CHCH{=}CH(CH_2)_3OH$], $CH_2(CO_2Et)_2$와 필요한 무기 시약으로부터 **Y**를 합성하는 방법을 제안하라. 어떠한 유기 시약도 사용 가능하다.

X + **Y** ⟶ 캡사이신

분광법

23.69 **W**를 CH_3Li로 처리하고 이어서 CH_3I로 처리하면 화합물 **Y** ($C_7H_{14}O$)가 주로 얻어진다. **Y**의 IR 스펙트럼은 1713 cm^{-1}에서 강한 흡수를 보이고 있으며, 그 ^1H NMR 스펙트럼은 아래에 나와 있다. (a) **Y**의 구조를 제안하라. (b) **W**가 **Y**로 변환되는 과정에 대한 단계별 메커니즘을 그려라.

W —[1] CH_3Li, [2] CH_3I→ **Y**

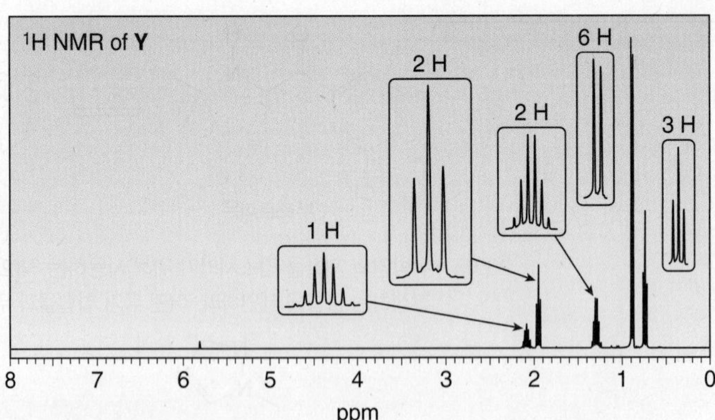

도전 문제

23.70 왜 H_a가 H_b보다 훨씬 덜 산성인지를 설명하라. 다음 반응의 메커니즘을 그려라.

H_b CO_2CH_3 … H_a —[1] $NaOCH_3$, [2] (Br), [3] H_2O→ CO_2CH_3 …

23.71 다음 반응의 단계별 메커니즘을 그려라.

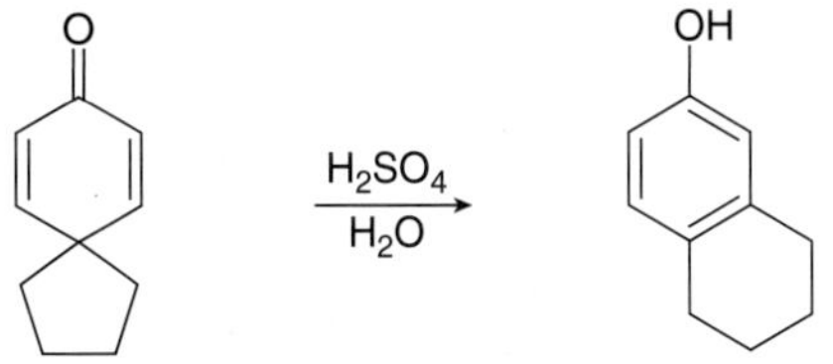

H_2SO_4 / H_2O

23.72 β-베티본의 합성에서 마지막 단계(문제 23.63)는 **C**를 CH_3Li로 처리하여 중간체 **X**를 얻은 후, 이를 수용성 산으로 처리하여 β-베티본을 얻는 것이다. **X**의 구조는 무엇인가? **X**가 β-베티본으로 변환되는 과정의 메커니즘을 그려라.

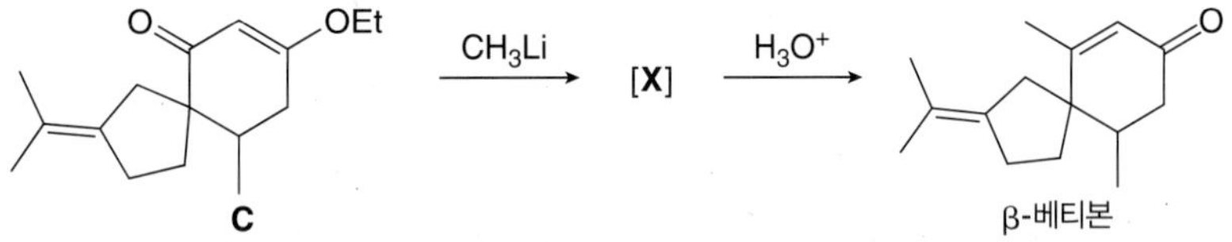

C —CH_3Li→ [**X**] —H_3O^+→ β-베티본

23.73 12장의 용해성 금속 환원 반응으로 알카인을 알켄으로 환원시키는 반응 메커니즘을 마음속에 그리면서, 다음 반응의 단계별 메커니즘을 쓰라. 이 반응은 α,β-불포화 카보닐 화합물을 α-탄소에 새로운 알킬기가 있는 카보닐 화합물로 변환시키는 과정이다.

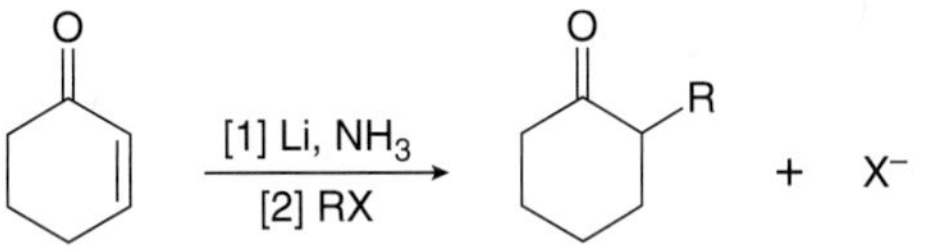

[1] Li, NH_3 / [2] RX → + X^-

23.74 소화기 장애 치료에 사용되는 광학 활성인 약인 (−)-히오시아민[(−)-hyoscyamine]은 벨라도나 식물(*Atropa belladonna*)에서 염기성 수용액으로 추출하여 분리한다. 분리 과정에서 너무 많은 염기를 사용하면 광학 활성이 없는 물질을 얻는다. (a) 단계적 메커니즘을 그려서 이 결과를 설명하라. (b) 호주의 노랑꼬리꽃(tailflower)에서 분리한 이성질체인 리토린(littorine)은 분리 과정에서 염기의 사용량과 관계없이 순수한 광학 활성이 유지되는지 설명하라.

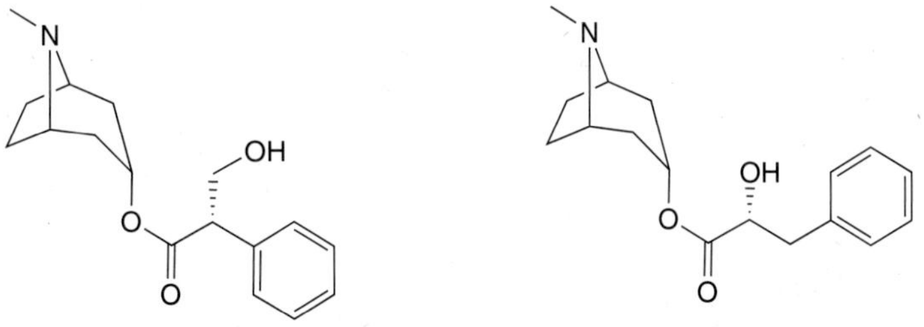

(−)-히오시아민

(−)-리토린

Chapter

24 카보닐 축합 반응
Carbonyl Condensation Reactions

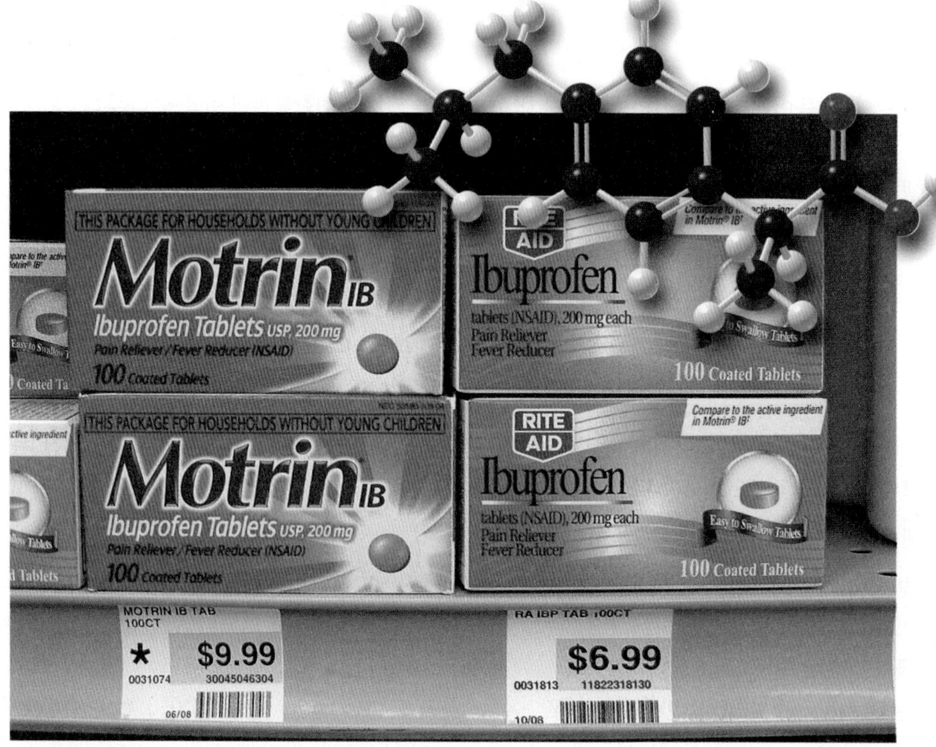

이부프로펜(ibuprofen)은 모트린(Motrin)과 애드빌(Advil)이라는 상품명으로 알려진 진통제의 일반명이다. 아스피린처럼 이부프로펜은 아라키돈산(arachidonic acid)으로부터 프로스타글란딘의 합성을 막아 줌으로써 소염제로 작용한다. 이부프로펜을 상업적으로 합성하는 한 가지 방법은 친핵성 엔올 음이온을 친전자성 카보닐기와 반응시키는 것이다. 24장에서는 엔올 음이온과 카보닐 친전자체와의 탄소–탄소 결합 형성 반응에 대하여 공부하고자 한다.

24장에서는 두 카보닐 화합물 사이의 반응인 **카보닐 축합**(carbonyl condensation)을 다룬다. 카보닐 축합은 카보닐기의 α 탄소에서 일어나는 두 번째 종류의 반응이다. 24장에서 소개하는 많은 반응들은 이미 배운 원리를 응용하는 것이다. 많은 반응이 앞에 나온 반응보다 더 복잡하게 보이나, 기본적으로는 같은 반응이다. 친핵체가 친전자성 카보닐기를 공격하면 카보닐 출발물의 구조에 따라서 친핵성 첨가 또는 치환 생성물이 얻어진다.

24장의 모든 반응에서는 카보닐기의 α 위치에서 새로운 탄소-탄소 결합이 생성되므로 이 반응은 복잡한 천연물의 합성에 매우 유용하다.

24.1 알돌 반응

24장에서는 엔올 음이온(enolate)의 두 번째 반응인 **다른 카보닐 화합물과의 반응**을 다룬다. 이 반응에서는 한 카보닐 화합물이 친핵체로, 다른 하나는 친전자체로 작용하여 새로운 탄소-탄소 결합이 생성된다.

엔올 음이온 + 다른 카보닐 분자 ⟶ 새로운 C−C 결합(붉은색)

친핵체 **친전자체**

친전자성 카보닐 탄소에서 이탈기의 존재 여부가 생성물의 구조를 결정한다. 이 반응은 약간 복잡하게 보이나, 21장과 22장에서 다룬 친핵성 첨가 및 친핵성 아실 치환과 비슷하다. 이 장에서 공부할 네 가지 종류의 반응은 다음과 같다.

- 알돌 반응(24.1~24.4절)
- 클라이젠(Claisen) 반응(24.5~24.7절)
- 마이클(Michael) 반응(24.8절)
- 로빈슨(Robinson) 고리만듦 반응(24.9절)

24.1A 알돌 반응의 일반적 특징

알돌 반응(aldol reaction)에서는 염기가 있을 때 알데하이드 또는 케톤의 두 분자가 서로 반응하여 β-하이드록시 카보닐(b-hydroxy carbonyl) 화합물을 생성한다. 예로 아세트알데하이드(acetaldehyde)를 수용성 ⁻OH로 처리하면, β-하이드록시 알데하이드(b-hydroxy aldehyde)인 3-하이드록시뷰탄알(3-hydroxybutanal)이 얻어진다.

알돌 생성물에는 알데하이드(**ald**ehyde)와 알코올(alcoh**ol**)이 들어 있으므로 **알돌**(aldol)이라는 이름이 생겼다.

2 아세트알데하이드 ⇌ (^-OH, H_2O; 알돌 반응) 3-하이드록시 알데하이드

β-하이드록시 카보닐 화합물

새로운 C−C 결합(붉은색)

알돌 반응의 메커니즘은 메커니즘 24.1에서처럼 세 단계로 이루어져 있다. 친핵성 엔올 음이온이 친전자성 카보닐 탄소와 반응하면, 단계 [2]에서 탄소-탄소 결합이 생성된다.

알돌 반응은 가역적 평형이므로 평형의 위치는 염기와 카보닐 화합물에 달려 있다. ⁻OH는 알돌 반응에서 흔히 사용하는 염기이다. 23.3B절에서 ⁻OH를 사용하면 엔올 음이온이 매우 적은 양만큼 생성된다고 배웠다. 이 경우에는 메커니즘의 두 번째 단계에서 출발물인 알데하이드가 엔올 음이온과 반응해야 하므로 적은 양의 엔올 음이온이 생겨도 괜찮다.

메커니즘 24.1 알돌 반응

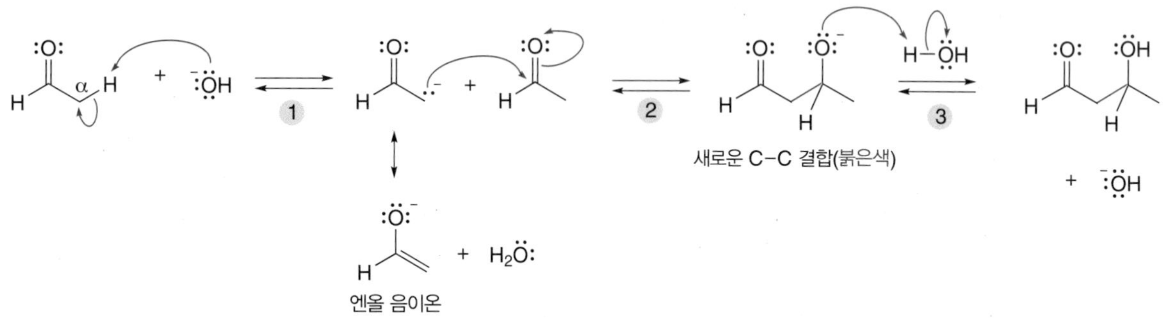

① 염기가 α 탄소의 수소를 제거하여 **공명 안정화된 엔올 음이온**이 생긴다.

② 친핵성 엔올 음이온이 다른 알데하이드의 친전자성 카보닐 탄소를 공격하여 새로운 탄소–탄소 결합이 생성된다.

③ 알콕시화 음이온에 양성자가 첨가되어 **β-하이드록시 알데하이드**가 생성된다.

알돌 반응은 알데하이드나 케톤 둘 다 가능하다. 알데하이드의 경우, 평형에서는 생성물의 생성이 유리하나 케톤의 경우에는 출발물이 더 많이 존재한다. 이 경우 평형을 오른쪽으로 치우치게 할 수 있는 방법이 있으므로, 출발물이 알데하이드든 케톤이든 상관없이 알돌 생성물을 그릴 수 있다.

- 알데하이드 또는 케톤의 특징적 반응은 친핵성 첨가이다(21.7절). 알돌 반응은 엔올 음이온이 친핵체인 친핵성 첨가이다. 그림 24.1의 비교를 보라.

알돌 반응의 두 번째 예에서는 출발물로서 프로판알을 사용한다. 알돌 반응에 참여하는 알데하이드의 두 분자가 반대 방향으로 반응한다.

- 프로판알 한 분자는 전자가 풍부한 친핵체인 엔올 음이온이 된다.
- 프로판알 한 분자는 카보닐 탄소에 전자가 부족하므로 친전자체로 작용한다.

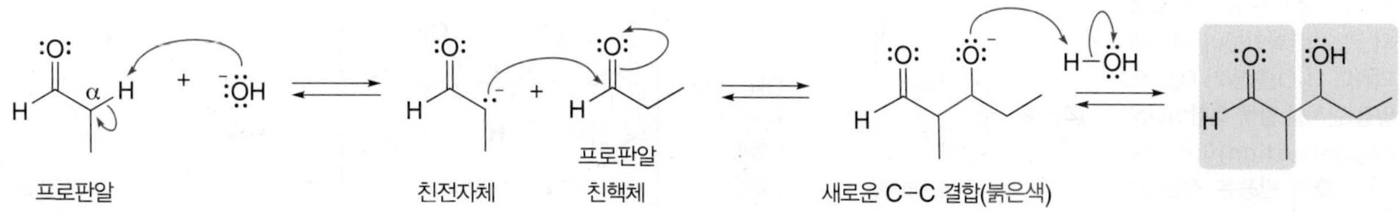

그림 24.1
알돌 반응 – 친핵성 첨가의 예

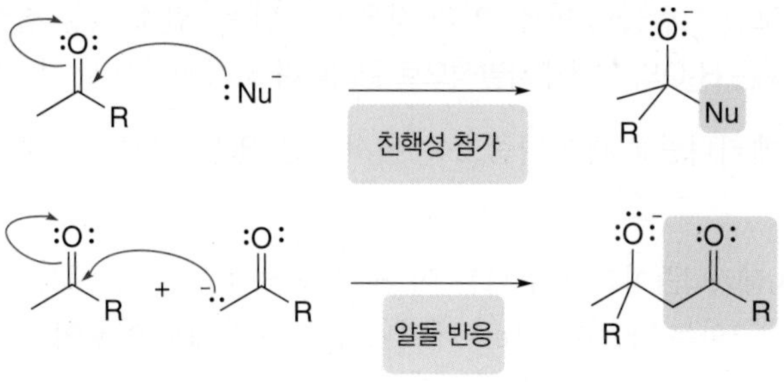

- 알데하이드와 케톤은 친핵성 첨가 반응을 한다. 알돌 반응에서는 엔올 음이온이 카보닐기에 첨가되는 친핵체이다.

이 두 예는 알돌 반응의 일반적 특징을 나타내고 있다. 한 카보닐 한 분자의 α 탄소가 다른 한 분자의 α 탄소가 카보닐 탄소와 결합한다.

문제 24.1 다음의 각 화합물에서 생성되는 알돌 생성물을 그려라.

문제 24.2 다음의 카보닐 화합물 중에서 H_2O에서 ^-OH와 반응시켰을 때 알돌 반응을 하지 않는 것은 어느 것인가?

24.1B 알돌 생성물의 탈수

알돌 반응에서 생기는 β-하이드록시 카보닐 화합물은 다른 알코올보다 더 쉽게 탈수한다. 사실, 염기 반응 조건에서는 처음 생기는 알돌 생성물이 분리되지 않는다. 대신에, 알돌 생성물은 α와 β 탄소에서 H_2O를 잃고 α,β-불포화 카보닐 화합물이 생긴다.

β-하이드록시 카보닐 화합물을 포함하여 모든 알코올은 산이 있으면 탈수된다. β-하이드록시 카보닐 화합물만이 염기가 존재할 때 탈수된다.

처음에 생기는 β-하이드록시 카보닐 화합물이 탈수에 의하여 H_2O를 잃기 때문에, 알돌 반응을 **알돌 축합**(aldol condensation)이라고도 한다. **축합 반응은 작은 분자, 이 경우에는 H_2O가 반응 도중에 제거되는 반응이다.**

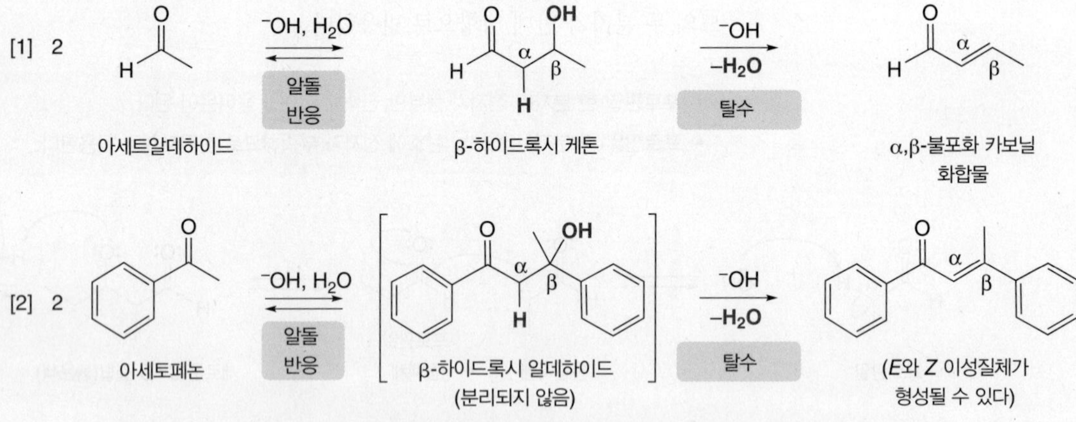

알돌 반응 조건에서 β-하이드록시 카보닐 화합물을 분리할 수도 있고 못할 수도 있다. α,β-불포화 카보닐 화합물이 반응 [2]의 경우처럼 탄소–탄소 이중 결합 또는 벤젠 고리와 콘쥬게이션된 경우에는 H_2O의 제거가 자발적으로 일어나며 β-하이드록시 카보닐 화합물을 분리할 수 없다.

E1 제거처럼, E1cB도 두 단계가 필요하다. 그러나 E1과 다르게 E1cB에서의 중간체는 탄소 양이온이 아니라 탄소 음이온(carbanion)이다. E1cB는 **제거**(elimination), **일분자**(unimolecular), **짝염기**(conjugate base)를 의미한다.

탈수 메커니즘은 메커니즘 24.2에서처럼, 양성자 이탈 후 ^-OH의 제거라는 두 단계로 이루어져 있다.

E1cB 메커니즘이라고 부르는 이 제거 메커니즘은 8장에서 다룬 더 일반적인 제거 메커니즘인 E1 및 E2와는 다르다. E1cB 메커니즘은 두 단계로 이루어져 있고 음이온 중간체를 거친다.

메커니즘 24.2 염기를 사용한 β-하이드록시 카보닐 화합물의 탈수

공명 안정화된 엔올 음이온

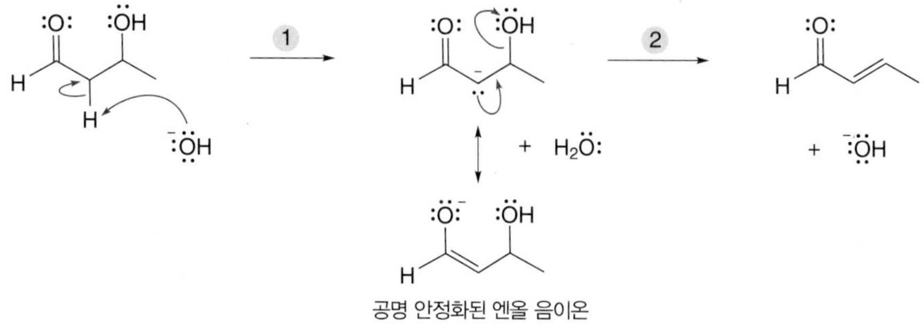

① 염기가 탄소로부터 수소를 제거하면 공명 안정화된 엔올 음이온이 얻어진다.

② 엔올 음이온의 전자쌍이 π 결합을 이루면서 OH^-가 제거된다.

하이드록시기는 나쁜 이탈기이므로 보통의 알코올은 염기가 아니라 산이 있을 때에만 탈수된다. 그러나 하이드록시기가 카보닐기의 β 위치에 있는 경우에는, α와 β 탄소로부터 H와 OH가 제거되어 **콘쥬게이션 이중 결합**을 형성한다. 콘쥬게이션계의 안정성 때문에 나쁜 이탈기가 제거될 수 있다.

처음 생긴 β-하이드록시 카보닐 화합물의 탈수로 인하여 알돌 반응의 평형이 오른쪽으로 치우치게 되어 생성물의 생성이 유리하게 된다. 일단 콘쥬게이션 α,β-불포화 카보닐 화합물이 생기면, β-하이드록시 카보닐 화합물이 다시 생성되지는 않는다.

문제 24.3 각 β-하이드록시 카보닐 화합물의 탈수에서 어떤 불포화 카보닐 화합물이 생성되는가?

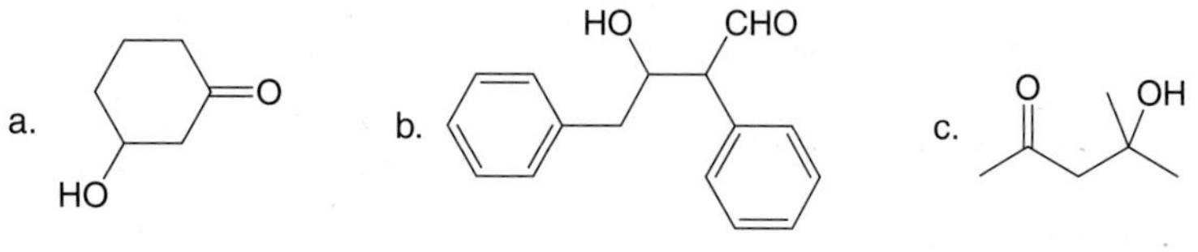

a. b. c.

문제 24.4 β-하이드록시 카보닐 화합물의 산 촉매 탈수 반응은 9.8절에서 논의한 메커니즘을 따라 진행된다. 이것을 염두에 두고 다음 반응에 대한 단계별 메커니즘을 그려라.

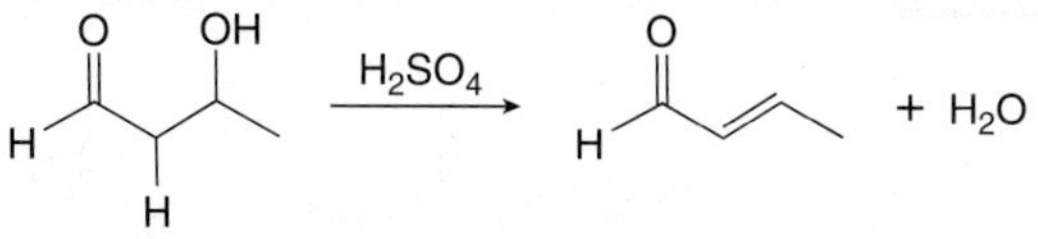

H_2SO_4 + H_2O

24.1C 역합성 분석

합성에서 알돌 반응을 이용하기 위해서는, 특정한 β-하이드록시 카보닐 화합물 또는 α,β-불포화 카보닐 화합물을 얻기 위하여 어떤 알데하이드 또는 케톤이 필요한지를 알아야 한다—즉 역합성 방향인 역순으로 생각하여야 한다.

해결 방법 알돌 반응을 이용하여 화합물을 합성하는 방법

예 알돌 반응으로 각 화합물을 만들기 위하여 어떤 출발물이 필요한가?

a. b.

단계 [1] 카보닐기의 α와 β 탄소의 위치를 파악한다.

- 카보닐기에 있는 두 α 탄소가 다른 경우에는, OH기가 있는 쪽(β-하이드록시 카보닐 화합물에서) 또는 C=C가 있는 쪽(α,β-불포화 카보닐 화합물에서)을 택한다.

단계 [2] α와 β 탄소 사이에서 분자를 두 성분으로 나눈다.

- α 탄소와 이 탄소와 결합하는 나머지 모든 원자가 한 카보닐 성분에 속한다. β 탄소와 이 탄소와 결합하는 나머지 모든 원자가 다른 카보닐 성분에 속한다. 두 성분 모두 지금까지 본 알돌에서는 동일하다.

a. 표시된 결합에서 분자를 두 쪽으로 쪼갠다.

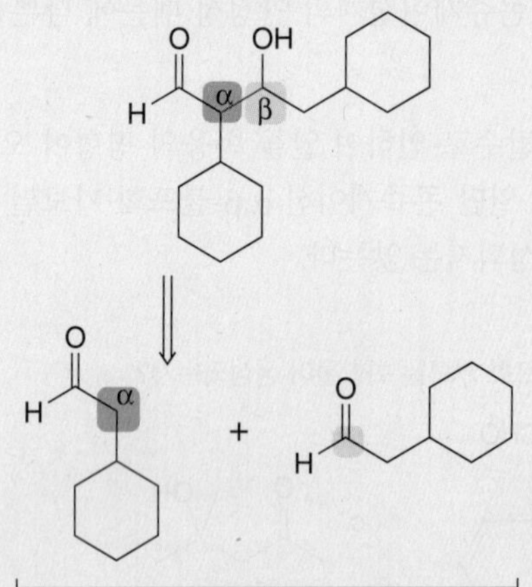

b. 표시된 결합에서 분자를 두 쪽으로 쪼갠다.

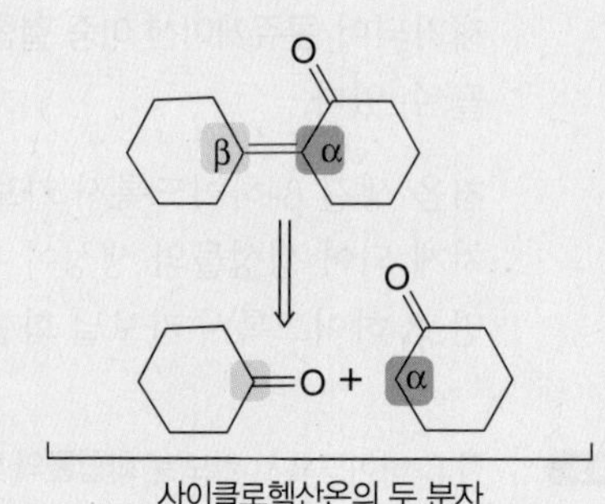

문제 24.5 알돌 반응에 의하여 각 화합물을 만들려고 한다. 어떤 알데하이드 또는 케톤이 필요한가?

a. OH, CHO b. OH, C_6H_5, C_6H_5, CHO c. O

24.2 교차 알돌 반응

지금까지 논의된 모든 알돌 반응에서는 친전자성 카보닐과 친핵성 엔올 음이온이 같은 알데하이드 또는 케톤에서 유래하였다. 그러나 어떤 경우에서는 두 개의 다른 카보닐 화합물 사이에서 알돌 반응을 하는 것이 가능하다.

- 서로 다른 두 카보닐 화합물 사이의 알돌 반응을 교차 알돌 반응(crossed aldol reaction) 또는 혼합 알돌 반응(mixed aldol reaction)이라고 한다.

24.2A α H 원자가 둘 다 있는, 서로 다른 두 알데하이드 사이의 교차 알돌 반응

α H 원자가 둘 다 있는, 서로 다른 두 알데하이드가 알돌 반응에서 합쳐지면 네 개의 다른 β-하이드록시 카보닐 화합물이 생성된다. 한 개가 아닌 네 개의 생성물이 생기는데, 염기가 있으면 두 알데하이드가 각각 산성 α 수소를 잃고 두 가지 엔올 음이온이 생기기 때문이다. 다음 그림의 아세트알데하이드와 프로판알의 경우처럼, 두 엔올 음이온은 각각 두 카보닐 화합물과 반응할 수 있다.

$^{-}$OH, H_2O

아세트알데하이드

$^{-}$OH, H_2O

프로판알

네 개의 다른 생성물

- 결론: 서로 다른 두 알데하이드에 모두 α 수소가 있으면, 교차 알돌 반응은 합성에서 유용하지 않다.

24.2B 합성에서 유용한 교차 알돌 반응

교차 알돌 반응은 두 경우에 유용하다.

- 카보닐 화합물 하나에만 α H 원자가 있을 때 교차 알돌 반응이 일어난다.

카보닐 화합물 하나에 α H 원자가 없는 경우, 교차 알돌 반응에서 종종 하나의 생성물만 얻어진다. 이 목적으로 사용되는 α H 원자가 없는 카보닐 화합물의 두 흔한 예는 폼알데하이드(formaldehyde, $CH_2{=}O$)와 벤즈알데하이드(benzaldehyde, C_6H_5CHO)이다.

예로서 C_6H_5CHO(친전자체)가 아세트알데하이드(CH_3CHO) 또는 아세톤[$(CH_3)_2C{=}O$]과 염기의 존재하에서 반응하면, 탈수 후에 α,β-불포화 카보닐 화합물이 하나만 생긴다.

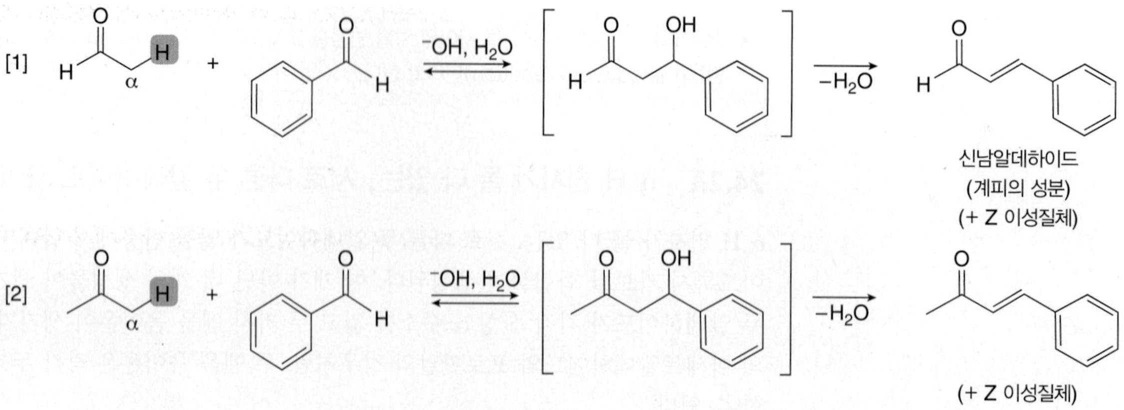

[1] (반응식) $\xrightarrow{^-OH,\ H_2O}$ [ ] $\xrightarrow{-H_2O}$

신남알데하이드
(계피의 성분)
(+ Z 이성질체)

[2] (반응식) $\xrightarrow{^-OH,\ H_2O}$ [ ] $\xrightarrow{-H_2O}$

(+ Z 이성질체)

친전자성 카보닐 화합물이 상대적으로 입체 장애가 없고(대부분의 알데하이드의 경우처럼), 과량으로 사용되면 교차 알돌 생성물의 수득률이 더 증가한다.

문제 24.6 플로살(flosal)이라고도 부르는 2-펜틸신남알데하이드(2-pentylcinnamaldehyde)는 재스민과 같은 냄새를 갖고 있는 향수이다. 플로살은 α,β-불포화 알데하이드인데, 이것은 벤즈알데하이드(C_6H_5CHO)와 헵탄알($CH_3CH_2CH_2CH_2CH_2CH_2CHO$)의 교차 알돌 반응과 탈수 반응을 통하여 만들 수 있다. 플로살을 만드는 다음 반응의 단계별 메커니즘을 그려라.

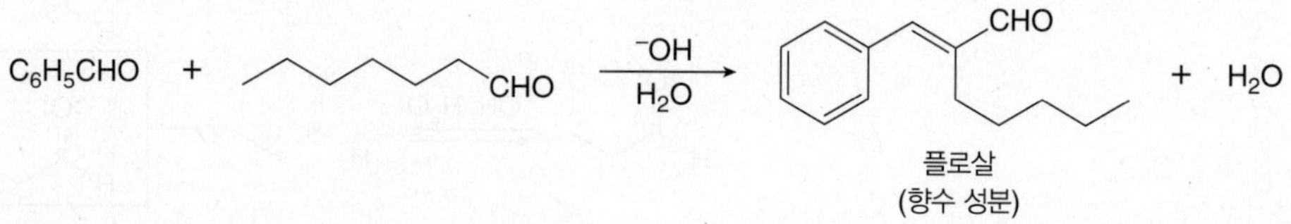

C_6H_5CHO + (CHO) $\xrightarrow[H_2O]{^-OH}$ (CHO) + H_2O

플로살
(향수 성분)

문제 24.7 각 교차 알돌 반응에서 생기는 생성물을 그려라.

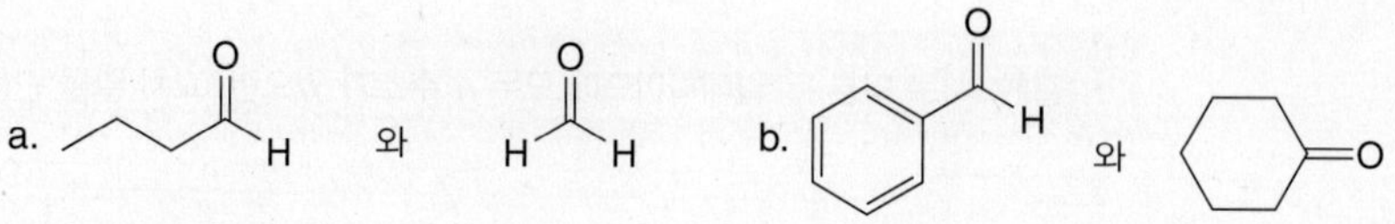

a. (H) 와 (H H) b. (H) 와 (O)

- 특히 한 개의 카보닐 화합물에만 산성 α 수소가 있을 때 교차 알돌 반응이 일어난다.

다른 유용한 교차 알돌 반응은 알데하이드 또는 케톤이 β-다이카보닐(또는 이와 비슷한) 화합물과 반응하는 경우이다.

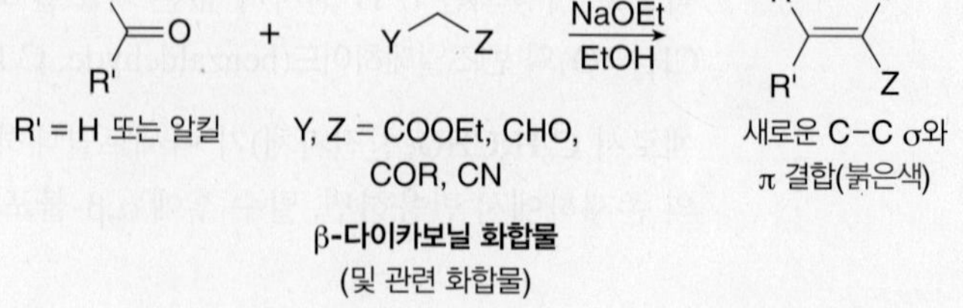

(R, R') + (Y, Z) $\xrightarrow[EtOH]{NaOEt}$ (R, R', Y, Z)

R' = H 또는 알킬

Y, Z = COOEt, CHO, COR, CN

β-다이카보닐 화합물
(및 관련 화합물)

새로운 C–C σ와 π 결합(붉은색)

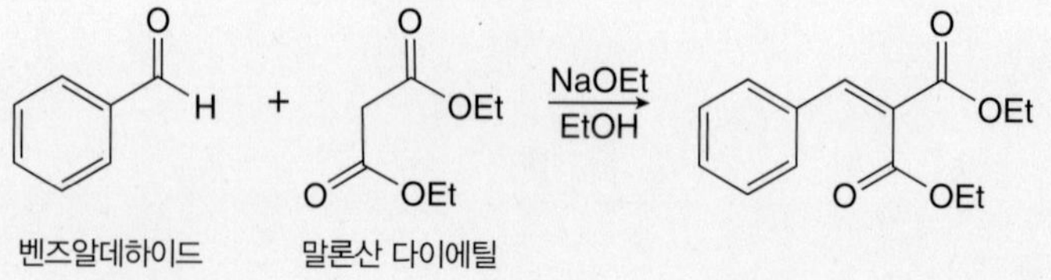

(H) + (OEt, OEt) $\xrightarrow[EtOH]{NaOEt}$ (OEt, OEt)

벤즈알데하이드 말론산 다이에틸

그림 24.2
벤즈알데하이드와 $CH_2(COOEt)_2$ 사이의 교차 알돌 반응

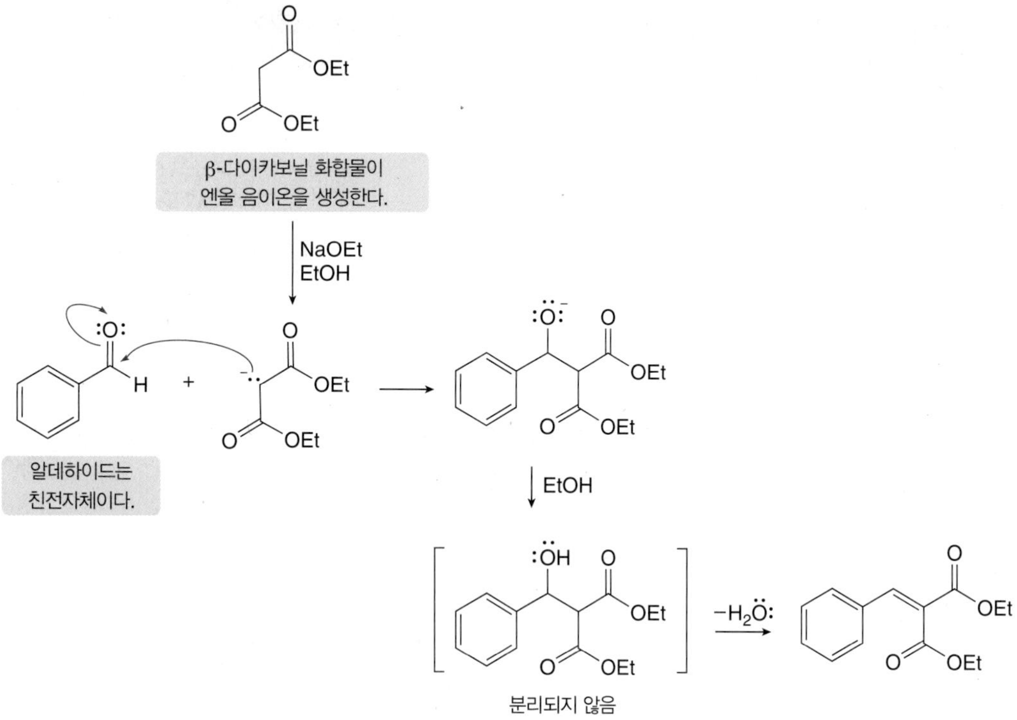

β-다이카보닐 화합물이 엔올 음이온을 생성한다.

NaOEt
EtOH

알데하이드는 친전자체이다.

EtOH

$-H_2O$

분리되지 않음

23.3절에서 배운 바와 같이 두 카보닐기 사이의 α 수소는 특히 산성이며, 따라서 다른 α 수소보다 더 잘 제거된다. 결과적으로 **β-다이카보닐 화합물은 항상 알돌 반응의 엔올 음이온 성분이 된다.** 그림 24.2에 말론산 다이에틸과 벤즈알데하이드 사이의 교차 알돌 반응의 단계가 나와 있다. 이러한 종류의 교차 알돌 반응에서는, 처음에 생기는 β-하이드록시 카보닐 화합물은 항상 물을 잃고 더 콘쥬게이션된 생성물을 생성한다.

β-다이카보닐 화합물은 다른 카보닐 화합물보다 염기에 대한 반응성이 크므로 **활성 메틸렌(active methylene) 화합물**이라고 부르기도 한다. **1,3-다이나이트릴**(1,3-dinitrile)과 **α-사이아노 카보닐**(α-cyano carbonyl) **화합물**도 활성 메틸렌 화합물이다.

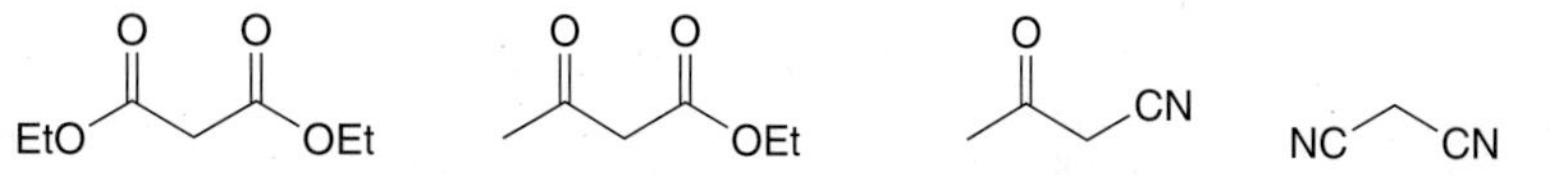

β-다이에스터 β-케토 에스터 α-사이아노 카보닐 화합물 1,3-다이나이트릴

문제 24.8 페닐아세트알데하이드(phenylacetaldehyde, $C_6H_5CH_2CHO$)와 다음 화합물 사이의 교차 알돌 반응에서 생기는 생성물을 그려라.

(a) $CH_2(COOEt)_2$ (b) $CH_2(COCH_3)_2$ (c) CH_3COCH_2CN

24.2C 알돌 생성물의 유용한 변환

알돌 반응은 새로운 탄소–탄소 결합을 형성하여 두 개의 작용기가 있는 생성물을 만들 수 있는 유용한 합성법이다. 더구나 알돌 반응에서 생성된 β-하이드록시 카보닐 화합물을 쉽게 여러 가지 다른 화합물로 변환시킬 수 있다. 그림 24.3에서는 사이클로헥산온과 폼알데하이드($CH_2=O$)로부터 얻을 수 있는 교차 알돌 생성물이 어떻게 앞의 장에서 배웠던 반응을 통하여 다른 화합물로 변형될 수 있는지를 설명하고 있다.

그림 24.3
β-하이드록시 카보닐 화합물을 다른 화합물로 변환시키기

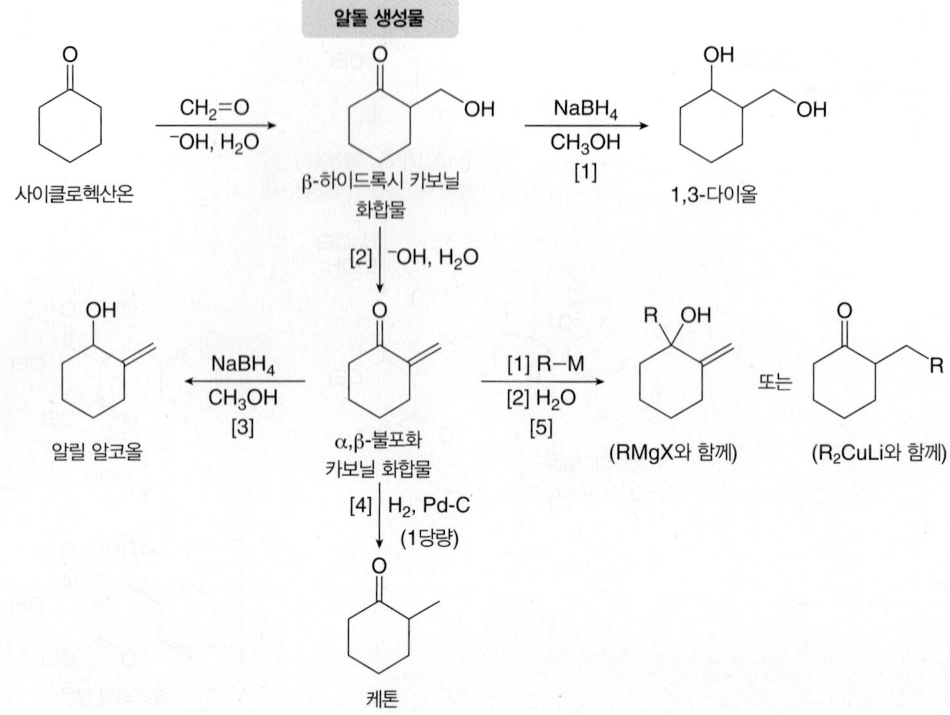

- 교차 알돌 반응으로부터 만들어진 β-하이드록시 카보닐 화합물은 $NaBH_4$, CH_3OH(20.4A절)로 환원시켜 1,3-다이올(반응 [1])을 만들거나 탈수 반응을 시켜 α,β-불포화 카보닐 화합물(반응 [2])을 만들 수 있다.
- α,β-불포화 카보닐 화합물을 $NaBH_4$로 환원시켜 알릴 알코올(반응 [3])을 만들거나 Pd-C와 H_2로 환원시켜 케톤을 만들 수 있다(반응 [4]). 20.4C절 참조.
- α,β-불포화 카보닐 화합물을 유기금속 시약과 반응시키면 RM의 선택에 따라 두 가지 다른 생성물을 만들 수 있다(반응 [5]). 20.15절 참조.

문제 24.9 염기의 존재하에서 뷰탄알 두 분자가 서로 반응하면 어떤 알돌 생성물이 얻어지는가? 이 생성물을 다음의 각 화합물로 변환시키는 데 필요한 시약은 무엇인가?

a. (OH, OH) b. (CHO) c. (OH, + Z 이성질체) d. (OH, + Z 이성질체)

24.3 지정 알돌 반응

지정 알돌 반응(directed aldol reaction)은 교차 알돌 반응의 변화된 형태로서 이 반응에서는 어느 카보닐 화합물이 친핵성 엔올 음이온이 되고, 어느 것이 친전자성 카보닐 탄소에서 반응할지를 분명하게 알 수 있다. 지정 알돌 반응의 전략은 다음과 같다.

[1] LDA로 한 가지 카보닐 화합물의 엔올 음이온을 얻는다.

[2] 이 엔올 음이온에 두 번째 카보닐 화합물(친전자체)을 가한다.

이 단계를 순차적으로 수행하고 카보닐 화합물 하나만을 얻기 위하여 비친핵성 센염기를 사용하기 때문에, 이 반응에서는 다양한 종류의 카보닐 화합물을 사용할 수 있다. LDA로 한 가지 엔

올 음이온만을 만들기 때문에 두 카보닐 분자 모두 α 수소를 포함할 수 있다. 또한 비대칭 케톤을 사용할 경우, LDA는 **덜 치환된 반응속도론적 엔올 음이온을 생성한다.**

예제 24.1은 둘 다 α 수소가 있는 케톤과 알데하이드 사이의 지정 알돌 반응의 단계를 보여준다.

예제 24.1 다음의 지정 알돌 반응의 생성물을 그려라.

[1] LDA, THF
[2] CH_3CHO
[3] H_2O

2-메틸사이클로헥산온

풀이

2-메틸사이클로헥산온(2-methylcyclohexanone)은 덜 치환된 탄소에서 엔올 음이온을 형성하며, 이것은 곧 친전자체인 CH_3CHO와 반응한다.

LDA THF

덜 치환된
반응속도론적 엔올 음이온

H_2O

새로운 C−C 결합(붉은색)

그림 24.4는 암컷 아메리카 바퀴벌레의 성 페로몬인 **페리플라논 B(periplanone B)**의 합성에서 어떻게 지정 알돌 반응이 사용되었는지를 나타내고 있다.

지정 알돌에서 필요한 카보닐 화합물이 무엇인지를 알기 위해서는, 예제 24.2에서처럼 24.1C절의 보통 알돌 반응에서 사용한 바 있는 전략을 똑같이 따르면 된다.

그림 24.4
페리플라논 B(periplanone B)의 합성에서 일어나는 지정 알돌 반응

LDA THF
양성자 이탈
[1] (CH₃CH=CHCHO)
[2] H_2O
친핵성 첨가
여러 단계

페리플라논 B
아메리카 바퀴벌레
암컷의 성 페로몬

생강 계열의 열대지방의 다년생 식물인 심황 식물의 건조시킨 뿌리나 빻은 뿌리는 카레 가루의 주요 성분이다.

예제 24.2 지정 알돌 반응을 이용하여 *ar*-투르메론을 합성하는 데 필요한 출발물은 무엇인가? *ar*-투르메론은 심황(turmeric) 뿌리에서 얻은 에센셜 오일의 주성분이다.

ar-투르메론

풀이

원하는 생성물이 α,β-불포화 카보닐 화합물일 때, C=C의 일부분인 α와 β 탄소를 확인하고, 분자를 이 탄소들 사이를 두 성분으로 나눈다.

분자를 두 성분으로 끊는다.

ar-투르메론

여기에서 엔올 음이온을 만든다.

문제 24.10 지정 알돌 반응을 사용하여 다음의 각 화합물을 합성하는 데 필요한 카보닐 출발물은 무엇인가?

a. b. c.

문제 24.11 익힌 생강의 맵고도 달콤한 성분인 진저온(gengerone)은 20장에서 배운 것처럼 TBDMS로 보호된 에터 화합물 **A**로 바뀔 수 있다. 지정 알돌 반응을 이용하여 어떻게 **A**는 신선한 생강에 존재하는 진저올로 바꿀수 있을까?

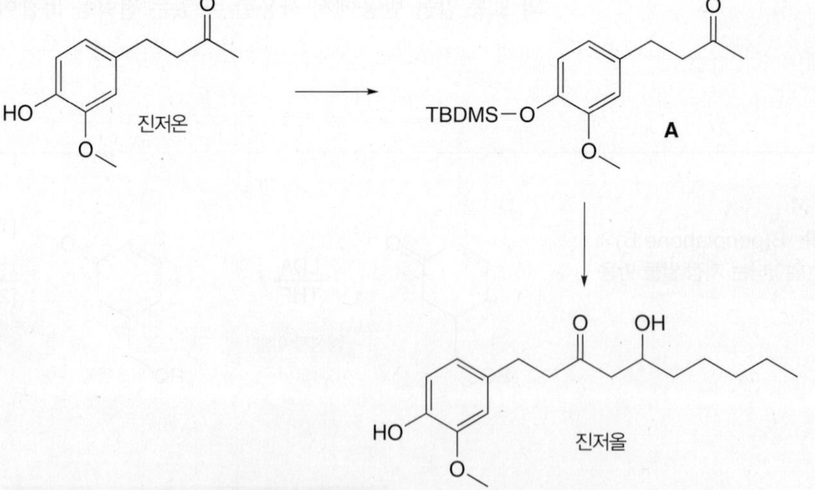

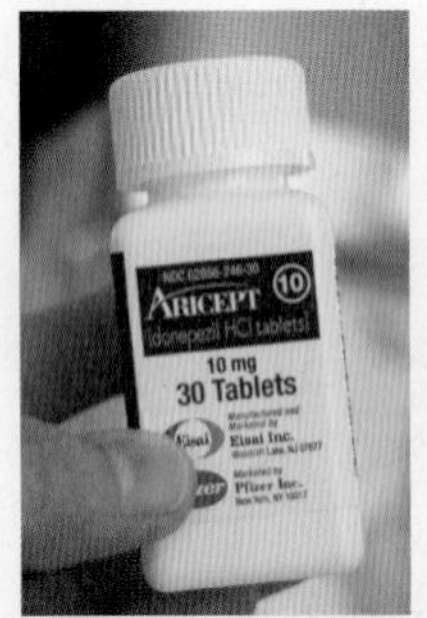

도네페질(상품명은 Aricept)은 치매와 알츠하이머병으로 고통을 받는 환자들의 인식 기능을 개선시켜 주는 약품이다.

문제 24.12 도네페질(donepezil, 상품명 Aricept)을 합성하는 주요 단계는 α,β-불포화 카보닐 화합물 **X**를 형성하는 지정 알돌 반응이다. 지정 알돌 반응을 이용하여 **X**를 합성하는 데 필요한 카보닐 출발물은 무엇인가? **X**를 도네페질로 변환시키는 데 필요한 시약은 무엇인가?

CH_3O CH_3O **X**

CH_3O CH_3O 도네페질

24.4 분자내 알돌 반응

헥세인-2,5-다이온을 카보닐기의 상대적 위치를 강조하기 위하며 **1,4-다이카보닐 화합물**이라고 부른다. 1,4-다이카보닐 화합물은 **오원자 고리** 합성의 출발물이다.

다이카보닐 화합물의 알돌 반응을 이용하면 오원자 및 육원자 고리를 만들 수 있다. 한 카보닐기에서 생기는 엔올 음이온은 친핵체이고, 다른 카보닐기의 카보닐 탄소는 친전자체이다. 예로 헥세인-2,5-다이온(hexane-2,5-dione)을 염기로 처리하면 오원자 고리가 생긴다.

다시 그린다

NaOEt / EtOH

헥세인-2,5-다이온

새로운 C−C σ와 π 결합

메커니즘 24.3에서 보듯이, 이 과정의 단계는 24.1절에서 이미 배운 알돌 반응과 탈수의 일반적인 메커니즘과 전혀 다르지 않다.

단계 [1]에서 헥세인-2,5-다이온을 염기로 처리하면, H_a와 H_b가 제거되어 서로 다른 엔올 음이온 A와 B가 각각 생길 수 있다. 엔올 음이온 A는 결국 오원자 고리를 생성하지만, 엔올 음이온 B를 이용하는 분자내 고리화는 무리가 있는 삼원자 고리를 만들 것이다.

H_a 제거

H_b 제거

NaOEt / EtOH

헥세인-2,5-다이온

A

B

메커니즘 24.3

더 안정한 오원자 고리가 생긴다.

무리가 있는 삼원자 고리는 생기지 않는다.

메커니즘 24.3 분자내 알돌 반응

헥세인-2,5-다이온

+ HÖEt

새로운 결합(붉은색)

+ HÖEt

새로운 C−C π 결합(붉은색)

+ $^{-}$:ÖH

① 염기로 카본의 수소를 제거하면 공명 안정화된 엔올 음이온이 생성된다,

② 친핵성 엔올 음이온이 같은 분자의 친전자성 카보닐 탄소를 공격하여 새로운 탄소−탄소 시스마 결합을 형성한다. 이 과정에서 오원자 고리가 생성된다.

③ 알콕시화 음이온에 양성자가 첨가된다.

④ ⑤ 탈수 반응이 두 단계−엔올 음이온 형성을 위한 양성자 제거와 결합 생성을 위한 OH−의 제거 E1cB 메커니즘으로 일어난다.

그림 24.5 분자내 알돌 반응을 이용한 프로제스테론의 합성

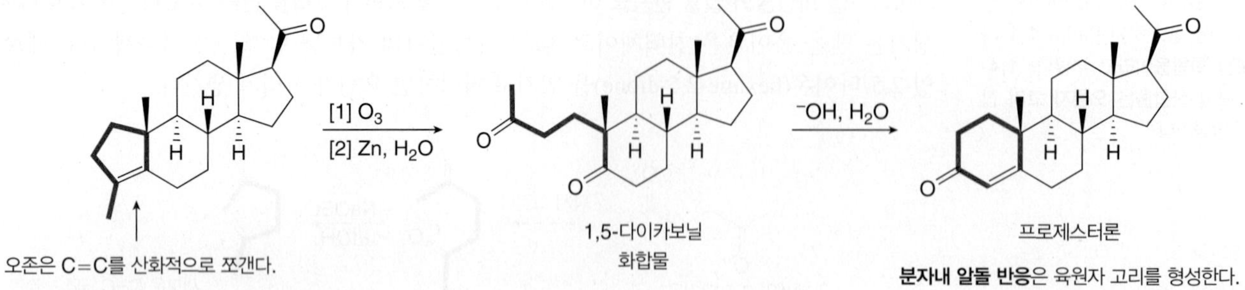

- 알켄을 O_3와 반응시켜 산화성 절단을 한 후, Zn, H_2O로 처리하면(12.10절) 1,5-다이카보닐 화합물이 얻어진다.
- H_2O 용액에서 묽은 ^-OH로 1,5-다이카보닐 화합물의 분자내 알돌 반응을 수행하면 프로제스테론이 얻어진다.
- **이 두 단계 반응에서 오원자 고리가 육원자 고리로 바뀐다.** 작은 고리에서 큰 고리를 합성하는 반응을 **고리 확장 반응**(ring expansion reaction)이라고 부른다.

삼원자 고리는 엔올 음이온 출발물보다 에너지가 더 높기 때문에 평형에서는 출발물이 선호되어 삼원자 고리는 생기지 않는다. 반응 조건에서 탈수 이외의 모든 반응이 평형에 있기 때문에 엔올 음이온 B에 다시 양성자가 첨가되어 헥세인-2,5-다이온이 생긴다. 따라서 평형에서는 덜 안정한 삼원자고리보다 더 안정한 오원자 고리가 더 많이 존재한다.

같은 방법으로, 육원자 고리는 1,5-다이카보닐 화합물의 분자내 알돌 반응에 의하여 생성된다.

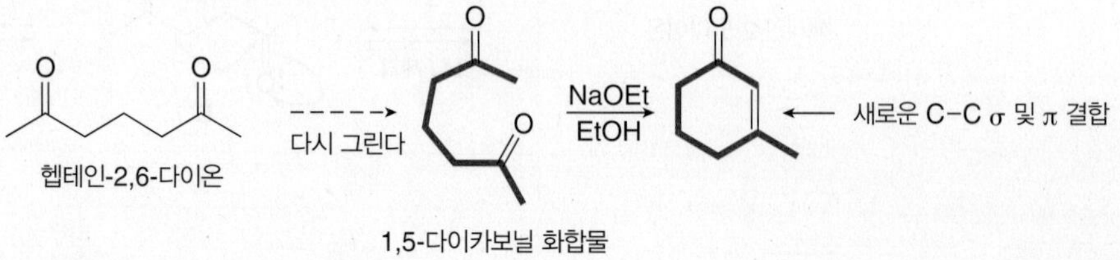

스탠퍼드대학교의 존슨(W. S. Johnson)과 공동 연구자가 수행한 여성 성 호르몬인 **프로제스테론**(proge-sterone)의 합성은 전 합성(total synthesis)의 고전이라고 할 수 있다. 스테로이드 골격의 마지막 육원자 고리는 그림 24.5에서처럼, 분자내 알돌 반응을 이용한 두 단계 반응으로 합성되었다.

문제 24.13 NaOEt의 EtOH 용액에서 헵테인-2,6-다이온을 3-메틸사이클로헥스-2-엔온(3-methylcyclohex-2-enone)으로 변환시키는 반응의 단계별 메커니즘을 그려라.

문제 24.14 다음 1,5-다이카보닐 화합물을 수용성 ^-OH로 처리하면 어떤 고리 생성물이 생기는가?

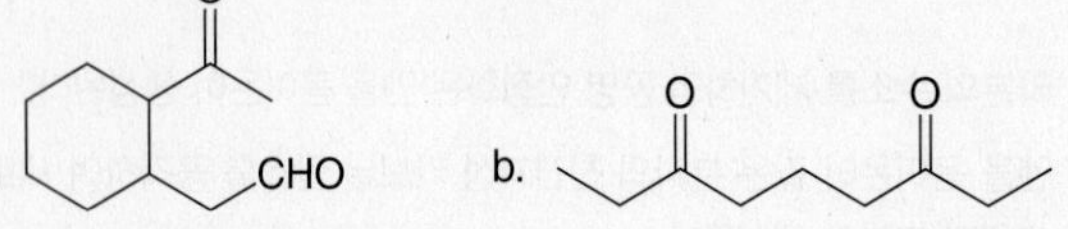

문제 24.15 그림 24.5에 설명된 두 단계 반응 순서에 따라, A를 B로 변환시키는 데 필요한 반응 단계를 쓰라.

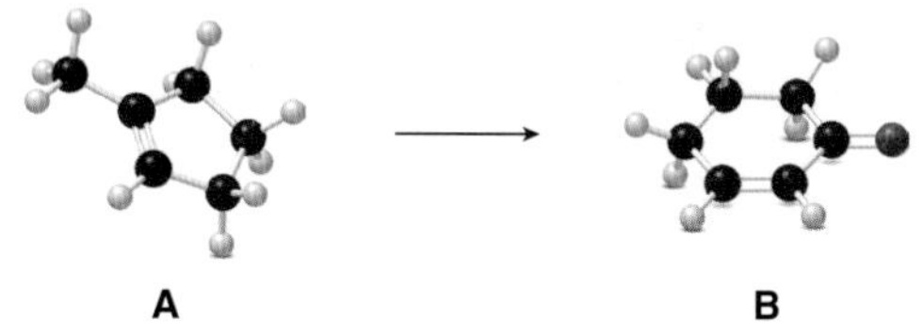

24.5 클라이젠 반응

클라이젠 반응(Claisen reaction)은 엔올 음이온이 다른 카보닐 화합물과 일으키는 두 번째 일반적 반응이다. 클라이젠 반응에서는 알콕시화 음이온 염기의 존재하에서 에스터 두 분자가 서로 반응하여 β-케토 에스터가 생긴다. 예로 아세트산 에틸(ethyl acetate)을 NaOEt로 처리한 후, 수용성 산의 양성자를 첨가하면 아세토아세트산 에틸(ethyl acetoacetate)이 생성된다.

메커니즘 24.4 클라이젠 반응

부분 [1 β– 케토 에스터 형성

EtÖ–C(=O)–CH₂–H (α) + ⁻:ÖEt ⇌(1) 엔올 음이온 + HÖEt ⇌(2) 친핵성 공격 ⇌(3) ⁻OEt 제거 → β-케토 에스터 + ⁻:ÖEt

엔올 음이온

새로운 C–C 결합(붉은색)

① 염기가 α 탄소의 수소를 제거하면 공명 안정화된 엔올 음이온이 생긴다.

② 친핵성 엔올 음이온이 에스터의 다른 분자의 친전자성 카보닐 탄소를 공격하여 새로운 탄소–탄소 결합이 생긴다.

③ 이탈기인 EtO⁻가 제거되면 β-케토 에스터가 생긴다.

부분 [2] 양성자 이탈 및 양성자 첨가

β-케토 에스터 + ⁻:ÖEt →(4) 공명 안정화된 엔올 음이온 + HÖEt; + H–OH_2^+ →(5) β-케토 에스터 + H_2O

공명 안정화된 엔올 음이온

④ ③단계에서 생성된 β-케토 에스터는 그 두 카보닐기 사이에 특히 산성인 수소를 가지고 있기 때문에, 염기가 양성자를 제거하여 공명 안정화된 엔올 음이온을 생성한다.

⑤ 센산이 이 엔올 음이온에 양성자를 주면 β-케토 에스터가 다시 생성된다.

그림 24.6
클라이젠 반응–
친핵성 치환의 한 예

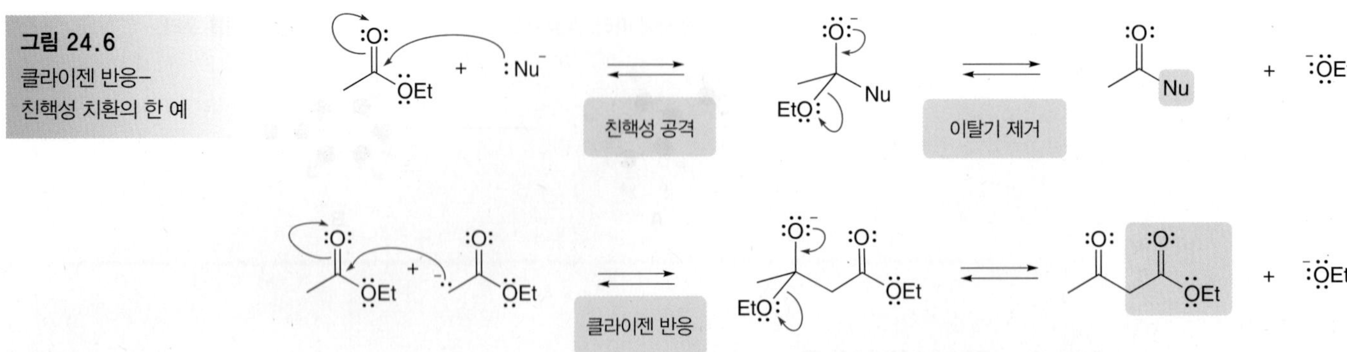

- 에스터는 친핵성 치환으로 반응한다. 클라이젠 반응에서는 엔올 음이온이 카보닐기에 첨가되는 친핵체이다.

염기 촉매 반응인 알돌 반응과는 다르게 클라이젠 반응의 단계 [3]에서 생기는 β-케토 에스터에서 양성자를 제거하기 위하여 1당량의 염기가 필요하다.

2 아세트산 에틸 → [1] NaOEt, [2] H_3O^+ (클라이젠 반응) → 아세토아세트산 에틸 (β-케토 에스터)

새로운 C–C 결합(붉은색)

클라이젠 반응의 메커니즘(메커니즘 24.4)은 엔올 음이온이 친전자성 카보닐 탄소에 친핵성 첨가를 한다는 점에서 알돌 반응의 메커니즘과 비슷하다. 에스터는 카보닐 탄소에 이탈기가 있기 때문에, 이탈기가 떨어지면 첨가가 아닌 치환 반응 생성물이 얻어진다.

생성물인 β-케토 에스터에서 공명 안정화된 엔올 음이온이 생성되는 것이 클라이젠 반응을 일으키도록(메커니즘 24.4의 단계 ④) 하기 때문에, α 탄소에 두 개 또는 세 개의 수소가 있는 에스터만이 반응이 일어난다. 즉, 이 반응을 일으키는 에스터의 일반식은 CH_3CO_2R'이나 RCH_2CO_2R'이어야 한다.

- 다음을 기억하라.
  에스터 반응의 특징은 친핵성 치환이다. 클라이젠 반응은 엔올 음이온이 친핵체인 친핵성 치환이다.

그림 24.6에 에스터의 친핵성 치환과 클라이젠 반응을 비교하였다. 예제 24.3은 클라이젠 반응의 기본적 특징을 다시 강조하고 있다.

예제 24.3 다음 클라이젠 반응의 생성물을 그려라.

$CH_3CH_2CO_2CH_3$ → [1] $NaOCH_3$, [2] H_3O^+

풀이

클라이젠 반응의 생성물의 구조를 그리려면, 한 에스터의 α 탄소와 다른 에스터의 카보닐 탄소 사이에 새로운 탄소–탄소 결합을 만들고, 이탈기(이 경우에는 $^-OCH_3$)를 제거한다.

CH_3O–C(=O)–CH(α)–CH_3 + CH_3O–C(=O)–CH_2CH_3 → [1] $NaOCH_3$, [2] H_3O^+ → CH_3O–C(=O)–CH(CH_3)–C(=O)–CH_2CH_3

새로운 C–C 결합(붉은색)

다음에는 이 생성물이 맞는지를 확인하기 위하여 반응 단계를 쓴다.

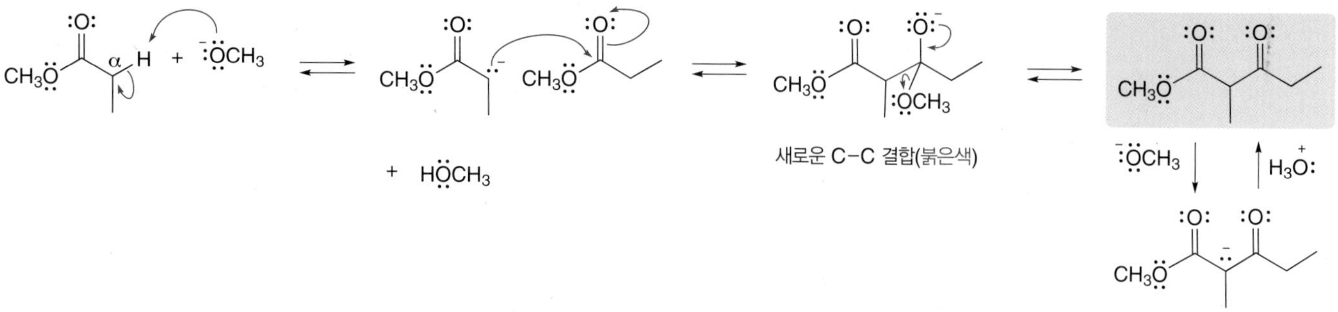

새로운 C–C 결합(붉은색)

+ $HOCH_3$

문제 24.16 각 에스터를 클라이젠 반응에서 사용하였을 때 어떤 β-케토 에스터가 생성되는가?

a. b.

24.6 교차 클라이젠 반응 및 이와 관련된 반응

알돌 반응처럼 두 개의 다른 카보닐 화합물을 출발물로 사용한 클라이젠 반응을 수행할 수도 있다.

- 두 개의 다른 카보닐 화합물 사이의 클라이젠 반응을 교차 클라이젠 반응(crossed claisen reaction)이라고 부른다.

24.6A 유용한 교차 클라이젠 반응의 두 가지

교차 클라이젠 반응은 두 개의 다른 합성에서 유용하다.

- 교차 클라이젠 반응은 서로 다른 두 에스터 사이에서 하나의 에스터에만 α 수소가 있을 때 일어난다.

한 에스터에 α 수소가 없다면, 교차 클라이젠 반응에서는 흔히 하나의 생성물만 생긴다. α 수소가 없는 흔한 에스터에는 폼산 에틸(ethyl formate, HCO_2Et)과 벤조산 에틸(ethyl benzoate, $C_6H_5CO_2Et$)이 있다. 예로서 염기 존재하에서 벤조산 에틸(친전자체)과 아세트산 에틸(엔올 음이온을 생성) 사이의 반응에서는 주로 β-케토 에스터가 하나만 생긴다.

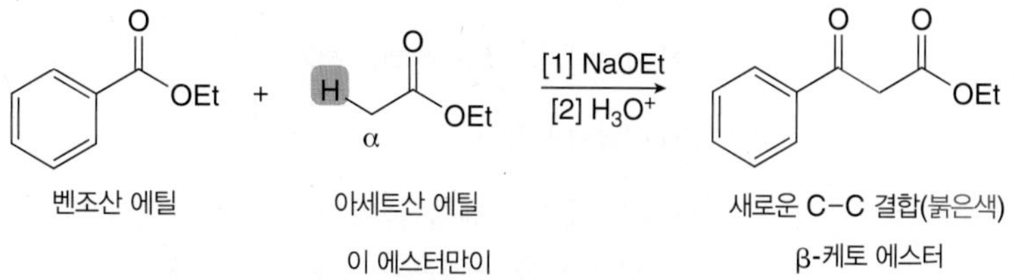

[1] NaOEt
[2] H_3O^+

벤조산 에틸

아세트산 에틸

이 에스터만이
엔올 음이온을 생성한다.

새로운 C–C 결합(붉은색)

β-케토 에스터

- 교차 클라이젠 반응은 케톤과 에스터 사이의 반응에서 일어난다.

염기 존재하에서 케톤과 에스터 사이의 반응에서도 교차 클라이젠 반응의 생성물이 얻어진다. 엔올 음이온은 항상 케톤에서 생성되며, 에스터에 α 수소가 없는 경우에 반응이 가장 잘 일어난다. 이 경우의 교차 클라이젠 반응에서는 β-케토 에스터가 아니라 β-다이카보닐 화합물이 얻어진다.

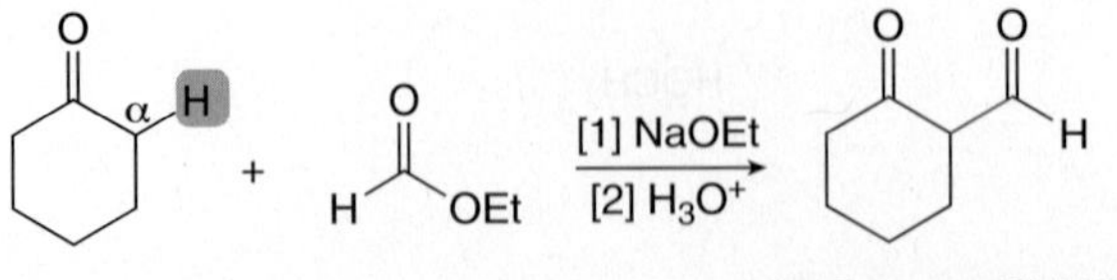

α H + H–C(=O)–OEt → [1] NaOEt, [2] H_3O^+

새로운 C–C 결합(붉은색)

β-다이카보닐 화합물

문제 24.17 두 화합물에서 얻어지는 교차 클라이젠 반응의 생성물은 무엇인가?

a. 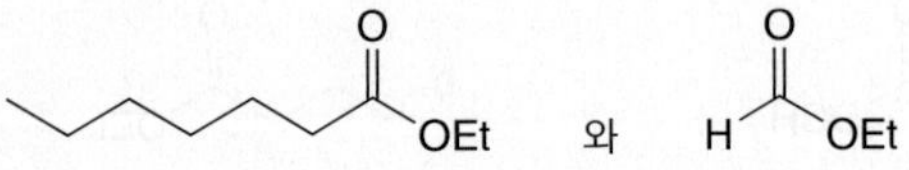 OEt 와 H OEt b. 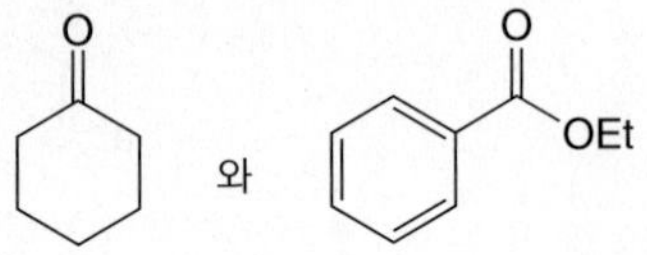 와 OEt

문제 24.18 아보벤존(avobenzone)은 320~400 nm 영역의 파장에 해당하는 자외선을 흡수하는 콘쥬게이션된 화합물이다. 따라서 이 화합물은 흔히 선크림의 성분으로 사용된다. 아보벤존을 형성하는 두 개의 다른 교차 클라이젠 반응을 써라.

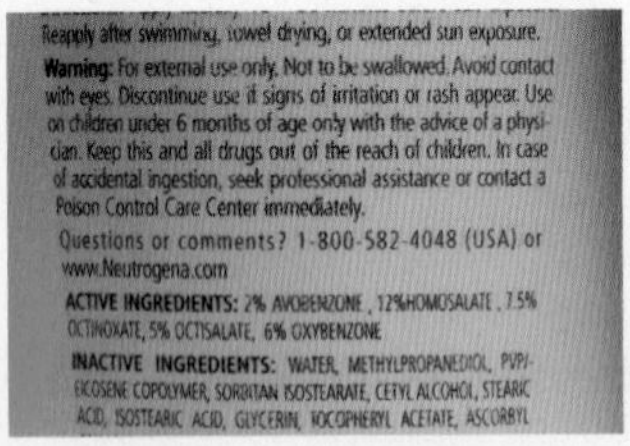

아보벤존

선크림 성분.

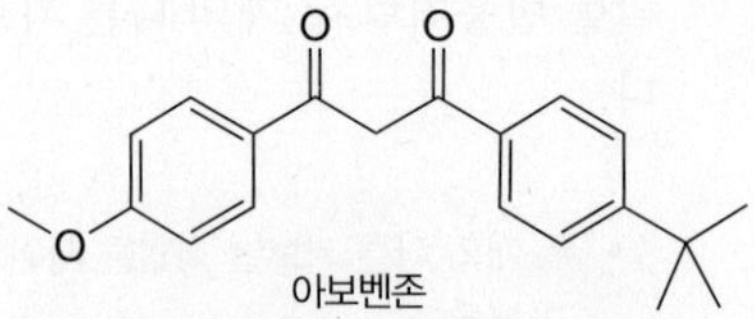

24.6B 교차 클라이젠 반응의 다른 유용한 변형

β-다이카보닐 화합물은 또한 엔올 음이온을 클로로폼산 에틸(ethyl chloroformate)과 탄산 다이에틸(diethyl carbonate)을 반응시켜 얻을 수 있다.

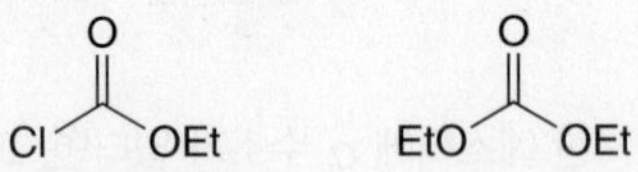

Cl–C(=O)–OEt 클로로폼산 에틸 EtO–C(=O)–OEt 탄산 다이에틸

이 반응은 클라이젠 반응과 같은 세 단계를 거친다는 점에서 비슷하다.

[1] 엔올 음이온의 생성

[2] 카보닐기에 대한 친핵성 첨가

[3] 이탈기의 제거

예로서 에스터 엔올 음이온과 탄산 다이에틸과의 반응에서는 β-다이에스터(반응 [1])가 얻어지고, 케톤 엔올 음이온과 클로로폼산 에틸과의 반응에서는 β-케토 에스터(반응 [2])가 생긴다.

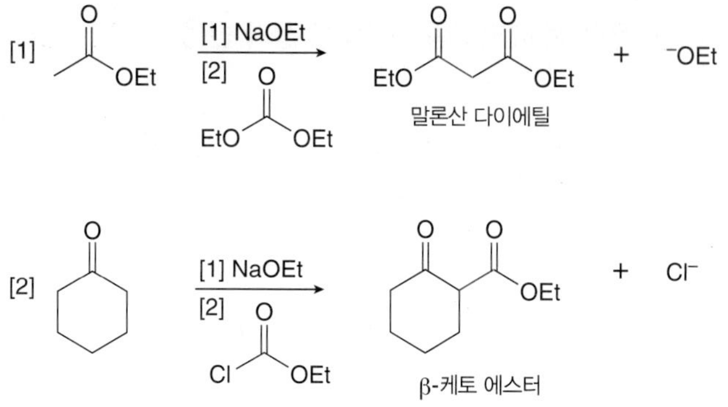

[1] (아세트산 에틸) —[1] NaOEt, [2] $(EtO)_2C{=}O$→ 말론산 다이에틸 + ^-OEt

[2] (사이클로헥사논) —[1] NaOEt, [2] $ClCO_2Et$→ β-케토 에스터 + Cl^-

반응 [2]는 아세토아세트산 에스터 합성(23.10절)의 유용한 출발물인 β-케토 에스터(β-keto ester)를 쉽게 합성할 수 있게 해주므로 특히 주목할 만하다. 아래의 반응에서는 더 좋은 이탈기인 Cl^-가 ^-OEt 대신에 단계 [3]에서 제거된다.

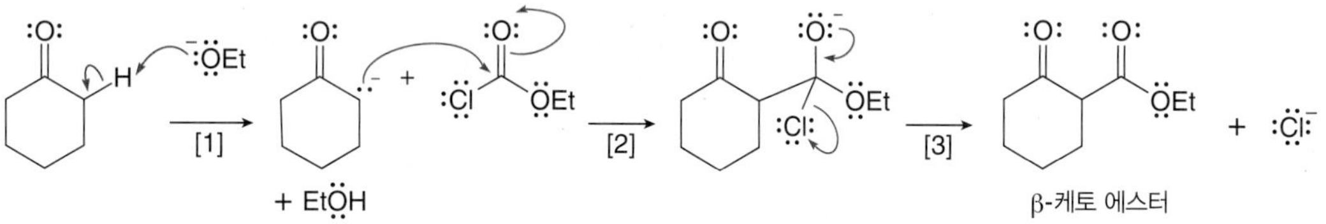

[1] + EtÖH, [2], [3] β-케토 에스터 + $:\ddot{Cl}:^-$

문제 24.19 각 반응의 생성물을 그려라.

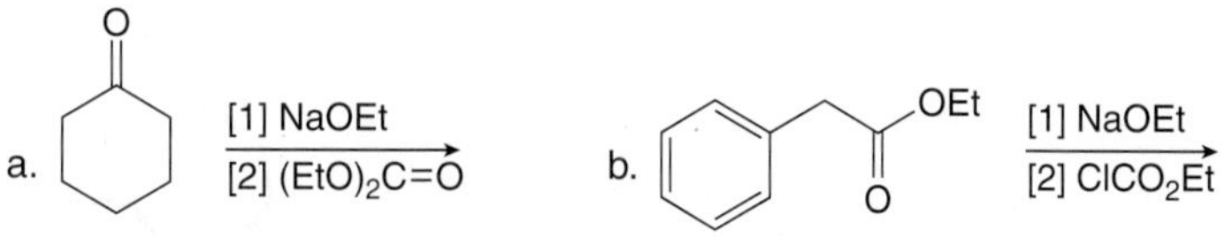

a. (사이클로헥사논) —[1] NaOEt, [2] $(EtO)_2C{=}O$→

b. (페닐아세트산 에틸) —[1] NaOEt, [2] $ClCO_2Et$→

문제 24.20 이 장의 도입부에 나온 진통제 이부프로펜의 두 단계 합성 반응에는 카보닐 축합 반응과 연이은 알킬화 반응이 포함된다. 이부프로펜의 중간체인 **A**와 **B**를 말하라.

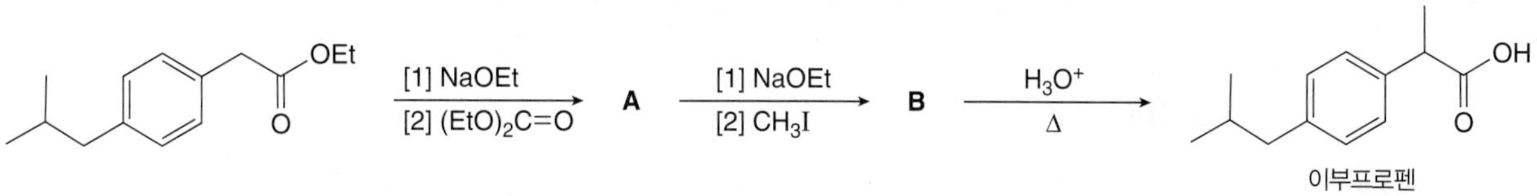

—[1] NaOEt, [2] $(EtO)_2C{=}O$→ **A** —[1] NaOEt, [2] CH_3I→ **B** —H_3O^+, Δ→ 이부프로펜

24.7 디이크만 반응

다이에스터의 분자내 클라이젠 반응에서는 오원자와 육원자 고리가 생긴다. 한 에스터의 엔올 음이온이 친핵체이면, 다른 에스터의 카보닐 탄소가 친전자체이다. 분자내 클라이젠 반응을 디이크만 반응이라고 부른다. 두 종류의 다이에스터를 사용하면 고리 생성물을 좋은 수득률로 만들 수 있다.

- 디이크만 반응에서 1,6-다이에스터(1,6-diester)는 오원자 고리를 만든다.

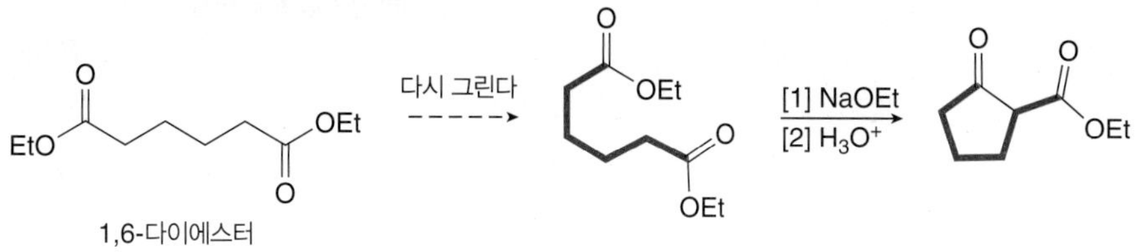

1,6-다이에스터 —다시 그린다→ —[1] NaOEt, [2] H_3O^+→

메커니즘 21.1 일반적 메커니즘 – 친핵성 첨가 반응

❶ ❷ 염기가 수소를 제거하면 엔올 음이온이 생기고, 생성된 엔올 음이온이 다른 에스터의 카보닐기의 탄소를 공격하여 새로운 탄소–탄소 결합이 생긴다.

❸ ⁻OEt가 제거되면 β-케토 에스터가 생긴다.

❹ ❺ 염기가 두 카보닐기 사이의 수소를 제거하면 반응이 완결되고, 그 다음에 엔올 음이온에 양성자를 가하면 다시 β-케토 에스터가 생긴다.

- 디이크만 반응에서 1,7-다이에스터(1,7-diester)는 육원자 고리를 만든다.

디이크만 반응의 메커니즘은 분자내 클라이젠 반응의 메커니즘과 정확히 같다. 육원자 고리를 생성하는 반응을 메커니즘 24.5에 나타내었다.

문제 24.21 다음 다이에스터의 디이크만 반응에서는 어떤 β-케토 에스터가 두 개 생기는가?

24.8 마이클 반응

알돌과 클라이젠 반응처럼, 마이클 반응에서도 두 카보닐 화합물이 각각 카보닐 화합물의 엔올 음이온과 α,β-불포화 카보닐 화합물로서 반응한다.

α,β-불포화 카보닐 화합물은 공명 안정화되어 카보닐 탄소와 β 탄소가 두 친전자성 자리임을 20.15

절에서 배웠다.

α,β-불포화 카보닐 화합물의
세 개의 공명 구조

δ−
δ+ β δ+
혼성체
두 친전자성 자리

- 마이클 반응에서는 공명 안정화된 엔올 음이온이 α,β-불포화 카보닐 화합물의 β 탄소에 콘쥬게이션 첨가(1,4-첨가)를 한다.

모든 콘쥬게이션 첨가에서는 α와 β 탄소에 H와 Nu가 첨가된다.

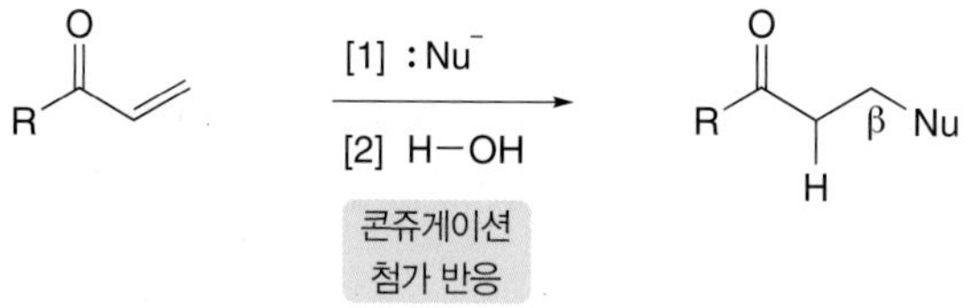

[1] :Nu^-
[2] H−OH
콘쥬게이션
첨가 반응

마이클 반응에서는 친핵체가 엔올 음이온이다. 활성 메틸렌 화합물의 엔올 음이온은 특히 흔하다. α,β-불포화 카보닐 화합물을 흔히 마이클 받개(Michael acceptor)라고 부르기도 한다.

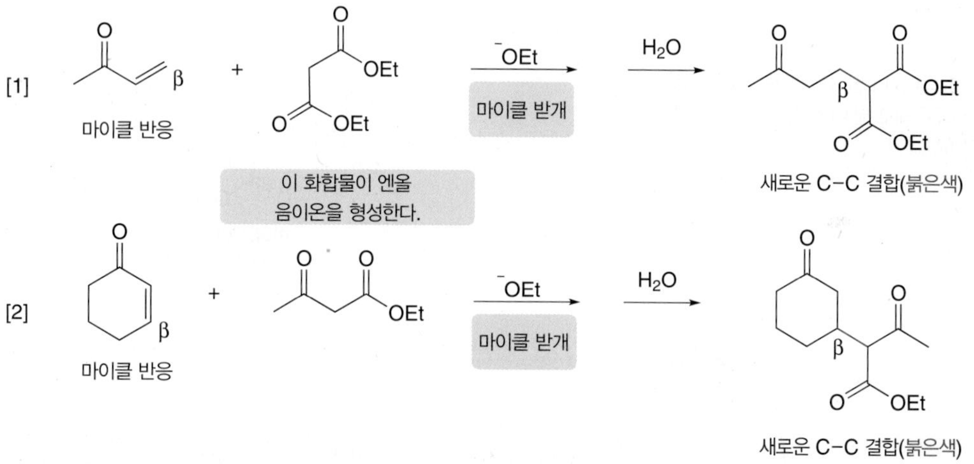

[1] 마이클 반응 + OEt, OEt → ^-OEt 마이클 받개 → H_2O → OEt, OEt
이 화합물이 엔올
음이온을 형성한다.
새로운 C−C 결합(붉은색)

[2] 마이클 반응 + OEt → ^-OEt 마이클 받개 → H_2O → OEt
새로운 C−C 결합(붉은색)

문제 24.22 다음 화합물 중에서 마이클 받개로 작용할 수 있는 것은 어느 것인가?

a. 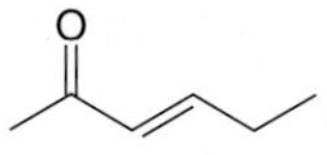 b. 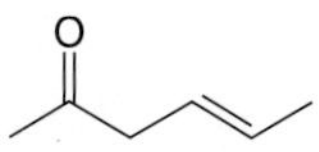 c. 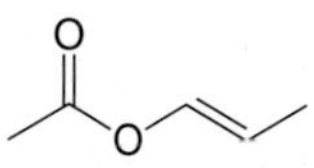 d. CH_3O

마이클 반응에서는 마이클 받개의 β 탄소에서 항상 새로운 탄소−탄소 결합이 생긴다. 메커니즘 24.6에서 마이클 반응 메커니즘을 설명하는 데 반응 [2]를 사용하였다. 중요한 단계는 엔올 음이온이 마이클 받개의 β 탄소에 친핵성 첨가를 하는 단계 ② 이다.

메커니즘 24.6 마이클 반응

① 염기가 두 카보닐기 사이의 산성 수소를 제거하면 **엔올 음이온이 생긴다.**

② **친핵성 엔올 음이온**은 α,β-불포화 카보닐 화합물의 β **탄소에 첨가되어**, 새로운 탄소–탄소 결합과 공명 안정화 엔올 음이온이 생긴다.

③ 엔올 음이온에 양성자가 첨가되면 1,4-첨가 생성물이 얻어진다.

마이클 반응의 생성물이 또한 β-케토 에스터인 경우에는, 23.9절에서 배운 대로 수용성 산에서 가열하면 가수분해와 카복시 이탈을 거쳐 **1,5-다이카보닐 화합물**이 생긴다. 여성 성 호르몬인 에스트론(estrone) 합성의 중요한 단계인 마이클 반응이 그림 24.7에 나와 있다.

1,5-다이카보닐 화합물은 24.4절에서 배운 대로 분자내 알돌 반응의 출발물이다.

문제 24.23 다음 각 쌍의 화합물을 에탄올에 녹아 있는 NaOEt로 처리하면 어떤 생성물이 얻어지는지 답하라.

그림 24.7 스테로이드 에스트론의 합성에 사용되는 마이클 반응

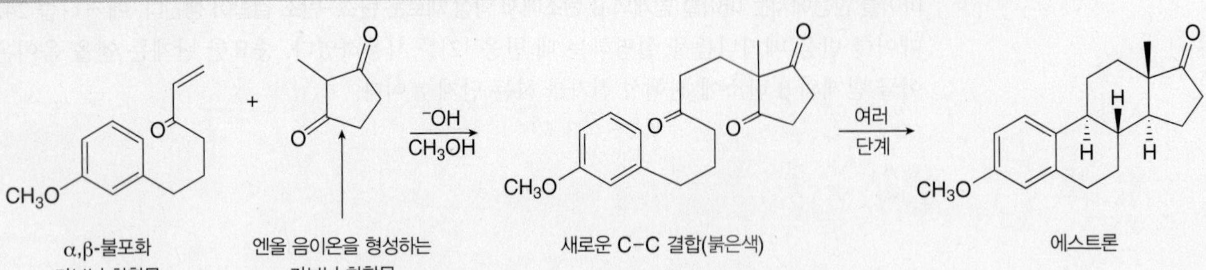

문제 24.24 마이클 반응을 이용하여 각 화합물을 얻기 위해서는 어떤 출발물이 필요한가?

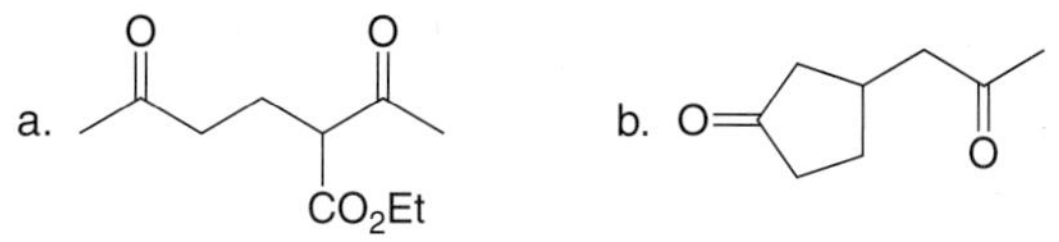

a. CO_2Et b.

24.9 로빈슨 고리만듦 반응

Annulation이라는 단어는 고리를 의미하는 그리스어인 *annulus*에서 왔다. 로빈슨 고리화는 1947년에 노벨 화학상을 수상한 영국의 화학자인 로빈슨(Robert Robinson)경의 이름을 딴 것이다.

로빈슨 고리만듦(Robinson annulation) 반응은 마이클 반응과 분자내 알돌 반응을 이용하여 고리를 생성하는 반응이다. 24장의 다른 반응처럼, 이 반응에서도 엔올 음이온이 탄소–탄소 결합을 만드는 중간체이다. 로빈슨 고리만듦 반응의 두 출발물은 α,β-불포화 카보닐 화합물과 엔올 음이온이다.

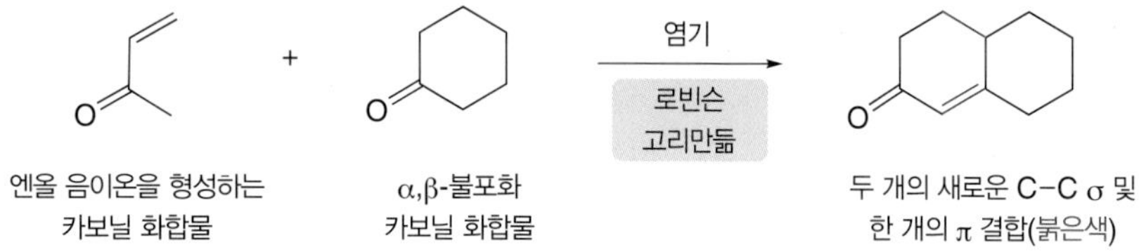

염기 / 로빈슨 고리만듦

엔올 음이온을 형성하는 카보닐 화합물 + α,β-불포화 카보닐 화합물 → 두 개의 새로운 C–C σ 및 한 개의 π 결합(붉은색)

로빈슨 고리만듦 반응에서는 육원자 고리와 세 개의 새로운 탄소–탄소 결합, 즉 두 σ 결합과 하나의 π 결합이 생긴다. 생성물은 사이클로헥세인 고리에 α,β-불포화 케톤이 있는 사이클로헥스-2-엔온 고리이다. 로빈슨 고리만듦 반응에서 필요한 엔올 음이온을 얻기 위하여 흔히 H_2O에서 ^-OH, 또는 EtOH에서 ^-OEt가 사용된다.

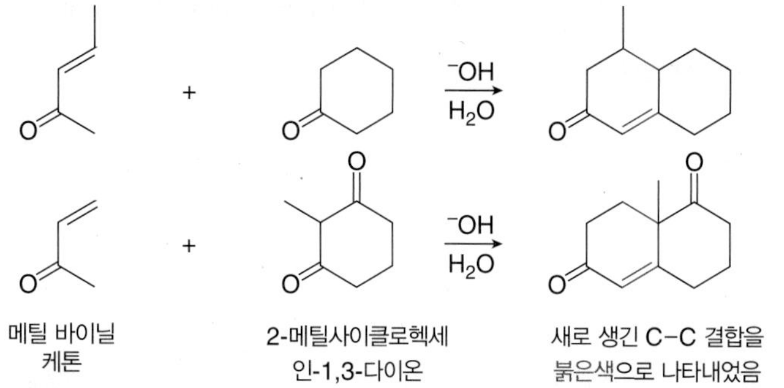

^-OH, H_2O

^-OH, H_2O

메틸 바이닐 케톤 + 2-메틸사이클로헥세인-1,3-다이온 → 새로 생긴 C–C 결합을 붉은색으로 나타내었음

로빈슨 고리만듦 반응의 메커니즘은 α,β-불포화 카보닐 화합물에 대한 **마이클 첨가**에 의한 1,5-다이카보닐 화합물의 형성과 **분자내 알돌 반응**에 의한 육원자 고리의 생성인 두 부분으로 이루어져 있다. 이 메커니즘을 메틸 바이닐 케톤(methyl vinyl ketone)과 2-메틸사이클로헥세인-1,3-다이온 사이의 반응을 메커니즘 24.7에서 세 부분으로 나누어 그렸다.

메커니즘은 첫 번째 탄소–탄소 σ 결합을 형성하여 1,5-다이카보닐 화합물을 생성하는 세 단계 마이클 첨가로 시작된다(부분 [1]). 분자내 알돌 반응(부분 [2])은 두 번째 탄소–탄소 σ 결합을 형성하고, β-하이드록시 케톤의 탈수(부분 [3])는 π 결합을 형성한다.

이 메커니즘의 모든 부분들은 24장의 이전 절에서 논의한 바 있다. 그러나 로빈슨 고리만듦 반응의 최종 생성물인 2-사이클로헥센온 고리의 생성은 처음 다루는 것이다.

메커니즘을 그리지 않고 로빈슨 고리만듦 반응의 생성물을 그리려면, **엔올 음이온이 되는 화합물의 α 탄소를 α,β-불포화 카보닐 화합물의 β 탄소 옆에 놓는다.** 그 다음, 아래 그림에서처럼 적당한 탄소를 서로 연결한다. 출발물을 그릴 때 이 방식을 따르면 생성물의 이중 결합은 항상 육원자 고리의 같은 위치에 놓이게 된다.

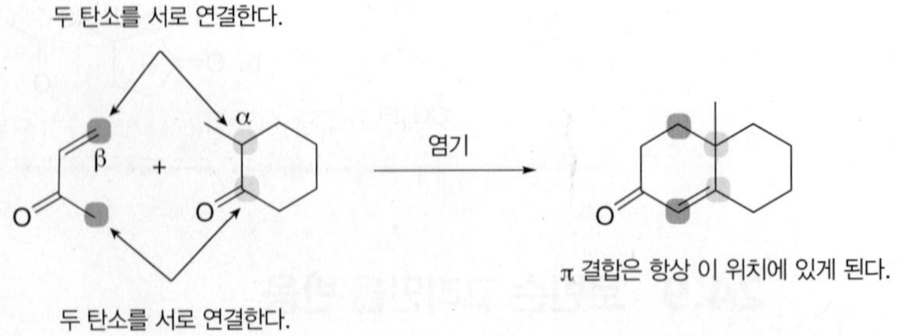

두 탄소를 서로 연결한다.

α β + 염기

O O O

π 결합은 항상 이 위치에 있게 된다.

두 탄소를 서로 연결한다.

메커니즘 24.7 로빈슨 고리만듦 반응

부분 [1] 마이클 첨가 반응

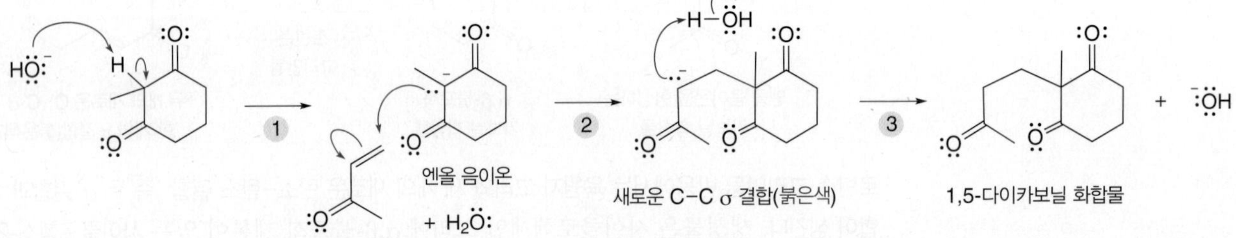

1 엔올 음이온 + H_2O 2 새로운 C–C σ 결합(붉은색) 3 1,5-다이카보닐 화합물 + ^-OH

① ② 염기가 두 카보닐기 사이의 가장 산성인 양성자를 제거하여 엔올 음이온이 생긴다. α,β-불포화 카보닐 화합물의 β 탄소에 엔올 음이온이 콘쥬게이션 첨가되어 새로운 탄소–탄소 결합과 엔올 음이온이 생성된다.

③ 음이온에 양성자가 첨가되면 1,5-다이카보닐 화합물이 얻어진다.

부분 [2] 분자내 알돌 반응

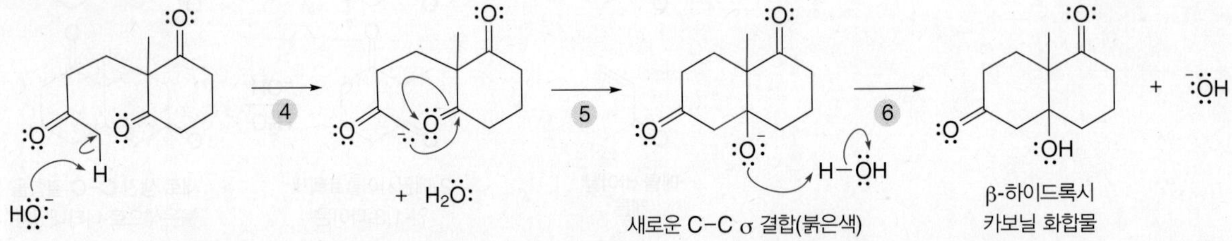

4 + H_2O 5 새로운 C–C σ 결합(붉은색) 6 β-하이드록시 카보닐 화합물 + ^-OH

④ ⑤ 염기가 양성자를 제거하면 엔올 음이온이 생성되고 엔올 음이온이 카보닐기를 공격하여 탄소–탄소 σ 결합 형성을 통하여 육원자 고리를 생성한다.

⑥ 알콕시화 음이온의 양성자 첨가는 β-하이드록시 카보닐 화합물을 생성한다.

부분 [3] β-카보닐 화합물의 탈수

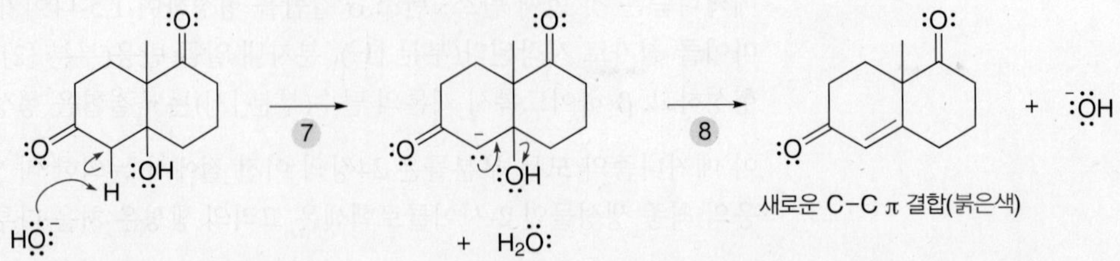

7 + H_2O 8 새로운 C–C π 결합(붉은색) + ^-OH

⑦ ⑧ 탈수는 엔올 음이온 생성을 위한 양성자 이탈 및 π 결합의 생성을 위한 ^-OH의 이탈을 통한 두 단계의 E1cB 메커니즘에 의해 일어난다.

예제 24.4 다음 출발물로부터 생기는 로빈슨 고리만듦 반응의 생성물을 그려라.

EtO⁻ / EtOH

풀이

반응하는 원자들이 서로 옆에 놓이도록 출발물을 배열한다. 예로서

- α,β-불포화 카보닐 화합물을 카보닐 화합물의 왼쪽에 놓는다.
- 어느 α 탄소가 엔올 음이온이 될지를 결정한다. 염기는 가장 산성인 H를 항상 먼저 제거하는데, 이 경우에는 두 카보닐기 사이에 있는 α 탄소의 H이다. 이 α 탄소는 α,β-불포화 카보닐 화합물의 β 탄소 옆에 그린다.

그 다음 새로운 육원자 고리가 생기도록 결합을 그린다.

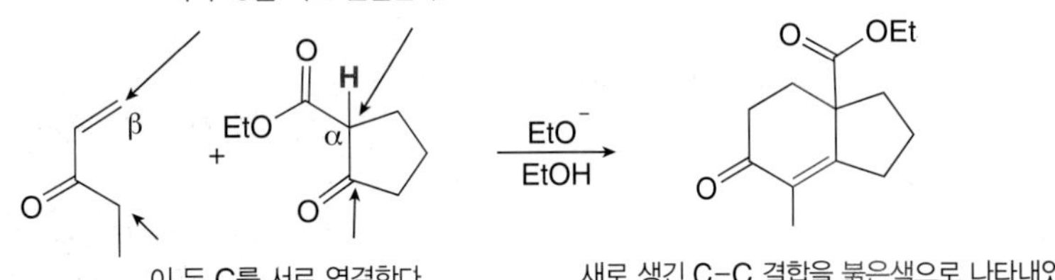

새로 생긴 C–C 결합을 붉은색으로 나타내었다.

문제 24.25 다음 각 쌍의 화합물을 $CH_3CH_2O^-$, CH_3CH_2OH로 처리하여 로빈슨 고리만듦 반응을 수행하면 어떤 생성물이 얻어지는지 그려라.

a. (구조) + (구조)

c. (구조) + (구조)

b. (구조, OEt) + (구조)

d. (구조, EtO) + (구조)

로빈슨 고리만듦 반응을 합성에 이용하려면, 역합성 분석을 사용하여 주어진 화합물을 얻기 위하여 필요한 출발물이 무엇인지를 결정하여야 한다.

문제 24.26 어떤 형태의 두 고리 화합물이 분자간 로빈슨 고리만듦 반응을 이용하여 합성될 수 있을까?

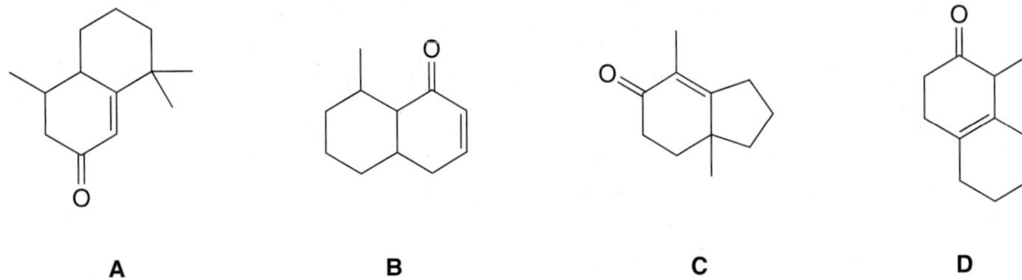

해결 방법 로빈슨 고리만듦 반응을 이용하여 화합물을 합성하는 방법

예 로빈슨 고리만듦 반응을 이용하여 다음 화합물을 합성하는 데 필요한 출발물은 무엇인가?

CH_3O

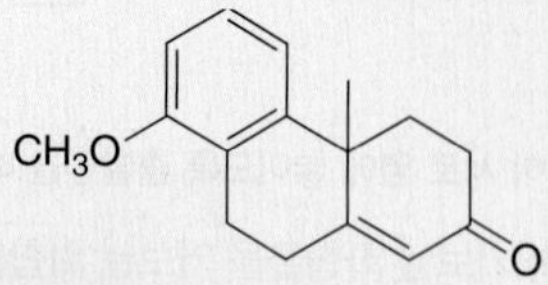

단계 [1] 사이클로헥스-2-엔온 고리를 확인하고, 필요하면 목표 분자를 다시 그린다.

- 출발물을 쉽게 알아내기 위해서는 항상 같은 위치에 α,β-불포화 카보닐 화합물을 위치시켜야 한다. 목표 화합물은 뒤집어지거나 회전한 모양일 수도 있으므로 이 과정에서 잘못된 방향으로 결합을 움직이면 안 된다.

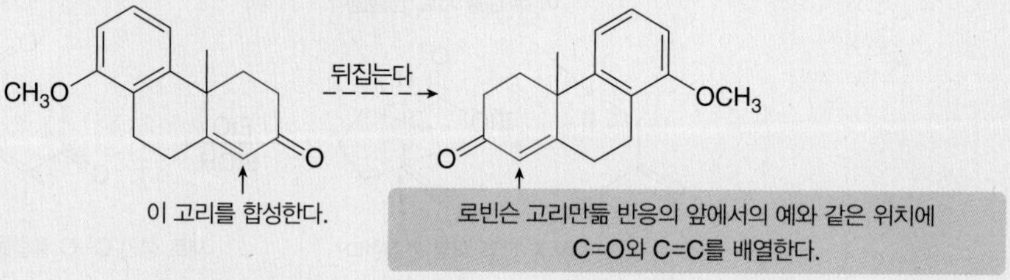

CH_3O — 뒤집는다 → OCH_3

이 고리를 합성한다.

로빈슨 고리만듦 반응의 앞에서의 예와 같은 위치에 C=O와 C=C를 배열한다.

단계 [2] 사이클로헥스-2-엔온 고리를 두 성분으로 쪼갠다.

- C=C를 자른다. 절반은 엔올 음이온의 카보닐기가 된다.
- β 탄소와 이 탄소가 결합을 하고 있는 탄소 사이의 결합을 쪼갠다.

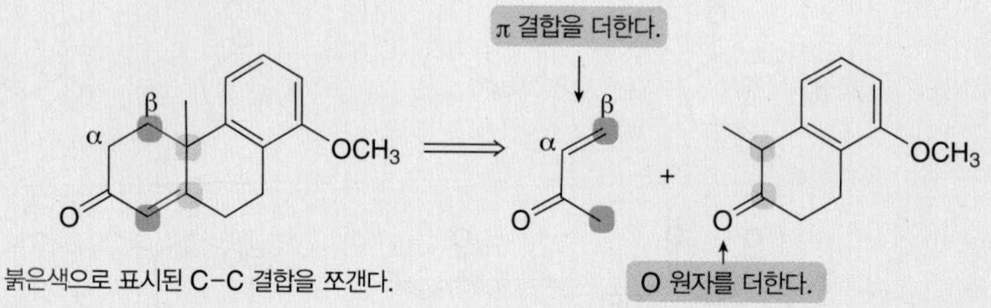

α β OCH_3 ⟹ α β + OCH_3

π 결합을 더한다.

붉은색으로 표시된 C–C 결합을 쪼갠다.

O 원자를 더한다.

로빈슨 고리만듦 반응에 필요한 두 성분

문제 24.27 로빈슨 고리만듦 반응을 이용하여 다음 화합물을 합성하는 데 필요한 출발물은 무엇인가?

a. 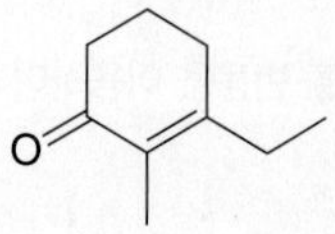 b. 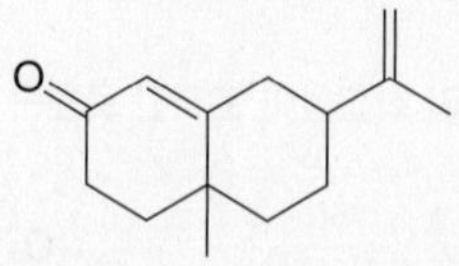 c.

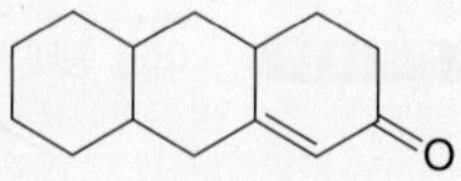

카보닐 축합 반응

네 가지 주요 카보닐 축합 반응

반응 형태	반응(새로운 C–C 결합은 붉은색으로 표시)
[1] 알돌 반응(24.1절)	2 알데하이드(또는 케톤) ⇌ (^-OH, H_2O) β-하이드록시 카보닐 화합물 → (^-OH 또는 H_3O^+) (*E*와 *Z*) α,β-불포화 카보닐 화합물
[2] 클라이젠 반응(24.5절)	2 에스터 → ([1] NaOR' [2] H_3O^+) β-케토 에스터
[3] 마이클 반응(24.8절)	α,β-불포화 카보닐 화합물 + 카보닐 화합물 → ($^-OR'$ or ^-OH) → (H_2O) 1,5-다이카보닐 화합물
[4] 로빈슨 고리만듦 반응(24.9절)	α,β-불포화 카보닐 화합물 + 카보닐 화합물 → (^-OH, H_2O) 사이클로헥스-2-엔온

유용한 다른 반응

[새로운 C–C 결합은 붉은색으로 표시]

[1] 지정 알돌 반응(24.3절)

R'' = H 또는 알킬 → ([1] LDA [2] RCHO [3] H_2O) β-하이드록시 카보닐 화합물 → (^-OH 또는 H_3O^+) (*E*와 *Z*) α,β-불포화 카보닐 화합물

[2] 분자내 알돌 반응(24.4절)

a. 1,4-다이카보닐 화합물의 경우: → (NaOEt, EtOH)

b. 1,5-다이카보닐 화합물의 경우: → (NaOEt, EtOH)

[3] 디이크만 반응(24.7절)

a. 1,6-다이에스터의 경우: OEt, O, O, OEt —[1] NaOEt, [2] H_3O^+→ O, O, OEt

b. 1,7-다이에스터의 경우: OEt, O, O, OEt —[1] NaOEt, [2] H_3O^+→ O, O, OEt

문제

삼차원 모델을 이용하는 문제

24.28 ^-OH, H_2O를 사용하여 출발물로부터 얻어지는 알돌 반응 생성물을 그려라.

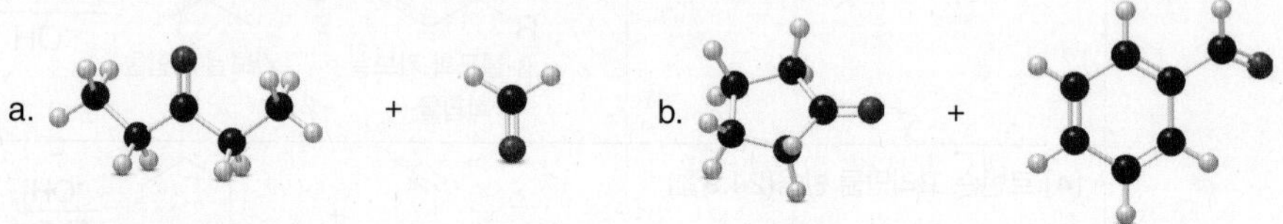

24.29 **A**를 **B**로 변환시키기 위해 어떤 반응이 필요하겠는가?

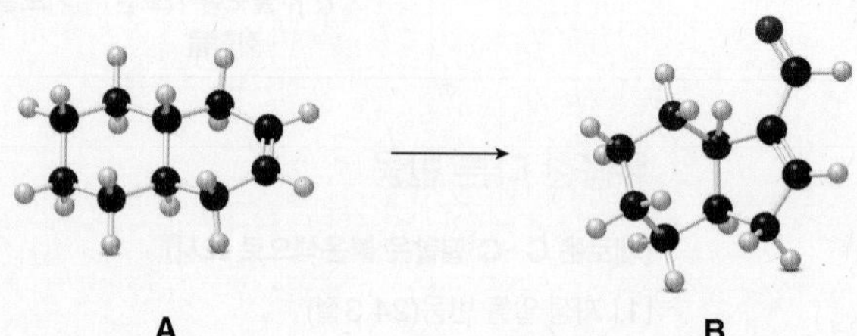

알돌 반응

24.30 ^-OH, H_2O를 사용하여 주어진 출발물로부터 얻어지는 알돌 반응 생성물을 그려라.

a. O, H only b. O, H + O, H H c. O, H + O, H

24.31 각 지정 알돌 반응에서 생기는 생성물을 그려라.

a. O —[1] LDA, [2] O, H, [3] H_2O→ b. O, OEt —[1] LDA, [2] O, O, CHO, [3] H_2O→

24.32 각 다이카보닐 화합물이 분자내 알돌 반응 후 탈수되었을 때 생기는 생성물을 그려라.

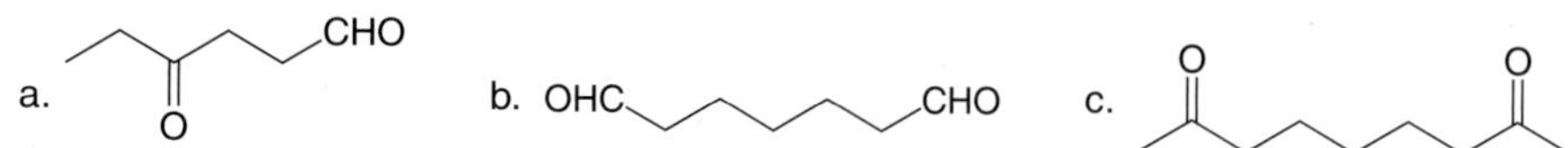

24.33 알돌 또는 비슷한 반응을 이용하여 다음 화합물을 합성하기 위해서는 어떤 출발물이 필요한가?

a. O, C_6H_5 b. O c. O, C_6H_5, C_6H_5 d. CN

24.34 **A**와 **B** 용액을 약염기로 처리했을 때 어떤 화합물이 생성되는가? 이 반응은 로수바스타틴(rosuvastatin)을 합성하는 데 사용되는 첫 번째 반응이며, (Crestor라는 이름으로 팔리는 칼슘염으로서)이 약물은 높은 콜레스테롤 수치 환자에게 사용된다.

F, CHO + O, O, OEt; CH_3SO_2, N, N, N, OH, OH, CO_2H, F

A **B** 로수바스타틴

24.35 분자내 알돌 반응으로 다음 화합물을 얻고자 할 때 필요한 다이카보닐 화합물은 무엇인가?

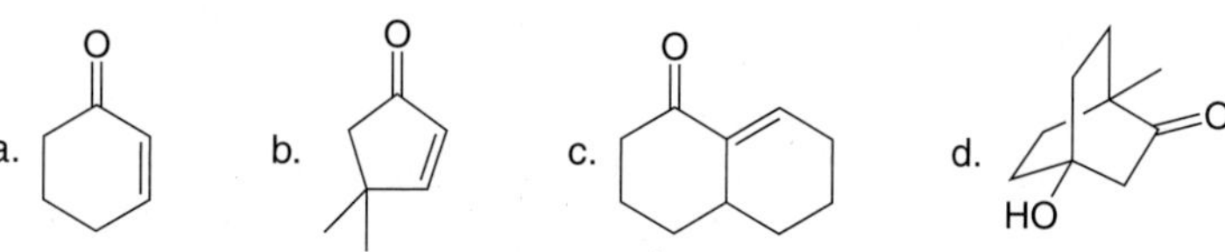

24.36 다음 반응 순서에서 **C**와 **D**의 구조를 써라.

$$\xrightarrow[\text{[2] }(CH_3)_2S]{\text{[1] }O_3} \textbf{C} \xrightarrow[H_2O]{NaOH} \textbf{D}$$

$C_{10}H_{14}O$

24.37 케톤 **K**는 알돌 반응이 일어나지만, 케톤 **J**는 알돌 반응이 일어나지 않는 이유를 설명하라.

O **K** O **J**

클라이젠과 디이크만 반응

24.38 각 에스터에서 얻어지는 클라이젠 생성물을 그려라.

a. O, OEt b. O, O, OEt

24.39 $^-$OEt, EtOH를 사용하여 주어진 출발물로 클라이젠 반응시켰을 때 생기는 생성물을 그려라.

a. O, OEt + O b. O, OEt + O, EtO, OEt c. O, O + O, H, OEt d. O + O, Cl, OEt

24.40 교차 클라이젠 반응을 이용하여 다음 화합물을 합성하기 위해서는 어떤 출발물이 필요한가?

a. CH_3O … CO_2Et

c. CHO

b. C_6H_5

d. EtO … OEt

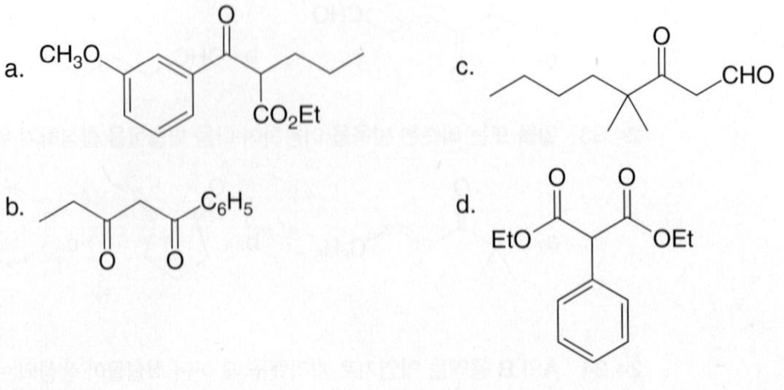

24.41 화합물 **B**에는 세 개의 에스터기가 있지만, **B**를 CH_3OH에서 $NaOCH_3$와 반응시킨 다음 H_3O^+으로 처리하면 한 종류의 디이크만 생성물이 얻어진다. 생성물의 구조를 그리고, 단일 생성물만 얻어지는 이유를 설명하라.

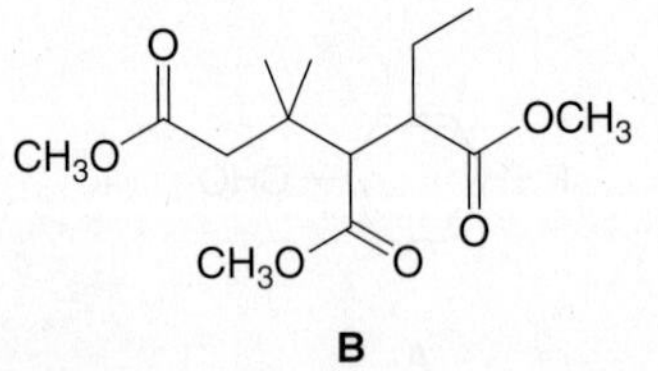

CH_3O OCH_3 CH_3O

B

마이클 반응

24.42 ^-OEt, EtOH를 사용하여 주어진 각 출발물로 마이클 반응시켰을 때 생기는 생성물을 그려라.

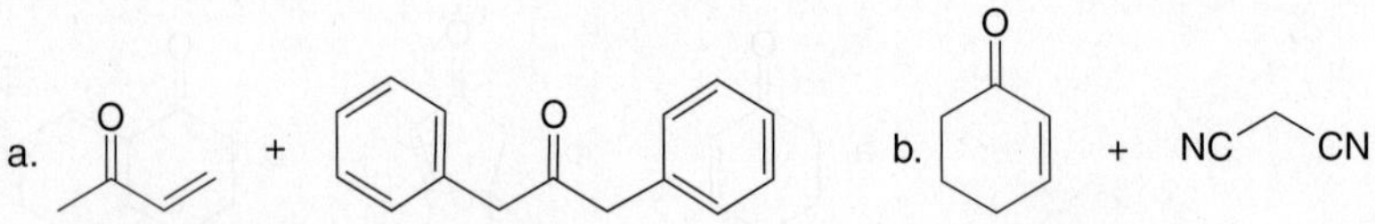

a. + b. + NC CN

24.43 마이클 반응을 이용하여 다음 화합물을 합성하기 위해서는 어떤 출발물이 필요한가?

a. b. CO_2Et c. CO_2Et C_6H_5

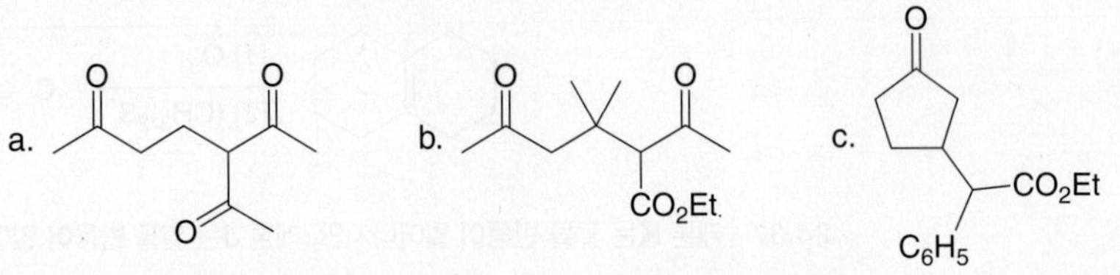

24.44 β-베티본(β-vetivone)은 전통적 동양 의학, 흑사병 치료, 방향제에 사용되는 여러 가지 화합물을 생성하는 다년생 목초인 베티버(vetiver)에서 분리해낼 수 있다. 다른 합성에서 케톤 **A**는 마이클 반응과 분자내 알돌 반응인 두 단계 과정으로 β-베티본으로 변환된다. (a) 이 콘쥬게이션 첨가에 필요한 마이클 받개는 무엇인가? (β-베티본의 이중 고리계를 만드는 다른 방법은 문제 23.63 참조). (b) 육원자 고리를 형성하는 알돌 반응에 대한 단계별 메커니즘을 그려라.

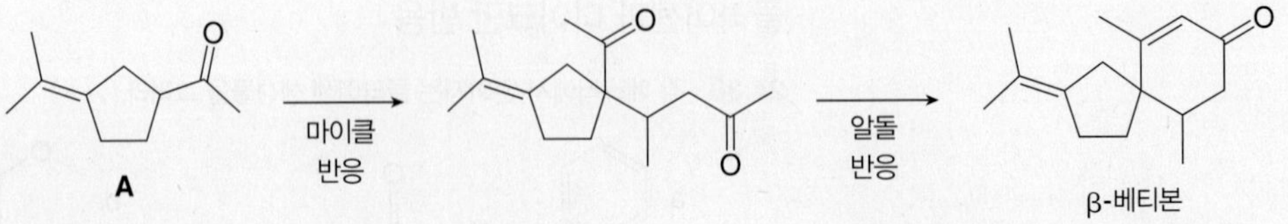

A → 마이클 반응 → → 알돌 반응 → β-베티본

로빈슨 고리만듦 반응

24.45 ^{-}OH, H_2O 용액을 사용하여 주어진 출발물로부터 얻어지는 로빈슨 고리만듦 반응 생성물을 그려라.

a. 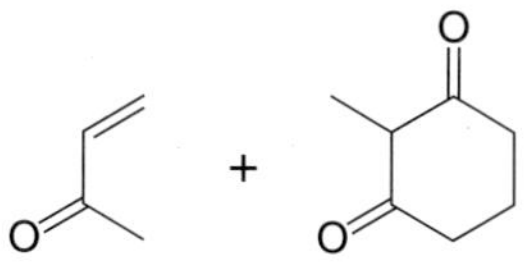 +

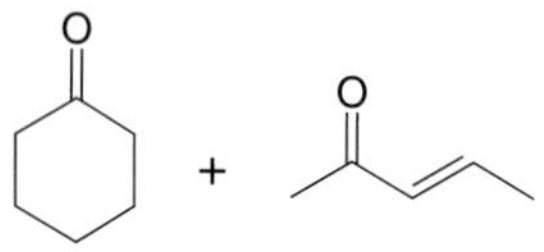

b. 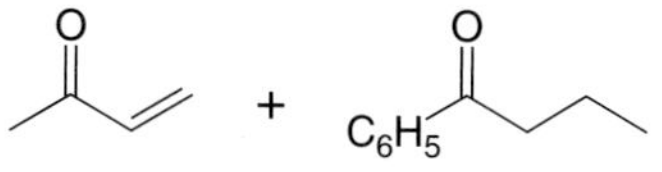 + C_6H_5

c. +

d. 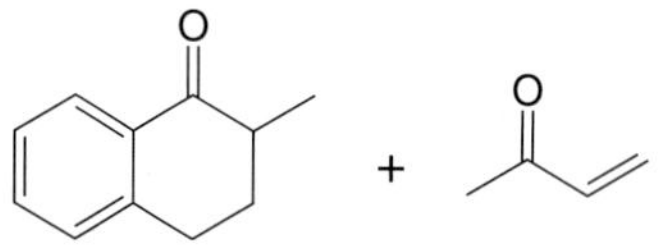 +

24.46 로빈슨 고리만듦 반응을 이용하여 다음 화합물을 합성하기 위해서는 어떤 출발물이 필요한가?

a. 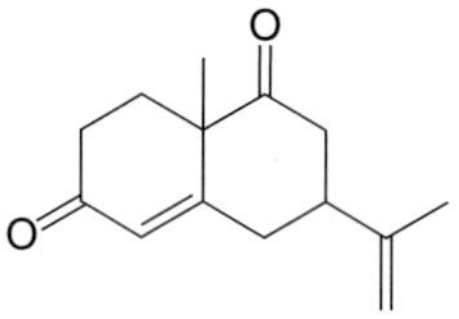 b. 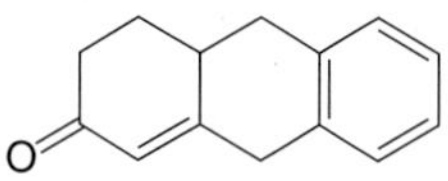 c.

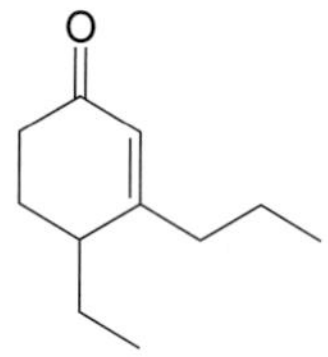

반응

24.47 각 반응에서 생기는 유기 생성물을 그려라.

a. 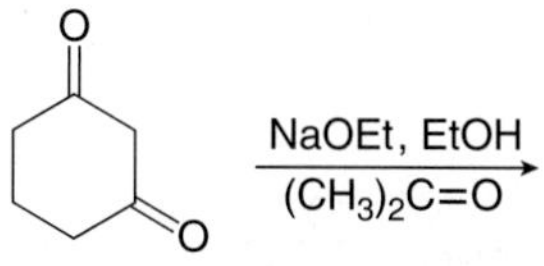 NaOEt, EtOH / $(CH_3)_2C{=}O$

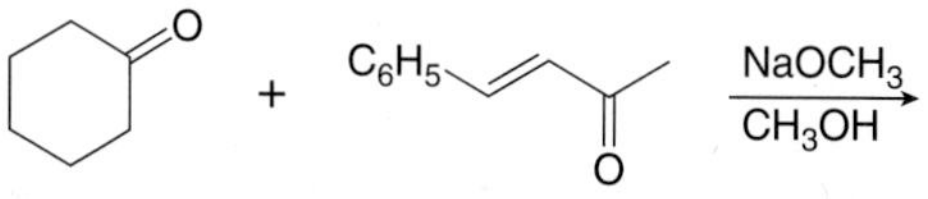

b. 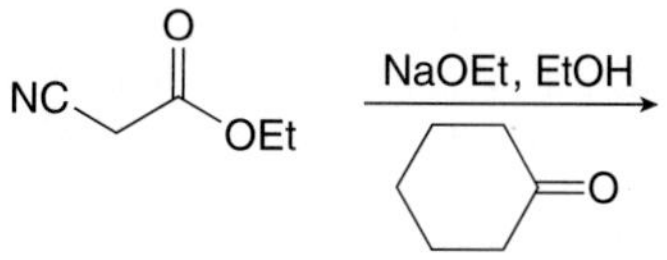 NC—OEt; NaOEt, EtOH

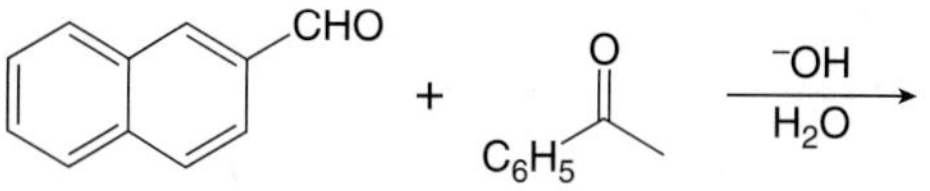

c. 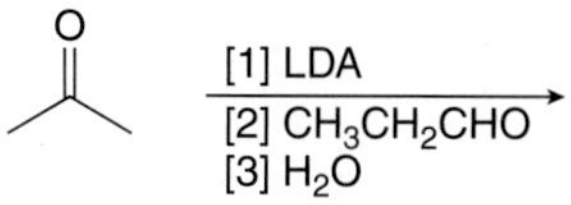 [1] LDA [2] CH_3CH_2CHO [3] H_2O

d. + C_6H_5; $NaOCH_3$ / CH_3OH

e. CHO + C_6H_5; ^{-}OH / H_2O

f. 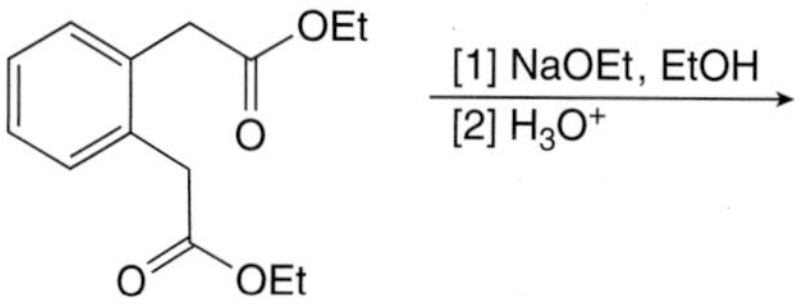 OEt, OEt; [1] NaOEt, EtOH [2] H_3O^+

24.48 각 반응에 필요한 시약은 무엇인가?

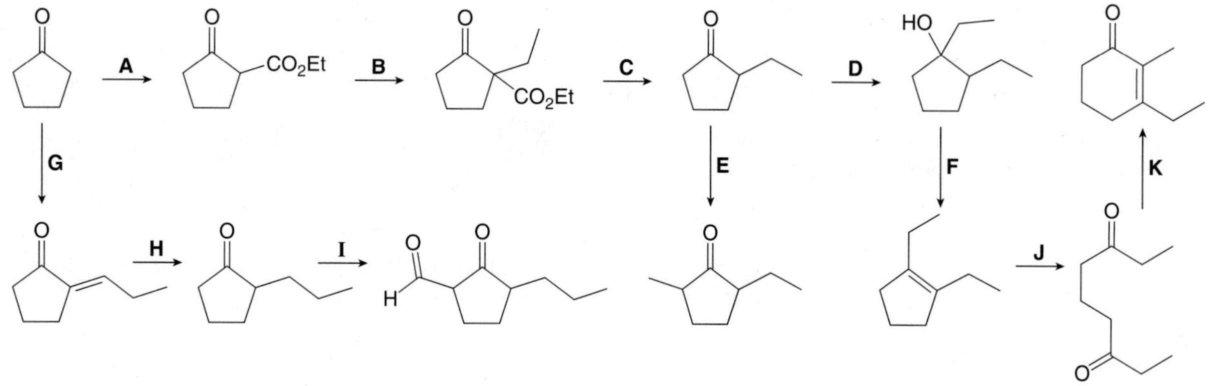

A, B, C, D, E, F, G, H, I, J, K

CO_2Et HO H

24.49 아래의 각 반응에서 입체화학을 고려하여 어떤 화합물이 생성될까?

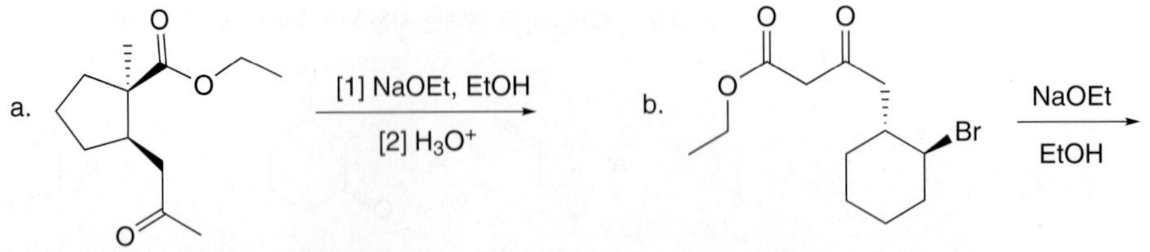

a. [1] NaOEt, EtOH [2] H_3O^+

b. Br NaOEt EtOH

24.50 1979년에 코리(Corey)와 스미스(Smith)에 의해 합성된 식물 성장 호르몬인 지베렐산(gibberellic acid)의 두 가지 합성 중간체인 화합물 **A**와 **B**를 말하라. 지베렐산은 세포 분화와 생장을 유도하여 식물을 자라게 하고 잎을 크게 한다.

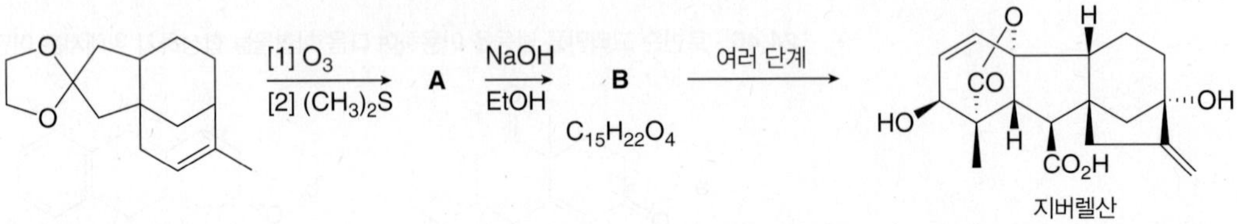

[1] O_3 [2] $(CH_3)_2S$ → **A** → NaOH, EtOH → **B** ($C_{15}H_{22}O_4$) → 여러 단계 → 지베렐산

HO, CO, H, OH, CO_2H

메커니즘

24.51 이론적으로 6-옥소헵탄알(6-oxoheptanal)의 분자내 알돌 반응은 아래와 같은 세 가지 화합물을 만들 수 있다. 그러나 이 반응에서는 1-아세틸사이클로펜텐(1-acetylcyclopentene)이 단연 주 생성물로 만들어진다. 왜 다른 두 개의 화합물은 조금만 생성되는지 답하라. 이 모든 세 가지 생성물이 만들어지는 단계적 반응 메커니즘을 그려라.

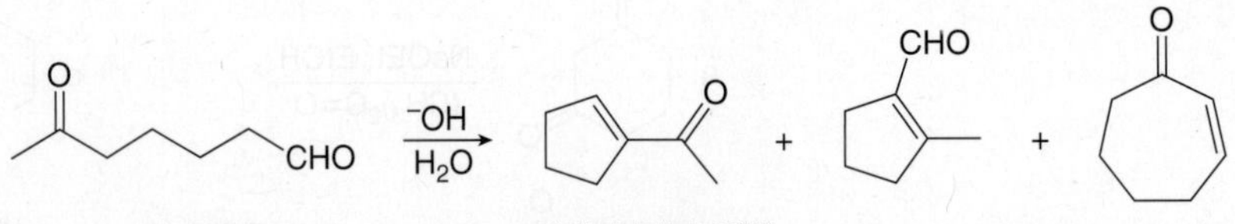

6-옥소헵탄알 (CHO) → ^{-}OH, H_2O → 1-아세틸사이클로펜텐 주 생성물 + (CHO) +

24.52 알돌 반응의 변형인 나이트로 알돌 반응의 단계별 메커니즘을 그려라.

H + CH_3NO_2 → ^{-}OH, H_2O → NO_2

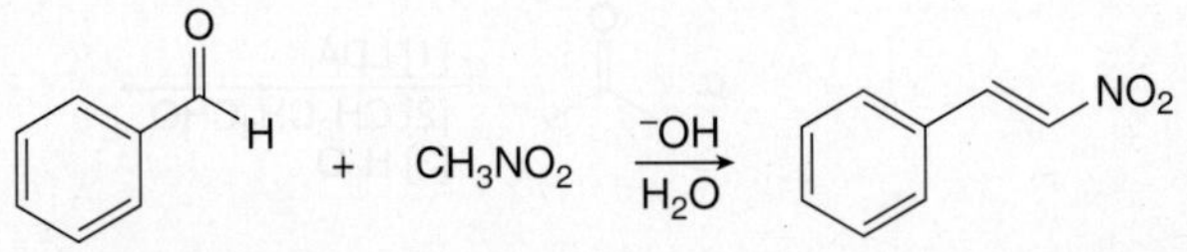

24.53 다음 로빈슨 고리만듦 반응의 단계별 메커니즘을 그려라. 이 반응은 1951년에 하버드대학교의 우드워드(R. B. Woodward)와 공동 연구자가 수행한 스테로이드 코티손(cortisone)의 합성에서 사용된 바 있는 중요한 반응이다.

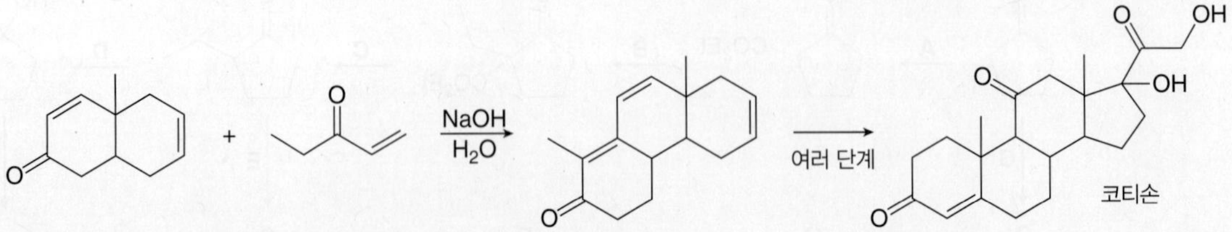

+ → NaOH, H_2O → → 여러 단계 → 코티손 (OH, OH)

24.54 시타그립틴(sitagliptin, 문제 17.14에 나온 2형 당뇨병을 치료하는 약) 합성의 한 반응은 혼합 무수물 **A**와 **B**로부터 **C**를 형성한다. 이 반응의 단계별 메커니즘을 그려라.

A (F, F, F) + **B** → 염기 → **C** (F, F, F, OH)

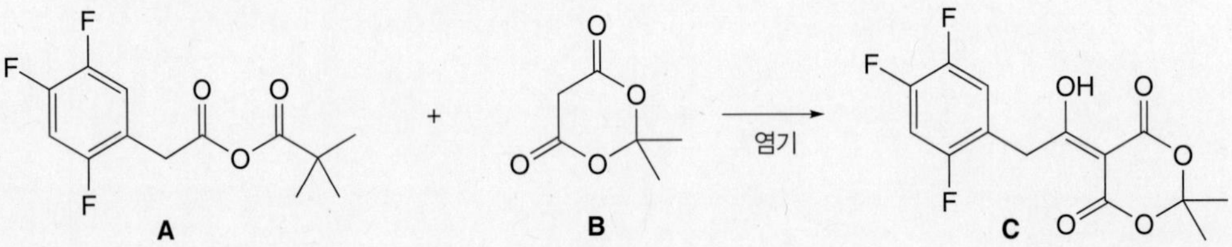

24.55 **X**와 페닐아세트산(phenylacetic acid)이 반응하여 중간체 **Y**를 생성하고, **Y**는 분자내 반응을 통해 로페콕시브(rofecoxib)를 생성한다. 로페콕시브는 비스테로이드계 소염 진통제로 바이옥스(Vioxx)라는 이름으로 사용되었고, 심장마비를 일으키는 위험이 있는 것으로 판단되어 판매가 중지되었다. 중간체 **Y**의 구조와 로페콕시브가 합성되는 단계별 메커니즘을 그려라.

CH_3SO_2 **X** + 페닐아세트산 (CO_2H) $\xrightarrow[DBU]{Et_3N}$ **Y** ⟶ 로페콕시브 (CH_3SO_2)

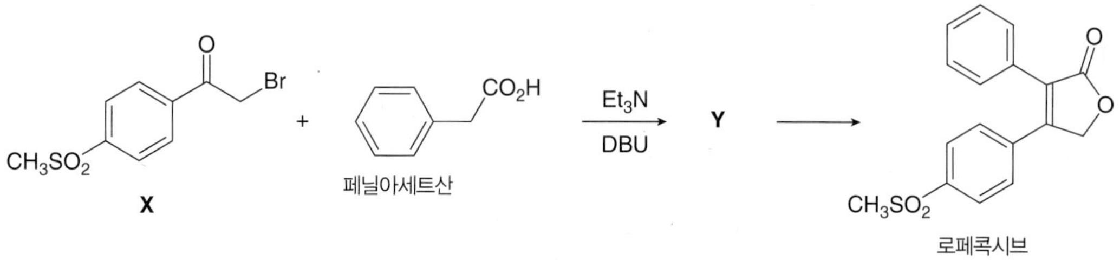

24.56 라벤더(lavender), 스위트 클로버(sweet clover), 통카 콩(tonka bean)으로부터 분리할 수 있는 천연 화합물인 쿠마린(coumarin)은 *o*-하이드록시벤즈알데하이드(*o*-hydroxybenzaldehyde)로부터 아래에 설명된 반응을 통하여 실험실에서 만들 수 있다. 이 반응에 대한 단계별 반응 메커니즘을 그려라. 쿠마린은 유용한 합성 항혈액 응고제이다.

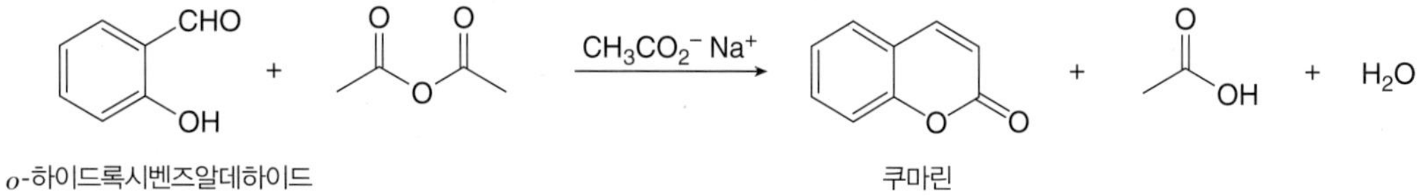

o-하이드록시벤즈알데하이드 (CHO, OH) + 아세트산 무수물 $\xrightarrow{CH_3CO_2^-\ Na^+}$ 쿠마린 + 아세트산 (OH) + H_2O

24.57 A가 수용액 ^-OH로 처리되면 주생성물로 B가 생성되는데, B는 가수분해와 탈카르복실화반응이 일어나 C가 생성된다. A로부터 B로 바뀌는 단계별 메커니즘을 그려라.

A (OCH_3) $\xrightarrow{^-OH,\ H_2O}$ **B** (CH_3O) ⟶ **C**

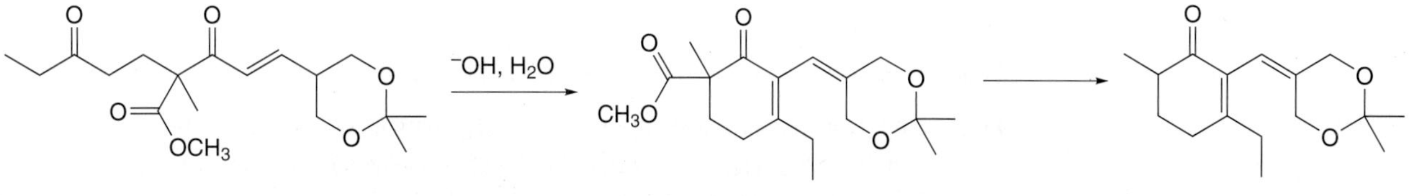

24.58 최근의 간단한 프로스타글란딘(prostaglandin) 합성의 한 반응은 석신알데하이드(succinaldehyde)로부터 두 고리 화합물 헤미아세탈(bicyclic hemiacetal) X로 바뀌는 과정을 포함한다. 그 과정의 단계별 메커니즘을 그려라(힌트, 분자가 알돌 반응으로부터 시작된다).

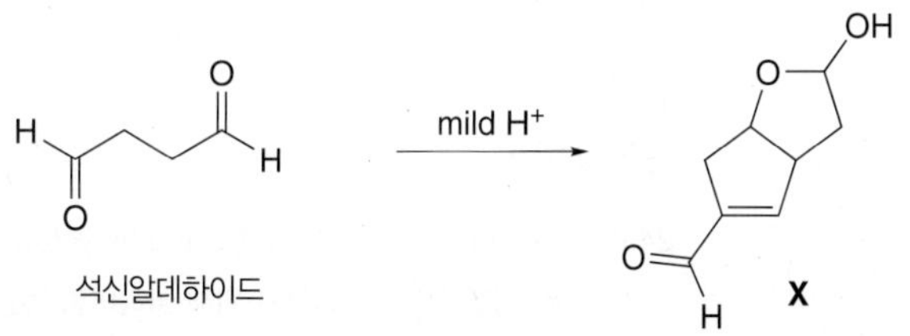

석신알데하이드 $\xrightarrow{\text{mild } H^+}$ **X** (OH)

24.59 (a) 염기의 존재하에서 헥사-2,4-다이엔산 에틸(ehtyl hexa-2,4-dienoaye)과 옥살산 다이에틸(diethyl oxalate)의 반응에 대한 단계별 반응 메커니즘을 쓰라. (b) 여러분이 제시한 메커니즘으로 새로운 탄소–탄소 결합이 C6에서 형성되는 이유를 어떻게 설명하겠는가? (c) 이 반응은 교차 클라이젠 반응의 한 예이다. 그 이유는 무엇인가?

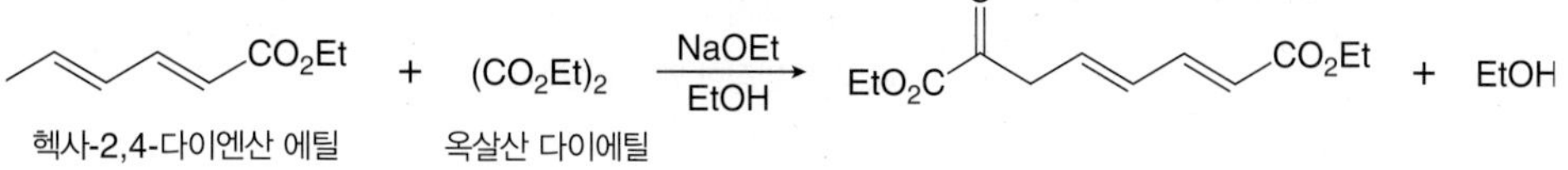

헥사-2,4-다이엔산 에틸 (CO_2Et) + $(CO_2Et)_2$ 옥살산 다이에틸 $\xrightarrow[EtOH]{NaOEt}$ EtO_2C ... CO_2Et + EtOH

합성

24.60 주어진 출발물을 사용하여 각 화합물의 합성을 고안하라. 어떠한 유기 시약이나 무기 시약을 사용하여도 좋다.

a. OH ⟹

b. O ⟹ O

24.61 아래의 각 화합물을 사이클로펜탄온, 벤젠, 탄소가 세 개 이하인 알코올로부터 합성하는 방법을 고안하라. 어떤 유기 시약이나 무기 시약을 사용하여도 좋다.

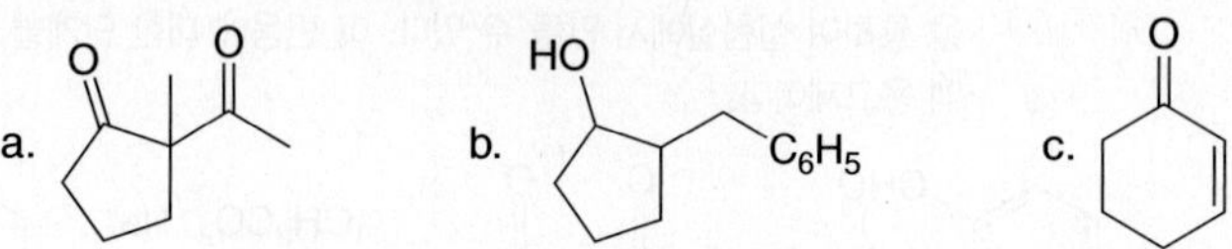

c.

24.62 아래의 각 화합물을 $CH_3CH_2CH_2CO_2Et$, 벤젠 및 탄소가 두 개 이하인 알코올로부터 합성하는 방법을 고안하라. 어떤 유기 시약이나 무기 시약을 사용하여도 좋다.

a. C_6H_5, OH, OH

b. C_6H_5, O, O

24.63 사이클로헥센으로부터 2-메틸사이클로펜탄온을 합성하는 방법을 고안하라. 어떤 시약을 사용하여도 좋다.

24.64 옥티녹세이트(octinoxate)는 자외선 차단제의 활성 성분으로 사용되는 불포화 에스터이다. (a) 축합 반응을 이용하여 이 화합물을 합성하는 데 필요한 카보닐 화합물은 무엇인가? (b) 주어진 유기 출발물과 다른 필요한 무기 시약을 이용하여 옥티녹세이트를 합성하는 방법을 고안하라.

CH_3O … O ⟹ HO … + 5개 미만의 C를 갖는 알코올

옥티녹세이트

일반 문제

24.65 2-아세틸사이클로펜탄온(2-acetylcyclopentanone)에 대한 아래의 질문에 대답하라.

a. 결합 (a)를 형성하기 위해 클라이젠 반응을 이용할 때 2-아세틸사이클로펜탄온을 얻기 위한 출발물이 무엇인가?

b. 결합 (b)를 형성하기 위해 클라이젠 반응을 이용할 때 2-아세틸사이클로펜탄온을 얻기 위한 출발물이 무엇인가?

c. 2-아세틸사이클로펜탄온 화합물을 $NaOCH_2CH_3$로 처리한 후 CH_3I를 가하였을 때 생성되는 화합물은?

d. 2-아세틸사이클로펜탄온과 바이닐 케톤($CH_2 = CHCOCH_3$)을 반응시키는 로빈슨 고리만듦 반응의 생성물을 그려라.

e. 가장 안정한 엔올 토토머를 그려라.

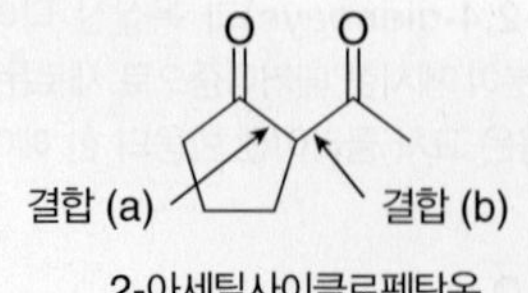

2-아세틸사이클로펜탄온

도전 문제

24.66 아래의 반응은 콜레스테롤 수치가 높은 환자를 위한 약물인 에제티미브(ezetimibe, 20.6절)를 합성하기 위한 반응으로 단계별 메커니즘을 그려라.

CH_3O OCH_3 [1] LDA [2] F N O CH_3O O N F

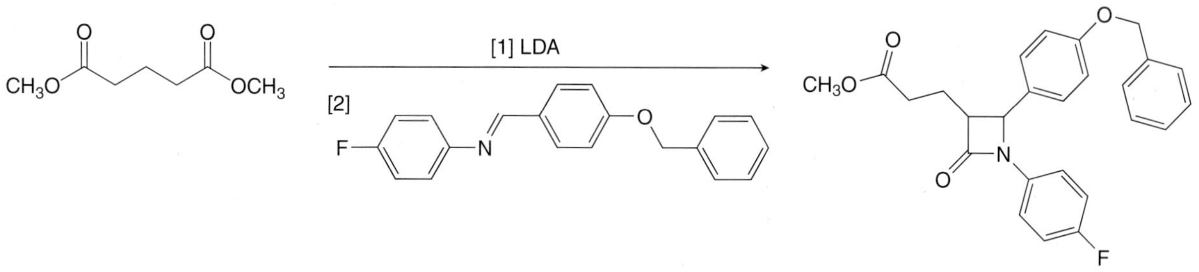

24.67 다음의 β-케토 에스터 반응에 대한 단계별 반응 메커니즘을 제안하라. 이 자리 옮김 반응이 일어나는 이유를 제시하라.

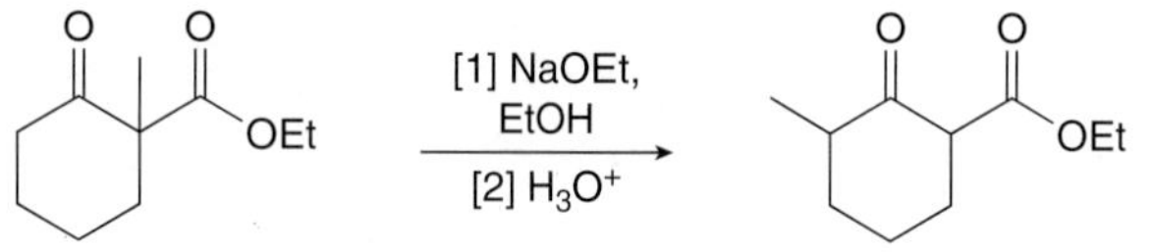

O O OEt [1] NaOEt, EtOH [2] H_3O^+ O O OEt

24.68 아이소포론(isophorone)은 염기 존재하에서 두 분자의 아세톤으로부터 얻을 수 있다. 이 반응 메커니즘을 그려라.

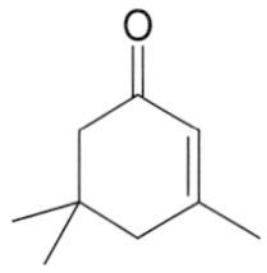

O

아이소포론

24.69 아래 반응의 단계별 메커니즘을 고안하라(힌트: 반응 메커니즘은 ^-OH의 콘쥬게이트 첨가로 시작된다).

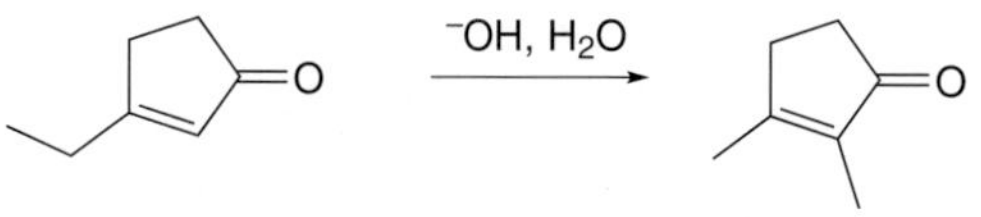

O ^-OH, H_2O O

24.70 다음 반응의 단계별 메커니즘을 그려라(힌트: 마이클 반응이 두 번 필요하다).

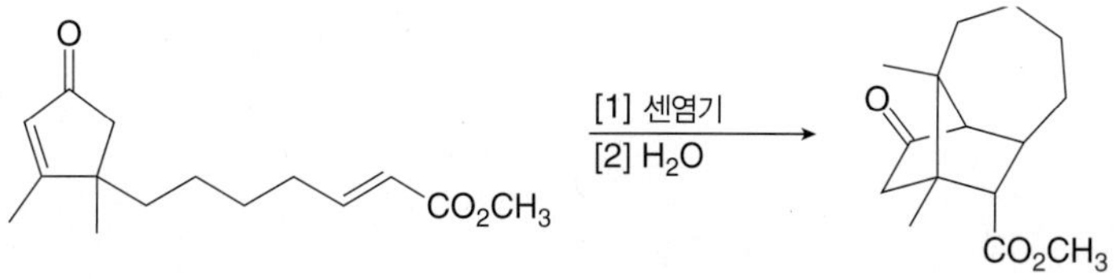

O CO_2CH_3 [1] 센염기 [2] H_2O O CO_2CH_3

24.71 염기 존재하에서 4-메틸피리딘(4-methylpyridine)은 벤즈알데하이드(C_6H_5CHO)와 반응하여 **A**를 만든다. (a) 이 반응에 대한 단계별 메커니즘을 그려라. (b) 2-메틸피리딘이나 3-메틸피리딘도 비슷한 축합 반응을 할 것이라고 예상할 수 있는가? 왜 그런지 또는 왜 그렇지 않은지 설명하라.

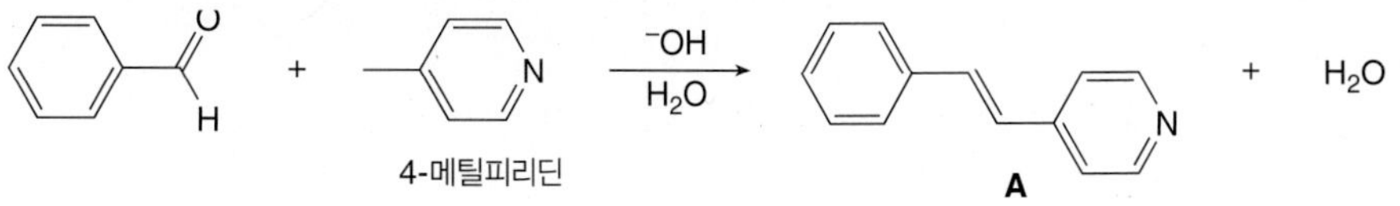

O H + N ^-OH H_2O N + H_2O

4-메틸피리딘 **A**

24.72 일본에서 리바로(Livalo)라는 이름으로 팔리는 콜레스테롤 강하제인 피타바스타틴(pitavastatin)의 합성에 사용되는 반응 중 하나이다. 이 반응의 순차적인 반응 메커니즘을 그려라.

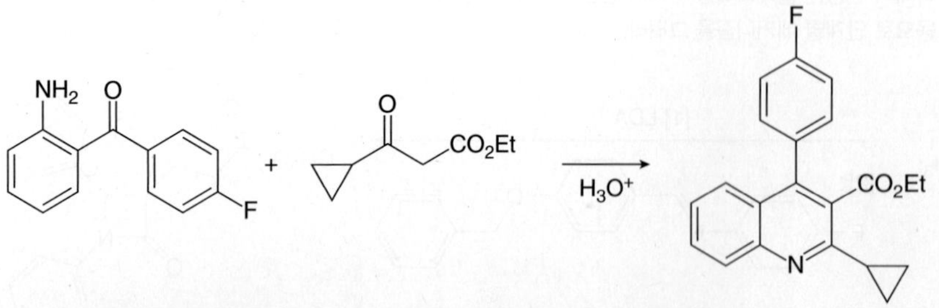

NH_2 O F + O CO_2Et $\xrightarrow{H_3O^+}$ F CO_2Et N

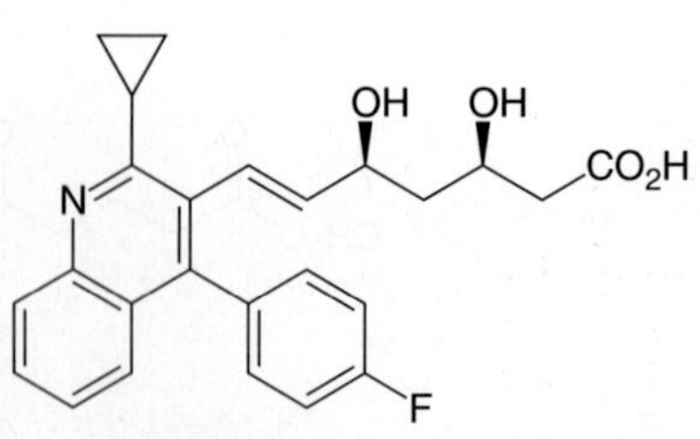

F N OH OH CO_2H

피타바스타틴

24.73 항생물질인 아비소미신(abyssomicin) C를 합성하는 중요한 반응인 아래 반응의 단계별 메커니즘을 고안하라. 아비소미신 C는 동해에서 1,000피트 아래에 있는 침전물로부터 얻은 물질이다(힌트: 이 반응의 메커니즘은 디이크만 반응으로 시작한다).

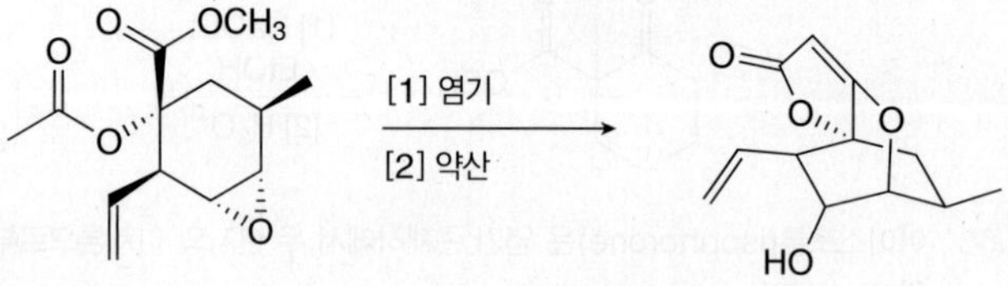

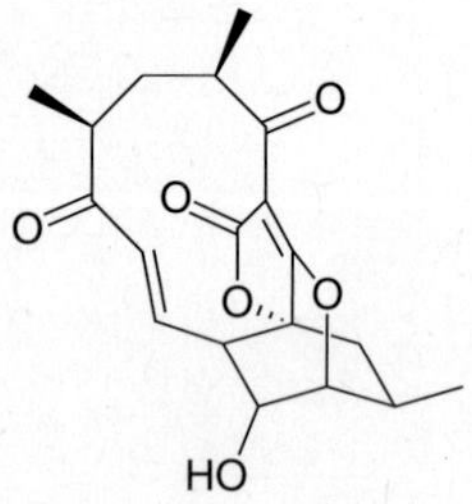

O OCH_3 O O O [1] 염기 [2] 약산 O O O O HO

O O O O O O HO

아비소미신 C

Chapter

25 아민

Amines

스코폴라민(Scopolamine)은 남아프리카에 자생하는 큰 트럼펫 모양의 꽃이 피는 관상용 식물 '천사나팔꽃(angel's trumpet)'에서 발견되는 복잡구조의 아민이다. 소량의 스코폴라민을 방출하는 경피 패치는 멀미로 인한 구역질이나 구토를 치료하는 데 쓰인다. 스코폴라민은 식물로부터 발생되는 천연 아민인 **알칼로이드**이다. 25장에서는 스코폴라민과 같은 아민의 성질과 반응에 대하여 학습한다.

암모니아(NH_3)의 하나 이상의 수소가 알킬 또는 아릴기로 치환된 유기 유도체인 아민에 대해 논의한다. 아민은 다른 중성의 유기 화합물보다 더 강염기이며 더 좋은 친핵체이다. 25장의 많은 내용들은 이러한 물성에 집중할 것이다.

알코올의 화학과 비슷하게, 아민의 화학은 하나의 반응에만 국한되지 않으며, 이 때문에 아민의 반응을 배우는 것은 도전할 만한 가치가 있다. 많은 흥미로운 천연물과 널리 사용되는 약품들은 아민이므로 이러한 작용기를 유기 분자에 도입하는 방법을 배울 필요가 있다.

25.1 서론

아민(amine)은 암모니아(NH_3)의 수소 원자 중 하나 또는 그 이상이 알킬로 치환된 **유기 질소 화합물**이다. 21.11절에서 논의하였듯이, 아민은 질소 원자에 결합된 알킬기의 수에 의해 1°, 2° 및 3°로 분류된다.

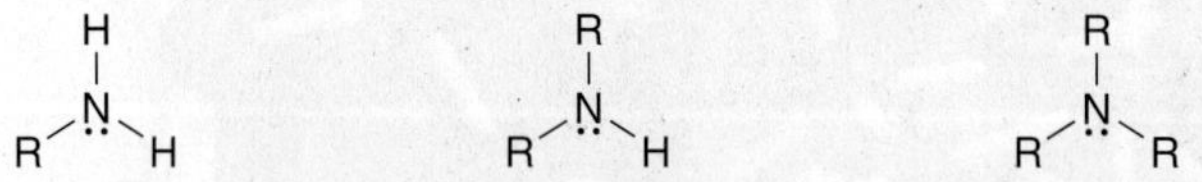

1° 아민 (N에 1 R기)

2° 아민 (N에 2 R기)

3° 아민 (N에 3 R기)

암모니아와 같이 아민 질소 원자에는 비공유 전자쌍이 있으며 염기와 친핵체로 모두 작용한다. 따라서 아민은 친전자체와 반응하여 질소와 네 개의 결합을 하고 있는 화합물인 **암모늄염**을 형성한다.

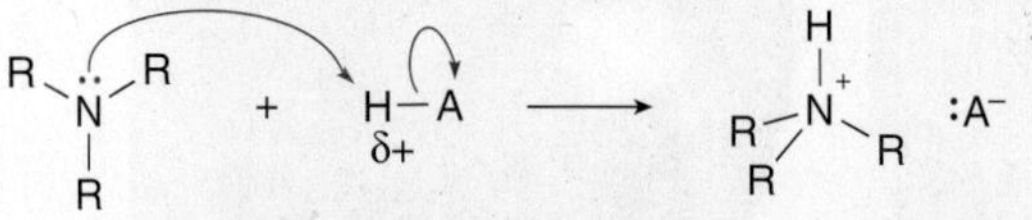

R_3N: + H–A (δ+) ⟶ R_3NH^+ :A^-

염기 산

R_3N: + E–X (δ+) ⟶ R_3NE^+ X^-

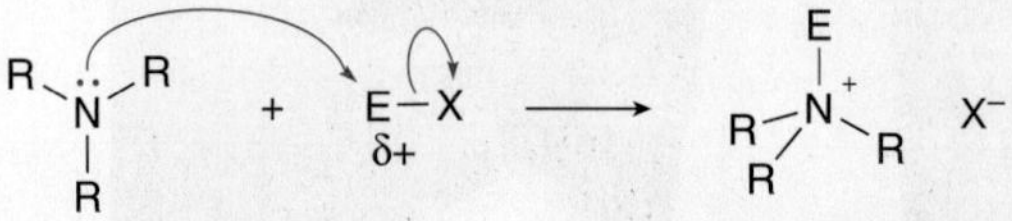

친핵체 친전자체 암모늄염

- 아민의 화학은 질소 원자상의 비공유 전자쌍에 의해 좌우된다.

25.2 구조와 결합

하나의 아민 질소 원자는 세 개의 원자들과 하나의 비공유 전자쌍에 의해 둘러싸여 있으며, 질소 원자는 sp^3로 혼성화되어 있고, 결합각이 약 109.5°인 삼각 쌍뿔 모양을 하고 있다.

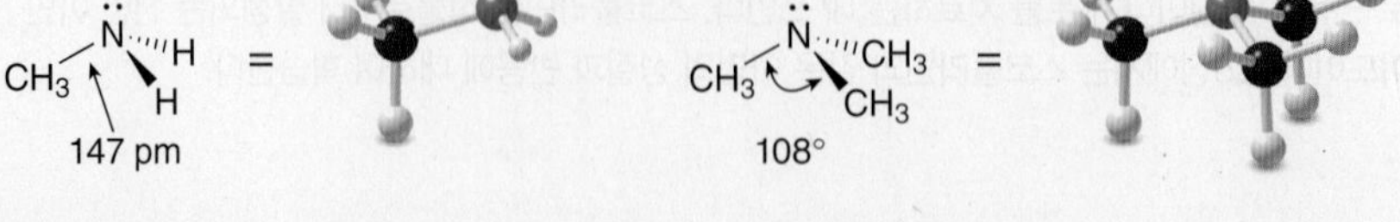

CH_3NH_2 (147 pm) =

$(CH_3)_3N$ (108°) =

질소는 탄소와 수소에 비해 전기음성도가 크기 때문에 **C–N과 N–H 결합은 모두 극성이며,** N 원자는 전자가 풍부하고 C와 H 원자들은 전자가 적다. 그림 25.1의 정전기 전위 그림은 CH_3NH_2(메틸 아민)와 $(CH_3)_3N$(트라이메틸아민)의 극성 C–N과 N–H 결합을 보여준다.

그림 25.1
CH_3NH_2와 $(CH_3)_3N$의 정전기 전위 그림

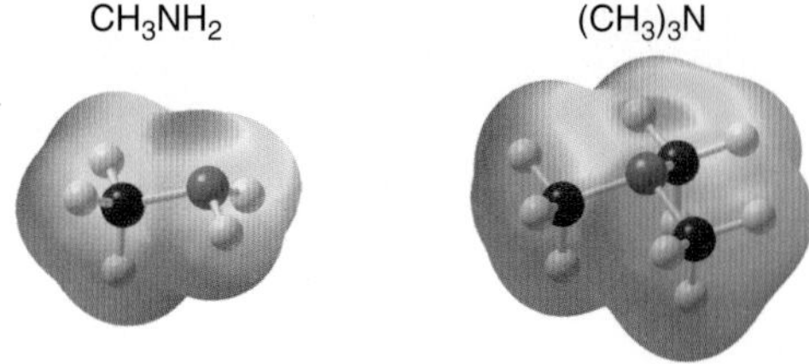

- 두 개의 아민이 모두 N 원자 부근에서 전자 밀집 지역(붉은색 부분)을 명확히 보여준다.

하나의 전자쌍과 세 가지 다른 종류의 알킬기와 결합된 아민의 질소 원자는 구조적으로 볼 때 입체발생 중심이므로 두 개의 포개지지 않는 삼각 쌍뿔 모양을 그릴 수 있다.

포개지지 않는 거울상

그러나 이는 아민이 두 개의 거울상이성질체로 존재한다는 것을 의미하는 것은 아닌데, 이는 하나가 상온에서 다른 하나로 빠르게 전환되기 때문이다. 아민은 삼각 평면(비카이랄성)의 전이 상태를 통하여 뒤집어진다. 아민의 두 개의 거울상이성질체는 상호 전환하기 때문에, 아민 질소의 카이랄성은 무시할 수 있다.

평면 전이 상태

이와 대조적으로 네 개의 서로 다른 치환기가 있는 사차 암모늄염의 카이랄성은 무시할 수 없다. 이는 질소 원자에 비공유 전자쌍이 전혀 없으므로 상호 전환이 발생하지 않아 N 원자가 네 개의 다른 기가 있는 탄소 원자와 유사하기 때문이다.

카이랄 암모늄 이온

- 암모늄염의 N 원자는 N이 네 개의 다른 기들로 둘러싸여 있을 때 입체발생 중심이다.

문제 25.1 각 분자의 입체발생 중심을 선택하라.

a.

b.

도부타민
(심장 건강을 측정하기 위한 스트레스 테스트에
사용되는 강심제)

25.3 명명법

25.3A 1차 아민

1차 아민은 체계명 또는 관용명을 사용하여 명명한다.

- **체계명**은 아민의 질소에 결합된 길이가 긴 연속적 탄소 사슬을 찾아서 어미 알케인의 **-e**를 접미사 **아민(-amine)**으로 바꾼다. 그 후 명명법의 일반적 규칙에 의해 사슬의 숫자와 치환기의 이름을 명명한다.
- **관용명**은 질소 원자에 결합된 알킬기와 **아민(-amine)**이라는 단어를 결합하여 하나의 단어로 명명한다.

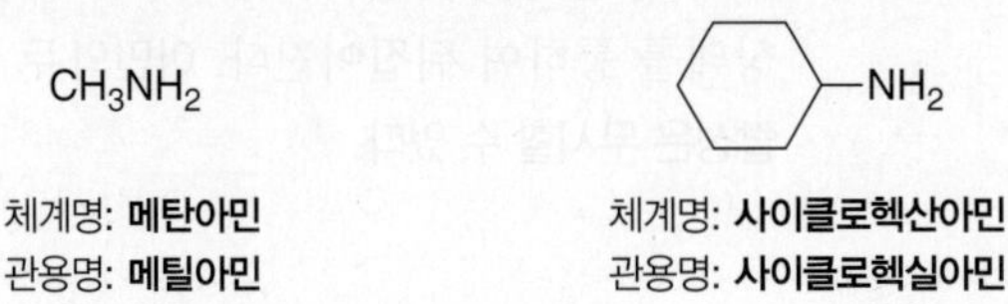

체계명: **메탄아민**
관용명: **메틸아민**

체계명: **사이클로헥산아민**
관용명: **사이클로헥실아민**

25.3B 2°와 3° 아민

동일한 알킬기를 가진 2°와 3° 아민은 1° 아민의 이름에 접두사 다이(di-) 또는 트라이(tri-)를 붙여 명명한다.

트라이에틸아민

다이아이소프로필아민

두 개 이상의 알킬기가 있는 2°와 3° 아민은 다음의 절차에 따른 *N*-치환된 2차 아민으로 명명된다.

예제 25.1 다음의 각 아민을 명명하라.

a. NH_2

b. N

풀이

a. [1] 1° 아민: 아민 질소를 포함하는 긴 사슬을 찾고 명명한다.

[2] 치환기에 번호와 이름을 붙인다.

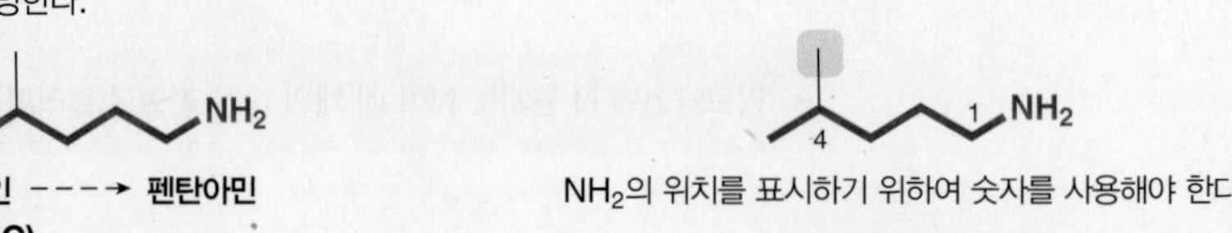

펜테인 ---→ **펜탄아민**
(5개의 C)

NH_2의 위치를 표시하기 위하여 숫자를 사용해야 한다.

답: 4-메틸펜탄-1-아민

해결 방법 다른 알킬기를 지닌 2°와 3° 아민을 명명하는 방법

예 다음 2° 아민을 명명하라: $(CH_3)_2CHNHCH_3$.

단계 [1] 모체 아민으로 질소 원자에 결합된 가장 긴 알킬 사슬(가장 긴 고리)을 지정하고, 관용명과 체계명을 지정한다.

가장 긴 사슬의 **3 C** ---→ 프로판-2-아민

단계 [2] 질소 원자에 있는 다른 기들은 알킬기로 명명하고 알파벳순으로 나열하고 이름 앞에 접두사 *N*-을 붙인다.

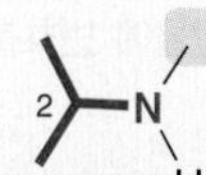

메틸 치환기 **답 : *N*-메틸프로판-2-아민**

b. 3° 아민의 경우, N과 연결된 하나의 알킬기는 제1의 R기이며 다른 것들은 치환기이다.

[1] N에 결합된 고리에 이름을 붙인다.

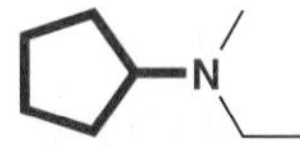

사이클로펜탄아민

[2] 치환기에 이름을 붙인다.

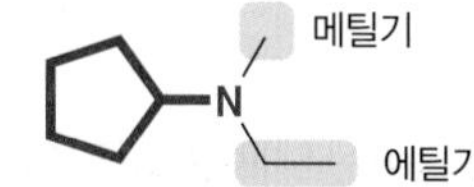

각 알킬기에 한 개씩 총 두 개의 N이 필요하다.

답: *N*-에틸-*N*-메틸사이클로펜탄아민

문제 25.2 다음의 각 아민을 명명하라.

a. b. c. d. e. f.

25.3C 방향족 아민

방향족 아민은 아닐린의 유도체로서 명명한다.

아닐린 *N*-에틸아닐린 *o*-브로모아닐린

그림 25.2
일반적인 질소 헤테로고리 화합물

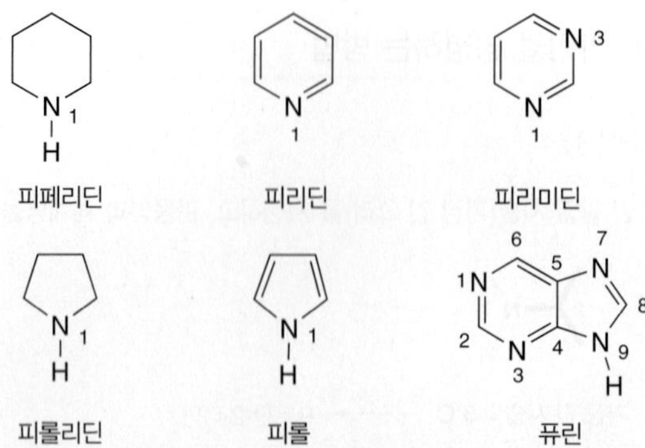

- 한 개의 질소 원자가 있는 헤테로고리 화합물에 번호를 붙일 때 N 원자는 항상 '1' 위치에 놓여야 한다.
- 두 개의 질소 원자가 있는 헤테로고리 화합물에 번호를 붙일 때 하나의 N 원자는 항상 '1' 위치에 놓여야 하고 다른 N 원자에는 낮은 번호를 부여한다.

25.3D 다양한 명명법

치환기로서 명명된 NH_2기는 아미노기(amino group)라고 한다.

다른 많은 질소 헤테로고리(nitrogen heterocycle)가 있으며 각 고리의 유형은 고리에 있는 질소 원자의 수, 고리의 크기, 고리가 방향족성인지 아닌지 등에 따라 다르게 명명된다. 일반적 질소 헤테로고리의 구조와 이름을 그림 25.2에 나타냈다.

문제 25.3 각 이름에 해당하는 구조를 그려라.

a. 2,4-다이메탈헥산-3-아민
b. *N*-메틸펜탄-1-아민
c. *N*-아이소프로필-*p*-나이트로아닐린
d. *N*-메틸피페리딘
e. *N*, *N*-다이메틸에틸아민
f. 2-아미노사이클로헥산온
g. *N*-메틸아닐린
h. *m*-에틸아닐린

25.4 물리적 성질

아민은 극성인 C−N과 N−H 결합 때문에 쌍극자−쌍극자의 상호작용을 보인다. 1° 아민과 2° 아민은 N−H 결합이 있기 때문에 분자간 수소 결합을 할 수 있다. 그러나 질소가 산소보다 전기음성도가 작으므로 N과 H의 분자간 수소 결합은 O와 H의 분자간 수소 결합보다 약하다. 이러한 요소들이 아민의 물리적 성질에 어떠한 영향을 미치는지를 표 25.1에 요약하였다.

1° 아민의 분자간 수소 결합

문제 25.4 다음 각 묶음의 화합물을 끓는점이 증가하는 순서로 배열하라.

표 25.1 아민의 물리적 성질

성질	관찰 사항
끓는점과 녹는점	• 1°와 2° 아민은 수소 결합을 할 수 없는 유사 화합물(에터 등)보다 끓는점이 높지만 분자간 수소 결합이 강한 알코올보다는 끓는점이 낮다. 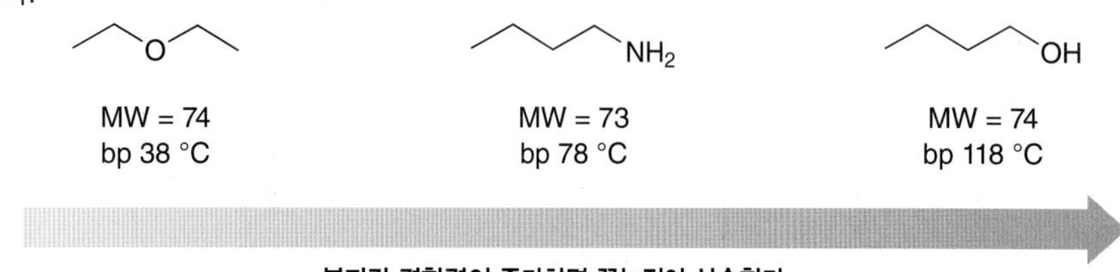 • 3차(3°) 아민은 동일한 분자량의 1°와 2° 아민보다 끓는점이 낮은데, 3° 아민은 N−H 결합이 없어 수소 결합을 할 수 없기 때문이다. 
용해도	• 아민은 크기에 상관없이 유기 용매에 녹는다. • 탄소가 다섯 개 이하인 모든 아민은 H_2O와 수소 결합을 할 수 있기 때문에 H_2O에 녹는다(3.4C절). • 탄소가 다섯 개보다 많은 아민은 비극성 알킬 부분이 너무 커서 극성 용매인 H_2O에 녹지 않는다.

MW = 분자량

25.5 분광학적 성질

아민은 질량 스펙트럼, IR 스펙트럼, ^{1}H와 ^{13}C NMR 스펙트럼에서 특유의 성질을 나타낸다.

25.5A 질량 스펙트럼

N 원자가 하나인 아민의 일반적 분자식은 $C_nH_{2n+3}N$이다.

질량 스펙트럼에서 항상 분자 이온의 질량이 짝수인 탄소, 수소, 산소만으로 구성된 화합물들과 아민은 다르다. 이것은 그림 25.3의 뷰탄-1-아민의 질량 스펙트럼에서 분명히 나타난다.

그림 25.3
뷰탄-1-아민의 질량 스펙트럼

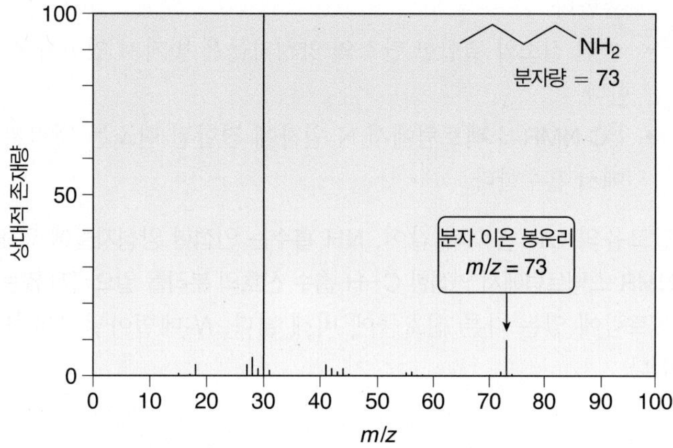

• $CH_3CH_2CH_2CH_2NH_2$의 분자 이온의 m/z = 73이다. 분자 이온의 홀수 질량은 홀수 개의 N 원자를 포함한 아민의 독특한 특징이다.

그림 25.4 1°, 2° 및 3° 아민의 IR 스펙트럼의 단일 결합 영역

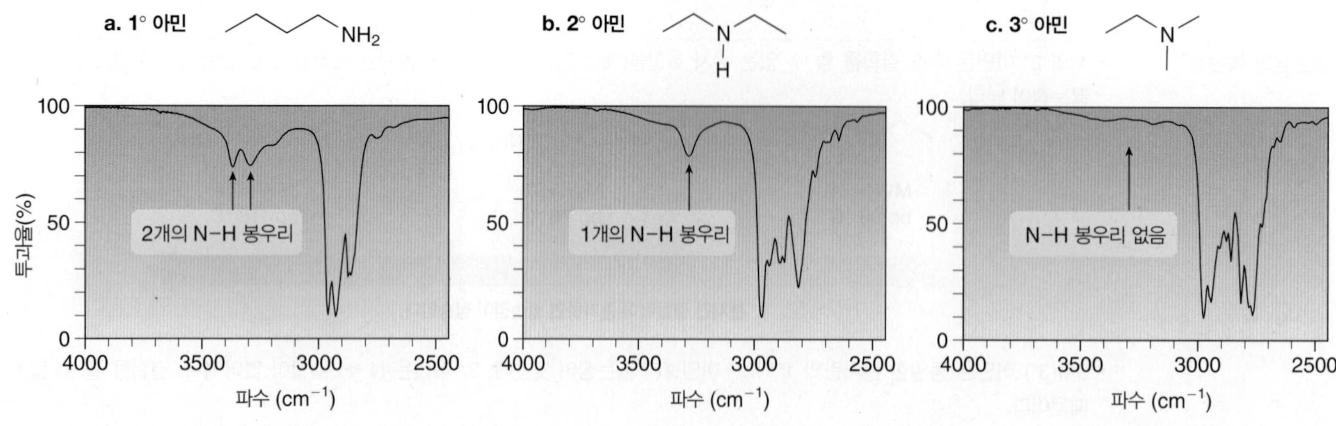

- 질소 원자가 홀수인 아민은 질량 스펙트럼에서 홀수의 분자 이온을 보인다.

25.5B IR 스펙트럼

N−H 결합을 가진 아민은 IR 스펙트럼에서 특징적인 흡수를 보여준다.

- 1° 아민은 3,300~3,500 cm^{-1}에서 두 개의 N−H 흡수를 보인다.
- 2° 아민은 3,300~3,500 cm^{-1}에서 한 개의 N−H 흡수를 보인다.

3° 아민은 N−H 결합을 하지 않기 때문에 IR 스펙트럼의 이 영역에서 흡수를 일으키지 않는다. 1°, 2° 및 3° 아민의 IR 스펙트럼의 단일 결합 영역($> 2,500\ cm^{-1}$)에서 나타나는 이러한 특징을 그림 25.4에서 보여주고 있다.

25.5C NMR 스펙트럼

아민은 다음의 독특한 ^{1}H NMR과 ^{13}C NMR 흡수를 나타낸다.

- NH 신호는 0.5~5.0 ppm에서 나타난다. 정확한 위치는 수소 결합의 정도 및 시료 농도에 의존한다.
- 아민 질소와 결합한 탄소의 양성자들은 벗겨져 있어서 전형적으로 2.3~3.0 ppm에서 흡수한다.
- ^{13}C NMR 스펙트럼에서 N 원자에 결합된 탄소는 벗겨져 있어서 전형적으로 30~50 ppm에서 흡수한다.

알코올의 OH 흡수와 같이, NH 흡수는 인접한 양성자들에 의해 신호가 분리되지 않으며, 또한 ^{1}H NMR 스펙트럼에서 인접한 C−H 흡수 신호의 분리를 일으키지 않는다. 아민의 NH 신호는 때때로 스펙트럼에 있는 다른 신호들에 비해 넓다. *N*-메틸아닐린의 ^{1}H NMR 스펙트럼은 그림 25.5에 있다.

문제 25.5 다음의 ^{1}H NMR 흡수들을 보이며 분자식 $C_6H_{15}N$의 미지 화합물의 구조는 무엇인가?
0.9(단일선, 1 H), 1.10(삼중선, 3 H), 1.15(단일선, 9 H), 2.6(사중선, 2 H) ppm

그림 25.5
N-메틸아닐린의 ^{1}H NMR 스펙트럼

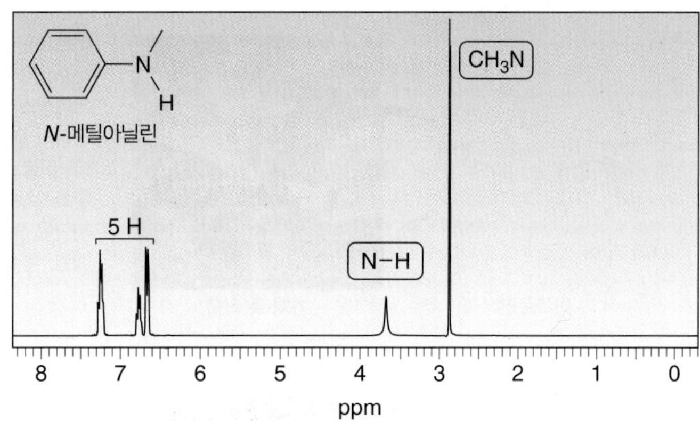

- CH_3기는 2.7 ppm에서 단일선으로 나타나는데, 이는 근접한 NH 양성자에 의한 신호 분리가 이루어지지 않기 때문이다.
- NH 양성자는 3.6 ppm에서 폭이 넓은 단일선으로 나타난다.
- 방향족 고리의 다섯 개 수소 원자는 6.6~7.2 ppm에서 복잡한 형태로 나타난다.

25.6 흥미 있고 유용한 아민

단순하고 복잡한 수많은 아민들이 자연계에서 생겨나고, 생물학적 활성을 가지는 다른 아민들이 실험실에서 합성되었다.

25.6A 간단한 아민과 알칼로이드

저분자량의 많은 아민들은 매우 좋지 않은 냄새를 풍긴다. 효소들이 어떤 어류의 단백질을 파괴할 때 생성되는 **트라이메틸아민**[trimethylamine, $(CH_3)_3N$]은 부패한 어류에서 풍기는 특유한 냄새가 난다. **푸트레신**(Putrescine, $NH_2CH_2CH_2CH_2CH_2NH_2$)과 **카다베린**(cadaverine, $NH_2CH_2CH_2CH_2CH_2CH_2NH_2$)은 썩은 냄새가 나는 독성의 다이아민이다. 이들 역시 부패한 어류에 존재하며 정액 및 소변 냄새와 심한 입 냄새의 일부 원인이다.

알칼로이드는 알칼리라는 단어로부터 유래되었는데, 이는 알칼로이드의 수용액이 약염기성이기 때문이다.

식물로부터 자연적으로 발생된 아민들은 **알칼로이드**(alkaloid)라 부른다. 교재의 앞부분에서 만난 알칼로이드로는 **퀴닌**(quinine, 문제 17.13), **모르핀**(morphine, 22.9절), 그리고 **코카인**(cocaine, 문제 3.54)이 있다. 그림 25.6에서 세 가지 다른 알칼로이드는 **아트로핀**(atropine), **니코틴**(nicotine) 그리고 **코니인**(coniine)이다.

25.6B 히스타민과 항히스타민제

N, NH_2, N, H

히스타민

17.8절에서 처음 논의한 간단한 3° 아민인 **히스타민**(histamine)은 다양한 생리적인 효과에 관여한다. 히스타민은 혈관 확장제이며(모세혈관들을 팽창시킨다), 상처 또는 감염 부위에서 방출되어 피가 많이 흐르게 한다. 히스타민은 또한 콧물을 흐르게 하거나 눈물이 나게 하는 등 알레르기 증세와 관련되어 있다. 위장에서 히스타민은 위산 분비를 자극한다.

이러한 생화학적 과정에서 히스타민의 중심적 역할의 이해를 통하여 화학자들은 이 물질에서 원하지 않는 효과를 제거할 수 있는 약품을 설계하고 있다.

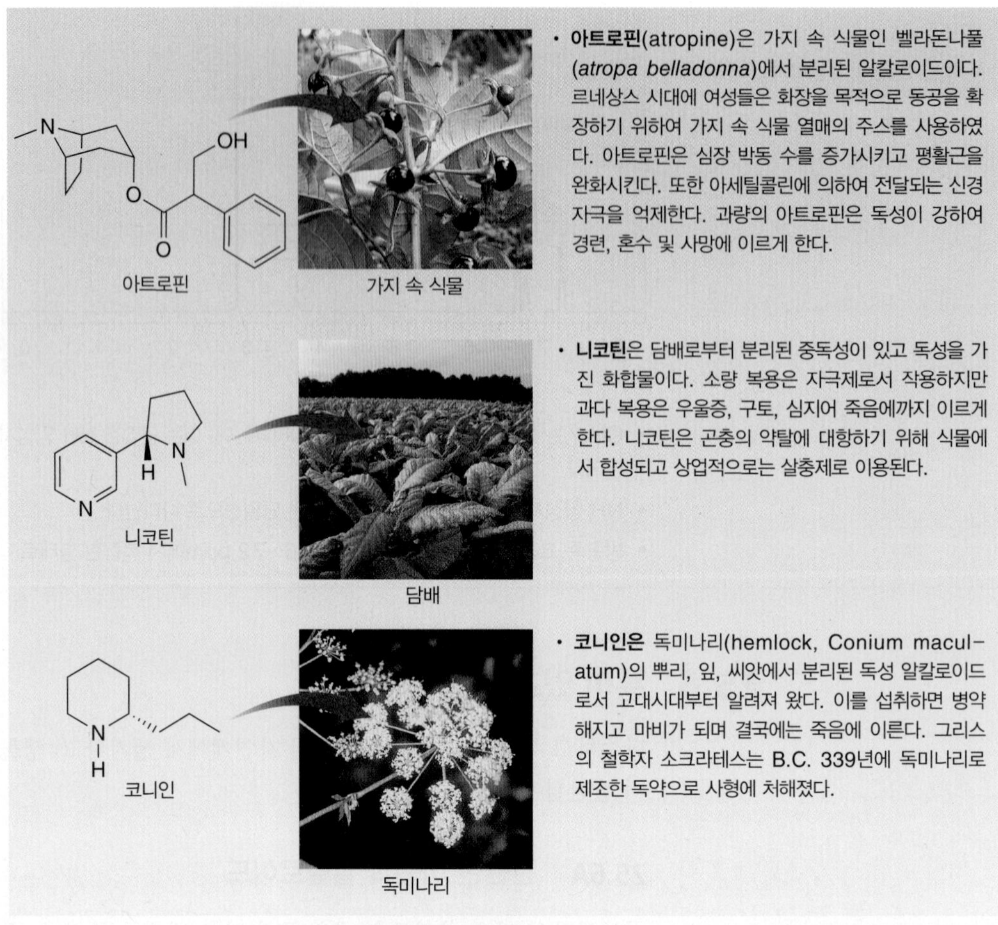

그림 25.6
세 가지 일반적인 알칼로이드–아트로핀, 니코틴 및 코니인

- **아트로핀**(atropine)은 가지 속 식물인 벨라돈나풀(*atropa belladonna*)에서 분리된 알칼로이드이다. 르네상스 시대에 여성들은 화장을 목적으로 동공을 확장하기 위하여 가지 속 식물 열매의 주스를 사용하였다. 아트로핀은 심장 박동 수를 증가시키고 평활근을 완화시킨다. 또한 아세틸콜린에 의하여 전달되는 신경 자극을 억제한다. 과량의 아트로핀은 독성이 강하여 경련, 혼수 및 사망에 이르게 한다.
- **니코틴**은 담배로부터 분리된 중독성이 있고 독성을 가진 화합물이다. 소량 복용은 자극제로서 작용하지만 과다 복용은 우울증, 구토, 심지어 죽음에까지 이르게 한다. 니코틴은 곤충의 약탈에 대항하기 위해 식물에서 합성되고 상업적으로는 살충제로 이용된다.
- **코니인은** 독미나리(hemlock, Conium maculatum)의 뿌리, 잎, 씨앗에서 분리된 독성 알칼로이드로서 고대시대부터 알려져 왔다. 이를 섭취하면 병약해지고 마비가 되며 결국에는 죽음에 이른다. 그리스의 철학자 소크라테스는 B.C. 339년에 독미나리로 제조한 독약으로 사형에 처해졌다.

펙소페나딘
항히스타민제

시메티딘
(상품명: 타가메트)
항궤양 약물

항히스타민제(antihistamine)는 세포 내에서 히스타민과 결합하는 효소의 동일한 활성 자리에 결합하지만 다른 반응을 일으킨다. 예를 들어, 펙소페나딘[fexofenadine, 상품명: 알레그라(allegra)]과 같은 항히스타민제는 혈관 확장을 억제하여 일반적 감기나 알레르기 증상을 치료하는 데 사용된다. 많은 항히스타민제와는 달리, 펙소페나딘은 졸음을 일으키지 않는다. 그 이유는 펙소페나딘이 히스타민 수용체와 결합하지만, 혈액–뇌 관문을 건너지 못하여 중추 신경계에 영향을 주지 못하기 때문이다. 시메티딘(cimetidine, 상품명: 타가메트)은 위에서 염산의 분비 작용을 차단하는 히스타민 모방품이며, 궤양을 지닌 사람들을 치료하는 데 사용된다.

25.6C 2-페닐에틸아민의 유도체

많은 수의 생리활성 화합물들은 2-페닐에틸아민(2-phenylethylamine, $C_6H_5CH_2CH_2NH_2$)으로부터 유래된다. 이 화합물들 중 일부는 세포에서 합성되며 건강한 정신적 기능을 유지하는 데 필요하다. 다른 것들은 식물로부터 추출되거나 실험실에서 합성되기도 하는데, 이는 정상의 신경

화학을 방해하여 뇌에 심각한 영향을 미친다. 이러한 화합물들에는 **아드레날린**(adrenaline), **노르아드레날린**(noradrenaline), **메탐페타민**(methamphetamine), 그리고 **메스칼린**(mescaline)이 포함되어 있다. 각 화합물은 질소 원자가 두 개의 탄소 단위에 결합된 벤젠 고리가 있다(붉은색으로 표시).

아드레날린
(에피네프린)
스트레스에 반응하여 분비되는
호르몬(그림 7.19) 분자

노르아드레날린
(노르에피네프린)
심박률을 상승시키고 기도를
팽창시키는 신경전달물질

메탐페타민
각성제, 필로폰(Meth, crystal meth)로
유통되는 중독성 각성제

메스칼린
멕시코와 미국 남서부 지방의 토착 선인장
페이요트(peyote)로부터 추출되는 환각제

다른 예로서 **도파민**(dopamine)은 신경전달물질로서 하나의 신경 세포(뉴런)에서 방출되어 인접한 대상 세포의 수용체에 결합하는 화학적 전달자이다(그림 25.7). 도파민은 행동과 감정을 제어하는 두뇌 작용에 영향을 미치므로 적절한 도파민 수준은 개인의 정신적, 신체적 건강을 유지

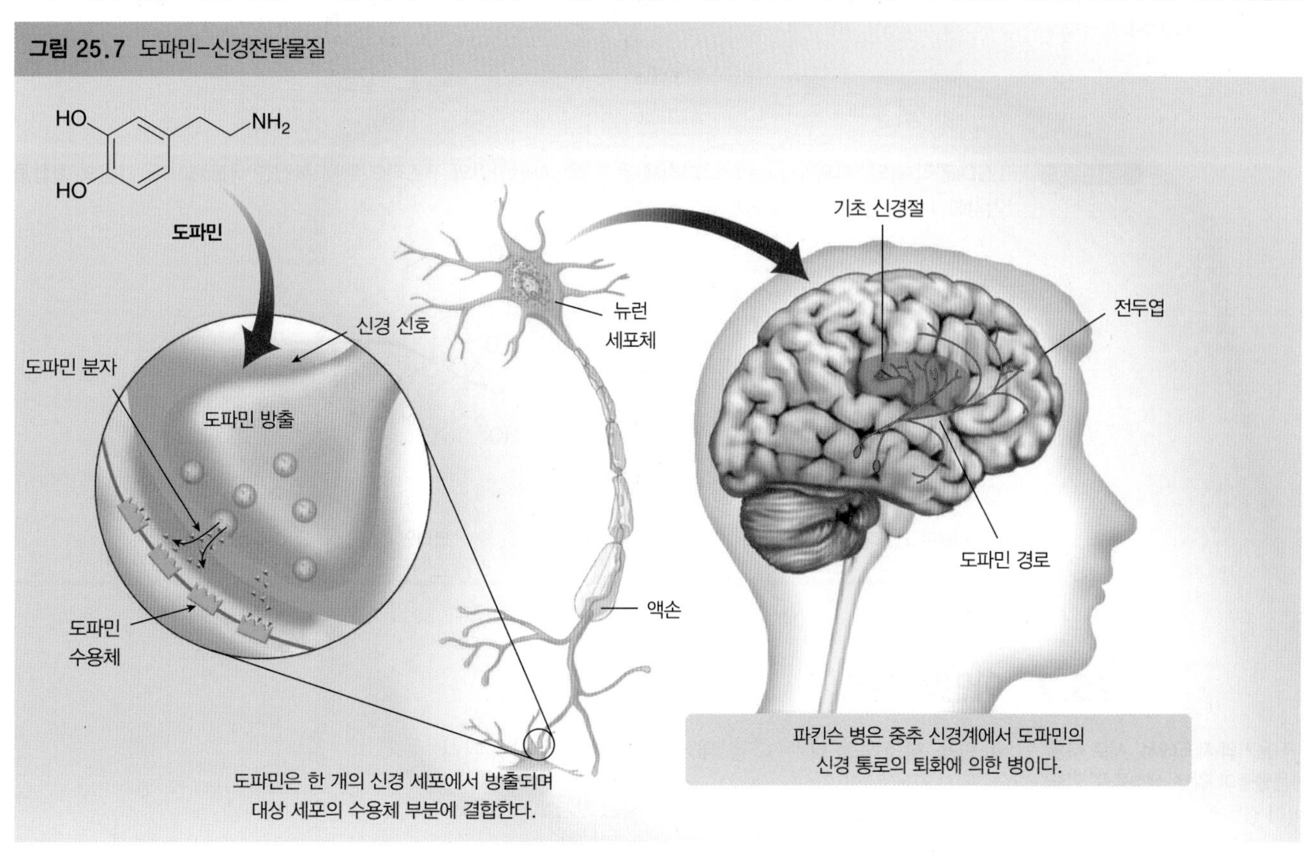

그림 25.7 도파민–신경전달물질

하는 데 필요하다. 예를 들어 도파민을 생성하는 신경 세포가 죽으면 도파민 수치는 떨어지고, 파킨슨 병의 증상인 운동성의 상실을 초래한다.

세로토닌(serotonin)은 분위기, 수면, 지각 작용 및 온도 조절에 중요한 역할을 담당하는 신경전달물질이다. 세로토닌이 부족하면 우울증을 일으킨다. 세로토닌이 사람의 기분을 결정하는 데 주요 역할을 담당하는 것을 알게 되면서 우울증을 치료하는 많은 약품을 개발할 수 있었다. 오늘날 가장 널리 사용되는 항우울증약은 선택적인 세로토닌 재흡수 억제제(selective serotonin reuptake inhibitors, SSRIs)들이다. 이 약품들은 세로토닌을 생성하는 뉴런(neuron)이 세로토닌의 재흡수를 억제함으로써 세로토닌의 농도를 효과적으로 증가시키는 작용을 한다. 프로작(Prozac)이라는 상품명으로 시판되는 플루오제틴(fluoxetine)은 이러한 방식으로 작용하는 일반적인 항우울제이다.

코카인, 암페타민, 그리고 많은 다른 중독성을 가진 약품들은 뇌의 도파민 수치를 증가시켜, 쾌락한 감정을 높인다. 시간이 지나면 뇌가 증가된 도파민 수치에 적응하게 되므로 이전과 같은 감각을 느끼려면 더 많은 약물을 필요로 한다.

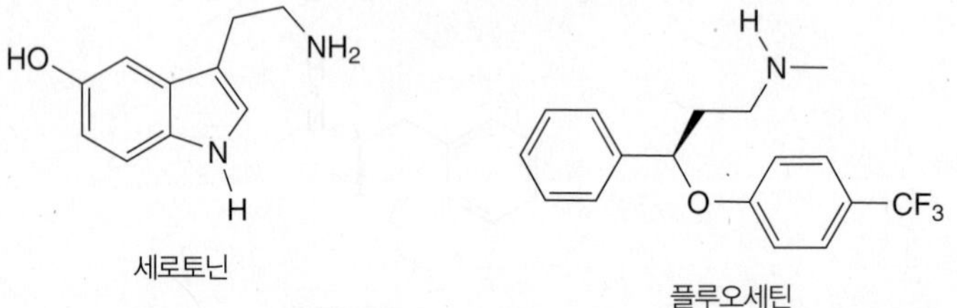

세로토닌 플루오세틴

세로토닌의 물질대사를 방해하는 약품은 정신 상태에 크게 영향을 준다. 예를 들면 아마존 정글에 사는 부포 두꺼비(*Bufo* toads)에서 분리된 부포테닌(bufotenin)과 실로시브(*Psilocybe*) 버섯에서 분리된 실로신(psilocin)은 구조에서 세로토닌과 매우 비슷하며, 두 물질 모두 강한 환각을 일으킨다.

아마존 정글에 사는 부포 두꺼비는 환각제인 부포테닌의 원천이다.

부포테닌 실로신

문제 25.6 LSD(환각제)와 코데인(codeine, 마취제)은 2-페닐에탄아민의 구조적으로 더 복잡한 유도체이다. 다음의 화합물 각각에서 2-페닐에탄아민의 원자들을 식별하라.

a. **LSD**
리세르그산 다이에틸 아마이드

b. 코데인

25.7 아민의 제조

일정한 작용기의 제조에서, 서로 다른 많은 반응물들이 같은 생성물을 만들 수 있다(이 경우에는 아민).

아민을 제조하는 데는 다음 세 종류의 반응이 사용된다.

[1] 질소 친핵체를 사용하는 친핵성 치환 반응

[2] 질소를 포함하는 다른 작용기의 **환원** 반응

[3] 알데하이드와 케톤의 **환원성 아미노화** 반응

25.7A 아민이 되는 친핵성 치환 방법

친핵성 치환 반응은 아민을 합성하는 두 가지 다른 방법—직접 친핵성 치환 반응과 1° 아민의 가브리엘 합성—의 핵심 단계이다.

직접 친핵성 치환 반응

개념적으로 아민을 합성하는 가장 간단한 방법은 NH_3나 아민에 의한 할로젠화 알킬(alkyl halide)의 S_N2 반응에 의한 것이다. 이 방법은 두 단계를 필요로 한다.

[1] 질소 친핵체의 **친핵성 공격**은 암모늄염을 형성한다.

[2] N에서 **양성자를 제거**하여 아민이 생성된다.

$$[1]\quad R{-}X + H_2\ddot{N}{-}H \xrightarrow{S_N2} RNH_3^+\ X^- \xrightarrow{\ddot{N}H_3} R\ddot{N}H_2 + \overset{+}{N}H_4 \quad (1°\ 아민)$$

$$[2]\quad R{-}X + R'\ddot{N}H{-}H \xrightarrow{S_N2} RR'NH_2^+\ X^- \xrightarrow{R'\ddot{N}H_2} RR'\ddot{N}H + R'\overset{+}{N}H_3 \quad (2°\ 아민)$$

$$[3]\quad R{-}X + R'_2\ddot{N}{-}H \xrightarrow{S_N2} RR'_2NH^+\ X^- \xrightarrow{R'_2\ddot{N}H} RR'_2\ddot{N} + R'_2\overset{+}{N}H_2 \quad (3°\ 아민)$$

$$[4]\quad R{-}X + R'_2\ddot{N}{-}R' \xrightarrow{S_N2} RR'_3N^+\ X^- \quad (사차\ 암모늄염)$$

R = CH_3 또는 1° 알킬

질소 친핵체의 구조가 생성물로 형성되는 아민 또는 암모늄염의 종류를 결정한다. 하나의 새로운 탄소-질소 결합은 각 화학 반응에서 형성된다. 이 화학 반응은 S_N2 메커니즘을 따르기 때문에 할로젠화 알킬은 입체 장애를 받지 않아야 한다. 즉 CH_3X 또는 RCH_2X이다.

비록 이 과정이 간단해 보이지만, 질소 친핵체의 다중 알킬화 반응은 그 유용성을 제한하고 있다. **친핵성 치환 반응으로 형성된 모든 아민은 여전히 비공유 전자쌍이 있어 합성된 아민을 친핵체로 작용하게 한다.** 이들은 잔류하는 할로젠화 알킬과 반응하여 더 많이 치환된 아민이 형성된다. 이 때문에 1°, 2° 또는 3°, 아민의 혼합물이 흔히 형성된다. N에 네 개의 알킬기가 있는 **사차 암모늄염**만이 더 이상 반응하지 않고 멈춘다.

결과적으로 이 반응은 NH_3(상대적으로 저가의 출발물)를 과량 사용하여 1° 아민을 제조하거나 1당량 이상의 할로젠화 알킬을 사용하여 질소 친핵체를 모두 알킬화하여 사차 암모늄염을 제조하는 데 가장 유용하다.

과량 1° 아민

과량 사차 암모늄염

문제 25.7 각 반응의 생성물을 나타내라.

a. (과량) b. (과량)

1° 아민의 가브리엘 합성

다중 알킬화 반응을 피하기 위해 단일 친핵성 치환 반응이 가능한 질소 친핵체를 사용한다—즉 추가 반응을 할 수 있는 친핵성 질소 원자를 함유하지 않는 생성물을 형성하게 한다.

가브리엘 합성(Gabriel synthesis)은 두 단계로 구성되어, 있고 친핵성 치환 반응으로 1° 아민을 합성하기 위하여 공명 안정화된 질소 친핵체를 사용한다. 가브리엘 합성은 이미드(imide)라 부르는 화합물 중 하나인 프탈이미드에서 시작한다. 이미드의 N−H 결합은 특히 산성인데, 형성된 음이온이 측면에 위치한 두 개의 카보닐기에 의하여 공명 안정화되기 때문이다.

프탈이미드 $pK_a = 10$ 공명 안정화된 음이온

산−염기 반응은 친핵성 음이온을 형성하고, 이는 입체 장애를 받지 않는 할로젠화 알킬(즉 CH_3X 또는 RCH_2X)과 S_N2 반응에 의하여 치환 생성물을 형성한다. 이 알킬화된 이미드는 수용성 염기에 의하여 1° 아민과 다이카복실산 음이온(dicarboxylate)으로 가수분해된다. 이 반응은 22.13절에서 논의한 것처럼 카복실산 음이온과 아민을 생성하는 아마이드의 가수분해와 유사하다. 이 두 단계 과정의 전체적인 결과는 NH_2에 의한 X(할로젠)의 친핵성 치환 반응이고, 이로써 가브리엘 합성은 오직 1° 아민의 제조에만 사용될 수 있다.

가브리엘 합성 단계

R = CH_3 또는 1° 알킬 친핵체 S_N2 [1] 친핵성 치환 알킬화된 이미드 + X^- ^-OH H_2O [2] 가수분해 $R-\ddot{N}H_2$ 1° 아민 다이카복실산 음이온 부 생성물

- 가브리엘 합성은 두 단계의 과정—친핵성 치환 반응과 가수분해—을 통하여 할로젠화 알킬을 1° 아민으로 변환시킨다.

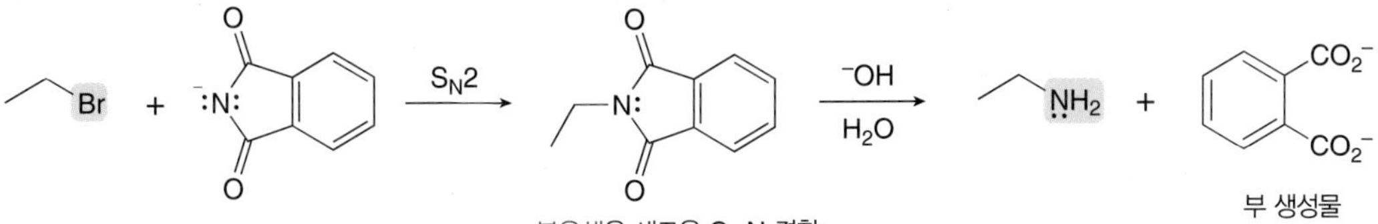

S_N2 ^-OH H_2O NH_2 CO_2^- CO_2^-

붉은색은 새로운 C−N 결합

부 생성물

문제 25.8 가브리엘 합성에 의하여 각각의 1° 아민을 만드는 데 필요한 할로젠화 알킬은 무엇인가?

a.  NH_2 b. 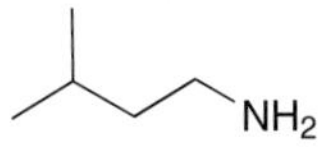 NH_2 c. 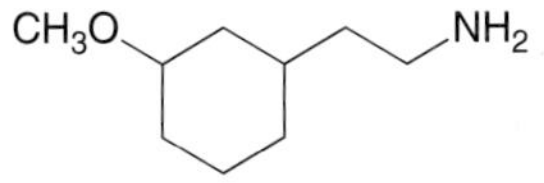 CH_3O NH_2

문제 25.9 가브리엘 합성법으로 만들 수 없는 아민은 어떤 것인가? 선택한 답에 대해 설명하라.

a. 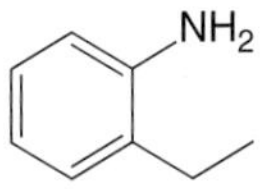 NH_2 b. 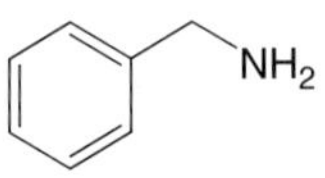 NH_2 c. 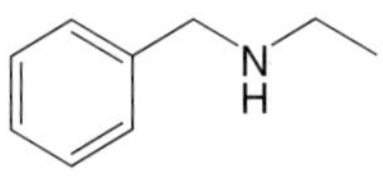 N H d. 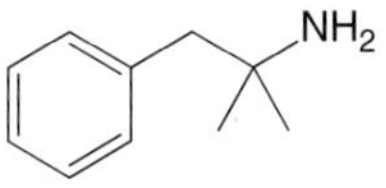 NH_2

25.7B 질소를 포함하는 다른 작용기의 환원

아민은 나이트로 화합물, 나이트릴, 그리고 아마이드의 환원을 통해 제조할 수 있다. 이 화학 반응들의 세부 사항들은 이전에 논의되었으므로 여기에서는 요약한 형태만을 기술한다.

[1] 나이트로 화합물로부터(18.15C절)

나이트로기는 다양한 환원제에 의하여 1° 아민으로 환원된다.

$$R-NO_2 \xrightarrow[\text{또는 Sn, HCl}]{H_2,\ Pd\text{-}C\ \text{또는 Fe, HCl}} R-NH_2$$

1° 아민

[2] 나이트릴로부터(22.18B절)

나이트릴은 $LiAlH_4$에 의해 1° 아민으로 환원된다.

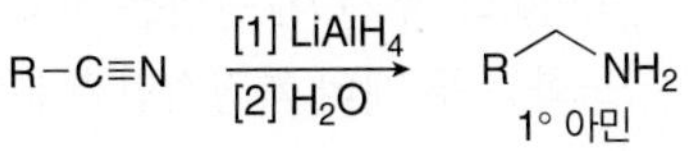

$$R-C\equiv N \xrightarrow[\text{[2] } H_2O]{\text{[1] } LiAlH_4} R\diagup\diagdown NH_2$$

1° 아민

사이아노(cyano)기는 할로젠화 알킬과 ^-CN의 S_N2 치환을 통하여 도입할 수 있으므로 이는 할로젠화 알킬을 탄소 원자가 하나 더 많은 1° 아민으로 변환하는 두 단계의 방법을 제공한다. CH_3Br에서 $CH_3CH_2NH_2$로의 변환은 이 두 단계의 순서를 설명한다.

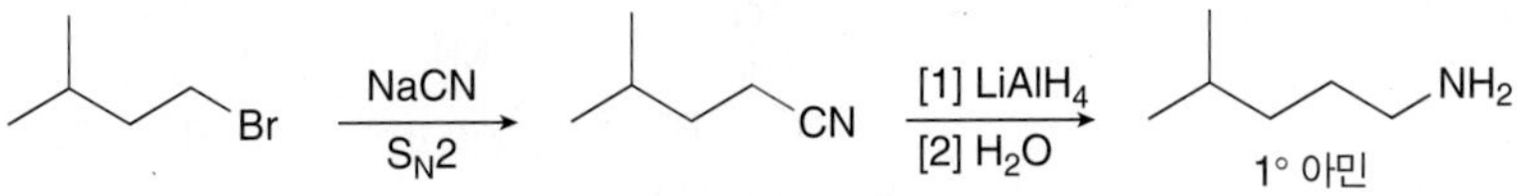

Br $\xrightarrow[S_N2]{NaCN}$ CN $\xrightarrow[\text{[2] } H_2O]{\text{[1] } LiAlH_4}$ NH_2

1° 아민

붉은색은 새로운 C−C결합

[3] 아마이드로부터(20.7B절)

1°, 2°, 3° 아마이드는 $LiAlH_4$를 사용함으로써 각각 1°, 2°, 3° 아민으로 환원된다.

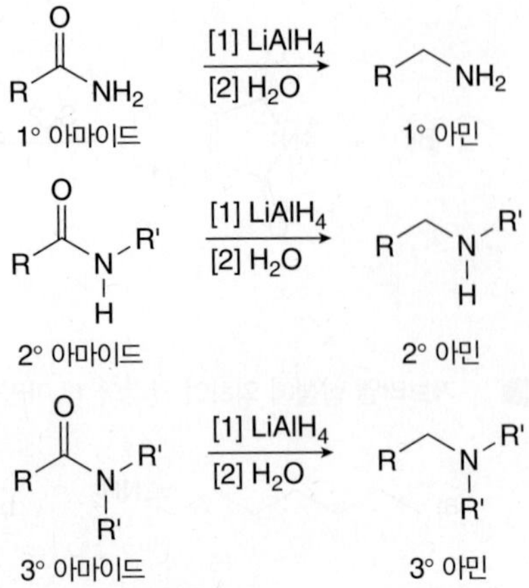

1° 아마이드 —[1] $LiAlH_4$ [2] H_2O→ 1° 아민

2° 아마이드 —[1] $LiAlH_4$ [2] H_2O→ 2° 아민

3° 아마이드 —[1] $LiAlH_4$ [2] H_2O→ 3° 아민

문제 25.10 어떤 나이트로 화합물, 나이트릴, 아마이드가 다음의 화합물로 환원되는가?

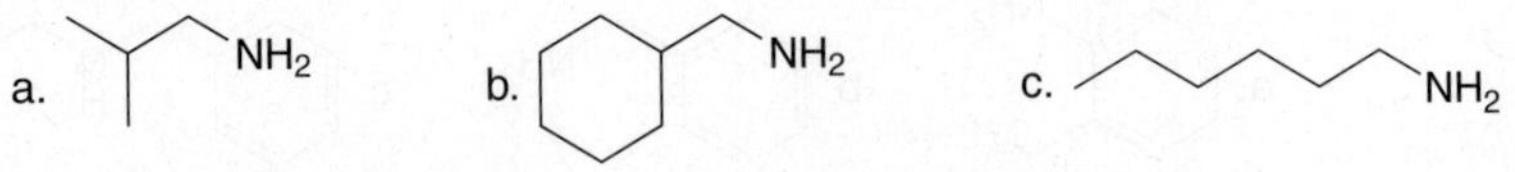

a. b. c.

문제 25.11 각 아마이드의 환원에 의해 어떤 아민이 형성되는가?

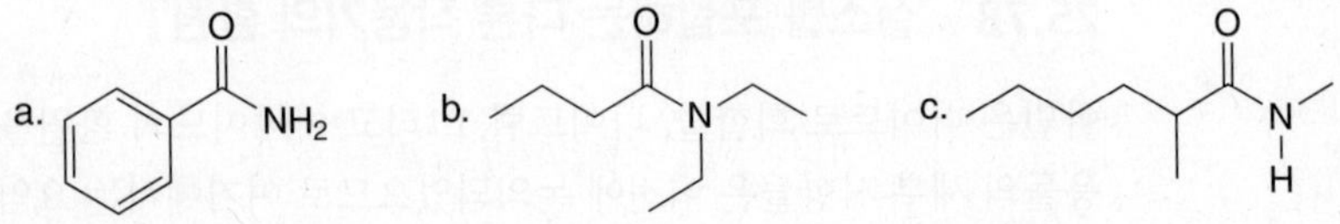

a. b. c.

문제 25.12 다음의 아민 중에서 아마이드의 환원으로 만들 수 없는 것은 어느 것인가?

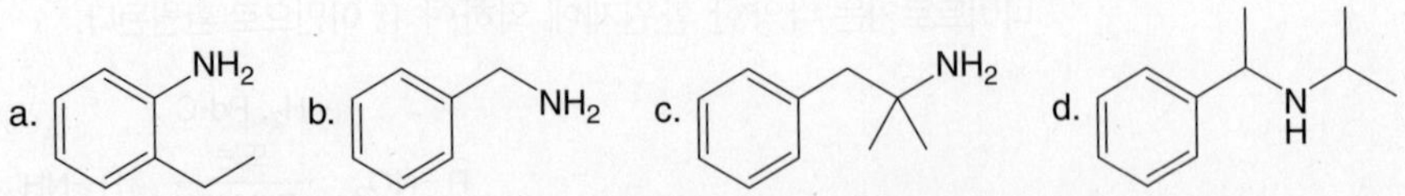

a. b. c. d.

25.7C 알데하이드와 케톤의 환원성 아미노화

환원성 아미노화(reductive amination)는 알데하이드와 케톤을 1°, 2°, 3° 아민으로 변환시키는 두 단계 방법이다. 우선 이 방법을 이용하여 NH_3를 1° 아민으로 제조하는 방법을 조사하자. 환원성 아미노화는 두 개의 특징적인 부분이 있다.

[1] 카보닐에 의한 NH_3의 친핵성 공격은 이민을 형성한다(21.11A절). 생성된 이민은 분리되지 않고 다음 단계로 진행된다.

[2] 이민의 환원은 아민을 형성한다(20.7B절).

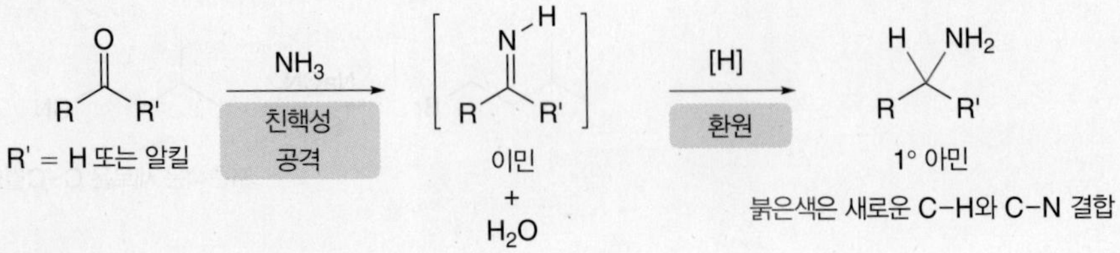

R' = H 또는 알킬 —NH_3 (친핵성 공격)→ [이민] + H_2O —[H] (환원)→ 1° 아민

붉은색은 새로운 C−H와 C−N 결합

- 환원성 아미노화는 C=O 결합이 C−H와 C−N 결합으로 교체된다.

이 화학 반응에서 가장 효과적인 환원제는 $NaBH_3CN$(수소화사이아노붕소 소듐, sodium cyanoborohydride)이다. 이 수소화물 시약은 $NaBH_4$ (수소화붕소 소듐)에서 얻어지는데, 하나의 H 원자를 CN으로 치환하여 만든다.

$NaBH_3CN$
수소화사이아노 붕소 소듐

환원성 아미노화는 우리가 이미 다른 방법으로 배웠던 두 개의 반응을 결합시킨다. 아래에 두 개의 예가 나와 있다. 두 번째 반응은 생성물이 강력한 중추 신경 자극제인 암페타민(amphetamine)이므로 주목할 만하다.

O — NH_3 / $NaBH_3CN$ → NH_2

O — NH_3 / $NaBH_3CN$ → NH_2

암페타민
강력한 자극제

출발물로 1° 또는 2° 아민을 사용하여 2°와 3° 아민을 각각 제조하는 데 환원성 아미노화가 주로 사용된다. 환원성 아미노화는 더 많은 치환기를 가진 아민을 만들기 위하여 질소 원자의 수소 한 개를 알킬기로 교환하기 위하여 알데하이드와 케톤을 사용한다는 결과를 주목하자.

[1] O, R, R' + R''NH_2 (1° 아민) ⟶ [N−R'', R, R'] (이민) — $NaBH_3CN$ → H, N, R'', R, R' (2° 아민)

[2] O, R, R' + R''_2NH (2° 아민) ⟶ [R'', +, R'', N, R, R'] (이미늄 이온) — $NaBH_3CN$ → R'', N, R'', R, R' (3° 아민)

R' = H 또는 알킬

환원성 아미노화에 의한 메탐페타민(methamphetamine, 25.6C절)의 합성이 그림 25.8에 설명되어 있다.

그림 25.8
환원성 아미노화를 이용한 메탐페타민의 합성

O — CH_3NH_2 / $NaBH_3CN$ → H, H, N

C=O가 C−H와
C−N 결합으로 교체된다.

2° 아민
메탐페타민

- 환원성 아미노화에서 N과 결합한 H 원자 하나는 알킬기에 의해 교체된다. 결과적으로 1° 아민은 2° 아민으로, 2° 아민은 3° 아민으로 변환된다. 이 반응에서 CH_3NH_2(1° 아민)는 메탐페타민(2° 아민)으로 변환된다.

문제 25.13 각 반응의 생성물을 그려라.

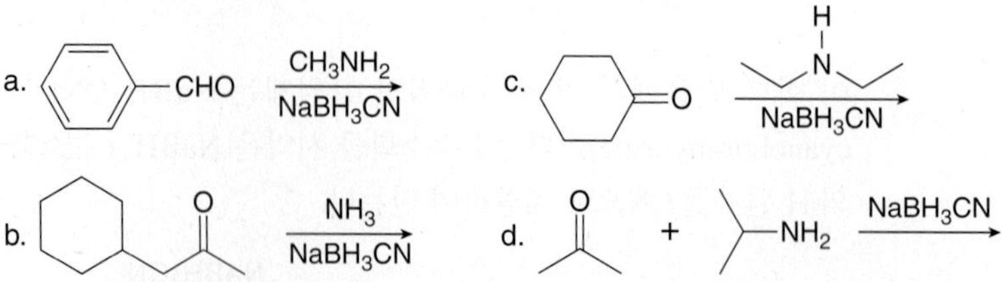

a. C_6H_5CHO $\xrightarrow[NaBH_3CN]{CH_3NH_2}$

b. (cyclohexyl)CH_2COCH_3 $\xrightarrow[NaBH_3CN]{NH_3}$

c. cyclohexanone $\xrightarrow[NaBH_3CN]{(CH_3CH_2)_2NH}$

d. $(CH_3)_2C{=}O$ + $(CH_3)_2CHNH_2$ $\xrightarrow{NaBH_3CN}$

문제 25.14 고혈압 치료를 위해 사용되는 약인 에나라프릴(Enalapril)은 환원성 아미노화 반응으로 화합물 **D**와 **E**로부터 합성된다. 에나라프릴의 구조를 제안하라.

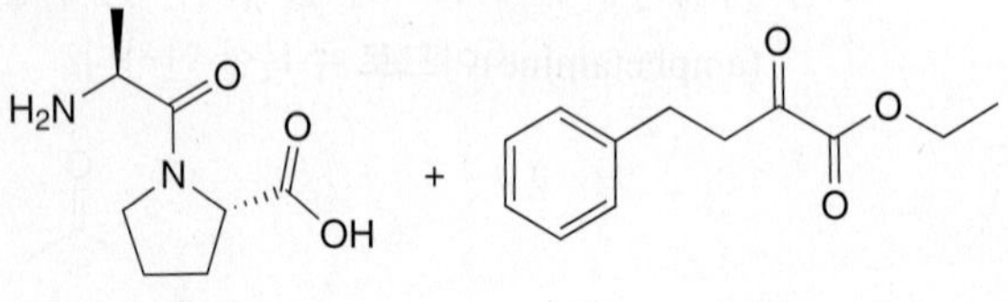

D + E

합성에서 환원성 아미노화를 사용하기 위해서는 주어진 아민을 제조하는 데 어떤 알데하이드 또는 케톤, 그리고 질소 화합물이 필요한지 결정할 수 있어야 한다. 즉, 역합성 방향으로 진행할 수 있어야 한다. 다음의 두 가지 요점을 명심하자.

- N에 결합된 한 개의 알킬기는 카보닐 화합물에서 온 것이다.
- 분자의 나머지 부분은 NH_3 또는 아민에서 온 것이다.

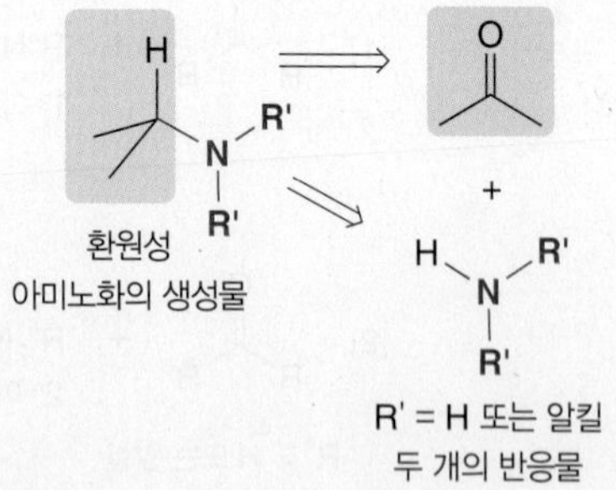

환원성 아미노화의 생성물 ⟹ (카보닐 화합물) + H–NR'R'

R' = H 또는 알킬
두 개의 반응물

예를 들어 2-페닐에탄아민은 1° 아민이므로 N에 단지 한 개의 알킬기가 결합되어 있다. 이 알킬기는 카보닐 화합물로부터 온 것이며, 분자의 나머지 부분은 질소 성분으로부터 온 것이다. 1° 아민의 경우, 질소 성분은 반드시 NH_3이다.

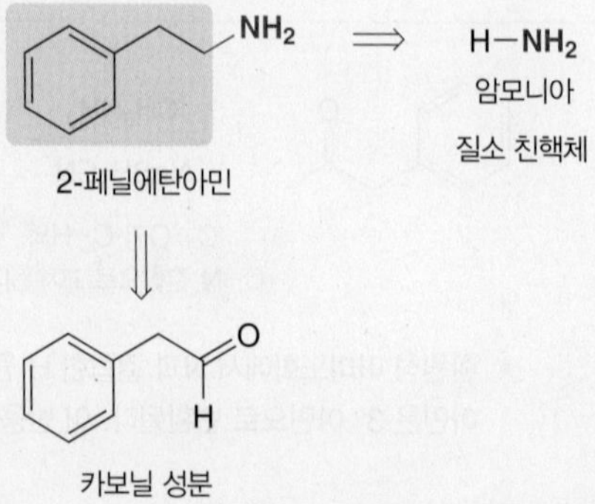

2-페닐에탄아민 ⟹ $H{-}NH_2$ 암모니아 질소 친핵체

카보닐 성분

환원성 아미노화 반응을 이용한 2° 및 3° 아민을 합성 방법은 보통 한 가지 이상의 방법이 있는데, 예제 25.2에 2° 아민의 합성 방법을 나타내었다.

$^-NH_2$를 더 좋은 이탈기로 전환하면 가능해지는데, 이것을 수행하기 위한 가장 일반적인 방법이 호프만 제거 반응(Hofmann elimination)으로 β 제거 반응 전에 아민을 사차 암모늄염으로 변환시킨다.

25.12A 호프만 제거 반응의 세부 사항

호프만 제거 반응은 아민을 알켄으로 변환시킨다.

[1] CH_3I (과량)
[2] Ag_2O
[3] Δ

호프만 제거 반응

β=α + H_2O + $N(CH_3)_3$ + AgI

부 생성물

호프만 제거 반응은 프로판-1-아민이 프로펜으로 전환되는 것처럼 세 단계를 포함한다.

프로판-1-아민 → CH_3I (과량) [1] → $\overset{+}{N}(CH_3)_3$ I^- 사차 암모늄염 → Ag_2O [2] → $\overset{+}{N}(CH_3)_3$ + ^-OH + AgI → Δ [3] → 프로펜 + H_2O + $N(CH_3)_3$ 이탈기

- 단계 [1]에서 아민은 친핵체로서 과량의 CH_3I와 S_N2 반응으로 사차 암모늄염을 형성한다. 따라서 형성된 $N(CH_3)_3$기는 $^-NH_2$보다 더 좋은 이탈기이다.
- 단계 [2]는 암모늄염을 다른 음이온이 있는 다른 암모늄염으로 변환한다. Ag_2O는 I^- 음이온을 강염기인 ^-OH로 변환시킨다.
- 단계 [3]에서 암모늄염을 가열하면, ^-OH는 β 탄소 원자에서 양성자를 제거하여 알켄의 새로운 π 결합을 형성한다. 제거의 메커니즘은 E2이다.

> - 모든 결합은 단일 단계에서 절단되고 형성된다.
> - 제거는 안티 준평면 기하 구조(anti periplanar geometry)를 통해 일어난다. 즉 H와 $N(CH_3)_3$는 분자의 반대쪽에 위치하고 있다.

호프만 제거 반응을 위한 일반적인 E2 메커니즘을 메커니즘 25.1에 보였다.

모든 호프만 제거 반응은 사이클로헥산아민과 2-페닐에탄아민에서 나타나는 것처럼 α 탄소와 β탄소 원자 사이에서 새로운 π 결합을 형성하게 한다.

메커니즘 25.1 호프만 제거 반응을 위한 E2 메커니즘

$HO:^-$ + H–Cβ–Cα–$\overset{+}{N}(CH_3)_3$ → Δ → alkene + $H_2\ddot{O}:$ + $:N(CH_3)_3$

제거는 H와 $N(CH_3)_3$ 안티 준평면 배열을 할 때 일어난다. 염기는 β 탄소에서 양성자를 제거하는데, C−H 결합에서 전자쌍은 π 결합을 형성하고, $N(CH_3)_3$은 이탈기로서 떨어진다.

α NH₂ / β H — [1] CH_3I(과량) [2] Ag_2O [3] Δ → α / β

사이클로헥산아민

H / β / α NH₂ — [1] CH_3I(과량) [2] Ag_2O [3] Δ → β α

2-페닐에탄아민

모든 호프만 제거 과정에서 필요한 시약을 기억하기 위해서는 각각의 단계에서 일어나는 반응을 기억해야 한다.

- 단계 [1]은 사차 암모늄염을 형성함으로써 좋은 이탈기를 만든다.
- 단계 [2]는 제거에 필요한 강염기인 ^-OH를 제공한다.
- 단계 [3]은 새로운 π 결합을 형성하는 E2 제거 반응이다.

문제 25.26 각 화합물에 과량의 CH_3I를 처리하고 Ag_2O를 가한 후, 가열할 때 형성되는 생성물을 그려라.

a. NH₂ b. NH₂ c. —NH₂

25.12B 호프만 제거 반응의 위치선택성

호프만 제거 반응과 다른 E2 제거 반응 사이에 한 가지 중요한 차이가 있다.

- 호프만 제거 반응에서는 구조 이성질체가 가능할 때, 덜 치환된 이중 결합을 가진 알켄이 주 생성물로 얻어진다.

예를 들어 2-메틸사이클로펜탄아민(2-methylcyclopentanamine)으로부터 H와 $N(CH_3)_3$가 호프만 제거되면 이중치환 알켄 A(주 생성물)와 삼중치환 알켄 B(부 생성물)의 두 가지 구조 이성질체가 생성될 수 있다.

NH₂ — [1] CH_3I (과량) [2] Ag_2O → β_1, β_2, $\overset{+}{N}(CH_3)_3$ ^-OH — [3] Δ → A + B

2-메틸사이클로펜탄아민

A: 주 생성물, 이중치환 알켄

B: 부 생성물, 삼중치환 알켄

이러한 위치선택성은 호프만 제거를 자이체프 규칙(8.5절)에 의해 더 치환된 이중 결합을 형성하는 다른 E2 제거와 구별할 수 있게 한다. 이 결과는 때때로 이탈기[$N(CH_3)_3$]의 크기에 의해 설명된다. 호프만 제거에서 α 탄소 근처의 거대한 이탈기 때문에 염기는 덜 치환되고, 더 이용하기 쉬운 β 탄소 원자로부터 양성자를 제거한다.

예제 25.5 다음 아민의 호프만 제거로부터 형성된 주 생성물을 그려라.

NH₂ — [1] CH_3I (과량) [2] Ag_2O [3] Δ →

그림 25.12
할로젠화 알킬과 아민을 사용한 E2 제거 반응의 비교

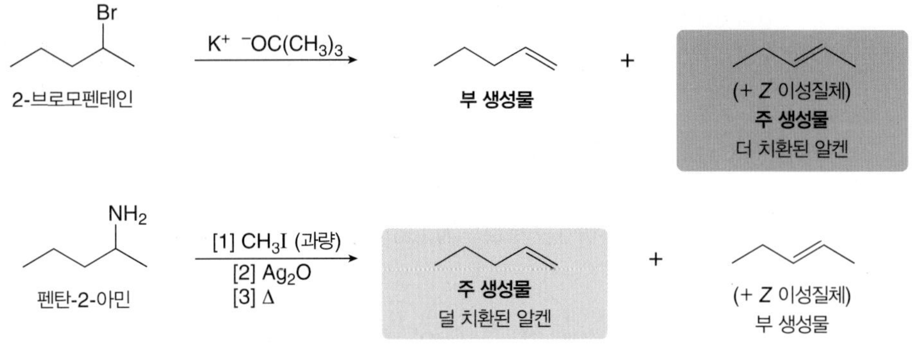

풀이

아민은 세 개의 β 탄소를 가지고 있으나, 이 중 두 개는 동일하므로 두 개의 알켄이 가능하다. α와 β 탄소 사이에 C=C가 생기도록 알켄의 제거 생성물을 그린다. 주 생성물은 **덜 치환된 이중 결합**을 가진다. 즉 이 예에서 α와 β_1 탄소 사이에 C=C가 있는 알켄이 주 생성물이다.

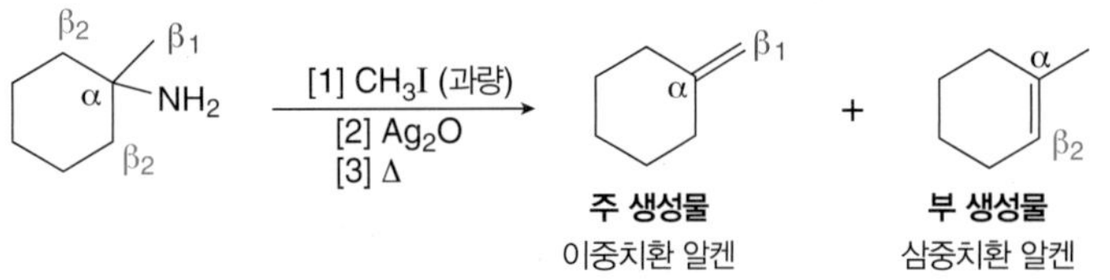

그림 25.12는 출발물로 할로젠화 알킬과 아민을 사용해서 E2 제거 반응에 의해 형성된 생성물을 비교하고 있다. 염기로 할로젠화 알킬(2-브로모펜테인)을 처리하면, **자이체프 규칙**에 따라 주 생성물로서 더 치환된 알켄을 형성한다. 반면에 아민(펜탄-2-아민)의 세 단계 호프만 과정에서는 주 생성물로서 덜 치환된 알켄이 형성된다.

문제 25.27 각 아민에 과량의 CH_3I를 처리하고 Ag_2O를 가한 후 가열하여 생기는 생성물을 그려라.

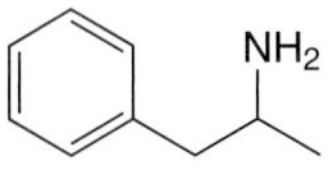

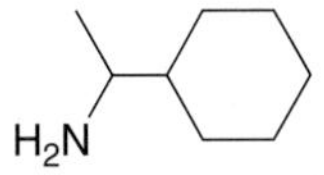

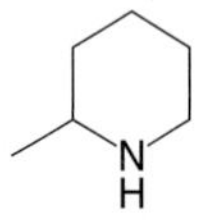

문제 25.28 각각의 반응에서 형성되는 주 생성물을 그려라.

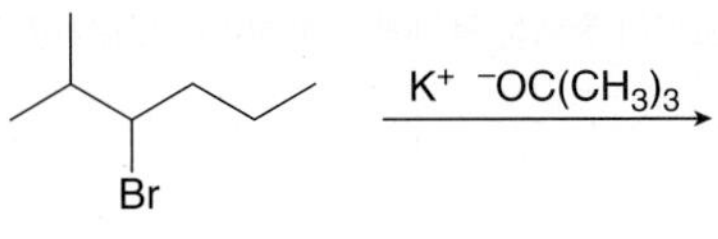

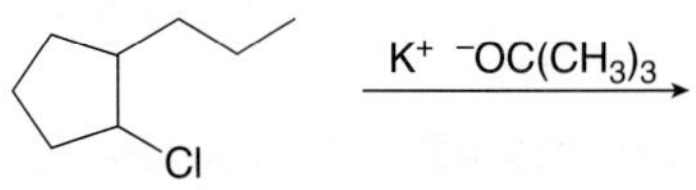

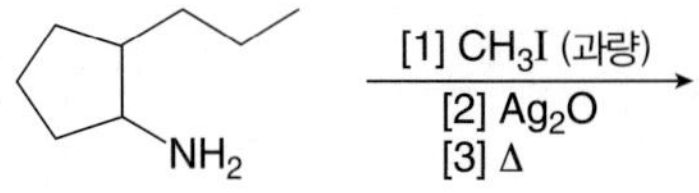

25.13 아질산과 아민의 반응

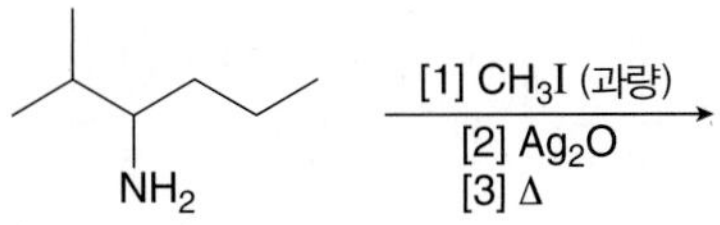

아질산(nitrous acid, HNO_2)은 $NaNO_2$와 HCl 같은 센산으로부터 형성되는 약하고 불안정한 산이다.

$$H-\ddot{Cl}: + Na^+ \; ^-:\ddot{O}-\ddot{N}=\ddot{O}: \longrightarrow H\ddot{O}-\ddot{N}=\ddot{O}: + Na^+ \; :\ddot{Cl}:^-$$

아질산

산 존재하에서 아질산은 나이트로소늄(nitrosonium) 이온, ^+NO으로 분해한다. 이 친전자체는 아민의 친핵성 질소 원자와 반응하여 1° 아민으로부터 다이아조늄염(diazonium salt, $RN_2^+Cl^-$)을, 2° 아민으로부터는 *N*-나이트로사민(N-nitrosamine, $R_2NN{=}O$)을 형성한다.

$$H-\ddot{Cl}: + H\ddot{O}-\ddot{N}=\ddot{O}: \longrightarrow H_2\overset{+}{O}-\ddot{N}=\ddot{O}: + :\ddot{Cl}:^- \longrightarrow H_2\ddot{O}: + \; ^+\ddot{N}=\ddot{O}:$$

아질산 / 나이트로소늄 이온 / 친전자체

25.13A 1° 아민과 ^+NO의 반응

아질산은 1° 알킬아민 및 아릴아민과 반응하여 다이아조늄염을 형성한다. 이 반응을 다이아조화(diazotization)라고 한다.

$$R-NH_2 \xrightarrow[HCl]{NaNO_2} R-\overset{+}{N}\equiv N: \; Cl^- \qquad C_6H_5-NH_2 \xrightarrow[HCl]{NaNO_2} C_6H_5-\overset{+}{N}\equiv N: \; Cl^-$$

알킬 다이아조늄염 / 아릴 다이아조늄염

이 반응의 메커니즘은 많은 단계를 포함한다. 아민의 나이트로소늄 이온의 친핵성 공격으로 시작하고, 그것은 대략적으로 두 부분으로 나누어지는데, 메커니즘 25.2에서 나타내었듯이 *N*-나이트로사민이 형성된 다음 H_2O가 떨어져 나간다.

메커니즘 25.2 1° 아민으로부터 다이아조늄염의 형성

부분 [1] *N*-나이트로사민의 형성

$$R-\ddot{N}H_2 + :\overset{+}{N}=\ddot{O}: \xrightarrow{1} R\overset{+}{N}H_2-\ddot{N}=\ddot{O}: \; (+ :\ddot{Cl}:^-) \xrightarrow{2} R\ddot{N}H-\ddot{N}=\ddot{O}: + HCl$$

(NaNO₂ + HCl로부터) / *N*-나이트로사민

① ② 아민은 ^+NO에 대한 아미노기의 친핵성 공격에 의해 *N*-나이트로사민으로 변환된 다음, 양성자를 잃는다.

부분 [2] 다이아조늄염을 형성하기 위해 H_2O를 잃음

$$R\ddot{N}H-\ddot{N}=\ddot{O}: + H-\ddot{Cl}: \xrightarrow{3} R\ddot{N}H-\ddot{N}=\overset{+}{O}H \; (+ :\ddot{Cl}:^-) \xrightarrow{4} R-\ddot{N}=\ddot{N}-\ddot{O}H \xrightarrow{5} R-\ddot{N}=\ddot{N}-\overset{+}{O}H_2 + :\ddot{Cl}:^- \xrightarrow{6} R-\overset{+}{N}\equiv N: + H_2\ddot{O}:$$

N-나이트로사민 / 다이아조늄염

③ ⑤ 양성자 전달 반응이 세 번 일어난 후 좋은 이탈기(H_2O)를 갖는 중간체를 형성한다.

⑥ H_2O를 잃고 다이아조늄 이온이 형성된다.이 반응에서 생성된 다이나조늄 염은 다이아조늄 이온(RN_2^+)과 염소 음이온(Cl^-)으로 이루어진다.

알킬 다이아조늄염은 일반적으로 유용한 화합물이 아니다. 알킬 다이아조늄염은 상온 이하에서 매우 좋은 이탈기인 N_2를 잃고 분해되어 탄소 양이온을 형성한다. 이 탄소 양이온은 일반적으로 치환, 제거, 자리옮김 생성물의 복잡한 혼합물을 형성한다.

NaNO₂ / HCl

1° 알킬아민 → 불안정한 다이아조늄염 → 탄소 양이온 + N_2 (좋은 이탈기) → 치환, 제거, 또는 (어떤 경우에) 자리옮김의 생성물

다이아조늄염은 건조하면 폭발하므로 다룰 때 주의해야 한다.

반면에 아릴 다이아조늄염은 매우 유용한 합성 중간체이다. 아릴 다이아조늄염은 분리를 거의 하지 않으며 0℃ 이상에서는 일반적으로 불안정함에도 불구하고 25.14절에서 설명한 일반적인 두 가지 반응의 유용한 출발물이다.

25.13B 2° 아민과 ^+NO의 반응

2° 알킬아민과 아릴아민은 아질산과 반응하여 *N*-나이트로사민을 형성한다.

$$R_2NH \xrightarrow[HCl]{NaNO_2} R_2N{-}N{=}O$$

2° 아민 → *N*-나이트로사민

많은 *N*-나이트로사민은 몇몇의 음식과 담배 연기에서 발견되는 강력한 발암 물질이다. 음식물의 나이트로사민은 실험실에서 형성된 것과 같은, 아질산(HNO_2)으로부터 형성된 **나이트로소늄 이온**과 **2° 아민**의 반응으로 형성된다. 메커니즘 25.3은 다이메틸아민[$(CH_3)_2NH$]이 *N*-나이트로소다이메틸아민[$(CH_3)_2NN{=}O$]으로 변환되는 과정을 보여준다.

문제 25.29 각각의 화합물을 $NaNO_2$와 HCl로 처리할 때 형성되는 생성물을 그려라.

a. NH_2 b. N, H c. N, H d. NH_2

25.14 아릴 다이아조늄염의 치환 반응

아릴 다이아조늄염은 두 가지 일반적인 반응으로 일어난다.

메커니즘 25.3 2° 아민으로부터 *N*-나이트로사민의 형성

$(CH_3)_2NH$ + $:\overset{+}{N}{=}O:$ (NaNO₂ + HCl로부터) —[1]→ $(CH_3)_2\overset{+}{N}H{-}N{=}O$ + $:Cl:^-$ —[2]→ $(CH_3)_2N{-}N{=}O$ + HCl

N-나이트로소다이메틸아민

① ② 아민은 ^+NO에 대한 아미노기의 친핵성 공격과 양성자 제거에 의해 *N*-나이트로사민으로 변환된다.

- 원자 또는 원자단 Z에 의한 N_2의 **치환** 반응으로 다양한 치환 벤젠 유도체의 형성

$N_2^+ Cl^-$ → (Z) Z + N_2 + Cl^-

- 다른 벤젠 유도체에 의한 다이아조늄염의 **짝지음**(coupling) 반응에 의하여 질소–질소 이중 결합을 포함한 화합물인 **아조 화합물**(azo compound)의 형성

$N_2^+ Cl^-$ + Y → + HCl

아조 화합물

Y = NH_2, NHR, NR_2, OH (강력한 전자 주는 기)

25.14A 특별한 치환 반응

아릴 다이아조늄염은 다양한 시약과 반응하여 Z(원자 또는 원자단)가 매우 좋은 이탈기인 N_2로 대체된 생성물을 형성한다. 이 반응의 메커니즘은 Z의 성질에 의해 다양하므로 메커니즘이 아닌 반응 생성물에 집중할 것이다.

$N_2^+ Cl^-$ → (Z) Z + N_2 + Cl^-

좋은 이탈기

[1] OH에 의한 치환–페놀의 합성

$N_2^+ Cl^-$ → (H_2O) OH

페놀

다이아조늄염은 H_2O와 반응하여 페놀을 형성한다.

[2] Cl 또는 Br에 의한 치환–염화 아릴과 브로민화 아릴의 합성

$N_2^+ Cl^-$ → (CuCl) Cl　　$N_2^+ Cl^-$ → (CuBr) Br

염화 아릴　　브로민화 아릴

다이아조늄염은 염화 구리(I) 또는 브로민화 구리(I)와 반응하여 염화 아릴(aryl chloride) 또는 브로민화 아릴(aryl bromide)을 형성한다. 이것을 잔트마이어 반응(Sandmeyer reaction)이라고 부른다. 이 반응은 Cl_2 또는 Br_2와 루이스 산 촉매를 사용하여 방향족 고리에 직접적으로 염소 및 브로민을 도입하는 반응의 대안이 된다.

[3] F에 의한 치환–플루오린화 아릴의 합성

$N_2^+ Cl^-$ → (HBF_4) F

플루오린화 아릴

다이아조늄염은 플루오로붕소산(HBF_4)과 반응하여 **플루오린화 아릴**(aryl fluoride)을 형성한다. 플루오린(F_2)은 매우 폭발적으로 반응하므로(18.3절) F_2와 루이스 산 촉매로 플루오린화(fluorination)에 의하여 직접 플루오린화 아릴을 합성할 수 없기 때문에 이 반응은 유용하다.

[4] I에 의한 치환–아이오딘화 아릴의 합성

$$C_6H_5N_2^+\,Cl^- \xrightarrow{\text{NaI 또는 KI}} C_6H_5I$$

아이오딘화 아릴

다이아조늄염은 아이오딘화 소듐 또는 포타슘과 반응하여 아이오딘화 아릴(aryl iodide)을 형성한다. 이것도 I_2가 매우 느리게(18.3절) 반응하므로 I_2와 루이스 산 촉매로 직접 아이오딘화(iodination)에 의한 아이오딘화 아릴을 합성할 수 없기 때문에 유용한 반응이다.

[5] CN에 의한 치환–벤조나이트릴의 합성

$$C_6H_5N_2^+\,Cl^- \xrightarrow{\text{CuCN}} C_6H_5CN$$

벤조나이트릴

다이아조늄염은 사이안화 구리(I)와 반응하여 벤조나이트릴을 형성한다. 사이아노기는 카복실산으로 가수분해되거나, 아민 또는 알데하이드로 환원되거나 유기금속 시약에 의해 케톤으로 변환될 수 있기 때문에 이 반응은 22.18절에서 설명되었던 반응을 통하여 다양한 벤젠 유도체를 합성할 수 있다.

[6] H에 의한 치환–벤젠의 합성

$$C_6H_5N_2^+\,Cl^- \xrightarrow{H_3PO_2} C_6H_5H$$

벤젠

다이아조늄염은 하이포인산(H_3PO_2)과 반응하여 벤젠을 형성한다. 이 반응은 N_2가 수소 원자로 치환되면 벤젠 고리의 기능성이 감소하기 때문에 효용이 제한되어 있다. 그럼에도 불구하고 이 반응은 다른 방법으로 만들 수 없는 치환 패턴이 있는 화합물의 합성에 유용하다.

예를 들어 직접적인 브로민화에 의해 벤젠으로부터 1,3,5-트라이브로모벤젠을 합성하는 것은 불가능하다. 왜냐하면 브로민은 오쏘, 파라 지향기이므로 Br_2와 $FeBr_3$로 브로민화시키면, 고리에서 서로 메타 위치에 Br 치환기를 도입할 수 없기 때문이다.

$$C_6H_6 \not\rightarrow C_6H_3Br_3$$

1,3,5-트라이브로모벤젠

그러나 아닐린이 출발물일 때는 세 개의 브로민 원자가 각각 메타 위치에 첨가하는 것이 가능하다. NH_2기는 매우 강한 오쏘, 파라 지향성 기이기 때문에 세 개의 브로민 원자는 할로젠화에서 단일 단계로 도입된다(18.10A절). 그 다음에 NH_2기는 다이아조화와 하이포인산(H_3PO_2)과의 반응에 의해 제거될 수 있다.

그림 25.13
벤젠으로부터 1,3,5-트라이브로모벤젠의 합성

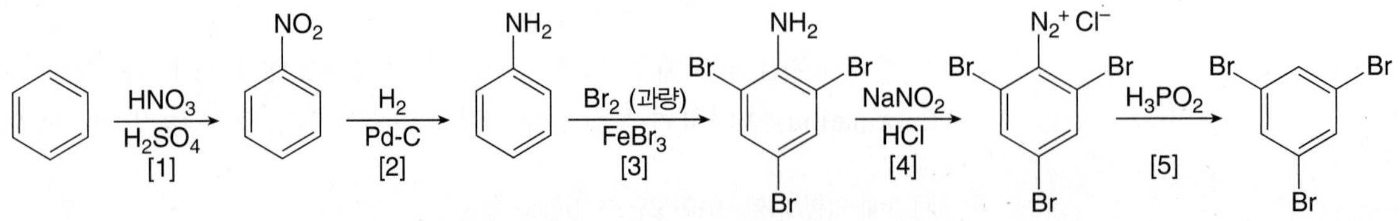

- 나이트로화 반응을 시킨 다음, 이어서 환원하면 벤젠에서 아닐린($C_6H_5NH_2$)을 형성할 수 있다(단계 [1]과 [2]).
- 아닐린의 브로민화는 단계 [3]에서 트라이브로모 유도체가 생성된다.
- NH_2기는 $NaNO_2$와 HCl의 다이아조화(단계 [4])와 뒤를 이어 H_3PO_2를 사용하여 다이아조늄 이온을 H로 치환하는 두 단계 과정에서 제거된다.

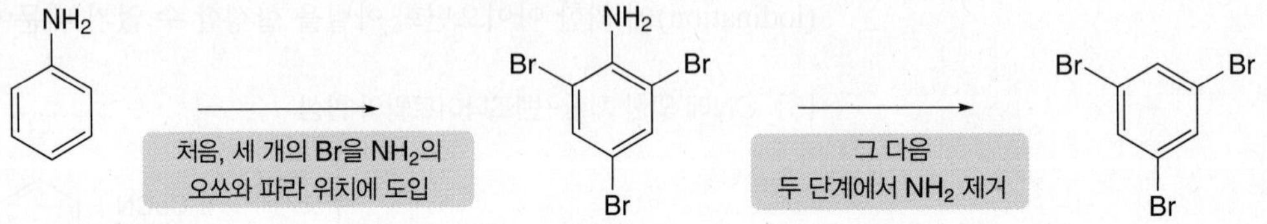

벤젠으로부터 1,3,5-트라이브로모벤젠의 완전한 합성은 그림 25.13에 나타냈다.

25.14B 합성에서 다이아조늄염의 사용

다이아조늄염은 다른 많은 벤젠 유도체로 쉽게 만들 수 있는 방법을 제공해준다. 다음의 네 단계 순서를 기억하자. 많은 치환된 벤젠을 합성하는 데 유용하게 쓰일 것이다.

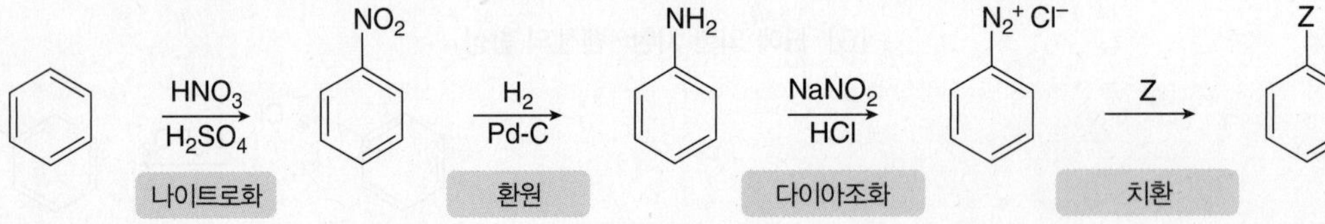

예제 25.6과 25.7은 이 원리를 적용하여 두 개의 다른 여러 단계 합성 과정을 보여준다.

예제 25.6 벤젠으로부터 *m*-클로로펜올을 합성하라.

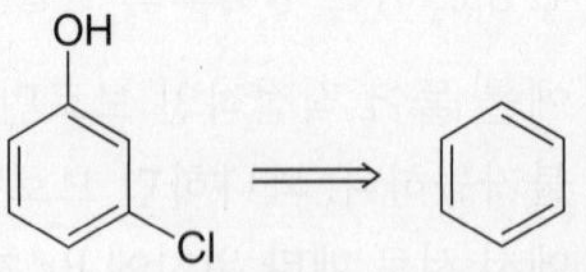

풀이

OH와 Cl은 둘 다 오쏘, 파라 지향성 기이나 서로 메타에 위치되어 있다. OH기는 단계적인 방법에 의해 NO_2기로부터 만들어질 수 있는 다이아조늄염으로부터 형성할 수 있다.

역합성 분석

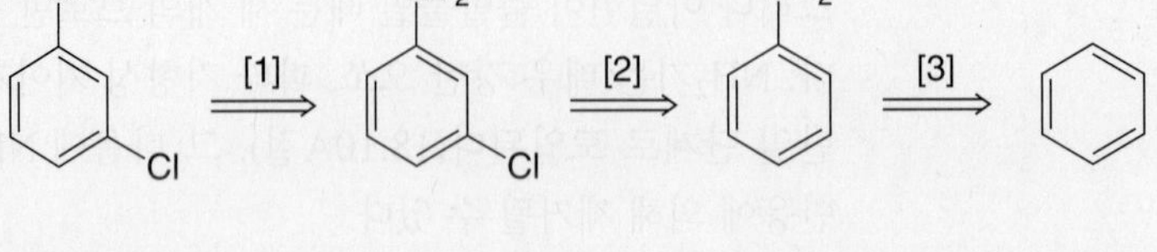

역합성 작업

- [1] 다이아조늄염을 사용하는 세 단계 과정에 의해 NO_2로부터 OH기를 형성한다.
- [2] 할로젠화에 의해 NO_2의 메타 위치에 Cl을 도입한다.
- [3] 나이트로화에 의해 NO_2기를 도입한다.

합성

벤젠 —(HNO_3, H_2SO_4 [1])→ 나이트로벤젠 —(Cl_2, $FeCl_3$ [2])→ m-클로로나이트로벤젠 —(H_2, Pd-C [3])→ m-클로로아닐린 —($NaNO_2$, HCl [4])→ $N_2^+ Cl^-$ (m-Cl) —(H_2O [5])→ m-클로로페놀

- 나이트로화 및 NO_2의 메타 위치에 염소화하면 메타 위치에 두 치환기가 있는 벤젠이 형성된다(단계 [1]~[2]).
- 나이트로기의 환원 및 다이아조화는 단계 [4]에서 다이아조늄염을 형성하고, 물로 처리하면 원하는 페놀로 전환된다(단계 [5]).

예제 25.7 벤젠으로부터 *p*-브로모벤즈알데하이드를 합성하라.

p-BrC$_6$H$_4$CHO ⟹ 벤젠

풀이

두 개의 기는 각각 파라에 위치되어 있고, Br은 오쏘, 파라 지향성 기이기 때문에 Br은 고리에 첫 번째로 도입되어야 한다. CHO기를 도입하기 위하여 CN의 환원에 의해 형성될 수 있음을 기억하자.

역합성 분석

p-Br-CHO —[1]⟹ *p*-Br-CN —[2]⟹ *p*-Br-NO_2 —[3]⟹ 브로모벤젠 —[4]⟹ 벤젠

역합성 작업

- [1] CN의 환원에 의해 CHO를 형성한다.
- [2] 다이아조늄염을 사용하는 세 단계 순서로 NO_2기로부터 CN기를 제조한다.
- [3] 나이트로화에 의한 Br 원자의 파라 위치에 NO_2기를 도입한다.
- [4] Br_2와 $FeBr_3$로 브로민화시키면 Br이 도입된다.

합성

벤젠 —(Br_2, $FeBr_3$ [1])→ 브로모벤젠 —(HNO_3, H_2SO_4 [2])→ *p*-Br-NO_2 —(H_2, Pd-C [3])→ *p*-Br-NH_2 —($NaNO_2$, HCl [4])→ *p*-Br-$N_2^+ Cl^-$ —(CuCN [5])→ *p*-Br-CN —([1] DIBAL-H, [2] H_2O [6])→ *p*-Br-CHO

- 브로민화와 뒤이은 나이트로화는 두 개의 파라 치환기를 가진 이중치환된 벤젠을 형성한다(단계 [1]~[2]). 이 파라 치환체는 오쏘 치환체로부터 분리될 수 있다.
- 단계 [4]에서 NO_2기의 환원과 연이은 다이아조화는 다이아조늄염을 형성하고, CuCN과의 반응에 의해 나이트릴로 변환된다(단계 [5]).
- DIBAL-H(온화한 환원제)로 CN기를 환원하면 CHO가 형성되어 합성이 완성된다.

문제 25.30 각각의 반응에서 형성된 생성물을 그려라.

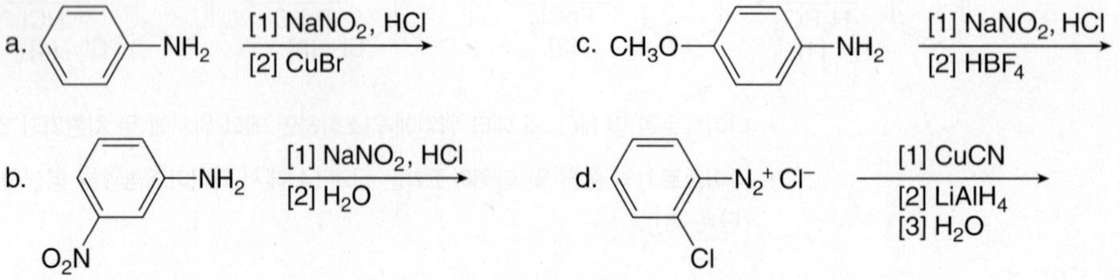

a. $C_6H_5NH_2$ $\xrightarrow[\text{[2] CuBr}]{\text{[1] NaNO}_2\text{, HCl}}$

b. $m\text{-}O_2NC_6H_4NH_2$ $\xrightarrow[\text{[2] H}_2\text{O}]{\text{[1] NaNO}_2\text{, HCl}}$

c. $CH_3O\text{-}C_6H_4\text{-}NH_2$ $\xrightarrow[\text{[2] HBF}_4]{\text{[1] NaNO}_2\text{, HCl}}$

d. $o\text{-}ClC_6H_4N_2^+\ Cl^-$ → [1] CuCN, [2] $LiAlH_4$, [3] H_2O

문제 25.31 벤젠으로부터 각 화합물의 합성을 고안하라.

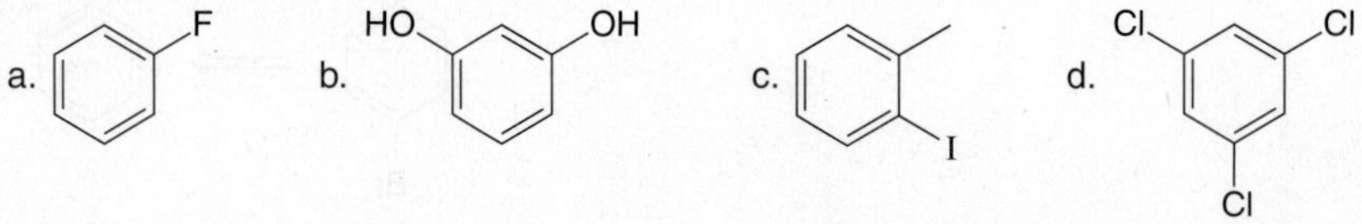

a. F 치환 벤젠 b. HO, OH (1,3-다이하이드록시벤젠) c. 메틸, I (o-위치) d. Cl, Cl, Cl (1,3,5-삼치환)

25.15 아릴 다이아조늄염의 짝지음 반응

두 번째 다이아조늄염의 일반적인 반응은 짝지음(coupling)이다. 다이아조늄염을 강한 전자 주는 기가 있는 방향족 화합물과 반응시키면, 두 고리가 서로 결합하여 질소–질소 이중 결합이 있는 아조 화합물(azo compound)이 형성된다.

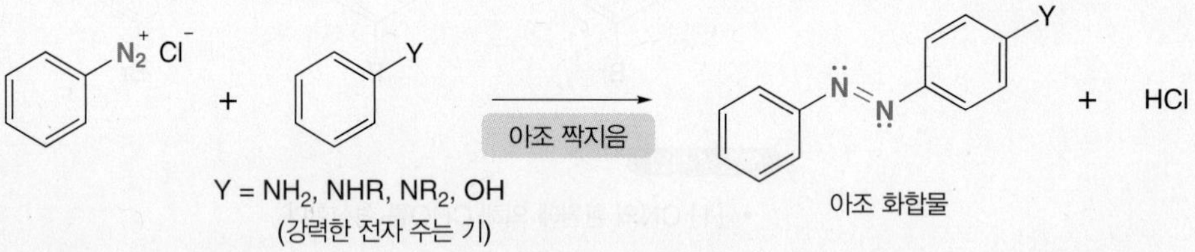

$$C_6H_5N_2^+\ Cl^- + C_6H_5Y \xrightarrow{\text{아조 짝지음}} C_6H_5\text{–}\ddot{N}\text{=}\ddot{N}\text{–}C_6H_4\text{–}Y + HCl$$

Y = NH_2, NHR, NR_2, OH
(강력한 전자 주는 기)

아조 화합물

합성 염료는 25.16절에서 더 자세하게 설명한다.

아조 화합물은 고도로 콘쥬게이션되어 있어서 색을 띠게 된다(16.15절). '버터 노랑(butter yellow)'과 같은 많은 아조 화합물은 합성 염료이다. 버터 노랑은 한때 마가린을 착색하는 데 사용되었다.

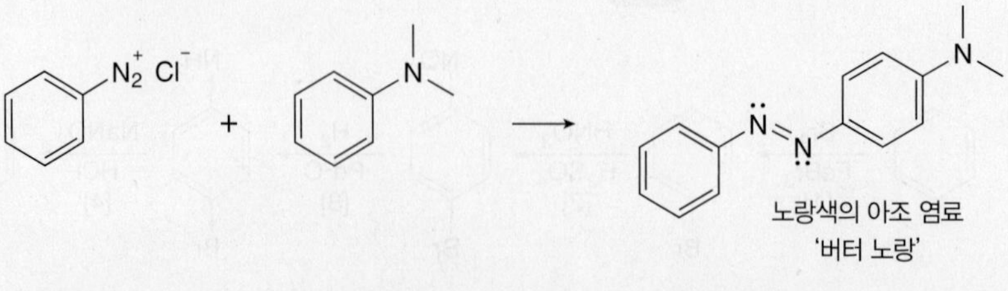

$$C_6H_5N_2^+\ Cl^- + C_6H_5N(CH_3)_2 \longrightarrow C_6H_5\text{–}\ddot{N}\text{=}\ddot{N}\text{–}C_6H_4\text{–}N(CH_3)_2$$

노랑색의 아조 염료
'버터 노랑'

이 반응은 친전자체로서 작용하는 다이아조늄염으로 친전자성 방향족 치환 반응의 다른 예이다. 모든 친전자성 치환(18.2절)처럼 메커니즘은 두 단계이다. 메커니즘 25.4에서 보여주듯이 친전자체(다이아조늄 이온)가 첨가되어 공명 안정화된 탄소 양이온을 형성하고 양성자 제거가 뒤따른다.

메커니즘 25.4 아조 짝지음

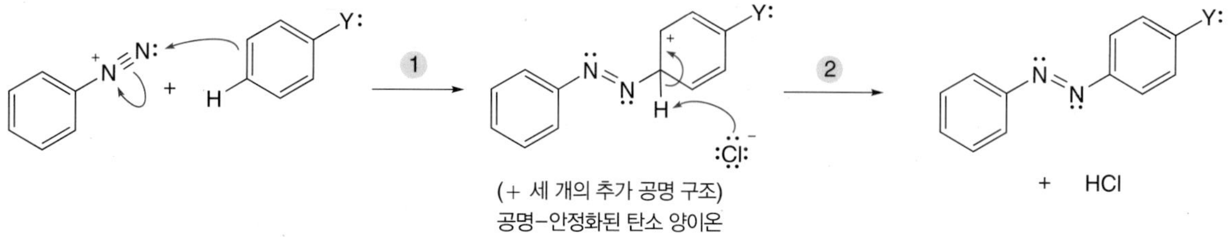

① 다이아조늄 이온이 벤젠 고리와 반응하여 공명 안정화된 탄소 양이온을 형성한다.

② 양성자를 잃고 방향족 고리를 재생시킨다.

다이아조늄염은 매우 약한 친전자성이기 때문에 벤젠 고리에 강한 전자 주는 기 Y(Y는 NH_2, NHR, NR_2, 또는 OH)가 있을 때에만 반응이 일어난다. 이 기들은 오쏘와 파라 위치를 모두 활성화하지만 기존에 파라 위치에 다른 치환기가 없으면 파라 치환이 일어난다.

특별한 아조 화합물을 합성하는 데 어떠한 출발물이 필요한지 결정하기 위하여 항상 분자를 두 가지 구성요소로 나눈다. 한 가지는 다이아조늄 이온이 있는 벤젠이고, 다른 한 가지는 매우 강한 전자 주는 기가 있는 벤젠 고리이다.

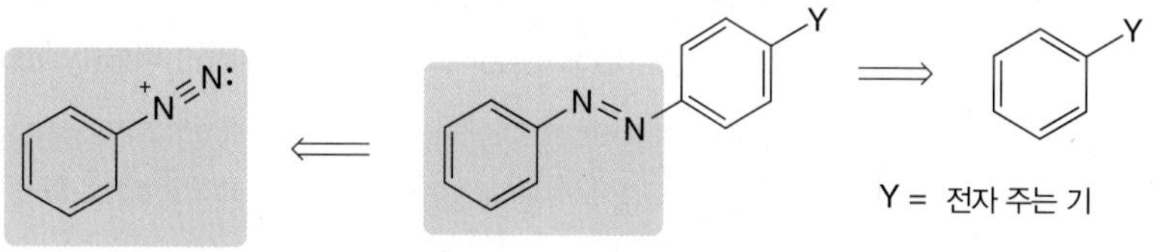

예제 25.8 다음의 아조 화합물을 합성하기 위해 필요한 출발물은 무엇인가?

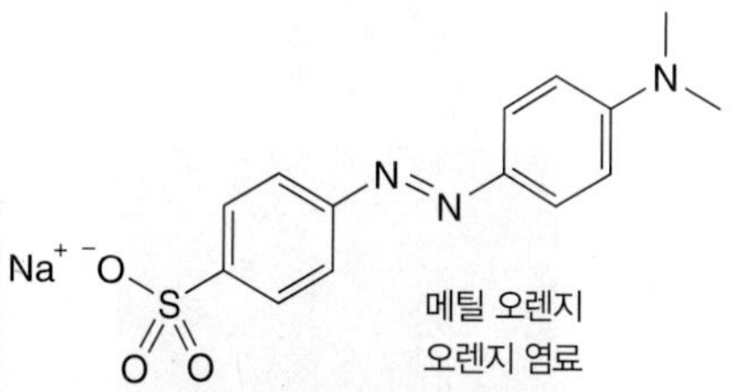

풀이

메틸 오렌지에 있는 두 개의 벤젠 고리에는 한 개의 치환기, 즉 강한 전자 주는 기인 $N(CH_3)_2$기가 있다. 두 개의 출발물을 결정할 때, **다이아조늄 이온은 $N(CH_3)_2$가 결합되어 있지 않은 고리에 결합되어 있어야 한다.**

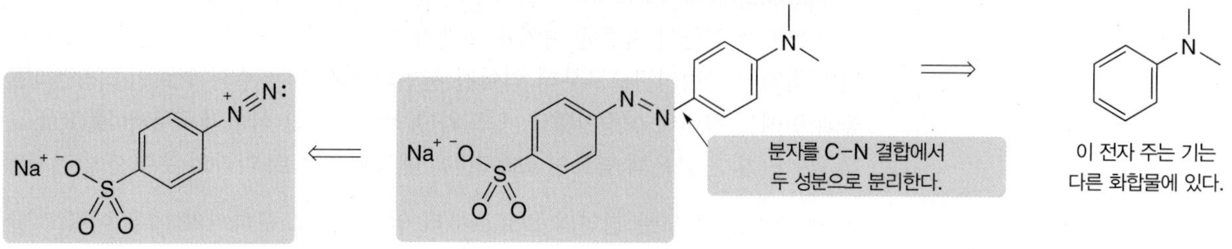

문제 25.32 $C_6H_5N_2^+Cl^-$가 다음의 각 화합물과 반응했을 때 형성되는 생성물을 그려라.

a. NH_2 (아닐린) b. HO— (페놀) c. HO—⬡—OH

문제 25.33 각각의 아조 화합물을 합성하기 위해서 필요한 출발물은 무엇인가?

a. O_2N, N=N, H_2N b. Cl, N=N, HO

25.16 응용: 합성 염료

아조 화합물은 염료와 첫 번째 합성 항생 물질인 설파제(25.17절)로서의 두 가지 중요한 응용이 있다.

25.16A 천연 염료와 합성 염료

1856년까지 모든 염료는 자연의 식물, 동물, 또는 광물로부터 얻어졌다. 수 세기 동안 알려진 세 가지 천연 염료는 인디고(indigo), 티리언 퍼플(tyrian purple)과 알리자린(alizarin)이다.

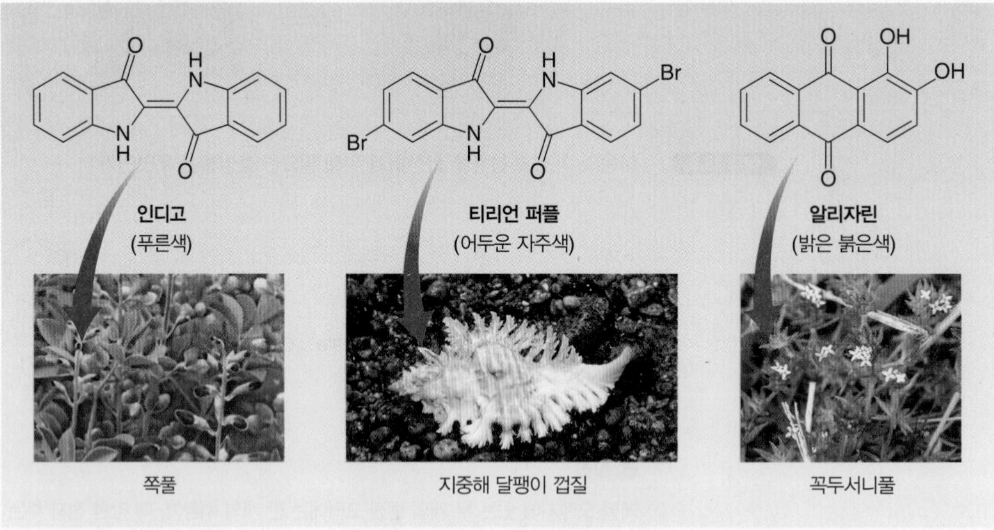

낭아초(*Indigofera tinctoria*) 식물로부터 분리된 푸른 염료인 인디고는 수천 년 동안 인도에서 사용되었다. 상인들이 지중해 지역에 소개하면서 유럽에 알려졌다. 뿔소라(murex) 속 지중해 달팽이의 점액질 분비기관으로부터 얻어진 천연의 어두운 자주색 염료인 티리언 퍼플은 로마 제국의 붕괴 전에는 왕권의 상징이었다. 인도와 동북아시아산 식물인 꼭두서니풀(Rubia tinctorum)로부터 얻어진 밝은 붉은색 염료인 알리자린은 매장된 이집트 미라의 옷에서 발견되었다.

이 세 가지 염료 모두 천연의 원료로부터 얻어지므로 구하기가 매우 어렵고 만드는 데 비용이 많이 들어 오직 특권층만 이용할 수 있었다. 이러한 상황은 이 장의 서두에 언급한 바와 같이, 열여덟 살의 학생 퍼킨(W. H. Perkin)이 임시변통으로 집에서 항말라리아제인 퀴닌의 합성을 시도하다 실패하는 과정에서, 후에 모베인(mauveine)이라고 불리운 자주색 염료를 우연히 합성하

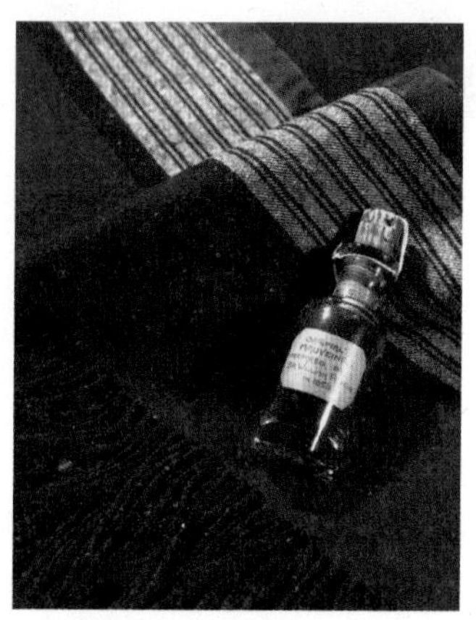
퍼킨의 모베인으로 염색한 보라색 숄 (shawl)

면서 완전히 바뀌었다.

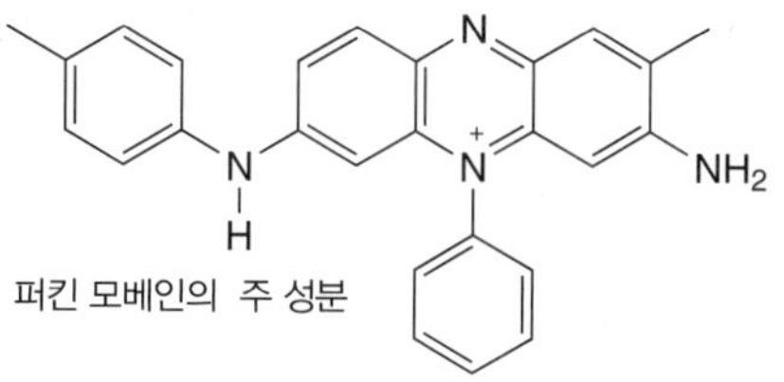

퍼킨 모베인의 주 성분

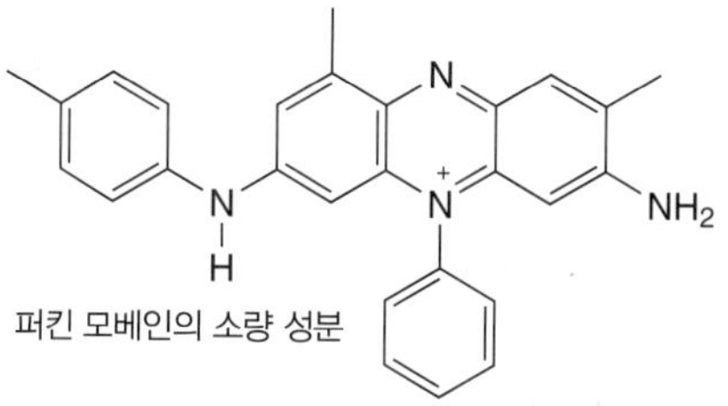

퍼킨 모베인의 소량 성분

퍼킨의 발견은 화학 산업의 시작을 의미하였다. 그는 특허를 얻어, 염료를 상업적으로 생산하기 위한 공장을 설립하였다. 이 사건을 계기로 단지 염료 합성뿐 아니라 향수, 마취제, 잉크, 게다가 약의 생산까지 유기화학에서 연구가 활발히 진행되었다. 퍼킨이 기초 화학 연구에 헌신하기 위해 36세에 퇴직하였을 때 그는 이미 부자였다. 미국화학회(American Chemical Sosiety)에서 수여하는 가장 훌륭한 업적상이 그의 공로를 기념하여 퍼킨 메달(Perkin Medal)로 지정되었다.

알리자린 옐로 R(alizarine yellow R), 파라 레드(para red)와 콩고 레드(Congo red) 같은 일반적인 합성 염료들은 25.15절에서 설명된 다이아조늄 짝지음에 의해 제조된 **아조 화합물**이다.

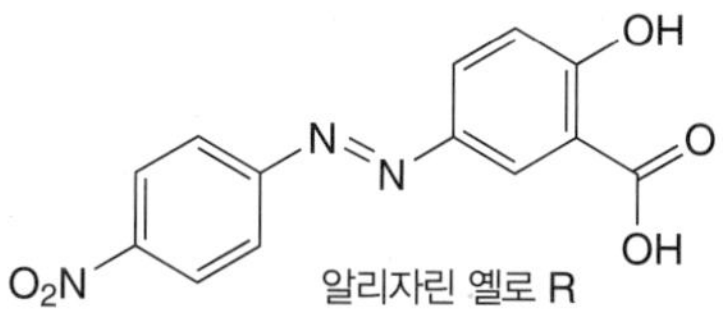

알리자린 옐로 R

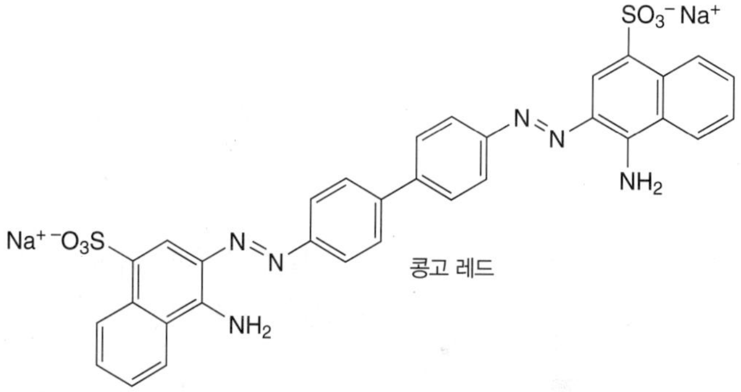

콩고 레드

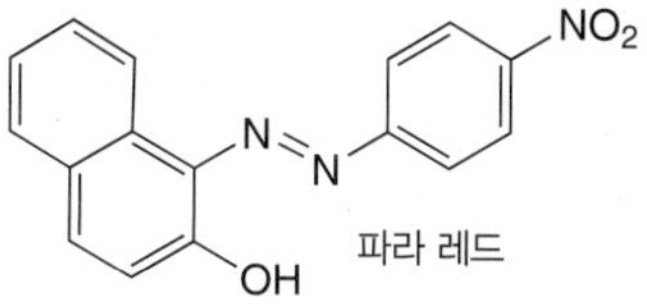

파라 레드

비록 천연 염료와 합성 염료는 구조적으로 매우 다양하지만, **이들 모두는 고도로 콘쥬게이션되어 있기 때문에 색을 나타낸다.** 여덟 개 이상의 π 결합이 있는 분자는 전자기 스펙트럼의 가시 광선 영역의 빛을 흡수하며, 이는 빛을 흡수하지 않는 가시광선 스펙트럼의 색을 띠는 것이다(16.15A절).

문제 25.34 (a) 아조 짝지음에 의해 파라 레드를 제조하기 위해 필요한 두 개의 구성 요소는 무엇인가? (b) 알리자린 옐로 R을 만들기 위해 필요한 두 개의 구성 요소는 무엇인가?

25.16B 응용: 설파제

비록 다소 관련이 없어 보여도, 색을 나타내는 염료의 합성은 처음으로 합성 항생 물질의 개발을 가져왔다. 이러한 분야의 초기 연구의 많은 부분은 독일 화학자 파울 에를리히(Paul Ehrlich)에 의해서 이루어졌다. 그는 합성 염료에 관해 연구하였고, 조직을 염색하는 데 이들을 사용하였다. 이는 박테리아 감염을 치료할 수 있을 것으로 기대하면서, 다른 조직 세포에는 영향을 주지 않고 박테리아에만 치명적인 염료에 대한 연구로 이어졌다. 수년 동안 이러한 노력은 성공하지 못하였다.

그 후, 1935년 염료 제조에 관해 연구하던 독일 의사인 게르하르트 도마르크(Gerhard Domagk)

는 최초로 박테리아를 죽이는 약으로서 합성 염료를 사용하였다. 그의 딸이 연쇄상구균에 감염되어 거의 죽을 지경에 이르자, 그는 딸에게 쥐의 박테리아 성장을 억제하는 아조 염료(azo die)인 프론토실(prontosil)을 투여하였다. 그의 딸은 회복하였고 합성 항생 물질의 새로운 시대가 시작되었다. 그의 선구자적 연구로 도마르크는 1939년에 생리학과 의학 부문에서 노벨상을 수상하였다.

프론토실 → 설파닐아마이드 활성 항생제

프론토실과 다른 황을 포함하는 항생 물질을 총괄하여 설파제(sulfa drug)라고 부른다. 프론토실은 자체로는 활성 물질이 아니다. 세포 안에서 이 약물이 대사를 통하여 활성 약물인 설파닐아마이드(sulfanilamide)로 변화된다. 항생 물질로서 설파닐아마이드의 작용을 이해하기 위해 엽산(folic acid)을 조사해야 한다. 엽산은 미생물이 *p*-아미노벤조산(*p*-aminobenzoic acid)으로부터 합성한다.

p-아미노벤조산 PABA → 엽산

설파닐아마이드와 *p*-아미노벤조산은 크기와 모양이 서로 비슷하고 연관된 작용기가 있다. 따라서 설파닐아마이드가 투여되면, 박테리아가 엽산을 합성하기 위해 *p*-아미노벤조산 대신 설파닐아마이드를 사용한다. 엽산 합성의 실패는 박테리아가 성장 및 번식을 할 수 없다는 것을 의미한다. 설파닐아마이드는 오로지 박테리아 세포에만 영향을 미친다. 왜냐하면 사람은 엽산을 합성하지 않고 음식물을 통해 이를 얻어야 하기 때문이다.

설파닐아마이드 *p*-아미노벤조산

비슷한 구조의 수많은 다른 화합물들이 만들어져 항생 물질로 널리 사용되고 있다. 두 개의 또 다른 설파제의 구조를 그림 25.13에 나타냈다.

그림 25.14
두 개의 일반적인 설파제

설파메톡사졸 설피속사졸

- 설파메톡사졸(sulfamethoxazole)은 박트림(Bactrim)에 있는 설파제이며, 설피속사졸(sulfisoxazole)은 간트리신(Gantrisin)이라는 상품명으로 팔린다. 두 약물은 모두 귀와 요도 감염 치료제로 사용된다.

아민

일반적인 사실

- 아민은 N에 비공유 전자쌍이 있는 RNH_2, R_2NH 또는 R_3N인 일반적인 구조의 유기 질소 화합물이다(25.1절).
- 아민은 접미사-아민(-amine)을 붙여서 명명한다(25.3절).
- 모든 아민은 C−N 결합이 극성이다. 1°와 2° 아민은 극성의 N−H 결합이 있으며 분자간 수소 결합이 가능하다(25.4절).
- N의 비공유 전자쌍은 아민을 강염기성과 친핵체로 만든다(25.8절).

분광학적 흡수 요약(25.5절)

질량 스펙트럼	분자 이온	홀수의 N 원자를 갖는 아민은 홀수 분자 이온을 갖는다.
IR 흡수	N−H	3300~3500 cm^{-1}(RNH_2에서 봉우리 두 개, R_2NH에서 봉우리 한 개)
^{1}H NMR 흡수	NH	05~5 ppm(인접한 양성자에 의해 신호가 갈라지지 않는다)
	CH−N	2.3~3.0 ppm(벗겨진 C_{sp^3}−H)
^{13}C NMR 흡수	C−N	30~50 ppm

아민과 다른 화합물들과의 염기도 비교(25.10절)

- 알킬아민(RNH_2, R_2NH, R_3N)은 R기의 전자 주는 치환기이기 때문에 NH_3보다 강염기이다(25.10A절).
- 알킬아민(RNH_2)은 아릴아민($C_6H_5NH_2$)보다 강염기이다. 아릴아민의 경우, N 원자에 편재화된 비공유 전자쌍 때문이다(25.10B절).
- 전자 주는 치환기가 있는 아릴아민은 전자 끄는 치환기를 갖는 아릴아민보다 강염기성을 갖는다(25.10B절).
- 알킬아민(RNH_2)은 아마이드($RCONH_2$)보다 강염기이다. 아마이드는 N 원자에 비편재화된 비공유 전자쌍이 있기 때문이다(25.10C절).
- N에 편재된 전자쌍이 있는 방향족 헤테로고리는 N 원자에 비편재화된 비공유 전자쌍이 있는 헤테로고리보다 강염기이다(25.10D절).
- sp^3 혼성 오비탈에 비공유 전자쌍이 있는 알킬아민은 sp^2혼성 오비탈에 비공유 전자쌍이 있는 것보다 강염기이다(25.10E절).

아민의 제조(25.7)

[1] NH_3와 아민의 직접 친핵성 치환(25.7A절)

$$\text{R-X} + \ddot{\text{N}}\text{H}_3 \text{ (과량)} \longrightarrow \text{R-}\ddot{\text{N}}\text{H}_2 \text{ (1° 아민)} + \text{NH}_4^+\text{X}^-$$

$$\text{R-X (과량)} + \text{R'-}\ddot{\text{N}}\text{H}_2 \longrightarrow \text{R}_3\text{N}^+\text{R'}\ \text{X}^- \text{ (사차 암모늄염)}$$

- 메커니즘은 S_N2이다.
- 반응은 CH_3X나 RCH_2X에 대해 가장 잘 진행된다.
- 반응은 1° 아민과 사차 암모늄염을 만들 때 가장 잘 진행된다.

[2] 가브리엘 합성(25.7A절)

$$\text{프탈이미드 (H-N:)} \xrightarrow[\text{[2] RX}]{\text{[1] KOH}} \xrightarrow[\text{H}_2\text{O}]{^-\text{OH}} \text{R-NH}_2 \text{ (1° 아민)} + \text{C}_6\text{H}_4(\text{CO}_2^-)_2$$

- 메커니즘은 S_N2이다.
- 반응은 CH_3X나 RCH_2X에 대해 가장 잘 진행된다.
- 오직 1° 아민만 만들 수 있다.

[3] 환원 방법(25.7B절)

a. 나이트로 화합물로부터

$$R{-}NO_2 \xrightarrow[\text{Fe, HCl or Sn, HCl}]{H_2,\ \text{Pd-C or}} R{-}NH_2$$

1° 아민

b. 나이트릴로부터

$$R{-}C{\equiv}N \xrightarrow[\text{[2] } H_2O]{\text{[1] } LiAlH_4} RCH_2NH_2$$

1° 아민

c. 아마이드로부터

$$RCONR'_2 \xrightarrow[\text{[2] } H_2O]{\text{[1] } LiAlH_4} RCH_2NR'_2$$

R' = H 또는 알킬

1°, 2°, 3° 아민

[4] 환원성 아미노화(25.7C절)

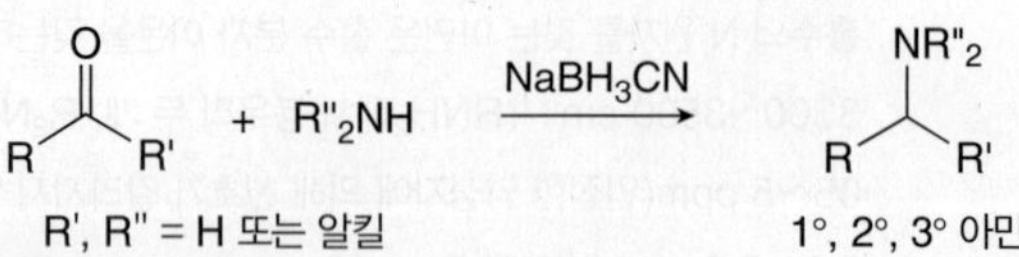

- 환원성 아미노화는 질소 친핵체에 알데하이드나 케톤에서 오는 한 개의 알킬기를 붙인다.
- 1°, 2°, 3° 아민을 제조할 수 있다.

아민의 반응

[1] 염기로서의 반응(25.9절)

$$R{-}\ddot{N}H_2 + H{-}A \rightleftharpoons R{-}\overset{+}{N}H_3 + :A^-$$

[2] 알데하이드 및 케톤과의 친핵성 첨가 반응(25.11절)

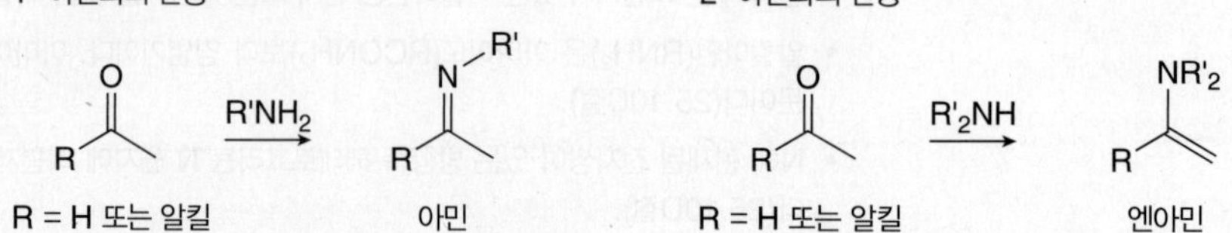

[3] 산 염화물 및 산 무수물과의 친핵성 치환 반응(25.11절)

$$RCOZ + R'_2NH \text{ (2당량)} \longrightarrow RCONR'_2$$

Z = Cl 또는 OCOR

R' = H 또는 알킬

1°, 2°, 3° 아민

[4] 호프만 제거 반응(25.12절)

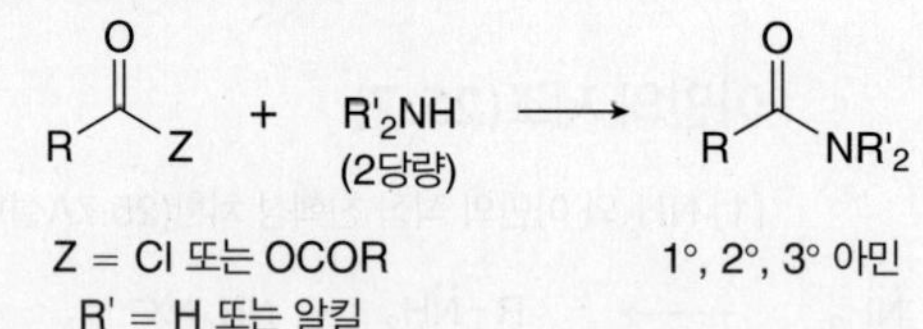

- 덜 치환된 알켄이 주 생성물이다.

[5] 아질산과의 반응(25.13절)

1° 아민과의 반응

$$R{-}NH_2 \xrightarrow[HCl]{NaNO_2} R{-}\overset{+}{N}{\equiv}N{:}\ Cl^-$$

알킬 다이아조늄염

2° 아민과의 반응

$$R_2NH \xrightarrow[HCl]{NaNO_2} R_2N{-}N{=}O$$

N-나이트로사민

다이아조늄염의 반응

[1] 치환 반응(25.14절)

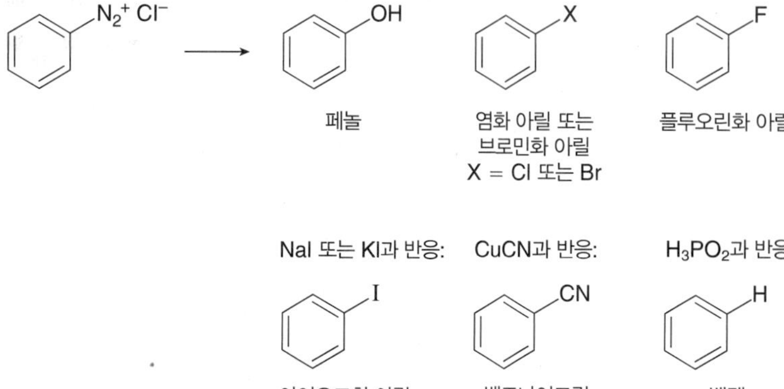

[2] 짝지음 반응에 의한 아조 화합물 형성(25.15절)

N_2^+ Cl^- + (Y 치환 벤젠) ⟶ (아조 화합물, N=N, Y) + HCl

Y = NH_2, NHR, NR_2, OH
(강력한 전자 주는 기)

아조 화합물

문제

삼차원 모델을 이용하는 문제

25.35 각각의 화합물에 대해 체계명이나 관용명을 쓰라.

a. 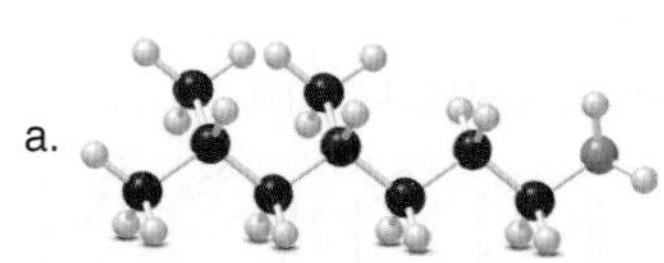

b. 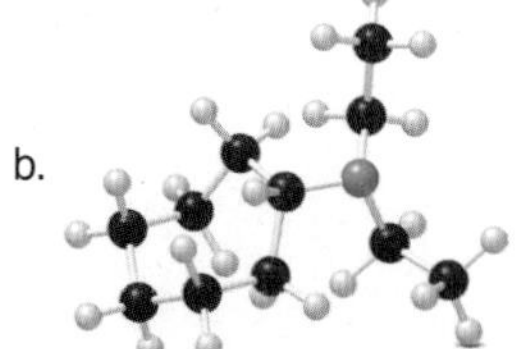

25.36 더 강염기는 어떤 화합물인가?

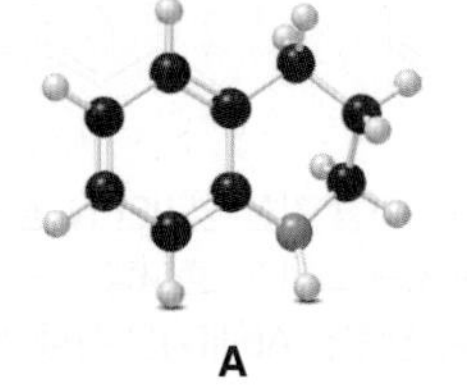
A

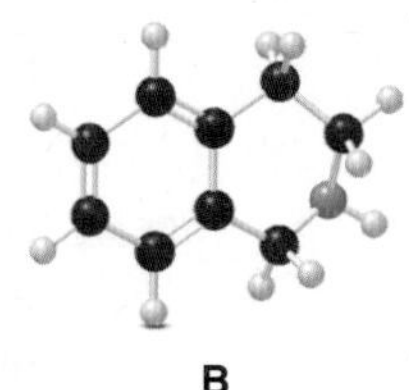
B

25.37 바레니클린(varenicline, 상품명: Chantix)은 금연 보조제로 사용되는 약물이다. (a) 바레니클린에 있는 N 원자 중 가장 강염기성인 것은? 이유를 설명하라. (b) 바레니클린을 HCl과 반응시켰을 때 생성되는 화합물은?

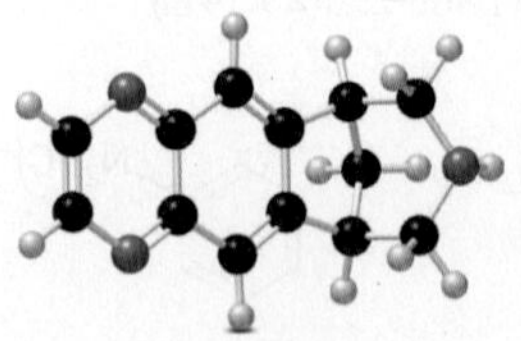

바레니클린

명명법

25.38 각각의 화합물에 대해 체계명이나 관용명을 쓰라.

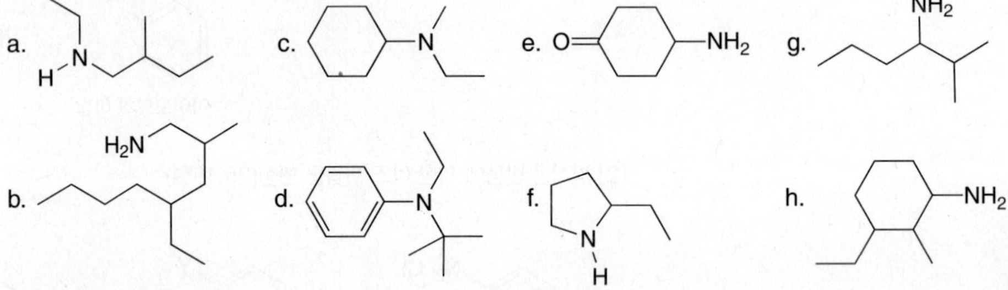

25.39 각각에 일치하는 구조를 그려라.

a. *N*-아이소뷰틸사이클로펜탄아민
b. 트라이-*tert*-뷰틸아민
c. *N*,*N*-다이아이소프로필아닐린
d. *N*-메틸피롤
e. *N*-메틸사이클로펜탄아민
f. 3-메틸헥산-2-아민
g. 2-*sec*-뷰틸피페리딘
h. (*S*)-헵탄-2-아민

카이랄 화합물

25.40 다음 테트라알킬 암모늄염에 몇 개의 입체발생 중심이 존재하는가? 가능한 이성질체를 모두 그려라.

N^+ Cl^-

염기도

25.41 염기도가 증가하는 순서대로 나열하라.

a.

b.

25.42 다음 각 분자 중 가장 강한 염기인 N 원자는 어느 것인가? 각 화합물을 CH_3CO_2H와 반응시켰을 때 형성되는 생성물의 구조를 그려라. 졸피뎀(zolpidem, 상품명:Amibien)은 불면증 치료에 사용되지만, 아리피프라졸(aripiprazole, 상품명: Abilify)은 신경쇠약, 정신분열증 및 조울증 치료에 사용된다

a. 졸피뎀

b. 아리피프라졸

25.43 피리미딘(pyrimidine)이 피리딘(pyridine)보다 덜 염기성인 이유를 설명하라.

피리딘 피리미딘

25.44 다음 각 화합물에 있는 질소 원자의 염기도가 증가하는 순서대로 나열하라. 아이소니아지드(isoniazid)는 결핵을 치료하는 데 사용하는 약물이고, 히스타민(histamine, 25.6B절)은 콧물과 눈물이 흘러내리는 알러지 증상을 발생시키는 물질이다.

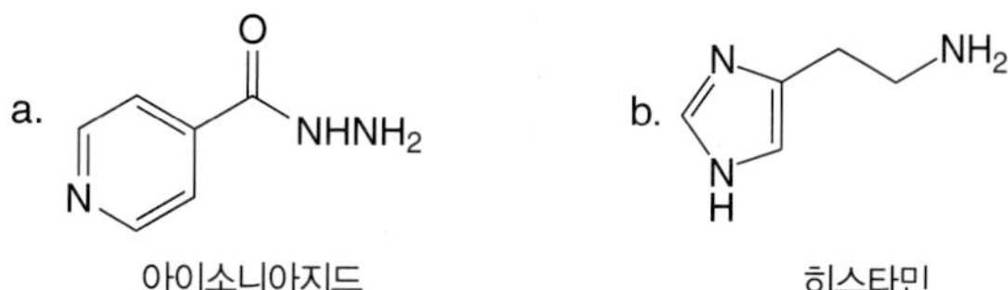

아이소니아지드 히스타민

25.45 *m*-나이트로아닐린이 *p*-나이트로아닐린보다 염기성이 더 센 이유를 설명하라.

25.46 아민 **A**와 **B**의 짝산 pK_a 값 차이를 설명하라.

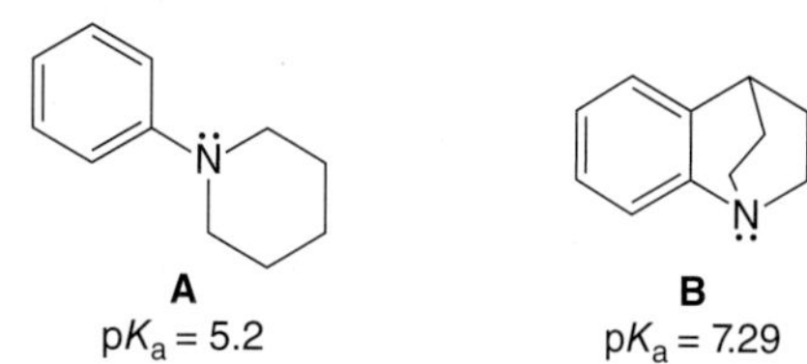

A pK_a = 5.2

B pK_a = 7.29

25.47 피롤(pyrrole)이 피롤리딘(pyrrolidine)보다 더 센 산성인 이유는 무엇인가?

NH NH

피롤 pK_a = 23

피롤리딘 pK_a = 44

아민 제조

25.48 환원으로 각각의 아민을 만들기 위해 어떤 아마이드가 필요한가?

a. NH$_2$ b. N c. H N

25.49 환원성 아미노화 반응으로 다음의 각 화합물을 만들기 위해 어떤 카보닐과 질소 화합물이 필요한가? 출발물이 하나 이상이라면, 가능한 방법을 모두 나타내라.

a. H N b. N c. H N

25.50 환원성 아미노화 반응의 생성물을 그려라.

a. C_6H_5 O → NH$_2$ / $NaBH_3CN$

b. O → $(CH_3)_2NH$ / $NaBH_3CN$

c. C_6H_5 CHO → NH_3 / $NaBH_3CN$

d. O → NH$_2$ / $NaBH_3CN$

추출

25.51 추출법으로 톨루엔($C_6H_5CH_3$)과 벤조산(C_6H_5COOH), 그리고 아닐린($C_6H_5NH_2$)을 어떻게 분리할 수 있는가?

반응

25.52 *p*-메틸아닐린($CH_3C_6H_4NH_2$)을 다음의 시약으로 처리할 때 형성되는 생성물을 그려라.

a. HCl
b. CH_3COCl
c. $(CH_3CO)_2O$
d. 과량의 CH_3I
e. $(CH_3)_2C{=}O$
f. CH_3COCl, $AlCl_3$
g. CH_3COOH
h. $NaNO_2$, HCl
i. 단계 (b), 그 다음 CH_3COCl, $AlCl_3$
j. CH_3CHO, $NaBH_3CN$

25.53 각각의 아민을 [1] CH_3I(과량), [2] Ag_2O, [3] 가열(Δ)로 반응시켰을 때 형성되는 생성물을 그려라. 혼합물이 형성될 경우, 주 생성물을 나타내라.

a. 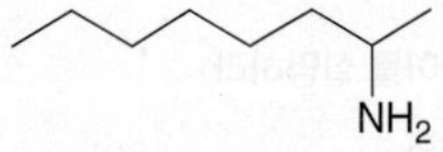 NH_2　b. 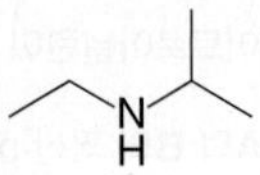 N H　c. 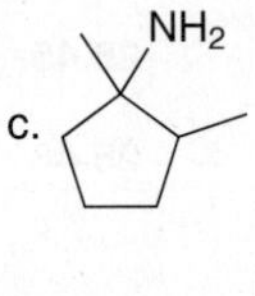 NH_2　d. 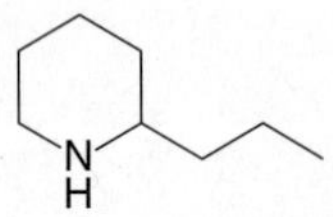 N H

25.54 상품명이 디드렉스(Didrex)로 판매된 벤즈페타민(benzphetamine)은 습관성 다이어트 약품이다. 벤즈페타민에 대한 다음의 질문에 답하라.

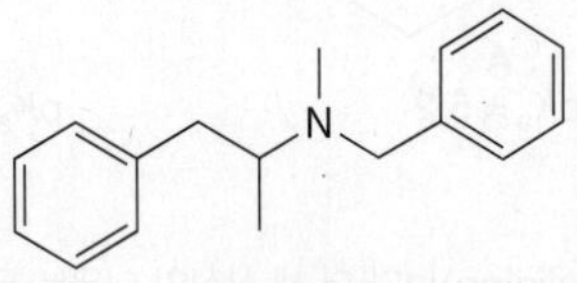

N

벤즈페타민

a. 입체발생 중심(들)을 표시하라.
b. 환원시켰을 때 벤즈페타민을 생성하는 아마이드는 어떤 것(들)이 있는가?
c. 환원성 아미노화 반응으로 벤즈페타민을 만드는 데 사용할 수 있는 카보닐 화합물과 아민은 무엇인가? 모든 가능한 방법을 그려라.
d. 벤즈페타민으로부터 호프만 제거 반응이 일어나면 어떤 생성물들이 얻어지겠는가? 주 생성물은 무엇인가?

25.55 다음 각 반응에서 생성되는 유기 생성물을 그려라.

a. 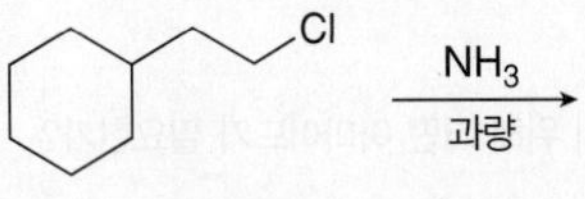 Cl　$\xrightarrow[\text{과량}]{NH_3}$

b. 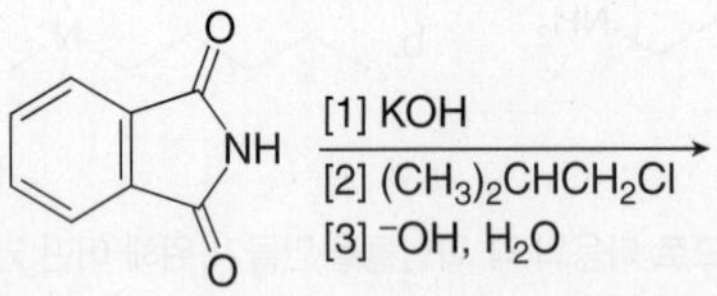 O NH O　[1] KOH　[2] $(CH_3)_2CHCH_2Cl$　[3] ^-OH, H_2O

c. Br—⟨⟩—NO_2　$\xrightarrow[HCl]{Sn}$

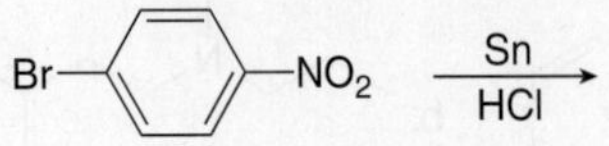

d. 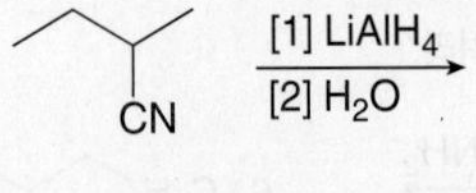 CN　[1] $LiAlH_4$　[2] H_2O

e. 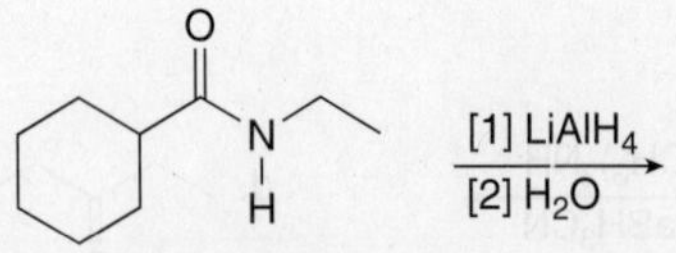 O N H　[1] $LiAlH_4$　[2] H_2O

f. 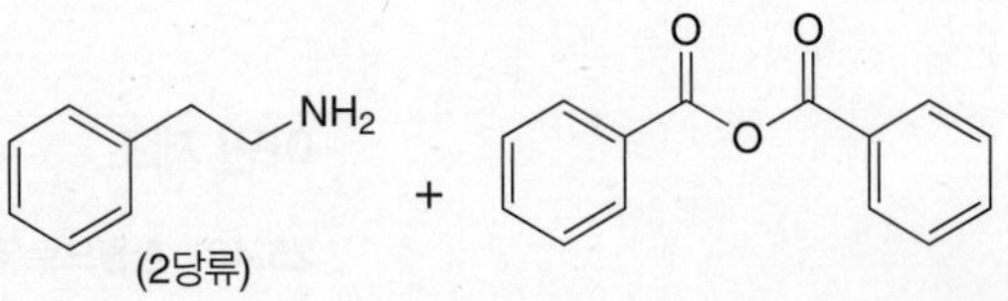 NH_2 (2당류) + O O O

g. 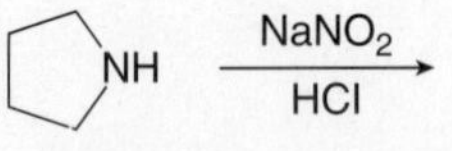 NH　$\xrightarrow[HCl]{NaNO_2}$

h. NH + O H　$\xrightarrow{NaBH_3CN}$

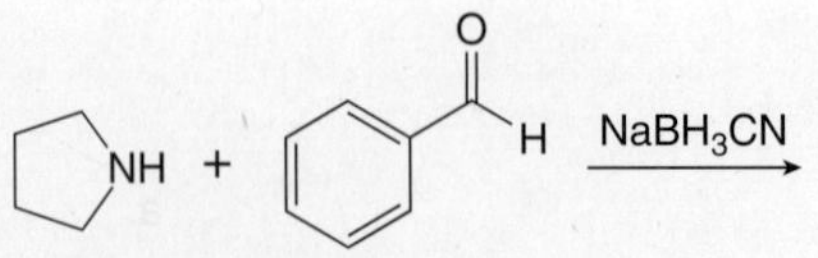

i. 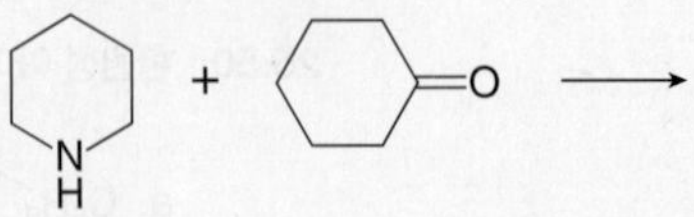 N H + O　⟶

j. 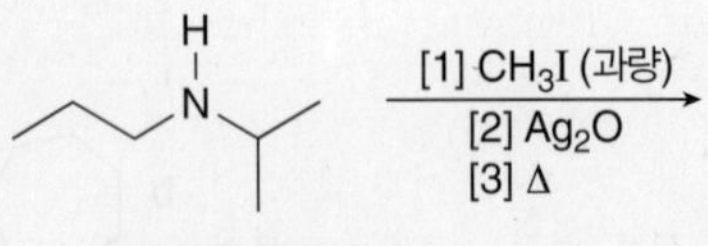 H N　[1] CH_3I (과량)　[2] Ag_2O　[3] Δ

25.56 다음의 각 아민에서 형성되는 호프만 제거 반응의 주 생성물은 무엇인가?

a. 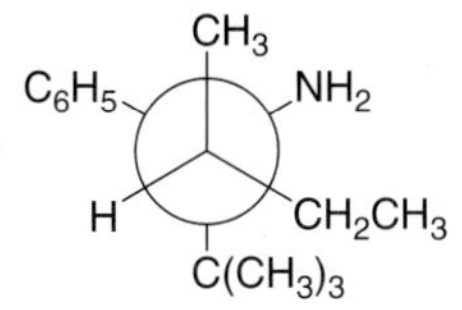 CH_3, C_6H_5, NH_2, H, CH_2CH_3, $C(CH_3)_3$

b. 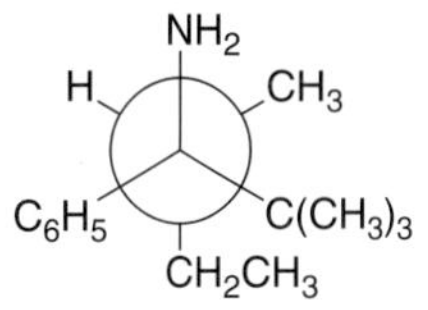 NH_2, H, CH_3, C_6H_5, $C(CH_3)_3$, CH_2CH_3

c. C_6H_5, CH_3, H, $(CH_3)_3C$, NH_2, CH_2CH_3

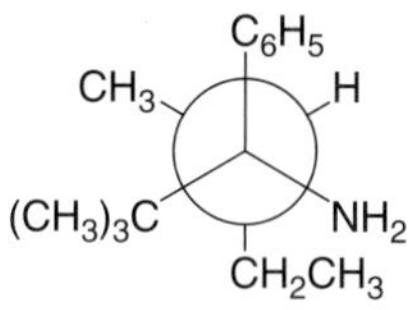

25.57 진통제이며 마취제인 펜타닐(fentanyl) 합성 중 생성되는 중간체 A, B와 C의 구조를 규명하라.

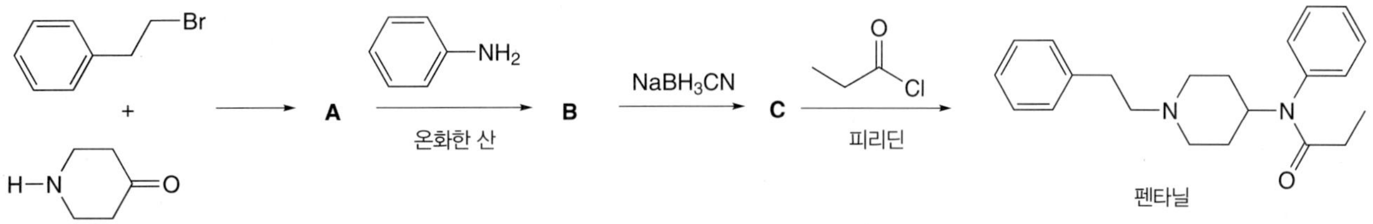

Br + H−N ⟶ A ; NH_2, 온화한 산 ⟶ B ; $NaBH_3CN$ ⟶ C ; Cl, 피리딘 ⟶ N, N, O

펜타닐

25.58 라셈 오플록사신(ofloxacin)을 합성하기 위해 사용되는 다음과 같은 일련의 합성반응에서의 중간체(**A~C**)의 구조를 규명하라. 생성물 중 하나의 광학이성질체는 다른 항생제로 치료되지 않는 박테리아 감염을 치료하기 위한 항생제로 사용되고 있다.

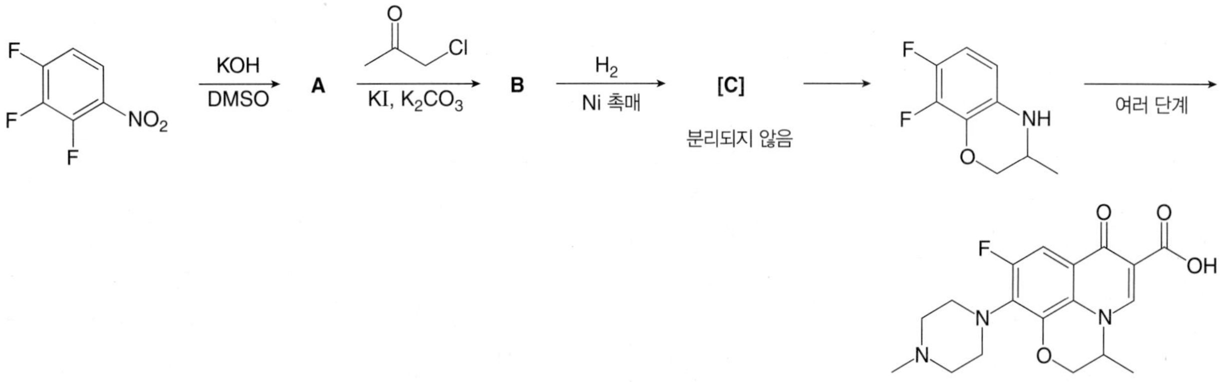

F, F, F, NO_2 ; KOH, DMSO ⟶ **A** ; O, Cl, KI, K_2CO_3 ⟶ **B** ; H_2, Ni 촉매 ⟶ **[C]** (분리되지 않음) ⟶ F, F, NH, O ; 여러 단계 ⟶

F, O, O, OH, N, N, N, O

오플록사신

25.59 **A**를 다음의 각 시약과 반응시켰을 때 생성되는 생성물을 그려라.

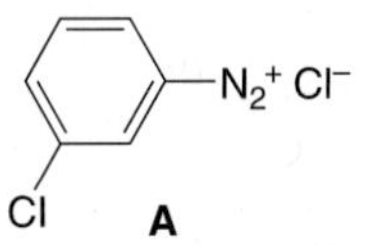

$N_2^+ Cl^-$, Cl, **A**

a. [1] H_2O; [2] NaH; [3] CH_3Br

b. [1] CuCN; [2] DIBAL−H; [3] H_2O

c. [1] $C_6H_5NH_2$; [2] CH_3COCl

25.60 *R* 배열을 갖는 카이랄 아민 **A**는 호프만 제거 반응을 통하여 주 생성물로서 알켄 **B**를 형성한다. **B**를 오존으로 산화성 분해시킨 다음 CH_3SCH_3으로 처리하면, $CH_2{=}O$와 $CH_3CH_2CH_2CHO$를 형성한다. **A**와 **B**의 구조는 무엇인가?

메커니즘

25.61 각각의 반응에 대한 단계별 메커니즘을 그려라.

a. 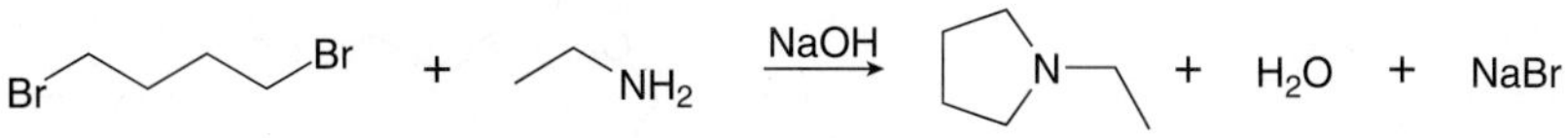 Br, Br + NH_2 $\xrightarrow{NaOH}$ N + H_2O + NaBr

b. 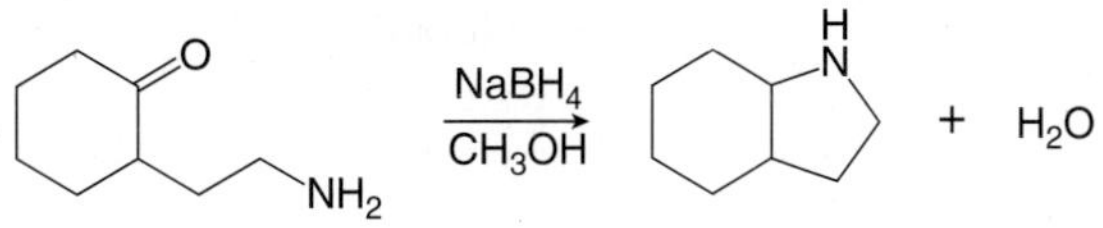 O, NH_2 $\xrightarrow[CH_3OH]{NaBH_4}$ H N + H_2O

25.62 다음의 반응에 대한 단계별 메커니즘을 그려라.

$H_2C{=}O$, 온화한 산 → + H_2O

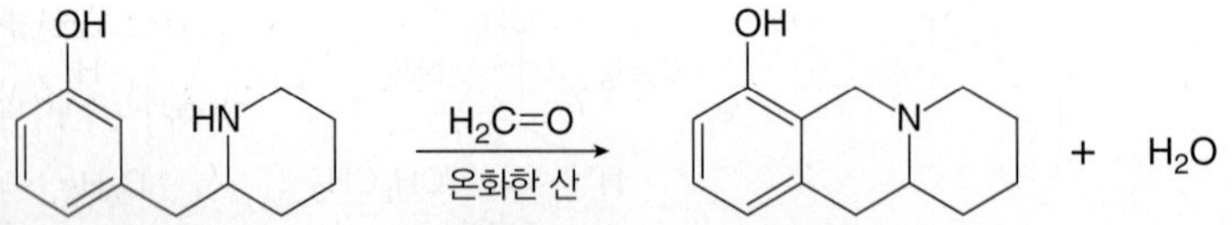

25.63 알킬 다이아조늄염은 분해되어 탄소 양이온을 형성하고, 이는 치환, 제거, 그리고 (때때로) 자리옮김 등의 생성물을 형성한다. 이를 유념하여 다음 모든 생성물을 형성하는 단계별 메커니즘을 그려라.

$NaNO_2$, HCl, H_2O → OH + OH +

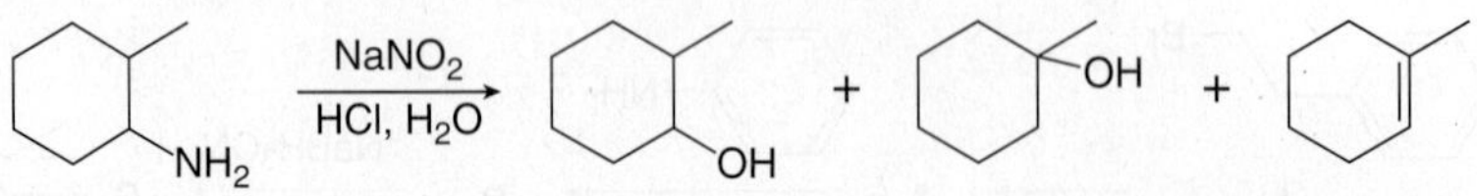

25.64 3° 방향족 아민을 $NaNO_2$ 및 HCl과 반응시키면 친전자성 방향족 치환 반응 생성물이 얻어진다. 이 나이트로소화(nitrosation) 반응에 대한 단계별 메커니즘을 쓰라. 이 반응은 강한 오쏘, 파라 활성화기가 있는 벤젠 고리에서만 일어나는데, 그 이유를 설명하라.

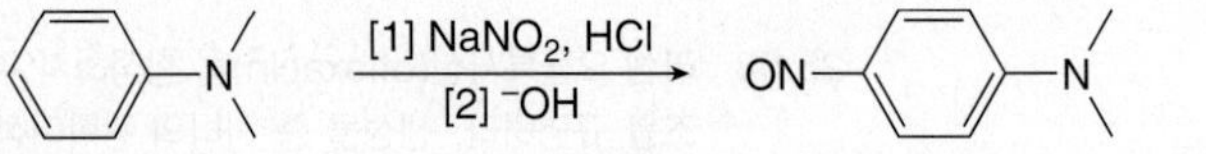

[1] $NaNO_2$, HCl; [2] ^-OH → ON–

합성

25.65 벤젠으로부터 각각의 화합물에 대한 합성을 고안하라. 단 다른 유기 또는 무기 시약을 사용할 수 있다.

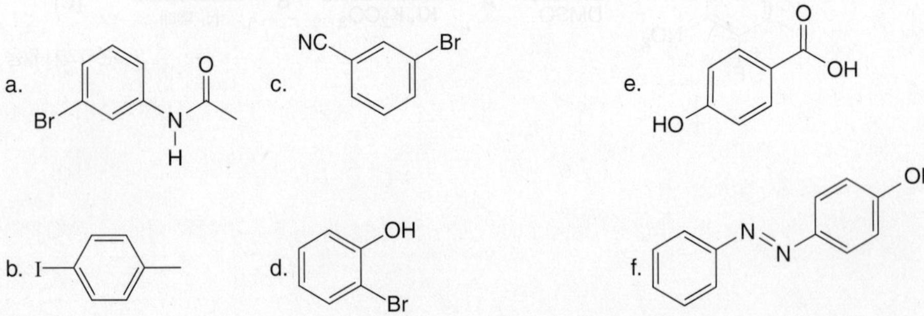

a. b. c. d. e. f.

25.66 출발물로 아닐린($C_6H_5NH_2$)을 사용하여 각각의 화합물에 대한 합성을 고안하라.

a. b. c.

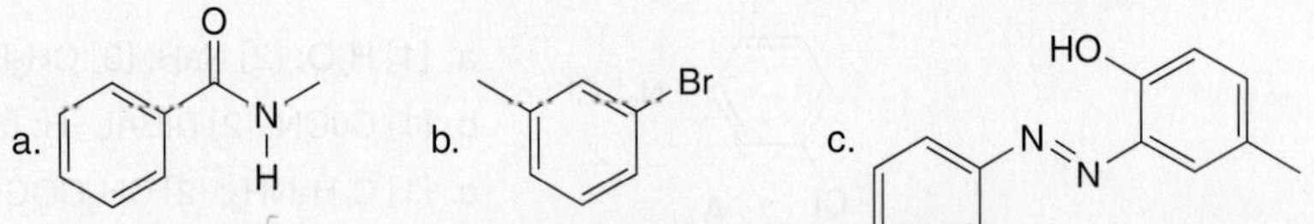

25.67 벤젠과 한 개의 탄소가 있는 유기 화합물 및 필요한 시약으로부터 *N*-메틸벤질아민($PhCH_2NHCH_3$)을 제조하기 위한 최소 세 가지 다른 합성 방법을 고안하라.

25.68 사사프라스(sassafras)에서 분리(문제 21.33)되는 사프롤(safrole)은 여러 가지 방법으로 불법적인 각성제인 MDMA[3,4-메틸렌다이옥시메탐페타민(methylenedioxymethamphetamine), '엑스터시(Ecstasy)']로 변환될 수 있다. (a) 사프롤에서 출발하고 친핵성 반응을 이용하여 아민을 도입하는 합성법을 고안하라. (b) 사프롤로 출발하고 환원성 아미노화 반응을 이용하여 아민을 도입하기 위한 합성을 고안하라.

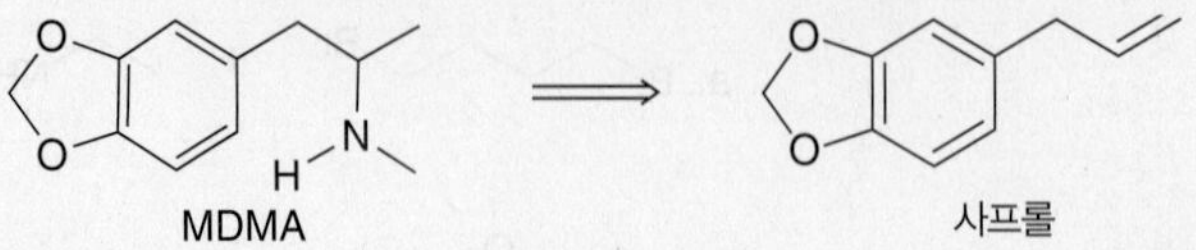

MDMA ⟹ 사프롤

25.69 벤젠으로부터 각각의 화합물을 합성하라. 합성 중간체의 하나인 다이아조늄염을 사용하라.

a. b. c.

25.70 벤젠으로부터 다음 생물학적으로 활성인 화합물의 합성을 고안하라.

a. 아세트아미노펜 (진통제)

b. 유사에페드린 (코 울혈 제거제)

25.71 벤젠과 탄소 수 세 개 이하인 유기 알코올 및 필요한 시약을 사용하여 다음의 각 화합물의 합성 방법을 고안하라.

a. b. c.

분광법

25.72 세 개의 이성질체 화합물 **A**, **B**, **C**의 분자식은 $C_8H_{11}N$이다. **A**, **B**, **C**의 ^{1}H NMR과 IR 스펙트럼 자료가 아래에 주어져 있다. 이들의 구조식은 무엇인가?

화합물 **A**: 3,400 cm^{-1}에서 IR 봉우리

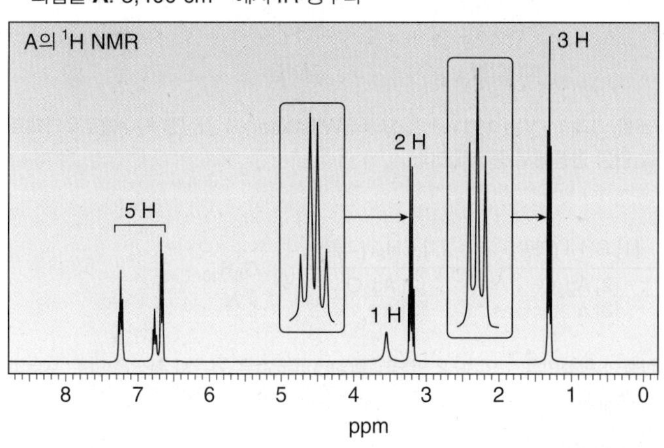

화합물 **B**: 3,310 cm^{-1}에서 IR 봉우리

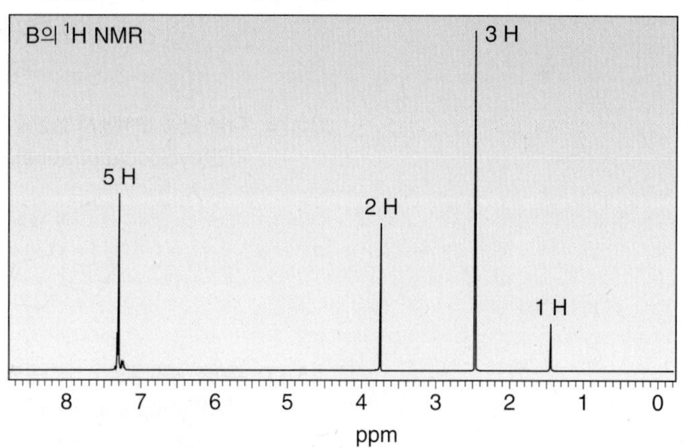

화합물 **C**: 3,430 및 3,350 cm^{-1}에서 IR 봉우리

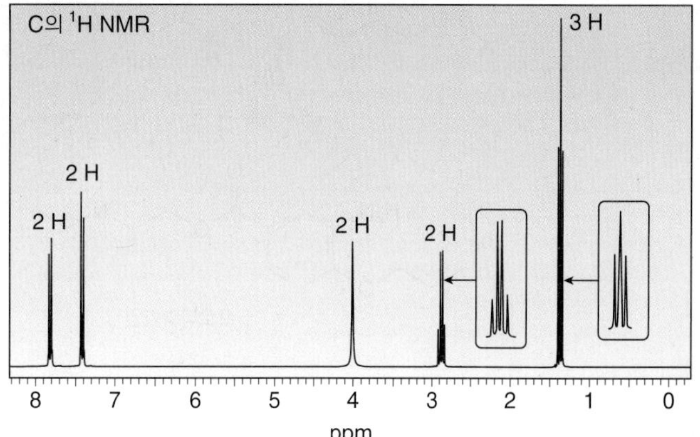

25.73 화합물 **D**를 $LiAlH_4$와 반응시킨 다음 H_2O로 처리하면 화합물 **E**가 생성된다. **D**의 질량 스펙트럼은 m/z = 71에서 분자 이온을 나타내었으며, 3,600~3,200 및 2,263 cm^{-1}에서 IR 흡수를 나타내었다. **E**의 질량 스펙트럼은 m/z = 75에서 분자 이온을 나타내었으며, 3,636 및 3,600~3,200 cm^{-1}에서 IR 흡수를 나타내었다. 이들 데이터와 주어진 ^1H NMR 스펙트럼으로부터 **D**와 **E**의 구조를 제안하라.

D의 ¹H NMR
2 H
1 H
2 H
8
7
6
5
4
3
2
1
0
ppm

E의 ¹H NMR
2 H
2 H
2 H
3 H
8
7
6
5
4
3
2
1
0
ppm

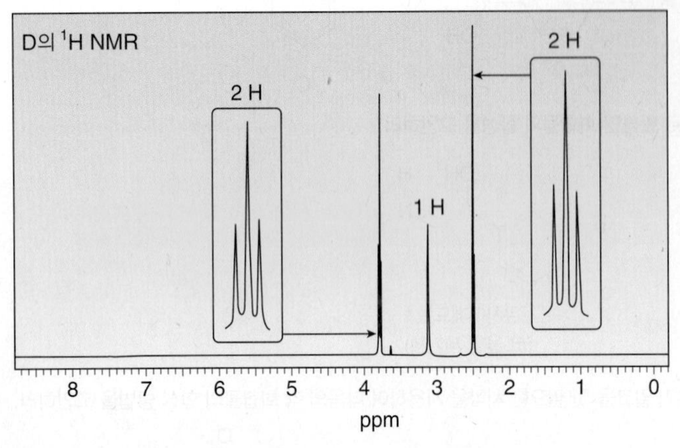

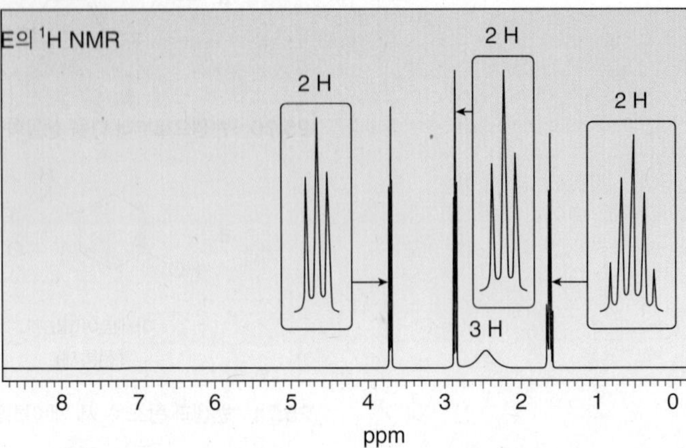

도전 문제

25.74 구아니딘(guanidine)의 짝산은 pK_a 값이 13.6이다. 이는 가장 센 중성 유기 염기 중 하나이다. 이를 설명하라.

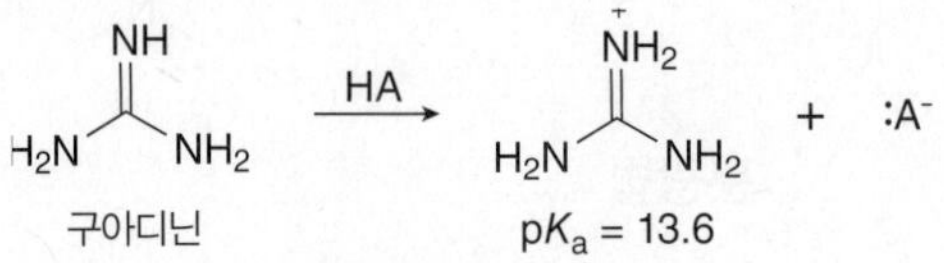

NH
H₂N
NH₂
HA
NH₂
H₂N
NH₂
+
:A⁻
구아디닌
pKa = 13.6

25.75 다음 화합물들의 염기도가 증가하는 순서대로 나열하고, 이유를 설명하라.

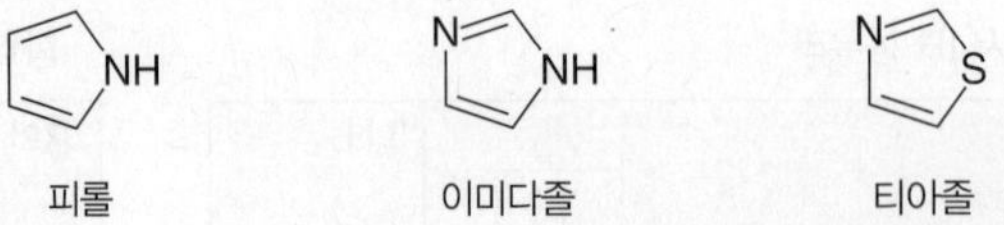

NH
피롤
N
NH
이미다졸
N
S
티아졸

25.76 다음 반응 순서에서 생성물 **Y**의 구조를 그려라. **Y**는 1911년 윌스타터(Wilstatter)가 합성한 사이클로옥타테트라엔(cyclooctatetraene)의 주목할 만한 합성에서 중간체였다.

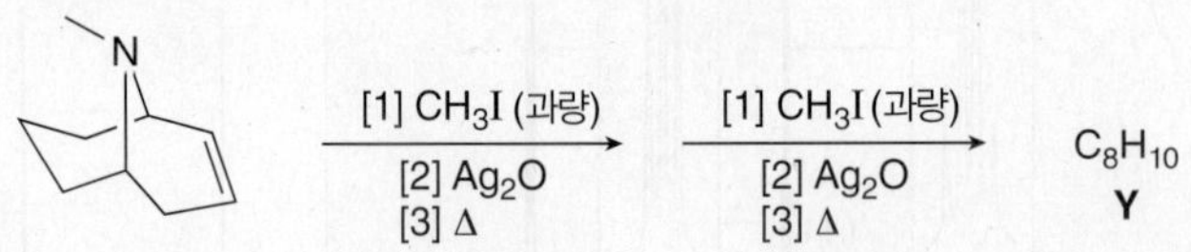

N
[1] CH₃I (과량)
[2] Ag₂O
[3] Δ
[1] CH₃I (과량)
[2] Ag₂O
[3] Δ
C₈H₁₀
Y

25.77 주어진 출발물로부터 다음의 각 화합물의 합성법을 고안하라. 알부테롤(albuterol)은 기관지 확장제이며, 프로파라카인(proparacaine)은 국소 마취제이다.

a.

HO
HO
N
H
OH
알부테롤
O
O

b.

O
H₂N
O
N
O
프로파라카인
+
O
+
N
H

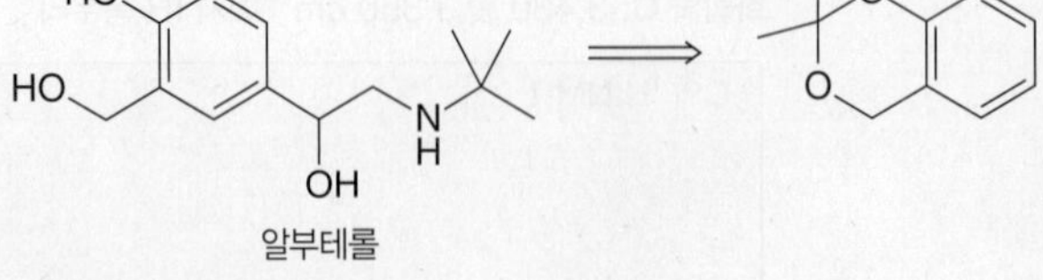

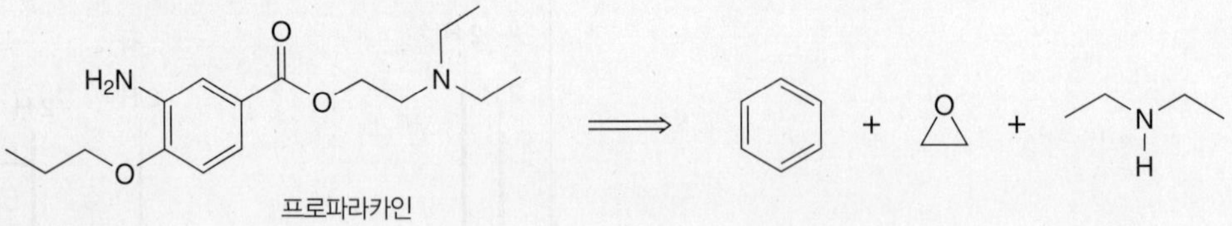

25.78 수용성 폼알데하이드를 화합물 **X**와 반응시켜서 화합물 **Y ($C_{17}H_{23}NO$)**를 생성하였다. **Y**는 알래스카 일부 지역의 도로변에서 발견되는 다년생 관상용 식물인 루피온(lupion)에서 분리되는 알칼로이드인 루피닌(lupinine)과 에피루피닌(epilupinine)이 섞여 있는 혼합물로 변환된 바 있다. **Y**의 구조를 밝히고, 이것이 어떻게 만들어지는지 설명하라.

X $\xrightarrow[H_2O]{CH_2=O}$ Y ($C_{17}H_{23}NO$) $\xrightarrow{\text{한 단계}}$ 루피닌 + 에피루피닌

NH$_2$ O Ph OH H N

Chapter 26

유기 합성에서 탄소-탄소 결합 형성 반응

Carbon-Carbon Bond-Forming Reactions in Organic Synthesis

인제놀 메뷰테이트(ingenol mebutate)는 인제놀로부터 얻어지는 에스터 화합물이다. 인제놀은 유럽, 북아프리카, 서아시아 등지에 서식하는 대극과 식물인 유포르비아(*Euphorbia peplus*)의 수액에서 얻어지는 천연물질이다. 인제놀 유도체 화합물이 유용한 생리 활성을 나타내지만, 천연 자원에서 인제놀의 분리가 쉽지 않으므로 합성 화학자들은 실험실에서 효율적으로 합성할 수 있는 합성 방법을 개발하였다. 인제놀(상품명, Picato)의 겔 제품은 햇볕에 과다 노출되어 생기는 편평세포암의 한 종류인 광선각화증에 효과가 있는 것으로 입증되었다. 26장에서는 인제놀과 같은 복잡한 화합물을 합성할 수 있는 탄소-탄소 결합을 생성하는 반응들을 배운다.

복잡한 분자의 탄소 골격을 만들기 위해 유기화학자들은 다양한 탄소-탄소 결합 형성 반응을 알고 있어야 한다. 예를 들어 20장에서 유기금속 시약 — 유기리튬 시약, 그리냐르 시약, 유기구리 화합물(organocuprate)과 카보닐 기질과의 반응에 대해 배웠다. 23장과 24장에서는 새로운 탄소-탄소 결합을 만드는 친핵성 엔올 음이온의 반응에 대해 공부했다.

26장에서는 유기 합성에서 특히 유용한 도구인 더 많은 탄소-탄소 결합의 생성 반응을 소개한다. 이전 장에서는 한 개나 두 개 작용기의 반응에 중점을 두었다. 하지만 이 장에서는 많은 종류의 출발물을 사용하고 다양한 유형의 생성물을 만드는, 개념적으로 다른 반응들을 다룬다. 이러한 반응을 다루는 한 가지 핵심 주제는 온화한 조건에서 새로운 탄소-탄소 결합을 합성함으로써 다양한 합성 방법을 창출하는 것이다.

26.1 유기구리 화합물의 짝지음 반응

많은 탄소-탄소 결합 형성 반응은 유기 할로젠화물(R'X)과 유기금속 시약이나 알켄과의 짝지음을 수반한다. 26.1~26.3절에서 세 가지 유용한 반응을 다룰 것이다.

[1] 유기 할로젠화물과 유기구리 화합물의 반응(26.1절)

$$R'-X + R_2CuLi \longrightarrow R'-R + RCu + LiX$$

R_2CuLi: 유기구리 화합물; R'−R: 새로운 C−C 결합

[2] 스즈키 반응: 팔라듐 촉매하에서 유기 할로젠화물과 유기붕소 화합물의 반응(26.2절)

$$R'-X + R-B\langle \xrightarrow[\text{NaOH}]{\text{Pd 촉매}} R'-R + HO-B\langle + NaX$$

R−B: 유기붕소 시약; R'−R: 새로운 C−C 결합

[3] 헥크 반응: 팔라듐 촉매하에서 유기 할로젠화물과 알켄의 반응(26.3절)

C−C 결합 형성 반응의 전체 목록은 부록 D 참조

$$R'-X + CH_2{=}CH-Z \xrightarrow[Et_3N]{\text{Pd 촉매}} R'-CH{=}CH-Z + Et_3\overset{+}{N}H\ X^-$$

R'−C: 새로운 C−C 결합

26.1A 유기구리 화합물 짝지음 반응의 일반적인 특성

산 염화물, 에폭사이드, α,β-불포화 카보닐 화합물(20.13~20.15절)의 반응과 더불어 유기구리 화합물(R_2CuLi)은 유기 할로젠화물 R'−X와 반응하여 새로운 C−C 결합을 가지는 짝지음 생성물인 R−R'을 생성한다. 유기구리 화합물에서 두 개의 R 중 하나의 R만 생성물을 만드는 데 사용되고, 나머지 하나는 반응 부산물인 RCu의 일부로 남는다.

$$R'-X + R_2CuLi \longrightarrow R'-R + RCu + LiX$$

R_2CuLi: 유기구리 화합물; R'−R: 새로운 C−C 결합; RCu + LiX: 부산물

sp^2 혼성 탄소에 결합한 X를 가지는 할로젠화 바이닐과 할로젠화 아릴뿐만 아니라, 메틸과 1° 할로젠화 알킬을 포함한 다양한 유기 할로젠화물이 사용될 수 있다. 몇몇 고리형 2° 할로젠화 알킬도 적당한 수율의 생성물을 주기도 하지만, 3° 할로젠화 알킬은 입체 장애가 너무 크다. R'X의 할로젠은 Cl, Br 또는 I가 될 수 있다.

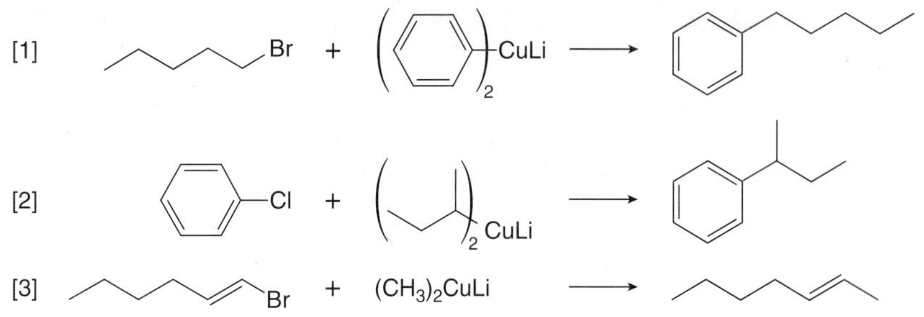

[1] Br + CuLi →

[2] Cl + CuLi →

[3] Br + $(CH_3)_2CuLi$ →

트랜스-1-브로모헥스-1-엔 트랜스-헵트-2-엔

붉은색은 새로운 C–C 결합

할로젠화 바이닐의 짝지음 반응은 **입체특이적(stereospecific) 반응**이다. 예를 들어 트랜스-1-브로모헥스-1-엔과 $(CH_3)_2CuLi$ 의 반응은 트랜스-헵트-2-엔 입체이성질체만 만든다(반응식 [3]).

문제 26.1 다음에 주어진 각각 짝지음 반응에서 얻어지는 생성물을 그려라.

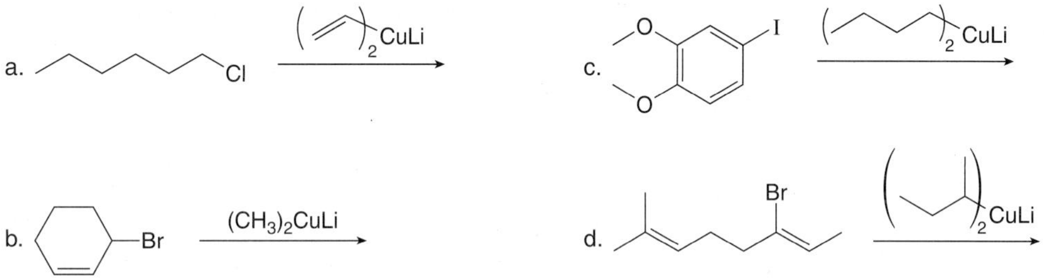

a. Cl, CuLi →

b. Br, $(CH_3)_2CuLi$ →

c. O, O, I, CuLi →

d. Br, CuLi →

문제 26.2 다음에 주어진 반응식에서 시약 **A**와 **B**는 무엇인가? 이 합성 단계는 C_{18} 유충 호르몬을 만드는 데 사용되었다(그림 20.6).

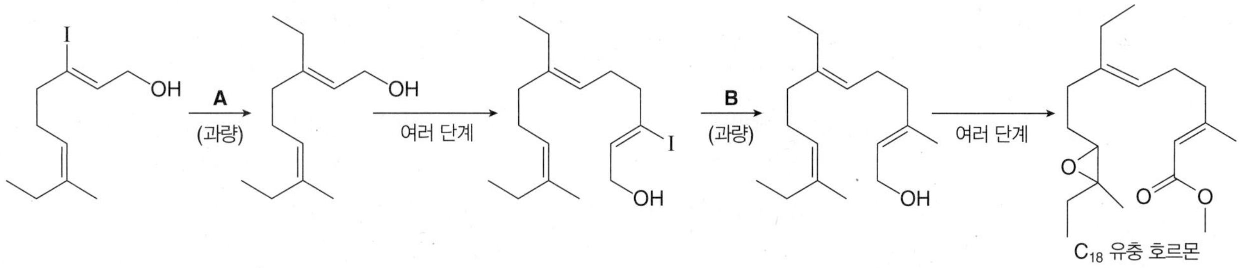

I, OH → **A** (과량) → OH → 여러 단계 → I, OH → **B** (과량) → OH → 여러 단계 → O, O, O

C_{18} 유충 호르몬

26.1B 유기구리 화합물 짝지음 반응을 이용한 탄화수소 화합물의 합성

유기구리 화합물(R_2CuLi)은 할로젠화 알킬(RX)로부터 두 단계를 거쳐서 만들어지기 때문에, 이 방법은 결과적으로 두 개의 유기 할로젠화물(RX와 R'X)을 새로운 탄소–탄소 결합을 가지는 하나의 탄화수소 R–R'으로 변환시킨다. 탄화수소는 예제 26.1에 나타낸 것과 같이, 일반적으로 두 가지의 다른 방법으로 합성할 수 있다.

$$\mathrm{R{-}X} \xrightarrow[\text{(2당량)}]{\text{Li}} \mathrm{R{-}Li} \xrightarrow[\text{(0.5당량)}]{\text{CuI}} \mathrm{R_2CuLi} \xrightarrow{\mathrm{R'{-}X}} \mathrm{R'{-}R}$$

두 개의 유기 할로젠 화합물이 출발물로 필요하다.

예제 26.1 1-브로모사이클로헥센과 CH_3I로부터 1-메틸사이클로헥센을 합성하라.

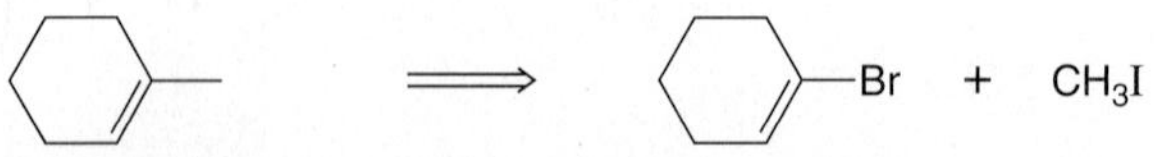

1-메틸사이클로헥센 ⟹ 1-브로모사이클로헥센 + CH_3I

풀이

이 예제에서는 다음에 주어진 두 가지 방법으로 할로젠 화합물로부터 유기구리 화합물을 만들어서 두 번째 할로젠 화합물과의 짝지음 반응에 사용할 수 있다.

가능성 [1] CH_3I —[1] Li (2당량), [2] CuI (0.5당량)→ $(CH_3)_2CuLi$ —(1-브로모사이클로헥센)→ 1-메틸사이클로헥센

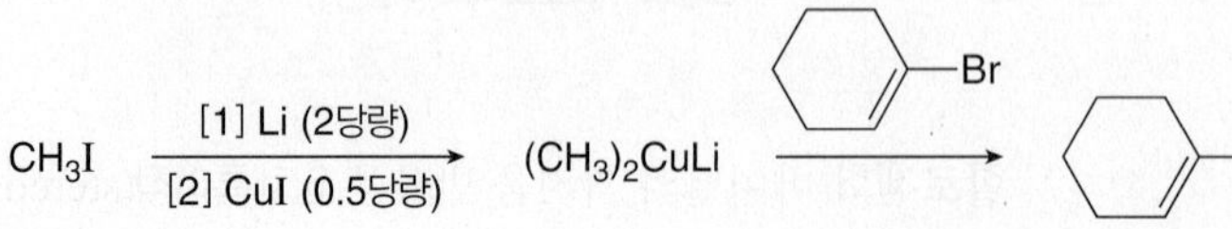

가능성 [2] 1-브로모사이클로헥센 —[1] Li (2당량), [2] CuI (0.5당량)→ (사이클로헥센일)$_2$CuLi —CH_3I→ 1-메틸사이클로헥센

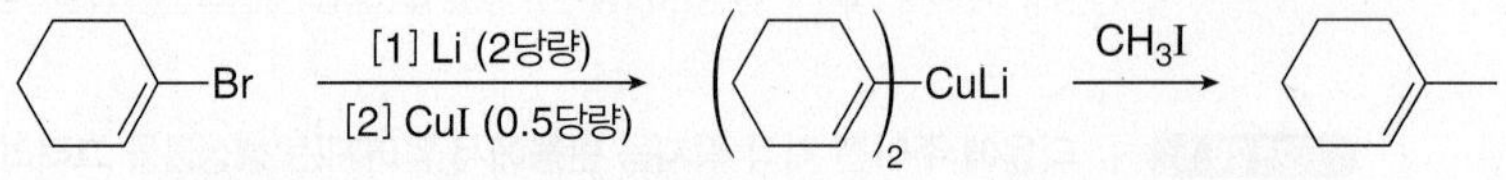

문제 26.3 주어진 출발물로부터 유기구리 화합물 짝지음 반응을 이용하여 각각의 생성물을 합성하라.

a. (3-메틸뷰틸)벤젠 ⟹ 브로모벤젠 + 1-아이오도-3-메틸뷰테인

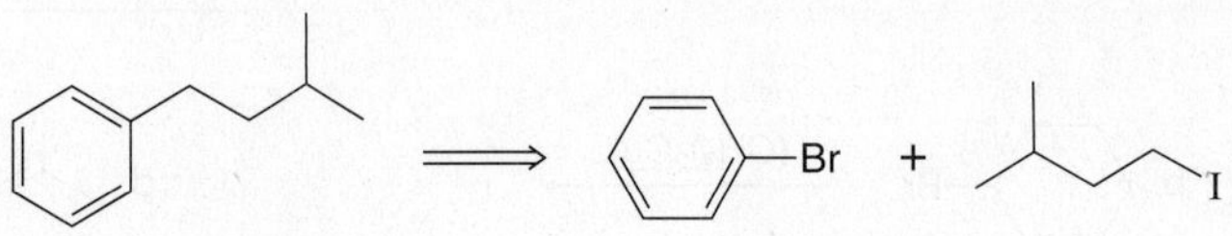

b. 4-옥텐 ⟹ 4개의 탄소를 갖는 RX

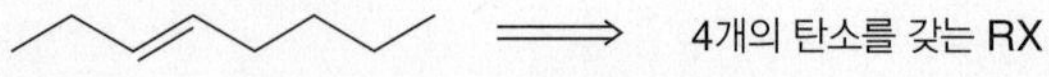

c. (생성물) ⟹ 1-클로로-3-메틸펜테인 (Cl) 유일한 생성물

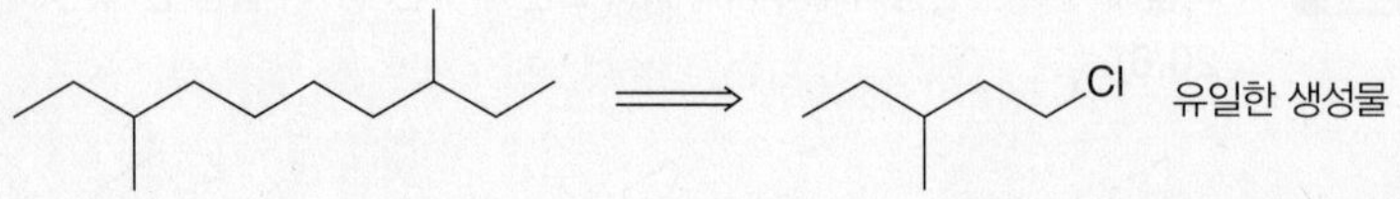

이 반응의 메커니즘은 완벽하게 밝혀지지는 않았지만, R'−X에서 R'의 종류에 따라서 메커니즘이 다르게 진행될 수도 있다. sp^2나 sp^3 혼성화된 탄소에 할로젠 X가 있는 유기 할로젠 화합물과의 짝지음 반응이 일어나므로 S_N2 메커니즘만으로는 이 모든 결과를 설명할 수 없다.

26.2 스즈키 반응

스즈키 반응은 팔라듐 촉매를 이용하는 반응으로서 유기팔라듐 화합물 중간체를 거쳐서 생성물을 생성하는 두 가지 반응 중 첫 번째 반응이며, 두 번째는 헥크 반응(Heck reaction)이다(26.3절).

26.2A Pd 촉매를 이용하는 반응의 일반적인 특성

팔라듐 화합물을 이용한 반응은 다른 종류의 전이 금속이 관여하는 반응들과 많은 공통점이 있다. 반응 중간에 팔라듐은 금속에 전자 밀도를 제공하는(가끔은 전자 밀도를 끌어당기는) 리간드(ligand)라고 불리는 다양한 종류의 기(그룹)와 배위한다. 전자를 제공하는 일반적인 리간드는 트라이페닐포스핀, 트라이(o-톨릴)포스핀이나 트라이사이클로헥실포스핀과 같은 **포스핀(phosphine)**이다.

PPh_3
트라이페닐포스핀

P(*o*-tolyl)$_3$
트라(*o*-이톨릴)포스핀
줄여서 **PAr_3**
Ar = 아릴기

PCy_3
트라이사이클로헥실포스핀

이 금속에 결합하는 일반적인 리간드는 **L**로 표시한다. 네 개의 리간드와 결합한 Pd는 PdL_4로 표시한다.

Ac는 아세틸기 **$CH_3C{=}O$**의 약자이다. 따라서 OAc(또는 $^-$OAc)는 **$CH_3CO_2^-$**의 약자이다.

탄소–팔라듐 결합 화합물인 유기팔라듐 화합물은 반응이 일어나는 장소에서 $Pd(OAc)_2$나 $Pd(PPh_3)_4$와 같은 다른 종류의 팔라듐 시약으로부터 만들어진다. 대부분의 유용한 반응에서 촉매량의 팔라듐 시약이 사용된다.

산화성 첨가(oxidative addition)와 환원성 제거(reductive elimination) 반응으로 불리는 두 가지의 반응이 팔라듐 화합물이 관여하는 많은 반응에서 자주 나타난다.

- 산화성 첨가 – 금속에 시약(RX와 같은)을 첨가함. 종종 금속 주위에 두 개의 기를 증가시킨다.

PdL_2 + R–X —(산화성 첨가)→ L–Pd(R)(X)–L
유기팔라듐 화합물

- 환원성 제거 – 금속 주위의 두 개의 기를 제거함. 종종 새로운 C–H나 C–C 결합을 만든다.

L–Pd(R)(H)–L —(환원성 제거)→ PdL_2 + R–H
유기팔라듐 화합물

팔라듐 화합물의 메커니즘은 보통 여러 단계로 진행된다. 한 가지 반응 도중 Pd에 결합하는 어떤 기는 알 수 있지만, 다른 종류의 리간드는 알 수 없을 수도 있다. 결론적으로, 보통 금속 주위의 중요한 반응의 기(그룹)만 표시하고 나머지 리간드는 생략한다.

26.2B 스즈키 반응의 상세한 기술

스즈키 반응은 팔라듐 촉매에 의한 유기 할로젠화물(R'X)과 유기보레인(RBY_2)으로부터 새로운 C–C 결합을 가지는 생성물(R–R')을 생성하는 반응이다. $Pd(PPh_3)_4$는 흔히 사용하는 팔라듐 촉매이며 NaOH나 $NaOCH_2CH_3$와 같은 염기 존재하에 반응이 일어난다.

스즈키 반응

R'–X + R–BY_2 —($Pd(PPh_3)_4$, NaOH)→ **R'–R** + HO–BY_2 + NaX

X = Br, I; 유기붕소 화합물; 새로운 C–C 결합

할로젠 X가 sp^2 혼성화 탄소에 결합된 할로젠화 바이닐과 할로젠화 아릴이 거의 대부분 사용되는데, 일반적으로 그 할로젠은 Br이나 I이다. 스즈키 반응은 예 [3]에 나타낸 것과 같이 완벽하

게 입체특이적이어서 시스 할로젠화 바이닐과 트랜스 바이닐보레인은 시스, 트랜스-1,3-다이엔을 형성한다.

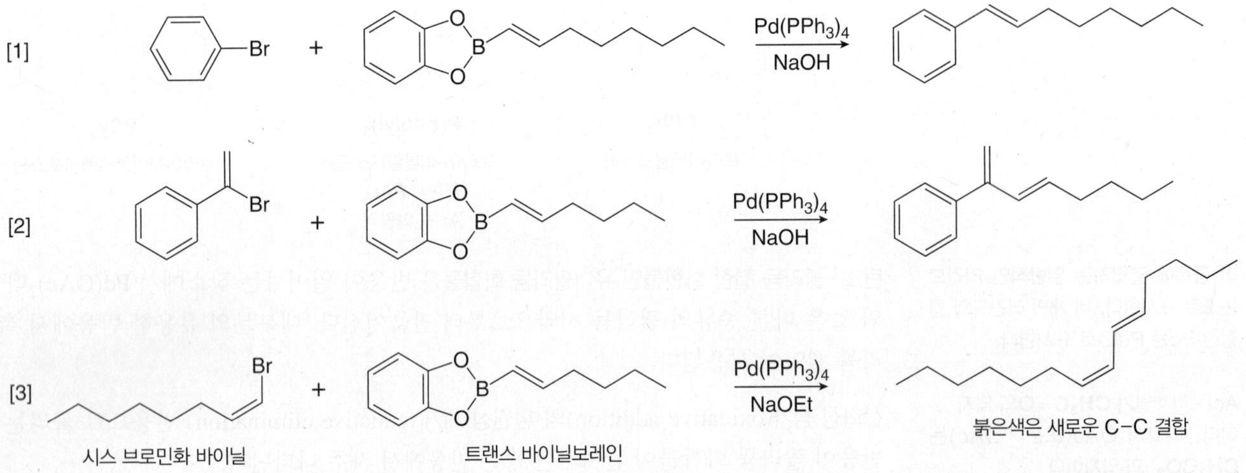

[1] (브로모벤젠) + (트랜스 바이닐보레인) $\xrightarrow[\text{NaOH}]{Pd(PPh_3)_4}$ (생성물)

[2] + $\xrightarrow[\text{NaOH}]{Pd(PPh_3)_4}$

[3] + $\xrightarrow[\text{NaOEt}]{Pd(PPh_3)_4}$

시스 브로민화 바이닐 트랜스 바이닐보레인 붉은색은 새로운 C–C 결합

스즈키 반응에 사용하는 유기붕소 화합물은 일반적으로 두 가지 방법으로 합성한다.

- 바이닐보레인(vinylbornae)은 탄소–탄소 이중 결합에 붕소가 결합해 있는데, 말단 알카인 화합물에 카테콜보레인(catecholborane)을 수소붕소 첨가 반응시켜 합성한다. 이 반응에서 수소붕소 첨가(hydroboration)는 H와 B가 신(syn)–형태로 첨가되어 트랜스 바이닐보레인을 만든다. 말단 알카인의 수소붕소 첨가 반응은 붕소를 항상 치환기가 적은 말단 탄소에 위치시킨다.

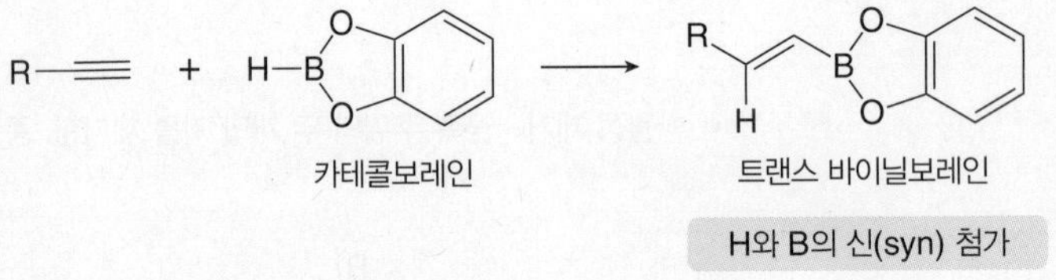

R—≡ + H—B(카테콜) ⟶ 트랜스 바이닐보레인

카테콜보레인 트랜스 바이닐보레인

H와 B의 신(syn) 첨가

- 아릴보레인(arylborane)은 붕소 원자가 벤젠 고리에 결합되어 있는데, 유기리튬 시약을 트라이메틸 보레이트[$B(OCH_3)_3$]와 반응시켜 합성할 수 있다.

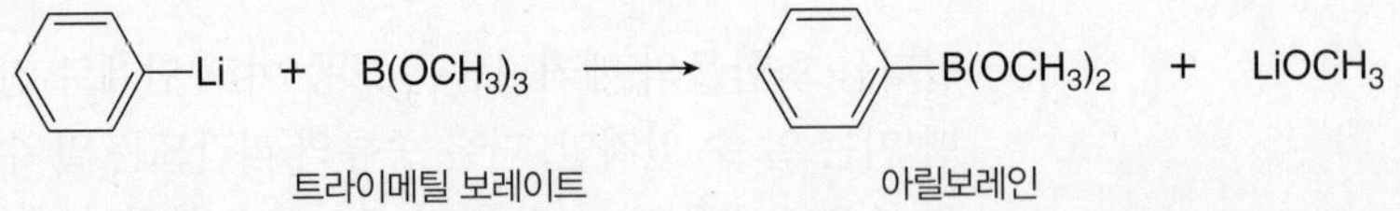

C_6H_5—Li + $B(OCH_3)_3$ ⟶ C_6H_5—$B(OCH_3)_2$ + $LiOCH_3$

트라이메틸 보레이트 아릴보레인

문제 26.4 다음에 주어진 각각의 반응에서 생성되는 생성물을 그려라.

a. 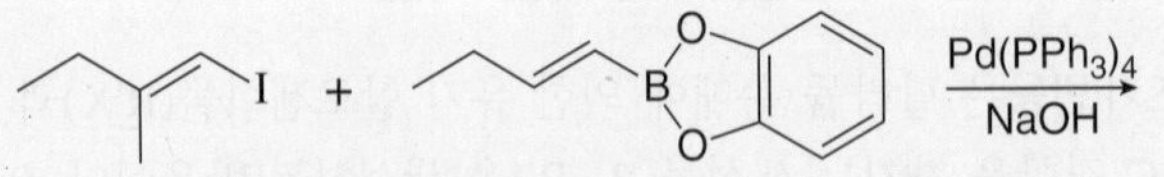 (바이닐 아이오다이드) + (바이닐카테콜보레인) $\xrightarrow[\text{NaOH}]{Pd(PPh_3)_4}$

b. C_6H_5—$B(OCH_3)_2$ + (브로민화 바이닐) Br $\xrightarrow[\text{NaOH}]{Pd(PPh_3)_4}$

c. C_6H_5—Br $\xrightarrow[\text{[2] } B(OCH_3)_3]{\text{[1] Li}}$

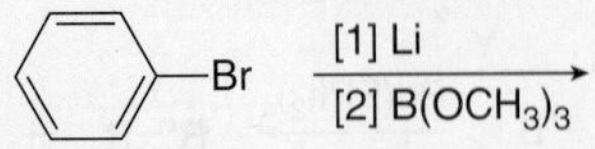

d. 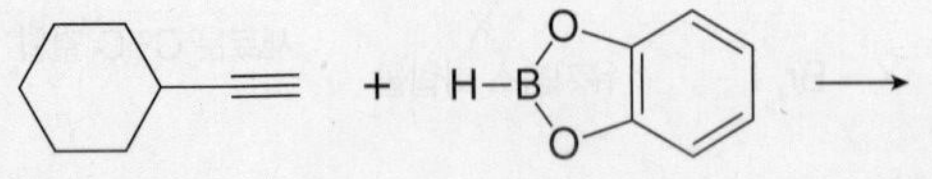 (사이클로헥실아세틸렌) + H—B(카테콜) ⟶

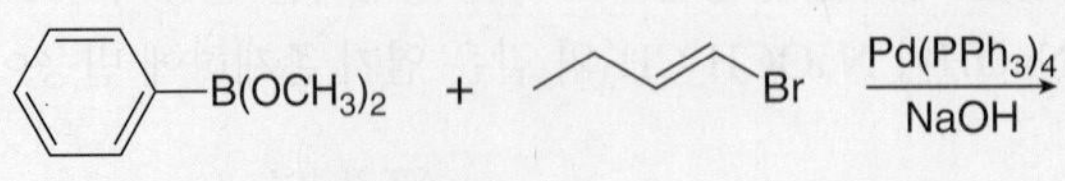

그림 26.1
스즈키 반응을 이용한 두 가지 천연물의 합성

HO–…–B(OH)$_2$ + Br–… $\xrightarrow[\text{NaOEt}]{Pd(PPh_3)_4}$ HO–… 봄비콜

…Br …BR_2 $\xrightarrow[\text{NaOH}]{Pd(PPh_3)_4}$ 휴물린

붉은색은 새로운 결합

문제 26.5 비스테로이드성 소염제인 로페콕시브(상품명, Vioxx)를 합성하는 한 단계는 **A**와 **B**의 스즈키 짝지음 반응을 포함한다. 이 반응의 생성물은 무엇인가?

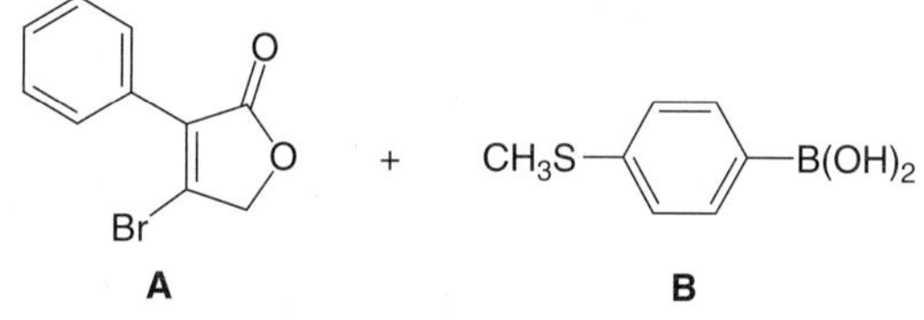

1959년에 500,000마리의 누에고치 나방으로부터 얻은 물질 6.4 mg을 이용하여 암컷 누에고치 나방(*Bombyx mori*)의 성 페로몬인 봄비콜(bombykol)의 구조를 규명하였다.

스즈키 반응 메커니즘은 팔라듐 촉매에 대한 R'–X의 산화성 첨가, 유기보레인에서 팔라듐으로의 알킬기 전이, 그리고 새로운 탄소–탄소 결합을 형성하는 R–R'의 환원성 제거를 포함하는 세 부분으로 이루어진다. 메커니즘 26.1에서 이 과정을 표현하기 위해 일반적인 할로젠화물 R'–X와 유기보레인 R–BY$_2$을 사용하였다. 팔라듐 촉매는 환원성 제거 반응이 일어나는 반응 과정에서 다시 생성되기 때문에 팔라듐은 촉매량만큼만 필요하다.

스즈키 반응은 그림 26.1에 나타낸 누에나방 암컷의 성페로몬인 **봄비콜**(bombykol)과 홉(hop)으로부터 추출한 지질인 **휴물린**(humulene)을 합성하는 단계에서 중요한 반응 방법으로 사용되었다. 휴물린의 합성은 분자 내 스즈키 반응으로 고리 화합물을 합성할 수 있음을 보여준다. 예제

메커니즘 26.1 스즈키 반응

$Pd(PPh_3)_4$ →(1) $Pd(PPh_3)_2$ + 2 PPh_3 →(2, R'–X, 산화성 첨가) Ph_3P–Pd(R')(X)–PPh_3 (유기팔라듐 시약) + $R–B^-(OH)(Y)_2$ [← R–BY$_2$ + ^-OH] →(3) Ph_3P–Pd(R')(R)–PPh_3 + HO–BY$_2$ + X^- →(4, 환원성 제거) R'–R + $Pd(PPh_3)_2$

① ② 두 개의 트라이페닐포스핀을 잃고, R'X의 산화성 첨가 반응으로 유기팔라듐 화합물이 생성된다.

③ 유기보레인 RBY$_2$와 $^-$OH의 반응으로 붕소에서 팔라듐으로 알킬기가 이동하는 친핵성 붕소 중간체가 형성된다.

④ R–R'의 환원성 제거 반응으로 짝지음 생성물이 생성되고, 팔라듐 촉매 $Pd(PPh_3)_2$가 재생된다.

26.2는 알카인과 할로젠화 바이닐을 스즈키 반응으로 반응시켜 콘쥬게이션 다이엔을 합성할 수 있음을 보여준다.

예제 26.2 스즈키 반응을 이용하여 헥스-1-아인과 (*Z*)-2-브로모스타이렌으로부터 (1*Z*,3*E*)-1-페닐옥타-1,3-다이엔을 합성하라.

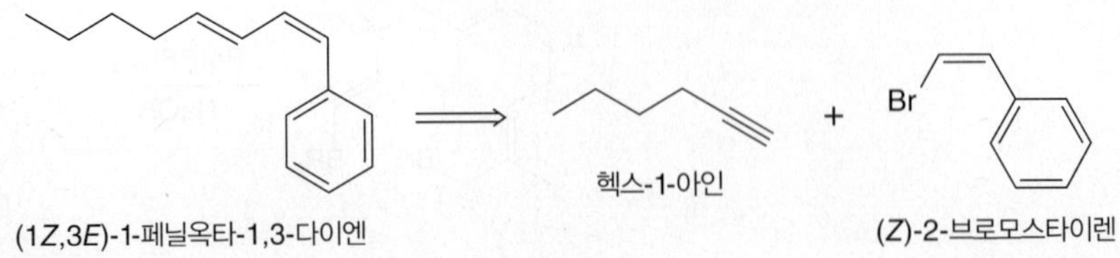

(1*Z*,3*E*)-1-페닐옥타-1,3-다이엔 ⟹ 헥스-1-아인 + (*Z*)-2-브로모스타이렌

풀이

이 합성은 두 단계로 완성할 수 있다. 카테콜보레인을 이용한 헥스-1-아인의 수소붕소 첨가 반응은 바이닐보레인을 만든다. 바이닐보레인과 (*Z*)-2-브로모스타이렌의 짝지음 반응으로 원하는 1,3-다이엔을 얻는다. 바이닐보레인의 *E*-배열과 브로민화 바이닐의 *Z*-배열은 생성물에서도 유지된다.

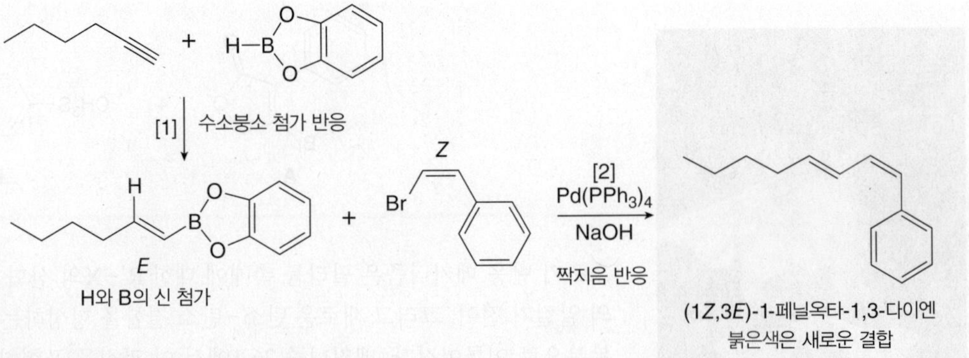

[1] 수소붕소 첨가 반응

H와 B의 신 첨가

[2] $Pd(PPh_3)_4$, NaOH

짝지음 반응

(1*Z*,3*E*)-1-페닐옥타-1,3-다이엔

붉은색은 새로운 결합

문제 26.6 다음에 주어진 출발물로부터 각각의 생성물을 합성하라.

a.

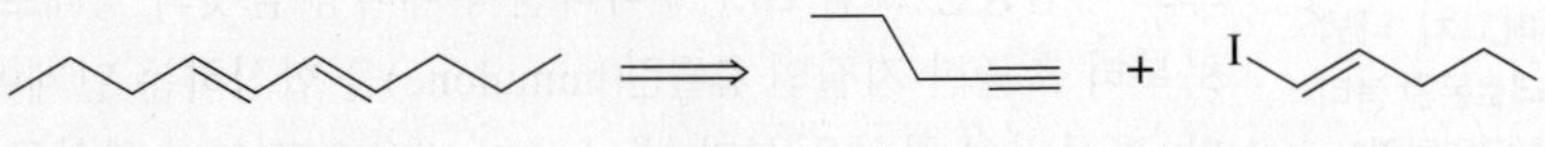

b.

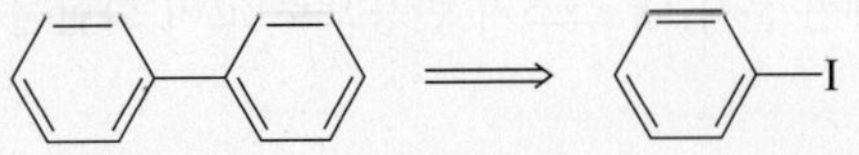

c.

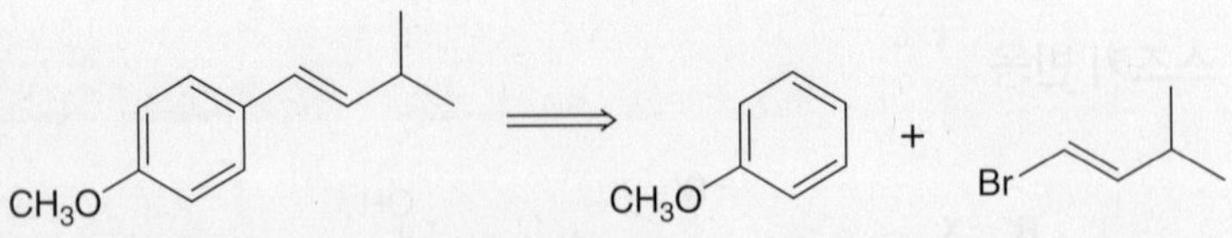

헥크 반응

R'−X + (CH₂=CH−Z) → [Pd(OAc)$_2$, P(o-tolyl)$_3$, Et$_3$N] R'−CH=CH−Z (새로운 C−C 결합) + $Et_3\overset{+}{N}H$ X^-

R' = 바이닐 또는 아릴
X = Br 또는 I

알켄 부분은 일반적으로 에틸렌 또는 단일치환 알켄($CH_2=CHZ$)이고, 할로젠 X는 일반적으로 Br이나 I이다. 단일치환 알켄에서 Z=Ph, COOR 또는 CN이고, **새로운 C−C 결합은 치환기가 적은 쪽의 탄소와 반응해서 트랜스 알켄이 생성된다.** 유기 할라이드로 할로젠화 바이닐을 사용하는 경우, 예 [3]에 나타낸 것과 같이 이 반응은 입체특이적인 반응이다. 바이닐 아이오다이드의 트랜스 입체화학적인 구조가 생성물에서도 유지된다.

[1] 1-브로모-3,5-다이메톡시벤젠 (CH_3O, CH_3O, Br) + $CH_2=CH_2$ → [Pd(OAc)$_2$, P(o-tolyl)$_3$, Et$_3$N] 3,5-다이메톡시스타이렌 (CH_3O, CH_3O)

[2] 브로모벤젠 + 아크릴산 메틸 (OCH_3, O) → [Pd(OAc)$_2$, P(o-tolyl)$_3$, Et$_3$N] 트랜스 신남산 메틸 (OCH_3, O)
트랜스 알켄

[3] 트랜스 바이닐 아이오다이드 (I) + 아크릴로나이트릴 (CN) → [Pd(OAc)$_2$, P(o-tolyl)$_3$, Et$_3$N] 다이엔 나이트릴 (CN)
트랜스 바이닐 아이오다이드
붉은색은 새로운 결합

문제 26.7 다음에 주어진 각각의 반응에서 Pd(OAc)$_2$, P(o-tolyl)$_3$, Et$_3$N을 반응 시약으로 사용할 때에 생성되는 짝지음 생성물을 나타내라.

a. 브로모벤젠 (Br) + 스타이렌

b. (I) 바이닐 아이오다이드 + 3-메톡시스타이렌 (OCH_3)

c. 아크릴로나이트릴 (CN) + 시스 바이닐 브로마이드 (Br)

d. 아크릴산 메틸 (OCH_3, O) + β-브로모스타이렌 (Br)

헥크 반응을 합성에 이용하기 위해서는 주어진 화합물을 합성하는 데 있어서 어떤 알켄과 어떤 유기 할라이드를 사용해야 하는지 결정해야 한다. 역합성 분석을 할 때에는 아릴, COOR, 또는 CN 치환기를 가지는 이중 결합의 위치와 이 치환기와 연결되지 않은 다른 쪽의 C=C 결합의 끝부분에서 두 개의 화합물로 나눈다. 예제 26.3은 이러한 역합성 과정을 예를 들어 설명한다.

R'−X ⟸ R'−CH=CH−Z ⟹ CH₂=CH−Z

할로젠화 바이닐 또는 할로젠화 아릴 | 헥크 반응의 생성물 | Z = Ph, CO_2R, CN

예제 26.3 헥크 반응을 이용하여 다음에 주어진 각각의 알켄 화합물을 합성할 때 필요한 출발물은 무엇인가?

a. (OCH₃, CN 구조) b. (OEt, O 구조)

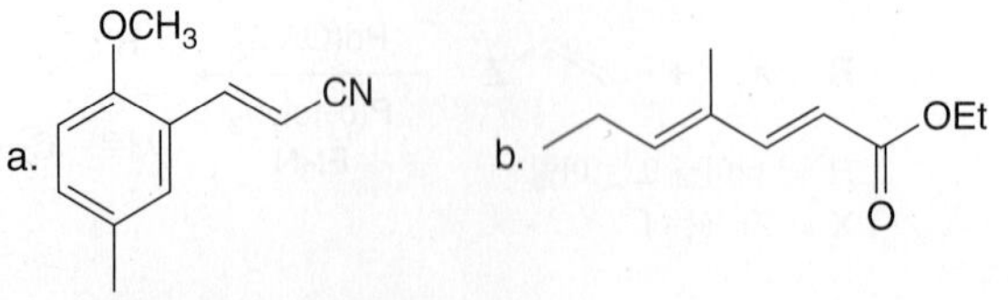

풀이

헥크 반응을 이용하여 일반적인 분자식 R'CH=CHZ인 알켄 화합물을 합성하기 위해서는 두 개의 출발물인 알켄 (CH_2=CHZ)과 할로젠화 바이닐 또는 할로젠화 아릴(R'X)이 필요하다.

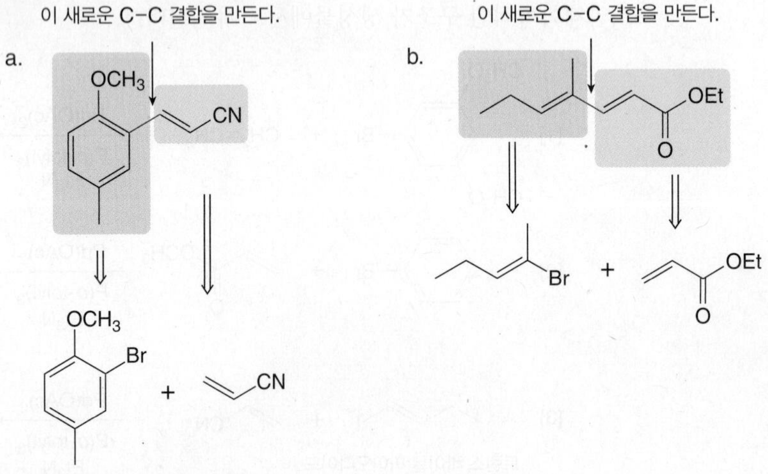

a. 이 새로운 C–C 결합을 만든다. OCH₃, CN → OCH₃, Br + CN

b. 이 새로운 C–C 결합을 만든다. OEt, O → Br + OEt, O

문제 26.8 헥크 반응을 이용하여 다음에 주어진 화합물들을 합성하기 위한 필요한 출발물은 무엇인가?

a. O, OCH₃ b. c. O, CO_2CH_3

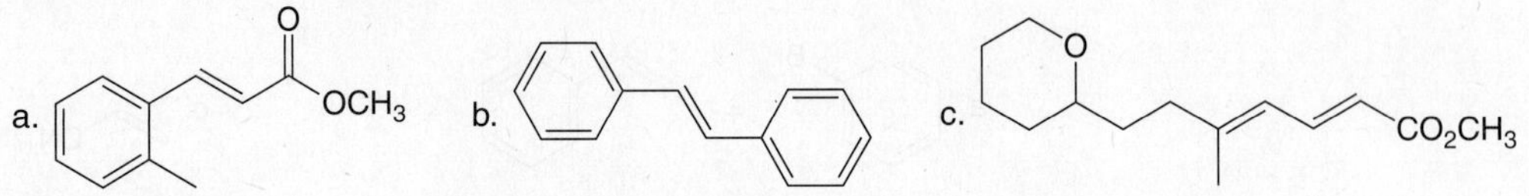

헥크 반응에서 $Pd(PAr_3)_2$로 표시하는 팔라듐 촉매는 두 개의 트라이(*o*-톨릴)포스핀 리간드가 결합되어 있는 팔라듐 원자를 포함하는 것으로 생각된다. 이는 스즈키 반응의 2가(divalent)의 팔

메커니즘 26.2 헥크 반응

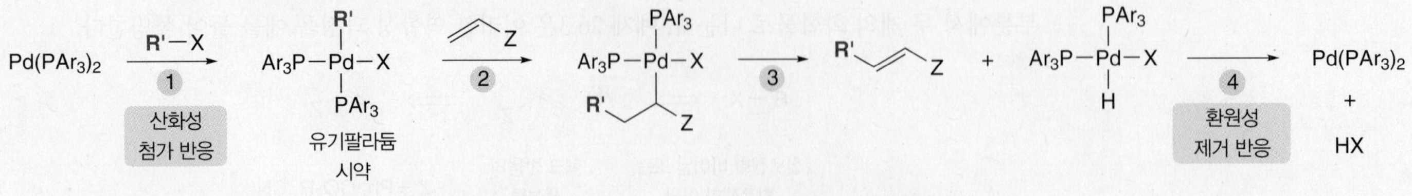

$Pd(PAr_3)_2$ —(R'−X, ① 산화성 첨가 반응)→ $Ar_3P-Pd(R')(PAr_3)-X$ (유기팔라듐 시약) —(CH₂=CHZ, ②)→ $Ar_3P-Pd(PAr_3)(CH_2CH(R')Z)-X$ —③→ R'CH=CHZ + $Ar_3P-Pd(PAr_3)(H)-X$ —(④ 환원성 제거 반응)→ $Pd(PAr_3)_2$ + HX

① R'X의 산화성 첨가 반응으로 유기팔라듐 화합물이 생성된다.

② R'와 Pd가 CH_2=CHZ의 π-결합에 첨가되어 팔라듐(Pd)이 Z-치환기가 있는 탄소에 첨가된다.

③ H와 Pd의 제거 반응으로 반응 생성물에서 π 결합이 생성되고, H가 Pd 쪽으로 전이된다.

④ HX의 제거 반응으로 팔라듐 촉매인 $Pd(PAr_3)_2$가 재생성된다.

라듐 촉매와 유사하다. 헥크 반응 메커니즘은 팔라듐 촉매에 대한 할로젠 화합물 R'−X의 산화성 첨가와 그 결과로 생기는 유기팔라듐 시약이 알켄에 첨가되는 반응, 그리고 두 단계의 연속 제거 반응이 일어나는 세 부분으로 이루어진다.

이 과정을 설명하기 위해 메커니즘 26.2에서는 일반적인 유기 할로젠 화합물 R'X와 알켄 CH_2=CHZ를 사용했다.

26.4 카벤과 사이클로프로페인 합성

탄소−탄소 결합 형성의 다른 방법은 **카벤(carbene)** 중간체를 이용해서 알켄을 사이클로프로페인으로 전환시키는 방법이다.

$$\text{alkene} + :CR_2 \longrightarrow \text{cyclopropane}$$

카벤

붉은색은 새로운 결합

피레트린 I와 데카메트린(decamethrin)은 사이클로프로페인 고리 화합물이다. 피레트린 I는 국화로부터 추출한 천연 살충제인 반면, 데카메트린은 농업에서 강력한 살충제로 널리 사용되는 합성 유도체이다.

피레트린 I

데카메트린

26.4A 카벤

카벤(carbene), R_2C:은 중성의 반응성이 큰 중간체로서 여섯 개의 전자(고립 전자쌍과 두 개의 R기)로 둘러싸인 2가(divalent)의 탄소를 가지고 있다. 이들 세 개의 기가 sp^2 혼성을 이루고 있는 카벤 탄소에 위치하고, 비어 있는 p 오비탈은 C와 두 개의 R기를 포함하는 평면의 아래와 위로 향한다. 고립 전자쌍은 sp^2 혼성화 오비탈에 채워져 있다.

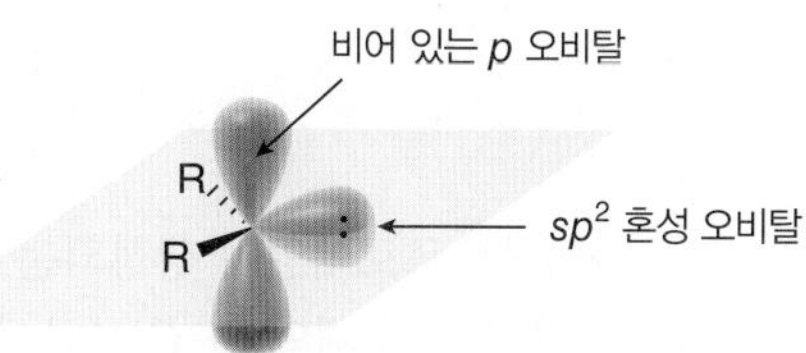

카벤의 탄소는 sp^2 혼성이다.

카벤은 탄소 양이온과 탄소 라디칼의 두 가지 특성이 있다.

- 카벤의 탄소는 8개의 전자로 채워지지 않아서 반응성이 매우 크다.
- 카벤의 탄소는 전자가 부족하기 때문에 친전자체로서 작용한다.

메커니즘 26.3 다이클로로카벤의 생성 반응

$$CHCl_3 + {}^{-}:\ddot{O}C(CH_3)_3 \xrightarrow{1} {}^{-}:CCl_3 + H\ddot{O}C(CH_3)_3 \xrightarrow{2} :CCl_2 \text{ (다이클로로카벤)} + Cl^-$$

① 전기음성도가 큰 세 개의 Cl 원자가 $CHCl_3$의 C–H 결합의 산성도를 증가시킨다. 따라서 C–H 결합의 H가 강염기로 제거되어 탄소 음이온을 생성할 수 있다.

② Cl^-의 제거 반응으로 카벤이 생성된다.

26.4B 다이할로카벤의 합성과 반응

다이할로카벤 $:CX_2$는 트리할로메테인(CHX_3)으로부터 강염기와 반응시켜 쉽게 만들 수 있기 때문에 특히 유용한 반응 중간체이다. 예를 들어, 클로로폼 $CHCl_3$를 $KOC(CH_3)_3$로 처리하면 다이클로로카벤 $:CCl_2$이 생성된다.

$$\underset{\text{클로로폼}}{CHCl_3} \xrightarrow{KOC(CH_3)_3} \underset{\text{다이클로로카벤}}{:CCl_2} + (CH_3)_3COH + KCl$$

다이클로로카벤은 두 단계 반응으로 만들어지는데, 메커니즘 26.3에 나타낸 것처럼 $CHCl_3$의 탄소에서 H와 Cl이 제거된다. 8장에서 다룬 인접한(adjacent) 탄소에서 두 개의 원소가 제거되는 β-제거 반응과 구분하기 위해 동일한 탄소에서 두 개의 원소가 제거되는 반응을 α 제거(α elimination) 반응이라고 한다.

다이클로로카벤은 친전자체이므로 다이클로로카벤이 이중 결합과 쉽게 반응하여 두 개의 새로운 탄소–탄소 결합을 생성하여 사이클로프로페인이 생성된다.

$$CHCl_3 + KOC(CH_3)_3 \downarrow \quad \text{cyclohexene} \xrightarrow{:CCl_2} \text{7,7-dichlorobicyclo[4.1.0]heptane}$$

붉은색은 새로운 결합

사이클로프로페인이 생성되는 반응은 협동 반응(concerted reaction)으로 메커니즘 26.4에 나타낸 것처럼 두 개의 C–C 결합이 한 단계로 생성된다.

메커니즘 26.4 알켄에 다이클로로카벤의 첨가 반응

$$:CCl_2 + \text{alkene} \longrightarrow \text{dichlorocyclopropane}$$

카벤의 첨가 반응은 이중 결합 평면의 어느 쪽이든 같은 쪽에서 신(syn) 첨가 반응으로 일어난다. 반응물인 알켄에 치환되는 치환기의 상대적인 위치는 사이클로프로페인 생성물에서 유지된다. 예제 26.4에 나타낸 것처럼 시스와 트랜스 알켄이 서로 다른 입체이성질체를 형성하므로 카벤 첨가 반응은 입체특이적인 반응이다.

예제 26.4 시스-와 트랜스-뷰트-2-엔을 $CHCl_3$와 $KOC(CH_3)_3$으로 반응시킬 때 생성되는 생성물을 그려라.

풀이

각 생성물을 그리려면 카벤의 탄소를 알켄의 한 쪽에서 첨가하고, 모든 치환기의 원래 위치를 유지해야 한다. 시스-뷰트-2-엔의 **시스** 메틸기는 사이클로프로페인에서도 시스 치환기가 된다. 알켄 평면의 어떤 쪽으로 첨가하든지 같은 화합물, 즉 **두 개의 입체발생 중심을 가지는 비카이랄성 메조**(achiral meso) 화합물이 생성된다.

H, CH₃ / C=C / H, CH₃ — $CHCl_3$, $KOC(CH_3)_3$ → (Cl Cl 사이클로프로페인) + (Cl Cl 사이클로프로페인)

시스-뷰트-2-엔

시스 CH_3기
:CCl_2가 위에서 첨가

시스 CH_3기
:CCl_2가 아래에서 첨가

생성물은 동일한
비카이랄성 메조 화합물

트랜스-뷰트-2-엔의 **트랜스** 메틸기는 사이클로프로페인에서도 **트랜스** 치환기가 된다. 평면을 이루고 있는 알켄 화합물의 양쪽 방향에 첨가 반응이 일어나서 같은 양의 두 개의 거울상이성질체인 **라셈 혼합물**(racemic mixture)을 생성한다.

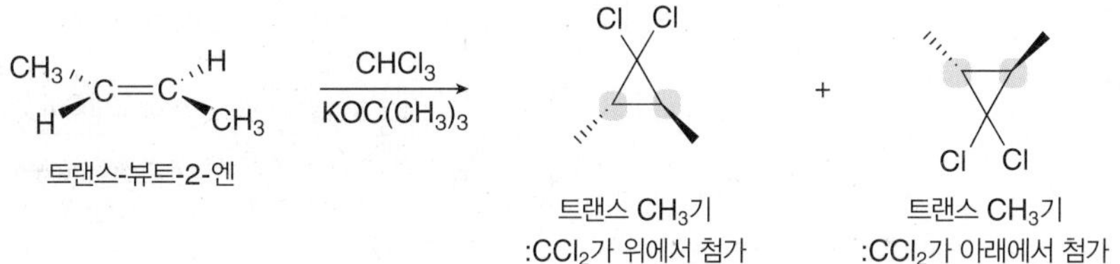

문제 26.9 $CHCl_3$와 $KOC(CH_3)_3$을 각각의 알켄 화합물과 반응시킬 때에 생성되는 모든 입체이성질체를 그려라.

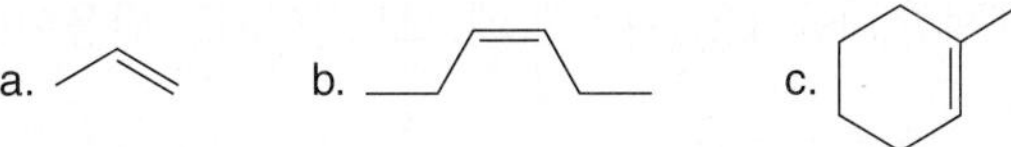

마지막으로, 다이할로 사이클로프로페인은 유기구리 화합물과 반응하여 다이알킬 사이클로프로페인으로 변환될 수 있다(26.1절). 예를 들어 사이클로헥센은 두 단계, 즉 다이브로모카벤(:CBr_2)과의 사이클로프로페인화 반응(cyclopropanation) 및 다이메틸구리산 리튬 $LiCu(CH_3)_2$와의 반응에 의해 네 개의 새로운 C−C 결합을 갖는 두고리 생성물로 바뀌게 된다.

문제 26.10 2-메틸프로펜[$(CH_3)_2C{=}CH_2$]을 다음의 각 화합물로 바꾸려고 할 때에 필요한 시약은 무엇인가? 반응은 한 단계 이상으로 진행될 수도 있다.

a. Cl Cl b. Br Br c.

26.5 시몬스–스미스 반응

비록 다이할로카벤과 알켄의 반응에서 할로젠을 포함하는 사이클로프로페인을 좋은 수율로 얻을 수 있지만, 가장 간단한 카벤인 메틸렌 $:CH_2$의 반응에서는 사이클로프로페인을 좋은 수율로 얻을 수 없다. 왜냐하면, 메틸렌은 다이아조메테인 CH_2N_2를 가열하면, 분해되어 N_2가 제거되면서 $:CH_2$를 쉽게 생성할 수 있지만, $:CH_2$와 알켄과의 반응은 종종 복잡한 혼합 생성물을 생성한다. 따라서 이 반응은 사이클로프로페인 합성에 유용하게 사용할 수 없다.

$$:\bar{C}H_2-\overset{+}{N}{\equiv}N: \longrightarrow :CH_2 + :N{\equiv}N:$$

다이아조메테인 메틸렌

할로젠이 없는 사이클로프로페인은 다이아이오도메테인 CH_2I_2를 아연–구리 짝 [Zn(Cu)]으로 불리는 구리로 활성화한 아연 존재하에서 알켄과 반응시켜 생성할 수 있다. 이 반응은 1959년에 듀폰사(미국)의 화학자 시몬스(H. E. Simmons)와 스미스(R. D. Smith)에 의해 개발되었는데, 이들의 이름을 따서 **시몬스–스미스 반응**이라고 부른다.

$$R_2C{=}CR_2 + CH_2I_2 \xrightarrow[\text{시몬스–스미스 반응}]{Zn(Cu)} \text{cyclopropane} + ZnI_2$$

$$\text{cyclohexene} + CH_2I_2 \xrightarrow{Zn(Cu)} \text{bicyclo[4.1.0]heptane} + ZnI_2$$

시몬스–스미스 반응은 자유 카벤이 관여하지 않는다. 대신에 메커니즘 26.5에 나타낸 것처럼, CH_2I_2와 Zn(Cu)이 반응하여 (아이오도메틸)아이오딘화 아연[(iodomethyl)zinc iodide], ICH_2ZnI를 생성한 다음, CH_2기가 알켄으로 전이되는 반응이다.

메커니즘 26.5 시몬스–스미스 반응

$$I\text{–}CH_2\text{–}I \xrightarrow[1]{Zn(Cu)} I\text{–}CH_2\text{–}ZnI \xrightarrow[2]{\text{cyclohexene}} \text{bicyclo[4.1.0]heptane} + ZnI_2$$

새로운 C–C 결합(붉은색)

1. CH_2I_2와 아연–구리 짝의 반응으로 **시몬스–스미스 시약** ICH_2ZnI[(아이오도메틸)아이오딘화 아연]이 만들어진다. CH_2기가 Zn 금속에 붙어 있고, 자유 카벤으로 존재하지 않기 때문에 이 중간체를 카벤형(carbenoid)이라고 부른다.
2. 시몬스–스미스 시약의 CH_2기가 알켄에 전이되고, 두 개의 새로운 C–C 결합 생성된다.

시몬스–스미스 반응은 입체특이적인 반응이다. 시스-헥스-3-엔을 시스-1,2-다이에틸사이클로프로페인으로 전환시키는 반응에서처럼, 알켄 반응물에서의 치환기의 상대적인 위치는 사이클로프로페인 생성물에서도 그대로 유지된다.

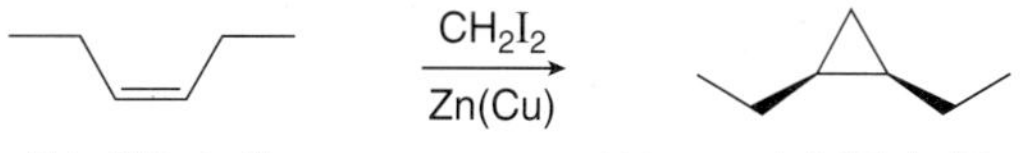

CH_2I_2 / Zn(Cu)

시스-헥스-3-엔 → 시스-1,2-다이에틸사이클로프로페인

문제 26.11 다음에 주어진 각각의 알켄 화합물을 CH_2I_2와 Zn(Cu)로 반응시킬 때에 얻어지는 생성물은 무엇인가?

a. 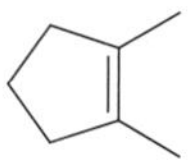 b.  c.

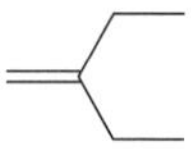

문제 26.12 트랜스-헥스-3-엔을 CH_2I_2와 Zn(Cu)로 반응시킬 때에 생성되는 입체이성질체들을 나타내라.

26.6 상호교환 반응

10.1절에서 **올레핀**(olefin)은 **알켄**의 다른 이름이라는 것을 배웠다.

상호교환 반응(metathesis)이란 용어는 그리스 단어 meta(변화)와 thesis(위치)에서 유래한다. 2005년 노벨 화학상은 올레핀 상호교환에 관한 업적으로 캘리포니아공대(CALTECH)의 그럽스(Robert Grubbs), 프랑스 국립석유연구소(IFP)의 이브 쇼뱅(Yves Chauvin), MIT의 리처드 슈록(Richard Schrock) 교수가 공동으로 수상했다.

올레핀 상호교환 반응(olefin metathesis)으로 더 잘 알려진 **알켄 상호교환 반응**(alkene metathesis)은 두 개의 알켄 분자 간의 반응에서 이중 결합의 탄소를 서로 교환하는 반응이다. 이 반응에서 두 개의 σ-결합과 두 개의 π-결합이 끊어지고, 새로운 두 개의 σ-결합과 두 개의 π-결합이 생성된다.

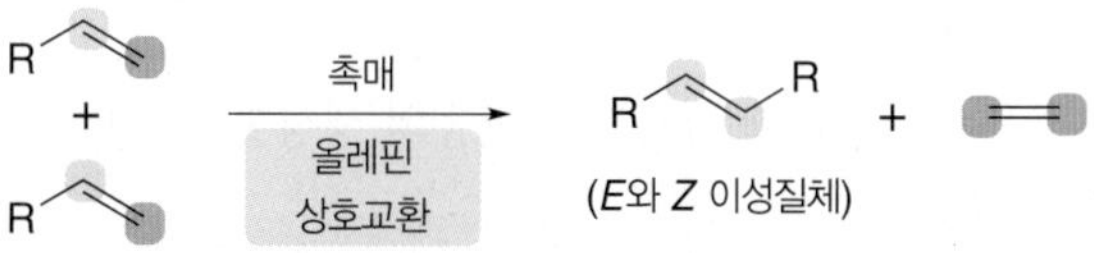

R + R → (촉매, 올레핀 상호교환) → R–CH=CH–R + $CH_2=CH_2$

(*E*와 *Z* 이성질체)

올레핀 상호교환 반응은 탄소–금속 사이에 이중 결합을 가지는 복잡한 전이 금속 촉매 존재하에서 일어난다. 금속은 보통 루테늄(Ru), 텅스텐(W), 또는 몰리브데넘(Mo)이다. 가장 많이 사용되는 금속 촉매는 **그럽스 촉매**(Grubbs catalyst)라고 불리는 루테늄(Ru)이다.

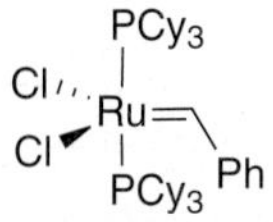

PCy_3, Cl, Cl, Ru, Ph, PCy_3

그럽스 촉매

올레핀 상호교환 반응은 평형 과정이고, 많은 알켄 기실과의 반응에서 평형에 도달했을 경우에 출발물과 두 개 이상의 알켄 생성물의 혼합물이 존재하기 때문에 제조 목적으로는 유용성이 없다. 그러나 말단 알켄의 경우, 상호교환의 한 생성물이 $CH_2=CH_2$(기체)이고, 이는 반응 혼합물로부터 기체로서 제거되므로 반응의 평형을 오른쪽(정반응 쪽)으로 치우치게 한다. 그 결과 단일치환 알켄($RCH=CH_2$)과 2,2-이중치환 알켄($R_2C=CH_2$)은 반응식 [1]과 [2]에 나타낸 것처럼, 하나의 알켄 생성물을 좋은 수율로 얻을 수 있기 때문에 상호교환 반응을 위한 훌륭한 기질이다.

[1] 2 → $Cl_2(Cy_3P)_2Ru=CHPh$ → + $CH_2=CH_2$

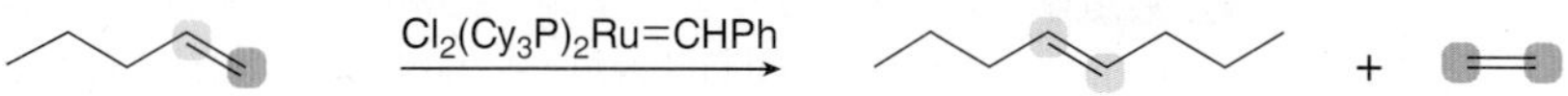

(+*Z* 이성질체)

[2] 2 → $Cl_2(Cy_3P)_2Ru=CHPh$ → + $CH_2=CH_2$

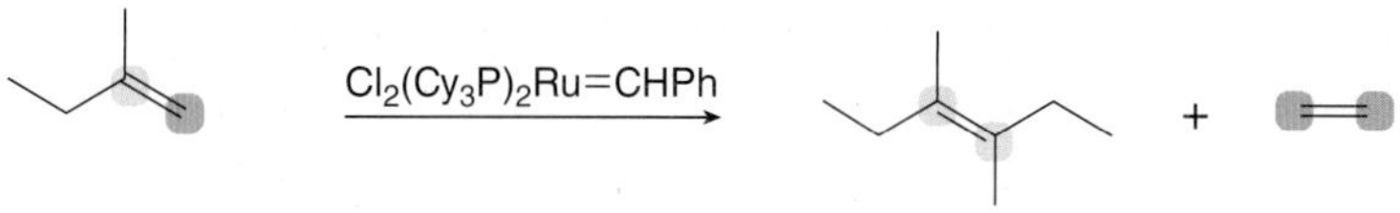

(+*Z* 이성질체)

그림 26.2
스타이렌($PhCH{=}CH_2$)을 출발물로 사용한 올레핀 상호교환 반응의 생성물 그리기

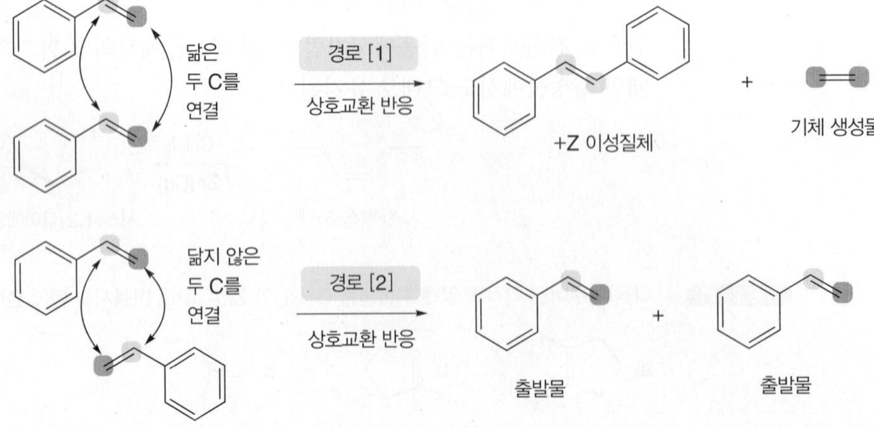

- 전체 반응: 2 $PhCH{=}CH_2 \rightarrow PhCH{=}CHPh + CH_2{=}CH_2$
- 한 알켄의 C를 연결해 상호교환 생성물을 만들 경우에 항상 두 가지의 방법이 가능하다(경로 [1]과 [2]).
- 처음 반응(경로 [1])에서처럼 알켄 기질의 같은 C가 연결되면, $PhCH{=}CHPh$(시스와 트랜스 혼합물)와 $CH_2{=}CH_2$가 생성된다. $CH_2{=}CH_2$는 기체로서 반응 혼합물로부터 빠져나가기 때문에 $PhCH{=}CHPh$만 생성물로 얻는다.
- 두 번째 반응(경로 [2])에서처럼 $PhCH{=}CH_2$의 서로 다른 C가 연결되면 출발물이 생성되고, 이는 촉매 순환에 다시 들어가서 첫 번째 경로에 의해 생성물이 생성된다.
- 이런 반응으로 두 개의 새로운 C–C 결합을 가지는 하나의 구조 이성질체 $PhCH{=}CHPh$가 생성된다.

어떤 상호교환 반응의 생성물을 나타내기 위해서는,

[1] 출발 알켄 두 분자를 그림 26.2에 나타낸 것처럼 서로 인접하게 위치시킨다. 여기서 스타이렌(styrene, $PhCH{=}CH_2$)을 출발물로 사용했다.

[2] 다음에는 출발물의 이중 결합을 끊고, 출발물인 알켄에서 서로 연결되지 않은 탄소 원자를 이용하여 두 개의 새로운 이중 결합을 만든다.

항상 두 가지 방향으로 출발 알켄을 배열할 수 있다(그림 26.2의 경로 [1]과 [2]). 이 예에서, 처음 반응 경로(경로 [1])에서는 반응의 두 가지 생성물, $PhCH{=}CHPh$, $CH_2{=}CH_2$가 생성되는 반면에 두 번째 경로(경로 [2])에서는 출발물이 다시 생성된다.

문제 26.13 다음 각각의 알켄 화합물을 그럽스 촉매로 반응시킬 때에 얻어지는 생성물을 그려라.

a. b. c.

OCH_3

문제 26.14 시스-펜트-2-엔을 상호교환 반응시키면 어떤 생성물이 생성되는가? 이 반응을 이용하여, 왜 1,2-이중치환 알켄($RCH{=}CHR'$)의 상호교환 반응이 알켄 화합물을 합성하는 데 있어 유용한 방법이 아닌지를 설명하라.

올레핀 상호교환 반응의 메커니즘은 복잡한데, 금속–카벤 중간체(금속–탄소의 이중 결합을 가지는 중간체)를 거쳐 반응이 진행된다. 그럽스 촉매($Ru{=}CHPh$로 간단히 표시)와 말단 알켄($RCH{=}CH_2$)의 반응으로 $RCH{=}CHR$과 $CH_2{=}CH_2$가 생성되는 메커니즘을 나타냈다. 상호교

환 반응이 시작되기 위해서는 그럽스 촉매가 알켄과 반응하여 두 개의 새로운 금속인 카벤 A와 B가 두 단계 과정으로 생성되는데, Ru=CHPh가 알켄에 첨가되어 두 개의 다른 메탈사이클로뷰텐이 생기고(단계 1), 이어서 제거 반응으로 A와 B가 생성된다(단계 2a와 2b). 이 과정에서 생긴 알켄 부산물(RCH=CHPh와 PhCH=CH_2)은 그럽스 시약을 촉매량만큼만 사용하기 때문에 아주 적은 양으로 존재한다.

그럽스 시약 + 출발물 —1→ 메탈사이클로뷰테인 —2a→ A + (+Z 이성질체) 부산물; —2b→ B + 부산물 (금속–카벤 복합체)

각각의 이러한 금속–카벤 중간체 A와 B는 상호교환 반응에 의한 생성물을 생성하기 위해, 메커니즘 26.6에 나타낸 것처럼 출발물인 알켄 화합물과 반응한다. 상호교환 메커니즘은 종종 촉매의 순환을 강조하기 위해 고리 모양으로 나타낸다. 이러한 메커니즘은 두 개의 RCH=CH_2가 어떻게 RCH=CHR과 CH_2=CH_2로 바뀌는지를 설명한다. 메커니즘은 시약 A 또는 B로 시작하여 다시 쓸 수 있으며, 모든 단계는 평형이다.

고리를 만드는 상호교환 반응을 **고리 닫힘 상호교환 반응**(ring-closing metathesis, RCM)이라 한다.

다이엔이 출발물로 사용되면 고리화가 일어난다.

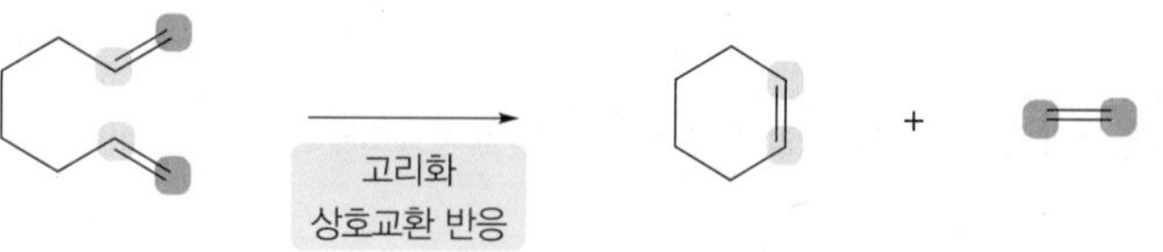

이러한 반응들은 서로 다른 분자의 두 작용기보다 같은 분자 내에 있는 두 개의 반응성 끝이 서로 반응을 위해 만날 수 있는 확률을 높이려고 일반적으로 아주 묽은 농도에서 수행된

메커니즘 21.1 올레핀 상호교환: 2 RCH=CH_2 → RCH=CHR + CH_2=CH_2

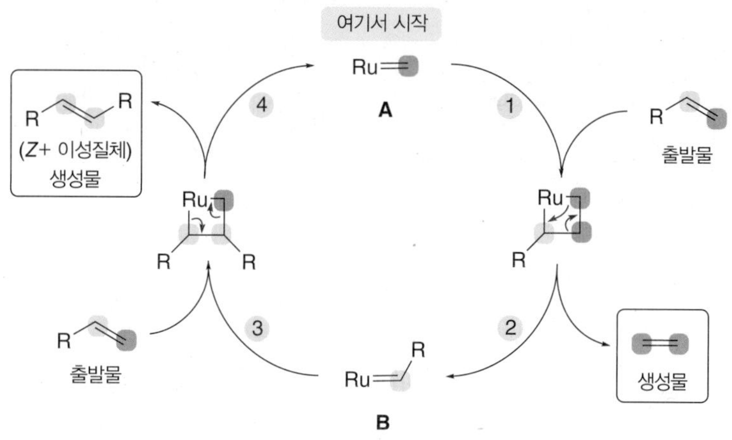

1. Ru=CH_2(**A**)와 RCH = CH_2의 반응은 메탈사이클로뷰테인을 형성한다. Ru는 알켄의 치환기가 적은 쪽이든 많은 쪽이든 말단에 결합할 수 있지만, 보는 바와 같이 많은 쪽 치환기의 말단에 결합하는 경우에만 생성물이 생성된다.
2. 제거 반응은 하나의 상호교환 생성물 CH_2=CH_2과 금속–카벤 복합체 **B**를 생성한다.
3. **B**와 RCH=CH_2의 반응은 메탈사이클로뷰테인을 생성한다. Ru는 알켄의 치환기가 많은 쪽이든 적은 쪽이든 결합할 수 있지만, 보는 바와 같이 적은 쪽 치환기의 말단에 결합될 때만 생성물이 생성된다.
4. 제거 반응은 또 다른 상호교환 생성물 RCH=CHR과 금속–카벤 복합체 **A**를 생성한다. 촉매가 다시 생성되어 순환 반응이 재개된다.

다. 이러한 아주 묽은 조건(high-dilution condition)은 분자간(intermolecular)보다 분자내(intramolecular) 상호교환 반응을 더 선호한다.

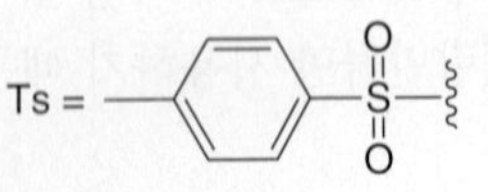

Ts = 토실(tosyl)

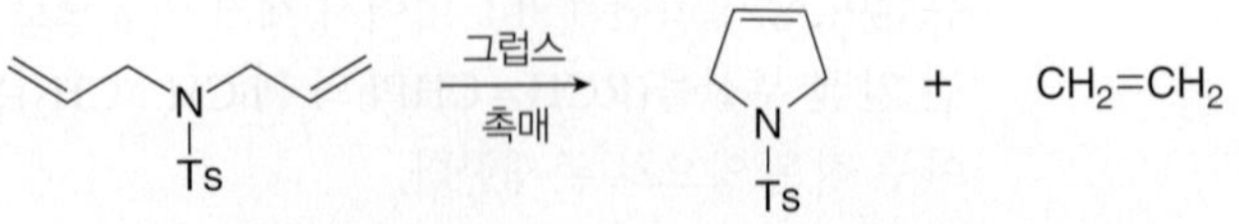

그럽스 촉매 → + $CH_2{=}CH_2$

새로운 C=C(붉은색)

그럽스 촉매 → + $CH_2{=}CH_2$

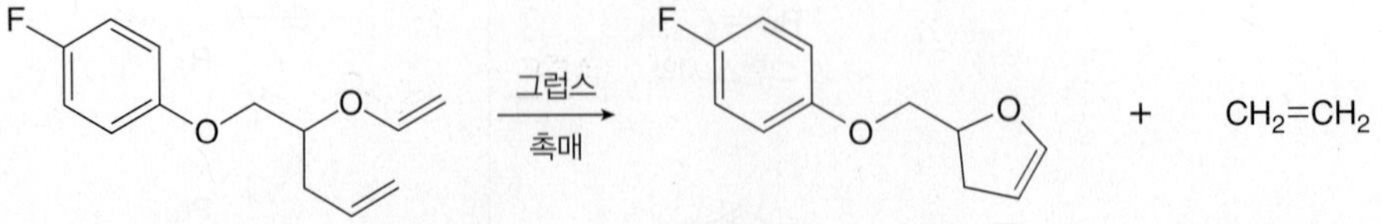

새로운 C=C(붉은색)

상호교환 촉매는 많은 작용기(OH, OR, C=O와 같은)가 있어도 반응이 잘 진행되며, 거의 모든 크기의 고리를 만들 수 있기 때문에 상호교환 반응은 많은 복잡한 천연물의 합성에 많이 사용되었다(그림 26.3).

문제 26.15 다음에 주어진 각각의 화합물이 고리 닫힘 상호교환 반응에 의해서 생성되는 생성물을 나타내라.

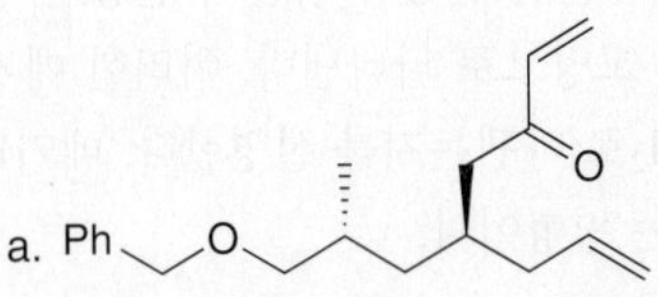

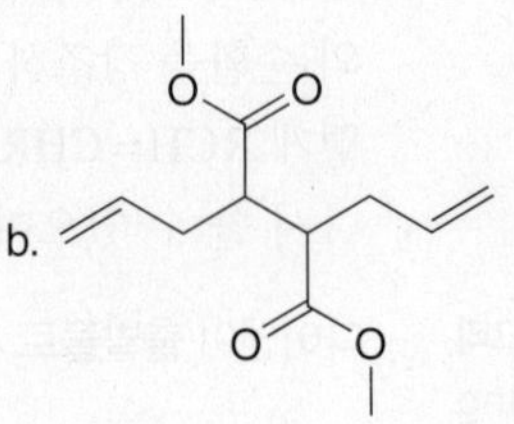

a. b.

그림 26.3 에포틸론 A와 Sch38516의 합성에서의 고리 닫힘 상호교환 반응

그럽스 촉매 → (*E*와 *Z* 이성질체 생성) → 한 단계 → **에포틸론 A** 항암제

그럽스 촉매 → 두 단계 → **Sch38516** 항바이러스제

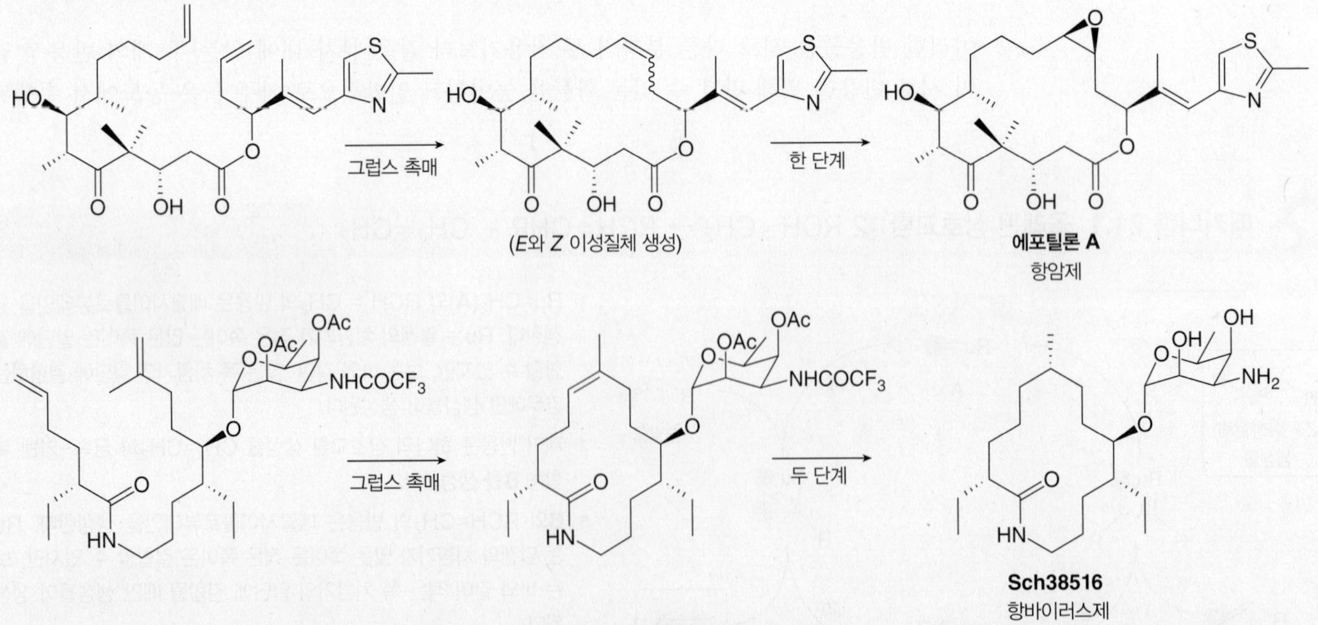

- **에포틸론 A(epothilone A)**는 남아프리카 잠베지 강가에서 채취한 토양 박테리아로부터 처음 분리한 항암제이다.
- **Sch38516**은 인플루엔자 A에 활성이 있는 항바이러스이다.
- 상호교환 반응 중에 새로 생긴 C−C 결합은 붉은색으로 표시하였다. 이 두 상호교환 반응에서도 $CH_2{=}CH_2$가 형성된다.

문제 26.16 이 장을 소개하면서 언급한 천연 화합물 인제놀(ingenol)의 합성에서, 중요한 중간체 **V**를 고리 닫힘 상호교환 반응시켰을 때 생성되는 화합물은 무엇인가?

OR

V

HO HO HO OH H

인제놀

예제 26.5 고리 닫힘 상호교환 반응으로 다음에 주어진 각각의 화합물을 합성하기 위한 출발물은 무엇인가?

인제놀은 남부 아프리카 건조 지역에서 서식하는 대형 선인장류(condelabra tree, *Euphorbia Ingen*)에서 얻은 우유 같은 액체로부터 분리되었다.

a. 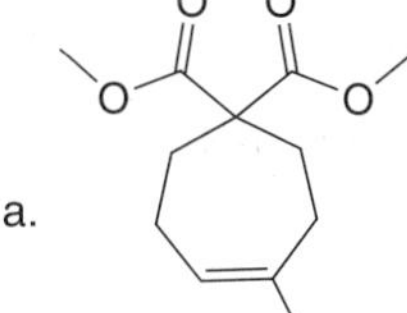

b. 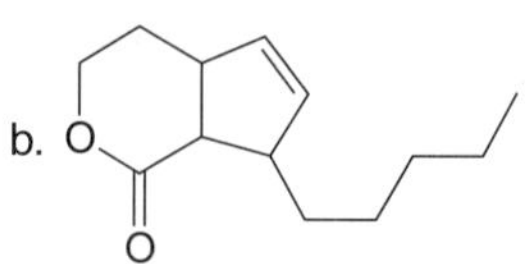

풀이

역합성 방법으로 설명하면, 우선 생성물에 있는 C=C 결합을 절단한다. 그리고 절단한 탄소의 자리에 각각 CH_2를 첨가하여 이중 결합을 만들면, 양쪽 끝에 이중 결합이 연결된 사슬 화합물이 얻어진다.

C=C 결합 절단 ⟹ 출발물

양쪽의 두 탄소에 $= CH_2$를 더한다.

생성된 화합물은 두 개의 말단 알켄이 있는 탄소 사슬을 가진다.

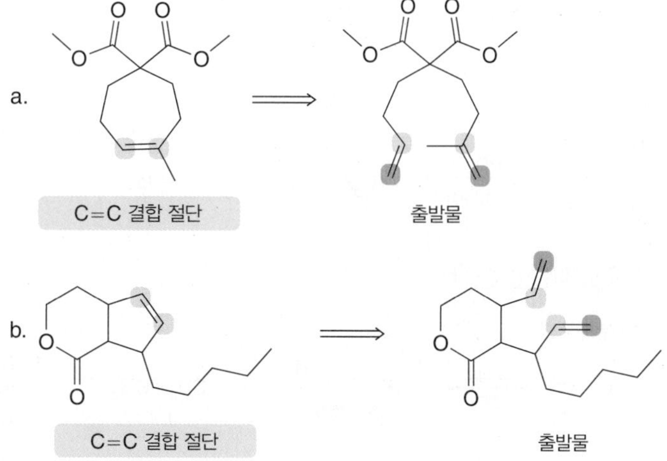

문제 26.17 고리 닫힘 상호교환 반응으로 다음에 주어진 각각의 화합물을 합성하기 위한 출발물은 무엇인가?

a. O

b. CH_3O OH

c. CO_2CH_3 CHO O

핵심 개념

유기 합성에서 탄소–탄소 결합 형성 반응

짝지음 반응

[1] 유기구리 시약의 짝지음 반응(26.1절)

$$R'-X + R_2CuLi \longrightarrow R'-R + RCu + LiX$$

X = Cl, Br, I

- R'X는 CH_3X, RCH_2X, 2° 고리 할로젠화물, 할로젠화 바이닐, 할로젠화 아릴이 될 수 있다.
- X는 Cl, Br, I가 될 수 있다.
- 할로젠화 바이닐과의 짝지음 반응은 입체특이적인 반응이다.

[2] 스즈키 반응(26.2절)

$$R'-X + R-BY_2 \xrightarrow[NaOH]{Pd(PPh_3)_4} R'-R + HO-BY_2 + NaX$$

X = Br, I

- R'X는 흔히 할로젠화 바이닐 또는 할로젠화 아릴이다.
- 할로젠화 바이닐과의 짝지음 반응은 입체특이적인 반응이다.

[3] 헥크 반응(26.3)

$$R'-X + CH_2{=}CH-Z \xrightarrow[P(o\text{-tolyl})_3,\ Et_3N]{Pd(OAc)_2} R'CH{=}CHZ + Et_3\overset{+}{N}H\ X^-$$

X = Br or I

- R'X는 할로젠화 바이닐 또는 할로젠화 아릴이다.
- Z=H, Ph, COOR, 또는 CN.
- 할로젠화 바이닐과의 짝지음 반응은 입체특이적인 반응이다.
- 반응은 트랜스 알켄을 생성한다.

사이클로프로페인 합성

[1] 알켄에 다이할로카벤 첨가(26.4절)

$$\text{alkene} \xrightarrow[KOC(CH_3)_3]{CHX_3} \text{1,1-dihalocyclopropane}$$

- 이 반응은 신(syn) 첨가 반응이다.
- 알켄의 치환기의 위치는 사이클로프로페인에서도 그대로 유지된다.

[2] 시몬스–스미스 반응(26.5절)

$$R_2C{=}CR_2 \xrightarrow[Zn(Cu)]{CH_2I_2} \text{cyclopropane} + ZnI_2$$

- 이 반응은 신(syn) 첨가 반응이다.
- 알켄의 치환기의 위치는 사이클로프로페인에서도 그대로 유지된다.

상호교환(26.6절)

[1] 분자내 반응

$$2\ RCH{=}CH_2 \xrightarrow[\text{촉매}]{\text{그럽스}} RCH{=}CHR\ (+Z\ \text{이성질체}) + CH_2{=}CH_2$$

- 상호교환 반응은 생성물 중 한 가지인 $CH_2{=}CH_2$가 반응 혼합물로부터 제거되면서 잘 진행된다.

[2] 분자내 반응

$$\text{다이엔} \xrightarrow[\text{촉매}]{\text{그럽스}} \text{cyclohexene} + CH_2{=}CH_2$$

다이엔

- 고리 닫힘 상호교환 반응은 다이엔 출발물로부터 다양한 크기의 고리 화합물이 생성된다.

삼차원 모델을 이용하는 문제

26.18 유기 할라이드의 첨가 반응에서 알킬 토실레이트(R'OTs, 9.13절)는 짝지음 생성물 R–R'을 생성하기 위해 유기구리 화합물(R_2CuLi)과도 반응한다. 2° 알킬 토실레이트가 출발물(R_2CHOTs)로 이용될 때, 입체발생 중심의 위치 배열은 반전된다. 이를 염두에 두고, 각 화합물을 $(CH_3)_2CuLi$로 반응시켰을 때 생성되는 생성물을 나타내라.

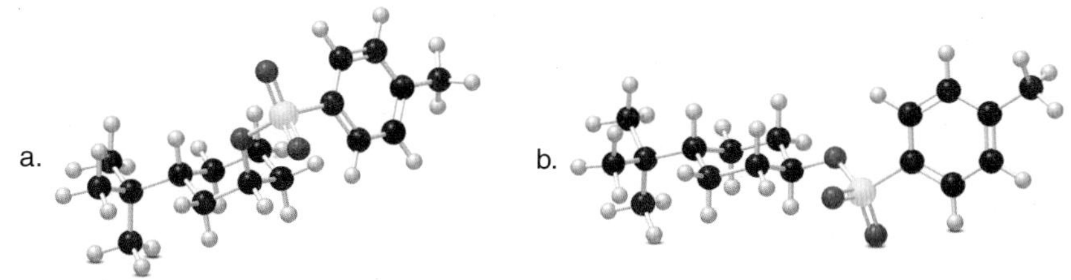

26.19 다음에 주어진 각각의 화합물을 고리 닫힘 상호교환 반응시켰을 때 얻어지는 생성물은 무엇인가?

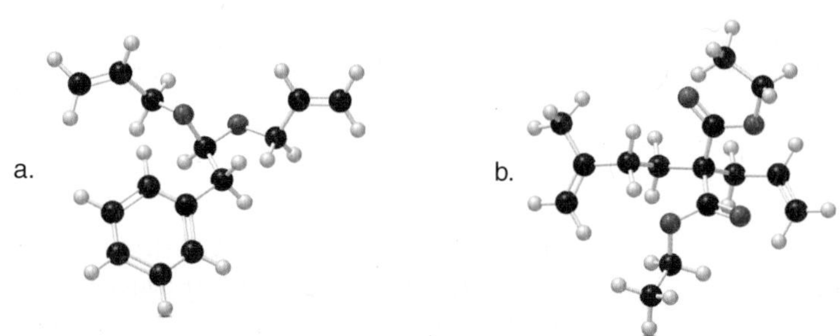

짝지음 반응

26.20 다음에 주어진 각각의 반응에서 생성되는 생성물을 나타내라.

a. (1-chlorocyclohexene, Cl) + ( )$_2$CuLi ⟶

b. B$(OCH_3)_2$ + (N, Br) — $Pd(PPh_3)_4$, NaOH ⟶

c. (N) + (O, Br) — $Pd(OAc)_2$, P(*o*-tolyl)$_3$, Et_3N ⟶

d. (Cl) — [1] Li, [2] CuI, [3] Br ⟶

e. Br + (O, B, O) — $Pd(PPh_3)_4$, NaOH ⟶

f. CH_3O–(C$_6$H$_4$)–Br + CO_2CH_3 — $Pd(OAc)_2$, P(*o*-tolyl)$_3$, Et_3N ⟶

g. (C$_6$H$_5$)–Br — [1] Li, [2] B$(OCH_3)_3$ ⟶ [3] Br, $Pd(PPh_3)_4$, NaOH ⟶

h. (alkyne) — [1] H–B(O, O), [2] C_6H_5Br, $Pd(PPh_3)_4$, NaOH ⟶

26.21 다이바이닐구리산 리튬(lithium divinylcuprate, $(CH_2{=}CH_2)CuLi$)이용하여 다음에 주어진 각각의 화합물을 합성하고자 할 때 필요한 유기 할로젠화물은 무엇인가?

a. b. c. CH_3O

26.22 스즈키 반응을 이용하여, 에타이닐사이클로헥세인(ethynylcyclohexane)을 어떻게 다이엔 화합물, **A~C**로 전환시킬 수 있는가? 다른 유기 화합물과 무기 시약을 사용해도 좋다. 스즈키 반응을 이용하여 다이엔 화합물, **D**를 합성할 수 있는가? 답한 이유를 설명하라.

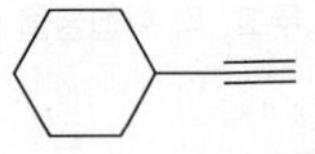

에타이닐사이클로헥세인

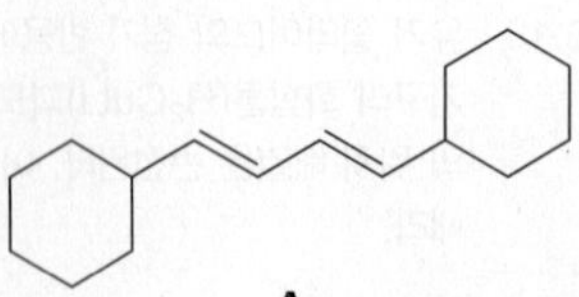

A 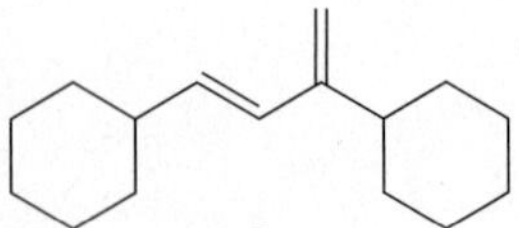 **C**

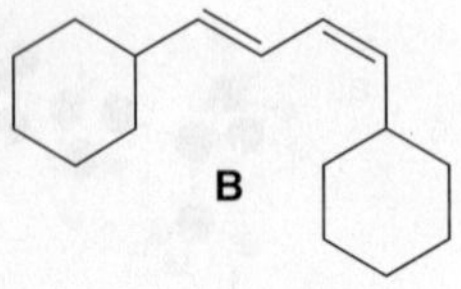

B 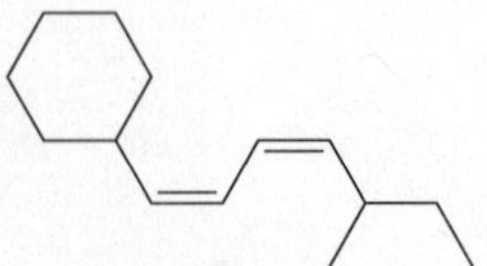 **D**

26.23 헥크 반응을 이용하여 스타이렌($C_6H_5CH{=}CH_2$)을 다음의 각각의 생성물로 합성하고자 할 때 어떤 화합물이 필요한가?

a. 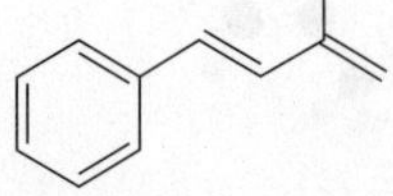 b. 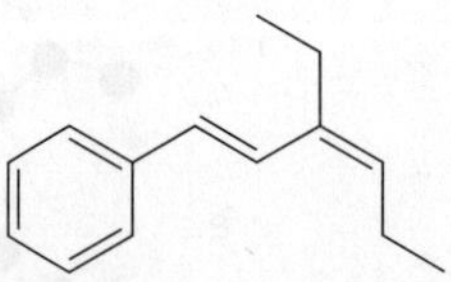 c.

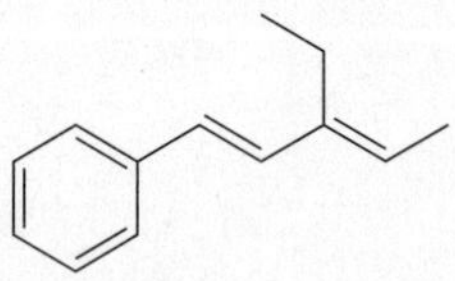

26.24 유기구리 화합물 시약을 이용하는 짝지음 반응으로 뷰트-1-엔($CH_3CH_2CH{=}CH_2$)을 옥테인 [$CH_3(CH_2)_6CH_3$]으로 합성할 때 어떠한 반응 조건이 필요한가? 옥테인의 모든 탄소는 뷰트-1-엔의 탄소를 사용해야 한다.

26.25 다음에 주어진 **A**와 **B**를 스즈키 짝지음 반응하여 얻어지는 생성물은 무엇인가? 이 반응은 고혈압 치료제로 사용하는 로자탄(losartan)의 합성에 매우 중요한 반응이다.

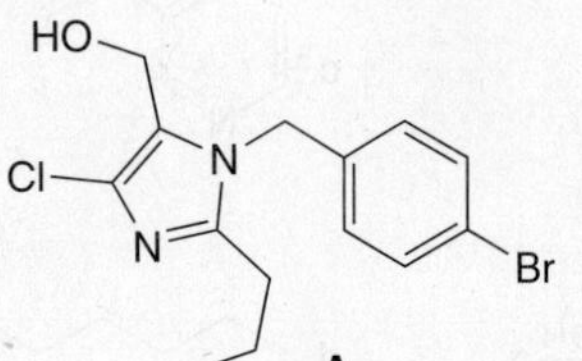

HO, Cl, N, N, Br — **A**

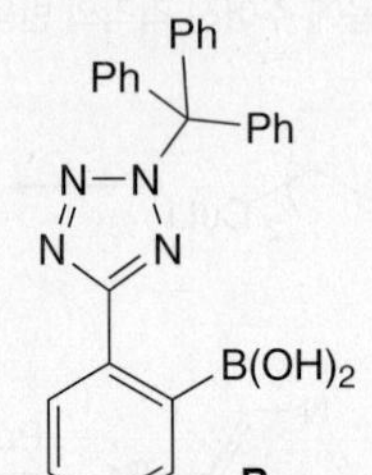

Ph, Ph, Ph, N, N, N, N, B(OH)$_2$ — **B**

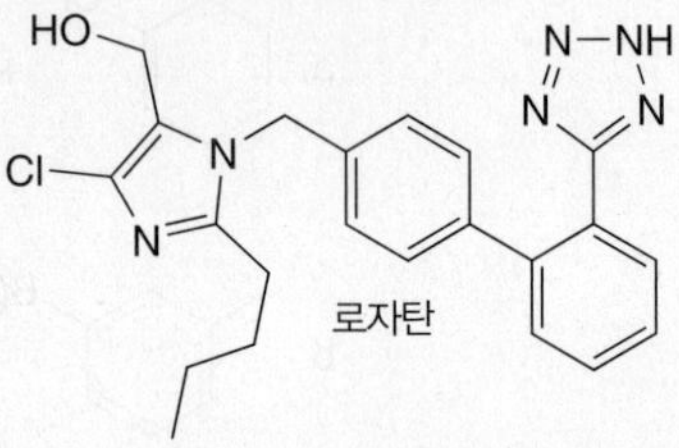

HO, Cl, N, N, N–NH, N, N — 로자탄

26.26 다음은 편두통 치료제인 엘레트립탄(eletriptan, 상품명: Relpax)을 합성하는 과정이다. 중간체로 생성되는 **X**의 구조를 나타내라.

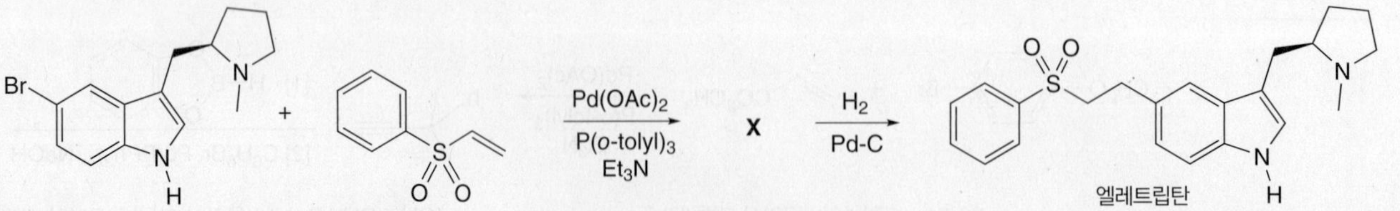

Br, N, N, H + S, O, O —[Pd(OAc)$_2$, P(*o*-tolyl)$_3$, Et$_3$N]→ **X** —[H$_2$, Pd-C]→ 엘레트립탄 (O, O, S, N, N, H)

사이클로프로페인

26.27 다음에 주어진 각각의 반응에서 생성되는 생성물(입체이성질체를 포함해서)을 나타내라.

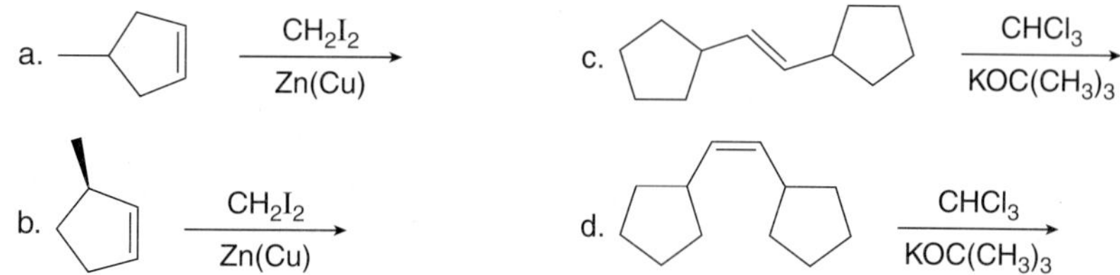

26.28 사이클로헥센을 $C_6H_5CHI_2$와 Zn(Cu)로 반응시키면 분자식이 $C_{13}H_{16}$인 두 개의 입체이성질체가 생성된다. 구조를 나타내고 왜 두 개의 화합물이 생성되는지를 설명하라.

상호교환 반응

26.29 다음에 주어진 각각의 기질 화합물을 아주 묽은 농도 조건에서 그럽스 촉매로 반응시킬 때 어떠한 고리 닫힘 상호교환 반응의 생성물이 얻어질 수 있는가?

a. b. c.

26.30 고리 닫힘 상호교환 반응으로 다음의 각 화합물을 합성할 때 어떠한 출발물이 필요한가?

a. b. c.

26.31 상호교환 반응은 하나의 반응 혼합물에서 두 개의 다른 알켄 화합물을 사용하여 진행할 수 있다. C=C 주위의 치환된 정도에 따라서 반응 후에 하나의 주 생성물 또는 더 많은 생성물의 혼합물이 생성될 수 있다. 각각 알켄 쌍을 반응시킬 때 생성될 수 있는 상호교환 반응의 생성물을 나타내라(평형에서 존재하는 출발물은 무시함). 이러한 반응 예들을 참고하여, 두 개의 알켄 화합물을 이용한 알켄 상호교환 반응이 합성적으로 유용한지를 설명하라.

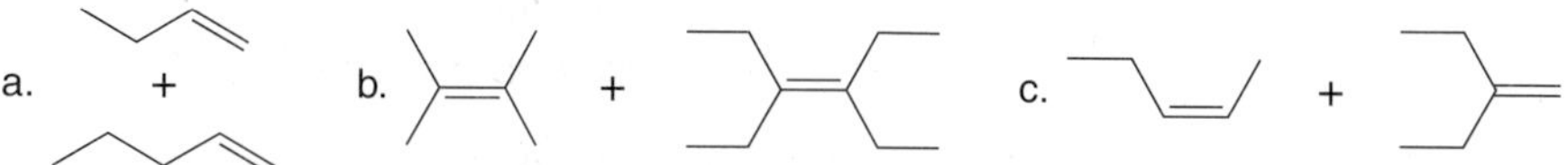

26.32 **M**을 아주 묽은 농도 조건에서 그럽스 촉매로 반응시키면 분자식 $C_{15}H_{26}O_2$인 두 가지 생성물이 얻어진다. 이 반응에서 얻어지는 생성물을 나타내라.

26.33 사이클로알켄 화합물은 상호교환 반응시키면, 사이클로펜텐을 출발물로 하는 반응의 예에서처럼 고리 **열림 상호교환 중합 반응**(ring-opening metathesis polymerization, ROMP)이 일어나 분자량이 큰 고분자 화합물이 합성된다. 이 반응은 사이클로펜테인의 고리에 존재하는 무리가 완화됨으로써 완료된다.

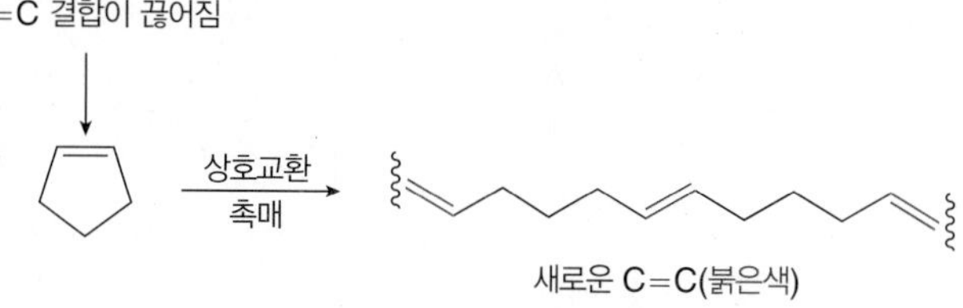

다음에 주어진 각각의 알켄 화합물의 고리 열림 상호교환 중합 반응(ROMP)으로 생성되는 생성물은 무엇인가

a. b. c.

일반적인 반응

26.34 다음의 각 반응에서 생성되는 생성물을 나타내라.

a. [1] $CHBr_3$, $KOC(CH_3)_3$ [2] $(CH_3)_2CuLi$

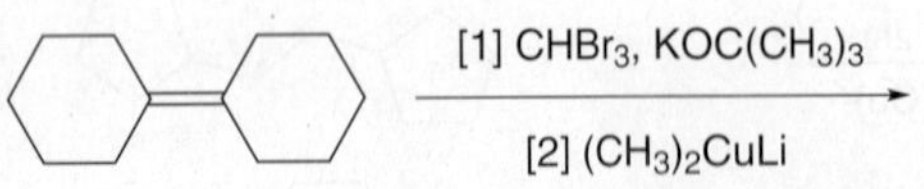

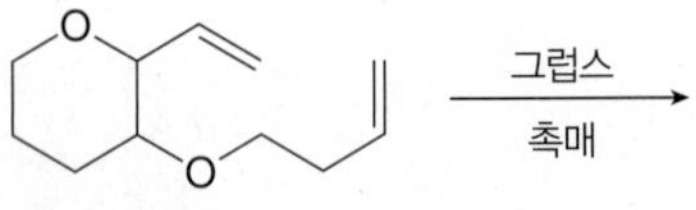

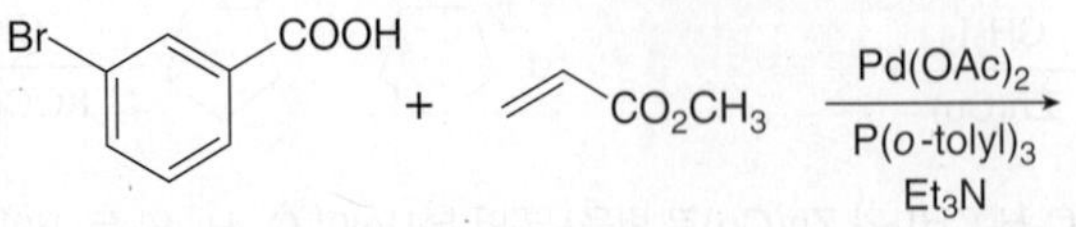

b. + CO_2CH_3 / $Pd(OAc)_2$, $P(o\text{-tolyl})_3$, Et_3N (Br, COOH)

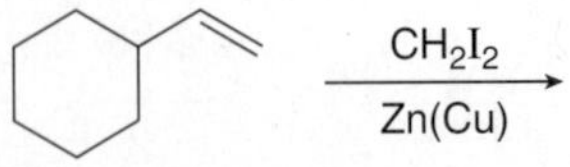

c. $B(OCH_3)_2$ + CH_3O–Br / $Pd(PPh_3)_4$, NaOH

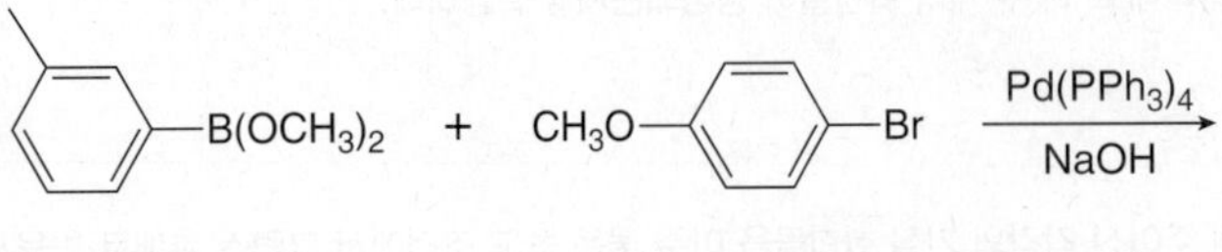

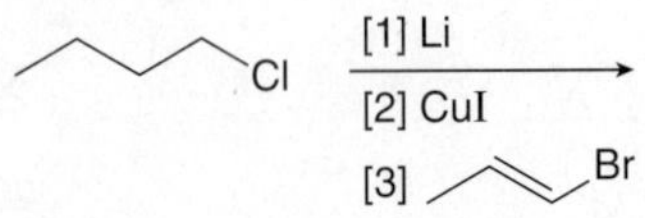

d. + Br / $Pd(PPh_3)_4$, NaOH

e. 그럽스 촉매

f. CH_2I_2 / Zn(Cu)

g. Cl / [1] Li [2] CuI [3] Br

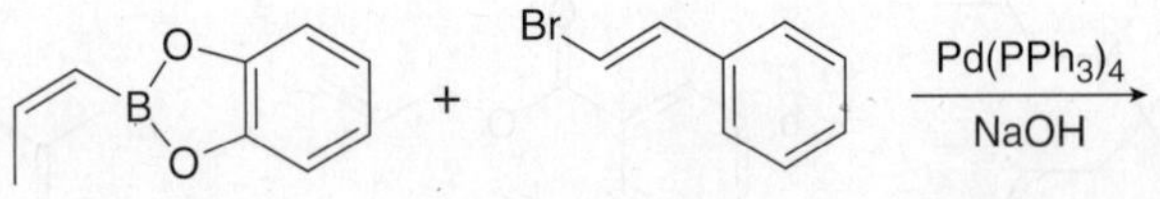

h. [1] H–B [2] Br, $Pd(PPh_3)_4$, NaOH

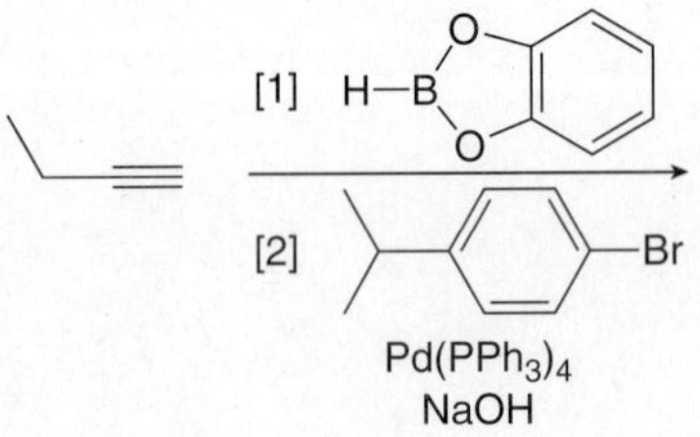

메커니즘

26.35 CHX_3와 염기를 사용한 다이할로카벤(dihalocarbene)의 합성 반응(26.4절) 외에 트라이클로로아세트산 소듐(sodium trichloroacetate)을 가열하여 다이클로로카벤(dichlorocarbene, $:CCl_2$)을 합성하는 반응이 가능하다. 이 반응에 대한 두 단계 메커니즘을 그려라.

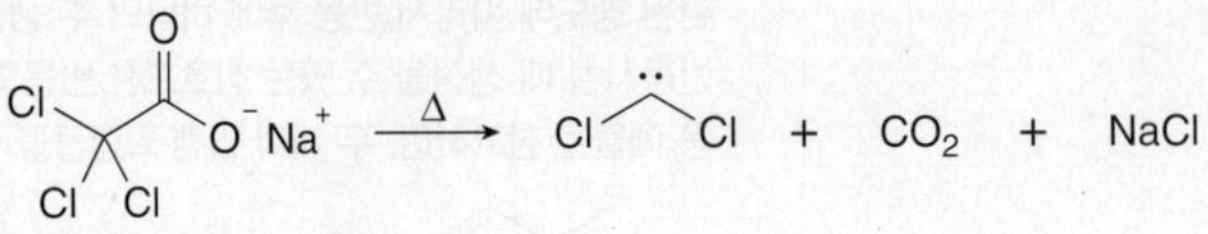

$Cl_3CCO_2^-Na^+ \xrightarrow{\Delta} :CCl_2 + CO_2 + NaCl$

트라이클로로아세트산 소듐

26.36 다음에 주어진 반응 메커니즘을 단계적으로 설명하라.

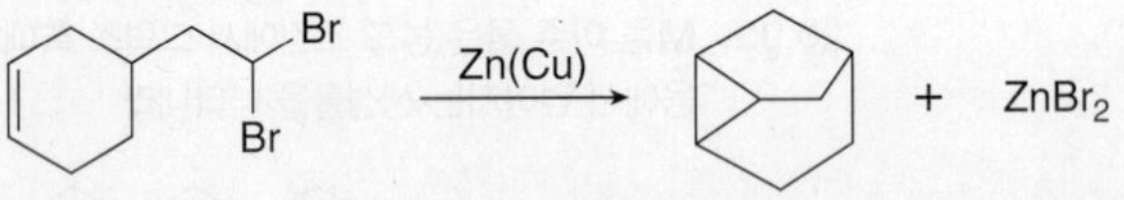

Br, Br / Zn(Cu) → + $ZnBr_2$

26.37 21장에서 다룬 인 일라이드(phosphorous ylide) 화합물처럼, 황 일라이드(sulfur ylide) 화합물도 유기 합성에서 유용한 중간체이다. 살충제인 피레트린 I(pyrethrin I)의 합성 중간체인 트랜스–크리산템산 메틸(methyl *trans*–chrysanthemate)은 다이엔 화합물 **A**와 황 일라이드 화합물로부터 합성할 수 있다. 이 반응이 진행되는 메커니즘을 단계적으로 그려라.

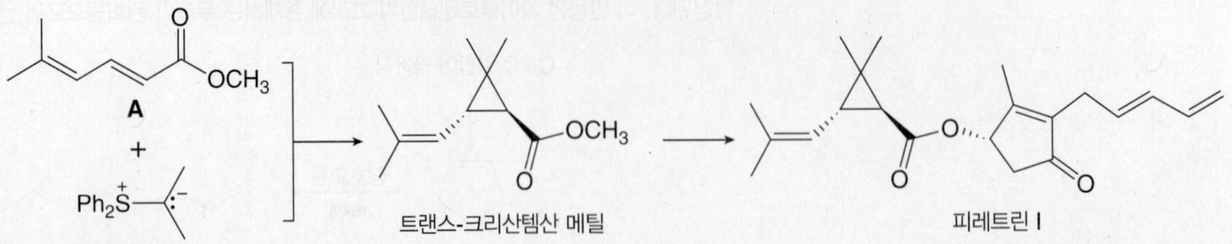

OCH_3 **A** + $Ph_2\overset{+}{S}$ 황 일라이드 → OCH_3 트랜스-크리산템산 메틸 → 피레트린 I

26.38 다이아조메테인(diazomethane, CH_2N_2)은 사이클로프로페인 화합물 합성에 있어 가끔은 유용한 시약이 아니지만, 다른 종류의 다이아조 화합물은 복잡한 사이클로프로페인 화합물을 좋은 수율로 합성하는 반응에 사용된다. 다이아조 화합물 **A**에서 **B**(물 곰팡이 *Allomyces*의 암컷에서 만들어지는 정자 유인 물질인 시레닌(sirenin)의 합성 중간체)가 생성되는 메커니즘을 단계적으로 나타내라.

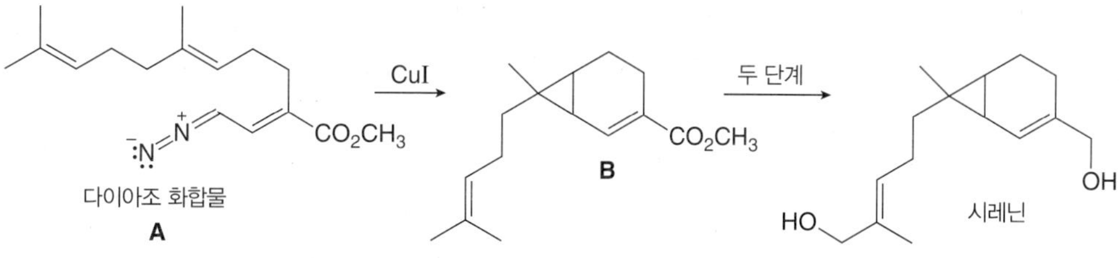

CuI → 두 단계 →

CO_2CH_3 다이아조 화합물 **A** | CO_2CH_3 **B** | HO, OH 시레닌

물 곰팡이 암컷의 정자 유인 물질

26.39 헥크 반응 조건에서 사이클로헥센과 아이오도벤젠을 반응시키면 알릴 탄소에 새로운 페닐기를 가지는 **E**가 생성되지만, 페닐기가 탄소–탄소 이중 결합에 직접 붙어 있는 '예상되는' 짝지음 생성물 **F**는 얻어지지 않는다.

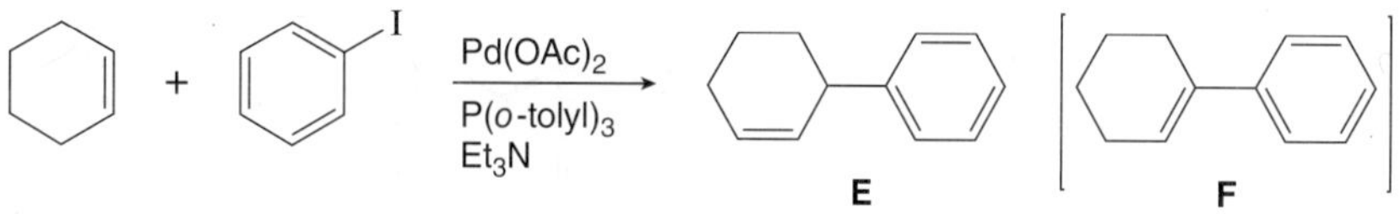

I; $Pd(OAc)_2$, $P(o\text{-tolyl})_3$, Et_3N

E 유일한 생성 | **F** 생성되지 않음

a. E가 만들어지는 단계별 메커니즘을 그려라.

b. 메커니즘 26.2의 단계 [2]에서 Pd와 R'은 이중 결합에 신(syn) 첨가 반응을 한다. **E**가 생성되는 반응은 왜 메커니즘 26.2의 단계 [3]에 나타낸 제거 반응의 입체화학을 보이는가?

합성

26.40 (*Z*)-2-브로모스타이렌을 출발물로 사용하여 다이엔 **A**의 합성을 설계하라. 반응 중에 스즈키 반응을 사용하라.

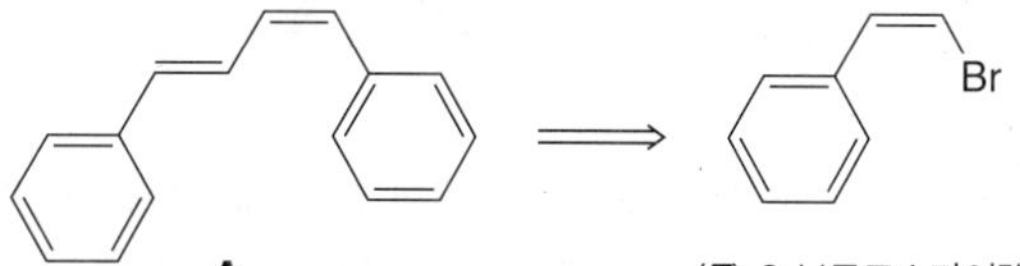

A ⟹ Br (*Z*)-2-브로모스타이렌

26.41 탄화수소(≤ 6 C)와 스즈키 반응을 이용하여, (*E*)-1-페닐헥스-1-엔($CH_3CH_2CH_2CH_2CH{=}CHPh$)을 합성하는 방법을 설계하라.

26.42 그림 26.1에 나왔던 봄비콜 합성에 사용될 수 있는 아래의 트랜스 바이닐보레인이 합성되는 반응 과정을 설명하라. 합성 과정에서 바이닐보레인에 들어 있는 모든 탄소는 아세틸렌, 노네인-1,9-다이올, 카테콜보레인(catecholborane)으로부터 와야 한다.

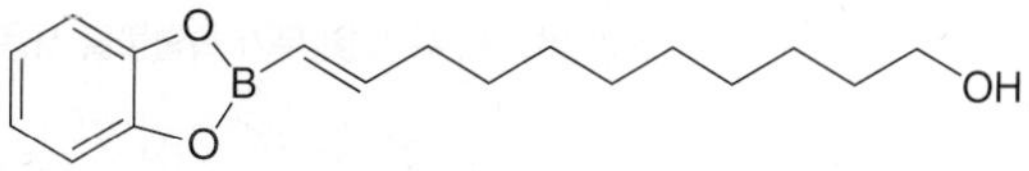

O, B, O, OH

26.43 헥크 반응을 이용하여 다음의 각 화합물을 한 단계로 합성할 수 있는 방법을 고안하라. 벤젠, $CH_2{=}CHCO_2Et$, 두 개 이하의 적은 탄소를 가지는 유기 알코올, 그리고 필요한 무기 시약을 사용해도 좋다.

a. 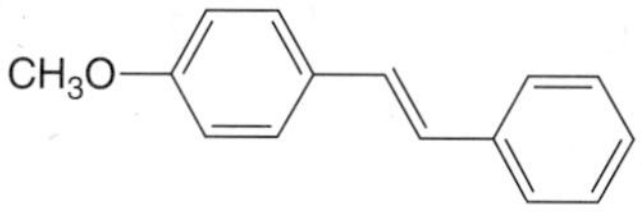 CH_3O–

b. 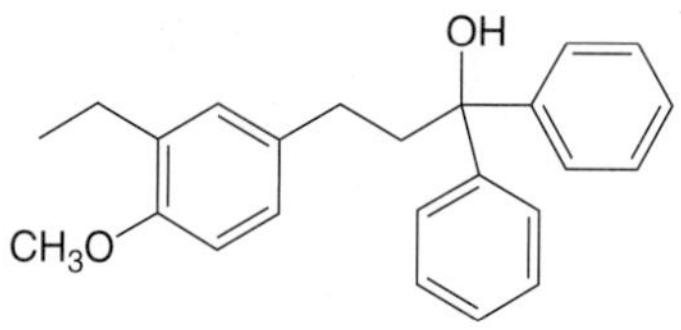 CH_3O, OH

26.44 사이클로헥센과 필요한 유기 또는 무기 시약을 사용하여 다음의 각 화합물들의 합성을 고안하라.

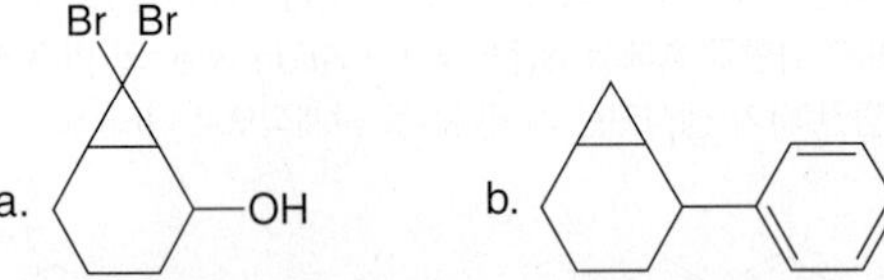

26.45 벤젠으로부터 다음의 각 화합물의 합성을 고안하라. 네 개 이하의 적은 탄소를 가지는 유기 화합물, 그리고 필요한 무기 시약을 이용해도 좋다.

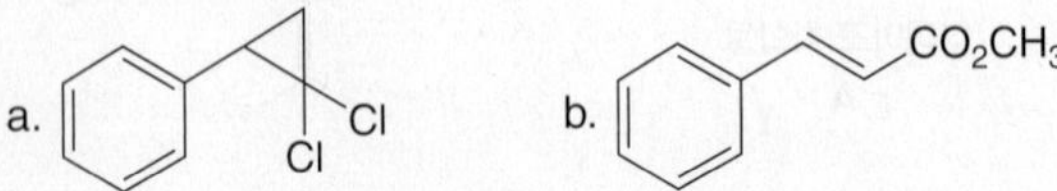

26.46 치환기를 가지고 있는 사이클로프로페인 화합물의 합성을 설명하라. a에서는 아세틸렌(HC≡CH)을 출발물로 하고, b에서는 사이클로헥산온을 출발물로 사용하라. 반응에 필요한 유기 화합물이나 무기 화합물을 사용해도 된다.

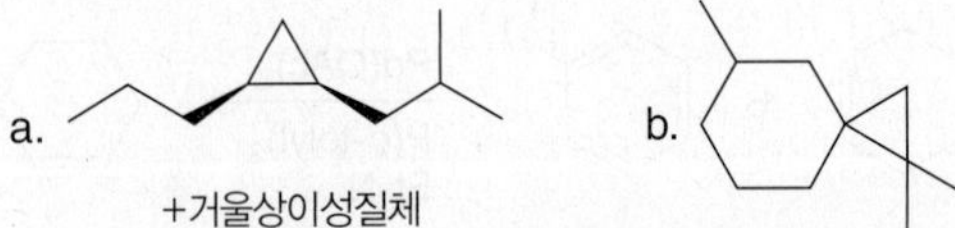

26.47 C–C 결합에 의해 연결된 두 개의 방향족 고리를 포함하는 바이아릴(biaryl) 화합물은 가끔 두 가지의 다른 스즈키 짝지음 반응을 이용하여 효과적으로 합성할 수 있다. 다시 말해, 짝지음 반응에 필요한 유기보레인을 생성하는데 방향족 고리를 사용할 수 있다. 그러나 어떤 경우에는 한 가지 경로만 가능할 수도 있다. 이 사실을 고려해 벤젠을 각 방향족 고리의 출발물로 사용하여 다음의 바이아릴 화합물을 합성하라. 두 개 이상의 경로가 가능하다면, 해당 경로를 모두 그려라. 필요한 유기 또는 무기 시약을 사용해도 좋다.

a. b. HO c.

26.48 다음 각 화합물의 고리 닫힘 상호교환 반응으로 생성되는 생성물은 무엇인가? 이들 상호교환 반응에 사용된 출발물의 합성 과정을 설명하라. 합성에 필요한 시약으로 $CH_2(CO_2Et)_2$, 탄소 수 다섯 개 미만인 알코올 및 필요한 유기 무기 시약을 사용하라.

a. EtO_2C CO_2Et b. O–TBDMS

26.49 각 화합물의 고리 닫힘 상호교환 반응으로 생성되는 생성물의 구조식은 무엇인가? 벤젠, 탄소 수 다섯 개 미만인 작은 알코올, 유기 및 무기 화합물들 사용하여 이들 출발물들을 합성하라.

a. b.

26.50 알데하이드 **A**를 합성하려고 한다. 반응 [1]~[3]을 수행하는 반응 과정에 필요한 시약은 무엇인가? **A**는 여러 단계를 거쳐서 항암 물질인 메이탄신(maytansine)을 합성할 수 있다.

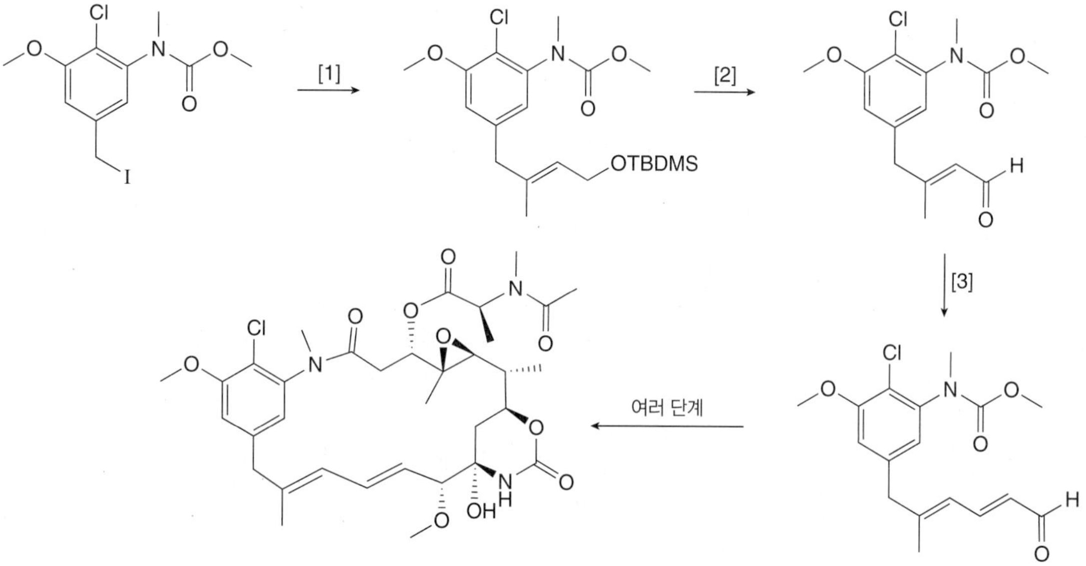

[1] → OTBDMS [2] → H [3] 여러 단계

메이탄신 **A**

26.51 다음 각 화합물들을 합성하는 과정을 고안하라. 무기 시약 외에 탄화수소, 탄소가 여섯 개 이하인 할로젠화물 $CH_2{=}CHCOOCH_3$를 출발물로 사용하라. 각 합성에 이 장에서 배운 탄소–탄소 결합 형성 반응을 최소한 하나는 사용해야 한다.

a. 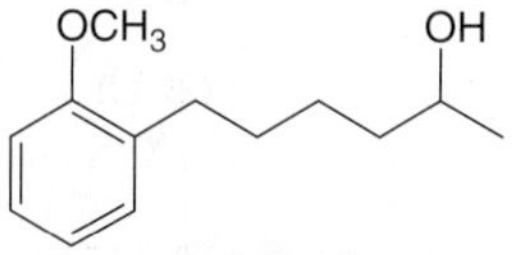 OCH_3 OH

(두 개의 거울상이성질체)

c.

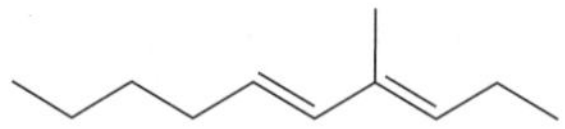

b. 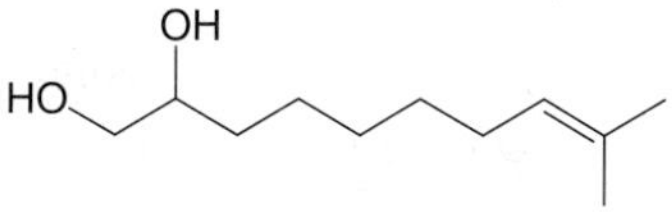 HO OH

(두 개의 거울상이성질체)

d. 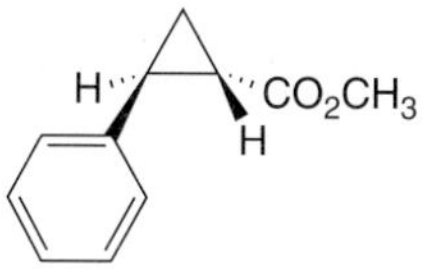 H CO_2CH_3 H

(+ 거울상이성질체)

도전 문제

26.52 최근 다양한 고리 닫힘 상호교환 반응들이 보고되고 있다. 예를 들어 두 개의 탄소–탄소 결합이 더 추가된 고리형 알켄에서 연속된 고리 열림–고리 생성(tandem ring-opening-ring-closing) 반응이 일어날 수 있다. 이 반응에서 사이클로알켄은 분해되고 두 개의 새로운 고리가 생성된다. [1] 아래에 주어진 기질들과의 연속 반응으로 생성되는 화합물은 무엇인가? [2] 말레산 다이에틸(diethyl maleate)을 친다이엔체로 사용하는 딜스–알더 반응을 이용하여 b의 기질을 합성하는 과정을 유도하라.

a. 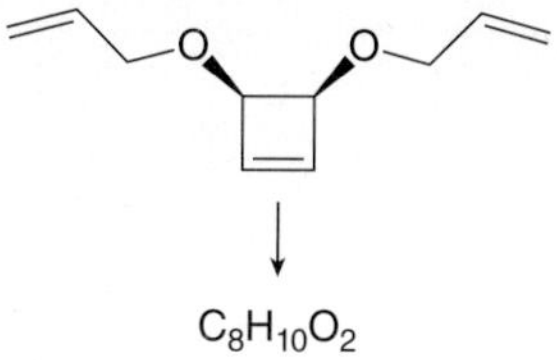 → $C_8H_{10}O_2$

b. 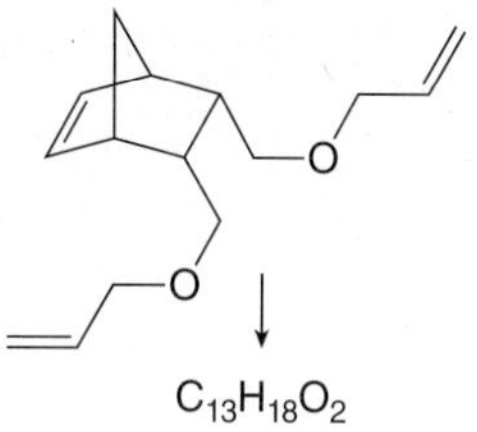 → $C_{13}H_{18}O_2$

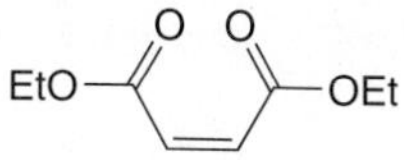

EtO OEt

말레산 다이에틸

26.53 그럽스 촉매와 에틸렌 기체의 존재하에 수행되는 다음 변환은 일련의 상호교환 반응을 거쳐 일어난다. 어떤 반응 과정을 거쳐 반응물이 생성물 **Z**로 생성되었는지를 나타내고, 둥근 원으로 표시된 탄소는 **Z**에서 어느 탄소에 해당되는지를 표시하라.

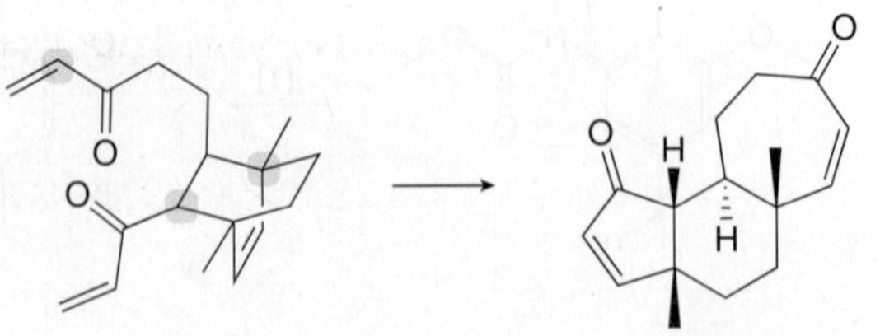

H
H
Z

26.54 아릴 아이오다이드 **A**와 바이닐보레인 **B**를 스즈키 짝지음 반응시켜 화합물 **C**를 합성한 후, 화합물 **C**를 산성 용액에서 반응시키면 화합물 **D**가 생성된다. 화합물 **C**와 **D**에 해당되는 구조를 나타내고, **C**에서 **D**로 반응이 진행되는 메커니즘을 단계별로 설명하라.

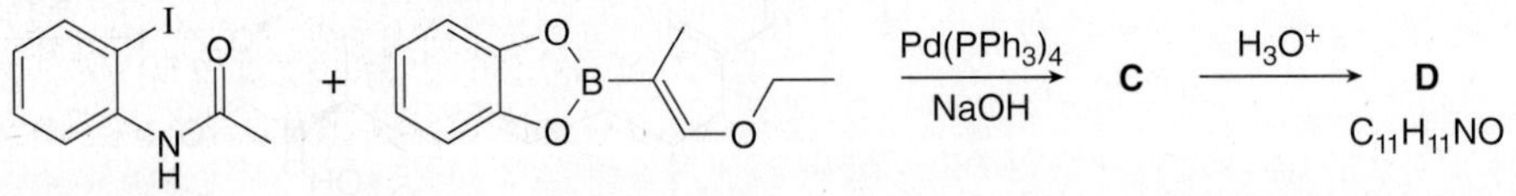

A + **B** $\xrightarrow[\text{NaOH}]{\text{Pd(PPh}_3)_4}$ **C** $\xrightarrow{\text{H}_3\text{O}^+}$ **D** $C_{11}H_{11}NO$

26.55 다이메틸 사이클로프로페인(dimethyl cyclopropane)은 α,β-불포화 카보닐 화합물 **X**와 2당량의 비히티 시약 **Y**를 반응시켜 합성할 수 있다. 반응 메커니즘을 단계별로 설명하라.

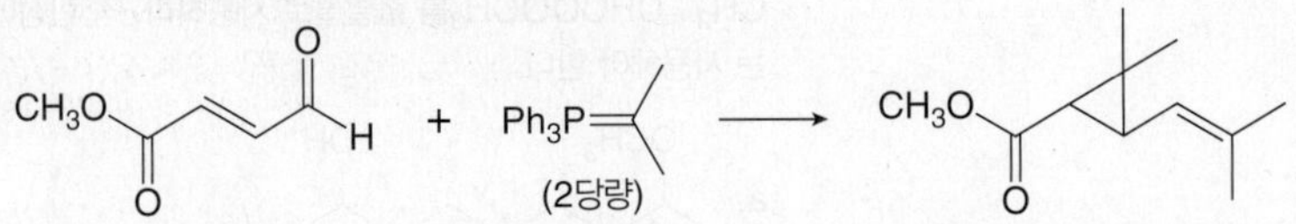

CH_3O ... **X** + Ph_3P= (2당량) **Y** ⟶ CH_3O ...

26.56 다이엔아인(dienyne) 화합물을 상호교환 반응시키면 두고리 고리계가 얻어진다. (a) **A**가 **B**로 어떻게 전환되었는지 설명하라. (b) 이 반응을 참고하여 다이엔아인 화합물 **C**를 상호교환 반응시킬 때에 생성되는 두 가지 생성물을 나타내라.

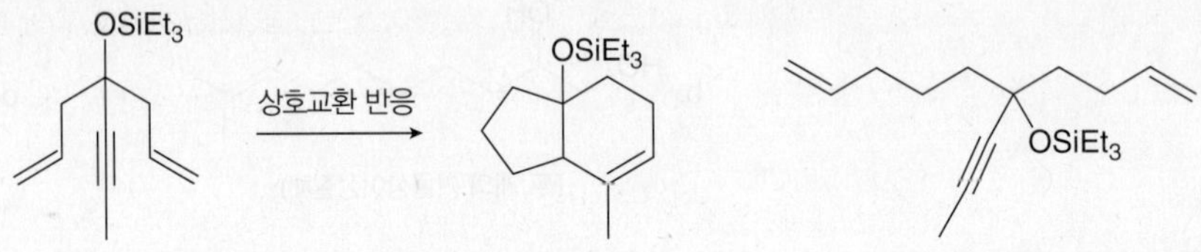

$OSiEt_3$ **A** $\xrightarrow{\text{상호교환 반응}}$ $OSiEt_3$ **B**

$OSiEt_3$ **C**

Chapter

27 고리형 협동 반응

Pericyclic Reactions

10-원자 고리가 있는 특이한 구조의 다이에폭사이드인 **페리플라논**(periplanone) **B**는 암컷 미국 바퀴벌레의 강력한 성호르몬이다. 페리플라논 B는 1952년에 분리되었지만 1976년에서야 75,000마리 이상의 암컷 바퀴벌레에서 추출한 200 μg의 시료를 이용하여 그 구조가 결정되었다. 이 구조는 1979년에 합성으로 확인되었으며 그 후에 몇 가지 합성이 보고되었다. 1984년에 발표된 페리플라논 B의 한 가지 우아한 합성의 주요한 단계에서 고리형 협동 반응이 이용되었으며, 이 반응은 27장에서 다룰 강력하고 입체특이적 반응들의 한 부류이다.

지금까지 우리가 유기화학을 공부하면서 만난 많은 반응들은 양이온, 음이온 및 라디칼 같은 반응성이 큰 중간체를 거쳐 일어난다. 예를 들어 7장의 S_N1 반응과 18장의 친전자성 방향족 치환 반응에는 탄소 양이온이 관여하며, 반면에 24장의 알돌 및 클라이젠(Claisen) 반응은 엔올 음이온을 거쳐 일어난다. 15장에서 논의한 알케인의 할로젠화 반응이나 알켄의 중합 반응 같은 다른 반응은 라디칼 중간체를 거쳐 일어난다.

27장에서는 반응 수는 작으나 다양한 부류의 반응인 고리형 협동 반응(pericyclic reaction)에 대하여 공부하고자 한다. 이 반응은 모든 결합이 단일 단계에서 깨지고 생기는 협동 반응으로 일어나며 그 전이 상태는 고리형이다. 16장의 딜스-알더(Diels-Alder) 반응이 고리형 협동 반응의 한 가지 종류의 한 예이다. 고리형 협동 반응에서는 π 결합이 관여하며 생성되는 생성물의 구조와 입체화학을 예측하게 해주는 일련의 규칙에 의하여 지배를 받는다. 따라서 고리형 협동 반응은 유기 분자의 합성에서 귀중한 방법이다.

27.1 고리형 협동 반응의 종류

대부분의 유기 반응은 이온성 혹은 라디칼 중간체를 거쳐 일어나지만 많은 유용한 반응들이 반응성이 큰 중간체가 생기지 않는 한 단계 반응으로 일어난다.

- 고리형 협동 반응은 고리형 전이 상태를 거쳐 일어나는 협동 반응이다.

입체특이적 반응은 10장에서 논의한 바 있다.

고리형 협동 반응은 빛 혹은 열이 필요하며 완전히 입체특이적이다. 즉, 반응물의 특정한 입체이성질체는 생성물의 특정한 입체이성질체를 생성한다. 고리형 협동 반응에는 전자 고리화 반응(electrocyclic reaction), 고리화 첨가 반응(cycloaddition) 그리고 시그마 결합 자리 옮김 반응(sigmatropic rearrangement)의 세 가지 종류가 있다.

전자 고리화 반응은 반응물의 한 분자의 고리가 닫히거나 열려서 생성물의 한 분자가 생기는 가역적 반응이다.

- 전자 고리화 고리 닫힘 반응은 반응물보다 σ 결합은 하나 더 많고, π 결합은 하나 적은 고리형 생성물을 만드는 분자내 반응이다.

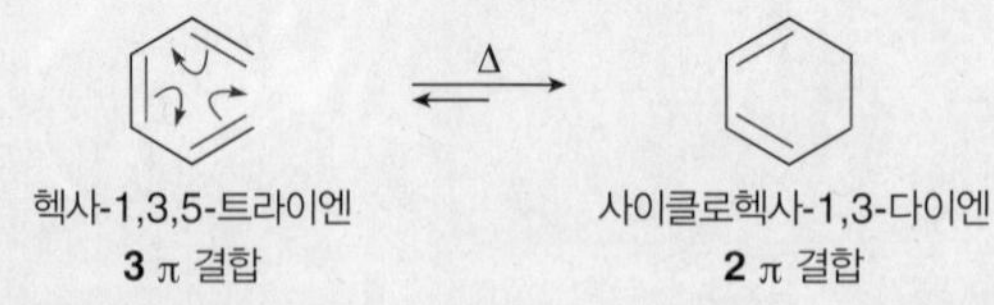

- 전자 고리화 고리 열림 반응은 고리형 반응물의 σ 결합 하나가 깨져서 π 결합이 하나 더 많은 콘쥬게이션(con-jugated) 생성물이 생기는 반응이다.

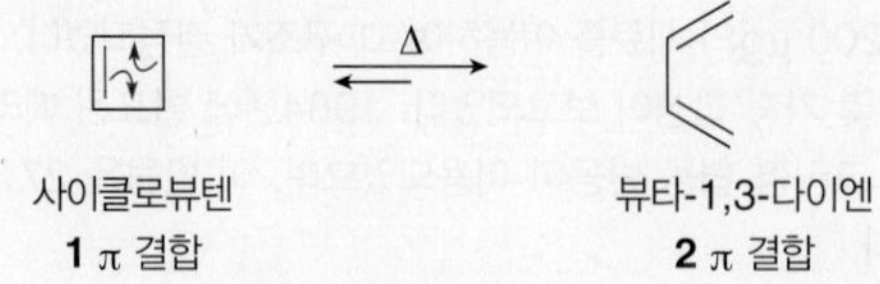

고리화 첨가 반응에서는 고리가 생긴다. 16장의 딜스-알더 반응은 고리화 첨가 반응의 한 가지 예이다.

- 고리화 첨가 반응은 π 결합이 있는 두 화합물 사이에서 두 개의 새로 생긴 σ 결합이 고리형 생성물을 만드는 반응이다.

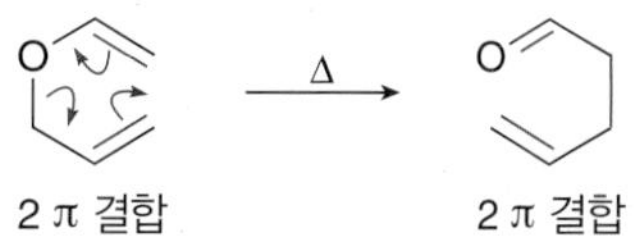

반응물과 생성물의 π 결합의 수가 서로 다른 전자 고리화 반응과 고리화 첨가 반응과는 대조적으로 **시그마 결합 자리 옮김 반응**에서는 π 결합의 수는 변하지 않는다.

- 시그마 결합 자리 옮김 반응은 σ 결합이 반응물에서 깨지면서, π 결합이 자리 옮김하고 σ 결합이 생성물에서 생기는 반응이다.

Δ

2 π 결합 2 π 결합

호프만과 후쿠이는 고리형 협동 반응의 경로를 설명하는 이론의 개발로 1981년도 노벨 화학상을 수상하였다.

고리형 협동 반응에서는 반응에 참여하는 π 결합의 수 그리고 반응 조건[반응이 열(열적 조건) 아니면 빛(광화학적 조건)의 존재에서 일어나는지의 여부]의 두 가지 특성이 반응의 경로를 결정한다. 이들 반응은 1954년에 후쿠이(Fukui)가 기술한 이론에서 유도되어 1965년에 오비탈과 대칭성에 근거하여 우드워드(Woodward)와 호프만(Hoffmann)이 최초로 제안한 일련의 규칙을 따른다.

고리형 협동 반응을 이해하려면 17장에서 π 결합이 있는 (분자)계의 분자 오비탈에 대하여 배운 것을 복습하고 또한 더 확장하여야 한다.

문제 27.1 다음 각 반응을 전자 고리화 반응, 고리화 첨가 반응 혹은 시그마 결합 자리 옮김 반응으로 분류하라. 각 반응에서 깨지거나 생기는 σ 결합을 표시하라.

a.

b. + $H_2C{=}CH_2$

c.

d.

27.2 분자 오비탈

17.9절에서 분자 오비탈(MO) 이론은 원자 오비탈의 수학적 조합으로 결합을 기술하며, **분자 오비탈**(MO, molecular orbital)이라고 부르는 새로운 오비탈이 생긴다는 것을 배웠다. **사용되는 원자 오비탈의 수는 생기는 분자 오비탈의 수와 같다.**

고리형 협동 반응에서는 π 결합이 개입하므로 각각 π 결합이 하나, 둘 그리고 세 개 들어 있는 분자인, 에틸렌, 뷰타-1,3-다이엔 및 헥사-1,3,5-트라이엔의 p 오비탈에서 얻어지는 분자 오비탈을 살펴보자. p 오비탈의 두 귓불(lobe)는 위상이 반대이고, 핵에는 전자 밀도가 없는 마디가 있다는 점을 기억하자.

그림 27.1
에틸렌의 π 및 π* 분자 오비탈

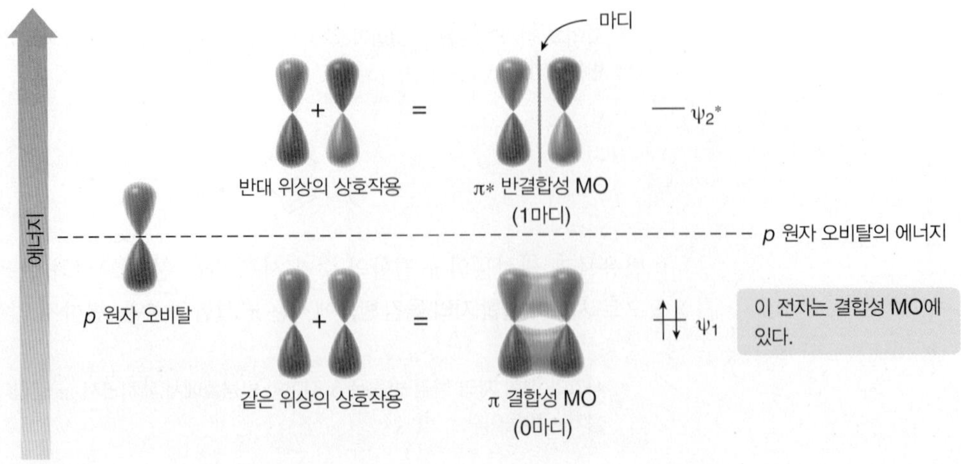

27.2A 에틸렌

에틸렌($CH_2=CH_2$)의 π 결합은 인접 탄소의 두 p 오비탈이 측면으로 중첩하여 생긴다. 두 p 오비탈은 두 다른 방법으로 조합될 수 있다. 그림 27.1에서 볼 수 있듯이, 위상이 같은 두 p 오비탈이 겹치면 π 결합성 분자 오비탈(ψ_1이라고 나타냄)이 생긴다. 두 전자는 에너지가 더 낮은 이 결합성 분자 오비탈에 들어간다. 위상이 반대인 두 p 오비탈이 겹치면 π* 반결합성 분자 오비탈(ψ_2*이라고 나타냄)이 생긴다. 위상이 반대인 두 오비탈이 조합하면 오비탈 사이에 불안정하게 만드는 마디가 존재하게 된다.

27.2B 뷰타-1,3-다이엔

뷰타-1,3-다이엔($CH_2=CH-CH=CH_2$)의 두 π 결합은 네 인접 탄소의 네 p 오비탈이 겹쳐져 생긴다. 그림 27.2에서 볼 수 있듯이, 네 p 오비탈은 네 가지 다른 방식으로 조합될 수 있고, 따라서

그림 27.2
뷰타-1,3-다이엔 네 π 분자 오비탈

- 에너지가 가장 낮은 두 분자 오비탈인 ψ_1과 ψ_2은 결합성 MO이다.
- 에너지가 가장 높은 두 분자 오비탈인 ψ_3*과 ψ_4*은 반결합성 MO이다.

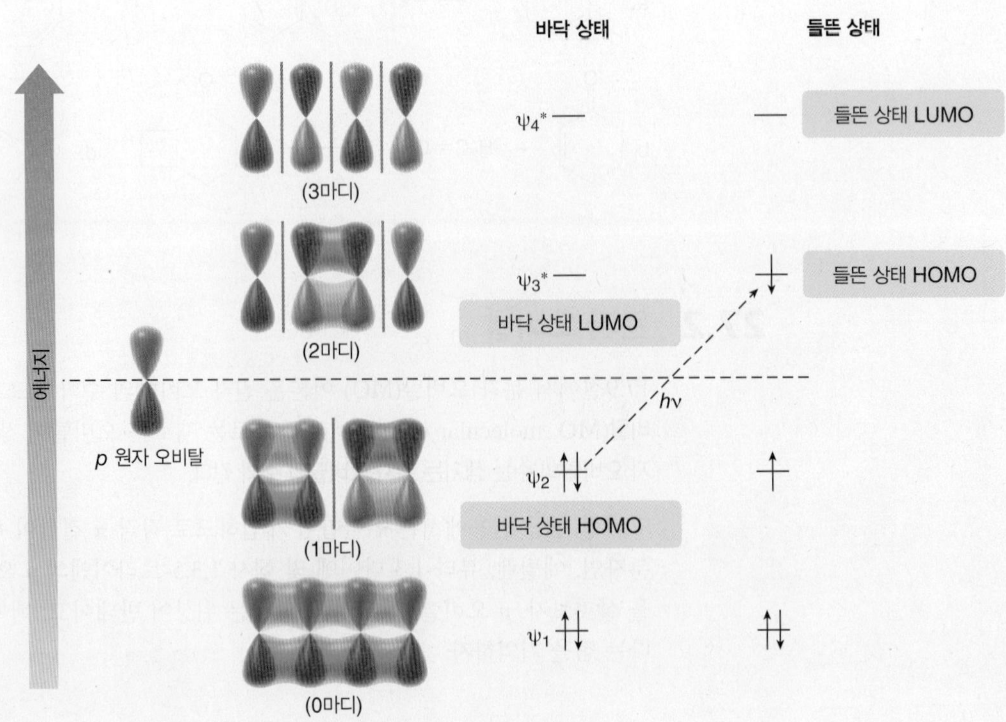

$\psi_1-\psi_4$라고 나타낸 네 분자 오비탈이 생긴다. 둘은 결합성 분자 오비탈(ψ_1과 ψ_2)이고, 다른 둘은 반결합성 분자 오비탈(ψ_3*과 ψ_4*)이다. 두 결합성 MO는 자신을 만든 *p* 오비탈보다 에너지가 더 낮으며, 반면에 두 반결합성 MO는 이들을 만든 *p* 오비탈보다 에너지가 더 높다. 결합성 상호작용의 수가 감소하고 마디의 수가 증가할수록 분자 오비탈의 에너지는 증가한다.

- 바닥 상태 전자 배치에서는 네 π 전자는 두 결합성 분자 오비탈을 차지한다.

또한 17.9절에서 다음을 상기하자.

- 전자가 들어 있는 가장 에너지가 높은 오비탈을 최고 점유 분자 오비탈(HOMO)이라고 부른다. 뷰타-1,3-다이엔의 바닥 상태에서는 ψ_2이 HOMO이다.
- 전자가 들어 있지 않은 가장 에너지가 낮은 오비탈을 최저 비점유 분자 오비탈(LUMO)이라고 부른다. 뷰타-1,3-다이엔의 바닥 상태에서는 ψ_3*이 LUMO이다.

27.3절에서 논의할 열적 반응에서는 전자 배치가 바닥 상태에 있는 반응물을 이용한다.

뷰타-1,3-다이엔이 적당한 에너지의 빛을 흡수하면, 전자 하나가 ψ_2(HOMO)에서 ψ_3*(LUMO)로 올라가면서 에너지가 더 높은 전자 배치인 **들뜬 상태**(excited state)가 얻어진다. 들뜬 상태에서 이제 HOMO는 ψ_3*이다. 27.3절에서 논의할 광화학적 반응에서는 반응물은 그 들뜬 상태에 놓여 있다. 따라서 뷰타-1,3-다이엔의 경우 그 HOMO는 ψ_3*이고 LUMO는 ψ_4*가 된다.

모든 콘쥬게이션 다이엔은 뷰타-1,3-다이엔의 경우 그림 27.2에 그린 것과 비슷한 일련의 분자 오비탈로 기술될 수 있다.

문제 27.2 그림 27.2의 각 분자 오비탈에 대하여 결합성 상호작용(위상이 같은 인접 오비탈 사이의 상호작용)의 수와 마디의 수를 셈하라. (a) 결합성 분자 오비탈에 대하여 이들 두 값이 어떻게 비교되는가? (b) 반결합성 분자 오비탈에 대해서는 이들 두 값이 어떻게 비교되는가?

27.2C 헥사-1,3,5-트라이엔

헥사-1,3,5-트라이엔($CH_2=CH-CH=CH-CH=CH_2$)의 세 π 결합은 여섯 인접 탄소의 여섯 *p* 오비탈이 겹쳐져서 생긴다. 그림 27.3에서 볼 수 있듯이, 여섯 *p* 오비탈은 여섯 가지 다른 방식으로 조합될 수 있고, 따라서 $\psi_1-\psi_6$이라고 나타낸 여섯 분자 오비탈이 생긴다. 셋은 결합성 분자 오비탈($\psi_1-\psi_3$)이고 다른 셋은 반결합성 분자 오비탈(ψ_4*$-\psi_6$*)이다.

바닥 상태 전자 배치에서는 여섯 π 전자가 세 결합성 MO를 차지하고 있으며, ψ_3이 HOMO, ψ_4*이 LUMO이다. ψ_3의 전자 하나를 ψ_4*로 올려 보낸 들뜬 상태에서는 ψ_4*가 HOMO, ψ_5*가 LUMO이다.

문제 27.3 (a) 그림 27.2를 보고 헥사-2,4-다이엔의 분자 오비탈을 그려라. (b) 바닥 상태에서 HOMO와 LUMO은 무엇인가? (c) 들뜬 상태에서 HOMO와 LUMO는 무엇인가?

문제 27.4 (a) 데카-1,3,5,7,9-펜타엔($CH_2=CH-CH=CH-CH=CH-CH=CH-CH=CH_2$)에 들어 있는 π 결합은 몇 개인가? (b) 결합성 MO는 몇 개이고 반결합성 MO는 몇 개인가? (c) ψ_1에는 마디가 몇 개인가? (d) ψ_{10}*에는 마디가 몇 개인가?

그림 27.3 헥사-1,3,5-트라이엔의 여섯 π 분자 오비탈

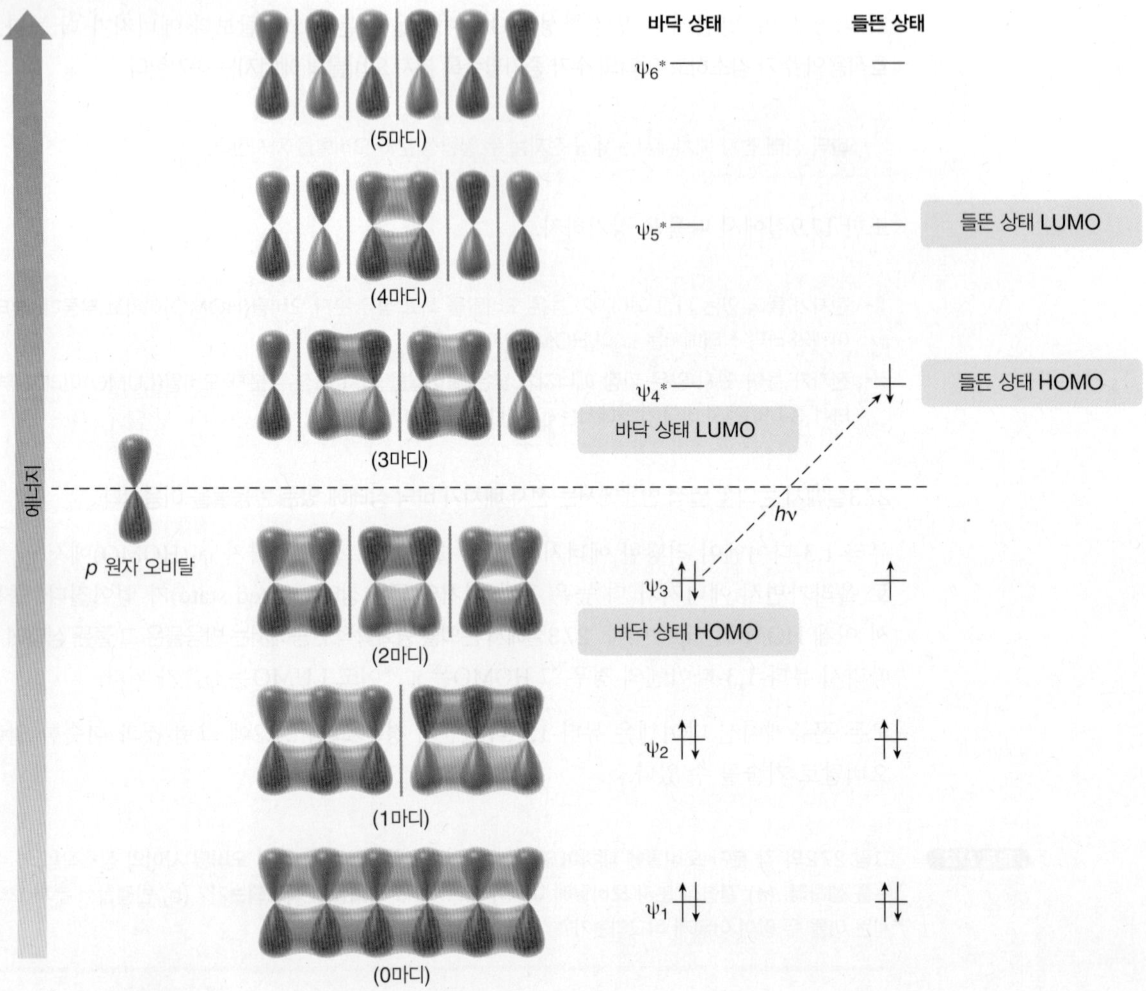

바닥 상태
들뜬 상태
ψ6*
ψ5*
ψ4*
ψ3
ψ2
ψ1
(5마디)
(4마디)
(3마디)
(2마디)
(1마디)
(0마디)
들뜬 상태 LUMO
들뜬 상태 HOMO
바닥 상태 LUMO
바닥 상태 HOMO
hν
에너지
p 원자 오비탈

27.3 전자 고리화 반응

전자 고리화 반응은 콘쥬게이션 폴리엔이 사이클로알켄으로 고리가 닫히거나 사이클로알켄의 고리가 열려 콘쥬게이션 폴리엔이 생기는 가역 반응이다. 예를 들면, 헥사-1,3,5-트라이엔의 고리 닫힘 반응에서는 반응물보다 σ 결합이 하나 더 많고, π 결합은 하나 적은 생성물인 사이클로헥사-1,3-다이엔이 생긴다. 사이클로뷰텐의 고리 열림 반응에서는 반응물보다 σ 결합이 하나 적고 π 결합은 하나 많은 생성물인 뷰타-1,3-다이엔이 생긴다.

Δ
헥사-1,3,5-트라이엔
고리 닫힘 반응
사이클로헥사-1,3-다이엔
Δ
사이클로뷰텐
고리 열림 반응
뷰타-1,3-다이엔

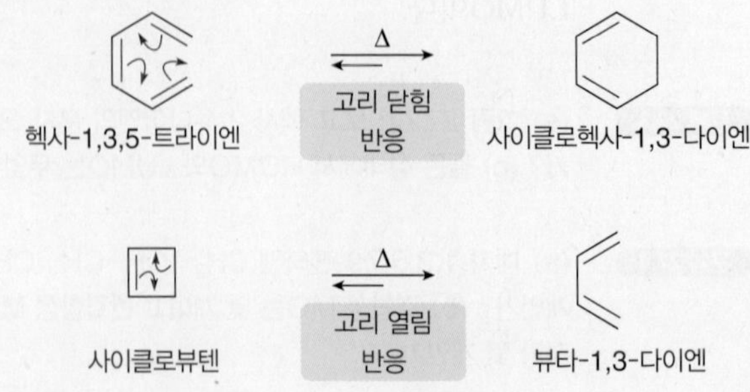

전자의 흐름을 표시할 때 화살표는 시계 방향이나 시계 반대 방향으로 둘 다 그릴 수 있다.

- 각 반응에서 생성물을 그리려면 굽은 화살표를 이용하고 한 π 결합에서 시작한다. π 전자를 인접한 탄소–탄소 결합으로 이동시키고 돌아가면서 계속한다.

고리가 생기는 반응에서는 콘쥬게이션 폴리엔의 말단이 연결된 새로운 σ 결합이 생긴다. 고리가 열리는 반응에서는 σ 결합이 깨지면서 π 결합이 하나 더 많은 콘쥬게이션 폴리엔이 생긴다.

평형에서 반응물 혹은 생성물이 우세할지는 고리형 화합물의 고리 크기에 달려 있다. 일반적으로 평형에서는 비고리형 트라이엔보다 육원자자 고리가 선호된다. 대조적으로 비고리형 다이엔이 무리를 가진 사원자 고리보다 선호된다.

문제 27.5 다음 각 전자 고리화 반응의 생성물을 굽은 화살표를 이용하여 그려라.

a. $\xrightarrow{\Delta}$ b. $\xrightarrow{\Delta}$ c. $\xrightarrow{\Delta}$

27.3A 입체화학과 오비탈 대칭성

전자 고리화 반응은 완전히 입체특이적이다. 예로서, (2*E*,4*Z*,6*E*)-옥타-2,4,6-트라이엔의 고리 닫힘 반응에서는 고리에서 메틸기가 시스 위치에 있는 생성물만 생긴다. 시스-3,4-다이메틸사이클로뷰텐의 고리 열림 반응에서는 알켄이 하나는 *Z*이고,다른 하나는 *E*인 콘쥬게이션 다이엔만 얻어진다.

(2*E*,4*Z*,6*E*)-옥타-2,4,6-트리엔 $\xrightarrow{\Delta}$ 시스-5,6-다이메틸사이클로헥사-1,3-다이엔
시스만 생성됨

생성되지 않음

시스-3,4-다이메틸사이클로뷰텐 $\xrightarrow{\Delta}$ (2*E*,4*Z*)-헥사-2,4-다이엔
(2*E*,4*Z*) 다이엔만 생성됨

생성되지 않음

더군다나, 전자 고리화 반응 생성물의 입체화학은 그 반응이 각각 열 혹은 빛을 이용하는, 열적 혹은 광화학적 조건에서 일어나는지에 달려 있다. (2*E*,4*E*)-헥사-2,4-다이엔의 열적 고리화 반응은 메틸기가 트랜스인 사이클로뷰텐을 주는 반면에, 빛을 이용하면 메틸기가 시스인 사이클로뷰텐이 생긴다.

전자 고리화 고리 닫힘 반응에서는 일반적으로 비카이랄 메소 화합물이 생기거나, 아니면 카이랄 거울상이성질체의 혼합물이 생긴다. 거울상이성질체가 생기는 경우에는 이들 반응에서 한 가지 거울상이성질체만 그리기로 한다.

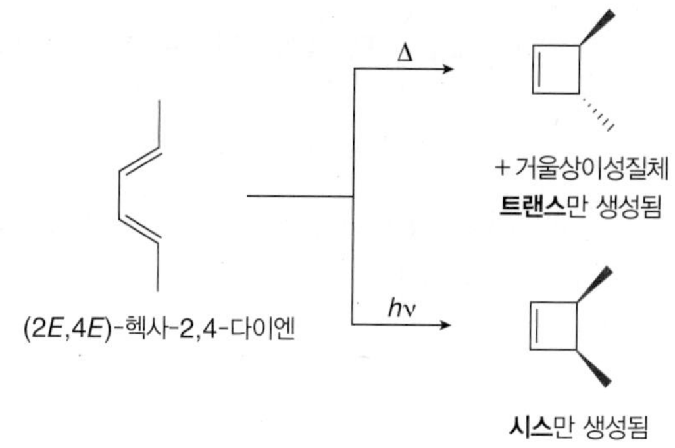

이러한 결과를 이해하려면 전자 고리화 반응에서 반응물이거나 생성물인 비고리형 콘쥬게이션 폴리엔의 HOMO를 살펴보아야 한다. 특히, HOMO의 말단 탄소에 있는 p 오비탈을 보고 위상이 같은 오비탈이 분자의 같은 면에 있는지, 아니면 다른 면에 있는지를 조사하여야 한다.

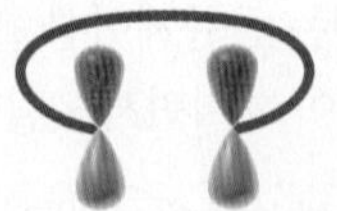
같은 면에 있는 같은 위상

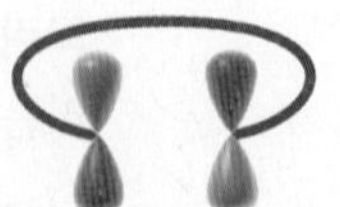
반대 면에 있는 같은 위상

- 위상이 같은 오비탈이 겹쳐져서 결합이 생길 때에만 전자 고리화 반응이 일어난다. 그러한 반응을 대칭 허용(symmetry allowed)이라고 부른다.
- 위상이 반대인 궂불(lobe) 사이에서는 전자 고리화 반응이 일어날 수 없다. 그러한 반응을 대칭 불용(symmetry forbidden)이라고 부른다.

결합이 생기려면 같은 위상끼리 상호작용하여 새로운 σ 결합이 생기도록 말단 탄소의 p 오비탈이 회전하여야 한다. 회전에는 두 가지 방식이 가능하다.

- 위상이 같은 p 오비탈이 분자의 같은 면에 있으면, 두 오비탈은 반대 방향(하나는 시계 방향, 다른 하나는 시계 반대 방향)으로 회전하여야 한다. 반대 방향의 회전을 반대 방향 회전(disrotatory)이라고 부른다.

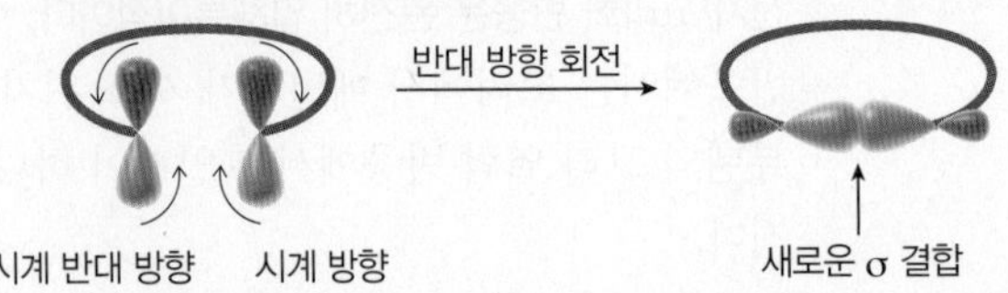

- 위상이 같은 p 오비탈이 분자의 반대 면에 있으면, 두 오비탈은 같은 방향(둘 다 시계 방향이거나 시계 반대 방향)으로 회전하여야 한다. 같은 방향의 회전을 동일 방향 회전(conrotatory)이라고 부른다.

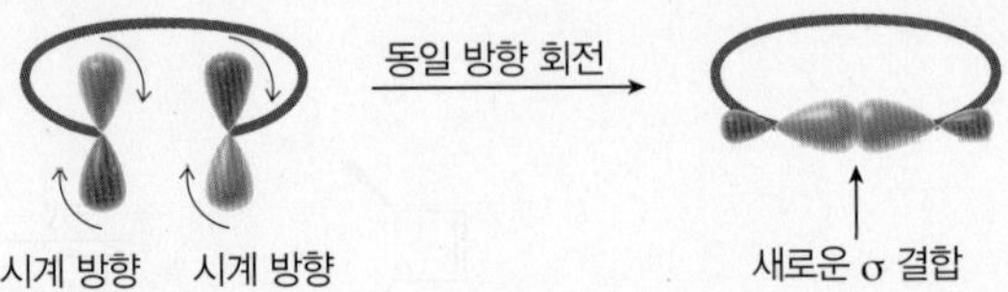

27.3B 열적 전자 고리화 반응

전자 고리화 반응에서 관찰되는 입체화학을 설명하기 위해서는 가장 느슨하게 π 전자를 붙들고 있는 분자 오비탈의 대칭성을 조사하여야 한다. 열적 반응에서는 바닥 상태 전자 배치의 HOMO를 고려한다. 이 분자 오비탈의 말단 탄소의 p 오비탈이 같은 위상끼리 결합하도록 반대 방향 회전 혹은 동일 방향 회전 방식으로 회전이 일어난다.

- 회전이 동일 방향 회전 혹은 반대 방향 회전인지는 콘쥬게이션 폴리엔에 있는 이중 결합의 수가 결정한다.

두 예가 다른 결과를 설명하고 있다.

(2*E*,4*Z*,6*E*)-옥타-2,4,6-트라이엔의 열적 전자 고리화 닫힘 반응에서는 고리에 메틸기가 시스인 생성물만 생긴다.

HOMO의 말단 탄소의 p 오비탈만 분명하게 그렸다.

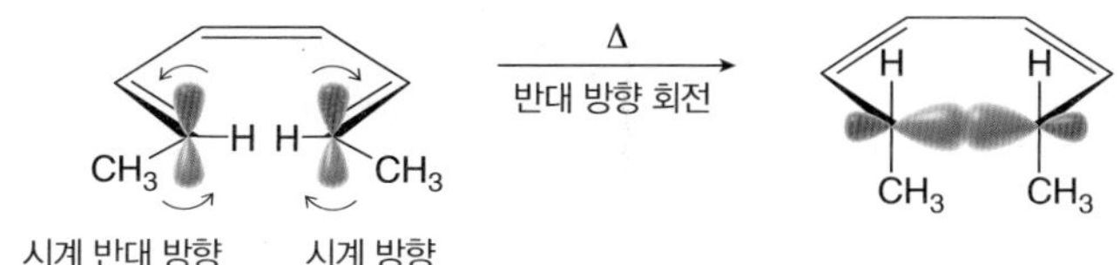

(2*E*,4*Z*,6*E*)-옥타-2,4,6-트라이엔의 바닥 상태 HOMO

시스-5,6-다이메틸사이클로헥사-1,3-다이엔 **시스** 생성물

고리화 반응이 반대 방향 회전 방식으로 일어나는 이유는 짝지은 트라이엔의 HOMO는 그 말단의 p 오비탈이 분자의 같은 면에서 위상이 같기 때문이다(그림 27.3). 위상이 같은 p 오비탈이 겹치면 새로운 σ 결합이 고리에 생기기 때문에 반대 방향 회전 고리 닫힘 반응이 대칭 허용이다. 반대 방향 회전 고리 닫힘 반응에서는 두 메틸기 모두 아래로(혹은 위로) 밀리기 때문에 생성물에서 시스가 된다.

이 반응은 π 결합의 수가 홀수인 콘쥬게이션 폴리엔의 경우에 일반적으로 관찰되는 구체적인 예이다. π 결합의 수가 홀수인 콘쥬게이션 폴리엔의 HOMO는 분자의 같은 면에서 말단의 p 오비탈의 위상이 같다. 따라서

- π 결합의 수가 홀수인 콘쥬게이션 폴리엔의 경우 열적 전자 고리화 반응은 반대 방향 회전 방식으로 일어난다.

대조적으로, (2*E*,4*E*)-헥사-2,4-다이엔의 열적 전자 고리화 닫힘 반응에서는 메틸기가 트랜스인 사이클로뷰텐이 생긴다.

(2*E*,4*E*)-헥사-2,4-다이엔의 동일 방향 회전 고리 닫힘 반응을 두 시계 방향 회전으로 그렸다. 또한 동일 방향 회전 고리 닫힘 반응을 두 시계 반대 방향 회전으로 그릴 수도 있으며, 그러면 앞에서 그린 트랜스 생성물의 거울상이성질체가 생긴다. 두 거울상이성질체는 같은 양으로 생긴다.

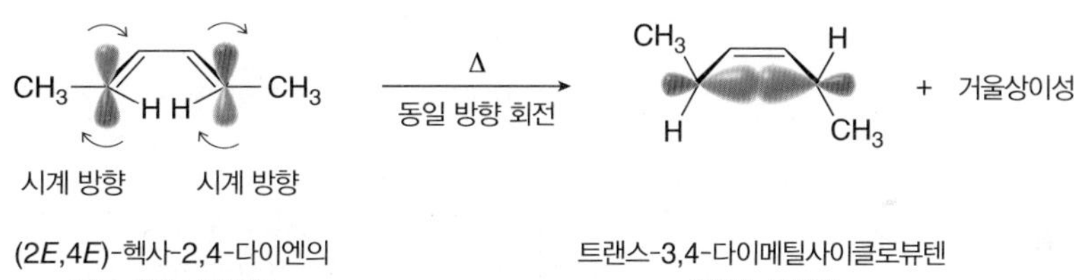

(2*E*,4*E*)-헥사-2,4-다이엔의 바닥 상태 HOMO

트랜스-3,4-다이메틸사이클로뷰텐 **트랜스** 생성물

고리화 반응이 동일 방향 회전 방식으로 일어나는 이유는 콘쥬게이션 다이엔의 HOMO는 그 말단의 p 오비탈이 분자의 반대 면에서 위상이 같기 때문이다(그림 27.2). 위상이 같은 p 오비탈이 겹치면 새로운 σ 결합이 고리에 생기기 때문에 동일 방향 회전 고리 닫힘 반응이 대칭 허용이다. 동일 방향 회전 고리 닫힘 반응에서는 한 메틸기는 아래로, 그리고 다른 메틸기는 위로 밀리기 때문에 생성물에서 트랜스가 된다.

이 반응은 π 결합의 수가 짝수인 콘쥬게이션 폴리엔의 경우에 일반적으로 관찰되는 구체적인 예이다. π 결합의 수가 짝수인 콘쥬게이션 폴리엔의 HOMO는 분자의 반대 면에서 말단의 p 오비탈의 위상이 같다. 따라서

- π 결합의 수가 짝수인 콘쥬게이션 폴리엔의 경우 열적 전자 고리화 반응은 동일 방향 회전 방식으로 일어난다.

전자 고리화 반응은 가역적이므로 **전자 고리화 고리−열림 반응은 전자 고리화 고리 닫힘 반응과 같은 규칙을 따른다.** 따라서 시스-3,4-다이메틸사이클로뷰텐—π 결합의 수가 짝수인 다이엔으로 고리가 열리는—의 열적 고리 열림 반응은 동일 방향 회전으로 일어나서 (2*E*,4*Z*)-헥사-2,4-다이엔이 유일한 생성물로서 얻어진다.

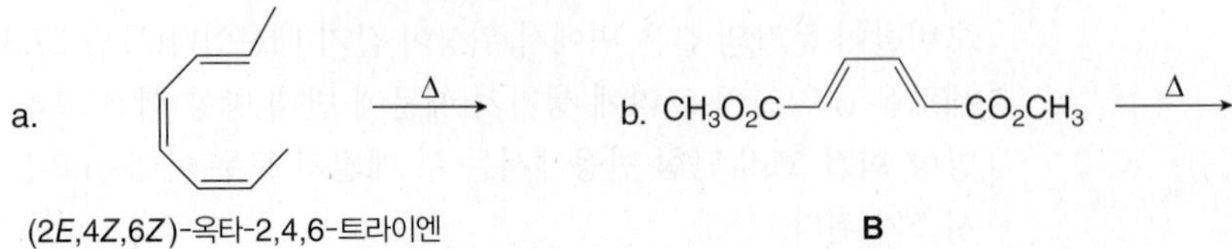

예제 27.1 각 열적 전자 고리화 고리 닫힘 반응의 생성물을 그려라.

a. (2*E*,4*Z*,6*Z*)-옥타-2,4,6-트라이엔 $\xrightarrow{\Delta}$

b. CH_3O_2C—CH=CH—CH=CH—CO_2CH_3 $\xrightarrow{\Delta}$

B

풀이

콘쥬게이션 폴리엔의 π 결합의 수를 세어 열적 전자 고리화 반응에서 고리 닫힘의 방식을 결정한다.

- π 결합의 수가 **홀수**인 콘쥬게이션 폴리엔의 경우 **반대 방향 회전** 고리화가 일어난다.
- π 결합의 수가 **짝수**인 콘쥬게이션 폴리엔의 경우 **동일 방향 회전** 고리화가 일어난다.

a. (2*E*,4*Z*,6*Z*)- 옥타-2,4,6-트라이엔은 π 결합이 세 개이다. π 결합의 수가 홀수인 콘쥬게이션 폴리엔의 HOMO는 분자의 같은 면에서 말단 *p* 오비탈의 위상이 같으므로 반대 방향 회전 고리화가 일어난다.

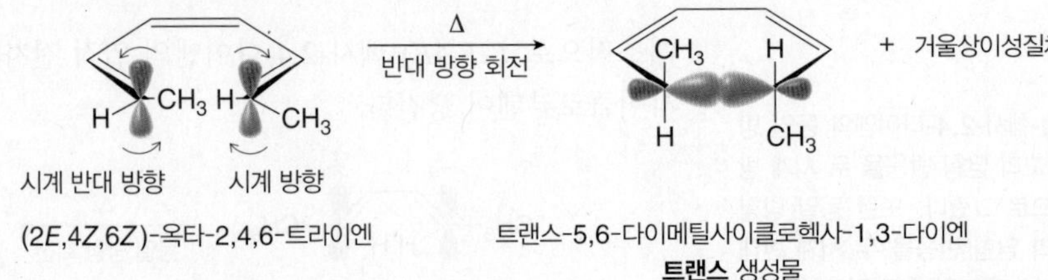

b. 다이엔 **B**는 π 결합이 두 개이다. π 결합의 수가 짝수인 콘쥬게이션 폴리엔의 HOMO는 분자의 반대 면에서 말단 *p* 오비탈의 위상이 같으므로 동일 방향 회전 고리화가 일어난다.

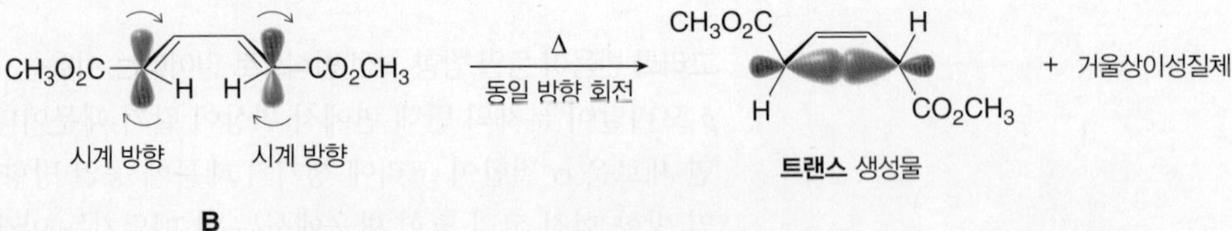

문제 27.6 각 화합물의 열적 전자 고리화 고리 열림 혹은 고리 닫힘 반응에서 무슨 생성물이 얻어지겠는가? 각 과정을 동일 방향 회전 혹은 반대 방향 회전으로 나타내고, 사면체 입체발생 중심과 이중 결합의 입체화학을 분명하게 보여라.

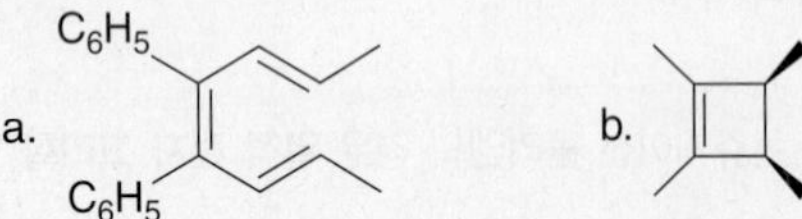

문제 27.7 각각의 데카테트라엔이 열적 전자 고리화 고리 닫힘 반응을 수행할 때 무슨 고리형 생성물이 생기겠는가?

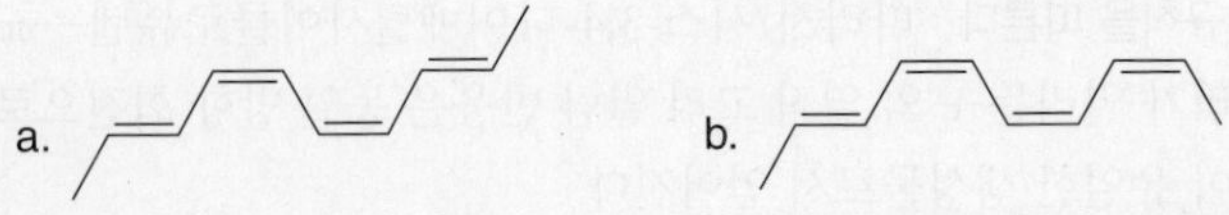

27.3C 광화학적 전자 고리화 반응

광화학적 전자 고리화 반응은 한 가지 중요한 차이점을 제외하면 열적 반응에서 서술한 원리와 비슷한 방식으로 일어난다. **광화학 반응의 경로를 결정하려면 들뜬 상태의 HOMO의 오비탈을 고려하여야 한다.** 광자가 흡수되면, 바닥 상태 HOMO의 전자 하나가 바닥 상태 LUMO로 들뜨게 된다. 그러면 들뜬 상태 HOMO는 전보다 에너지가 한 단계 위로 올라가게 된다(그림 27.2 및 27.3 참조). 들뜬 상태 HOMO는 바닥 상태 HOMO에 비하여 말단 *p* 오비탈의 위상이 반대로 놓여 있다. 따라서 **광화학적 전자 고리화 반응의 고리 닫힘 방식은 π 결합의 수가 같은 열적 전자 고리화 반응의 방식과 반대이다.**

(2*E*,4*Z*,6*E*)-옥타-2,4,6-트라이엔의 광화학적 전자 고리화 고리 닫힘에서는 고리에 메틸기가 트랜스인 고리형 생성물이 얻어진다.

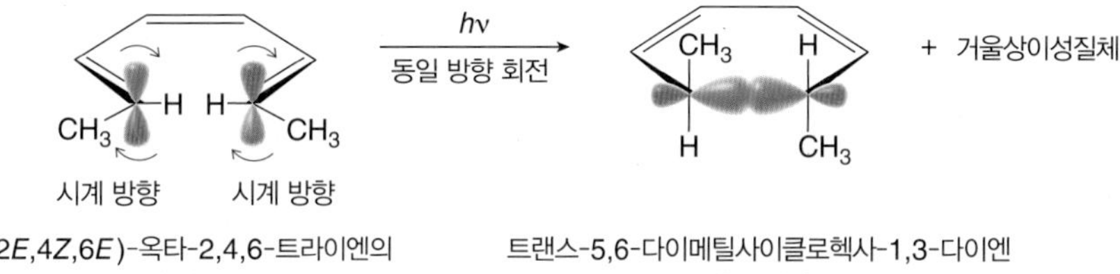

고리화가 동일 방향 회전 방식으로 일어나는 이유는 짝지은 트라이엔의 들뜬 상태 HOMO는 분자의 반대 면에서 말단 *p* 오비탈의 위상이 같기 때문이다(그림 27.3). 동일 방향 회전 고리 닫힘에서는 메틸기 하나는 아래로 밀리고 다른 메틸기는 위로 밀리므로 생성물에서 트랜스가 된다. 이는 π 결합의 수가 홀수인 콘쥬게이션 폴리엔에서 관찰되는 일반적 반응의 구체적 예이다.

- π 결합의 수가 홀수인 콘쥬게이션 폴리엔의 광화학적 전자 고리화 반응은 동일 방향 회전 방식으로 일어난다.

(2*E*,4*E*)-2,4-헥사다이엔의 광화학적 전자 고리화 고리 닫힘에서는 메틸기가 시스인 사이클로뷰텐이 생긴다.

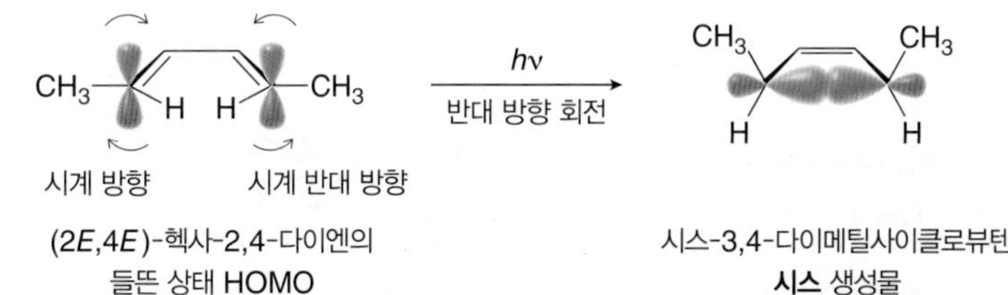

고리화가 반대 방향 회전 방식으로 일어나는 이유는 콘쥬게이션 다이엔의 들뜬 상태 HOMO는 분자의 같은 면에서 말단 *p* 오비탈의 위상이 같기 때문이다(그림 27.3). 반대 방향 회전 고리 닫힘에서는 두 메틸기가 모두 아래로(혹은 위로) 밀리므로 생성물에서 시스가 된다. 이는 π 결합의 수가 짝수인 콘쥬게이션 폴리엔에서 관찰되는 일반적 반응의 구체적 예이다.

- π 결합의 수가 각 짝수인 콘쥬게이션 폴리엔의 광화학적 전자 고리화 반응은 반대 방향 회전 방식으로 일어난다.

문제 27.8 문제 27.6에 나온 각 화합물의 광화학적 전자 고리화 고리 열림이나 닫힘 반응에서는 무슨 화합물이 얻어지겠는가? 각 과정을 동일 방향 회전 혹은 반대 방향 회전으로 나타내고, 사면체 입체발생 중심과 이중 결합의 입체화학을 분명하게 나타내라.

문제 27.9 바이타민 D 중에서 가장 흔한 바이타민 D_3는 우유나 연어 및 고등어 같은 지방성 생선에 들어 있는 화합물인 7-데하이드로콜레스테롤에서 합성된다. 피부가 햇빛을 받으면 광화학적 전자 고리화 고리 열림이 일어나서 프로바이타민 D_3가 생기고 이는 시그마 결합 자리 옮김 반응(27.5절)에 의하여 바이타민 D_3로 변환된다. 프로바이타민 D_3의 구조를 그려라.

7-데하이드로콜레스테롤 $\xrightarrow{h\nu}$ 프로바이타민 D_3 $\longrightarrow$ 바이타민 D_3

바이타민 D(문제 27.9)는 칼슘의 흡수를 조절한다. 따라서 적절한 바이타민 D의 농도가 올바른 골격의 성장에 필요하다. 미국에서 팔리는 바이타민 D로 강화된 우유는 우유를 자외선에 노출시켜 생산한다.

27.3D 전자 고리화 반응의 요약

표 27.1에 종종 우드워드-호프만(Woodward-Hoffmann rules) 규칙이라고 부르는, 열적 혹은 광화학적 반응 조건에서 일어나는 전자 고리화 반응에 대한 규칙을 요약하였다. π 결합의 수는 반응물 혹은 전자 고리화 반응의 생성물인 비고리형 콘쥬게이션 폴리엔에 해당된다.

예제 27.2 다음 반응 순서에서 **A**와 **B**는 무엇인가? 각 반응을 동일 방향 회전 혹은 반대 방향 회전으로 표시하라.

$\xrightarrow{\Delta}$ **A** $\xrightarrow{h\nu}$ **B**

풀이

사이클로헥사다이엔의 고리가 열리면 π 결합이 **세 개**인 헥사트라이엔이 생긴다. π 결합의 수가 홀수인 콘쥬게이션 폴리엔은 반대 방향 회전 방식으로 열적 전자 고리화 반응이 일어난다(표 27.1). 생기는 헥사트라이엔(**A**)은 그 다음에 동일 방향 회전 방식으로 광화학적 전자 고리화 반응을 수행하므로 메틸기가 시스인 사이클로헥사다이엔(**B**)이 생길 것이다.

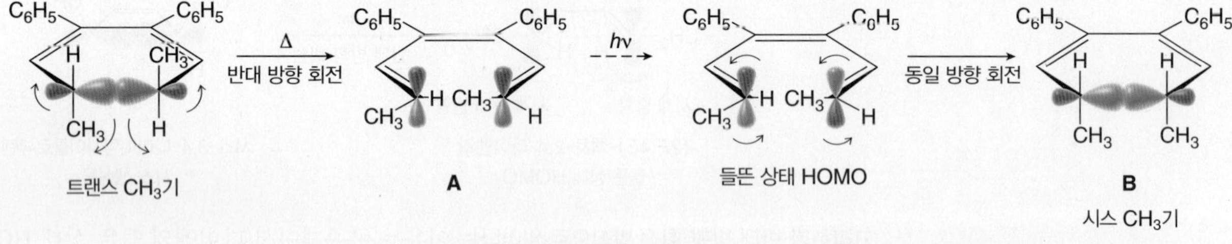

문제 27.10 각각의 트라이엔이 [1] 열적 조건, [2] 광화학적 조건에서 전자 고리화 반응을 수행할 때 생기는 생성물을 그려라.

a. b.

표 27.1
전자 고리화 반응에 대한 우드워드-호프만 규칙

π 결합의 수	열적 반응	광화학 반응
짝수	동일 방향 회전	반대 방향 회전
홀수	반대 방향 회전	동일 방향 회전

문제 27.11 다음 트라이엔의 반대 방향 회전 고리화 반응에서 무슨 생성물이 생기겠는가? 이 반응은 광화학적 혹은 열적 조건에서 일어나겠는가?

27.4 고리화 첨가 반응

고리화 첨가 반응은 π 결합을 가진 두 화합물이 반응하여 고리형 생성물에서 새로운 σ 결합 두 개가 생기는 반응이다. 전자 고리화 반응에서처럼 고리화 첨가 반응도 협동적이고 입체특이적이며, 반응의 경로는 반응물의 분자 오비탈의 대칭성에 의하여 결정된다.

- 고리화 첨가 반응은 열(열적 조건)이나 빛(광화학적 조건)으로 개시된다.
- 고리화 첨가 반응은 두 반응물에 들어 있는 π 결합의 수로 확인한다.

딜스–알더 반응은 π 전자가 네 개인 다이엔과 π 전자가 두 개인 알켄(친다이엔체) 사이에서 일어나는 열적 [4 + 2] 고리화 첨가 반응이다(16.12~16.14절).

CO_2CH_3 CO_2CH_3 Δ [4+2] 고리화 첨가 반응 CO_2CH_3 CO_2CH_3

다이엔 4 π 전자 친다이엔체 2 π 전자 딜스–알더 생성 (새로운 결합은 붉은색으로 보여짐)

광화학적 [2 + 2] 고리화 첨가 반응은 각각 π 전자가 두 개인 두 알켄 사이에서 일어나 사이클로뷰테인이 생긴다. 열적 [2 + 2] 고리화 첨가 반응은 일어나지 않는다.

CH_2=CH_2 O O O hν [2+2] 고리화 첨가 반응 H H O O O

2 π 전자 2 π 전자 (새로운 결합은 붉은색으로 보여짐)

예제 27.3 다음 반응식에서 고리화 첨가 반응의 종류는 무엇인가?

a. + CH_2=CH_2 ⟶ b. + CH_2=CH_2 ⟶

풀이

각 반응물에서 관여하는 π 전자의 수를 구하여 고리화 첨가 반응을 분류한다.

a. [2 + 2] 고리화 첨가 반응

CH_2=CH_2 ⟶ 2 π 전자 2 π 전자

b. [4 + 2] 고리화 첨가 반응

CH_2=CH_2 ⟶ 4 π 전자 2 π 전자

문제 27.12 사이클로헵타트라이엔온과 에틸렌에서 고리화 첨가 반응이 (a) [2 + 2], (b) [4 + 2], (c) [6 + 2]로 일어날 때 생길 수 있는 생성물을 그려라.

=O + $CH_2{=}CH_2$

사이클로헵타트라이엔온

27.4A 고리화 첨가 반응의 오비탈 대칭성

고리화 첨가 반응을 이해하려면 두 반응물 모두 말단 탄소의 *p* 오비탈을 살펴야 한다. *p* 오비탈의 두 집합이 모두 같은 위상으로 겹쳐질 때에만 결합이 생길 수 있다. 두 가지 반응 방식이 가능하다.

- 두 반응물의 *p* 오비탈의 같은 위상이 π 계의 같은 면에 있어야만 두 결합성 상호작용이 가능한 경우에는 동일 면(suprafacial) 고리화 첨가 반응이 일어난다.

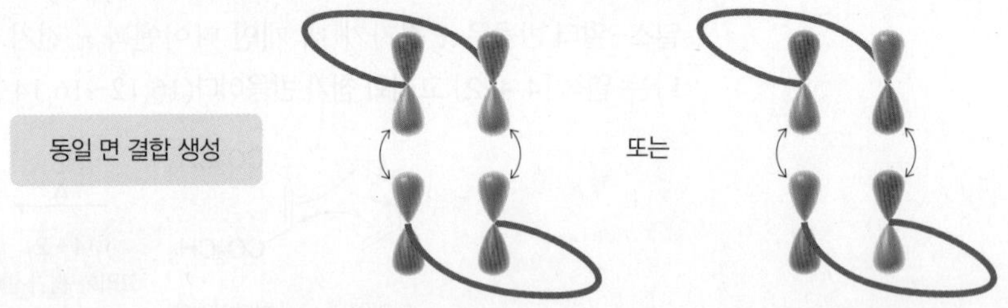

- 반응물의 말단 탄소의 *p* 오비탈의 같은 위상끼리 배열하기 위하여 한 π 계가 비틀어져야 하는 경우에는 반대 면(antarafacial) 고리화 첨가 반응이 일어난다.

작은 고리의 기하학적 제한 때문에 사-혹은 육원자 고리가 생기는 고리화 첨가 반응은 동일 면 경로로만 일어난다.

고리화 첨가 반응에서는 한 반응물이 다른 반응물로 전자 밀도를 주기 때문에 한 반응물에서 가장 느슨하게 붙들린 전자—HOMO를 차지하고 있는 것—를 다른 반응물에서 전자를 받을 수 있는 비어 있는 오비탈—LUMO—에 준다. 분석에는 두 반응물의 아무 HOMO나 사용할 수 있다.

- 고리화 첨가 반응에서는 한 성분의 HOMO와 다른 성분의 LUMO 사이의 결합 상호작용을 검토하여야 한다.

27.4B [4 + 2] 고리화 첨가 반응

[4 + 2] 고리화 첨가 반응이 어떻게 일어나는지를 보기 위하여 임의적으로 다이엔의 HOMO와 알켄의 LUMO를 고르고, 두 성분의 말단 탄소의 p 오비탈의 대칭성을 살펴보자. p 오비탈의 두 집합이 같은 위상으로 겹치는 두 결합 상호작용이 생기기 때문에 [4 + 2] 고리화 첨가 반응은 열적 조건에서 동일 면 반응으로 쉽게 일어난다.

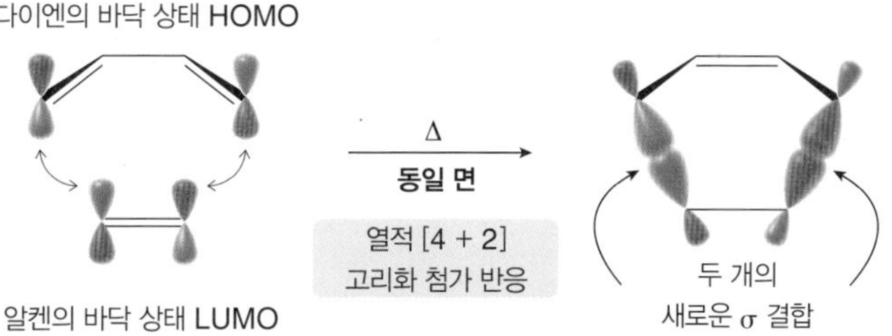

이는 π 결합의 수가 홀수(다이엔에서 둘, 알켄에서 하나로 전부 π 결합이 셋)인 일반적 고리화 첨가 반응의 구체적 예이다.

- π 결합의 수가 홀수인 열적 고리화 첨가 반응은 동일 면 경로로 일어난다.

16.13절에서 친다이엔체의 입체화학은 딜스–알더 생성물에서 보전된다는 점을 배운 바 있다.

딜스–알더 반응은 협동적이고 동일 면 경로를 따르기 때문에 다이엔의 입체화학은 생성물에서 보전된다. 따라서 (2E,4E)-헥사-2,4-다이엔과 에틸렌 사이의 반응에서는 치환기가 시스인 사이클로헥센이 얻어지고(반응 [1]), 반면에 (2E,4Z)-헥사-2,4-다이엔 에틸렌 사이의 반응에서는 치환기가 트랜스인 사이클로헥센이 얻어진다(반응 [2]).

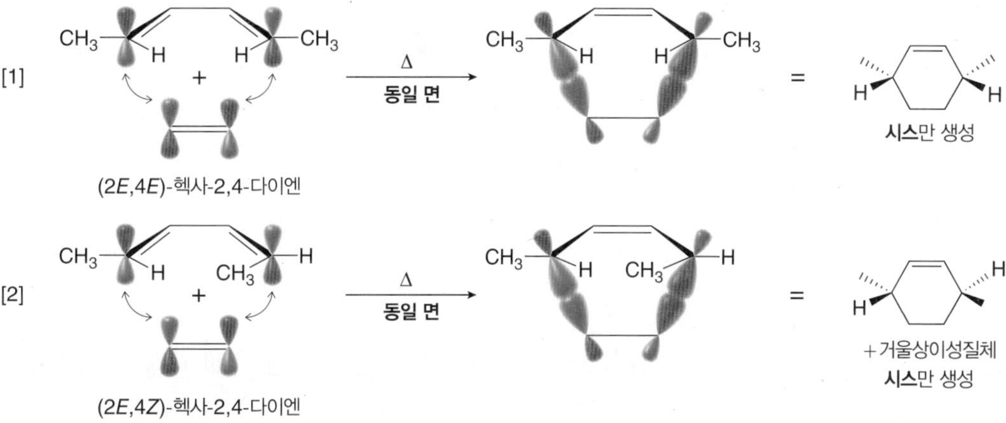

문제 27.13 알켄의 HOMO와 다이엔의 LUMO를 이용하여 [4+2] 고리화 첨가 반응에서 열적 동일 면 첨가 반응이 대칭 허용임을 보여라.

문제 27.14 열적 [4+2] 고리화 첨가 반응에서 반응물의 각 쌍에서 생기는 생성물을 그려라(입체화학 포함).

a. (다이엔) + CH_2=CH_2 b. (다이엔) + (CN)(CN)C=CH_2

문제 27.15 (a) 알칼로이드 레서핀(reserpine) 합성의 초기 단계에서 수행되었던(문제 22.83), 다음 [4+2] 고리화 첨가 반응의 생성물을 그려라. 새로 생기는 입체발생 중심이 있으면 입체화학을 나타내라. (b) 알켄과 콘쥬게이션 다이엔의 말단 탄소의 p 오비탈을 그리고, 반응물의 배향과 오비탈의 겹침이 어떻게 관찰된 입체화학을 주는지를 보여라.

O=(퀴논)=O + (다이엔)CO_2CH_3 $\xrightarrow{\Delta}$

레서핀(reserpine, 문제 27.15)은 인디언들이 수 세기 동안 정신 장애와 뱀에 물린 상처를 치료하는 데 사용한 전통 약초인 인도사목(*Rauwolfia serpentina*)의 뿌리에서 분리된다.

27.4C [2 + 2] 고리화 첨가 반응

[4 + 2] 고리화 첨가 반응과는 대조적으로, [2 + 2] 고리화 첨가 반응은 열적 조건에서 일어나지 않고 광화학적으로 일어난다. 이러한 결과는 알켄 반응물의 HOMO와 LUMO의 대칭성을 고려하여 설명할 수 있다.

열적 [2 + 2] 고리화 첨가 반응에서는 말단 탄소의 한 조합만이 그 p 오비탈의 위상이 같아서 중첩이 일어난다. 다른 말단 탄소에서 같은 위상끼리 겹치려면 분자가 비틀어져서 반대 면 경로가 가능하여야 한다. 하지만 이러한 과정은 작은 고리를 만드는 경우에는 일어날 수 없다.

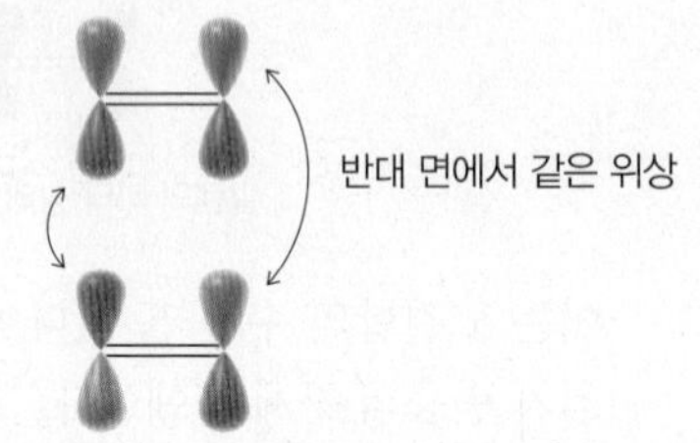

광화학적 [2 + 2] 고리화 첨가 반응에서는 빛이 바닥 상태 HOMO로부터 전자 하나를 올리면 들뜬 상태 HOMO(그림 27.1에서 ψ_2*로 표시한)가 생긴다. 이 들뜬 상태 HOMO와 다른 알켄의 LUMO 사이에서 상호작용이 일어나면, p 오비탈의 두 집합이 모두 같은 위상끼리 겹치게 된다. 두 결합 상호작용이 생기며 반응은 동일 면 경로로 일어난다.

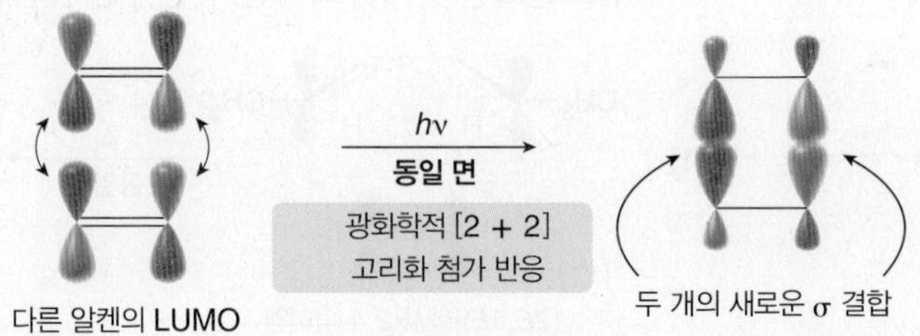

이는 π 결합의 수가 짝수(각 알켄에서 하나씩, π 결합이 전부 둘)인 일반적 고리화 첨가 반응의 구체적 예이다.

- 짝수의 π 결합이 참여하는 광화학적 고리화 첨가 반응은 동일 면 경로로 일어난다.

문제 27.16 각각의 고리화 첨가 반응에서 생기는 생성물을 그려라.

a. C_6H_5CH=CHC_6H_5 + $(CH_3)_2C=C(CH_3)_2$ $\xrightarrow{h\nu}$ b. (3-cyano-2-cyclohexenone: O, CN) + $CH_2=CH_2$ $\xrightarrow{h\nu}$

24.4D 고리화 첨가 반응의 요약

표 27.2에 고리화 첨가 반응을 지배하는 우드워드-호프만 규칙을 요약하였다. π 결합의 수는 고리화 첨가 반응에 참여하는 두 성분의 π 결합의 총 수이다. π 결합의 수가 같다면, 고리화 첨가 반응의 방식은 항상 열적 반응과 광화학적 반응이 반대이다.

표 27.2
고리화 첨가 반응의 우드워드-호프만 규칙

π 결합의 수	열적 반응	광화학 반응
짝수	반대 면	동일 면
홀수	동일 면	반대 면

문제 27.17 우드워드-호프만 규칙을 이용하여, 각각의 고리화 첨가 반응의 입체화학적 결과를 예측하라.
(a) [6+4] 광화학적 반응 (b) [8+2] 열적 반응

문제 27.18 오비탈 대칭성을 이용하여, 딜스-알더 반응이 광화학적 반응 조건에서는 왜 일어나지 않는지를 설명하라.

27.5 시그마 결합 자리 옮김 반응

시그마 결합 자리 옮김 반응은 반응물에서 **σ** 결합이 깨지고, **π** 결합이 자리 옮김하고, 새로운 **σ** 결합이 생성물에서 생기는 분자내 고리형 협동 반응이다. 시그마 결합 자리 옮김 반응에서는 반응물과 생성물의 π 결합의 수는 같으며, 깨지거나 생기는 σ 결합은 알릴성 C−H, C−C 혹은 C−Z 결합(Z = N, O, 혹은 S)이다. C−H 결합이 깨지고 생기는 시그마 결합 자리 옮김 반응의 한 예가 다음에 나와 있다.

H
시그마 결합 자리 옮김 반응
H
1 π 결합
알릴성 C−H 결합이 깨짐
1 π 결합
알릴성 C−H 결합이 생성

시그마 결합 자리 옮김 반응은 깨지는 σ 결합에 대하여 새로운 σ 결합의 상대적 위치를 나타내기 위하여 숫자의 집합을 꺾쇠 괄호에 가둔 기호인 $[n,m]$으로 나타낸다. 시그마 결합 자리 옮김 반응을 표시하려면,

- 반응물에서 깨지는 σ 결합의 위치를 파악하고, 결합에 있는 두 원자를 '1'로 쓴다.
- 생성물에서 새로 생긴 σ 결합의 위치를 파악하고, 깨진 σ 결합으로부터 각 파편에 대하여 새로 생긴 σ 결합까지에 있는 원자의 수를 센다.
- 두 숫자를 꺾쇠 괄호에 쓰되 작은 수를 먼저 쓴다. C−H가 관여하는 자리 옮김 반응에서는 첫 숫자는 항상 '1'이다.

예를 들면, 다음 [3,3] 시그마 결합 자리 옮김 반응에서 **A**의 알릴성 C−C 결합이 깨지면서 새로운 알릴성 C−C 결합이 **B**에서 생길 때, 다이엔 **A**는 다이엔 **B**로 변환된다.

σ 결합 깨짐
1 2 3
1 2 3
[3,3] 시그마 결합
자리 옮김 반응
1 2 3
1 2 3
σ 결합 생성
A
B

예제 27.4 각 반응식에서 시그마 결합 자리 옮김 반응의 종류는 무엇인가?

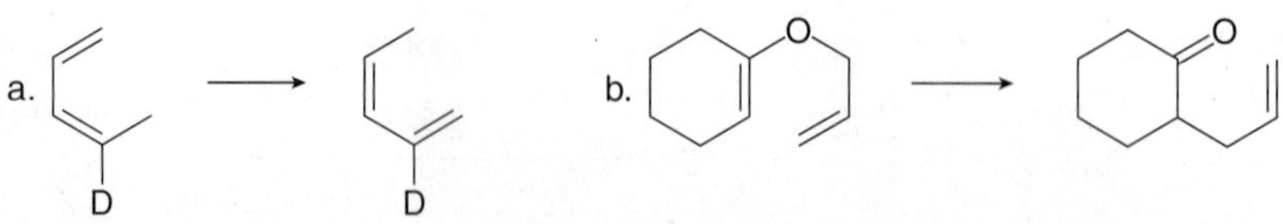

풀이

깨진 σ 결합 원자의 위치를 찾아서 1이라고 표시한다. 새로 생기는 σ 결합 원자의 위치를 찾은 후 깨진 결합으로부터 생기는 결합까지의 원자의 수를 센다. C–H 결합이 깨지는 경우에 H 원자는 다른 원자와 결합하지 않기 때문에 [*n*,*m*] 표기에서 첫 숫자는 항상 1이다.

a. 알릴성 C에서 C–H 결합이 깨지고 새로운 C–H 결합이 C5에 생기므로 반응은 **[1,5] 시그마 결합 자리 옮김 반응이다.**

b. C–O σ 결합이 깨지고 깨진 결합으로부터 떨어진 세 원자 탄소 사이에서 새로운 알릴성 C–C σ 결합이 생기므로 이 반응은 **[3,3] 시그마 결합 자리 옮김 반응**이다.

문제 27.19 각 반응식에서 시그마 결합 자리 옮김 반응의 종류는 무엇인가?

27.5A 시그마 결합 자리 옮김 반응과 오비탈 대칭성

시그마 결합 자리 옮김 반응의 입체화학은 다른 고리형 협동 반응과 비슷하게 반응에 참여하는 오비탈의 대칭성으로 결정된다. 시그마 결합 자리 옮김 반응에서는 깨지는 σ 결합 오비탈과 새롭게 σ 결합이 생기는 π 결합의 말단 *p* 오비탈을 고려한다. 자리 옮김 반응의 두 방식이 가능하며 그 방식은 동일 면 및 반대 면이다.

- 동일 면 자리 옮김 반응에서는 깨진 σ 결합과 같은 면의 π 계에서 새로운 σ 결합이 생긴다.

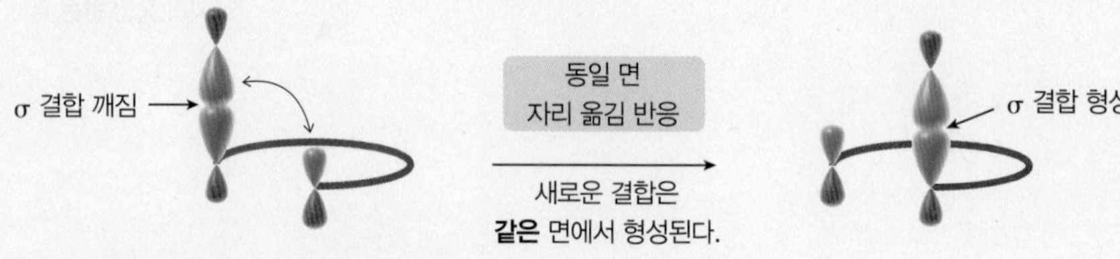

표 27.3
시그마 결합 자리 옮김 반응의 우드워드-호프만 규칙

전자쌍의 수	열적 반응	광화학적 반응
짝수	반대 면	동일 면
홀수	동일 면	반대 면

• 반대 면 자리 옮김 반응에서는 깨진 σ 결합과는 반대 면의 π 계에서 새로운 σ 결합이 생긴다.

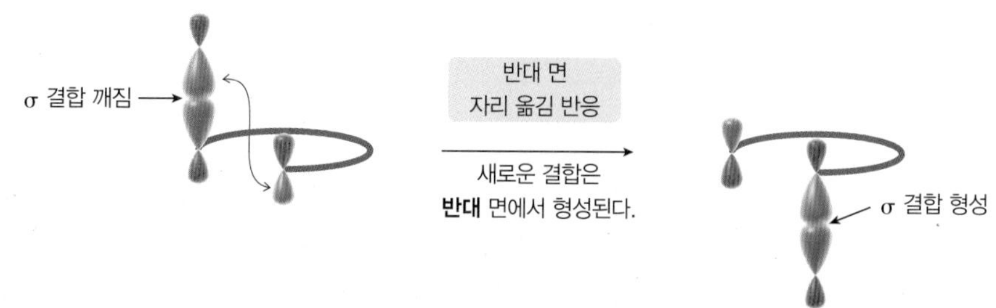

시그마 결합 자리 옮김 반응은 열적 혹은 광화학적 조건에서 일어날 수 있으며 고리화 첨가 반응에서 관찰된 것과 같은 규칙을 따른다. 시그마 결합 자리 옮김 반응의 경우에는 깨지는 σ 결합과 자리 옮김하는 π 결합에 있는 전자쌍의 전체 수를 센다(표 27.3). 시그마 결합 자리 옮김 반응은 전이 상태가 고리형이고 작은 고리는 기하학적 제약이 있으므로 여섯 원자나 이보다 적은 수의 원자가 관여하는 반응은 동일 면 경로로서만 일어나야 한다.

예를 들면, **X**가 **Y**로 변하는 [1,5] 시그마 결합 자리 옮김 반응에서는 깨지는 σ 결합에서 전자 한 쌍, 그리고 자리 옮김하는 π 결합에서 두 쌍, 모두 세 쌍의 전자가 관여한다.

3 전자쌍
(붉은색)
X

Δ
열적, 동일 면 반응

[1,5] 자리
옮김 반응

Y

표 27.3에 따르면 이 반응은 열적 조건에서는 동일 면 방식으로, 광화학적 조건에서는 반대 면 방식으로 일어난다. 이 반응은 여섯 원자만 관여하므로(이동하는 H 원자를 포함하여), 열적 조건에서 동일 면 방식으로 일어나야만 한다.

예제 27.5 다음 시그마 결합 자리 옮김 반응을 분류하고, 이들이 열적 혹은 광화학적 조건에서 쉽게 일어나는지를 결정하라.

풀이

우선, 자리 옮김 반응을 예제 문제 27.4에서처럼 분류한다. 깨진 σ 결합의 원자를 1로 나타내고 깨진 결합으로부터 생기는 결합까지의 원자 수를 센다. 다음에는, 반응에 참여하는 전자쌍의 수를 세고, 표 27.3을 이용하여 반응의 입체화학적 경로를 결정한다. 여섯 원자나 이보다 적은 원자가 개입하는 반응은 동일 면 경로로만 일어나야 한다는 점을 기억하자.

σ 결합 깨짐

이 반응에는
두 전자쌍이 참여한다.

[1,3] 시그마 결합
자리 옮김 반응

새로운 σ 결합

이 반응은 두 개의 전자쌍, 즉 깨지는 C−H σ 결합과 하나의 π 결합이 참여하는 [1,3] 시그마 결합 자리 옮김 반응이다. 반응은 네 원자가 참여하므로 동일 면 경로를 취하여야 하며, 따라서 광화학적 조건에서 일어난다.

문제 27.20 (a) 다음 트라이엔에서 중수소의 [1,7] 시그마 결합 자리 옮김 반응에서는 무슨 생성물이 생기겠는가? (b) 열적 조건에서 이 반응은 동일 면 혹은 반대 면 방식으로 일어나는가? (c) 광화학적 조건에서 이 반응은 동일 면 혹은 반대 면 방식으로 일어나는가?

D D D

27.5B [3,3] 시그마 결합 자리 옮김 반응

유기 합성에서 널리 사용되는 두 가지 [3,3] 시그마 결합 자리 옮김 반응은 1,5-다이엔이 이성질체인 1,5-다이엔으로 변하는 **코프 자리 옮김 반응(Cope rearrangement)**과 불포화 에터가 γ,δ-불포화 카보닐 화합물로 변하는 **클라이젠 자리 옮김 반응(Claisen rearrangement)**이다.

σ 결합 깨짐 → 1,5-다이엔 ⇌(Δ, 코프자리 옮김 반응) 이성질체 1,5-다이엔 ← σ 결합 형성

σ 결합 깨짐 → 불포화 에터 ⇌(Δ, 클라이젠 자리 옮김 반응) γ,δ-불포화 카보닐 화합물 ← σ 결합 형성

두 반응 모두 세 전자쌍—두 π 결합과 한 σ 결합—이 관여하고 여섯 원자가 참여하므로 열적 조건에서는 동일 면 경로로 쉽게 일어난다.

코프 자리 옮김 반응

코프 자리 옮김 반응에서는 반응물과 생성물이 이성질체인 1,5-다이엔이므로 더 안정한 다이엔이 평형에서 선호된다. 반응물 1,5-다이엔이 생성물보다 상당히 불안정할 때 유용한 코프 자리 옮김 반응이 일어난다. 한 예가 시스-1,2-다이바이닐사이클로뷰테인이 사이클로뷰테인 고리의 무리가 없어지면서 사이클로옥타-1,5-다이엔으로 자리 옮김하는 반응이다.

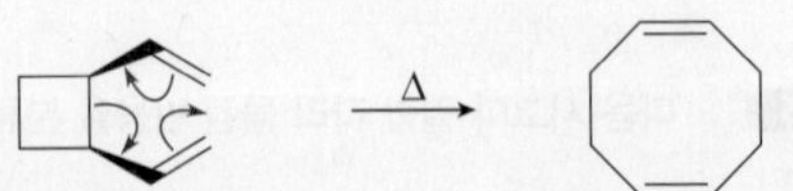

시스-1,2-다이바이닐사이클로뷰테인 사이클로옥타-1,5-다이엔

옥시-코프 자리 옮김 반응(oxy-Cope rearrangement)은 불포화 알코올을 이용하는, 코프 자리 옮김 반응의 특히 유용한 변형이다. [3,3] 시그마 결합 자리 옮김 반응은 먼저 엔올을 만들고, 그 다음에 카보닐기로 토토머화한다.

C3에서 OH기 →(Δ, [3,3], 옥시-코프 자리 옮김 반응) [엔올] ⇌(토토머화) 카보닐 화합물

Δ [3,3]

토토머화

더군다나, 음이온성 옥시-코프 자리 옮김 반응(anionic oxy-Cope rearrangement)에서는 종종 매우 온화한 반응 조건에서 높은 수율로 자리 옮김된 생성물이 생긴다. 음이온성 옥시-코프 자리 옮김 반응에서는 불포화 알코올 반응물을 흔히 18-크라운-6(9.5B절)의 존재하에서 KH 같은 센 염기로 먼저 처리하여 알콕사이드를 만든다. 다음에 [3,3] 시그마 결합 자리 옮김 반응이 일어나면 공명 안정화 엔올 음이온이 생기고, 양성자가 첨가되면 카보닐 화합물이 생긴다.

KH 18-크라운-6 | 알콕사이드 | Δ [3,3] | 공명 안정화 엔올 음이온 | 양성자

음이온성 옥시- 코프 자리 옮김 반응

문제 27.21 각 출발물의 코프 혹은 옥시-코프 자리 옮김 반응에서 무슨 생성물이 생기겠는가?

a. b. c.

문제 27.22 장의 첫머리에 나온 분자인 페리플라논 B의 합성의 한 단계에서 다음 불포화 알코올의 음이온성 옥시-코프 자리 옮김 반응이 사용되었다. 중간체인 엔올 음이온에 양성자를 가한 후에 생기는 생성물을 그려라.

문제 27.23 제라니알(geranial)(그림 2.16)의 코프 자리 옮김 반응에서는 무슨 생성물이 생기겠는가?

제라니알

클라이젠 자리 옮김 반응

클라이젠 자리 옮김 반응은 알릴 바이닐 에터 혹은 알릴 아릴 에터의 불포화 에터의 [3,3] 시그마 결합 자리 옮김 반응이다. 알릴 바이닐 에터를 사용하면 γ,δ-불포화 카보닐 화합물이 협동적 자리 옮김 반응에 의하여 직접 얻어진다. 알릴 아릴 에터의 클라이젠 자리 옮김 반응에서는 먼저 사이클로헥사다이엔온 중간체가 생기나 이는 OH기의 오쏘 위치에 알릴기가 있는 페놀로 토토머화한다.

알릴 바이닐 에터 → Δ [3,3] → γ,δ 불포화 카보닐 화합물

알릴 아릴 에터 → Δ [3,3] → 사이클로헥사다이엔 → 토토머화 → 페놀

문제 27.24 각 출발물의 클라이젠 자리 옮김 반응에서 무슨 생성물이 생기겠는가?

a. b. c.

문제 27.25 (a) 화합물 **Z**의 클라이젠 자리 옮김 반응에서는 무슨 생성물이 생기겠는가? (b) 26장에서 고리 닫힘 상호교환 반응에 대하여 배운 것을 이용하여, (a) 부분에서의 생성물을 그럽스 촉매로 처리하였을 때 생기는 생성물을 그려라. 이 두 반응은 신경전달물질인 아세틸콜린의 합성을 자극하는 생물학적 활성을 가진 천연물인 가수벨린(garsubellin) A의 합성에서 중요한 단계이다. 이러한 종류의 화합물은 알츠하이머 같은 신경퇴행성 질환의 치료에 사용할 수 있는 약이 될 수도 있다.

가수벨린 A(문제 27.25)는 일본 오키나와에서 자라는 복나무(*Garcinia subelliptica*)의 목재에서 추출된다.

Z 가수벨린 A

27.6 고리형 협동 반응의 규칙 요약

표 27.4에 고리형 협동 반응을 관장하는 규칙을 요약하였다. 사실 이 표에는 아주 많은 양의 정보가 들어 있다. 이러한 정보를 계속 파악하려면 이 표의 가로 한 행만 익힌 다음 조건이 두 번 이상 변할 때 생기는 변화를 알아채기만 하면 된다. 예를 들면,

- 짝수의 전자쌍이 관여하는 열적 반응은 동일 방향 회전이거나 반대 면이다.
- 반응 조건의 하나가 변하면—열적에서 광화학적으로 혹은 짝수의 전자쌍에서 홀수로—반응의 입체화학은 반대 방향 회전 혹은 동일 면으로 변한다.
- 두 반응 조건이 모두 변하면—즉, 홀수 개의 전자쌍이며 광화학적 반응—입체화학은 변하지 않는다.

문제 27.26 표 27.4의 우드워드-호프만 규칙을 사용하여 각 반응의 입체화학을 예측하라.

a. [6 + 4] 열적 고리화 첨가 반응

b. 데카-1,3,5,7,9-펜타엔의 광화학적 전자 고리화 고리 닫힘 반응

c. [4 + 4] 광화학적 고리화 첨가 반응

d. 열적 [5,5] 시그마 결합 자리 옮김 반응

표 27.4
고리형 협동 반응의 입체화학적 결과 요약

반응조건	전자쌍의 수	입체화학
열적	짝수	동일 방향 회전 혹은 반대 면
	홀수	반대 방향 회전 혹은 동일 면
광화학적	짝수	반대 방향 회전 혹은 동일 면
	홀수	동일 방향 회전 혹은 반대 면

고리형 협동 반응

전자 고리화 반응(27.3)

전자 고리화 반응의 Woodward-Hoffmann 규칙

π 결합의 수	**열적 반응**	**광화학 반응**
짝수	동일 방향 회전	반대 방향 회전
홀수	반대 방향 회전	동일 방향 회전

예

열적 전자 고리화 반응의 입체화학은 광화학적 전자 고리화 반응의 그것과 반대이다.

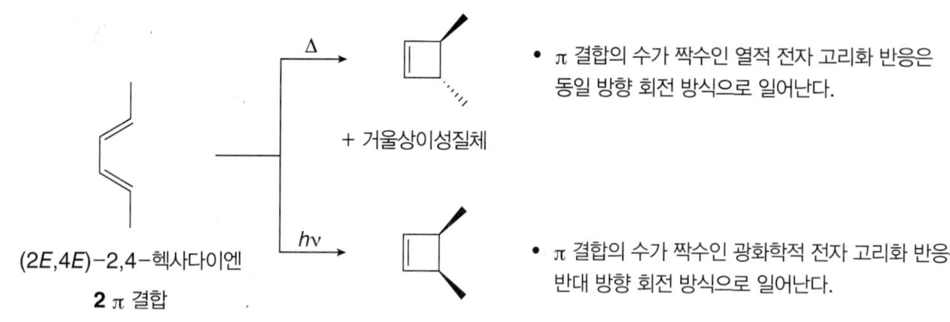

고리화 첨가 반응(27.4)

고리화 첨가 반응의 Woodward-Hoffmann 규칙

π 결합의 수	**열적 반응**	**광화학 반응**
짝수	반대 면	동일 면
홀수	동일 면	반대 면

예

[1] π 결합의 수가 홀수인 열적 [4 + 2] 고리화 첨가 반응은 동일 면 방식으로 일어난다. 육원자 고리가 생기는 광화학적 [4 + 2] 고리화 첨가 반응은 육원자 고리가 생기는 기하학적 제한 때문에 일어날 수 없다.

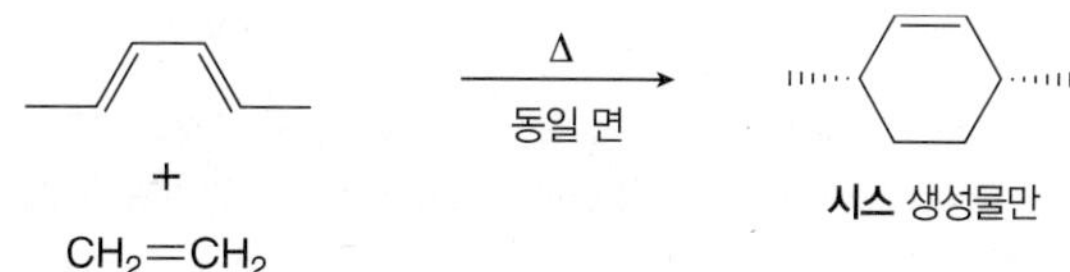

[2] π 결합의 수가 짝수인 광화학적 [2 + 2] 고리화 첨가 반응은 동일 면 방식으로 일어난다. 사원자 고리가 생기는 열적 [2 + 2] 고리화 첨가 반응은 사원자 고리가 유발하는 기하학적 제한 때문에 일어날 수 없다.

C_6H_5 C_6H_5 + $CH_2{=}CH_2$ —hν, 동일 면→ C_6H_5 C_6H_5

시스 생성물만

시그마 결합 자리 옮김 반응(27.5)

시그마 결합 자리 옮김 반응의 우드워드-호프만 규칙

전자쌍의 수	열적 반응	광화학 반응
짝수	반대 면	동일 면
홀수	동일 면	반대 면

예

[1] **코프 자리 옮김** 반응은 1,5-다이엔이 이성질성인 1,5-다이엔으로 변하는 열적 [3,3] 시그마 결합 자리 옮김 반응이다.

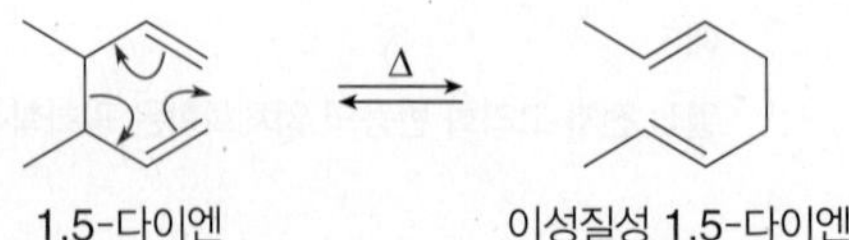

[2] **옥시-코프 자리 옮김** 반응은 1,5-다이엔-3-올이 중간체 엔올의 토토머화를 거친 후에 δ,ε-불포화 카보닐 화합물로 변환되는 열적 [3,3] 시그마 결합 자리 옮김 반응이다.

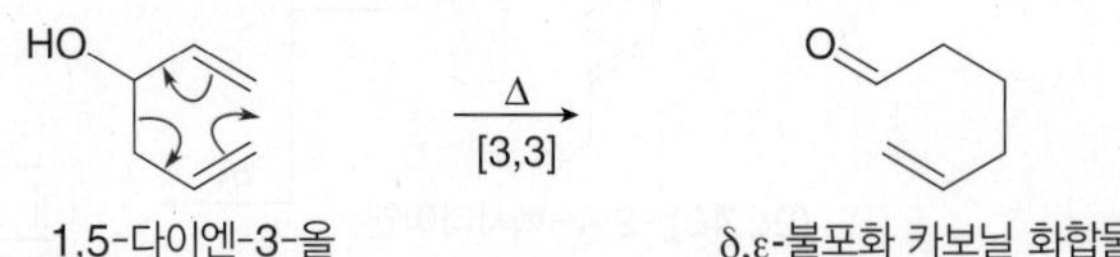

[3] **클라이젠 자리 옮김** 반응은 불포화 에터를 γ,δ-불포화 카보닐 화합물로 변환시키는 열적 [3,3] 시그마 결합 자리 옮김 반응이다.

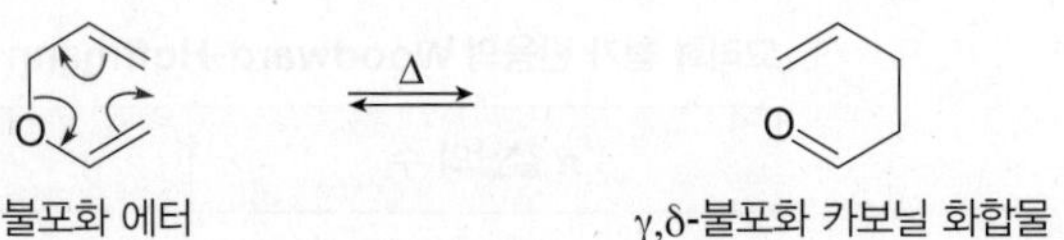

문제

삼차원 모델을 이용하는 문제

27.27 (a) 각 화합물이 열적 전자 고리화 고리 열림 반응을 수행할 때 무슨 생성물이 생기겠는가? (b) 각 화합물이 광화학적 전자 고리화 고리 열림 반응을 수행할 때 무슨 생성물이 생기겠는가?

27.28 각 화합물의 [3,3] 시그마 결합 자리 옮김 반응에서 무슨 생성물이 생기겠는가?

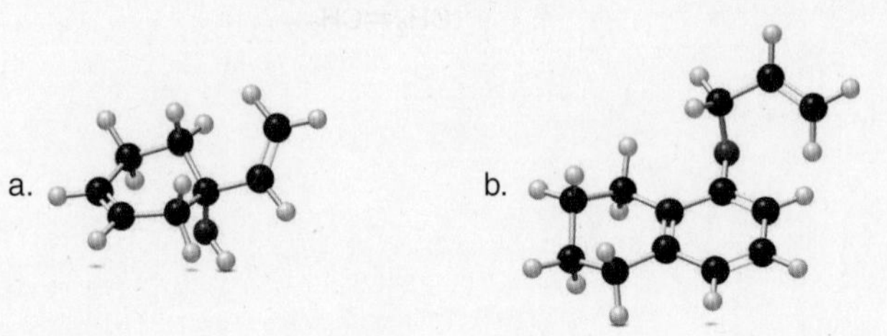

고리형 협동 반응의 종류

27.29 각 고리형 협동 반응을 전자 고리화 반응, 고리화 첨가 반응 혹은 시그마 결합 자리 옮김 반응으로 분류하라. 입체화학이 동일 방향 회전, 반대 방향 회전, 동일 면, 혹은 반대 면인지를 밝혀라.

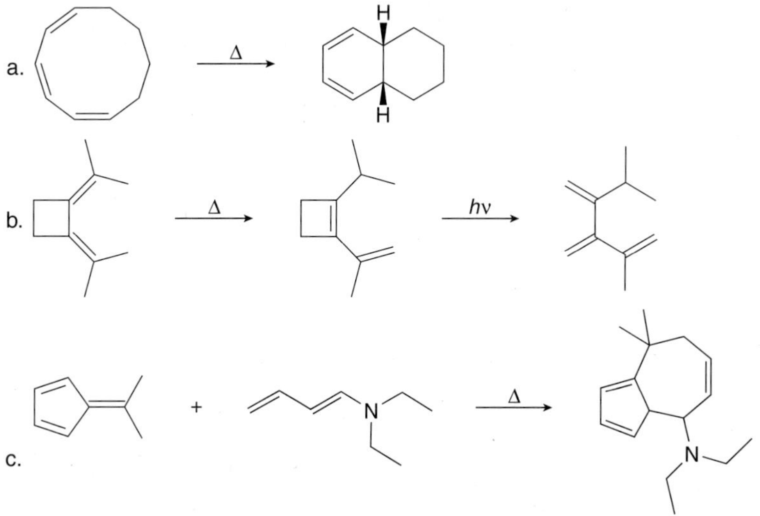

전자 고리화 반응

27.30 각 화합물의 열적 전자 고리화 고리 열림 혹은 고리 닫힘 반응에서 무슨 생성물이 생기겠는가? 각 과정을 동일 방향 회전 혹은 반대 방향 회전으로 나타내고, 사면체 입체발생 중심과 이중 결합의 입체화학을 분명하게 보여라.

27.31 문제 27.30의 각 화합물의 광화학적 전자 고리화 반응에서 무슨 생성물이 생기겠는가? 각 과정을 동일 방향 회전 혹은 반대 방향 회전으로 나타내고, 사면체 입체발생 중심과 이중 결합의 입체화학을 분명하게 보여라.

27.32 각 데카테트라엔의 광화학적 전자 고리화 고리 닫힘 반응에서 무슨 고리형 생성물이 생기겠는가?

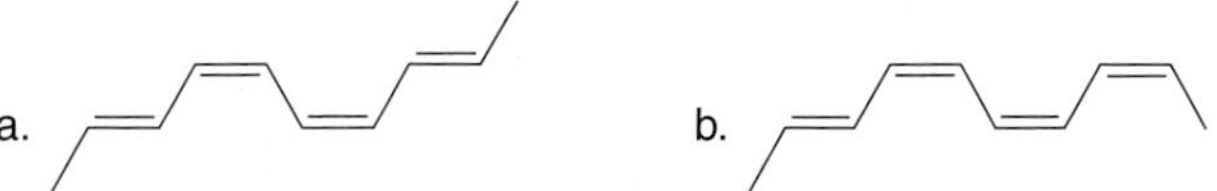

27.33 각 전자 고리화 반응의 생성물을 그려라.

a. (2*E*,4*Z*,6*Z*)-노나-2,4,6-트라이엔의 열적 전자 고리화 고리 닫힘 반응

b. (2*E*,4*Z*,6*Z*)-노나-2,4,6-트라이엔의 광화학적 전자 고리화 고리 닫힘 반응

c. 시스-5-에틸-6-메틸사이클로헥사-1,3-다이엔의 열적 전자 고리화 고리 열림 반응

d. 트랜스-5-에틸-6-메틸사이클로헥사-1,3-다이엔의 광화학적 전자 고리화 고리 열림 반응

27.34 다음 전자 고리화 고리 닫힘 반응을 보자. 생성물이 동일 방향 회전 혹은 반대 방향 회전 과정으로 생기는가? 이 반응은 광화학적 혹은 열적 조건에서 일어나겠는가?

27.35 다이엔 **M**의 반대 방향 회전 고리화 반응에서 생기는 생성물을 그려라. 새로 생기는 sp^3 혼성화 탄소의 입체화학을 나타내라. 이 반응은 열적 혹은 광화학적 조건에서 일어나겠는가?

M

27.36 (a) 트라이엔 **N**의 열적 전자 고리화 고리 닫힘 반응에서 무슨 생성물이 생기겠는가? (b) 트라이엔 **N**의 광화학적 고리 닫힘 반응에서는 무슨 생성물이 생기겠는가? (c) 각 과정이 동일 방향 회전 혹은 반대 방향 회전인지를 밝혀라.

N

27.37 두고리 알켄 **P**는 사이클로데카다이엔 **Q**의 열적 전자 고리화 고리 닫힘 반응 혹은 사이클로데카다이엔 **R**의 광화학적 전자 고리화 고리 닫힘 반응으로 만들 수 있다. **Q**와 **R**의 구조를 그리고 각 반응이 일어나는 과정의 입체화학을 밝혀라.

P

고리화 첨가 반응

27.38 반응 [1]에서는 무슨 종류의 고리화 첨가 반응이 일어나는가? 반응 [2]의 비슷한 과정의 생성물을 그려라. 이들 반응이 열적 혹은 광화학적으로 일어나겠는가?

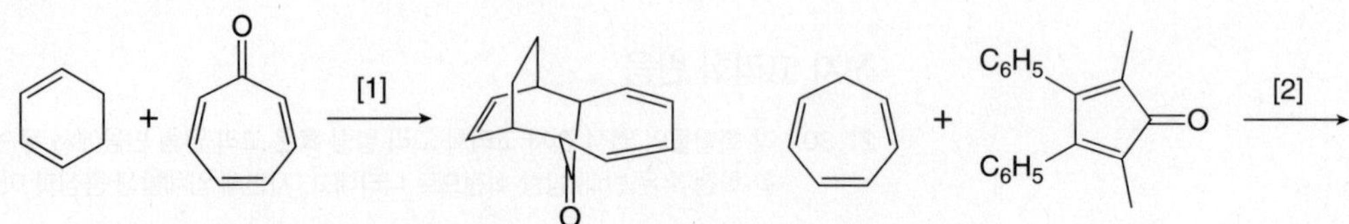

27.39 각 딜스–알더 반응의 생성물을 그리고, 모든 입체발생 중심의 입체화학을 밝혀라.

a. + Δ b. + Δ

27.40 각 반응에서 무슨 고리화 첨가 생성물이 생기겠는가? 각 생성물의 입체화학을 밝혀라.

a. 2 $h\nu$ b. 2 $h\nu$

27.41 열적 [4 + 2] 고리화 첨가 반응으로 다음 화합물을 합성할 때 무슨 출발물이 필요하겠는가?

a. b. c.

27.42 뷰타-1,3-다이엔을 가열하면 사이클로옥타-1,5-다이엔이 아니라 4-바이닐사이클로헥센이 생기는 이유를 설명하라.

27.43 일련의 [2 + 2] 고리화 첨가 반응을 이용하여 한 구조 이성질체로부터 어떻게 **X**를 만들 수 있겠는가? 서너 개의 사이클로뷰테인 고리가 서로 접합된 분자에 관한 관심은 박테리아인 칸디다투스 프로카디아 아남목시단스(*Candidatus Brocadia anammoxidans*)의 기관의 막에서 분리된 리피드인 펜타사이클로아남목스산 메틸 에스터(pentacycloanammoxic acid methyl ester)의 발견으로 유발되었다. 현재 이 특이한 천연물의 역할이 무엇인지는 알려진 바가 아직 없다.

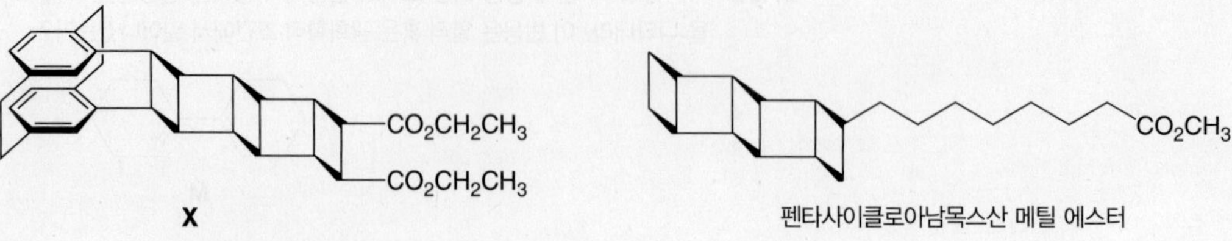

시그마 결합 자리 옮김 반응

27.44 각 반응의 시그마 결합 자리 옮김 반응의 종류는 무엇인가?

a. 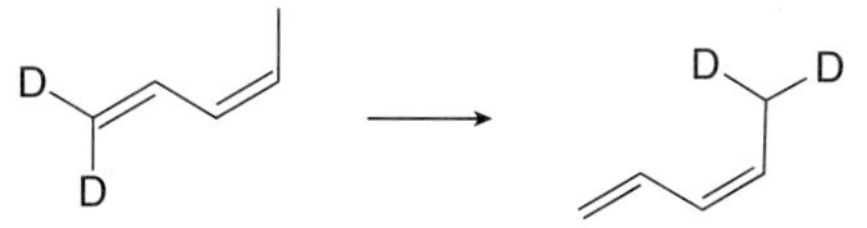 D D → D D

b.  O SC_6H_5 → O^- S+ C_6H_5

27.45 각 화합물의 [3,3] 시그마 결합 자리 옮김 반응의 생성물을 그려라.

a. 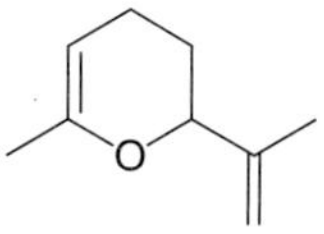 O b. 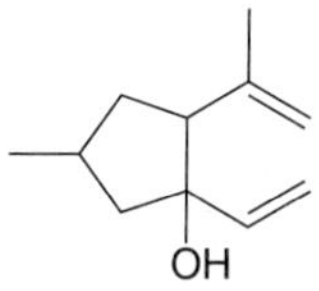 OH c.

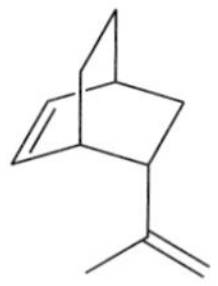

27.46 5-메틸사이클로펜타-1,3-다이엔의 용액이 실온에서 1-메틸-, 2-메틸- 및 5-메틸사이클로펜타-1,3-다이엔의 혼합물로 자리 옮김한다. (a) C−H 결합이 개입하는 시그마 결합 자리 옮김 반응에 의하여 출발물로부터 어떻게 이성질성 생성물이 생기는지를 보여라. (b) 5-메틸사이클로펜타-1,3-다이엔의 [1,3] 자리 옮김 반응에 의해서는 한번에 2-메틸사이클로펜타-1,3-다이엔이 생기지 않는 이유를 설명하라.

27.47 다음 불포화 에터의 [5,5] 시그마 결합 자리 옮김 반응에서 무슨 생성물이 생기겠는가?

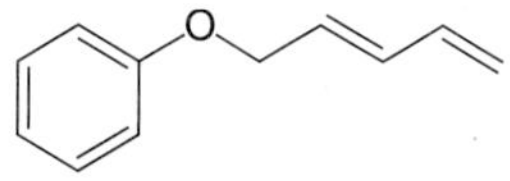

O

27.48 A를 가열하면 두 연속적인 [3,3] 시그마 결합 자리 옮김 반응−클라이젠 반응과 뒤이은 코프 반응−에 의하여 감귤 기름의 한 성분인 β−시넨살(sinensal)이 얻어진다. β−시넨살의 구조는 무엇인가?

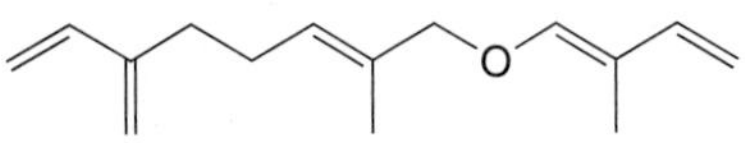

O

A

27.49 다음 반응 순서에서 **A**, **B**와 **C**의 구조를 그리고 **B**가 **C**로 변하는 과정을 밝혀라.

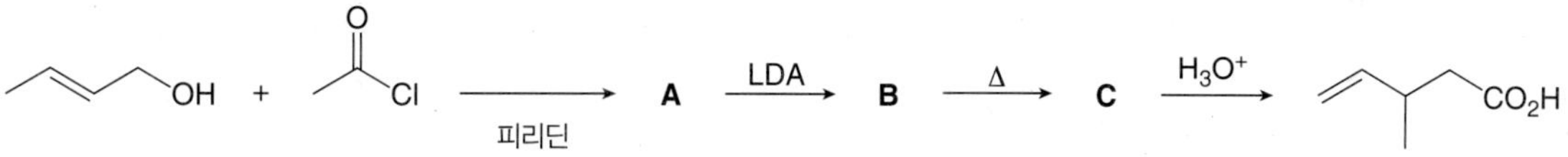

OH + O Cl —피리딘→ **A** —LDA→ **B** —Δ→ **C** —H_3O^+→ CO_2H

일반적 고리형 협동 반응

27.50 각 반응은 무슨 종류의 고리형 협동 반응인가?

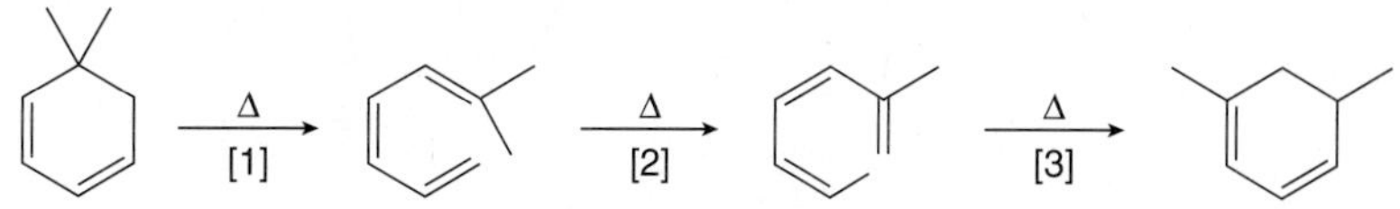

—Δ [1]→ —Δ [2]→ —Δ [3]→

27.51 각 고리형 협동 반응에서 생기는 생성물을 그려라(입체화학을 포함하여).

a. 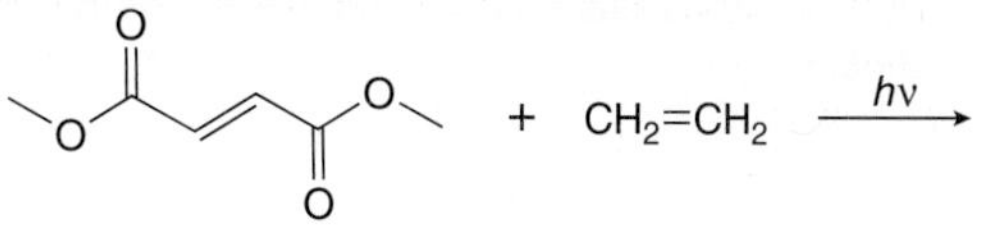 O O O O + $CH_2{=}CH_2$ —hν→

b. D D —Δ→

c. 2 —Δ→

d. D D —hν→

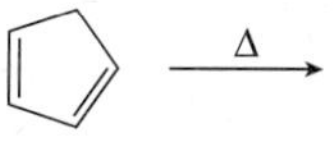

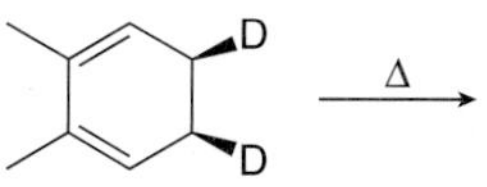

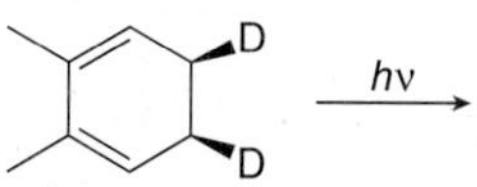

27.52 각 반응의 생성물을 그려라.

a. 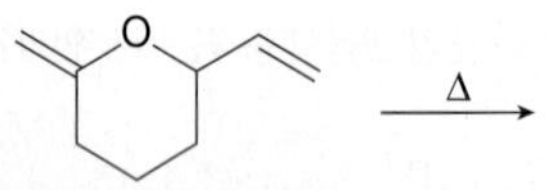 $\xrightarrow{\Delta}$

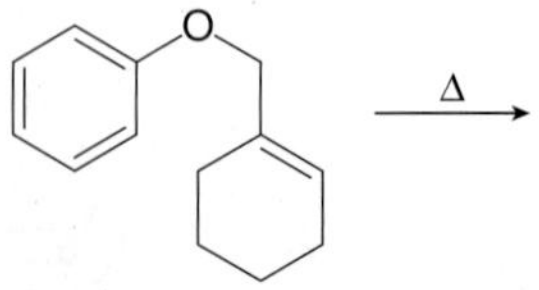

b. 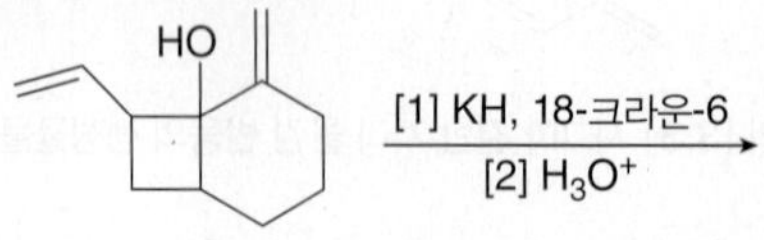 $\xrightarrow[\text{[2] } H_3O^+]{\text{[1] KH, 18-크라운-6}}$

c. $\xrightarrow{\Delta}$

d. 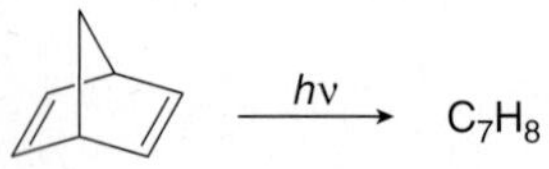 $\xrightarrow{h\nu}$ C_7H_8

메커니즘

27.53 아릴 산소의 오쏘 위치 두 탄소에 수소가 결합하지 않은 경우에 알릴 아릴 에터는 파라-치환 페놀로 자리 옮김한다. 두 번의 [3,3] 시그마 결합 자리 옮김 반응으로 일어나는 다음 반응의 단계별 메커니즘을 그려라.

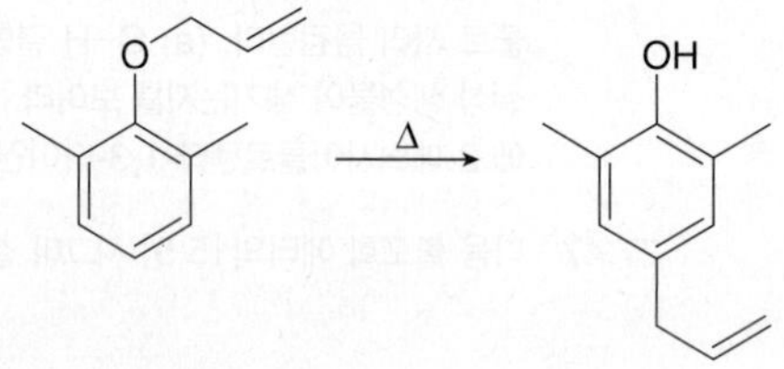

27.54 다음 반응의 자세한 단계별 메커니즘을 그려라.

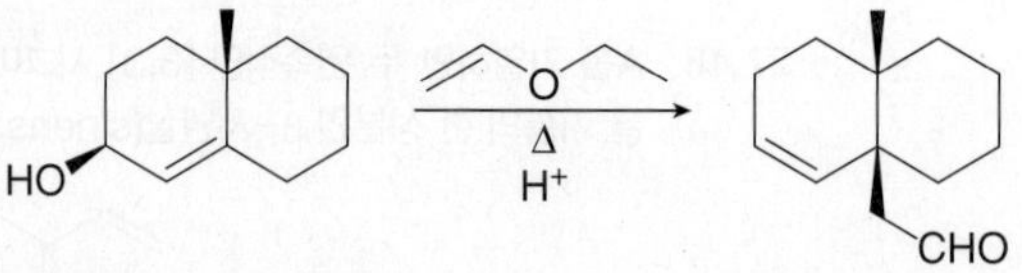

27.55 일련의 두 고리형 협동 반응으로 다음 출발물이 주어진 생성물로 어떻게 변환되는지를 보여라. 관찰된 입체화학을 설명하라.

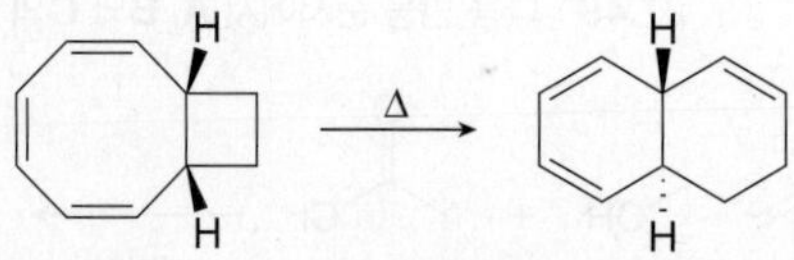

27.56 굽은 화살표를 이용하여 어떻게 E가 [1,5] 시그마 결합 자리 옮김 반응과 뒤이은 [4 + 2] 고리화 첨가 반응으로 이루어진 두 단계 반응으로 F로 변환되는지를 보여라.

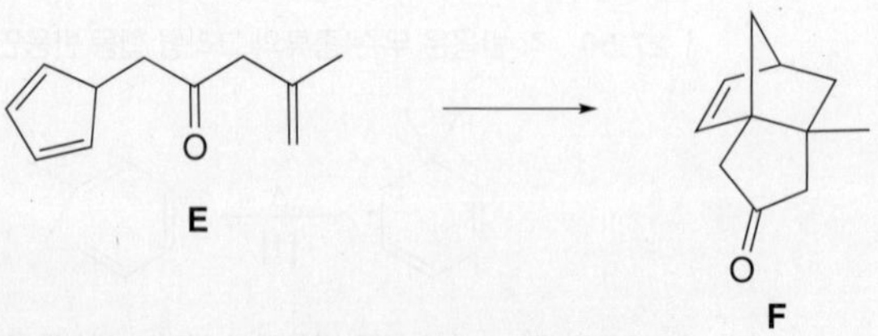

27.57 일련의 두 고리형 협동 반응으로 다음 출발물이 주어진 생성물로 어떻게 변환되는지를 보여라. 관찰된 입체화학을 설명하라.

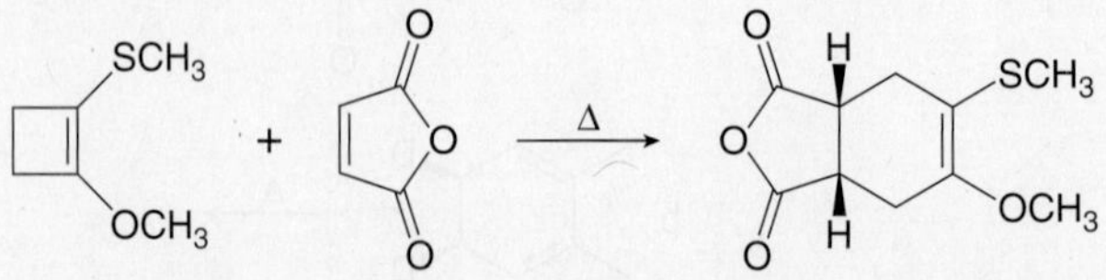

27.58 다음 반응의 자세한 단계별 메커니즘을 그려라.

Δ, 온화한 산

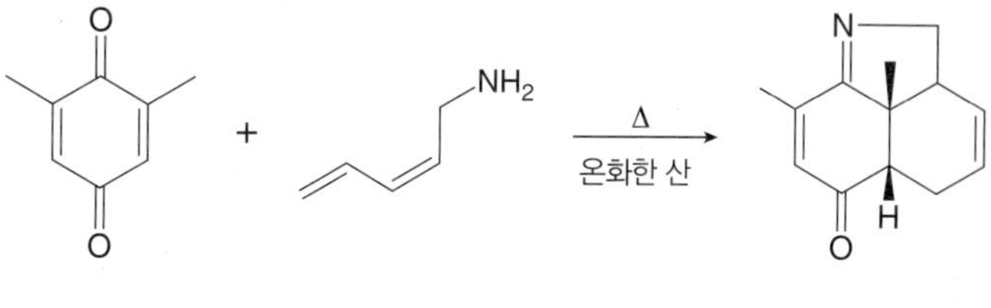

도전 문제

27.59 다음 화합물의 [3,3] 시그마 결합 자리 옮김 반응에서 생기는 생성물은 무엇인가? 모든 사면체 입체발생 중심의 입체화학을 밝혀라.

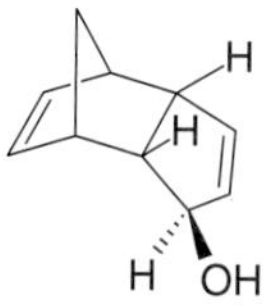

27.60 (a) B를 NaOEt로 처리하여 oxy-Cope 자리 옮김 반응이 일어날 때 생기는 C의 구조는 무엇인가? C가 두고리 알코올인 D로 변환할 때 그 단계별 메커니즘을 그려라.

B —(NaOEt, EtOH)→ C —(NaOEt, EtOH)→ D

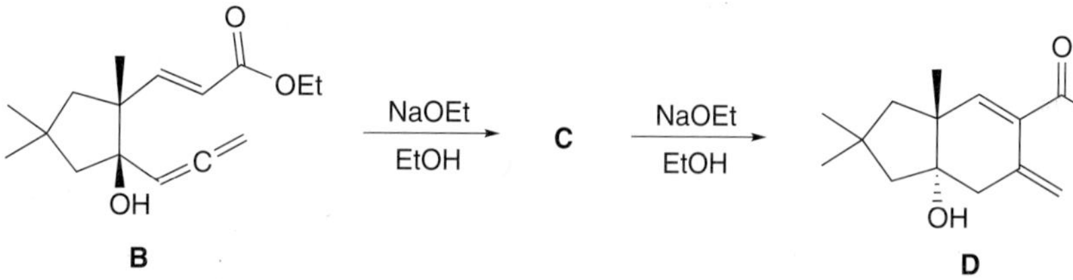

27.61 염기의 존재에서 β-케토 에스터와 알릴성 알코올로부터 γ,δ-불포화 카보닐 화합물을 얻을 수 있는 반응인 캐롤(carroll) 자리 옮김 반응의 단계별 메커니즘을 그려라.

염기, H_2O ; + CO_2

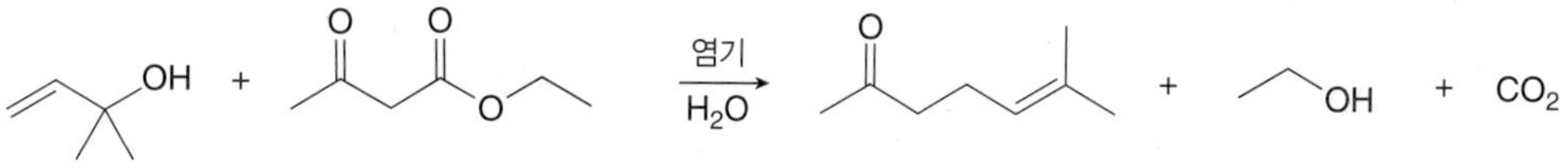

27.62 엔디안드르산(endiandric acid)은 동부 호주의 열대 우림에서 자라는 나무에서 분리된 일련의 불포화 화합물이다. 엔디안드르산 D와 E의 메틸 에스터는 연속적인 두 전자 고리화 반응(콘쥬게이션 테트라엔의 열적 고리 닫힘 반응과 얻어지는 콘쥬게이션 트라이엔의 고리 닫힘 반응)을 이용하여 폴리엔 **Y**로부터 합성되었다. (a) 엔디안드르산 D와 E의 메틸 에스터의 구조(입체화학 포함)를 그려라. (b) 엔디안드르산 E의 메틸 에스터가 분자내 [4 + 2] 고리화 첨가 반응을 수행하면 엔디안드르산 A의 메틸 에스터가 생긴다. 엔디안드르산 A의 가능한 구조를 제안하라.

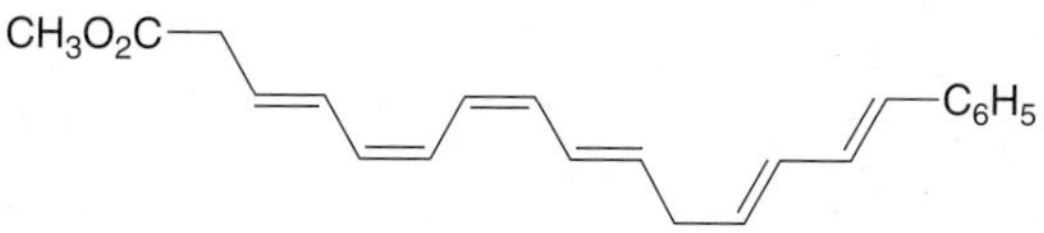

CH_3O_2C … C_6H_5

Y

27.63 여러 생성물이 가능하기 때문에 **B** 같은 *o*-퀴논의 [4 + 2] 고리화 첨가 반응은 종종 복잡하다.

a. 어떻게 **B**가 스타이렌과 반응하여 각 생성물이 생기는지를 보여주는 화살표를 그리고, '다이엔'과 '친다이엔체' 성분을 나타내라.

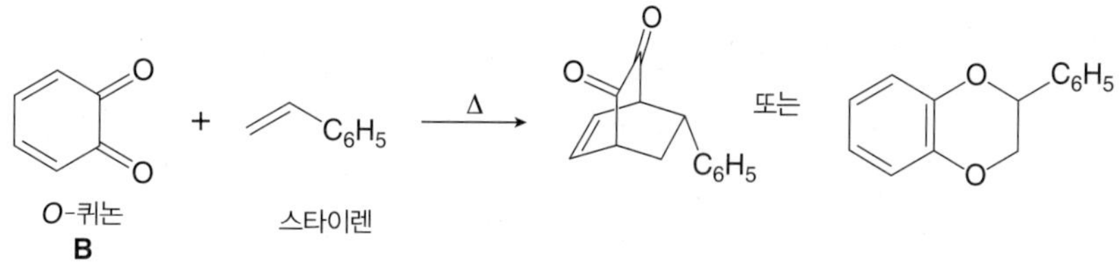

O-퀴논 **B** + 스타이렌 (C_6H_5) —Δ→ … 또는 …

b. 어떻게 **B**가 뷰타-1,3-다이엔 반응하여 각 생성물이 생기는지를 보여주는 화살표를 그리고, '다이엔'과 '친다이엔체' 성분을 나타내라.

O-퀴논 **B** + 뷰타-1,3-다이엔 →(Δ) 또는

c. *o*-퀴논 **C**가 다이엔 **D**와 반응하여 헤테로고리 **E**를 주는데, 이 과정에서는 고리화 첨가 반응 후에 [3,3] 시그마 결합 자리 옮김 반응이 일어난다. 굽은 화살표를 이용하여 어떻게 이 두 단계 과정이 일어나는지를 보여라. **E**는 딜스–알더 반응에 의해서는 한 번에 직접 **C**로부터 얻어지지 않는다.

C (C_4H_9, C_4H_9) + **D** →(Δ) **E** (C_4H_9, C_4H_9)

Chapter

28 탄수화물

Carbohydrates

감자의 잎, 줄기, 녹색 반점에는 **솔라닌**(solanine)이라는 독성 물질이 있다. 이것은 곤충과 동물로부터 스스로를 보호하기 위해 식물이 만들어내는 물질이다. 솔라닌은 탄수화물 유도체로 글리코사이드라 불리는 아세탈로 연결된 세 개의 단당류와 복잡한 구조의 아민으로 이루어져 있다. 솔라닌의 탄수화물에 존재하는 많은 OH기는 물에 대한 용해도를 증가시킨다. 이는 28장에서 다루는 수용성 생물계의 유용한 특징이기도 하다. 이 장에서는 솔라닌과 같은 탄수화물과 그 유도체에 대해 공부한다.

28, 29, 30장은 생물계에서 발견되는 유기 화합물인 생체분자(biomolecule)를 다룬다. 앞 장들에서 유사한 성질을 가진 다른 유기 화합물을 공부하는 동안 이들에 대한 많은 사실을 이미 배웠다. 예를 들면 10장(알켄)에서 이중 결합을 갖는 지방산이 지방에 들어 있는지 또는 기름에 들어 있는지를 배웠다. 19장(카복실산과 O−H 결합의 산성도)에서는 아미노산이 단백질의 구성 단위인 것을 배웠다.

28장에서는 지구 생물 자원의 약 50%에 해당하며 자연계에서 유기 분자의 가장 큰 집단인 탄수화물(carbohydrate)에 초점을 맞춘다. 29장은 단백질(protein, 그리고 단백질을 구성하는 아미노산)에 대해서 다루고 30장에서는 지질(liquid)을 탐구한다. 이 화합물들은 모두 유기 화합물이므로 이미 공부한 원리와 유기화학 반응들을 다시 한 번 접하게 될 것이다. 그러나 이 각각의 화합물들은 우리가 반드시 알아야 할 그것들만의 독특한 특성이 있다는 것을 발견하게 될 것이다.

28.1 서론

탄수화물은 분자식을 $C_n(H_2O)_n$으로 쓸 수 있어 그들을 **탄소의 수화물**로 만들어졌다고 생각했기 때문에 붙여진 이름이다.

글루코스와 셀룰로스 같은 탄수화물은 5.1절, 6.4절과 21.17절에서 논의되었다.

일반적으로 당 또는 녹말로 언급되는 탄수화물(carbohydrate)은 폴리하이드록시 알데하이드 및 케톤, 또는 가수분해되어 폴리하이드록시 알데하이드나 케톤을 생성할 수 있는 화합물이다. 식물 줄기나 나무 줄기의 셀룰로스나 절지동물과 연체동물 외골격의 키틴은 모두 복잡한 탄수화물이다. 그림 28.1에 네 가지 예를 나타내었다. 글루코스와 셀룰로스 외에 독소루비신(doxorubicin, 항암제)과 2'-데옥시아데노신 5'-모노포스페이트(DNA의 뉴클레오타이드 염기)를 나타내었다. 이 둘은 거대 분자로서 분자 내 일부분이 탄수화물로 되어 있다.

탄수화물은 화학에너지의 창고이다. 그들은 녹색 식물과 조류(algae)에서 광합성(photosynthesis)에 의하여 합성된다. 광합성은 태양의 에너지를 이용하여 이산화탄소와 물을

그림 28.1
탄수화물의 몇 가지 예

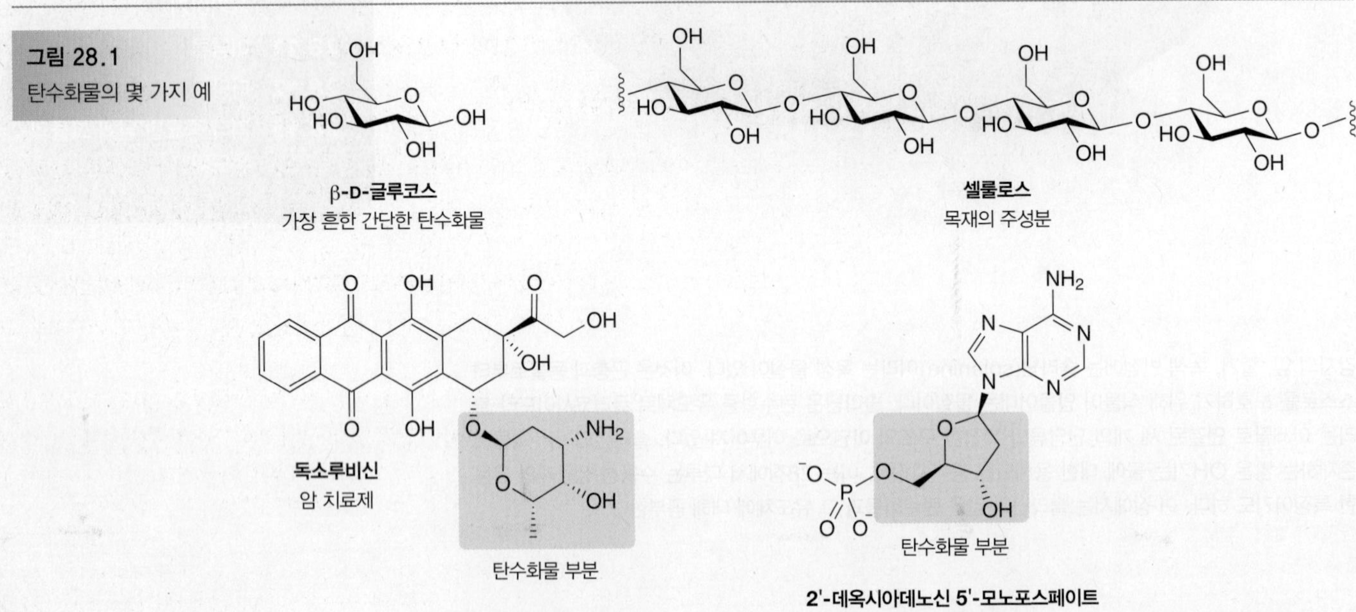

이 화합물들은 탄수화물의 다양성을 나타낸다. **글루코스**는 가장 흔하고 간단한 당이다. 반면에 목재, 식물 줄기, 풀에 함유되어 있는 **셀룰로스**는 식물계에서 가장 흔한 탄수화물이다. **독소루비신**(doxorubicin)은 구조의 일부분이 탄수화물 고리이며, 항암제로서 혈액암, 호지킨병, 유방암, 방광암 그리고 자궁암 치료에 사용된다. **2'-데옥시아데노신 5'-모노포스페이트**는 DNA를 만드는 네 가지의 뉴클레오타이드 중의 하나이다.

비록 지질 대사가 탄수화물 대사보다 그램당 보다 많은 에너지를 공급하지만 운동 중 순간적으로 많은 에너지가 필요할 때에는 글루코스가 우선적인 에너지 공급원이다. 글루코스는 수용성이기 때문에 조직으로 혈류를 통해 빠르고 쉽게 운반된다.

글루코스와 산소로 전환시키는 과정이다. 글루코스가 대사될 때 이 에너지가 다시 방출된다. 글루코스의 산화는 여러 단계로 일어나며, 이산화탄소, 물과 많은 양의 에너지를 생성한다(6.4절).

광합성

에너지가 저장된다.

$$6\,CO_2 + 6\,H_2O \xrightarrow[\text{엽록소}]{h\nu} \underset{\text{글루코스}}{C_6H_{12}O_6} + 6\,O_2$$

에너지가 방출된다.

대사

28.2 단당류

가장 단순한 탄수화물을 **단당류**(monosaccharide) 또는 **단순당**(simple sugar)이라 부른다. 단당류는 사슬에 세 개에서 일곱 개까지의 탄소 원자가 있다. 그리고 말단 탄소(C1)나 말단 탄소에 인접한 탄소(C2)에 카보닐기가 있다. 대부분의 탄수화물에서 남은 탄소 원자에는 하이드록시기가 있다. 단당류의 구조를 그릴 때는 통상적으로 카보닐기를 위로 하여 수직으로 그린다. 이러한 관례를 적용하면, 단당류는 이전 장들에서 마주했던 분자들과 달리 보인다.

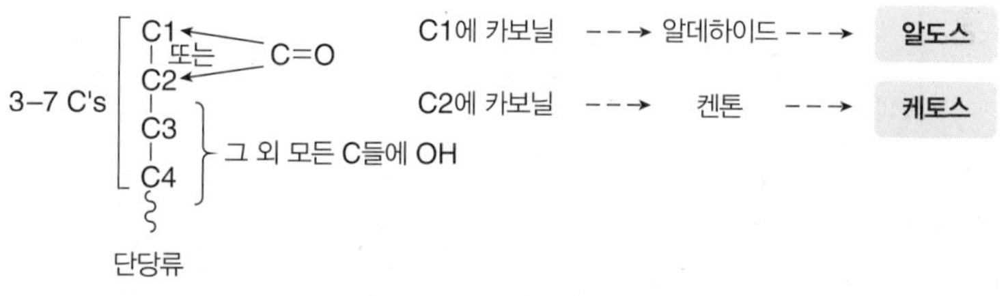

D-프룩토스는 가정용 설탕(슈크로스)과 그램당 칼로리가 거의 비슷하지만 거의 두 배의 단맛을 낸다. '저칼로리(lite)'식품들은 같은 수준의 단맛을 위해 슈크로스 절반 양의 프룩토스를 사용한다. 따라서 이러한 화합물들은 적은 칼로리가 적다.

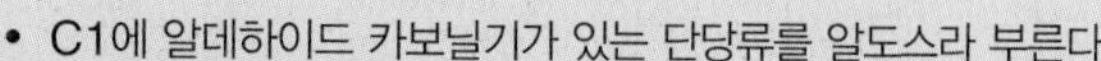

- C1에 알데하이드 카보닐기가 있는 단당류를 알도스라 부른다.
- C2에 케톤의 카보닐기가 있는 단당류를 케토스라 부른다.

단순 탄수화물의 여러 예를 나타내었다. D-글리세르알데하이드와 다이하이드록시아세톤은 D-글루코스와 D-프룩토스의 경우처럼 분자식이 같다. 따라서 이들은 구조 이성질체이다.

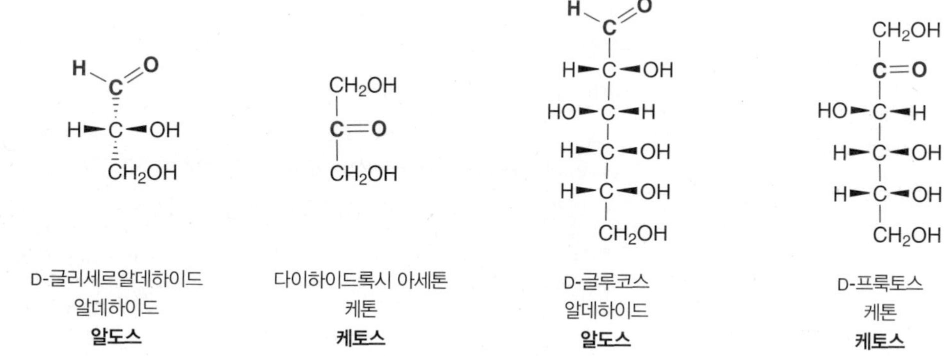

다이하이드록시아세톤은 인공적으로 피부를 태우기 위한 선탠 크림의 활성 성분이다.

모든 탄수화물에는 관용명이 있다. 가장 간단한 알데하이드인 글리세르알데하이드와 가장 간단한 케톤인 다이하이드록시아세톤은 이름의 접미사가 -오스(-ose)로 끝나지 않은 유일한 단당류이다(접두사 'D-'는 28.2C절에서 설명한다).

단당류는 다음과 같이 부른다.

- 탄소 원자가 세 개인 단당류는 트라이오스(triose)
- 탄소 원자가 네 개인 단당류는 테트로스(tetrose)
- 탄소 원자가 다섯 개인 단당류는 펜토스(pentose)
- 탄소 원자가 여섯 개인 단당류는 헥소스(hexose)

그리고 이 용어들은 알도스 및 케토스와 결합하여 단당류의 탄소 수를 나타내는 동시에 이것이 알데하이드 또는 케톤을 함유하는지를 나타낸다. 따라서 글리세르알데하이드는 알도트라이오스(세 개의 탄소와 알데하이드), 글루코스는 알도헥소스(여섯 개의 탄소와 알데하이드) 그리고 프룩토스는 케토헥소스(여섯 개의 탄소와 케톤)가 된다.

문제 28.1 (a) 케토테트로스, (b) 알도펜토스, (c) 알도테트로스의 구조를 그려라.

28.2A 피셔 투영식

탄수화물 구조의 주요 특징은 입체발생 중심의 존재이다. 다이하이드록시아세톤을 제외한 모든 탄수화물은 입체발생 중심이 한 개 이상이다.

가장 단순한 알데하이드인 글리세르알데하이드는 입체발생 중심이 한 개이다. 그러므로 두 개의 가능한 거울상이성질체가 있다. 그러나 자연계에서는 오직 *R* 배열의 거울상이성질체만이 만들어진다.

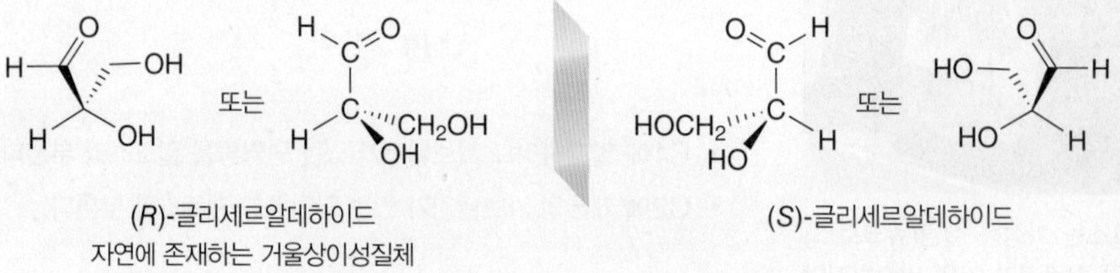

또는

(*R*)-글리세르알데하이드
자연에 존재하는 거울상이성질체

또는

(*S*)-글리세르알데하이드

당에서 입체발생 중심은 가끔 다른 유기 분자의 입체발생 중심 표시와 다른 규칙으로 표시한다. 평면에 두 개의 결합이 있는데, 한 개의 결합은 평면의 앞쪽에 있고 나머지 한 개의 결합은 평면의 뒤쪽에 있는 정사면체로 그리는 대신, 수평 결합들은 앞쪽(쐐기 형태)으로, 수직 결합들은 뒤쪽(점선 형태)으로 붙인다. 이 구조를 십자가식(cross formula) 또는 피셔 투영식(Fischer projection formula)으로 부른다. 피셔 투영식에서

- 한 개의 탄소는 십자가 두 선의 교차점에 놓는다.
- 쐐기 모양의 수평 결합은 앞쪽으로 향한다.
- 점선 모양의 수직 결합은 뒤쪽으로 향한다.
- 알데하이드나 케톤 카보닐은 위쪽이나 위쪽 가까이 놓는다.

피셔 투영식을 이용하면 (*R*)-글리세르알데하이드는 다음과 같다.

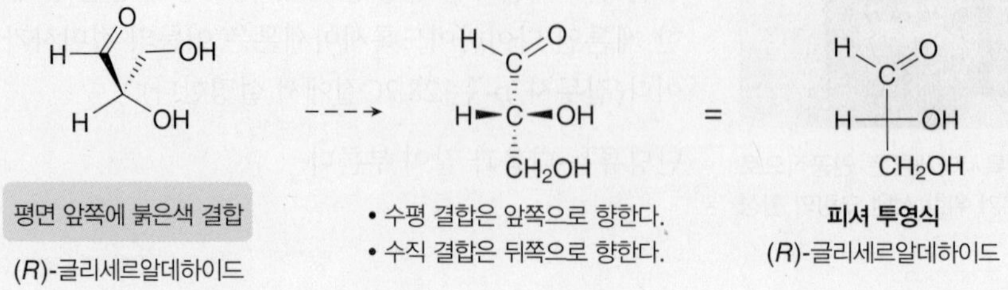

평면 앞쪽에 붉은색 결합
(*R*)-글리세르알데하이드

- 수평 결합은 앞쪽으로 향한다.
- 수직 결합은 뒤쪽으로 향한다.

피셔 투영식
(*R*)-글리세르알데하이드

평면상에서 피셔 투영식을 회전시키면 안 된다. 왜냐하면 다른 거울상이성질체로 바뀌기 때문이다. 피셔 투영식을 사용할 때는 일반적으로 이들을 쐐기와 점선 구조로 바꾼 다음 조작하는 것이 최선이다. 피셔 투영식은 어떤 종류의 화합물에서도 입체발생 중심 표시로 사용할 수 있으나 단당류에 대하여 가장 일반적으로 사용된다.

예제 28.1 각 화합물을 피셔 투영식으로 바꿔라.

a. 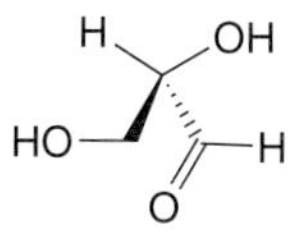 HO—CH(H)(OH)—CHO b. 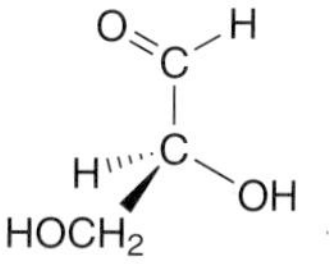 O=C(H)—C(H)(OH)—$HOCH_2$

풀이

평면 결합이 면의 앞에 놓이고 수직 결합이 면의 뒤쪽에 놓이도록 각 분자를 회전시키고 다시 그려라. 다음에 입체발생 중심을 표시하기 위하여 십자를 사용하라.

a. 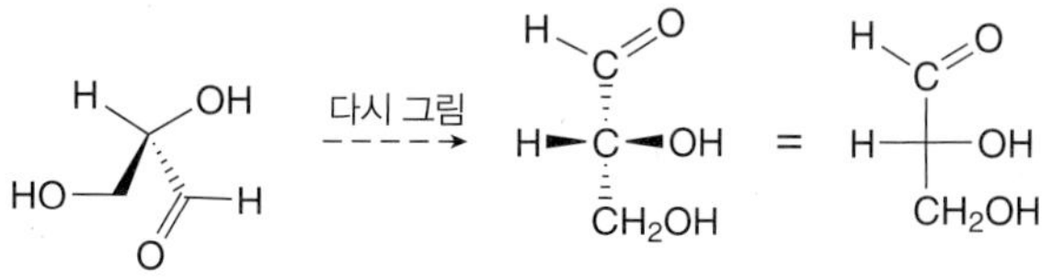 다시 그림 → H▸C◂OH (위: CHO, 아래: CH_2OH) = H—+—OH (위: CHO, 아래: CH_2OH)

b. 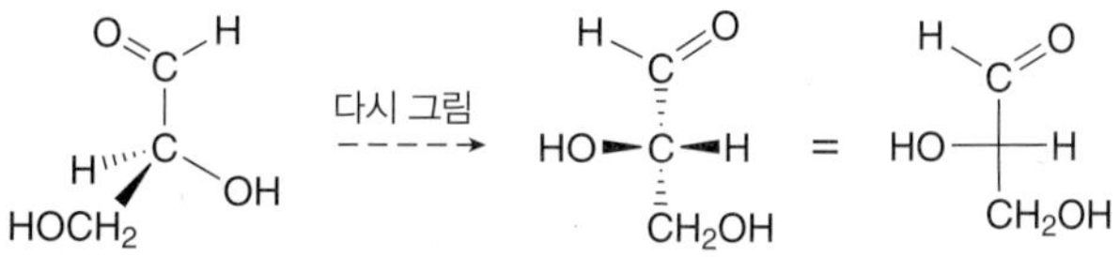 다시 그림 → HO▸C◂H (위: CHO, 아래: CH_2OH) = HO—+—H (위: CHO, 아래: CH_2OH)

문제 28.2 피셔 투영식을 사용하여 각 입체발생 중심을 그려라.

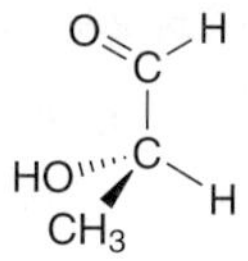

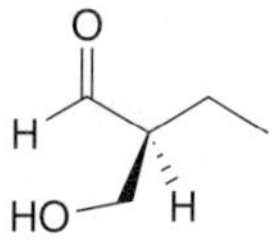

a. 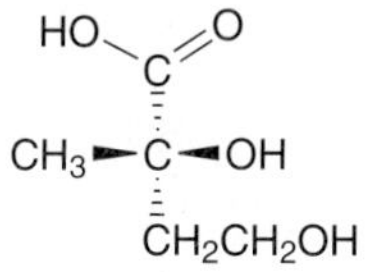 CH_3▸C◂OH (위: COOH, 아래: CH_2CH_2OH) b. (CHO, HO, H, CH_3) c. (H, HO, H) d. 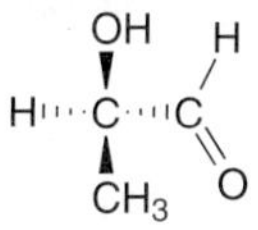 H···C···CHO (OH, CH_3)

피셔 투영식으로 그린 어떤 입체발생 중심에 *R* 또는 *S* 표시를 붙이는 방법은 다음과 같다.

[1] 5.6절에서 서술한 법칙을 사용하여 입체발생 중심에 결합한 네 개의 작용기에 우선권(1 → 4)을 부여한다.

[2] 우선권이 가장 낮은 작용기가 한 수직 결합을 차지할 때, 즉 이 기가 점선으로 면의 뒤쪽으로 뻗어 있을 때, 시계 방향(우선권 기 1 → 2 → 3)으로 원을 그리면 *R* 배열이다. 시계 반대 방향으로 원을 그리면 S 배열이다.

[3] 우선권이 가장 낮은 기가 한 수평 결합을 차지할 때, 즉 이 기가 쐐기 선으로 면의 앞쪽으로 뻗어 있을 때, 배열을 나타내기 위하여 단계 [2]에서 얻은 결과를 반대로 한다.

예제 28.2 입체발생 중심에 대하여 쐐기와 점선을 사용하여 피셔 투영식을 다시 그려라. 그리고 *R* 또는 *S*로 표시하라.

a. 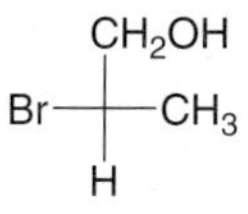 Br—+—CH_3 (위: CH_2OH, 아래: H) b. 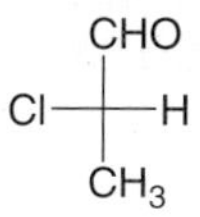 Cl—+—H (위: CHO, 아래: CH_3)

풀이

각 화합물에서

[1] 피셔 투영식을 쐐기와 점선의 표시법으로 바꾼다.

[2] 우선권을 부여한다(5.6절).

[3] 정상적인 방법으로 *R* 또는 *S*를 결정한다. 만약 우선권 [4]기가 앞으로(쐐기로) 위치해 있으면 답을 반대로 한다.

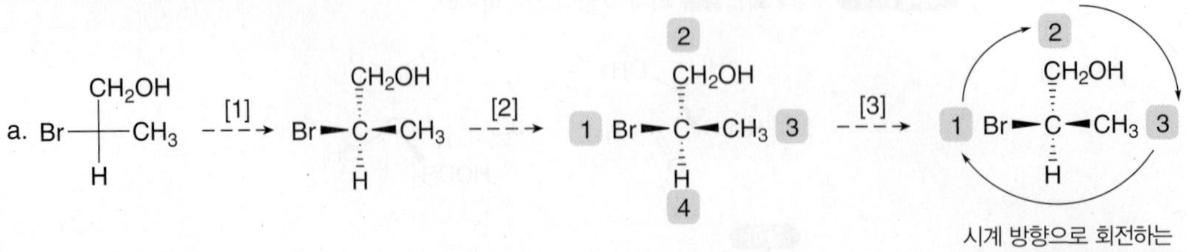

a. Br–C(CH_2OH)(H)–CH_3 --[1]--> Br▸C◂CH_3 --[2]--> 1 Br, 2 CH_2OH, 3 CH_3, 4 H --[3]-->

시계 방향으로 회전하는 원이고 [4]기가 뒤쪽으로 배열한다.

***R* 배열**

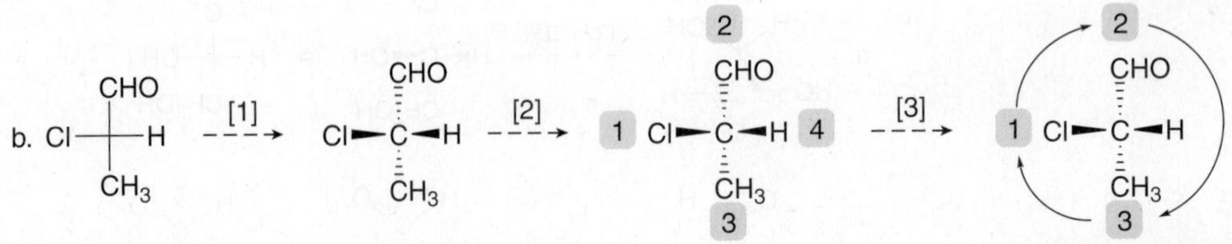

b. Cl–C(CHO)(CH_3)–H --[1]--> Cl▸C◂H --[2]--> 1 Cl, 2 CHO, 3 CH_3, 4 H --[3]-->

시계 방향으로 회전하는 원이고 [4]기가 앞쪽으로 배열한다.

***S* 배열**

문제 28.3 각 입체발생 중심을 *R* 또는 *S*로 표시하라.

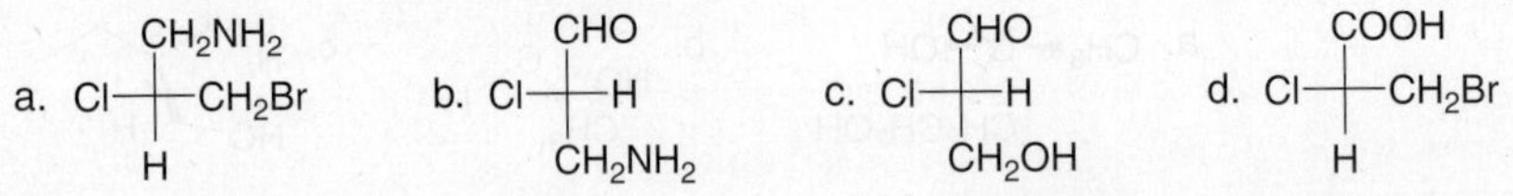

a. Cl–C(CH_2NH_2)(H)–CH_2Br b. Cl–C(CHO)(CH_2NH_2)–H c. Cl–C(CHO)(CH_2OH)–H d. Cl–C(COOH)(H)–CH_2Br

---

28.2B 입체발생 중심이 두 개 이상인 단당류

단당류의 가능한 입체이성질체의 수는 존재하는 입체발생 중심의 수에 따라 기하급수적으로 증가한다. 알도헥소스는 입체발생 중심이 네 개이다. 따라서 2^4 = 16개의 입체이성질체 또는 여덟 쌍의 거울상이성질체가 있다.

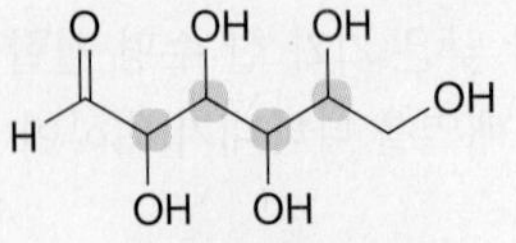

알도헥소스
네 개의 입체발생 중심
16개의 가능한 입체이성질체

=

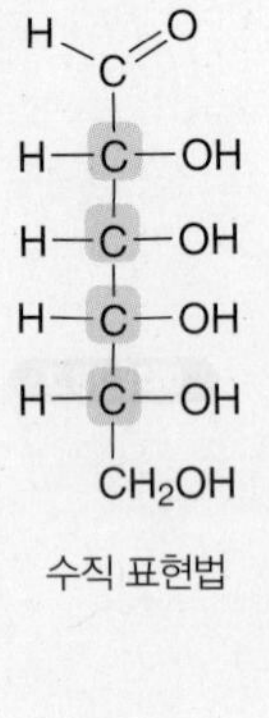

수직 표현법

그림 28.2
피셔 투영식과 글루코스의 3-D 구조

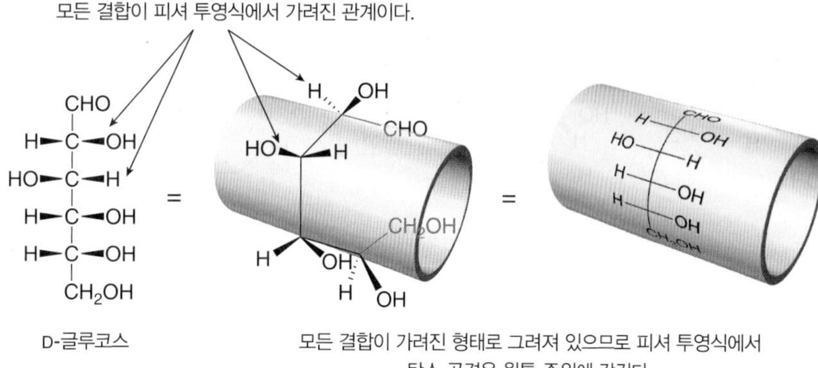

피셔 투영식은 알도헥소스와 같은 입체발생 중심이 여러 개인 화합물에 대해서도 사용된다. 이 경우 분자를 수직의 탄소 골격으로 그리고, 입체발생 중심들을 위로 하나씩 쌓아 올린다. 이 모델에서는 모든 수평 결합들은 앞쪽으로 향한다(쐐기 모양).

D-글루코스
모든 수평 결합은
쐐기로 그려진다.

피셔 투영식

비록 피셔 투영식이 입체발생 중심이 여러 개인 단당류를 묘사하기 위하여 일반적으로 사용되지만 사용에 주의해야 한다. 왜냐하면 묘사하고자 하는 삼차원 구조의 실제 그림을 제공하지는 않기 때문이다. 각 입체발생 중심이 덜 안정한 가려진 형태로 그려지기 때문에 글루코스의 피셔 투영식은 그림 28.2에서 보인 바와 같이 실제로 원통형 분자로 표시될 수 있다.

예제 28.3 다음 공–막대 모델을 피셔 투영식으로 전환하라.

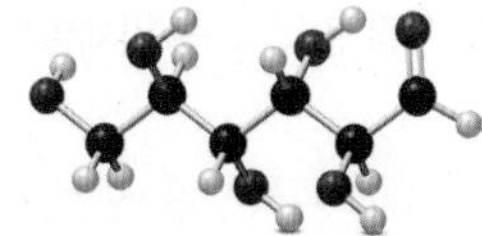

풀이

공–막대 모델은 가장 안정한 형태인 엇갈린 형태(staggered conformation)로 되어 있으므로 피셔 투영식으로 전환하기 위해서는 먼저 덜 안정한 가려진 형태로 바꿔주어야 한다. 먼저 공–막대 구조를 탄소 사슬 구조로 바꿔 그려준 다음(**A**), 카보닐기가 맨 위로 오도록 돌려준다(**B**). 엇갈린 형태를 가려진 형태로 바꾸기 위해서 **B**에 붉게 표시된 두 탄소를 180° 회전시켜 **C** 형태로 만들어준다. **C**의 각 탄소의 H와 OH를 쐐기 형태로 그려주면 **D**의 형태가 된다. **C**의 쐐기 형태로 붙은 작용기(붉은색)는 **D**에서는 왼편에, 점선으로 표시된 작용기(푸른색)들은 오른편에 위치하게 된다. 마지막으로 모든 쐐기 모양을 실선으로 바꿔 그려주면 피셔 투영식이 완성된다.

문제 28.4 다음 공–막대 모델을 피셔 투영식으로 전환하라.

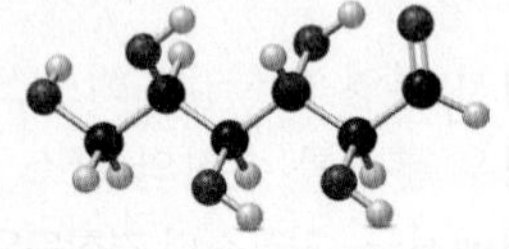

문제 28.5 글루코스의 각 입체발생 중심에 *R*, *S* 배열을 표시하라.

28.2C D 및 L 단당류

*R*과 *S* 접두사를 단당류의 입체발생 중심의 배열을 지시하기 위해 사용할 수 있지만, 옛 명명법에서는 D-와 L-접두사를 대신 사용해 왔다. 자연에 존재하는 *R* 배열의 글리세르알데하이드를 D-이성질체라고 부른다. 그것의 거울상이성질체인 (*S*)-글리세르알데하이드는 L-이성질체이다.

(*R*)-글리세르알데하이드
D-글리세르알데하이드

(*S*)-글리세르알데하이드
L-글리세르알데하이드

문자 D와 L은 입체발생 중심이 여러 개인 모든 단당류를 분류하기 위하여 사용한다. 카보닐기로부터 가장 멀리 있는 입체발생 중심의 배열이 이 단당류가 D-인지 L-인지를 결정한다.

D와 *d*는 매우 다른 개념을 표시한다. 'D'는 입체발생 중심 주위의 배열을 지칭한다. D 단당류에서는 카보닐기에서 가장 멀리 떨어져 있는 입체발생 중심의 OH기가 피셔 투영식에서 오른쪽에 위치한다. 반면에 '*d*'는 '우회전성'의 약자이다. 즉 *d*-화합물은 평면 편광을 시계 방향으로 회전시킨다. D-당은 우회전성일 수도 있고 좌회전성(평면 편광을 시계 반대 방향으로 회전시킨다)일 수도 있다. **따라서 D와 *d* 또는 L과 l 사이에는 직접적인 관련이 없다.**

- D-당은 피셔 투영식에서 카보닐기로부터 가장 멀리 있는 입체발생 중심에 있는 OH기가 오른쪽에 있다(D-글리세르알데하이드와 같음).
- L-당은 피셔 투영식에서 카보닐기로부터 가장 멀리 있는 입체발생 중심에 있는 OH기가 왼쪽에 있다(L-글리세르알데하이드와 같음).

C=O로부터 가장 먼 위치의 입체발생 중심

오른쪽에 OH
D-당

왼쪽에 OH
L-당

글루코스를 포함해서 자연에 존재하는 모든 당은 D-당이다. L-글루코스는 D-글루코스의 거울상이성질체로서 자연에서 얻어지지 않는다. L-글루코스는 모든 입체발생 중심에서 배열이 반대이다.

D-글루코스 L-글루코스

자연에 존재하는 거울상이성질체

문제 28.6 (a) 화합물 **A**, **B**와 **C**를 D- 또는 L-당으로 표시하라. (b) 화합물 **A**와 **B**, **A**와 **C**, **B**와 **C**는 어떤 관계인가? 거울상이성질체, 부분입체이성질체 또는 구조 이성질체 중에서 택하여 답하라.

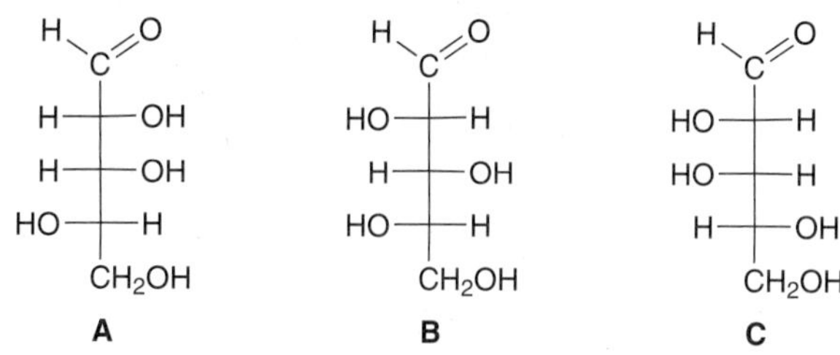

28.3 D-알도스 계열

D-글리세르알데하이드로부터 출발하여 탄소 원자(각각에 H와 OH가 결합된)를 C1과 C2 사이에 한 개씩 추가하면 탄소 수가 네 개, 다섯 개 또는 여섯 개인 다른 D-알도스를 만들 수 있다. 두 개의 D-알도테트로스가 D-글리세르알데하이드로부터 만들어질 수 있다. 하나는 새로운 OH기가 오른쪽에, 다른 하나는 새로운 OH기가 왼쪽에 있다. 이것들의 이름은 D-에리트로스와 D-트레오스이다. 이 둘은 부분입체이성질체로서 각각 입체발생 중심이 두 개이다.

각 단당류의 관용명은 각 당이 가진 원자 수와 입체발생 중심에서의 배열을 가리킨다. 이 관용명이 화학 문헌에서 이미 널리 사용되고 있었던 관계로 이 화합물들에 대한 체계적인 명명법은 전혀 수립되지 않았다.

D-에리트로스 D-트레오스

그림 28.3
알도테트로스의
네 개의 입체이성질체

D-에리트로 L-에리트로 D-트레오스 L-트레오스

거울상이성질체 거울상이성질체

D-리보스, D-아라비노스, D-자일로스는 모두 자연에 존재하는 일반적인 알도펜토스이다. D-리보스는 단백질 합성에서 DNA의 유전 정보를 해독하는 RNA를 구성하는 탄수화물 성분이다.

각 알도테트로스는 입체발생 중심이 둘이므로 2^2 또는 네 개의 가능한 입체이성질체가 존재한다. D-에리트로스와 D-트레오스는 각각 그들 중의 두 개의 이성질체이다. 다른 두 개는 그들의 거울상이성질체인 L-에리트로스와 L-트레오스이다. 거울상이성질체 관계인 것들은 각 입체발생 중심의 배열이 정확히 반대이다. D-알도테트로스의 모든 네 개 입체이성질체를 그림 28.3에 나타내었다.

탄소 수가 늘어난 D-알도스 계열의 당을 만들기 위해서는 다른 하나의 탄소 원자(H와 OH가 결합된)를 양쪽 테트로스의 카보닐 바로 아래에 첨가하면 된다. 두 개의 D-알도테트로스로 시작하고 새로운 OH를 놓은 방법이 두 가지(오른쪽과 왼쪽) 있으므로 이제 네 개의 가능한 이성질체인 D-알도펜토스로서 D-리보스, D-아라비노스, D-자일로스, D-릭소스가 만들어진다. 각 D-알도펜토스는 입체발생 중심이 세 개이다. 그러므로 이제 2^3 = 8개의 가능한 입체이성질체 또는 네 쌍의 거울상이성질체가 존재한다. 각 쌍의 거울상이성질체를 그림 28.4에 나타내었다.

마지막으로 D-알도헥소스를 만들기 위하여는 또 다른 하나의 탄소 원자(H와 OH에 결합)를 모든 알도펜토스의 카보닐 바로 아래에 첨가한다. 네 개의 D-알도펜토스로 시작하였으며 새로운 OH를 놓는 데에는 두 가지 방법(오른쪽 또는 왼쪽)이 있으므로 이제 여덟 개의 D-알도헥소스가 만들어진다. 이제 각 알도헥소스는 입체발생 중심이 네 개이므로 2^4 = 16개의 가능한 입체이성질체 또는 여덟 쌍의 거울상이성질체가 존재하게 된다. D-거울상이성질체만을 그림 28.4에 나타내었다.

그림 28.4
탄소 원자가 3~6개인 D-알도스 계열

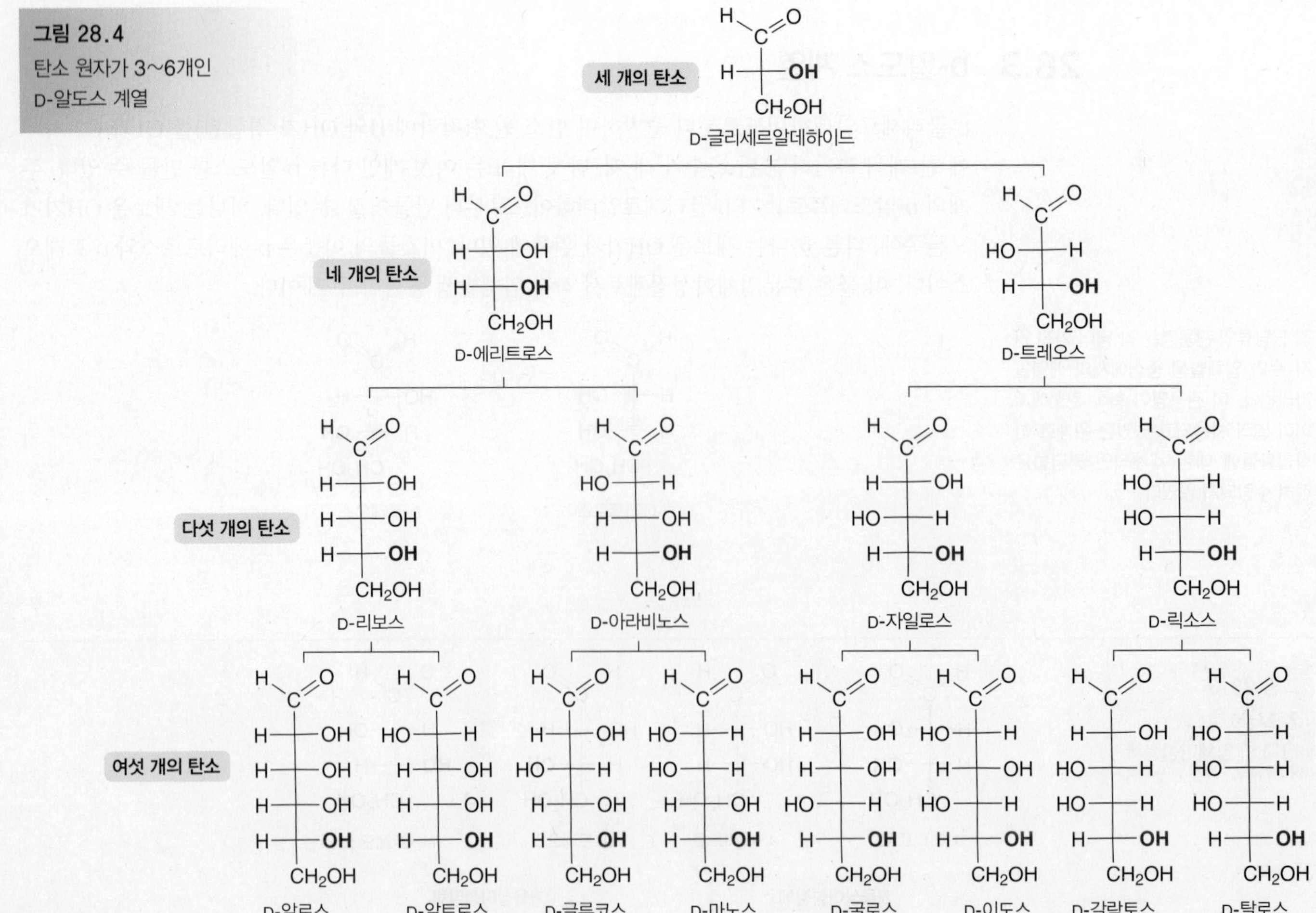

D-알도스의 계열 나무(그림 28.4)에는 두 개의 화합물을 쌍으로 모아 배열하였다. D-글루코스와 D-마노스와 같이 쌍을 이룬 화합물들은 한 개의 입체발생 중심만 제외한 다른 모든 입체발생 중심에서 배열이 같다.

D-알도헥소스 중에서는 오직 D-글루코스와 D-갈락토스만이 자연계에 일반적으로 존재한다. **D-글루코스는 모든 D-알도스 중에서 가장 풍부하게 존재한다.** D-글루코스는 녹말과 셀룰로스의 가수분해로 얻어진다. 그리고 D-갈락토스는 과일 펙틴의 가수분해로 얻어진다.

- 오직 한 개의 입체발생 중심의 배열만 다른 두 개의 부분입체이성질체를 에피머(epimer)라 부른다.

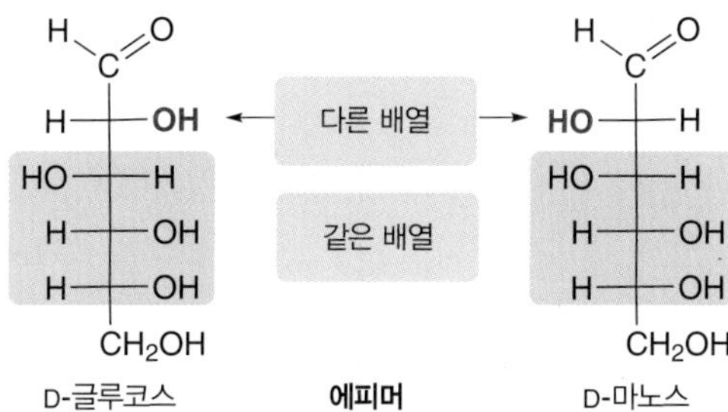

문제 28.7 얼마나 많은 알도헵토스가 존재하는가? 그중에 D-당은 몇 개인가? C2와 C3에 *R* 배열을 가진 모든 D-알도헵토스를 그려라.

문제 28.8 D-에리트로스의 가능한 두 에피머를 그려라. 그림 28.4를 사용하여 각각의 화합물들을 명명하라.

28.4 D-케토스 계열

D-케토스 계열은 그림 28.5에서와 같이 다이하이드록시아세톤에서 출발하여 새로운 탄소 원자(H와 OH가 결합된)를 C2와 C3 사이에 첨가하여 만든다. C2에 카보닐기를 가지므로 이들 단당류들은 입체발생 중심의 수가 감소한다. 그러므로 단지 네 개의 D-케토헥소스만이 존재한다. 가장 일반적으로 자연에서 얻어지는 케토스는 D-프룩토스이다.

문제 28.9 그림 28.4와 28.5의 구조를 참고하여 각 쌍의 화합물 간의 관계를 거울상이성질체, 에피머, 에피머가 아닌 부분입체이성질체 또는 구조 이성질체 중에서 골라 표시하라.

a. D-알로스와 L-알로스
b. D-알트로스와 D-굴로스
c. D-갈락토스와 D-탈로스
d. D-마노스와 D-프룩토스
e. D-프룩토스와 D-소르보스
f. L-소르보스와 L-타가토스

문제 28.10 a. D-프룩토스의 거울상이성질체를 그려라.
b. D-프룩토스의 C4에서 에피머를 그려라. 이 화합물의 이름은 무엇인가?
c. D-프룩토스의 C5에서 에피머를 그려라. 이 화합물의 이름은 무엇인가?

문제 28.11 그림 28.5를 참조하여, C3에서 *S* 배열을 갖는 D-케토헥소스는 어느 것인가?

28.5 단당류의 물리적 성질

단당류의 물리적 성질은 다음과 같다.

- 단당류는 모두 단맛이다. 그러나 그들의 상대적인 단맛의 정도에는 큰 차이가 있다.

그림 28.5
탄소 원자가 3~6 개인 D-케토스 계열

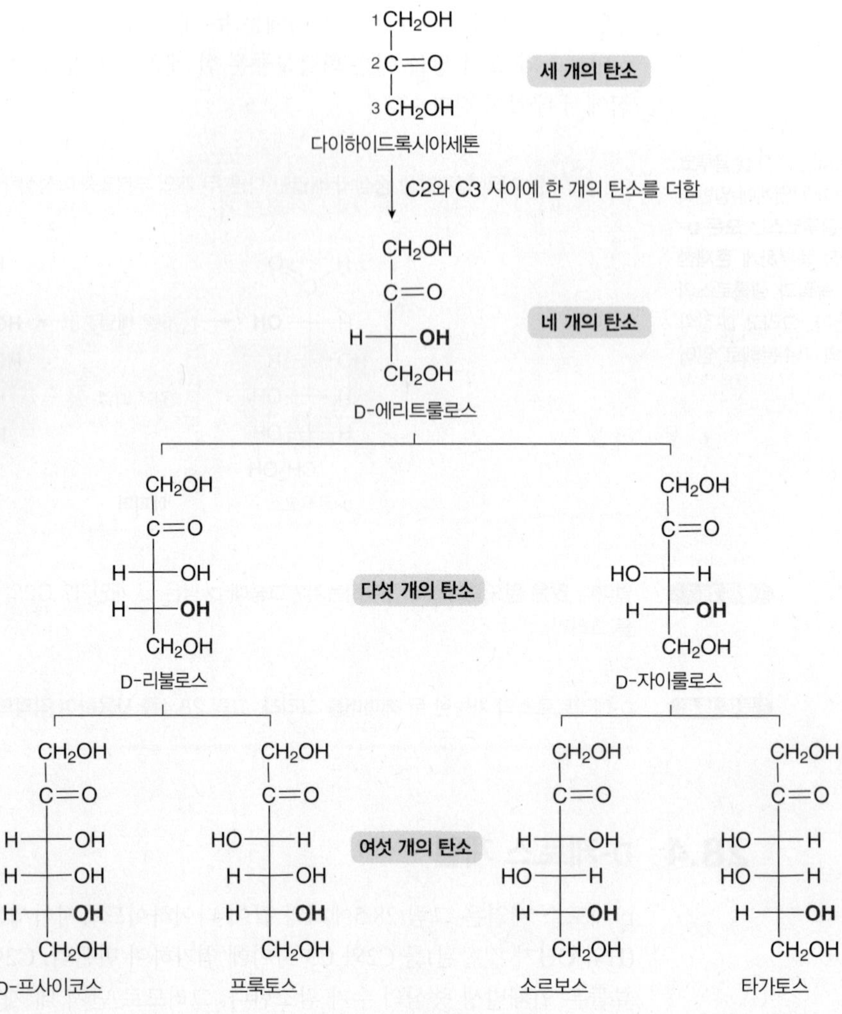

- 단당류는 녹는점이 높은 극성 화합물이다.
- 수소 결합이 가능한 극성 작용기가 많이 존재하므로 물에 잘 녹는다.
- 대부분의 다른 유기 화합물과 달리 단당류는 극성이므로 다이에틸 에터와 같은 유기 용매에 녹지 않는다.

28.6 단당류의 고리 형태

그림 28.4와 28.5에서 단당류는 다수의 하이드록시기가 있는 비사슬형 카보닐 화합물로 그려졌으나 단당류의 분자 내 하이드록시기와 카보닐기는 다섯 개 또는 여섯 개의 원자가 고리에 있는 헤미아세탈(hemiacetal)을 형성하는 분자 내 고리화 반응을 일으킬 수 있다. 이 과정은 21.16절에서 먼저 논의하였다.

헤미아세탈 헤미아세탈

피라노스 고리
(육원자 고리)

퓨라노스 고리
(오원자 고리)

- 산소(O)를 포함한 육원자 고리를 피라노스(pyranose)라 부른다.
- 산소(O)를 포함한 오원자 고리를 퓨라노스(furanose)라 부른다.

하이드록시 카보닐 화합물의 고리화는 항상 헤미아세탈 탄소에 **아노머 탄소**(anomeric carbon)라고 부르는 입체발생 중심을 생성한다. 두 헤미아세탈을 **아노머**(anomer)라 부른다.

- 아노머는 헤미아세탈 탄소에서 OH기의 위치가 다른 고리 형태의 단당류의 입체이성질체이다.

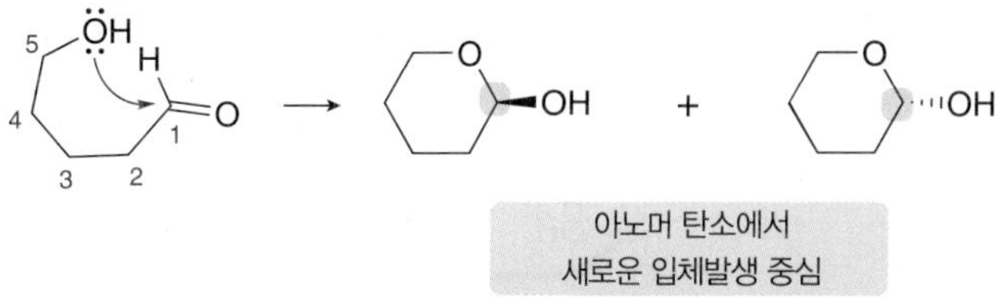

아노머 탄소에서
새로운 입체발생 중심

주어진 분자에서 고리화는 가장 안정한 고리 크기를 형성한다. **글루코스와 같은 일반적인 알도헥소스 계열 단당류는 보편적으로 피라노스 고리를 형성하므로** D-글루코스의 헤미아세탈 형성에 의한 고리 형성에 대해 논의한다.

28.6A 고리 헤미아세탈 형태로 글루코스 그리기

글루코스의 다섯 개의 OH기 중 육원자 고리를 생성하는 데 카보닐기로부터 적정한 거리에 있는 것은 어느 것인가? **카보닐로부터 가장 먼 위치의 입체발생 중심(C5)에 있는 산소 원자는** 카보닐 탄소로부터 여섯 개 원자만큼 떨어져 있으므로 피라노스 고리의 형성에 적합한 위치에 있다.

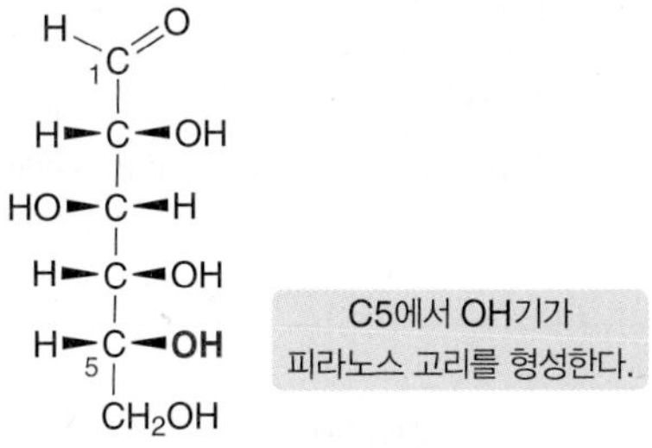

C5에서 OH기가
피라노스 고리를 형성한다.

D-글루코스

비고리 형태의 글루코스를 고리형 헤미아세탈로 바꾸기 위하여 하이드록시 알데하이드를 그리는데, 새로운 고리에 원자들을 위치시켜 고리를 그려야 한다. **관례에 따라 새 피라노스 고리의 산소 원자는 육원자 고리의 상단 우측 모서리에 그린다.**

A에서 밑바닥 입체발생 중심에 있는 작용기를 회전하여 고리를 위해 필요한 모든 여섯 개 원자(OH를 포함)를 수직선에 놓는다(B). 이 그림을 피셔 투영식으로 다시 그려 구조를 덜 혼란스럽게 나타낸다(C). 이 구조를 비틀고 90° 회전하여 D를 만든다. 구조 A~D는 D-글루코스의 비고리 구조를 네 가지 다른 방법으로 그린 것이다.

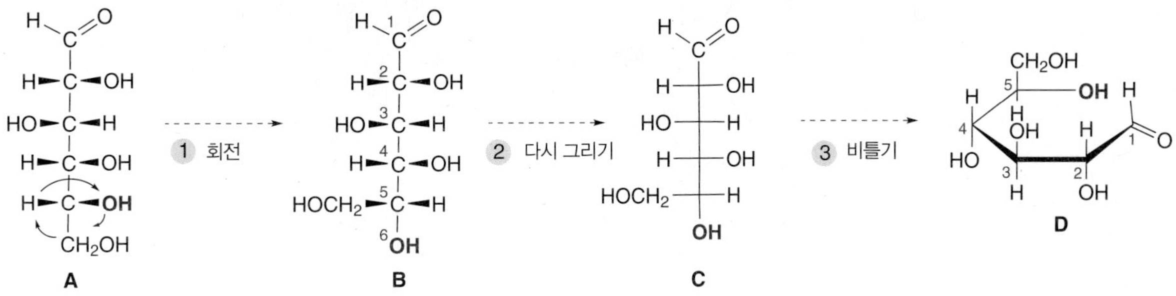

A ① 회전 B ② 다시 그리기 C ③ 비틀기 D

C5에 있는 OH기의 알데하이드 카보닐에 대한 친핵성 공격으로 생성되는 고리 헤미아세탈 구조를 그려본다. 고리화 결과 한 개의 새로운 입체발생 중심이 만들어지기 때문에 **D**-글루코스의 두 개의 고리 형태인 α 아노머와 β 아노머가 만들어진다. 그 외 원래 분자 내 존재하던 모든 입체발생 중심은 생성된 두 개의 아노머에서도 그 배열이 그대로 유지된다.

- D-단당류의 α 아노머는 OH기를 C5의 CH_2OH기에 대해 트랜스, 즉 아래로 그린다. D-글루코스의 α 아노머를 α-D-글루코피라노스(육원자 고리를 강조하기 위하여)라 부른다.
- D-단당류의 β 아노머는 OH기를 C5의 CH_2OH기에 대해 시스, 즉 위로 그린다. D-글루코스의 β 아노머를 β-D-글루코스 또는 β-D-글루코피라노스(육원자 고리를 강조하기 위하여)라 부른다.

비고리 D-글루코스 ⇌ α 아노머 (α-D-글루코스) + β 아노머 (β-D-글루코스)

아노머 탄소(C1)에서 새로운 입체발생 중심

모든 단당류에서 α **아노머의** 아노머 OH기와 CH_2OH기는 **트랜스**로 존재한다. β **아노머**의 아노머 OH기와 CH_2OH기는 **시스**가 된다.

글루코스와 다른 당의 고리 헤미아세탈을 평면 구조의 육원자 고리로 나타낸 것을 하워스 투영식(Haworth projection)이라 부른다. 고리형 글루코스에는 하이드록시 알데하이드 구조일 때부터 존재하던 네 개의 입체발생 중심에 한 개의 새로운 아노머 탄소가 추가되어 총 다섯 개의 입체발생 중심이 존재하게 된다. α-D-글루코스와 β-D-글루코스는 아노머 탄소의 배열이 다르므로 부분입체이성질체 관계이다.

이 반응 메커니즘은 하이드록시 알데하이드가 고리 헤미아세탈로 전환되는 메커니즘(메커니즘 21.10)과 동일하다. 비고리 알데하이드와 두 개의 고리 헤미아세탈은 모두 평형 상태에 있다. 각

그림 28.6
글루코스의 세 가지 형태

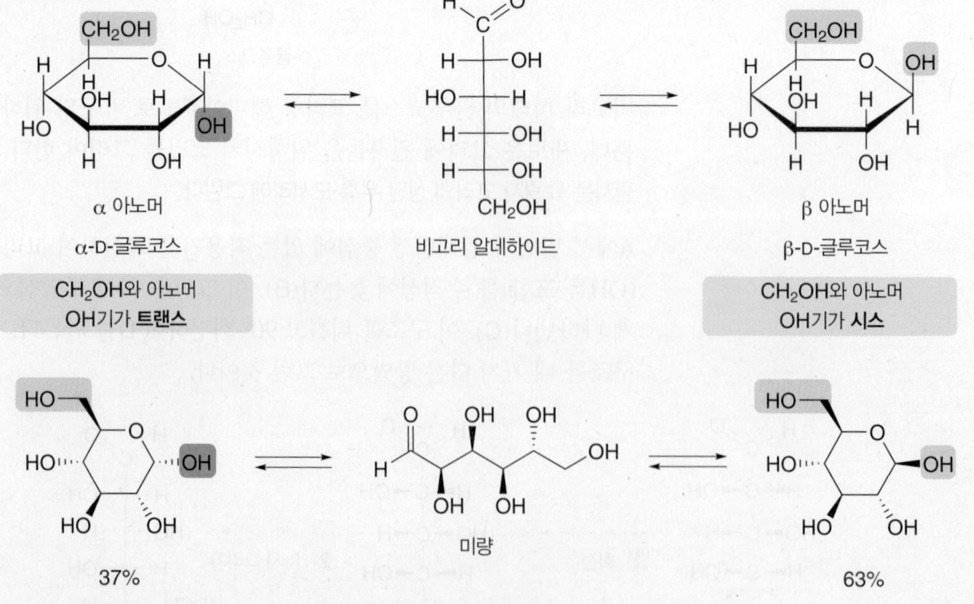

- 하워스 투영법에서 고리 위의 결합은 쐐기형 결합으로 그린다.
- 하워스 투영법에서 고리 아래의 결합은 쐐기형 점선으로 그린다.

고리 헤미아세탈은 따로 분리될 수 있고 결정화될 수 있다. 그러나 어떤 하나의 화합물을 용액 속에 놓았을 때 세 가지 구조 간 평형인 혼합물이 얻어진다. 이 과정을 **변광회전**(mutarotation)이라 한다. 평형에서 혼합물은 37%가 α 아노머, 63%가 β 아노머 형태로 존재한다. 그리고 그림 28.6에 보인 바와 같이 비고리 하이드록시 알데하이드 형태는 매우 적은 양만 존재한다.

문제 28.12 각 하워스 투영에 α 또는 β 아노머라고 표시하고, 쐐기와 점선 쐐기가 있는 육원자 고리로 구성된 하워스 투영으로 변환하라.

a. b.

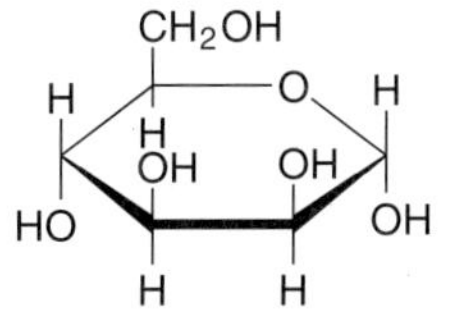

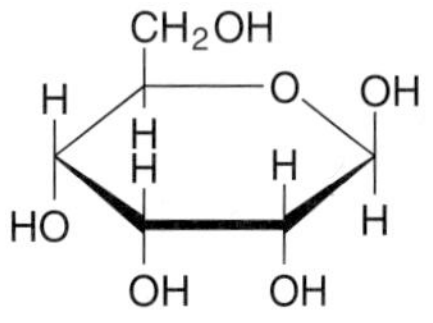

28.6B 하워스 투영식

비고리 단당류를 하워스 투영식으로 바꾸기 위하여 아래의 단계적 과정을 따른다.

해결 방법 비고리 알도헥소스로부터 하워스 투영식을 그리는 방법

예 D-마노스를 하워스 투영식으로 그려라.

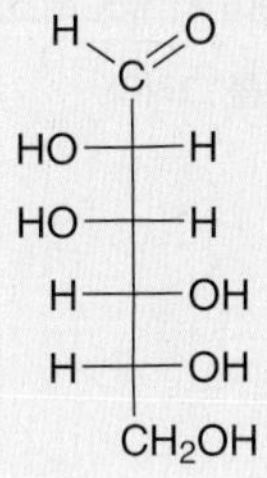

D-마노스

단계 [1] 산소 원자를 육각형의 상단 우측 모서리에 놓고 CH_2OH기를 이 산소로부터 시계 반대 방향의 첫 번째 탄소에 첨가한다.

- **D-당**에는 CH_2OH기를 **위**로, **L-당**에는 CH_2OH를 **아래**로 그린다.

D-당

D-마노스

CH_2OH는 위로 그린다.

단계 [2] 산소 원자로부터 시계 방향으로 첫 탄소에 아노머 탄소를 그린다.

- α **아노머**는 D-당에서 **OH**기를 **아래**로 그린다.
- β **아노머**는 D-당에서 **OH**기를 **위**로 그린다.

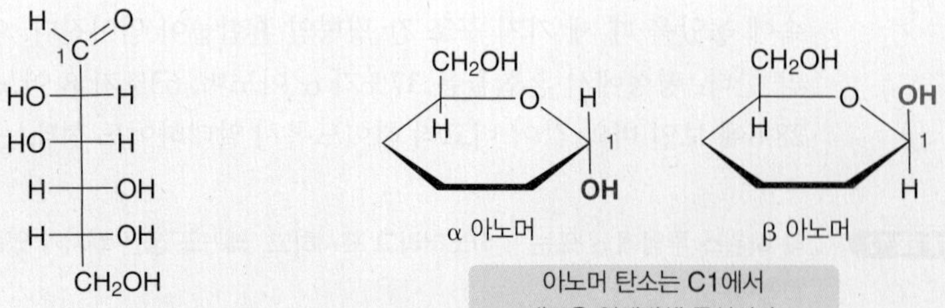

α 아노머　　β 아노머

아노머 탄소는 C1에서
새로운 입체발생 중심이다.

- 카보닐 탄소가 아노머 탄소(새로운 입체발생 중심)가 된 것을 기억하라.

단계 [3] 남아 있는 세 개의 입체발생 중심에 치환기를 고리 주위의 시계 방향으로 첨가한다.

- 피셔 투영식에서 **오른쪽**의 치환기는 **아래**로 그린다.
- **왼쪽**의 치환기는 **위**로 그린다.

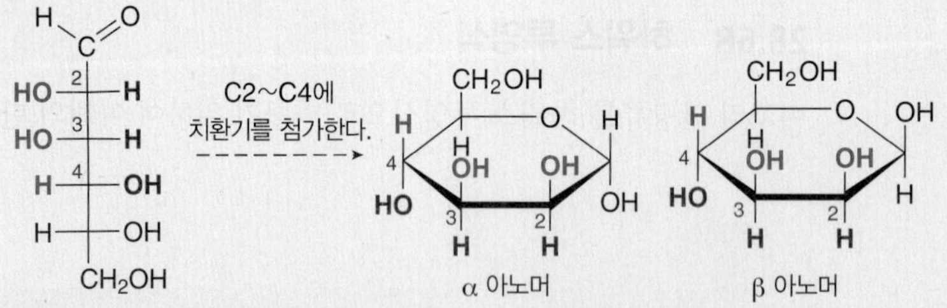

C2~C4에
치환기를 첨가한다.

α 아노머　　β 아노머

문제 28.13 하워스 투영식을 사용하여 각 알도헥소스를 지시된 아노머로 전환하여 표시하라.

a. 다음 구조의 α 아노머를 그려라.　b. 다음 구조의 α 아노머를 그려라. 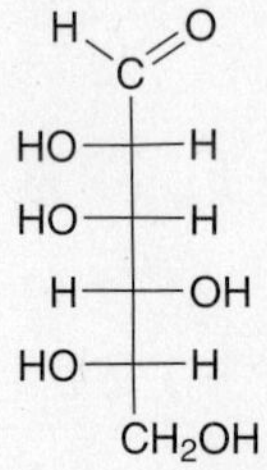　c. 다음 구조의 β 아노머를 그려라.

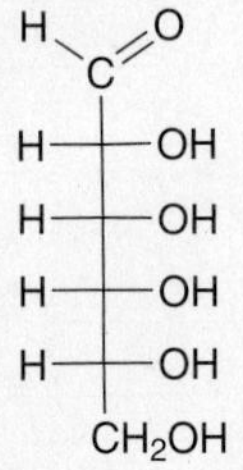

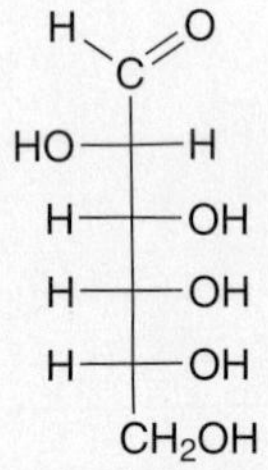

예제 28.4는 어떻게 하워스 투영식을 다시 비고리형의 단당류로 전환하는가를 보여준다. 헤미아세탈이 α 아노머 또는 β 아노머인가는 중요하지 않다. 왜냐하면 두 아노머 모두 같은 하이드록시 알데하이드를 형성하게 되기 때문이다.

예제 28.4 다음의 하워스 투영식을 알도헥소스의 비고리 형태로 전환하라.

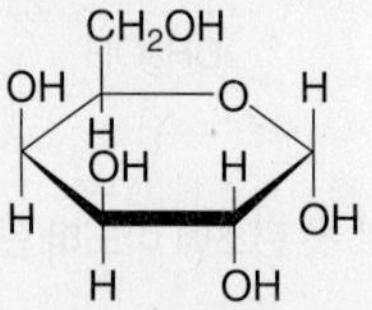

풀이

비고리 형태로 전환은 피라노스의 산소 원자에서부터 시작한다. 그리고 고리의 **시계 반대 방향**으로 따라가면서 사슬 구조의 아래에서 위로 올라가도록 배열한다.

[1] CHO를 맨 위에, CH_2OH를 맨 아래에 놓고 탄소 골격을 그린다.

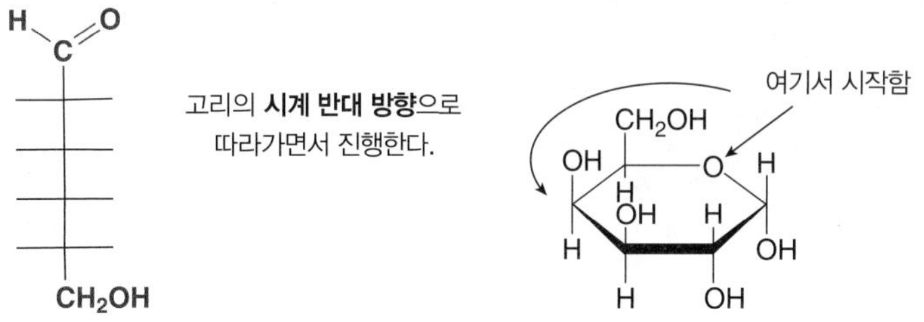

고리의 **시계 반대 방향**으로 따라가면서 진행한다.

여기서 시작함

[2] D-또는 L-로 분류한다.

- CH_2OH기가 **위**로 그려졌다면 이것은 **D-당**이다.
- D-당은 맨 밑의 입체발생 중심의 OH기가 **오른쪽**에 있다.

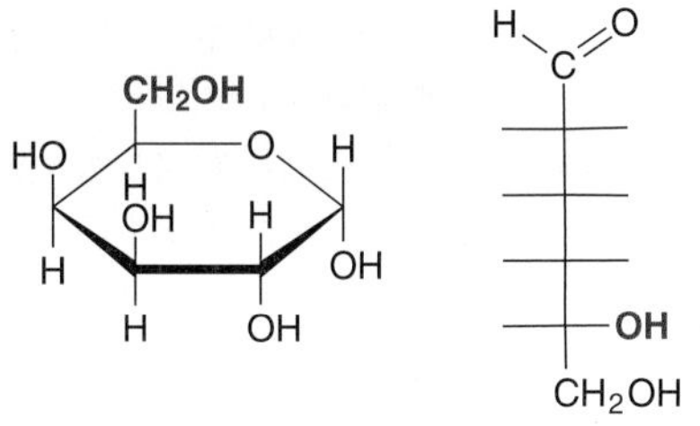

[3] 세 개의 다른 입체발생 중심을 표시한다.

- **위**의 치환기는 **왼쪽**에 표시한다.
- **아래**의 치환기는 **오른쪽**에 표시한다.
- 아노머 C가 C1에서 C=O가 된다.

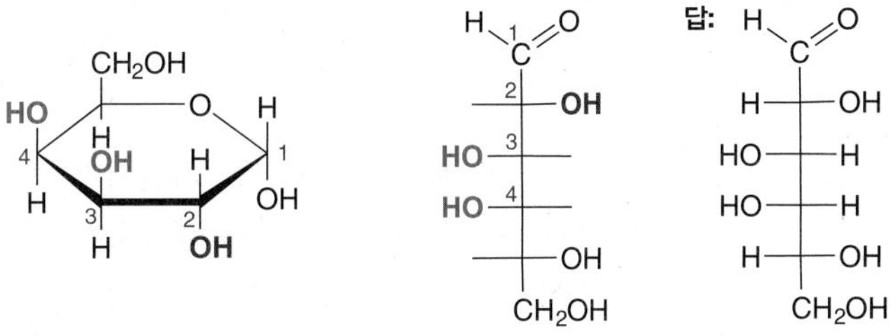

답:

문제 28.14 각각의 하워스 투영식을 비고리형으로 전환하라.

a.

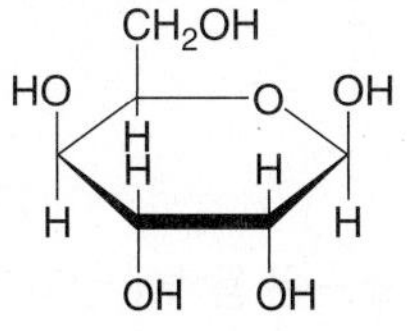

b.

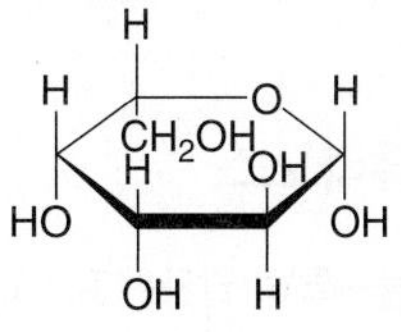

28.6C D-글루코스의 삼차원 도식

육각 고리의 의자 모형이 삼차원 구조를 표시하는 가장 정확한 그림이므로 하워스 투영식을 의자 모형으로 바꾸는 방법을 알아야 한다.

하워스 투영식을 의자 모형으로 바꾸기 위해서는

그림 28.7 D-글루코스의 두 아노머의 삼차원 표현

α 아노머 β 아노머

- 산소(O) 원자를 '위쪽' 원자로 하여 피라노스를 그린다.
- 하워스 투영식에서 '위쪽'의 치환기를 꺽인 육원자 고리의 한 주어진 탄소 원자에서 '위쪽' 결합(수직 방향 또는 수평 방향)이 되게 한다.
- 하워스 투영식에서 '아래쪽'의 치환기를 꺽인 육원자 고리의 한 주어진 탄소 원자에서 '아래쪽' 결합(수직 방향 또는 수평 방향)이 되게 한다.

결과적으로 β-D-글루코스의 삼차원 의자 모형은 아래의 방법으로 그린다.

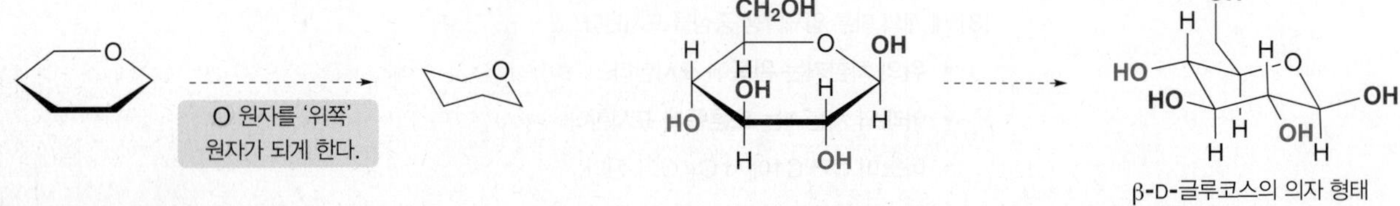

- '위쪽' 치환기는 붉은색으로 표시하였다.
- '아래쪽' 치환기는 푸른색으로 표시하였다.

글루코스는 수소보다 큰 모든 치환기가 보다 공간적 여유가 있는 수평 방향에 놓여 있다. 따라서 글루코스는 가장 안정하며 가장 많이 존재한다. 또한 헤미아세탈의 OH기가 역시 수평 방향에 위치하는 β 아노머가 평형 상태에서 더 많이 존재하는 이성질체이다. 그림 28.7에는 D-글루코스의 두 아노머의 의자 형태의 구조를 표시하였다.

문제 28.15 문제 28.14의 하워스 투영식을 의자 모형 피라노스 고리 형태의 삼차원으로 나타내라.

28.6D 퓨라노스

어떤 단당류들—특히 알도펜토스와 케토헥소스—은 용액에서 피라노스 고리 대신에 퓨라노스 고리를 형성한다. 이 구조를 그리는 데에는 고리 크기가 한 원자가 작다는 것을 제외하고는 피라노스 고리를 그리는 것과 같은 원리가 적용된다.

- 고리화는 언제나 아노머 탄소에 새로운 입체발생 중심을 생성한다. 그러므로 두 개의 아노머가 만들어질 수 있다. D-당에 대하여 OH기는 α 아노머에서는 아래쪽에, β 아노머에서는 위쪽에 위치한다.
- 오원자 고리에 치환기를 첨가하는 것은 같은 방법으로 그린다. D-당에 대하여 CH_2OH기는 위쪽으로 그린다.

D-리보스에서 오원자 퓨라노스 고리를 만드는 데 사용된 OH기는 C4에 위치한다. 고리화에 의해 새로운 입체발생 중심이 만들어지고 두 개의 아노머가 생성된다. 이들은 **α-D-리보퓨라노스**와 **β-D-리보퓨라노스**로 부른다.

벌꿀은 설탕(사탕수수로부터 추출)에 의해 대체되기 전까지는 최초이자 또한 가장 인기 있는 단맛을 내는 물질이었다. 벌꿀은 대부분이 D-프룩토스와 D-글루코스로 이루어져 있는 혼합물이다.

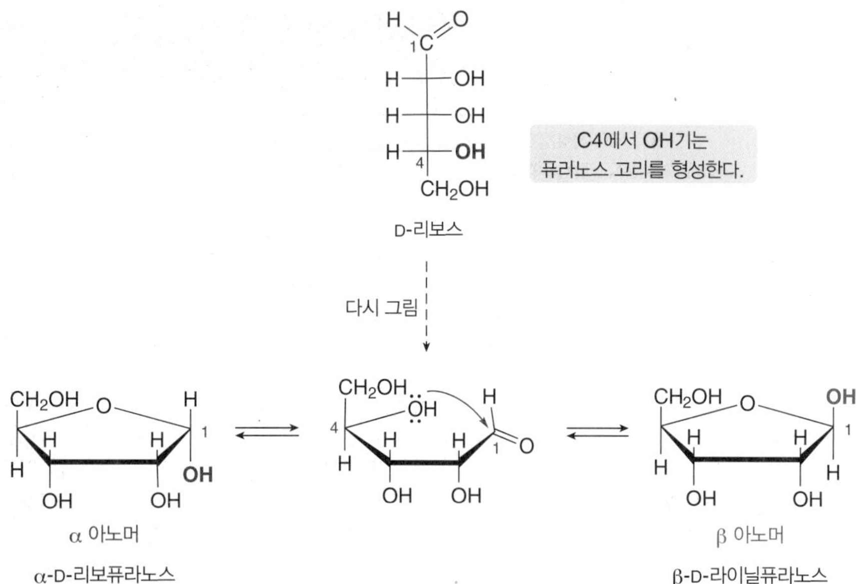

대표적인 케토헥소스인 D-프룩토스의 퓨라노스형을 그리는 데도 같은 방법이 사용된다. 카보닐기가 C2에 있으므로(알도스의 경우는 C1에 있다) C5에 있는 OH기가 오원자 고리의 헤미아세탈을 형성한다. 두 개의 아노머가 생성된다.

OH기는 C5에서 퓨라노스 고리를 형성한다.

D-프룩토스

다시 그림

α 아노머

α-D-프룩토퓨라노스

β 아노머

β-D-프룩토퓨라노스

문제 28.16 알도테트로스는 퓨라노스형으로 존재한다. D-에리트로스의 두 아노머를 그려라.

28.7 글리코사이드

헤미아세탈과 아세탈의 차이를 기억하라.

HO OR	RO OR
헤미아세탈	**아세탈**
• 한 개의 OH기 • 한 개의 OR기	• 두 개의 OR기

단당류는 용액 상태에서 고리 형태와 비고리 형태가 평형 상태로 존재하므로 세 가지 종류의 반응이 일어날 수 있다.

- 헤미아세탈의 반응
- 하이드록시기의 반응
- 카보닐기의 반응

비록 단당류의 비고리형 구조가 매우 적은 양으로 존재할지라도 르 샤틀리에(Le Châtelier)의 원리에 의하여 평형은 그것이 유리한 방향으로 기울 수 있다(9.8절). 예를 들면 비고리형 구조의 카보닐기가 한 시약과 반응한다고 가정하면 이것의 평형 농도가 감소한다. 그러면 평형은 이 손실을 보상하기 위하여 이동한다. 그러므로 더 반응할 수 있는 비고리 형태를 더욱 많이 생산한다.

단당류는 두 가지 다른 성격의 OH기가 있다. 대부분은 '일반적' 알코올로서 알코올의 특징적인 반응을 일으킨다. 반면에 아노머의 OH기는 헤미아세탈의 일부분으로 헤미아세탈로서의 반응성을 나타낸다.

28.7A 글리코사이드 형성

단당류를 알코올과 HCl로 처리하면 헤미아세탈이 글리코사이드(glycoside)라는 아세탈로 전환된다. 예를 들면 α-D-글루코스를 메탄올과 HCl로 처리하면 아세탈 탄소에서 부분입체이성질체인 두 개의 글리코사이드가 생성된다. α와 β 표시는 아노머와 같은 방법으로 한다. D-당에서 α 글리코사이드는 새로운 OR기(이 예에서는 OCH_3기)가 아래쪽에, β 글리코사이드는 새로운 OR기가 위쪽에 위치한다.

CH_3OH, HCl

α-D-글루코스 → α 글리코사이드 + β 글리코사이드

오직 헤미아세탈 OH만 반응한다.

메커니즘 28.1은 왜 한 개의 아노머가 두 개의 글리코사이드를 만드는지 설명한다. **평면 구조의 탄소 양이온을 거쳐서 반응이 진행되기 때문이다.** 여기에 두 개의 다른 방향의 친핵성 공격에 의해서 부분입체이성질체의 혼합물이 형성된다. α-와 β-D-글루코스는 동일한 평면의 탄소 양이온을 생성하므로 각각 동일한 두 개의 글리코사이드를 만든다.

이 메커니즘은 왜 오직 헤미아세탈 OH기만 반응하는지를 잘 설명하고 있다. 2단계에서 헤미아세탈 OH의 양성자 첨가 후 H_2O의 손실은 공명 안정화된 탄소 양이온을 생성한다. 그 외의 어떤 다른 OH기도 H_2O의 이탈에 의해 공명 안정화된 탄소 양이온을 생성할 수 없다.

고리 헤미아세탈과 달리 글리코사이드는 아세탈이다. 따라서 변광회전을 일으키지 않는다. 하나의 글리코사이드를 H_2O에 녹여도 이것은 α-와 β-글리코사이드의 평형 혼합물로 전환되지 않는다.

- 글리코사이드는 아노머 탄소에 알콕시(OR)기가 결합한 아세탈이다.

문제 28.17 다음 각각의 단당류가 CH_3CH_2OH, HCl과 반응하여 생성되는 글리코사이드를 표시하라.

a. β-D-마노스 b. α-D-굴로스 c. β-D-프룩토스

28.7B 글리코사이드 가수분해

글리코사이드는 아세탈이므로 산과 물에 의하여 고리 헤미아세탈과 한 분자의 알코올로 가수분해된다.

메커니즘 28.1 글리코사이드 형성

부분 [1] 헤미아세탈로부터 H_2O의 이탈

공명 안정화된 양이온

+ H_2O

① ② 헤미아세탈 OH기의 양성자 첨가에 이은 H_2O의 이탈은 공명 안정화된 탄소 양이온을 생성한다.

부분 [2] 글리코사이드의 형성

평면 탄소 양이온

CH_3OH 위

CH_3OH 아래

β 글리코사이드

α 글리코사이드

③ ④ 평면 탄소 양이온에 대한 CH_3OH의 친핵성 공격은 양쪽 면에서 일어나고, 양성자 이탈 후에 α와 β 글리코사이드를 생성한다.

한 개의 글리코사이드로부터 두 개의 아노머의 혼합물이 생성된다. 예를 들어 메틸 α-D-글루코피라노사이드를 수용성 산으로 처리하면 α-와 β-D-글루코스 혼합물과 메탄올이 생성된다.

메틸 α-D-글루코피라노사이드 →(H_3O^+) α-D-글루코스 + β-D-글루코스 + CH_3OH

글리코사이드 가수분해의 메커니즘은 글리코사이드 생성과 정확히 반대이다. 역시 두 과정으로 나누어지는데, 메커니즘 28.2에서 보여주는 것과 같이 아노머 헤미아세탈을 생성하기 위한 **평면 탄소 양이온의 형성**과 그에 뒤따르는 **H_2O의 친핵성 공격** 과정이 일어난다.

문제 28.18 다음 반응의 메커니즘을 단계별로 그려라.

메커니즘 28.2 글리코사이드 가수분해

부분 [1] 글리코사이드로부터 CH_3OH의 상실

공명 안정화된 탄소 양이온

① ② 아세탈 OCH_3기의 양성자 첨가에 뒤따른 CH_3OH의 상실이 공명 안정화된 양이온을 생성한다.

부분 [2] 헤미아세탈의 형성

평면 탄소 양이온

위

아래

β 글리코사이드

α 글리코사이드

③ ④ α와 β 아노머를 생성하기 위하여 평면 탄소 양이온의 양면에서 양성자 이탈 후에 H_2O의 친핵성 공격이 일어난다.

28.7C 자연에 존재하는 글리코사이드

가지과 식물인 **까마중**(*Solanum nigrum*)의 열매에는 독성을 갖는 알카로이드인 솔라닌이 들어 있다.

살리신(salicin)과 솔라닌(solanine)은 분자 구조 내에 글리코사이드 결합을 갖는 천연물이다. 솔라닌은 버드나무 껍질에서 분리된 진통 효능을 갖는 화합물이며, 솔라닌은 가지과 식물의 열매에서 분리한 독성 화합물이다. 솔라닌은 감자의 푸른 부분에도 들어 있는데 이것은 곤충이나 벌레의 접근을 막는 역할을 한다. 살리신과 솔라닌 모두에 들어 있는 당 부분은 물에 대한 용해도를 증가시키는 역할을 할 것으로 판단된다.

[글리코사이드 주위에 존재하는 O 원자는 붉은색으로 그림]

살리신

솔라닌

글리코사이드는 자연에 널리 존재한다. 모든 이당류와 다당류는 단당류들이 서로 글리코사이드 결합으로 연결되어 형성된다. 이들 화합물에 대해서는 28장 11절에서 자세히 다루어질 것이다.

문제 28.19 (a) 리바우디오사이드(rebaudioside) A 분자 내에 있는 글리코사이드에 존재하는 산소 원자를 표시하라. 리바우디오사이드 A는 트루비아(Truvia)라는 상품명으로 시판되는데, 남미 파라과이에서 수백 년간 음식의 단맛을 내는 데 사용되었던 스테비아(stevia) 식물로부터 얻는 글리코사이드의 일종이다. (b) 글리코사이드를 가수분해하면 알코올류나 페놀류들이 형성되는데, 이것들은 **아글리콘**(aglycon)이라고 불린다. 리바우디오사이드 A의 가수분해에 의해 형성되는 아글리콘과 단당류의 구조식을 쓰라.

리바우디오사이드는 설탕보다 약 400배 정도 더 단맛을 내는 자연에 존재하는 글리코사이드이다. 이것은 중앙아메리카와 남아메리카가 원산지인 스테비아의 잎에 들어 있는 물질이다.

리바우디오사이드 A
상품명: 트루비아

28.8 단당류의 OH기에서의 반응

단당류는 OH기를 함유하므로 전형적인 알코올 반응을 따른다. 즉, 그들은 에터와 에스터로 전환될 수 있다. 단당류의 고리 헤미아세탈 형태 역시 OH기가 들어 있으므로 OH기에서 발생하는 일반적 반응의 출발물이 될 수 있다.

고리 단당류의 모든 OH기는 염기와 할로젠화 알킬로 처리하면 에터로 전환된다. 예로 α-D-글루코스는 산화 은(I) (Ag_2O, 염기)과 과량의 CH_3I와 반응하여 펜타메틸 에터를 생성한다.

Ag_2O, CH_3I

붉은색은 헤미아세탈 OH

펜타메틸 에터

- 붉은색은 아세탈 OCH_3기
- 푸른색은 에터 OCH_3기

Ag_2O가 각 알코올로부터 양성자를 제거하여 생성된 알콕사이드(RO^-)가 S_N2 반응으로 CH_3I와 반응한다. 어떠한 C−O 결합도 절단되지 않으므로 출발물의 모든 치환기의 입체 배열은 **유지되고** 하나의 생성물을 만든다.

생성물에는 두 가지 형태의 에터 결합이 만들어진다. '일반적인' 하이드록실로부터 네 개의 '일반적인' 에터가 만들어진다. 헤미아세탈의 OH가 반응한 에터는 아세탈, 즉 글리코사이드의 일부분이 된다.

아세탈 에터 외의 네 개의 에터 결합은 HBr과 HI 같은 센산을 제외하고는 어떠한 시약과도 반응하지 않는다(9.14절). 반면에 아세탈 에터는 수용성 산(28.7B절)으로 쉽게 가수분해된다. 단일 글리코사이드(α-D-글루코스의 펜타메틸 에터와 같은)의 수용성 가수분해는 단당류의 두 아노머를 생성한다.

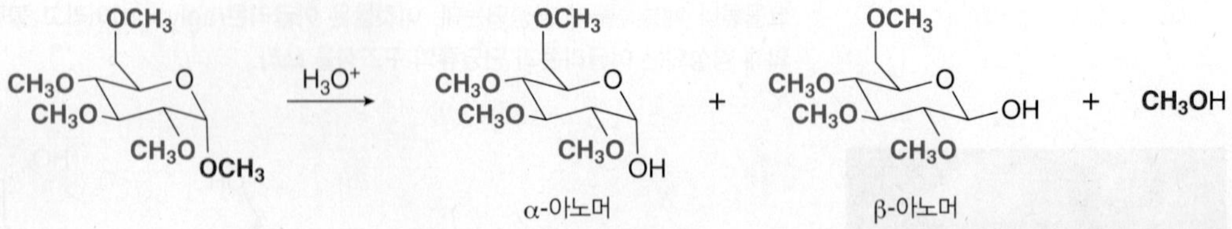

H_3O^+ + CH_3OH

α-아노머 β-아노머

단당류의 OH기는 역시 에스터로 전환될 수 있다. 예컨대, β-D-글로코오스를 피리딘 염기 존재하에서 아세트산 산 무수물이나 염화 아세틸로 처리하면 모든 OH기는 아세트산 에스터로 전환된다.

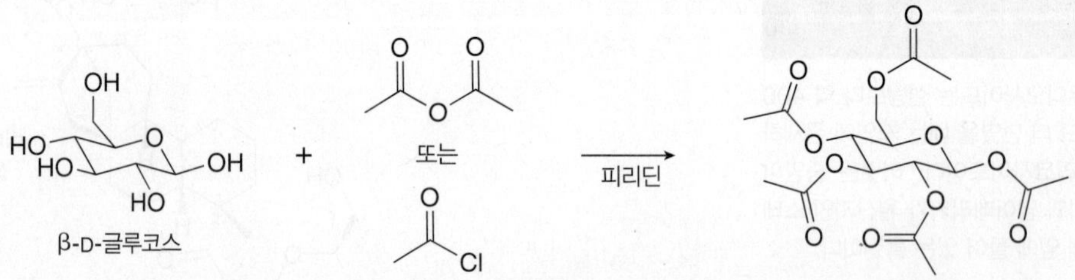

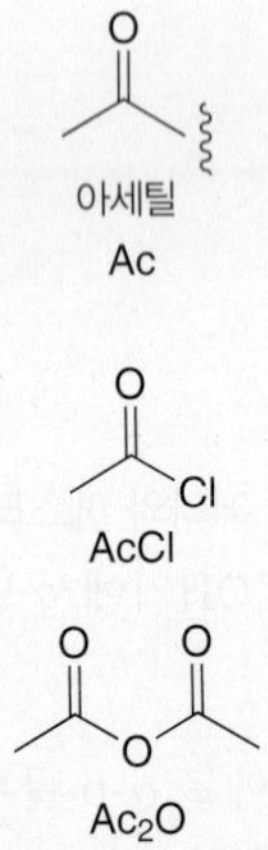

β-D-글루코스 + 또는 피리딘

에스터의 모든 원자를 다 그리는 것은 성가신 일이다. 이 과정을 간단히 하기 위하여 아세틸기 $CH_3C{=}O$ 대신에 약자 Ac를 사용한다. 따라서 β-D-글루코스의 에스터화는 아래와 같이 나타낼 수 있다.

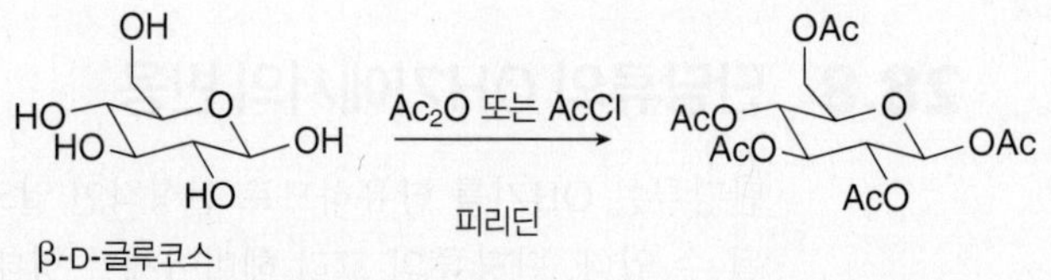

아세틸 Ac

AcCl

Ac_2O

Ac_2O 또는 AcCl, 피리딘

β-D-글루코스

단당류는 극성이므로 일반적인 유기 용매에 녹지 않는다. 따라서 그들을 유기 반응에 사용하기 어렵다. 그러나 OH기 자리에 다섯 개의 에터 또는 에스터기가 있는 단당류 유도체는 유기 용매에 쉽게 용해된다.

문제 28.20 β-D-갈락토스를 각 시약으로 처리하였을 때 생성되는 생성물을 그려라.

a. $Ag_2O + CH_3I$
b. $NaH + C_6H_5CH_2Cl$
c. (b)의 생성물, 그리고 H_3O^+
d. Ac_2O + 피리딘
e. C_6H_5COCl + 피리딘
f. (c)의 생성물, 그리고 C_6H_5COCl + 피리딘

28.9 카보닐기에서의 반응 – 산화와 환원

단당류의 카보닐기는 산화 및 환원 반응을 한다. 그러므로 카보닐기가 존재하는 비고리 형태로 그려진 단당류 구조에서 시작해보자. 알도스를 출발물로 하여 다음 반응들을 생각해보자.

28.9A 카보닐기의 환원

글루시톨은 자연에서 과일과 장과류(berry)에서 얻어지며, 때로는 슈크로스(설탕)의 대용으로 사용된다. 분자 내 여섯 개의 극성 OH기는 수소 결합을 할 수 있으므로 쉽게 수화된다. 이것은 특정 음식물이 건조되는 것을 막기 위한 첨가물로도 사용된다.

다른 알데하이드와 같이 $NaBH_4$를 사용하면 알도스의 카보닐기는 1° 알코올로 환원된다. 이 알코올을 알디톨(alditol)이라 한다. 예로 D-글루코스를 메탄올에서 $NaBH_4$로 환원하면 글루시톨(소비톨이라고도 함)을 생성한다.

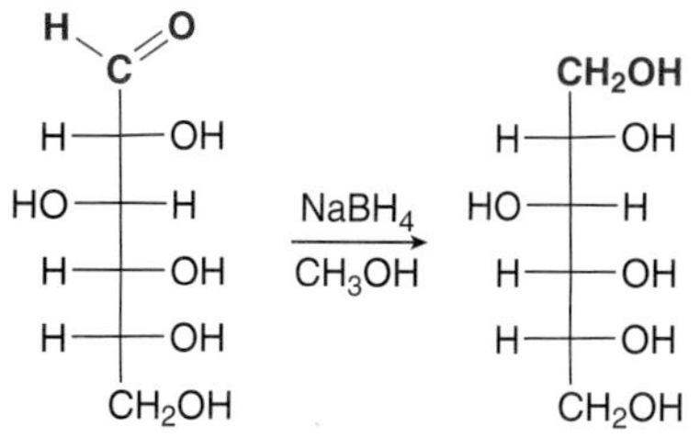

D-글루코스 → ($NaBH_4$, CH_3OH) → 글루시톨 (소비톨)

문제 28.21 2-케토헥소스가 CH_3OH 용매하에서 $NaBH_4$로 환원되어 D-갈락시톨과 D-탈리톨의 혼합물을 생성하였다. 이 2-케토헥소스의 구조는 무엇인가?

28.9B 알도스의 산화

알도스 분자 내에는 산화될 수 있는 작용기인 1° 및 2° 알코올과 알데하이드기가 존재한다. 두 가지 산화 반응이 특별히 유용한데, 알데하이드를 카복실산[알돈산(aldonic acid)]으로 산화시키는 반응과 알데하이드와 1° 알코올을 이가산[알다르산(aldaric acid)]으로 산화시키는 반응이다.

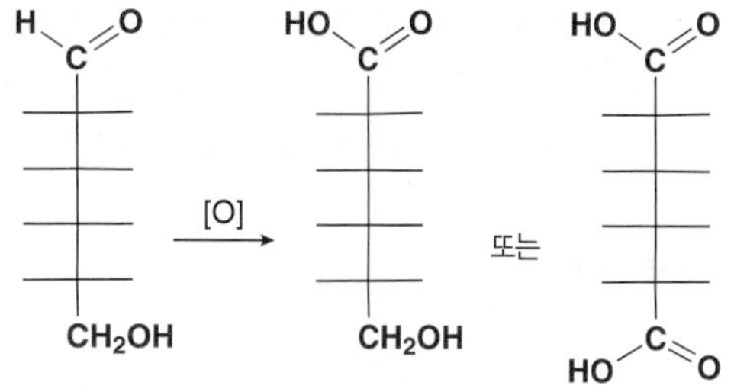

알도스 → [O] → 알돈산 또는 알다르산

[1] 알데하이드를 카복실산으로 산화

알데하이드는 알도스에서 가장 쉽게 산화되는 작용기이다. 그러므로 다양한 시약들이 이것을 카복시기로 산화시켜 **알돈산**을 만드는 데 사용된다.

특히 이 과정에서 특징적인 색깔의 변화를 나타내는 세 가지 시약이 있다. 이는 반응 과정에서 사용된 산화제가 특징적인 색을 띤 생성물로 환원되기 때문이다. 20.8절에서 서술한 것과 같이 **톨렌스 시약**은 암모니아수*에 녹인 Ag_2O를 이용하여 알데하이드를 카복실산으로 산화시킨다. 이때 부산물로서 은(Ag) 거울을 만든다. **베네딕트(Benedict) 시약**과 **펠링(Fehling) 시약**은 Cu^{2+} 염을 산화제로 사용한다. 이것은 붉은 벽돌 빛의 고체 Cu_2O로 환원된다. 불행히도 이들 시약은 높은 수율로 알돈산을 생산하진 못한다. 만들어진 알돈산으로 다른 반응을 수행할 필요가 있을 때는 이들 대신 $Br_2 + H_2O$를 산화제로 사용한다.

*감수자 주: 원서에서는 암모니아수를 수산화 암모늄(NH_4OH)으로 표현하였으나 분자식이 NH_4OH인 화합물은 없다.

그림 28.8
환원당과 비환원당의 예

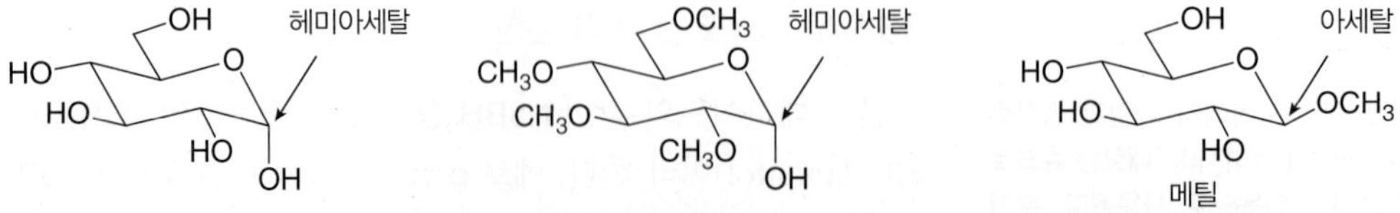

헤미아세탈 / 헤미아세탈 / 아세탈

메틸

글루코피라노스 **환원당** | 테트라메틸 글루코피라노스 **환원당** | 메틸 글루코피라노사이드 **비환원당**

- 헤미아세탈을 함유한 탄수화물은 비고리형 알데하이드가 평형 상태로 존재하므로 환원당이 된다.
- 글리코사이드는 아세탈이다. 그러므로 그들은 어떤 비고리형 알데하이드와 평형 상태에 있지 않으므로 비환원당이다.

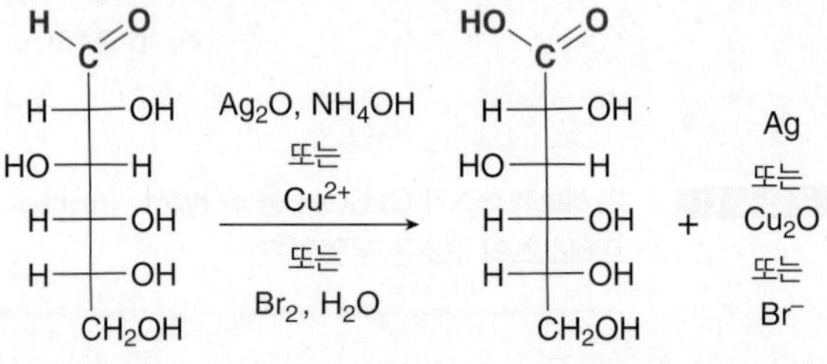

Ag_2O, NH_4OH 또는 Cu^{2+} 또는 Br_2, H_2O → + Ag 또는 Cu_2O 또는 Br^-

D-글루코스 → D-글루콘산

- 헤미아세탈로 존재하는 모든 탄수화물은 적은 양의 비고리형 알데하이드와 평형 상태에 있다. 그러므로 이것은 알돈산으로 산화될 수 있다.
- 글리코사이드는 헤미아세탈이 아니라 아세탈이다. 그러므로 알돈산으로 산화되지 않는다.

톨렌스, 베네딕트 또는 펠링 시약으로 산화될 수 있는 탄수화물을 환원당(reducing sugar)이라 부른다. 이들 시약과 반응하지 않는 탄수화물을 비환원당(nonreducing sugar)이라 부른다. 그림 28.8은 환원당과 비환원당의 예를 보여준다.

문제 28.22 각 화합물이 환원당인지 비환원당인지 분류하라.

a. 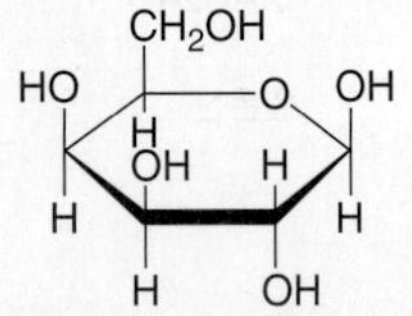 b. 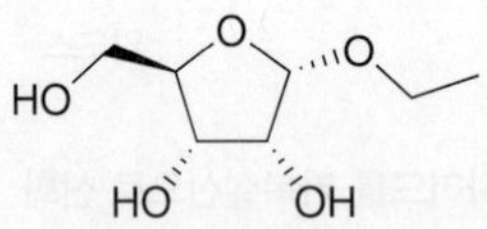 c. 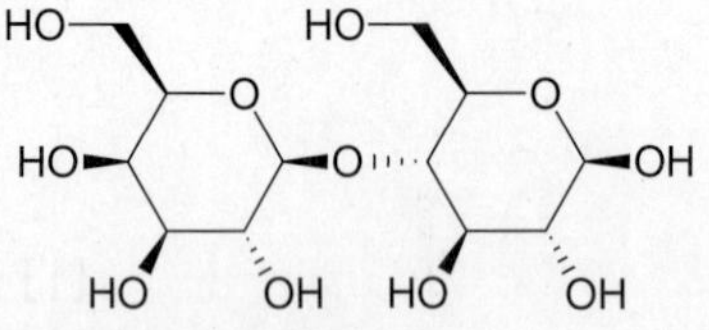 락토스

[2] 알데하이드와 1° 알코올을 모두 이가산(diacid)으로 산화시키는 반응

알도스의 알데하이드와 1° 알코올은 둘 다 따뜻한 질산에 의해 카복실기로 산화되어 알다르산을 생성한다. 이 조건하에서 D-글루코스는 D-글루카르산으로 전환된다.

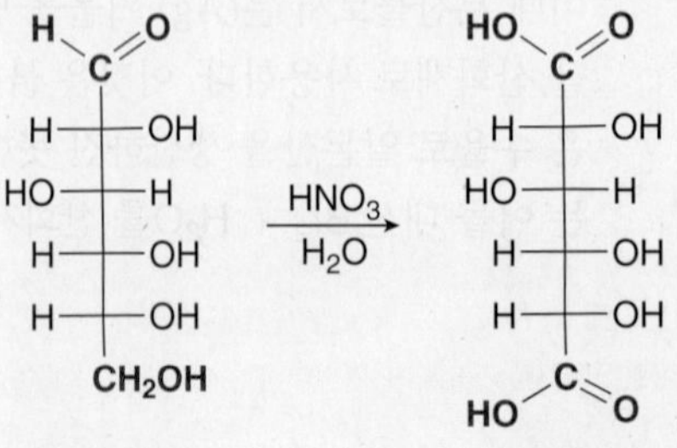

HNO_3, H_2O →

D-글루코스 → D-글루카르산 **알다르산**

알다르산은 양끝 탄소에 동일한 작용기를 가지므로 어떤 알다르산은 분자 내 대칭면이 생기게 되어 비카이랄 분자가 된다. 예를 들어 D-알로스를 산화시키면, 비카이랄성이며 광학 불활성인 알다르산이 얻어진다. 글루코스로부터 생성된 D-글루카르산(D-glucaric acid)과 비교해보면, D-글루카르산은 분자 내 대칭면이 없으므로 여전히 광학 활성이다.

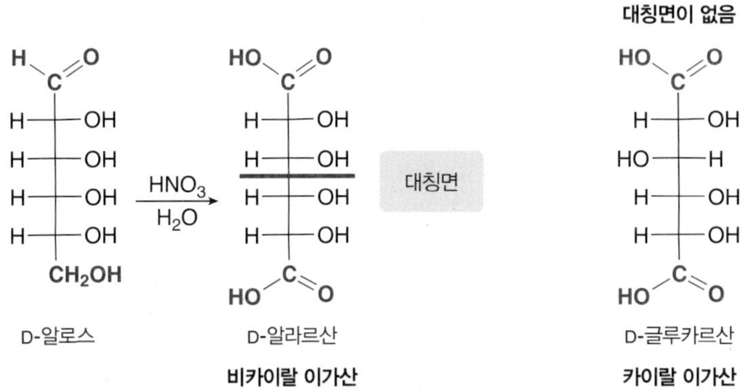

대칭면이 없음

HNO_3, H_2O

대칭면

D-알로스

D-알라르산
비카이랄 이가산

D-글루카르산
카이랄 이가산

문제 28.23 D-아라비노스를 각 시약으로 처리하였을 때 생성되는 생성물의 구조를 그려라.

a. Ag_2O, NH_4OH b. Br_2, H_2O c. HNO_3, H_2O

문제 28.24 어느 알도스가 광학적으로 불활성인 알다르산으로 산화되는가?

a. D-에리트로스 b. D-릭소스 c. D-갈락토스

28.10 카보닐기에서의 반응 – 탄소 원자 하나를 더하고 제거하기

탄수화물 화학에서 흔한 두 가지 방법을 이용하여 탄수화물의 알도스에 탄소 원자 하나를 첨가하거나 제거할 수 있다. 볼 분해(Wohl degradation)는 알도스 사슬에서 탄소 하나를 짧게 만드는 반응이고, 킬리아니–피셔 합성은 사슬을 탄소 하나 만큼 늘린다. 양 반응에서 사이아노하이드린이 중간체로 형성된다. 알데하이드에 HCN 원소를 첨가함으로써 사이아노하이드린을 합성한 21.9절을 돌아보자. 사이아노하이드린은 염기 처리에 의하여 카보닐 화합물로 다시 되돌릴 수 있다.

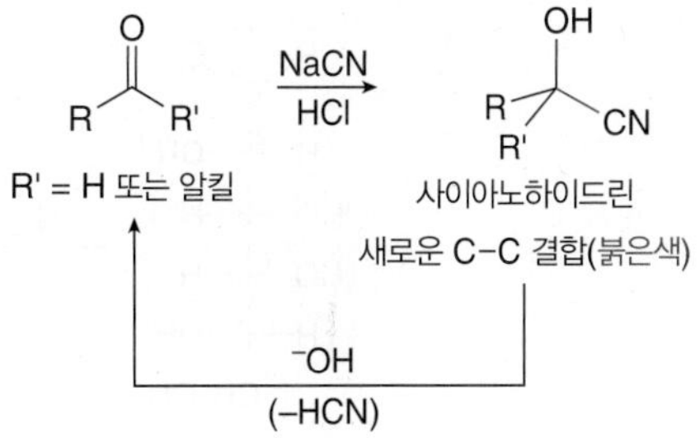

NaCN, HCl

R' = H 또는 알킬

사이아노하이드린
새로운 C–C 결합(붉은색)

^{-}OH
(–HCN)

- 사이아노하이드린이 만들어지면 카보닐기에 탄소 하나가 첨가된다.
- 사이아노하이드린을 카보닐 화합물로 다시 바꿔주면 탄소 하나는 제거된다.

28.10A 볼 분해

볼 분해(Wohl degradation)는 C1–C2 결합을 끊어냄으로써 알도스 사슬의 길이를 줄이는 과정이다.

결과적으로 알도헥소스는 밑에 존재하는 세 개의 입체발생 중심(C3–C5)의 배열을 동일하게 유지하면서 알도펜토스로 전환된다. 예로서 볼 분해는 D-글루코스를 D-아라비노스로 바꾼다.

결합은 C1과 C2 사이에서 절단됨

볼 분해

D-글루코스 D-아라비노스

볼 분해는 D-글루코스에서 시작하여 표시된 것처럼 세 단계로 진행된다.

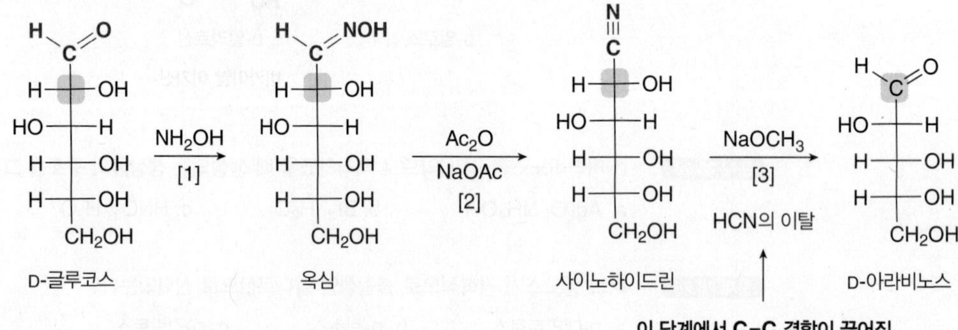

[1] D-글루코스를 하이드록실아민(NH_2OH)으로 처리하면 친핵성 첨가에 의하여 옥심(oxime)을 생성한다. 이 반응은 21.11절에서 논의한 이민의 생성과 유사하다.

[2] 옥심을 무수 아세트산과 아세트산 소듐으로 처리하면 탈수에 의하여 나이트릴이 생성된다. 나이트릴 생성물은 사이아노하이드린이다.

[3] 염기로 사이아노하이드린을 처리하면 HCN 부분이 떨어져나가 탄소 하나가 적은 알데하이드를 생성한다.

볼 분해는 알도스의 C2에 있는 입체발생 중심을 sp^2인 C=O로 바꾼다. 결과적으로 D-갈락토스와 D-탈로스 같은 C2에서 에피머 관계인 알도스의 한 쌍은 볼 분해 결과 동일한 알도스(이 경우는 D-릭소스)를 만들게 된다.

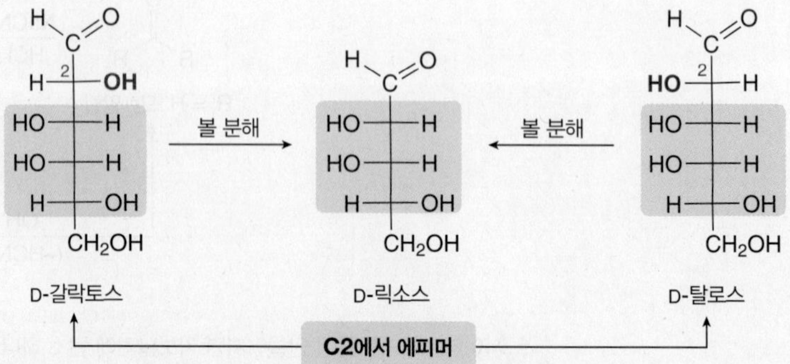

문제 28.25 볼 분해에 의하여 D-자일로스를 생성하는 두 개의 알도스는 어느 것인가?

28.10B 킬리아니-피셔 합성

킬리아니-피셔(Kiliani-Fischer) 합성은 알도스의 알데하이드에 탄소 하나를 첨가함으로써 탄수화물 사슬을 늘여준다. 그러므로 생성물의 C2에 새로운 입체발생 중심이 형성된다. 이 새로운 입체발생 중심의 배열은 두 가지 다 생성되므로 결국 에피머를 만들게 된다. 예로서 킬리아니-피셔 합성은 D-아라비노스를 D-글루코스와 D-마노스의 혼합물로 바꾼다.

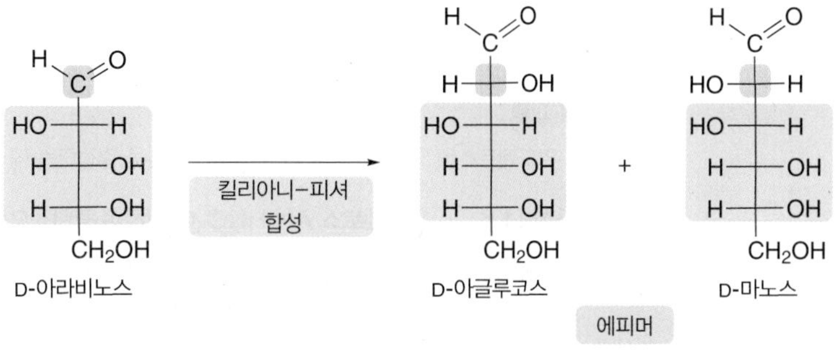

D-아라비노스 → (킬리아니-피셔 합성) D-아글루코스 + D-마노스

에피머

붉은색은 새로운 C–C 결합

D-아라비노스의 킬리아니-피셔 합성은 세 단계로 구성되어 있다. '구불구불한' 곡선은 새로운 입체발생 중심에 두 개의 다른 입체이성질체가 모두 생성된 것을 의미한다. 볼 분해 과정에서와 같이 주요 중간체로 사이아노하이드린이 만들어진다.

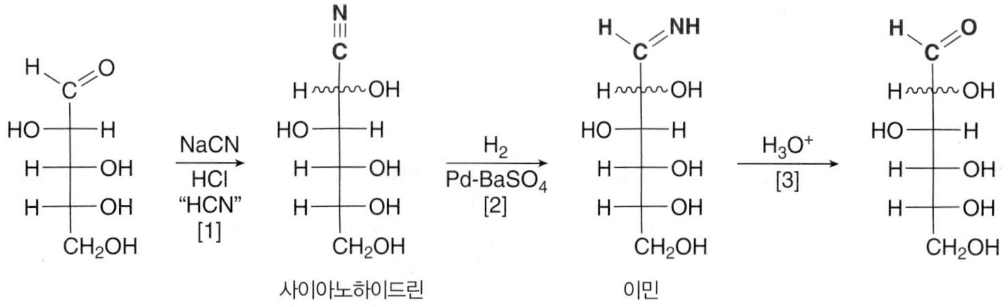

알도스 → (NaCN, HCl, "HCN" [1]) 사이아노하이드린 → (H_2, Pd-$BaSO_4$ [2]) 이민 → (H_3O^+ [3]) 알도스

[1] 알도스를 NaCN과 HCl로 처리하고 HCN 원소를 카보닐기에 첨가하여 사이아노하이드린과 새로운 탄소-탄소 결합을 만든다. sp^2 혼성화된 카보닐 탄소가 네 개의 다른 작용기를 가진 sp^3 혼성화된 탄소로 전환되기 때문에 이 단계에서 한 개의 입체발생 중심이 새로 만들어진다.

[2] H_2와 훼손된 Pd 촉매인 Pd-$BaSO_4$에 의한 나이트릴 환원 반응으로 이민을 생성한다.

[3] 수용성 산에 의한 이민의 가수분해로 출발물인 알도스보다 탄소 한 개가 더 많은 알데하이드가 만들어진다.

볼 분해와 킬리아니-피셔 합성은 개념상 서로 반대되는 변환임을 인식하자.

- 볼 분해는 알도스의 알데하이드 끝에 있는 탄소 원자 한 개를 제거한다. C2가 에피머인 두 개의 알도스는 동일한 생성물을 생성한다.
- 킬리아니-피셔 합성은 알데하이드 끝에 탄소 한 개를 첨가하고 C2가 에피머인 두 개의 이성질체를 생성한다.

문제 28.26 다음 알도스에 킬리아니-피셔 합성을 수행하였을 때 어떤 알도스가 생성되는가?

a. D-트레오스 b. D-리보스 c. D-갈락토스

28.10C 미지의 단당류의 구조 결정

예제 28.5에서와 같이 28.9~28.10절에서 다룬 반응은 미지의 단당류의 구조를 결정하는 데 이용될 수 있다.

예제 28.5 D-알도펜토스 **A**는 HNO_3에 의하여 광학적으로 불활성인 알다르산으로 산화된다. **A**는 D-알도테트로스 **B**로부터 킬리아니-피셔 합성에 의하여 만들어진다. **B** 또한 HNO_3에 의하여 광학적으로 불활성인 알다르산으로 산화된다. **A**와 **B**의 구조는 무엇인가?

풀이

D-알도펜토스에 있는 OH기들의 상대적인 배열을 결정하는 데 다음의 각 사실을 이용하자.

사실 [1] D-알도펜토스 A는 HNO_3에 의하여 광학적으로 불활성인 알다르산으로 산화된다.

광학적으로 불활성인 알다르산은 **대칭면**을 반드시 가져야 한다. C_4의 OH기가 D-당의 오른쪽에 있어야 하므로, 다섯 개의 탄소를 가진 D-알다르산에서 OH기들을 이렇게 배열하는 방법은 두 가지밖에 없다. 그러므로 **A**에 대한 구조는 **A'**과 **A''**으로 표시된 오직 두 개의 구조만 가능하다.

광학적으로 불활성인 D-알다르산:

대칭면

A' **A''**

사실 [2] A는 D-알도테트로스 B로부터 킬리아니-피셔 합성에 의하여 만들어진다.

A'과 **A''**은 아래 두 개의 입체발생 중심없의 배열이 같은 D-알도테트로스(**B'**과 **B''**)로부터 만들어진다.

A' **B'** **A''** **B''**

B에 대해 가능한 두 구조

사실 [3] D-알도테트로스는 HNO_3에 의하여 광학적으로 불활성인 알다르산으로 산화된다.

오직 **B'**으로부터 얻어진 알다르산만이 대칭면이 있고 그래서 광학적으로 불활성이 된다. 그러므로 **B'**은 D-알도테트로스 **B**에 대하여 바른 구조이다. 그리고 **A'**은 D-알도테트로스 **A**의 구조이다.

B' $\xrightarrow{HNO_3}$ 광학적으로 불활성 (대칭면)

B'' $\xrightarrow{HNO_3}$ 광학적으로 활성

답: = **B** = **A**

문제 28.27 D-알도펜토오스 **A**는 광학적으로 불활성인 알다르산으로 산화된다. 볼 분해에 의해 **A**는 광학적으로 활성인 알다르산으로 산화되는 알도테트로스 **B**를 생성한다. **A**와 **B**의 구조는 무엇인가?

문제 28.28 어떤 D-알도헥소스 **A**는 킬리아니–피셔 합성으로 알도펜토스 **B**로부터 생성된다. $NaBH_4$에 의한 **A**의 환원은 광학적으로 불활성인 알디톨(alditol)을 형성한다. **B**의 산화는 광학적으로 활성인 알다르산을 형성한다. **A**와 **B**의 구조는 무엇인가?

28.11 이당류

이당류는 글리코사이드 결합으로 연결된 두 개의 단당류로 구성된다. 이당류의 일반적인 모형은 다음과 같은 모양이다.

O O O OH

이당류
붉은색은 글리코사이드 결합
아세탈 탄소는 푸른색으로 표시

4 O 4 O OH 3 2 1 3 2 1

1 → 4-β-글리코사이드 결합

[1] 두 개의 단당류는 오원자 또는 육원자 고리일 수 있다. 그러나 육원자 고리가 훨씬 더 일반적이다. 두 고리는 **글리코사이드 결합**이라고 하는 아세탈 부분의 한 산소 원자에 의하여 연결된다. 이 산소 원자는 α 또는 β로 위치한다.

[2] 글리코사이드는 한 단당류의 아노머 탄소와 다른 단당류의 어떤 OH기의 반응으로 만들어진다. 모든 이당류는 한 개의 헤미아세탈 또는 아세탈과 동시에 다른 한 개의 아세탈을 갖는다.

[3] 피라노스 고리에서 각 고리의 탄소 원자는 아노머 탄소로부터 시작하여 번호를 매긴다. 가장 보편적인 이당류는 두 개의 단당류가 한 고리의 헤미아세탈 탄소(C1)가 다른 고리의 C4에 연결된 구조를 가진다.

가장 흔한 이당류 세 개는 말토스(maltose), 락토스(lactose) 그리고 슈크로스(sucrose)이다.

28.11A 말토스

말토스라는 이름은 보리와 다른 곡물로부터 얻어진 액체인 맥아(malt)에서 유래하였다.

녹말의 가수분해에 의하여 생성되는 말토스는 보리와 같이 싹이 튼 곡물에서 발견된다. 말토스는 1→4-α-글리코사이드 결합에 의하여 연결된 두 개의 글루코스로 구성된다. 말토스는 하나의 아세탈 탄소(붉은색)와 하나의 헤미아세탈 탄소(푸른색)로 구성된다.

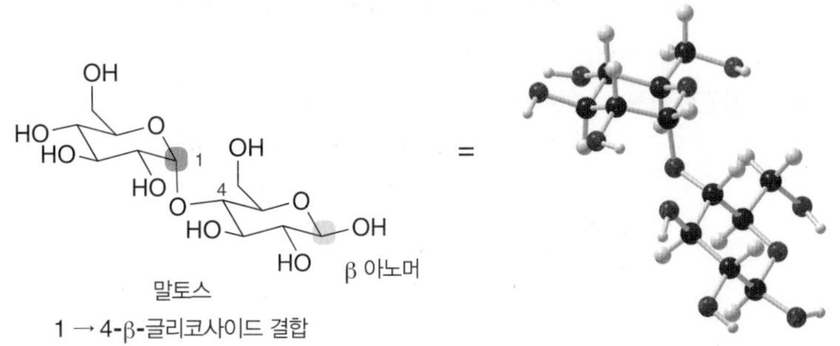

말토스
1 → 4-β-글리코사이드 결합

말토스의 글루코스 고리 중 하나에는 아직 헤미아세탈기가 존재하며, 이것은 α와 β 아노머의 혼합물로 존재한다. 그림에는 오직 β 아노머만 나타내었다. 말토스는 헤미아세탈을 함유한 모든 탄수화물의 두 가지 성질을 나타내는데, **변광회전**을 일으키고 산화제와 반응함으로써 **환원당**이 된다.

말토스의 가수분해는 두 분자의 글루코스를 만든다. C1−O 결합이 이 과정에서 절단된다. 그리고 글루코스 아노머의 혼합물이 만들어진다. 이 가수분해의 메커니즘은 28.7B절의 글리코사이드 가수분해 메커니즘과 같다.

H_3O^+

α-D-글루코스 + β-D-글루코스

문제 28.29 말토스의 α 아노머를 그려라. 이 형태의 말토스를 가수분해해서 얻어지는 생성물은 무엇인가?

28.11B 락토스

우유는 이당류인 락토스를 함유한다.

이 장을 시작할 때 언급한 것 같이 **락토스**는 사람과 소의 젖에서 발견되는 가장 중요한 이당류이다. 많은 단당류나 이당류와 달리 락토스는 느낄 수 있을 만큼 달지 않다. **락토스는 한 개의 갈락토스와 한 개의 글루코스로 구성되어 있고,** 갈락토스의 아노머 탄소로부터 글루코스 4번 탄소로 **1→4-β-글리코사이드 결합**으로 연결되어 있다.

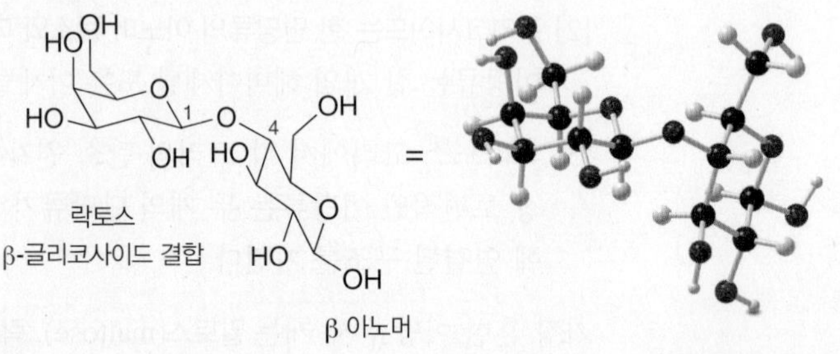

말토스와 같이 락토스 역시 헤미아세탈을 가지므로 α와 β 아노머 혼합물로 존재한다. 그림에는 β 아노머가 그려져 있다. 락토스는 **변광회전**을 일으키고 산화제와 반응함으로써 **환원당**이 된다.

락토스는 몸 안에서 효소 락테이스(lactase)에 의하여 1→4-β-글리코사이드 결합이 먼저 절단되어 소화된다. 주로 아시아와 아프리카의 혈통의 대부분의 사람들은 충분한 양의 락테이스가 부족하여 락토스를 소화 흡수할 수 없다. 이러한 락토스 불내증(lactose intolerance)은 우유와 유제품을 섭취할 때 복부 경련과 설사를 유발한다.

문제 28.30 셀룰로스의 가수분해에 의하여 생성되는 이당류 셀로비오스는 1→4-β-글리코사이드 결합으로 연결된 두 개의 글루코스를 갖는다. 셀로비오스의 구조는 무엇인가?

28.11C 슈크로스

사탕수수에서 발견되어 음식에 첨가하는 설탕으로 사용되는 이당류인 **슈크로스(sucrose)**는 자연에서 가장 흔한 이당류이다(그림 28.9). 이것은 **한 개의 글루코스(glucose)와 한 개의 프룩토스(fructose)로 구성되어 있다.**

그림 28.9
슈크로스

슈크로스의 구조는 말토스 및 락토스와 다른 몇 가지 특징을 갖는다. 첫째, 말토스와 락토스가 모두 두 개의 육원자 고리를 가지는 데 반하여, 슈크로스는 한 개의 육원자 고리(글루코스)와 한 개의 오원자 고리(프룩토스)를 가진다. 슈크로스에서 육원자 글루코스 고리는 프럭토퓨라노스의 C2에 α-글리코사이드 결합으로 연결된다. 프럭토퓨라노스에서는 피라노스 고리와는 다른 방식으로 번호를 매긴다. 이때는 아노머 탄소를 C2로 표시하며, 글루코스와 프룩토스의 아노머 탄소 모두 글리코사이드 결합을 형성하는 데 사용된다.

결과적으로 **슈크로스는 두 개의 아세탈을 함유하고 헤미아세탈은 함유하지 않는다.** 그러므로 **슈크로스는 비환원당이고 변광회전을 일으키지 않는다.**

슈크로스는 시리얼이나 빵 등에 단맛을 내는 데 널리 사용된다. 미국 사람들은 슈크로스를 평균적으로 매년 45 kg씩 섭취한다. 그렇지만 슈크로스는 다른 탄수화물처럼 열량이 높다. 단맛은 내면서 섭취하는 열량을 줄이기 위해서 다양한 인공 감미료들이 개발되었는데, 슈크라로오스(sucralose), 아스파탐(aspartame), 사카린(saccharin) 등이 있다(그림 28.10). 이들 화합물들은 슈크로스보다 훨씬 더 단맛을 내기 때문에 아주 소량의 첨가만으로 슈크로스를 넣었을 때와 같은 효과를 낼 수 있다.

28.12 다당류

다당류는 세 개 이상의 단당류가 연결된 구조이다. 자연에 존재하는 가장 흔한 세 개의 다당류는 **셀룰로스**(cellulose), **녹말**(starch) 그리고 **글리코젠**(glycogen)이다. 각각은 다른 구조의 글리코사이드 결합으로 연결된 반복된 글루코스 단위를 가지고 있다.

그림 28.10
인공 감미료

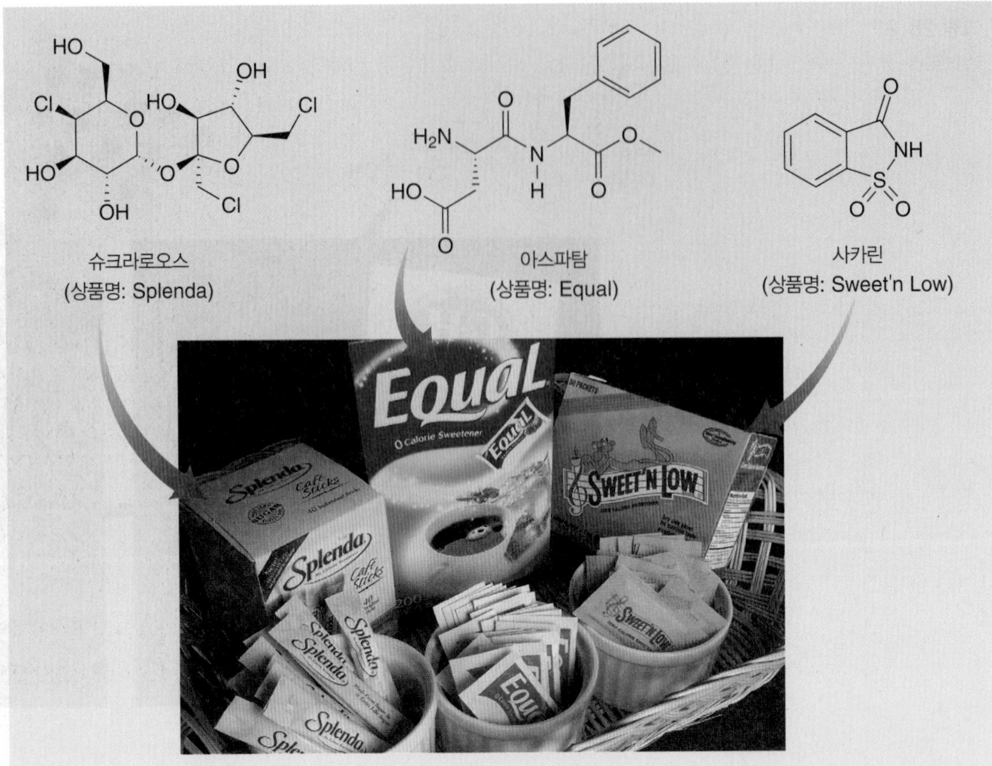

이들 세 가지 인공 감미료들의 단맛은 모두 우연히 발견되었다. 슈크라로오스의 단맛은 1976년에 한 화학자가 그의 상사의 말을 잘못 이해하여 '시험하는(tested)' 대신 '맛보기(tasted)'하는 바람에 발견하게 되었다. 아스파탐의 단맛은 1965년에 발견되었는데 실험실에서 더러워진 손가락을 우연히 핥으면서 발견하였다. 사카린은 비교적 오래전에 발견된 감미료인데 1879년에 한 화학자가 실험이 끝난 후에 손씻는 것을 깜박하면서 발견하였다. 사카린은 제1차 세계대전 중 설탕이 품귀되면서 널리 사용되었다. 1970년대에 와서 사카린이 암을 일으킨다는 우려가 있었는데 우리가 사카린을 섭취하는 정도의 양과 암의 발병 관계에 대해 어떤 증거도 아직 밝혀진 것은 없다.

28.12A 셀룰로스

셀룰로스의 구조는 5.1절에서 먼저 소개하였다.

셀룰로스는 거의 모든 식물의 세포벽에서 발견되며 나무나 식물의 줄기를 지지하거나 단단하게 하는 역할을 한다. 솜은 근본적으로 순수한 셀룰로스이다.

셀룰로스
1→4-β-글리코사이드 결합은 붉은색으로 표시하였다.

셀룰로스와 녹말의 삼차원 구조를 보여 주는 공-막대 모형을 그림 5.2에 나타내었다.

셀룰로스는 1→4-β-글리코사이드 결합에 의해 연결된 반복된 글루코스 단위로 구성된 가지가 없는 고분자이다. β-글리코사이드 결합은 셀룰로스 분자를 긴 선형의 사슬로 만들고 얇은 판에 쌓아 올려 광대한 삼차원 배열을 만든다. 사슬과 판 사이의 분자간 수소 결합의 네트워크는 표면의 적은 수의 OH기만 물과 수소 결합을 가능하게 하여 매우 극성인 화합물임에도 물에 녹지 않게 만든다.

셀룰로스의 유도체인 아세트산 셀룰로스(cellulose acetate)는 셀룰로스를 아세트산 산 무수물과 황산으로 처리하여 만든다. 얻어지는 생성물은 모든 OH기의 자리에 아세트산 에스터를 가진다. 아세트산 셀룰로스는 섬유 형태로 만들 수 있다. 이것은 아세테이트(acetate)라 불리는 인조 섬유를 만드는 데 사용되며 진한 광택과 매끄러운 모양을 가진다.

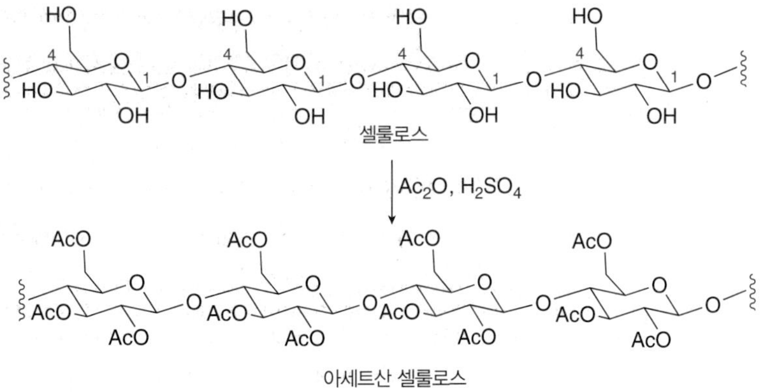

셀룰로스의 모든 β-글리코사이드 결합을 절단하면 글루코스의 두 개의 아노머로 가수분해된다.

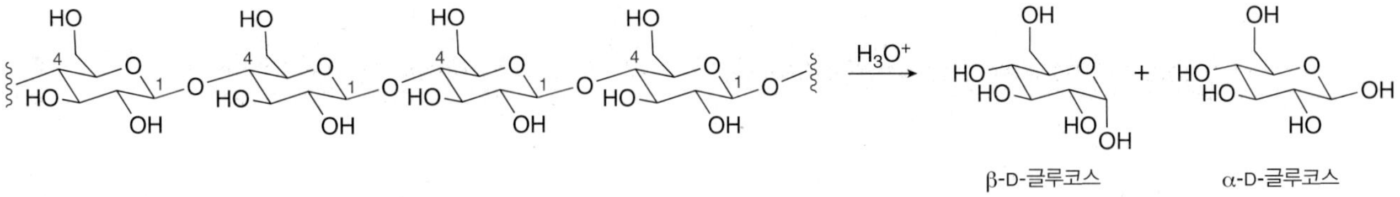

β-글리코시데이스(β-glycosidase)는 β-글리코사이드 결합을 가수분해하는 효소의 일반적 이름이다.

세포 내에서 셀룰로스의 가수분해는 글루코스로부터 만들어진 모든 β-글리코사이드 결합을 절단하는 **β-글루코시데이스**(β-glucosidase)라 불리는 효소에 의하여 수행된다. 인간은 이 효소가 없으므로 셀룰로스를 소화할 수 없다. 반면에 소, 사슴 및 낙타와 같이 되새김하는 동물은 그들의 소화계 안에 β-글루코시데이스를 가지는 박테리아가 살고 있다. 그러므로 풀이나 나뭇잎을 먹는 영양학적 이득을 누릴 수 있다.

28.12B 녹말

녹말은 식물의 씨와 뿌리에서 얻어지는 주요 탄수화물이다. 옥수수, 벼, 밀과 토마토는 많은 양의 녹말을 함유하는 일반적 식품이다.

녹말은 α-글리코사이드 결합에 의해 연결된 반복된 글루코스 단위로 구성된 중합체이다. 녹말과 셀룰로스 둘 다 글루코스의 중합체이다. 그러나 셀룰로스가 β-글리코사이드 결합을 가진 데 반해 녹말은 α-글리코사이드 결합을 가진다. 녹말의 두 가지 일반적인 형태는 **아밀로스**(amylose)와 **아밀로펙틴**(amylopectin)이다.

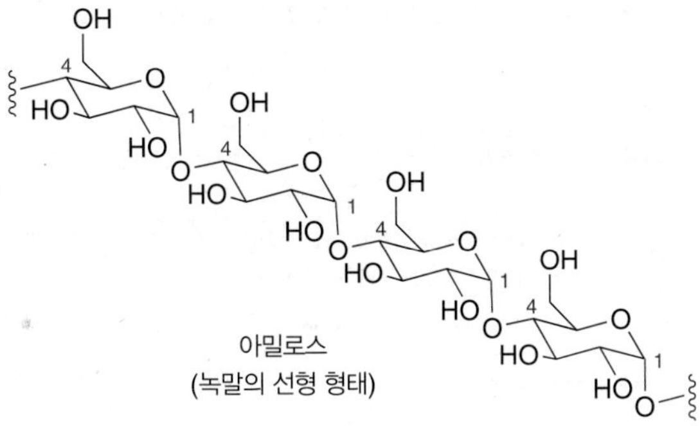

아밀로스
(녹말의 선형 형태)

1→4-α-글리코사이드 결합은 붉은색

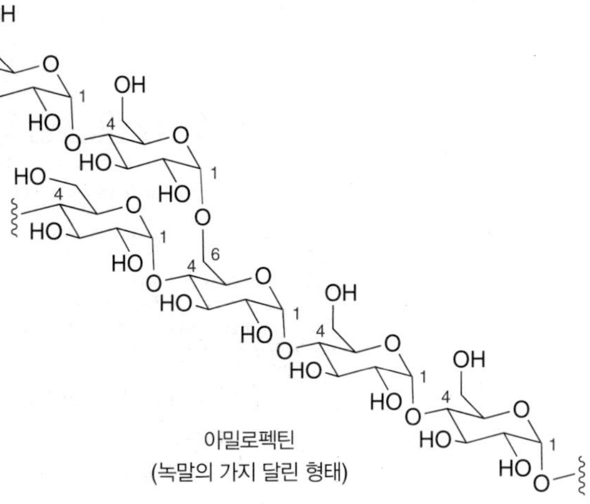

아밀로펙틴
(녹말의 가지 달린 형태)

1→4-α-글리코사이드 결합은 붉은색
1→6-α-글리코사이드 결합은 푸른색

아밀로스는 전체 녹말의 약 20%에 해당하며 1→4-α-글리코사이드 결합을 한 글루코스 분자의 가지 없는 골격으로 이루어져 있다. 이 결합 때문에 아밀로스 사슬은 나선형 배열로 셀룰로스의 선형 사슬과 매우 다른 삼차원 모양을 한다. 아밀로스는 5.1절에서 처음 서술하였다.

아밀로펙틴은 녹말 분자의 약 80%에 해당하며 역시 α-글리코사이드 결합으로 연결된 글루코스 단위의 골격으로 구성된다. 그러나 또한 이것은 사슬을 따라 상당량의 가지를 함유한다. 아밀로펙틴의 선형 결합은 아밀로스와 같이 1→4-α-글리코사이드 결합에 의해 형성된다. 가지는 1→6-α-글리코사이드 결합으로 사슬에 연결된다.

녹말의 두 형태 모두 수용성이다. 이들 녹말 분자에 있는 OH기가 삼차원 네트워크 속에 매몰되어 있지 않기 때문에 물 분자들과 수소 결합을 잘하므로 셀룰로스보다 더 큰 물의 용해도를 보여준다.

가지를 가진 중합체를 만드는 아밀로펙틴의 능력은 탄수화물의 독특한 특징이다. 29장에서 다루는 단백질과 같은 세포 내 다른 형태의 중합체들은 자연에서 오직 선형의 분자로 존재한다.

α-글리코시데이스는 α-글리코사이드 결합을 가수분해하는 효소의 일반적 이름이다.

아밀로스와 아밀로펙틴 둘 다 글리코사이드 결합을 절단하면 글루코스로 가수분해된다. 인간의 소화계는 이 과정을 촉매 작용하기 위해 필수적인 α-글루코시데이스 효소를 가지고 있다. 밀가루와 쌀로 만든 빵과 파스타, 옥수수 빵은 모두 쉽게 소화되는 녹말의 공급원이다.

28.12C 글리코젠

글리코젠은 동물에 저장되어 있는 다당류의 주요한 형태이다. 글리코젠은 α-글리코사이드 결합을 가진 글루코스의 중합체로서 아밀로펙틴과 유사한 가지를 가진 구조이다. 그러나 가지가 훨씬 더 광대하다.

글리코젠은 간과 근육에 주로 저장되어 있다. 세포 내에서 에너지를 위해 글루코스가 필요할 때 글리코젠 중합체 말단으로부터 글루코스가 가수분해된다. 이 글루코스는 대사 과정을 거치며 에너지가 발생한다. 글리코젠은 매우 많은 가지가 있는 구조로 가지의 끝에 많은 글루코스 단위가 있으며, 신체가 필요로 할 때면 언제든 끊어질 수 있다.

문제 28.31 다음의 구조를 그려라. (b)의 다당류는 치아 플라크의 성분인 덱스트란이다.

a. D-마노스가 1→4-β-글리코사이드 결합으로 연결된 다당류

b. D-글루코스가 1→6-α-글리코사이드 결합으로 연결된 다당류

28.13 기타 중요한 당과 그들의 유도체

유용한 특성을 갖는 단순 또는 복잡한 탄수화물들이 생태계에 많이 존재한다. 28.13절에서는 질소 원자를 함유하는 여러 탄수화물에 대해 알아보자.

28.13A 아미노당과 관련된 화합물

아미노당은 비아노머 탄소의 OH기 대신에 NH_2기가 있다. 자연계에서 가장 보편적인 아미노당은 **D-글루코사민**(D-glucosamine)으로 글루코스의 C2의 OH가 NH_2로 치환된 구조이다. 비록 글루코사민은 약품으로 분류되지 않아 식약청에 의하여 통제받지는 않지만 골관절염에 대한 많은 비처방전 약으로 이용된다.

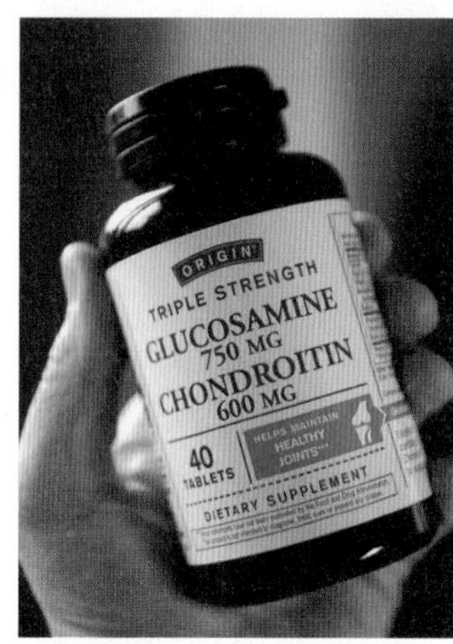

글루코사민이 함유된 식이 보충제는 골관절염 환자에게 사용된다.

D-글루코사민 → (SCoA) → N-아세틸-D-글루코사민 NAG

아세틸 CoA(22.17절)에 의한 글루코사민의 아세틸화는 NAG로 약칭되는 *N*-아세틸-D-글루코사민을 생성한다. 키틴(chitin)은 두 번째로 자연에 풍부한 탄수화물 중합체로서 NAG 단위가 1→4-β-글리코사이드 결합으로 서로 연결되어 생성된 다당류이다. 각각의 C2의 OH기가 $NHCOCH_3$로 치환되어 있다는 것을 제외하면, 키틴의 구조는 셀룰로스와 동일하다. 가재, 게 그리고 새우의 외부 골격은 키틴으로 구성되어 있다. 셀룰로스와 같은 키틴 사슬은 수소 결합의 광범위한 네트워크에 의해 함께 연결되어 있어 물에 녹지 않은 판을 형성한다.

1→4-β-글리코사이드 결합을 붉은색으로 나타냄.

키틴

게 껍질이 단단한 것은 분자량이 큰 탄수화물인 키틴으로 이루어져 있기 때문이다. 키틴을 사용한 코팅은 과일의 저장 기간을 연장하는 것 같은 다양한 상업적 응용에 이용된다. 다양한 제품에 사용하기 위하여 많은 공장들이 게, 바닷가재, 새우의 껍질을 원료로 키틴과 여러 유도체를 생산하고 있다.

아미노당을 포함하는 여러 가지 삼탄당은 심각한 재발성 박테리아 감염의 치료에 사용되는 강력한 항생제이다. 토브라마이신(tobramysin)과 아미카신(amikacin) 같은 삼탄당 화합물을 **아미노글리코사이드 항생제**(aminoglycoside antibiotic)라 부른다.

토브라마이신 아미카신

문제 28.32 키틴을 H_2O와 ^-OH로 처리하면 아마이드 결합이 가수분해되어 키토산이라는 화합물을 생성한다. 키토산의 구조는 무엇인가? 키토산은 샴푸, 봉합사용 섬유와 상처 드레싱에 사용된다.

28.13B *N*-글리코사이드

N-글리코사이드는 단당류를 약산 존재하에서 아민과 반응시켜 생성된다(반응 [1]과 [2]).

[1] β-D-글리코피라노스 → (NH_2, 낮은 농도의 H^+) → α-*N*-글리코사이드 + β-*N*-글리코사이드

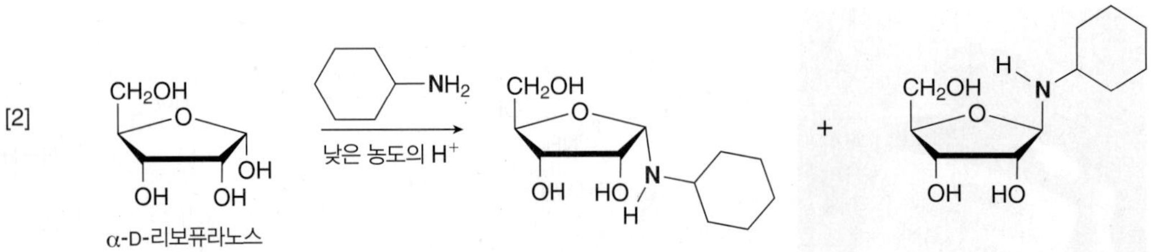

[2] α-D-리보퓨라노스 —(사이클로헥실아민, 낮은 농도의 H^+)→ 두 아노머 N-글리코사이드

N-글리코사이드의 형성 메커니즘은 글리코사이드의 형성 메커니즘과 유사하다. N-글리코사이드의 두 아노머가 생성물로 생성된다.

문제 28.33 각 반응의 생성물을 그려라.

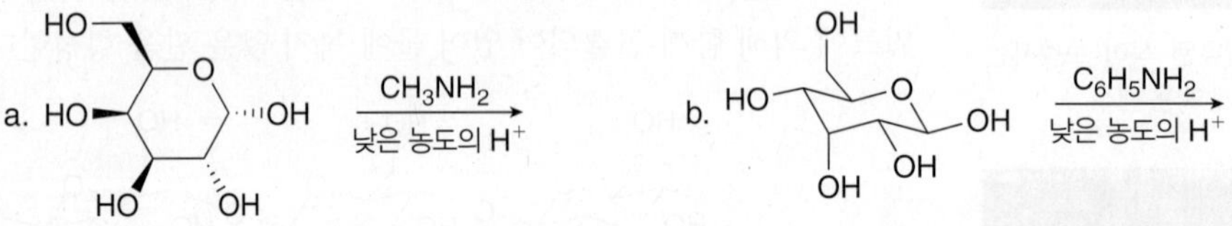

a. CH_3NH_2, 낮은 농도의 H^+

b. $C_6H_5NH_2$, 낮은 농도의 H^+

문제 28.34 반응 [1]에 표시된 β-D-글루코스를 N-에틸 글루코피라노사이드의 두 개의 아노머로 전환하는 반응의 단계별 메커니즘을 그려라.

접두사 **데옥시**(deoxy)는 "산소가 없다"는 뜻이다.

D-리보스(D-ribose)와 **2-데옥시-D-리보스**(2-deoxy-D-ribose)의 두 당의 N-글리코사이드는 특히 중요하다. 왜냐하면 이들은 각각 RNA와 DNA의 구성 단위이기 때문이다. 2-데옥시리보스는 리보스의 C2에 OH기가 없기 때문에 그렇게 이름이 지어졌다.

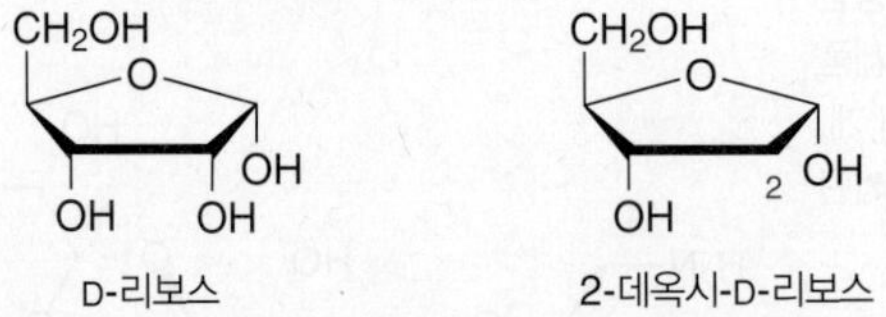

D-리보스

2-데옥시-D-리보스

- D-리보스와 특정한 아민 헤테로고리 화합물과의 반응은 리보뉴클레오사이드라 부르는 N-글리코사이드를 생성한다.
- 2-데옥시-D-리보스는 같은 반응 결과 데옥시리보뉴클레오사이드를 생성한다.

리보뉴클레오사이드(ribonucleoside)와 데옥시리보뉴클레오사이드(deoxyribonucleoside)의 한 예를 표시하였다. 이들 N-글리코사이드는 β 형태를 가진다. 당 고리의 번호는 아노머 탄소(1')에서 시작하여 고리 둘레를 시계 방향으로 따라가며 매긴다.

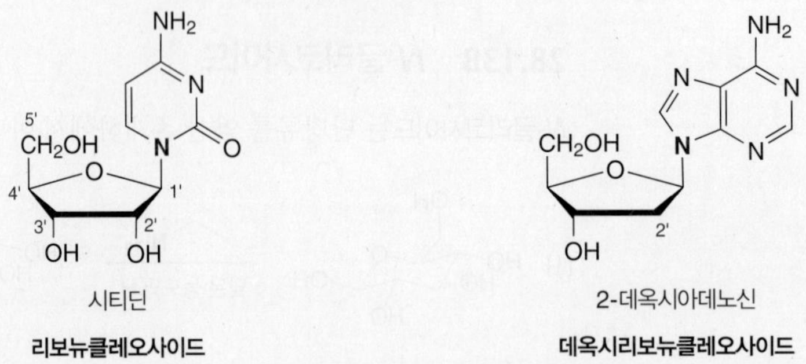

시티딘
리보뉴클레오사이드

2-데옥시아데노신
데옥시리보뉴클레오사이드

오직 다섯 개의 일반적 질소 헤테로고리 화합물이 이 뉴클레오사이드를 만드는 데 사용된다. 세 개는 단일고리 화합물인 **피리디민**(pyrimidine)이라고 부르는 질소 헤테로고리의 유도체이고, 두 개는 이고리이며 **퓨린**(purine)이라는 질소 헤테로고리 화합물의 유도체이다. 이들 다섯 개의 아민은 **염기**(base)라고 불린다. 각 염기는 아래 그림과 이름에서 보듯이 한 자로 줄여서 표시한다. 유라실(U)은 오직 리보뉴클레오사이드에서, 타이민(T)은 오직 데옥시아리보뉴클레오사이드에서만 사용된다.

- 각 뉴클레오사이드는 β *N*-글리코사이드 결합으로 연결되어 있는 당과 염기의 두 부분으로 구성되어 있다.

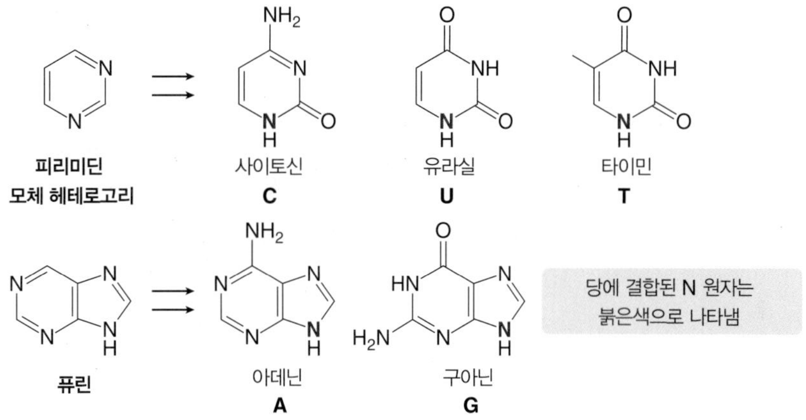

피리미딘 모체 헤테로고리 → 사이토신 **C**, 유라실 **U**, 타이민 **T**

퓨린 → 아데닌 **A**, 구아닌 **G**

당에 결합된 N 원자는 붉은색으로 나타냄

당 부위의 한 개의 OH기가 인산염과 결합되었을 때, 이 유도체를 **리보뉴클레오타이드**(ribonucleotide) 및 **데옥시리보뉴클레오타이드**(deoxyribonucleotide)라 부른다.

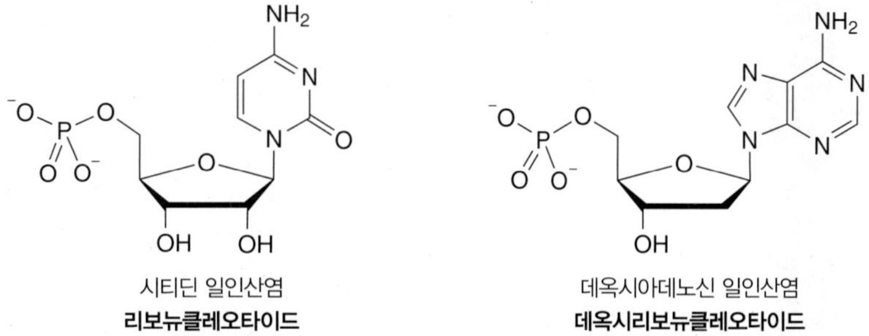

시티딘 일인산염
리보뉴클레오타이드

데옥시아데노신 일인산염
데옥시리보뉴클레오타이드

- 리보뉴클레오타이드는 유전 정보를 단백질로 전환하는 전달 분자 중합체인 라이보핵산 또는 RNA의 구성 단위이다.
- 데옥시리보뉴클레오타이드는 모든 유전 정보를 저장하는 분자 중합체인 데옥시라이보핵산 또는 DNA의 구성 단위이다.

RNA와 DNA의 일부분을 그림 28.11에 나타내었다. RNA와 DNA에서 당 부위가 중심적 역할을 함을 유의하자. 당 잔기가 두 인산염기에 결합되어 RNA 사슬 또는 DNA 사슬이 연결된다. 또한 당 잔기의 아노머 탄소는 질소 염기와 결합한다.

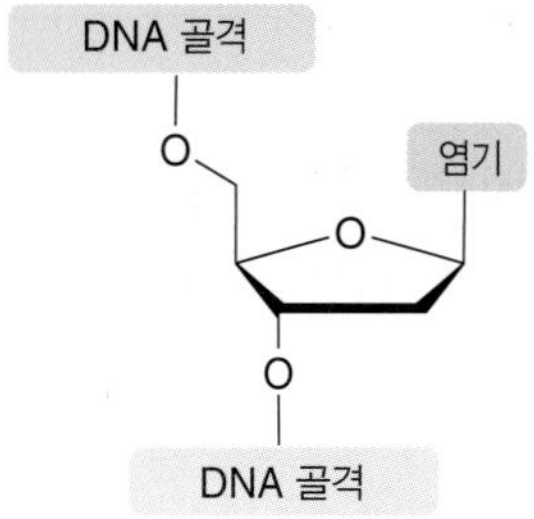

DNA 골격
염기
DNA 골격

그림 28.11
RNA와 DNA의 일부분

그림 28.12 DNA-이중 나선

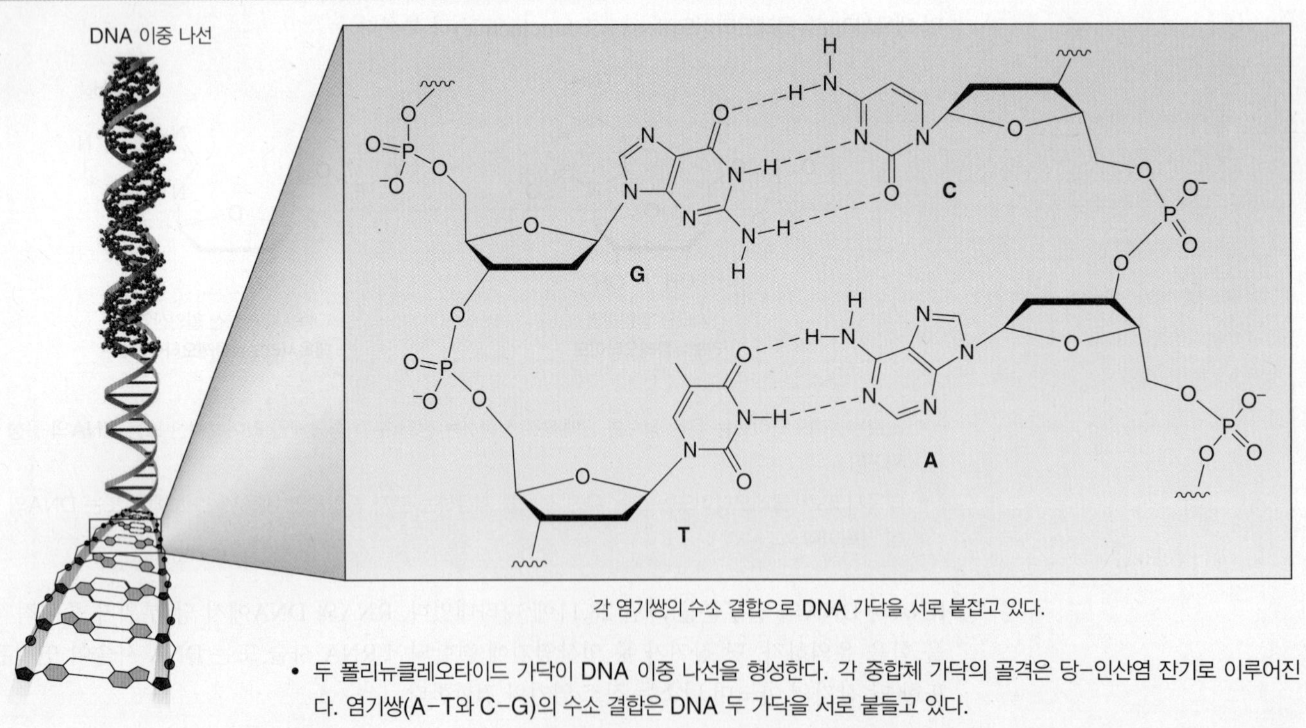

• 두 폴리뉴클레오타이드 가닥이 DNA 이중 나선을 형성한다. 각 중합체 가닥의 골격은 당-인산염 잔기로 이루어진다. 염기쌍(A-T와 C-G)의 수소 결합은 DNA 두 가닥을 서로 붙들고 있다.

DNA는 나선 사닥다리와 유사한 이중 나선을 형성하기 위하여 서로 꼬인 두 개의 폴리뉴클레오타이드 가닥으로 구성된다. 그림 28.12에서 보는 것과 같이 사닥다리의 옆은 중합체의 당-인산염 골격으로 구성되며 가로대는 염기로 구성된다.

DNA 한 가닥의 질소 염기는 다른 가닥의 질소 염기와 수소 결합을 한다. 한 가닥의 한 퓨린 염기는 다른 가닥의 피리미딘 염기와 수소 결합을 한다. **염기쌍**(base pair)이라 부르는 염기의 두 형태는 다른 것과 수소 결합을 하는데, 아데닌은 티아민(A−T)과, 사이토신은 구아인(C−G)과 수소 결합을 한다.

문제 28.35 다음 각 성분으로부터 생성되는 뉴클레오사이드의 구조를 그려라.

a. 리보스 + 유라실 b. 2-데옥시리보스 + 구아닌

문제 28.36 (a) 왜 DNA 이중 나선의 두 가닥의 퓨린 염기(A와 G)끼리는 염기쌍 및 수소 결합을 형성할 수 없는가? (b) 왜 구아닌과 사이토신 사이의 수소 결합이 구아닌과 타이민 사이의 수소 결합보다 더 유리한가?

탄수화물

주요 용어

- **알도스** 알데하이드를 함유한 단당류(28.2절)
- **케토스** 케톤을 함유한 단당류(28.2절)
- **D-당** 카보닐기에서 가장 먼 입체발생 중심의 OH가 피셔 투영식에서 오른쪽에 그려진 단당류(28.2C절)
- **에피머** 오직 한 개의 입체발생 중심의 배열이 다른 부분입체이성질체(28.3절)
- **아노머** 헤미아세탈 OH기의 배열이 다른 단당류(28.6절)
- **글리코사이드** 단당류 헤미아세탈로부터 유도된 아세탈(28.7절)

D-글루코스의 비고리, 하워스 및 3-D 표현(28.6절)

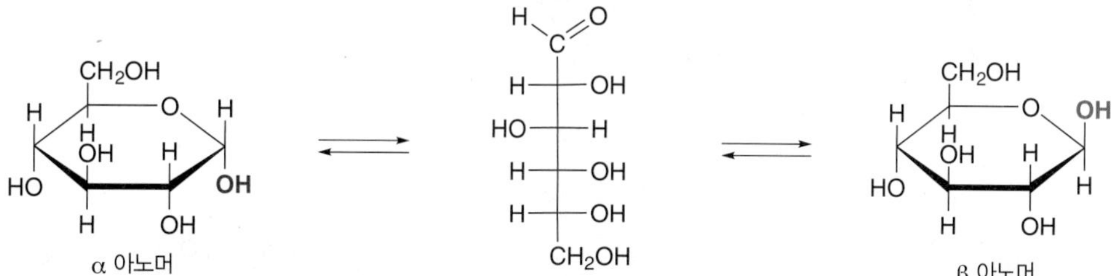

α 아노머
α-D-글루코스

비고리 알데하이드

β 아노머
β-D-글루코스

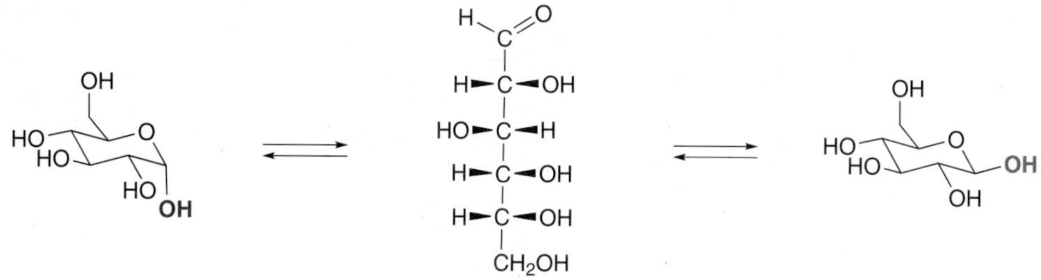

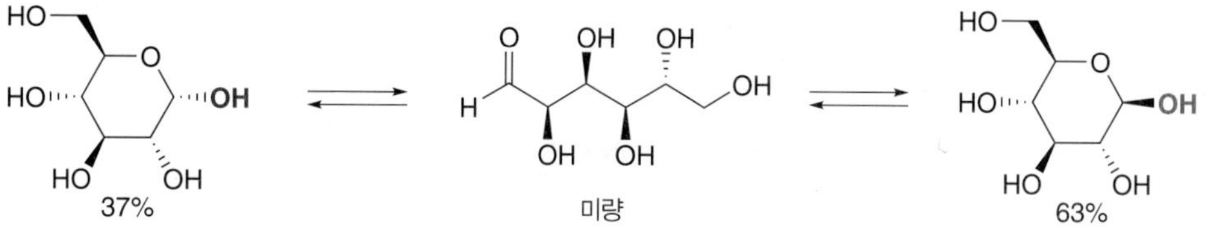

37%

미량

63%

헤미아세탈을 포함하는 단당류의 반응

[1] 글리코사이드 형성(28.7A절)

α-D-글루코스 —ROH, HCl→ α 글리코사이드 + β 글리코사이드

- 오직 헤미아세탈 OH만 반응
- α와 β 글리코사이드 혼합물 생성

[2] 글리코사이드 가수분해(28.7B절)

$\xrightarrow{H_3O^+}$ α 아노머 + ROH + β 아노머

- α와 β 아노머의 혼합물 생성

단당류의 OH기에서의 반응

[1] 에터 형성(28.8절)

Ag_2O, RX

- 모든 OH기 반응
- 모든 입체발생 중심의 입체 배열은 보존

[2] 에스터 생성(28.8절)

Ac_2O 또는 AcCl, 피리딘

- 모든 OH기 반응
- 모든 입체발생 중심에서 입체 배열은 보존

단당류의 카보닐기에서의 반응

[1] 알도스의 산화(28.9B절)

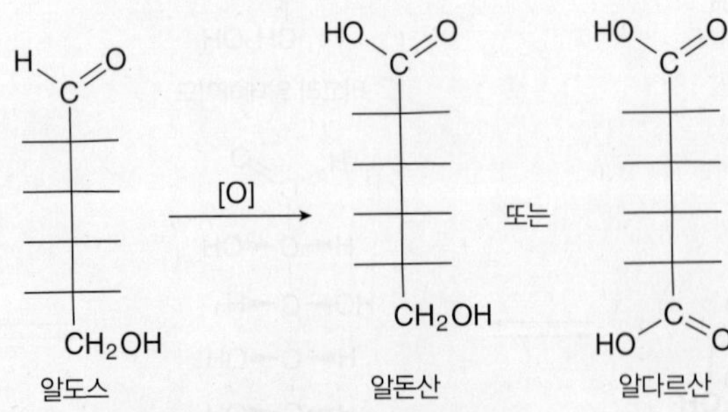

- 아래 시약을 사용하면 알돈산이 생성됨
- Ag_2O, NH_4OH
- Cu^{2+}
- Br_2, H_2O
- HNO_3, H_2O로 반응시키면 알다르산이 생성됨

[2] 알도스의 알디톨로의 환원(28.9A절)

알도스 —$NaBH_4$, CH_3OH→ 알디톨

[3] 볼 분해(28.10A절)

[1] NH_2OH
[2] Ac_2O, NaOAc
[3] $NaOCH_3$

- C1−C2 결합이 절단되어 알도스 사슬의 탄소 하나가 짧아진다.
- 다른 모든 입체발생 중심에서 입체 배열은 유지된다.
- C2에서 에피머 관계인 두 알도스는 동일한 생성물을 만든다.

[4] 킬리아니-피셔 합성(28.10B절)

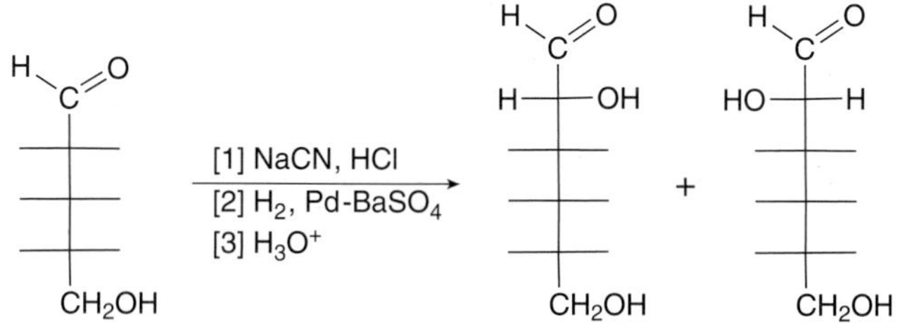

- 한 개의 탄소가 알도스 알데하이드 말단에 첨가된다.
- C2에서 에피머인 두 혼합물이 생성된다.

기타 반응

[1] 이당류의 가수분해(28.11절)

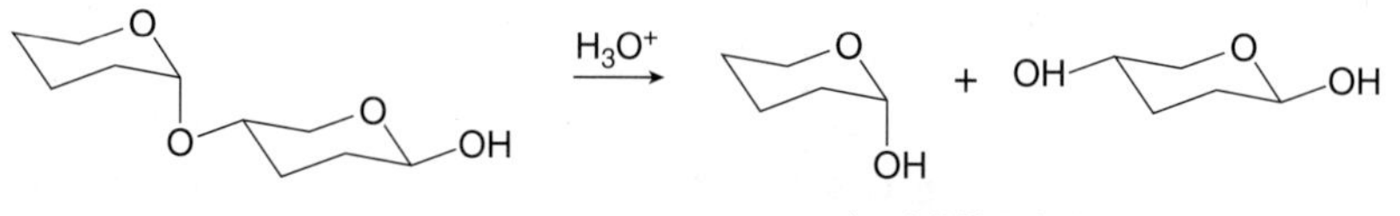

아노머 혼합물이 생성된다.

[2] *N*-글리코사이드의 형성(28.13B절)

RNH_2
낮은 농도의 H^+

- 두 개의 아노머가 생성된다.

문제

삼차원 모델을 이용하는 문제

28.37 다음 공−막대 모델을 피셔 투영식으로 표시하라.

a. 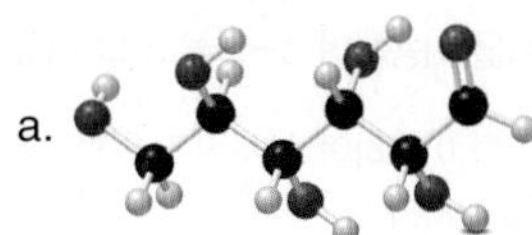

b. 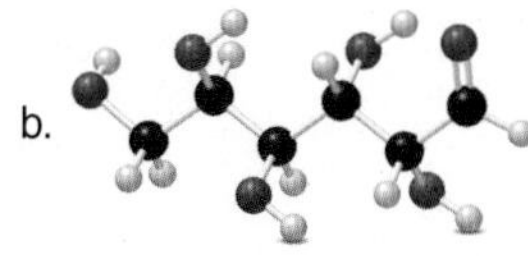

28.38 (a) 각 고리형 단당류를 사슬형 피셔 투영식으로 전환하라. (b) 각 단당류의 이름을 표시하라. (c) 각각 α 또는 β 아노머인가를 표시하라.

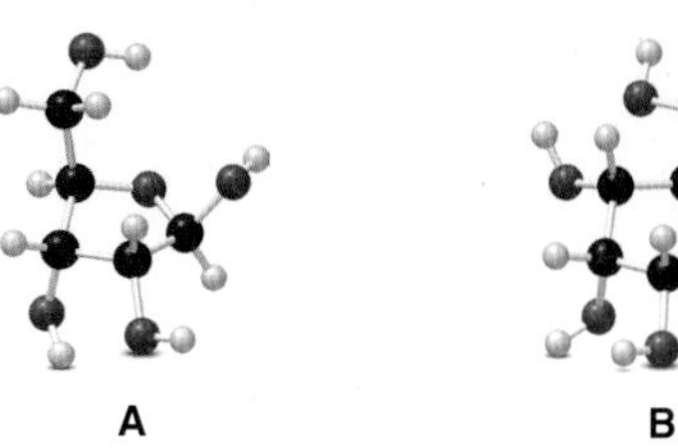

피셔 투영식

28.39 각 화합물이 **A**에 대하여 동일한 것인지 또는 거울상이성질체인지 답하라.

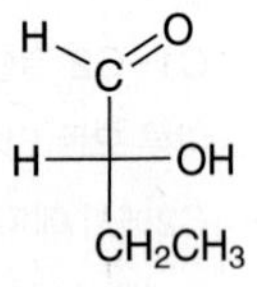

A a. 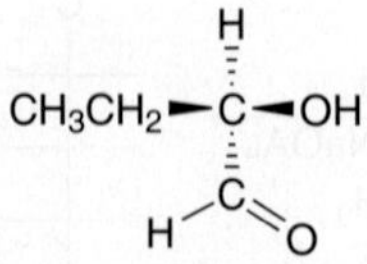 b. 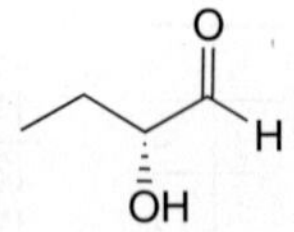 c.

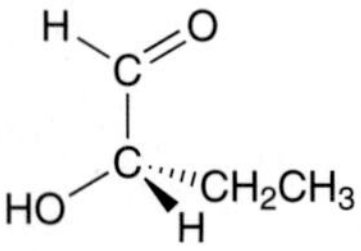

28.40 각 화합물을 피셔 투영식으로 전환하고 각 입체발생 중심을 *R* 또는 *S*로 표시하라.

a. 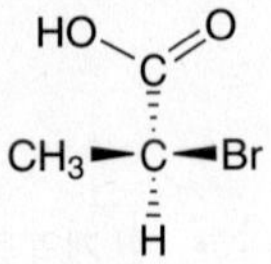 b. 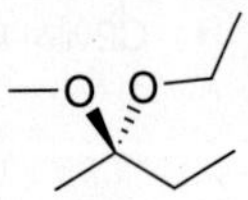 c. d. 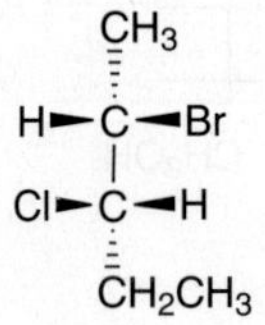 e. f.

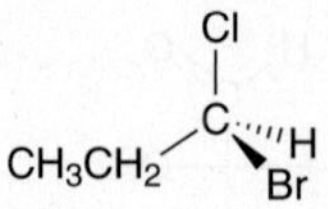

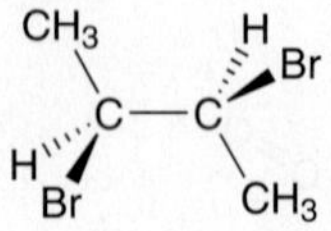

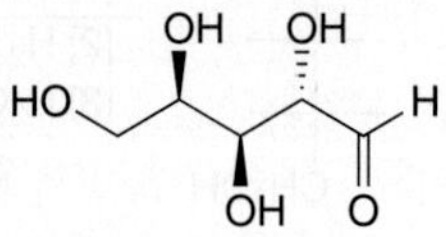

단당류의 구조와 입체화학

28.41 D-아라비노스에 대하여

a. 거울상이성질체를 그려라.

b. C3에 에피머를 그려라.

c. 에피머가 아닌 부분입체이성질체를 그려라.

d. 여전히 카보닐기를 가지는 구조 이성질체를 그려라.

28.42 아래 여섯 개의 화합물(**A~F**)에 대하여

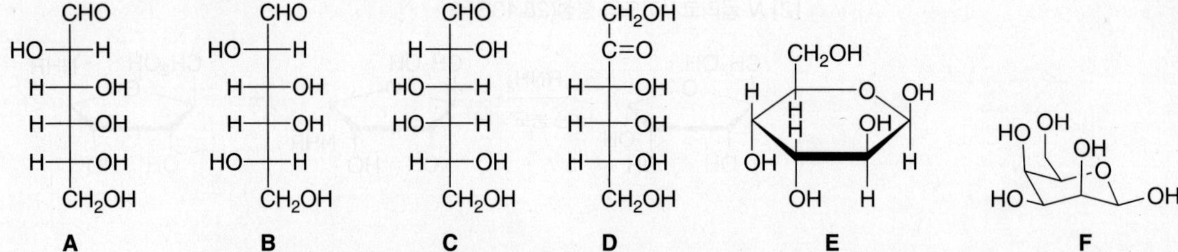

각 쌍의 두 화합물은 어떠한 관계인가? 거울상이성질체, 에피머, 에피머가 아닌 부분입체이성질체, 구조 이성질체, 그리고 동일한 화합물 가운데 선택하라.

a. **A**와 **B** b. **A**와 **C** c. **B**와 **C** d. **A**와 **D** e. **E**와 **F**

28.43 그림 28.4와 28.5에 있는 구조를 사용하여 각 화합물의 하워스 투영식을 그려라.

a. β-D-타로피라노스 b. α-D-갈락토피라노스 c. α-D-타가토퓨라노스

28.44 하워스 투영식을 이용하여 D-글루코스의 C2에 대해 β-에피머인 단당류의 아노머를 그려라.

28.45 의자 피라노스를 이용하여 삼차원 표현법으로 각 알도헥소스의 두 피라노스 아노머를 그려라. 각 아노머에 대해 α와 β 여부를 표시하라.

a. 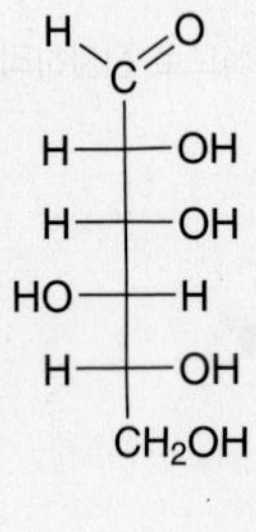 b.

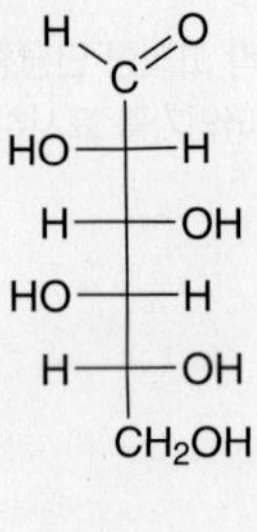

28.46 각 고리 단당류를 비고리형으로 전환하라.

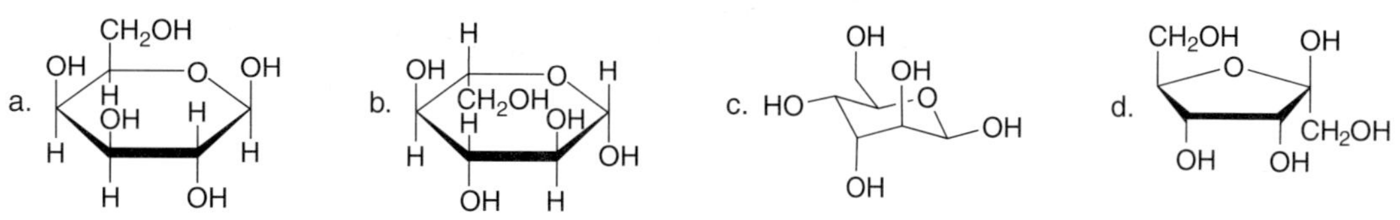

28.47 D-아라비노스는 피라노스와 퓨라노스 두 형태로 존재할 수 있다.

a. D-아라비노퓨라노스의 α와 β 아노머를 그려라.

b. D-아라비노피라노스의 α와 β 아노머를 그려라.

28.48 D-알도헥소스의 파라노오스 고리의 가장 안정한 형태는 가장 큰 작용기인 CH_2OH가 적도 방향에 놓이는 것이다. 그러나 D-이도오스는 예외의 경우이다. D-이도오스의 α또는 β 아노머에 대해 가능한 두 가지 의자 형태를 그려라. 왜 보다 안정한 구조에서 CH_2OH가 수직 방향 위치에 가게 되는가를 설명하라.

단당류의 반응

28.49 α-D-굴로스를 각 시약으로 처리하였을 때 생성되는 생성물을 그려라.

a. CH_3I, Ag_2O
b. CH_3OH, HCl
c. Ac_2O, 피리딘
d. (a) 생성물에 H_3O^+
e. (b) 생성물에 Ac_2O, 피리딘
f. (g) 생성물에 $C_6H_5CH_2Cl$, Ag_2O

28.50 D-알트로스를 각 시약으로 처리하였을 때 생성되는 생성물을 그려라.

a. CH_3OH, HCl
b. $NaBH_4$, CH_3OH
c. Br_2, H_2O
d. HNO_3, H_2O
e. [1] NH_2OH; [2] $(CH_3CO)_2O$, $NaOCOCH_3$; [3] $NaOCH_3$
f. [1] NaCN, HCl; [2] H_2, PD-$BaSO_4$; [3] H_3O^+
g. CH_3I, Ag_2O
h. $C_6H_5CH_2NH_2$, 약한 H^+

28.51 살리신과 솔라닌(28.7C절)이 수용성 산에서 각각 가수분해되었을 때 생성되는 단당류와 아글리콘은 무엇인가?

28.52 다음에 주어진 각 글리코사이드를 만들 수 있는 단당류의 피셔 투영식을 그려라.

a. b.

28.53 다음 각 화합물을 킬리아니-피셔 합성시켰을 때 어떠한 생성물이 생성되는가?

28.54 다음 각 화합물에 킬리아니-피셔 합성이 적용될 때 생성되는 생성물은 무엇인가?

a. CHO; HO–H; HO–H; H–OH; CH_2OH

b. CHO; HO–H; HO–H; HO–H; H–OH; CH_2OH

28.55 D-글루코스를 주어진 각각의 화합물로 전환시키는 데 필요한 반응 조건은? 한 단계 이상의 반응이 필요하다.

a. + α 아노머

b. CH_2OCH_3; H–OCH_3; CH_3O–H; H–OCH_3; H–OCH_3; CH_2OCH_3

c. COOH; H–OAc; AcO–H; H–OAc; H–OAc; CH_2OAc

28.56 어느 D-알도펜토스가 $NaBH_4$, CH_3OH에 의해 광학적으로 불활성인 알디톨로 환원되는가?

28.57 각 화합물을 수용성 산으로 처리하였을 때 어떤 생성물이 생성되는가?

a. 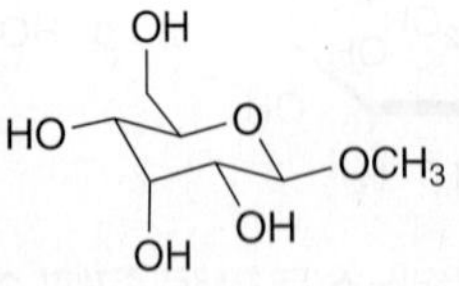 HO, OH, O, OCH_3, OH, OH
b. 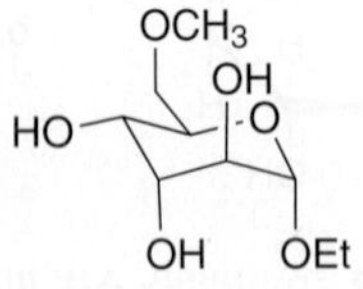 HO, OCH_3, OH, O, OH, OEt
c. 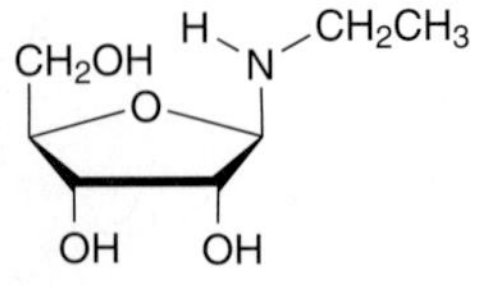 CH_2OH, H, N, CH_2CH_3, O, OH, OH

메커니즘

28.58 다음 반응의 단계별 메커니즘을 그려라.

OH, HO, HO, O, OCH_3, OH → (C_6H_5CHO, H^+) → C_6H_5, O, O, O, HO, OCH_3, OH + H_2O

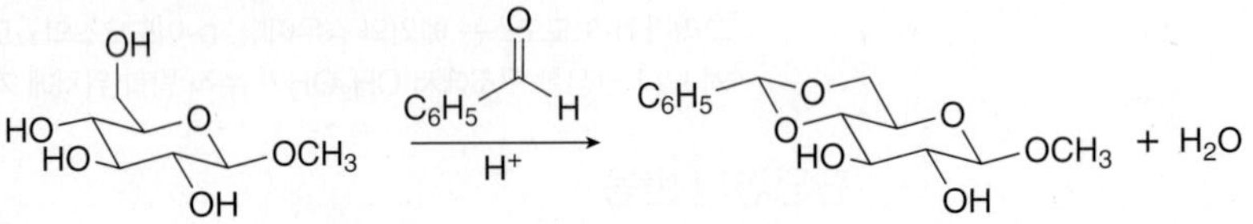

28.59 다음 가수분해 반응의 단계별 메커니즘을 그려라.

H_3O^+ → ... + ... + CH_3OH

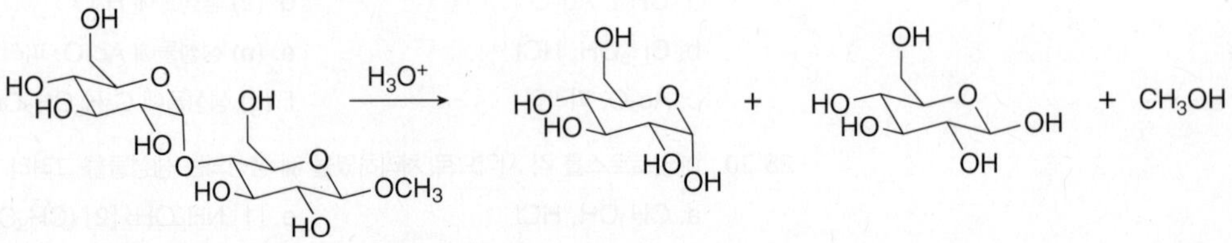

28.60 D-글루코스를 출발물로 하는 다음 이성질화 반응은 염기 존재하에서 모든 알도헥소스에서 일어난다. 각 화합물이 어떻게 생성되었는지를 나타내는 단계별 메커니즘을 그려라.

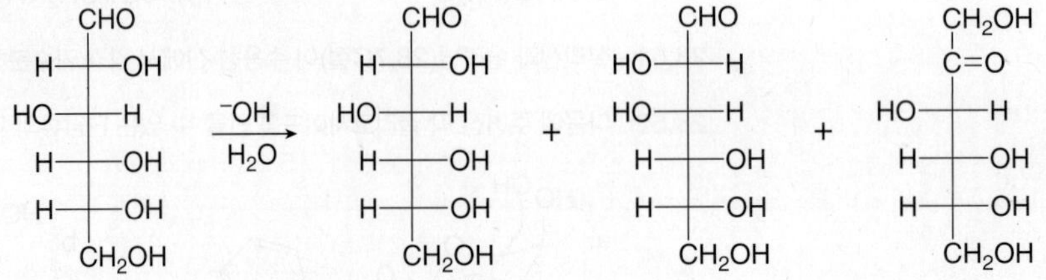

D-글루코스 → (^-OH, H_2O) → (회수된 출발 물질) + ... + ...

단당류의 확인

28.61 어느 D-알도펜토스가 광학적으로 활성인 알다르산으로 산화되고 볼 분해에 의하여 광학적으로 활성인 알다르산으로 산화될 수 있는 D-알도테트로스를 생성하는가?

28.62 화합물 **A~D**에 해당하는 것은 무엇인가? D-알도펜토스 **A**는 HNO_3에 의해 광학적으로 불활성인 알다르산 **B**로 산화된다. **A**는 킬리아니-피셔 합성에 의해 **C**와 **D**를 생성한다. **C**는 광학적으로 활성인 알다르산으로 산화된다. **D**는 광학적으로 불활성인 알다르산으로 산화된다.

28.63 D-알도펜토스 **A**는 광학적으로 활성인 알디톨로 환원된다. 킬리아니-피셔 합성에 의해 **A**는 두 D-알도헥소스 **B**와 **C**로 전환된다. **B**는 광학적으로 불활성인 알다르산으로 산화된다. **C**는 광학적으로 활성인 알다르산으로 산화된다. **A~C**의 구조는 무엇인가?

이당류와 다당류

28.64 두 개의 마노스가 1→4-α-글리코사이드 결합으로 연결될 때 형성되는 이당류의 구조식을 써라.

28.65 a. C의 글리코사이드 결합을 찾아라. 그리고 α, β 아노머 여부를 표시하고 위치한 탄소 번호 및 결합 방향을 표시하라.

b. 다음 반응에서 알파벳 문자로 표시된 화합물을 확인하라.

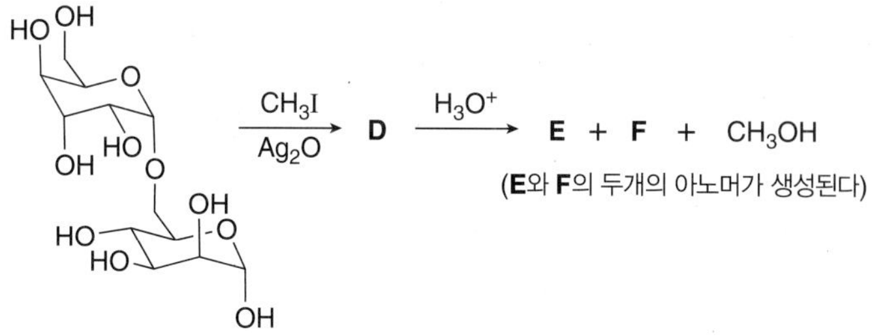

$$\mathbf{C} \xrightarrow[Ag_2O]{CH_3I} \mathbf{D} \xrightarrow{H_3O^+} \mathbf{E} + \mathbf{F} + CH_3OH$$

(**E**와 **F**의 두개의 아노머가 생성된다)

C

28.66 다음은 사당류 스타치오스(stachyose)의 구조이다. 스타치오스는 백색 재스민, 콩과 편두에서 발견된다. 사람이 소화시킬 수 없기 때문에 이것을 섭취하면 위장에 가스가 차게 된다.

a. 모든 글리코사이드 결합을 지적하라.

b. 각 글리코사이드 결합을 α와 β로 분류하고 두 고리 사이의 위치를 숫자로 표시하라(예, 1→4-β).

c. 스타치오스를 H_3O^+로 가수분해하면 어떤 생성물이 생성되는가?

d. 스타치오스는 환원당인가?

e. 스타치오스를 과량의 CH_3I, Ag_2O로 처리하였을 때 어떤 생성물이 생성되는가?

f. (e)에서 생성물을 H_3O^+로 처리하였을 때 어떤 생성물이 생성되는가?

스타치오스

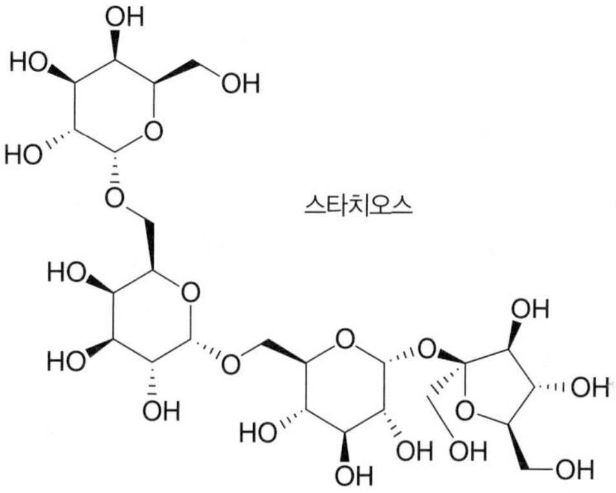

28.67 다음 자료를 이용하여 이당류 아이소말토스(isomaltose)의 구조를 그려라.

[1] 가수분해하면 D-글루코스만을 생산한다.

[2] 아이소말토스는 α-글리코사이데이스 효소에 의하여 분해된다.

[3] 아이소말토스는 환원당이다.

[4] 과량의 CH_3I, Ag_2O에 의한 메틸화 반응 후 H_3O^+로 가수분해하면 두 가지 생성물이 만들어진다.

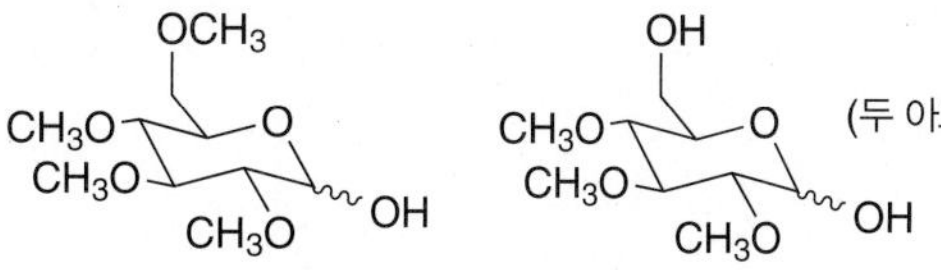

(두 아노머가 존재한다.)

28.68 아래 각각의 화합물의 구조를 그려라.

a. D-글루코사민이 1→6-α-글리코사이드 결합으로 생성된 다당류

b. D-마노스와 D-글루코스가 마노스의 아노머 탄소를 이용하여 1→4-β-글리코사이드 결합으로 생성된 이당류

c. D-아리비노오스와 $C_6H_5CH_2NH_2$이 결합된 α-N-글리코사이드

d. D-리보스와 타이민으로 만들어진 리보뉴클레오사이드

도전 문제

28.69 a. 포유동물과 식물의 세포 표면을 구성하는 탄수화물의 성분이며, 식단에 필요한 필수 단당류인 퓨코스의 보다 안정한 의자 형태를 그려라.

b. 퓨코스를 D-, L-로 분류하라.

c. 퓨코스의 구조에서 발견되는 두 가지 예외적인 사실은 무엇인가?

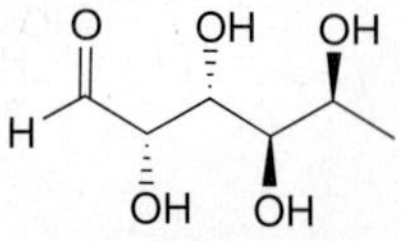

퓨코스

28.70 28장에서 보았듯이 단당류는 여러 가지 방법으로 그려질 수 있다. 사실, 용액에는 고리 화합물이 혼합물로 들어 있다. 다음 임의로 그려진 다당류들의 D-, L- 여부를 포함한 이름은 무엇인가?

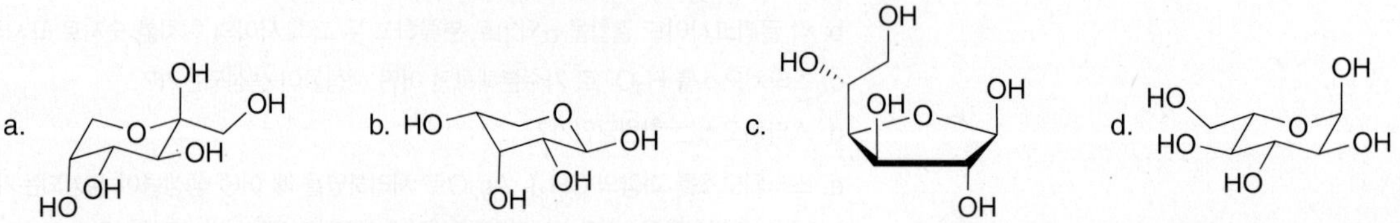

a. b. c. d.

28.71 다음 반응의 단계적 메커니즘을 그려라.

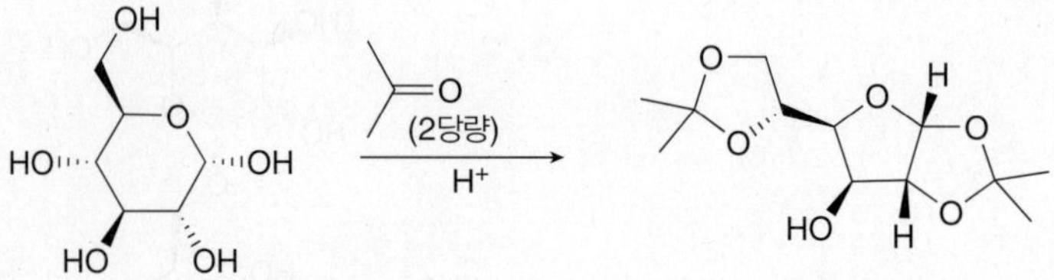

(2당량)
H^+

Chapter

29 아미노산과 단백질

Amino Acids and Proteins

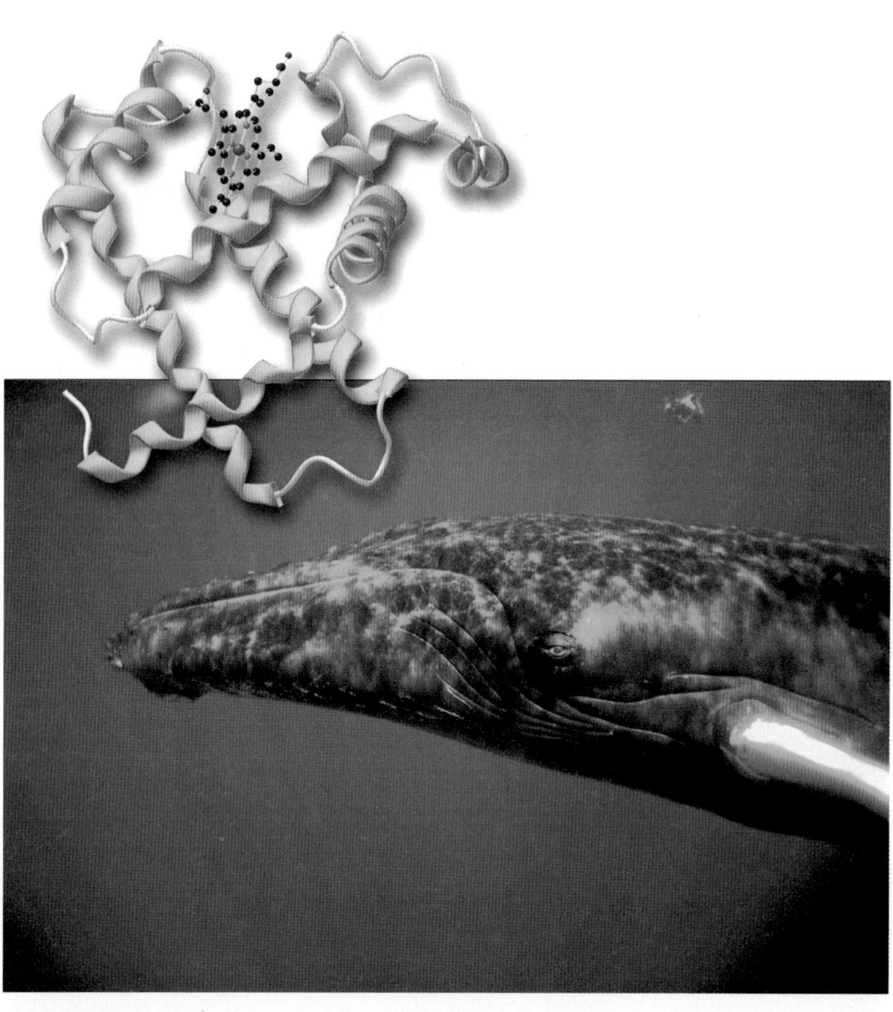

마이오글로빈(myoglobin)은 153개 아미노산이 연결된 구형 단백질이고 비단백질 부분인 헴(heme) 단위를 포함한다. 헴 부분은 질소를 포함하는 큰 헤테로고리 화합물이 Fe^{2+}와 착물을 형성하고 있다. Fe^{2+} 이온은 혈액 내에서 산소와 결합하고 이것을 조직에 저장한다. 고래는 근육에 아주 높은 농도의 마이오글로빈을 갖고 있다. 이것은 고래가 오랫동안 잠수해 있을 때 산소 저장고 역할을 한다. 29장에서는 아미노산과 이들을 이용하여 합성된 단백질의 성질에 대해 논의한다.

네 개의 중요한 생체 분자—지질, 탄수화물, 핵산 및 단백질—중에서 단백질의 기능은 가장 광범위하다. 예로서 케라틴(keratin)과 콜라젠(collagen)은 조직을 지지하고 강하게 하는 긴 불용성 섬유를 형성하는 다양한 구조 단백질의 일부이다. 머리카락, 뿔 그리고 손톱은 모두 케라틴으로 만들어졌다. 콜라젠은 뼈, 연결 조직, 힘줄과 연골에서 발견된다. 효소(enzyme)는 모든 세포 기능을 조절하고 촉매 작용을 하는 단백질이다. 세포막 단백질(membrane protein)은 작은 유기 분자와 이온을 세포막을 가로질러 운반한다. 혈중에서 당의 농도를 조절하는 인슐린(insulin) 호르몬, 혈액을 응고시키는 피브리노젠(fibrinogen)과 트롬빈(thrombin) 그리고 폐에서 조직으로 산소를 운반하는 헤모글로빈(hemoglobin) 모두가 단백질이다.

29장에서는 단백질과 그들의 기본 성분인 아미노산에 대해 논의한다.

29.1 아미노산

아미노산은 19.14절에서 먼저 논의되었다.

자연에 존재하는 아미노산에는 카복시기(COOH)의 α 탄소에 결합된 아미노기(NH_2)가 있어 α-아미노산(α-amino acid)이라 부른다.

- 모든 단백질은 아미노산이 서로 연결되어 생성된 폴리아마이드이다.

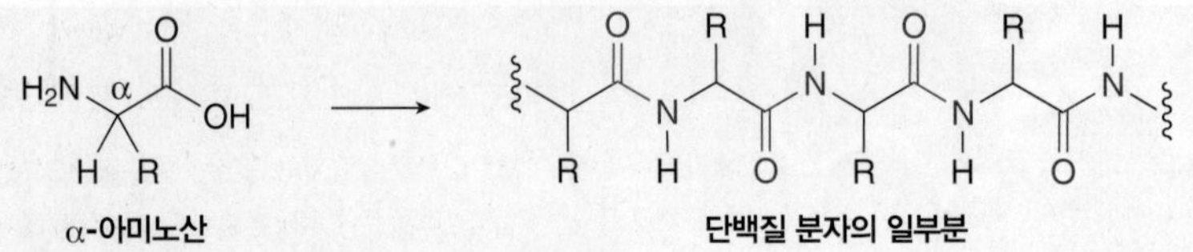

α-아미노산

단백질 분자의 일부분

29.1A α-아미노산의 일반적 특징

단백질 성분으로 천연에 존재하는 20개의 아미노산은 α 탄소에 결합된 R기의 구조가 다르다. R기를 아미노산의 곁사슬(side chain)이라 한다.

가장 간단한 아미노산인 글라이신은 R = H이다. 다른 모든 아미노산(R ≠ H)은 α 탄소에 입체발생 중심이 있다. 단당류에서와 같이 접두사 D와 L을 사용하여 아미노산의 입체발생 중심의 배열을 나타낸다. 자연적으로 존재하는 보통의 아미노산은 L-아미노산(L-amino acid)이다. 이들의 거울상이성질체인 D-아미노산은 천연에서는 거의 발견되지 않는다. 아미노산의 일반적인 구조를 그림 29.1에 나타내었다. *R*, *S* 표시법에 의하면 시스테인을 제외한 모든 L-아미노산은 *S* 배열(S configuration)이다.

모든 아미노산은 관용명이 있다. 이들은 한 개의 문자 또는 세 개의 문자로 표시되는 약어로 나타낼 수 있다. 그림 29.2는 자연에 존재하는 20개의 아미노산을 그들의 약어와 함께 나열하고 있다. R기의 차이점에 유의하자. 곁사슬은 단순한 알킬기일 수도 있고 OH, SH, COOH 또는

그림 29.1
α-아미노산의 일반적인 특징

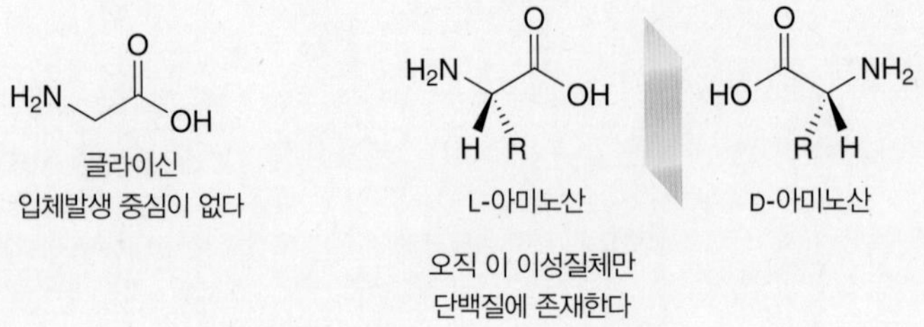

글라이신
입체발생 중심이 없다

L-아미노산

D-아미노산

오직 이 이성질체만
단백질에 존재한다

그림 29.2 자연계에 존재하는 20개 아미노산

중성 아미노산

이름	구조	약어	이름	구조	약어
알라닌	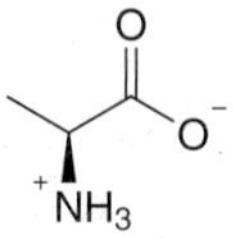	Ala A	페닐알라닌*	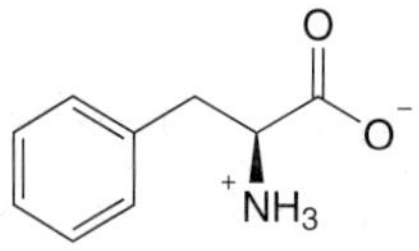	Phe F
아스파라진	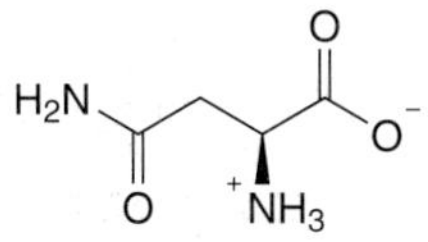	Asn N	프롤린	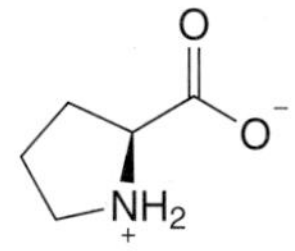	Pro P
시스테인	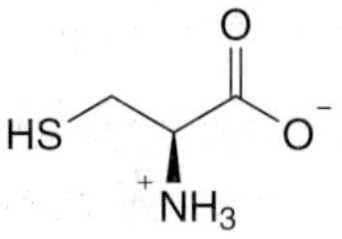	Cys C	세린	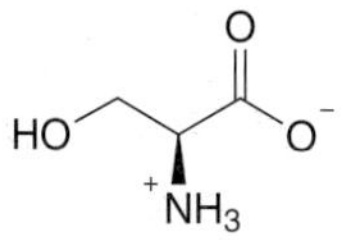	Ser S
글루타민	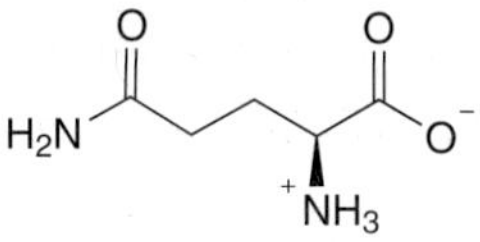	Gln Q	트레오닌*	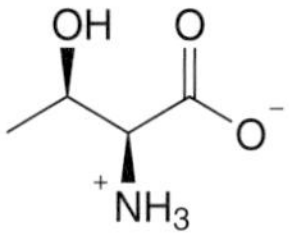	Thr T
글라이신	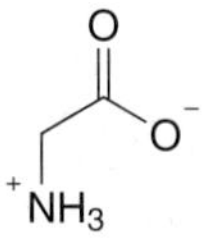	Gly G	트립토판*	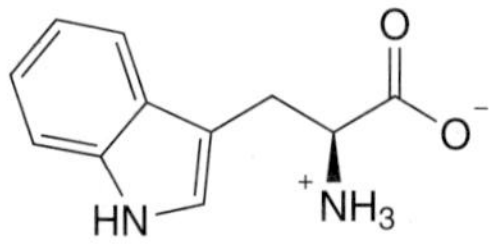	Trp W
아이소루신*	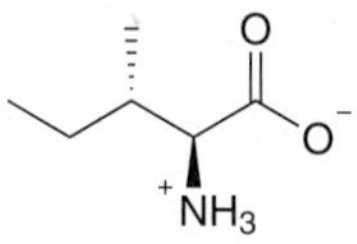	Ile I	타이로신	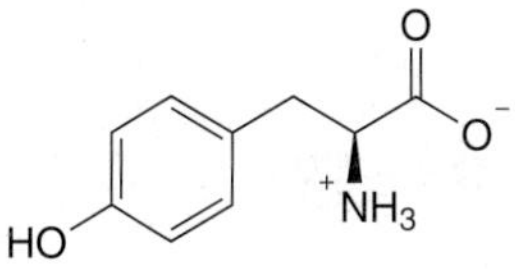	Tyr Y
루신*	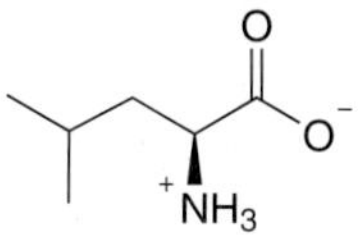	Leu L	발린	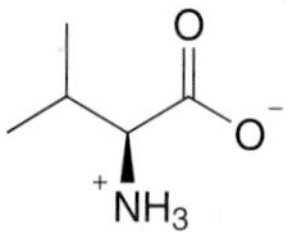	Val V
메싸이오닌*	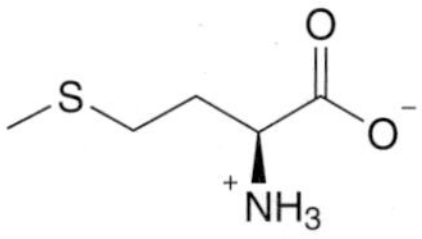	Met M			

산성 아미노산			염기성 아미노산		
이름	구조	약어	이름	구조	약어
아스파트산	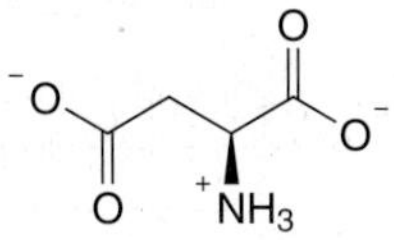	Asp D	아지닌*	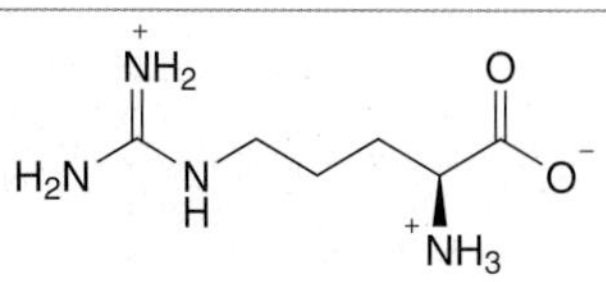	Arg R
글루탐산	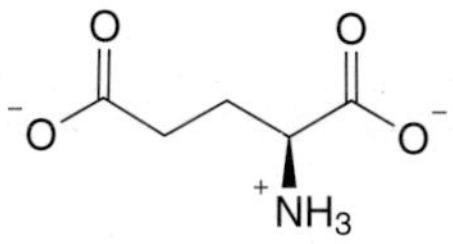	Glu E	히스티딘*	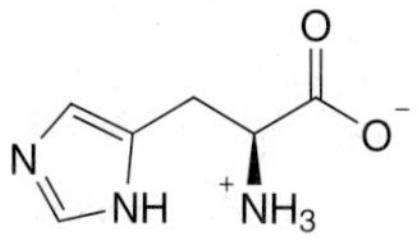	His H
			라이신*	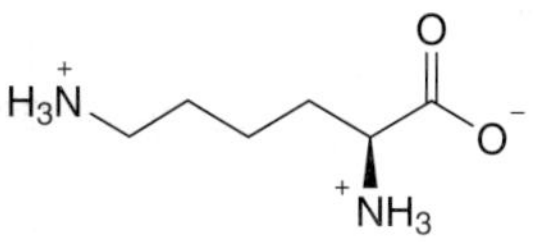	Lys K

필수 아미노산은 (*)로 표시하였다.

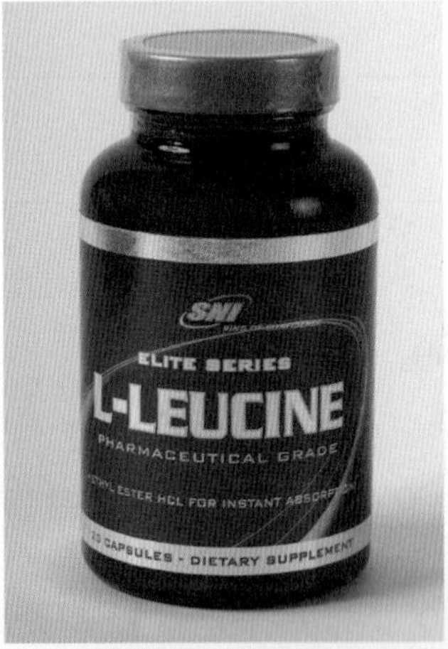

필수 아미노산인 L-루신은 바디 빌더가 근육 손상을 방지하거나 근육 손상 후 치료를 위한 건강보조제로 팔리고 있다.

NH_2와 같은 작용기가 추가될 수 있다.

- 곁사슬에 COOH기가 추가된 아미노산을 산성 아미노산이라 한다.
- 곁사슬에 또 다른 염기성 N 원자가 있는 아미노산을 염기성 아미노산이라 한다.
- 다른 모든 아미노산들은 중성 아미노산이다.

프롤린, 아이소루신 그리고 트레오닌의 구조에 대해 좀 더 자세히 살펴보자.

- 프롤린(proline)을 제외한 다른 모든 아미노산들은 1° 아민이다. 프롤린은 N 원자가 원자 고리를 이루고 있는 2° 아민이다.
- 아이소루신(isoleucine)과 트레오닌(threonine)은 β 탄소에 입체발생 중심이 하나 더 있어 네 개의 입체이성질체가 있을 수 있으나, 그중 한 개만 자연에서 얻어진다.

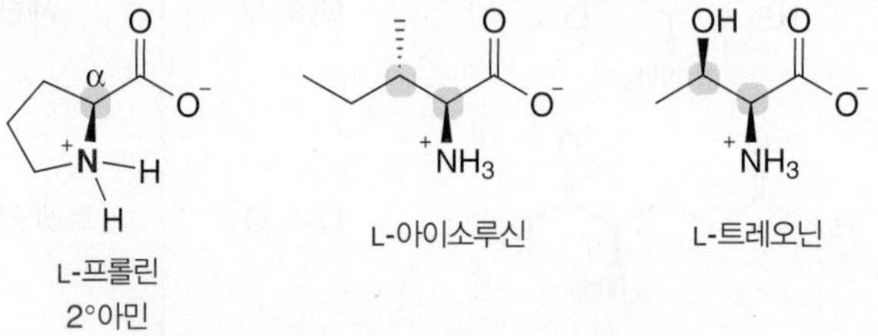

L-프롤린
2°아민

L-아이소루신

L-트레오닌

사람은 20개의 아미노산 중 10개만 체내에서 합성할 수 있다. 나머지 10개 아미노산은 음식으로 섭취해야 하기 때문에 **필수 아미노산**(essential amino acid)이라 부른다. 그림 29.2에 필수 아미노산은 별표로 표시되어 있다.

문제 29.1 L-아이소루신의 서로 다른 세 개 입체이성질체를 그려라. 그리고 입체발생 중심을 *R* 또는 *S*로 표시하라.

29.1B 산-염기 작용

19.14B절에서 살펴본 것처럼 아미노산은 산성 작용기와 염기성 작용기를 모두 가지고 있어 양성자 이동으로 **쯔비터 이온**(zwitterion)이라 부르는 염을 형성한다.

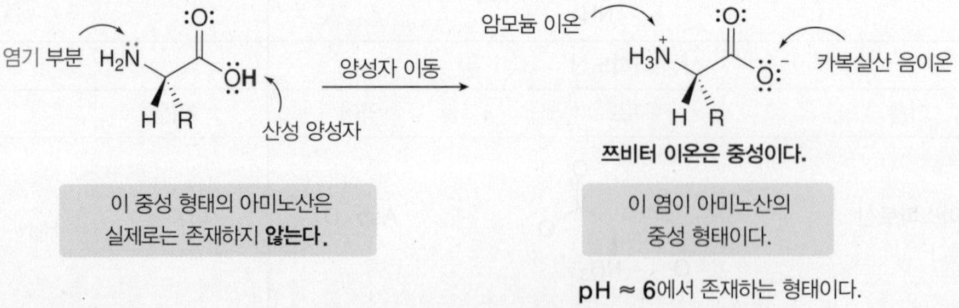

염기 부분 · 산성 양성자 · 양성자 이동 · 암모늄 이온 · 카복실산 음이온

쯔비터 이온은 중성이다.

이 중성 형태의 아미노산은 실제로는 존재하지 **않는다.**

이 염이 아미노산의 중성 형태이다.

pH ≈ 6에서 존재하는 형태이다.

그림 29.2의 구조는 혈액의 생리학적 pH에서 전하를 띤 형태의 아미노산을 보여준다.

- 아미노산은 전하를 띠지 않는 중성의 화합물로는 거의 존재하지 않고 대부분 염의 형태로 존재하기 때문에 녹는점이 높고 수용성이다.

아미노산은 그림 29.3에서 보는 것처럼 그들이 녹아 있는 수용액의 pH에 따라 전하를 띤 형태가 달라진다. 아미노산의 전체 전하는 +1, 0 또는 −1일 수 있다. pH ~6 부근에서만 쯔비터 이온 형태로 존재한다.

그림 29.3
pH에 따른 중성 아미노산의 전하 변화

pH 증가

전체 전하(+1) pH ≈ 2 ⇌(HO⁻ / H⁺) 중성 pH ≈ 6 ⇌(HO⁻ / H⁺) 전체 전하(−1) pH ≈ 10

표 29.1
α-아미노산의 이온화 작용기의 pK_a 값

아미노산	α-COOH	$\alpha\text{-}NH_3^+$	곁사슬	pI
알라닌(Alanine)	2.35	9.87	–	6.11
아르기닌(Arginine)	2.01	9.04	12.48	10.76
아스파라긴(Asparagine)	2.02	8.80	–	5.41
아스파라긴산(Aspartic acid)	2.10	9.82	3.86	2.98
시스테인(Cysteine)	2.05	10.25	8.00	5.02
글루탐산(Glutamic acid)	2.10	9.47	4.07	3.08
글루타민(Glutamine)	2.17	9.13	–	5.65
글리신(Glycine)	2.35	9.78	–	6.06
히스티딘(Histidine)	1.77	9.18	6.10	7.64
아이소루신(Isoleucine)	2.32	9.76	–	6.04
루신(Leucine)	2.33	9.74	–	6.04
라이신(Lysine)	2.18	8.95	10.53	9.74
메싸이오닌(Methionine)	2.28	9.21	–	5.74
페닐알라닌(Phenylalanine)	2.58	9.24	–	5.91
프롤린(Proline)	2.00	10.60	–	6.30
세린(Serine)	2.21	9.15	–	5.68
트레오닌(Threonine)	2.09	9.10	–	5.60
트립토판(Tryptophan)	2.38	9.39	–	5.88
타이로신(Tyrosine)	2.20	9.11	10.07	5.63
발린(Valine)	2.29	9.72	–	6.00

아미노산의 −COOH기와 $-NH_3^+$기는 수용액 상태에서 양성자를 내어 놓을 수 있기 때문에 이온화 될 수 있다. 그 결과 각각의 pK_a 값은 서로 다르다. 표 29.1에 나타난 것처럼 −COOH기의 pK_a 값은 일반적으로 ~2인데 비해 $-NH_3^+$기의 pK_a 값은 ~9 정도이다.

아스파트산과 라이신 같은 아미노산에는 산성이나 염기성 곁사슬이 있다. 이온화가 가능한 작용기가 더 첨가된 이들 아미노산의 산−염기 작용은 약간 더 복잡하다. 표 29.1에는 산성과 염기성 곁사슬의 pK_a 값도 나타나 있다.

표 29.1에는 모든 아미노산의 등전점(pI)도 나와 있다. 19.14C절에서 살펴보았듯이 등전점(isoelectric point)은 한 아미노산이 중성의 형태로 존재할 때의 pH이며, 이것은 α-COOH pK_a 값과 $\alpha\text{-}NH_3^+$기의 pK_a 값의 평균(중성 아미노산일 경우)이다.

문제 29.2 다음 각 아미노산은 등전점에서 어떤 형태로 존재하는가?

a. 발린 b. 루신 c. 프롤린 d. 글루탐산

문제 29.3 왜 1° 아민으로부터 얻어진 암모늄 이온(RNH_3^+)의 p*Ka*보다 α-아미노산의 $-NH_3^+$기의 p*Ka*가 더 낮은가? 예를 들면 알라닌의 $-NH_3^+$기의 p*Ka*는 9.7이고 $CH_3NH_3^+$의 p*Ka*는 10.63이다.

문제 29.4 L-티록신(L-Thyroxine)은 갑상선 호르몬이고 갑상선 호르몬 결핍증 치료에 사용되는 경구용 약물이다. 이것은 일반적인 단백질들에 존재하지 않는 아미노산이다. L-티록신의 양성 이온 형태를 그려라.

L-티록신

29.2 아미노산의 합성

아미노산은 실험실에서 여러 가지 방법으로 만들어질 수 있다. 여기서는 그중 앞에서 배운 반응에 기초를 둔 세 가지 방법에 대해 알아보자.

29.2A α-할로 산과 NH_3의 S_N2 반응

α-아미노산을 합성하는 가장 직접적인 방법은 과량의 NH_3를 사용하여 α-할로 카복실산과 S_N2 반응을 수행하는 것이다.

$$RCH(Br)COOH \xrightarrow[\text{(매우 과량)}]{NH_3} RCH(NH_2)COO^- \; NH_4^+ + NH_4^+Br^-$$

$$(CH_3)_2CHCH(Br)COOH \xrightarrow[\text{(매우 과량)} \; S_N2]{NH_3} (CH_3)_2CHCH(NH_2)COO^- \; NH_4^+ + NH_4^+Br^-$$

발린

간단한 할로젠화 알킬을 이용한 암모니아의 알킬화 반응은 일반적으로 1° 아민 생성 수율이 높지 않지만(25.7A), α-할로 카복실산을 사용하면 원하는 아미노산을 좋은 수율로 얻을 수 있다. 생성물인 아미노산의 아미노기는 다른 1° 아민에 비해 염기성이 떨어지고 입체적으로도 더 가리워져 있다. 그러므로 단일 알킬화 반응만 일어나게 되어 원하는 아미노산을 얻을 수 있다.

문제 29.5 각 아미노산을 합성하기 위하여 어떤 α-할로 카보닐 화합물이 필요한가?

a. 글리신 b. 아이소루신 c. 페닐알라닌

29.2B 말론산 다이에틸 유도체의 알킬화 반응

아미노산을 만드는 두 번째 방법은 말론산 에스터 합성법에 기초를 둔다. 23.9절에서 살펴보았듯이 이 합성법은 말론산 다이에틸의 α 탄소에 새로운 알킬기를 치환시킨 후 카복실산으로 바꾸는 방법이다.

말론산 다이에틸 —세 단계→ RCH_2COOH

이 반응은 상업적으로 구입할 수 있는 말론산 다이에틸 유도체를 출발물로 사용하여 α-아미노산을 합성할 수 있다. 다이에틸 아세트아미도말로네이트(diethyl acetamidomalonate)의 α 탄소에 있는 질소 원자가 최종적으로 아미노산의 α 탄소의 $-NH_2$기로 바뀐다.

다이에틸 아세트아미도말로네이트 —세 단계→ $H_3\overset{+}{N}CH(R)COOH$

말론산 에스터 합성은 세 단계로 구성되는데 아미노산 합성도 세 단계로 이루어진다.

다이에틸 아세트아미도말로네이트 —[1] 산-염기 반응→ 엔올 음이온 + EtOH —[2] 알킬화→ 알킬화 생성물 + X^- —[3] H_3O^+, Δ 가수분해와 카복시 이탈→ $H_3\overset{+}{N}CH(R)COOH$ + CO_2 + EtOH (2당량) + CH_3COOH

[1] NaOEt에 의해 다이에틸 아세트아미도말로네이트의 두 카보닐기 사이의 산성 양성자 제거(deprotomation)가 일어나 엔올 음이온을 생성한다.

[2] 입체 장애가 없는 할로젠화 알킬(일반적으로 CH_3X 또는 RCH_2X)로 엔올 음이온을 알킬화(alkylation)하여 α 탄소에 새로운 R기가 있는 치환 화합물을 생성한다.

[3] 수용성 산과 함께 알킬화 생성물을 가열하면 두 에스터와 아마이드의 가수분해(hydrolysis)가 일어나고 뒤따른 탈카복시반응(decarboxylation)으로 아미노산이 얻어진다.

예로서 페닐알라닌은 다음과 같이 합성될 수 있다.

다이에틸 아세트아미도말로네이트 —[1] NaOEt, [2] $C_6H_5CH_2Br$→ 벤질 치환 생성물 —[3] H_3O^+, Δ→ 페닐알라닌

아미노산 생성물 (+1, −1 또는 0)의 전하는 반응 조건에 따라 달라진다. 페닐알라닌은 그 합성의 마지막 단계에서 센산을 사용하기 때문에 순수 양전하를 띤다.

문제 29.6 다이에틸 아세트아미도말로네이트로부터 얻어진 엔올 음이온을 다음의 각 할로젠화 알킬과 반응시켰다. 가수분해와 탈카복실반응 후에는 어떤 아미노산이 생성되는가?

a. CH_3I b. $(CH_3)_2CHCH_2Cl$ c. $CH_3CH_2CH(CH_3)Br$

문제 29.7 $CH_3CONHCH(CO_2Et)_2$를 다음 시약과 차례로 반응시키면 어떤 아미노산이 생성되는가?

[1] NaOEt [2] $CH_2{=}O$ [3] H_3O^+, Δ

29.2C 스트레커 합성법

세 번째 방법인 스트레커 아미노산 합성은 알데하이드 카보닐에 한 개의 탄소를 첨가하는 두 단계 반응으로 알데하이드를 아미노산으로 전환한다. 알데하이드를 NH_4Cl과 NaCN으로 처리하여 먼저 α-아미노 나이트릴(α-amono nitrile)을 생성한 후, 산 수용액에서 가수분해하여 아미노산을 얻는다.

NH₄Cl, NaCN
스트레커 합성법
H_3O^+
새로운 C−C 결합(붉은색)
α-아미노 나이트릴
아미노산

예로서 알라닌의 스트레커 합성은 다음과 같다.

NH_4Cl
NaCN
H_3O^+
새로운 C−C 결합(붉은색)
α-아미노 나이트릴
알라닌

알데하이드로부터 α-아미노 나이트릴을 생성(스트레커 합성의 첫 단계)하는 메커니즘 29.1은 NH_3의 친핵성 첨가로 이민을 형성한 후 C=N 결합에 사이안화 이온(cyanide)이 첨가되는 두 부분으로 이루어진다. 두 반응은 각각 앞의 이민(21.11절)과 사이아노하이드린(21.9절)을 형성하는 메커니즘과 관계가 있다.

메커니즘 29.1 α-아미노 나이트릴의 생성

NH_4Cl ⇌ $:NH_3$ + HCl
1
2 양성자 이동
3 $-H_2O$ (세 단계)
이민
4
5
α-아미노 나이트릴

① ③ NH_3의 친핵성 공격에 이은 양성자 이동 그리고 H_2O의 이탈로 이민을 생성한다. H_2O 이탈 메커니즘은 21.5에서 요약된 것과 동일한 세 단계 과정이다.

④ ⑤ 이민의 양성자 첨가에 이은 ^-CN의 친핵성 공격으로 α-아미노 나이트릴을 형성한다.

그림 29.4
세 가지 다른 방법에 의한 메싸이오닌의 합성

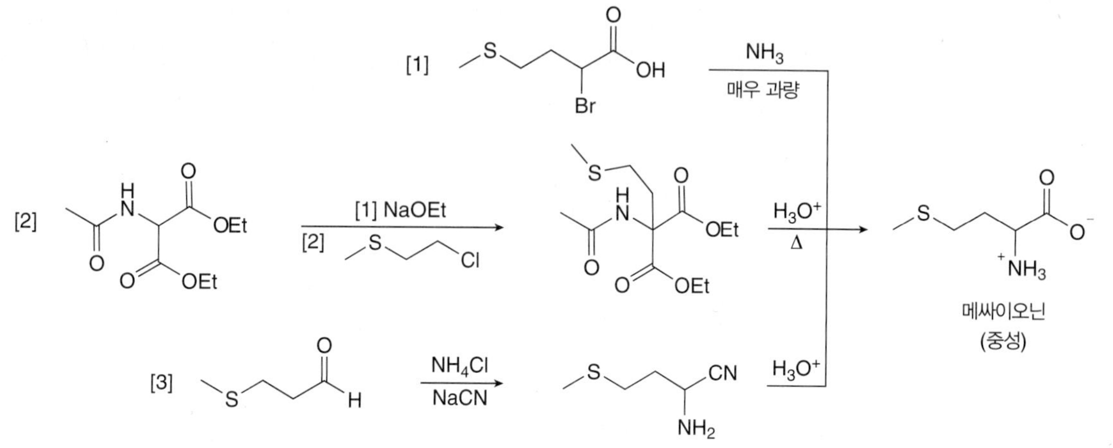
[1]
O
S
OH
Br
NH_3
매우 과량
[2]
H
N
O
OEt
O
O
OEt
[1] NaOEt
[2]
S
Cl
S
H
N
O
OEt
O
O
OEt
H_3O^+
Δ
S
O
O^-
$\overset{+}{N}H_3$
메싸이오닌
(중성)
[3]
S
O
H
NH_4Cl
NaCN
S
CN
NH_2
H_3O^+

세 가지 아미노산 합성 방법:

[1] α-할로 카복실산을 이용한 S_N2 반응
[2] 다이에틸 아세트아미도말로네이트의 알킬화
[3] 스트레커 합성

나이트릴(RCN)을 카복실산(RCOOH)으로 가수분해하는 스트레커 합성의 두 번째 단계의 세부 과정은 이미 22.18A절에서 설명하였다.

그림 29.4는 이 절에서 설명한 세 가지 방법 모두를 이용하여 메싸이오닌(methionine)을 합성하는 과정을 보여준다.

문제 29.8 스트레커 합성에 의하여 다음 각 아미노산을 합성하기 위해서는 어떤 알데하이드가 필요한가?

a. 발린 b. 루신 c. 페닐알라닌

문제 29.9 각 반응의 생성물을 그려라.

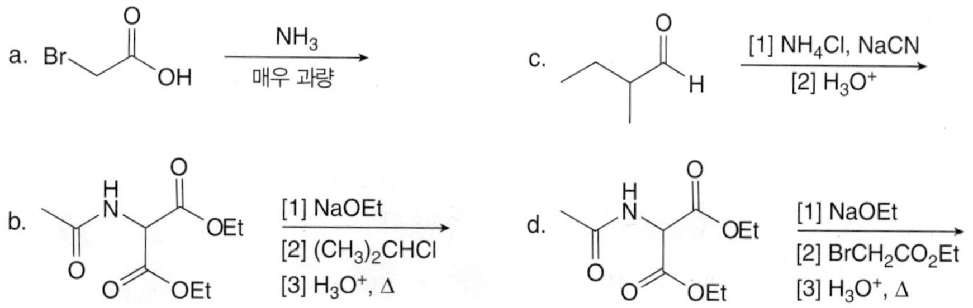
a.
Br
O
OH
NH_3
매우 과량
c.
O
H
[1] NH_4Cl, NaCN
[2] H_3O^+
b.
H
N
O
OEt
O
O
OEt
[1] NaOEt
[2] $(CH_3)_2CHCl$
[3] H_3O^+, Δ
d.
H
N
O
OEt
O
O
OEt
[1] NaOEt
[2] $BrCH_2CO_2Et$
[3] H_3O^+, Δ

29.3 아미노산의 분리

앞 절의 아미노산을 합성하는 데 사용된 세 가지 방법은 모두 라셈 혼합물을 생성한다. 그러나 자연에는 그중 한 종류의 거울상이성질체만 존재한다. 따라서 합성 아미노산을 생물학적 용도에 사용하려면 두 거울상이성질체를 분리하여야만 하는데, 이것은 쉬운 일이 아니다. 두 거울상이성질체는 물리적 성질이 동일하므로 승류나 크로마토그래피와 같은 통상적인 물리적 방법으로는 분리할 수 없다. 또 비카이랄 시약과는 동일한 반응을 하므로 화학 반응에 의해서도 분리되지 않는다.

그럼에도 불구하고 물리적 분리 기술과 화학 반응을 이용하여 두 거울상이성질체를 분리하는 방법이 연구되고 있다. 29.3절에서 두 가지 방법을 알아보고, 29.4절에서는 분리가 필요 없는 광학 활성 아미노산을 합성하는 방법에 대해 논의할 것이다.

- 라셈 혼합물을 구성하는 거울상이성질체를 분리하는 것을 분할(resolution)이라 한다. 즉, 라셈 혼합물은 거울상이성질체로 각각 분할된다.

29.3A 아미노산의 분할

가장 오래되고도 가장 널리 사용되는 거울상이성질체 분리법은 다음과 같은 사실을 이용하고 있다. 거울상이성질체는 물리적 성질이 같지만 부분입체이성질체는 물리적 성질이 서로 다르다. 그러므로 라셈 혼합물은 아래와 같은 일반적 방법으로 분할할 수 있다.

[1] 거울상이성질체 쌍을 부분입체이성질체 쌍으로 전환한다. 이들은 녹는점과 끓는점이 서로 다르므로 분리할 수 있다.

[2] 부분입체이성질체를 각각 분리한다.

[3] 분리된 각 부분입체이성질체를 원래의 거울상이성질체로 다시 전환한다. 이제 거울상이성질체는 각각 서로 분리되었다.

이 일반적인 세 단계 과정을 그림 29.5에 나타내었다.

(*R*)-알라닌과 (*S*)-알라닌의 라셈 혼합물의 분할은 먼저 라셈 혼합물을 아세트산 무수물로 처리하여 *N*-아세틸 아미노산을 만든다. 이들 아마이드들은 모두 한 개의 입체발생 중심이 있는 거울상이성질체이므로 아직은 분리할 수 없다.

그림 29.5
라셈 혼합물을 부분입체이성질체 혼합물로 전환하여 분할

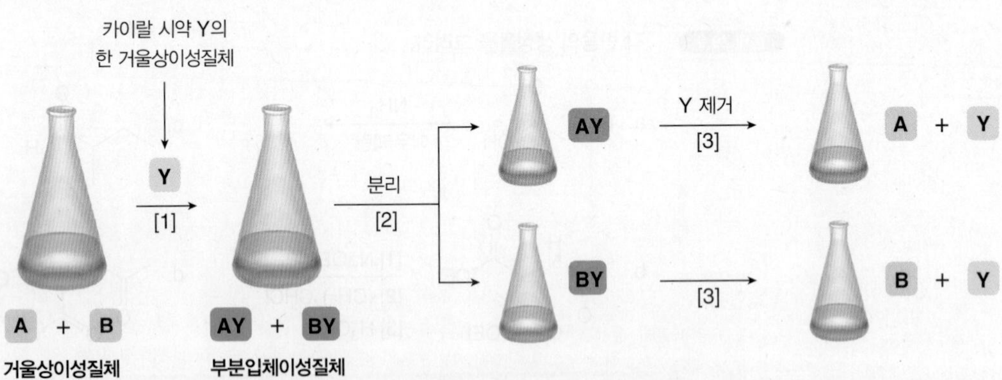

거울상이성질체 A와 B는 카이랄 시약 Y의 거울상이성질체 한 짝을 이용하여 분할할 수 있다. 분할 과정은 세 단계가 필요하다.

[1] **Y**는 거울상이성질체 **A**, **B**와 각각 반응하여 서로 부분입체이성질체 관계인 **AY**와 **BY**를 생성한다.
[2] 부분입체이성질체 **AY**와 **BY**는 물리적 성질이 서로 다르다. 따라서 이들은 분별 증류나 결정화 같은 물리적 방법으로 분리할 수 있다.
[3] **AY**와 **BY**를 각각 화학 반응에 의하여 **A**와 **B**로 재전환한다. 거울상이성질체 **A**와 **B**가 서로 분리되고 분할이 완료된다.

해결 방법 (*R*)-α-메틸벤질아민을 사용한 아미노산 라셈 혼합물 분할 방법

단계 [1] 두 거울상이성질체를 카이랄 아민의 *R* 이성질체와 반응시킨다.

이들 염은 하나의 입체발생 중심에서는 배열이 같지만 또 다른 입체발생 중심에 대해서는 배열이 반대이다.

단계 [2] 부분입체이성질체들을 분리한다.

단계 [3] 아마이드의 가수분해 반응으로 아민을 재생한다.

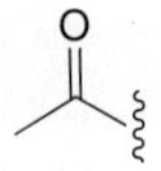

아세틸
Ac

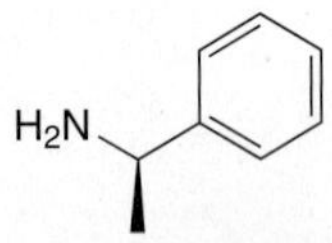

(R)-α-메틸벤질아민
분할제

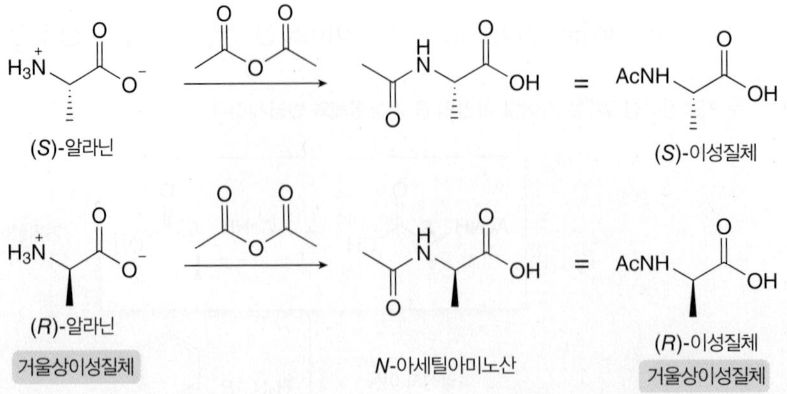

(S)-알라닌 → (S)-이성질체

(R)-알라닌
거울상이성질체

N-아세틸아미노산

(R)-이성질체
거울상이성질체

N-아세틸 알라닌의 두 거울상이성질체에는 모두 아민과 산-염기 반응을 할 수 있는 한 개의 자유 카복시기가 하나씩 있다. (R)-α-메틸벤질아민과 같은 카이랄 아민을 사용하면 생성된 두 염(salt)은 거울상이성질체가 아니라 부분입체이성질체이다. 각각의 부분입체이성질체는 물리적으로 상호 분리가 가능하다. 거울상이성질체를 부분입체이성질체로 바꾸는 화합물을 분할제(resolving agent)라고 한다. 분할제의 양쪽 거울상이성질체 모두를 분할 과정에 사용할 수 있다.

단계 [1]에서는 단순한 산-염기 반응으로 N-아세틸 알라닌의 라셈 혼합물이 분할제의 같은 거울상이성질체, 이 경우에는 (R)-α-메틸벤질아민과 반응한다. 형성된 염은 거울상이성질체가 아니라 부분입체이성질체이다. 왜냐하면 그들은 하나의 입체발생 중심에서는 배열이 같으나 다른 입체발생 중심에 대해서는 배열이 반대이기 때문이다.

단계 [2]에서 부분입체이성질체는 결정화나 증류와 같은 물리적 방법으로 분리된다.

단계 [3]에서 아마이드는 염기 수용액에서 가수분해되어 아미노산으로 재생된다. 아미노산은 이제 각각으로 분리되었다. 분리된 아미노산의 광학 활성을 측정하여 알려진 광회전도와 비교하면 각 거울상이성질체의 순도를 결정할 수 있다.

문제 29.10 다음 중 어느 아민이 아미노산의 라셈 혼합물 분할에 사용될 수 있는가?

a. 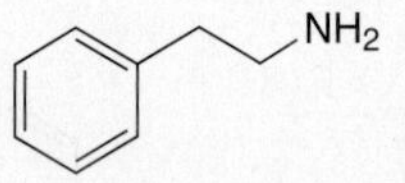 b. 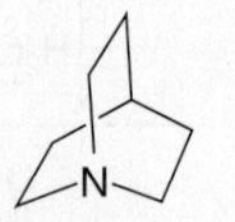 c. 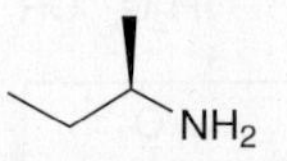 d.

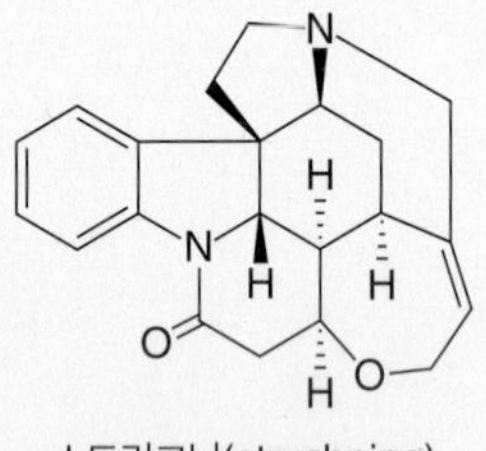

스트리크닌(strychnine)
(강한 독성 물질)

문제 29.11 (R)-α-메틸벤질아민을 사용하여 루신의 라셈 혼합물을 분할하는 과정을 순서대로 적어라.

29.3B 효소를 이용한 아미노산의 속도론적 분할

아미노산을 분리하는 두 번째 방법은 두 거울상이성질체는 카이랄 시약과의 반응성이 다르다는 사실에 근거한다. **효소**는 전형적인 카이랄 시약이다.

이 방법에 대한 설명은 (R)-과 (S)-알라닌 라셈 혼합물을 아세트산 무수물로 처리하여 만든(29.3A절) N-아세틸 알라닌의 두 거울상이성질체에서 다시 시작한다. 아실 효소(acylase)라 부르는 한 효소군은 *N*-아세틸 알라닌에 있는 것과 같은 아마이드 결합을 가수분해한다. 그러나 오직 L-아미노산의 아마이드 결합만 가수분해한다. 그러므로 *N*-아세틸 알라닌의 라셈 혼합물을 아실 효소로 처리하면 L-알라닌(*S* 입체이성질체)의 아마이드 결합만 가수분해되어 L-알라닌이 재생되지만 D-알라닌(*R* 입체이성질체)의 아마이드 결합은 그대로 있다. 이제 반응 혼합물은 아미노산과 *N*-아세틸 아미노산으로 되어 있다. 이들은 작용기의 물리적 성질이 서로 다르므로 물리적으로 분리될 수 있다.

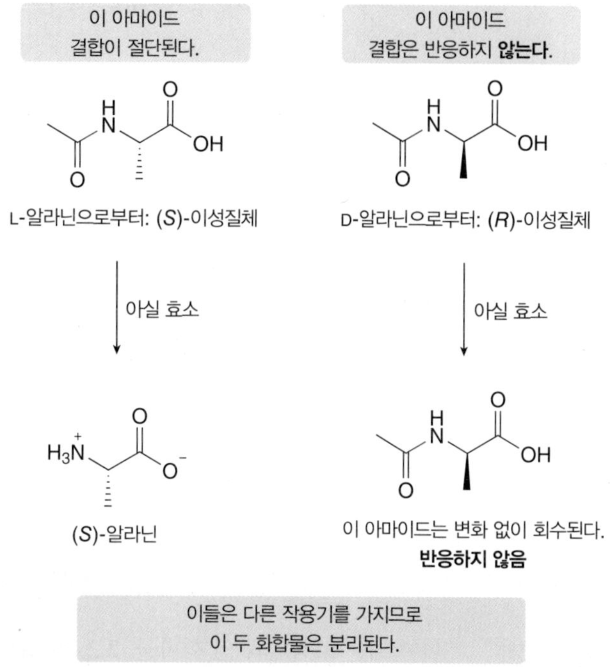

이 아마이드 결합이 절단된다.

이 아마이드 결합은 반응하지 **않는다.**

L-알라닌으로부터: (*S*)-이성질체

D-알라닌으로부터: (*R*)-이성질체

아실 효소

아실 효소

(*S*)-알라닌

이 아마이드는 변화 없이 회수된다.
반응하지 않음

이들은 다른 작용기를 가지므로 이 두 화합물은 분리된다.

- 거울상이성질체 중의 한 종류에만 선택적으로 일어나는 화학 반응에 의하여 두 거울상이성질체가 분리되는 것을 **반응속도론적 분할**(*kinetic* resolution)이라 한다.

문제 29.12 다음 반응에서 생성되는 유기 생성물을 그려라.

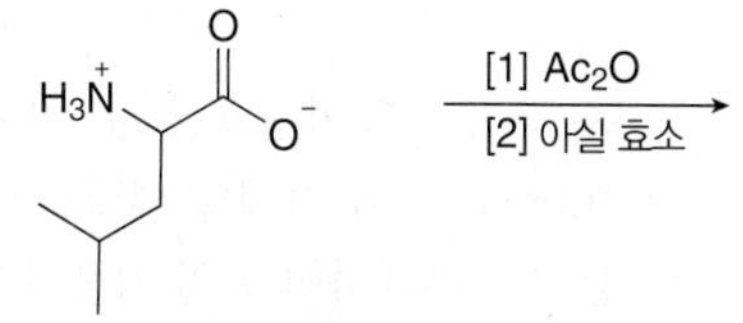

[1] Ac_2O
[2] 아실 효소

(거울상이성질체의 혼합물)

29.4 아미노산의 거울상선택성 합성

29.3절에서 소개한 두 분할 방법을 사용하면 거울상이성질체적으로 순수한 아미노산을 얻어 사용할 수 있지만, 반응 생성물의 절반은 원하는 배열을 가지지 않기 때문에 소용이 없다. 더욱이 분할 과정은 비용이 많이 들고 시간도 오래 걸린다.

그러나 카이랄 시약을 사용하여 아미노산을 합성한다면 분할이 필요없거나 원하는 거울상이성질체의 수율을 높일 수 있다. 예를 들어 거울상선택성(또는 비대칭성) 수소화 반응을 사용하면 단일 거울상이성질체의 아미노산을 얻을 수 있다. 샤플리스(Sharpless) 비대칭 에폭시화 반응의 카이랄 촉매(12.15절)처럼, 이 방법의 성공 여부도 카이랄 촉매를 찾아내는 데 달려 있다.

필요한 출발물은 알켄이다. 출발물 알켄의 이중 결합에 H_2를 첨가하면 카복시기의 α 탄소에 새로운 입체발생 중심이 있는 *N*-아세틸 아미노산을 생성한다. 적절한 카이랄 촉매를 사용하면 자연에 존재하는 *S* 배열의 생성물을 얻을 수 있다.

AcNH, O, OH, R — H_2 / 카이랄 촉매 → AcNH, α, O, OH, R — AcNH, *S*, O, OH, R

비카이랄 알켄

α 탄소에 새로운 입체발생 중심

적절한 촉매 선택으로 자연에 존재하는 *S* 이성질체가 생성된다.

이런 목적으로 몇 가지 복잡한 구조의 카이랄 촉매가 개발되었다. 많은 촉매가 금속 로듐(rhodium)을 포함하고 있고, 한 개 또는 그 이상의 인(phosphorus) 원자가 있는 카이랄 분자와 착물을 이루고 있다. 간단히 Rh*로 약칭되는 한 촉매의 예가 아래에 그려져 있다.

Ph Ph P, Rh^+, P, Ph Ph, ClO_4^- = Rh*　　Ph = C_6H_5

카이랄 수소화 반응 촉매

노요리 료지(Ryoji Noyori)는 비대칭적 수소화 반응에 카이랄 BINAP을 이용하는 방법을 개발하여 2001년 노벨 화학상을 공동 수상하였다.

트위스토플렉스(Twistoflex)와 헬리센(helicene)(17.5절)은 모양 때문에 카이랄 분자가 되는 다른 두 종류의 방향족 화합물이다.

이 촉매는 로듐염과 인 화합물, 2,2'-비스(다이페닐포스피노)-1,1'-바이나프틸(BINAP)에서 합성된다. 촉매를 카이랄로 만드는 것은 BINAP 부분(그림 29.6)의 구조이다.

BINAP는 정사면체 입체발생 중심이 없지만, 카이랄인 몇 안 되는 분자 중의 하나이다. BINAP의 모양이 이것을 카이랄 분자로 만든다. BINAP 분자의 두 나프탈렌 고리는 서로 거의 90°로 위치하여 인접한 고리에 있는 수소 원자들 사이의 입체 장애를 최소화한다. 이렇게 단단하게 제한된 삼차원 구조 때문에 거울상과 포개지지 않고 카이랄 화합물이 된다.

아래 그림은 거울상선택성 수소화 반응을 이용하여 페닐알라닌의 한 입체이성질체를 합성하는 방법을 보여주고 있다. 카이랄하지 않은 알켄 A를 H_2와 카이랄 로듐 촉매 Rh*로 처리하면 100% *ee*로 *N*-아세틸 페닐알라닌의 *S* 이성질체를 생성한다. 그 다음 질소에 붙어 있는 아세틸기를 가수분해하여 단일 거울상이성질체의 페닐알라닌을 얻는다.

그림 29.6
BINAP의 구조

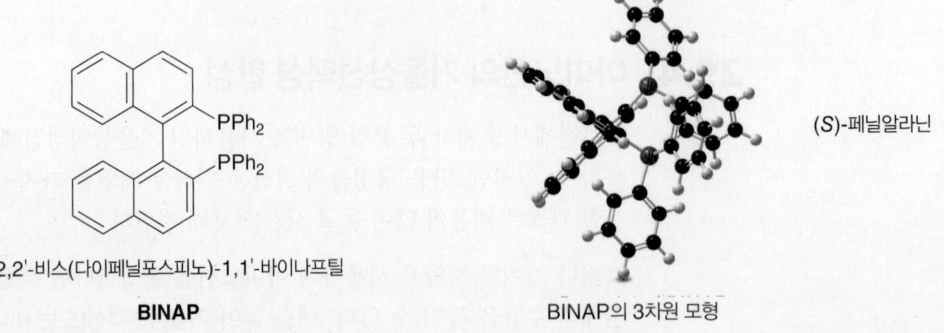

- 두 나프탈렌 고리는 각각에 대하여 수직으로 배향되어 있어서 분자를 카이랄성으로 만드는 단단한 모양이 되게 한다.

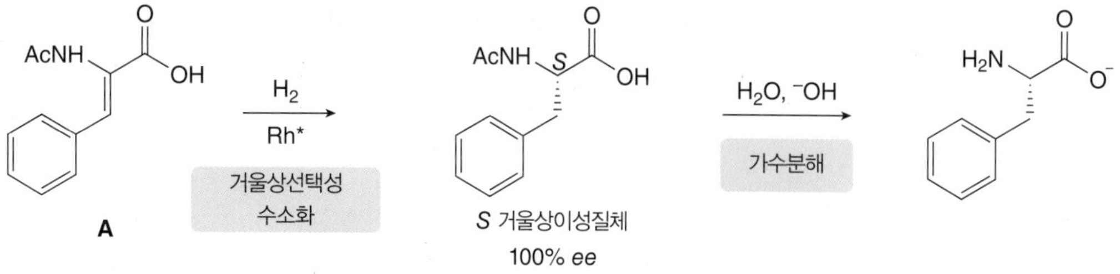

문제 29.13 H_2와 Rh*을 사용한 거울상선택성 수소화 반응으로 다음 각 아미노산을 합성할 때 어떤 알켄이 필요한가?

a. 알라닌 b. 류신 c. 글루탐산

29.5 펩타이드

아미노산은 아마이드 결합으로 서로 결합하여 **펩타이드(peptide)**와 **단백질**이라 불리는 거대 분자를 형성한다.

- 다이펩타이드는 두 개의 아미노산이 한 개의 아마이드 결합에 의해 연결된다.
- 트라이펩타이드는 세 개의 아미노산이 두 개의 아마이드 결합에 의해 연결된다.

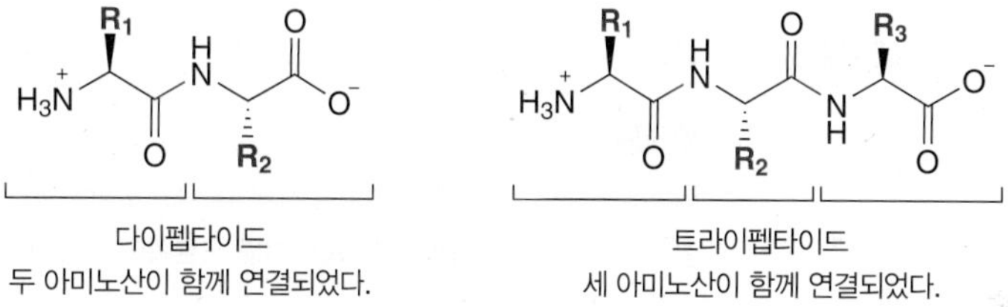

[아마이드 결합은 붉은색으로 그렸다.]

폴리펩타이드와 **단백질**은 모두 많은 아미노산들이 선형으로 연결된 긴 사슬이다. 그러나 **단백질**이라는 용어는 40개 이상의 아미노산들이 중합된 경우에만 보통 사용된다.

- 펩타이드와 단백질의 아마이드 결합은 펩타이드 결합이라 불린다.
- 각 아미노산은 아미노산 잔기라고 불린다.

29.5A 단순 펩타이드

한 아미노산의 아미노기와 다른 아미노산의 카복시기 사이에서 아마이드 결합을 형성하여 다이펩타이드를 만든다. 각 아미노산에는 아미노기와 카복시기가 모두 결합되어 있으므로 **두 개의 다른 다이펩타이드가 생성될 수 있다.** 이 예를 알라닌과 시스테인으로 나타내었다.

[1] 알라닌의 COOH기는 시스테인의 NH_2기와 결합할 수 있다.

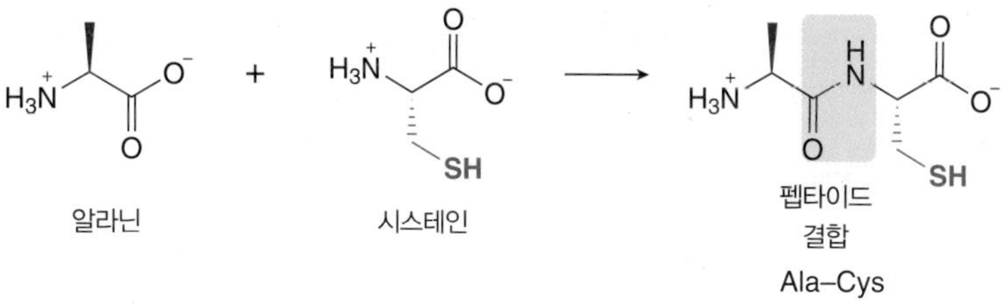

[2] 시스테인의 COOH기는 알라닌의 NH_2기와 결합할 수 있다.

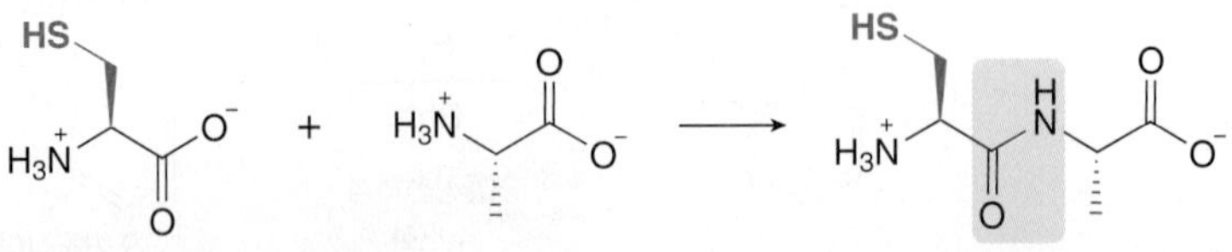

시스테인 + 알라닌 → 펩타이드 결합 Cys–Ala

이 화합물은 각각에 대한 구조 이성질체이다. 둘 다 사슬의 한 말단에 자유 아미노기가 있고 다른 말단에 자유 카복시기가 있다.

- 자유 아미노기가 있는 아미노산을 N-말단 아미노산이라 부른다.
- 자유 카복시기가 있는 아미노산을 C-말단 아미노산이라 부른다.

관례상 N-말단 아미노산은 항상 사슬의 왼쪽 끝에, C-말단 아미노산은 사슬의 오른쪽 끝에 쓴다. 펩타이드는 사슬의 N-말단에서 C-말단 방향으로 구성 아미노산의 한 문자 또는 세 문자 약칭을 순서대로 나열하여 나타낼 수 있다. 그러므로 Ala–Cys는 N-말단에 알라닌이 있고, C-말단에 시스테인이 있다. 반면에 Cys–Ala는 N-말단에 시스테인, C-말단에 알라닌이 있다. 예제 29.1은 이런 관용적 표시법을 트라이펩타이드에 적용한 예를 보여준다.

예제 29.1 다음 트라이펩타이드의 구조를 그려라. 그리고 N-말단과 C-말단을 표시하라: Ala–Gly–Ser.

풀이

왼쪽에서 오른쪽으로 구성 아미노산의 구조를 그린다. 한 아미노산의 COO^-를 인접한 아미노산의 NH_3^+기의 옆에 놓는다. 항상 **NH_3^+ 기를 왼쪽에, COO^- 기를 오른쪽에** 그린다. 그리고 인접한 COO^- 기와 NH_3^+ 기를 아마이드 결합으로 연결한다.

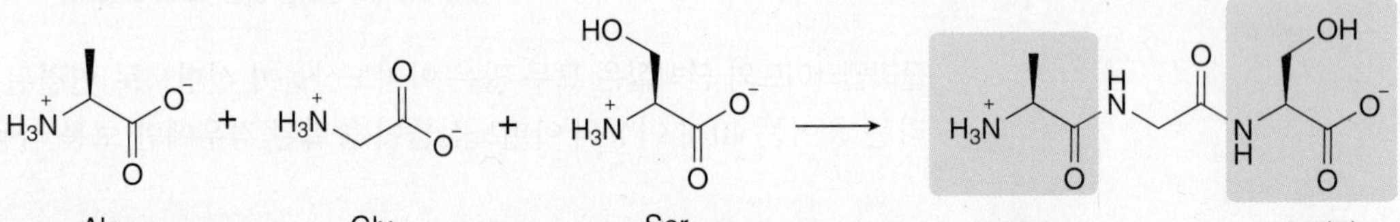

Ala + Gly + Ser →

N-말단 아미노산 C-말단 아미노산

트라이펩타이드 **Ala–Gly–Ser**
[새로운 펩타이드 결합을 붉은색으로 그렸다.]

N-말단 아미노산은 **알라닌**이고 C-말단 아미노산은 **세린**이다.

예제 29.1의 트라이펩타이드에는 한 개의 N-말단 아미노산, 한 개의 C-말단 아미노산 그리고 두 개의 펩타이드 결합이 있다.

- 구성 아미노산 잔기의 개수에 상관없이 오직 한 개의 N-말단 아미노산, 한 개의 C-말단 아미노산이 존재한다.
- *n*개의 아미노산을 포함하는 사슬의 아마이드 결합은 $n-1$개이다.

문제 29.14 각 펩타이드의 구조를 그려라. N-말단과 C-말단 아미노산 그리고 모든 아마이드 결합을 표시하라.

a. Val–Glu b. Gly–His–Leu c. M–A–T–T

문제 29.15 구성 아미노산을 위해 한 개 문자 표시와 세 문자 약칭을 사용하여 다음 각 펩타이드를 설명하라.

a.

b.

문제 29.16 세 개의 다른 아미노산으로 얼마나 많은 종류의 트라이펩타이드를 만들 수 있는가?

29.5B 펩타이드 결합

아마이드의 카보닐 탄소는 sp^2 혼성의 삼각 평면 구조이다. N 원자의 비결합 전자쌍이 비편재화된 또 다른 공명 구조를 그릴 수 있다. 아마이드는 다른 아실 화합물보다 공명에 의해 더욱 안정화되는데, C=N 공명 구조가 혼성체에 큰 기여를 한다.

16.6절에서 본 것처럼 뷰타-1,3-다이엔 또한 *s*-시스와 *s*-트랜스 형태로 존재할 수 있었다. 뷰타-1,3-다이엔의 *s*-시스 형태는 두 개의 이중 결합이 단일 결합의 같은 쪽에(이면각 = 0°), *s*-트랜스 형태는 두 개의 이중 결합이 단일 결합의 반대쪽에 위치한다(이면각 = 180°).

펩타이드 결합의 두 공명 구조

이런 공명 안정화로 중요한 결과들이 나타난다. 이런 부분적인 이중 결합의 특성 때문에 C−N 결합 주위의 회전이 제한된다. 그 결과 두 개의 다른 형태가 있을 수 있게 된다.

s-트랜스 *s*-시스

- *s*-트랜스 형태는 C−N 결합의 반대쪽에 두 R기가 위치한다.
- *s*-시스 형태는 C−N 결합의 같은 쪽에 두 R기가 위치한다.
- 펩타이드 결합의 *s*-트랜스 형태가 일반적으로 *s*-시스 형태보다 안정하다. 왜냐하면 *s*-트랜스 형태는 부피가 큰 두 R기가 서로 멀리 놓여지기 때문이다.

펩타이드 결합의 평면 기하 구조는 에틸렌(또는 다른 알켄)의 평면 기하 구조와 유사하다. 이들 기하 구조에서는 sp^2 혼성 탄소 원자 사이의 이중 결합으로 모든 결합각이 ~120°가 되고 여섯 개의 원자가 전부 같은 면에 놓여지게 된다.

공명 안정화의 두 번째 결과는 펩타이드 결합에 관여한 여섯 개의 원자가 모두 같은 평면에 놓이게 되는 것이다. 모든 결합각은 ~120°이고 C=O와 N−H 결합은 서로 180° 방향에 위치한다.

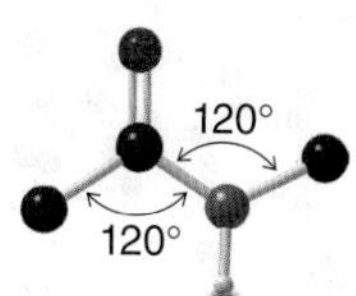

여섯 개의 원자가 한 평면 위에 있다.

다음 테트라펩타이드의 구조에서 긴 펩타이드 사슬에 나타나는 이들 효과의 결과를 볼 수 있다.

- s-트랜스 배열은 긴 사슬을 지그재그 배열로 만든다.
- 각 펩타이드 결합에서 N–H와 C=O 결합은 서로 180°에서 평행하게 놓인다.

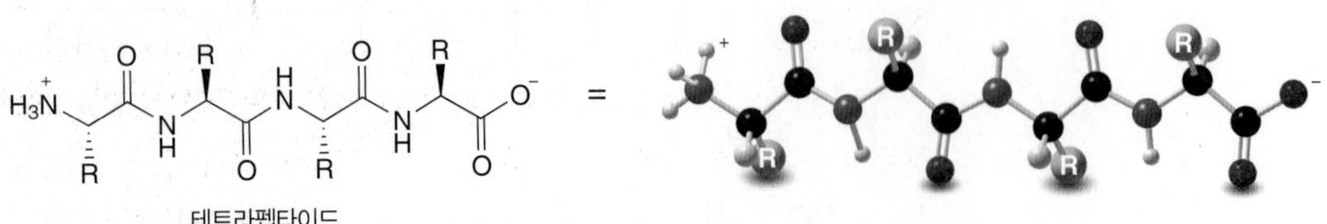

테트라펩타이드

29.5C 흥미 있는 펩타이드

비교적 단순한 펩타이드도 중요한 생물학적 기능을 할 수 있다. 예를 들면 브래디카이닌(bradykinin)은 아홉 개의 아미노산으로 만들어진 펩타이드 호르몬이다. 이것은 평활근을 수축시키고 혈관을 이완시키며 통증을 유발한다. 브래디카이닌은 꿀벌 독의 한 성분이다.

Arg – Pro – Pro – Gly – Phe – Ser – Pro – Phe – Arg

브래디카이닌

옥시토신(oxytocin)과 바소프레신(vasopressin) 역시 노나펩타이드 호르몬이다. 이들의 서열은 두 아미노산을 제외하고 동일하다. 그러나 이런 작은 차이가 이들의 생물학적 활성을 아주 다르게 한다. 옥시토신은 자궁 근육의 수축을 촉진하여 출산을 유도하고 모유의 생산을 촉진한다. 반면에 바소프레신은 평활근 수축을 조절하여 혈압을 조절한다. 두 호르몬의 N-말단 아미노산은 시스테인 잔기이고 C-말단 잔기는 글라이신이다. 두 펩타이드 모두 자유 카복시기 대신 OH 자리에 NH_2기가 있다. 이것은 사슬의 말단에 덧붙여 그려진 NH_2기로 표시된다.

Cys – Tyr – **Ile**
S – S – Cys – Asn – Gln
Cys – Pro – **Leu** – $GlyNH_2$

옥시토신

Cys – Tyr – **Phe**
S – S – Cys – Asn – Gln
Cys – Pro – **Arg** – $GlyNH_2$

바소프레신

- N 말단 아미노산은 붉은색으로 표시하였다.
- 구성이 다른 아미노산들은 파란색으로 표시하였다.

그림 29.7
옥시토신과 바소프레신의 삼차원 구조

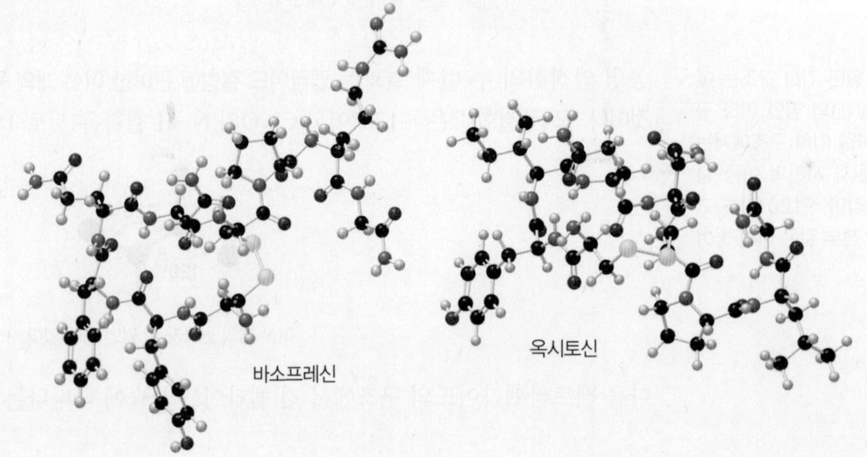

싸이올의 이황화물로의 산화는 9.15절에서 논의하였다.

두 펩타이드 모두 **이황화 결합**(disulfide bond)을 형성한다. 이황화 결합은 공유 결합의 한 형태로 두 시스테인 잔기의 −SH기가 산화되어 황−황 결합을 만든다. 옥시토신과 바소프레신은 이황화 결합으로 고리화한다. 옥시토신과 바소프레신의 삼차원 구조는 그림 29.7에 나타냈다.

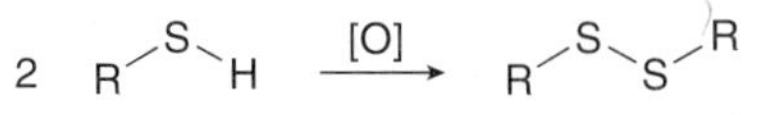

$$2\ R{-}S{-}H \xrightarrow{[O]} R{-}S{-}S{-}R$$

싸이올 이황화 결합

인공 감미료 **아스파탐**(그림 28.10)은 다이펩타이드 Asp−Phe의 메틸 에스터이다. 이 합성 펩타이드는 슈크로스(설탕)보다 180배 더 달다(그램−그램 기준). 아스파탐을 구성하는 두 아미노산들은 천연의 L-배열이다. Asp 또는 Phe 중 하나가 D-아미노산으로 치환된 화합물은 쓴맛을 낸다.

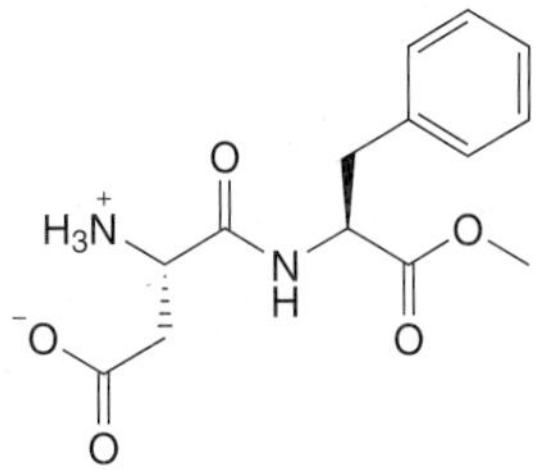

아스파탐
Asp−Phe의 메틸 에스터
합성 인공 감미료

문제 29.17 진통제와 마취제로 작용하며 다음의 서열을 가진 펜타펩타이드 leu-enkephalin의 구조를 그려라. Tyr-Gly-Gly-Phe-Leu(유사한 펩타이드 met-enkephalin의 구조는 22.6B절에 표시됨).

문제 29.18 강력한 항산화제로서 세포 내 유해한 산화 물질을 파괴하는 글루타싸이온(glutathione)은 글루탐산, 시스테인 그리고 글라이신으로 구성되어 있으며 아래와 같은 구조를 가진다.

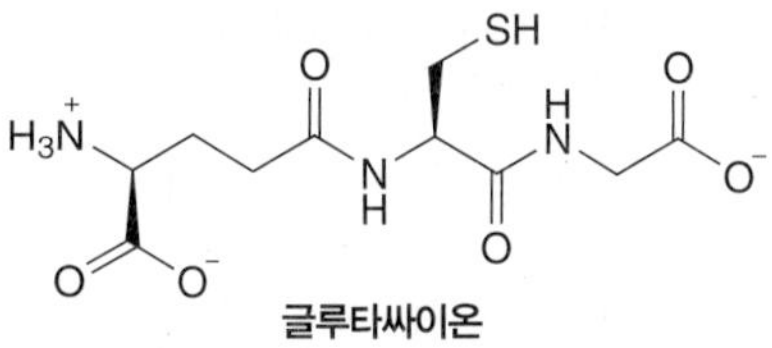

글루타싸이온

a. 글루타싸이온이 산화제와 반응하면 어떤 생성물을 생성하는가?
b. 글루탐산과 시스테인 사이의 펩타이드 결합은 어떤 점이 색다른가?

29.6 펩타이드의 서열 결정

어떤 하나의 펩타이드의 구조를 알기 위해서는, 그것이 어떤 아미노산으로 이루어져 있는가도 알아야 하지만 아미노산이 어떤 순서로 배열되어 있는지도 알아야 한다. 질량 분석기에 의한 분석법(13.4절)은 큰 분자량을 가진 단백질을 분석하는 데 그 역할이 점점 더 커지고 있지만, 펩타이드 구조 결정에 아직도 널리 사용되고 있는 화학적 방법들에 대해 이 장에서 살펴보도록 한다.

29.6A 아미노산 분석

펩타이드의 구조 분석 작업은 일반적으로 전체 아미노산의 성분을 분석하는 것으로 시작한다.

아마이드 결합은 HCl 수용액에서 24시간 동안 가열하면 모두 가수분해되어 독립된 각각의 아미노산이 형성된다. 그 다음에 이렇게 얻어진 혼합물을 고성능 액체 크로마토그래피(HPLC)를 이용해서 분리한다. 이 과정에서 아미노산 혼합물 용액을 분리관에 가하여, 각각의 아미노산들이 특정한 속도로 이 분리관을 통과하게 된다. 속도의 차이는 주로 아미노산의 극성 차이에 비례한다.

이 과정을 통해서 펩타이드 내에 어떤 아미노산이 들어 있으며 또한 그들이 어떤 비율로 들어 있는지를 알 수 있다. 그러나 이 과정으로부터 이 펩타이드 내에 아미노산이 어떤 순서로 들어 있는지는 전혀 알 수가 없다. 예를 들어 Gly–Gly–Phe–Tyr와 같은 펩타이드로 위와 같은 분석을 실행해 보면, HPLC 분석 결과에 의해 이 펩타이드가 글라이신(glycine), 페닐알라닌(phenylalanine), 타이로신(tyrosine)의 세 가지 아미노산으로 이루어져 있다는 것과 각각 2:1:1의 비율로 들어 있다는 것도 알 수 있다. 그러나 이들이 어떤 순서로 배열되어 있는가는 또 다른 분석 방법이 동원되어야만 알 수 있다.

29.6B N–말단 아미노산의 분석–에드만 분해

펩타이드 내의 아미노산의 배열 순서를 분석하기 위해서는 여러 가지 방법이 함께 동원된다. N-말단 아미노산을 분석하는 것으로 유용한 방법이 에드만 분해 방법이다. 에드만 분해를 이용하면, N-말단 아미노산이 한 번에 하나씩 차례로 분해되어 나오게 된다. 분해되어 나온 아미노산을 분석하면 어떤 아미노산인지 알 수 있으며, 이 과정을 반복하면 전체 순서를 알 수 있게 된다. 현재 자동화된 기기를 사용해서 분석하는 것이 가능한데, 약 50개 정도의 아미노산으로 연결된 펩타이드를 분석하는 것이 가능하다고 알려져 있다.

에드만 분해에서는 N-말단 아미노산에 있는 친핵성의 아민기와 페닐 아이소싸이오사이아네이트(phenyl isothiocyanate) $C_6H_5N{=}C{=}S$ 내의 친전자성의 탄소 사이에서 반응이 일어난다. N-말단 아미노산이 펩타이드에서 분리되면 두 가지 생성물이 형성된다. 이들은 *N*-페닐싸이오하이단토인(PTH)과 한 개의 아미노산이 줄어든 펩타이드이다.

$C_6H_5N{=}C{=}S$ + H_2N–CHR–CO–NH–펩타이드 —(에드만 분해)→ PTH + H_2N–펩타이드

페닐 아이소싸이오사이아네이트 / N-말단 아미노산 / *N*-페닐싸이오하이단토인 (PTH) — 이 생성물로부터 N-말단 아미노산을 알 수 있다. / 이 펩타이드는 새로운 N-말단 아미노산을 포함한다.

이 *N*-페닐싸이오하이단토인(PTH)의 유도체는 N-말단 아미노산이었던 원자들을 포함하고 있다. 자연에 존재하는 20개의 모든 아미노산에 대한 PTH의 유도체가 이미 잘 알려져 있기 때문에 위의 반응에서 형성된 PTH 유도체를 분석하면 N-말단 아미노산을 알아낼 수 있게 된다. 에드만 분해에 의해서 새롭게 생성된 펩타이드는 원래 펩타이드에 비해서 한 개 아미노산이 줄어든 펩타이드가 형성된다. 그리고 이렇게 형성된 펩타이드 역시 N-말단 아미노산을 포함하기 때문에 이 과정을 되풀이할 수 있다.

메커니즘 29.2에서 에드만 분해의 중요 과정을 보여주고 있다. N-말단 아미노산에 있는 친핵성의 NH_2기가 페닐 아이소싸이오사이아네이트 내의 친전자성 탄소와 반응하면, 친핵성 첨가 생성물인 *N*-페닐싸이오유레아가 형성된다(부분 [1]). 그리고 분자 내 고리화 반응에 의해 아마이드 결합의 절단이 일어나고, 아미노산 수가 하나 적은 새로운 펩타이드가 형성된다(부분 [2]). 형성된 싸이아졸리논이라고 하는 황이 들어 있는 헤테로고리 화합물로부터 여러 단계의 자리옮

메커니즘 29.2 에드만 분해

부분 [1] *N*-페닐싸이오유레아의 형성

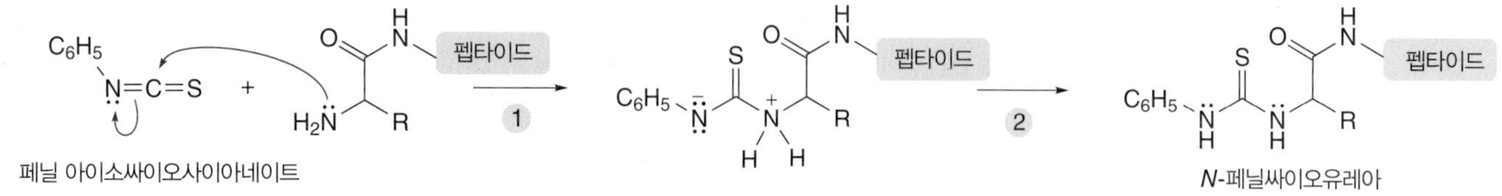

페닐 아이소싸이오사이아네이트

N-페닐싸이오유레아

① ② N-말단 아미노산에 있는 친핵성의 NH_2기가 페닐 아이소싸이오사이아네이트의 친전자성 탄소와 반응하고 이어서 양성자 이동이 일어나면 *N*-페닐싸이오유레아가 형성된다.

부분 [2] N-말단 아미노산으로부터 *N*-페닐싸이오하이단토인(PTH)의 형성

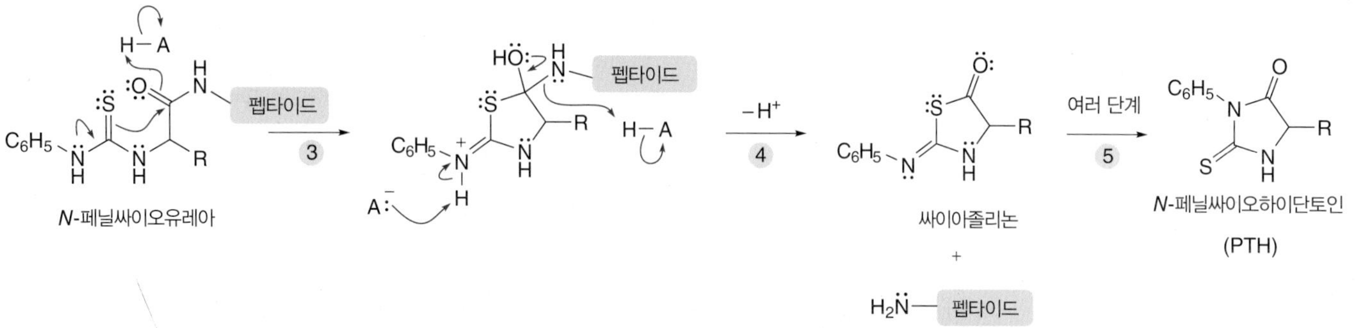

N-페닐싸이오유레아

싸이아졸리논 + $H_2\ddot{N}$— 펩타이드

N-페닐싸이오하이단토인 (PTH)

③ 아마이드 카보닐에 황 원소의 친핵성 첨가가 일어나 다섯 개의 원소로 구성된 고리 화합물 생성

④ 아미노기가 떨어져 나가면서 두 개의 생성물이 생성–싸이아졸리논(thiazolinone) 고리 화합물과 원래의 펩타이드에서 하나의 아미노산이 떨어져 나간 펩타이드 화합물이다.

⑤ 여러 단계의 자리옮김 반응이 싸이아졸리논에서 일어나 원래의 N-말단 아미노산을 포함하고 있는 *N*-페닐싸이오하이단토인(PTH)이 형성된다.

김 반응을 거쳐 *N*-페닐싸이오하이단토인이 형성된다(부분 [3]). 이 생성물에 들어 있는 R기가 바로 N-말단에 위치했었던 아미노산이다.

이론적으로는 에드만 분해에 의해 어떤 크기의 단백질도 분석 가능할 것 같지만, 실제적으로는 반응을 진행할수록 원치 않는 부산물이 계속해서 쌓여가기 때문에 50개 이하의 아미노산을 갖는 단백질만 이 방법으로 분석이 가능하다.

문제 29.19 다음의 펩타이드를 에드만 분해하였을 때 형성되는 *N*-페닐싸이오하이단토인의 구조식을 쓰라.

a. Ala–Gly–Phe–Phe b. Val–Ile–Tyr

29.6C 펩타이드의 부분 가수분해

하나의 펩타이드 내에 모든 아마이드 결합을 자르는 것이 아니라 일부만을 자르는 것으로부터 구조 결정에 추가적인 여러 정보를 얻을 수 있다. 하나의 펩타이드를 산으로 부분 가수분해하면 아무렇게나 잘라진 여러 조각들이 얻어진다. 이들 조각난 펩타이드들의 아미노산 순서를 결정하고 겹쳐진 부분을 파악하고 나면, 예제 29.2에서 보는 바와 같이 완전한 하나의 펩타이드의 전체 아미노산의 순서를 결정할 수 있다.

예제 29.2 6개의 아미노산으로 이루어진 펩타이드의 아미노산 서열을 결정하라. 이 펩타이드는 Ala, Val, Ser, Ile, Gly, Tyr로 이루어져 있으며, HCl로 부분 가수분해 되었을 때 Gly-Ile-Val, Ala-Ser-Gly, Tyr-Ala로 이루어진 조각을 형성한다.

풀이

작은 조각들 안의 아미노산 서열을 보면 겹쳐진 부분을 찾을 수 있다. 이 겹쳐진 부분을 잘 살펴보면 이들 조각을 어떻게 하나로 정돈할 수 있는지 알 수 있다. 이 예에서 Ala–Ser–Gly 조각은 다른 두 조각과 공통된 부분을 보여준다. 따라서 이들 세 조각이 어떻게 연결되는지 알 수 있다.

겹쳐진 부분에 있는 아미노산

Tyr–Ala　　Gly–Ile–Val

　　Ala–Ser–Gly

→ **답:** Tyr–Ala–Ser–Gly–Ile–Val

헥사펩타이드

문제 29.20 8개의 아미노산으로 이루어진 펩타이드의 아미노산 서열을 결정하라. 이 펩타이드는 Tyr, Ala, Leu(2당량), Cys, Gly, Glu, Val로 이루어져 있으며, HCl로 부분 가수분해되었을 때 Val-Cys-Gly-Glu, Ala-Leu-Tyr, Tyr-Leu-Val-Cys로 이루어진 조각을 형성한다.

효소를 사용해서 펩타이드의 특정한 부분에서만 가수분해가 일어나게 할 수 있다. 카복시펩타이드 가수 분해 효소(Carboxypeptidase)를 이용하면 C-말단 아미노산이 연결된 아마이드 결합을 가수분해할 수 있으며, 가수분해가 일어나면 C-말단 아미노산과 아미노산의 개수가 하나 줄어든 펩타이드가 얻어진다. 이와 같은 방법으로 카르복시펩티다제는 C-말단 아미노산을 분석하는 데 사용될 수 있다.

다른 효소는 특정한 아미노산과 연결된 아마이드 결합을 가수분해한다.

- 트립신(trypsin)은 아르기닌(arginine)이나 라이신(lysine)과 같이 염기성 아미노산의 카보닐기와 연결된 아마이드 결합을 가수분해한다.
- 키모트립신(chymotrypsin)은 페닐알라닌(phenylalanine), 타이로신(tyrosine), 트립토판(tryptophan)과 같이 방향족 아미노산들의 카보닐기와 연결된 아마이드 결합을 가수분해한다.

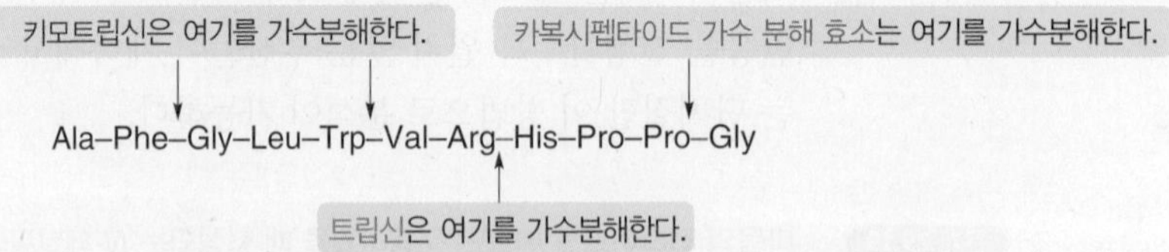

표 29.2에 펩타이드의 아미노산 서열을 결정하는 데 자주 사용되는 효소의 특성을 나타내었다.

표 29.2
펩타이드의 아미노산 순서를 결정하는 데 자주 사용되는 효소들의 촉매 작용을 나타내는 위치

효소	촉매 작용을 나타내는 위치
카복시펩타이드 효소	C-말단 아미노산이 연결된 아마이드 결합
키모트립신	Phe, Tyr 또는 Trp의 카보닐기와 연결된 아마이드 결합
트립신	Arg 또는 Lys의 카보닐기와 연결된 아마이드 결합

문제 29.21 (a) 각각의 펩타이드를 트립신으로 처리하면 어떤 생성물이 형성되겠는가?

(b) 각각의 펩타이드를 키모트립신으로 처리하면 어떤 생성물이 형성되겠는가?

[1] Gly-Ala-Phe-Leu-Lys-Ala

[2] Phe-Tyr-Gly-Cys-Arg-Ser

[3] Thr-Pro-Lys-Glu-His-Gly-Phe-Cys-Trp-Val-Val-Phe

예제 29.3 5개의 아미노산으로 이루어진 펩타이드의 아미노산 서열을 결정하라. 이 펩타이드는 Ala, Glu, Gly, Ser, Tyr로 이루어져 있으며 다음과 같은 실험 자료가 얻어졌다. 에드만 분해에 의해 Gly이 펩타이드로부터 떨어져 나오며, 카복시펩타이드 가수 분해 효소로 처리하면 Ala와 아미노산 4개로 이루어진 펩타이드가 얻어진다. 이 펩타이드를 키모트립신으로 처리하면 각각 2개와 3개의 아미노산으로 이루어진 펩타이드가 형성된다. 이 펩타이드를 부분 가수분해하였을 때 Gly 및 Ser과 Tyr-Glu-Ala로 이루어진 조각을 형성한다.

풀이

이 펜타펩타이드 내의 아미노산의 위치를 결정하기 위해서 다음의 결과를 사용하라.

실험		결과
• 에드만 분해에 의해 N-말단 아미노산을 결정한다. Gly	→	Gly-_-_-_-
• 카복시펩타이드 효소로 처리해서 사슬의 끝에서 떨어져 나온 C-말단 아미노산(Ala)을 분석한다.	→	Gly-_-_-_Ala
• 키모트립신은 방향족 아미노산의 카보닐기와 연결된 아마이드 결합을 가수분해한다. 키모트립신으로 처리한 후에 다이펩타이드와 트라이펩타이드가 형성되므로, Tyr은 다이펩타이드 또는 트라이펩타이드의 C-말단 아미노산이어야 한다. 따라서 Tyr은 이 펩타이드 내에서 두 번째 또는 세 번째 위치에 놓인다.	→	Gly-Tyr-_-_-Ala 또는 Gly-_-Tyr-_-Ala
• 부분 가수분해에 의해서 트라이펩타이드인 Tyr-Glu-Ala가 형성된다. Ala가 C-말단 아미노산이므로 사슬 맨 끝 부분의 세 개의 아미노산을 결정할 수 있다.	→	Gly-_-Tyr-Glu-Ala
• 마지막 아미노산인 Ser은 남아 있는 한 곳에 위치해야만 한다. 남아 있는 위치는 펜타펩타이드에서 두 번째이다. 이렇게 완성된 아미노산 서열을 결정한다.	→	Gly-Ser-Tyr-Glu-Ala

문제 29.22 7개의 아미노산으로 이루어진 펩타이드인 헵타펩타이드의 서열을 결정하라. 이 펩타이드는 Ala, Arg, Glu, Gly, Leu, Phe, Ser로 이루어져 있으며, 이 펩타이드로부터 다음과 같은 실험 자료가 얻어졌다. 에드만 분해에 의해 Leu이 헵타펩타이드로부터 떨어져 나오며, 카복시펩타이드 효소로 처리하면 Glu와 헥사펩타이드가 얻어진다. 이 헵타펩타이드를 키모트립신으로 처리하면 하나의 아미노산과 헥사펩타이드가 얻어진다. 이 헵타펩타이드를 트립신으로 처리하면 펜타펩타이드와 다이펩타이드가 형성된다. 부분 가수분해에 의해서 Glu, Leu, Phe와 트라이펩타이드인 Gly-Ala-Ser과 Ala-Ser-Arg가 형성된다.

29.7 펩타이드 합성

알라닌과 글라이신으로부터 특정의 Ala-Gly 다이펩타이드를 합성하는 과정은 두 아미노산 모두 두 작용기가 있기 때문에 복잡하다. 결과적으로 가능한 생성물은 Ala-Ala, Ala-Gly, Gly-Gly 그리고 Gly-Ala과 같이 네 개이다.

해결 방법 두 아미노산으로 다이펩타이드를 합성하는 방법

예

Ala–Gly ⟹ Ala + Gly

붉은색 표시된 두 작용기를 연결

단계 [1] 알라닌의 NH_2기를 보호한다.

Ala → PG–NH–CH(CH₃)–COOH [PG = 보호기]

- 중성 아미노산에서 NH_2 기는 주로 암모늄 이온으로 존재, $-NH_3^+$.

단계 [2] 글라이신의 COOH기를 보호한다.

Gly → H_2N–CH₂–CO–O–PG

- 중성 아미노산에서 NH_2 기는 주로 암모늄 이온으로 존재, $-NH_3^+$.

단계 [3] DCC로 아마이드 결합을 만든다.

PG–NH–CH(CH₃)–COOH + H_2N–CH₂–CO–O–PG —DCC→ PG–NH–CH(CH₃)–CO–NH–CH₂–CO–O–PG

다이사이클로헥실카보다이이미드(DDC)는 아마이드 결합을 생성하기 위하여 일반적으로 사용하는 시약이다(22.10D절). DDC는 카복실산의 OH기를 더 좋은 이탈기로 만들어 **친핵성 공격에 대하여 카복시기를 활성화**한다.

DCC = 다이사이클로헥실카보다이이미드

단계 [4] 두 보호기를 제거한다.

PG–NH–CH(CH₃)–CO–NH–CH₂–CO–O–PG → Ala–Gly

두 아미노산으로 부터... ...네 개의 다이펩타이드가 생길 수 있다.

Ala + Gly ⟶ Ala–Ala + Ala–Gly + Gly–Gly + Gly–Ala

어떻게 알라닌의 COOH기와 글라이신의 NH_2기를 선택적으로 연결할 수 있을까?

- 반응이 일어나는 것을 원하지 않는 작용기를 보호한 후, 아마이드 결합을 만든다.

아미노 보호기로 널리 사용되는 두 가지 방법 중에서 첫 번째는 아민을 카바메이트(carbarmate)—즉 카보닐이 산소 원자와 질소 원자 양쪽 모두와 연결된 작용기—로 바꾼다. 카바메이트의 N 원자가 카보닐기와 결합되어 있는 보호된 아미노기는 더 이상 친핵성을 가지지 않는다.

카바메이트

아미노산 —보호→ N-보호된 아미노산

Boc로 약칭되는 *tert*-뷰톡시카보닐 보호기(tert-butoxycarbony protecting group)는 아미노산이 다이-*tert*-뷰틸 다이카보네이트와 친핵성 아실 치환 반응하여 생성된다.

다이-*tert*-뷰틸 다이카보네이트 + 아미노산 —Et_3N, 보호→ = Boc—NH

Boc 보호된 아미노산

tert-뷰톡시카보닐
Boc

Boc기가 유용한 보호기가 되기 위해서는 분자 내의 다른 작용기에 영향을 주지 않는 반응 조건으로 제거될 수 있어야 한다. Boc기는 트라이플루오로아세트산(CF_3CO_2H), HCl 또는 HBr과 같은 산으로 제거될 수 있다.

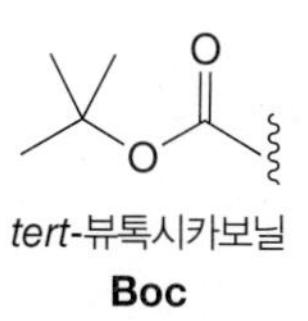
$(Boc)_2O$

—CF_3CO_2H 또는 HCl 또는 HBr→ + CO_2 +

보호기 제거

9-플루오렌일메톡시카보닐
Fmoc

두 번째 아미노 보호기인 9-플루오렌일메톡시카보닐 보호기는 Fmoc로 약칭되고, 아미노산이 9-플루오레닐메틸 클로로포메이트(9-cluorenylmethyl chloroformate)과 친핵성 아실 치환 반응하여 생성된다.

Fmoc

9-플루오레닐 메틸클로로포메이트

Fmoc−Cl

Na_2CO_3, H_2O

보호

Fmoc-보호된 아미노산

Fmoc 보호기는 대부분의 산에 안정하며 염기(NH_3 또는 아민) 처리로 제거되어 아미노기가 재생된다.

보호기 제거

카복시기는 보통 알코올과 반응시켜 메틸 또는 벤질 에스터 형태로 보호한다.

CH_3OH, H^+

Ph⁀OH, H^+

보호

아미노산 에스터

이들 에스터는 일반적으로 염기 수용액에서 가수분해하여 제거한다.

H_2O, ^-OH

보호기 제거

아미노산 에스터

벤질 에스터를 보호기로 사용하는 이점 중 하나는 이것을 Pd 촉매에서 H_2와 반응하여 제거할 수 있다는 것이다. 이 과정을 가수소분해(hydrogenolysis)라 한다. 이 조건은 산 또는 염기의 어느 것도 사용하지 않는 아주 온화한 반응이다. 벤질 에스터는 또한 아세트산 용액에서 HBr을 사용하여 제거할 수 있다.

$$H_2N\text{-}CH(R)\text{-}CO\text{-}O\text{-}CH_2Ph \xrightarrow[\text{Pd-C}]{H_2} H_3\overset{+}{N}\text{-}CH(R)\text{-}COO^- + CH_3C_6H_5$$

가수소분해

벤질릭 C–O 결합(붉은색)이
절단된다.

다이펩타이드 Ala–Gly를 합성하는 데 필요한 구체적인 반응을 예제 29.4에 나타내었다.

예제 29.4 다이펩타이드 Ala-Gly이 합성되는 각 단계를 모두 그려라.

Ala + Gly → (?) → Ala–Gly

풀이

단계 [1] Boc기를 사용하여 알라닌의 NH_2기를 보호한다.

Ala → ($(Boc)_2O$, Et_3N) → Boc–Ala

단계 [2] 벤질 에스터로 글라이신의 COOH기를 보호한다.

Gly → ($PhCH_2OH$, H^+) → Gly–OCH_2Ph

단계 [3] DCC를 사용하여 아마이드 결합을 만든다.

Boc–Ala + Gly–OCH_2Ph → (DCC) → Boc–Ala–Gly–OCH_2Ph

단계 [4] 하나 또는 양쪽의 보호기를 제거한다.

한 단계 또는 다단계 반응으로 보호기를 제거할 수 있다.

Boc–Ala–Gly–OCH_2Ph → (H_2, Pd-C; 벤질기를 제거한다.) → Boc–Ala–Gly → (CF_3COOH; Boc기를 제거한다.) → Ala–Gly

Boc–Ala–Gly–OCH_2Ph → (HBr, CH_3COOH; 보호기를 제거한다.) → Ala–Gly

같은 방식으로 트라이펩타이드나 더 큰 폴리펩타이드 합성도 수행할 수 있다. 단계 [3]에서 보호된 다이펩타이드를 합성한 후, 보호기들 중에서 하나의 보호기만 제거한 다이펩타이드는 아래 식에 나타낸 것과 같이 한 작용기만 보호된 세 번째 아미노산과 결합시킬 수 있다.

Boc–Ala–Gly + Gly–OCH_2Ph

N-보호된 다이펩타이드 카복시 보호된 아미노산

DCC — 아마이드 결합을 생성한다.

Boc–Ala–Gly–Gly–OCH_2Ph —(HBr, CH_3COOH; 두 보호기를 모두 제거한다.)→ Ala–Gly–Gly 트라이펩타이드

문제 29.23 아미노산에서 시작하여 다음 각 펩타이드를 합성하라.

a. Leu–Val b. Ala–Ile–Gly

문제 29.24 아미노산에서 시작하여 다음 다이펩타이드를 합성하라.

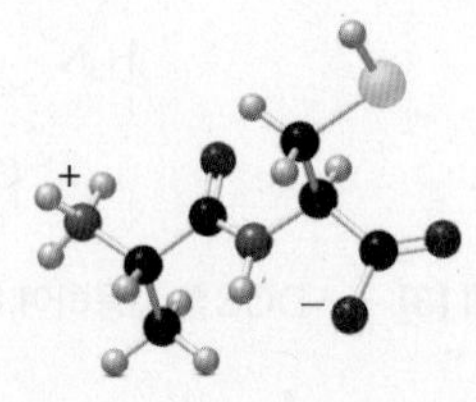

29.8 자동화된 펩타이드 합성

29.7절에서 서술한 방법은 작은 펩타이드 합성에 잘 적용된다. 그러나 이런 방법으로 큰 펩타이드를 합성하는 것은 각 단계마다 생성물을 분리하고 정제해야 하기 때문에 대단히 시간이 많이 소모된다. 큰 폴리펩타이드의 합성에는 일반적으로 록펠러대학의 메리필드(Merrifield)가 처음으로 개발한 **고체상법(solid phase technique)**을 이용한다.

고체상법 개발로 메리필드는 1984년 노벨 화학상을 수상하였다. 이 기술로 많은 폴리펩타이드와 단백질의 합성이 가능하게 되었다.

메리필드 방식은 아미노산을 불용성 고분자(insoluble polymer)에 부착시킨 다음, 아미노산들을 한 번에 하나씩 순차적으로 첨가하면서 연속적으로 펩타이드 결합을 만들어간다. 불순물이나 부산물은 고분자 사슬에 부착되지 않기 때문에 합성의 각 단계마다 용매로 간단히 씻어 이들을 제거할 수 있다.

일반적으로 사용하는 지지 고분자는 폴리스타이렌 유도체이고 폴리머 곁사슬의 벤젠 고리 일부에 $-CH_2Cl$기를 가지고 있다. 아미노산이 사슬에 부착될 때 이 Cl 원자가 손잡이 역할을 한다.

해결 방법 메리필드 고체상법을 이용한 펩타이드 합성

단계 [1]

중합체에 Fmoc-아미노산 부착

[1] 염기

[2] Cl 고분자

고분자에 새로운 결합이 형성됨(붉은색)

단계 [2]

보호기 제거

자유 아미노기

단계 [3]

DCC로 아마이드 결합 생성

새로운 아마이드 결합(붉은색)

단계 [4]

단계 [2]와 [3] 반복

[1] [2] DCC

새로운 아마이드 결합(붉은색)

단계 [5]

고분자에서 펩타이드 분리 및 보호기 제거

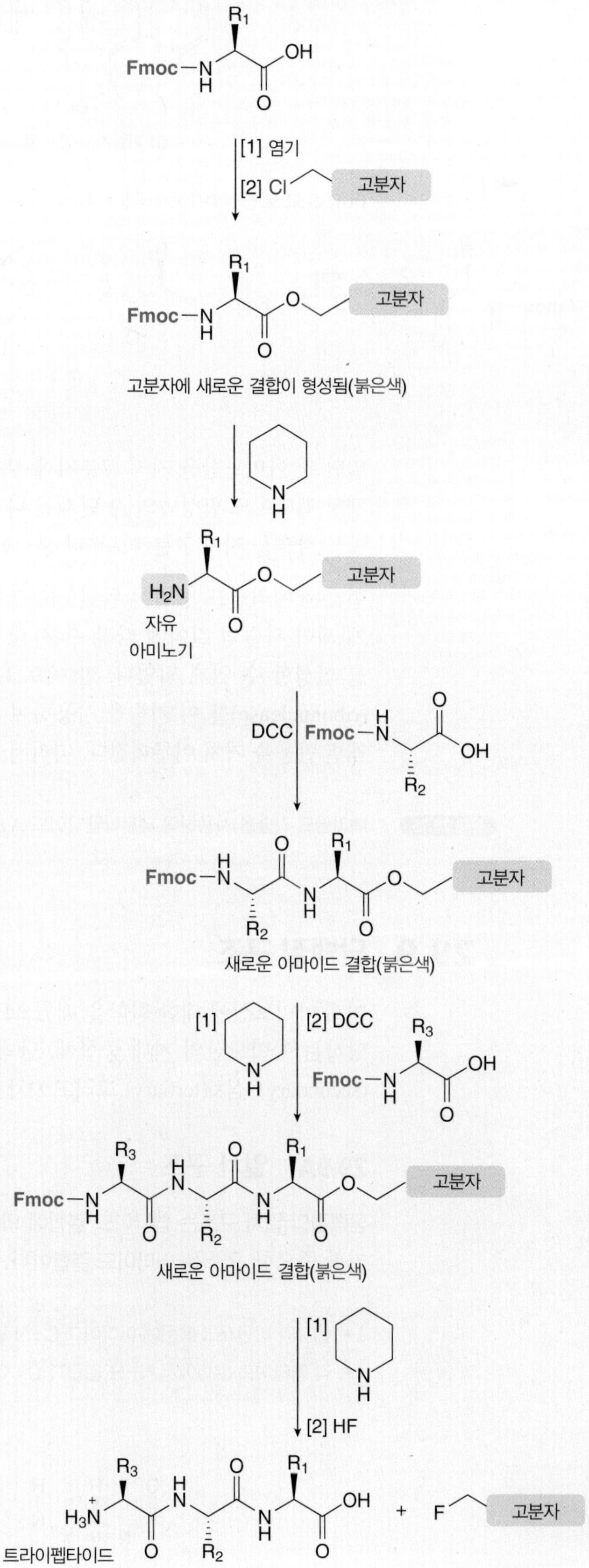

[1] [2] HF

트라이펩타이드

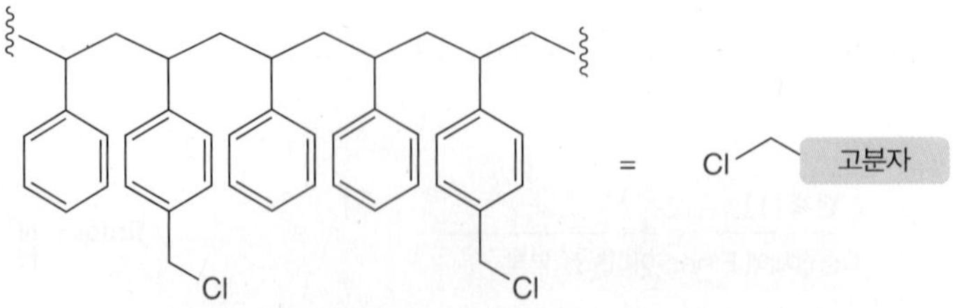

Cl 이탈기가 있는 폴리스타이렌 유도체

Fmoc-보호된 아미노산의 카복시기는 S_N2 반응으로 지지 고분자에 쉽게 부착할 수 있다.

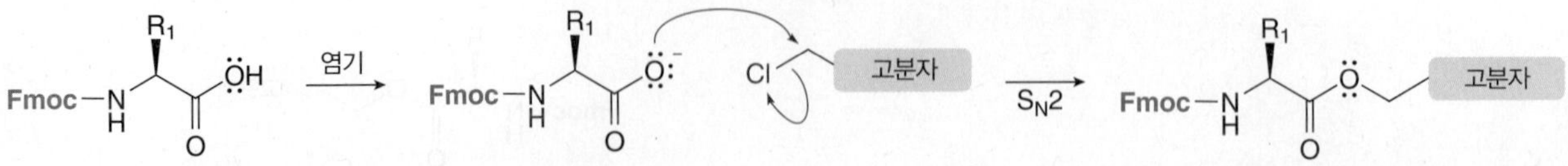

아미노산이 이제 불용성 지지 고분자에 부착되었다.

일단 첫 아미노산을 지지 고분자에 부착시키면 나머지 아미노산을 차례로 첨가시킬 수 있다. 고체상 펩타이드 합성법의 각 단계를 다음에 나타냈다. 마지막 단계에서 HF를 사용하여 폴리펩타이드 사슬을 지지 고분자로부터 분리한다.

현재는 메리필드 방법이 완전 자동화 되었다. 펩타이드 합성 기계를 상업적으로 구매할 수 있게 되어 사슬의 길이에 따라 수 시간, 수일 또는 수 주 만에 높은 수율로 원하는 폴리펩타이드를 합성할 수 있게 되었다. 한 예로 128개의 아미노산을 가진 단백질인 라이보핵산 분해효소(ribonuclease)를 이 기술을 사용하여 전체 17% 수율로 합성하였다. 이 경이적인 합성은 369개 개별 반응을 거쳐 이루어진다. 따라서 각 개별 반응의 수율은 > 99%를 넘는다.

문제 29.25 메리필드 기술을 사용하여 테트라펩타이드 Ala-Leu-Ile-Gly을 합성하는 데 필요한 단계를 요약하라.

29.9 단백질 구조

이제 아미노산에 대한 화학을 배웠으므로 모든 살아 있는 세포의 구조를 형성하고 그 기능을 담당하는 아미노산의 거대 중합체, 단백질에 대해 알아보자. 먼저 단백질의 일차(primary), 이차(secondary), 삼차(tertiary) 그리고 사차 구조(quaternary structure)에 대해 알아보기로 한다.

29.9A 일차 구조

단백질의 일차 구조는 펩타이드 결합에 의하여 연결된 아미노산의 특정 서열을 말한다. 이 일차 구조의 가장 중요한 요소는 아마이드 결합이다.

- 전자의 비편재화 때문에 아마이드 C–N 결합 주위의 회전이 제한되고, *s*-트랜스 형태가 더 안정하다.
- 각 펩타이드 결합에서 N–H 결합과 C=O 결합은 서로 180° 방향에 위치한다.

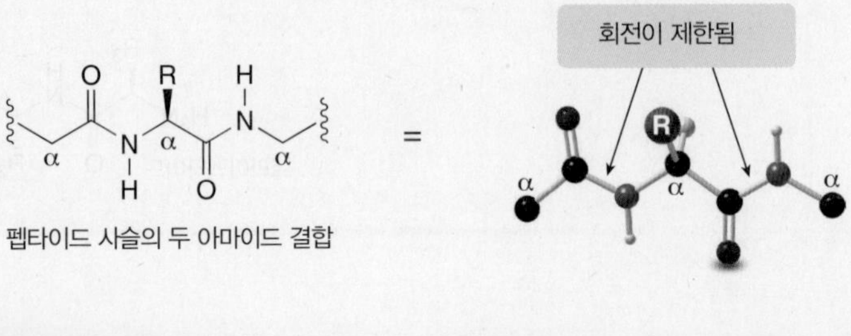

회전이 제한됨

펩타이드 사슬의 두 아마이드 결합

아마이드 결합 주위의 회전은 제한되지만 단백질 골격의 다른 시그마(**σ**) 결합은 회전이 자유롭다. 그 결과 펩타이드 사슬이 꼬이면서 여러 다양한 배열로 구부러지며 단백질의 이차 구조를 형성한다.

29.9B 이차 구조

단백질이 한정된 영역에서 부분적으로 취하는 삼차원 형태를 단백질의 이차 구조라 한다. 이 영역은 아마이드의 N−H 양성자와 다른 아마이드의 C=O 산소 사이의 수소 결합에 의해 생기는데, 특히 안정한 두 배열을 α-나선 구조(α-helix)와 β-병풍 구조(β-pleated sheet)라 한다.

:Ö
N
H
:Ö
N
H
수소 결합

α-나선 구조

그림 29.8에서 보는 것과 같이 펩타이드 사슬이 오른쪽 또는 시계 방향으로 꼬여 감길 때 α-나선 구조를 형성한다. α-나선 구조의 네 가지 중요한 특징은 다음과 같다.

그림 29.8
α-나선 구조의 두 개 다른 구조 그림

a. 우선성 α-나선 구조

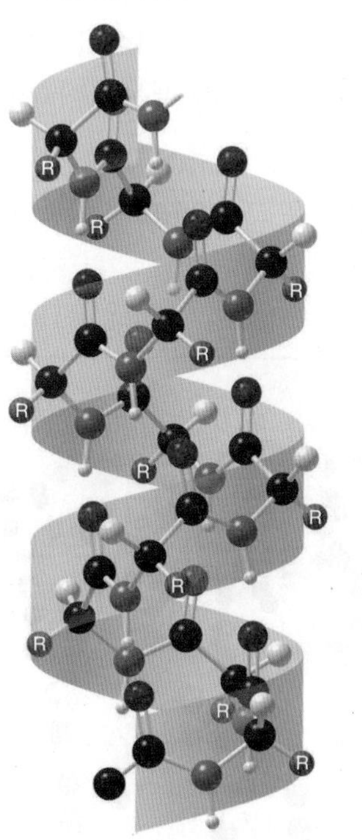

α-나선 구조의 모든 원자들을 나타낸 그림. 모든 C=O 결합은 위로 향하고 모든 N−H 결합은 아래로 향한다.

b. α-나선 구조의 골격

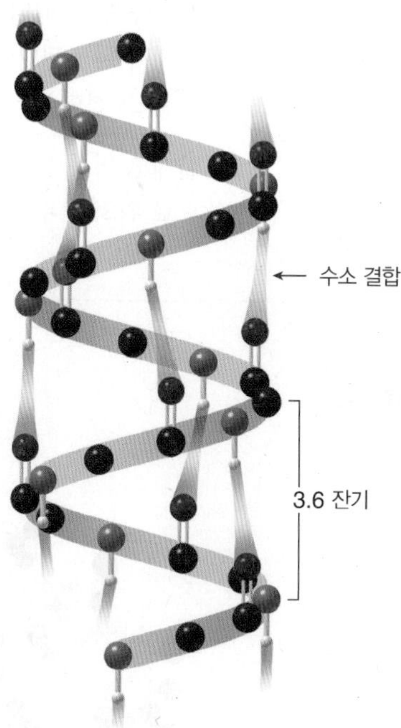

펩타이드 골격만 나타낸 그림. 네 개의 잔기가 떨어져 있는 아미노산의 C=O와 N−H 간에 이루어진 수소 결합이 보인다.

[1] 나선 구조는 한 회전당 3.6개의 아미노산을 포함한다.

[2] N−H와 C=O 결합은 나선 축과 평행하게 위치한다. 모든 C=O 결합은 한 방향을 향하고 N−H 결합은 모두 그 반대 방향으로 향한다.

[3] 한 아미노산의 C=O기는 사슬을 따라 네 번째 떨어진 아미노산 잔기의 N−H기와 수소 결합을 한다. 따라서 동일한 사슬 안의 두 아미노산 사이에서 수소 결합이 형성된다. 수소 결합은 나선 축과 나란히 놓인다.

[4] 아미노산의 R기는 나선의 중심으로부터 바깥 쪽을 향해 뻗어 있다.

α-나선 구조는 아마이드 카보닐기의 α 탄소 결합 주위로 회전이 자유로운 때만 가능하다. 따라서 모든 아미노산이 α-나선 구조를 만들 수 있는 것은 아니다. 예로서 프롤린은 그의 질소 원자가 오원자 고리의 일부분을 이루고 있기 때문에 다른 아미노산에 비해 구조의 변형이 제한되고 C_α−N 결합의 회전이 어렵다. 또 N−H 양성자가 없기 때문에 나선 구조를 안정화할 수 있는 수소 결합을 할 수 없어 프롤린은 α-나선 구조의 일부가 될 수 없다.

근육의 미오신(myosin)과 머리카락의 α-케라틴(keratin)은 거의 모든 영역이 α-나선 구조로 이루어진 단백질이다.

β-병풍 구조

β-병풍 구조는 그림 29.9에서 보는 것과 같이, 가닥(strand)이라고 불리는 두 개 또는 그 이상의 펩타이드 사슬들이 서로 이웃하여 정렬될 때 형성된다. 모든 β-병풍 구조는 다음과 같은 특징을 가진다.

[1] C=O와 N−H 결합은 병풍 평면 위에 놓인다.

[2] 서로 인접한 아미노산 잔기의 N−H기와 C=O기 사이에 자주 수소 결합이 형성된다.

[3] R기는 병풍 면의 위와 아래로 향하는데, 주어진 가닥을 따라 위아래가 교대로 나타난다.

β-병풍 구조 배열은 일반적으로 알라닌이나 글라이신 같이 R기가 작은 아미노산을 포함하는 영역에서 형성된다. 큰 R기는 입체적 상호작용 때문에 사슬이 근접하기 어렵고, 따라서 병풍 구조가 수소 결합에 의하여 안정화될 수 없다.

실제 β-병풍 구조의 펩타이드 가닥은 그림 29.10에서 보여주는 것처럼, 두 개의 서로 다른 방식으로 위치할 수 있다.

그림 29.9
β-병풍 구조의 삼차원 구조

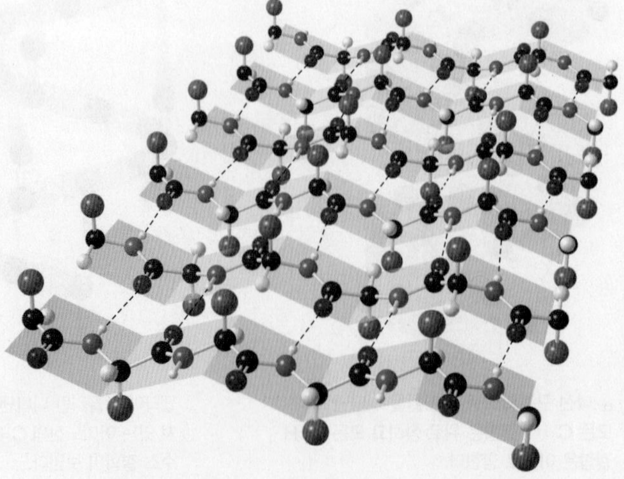

• β-병풍 구조는 수소 결합에 의해 서로 연결된 펩타이드 사슬들이 연속된 가닥으로 구성되어 있다. C=O와 N−H 사이의 결합은 병풍 평면상에 위치하고 있다. 그리고 R기(오렌지색 공으로 표시)들은 평면 위아래로 교대로 배열되어 있다.

그림 29.10 β-병풍 구조의 평행과 역평행 형태

평행 β-병풍 구조

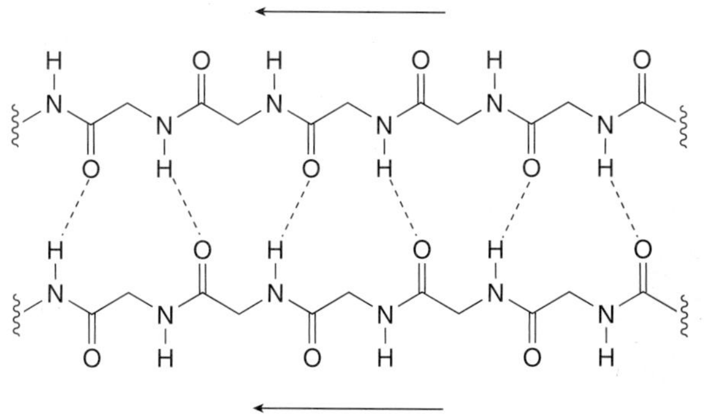

두 펩타이드 사슬이 같은 방향으로 정렬되었다. 인접한 사슬의 N−H와 C=O 결합 사이에서 수소 결합이 이루어진다.

[주: 알아보기 쉽도록 탄소 사슬의 R기를 생략하였다.]

역평행 β-병풍 구조

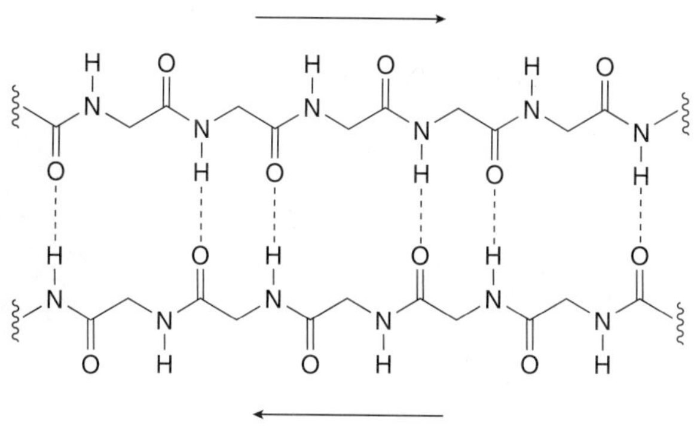

두 펩타이드 사슬이 반대 방향으로 정렬되었다. N−H와 C=O 결합 사이의 수소 결합이 역시 두 사슬을 함께 묶어주고 있다.

- 평행 β-병풍 구조 가닥은 N-말단 아미노산에서 C-말단 아미노산으로 같은 방향으로 배열한다.
- 역평행 β-병풍 구조는 가닥이 서로 반대 방향으로 배열한다.

대부분의 단백질은 α−나선 구조와 β−병풍 구조 영역으로 되어 있으며, 이들 중 하나의 배열로 특징지어질 수 없는 다른 영역이 추가로 있다. 단백질의 α-나선 구조 또는 β-병풍 구조 영역을 나타내기 위하여 간략화한 표시법을 자주 사용한다. α-나선 구조 영역은 **평평한 나선형 리본**이, β-병풍 구조 표시에는 **평평하고 넓은 화살**이 사용된다. 이러한 표현은 단백질 구조를 표현하는 **리본 도표**에 사용된다.

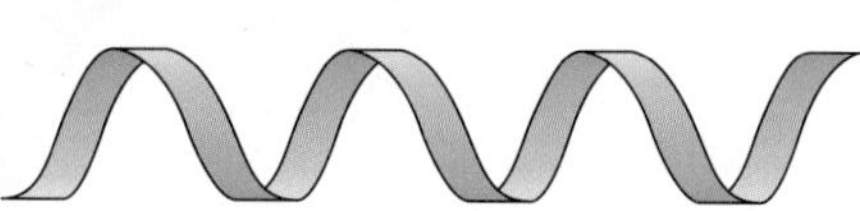

α-나선 구조의 간단한 표시

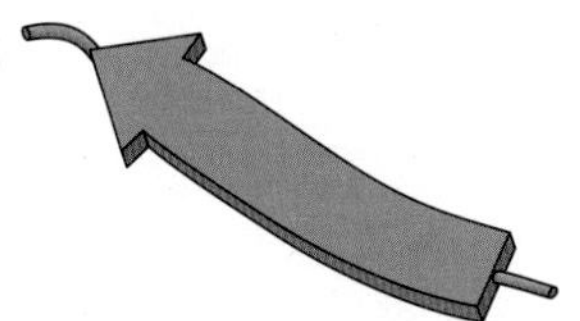

β-병풍 구조의 간단한 표시

단백질은 어떤 관점에서 다루는지에 따라 그의 구조를 나타내는 데 다양한 방법이 동원된다. 그림 29.11에서 단백질인 라이소자임의 구조를 세 가지 다른 방법으로 나타냈다. 라이소자임은 식물과 동물 모두에서 발견되는 효소로서 박테리아 세포벽 안에 있는 결합의 가수분해를 촉진하여, 세포벽을 약하게 만들어 박테리아를 죽음에 이르게 한다.

거미줄의 가로선 실크는 β-병풍 구조 영역과 α-나선 구조 영역으로 이루어지므로 강하고 탄성이 있는 단백질이다(그림 29.12). α-나선 구조 영역은 실크에 탄력성을 주는데, 이것은 펩타이드 사슬이 꼬여 있어서(완전히 늘어난 상태가 아니므로) 더 늘어날 수 있기 때문이다. β-병풍 영역은 거의 완전히 펼쳐진 구조로서 더 이상 늘어날 수 없다. 그러나 이것의 대단히 질서정연한 삼차원 구조가 실크에 강함을 더해 준다. 그러므로 거미 실크(줄)는 두 형태의 이차 구조가 지닌 장점을 모두 지녀 거미줄을 만들기에 적합하다.

문제 29.26 알라닌 잔기로만 이루어진 두 테트라펩타이드 분자를 가정하라. 이 두 분자가 평행 β-병풍 구조 배열을 취할 때 이루는 상호 간 수소 결합을 그려라. 또 역평행 β-병풍 구조를 이룰 때의 수소 결합도 그려라.

그림 29.11 라이소자임

(a) 리소자임의 공-막대(ball-and-stick) 모형은 C, N, O 및 S 원자를 색으로 구분한 단백질 골격을 보여준다. 개별 아미노산은 이 표현을 사용하여 가장 명확하게 위치를 알 수 있게 된다. (b) 공간 채우기 모형(space-filling model)은 효소 골격의 각 원자에 색으로 구분된 볼을 사용하여 원자가 어떻게 공간을 채우는지 보여준다. (c) 리본 모형(ribbon diagram)은 다른 두 표현에서 명백히 증거가 없는 α 나선 및 β 병풍 구조의 영역을 보여준다.

그림 29.12
거미 실크(줄)에 있는 2차 구조의 다른 영역

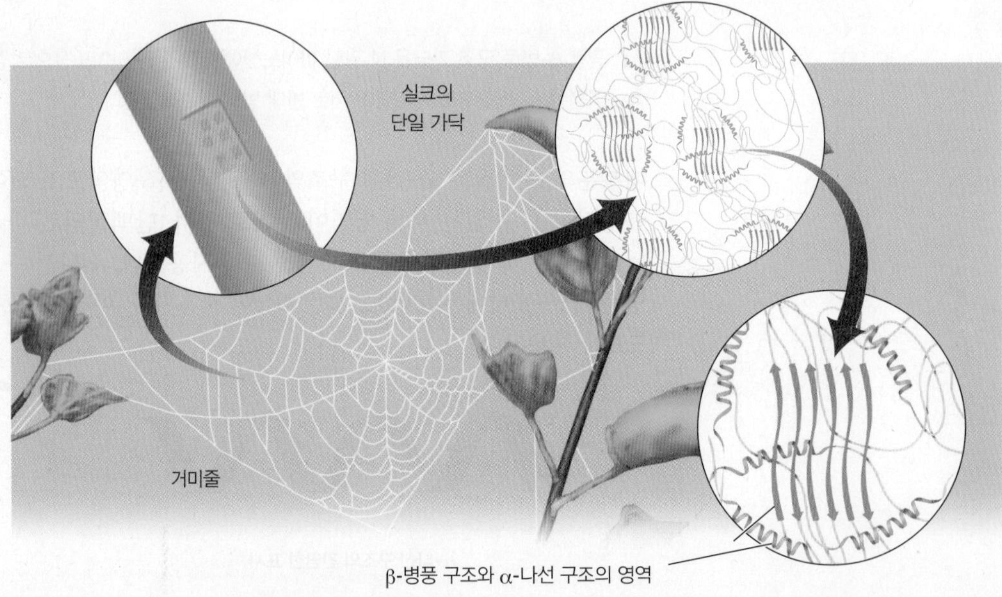

거미 실크는 α-나선과 β-병풍 구조의 영역으로 이루어져 있어 질기면서도 탄성이 있다. 녹색 나선은 α-나선 영역을 나타내고 보라색 화살은 β-병풍 구조 영역을 나타낸다. 넓은 노란색 선은 α-나선 구조도 아니고 β-병풍 구조도 아닌 단백질의 다른 영역을 나타낸다.

29.9C 삼차 및 사차 구조

전체 펩타이드 사슬에 의해 만들어지는 삼차원 모양을 펩타이드의 삼차 구조라 한다. 펩타이드는 일반적으로 가장 안정한 형태로 접힌다. 세포 내의 단백질은 대개 수용성 환경에서 물과 최대한의 쌍극자-쌍극자 상호작용이나 수소 결합을 할 수 있도록 대부분의 극성기나 전하를 띤 작용기가 외부로 향하도록 접힌다. 따라서 비극성 곁사슬은 거의 단백질의 내부에 위치하며, 이 소수성기 사이의 반데르발스 상호작용 역시 분자의 구조를 안정화하는 데 일조한다.

이외에 극성 작용기(물이 아닌) 사이의 수소 결합, 그리고 $-COO^-$와 $-NH_3^+$같이 전하를 띤 곁사슬 사이의 정전기적 상호작용도 삼차 구조를 안정화하는 역할을 한다.

끝으로 3° 구조를 안정화하는 유일한 공유 결합인 이황화(disulfide) 결합이 있다. 앞에서 언급한 것과 같이 이 강한 결합은 동일한 폴리펩타이드 사슬 내에서, 또는 같은 단백질을 이루는 다른 폴리펩타이드 사슬상에 있는 두 시스테인 사이의 산화 반응에 의하여 생성된다.

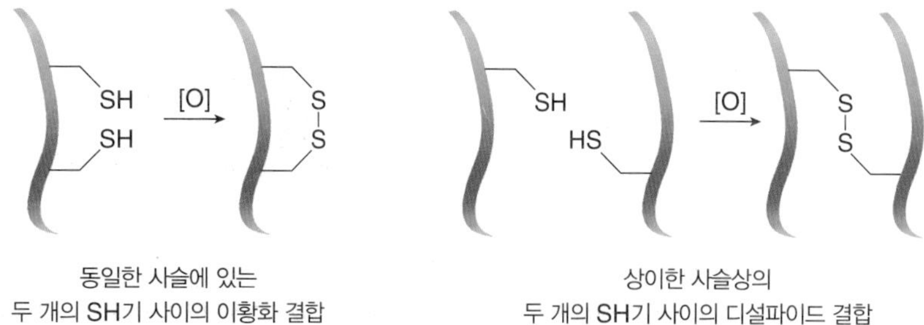

노나펩타이드들인 **옥시토신**(oxytocin)과 **바소프레신**(vasopressin, 29.5C절)은 분자내 이황화 결합을 한다. 반면에 **인슐린**은 그림 29.13에서 보는 것처럼 두 개의 폴리펩타이드 사슬(A와 B)로 구성되고 독립적인 두 개의 분자간 이황화 결합에 의해 공유 결합으로 연결된다. A 사슬은 자체 내에서 분자내 이황화 결합을 형성하고 21개 아미노산 잔기들로 이루어지며, B 사슬은 30개의 아미노산 잔기로 이루어진다.

그림 29.13
인슐린

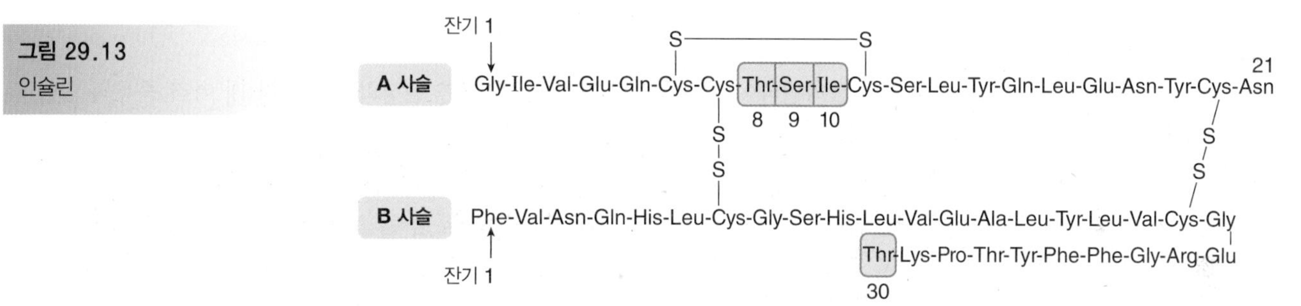

인슐린(insulin)은 두 이황화 결합으로 서로 연결된 두 개의 폴리펩타이드 사슬(**A**와 **B**로 나타냄)로 구성된 작은 단백질이다. **A** 사슬 안의 두 시스테인 잔기 사이에서 이황화 결합이 한 번 더 이루어져 있다.

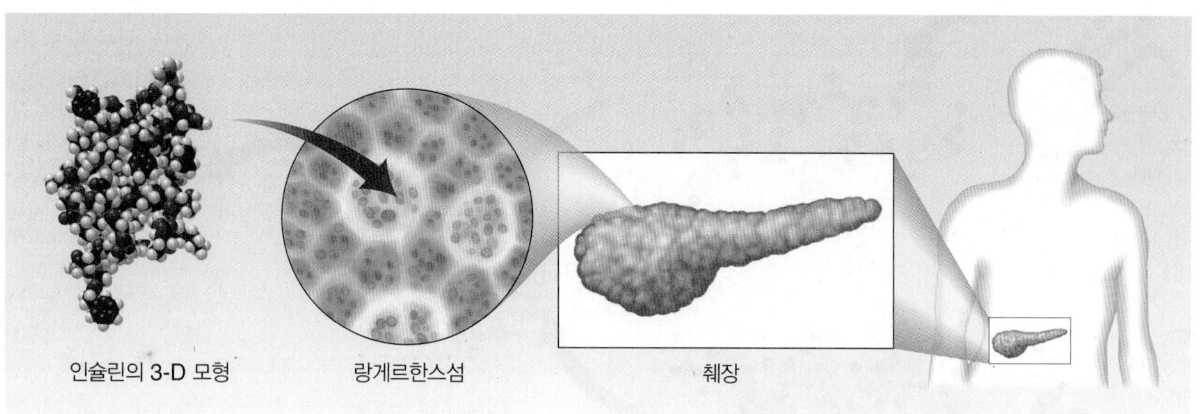

인슐린은 랑게르한스섬이라 불리는 췌장 세포의 군에서 합성되어 혈당 농도를 조절하는 단백질이다. 인슐린이 결핍되면 당뇨병이 생긴다. 이 병으로 인한 많은 증상들은 인슐린 주사로 조절될 수 있다. 최근 유전 공학 기술로 사람 인슐린을 합성할 수 있게 되기 전까지는 당뇨병 치료에 사용되었던 모든 인슐린은 돼지나 소에서 얻었다. 이들 동물 인슐린의 아미노산 서열은 인간 인슐린의 아미노산 서열과 약간 다르다. 돼지 인슐린과는 단지 한 개의 아미노산만이 다르고, 소의 인슐린은 세 개의 아미노산이 사람의 것과 다르다. 이 차이를 표로 정리하였다.

	사슬 A			사슬 B
잔기의 위치 →	**8**	**9**	**10**	**30**
사람 인슐린	Thr	Ser	Ile	Thr
돼지 인슐린	Thr	Ser	Ile	Ala
소 인슐린	Ala	Ser	Val	Ala

그림 29.14
이차 및 삼차 단백질 구조를 안정화시키는 상호작용

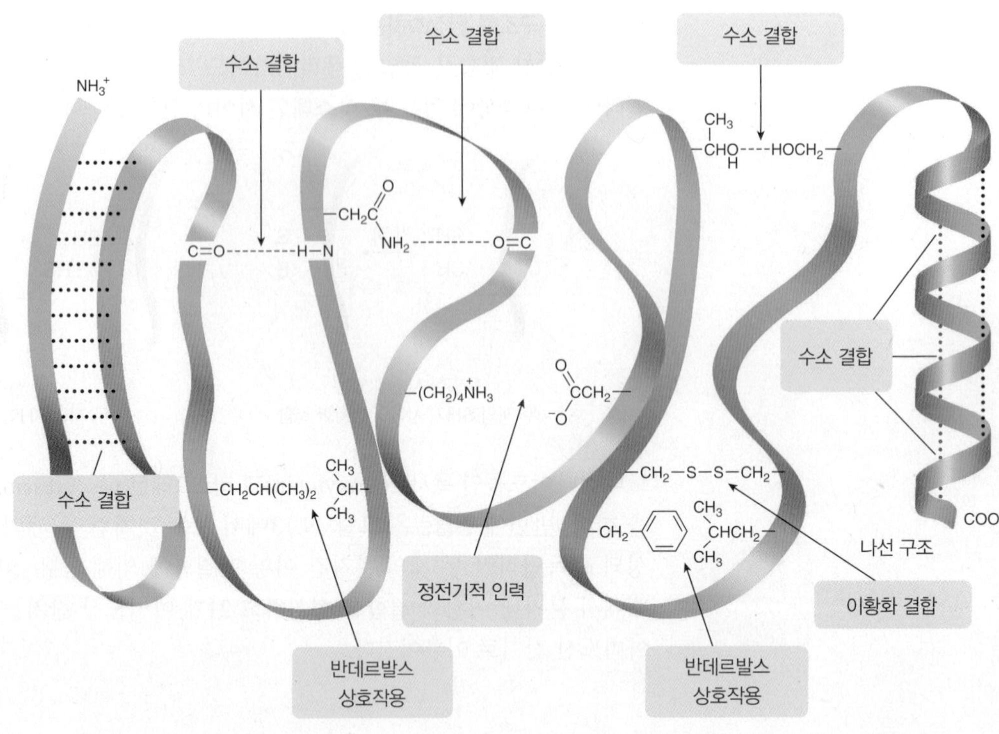

그림 29.14는 폴리펩타이드 사슬의 이차, 삼차 구조를 안정화하는 분자 내 여러 종류의 힘을 체계적으로 보여준다.

두 개 이상의 접혀진 폴리펩타이드 사슬이 모여 한 가지 단백질 복합체를 구성하며 모여 있는 형태를 단백질의 **사차 구조**라 한다. 단백질을 구성하는 각 폴리펩타이드 사슬을 **소단위체**(submit)

그림 29.15 일차, 이차, 삼차 및 사차 단백질의 구조

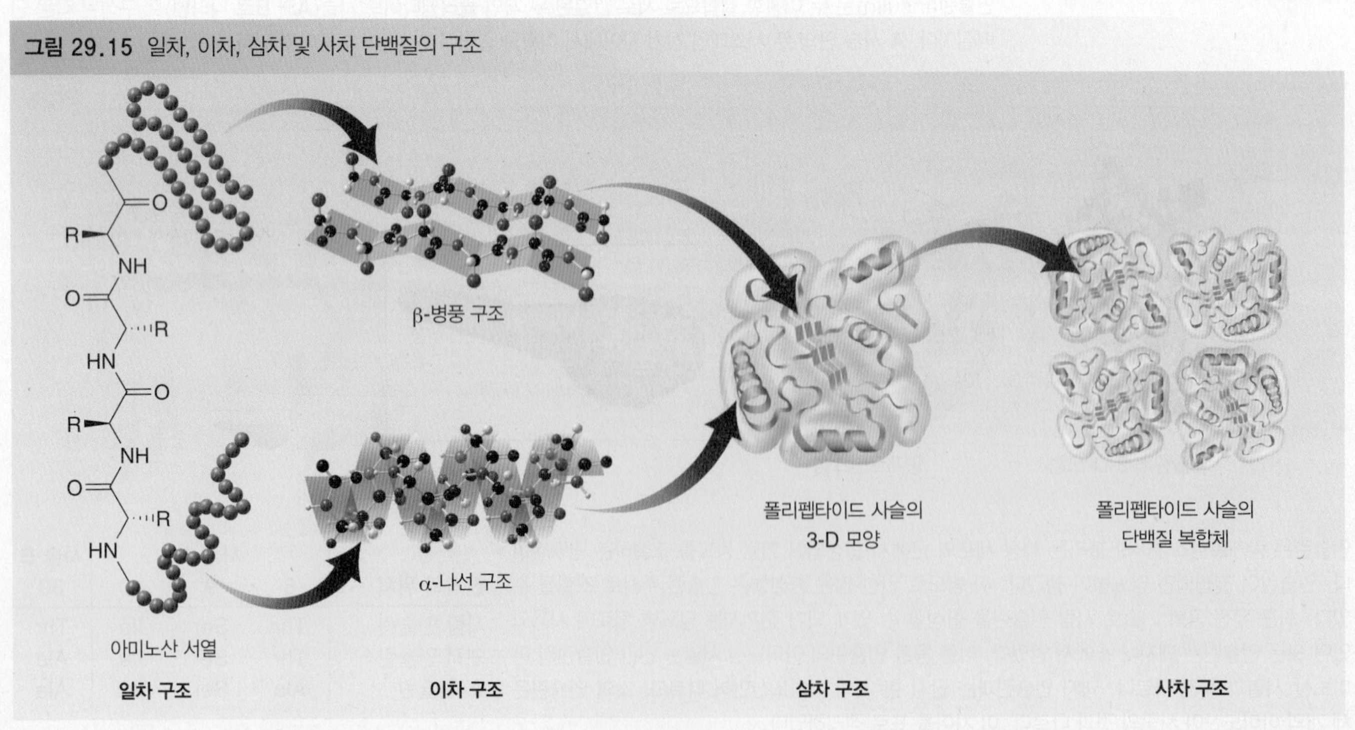

라 한다. 예로서 **헤모글로빈(hemoglobin)**은 조밀한 삼차원 형태를 이루며, 분자간 힘에 의해 함께 모여 있는 두 개의 α 소단위체와 두 개의 β 소단위체로 구성되어 있다. 헤모글로빈의 독특한 기능은 네 개의 소단위체가 모두 존재할 때만 가능하다.

네 단계의 단백질 구조를 그림 29.15에 요약하여 나타냈다.

문제 29.27 다음 아미노산의 각 쌍을 안정화하는 상호작용은 어떤 형태인가?

a. Ser과 Tyr b. Val과 Leu c. 두 개의 Phe 잔기

문제 29.28 실크 섬유의 파이브로인(fibroin) 단백질은 β-병풍 구조가 겹쳐 쌓여진 많은 영역으로 이루어져 있다.

a. 글라이신 잔기가 하나 걸러 하나씩 나타나는 펩타이드 서열이 어떻게 β-병풍 구조가 겹쳐 쌓여질 수 있게 하는지 설명하라.

b. 실크 섬유는 왜 물에 용해되지 않는가?

29.10 중요 단백질

단백질은 일반적으로 그들의 삼차원 모양에 따라 분류된다.

- **섬유상 단백질(fibrous protein)**은 선형의 폴리펩타이드 사슬이 함께 다발을 이루어 막대나 시트 모양을 만든다. 이 단백질은 물에 녹지 않으며, 세포와 조직을 보호하고 강하게 하는 구조적 역할을 담당한다.
- **구형 단백질(globular protein)**은 친수성 부위를 밖으로 향하게 조밀하게 감겨 있어서 물에 용해된다. 효소와 운반 단백질은 구형 단백질이어서 혈액이나 기타 세포 내 수용성 상태에 용해될 수 있다.

29.10A α-케라틴

α-케라틴(alpha-keratin)은 머리카락, 동물의 발굽, 손톱, 피부와 양털에서 발견되는 단백질이다. 이들은 많은 수의 알라닌과 루신으로 구성되며, 거의 모든 부분이 긴 α-나선 영역을 이루고 있다. 무극성 아미노산이 α-나선 구조의 바깥을 향하여 뻗어 있으므로 이 단백질은 물에

그림 29.16
머리카락의 해부도–이것은 α-케라틴으로 시작함

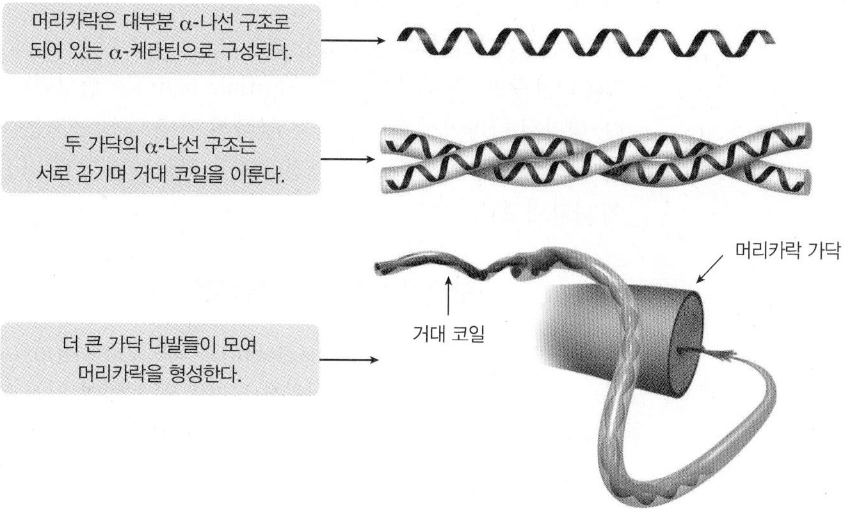

그림 29.17
'퍼머넌트'의 화학–곧은 머리카락을 구불구불하게 만듦

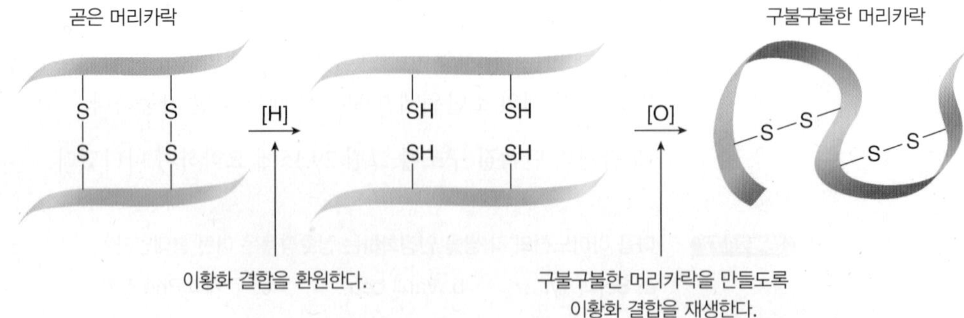

곧은 머리카락을 구불구불하게 만들기 위하여 α-나선 사슬을 함께 묶고 있는 이황화 결합을 환원에 의하여 절단한다. 이것은 자유 싸이올기(–SH)를 생성한다. 머리카락을 컬 클립 주위에 돌리고 산화제를 바른다. 이것은 머리카락에서 이황화 결합을 재생한다. 그러나 이황화 결합이 다른 싸이올기 사이에서 재생되어 머리카락을 구불구불하게 만든다.

잘 녹지 않는다. 두 α-케라틴 나선은 서로의 주위를 감싸며 거대 코일(supercoil) 또는 거대 나선(superhelix)이라 불리는 구조를 만든다. 그림 29.16에서 순차적으로 보여 주듯이, 이들은 다시 더 큰 섬유 다발을 만들어 마침내 머리카락을 이루는 가닥을 형성한다.

α-케라틴에는 시스테인 잔기가 많은데 이 때문에 인접해 있는 나선 사이에 이황화 결합을 형성한다. 이황화 결합의 수는 물질의 세기를 결정한다. 발톱, 뿔 그리고 손톱은 이황화 결합으로 치밀하고 광범위한 망상 조직을 이루고 있어서 아주 단단하다.

그림 29.17에서 체계적으로 보여 주는 것과 같이, α-케라틴의 이황화 결합을 끊고 자리 옮김한 후 다시 이황화 결합을 재생함으로써 직모를 곱슬거리게 만들 수 있다. 먼저 곧은 머리카락에 있는 이황화 결합을 싸이올기로 환원시킨다, 그리하여 α-케라틴 사슬 다발은 더 이상 특징적인 '곧은' 배열을 유지할 수 없다. 그런 다음 머리카락을 컬 클립에 감고 산화제로 처리하여 싸이올기를 이황화 결합으로 다시 바꾸면, 이제 케라틴 골격은 꼬이고 말리게 된다. 이것이 머리카락을 곱슬거리게 하는 '퍼머넌트'의 화학적 원리이다.

29.10B 콜라젠

척추동물 단백질 중 가장 많은 성분을 차지하는 **콜라젠**(collagen)은 뼈, 연골, 힘줄, 이 그리고 혈관과 같은 조직에서 발견된다. 아미노산 잔기 성분은 글라이신과 프롤린이 대부분을 차지하고, 시스테인은 매우 적다. 높은 프롤린 함량 때문에 콜라젠은 우선형 α-나선 구조를 형성하지 못한다. 대신 긴 좌선성 나선 구조를 만든다. 그리고 이 나선 세 개가 서로의 주위를 감싸며 우선성 거대 나선 구조, 즉 **세 겹의 나선 구조**(triple helix)를 형성한다. 글라이신의 곁사슬은 수소 원자이다. 따라서 글라이신 함량이 높은 콜라젠 거대 나선 구조는 서로 가까이 밀집될 수 있고, 수소 결합에 의해 거대 나선 구조가 안정화된다. 콜라젠의 거대 나선 구조의 모습 두 가지를 그림 29.18에 나타내었다.

29.10C 헤모글로빈과 마이오글로빈

구형 단백질인 **헤모글로빈**(hemoglobin)과 **마이오글로빈**(myoglobin)은 단백질 성분과 **보결분자단**(prosthetic group)이라는 비단백질 분자로 구성되어 있는 **복합 단백질**(conjugated protein)이다. 헤모글로빈과 마이오글로빈에 있는 보결분자단은 **헴**(heme)이다.

헴은 Fe^{2+} 이온이 **포피린**(porphyrin)이라 부르는 질소 헤테로고리와 복합체를 이룬 복잡한 유기

그림 29.18
콜라겐의 삼중 나선에 대한 두 가지 다른 그림

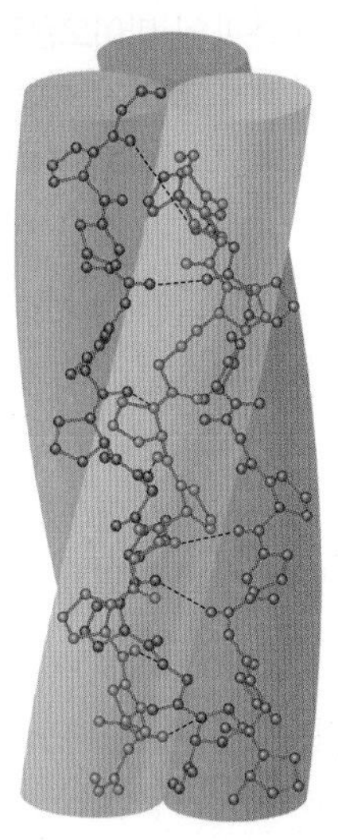

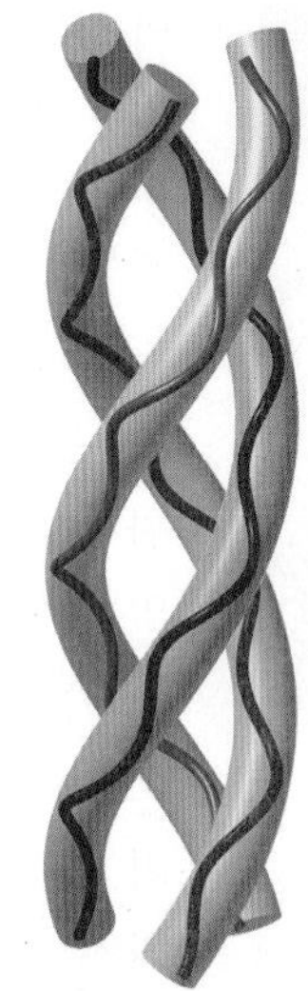

- 콜라젠에서는 특이한 좌선성 나선형의 폴리펩타이드 사슬 세 개가 서로의 주위를 감싸며 우선성 삼중 나선을 이룬다. 작은 글라이신 잔기의 함량이 높아 사슬들이 서로 근접할 수 있어 사슬 간 수소 결합이 가능하다.

화합물이다. 헤모글로빈과 마이오글로빈의 Fe^{2+} 이온은 혈액 중 산소와 결합한다. 적혈구 세포 안에 존재하는 헤모글로빈은 인체 내 필요한 곳에 산소를 운반한다. 반면에 마이오글로빈은 조직에서 산소를 저장한다. 헤모글로빈과 마이오글로빈의 리본 도형을 그림 29.19에 나타냈다.

헴

그림 29.19
마이오글로빈과 헤모글로빈을 위한 단백질 기본 구조

a. 마이오글로빈

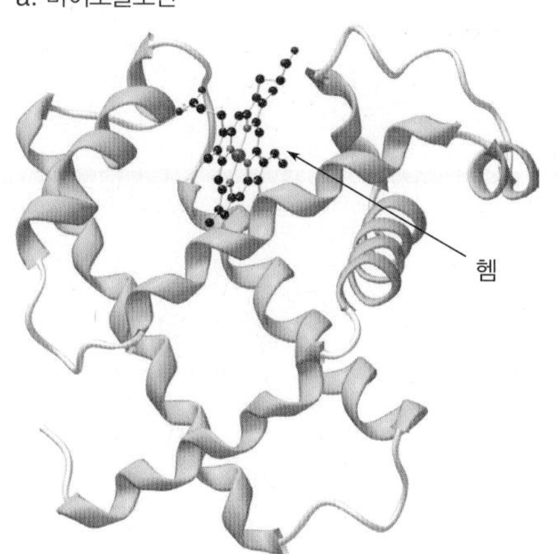

마이오글로빈은 공–막대 모형으로 나타낸 헴 단위를 포함하는 폴리펩타이드 사슬로 이루어져 있다.

b. 헤모글로빈

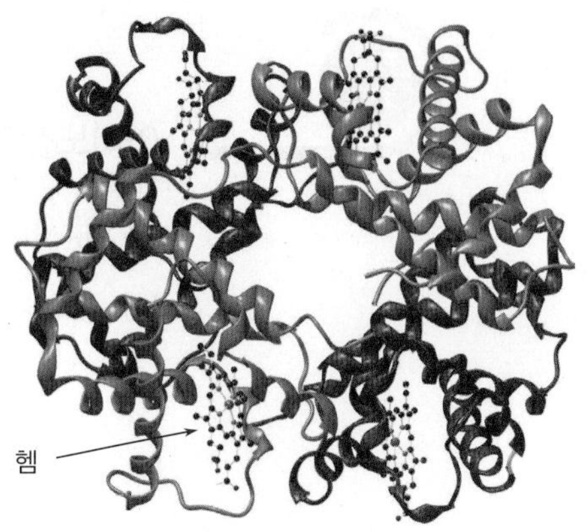

헤모글로빈은 붉은색으로 나타낸 두 개의 α 사슬과 푸른색으로 나타낸 두 개의 β 사슬 및 공–막대 모형으로 나타낸 네 개의 헴 단위로 이루어져 있다.

낫세포 빈혈증을 가진 사람의 '낫' 모양 적혈구는 모세관을 폐쇄하고(기관 상해를 초래) 쉽게 깨어진다(심각한 빈혈증 유도). 이 절망적인 질병은 헤모글로빈에서 단 한 개의 아미노산이 변화되어 일어난다. 한 개의 낫세포가 정상적인 모형을 가진 세 개의 적혈구에 의해 둘러싸여 있다.

이 장의 도입부에 있는 분자인 마이오글로빈은 153개의 아미노산 잔기를 가진 한 개의 폴리펩타이드 사슬이다. 서로 겹쳐져 접혀진 여덟 개의 α-나선 분절로 이루어진 폴리펩타이드 구멍 속에 보결분자단인 헴기가 들어 있다. 물 용매와 상호작용할 수 있도록 극성 잔기는 대부분 단백질의 외부에 위치한다. 단백질 내부 공간은 비극성 아미노산이 차지하고 있다. 심장 근육의 특징적인 붉은색은 마이오글로빈 성분 때문이다.

헤모글로빈은 네 개의 폴리펩타이드 사슬로 구성되어 있다(두 개의 α 소단위체와 두 개의 β 소단위체). 각 소단위체는 헴 단위로 구성된다. 헤모글로빈은 마이오글로빈보다 더 많은 비극성 아미노산을 가진다. 각 소단위체가 접힐 때 이들의 일부가 표면에 남는다. 이 소수성기 사이의 반데르발스 인력에 의해 네 개 소단위체의 사차 구조가 안정화된다.

일산화 탄소는 독성이 있다. 왜냐하면 이것이 산소보다 더 강하게 헤모글로빈의 Fe^{2+}와 결합하기 때문이다. CO와 복합체를 이룬 헤모글로빈은 폐로부터 조직으로 산소를 운반하지 못한다. 조직에서 대사가 일어나기 위해서 산소가 필요하고, 산소가 없으면 세포는 기능을 할 수 없어 죽게 된다.

모든 단백질의 특성은 그들의 삼차원 형태에 의해 좌우된다. 그리고 삼차원 구조는 그들의 아미노산 서열인 1° 구조에 따라 결정된다. 이것은 특히 정상적인 헤모글로빈과 낫세포(sickle cell) 헤모글로빈을 비교해보면 잘 나타난다. 낫세포 헤모글로빈은 두 β 소단위체인 한 아미노산이 글루탐산에서 발린으로 바뀐 돌연변이체이다. 한 개의 산성 아미노산(Glu)이 한 개의 무극성 아미노산(Val)으로 대체됨에 따라 헤모글로빈의 형태가 바뀌고, 이것이 헤모글로빈의 기능에 커다란 영향을 준다. 산소와 결합하지 않는 낫세포 헤모글로빈을 가진 적혈구는 긴 초승달 모양이 되고, 특히 쉽게 파괴될 수 있다. 그 결과 모세혈관 속을 잘 순환하지 못하고 통증과 염증을 일으킨다. 또 쉽게 깨어지고 열려서 심각한 빈혈과 기관 손상을 가져온다. 궁극적으로 고통을 겪다가 일찍 사망한다.

낫세포 빈혈(sickle cell anemia)이라 부르는 이 질병은 대부분 중앙 및 서부 아프리카 지역 출신 사람들 가운데서 발견되는데, 이 지역은 말라리아 문제가 심각한 곳이다. 낫세포 헤모글로빈은 헤모글로빈 합성에 관계되는 DNA의 서열에 일어난 유전적 변이에서 발생한다. 양쪽 부모 모두로부터 이 변이를 물려받은 사람은 낫세포 빈혈에 걸린다. 한쪽 부모로부터만 이 변이를 물려받은 사람은 낫세포 증후만 나타난다. 이들은 낫세포 빈혈에는 걸리지 않으며, 말라리아에 정상인보다 더 강한 저항성을 가진다. 이것이 이 유해한 유전자가 세대를 이어 전해 내려 올 수 있었던 명백한 이유이다.

아미노산과 단백질

아미노산의 합성(29.2절)

[1] α-할로 카복실산의 S_N2 반응

$$\mathrm{RCH(Br)COOH} \xrightarrow[\text{(매우 과량)}\ S_N2]{NH_3} \mathrm{RCH(NH_2)COO^-}\ NH_4^+ + NH_4^+Br^-$$

[2] 다이에틸 아세트아미도말로네이트의 알킬화 반응

[1] NaOEt
[2] RX
[3] H_3O^+, Δ

- 입체 장애가 없는 할로젠화 알킬, 즉 CH_3X와 RCH_2X와 가장 잘 반응

[3] 스트레커 합성

NH_4Cl / NaCN → α-아미노나이트릴 → H_3O^+

광학 활성 아미노산의 제법

[1] 부분입체이성질체로 바꾸어 거울상이성질체를 분할(29.3A절)

- 아미노산의 라셈 혼합물을 *N*-아세틸 아미노산의 라셈 혼합물[(*S*)-와 (*R*)-$CH_3CONHCH(R)COOH$]로 전환
- 거울상이성질체 혼합물을 카이랄 아민으로 처리하여 부분입체이성질체 혼합물로 바꿈
- 부분입체이성질체를 분리
- 카복실산염의 양성자 첨가 반응과 *N*-아세틸기 가수분해 반응으로 아미노산을 회수함

[2] 효소를 이용한 반응속도론적 분할(29.3B절)

(*S*)-이성질체 —Ac_2O→ —아실 효소→ (*S*)-이성질체

(*R*)-이성질체 —Ac_2O→ —아실 효소→ 회수된 아마이드 **반응하지 않음**

거울상이성질체 거울상이성질체 분리

[3] 거울상선택성 수소화 반응(29.4절)

H_2, Rh* → *S* 거울상이성질체 —H_2O, ^-OH→ *S* 아미노산

Rh* = 카이랄 Rh 수소화 반응 촉매

펩타이드의 아미노산 서열을 정하는 데 사용되는 방법 요약(29.6절)

- 펩타이드 안의 모든 아마이드 결합을 완전히 가수분해시키고, 형성된 각각의 아미노산의 양을 측정한다.
- 에드만 분해를 이용해서 N-말단 아미노산을 확인한다. 에드만 분해를 반복적으로 사용해서 N-말단 쪽의 아미노산의 순서를 확인한다.
- 카복시펩타이드 가수 분해 효소를 이용해서 C-말단 아미노산을 확인한다.
- 펩타이드를 부분 가수분해하여 아미노산 서열 확인이 쉬운 작은 조각으로 나눈다. 작은 수의 아미노산으로 이루어진 펩타이드는 완벽한 서열 확인이 가능하다.
- 트립신이나 키모트립신에 의한 선택적인 위치에서 일어나는 분해 반응을 이용하면, 특정한 아미노산의 위치를 파악하는 데 도움이 된다.

아미노산 보호기의 부착과 제거(29.7절)

[1] Boc 유도체로 아미노기 보호

(Boc)$_2$O, Et$_3$N

[2] Boc 보호기 제거로 아미노산 탈보호

CF$_3$CO$_2$H or HCl or HBr

[3] Fmoc 유도체로 아미노기 보호

Fmoc−Cl, Na$_2$CO$_3$, H$_2$O

[4] Fmoc 보호기 제거로 아미노산 탈보호

[5] 에스터화로 카복시기 보호

CH$_3$OH, H$^+$ → 메틸 에스터

Ph⌒OH, H$^+$ → 벤질 에스터

[6] 에스터기 제거로 탈보호

메틸 에스터: $^-$OH, H$_2$O

벤질 에스터: H$_2$O, $^-$OH 또는 H$_2$, Pd-C

다이펩타이드 합성(29.7절)

[1] DCC를 이용한 아마이드 형성

DCC

[2] 다이펩타이드를 합성하는 데 필요한 네 단계

a. Boc기 또는 Fmoc기로 아미노산의 아미노기 **보호**

b. 에스터화로 두 번째 아미노산의 카복시기 **보호**

c. **DCC**로 아마이드 형성

d. 한 단계 또는 두 단계 반응으로 **두 보호기의 제거**

메리필드(Merrifield) 펩타이드 합성법의 요약(29.8절)

[1] Fmoc-보호된 아미노산을 폴리스타이렌 유도체의 고분자에 부착

[2] Fmoc-보호기의 제거

[3] DCC를 사용하여 제2의 Fmoc-보호된 아미노산과 아마이드 결합 생성

[4] 단계 [2]와 [3] 반복

[5] 고분자로부터 펩타이드 분리 후 보호기 제거

삼차원 모델을 이용하는 문제

29.29 다음 아미노산을 각 시약과 반응시켰을 때 생성되는 생성물의 구조를 그려라.

(a) CH_3OH, H^+ (b) CH_3COCl, 피리딘 (c) HCl(1당량) (d) NaOH(1당량) (e) $C_6H_5N{=}C{=}S$.

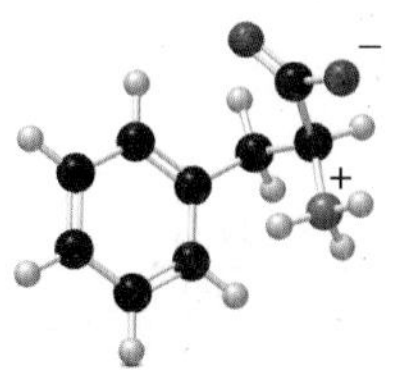

29.30 다음 펩타이드를 참고하여, (a) N-말단과 C-말단 아미노산이 무엇인지 나타내라. (b) 한 글자 약어를 이용하여 펩타이드를 나타내라. (c) 펩타이드 골격에 있는 모든 아마이드 결합을 표시하라.

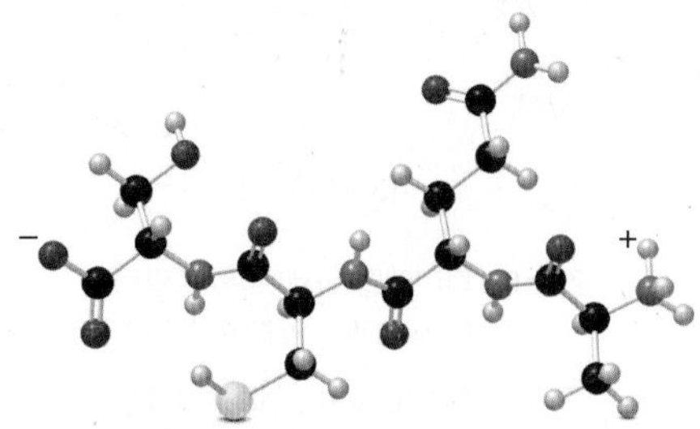

29.31 적절한 아미노산 출발물을 이용하여 다이펩타이드를 합성하는 과정을 제안하라.

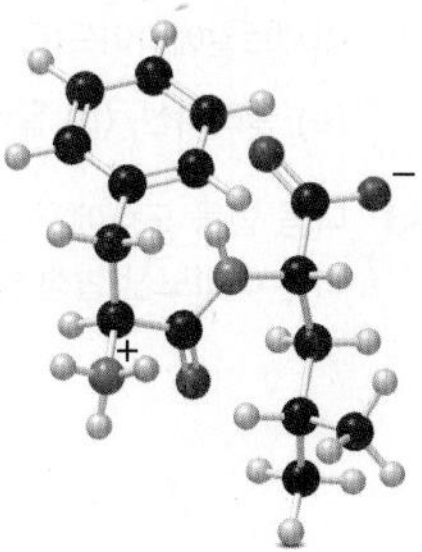

아미노산

29.32

HS, O, O^-, $\overset{+}{N}H_3$

페니실아민

a. (*S*)-페니실아민은 단백질을 구성하는 아미노산이 아니지만 선천적 구리 대사 결함증인 윌슨 병의 치료에 구리 킬레이트제로 사용된다. (*R*)-페니실아민은 독성이 있어 때로는 실명을 일으킨다. (*R*)-과 (*S*)-페니실아민의 구조를 그려라.

b. (*S*)-페니실아민의 산화로부터 어떤 이황화물이 생성되는가?

29.33 히스티딘은 오원자 고리를 구성하는 N 원자 중 한 개가 산에 의하여 쉽게 양성자 첨가하기 때문에 염기성 아미노산으로 분류된다. 히스티딘의 어느 N 원자에 양성자가 첨가되는가? 이유는?

29.34 트립토판은 질소 원자를 함유한 헤테로고리가 있지만 염기성 아미노산으로 분류하지 않는다. 트립토판의 오원자 고리를 이루는 N 원자는 산에 의해 쉽게 양성자 첨가되지 않는다. 이유를 설명하라.

29.35 등전점에서 다음 각 아미노산의 구조는 무엇인가?

(a) 알라닌 (b) 메싸이오닌 (c) 아스파트산 (d) 라이신

29.36 pH = 1에서 다음과 각 아미노산의 주 형태는 무엇인가? 이 pH에서 아미노산의 전체 전하는 무엇인가?

(a) 트레오닌 (b) 메싸이오닌 (c) 아스파트산 (d) 아르기닌

29.37 pH = 11에서 다음 각 아미노산의 주 형태는 무엇인가? 이 pH에서 아미노산의 전체 전하는 무엇인가?

(a) 발린 (b) 프롤린 (c) 글루탐산 (d) 라이신

29.38 a. 트라이펩타이드 A–A–A의 구조를 그리고, 두 개의 이온화될 수 있는 작용기를 표시하라.

b. pH = 1에서 A–A–A의 우세한 형태는?

c. 두 개의 이온화될 수 있는 작용기의 pK_a 값(3.39와 8.03)은 알라닌의 pK_a 값(2.35와 9.87, 표 29.1 참조)과는 상당히 다르다. 관찰된 pK_a 값의 차이를 설명하라.

아미노산의 합성과 반응

29.39 각 반응의 유기 생성물을 그려라.

a. 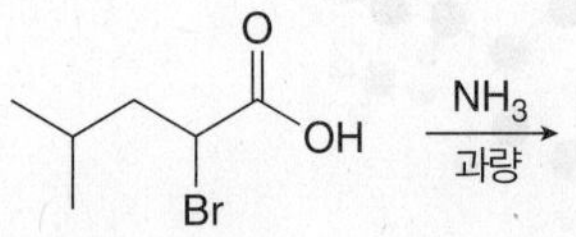 (2-bromo-4-methylpentanoic acid: OH, Br) $\xrightarrow[\text{과량}]{NH_3}$

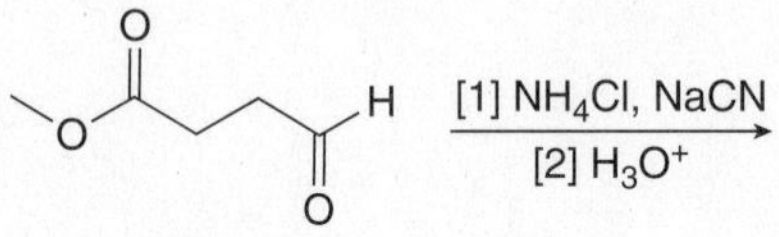

b. 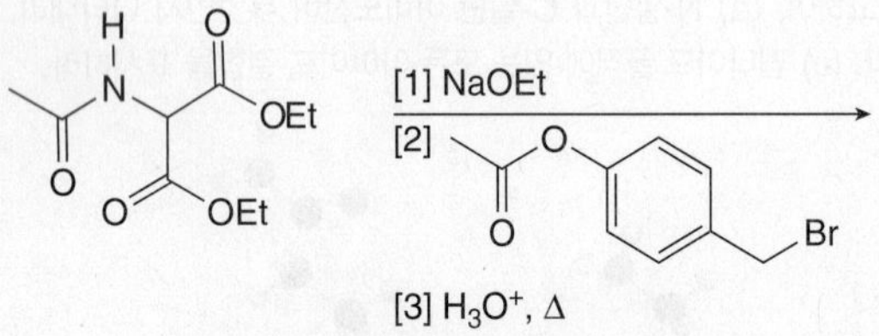 (diethyl acetamidomalonate: H, N, O, OEt, OEt) [1] NaOEt [2] (4-(bromomethyl)phenyl acetate: O, O, Br) [3] H_3O^+, Δ

c. (O, O, H, O) [1] NH_4Cl, NaCN [2] H_3O^+

d. 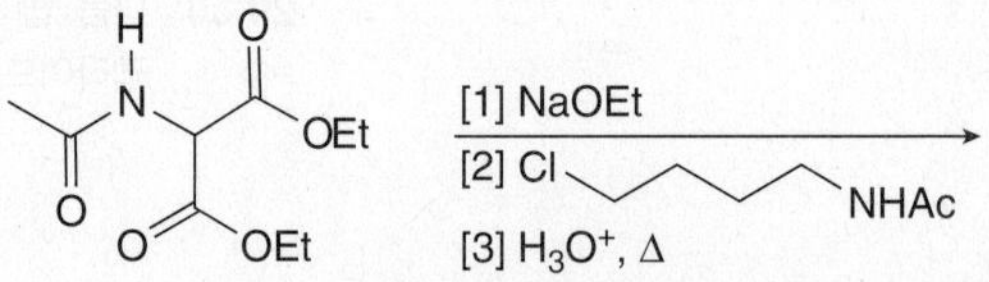 (diethyl acetamidomalonate: H, N, O, OEt, OEt) [1] NaOEt [2] Cl(CH₂)₄NHAc — Cl, NHAc [3] H_3O^+, Δ

29.40 다이에틸 아세트아미도말로네이트(diethyl acetamidomalonate)로부터 다음 아미노산을 합성하기 위하여 어떤 할로젠화 알킬이 필요한가?

(a) Asn, (b) His, (c) Trp

29.41 다이에틸 아세트아미도말로네이트(diethyl acetamidomalonate)로부터 트레오닌을 합성하라.

29.42 아세트알데하이드(CH_3CHO)로부터 다음 아미노산을 합성하라.

(a) 글라이신, (b) 알라닌

29.43 다음 반응 도식에서 문자로 표시된 중간체를 적어라. 이것은 가브리엘(Gabriel)의 1차 아민 합성법을 이용한 또 다른 아미노산 합성 방법이다(25.7A절).

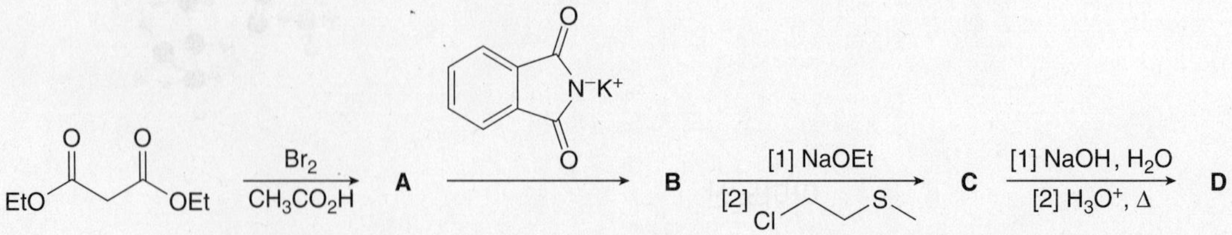

EtO(C=O)CH₂(C=O)OEt $\xrightarrow[CH_3CO_2H]{Br_2}$ **A** $\xrightarrow{\text{(potassium phthalimide, } N^-K^+)}$ **B** $\xrightarrow[\text{[2] Cl}\sim\text{S}\sim]{\text{[1] NaOEt}}$ **C** $\xrightarrow[\text{[2] } H_3O^+, \Delta]{\text{[1] NaOH, } H_2O}$ **D**

29.44 다음 반응 순서에 의하여 글루탐산을 합성할 때, 단계 [1]~[3]의 메커니즘을 차례로 그려라.

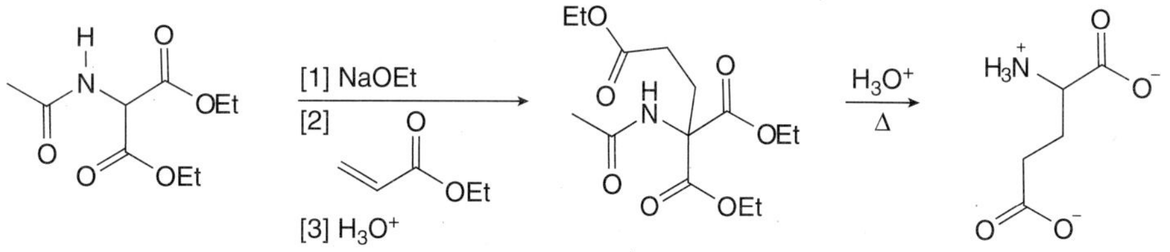

[1] NaOEt
[2] (acrylate ester, OEt)
[3] H_3O^+

H_3O^+, Δ

글루탐산

29.45 다음 반응 과정에서 **A~E**의 구조를 제안하라.

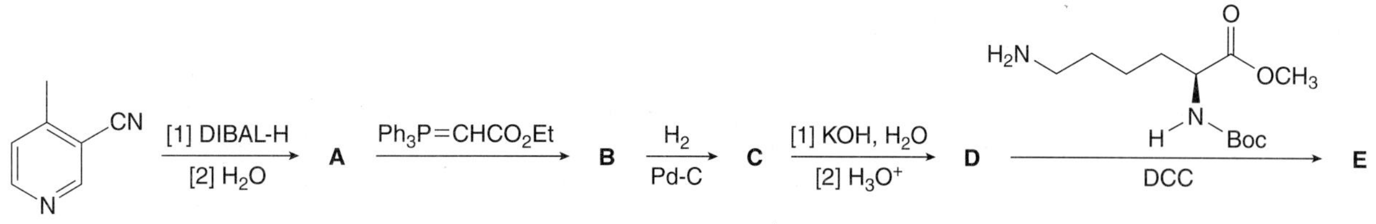

[1] DIBAL-H, [2] H_2O → **A**; $Ph_3P{=}CHCO_2Et$ → **B**; H_2, Pd-C → **C**; [1] KOH, H_2O, [2] H_3O^+ → **D**; (H_2N…CO_2CH_3, N(H)Boc), DCC → **E**

분할: 카이랄 아미노산의 합성

29.46 항 혈소판 약물인 클로피도그렐(clopidogrel)의 두 거울상이성질체를 10-캠퍼설폰산(camphorsulfonic acid)을 이용하여 분할하는 방법을 제안하라.

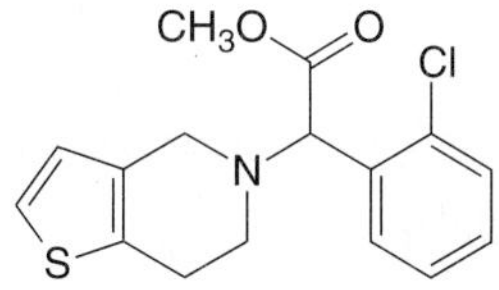

클로피도그렐 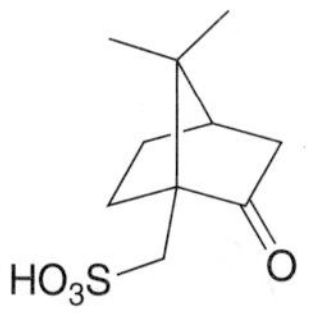 10-캠퍼설폰산

29.47 아미노산을 분할하는 데 사용하는 다른 방법은 카복시기를 에스터로 전환한 후 다른 카이랄 카복실산을 자유 아미노기에 산-염기 반응시키는 것이다. (*R*)-만델산을 분할제로 사용하는 일반적인 과정을 아래에 나타내었다. (*R*)-만델산을 분할제로 사용하여 알라닌 거울이성질체의 라셈 혼합물을 분할하기 위한 과정을 기술하라.

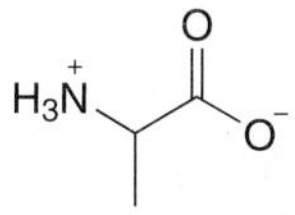

알라닌
(두 거울상이성질체)

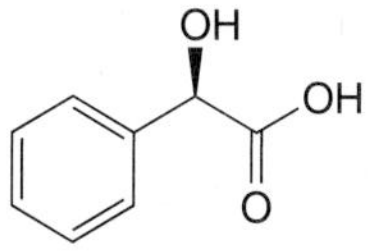

(*R*)-만델산

29.48 브루신(brucine)은 독성이 있는 알칼로이드로서 인도, 스리랑카 그리고 북호주에서 자라는 마전자(*Strychnos nux vomica*) 나무에서 얻어진다. 브루신을 이용하여 페닐알라닌의 라셈 혼합물을 분할하는 방법을 29.3A절에서 보여 준 것과 같이 그려라.

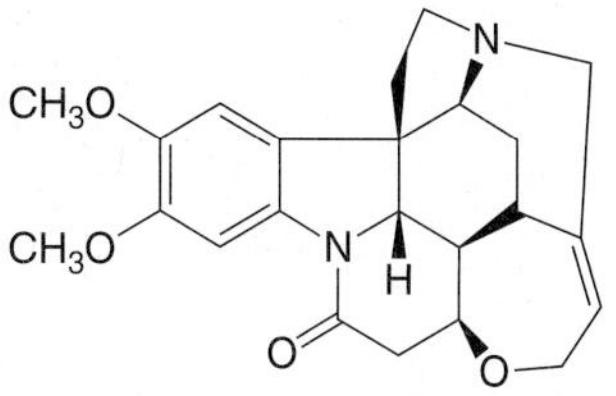

부루신

29.49 각 반응에서 생성되는 유기 생성물을 그려라.

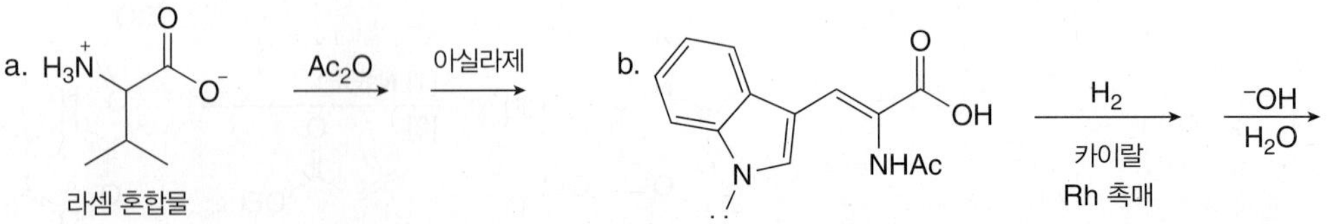

a. $H_3\overset{+}{N}$ … O^- 라셈 혼합물 → Ac_2O → 아실라제

b. NHAc, OH, N → H_2 카이랄 Rh 촉매 → ^-OH H_2O

29.50 A를 이용하여 파킨슨씨 병을 치료하는 데 유용하게 사용되는 희귀한 아미노산인 L-도파(L-Dopa)로 변환하는 데 필요한 두 단계 반응은 무엇인가? 이 두 단계는 카이랄 전이 금속 촉매를 사용한 첫 번째 상업적 비대칭 합성의 핵심 반응들로서 1974년 몬산토(Monsanto)에서 개발하였다.

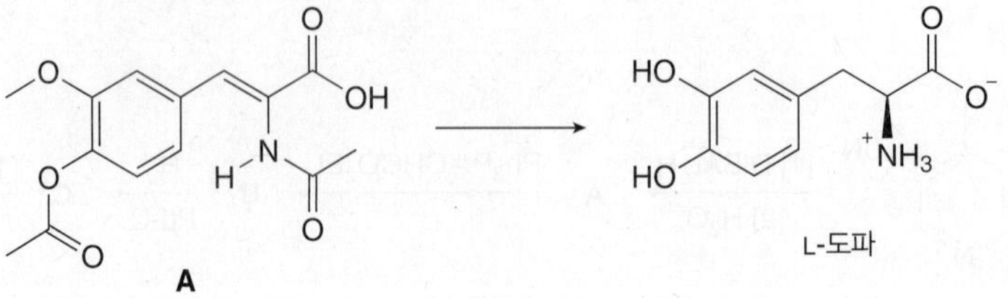

A → L-도파

펩타이드 구조와 서열 결정

29.51 다음 각 펩타이드의 구조를 그려라.

(a) Phe–Ala, (b) Gly–Gln, (c) Lys–Gly, (d) R–H

29.52 테트라펩타이드 Asp–Arg–Val–Tyr에 대하여,

a. 한 문자 약칭으로 펩타이드를 명명하라.

b. 구조를 그려라.

c. 아마이드 결합을 모두 표시하라.

d. N-말단과 C-말단을 표시하라.

29.53 다음 펩타이드를 구성하는 아미노산을 세 자리 약어와 한 자리 약어로 약칭하여 펩타이드를 명명하라.

a. 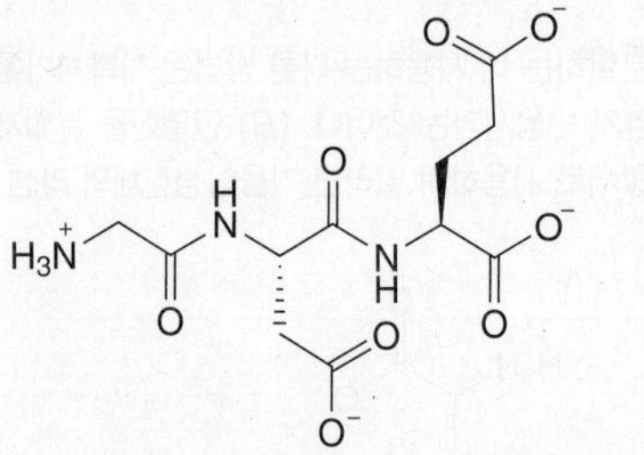 b.

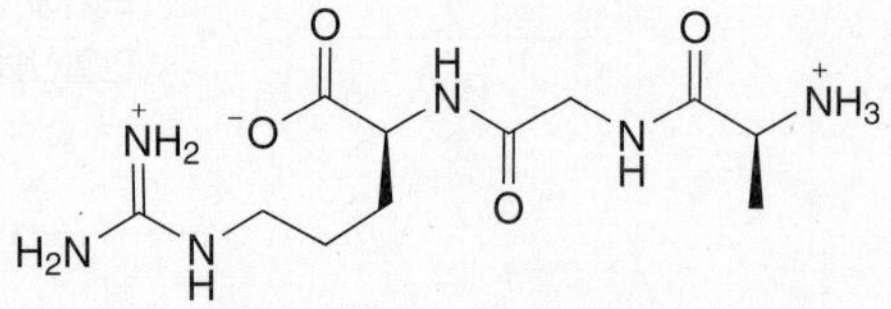

29.54 그라미시딘(Gramicidin) S는 바실루스 브레비스(*Bacillus brevis*) 박테리아가 생산하는 국소 항생제로 5개의 아미노산으로 형성된 고리형 데카펩타이드이다. 그라미시딘 S를 형성하는 아미노산의 구조를 그리고, 이 화합물이 두 가지 특이한 구조적 특징을 갖는 이유를 설명하라.

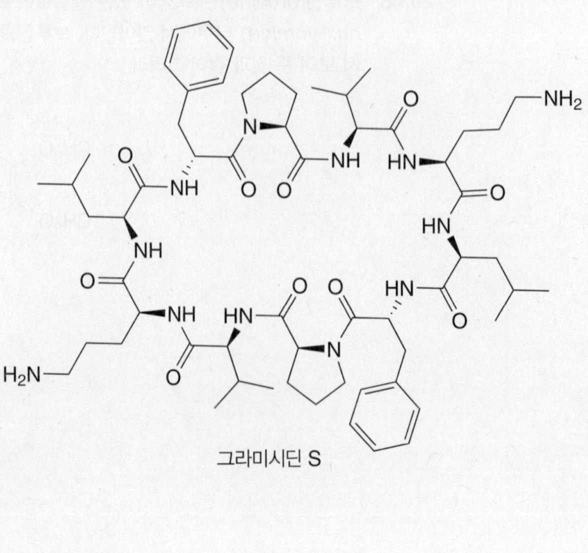

그라미시딘 S

29.55 데카펩타이드 A–P–F–L–K–W–S–G–R–G을 다음 시약이나 효소로 처리할 때 형성되는 아미노산과 펩타이드를 쓰라.

a. 키모트립신

b. 트립신

c. 카복시펩타이드 가수 분해 효소

d. $C_6H_5N{=}C{=}S$.

29.56 데카펩타이드 안지오텐신 I(angiotensin I)을 이용하여 다음 문제에 답하라.

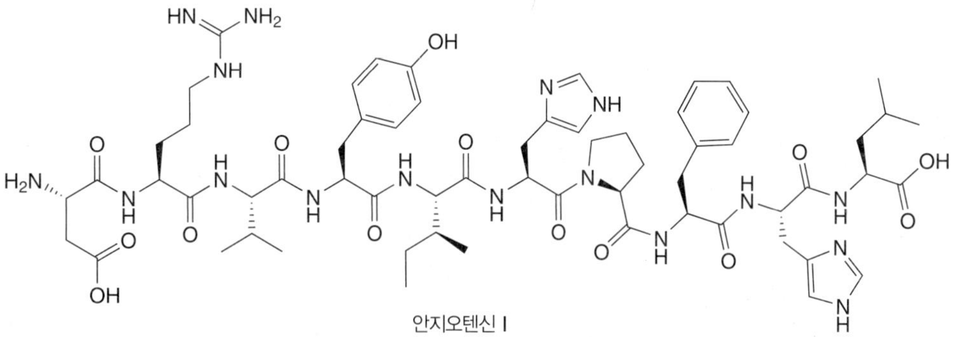

안지오텐신 I

a. 안지오텐신 I을 트립신과 반응시키면 어떤 생성물이 형성되는가?

b. 안지오텐신 I을 카이모트립신과 반응시키면 어떤 생성물이 형성되는가?

c. 안지오텐신 I을 ACE(안지오텐신 전환 효소)와 반응시키면 페닐알라닌으로부터 유래된 카보닐기와 아마이드 결합 만이 절단되어 두 가지 생성물을 얻을 수 있다. 더 큰 폴리펩티드는 혈관을 좁히고 혈압을 올리는 호르몬인 안지오텐신 II이다. 세 자리 약어를 사용하여 안지오텐신 II의 아미노산 서열을 쓰라. ACE 억제제는 ACE 효소를 억제하여 혈압을 낮추는 약물이다(문제 5.15).

29.57 산으로 펩타이드를 부분 가수분해하였을 때 형성되는 조각에 대한 다음의 결과를 살펴보고, 펩타이드의 아미노산 서열을 쓰라.

a. Ala, Gly, His, Tyr을 포함하는 테트라펩타이드로서 부분 가수분해되었을 때 His–Tyr, Gly–Ala, Ala–His이 형성된다.

b. Glu, Gly, His, Lys, Phe을 포함하는 펜타펩타이드로서 부분 가수분해되었을 때 His–Gly–Glu, Gly–Glu–Phe, Lys–His이 형성된다.

29.58 주어진 실험 데이터를 잘 살펴보고 Ala, Gly (2당량), His (2당량), Ile, Leu, Phe 아미노산으로 이루어진 옥타펩타이드의 아미노산 서열을 쓰라. 에드만 분해에 의해 Gly가 떨어져 나오고, 카복시펩타이드 가수 분해 효소에 의해서는 Leu와 헵타펩타이드가 형성된다. 부분 가수분해에 의해서는 다음 조각이 얻어진다. Ile–His–Leu, Gly, Gly–Ala–Phe–His, Phe–His–Ile.

29.59 어떤 옥타펩타이드가 Arg, Glu, His, Ile, Leu, Phe, Tyr과 Val 아미노산을 포함하고 있다. 이 옥타펩타이드를 카르복시펩티다제로 처리하면 Phe와 헵타펩타이드가 형성된다. 이 옥타펩타이드를 키모트립신으로 처리하면 두 개의 테트라펩타이드 **A**와 **B**가 형성된다. 다시 **A**를 트립신으로 처리하면 두 개의 다이펩타이드 **C**와 **D**가 형성된다. 각각의 펩타이드를 에드만 분해하면 Glu(옥타펩타이드), Glu (**A**), Ile (**B**), Glu (**C**)과 Val (**D**) 같은 아미노산이 나온다. 테트라펩타이드인 B를 부분 가수분해하면 Ile–Leu가 나오며 그밖에 여러 화합물이 나온다. 옥타펩타이드와 **A**~**D** 조각의 구조를 쓰라.

펩타이드 합성

29.60 각 반응에서 생성되는 유기 생성물을 그려라.

a. 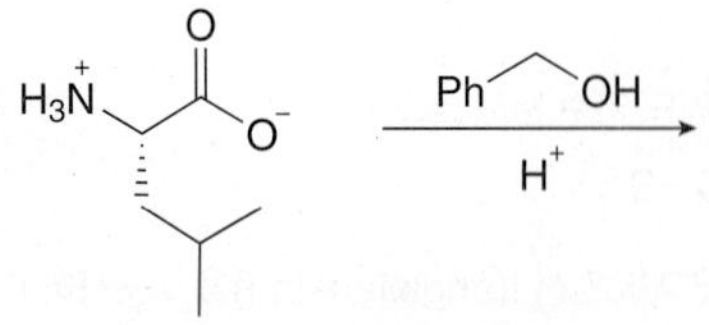 $H_3\overset{+}{N}$ … O^- —(Ph⌒OH, H^+)→
d. (Boc-Val-OCH₂Ph 구조)

b. 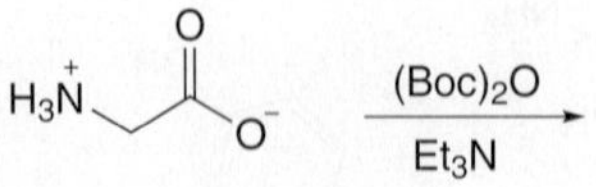 $H_3\overset{+}{N}$ … O^- —($(Boc)_2O$, Et_3N)→
e. d의 생성물 —(CF_3COOH)→

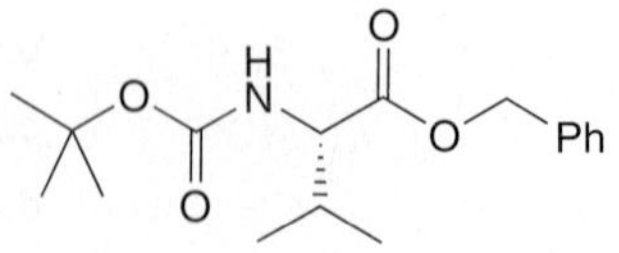

c. a의 생성물 + b의 생성물 —(DCC)→
f. 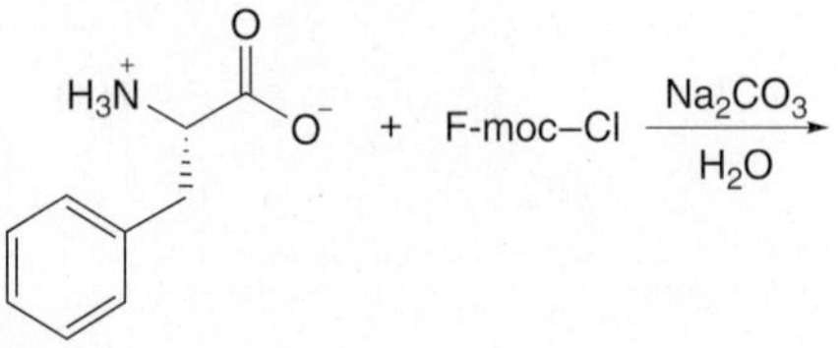 $H_3\overset{+}{N}$ … O^- + F-moc–Cl —(Na_2CO_3, H_2O)→

29.61 아미노산으로부터 다음의 각 펩타이드를 합성하는 모든 단계를 쓰라.

a. Gly–Ala b. Phe–Leu c. Ile–Phe

29.62 Merrified 법을 사용하여 각 펩타이드를 합성하는 단계를 적어라.

a. Ala–Leu–Phe–Phe b. Phe–Gly–Ala–Ile.

29.63 펩티드 합성에 사용 된 Boc 및 Fmoc 보호기 외에도 아민은 벤질 클로로포르메이트($C_6H_5CH_2OCOCl$)와의 반응에 의해 보호될 수 있다. 알라닌과 벤질 클로로포르메이트의 반응에 의해 생성 된 생성물의 구조를 그려라.

29.64 펩타이드 결합을 생성하기 위한 또 다른 방법은 다음 두 단계 과정이다.

[1] Boc-보호된 아미노산을 *p*-나이트로페닐 에스터로 전환

[2] 아미노산 에스터와 *p*-나이트로페닐 에스터를 반응시킴

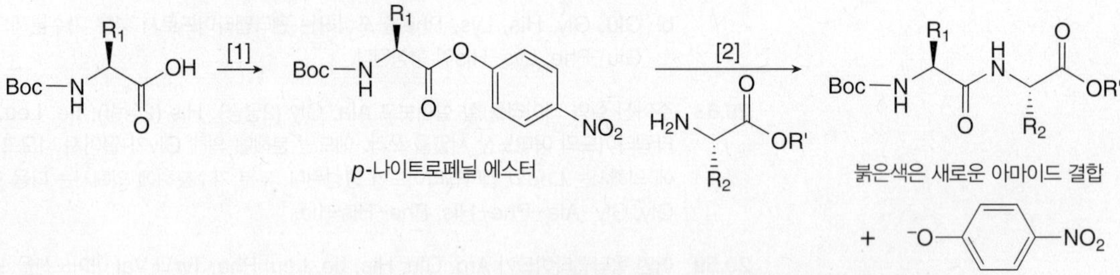

Boc–NH–CH(R_1)–COOH —[1]→ Boc–NH–CH(R_1)–CO–O–C_6H_4–NO_2 (*p*-나이트로페닐 에스터) —[2], H_2N–CH(R_2)–COOR'→ Boc–NH–CH(R_1)–CO–NH–CH(R_2)–COOR' + ^-O–C_6H_4–NO_2

붉은색은 새로운 아마이드 결합

a. 아마이드 생성에서 *p*-나이트로페닐 에스터가 첫 번째 아미노산의 카복시기를 어떻게 '활성화'하는가?

b. *p*-메톡시페닐 에스터가 이 기능을 수행할 수 있는가? 가부를 판단하고 설명하라.

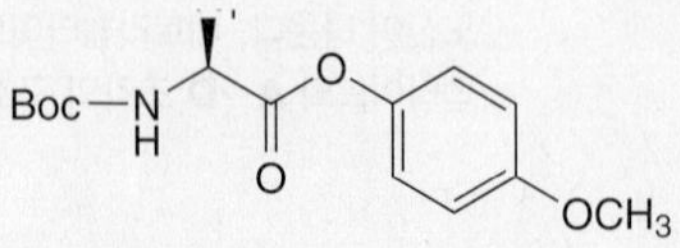

Boc–NH–CH(R')–CO–O–C_6H_4–OCH_3

p-메톡시페닐 에스터

29.65 아래의 조건에서 아미노산으로부터 Fmoc기를 제거하는 반응의 메커니즘을 그려라.

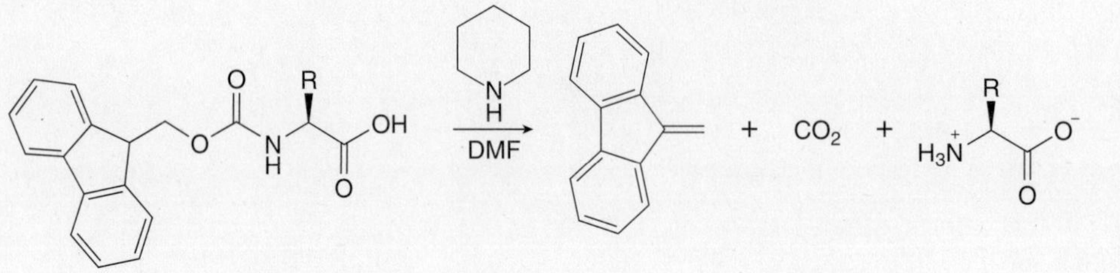

Fmoc–NH–CH(R)–COOH —(piperidine, DMF)→ dibenzofulvene + CO_2 + $H_3\overset{+}{N}$–CH(R)–COO^-

단백질

29.66 다음 아미노산 중 일반적으로 구형 단백질의 내부에서 발견되는 것은 어느 것이며, 외부에서 발견되는 것은 어느 것인가?

a. 페닐알라닌 c. 라이신 e. 아르기닌

b. 아스파트산 d. 아이소루신 f. 글루탐산

29.67 콜라젠의 펩타이드 사슬은 합성된 후 많은 프롤린 잔기에 있는 고리 탄소 중 하나가 수산화된다. 이 과정이 콜라젠의 삼중 나선 형성에 중요한 이유는 무엇인가?

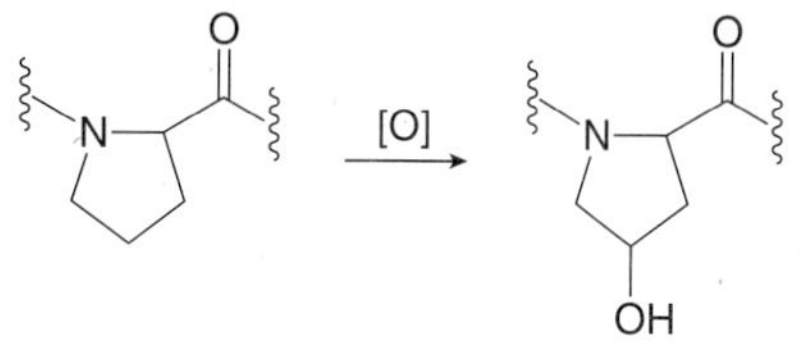

[O]

OH

도전 문제

29.68 3-메틸뷰탄알[$(CH_3)_2CHCH_2CHO$)]을 단독 출발물로 사용하여 트라이펩타이드 Val–Leu–Val을 합성하는 반응 과정을 고안하라. 필요하면 어떤 유기, 무기 시약이든지 사용해도 좋다.

29.69 비대칭 수소화 반응(29.4절) 이외에도, 지금은 몇 가지 다른 방법을 이용하여 광학 활성 아미노산을 합성할 수 있다. 스트레커 합성법과 같은 반응을 어떻게 카이랄 아미노산 합성에 응용할 수 있는가?

29.70 항비만 작용을 하는 올리스타트(orlistat)는 소장에서 중성지방(트라이글리세롤)을 분해하는 췌장 지방분해 효소를 비가역적으로 저해한다. 따라서 이것은 체내에서 대사되지 않고 배설된다. 저해작용은 효소의 세린 잔기가 올리스타트와 반응하여 공유 결합으로 연결된, 비활성 효소 생성물을 만들기 때문에 일어난다. 저해 작용으로 생성된 효소-올리스타트 공유 결합 생성물 구조를 그려라.

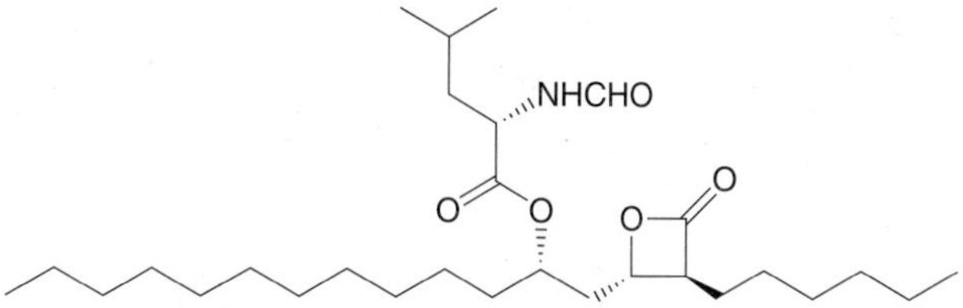

NHCHO

29.71 메커니즘 29.2에서 설명한 바와 같이, 에드만 분해의 마지막 단계는 싸이아졸리온 (thiazolinone)으로부터 *N*-싸이하이단토인(phenylthiohydantoin)으로의 자리 옮김 반응이다. 이 산–촉매 반응에 대한 단계별 메커니즘을 쓰라.

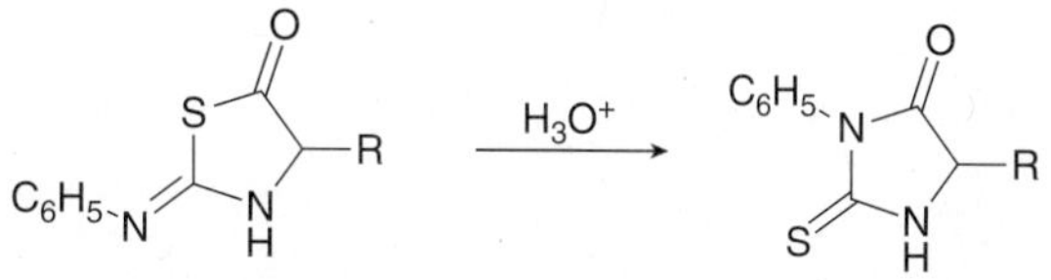

H_3O^+

싸이아졸리온 *N*-페닐싸이하이단토인

Chapter

30 합성 고분자
Synthetic Polymers

폴리에틸렌 테레프탈레이트[Polyethylene terephthalate (PET)]는 에틸렌 글라이콜[ethylene glycol($HOCH_2CH_2OH$)]과 테레프탈산(terephthalic acid)으로부터 합성된 고분자이다. PET는 중량이 가볍고 공기나 습기를 잘 통과시키지 않는 성질이 있어서 투명한 음료수 보관 병으로 널리 사용된다. PET는 또한 다크론(Dacron)이라는 상품명으로 팔리고 있는 합성 섬유의 제조에도 사용된다. 여섯 종류의 가장 널리 사용되는 합성 고분자 중에서 PET는 가장 쉽게 재사용되고 있는데, 재사용 코드 1번으로 명명된 음료수 병들은 거의 완전히 PET로만 구성되어 있기 때문이다. 재사용을 위해 수거된 PET는 양털 모양의 천이나 카펫의 제조에 사용된다. 이번 30장에서는 이러한 PET와 같은 합성 고분자들의 합성 및 물성에 대해서 공부한다.

30장에서는 단위체(monomer)라고 불리는 반복 단위가 공유 결합에 의해 서로 연결된 거대한 유기 분자인 고분자(polymer)에 대해서 배운다. 고분자에는 28장과 29장에서 각각 배운 당과 단백질과 같은 천연고분자와 실험실에서 합성되는 고분자가 있다.

이 장에서는 합성 고분자(synthetic polymer)에 대해서 주로 배우며 15장과 22장에서 이미 배운 각종 재료에 대해서도 다루기로 한다. 수천 가지 종류의 합성 고분자가 현재 만들어지고 있다. 몇몇 종류의 고분자는 천연 화합물을 모방한 성질이있지만 대부분의 경우 매우 독특한 성질을 가진다. 비록 모든 고분자의 분자량이 크지만, 크기나 고분자 사슬의 가지 및 기능기의 종류 등 모든 개별적 특성들이 고분자의 성질을 결정하므로 이러한 특성들을 조정하여 사용 목적에 적합한 물질을 얻을 수 있다.

30.1 서론

고분자는 **단위체**라고 불리는 반복 단위가 공유 결합으로 연결된 거대한 유기 분자이다. 고분자(polymer)라는 단어는 그리스어의 '많은 부분'이라는 의미의 *poly*와 *meros*에서 유래되었다.

중합은 단위체가 연결되어 고분자가 되는 과정이다.

합성 고분자는 실험실에서 합성되는 어떠한 화합물보다도 현대사회를 구성하는 매우 중요한 요소임에 틀림없다. 나일론 배낭, 폴리에스터 의복, 자동차 범퍼, CD 케이스, 우유 통, 과일 바구니, 인공 심장 판막 및 콘돔에 이르기까지 셀 수 없을 정도로 많은 물질들이 합성 고분자로 이루어져 있다. 1976년 이후로 미국의 합성 고무 생산은 철강 생산을 넘어서고 있다. 그림 30.1은 몇 가지 제품과 그것을 이루는 고분자를 나타낸다.

합성 고분자는 연쇄 성장 고분자와 단계 성장 고분자로 나누어진다.

- 첨가 고분자(addition polymer)라고도 불리는 연쇄 성장 고분자(chain-growth polymer)는 연쇄 반응에 의해서 만들어진다.

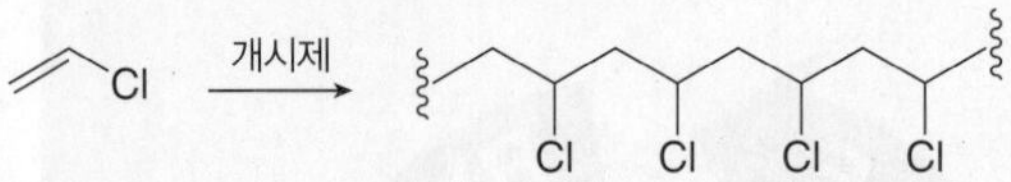

그림 30.1 몇 가지 고분자 제품들

- 우리의 일상생활은 합성 고분자들로 둘러싸여 있다. 자전거 선수는 합성 고무로 된 타이어를 이용하며, 폴리에틸렌 물병의 물을 마시고, 렉산으로 된 헬멧과 안경을 쓰고, 가벼운 나일론 배낭을 착용하고 있다.

그림 30.2
고분자의 축약 표현 반복 단위

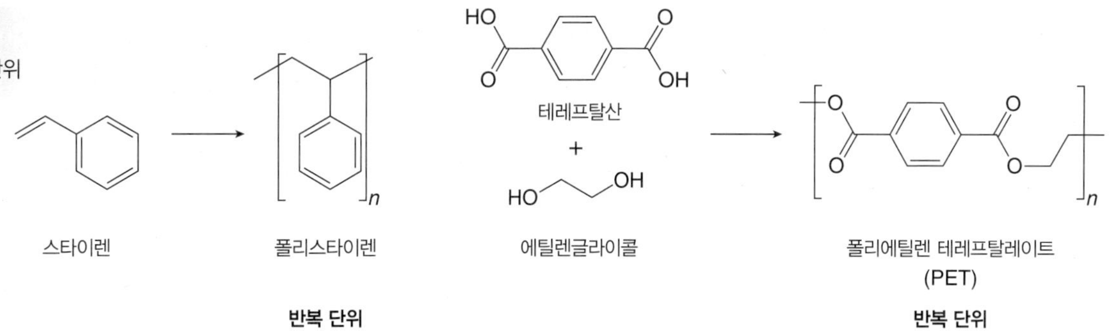

스타이렌 폴리스타이렌 테레프탈산 + 에틸렌글라이콜 폴리에틸렌 테레프탈레이트 (PET)

반복 단위 반복 단위

이러한 물질들은 고분자 사슬의 성장 말단에 단위체가 첨가되면서 만들어진다. 염화 바이닐에서 폴리(염화 바이닐)가 만들어지는 것이 연쇄 성장 중합의 대표적인 예일 것이다. 이 반응은 15.14절에 자세히 소개되어 있다.

- 축합 고분자(condensation polymer)라고도 불리는 단계 성장 고분자(step-growth polymer)는 두 개의 작용기가 있는 단위체가 결합하면서 물이나 HCl과 같은 분자를 방출하면서 형성된다.

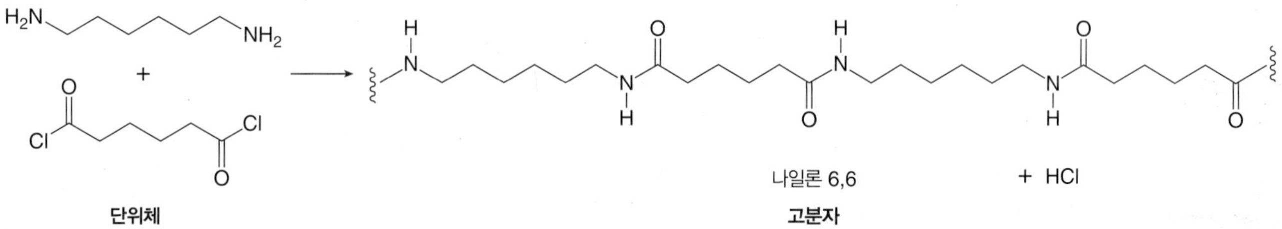

단위체 나일론 6,6 + HCl
고분자

이러한 반응에서는 가능한 어떠한 분자도 참가할 수 있으며, 반드시 단위체가 성장 말단에 첨가될 필요는 없다. 단계 성장 중합은 22.16절에 기술된 것 같은 폴리아마이드, 폴리에스터의 합성에 이용된다.

1~27장에서 배운 1000 g/mol 이하 분자량의 각종 유기 분자들과 달리, 고분자는 분자량이 10,000~1,000,000 g/mol 정도로 매우 크다. 합성 고분자는 사슬의 길이가 각각 다른 개개의 고분자가 섞여 있는 혼합물로서 고분자 사슬의 평균 길이에 기초하여 분자량의 평균값을 사용한다.

일반적으로 고분자의 구조는 그림 30.2처럼 사슬을 구성하는 반복 단위를 괄호로 묶어 간단히 표현한다.

문제 30.1 30.1절의 폴리(염화 바이닐)[poly(vinyl chloride)]과 나일론 6,6(nylon 6,6)의 축약된 구조를 그려라.

30.2 연쇄 성장 고분자—첨가 고분자

연쇄 성장 중합은 일반적으로 알켄으로 구성된 유기 출발물이 라디칼, 음이온 또는 양이온의 반응 중간체를 거쳐 고분자를 형성하는 연쇄 반응이다.

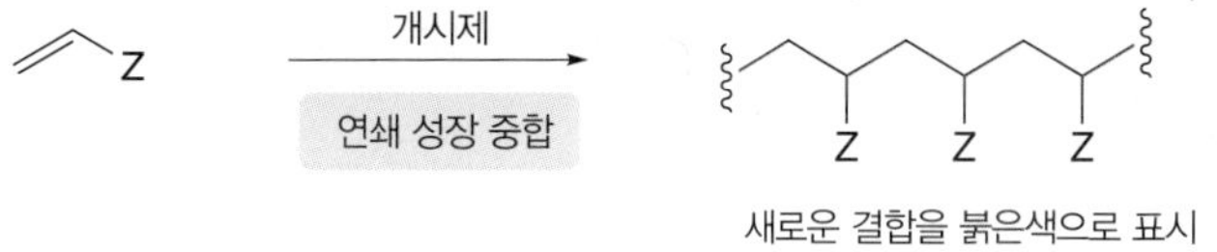

개시제 연쇄 성장 중합

새로운 결합을 붉은색으로 표시

- 알켄은 에틸렌($CH_2=CH_2$) 또는 에틸렌의 유도체($CH_2=CHZ$ 또는 $CH_2=CZ_2$)이다.
- 치환기 Z(부분적으로)는 라디칼, 음이온, 양이온 중 어떤 중간체를 형성할 것인가를 결정한다.
- 라디칼, 음이온 또는 양이온성의 개시제가 중합 반응을 일으키기 위해서 필요하다.
- 연쇄 성장 중합은 연쇄 반응이므로 반응의 메커니즘에는 개시, 전파, 종결을 포함한다(15.4절).

대부분의 연쇄 성장 중합은 개시제가 한 단위체의 탄소–탄소 이중 결합에 첨가되어 반응 중간체를 형성하고 그것이 다른 단위체 분자와 반응하여 사슬을 형성한다. $CH_2=CHZ$의 중합을 통해서 탄소 원자 한 개 걸러 한 개씩 Z가 치환된 탄소 사슬을 얻는다.

문제 30.2 다음 각각의 단위체가 연쇄 성장 중합을 통해서 어떤 고분자를 형성하는가?

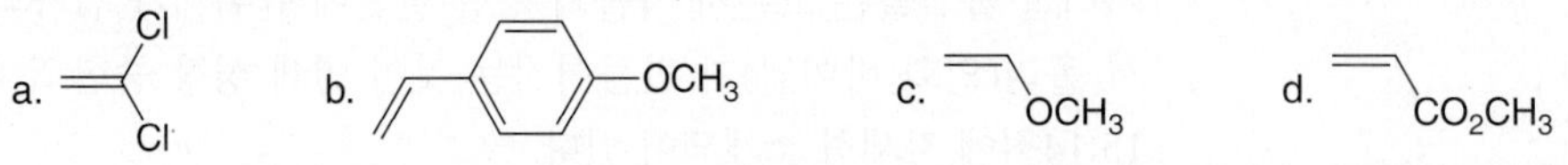

a. (Cl, Cl) b. (OCH_3) c. (OCH_3) d. (CO_2CH_3)

30.2A 라디칼 중합

알켄의 라디칼 중합은 15.14절에서 이미 다루었으며, 이 장에서는 다른 종류의 연쇄 성장 중합과의 상호 관계에 대한 내용을 포함하고 있다. 개시제로서는 유기 과산화물의 약한 O–O 결합이 분해되어 생성되는 과산화 라디칼이 많이 사용된다. 스타이렌(stylene, $CH_2=CHPh$)이 출발물인 경우를 메커니즘 30.1에 기술하였다.

메커니즘 30.1 $CH_2=CHPh$의 라디칼 중합

부분 [1] 개시

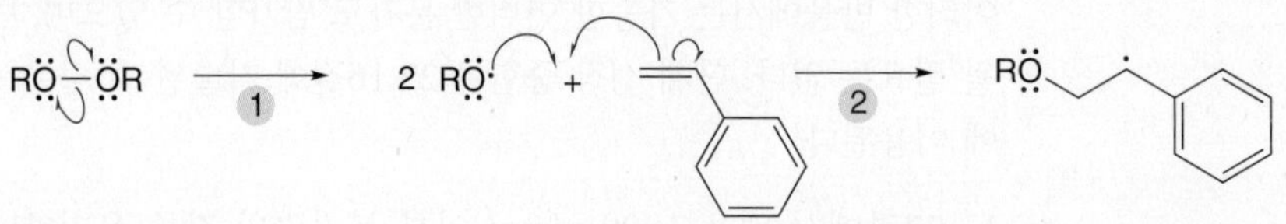

RÖ–ÖR →(1) 2 RÖ· + (스타이렌) →(2) RÖ–(탄소 라디칼)

①② 과산화물의 약한 O–O 결합의 균일 분해를 통해 RO·이 생성되며, 단위체 분자에 첨가되어 탄소 라디칼을 생성한다.

부분 [2] 성장

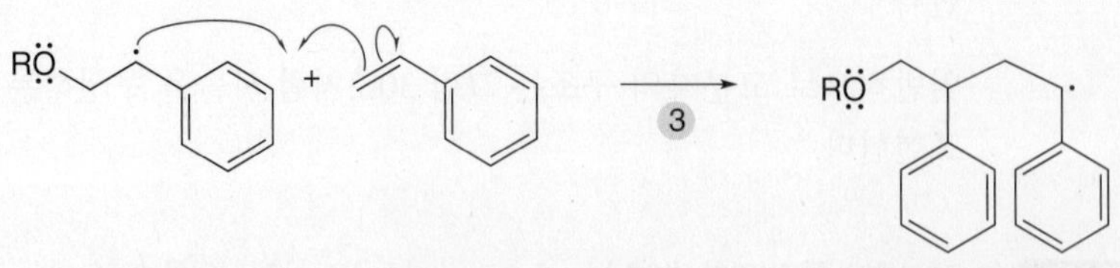

RÖ–(탄소 라디칼) + (스타이렌) →(3) RÖ–(새로운 탄소 라디칼)

새로운 C–C결합(붉은색)

③ 연쇄 성장은 한 단계로 이루어진다. 탄소 라디칼이 다른 알켄 분자에 첨가되어 새로운 C–C 결합과 또 다른 탄소 라디칼을 생성한다. 첨가 반응은 Z가 치환된 탄소에 홀전자가 있는 라디칼을 생성한다. 단계 [3]은 반복적으로 일어나며, 이에 따라 고분자 사슬이 성장한다.

부분 [3] 종결

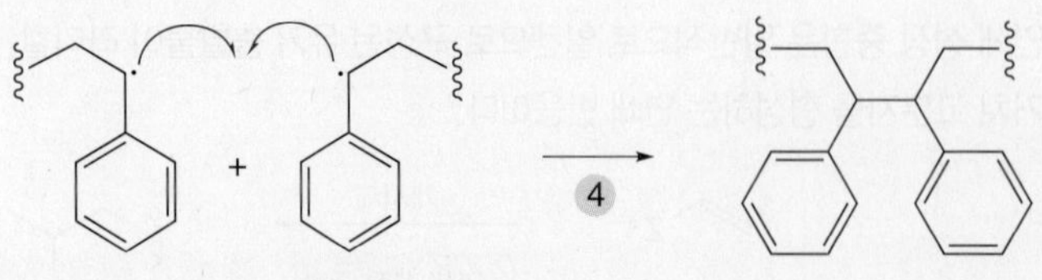

(라디칼) + (라디칼) →(4) (결합 생성물)

④ 연쇄 반응의 종결을 위하여 두 개의 라디칼이 반응하여 안정한 결합을 형성하며, 중합 반응은 끝난다.

그림 30.3
라디칼 중합 반응에 사용되는 단위체

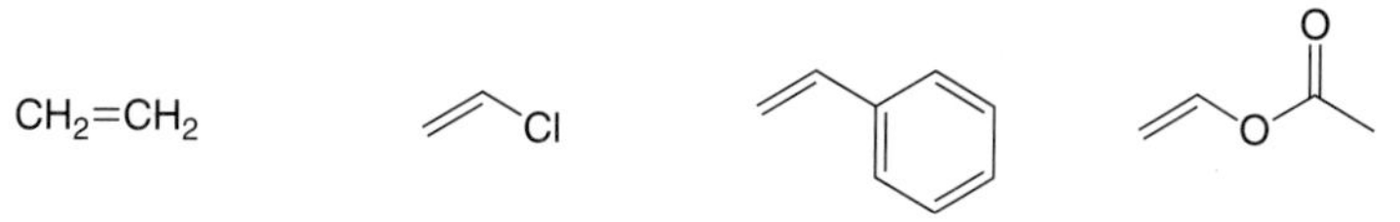

$CH_2=CH_2$ 에틸렌 | Cl 염화 바이닐 | 스타이렌 | O 아세트산 바이닐

$CH_2=CHZ$의 라디칼 중합에서 치환기 Z에 의해 전자가 비편재되어 라디칼이 안정화되는 것이 유리하다. 각각의 첨가 단계에서 중간체 라디칼은 치환기 Z가 있는 탄소 위에 존재한다. 스타이렌을 출발물로 한다면, 중간체 라디칼은 벤질 라디칼이며 매우 공명 안정화된다. 그림 30.3은 라디칼 중합에 이용되는 몇몇 단위체를 나타내었다.

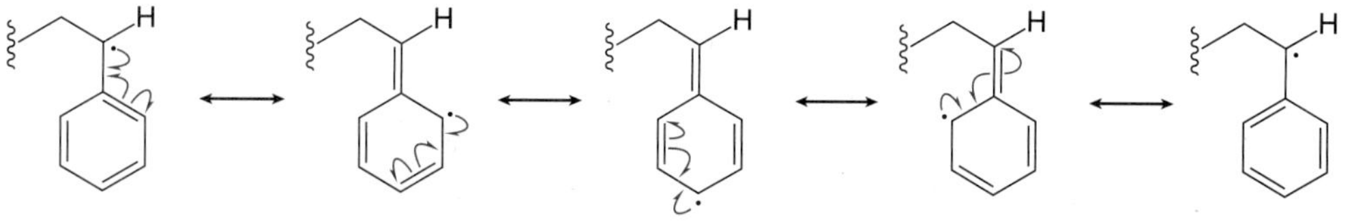

H ⟷ H ⟷ H ⟷ H ⟷ H

벤질 라디칼의 다섯 가지 공명 구조

문제 30.3 다음의 각각 단위체는 라디칼 중합을 통해 어떤 고분자를 생성하는가?

a. 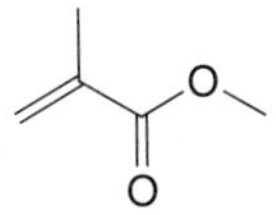 O O

b. 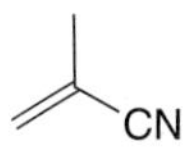 CN

문제 30.4 $(CH_3)_3CO-OC(CH_3)_3$를 개시제로 사용하여 아세트산 바이닐($CH_2=CHOCOCH_3$)의 라디칼 중합의 메커니즘을 그려라.

연쇄 종결은 메커니즘 30.1에 나타낸 것과 같이 라디칼이 서로 만나면서 일어난다. 연쇄 종결 반응은 한 고분자에 존재하는 수소 원자가 다른 고분자의 라디칼로 이동하면서 새로운 C−H 결합과 이중 결합이 각각의 고분자에 생기는 불균등화 반응(disproportionation)에 의해서도 일어난다.

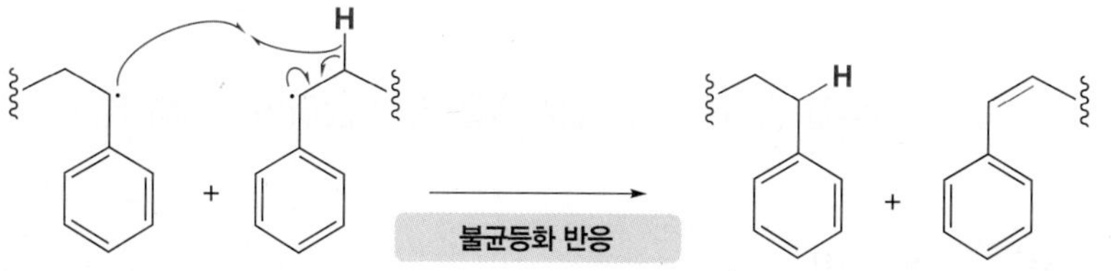

H + → 불균등화 반응 H +

새로운 C−H와 π 결합을 붉은색으로 표시

30.2B 곁사슬 생성

고밀도 폴리에틸렌(HDPE)은 우유를 담는 용기나 물통으로 응용되지만, 저밀도 폴리에틸렌(LDPE)은 플라스틱 가방이나 절연체로 응용된다.

반응 조건의 선택은 합성 고분자의 성질에 매우 큰 영향을 미친다. 15.14절에서 이미 두 가지 종류의 폴리에틸렌—고밀도 폴리에틸렌(HDPE)과 저밀도 폴리에틸렌(LDPE)—에 대해서 배웠다. 고밀도 폴리에틸렌은 직쇄상의 고분자 사슬이 잘 정돈되어 반데르발스 상호작용이 강하므로 강하고 단단하다. 반면에 저밀도 폴리에틸렌은 고분자 사슬을 따라 많은 곁사슬이 생성되어 있다. 많은 곁사슬은 고분자 사슬의 조밀한 정렬을 방해하므로 분자간의 상호작용을 약화시켜 매우 부드럽고 유연한 물질로 만든다.

선형 폴리에틸렌

곁가지를 가진 폴리에틸렌

선형 폴리에틸렌은 잘 정렬된다.

곁사슬을 가진 폴리에틸렌은 잘 정렬되지 못한다.

곁사슬은 메커니즘 30.2에 나타낸 것과 같이 성장하는 폴리에틸렌 사슬의 라디칼이 다른 사슬의 CH_2기에 있는 수소 원자를 빼앗아 오면서 생성된다. 새롭게 생성된 2° 라디칼이 에틸렌 분자의 첨가에 따른 사슬 성장 반응을 계속하여 가지점(branching point)을 형성하는 것이다.

문제 30.5 스타이렌의 라디칼 중합에 있어서 왜 **B**와 같은 3° 탄소는 생성되지 않으며 **A**와 같은 4° 탄소만이 생성되는지 설명하라.

4° C, Ph, Ph, Ph, Ph — **A**

3° C, Ph, Ph, Ph, Ph — **B**

메커니즘 30.2 라디칼 중합을 통한 곁사슬을 가진 폴리에틸렌의 생성

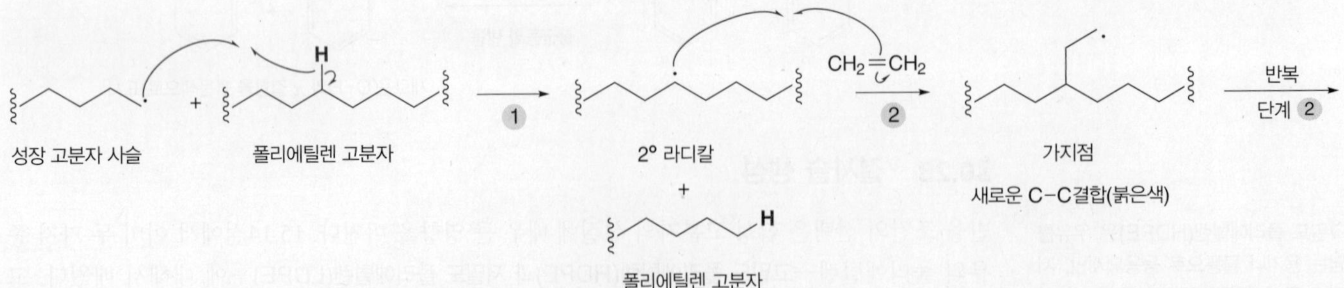

① 고분자 사슬의 수소 원자를 빼앗김으로써 고분자 사슬 가운데 2° 라디칼이 생성된다.

② 라티칼에 에틸렌 분자를 첨가하면 고분자 사슬을 따라 새로운 라디칼과 가지점을 생성한다. 단계 ②가 반복적으로 일어나면서 원래의 고분자 사슬로부터 긴 곁사슬이 생성된다.

메커니즘 30.3 $CH_2=CHZ$의 양이온 중합

부분 [1] 개시

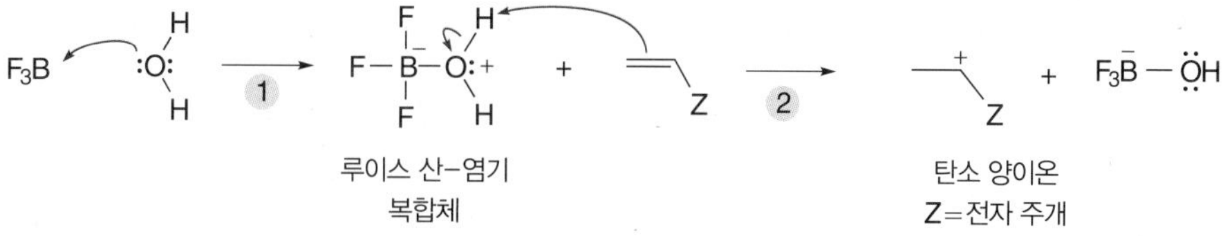

① ② $BF_3 \cdot H_2O$로부터의 친전자성 H^+ 첨가를 통해 탄소 양이온이 형성.

부분 [2] 성장

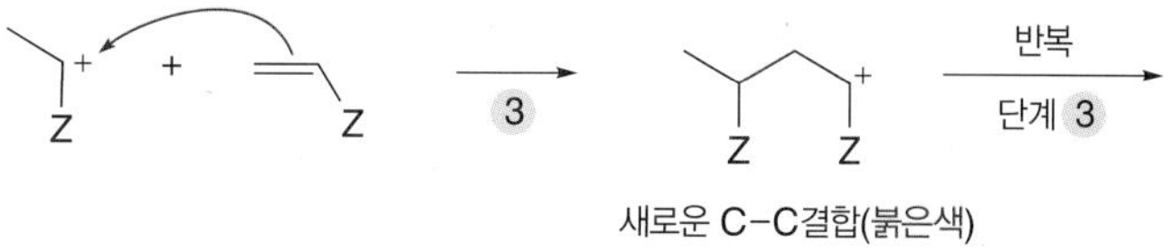

③ 새로운 C−C 결합을 형성하기 위하여 탄소 양이온이 알켄 분자에 첨가된다. 첨가는 항상 전자를 주는 Z기에 의해 안정화된 탄소 양이온을 형성한다. 단계 ③은 반복적으로 일어나며 고분자 사슬이 성장한다.

부분 [3] 종결

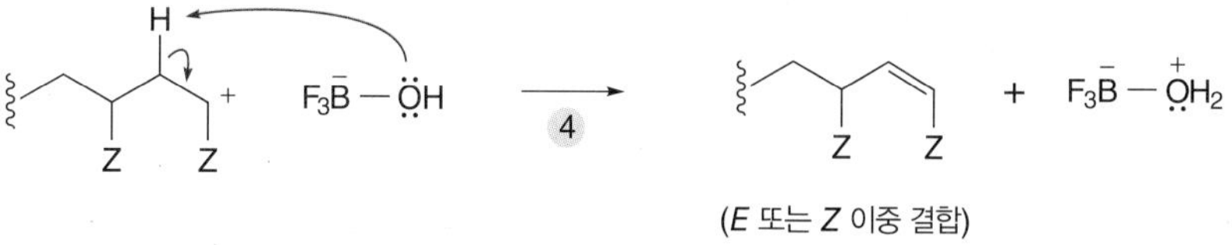

④ 양성자를 잃게 되면 연쇄 반응이 종결되고 새로운 π 결합이 생성된다.

30.2C 이온 중합

연쇄 성장 중합은 음이온 또는 양이온의 중간체를 거쳐서도 일어난다. **양이온 중합은 알켄으로의 친전자성 첨가가 일어나서 탄소 양이온이 생성되는 반응의 한 예이다.** 양이온 중합은 치환기가 알킬이나 전자 주개의 역할을 하는 기능기가 치환되어 탄소 양이온 중간체가 안정화될 수 있는 단위체에서 일어난다. 개시제는 루이스 산 또는 양성자 공급체와 같은 친전자체로 구성된다.

메커니즘 30.3은 일반적인 단위체 $CH_2=CHZ$와 $BF_3 \cdot H_2O$를 이용한 중합을 표현하고 있다. $BF_3 \cdot H_2O$는 BF_3와 H_2O의 루이스 산-염기 복합체로 개시제로 사용된다.

양이온 중합은 탄소 양이온이 관여하고 있으므로 첨가 반응은 마르코브니코프(Markovnikov)의 법칙을 따라서 더 안정하고 더 많이 치환된 탄소 양이온을 생성한다. 연쇄 종결 반응은 양성자 이탈과 같은 다양한 경로로 일어나서 결국 알켄이 생성된다. 그림 30.4에 양이온 중합이 가능한 알켄 단위체의 예를 들었다.

문제 30.6 양이온 중합은 $CH_2=C(CH_3)_2$에 대해서는 효과적인 중합법이지만 $CH_2=CH_2$에 대해서는 효과적이지 못한 이유를 설명하라.

비록 알켄은 전자가 결핍되어 있는 라디칼 또는 친전자체와 쉽게 반응하지만, 음이온이나 다른 친핵체와는 일반적으로 반응하지 않는다. 따라서 **음이온 중합**은 음으로 하전된 중간체를 안정화시킬 수 있는 COR, COOR, CN과 같이 **전자를 끄는 기가 있는 알켄 단위체에서만 일어난다.** 개시제로서는 유기리튬(RLi) 시약과 같은 매우 강한 친핵체가 사용된다. 메커니즘 30.4에 일반적인 단위체 $CH_2=CHZ$의 음이온 중합을 나타내었다.

그림 30.4
이온 연쇄 성장 중합에 의해 생성되는 일반적인 고분자

단위체 →	고분자	상품

• 양이온 중합에 의해 생성되는 고분자

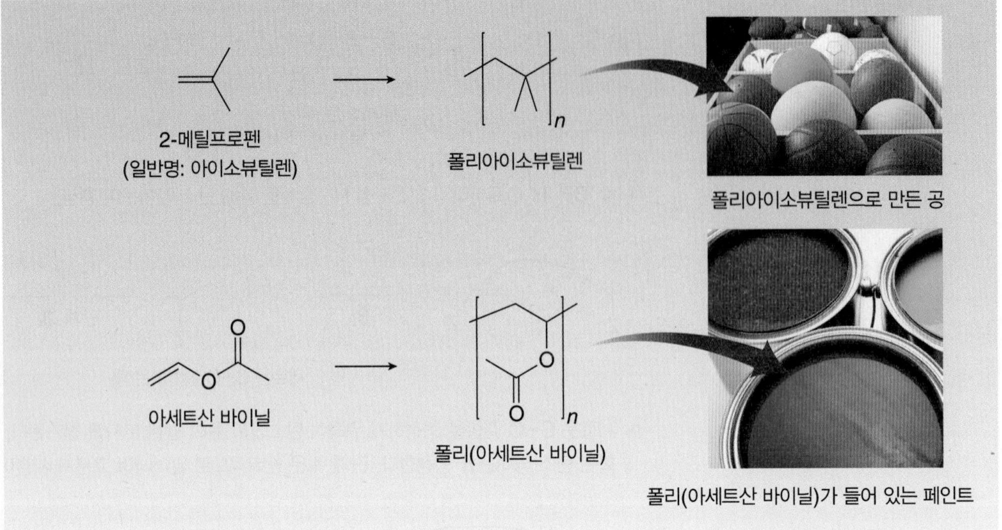

• 음이온 중합에 의해 생성되는 고분자

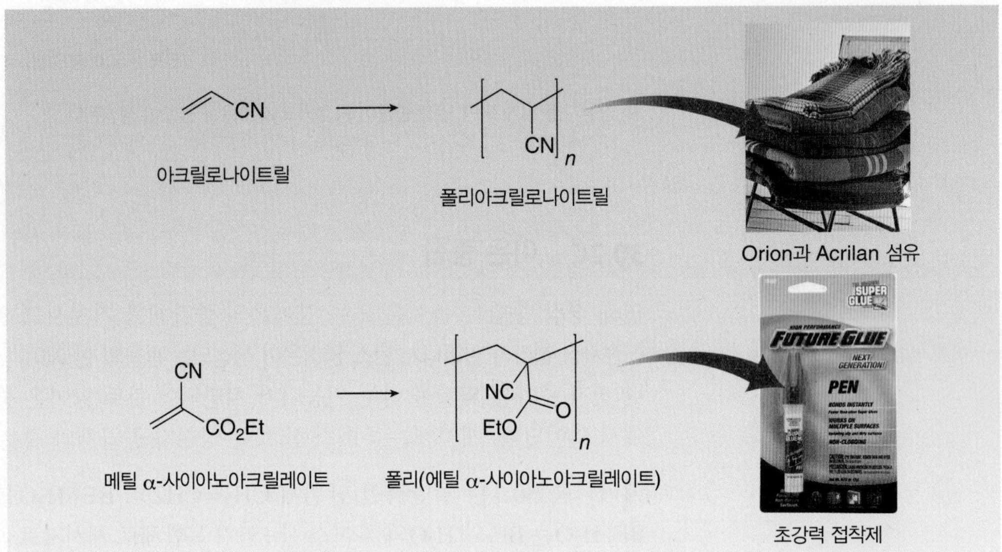

• 연쇄 성장 고분자는 그 단위체 앞에 접두사 폴리를 붙여 명명한다. 단위체가 두 개의 단어로 구성되는 경우에는 단위체의 이름을 괄호 안에 넣고 폴리를 붙인다.

다른 연쇄 성장 중합과는 달리 음이온 중합에서는 효과적인 종결 반응의 방법이 없다. 이 반응은 모든 개시제와 단위체가 소비될 때까지 연속적으로 진행되며, 따라서 각각의 고분자 말단에는 탄소 음이온이 존재하게 된다(메커니즘 30.4의 단계 ②). 만약에 이 단계에서 새로운 단위체가 추가되면 다시 중합을 시작하므로 음이온 중합을 리빙 중합(living polymerization)이라고도 한다. 음이온 중합을 종결시키기 위해서는 H_2O 또는 CO_2와 같은 친전자체를 넣어주어야 한다. 그림 30.4는 음이온 중합이 가능한 알켄 단위체의 예이다.

메커니즘 30.4 CH_2=CHZ의 음이온 중합

부분 [1] 개시

① RLi의 친핵성 첨가로 전자 끄는 기 Z에 의해 안정화된 탄소 음이온을 생성한다.

부분 [2] 성장

② 새로운 C–C 결합을 생성하기 위해 탄소 음이온이 알켄 분자에 첨가된다. 단계 ②는 반복적으로 진행되고 고분자 사슬이 성장한다.

과정 [3] 종결

③ H_2O 또는 다른 친핵체를 가하면 산–염기 반응에 의해 연쇄 반응이 정지된다.

문제 30.7 다음 각각의 단위체들은 양이온 중합과 음이온 중합 중 어떤 중합이 유리할 것인가? 그 이유를 설명하라.

a. b. c. d.

문제 30.8 뷰틸리튬(BuLi)을 개시제로 사용하고 반응을 종결시키는 친전자체로 CO_2를 사용하여 아크릴로나이트릴(CH_2=CHC≡N)을 폴리아크릴로나이트릴[–(CH_2CHC≡N)$_n$–]로 중합하는 단계적 메커니즘을 그려라.

문제 30.9 스타이렌(CH_2=CHPh)은 연쇄 성장 중합의 세 가지 방법 모두 사용 가능하다. 그 이유를 설명하라.

30.2D 공중합체

지금까지 논의된 고분자는 모두 한 가지의 단위체만을 이용하여 만들어진 동종중합체(homopolymer)이다. 반면에 공중합체는 두 가지 이상의 단위체(X와 Y)를 동시에 사용하여 연결한 고분자이다.

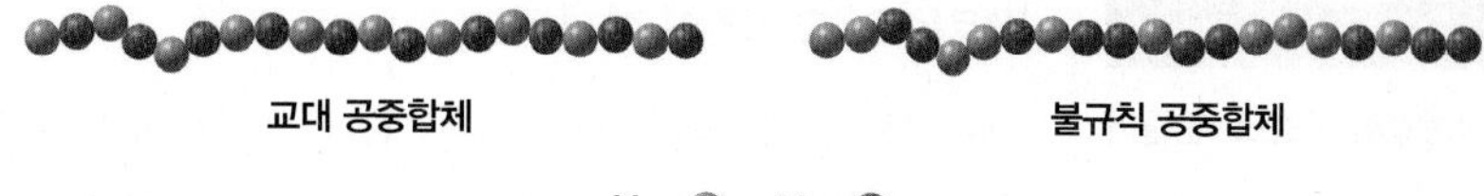

- 사슬을 따라 X와 Y가 교대로 배열되어 있는 고분자를 교대 공중합체(alternating copolymer)라 한다.
- X와 Y가 사슬을 따라 무작위로 분산되어 있는 고분자는 불규칙 공중합체(random copolymer)라 한다.

공중합체의 구조는 X와 Y의 상대적인 양과 반응성, 그리고 어떠한 중합 조건을 사용하였는가에 따라 결정된다.

몇몇 공중합체는 다양한 형태의 제품으로 사용되고 있으며 상업적으로도 매우 중요하다. 예를 들면, 염화 바이닐과 염화 바이닐리덴의 공중합체는 음식물을 싸는 랩으로 잘 알려진 사란(Saran)을 형성한다. 뷰타-1,3-다이엔과 스타이렌의 공중합은 스타이렌–뷰타다이엔 고무(styrene-butadiene rubber, SBR)를 형성하며, 대부분의 자동차 타이어에 이 고분자가 사용되고 있다.

염화 바이닐 + 염화 바이닐리덴 → 사란

뷰타-1,3-다이엔 + 스타이렌 → 스타이렌-뷰타다이엔 고무 (SBR)

문제 30.10 다음의 각 조의 단위체가 형성하는 교대 공중합체를 그려라.

a. CH_2=CHPh 와 CH_2=CHCN b. CF_2=CF–CF_3 와 CH_2=CF_2

문제 30.11 ABS는 내충격용 헬멧, 소형 기기, 장난감 등에 널리 사용되는 합성 고분자로 아크릴로나이트릴(CH_2=CHCN), 뷰타-1,3-다이엔(CH_2=CH–CH=CH_2), 스타이렌(CH_2=CHPh)의 세가지 단위체로부터 얻어진다. ABS의 가능한 구조를 그려라.

30.3 에폭사이드의 음이온 중합

레고 블럭은 공중합체 ABS로 만들어졌다(문제 30.11).

알켄 단위체는 연쇄 성장 중합의 가장 일반적인 출발물이지만 에폭사이드 또한 폴리에터(polyether)를 형성하기 위한 출발물로 사용될 수 있다. 무리가 큰 삼원자 고리로 구성된 에폭사이드는 $^-$OH 또는 $^-$OR과 같은 친핵체의 공격을 받아 쉽게 알콕시화 음이온을 형성하고, 그것이 또 다른 에폭사이드 단위체의 고리를 열어 고분자 사슬을 형성한다. 연쇄 성장 중합에서 단위체가 서로 결합하여 C–C 결합을 만드는 다른 방법들과는 달리, 이 과정에서 고분자의 골격에 새로운 C–O 결합이 형성된다.

예를 들면, 에틸렌 옥사이드는 $^-$OH 개시제의 도움으로 고리를 열어 알콕사이드 친핵체를 형성하며, 이것이 많은 에틸렌 옥사이드와 반응하여 고분자 사슬로 성장한다. 이러한 과정을 통해 로션이나 크림에 사용되는 고분자인 폴리(에틸렌 글라이콜) [poly(ethylene glycol), PEG]를 형성한다. 많은 수의 C–O 결합으로 인해 이 고분자는 물에 대한 용해도가 높다.

[1]

에틸렌 옥사이드

새로운 C−O 결합을 붉은색으로 표시

[2]

새로운 C−O 결합을 붉은색으로 표시

단계 [2]의 계속적인 반복.

폴리(에틸렌 글라이콜)
PEG

친핵체에 의한 에폭사이드의 고리 열림에 대해서는 9.15절에서 이미 논의하였다.

음이온 조건하에서 고리 열림은 S_N2 메커니즘을 따른다. 따라서 비대칭 에폭사이드의 경우 고리 열림은 친핵체가 보다 접근하기 용이한 치환기가 적은 탄소(파란색으로 표시) 쪽에서 일어난다.

[1]

[2]

단계 [2]의 계속적인 반복

문제 30.12 다음의 각각의 단위체로부터 어떤 분자가 음이온 중합을 통해서 얻어지는가?

a. b.

30.4 지글러−나타 촉매와 고분자 입체화학

치환기가 한 개만 있는 알켄 단위체($CH_2{=}CHZ$)로부터 얻어지는 고분자의 배열에는 **동일배향**(iso-tactic), **교대배향**(syndiotactic), **무규칙배향**(atactic)의 세 가지 다른 종류가 있다.

Z Z Z Z Z Z =

동일배향 고분자

Z Z Z Z Z Z =

교대배향 고분자

Z Z Z Z Z Z =

무규칙배향 고분자

- 동일배향 고분자는 모든 Z기가 탄소 골격의 한쪽 방향에만 있다.
- 교대배향 고분자는 Z기가 탄소 사슬의 한쪽 면과 다른 쪽 면에 교대로 위치한다.
- 무규칙배향 고분자는 고분자 사슬을 따라 Z기의 위치가 무작위로 배치되어 있다.

동일배향과 교대배향 고분자의 보다 규칙적인 Z기의 배열은 고분자를 보다 조밀하게 밀집시킴으로써 더 강하고 단단하게 만든다. 반면에 무규칙배향 고분자의 경우에는 밀집의 정도가 떨어져 녹는점이 낮아 더 부드럽게 만든다. 라디칼 중합의 경우 무규칙배향 고분자를 얻게 되지만, 특정 반응 조건은 고분자의 입체화학에 매우 큰 영향을 준다.

1953년 지글러(Karl Ziegler)와 나타(Giulio Natta)는 연쇄 성장 중합을 활성화하기 위해 금속 촉매를 사용하여 알켄 단위체를 중합하는 새로운 방법을 개발하였다. 지글러-나타(Ziegler-Natta) 촉매로 불리는 이들 촉매는 다른 연쇄 성장 중합법과는 다른 다음의 두 가지 이점을 제공한다.

- 고분자의 입체화학이 쉽게 조절된다. 촉매에 따라서 동일배향, 교대배향 또는 무규칙배향의 고분자를 얻을 수 있다.
- 곁사슬을 많이 가지지 않는 선형의 긴 고분자를 얻을 수 있다. 중간체로 라디칼을 생성하지 않으므로 곁사슬을 생성하는 분자간의 수소 이동이 일어나지 않는다.

지글러와 나타는 1963년에 중합 촉매 개발의 공로로 노벨화학상을 수상하였다.

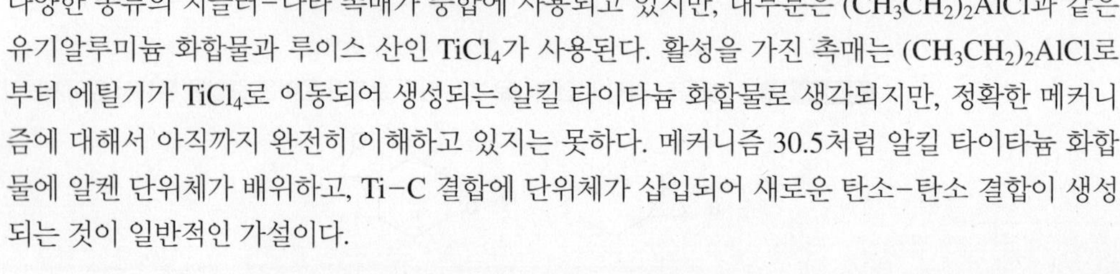

다양한 종류의 지글러-나타 촉매가 중합에 사용되고 있지만, 대부분은 $(CH_3CH_2)_2AlCl$과 같은 유기알루미늄 화합물과 루이스 산인 $TiCl_4$가 사용된다. 활성을 가진 촉매는 $(CH_3CH_2)_2AlCl$로부터 에틸기가 $TiCl_4$로 이동되어 생성되는 알킬 타이타늄 화합물로 생각되지만, 정확한 메커니즘에 대해서 아직까지 완전히 이해하고 있지는 못하다. 메커니즘 30.5처럼 알킬 타이타늄 화합물에 알켄 단위체가 배위하고, Ti-C 결합에 단위체가 삽입되어 새로운 탄소-탄소 결합이 생성되는 것이 일반적인 가설이다.

가장 강한 섬유로 알려진 **Dyneema**는 초고밀도 폴리에틸렌으로 만들어지며 로프, 그물, 방탄복이나 헬멧으로 사용된다.

에틸렌의 지글러-나타 중합을 통해 선형의 긴 탄소 사슬이 밀집되어 단단한 고분자를 형성하는 고밀도 폴리에틸렌(HDPE, high density polyethylene)을 생성할 수 있다. 특수한 형태의 가공 기술을 이용하여 고분자 사슬을 고체상에서 선형으로 펼쳐진 형태로 밀집시키면 강철보다 강한 유기 물질인 초고밀도 폴리에틸렌으로 변환된다.

최근 개발된 지글러-나타 중합은 반응 용매에 용해가 가능한 지르코늄 화합물을 이용하고 있으며, 이러한 촉매를 균일계 촉매(homogeneous catalyst)라고 한다. 이러한 가용성 촉매를 이용한 반응을 배위 중합(coordination polymerization)이라고 한다.

메커니즘 30.5 $CH_2=CH_2$의 지글러-나타 중합

Al−Cl + $TiCl_4$ →(1) 지글러-나타 촉매 →(2) $CH_2=CH_2$ →(3) → 반복 단계 (2) 와 (3) → 선형의 긴 폴리에틸렌

새로운 C−C 결합을 붉은색으로 표시

1. 유기알루미늄 화합물과 $TiCl_4$의 반응에 의해 Ti−C 결합이 있는 가진 지글러-나타 촉매가 생성된다.
2. 알켄 단위체가 타이타늄 촉매에 배위한다.
3. Ti−C 결합에 $CH_2=CH_2$가 삽입되어 새로운 C−C 결합을 생성한다. 단계 2와 3이 반복되어 긴 고분자 사슬을 얻게 된다.

30.5 천연 및 합성 고무

터펜에 아이소프렌 단위가 위치한다는 것은 30.7절에서 논의하였다.
천연 고무는 고무나무의 껍질에 상처를 내었을 때 새어나오는 라텍스로부터 얻는다. 방수성 라텍스는 상처에 응답하여 스며 나오는 고무나무의 자연적인 방어 과정이다. 1800년대 말까지는 주로 브라질에서 고무가 생산되어 왔지만, 지금은 대부분의 고무가 인도네시아 스리랑카 등의 동남아시아에서 생산되고 있다.

천연 고무는 아이소프렌 반복 단위로 구성된 터펜으로 모든 이중 결합에 *Z*의 구조가 있다. 천연 고무는 탄화수소이므로 물에 녹지 않으며 방수 가공에 유용하다. *Z* 구조의 이중 결합은 고분자 사슬을 굽어지고 비틀어지게 하여 유연한 재료를 제공한다.

Z 구조

아이소프렌
2-메틸뷰타-1,3-다이엔

천연 고무

아이소프렌의 라디칼 중합은 천연 고무의 입체이성질체인 구타 페르카(gutta-percha)라는 물질을 얻게 되는데, 모든 이중 결합이 *E* 구조를 형성하고 있다. 구타 페르카는 천연에서도 존재하지만 *Z* 입체이성질체에 비해 일반적이지 못하다. 아이소프렌의 지글러–나타 촉매를 이용한 중합을 통해 모든 이중 결합이 *Z*의 구조를 가진 천연 고무를 합성할 수 있다.

라디칼 개시체
구타 페르카
E 구조
아이소프렌
지글러–나타 촉매
천연 고무
Z 구조

천연 고무는 아주 부드러운 물질이므로 많은 용도에 있어서 유용하지 않다. 또한, 천연고무를 잡아당기게 되면 사슬은 펼쳐지게 되며 서로 간에 미끄러져 결국은 물질이 끊어지게 된다. 1839년에 굿이어(Charles Goodyear)는 데워진 고무와 황을 섞으면 보다 강하고 탄성이 있는 물질을 형성한다는 것을 발견하였다. 이러한 과정을 **가황**(vulcanization)이라고 하며, 그림 30.5와 같이 탄화수소 사슬이 이황화 결합에 의해 가교된 구조를 얻게 된다. 고분자를 잡아당겨도 사슬은 서로 간에 더 이상 미끄러지지 않으며 찢어지지 않게 된다. 가황된 고무는 외부에서 힘을 가하면 늘어나고, 힘을 제거하게 되면 원래 상태로 돌아오는 **탄성체**(elastomer)이다.

그림 30.5
가황된 고무

다이설파이드 결합
다이설파이드 결합
다이설파이드 결합

- 가황된 고무는 탄화수소 사슬을 서로 가교시키고 있는 많은 수의 다이설파이드 결합을 가진다.

구타 페르카는 라텍스로부터 얻어지는 천연 고무보다는 매우 단단한 물질로 골프공의 외피에 사용된다.

가교의 정도가 고무의 성질에 영향을 준다. 고무 밴드에 사용되는 부드러운 고무보다는 자동차 타이어에 사용되는 단단한 고무가 보다 많은 가교도를 가진다.

다른 합성 고무도 지글러–나타 촉매를 사용하여 1,3-다이엔을 중합하여 얻을 수 있다. 예를 들면 뷰타-1,3-다이엔의 중합을 통해서 (*Z*)-폴리(뷰타-1,3-다이엔) 그리고 2-클로로뷰타-1,3-다이엔을 중합하여 비옷과 타이어에 사용하는 네오프렌을 얻을 수 있다.

뷰타-1,3-다이엔 → (지글러–나타 촉매) → (*Z*)-폴리(뷰타-1,3-다이엔) (*Z* 구조)

2-클로로뷰타-1,3-다이엔 → (지글러–나타 촉매) → 네오프렌

문제 30.13 네오프렌의 이중 결합의 *E* 또는 *Z* 구조를 밝혀라. 네오프렌의 모든 이중 결합이 반대의 구조를 가진 입체이성질체를 그려라.

문제 30.14 $CH_2{=}CHCH{=}CH_2$의 라디칼 중합을 통해 **A**와 **B**의 생성물을 얻게 된다. 각각의 구조의 형성에 대해서 메커니즘을 그려라.

A **B**

30.6 단계 성장 고분자–축합 고분자

또 다른 고분자의 한 종류인 단계 성장 고분자(step-growth polymer)는 두 가지 기능기를 가진 단위체가 H_2O나 HCl과 같은 작은 분자를 방출하면서 결합되어 형성된다. 상업적으로 중요한 단계 성장 고분자는 다음과 같다.

- 폴리아마이드
- 폴리에스터
- 폴리유레탄
- 폴리카보네이트
- 에폭시 수지

30.6A 폴리아마이드

나일론 6,6은 낙하산과 의복을 포함한 많은 상품에 이용된다.

나일론(nylon)은 단계 성장 중합으로 형성되는 폴리아마이드이다. 22.16A절에서 나이론 6,6 (nylon 6,6)이 산염화물이 두 개 있는 단위체와 다이아민으로부터 형성된다는 것을 이미 배웠다. 나일론 6,6은 아디프산과 1,6-다이아미노헥세인을 가열하여 합성할 수도 있다. 브뢴스테드–로우리 산–염기 반응이 다이암모늄 염을 형성하고 고온에서 H_2O가 빠져나온다. 두 방법 모두 출발물에 두 개의 작용기가 있다.

아디프산 + 1,6-다이아미노헥세인 —양성자 이동→ ... —Δ ($-H_2O$)→ 나일론 6,6

펄론(Perlon)이라는 상품명의 나일론 6은 로프나 타이어의 코드를 만드는 데 이용된다.

나일론 6(nylon 6)은 또 다른 폴리아마이드로 ε-카프로락탐의 수용액을 가열하여 만든다. 락탐(고리 아마이드)의 칠원자 고리는 고리 열림을 통해서 6-아미노헥산을 형성하고, 이것이 더 많은 양의 락탐과 반응하여 폴리아마이드 사슬을 형성한다. 이 단계 성장 중합은 두 가지 다른 작용기(NH_2와 COOH)가 있는 한 개의 단위체에서 출발한다.

ε-카프로락탐 —H_2O→ 6-아미노헥산산 —Δ 또는 염기 ($-H_2O$)→ 나일론 6

아르마딜로(Armadillo) 자전거 타이어는 뾰족한 물질에 의해 펑크가 나지 않도록 케블라를 사용하여 보강되어 있다.

케블라(Kevlar)는 테레프탈산과 1,4-다이아미노벤젠으로부터 생성되는 폴리아마이드이다. 고분자 골격의 방향족 고리는 사슬의 유연성을 줄여주고, 그 결과로 매우 강인한 재료를 형성한다. 케블라는 비슷한 강도를 가진 다른 물질에 비해 가볍기 때문에 방탄복, 전투모, 소방관의 방염복 등의 재료로 다양하게 이용되고 있다.

테레프탈산 + 1,4-다이아미노벤젠 —Δ ($-H_2O$)→ 케블라

문제 30.15 각각의 단위체로부터 어떠한 폴리아마이드가 생성되는가?

a. (isophthalic acid) + $H_2N(CH_2)_6NH_2$

b. (δ-valerolactam)

c. (1,3-diaminobenzene) + (succinic acid)

30.6B 폴리에스터

폴리에스터는 22.16B절에서 배운 것과 같이 친핵성 아실 치환 반응을 이용하는 단계 성장 중합에 의해 생성된다. 예를 들면 테레프탈산과 에틸렌 글라이콜의 반응을 통해 음료수병으로 많이 이용되고 있는 고분자인 폴리에틸렌 테레프탈레이트(PET, polyethylene therephthalate 이 장의 도

입부에 나온 분자)를 합성한다.

테레프탈산 + 에틸렌 글라이콜 —(산 촉매)→ 폴리에틸렌 테레프탈레이트 (PET)

PET의 경우는 매우 안정한 물질이지만 몇 가지 폴리에스터는 물속에서 쉽게 가수분해되어 카복시산과 알코올을 형성하는데, 이러한 재료는 서서히 분해될 필요가 있는 재료로 응용이 가능하다. 예를 들면, 글리콜산과 락트산의 공중합체는 수술용 봉합사로 사용된다. 수 주 후에 이 고분자는 원래의 단위체로 가수분해되어 체내에서 대사된다. 이러한 봉합사는 상처부위를 치료하는 동안 조직을 내부적으로 서로 붙들어주기 위해 사용한다.

글라이콜산 + 락트산 —(공중합)→ 공중합체

공중합체 —(효소에 의한 가수분해)→ 글라이콜산 + 락트산

문제 30.16 퓨란다이카르복실과 에틸렌 글라이콜의 축합 중합을 통해 얻어지는 폴리에틸렌퓨라노에이트(PEF)의 구조를 그려라. PEF는 재생 원료로부터 전구체가 얻어지며 폴리에틸렌 테레프탈레이트(PET)와 성질이 유사하다.

퓨란다이카복실산　　에틸렌 글라이콜

문제 30.17 폴리에틸렌 테레프탈레이트는 다이메틸 테레프탈레이트와 에틸렌 글라이콜 사이의 에스터 교환 반응을 통해서도 생성된다. 이 친핵성 아실 치환 반응의 메커니즘을 그려라.

다이메틸 테레프탈레이트 + 에틸렌 글라이콜 —(산 촉매)→ 폴리에틸렌 테레프탈레이트 (PET)

30.6C 폴리유레탄

유레탄(urethane)[카바메이트(carbarmate)라고도 함]은 카보닐기에 OR기와 NHR(또는 NR_2)기(29.7절)를 동시에 가지는 화합물이다. 유레탄은 아이소사이아네이트(RN=C=O, isocyanate)의 카보닐기에 알코올이 친핵성 첨가 반응을 하여 형성된다.

R−N=C=O + R'OH —(친핵성 첨가)→ RNHC(=O)OR'

아이소사이아네이트　　유레탄 또는 카바메이트

폴리유레탄(polyurethane)은 다이아이소사이아네이트와 다이올의 반응에 의해 생성되는 고분자이다.

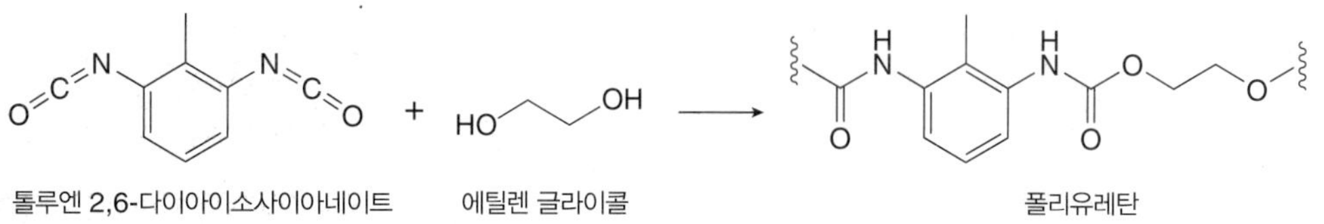

톨루엔 2,6-다이아이소사이아네이트 + 에틸렌 글라이콜 ⟶ 폴리유레탄

잘 알려진 폴리유레탄으로 **스판덱스**(spandex)가 있다. 스판덱스는 강하고 유연한 고분자로 분자 수준의 구조가 고분자의 거시적 성질에 어떠한 영향을 미치는지 잘 설명해준다. 스판덱스는 초기에 여성용 코르셋, 거들, 양말 등의 원료로 많이 사용되어 왔으며, 현재에는 남녀 구분 없이 옷감의 재료로 사용되고 있다. 스판덱스는 강하며 착용감을 향상시켜주면서도 잘 늘어난다. 스판덱스는 다른 어떤 탄성체 고분자보다도 가벼우며, 땀이나 세제 등에 노출되어도 변성되지 않는다. 분자 수준에서 볼 때 단단한 부분은 유연한 부분들과 서로 연결되어 있다. 유연한 부분은 고분자가 늘어나거나 원형으로 회복되는 것을 가능하게 한다. 단단한 부분은 고분자의 강도를 더해준다.

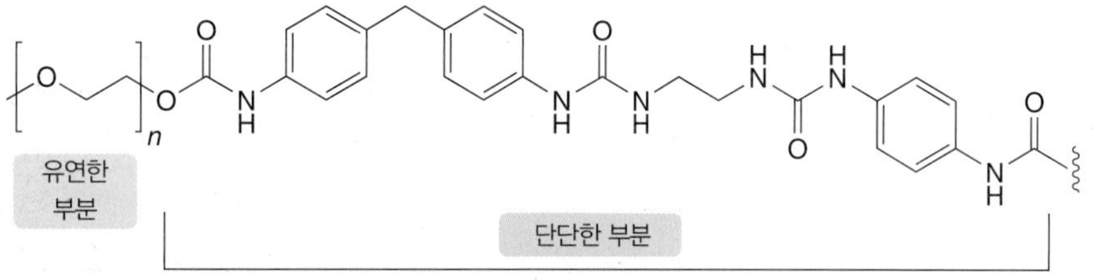

유연한 부분

단단한 부분

스판덱스

상품명: 라이크라**(Lycra)**

30.6D 폴리카보네이트

비록 급성으로 독성이 나타나지는 않지만, 비스페놀 A(BPA)는 생체 내의 호르몬과 유사하여 정상적인 내분비 작용을 저해한다. 유아의 저농도 노출에 대한 우려로 인해 BPA를 이용한 유아용품 포장재의 자발적인 철거로 이어졌다.

카보네이트(carbonate)는 두 개의 OR기 사이에 카보닐기가 결합되어 있는 화합물이다. 카보네이트는 포스젠($Cl_2C=O$)과 2당량의 알코올(ROH)이 반응하여 생성된다.

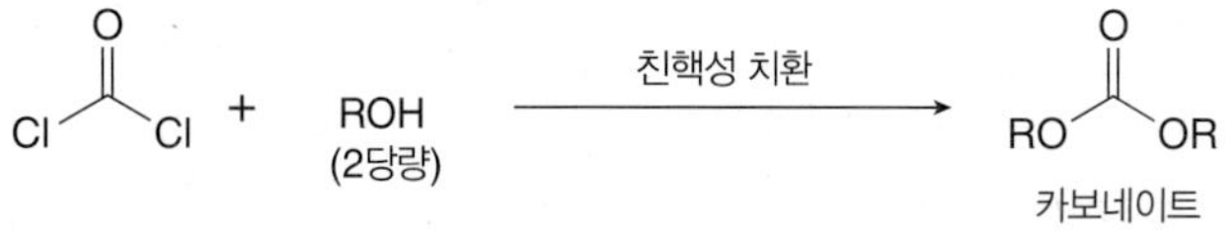

$Cl_2C=O$ + ROH (2당량) ⟶(친핵성 치환) $RO-C(=O)-OR$ 카보네이트

폴리카보네이트(polycarbonate)는 포스젠과 다이올로부터 합성된다. 가장 많이 사용되고 있는 폴리카보네이트는 **렉산**(Lexan)으로 가벼우며, 투명한 재료로서 헬멧, 고글, 포수용 마스크, 방탄유리 등으로 응용된다.

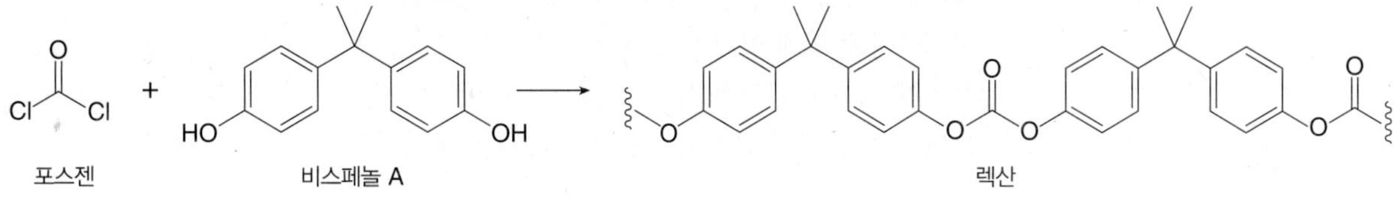

포스젠 + 비스페놀 A ⟶ 렉산

문제 30.18 렉산은 다이페닐 카보네이트와 비스페놀 A의 산 촉매 반응에 의해서도 생성된다. 이 과정의 단계적 메커니즘을 그려라.

C_6H_5O–CO–OC_6H_5 + HO–비스페놀–OH →(산) 렉산 + 2 C_6H_5OH

다이페닐 카보네이트 비스페놀 A 렉산

30.6E 에폭시 수지

에폭시 수지(epoxy resin)는 깨진 물건을 접착하는 풀로 사용되는 '에폭시'로 친숙한 단계 성장 고분자의 대표적인 종류이다. 에폭시 수지는 두 가지 성분으로 구성된다. 짧은 사슬의 고분자 말단에 반응성의 에폭사이드가 결합되어 있는 액상의 **예비고분자**(prepolymer)와 다이아민 또는 트라이아민으로 구성된 **경화제**(hardener)가 그것이며, 경화제는 에폭사이드 고리를 열어 고분자 사슬을 서로 가교시키는 역할을 한다. 예비고분자는 두 가지 기능기를 가진 단위체[비스페놀 A (bisphenol A)와 에피클로로하이드린(epichliorohydrin)]을 반응시켜 만든다.

HO–비스페놀–OH + 에피클로로하이드린

비스페놀 A 에피클로로하이드린

비스페놀 A에는 두 개의 친핵성 OH기가 있으며, 에피클로로하이드린은 극성의 C−O 결합과 C−Cl 결합을 가지고 있어서 다른 친핵체와의 반응이 가능하다. 에피클로로하이드린의 일반적인 반응은 다음 반응식에 주어져 있다. 강하게 무리를 받은 에폭사이드 고리로 친핵성 공격이 일어나면 알콕사이드가 생성되고, 이것이 분자내 S_N2 반응을 통하여 염소를 치환하면 새로운 에폭사이드 고리가 만들어진다. 두 번째 고리 열림 반응을 통하여 2° 알코올을 얻게 된다.

:Nu⁻ + 에피클로로하이드린 → 알콕사이드 →(S_N2) 에폭사이드 + Cl^- →([1] :Nu⁻ [2] 양성자화) 2 C−Nu 결합

비스페놀 A를 과량의 에피클로로하이드린으로 처리하면, 이러한 단계 반응이 모든 페놀성 OH가 고리 열림 반응에 참가할 때까지 진행되며, 고분자 사슬 말단에 에폭시기가 존재하는 고분자 사슬을 남긴다. 이것이 액상 **예비고분자**(그림 30.6)를 구성한다.

예비고분자를 다이아민이나 트라이아민(**경화제**)과 섞었을 때, 반응성 에폭사이드 고리는 친핵성 아미노기에 의해 열리며 고분자 사슬이 서로 가교되어 고분자가 경화된다. 넓은 범위의 에폭시 수지가 이러한 과정을 통해 상업적으로 만들어져 접착제와 코팅제로 유용하게 응용되고 있다. 보다 길고 넓은 범위에서 고분자 사슬의 가교가 진행되면 수지는 단단해지게 된다.

그림 30.6 예비고분자와 경화제로부터의 에폭시 수지의 생성

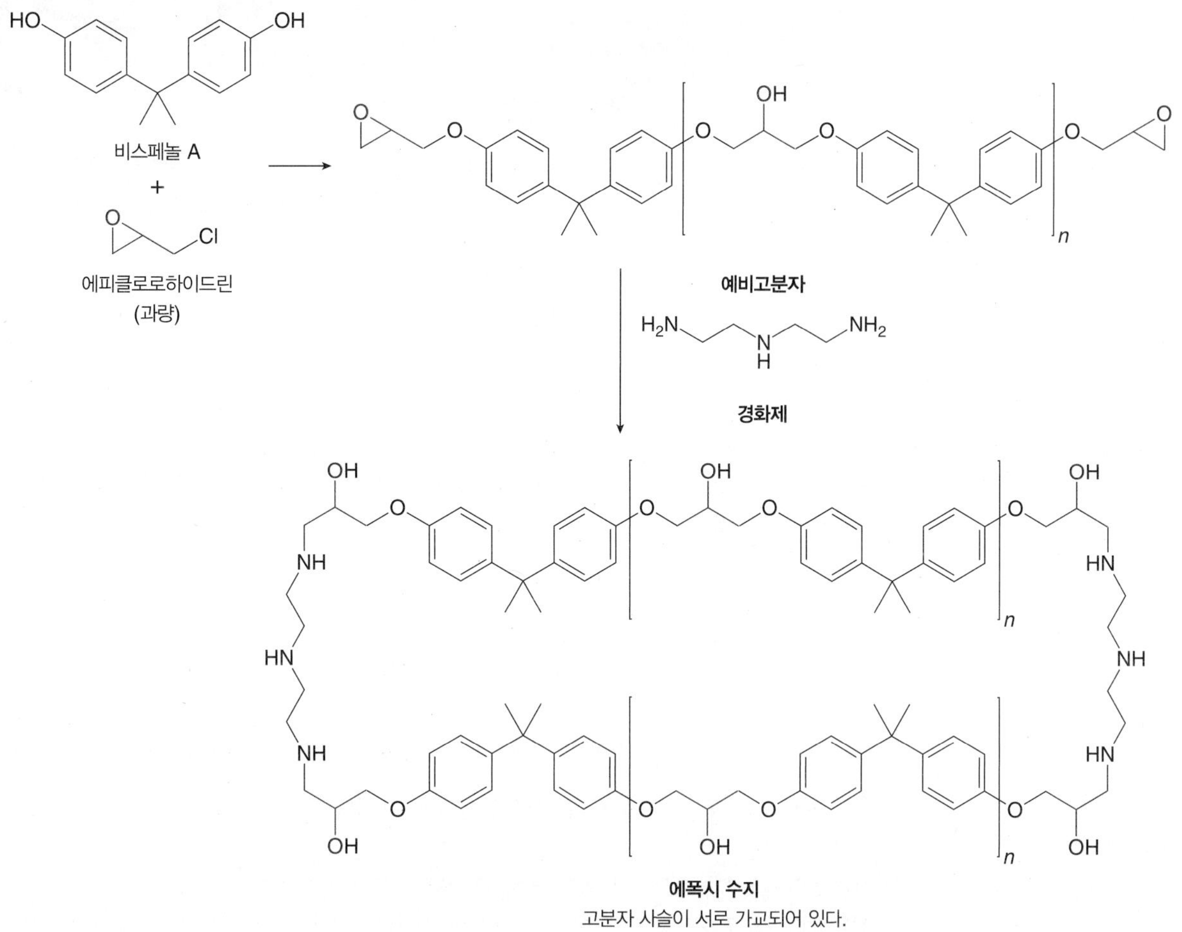

문제 30.19 (a) 1,4-다이하이드록시벤젠과 과량의 에피클로로하이드린을 반응시켰을 때 형성되는 예비고분자(**A**)의 구조를 그려라. (b) **A**를 경화제로 $H_2NCH_2CH_2CH_2NH_2$를 사용하여 반응시켰을 때 얻어지는 가교된 고분자 **B**의 구조를 그려라.

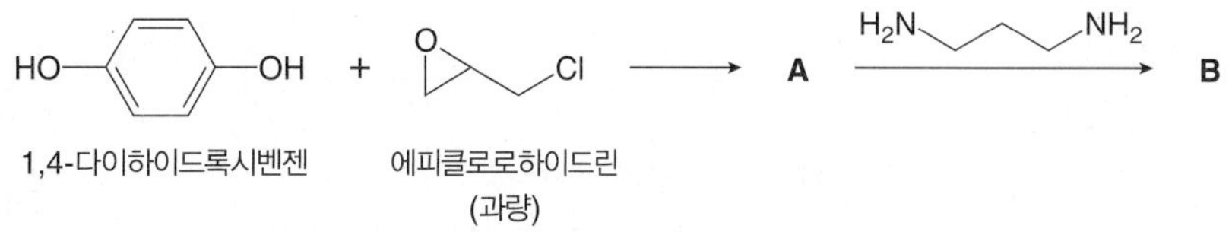

30.7 고분자의 구조와 성질

고분자 합성의 화학은 일반적인 유기화학 반응의 주제로 설명이 가능하였지만, 매우 큰 크기를 가진 고분자는 저분자 유기 물질과 다른 몇 가지 매우 독특한 물리적인 성질을 가진다.

긴 사슬이 결정격자로의 효율적인 정렬을 방해하므로, 선형 또는 곁사슬을 가진 고분자는 결정성고체를 형성하지 않는다. 대부분의 고분자는 결정성 영역(crystalline regions)과 비결정성 영역(amorphous regions)을 가진다.

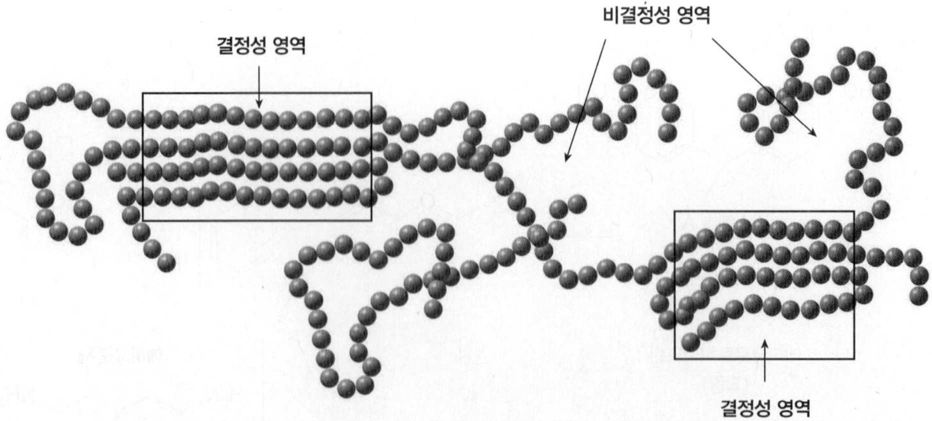

- 잘 정돈된 결정성 영역(crystallites)은 분자간 상호작용에 의해 고분자 사슬들이 가까이 근접하여 배열된 부분에 존재한다. 폴리에틸렌($-[CH_2CH_2]_n-$)의 정렬된 영역은 반데르발스 힘에 의해 서로 결박되어 있지만, 나일론 사슬의 경우에는 분자간 수소 결합에 의해 서로 결박되어 있다(3.3B절).
- 비결정성 영역(amorphous regions)은 고분자 사슬이 분자간의 약한 상호작용에 의해서 불규칙적으로 배열되어 있다.

결정성 영역은 고분자의 강직성과 관련이 있으며, 비결정성 영역은 유연성과 관련이 있다. 고분자의 결정성이 클수록, 즉 잘 정돈된 영역의 비율이 많을수록, 고분자는 더 단단해진다. 곁가지가 많은 고분자는 곁가지가 정돈되는 것을 방해하므로 일반적으로 비결정성이며 유연하다.

두 가지 온도 T_g와 T_m은 고분자의 열적 성질을 나타낸다.

- 유리 전이 온도 T_g는 단단한 비결정성 고분자가 부드러워지기 시작하는 온도이다.
- 용융 전이 온도 T_m은 고분자의 결정성 영역이 녹아서 비결정성으로 되는 온도이다. 보다 잘 정렬된 고분자의 T_m 값이 높다.

그림 30.7 페놀과 폼알데하이드로부터의 베이클라이트의 합성

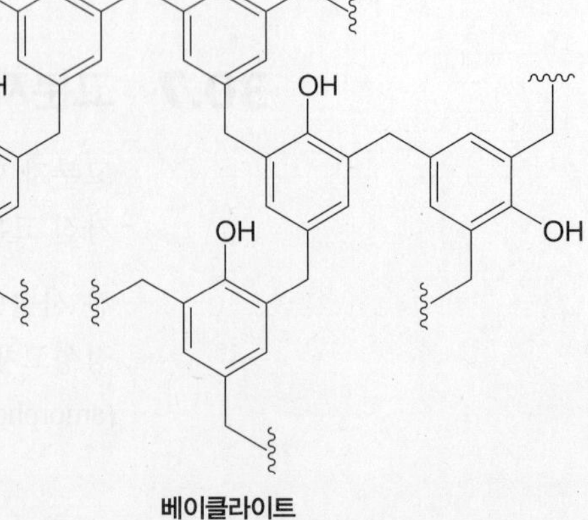

- 베이클라이트는 1910년 레오 베이클랜드(Leo Baekeland)에 의해 특허 등록된 최초의 합성 고분자 물질이다. 볼링공이 베이클라이트로 만들어진다.

열가소성 플라스틱(thermoplastic)은 고분자를 녹여서 금형에 넣고 냉각시켰을 때 형태를 유지하는 고분자이다. 비록 T_g 값이 높고, 상온에서의 성질이 단단하지만 가열하면 각각의 고분자 사슬이 서로 미끄러진다. 폴리에틸렌 테레프탈레이트와 폴리스타이렌은 열가소성 플라스틱이다.

열경화성 고분자(thermosetting polymers)는 복잡한 네트워크 구조를 가진 가교된 고분자이다. 열경화성 고분자는 단위체를 가열하였을 때, 공유 결합의 네트워크를 형성하는 화학반응에 의해 생성된다. 열경화성 고분자는 공유 결합에 의한 네트워크 구조를 형성하고 있으므로 가열하여도 다시 용융되어 액체상을 형성하지 못한다. **베이클라이트**(bakelite)는 페놀(PhOH)과 폼알데하이드($H_2C{=}O$)가 루이스 산 존재하에서 방향족의 친전자성 치환 반응을 통해 생성되는 열경화성 고분자이다. 폼알데하이드는 반응성이 큰 친전자체이며, 페놀에는 강한 전자 주는 기인 $^{-}$OH기가 있으므로 치환 반응은 $^{-}$OH기에 대하여 모든 오쏘(ortho)와 파라(para) 위치에 치환이 일어나 고도로 가교된 고분자(그림 30.7)를 형성하게 된다.

문제 30.20 루이스 산 촉매로 $AlCl_3$를 사용하여 그림 30.7의 [2]단계 반응의 단계적 메커니즘을 그려라.

고분자가 다양한 분야에 응용하기에는 너무 단단하고 부스러지기 쉬운 경우가 있다. 이런 경우에는 **가소제**(plasticizer)라는 저분자 화합물을 넣어주면 고분자가 부드러워지고 유연하게 된다. 가소제는 고분자 사슬과 상호작용함으로써 고분자 사슬 간의 상호작용을 대체한다. 이러한 과정을 통해 고분자의 결정성은 낮아지고 비결정성도가 높아지며 부드러워진다.

다이뷰틸 프탈레이트는 바이닐 장판이나 정원용 호스에 이용되는 폴리(염화 바이닐)의 가소제이다. 가소제는 고분자량의 고분자 물질보다는 휘발성이 강하므로 시간이 지나면 서서히 증발되며 고분자를 부스러지기 쉽게 만들며 쉽게 금이 가게 한다. 다이뷰틸 프탈레이트와 같은 가소제는 가수분해가 가능한 작용기를 가지고 있으며, 화학 반응에 의해 서서히 분해된다.

다이뷰틸 프탈레이트

30.8 친환경 고분자의 합성

150년 전에는 화학공장이나 합성 고분자가 없었으며 석유의 가치도 낮았다. 합성 고분자는 값싼 비용으로 현대 사회의 일상생활을 크게 변모시켜 왔다. 고분자 합성과 폐기는 환경에 지대한 영향을 미치고 있으며 다음의 두 가지 문제점을 안겨주었다.

- **고분자는 무엇으로부터 만들어지는가?** 고분자 합성을 위해서 어떠한 재료를 사용하고 있으며 고분자의 가공에 있어서 어떠한 환경 문제가 야기되었는가?
- **한 번 사용한 고분자는 어떻게 처리되는가?** 고분자의 폐기는 환경에 어떻게 영향을 미치며 어떻게 악영향을 최소화할 수 있을 것인가?

30.8A 친환경적인 고분자 합성—원료

12장에서 환경 친화적인 방법으로 화합물을 합성하는 **녹색화학**(green chemistry)에 대해서 논의한 바 있다. 전 세계적으로 매년 수십억 톤에 이르는 고분자가 생산되고 있으며 환경에 대한 영향을 최소화하는 방법을 개발하는 것은 절실하다.

그림 30.8 나일론 6,6의 원료인 아디프산과 1,6-다이아미노헥세인의 합성

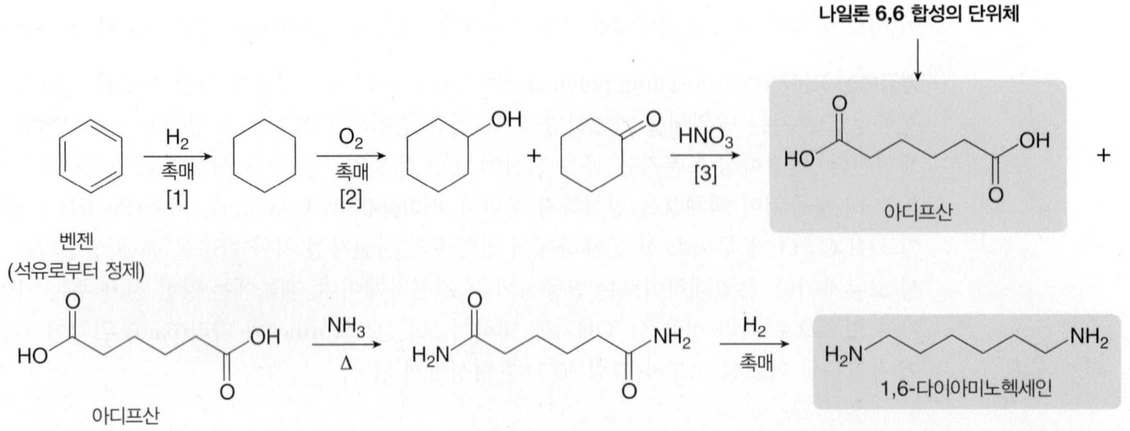

• 나일론 6,6의 합성에 필요한 두 단위체의 합성은 석유 제품인 벤젠으로부터 시작된다.

4.7절에서 배운 것처럼 원유의 3%가 화학 원료로 사용된다는 사실을 상기하라.

현재 친환경적인 고분자 합성의 몇 가지 방법이 시도되고 있다.

- 석유를 대체하는 재생 가능한 물질을 원료로 사용하는 방법. 산업 제조 공정에 사용되는 출발물을 화학적 원료(feedstock)라 부른다.
- 안전하며 독성이 적고 부산물을 적게 생성하는 방법
- (유기 용매를 대신하여) 용매 없이 반응하거나 수용액상에서 반응을 진행하는 방법

최근까지 모든 고분자 합성의 원료로 석유가 사용되어 왔다. 실질적인 고분자 합성에 사용되는 모든 단위체는 재생 불가능한 재료인 원유로부터 만들어진다. 예를 들면, 나일론 6,6은 공업적으로 아디프산[$HOOC(CH_2)_4COOH$]과 1,6-다이아미노헥세인[$H_2N(CH_2)_6NH_2$]으로부터 만들어지는데, 이들 원료들은 모두 석유 정제(그림 30.8)를 통해 얻어지는 벤젠으로부터 합성된다.

재생 불가능한 화학 원료로부터의 아디프산의 합성은 또 다른 문제점을 안고 있다. 대량 반응에서 발암성이며 간독성 물질인 벤젠을 사용하는 것은 바람직하지 않다. 게다가, 단계 [3]에서의 HNO_3를 이용한 산화 과정에서 부산물로 N_2O를 생성하게 된다. N_2O는 15장에서 논의된 CFC와 유사한 방식으로 오존층을 파괴한다. 뿐만 아니라, CO_2처럼 N_2O 또한 지표의 열에너지를 흡수하여 4.14절에 논의된 것처럼 지구온난화를 유발한다.

따라서 몇몇 연구 그룹이 재생 가능하면서 보다 환경 친화적인 원료를 사용하여 유해한 부산물을 적게 생산하는 새로운 단위체 합성법의 개발에 대한 연구를 진행하고 있다. 예를 들면, 미시간주립대학교의 화학자는 D-포도당(식물 원료로부터 얻어지는 단당류)으로부터 2단계 반응으로 아디프산을 합성하는 방법을 개발하였다. 이 합성법은 D-포도당을 (2*Z*,4*Z*)-헥사-2,4-다이엔산으로 바꾸기 위하여 유전형질을 변환시킨 대장균[바이오촉매(biocatalyst)라고 부름]을 사용하며 수소화 반응으로 아디프산을 만든다. 석유에서 추출한 출발물을 회피하는 이러한 방법은 화학계로부터 크게 주목 받고 있다.

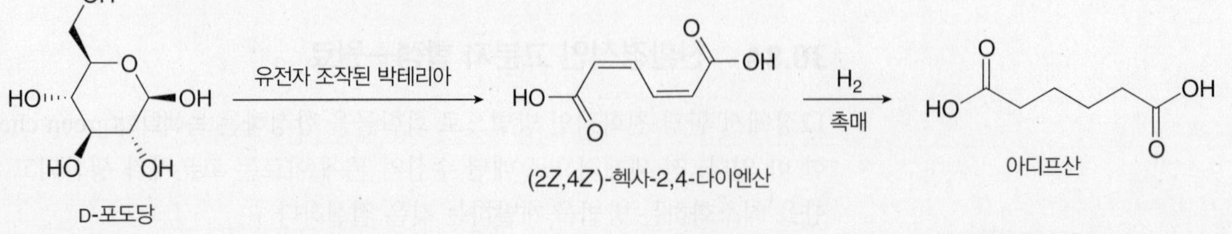

그림 30.9 옥수수를 이용해 만들어진 수영복—옥수수에서 추출한 프로페인-1,3-다이올로부터 폴리(트라이메틸렌 테레프탈레이트)의 합성

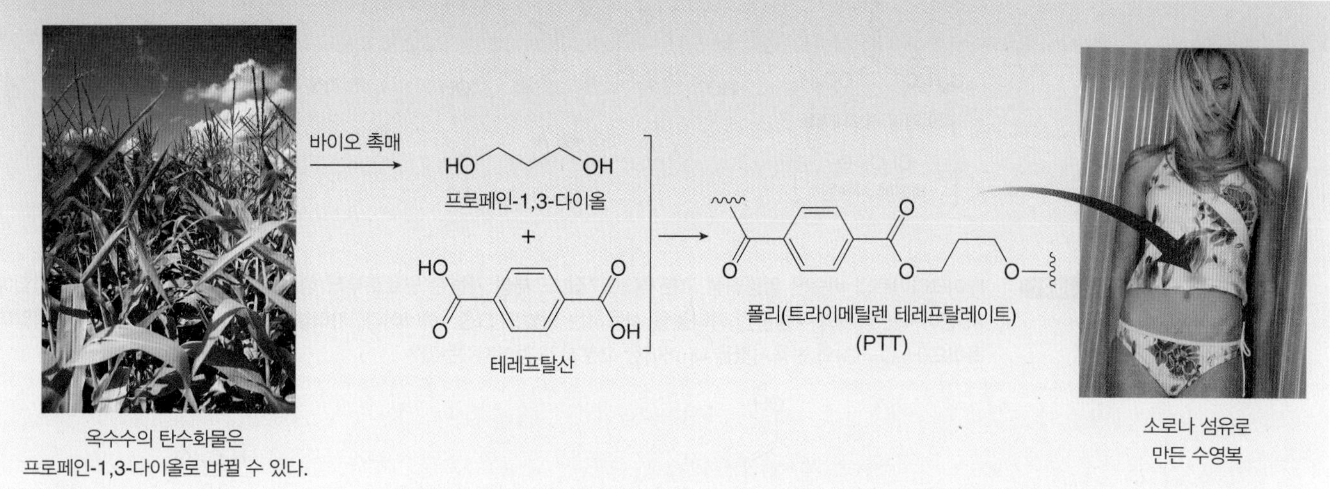

- '소로나'라는 상품명으로 듀퐁사에서 출시한 폴리(트라이메틸렌 테레프탈레이트)는 의류 및 각종 물질에 사용되는 원사(fibers)를 만든다. 이 물질을 합성하는 데 필요한 프로페인-1,3-다이올은 기존에는 석유 화학 원료로부터 제조되었지만, 지금은 옥수수와 같은 재생 가능한 식물성 자원으로부터 유용하게 만들어진다.

듀퐁사의 소로나(Sorona)는 폴리(트라이메틸렌 테레프탈레이트) [poly(trimethylene terephthalate)]의 상품명으로 옥수수와 같은 재생 가능한 식물성 원료로부터 얻어지는 포도당을 사용하여 대량으로 만드는 고분자이다. 바이오 촉매가 D-포도당을 프로페인-1,3-다이올로 바꾸면 그림 30.9와 같이 테레프탈산과 반응하여 폴리(트라이메틸렌 테레프탈레이트)(PTT) 생성한다.

폴리(락트산)[poly(lactic acid), PLA]은 병이나 포장재의 제조에 사용되는 고분자 중의 하나이다. PLA는 인지오(Ingeo)라는 상품명으로 팔리는 합성 섬유의 원료로도 사용되는데 이 섬유로 옷감이나 카펫을 만들 수 있다. PLA는 옥수수로부터 얻어진 탄수화물을 발효시켜 대량으로 제조 가능하다. 발효 과정에서 처음에는 고리형 락톤인 락타이드(lactide)가 형성되는데, 락타이드는 두 분자의 락트산[lactic acid, $CH_3CH(OH)CO_2H$]의 유도체이다. PLA는 쓰레기 매립장에서 쉽게 분해되기 때문에 크게 주목 받고 있는 고분자이다.

탄수화물 —발효→ 락타이드 —H^+→ 폴리(락트산)

30.8B 저유해성 반응물을 이용한 고분자 합성

환경 친화성 고분자 합성의 또 다른 접근 방법으로 저유해성 반응물을 사용하는 방법과 용매를 사용하지 않는 방법이 있다. 예를 들어 렉산(lexan)은 현재 비스페놀 A와 다이페닐 카보네이트 [$(PhO)_2C{=}O$]를 용매 없이 반응시켜 얻는다. 이러한 방법은 취급에 주의가 필요한 맹독성 포스젠($Cl_2C{=}O$)과 일반적인 중합 과정에 사용되는 많은 양의 CH_2Cl_2의 사용을 피할 수 있게 해준다.

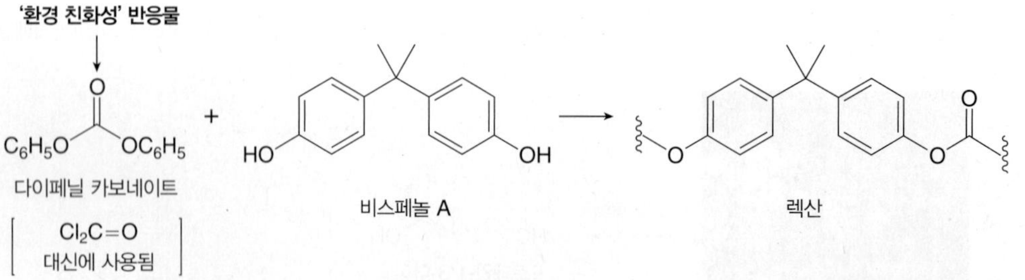

'환경 친화성' 반응물

C_6H_5O–C(=O)–OC_6H_5 (다이페닐 카보네이트) + 비스페놀 A ⟶ 렉산

다이페닐 카보네이트

$Cl_2C{=}O$ 대신에 사용됨

비스페놀 A

렉산

문제 30.21 베이크라이트와 비슷한 열경화성 고분자(30.7절)도 재생 가능한 원료로부터 생산되고 있다. 구운 견과류의 껍질에서 얻어지는 액체의 주성분인 카디놀을 사용하는 방법도 그중 하나이다. 카디놀을 양성자 원천의 존재하에 폼알데하이드($H_2C{=}O$)와 반응시켰을 때 어떠한 고분자가 얻어지겠는가?

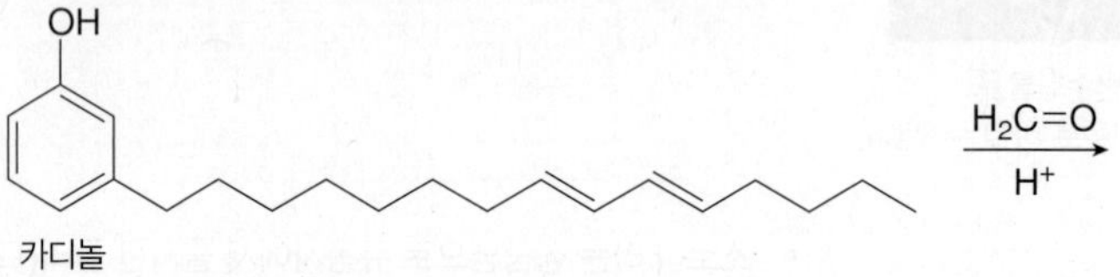

$\xrightarrow[H^+]{H_2C=O}$

카디놀

30.9 고분자의 재활용과 폐기

소비재로 이용되는 고분자에 요구되는 성질인 내구성, 강도, 화학적 안정성 역시 환경문제에 영향을 미친다. 고분자는 쉽게 분해되지 않으며, 그 결과로 수백만 톤의 고분자가 매년 매립되고 있다. 통계에 따르면 도시에서 발생되는 쓰레기의 11%가 고분자이며, 그중 30%가 포장 재료에 해당된다.

이러한 쓰레기 발생의 문제를 해결하는 두 가지 해법으로 고분자를 재활용하여 새로운 재료를 만드는 방법과 빠른 시간 내에 분해되는 생분해성 고분자를 사용하는 방법이 있다.

30.9A 고분자의 재활용

수천 가지 종류의 합성 고분자가 생산되고 있지만 이른바 '빅 식스(Big Six)'라고 불리는 여섯 가지 화합물이 미국 내에서 매년 생산되는 합성 고분자의 76%에 이른다. 각각의 고분자는 재활용 번호(1~6)가 부여되어 있으며 번호는 재활용의 유용성을 나타낸다. 낮은 번호는 재활용이 용이하다. 표 30.1에는 여섯 가지 일반적인 고분자와 각각의 고분자가 재활용되어 얻어지는 상품을 나타내고 있다.

재활용은 먼저 플라스틱의 종류에 따라 분류하고, 플라스틱을 작은 칩 형태로 분쇄한 뒤에 접착제나 레이블을 제거하기 위해 세척한다. 다음으로 칩을 건조하고 금속 뚜껑, 고리 등을 제거한 뒤에 고분자를 용융시켜 재활용을 위해 성형하게 된다.

여섯 가지 종류 중에서 음료수 병으로 사용되는 폴리에틸렌 테레프탈레트(PET)와 우유 통과 주스 병으로 사용되는 고밀도 폴리에틸렌(HDPE)은 어떤 범위로도 재활용이 가능하다. 재활용된 고분자는 적은 양의 접착제나 다른 물질로 오염되어 있는 경우도 있으므로 재활용 고분자는 일반적으로 음식이나 음료의 저장 용기로는 사용하지 않는다. 재활용된 HDPE는 건물의 단열제로 사용되는 타이벡(Tyvek)으로 가공되며, PET는 모직이나 카펫을 위한 섬유로 가공된다. 현재 미국에서는 약 23%의 플라스틱이 재활용되고 있다.

표 30.1
재활용 가능한 고분자들

재활용 번호	고분자명	구조	재활용품
1	PET 폴리에틸렌 테레프탈레이트	[structure] n	털옷 카펫 플라스틱 병
2	HDPE 고밀도 폴리에틸렌	[structure] n	타이벡 절연체 운동복
3	PVC 폴리(염화 바이닐)	[structure] n, Cl	바닥용 매트
4	LDPE 저밀도 폴리에틸렌	[structure] n	쓰레기 봉투
5	PP 폴리프로필렌	[structure] n	가구
6	PS 폴리스타이렌	[structure] n, Ph	성형된 접시 쓰레기통

또 다른 재생 방법으로 고분자를 단위체로 되돌리는 방법으로 고분자 골격에 C−O 또는 C−N 결합이 있는 아실 화합물에 대해서 유효하다. 예를 들어 폴리에틸렌 테레프탈레이트를 CH_3OH와 함께 가열하면, 고분자 사슬의 에스터기가 분해되어 에틸렌 글라이콜($HOCH_2CH_2OH$)과 다이메틸 테레프탈레이트를 생성한다. 이러한 화학적 재활용 과정은 22장에서 배운 친핵성 아실 치환 반응에 의한 에스터 교환 반응에 의해 이루어진다.

고분자 | 두 단위체

폴리에틸렌 테레프탈레이트 (PET) $\xrightarrow[H^+]{CH_3OH}$ HO–CH₂CH₂–OH 에틸렌 글라이콜 + 다이메틸 테레프탈레이트 (CH_3O, OCH_3)

화학적 재활용

마찬가지로, 나일론 6 고분자를 NH_3로 처리하면, 고분자 골격은 ε-카프로락탐을 형성하고 이를 정제하여 나일론 6을 생산할 수 있다.

나일론 6 $\xrightarrow{NH_3}$ ε-카프로락탐

화학적 재활용

문제 30.22 HDPE와 LDPE의 경우, 고분자를 단위체로 변환하여 다시 고분자로 변환하는 화학적 재활용이 왜 어려운가?

30.9B 생분해성 고분자

고분자 매립 쓰레기의 축적을 방지하는 또 다른 해법으로 생분해성 고분자를 설계하고 사용하는 방법이 있다.

- 생분해성 고분자는 천연 환경에 존재하는 박테리아, 곰팡이, 조류 등의 미생물에 의해 분해가 가능한 고분자이다.

몇몇 생분해성 폴리에스터가 개발되었다. 예를 들면, 폴리하이드록시알카노에이트(polyhydroxy-alkanoate, PHA)는 3-하이드록시뷰티르산 또는 3-하이드록시발레르산과 같은 3-하이드록시 카복실산의 고분자이다.

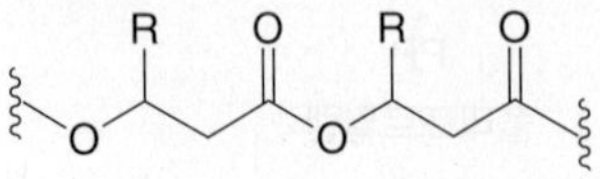

폴리하이드록시알카노에이트
PHA

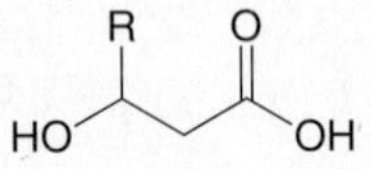

3-하이드록시 카복실산
R=CH_3, 3-하이드록시뷰티르산
R=CH_2CH_3, 3-하이드록시발레르산
단위체

두 가지 가장 일반적인 PHA는 폴리하이드록시뷰티레이트(polyhydroxybutylate, PHB)와 폴리하이드록시뷰티레이트(polyhydroxybutylate) 공중합체(PHBV)이다. PHA는 필름, 섬유 그리고 종이로 만든 음료수 용기의 코팅 재료로 사용되고 있다.

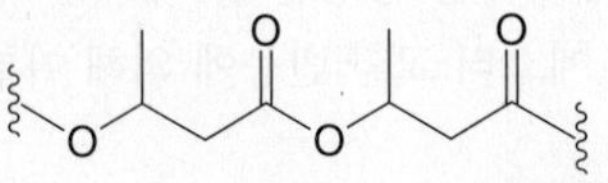

PHB 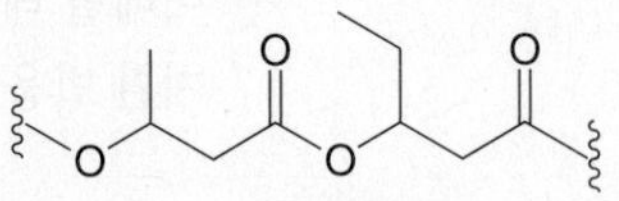 PHBV

토양에 존재하는 박테리아는 산소 존재하에서 쉽게 PHA를 분해하여 최종 분해 산물로 CO_2와 H_2O를 생성한다. 분해 속도는 습도와 온도, pH의 영향을 받는다. 매립된 환경하에서는 분해속도도 느려진다.

폴리하이드록시알카노에이트의 또 다른 이점으로 발효에 의해서 이 고분자가 생성된다는 점이다. 특정 종류의 박테리아는 특정 영양소가 결핍된 포도당 용액에서 에너지 저장원으로 PHA를 생산한다. 고분자는 박테리아 세포 내에서 개개의 알갱이 형태로 생성되며 추출을 통해 백색 분말로 얻어지고 용융과 가공을 통해 다양한 제품으로 생산 가능하다.

생분해성 폴리아마이드도 또한 아미노산으로부터 생성된 바 있다. 예를 들면, 아스파트산은 TPA(thermal polyaspartate)로 불리는 폴리아스파테이트로 변환된다. TPA는 일반적으로 폐수 처리 설비의 펌프와 보일러를 채우는 목적으로 사용되는 폴리아크릴산을 대신하여 사용된다.

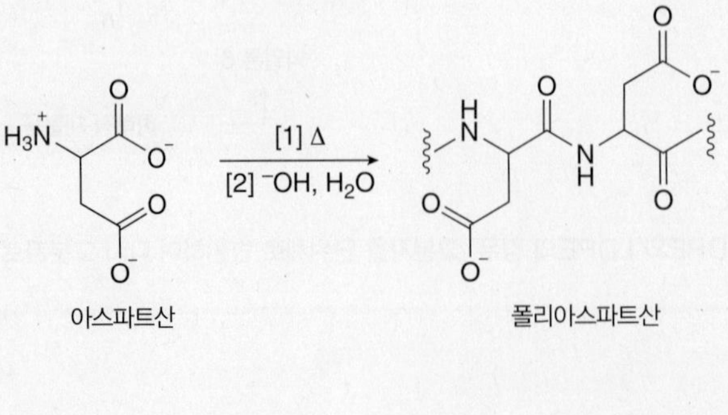

[1] Δ
[2] ^{-}OH, H_2O

아스파트산 폴리아스파트산 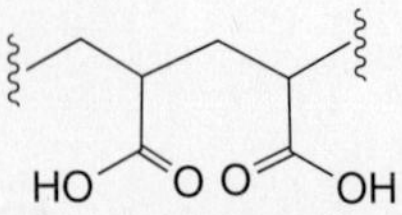 폴리아크릴산

문제 30.23 다음 각각의 단위체로부터 어떠한 고분자가 생성되는가?

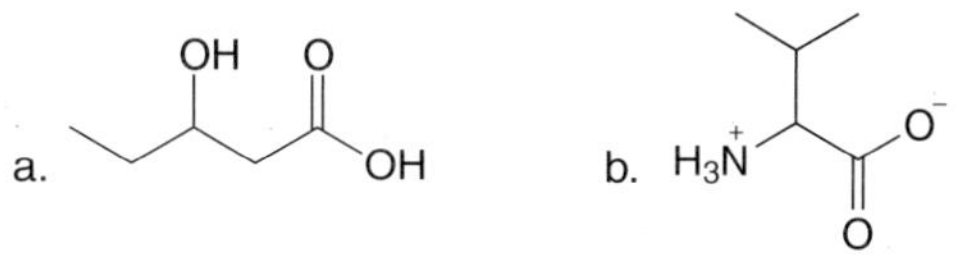

a. (OH, O, OH)

b. $H_3\overset{+}{N}$ (O^-, O)

합성 고분자

연쇄 성장 고분자—첨가 중합체

[1] 알켄을 출발물로 하는 연쇄 성장 고분자(30.2)

- 일반적인 반응

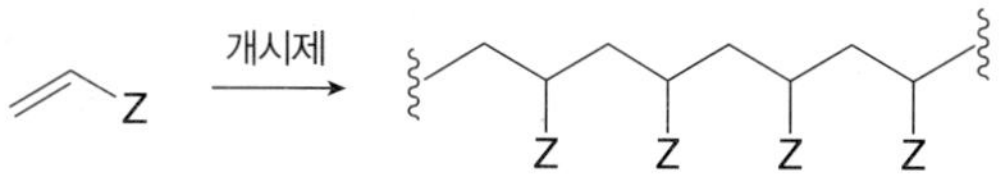

Z —개시제→ (Z Z Z Z)

- 메커니즘-Z기의 속성에 따라 세 가지 가능성을 가짐

형태	Z의 속성	개시제	특기사항
[1] 라디칼 중합	Z에 의해 라디칼이 안정화됨 Z=R, Ph, Cl 등	라디칼 개시제 (ROOR)	종결 반응은 라디칼 재결합 또는 불균일화 반응에 의해 일어난다. 곁사슬이 생성된다.
[2] 양이온 중합	Z에 의해 탄소 양이온이 안정화됨 Z=R, Ph, OR 등	H-A 또는 루이스 산 (BF_3 + H_2O)	종결 반응은 양성자를 잃게 되어 일어난다.
[3] 음이온 중합	Z에 의해 탄소 음이온이 안정화됨 Z=Ph, COOR, COR, CN 등	유기리튬 시약(R−Li)	산이나 다른 친핵체가 첨가되었을 때 종결 반응이 일어난다.

[2] 에폭사이드를 출발물로 하는 연쇄 성장 고분자(30.3)

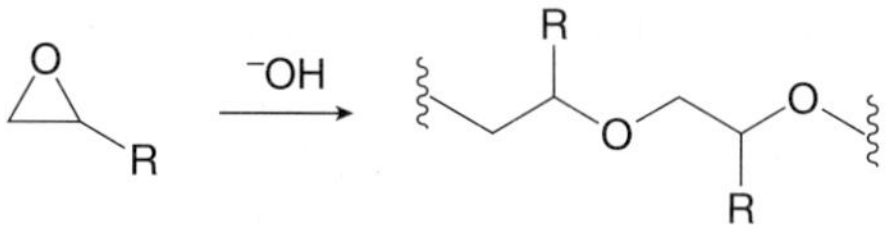

(O, R) —$^-$OH→ (R, O, O, R)

- S_N2 메커니즘
- 에폭사이드의 적게 치환된 탄소에서 고리 열림 반응이 일어난다.

단계 성장 고분자의 예–축합 고분자(30.6)

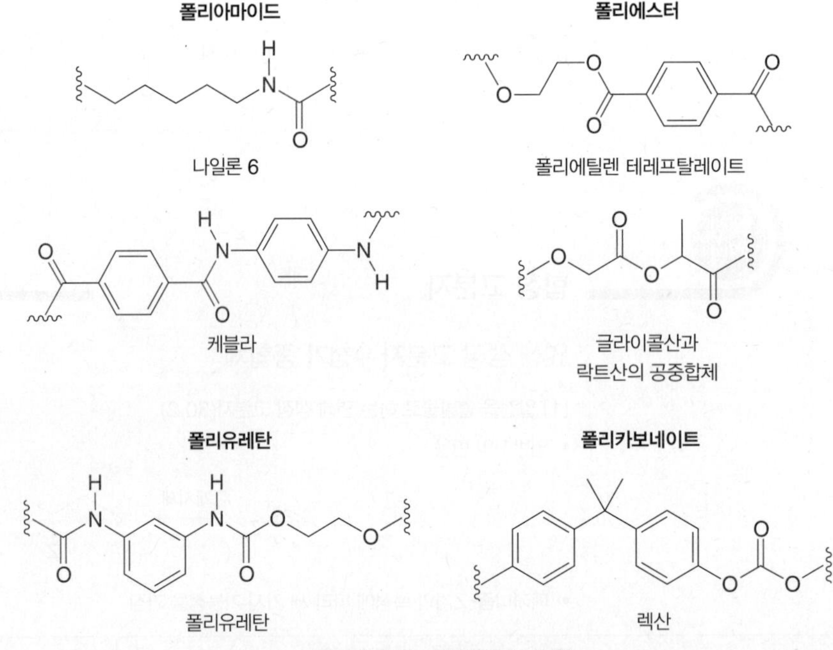

(핵심 작용기는 빨간색으로 표기함)

구조와 성질

- 일반적인 구조 CH_2=CHZ를 가진 단위체로부터 생성되는 고분자는 Z기의 성질과 중합 방법에 따라 동일배향, 교대배향, 무규칙배향일 수 있다(30.4).
- 지글러-나타 촉매는 곁가지가 많이 없는 고분자를 생성한다. 촉매에 따라서 고분자는 동일배향, 교대배향, 무규칙배향 구조를 형성한다. 1,3-다이엔으로부터 생성되는 고분자는 촉매에 따라 *E* 또는 *Z* 구조를 형성한다(30.4, 30.5).
- 대부분의 고분자는 잘 정렬된 결정성 영역과 정렬되지 않는 비결정성 영역이 있다(30.7). 결정성이 클수록 강한 고분자를 만든다.
- 탄성체는 고분자가 늘어나며 원래의 형태로 되돌아올 수 있는 고분자이다(30.5).
- 열가소성 플라스틱은 실온에서 단단하지만 가열하면 부드러워지며 성형이 가능하다(30.7).
- 열경화성 고분자는 복잡한 공유 결합의 네트워크 구조를 형성하고 있어서 액상을 형성하도록 다시 녹일 수 없다(30.7)

문제

삼차원 모델을 이용하는 문제

30.24 각각의 단위체의 연쇄 성장 중합을 통해 얻어지는 고분자의 구조를 그려라.

30.25 각각의 고분자 또는 공중합체의 합성을 위해 어떠한 단위체가 사용되어야 하는가?

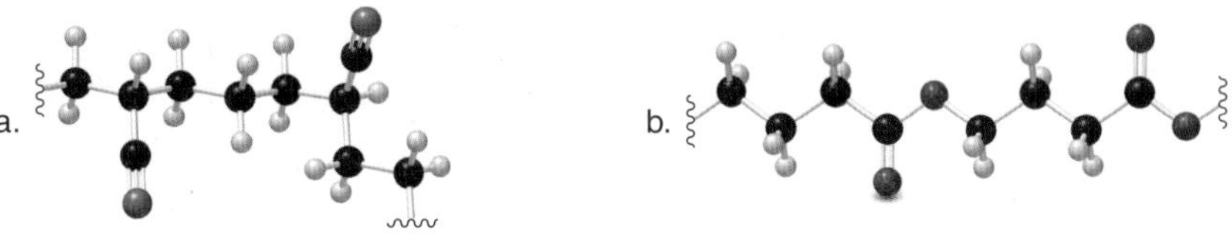

30.26 각 단위체 또는 단위체 쌍으로부터 단계성장 중합을 통해 합성되는 고분자의 구조를 그려라.

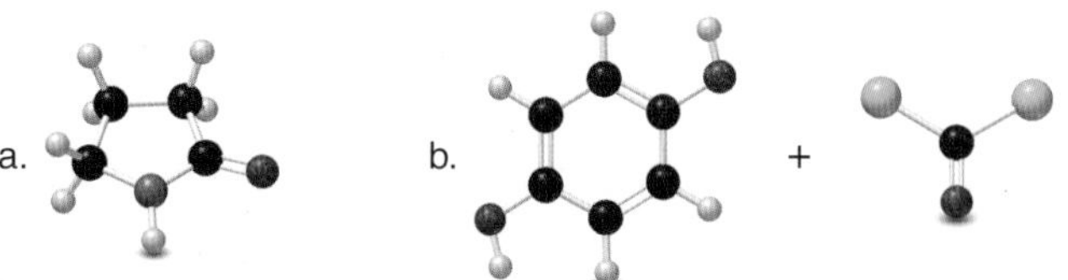

고분자 구조와 성질

30.27 다음 각각의 단위체의 연쇄 성장 중합으로부터 어떤 고분자가 얻어지는가?

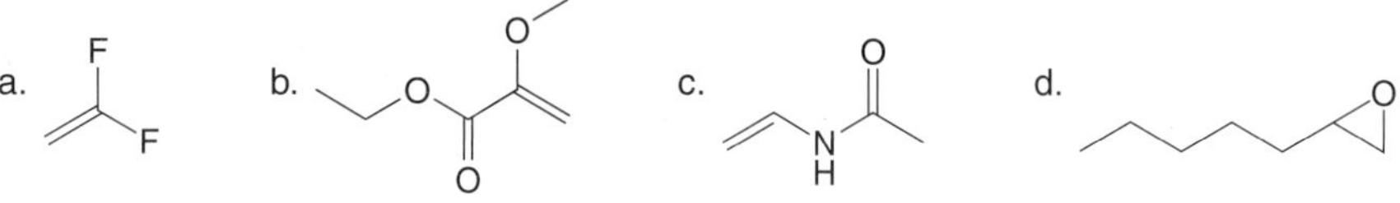

30.28 다음 각각의 단위체 쌍으로부터 어떠한 교대 공중합체가 얻어지는가?

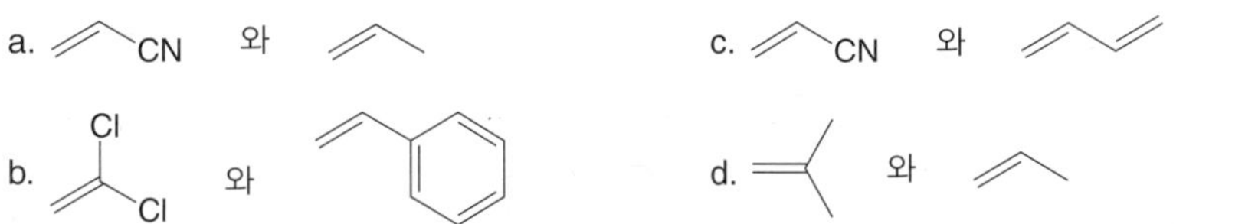

30.29 다음 각각의 고분자 또는 공중합체는 어떠한 단위체로부터 얻어지겠는가?

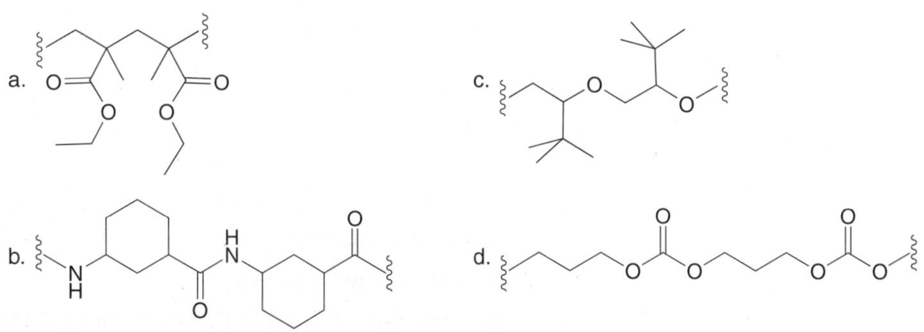

30.30 예제 30.30의 각각 고분자를 그림 30.2와 같이 축약형으로 표현하라.

30.31 다음 각 고분자의 짧은 단위 구조를 그려라.

a. 동일배향 폴리(염화 바이닐) b. 교대배향 폴리아크릴로나이트릴 c. 무규칙배향 폴리스타이렌

30.32 파라-트라이클로로메틸스타이렌(*p*-trichloromethylstyrene, $CCl_3C_6H_4CH{=}CH_2$)의 음이온 중합에 의해 합성된 고분자의 구조식을 쓰라. 이 반응에서 중합 반응을 종결시키기 위해 에틸렌 옥사이드(ethylene oxide)를 친전자체로 사용하였다.

30.33 다음 각각의 단위체 또는 단위체 쌍의 단계성장 중합을 통해 어떠한 고분자가 얻어지는가?

a. 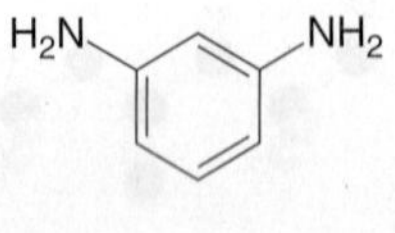 H_2N, NH_2 와 O, OH, HO, O

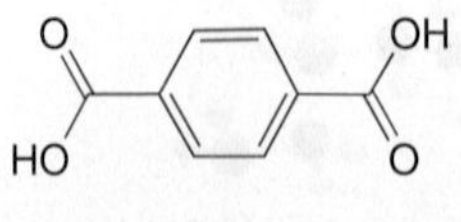

c. 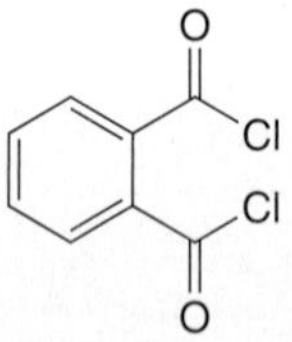 O, Cl, Cl, O 와 HO, OH

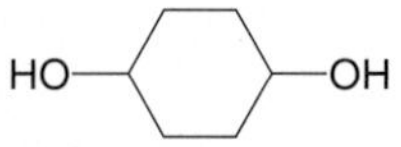

b. 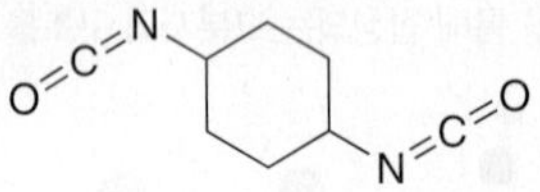 O=C=N, N=C=O 와 HO, OH

d. 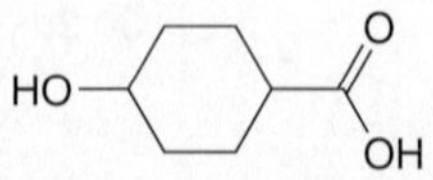 HO, O, OH

30.34 주어진 단위체로부터 얻어지는 두 가지 상업화된 단계성장 고분자 퀴아나(Quiana)와 노멕스(Nomex)의 구조를 그려라. 노멕스는 비행기 타이어나 극초단파 변환기로 응용되는 강한 고분자이다. 퀴아나는 주름 방지용 천에 응용이 된다.

a. 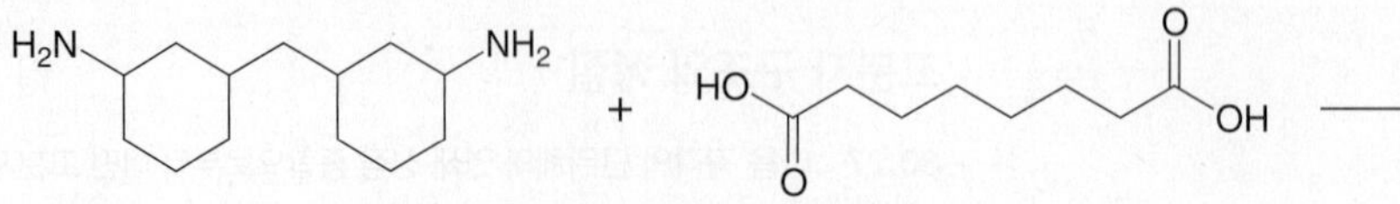 H_2N, NH_2 + HO, O, O, OH ⟶ 퀴아나

b. 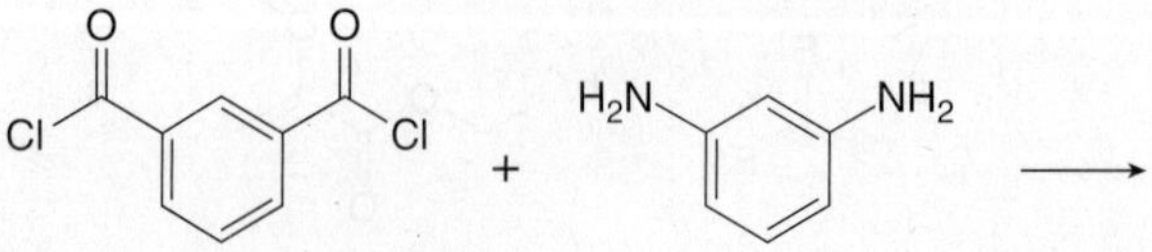 O, O, Cl, Cl + H_2N, NH_2 ⟶ 노멕스

30.35 에코플렉스(Ecoflex)라는 상품명으로 시판되는 생분해성 공중합체 폴리뷰트레이트 아디페이트 테레프탈레이트(PBAT)의 세가지 단위체를 그려라. PBAT는 저밀도 폴리에틸렌과 유사한 성질을 가지므로 생분해성 음식 포장재나 플라스틱 봉지로 사용된다.

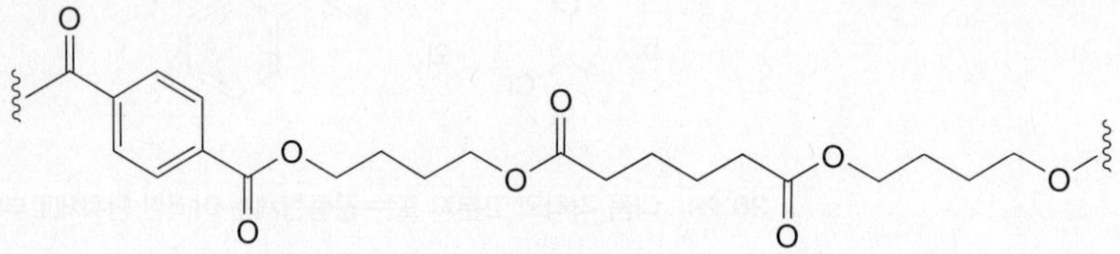

PBAT

30.36 케블라(Kevlar, 30.6A절)는 그 골격에 많은 방향족 고리가 존재하며, 고분자 사슬 간에 강한 수소 결합을 하고 있기 때문에 매우 단단한 고분자이다. 케블라 사슬의 짧은 사슬을 그리고, 어떻게 사슬 간에 수소 결합을 하고 있는지 나타내라.

30.37 다음 각 고분자 쌍들 간의 T_g와 T_m값의 차이에 대해서 설명하라.

a. 폴리에스터 **A**와 PET

b. 폴리에스터 **A**와 나일론 6,6

c. 나일론 6,6의 T_m값과 비교하였을 때 Kevlar (30.6A절)의 T_m 값은 어느 정도로 예측되는가? 그 이유를 설명하라.

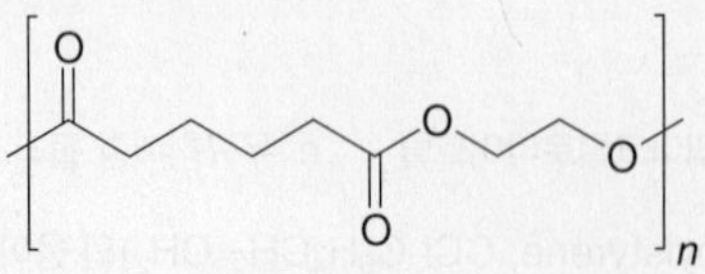

폴리에스터 A
$T_g < 0$ °C
$T_m = 50$ °C

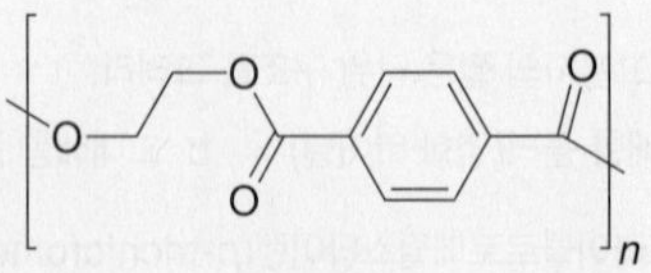

PET
$T_g = 70$ °C
$T_m = 265$ °C

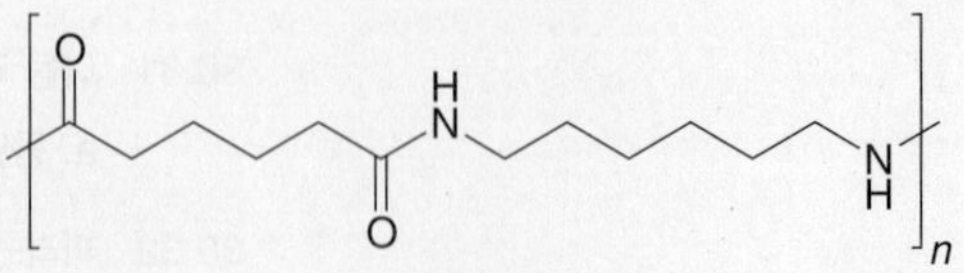

나일론 6,6
$T_g = 53$ °C
$T_m = 265$ °C

30.38 다이뷰틸 프탈레이트를 대신해서 다이에스터 **A**가 가소제로서 많이 사용되고 있는 이유를 설명하라.

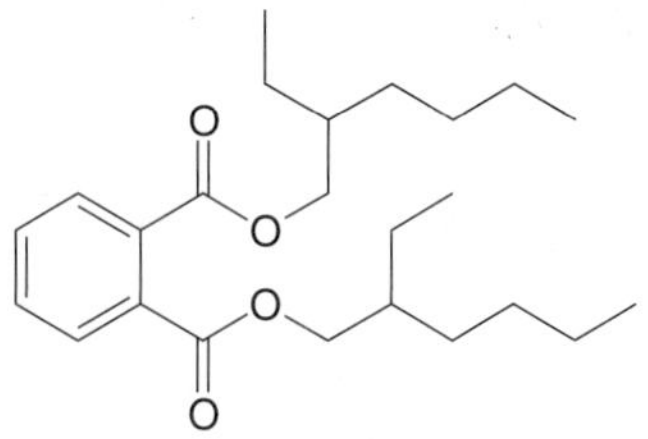

A

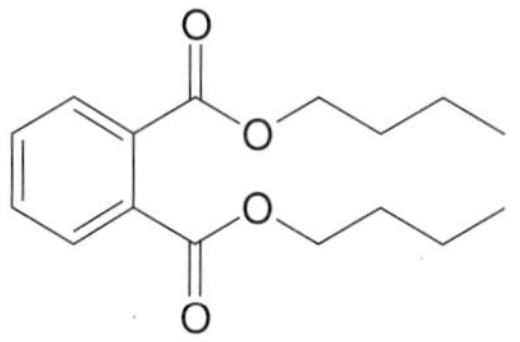

다이뷰틸 프탈레이트

메커니즘

30.39 $(CH_3)_3CO{-}OC(CH_3)_3$를 개시제로 아이소프렌을 이용하여 구타페르카(gutta−percha)를 얻는 중합 메커니즘을 그려라.

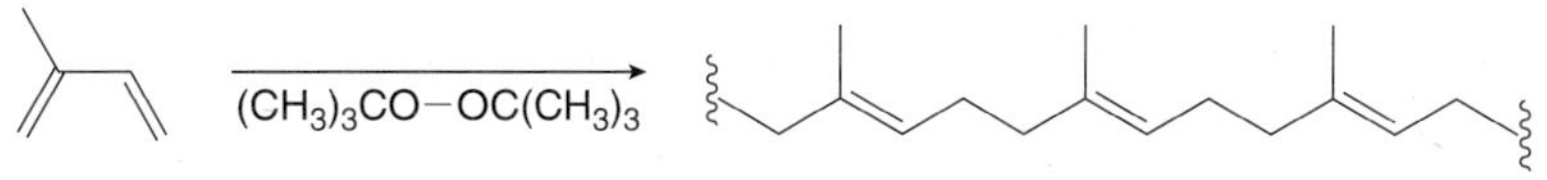

$(CH_3)_3CO{-}OC(CH_3)_3$

아이소프렌

구타페르카

30.40 3-페닐프로펜($CH_2{=}CHCH_2Ph$)의 양이온 중합에서는 **B**보다는 **A**가 주 생성물로 생성된다. 이 결과를 고려해서 반응의 메커니즘을 그려라.

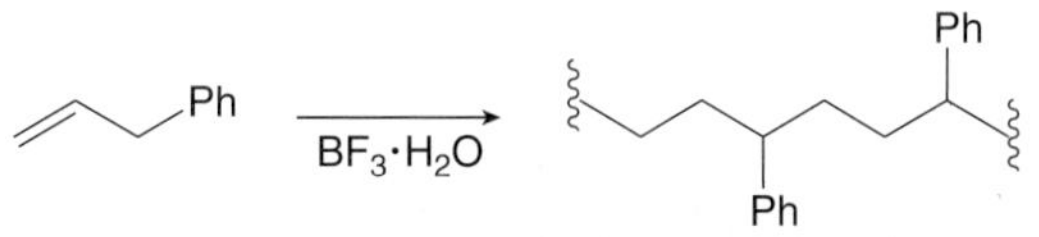

Ph

$BF_3 \cdot H_2O$

Ph

Ph

A

주 생성물

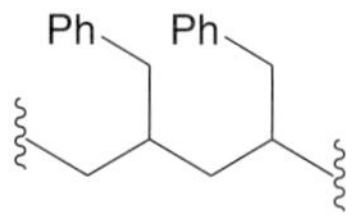

Ph Ph

B

30.41 아크릴로나이트릴($CH_2{=}CHCN$)의 양이온 중합이 뷰트-3-엔나이트릴($CH_2{=}CHCH_2CN$)의 중합보다 느리게 진행되는 이유를 설명하라.

30.42 BuLi을 개시제로 스타이렌($CH_2{=}CHPh$)을 음이온 중합하여 폴리스타이렌 $-[CH_2CHPh]_n-$을 합성하는 메커니즘을 그려라. CO_2를 연쇄반응 종결 친전자체로 사용하라.

30.43 스타이렌은 음이온 중합과 양이온 중합이 모두 가능하지만 치환기가 있는 스타이렌은 한 가지 방법만 사용된다. 다음 각 화합물은 어떠한 중합 방법을 사용해야 하는가? 설명하라.

a. 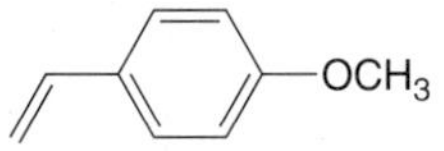 $-OCH_3$

c. 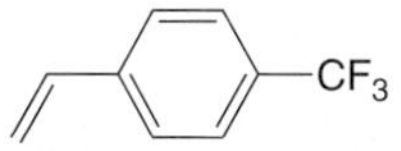 $-CF_3$

b. 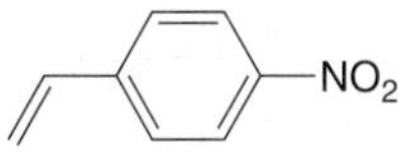 $-NO_2$

d.

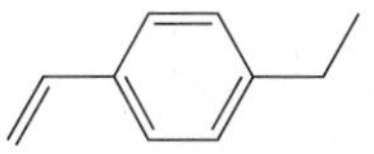

30.44 다음 화합물들을 음이온 연쇄 성장 중합의 반응성이 큰 순서대로 나열하라.

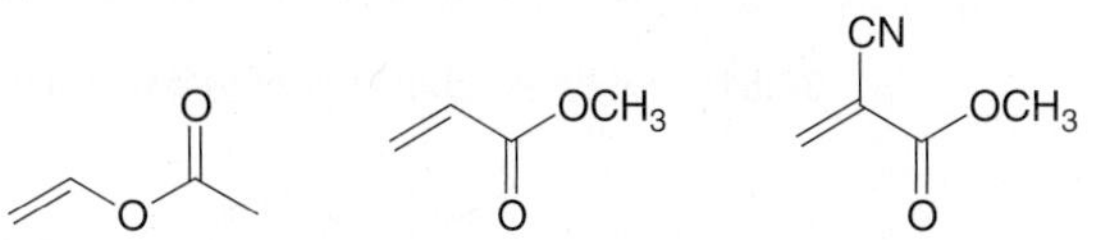

O, O

OCH_3, O

CN, OCH_3, O

30.45 H_3O^+존재하에 2-메틸프로펜 옥사이드는 보다 많은 치환기를 가진 에폭사이드 말단의 친핵성 공격을 통해 연쇄 성장 중합이 진행된다. 이 과정의 단계적 메커니즘을 그리고, 입체화학에 대해서 설명하라.

여기서 친핵성 공격이 일어난다.

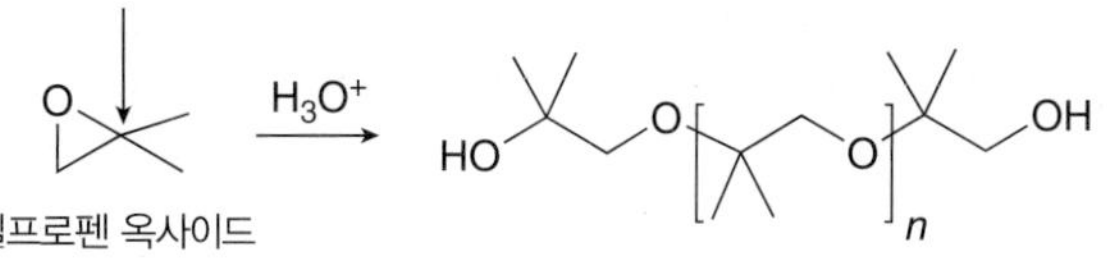

O

H_3O^+

HO, O, O, OH, n

2−메틸프로펜 옥사이드

30.46 $AlCl_3$ 존재하에 다이할라이드 **A**와 사이클로헥세인-1,4-다이올로부터 폴리에스터 **B**를 생성하는 단계적 메커니즘을 그려라.

Cl, Cl, **A**, +, HO, OH, 사이클로헥세인-1,4-다이올, $AlCl_3$, O, O, **B**, n

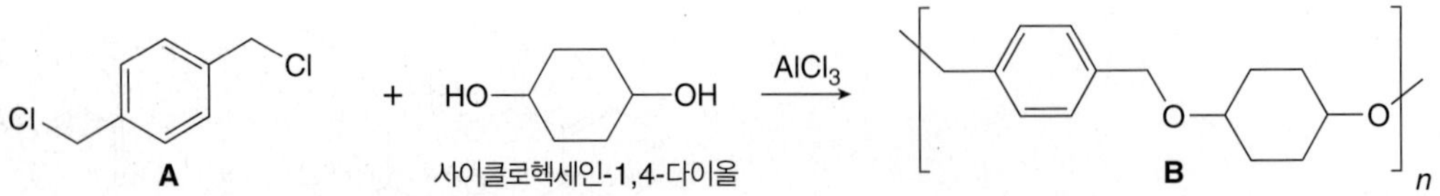

30.47 다음은 고분자 합성에 폭 넓게 사용되고 있는 비스페놀 A의 합성 과정이다. 단계적 메커니즘을 그려라.

2 HO, +, O, H_2SO_4, HO, OH, 비스페놀 A, + H_2O

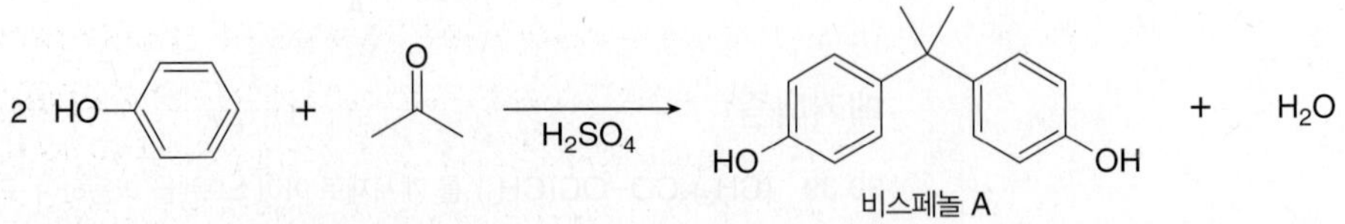

30.48 알코올과 아이소사이아네이트로부터 유레탄을 형성하는 다음 반응의 메커니즘을 그려라.

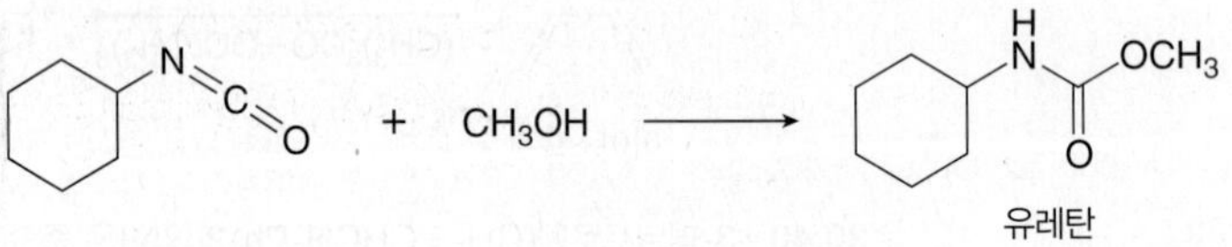

N, C, O, + CH_3OH, H, N, OCH_3, O, 유레탄

반응과 합성

30.49 다음 반응의 생성물을 그려라.

a. 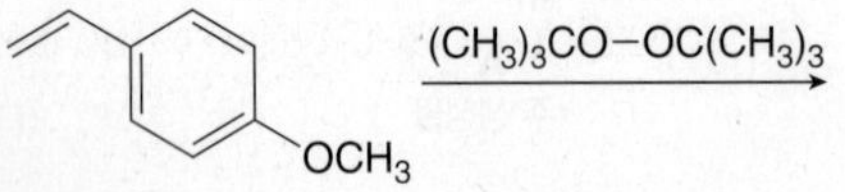 OCH_3, $(CH_3)_3CO-OC(CH_3)_3$

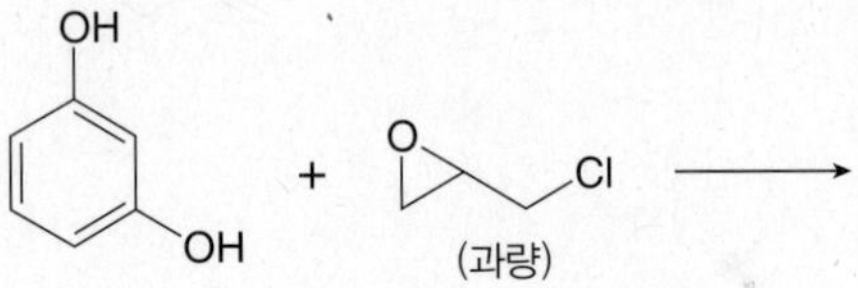

b. 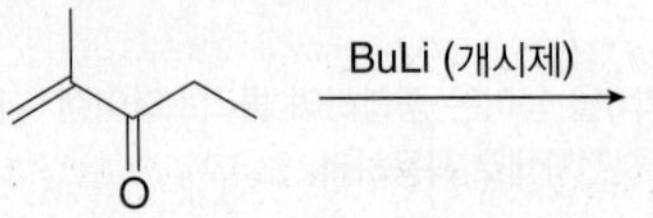 O, BuLi (개시제)

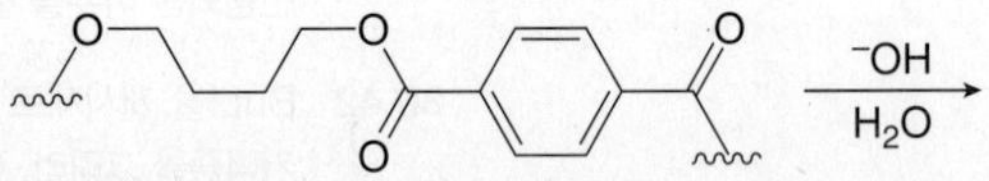

c. 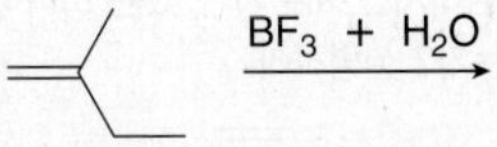 BF_3 + H_2O

d. O, ^{-}OH

e. OH, OH, + O, Cl, (과량)

f. O, O, O, O, O, ^{-}OH, H_2O

g. 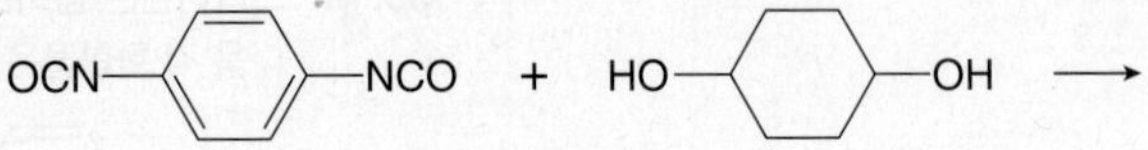 OCN, NCO + HO, OH

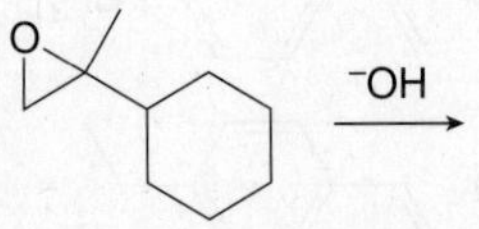

h. HO, OH, $Cl_2C{=}O$

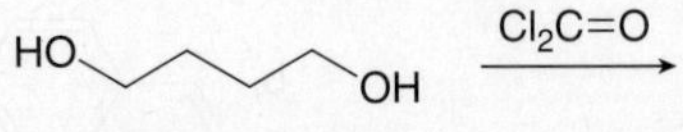

30.50 NaOH 용액은 폴리에틸렌 병에 장기간 보존이 가능하지만, 폴리에스터로 만든 셔츠나 나일론 스타킹에 염기 용액을 떨어뜨리면 금세 구멍이 뚫리는 이유를 설명하라.

30.51 다음 반응의 결과로 어떠한 에폭시 수지가 얻어지는가?

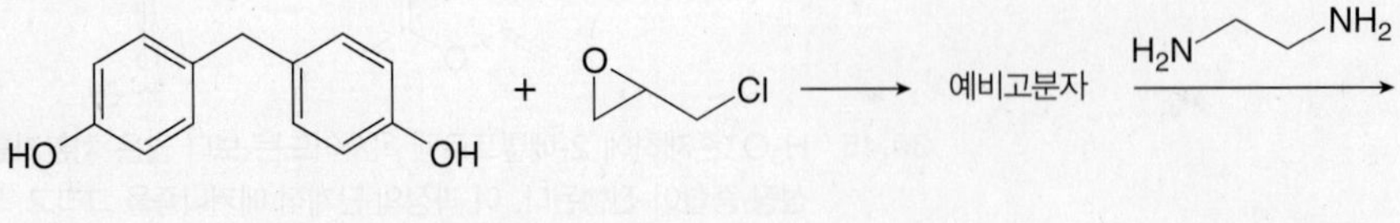

HO, OH, + O, Cl, 예비고분자, H_2N, NH_2

30.52 (a) 폴리(바이닐 알코올)이 바이닐 알코올($CH_2=CHOH$)의 라디칼 중합으로부터 얻어지지 못하는 이유를 설명하라.
(b) 바이닐 아세테이트($CH_2=CHOCOCH_3$)로부터 폴리(바이닐 알코올)을 단계적으로 합성하는 과정을 유도하라.
(c) 폴리(바이닐 알코올)로부터 어떻게 자동차 앞의 안전 유리에 사용되는 고분자인 폴리(바이닐 뷰티랄)로 변환할 수 있겠는가?

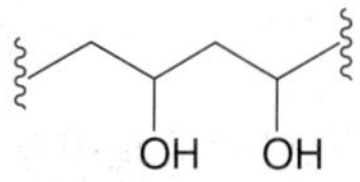

OH OH
폴리(바이닐 알코올)

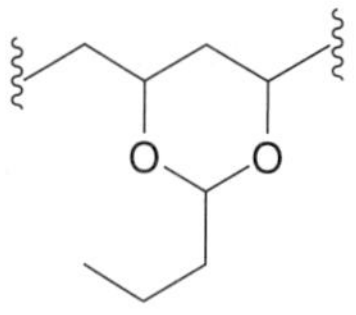

O O
폴리(바이닐 뷰티랄)

30.53 주어진 원료로부터 폴리에틸렌 테레프탈레이트 합성의 두 가지 단위체인 테레프탈산과 에틸렌 글라이콜을 합성하는 과정을 유도하라.

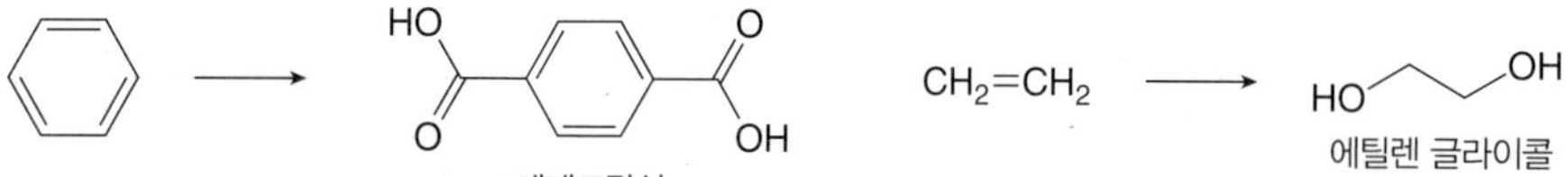

HO O O OH
테레프탈산

$CH_2=CH_2$ ⟶ HO OH
에틸렌 글라이콜

30.54 생성되는 고분자가 열경화성 수지가 아닌 열가소성 수지인 점을 제외하면 *p*-크레졸과 $CH_2=O$의 반응은 페놀(PhOH)과 $CH_2=O$의 반응과 매우 유사하다. 얻어지는 고분자의 구조를 그리고, 왜 이 두 가지 고분자의 성질이 크게 차이 나는지 설명하라.

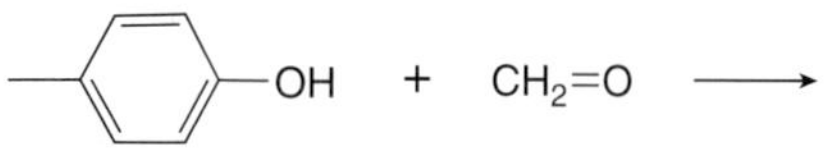

OH + $CH_2=O$ ⟶
p-크레졸

생물학적 응용

30.55 글라이콜산과 락트산(30.6B절)을 포함해서, 다음의 락톤 단위체로부터도 용해성 봉합사를 만들 수 있다. 다음 각 단위체로부터 얻어지는 고분자의 구조를 그려라.

a. 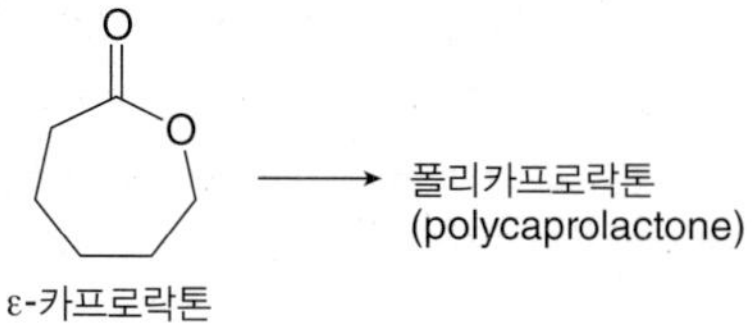 ε-카프로락톤 ⟶ 폴리카프로락톤 (polycaprolactone)

b. 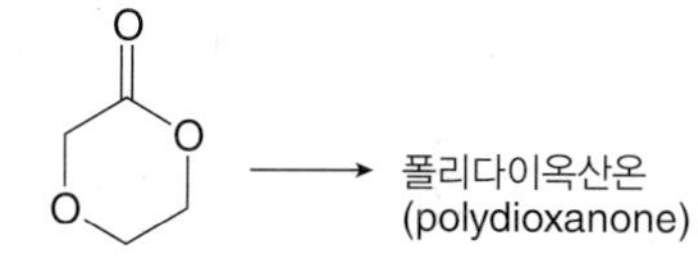 *p*-다이옥산온 ⟶ 폴리다이옥산온 (polydioxanone)

30.56 화합물 **A**는 폴리(에스터 아마이드) 공중합체로 약물의 방출을 조절하기 위한 생체 흡수성 코팅에 응용된다. **A**는 네 가지 단위체의 공중합체로 두 가지 단위체는 아미노산 또는 아미노산 유도체이다. 생체 내의 효소는 고분자 골격 내의 천연 아미노산을 인식하여 고분자의 효소 분해를 일으키게 되며, 내포되어 있는 약물이 서서히 방출된다. **A**를 합성하는 데 사용되는 네 가지 단위체를 찾아내고, 그림 29.2를 이용하여 두 가지 아미노산을 명명하라.

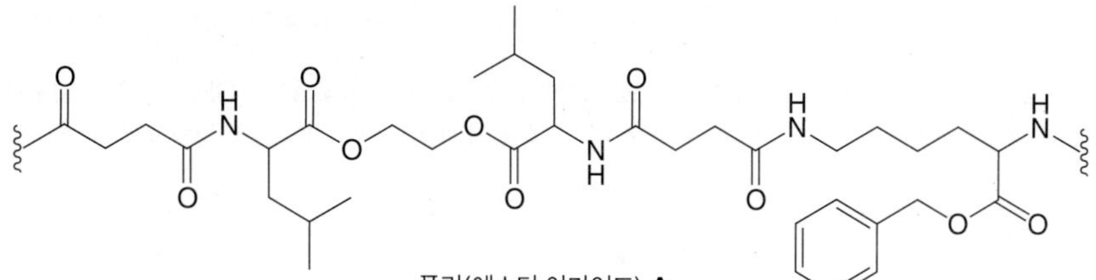

폴리(에스터 아마이드) **A**

30.57 러트거스대학(Rutgers University)의 과학자들은 비스테로이드계 소염제로 분해되는 생체 적합성 고분자를 개발하였다. 예를 들면 2당량의 살리실산 벤질과 1당량의 염화 세바코일의 반응은 폴리아스피린(PolyAspirin)이라 불리는 폴리(무수화물 에스터)를 생성하는데, 이것이 가수분해되어 살리실산(소염제)과 세바스산(sebacic acid)을 방출한다. 이러한 기술은 특정 상처 부위로 약물 전달을 가능하게 할 것이다. 폴리아스피린의 구조를 그려라.

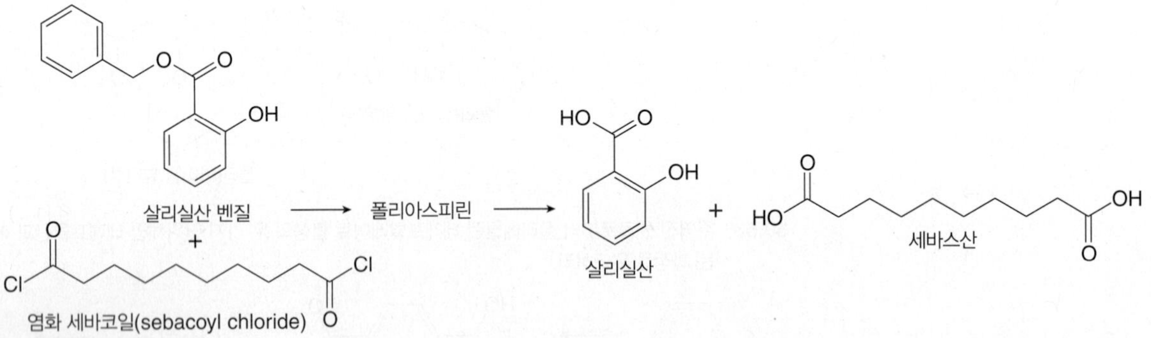

살리실산 벤질 + 염화 세바코일(sebacoyl chloride) ⟶ 폴리아스피린 ⟶ 살리실산 + 세바스산

도전문제

30.58 멜라민과 폼알데하이드로부터 생성되는 열경화성 고분자인 멜막(Melmac)은 주방용 조리대나 접시를 만드는 데 사용된다. 멜막 합성의 초기 단계인 1몰의 폼알데하이드와 2몰의 멜라민이 축합되는 단계적 메커니즘을 그려라.

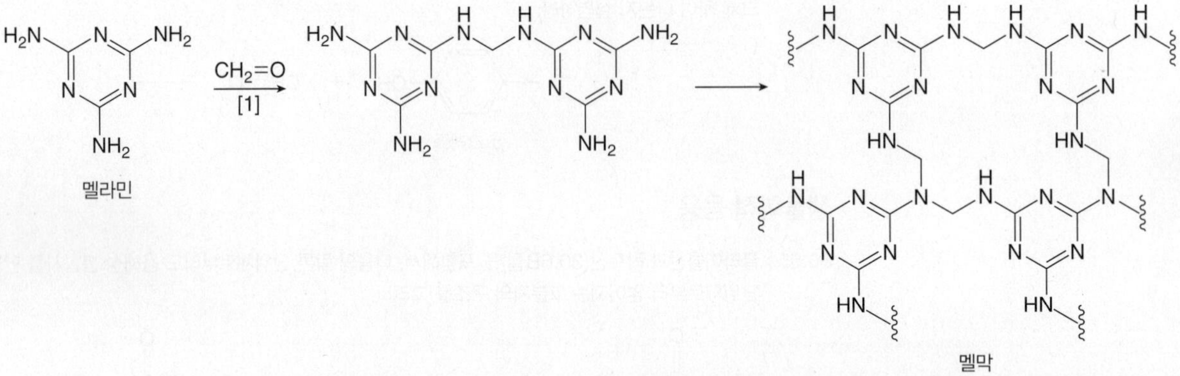

멜라민 —[1] $CH_2{=}O$⟶ ⟶ 멜막

30.59 메커니즘 30.2에 나타낸 것처럼 라디칼 중합에서의 곁사슬 생성은 분자 간 H 추출을 통해 생성되지만 분자 내 H 추출을 통해서도 뷰틸기가 곁가지로 있는 폴리에틸렌이 생성된다.

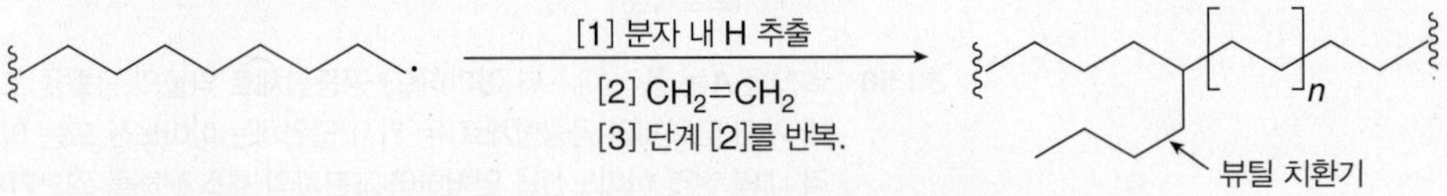

[1] 분자 내 H 추출
[2] $CH_2{=}CH_2$
[3] 단계 [2]를 반복.

뷰틸 치환기

a. 뷰틸기를 형성하기 위한 분자내 반응에서 어느 위치의 H가 공격을 받아야 하는지 그려라.

b. 다른 위치의 H들보다 이 위치의 H가 공격을 받기 쉬운 이유를 제시하라.

30.60 요소[$(NH_2)_2C{=}O$)]와 폼알데하이드($CH_2C{=}O$)는 발포제로 사용되는 고도로 가교된 고분자를 형성한다. 이 고분자의 구조를 제시하라[힌트: 베이클라이트(그림 30.7)과 멜막(예제 30.58)의 구조를 보라].

APPENDIX

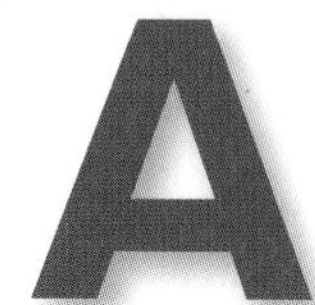

pK_a Values for Selected Compounds

Compound	pK_a
HI	−10
HBr	−9
H_2SO_4	−9
$(CH_3)_2C{=}OH^+$	−7.3
$CH_3C_6H_4SO_3H$	−7
HCl	−7
$[(CH_3)_2OH]^+$	−3.8
$(CH_3OH_2)^+$	−2.5
H_3O^+	−1.7
CH_3SO_3H	−1.2
$CH_3C({=}OH^+)NH_2$	0.0
CF_3CO_2H	0.2
CCl_3CO_2H	0.6
$O_2N{-}C_6H_4{-}NH_3^+$	1.0
Cl_2CHCO_2H	1.3
H_3PO_4	2.1
FCH_2CO_2H	2.7
$ClCH_2CO_2H$	2.8
$BrCH_2CO_2H$	2.9
ICH_2CO_2H	3.2
HF	3.2
$O_2N{-}C_6H_4{-}CO_2H$	3.4
HCO_2H	3.8
$Br{-}C_6H_4{-}NH_3^+$	3.9
$Br{-}C_6H_4{-}CO_2H$	4.0
$C_6H_5{-}CO_2H$	4.2
$CH_3{-}C_6H_4{-}CO_2H$	4.3
$CH_3O{-}C_6H_4{-}CO_2H$	4.5
$C_6H_5{-}NH_3^+$	4.6
CH_3CO_2H	4.8
$(CH_3)_3CCO_2H$	5.0
$CH_3{-}C_6H_4{-}NH_3^+$	5.1
$C_5H_5NH^+$	5.3
$CH_3O{-}C_6H_4{-}NH_3^+$	5.3
H_2CO_3	6.4
H_2S	7.0
$O_2N{-}C_6H_4{-}OH$	7.1
$C_6H_5{-}SH$	7.8

Compound	pK_a
$CH_3COCH_2COCH_3$	8.9
$HC{\equiv}N$	9.1
$Cl-C_6H_4-OH$	9.4
NH_4^+	9.4
$H_3\overset{+}{N}CH_2CO_2^-$	9.8
C_6H_5-OH	10.0
$CH_3-C_6H_4-OH$	10.2
HCO_3^-	10.2
CH_3NO_2	10.2
$NH_2-C_6H_4-OH$	10.3
CH_3CH_2SH	10.5
$[(CH_3)_3NH]^+$	10.6
$CH_3COCH_2CO_2Et$	10.7
$(CH_3NH_3)^+$	10.7
$C_6H_{11}-\overset{+}{N}H_3$	10.7
$[(CH_3)_2NH_2]^+$	10.7
CF_3CH_2OH	12.4
$EtO_2CCH_2CO_2Et$	13.3

Compound	pK_a
C_5H_5-H (cyclopentadiene)	15
CH_3OH	15.5
H_2O	15.7
CH_3CH_2OH	16
CH_3CONH_2	16
CH_3CHO	17
$(CH_3)_3COH$	18
$(CH_3)_2C{=}O$	19.2
$CH_3CO_2CH_2CH_3$	24.5
$HC{\equiv}CH$	25
$CH_3C{\equiv}N$	25
$CHCl_3$	25
$CH_3CON(CH_3)_2$	30
H_2	35
NH_3	38
CH_3NH_2	40
$C_6H_5CH_2-H$	41
C_6H_5-H	43
$CH_2{=}CHCH_3$	43
$CH_2{=}CH_2$	44
C_3H_5-H (cyclopropane)	46
CH_4	50
CH_3CH_3	50

APPENDIX

B

Nomenclature

Although the basic principles of nomenclature are presented in the body of this text, additional information is often needed to name many complex organic compounds. Appendix B concentrates on three topics:

- **Naming alkyl substituents that contain branching**
- **Naming polyfunctional compounds**
- **Naming bicyclic compounds**

Naming Alkyl Substituents That Contain Branching

Alkyl groups that contain any number of carbons and no branches are named as described in Section 4.4A: change the *-ane* ending of the parent alkane to the suffix *-yl*. Thus the seven-carbon alkyl group $CH_3CH_2CH_2CH_2CH_2CH_2CH_2-$ is called *heptyl.*

When an alkyl substituent also contains branching, follow a stepwise procedure:

[1] Identify the longest carbon chain of the alkyl group that begins at the point of attachment to the parent. Begin numbering at the point of attachment and use the suffix *-yl* to indicate an alkyl group.

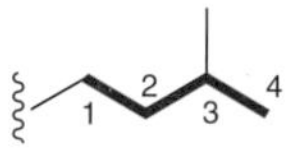

4 C's in the chain ----→ butyl group

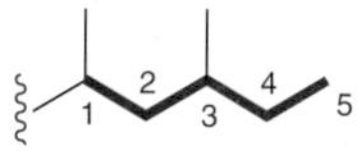

5 C's in the chain ----→ pentyl group

[2] Name all branches off the main alkyl chain and use the numbers from Step [1] to designate their location.

methyl at C3

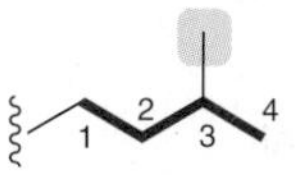

3-methylbutyl

methyls at C1 and C3

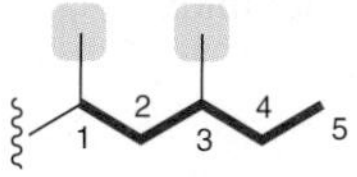

1,3-dimethylpentyl

[3] Set the entire name of the substituent in parentheses, and alphabetize this substituent name by the first letter of the complete name.

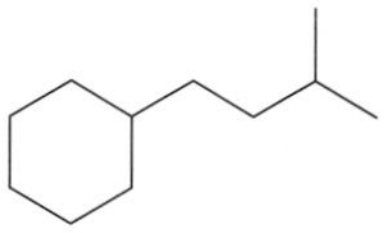

(3-methylbutyl)cyclohexane

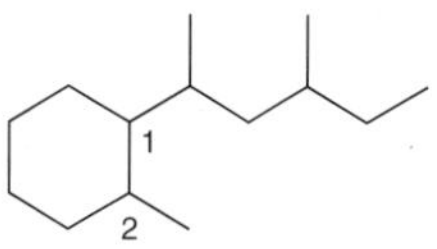

1-(1,3-dimethylpentyl)-2-methylcyclohexane

- Alphabetize the **d** of **d**imethylpentyl before the **m** of **m**ethyl.
- Number the ring to give the lower number to the first substituent alphabetically: place the dimethylpentyl group at C1.

Naming Polyfunctional Compounds

Many organic compounds contain more than one functional group. When one of those functional groups is halo (X−) or alkoxy (RO−), these groups are named as substituents as described in Sections 7.2 and 9.3B. To name other polyfunctional compounds, we must learn which functional group is assigned a higher priority in the rules of nomenclature. Two steps are usually needed:

[1] **Name a compound using the suffix of the highest priority group,** and name other functional groups as *substituents.* Table B.1 lists the common functional groups in order of decreasing priority, as well as the prefixes needed when a functional group must be named as a substituent.

[2] Number the carbon chain to give the lower number to the highest priority functional group that can be named as a suffix, and then follow all other rules of nomenclature. Examples are shown in Figure B.1.

Table B.1 Summary of Functional Group Nomenclature

Increasing priority

Functional group	Suffix	Substituent name (prefix)
Carboxylic acid	-oic acid	carboxy
Ester	-oate	alkoxycarbonyl
Amide	-amide	amido
Nitrile	-nitrile	cyano
Aldehyde	-al	oxo (=O) or formyl (−CHO)
Ketone	-one	oxo
Alcohol	-ol	hydroxy
Amine	-amine	amino
Alkene	-ene	alkenyl
Alkyne	-yne	alkynyl
Alkane	-ane	alkyl
Ether	—	alkoxy
Halide	—	halo

Figure B.1

Examples of nomenclature of polyfunctional compounds

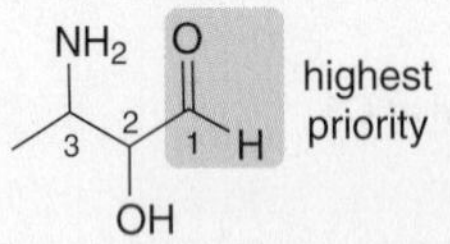

3-amino-2-hydroxybutanal

Name as a derivative of an aldehyde, because CHO is the highest priority functional group.

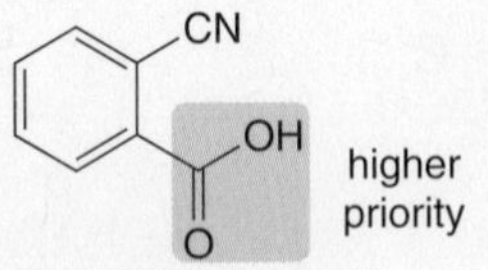

o-cyanobenzoic acid

Name as a derivative of benzoic acid, because COOH is the higher priority functional group.

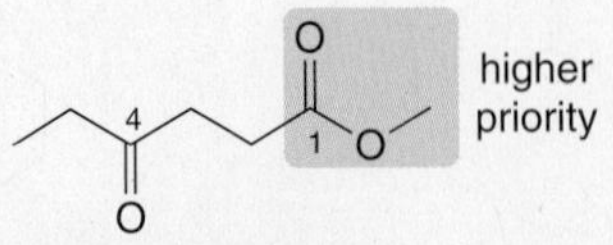

methyl 4-oxohexanoate

Name as a derivative of an ester, because COOR is the higher priority functional group.

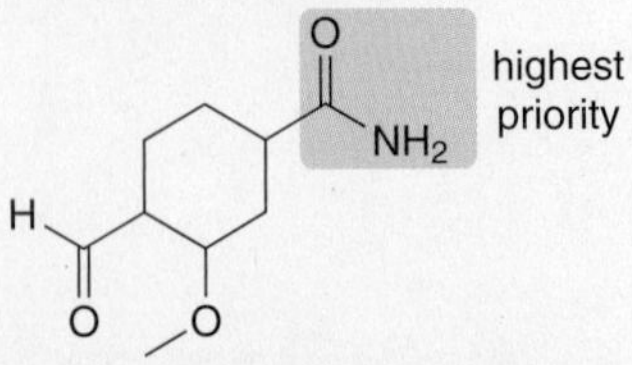

4-formyl-3-methoxycyclohexanecarboxamide

Name as a derivative of an amide, because $CONH_2$ is the highest priority functional group.

Polyfunctional compounds that contain C–C double and triple bonds have characteristic suffixes to identify them, as shown in Table B.2. The higher priority functional group is assigned the lower number.

Table B.2 Naming Polyfunctional Compounds with C–C Double and Triple Bonds

Functional groups	Suffix	Example
C=C and OH	enol	5-methylhex-4-en-1-ol
C=C + C=O (ketone)	enone	(*E*)-hept-4-en-3-one
C=C + C≡C	enyne	hex-1-en-5-yne

Naming Bicyclic Compounds

Bicyclic ring systems—compounds that contain two rings that share one or two carbon atoms—can be bridged, fused, or spiro.

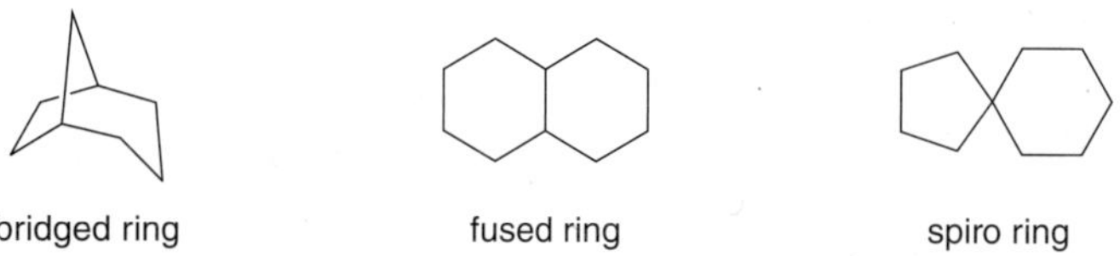

bridged ring fused ring spiro ring

- **A bridged ring system contains two rings that share two non-adjacent carbons.**
- **A fused ring system contains two rings that share a common carbon–carbon bond.**
- **A spiro ring system contains two rings that share one carbon atom.**

Fused and bridged ring systems are named as bicyclo[*x.y.z*]alkanes, where the parent alkane corresponds to the total number of carbons in both rings. The numbers *x, y,* and *z* refer to the number of carbons that join the shared carbons together, written in order of *decreasing* size. For a fused ring system, *z* always equals zero, because the two shared carbons are directly joined together. The shared carbons in a bridged ring system are called the **bridgehead carbons.**

8 C's in the ring system → **bicyclooctane**

1 C joining the bridgehead C's

3 C's joining the bridgehead C's

2 C's joining the bridgehead C's

Name: bicyclo[3.2.1]octane

10 C's in the ring system → **bicyclodecane**

4 C's joining the common C's

No C's join the shared C's at the ring fusion.

4 C's joining the common C's

Name: bicyclo[4.4.0]decane

Rings are numbered beginning at a *shared* carbon, and continuing around the *longest* bridge first, then the next longest, and so forth.

Start numbering here.

3,3-dimethylbicyclo[3.2.1]octane

Start numbering here.

7,7-dimethylbicyclo[2.2.1]heptane

Spiro ring systems are named as spiro[*x.y*]alkanes where the parent alkane corresponds to the total number of carbons in both rings, and *x* and *y* refer to the number of carbons that join the shared carbon (the spiro carbon), written in order of *increasing* size. When substituents are present, the rings are numbered beginning with a carbon *adjacent* to the spiro carbon in the *smaller* ring.

10 C's in the ring system

Name: spiro[4.5]decane

Start numbering here.

8 C's in the ring system

Name: 2-methylspiro[3.4]octane

Bond Dissociation Energies for Some Common Bonds [A–B → A• + •B]

APPENDIX

Bond	ΔH^o kJ/mol	(kcal/mol)
H – Z bonds		
H – F	569	(136)
H – Cl	431	(103)
H – Br	368	(88)
H – I	297	(71)
H – OH	498	(119)
Z – Z bonds		
H – H	435	(104)
F – F	159	(38)
Cl – Cl	242	(58)
Br – Br	192	(46)
I – I	151	(36)
HO – OH	213	(51)
R – H bonds		
CH_3 – H	435	(104)
CH_3CH_2 – H	410	(98)
$CH_3CH_2CH_2$ – H	410	(98)
$(CH_3)_2CH$ – H	397	(95)
$(CH_3)_3C$ – H	381	(91)
CH_2 = CH – H	435	(104)
HC ≡ C – H	523	(125)
CH_2 = $CHCH_2$ – H	364	(87)
C_6H_5 – H	460	(110)
$C_6H_5CH_2$ – H	356	(85)
R – R bonds		
CH_3 – CH_3	368	(88)
CH_3 – CH_2CH_3	356	(85)
CH_3 – CH = CH_2	385	(92)
CH_3 – C ≡ CH	489	(117)

Bond	ΔH^o kJ/mol	(kcal/mol)
R – X bonds		
CH_3 – F	456	(109)
CH_3 – Cl	351	(84)
CH_3 – Br	293	(70)
CH_3 – I	234	(56)
CH_3CH_2 – F	448	(107)
CH_3CH_2 – Cl	339	(81)
CH_3CH_2 – Br	285	(68)
CH_3CH_2 – I	222	(53)
$(CH_3)_2CH$ – F	444	(106)
$(CH_3)_2CH$ – Cl	335	(80)
$(CH_3)_2CH$ – Br	285	(68)
$(CH_3)_2CH$ – I	222	(53)
$(CH_3)_3C$ – F	444	(106)
$(CH_3)_3C$ – Cl	331	(79)
$(CH_3)_3C$ – Br	272	(65)
$(CH_3)_3C$ – I	209	(50)
R – OH bonds		
CH_3 – OH	389	(93)
CH_3CH_2 – OH	393	(94)
$CH_3CH_2CH_2$ – OH	385	(92)
$(CH_3)_2CH$ – OH	401	(96)
$(CH_3)_3C$ – OH	401	(96)
Other bonds		
CH_2 = CH_2	635	(152)
HC = CH	837	(200)
O = C = O	535	(128)
O_2	497	(119)

APPENDIX

Reactions That Form Carbon–Carbon Bonds

Section	Reaction
11.11A	S_N2 reaction of an alkyl halide with an acetylide anion, $^-C{\equiv}CR$
11.11B	Opening of an epoxide ring with an acetylide anion, $^-C{\equiv}CR$
15.14	Radical polymerization of an alkene
16.12	Diels–Alder reaction
18.5	Friedel–Crafts alkylation
18.5	Friedel–Crafts acylation
20.10	Reaction of an aldehyde or ketone with a Grignard or organolithium reagent
20.13A	Reaction of an acid chloride with a Grignard or organolithium reagent
20.13A	Reaction of an ester with a Grignard or organolithium reagent
20.13B	Reaction of an acid chloride with an organocuprate reagent
20.14A	Reaction of a Grignard reagent with CO_2
20.14B	Reaction of an epoxide with an organometallic reagent
20.15	Reaction of an α,β-unsaturated carbonyl compound with an organocuprate reagent
21.9	Cyanohydrin formation
21.10	Wittig reaction to form an alkene
22.18	S_N2 reaction of an alkyl halide with NaCN
22.18C	Reaction of a nitrile with a Grignard or organolithium reagent
23.8	Direct enolate alkylation using LDA and an alkyl halide
23.9	Malonic ester synthesis to form a carboxylic acid
23.10	Acetoacetic ester synthesis to form a ketone
24.1	Aldol reaction to form a β-hydroxy carbonyl compound or an α,β-unsaturated carbonyl compound
24.2	Crossed aldol reaction
24.3	Directed aldol reaction
24.5	Claisen reaction to form a β-keto ester
24.6	Crossed Claisen reaction to form a β-dicarbonyl compound
24.7	Dieckmann reaction to form a five- or six-membered ring
24.8	Michael reaction to form a 1,5-dicarbonyl compound
24.9	Robinson annulation to form a cyclohex-2-enone
25.14	Reaction of a diazonium salt with CuCN
26.1	Coupling of an organocuprate reagent (R_2CuLi) with an organic halide (R'X)
26.2	The palladium-catalyzed Suzuki reaction of an organic halide with an organoborane
26.3	The palladium-catalyzed Heck reaction of a vinyl or aryl halide with an alkene
26.4	Addition of a dihalocarbene to an alkene to form a cyclopropane
26.5	Simmons–Smith reaction of an alkene with CH_2I_2 and Zn(Cu) to form a cyclopropane
26.6	Olefin metathesis
27.3	Electrocyclic reactions
27.4	Cycloaddition reactions
27.5	Sigmatropic rearrangements
28.10B	Kiliani–Fischer synthesis of an aldose
29.2B	Alkylation of diethyl acetamidomalonate to form an amino acid
29.2C	Strecker synthesis of an amino acid
30.2	Chain-growth polymerization
30.4	Polymerization using Ziegler–Natta catalysts

APPENDIX

Characteristic IR Absorption Frequencies

Bond	Functional group	Wavenumber (cm^{-1})	Comment
O–H			
	• ROH	3600–3200	broad, strong
	• RCO_2H	3500–2500	very broad, strong
N–H			
	• RNH_2	3500–3300	two peaks
	• R_2NH	3500–3300	one peak
	• $RCONH_2$, RCONHR	3400–3200	one or two peaks; N–H bending also observed at 1640 cm^{-1}
C–H			
	• C_{sp}–H	3300	sharp, often strong
	• C_{sp^2}–H	3150–3000	medium
	• C_{sp^3}–H	3000–2850	strong
	• C_{sp^2}–H of RCHO	2830–2700	one or two peaks
C≡C		2250	medium
C≡N		2250	medium
C=O			strong
	• RCOCl	1800	
	• $(RCO)_2O$	1800, 1760	two peaks
	• RCO_2R	1745–1735	increasing $\tilde{\nu}$ with decreasing ring size
	• RCHO	1730	
	• R_2CO	1715	increasing $\tilde{\nu}$ with decreasing ring size
	• R_2CO, conjugated	1680	
	• RCO_2H	1710	
	• $RCONH_2$, RCONHR, $RCONR_2$	1680–1630	increasing $\tilde{\nu}$ with decreasing ring size
C=C			
	• Alkene	1650	medium
	• Arene	1600, 1500	medium
C=N		1650	medium

APPENDIX

Characteristic NMR Absorptions

^{1}H NMR Absorptions

Compound type	Chemical shift (ppm)
Alcohol	
R–O–H	1–5
(OH)–C–H	3.4–4.0
Aldehyde	
R–C(=O)–H	9–10
Alkane	0.9–2.0
RCH_3	~0.9
R_2CH_2	~1.3
R_3CH	~1.7
Alkene	
C=C–H *sp*^{2} C–H	4.5–6.0
C=C–C–H allylic *sp*^{3} C–H	1.5–2.5
Alkyl halide	
F–C–H	4.0–4.5
Cl–C–H	3.0–4.0
Br–C–H	2.7–4.0
I–C–H	2.2–4.0
Alkyne	
C≡C–H	~2.5

Compound type	Chemical shift (ppm)
Amide	
RC(=O)N(–)**H**	7.5–8.5
Amine	
R–N(–)–**H**	0.5–5.0
NR_2–C–**H**	2.3–3.0
Aromatic compound	
C₆H₅–**H** *sp*² C–H	6.5–8
C₆H₅–CH–**H** benzylic *sp*³ C–H	1.5–2.5
Carbonyl compound	
RC(=O)CH–**H** *sp*³ C–H on the α carbon	2.0–2.5
Carboxylic acid	
RC(=O)O**H**	10–12
Ether	
OR–C–**H**	3.4–4.0

^{13}C NMR Absorptions

Carbon type	Structure	Chemical shift (ppm)
Alkyl, *sp*³ hybridized C	–**C**–	5–45
Alkyl, *sp*³ hybridized C bonded to N, O, or X	Z–**C**– Z = N, O, X	30–80
Alkynyl, *sp* hybridized C	—**C**≡**C**—	65–100
Alkenyl, *sp*² hybridized C	**C**=**C**	100–140
Aryl, *sp*² hybridized C	C₆H₅–**C**—	120–150
Carbonyl C	O=**C**	160–210

APPENDIX

General Types of Organic Reactions

Substitution Reactions

[1] Nucleophilic substitution at an sp^3 hybridized carbon atom

a. Alkyl halides (Chapter 7) R−X + :Nu⁻ (nucleophile) ⟶ R−Nu + X:⁻

b. Alcohols (Section 9.11) R−OH + HX ⟶ R−X + H_2O

c. Ethers (Section 9.14) R−OR' + HX ⟶ R−X + R'−X + H_2O (X = Br or I)

d. Epoxides (Section 9.16) epoxide —[1] :Nu⁻ [2] H_2O or HZ⟶ OH / Nu (Z) product

Nu or Z = nucleophile

[2] Nucleophilic acyl substitution at an sp^2 hybridized carbon atom

Carboxylic acids and their derivatives (Chapter 22) RCOZ + :Nu⁻ (nucleophile) ⟶ RCONu + :Z⁻

Z = OH, Cl, OCOR, OR', NR'$_2$

[3] Radical substitution at an sp^3 hybridized C−H bond

Alkanes (Section 15.3) R−H + X_2 —hν or Δ⟶ R−X + HX

[4] Electrophilic aromatic substitution

Aromatic compounds (Chapter 18) C_6H_5−H + E^+ (electrophile) ⟶ C_6H_5−E + H^+

[5] Nucleophilic aromatic substitution

Aromatic compounds (Chapter 18) A−C_6H_4−X + :Nu⁻ (nucleophile) ⟶ A−C_6H_4−Nu + X^-

X = F, Cl, Br, I

A = H or electron-withdrawing group

Elimination Reactions

β Elimination at an sp^3 hybridized carbon atom

a. Alkyl halides (Chapter 8)

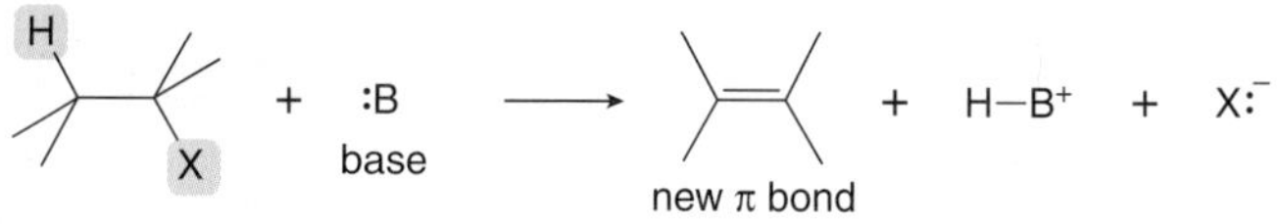

H, X + :B (base) → new π bond + H—B^+ + $X:^-$

b. Alcohols (Section 9.8)

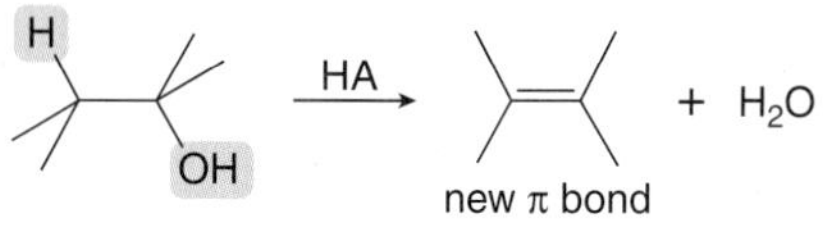

H, OH —HA→ new π bond + H_2O

Addition Reactions

[1] Electrophilic addition to carbon–carbon multiple bonds

a. Alkenes (Chapter 10)

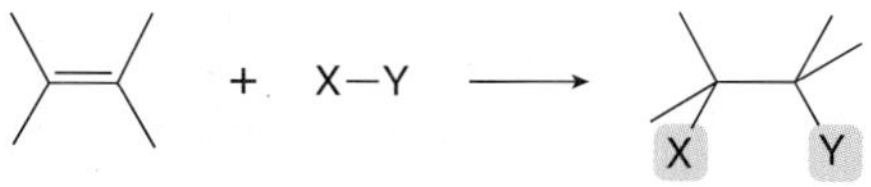

+ X—Y → X, Y

b. Alkynes (Section 11.6)

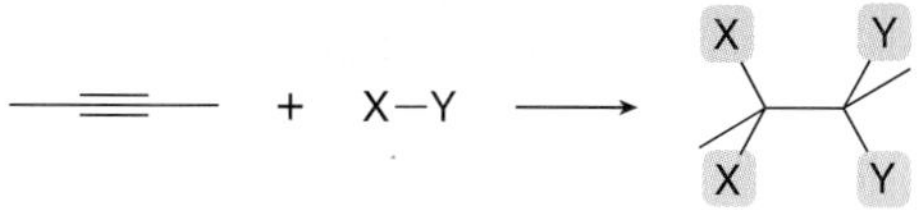

+ X—Y → X, Y, X, Y

[2] Nucleophilic addition to carbon–oxygen multiple bonds

Aldehydes and ketones (Chapter 21)

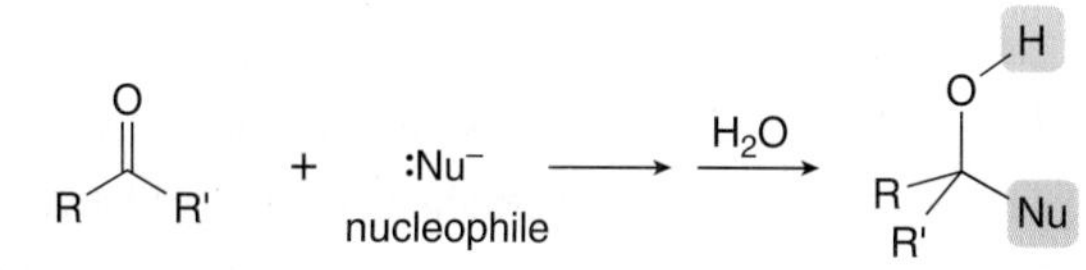

O, R, R' + $:Nu^-$ (nucleophile) → —H_2O→ H, O, R, R', Nu

R' = H or alkyl

APPENDIX H

How to Synthesize Particular Functional Groups

Acetals

- Reaction of an aldehyde or ketone with two equivalents of an alcohol (21.14)

Acid chlorides

- Reaction of a carboxylic acid with thionyl chloride (22.10)

Alcohols

- Nucleophilic substitution of an alkyl halide with ^{-}OH or H_2O (9.6)
- Hydration of an alkene (10.12)
- Hydroboration–oxidation of an alkene (10.16)
- Reduction of an epoxide with $LiAlH_4$ (12.6)
- Reduction of an aldehyde or ketone (20.4)
- Hydrogenation of an α,β-unsaturated carbonyl compound with H_2 + Pd-C (20.4C)
- Enantioselective reduction of an aldehyde or ketone with the chiral CBS reagent (20.6)
- Reduction of an acid chloride with $LiAlH_4$ (20.7)
- Reduction of an ester with $LiAlH_4$ (20.7)
- Reduction of a carboxylic acid with $LiAlH_4$ (20.7)
- Reaction of an aldehyde or ketone with a Grignard or organolithium reagent (20.10)
- Reaction of an acid chloride with a Grignard or organolithium reagent (20.13)
- Reaction of an ester with a Grignard or organolithium reagent (20.13)
- Reaction of an organometallic reagent with an epoxide (20.14B)

Aldehydes

- Hydroboration–oxidation of a terminal alkyne (11.10)
- Oxidative cleavage of an alkene with O_3 followed by Zn or $(CH_3)_2S$ (12.10)
- Oxidation of a 1° alcohol with PCC (12.12)
- Oxidation of a 1° alcohol with $HCrO_4^-$, Amberlyst A-26 resin (12.13)
- Reduction of an acid chloride with $LiAlH[OC(CH_3)_3]_3$ (20.7)
- Reduction of an ester with DIBAL-H (20.7)
- Hydrolysis of an acetal (21.14B)
- Hydrolysis of an imine or enamine (21.12B)
- Reduction of a nitrile (22.18B)

Alkanes

- Catalytic hydrogenation of an alkene with H_2 + Pd-C (12.3)
- Catalytic hydrogenation of an alkyne with two equivalents of H_2 + Pd-C (12.5A)
- Reduction of an alkyl halide with $LiAlH_4$ (12.6)

- Reduction of a ketone to a methylene group (CH_2)—the Wolff–Kishner or Clemmensen reaction (18.15B)
- Protonation of an organometallic reagent with H_2O, ROH, or acid (20.9)
- Coupling of an organocuprate reagent (R_2CuLi) with an alkyl halide, R'X (26.1)
- Simmons–Smith reaction of an alkene with CH_2I_2 and Zn(Cu) to form a cyclopropane (26.5)

Alkenes

- Dehydrohalogenation of an alkyl halide with base (8.3)
- Dehydration of an alcohol with acid (9.8)
- Dehydration of an alcohol using $POCl_3$ and pyridine (9.10)
- β Elimination of an alkyl tosylate with base (9.13)
- Catalytic hydrogenation of an alkyne with H_2 + Lindlar catalyst to form a cis alkene (12.5B)
- Dissolving metal reduction of an alkyne with Na, NH_3 to form a trans alkene (12.5C)
- Wittig reaction (21.10)
- β Elimination of an α-halo carbonyl compound with Li_2CO_3, LiBr, and DMF (23.7C)
- Hofmann elimination of an amine (25.12)
- Coupling of an organocuprate reagent (R_2CuLi) with an organic halide, R'X (26.1)
- The palladium-catalyzed Suzuki reaction of a vinyl or aryl halide with a vinyl- or arylborane (26.2)
- The palladium-catalyzed Heck reaction of a vinyl or aryl halide with an alkene (26.3)
- Olefin metathesis (26.6)

Alkyl halides

- Reaction of an alcohol with HX (9.11)
- Reaction of an alcohol with $SOCl_2$ or PBr_3 (9.12)
- Cleavage of an ether with HBr or HI (9.14)
- Hydrohalogenation of an alkene with HX (10.9)
- Halogenation of an alkene with X_2 (10.13)
- Hydrohalogenation of an alkyne with two equivalents of HX (11.7)
- Halogenation of an alkyne with two equivalents of X_2 (11.8)
- Radical halogenation of an alkane (15.3)
- Radical halogenation at an allylic carbon (15.10)
- Radical addition of HBr to an alkene (15.13)
- Electrophilic addition of HX to a 1,3-diene (16.10)
- Radical halogenation of an alkyl benzene (18.14)
- Halogenation α to a carbonyl group (23.7)
- Addition of a dihalocarbene to an alkene to form a dihalocyclopropane (26.4)

Alkynes

- Dehydrohalogenation of an alkyl dihalide with base (11.5)
- S_N2 reaction of an alkyl halide with an acetylide anion, $^{-}C{\equiv}CR$ (11.11)

Amides

- Reaction of an acid chloride with NH_3 or an amine (22.8)
- Reaction of an anhydride with NH_3 or an amine (22.9)
- Reaction of a carboxylic acid with NH_3 or an amine and DCC (22.10)
- Reaction of an ester with NH_3 or an amine (22.11)

Amines
- Nucleophilic aromatic substitution (18.13)
- Reduction of a nitro group (18.15C)
- Reduction of an amide with $LiAlH_4$ (20.7B)
- Reduction of a nitrile (22.18B)
- S_N2 reaction using NH_3 or an amine (25.7A)
- Gabriel synthesis (25.7A)
- Reductive amination of an aldehyde or ketone (25.7C)

Amino acids
- S_N2 reaction of an α-halo carboxylic acid with excess NH_3 (29.2A)
- Alkylation of diethyl acetamidomalonate (29.2B)
- Strecker synthesis (29.2C)
- Enantioselective hydrogenation using a chiral catalyst (29.4)

Anhydrides
- Reaction of an acid chloride with a carboxylate anion (22.8)
- Dehydration of a dicarboxylic acid (22.10)

Aryl halides
- Halogenation of benzene with $X_2 + FeX_3$ (18.3)
- Reaction of a diazonium salt with CuCl, CuBr, HBF_4, NaI, or KI (25.14A)

Carboxylic acids
- Oxidative cleavage of an alkyne with ozone (12.11)
- Oxidation of a 1° alcohol with CrO_3 (or a similar Cr^{6+} reagent), H_2O, H_2SO_4 (12.12B)
- Oxidation of an alkyl benzene with $KMnO_4$ (18.15A)
- Oxidation of an aldehyde (20.8)
- Reaction of a Grignard reagent with CO_2 (20.14A)
- Hydrolysis of a cyanohydrin (21.9)
- Hydrolysis of an acid chloride (22.8)
- Hydrolysis of an anhydride (22.9)
- Hydrolysis of an ester (22.11)
- Hydrolysis of an amide (22.13)
- Hydrolysis of a nitrile (22.18A)
- Malonic ester synthesis (23.9)

Cyanohydrins
- Addition of HCN to an aldehyde or ketone (21.9)

1,2-Diols
- Anti dihydroxylation of an alkene with a peroxyacid, followed by ring opening with ^{-}OH or H_2O (12.9A)
- Syn dihydroxylation of an alkene with $KMnO_4$ or OsO_4 (12.9B)

Enamines
- Reaction of an aldehyde or ketone with a 2° amine (21.12)

Epoxides

- Intramolecular S_N2 reaction of a halohydrin using base (9.6)
- Epoxidation of an alkene with mCPBA (12.8)
- Enantioselective epoxidation of an allylic alcohol with the Sharpless reagent (12.15)

Esters

- S_N2 reaction of an alkyl halide with a carboxylate anion, RCO_2^- (7.18)
- Reaction of an acid chloride with an alcohol (22.8)
- Reaction of an anhydride with an alcohol (22.9)
- Fischer esterification of a carboxylic acid with an alcohol (22.10)

Ethers

- Williamson ether synthesis—S_N2 reaction of an alkyl halide with an alkoxide, ^-OR (9.6)
- Reaction of an alkyl tosylate with an alkoxide, ^-OR (9.13)
- Addition of an alcohol to an alkene in the presence of acid (10.12)
- Anionic polymerization of epoxides to form polyethers (30.3)

Halohydrins

- Reaction of an epoxide with HX (9.16)
- Addition of X and OH to an alkene (10.15)

Imine

- Reaction of an aldehyde or ketone with a 1° amine (21.11)

Ketones

- Hydration of an alkyne with H_2O, H_2SO_4, and $HgSO_4$ (11.9)
- Oxidative cleavage of an alkene with O_3 followed by Zn or $(CH_3)_2S$ (12.10)
- Oxidation of a 2° alcohol with any Cr^{6+} reagent (12.12, 12.13)
- Friedel–Crafts acylation (18.5)
- Reaction of an acid chloride with an organocuprate reagent (20.13)
- Hydrolysis of an imine or enamine (21.12B)
- Hydrolysis of an acetal (21.14B)
- Reaction of a nitrile with a Grignard or organolithium reagent (22.18C)
- Acetoacetic ester synthesis (23.10)

Nitriles

- S_N2 reaction of an alkyl halide with NaCN (7.18, 22.18)
- Reaction of an aryl diazonium salt with CuCN (25.14A)

Phenols

- Reaction of an aryl diazonium salt with H_2O (25.14A)
- Nucleophilic aromatic substitution (18.13)

Sulfides

- Reaction of an alkyl halide with ^-SR (9.15)

Thiols

- Reaction of an alkyl halide with ^-SH (9.15)

찾아보기

가

나

다

라

마

바

사

아

자

차

하

N

O

P

R

S

T

W

X

Z

기타

Common Abbreviations, Arrows, and Symbols

Abbreviations

Ac	acetyl, CH_3CO^-
BBN	9-borabicyclo[3.3.1]nonane
BINAP	2,2'-bis(diphenylphosphino)-1,1'-binaphthyl
Boc	*tert*-butoxycarbonyl, $(CH_3)_3COCO^-$
bp	boiling point
Bu	butyl, $CH_3CH_2CH_2CH_2^-$
CBS reagent	Corey-Bakshi-Shibata reagent
DBN	1,5-diazabicyclo[4.3.0]non-5-ene
DBU	1,8-diazabicyclo[5.4.0]undec-7-ene
DCC	dicyclohexylcarbodiimide
DET	diethyl tartrate
DIBAL-H	diisobutylaluminum hydride, $[(CH_3)_2CHCH_2]_2AlH$
DMF	dimethylformamide, $HCON(CH_3)_2$
DMSO	dimethyl sulfoxide, $(CH_3)_2S{=}O$
ee	enantiomeric excess
Et	ethyl, CH_3CH_2-
Fmoc	9-fluorenylmethoxycarbonyl
HMPA	hexamethylphosphoramide, $[(CH_3)_2N]_3P{=}O$
HOMO	highest occupied molecular orbital
IR	infrared
LDA	lithium diisopropylamide, $LiN[CH(CH_3)_2]_2$
LUMO	lowest unoccupied molecular orbital
m-	meta
mCPBA	*m*-chloroperoxybenzoic acid
Me	methyl, CH_3-
MO	molecular orbital
mp	melting point
MS	mass spectrometry
MW	molecular weight
NBS	*N*-bromosuccinimide
NMO	*N*-methylmorpholine *N*-oxide
NMR	nuclear magnetic resonance
o-	ortho
p-	para
PCC	pyridinium chlorochromate
Ph	phenyl, C_6H_5-
ppm	parts per million
Pr	propyl, $CH_3CH_2CH_2-$
RCM	ring-closing metathesis
ROMP	ring-opening metathesis polymerization
TBDMS	*tert*-butyldimethylsilyl
THF	tetrahydrofuran
TMS	tetramethylsilane, $(CH_3)_4Si$
Ts	tosyl, *p*-toluenesulfonyl, $CH_3C_6H_4SO_2-$
TsOH	*p*-toluenesulfonic acid, $CH_3C_6H_4SO_3H$
UV	ultraviolet

Arrows

$\longrightarrow$	reaction arrow
$\rightleftharpoons$	equilibrium arrows
$\longleftrightarrow$	double-headed arrow, used between resonance structures
$\curvearrowright$	full-headed curved arrow, showing the movement of an electron pair
$\frown$	half-headed curved arrow (fishhook), showing the movement of an electron
$\Longrightarrow$	retrosynthetic arrow
$\not\longrightarrow$	no reaction

Symbols

$+\!\!\!\longrightarrow$	dipole
$h\nu$	light
Δ	heat
$\delta+$	partial positive charge
$\delta-$	partial negative charge
λ	wavelength
ν	frequency
$\tilde{\nu}$	wavenumber
HA	Brønsted–Lowry acid
B:	Brønsted–Lowry base
$:Nu^-$	nucleophile
E^+	electrophile
X	halogen
◀ (wedge)	bond oriented forward
·····	bond oriented behind
– – –	partial bond
$[\quad]^{\ddagger}$	transition state
[O]	oxidation
[H]	reduction

Common Element Colors Used in Molecular Art

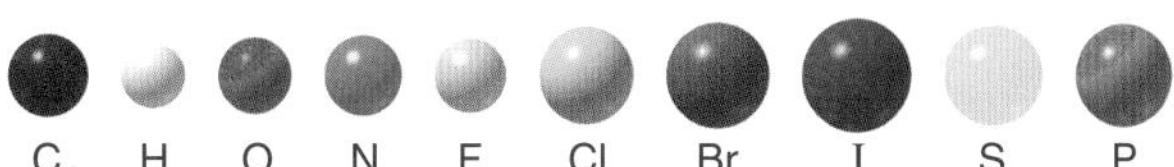